Vorwort zur neunten Auflage.

Bei der Bearbeitung dieses Taschenbuches waren die folgenden Erwägungen maßgebend:

Mathematik und Mechanik, diese beiden wichtigsten Grundlagen der wissenschaftlichen Ingenieurausbildung, sind in eingehender, besonders die Elemente berücksichtigender Form dargestellt. Diese Behandlung entspricht den Bedürfnissen der Praxis, die meist nur eine allerdings gründliche Beherrschung der Elemente erfordert. Eine Beschränkung erschien auch deshalb angebracht, weil bei Lösung schwierigerer Aufgaben nicht die knappen Angaben eines Taschenbuches, sondern größere Sonderwerke zu Rate gezogen werden.

In der Strömungslehre werden die Druckverluste in Leitungen, die hydraulischen Messungen sowie der Tragflügel und die Luftschraube, in der Wärmelehre der Wärmeübergang, die Berechnung der spezifischen Wärmen nach Justi sowie das i-x-Diagramm eingehend dargestellt. Ein besonderer Abschnitt behandelt die Brennstoffe und ihre technische Verwendung. Der Abschnitt Festigkeitslehre wurde durch die Hertzschen Gleichungen ergänzt, die Berechnung der Federn und Platten auf neue Grundlage gestellt. Die Werkstoffkunde gibt in zahlreichen Tafeln die neuesten Forschungsergebnisse wieder, die in diesem Abschnitt enthaltenen „Richtlinien für die Gestaltung“ lassen die Bedeutung der Werkstoffkunde für den Konstrukteur eindringlich erkennen. Der zunehmenden Bedeutung der Schweißkonstruktionen wurde durch ein besonderes Kapitel Rechnung getragen.

Im Abschnitt Maschinenteile wurden Berechnungsgang und Gestaltungsgrundlagen auf Kosten der Beschbeibung bevorzugt und die Ergebnisse der vorangehenden theoretischen Kapitel stärker herangezogen.

In allen diesen Teilen des ersten Bandes wurde großer Wert auf die Ableitung der Hauptsätze gelegt, da innere Gewißheit über den Geltungsbereich nur bei solchen Formeln besteht, deren Ableitung man kennt. Die zahlreichen Beispiele dienen nicht nur als Übungsstoff, sondern sollen auch zur Erweiterung der Kenntnisse führen.

Im Anhang zu Bd. I ist eine größere Zahl von Tafeln, wichtige Angaben aus den verschiedensten Gebieten enthaltend, vereinigt, wobei eine nach diesen gerichtete Anordnung durch die Rücksicht auf Raum-Ausnutzung leider nicht möglich war. Genaue Durchsicht dieses Anhanges vor Benutzung des Buches ist zu empfehlen. Auf Wiedergabe von Tafeln, deren Zahlen schneller mittels des Rechenschiebers als durch Aufschlagen des Taschenbuches ermittelt werden können, wurde verzichtet.

Der praktische Teil in Bd. II wurde ausschließlich mit Rücksicht auf die Bedürfnisse des Maschineningenieurs bearbeitet. Für die Darstellung der einzelnen Kapitel war die Tatsache maßgebend, daß der Spezialist auf seinem Fachgebiet Taschenbücher selten oder nie zu Rate zieht, da ihm hier eigene Erfahrungswerte und Konstruktionsvorlagen sowie die Fachliteratur zur Verfügung stehen, die das Erforderliche in aller Ausführlichkeit enthalten. Aus diesem Grunde sind die einzelnen Kapitel in der Weise behandelt, daß sie jedem Maschineningenieur einen raschen Überblick auch auf ihm fernerliegende

Fachgebiete ermöglichen und ihn mit den wichtigsten Methoden und Zahlenwerten bekannt machen. So bringt das Taschenbuch den engen Zusammenhang zwischen den verschiedenen Zweigen des gesamten Maschinenbaus zum Ausdruck und gibt gleichzeitig durch Wiedergabe der neuesten Bauarten und besonders der Elemente ein Bild des heutigen Standes der wichtigsten Gebiete der Maschinentechnik.

Besonderen Dank schuldet der Herausgeber dem Springer-Verlag, der allen Wünschen und namentlich den hochgespannten Anforderungen der Mitarbeiter in bezug auf die Ausführung der Figuren ohne Einschränkung entsprochen hat.

Berlin-Frohnau, im Januar 1943.

H. Dubbel.

Taschenbuch für den

Maschinenbau

Bearbeitet von

Prof. Dr.-Ing. H. Baer - Frauenchiemsee, Dipl.-Ing. Ch. Bouché - Berlin, Prof. H. Dubbel - Berlin, Dipl.-Ing. E. Dürre - Berlin, Dr.-Ing. Bruno Eck - Köln, Prof. K. Gottwein - Breslau, Dr.-Ing. W. Gumz - Essen, Dipl.-Ing. R. Hänchen - Berlin, Dr. V. Happach - Stettin, Dr.-Ing. H. Holdt - Mannheim, Dr.-Ing. W. Meyer zur Capellen - Aachen, Prof. Dr.-Ing. Fr. Oesterlen - Hannover, Prof. Dr.-Ing. W. Pauer - Dresden, Prof. Dr.-Ing. A. Pröll - Hannover, Dr.-Ing. W. Reichel - Solingen-Ohligs, Dipl.-Ing. E. Schulz - Berlin, Prof. Dr.-Ing. E. Sörensen - Augsburg, Prof. Dr. A. Thum - Darmstadt, Dr.-Ing. F. Wettstädt - Berlin.

Herausgegeben von

Prof. Heinrich Dubbel

Ingenieur, Berlin

Neunte, verbesserte Auflage

Mit etwa 3000 Textfiguren

In zwei Bänden

Erster Band

Berlin

Springer-Verlag

1943

ISBN-13: 978-3-642-98870-7 e-ISBN-13: 978-3-642-99685-6
DOI: 10.1007/978-3-642-99685-6

Softcover reprint of the hardcover 1st edition 1943

Inhaltsverzeichnis.

Erster Band.

Mathematik.

Mechanik.

Die Brennstoffe und ihre technische Verwendung.

Festigkeitslehre.

Werkstoffkunde.

Schweißkonstruktionen.

Bearbeitet von Dipl.-Ing. R. Hänchen, Berlin.

Maschinenteile

Bearbeitet von Dipl.-Ing. Ch. Bouché, Berlin und Prof. H. Dubbel, Berlin.

Zweiter Band.

Die Dampferzeugungsanlagen.

Bearbeitet von Dipl.-Ing. E. Schulz, Berlin.

Die Kraft- und Arbeitsmaschinen mit Kolbenbewegung.

Rohrleitungen.

Bearbeitet von Prof. H. Dubbel, Berlin.

Hebe- und Fördermittel.

Bearbeitet von Dipl.-Ing. R. Hänchen, Berlin.

Werkzeugmaschinen.

Bearbeitet von Prof. K. Gottwein, Breslau, und Dr.-Ing. W. Reichel, Solingen-Ohligs.

Kraftwagen.

Bearbeitet von Dr.-Ing. F. Wettstädt, Berlin.

Flugtechnik.

Bearbeitet von Prof. Dr.-Ing. A. Pröll, Hannover.

Bau-Elemente des Flugzeugs.

Bearbeitet von Prof. H. Dubbel, Berlin.

Elektrotechnik.

Bearbeitet von Dipl.-Ing. E. Dürre, Berlin.

Berichtigungen.

Bd. I.

S. 55, Zeile 5 v. o.: die Grenzen heißen $\sigma < |x| < \pi$.

S. 74, Zeile 1 v. u.: $b - a$ statt $a - b$.

S. 76, Zeile 3 v. o.: t statt φ.

S. 108, Zeile 18 v. o.: $\frac{r_1}{PE_1}$ statt $\frac{r_1}{P_1 E_1}$.

S. 224, Zeile 2 v. u.: $\sqrt{h r^3} = r \sqrt{h r}$.

S. 292, Zeile 16 v. u. lies:

$$w = \frac{w\gamma}{\gamma_0} = \frac{w}{\gamma_0} \cdot \frac{P}{RT} = \frac{w}{\gamma_0} \cdot \frac{10330 p}{R(273 + t)} = \frac{G}{f \cdot \gamma_0} \text{ m/sek}.$$

Für Heißdampf wird nach S. 636: $w_0 = w \cdot \frac{273 p}{273 + t}$.

S. 411 neben Fig. 104: $\beta > \varrho$ statt $\beta < \varrho$.

S. 528, Zeile 2 v. u.: $(0{,}27 \cdot 0{,}4) D^2$ statt $(0{,}3 \cdot 0.5) D^2$.

Bd. II.

S. 71, Zeile 6 unter Fig. 99, 100 lies: σ die zulässige Spannung in kg/mm².

S. 519, Zeile 1 v. o. lies: $N_p = \frac{Q_{kg} \cdot n}{60 \cdot 75} \cdot \frac{p}{\gamma} = \frac{10 Q'_{ltr} \cdot n}{60 \cdot 75} \cdot p_{at}$.

Mathematik.

I. Tafeln.

n	n^2	n^3	$\sqrt{n}$	$\sqrt[3]{n}$	$\ln n$	$\frac{1000}{n}$	πn	$\frac{\pi n^2}{4}$	n
1	1	1	1,0000	1,0000	0,0000	1000,000	3,142	0,7854	1
2	4	8	1,4142	1,2599	0,6931	500,000	6,283	3,1416	2
3	9	27	1,7321	1,4422	1,0986	333,333	9,425	7,0686	3
4	16	64	2,0000	1,5874	1,3863	250,000	12,566	12,5664	4
5	25	125	2,2361	1,7100	1,6094	200,000	15,708	19,6350	5
6	36	216	2,4495	1,8171	1,7918	166,667	18,850	28,2743	6
7	49	343	2,6458	1,9129	1,9459	142,857	21,991	38,4845	7
8	64	512	2,8284	2,0000	2,0794	125,000	25,133	50,2655	8
9	81	729	3,0000	2,0801	2,1972	111,111	28,274	63,6173	9
10	1 00	1 000	3,1623	2,1544	2,3026	100,000	31,416	78,5398	**10**
11	1 21	1 331	3,3166	2,2240	2,3979	90,9091	34,558	95,0332	11
12	1 44	1 728	3,4641	2,2894	2,4849	83,3333	37,699	113,097	12
13	1 69	2 197	3,6056	2,3513	2,5649	76,9231	40,841	132,732	13
14	1 96	2 744	3,7417	2,4101	2,6391	71,4286	43,982	153,938	14
15	2 25	3 375	3,8730	2,4662	2,7081	66,6667	47,124	176,715	15
16	2 56	4 096	4,0000	2,5198	2,7726	62,5000	50,265	201,062	16
17	2 89	4 913	4,1231	2,5713	2,8332	58,8235	53,407	226,980	17
18	3 24	5 832	4,2426	2,6207	2,8904	55,5556	56,549	254,469	18
19	3 61	6 859	4,3589	2,6684	2,9444	52,6316	59,690	283,529	19
20	4 00	8 000	4,4721	2,7144	2,9957	50,0000	62,832	314,159	**20**
21	4 41	9 261	4,5826	2,7589	3,0445	47,6190	65,973	346,361	21
22	4 84	10 648	4,6904	2,8020	3,0910	45,4545	69,115	380,133	22
23	5 29	12 167	4,7958	2,8439	3,1355	43,4783	72,257	415,476	23
24	5 76	13 824	4,8990	2,8845	3,1781	41,6667	75,398	452,389	24
25	6 25	15 625	5,0000	2,9240	3,2189	40,0000	78,540	490,874	25
26	6 76	17 576	5,0990	2,9625	3,2581	38,4615	81,681	530,929	26
27	7 29	19 683	5,1962	3,0000	3,2958	37,0370	84,823	572,555	27
28	7 84	21 952	5,2915	3,0366	3,3322	35,7143	87,965	615,752	28
29	8 41	24 389	5,3852	3,0723	3,3673	34,4828	91,106	660,520	29
30	9 00	27 000	5,4772	3,1072	3,4012	33,3333	94,248	706,858	**30**
31	9 61	29 791	5,5678	3,1414	3,4340	32,2581	97,389	754,768	31
32	10 24	32 768	5,6569	3,1748	3,4657	31,2500	100,531	804,248	32
33	10 89	35 937	5,7446	3,2075	3,4965	30,3030	103,673	855,299	33
34	11 56	39 304	5,8310	3,2396	3,5264	29,4118	106,814	907,920	34
35	12 25	42 875	5,9161	3,2711	3,5553	28,5714	109,956	962,113	35
36	12 96	46 656	6,0000	3,3019	3,5835	27,7778	113,097	1017,88	36
37	13 69	50 653	6,0828	3,3322	3,6109	27,0270	116,239	1075,21	37
38	14 44	54 872	6,1644	3,3620	3,6376	26,3158	119,381	1134,11	38
39	15 21	59 319	6,2450	3,3912	3,6636	25,6410	122,522	1194,59	39
40	16 00	64 000	6,3246	3,4200	3,6889	25,0000	125,66	1256,64	**40**
41	16 81	68 921	6,4031	3,4482	3,7136	24,3902	128,81	1320,25	41
42	17 64	74 088	6,4807	3,4760	3,7377	23,8095	131,95	1385,44	42
43	18 49	79 507	6,5574	3,5034	3,7612	23,2558	135,09	1452,20	43
44	19 36	85 184	6,6332	3,5303	3,7842	22,7273	138,23	1520,53	44
45	20 25	91 125	6,7082	3,5569	3,8067	22,2222	141,37	1590,43	45
46	21 16	97 336	6,7823	3,5830	3,8286	21,7391	144,51	1661,90	46
47	22 09	103 823	6,8557	3,6088	3,8501	21,2766	147,65	1734,94	47
48	23 04	110 592	6,9282	3,6342	3,8712	20,8333	150,80	1809,56	48
49	24 01	117 649	7,0000	3,6593	3,8918	20,4082	153,94	1885,74	49
50	25 00	125 000	7,0711	3,6840	3,9120	20,0000	157,08	1963,50	**50**

$\ln 10^{\pm 1} = \pm 2{,}3026$, $\ln 10^{\pm 2} = \pm 4{,}6052$, $\ln 10^{\pm 3} = \pm 6{,}9078$,
$\ln 10^{\pm 4} = \pm 9{,}2103$, $\ln 10^{\pm 5} = \pm 11{,}5129$, $\ln 10^{\pm 6} = \pm 13{,}8155$,
$\ln 10^{\pm 7} = \pm 16{,}1181$, $\ln 10^{\pm 8} = \pm 18{,}4207$.

n	n^2	n^3	$\sqrt{n}$	$\sqrt[3]{n}$	$\ln n$	$\frac{1000}{n}$	πn	$\frac{\pi n^2}{4}$	n
50	25 00	125 000	7,0711	3,6840	3,9120	20,0000	157,08	1963,50	**50**
51	26 01	132 651	7,1414	3,7084	3,9318	19,6078	160,22	2042,82	51
52	27 04	140 608	7,2111	3,7325	3,9512	19,2308	163,36	2123,72	52
53	28 09	148 877	7,2801	3,7563	3,9703	18,8679	166,50	2206,18	53
54	29 16	157 464	7,3485	3,7798	3,9890	18,5185	169,65	2290,22	54
55	30 25	166 375	7,4162	3,8030	4,0073	18,1818	172,79	2375,83	55
56	31 36	175 616	7,4833	3,8259	4,0254	17,8571	175,93	2463,01	56
57	32 49	185 193	7,5498	3,8485	4,0431	17,5439	179,07	2551,76	57
58	33 64	195 112	7,6158	3,8709	4,0604	17,2414	182,21	2642,08	58
59	34 81	205 379	7,6811	3,8930	4,0775	16,9492	185,35	2733,97	59
60	36 00	216 000	7,7460	3,9149	4,0943	16,6667	188,50	2827,43	**60**
61	37 21	226 981	7,8102	3,9365	4,1109	16,3934	191,64	2922,47	61
62	38 44	238 328	7,8740	3,9579	4,1271	16,1290	194,78	3019,07	62
63	39 69	250 047	7,9373	3,9791	4,1431	15,8730	197,92	3117,25	63
64	40 96	262 144	8,0000	4,0000	4,1589	15,6250	201,06	3216,99	64
65	42 25	274 625	8,0623	4,0207	4,1744	15,3846	204,20	3318,31	65
66	43 56	287 496	8,1240	4,0412	4,1897	15,1515	207,35	3421,19	66
67	44 89	300 763	8,1854	4,0615	4,2047	14,9254	210,49	3525,65	67
68	46 24	314 432	8,2462	4,0817	4,2195	14,7059	213,63	3631,68	68
69	47 61	328 509	8,3066	4,1016	4,2341	14,4928	216,77	3739,28	69
70	49 00	343 000	8,3666	4,1213	4,2485	14,2857	219,91	3848,45	**70**
71	50 41	357 911	8,4261	4,1408	4,2627	14,0845	223,05	3959,19	71
72	51 84	373 248	8,4853	4,1602	4,2767	13,8889	226,19	4071,50	72
73	53 29	389 017	8,5440	4,1793	4,2905	13,6986	229,34	4185,39	73
74	54 76	405 224	8,6023	4,1983	4,3041	13,5135	232,48	4300,84	74
75	56 25	421 875	8,6603	4,2172	4,3175	13,3333	235,62	4417,86	75
76	57 76	438 976	8,7178	4,2358	4,3307	13,1579	238,76	4536,46	76
77	59 29	456 533	8,7750	4,2543	4,3438	12,9870	241,90	4656,63	77
78	60 84	474 552	8,8318	4,2727	4,3567	12,8205	245,04	4778,36	78
79	62 41	493 039	8,8882	4,2908	4,3694	12,6582	248,19	4901,67	79
80	64 00	512 000	8,9443	4,3089	4,3820	12,5000	251,33	5026,55	**80**
81	65 61	531 441	9,0000	4,3267	4,3944	12,3457	254,47	5153,00	81
82	67 24	551 368	9,0554	4,3445	4,4067	12,1951	257,61	5281,02	82
83	68 89	571 787	9,1104	4,3621	4,4188	12,0482	260,75	5410,61	83
84	70 56	592 704	9,1652	4,3795	4,4308	11,9048	263,89	5541,77	84
85	72 25	614 125	9,2195	4,3968	4,4427	11,7647	267,04	5674,50	85
86	73 96	636 056	9,2736	4,4140	4,4543	11,6279	270,18	5808,80	86
87	75 69	658 503	9,3274	4,4310	4,4659	11,4943	273,32	5944,68	87
88	77 44	681 472	9,3808	4,4480	4,4773	11,3636	276,46	6082,12	88
89	79 21	704 969	9,4340	4,4647	4,4886	11,2360	279,60	6221,14	89
90	81 00	729 000	9,4868	4,4814	4,4998	11,1111	282,74	6361,73	**90**
91	82 81	753 571	9,5394	4,4979	4,5109	10,9890	285,88	6503,88	91
92	84 64	778 688	9,5917	4,5144	4,5218	10,8696	289,03	6647,61	92
93	86 49	804 357	9,6437	4,5307	4,5326	10,7527	292,17	6792,91	93
94	88 36	830 584	9,6954	4,5468	4,5433	10,6383	295,31	6939,78	94
95	90 25	857 375	9,7468	4,5629	4,5539	10,5263	298,45	7088,22	95
96	92 16	884 736	9,7980	4,5789	4,5643	10,4167	301,59	7238,23	96
97	94 09	912 673	9,8489	4,5947	4,5747	10,3093	304,73	7389,81	97
98	96 04	941 192	9,8995	4,6104	4,5850	10,2041	307,88	7542,96	98
99	98 01	970 299	9,9499	4,6261	4,5951	10,1010	311,02	7697,69	99
100	1 00 00	1 000 000	10,0000	4,6416	4,6052	10,0000	314,16	7853,98	**100**

1. Beispiel: ln **66 377** = ?

ln 66 377 = ln (663,77 · 100) = ln 663,77 + ln 100 = 6,4980 + 4,6052 = **11,1032.**

2. Beispiel: ln **0,003 745** = ? 0,003 745 = 374,5 · 10^{-5}

ln 0,003 745 = 5,9256 − 11,5129 = **−5,5873.**

n	n^2	n^3	$\sqrt{n}$	$\sqrt[3]{n}$	$\ln n$	$\frac{1000}{n}$	πn	$\frac{\pi n^2}{4}$	n
100	10000	1000000	10,0000	4,6416	4,6052	10,0000	314,16	7853,98	**100**
101	10201	1030301	10,0499	4,6570	4,6151	9,9010	317,30	8011,85	101
102	10404	1061208	10,0995	4,6723	4,6250	9,8039	320,44	8171,28	102
103	10609	1092727	10,1489	4,6875	4,6347	9,7087	323,58	8332,29	103
104	10816	1124864	10,1980	4,7027	4,6444	9,6154	326,73	8494,87	104
105	11025	1157625	10,2470	4,7177	4,6540	9,5238	329,87	8659,01	105
106	11236	1191016	10,2956	4,7326	4,6634	9,4340	333,01	8824,73	106
107	11449	1225043	10,3441	4,7475	4,6728	9,3458	336,15	8992,02	107
108	11664	1259712	10,3923	4,7622	4,6821	9,2593	339,29	9160,88	108
109	11881	1295029	10,4403	4,7769	4,6913	9,1743	342,43	9331,32	109
110	12100	1331000	10,4881	4,7914	4,7005	9,0909	345,58	9503,32	**110**
111	12321	1367631	10,5357	4,8059	4,7095	9,0090	348,72	9676,89	111
112	12544	1404928	10,5830	4,8203	4,7185	8,9286	351,86	9852,03	112
113	12769	1442897	10,6301	4,8346	4,7274	8,8496	355,00	10028,7	113
114	12996	1481544	10,6771	4,8488	4,7362	8,7719	358,14	10207,0	114
115	13225	1520875	10,7238	4,8629	4,7449	8,6957	361,28	10386,9	115
116	13456	1560896	10,7703	4,8770	4,7536	8,6207	364,42	10568,3	116
117	13689	1601613	10,8167	4,8910	4,7622	8,5470	367,57	10751,3	117
118	13924	1643032	10,8628	4,9049	4,7707	8,4746	370,71	10935,9	118
119	14161	1685159	10,9087	4,9187	4,7791	8,4034	373,85	11122,0	119
120	14400	1728000	10,9545	4,9324	4,7875	8,3333	376,99	11309,7	**120**
121	14641	1771561	11,0000	4,9461	4,7985	8,2645	380,13	11499,0	121
122	14884	1815848	11,0454	4,9597	4,8040	8,1967	383,27	11689,9	122
123	15129	1860867	11,0905	4,9732	4,8122	8,1301	386,42	11882,3	123
124	15376	1906624	11,1355	4,9866	4,8203	8,0645	389,56	12076,3	124
125	15625	1953125	11,1803	5,0000	4,8283	8,0000	392,70	12271,8	125
126	15876	2000376	11,2250	5,0133	4,8363	7,9365	395,84	12469,0	126
127	16129	2048383	11,2694	5,0265	4,8442	7,8740	398,98	12667,7	127
128	16384	2097152	11,3137	5,0397	4,8520	7,8125	402,12	12868,0	128
129	16641	2146689	11,3578	5,0528	4,8598	7,7519	405,27	13069,8	129
130	16900	2197000	11,4018	5,0658	4,8675	7,6923	408,41	13273,2	**130**
131	17161	2248091	11,4455	5,0788	4,8752	7,6336	411,55	13478,2	131
132	17424	2299968	11,4891	5,0916	4,8828	7,5758	414,69	13684,8	132
133	17689	2352637	11,5326	5,1045	4,8903	7,5188	417,83	13892,9	133
134	17956	2406104	11,5758	5,1172	4,8978	7,4627	420,97	14102,6	134
135	18225	2460375	11,6190	5,1299	4,9053	7,4074	424,12	14313,9	135
136	18496	2515456	11,6619	5,1426	4,9127	7,3529	427,26	14526,7	136
137	18769	2571353	11,7047	5,1551	4,9200	7,2993	430,40	14741,1	137
138	19044	2628072	11,7473	5,1676	4,9273	7,2464	433,54	14957,1	138
139	19321	2685619	11,7898	5,1801	4,9345	7,1942	436,68	15174,7	139
140	19600	2744000	11,8322	5,1925	4,9416	7,1429	439,82	15393,8	**140**
141	19881	2803221	11,8743	5,2048	4,9488	7,0922	442,96	15614,5	141
142	20164	2863288	11,9164	5,2171	4,9558	7,0423	446,11	15836,8	142
143	20449	2924207	11,9583	5,2293	4,9628	6,9930	449,25	16060,6	143
144	20736	2985984	12,0000	5,2415	4,9698	6,9444	452,39	16286,0	144
145	21025	3048625	12,0416	5,2536	4,9767	6,8966	455,53	16513,0	145
146	21316	3112136	12,0830	5,2656	4,9836	6,8493	458,67	16741,5	146
147	21609	3176523	12,1244	5,2776	4,9904	6,8027	461,81	16971,7	147
148	21904	3241792	12,1655	5,2896	4,9972	6,7568	464,96	17203,4	148
149	22201	3307949	12,2066	5,3015	5,0039	6,7114	468,10	17436,6	149
150	22500	3375000	12,2474	5,3133	5,0106	6,6667	471,24	17671,5	**150**

n	n^2	n^3	$\sqrt{n}$	$\sqrt[3]{n}$	$\ln n$	$\frac{1000}{n}$	πn	$\frac{\pi n^2}{4}$	n
150	22500	3375000	12,2474	5,3133	5,0106	6,6667	471,24	17671,5	**150**
151	22801	3442951	12,2882	5,3251	5,0173	6,6225	474,38	17907,9	151
152	23104	3511808	12,3288	5,3368	5,0239	6,5790	477,52	18145,8	152
153	23409	3581577	12,3693	5,3485	5,0304	6,5360	480,66	18385,4	153
154	23716	3652264	12,4097	5,3601	5,0370	6,4935	483,81	18626,5	154
155	24025	3723875	12,4499	5,3717	5,0434	6,4516	486,95	18869,2	155
156	24336	3796416	12,4900	5,3832	5,0499	6,4103	490,09	19113,4	156
157	24649	3869893	12,5300	5,3947	5,0562	6,3694	493,23	19359,3	157
158	24964	3944312	12,5698	5,4061	5,0626	6,3291	496,37	19606,7	158
159	25281	4019679	12,6095	5,4175	5,0689	6,2893	499,51	19855,7	159
160	25600	4096000	12,6491	5,4288	5,0752	6,2500	502,65	20106,2	**160**
161	25921	4173281	12,6886	5,4401	5,0814	6,2112	505,80	20358,3	161
162	26244	4251528	12,7279	5,4514	5,0876	6,1728	508,94	20612,0	162
163	26569	4330747	12,7671	5,4626	5,0938	6,1350	512,08	20867,2	163
164	26896	4410944	12,8062	5,4737	5,0999	6,0976	515,22	21124,1	164
165	27225	4492125	12,8452	5,4848	5,1059	6,0606	518,36	21382,5	165
166	27556	4574296	12,8841	5,4959	5,1120	6,0241	521,50	21642,4	166
167	27889	4657463	12,9228	5,5069	5,1180	5,9880	524,65	21904,0	167
168	28224	4741632	12,9615	5,5178	5,1240	5,9524	527,79	22167,1	168
169	28561	4826809	13,0000	5,5288	5,1299	5,9172	530,93	22431,8	169
170	28900	4913000	13,0384	5,5397	5,1358	5,8824	534,07	22698,0	**170**
171	29241	5000211	13,0767	5,5505	5,1417	5,8480	537,21	22965,8	171
172	29584	5088448	13,1149	5,5613	5,1475	5,8140	540,35	23235,2	172
173	29929	5177717	13,1529	5,5721	5,1533	5,7804	543,50	23506,2	173
174	30276	5268024	13,1909	5,5828	5,1591	5,7471	546,64	23778,7	174
175	30625	5359375	13,2288	5,5934	5,1648	5,7143	549,78	24052,8	175
176	30976	5451776	13,2665	5,6041	5,1705	5,6818	552,92	24328,5	176
177	31329	5545233	13,3041	5,6147	5,1761	5,6497	556,06	24605,7	177
178	31684	5639752	13,3417	5,6252	5,1818	5,6180	559,20	24884,6	178
179	32041	5735339	13,3791	5,6357	5,1874	5,5866	562,35	25164,9	179
180	32400	5832000	13,4164	5,6462	5,1930	5,5556	565,49	25446,9	**180**
181	32761	5929741	13,4536	5,6567	5,1985	5,5249	568,63	25730,4	181
182	33124	6028568	13,4907	5,6671	5,2040	5,4945	571,77	26015,5	182
183	33489	6128487	13,5277	5,6774	5,2095	5,4645	574,91	26302,2	183
184	33856	6229504	13,5647	5,6877	5,2149	5,4348	578,05	26590,4	184
185	34225	6331625	13,6015	5,6980	5,2204	5,4054	581,19	26880,3	185
186	34596	6434856	13,6382	5,7083	5,2257	5,3763	584,34	27171,6	186
187	34969	6539203	13,6748	5,7185	5,2311	5,3476	587,48	27464,6	187
188	35344	6644672	13,7113	5,7287	5,2364	5,3192	590,62	27759,1	188
189	35721	6751269	13,7477	5,7388	5,2417	5,2910	593,76	28055,2	189
190	36100	6859000	13,7840	5,7489	5,2470	5,2632	596,90	28352,9	**190**
191	36481	6967871	13,8203	5,7590	5,2523	5,2356	600,04	28652,1	191
192	36864	7077888	13,8564	5,7690	5,2575	5,2083	603,19	28952,9	192
193	37249	7189057	13,8924	5,7790	5,2627	5,1814	606,33	29255,3	193
194	37636	7301384	13,9284	5,7890	5,2679	5,1546	609,47	29559,2	194
195	38025	7414875	13,9642	5,7989	5,2730	5,1282	612,61	29864,8	195
196	38416	7529536	14,0000	5,8088	5,2781	5,1020	615,75	30171,9	196
197	38809	7645373	14,0357	5,8186	5,2832	5,0761	618,89	30480,5	197
198	39204	7762392	14,0712	5,8285	5,2883	5,0505	622,04	30790,7	198
199	39601	7880599	14,1067	5,8383	5,2933	5,0251	625,18	31102,6	199
200	40000	8000000	14,1421	5,8480	5,2983	5,0000	628,32	31415,9	**200**

n	n^2	n^3	$\sqrt{n}$	$\sqrt[3]{n}$	$\ln n$	$\frac{1000}{n}$	πn	$\frac{\pi n^2}{4}$	n
200	40000	8000000	14,1421	5,8480	5,2983	5,0000	628,32	31415,9	**200**
201	40401	8120601	14,1774	5,8578	5,3033	4,9751	631,46	31730,9	201
202	40804	8242408	14,2127	5,8675	5,3083	4,9505	634,60	32047,4	202
203	41209	8365427	14,2478	5,8771	5,3132	4,9261	637,74	32365,5	203
204	41616	8489664	14,2829	5,8868	5,3181	4,9020	640,88	32685,1	204
205	42025	8615125	14,3178	5,8964	5,3230	4,8781	644,03	33006,4	205
206	42436	8741816	14,3527	5,9059	5,3279	4,8544	647,17	33329,2	206
207	42849	8869743	14,3875	5,9155	5,3327	4,8309	650,31	33653,5	207
208	43264	8998912	14,4222	5,9250	5,3375	4,8077	653,45	33979,5	208
209	43681	9129329	14,4568	5,9345	5,3423	4,7847	656,59	34307,0	209
210	44100	9261000	14,4914	5,9439	5,3471	4,7619	659,73	34636,1	**210**
211	44521	9393931	14,5258	5,9533	5,3519	4,7393	662,88	34966,7	211
212	44944	9528128	14,5602	5,9627	5,3566	4,7170	666,02	35298,9	212
213	45369	9663597	14,5945	5,9721	5,3613	4,6948	669,16	35632,7	213
214	45796	9800344	14,6287	5,9814	5,3660	4,6729	672,30	35968,1	214
215	46225	9938375	14,6629	5,9907	5,3706	4,6512	675,44	36305,0	215
216	46656	10077696	14,6969	6,0000	5,3753	4,6296	678,58	36643,5	216
217	47089	10218313	14,7309	6,0092	5,3799	4,6083	681,73	36983,6	217
218	47524	10360232	14,7648	6,0185	5,3845	4,5872	684,87	37325,3	218
219	47961	10503459	14,7986	6,0277	5,3891	4,5662	688,01	37668,5	219
220	48400	10648000	14,8324	6,0368	5,3936	4,5455	691,15	38013,3	**220**
221	48841	10793861	14,8661	6,0459	5,3982	4,5249	694,29	38359,6	221
222	49284	10941048	14,8997	6,0550	5,4027	4,5045	697,43	38707,6	222
223	49729	11089567	14,9332	6,0641	5,4072	4,4843	700,58	39057,1	223
224	50176	11239424	14,9666	6,0732	5,4116	4,4643	703,72	39408,1	224
225	50625	11390625	15,0000	6,0822	5,4161	4,4444	706,86	39760,8	225
226	51076	11543176	15,0333	6,0912	5,4205	4,4248	710,00	40115,0	226
227	51529	11697083	15,0665	6,1002	5,4250	4,4053	713,14	40470,8	227
228	51984	11852352	15,0997	6,1091	5,4293	4,3860	716,28	40828,1	228
229	52441	12008989	15,1327	6,1180	5,4337	4,3668	719,42	41187,1	229
230	52900	12167000	15,1658	6,1269	5,4381	4,3478	722,57	41547,6	**230**
231	53361	12326391	15,1987	6,1358	5,4424	4,3290	725,71	41909,6	231
232	53824	12487168	15,2315	6,1446	5,4467	4,3103	728,85	42273,3	232
233	54289	12649337	15,2643	6,1534	5,4510	4,2919	731,99	42638,5	233
234	54756	12812904	15,2971	6,1622	5,4553	4,2735	735,13	43005,3	234
235	55225	12977875	15,3297	6,1710	5,4596	4,2553	738,27	43373,6	235
236	55696	13144256	15,3623	6,1797	5,4638	4,2373	741,42	43743,5	236
237	56169	13312053	15,3948	6,1885	5,4681	4,2194	744,56	44115,0	237
238	56644	13481272	15,4272	6,1972	5,4723	4,2017	747,70	44488,1	238
239	57121	13651919	15,4596	6,2058	5,4765	4,1841	750,84	44862,7	239
240	57600	13824000	15,4919	6,2145	5,4806	4,1667	753,98	45238,9	**240**
241	58081	13997521	15,5242	6,2231	5,4848	4,1494	757,12	45616,7	241
242	58564	14172488	15,5563	6,2317	5,4889	4,1322	760,27	45996,1	242
243	59049	14348907	15,5885	6,2403	5,4931	4,1152	763,41	46377,0	243
244	59536	14526784	15,6205	6,2488	5,4972	4,0984	766,55	46759,5	244
245	60025	14706125	15,6525	6,2573	5,5013	4,0816	769,69	47143,5	245
246	60516	14886936	15,6844	6,2658	5,5053	4,0650	772,83	47529,2	246
247	61009	15069223	15,7162	6,2743	5,5094	4,0486	775,97	47916,4	247
248	61504	15252992	15,7480	6,2828	5,5134	4,0323	779,11	48305,1	248
249	62001	15438249	15,7797	6,2912	5,5175	4,0161	782,26	48695,5	249
250	62500	15625000	15,8114	6,2996	5,5215	4,0000	785,40	49087,4	**250**

n	n^2	n^3	$\sqrt{n}$	$\sqrt[3]{n}$	$\ln n$	$\frac{1000}{n}$	πn	$\frac{\pi n^2}{4}$	n
250	62500	15625000	15,8114	6,2996	5,5215	4,0000	785,40	49087,4	**250**
251	63001	15813251	15,8430	6,3080	5,5255	3,9841	788,54	49480,9	251
252	63504	16003008	15,8745	6,3164	5,5294	3,9683	791,68	49875,9	252
253	64009	16194277	15,9060	6,3247	5,5334	3,9526	794,82	50272,6	253
254	64516	16387064	15,9374	6,3330	5,5373	3,9370	797,96	50670,7	254
255	65025	16581375	15,9687	6,3413	5,5413	3,9216	801,11	51070,5	255
256	65536	16777216	16,0000	6,3496	5,5452	3,9063	804,25	51471,9	256
257	66049	16974593	16,0312	6,3579	5,5491	3,8911	807,39	51874,8	257
258	66564	17173512	16,0624	6,3661	5,5530	3,8760	810,53	52279,2	258
259	67081	17373979	16,0935	6,3743	5,5568	3,8610	813,67	52685,3	259
260	67600	17576000	16,1245	6,3825	5,5607	3,8462	816,81	53092,9	**260**
261	68121	17779581	16,1555	6,3907	5,5645	3,8314	819,96	53502,1	261
262	68644	17984728	16,1864	6,3988	5,5683	3,8168	823,10	53912,9	262
263	69169	18191447	16,2173	6,4070	5,5722	3,8023	826,24	54325,2	263
264	69696	18399744	16,2481	6,4151	5,5759	3,7879	829,38	54739,1	264
265	70225	18609625	16,2788	6,4232	5,5797	3,7736	832,52	55154,6	265
266	70756	18821096	16,3095	6,4312	5,5835	3,7594	835,66	55571,6	266
267	71289	19034163	16,3401	6,4393	5,5872	3,7453	838,81	55990,2	267
268	71824	19248832	16,3707	6,4473	5,5910	3,7313	841,95	56410,4	268
269	72361	19465109	16,4012	6,4553	5,5947	3,7175	845,09	56832,2	269
270	72900	19683000	16,4317	6,4633	5,5984	3,7037	848,23	57255,5	**270**
271	73441	19902511	16,4621	6,4713	5,6021	3,6900	851,37	57680,4	271
272	73984	20123648	16,4924	6,4792	5,6058	3,6765	854,51	58106,9	272
273	74529	20346417	16,5227	6,4872	5,6095	3,6630	857,65	58534,9	273
274	75076	20570824	16,5529	6,4951	5,6131	3,6496	860,80	58964,6	274
275	75625	20796875	16,5831	6,5030	5,6168	3,6364	863,94	59395,7	275
276	76176	21024576	16,6132	6,5108	5,6204	3,6232	867,08	59828,5	276
277	76729	21253933	16,6433	6,5187	5,6240	3,6101	870,22	60262,8	277
278	77284	21484952	16,6733	6,5265	5,6276	3,5971	873,36	60698,7	278
279	77841	21717639	16,7033	6,5343	5,6312	3,5842	876,50	61136,2	279
280	78400	21952000	16,7332	6,5421	5,6348	3,5714	879,65	61575,2	**280**
281	78961	22188041	16,7631	6,5499	5,6384	3,5587	882,79	62015,8	281
282	79524	22425768	16,7929	6,5577	5,6419	3,5461	885,93	62458,0	282
283	80089	22665187	16,8226	6,5654	5,6454	3,5336	889,07	62901,8	283
284	80656	22906304	16,8523	6,5731	5,6490	3,5211	892,21	63347,1	284
285	81225	23149125	16,8819	6,5808	5,6525	3,5088	895,35	63794,0	285
286	81796	23393656	16,9115	6,5885	5,6560	3,4965	898,50	64242,4	286
287	82369	23639903	16,9411	6,5962	5,6595	3,4843	901,64	64692,5	287
288	82944	23887872	16,9706	6,6039	5,6630	3,4722	904,78	65144,1	288
289	83521	24137569	17,0000	6,6115	5,6664	3,4602	907,92	65597,2	289
290	84100	24389000	17,0294	6,6191	5,6699	3,4483	911,06	66052,0	**290**
291	84681	24642171	17,0587	6,6267	5,6733	3,4364	914,20	66508,3	291
292	85264	24897088	17,0880	6,6343	5,6768	3,4247	917,35	66966,2	292
293	85849	25153757	17,1172	6,6419	5,6802	3,4130	920,49	67425,6	293
294	86436	25412184	17,1464	6,6494	5,6836	3,4014	923,63	67886,7	294
295	87025	25672375	17,1756	6,6569	5,6870	3,3898	926,77	68349,3	295
296	87616	25934336	17,2047	6,6644	5,6904	3,3784	929,91	68813,4	296
297	88209	26198073	17,2337	6,6719	5,6937	3,3670	933,05	69279,2	297
298	88804	26463592	17,2627	6,6794	5,6971	3,3557	936,19	69746,5	298
299	89401	26730899	17,2916	6,6869	5,7004	3,3445	939,34	70215,4	299
300	90000	27000000	17,3205	6,6943	5,7038	3,3333	942,48	70685,8	**300**

n	n^2	n^3	$\sqrt{n}$	$\sqrt[3]{n}$	$\ln n$	$\frac{1000}{n}$	πn	$\frac{\pi n^2}{4}$	n
300	90000	27000000	17,3205	6,6943	5.7038	3.3333	942,48	70685,8	**300**
301	90601	27270901	17,3494	6,7018	5.7071	3.3223	945,62	71157,9	301
302	91204	27543608	17,3781	6,7092	5.7104	3.3113	948,76	71631,5	302
303	91809	27818127	17,4069	6,7166	5.7137	3.3003	951,90	72106,6	303
304	92416	28094464	17,4356	6,7240	5.7170	3,2895	955,04	72583,4	304
305	93025	28372625	17,4642	6,7313	5.7203	3,2787	958,19	73061,7	305
306	93636	28652616	17,4929	6,7387	5.7236	3,2680	961,33	73541,5	306
307	94249	28934443	17,5214	6,7460	5.7268	3,2573	964,47	74023,0	307
308	94864	29218112	17,5499	6,7533	5.7301	3,2468	967,61	74506,0	308
309	95481	29503629	17,5784	6,7606	5.7333	3,2363	970,75	74990,6	309
310	96100	29791000	17,6068	6,7679	5.7366	3,2258	973,89	75476,8	**310**
311	96721	30080231	17,6352	6,7752	5.7398	3,2154	977,04	75964,5	311
312	97344	30371328	17,6635	6,7824	5.7430	3,2051	980,18	76453,8	312
313	97969	30664297	17,6918	6,7897	5.7462	3,1949	983,32	76944,7	313
314	98596	30959144	17,7200	6,7969	5.7494	3,1847	986,46	77437,1	314
315	99225	31255875	17,7482	6,8041	5.7526	3,1746	989,60	77931,1	315
316	99856	31554496	17,7764	6,8113	5.7557	3,1646	992,74	78426,7	316
317	100489	31855013	17,8045	6,8185	5.7589	3,1546	995,88	78923,9	317
318	101124	32157432	17,8326	6,8256	5.7621	3,1447	999,03	79422,6	318
319	101761	32461759	17,8606	6,8328	5.7652	3,1348	1002,2	79922,9	319
320	102400	32768000	17,8885	6,8399	5.7683	3,1250	1005,3	80424,8	**320**
321	103041	33076161	17,9165	6,8470	5.7714	3,1153	1008,5	80928,2	321
322	103684	33386248	17,9444	6,8541	5.7746	3,1056	1011,6	81433,2	322
323	104329	33698267	17,9722	6,8612	5.7777	3,0960	1014,7	81939,8	323
324	104976	34012224	18,0000	6,8683	5.7807	3,0864	1017,9	82448,0	324
325	105625	34328125	18,0278	6,8753	5.7838	3,0769	1021,0	82957,7	325
326	106276	34645976	18,0555	6,8824	5.7869	3,0675	1024,2	83469,0	326
327	106929	34965783	18,0831	6,8894	5.7900	3,0581	1027,3	83981,8	327
328	107584	35287552	18,1108	6,8964	5.7930	3,0488	1030,4	84496,3	328
329	108241	35611289	18,1384	6,9034	5.7961	3,0395	1033,6	85012,3	329
330	108900	35937000	18,1659	6,9104	5.7991	3,0303	1036,7	85529,9	**330**
331	109561	36264691	18,1934	6,9174	5,8021	3,0212	1039,9	86049,0	331
332	110224	36594368	18,2209	6,9244	5,8051	3,0121	1043,0	86569,7	332
333	110889	36926037	18,2483	6,9313	5,8081	3,0030	1046,2	87092,0	333
334	111556	37259704	18,2757	6,9382	5,8111	2,9940	1049,3	87615,9	334
335	112225	37595375	18,3030	6,9451	5,8141	2,9851	1052,4	88141,3	335
336	112896	37933056	18,3303	6,9521	5,8171	2,9762	1055,6	88668,3	336
337	113569	38272753	18,3576	6,9589	5,8201	2,9674	1058,7	89196,9	337
338	114244	38614472	18,3848	6,9658	5,8230	2,9586	1061,9	89727,0	338
339	114921	38958219	18,4120	6,9727	5,8260	2,9499	1065,0	90258,7	339
340	115600	39304000	18,4391	6,9795	5,8289	2,9412	1068,1	90792,0	**340**
341	116281	39651821	18,4662	6,9864	5,8319	2,9326	1071,3	91326,9	341
342	116964	40001688	18,4932	6,9932	5,8348	2,9240	1074,4	91863,3	342
343	117649	40353607	18,5203	7,0000	5,8377	2,9155	1077,6	92401,3	343
344	118336	40707584	18,5472	7,0068	5,8406	2,9070	1080,7	92940,9	344
345	119025	41063625	18,5742	7,0136	5,8435	2,8986	1083,8	93482,0	345
346	119716	41421736	18,6011	7,0203	5,8464	2,8902	1087,0	94024,7	346
347	120409	41781923	18,6279	7,0271	5,8493	2,8818	1090,1	94569,0	347
348	121104	42144192	18,6548	7,0338	5,8522	2,8736	1093,3	95114,9	348
349	121801	42508549	18,6815	7,0406	5,8551	2,8653	1096,4	95662,3	349
350	122500	42875000	18,7083	7,0473	5,8579	2,8571	1099,6	96211,3	**350**

n	n^2	n^3	$\sqrt{n}$	$\sqrt[3]{n}$	$\ln n$	$\frac{1000}{n}$	πn	$\frac{\pi n^2}{4}$	n
350	122500	42875000	18,7083	7,0473	5,8579	2,8571	1099,6	96211,3	**350**
351	123201	43243551	18,7350	7,0540	5,8608	2,8490	1102,7	96761,8	351
352	123904	43614208	18,7617	7,0607	5,8636	2,8409	1105,8	97314,0	352
353	124609	43986977	18,7883	7,0674	5,8665	2,8329	1109,0	97867,7	353
354	125316	44361864	18,8149	7,0740	5,8693	2,8249	1112,1	98423,0	354
355	126025	44738875	18,8414	7,0807	5,8721	2,8169	1115,3	98979,8	355
356	126736	45118016	18,8680	7,0873	5,8749	2,8090	1118,4	99538,2	356
357	127449	45499293	18,8944	7,0940	5,8777	2,8011	1121,5	100098	357
358	128164	45882712	18,9209	7,1006	5,8805	2,7932	1124,7	100660	358
359	128881	46268279	18,9473	7,1072	5,8833	2,7855	1127,8	101223	359
360	129600	46656000	18,9737	7,1138	5,8861	2,7778	1131,0	101788	**360**
361	130321	47045881	19,0000	7,1204	5,8889	2,7701	1134,1	102354	361
362	131044	47437928	19,0263	7,1269	5,8916	2,7624	1137,3	102922	362
363	131769	47832147	19,0526	7,1335	5,8944	2,7548	1140,4	103491	363
364	132496	48228544	19,0788	7,1400	5,8972	2,7473	1143,5	104062	364
365	133225	48627125	19,1050	7,1466	5,8999	2,7397	1146,7	104635	365
366	133956	49027896	19,1311	7,1531	5,9026	2,7322	1149,8	105209	366
367	134689	49430863	19,1572	7,1596	5,9054	2,7248	1153,0	105785	367
368	135424	49836032	19,1833	7,1661	5,9081	2,7174	1156,1	106362	368
369	136161	50243409	19,2094	7,1726	5,9108	2,7100	1159,2	106941	369
370	136900	50653000	19,2354	7,1791	5,9135	2,7027	1162,4	107521	**370**
371	137641	51064811	19,2614	7,1855	5,9162	2,6954	1165,5	108103	371
372	138384	51478848	19,2873	7,1920	5,9189	2,6882	1168,7	108687	372
373	139129	51895117	19,3132	7,1984	5,9216	2,6810	1171,8	109272	373
374	139876	52313624	19,3391	7,2048	5,9243	2,6738	1175,0	109858	374
375	140625	52734375	19,3649	7,2112	5,9269	2,6667	1178,1	110447	375
376	141376	53157376	19,3907	7,2177	5,9296	2,6596	1181,2	111036	376
377	142129	53582633	19,4165	7,2240	5,9322	2,6525	1184,4	111628	377
378	142884	54010152	19,4422	7,2304	5,9349	2,6455	1187,5	112221	378
379	143641	54439939	19,4679	7,2368	5,9375	2,6385	1190,7	112815	379
380	144400	54872000	19,4936	7,2432	5,9402	2,6316	1193,8	113411	**380**
381	145161	55306341	19,5192	7,2495	5,9428	2,6247	1196,9	114009	381
382	145924	55742968	19,5448	7,2558	5,9454	2,6178	1200,1	114608	382
383	146689	56181887	19,5704	7,2622	5,9480	2,6110	1203,2	115209	383
384	147456	56623104	19,5959	7,2685	5,9506	2,6042	1206,4	115812	384
385	148225	57066625	19,6214	7,2748	5,9532	2,5974	1209,5	116416	385
386	148996	57512456	19,6469	7,2811	5,9558	2,5907	1212,7	117021	386
387	149769	57960603	19,6723	7,2874	5,9584	2,5840	1215,8	117628	387
388	150544	58411072	19,6977	7,2936	5,9610	2,5773	1218,9	118237	388
389	151321	58863869	19,7231	7,2999	5,9636	2,5707	1222,1	118847	389
390	152100	59319000	19,7484	7,3061	5,9661	2,5641	1225,2	119459	**390**
391	152881	59776471	19,7737	7,3124	5,9687	2,5575	1228,4	120072	391
392	153664	60236288	19,7990	7,3186	5,9713	2,5510	1231,5	120687	392
393	154449	60698457	19,8242	7,3248	5,9738	2,5445	1234,6	121304	393
394	155236	61162984	19,8494	7,3310	5,9764	2,5381	1237,8	121922	394
395	156025	61629875	19,8746	7,3372	5,9789	2,5317	1240,9	122542	395
396	156816	62099136	19,8997	7,3434	5,9814	2,5253	1244,1	123163	396
397	157609	62570773	19,9249	7,3496	5,9839	2,5189	1247,2	123786	397
398	158404	63044792	19,9499	7,3558	5,9865	2,5126	1250,4	124410	398
399	159201	63521199	19,9750	7,3619	5,9890	2,5063	1253,5	125036	399
400	160000	64000000	20,0000	7,3681	5,9915	2,5000	1256,6	125664	**400**

n	n^2	n^3	$\sqrt{n}$	$\sqrt[3]{n}$	$\ln n$	$\frac{1000}{n}$	πn	$\frac{\pi n^2}{4}$	n
400	160000	64000000	20,0000	7,3681	5,9915	2,5000	1256,6	125664	**400**
401	160801	64481201	20,0250	7,3742	5,9940	2,4938	1259,8	126293	401
402	161604	64964808	20,0499	7,3803	5,9965	2,4876	1262,9	126923	402
403	162409	65450827	20,0749	7,3864	5,9989	2,4814	1266,1	127556	403
404	163216	65939264	20,0998	7,3925	6,0014	2,4753	1269,2	128190	404
405	164025	66430125	20,1246	7,3986	6,0039	2,4691	1272,3	128825	405
406	164836	66923416	20,1494	7,4047	6,0064	2,4631	1275,5	129462	406
407	165649	67419143	20,1742	7,4108	6,0088	2,4570	1278,6	130100	407
408	166464	67917312	20,1990	7,4169	6,0113	2,4510	1281,8	130741	408
409	167281	68417929	20,2237	7,4229	6,0137	2,4450	1284,9	131382	409
410	168100	68921000	20,2485	7,4290	6,0162	2,4390	1288,1	132025	**410**
411	168921	69426531	20,2731	7,4350	6,0186	2,4331	1291,2	132670	411
412	169744	69934528	20,2978	7,4410	6,0210	2,4272	1294,3	133317	412
413	170569	70444997	20,3224	7,4470	6,0234	2,4213	1297,5	133965	413
414	171396	70957944	20,3470	7,4530	6,0259	2,4155	1300,6	134614	414
415	172225	71473375	20,3715	7,4590	6,0283	2,4096	1303,8	135265	415
416	173056	71991296	20,3961	7,4650	6,0307	2,4039	1306,9	135918	416
417	173889	72511713	20,4206	7,4710	6,0331	2,3981	1310,0	136572	417
418	174724	73034632	20,4450	7,4770	6,0355	2,3923	1313,2	137228	418
419	175561	73560059	20,4695	7,4829	6,0379	2,3866	1316,3	137885	419
420	176400	74088000	20,4939	7,4889	6,0403	2,3810	1319,5	138544	**420**
421	177241	74618461	20,5183	7,4948	6,0426	2,3753	1322,6	139205	421
422	178084	75151448	20,5426	7,5007	6,0450	2,3697	1325,8	139867	422
423	178929	75686967	20,5670	7,5067	6,0474	2,3641	1328,9	140531	423
424	179776	76225024	20,5913	7,5126	6,0497	2,3585	1332,0	141196	424
425	180625	76765625	20,6155	7,5185	6,0521	2,3529	1335,2	141863	425
426	181476	77308776	20,6398	7,5244	6,0544	2,3474	1338,3	142531	426
427	182329	77854483	20,6640	7,5302	6,0568	2,3419	1341,5	143201	427
428	183184	78402752	20,6882	7,5361	6,0591	2,3365	1344,6	143872	428
429	184041	78953589	20,7123	7,5420	6,0615	2,3310	1347,7	144545	429
430	184900	79507000	20,7364	7,5478	6,0638	2,3256	1350,9	145220	**430**
431	185761	80062991	20,7605	7,5537	6,0661	2,3202	1354,0	145896	431
432	186624	80621568	20,7846	7,5595	6,0684	2,3148	1357,2	146574	432
433	187489	81182737	20,8087	7,5654	6,0707	2,3095	1360,3	147254	433
434	188356	81746504	20,8327	7,5712	6,0730	2,3042	1363,5	147934	434
435	189225	82312875	20,8567	7,5770	6,0753	2,2989	1366,6	148617	435
436	190096	82881856	20,8806	7,5828	6,0776	2,2936	1369,7	149301	436
437	190969	83453453	20,9045	7,5886	6,0799	2,2883	1372,9	149987	437
438	191844	84027672	20,9284	7,5944	6,0822	2,2831	1376,0	150674	438
439	192721	84604519	20,9523	7,6001	6,0845	2,2779	1379,2	151363	439
440	193600	85184000	20,9762	7,6059	6,0868	2,2727	1382,3	152053	**440**
441	194481	85766121	21,0000	7,6117	6,0890	2,2676	1385,4	152745	441
442	195364	86350888	21,0238	7,6174	6,0913	2,2624	1388,6	153439	442
443	196249	86938307	21,0476	7,6232	6,0936	2,2573	1391,7	154134	443
444	197136	87528384	21,0713	7,6289	6,0958	2,2523	1394,9	154830	444
445	198025	88121125	21,0950	7,6346	6,0981	2,2472	1398,0	155528	445
446	198916	88716536	21,1187	7,6403	6,1003	2,2422	1401,2	156228	446
447	199809	89314623	21,1424	7,6460	6,1026	2,2371	1404,3	156930	447
448	200704	89915392	21,1660	7,6517	6,1048	2,2321	1407,4	157633	448
449	201601	90518849	21,1896	7,6574	6,1070	2,2272	1410,6	158337	449
450	202500	91125000	21,2132	7,6631	6,1092	2,2222	1413,7	159043	**450**

n	n^2	n^3	$\sqrt{n}$	$\sqrt[3]{n}$	$\ln n$	$\frac{1000}{n}$	πn	$\frac{\pi n^2}{4}$	n
450	202500	91125000	21,2132	7,6631	6,1092	2,2222	1413,7	159043	**450**
451	203401	91733851	21,2368	7,6688	6,1115	2,2173	1416,9	159751	451
452	204304	92345408	21,2603	7,6744	6,1137	2,2124	1420,0	160460	452
453	205209	92959677	21,2838	7,6801	6,1159	2,2075	1423,1	161171	453
454	206116	93576664	21,3073	7,6857	6,1181	2,2026	1426,3	161883	454
455	207025	94196375	21,3307	7,6914	6,1203	2,1978	1429,4	162597	455
456	207936	94818816	21,3542	7,6970	6,1225	2,1930	1432,6	163313	456
457	208849	95443993	21,3776	7,7026	6,1247	2,1882	1435,7	164030	457
458	209764	96071912	21,4009	7,7082	6,1269	2,1834	1438,8	164748	458
459	210681	96702579	21,4243	7,7138	6,1291	2,1787	1442,0	165468	459
460	211600	97336000	21,4476	7,7194	6,1312	2,1739	1445,1	166190	**460**
461	212521	97972181	21,4709	7,7250	6,1334	2,1692	1448,3	166914	461
462	213444	98611128	21,4942	7,7306	6,1356	2,1645	1451,4	167639	462
463	214369	99252847	21,5174	7,7362	6,1377	2,1598	1454,6	168365	463
464	215296	99897344	21,5407	7,7418	6,1399	2,1552	1457,7	169093	464
465	216225	100544625	21,5639	7,7473	6,1420	2,1505	1460,8	169823	465
466	217156	101194696	21,5870	7,7529	6,1442	2,1459	1464,0	170554	466
467	218089	101847563	21,6102	7,7584	6,1463	2,1413	1467,1	171287	467
468	219024	102503232	21,6333	7,7639	6,1485	2,1368	1470,3	172021	468
469	219961	103161709	21,6564	7,7695	6,1506	2,1322	1473,4	172757	469
470	220900	103823000	21,6795	7,7750	6,1527	2,1277	1476,5	173494	**470**
471	221841	104487111	21,7025	7,7805	6,1549	2,1231	1479,7	174234	471
472	222784	105154048	21,7256	7,7860	6,1570	2,1186	1482,8	174974	472
473	223729	105823817	21,7486	7,7915	6,1591	2,1142	1486,0	175716	473
474	224676	106496424	21,7715	7,7970	6,1612	2,1097	1489,1	176460	474
475	225625	107171875	21,7945	7,8025	6,1633	2,1053	1492,3	177205	475
476	226576	107850176	21,8174	7,8079	6,1654	2,1008	1495,4	177952	476
477	227529	108531333	21,8403	7,8134	6,1675	2,0964	1498,5	178701	477
478	228484	109215352	21,8632	7,8188	6,1696	2,0921	1501,7	179451	478
479	229441	109902239	21,8861	7,8243	6,1717	2,0877	1504,8	180203	479
480	230400	110592000	21,9089	7,8297	6,1738	2,0833	1508,0	180956	**480**
481	231361	111284641	21,9317	7,8352	6,1759	2,0790	1511,1	181711	481
482	232324	111980168	21,9545	7,8406	6,1779	2,0747	1514,2	182467	482
483	233289	112678587	21,9773	7,8460	6,1800	2,0704	1517,4	183225	483
484	234256	113379904	22,0000	7,8514	6,1821	2,0661	1520,5	183984	484
485	235225	114084125	22,0227	7,8568	6,1841	2,0619	1523,7	184745	485
486	236196	114791256	22,0454	7,8622	6,1862	2,0576	1526,8	185508	486
487	237169	115501303	22,0681	7,8676	6,1883	2,0534	1530,0	186272	487
488	238144	116214272	22,0907	7,8730	6,1903	2,0492	1533,1	187038	488
489	239121	116930169	22,1133	7,8784	6,1924	2,0450	1536,2	187805	489
490	240100	117649000	22,1359	7,8837	6,1944	2,0408	1539,4	188574	**490**
491	241081	118370771	22,1585	7,8891	6,1964	2,0367	1542,5	189345	491
492	242064	119095488	22,1811	7,8944	6,1985	2,0325	1545,7	190117	492
493	243049	119823157	22,2036	7,8998	6,2005	2,0284	1548,8	190890	493
494	244036	120553784	22,2261	7,9051	6,2025	2,0243	1551,9	191665	494
495	245025	121287375	22,2486	7,9105	6,2046	2,0202	1555,1	192442	495
496	246016	122023936	22,2711	7,9158	6,2066	2,0161	1558,2	193221	496
497	247009	122763473	22,2935	7,9211	6,2086	2,0121	1561,4	194000	497
498	248004	123505992	22,3159	7,9264	6,2106	2,0080	1564,5	194782	498
499	249001	124251499	22,3383	7,9317	6,2126	2,0040	1567,7	195565	499
500	250000	125000000	22,3607	7,9370	6,2146	2,0000	1570,8	196350	**500**

n	n^2	n^3	$\sqrt{n}$	$\sqrt[3]{n}$	$\ln n$	$\frac{1000}{n}$	πn	$\frac{\pi n^2}{4}$	n
500	250000	125000000	22,3607	7,9370	6,2146	2,0000	1570,8	196350	**500**
501	251001	125751501	22,3830	7,9423	6,2166	1,9960	1573,9	197136	501
502	252004	126506008	22,4054	7,9476	6,2186	1,9920	1577,1	197923	502
503	253009	127263527	22,4277	7,9528	6,2206	1,9881	1580,2	198713	503
504	254016	128024064	22,4499	7,9581	6,2226	1,9841	1583,4	199504	504
505	255025	128787625	22,4722	7,9634	6,2246	1,9802	1586,5	200296	505
506	256036	129554216	22,4944	7,9686	6,2265	1,9763	1589,6	201090	506
507	257049	130323843	22,5167	7,9739	6,2285	1,9724	1592,8	201886	507
508	258064	131096512	22,5389	7,9791	6,2305	1,9685	1595,9	202683	508
509	259081	131872229	22,5610	7,9843	6,2324	1,9646	1599,1	203482	509
510	260100	132651000	22,5832	7,9896	6,2344	1,9608	1602,2	204282	**510**
511	261121	133432831	22,6053	7,9948	6,2364	1,9570	1605,4	205084	511
512	262144	134217728	22,6274	8,0000	6,2383	1,9531	1608,5	205887	512
513	263169	135005697	22,6495	8,0052	6,2403	1,9493	1611,6	206692	513
514	264196	135796744	22,6716	8,0104	6,2422	1,9455	1614,8	207499	514
515	265225	136590875	22,6936	8,0156	6,2442	1,9418	1617,9	208307	515
516	266256	137388096	22,7156	8,0208	6,2461	1,9380	1621,1	209117	516
517	267289	138188413	22,7376	8,0260	6,2480	1,9342	1624,2	209928	517
518	268324	138991832	22,7596	8,0311	6,2500	1,9305	1627,3	210741	518
519	269361	139798359	22,7816	8,0363	6,2519	1,9268	1630,5	211556	519
520	270400	140608000	22,8035	8,0415	6,2538	1,9231	1633,6	212372	**520**
521	271441	141420761	22,8254	8,0466	6,2558	1,9194	1636,8	213189	521
522	272484	142236648	22,8473	8,0517	6,2577	1,9157	1639,9	214008	522
523	273529	143055667	22,8692	8,0569	6,2596	1,9121	1643,1	214829	523
524	274576	143877824	22,8910	8,0620	6,2615	1,9084	1646,2	215651	524
525	275625	144703125	22,9129	8,0671	6,2634	1,9048	1649,3	216475	525
526	276676	145531576	22,9347	8,0723	6,2653	1,9011	1652,5	217301	526
527	277729	146363183	22,9565	8,0774	6,2672	1,8975	1655,6	218128	527
528	278784	147197952	22,9783	8,0825	6,2691	1,8939	1658,8	218956	528
529	279841	148035889	23,0000	8,0876	6,2710	1,8904	1661,9	219787	529
530	280900	148877000	23,0217	8,0927	6,2729	1,8868	1665,0	220618	**530**
531	281961	149721291	23,0434	8,0978	6,2748	1,8832	1668,2	221452	531
532	283024	150568768	23,0651	8,1028	6,2766	1,8797	1671,3	222287	532
533	284089	151419437	23,0868	8,1079	6,2785	1,8762	1674,5	223123	533
534	285156	152273304	23,1084	8,1130	6,2804	1,8727	1677,6	223961	534
535	286225	153130375	23,1301	8,1180	6,2823	1,8692	1680,8	224801	535
536	287296	153990656	23,1517	8,1231	6,2841	1,8657	1683,9	225642	536
537	288369	154854153	23,1733	8,1281	6,2860	1,8622	1687,0	226484	537
538	289444	155720872	23,1948	8,1332	6,2879	1,8587	1690,2	227329	538
539	290521	156590819	23,2164	8,1382	6,2897	1,8553	1693,3	228175	539
540	291600	157464000	23,2379	8,1433	6,2916	1,8519	1696,5	229022	**540**
541	292681	158340421	23,2594	8,1483	6,2934	1,8484	1699,6	229871	541
542	293764	159220088	23,2809	8,1533	6,2953	1,8450	1702,7	230722	542
543	294849	160103007	23,3024	8,1583	6,2971	1,8416	1705,9	231574	543
544	295936	160989184	23,3238	8,1633	6,2989	1,8382	1709,0	232428	544
545	297025	161878625	23,3452	8,1683	6,3008	1,8349	1712,2	233283	545
546	298116	162771336	23,3666	8,1733	6,3026	1,8315	1715,3	234140	546
547	299209	163667323	23,3880	8,1783	6,3044	1,8282	1718,5	234998	547
548	300304	164566592	23,4094	8,1833	6,3063	1,8248	1721,6	235858	548
549	301401	165469149	23,4307	8,1882	6,3081	1,8215	1724,7	236720	549
550	302500	166375000	23,4521	8,1932	6,3099	1,8182	1727,9	237583	**550**

n	n^2	n^3	$\sqrt{n}$	$\sqrt[3]{n}$	$\ln n$	$\frac{1000}{n}$	πn	$\frac{\pi n^2}{4}$	n
550	302500	166375000	23,4521	8,1932	6,3099	1,8182	1727,9	237583	**550**
551	303601	167284151	23,4734	8,1982	6,3117	1,8149	1731,0	238448	551
552	304704	168196608	23,4947	8,2031	6,3135	1,8116	1734,2	239314	552
553	305809	169112377	23,5160	8,2081	6,3154	1,8083	1737,3	240182	553
554	306916	170031464	23,5372	8,2130	6,3172	1,8051	1740,4	241051	554
555	308025	170953875	23,5584	8,2180	6,3190	1,8018	1743,6	241922	555
556	309136	171879616	23,5797	8,2229	6,3208	1,7986	1746,7	242795	556
557	310249	172808693	23,6008	8,2278	6,3226	1,7953	1749,9	243669	557
558	311364	173741112	23,6220	8,2327	6,3244	1,7921	1753,0	244545	558
559	312481	174676879	23,6432	8,2377	6,3261	1,7889	1756,2	245422	559
560	313600	175616000	23,6643	8,2426	6,3279	1,7857	1759,3	246301	**560**
561	314721	176558481	23,6854	8,2475	6,3297	1,7825	1762,4	247181	561
562	315844	177504328	23,7065	8,2524	6,3315	1,7794	1765,6	248063	562
563	316969	178453547	23,7276	8,2573	6,3333	1,7762	1768,7	248947	563
564	318096	179406144	23,7487	8,2621	6,3351	1,7731	1771,9	249832	564
565	319225	180362125	23,7697	8,2670	6,3368	1,7699	1775,0	250719	565
566	320356	181321496	23,7908	8,2719	6,3386	1,7668	1778,1	251607	566
567	321489	182284263	23,8118	8,2768	6,3404	1,7637	1781,3	252497	567
568	322624	183250432	23,8328	8,2816	6,3421	1,7606	1784,4	253388	568
569	323761	184220009	23,8537	8,2865	6,3439	1,7575	1787,6	254281	569
570	324900	185193000	23,8747	8,2913	6,3456	1,7544	1790,7	255176	**570**
571	326041	186169411	23,8956	8,2962	6,3474	1,7513	1793,8	256072	571
572	327184	187149248	23,9165	8,3010	6,3491	1,7483	1797,0	256970	572
573	328329	188132517	23,9374	8,3059	6,3509	1,7452	1800,1	257869	573
574	329476	189119224	23,9583	8,3107	6,3526	1,7422	1803,3	258770	574
575	330625	190109375	23,9792	8,3155	6,3544	1,7391	1806,4	259672	575
576	331776	191102976	24,0000	8,3203	6,3561	1,7361	1809,6	260576	576
577	332929	192100033	24,0208	8,3251	6,3578	1,7331	1812,7	261482	577
578	334084	193100552	24,0416	8,3300	6,3596	1,7301	1815,8	262389	578
579	335241	194104539	24,0624	8,3348	6,3613	1,7271	1819,0	263298	579
580	336400	195112000	24,0832	8,3396	6,3630	1,7241	1822,1	264208	**580**
581	337561	196122941	24,1039	8,3443	6,3648	1,7212	1825,3	265120	581
582	338724	197137368	24,1247	8,3491	6,3665	1,7182	1828,4	266033	582
583	339889	198155287	24,1454	8,3539	6,3682	1,7153	1831,6	266948	583
584	341056	199176704	24,1661	8,3587	6,3699	1,7123	1834,7	267865	584
585	342225	200201625	24,1868	8,3634	6,3716	1,7094	1837,8	268783	585
586	343396	201230056	24,2074	8,3682	6,3733	1,7065	1841,0	269703	586
587	344569	202262003	24,2281	8,3730	6,3750	1,7036	1844,1	270624	587
588	345744	203297472	24,2487	8,3777	6,3767	1,7007	1847,3	271547	588
589	346921	204336469	24,2693	8,3825	6,3784	1,6978	1850,4	272471	589
590	348100	205379000	24,2899	8,3872	6,3801	1,6949	1853,5	273397	**590**
591	349281	206425071	24,3105	8,3919	6,3818	1,6921	1856,7	274325	591
592	350464	207474688	24,3311	8,3967	6,3835	1,6892	1859,8	275254	592
593	351649	208527857	24,3516	8,4014	6,3852	1,6863	1863,0	276184	593
594	352836	209584584	24,3721	8,4061	6,3869	1,6835	1866,1	277117	594
595	354025	210644875	24,3926	8,4108	6,3886	1,6807	1869,2	278051	595
596	355216	211708736	24,4131	8,4155	6,3902	1,6779	1872,4	278986	596
597	356409	212776173	24,4336	8,4202	6,3919	1,6750	1875,5	279923	597
598	357604	213847192	24,4540	8,4249	6,3936	1,6722	1878,7	280862	598
599	358801	214921799	24,4745	8,4296	6,3953	1,6695	1881,8	281802	599
600	360000	216000000	24,4949	8,4343	6,3969	1,6667	1885,0	282743	**600**

n	n^2	n^3	$\sqrt{n}$	$\sqrt[3]{n}$	$\ln n$	$\frac{1000}{n}$	πn	$\frac{\pi n^2}{4}$	n
600	360000	216000000	24,4949	8,4343	6,3969	1,6667	1885,0	282743	**600**
601	361201	217081801	24,5153	8,4390	6,3986	1,6639	1888,1	283687	601
602	362404	218167208	24,5357	8,4437	6,4003	1,6611	1891,2	284631	602
603	363609	219256227	24,5561	8,4484	6,4019	1,6584	1894,4	285578	603
604	364816	220348864	24,5764	8,4530	6,4036	1,6556	1897,5	286526	604
605	366025	221445125	24,5967	8,4577	6,4052	1,6529	1900,7	287475	605
606	367236	222545016	24,6171	8,4623	6,4069	1,6502	1903,8	288426	606
607	368449	223648543	24,6374	8,4670	6,4085	1,6475	1906,9	289379	607
608	369664	224755712	24,6577	8,4716	6,4102	1,6447	1910,1	290333	608
609	370881	225866529	24,6779	8,4763	6,4118	1,6420	1913,2	291289	609
610	372100	226981000	24,6982	8,4809	6,4135	1,6393	1916,4	292247	**610**
611	373321	228099131	24,7184	8,4856	6,4151	1,6367	1919,5	293206	611
612	374544	229220928	24,7386	8,4902	6,4167	1,6340	1922,7	294166	612
613	375769	230346397	24,7588	8,4948	6,4184	1,6313	1925,8	295128	613
614	376996	231475544	24,7790	8,4994	6,4200	1,6287	1928,9	296092	614
615	378225	232608375	24,7992	8,5040	6,4216	1,6260	1932,1	297057	615
616	379456	233744896	24,8193	8,5086	6,4232	1,6234	1935,2	298024	616
617	380689	234885113	24,8395	8,5132	6,4249	1,6208	1938,4	298992	617
618	381924	236029032	24,8596	8,5178	6,4265	1,6181	1941,5	299962	618
619	383161	237176659	24,8797	8,5224	6,4281	1,6155	1944,6	300934	619
620	384400	238328000	24,8998	8,5270	6,4297	1,6129	1947,8	301907	**620**
621	385641	239483061	24,9199	8,5316	6,4313	1,6103	1950,9	302882	621
622	386884	240641848	24,9399	8,5362	6,4329	1,6077	1954,1	303858	622
623	388129	241804367	24,9600	8,5408	6,4345	1,6051	1957,2	304836	623
624	389376	242970624	24,9800	8,5453	6,4362	1,6026	1960,4	305815	624
625	390625	244140625	25,0000	8,5499	6,4378	1,6000	1963,5	306796	625
626	391876	245314376	25,0200	8,5544	6,4394	1,5974	1966,6	307779	626
627	393129	246491883	25,0400	8,5590	6,4409	1,5949	1969,8	308763	627
628	394384	247673152	25,0599	8,5635	6,4425	1,5924	1972,9	309748	628
629	395641	248858189	25,0799	8,5681	6,4441	1,5898	1976,1	310736	629
630	396900	250047000	25,0998	8,5726	6,4457	1,5873	1979,2	311725	**630**
631	398161	251239591	25,1197	8,5772	6,4473	1,5848	1982,3	312715	631
632	399424	252435968	25,1396	8,5817	6,4489	1,5823	1985,5	313707	632
633	400689	253636137	25,1595	8,5862	6,4505	1,5798	1988,6	314700	633
634	401956	254840104	25,1794	8,5907	6,4520	1,5773	1991,8	315696	634
635	403225	256047875	25,1992	8,5952	6,4536	1,5748	1994,9	316692	635
636	404496	257259456	25,2190	8,5997	6,4552	1,5723	1998,1	317690	636
637	405769	258474853	25,2389	8,6043	6,4568	1,5697	2001,2	318690	637
638	407044	259694072	25,2587	8,6088	6,4583	1,5674	2004,3	319692	638
639	408321	260917119	25,2784	8,6132	6,4599	1,5650	2007,5	320695	639
640	409600	262144000	25,2982	8,6177	6,4615	1,5625	2010,6	321699	**640**
641	410881	263374721	25,3180	8,6222	6,4630	1,5601	2013,8	322705	641
642	412164	264609288	25,3377	8,6267	6,4646	1,5576	2016,9	323713	642
643	413449	265847707	25,3574	8,6312	6,4661	1,5552	2020,0	324722	643
644	414736	267089984	25,3772	8,6357	6,4677	1,5528	2023,2	325733	644
645	416025	268336125	25,3969	8,6401	6,4693	1,5504	2026,3	326745	645
646	417316	269586136	25,4165	8,6446	6,4708	1,5480	2029,5	327759	646
647	418609	270840023	25,4362	8,6490	6,4723	1,5456	2032,6	328775	647
648	419904	272097792	25,4558	8,6535	6,4739	1,5432	2035,8	329792	648
649	421201	273359449	25,4755	8,6579	6,4754	1,5408	2038,9	330810	649
650	422500	274625000	25,4951	8,6624	6,4770	1,5385	2042,0	331831	**650**

n	n^2	n^3	$\sqrt{n}$	$\sqrt[3]{n}$	$\ln n$	$\frac{1000}{n}$	πn	$\frac{\pi n^2}{4}$	n
650	422500	274625000	25,4951	8,6624	6,4770	1,5385	2042,0	331831	**650**
651	423801	275894451	25,5147	8,6668	6,4785	1,5361	2045,2	332853	651
652	425104	277167808	25,5343	8,6713	6,4800	1,5337	2048,3	333876	652
653	426409	278445077	25,5539	8,6757	6,4816	1,5314	2051,5	334901	653
654	427716	279726264	25,5734	8,6801	6,4831	1,5291	2054,6	335927	654
655	429025	281011375	25,5930	8,6845	6,4846	1,5267	2057,7	336955	655
656	430336	282300416	25,6125	8,6890	6,4862	1,5244	2060,9	337985	656
657	431649	283593393	25,6320	8,6934	6,4877	1,5221	2064,0	339016	657
658	432964	284890312	25,6515	8,6978	6,4892	1,5198	2067,2	340049	658
659	434281	286191179	25,6710	8,7022	6,4907	1,5175	2070,3	341084	659
660	435600	287496000	25,6905	8,7066	6,4922	1,5152	2073,5	342119	**660**
661	436921	288804781	25,7099	8,7110	6,4938	1,5129	2076,6	343157	661
662	438244	290117528	25,7294	8,7154	6,4953	1,5106	2079,7	344196	662
663	439569	291434247	25,7488	8,7198	6,4968	1,5083	2082,9	345237	663
664	440896	292754944	25,7682	8,7241	6,4983	1,5060	2086,0	346279	664
665	442225	294079625	25,7876	8,7285	6,4998	1,5038	2089,2	347323	665
666	443556	295408296	25,8070	8,7329	6,5013	1,5015	2092,3	348368	666
667	444889	296740963	25,8263	8,7373	6,5028	1,4993	2095,4	349415	667
668	446224	298077632	25,8457	8,7416	6,5043	1,4970	2098,6	350464	668
669	447561	299418309	25,8650	8,7460	6,5058	1,4948	2101,7	351514	669
670	448900	300763000	25,8844	8,7503	6,5073	1,4925	2104,9	352565	**670**
671	450241	302111711	25,9037	8,7547	6,5088	1,4903	2108,0	353618	671
672	451584	303464448	25,9230	8,7590	6,5103	1,4881	2111,2	354673	672
673	452929	304821217	25,9422	8,7634	6,5117	1,4859	2114,3	355730	673
674	454276	306182024	25,9615	8,7677	6,5132	1,4837	2117,4	356788	674
675	455625	307546875	25,9808	8,7721	6,5147	1,4815	2120,6	357847	675
676	456976	308915776	26,0000	8,7764	6,5162	1,4793	2123,7	358908	676
677	458329	310288733	26,0192	8,7807	6,5177	1,4771	2126,9	359971	677
678	459684	311665752	26,0384	8,7850	6,5191	1,4749	2130,0	361035	678
679	461041	313046839	26,0576	8,7893	6,5206	1,4728	2133,1	362101	679
680	462400	314432000	26,0768	8,7937	6,5221	1,4706	2136,3	363168	**680**
681	463761	315821241	26,0960	8,7980	6,5236	1,4684	2139,4	364237	681
682	465124	317214568	26,1151	8,8023	6,5250	1,4663	2142,6	365308	682
683	466489	318611987	26,1343	8,8066	6,5265	1,4641	2145,7	366380	683
684	467856	320013504	26,1534	8,8109	6,5280	1,4620	2148,8	367453	684
685	469225	321419125	26,1725	8,8152	6,5294	1,4599	2152,0	368528	685
686	470596	322828856	26,1916	8,8194	6,5309	1,4577	2155,1	369605	686
687	471969	324242703	26,2107	8,8237	6,5323	1,4556	2158,3	370684	687
688	473344	325660672	26,2298	8,8280	6,5338	1,4535	2161,4	371764	688
689	474721	327082769	26,2488	8,8323	6,5352	1,4514	2164,6	372845	689
690	476100	328509000	26,2679	8,8366	6,5367	1,4493	2167,7	373928	**690**
691	477481	329939371	26,2869	8,8408	6,5381	1,4472	2170,8	375013	691
692	478864	331373888	26,3059	8,8451	6,5396	1,4451	2174,0	376099	692
693	480249	332812557	26,3249	8,8493	6,5410	1,4430	2177,1	377187	693
694	481636	334255384	26,3439	8,8536	6,5425	1,4409	2180,3	378276	694
695	483025	335702375	26,3629	8,8578	6,5439	1,4389	2183,4	379367	695
696	484416	337153536	26,3818	8,8621	6,5453	1,4368	2186,5	380459	696
697	485809	338608873	26,4008	8,8663	6,5468	1,4347	2189,7	381553	697
698	487204	340068392	26,4197	8,8706	6,5482	1,4327	2192,8	382649	698
699	488601	341532099	26,4386	8,8748	6,5497	1,4306	2196,0	383746	699
700	490000	343000000	26,4575	8,8790	6,5511	1,4286	2199,1	384845	**700**

n	n^2	n^3	$\sqrt{n}$	$\sqrt[3]{n}$	$\ln n$	$\frac{1000}{n}$	πn	$\frac{\pi n^2}{4}$	n
700	490000	343000000	26,4575	8,8790	6,5511	1,4286	2199,1	384845	700
701	491401	344472101	26,4764	8,8833	6,5525	1,4265	2202,3	385945	701
702	492804	345948408	26,4953	8,8875	6,5539	1,4245	2205,4	387047	702
703	494209	347428927	26,5141	8,8917	6,5554	1,4225	2208,5	388151	703
704	495616	348913664	26,5330	8,8959	6,5568	1,4205	2211,7	389256	704
705	497025	350402625	26,5518	8,9001	6,5582	1,4184	2214,8	390363	705
706	498436	351895816	26,5707	8,9043	6,5596	1,4164	2218,0	391471	706
707	499849	353393243	26,5895	8,9085	6,5610	1,4144	2221,1	392580	707
708	501264	354894912	26,6083	8,9127	6,5624	1,4124	2224,2	393692	708
709	502681	356400829	26,6271	8,9169	6,5639	1,4104	2227,4	394805	709
710	504100	357911000	26,6458	8,9211	6,5653	1,4085	2230,5	395919	710
711	505521	359425431	26,6646	8,9253	6,5667	1,4065	2233,7	397035	711
712	506944	360944128	26,6833	8,9295	6,5681	1,4045	2236,8	398153	712
713	508369	362467097	26,7021	8,9337	6,5695	1,4025	2240,0	399272	713
714	509796	363994344	26,7208	8,9378	6,5709	1,4006	2243,1	400393	714
715	511225	365525875	26,7395	8,9420	6,5723	1,3986	2246,2	401515	715
716	512656	367061696	26,7582	8,9462	6,5737	1,3967	2249,4	402639	716
717	514089	368601813	26,7769	8,9503	6,5751	1,3947	2252,5	403765	717
718	515524	370146232	26,7955	8,9545	6,5765	1,3928	2255,7	404892	718
719	516961	371694959	26,8142	8,9587	6,5779	1,3908	2258,8	406020	719
720	518400	373248000	26,8328	8,9628	6,5793	1,3889	2261,9	407150	720
721	519841	374805361	26,8514	8,9670	6,5806	1,3870	2265,1	408282	721
722	521284	376367048	26,8701	8,9711	6,5820	1,3850	2268,2	409415	722
723	522729	377933067	26,8887	8,9752	6,5834	1,3831	2271,4	410550	723
724	524176	379503424	26,9072	8,9794	6,5848	1,3812	2274,5	411687	724
725	525625	381078125	26,9258	8,9835	6,5862	1,3793	2277,7	412825	725
726	527076	382657176	26,9444	8,9876	6,5876	1,3774	2280,8	413965	726
727	528529	384240583	26,9629	8,9918	6,5889	1,3755	2283,9	415106	727
728	529984	385828352	26,9815	8,9959	6,5903	1,3736	2287,1	416248	728
729	531441	387420489	27,0000	9,0000	6,5917	1,3717	2290,2	417393	729
730	532900	389017000	27,0185	9,0041	6,5930	1,3699	2293,4	418539	730
731	534361	390617891	27,0370	9,0082	6,5944	1,3680	2296,5	419686	731
732	535824	392223168	27,0555	9,0123	6,5958	1,3661	2299,6	420835	732
733	537289	393832837	27,0740	9,0164	6,5971	1,3643	2302,8	421986	733
734	538756	395446904	27,0924	9,0205	6,5985	1,3624	2305,9	423138	734
735	540225	397065375	27,1109	9,0246	6,5999	1,3605	2309,1	424293	735
736	541696	398688256	27,1293	9,0287	6,6012	1,3587	2312,2	425447	736
737	543169	400315553	27,1477	9,0328	6,6026	1,3569	2315,4	426604	737
738	544644	401947272	27,1662	9,0369	6,6039	1,3550	2318,5	427762	738
739	546121	403583419	27,1846	9,0410	6,6053	1,3532	2321,6	428922	739
740	547600	405224000	27,2029	9,0450	6,6067	1,3514	2324,8	430084	740
741	549081	406869021	27,2213	9,0491	6,6080	1,3495	2327,9	431247	741
742	550564	408518488	27,2397	9,0532	6,6093	1,3477	2331,1	432412	742
743	552049	410172407	27,2580	9,0572	6,6107	1,3459	2334,2	433578	743
744	553536	411830784	27,2764	9,0613	6,6120	1,3441	2337,3	434746	744
745	555025	413493625	27,2947	9,0654	6,6134	1,3423	2340,5	435916	745
746	556516	415160936	27,3130	9,0694	6,6147	1,3405	2343,6	437087	746
747	558009	416832723	27,3313	9,0735	6,6161	1,3387	2346,8	438259	747
748	559504	418508992	27,3496	9,0775	6,6174	1,3369	2349,9	439433	748
749	561001	420189749	27,3679	9,0816	6,6187	1,3351	2353,1	440609	749
750	562500	421875000	27,3861	9,0856	6,6201	1,3333	2356,2	441786	750

n	n^2	n^3	$\sqrt{n}$	$\sqrt[3]{n}$	$\ln n$	$\frac{1000}{n}$	πn	$\frac{\pi n^2}{4}$	n
750	562500	421875000	27,3861	9,0856	6,6201	1,3333	2356,2	441786	**750**
751	564001	423564751	27,4044	9,0896	6,6214	1,3316	2359,3	442965	751
752	565504	425259008	27,4226	9,0937	6,6227	1,3298	2362,5	444146	752
753	567009	426957777	27,4408	9,0977	6,6241	1,3280	2365,6	445328	753
754	568516	428661064	27,4591	9,1017	6,6254	1,3263	2368,8	446511	754
755	570025	430368875	27,4773	9,1057	6,6267	1,3245	2371,9	447697	755
756	571536	432081216	27,4955	9,1098	6,6280	1,3228	2375,0	448883	756
757	573049	433798093	27,5136	9,1138	6,6294	1,3210	2378,2	450072	757
758	574564	435519512	27,5318	9,1178	6,6307	1,3193	2381,3	451262	758
759	576081	437245479	27,5500	9,1218	6,6320	1,3175	2384,5	452453	759
760	577600	438976000	27,5681	9,1258	6,6333	1,3158	2387,6	453646	**760**
761	579121	440711081	27,5862	9,1298	6,6346	1,3141	2390,8	454841	761
762	580644	442450728	27,6043	9,1338	6,6359	1,3123	2393,9	456037	762
763	582169	444194947	27,6225	9,1378	6,6373	1,3106	2397,0	457234	763
764	583696	445943744	27,6405	9,1418	6,6386	1,3089	2400,2	458434	764
765	585225	447697125	27,6586	9,1458	6,6399	1,3072	2403,3	459635	765
766	586756	449455096	27,6767	9,1498	6,6412	1,3055	2406,5	460837	766
767	588289	451217663	27,6948	9,1537	6,6425	1,3038	2409,6	462041	767
768	589824	452984832	27,7128	9,1577	6,6438	1,3021	2412,7	463247	768
769	591361	454756609	27,7308	9,1617	6,6451	1,3004	2415,9	464454	769
770	592900	456533000	27,7489	9,1657	6,6464	1,2987	2419,0	465663	**770**
771	594441	458314011	27,7669	9,1696	6,6477	1,2970	2422,2	466873	771
772	595984	460099648	27,7849	9,1736	6,6490	1,2953	2425,3	468085	772
773	597529	461889917	27,8029	9,1775	6,6503	1,2937	2428,5	469298	773
774	599076	463684824	27,8209	9,1815	6,6516	1,2920	2431,6	470513	774
775	600625	465484375	27,8388	9,1855	6,6529	1,2903	2434,7	471730	775
776	602176	467288576	27,8568	9,1894	6,6542	1,2887	2437,9	472948	776
777	603729	469097433	27,8747	9,1933	6,6554	1,2870	2441,0	474168	777
778	605284	470910952	27,8927	9,1973	6,6567	1,2854	2444,2	475389	778
779	606841	472729139	27,9106	9,2012	6,6580	1,2837	2447,3	476612	779
780	608400	474552000	27,9285	9,2052	6,6593	1,2821	2450,4	477836	**780**
781	609961	476379541	27,9464	9,2091	6,6606	1,2804	2453,6	479062	781
782	611524	478211768	27,9643	9,2130	6,6619	1,2788	2456,7	480290	782
783	613089	480048687	27,9821	9,2170	6,6631	1,2771	2459,9	481519	783
784	614656	481890304	28,0000	9,2209	6,6644	1,2755	2463,0	482750	784
785	616225	483736625	28,0179	9,2248	6,6657	1,2739	2466,2	483982	785
786	617796	485587656	28,0357	9,2287	6,6670	1,2723	2469,3	485216	786
787	619369	487443403	28,0535	9,2326	6,6682	1,2707	2472,4	486451	787
788	620944	489303872	28,0713	9,2365	6,6695	1,2690	2475,6	487688	788
789	622521	491169069	28,0891	9,2404	6,6708	1,2674	2478,7	488927	789
790	624100	493039000	28,1069	9,2443	6,6720	1,2658	2481,9	490167	**790**
791	625681	494913671	28,1247	9,2482	6,6733	1,2642	2485,0	491409	791
792	627264	496793088	28,1425	9,2521	6,6746	1,2626	2488,1	492652	792
793	628849	498677257	28,1603	9,2560	6,6758	1,2610	2491,3	493897	793
794	630436	500566184	28,1780	9,2599	6,6771	1,2595	2494,4	495143	794
795	632025	502459875	28,1957	9,2638	6,6783	1,2579	2497,6	496391	795
796	633616	504358336	28,2135	9,2677	6,6796	1,2563	2500,7	497641	796
797	635209	506261573	28,2312	9,2716	6,6809	1,2547	2503,8	498892	797
798	636804	508169592	28,2489	9,2754	6,6821	1,2531	2507,0	500145	798
799	638401	510082399	28,2666	9,2793	6,6834	1,2516	2510,1	501399	799
800	640000	512000000	28,2843	9,2832	6,6846	1,2500	2513,3	502655	**800**

n	n^2	n^3	$\sqrt{n}$	$\sqrt[3]{n}$	$\ln n$	$\frac{1000}{n}$	πn	$\frac{\pi n^2}{4}$	n
800	640000	512000000	28,2843	9,2832	6,6846	1,2500	2513,3	502655	**800**
801	641601	513922401	28,3019	9,2870	6,6859	1,2484	2516,4	503912	801
802	643204	515849608	28,3196	9,2909	6,6871	1,2469	2519,6	505171	802
803	644809	517781627	28,3373	9,2948	6,6884	1,2453	2522,7	506432	803
804	646416	519718464	28,3549	9,2986	6,6896	1,2438	2525,8	507694	804
805	648025	521660125	28,3725	9,3025	6,6908	1,2422	2529,0	508958	805
806	649636	523606616	28,3901	9,3063	6,6921	1,2407	2532,1	510223	806
807	651249	525557943	28,4077	9,3102	6,6933	1,2392	2535,3	511490	807
808	652864	527514112	28,4253	9,3140	6,6946	1,2376	2538,4	512758	808
809	654481	529475129	28,4429	9,3179	6,6958	1,2361	2541,5	514028	809
810	656100	531441000	28,4605	9,3217	6,6970	1,2346	2544,7	515300	**810**
811	657721	533411731	28,4781	9,3255	6,6983	1,2331	2547,8	516573	811
812	659344	535387328	28,4956	9,3294	6,6995	1,2315	2551,0	517848	812
813	660969	537367797	28,5132	9,3332	6,7007	1,2300	2554,1	519124	813
814	662596	539353144	28,5307	9,3370	6,7020	1,2285	2557,3	520402	814
815	664225	541343375	28,5482	9,3408	6,7032	1,2270	2560,4	521681	815
816	665856	543338496	28,5657	9,3447	6,7044	1,2255	2563,5	522962	816
817	667489	545338513	28,5832	9,3485	6,7056	1,2240	2566,7	524245	817
818	669124	547343432	28,6007	9,3523	6,7069	1,2225	2569,8	525529	818
819	670761	549353259	28,6182	9,3561	6,7081	1,2210	2573,0	526814	819
820	672400	551368000	28,6356	9,3599	6,7093	1,2195	2576,1	528102	**820**
821	674041	553387661	28,6531	9,3637	6,7105	1,2180	2579,2	529391	821
822	675684	555412248	28,6705	9,3675	6,7117	1,2166	2582,4	530681	822
823	677329	557441767	28,6880	9,3713	6,7130	1,2151	2585,5	531973	823
824	678976	559476224	28,7054	9,3751	6,7142	1,2136	2588,7	533267	824
825	680625	561515625	28,7228	9,3789	6,7154	1,2121	2591,8	534562	825
826	682276	563559976	28,7402	9,3827	6,7166	1,2107	2595,0	535858	826
827	683929	565609283	28,7576	9,3865	6,7178	1,2092	2598,1	537157	827
828	685584	567663552	28,7750	9,3902	6,7190	1,2077	2601,2	538456	828
829	687241	569722789	28,7924	9,3940	6,7202	1,2063	2604,4	539758	829
830	688900	571787000	28,8097	9,3978	6,7214	1,2048	2607,5	541061	**830**
831	690561	573856191	28,8271	9,4016	6,7226	1,2034	2610,7	542365	831
832	692224	575930368	28,8444	9,4053	6,7238	1,2019	2613,8	543671	832
833	693889	578009537	28,8617	9,4091	6,7250	1,2005	2616,9	544979	833
834	695556	580093704	28,8791	9,4129	6,7262	1,1990	2620,1	546288	834
835	697225	582182875	28,8964	9,4166	6,7274	1,1976	2623,2	547599	835
836	698896	584277056	28,9137	9,4204	6,7286	1,1962	2626,4	548912	836
837	700569	586376253	28,9310	9,4241	6,7298	1,1947	2629,5	550226	837
838	702244	588480472	28,9482	9,4279	6,7310	1,1933	2632,7	551541	838
839	703921	590589719	28,9655	9,4316	6,7322	1,1919	2635,8	552858	839
840	705600	592704000	28,9828	9,4354	6,7334	1,1905	2638,9	554177	**840**
841	707281	594823321	29,0000	9,4391	6,7346	1,1891	2642,1	555497	841
842	708964	596947688	29,0172	9,4429	6,7358	1,1877	2645,2	556819	842
843	710649	599077107	29,0345	9,4466	6,7370	1,1862	2648,4	558142	843
844	712336	601211584	29,0517	9,4503	6,7382	1,1848	2651,5	559467	844
845	714025	603351125	29,0689	9,4541	6,7393	1,1834	2654,6	560794	845
846	715716	605495736	29,0861	9,4578	6,7405	1,1820	2657,8	562122	846
847	717409	607645423	29,1033	9,4615	6,7417	1,1806	2660,9	563452	847
848	719104	609800192	29,1204	9,4652	6,7429	1,1793	2664,1	564783	848
849	720801	611960049	29,1376	9,4690	6,7441	1,1779	2667,2	566116	849
850	722500	614125000	29,1548	9,4727	6,7452	1,1765	2670,4	567450	**850**

n	n^2	n^3	$\sqrt{n}$	$\sqrt[3]{n}$	$\ln n$	$\frac{1000}{n}$	πn	$\frac{\pi n^2}{4}$	n
850	722500	614125000	29,1548	9,4727	6,7452	1,1765	2670,4	567450	**850**
851	724201	616295051	29,1719	9,4764	6,7464	1,1751	2673,5	568786	851
852	725904	618470208	29,1890	9,4801	6,7476	1,1737	2676,6	570124	852
853	727609	620650477	29,2062	9,4838	6,7488	1,1723	2679,8	571463	853
854	729316	622835864	29,2233	9,4875	6,7499	1,1710	2682,9	572803	854
855	731025	625026375	29,2404	9,4912	6,7511	1,1696	2686,1	574146	855
856	732736	627222016	29,2575	9,4949	6,7523	1,1682	2689,2	575490	856
857	734449	629422793	29,2746	9,4986	6,7534	1,1669	2692,3	576835	857
858	736164	631628712	29,2916	9,5023	6,7546	1,1655	2695,5	578182	858
859	737881	633839779	29,3087	9,5060	6,7558	1,1641	2698,6	579530	859
860	739600	636056000	29,3258	9,5097	6,7569	1,1628	2701,8	580880	**860**
861	741321	638277381	29,3428	9,5134	6,7581	1,1614	2704,9	582232	861
862	743044	640503928	29,3598	9,5171	6,7593	1,1601	2708,1	583585	862
863	744769	642735647	29,3769	9,5207	6,7604	1,1588	2711,2	584940	863
864	746496	644972544	29,3939	9,5244	6,7616	1,1574	2714,3	586297	864
865	748225	647214625	29,4109	9,5281	6,7627	1,1561	2717,5	587655	865
866	749956	649461896	29,4279	9,5317	6,7639	1,1547	2720,6	589014	866
867	751689	651714363	29,4449	9,5354	6,7650	1,1534	2723,8	590375	867
868	753424	653972032	29,4618	9,5391	6,7662	1,1521	2726,9	591738	868
869	755161	656234909	29,4788	9,5427	6,7673	1,1508	2730,0	593102	869
870	756900	658503000	29,4958	9,5464	6,7685	1,1494	2733,2	594468	**870**
871	758641	660776311	29,5127	9,5501	6,7696	1,1481	2736,3	595835	871
872	760384	663054848	29,5296	9,5537	6,7708	1,1468	2739,5	597204	872
873	762129	665338617	29,5466	9,5574	6,7719	1,1455	2742,6	598575	873
874	763876	667627624	29,5635	9,5610	6,7731	1,1442	2745,8	599947	874
875	765625	669921875	29,5804	9,5647	6,7742	1,1429	2748,9	601320	875
876	767376	672221376	29,5973	9,5683	6,7754	1,1416	2752,0	602696	876
877	769129	674526133	29,6142	9,5719	6,7765	1,1403	2755,2	604073	877
878	770884	676836152	29,6311	9,5756	6,7776	1,1390	2758,3	605451	878
879	772641	679151439	29,6479	9,5792	6,7788	1,1377	2761,5	606831	879
880	774400	681472000	29,6648	9,5828	6,7799	1,1364	2764,6	608212	**880**
881	776161	683797841	29,6816	9,5865	6,7811	1,1351	2767,7	609595	881
882	777924	686128968	29,6985	9,5901	6,7822	1,1338	2770,9	610980	882
883	779689	688465387	29,7153	9,5937	6,7833	1,1325	2774,0	612366	883
884	781456	690807104	29,7321	9,5973	6,7845	1,1312	2777,2	613754	884
885	783225	693154125	29,7489	9,6010	6,7856	1,1299	2780,3	615143	885
886	784996	695506456	29,7658	9,6046	6,7867	1,1287	2783,5	616534	886
887	786769	697864103	29,7825	9,6082	6,7878	1,1274	2786,6	617927	887
888	788544	700227072	29,7993	9,6118	6,7890	1,1261	2789,7	619321	888
889	790321	702595369	29,8161	9,6154	6,7901	1,1249	2792,9	620717	889
890	792100	704969000	29,8329	9,6190	6,7912	1,1236	2796,0	622114	**890**
891	793881	707347971	29,8496	9,6226	6,7923	1,1223	2799,2	623513	891
892	795664	709732288	29,8664	9,6262	6,7935	1,1211	2802,3	624913	892
893	797449	712121957	29,8831	9,6298	6,7946	1,1198	2805,4	626315	893
894	799236	714516984	29,8998	9,6334	6,7957	1,1186	2808,6	627718	894
895	801025	716917375	29,9166	9,6370	6,7968	1,1173	2811,7	629124	895
896	802816	719323136	29,9333	9,6406	6,7979	1,1161	2814,9	630530	896
897	804609	721734273	29,9500	9,6442	6,7991	1,1148	2818,0	631938	897
898	806404	724150792	29,9666	9,6477	6,8002	1,1136	2821,2	633348	898
899	808201	726572699	29,9833	9,6513	6,8013	1,1124	2824,3	634760	899
900	810000	729000000	30,0000	9,6549	6,8024	1,1111	2827,4	636173	**900**

n	n^2	n^3	$\sqrt{n}$	$\sqrt[3]{n}$	$\ln n$	$\frac{1000}{n}$	πn	$\frac{\pi n^2}{4}$	n
900	810000	729000000	30,0000	9,6549	6,8024	1,1111	2827,4	636173	**900**
901	811801	731432701	30,0167	9,6585	6,8035	1,1099	2830,6	637587	901
902	813604	733870808	30,0333	9,6620	6,8046	1,1087	2833,7	639003	902
903	815409	736314327	30,0500	9,6656	6,8057	1,1074	2836,9	640421	903
904	817216	738763264	30,0666	9,6692	6,8068	1,1062	2840,0	641840	904
905	819025	741217625	30,0832	9,6727	6,8079	1,1050	2843,1	643261	905
906	820836	743677416	30,0998	9,6763	6,8090	1,1038	2846,3	644683	906
907	822649	746142643	30,1164	9,6799	6,8101	1,1025	2849,4	646107	907
908	824464	748613312	30,1330	9,6834	6,8112	1,1013	2852,6	647533	908
909	826281	751089429	30,1496	9,6870	6,8123	1,1001	2855,7	648960	909
910	828100	753571000	30,1662	9,6905	6,8134	1,0989	2858,8	650388	**910**
911	829921	756058031	30,1828	9,6941	6,8145	1,0977	2862,0	651818	911
912	831744	758550528	30,1993	9,6976	6,8156	1,0965	2865,1	653250	912
913	833569	761048497	30,2159	9,7012	6,8167	1,0953	2868,3	654684	913
914	835396	763551944	30,2324	9,7047	6,8178	1,0941	2871,4	656118	914
915	837225	766060875	30,2490	9,7082	6,8189	1,0929	2874,6	657555	915
916	839056	768575296	30,2655	9,7118	6,8200	1,0917	2877,7	658993	916
917	840889	771095213	30,2820	9,7153	6,8211	1,0905	2880,8	660433	917
918	842724	773620632	30,2985	9,7188	6,8222	1,0893	2884,0	661874	918
919	844561	776151559	30,3150	9,7224	6,8233	1,0881	2887,1	663317	919
920	846400	778688000	30,3315	9,7259	6,8244	1,0870	2890,3	664761	**920**
921	848241	781229961	30,3480	9,7294	6,8255	1,0858	2893,4	666207	921
922	850084	783777448	30,3645	9,7329	6,8265	1,0846	2896,5	667654	922
923	851929	786330467	30,3809	9,7364	6,8276	1,0834	2899,7	669103	923
924	853776	788889024	30,3974	9,7400	6,8287	1,0823	2902,8	670554	924
925	855625	791453125	30,4138	9,7435	6,8298	1,0811	2906,0	672006	925
926	857476	794022776	30,4302	9,7470	6,8309	1,0799	2909,1	673460	926
927	859329	796597983	30,4467	9,7505	6,8320	1,0788	2912,3	674915	927
928	861184	799178752	30,4631	9,7540	6,8330	1,0776	2915,4	676372	928
929	863041	801765089	30,4795	9,7575	6,8341	1,0764	2918,5	677831	929
930	864900	804357000	30,4959	9,7610	6,8352	1,0753	2921,7	679291	**930**
931	866761	806954491	30,5123	9,7645	6,8363	1,0741	2924,8	680752	931
932	868624	809557568	30,5287	9,7680	6,8373	1,0730	2928,0	682216	932
933	870489	812166237	30,5450	9,7715	6,8384	1,0718	2931,1	683680	933
934	872356	814780504	30,5614	9,7750	6,8395	1,0707	2934,2	685147	934
935	874225	817400375	30,5778	9,7785	6,8405	1,0695	2937,4	686615	935
936	876096	820025856	30,5941	9,7819	6,8416	1,0684	2940,5	688084	936
937	877969	822656953	30,6105	9,7854	6,8427	1,0672	2943,7	689555	937
938	879844	825293672	30,6268	9,7889	6,8437	1,0661	2946,8	691028	938
939	881721	827936019	30,6431	9,7924	6,8448	1,0650	2950,0	692502	939
940	883600	830584000	30,6594	9,7959	6,8459	1,0638	2953,1	693978	**940**
941	885481	833237621	30,6757	9,7993	6,8469	1,0627	2956,2	695455	941
942	887364	835896888	30,6920	9,8028	6,8480	1,0616	2959,4	696934	942
943	889249	838561807	30,7083	9,8063	6,8491	1,0605	2962,5	698415	943
944	891136	841232384	30,7246	9,8097	6,8501	1,0593	2965,7	699897	944
945	893025	843908625	30,7409	9,8132	6,8512	1,0582	2968,8	701380	945
946	894916	846590536	30,7571	9,8167	6,8522	1,0571	2971,9	702865	946
947	896809	849278123	30,7734	9,8201	6,8533	1,0560	2975,1	704352	947
948	898704	851971392	30,7896	9,8236	6,8544	1,0549	2978,2	705840	948
949	900601	854670349	30,8058	9,8270	6,8554	1,0537	2981,4	707330	949
950	902500	857375000	30,8221	9,8305	6,8565	1,0526	2984,5	708822	**950**

n	n^2	n^3	$\sqrt{n}$	$\sqrt[3]{n}$	$\ln n$	$\frac{1000}{n}$	πn	$\frac{\pi n^2}{4}$	n
950	902500	857375000	30,8221	9,8305	6,8565	1,0526	2984,5	708822	**950**
951	904401	860085351	30,8383	9,8339	6,8575	1,0515	2987,7	710315	951
952	906304	862801408	30,8545	9,8374	6,8586	1,0504	2990,8	711809	952
953	908209	865523177	30,8707	9,8408	6,8596	1,0493	2993,9	713306	953
954	910116	868250664	30,8869	9,8443	6,8607	1,0482	2997,1	714803	954
955	912025	870983875	30,9031	9,8477	6,8617	1,0471	3000,2	716303	955
956	913936	873722816	30,9192	9,8511	6,8628	1,0460	3003,4	717804	956
957	915849	876467493	30,9354	9,8546	6,8638	1,0449	3006,5	719306	957
958	917764	879217912	30,9516	9,8580	6,8648	1,0438	3009,6	720810	958
959	919681	881974079	30,9677	9,8614	6,8659	1,0428	3012,8	722316	959
960	921600	884736000	30,9839	9,8648	6,8669	1,0417	3015,9	723823	**960**
961	923521	887503681	31,0000	9,8683	6,8680	1,0406	3019,1	725332	961
962	925444	890277128	31,0161	9,8717	6,8690	1,0395	3022,2	726842	962
963	927369	893056347	31,0322	9,8751	6,8701	1,0384	3025,4	728354	963
964	929296	895841344	31,0483	9,8785	6,8711	1,0373	3028,5	729867	964
965	931225	898632125	31,0644	9,8819	6,8721	1,0363	3031,6	731382	965
966	933156	901428696	31,0805	9,8854	6,8732	1,0352	3034,8	732899	966
967	935089	904231063	31,0966	9,8888	6,8742	1,0341	3037,9	734417	967
968	937024	907039232	31,1127	9,8922	6,8752	1,0331	3041,1	735937	968
969	938961	909853209	31,1288	9,8956	6,8763	1,0320	3044,2	737458	969
970	940900	912673000	31,1448	9,8990	6,8773	1,0309	3047,3	738981	**970**
971	942841	915498611	31,1609	9,9024	6,8783	1,0299	3050,5	740506	971
972	944784	918330048	31,1769	9,9058	6,8794	1,0288	3053,6	742032	972
973	946729	921167317	31,1929	9,9092	6,8804	1,0278	3056,8	743559	973
974	948676	924010424	31,2090	9,9126	6,8814	1,0267	3059,9	745088	974
975	950625	926859375	31,2250	9,9160	6,8824	1,0256	3063,1	746619	975
976	952576	929714176	31,2410	9,9194	6,8835	1,0246	3066,2	748151	976
977	954529	932574833	31,2570	9,9227	6,8845	1,0235	3069,3	749685	977
978	956484	935441352	31,2730	9,9261	6,8855	1,0225	3072,5	751221	978
979	958441	938313739	31,2890	9,9295	6,8865	1,0215	3075,6	752758	979
980	960400	941192000	31,3050	9,9329	6,8876	1,0204	3078,8	754296	**980**
981	962361	944076141	31,3209	9,9363	6,8886	1,0194	3081,9	755837	981
982	964324	946966168	31,3369	9,9396	6,8896	1,0183	3085,0	757378	982
983	966289	949862087	31,3528	9,9430	6,8906	1,0173	3088,2	758922	983
984	968256	952763904	31,3688	9,9464	6,8916	1,0163	3091,3	760466	984
985	970225	955671625	31,3847	9,9497	6,8926	1,0152	3094,5	762013	985
986	972196	958585256	31,4006	9,9531	6,8937	1,0142	3097,6	763561	986
987	974169	961504803	31,4166	9,9565	6,8947	1,0132	3100,8	765111	987
988	976144	964430272	31,4325	9,9598	6,8957	1,0122	3103,9	766662	988
989	978121	967361669	31,4484	9,9632	6,8967	1,0111	3107,0	768214	989
990	980100	970299000	31,4643	9,9666	6,8977	1,0101	3110,2	769769	**990**
991	982081	973242271	31,4802	9,9699	6,8987	1,0091	3113,3	771325	991
992	984064	976191488	31,4960	9,9733	6,8997	1,0081	3116,5	772882	992
993	986049	979146657	31,5119	9,9766	6,9007	1,0071	3119,6	774441	993
994	988036	982107784	31,5278	9,9800	6,9017	1,0060	3122,7	776002	994
995	990025	985074875	31,5436	9,9833	6,9027	1,0050	3125,9	777564	995
996	992016	988047936	31,5595	9,9866	6,9037	1,0040	3129,0	779128	996
997	994009	991026973	31,5753	9,9900	6,9047	1,0030	3132,2	780693	997
998	996004	994011992	31,5911	9,9933	6,9057	1,0020	3135,3	782260	998
999	998001	997002999	31,6070	9,9967	6,9068	1,0010	3138,5	783828	999

B. Tafel der 4stelligen Mantissen der Briggsschen Logarithmen von 100÷549.

Zahl	0	1	2	3	4	5	6	7	8	9	D
10	0000	0043	0086	0128	0170	0212	0253	0294	0334	0374	40
11	0414	0453	0492	0531	0569	0607	0645	0682	0719	0755	37
12	0792	0828	0864	0899	0934	0969	1004	1038	1072	1106	33
13	1139	1173	1206	1239	1271	1303	1335	1367	1399	1430	31
14	1461	1492	1523	1553	1584	1614	1644	1673	1703	1732	29
15	1761	1790	1818	1847	1875	1903	1931	1959	1987	2014	27
16	2041	2068	2095	2122	2148	2175	2201	2227	2253	2279	25
17	2304	2330	2355	2380	2405	2430	2455	2480	2504	2529	24
18	2553	2577	2601	2625	2648	2672	2695	2718	2742	2765	23
19	2788	2810	2833	2856	2878	2900	2923	2945	2967	2989	21
20	3010	3032	3054	3075	3096	3118	3139	3160	3181	3201	21
21	3222	3243	3263	3284	3304	3324	3345	3365	3385	3404	20
22	3424	3444	3464	3483	3502	3522	3541	3560	3579	3598	19
23	3617	3636	3655	3674	3692	3711	3729	3747	3766	3784	18
24	3802	3820	3838	3856	3874	3892	3909	3927	3945	3962	17
25	3979	3997	4014	4031	4048	4065	4082	4099	4116	4133	17
26	4150	4166	4183	4200	4216	4232	4249	4265	4281	4298	16
27	4314	4330	4346	4362	4378	4393	4409	4425	4440	4456	16
28	4472	4487	4502	4518	4533	4548	4564	4579	4594	4609	15
29	4624	4639	4654	4669	4683	4698	4713	4728	4742	4757	14
30	4771	4786	4800	4814	4829	4843	4857	4871	4886	4900	14
31	4914	4928	4942	4955	4969	4983	4997	5011	5024	5038	13
32	5051	5065	5079	5092	5105	5119	5132	5145	5159	5172	13
33	5185	5198	5211	5224	5237	5250	5263	5276	5289	5302	13
34	5315	5328	5340	5353	5366	5378	5391	5403	5416	5428	13
35	5441	5453	5465	5478	5490	5502	5514	5527	5539	5551	12
36	5563	5575	5587	5599	5611	5623	5635	5647	5658	5670	12
37	5682	5694	5705	5717	5729	5740	5752	5763	5775	5786	12
38	5798	5809	5821	5832	5843	5855	5866	5877	5888	5899	12
39	5911	5922	5933	5944	5955	5966	5977	5988	5999	6010	11
40	6021	6031	6042	6053	6064	6075	6085	6096	6107	6117	11
41	6128	6138	6149	6160	6170	6180	6191	6201	6212	6222	10
42	6232	6243	6253	6263	6274	6284	6294	6304	6314	6325	10
43	6335	6345	6355	6365	6375	6385	6395	6405	6415	6425	10
44	6435	6444	6454	6464	6474	6484	6493	6503	6513	6522	10
45	6532	6542	6551	6561	6571	6580	6590	6599	6609	6618	10
46	6628	6637	6646	6656	6665	6675	6684	6693	6702	6712	9
47	6721	6730	6739	6749	6758	6767	6776	6785	6794	6803	9
48	6812	6821	6830	6839	6848	6857	6866	6875	6884	6893	9
49	6902	6911	6920	6928	6937	6946	6955	6964	6972	6981	9
50	6990	6998	7007	7016	7024	7033	7042	7050	7059	7067	9
51	7076	7084	7093	7101	7110	7118	7126	7135	7143	7152	8
52	7160	7168	7177	7185	7193	7202	7210	7218	7226	7235	8
53	7243	7251	7259	7267	7275	7284	7292	7300	7308	7316	8
54	7324	7332	7340	7348	7356	7364	7372	7380	7388	7396	8

Spalte D enthält die Differenz des letzten lg mit dem ersten der folgenden Zeile.

B. Tafel der 4stelligen Mantissen der Briggsschen Logarithmen von 550÷999.

Zahl	0	1	2	3	4	5	6	7	8	9	D
55	7404	7412	7419	7427	7435	7443	7451	7459	7466	7474	8
56	7482	7490	7497	7505	7513	7520	7528	7536	7543	7551	8
57	7559	7566	7574	7582	7589	7597	7604	7612	7619	7627	7
58	7634	7642	7649	7657	7664	7672	7679	7686	7694	7701	8
59	7709	7716	7723	7731	7738	7745	7752	7760	7767	7774	8
60	7782	7789	7796	7803	7810	7818	7825	7832	7839	7846	7
61	7853	7860	7868	7875	7882	7889	7896	7903	7910	7917	7
62	7924	7931	7938	7945	7952	7959	7966	7973	7980	7987	6
63	7993	8000	8007	8014	8021	8028	8035	8041	8048	8055	7
64	8062	8069	8075	8082	8089	8096	8102	8109	8116	8122	7
65	8129	8136	8142	8149	8156	8162	8169	8176	8182	8189	6
66	8195	8202	8209	8215	8222	8228	8235	8241	8248	8254	7
67	8261	8267	8274	8280	8287	8293	8299	8306	8312	8319	6
68	8325	8331	8338	8344	8351	8357	8363	8370	8376	8382	6
69	8388	8395	8401	8407	8414	8420	8426	8432	8439	8445	6
70	8451	8457	8463	8470	8476	8482	8488	8494	8500	8506	7
71	8513	8519	8525	8531	8537	8543	8549	8555	8561	8567	6
72	8573	8579	8585	8591	8597	8603	8609	8615	8621	8627	6
73	8633	8639	8645	8651	8657	8663	8669	8675	8681	8686	6
74	8692	8698	8704	8710	8716	8722	8727	8733	8739	8745	6
75	8751	8756	8762	8768	8774	8779	8785	8791	8797	8802	6
76	8808	8814	8820	8825	8831	8837	8842	8848	8854	8859	6
77	8865	8871	8876	8882	8887	8893	8899	8904	8910	8915	6
78	8921	8927	8932	8938	8943	8949	8954	8960	8965	8971	5
79	8976	8982	8987	8993	8998	9004	9009	9015	9020	9025	6
80	9031	9036	9042	9047	9053	9058	9063	9069	9074	9079	6
81	9085	9090	9096	9101	9106	9112	9117	9122	9128	9133	5
82	9138	9143	9149	9154	9159	9165	9170	9175	9180	9186	5
83	9191	9196	9201	9206	9212	9217	9222	9227	9232	9238	5
84	9243	9248	9253	9258	9263	9269	9274	9279	9284	9289	5
85	9294	9299	9304	9309	9315	9320	9325	9330	9335	9340	5
86	9345	9350	9355	9360	9365	9370	9375	9380	9385	9390	5
87	9395	9400	9405	9410	9415	9420	9425	9430	9435	9440	5
88	9445	9450	9455	9460	9465	9469	9474	9479	9484	9489	5
89	9494	9499	9504	9509	9513	9518	9523	9528	9533	9538	4
90	9542	9547	9552	9557	9562	9566	9571	9576	9581	9586	4
91	9590	9595	9600	9605	9609	9614	9619	9624	9628	9633	5
92	9638	9643	9647	9652	9657	9661	9666	9671	9675	9680	5
93	9685	9689	9694	9699	9703	9708	9713	9717	9722	9727	4
94	9731	9736	9741	9745	9750	9754	9759	9763	9768	9773	4
95	9777	9782	9786	9791	9795	9800	9805	9809	9814	9818	5
96	9823	9827	9832	9836	9841	9845	9850	9854	9859	9863	5
97	9868	9872	9877	9881	9886	9890	9894	9899	9903	9908	4
98	9912	9917	9921	9926	9930	9934	9939	9943	9948	9952	4
99	9956	9961	9965	9969	9974	9978	9983	9987	9991	9996	4

Spalte D enthält die Differenz des letzten lg mit dem ersten der folgenden Zeile.

Sinus 0° → 45°

Min.	0	6	12	18	24	30	36	42	48	54	60	
Grad	,0	,1	,2	,3	,4	,5	,6	,7	,8	,9	1,0	
0	0,0000	0017	0035	0052	0070	0087	0105	0122	0140	0157	0175	89
1	0175	0192	0209	0227	0244	0262	0279	0297	0314	0332	0349	88
2	0349	0366	0384	0401	0419	0436	0454	0471	0488	0506	0523	87
3	0523	0541	0558	0576	0593	0610	0628	0645	0663	0680	0698	86
4	0698	0715	0732	0750	0767	0785	0802	0819	0837	0854	0872	85
5	0,0872	0889	0906	0924	0941	0958	0976	0993	1011	1028	1045	84
6	1045	1063	1080	1097	1115	1132	1149	1167	1184	1201	1219	83
7	1219	1236	1253	1271	1288	1305	1323	1340	1357	1374	1392	82
8	1392	1409	1426	1444	1461	1478	1495	1513	1530	1547	1564	81
9	1564	1582	1599	1616	1633	1650	1668	1685	1702	1719	1736	**80**
10	0,1736	1754	1771	1788	1805	1822	1840	1857	1874	1891	1908	79
11	1908	1925	1942	1959	1977	1994	2011	2028	2045	2062	2079	78
12	2079	2096	2113	2130	2147	2164	2181	2198	2215	2233	2250	77
13	2250	2267	2284	2300	2317	2334	2351	2368	2385	2402	2419	76
14	2419	2436	2453	2470	2487	2504	2521	2538	2554	2571	2588	75
15	0,2588	2605	2622	2639	2656	2672	2689	2706	2723	2740	2756	74
16	2756	2773	2790	2807	2823	2840	2857	2874	2890	2907	2924	73
17	2924	2940	2957	2974	2990	3007	3024	3040	3057	3074	3090	72
18	3090	3107	3123	3140	3156	3173	3190	3206	3223	3239	3256	71
19	3256	3272	3289	3305	3322	3338	3355	3371	3387	3404	3420	**70**
20	0,3420	3437	3453	3469	3486	3502	3518	3535	3551	3567	3584	69
21	3584	3600	3616	3633	3649	3665	3681	3697	3714	3730	3746	68
22	3746	3762	3778	3795	3811	3827	3843	3859	3875	3891	3907	67
23	3907	3923	3939	3955	3971	3987	4003	4019	4035	4051	4067	66
24	4067	4083	4099	4115	4131	4147	4163	4179	4195	4210	4226	65
25	0,4226	4242	4258	4274	4289	4305	4321	4337	4352	4368	4384	64
26	4384	4399	4415	4431	4446	4462	4478	4493	4509	4524	4540	63
27	4540	4555	4571	4586	4602	4617	4633	4648	4664	4679	4695	62
28	4695	4710	4726	4741	4756	4772	4787	4802	4818	4833	4848	61
29	4848	4863	4879	4894	4909	4924	4939	4955	4970	4985	5000	**60**
30	0,5000	5015	5030	5045	5060	5075	5090	5105	5120	5135	5150	59
31	5150	5165	5180	5195	5210	5225	5240	5255	5270	5284	5299	58
32	5299	5314	5329	5344	5358	5373	5388	5402	5417	5432	5446	57
33	5446	5461	5476	5490	5505	5519	5534	5548	5563	5577	5592	56
34	5592	5606	5621	5635	5650	5664	5678	5693	5707	5721	5736	55
35	0,5736	5750	5764	5779	5793	5807	5821	5835	5850	5864	5878	54
36	5878	5892	5906	5920	5934	5948	5962	5976	5990	6004	6018	53
37	6018	6032	6046	6060	6074	6088	6101	6115	6129	6143	6157	52
38	6157	6170	6184	6198	6211	6225	6239	6252	6266	6280	6293	51
39	6293	6307	6320	6334	6347	6361	6374	6388	6401	6414	6428	**50**
40	0,6428	6441	6455	6468	6481	6494	6508	6521	6534	6547	6561	49
41	6561	6574	6587	6600	6613	6626	6639	6652	6665	6678	6691	48
42	6691	6704	6717	6730	6743	6756	6769	6782	6794	6807	6820	47
43	6820	6833	6845	6858	6871	6884	6896	6909	6921	6934	6947	46
44	0,6947	6959	6972	6984	6997	7009	7022	7034	7046	7059	7071	45
	1,0	,9	,8	,7	,6	,5	,4	,3	,2	,1	,0	Grad
	60	54	48	42	36	30	24	18	12	6	0	Min.

Cosinus 45° → 90°

Sinus 45° → 90°

Min.	0	6	12	18	24	30	36	42	48	54	60	
Grad	,0	,1	,2	,3	,4	,5	,6	,7	,8	,9	1,0	
45	0,7071	7083	7096	7108	7120	7133	7145	7157	7169	7181	7193	44
46	7193	7206	7218	7230	7242	7254	7266	7278	7290	7302	7314	43
47	7314	7325	7337	7349	7361	7373	7385	7396	7408	7420	7431	42
48	7431	7443	7455	7466	7478	7490	7501	7513	7524	7536	7547	41
49	7547	7559	7570	7581	7593	7604	7615	7627	7638	7649	7660	40
50	0,7660	7672	7683	7694	7705	7716	7727	7738	7749	7760	7771	39
51	7771	7782	7793	7804	7815	7826	7837	7848	7859	7869	7880	38
52	7880	7891	7902	7912	7923	7934	7944	7955	7965	7976	7986	37
53	7986	7997	8007	8018	8028	8039	8049	8059	8070	8080	8090	36
54	8090	8100	8111	8121	8131	8141	8151	8161	8171	8181	8192	35
55	0,8192	8202	8211	8221	8231	8241	8251	8261	8271	8281	8290	34
56	8290	8300	8310	8320	8329	8339	8348	8358	8368	8377	8387	33
57	8387	8396	8406	8415	8425	8434	8443	8453	8462	8471	8480	32
58	8480	8490	8499	8508	8517	8526	8536	8545	8554	8563	8572	31
59	8572	8581	8590	8599	8607	8616	8625	8634	8643	8652	8660	30
60	0,8660	8669	8678	8686	8695	8704	8712	8721	8729	8738	8746	29
61	8746	8755	8763	8771	8780	8788	8796	8805	8813	8821	8829	28
62	8829	8838	8846	8854	8862	8870	8878	8886	8894	8902	8910	27
63	8910	8918	8926	8934	8942	8949	8957	8965	8973	8980	8988	26
64	8988	8996	9003	9011	9018	9026	9033	9041	9048	9056	9063	25
65	0,9063	9070	9078	9085	9092	9100	9107	9114	9121	9128	9135	24
66	9135	9143	9150	9157	9164	9171	9178	9184	9191	9198	9205	23
67	9205	9212	9219	9225	9232	9239	9245	9252	9259	9265	9272	22
68	9272	9278	9285	9291	9298	9304	9311	9317	9323	9330	9336	21
69	9336	9342	9348	9354	9361	9367	9373	9379	9385	9391	9397	20
70	0,9397	9403	9409	9415	9421	9426	9432	9438	9444	9449	9455	19
71	9455	9461	9466	9472	9478	9483	9489	9494	9500	9505	9511	18
72	9511	9516	9521	9527	9532	9537	9542	9548	9553	9558	9563	17
73	9563	9568	9573	9578	9583	9588	9593	9598	9603	9608	9613	16
74	9613	9617	9622	9627	9632	9636	9641	9646	9650	9655	9659	15
75	0,9659	9664	9668	9673	9677	9681	9686	9690	9694	9699	9703	14
76	9703	9707	9711	9715	9720	9724	9728	9732	9736	9740	9744	13
77	9744	9748	9751	9755	9759	9763	9767	9770	9774	9778	9781	12
78	9781	9785	9789	9792	9796	9799	9803	9806	9810	9813	9816	11
79	9816	9820	9823	9826	9829	9833	9836	9839	9842	9845	9848	10
80	0,9848	9851	9854	9857	9860	9863	9866	9869	9871	9874	9877	9
81	9877	9880	9882	9885	9888	9890	9893	9895	9898	9900	9903	8
82	9903	9905	9907	9910	9912	9914	9917	9919	9921	9923	9925	7
83	9925	9928	9930	9932	9934	9936	9938	9940	9942	9943	9945	6
84	9945	9947	9949	9951	9952	9954	9956	9957	9959	9960	9962	5
85	0,9962	9963	9965	9966	9968	9969	9971	9972	9973	9974	9976	4
86	9976	9977	9978	9979	9980	9981	9982	9983	9984	9985	9986	3
87	9986	9987	9988	9989	9990	9990	9991	9992	9993	9993	9994	2
88	9994	9995	9995	9996	9996	9997	9997	9997	9998	9998	9998	1
89	0,9998	9999	9999	9999	9999	1,0000	1,0000	1,0000	1,0000	1,0000	1,0000	0
	1,0	,9	,8	,7	,6	,5	,4	,3	,2	,1	,0	Grad
	60	54	48	42	36	30	24	18	12	6	0	Min.

Cosinus 0° → 45°

Tangens 0° → 45°

Min.	0	6	12	18	24	30	36	42	48	54	60	
Grad	,0	,1	,2	,3	,4	,5	,6	,7	,8	,9	1,0	
0	0,0000	0017	0035	0052	0070	0087	0105	0122	0140	0157	0175	89
1	0175	0192	0209	0227	0244	0262	0279	0297	0314	0332	0349	88
2	0349	0367	0384	0402	0419	0437	0454	0472	0489	0507	0524	87
3	0524	0542	0559	0577	0594	0612	0629	0647	0664	0682	0699	86
4	0699	0717	0734	0752	0769	0787	0805	0822	0840	0857	0875	85
5	0,0875	0892	0910	0928	0945	0963	0981	0998	1016	1033	1051	84
6	1051	1069	1086	1104	1122	1139	1157	1175	1192	1210	1228	83
7	1228	1246	1263	1281	1299	1317	1334	1352	1370	1388	1405	82
8	1405	1423	1441	1459	1477	1495	1512	1530	1548	1566	1584	81
9	1584	1602	1620	1638	1655	1673	1691	1709	1727	1745	1763	**80**
10	0,1763	1781	1799	1817	1835	1853	1871	1890	1908	1926	1944	79
11	1944	1962	1980	1998	2016	2035	2053	2071	2089	2107	2126	78
12	2126	2144	2162	2180	2199	2217	2235	2254	2272	2290	2309	77
13	2309	2327	2345	2364	2382	2401	2419	2438	2456	2475	2493	76
14	2493	2512	2530	2549	2568	2586	2605	2623	2642	2661	2679	75
15	0,2679	2698	2717	2736	2754	2773	2792	2811	2830	2849	2867	74
16	2867	2886	2905	2924	2943	2962	2981	3000	3019	3038	3057	73
17	3057	3076	3096	3115	3134	3153	3172	3191	3211	3230	3249	72
18	3249	3269	3288	3307	3327	3346	3365	3385	3404	3424	3443	71
19	3443	3463	3482	3502	3522	3541	3561	3581	3600	3620	3640	**70**
20	0,3640	3659	3679	3699	3719	3739	3759	3779	3790	3819	3839	69
21	3839	3859	3879	3899	3919	3939	3959	3979	4000	4020	4040	68
22	4040	4061	4081	4101	4122	4142	4163	4183	4204	4224	4245	67
23	4245	4265	4286	4307	4327	4348	4369	4390	4411	4431	4452	66
24	4452	4473	4494	4515	4536	4557	4578	4599	4621	4642	4663	65
25	0,4663	4684	4706	4727	4748	4770	4791	4813	4834	4856	4877	64
26	4877	4899	4921	4942	4964	4986	5008	5029	5051	5073	5095	63
27	5095	5117	5139	5161	5184	5206	5228	5250	5272	5295	5317	62
28	5317	5340	5362	5384	5407	5430	5452	5475	5498	5520	5543	61
29	5543	5566	5589	5612	5635	5658	5681	5704	5727	5750	5774	**60**
30	0,5774	5797	5820	5844	5867	5890	5914	5938	5961	5985	6009	59
31	6009	6032	6056	6080	6104	6128	6152	6176	6200	6224	6249	58
32	6249	6273	6297	6322	6346	6371	6395	6420	6445	6469	6494	57
33	6494	6519	6544	6569	6594	6619	6644	6669	6694	6720	6745	56
34	6745	6771	6795	6822	6847	6873	6899	6924	6950	6976	7002	55
35	0,7002	7028	7054	7080	7107	7133	7159	7186	7212	7239	7265	54
36	7265	7292	7319	7346	7373	7400	7427	7454	7481	7508	7536	53
37	7536	7563	7590	7618	7646	7673	7701	7729	7757	7785	7813	52
38	7813	7841	7869	7898	7926	7954	7983	8012	8040	8069	8098	51
39	8098	8127	8156	8185	8214	8243	8273	8302	8332	8361	8391	**50**
40	0,8391	8421	8451	8481	8511	8541	8571	8601	8632	8662	8693	49
41	8693	8724	8754	8785	8816	8847	8878	8910	8941	8972	9004	48
42	9004	9036	9067	9099	9131	9163	9195	9228	9260	9293	9325	47
43	9325	9358	9391	9424	9457	9490	9523	9556	9590	9623	9657	46
44	0,9657	9691	9725	9759	9793	9827	9861	9896	9930	9965	1,0000	45
	1,0	,9	,8	,7	,6	,5	,4	,3	,2	,1	,0	Grad
	60	54	48	42	36	30	24	18	12	6	0	Min.

Cotangens 45° → 90°

Tangens 45° → 90°

Min.	0	6	12	18	24	30	36	42	48	54	60	
Grad	,0	,1	,2	,3	,4	,5	,6	,7	,8	,9	1,0	
45	1,000	1,003	1,007	1,011	1,014	1,018	1,021	1,025	1,028	1,032	1,036	44
46	1,036	1,039	1,043	1,046	1,050	1,054	1,057	1,061	1,065	1,069	1,072	43
47	1,072	1,076	1,080	1,084	1,087	1,091	1,095	1,099	1,103	1,107	1,111	42
48	1,111	1,115	1,118	1,122	1,126	1,130	1,134	1,138	1,142	1,146	1,150	41
49	1,150	1,154	1,159	1,163	1,167	1,171	1,175	1,179	1,183	1,188	1,192	**40**
50	1,192	1,196	1,200	1,205	1,209	1,213	1,217	1,222	1,226	1,230	1,235	39
51	1,235	1,239	1,244	1,248	1,253	1,257	1,262	1,266	1,271	1,275	1,280	38
52	1,280	1,285	1,289	1,294	1,299	1,303	1,308	1,313	1,317	1,322	1,327	37
53	1,327	1,332	1,337	1,342	1,347	1,351	1,356	1,361	1,366	1,371	1,376	36
54	1,376	1,381	1,387	1,392	1,397	1,402	1,407	1,412	1,418	1,423	1,428	35
55	1,428	1,433	1,439	1,444	1,450	1,455	1,460	1,466	1,471	1,477	1,483	34
56	1,483	1,488	1,494	1,499	1,505	1,511	1,517	1,522	1,528	1,534	1,540	33
57	1,540	1,546	1,552	1,558	1,564	1,570	1,576	1,582	1,588	1,594	1,600	32
58	1,600	1,607	1,613	1,619	1,625	1,632	1,638	1,645	1,651	1,658	1,664	31
59	1,664	1,671	1,678	1,684	1,691	1,698	1,704	1,711	1,718	1,725	1,732	**30**
60	1,732	1,739	1,746	1,753	1,760	1,767	1,775	1,782	1,789	1,797	1,804	29
61	1,804	1,811	1,819	1,827	1,834	1,842	1,849	1,857	1,865	1,873	1,881	28
62	1,881	1,889	1,897	1,905	1,913	1,921	1,929	1,937	1,946	1,954	1,963	27
63	1,963	1,971	1,980	1,988	1,997	2,006	2,014	2,023	2,032	2,041	2,050	26
64	2,050	2,059	2,069	2,078	2,087	2,097	2,106	2,116	2,125	2,135	2,145	25
65	2,145	2,154	2,164	2,174	2,184	2,194	2,204	2,215	2,225	2,236	2,246	24
66	2,246	2,257	2,267	2,278	2,289	2,300	2,311	2,322	2,333	2,344	2,356	23
67	2,356	2,367	2,379	2,391	2,402	2,414	2,426	2,438	2,450	2,463	2,475	22
68	2,475	2,488	2,500	2,513	2,526	2,539	2,552	2,565	2,578	2,592	2,605	21
69	2,605	2,619	2,633	2,646	2,660	2,675	2,689	2,703	2,718	2,733	2,747	**20**
70	2,747	2,762	2,778	2,793	2,808	2,824	2,840	2,856	2,872	2,888	2,904	19
71	2,904	2,921	2,937	2,954	2,971	2,989	3,006	3,024	3,042	3,060	3,078	18
72	3,078	3,096	3,115	3,133	3,152	3,172	3,191	3,211	3,230	3,251	3,271	17
73	3,271	3,291	3,312	3,333	3,354	3,376	3,398	3,420	3,442	3,465	3,487	16
74	3,487	3,511	3,534	3,558	3,582	3,606	3,630	3,655	3,681	3,706	3,732	15
75	3,732	3,758	3,785	3,812	3,839	3,867	3,895	3,923	3,952	3,981	4,011	14
76	4,011	4,041	4,071	4,102	4,134	4,165	4,198	4,230	4,264	4,297	4,331	13
77	4,331	4,366	4,402	4,437	4,474	4,511	4,548	4,586	4,625	4,665	4,705	12
78	4,705	4,745	4,787	4,829	4,872	4,915	4,959	5,005	5,050	5,097	5,145	11
79	5,145	5,193	5,242	5,292	5,343	5,396	5,449	5,503	5,558	5,614	5,671	**10**
80	5,671	5,730	5,789	5,850	5,912	5,976	6,041	6,107	6,174	6,243	6,314	9
81	6,314	6,386	6,460	6,535	6,612	6,691	6,772	6,855	6,940	7,026	7,115	8
82	7,115	7,207	7,300	7,396	7,495	7,596	7,700	7,806	7,916	8,028	8,144	7
83	8,144	8,264	8,386	8,513	8,643	8,777	8,915	9,058	9,205	9,357	9,514	6
84	9,514	9,677	9,845	10,02	10,20	10,39	10,58	10,78	10,99	11,20	11,43	5
85	11,43	11,66	11,91	12,16	12,43	12,71	13,00	13,30	13,62	13,95	14,30	4
86	14,30	14,67	15,06	15,46	15,89	16,35	16,83	17,34	17,89	18,46	19,08	3
87	19,08	19,74	20,45	21,20	22,02	22,90	23,86	24,90	26,03	27,27	28,64	2
88	28,64	30,14	31,82	33,69	35,80	38,19	40,92	44,07	47,74	52,08	57,29	1
89	57,29	63,66	71,62	81,85	95,49	114,6	143,2	191,0	286,5	573,0	—	**0**
	1,0	,9	,8	,7	,6	,5	,4	,3	,2	,1	,0	Grad
	60	54	48	42	36	30	24	18	12	6	0	Min.

Cotangens 0° → 45°

Centriwinkel in Grad	Bogenlänge arc φ	Bogenhöhe	Sehnenlänge	Inhalt des Kreisabschnittes	Centriwinkel in Grad	Bogenlänge arc φ	Bogenhöhe	Sehnenlänge	Inhalt des Kreisabschnittes
1	0,0175	0,0000	0,0175	0,00000	46	0,8029	0,0795	0,7815	0,0418
2	0,0349	0,0002	0,0349	0,00000	47	0,8203	0,0829	0,7975	0,0445
3	0,0524	0,0003	0,0524	0,00001	48	0,8378	0,0865	0,8135	0,0473
4	0,0698	0,0006	0,0698	0,00003	49	0,8552	0,0900	0,8294	0,0503
5	0,0873	0,0010	0,0872	0,00006	50	0,8727	0,0937	0,8452	0,0533
6	0,1047	0,0014	0,1047	0,00010	51	0,8901	0,0974	0,8610	0,0565
7	0,1222	0,0019	0,1221	0,00015	52	0,9076	0,1012	0,8767	0,0598
8	0,1396	0,0024	0,1395	0,0002	53	0,9250	0,1051	0,8924	0,0632
9	0,1571	0,0031	0,1569	0,0003	54	0,9425	0,1090	0,9080	0,0667
10	0,1745	0,0038	0,1743	0,0004	55	0,9599	0,1130	0,9235	0,0704
11	0,1920	0,0046	0,1917	0,0006	56	0,9774	0,1171	0,9389	0,0742
12	0,2094	0,0055	0,2091	0,0008	57	0,9948	0,1212	0,9543	0,0781
13	0,2269	0,0064	0,2264	0,0010	58	1,0123	0,1254	0,9696	0,0821
14	0,2443	0,0075	0,2437	0,0012	59	1,0297	0,1296	0,9848	0,0863
15	0,2618	0,0086	0,2611	0,0015	60	1,0472	0,1340	1,0000	0,0906
16	0,2793	0,0097	0,2783	0,0018	61	1,0647	0,1384	1,0151	0,0950
17	0,2967	0,0110	0,2956	0,0022	62	1,0821	0,1428	1,0301	0,0996
18	0,3142	0,0123	0,3129	0,0026	63	1,0996	0,1474	1,0450	0,1043
19	0,3316	0,0137	0,3301	0,0030	64	1,1170	0,1520	1,0598	0,1091
20	0,3491	0,0152	0,3473	0,0035	65	1,1345	0,1566	1,0746	0,1141
21	0,3665	0,0167	0,3645	0,0041	66	1,1519	0,1613	1,0893	0,1192
22	0,3840	0,0184	0,3816	0,0047	67	1,1694	0,1661	1,1039	0,1244
23	0,4014	0,0201	0,3987	0,0054	68	1,1868	0,1710	1,1184	0,1298
24	0,4189	0,0219	0,4158	0,0061	69	1,2043	0,1759	1,1328	0,1354
25	0,4363	0,0237	0,4329	0,0069	70	1,2217	0,1808	1,1472	0,1410
26	0,4538	0,0256	0,4499	0,0077	71	1,2392	0,1859	1,1614	0,1468
27	0,4712	0,0276	0,4669	0,0086	72	1,2566	0,1910	1,1756	0,1528
28	0,4887	0,0297	0,4838	0,0096	73	1,2741	0,1961	1,1896	0,1589
29	0,5061	0,0319	0,5008	0,0107	74	1,2915	0,2014	1,2036	0,1651
30	0,5236	0,0341	0,5176	0,0118	75	1,3090	0,2066	1,2175	0,1715
31	0,5411	0,0364	0,5345	0,0130	76	1,3265	0,2120	1,2313	0,1781
32	0,5585	0,0387	0,5512	0,0143	77	1,3439	0,2174	1,2450	0,1848
33	0,5760	0,0412	0,5680	0,0157	78	1,3614	0,2229	1,2586	0,1916
34	0,5934	0,0437	0,5847	0,0171	79	1,3788	0,2284	1,2722	0,1986
35	0,6109	0,0463	0,6014	0,0186	80	1,3963	0,2340	1,2856	0,2057
36	0,6283	0,0489	0,6180	0,0203	81	1,4137	0,2396	1,2989	0,2130
37	0,6458	0,0517	0,6346	0,0220	82	1,4312	0,2453	1,3121	0,2205
38	0,6632	0,0545	0,6511	0,0238	83	1,4486	0,2510	1,3252	0,2280
39	0,6807	0,0574	0,6676	0,0257	84	1,4661	0,2569	1,3383	0,2358
40	0,6981	0,0603	0,6840	0,0277	85	1,4835	0,2627	1,3512	0,2437
41	0,7156	0,0633	0,7004	0,0298	86	1,5010	0,2686	1,3640	0,2517
42	0,7330	0,0664	0,7167	0,0320	87	1,5184	0,2746	1,3767	0,2599
43	0,7505	0,0696	0,7330	0,0343	88	1,5359	0,2807	1,3893	0,2683
44	0,7679	0,0728	0,7492	0,0366	89	1,5533	0,2867	1,4018	0,2768
45	0,7854	0,0761	0,7654	0,0392	90	1,5708	0,2929	1,4142	0,2854

Ist r der Kreishalbmesser und φ der Centriwinkel in Grad, so ergibt sich:

1) die Sehnenlänge: $s = 2r \sin \frac{\varphi}{2}$;

2) die Bogenhöhe: $h = r\left(1 - \cos \frac{\varphi}{2}\right) = \frac{s}{2} \operatorname{tg} \frac{\varphi}{4} = 2r \sin^2 \frac{\varphi}{4}$;

Centriwinkel in Grad	Bogenlänge arc φ	Bogenhöhe	Sehnenlänge	Inhalt des Kreisabschnittes	Centriwinkel in Grad	Bogenlänge arc φ	Bogenhöhe	Sehnenlänge	Inhalt des Kreisabschnittes
91	1,5882	0,2991	1,4265	0,2942	136	2,3736	0,6254	1,8544	0,8395
92	1,6057	0,3053	1,4387	0,3032	137	2,3911	0,6335	1,8608	0,8546
93	1,6232	0,3116	1,4507	0,3123	138	2,4086	0,6416	1,8672	0,8697
94	1,6406	0,3180	1,4627	0,3215	139	2,4260	0,6498	1,8733	0,8850
95	1,6580	0,3244	1,4746	0,3309	**140**	2,4435	0,6580	1,8794	0,9003
96	1,6755	0,3309	1,4863	0,3405	141	2,4609	0,6662	1,8853	0,9158
97	1,6930	0,3374	1,4979	0,3502	142	2,4784	0,6744	1,8910	0,9314
98	1,7104	0,3439	1,5094	0,3601	143	2,4958	0,6827	1,8966	0,9470
99	1,7279	0,3506	1,5208	0,3701	144	2,5133	0,6910	1,9021	0,9627
100	1,7453	0,3572	1,5321	0,3803	145	2,5307	0,6993	1,9074	0,9786
101	1,7628	0,3639	1,5432	0,3906	146	2,5482	0,7076	1,9126	0,9945
102	1,7802	0,3707	1,5543	0,4010	147	2,5656	0,7160	1,9176	1,0105
103	1,7977	0,3775	1,5652	0,4117	148	2,5831	0,7244	1,9225	1,0266
104	1,8151	0,3843	1,5760	0,4224	149	2,6005	0,7328	1,9273	1,0428
105	1,8326	0,3912	1,5867	0,4333	**150**	2,6180	0,7412	1,9319	1,0590
106	1,8500	0,3982	1,5973	0,4444	151	2,6354	0,7496	1,9363	1,0753
107	1,8675	0,4052	1,6077	0,4556	152	2,6529	0,7581	1,9406	1,0917
108	1,8850	0,4122	1,6180	0,4670	153	2,6704	0,7666	1,9447	1,1082
109	1,9024	0,4193	1,6282	0,4784	154	2,6878	0,7750	1,9487	1,1247
110	1,9199	0,4264	1,6383	0,4901	155	2,7053	0,7836	1,9526	1,1413
111	1,9373	0,4336	1,6483	0,5019	156	2,7227	0,7921	1,9563	1,1580
112	1,9548	0,4408	1,6581	0,5138	157	2,7402	0,8006	1,9598	1,1747
113	1,9722	0,4481	1,6678	0,5259	158	2,7576	0,8092	1,9633	1,1915
114	1,9897	0,4554	1,6773	0,5381	159	2,7751	0,8178	1,9665	1,2084
115	2,0071	0,4627	1,6868	0,5504	**160**	2,7925	0,8264	1,9696	1,2253
116	2,0246	0,4701	1,6961	0,5629	161	2,8100	0,8350	1,9726	1,2422
117	2,0420	0,4775	1,7053	0,5755	162	2,8274	0,8436	1,9754	1,2592
118	2,0595	0,4850	1,7143	0,5883	163	2,8449	0,8522	1,9780	1,2763
119	2,0769	0,4925	1,7233	0,6012	164	2,8623	0,8608	1,9805	1,2934
120	2,0944	0,5000	1,7321	0,6142	165	2,8798	0,8695	1,9829	1,3105
121	2,1118	0,5076	1,7407	0,6273	166	2,8972	0,8781	1,9851	1,3277
122	2,1293	0,5152	1,7492	0,6406	167	2,9147	0,8868	1,9871	1,3449
123	2,1468	0,5228	1,7576	0,6540	168	2,9322	0,8955	1,9890	1,3621
124	2,1642	0,5305	1,7659	0,6676	169	2,9496	0,9042	1,9908	1,3794
125	2,1817	0,5383	1,7740	0,6813	**170**	2,9671	0,9128	1,9924	1,3967
126	2,1991	0,5460	1,7820	0,6951	171	2,9845	0,9215	1,9938	1,4140
127	2,2166	0,5538	1,7899	0,7090	172	3,0020	0,9302	1,9951	1,4314
128	2,2340	0,5616	1,7976	0,7230	173	3,0194	0,9390	1,9963	1,4488
129	2,2515	0,5695	1,8052	0,7372	174	3,0369	0,9477	1,9973	1,4662
130	2,2689	0,5774	1,8126	0,7514	175	3,0543	0,9564	1,9981	1,4836
131	2,2864	0,5853	1,8199	0,7658	176	3,0718	0,9651	1,9988	1,5010
132	2,3038	0,5933	1,8271	0,7803	177	3,0892	0,9738	1,9993	1,5185
133	2,3213	0,6013	1,8341	0,7950	178	3,1067	0,9825	1,9997	1,5359
134	2,3387	0,6093	1,8410	0,8097	179	3,1241	0,9913	1,9999	1,5533
135	2,3562	0,6173	1,8478	0,8245	**180**	3,1416	1,0000	2,0000	1,5708

3) die Bogenlänge: $l = \pi r \frac{\varphi}{180} = 0{,}0175\, r\varphi = \sqrt{s^2 + \frac{16}{3} h^2}$ (angenähert);

4) der Inhalt des Kreisabschnittes $= \frac{r^2}{2}\left(\frac{\pi}{180}\varphi - \sin\varphi\right)$;

5) „ „ „ Kreisausschnittes $= \frac{\varphi}{360}\pi r^2 = 0{,}0087\, \varphi r^2$.

E. Tafel der Hyperbelfunktionen[1]).

Sin φ für φ = 0 bis φ = 5,99.

φ	0	1	2	3	4	5	6	7	8	9	D
0,0	0,0000	0100	0200	0300	0400	0500	0600	0701	0801	0901	101
0,1	0,1002	1102	1203	1304	1405	1506	1607	1708	1810	1911	102
0,2	0,2013	2115	2218	2320	2423	2526	2629	2733	2837	2941	104
0,3	0,3045	3150	3255	3360	3466	3572	3678	3785	3892	4000	108
0,4	0,4108	4216	4325	4434	4543	4653	4764	4875	4987	5098	113
0,5	0,5211	5324	5438	5552	5666	5782	5897	6014	6131	6248	119
0,6	0,6367	6485	6605	6725	6846	6968	7090	7213	7336	7461	125
0,7	0,7586	7712	7838	7966	8094	8223	8353	8484	8615	8748	133
0,8	0,8881	9015	9150	9286	9423	9561	9700	9840	9981	*0122	143
0,9	1,0265	0409	0554	0700	0847	0995	1144	1294	1446	1598	154
1,0	1,1752	1907	2063	2220	2379	2539	2700	2862	3025	3190	167
1,1	1,3357	3524	3693	3863	4035	4208	4382	4558	4736	4914	181
1,2	1,5095	5276	5460	5645	5831	6019	6209	6400	6593	6788	196
1,3	1,6984	7182	7381	7583	7786	7991	8198	8406	8617	8829	214
1,4	1,9043	9259	9477	9697	9919	*0143	*0369	*0597	*0827	*1059	234
1,5	2,1293	1529	1768	2008	2251	2496	2743	2993	3245	3499	257
1,6	2,3756	4015	4276	4540	4806	5075	5346	5620	5896	6175	281
1,7	2,6456	6741	7027	7317	7609	7904	8202	8503	8806	9113	309
1,8	2,9422	9734	*0049	*0367	*0689	*1013	*1340	*1671	*2005	*2342	340
1,9	3,2682	3025	3372	3722	4075	4432	4792	5156	5523	5894	375
2,0	3,6269	6647	7028	7414	7803	8196	8593	8993	9398	9806	413
2,1	4,0219	0635	1056	1480	1909	2342	2779	3221	3666	4117	454
2,2	4,4571	5030	5494	5962	6434	6912	7394	7880	8372	8868	502
2,3	4,9370	9876	*0387	*0903	*1425	*1951	*2483	*3020	*3562	*4109	553
2,4	5,4662	5221	5785	6354	6929	7510	8097	8689	9288	9892	610
2,5	6,0502	1118	1741	2369	3004	3645	4293	4946	5607	6274	673
2,6	6,6947	7628	8315	9009	9709	*0417	*1132	*1854	*2583	*3319	744
2,7	7,4063	4814	5572	6338	7112	7894	8683	9480	*0285	*1098	821
2,8	8,1919	2749	3586	4432	5287	6150	7021	7902	8791	9689	907
2,9	9,0596	1512	2437	3371	4315	5268	6231	7203	8185	9177	1002
3,0	10,0179	1191	2212	3245	4287	5340	6403	7477	8562	9658	1107
3,1	11,0765	1882	3011	4151	5303	6466	7641	8827	*0026	*1236	1223
3,2	12,2459	3694	4941	6201	7473	8758	*0056	*1367	*2691	*4028	1351
3,3	13,5379	6743	8121	9513	*0919	*2338	*3772	*5221	*6684	*8161	1493
3,4	14,965	15,116	15,268	15,422	15,577	15,734	15,893	16,053	16,214	16,378	165
3,5	16,543	16,709	16,877	17,047	17,219	17,392	17,567	17,744	17,923	18,103	182
3,6	18,285	18,470	18,655	18,843	19,033	19,224	19,418	19,613	19,811	20,010	201
3,7	20,211	20,415	20,620	20,828	21,037	21,249	21,463	21,679	21,897	22,117	222
3,8	22,339	22,564	22,791	23,020	23,252	23,486	23,722	23,961	24,202	24,445	246
3,9	24,691	24,939	25,190	25,444	25,700	25,958	26,219	26,483	26,749	27,018	272
4,0	27,290	27,564	27,842	28,122	28,404	28,690	28,979	29,270	29,564	29,862	300
4,1	30,162	30,465	30,772	31,081	31,393	31,709	32,028	32,350	32,675	33,004	332
4,2	33,336	33,671	34,009	34,351	34,697	35,046	35,398	35,754	36,113	36,476	367
4,3	36,843	37,214	37,588	37,966	38,347	38,733	39,122	39,515	39,913	40,314	405
4,4	40,719	41,129	41,542	41,960	42,382	42,808	43,238	43,673	44,112	44,555	448
4,5	45,003	45,455	45,912	46,374	46,840	47,311	47,787	48,267	48,752	49,242	495
4,6	49,737	50,237	50,742	51,252	51,767	52,288	52,813	53,344	53,880	54,422	547
4,7	54,969	55,522	56,080	56,643	57,213	57,788	58,369	58,955	59,548	60,147	604
4,8	60,751	61,362	61,979	62,601	63,231	63,866	64,508	65,157	65,812	66,473	668
4,9	67,141	67,816	68,498	69,186	69,882	70,584	71,293	72,010	72,734	73,465	738
5,0	74,203	74,949	75,702	76,463	77,232	78,008	78,792	79,584	80,384	81,192	816
5,1	82,008	82,832	83,665	84,506	85,355	86,213	87,079	87,955	88,839	89,732	901
5,2	90,633	91,544	92,464	93,394	94,332	95,281	96,238	97,205	98,182	99,169	997
5,3	100,166	101,173	102,189	103,217	104,254	105,302	106,360	107,429	108,509	109,599	1102
5,4	110,701	111,814	112,938	114,072	115,219	116,377	117,547	118,728	119,921	121,127	1217
5,5	122,344	123,574	124,816	126,070	127,337	128,617	129,910	131,215	132,534	133,866	1345
5,6	135,211	136,570	137,943	139,329	140,730	142,144	143,573	145,016	146,473	147,945	1487
5,7	149,432	150,934	152,451	153,983	155,531	157,094	158,673	160,267	161,878	163,505	1643
5,8	165,148	166,808	168,485	170,178	171,888	173,616	175,361	177,123	178,903	180,701	1816
5,9	182,517	184,352	186,205	188,076	189,966	191,875	193,804	195,752	197,719	199,706	2007

[1]) Ausführlichere Tabellen siehe u. a.: Ligowski: Tafeln der Hyperbelfunktionen usw. Berlin: W. Ernst & Sohn 1890; Hayashi, Dr.-Ing.: Fünfstellige Tafeln usw. Berlin: Verein. wiss. Verleger 1921.

$\mathfrak{Cos}\,\varphi$ für $\varphi = 0$ bis $\varphi = 5{,}99$.

φ	0	1	2	3	4	5	6	7	8	9	D
0,0	1,0000	0001	0002	0005	0008	0013	0018	0025	0032	0041	9
0,1	1,0050	0061	0072	0085	0098	0113	0128	0145	0162	0181	20
0,2	1,0201	0221	0243	0266	0289	0314	0340	0367	0395	0424	29
0,3	1,0453	0484	0516	0550	0584	0619	0655	0692	0731	0770	41
0,4	1,0811	0852	0895	0939	0984	1030	1077	1125	1174	1225	51
0,5	1,1276	1329	1383	1438	1494	1551	1609	1669	1730	1792	63
0,6	1,1855	1919	1984	2051	2119	2188	2258	2330	2403	2477	75
0,7	1,2552	2628	2706	2785	2865	2947	3030	3114	3199	3286	88
0,8	1,3374	3464	3555	3647	3740	3835	3932	4029	4128	4229	102
0,9	1,4331	4434	4539	4645	4753	4862	4973	5085	5199	5314	117
1,0	1,5431	5549	5669	5790	5913	6038	6164	6292	6421	6553	132
1,1	1,6685	6820	6956	7093	7233	7374	7517	7662	7808	7957	150
1,2	1,8107	8258	8412	8568	8725	8884	9045	9208	9373	9540	169
1,3	1,9709	9880	*0053	*0228	*0404	*0583	*0764	*0947	*1132	*1320	189
1,4	2,1509	1700	1894	2090	2288	2488	2691	2896	3103	3312	212
1,5	2,3524	3738	3955	4174	4395	4619	4845	5074	5305	5538	237
1,6	2,5775	6014	6255	6499	6746	6995	7247	7502	7760	8020	263
1,7	2,8283	8549	8818	9090	9364	9642	9922	*0206	*0493	*0782	293
1,8	3,1075	1371	1669	1972	2277	2585	2897	3212	3531	3852	325
1,9	3,4177	4506	4838	5173	5512	5855	6201	6551	6904	7261	361
2,0	3,7622	7987	8355	8727	9103	9483	9867	*0255	*0647	*1043	400
2,1	4,1443	1847	2256	2669	3086	3507	3932	4362	4797	5236	443
2,2	4,5679	6127	6580	7037	7499	7966	8437	8914	9395	9881	491
2,3	5,0372	0868	1370	1876	2388	2905	3427	3954	4487	5026	544
2,4	5,5570	6119	6674	7235	7801	8373	8951	9535	*0125	*0721	602
2,5	6,1323	1931	2545	3166	3793	4426	5066	5712	6365	7024	666
2,6	6,7690	8363	9043	9729	*0423	*1123	*1831	*2546	*3268	*3998	737
2,7	7,4735	5479	6231	6990	7758	8533	9316	*0107	*0905	*1712	815
2,8	8,2527	3351	4182	5022	5871	6728	7594	8469	9352	*0244	902
2,9	9,1146	2056	2976	3905	4844	5792	6749	7716	8693	9680	997
3,0	10,0677	1684	2701	3728	4765	5814	6872	7942	9022	*0113	1102
3,1	11,1215	2328	3453	4589	5736	6895	8065	9247	*0442	*1648	1219
3,2	12,2867	4097	5340	6596	7864	9146	*0440	*1747	*3067	*4401	1347
3,3	13,5748	7108	8483	9871	*1273	*2689	*4120	*5565	*7024	*8498	1489
3,4	14,999	15,149	15,301	15,455	15,610	15,766	15,924	16,084	16,245	16,408	165
3,5	16,573	16,739	16,907	17,077	17,248	17,421	17,596	17,772	17,951	18,131	182
3,6	18,313	18,497	18,682	18,870	19,059	19,250	19,444	19,639	19,836	20,035	201
3,7	20,236	20,439	20,644	20,852	21,061	21,272	21,486	21,702	21,919	22,140	222
3,8	22,362	22,586	22,813	23,042	23,273	23,507	23,743	23,982	24,222	24,466	245
3,9	24,711	24,960	25,210	25,463	25,719	25,977	26,238	26,502	26,768	27,037	271
4,0	27,308	27,583	27,860	28,139	28,422	28,707	28,996	29,287	29,581	29,878	300
4,1	30,178	30,482	30,788	31,097	31,409	31,725	32,044	32,365	32,691	33,019	332
4,2	33,351	33,686	34,024	34,366	34,711	35,060	35,412	35,768	36,127	36,490	367
4,3	36,857	37,227	37,601	37,979	38,360	38,746	39,135	39,528	39,925	40,326	406
4,4	40,732	41,141	41,554	41,972	42,393	42,819	43,250	43,684	44,123	44,566	448
4,5	45,014	45,466	45,923	46,385	46,851	47,321	47,797	48,277	48,762	49,252	495
4,6	49,747	50,247	50,752	51,262	51,777	52,297	52,823	53,354	53,890	54,431	547
4,7	54,978	55,531	56,089	56,652	57,221	57,796	58,377	58,964	59,556	60,155	604
4,8	60,759	61,370	61,987	62,609	63,239	63,874	64,516	65,164	65,819	66,481	668
4,9	67,149	67,823	68,505	69,193	69,889	70,591	71,300	72,017	72,741	73,472	738
5,0	74,210	74,956	75,709	76,470	77,238	78,014	78,798	79,590	80,390	81,198	816
5,1	82,014	82,838	83,671	84,512	85,361	86,219	87,085	87,960	88,844	89,737	902
5,2	90,639	91,550	92,470	93,399	94,338	95,286	96,243	97,211	98,187	99,174	997
5,3	100,171	101,178	102,194	103,221	104,259	105,307	106,365	107,434	108,513	109,604	1102
5,4	110,706	111,818	112,942	114,077	115,223	116,381	117,551	118,732	119,925	121,131	1217
5,5	122,348	123,578	124,820	126,074	127,341	128,621	129,913	131,219	132,538	133,870	1345
5,6	135,215	136,574	137,947	139,333	140,733	142,147	143,576	145,019	146,476	147,949	1486
5,7	149,435	150,937	152,454	153,986	155,534	157,097	158,676	160,270	161,881	163,508	1643
5,8	165,151	166,811	168,488	170,181	171,891	173,619	175,364	177,126	178,906	180,704	1816
5,9	182,520	184,354	186,207	188,079	189,969	191,878	193,806	195,754	197,721	199,709	2007

$\mathfrak{Tg}\,\varphi$ für $\varphi = 0$ bis $\varphi = 2,89$.

φ	0	1	2	3	4	5	6	7	8	9	D
0,0	0,0000	0100	0200	0300	0400	0500	0599	0699	0798	0898	99
0,1	0,0997	1096	1194	1293	1391	1489	1587	1684	1781	1878	96
0,2	0,1974	2070	2165	2260	2355	2449	2543	2636	2729	2821	92
0,3	0,2913	3004	3095	3185	3275	3364	3452	3540	3627	3714	86
0,4	0,3800	3885	3969	4053	4136	4219	4301	4382	4462	4542	79
0,5	0,4621	4700	4777	4854	4930	5005	5080	5154	5227	5299	71
0,6	0,5371	5441	5511	5581	5649	5717	5784	5850	5915	5980	64
0,7	0,6044	6107	6169	6231	6291	6352	6411	6469	6527	6584	56
0,8	0,6640	6696	6751	6805	6858	6911	6963	7014	7064	7114	49
0,9	0,7163	7211	7259	7306	7352	7398	7443	7487	7531	7574	42
1,0	0,7616	7658	7699	7739	7779	7818	7857	7895	7932	7969	36
1,1	0,8005	8041	8076	8110	8144	8178	8210	8243	8275	8306	31
1,2	0,8337	8367	8397	8426	8455	8483	8511	8538	8565	8591	26
1,3	0,8617	8643	8668	8693	8717	8741	8764	8787	8810	8832	22
1,4	0,8854	8875	8896	8917	8937	8957	8977	8996	9015	9033	19
1,5	0,9052	9069	9087	9104	9121	9138	9154	9170	9186	9202	15
1,6	0,9217	9232	9246	9261	9275	9289	9302	9316	9329	9342	12
1,7	0,9354	9367	9379	9391	9402	9414	9425	9436	9447	9458	10
1,8	0,9468	9478	9488	9498	9508	9518	9527	9536	9545	9554	8
1,9	0,9562	9571	9579	9587	9595	9603	9611	9619	9626	9633	7
2,0	0,9640	9647	9654	9661	9668	9674	9680	9687	9693	9699	6
2,1	0,9705	9710	9716	9722	9727	9732	9738	9743	9748	9753	4
2,2	0,9757	9762	9767	9771	9776	9780	9785	9789	9793	9797	4
2,3	0,9801	9805	9809	9812	9816	9820	9823	9827	9830	9834	3
2,4	0,9837	9840	9843	9846	9849	9852	9855	9858	9861	9864	2
2,5	0,9866	9869	9871	9874	9876	9879	9881	9884	9886	9888	2
2,6	0,9890	9892	9895	9897	9899	9901	9903	9905	9906	9908	2
2,7	0,9910	9912	9914	9915	9917	9919	9920	9922	9923	9925	1
2,8	0,9926	9928	9929	9931	9932	9933	9935	9936	9937	9938	2

F. e^x und e^{-x} für $x = 0$ bis $x = 7$.

x	e^x	e^{-x}	x	e^x	e^{-x}	x	e^x	e^{-x}
0,00	1,00000	1,00000	0,20	1,22140	0,81873	0,40	1,49182	0,67032
01	1,01005	0,99005	21	1,23368	0,81058	41	1,50682	0,66365
02	1,02020	0,98020	22	1,24608	0,80252	42	1,52196	0,65705
03	1,03045	0,97045	23	1,25860	0,79453	43	1,53726	0,65051
04	1,04081	0,96079	24	1,27125	0,78663	44	1,55271	0,64404
05	1,05127	0,95123	25	1,28403	0,77880	45	1,56831	0,63763
06	1,06184	0,94176	26	1,29693	0,77105	46	1,58407	0,63128
07	1,07251	0,93239	27	1,30996	0,76338	47	1,59999	0,62500
08	1,08329	0,92312	28	1,32313	0,75578	48	1,61607	0,61878
09	1,09417	0,91393	29	1,33643	0,74826	49	1,63232	0,61263
0,10	1,10517	0,90484	0,30	1,34986	0,74082	0,50	1,64872	0,60653
11	1,11628	0,89583	31	1,36343	0,73345	51	1,66529	0,60050
12	1,12750	0,88692	32	1,37713	0,72615	52	1,68203	0,59452
13	1,13883	0,87810	33	1,39097	0,71892	53	1,69893	0,58860
14	1,15027	0,86936	34	1,40495	0,71177	54	1,71601	0,58275
15	1,16183	0,86071	35	1,41907	0,70469	55	1,73325	0,57695
16	1,17351	0,85214	36	1,43333	0,69768	56	1,75067	0,57121
17	1,18530	0,84366	37	1,44773	0,69073	57	1,76827	0,56553
18	1,19722	0,83527	38	1,46228	0,68386	58	1,78604	0,55990
19	1,20925	0,82696	39	1,47698	0,67706	59	1,80399	0,55433
0,20	1,22140	0,81873	0,40	1,49182	0,67032	0,60	1,82212	0,54881

x	e^x	e^{-x}	x	e^x	e^{-x}	x	e^x	e^{-x}
0,60	1,82212	0,54881	1,10	3,00417	0,33287	2,00	7,38906	0,13534
61	1,84043	0,54335	11	3,03436	0,32956	10	8,16617	0,12246
62	1,85893	0,53794	12	3,06485	0,32628	20	9,02501	0,11080
63	1,87761	0,53259	13	3,09566	0,32303	30	9,97418	0,10026
64	1,89648	0,52729	14	3,12677	0,31982	40	11,02318	0,09072
65	1,91554	0,52205	15	3,15819	0,31664	50	12,18249	0,08208
66	1,93479	0,51685	16	3,18993	0,31349	60	13,46374	0,07427
67	1,95424	0,51171	17	3,22199	0,31037	70	14,87973	0,06721
68	1,97388	0,50662	18	3,25437	0,30728	80	16,44465	0,06081
69	1,99372	0,50158	19	3,28708	0,30422	90	18,17415	0,05502
0,70	2,01375	0,49659	1,20	3,32012	0,30119	3,00	20,08554	0,04979
71	2,03399	0,49164	21	3,35348	0,29820	10	22,19795	0,04505
72	2,05443	0,48675	22	3,38718	0,29523	20	24,53253	0,04076
73	2,07508	0,48191	23	3,42123	0,29229	30	27,11264	0,03688
74	2,09594	0,47711	24	3,45561	0,28938	40	29,96410	0,03337
75	2,11700	0,47237	25	3,49034	0,28650	50	33,11545	0,03020
76	2,13828	0,46767	26	3,52542	0,28365	60	36,59823	0,02732
77	2,15977	0,46301	27	3,56085	0,28083	70	40,44730	0,02472
78	2,18147	0,45841	28	3,59664	0,27804	80	44,70118	0,02237
79	2,20340	0,45384	29	3,63279	0,27527	90	49,40245	0,02024
0,80	2,22554	0,44933	1,30	3,66930	0,27253	4,00	54,59815	0,01832
81	2,24791	0,44486	31	3,70617	0,26982	10	60,34029	0,01657
82	2,27050	0,44043	32	3,74342	0,26714	20	66,68633	0,01500
83	2,29332	0,43605	33	3,78104	0,26448	30	73,69979	0,01357
84	2,31637	0,43171	34	3,81904	0,26185	40	81,45087	0,01228
85	2,33965	0,42741	35	3,85743	0,25924	50	90,01713	0,01111
86	2,36316	0,42316	36	3,89619	0,25666	60	99,48432	0,01005
87	2,38691	0,41895	37	3,93535	0,25411	70	109,9472	0,00910
88	2,41090	0,41478	38	3,97490	0,25158	80	121,5104	0,00823
89	2,43513	0,41066	39	4,01485	0,24908	90	134,2898	0,00745
0,90	2,45960	0,40657	1,40	4,05520	0,24660	5,00	148,4132	0,00674
91	2,48432	0,40252	41	4,09596	0,24414	10	164,0219	0,00610
92	2,50929	0,39852	42	4,13712	0,24171	20	181,2722	0,00552
93	2,53451	0,39455	43	4,17870	0,23931	30	200,3368	0,00499
94	2,55998	0,39063	44	4,22070	0,23693	40	221,4064	0,00452
95	2,58571	0,38674	45	4,26311	0,23457	50	244,6919	0,00409
96	2,61170	0,38289	46	4,30596	0,23224	60	270,4264	0,00370
97	2,63794	0,37908	47	4,34924	0,22993	70	298,8674	0,00335
98	2,66446	0,37531	48	4,39295	0,22764	80	330,2996	0,00303
99	2,69123	0,37158	49	4,43710	0,22537	90	365,0375	0,00274
1,00	2,71828	0,36788	1,50	4,48169	0,22313	6,00	403,4288	0,00248
01	2,74560	0,36422	55	4,71147	0,21225	10	445,8578	0,00224
02	2,77319	0,36059	60	4,95303	0,20190	20	492,7490	0,00203
03	2,80107	0,35701	65	5,20698	0,19205	30	544,5719	0,00184
04	2,82922	0,35345	70	5,47395	0,18268	40	601,8450	0,00166
05	2,85765	0,34994	75	5,75460	0,17377	50	665,1416	0,00150
06	2,88637	0,34646	80	6,04965	0,16530	60	735,0952	0,00136
07	2,91538	0,34301	85	6,35982	0,15724	70	812,4058	0,00123
08	2,94468	0,33960	90	6,68589	0,14957	80	897,8473	0,00111
09	2,97427	0,33622	95	7,02869	0,14227	90	992,2747	0,00101
1,10	3,00417	0,33287	2,00	7,38906	0,13534	7,00	1096,6332	0,00091

G. Wichtige Zahlenwerte.

Größe	n	$\lg n$	Größe	n	$\lg n$	Größe	n	$\lg n$
π	3,1415..	0,4972	$1:\pi$	0,3183	0,5029−1	$\sqrt[3]{e}$	1,3956	0,1448
$\pi:2$	1,5708	0,1961	$\sqrt{\pi}$	1,7725	0,2486	g	9,81	0,9917
$\pi:3$	1,0472	0,0200	$\sqrt[3]{\pi}$	1,4646	0,1657	g^2	96,2361	1,9833
$\pi:4$	0,7854	0,8951−1	e	2,7182..	0,4343	$\sqrt{g}$	3,1321	0,4958
π^2	9,8696	0,9943	$1:e$	0,3679	0,5657−1	$1:2g$	0,0510	0,7083−2
π^3	31,0063	1,4915	$\sqrt{e}$	1,6487	0,2172	$\sqrt{2g}$	4,4294	0,6464

II. Arithmetik und Algebra.

Bearbeitet von Dr.-Ing. **W. Meyer zur Capellen**, VDI, Aachen.

A. Die Potenz-, Wurzel- und Logarithmenrechnung.

a) Die Potenzrechnung.

1. Begriff: $a^n = a \cdot a \cdot a \ldots$ (n-mal als Faktor); $3^4 = 3 \cdot 3 \cdot 3 \cdot 3 = 81$, $a^1 = a$. a = Grundzahl (Basis), n = Hochzahl (Exponent), a^n = Potenz. Hieraus folgt:

2. $0^n = 0$. 3. $a^\infty = \begin{matrix} 0 \\ \infty \end{matrix}$ für $\begin{matrix} |a| < 1 \\ |a| > 1 \end{matrix}$; ($1^\infty$, 0^0, ∞^0 s. „unbest. Formen“ S. 55, ferner S. 65).

4. Gerade Hochzahl: $(\pm a)^{2n} = +a^{2n}$; $(\pm 4)^2 = +16$.

5. Ungerade Hochzahl: $(\pm a)^{2n+1} = \pm a^{2n+1}$; $(\pm 4)^3 = \pm 64$.

6. $a^m a^n = a^{m+n}$; $2^2 \cdot 2^5 = 2^7$. 7. $a^m b^m = (ab)^m$; $3^3 \cdot 2^3 = 6^3$.

8. $a^m/a^n = a^{m-n} = 1/a^{n-m}$ (s. 11); $5^5/5^2 = 5^3$; $5^2/5^5 = 1/5^3 = 5^{-3}$.

9. $a^m/b^m = (a/b)^m$; $8^2/2^2 = 4^2$. 10. $(a^m)^n = a^{mn}$; $(3^2)^4 = 3^8$.

11. $a^{-m} = 1/a^m$; $10^{-4} = 1/10000 = 0{,}0001$.

12. $a^0 = 1$. 13. $1/0 = \infty$. 14. $1/\infty = 0$.

Das Zeichen ∞ bedeutet, daß die betreffende Zahl über alle Grenzen wächst.

Die Regeln 6 bis 11 gelten für jede Hochzahl — für positive, negative, ganze oder gebrochene Werte:

15. $a^{m/n} = \sqrt[n]{a^m}$ (s. Wurzelrechnung); $\sqrt[3]{a^4} = a^{4/3} = a \cdot a^{1/3} = a\sqrt[3]{a}$; $a^{0,8} \cdot a^{0,3} = a^{1,1}$; $a^{1,41}/a^{0,41} = a^1 = a$.

16. $(a+b)(a-b) = a^2 - b^2$; $164^2 - 36^2 = (164+36)(164-36) = 200 \cdot 128 = 25600$.

17. $(a \pm b)^2 = a^2 \pm 2ab + b^2$; $98^2 = (100-2)^2 = 10000 - 2 \cdot 2 \cdot 100 + 4 = 9604$.

18. $(a \pm b)^3 = a^3 \pm 3a^2b + 3ab^2 \pm b^3$; $29 = (30-1)^3 = 27000 - 2700 + 90 - 1 = 24389$.

19. Binomischer Lehrsatz für ganze, positive n (Erweiterung s. Reihen S. 54):

$$(a+b)^n = a^n + \binom{n}{1} a^{n-1}b + \binom{n}{2} a^{n-2}b^2 + \cdots + \binom{n}{k} a^{n-k}b^k + \cdots + \binom{n}{n-1} ab^{n-1} + b^n.$$

Ist b negativ, so sind die Vorzeichen der ungeraden Potenzen von b negativ. $\binom{n}{k}$, sprich „n über k“, ist der k-te Binomialkoeffizient

$$\binom{n}{k} = \frac{n(n-1)(n-2)(n-3)\cdots(n-k+1)}{1 \cdot 2 \cdot 3 \cdot 4 \cdots k}.$$

Der Nenner heißt $1 \cdot 2 \cdot 3 \cdots k = k!$, sprich „$k$-Fakultät“ (s. a. S. 38).

Es ist $\binom{n}{1} = \binom{n}{n-1} = n$, $\binom{n}{0} = \binom{n}{n} = 1$. Für ganze Werte n können die Beiwerte aus dem nebenstehenden Pascalschen Dreieck abgelesen werden (hier von $n = 0$ bis $n = 7$ fortgeführt), in dem sich jede Zahl als Summe der beiden in der vorhergehenden Reihe rechts und links von ihr stehenden Zahlen ergibt.

```
              1
            1   1
          1   2   1
        1   3   3   1
      1   4   6   4   1
    1   5  10  10   5   1
  1   6  15  20  15   6   1
1   7  21  35  35  21   7   1
.   .   .   .   .   .   .   .   .
```

19. $(a^3 \pm b^3) : (a \pm b) = a^2 \mp ab + b^2$.

20. $(a^n - b^n) : (a - b) = a^{n-1} + a^{n-2}b + a^{n-3}b^2 + \cdots + ab^{n-2} + b^{n-1}$, n ganz und positiv. $(a^5 - b^5) : (a - b) = a^4 + a^3b + a^2b^2 + ab^3 + b^4$.

21. $(a^{2n+1} + b^{2n+1}) : (a + b) = a^{2n} - a^{2n-1}b + a^{2n-2}b^2 - + \cdots + b^{2n}$ (s. 20.). $(a^5 + b^5) : (a + b) = a^4 - a^3b + a^2b^2 - ab^3 + b^4$.

22. $(a^{2n} - b^{2n}) : (a + b) = a^{2n-1} - a^{2n-2}b + a^{2n-3}b^2 - + \cdots - b^{2n-1}$ (s. 20.). $(a^6 - b^6) : (a + b) = a^5 - a^4b + a^3b^2 - a^2b^3 + ab^4 - b^5$.

23. Das Potenzieren hat zwei Umkehrungen, je nachdem in $a^b = c$ die Zahl a gesucht wird (Wurzelrechnung) oder b (Logarithmenrechnung).

b) Die Wurzelrechnung.

1. Begriff: Wenn $b^n = a$, so ist $b = \sqrt[n]{a}$; a heißt Radikand, b Wurzel und n Wurzelhochzahl (-exponent). Dann ist

2. $\left(\sqrt[n]{a}\right)^n = a$; 3. $\sqrt[1]{a} = a$; 4. $\sqrt[n]{0} = 0$.

5. Jede Wurzel kann als Potenz mit gebrochener Hochzahl angesehen werden (s. oben 15): $b = \sqrt[n]{a} = a^{1/n}$, da $b^n = (a^{1/n})^n = a^1 = a$.

6. Gerade Wurzelhochzahl: $\sqrt[2n]{a} = \pm\left|\sqrt[2n]{a}\right|$[1), 2)]; $\sqrt[2n]{-a}$ ist imaginär (S. 37); $\sqrt[4]{81} = 3$.

7. Ungerade Wurzelhochzahl: $\sqrt[2n+1]{\pm a} = \pm\left|\sqrt[2n+1]{a}\right|$; $\sqrt[3]{-64} = -4$, $\sqrt[3]{64} = 4$.

8. $\sqrt[m]{a}\,\sqrt[m]{b} = \sqrt[m]{ab}$. 9. $\sqrt[m]{a}/\sqrt[m]{b} = \sqrt[m]{a/b}$. 10. $\sqrt[m]{a^n} = \left(\sqrt[m]{a}\right)^n = a^{n/m}$.

$\sqrt{3}\cdot\sqrt{12} = \sqrt{36} = 6$; $\sqrt{28}/\sqrt{7} = \sqrt{4} = 2$; $\sqrt{16^3} = (\sqrt{16})^3 = 4^3 = 64$.

11. Hochzahl der Wurzel und des Radikanden können mit ein und derselben Zahl multipliziert und durch ein und dieselbe Zahl dividiert werden:

$$\sqrt{x^3} = \sqrt[4]{x^6};\quad \sqrt[9]{8x^6} = \sqrt[9]{2^3 x^6} = \sqrt[3]{2x^2}.$$

12. $\sqrt[m]{\sqrt[n]{a}} = (a^{1/n})^{1/m} = \sqrt[n]{\sqrt[m]{a}} = \sqrt[mn]{a}$; $\sqrt[3]{\sqrt[4]{27}} = \sqrt[4]{\sqrt[3]{27}} = \sqrt[4]{3}$.

13. $a\sqrt[n]{b} = \sqrt[n]{a^n b}$. 14. $\sqrt[n]{a}\,\sqrt[m]{b} = \sqrt[nm]{a^m b^n}$. 15. $\sqrt{a} \pm \sqrt{b} = +\sqrt{a + b \pm 2\sqrt{ab}}$, $a > b$.

c) Die Logarithmenrechnung.

1. Begriff: $m = \overset{a}{\log} b$ heißt $b = a^m$. a ist die Grundzahl (Basis), m der Logarithmus. (Verlauf der logarithm. Kurve s. Fig. 116, S. 118.)

2. **Briggssche oder dekadische Logarithmen haben die Grundzahl 10. Man schreibt $\overset{10}{\log} b = \lg b$.**

3. **Die natürlichen Logarithmen haben als Grundzahl die Eulersche Zahl $e = 2{,}718\,2818..$ (s. S. 53 und 65). Man schreibt $\overset{e}{\log} b = \ln b$ (logarithmus naturalis).**

4. **Zur Umrechnung gilt $\ln x = 2{,}3026 \cdot \lg x$ und $\lg x = 0{,}4343 \cdot \ln x$. Die Zahl $1/2{,}3026 = 0{,}4343$ heißt Modul des Briggsschen Logarithmensystems (genauer $1/2{,}302585\ldots = 0{,}434294\ldots$).**

5. **Aus dem Begriff des Logarithmus folgt**

$$\overset{a}{\log} 1 = 0,\quad \overset{a}{\log} 0 = -\infty,\quad \log\infty = \infty,\quad \overset{a}{\log} a = 1,\quad \lg 10 = 1,\quad \ln e = 1.$$

Die Briggsschen und die natürlichen Logarithmen negativer Zahlen sind imaginär.

Für das Rechnen mit Logarithmen gelten folgende 4 Regeln:

6. $\overset{a}{\log}(uv) = \overset{a}{\log} u + \overset{a}{\log} v$; 7. $\overset{a}{\log}(u/v) = \overset{a}{\log} u - \overset{a}{\log} v$;

8. $\overset{a}{\log} u^n = n \overset{a}{\log} u$; 9. $\overset{a}{\log}\sqrt[n]{u} = \frac{1}{n}\log u$. 10. $\lg 10^n = n$, d. h.

$\lg 1 = 0$, da $10^0 = 1$	
$\lg 10 = 1$, da $10^1 = 10$	$\lg 0{,}1 = -1$, da $10^{-1} = 0{,}1$
$\lg 100 = 2$, da $10^2 = 100$	$\lg 0{,}01 = -2$, da $10^{-2} = 0{,}01$
$\lg 1000 = 3$, da $10^3 = 1000$	$\lg 0{,}001 = -3$, da $10^{-3} = 0{,}001$.

11. Für dekadische Logarithmen ist ferner zu beachten:

Es ist $\lg 1{,}092 = 0{,}0382$ (s. S. 22).
Ferner ist $\lg 10{,}92 = \lg(1{,}092\cdot 10) = \lg 1{,}092 + \lg 10 = 1{,}0382$; ebenso ist $\lg 0{,}1092 = \lg(1{,}092/10) = \lg 1{,}092 - \lg 10 = 0{,}0382 - 1$. Entsprechend ist

$\lg 109{,}2 = 2{,}0382$;	$\lg 0{,}01092 = 0{,}0382 - 2$;
$\lg 1092 = 3{,}0382$ usw.,	$\lg 0{,}001092 = 0{,}0382 - 3$ usw.

[1]) | | heißt absoluter Betrag.

[2]) Um für gerade Wurzelhochzahlen der Wurzel die Vieldeutigkeit zu nehmen, schreibt man im allgemeinen das Vorzeichen vor die Wurzel, so daß z. B. $\sqrt{3}\cdot\sqrt{12} = (+)\sqrt{36} = 6$ ist. Dagegen lautet aber die Parabelgleichung (S. 99) $y^2 = ax$ aufgelöst $y = \pm\sqrt{ax}$.

Die von der Stellung des Kommas abhängige ganze Zahl (0, 1, 2, 3, ..., −1, −2, −3, ...) heißt **Kennziffer**, der nach dem Komma stehende Dezimalbruch heißt **Mantisse**. Zahlen mit gleicher Ziffernfolge haben die gleiche Mantisse. Diese ist in den Tafeln für die Briggsschen Logarithmen zu finden.

Beispiele: Zweckmäßig ist die Verwendung eines Schemas, bei dem links die Zahlen und rechts ihre jeweiligen Logarithmen stehen:

1. $x = \frac{0{,}536 \cdot 217{,}3}{0{,}0281}$

Zahl	Logarithmus
0,536	0,7292 − 1
217,3	2,3371
Zähler	2,0663
0,0281	0,4487 − 2 (−)
$x = 4146$	3,6176

2. $x = \frac{\sqrt[3]{0{,}0827} \cdot 565{,}1}{0{,}923^4 \cdot 46{,}2}$

0,0827	1~~0~~,9175 − ~~2~~3	
		: 3
	0,6392 − 1	
565,1	2,7521	
Zähler	2,3913	(+)
0,923	0,9652 − 1	
		× 4
\	0~~3~~,8608 − ~~4~~1	
46,2	1,6646	
Nenner	1,5254	(−)
$x = 7{,}343$	0,8659	

3. $x = 2{,}78^{1{,}41}$

2,78	0,4440	
		× 1,41
$x = 4{,}227$	0,6260	

4. $x = 0{,}687^{1{,}33}$

0,687	0,8370 − 1	
		× 1,33
	1,1132 − 1,33	
	−0,33 + 0,33	
$x = 0{,}607$	0,7832 − 1	

5. $x = 0{,}427^{1/1{,}05}$

0,427	0,6304 − 1	
	+0,05 − 0,05	
	0,6804 − 1,05	: 1,05
$x = 0{,}4446$	0,6480 − 1	

6. $x = \ln \frac{0{,}678}{0{,}0753}$, d. h. $x = \ln \frac{678 \cdot 10}{753}$

678	6,5191
10	2,3026
	8,8217
753	6,6241 (−)
	2,1976 = x

B. Zahlensysteme.

Zahlen

- komplexe Zahlen
- reelle Zahlen
  - Rationalzahlen
    - ganze Zahlen
    - Brüche
  - Irrationalzahlen
    - algebraisch irrational
    - transzendent irrational
- imaginäre Zahlen

a) Reelle Zahlen.

Sämtliche ganze Zahlen, gewöhnliche Brüche, endliche und unendlich periodische Dezimalbrüche bilden das System der **rationalen Zahlen**. Alle übrigen reellen Zahlen, deren Wert durch einen unendlichen, nicht periodischen Dezimalbruch ausgedrückt werden kann, nennt man **irrationale Zahlen**. Diejenigen irrationalen Zahlen, die Lösungen einer Gleichung n-ten Grades mit rationalen Koeffizienten sind, z. B. alle Wurzeln, heißen algebraische, die übrigen transzendente Zahlen, z. B. π, e.

b) Imaginäre und komplexe Zahlen.

1. Die imaginäre Einheit ist $i = +\sqrt{-1}$, so daß $i^2 = -1$. Eine imaginäre Zahl $i \cdot b$ ist das Produkt aus der imaginären Einheit und einer reellen Zahl. So ist z. B. $+\sqrt{-9} = 3i$. Für die Potenzen von i gilt dann die folgende Tabelle.

1	i^0	i^{-4}	...	i^{4n}
i	i^1	i^{-3}	...	i^{4n+1}
-1	i^2	i^{-2}	...	i^{4n+2}
$-i$	i^3	i^{-1}	...	i^{4n+3}

Eine Verbindung zwischen einer reellen und einer imaginären Zahl, z. B. $z = a + ib$, heißt **komplexe Zahl.** a ist der Realteil, b der Imaginärteil. $a + ib$ und $a - ib$ sind konjugiert komplexe Zahlen. Aus $a + ib = 0$ folgt $a = 0$ und $b = 0$; aus $a + ib = c + id$ folgt $a = c$ und $b = d$. Unter Beachtung von $i^2 = -1$ gelten für komplexe Zahlen die gleichen Rechenregeln wie für reelle Zahlen. Potenzieren s. 4.

Beispiele: $(a + ib) + (c + id) = (a + c) + i(b + d)$; $(a + ib) - (c + id) = (a - c) + i(b - d)$; $(a + ib)(c + id) = (ac - bd) + i(ad + bc)$; $(a + ib)(a - ib) = a^2 + b^2$.

$$\frac{a + ib}{c + id} = \frac{(a + ib)(c - id)}{(c + id)(c - id)} = \frac{ac + bd}{c^2 + d^2} + i \cdot \frac{bc - ad}{c^2 + d^2}, \quad c + id \neq 0.$$

2. Eine komplexe Zahl $z = a + ib$ wird in der **Gaußschen Zahlenebene** dargestellt durch einen Punkt mit den Koordinaten a und b, Fig. 1: Den reellen Zahlen wird die waagerechte Achse der reellen Zahlen, den imaginären Zahlen die dazu senkrechte Achse der imaginären Zahlen zugeordnet.

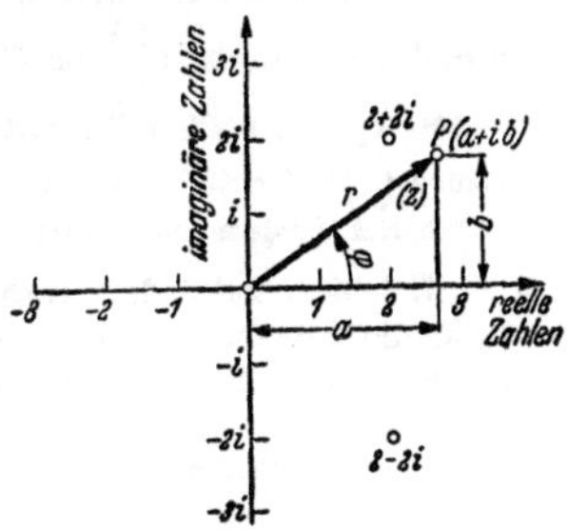

Fig. 1.

Unter Einführung von Polarkoordinaten liest man mit $a = r\cos\varphi$, $b = r\sin\varphi$ die **Normalform** oder trigonometrische Form

$$z = a + ib = r(\cos\varphi + i\sin\varphi)$$

ab. Hierin ist $r = \sqrt{a^2 + b^2}$ der Absolutbetrag (Modul), d. i. die Länge der Strecke OP, und φ, gegeben durch $\operatorname{tg}\varphi = b/a$, der Winkel (das Argument) der komplexen Zahl.

Man kann auch den von 0 nach P gezogenen Vektor (s. S. 128) $z = \overrightarrow{OP}$ als Darstellung der komplexen Zahl auffassen; seine Richtung ist durch φ, seine Länge durch r gegeben.

3. Die Normalform liefert den **Moivreschen Satz** für beliebiges reelles n:

$$(\cos\varphi \pm i\sin\varphi)^n = \cos n\varphi \pm i\sin n\varphi;$$

eine komplexe Zahl wird mit n potenziert, indem man den Betrag mit n potenziert und den Winkel mit n multipliziert. So wird

$$\sqrt[n]{a + ib} = \left|\sqrt[n]{r}\right| \cdot \left(\cos\frac{\varphi + 2k\pi}{n} + i \cdot \sin\frac{\varphi + 2k\pi}{n}\right), \qquad \varphi \text{ im Bogenmaß;}$$

für $k = 0, 1, 2, \ldots, n-1$ erhält man sämtliche n Wurzeln.

4. Aus 3. folgen mit $r = 1$ und $\varphi = 0$ bzw. $\varphi = \pi$ die **Einheitswurzeln:**

$$\sqrt[n]{1} = \cos\frac{2k\pi}{n} + i \cdot \sin\frac{2k\pi}{n}, \qquad k = 0, 1, 2, \ldots, n-1.$$

$$\sqrt[n]{-1} = \cos\frac{(2k+1)\pi}{n} + i \cdot \sin\frac{(2k+1)\pi}{n}, \qquad k = 0, 1, 2, \ldots, n-1,$$

Beispiel: $\sqrt[3]{1} = +1$ bzw. $-0{,}5 + 0{,}866i$ bzw. $-0{,}5 - 0{,}866i$.

Die komplexe Zahl $z = r(\cos\varphi + i \cdot \sin\varphi)$ kann auch geschrieben werden $z = r \cdot e^{i\varphi}$ (s. S. 53).

C. Kombinationslehre.

1. Die Zahl der **Permutationen**, d. h. der möglichen Zusammenstellungen von n ungleichen Elementen ist

$$1 \cdot 2 \cdot 3 \cdot 4 \cdots (n-1) \cdot n = n! \quad \text{(sprich „}n\text{-Fakultät“)}.$$

Befinden sich unter den n Elementen p gleiche einer Art, q gleiche einer anderen Art, r gleiche einer dritten Art usw., so ist die Anzahl der möglichen Permutationen $\dfrac{n!}{p! \cdot q! \cdot r! \cdots}$.

Beispiele: 1. 6 Elemente *abcdef* haben $6! = 720$ Permutationen. 2. Die 3 Elemente *abc* haben $3! = 6$ Permutationen, nämlich *abc, bac, bca, acb, cab, cba*.

3. Die 9 Elemente *aaaabbbcc* haben $\dfrac{9!}{4! \cdot 3! \cdot 2!} = 1260$ Permutationen.

2. Eine Zusammenstellung, die nicht sämtliche n Elemente enthält, heißt eine **Variation**: ist k die Anzahl der zusammengestellten Elemente, so liegt eine Variation der n Elemente zur k-ten Klasse vor. Die Anzahl aller möglichen Variationen ist damit

$$\text{ohne Wiederholung } \binom{n}{k} \cdot k! = \frac{n!}{(n-k)!}, \quad \text{mit Wiederholung } n^k,$$

d. h. je nachdem das gleiche Element in der Zusammenstellung nur einmal oder k-mal vorkommt. $\binom{n}{k}$ sind die Binomialkoeffizienten von S. 34.

Beispiele: 1. Die 4 Gegenstände *abcd* haben in Gruppen zu je 2 Elementen ohne Wiederholung $\binom{4}{2} \cdot 2! = 12$ Variationen, nämlich *ab, ac, ad, bc, bd, cd, ba, ca, da, cb, db, dc*.

2. Bei Wiederholung erhält man $4^2 = 16$, d. h. außer den genannten noch *aa, bb, cc, dd*.

3. Die Anzahl der **Kombinationen** von n Elementen zur k-ten Klasse, d. h. die Anzahl der verschiedenen Arten, auf welche man n Elemente zu je k Elementen ohne Rücksicht auf die Reihenfolge anordnen kann, ist

$$\text{ohne Wiederholung (s. o.) } \binom{n}{k}, \quad \text{mit Wiederholung } \binom{n+k-1}{k}.$$

Beispiele: 1. Die 4 Gegenstände *abcd* haben in Gruppen zu je 2 Gliedern ohne Wiederholung $\binom{4}{2} = \dfrac{4 \cdot 3}{1 \cdot 2} = 6$ Kombinationen, nämlich *ab, ac, ad, bc, bd, cd*.

2. Mit Wiederholung erhält man $\binom{4+2-1}{2} = \binom{5}{2} = 10$ Kombinationen. Es kommen hinzu *aa, bb, cc, dd*.

D. Determinanten.

Bei verschiedenartigsten Aufgaben der Mathematik und ihrer Anwendungsgebiete trifft man auf gewisse Zahlenausdrücke, die Determinanten, die nach ganz bestimmten Gesetzen gebaut sind und durch besondere Schreibweise auch besonders einfach darzustellen sind.

U. a. läßt sich — um aus den vielen Anwendungsmöglichkeiten eine herauszugreifen — in der Schwingungslehre die Bedingungsgleichung zur Bestimmung der Eigenfrequenzen eines schwingungsfähigen, mehrgliedrigen Systems in der Form $D = 0$ schreiben, wo D eine gewisse Determinante ist.

1. Determinanten 2. und 3. Grades sind $\begin{vmatrix} a_1 & b_1 \\ a_2 & b_2 \end{vmatrix} = a_1 b_2 - a_2 b_1$;

$$\begin{vmatrix} a_1 & b_1 & c_1 \\ a_2 & b_2 & c_2 \\ a_3 & b_3 & c_3 \end{vmatrix} = a_1 \begin{vmatrix} b_2 & c_2 \\ b_3 & c_3 \end{vmatrix} - a_2 \begin{vmatrix} b_1 & c_1 \\ b_3 & c_3 \end{vmatrix} + a_3 \begin{vmatrix} b_1 & c_1 \\ b_2 & c_2 \end{vmatrix}$$

$$= a_1(b_2 c_3 - b_3 c_2) - a_2(b_1 c_3 - b_3 c_1) + a_3(b_1 c_2 - b_2 c_1)$$

$$= a_1 b_2 c_3 + a_2 b_3 c_1 + a_3 b_1 c_2 - a_1 b_3 c_2 - a_2 b_1 c_3 - a_3 b_2 c_1 .$$

Die **Determinante n-ten Grades** von n^2 Elementen $a_1, a_2, \ldots, a_n$; $b_1, b_2, \ldots, b_n$; $\ldots r_n$ hat n Zeilen (waagerechte Reihen) und n Spalten (senkrechte Reihen). Sie wird geschrieben

$$\begin{vmatrix} a_1 & b_1 & c_1 & \ldots & r_1 \\ a_2 & b_2 & c_2 & \ldots & r_2 \\ a_3 & b_3 & c_3 & \ldots & r_3 \\ \cdot & \cdot & \cdot & \cdot\cdot & \cdot \\ \cdot & \cdot & \cdot & \cdot\cdot & \cdot \\ a_n & b_n & c_n & \ldots & r_n \end{vmatrix}$$

und stellt die Summe $\sum \pm (a_1 b_2 c_3 \ldots r_n)$ dar, in der die einzelnen Summanden durch Permutation (s. C, S. 38) der Zeiger (Indizes) $1, 2, 3, \ldots$ des diagonalen Produktes $a_1 b_2 c_3 \ldots r_n$ gewonnen werden. Jedes alphabetisch geordnete Produkt erhält ein positives oder negatives Vorzeichen, je nachdem die Zahl der Umkehrungen seiner Zeiger gerade oder ungerade ist. Die Determinante enthält $n! = 1 \cdot 2 \cdot 3 \cdots n$ Produkte. Beispiele vgl. 1.

2. Eine Determinante n-ten Grades kann mit Hilfe von **Unterdeterminanten** $(n-1)$-ten Grades zerlegt werden (s. a. 1. u. 8.):

$$\begin{vmatrix} a_1 & b_1 & c_1 & d_1 \\ a_2 & b_2 & c_2 & d_2 \\ a_3 & b_3 & c_3 & d_3 \\ a_4 & b_4 & c_4 & d_4 \end{vmatrix} = a_1 \begin{vmatrix} b_2 & c_2 & d_2 \\ b_3 & c_3 & d_3 \\ b_4 & c_4 & d_4 \end{vmatrix} - a_2 \begin{vmatrix} b_1 & c_1 & d_1 \\ b_3 & c_3 & d_3 \\ b_4 & c_4 & d_4 \end{vmatrix} + a_3 \begin{vmatrix} b_1 & c_1 & d_1 \\ b_2 & c_2 & d_2 \\ b_4 & c_4 & d_4 \end{vmatrix} - a_4 \begin{vmatrix} b_1 & c_1 & d_1 \\ b_2 & c_2 & d_2 \\ b_3 & c_3 & d_3 \end{vmatrix}.$$

Die Unterdeterminante zu einem Element in der i-ten Zeile und der k-ten Spalte wird erhalten, indem man die i-te Zeile und die k-te Spalte der ursprünglichen Determinante durchstreicht und die so entstehende Determinante mit $(-1)^{i+k}$ multipliziert.

3. In einer Determinante kann man die Zeilen mit den Spalten unter Beibehaltung der Reihenfolge vertauschen:

$$\begin{vmatrix} a_1 & b_1 \\ a_2 & b_2 \end{vmatrix} = \begin{vmatrix} a_1 & a_2 \\ b_1 & b_2 \end{vmatrix}; \quad \begin{vmatrix} a_1 & b_1 & c_1 \\ a_2 & b_2 & c_2 \\ a_3 & b_3 & c_3 \end{vmatrix} = \begin{vmatrix} a_1 & a_2 & a_3 \\ b_1 & b_2 & b_3 \\ c_1 & c_2 & c_3 \end{vmatrix}.$$

4. Werden in der Determinante 2 Zeilen oder 2 Spalten miteinander vertauscht, so ändert die Determinante ihr Vorzeichen.

5. Sind die entsprechenden Elemente zweier Spalten oder zweier Zeilen verhältnisgleich (also auch einander gleich und gleich Null), so ist die Determinante gleich Null.

$$\begin{vmatrix} a_1 & a_1 & c_1 \\ a_2 & a_2 & c_2 \\ a_3 & a_3 & c_3 \end{vmatrix} = 0; \quad \begin{vmatrix} a_1 & b_1 & c_1 \\ a_1 & b_1 & c_1 \\ a_3 & b_3 & c_3 \end{vmatrix} = 0; \quad \begin{vmatrix} a_1 & a_2 & k a_2 \\ b_1 & b_2 & k b_2 \\ c_1 & c_2 & k c_2 \end{vmatrix} = 0.$$

6. Sind alle Elemente einer Zeile oder einer Spalte mit der gleichen Zahl multipliziert, so kann der Faktor vor die Determinante gesetzt werden:

$$\begin{vmatrix} k a_1 & b_1 & c_1 \\ k a_2 & b_2 & c_2 \\ k a_3 & b_3 & c_3 \end{vmatrix} = k \begin{vmatrix} a_1 & b_1 & c_1 \\ a_2 & b_2 & c_2 \\ a_3 & b_3 & c_3 \end{vmatrix} = \begin{vmatrix} k a_1 & k b_1 & k c_1 \\ a_2 & b_2 & c_2 \\ a_3 & b_3 & c_3 \end{vmatrix}.$$

7. Der Wert einer Determinante bleibt unverändert, wenn man zu den Elementen einer Zeile oder Spalte das gleiche Vielfache der entsprechenden Elemente einer anderen Zeile oder Spalte addiert oder subtrahiert:

$$\begin{vmatrix} a_1 & b_1 & c_1 \\ a_2 & b_2 & c_2 \\ a_3 & b_3 & c_3 \end{vmatrix} = \begin{vmatrix} a_1 & b_1 & c_1 + k a_1 \\ a_2 & b_2 & c_2 + k a_2 \\ a_3 & b_3 & c_3 + k a_3 \end{vmatrix}.$$

8. Eine Determinante 3. Grades kann auch folgendermaßen gebildet werden:

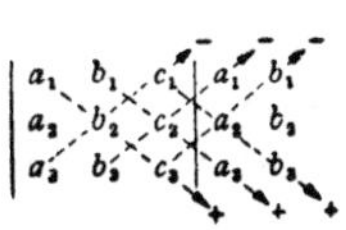

$$= \begin{matrix} a_1 b_2 c_3 + b_1 c_2 a_3 + c_1 a_2 b_3 \\ - a_3 b_2 c_1 - b_3 c_2 a_1 - c_3 a_2 b_1, \end{matrix}$$

d. h. man setzt die beiden ersten Spalten in der gleichen Reihenfolge neben die letzte und bildet die 6 Produkte der Elemente, die auf einer Diagonalen liegen. Die Produkte erhalten je nach Pfeilrichtung + (↘) oder − (↗) als Vorzeichen.

Zahlenbeispiele: 1. Zu Punkt 2:

$$\begin{vmatrix} 2 & 3 & 4 \\ 1 & 3 & 4 \\ 3 & 0 & 2 \end{vmatrix} = 2 \begin{vmatrix} 3 & 4 \\ 0 & 2 \end{vmatrix} - 1 \begin{vmatrix} 3 & 4 \\ 0 & 2 \end{vmatrix} + 3 \begin{vmatrix} 3 & 4 \\ 3 & 4 \end{vmatrix} = 2\cdot(3\cdot 2) - 1\cdot(3\cdot 2) + 0 = 6\,.$$

2. Zu Punkt 5:

$$\begin{vmatrix} 12 & 4 & 2 \\ 6 & 2 & 1 \\ 3 & 5 & 3 \end{vmatrix} = \begin{vmatrix} 2\cdot 6 & 2\cdot 2 & 2\cdot 1 \\ 6 & 2 & 1 \\ 3 & 5 & 3 \end{vmatrix} = 0\,.$$

3. Zu Punkt 6, 7, 2:

$$\begin{vmatrix} 4 & 12 & 8 \\ 2 & 3 & 4 \\ 3 & 6 & 9 \end{vmatrix} = 4\cdot \begin{vmatrix} 1 & 3 & 2 \\ 2 & 3 & 4 \\ 3 & 6 & 9 \end{vmatrix} = 4\cdot 3\cdot \begin{vmatrix} 1 & 3 & 2 \\ 2 & 3 & 4 \\ 1 & 2 & 3 \end{vmatrix} = 12\cdot \begin{vmatrix} 1 & 3 & 2 \\ 1 & 1 & 1 \\ 1 & 2 & 3 \end{vmatrix} = 12\cdot \begin{vmatrix} 0 & 2 & 1 \\ 1 & 1 & 1 \\ 1 & 2 & 3 \end{vmatrix}$$

$$= 12\cdot \begin{vmatrix} 0 & 2 & 1 \\ 1 & 1 & 1 \\ 0 & 1 & 2 \end{vmatrix} = 12\cdot \left\{0 - 1\cdot \begin{vmatrix} 2 & 1 \\ 1 & 2 \end{vmatrix} + 0\right\} = -12\cdot(2\cdot 2 - 1\cdot 1) = -36\,.$$

Über Anwendung bei Gleichungen 1. Grades mit mehreren Unbekannten vgl. S. 42. Ferner vgl. S. 91.

E. Gleichungen.

Eine Gleichung drückt aus, daß 2 Größen einander gleich sind. Eine identische Gleichung zeigt eine algebraische oder rechnerische Umformung an, z. B. $(a+b)(a-b)=a^2-b^2$. Eine Bestimmungsgleichung, z. B. $x-9=0$, dient zur Ermittlung einer unbekannten Größe, z. B. x, und ist nur für einen bestimmten Wert x (oder mehrere) eine identische, im Beispiel für $x=9$.

Jede Gleichung bleibt richtig, wenn auf beiden Seiten die gleichen Rechnungsvorgänge ausgeführt werden.

Zur Ermittlung von n Unbekannten dienen n voneinander unabhängige Gleichungen.

Gleichungen, die sich derart umformen lassen, daß nur ganzzahlige Potenzen der Unbekannten auftreten, heißen algebraische Gleichungen im Gegensatz zu den transzendenten Gleichungen.

Liegt eine Gleichung mit einer Unbekannten in der Form $f(x)=0$ vor, so lassen sich zeichnerisch reelle Lösungen dadurch finden, daß man die Kurve $y=f(x)$ in Abhängigkeit von x aufträgt. Die Abszissen ihrer Schnittpunkte mit der x-Achse sind die reellen Lösungen oder Wurzeln der Gleichung (s. c, e, f).

a) Gleichungen 1. Grades mit einer Unbekannten.

Diese lassen sich immer auf die Form $ax-b=0$ oder $ax=b$ bringen. Zur Umformung (die in entsprechender Weise auch auf andere Gleichungen zu übertragen ist) ist zu beachten:

1. Sind in einer Gleichung mehrere Glieder mit x und mehrere Glieder ohne x enthalten, so bringt man die Glieder mit x auf die eine und die ohne x auf die andere Seite. Hierbei müssen Klammerausdrücke, die x enthalten, aufgelöst werden.

2. Enthält die Gleichung Brüche, steht besonders x im Nenner, so ist die Gleichung mit dem Hauptnenner zu multiplizieren.

3. Steht x in der Grundzahl einer Potenz (oder im Radikanden einer Wurzel), so ist die Potenz (Wurzel) auf eine Seite zu bringen und dann die Wurzel zu ziehen (die Gleichung zu potenzieren). Sind mehrere Wurzeln vorhanden, so ist mehrfaches Potenzieren erforderlich.

4. Steht x in der Hochzahl einer Potenz (Exponentialgleichung), so ist die Potenz auf eine Seite zu bringen und dann die Gleichung zu logarithmieren.

Beispiel: $4{,}6+2{,}3^{3-x}=10$; $2{,}3^{3-x}=5{,}4$; $(3-x)\cdot\lg 2{,}3=\lg 5{,}4$; $3-x=\dfrac{\lg 5{,}4}{\lg 2{,}3}=\dfrac{0{,}7324}{0{,}3617}$ $=2{,}025$; $x=3-2{,}025=0{,}975$. — Das Logarithmieren kann auch fortfallen durch Benutzung der doppellogarithmischen Teilung auf dem Rechenschieber (z. B. System Darmstadt).

b) Gleichungen 1. Grades mit mehreren Unbekannten.

1. n Gleichungen mit n Unbekannten werden rechnerisch derart aufgelöst, daß man zunächst aus ihnen durch Umformung und Zusammenfassung passen-

der Gleichungen $n-1$ Gleichungen mit $n-1$ Unbekannten bildet. Durch Wiederholung dieses Verfahrens erhält man $n-2$ Gleichungen mit $n-2$ Unbekannten, dann $n-3$ Gleichungen mit $n-3$ Unbekannten usw., schließlich 1 Gleichung mit 1 Unbekannten. Nach Ausrechnung dieser Unbekannten setzt man ihren Wert in eine der zwei Gleichungen mit 2 Unbekannten ein und erhält so die zweite Unbekannte. Durch weiteres Einsetzen erhält man der Reihe nach sämtliche n Unbekannte.

Zur Rückführung von n Gleichungen mit n Unbekannten auf $n-1$ Gleichungen mit $n-1$ Unbekannten sind folgende Wege möglich:

Additionsmethode: Wegschaffen einer Unbekannten durch Addition bzw. Subtraktion der Gleichungen nach passender Umformung (gleiche Beiwerte der wegzuschaffenden Größen).

$$\text{I}\left\{\begin{array}{l|l|l} x+2y-0{,}7z=21 & \cdot 3 & \\ 3x+0{,}2y-z=24 & \cdot 1 & \cdot 0{,}3 \\ 0{,}9x+7y-2z=27 & & \cdot 1 \end{array}\right.\qquad \begin{array}{r} 3x+6y-2{,}1z=63 \\ \underline{3x+0{,}2y-z=24} \\ 5{,}8y-1{,}1z=39 \end{array}\qquad \begin{array}{r} 0{,}9x+0{,}06y-0{,}3z=7{,}2 \\ \underline{0{,}9x+7y-2z=27} \\ 6{,}94y-1{,}7z=19{,}8 \end{array}$$

$$\text{II}\left\{\begin{array}{l|l} 5{,}8y-1{,}1z=39 & \cdot 17 \\ 6{,}94y-1{,}7z=19{,}8 & \cdot 11 \end{array}\right.\qquad \begin{array}{r} 98{,}6y-1{,}1\cdot 17z=663 \\ \underline{76{,}34y-1{,}7\cdot 11z=217{,}8} \end{array}\qquad \begin{array}{r} \text{III. } 22{,}26y=445{,}2 \\ \underline{\underline{y=20}} \end{array}$$

$$\begin{array}{r} 5{,}8\cdot 20-1{,}1z=39 \\ 1{,}1z=77 \\ \underline{\underline{z=70}} \end{array}\qquad \begin{array}{r} x+2\cdot 20-0{,}7\cdot 70=21 \\ \underline{\underline{x=30}} \end{array}$$

Gleichsetzungsmethode: Wegschaffen einer Unbekannten dadurch, daß man sie oder ein passendes Vielfaches von ihr in jeder Gleichung durch die anderen Unbekannten ausdrückt und die so erhaltenen Werte einander gleichsetzt.

$$\text{I}\left\{\begin{array}{l|l|l} x+2y-0{,}7z=21 & 7z=10x+20y-210 & \\ 3x+0{,}2y-z=24 & 7z=21x+1{,}4y-168 & 2z=6x+0{,}4y-48 \\ 0{,}9x+7y-2z=27 & & 2z=0{,}9x+7y-27 \end{array}\right.$$

$$\text{II}\left\{\begin{array}{l} 10x+20y-210=21x+1{,}4y-168 \\ 6x+0{,}4y-48=0{,}9x+7y-27 \end{array}\right.$$

oder

$$\text{II}\left\{\begin{array}{l|l} 11x-18{,}6y+42=0 & y=\dfrac{11x+42}{18{,}6} \\ 5{,}1x-6{,}6y-21=0 & y=\dfrac{5{,}1x-21}{6{,}6} \end{array}\right.$$

$$\text{III. } \frac{11x+42}{18{,}6}=\frac{5{,}1x-21}{6{,}6}\quad \text{(mit } 11\cdot 18{,}6 \text{ erweitern:)}$$

$$\begin{array}{r} 121x+462=158{,}1x-651 \\ 37{,}1x=1113 \\ \underline{\underline{x=30}} \end{array}\qquad \begin{array}{l} \underline{\underline{y}}=\dfrac{11\cdot 30+42}{18{,}6}\,\underline{\underline{=20}} \\ \underline{\underline{z}}=3\cdot 30+0{,}2\cdot 20-24\,\underline{\underline{=70}} \end{array}$$

Einsetzungsmethode: Eine Unbekannte wird dadurch weggeschafft, daß man in einer Gleichung diese Unbekannte durch die anderen ausdrückt und den so erhaltenen Wert in die übrigen Gleichungen einsetzt.

$$\text{I}\left\{\begin{array}{l|l|l} x+2y-0{,}7z=21 & x=21-2y+0{,}7z & \\ 3x+0{,}2y-z=24 & 3\cdot(21-2y+0{,}7z)+0{,}2y-z=24 & 5{,}8y-1{,}1z=39 \\ 0{,}9x+7y-2z=27 & 0{,}9\cdot(21-2y+0{,}7z)+7y-2z=27 & 5{,}2y-1{,}37z=8{,}1 \end{array}\right.$$

$$\text{II}\left\{\begin{array}{l|l} 5{,}8y-1{,}1z=39 & z=\dfrac{5{,}8y-39}{1{,}1} \\ 5{,}2y-1{,}37z=8{,}1 & \text{III. } 5{,}2y-1{,}37\cdot\dfrac{5{,}8y-39}{1{,}1}=8{,}1 \end{array}\right.$$

$$\begin{array}{r} 5{,}72y-7{,}946y+53{,}43=8{,}91 \\ 2{,}226y=44{,}52 \\ \underline{\underline{y=20}} \end{array}$$

$$\underline{\underline{z}}=\frac{5{,}8\cdot 20-39}{1{,}1}=\frac{77}{1{,}1}\,\underline{\underline{=70}}$$

$$\underline{\underline{x}}=21-2\cdot 20+0{,}7\cdot 70\,\underline{\underline{=30}}$$

2. Unter Benutzung von Determinanten (s. S. 38) können die Lösungen unmittelbar hingeschrieben werden. So folgt z. B. für ein System von 3 linearen Gleichungen:

$$\begin{aligned} a_1 x + b_1 y + c_1 z &= d_1\,, \\ a_2 x + b_2 y + c_2 z &= d_2\,, \\ a_3 x + b_3 y + c_3 z &= d_3\,, \end{aligned} \qquad D = \begin{vmatrix} a_1 & b_1 & c_1 \\ a_2 & b_2 & c_2 \\ a_3 & b_3 & c_3 \end{vmatrix} \neq 0\,,$$

$x = D_1 : D$, $y = D_2 : D$, $z = D : D_3$, wo

$$D_1 = \begin{vmatrix} d_1 & b_1 & c_1 \\ d_2 & b_2 & c_2 \\ d_3 & b_3 & c_3 \end{vmatrix}, \qquad D_2 = \begin{vmatrix} a_1 & d_1 & c_1 \\ a_2 & d_2 & c_2 \\ a_3 & d_3 & c_3 \end{vmatrix}, \qquad D_3 = \begin{vmatrix} a_1 & b_1 & d_1 \\ a_2 & b_2 & d_2 \\ a_3 & b_3 & d_3 \end{vmatrix}.$$

Für ein beliebiges, lineares Gleichungssystem gelten entsprechende Formeln: Die Beiwerte der Unbekannten liefern, unter Beachtung von Zeile und Spalte, die „Systemdeterminante" D. Die Determinanten $D_1, D_2, \ldots$ findet man, indem man in D die Spalte der Beiwerte der betreffenden Unbekannten ersetzt durch die Zahlen auf den rechten Seiten.

Ist $D = 0$, so widersprechen sich die Gleichungen oder eine Gleichung ist die Folge der anderen (z. B. $x - y = 4$ und $2x - 2y = 8$).

Sind jedoch die rechten Seiten (oben $d_1, d_2, \ldots$) gleich Null (homogene Gleichungen), so ist entweder $x = 0$, $y = 0$, $z = 0, \ldots$ oder es muß die Determinante D gleich Null sein. In diesem Fall ist eine Unbekannte willkürlich, d. h. es sind nur die Verhältnisse der Unbekannten bestimmbar.

Beispiel: $\begin{aligned} 2x + 1{,}4y &= 13; \\ 6{,}5x - 3{,}1y &= 4; \end{aligned} \quad D = \begin{vmatrix} 2 & 1{,}4 \\ 6{,}5 & -3{,}1 \end{vmatrix} = -2 \cdot 3{,}1 - 6{,}5 \cdot 1{,}4 = -15{,}3;$

$$D_1 = \begin{vmatrix} 13 & 1{,}4 \\ 4 & -3{,}1 \end{vmatrix} = -13 \cdot 3{,}1 - 4 \cdot 1{,}4 = -45{,}9; \qquad x = -45{,}9 : -15{,}3 = 3;$$

$$D_2 = \begin{vmatrix} 2 & 13 \\ 6{,}5 & 4 \end{vmatrix} = 2 \cdot 4 - 6{,}5 \cdot 13 = -76{,}5; \qquad y = -76{,}5 : -15{,}3 = 5.$$

Für viele Unbekannte führen beide Wege (1. und 2.) im allgemeinen nur langsam zum Ziel. Dann empfehlen sich zeichnerische oder instrumentelle Verfahren[1]).

c) Gleichungen 2. Grades mit einer Unbekannten.

1. Rechnerische Lösung. Jede quadratische Gleichung kann auf die

$$\text{Normalform } x^2 + ax + b = 0$$

gebracht werden. Um diese zu erhalten, sind ähnliche Umformungen notwendig, wie unter a), S. 40, angegeben.

Für die Lösungen oder Wurzeln der quadratischen Gleichung $x^2 + ax + b = 0$ folgt mit

$$x^2 + 2 \cdot (a/2) \cdot x + (a/2)^2 = (a/2)^2 - b \quad \text{oder} \quad (x + a/2)^2 = (a/2)^2 - b:$$

$$\begin{aligned} x_1 &= -a/2 + \sqrt{(a/2)^2 - b}\,, \\ x_2 &= -a/2 - \sqrt{(a/2)^2 - b}\,, \end{aligned} \quad \text{worin } (a/2)^2 - b = \Delta = \text{„Diskriminante"}$$

Die Gleichung hat 2 reelle Wurzeln, wenn $\Delta > 0$,
2 zusammenfallende reelle „ , „ $\Delta = 0$,
2 konjugiert komplexe „ , „ $\Delta < 0$.

Ist $a = 0$, so liegt eine rein quadratische Gleichung vor: $x_{1,2} = \pm\sqrt{-b}$.

Ist $b = 0$, so ist $x_1 = 0$ und $x_2 = -a$, denn es ist $x^2 + ax = 0$ oder $x(x + a) = 0$, d. h. $x_1 = 0$ oder $(x + a) = 0$, d. h. $x_2 = -a$.

---

[1]) Vgl. C. Runge: Graphische Methoden. S. 17f. Leipzig 1928; s. a. Anm. 2, S. 140.

Beispiele:

1. $x^2 - \frac{3}{2}x - 1 = 0$	2. $x^2 - 10x + 25 = 0$	3. $x^2 + 6x + 10 = 0$	4. $x^2 - 10x = 0$
$x = +\frac{3}{4} \pm \sqrt{\frac{9}{16} + 1}$	$(x-5)^2 = 0$	$x = -3 \pm \sqrt{9 - 10}$	$x(x-10) = 0$
$x_1 = \frac{3}{4} + \frac{5}{4} = 2$	$x_1 = x_2 = 5$.	$x_1 = -3 + i$	$x_1 = 0$
$x_2 = \frac{3}{4} - \frac{5}{4} = -\frac{1}{2}$.		$x_2 = -3 - i$.	$x_2 = 10$.

5. $\sqrt{13 + x} + \sqrt{13 - x} - 6 = 0,$

$$\sqrt{13 + x} + \sqrt{13 - x} = 6,$$
$$13 + x + 13 - x + 2 \cdot \sqrt{13^2 - x^2} = 36,$$
$$\sqrt{169 - x^2} = 5,$$
$$169 - x^2 = 25,$$
$$x^2 = 144,$$
$$x_1 = +12 \qquad x_2 = -12.$$

Beziehungen zwischen den Wurzeln: Durch Multiplikation und Addition der beiden Wurzeln x_1 und x_2 findet man:

$$x_1 \cdot x_2 = b \quad \text{(von } x \text{ freies oder absolutes Glied)},$$
$$x_1 + x_2 = -a \quad \text{(negativer Beiwert von } x\text{)}.$$

Damit kann eine quadratische Gleichung auch geschrieben werden $x^2 + ax + b \equiv (x - x_1)(x - x_2) = 0$, die, wie unmittelbar einzusehen ist, für $x = x_1$ und $x = x_2$ erfüllt ist. Die Wurzeln haben gleiches Vorzeichen, wenn $b > 0$, entgegengesetztes, wenn $b < 0$.

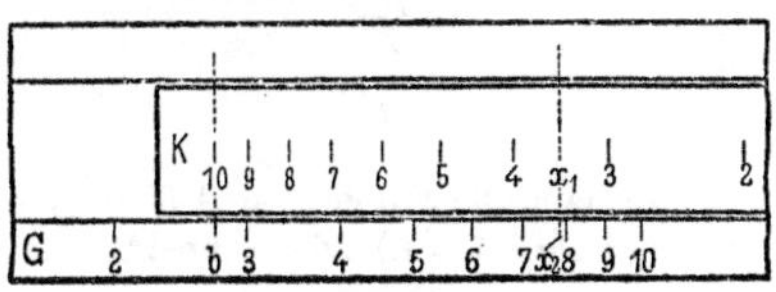

Fig. 2.

Lösung mit dem Rechenschieber: Stellt man b auf der Grundteilung des Schiebers ein und dividiert durch einen angenommenen Wert x_1, so folgt nach vorstehendem $x_2 = b/x_1$. Die Wurzeln sind richtig, wenn gleichzeitig $x_1 + x_2 = -a$ ist. Bei Benutzung der Kehr- (Reziprok-) Teilung K, die man auch durch Umdrehen der Zunge erhalten kann, folgt, Fig. 2: Die 10 oder 1 der Kehrteilung K über b der Grundteilung G einstellen. Der Strich des Glasläufers über x_1 der Kehrteilung K liefert auf G den Wert $x_2 = b/x_1$. Es muß dann wie oben $x_1 + x_2 = -a$ sein. Ist b negativ, so ist eine Wurzel negativ.

Beispiel: $x^2 + 4{,}3x - 27{,}3 = 0$ (Fig. 2); $x_1 x_2 = -27{,}3$, $x_1 + x_2 = -a = -4{,}3$. Einstellen von $x_1 = 3{,}5$ liefert $x_2 = -27{,}3/3{,}5 = -7{,}8$; $3{,}5 - 7{,}8 = -4{,}3$, d. h. die Wurzeln sind richtig.

2. Zeichnerische Veranschaulichung. Trägt man die Kurve $y = x^2 + ax + b$ (Parabel, S. 100) als Funktion von x auf, so sind die Abszissen ihrer Schnittpunkte mit der x-Achse die gesuchten Wurzeln, Fig. 3. Je nach dem Wert von Δ (s. 1.) schneidet die Parabel die x-Achse ($\Delta > 0$), berührt sie diese ($\Delta = 0$) oder schneidet sie nicht ($\Delta < 0$).

Im Beispiel, Fig. 3, sind benutzt

$$x^2 - 4x + 3 = 0, \quad \Delta > 0;$$
$$x^2 - 4x + 4 = 0, \quad \Delta = 0;$$
$$x^2 - 4x + 5 = 0, \quad \Delta < 0.$$

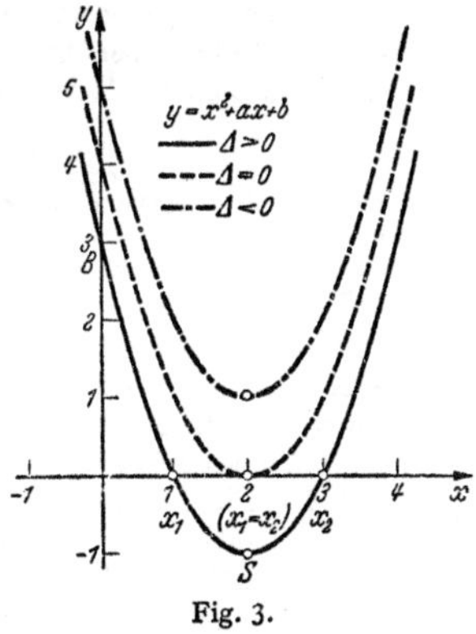

Fig. 3.

3. Zeichnerische Lösung. α) Schnittverfahren für reelle Wurzeln: Die Schnittpunkte der Kurve $y = x^2 + ax + b$ mit der x-Achse sind die Wurzeln. $y = f(x)$ stellt aber die verschobene Einheitsparabel dar: Sie geht durch den Punkt B der y-Achse mit der Ordinate $y = b$ (Fig. 3), ihre Achse ist parallel der y-Achse und ihr Scheitel hat die Koordinaten $x_0 = -a/2$, $y_0 = f(-a/2) = -\Delta$ (s. 1).

Legt man die Einheitsparabel $y = x^2$ (Schablone, Kurve auf durchsichtigem Papier o. ä.) derart in das Koordinatensystem, daß ihre Achse parallel der y-Achse ist, daß sie durch den Punkt B $(0; b)$ der y-Achse geht und daß ihr Scheitel auf der y-Parallelen $x_0 = -a/2$ (Parabelachse) liegt, so trifft sie die x-Achse in x_1 und x_2, Fig. 3.

β) Aufspaltung (für reelle Wurzeln): Schreibt man die Gleichung $x^2 + ax + b = 0$ in der Form $x^2 = -ax - b$ und setzt $y_1 = f_1(x) = x^2$, $y_2 = f_2(x) = -ax - b$, so sind die Wurzeln die Abszissen der Schnittpunkte der Kurve y_1 mit der Kurve y_2, da nur im Schnittpunkt $y_1 = y_2$, also $x^2 = -ax - b$ ist, Fig. 4. y_1 ist die für alle Gleichungen festliegende Einheitsparabel, y_2 ist eine Gerade, deren Lage durch a und b bestimmt ist.

Liegen die Schnittpunkte sehr weit auseinander, so müssen für x und y verschiedene Maßstäbe gewählt werden.

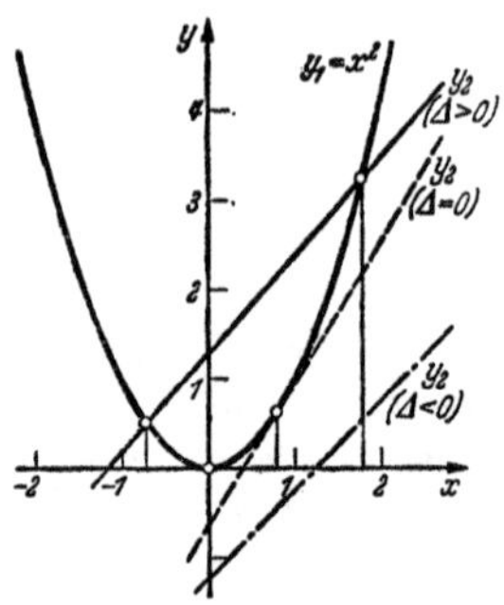

Fig. 4.

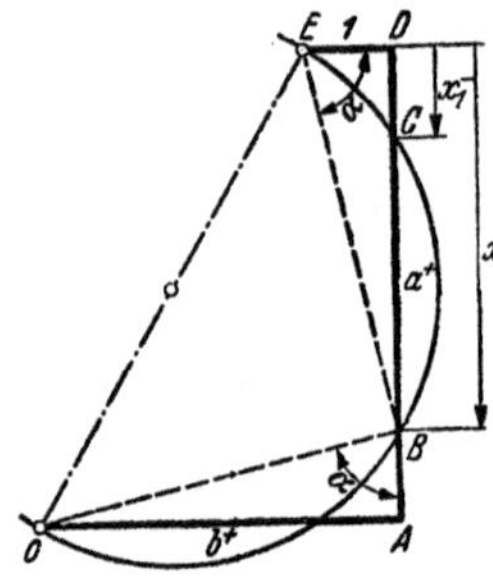

Fig. 5.

Je nach der Größe von Δ (s. o. 1) schneidet die Gerade die Parabel ($\Delta > 0$), berührt sie ($\Delta = 0$) oder schneidet sie nicht ($\Delta < 0$).

Beispiele: Fig. 4.

1. $x^2 - 1{,}1x - 1{,}26 = 0$	2. $x^2 - 1{,}6x + 0{,}64 = 0$	3. $x^2 - x + 1{,}25 = 0$
$x_1 = 1{,}8$, $x_2 = -0{,}7$	$x_1 = x_2 = 0{,}8$	komplexe Wurzeln.

γ) Verfahren von Lill: Man trägt, Fig. 5, waagerecht die Strecke b auf, positiv nach rechts, negativ nach links; dazu senkrecht die Strecke a, positiv nach oben, negativ nach unten; daran waagerecht nach links die Strecke „Eins". Der Halbkreis über OE schneidet auf a (oder der Verlängerung) vom Endpunkt D aus gemessen die Wurzeln x_1 und x_2 aus, nach oben positiv, nach unten negativ.

Beweis: Setzt man $DB = -x$ (da nach unten gerichtet), so folgt nach Fig. 5, daß $\operatorname{tg} \alpha = DB : 1 = OA : AB$ oder daß $-x : 1 = b : [a - (-x)]$ oder $b = -x(a + x)$ oder $x^2 + ax + b = 0$ ist; d. h. die Gleichung ist erfüllt. Das gleiche gilt für C, ebenso für andere Vorzeichen von a und b.

Beispiel: In Fig. 5 ist $b = 4$ (+), $a = 5$ (+); daher x_1 und x_2 von D aus gemessen negativ: $x_1 = -1$, $x_2 = -4$.

δ) Die nomographische Lösung bei reellen Wurzeln zeigt für beliebige Werte a und b das aus einer gekrümmten und zwei parallelen, geraden und linear geteilten Leitern bestehende Nomogramm Fig. 6: Die durch a und b gelegte Weisergerade schneidet auf der gekrümmten Leiter die Wurzeln x_1 und x_2 aus. Die Flucht 2a in Fig. 6 schneidet jedoch nur einmal; es gilt dann allgemein für das Vorzeichen die Regel: x hat das obere (+) oder das untere (—) Vorzeichen, je nachdem das Vorzeichen für den Wert a der betreffenden Gleichung oben oder unten steht. Ist überhaupt kein Schnittpunkt vorhanden (Beispiel 4, s. u.), so liegen komplexe Wurzeln vor, die rechnerisch bestimmt werden müssen oder auch aus einem Sondernomogramm[1]) abgelesen werden können.

[1]) Heck, O., u. A. Walther: Ing.-Arch. Bd. 1 (1930) S. 211.

Beispiele: 1. $x^2 - 3{,}7x + 3 = 0$; a negativ, Gerade 1, Punkte A und B, $x_1 = +1{,}2$, $x_2 = +2{,}5$.

2. $x^2 + 3{,}5x - 7{,}5 = 0$; a positiv; Gerade 2a, Punkt C, ergibt $x_1 = +1{,}5$; Gerade 2b, Punkt D, ergibt $x_2 = -5$, da das Vorzeichen von a (+) unten steht.

3. $x^2 + 7{,}7x + 1{,}5 = 0$; a positiv, Gerade 3, Punkte E und F, $x_1 = -0{,}2$, $x_2 = -7{,}5$, da das Vorzeichen von a (+) unten steht.

4. $x^2 + x + 4 = 0$; Gerade 4a bzw. 4b liefert keinen Schnittpunkt; daher komplexe Wurzeln.

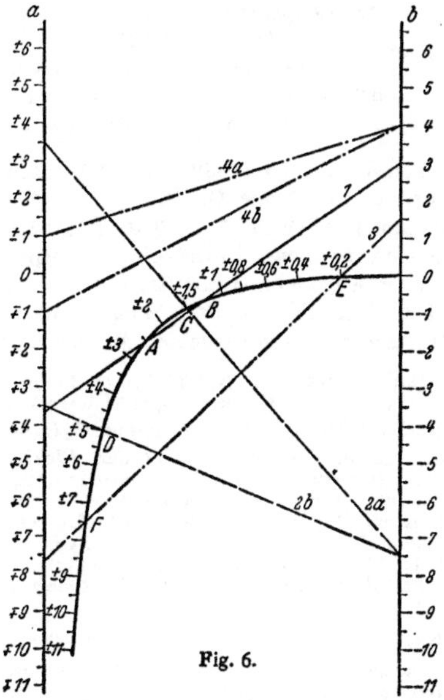

Fig. 6.

Entwurf des Nomogramms:

Für alle durch den Punkt P (Fig. 7) mit den Koordinaten u und v gehenden Geraden folgt nach Fig. 7 mit den Abschnitten a und b auf den Leitern I und II

$$\frac{b-v}{c-u} = \frac{v-a}{c+u};$$

ausmultipliziert und geordnet: $-2vc + a(c-u) + b(c+u) = 0$ oder

$$-\frac{2vc}{c+u} + a\frac{c-u}{c+u} + b = 0.$$

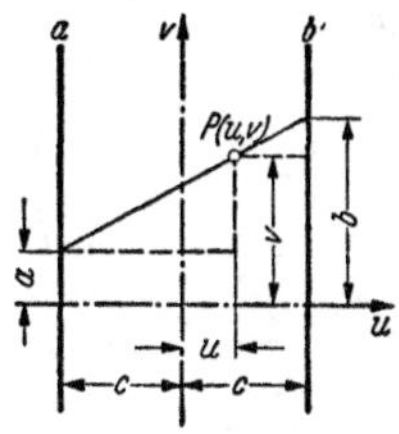

Fig. 7.

Vergleicht man diese Form mit der quadratischen Gleichung $x^2 + ax + b = 0$, so müssen, wenn für einen bestimmten Wert $x = x_0$ die Gleichungen für jeden Wert a und b übereinstimmen sollen, auch die Beiwerte übereinstimmen, d. h. es muß sein

$$-\frac{2vc}{c+u} = x_0^2 \quad \text{und} \quad \frac{c-u}{c+u} = x_0.$$

Daraus berechnen sich die Koordinaten u, v des Punktes P zu

$$u = -c \cdot \frac{x_0 - 1}{x_0 + 1} \quad \text{und} \quad v = -\frac{x_0^2}{x_0 + 1}.$$

Die Folge dieser Punkte P liefert die gekrümmte Leiter (Hyperbel), die hiernach für glatte Werte x_0 gezeichnet und mit diesen glatten Werten $x = x_0$ beziffert werden kann. Die Fluchtgerade für ein Wertepaar a und b trifft dann die Kurve in den Wurzeln x_1 und x_2 der quadratischen Gleichung $x^2 + ax + b = 0$.

Für negative Wurzeln kann man x durch $(-x)$ ersetzen und erhält dann die oben angegebene Regel für das Vorzeichen.

d) Gleichungen 2. Grades mit mehreren Unbekannten.

1. n Gleichungen mit n Unbekannten werden in der auf S. 40 für lineare Gleichungen angegebenen Weise durch allmähliches Wegschaffen der einzelnen Unbekannten bis auf eine Gleichung mit einer Unbekannten aufgelöst. Im allgemeinen sind hierzu die dort angegebenen Methoden anwendbar, doch wird häufig die Einführung neuer Unbekannter u. ä. die Rechnung wesentlich vereinfachen.

Beispiele:

1. $x^2 + y^2 = 20{,}5$; $\quad y^2 + 8y + 16 + y^2 = 20{,}5$;

$x - y = 4$; $\quad x = 4 + y$; $\quad y^2 + 4y = 2{,}25$;

$y = -2 \pm \sqrt{4 + 2{,}25}$;

$y = -2 \pm 2{,}5$;

$y_1 = +0{,}5$; $\quad y^2 = -4{,}5$;

$x_1 = +4{,}5$; $\quad x^2 = -0{,}5$.

2. $x^2 - 2xy + 3y^2 = 3\cdot(x-y) \quad |\cdot 3,$

$2x^2 + xy - y^2 = 9\cdot(x-y) \quad |\cdot 1,$

$$3x^2 - 6xy + 9y^2 = 2x^2 + xy - y^2,$$
$$x^2 - 7xy + 10y^2 = 0,$$
$$\left(\frac{x}{y}\right)^2 - 7\cdot\frac{x}{y} + 10 = 0,$$
$$\frac{x}{y} = \frac{7}{2} \pm \sqrt{\frac{49-40}{4}} = \frac{7}{2} \pm \frac{3}{2},$$
$$\left(\frac{x}{y}\right)_1 = 5, \quad \left(\frac{x}{y}\right)_2 = 2.$$

$x = 5y$ in die erste Gleichung eingesetzt, ergibt

$$25y^2 - 10y^2 + 3y^2 = 12y,$$
$$18y^2 - 12y = 0 \quad \text{oder} \quad 6y(3y-2) = 0,$$

d. h. $\underline{y_1 = 0}$ und $\underline{x_1 = 5y_1 = 0}$, oder $3y - 2 = 0$, also $\underline{y_2 = {}^2/_3}$ und $\underline{x_2 = 5y_2 = 3^1/_3}$.

$x = 2y$ eingesetzt, ergibt

$$4y^2 - 4y^2 + 3y^2 = 3y,$$
$$y^2 - y = 0 \quad \text{oder} \quad y(y-1) = 0,$$

d. h. $\underline{y_3 = 0 = y_1}$ und $\underline{x_3 = 0 = x_1}$ oder $y - 1 = 0$, also $\underline{y_4 = 1}$ und $\underline{x_4 = 2y_4 = 2}$.

2. Ist eine der beiden Gleichungen linear, so erhält man 2 Wurzelpaare (Beispiel 1); sind aber im allgemeinsten Falle beide Gleichungen quadratisch (Kegelschnitte), so erhält man 4 Wurzelpaare (Beispiel 2, wo 2 Paare zusammenfallen). Man kann nun in beiden Fällen auch zeichnerisch vorgehen: Jede Gleichung stellt eine Kurve (Gerade oder Kegelschnitt mit Kreis als Sonderfall) dar. Die Koordinaten der Schnittpunkte der Kurven sind dann die gesuchten Wurzelpaare.

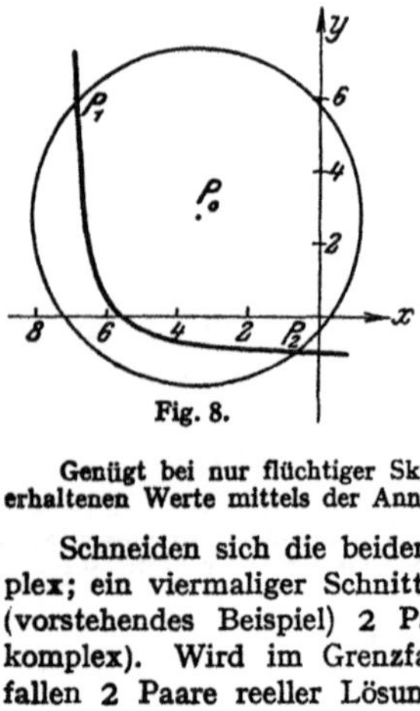

Fig. 8.

Zahlenbeispiel: I. $(x+3{,}5)^2 + (y-2{,}7)^2 = 21$.
II. $(x+7{,}2)\cdot(y+1{,}3) = 2$.

Gleichung I, Fig. 8, stellt einen Kreis um P_0 ($x_0 = -3{,}5$, $y_0 = +2{,}7$) mit dem Radius $\sqrt{21} = 4{,}6$ dar. Gleichung II stellt eine gleichseitige Hyperbel dar, deren Asymptoten die Parallelen zu den Achsen im Abstande $-1{,}3$ und $-7{,}2$ sind. Kreis und Hyperbel schneiden sich in den beiden reellen Punkten P_1 ($x_1 = -6{,}9$, $y_1 = 5{,}9$) und P_2 ($x_2 = -0{,}7$, $y_2 = -1{,}0$). Die beiden anderen Schnittpunkte sind imaginär. Die Gleichungen haben also die beiden reellen Lösungen:

$$x_1 = -6{,}9, \quad y_1 = +5{,}9, \qquad x_2 = -0{,}7, \quad y_2 = -1{,}0.$$

Genügt bei nur flüchtiger Skizze die Genauigkeit der Ablesung nicht, so lassen sich die erhaltenen Werte mittels der Annäherungsverfahren (S. 48) verbessern.

Schneiden sich die beiden Kurven nicht, so sind sämtliche Lösungen komplex; ein viermaliger Schnitt liefert 4 Paare reeller Lösungen, ein zweimaliger (vorstehendes Beispiel) 2 Paare reeller Lösungen (die 2 anderen Paare sind komplex). Wird im Grenzfalle aus 2 Schnittpunkten 1 Berührungspunkt, so fallen 2 Paare reeller Lösungen in 1 Paar (Beispiel 2 oben) zusammen.

e) Gleichungen 3. Grades.

1. Rechnerisch. Eine kubische Gleichung in der Form

$$y^3 + Ay^2 + By + C = 0$$

geht durch Einsetzen von $y = x - A/3$ über in die

reduzierte Form $x^3 + ax + b = 0$.

Ist $\Delta = (b/2)^2 + (a/3)^3$ die „Diskriminante", so hat man folgende Hauptfälle und Lösungswege:

I. $\Delta > 0$: 1 reelle und 2 konjugiert komplexe Wurzeln, Lösung mit der Cardanischen Formel:

$$x_1 = \alpha + \beta, \quad x_{2,3} = -\frac{1}{2}(\alpha+\beta) \pm \frac{i}{2}\sqrt{3}\cdot(\alpha-\beta),$$

wo

$$\alpha = \sqrt[3]{-b/2 + \sqrt{\Delta}}, \quad \beta = \sqrt[3]{-b/2 - \sqrt{\Delta}}, \quad i = \sqrt{-1}.$$

Beispiel: $x^3 - 9x + 28 = 0$, $\Delta = 14^2 + (-3)^3 = 169$, $\sqrt{\Delta} = 13$, $\alpha = \sqrt[3]{-14+13} = -1$, $\beta = \sqrt[3]{-14-13} = \sqrt[3]{-27} = -3$, $\alpha - \beta = 2$, $x_1 = \alpha + \beta = -4$, $x_2 = 2 + i\sqrt{3}$, $x_3 = 2 - i\sqrt{3}$.

II. $\Delta \leqq 0$: 3 reelle Wurzeln. Am besten trigonometrische Lösung: Mit Einführung des Winkels φ, der aus $\cos 3\varphi = -\frac{b}{2\sqrt{(-a/3)^3}}$ berechnet wird, folgt:

$$x_1 = 2\sqrt{-a/3}\cdot\cos\varphi\,,\qquad x_2 = 2\sqrt{-a/3}\cdot\cos(\varphi + 120^\circ)\,,$$
$$x_3 = 2\sqrt{-a/3}\cdot\cos(\varphi + 240^\circ)\,.$$

Beispiel: Reduzierte Form $x^3 - 7x + 5 = 0$, $\Delta = 2{,}5^2 + (-3{,}5)^3 < 0$, Fall II.

$$\cos 3\varphi = -\frac{5}{2\sqrt{(7/3)^3}} = 0{,}7015;$$
$$3\varphi = 134^\circ\,33', \qquad \varphi = 44^\circ\,51'.$$
$$x_1 = 2\sqrt{7/3}\cdot\cos\ 44^\circ\,51' = +2{,}166\,;$$
$$x_2 = 2\sqrt{7/3}\cdot\cos 164^\circ\,51' = -2{,}949\,;$$
$$x_3 = 2\sqrt{7/3}\cdot\cos 284^\circ\,51' = +0{,}7828\,.$$

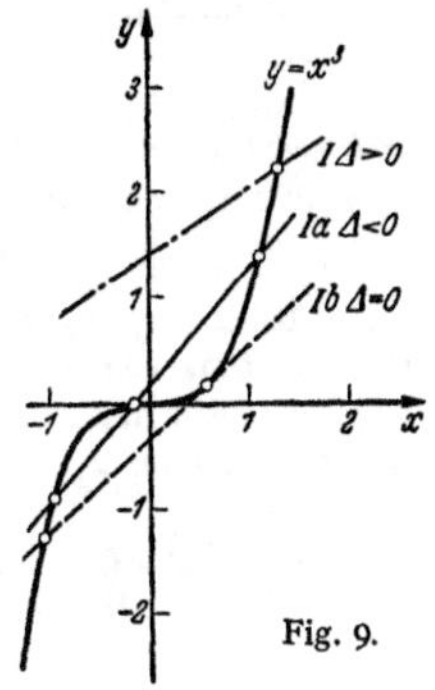

Fig. 9.

Für $\Delta = 0$ sind 2 Wurzeln einander gleich und halb so groß, aber von entgegengesetztem Vorzeichen wie die dritte. Dann wird nach der Cardanischen Formel $\alpha = \beta = \sqrt[3]{-b/2}$, also $x_1 = 2\alpha$ und $x_2 = x_3 = -\alpha$.

2. Zeichnerische Lösungen erfolgen nach gleichen Methoden wie bei quadratischen Gleichungen (s. S. 43).

α) Schnittverfahren: Die Wurzeln der Gleichung $f(x) = 0$ sind die Abszissen der Schnittpunkte der Kurve $y = f(x)$ mit der x-Achse.

Beispiel: $x^3 - 3x^2 - 9x + 9 = 0$. Die Schnittpunkte der Kurve $y = f(x) = x^3 - 3x^2 - 9x + 9$ (Fig. 39, S. 73) ergeben die Wurzeln $x_1 = -2{,}37$, $x_2 = 0{,}83$, $x_3 = 4{,}54$. Eine Multiplikation mit einem konstanten Faktor — in der Figur mit 1/6 — ist für die Nullstellen ohne Belang; u. U. Verbesserung nach h) S. 48.

β) Aufspaltung: Die Zerlegung der reduzierten Form $x^3 + ax + b = 0$ in $f_1(x) = f_2(x)$, wo $y_1 = f_1(x) = x^3$ (kubische Einheitsparabel) und $y_2 = f_2(x) = -ax - b$ (Gerade), liefert die Wurzeln als die Abszissen der Schnittpunkte dieser beiden Kurven, Fig. 9 mit den 3 Sonderfällen (s. o.).

δ) Zur nomographischen Lösung für die reduzierte Form führt der gleiche Weg wie auf S. 45, Fig. 7. Nur folgt jetzt für die Koordinaten u und v des Punktes P in entsprechender Weise

$$u = -c\cdot\frac{x_0 - 1}{x_0 + 1} \quad \text{und} \quad v = \frac{x_0^3}{x_0 + 1}\,,$$

so daß das Nomogramm der Fig. 10 entsteht. Die Fluchtgerade durch die Punkte a und b treffen die gekrümmte Leiter in den gesuchten Wurzeln. Hinsichtlich des Vorzeichens gilt:

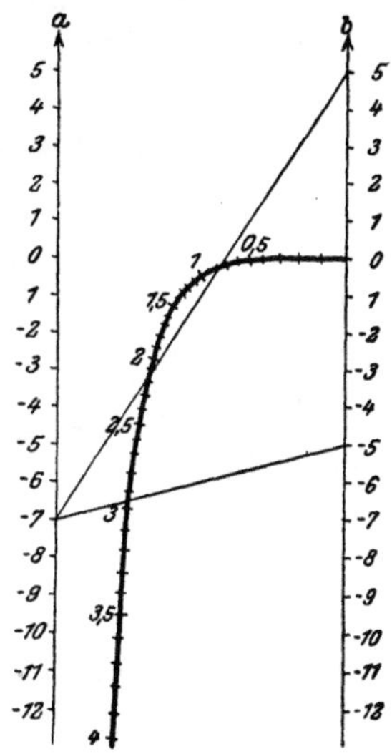

Fig. 10.

Trifft die Fluchtgerade die gekrümmte Leiter zweimal, so liefert die Gerade durch $-b$ die dritte, aber negative Wurzel; im Beispiel $x^3 - 7x + 5 = 0$ (Fig. 10) wird für $+b = +5$ $x_1 = 0{,}78$ und $x_2 = 2{,}17$, während für $-b = -5$ der Wert $x_3 = -2{,}95$ folgt. Trifft die Gerade nur einmal ($x^3 - 7x - 5 = 0$), so hat man eine positive Wurzel ($x_1 = +2{,}95$). Für die beiden anderen Wurzeln zeichnet man die Gerade durch $-b$; trifft diese die gekrümmte Leiter, so hat man die beiden anderen, aber negativen Wurzeln (im Beispiel $x_2 = -0{,}78$, $x_3 = -2{,}17$); trifft sie nicht, so liegen komplexe Wurzeln vor.

Schneidet schließlich die Gerade die Leiter überhaupt nicht, so liegen zwei komplexe Wurzeln vor, die dritte, negative, findet man mit der Geraden durch $-b$.

Ersetzt man nämlich x durch $-x$, so wird $x^3 + ax - b = 0$, die Gleichung ist für $-b$ zu lösen.

Der nomographische Weg ist auch für Gleichungen höheren Grades von der Form $x^n + ax^m + b = 0$ gangbar.

f) Gleichungen höheren Grades.

Für Gleichungen höheren Grades empfehlen sich im allgemeinen zeichnerische oder Näherungsverfahren, wenn sich auch bis zur Gleichung 4. Grades und für Gleichungen höheren Grades in Sonderfällen die Lösungen geschlossen angeben lassen.

Eine biquadratische Gleichung $x^4 + ax^2 + b = 0$ läßt sich z. B. mit $z = x^2$ auf die quadratische Gleichung $z^2 + az + b = 0$ zurückführen (Beispiel S. 241).

Die allgemeine Gleichung n-ten Grades

$$x^n + a_{n-1}x^{n-1} + a_{n-2}x^{n-2} + \cdots + a_1x + a_0 = 0$$

hat n Wurzeln $x_1, x_2, x_3, \ldots, x_n$, von denen komplexe immer paarweis konjugiert auftreten. Da die Gleichung auch in der Form $(x - x_1)(x - x_2)(x - x_3) \ldots (x - x_n) = 0$ geschrieben werden kann (vgl. z. B. S. 43), so läßt sich bei einer bekannten Wurzel x_1 durch Division der Gleichung mit $(x - x_1)$ ihr Grad um 1 erniedrigen.

Beispiel: $x^3 - 13x - 12 = 0$ hat offensichtlich die Wurzel $x_1 = -1$. Also folgt $(x^3 - 13x - 12) : (x + 1) \equiv x^2 - x - 12 = 0$, d. h. $x_2 = 4$ und $x_3 = -3$.

g) Zeichnerische Verfahren.

Diese beruhen auf den gleichen, bei den Gleichungen 2. und 3. Grades (S. 43 u. 47) angegebenen Verfahren: Aufzeichnen der Funktionskurve $f(x)$ und Bestimmung ihrer Nullstellen oder Aufspalten der Gleichung in $f_1(x) = f_2(x)$ und Bestimmung der Schnittpunkte dieser Kurven.

h) Näherungsverfahren.

1. Newtonsches Verfahren. Ist x_0 ein Näherungswert für die Wurzel einer Gleichung $f(x) = 0$ [in der Nähe des Schnittpunktes der Kurve $y = f(x)$ mit der x-Achse], so denke man sich, Fig. 11, im Punkt P_0 mit der Ordinate $y_0 = f(x_0)$ die Tangente mit der Steigung (Ableitung) $y_0' = f'(x_0)$ gezogen. $x_1 = x_0 - h$ ist ein besserer Näherungswert. Es folgt $x_1 = x_0 - h = x_0 - \frac{f(x_0)}{f'(x_0)} = x_0 - \frac{y_0}{y_0'}$. Durch Wiederholung für x_1 läßt sich dieser Wert x_1 verbessern: $x_2 = x_1 - y_1/y_1'$ usw. (s. Zahlenbeispiel).

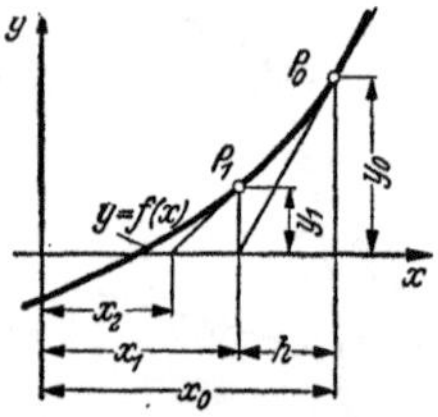

Fig. 11.

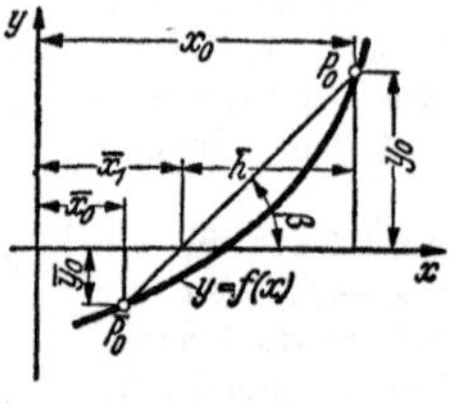

Fig. 12.

Das Verfahren konvergiert gegen die richtige Wurzel, wenn auf dem die Wurzel enthaltenden Kurvenbogen $y' \neq 0$, $y'' \neq 0$, $y' \neq \infty$ und wenn in einem Punkt begonnen wird, in dem y' und y'' gleiches Vorzeichen haben.

2. Regula falsi. Hierbei ersetzt man die Tangente durch die Sekante durch 2 auf verschiedenen Seiten der x-Achse in der Nähe der Wurzel liegende Punkte P_0 und $\overline{P}_0$, Fig. 12. Der Schnittpunkt mit der x-Achse liefert den zwischen x_0 und $\bar{x}_0$ liegenden Annäherungswert $\bar{x}_1 = x_0 - \bar{h}$. Da $\bar{h} = y_0/\text{tg}\,\beta$ und $\text{tg}\,\beta = [f(x_0) - f(\bar{x}_0)] : (x_0 - \bar{x}_0)$, folgt

$$\bar{x}_1 = x_0 - \frac{f(x_0) \cdot (x_0 - \bar{x}_0)}{f(x_0) - f(\bar{x}_0)} = x_0 - \frac{y_0 \cdot (x_0 - \bar{x}_0)}{y_0 - \bar{y}_0}.$$

Eine Fortsetzung liefert bessere Annäherungswerte (s. Beispiel).

Das Verfahren konvergiert, wenn auf dem die Wurzel enthaltenden Bogen $y' \neq 0$, $y'' \neq 0$, $y' \neq \infty$ und wenn Funktionswerte von entgegengesetztem Vorzeichen benutzt werden.

Für $\lim(x_0 - \bar{x}_0) \to 0$ erhält man das Newtonsche Verfahren. Aus dem Differenzenquotient wird der Differentialquotient (S. 65).

Beispiel: $y = f(x) \equiv x^3 - 7x + 5 = 0$; also $y' = f'(x) = 3x^2 - 7$.
Nach Newton: $x_0 = 2{,}2$, $y_0 = f(x_0) = 0{,}248$, $y'_0 = f'(x_0) = 7{,}52$,

x	$y = f(x)$
2	-1
3	$+11$
2,1	$-0{,}439$
2,2	$+0{,}248$

$$x_1 = x_0 - h = 2{,}2 - \frac{0{,}248}{7{,}52} = 2{,}2 - 0{,}033 = 2{,}167 \text{ (zu groß)};$$

Regula falsi: $x_0 = 2{,}2$, $y_0 = 0{,}248$, $\bar{x}_0 = 2{,}1$, $\bar{y}_0 = -0{,}439$,

$$\bar{x}_1 = \bar{x}_0 - \bar{h} = 2{,}2 - \frac{0{,}248 \cdot 0{,}1}{0{,}687} = 2{,}2 - 0{,}036 = 2{,}164 \text{ (zu klein)}.$$

Der nächste Schritt liefert unter Verwendung von x_1 und $\bar{x}_1$: $y_1 = 0{,}007$, $y'_1 = 7{,}088$, $\bar{y}_1 = f(\bar{x}_1) = -0{,}0142$, $x_1 - \bar{x}_1 = 0{,}003$, $y_1 - \bar{y}_1 = 0{,}0212$.

$$\text{Newton:} \quad x_2 = x_1 - h_1 = 2{,}167 - \frac{0{,}007}{7{,}088} \approx 2{,}167 - 0{,}001 = 2{,}166 \text{ (zu groß)};$$

$$\text{Regula falsi:} \quad \bar{x}_2 = x_1 - \bar{h}_1 = 2{,}167 - \frac{0{,}007 \cdot 0{,}003}{0{,}0212} \approx 2{,}167 - 0{,}001 = 2{,}166 \text{ (zu klein)}.$$

Man hat also durch Benutzung beider Näherungsverfahren zusammen die gleiche Genauigkeit wie auf unmittelbarem Wege (S. 47) mit vierstelligen Tafeln.

F. Reihen.

Ist $u_1, u_2, u_3, \ldots, u_n \ldots$ eine Folge von Zahlen bestimmter Gesetzmäßigkeit, so ist $u_1 + u_2 + u_3 + \cdots + u_n + \cdots$ eine Reihe. Die einzelnen, positiven oder negativen Zahlen $u_1, u_2, u_3, \ldots, u_n, \ldots$ heißen die Glieder der Reihe. Eine endliche Reihe hat endlich viele Glieder (n endlich), eine unendliche Reihe hat unendlich viele Glieder ($n \to \infty$).

Die Summe einer Reihe ist $s = u_1 + u_2 + u_3 + \cdots + u_n$. Die Summe einer unendlichen Reihe ist der Grenzwert, dem sich die Summe der ersten n Glieder nähert, wenn n nach unendlich geht. Es ist dann $s = \sum_{n=1}^{n=\infty} u_n$. Weiteres s. u. b).

Beispiele: 1. $1 + 2 + 3 + 4 + 5 + \cdots + 100 = 5050$ [s. a) 1.].
2. $0{,}3 + 0{,}03 + 0{,}003 + \cdots = 1/3$ [s. b) 1].

a) Endliche Reihen.

1. Eine arithmetische Reihe 1. Ordnung ist eine Reihe, in der die Differenz zweier aufeinanderfolgender Glieder konstant ist. Schreibt man

a = Anfangsglied, d = Differenz (konst.), n = Anzahl der Glieder,

so lauten die Glieder a, $a + d$, $a + 2d$, ..., $a + (n - 1)d$. Dabei ist jedes Glied das arithmetische Mittel aus den beiden benachbarten Gliedern. Ferner ist die Summe des ersten und letzten Gliedes gleich der Summe des zweiten und vorletzten usw. Daraus folgt für die Summe der Reihe mit $t = a + (n - 1)d$ als n-tes Glied (Endglied):

$$s = a + a + d + a + 2d + \cdots + a + (n - 1)d = \frac{n}{2}(a + t) = \frac{n}{2}[2a + (n - 1)d].$$

Beispiele: 1. $\sum_{k=1}^{k=1000} k = 1 + 2 + 3 + \cdots + 1000 = \frac{1000}{2} \cdot \{1 + 1000\} = 500\,500$,

2. $\sum_{k=1}^{k=500} (2k) = 2 + 4 + 6 + 8 + \cdots + 1000 = \frac{500}{2} \cdot \{2 + 1000\} = 250\,500$,

3. $\sum_{k=1}^{k=500} (2k - 1) = 1 + 3 + 5 + 7 + \cdots + 999 = \frac{500}{2} \cdot \{1 + 999\} = 250\,000$.

2. Eine **arithmetische Reihe n-ter Ordnung** ist eine solche Reihe, bei der die n-ten Differenzen konstant sind oder die n-te Differenzenreihe aus konstanten Gliedern besteht. Eine Differenzenreihe wird gebildet aus den Differenzen je zweier aufeinanderfolgender Glieder einer gegebenen Reihe:

2, 3, 7, 8, 15, 52, 158, 387 ...	Hauptreihe
1, 4, 1, 7, 37, 106, 229 ...	1. Differenzenreihe
3, −3, 6, 30, 69, 123 ...	2. „
−6, 9, 24, 39, 54 ...	3. „
15, 15, 15, 15 ...	4. „
0, 0, 0 ...	

Die Hauptreihe ist also eine arithmetische Reihe 4. Ordnung.

Eine Reihe n-ter Ordnung ist durch das Anfangsglied A_1 und die Anfangsglieder aller Differenzenreihen a_1, b_1, c_1 usw. eindeutig bestimmt:

$$\begin{array}{ccccccccccccccc} A_1 & & A_2 & & A_3 & & A_4 & & A_5 & & A_6 & & A_7 & & A_8 \ldots \\ & a_1 & & a_2 & & a_3 & & a_4 & & a_5 & & a_6 & & a_7 \ldots & \\ & & b_1 & & b_2 & & b_3 & & b_4 & & b_5 & & b_6 \ldots & & \\ & & & c_1 & & c_2 & & c_3 & & c_4 & & c_5 \ldots & & & \end{array}$$

Die Summe der ersten k Glieder ist

$$s_k = \binom{k}{1} A_1 + \binom{k}{2} a_1 + \binom{k}{3} b_1 + \binom{k}{4} c_1 + \cdots$$ [Binomialkoeffizienten $\binom{k}{r}$ s. S. 34].

Beispiele: 1. Im obigen Zahlenbeispiel ist:

$$\begin{aligned} s_7 &= \binom{7}{1}\cdot 2 + \binom{7}{2}\cdot 1 + \binom{7}{3}\cdot 3 + \binom{7}{4}\cdot(-6) + \binom{7}{5}\cdot 15 \\ &= 7\cdot 2 + 21\cdot 1 + 35\cdot 3 + 35\cdot(-6) + 21\cdot 15 \\ &= 14 + 21 + 105 - 210 + 315 = 245\,. \end{aligned}$$

Probe: $2 + 3 + 7 + 8 + 15 + 52 + 158 = 245$.

2. $\sum\limits_{x=1}^{x=n} x^2 = 1^2 + 2^2 + 3^2 + \cdots + n^2 = 1 + 4 + 9 + 16 + \cdots + n^2$. Hauptreihe

$3 \quad 5 \quad 7 \ldots$ 1. Differenzenreihe

$2 \quad 2 \ldots;$ 2. „

$$\sum_{x=1}^{x=n} x^2 = \binom{n}{1} + \binom{n}{2}\cdot 3 + \binom{n}{3}\cdot 2 = n + \frac{n\cdot(n-1)}{1\cdot 2}\cdot 3 + \frac{n\cdot(n-1)\cdot(n-2)}{1\cdot 2\cdot 3}\cdot 2$$

$$= \frac{n^3}{3} + \frac{n^2}{2} + \frac{n}{6} = \frac{1}{6}\cdot n\cdot(n+1)\cdot(2n+1);$$

3. $$\sum_{x=1}^{x=n} x^3 = 1^3 + 2^3 + 3^3 + \cdots + n^3 = \frac{n^4}{4} + \frac{n^3}{2} + \frac{n^2}{4} = \frac{1}{4}\cdot n^2\cdot(n+1)^2.$$

Wird in eine ganze rationale Funktion n ten Grades

$$f(x) = A x^n + B x^{n-1} + C x^{n-2} + \cdots$$

für x der Reihe nach 0, 1, 2, 3 ... gesetzt, so ergeben die Werte $f(0)$, $f(1)$, $f(2)$, $f(3)$ ... eine arithmetische Reihe n ter Ordnung.

3. Eine **geometrische Reihe** ist eine Reihe, in welcher der Quotient zweier aufeinanderfolgender Glieder konstant ist. Ihre Glieder sind a, aq, aq^2, aq^3, ..., $a\cdot q^{n-1}$ (n-tes Glied). Jedes Glied ist das geometrische Mittel aus den beiden benachbarten Gliedern.

Die Summe der ersten n Glieder ist

$$s = a\cdot\frac{1-q^n}{1-q} = a\cdot\frac{q^n-1}{q-1},$$

denn

$$\begin{aligned} s &= a + a\cdot q + a\cdot q^2 + \cdots + a\cdot q^{n-1}; \\ s\cdot q &= \phantom{a + {}} a\cdot q + a\cdot q^2 + a\cdot q^3 + \cdots + a\cdot q^n; \ (-) \\ \hline s(1-q) &= a(1-q^n). \end{aligned}$$

Ist $|q| < 1$, so ist für $n \to \infty$ die Summe der **unendlichen** geometrischen Reihe mit $\lim\limits_{n\to\infty} q^n = 0$ durch $s = \dfrac{a}{1-q}$ (s. a. S. 54) gegeben.

Beispiele aus Zinseszins- und Rentenrechnung. 1. Ein Kapital vom Betrag K_0, das zu p vH auf Zinsen steht, wächst in n Jahren auf den Betrag

$$K_n = K_0 \cdot \left(1 + \frac{p}{100}\right)^n = K_0 \cdot q^n \quad \text{(Zinseszinsformel von Leibniz)}$$

an, wenn die Zinsen am Ende jedes Jahres zum Kapital geschlagen werden. Bei halbjährlicher Verzinsung ist statt $q = 1 + p/100$ der Zinsfaktor $1 + p/200$ und statt n die Anzahl der Zeitabschnitte $2n$, bei vierteljährlicher Verzinsung entsprechend $1 + p/400$ und $4n$ zu setzen. Für Zinszuschlag in jedem Augenblick (stetige Verzinsung) wird mit $e = 2{,}718\ldots$ (S. 65)

$$K_n = K_0 \cdot e^{0{,}01\,pn}.$$

2. Der Barwert K eines nach n Jahren fälligen Betrages K_n ist $K = K_n/q^n = K \cdot v^n$, worin $1/q = v =$ Diskontierungsfaktor; $K_n - K =$ Diskont.

3. Wird am Ende jedes Jahres ein Kapital R eingezahlt, so ist das Endkapital

$$K_n = R\,\frac{q^n - 1}{q - 1} \quad \text{(nachschüssig)},$$

wird das Kapital R am Anfang jedes Jahres eingezahlt, so folgt

$$K_n = Rq\,\frac{q^n - 1}{q - 1} \quad \text{(vorschüssig)}.$$

4. Ist ein Kapital K_0 vorhanden und werden jährlich R RM. hinzugezahlt bzw. fortgenommen, so folgt die Sparerformel (+) bzw. die Rentnerformel (−):

$$K_n = K_0 q^n \pm R\,\frac{q^n - 1}{q - 1} \quad \text{(nachschüssig)}, \qquad K_n = K_0 q^n \pm Rq\,\frac{q^n - 1}{q - 1} \quad \text{(vorschüssig)}.$$

5. Setzt man in der Rentnerformel $K_n = 0$, so ergibt sich, daß die Rente durch eine sofortige Zahlung, durch ihren „Barwert" abgelöst werden kann:

$$K_0 = R\,\frac{q^n - 1}{q^n(q - 1)} \quad \text{(nachschüssig)}, \qquad K_0 = R\,\frac{q^n - 1}{q^{n-1}(q - 1)} \quad \text{(vorschüssig)}.$$

6. Läuft die Rente dauernd ($n \to \infty$), so ist der Barwert dieser „ewigen Rente"

$$K_0 = \frac{R}{q - 1} = R \cdot \frac{100}{p} \quad \text{(nachschüssig)}, \qquad K_0 = R \cdot \frac{q}{q - 1} \quad \text{(vorschüssig)}.$$

7. Ein Kapital K_0 ist nach 4. in n Jahren abgeschrieben, wenn bei einem Zinsfaktor $q = 1 + p/100$ die jährliche Abschreibungssumme $R = K_0 q^n \dfrac{q - 1}{q^n - 1}$ beträgt.

Zahlenbeispiel: Wann ist ein Kapital von 20000 RM. aufgezehrt, wenn am Ende jedes Jahres 3000 RM. fortgenommen werden? $p = 3^1/_2$ vH. — Setzt man in der ersten Formel von 4. $K_n = 0$, so wird $0 = K_0 q^n (q - 1) - R(q^n - 1)$, d. h. $q^n = \dfrac{R}{R - K_0(q - 1)}$,

$$1{,}035^n = \frac{3000}{3000 - 20000 \cdot 0{,}035} = \frac{3}{3 - 0{,}7} = \frac{3}{2{,}3}.$$

$$n \cdot \lg 1{,}035 = \lg \frac{3}{2{,}3}, \quad n \cdot 0{,}0149 = 0{,}1154, \quad n = \frac{0{,}1154}{0{,}0149} = 7{,}74;$$

d. h. man kann 7 Jahre lang 3000 RM. und dann noch einen Rest fortnehmen. (Mit der Potenzteilung auf dem Rechenschieber „System Darmstadt" kann n ohne Logarithmieren unmittelbar abgelesen werden.)

b) Unendliche Reihen.

1. Die **Summe** einer unendlichen Reihe ist der Grenzwert, dem sich die einzelnen Teilsummen s_n für $n \to \infty$ nähern. Es ist $s = \sum\limits_{i=1}^{i=\infty} u_i = \lim\limits_{n \to \infty} s_n$, worin die Teilsummen die Werte $s_1 = u_1$, $s_2 = u_1 + u_2$, $s_3 = u_1 + u_2 + u_3$, ..., $s_n = u_1 + u_2 + \cdots + u_n$ bedeuten.

Beispiel: 1. $0{,}3 + 0{,}03 + 0{,}003 + \cdots$ hat die Teilsummen $s_1 = 0{,}3$, $s_2 = 0{,}33$, $s_3 = 0{,}333$, ..., so daß $\lim\limits_{n \to \infty} s_n = 1/3$.

2. In einer **konvergenten Reihe** ist die Summe endlich, in einer divergenten Reihe unendlich.

Beispiele: 2. Die Reihe von Bsp. 1 ist konvergent, da $\lim\limits_{n \to \infty} s_n = 1/3$.

3. Die harmonische Reihe $1 + \frac{1}{2} + \frac{1}{3} + \cdots + \frac{1}{n} + \cdots$ ist divergent, da $\lim\limits_{n \to \infty} s_n = \infty$: Für die folgenden n Glieder ist $\frac{1}{n+1} + \frac{1}{n+2} + \cdots + \frac{1}{2n} > n \cdot \frac{1}{2n} = \frac{1}{2}$. Die Summe der nächsten $2n$ Glieder $\left(\frac{1}{2n+1} + \cdots\right)$ ist wieder $> \frac{1}{2}$. Wieviel Glieder man auch zusammen faßt, der Rest muß immer größer als $^1/_2$ bleiben, d. h. die Summe ist unendlich groß.

3. Konvergenzbedingungen. a) Notwendige Bedingung ist $\lim_{n\to\infty} u_n = 0$, d. h. von einem bestimmten n an müssen die Glieder kleiner werden und mit wachsendem n gegen Null streben. Daß diese Bedingung nicht hinreichend ist, zeigt Beispiel 3 oben. Bei Reihen mit abwechselnd positiven und negativen Gliedern (alternierenden Reihen) ist diese Bedingung auch hinreichend.

Beispiel: 4. Die Reihe $1 - \frac{1}{2} + \frac{1}{3} - \frac{1}{4} + - \cdots$ ist hiernach konvergent. Nach Formel 10, S. 53, stellt diese unendliche Reihe den Wert $\ln 2$ dar.

b) Hinreichende Bedingung nach Cauchy: Eine Reihe ist konvergent (divergent), wenn von einem gewissen Glied an der Quotient der Absolutbeträge aus einem Glied und dem vorangehenden kleiner (größer) ist als eine bestimmte Zahl $q < 1$ $(q > 1)$ oder auch wenn

$$\lim_{n\to\infty} \left|\frac{u_{n+1}}{u_n}\right| < 1 \text{ (Konvergenz)}, \quad \lim_{n\to\infty} \left|\frac{u_{+1}}{u_n}\right| > 1 \text{ (Divergenz)}.$$

Ist der Quotient gleich 1, so sind besondere Untersuchungen anzustellen.

Beispiele: 5. In der harmonischen Reihe $1 + \frac{1}{2} + \frac{1}{3} + \cdots + \frac{1}{n} + \frac{1}{n+1} + \cdots$ ist $u_{n+1} : u_n = 1 + 1/n$, also $\lim_{n\to\infty} (u_{n+1} : u_n) = 1$, daher besonderer Beweis, s. Bsp. 3 oben.

6. In der Reihe für $e^x = 1 + \frac{x}{1!} + \frac{x^2}{2!} + \frac{x^3}{3!} + \cdots$ (s. S. 53) ist $|u_{n+1} : u_n| = q = |x| : n$. Von $n > |x|$ ab ist $q < 1$, und es wird $\lim_{n\to\infty} |u_{n+1} : u_n| = 0$, d. h. die Reihe konvergiert für jeden Wert x.

c) Eine Reihe mit Gliedern beliebigen Vorzeichens ist konvergent, wenn die Reihe aus den absoluten Beträgen konvergiert (absolut konvergente Reihe).

Beispiel: 7. Für die Reihe $1 - x + x^2 - x^3 + x^4 + - \cdots$ ist $|u_{n+1} : u_n| = q = |x|$, d. h. die Reihe konvergiert für $|x| < 1$.

d) Bildet man aus zwei konvergenten Reihen eine neue durch gliedweise Addition oder Subtraktion (oder auch eine lineare Kombination), so ist die neue Reihe auch konvergent.

Beispiel: Die Subtraktion der Reihen 10 und 11 (s. 53) liefert die Reihe für $\ln \frac{1+x}{1-x}$, die für $|x| < 1$ konvergiert.

Ferner gelten noch folgende Regeln:

e) Eine Reihe von nur positiven Gliedern konvergiert, wenn von einem bestimmten n an $\sqrt[n]{u_n} \leqq k$ ist, wo $0 < k < 1$; sie divergiert, wenn $\sqrt[n]{u_n} \geqq 1$ ist.

f) Eine Reihe konvergiert, wenn von einem bestimmten Glied an die absoluten Beträge ihrer Glieder kleiner sind als die entsprechenden Glieder einer anderen, konvergenten Reihe.

c) Entwicklung der Funktionen in Potenzreihen.

1. Der Taylorsche Satz: Ist eine Funktion $f(x)$ in dem Intervall x_0 (einschließlich) bis $x_0 + h$ (einschließlich) nebst ihren sämtlichen Ableitungen $f'(x_0)$, $f''(x_0), \ldots$ stetig und sind sämtliche Werte der Funktion und ihrer Ableitungen endlich (und nicht sämtlich gleich Null), so gilt für $f(x_0 + h)$ die folgende, konvergente, nach ganzen, positiven Potenzen von h fortschreitende Reihenentwicklung

$$f(x_0 + h) = f(x_0) + \frac{h}{1!} f'(x_0) + \frac{h^2}{2!} f''(x_0) + \cdots + \frac{h^{n-1}}{(n-1)!} f^{(n-1)}(x_0) + \cdots$$

Bricht man die Reihe hinter dem n-ten Glied ab, so ist der Rest

$$R_n = \frac{h^n}{n!} f^{(n)}(x_0) + \frac{h^{n+1}}{(n+1)!} f^{(n+1)}(x_0) + \cdots = \frac{h^n}{n!} f^{(n)}(x_0 + k h)$$

(Lagrangesche Form des Restgliedes); hierin ist $0 < k < 1$, und es muß $\lim_{n\to\infty} R_n = 0$ sein. Die Konvergenz ist im Einzelfall zu prüfen.

2. Entwickelt man die Funktion von $x_0=0$ aus, setzt also $x_0=0$ und ersetzt dabei h durch x, so folgt die **Potenzreihe**

$$f(x) = f(0) + \frac{x}{1!} f'(0) + \frac{x^2}{2!} f''(0) + \cdots,$$

worin das Restglied $R_n = \frac{x^n}{n!} f^{(n)}(kx)$. Konvergenz s. 1.

3. Auf S. 155, Prakt. Math., wird gezeigt, daß eine Funktion $f(x)$ sich durch eine ganze rationale Funktion $f^*(x) = c_0 + c_1 x + c_2 x^2 + \cdots + c_n x^n$, die mit der Kurve $f(x)$ n Punkte gemeinsam hat, ersetzen läßt. Diese Annäherung ist um so besser, je mehr Glieder berücksichtigt werden; für $n \to \infty$ entsteht die obige unendliche Potenzreihe. Bricht man diese Potenzreihe hinter dem n-ten Glied ab, so hat sie mit der Kurve n unendlich benachbarte Punkte gemeinsam und schmiegt sich mehr oder weniger gut der Kurve in dem betrachteten Punkt an (s. a. S. 95).

Beispiele: 1. $y = f(x) = \sin x$, $f(0) = 0$, $f'(x) = \cos x$, $f'(0) = 1$, $f''(x) = -\sin x$, $f''(0) = 0 \cdots$, also $\sin x = \frac{x}{1!} - \frac{x^3}{3!} + \frac{x^5}{5!} - \frac{x^7}{7!} + - \cdots$. Für $\sin 15° = \sin \frac{\pi}{6}$ folgt $\sin 15° \approx 0{,}261799 - 0{,}261799^3/6 + 0{,}261799^5/120 - 0{,}261799^7/5040 = 0{,}261799 - 0{,}002990 + 0{,}000010 - 0{,}000000 = 0{,}258819$ (vgl. damit S. 24, wo auf 4 Stellen nach dem Komma abgerundet ist).

2. Für $y = f(x) = e^x$ folgt $y = e^x = y' = y'' = \cdots$ oder $f(0) = f'(0) = f''(0) = \cdots = 1$, also $e^x = 1 + x/1! + x^2/2! + x^3/3! + \cdots$. Insbesondere folgt für $x = 1$ die Eulersche Zahl e (s. S. 65).

3. $f(x) = \ln x$ läßt sich nicht für $x = 0$ entwickeln, da $\ln 0 = -\infty$. Für $f(x) = \ln(1+x)$ wird jedoch $f'(x) = \frac{1}{1+x}$, $f''(x) = -\frac{1}{(1+x)^2}$, $f'''(x) = \frac{1 \cdot 2}{(1+x)^3}$ usw., d. h. $f(0) = 0$, $f'(0) = 1$, $f''(0) = -1$, $f'''(0) = 1 \cdot 2$ usw., also $\ln(1+x) = \frac{x}{1} - \frac{x^2}{2} + \frac{x^3}{3} - \frac{x^4}{4} + - \cdots$.

4. Für $f(x) = (1+x)^m$ ist $f'(x) = m \cdot (1+x)^{m-1}$, $f''(x) = m(m-1)(1+x)^{m-2}, \ldots$, d. h. $f(0) = 1$, $f'(0) = m$, $f''(0) = m(m-1), \ldots$, also wird, da $\frac{m(m-1)}{2!} = \binom{m}{2}$ usw. (S. 34):

$$(1+x)^m = 1 + \binom{m}{1}x + \binom{m}{2}x^2 + \binom{m}{3}x^3 + \cdots.$$

Für ganze und positive m entsteht der binomische Lehrsatz (S. 34) mit endlich vielen Gliedern; für beliebige m entsteht eine unendliche Reihe, diese konvergiert für $|x| < 1$.

4. Ist eine Funktion $f(x)$ durch eine Potenzreihe darstellbar, so kann das Integral $\int f(x)\,dx$ durch **gliedweise Integration** der Potenzreihe gewonnen werden. Die Reihe für das Integral konvergiert stärker, da $\int x^n dx = x^{n+1}/(n+1)$. (Anwendung zur genäherten Integration.)

d) Zusammenstellung der wichtigsten Potenzreihen.

1. Exponentialreihen (für jedes x konvergent):

1. $e^x = 1 + x/1! + x^2/2! + x^3/3! + \cdots$; also $e = 1 + 1/1! + 1/2! + 1/3! + \cdots$.
2. $e^{-x} = 1 - x/1! + x^2/2! - x^3/3! + \cdots$.
3. $\frac{1}{2} \cdot (e^x + e^{-x}) = 1 + x^2/2! + x^4/4! + \cdots = \mathfrak{Cof}\, x$ (s. S. 63).
4. $\frac{1}{2} \cdot (e^x - e^{-x}) = x + x^3/3! + x^5/5! + \cdots = \mathfrak{Sin}\, x$ (s. S. 63).

Eulersche Formeln:

5. $e^{ix} = 1 + i \cdot x/1! - x^2/2! - i \cdot x^3/3! + x^4/4! + i \cdot x^5/5! - + \cdots$
$= 1 - x^2/2! + x^4/4! - \cdots + i \cdot (x/1! - x^3/3! + x^5/5! - \cdots)$
$= \cos x + i \cdot \sin x$, nach 24 u. 25.
6. $e^{-ix} = 1 - i \cdot x/1! - x^2/2! + i \cdot x^3/3! + x^4/4! - + \cdots$
$= \cos x - i \cdot \sin x$, nach 24 u. 25.

Addition und Subtraktion von 5. und 6. ergibt:

7. $\frac{1}{2}(e^{ix} + e^{-ix}) = \cos x$.   8. $\frac{1}{2}(e^{ix} - e^{-ix}) = i \cdot \sin x$.

9. $a^x = 1 + \frac{\ln a}{1!} \cdot x + \frac{(\ln a)^2}{2!} \cdot x^2 + \frac{(\ln a)^3}{3!} \cdot x^3 + \cdots$; gilt für $a > 0$.

2. Logarithmische Reihen:

10. $\ln(1+x) = x - \frac{x^2}{2} + \frac{x^3}{3} - \frac{x^4}{4} + - \cdots$; $-1 < x \leqq +1$.

11 $\ln(1-x) = -x - \frac{x^2}{2} - \frac{x^3}{3} - \frac{x^4}{4} - \cdots$; $-1 \leqq x < +1$.

Durch Subtraktion von 10. und 11. folgt:

12. $\ln\frac{1+x}{1-x}=2\cdot\left\{x+\frac{x^3}{3}+\frac{x^5}{5}+\frac{x^7}{7}+\cdots\right\}; \quad -1<x<+1.$

13. $\ln\frac{x+1}{x-1}=\ln\frac{1+1/x}{1-1/x}=2\cdot\left\{\frac{1}{x}+\frac{1}{3x^3}+\frac{1}{5x^5}+\frac{1}{7x^7}+\cdots\right\}; \quad -1>x>1.$

14. $\ln x=2\cdot\left\{\frac{x-1}{x+1}+\frac{1}{3}\cdot\left(\frac{x-1}{x+1}\right)^3+\frac{1}{5}\cdot\left(\frac{x-1}{x+1}\right)^5+\cdots\right\}$ gilt für jedes positive x.

15. $\ln(a+x)=\ln a+2\cdot\left\{\frac{x}{2a+x}+\frac{1}{3}\cdot\left(\frac{x}{2a+x}\right)^3+\frac{1}{5}\cdot\left(\frac{x}{2a+x}\right)^5+\cdots\right\}$

gilt für $x>-a$, wenn a positive Zahl.

3. Binomische Reihen, konvergent für $|x|<1$:

16. $(1+x)^n=\sum_{k=0}^{\infty}\binom{n}{k}\cdot x^k=1+\binom{n}{1}\cdot x+\binom{n}{2}\cdot x^2+\binom{n}{3}\cdot x^3+\cdots.$

Binomialkoeffizienten $\binom{n}{k}$ s. S. 34.

Für ganze, positive n bricht die Reihe ab und gilt dann für jedes x (Binomischer Lehrsatz S. 34).

17. $(a+b)^n=a^n\cdot(1+b/a)^n=a^n\cdot(1+x)^n$ ist nach dieser Reihe zu entwickeln, wenn $|b/a|<1$, d. h. wenn a die größere der beiden Zahlen des zu entwickelnden Binoms bezeichnet.

Für Sonderfälle der binomischen Reihe wird:

18. $(1\pm x)^{-1}=\frac{1}{1\pm x}=1\mp x+x^2\mp x^3+x^4\mp\cdots;$ unendliche geometrische Reihe (S. 50).

19. $\frac{x}{x\pm 1}=\frac{1}{1\pm 1/x}=1\mp\frac{1}{x}+\frac{1}{x^2}\mp\frac{1}{x^3}+\frac{1}{x^4}+-\cdots; \quad |x|\geq 1.$

20. $(1+x)^{\frac{1}{2}}=\sqrt{1+x}=1+\frac{1}{2}\cdot x-\frac{1}{2\cdot 4}\cdot x^2+\frac{1\cdot 3}{2\cdot 4\cdot 6}\cdot x^3-\frac{1\cdot 3\cdot 5}{2\cdot 4\cdot 6\cdot 8}\cdot x^4+-\cdots$

$=1+\frac{1}{2}x-\frac{1}{8}x^2+\frac{1}{16}x^3-\frac{5}{128}x^4+\frac{7}{256}x^5-+\cdots.$

21. $(1+x)^{\frac{1}{3}}=\sqrt[3]{1+x}=1+\frac{1}{3}\cdot x-\frac{1\cdot 2}{3\cdot 6}\cdot x^2+\frac{1\cdot 2\cdot 5}{3\cdot 6\cdot 9}\cdot x^3-\frac{1\cdot 2\cdot 5\cdot 8}{3\cdot 6\cdot 9\cdot 12}\cdot x^4+-\cdots$

$=1+\frac{1}{3}x-\frac{1}{9}x^2+\frac{5}{81}x^3-\frac{10}{243}x^4+\frac{22}{729}x^5-+\cdots.$

22. $\frac{1}{\sqrt{1+x}}=1-\frac{1}{2}x+\frac{1\cdot 3}{2\cdot 4}\cdot x^2-\frac{1\cdot 3\cdot 5}{2\cdot 4\cdot 6}\cdot x^3+\frac{1\cdot 3\cdot 5\cdot 7}{2\cdot 4\cdot 6\cdot 8}x^4-+\cdots$

$=1-\frac{1}{2}\cdot x+\frac{3}{8}\cdot x^2-\frac{5}{16}\cdot x^3+\frac{35}{128}\cdot x^4-\frac{63}{256}\cdot x^5+-\cdots.$

23. $\frac{1}{\sqrt[3]{1+x}}=1-\frac{1}{3}\cdot x+\frac{1\cdot 4}{3\cdot 6}\cdot x^2-\frac{1\cdot 4\cdot 7}{3\cdot 6\cdot 9}\cdot x^3+\frac{1\cdot 4\cdot 7\cdot 10}{3\cdot 6\cdot 9\cdot 12}\cdot x^4-+\cdots$

$=1-\frac{1}{3}\cdot x+\frac{2}{9}\cdot x^2-\frac{14}{81}\cdot x^3+\frac{35}{243}\cdot x^4-\frac{91}{729}\cdot x^5+-\cdots.$

4. Reihen für Kreis-, Arcus- und Hyperbelfunktionen. In den Formeln 24 bis 27 ist x im Bogenmaß zu messen, s. S. 56.

24. $\sin x=x/1!-x^3/3!+x^5/5!-x^7/7!+-\cdots$ gilt für jedes x.

25. $\cos x=1-x^2/2!+x^4/4!-x^6/6!+-\cdots$ gilt für jedes x.

26. $\operatorname{tg} x = x + \frac{1}{3}x^3 + \frac{2}{15}x^5 + \frac{17}{315}x^7 + \frac{62}{2835}x^9 + \cdots \qquad |x| < \pi/2.$

27. $\operatorname{ctg} x = \frac{1}{x} - \frac{1}{3}x - \frac{1}{45}x^3 - \frac{2}{945}x^5 - \frac{1}{4725}x^7 - \cdots \qquad 0 < x < \pi.$

28. $\operatorname{arc\,sin} x = x + \frac{1}{2}\cdot\frac{x^3}{3} + \frac{1\cdot 3}{2\cdot 4}\cdot\frac{x^5}{5} + \frac{1\cdot 3\cdot 5}{2\cdot 4\cdot 6}\cdot\frac{x^7}{7} + \cdots. \qquad |x| \leqq 1.$

Sonderfall: $\operatorname{arc\,sin} 1/2 = \pi/6 = 1/2 + 1/48 + 3/1280 + 5/14\,336.$

29. $\operatorname{arc\,tg} x = x/1 - x^3/3 + x^5/5 - x^7/7 + - \cdots. \qquad |x| \leqq 1.$

Sonderfall: $\operatorname{arc\,tg} 1 = \pi/4 = 1 - 1/3 + 1/5 - 1/7 + - \cdots$ Leibnizsche Reihe.

30. $\mathfrak{Sin}\, x = x + x^3/3! + x^5/5! + x^7/7! + \cdots$ „hyperbolischer“ Sinus; } gilt für

31. $\mathfrak{Cof}\, x = 1 + x^2/2! + x^4/4! + x^6/6! + \cdots$ „hyperbolischer“ Cosinus; } jedes x.

e) Anwendungen.

1. Näherungsformeln (Rechnen mit kleinen Größen). In Rechnungen, in denen so kleine Größen vorkommen, daß ihre zweiten und höheren Potenzen sowie ihre Produkte untereinander vernachlässigt werden können, lassen sich die Formeln sehr vereinfachen. Viele derartige Formeln beruhen auf der Taylorschen Entwicklung eines Ausdrucks: So ist $f(x_0 + h) \approx f(x_0) + h f'(x_0)$ oder $f(x) \approx f(0) + x f'(0)$, wenn die höheren Potenzen von h oder x vernachlässigt werden. Da hiernach $f(x_0 + h) - f(x_0) \approx h f'(x_0)$ ist, so ist die Funktionsdifferenz (s. S. 65) $\Delta y = f(x_0 + h) - f(x_0)$ durch das Differential $dy = f'(x_0) \cdot dx = f'(x_0) \cdot h$, Fig. 13, ersetzt worden. So wird z. B. $\sin(x + h) \approx \sin x + h \cos x$.

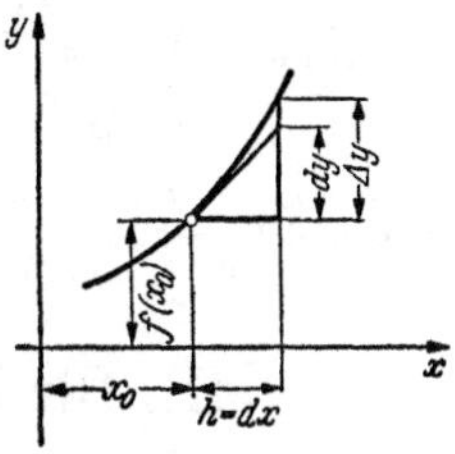

Fig. 13.

Unter Umständen können die Näherungsformeln unter Berücksichtigung auch der zweiten Potenzen der kleinen Größen erweitert werden. Ist ε im folgenden die „kleine Größe“ und φ der Fehler, so ergibt sich:

1. $(a + \varepsilon_1)(b + \varepsilon_2) \approx ab(1 + \varepsilon_1/a + \varepsilon_2/b)$.

2. $(a + \varepsilon_1) : (b + \varepsilon_2) \approx \frac{a}{b}(1 + \varepsilon_1/a - \varepsilon_2/b)$.

3. $(1 \pm \varepsilon)^n \approx 1 \pm n\varepsilon$. 4. $(a \pm b)^n \approx a^n(1 \pm nb/a)$, wenn $b \ll a$.

5. $(1 \pm \varepsilon)^2 \approx 1 \pm 2\varepsilon$. $\varphi < 1$ vH (0,1 vH) für $\varepsilon < 0{,}1\ (0{,}01)$.

6. $1/(1 \pm \varepsilon) \approx 1 \mp \varepsilon$, $\varphi < 1$ vH (0,1 vH) für $\varepsilon < 0{,}1\ (0{,}01)$.

7. $\sqrt[m]{1 \pm \varepsilon} \approx 1 \pm \varepsilon/m$. 8. $\sqrt{a^2 \pm b^2} \approx a(1 \pm \frac{1}{2}b^2/a^2)$, wenn $b \ll a$.

9. $\sqrt{(1 \pm \varepsilon)} = 1 \pm \varepsilon/2$, $\begin{cases} \varphi < 1 \text{ vH } (0{,}12 \text{ vH}) \text{ für } \varepsilon < 0{,}3\ (0{,}1) \text{ bei } \sqrt{1+\varepsilon}, \\ \varphi < 1 \text{ vH } (0{,}13 \text{ vH}) \text{ für } \varepsilon < 0{,}27\ (0{,}1) \text{ bei } \sqrt{1-\varepsilon}. \end{cases}$

10. $e^{\pm\varepsilon} \approx 1 \pm \varepsilon$. 11. $e^{x \pm \varepsilon} \approx e^x(1 \pm \varepsilon)$. 12. $a^{x \pm \varepsilon} \approx a^x(1 \pm \varepsilon \ln a)$, wenn $\varepsilon \ln a \ll 1$.

13. $\sin\varepsilon \approx \operatorname{tg}\varepsilon \approx \varepsilon = \varepsilon^0 \pi/180 = 0{,}01745\,\varepsilon^0$;
Beispiel: $\sin 5^0 \approx 0{,}01745 \cdot 5 \approx 0{,}0873$.
14. $\cos\varepsilon \approx 1 - \varepsilon^2/2 \approx 1$. 15. $\operatorname{ctg}\varepsilon \approx 1/\varepsilon$.
16. $\sin(\alpha \pm \varepsilon) \approx \sin\alpha \pm \varepsilon\cos\alpha$. 17. $\cos(\alpha \pm \varepsilon) \approx \cos\alpha \mp \varepsilon\sin\alpha$.
} ε im Bogenmaß.

18. $\mathfrak{Sin}\,\varepsilon \approx \mathfrak{Tg}\,\varepsilon \approx \varepsilon$. 19. $\mathfrak{Cof}\,\varepsilon \approx 1 + \varepsilon^2/2 \approx 1$. 20. $\mathfrak{Ctg}\,\varepsilon \approx 1/\varepsilon$.

2. Unbestimmte Formen. Nähern sich in dem Bruch $y(x) = \frac{F(x)}{f(x)}$ für $x \to a$ Zähler und Nenner dem Wert Null, so entsteht eine „unbestimmte Form“ 0/0. Dieser Grenzwert kann jedoch nach S. 65 vorhanden sein:

Nach dem Satz von Taylor gilt

$$y(a + h) = \frac{F(a + h)}{f(a + h)} = \frac{F(a) + h F'(a) + \frac{1}{2}h^2 F''(a) + \cdots}{f(a) + h f'(a) + \frac{1}{2}h^2 f''(a) + \cdots}.$$

Da $F(a) = 0$ und $f(a) = 0$, ergibt sich nach Kürzung durch h

$$y(a+h) = \frac{F'(a) + \frac{1}{2} h F''(a) + \cdots}{f'(a) + \frac{1}{2} h f''(a) + \cdots}.$$

Damit wird für $x \to a$, d. h. $h \to 0$:

$$\lim_{x \to a} \frac{F(x)}{f(x)} = \lim_{h \to 0} \frac{F(a+h)}{f(a+h)} = \lim_{h \to 0} y(a+h) = \frac{F'(a)}{f'(a)}.$$

Um den Grenzwert zu bestimmen, hat man also nur Zähler und Nenner einzeln nach x zu differenzieren und dann $x = a$ zu setzen. Erhält man wieder 0/0, so ist das Verfahren zu wiederholen. Das gleiche gilt für die Form ∞/∞. Andere unbestimmte Formen, wie $0 \cdot \infty$, $\infty - \infty$, 0^∞, ∞^0 u. a. lassen sich auf beide Fälle zurückführen.

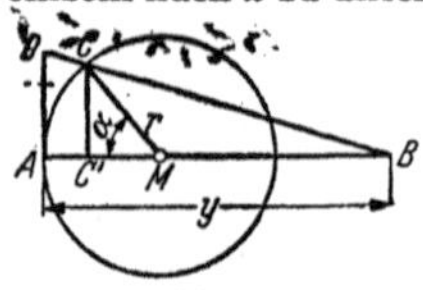

Fig. 14.

Beispiel: Angenäherte Streckung eines Kreisbogens. Es sei, Fig. 14, AD Tangente an den Kreis und $\overline{AD} = \widehat{AC}$. Die Verlängerung von DC schneidet die Verlängerung von MA in B. Welchem Grenzwert nähert sich die Strecke $y = \overline{AB}$ für kleine Bögen, d. h. für $\alpha \to 0$?

Es ist $BA : BC' = DA : CC' = AC : CC'$ oder $\dfrac{y}{y - r(1-\cos\alpha)} = \dfrac{r\alpha}{r \sin\alpha}$, d. h. $y = r \cdot \dfrac{\alpha(1-\cos\alpha)}{\alpha - \sin\alpha}$.

Für $\alpha = 0$ folgt $y = 0/0$; dann wird, wenn man Zähler und Nenner für sich differenziert,

$$\lim_{\alpha \to 0} y = r \cdot \lim_{\alpha \to 0} \frac{1 - \cos\alpha + \alpha \cdot \sin\alpha}{1 - \cos\alpha} \left(= \frac{0}{0}\right) = r \cdot \lim_{\alpha \to 0} \frac{2 \cdot \sin\alpha + \alpha \cdot \cos\alpha}{\sin\alpha} \left(= \frac{0}{0}\right)$$

$$= r \cdot \lim_{\alpha \to 0} \frac{3 \cdot \cos\alpha - \alpha \cdot \sin\alpha}{\cos\alpha} = 3r.$$

Wenn man also $AB = 3r$ macht und B mit C verbindet, so wird auf der Tangente in A eine Strecke AD abgeschnitten, die für kleine Winkel α gleich dem kleinen Bogen AC ist. (Hilfsmittel zur angenäherten Streckung eines Kreisbogens.)

III. Die Kreis- und Hyperbelfunktionen.

Bearbeitet von Dr.-Ing. **W. Meyer zur Capellen**, VDI, Aachen.

A. Die trigonometrischen Funktionen.

Das Gradmaß eines Winkels gibt die Gradzahl an, um die ein Schenkel eines Winkels gedreht werden muß, damit er mit dem anderen zur Deckung gebracht wird. Eine volle Drehung wird gleich 360° gesetzt, $1° = 60'$, $1' = 60''$.

Fig. 15.

Bei der **Neugradteilung** wird eine volle Umdrehung gleich 400 Neugrad [g] gesetzt: $100^g = 90°$; $1^g = 54'$; $1^g = 100^c$ [Neuminuten]; $1^c = 100^{cc}$ [Neusekunden]. $1° = 1^g\, 11^c\, 11{,}11 \ldots {}^{cc} = 1{,}11 \ldots {}^g$. S. Tafel am Schluß dieses Bandes.

Das Bogenmaß ist die Länge des Bogens (arcus), der zwischen den Schenkeln des Winkels im Einheitskreis liegt, Fig. 15. Einer mehrfachen Umdrehung entspricht daher ein Mehrfaches von 2π als Winkel im Bogenmaß.

Zur Umrechnung gilt (s. a. Tafel S. 28/29)

Gradmaß $\varphi°$	360°	180°	90°	$\varphi°$	1°	57° 17′ 45″
Bogenmaß $\text{arcus}\,\varphi = \widehat{\varphi}$ . .	2π	π	$\pi/2$	$\varphi° \cdot \pi/180$	0,01745	1

a) Begriff der trigonometrischen Funktion.

Fig. 16.

1. Spitze Winkel: Im rechtwinkligen Dreieck, Fig. 16, ist der
sinus (sin) eines Winkels das Verhältnis von Gegenkathete zu Hypotenuse,
cosinus (cos) „ „ „ „ „ Ankathete zu Hypotenuse,
tangens (tg) „ „ „ „ „ Gegenkathete zu Ankathete,
cotangens (ctg) „ „ „ „ „ Ankathete zu Gegenkathete.

Nach Fig. 16 ist also: $\sin\alpha = a/c$, $\cos\alpha = b/c$, $\text{tg}\,\alpha = a/b$, $\text{ctg}\,\alpha = b/a$.

2. Beliebige Winkel: Hat der Punkt P, Fig. 17, im Koordinatensystem die Abszisse x, die Ordinate y und den Abstand r vom Ursprung (Radius), so ist

$$\sin\alpha = \text{Ordinate/Radius} = y/r;$$
$$\cos\alpha = \text{Abszisse/Radius} = x/r;$$
$$\operatorname{tg}\alpha = \text{Ordinate/Abszisse} = y/x;$$
$$\operatorname{ctg}\alpha = \text{Abszisse/Ordinate} = x/y.$$

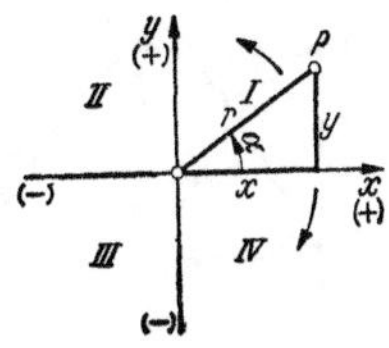

Fig. 17.

3. Am **Einheitskreis,** Fig. 18, werden, da $r = 1$ ist, die trigonometrischen Funktionen durch Strecken dargestellt: Der sinus ist die Ordinate des Punktes P bzw. Q, der cosinus ist die Abszisse des Punktes P bzw. Q. Der tangens wird auf der Tangente durch A, der cotangens auf der Cotangente (durch B) abgeschnitten.

4. Die **Grundbeziehungen** zwischen den vier trigonometrischen Funktionen sind nach Fig. 18, da $OP = r = 1$, $CP = \sin\varphi$ und $OC = \cos\varphi$ ist:

$$\sin^2\varphi + \cos^2\varphi = 1; \quad \operatorname{tg}\varphi = \sin\varphi/\cos\varphi;$$
$$\operatorname{ctg}\varphi = \cos\varphi/\sin\varphi; \quad \operatorname{tg}\varphi\cdot\operatorname{ctg}\varphi = 1.$$

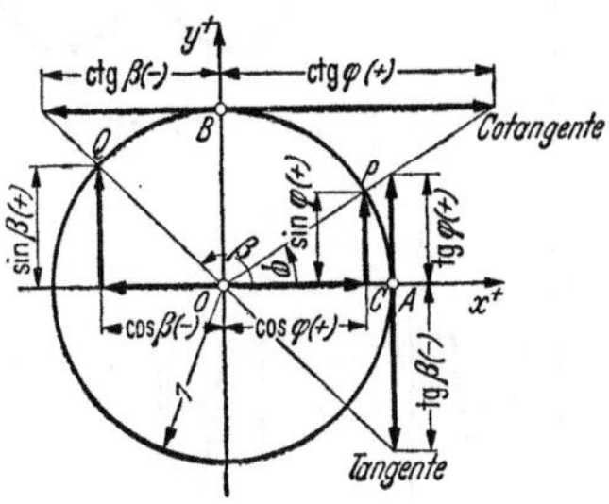

Fig. 18.

5. Die **Vorzeichen der Funktionen** sind nach 2. und 3. durch die Vorzeichen von Abszisse und Ordinate bestimmt, insbesondere hat sin das Vorzeichen von y, cos das Vorzeichen von x und tg dasselbe wie ctg (s. Tafel). Nach 2. und 3. lassen sich die trigonometrischen Funktionen beliebiger Winkel auf die der spitzen Winkel zurückführen (s. Tafel).

Funktion \ φ	Vorzeichen in den Quadranten				Umformungen			
	I 0 bis $\pi/2$	II $\pi/2$ bis π	III π bis $3\pi/2$	IV $3\pi/2$ bis 2π	$\pm\varphi$	$\pi/2\pm\varphi$	$\pi\pm\varphi$	$3\pi/2\pm\varphi$
sinus	+	+	−	−	$\pm\sin\varphi$	$+\cos\varphi$	$\mp\sin\varphi$	$-\cos\varphi$
cosinus	+	−	−	+	$+\cos\varphi$	$\mp\sin\varphi$	$-\cos\varphi$	$\pm\sin\varphi$
tangens	+	−	+	−	$\pm\operatorname{tg}\varphi$	$\mp\operatorname{ctg}\varphi$	$\pm\operatorname{tg}\varphi$	$\mp\operatorname{ctg}\varphi$
cotangens	+	−	+	−	$\pm\operatorname{ctg}\varphi$	$\mp\operatorname{tg}\varphi$	$\pm\operatorname{ctg}\varphi$	$\mp\operatorname{tg}\varphi$

6. Wichtige Werte der Funktionen:

φ	0	$\frac{\pi}{2}$	π	$\frac{3}{2}\pi$	2π		30°	60°	120°	45°
sinus...	0	1	0	−1	0	usw.; Wiederholung periodisch	$\frac{1}{2} = 0{,}5$	$\frac{1}{2}\sqrt{3} = 0{,}866$	$\frac{1}{2}\sqrt{3} = 0{,}866$	$\frac{1}{2}\sqrt{2} = 0{,}707$
cosinus .	1	0	−1	0	1		$\frac{1}{2}\sqrt{3} = 0{,}866$	$\frac{1}{2} = 0{,}5$	$-\frac{1}{2} = -0{,}5$	$\frac{1}{2}\sqrt{2} = 0{,}707$
tangens .	0	∞	0	∞	0		$\frac{1}{3}\sqrt{3} = 0{,}577$	$\sqrt{3} = 1{,}732$	$-\sqrt{3} = -1{,}732$	1
cotangens	∞	0	∞	0	∞		$\sqrt{3} = 1{,}732$	$\frac{1}{3}\sqrt{3} = 0{,}577$	$-\frac{1}{3}\sqrt{3} = -0{,}577$	1

7. Für den **Verlauf der Funktionen,** Fig. 19 und 20, ist zu beachten, daß sie periodisch sind: sinus und cosinus haben die Periode 2π, so daß mit k als ganzer Zahl gilt:

$$\sin(\varphi \pm 2k\pi) = \sin\varphi \quad \text{und} \quad \cos(\varphi \pm 2k\pi) = \cos\varphi.$$

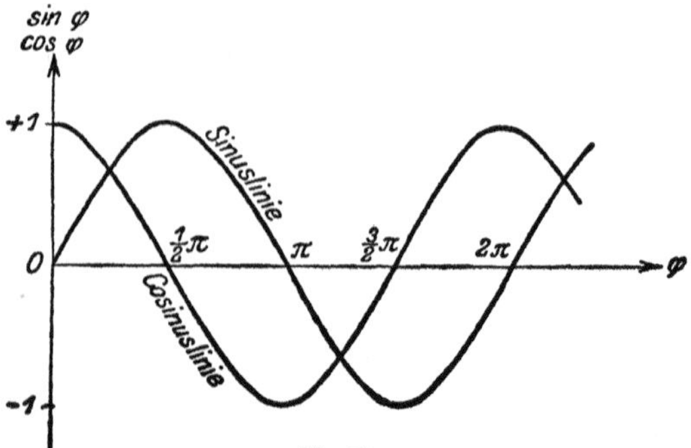

Fig. 19.

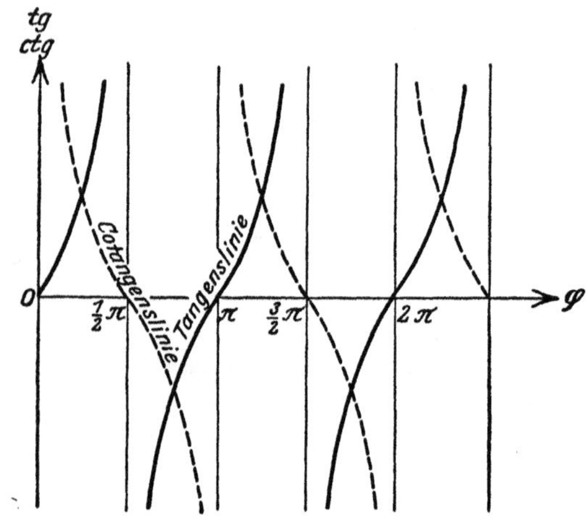

Fig. 20.

Dagegen haben tangens und cotangens die Periode π, d. h. es ist:

$$\operatorname{tg}(\varphi \pm k\pi) = \operatorname{tg}\varphi$$

und

$$\operatorname{ctg}(\varphi \pm k\pi) = \operatorname{ctg}\varphi .$$

Während für $\sin\varphi$ und $\cos\varphi$ die Grenzen $-1 \leqq \frac{\sin\varphi}{\cos\varphi} \leqq 1$ gelten, können $\operatorname{tg}\varphi$ und $\operatorname{ctg}\varphi$ alle Zahlenwerte annehmen.

Mit $k = 0, 1, 2, \ldots$ erfahren die Funktionen

$\sin\varphi$ und $\operatorname{ctg}\varphi$ die größte Änderung in der Nähe von $\varphi = \pm k\pi$,

$\cos\varphi$ und $\operatorname{tg}\varphi$ die größte Änderung in der Nähe von

$$\varphi = \frac{1 \pm 2k}{2}\pi .$$

Die cos-Kurve ist eine um $90° = \pi$ verschobene sin-Kurve.

8. Für kleine Winkel (S. 55) ist $\sin\varphi° \approx \operatorname{tg}\varphi° \approx \operatorname{arc}\varphi \approx 0{,}01745 \cdot \varphi°$ und $\cos\varphi° \approx 1 - \varphi^2/2 \approx 1$ (φ im Bogenmaß).

b) Beziehungen zwischen den Funktionen eines Winkels.

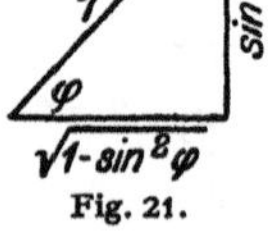

Fig. 21.

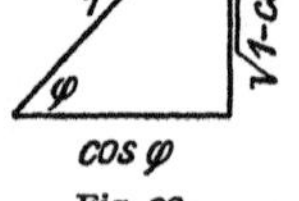

Fig. 22.

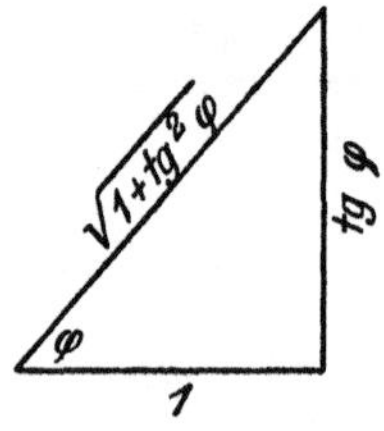

Fig. 23.

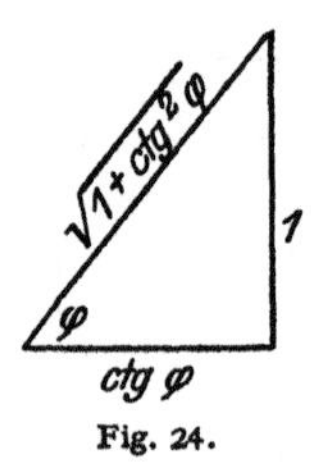

Fig. 24.

1. $\cos\varphi = \sqrt{1 - \sin^2\varphi}$

$\operatorname{tg}\varphi = \dfrac{\sin\varphi}{\sqrt{1 - \sin^2\varphi}}$

$\operatorname{ctg}\varphi = \dfrac{\sqrt{1 - \sin^2\varphi}}{\sin\varphi}$

2. $\sin\varphi = \sqrt{1 - \cos^2\varphi}$

$\operatorname{tg}\varphi = \dfrac{\sqrt{1 - \cos^2\varphi}}{\cos\varphi}$

$\operatorname{ctg}\varphi = \dfrac{\cos\varphi}{\sqrt{1 - \cos^2\varphi}}$

3. $\sin\varphi = \dfrac{\operatorname{tg}\varphi}{\sqrt{1 + \operatorname{tg}^2\varphi}}$

$\cos\varphi = \dfrac{1}{\sqrt{1 + \operatorname{tg}^2\varphi}}$

$\operatorname{ctg}\varphi = \dfrac{1}{\operatorname{tg}\varphi}$

4. $\sin\varphi = \dfrac{1}{\sqrt{1 + \operatorname{ctg}^2\varphi}}$

$\cos\varphi = \dfrac{\operatorname{ctg}\varphi}{\sqrt{1 + \operatorname{ctg}^2\varphi}}$

$\operatorname{tg}\varphi = \dfrac{1}{\operatorname{ctg}\varphi}$

5. $1 + \operatorname{tg}^2\varphi = 1/\cos^2\varphi$; 6. $1 + \operatorname{ctg}^2\varphi = 1/\sin^2\varphi$.

c) Beziehungen zwischen den Funktionen zweier Winkel.

1. Funktionen von Summe und Differenz

$$\sin(\alpha \pm \beta) = \sin\alpha \cos\beta \pm \cos\alpha \sin\beta,$$
$$\cos(\alpha \pm \beta) = \cos\alpha \cos\beta \mp \sin\alpha \sin\beta,$$
$$\operatorname{tg}(\alpha \pm \beta) = \frac{\operatorname{tg}\alpha \pm \operatorname{tg}\beta}{1 \mp \operatorname{tg}\alpha \operatorname{tg}\beta}, \qquad \operatorname{ctg}(\alpha \pm \beta) = \frac{\operatorname{ctg}\alpha \operatorname{ctg}\beta \mp 1}{\operatorname{ctg}\beta \pm \operatorname{ctg}\alpha}.$$

2. Aus den ersten beiden Formeln folgt für $\alpha + \beta = x$ und $\alpha - \beta = y$ durch Addition bzw. Subtraktion:

$$\sin x + \sin y = 2 \sin\frac{x+y}{2} \cos\frac{x-y}{2},$$
$$\sin x - \sin y = 2 \cos\frac{x+y}{2} \sin\frac{x-y}{2},$$
$$\cos x + \cos y = 2 \cos\frac{x+y}{2} \cos\frac{x-y}{2},$$
$$\cos x - \cos y = -2 \sin\frac{x+y}{2} \sin\frac{x-y}{2}.$$

3. Aus den beiden ersten Formeln von 1. folgt je durch Addition bzw. Subtraktion:

$$2 \sin\alpha \cos\beta = [\sin(\alpha+\beta) + \sin(\alpha-\beta)],$$
$$2 \cos\alpha \cos\beta = [\cos(\alpha+\beta) + \cos(\alpha-\beta)],$$
$$2 \sin\alpha \sin\beta = -[\cos(\alpha+\beta) - \cos(\alpha-\beta)].$$

4. Aus den beiden ersten Formeln von 1. folgt durch Division mit $\cos\alpha \cos\beta$ bzw. $\sin\alpha \sin\beta$:

$$\operatorname{tg}\alpha \pm \operatorname{tg}\beta = \frac{\sin(\alpha \pm \beta)}{\cos\alpha \cos\beta}; \qquad \operatorname{ctg}\alpha \pm \operatorname{ctg}\beta = \frac{\sin(\beta \pm \alpha)}{\sin\alpha \sin\beta}.$$

5. Aus den beiden ersten Formeln von 1. folgt durch Multiplikation:

$$\sin(\alpha+\beta) \cdot \sin(\alpha-\beta) = \sin^2\alpha - \sin^2\beta = \cos^2\beta - \cos^2\alpha,$$
$$\cos(\alpha+\beta) \cdot \cos(\alpha-\beta) = \cos^2\alpha - \sin^2\beta = \cos^2\beta - \sin^2\alpha.$$

d) Funktionen der Vielfachen und Teile eines Winkels.

1. Aus c) 1. folgt mit $\alpha = \beta$:

$\sin 2\alpha = 2 \sin\alpha \cdot \cos\alpha,$	$\sin\alpha = 2 \sin\frac{\alpha}{2} \cos\frac{\alpha}{2},$
$\cos 2\alpha = \cos^2\alpha - \sin^2\alpha,$	$\cos\alpha = \cos^2\frac{\alpha}{2} - \sin^2\frac{\alpha}{2},$
$\operatorname{tg} 2\alpha = \frac{2 \operatorname{tg}\alpha}{1 - \operatorname{tg}^2\alpha},$	$\operatorname{tg}\alpha = \frac{2 \operatorname{tg}\alpha/2}{1 - \operatorname{tg}^2\alpha/2},$
$\operatorname{ctg} 2\alpha = \frac{\operatorname{ctg}^2\alpha - 1}{2 \operatorname{ctg}\alpha}.$	$\operatorname{ctg}\alpha = \frac{\operatorname{ctg}^2\alpha/2 - 1}{2 \operatorname{ctg}\alpha/2}.$

2. Aus 1. folgt mit $\sin^2\alpha + \cos^2\alpha = 1$:

$$\sin\alpha = \sqrt{(1 - \cos 2\alpha)/2}, \qquad \sin\frac{\alpha}{2} = \sqrt{(1 - \cos\alpha)/2},$$
$$\cos\alpha = \sqrt{(1 + \cos 2\alpha)/2}, \qquad \cos\frac{\alpha}{2} = \sqrt{(1 + \cos\alpha)/2},$$

oder:

$$2\sin^2\alpha = 1 - \cos 2\alpha, \quad 2\sin^2\frac{\alpha}{2} = 1 - \cos\alpha,$$

$$2\cos^2\alpha = 1 + \cos 2\alpha, \quad 2\cos^2\frac{\alpha}{2} = 1 + \cos\alpha.$$

$$\operatorname{tg}\alpha = \sqrt{\frac{1-\cos 2\alpha}{1+\cos 2\alpha}}, \qquad \operatorname{tg}\frac{\alpha}{2} = \sqrt{\frac{1-\cos\alpha}{1+\cos\alpha}},$$

$$\cos\alpha \pm \sin\alpha = \sqrt{1 \pm \sin 2\alpha}.$$

Das Vorzeichen der Wurzeln ist durch den Quadranten bestimmt, in dem sich jeweilig der Winkel befindet.

3. $\sin 3\alpha = 3\sin\alpha - 4\sin^3\alpha; \qquad \cos 3\alpha = 4\cos^3\alpha - 3\cos\alpha.$

4. $\sin n\alpha = n\cdot\sin\alpha\cdot\cos^{n-1}\alpha - \binom{n}{3}\cdot\sin^3\alpha\cdot\cos^{n-3}\alpha + \binom{n}{5}\cdot\sin^5\alpha\cdot\cos^{n-5}\alpha - + \cdots$

$$\cos n\alpha = \cos^n\alpha - \binom{n}{2}\cdot\sin^2\alpha\cdot\cos^{n-2}\alpha + \binom{n}{4}\cdot\sin^4\alpha\cdot\cos^{n-4}\alpha - + \cdots$$

Binomialkoeffizienten $\binom{n}{k}$ siehe S. 34.

e) Funktionen für 3 Winkel, wenn $\alpha + \beta + \gamma = \pi$.

$$\sin\alpha + \sin\beta + \sin\gamma = 4\cdot\cos\frac{\alpha}{2}\cdot\cos\frac{\beta}{2}\cdot\cos\frac{\gamma}{2}$$

$$\cos\alpha + \cos\beta + \cos\gamma = 4\cdot\sin\frac{\alpha}{2}\cdot\sin\frac{\beta}{2}\cdot\sin\frac{\gamma}{2} + 1$$

$$\sin\alpha + \sin\beta - \sin\gamma = 4\cdot\sin\frac{\alpha}{2}\cdot\sin\frac{\beta}{2}\cdot\cos\frac{\gamma}{2}$$

$$\cos\alpha + \cos\beta - \cos\gamma = 4\cdot\cos\frac{\alpha}{2}\cdot\cos\frac{\beta}{2}\cdot\sin\frac{\gamma}{2} - 1$$

$$\sin 2\alpha + \sin 2\beta + \sin 2\gamma = 4\cdot\sin\alpha\cdot\sin\beta\cdot\sin\gamma$$

$$\cos 2\alpha + \cos 2\beta + \cos 2\gamma = -4\cdot\cos\alpha\cdot\cos\beta\cdot\cos\gamma - 1$$

$$\sin 2\alpha + \sin 2\beta - \sin 2\gamma = 4\cdot\cos\alpha\cdot\cos\beta\cdot\sin\gamma$$

$$\cos 2\alpha + \cos 2\beta - \cos 2\gamma = -4\cdot\sin\alpha\cdot\sin\beta\cdot\cos\gamma + 1$$

$$\sin^2\alpha + \sin^2\beta + \sin^2\gamma = 2\cdot\cos\alpha\cdot\cos\beta\cdot\cos\gamma + 2$$

$$\cos^2\alpha + \cos^2\beta + \cos^2\gamma = -2\cdot\cos\alpha\cdot\cos\beta\cdot\cos\gamma + 1$$

$$\sin^2\alpha + \sin^2\beta - \sin^2\gamma = 2\cdot\sin\alpha\cdot\sin\beta\cdot\cos\gamma$$

$$\cos^2\alpha + \cos^2\beta - \cos^2\gamma = -2\cdot\sin\alpha\cdot\sin\beta\cdot\cos\gamma + 1$$

$$\operatorname{tg}\alpha + \operatorname{tg}\beta + \operatorname{tg}\gamma = \operatorname{tg}\alpha\cdot\operatorname{tg}\beta\cdot\operatorname{tg}\gamma$$

$$\operatorname{ctg}\frac{\alpha}{2} + \operatorname{ctg}\frac{\beta}{2} + \operatorname{ctg}\frac{\gamma}{2} = \operatorname{ctg}\frac{\alpha}{2}\cdot\operatorname{ctg}\frac{\beta}{2}\cdot\operatorname{ctg}\frac{\gamma}{2}$$

$$\operatorname{ctg}\alpha\cdot\operatorname{ctg}\beta + \operatorname{ctg}\beta\cdot\operatorname{ctg}\gamma + \operatorname{ctg}\gamma\cdot\operatorname{ctg}\alpha = 1.$$

Derartige Umformungen von Summen in Produkte sind besonders bei logarithmischen Rechnungen bequem.

B. Dreiecksberechnung.

a) Das rechtwinklige Dreieck.

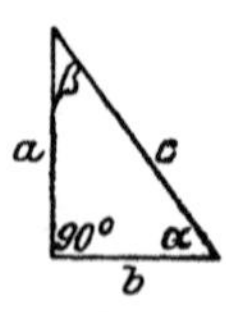

Fig. 25.

1. Gegeben 1 Kathete und 1 Winkel, z. B. a und α (Fig. 25):

$$\beta = 90 - \alpha, \quad c = a/\sin\alpha, \quad b = a\operatorname{ctg}\alpha.$$

2. Gegeben Hypotenuse und 1 Winkel, z. B. c und α (Fig. 25):

$$\beta = 90 - \alpha, \quad a = c\sin\alpha, \quad b = c\cos\alpha.$$

3. Gegeben beide Katheten a und b (Fig. 25):

$$\operatorname{tg}\alpha = a/b, \ \operatorname{tg}\beta = b/a \text{ oder } \beta = 90 - \alpha, \ c = \sqrt{a^2 + b^2} = a/\sin\alpha.$$

4. Gegeben Hypotenuse und 1 Kathete, z. B. c und a (Fig. 25):

$$\sin\alpha = \cos\beta = a/c, \quad b = \sqrt{c^2 - a^2} = c\cos\alpha = a\operatorname{ctg}\alpha.$$

b) Das schiefwinklige Dreieck.

Bedeutung der einzelnen Stücke s. Fig. 26.

Aus den folgenden Formeln findet man weitere durch „zyklische Vertauschung", indem man

von a nach b, von b nach c, von c nach a und
von α nach β, von β nach γ, von γ nach α

weitergeht.

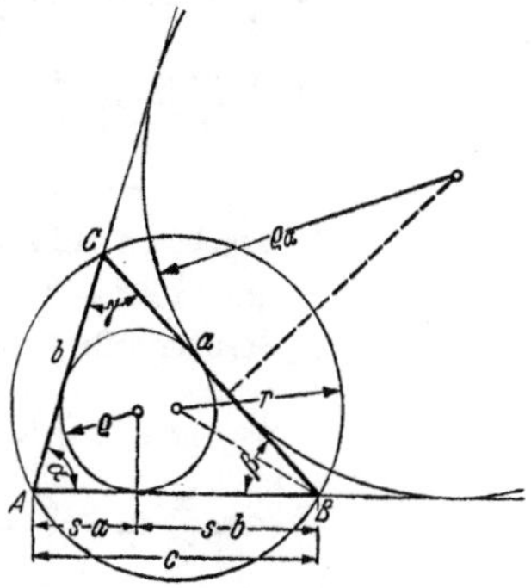

Fig. 26.

1. Grundformeln.

1. $\alpha + \beta + \gamma = 180° = \pi$;
   $\alpha/2 + \beta/2 + \gamma/2 = 90° = \pi/2$.

2. $\sin\alpha = \sin(\beta + \gamma)$; $\quad \sin\frac{\alpha}{2} = \cos\frac{\beta+\gamma}{2}$.

3. $\cos\alpha = -\cos(\beta + \gamma)$; $\quad \cos\frac{\alpha}{2} = \sin\frac{\beta+\gamma}{2}$.

4. Projektionssatz: $a = b\cos\gamma + c\cos\beta$.

5. Sinussatz: $a:b:c = \sin\alpha : \sin\beta : \sin\gamma$.

6. Cosinussatz (allgemeiner pythagoreischer Lehrsatz):

$$a^2 = b^2 + c^2 - 2bc\cos\alpha = (b+c)^2 - 4bc\cos^2\alpha/2 = (b-c)^2 + 4bc\sin^2\alpha/2.$$

7. Tangenssatz (Nepersche Formeln):

$$(a+b):(a-b) = \mathrm{tg}\frac{\alpha+\beta}{2} : \mathrm{tg}\frac{\alpha-\beta}{2}.$$

8. Mollweidesche Formeln:

$$a\cos\frac{\beta-\gamma}{2} = (b+c)\sin\frac{\alpha}{2} = (b+c)\cos\frac{\beta+\gamma}{2};$$

$$a\sin\frac{\beta-\gamma}{2} = (b-c)\cos\frac{\alpha}{2} = (b-c)\sin\frac{\beta+\gamma}{2}.$$

9. Sehnenformeln: $a = 2r\sin\alpha$, $\quad b = 2r\sin\beta$, $\quad c = 2r\sin\gamma$.

10. Für

$$a+b+c = 2s, \quad a+b-c = 2\cdot(s-c), \quad a-b+c = 2\cdot(s-b)$$

und $\quad -a+b+c = 2\cdot(s-a)$ wird

$$\sin\frac{\alpha}{2} = \sqrt{\frac{(s-b)(s-c)}{bc}}; \quad \cos\frac{\alpha}{2} = \sqrt{\frac{s(s-a)}{bc}}.$$

Durch zyklische Vertauschung folgt hier:

$$\sin\frac{\beta}{2} = \sqrt{\frac{(s-c)(s-a)}{ca}}; \quad \cos\frac{\beta}{2} = \sqrt{\frac{s(s-b)}{ca}};$$

$$\sin\frac{\gamma}{2} = \sqrt{\frac{(s-a)(s-b)}{ab}}; \quad \cos\frac{\gamma}{2} = \sqrt{\frac{s(s-c)}{ab}}.$$

11. $$\mathrm{tg}\frac{\alpha}{2} = \sqrt{\frac{(s-b)(s-c)}{s(s-a)}} = \frac{\varrho}{s-a}.$$

12. Inhalt: $J = \varrho s = \sqrt{s(s-a)(s-b)(s-c)}$
    $= \frac{1}{2}ab\sin\gamma = 2r^2\sin\alpha\sin\beta\sin\gamma$.

13. $$\varrho = 4r\sin\frac{\alpha}{2}\sin\frac{\beta}{2}\sin\frac{\gamma}{2} = \frac{abc}{4rs};$$

$$\varrho_a = s\,\mathrm{tg}\frac{\alpha}{2} = \frac{\varrho s}{s-a} = \sqrt{\frac{s(s-b)(s-c)}{s-a}}.$$

14. $$s = 4r\cdot\cos\alpha/2\cdot\cos\beta/2\cdot\cos\gamma/2.$$

2. Die vier Grundaufgaben.

1. Gegeben 2 Seiten und der eingeschlossene Winkel, z. B. a, b und γ:

$$\frac{\alpha+\beta}{2} = 90° - \frac{\gamma}{2}, \qquad \alpha = \frac{\alpha+\beta}{2} + \frac{\alpha-\beta}{2},$$

$$\operatorname{tg}\frac{\alpha-\beta}{2} = \frac{a-b}{a+b}\cdot\operatorname{ctg}\frac{\gamma}{2}, \qquad \beta = \frac{\alpha+\beta}{2} - \frac{\alpha-\beta}{2}.$$

$$c = a\sin\gamma/\sin\alpha \quad \text{oder} \quad c = \sqrt{a^2+b^2-2ab\cos\gamma}.$$

2. Gegeben 1 Seite und 2 Winkel, z. B. a, α und β:

$$\gamma = 180° - (\alpha+\beta), \qquad b = a\sin\beta/\sin\alpha, \qquad c = a\sin\gamma/\sin\alpha.$$

3. Gegeben alle 3 Seiten a, b und c:

$$a+b+c = 2s, \qquad \varrho = \frac{\sqrt{s(s-a)(s-b)(s-c)}}{s},$$

$$\operatorname{tg}\frac{\alpha}{2} = \frac{\varrho}{s-a}, \qquad \operatorname{tg}\frac{\beta}{2} = \frac{\varrho}{s-b}, \qquad \operatorname{tg}\frac{\gamma}{2} = \frac{\varrho}{s-c},$$

oder auch

$$\cos\alpha = \frac{b^2+c^2-a^2}{2bc}, \qquad \cos\beta = \frac{c^2+a^2-b^2}{2ca}, \qquad \cos\gamma = \frac{a^2+b^2-c^2}{2ab}$$

4. Gegeben 2 Seiten und 1 Gegenwinkel, z. B. a, b und α:

$$\sin\beta = \frac{b\sin\alpha}{a}, \qquad \gamma = 180° - (\alpha+\beta), \qquad c = \frac{a\sin\gamma}{\sin\alpha}.$$

Lösung nur möglich, wenn $b\sin\alpha \leqq a$. Ist $b\sin\alpha = a$, dann wird $\beta = 90°$. Ist $b\sin\alpha < a$ und außerdem $a < b$, dann erhält man 2 Werte für β, also 2 Dreiecke ($\beta_2 = 180° - \beta_1$).

Ist $b\sin\alpha < a$ und außerdem $a \geqq b$, dann erhält man nur eine Lösung.

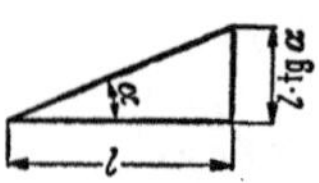

Fig. 27.

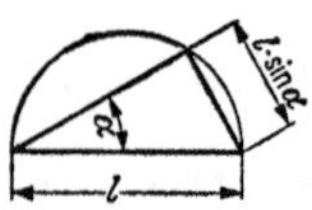

Fig. 28.

3. Konstruktion von Winkeln mit Hilfe der trigonometrischen Funktionen: Ist der Tangens eines Winkels bekannt, z. B. $\operatorname{tg}\alpha = s$, so erhält man den Winkel selbst, indem man senkrecht zur Strecke l die Strecke $l\cdot s = l\cdot\operatorname{tg}\alpha$ aufträgt (l glatte Werte 1, 2, 5, 10 o. ä.), Fig. 27. Ist der Sinus eines Winkels bekannt, z. B. $\sin\alpha = y$, so erhält man den Winkel selbst, indem man über der Strecke l einen Halbkreis zieht, Fig. 28, und die Strecke $l\cdot y = l\cdot\sin\alpha$ als Kathete einträgt. Entsprechendes gilt für ctg und cos.

C. Die Arcusfunktionen.

1. Die **Umkehrfunktionen** (S. 67) der trigonometrischen Funktionen heißen „zyklometrische" (Kreisbogen messende) oder Arcus-Funktionen. Ihre graphischen Darstellungen sind also Spiegelbilder der trigonometrischen Funktionen zur Winkelhalbierenden im I. Quadranten des Koordinatensystems.

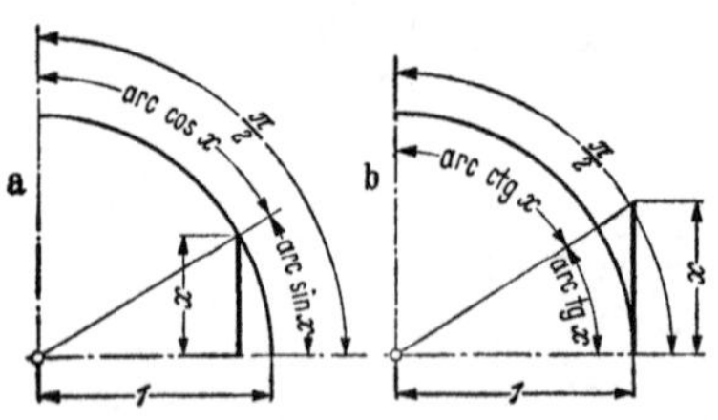

Fig. 29a u. b.

Ist $x = \sin y$, so ist $y = \arcsin x$ (sprich „arcus sinus x"), d. h. y ist der Bogen im Einheitskreis oder der Winkel im Bogenmaß, dessen sinus gleich x ist, Fig. 29a.

2. Da die trigonometrischen Funktionen periodisch sind, so sind die Arcusfunktionen **vieldeutig:** zu einem Wert x gehören unendlich viele Werte y. Um diese Vieldeutigkeit zu vermeiden, hat man die Hauptwerte eingeführt, und es gilt dann, s. a. Fig. 29a u. b:

$$
\begin{array}{llll}
y=\arcsin x \text{ heißt } x=\sin y, & -1\leqq x\leqq 1; & \text{Hauptwerte:} & -\pi/2\leqq y\leqq \pi/2.\\
y=\arccos x \quad ,, \quad x=\cos y, & -1\leqq x\leqq 1; & ,, & 0\leqq y\leqq \pi.\\
y=\operatorname{arctg} x \quad ,, \quad x=\operatorname{tg} y & \multirow{2}{*}{x beliebig;} & ,, & -\pi/2<y<\pi/2.\\
y=\operatorname{arcctg} x \quad ,, \quad x=\operatorname{ctg} y & & ,, & 0<y<\pi.
\end{array}
$$

3. Für Funktion und **Kofunktion** folgt:

$$
\begin{aligned}
&\arcsin x+\arccos x=\pi/2, \text{ Fig. 29a}, \quad \text{da} \quad \sin\alpha=\cos(\pi/2-\alpha);\\
&\operatorname{arctg} x+\operatorname{arcctg} x=\pi/2, \text{ Fig. 29b}, \quad \text{da} \quad \operatorname{tg}\alpha=\operatorname{ctg}(\pi/2-\alpha);\\
&\operatorname{arctg} x=\operatorname{arcctg} 1/x, \quad \text{da} \quad \operatorname{tg}\alpha=1/\operatorname{ctg}\alpha.
\end{aligned}
$$

4. Für **negative** Werte x folgt durch Umkehrung:

$$
\begin{aligned}
\arcsin(-x)&=-\arcsin x, &\quad \arccos(-x)&=\pi-\arccos x,\\
\operatorname{arctg}(-x)&=-\operatorname{arctg} x, &\quad \operatorname{arcctg}(-x)&=\pi-\operatorname{arcctg} x.
\end{aligned}
$$

D. Hyperbelfunktionen.

1. Begriff. Die Hyperbel- oder hyperbolischen Funktionen sind folgendermaßen definiert:

Hyperbolischer Sinus: $\mathfrak{Sin}\,\varphi=\frac{1}{2}(e^{\varphi}-e^{-\varphi})$ } Reihenentwicklung

„ Cosinus: $\mathfrak{Cos}\,\varphi=\frac{1}{2}(e^{\varphi}+e^{-\varphi})$ } s. S. 53,

„ Tangens: $\mathfrak{Tg}\,\varphi=\dfrac{\mathfrak{Sin}\,\varphi}{\mathfrak{Cos}\,\varphi}=\dfrac{e^{\varphi}-e^{-\varphi}}{e^{\varphi}+e^{-\varphi}}$,

„ Cotangens: $\mathfrak{Ctg}\,\varphi=\dfrac{\mathfrak{Cos}\,\varphi}{\mathfrak{Sin}\,\varphi}=\dfrac{e^{\varphi}+e^{-\varphi}}{e^{\varphi}-e^{-\varphi}}$.

2. Geometrisch können die Hyperbelfunktionen in ähnlicher Weise an der Einheitshyperbel durch Strecken dargestellt werden, Fig. 30, wie die trigonometrischen Funktionen am Kreis.

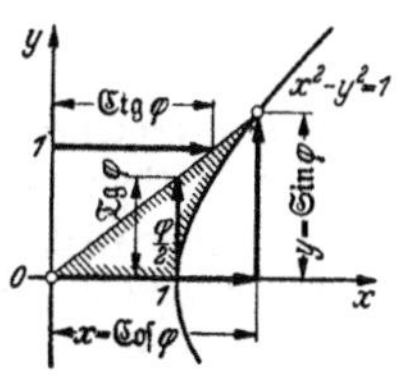

Fig. 30.

Aus $\mathfrak{Cos}\,\varphi=\frac{1}{2}\cdot(e^{\varphi}+e^{-\varphi})$ folgt $2e^{\varphi}\,\mathfrak{Cos}\,\varphi=e^{2\varphi}+1$ oder nach Lösen der in e^{φ} quadratischen Gleichung:

$$e^{\varphi}=\mathfrak{Cos}\,\varphi+\sqrt{\mathfrak{Cos}^2\varphi-1}\ ^{1)},$$

d. h.

$$\varphi=\ln\left[\mathfrak{Cos}\,\varphi+\sqrt{\mathfrak{Cos}^2\varphi-1}\right]. \tag{1}$$

Für den Inhalt F des doppelten Sektors der Einheitshyperbel $x^2-y^2=1$, Fig. 30, erhält man aber

$$F=xy-2\int y\,dx=xy-2\int_0 \sqrt{x^2-1}\,dx=\ln\left(x+\sqrt{x^2-1}\right). \tag{2}$$

nach S. 78, Formel 10.

Setzt man $x=\mathfrak{Cos}\,\varphi$, so zeigt der Vergleich von (1) und (2), daß φ den doppelten Hyperbelsektor darstellt. In gleicher Weise sind, Fig. 30, $y=\sqrt{x^2-1}=\sqrt{\mathfrak{Cos}^2\varphi-1}=\mathfrak{Sin}\,\varphi$ (s. 4.) als Ordinate, $\mathfrak{Tg}\,\varphi=\mathfrak{Sin}\,\varphi:\mathfrak{Cos}\,\varphi$ auf der Scheiteltangente und $\mathfrak{Ctg}\,\varphi=1/\mathfrak{Tg}\,\varphi$ auf der x-Parallelen $y=1$ zu deuten.

In Analogie kann in Fig. 18, S. 57, φ als der Flächeninhalt des doppelten Kreissektors aufgefaßt werden, dessen Inhalt gleich $2\ \ 1^2\cdot\varphi/2=\varphi$ ist.

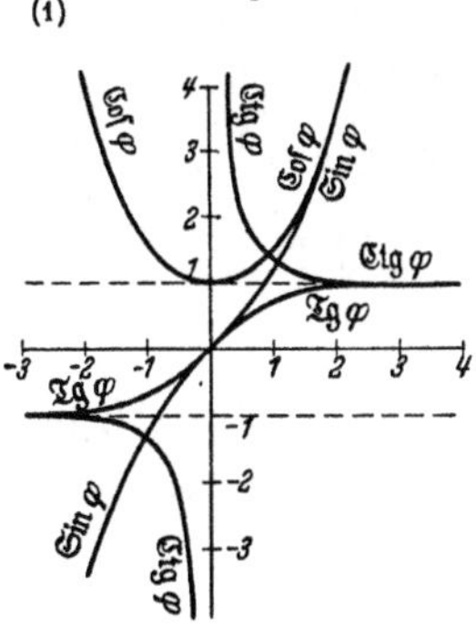

Fig. 31.

3. Der **funktionale Verlauf** der Hyperbelfunktionen ist aus den Tafeln S. 30/32 und aus Fig. 31 zu erkennen. Hierbei ist zu beachten, daß $\mathfrak{Sin}\,\varphi$ jeden positiven und negativen Wert annehmen kann, während für reelle Werte φ

$$\mathfrak{Cos}\,\varphi\leqq 1, \qquad -1\leqq\mathfrak{Tg}\,\varphi\leqq 1, \qquad -1\geqq\mathfrak{Ctg}\,\varphi\geqq 1.$$

---

1) Das negative Vorzeichen der Wurzel ist unterdrückt.

Für kleine Werte φ ist (s. S. 55)

$$\mathfrak{Sin}\,\varphi \approx \mathfrak{Tg}\,\varphi \approx \varphi, \quad \mathfrak{Cof}\,\varphi \approx 1 + \varphi^2/2 \approx 1, \quad \mathfrak{Ctg}\,\varphi \approx 1/\varphi.$$

$\mathfrak{Sin}\,\varphi$ und $\mathfrak{Cof}\,\varphi$ haben die Periode $2\pi i$, $\mathfrak{Tg}\,\varphi$ und $\mathfrak{Ctg}\,\varphi$ die Periode πi (s. 6.). Über Anwendung der Hyperbelfunktionen bei der Kettenlinie vgl. S. 88 und 117.

4. **Grundformeln.** Aus der Begriffsbestimmung ergibt sich ähnlich wie bei den trigonometrischen Funktionen:

$$\mathfrak{Cof}^2\varphi - \mathfrak{Sin}^2\varphi = 1\,; \quad \mathfrak{Tg}\,\varphi = \frac{\mathfrak{Sin}\,\varphi}{\mathfrak{Cof}\,\varphi}\,; \quad \mathfrak{Ctg}\,\varphi = \frac{\mathfrak{Cof}\,\varphi}{\mathfrak{Sin}\,\varphi},$$

$$\mathfrak{Cof}\,\varphi + \mathfrak{Sin}\,\varphi = e^{\varphi}\,; \quad \mathfrak{Cof}\,\varphi - \mathfrak{Sin}\,\varphi = e^{-\varphi}.$$

Ferner

$$\mathfrak{Sin}(-\varphi) = -\mathfrak{Sin}\,\varphi, \quad \mathfrak{Cof}(-\varphi) = +\mathfrak{Cof}\,\varphi,$$

$$\mathfrak{Tg}(-\varphi) = -\mathfrak{Tg}\,\varphi, \quad \mathfrak{Ctg}(-\varphi) = -\mathfrak{Ctg}\,\varphi.$$

$$\mathfrak{Sin}(\alpha \pm \beta) = \mathfrak{Sin}\,\alpha \cdot \mathfrak{Cof}\,\beta \pm \mathfrak{Cof}\,\alpha \cdot \mathfrak{Sin}\,\beta,$$

$$\mathfrak{Cof}(\alpha \pm \beta) = \mathfrak{Cof}\,\alpha \cdot \mathfrak{Cof}\,\beta \pm \mathfrak{Sin}\,\alpha \cdot \mathfrak{Sin}\,\beta,$$

$$\mathfrak{Tg}(\alpha \pm \beta) = \frac{\mathfrak{Tg}\,\alpha \pm \mathfrak{Tg}\,\beta}{1 \pm \mathfrak{Tg}\,\alpha \cdot \mathfrak{Tg}\,\beta}, \quad \mathfrak{Ctg}(\alpha \pm \beta) = \frac{1 \pm \mathfrak{Ctg}\,\alpha \cdot \mathfrak{Ctg}\,\beta}{\mathfrak{Ctg}\,\alpha \pm \mathfrak{Ctg}\,\beta}.$$

$$\mathfrak{Sin}\,n\alpha = n \cdot \mathfrak{Sin}\,\alpha \cdot \mathfrak{Cof}^{n-1}\alpha + \binom{n}{3} \cdot \mathfrak{Sin}^3\alpha \cdot \mathfrak{Cof}^{n-3}\alpha + \cdots$$

$$\mathfrak{Cof}\,n\alpha = \mathfrak{Cof}^n\alpha + \binom{n}{2} \cdot \mathfrak{Cof}^{n-2}\alpha \cdot \mathfrak{Sin}^2\alpha + \binom{n}{4} \cdot \mathfrak{Cof}^{n-4}\alpha \cdot \mathfrak{Sin}^4\alpha + \cdots$$

5. Der **Zusammenhang** zwischen **Hyperbel-** und **Kreisfunktionen** folgt aus den Reihenentwicklungen für $\mathfrak{Sin}\,\varphi$, $\mathfrak{Cof}\,\varphi$, bzw. $\sin\varphi$, $\cos\varphi$ (S. 53/54):

$$\begin{aligned} \mathfrak{Sin}\,\varphi &= -i\sin i\varphi, & \sin\varphi &= -i\,\mathfrak{Sin}\,i\varphi, \\ \mathfrak{Cof}\,\varphi &= \cos i\varphi, & \cos\varphi &= \mathfrak{Cof}\,i\varphi, \\ \mathfrak{Tg}\,\varphi &= -i\,\mathrm{tg}\,i\varphi, & \mathrm{tg}\,\varphi &= -i\,\mathfrak{Tg}\,i\varphi, \\ \mathfrak{Ctg}\,\varphi &= i\,\mathrm{ctg}\,i\varphi, & \mathrm{ctg}\,\varphi &= i\,\mathfrak{Ctg}\,i\varphi. \end{aligned}$$

6. Die **Umkehrfunktionen** der Hyperbelfunktionen heißen Areafunktionen (area = Fläche, geometrisch deutbar als Fläche des Hyperbelsektors, s. 2):

$y = \mathfrak{Ar}\,\mathfrak{Sin}\,x$ (sprich „Area Sinus x") heißt $x = \mathfrak{Sin}\,y$ usw.

Die Werte der Areafunktionen lassen sich aus den Tafeln S. 30/32 durch Vertauschen von abhängig und unabhängig Veränderlicher ablesen. Sie können jedoch unmittelbar, wie unter 2. für $\mathfrak{Cof}\,\varphi$ gezeigt ist, mit Hilfe des natürlichen Logarithmus ausgedrückt werden:

$$\mathfrak{Ar}\,\mathfrak{Sin}\,x = \ln\left(x + \sqrt{x^2 + 1}\right); \quad \mathfrak{Ar}\,\mathfrak{Cof}\,x = \ln\left(x \pm \sqrt{x^2 - 1}\right), \; x \geqq 1\,;$$

$$\mathfrak{Ar}\,\mathfrak{Tg}\,x = \frac{1}{2} \cdot \ln\frac{1+x}{1-x}, \; -1 \leqq x \leqq 1; \quad \mathfrak{Ar}\,\mathfrak{Ctg}\,x = \frac{1}{2} \cdot \ln\frac{x+1}{x-1}, \; -1 \geqq x \geqq 1.$$

Die graphische Darstellung der Area-Funktionen erhält man durch Spiegelung der Hyperbelfunktionen an der Winkelhalbierenden des I. Quadranten.

IV. Differential- und Integralrechnung.

Bearbeitet von Dr.-Ing. **W. Meyer zur Capellen, VDI, Aachen.**

A. Die Differentialrechnung.

a) Grenzwert, Differentialquotient, Differential.

1. Es bedeutet $x \to a$ oder $\lim x = a$ (limes = Grenzwert), daß die Veränderliche x sich immer mehr dem Festwerte a nähert.

2. Ist $y = f(x)$ eine Funktion von x, d. h. sind die Werte der Veränderlichen y den Werten einer anderen Veränderlichen x zugeordnet, so bedeutet

$$\lim_{x \to a} f(x) = b:$$

wenn sich x immer mehr dem Werte a nähert, so nähert sich $f(x)$ immer mehr dem Werte b. Hierbei braucht der Wert $f(x)$ für $x = a$ nicht zu existieren; z. B. ist der Funktionswert $y = (x^2 - 1)/(x - 1)$ für $x = 1$ nicht definiert, da Null durch Null unbestimmt ist. Die Kurve $y = f(x)$ hat für $x = 1$ eine Lücke, die ausgefüllt wird, indem durch Kürzen mit $x - 1$ in $y = x + 1$ umgeformt wird. Dann ist $\lim\limits_{x \to 1} \dfrac{x^2 - 1}{x - 1} = 2$.

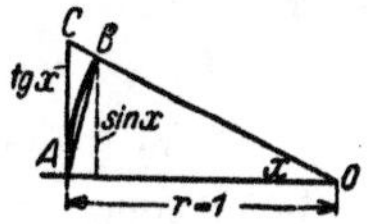

Fig. 32.

Beispiele: 1. In Fig. 32 ist der Inhalt des Dreiecks OAB kleiner als der Inhalt des Kreisausschnittes OAB, während der Inhalt des Dreiecks OAC größer als der Inhalt des Kreisausschnittes ist. Folglich wird

$$\tfrac{1}{2}\sin x < \tfrac{1}{2} x < \tfrac{1}{2}\operatorname{tg} x \quad \text{oder} \quad 1 < x/\sin x < 1/\cos x$$

und
$$\cos x < x/\operatorname{tg} x < 1.$$

Für $x \to 0$ geht $\dfrac{1}{\cos x} \to 1$. Da $\dfrac{x}{\sin x}$ zwischen 1 und $\dfrac{1}{\cos x}$ liegt, so ist

$$\lim_{x \to 0} \frac{x}{\sin x} = 1 \quad \text{und damit auch} \quad \lim_{x \to 0} \frac{\sin x}{x} = 1. \quad \text{Ebenso wird} \quad \lim_{x \to 0} \frac{\operatorname{tg} x}{x} = 1.$$

Für kleine Winkel kann der sin bzw. tg durch den Bogen ersetzt werden (S. 55).

2. Der Grenzwert $\lim\limits_{n \to \infty} \left(1 + \dfrac{1}{n}\right)^n$ ist gleich 2,7182818... und wird mit e (Eulersche Zahl) bezeichnet; er folgt angenähert, wenn man $n = 1, 10, 100, \ldots$ setzt.

3. In Fig. 33 werde der Punkt $P(x, y)$ der Kurve $y = f(x)$ mit dem Punkte $P_1(x_1, y_1)$ verbunden; diese Verbindungsgerade, die Sekante der Kurve, bildet mit der positiven Richtung der x-Achse den Winkel β. Dann ist

$$\operatorname{tg}\beta = \frac{y_1 - y}{x_1 - x} = \frac{\Delta y}{\Delta x} = \frac{\Delta y}{h},$$

wenn man den Zuwachs $y_1 - y$ von y mit Δy und den Zuwachs $x_1 - x$ von x mit h oder Δx bezeichnet. $\operatorname{tg}\beta$ heißt der Anstieg oder die Steigung der Sekante und $\Delta y/\Delta x$ der Differenzenquotient. Da $x_1 = x + \Delta x = x + h$ ist und y_1 dem Werte x_1 zugeordnet ist, so kann für y_1 auch $f(x_1) = f(x + \Delta x) = f(x + h)$ geschrieben werden, so daß

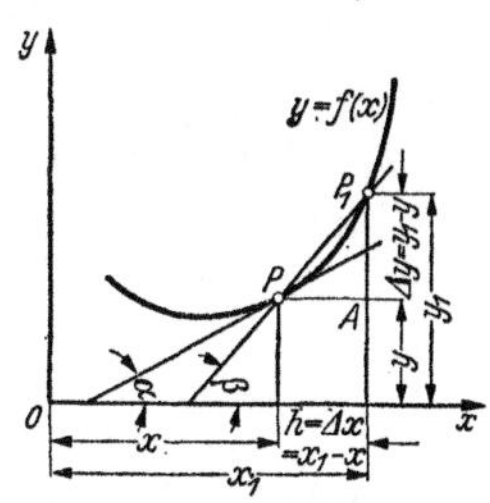

Fig. 33.

$$\frac{\Delta y}{\Delta x} = \frac{f(x + \Delta x) - f(x)}{\Delta x} = \frac{f(x + h) - f(x)}{h}.$$

Nähert sich nun der Punkt P_1 immer mehr dem Punkte P, d. h. geht $x_1 \to x$ oder $\Delta x \to 0$, d. h. $h \to 0$, so kann sich auch der Differenzenquotient einem Grenzwert nähern; dieser Wert, der von der Abszisse x des betrachteten Punktes abhängt, wird der **Differentialquotient** oder die **Ableitung** der Funktion y genannt und mit dy/dx, $y'(x)$ oder $f'(x)$ bezeichnet. Es ist also

$$\frac{dy}{dx} = f'(x) = \frac{d}{dx}[f(x)] = \lim_{\Delta x \to 0} \frac{\Delta y}{\Delta x} = \lim_{h \to 0} \frac{f(x + h) - f(x)}{h}.$$

Geometrisch bedeutet der Grenzübergang, daß die Sekante ihrer Grenzlage als Tangente zustrebt. Bildet diese mit der positiven Richtung der x-Achse den Winkel α (Fig. 33), so muß

$$\operatorname{tg}\alpha = \lim_{h \to 0} \operatorname{tg}\beta = y'(x) = f'(x)$$

sein. Die Steigung der Tangente ist gleich dem Differentialquotienten oder der Ableitung.

4. In Fig. 34 ist $AB = \operatorname{tg}\alpha \cdot h = y' \cdot dx$, wenn man für h auch dx schreibt. Dieses Produkt aus der Ableitung y' und der Abszissendifferenz h heißt das **Differential** von y und wird dy oder $df(x)$ geschrieben.

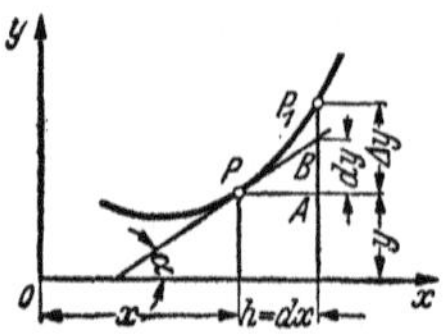

Fig. 34.

Ebenso heißt auch dx das Differential von x. Dann ist das Differential

$$dy = y'\,dx = f'(x)\,dx,$$

und die Ableitung y' („Differential-Quotient") erscheint als Quotient der im allgemeinen endlichen Differentiale dy und dx:

$$y' = f'(x) = dy/dx.$$

b) Beispiele für die Ableitung elementarer Funktionen.

1. Ableitung von $y = x^n$ (Potenzfunktion). Ist n eine positive ganze Zahl, so folgt nach dem binomischen Lehrsatz (S. 34) für den Differenzenquotienten

$$\frac{f(x+h)-f(x)}{h} = \frac{(x+h)^n - x^n}{h}$$

$$= \frac{x^n + nx^{n-1}\cdot h + \frac{n(n-1)}{2}x^{n-2}h^2 + \cdots + h^n - x^n}{h}$$

$$= nx^{n-1} + \frac{n(n-1)}{2}x^{n-2}h + \cdots + h^{n-1}.$$

Daher ergibt sich

$$y' = \lim_{h\to 0}\frac{f(x+h)-f(x)}{h} = n\,x^{n-1}.$$

Über die Gültigkeit für beliebiges n vgl. S. 68.

2. Ableitung von $y = \sin x$. Für den Differenzenquotienten folgt (S. 59):

$$\frac{\sin(x+h)-\sin x}{h} = \frac{2}{h}\cos\frac{(x+h)+x}{2}\sin\frac{(x+h)-x}{2}$$

$$= \frac{2}{h}\cos\frac{2x+h}{2}\sin\frac{h}{2} = \cos\frac{2x+h}{2}\cdot\frac{\sin h/2}{h/2}.$$

Da mit h auch $h/2$ gegen Null geht, so wird $\lim\limits_{h\to 0}\frac{\sin h/2}{h/2} = 1$ (S. 65); folglich ist

$$y' = \cos x.$$

Ableitungen der übrigen trigonometrischen Funktionen siehe c) u. d).

3. Ableitung der logarithmischen Funktion $y = \ln x$. Für den Differenzenquotienten folgt nach Umformung mit $h = x/n$:

$$\frac{\ln(x+h)-\ln x}{h} = \frac{1}{h}\cdot\ln\left(\frac{x+h}{x}\right) = \frac{n}{x}\cdot\ln\left(1+\frac{1}{n}\right) = \frac{1}{x}\cdot\ln\left(1+\frac{1}{n}\right)^n.$$

Beim Grenzübergang $h\to 0$, d. h. $n\to\infty$ wird $\lim\limits_{n\to\infty}(1+1/n)^n = e$ (Eulersche Zahl), also $\ln e = 1$ und damit

$$\frac{d}{dx}(\ln x) = \frac{1}{x}.$$

Da ${}^{a}\!\log x = 1/\ln a\cdot\ln x$, folgt nach d) 1 die Formel c) 10. Vgl. ferner d) 5.

c) Differentialformeln[1]).

1. $y = a$;	$dy = 0.$	2. $y = mx + b$;	$dy = m\,dx.$
3. $y = x^n$;	$dy = nx^{n-1}\,dx.$	4. $y = ax^n$;	$dy = anx^{n-1}\,dx.$
5. $y = \sqrt{x}$;	$dy = dx/2\sqrt{x}.$	6. $y = 1/x$;	$dy = -dx/x^2.$
7. $y = e^x$;	$dy = e^x dx.$	8. $y = a^x$;	$dy = a^x\cdot\ln a\cdot dx.$

[1]) Vgl. auch d) u. e).

9. $y = \ln x$; $dy = dx/x$. 10. $y = \overset{a}{\log} x$; $dy = \frac{1}{\ln a} \cdot \frac{dx}{x}$.

11. $y = \sin x$; $dy = \cos x \cdot dx$. 12. $y = \cos x$; $dy = -\sin x \cdot dx$.

13. $y = \operatorname{tg} x$; $dy = (1 + \operatorname{tg}^2 x)\, dx = dx/\cos^2 x$. 14. $y = \operatorname{ctg} x$; $dy = -(1 + \operatorname{ctg}^2 x)\, dx = -dx/\sin^2 x$.

15. $y = \operatorname{arc\,sin} x$; $dy = \frac{dx}{\sqrt{1 - x^2}}$. 16. $y = \operatorname{arc\,cos} x$; $dy = -\frac{dx}{\sqrt{1 - x^2}}$.

17. $y = \operatorname{arc\,tg} x$; $dy = \frac{dx}{1 + x^2}$. 18. $y = \operatorname{arc\,ctg} x$; $dy = -\frac{dx}{1 + x^2}$.

19. $y = \mathfrak{Sin}\, x$; $dy = \mathfrak{Cof}\, x \cdot dx$. 20. $y = \mathfrak{Cof}\, x$; $dy = \mathfrak{Sin}\, x \cdot dx$.

d) Allgemeine Regeln.

1. Ableitung einer Funktion, die einen konstanten Faktor enthält. Ist $y = c \cdot f(x)$, so wird die Ableitung $y' = c \cdot f'(x)$: Ein konstanter Faktor kann vor das Differentialzeichen gesetzt werden.

Beispiel: Für $y = 2 \sin x$ wird $y' = 2 \cos x$.

2. Ableitung von Summe und Differenz. Ist $y = u(x) + v(x)$, wobei u und v differenzierbare Funktionen von x sind, so wird die Ableitung

$$y'(x) = u'(x) + v'(x) \quad \text{oder das Differential} \quad dy = du + dv.$$

Eine Summe wird differenziert, indem man die Summanden einzeln differenziert und addiert.

Ist $y = u(x) - v(x)$, so wird entsprechend $y'(x) = u'(x) - v'(x)$.

Ist $y = u + v + w + \cdots$, so wird $y'(x) = u'(x) + v'(x) + w'(x) + \cdots$.

3. Ableitung von Produkt und Quotient. a) Ist $y = u(x) \cdot v(x)$, so wird $y'(x) = u(x) \cdot v'(x) + v(x) \cdot u'(x)$ oder $dy = u\,dv + v\,du$ (Produktregel).

Ist $y = u \cdot v \cdot w \cdots$, so wird $dy = \left(\frac{du}{u} + \frac{dv}{v} + \frac{dw}{w} + \cdots\right) u \cdot v \cdot w \cdots$.

b) Aus $y = u(x)/v(x)$ folgt $u(x) = y(x) \cdot v(x)$ und daraus nach 3. durch Differenzieren von $u(x)$:

$$y'(x) = \frac{v \cdot u'(x) - u \cdot v'(x)}{v^2} \quad \text{(Bruchregel).}$$

4. Kettenregel. Es sei $y = f(z)$ und $z = \varphi(x)$; durch Einsetzen entsteht die zusammengesetzte Funktion $y = f[\varphi(x)]$. Durch Differenzieren von y nach z und von z nach x folgt

$$dy = f'(z)\, dz \quad \text{und} \quad dz = \varphi'(x)\, dx.$$

Einsetzen von dz in dy liefert mit $f'(z) = dy/dz$ und $\varphi'(x) = dz/dx$

$$dy = f'(z) \cdot \varphi'(x)\, dx \quad \text{oder} \quad \frac{dy}{dx} = f'(z) \cdot \varphi'(x) = \frac{dy}{dz} \cdot \frac{dz}{dx}.$$

Man zerlegt also $y = f[\varphi(x)]$ in $y = f(z)$ und $z = \varphi(x)$, bildet von beiden Funktionen die Ableitungen und multipliziert diese miteinander. Schließlich ist $\varphi(x)$ für z zu setzen.

Beispiel: $y = \cos^2 x$ zerfällt in

$$y = z^2 \quad \text{und} \quad z = \cos x.$$

Es ist

$$y'(z) = 2z \quad \text{und} \quad z'(x) = -\sin x,$$

folglich

$$y'(x) = y'(z) \cdot z'(x) = -2z \sin x = -2 \cdot \cos x \sin x = -\sin 2x.$$

5. Ableitung der Umkehrfunktionen. Löst man die Gleichung $y = f(x)$ nach x auf, so entsteht die umgekehrte oder inverse Funktion $x = \varphi(y)$.

Nach a) 4 (S. 65) ist

$$\frac{dx}{dy} = 1 : \frac{dy}{dx} \quad \text{oder} \quad \varphi'(y) = \frac{1}{f'(x)}; \quad \text{d. h.} \quad f'(x) = \frac{1}{\varphi'(y)}.$$

Beispiele: 1. $y = f(x) = \arcsin x$ gibt $x = \varphi(y) = \sin y$ und $dx = \cos y \cdot dy$; also

$$f'(x) = 1/\cos y = 1/\sqrt{1 - x^2}.$$

2. Aus $y = a^x$ folgt $x = \overset{a}{\log} y$, $dx = dy/y \ln a$, $y' = dy/dx = y \cdot \ln a = a^x \cdot \ln a$; insbesondere wird für $y = e^x$ mit $\ln e = 1$ die Ableitung $y' = e^x$.

6. Ableitung unentwickelter Funktionen. Ist die Beziehung zwischen x und y in der Form $f(x) = \varphi(y)$ gegeben, d. h. $f(x) = \varphi[y(x)]$, so folgt durch Differenzieren nach x unter Anwendung der Kettenregel für die rechte Seite

$$\frac{df}{dx} = \frac{d\varphi}{dy} \cdot \frac{dy}{dx} \quad \text{oder} \quad f'(x) = \varphi'(y) \cdot \frac{dy}{dx},$$

d. h.

$$f'(x)\,dx = \varphi'(y)\,dy.$$

Aus $y^2 = 2px$ (Parabel) folgt z. B. $2y\,dy = 2p\,dx$ oder $\frac{dy}{dx} = \frac{p}{y}$; aus $y^2 = r^2 - x^2$ (Kreis): $2y\,dy = -2x\,dx$ oder $\frac{dy}{dx} = -\frac{x}{y}$.

Beispiel: Aus $y = x^n$ bei beliebigem Exponenten folgt durch Logarithmieren $\ln y = n \cdot \ln x$. Also wird

$$\frac{1}{y}\,dy = n \cdot \frac{1}{x} \cdot dx \quad \text{oder} \quad \frac{dy}{dx} = \frac{ny}{x} = n x^{n-1}.$$

7. Die Ableitung bei Parameterdarstellung. Sind $x = x(t)$ und $y = y(t)$ als Funktionen des veränderlichen Parameters t gegeben, so schreibt man für die Ableitungen der beiden Funktionen nach t abgekürzt $dx/dt = \dot{x}$, $dy/dt = \dot{y}$, und hat dann

$$dy/dx = dy/dt : dx/dt \quad \text{oder} \quad y'(x) = \dot{y}/\dot{x}.$$

Beispiel: Aus der Gleichung der Ellipse $x = a \cdot \cos t$, $y = b \cdot \sin t$ folgt $\dot{x} = -a \cdot \sin t$, $\dot{y} = b \cdot \cos t$, also für die Steigung der Tangente

$$y'(x) = -b \cos t / a \sin t = -b^2/a^2 \cdot x/y.$$

8. Die partielle Ableitung. Die Funktion $z = f(x, y)$ der beiden Veränderlichen x und y kann aufgefaßt werden als Darstellung einer Fläche. Eine Ebene $y =$ konst. schneidet eine Kurve aus, auf der nur x veränderlich ist. Die so bei konst. y nach x gebildete Ableitung heißt partielle (teilweise) Ableitung von f nach x und wird geschrieben $\partial f/\partial x = f_x$. Ebenso ist $\partial f/\partial y = f_y$ die partielle Ableitung nach y bei konst. x.

Ist z. B. $z = x^2 + xy + y^2$, so wird $z_x = 2x + y$ und $z_y = x + 2y$. Sind die beiden Veränderlichen x und y in der impliziten Darstellung durch die Gleichung $\boldsymbol{f(x, y) = 0}$ verbunden (aufzufassen als die Schnittkurve der x, y-Ebene mit der Fläche), so muß für den Kurvenpunkt mit den Koordinaten $x + h$ und $y + k = y + \Delta y$ auch $f(x + h, y + k) = 0$ und daher ebenfalls

$$\frac{f(x + h, y + k) - f(x, y)}{h} = 0$$

sein. Hierin ist $k = \Delta y = y(x + h) - y(x)$ (Fig. 33). Fügt man im Zähler $f(x + h, y) - f(x + h, y)$ hinzu, so wird, wenn man im zweiten Ausdruck mit $k = \Delta y$ erweitert

$$\frac{f(x + h, y) - f(x, y)}{h} + \frac{f(x + h, y + k) - f(x + h, y)}{k} \cdot \frac{k}{h} = 0. \qquad (1)$$

Im ersten Quotient ist nur x veränderlich und y konstant, im zweiten Quotient dagegen umgekehrt. Läßt man h und damit auch k gegen Null gehen, so wird

$$\lim_{h \to 0} \frac{f(x + h, y) - f(x, y)}{h} = \frac{\partial f}{\partial x} = f_x, \quad \lim_{h \to 0} \frac{k}{h} = \lim_{h \to 0} \frac{y(x + h) - y(x)}{h} = \frac{dy}{dx},$$

$$\lim_{k \to 0} \frac{f(x + h, y + k) - f(x + h, y)}{k} = \frac{\partial f}{\partial y} = f_y,$$

und damit nach (1)

$$f_x + f_y \cdot y' = 0 \quad \text{oder} \quad \boldsymbol{y'(x) = -f_x/f_y}.$$

Beispiel: Es ist die Steigung $m = \operatorname{tg}\alpha$ der Tangente im Punkte $P(x, y)$ der Hyperbel $x^2/a^2 - y^2/b^2 = 1$ zu bestimmen. Man schreibt die Gleichung $b^2x^2 - a^2y^2 - a^2b^2 = 0$ und findet $f_x = 2b^2x$, $f_y = -2a^2y$, also $y' = \operatorname{tg}\alpha = m = b^2x/a^2y$.

e) Anwendung der Differentialformeln.

1. $y = mx + b;\quad dy/dx = y' = m.$

2. $y = a^2 - x^2;\quad dy/dx = y' = -2x.$

3. $y = \sqrt{ax} = \sqrt{a}\cdot x^{1/2};\quad y' = \sqrt{a}\cdot {}^1/_2\cdot x^{-1/2} = \sqrt{a}/2\sqrt{x} = {}^1/_2\cdot\sqrt{a/x}.$

4. $y = 1/x^3 = x^{-3};\quad y' = -3x^{-4} = -3/x^4.$

5. $y = (a + bx)^n;$ setze $a + bx = z;\quad b\cdot dx = dz;\quad y = z^n;$
$dy = nz^{n-1}\cdot dz = n(a+bx)^{n-1}\cdot b\cdot dx;\quad y' = nb(a+bx)^{n-1}.$

6. $y = \sqrt{a^2 - x^2};$ setze $a^2 - x^2 = z;\quad -2x\; dx = dz;\quad y = z^{1/2};$
$dy = {}^1/_2\cdot z^{-1/2}\cdot dz = {}^1/_2(a^2 - x^2)^{-1/2}\cdot(-2x)\cdot dx;$
$y' = -x/\sqrt{a^2 - x^2}.$ Mit $y^2 = a^2 - x^2$ auch Lösung nach d) 6.

7. $y = \sqrt{a^2 + bx + x^2} = z^{1/2};\quad dz = (b + 2x)\cdot dx;$
$dy = {}^1/_2\cdot z^{-1/2}\cdot dz = {}^1/_2(a^2 + bx + x^2) - {}^1/_2\cdot(b + 2x)\,dx;$
$$y' = \frac{b + 2x}{2\sqrt{a^2 + bx + x^2}}.$$

8. $y = a/\sqrt{a - x} = a\cdot z^{-1/2};\quad dz = -dx;$
$dy = -{}^1/_2\cdot a\cdot z^{-3/2}\cdot dz = -{}^1/_2\cdot a\cdot(a - x)^{-3/2}\cdot(-dx);$
$y' = {}^1/_2\cdot a/\sqrt{(a - x)^3}.$

9. $y = x^2\cdot(a + bx^3);$ setze $x^2 = u;\quad a + bx^3 = v;\quad 2x = u';$
$3bx^2 = v';\quad y' = x^2\cdot 3bx^2 + (a + bx^3)\cdot 2x;$
$y' = 3bx^4 + 2ax + 2bx^4 = 2ax + 5bx^4.$

10. $y = x^n(a - bx)^m;$ setze $u = x^n$, $v = (a - bx)^m$; es ist $du = nx^{n-1}dx$, und mit $z = a - bx$ wird $dv = -mb(a - bx)^{m-1}\,dx;$
$dy = x^n\cdot(-mb)\cdot(a - bx)^{m-1}\,dx + (a - bx)^m\cdot nx^{n-1}\,dx;$
$y' = x^{n-1}\cdot(a - bx)^{m-1}\cdot[na - (m + n)\,bx].$

11. $y = (5 + 3x)\sqrt{6x - 5};$ setze $5 + 3x = u;\quad (6x - 5)^{1/2} = v;$
$u' = 3;\quad v' = 3/\sqrt{6x - 5};$
$y' = (5 + 3x)\cdot 3/\sqrt{6x - 5} + 3\cdot\sqrt{6x - 5};$
$$y' = \frac{3(5 + 3x) + 3(6x - 5)}{\sqrt{6x - 5}} = \frac{27x}{\sqrt{6x - 5}}.$$

12. $y = \dfrac{1}{x}\sqrt{a^2 - x^2};$ setze $u = \dfrac{1}{x};\quad v = \sqrt{a^2 - x^2};$
$u' = -1/x^2;\quad v' = -x/\sqrt{a^2 - x^2};$
$$y' = \frac{1}{x}\left(-\frac{x}{\sqrt{a^2 - x^2}}\right) + \sqrt{a^2 - x^2}\left(-\frac{1}{x^2}\right);$$
$$y' = -\frac{a^2}{x^2\cdot\sqrt{a^2 - x^2}}.$$

13. $y = \sqrt{a + x}\cdot\sqrt{b - x^2}$ oder $y^2 = (a + x)(b - x^2)$. Mit $u = a + x$, $du = dx$ und $v = b - x^2$, $dv = -2x\,dx$ folgt
$2y\,dy = u\,dv + v\,du = (a + x)(-2x\,dx) + (b - x^2)\,dx = (b - 2ax - 3x^2)\,dx;$
$y' = (b - 2ax - 3x^2)/2\sqrt{(a + x)(b - x^2)}.$

14. $y = \frac{ax}{b+x} = a \cdot \frac{x}{b+x}$; setze $x = u$; $u' = 1$; $b + x = v$;

$v' = 1$; $y' = a\frac{(b+x)\cdot 1 - x \cdot 1}{(b+x)^2}$; $y' = \frac{ab}{(b+x)^2}$.

15. $y = \frac{a - x^n}{a + x^n}$; setze $u = a - x^n$; $u' = -nx^{n-1}$; $v = a + x^n$;

$v' = nx^{n-1}$; $y' = \frac{(a+x^n)(-nx^{n-1}) - (a - x^n)nx^{n-1}}{(a+x^n)^2} = -\frac{2anx^{n-1}}{(a+x^n)^2}$.

So wird für $a = 1$, $n = 1/2$, d. h. $y = (1 - \sqrt{x})/(1 + \sqrt{x})$ die Ableitung

$$y' = -1/[\sqrt{x}\,(1 + \sqrt{x})^2].$$

16. $y = \frac{x}{\sqrt{a^2 - x^2}}$; setze $x = u$; $u' = 1$; $\sqrt{a^2 - x^2} = v$;

$v' = -x/\sqrt{a^2 - x^2}$; damit $y' = \frac{\sqrt{a^2 - x^2}\cdot 1 + x^2/\sqrt{a^2 - x^2}}{a^2 - x^2}$;

$y' = \frac{a^2}{(a^2 - x^2)\sqrt{a^2 - x^2}}$.

17. $y = \sqrt{\frac{a^2 - x^2}{a^2 + x^2}}$; setze $\sqrt{a^2 - x^2} = u$; $u' = -x/\sqrt{a^2 - x^2}$;

$\sqrt{a^2 + x^2} = v$; $v' = x/\sqrt{a^2 + x^2}$, so daß

$y' = \frac{\sqrt{a^2 + x^2}\cdot(-x/\sqrt{a^2 - x^2}) - \sqrt{a^2 - x^2}\cdot x/\sqrt{a^2 + x^2}}{a^2 + x^2}$;

$y' = \frac{-2a^2 x}{(a^2 + x^2)\sqrt{a^4 - x^4}}$.

18. $y = \sin ax$; setze $a \cdot x = z$; $dz = a \cdot dx$;

$dy = \cos z \cdot dz = \cos ax \cdot a \cdot dx$; $y' = a \cdot \cos ax$.

19. $y = \sin ax + \cos bx$; $y' = a \cdot \cos ax - b \cdot \sin bx$.

20. $y = \sin^n x$; setze $\sin x = z$; $dz = \cos x \cdot dx$;

$dy = n \cdot z^{n-1} \cdot dz = n \cdot \sin^{n-1} x \cdot \cos x \cdot dx$.

21. $y = \sin(\omega x + \varphi)$; setze $\omega x + \varphi = z$; $dz = \omega \cdot dx$; $y = \cos z$;

$dy = \cos z \cdot dz = \omega \cdot \cos(\omega x + \varphi) \cdot dx$; $y' = \omega \cdot \cos(\omega x + \varphi)$.

22. $y = x \cdot \sin ax$; $x = u$; $u' = 1$; $\sin ax = v$; $v' = a \cos ax$;

$y' = ax \cdot \cos ax + \sin ax$.

23. $y = \operatorname{tg} x = \sin x/\cos x$; $u = \sin x$; $u' = \cos x$; $v = \cos x$; $v' = -\sin x$;

$y' = \frac{\cos x \cdot \cos x + \sin x \cdot \sin x}{\cos^2 x} = \frac{1}{\cos^2 x} = 1 + \operatorname{tg}^2 x$ (S. 58).

24. $y = \ln[f(x)]$; setze $f(x) = z$; $dz = f'(x)\,dx$; $y = \ln z$;

$dy = dz/z = f'(x)\,dx/f(x)$; $y' = f'(x)/f(x)$.

Z. B. wird für $y = \ln \cos x$; $f(x) = \cos x$; $f'(x) = -\sin x$;

$$y' = -\sin x/\cos x = -\operatorname{tg} x.$$

25. $y = \ln\frac{1+x}{1-x} = \ln(1 + x) - \ln(1 - x)$;

setze $1 + x = u$; $du = dx$; $1 - x = v$; $dv = -dx$;

$$y = \ln u - \ln v;$$

$dy = \frac{du}{u} - \frac{dv}{v} = \frac{dx}{1+x} + \frac{dx}{1-x}$;

$y' = \frac{(1-x) + (1+x)}{1 - x^2} = \frac{2}{1 - x^2}$.

26. $y = e^{kx}$; setze $kx = z$; $dz = k\,dx$; $y = e^z$;
$dy = e^z\,dz = e^{kx} \cdot k\,dx$; $y' = k\,e^{kx}$.

27. $y = e^x \cdot x^n$; setze $e^x = u$; $u' = e^x$; $x^n = v$; $v' = n \cdot x^{n-1}$,
so daß $y' = e^x \cdot n\,x^{n-1} + x^n \cdot e^x = e^x \cdot x^{n-1}(n + x)$.

28. $y = x^x$; $\ln y = x \cdot \ln x$; $d(\ln y) = d(x \cdot \ln x)$;

$$\frac{dy}{y} = x \cdot \frac{dx}{x} + \ln x \cdot dx;$$

$$y' = dy/dx = y(1 + \ln x) = x^x(1 + \ln x).$$

29. $y = \mathfrak{Cof}\,x = {}^1/_2(e^x + e^{-x})$; $y' = {}^1/_2(e^x - e^{-x}) = \mathfrak{Sin}\,x$.

f) Ableitungen höherer Ordnung. Differentialkurven.

Ist $y = f(x)$ die gegebene Funktion, so muß die Ableitung $y' = f'(x)$ wieder eine Funktion von x sein; für die Ableitung dieser Funktion, d. h. die zweite Ableitung, folgt:

$$d(y')/dx = y'' = d^2y/dx^2 = f''(x).$$

Die zweite Ableitung ist wieder eine Funktion von x. Ihre Ableitung ergibt die dritte Ableitung $d(y'')/dx$, für die man $y''' = d^3y/dx^3 = f'''(x)$ schreibt.

Bei $n$maliger Wiederholung ergibt sich der n-te Differentialquotient oder die n-te Ableitung

$$d^ny/dx^n = y^{(n)} = f^{(n)}(x).$$

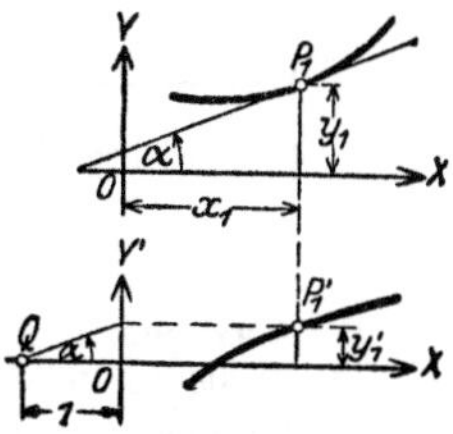

Fig. 35.

Die in diesen höheren Ableitungen auftretenden Differentiale $d^2y, d^3y, \ldots d^ny$ bezeichnet man als Differentiale zweiter, dritter, ...n-ter Ordnung. Für die Berechnung einer höheren Ableitung gelten dieselben Regeln wie bei der ersten Ableitung.

Geometrisch bedeutet $y' = \operatorname{tg}\alpha$ die Steigung der Kurve $y = f(x)$. Ist y' als Funktion von x aufgetragen, so kann leicht (Fig. 35) im Punkt P_1 der Kurve $y = f(x)$ die Tangente gezogen werden.

Man bezeichnet die Kurve $y'(x)$ als Differentialkurve. Trägt man die Steigung dieser ersten Differentialkurve, d. h. $d(y')/dx = y''$ als Funktion von x auf, so erhält man die zweite Differentialkurve und durch Wiederholen die n-te Differentialkurve $y^{(n)} = f^{(n)}(x)$.

Beispiele: 1. Ist t die Zeit, v_0 die Anfangsgeschwindigkeit und g die konstante Beschleunigung, so ist der Weg der gleichmäßig beschleunigten Bewegung (S. 203)

$$s = v_0 t + {}^1/_2\,g t^2.$$

Die Ableitung des Weges nach der Zeit gibt die Geschwindigkeit

$$v = \frac{ds}{dt} = v_0 + gt;$$

die Ableitung der Geschwindigkeit nach der Zeit die Beschleunigung

$$b = \frac{dv}{dt} = \frac{d^2s}{dt^2} = g.$$

$v = f(t)$ ist die Differentialkurve zu $s = f(t)$;
$b = f(t)$ ist die Differentialkurve zu $v = f(t)$, also die zweite Differentialkurve zu $s = f(t)$ (Fig. 36).

2. $y = \sin x$ hat die Ableitungen

$$y' = \frac{dy}{dx} = \cos x, \qquad y'' = \frac{d(y')}{dx} = -\sin x, \qquad y''' = \frac{d(y'')}{dx} = -\cos x.$$

Die Differentialkurven $y', y'', y''', \ldots$ der Funktion $y = \sin x$ sind Sinuslinien, gegen y um $\pi/2$ bzw. π bzw. $3\pi/2$ usw. nach links verschoben (Fig. 37).

Ist das Gesetz der Kurve durch ihre Gleichung $y = f(x)$ gegeben, so kann die Differentialkurve rechnerisch aus $y' = f(x)$ bestimmt werden. Ist aber, wie in vielen technischen Beispielen (zeitlicher Verlauf eines Weges, einer Geschwindigkeit, eines Kraftflusses u. a. m.), das Gesetz nur zeichnerisch gegeben, so muß man zeichnerisch differenzieren (S. 159).

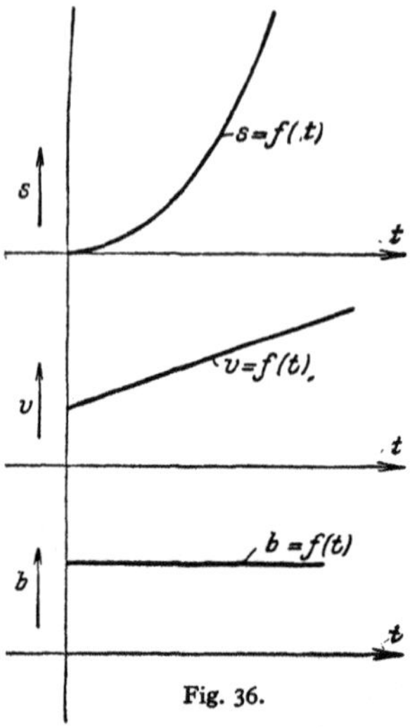

Fig. 36.

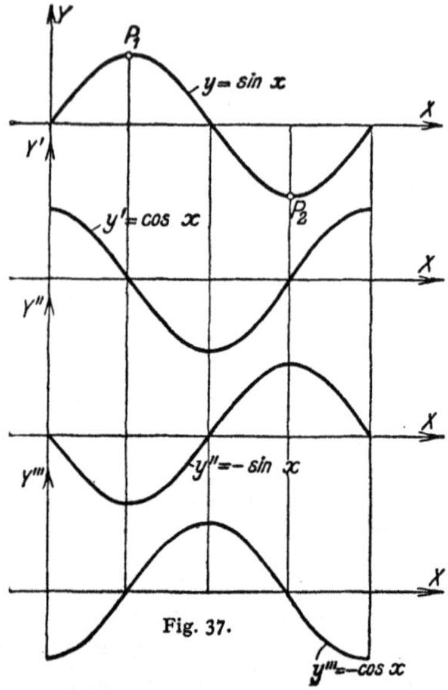

Fig. 37.

g) Maxima und Minima.

Ein Maximum bzw. Minimum einer Funktion oder ein Gipfelpunkt bzw. Talpunkt der sie darstellenden Kurve (G bzw. T in Fig. 38) liegt vor, wenn der betreffende Funktionswert oder die entsprechende Ordinate größer bzw. kleiner ist als die benachbarten. Es müssen somit diese Kurvenpunkte x-parallele Tangenten haben, d. h. es muß $y'(x) = 0$ werden. In der Nähe des Gipfelpunktes G, Fig. 38, geht die Ableitung und damit die Differentialkurve $y'(x)$ fallend, in der Nähe des Talpunktes T steigend durch Null. Wenn aber $y'(x)$ fällt bzw. steigt, muß die Steigung von y', d. h. $y''(x)$ kleiner bzw. größer als Null sein:

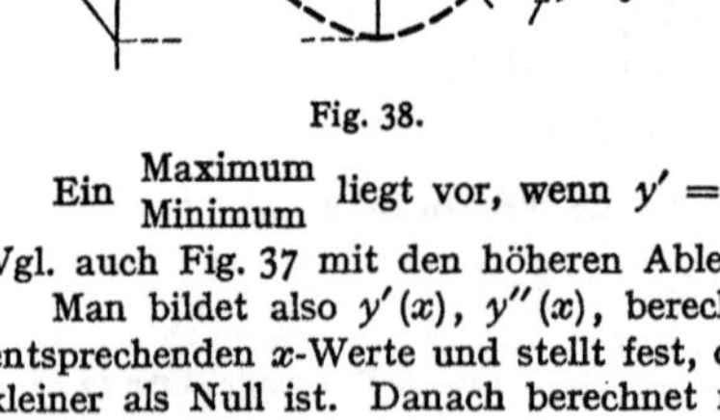

Fig. 38.

Ein $\begin{matrix}\text{Maximum}\\ \text{Minimum}\end{matrix}$ liegt vor, wenn $y' = 0$ und $\begin{matrix} y'' < 0. \\ y'' > 0. \end{matrix}$

Vgl. auch Fig. 37 mit den höheren Ableitungen von $y = \sin x$.

Man bildet also $y'(x)$, $y''(x)$, berechnet aus der Gleichung $y'(x) = 0$ die entsprechenden x-Werte und stellt fest, ob für diese x-Werte $y''(x)$ größer oder kleiner als Null ist. Danach berechnet man die zugehörigen, gesuchten Funktionswerte $y(x)$.

Im Wendepunkt W, Fig. 38, muß die Steigung ein Maximum bzw. Minimum haben, d. h. es muß $y''(x) = 0$ sein (vgl. auch S. 96).

Beispiele: 1. Die Maxima und Minima der Funktion (Fig. 39) $y = {}^1/_6\,(x^3 - 3x^2 - 9x + 9)$ sind zu bestimmen. Aus $y' = {}^1/_2 \cdot x^2 - x - 1{,}5 = 0$ folgt $x = 1 \pm 2$, also $x_1 = -1$, $x_2 = 3$. Durch die zweite Ableitung $y'' = x - 1$ ergibt sich

für $x_1 = -1$ ein Maximum, da $y''(x_1) = y''(-1) = -2 < 0$,
für $x_2 = 3$ „ Minimum, da $y''(x_2) = y''(3) = 2 > 0$.

Die zugehörigen Funktionswerte sind somit $y_1 = 2^1/_3$ und $y_2 = -3$. Zeichnet man die Funktion als Kurve auf, so erkennt man, daß größere Funktionswerte als im Maximum bzw. kleinere als im Minimum auftreten können: In diesen Punkten sind eben die Funktionswerte größer bzw. kleiner als die benachbarten.

2. Aus einem quadratischen Blech soll ein oben offener Kasten größten Rauminhalts mit quadratischer Grundfläche hergestellt werden. Wie groß sind seine Höhe und sein Rauminhalt?

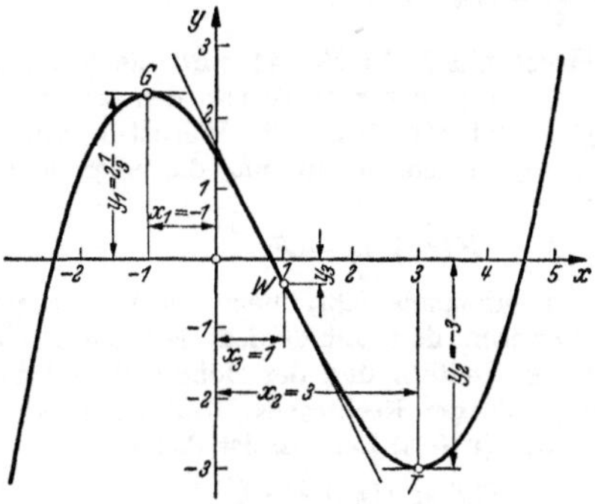

Fig. 39.

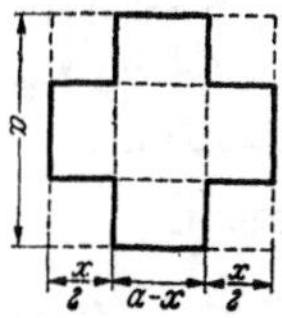

Fig. 40.

Durch Wegschneiden der Ecken (Fig. 40) folgt für den Rauminhalt $V = (a-x)^2 \cdot x/2$. Mit $2 \cdot V'(x) = (a-x)^2 - 2x(a-x) = (a-x)(a-3x) = 0$ hat man $a - 3x = 0$ oder $x_1 = a/3$ und $a - x = 0$ oder $x_2 = a$. Da $V''(x) = -2a + 3x$ und damit $V''(x_1) = -a < 0$, $V''(x_2) = a > 0$, hat der Rauminhalt für die Höhe $x_1/2 = a/6$ ein Maximum von der Größe $V_{max} = 2a^3/27$.

B. Die Integralrechnung.

a) Unbestimmtes und bestimmtes Integral, Flächeninhalt und mehrfache Integrale.

1. Das unbestimmte Integral. In der Differentialrechnung wird zu einer gegebenen Funktion $y = J(x)$ die Ableitung $J'(x) = f(x)$ gesucht; in der Integralrechnung soll umgekehrt eine Funktion ermittelt werden, deren Ableitung gleich der gegebenen Funktion $f(x)$ ist. Zunächst ist $J(x)$ eine gesuchte Funktion, weil $J'(x) = f(x)$ ist. Weitere Funktionen, deren Ableitungen gleich der gegebenen Funktion $f(x)$ sind, findet man durch Hinzufügen einer willkürlichen Konstanten C zu $J(x)$. Denn die Ableitung von $J(x) + C$ ist gleich $J'(x) = f(x)$, da die Ableitung einer Konstanten gleich Null ist.

Die gesuchten Funktionen unterscheiden sich nur um konstante Zahlen und werden nach Leibniz mit

$$\int f(x)\,dx = J(x) + C$$

bezeichnet. Die vorstehende Gleichung bedeutet dasselbe wie

$$\frac{d}{dx}\int f(x)\,dx = f(x) \quad \text{oder} \quad d\int f(x)\,dx = f(x)\,dx;$$

Differential- und Integralzeichen heben sich auf.

$\int f(x)\,dx$ heißt das unbestimmte Integral von $f(x)$; C wird Integrationskonstante genannt.

Beispiele: 1. Ein Körper habe die konstante Geschwindigkeit v m/sek; wie groß ist der nach t sek zurückgelegte Weg s in m? Die Geschwindigkeit wurde als Ableitung des Weges nach der Zeit definiert, s ist daher so zu bestimmen, daß $\frac{ds}{dt} = v$ wird. Durch Probieren findet man $s = vt$, denn es ist tatsächlich $\frac{ds}{dt} = v$. Daher ist $s = \int v\,dt = vt + s_0$, wenn man die Integrationskonstante mit s_0 bezeichnet; s_0 ist der zur Zeit $t = 0$ zurückgelegte Weg.

2. Da die Ableitung von $\sin x$ gleich $\cos x$ ist, wird $\int \cos x\,dx = \sin x + C$.

3. Aus $y = \frac{x^{n+1}}{n+1}$ folgt $dy = x^n\,dx$ und daher $y = \int x^n\,dx = \frac{x^{n+1}}{n+1} + C$. Hierbei muß n verschieden von -1 sein, weil $y = \frac{x^{n+1}}{n+1} = \frac{x^0}{0} = \infty$ keinen Sinn hat. Aber auch das Inte-

gral von $\frac{1}{x}$ kann durch Umkehren einer Differentialformel gewonnen werden. Aus $y = \ln x$ folgt $dy = \frac{dx}{x}$, und daher

$$y = \int \frac{dx}{x} = \ln x + C.$$

2. Das bestimmte Integral. Flächeninhalt. In Fig. 41 wird die mit $F(x)$ bezeichnete Fläche von der Kurve $y = f(x)$, der x-Achse und den beiden Ordinaten $f(a)$ und $f(x)$ begrenzt. Wächst x um h, so wächst der Flächeninhalt um die über h liegende Fläche

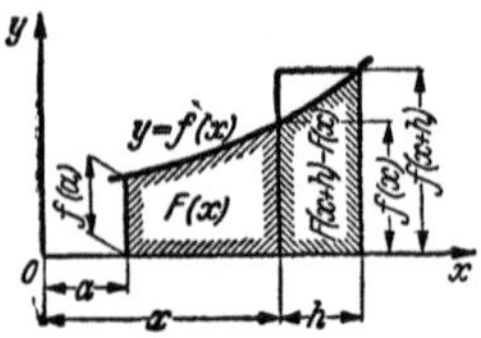

Fig. 41.

$$F(x+h) - F(x);$$

wie Fig. 41 erkennen läßt, liegt dieser Flächenzuwachs zwischen dem Inhalt des kleineren Rechteckes von der Breite h und der Höhe $f(x)$ und dem Inhalt des größeren Rechteckes, das die Breite h und die Höhe $f(x+h)$ hat. Es ist daher

$$f(x) \cdot h < F(x+h) - F(x) < f(x+h) \cdot h.$$

Die Division durch h ergibt

$$f(x) < \frac{F(x+h) - F(x)}{h} < f(x+h).$$

Geht h gegen Null, so unterscheidet sich $f(x)$ immer weniger von $f(x+h)$. Für den dazwischenliegenden Wert wird für $h \to 0$ nach S. 65

$$\lim_{h \to 0} \frac{F(x+h) - F(x)}{h} = F'(x),$$

folglich muß $F'(x) = f(x)$ sein, oder nach der Erklärung des unbestimmten Integrals S. 73

$$F(x) = \int f(x)\,dx = J(x) + C.$$

Die Integrationskonstante C ergibt sich aus der Bedingung, daß für $x = a$ der Wert des Flächeninhaltes verschwindet; es ist daher

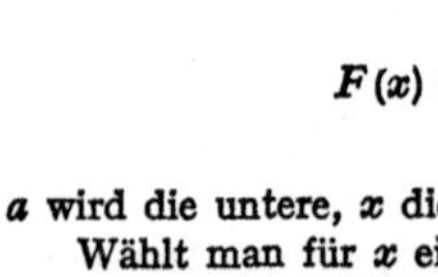

Fig. 42.

$$F(a) = J(a) + C = 0, \qquad J(a) = -C$$

und

$$F(x) = J(x) - J(a).$$

Um anzudeuten, daß der Flächeninhalt zwischen den Abszissen a und x genommen werden soll, schreibt man diese Werte an das Integralzeichen:

$$F(x) = \int_a^x f(x)\,dx = J(x)\Big|_a^x = J(x) - J(a);$$

a wird die untere, x die obere Grenze des Integrals genannt.

Wählt man für x einen festen Wert b, so hat der Flächeninhalt einen ganz bestimmten Wert F (Fig. 42). Durch Einsetzen von $x = b$ in die letzte Gleichung wird

$$F = \int_a^b f(x)\,dx = J(x)\Big|_a^b = J(b) - J(a).$$

$\int_a^b f(x)\,dx$ heißt das b e s t i m m t e I n t e g r a l von $f(x)\,dx$ und wird nach vorstehendem dadurch erhalten, daß man das Integral $J(x)$ bildet und den Funktionswert $J(b)$ für die obere Grenze vermindert um den Funktionswert $J(a)$ für die untere Grenze. $y_m = F/(b-a)$ heißt m i t t l e r e H ö h e.

(b-a)

Wächst $f(x)$ nicht beständig mit x, wie in Fig. 41 angenommen, so kann der Beweis ähnlich wie oben geführt werden.

Die in Fig. 41 über h liegende, schraffierte Fläche kann als Flächenzuwachs mit ΔF bezeichnet werden. Aus $\frac{dF}{dx} = f(x)$ folgt $dF = f(x)\,dx$. Mit $h = dx$ (S. 65) ist daher das kleinere Rechteck der Fig. 41 gleich dem Differential dF der Fläche.

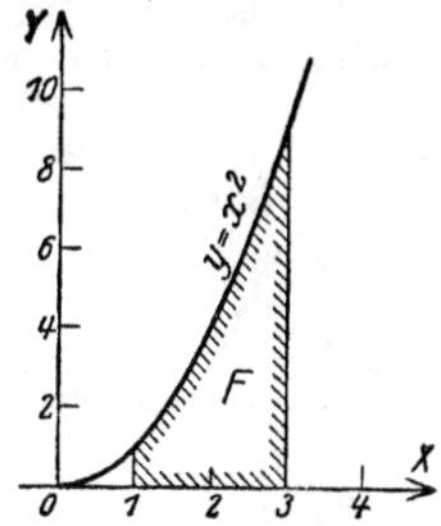

Fig. 43.

Beispiele: 1. Es soll die Fläche ermittelt werden, die von der Kurve $y = x^2$, der x-Achse und den zu $x = 1$ und $x = 3$ gehörenden Ordinaten begrenzt wird (Fig. 43).

$$\text{Es ist } F = \int_1^3 x^2 dx = \left[\frac{x^3}{3}\right]_1^3 = \frac{27}{3} - \frac{1}{3} = \frac{26}{3}.$$

2. Es ist die Arbeitsleistung bei isothermischer Zustandsänderung zu bestimmen. Ist p_0, v_0 (Fig. 44) der Anfangszustand eines Gases, so ist bei konstanter Temperatur

$$p v = p_0 v_0 .$$

Bezeichnet man die Kolbenfläche mit F, die auf den Kolben wirkende Kraft mit P und den Weg mit s, so ist

$$P = F \cdot p \quad \text{und} \quad v = F \cdot s,$$

mithin das Differential der Arbeit

$$dA = P \cdot ds = F \cdot p \cdot \frac{dv}{F} = p \cdot dv;$$

hieraus ergibt sich

$$A = \int p \cdot dv.$$

Mit $p = \frac{p_0 \cdot v_0}{v}$ wird

$$A = p_0 \cdot v_0 \int \frac{dv}{v} = p_0 \cdot v_0 \ln v \Big|_{v_0}^{v_1} \quad \text{(S. 77)},$$

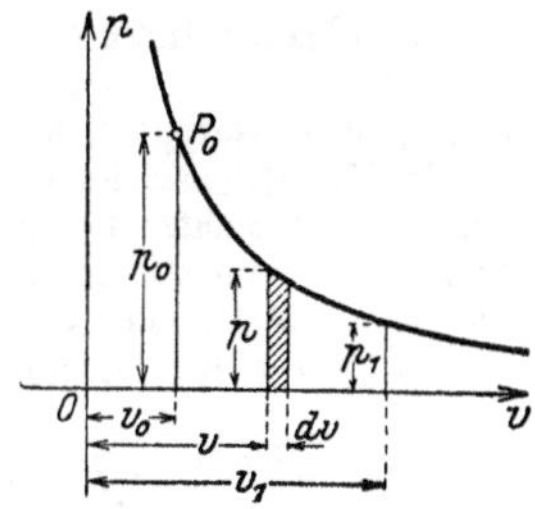

Fig. 44.

wobei v_1 die Grenze bedeutet, bis zu der sich das Gas ausdehnt, oder

$$A = p_0 \cdot v_0 (\ln v_1 - \ln v_0) = p_0 \cdot v_0 \cdot \ln v_1/v_0 .$$

Für $p_0 = 8$ at $= 80000$ kg/m²; $v_0 = 1$ m³/kg; $v_1 = 3$ m³/kg wird

$$A = 80000 \cdot 1 \cdot \ln 3 = 80000 \cdot 1{,}0986 = 87900 \text{ mkg}.$$

In Fig. 44 ist die schraffierte Fläche gleich ΔA.

Flächen, die unterhalb der x-Achse liegen und für die die Anfangskoordinate links und die Endkoordinate rechts befindlich ist, erhalten das negative Vorzeichen. Will man den absoluten Flächeninhalt haben, so ist besonders darauf zu achten: Jeder ober- oder unterhalb der x-Achse befindliche Flächenteil muß für sich integriert werden.

3. Das bestimmte Integral als Grenzwert einer Summe. Nach S. 74 kann der Flächeninhalt F oder das Integral $\int_a^b f(x)\,dx$ als Grenzwert der Summen

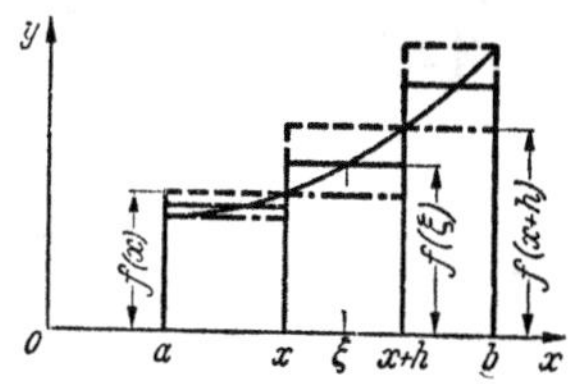

Fig. 45.

$U = \Sigma f(x) \cdot h$ und $O = \Sigma f(x+h) \cdot h$ aufgefaßt werden (Fig. 45). Wählt man in jedem Teilintervall einen Wert ξ zwischen x und $x+h$, so ist $f(x) < f(\xi) < f(x+h)$ und daher auch $U < \Sigma f(\xi)\,h < O$. Daher muß $M = \Sigma f(\xi)\,h$ mit wachsender Unterteilung gegen $\int_a^b f(x)\,dx$ gehen, wenn die Breiten aller Teilintervalle kleiner und kleiner werden; es ist

$$\lim_{h \to 0} \Sigma f(\xi)\,h = \int_a^b f(x)\,dx \qquad x < \xi < x + h.$$

4. Flächeninhalt bei Parameterdarstellung. Wenn die Kurve durch $x = x(t)$ und $y = y(t)$ (S. 68) gegeben ist, kann $dF = y\,dx$ mit $dx = \dot{x}(t)\,dt$ geschrieben werden $dF = y \cdot \dot{x} \cdot dt$, so daß $F = \int y(t)\,\dot{x}(t)\,dt$.

Beispiel: Für den Flächeninhalt F der Ellipse $x = a\cos t$, $y = b\sin t$ folgt mit den Grenzen $t_1 = \pi$, $t_2 = 0$, da $\dot{x} = -a\sin t$, $dF = -ab\sin^2 t\,dt$, $F = -2ab\int\limits_{\pi}^{0}\sin^2 t\,dt = -2ab\left[\tfrac{1}{2}t - \tfrac{1}{4}\sin 2t\right]_{\pi}^{0}$ $= ab\pi$ (vgl. S. 79, Formel 16).

5. Flächeninhalt bei Polarkoordinaten. Ähnlich wie bei rechtwinkligen Koordinaten kann nachgewiesen werden, daß das Differential der Fläche durch den in Fig. 46 schraffierten Kreisausschnitt dargestellt werden kann; demnach ist

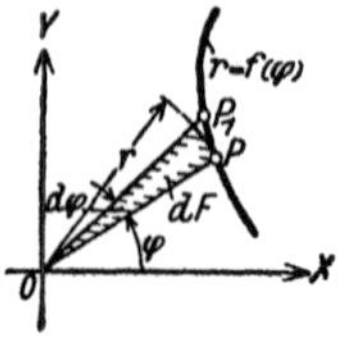

Fig. 46.

$$dF = \tfrac{1}{2}r^2\,d\varphi \quad \text{und} \quad F = \tfrac{1}{2}\int\limits_{\varphi_1}^{\varphi_2} r^2\,d\varphi\,.$$

Beispiel: Welchen Flächeninhalt beschreibt der Leitstrahl der Archimedischen Spirale? Es ist $r = a\cdot\varphi$, $r^2 = a^2\varphi^2$, so daß

$$F = \tfrac{1}{2}\int\limits_0^{\varphi} a^2\varphi^2\,d\varphi = \tfrac{1}{2}\cdot a^2\cdot\frac{\varphi^3}{3}\Bigg|_0^{\varphi} = a^2\varphi^3/6 = r^2\varphi/6 \quad \text{wird.}$$

6. Mehrfache Integrale. Ist das Integral der Funktion $z = f(x, y)$ für einen Bereich $\mathfrak{B}$ der $x - y$-Ebene zu ermitteln, so kann man, falls die Funktion $f(x, y)$ in $\mathfrak{B}$ stetig ist, so vorgehen, daß zunächst der Wert des Integrals für die in Fig. 47 gezeichnete senkrechte Linie errechnet wird, wobei x als konstant zu betrachten ist und nur nach y zu integrieren ist; die Grenzen sind als Funktionen von x einzuführen, so daß man als Ergebnis eine Funktion erhält, die nur von x abhängt. Diese Funktion ist nochmals zwischen den Grenzen $x = a_1$ und $x = a_2$ zu integrieren. Es ist also

$$\iint\limits_{(\mathfrak{B})} f(x, y)\,dx\,dy = \int\limits_{a_1}^{a_2}\left[\int\limits_{y_1(x)}^{y_2(x)} f(x, y)\,dy\right]dx\,.$$

Man kann aber auch zunächst das Integral für die in Fig. 47 gezeichnete waagerechte Linie bilden, wobei die Grenzen als Funktionen von y einzusetzen sind. Der so erhaltene Ausdruck ist eine Funktion von y, der zwischen $y = b_1$ und $y = b_2$ zu integrieren ist:

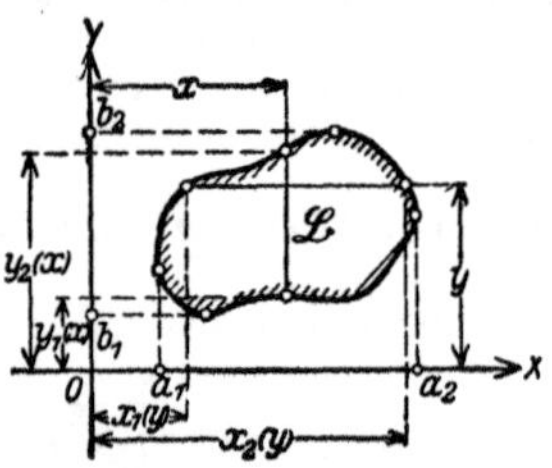

Fig. 47.

$$\iint\limits_{(\mathfrak{B})} f(x, y)\,dx\,dy = \int\limits_{b_1}^{b_2}\left[\int\limits_{x_1(y)}^{x_2(y)} f(x, y)\,dx\right]dy\,.$$

Ist $f(x, y) = 1$, so wird der innerhalb des Bereiches $\mathfrak{B}$ liegende Flächeninhalt

$$F = \int dF = \iint dx\,dy\,.$$

Man bezeichnet $dF = dx\cdot dy$ als Flächenelement; entsprechend wird $dV = dx\,dy\,dz$ Volumenelement genannt.

Beispiele: 1. Es ist das Trägheitsmoment des Rechtecks (Fig. 48), bezogen auf die x-Achse, zu bestimmen. Aus $J_x = \int dF\cdot y^2$ folgt mit $dF = dx\cdot dy$

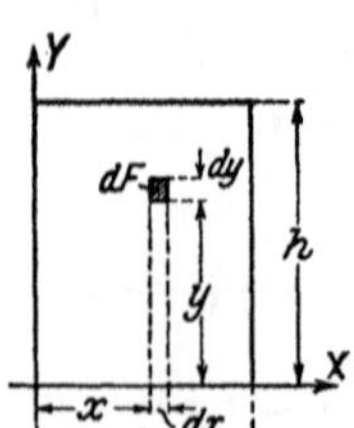

Fig. 48.

$$J_x = \iint y^2\,dx\,dy = \int\limits_0^b dx\int\limits_0^h y^2\,dy\,,$$

wobei x von 0 bis b, y von 0 bis h zu integrieren sind. Mit

$$\int\limits_0^h y^2\cdot dy = \frac{y^3}{3}\Bigg|_0^h = \frac{h^3}{3}$$

wird

$$J_x = \int\limits_0^b dx\cdot\frac{h^3}{3} = \frac{h^3}{3}\int\limits_0^b dx = \frac{b\,h^3}{3}\,.$$

b) Grundintegrale.

Diese Integrale können durch „Umkehren" (S. 73) aus den Differentialformeln S. 66 gewonnen werden.

1. $\int x^n\,dx = \frac{x^{n+1}}{n+1} + C$; n beliebig, ausgenommen $n = -1$ (s. 2).

2. $\int \frac{dx}{x} = \ln x + C = \ln cx$.

3. $\int e^x\,dx = e^x + C$.

4. $\int a^x dx = \frac{a^x}{\ln a} + C$.

5. $\int \sin x\,dx = -\cos x + C$.

6. $\int \cos x\,dx = \sin x + C$.

7. $\int \frac{dx}{\sin^2 x} = -\operatorname{ctg} x + C$.

8. $\int \frac{dx}{\cos^2 x} = \operatorname{tg} x + C$.

9. $\int \frac{dx}{\sqrt{1-x^2}} = \arcsin x + C = -\arccos x + C_1$.

10. $\int \frac{dx}{1+x^2} = \operatorname{arc\,tg} x + C = -\operatorname{arc\,ctg} x + C_1$.

c) Allgemeine Regeln.

1. Integration einer Funktion mit konstantem Faktor. Bedeutet c eine Konstante, so folgt durch Umkehrung der Regel für die Ableitung einer Funktion mit konstantem Faktor (S. 67), daß

$$\int c\,f(x)\,dx = c\int f(x)\,dx.$$

Man kann also einen konstanten Faktor vor das Integralzeichen setzen.

2. Integration einer Summe oder Differenz. Durch Umkehrung der Regel für das Differenzieren einer Summe oder Differenz zweier Funktionen (S. 67) folgt

$$\int [u(x) \pm v(x)]\,dx = \int u(x)\,dx \pm \int v(x)\,dx.$$

Das Integral einer Summe oder Differenz von Funktionen ist gleich der Summe oder Differenz der Integrale der einzelnen Funktionen.

Beispiel: Eine Fläche ist durch die Kurve $y = 4x^3 + 9x^2 - 8x - 5$ begrenzt; wie groß ist ihr Flächeninhalt zwischen $a = 0$ und $b = 3$? Aus

$$F = \int y\,dx$$

erhält man

$$F = \int_0^3 (4x^3 + 9x^2 - 8x - 5)\,dx = \int_0^3 4x^3 dx + \int_0^3 9x^2\,dx - \int_0^3 8x\,dx - \int_0^3 5\,dx,$$

$$F = \left[4\cdot\frac{x^4}{4} + 9\cdot\frac{x^3}{3} - 8\cdot\frac{x^2}{2} - 5\cdot x\right]_0^3 = 3^4 + 3\cdot 3^3 - 4\cdot 3^2 - 5\cdot 3 = 111.$$

3. Teilweise oder partielle Integration. Aus

$$d(uv) = u\,dv + v\,du$$

erhält man durch Integration

$$\int d(uv) = uv = \int u\,dv + \int v\,du,$$

so daß

$$\int u\,dv = uv - \int v\,du$$

wird.

Beispiele: 1. Für $u = \ln x$, $dv = dx$ wird $du = \frac{1}{x}\,dx$, $v = x$, und daher

$$\int \ln x\,dx = \ln x \cdot x - \int x \cdot \frac{1}{x}\,dx = x\ln x - x + C = x(\ln x - 1) + C.$$

2. Für $u = \sin^{n-1} x$, $dv = \sin x\,dx$ wird $du = (n-1)\sin^{n-2} x \cdot \cos x\,dx$, $v = -\cos x$ und

$$\int \sin^n x\,dx = -\sin^{n-1} x \cdot \cos x - \int(-\cos x)\,(n-1)\sin^{n-2} x \cos x\,dx$$

$$= -\sin^{n-1} x \cdot \cos x + (n-1)\int \sin^{n-2} x\,(1 - \sin^2 x)\,dx$$

$$= -\sin^{n-1} x \cdot \cos x + (n-1)\int \sin^{n-2} x\,dx - (n-1)\int \sin^n x\,dx,$$

$$n\int \sin^n x\,dx = -\sin^{n-1} x \cdot \cos x + (n-1)\int \sin^{n-2} x\,dx$$

oder

$$\int \sin^n x\,dx = -\frac{\cos x \cdot \sin^{n-1} x}{n} + \frac{n-1}{n}\int \sin^{n-2} x\,dx.$$

Das Integral $\int \sin^n x\,dx$ kann also nicht sofort gelöst werden, doch wird durch wiederholte Anwendung der „Rekursionsformel" der Potenzgrad des sinus immer um 2 erniedrigt, bis schließlich $\int \sin^0 x\,dx = \int dx = x + C$ oder $\int \sin x\,dx = -\cos x + C$ erhalten wird.

4. Einführen einer neuen Veränderlichen. Oft gelingt es, das gesuchte Integral durch Einführen (Substitution) einer neuen Veränderlichen auf ein Grundintegral (S. 77) zurückzuführen.

Beispiele: 1. $J = \int \frac{x\,dx}{1-x^2}$; setzt man $z = 1 - x^2$, so wird $dz = -2x\,dx$, $x\,dx = -\frac{1}{2}\,d$

und damit $J = \int -\frac{dz}{2z} = -\frac{1}{2}\int \frac{dz}{z} = -\frac{1}{2}\ln z = -\frac{1}{2}\ln(1 - x^2) + C = -\ln\sqrt{1 - x^2} + C$

2. $\int e^{mx}\,dx = \int e^z \cdot \frac{dz}{m} = \frac{1}{m}\int e^z\,dz = \frac{1}{m}\,e^z = \frac{1}{m}\,e^{mx} + C.$

d) Integralformeln.

1. $\int (a + bx)^n\,dx = \frac{1}{(n+1)\cdot b}\,(a + bx)^{n+1} + C$, $\quad n \neq -1$ (vgl 2), sonst beliebig.

2. $\int \frac{dx}{a + bx} = \frac{1}{b} \cdot \ln(a + bx) + C = \frac{1}{b} \cdot \ln c\,(a + bx)$.

3. $\int \frac{dx}{x^2} = -\frac{1}{x} + C$. $\qquad$ 4. $\int \frac{dx}{(a + bx)^2} = -\frac{1}{b(a + bx)} + C$.

5. $\int \frac{dx}{a + bx^2} = \frac{1}{\sqrt{ab}}\,\text{arc tg}\left(\sqrt{\frac{b}{a}} \cdot x\right) + C$

6. $\int \frac{dx}{a - bx^2} = \frac{1}{2\sqrt{ab}} \cdot \ln\left|\frac{\sqrt{ab} + bx}{\sqrt{ab} - bx}\right| + C$

(5. und 6.) für $ab > 0$.

7. $\int \frac{dx}{a + 2bx + cx^2} = \frac{1}{\sqrt{ac - b^2}}\,\text{arc tg}\,\frac{b + cx}{\sqrt{ac - b^2}} + C$, wenn $ac > b^2$

$$= \frac{1}{2\sqrt{b^2 - ac}}\ln\left|\frac{\sqrt{b^2 - ac} - b - cx}{\sqrt{b^2 - ac} + b + cx}\right| + C, \text{ wenn } b^2 > ac$$

$$= -\frac{1}{b + cx} + C, \text{ wenn } b^2 = ac.$$

8. $\int \frac{dx}{\sqrt{a^2 - x^2}} = \text{arc sin}\,\frac{x}{a} + C = -\text{arc cos}\,\frac{x}{a} + C_1$.

9. $\int \frac{dx}{\sqrt{x^2 \pm a^2}} = \ln\left(x + \sqrt{x^2 \pm a^2}\right) + C$.

10. $\int \sqrt{x^2 \pm a^2}\,dx = \frac{x}{2}\sqrt{x^2 \pm a^2} \pm \frac{a^2}{2}\ln\left(x + \sqrt{x^2 \pm a^2}\right) + C$.

11. $\int \sqrt{a^2 - x^2} \cdot dx = \frac{x}{2}\sqrt{a^2 - x^2} + \frac{a^2}{2} \arcsin\frac{x}{a} + C.$

12. $\int \ln x \, dx = x(\ln x - 1) + C.$ 13. $\int e^{mx} dx = \frac{1}{m} e^{mx} + C.$

14. $\int \mathfrak{Sin}\, x \, dx = \mathfrak{Cof}\, x + C;$ 15. $\int \mathfrak{Cof}\, x \cdot dx = \mathfrak{Sin}\, x + C.$

16. $\int \sin^2 x \, dx = -\frac{1}{4}\sin 2x + \frac{1}{2}x + C.$

17. $\int \cos^2 x \, dx = \frac{1}{4}\sin 2x + \frac{1}{2}x + C.$

18. $\int \sin^n x \cos x \, dx = \frac{\sin^{n+1} x}{n+1} + C; \quad n \neq -1.$

19. $\int \sin^n x \, dx = -\frac{\cos x \cdot \sin^{n-1} x}{n} + \frac{n-1}{n}\int \sin^{n-2} x \cdot dx.$

20. $\int \cos^n x \, dx = \frac{\sin x \cdot \cos^{n-1} x}{n} + \frac{n-1}{n}\int \cos^{n-2} x \cdot dx.$

(19. und 20.: n ganz und positiv.)

21. $\int \sin mx \, dx = -\frac{\cos mx}{m} + C.$ 22. $\int \cos mx \cdot dx = \frac{\sin mx}{m} + C.$

23. $\int \sin mx \cos nx \cdot dx = -\frac{\cos(m+n)x}{2(m+n)} - \frac{\cos(m-n)x}{2(m-n)} + C$

24. $\int \sin mx \sin nx \cdot dx = \frac{\sin(m-n)x}{2(m-n)} - \frac{\sin(m+n)x}{2(m+n)} + C$

25. $\int \cos mx \cos nx \cdot dx = \frac{\sin(m-n)x}{2(m-n)} + \frac{\sin(m+n)x}{2(m+n)} + C$

(23. bis 25.: $m \neq n$.)

26. $\int \operatorname{tg} x \, dx = -\ln\cos x + C.$ 27. $\int \operatorname{ctg} x \, dx = \ln\sin x + C.$

28. $\int \frac{dx}{\sin x} = \ln\operatorname{tg}\frac{x}{2} + C.$ 29. $\int \frac{dx}{\cos x} = \ln\operatorname{tg}\left(\frac{\pi}{4} + \frac{x}{2}\right) + C.$

30. $\int \frac{dx}{1 + \cos x} = \operatorname{tg}\frac{x}{2} + C.$ 31. $\int \frac{dx}{1 - \cos x} = -\operatorname{ctg}\frac{x}{2} + C.$

32. $\int x^n e^x \, dx = x^n e^x - n\int x^{n-1} e^x \, dx;$ n ganz und positiv.

33. $\int e^{ax} \sin bx \, dx = \frac{e^{ax}(a\sin bx - b\cos bx)}{a^2 + b^2} + C.$

34. $\int e^{ax} \cos bx \, dx = \frac{e^{ax}(a\cos bx + b\sin bx)}{a^2 + b^2} + C.$

c) Bogenlänge von Kurven.

1. Grundformel. Um die Bogenlänge AB einer Kurve zu berechnen (Fig. 49), zeichnet man in diese ein Sehnenpolygon ein und bestimmt die Länge aller Sehnen. Der Unterschied der Länge des betrachteten Kurvenstückes und der Länge des Sehnenpolygons wird, wie die Anschauung zeigt, um so kleiner werden, je kleiner die Länge der Sehnen und je größer die Anzahl der Zwischenpunkte gewählt wird.

Fig. 49.

Die Länge des Bogens ist daher gleich dem Grenzwert, dem sich die Summe der Länge des Sehnenpolygons nähert, wenn die Anzahl der Sehnen unbegrenzt wächst und die Länge aller Sehnen gegen Null strebt.

Wächst x um $dx = \Delta x$, so wächst das Sehnenpolygon (Fig. 50) um die Strecke $\overline{PP_1} = \Delta l$, die Länge der Kurve um das Bogenstück $\widehat{PP_1} = \Delta s$. Wird Δx kleiner und kleiner, so sollen sich nach der angegebenen Erklärung beide Werte immer weniger unterscheiden: es ist

$$\lim_{\Delta x \to 0} \frac{\Delta s}{\Delta l} = 1.$$

Aus Fig. 50 ergibt sich: $\Delta l = \sqrt{\Delta x^2 + \Delta y^2} = \sqrt{1 + (\Delta y/\Delta x)^2} \cdot \Delta x$. Es ist also

$$\Delta s/\Delta x = \Delta s/\Delta l \cdot \Delta l/\Delta x = \Delta s/\Delta l \cdot \sqrt{1 + (\Delta y/\Delta x)^2}.$$

Beim Grenzübergang wird mit $\lim\limits_{\Delta x \to 0} \dfrac{\Delta s}{\Delta l} = 1$ und $\lim\limits_{\Delta x \to 0} \dfrac{\Delta y}{\Delta x} = \dfrac{dy}{dx} = y'(x)$:

$$ds/dx = \sqrt{1 + (dy/dx)^2} = \sqrt{1 + y'^2(x)} \quad \text{oder} \quad ds = \sqrt{dx^2 + dy^2}.$$

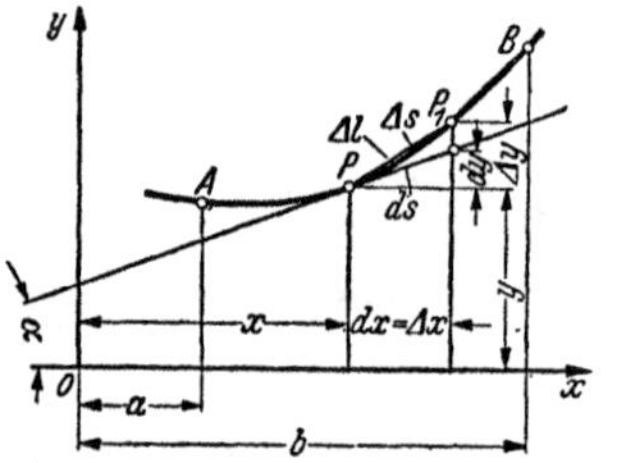

Fig. 50.

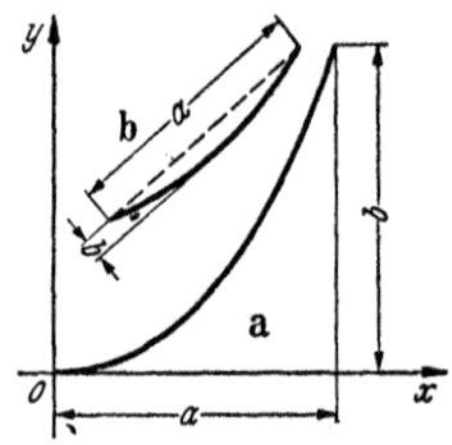

Fig. 51.

Nach der Erklärung des bestimmten Integrals ist die Länge des Bogens AB (Fig. 50)

$$s = \int_a^b \sqrt{1 + y'^2}\, dx.$$

Die Länge ds des Bogenelementes ist gleich der Strecke, welche die begrenzenden Ordinaten von der Tangente im Punkte P abschneiden, da $ds = \sqrt{dx^2 + dy^2}$ ist.

Beispiel: Es ist die Bogenlänge der Parabel zu bestimmen; Gleichung der Parabel (Fig. 51 a)

$$y = b \cdot \frac{x^2}{a^2} \quad \text{also} \quad y' = \frac{dy}{dx} = 2 \cdot \frac{b}{a^2} \cdot x,$$

$$s = \int \sqrt{1 + \frac{4 b^2 x^2}{a^4}}\, dx = \frac{1}{a^2} \int \sqrt{a^4 + 4 b^2 x^2}\, dx.$$

Setzt man

$$a^4 = p^2, \qquad 4 b^2 x^2 = z^2, \qquad 2 b x = z, \qquad dx = \frac{dz}{2b},$$

so wird

$$s = \frac{1}{a^2} \int \frac{1}{2b} \sqrt{p^2 + z^2}\, dz.$$

Nach (10) S. 78 ist

$$s = \frac{1}{2 a^2 b} \left\{ \frac{z}{2} \sqrt{p^2 + z^2} + \frac{p^2}{2} \ln\left(z + \sqrt{p^2 + z^2}\right) \right\}$$

$$= \frac{1}{2 a^2 b} \left[\frac{2 b x}{2} \sqrt{a^4 + (2 b x)^2} + \frac{a^4}{2} \ln\left(2 b x + \sqrt{a^4 + (2 b x)^2}\right) \right]_0^a.$$

Einsetzen der Grenzen ergibt

$$s = \frac{1}{2} \sqrt{a^2 + 4 b^2} + \frac{a^2}{4 b} \left\{ \ln\left(2 b a + a \sqrt{a^2 + 4 b^2}\right) - \ln a^2 \right\}$$

$$s = \frac{1}{2} \sqrt{a^2 + 4 b^2} + \frac{a^2}{4 b} \cdot \ln\left(\frac{2 b}{a} + \frac{1}{a} \sqrt{a^2 + 4 b^2}\right).$$

Angenähert ist

$$s \approx a \left[1 + \frac{2}{3} \left(\frac{b}{a}\right)^2 - \frac{2}{5} \left(\frac{b}{a}\right)^4 \right],$$

wenn b/a klein ist. Diese Formel gilt auch für einen beliebigen flachen Bogen, Fig. 51 b, wenn a die Sehne, b die Höhe des Bogens ist und in der Klammer a durch $a/2$ ersetzt wird.

2. Die Parameterform der Kurve $x = x(t)$ und $y = y(t)$ liefert (S. 68) $dx = \dot{x}(t)\,dt$ und $dy = \dot{y}(t)\,dt$, d. h. $ds^2 = (\dot{x}^2 + \dot{y}^2)\,dt^2$ oder

$$s = \int \sqrt{\dot{x}^2 + \dot{y}^2}\,dt.$$

Beispiel: Es ist die Länge des Bogens der gewöhnlichen Zykloide zu berechnen. Die Gleichung der Kurve lautet in Parameterform (S. 118):

$$x = r(\varphi - \sin\varphi); \qquad y = r(1 - \cos\varphi),$$

folglich ist

$$\dot{x}(\varphi) = r(1 - \cos\varphi); \quad \dot{y}(\varphi) = r\sin\varphi\,d\varphi;$$

$$ds^2 = [r^2(1 - \cos\varphi)^2 + r^2\sin^2\varphi]\,d\varphi^2 = 2r^2(1 - \cos\varphi)\,d\varphi^2 = 4r^2\sin^2\frac{\varphi}{2}\cdot d\varphi^2;$$

$$s = \int ds = \int 2r\sin\frac{\varphi}{2}\,d\varphi = 4r\left(-\cos\frac{\varphi}{2}\right)_0^{\varphi} = 4r\left(1 - \cos\frac{\varphi}{2}\right).$$

Rollt der ganze Kreis ab, d. h. wächst φ von 0 bis 2π, so wird

$$s = 4r(1 - \cos\pi) = 8r.$$

3. Die Polarkoordinaten (S. 90, Fig. 60) liefern

$$x = r(\varphi)\cos\varphi \quad \text{und} \quad y = r(\varphi)\sin\varphi,$$

wobei r eine Funktion von φ ist. Folglich ist

$$x'(\varphi) = -r(\varphi)\sin\varphi + r'(\varphi)\cos\varphi = -r\sin\varphi + r'\cos\varphi,$$
$$y'(\varphi) = r(\varphi)\cos\varphi + r'(\varphi)\sin\varphi = r\cos\varphi + r'\sin\varphi.$$

Daher ist nach 2

$$ds^2 = \{[x'(\varphi)]^2 + [y'(\varphi)]^2\}\,d\varphi^2 = [r^2(\sin^2\varphi + \cos^2\varphi) + r'^2(\sin^2\varphi + \cos^2\varphi)]\,d\varphi^2$$

oder

$$ds^2 = (r^2 + r'^2)\,d\varphi^2 = r^2\,d\varphi^2 + dr^2,$$

$$s = \int\sqrt{r^2 + r'^2}\,d\varphi.$$

Beispiel: Aus der Gleichung der logarithmischen Spirale (S. 121) $r = a\cdot e^{m\varphi}$ folgt

$$r' = \frac{dr}{d\varphi} = a\,m\,e^{m\varphi}, \qquad s = \int_0^{\varphi}\sqrt{a^2e^{2m\varphi} + a^2m^2e^{2m\varphi}}\,d\varphi = \int_0^{\varphi} a\,e^{m\varphi}\sqrt{1 + m^2}\,d\varphi$$

$$= \left[\frac{a\sqrt{1 + m^2}}{m}\,e^{m\varphi}\right]_0^{\varphi} = \frac{a\sqrt{1 + m^2}}{m}(e^{m\varphi} - 1) = \frac{r - a}{m}\sqrt{1 + m^2}.$$

f) Oberfläche und Inhalt von Umdrehungskörpern.

1. Die Oberfläche eines Körpers, der durch Drehung der Kurve $y = f(x)$ um die y-Achse entsteht, wird in der Weise berechnet, daß ähnlich wie bei der Bestimmung der Bogenlänge einer Kurve (S. 79/80) in die Kurve ein Sehnenpolygon eingezeichnet wird. Nimmt y um Δy zu, so wächst die Oberfläche O^* dieses Ersatzkörpers um

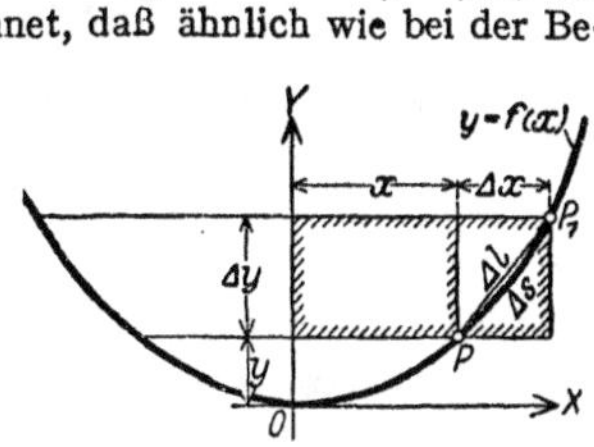

Fig. 52.

$$\Delta O^* = \Delta l\cdot 2\pi\,\frac{x + (x + \Delta x)}{2},$$

denn ΔO^* ist der Mantel eines Kegelstumpfes (S. 162) mit den Radien x und $(x + \Delta x)$ und der Mantellinie Δl (Fig. 52).

Ist O die Oberfläche des Umdrehungskörpers, so wird $\lim\limits_{\Delta x\to 0}\dfrac{\Delta O}{\Delta O^*} = 1$, $\lim\limits_{\Delta x\to 0}\dfrac{\Delta l}{\Delta s} = 1$,

$$\frac{\Delta O}{\Delta s} = \frac{\Delta O}{\Delta O^*}\cdot\frac{\Delta l}{\Delta s}\cdot\frac{\Delta O^*}{\Delta l} = \frac{\Delta O}{\Delta O^*}\cdot\frac{\Delta l}{\Delta s}\cdot 2\pi\left(x + \frac{\Delta x}{2}\right)$$

und daher, wenn man zur Grenze übergeht,

$$dO/ds = 2\pi x \quad \text{oder} \quad O = 2\pi \int x\, ds.$$

Bei Drehung der Kurve um die x-Achse (Fig. 53) wird entsprechend

$$O = 2\pi \int y\, ds.$$

Beispiele: 1. Oberfläche der Kugel. Der Kreis, Fig. 54, wird um die x-Achse gedreht. Dann wird $ds = r\, d\varphi$, $y = r \sin\varphi$ und damit für die Kugelkappe

$$O = 2\pi \int y\, ds = 2\pi r^2 \int_0^{\varphi} \sin\varphi\, d\varphi = 2\pi r^2 (-\cos\varphi)\Big|_0^{\varphi} = 2\pi r\,(r - r\cos\varphi) = 2\pi r\, h_1,$$

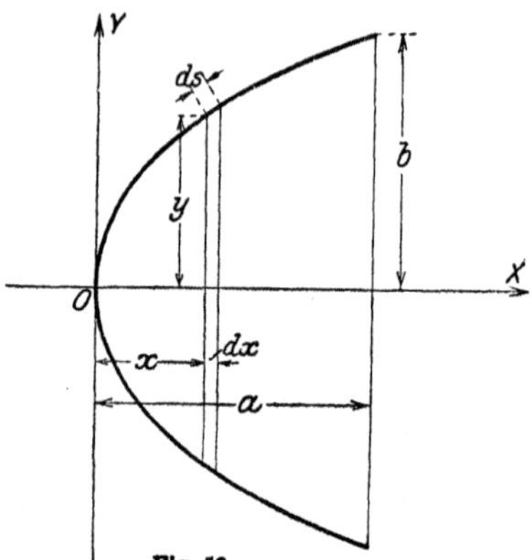

Fig. 53.

wofür auch mit $2 r h_1 = a^2 + h_1^2$ geschrieben werden kann:

$$O = \pi\,(a^2 + h_1^2).$$

Für die Kugelzone als Differenz zweier Kugelkappen folgt, Fig. 54, $O = 2\pi r (h_2 - h_1) = 2\pi r h$ (vgl. auch S. 163) und für die ganze Kugel mit $h = 2r$

$$O = 4\pi r^2.$$

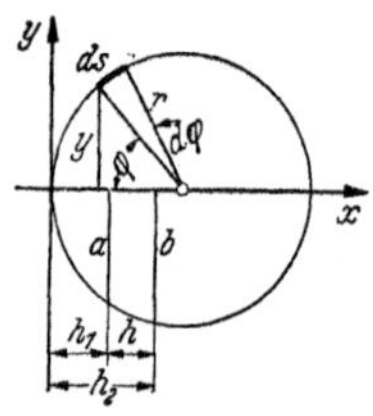

Fig. 54.

2. Oberfläche des Drehparaboloids bei Drehung um die x-Achse (Fig. 53). Die Gleichung der durch den Punkt mit den Koordinaten $x = a$ und $y = b$ gehenden Parabel lautet

$$y = b\sqrt{\frac{x}{a}}.$$

Damit wird

$$y' = \frac{b}{2\sqrt{ax}} \quad \text{und} \quad O = 2\pi \int y\, ds = 2\pi \int y \sqrt{1 + y'^2}\, dx$$

$$= 2\pi \int_0^a b \sqrt{\frac{x}{a}} \sqrt{1 + \frac{b^2}{4ax}}\, dx = \pi \frac{b}{a} \int_0^a \sqrt{4ax + b^2}\, dx.$$

Mit $z = 4ax + b^2$, d. h. $dz = 4a\, dx$ folgt

$$O = \frac{\pi b}{4a^2} \int z^{1/2}\, dz = \frac{\pi b}{4a^2} \cdot \frac{2}{3} \cdot z^{3/2} = \frac{\pi b}{6a^2} \Big[(4ax + b^2)^{3/2}\Big]_0^a$$

oder

$$O = \frac{\pi b}{6a^2} \left[(4a^2 + b^2)^{3/2} - b^3\right].$$

Ist der Parabelbogen sehr flach, also a/b klein, so ist

$$O \approx \pi b^2 \left[1 + \left(\frac{a}{b}\right)^2 - \frac{2}{3}\left(\frac{a}{b}\right)^4\right].$$

2. Der Rauminhalt eines Drehkörpers. Der Zuwachs ΔV des Volumens (Fig. 52) liegt zwischen zwei Zylindern mit den Radien x bzw. $x + \Delta x$ und der Höhe Δy. Es ist also

$$\pi \cdot x^2 \cdot \Delta y < \Delta V < \pi (x + \Delta x)^2 \cdot \Delta y$$

oder

$$\pi \cdot x^2 < \Delta V / \Delta y < \pi (x + \Delta x)^2.$$

Durch Übergang zur Grenze wird $\lim\limits_{\Delta x \to 0} \pi(x + \Delta x)^2 = \pi x^2$; es ist daher der Grenzwert von $\Delta V/\Delta y$

$$\frac{dV}{dy} = \pi x^2, \quad dV = \pi x^2\,dy \quad \text{oder} \quad V = \pi\int x^2\,dy.$$

Bei Drehung um die x-Achse wird entsprechend $V = \pi\int y^2\,dx$.

Beispiele: 1. Inhalt eines Drehparaboloids. Wird die Parabel $y = b\sqrt{\frac{x}{a}}$ (Fig. 53, Beispiel 2, S. 82) um die x-Achse gedreht, so folgt

$$V = \pi\int\limits_{x=0}^{x=a} y^2\,dx = \pi\int\limits_0^a \frac{b^2}{a}\,x\,dx = \pi\,\frac{b^2}{a}\cdot\frac{x^2}{2}\Bigg|_0^a = \pi\,\frac{ab^2}{2},$$

d. h. der Rauminhalt des Drehparaboloids ist halb so groß wie der Rauminhalt des Zylinders, der durch Drehung des Rechtecks mit den Seiten a und b um die x-Achse entsteht.

2. Inhalt eines Drehhyperboloids. Die Hyperbel $\frac{x^2}{a^2} - \frac{y^2}{b^2} = 1$ wird um die y-Achse gedreht (Fig. 55). Der Rauminhalt zwischen den Ebenen $y = h$ und $y = -h$ ist zu bestimmen:

$$V = \pi\int x^2\,dy = \pi a^2\int\limits_{-h}^{h}\left(1 + \frac{y^2}{b^2}\right)dy = 2\pi a^2\left[y + \frac{y^3}{3b^2}\right]_0^h = 2\pi a^2 h\left(1 + \frac{h^2}{3b^2}\right).$$

Da aus der Hyperbelgleichung $\frac{y^2}{b^2} = \frac{x^2}{a^2} - 1$, also $\frac{h^2}{b^2} = \frac{r^2}{a^2} - 1$ folgt (s. Fig. 55), wird

$$V = 2\pi a^2 h\left(1 + \frac{r^2}{3a^2} - \frac{1}{3}\right) = \frac{2\pi h}{3}(2a^2 + r^2).$$

Für $r = a$ erhält man den Rauminhalt $V = \pi a^2\cdot 2h$ eines Zylinders von der Höhe $2h$ und dem Grundkreisradius a; für $a = 0$ folgt der Rauminhalt des Doppelkegels (Fig. 55 gestrichelt) zu

$$V = {}^1/_3\,\pi r^2\cdot 2h.$$

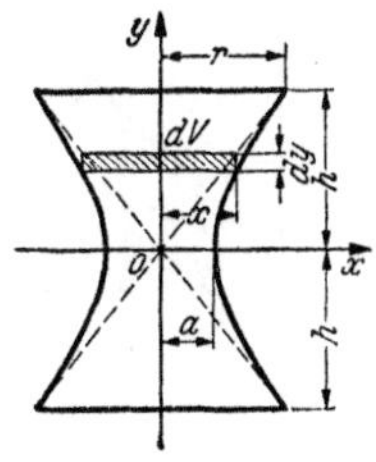

Fig. 55.

Oberfläche und Inhalt von Umdrehungskörpern können auch mit Hilfe der Guldinschen Regel (S. 164) ermittelt werden. Weitere Anwendungen der Integralrechnung enthält der Abschnitt Trägheits-, Widerstands- und Fliehmomente ebener Flächen (S. 369).

g) Integralkurven.

Auf S. 71 war gezeigt worden, daß die erste Ableitung von $y = f(x)$ wieder eine Funktion $y' = f'(x)$ von x ist, die, zeichnerisch dargestellt, die Differentialkurve liefert. Die entsprechende Aufgabe für die Integralrechnung lautet:

Gegeben ist $y = f(x)$, und es ist die Funktion

$$F(x) = \int f(x)\,dx$$

zeichnerisch wiederzugeben; diese Kurve heißt die Integralkurve zu $y = f(x)$. Da bei der Integration eine willkürliche Konstante hinzugefügt werden kann, ist die Aufgabe zunächst unbestimmt: Es gibt zu $y = f(x)$ unendlich viele Integralkurven. So ist z. B. für $y = x$ (Fig. 56) $F(x) = \int x\,dx = {}^1/_2 x^2 + C$. Der Wert C kann jedoch aus der Bedingung, durch welchen Punkt die Kurve gehen soll, bestimmt werden. Im Beispiel sei $F = 1$ für $x = 0$. Dann ist $F(x) = {}^1/_2 x^2 + 1$ die einzige, die „Anfangsbedingung" $F = 1$ für $x = 0$ erfüllende Integralkurve. Bei technischen oder physikalischen Anwendungen, die nur eine Lösung zulassen, muß die Anfangsbedingung aus der gestellten Aufgabe ermittelt werden.

Aus $F(x) = \int f(x)\,dx$ folgt $F'(x) = f(x)$. Es kann also die gegebene Kurve $f(x)$ als Differentialkurve von $F(x)$ aufgefaßt werden. Geometrisch ausgedrückt bedeutet dies, daß die Neigung der Tangente an die Integralkurve durch die Ordinaten der gegebenen Kurve gemessen werden kann (S. 71).

Die Geschwindigkeitslinie war die Differentialkurve zur Zeitweglinie. Aus dem erwähnten Zusammenhang zwischen Differential- und Integralkurve folgt, daß umgekehrt die Zeitweglinie als Integralkurve der Geschwindigkeitslinie aufgefaßt werden kann. Ebenso ist die Geschwindigkeitslinie die Integralkurve der Beschleunigungslinie und daher die Zeitweglinie die zweite Integralkurve der Beschleunigungslinie.

Das bestimmte Integral $\int_a^b f(x)\,dx = F(b) - F(a)$ (S. 74) läßt sich auch geometrisch deuten. Der Flächeninhalt F zwischen der Kurve $y = f(x)$, der x-Achse und den zu $x = a$ und $x = b$ gehörenden Ordinaten ist die Differenz der zu $x = a$ und $x = b$ gehörenden Ordinaten der Integralkurve. In Fig. 56 ist mit $a = 1$ und $b = 2$ die mit F bezeichnete Strecke ein Maß für den schraffierten Flächeninhalt der Kurve $y = f(x)$.

Zu der ermittelten Integralkurve kann man nach dem

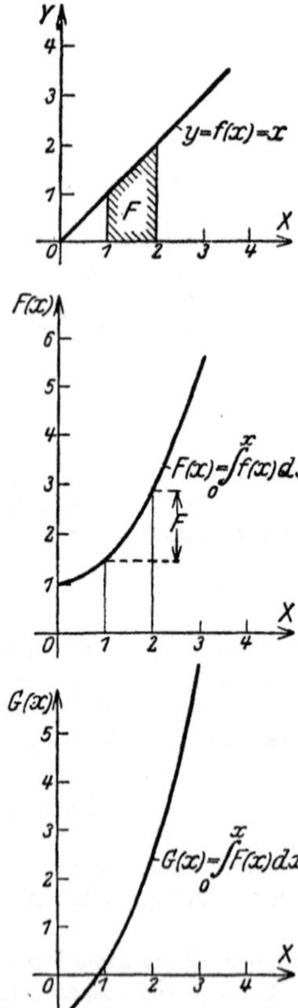

Fig. 56.

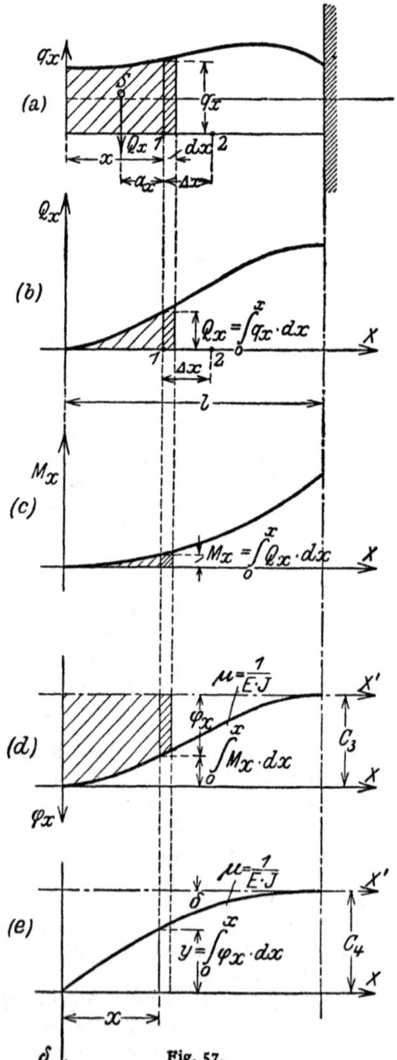

Fig. 57.

erwähnten Verfahren nochmals die Integralkurve $G(x) = \int F(x)\,dx$ bilden, d. h. die zweite Integralkurve zu $y = f(x)$. Auch hier muß wieder eine Anfangsbedingung gestellt werden, damit die Aufgabe nur eine Lösung zuläßt.

Im obigen Beispiel war $F(x) = \frac{1}{2}x^2 + 1$. Es ist also $G(x) = \int (\frac{1}{2}x^2 + 1)\,dx = \frac{1}{6}x^3 + x + C_1$. Soll z. B. $G_0 = -1$ für $x = 0$ sein, so muß $C_1 = -1$ sein, d. h. es ist $G(x) = \frac{1}{6}x^3 + x - 1$, vgl. Fig. 56, drittes Koordinatensystem.

Anwendungsbeispiel: Der Freiträger der Fig. 57 habe eine stetige Belastung q_x in kg/m. Da die Querkraft im Punkte 1 des Trägers gleich der Summe sämtlicher links von 1 wirkenden Kräfte ist, so ist

$$Q_x = \int_0^x q_x \cdot dx\,;$$

die Integrationskonstante C_1 wird Null, da für $x = 0$ auch Q_x gleich Null ist. Die Querkraftlinie ist also die Integralkurve der Begrenzungslinie der Belastungsfläche; sie ist in Fig. 57 b zeichnerisch dargestellt.

Die Querkraft Q_x greift im Schwerpunkt S der sie darstellenden Fläche an. Hat dieser den Abstand a_x von 1, so ist das Biegungsmoment im Punkte 1 des Trägers

$$M_x = Q_x \cdot a_x\,.$$

Im Punkt 2 ist Q_x um ΔQ größer geworden, d. h. um die Fläche der q-Kurve über Δx. Der Angriffspunkt von ΔQ, d. h. der Schwerpunkt dieser Fläche, liegt zwischen den Punkten 1 und 2, d. h. um $\varepsilon \cdot \Delta x$ von 2 entfernt, worin ε zwischen 0 und 1 liegt. In 2 greift also das Moment an:

$$M_2 = Q_x(a_x + \Delta x) + \Delta Q \cdot \varepsilon\,\Delta x = Q_x a_x + \Delta x(Q_x + \varepsilon\,\Delta Q)\,.$$

Dann ist $\Delta M_x = M_2 - M_x = \Delta x(Q_x + \varepsilon\,\Delta Q)$, und nach Division mit Δx folgt $\frac{\Delta M_x}{\Delta x} = Q_x + \varepsilon\,\Delta Q$. Beim Grenzübergang $\Delta x \to 0$ rückt Punkt 2 nach Punkt 1, es geht auch $\varepsilon\,\Delta Q$ nach 0, und es wird

$M_x = \int_0^x Q_x\,dx + C_2$. Der Festwert C_2 bestimmt sich aus $M_x = 0$ für $x = 0$ zu $C_2 = 0$, also

ist $M_x = \int_0^x Q_x\,dx$, d. h. die Momentenlinie, Fig. 57 c, ist die Integralkurve der Querkraftlinie und die zweite Integralkurve der Belastungslinie; ihre Ordinate im Punkte x ist gleich dem Flächeninhalt des über x liegenden Teiles der Querkraftfläche.

Die Differentialgleichung der Biegelinie $\frac{d^2y}{dx^2} = -\frac{M_x}{E J_x}$ (S. 363) liefert nach einmaliger Integration für den Sonderfall des unveränderlichen Querschnittes

$$\varphi_x = \frac{dy}{dx} = -\frac{1}{EJ}\int_0^x M_x\,dx + C_2\,.$$

Der Festwert C_2 ergibt sich aus den besonderen Bedingungen der Aufgabe; für den vorliegenden Fall des Freiträgers ist z. B. $\varphi_x = 0$ für $x = l$. Die Kurve der Neigungswinkel der Biegungslinie ist, abgesehen vom Maßstabe und vom Vorzeichen, die Integralkurve der Momentenlinie. Um die Neigung im Punkte x des Trägers zu bestimmen, ist der Inhalt des über x liegenden Teiles der M-Fläche zu messen und der so gefundene Wert als Ordinate der neuen Linie (Fig. 57 d) aufzutragen, die noch durch $E \cdot J$ zu dividieren ist. Nach der Regel über die Vorzeichen (S. 363) wird durch den Endpunkt dieser Kurve eine Parallele x' zur x-Achse gelegt, von der aus die Werte φ_x zu messen sind. μ ist der Faktor, mit dem die Ordinaten einer Kurve zu multiplizieren sind.

Durch nochmalige Integration wird die Gleichung $y = \int_0^x \varphi_x\,dx$ der Biegungslinie erhalten, wobei mit $y = 0$ für $x = 0$ die Integrationskonstante fortfällt; $y = f(x)$ ist die Integralkurve zur Linie der Neigungswinkel. Die Durchbiegung des Freiträgers wird, wenn C_4 der y-Wert für $x = l$ ist und im Abstand C_4 die Parallele zur x-Achse gezogen wird

$$\delta = C_4 - y \quad \text{(Fig. 57 e)}.$$

h) Gewöhnliche Differentialgleichungen.

Eine Gleichung, die zur Bestimmung einer oder mehrerer unbekannter Funktionen dient, heißt Differentialgleichung, falls in ihr Ableitungen der gesuchten Funktionen auftreten. Sie heißt gewöhnlich, wenn diese Funktionen nur von einer unabhängigen Veränderlichen abhängen, andernfalls partiell. Die Ordnung einer Differentialgleichung ist gleich der Ordnung des höchsten in ihr auftretenden Differentialquotienten.

Differentialgleichungen erster Ordnung. 1. Die einfachste Form einer gewöhnlichen Differentialgleichung erster Ordnung ist

$$y'(x) = f(x).$$

Ihre Lösung ist

$$y = \int f(x)\,dx$$

und enthält als unbestimmtes Integral (S. 73) die Integrationskonstante C (vgl. Abs. g, S. 83).

Beispiele: 1. Es ist die Differentialgleichung

$$y'(x) = ax^2 + bx + c$$

zu integrieren. Aus $y = \int [ax^2 + bx + c]\,dx$ folgt

$$y = \frac{a}{3}x^3 + \frac{b}{2}x^2 + cx + C.$$

2. Ein Behälter fasse $V\,m^3$; die Heizschlange habe $F\,m^2$ Oberfläche; die Anfangstemperatur der Flüssigkeit sei $\vartheta_0\,°C$, die Temperatur der Heizschlange $\vartheta_1\,°C$, das spezifische Gewicht der Flüssigkeit sei γ, die spezifische Wärme c, die Wärmeübergangszahl α. Gesucht ist das Wachsen der Temperatur ϑ als Funktion der Zeit t bei ideal isoliertem Gefäß.

Die Wärmemenge, die in der Zeit dt durch die Fläche F hindurchgeht, bestimmt sich zu

$$dQ = F(\vartheta_1 - \vartheta)\,\alpha\,dt.$$

Der Zuwachs an Wärmeinhalt ist $dQ = V c \gamma\, d\vartheta$, und daher

$$F(\vartheta_1 - \vartheta)\,\alpha\,dt = V c \gamma\, d\vartheta; \qquad dt = \frac{V c \gamma}{F \alpha}\,\frac{d\vartheta}{\vartheta_1 - \vartheta}; \qquad t = \int \frac{V c \gamma}{F \alpha}\,\frac{d\vartheta}{\vartheta_1 - \vartheta}.$$

Setze $\frac{V c \gamma}{F \alpha} = A$, $\vartheta_1 - \vartheta = y$, $d\vartheta = -y$; dann wird

$$t = -A\int\frac{dy}{y} = -A\ln y = -A\ln(\vartheta_1 - \vartheta)\Big|_{\vartheta_0}^{\vartheta} = -A\cdot\ln\frac{\vartheta_1 - \vartheta}{\vartheta_1 - \vartheta_0};$$

$$e^{-t/A} = \frac{\vartheta_1 - \vartheta}{\vartheta_1 - \vartheta_0} \quad \text{oder daraus} \quad \vartheta = \vartheta_1 - (\vartheta_1 - \vartheta_0)\,e^{-t/A}.$$

3. Ein Behälter mit einem Wasserinhalt von 10 m^3 einschließlich des Wasserwertes des Gefäßes soll durch Dampf von 100° C von 10° C auf 80° C erwärmt werden. Das Kondensat fließt mit 100° C ab. Die Heizfläche beträgt 5 m^2, der Wärmeübergang 2000 kcal pro m^2, ° C und Stunde. In welcher Zeit wird das Wasser die verlangte Temperatur erreicht haben?

Mit den Bezeichnungen unter (2) wird

$$V = 10;\ \vartheta_0 = 10;\ \vartheta_1 = 100;\ \vartheta = 80;\ F = 5;\ k = 2000;\ \gamma = 1000;\ c = 1;\ A = \frac{10\cdot 1\cdot 1000}{5\cdot 2000} = 1,$$

also

$$t = -1\cdot\ln\frac{100-80}{100-10} = -\ln\frac{20}{90} = \ln\frac{9}{2} \approx 1{,}5 \text{ Stunden.}$$

2. Läßt sich die Differentialgleichung auf die Form

$$y'(x) = \frac{dy}{dx} = \frac{f(x)}{g(y)}$$

bringen, so kann man sie durch Trennen der Veränderlichen lösen. Es ist

$$f(x)\,dx = g(y)\,dy$$

und daher

$$\int f(x)\,dx = \int g(y)\,dy.$$

Beispiele: 1. Es ist die Differentialgleichung $dy/dx = x/y$ zu lösen. Aus

$y\,dy = x\,dx$ folgt $\int y\,dy = \int x\,dx$ oder $\tfrac{1}{2}y^2 = \tfrac{1}{2}x^2 - \tfrac{1}{2}C^2$, d. h. $x^2 - y^2 = C^2$ (gleichseitige Hyperbel).

2. Es ist die Gleichung der Adiabate zu entwickeln. Die Zustandsgleichung lautet

$$p\cdot v = R\cdot T,$$

der I. Hauptsatz

$$dQ = c_v\cdot dT + A\cdot p\cdot dv.$$

Da die adiabatische Zustandsänderung weder Zuführung noch Entziehung von Wärme erfordert, ist $dQ = 0$, d. h.

$0 = c_v\cdot dT + A p\cdot dv$ oder mit $A = (c_p - c_v)/R$ und $c_p/c_v = \varkappa$; $R\,dT = -(\varkappa - 1)\,p\,dv$

Nach der Zustandsgleichung ist aber $R\,dT = p\,dv + v\,dp$, also folgt

$$p\,dv + v\,dp = -(\varkappa - 1)\,p\,dv; \qquad \varkappa p\,dv + v\,dp = 0; \qquad \varkappa\int\frac{dv}{v} + \int\frac{dp}{p} = 0;$$

$$\varkappa\ln v + \ln p = \ln C \quad \text{oder} \quad p\cdot v^{\varkappa} = C = \text{konst.}$$

3. Die Differentialgleichung

$$y' = f(y/x)$$

läßt sich durch die Substitution $z = y/x$ lösen. Es wird

$$y = xz, \quad dy = z\,dx + x\,dz = f(z)\,dx$$

oder

$$dx\,[f(z) - z] = x\,dz, \quad \frac{dx}{x} = \frac{dz}{f(z) - z}, \quad \ln x = \int \frac{dz}{f(z) - z}.$$

Beispiel: Es ist die Differentialgleichung $y' = -(x+y)/x$ zu integrieren. Mit $y = xz$ wird

$$dy = z\,dx + x\,dz = -(1+z)\,dx, \quad dx(1+2z) = -dz\,x, \quad \frac{dx}{x} = -\frac{dz}{1+2z},$$

$$\ln x = -\frac{1}{2}\ln(1+2z) + \ln\sqrt{C}, \quad x^2(1+2z) = x^2\left(1+\frac{2y}{x}\right) = x^2 + 2xy = C.$$

Differentialgleichungen zweiter Ordnung. 1. Die einfachste Differentialgleichung zweiter Ordnung ist

$$y''(x) = \text{konst.}$$

Aus $dy'/dx = C$ folgt durch Integration

$$y' = Cx + C_1.$$

Durch nochmaliges Integrieren erhält man $y = C\frac{x^2}{2} + C_1 x + C_2$, wobei C_1 und C_2 die Integrationskonstanten sind.

Beispiel: Nach S. 71 ist die Beschleunigung der zweite Differentialquotient des Weges nach der Zeit und konstant bei der gleichförmig beschleunigten Bewegung, d. h.

$$b = \frac{d^2 s}{dt^2} = \text{konst.}$$

Die Integration ergibt $v = \frac{ds}{dt} = \int b\,dt = v_0 + bt$; in diesem Fall ist die Integrationskonstante gleich der Anfangsgeschwindigkeit v_0; durch nochmalige Integration erhält man

$$s = v_0 t + {}^1/_2\, b t^2 + s_0,$$

wobei die Integrationskonstante s_0 der zur Zeit $t = 0$ zurückgelegte Weg ist.

2. Gegeben sei die Differentialgleichung

$$y''(x) = f(x).$$

Aus $dy'/dx = f(x)$, ergibt sich durch Integration

$$y' = \int f(x)\,dx = f_1(x) + C_1,$$

$$y = \int f_1(x)\,dx + C_1 x = f_2(x) + C_1 x + C_2.$$

Beispiel: Die Differentialgleichung der elastischen Linie (S. 363, Fig. 43d) lautet für kleine Durchbiegungen

$$y''(x) = M/EJ,$$

wobei J das Trägheitsmoment des Querschnittes ist. Für einen am Ende mit P belasteten Freiträger ist

$$M = -Px,$$

wenn x die Entfernung vom freien Ende bedeutet; folglich wird für unveränderliches J:

$$\frac{d^2 y}{dx^2} = -\frac{1}{EJ}Px \quad \text{oder} \quad \frac{dy}{dx} = -\frac{1}{EJ}\int Px\,dx = -\frac{1}{EJ}P\frac{x^2}{2} + C_1.$$

Die Größe der Integrationskonstanten C_1 ergibt sich aus den technischen Bedingungen der Aufgabe; so verläuft für den waagerecht eingespannten Freiträger die Tangente an die elastische Linie in der Einspannstelle waagerecht, d. h. für $x = l$ wird $\operatorname{tg}\alpha = y' = 0$.

Setzt man diese Werte in die Gleichung $y' = f(x)$ ein, so wird

$$0 = -\frac{1}{EJ}\frac{Pl^2}{2} + C_1, \quad C_1 = +\frac{1}{EJ}\frac{Pl^2}{2},$$

so daß

$$y' = -\frac{1}{2EJ}Px^2 + \frac{1}{2EJ}Pl^2$$

wird. Die nochmalige Integration liefert

$$y = -\frac{P}{2EJ}\int x^2 dx + \frac{Pl^2}{2EJ}\int dx = -\frac{P}{2EJ}\frac{x^3}{3} + \frac{Pl^2}{2EJ}x + C_2.$$

Der Wert der Integrationskonstanten C_2 ist Null, da für $x = 0$ auch $y = 0$ sein soll; daher ist

$$y = -\frac{P}{6EJ}x^3 + \frac{Pl^2}{2EJ}x = \frac{Pl^3}{2EJ}\left(\frac{x}{l} - \frac{1}{3}\frac{x^3}{l^3}\right).$$

3. Die gegebene Differentialgleichung habe die Form

$$y''(x) = f[y'(x)].$$

Setze $y' = z$; also $z' = y'' = f(z)$, $dz = f(z)\,dx$ oder $dx = \frac{dz}{f(z)}$, folglich $x = \int \frac{dz}{f(z)} = f_1(z)$. Löst man nach z auf, so wird $z = y' = \varphi(x)$ und damit $y = \int \varphi(x)\,dx$. Es folgt auch aus $dy = z\,dx = \frac{z\,dz}{f(z)}$, daß $y = \int \frac{z \cdot dz}{f(z)} = f_2(z)$, und durch Elimination von z aus $f_1(z)$ und $f_2(z)$ ergibt sich dann $y = f(x)$.

Beispiele: 1. Gegeben sei die Differentialgleichung

$$y'' = a + y'.$$

Setze $y' = z$; $y'' = z'$, also $z' = a + z$; $dx = \frac{dz}{a+z}$; $x = \int \frac{dz}{a+z} = \ln(a+z) - \ln c_1$ oder $a + z = c_1 e^x$, $z = c_1 e^x - a$; mit $y' = z$ wird

$$y = \int z\,dx = c_1 e^x - a x + c_2.$$

c_1, c_2 folgen aus den Anfangsbedingungen.

2. Es ist die Differentialgleichung der **Kettenlinie** zu entwickeln, die mit der Gestalt eines an zwei Punkten aufgehängten Seiles identisch ist. Hierbei wird vorausgesetzt, daß das Seil keine Biegungssteifigkeit aufweist. Diese Bedingung ist angenähert bei einer Kette erfüllt.

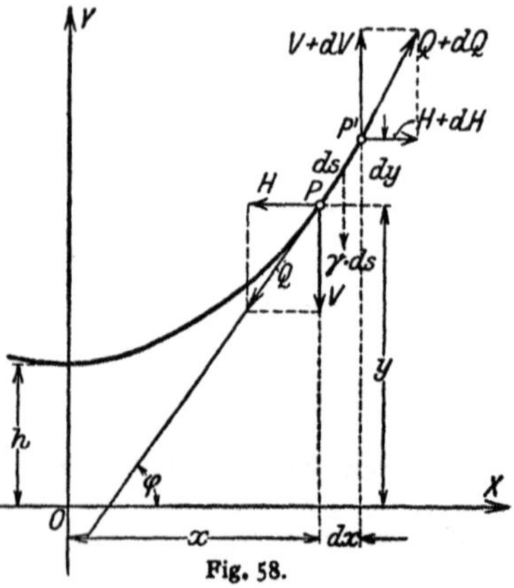

Fig. 58.

Ist γ das Gewicht der Längeneinheit, so hat das Bogenelement ds (Fig. 58) das Gewicht $\gamma \cdot ds$.

Denkt man sich das Bogenelement ds herausgeschnitten und die Spannkräfte Q und $Q + dQ$ in tangentialer Richtung angebracht, so muß ds im Gleichgewicht sein. Wird Q in H und V, $Q + dQ$ in $H + dH$ und $V + dV$ zerlegt, so ergibt die erste Gleichgewichtsbedingung $\Sigma H = 0$:

$H - H - dH = 0$, d. h. $dH = 0$ oder $H =$ konst., d. h. der Horizontalzug der Kette ist unveränderlich.

Die zweite Gleichgewichtsbedingung $\Sigma V = 0$ ergibt

$$V + \gamma\,ds - V - dV = 0, \quad \text{oder} \quad dV = \gamma \cdot ds.$$

Mit $ds = \sqrt{1 + y'^2}\,dx$ (S. 80) wird $V'(x) = \gamma \sqrt{1 + y'^2}$. Da $y' = \operatorname{tg}\varphi = V/H$ ist, wird $V = H y'$ und $V' = H y''$. Durch Gleichsetzen der für V' gefundenen Werte ergibt sich die Differentialgleichung zweiter Ordnung

$$h y'' = \sqrt{1 + y'^2},$$

wenn $H/\gamma = h$ gesetzt wird. Führt man $y' = z$ ein, so wird $h \cdot z' = \sqrt{1 + z^2}$ oder $dx/h = dz/\sqrt{1 + z^2}$ und daher $x/h = \int dz/\sqrt{1 + z^2} = \ln(z + \sqrt{1 + z^2}) + C_1$ (S. 78). Für den Scheitel ist $x = 0$ und $\varphi = 0$, also auch $\operatorname{tg}\varphi = y' = z = 0$, d. h. $C_1 = 0$. Somit ist $x/h = \ln(z + \sqrt{1 + z^2}) = \mathfrak{Ar\,Sin}\, z$ (S. 64) oder $z = \mathfrak{Sin} \frac{x}{h}$. Aus $dy = z\,dx$ folgt durch Integration (S. 79) $y = \int \mathfrak{Sin} \frac{x}{h}\,dx = h\,\mathfrak{Cof} \frac{x}{h} + C_2$. Setzt man $y = h$ für $x = 0$, so wird $C_2 = 0$ und die Lösung ist

$$y = h\,\mathfrak{Cof} \frac{x}{h}.$$

Für geringen Durchhang kann die Näherungsformel auf S. 55 benutzt werden. Dann ist $y = h\,\mathfrak{Cof} \frac{x}{h} \approx h \cdot \left[1 + \frac{1}{2}\left(\frac{x}{h}\right)^2\right] = h + x^2/2h$ oder $x^2 = 2h(y - h)$: Die Kettenlinie ist durch eine Parabel ersetzt worden.

4. Gegeben sei die Differentialgleichung

$$y'' = -a^2 y.$$

Setze $y' = z$, d. h. $y'' = z' = -a^2 y$, oder $dz = -a^2 y\,dx$ und $dy = z\,dx$; beseitigen von dx liefert $dz = -a^2 y\,dy/z$ oder $z\,dz = -a^2 y\,dy$. Integration gibt $z^2 = -a^2 y^2 + C_1$. Damit sich reelle Werte für z ergeben, muß C_1 positiv sein; setzt man $C_1 = a^2 c^2$, so wird $z = dy/dx = \pm a\sqrt{c^2 - y^2}$ und nach Trennung der Veränderlichen $dy/\sqrt{c^2 - y^2} = \pm a\,dx$. Durch Integration folgt nach S. 78

$$\arcsin y/c = \pm a x + C_2; \quad y/c = \sin(C_2 \pm a x); \quad y = c \sin(C_2 \pm a x);$$

$$y = c \sin C_2 \cos a x \pm c \cos C_2 \sin a x.$$

Mit $\pm c \cdot \cos C_2 = A$ und $c \cdot \sin C_2 = B$ wird das allgemeine Integral der gegebenen Differentialgleichung

$$y = A \sin a x + B \cos a x .$$

Beispiel: Die Differentialgleichung der elastischen Linie des auf Knicken beanspruchten Stabes (Fig. 59) hat die Form

$$d^2 y/d x^2 = -M/EJ .$$

Für den Punkt $Q(x, y)$ ist $M = P y$ und daher

$$d^2 y/d x^2 = -P y/EJ = -a^2 y \quad \text{mit} \quad a^2 = P/EJ .$$

Folglich ist $\quad y = A \sin a x + B \cos a x .$

Da für $x = 0$ auch $y = 0$ sein muß, Punkt a, so ist zunächst $B = 0$ und $y = A \sin a x$. Wird die Sehne ac mit s bezeichnet, so muß für $x = s/2$ die Durchbiegung $y = f$ sein, Punkt b, und für $x = s$, $y = 0$ sein, Punkt c. Einsetzen dieser Werte in $y = A \sin a x$ ergibt: $f = A \sin a s/2$ und $0 = A \sin a s$. Nach der letzten Gleichung muß $a s = \pi$, $a s/2 = \pi/2$ und daher nach der ersten Gleichung $A = f$, mithin $y = f \sin a x$ sein. Wird die Länge der elastischen Linie mit l bezeichnet und durch den in Fig. 59 gestrichelten Linienzug ersetzt, so ist

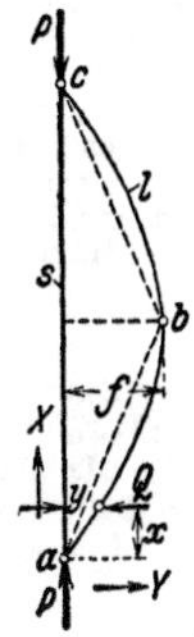

Fig. 59.

$$f^2 \approx (l/2)^2 - (s/2)^2 = l^2/4 - s^2/4 = l^2/4 - \pi^2/4\, a^2 = l^2/4 - \pi^2 EJ/4P$$

und daher

$$f^2/l^2 = 1/4\,(1 - \pi^2 EJ/P l^2)\,, \qquad f/l = 1/2 \sqrt{1 - \pi^2 EJ/P l^2}\,.$$

Wird die **Eulersche** Knickkraft

$$K = \pi^2 EJ/l^2$$

eingeführt (S. 390), so ist

$$f/l = {}^1/_2 \sqrt{1 - K/P}\,.$$

Hieraus folgt: Ist die Last P kleiner als K, so wird f imaginär; ist $P = K$, so ist $f = 0$. In beiden Fällen ist keine Durchbiegung möglich, der Stab behält seine ursprüngliche gerade Form bei. Ist aber $P > K$, so wird f reell und der Stab knickt aus.

Diese Herleitung gibt nur ein qualitativ richtiges Bild. Denn für größere Durchbiegungen und solche, die die Proportionalitätsgrenze des Materials (S. 346) überschreiten, die also das Hookesche Gesetz (S. 346) nicht mehr erfüllen, gilt die Differentialgleichung der elastischen Linie in der obigen Form nicht mehr. Für eine quantitativ richtige Näherungslösung muß auf die strenge Differentialgleichung $\varrho = -EJ/M$ (S. 363) zurückgegriffen werden.

5. Gegeben sei die Differentialgleichung

$$y'' + 2 b y' + a^2 y = 0 .$$

Setzt man $y = e^{\alpha x}$ und damit $y' = \alpha e^{\alpha x}$, $y'' = \alpha^2 e^{\alpha x}$ in die Differentialgleichung ein, so wird

$$e^{\alpha x}(\alpha^2 + 2\alpha b + a^2) = 0 \quad \text{oder} \quad \alpha^2 + 2\alpha b + a^2 = 0 .$$

Die Wurzeln dieser quadratischen Gleichung sind

$$\alpha_1 = -b + \sqrt{b^2 - a^2} \quad \text{und} \quad \alpha_2 = -b - \sqrt{b^2 - a^2}\,.$$

Damit sind $y_1 = e^{\alpha_1 x}$ und $y_2 = e^{\alpha_2 x}$ zwei partikuläre Lösungen der Differentialgleichung.

1. Ist $b^2 > a^2$, so werden die Werte α_1, α_2 negativ oder positiv, je nachdem $b > 0$ oder $b < 0$. Im ersten Fall liegt ein aperiodisch gedämpfter Vorgang vor, im zweiten Fall wächst y mit zunehmendem x.

2. Ist $b^2 < a^2$, so werden die Wurzeln komplex, d. h. $\alpha_1 = -b + i\delta$, $\alpha_2 = -b - i\delta$, wo $\delta = \sqrt{b^2 - a^2}$, und damit

$$y_1 = e^{-b x} e^{i \delta x} = e^{-b x}(\cos \delta x + i \sin \delta x),$$

$$y_2 = e^{-b x} e^{i \delta x} = e^{-b x}(\cos \delta x - i \sin \delta x).$$

Weitere partikuläre Lösungen sind dann

$$y_3 = (y_1 + y_2)/2 = e^{-b x} \cos \delta x, \qquad y_4 = (y_1 - y_2)/2 i = e^{-b x} \sin \delta x .$$

Das allgemeine Integral ist, wenn C_1 und C_2 Integrationskonstanten sind,

$$y = C_1 y_3 + C_2 y_4 = e^{-b x}(C_1 \cos \delta x + C_2 \sin \delta x).$$

Mit $C_1 = C \cdot \sin \varepsilon$ und $C_2 = C \cdot \cos \varepsilon$, also C und ε als Integrationskonstanten kann auch geschrieben werden

$$y = C e^{-b x} \sin(\delta x + \varepsilon).$$

Es ergibt sich dann ein periodisch gedämpfter oder periodisch angefachter Vorgang, je nachdem $b > 0$ oder $b < 0$. Vgl. Fig. 127, S. 124, für $b > 0$.

Beispiel: Differentialgleichung der freien gedämpften Schwingung von einem Freiheitsgrad: Eine Masse m hänge an einer Feder mit der Rückstellkraft c kg/cm und werde in Schwingungen gesetzt. Als Dämpfungskraft wirke der Bewegung eine der Geschwindigkeit proportionale Kraft $k \cdot ds/dt$ entgegen. Dann lautet nach dem Grundgesetz von Newton (S. 219) die Bewegungsgleichung

$$m\, d^2 s/d t^2 = -c s - k\, d s/d t \quad \text{oder} \quad d^2 s/d t^2 + 2\varrho\, d s/d t + \omega_0^2 = 0 ,$$

wenn $k/2m = \varrho$ und $c/m = \omega_0^2$ gesetzt wird. Dann folgt nach obigem:

$$s = C \cdot e^{-\varrho t} \sin(\omega t + \varepsilon), \quad \text{worin} \quad \omega = \sqrt{\omega_0^2 - \varrho^2} = \sqrt{\frac{c}{m} - \left(\frac{k}{2m}\right)^2}.$$

Ist ϱ, d. h. $k = 0$, so wird $\omega = \omega_0 = \sqrt{c/m}$ gleich der Frequenz der ungedämpften Schwingung (S. 236). Ist ϱ klein, d. h. k klein gegenüber m, so ist $\omega \approx \omega_0$.

Soll für $t = 0$ der Anfangsweg $s = 0$ und die Anfangsgeschwindigkeit $v = v_0$ sein, so wird $\varepsilon = 0$ und aus $v = ds/dt$ (s. u.) folgt $C = v_0/\omega$, d. h.

$$s = \frac{v_0}{\omega} e^{-\varrho t} \sin \omega t.$$

(Gegenüber der Fig. 127 nach rechts verschoben.)

s wird gleich 0 für $\sin \omega t = 0$, d. h. bei $t_1 = 0$, $t_2 = \pi/\omega$, $t_3 = 2\pi/\omega$ usw., die Schwingungsdauer ist $T = 2\pi/\omega$.

Maxima und Minima ergeben sich aus

$$\frac{ds}{dt} = \frac{v_0}{\omega} e^{-\varrho t} (-\varrho \sin \omega t + \omega \cos \omega t) = 0 \quad \text{oder} \quad \operatorname{tg} \omega t = \omega/\varrho.$$

Diese Gleichung liefert einen Wert t_1^*, für den $\omega t_1^* = \operatorname{arctg} \omega/\varrho$, und ferner die Werte $\omega t_2^* = \omega t_1^* + \pi$, $\omega t_3^* + 2\pi$, ..., also $t_2^* = t_1^* + \pi/\omega$, $t_3^* = t_1^* + 2\pi/\omega$, ...

Die absoluten Maxima folgen einander in den Abständen der halben Schwingungsdauer, so daß $\sin \omega t_1^* = |\sin \omega t_2^*| = |\sin(\omega t_1^* + \pi)| = |\sin \omega (t_1^* + T/2)|$.

Das Verhältnis der Absolutbeträge zweier aufeinanderfolgender Größtausschläge ist dann

$$s_1 : s_2 = \left(C \cdot e^{-\varrho t_1}\right) : \left(C \cdot e^{-\varrho (t_1 + \pi/\omega)}\right) = e^{\varrho \pi/\omega}.$$

Der natürliche Logarithmus dieses Verhältnisses, d. h. $\vartheta = \ln(s_1/s_2) = \varrho\pi/\omega = k\pi/2m\omega$ heißt „logarithmisches Dekrement". Für kleine Werte k/m ist $\vartheta \approx k\pi/2m\omega_0 = k\pi/2\sqrt{mc}$.

V. Analytische Geometrie und Kurvenlehre.

Bearbeitet von Dr.-Ing. W. Meyer zur Capellen, VDI, Aachen.

A. Punkt und gerade Linie in der Ebene.

a) Punkt und Gerade.

1. Die Lage eines Punktes P_1 ist durch die Angabe seiner rechtwinkligen (kartesischen) Koordinaten x_1, y_1 bzw. durch seine Polarkoordinaten r_1 und φ_1 eindeutig bestimmt (Fig. 60). Die positive Richtung der Achsen ist durch einen Pfeil gekennzeichnet. Man nennt x_1 die Abszisse und y_1 die Ordinate des Punktes P_1.

Sind x_1, y_1 und x_2, y_2 die Koordinaten zweier Punkte P_1 und P_2, so ist ihre Entfernung l bestimmt durch

$$l = \sqrt{(x_2 - x_1)^2 + (y_2 - y_1)^2},$$

z. B. ist für $P_1(x_1 = +7;\ y_1 = +4)$; $P_2(x_2 = +2;\ y_2 = -8)$ oder $P_1(7;\ 4)$; $P_2(2;\ -8)$:

$$l = \sqrt{[(+2) - (+7)]^2 + [(-8) - (+4)]^2} = 13.$$

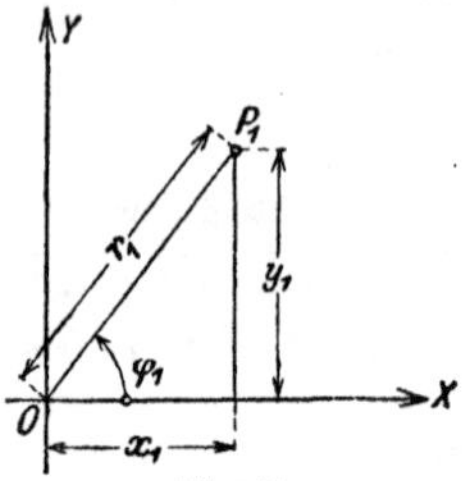

Fig. 60.

2. Teilt man die Strecke P_1P_2 innen im Verhältnis $m : n$, so sind die Koordinaten x_i, y_i des inneren Teilpunktes

$$x_i = \frac{mx_2 + nx_1}{m + n}; \quad y_i = \frac{my_2 + ny_1}{m + n}.$$

Für die Koordinaten x_a, y_a des äußeren Teilpunktes ist n durch $-n$ zu ersetzen.

3. Ist α der Winkel, den P_1P_2 mit der positiven Richtung der x-Achse bildet, so wird

$$\operatorname{tg} \alpha = \frac{y_2 - y_1}{x_2 - x_1}.$$

α liegt zwischen Null und 180°.

Die Strecke $P_1(2;\ -6)$ $P_2(-4;\ 1)$ schließt mit der positiven Richtung der x-Achse entsprechend

$$\operatorname{tg} \alpha = \frac{1 - (-6)}{-4 - 2} = \frac{1 + 6}{-6} = -\frac{7}{6} = -1{,}1667$$

den Winkel (Tabelle S. 27) $\alpha = 180° - 49{,}4° = 130{,}6°$.

b) Inhalt eines Dreiecks.

Sind $P_1(x_1, y_1)$, $P_2(x_2, y_2)$, $P_3(x_3, y_3)$ die Koordinaten der Eckpunkte des Dreiecks, so ist der Inhalt

$$F = {}^1/_2[x_1(y_2 - y_3) + x_2(y_3 - y_1) + x_3(y_1 - y_2)] = {}^1/_2 \begin{vmatrix} x_1 & y_1 & 1 \\ x_2 & y_2 & 1 \\ x_3 & y_3 & 1 \end{vmatrix}$$

(s. Determinanten S. 38).

F wird positiv, wenn der Umfahrungssinn des Dreiecks positiv ist, d. h. die Punkte P_1, P_2 und P_3 entgegengesetzt der Bewegung des Uhrzeigers aufeinanderfolgen.

c) Gleichung einer Kurve.

Ist eine Kurve gegeben und will man ihre Gleichung ermitteln, so gibt man einem beliebigen Punkt P der Kurve die Koordinaten x und y und versucht, eine Beziehung zwischen diesen Koordinaten zu finden.

d) Die gerade Linie.

1. Sind x und y die Koordinaten eines Punktes und ist die Richtung durch den Neigungswinkel α der Geraden gegen die x-Achse ($\operatorname{tg}\alpha = m$) gegeben (Fig. 61), so lautet die Gleichung der Geraden, die auf der y-Achse das Stück b abschneidet;

$$y = mx + b \quad \textbf{(Normalform).}$$

Der Neigungswinkel der Geraden gegen die x-Achse ist gleich dem Winkel, um den die positive Richtung der x-Achse nach der positiven Richtung der y-Achse hin gedreht werden muß, damit sie in die Richtung der Geraden fällt.

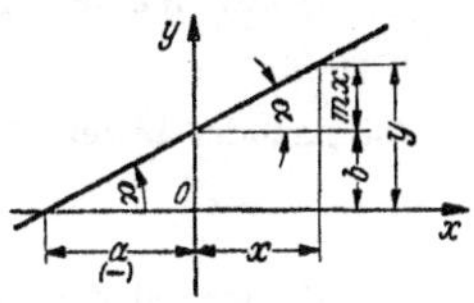

Fig. 61.

$m = 0$ ergibt $y = b$ als Gleichung einer Parallelen zur x-Achse,

$b = 0$ ergibt $y = mx$ als Gleichung einer Geraden durch den Koordinatenanfangspunkt,

$x = a$ ist die Gleichung einer Parallelen zur y-Achse.

2. Geht die Gerade durch den Punkt $P_1(x_1, y_1)$, und ist $m = \operatorname{tg}\alpha$ ihre Richtungskonstante, so heißt ihre Gleichung:

$$\frac{y - y_1}{x - x_1} = m\,;$$

geht die Gerade durch die Punkte $P_1(x_1, y_1)$ und $P_2(x_2, y_2)$, so wird

$$y - y_1 = \frac{y_1 - y_2}{x_1 - x_2}(x - x_1)\,.$$

Sollen die drei Punkte P_1, P_2, P_3 auf einer Geraden liegen, so muß die Determinante unter b) verschwinden.

3. Schneidet die Gerade auf der x-Achse die Strecke a, auf der y-Achse die Strecke b ab, so folgt (Fig. 61) mit

$$m = \operatorname{tg}\alpha = b/(-a) = -b/a$$

$$\frac{x}{a} + \frac{y}{b} = 1 \quad \textbf{(Abschnittsform).}$$

Löst man die allgemeine Gleichung der geraden Linie

$$Ax + By + C = 0$$

nach y auf, so entsteht die Normalform; formt man sie um, daß rechts $+1$ steht, so entsteht die Abschnittsgleichung.

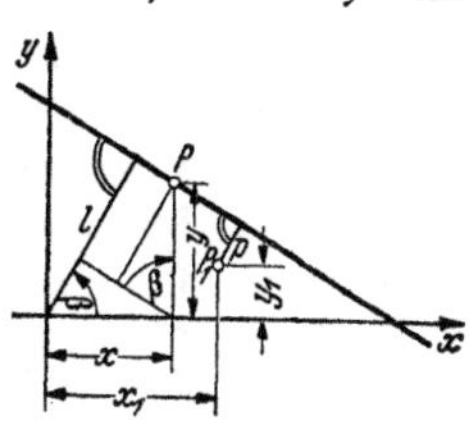

Fig. 62.

4. Ist β der Winkel, den das Lot vom Ursprung aus auf die gerade Linie mit der positiven x-Achse bildet, und ist l die Länge des Lotes (Fig. 62), so wird

$$x\cos\beta + y\sin\beta - l = 0 \quad \textbf{(Hessesche Form).}$$

Man erhält diese aus der allgemeinen Gleichung durch Division mit $\lambda = \sqrt{A^2 + B^2}$:

$$\frac{A}{\lambda} x + \frac{B}{\lambda} y + \frac{C}{\lambda} = 0.$$

Hierbei ist der Wurzel ein solches Vorzeichen zu geben, daß

$$l = -C/\lambda$$

positiv wird. Die Größe des Winkels β wird mit Hilfe von

$$\operatorname{tg}\beta = B/A\,; \quad \cos\beta = A/\lambda\,; \quad \sin\beta = B/\lambda$$

bestimmt. l ist stets positiv; β liegt zwischen Null und 360°.

5. Man findet den **Abstand** p eines Punktes $P_1(x_1, y_1)$ von einer Geraden, Fig. 62, indem man die Hessesche Normalform der Geraden mit -1 multipliziert und für x und y die Koordinaten des Punktes P_1 einsetzt:

$$p = -(x_1 \cos\beta + y_1 \sin\beta - l)\,;$$

p wird positiv, wenn der Punkt P_1 und der Koordinatenanfangspunkt auf derselben Seite der geraden Linie liegen und wird negativ, wenn die Gerade zwischen beiden Punkten verläuft.

6. Der **Winkel** δ, den zwei gerade Linien

$$y = m_1 x + b_1\,; \qquad y = m_2 x + b_2$$

miteinander bilden, ergibt sich aus

$$\operatorname{tg}\delta = \frac{m_2 - m_1}{1 + m_1 m_2}.$$

Die Geraden sind parallel ($\delta = 0$), wenn $m_2 = m_1$ ist; sie stehen senkrecht aufeinander, wenn $m_1 m_2 = -1$ ist. Die Koordinaten x_0, y_0 des Schnittpunktes P_0 dieser Geraden ergeben sich, da P_0 beiden Geraden angehört, aus den beiden Gleichungen

$$y_0 = m_1 x_0 + b_1\,; \; y_0 = m_2 x_0 + b_2.$$

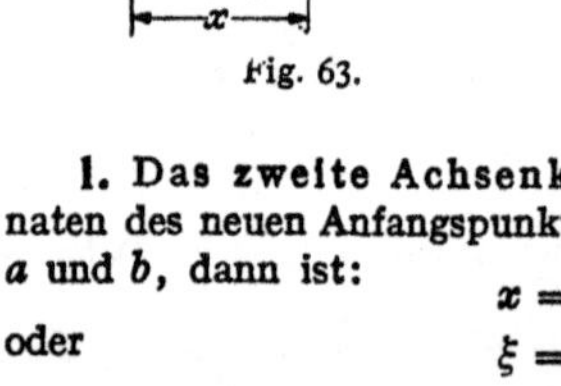

Fig. 63.

e) Umwandlung der Koordinaten.

Um die Gleichungen von Kurven zu vereinfachen, ist es häufig zweckmäßig, sie auf ein anderes Achsenkreuz zu beziehen. Die Koordinaten eines Punktes in bezug auf das alte Achsenkreuz seien x, y, in bezug auf das neue ξ, η (Fig. 63).

1. Das zweite Achsenkreuz liege parallel zum ersten. Die Koordinaten des neuen Anfangspunktes in Beziehung auf das erste Achsenkreuz seien a und b, dann ist:

$$x = a + \xi\,; \quad y = b + \eta\,;$$

oder

$$\xi = x - a\,; \quad \eta = y - b.$$

2. Erscheint das zweite Achsenkreuz unter Beibehaltung des Anfangspunktes gegen das erste um den Winkel β gedreht (Fig. 63), so ist

$$x = \xi\cos\beta - \eta\sin\beta\,; \quad y = \xi\sin\beta + \eta\cos\beta$$

oder

$$\xi = x\cos\beta + y\sin\beta\,; \quad \eta = -x\sin\beta + y\cos\beta.$$

3. Sollen die Parallelkoordinaten x und y eines Punktes P durch die Polarkoordinaten r und φ ausgedrückt werden, so ist für den Fall, daß der Pol mit dem Anfangspunkt und die Polarachse mit der positiven x-Achse zusammenfallen:

$$x = r\cos\varphi\,; \quad y = r\sin\varphi\,; \quad r = \sqrt{x^2 + y^2} \quad \text{(Fig. 60).}$$

Beispiele: 1. Die Gleichung der Kurve $y = (1 - x)/(1 + x)$, bezogen auf ein Achsenkreuz, dessen Ursprung die Koordinaten $a = -1$, $b = -1$ hat, ist zu bestimmen.

Es ist $x = -1 + \xi$; $y = -1 + \eta$; also $-1 + \eta = \dfrac{1 + 1 - \xi}{\xi}$ oder $\xi \cdot \eta = 2$ (gleichseitige Hyperbel, S. 106).

2. Die Lemniskate (Schleifenkurve) (Fig. 64) ist der geometrische Ort aller Punkte P, für die das Produkt der Abstände von zwei festen Punkten F_1 und F_2 den konstanten Wert e^2 hat, wenn $OF_1 = OF_2 = e$ gesetzt wird. Mit $OA_1 = OA_2 = a = e\sqrt{2}$ wird

$$(x^2 + y^2)^2 = a^2(x^2 - y^2).$$

Führt man Polarkoordinaten ein, so wird mit $x = r\cos\varphi$, $y = r\sin\varphi$, $x^2 + y^2 = r^2$:

$$r^4 = a^2 r^2(\cos^2\varphi - \sin^2\varphi) = a^2 r^2 \cos 2\varphi,$$

d. h. $r^2 - a^2\cos 2\varphi = 0$ oder $r = a\sqrt{\cos 2\varphi}$.

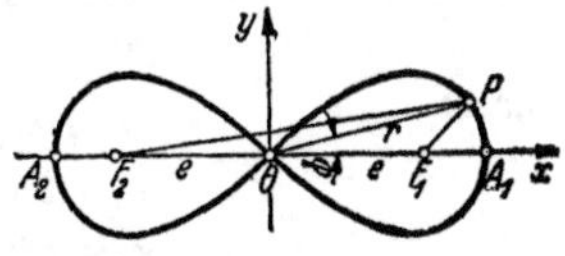

Fig. 64.

f) Maßstab der Darstellung.

Ist y in irgendeiner Weise von x abhängig, so sagt man, „y ist eine Funktion von x" und schreibt $y = f(x)$ oder, wenn die Gleichung nicht nach y aufgelöst ist, $F(x, y) = 0$.

Jedes physikalische Gesetz stellt eine Beziehung zwischen physikalischen Größen dar und gibt ihre Abhängigkeit voneinander an. Das Ohmsche Gesetz $U = RJ$ besagt: die Spannung U ist direkt proportional dem Widerstande R und der Stromstärke J; betrachtet man R als konstant, U und J als veränderliche Größen, so ist U nur von J abhängig, d. h. U ist eine Funktion von J. Die Gleichung $U = RJ$ ist vom ersten Grade, ihr zeichnerischer Ausdruck eine gerade Linie, die, wie der Vergleich mit $y = mx$ zeigt, durch den Koordinatenanfangspunkt geht.

Will man die Abhängigkeit von J und U zeichnerisch wiedergeben, so wird ein Maßstab für diese Darstellung notwendig: a mm auf der x-Achse sollen J_0 Amp., b mm auf der y-Achse U_0 Volt darstellen (Fig. 65).

Um der Kurve die zusammengehörigen Werte J und U entnehmen zu können, sind die gemessenen Strecken mit dem jeweiligen Maßstab zu multiplizieren. Ist z. B. die Abszisse eines Punktes x_1 mm lang, die Ordinate y_1 mm, so wird die Stromstärke

$$J_1 = x_1\,\text{mm} \cdot \frac{J_0\,\text{Amp.}}{a\,\text{mm}} = \left(\frac{x_1 \cdot J_0}{a}\right)\text{Amp.};$$

die Spannung

$$U_1 = y_1\,\text{mm} \cdot \frac{U_0\,\text{Volt}}{b\,\text{mm}} = \left(\frac{y_1 \cdot U_0}{b}\right)\text{Volt.}$$

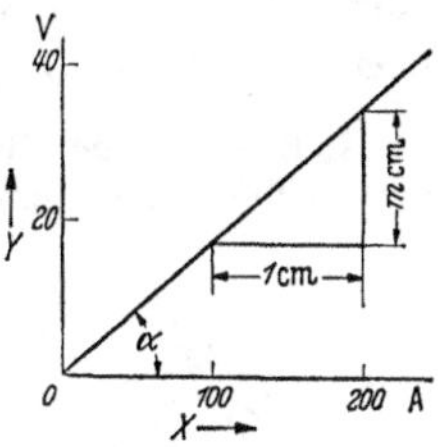

Fig. 65.

Mit den Maßstäben für beide Achsen ist auch das Neigungsmaß m der Geraden festgelegt. Aus $U_1 = J_1 R$ folgt

$$R = \frac{U_1}{J_1} = \frac{y_1 U_0}{b} : \frac{x_1 J_0}{a} \quad \text{oder} \quad m = \operatorname{tg}\alpha = \frac{y_1}{x_1} = R \cdot \frac{J_0}{U_0} \cdot \frac{b}{a}.$$

Beispiel: Eine Speiseleitung sei 1200 m lang, der Querschnitt betrage 120 mm²; der Widerstand ist $R = 0{,}146\,\frac{\text{Ohm}}{\text{km}} \cdot 1{,}2\,\text{km} = 0{,}175$ Ohm. Der Spannungsabfall U als Funktion der Stromstärke J, d. h. $U = JR$, gibt eine Gerade durch den Anfangspunkt (Fig. 65). Maßstab der x-Achse: 1 mm = 10 Amp.; Maßstab der y-Achse: 1 mm = 2 Volt. Das Neigungsmaß m der gezeichneten Geraden ist

$$m = \operatorname{tg}\alpha = 0{,}175 \cdot {}^{10}/_{2} \cdot {}^{1}/_{1} = 0{,}875,$$

wonach die Gerade leicht gezeichnet werden kann (Fig. 65).

B. Krumme Linien in der Ebene.

a) Allgemeine Sätze und Erklärungen.

1. Sind x und y die laufenden Koordinaten, so lautet die Gleichung der Kurve in Parallelkoordinaten: $y = f(x)$,

wenn die Gleichung nach y aufgelöst ist (explizite Form);

$$F(x, y) = 0,$$

wenn die Gleichung nicht nach y aufgelöst ist (implizite Form). Mit r und φ als Koordinaten des laufenden Punktes erhält man entsprechend für Polarkoordinaten: $r = f(\varphi)$ bzw. $F(r, \varphi) = 0$.

Es ist häufig bequemer, statt der impliziten Form bzw. der expliziten Form die Gleichung einer Kurve mit Hilfe einer dritten Veränderlichen t, die Parameter heißt, zu entwickeln. Die Gleichung $f(x, y)$ erscheint in zwei Einzelfunktionen $x = x(t) = f_1(t)$ und $y = y(t) = f_2(t)$

aufgelöst, wobei $f_1(t)$ und $f_2(t)$ irgendwelche Funktionen des Parameters sind.

Z. B. lautet die Scheitelgleichung des Kreises mit dem Radius a für Parallelkoordinaten (vgl. S. 98, Fig. 76):

$$y^2 - 2Rx + x^2 = 0, \qquad F(x, y) = 0$$

oder:

$$y = \pm\sqrt{2Rx - x^2}, \qquad y = f(x),$$

$$r - 2R\cos\varphi = 0, \qquad F(r, \varphi) = 0,$$

$$r = 2R\cos\varphi, \qquad r = f(\varphi).$$

$$x = R(1 + \cos t), \quad y = R\sin t, \quad x = f_1(t), \quad y = f_2(t).$$

2. Liegt ein Punkt $P_1(x_1, y_1)$ auf der Kurve, so müssen seine Koordinaten der Gleichung der Kurve genügen, d.h. die Gleichungen $F(x_1, y_1) = 0$ oder $y_1 = f(x_1)$ oder $F(r_1, \varphi_1) = 0$ oder $r_1 = f(\varphi_1)$ oder $x_1 = f_1(t_1)$, $y_1 = f_2(t_1)$ müssen erfüllt sein. Ist z. B. P_1 ein Punkt des Kreises (1), so gelten für die Koordinaten x_1, y_1 bzw. r_1, φ_1 die Beziehungen:

$$x_1^2 - 2Rx_1 + y_1^2 = 0, \qquad y_1 = \pm\sqrt{2Rx_1 - x_1^2}$$

oder

$$r_1 - 2R\cdot\cos\varphi_1 = 0, \qquad r_1 = 2R\cdot\cos\varphi_1$$

oder

$$x_1 = R(1 + \cos t_1) \quad \text{und} \quad y_1 = R\sin t_1.$$

3. Eine Gerade, die die Kurve in zwei Punkten schneidet, heißt Sekante (vgl. S. 65). Eine Gerade P_1T_1, die die Kurve in einem Punkte P_1 (Fig. 66) berührt, heißt Tangente. Die gerade Linie P_1N_1, die im Berührungspunkte P_1 auf der Tangente senkrecht steht, heißt Normale.

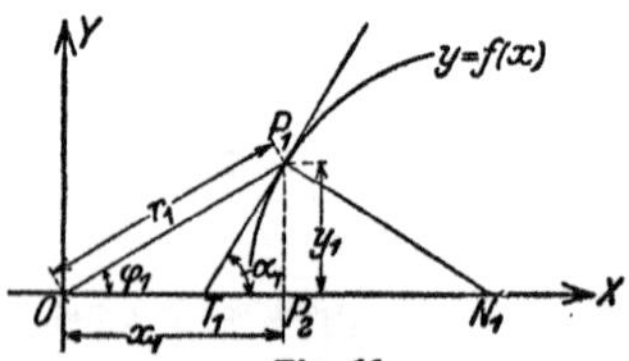

Fig. 66.

4. Unter dem Neigungswinkel α_1 der Tangente P_1T_1 versteht man den Winkel, um den man die positive Richtung der x-Achse um den Punkt T_1 nach der positiven Richtung der y-Achse drehen muß, bis sie in die Lage der Tangente fällt.

5. Tangente und Normale. Da die Tangente durch den Punkt $P_1(x_1, y_1)$ hindurchgehen soll, hat sie als gerade Linie die Gleichung (S. 91) $\frac{y - y_1}{x - x_1} = m$. Die Richtungskonstante $m = m_t$ ist aber gleich $\operatorname{tg}\alpha_1 = f'(x_1) = y_1'$. Folglich ist

$$y - y_1 = y_1'(x - x_1)$$

die Gleichung der Tangente im Punkte P_1.

Ist T_1 der Schnittpunkt der Tangente mit der x-Achse, so ist die Länge der Tangente

$$P_1T_1 = y_1/\sin\alpha_1.$$

Die Länge der Subtangente wird $P_2T_1 = y_1\operatorname{ctg}\alpha_1 = y_1/y_1'$.

Die Normale P_1N_1 steht senkrecht auf der Tangente. Für ihren Richtungsfaktor m_n folgt (S. 92) $m_n \cdot m_t = -1$ oder $m_n = -1/y_1'$, und ihre Gleichung lautet $y - y_1 = -(x - x_1)/y_1'$.

Die Länge der Normalen ist $P_1N_1 = y_1/\cos\alpha_1$, die Länge der Subnormalen

$$P_2N_1 = y_1\operatorname{tg}\alpha_1 = y_1 y_1'.$$

Beispiel: Es ist an die Kurve $y = y_0(x/x_0)^n$ (Potenzkurve S. 111) im Punkt $P_1(x_1; y_1)$ die Tangente zu zeichnen.

Es folgt

$$y' = \frac{y_0}{x_0^n}\cdot n x^{n-1} = n\frac{y_0}{x}\left(\frac{x}{x_0}\right)^n = n\frac{y}{x},$$

d. h. für den Punkt $P_1(x_1; y_1)$

$$\operatorname{tg}\alpha_1 = y_1' = n\cdot y_1/x_1.$$

Damit wird die Subtangente $P_2T_1 = y_1/y_1' = x_1/n$. Trägt man also vom Punkt P_2 auf der x-Achse (Fig. 66) den n-ten Teil der Abszisse x_1 nach links für $n > 0$, nach rechts für $n < 0$ ab, so erhält man den Schnittpunkt T_1 der Tangente mit der x-Achse (vgl. a. Fig. 94, S. 107 für $n = -1$).

Die Tangentengleichung lautet

$$y - y_1 = m(x - x_1) = n\,\frac{y_1}{x_1}(x - x_1) \quad \text{oder} \quad y = n\,\frac{y_1}{x_1}\,x - (n-1)\,y_1 .$$

Die Subnormale wird $P_2N_1 = y_1 \cdot y_1' = n \cdot y_1^2/x_1$.

6. Tangente und Normale für Polarkoordinaten. Es war (S. 81)

$$x'(\varphi) = -r\sin\varphi + r'(\varphi)\cos\varphi ,$$
$$y'(\varphi) = r\cos\varphi + r'(\varphi)\sin\varphi .$$

Daher wird

$$\operatorname{tg}\alpha = \frac{dy}{dx} = \frac{y'(\varphi)\cdot d\varphi}{x'(\varphi)\cdot d\varphi} = \frac{r\cos\varphi + r'(\varphi)\sin\varphi}{-r\sin\varphi + r'(\varphi)\cos\varphi} .$$

Durch Auflösen dieser Gleichung nach $r'(\varphi)$ wird

$$r'(\varphi) = \frac{dr}{d\varphi} = r\cdot\frac{\cos\varphi + \operatorname{tg}\alpha\sin\varphi}{\operatorname{tg}\alpha\cos\varphi - \sin\varphi} = r\cdot\frac{\cos\alpha\cos\varphi + \sin\alpha\sin\varphi}{\sin\alpha\cos\varphi - \cos\alpha\sin\varphi} .$$

$$r'(\varphi) = r\cdot\frac{\cos(\alpha-\varphi)}{\sin(\alpha-\varphi)} = r\operatorname{ctg}(\alpha-\varphi) = r\operatorname{ctg}\psi = r/\operatorname{tg}\psi .$$

Hierin ist $\psi = \alpha - \varphi$ der Winkel zwischen dem Leitstrahl OP und der Tangente PT im Punkte $P(x, y)$ (Fig. 67). Es ist

$$\operatorname{tg}\psi = OP/ON = r/ON = r/r'(\varphi) = r\cdot d\varphi/dr ,$$

also die Länge der Polarsubnormale

$$ON = r'(\varphi) .$$

Länge der Polarsubtangente:

$$OT = r\operatorname{tg}\psi = r^2/r'(\varphi) .$$

Länge der Normale:

$$NP = \sqrt{NO^2 + OP^2}$$
$$= \sqrt{[r'(\varphi)]^2 + r^2} = ds/d\varphi \quad \text{(S. 81)}.$$

Länge der Polartangente:

$$PT = NP\cdot\operatorname{tg}\psi = \frac{ds}{d\varphi}\cdot\frac{r\,d\varphi}{dr}$$
$$= \frac{r\,ds}{dr} = \frac{r}{r'}\sqrt{r'^2 + r^2} .$$

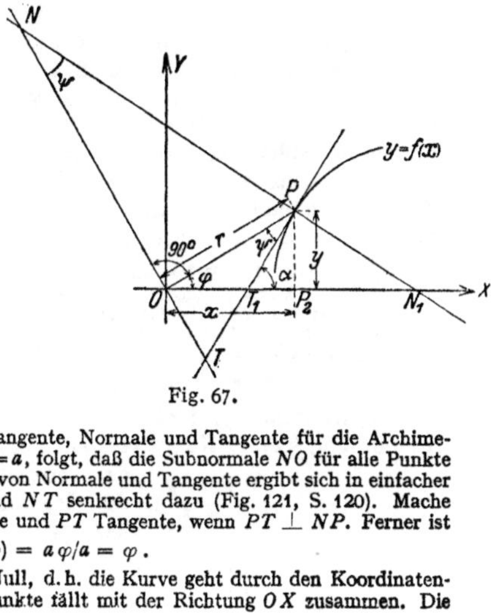

Fig. 67.

Beispiel: Es sind die Subnormale, Subtangente, Normale und Tangente für die Archimedische Spirale $r = a\varphi$ zu berechnen. Da $r'(\varphi) = a$, folgt, daß die Subnormale NO für alle Punkte den konstanten Wert a hat. Die Konstruktion von Normale und Tangente ergibt sich in einfacher Weise: ziehe den beliebigen Leitstrahl OP und NT senkrecht dazu (Fig. 121, S. 120). Mache $ON = a$; verbinde N mit P, so ist NP Normale und PT Tangente, wenn $PT \perp NP$. Ferner ist

$$\operatorname{tg}\psi = r/r'(\varphi) = a\varphi/a = \varphi .$$

Für $\varphi = 0$ werden auch r und ψ gleich Null, d. h. die Kurve geht durch den Koordinatenanfangspunkt, und die Tangente in diesem Punkte fällt mit der Richtung OX zusammen. Die Subtangente wird

$$OT = r^2/r'(\varphi) = r^2/a = a\varphi^2 .$$

Die Länge der Normale folgt zu

$$NP = \sqrt{r'^2 + r^2} = \sqrt{a^2 + r^2}$$

und die der Tangente zu

$$PT = \frac{r}{r'}\sqrt{r'^2 + r^2} = \frac{a\varphi}{r}\sqrt{a^2 + r^2} = \varphi\sqrt{a^2 + r^2} = \frac{a}{r}\sqrt{a^2 + r^2} .$$

7. Die **Asymptote** einer Kurve ist eine Gerade von der Art, daß der Abstand eines Kurvenpunktes von ihr gegen Null geht, wenn der Kurvenpunkt ins Unendliche wandert. Sie berührt die Kurve im Unendlichen.

8. Berührung. Zwei Kurven, die einen Punkt gemeinsam haben, bilden eine Berührung n-ter Ordnung, wenn in dem betreffenden Punkte die ersten n Ableitungen $y', y'', \ldots, y^{(n)}$ gleich, die $(n+1)$-ten $y^{(n+1)}$ aber verschieden sind. Die Kurven haben dann $(n+1)$ „unendlich benachbarte" Punkte gemeinsam und berühren sich „$(n+1)$-punktig".

Für eine Berührung erster Ordnung müssen die ersten Ableitungen y' gleich sein; die Tangente an eine Kurve berührt mindestens in der ersten Ordnung oder mindestens „zweipunktig".

Für eine Berührung zweiter Ordnung müssen die ersten Ableitungen y' und die zweiten y'' gleich sein. Eine solche Berührung liegt im gewöhnlichen Wendepunkt (9) vor, da für beide Kurven $y'' = 0$ ist und die dritten Ableitungen verschieden sind. Bei einer Berührung von gerader Ordnung durchsetzen sich die Kurven in dem gemeinsamen Berührungspunkt. Bei einer Berührung von ungerader Ordnung berühren sich die Kurven, ohne sich zu durchsetzen.

9. Wendepunkt. Ist in der Nähe eines Punktes P_1 (Fig. 68, vgl. a. Fig. 38, S. 72) $y'' > 0$, so wird y' mit wachsendem x größer, die dem Berührungspunkt P_1 benachbarten Punkte liegen oberhalb der Tangente und die Kurve ist nach oben konkav. Ist aber $y'' < 0$ in der Nähe eines Punktes P_2, so wird y' mit wachsendem x kleiner, die dem Berührungspunkte P_2 benachbarten Punkte liegen unterhalb der Tangente, die Kurve ist nach oben konvex. Geht die Kurve mit wachsendem x von der konkaven in die konvexe Form über (Punkt P_3, Fig. 68) bzw. umgekehrt, so heißt der Punkt P_3 Wendepunkt, die Tangente in diesem Punkte Wendetangente.

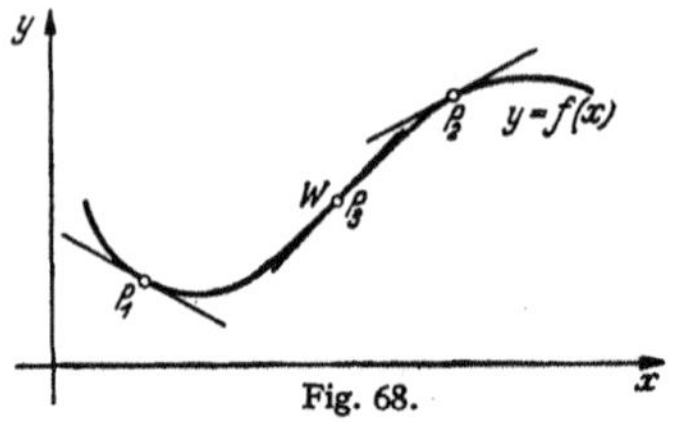

Fig. 68.

Für einen Wendepunkt muß $y'' = 0$ sein; für einen gewöhnlichen Wendepunkt ist $y''' \neq 0$. Da die Wendetangente durch die Kurve hindurchgeht (Fig. 68), so bildet sie mit der Kurve eine Berührung gerader Ordnung, d. h. die letzte Ableitung von y, welche wie die vorhergehenden y'', y''' usw. verschwindet, muß gerade sein (siehe 8). Eine Wendetangente hat also eine ungerade Zahl von unendlich benachbarten Punkten mit der Kurve gemeinsam, aber mindestens drei (mindestens dreipunktige Berührung).

Beispiele: 1. Für $y = \sin x$ (Fig. 37, S. 72) ist in den Schnittpunkten mit der x-Achse $y'' = 0$, y''' aber $\neq 0$; folglich sind diese Punkte Wendepunkte.

2. Es ist der Wendepunkt der Kurve $y = \frac{1}{6}(x^3 - 3x^2 - 9x + 9)$ (Fig. 39, S. 73) zu bestimmen. Es ist $y' = \frac{1}{2}x^2 - x - 1{,}5$; $y'' = x - 1$; $y''' = 1$. Aus $y'' = x - 1 = 0$ folgt die Abszisse x_w des Wendepunktes W zu $x_w = 1$. Da $y''' \neq 0$ ist, liegt ein gewöhnlicher Wendepunkt vor. Für $x_w = 1$ wird $y_w = -\frac{1}{3}$ und $y'_w = -2$.

10. Krümmung, Krümmungskreis, Evolute und Evolvente. 1. Unter der Krümmung k einer Kurve versteht man den Grenzwert, dem sich das Verhältnis der Änderung der Tangentenrichtung zur Änderung der Bogenlänge nähert, wenn die Bogenlänge sehr klein wird. Es ist also (Fig. 69)

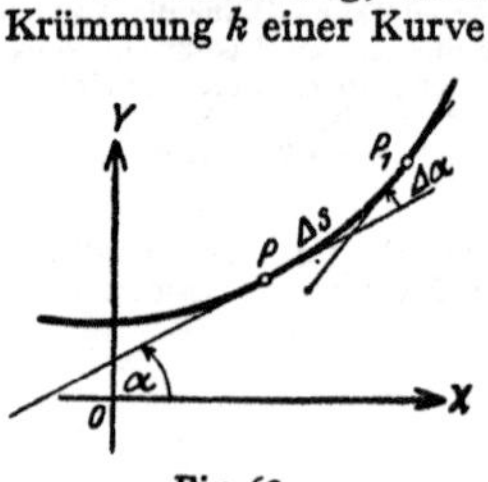

Fig. 69.

$$k = \lim_{\Delta s \to 0} \frac{\Delta \alpha}{\Delta s} = \frac{d\alpha}{ds}.$$

Nach dieser Definition hat die Krümmung einer Kurve ein Vorzeichen. Durchläuft man einen Kreis im mathematisch positiven Sinne (Fig. 70), so wird $s = r\alpha$, also ist $ds = r\,d\alpha$, $k = \frac{d\alpha}{ds} = \frac{1}{r}$, und zwar positiv. Ein Kreis ist um so stärker gekrümmt, je kleiner der Radius ist.

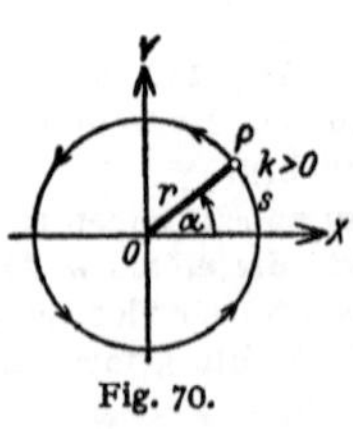

Fig. 70.

Für eine beliebige Kurve erklärt man entsprechend als Krümmungsradius den Kehrwert der Krümmung: es ist der Krümmungsradius

$$\varrho = 1/k = ds/d\alpha.$$

2. Aus $\operatorname{tg}\alpha = y'$ folgt $\alpha = \operatorname{arc}\operatorname{tg} y'$.

Es ist daher unter Benutzung der Kettenregel und der Formel 17 (S. 67).

$$\frac{d\alpha}{dx} = \frac{d\alpha}{dy'} \cdot \frac{dy'}{dx} = \frac{y''}{1 + y'^2},$$

worin y'' die Ableitung von y' nach x ist.

Nun ist aber (S. 80) $ds/dx = \sqrt{1 + y'^2}$, folglich ist die **Krümmung** $k = d\alpha/ds = d\alpha/dx : ds/dx = y''/(1 + y'^2)^{3/2}$ und der **Krümmungsradius**

$$\varrho = 1/k = (1 + y'^2)^{3/2}/y''.$$

Gibt man der Wurzel das positive Vorzeichen, so haben die Krümmung und der Krümmungsradius das Vorzeichen von y''.

3. In der **Parameterdarstellung** (S. 68) ist die Kurve durch $x = x(t)$ und $y = y(t)$ gegeben. Dann wird

$$\varrho = 1/k = ds/d\alpha = ds/dt : d\alpha/dt.$$

Aus $\operatorname{tg}\alpha = \dot{y}/\dot{x}$ folgt $\alpha = \operatorname{arctg}(\dot{y}/\dot{x})$ und daraus schließlich

$$\varrho = (\dot{x}^2 + \dot{y}^2)^{3/2}/(\dot{x}\ddot{y} - \dot{y}\ddot{x}), \text{ worin } \ddot{x} = d\dot{x}/dt = d^2x/dt^2 \text{ und } \ddot{y} = d\dot{y}/dt = d^2y/dt^2.$$

4. Bei **Polarkoordinaten** $r = r(\varphi)$ erhält man mit $x = r(\varphi)\cdot\cos\varphi$ und $y = r(\varphi)\cdot\sin\varphi$ als Funktion des Parameters φ nach vorstehender Formel für ϱ den Wert

$$\varrho = \frac{(r^2 + r'^2)^{3/2}}{r^2 + 2r'^2 - r\cdot r''},$$

worin die Striche Ableitungen nach φ bedeuten.

5. Der **Krümmungskreis** berührt die Kurve im Kurvenpunkt, und zwar mindestens dreipunktig. (Vgl. a. Fig. 74). Sein Halbmesser ist der Krümmungsradius. Sein Mittelpunkt, der **Krümmungsmittelpunkt**, ist der Schnittpunkt zweier unendlich benachbarter Normalen

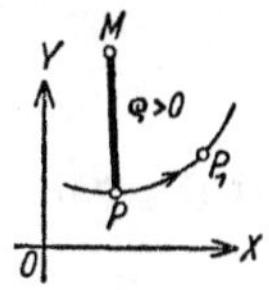

Fig. 71.

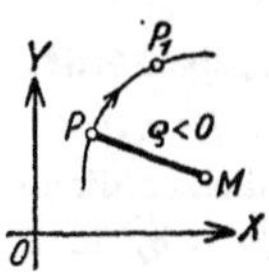

Fig. 72.

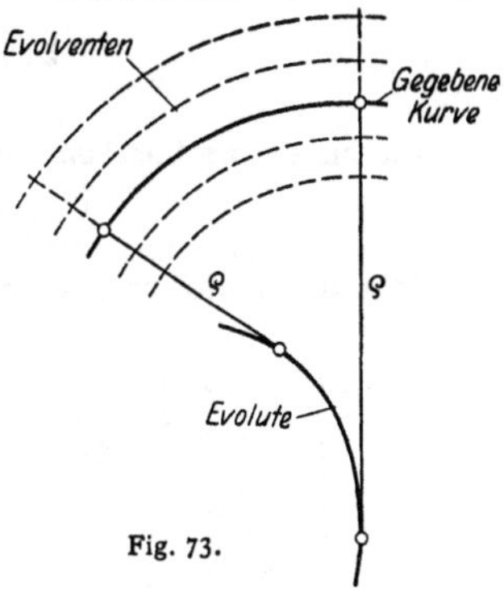

Fig. 73.

und liegt auf der Normalen. Der Krümmungsmittelpunkt befindet sich links oder rechts von der Kurve in der durch x oder t oder φ festgelegten Fortschreitrichtung, je nachdem $\varrho > 0$ (Fig. 71) oder $\varrho < 0$ (Fig. 72), da dann $y'' > 0$ bzw. $y'' < 0$ ist.

6. Der geometrische Ort der Krümmungsmittelpunkte einer Kurve heißt **Evolute**. Wickelt man die Tangente (einen gespannten Faden) von ihr ab, so beschreiben die Punkte dieser Tangente eine Schar paralleler Kurven, welche die **Evolventen** der Evolute heißen und zu denen auch die ursprüngliche Kurve gehört (Fig. 73). Die Tangenten der Evolute sind zugleich die Normalen der Evolventen. Bei der Kreisevolvente (S. 120) ist z. B. der Grundkreis die Evolute; auf ihm liegen die entsprechenden Krümmungsmittelpunkte.

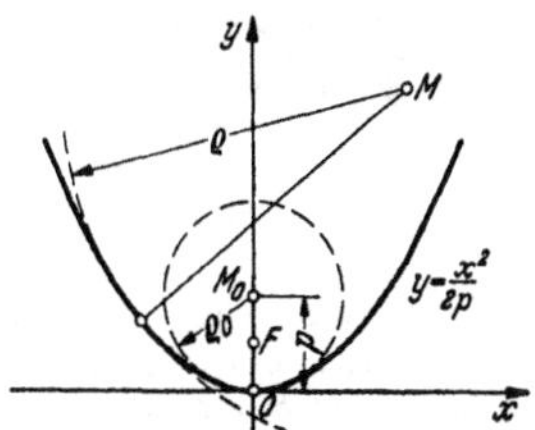

Fig. 74.

Beispiele: 1. Es ist der Krümmungsradius der Parabel $x^2 = 2py$ oder $y = x^2/2p$ zu berechnen. Es wird

$$y' = x/p; \quad y'' = 1/p; \quad 1 + y'^2 = (p^2 + x^2)/p^2;$$

damit

$$\varrho = (p^2 + x^2)^{3/2}/p^2.$$

Im Scheitel, für $x = 0$, ist der Krümmungsradius ϱ gleich dem halben Parameter, d. h. gleich p (Fig. 74). Dort berührt der Krümmungskreis vierpunktig.

2. Die Krümmungsradien in den Scheiteln der Ellipse sind zu berechnen. Aus der Parameterdarstellung der Ellipse

$$x = a\cos t, \quad y = b\sin t$$

folgt $\dot{x} = -a\sin t; \quad \ddot{x} = -a\cos t; \quad \dot{y} = b\cos t; \quad \ddot{y} = -b\sin t;$

also $\dot{x}^2 + \dot{y}^2 = a^2\sin^2 t + b^2\cos^2 t$

und $\dot{x}\ddot{y} - \dot{y}\ddot{x} = ab\cdot\sin^2 t + ab\cdot\cos^2 t = ab,$

d. h. $\varrho = (a^2\sin^2 t + b^2\cos^2 t)/ab.$

In den Endpunkten der großen Achse wird $t = 0$ oder $t = \pi$, d. h. $\varrho = b^2/a$; in den Endpunkten der kleinen Achse wird $t = \pi/2$ oder $t = 3\pi/2$, d. h. $\varrho = a^2/b$.

3. Für den Krümmungsradius der logarithmischen Spirale $r = r_0 e^{m\varphi}$ folgt mit $r' = m r_0 e^{m\varphi} = m r$ und $r'' = m^2 r_0 e^{m\varphi} = m^2 r$, daß $r^2 + r'^2 = r^2(1 + m^2)$, $r^2 + 2r'^2 - r r'' = r^2(1 + m^2)$, also

$$\varrho = \frac{[r^2(1 + m^2)]^{3/2}}{r^2(1 + m^2)} = r\sqrt{1 + m^2}.$$

ϱ ist gleich der Normalen PN, Fig. 67.

11. Doppelpunkt. Geht eine Kurve zweimal durch denselben Punkt, so heißt er Doppelpunkt. In diesem Fall ist die Tangentenrichtung unbestimmt. Bei impliziter Darstellung $F(x, y) = 0$ müssen dann F_x und F_y (S. 68) gleichzeitig verschwinden.

Beispiel: Bei der Lemniskate (Fig. 64, S. 93) ist $F(x, y) \equiv (x^2 + y^2)^2 - a^2(x^2 - y^2) = 0$. Dann wird $F_x = 2x(x^2 + y^2) - 2a^2 x$; $F_y = 2y(x^2 + y^2) + 2a^2 y$.

Für $x = 0$ und $y = 0$ hat die Kurve einen Doppelpunkt: es verschwinden F_x und F_y gleichzeitig.

12. Über Bogenlänge siehe S. 79.

13. Über den Inhalt einer Fläche siehe S. 74.

14. Einhüllende Kurve. Die durch die Gleichung $F(x, y, p) = 0$ dargestellte Kurvenschar, worin p ein veränderlicher Parameter ist, kann eine Hüllkurve haben, deren Gleichung sich durch Elimination von p aus

$$\partial F(x, y, p)/\partial p = 0 \quad \text{und} \quad F(x, y, p) = 0$$

ergibt.

15. Eine Kurve, welche eine gegebene Kurvenschar unter einem konstanten Winkel schneidet, heißt **Trajektorie**; ist der Winkel ein rechter, so heißt sie orthogonale Trajektorie.

b) Die Kegelschnitte.

1. Der Kreis.

Die allgemeine Gleichung für Parallelkoordinaten lautet (Fig. 75):

$$(x - a)^2 + (y - b)^2 = R^2.$$

Liegt der Koordinatenanfangspunkt im Mittelpunkt, so ergibt sich die Mittelpunktgleichung, da $a = 0$ und $b = 0$ werden, zu:

$$x^2 + y^2 = R^2.$$

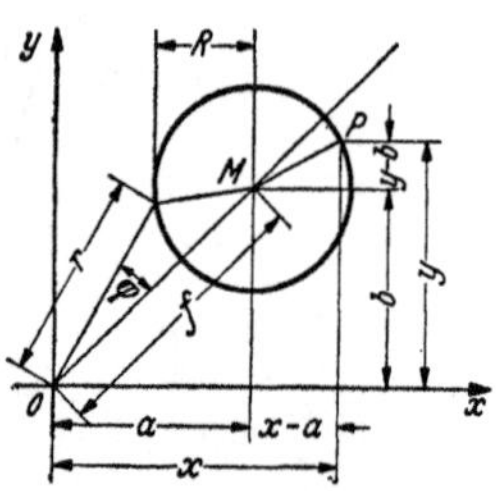

Fig. 75.

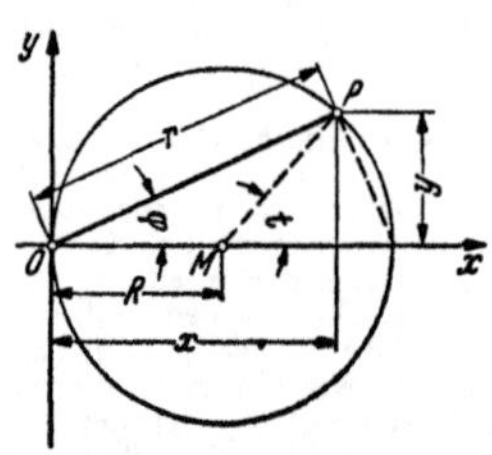

Fig. 76.

Liegt der Koordinatenanfangspunkt auf der Kreislinie, so lautet die Scheitelgleichung mit OM als Halbmesser und der y-Achse als Scheiteltangente, da $a = R$ und $b = 0$, Fig. 76:

$$y^2 = 2Rx - x^2.$$

Die Gleichung

$$Ax^2 + By^2 + Cx + Dy + E = 0$$

stellt einen Kreis dar, wenn $A = B$ und $C^2 + D^2 > 4AE$ ist.

Ist nämlich $A = B$, so wird

$x^2 + y^2 + Cx/A + Dy/A + E/A = 0$, $\quad (x + C/2A)^2 + (y + D/2A)^2 = C^2/4A^2 + D^2/4A^2 - 4AE/4A^2$,

und es ist daher

$$a = -C/2A; \quad b = -D/2A; \quad R = \sqrt{C^2 + D^2 - 4AE}/2A;$$

der Ausdruck unter der Wurzel muß größer als Null sein.

Für die Kreisgleichung charakteristisch sind die gleichen Koeffizienten der quadratischen Glieder und das Fehlen des Produktes $x \cdot y$.

Die Polargleichung mit OM als Polarachse und O als Pol lautet:

$$r^2 - 2rf \cdot \cos\varphi + f^2 = R^2,$$

wobei r der Leitstrahl ist. Geht der Kreis durch O hindurch, Fig. 76, so gilt $r = 2R\cos\varphi$. Bildet PM, Fig. 75, mit der x-Achse den Winkel t, so gilt die Parameterdarstellung

$$x = a + R\cos t, \quad y = b + R\sin t \text{ (vgl. Fig. 76 für } a = R \text{ und } b = 0).$$

Die Gleichung der Tangente im Punkte $P_1(x_1, y_1)$ lautet bei der allgemeinen Form $(x - a)(x_1 - a) + (y - b)(y_1 - b) = R^2$.

Umfang und Inhalt der Kreisfläche siehe S. 161.

Inhalt des Kreisausschnittes siehe S. 161. Vgl. ferner Tafel D, S. 28/29.

2. Die Parabel.

1. Bildungsgesetz: Ein Punkt P (Fig. 77) bewege sich so, daß seine Entfernungen von einem festen Punkte F, dem Brennpunkt, und einer festen Geraden L, der Leitlinie, gleich groß sind, d. h. daß $PF = PD$ ist.

Scheitelgleichung: $y^2 = 2px$; der Parameter $2p$ ist die doppelte Ordinate im Brennpunkt und die doppelte Entfernung des Brennpunktes von der Leitlinie, der Anfangspunkt O halbiert diese Entfernung.

Eigenschaften der Parabel: Die zur x-Achse parallele Gerade PX' heißt Durchmesser der Parabel, sie halbiert alle Sehnen ab, die der Tangente AP parallel sind. Die Tangente AP halbiert im Punkte E die Strecke $OH = y$ und steht senkrecht auf FE. Die Subtangente AC ist gleich $2x$. Die Gerade BP ist Normale, die Subnormale BC ist gleich p, also für alle Punkte der Parabel konstant. Der von dem Brennstrahl FP und dem Durchmesser PX' gebildete Winkel wird von der Normalen PB halbiert.

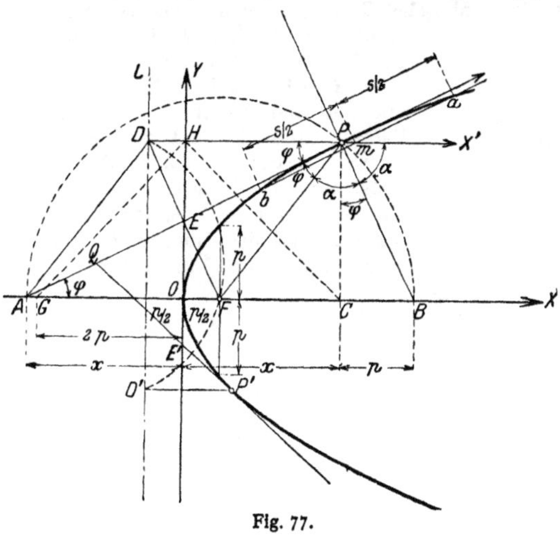

Fig. 77.

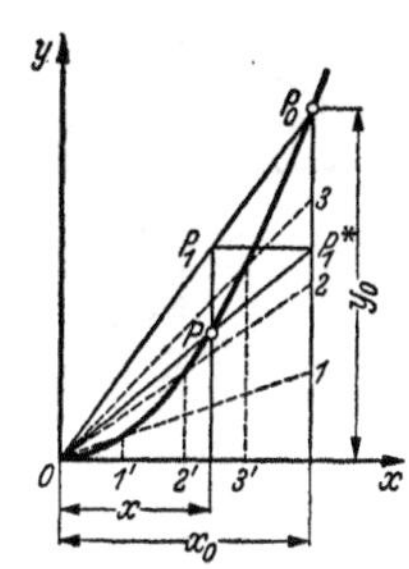

Fig. 78.

2. Hat der Scheitel der Parabel die Koordinaten x_0 und y_0, so hat sie die Gleichung

$$(y - y_0)^2 = 2p(x - x_0).$$

Öffnet sich die Parabel nach links, so kehren sich die Vorzeichen auf der rechten Seite um.

Vertauscht man die x- und y-Achse, **so erhält man die Parabel mit senkrechter Achse** (Fig. 78 u. 74), **ihre Scheitelgleichung** lautet

$$x^2 = 2py \quad \text{oder} \quad y = x^2/2p.$$

Geht die Parabel durch den Punkt P_0 mit den Koordinaten $x = x_0$ und $y = y_0$, so lautet die Gleichung der Parabel

$$y = y_0\sqrt{x/x_0} \text{ (Fig. 84) bzw. } y = y_0 \cdot (x/x_0)^2 \text{ (Fig. 78)}.$$

Hat der Scheitel die Koordinaten x_0 und y_0, so hat die Parabel mit senkrechter Achse die Gleichung

$$(y - y_0) = (x - x_0)^2/2p,$$

die auf die Form $y = a + bx + cx^2$ gebracht werden kann. Ist c negativ, so öffnet sich die Parabel nach unten, und der Scheitel ist der höchste Punkt.

Im Scheitel der Parabel

$$y = a + bx + cx^2 \qquad (c \neq 0)$$

ist die Tangente horizontal, d. h. $y' = b + 2cx = 0$. Hieraus folgen seine Koordinaten x_0 und $y_0 = y(x_0)$ zu

$$x_0 = -b/2c \quad \text{und} \quad y_0 = a - b^2/4c.$$

Die Parabelachse halbiert die Sehnen, die parallel zur x-Achse sind.

Löst man die Gleichung $y - y_0 = (x - x_0)^2/2p$ nach y auf, so ist der Faktor von x^2 gleich $^1/_2p$. Durch Vergleich mit der gegebenen Form folgt $c = {^1/_2p}$, d. h. der Parameter der Parabel ist $2p = |1/c|$.

3. Konstruktionen: a) Mache OG (Fig. 77) gleich $2p$. Ziehe den beliebigen Strahl GH; CH senkrecht GH, dann schneiden sich die Waagerechte durch H und die Senkrechte durch C in dem Parabelpunkte P.

b) Gegeben sei der Punkt $P_0(x_0, y_0)$ (Fig. 78).

Projiziere den beliebigen Punkt P_1 der Geraden OP_0, dessen Abszisse x ist, auf die gegebene Ordinate y_0; verbinde P_1^* mit dem Anfangspunkt O, dann schneidet OP_1^* die Ordinate des Punktes P_1 im Parabelpunkte P. Daraus folgt die Konstruktion: teile die gegebenen Koordinaten x_0 und y_0 in dieselbe Anzahl gleicher Teile, ziehe das Strahlenbüschel *O 1, 2, 3*, dann schneiden die Senkrechten durch *1', 2', 3'* die entsprechenden Strahlen in Punkten der Kurve.

c) Gegeben sei der Scheitel O (Fig. 79) und der Brennpunkt F. Ziehe den beliebigen Strahl Fz und $zz' \perp Fz$, dann ist zz' Tangente an die Parabel. (Hüllkonstruktion.) Schneidet die Tangente $z'z$ die x-Achse in A, so trifft der Kreis um z mit zA die Tangente zz' in ihrem Berührungspunkt P mit der Parabel.

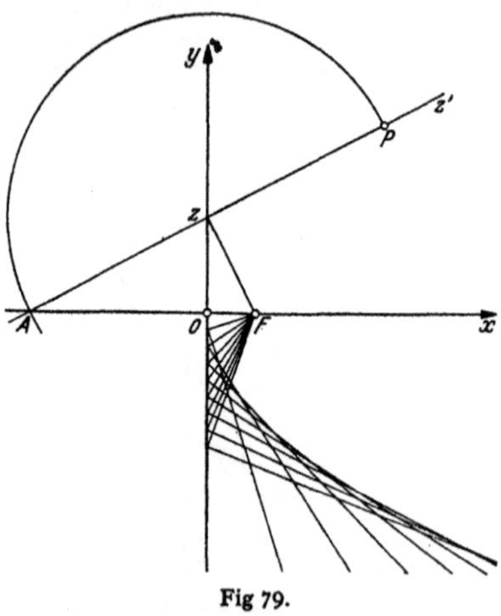

Fig 79.

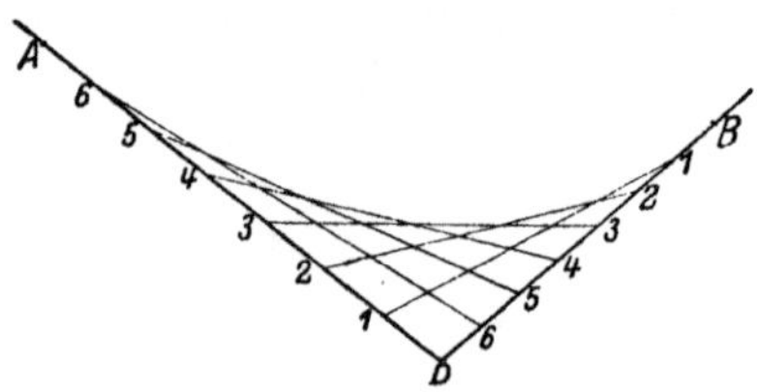

Fig. 80.

d) Gegeben seien zwei Tangenten PA und PB; die Punkte A und B seien Berührungspunkte. Teile beide Strecken in dieselbe Anzahl gleicher Teile (Fig. 80) und verbinde die entsprechenden Punkte, dann sind die Geraden *11*; *22*; *33* ... Tangenten an die Parabel. (Hüllkonstruktion.)

Das rechtwinklige Achsenkreuz, bei dem die y-Achse Scheiteltangente der Kurve ist, wird in folgender Weise gefunden: halbiere AB in C (Fig. 81), verbinde P mit C, dann ist PC Durchmesser der Parabel, der Halbierungspunkt D ist ein Punkt der Kurve. Die x-Achse läuft parallel PC, die Subnormalen —

d. h. die Projektionen der Normalen auf die x-Achse — müssen gleich sein. Ziehe durch A und B zu dem Durchmesser PC Parallelen, mache $A a_1 = p_2 =$ der Projektion der Normalen BB_1 auf den Durchmesser und $Bb_1 = p_1 =$ der Projektion der Normalen AA_1 auf den Durchmesser, dann schneidet $a_1 b_1$ die Sehne AB im Punkte E der x-Achse, die parallel PC läuft. Der Anfangspunkt O halbiert die Subtangenten $a_2 A_2$ und $B_2 b_2$.

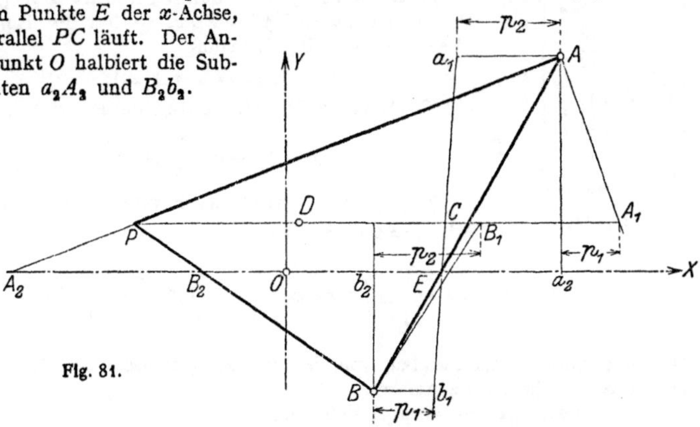

Fig. 81.

e) In einem Punkt P (Fig. 77) soll an die Parabel die Tangente gezogen werden: Mache $OA = OC$, dann ist AP Tangente oder halbiere OH in E, dann ist EP Tangente.

f) Von einem Punkte Q außerhalb der Parabel soll an diese die Tangente gezogen werden: beschreibe (Fig. 77) mit QF um Q einen Kreis, der die Leitlinie in D und D' schneidet, verbinde F mit D bzw. mit D'. FD und FD' treffen die y-Achse in E und E'. Dann sind die Geraden QE und QE' die Tangenten. Ihre Berührungspunkte P und P' sind die Schnittpunkte der Tangenten und der Parallelen zur x-Achse durch D bzw. D'.

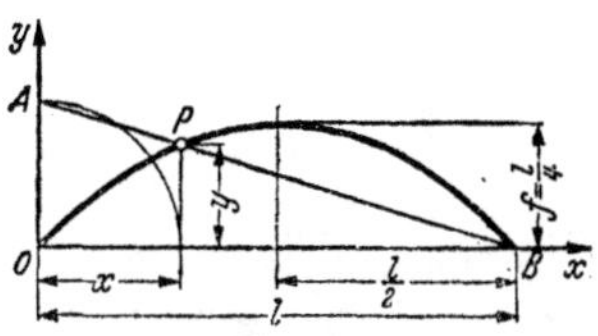

Fig. 82.

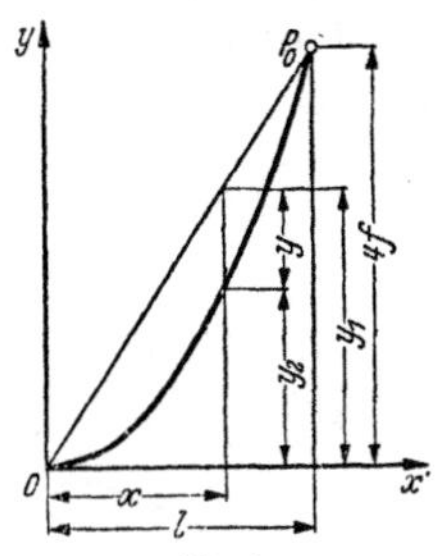

Fig. 83.

4. Die Parabel verlaufe nach Fig. 82, die Pfeilhöhe sei f, dann lautet die Gleichung

$$y = \frac{4f}{l^2} \cdot x(l - x) \qquad \text{oder} \qquad y = \frac{4f}{l} \cdot \frac{x(l - x)}{l},$$

und es ergibt sich folgende Konstruktion: beschreibe mit x um den Anfangspunkt O einen Kreis, so daß $OA = x$ wird, dann schneidet die Gerade AB die Ordinate in x im Parabelpunkt P; die Pfeilhöhe wird für diesen Fall $f = l/4$.

Man kann auch $y = 4f \cdot x(l - x)/l^2$ in

$$y = 4f \cdot x/l - 4f \cdot x^2/l^2 = y_1 - y_2$$

zerlegen, wobei $y_1 = 4f \cdot x/l$ eine durch den Anfangspunkt und den Punkt $P_0(x_0 = l;\ y_0 = 4f)$ gehende Gerade und $y_2 = 4f \cdot x^2/l^2$ eine symmetrisch zur y-Achse liegende, durch den gleichen Punkt P_0 gehende Parabel darstellen (Fig. 83). Die Differenz beider Ordinaten gibt die gesuchte Ordinate. Diese Zerlegung empfiehlt sich besonders bei Parabeln höherer Ordnung (S. 112).

5. Polargleichung: Ist der Brennpunkt F Pol, die negative Richtung der x-Achse Polarachse, so lautet die Gleichung der Parabel

$$r = p/(1 + \cos\varphi) = p/2\cos^2 \tfrac{1}{2}\varphi\,.$$

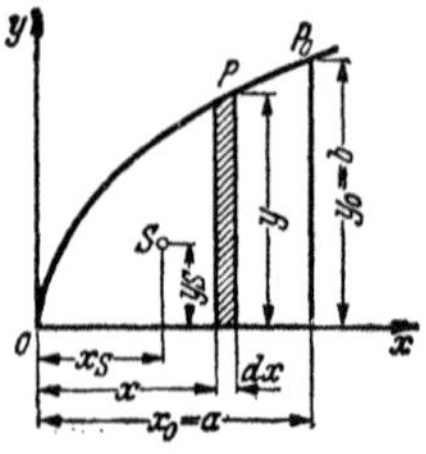

Fig. 84.

6. Gleichung der Tangente: Ist $P_1(x_1, y_1)$ ein Punkt der Parabel $y^2 = 2px$, so hat die Tangente in diesem Punkte die Gleichung

$$y y_1 = p(x + x_1);$$

die Gleichung der Normalen im Punkte P_1 ist:

$$y - y_1 = -\frac{y_1}{p}(x - x_1)\,.$$

7. Flächeninhalt des Parabelsegmentes (Fig. 84). Mit $y = b \cdot \sqrt{x/a}$ wird

$$F = \int_0^a y\,dx = \frac{b}{\sqrt{a}}\int_0^a \sqrt{x}\,dx = \frac{b}{\sqrt{a}} \cdot \frac{2}{3}x^{3/2}\Big|_0^a = \frac{2}{3}ab\,.$$

Der Flächeninhalt der Parabel, vom Scheitel aus gemessen, ist also gleich $^2/_3$ des umbeschriebenen Rechteckes.

8. Bogenlänge der Parabel siehe S. 80.

9. Der Krümmungsradius der Parabel im Scheitel ist gleich p, siehe Fig. 74, S. 97.

3. Die Ellipse.

Bildungsgesetz: Ein Punkt P bewegt sich so, daß die Summe $2a$ seiner Entfernungen von zwei festen Punkten, den Brennpunkten F_1 und F_2, konstant ist; d. h. es muß $P_1F_1 + P_1F_2 = 2a$ sein.

Für die Hauptachsen als Koordinatensystem (Fig. 85) lautet die Mittelpunktgleichung

$$x^2/a^2 + y^2/b^2 = 1\,,$$

wobei $OA_1 = a$ und $OB_1 = b$ die Halbachsen sind.

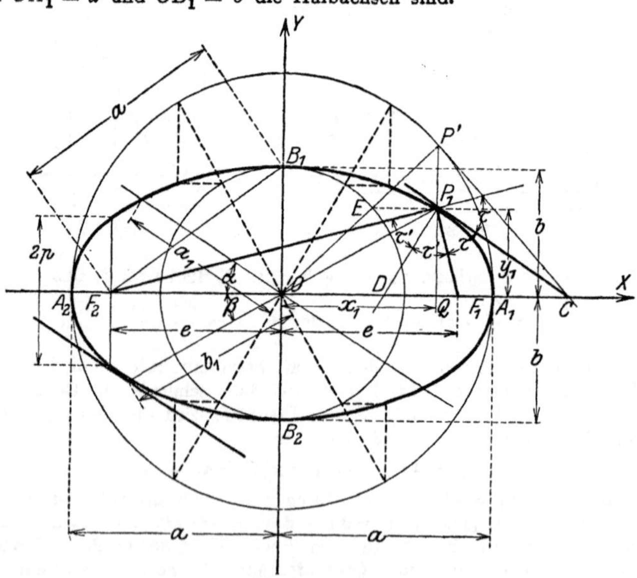

Fig. 85.

Die entwickelte Form der Gleichung heißt

$$y = \pm b/a \cdot \sqrt{a^2 - x^2}\,.$$

Ist die y-Achse Scheiteltangente im Punkte A_2, so heißt die Scheitelgleichung der Ellipse

$$y^2 = 2\frac{b^2}{a}x - \frac{b^2}{a^2}x^2 = \frac{b^2}{a^2}x(2a - x).$$

Mit $p = b^2/a$ als Halbparameter (Ordinate im Brennpunkt) wird

$$y^2 = 2px - \frac{px^2}{a} = \frac{p}{a}x(2a - x).$$

Eigenschaften der Ellipse:

Ist $2e$ die Entfernung der Brennpunkte, so besteht zwischen e, der linearen Exzentrizität und den Halbachsen a und b die Beziehung

$$OF_1 = OF_2 = e = \sqrt{a^2 - b^2} = a\sqrt{1 - p/a}\,.$$

Das Verhältnis $OF_1/OA_1 = e/a = \sqrt{a^2 - b^2}/a = \sqrt{1 - p/a} = \varepsilon$ heißt numerische Exzentrizität.

Zieht man von einem beliebigen Punkte P_1 nach den Brennpunkten die Brennstrahlen P_1F_1 und P_1F_2, so ist

$$P_1F_1 = a - \varepsilon x; \qquad P_1F_2 = a + \varepsilon x.$$

Geraden durch den Mittelpunkt heißen Durchmesser; sie sind zugeordnet (konjugiert), wenn der eine alle Sehnen halbiert, die zu dem andern parallel sind. Bilden sie mit der großen Hauptachse $2a$ die Winkel α und β (in Fig. 85 sind $2a_1$ und $2b_1$ konjugierte Durchmesser), so ist, wenn beide Winkel spitz sind,

$$a^2 + b^2 = a_1^2 + b_1^2\,.$$

Tangente und Normale halbieren die Winkel, die von den Brennstrahlen gebildet werden.

Die Parameterdarstellung lautet (vgl. Konstruktionen, 2. und 3.)

$$x = a\cos t, \qquad y = b\sin t.$$

Konstruktionen der Ellipse 1. Aus der Bedingung

$$P_1F_1 + P_1F_2 = r_1 + r_2 = 2a$$

ergibt sich die Fadenkonstruktion, wenn die Brennpunkte F_1 und F_2 gegeben sind.

2. Sind die Halbachsen a und b bekannt, so ziehe man mit a und b als Radien Kreise um den Mittelpunkt O (Fig. 85); ziehe einen beliebigen Strahl OP', projiziere den Schnittpunkt E auf die Senkrechte durch P', dann ist P_1 ein Punkt der Ellipse. Wenn Winkel $A_1OP' = t$ ist, so liest man ab $x = a\cos t$, $y = b\sin t$.

3. Bewegt man eine Strecke AB (Fig. 86) derart, daß ihre Endpunkte auf zwei zueinander senkrechten Geraden wandern, so beschreibt ein auf ihr gelegener Punkt eine Ellipse. Die zwischen den Schenkeln liegende Strecke AB bzw. $A'B'$ stellt dann die Summe $a + b$ bzw. die Differenz $a - b$ der Halbachsen dar. (Papierstreifenkonstruktion; Ellipsenzirkel.) Jeder mit der Strecke AB fest verbundene, auch nicht auf ihr selbst liegende Punkt beschreibt eine Ellipse.

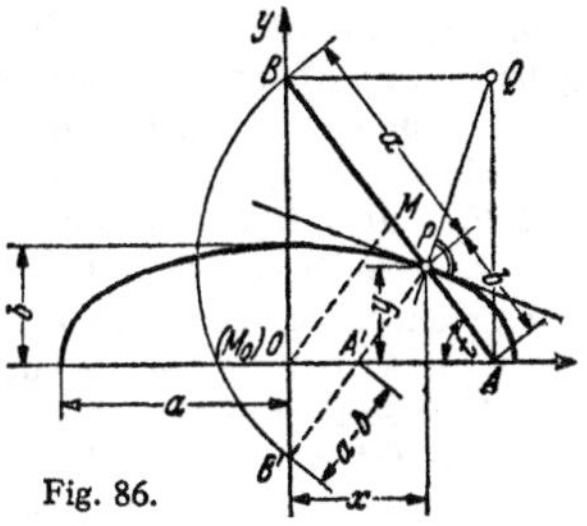

Fig. 86.

4. Rollt ein Kreis vom Halbmesser r (Fig. 87) bei Innenberührung auf einem Kreis mit dem Halbmesser $2r$ ab, so beschreibt jeder Punkt auf dem Umfang des Rollkreises einen Durchmesser und jeder mit dem Rollkreis fest verbundene Punkt P eine Ellipse vom Mittelpunkt M_0 (Kardankreise, Kardanische Be-

wegung). Die Gerade PM trifft den Rollkreis in A und B. Dann sind M_0A und M_0B die Richtungen der Achsen und $PA = b$ und $PB = a$ die Halbachsen der Ellipse.

5. Sind MA_1 und MB_1 (Fig. 88) zwei zugeordnete Halbmesser einer Ellipse, so ziehe man die Tangenten durch die Endpunkte der Durchmesser parallel MA_1

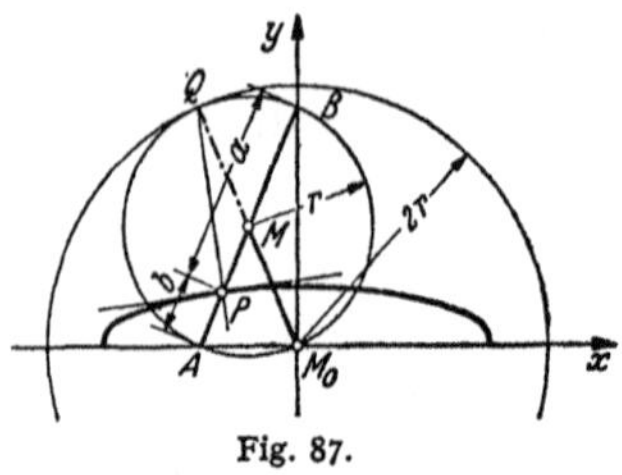

Fig. 87.

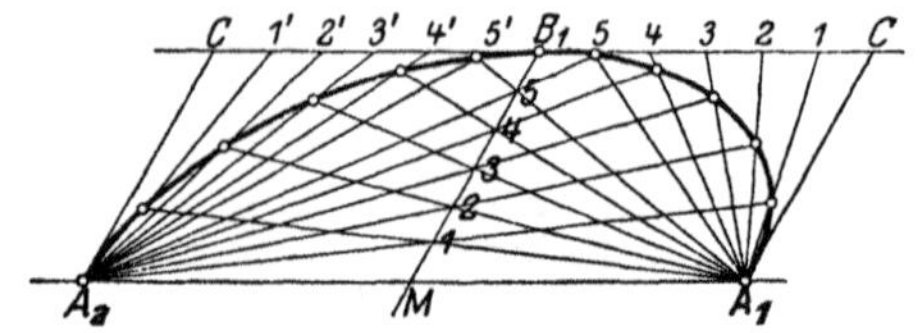

Fig. 88.

und MB_1; teile B_1C und B_1M in dieselbe Anzahl gleicher Teile und ziehe durch die Teilpunkte aus A_1 und A_2 Strahlen, dann liegen die Schnittpunkte entsprechender Strahlen auf einer Ellipse.

6. **Ersatz durch Korbbögen** (Näherungskonstruktionen). a) Das Lot von C auf BA (Fig. 89, rechts) trifft die x-Achse in A_1. Der Kreis um A_1 mit A_1A als Radius wird von dem Kreis um die Mitte D von BC mit $a/2$ als Radius in P_1 getroffen. P_1A_1 schneidet die y-Achse in B_1. Die Kreise um A_1 mit A_1A und um B_1 mit B_1B sind die Korbbögen, die sich in P_1 auf der gemeinsamen Normalen $P_1A_1B_1$ berühren. Bei dieser Konstruktion ist der Kreis um A_1 der **Krümmungskreis** der Ellipse in A (vgl. Fig. 103, S. 111).

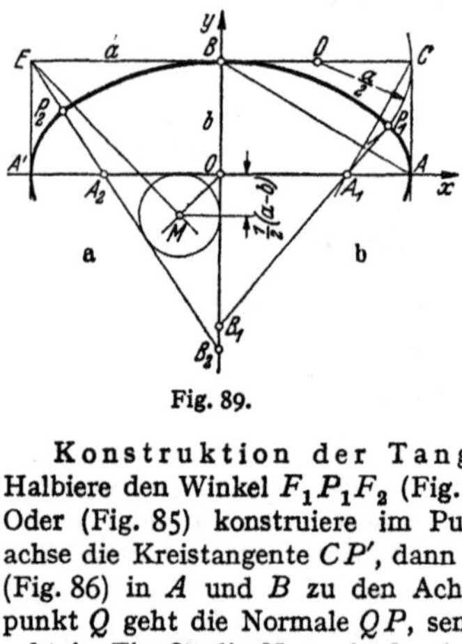

Fig. 89.

b) Ziehe um M (Fig. 89, links) den die Achsen berührenden Kreis vom Radius $(a-b)/2$; M ist auch der Schnittpunkt der von E und O unter 135° bzw. 45° gegen die x-Achse gezogenen Strahlen. Zeichne von E aus die Tangente an diesen Kreis. Diese schneidet die Achsen in A_2 und B_2. Die Kreise um A_2 und B_2 bzw. mit A_2A' und B_2B sind die gesuchten Korbbögen, die sich in P_2 auf der gemeinsamen Normalen EA_2B_2 berühren. Bei dieser Konstruktion ist P_2 ein **genauer Ellipsenpunkt.**

Konstruktion der Tangente 1. in einem Punkt P_1 der Ellipse. Halbiere den Winkel $F_1P_1F_2$ (Fig. 85) der Leitstrahlen und ziehe $CP_1 \perp DP_1$. Oder (Fig. 85) konstruiere im Punkte P' des Kreises mit der großen Halbachse die Kreistangente CP', dann ist CP_1 Tangente an die Ellipse. Oder ziehe (Fig. 86) in A und B zu den Achsen die Senkrechten. Durch ihren Schnittpunkt Q geht die Normale QP, senkrecht dazu verläuft die Tangente. Ebenso geht in Fig. 87 die Normale durch den Berührungspunkt Q der Kreise.

2. von einem Punkte R außerhalb der Ellipse (Fig. 90). Man beschreibe um R mit RF_1 und um F_2 mit $2a$ Kreise, verbinde ihren Schnittpunkt S mit F_2 und mit F_1. Dann ist die Senkrechte von R auf F_1S die Tangente und ihr Schnittpunkt mit F_2S ihr Berührungspunkt T. Die zweite Tangente folgt entsprechend, z. B. durch den zweiten Schnittpunkt der Kreise.

Konstruktion der Hauptachsen einer Ellipse aus zwei zugeordneten Durchmessern (Fig. 91) $OG = OF$ und $OI = OH$: Mache $OG^* =$ und $\perp OG$. Verbinde G^* mit I. Der Kreis mit MO um den Mittelpunkt M von G^*I trifft die Gerade G^*I in A_1 und B_1. OA_1 und OB_1 sind die Achsenrichtungen, und es ist

$$IB_1 = G^*A_1 = a \quad \text{und} \quad IA_1 = G^*B_1 = b.$$

Die **Polargleichung** der Ellipse, bezogen auf den Brennpunkt F_1 als Pol und F_1A_1 als Polarachse, lautet:

$$r = p/(1 + \varepsilon \cos\varphi).$$

Gleichung der Tangente im Punkte $P_1(x_1, y_1)$ der Ellipse:

$$x x_1/a^2 + y y_1/b^2 = 1.$$

Gleichung der Normalen:

$$(x - x_1)\, a^2 y_1 - (y - y_1)\, b^2 x_1 = 0.$$

Die Fläche der Ellipse ist $\pi a b$.

Die Krümmungsradien in den Scheiteln der Ellipse sind $b^2/a = p$ und a^2/b (S. 97). Ihre Konstruktion s. Fig. 103 (S. 111).

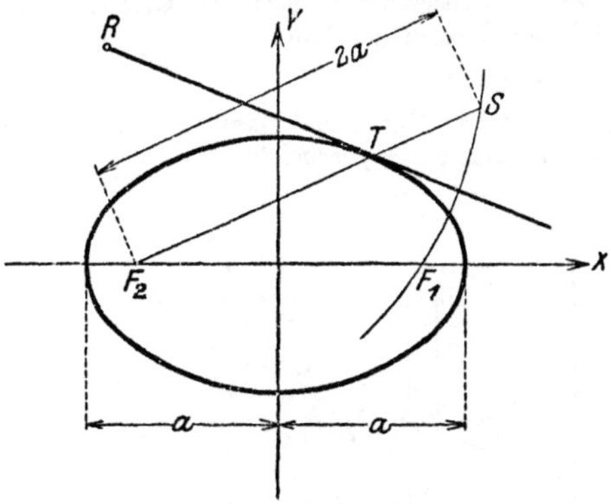

Fig. 90.

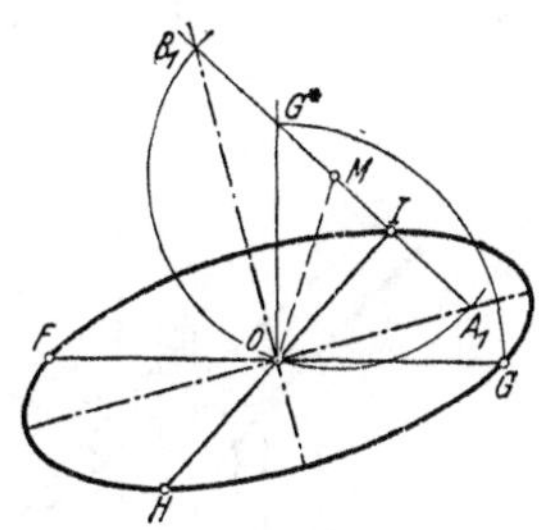

Fig. 91.

Umfang der Ellipse: Für gegebene Werte b und a kann der Umfang U mit Hilfe der folgenden Tabelle berechnet werden.

$b:a$	0,1	0,2	0,3	0,4	0,5	0,6	0,7	0,8	0,9
$U:a$	4,0640	4,2020	4,3860	4,6026	4,8442	5,1054	5,3824	5,6723	5,9723

4. Die Hypérbel.

Bildungsgesetz: Ein Punkt P bewegt sich so, daß die Differenz $2a$ seiner Entfernungen von zwei festen Punkten, den Brennpunkten F_1 und F_2, konstant ist; d. h. $P_1F_2 - P_1F_1 = \pm 2a$.

Für die Hauptachsen als Koordinatensystem (Fig. 92) lautet die Mittelpunktgleichung

$$\frac{x^2}{a^2} - \frac{y^2}{b^2} = 1,$$

wobei a die reelle und b die imaginäre Halbachse ist.

Die entwickelte Form der Gleichung heißt

$$y = \pm b/a \cdot \sqrt{x^2 - a^2}.$$

Ist die y-Achse Scheiteltangente im Punkte A_2, so heißt die Scheitelgleichung der Hyperbel

$$y^2 = \frac{b^2}{a^2} x^2 - \frac{2b^2}{a} x = \frac{b^2}{a^2} x(x - 2a).$$

Mit $p = b^2/a$ als Halbparameter (Ordinate im Brennpunkte) wird

$$y^2 = \frac{p x^2}{a} - 2px = \frac{p}{a} x(x - 2a).$$

Eigenschaften der Hyperbel:

Ist $2e$ die Entfernung der Brennpunkte, so besteht zwischen e und den Halbachsen a und b die Beziehung

$$OF_1 = OF_2 = e = \sqrt{a^2 + b^2} = a\sqrt{1 + p/a}.$$

Das Verhältnis $\varepsilon = e/a = \sqrt{1 + p/a}$ heißt numerische Exzentrizität.

Die Länge der Brennstrahlen ist

$$P_1F_1 = -a + \varepsilon x\,; \qquad P_1F_2 = a + \varepsilon x\,.$$

Über **Durchmesser** und **zugeordnete** Durchmesser vgl. 3. Ellipse, S. 103.

Bilden zwei symmetrische Durchmesser der Hyperbel mit der x-Achse die Winkel α, welche durch die Gleichung $\operatorname{tg}\alpha = \pm b/a$ bestimmt sind, so nähert sich die Kurve diesen Geraden, wenn x unbegrenzt wächst; diese Geraden heißen **Asymptoten** (Fig. 92 u. S. 95); ihre Gleichungen lauten

$$y = \pm\, b/a \cdot x\,.$$

Die Abschnitte einer Sekante zwischen Kurve und Asymptote sind gleich, es ist $P_1R = P'R'$ (vgl. Konstruktionen der Hyperbel Nr. 3).

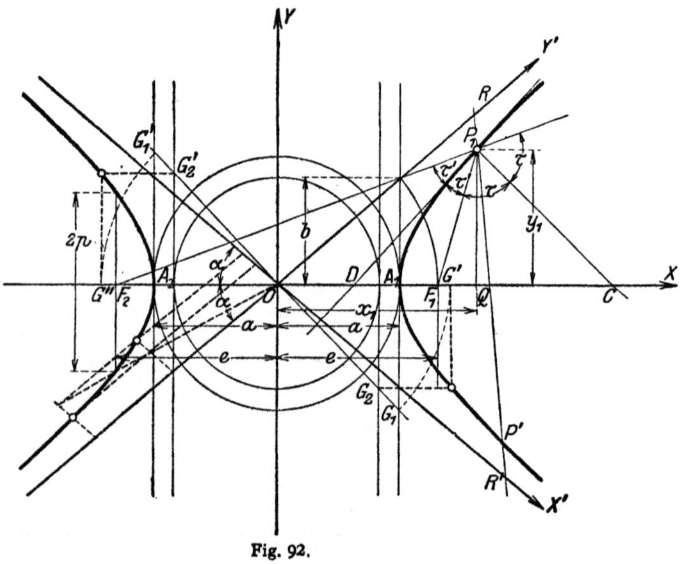

Fig. 92.

Die auf die Asymptoten $\xi = X'$, $\eta = Y'$ in Fig. 92 als Koordinatenachsen bezogene Gleichung der Hyperbel lautet in schiefwinkligen Koordinaten:

$$\xi\eta = (a^2 + b^2)/4 = (e/2)^2\,.$$

Sonderfall: Gleichseitige Hyperbel; ihre Mittelspunktgleichung lautet, da $b = a$ ist,

$$x^2 - y^2 = a^2\,;$$

bezogen auf die Asymptoten als Achsen ergibt sich $\xi\eta = a^2/2$, wobei die Asymptoten aufeinander senkrecht stehen; der Asymptotenwinkel ist $\alpha = 45°$; die Abszissen der Brennpunkte werden $e = \pm a\sqrt{2}$; der Parameter ist $2p = 2a$.

Die Gleichung $y = (Ax + B)/(Cx + D)$ stellt eine gleichseitige Hyperbel dar, deren Asymptoten den Koordinatenachsen parallel sind und von diesen die Abstände $y_0 = A/C$ bzw. $x_0 = -D/C$ haben; s. a. Beispiel 1, S. 92.

Konstruktionen der Hyperbel:

1. Aus der Bedingung $P_1F_2 - P_1F_1 = r_2 - r_1 = \pm 2a$ ergibt sich die Konstruktion (Fig. 93), wenn die Brennpunkte gegeben sind: mache $F_1B = 2a$, ziehe mit dem beliebigen Radius $F_1A_2 = r_1$ um F_1 einen Kreis, der von einem Kreise mit dem Radius $BA_2 = r_1 - 2a = r_2$ um F_2 in den Hyperbel-

punkten P_1 und P_1' geschnitten wird. Der Kreis mit $OF_1 = OF_2 = e$ um O schneide die Senkrechte durch $C\,(OC = a)$ in den Punkten DD; dann sind die Geraden durch O und D Asymptoten der Hyperbel.

2. Sind die Halbachsen a und b gegeben, so zeichne man um O die Kreise mit den Radien a und b und ziehe an diese die senkrechten Tangenten (Fig. 92). Ein beliebiger Strahl durch O schneide die beiden Geraden in G_1 und G_2 (bzw. G_1' und G_2'); ziehe mit OG_1 um O einen Kreis, der die x-Achse in G' schneide, dann liefern die Waagerechte durch G_2 und die Senkrechte durch G' einen Hyperbelpunkt. Ist $\sphericalangle G_2OX = t$, so wird $x = a/\cos t$, $y = b\,\mathrm{tg}\,t$ (Parameterdarstellung).

3. Sind die Asymptoten und ein Punkt P_1 der Hyperbel gegeben (Fig. 92), so ziehe man ein Strahlenbündel durch P_1 und mache auf einem beliebigen

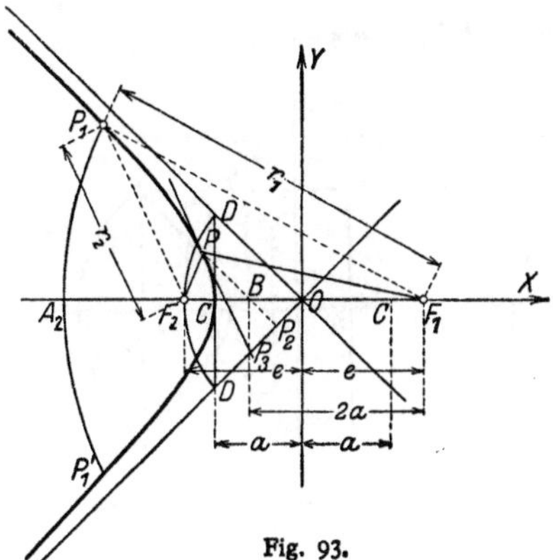

Fig. 93.

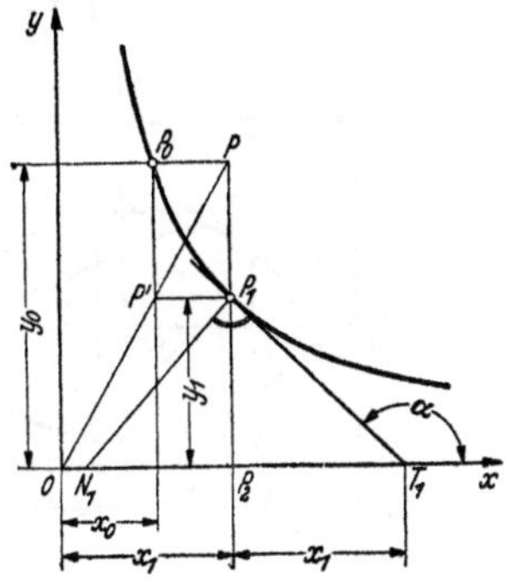

Fig. 94.

Strahl $P_1R = R'P'$; dann ist P' ein Hyperbelpunkt. Oder man benutze nach der auf die Asymptoten bezogenen Gleichung (s. o.) flächengleiche Parallelogramme (Fig. 92, dritter Quadrant).

4. Ist $P_0(x_0y_0)$ ein Punkt der **gleichseitigen** Hyperbel mit den Asymptoten als Koordinatenachsen, so ist die Gleichung der Kurve

$$xy = x_0y_0 = \text{konst.}$$

Aus der Bedingung flächengleicher Rechtecke ergibt sich die Konstruktion (Fig. 94): ziehe einen beliebigen Strahl OP, ferner P_0P parallel zur x-Achse, der Strahl OP schneide die gegebene Ordinate y_0 in P'; die Waagerechte durch P' und die Senkrechte durch P schneiden sich dann in einem Punkte P_1 der gleichseitigen Hyperbel.

T_1P_1 ist Tangente an die Kurve, wenn $P_2T_1 = OP_2$ gemacht wird (S. 94).

Konstruktion der Tangente in einem Punkte P (Fig. 93): Ziehe durch den Hyperbelpunkt P eine Parallele PP_2 zu einer Asymptote, mache $P_2P_3 = OP_2$, dann ist PP_3 Tangente an die Kurve.

Tangente und Normale **halbieren** die Winkel, die von den Brennstrahlen gebildet werden (Fig. 92).

Polargleichung der Hyperbel bezogen auf den Brennpunkt F_1 als Pol (Fig. 92) und F_1A_1 als Polarachse:

$$r = p/(1 + \varepsilon \cos\varphi).$$

Gleichung der Tangente im Punkte $P_1(x_1, y_1)$ der Hyperbel:

$$xx_1/a^2 - yy_1/b^2 = 1.$$

Gleichung der Normalen:

$$(x - x_1)a^2y_1 - (y - y_1)b^2x_1 = 0.$$

Der **Krümmungsradius** in den Scheiteln ist $b^2/a = p$: die Senkrechte zur Asymptote in ihrem Schnittpunkt mit der Scheiteltangenten (Fig. 92) trifft die x-Achse im Krümmungsmittelpunkt M_0, wobei $M_0A_2 = p$.

Rauminhalt des einschaligen Drehhyperboloids s. S. 83.

5. Gemeinsame Behandlung der Kegelschnitte.

1. Die **Parabel** ist der geometrische Ort aller Punkte, deren Entfernungen von einem festen Punkte und einer festen Geraden gleich groß sind. Nennt man das Verhältnis beider Strecken ε, so ist bei der Parabel $\varepsilon = 1$.

Es wird sich zeigen, daß auch alle anderen Kegelschnitte in ähnlicher Weise erklärt werden können.

Konstruiert man für die **Ellipse** (Fig. 95) zwei Parallelen im Abstande $a^2/e = a/\varepsilon$ von der y-Achse, so ist

$$PE_2 = a/\varepsilon + x\,; \qquad PE_1 = a/\varepsilon - x.$$

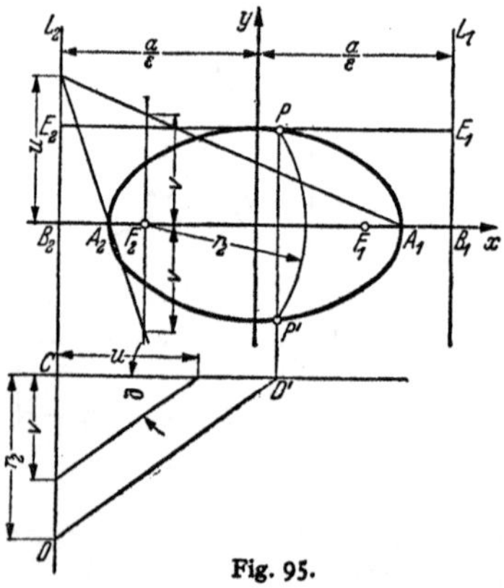

Fig. 95.

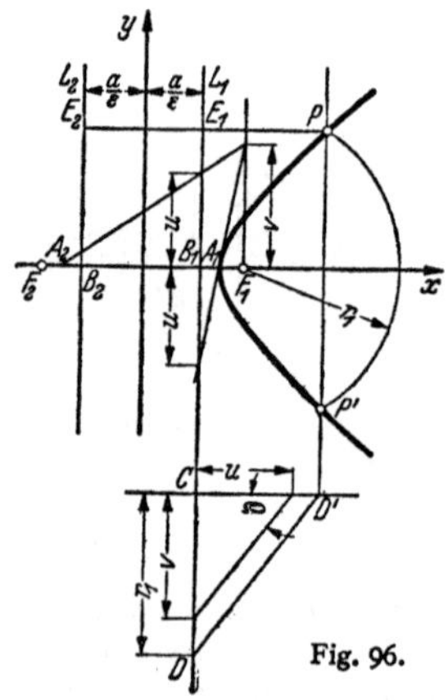

Fig. 96.

Die Längen der Brennstrahlen sind (s. a. S. 103):

$$PF_2 = r_2 = a + \varepsilon x = \varepsilon(a/\varepsilon + x) = \varepsilon \cdot PE_2,$$

$$PF_1 = r_1 = a - \varepsilon x = \varepsilon(a/\varepsilon - x) = \varepsilon \cdot PE_1.$$

Folglich ist

$$\frac{r_2}{PE_2} = \frac{r_1}{PE_1} = \varepsilon < 1.$$

Die Parallelen zur y-Achse im Abstande $a^2/e = a/\varepsilon$ heißen die **Leitlinien der Ellipse.** Für einen Punkt der Ellipse ist demnach das Verhältnis der Entfernung von den Brennpunkten und den Leitlinien ein konstanter Wert ε. Dasselbe gilt für die Hyperbel, doch ist hier $\varepsilon > 1$ (Fig. 96). Die Entfernung des Brennpunktes von der zugehörigen Leitlinie ist $F_1B_1 = F_2B_2 = p/\varepsilon$.

Beim Kreis ist der Mittelpunkt Brennpunkt, und die Leitlinie liegt im Unendlichen, d. h., es ist $\varepsilon = 0$.

2. Aus der gemeinsamen Erklärung ergibt sich eine **Konstruktion, die für alle Kegelschnitte** gilt.

Gegeben seien: die Leitlinie L, der Brennpunkt F, das konstante Verhältnis $\varepsilon = \operatorname{tg} \varrho = v : u$.

Trage auf der Leitlinie L eine beliebige Strecke CD ab, ziehe unter dem Winkel ϱ, für den $\operatorname{tg} \varrho = \varepsilon$, die Gerade DD' (Fig. 95 bis 97). Dann schneidet der Kreis mit $CD = r$ um F die Senkrechte in D' in zwei Kurvenpunkten P und P'.

Die Scheitel A_1 und A_2 teilen F_1B_1 bzw. F_2B_2 harmonisch; in Fig. 97 halbiert infolgedessen A die Strecke BF. Es ist $u = v = p$.

3. Räumlich ergeben sich die Kegelschnitte u. a. als Schnittkurven einer geraden Ebene und eines Kreiskegels (Fig. 98). Hiernach ergibt sich eine Ellipse, Parabel oder Hyperbel, je nachdem die schneidende Ebene zu keiner Mantellinie parallel ist (Ebene *II*), zu einer Mantellinie (Ebene *III*) oder zu zwei Mantellinien parallel ist (Ebene *IV*). Ist die Ebene senkrecht zur Kegelachse (Ebene *I*), so entsteht ein Kreis als Sonderfall von *II*. Die numerische Exzentrizität ist

$$\varepsilon = \sin\varphi : \sin\alpha.$$

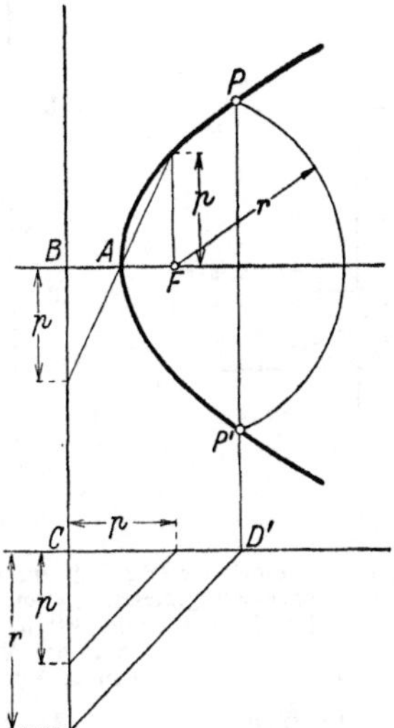

Fig. 97.

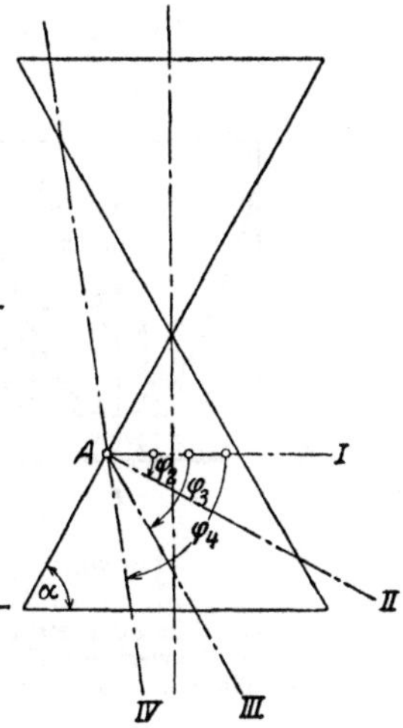

Fig. 98.

4. Die Gleichung

$$Ax^2 + By^2 + Cx + Dy + E = 0$$

stellt dar,

a) wenn A und B verschieden von Null sind und dasselbe Vorzeichen haben,

α) für $D^2 + \frac{BC^2}{A} > 4BE$ eine Ellipse, insbesondere für $A = B$ einen Kreis;

β) für $D^2 + \frac{BC^2}{A} \lesseqgtr 4BE$ keine reelle Kurve,

b) wenn A und B verschieden von Null sind und verschiedenes Vorzeichen haben,

α) für $AD^2 + BC^2 \neq 4ABE$ eine Hyperbel; β) für $AD^2 + BC^2 = 4ABE$ ein Geradenpaar,

c) wenn $A = 0$, B verschieden von Null ist,

α) für $C \neq 0$ eine Parabel mit waagerechter Achse;

β) für $C = 0$ und

$D^2 > 4BE$ ein Parallelenpaar zur x-Achse, $D^2 = 4BE$ eine Parallele zur x-Achse,
$D^2 < 4BE$ keine reelle Kurve;

d) wenn A verschieden von Null und $B = 0$ ist,

α) für $D \neq 0$ eine Parabel mit senkrechter Achse;

β) für $D = 0$ und

$C^2 > 4AE$ ein Parallelenpaar zur y-Achse, $C^2 = 4AE$ eine Parallele zur y-Achse,
$C^2 < 4AE$ keine reelle Kurve.

6. Beispiele.

1. Ein zylindrisches, mit Flüssigkeit gefülltes Gefäß drehe sich mit der Winkelgeschwindigkeit ω um die senkrechte Achse. Ein Massenteilchen m an der Oberfläche der Flüssigkeit steht unter dem Einfluß der Schwerkraft mg und der Fliehkraft $mx\omega^2$. Die Mittelkraft beider Kräfte ist Normale der Kurve. Mit den Bezeichnungen der Fig. 99 wird

$$\operatorname{tg}\varphi = \frac{mx\omega^2}{mg} = \frac{x}{z} \qquad \text{mit} \qquad z = \frac{g}{\omega^2} = \text{konst.}$$

Da die Subnormale z einen konstanten Wert hat, ist die Kurve eine Parabel mit dem Parameter $2z$:

$$y = x^2/2z = \omega^2/2g \cdot x^2.$$

2. Ein Träger auf zwei Stützen sei mit gleichförmig verteilter Last (q kg/m) belastet; die Momentenlinie ist zu entwerfen (Fig. 100). Es ist

$$y = M_x = Ax - q \cdot x \cdot x/2,$$

wenn man die gleichförmige Last über x im Schwerpunkte S vereinigt denkt. Mit $A = B = \frac{ql}{2}$ wird $y = \frac{q}{2} \cdot x\,(l - x) = \frac{ql}{2} \cdot \frac{x(l-x)}{l} = A\,\frac{x(l-x)}{l}$.

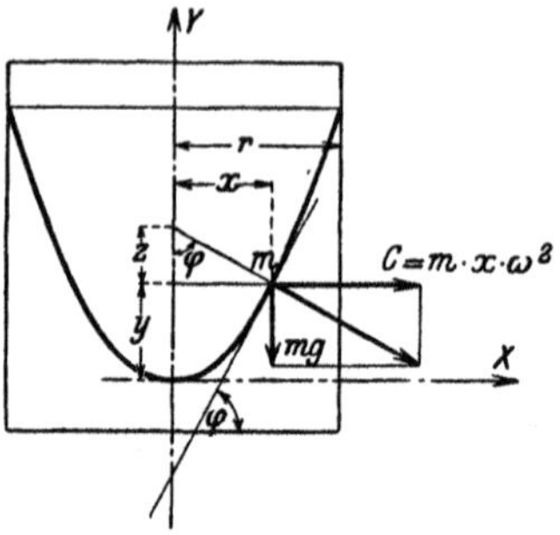

Fig. 99.

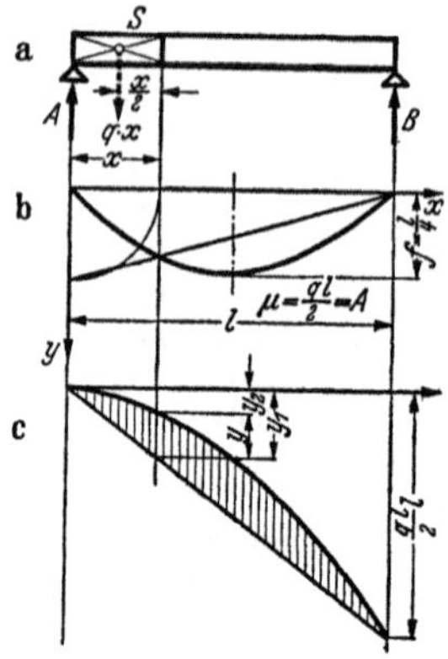

Fig. 100.

Diese Gleichung stellt eine Parabel dar (Fig. 82), ihr Multiplikator ist $\mu = ql/2 = A$, d. h. multipliziert man die im Längenmaß gemessenen Ordinaten der Fig. 100b mit der Auflagerreaktion A, so erhält man das Moment im Punkte x des Trägers.

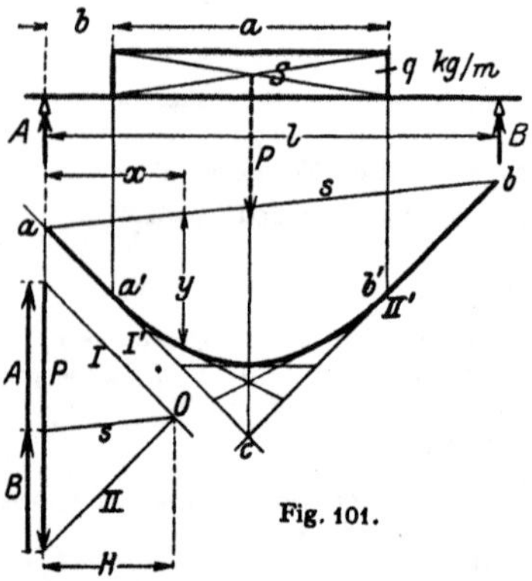

Fig. 101.

Soll der Multiplikator $\mu = ql/2$ vermieden werden, so läßt sich die Gleichung auch schreiben

$$y = Ax - A \cdot x^2/l^2 = y_1 - y_2 .$$

$y_1 = Ax$ ist eine Gerade durch den Anfangspunkt, deren Ordinate y_1 für $x = l$ (also senkrecht unter B) den Wert $y_{1B} = Al = \frac{ql}{2} \cdot l$ hat, also gleich dem Moment der Auflagerreaktion A in Beziehung auf den Punkt B ist.

$y_2 = Ax^2/l$ ist eine Parabel, deren Scheitel senkrecht unter A liegt und die symmetrisch zur y-Achse ist; sie hat für $x = l$ denselben Wert wie y_{1B}. Die von beiden Kurven eingeschlossene Fläche ist die Momentenfläche; die Größe $y_{1B} = \frac{ql}{2} \cdot l = A \cdot l$ wird im Momentenmaßstab aufgetragen (Fig. 100c); s. a. Fig. 83.

3. Es ist die Momentenlinie (Fig. 101) für einen teilweise mit gleichförmig verteilter Last belasteten Balken zu entwerfen. Ist die Gesamtlast $P = q \cdot a$, so kann diese als Einzelkraft im Schwerpunkt S angreifend gedacht werden. P wird mit Hilfe des Seilecks in zwei Seitenkräfte A und B zerlegt; die Seilstrahlen ca und cb sind Tangenten an die Momentenlinie, die zwischen a' und b' als Parabel verläuft und nach Fig. 80 entworfen werden kann. Es ist $M_x = H \cdot y$, wobei H im Kräftemaßstab, y im Längenmaßstab zu messen ist. Ist der Kräftemaßstab 1 cm = a kg, des Längenmaßstab 1 cm = b m, so wird

$$M_x \text{ mkg} = (H \text{ cm} \cdot a \text{ kg/cm}) \cdot (y \text{ cm} \cdot b \text{ m/cm}).$$

4. Ein Massenpunkt m werde unter dem Winkel α gegen die Waagerechte mit der Anfangsgeschwindigkeit v_0 fortgeschleudert; die Wurfbahn ist unter Vernachlässigung des Luftwiderstandes zu bestimmen (Fig. 102). Die Anfangsgeschwindigkeit zerlegt man nach waagerechter und senkrechter Richtung in $v_{x_0} = v_0 \cos\alpha$ bzw. $v_{y_0} = v_0 \sin\alpha$. In waagerechter Richtung ist der nach t sek bei gleichförmiger Bewegung zurückgelegte Weg

$$x = v_{x_0} t. \tag{1}$$

In senkrechter Richtung ist der bei gleichmäßig verzögerter Bewegung zurückgelegte Weg

$$y = v_{y_0} t - gt^2/2. \tag{2}$$

Setzt man $t = x/v_{x_0}$ in (2) ein und schreibt $v_0^2/2g = h$ (Steighöhe bei senkrechtem Wurf nach oben), so wird

$$y = x \operatorname{tg}\alpha - x^2/4h\cos^2\alpha. \tag{3}$$

Der Vergleich mit der zu Fig. 82 u. 83 gehörenden Gleichung $y = 4fx/l - 4fx^2/l^2$ zeigt daß die Wurfbahn eine Parabel ist; bezeichnet man mit f die Wurfhöhe, mit l die Wurfweite so ergibt die Gleichsetzung der Beiwerte von x und x^2

$$\operatorname{tg}\alpha = 4f/l; \quad 1/4h\cos^2\alpha = 4f/l^2 = 1/l \cdot \operatorname{tg}\alpha.$$

Daher ist

$$l = 4h\cos^2\alpha\operatorname{tg}\alpha = 2h\sin 2\alpha,$$

$$4f = l\operatorname{tg}\alpha = 4h\sin\alpha\cos\alpha\cdot\operatorname{tg}\alpha; \quad f = h\sin^2\alpha.$$

Bei waagerechtem Wurf ($\alpha = 0$) liegt der Scheitel der Parabel im Anfangspunkt. Es ist $y = -x^2/4h$. Ein waagerecht aus einem Gefäß austretender Wasserstrahl hat bei konstanter Druckhöhe H und bei Reibungsfreiheit die gleiche Form. Es ist $v_0 = \sqrt{2gH}$ und $h = H$.

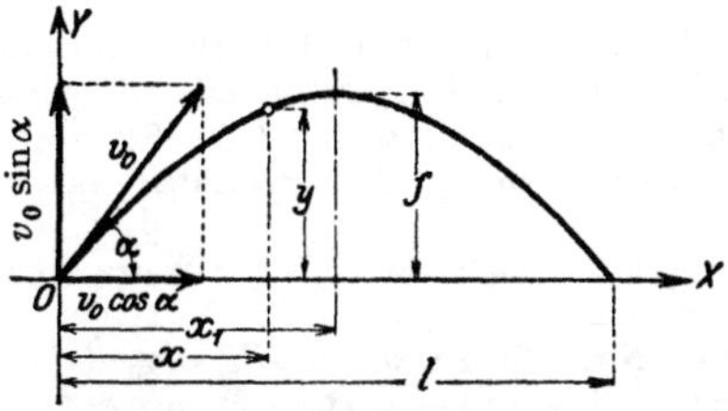

Fig. 102.

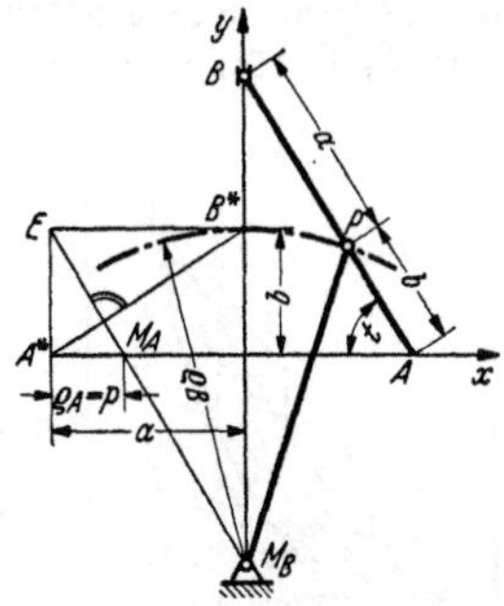

Fig. 103.

5. Rollt ein Kreis in einem anderen mit doppelt so großem Durchmesser, Fig. 87, so beschreiben alle Punkte seines Umfangs Durchmesser, d. h. es liegt eine genaue Geradführung für diese Punkte vor, für A und B z. B. in zwei aufeinander senkrechten Richtungen. Wird M, Fig. 87, durch die Kurbel M_0M auf dem Kreis vom Mittelpunkt M_0 und wird B zwangläufig durch Prismenführung auf der y-Achse geführt (vgl. auch Fig. 86), so muß A eine zur y-Achse senkrechte Bahn beschreiben.

Ebenso kann man einen beliebigen Punkt P der Strecke AB auf seiner Bahnkurve, der Ellipse führen. Wird jedoch die Ellipse, Fig. 103, durch einen Kreisbogen des Krümmungskreises im Scheitel B^* vom Radius $\varrho_B = M_B B^*$ geführt, so bewegt sich A für kleine Winkel $B^* M_B P$ angenähert (vierpunktig) auf einer Geraden. Wird schließlich die Bahn von B durch einen Kreisbogen großen Halbmessers ersetzt, so beschreibt A auch angenähert eine Gerade, man erhält den Evans-Lenker.

c) Potenzkurven.

Eine Kurve, die der Gleichung

$$y = c \cdot x^n$$

genügt, wo c eine Konstante und n eine beliebige reelle Zahl ist, heißt Potenzkurve. Geht sie durch den Punkt $P_0(x_0, y_0)$, so wird $y_0 = c \cdot x_0^n$ und $c = y_0/x_0^n$, d. h.

$$y = y_0 \cdot (x/x_0)^n.$$

Für $n > 0$ liegt eine höhere Parabel, für $n < 0$ eine höhere Hyperbel vor. Die Summe oder Differenz mehrerer Parabeln von der Form

$$y = a_0 + a_1x + a_2x^2 + a_3x^3 + \cdots + a_nx^n$$

heißt allgemeine Parabel n-ter Ordnung, vgl. a. Prakt. Math. S. 156.

Die Subtangente einer Potenzkurve (vgl. S. 94) ist gleich x/n.

Die Fläche unter der Potenzkurve in den Grenzen x_1 und x_2 kann mit $y(x_1) = y_1$ und $y(x_2) = y_2$ geschrieben werden

$$F = \int_{x_1}^{x_2} y_0\left(\frac{x}{x_0}\right)^n dx = \frac{x_2y_2 - x_1y_1}{n+1}, \quad n \neq -1.$$

Für $n = -1$ wird $F = x_0y_0 \cdot \ln(x_2/x_1) = x_0y_0\ln(y_1/y_2)$, S. 75.

Die Ordinaten der Potenzkurve können berechnet, bequem z. B. bei beliebiger Hochzahl mit der doppellogarithmischen Teilung auf dem Rechenschieber (vgl. Anm. 2, S. 140), oder zeichnerisch ermittelt werden, wie folgt.

1. Parabeln höherer Ordnung.

1. $n = 1$. $$y = y_0 \cdot (x/x_0)$$

ist eine Gerade durch den Ursprung O und durch P_0; vgl. Punkt P_1 mit der Abszisse x (Fig. 104).

2. $n = 2$. $$y = y_0 \cdot (x/x_0)^2$$

ist die Gleichung der gewöhnlichen, der quadratischen Parabel, Punkt P_2, (Fig. 104, bzw. P_1 Fig. 78, S. 99). Denn es ist $1b = P_1 a = y_0 \cdot (x/x_0)$; $P_2 a : 1b = x : x_0$ oder $P_2 a = 1b \cdot (x/x_0) = y_0 \cdot (x/x_0)^2$.

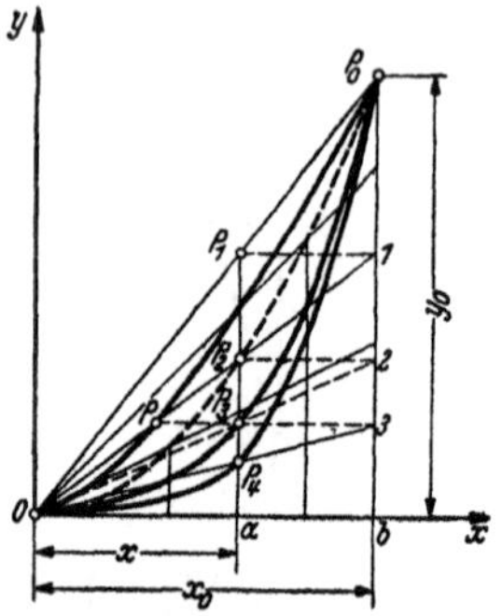

Fig. 104.

3. $n = 3$. $$y = y_0 \cdot (x/x_0)^2$$

ist die Gleichung der kubischen Parabel. Zieht man durch P_2 (Fig. 104) die Waagerechte und trifft diese die Ordinate y_0 in 2, so trifft 02 die Senkrechte durch P_1 oder P_2 in P_3, dem gesuchten Kurvenpunkt.

Durch Wiederholung für andere x-Werte erhält man weitere Punkte.

Beweis: Nach 2) ist $b2 = aP_2 = y_0 \cdot (x/x_0)^2$, ferner $aP_3 : b2 = x : x_0$ oder $aP_3 = b2 \cdot (x/x_0) = y_0 \cdot (x/x_0)^3$.

Andere Konstruktion: Für einen Punkt P mit der Abszisse $Oa = x$ (Fig. 105) errichte über $AP_0 = y_0$ einen Halbkreis, mache $ab \perp Oa$, bc parallel zur x-Achse, ziehe um A mit Ac den Kreis, der den Halbkreis in d trifft, ziehe de parallel zur x-Achse. Dann schneidet Oe die Ordinate ab im gesuchten Punkt P.

Beweis: Das Quadrat der Sehne $\overline{Ad}$ ist gleich dem Produkt der Strecken $\overline{Ae}$ und $\overline{AP_0}$, d. h. $\overline{Ad}^2 = \overline{Ae} \cdot y_0$. Nun ist $\overline{Ad} = ab = y_0 \cdot (x/x_0)$, also $y_0^2 \cdot (x/x_0)^2 = \overline{Ae} \cdot y_0$ oder $\overline{Ae} = y_0 \cdot (x/x_0)^2$. Aus $y : \overline{Ae} = x : x_0$ folgt $y = \overline{Ae} \cdot (x/x_0) = y_0 \cdot (x/x_0)^3$.

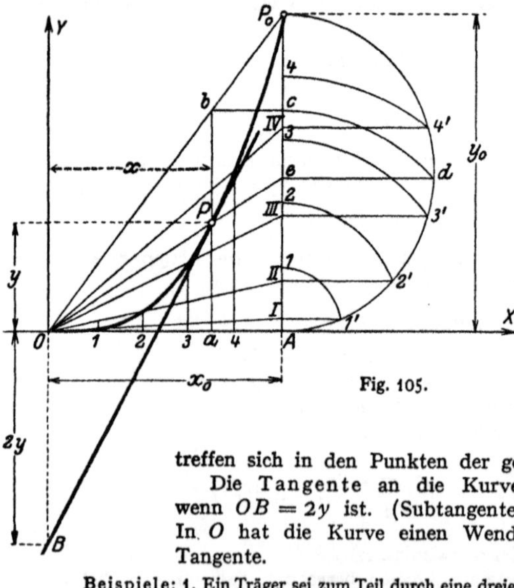

Fig. 105.

Weitere Punkte: Teile die Abszisse $x_0 = OA$ und die Ordinate $y_0 = AP_0$ in die gleiche Anzahl Teile mit den Teilpunkten 1, 2, 3, ... Die Kreise um A mit $A1$, $A2$, $A3$, ... treffen den Halbkreis in 1′, 2′, 3′, ... Die Waagerechten durch 1′, 2′, 3′, ... schneiden die Ordinate y_0 in $I, II, III, \ldots$ Die entsprechenden Schnittpunkte der Strahlen $OI, OII, OIII, \ldots$ und der Senkrechten durch 1, 2, 3 auf der x-Achse treffen sich in den Punkten der gesuchten Kurve.

Die Tangente an die Kurve in P ist die Gerade BP, wenn $OB = 2y$ ist. (Subtangente auf der y-Achse gleich $3y$.) In O hat die Kurve einen Wendepunkt mit der x-Achse als Tangente.

Beispiele: 1. Ein Träger sei zum Teil durch eine dreieckförmige Last belastet. Die Momentenlinie ist gesucht (Fig. 106). Mit der Spitze des Belastungsdreiecks als Anfangspunkt ist

$$M = B(q + x) - Q_x \cdot (x/3).$$

Aus der Momentengleichung für A als Drehpunkt ergibt sich $B = Qp/3l$, und da $Q_x = Q \cdot (x/p)^2$, wird

$$M = \frac{Qp}{3} \cdot \frac{q+x}{l} - \frac{Qp}{3} \cdot \left(\frac{x}{p}\right)^3.$$

Mit $M = y$ und $Qp/3 = f$ wird

$$y = f \cdot (x+q)/l - f \cdot (x/p)^3 = y_1 - y_2.$$

$y_1 = f \cdot (q+x)/l$ ist eine gerade Linie, die für $x = -q$ die Ordinate $y_B = 0$ und für $x = p$ die Ordinate $y_A = f$ hat. $y_2 = f \cdot (x/p)^3$ ist eine kubische Parabel, Konstruktion Fig. 106c. Fig. 106b zeigt die resultierende Kurve mit der Tangente $y_1 = f(x)$ im Punkte B', die zugleich die Momentenlinie von B' bis B ist.

2. Der Träger gleicher Biegungsfestigkeit der Fig. 107 habe kreisförmigen Querschnitt; die Last P greife am Ende des Trägers an. Die Begrenzung des Längsschnittes ist zu entwerfen.

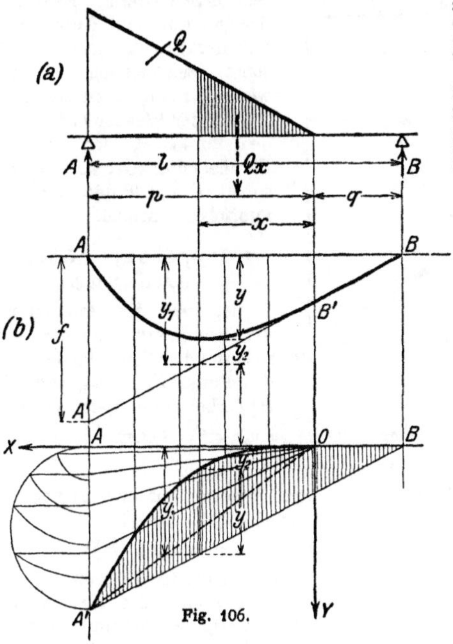

Fig. 106.

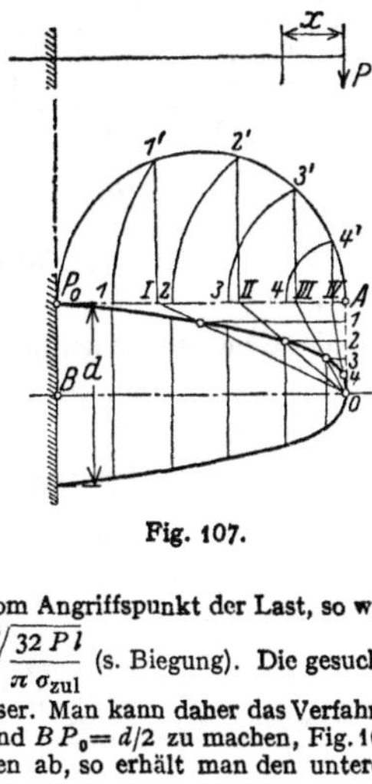

Fig. 107.

Ist y der Durchmesser des Trägers in der Entfernung x vom Angriffspunkt der Last, so wird $y^3 = \frac{32P}{\pi\,\sigma_{zul}} x$; für den eingespannten Querschnitt ist $y = d = \sqrt[3]{\frac{32\,P\,l}{\pi\,\sigma_{zul}}}$ (s. Biegung). Die gesuchte Kurve ist eine kubische Parabel mit waagerechtem Durchmesser. Man kann daher das Verfahren Fig. 105 anwenden, man hat nur die Achsen zu vertauschen und $B\,P_0 = d/2$ zu machen, Fig. 107. Trägt man die Ordinaten der Kurve von OB aus nach unten ab, so erhält man den unteren, spiegelbildlichen Teil.

4. $n = 4$. $$y = y_0 \cdot (x/x_0)^4$$

ist die Gleichung einer Parabel vierter Ordnung. Ihre Konstruktion ergibt sich aus der für die kubische Parabel (Fig. 104) angewandten. Ist P_3 ein Punkt dieser Kurve (Fig. 104), so verbindet man seine Projektion 3 auf die gegebene Ordinate y_0 mit dem Koordinatenanfangspunkt O; die Gerade $O3$ schneidet die Senkrechte durch P_3 in dem Punkt P_4 der gesuchten Kurve.

Beispiel: Die Gleichung der elastischen Linie für den gleichförmig belasteten Träger (Fig. 108) lautet

$$y = \frac{Pl^3}{6EJ}\left(\frac{x}{l} - \frac{1}{4}\,\frac{x^4}{l^4}\right), \qquad y = \frac{Pl^3}{6EJ} \cdot \frac{x}{l} - \frac{1}{4} \cdot \frac{Pl^3}{6EJ} \cdot \frac{x^4}{l^4}, \qquad y = y_1 - y_2.$$

Die Kurve $y_2 = \frac{1}{4}\,\frac{Pl^3}{6EJ} \cdot \left(\frac{x}{l}\right)^4$ wird nach Fig. 104 entworfen.

5. $n = 5$. Für größere, ganzzahlige Werte n ergeben sich durch Fortsetzung des Verfahrens nach Fig. 104 die entsprechenden Konstruktionen.

6. $n = 3/2$. Die Parabel

$$y = y_0 \cdot (x/x_0)^{3/2} \quad \text{oder} \quad y^2 = y_0^2 \cdot (x/x_0)^3$$

bzw. $x^2 = x_0^2 \cdot (y/y_0)^3$ bei Vertauschung der Achsen heißt semikubische oder Neilsche Parabel.

Für $x = 0$ liegt eine Spitze vor mit der x- bzw. y-Achse als Tangente. Einzelne Ordinaten können rechnerisch durch Benutzung der Quadrat- und Kubikteilung auf dem Rechenschieber oder sonst zeichnerisch ermittelt werden: Bringt man den Strahl $O\,1$ mit der Waagerechten durch den Punkt P_3 der kubischen Parabel (Fig. 104) zum Schnitt, so ist P ein Punkt der semikubischen Parabel.

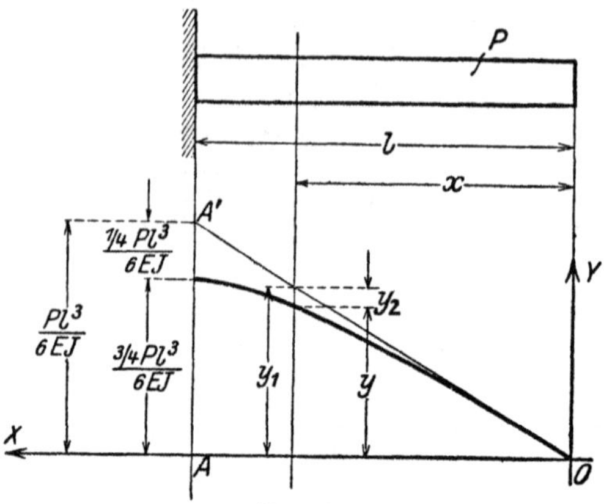

Fig. 108.

2. Hyperbeln höherer Ordnung.

Ist bei der Potenzkurve $n < 0$ und setzt man $n = -m$, so lautet die Gleichung der durch den Punkt $P_0(x_0, y_0)$ gehenden Hyperbel $(m+1)$-ter Ordnung

$$y = y_0 \cdot (x_0/x)^m \quad \text{oder} \quad y \cdot x^m = y_0 \cdot x_0^m = \text{konst.}$$

1. $m = 1$. $\qquad y = y_0 \cdot (x_0/x)$

ist die Gleichung einer gleichseitigen Hyperbel, bezogen auf ihre Asymptoten als Achsen (Fig. 94, S. 107).

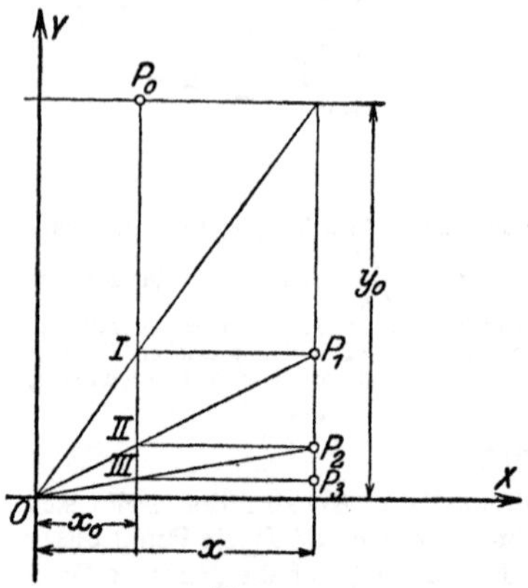

Fig. 109.

2. $m = 2$. $y = y_0 \cdot (x_0/x)^2$

ist die Hyperbel dritter Ordnung.

Ist P_1 ein Punkt der gleichseitigen Hyperbel (Fig. 109), so verbindet man P_1 mit O; der Schnittpunkt mit der Ordinate y_0 sei II. Projiziert man II auf die Senkrechte durch P_1, so ist P_2 ein Punkt der gesuchten Kurve.

Beispiel: Ein kegelförmiger Stab beliebigen Querschnittes werde durch eine unveränderliche Axialkraft P auf Zug beansprucht; der Verlauf der Spannungen längs der Trägerachse ist zu bestimmen. Mit den Bezeichnungen der Fig. 110 ist

Aus $\qquad \sigma = P/F; \quad \sigma_1 = P/F_1.$

$F_1 : F = H^2 : (H-y)^2$ folgt $F = F_1 \cdot [(H-y)/H]^2$,

so daß $\qquad \sigma = \sigma_1 \cdot [H/(H-y)]^2$

wird. Für $H - y = z$ ist $\sigma = \sigma_1 \cdot (H/z)^2$.

Für diese Hyperbel dritter Ordnung liegt der Koordinatenanfangspunkt in der Spitze des Ergänzungskegels und ist ein Punkt A_1 durch $\sigma_1 = P/F_1$ gegeben. Die Kurve wird nach Fig. 109 gezeichnet. Die Subtangente $-z/2$ in bezug auf die z-Achse liefert die Tangente; im Punkt A_2 wird erstere gleich $-(H-l)/2$.

3. $m = 3$. Die Gleichung der Kurve durch P_0 heißt

$$y = y_0 \cdot (x_0/x)^3;$$

ihre Konstruktion schließt sich an die der Hyperbel 3. Ordnung an: Man verbindet in Fig. 109 P_2 mit O; der Schnittpunkt mit der Senkrechten durch P_0 sei III. Die Waagerechte durch III schneidet die Senkrechte durch P_2 in dem Punkte P_3 der Hyperbel vierter Ordnung.

3. Beliebige Potenzkurven.

Für Potenzkurven mit beliebigen Exponenten ergeben sich die folgenden Konstruktionen:

1. $n > 0$. Gegeben sei der Punkt $P_0(x_0, y_0)$ und der Exponent n.

Konstruktion: Man ziehe (Fig. 111) die durch O hindurchgehenden Strahlen OT und OS so, daß mit $\angle XOS = \alpha$ und $\angle YOT = \beta$

$$1 + \operatorname{tg}\beta = (1 + \operatorname{tg}\alpha)^n$$

wird, lege durch P_0 eine Waagerechte, welche OT in A' schneiden möge, und durch A' eine Gerade $A'A$

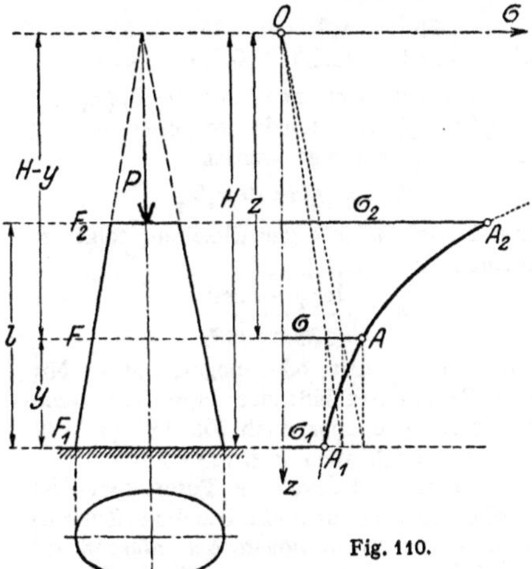

Fig. 110.

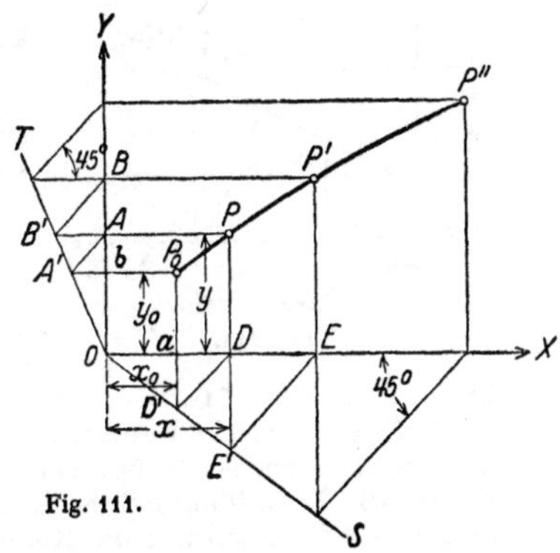

Fig. 111.

unter 45°; ziehe ferner durch P_0 eine Senkrechte, welche den Strahl OS in D' schneiden möge und durch D' die Gerade $D'D$ unter 45°. Dann schneiden sich die Waagerechte durch A und die Senkrechte durch D im Punkte P der Kurve. Um den Punkt P' zu erhalten, verfährt man von P ausgehend in gleicher Weise[1]).

Beweis: Sind x und y die Koordinaten des Punktes P, so ist $x = Oa + aD = x_0 + x_0 \operatorname{tg}\alpha = x_0(1 + \operatorname{tg}\alpha)$ und ebenso $y = y_0(1 + \operatorname{tg}\beta)$ oder nach Konstruktion

$$y = y_0(1 + \operatorname{tg}\alpha)^n = y_0 \cdot (x/x_0)^n.$$

2. $n < 0$. Mit $n = -m$ wird wie unter 2)

$$y = y_0 \cdot (x_0/x)^m \quad \text{oder}$$

$$y \cdot x^m = y_0 \cdot x_0^m = \text{konst.},$$

wobei m positiv ist.

Gegeben seien ein Punkt P_0 und der Exponent m.

Konstruktion: Man ziehe (Fig. 112) die Strahlen OT und OS so, daß

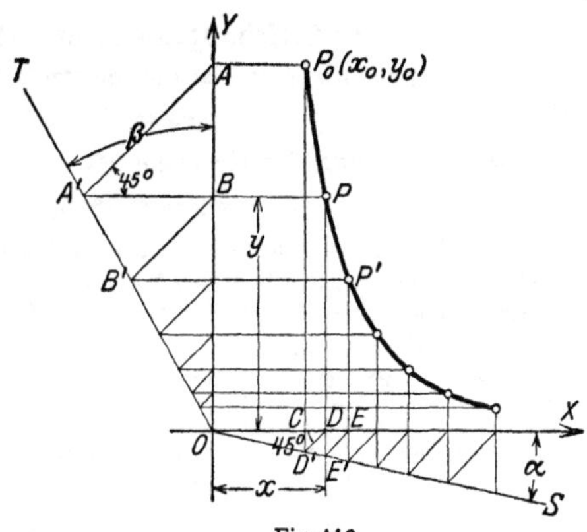

Fig. 112.

$$1 + \operatorname{tg}\beta = (1 + \operatorname{tg}\alpha)^m$$

wird, ziehe durch die Projektion A des Punktes P_0 auf die Y-Achse eine Gerade AA' unter 45°, lege durch P_0 eine Senkrechte, welche OS in D' schneiden möge, und durch D' ebenfalls eine Gerade $D'D$ unter 45°, dann schneiden sich die

---

[1]) Da im Anfang gemachte Zeichenfehler sich fortpflanzen, empfiehlt es sich, den letzten Punkt durch Rechnung zu prüfen. Dies gilt auch für die andere Konstruktion, Fig. 112.

Waagerechte durch A' und die Senkrechte durch D im Punkte P der Kurve (Fig. 112). Um den Punkt P' zu bestimmen, verfährt man von P ausgehend in gleicher Weise.

Beweis: Sind x und y die Koordinaten des Punktes P, so ist $x = x_0(1 + \operatorname{tg}\alpha)$, $y = y_0/(1 + \operatorname{tg}\beta) = y_0/(1 + \operatorname{tg}\alpha)^m = y_0 \cdot (x_0/x)^m$.

Für die Polytrope liegt der Exponent m gewöhnlich zwischen 1 und 1,4. Wählt man $\operatorname{tg}\alpha = 0{,}25$, so ist für

m	= 1,1	1,15	1,2	1,25	1,3	1,35	1,4
$\operatorname{tg}\beta$	= 0,278	0,293	0,307	0,322	0,336	0,351	0,367.

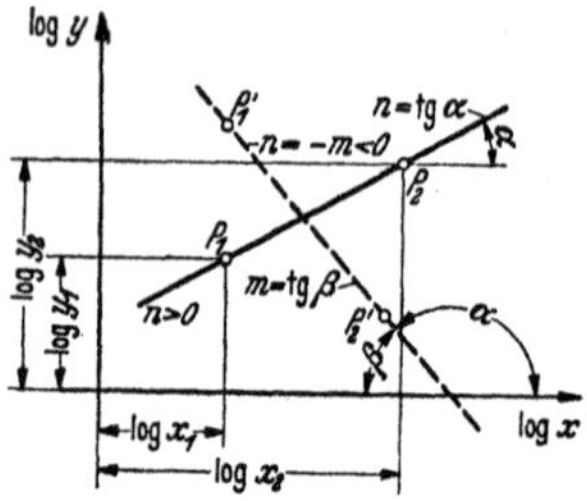

Fig. 113.

3. Gegeben seien zwei Punkte $P_1(x_1, y_1)$ und $P_2(x_2, y_2)$ der Potenzkurve. Ihre Gleichung kann dann geschrieben werden

$$y/x^n = y_1/x_1^n = y_2/x_2^n.$$

Durch Logarithmieren der Gleichung folgt der Exponent zu

$$n = \frac{\lg y_2 - \lg y_1}{\lg x_2 - \lg x_1}.$$

Dieser kann positiv oder negativ sein. Mit diesem Exponenten läßt sich dann die Potenzkurve berechnen oder nach Fig. 111 ($n > 0$) bzw. Fig. 112 ($n < 0$, $n = -m$) zeichnen. (Vgl. auch Fig. 113.)

4. Soll untersucht werden, ob eine vorgelegte Kurve eine Potenzkurve ist und soll ihr Exponent n bestimmt werden, so trägt man für beliebige Kurvenpunkte die Logarithmen ihrer Koordinaten in einem neuen Achsenkreuz auf (Fig. 113) oder überträgt die Kurve auf Potenzpapier, bei dem beide Achsen logarithmisch geteilt sind.

Ist dann die Verbindungslinie der einzelnen Punkte eine Gerade, so ist die vorgelegte Kurve eine Potenzkurve, deren Exponent n durch die Richtungskonstante $\operatorname{tg}\alpha = n$ der Geraden bestimmt ist (Fig. 113).

d) Gleichungen einiger anderer Kurven.

1. Die Exponentialkurve ist die zeichnerische Darstellung der Exponentialfunktion

$$y = a^x, \qquad a > 0.$$

Eine besondere Form der Gleichung ist

$$y = e^x \text{ (S. 53, 65)},$$

wobei $e = 2{,}71828\ldots$ die Basis des natürlichen Logarithmensystems ist.

Die Kurvenpunkte für $y = a^x$ können mit der doppellogarithmischen Teilung des Rechenschiebers berechnet oder, wie folgt, zeichnerisch gefunden werden. Für $a = e$ vgl. a. S. 33.

Mache OA gleich der Einheit der y-Achse (Fig. 114) und $OB = a$; zieht man $BC \perp AB$, so wird $OC = a^2$; $CD \perp BC$ liefert $OD = a^3$; $DE \perp CD$ liefert $OE = a^4$ ... Zieht man $Aa \perp BA$, so wird $Oa = a^{-1}$; $ba \perp aA$ liefert $Ob = a^{-2}$, $cb \perp ba$ liefert a^{-3}; $dc \perp bc$ liefert a^{-4} ... Trägt man die so gefundenen Werte ... a^{-2}, a^{-1}, $a^0 = 1$, a^1, a^2 ... als Ordinaten zu den zugehörigen Werten ... $x = -2$; $x = -1$; $x = 0$; $x = 1$; $x = 2$ ... auf, so erhält man die Exponentialkurve $y_1 = a^x$.

Kennzeichnend für die Exponentialkurve ist, daß y für jeden Wert von x positiv und daß für $x = 0$ $y = 1$ ist. Ist $a > 1$, so wächst y mit wachsendem x. Ist $a < 1$, so wird y kleiner, wenn x größer wird. In der Fig. 114 ist $a > 1$ gewählt.

Die Kurve $y_2 = a^{-x} = (1/a)^x$ kann in ähnlicher Weise konstruiert werden; sie liegt in Beziehung auf die y-Achse symmetrisch zu $y_1 = a^x$. Durch Addition der Ordinaten der Kurven y_1 und y_2 erhält man

$$y_3 = y_1 + y_2 = a^x + a^{-x}.$$

Halbiert man die Ordinaten dieser Kurve, so erhält man in

$$y_4 = {}^1/_2(a^x + a^{-x})$$

eine neue Kurve, die eine Kettenlinie ist (siehe 2.), wenn man $a = e$ wählt.

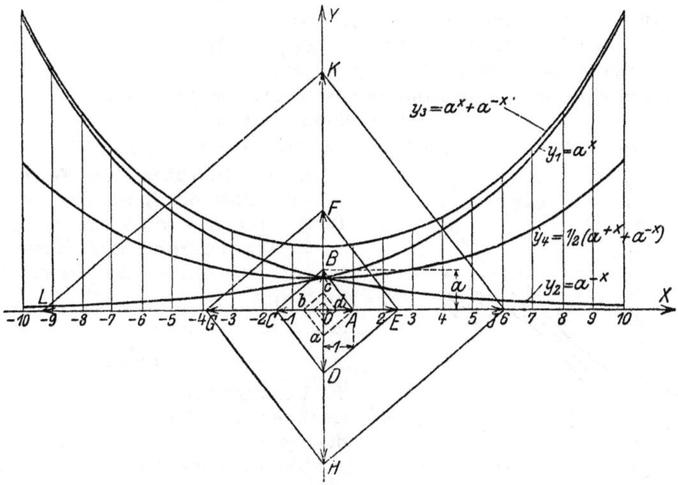

Fig. 114.

2. Die Kettenlinie. Ihre Gleichung (S. 88) lautet

$$y = \frac{h}{2}(e^{x/h} + e^{-x/h}) = h\,\mathfrak{Cof}\,\frac{x}{h},$$

wenn $H/\gamma = h$ gesetzt wird. H ist der Horizontalzug der Kette, γ das spezifische Gewicht.

Ist der Parameter h bekannt, so kann man die Kurve, Fig. 115, mit Hilfe der Tafel S. 31 berechnen.

Ist die Länge $2L$ der Kette, die waagerechte Entfernung $2l$ und die senkrechte Entfernung $2b$ der Aufhängepunkte gegeben (Fig. 115), dann bestehen die Beziehungen

$$\sqrt{L^2 - b^2}/l = \mathfrak{Sin}\,\varphi/\varphi$$

und $$h = l/\varphi.$$

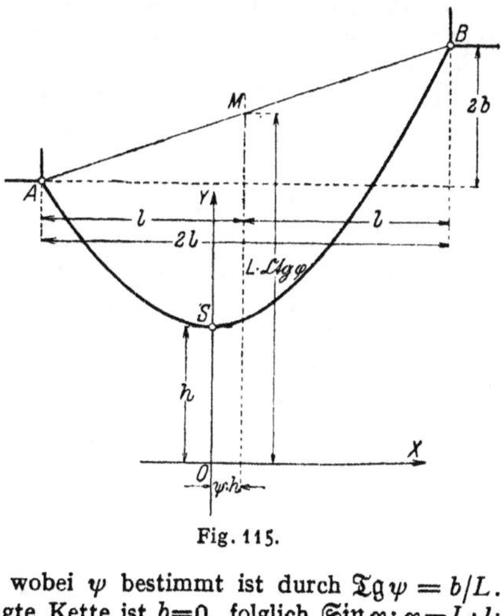

Fig. 115.

Die x-Achse liegt um den Wert $L\,\mathfrak{Ctg}\,\varphi$ senkrecht unter dem Mittelpunkt M der Verbindungslinie der Aufhängepunkte; die y-Achse weicht um den Wert ψh nach der Seite des tiefer gelegenen Aufhängepunktes von der Senkrechten durch den Mittelpunkt M ab, wobei ψ bestimmt ist durch $\mathfrak{Tg}\,\psi = b/L$.

Für eine symmetrisch aufgehängte Kette ist $b=0$, folglich $\mathfrak{Sin}\,\varphi : \varphi = L : l$; $\psi = 0$.

Beispiel: Ein Seil von 36 m Länge sei in zwei Punkten aufgehängt, deren waagerechte Entfernung 24 m und deren Höhenunterschied 8 m beträgt. Es wird

$$\frac{\mathfrak{Sin}\,\varphi}{\varphi} = \frac{\sqrt{L^2 - b^2}}{l} = \frac{\sqrt{18^2 - 4^2}}{12} = 1{,}463.$$

Aus der Tafel (S. 30) findet man durch Probieren

φ	1,6	1,59	1,58	1,57
$\mathfrak{Sin}\,\varphi$	2,3756	2,3499	2,3245	22,993
$\mathfrak{Sin}\,\varphi/\varphi$	1,486	1,480	1,472	1,463.

Mit dem so bestimmten Wert $\varphi = 1{,}57$ wird

$$h = l/\varphi = 12/1{,}57 = 7{,}65\,\mathrm{m}\,; \quad L \cdot \mathfrak{Ctg}\,\varphi = L/\mathfrak{Tg}\varphi = 18/0{,}917 = 19{,}65\,\mathrm{m}\,;$$

$$\mathfrak{Tg}\,\psi = b/L = 4/18 = 0{,}2222\,; \quad \psi = 0{,}226\,,$$

dann beträgt die waagerechte Ausweichung des Koordinatenanfangspunktes

$$\psi \cdot h = 0{,}226 \cdot 7{,}65 = 1{,}73\ \mathrm{m}.$$

Damit ist die Lage des Achsenkreuzes und des tiefsten Punktes festgelegt.

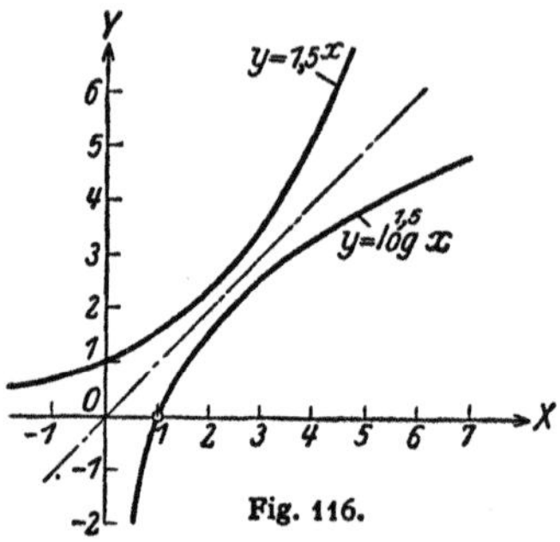

Fig. 116.

Ist der Durchhang der Kette gering, so kann man die Kettenlinie durch die Parabel $y = h + x^2/2h$ ersetzen (S. 100).

3. Die logarithmische Kurve. Aus $y = a^x$ folgt gemäß der Definition des Logarithmus (S. 35) $x = \overset{a}{\log} y$. Vertauscht man x und y, so ist

$$y = \overset{a}{\log} x$$

die Umkehrfunktion zu $y = a^x$. Geometrisch ist also die logarithmische Kurve das Spiegelbild der Exponentialkurve hinsichtlich der Winkelhalbierenden des ersten Quadranten, Fig. 116.

Da die Exponentialkurve keine negativen Werte hat, so verläuft die Logarithmenkurve rechts von der y-Achse. Es gibt keine reellen Logarithmen negativer Zahlen.

e) Zykloiden und Kreisevolvente.

1. Die gewöhnliche Zykloide wird von einem Punkte A einer Kreislinie beschrieben, wenn sich diese, ohne zu gleiten, auf einer Geraden AC abwälzt (Fig. 117).

Gleichung. Ist φ der Wälzungswinkel, so lauten die Gleichungen der Zykloide

$$x = r(\varphi - \sin\varphi)\,;$$
$$y = r(1 - \cos\varphi)\,.$$

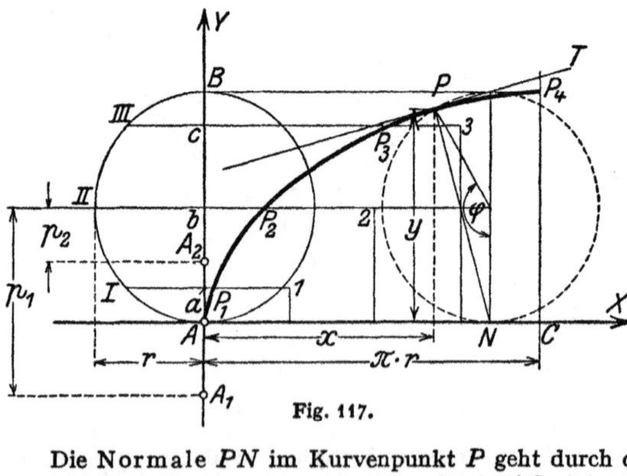

Fig. 117.

Konstruktion. Man mache AC = Bogen $AB = \pi r$, teile beide Linien in dieselbe Anzahl gleicher Teile, konstruiere die Schnittpunkte $1, 2, 3$ und mache $1P_1 = aI$; $2P_2 = bII$ und $3P_3 = cIII$, dann sind P_1, P_2 und P_3 Punkte der Zykloide.

Die Normale PN im Kurvenpunkt P geht durch den Berührungspunkt N des erzeugenden Kreises und der Grundlinie AC. Die Tangente PT steht dann senkrecht zu PN.

Bogenlänge siehe S. 81.

Die verlängerte (oder verschlungene) Zykloide entsteht, wenn der erzeugende Punkt A_1 außerhalb, die verkürzte (oder geschweifte) Zykloide, wenn der erzeugende Punkt A_2 innerhalb des rollenden Kreises liegt. Sind p_1 bzw. p_2 seine Abstände vom Mittelpunkt, so heißen die Gleichungen

$$x = r\varphi - p_1 \sin\varphi\,; \qquad y = r - p_1 \cos\varphi\,;$$
$$x = r\varphi - p_2 \sin\varphi\,; \qquad y = r - p_2 \cos\varphi\,.$$

2. Die Epizykloide (Fig. 118) wird von einem Punkte A eines Kreises mit dem Radius $AC = r$ beschrieben, der, ohne zu gleiten, auf einem Kreise mit dem Radius $AO = R$ rollt, wenn sich beide Kreise außen berühren. Der feste Kreis mit dem Radius R heißt Grundkreis, der rollende mit dem Radius r heißt erzeugender Kreis oder Rollkreis.

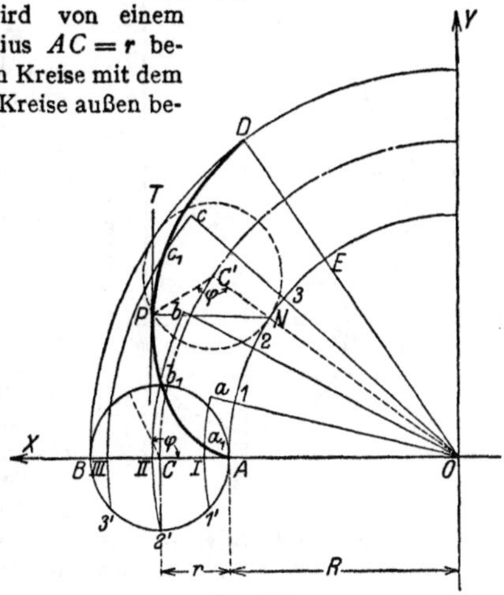

Fig. 118.

Gleichung. Setzt man $R = n \cdot r$ und bezeichnet den Wälzungswinkel mit φ, so wird mit $m = n + 1$ und $\psi = \varphi/n$ für die gespitzte Epizykloide

$$x = r(m \cos\psi - \cos m\psi)\,;$$
$$y = r(m \sin\psi - \sin m\psi)\,.$$

Die Normale im Kurvenpunkte $P(x, y)$ geht durch den Berührungspunkt N. des Grundkreises und des Rollkreises. Die Tangente PT steht senkrecht auf PN.

Konstruktion. Man mache Bogen AE gleich dem Halbkreisbogen AB und teile beide Bögen in dieselbe Anzahl gleicher Teile. Ziehe das Strahlenbüschel $O\,1\,2\,3\,E$ und durch die Teilpunkte $1'\,2'\,3'$ des Rollkreises konzentrische Kreise um O, die den Durchmesser AB in den Punkten I, II, III, das Strahlenbüschel entsprechend in $a\,b\,c\,D$ schneiden mögen. Macht man $a_1 a = I\,1'$; $b_1 b = II\,2'$; $c_1 c = III\,3'$, so sind $A\;a_1\;b_1\;c_1\;D$ Punkte der Epizykloide (Fig. 118).

Liegt der erzeugende Punkt A_1 außerhalb des rollenden Kreises, so entsteht die verlängerte (oder verschlungene) Epizykloide, liegt der erzeugende Punkt A_2 innen, so entsteht die verkürzte (oder geschweifte) Epizykloide.

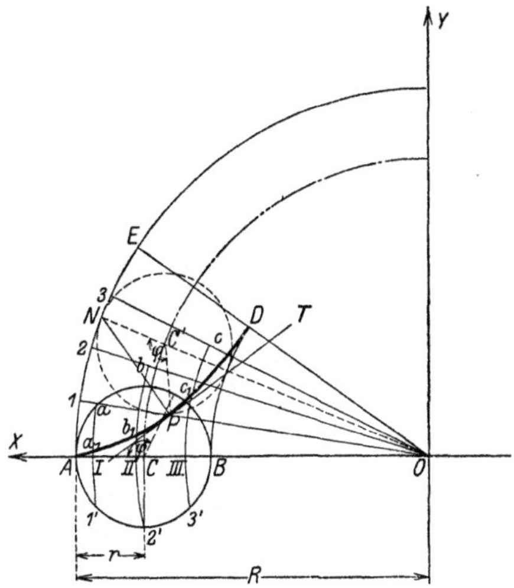

Fig. 119.

Sonderfälle: 1. Für $n = 1$, d. h. $r = R$ (auch $n = -1/2$, d. h. $r = 2R$, aber fester Kreis innerhalb des bewegten) wird die Epizykloide zur Kardioide oder Herzkurve. Mit A als Pol und AO als Polarachse lautet ihre Polargleichung

$$\varrho = 2R(1 + \cos\varphi) = 4R\cos^2\varphi/2\,,$$

wenn φ jetzt den Polarwinkel bedeutet. Mit AO als x-Achse und der Senkrechten dazu durch A als y-Achse wird auch

$$(x^2 + y^2 - 2Rx)^2 - 4R^2(x^2 + y^2) = 0\,.$$

2. Für $r \to \infty$ wird aus dem Rollkreis eine Gerade; der Punkt A beschreibt eine Kreisevolvente (S. 120).

3. Für $R \to \infty$ entsteht die gewöhnliche Zykloide.

3. Die Hypozykloide (Fig. 119) wird von einem Punkte A eines Kreises mit dem Radius $AC = r$ beschrieben, der, ohne zu gleiten, auf einem Kreise mit dem Radius $AO = R$ rollt, wenn sich beide Kreise innen berühren.

Gleichung. Mit den Bezeichnungen unter 2, aber $n-1=m$, erhält man für die gespitzte Hypozykloide

$$x = r(m\cos\psi + \cos m\psi);$$
$$y = r(m\sin\psi - \sin m\psi).$$

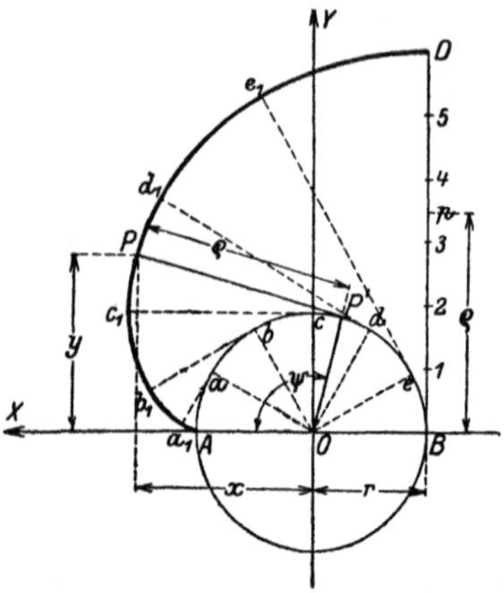

Fig. 120.

Konstruktion der Kurve, der Tangente und der Normalen im Kurvenpunkte $P(x, y)$ wie unter 2 (Fig. 119).

Sonderfälle: 1. Für $n=2$, d. h. $r=R/2$, wird $m=n-1=1$ und damit $x=2r\cos\psi=R\cos\varphi$, $y=0$. Die Hypozykloide entartet in eine doppeltzählende Strecke, einem Durchmesser. Alle anderen mit dem Rollkreis verbundenen Punkte beschreiben Ellipsen (S. 104).

2. Für $r\to\infty$ vgl. 4.

3. Für $R\to\infty$ vgl. 1.

Liegt der erzeugende Punkt A_1 außerhalb des rollenden Kreises, so entsteht die verlängerte (oder verschlungene) Hypozykloide; liegt der erzeugende Punkt A_2 innen, so entsteht die verkürzte (oder geschweifte) Hypozykloide.

Die zyklischen Kurven finden u. a. bei der Verzahnung Verwendung.

4. Die Kreisevolvente wird von jedem Punkte einer Geraden beschrieben, die sich, ohne zu gleiten, auf einem Kreise vom Radius r abwälzt (Fadenkonstruktion).

Konstruktion: Man mache BD (Fig. 120) gleich dem Kreisbogen AB und teile beide in n gleiche Teile; bb_1 ist Tangente in b_1 von der Länge $bb_1 = B2$, dd_1 ist Tangente in d_1 von der Länge $dd_1 = B4$ usw. Dann sind A, a_1, b_1, c_1, D Punkte der Evolvente.

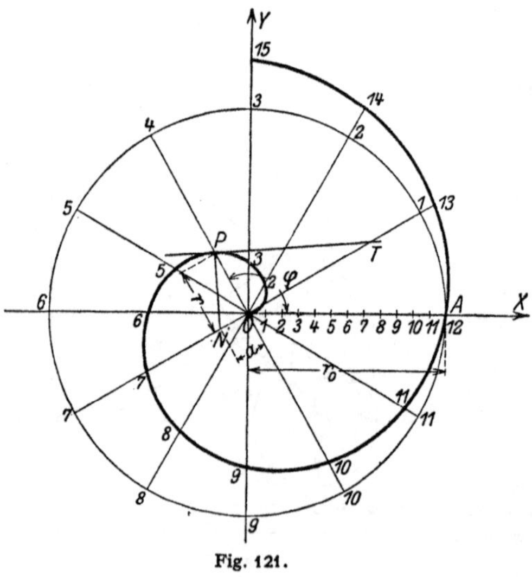

Fig. 121.

Ihre Gleichung in Parameterdarstellung, bezogen auf ein rechtwinkliges Achsenkreuz, lautet

$$x = r(\cos\psi + \psi\sin\psi);$$
$$y = r(\sin\psi - \psi\cos\psi),$$

wobei ψ der Wälzungswinkel ist. PP' ist der Krümmungsradius (S. 97).

f) Die Spiralen.

1. Die Archimedische Spirale entsteht, wenn sich ein Punkt P (Fig. 121) mit unveränderlicher Geschwindigkeit auf einem Strahle OA bewegt, der sich seinerseits gleichförmig um einen festen Punkt, den Pol O, dreht. Hat der Punkt auf dem Leitstrahl bei einer einmaligen Umdrehung von $360° = 2\pi$ im Bogenmaß den Weg $OA = r_0$ zurückgelegt, so lautet mit r als Leitstrahl, φ als Polarwinkel, gemessen von OA aus, die Polargleichung

$$r = a\varphi = r_0/2\pi\cdot\varphi.$$

Konstruktion: Teile 360° in n gleiche Teile, ebenso die Strecke $OA = r_0$; trage vom Mittelpunkt nach außen die entsprechenden Strecken $r = r_0/n$, $2r_0/n, \ldots$ auf den Strahlen $O\,1$, $O\,2, \ldots$ ab.

Konstruktion der Tangente im Punkt P: Trage auf der zum Leitstrahl OP durch O gezogenen Senkrechten die Strecke $ON = a = r_0/2\pi$ ab. PN ist dann Normale; senkrecht dazu durch P geht die Tangente (S. 95).

Die Archimedische Spirale wird u. a. bei Kurvenscheiben verwendet (S. 215).

Flächeninhalt s. S. 76. Im Scheitel ($\varphi = 0$) ist der Krümmungsradius $= a/2$.

2. Die logarithmische Spirale. Ist in Fig. 122 A ein Punkt der Kurve und $OA = r_0 = a$, dann lautet ihre Gleichung $r = a e^{m\varphi}$ $(m > 0)$; da $\lim\limits_{\varphi \to -\infty} r = 0$ wird, so ist der Pol O ein asymptotischer Punkt, dem sich die Spirale für negative φ immer mehr nähert, ohne ihn zu erreichen.

Konstruktion: Es sei z. B. $m = 0{,}2$; um für den Bogen von 0 bis π acht Punkte zu finden, setze man $\varphi_n = n/8 \cdot \pi$; dann ergibt sich

$$r_n = a \cdot e^{0{,}2 \cdot \pi/8 \cdot n}$$
$$= a \cdot 1{,}0816^n = a\,p^n.$$

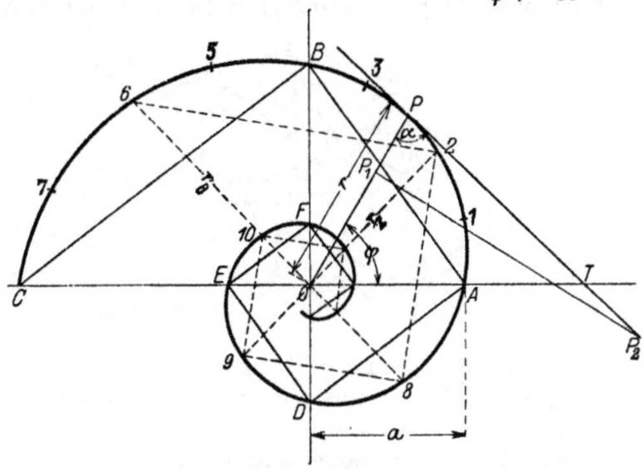

Fig. 122

Die Werte r dieser Gleichung lassen sich rechnerisch, z. B. nach S. 32 (Tafel für e^x)[1]) oder nach Fig. 114 zeichnerisch für $n = 1, 2, 3 \ldots 8$ nacheinander bestimmen. Trägt man nunmehr $r_0 = a \cdot p^0$; $r_1 = a \cdot p^1$; $r_2 = a \cdot p^2 \ldots$ auf den entsprechenden Strahlen $\varphi_0 = 0$; $\varphi_1 = {}^1/_8\,\pi$; $\varphi_2 = {}^2/_8\,\pi \ldots$ ab (Fig. 122), so erhält man die Punkte $A, 1, 2, 3, B, 5, 6, 7, C$ der logarithmischen Spirale für den Bogen ABC.

Um weitere Punkte zeichnerisch zu erhalten, ziehe man $DA \perp BA$; $ED \perp DA$; $FE \perp DE \ldots$ Dazwischenliegende Punkte erhält man, wenn man z. B. *6* mit *2* verbindet (06 und 02 müssen dabei einen rechten Winkel bilden), auf dieser Geraden in *2* eine Senkrechte errichtet und diese mit der Verlängerung von $\overline{06}$ zum Schnitt bringt. Dieser Schnittpunkt *8* ist ein Kurvenpunkt. Die Senkrechte in *8* auf $\overline{28}$ schneidet die Verlängerung von $\overline{02}$ in einem weiteren Kurvenpunkt usw.

Die Tangente TP in dem beliebigen Punkte P der Kurve bildet mit dem Leitstrahl OP den Winkel $\alpha =$ constans, wobei $\operatorname{ctg}\alpha = m = PP_1/P_1P_2$; denn es ist $\operatorname{tg}\alpha = r/r' = 1/m$ (S. 95, Fig. 67, wo der Winkel OPT mit ψ bezeichnet ist). In dem Beispiel ist daher $\operatorname{ctg}\alpha = 0{,}2$; $\alpha = 78{,}69°$.

Die logarithmische Spirale wird u. a. bei Fräsern und Kurvenscheiben verwendet.

Krümmungsradius s. S. 98, Beispiel 3; Bogenlänge s. S. 81.

g) Die Sinuslinien.

Unter der gewöhnlichen Sinuslinie versteht man die zeichnerische Darstellung der Funktion $y = r \cdot \sin\varphi$, worin φ in Bogenmaß gemessen wird (vgl. Fig. 19, S. 58). Eine allgemeinere Form ist

1. $y = r \cdot \sin(\varphi + \varepsilon)$. Hierin heißt r die Amplitude, ε der Phasenwinkel und y der Momentanwert der Funktion. Diese Funktion ist periodisch mit der Periode 2π.

---

[1]) oder mit dem Rechenschieber „System Darmstadt" (vgl. Anm. 2, S. 140).

Häufig hat die Funktion die Gestalt (s. a. S. 236) $y = r \cdot \sin(\omega t + \varepsilon)$, worin ω 1/sek die Kreisfrequenz der Schwingung und t sek die Zeit ist. Die Dauer einer Schwingung, die Periode oder die Schwingungsdauer ist dann $T = 2\pi/\omega$ sek. Die Zahl der in der Zeiteinheit erfolgenden Schwingungen heißt Frequenz oder Schwingungszahl und hat den Wert $f = 1/T = \omega/2\pi$ 1/sek.

Zeichnerisch stellt man die Funktion $y = r \cdot \sin(\varphi + \varepsilon)$ folgendermaßen dar (Fig. 123): Ziehe um M auf der φ-Achse einen Kreis vom Halbmesser r und trage den Winkel $OMB_0 = \varepsilon$ ein. An MB_0 trägt man den Winkel $\varphi = B_0MB$ an und auf der φ-Achse die Strecke $OQ = \varphi$ ab (Bogenmaß). Die Waagerechte durch B und die Senkrechte durch Q treffen sich in einem Punkt der Kurve. Zweckmäßig teilt man von B_0 aus den Kreis in eine Anzahl von gleichen Teilen ein.

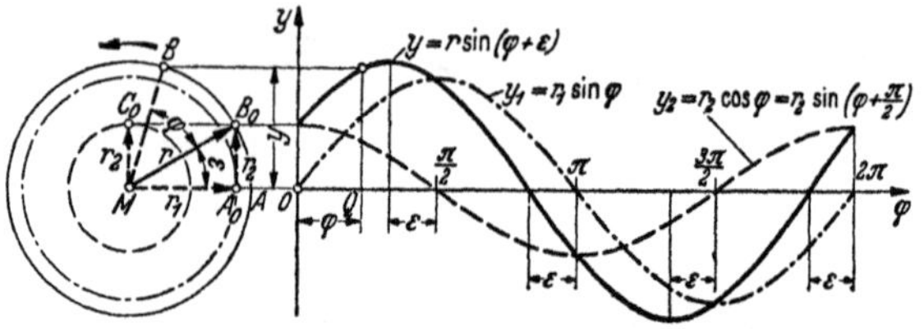

Fig. 123.

Für $\varphi = \pi - \varepsilon$ und $\varphi = 2\pi - \varepsilon$ wird y gleich Null, während für $\varphi = \pi/2 - \varepsilon$ und $\varphi = 3\pi/2 - \varepsilon$ die Kurve eine horizontale Tangente hat; es ist dann $y = r$ bzw. $y = -r$.

Man kann sich auch vorstellen, daß der Strahl MB mit der Winkelgeschwindigkeit ω um M gedreht wird, so daß $\varphi = \omega t$ ist.

Die einfache Sinuskurve $\boldsymbol{y = r \cdot \sin\varphi}$ hat den Phasenwinkel Null, die Kosinuskurve $\boldsymbol{y = r \cdot \cos\varphi} = r\sin(\varphi + \pi/2)$ hat den Phasenwinkel $\pi/2$, d. h. der Endpunkt von r in der Ausgangsstellung liegt auf der Senkrechten durch M zu MO.

Durch **Zerlegung** kann auch geschrieben werden:

$$y = r \cdot \sin(\varphi + \varepsilon) = r \cdot \sin\varphi\cos\varepsilon + r\cos\varphi\sin\varepsilon = r_1\sin\varphi + r_2\cos\varphi = y_1 + y_2$$

(Fig. 123). Hierin ist $r_1 = r\cos\varepsilon$, $r_2 = r\sin\varepsilon$, $\operatorname{tg}\varepsilon = r_2/r_1$ und $r^2 = r_1^2 + r_2^2$. Die Schwingung kann also aufgefaßt werden als die Summe zweier um 90° versetzter einfacher Sinusschwingungen.

2. Die Funktion $\boldsymbol{y = r\sin n\varphi} = r\sin n\omega t$ stellt eine Sinuskurve dar, die n-mal so schnell schwingt wie die Grundschwingung $y = r\sin\varphi = r\sin\omega t$. Ihre Schwingungsdauer ist der n-te Teil der Grundschwingungsdauer (s. z. B. S. 143).

3. Addition und Subtraktion von Sinuskurven gleicher Frequenz. Gegeben sind die Funktionen

$$y_1 = r_1\sin\varphi = r_1\sin\omega t \quad \text{und} \quad y_2 = r_2\sin(\varphi + \varepsilon_2) = r_2\sin(\omega t + \varepsilon_2),$$

gesucht ist die Darstellung der Funktion

$$y = y_1 + y_2 = r_1\sin\varphi + r_2\sin(\varphi + \varepsilon_2).$$

Diese läßt sich wieder als Schwingung

$$y = r\sin(\varphi + \varepsilon)$$

darstellen mit r als resultierender Amplitude und ε als Phasenwinkel:

Trage von M aus (Fig. 124) waagerecht die Strecke $MA_0 = r_1$ auf, daran unter dem Winkel ε_2 gegen die φ-Achse die Strecke $A_0B_0 = r_2$. Dann ist $MB_0 = r$, die geometrische Summe von r_1 und r_2, die resultierende Amplitude und Winkel A_0MB_0 die Phasenverschiebung ε. Denn dreht man das Dreieck MA_0B_0 um den Winkel φ in die Lage MAB, so liest man für die Abstände der Punkte A und B von der φ-Achse bzw. von der Waagerechten durch A ab:

$$y = y_1 + y_2 = r_1\sin\varphi + r_2\sin(\varphi + \varepsilon_2) \quad \text{und} \quad y = r\sin(\varphi + \varepsilon).$$

D. h. es entsteht eine resultierende Schwingung. r ist auch die vektorielle Summe (s. S. 129) der Radienvektoren r_1 und r_2.

Von B_0 aus kann die Sinuskurve y nach 1. gezeichnet werden. Für $\varepsilon_2 = \pi/2$ vgl. Fig. 123.

Rechnerisch folgt aus Dreieck MA_0B_0, Fig. 124, für r und ε:

$$r^2 = r_1^2 + r_2^2 + 2r_1r_2\cos\varepsilon_2 \quad \text{und} \quad \operatorname{tg}\varepsilon = \frac{B_0B_0'}{MB_0'} = \frac{r_2\sin\varepsilon_2}{r_1 + r_2\cos\varepsilon_2}.$$

Bei **Subtraktion,** d. h. für $y = y_1 - y_2 = r_1\sin\varphi - r_2\sin(\varphi + \varepsilon_2)$ folgen für die resultierende Schwingung $y = r\sin(\varphi + \varepsilon)$ die Werte r und ε in ähnlicher Weise, nur ist r_2 in entgegengesetzter Richtung (Fig. 125) aufzutragen, r ist jetzt

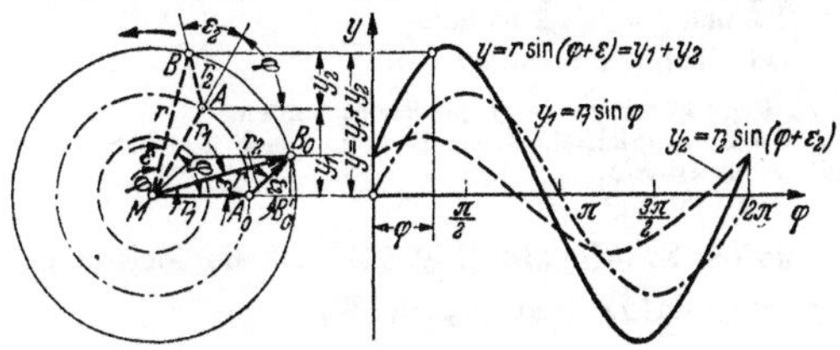

Fig. 124.

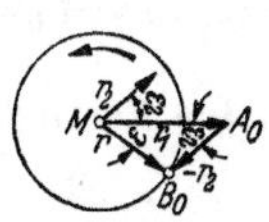

Fig. 125.

die geometrische Differenz. Rechnerisch folgen die Werte r und ε aus den obigen Formeln, wenn dort r_2 durch $-r_2$ ersetzt wird.

Ist keine Phasenverschiebung vorhanden, d. h. $\varepsilon_2 = 0$, so ist r die arithmetische Summe oder Differenz von r_1 und r_2, und ε ist gleich Null.

4. **Die Addition und Subtraktion schwingender Größen verschiedener Frequenz** kann nur durch die Addition bzw. Subtraktion einzelner Ordinaten erfolgen. Ist

$$y = y_1 + y_2 + \cdots = r_1\sin m_1\varphi + r_2\sin m_2\varphi + \cdots,$$

so erhält man nur dann wieder eine periodische Funktion oder Kurve, wenn die Zahlen m_1, $m_2, \cdots$ in rationalen Verhältnissen zueinander stehen. Ein Beispiel für die Addition zeigt unter dieser Voraussetzung die Synthese bei der Fourieranalyse, Fig. 150, S. 143.

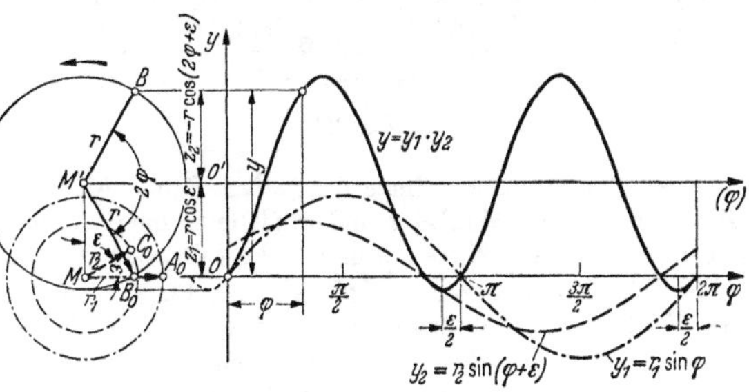

Fig. 126.

5. Multiplikationen von Sinusfunktionen. Gegeben sind

$$y_1 = r_1\sin\varphi \quad \text{und} \quad y_2 = r_2\sin(\varphi + \varepsilon),$$

gesucht ist die Funktion

$$y = y_1y_2 = r_1r_2\sin\varphi\cdot\sin(\varphi + \varepsilon).$$

Nach Formel c) 3. 3, S. 59 erhält man mit $\alpha = \varphi$ und $\beta = \varphi + \varepsilon$:

$$y = -\tfrac{1}{2}\cdot r_1r_2\{\cos(2\varphi + \varepsilon) - \cos\varepsilon\}$$

oder mit $r = \frac{1}{2}r_1r_2$:

$$y = r\cos\varepsilon - r\cos(2\varphi + \varepsilon).$$

Die gesuchte Funktion setzt sich also zusammen (Fig. 126) aus der Parallelen $z_1 = r\cos\varepsilon$ zur φ-Achse und der Schwingung $z_2 = -r\cos(2\varphi + \varepsilon)$, die doppelt so schnell wie die gegebenen Schwingungen schwingt. Ihre Achse läuft im Abstande z_1 parallel zur φ-Achse.

Zur Konstruktion (Fig. 126) der Schwingung $y = y_1 y_2$ trage $MM' = z_1$ senkrecht zu MO auf und ziehe um M' einen Kreis mit dem Halbmesser $r = M'B_0$ (in beliebigem Maßstab), der die Waagerechte in B_0 trifft. Es ist dann Winkel $MM'B_0 = \varepsilon$. Die weitere Konstruktion geht von B_0 aus wie unter 1., nur ist $M'O'$ die Achse und ist die Periode nicht 2π, sondern π.

z_1 ist die mittlere Höhe (S. 74) der Kurve: Das Rechteck $2\pi \cdot z_1$ stellt den Flächeninhalt unter der Kurve y in den Grenzen 0 und 2π dar.

Beispiel: Leistung eines Wechselstroms. Befolgen bei induktiver Belastung Spannung U und Strom J das Gesetz $U = U_0 \sin \omega t$ und $J = J_0 \sin(\omega t - \varepsilon)$, so ist der Momentanwert der Leistung $N = U \cdot J = U_0 J_0 \cdot \sin \omega t \cdot \sin(\omega t - \varepsilon)$. Hierfür kann nach vorstehendem mit $\omega t = \varphi$ und $U_0 = r_1$, $J_0 = r_2$ geschrieben werden

$$N = \tfrac{1}{2} U_0 J_0 \cos \varepsilon - \tfrac{1}{2} U_0 J_0 \cos(2\omega t - \varepsilon).$$

Mit den Effektivwerten $U = U_0/\sqrt{2}$ und $J = J_0/\sqrt{2}$ ist auch

$$N = UJ \cos \varepsilon - UJ \cos(2\omega t - \varepsilon).$$

Die Kurve für N kann nach Fig. 126 mit $r = U \cdot J$ gezeichnet werden.

Die während einer Periode $T = 2\pi/\omega$ geleistete Arbeit ist dann gleich $T \cdot r \cdot \cos \varepsilon = 2\pi/\omega \cdot UJ \cos \varepsilon$; sie wird gleich Null, wenn $\varepsilon = \pi/2$.

6. Die Kurve der gedämpften Schwingung (Fig. 127) hat die Gleichung

$$y = c \cdot e^{-bx} \sin(\delta x + \varepsilon) \quad \text{(vgl. S. 89)}.$$

Ihr Verlauf ist periodisch mit der Periode $T = 2\pi/\delta$, doch nehmen ihre Höchstwerte wie $y_1 = c \cdot e^{-bx}$ ab. Setzt man $\delta x = \varphi$, so wird $y = c \cdot e^{-b\varphi/\delta} \cdot \sin(\varphi + \varepsilon)$.

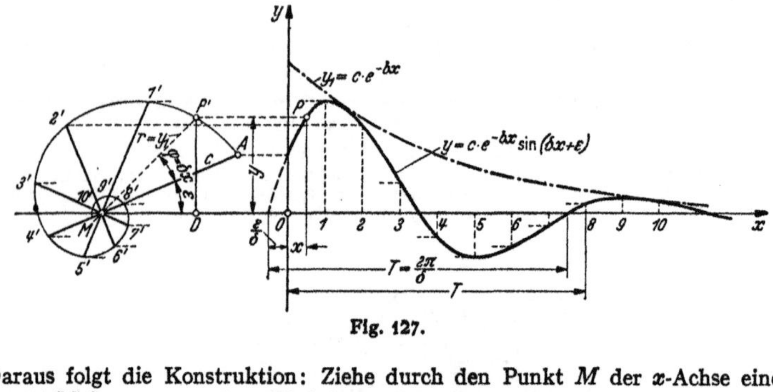

Fig. 127.

Daraus folgt die Konstruktion: Ziehe durch den Punkt M der x-Achse einen Strahl $MA = c$ unter dem Winkel ε und ermittle rechnerisch oder zeichnerisch wie in Fig. 122 in bezug auf M als Pol und MO als Polarachse die logarithmische Spirale $c \cdot e^{-b\varphi/\delta}$ mit den Punkten $A\,1'2'3' \ldots 8'$ für einen Umlauf. Teile auf der x-Achse die Periode $T = 2\pi/\delta$ in die gleiche Anzahl Teile $0\,1\,2\,3 \ldots 8$. Entsprechende Parallele durch $1'\,2' \ldots$ zur x-Achse und durch $1\,2\,3 \ldots$ zur y-Achse schneiden sich in den gesuchten Kurvenpunkten. Denn die Abstände $P'D$ der Punkte P' von der x-Achse sind gleich $r \cdot \sin(\varphi + \varepsilon) = c \cdot e^{-bx} \cdot \sin(\delta x + \varepsilon)$.

C. Punkt, gerade Linie und Ebene im Raume.

1. Zur Bestimmung der Lage eines Punktes P im Raume dient ein räumliches Koordinatensystem (Fig. 128): Drei aufeinander senkrecht stehende Koordinatenebenen schneiden sich in den Koordinatenachsen x, y, z vom Ursprung O. Der Punkt P ist dann durch seine Abstände bzw. von der zy-, zx-, xy-Ebene, d. h. durch seine räumlichen Koordinaten

$$PP_1 = AO = x, \quad PP_2 = BO = y, \quad PP_3 = CO = z$$

bestimmt.

Die Lage von P kann auch durch die zylindrischen Polarkoordinaten $AOP_3 = \varphi$, $OP_3 = \varrho$ und $P_3P = z$ angegeben werden, wobei φ und ϱ durch $x = \varrho\cos\varphi$ und $y = \varrho\sin\varphi$ verbunden sind.

Die Strecken $OP_1 = r_1$, $OP_2 = r_2$, $OP_3 = r_3$ sind die Projektionen von r auf die drei Koordinatenebenen; die Koordinaten x, y, z selbst sind die Projektionen von r auf die Koordinatenachsen. Es ist $r_3^2 = x^2 + y^2$, folglich

$$r^2 = r_3^2 + z^2 = x^2 + y^2 + z^2.$$

2. Sind α, β, γ die Winkel, die $OP = r$ mit den Achsen bildet, so wird nach Fig. 128

$$x = r\cos\alpha\,; \qquad y = r\cos\beta\,; \qquad z = r\cos\gamma$$

und damit $r^2 = x^2 + y^2 + z^2 = r^2(\cos^2\alpha + \cos^2\beta + \cos^2\gamma)$,

$$1 = \cos^2\alpha + \cos^2\beta + \cos^2\gamma.$$

Kraft dieser Beziehung ist ein Winkel durch die beiden andern bestimmt; es genügt also zur Festlegung eines Punktes im Raume die Angabe der Entfernung $OP = r$ und zweier Achsenwinkel.

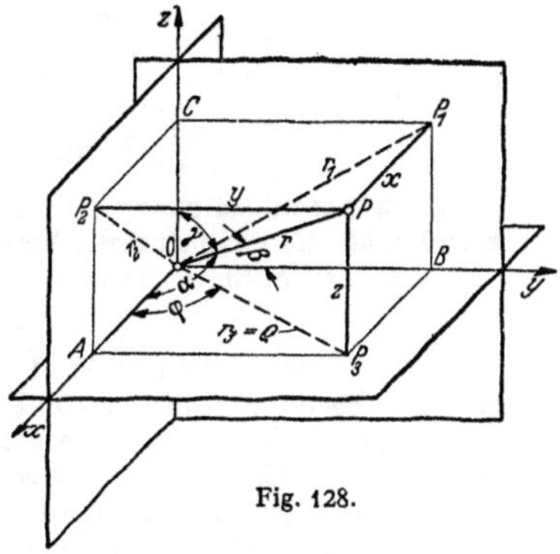

Fig. 128.

3. Sind x_1, y_1, z_1 die Koordinaten eines Punktes P_1; x_2, y_2, z_2 die eines Punktes P_2, so ist die Länge der Strecke P_1P_2 gegeben durch

$$l = \sqrt{(x_2 - x_1)^2 + (y_2 - y_1)^2 + (z_2 - z_1)^2}.$$

4. Geht eine gerade Linie durch den Punkt $P_1(x_1, y_1, z_1)$ und bildet sie mit den Achsen die Winkel α, β, γ, so lautet die Gleichung der Geraden

$$(x - x_1)/\cos\alpha = (y - y_1)/\cos\beta\,; \qquad (x - x_1)/\cos\alpha = (z - z_1)/\cos\gamma,$$

oder mit

$\cos\beta/\cos\alpha = m_1$; $\quad \cos\gamma/\cos\alpha = m_2$, $\quad y_1 - m_1x_1 = b_1$; $\quad z_1 - m_2x_1 = b_2$

auch $\qquad y = m_1x + b_1, \qquad z = m_2x + b_2$,

wobei aus

$$\cos^2\alpha = \frac{1}{1 + m_1^2 + m_2^2}, \quad \cos^2\beta = \frac{m_1^2}{1 + m_1^2 + m_2^2}, \quad \cos^2\gamma = \frac{m_2^2}{1 + m_1^2 + m_2^2}$$

die Winkel, welche die Gerade mit den Achsen bildet, bestimmt werden können.

5. Sind $P_1(x_1, y_1, z_1)$ und $P_2(x_2, y_2, z_2)$ zwei Punkte der Geraden, so sind ihre Gleichungen

$$\frac{x - x_1}{x_2 - x_1} = \frac{y - y_1}{y_2 - y_1}\,;$$

$$\frac{x - x_1}{x_2 - x_1} = \frac{z - z_1}{z_2 - z_1}.$$

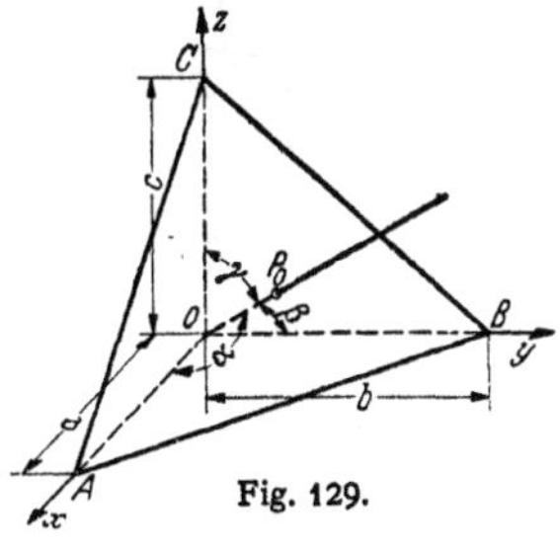

Fig. 129.

6. Die allgemeine Gleichung der Ebene lautet

$$Ax + By + Cz + D = 0$$

und die Abschnittsgleichung $x/a + y/b + z/c = 1$,

worin (Fig. 129) $OA = a$, $OB = b$, $OC = c$ die Abschnitte der Ebene auf den Achsen sind.

7. Ist $OP_0 = l$ die Länge des Lotes vom Ursprung O auf die Ebene, Fig. 129, sind α, β, γ die Winkel des Lotes mit den Achsen, so wird die Hessesche Form

$$x\cos\alpha + y\cos\beta + z\cos\gamma - l = 0.$$

Man erhält diese aus der allgemeinen Form durch Division mit $Q = \pm\sqrt{A^2+B^2+C^2}$. Dann ergeben sich α, β, γ und l aus den Gleichungen

$$\cos\alpha = A/Q, \quad \cos\beta = B/Q, \quad \cos\gamma = C/Q, \quad l = -D/Q,$$

wobei das Vorzeichen der Wurzel so zu wählen ist, daß l positiv wird.

8. Man findet den Abstand eines Punktes $P_1(x_1, y_1, z_1)$ von einer Ebene, indem man die Hessesche Normalform der Ebene mit -1 multipliziert und für x, y und z die Koordinaten des betrachteten Punktes einsetzt.

9. Sonderfälle:

$By + Cz + D = 0$	Gleichung einer Ebene parallel zur x-Achse,
$Ax + Cz + D = 0$	„ „ „ „ „ y-Achse,
$Ax + By + D = 0$	„ „ „ „ „ z-Achse,
$Ax + By + Cz = 0$	„ „ „ durch den Koordinatenanfangspunkt.
$x = a$	Gleichung einer Ebene parallel zur yz-Ebene,
$y = b$	„ „ „ „ „ xz-Ebene,
$z = c$	„ „ „ „ „ xy-Ebene.

D. Flächen und Raumkurven.

1. Faßt man bei einer Gleichung zwischen den drei Veränderlichen x, y, z x und y als die unabhängigen Veränderlichen auf, so werden jedem Wertepaar x, y ein bzw. mehrere Werte von z entsprechen, die sich aus einer Gleichung

$$z = F(x, y)$$

ergeben. Durch bestimmte Werte der unabhängigen Veränderlichen x, y ist im räumlichen Achsenkreuz ein Punkt der xy-Ebene festgelegt, dem durch $z = F(x, y)$ ein bzw. mehrere Werte z zugeordnet sind. Durch stetige Änderung von x und y erhält man als geometrischen Ort der Endpunkte der zugehörigen z eine Fläche, deren Gleichung durch $z = F(x, y)$ gegeben ist.

2. Hängen die räumlichen Koordinaten x, y, z von einem gemeinsamen Parameter t ab derart, daß $x = x(t)$, $y = y(t)$, $z = z(t)$, so stellt die Folge der hierdurch bestimmten Punkte eine Raumkurve dar, die im allgemeinen nicht eben ist.

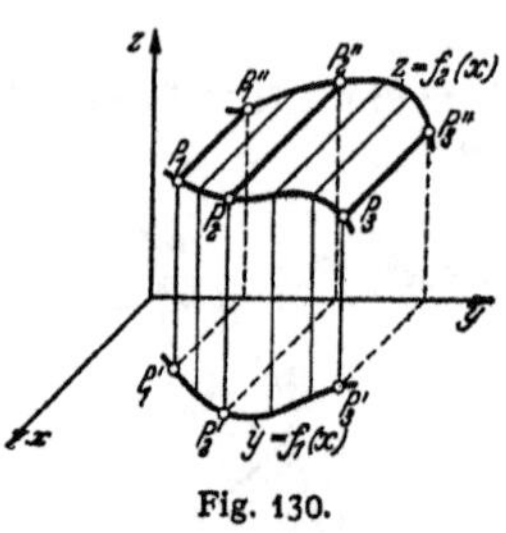

Fig. 130.

Eine solche Kurve kann auch aufgefaßt werden als die Schnittkurve der beiden Flächen

$$z = F_1(x, y) \quad \text{und} \quad z = F_2(x, y),$$

welche beiden Gleichungen zusammen die Gleichungen der Raumkurve darstellen. Beseitigt man je eine der Veränderlichen z bzw. y, so erhält man

$$y = f_1(x) \quad \text{und} \quad z = f_2(x)$$

als Projektionen der Schnitt- oder der Raumkurve auf die xy- bzw. xz-Ebene.

Projiziert man sämtliche Punkte der Raumkurve auf die xy- und xz-Ebene, so bilden die Lote Zylinderflächen (Fig. 130) mit den Gleichungen $y = f_1(x)$ und $z = f_2(x)$. Die Raumkurve kann als Schnitt dieser Zylinder aufgefaßt werden.

Der Schnitt einer Ebene mit einer Fläche liefert eine ebene Kurve.

Beispiele: 1. Da sämtliche Punkte der **Kugeloberfläche** gleichen Abstand vom Mittelpunkt haben, so ist die Mittelpunktgleichung der Kugel

$$x^2 + y^2 + z^2 = r^2;$$

hat der Mittelpunkt die Koordinaten x_0, y_0, z_0, so ist die Gleichung der Kugel:

$$(x - x_0)^2 + (y - y_0)^2 + (z - z_0)^2 = r^2.$$

Inhalt und Oberfläche der Kugel s. S. 82 u. S. 163.

2. Sind über den Abschnitten

$$OA = a; \quad OB = b; \quad OC = c$$

(Fig. 131) auf den Achsen drei Ellipsen errichtet, so schneidet eine Ebene parallel zur xz-Ebene die Strecken $A'B'$ und $B'C'$ ab, über denen sich wieder Ellipsen konstruieren lassen. Die so entstandene Fläche heißt **Ellipsoid** und hat die Halbachsen a, b, c. Ihre Gleichung lautet

$$\frac{x^2}{a^2} + \frac{y^2}{b^2} + \frac{z^2}{c^2} = 1 .$$

Werden zwei dieser Halbachsen gleich, z. B. $b = c$, so erhält man das Rotationsellipsoid mit der x-Achse als Umdrehungsachse und der Gleichung

$$\frac{x^2}{a^2} + \frac{y^2}{b^2} + \frac{z^2}{b^2} = 1 .$$

Inhalt s. S. 163.

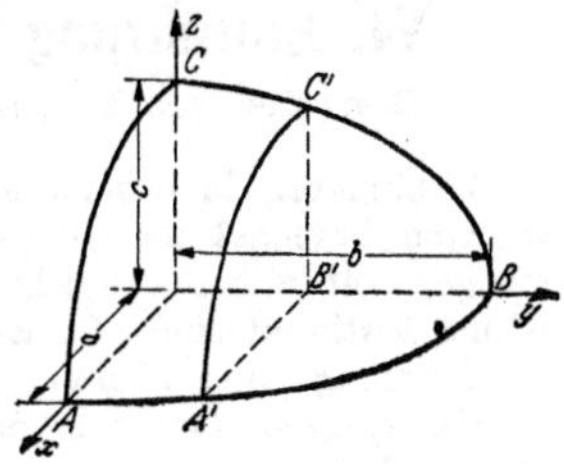

Fig. 131.

3. Wird die Hyperbel

$$\frac{x^2}{a^2} - \frac{y^2}{b^2} = 1$$

(Fig. 55, S. 83 u. Fig. 92, S. 106) um die y-Achse gedreht, so entsteht ein einschaliges **Rotationshyperboloid** mit der Gleichung

$$\frac{x^2}{a^2} - \frac{y^2}{b^2} + \frac{z^2}{a^2} = 1 .$$

Rauminhalt S. 83.

Wird dieselbe Hyperbel um die x-Achse gedreht, so entsteht ein zweischaliges Rotationshyperboloid mit der Gleichung

$$\frac{x^2}{a^2} - \frac{y^2}{b^2} - \frac{z^2}{b^2} = 1 .$$

4. Wird die Parabel $y^2 = 2px$ (Fig. 77, S. 99) um die x-Achse gedreht, so entsteht ein **Rotationsparaboloid** mit der Gleichung

$$\frac{y^2}{p} + \frac{z^2}{p} = 2x .$$

Inhalt s. S. 83 und 163, Oberfläche S. 82.

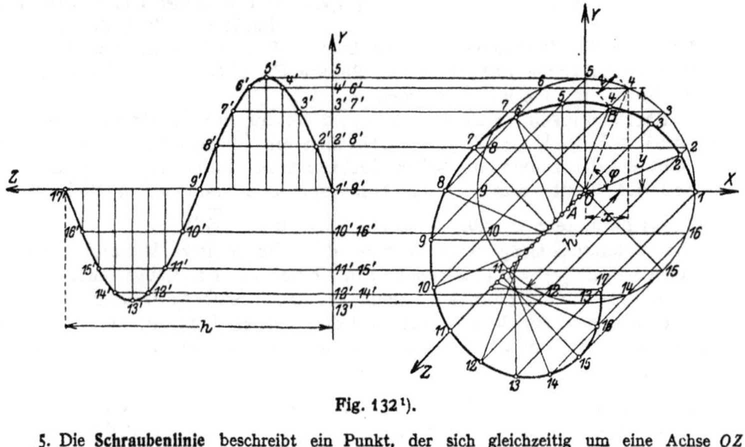

Fig. 132[1]).

5. Die **Schraubenlinie** beschreibt ein Punkt, der sich gleichzeitig um eine Achse OZ dreht und eine dem Drehwinkel φ proportionale Verschiebung parallel zur Achse erfährt (Fig. 132). Ist r sein Abstand von der Achse, ist h die Ganghöhe, d. h. entspricht einer vollen Umdrehung von $\varphi = 2\pi$ eine Verschiebung h, so lauten mit $a = h/2\pi$ die Gleichungen der Schraubenlinie

$$x = r\cos\varphi, \quad y = r\sin\varphi, \quad z = \varphi a \quad \text{oder} \quad x = r\cos\frac{z}{a}, \quad y = r\sin\frac{z}{a} .$$

Die auf dem Mantel des Zylinders vom Radius r gelegene Schraubenlinie ergibt bei der Abwicklung eine Gerade von der Steigung $\operatorname{tg}\alpha = h/2r\pi = a/r$.

Die Projektion der Schraubenlinie auf die xz- bzw. yz-Ebene ist eine cos- bzw. sin-Kurve mit der Periode h (S. 121). Die Projektion wird konstruiert (Fig. 132), indem man den Kreis vom Radius r und die Ganghöhe h in die gleiche Anzahl Teile teilt und entsprechende waagerechte und senkrechte Strahlen zum Schnitt bringt.

---

[1]) Fig. 132 ist perspektivisch gezeichnet; die waagerecht gelegte Drehachse OZ steht senkrecht auf der xy-Ebene.

Die gerade Regel-**Schraubenfläche** entsteht durch Schraubung der Geraden $O1$ (Fig. 132), d. h. sie wird gebildet durch die Lote von den Punkten P der Schraubenlinie auf die Achse OZ. Ihre Gleichung lautet nach Beseitigen von r aus den Gleichungen für die Schraubenlinie

$$z = a \cdot \operatorname{arctg}\frac{y}{x} \quad \text{oder} \quad y = x \cdot \operatorname{tg}\frac{z}{a}, \quad \text{wo} \quad a = h/2\pi.$$

VI. Einführung in die Rechnung mit Vektoren.

Bearbeitet von Dr.-Ing. **W. Meyer zur Capellen**, VDI, Aachen.

1. Skalare. In der Mathematik und Physik sowie in ihren Anwendungsgebieten begegnet man Begriffen wie Arbeit, Leistung, Temperatur, Wärmemenge, Zeit u. a. m., welche durch einen einzigen Zahlenwert als Maß ihrer Größe bestimmt sind. So ist z. B. die Temperatur eines Körpers durch $t°$ C, die Leistung einer Maschine durch N PS angegeben. Solche Größen heißen Skalare, da sie (wie z. B. die Temperatur im Thermometer) durch eine Skala dargestellt werden, d. h. den Punkten einer Zahlengeraden (Fig. 133) zugeordnet werden können.

2. Vektoren. Demgegenüber gibt es physikalische und geometrische Begriffe, die neben ihrer Größe noch die Angabe ihrer Richtung bedürfen, wie z. B. Kraft, Geschwindigkeit, Beschleunigung, Moment u. a. m. Solche Begriffe heißen Vektoren: Eine Strecke im Raum von bestimmter Länge, Richtung und Richtungssinn und jeder Begriff, der sich in dieser Weise eindeutig darstellen läßt, heißt Vektor[1]).

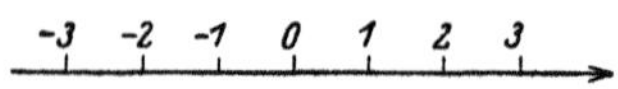

Fig. 133.

Fig. 134.

Um z. B. die Verschiebung des Punktes P (Fig. 134) in den Punkt Q anzugeben, muß außer der Entfernung der Punkte P und Q noch die Richtung und der Richtungssinn angegeben werden.

3. Bezeichnungen. Man schreibt einen Vektor mit **deutschen** Buchstaben (Fraktur), z. B. $\mathfrak{a}$, $\mathfrak{A}$, $\mathfrak{v}$, $\mathfrak{B}$, in Sonderfällen mit Überstreichung wie z. B. $\overline{\omega}$, und gibt bei der Darstellung seinen Richtungssinn durch einen Pfeil an.

Soll der Vektor durch seinen Anfangspunkt P und seinen Endpunkt Q (Fig. 134) dargestellt werden, so schreibt man $\mathfrak{v} = \overrightarrow{PQ}$ [2]).

Der absolute **Betrag** eines Vektors, d. h. die positive Maßzahl für seine Länge, wird mit $|\mathfrak{v}| = v$ bezeichnet. Ein Vektor von der Länge Null, bei dem also Anfangs- und Endpunkt zusammenfallen, heißt **Nullvektor** und wird mit 0 bezeichnet. Ein Vektor, dessen Betrag gleich Eins ist, heißt **Einheitsvektor** und wird mit $\mathfrak{v}^0$ bezeichnet, so daß ein beliebiger Vektor geschrieben werden kann

$$\mathfrak{v} = |\mathfrak{v}|\,\mathfrak{v}^0 = v \cdot \mathfrak{v}^0.$$

4. Zwei Vektoren $\mathfrak{a}$ und $\mathfrak{b}$ sind gleich, d. h. es ist $\mathfrak{a} = \mathfrak{b}$, wenn beide den gleichen Betrag und die gleiche Richtung haben, also durch Parallelverschiebung gleichsinnig zur Deckung gebracht werden können. Ein Vektor kann beliebig parallel zu sich selbst verschoben werden (Ausnahmen s. 5).

In den Anwendungen kann oft ein Vektor beliebig verschoben werden, jedoch kommt ihm eine physikalische Bedeutung erst in einem bestimmten Punkte zu. So kann auf einer krummlinigen Bahn die Geschwindigkeit in einem Kurvenpunkte durch den Vektor $\mathfrak{v}$ (s. 8) vom Betrag und von der Richtung der Geschwindigkeit dargestellt werden, dem Geschwindigkeitsvektor, dem also physikalische Bedeutung erst im Kurvenpunkte zukommt.

---

[1]) Vgl. M. Abraham u. A. Föppl: Theorie der Elektrizität. 4. Aufl., Bd. 1, S. 5. Leipzig: B. G. Teubner. — Rothe, R.: Höhere Mathematik, Teil II, 2. Aufl., S. 173f. Leipzig: B. G. Teubner 1931.

[2]) Nach den Vorschlägen des A.E.F.

5. In der Mechanik gibt es aber Größen, die nur in ihrer Richtung verschoben werden dürfen. Solche Vektoren heißen **gebundene** (axiale) Vektoren (wie Kräfte, Winkelgeschwindigkeiten) im Gegensatz zu den **freien** (planaren) Vektoren. Greifen z. B. an einem Körper mehrere Kräfte in einem Punkt an, so können sie als freie Vektoren behandelt werden. Greifen sie aber nicht in einem Punkt an, so dürfen sie beim starren Körper (s. Mechanik) nur in ihrer Wirkungslinie, nicht aber parallel verschoben werden, sind also dann gebundene Vektoren.

6. Multiplikation eines Vektors mit einem Skalar. Unter dem Vektor $\mathfrak{w} = m\mathfrak{v} = \mathfrak{v}m$ soll ein Vektor verstanden werden, der dem Vektor $\mathfrak{v}$ parallel ist und dessen Betrag m-mal so groß ist wie der von $\mathfrak{v}$, d. h. $|\mathfrak{w}| = |m||\mathfrak{v}| = |m| \cdot v$. Ist $m > 0$, so hat $\mathfrak{w}$ die gleiche, ist $m < 0$, so hat $\mathfrak{w}$ die entgegengesetzte Richtung wie $\mathfrak{v}$ (Fig. 135).

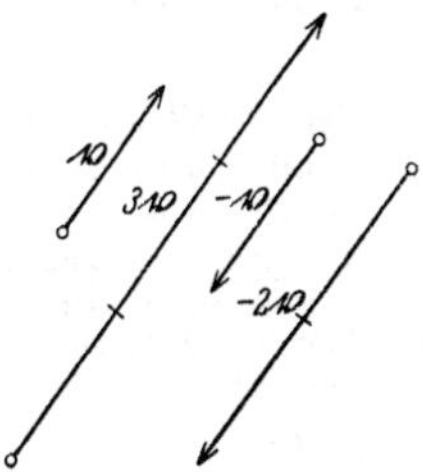

Fig. 135.

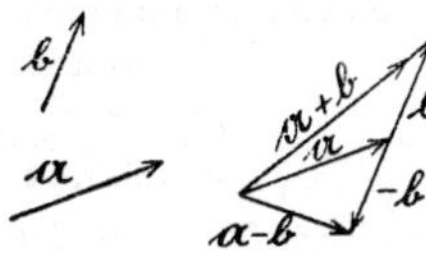

Fig. 136.

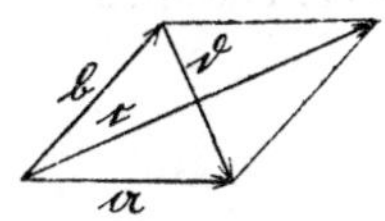

Fig. 137.

7. Addition und Subtraktion von Vektoren. Trägt man (Fig. 136) an den Vektor $\mathfrak{a}$ durch Parallelverschiebung den Vektor $\mathfrak{b}$ an, so entsteht der Vektor $\mathfrak{a} + \mathfrak{b}$. Den Vektor $\mathfrak{a} - \mathfrak{b}$ erhält man, indem man zu dem Vektor $\mathfrak{a}$ den Vektor $-\mathfrak{b}$ addiert. Es ist also

$$\mathfrak{a} - \mathfrak{b} = \mathfrak{a} + (-\mathfrak{b}).$$

In dem durch $\mathfrak{a}$ und $\mathfrak{b}$ bestimmten Parallelogramm sind $\mathfrak{c} = \mathfrak{a} + \mathfrak{b}$ und $\mathfrak{d} = \mathfrak{a} - \mathfrak{b}$ die entsprechend Fig. 137 gerichteten Diagonalen.

Übereinstimmend mit den Regeln der Algebra gelten folgende Gesetze, die sich leicht geometrisch nachweisen lassen:

$$\mathfrak{a} + \mathfrak{b} = \mathfrak{b} + \mathfrak{a} \quad \text{(Vertauschbarkeitsgesetz der Addition).}$$

$$\mathfrak{a} + (\mathfrak{b} + \mathfrak{c}) = (\mathfrak{a} + \mathfrak{b}) + \mathfrak{c} \quad \text{(Verbindungsgesetz),}$$

$$m(\mathfrak{a} + \mathfrak{b}) = m\mathfrak{a} + m\mathfrak{b} \quad \text{(Verteilungsgesetz),}$$

$$\mathfrak{a} - \mathfrak{a} = 0.$$

8. Differentiation eines Vektors. Ist O ein fester Punkt, so kann die krummlinige Bahn eines Körpers dargestellt werden durch die zeitlich veränderlichen Radienvektoren $\overrightarrow{OP} = \mathfrak{r} = \mathfrak{r}(t)$ (Fig. 138). Nach Δt Sekunden ist P nach P_1 gewandert, und der entsprechende Vektor ist $\overrightarrow{OP_1} = \mathfrak{r}_1 = \mathfrak{r}(t + \Delta t)$. Dann ist $\overrightarrow{PP_1}$ der in Δt sek zurückgelegte Weg $\Delta\mathfrak{r} = \mathfrak{r}_1 - \mathfrak{r} = \mathfrak{r}(t + \Delta t) - \mathfrak{r}(t)$, und es wird demnach die mittlere Geschwindigkeit gleich $\Delta\mathfrak{r}/\Delta t$.

Der Grenzwert dieses Ausdruckes für $\Delta t \to 0$ (S. 65) oder für $P \to P_1$ ist der Geschwindigkeitsvektor

$$\mathfrak{v} = \lim_{\Delta t \to 0} \frac{\mathfrak{r}(t + \Delta t) - \mathfrak{r}(t)}{\Delta t} = \frac{d\mathfrak{r}}{dt}.$$

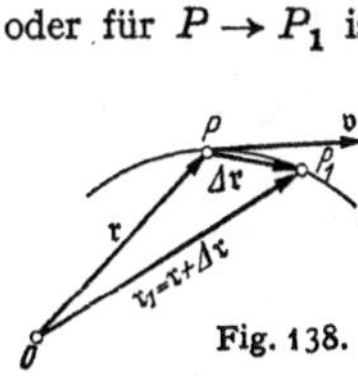

Fig. 138.

Er hat die Richtung der Tangente in P. Ähnlich ist

$$\mathfrak{b} = \frac{d\mathfrak{v}}{dt}$$

der Beschleunigungsvektor im Punkte P (s. Dynamik S. 206).

9. Eine wichtige Rolle spielen die Produkte der Vektoren. **Das innere (skalare) Produkt** der Vektoren $\mathfrak{a}$ und $\mathfrak{b}$ (Fig. 139a) ist der Skalar

$$\mathfrak{a}\cdot\mathfrak{b} = |\mathfrak{a}|\cdot|\mathfrak{b}|\cdot\cos\sphericalangle\mathfrak{a}\mathfrak{b} = ab\cos\sphericalangle\mathfrak{a}\mathfrak{b},$$

also das Produkt aus dem Betrag des einen Vektors und der Projektion des anderen auf ihn. Daher ist $\mathfrak{a}\cdot\mathfrak{b} = \mathfrak{b}\cdot\mathfrak{a}$ und ist $\mathfrak{a}\cdot\mathfrak{b} = 0$, wenn $\mathfrak{a}\perp\mathfrak{b}$.

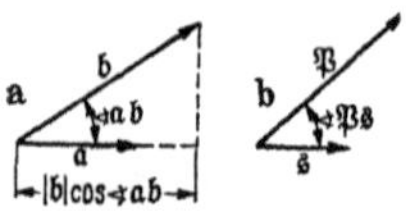

Fig. 139.

So ist z. B. die Arbeit A einer konstanten Kraft $\mathfrak{P}$ längs eines Weges $\mathfrak{s}$, der mit ihr einen Winkel bildet (Fig. 139b), durch das skalare Produkt $A = \mathfrak{P}\cdot\mathfrak{s} = |\mathfrak{P}|\cdot|\mathfrak{s}|\cdot\cos\sphericalangle\mathfrak{P}\mathfrak{s}$ gegeben. Bei veränderlicher Kraft kann geschrieben werden $A = \int\mathfrak{P}\,d\mathfrak{s}$.

10. Das äußere (vektorielle) Produkt der Vektoren $\mathfrak{a}$ und $\mathfrak{b}$ ist ein Vektor $\mathfrak{c}$, der geschrieben wird

$$\mathfrak{c} = \mathfrak{a}\times\mathfrak{b}.$$

Sein Betrag ist gleich der Fläche des aus $\mathfrak{a}$ und $\mathfrak{b}$ gebildeten Parallelogramms (Fig. 140a). $\mathfrak{c}$ steht auf der Parallelogrammebene senkrecht, und sein Richtungssinn ist derart, daß $\mathfrak{a}$, $\mathfrak{b}$, $\mathfrak{c}$ ein Rechtssystem bilden. Daher ist $\mathfrak{a}\times\mathfrak{b} = -\mathfrak{b}\times\mathfrak{a}$.

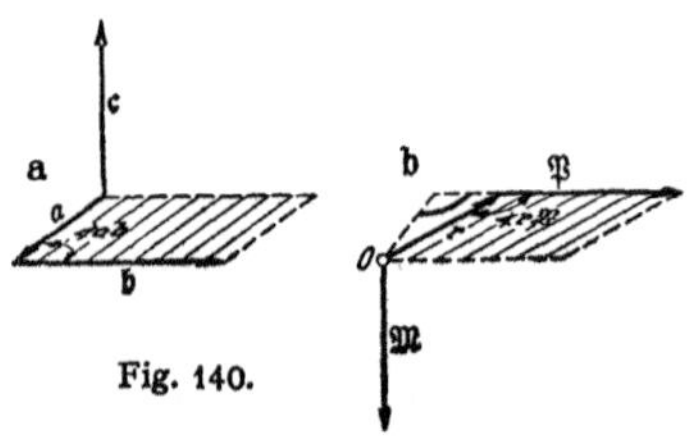

Fig. 140.

Dreht sich eine rechtsgängige Schraube im gleichen Sinne wie ein Beobachter, der den Vektor $\mathfrak{a}$, dann den Vektor $\mathfrak{b}$ entlang geht, so verschiebt sie sich in der gleichen Richtung wie $\mathfrak{c}$.

Für den Betrag gilt

$$|\mathfrak{c}| = |\mathfrak{a}|\cdot|\mathfrak{b}|\cdot\sin\sphericalangle\mathfrak{a}\mathfrak{b} = ab\sin\sphericalangle\mathfrak{a}\mathfrak{b}.$$

Beispiel: Das Drehmoment einer Kraft $\mathfrak{P}$ am Hebelarm $\mathfrak{r}$ um den Drehpunkt O ist gleich der Kraft mal dem senkrechten Abstand des Punktes O von der Kraft, also gleich $|\mathfrak{r}|\cdot|\mathfrak{P}|\cdot\sin\sphericalangle\mathfrak{r}\mathfrak{P}$ (Fig. 140b). Um auch den Richtungssinn auszudrücken, kann das Moment als Vektor senkrecht zur Ebene von $\mathfrak{r}$ und $\mathfrak{P}$ dargestellt werden durch

$$\mathfrak{M} = \mathfrak{r}\times\mathfrak{P}.$$

VII. Die Wahrscheinlichkeitsrechnung und ihre Anwendung auf die Fehler-, Ausgleichs- und Großzahlrechnung.

Bearbeitet von Dr.-Ing. **W. Meyer zur Capellen,** VDI, Aachen.

A. Grundbegriffe der Wahrscheinlichkeitsrechnung.

1. Gegenstand der Wahrscheinlichkeitsrechnung sind Untersuchungen an einer großen Zahl von Dingen, Erscheinungen, Beobachtungen usw., die in gewissen Merkmalen übereinstimmen. Ist n die Anzahl dieser Dinge und gibt n_0 an, wie oft diese Merkmale beobachtet wurden, so heißt der Quotient n_0/n die **relative Häufigkeit.**

Mit einem idealen Würfel, dessen Schwerpunkt genau in der geometrischen Mitte liegt usw., wurde bei 300 Würfen 52mal die Zahl 6 geworfen. Die relative Häufigkeit ist dann $52/300 = 0{,}173$. Bei 600 Würfen wurde 99mal die Zahl 6 geworfen, die relative Häufigkeit ist dann $99/600 = 0{,}165$ usw. Je größer die Zahl der Würfe ist, um so eher nähert sich die relative Häufigkeit dem Wert $1/6$.

2. Den Grenzwert der relativen Häufigkeit für $\lim n \to \infty$ bezeichnet man als **Wahrscheinlichkeit** w[1]: $w = \lim\limits_{n\to\infty} n_0/n$, wobei $w \leqq 1$.

Die obengenannte Vielheit von Dingen heißt auch ein **Kollektiv.** Dieses muß jedoch der Bedingung der Regellosigkeit innerhalb des Kollektivs genügen:

Der Grenzwert der relativen Häufigkeit muß existieren unabhängig davon, ob man nur bestimmt ausgewählte Kollektivglieder berücksichtigt oder nicht. So muß im obigen Beispiel, wenn z. B. nur der 1., 3., 5., ... oder nur der 2., 4., 6. ... Wurf gewählt wird, doch der gleiche Grenzwert der relativen Häufigkeit, d. h. $1/6$ vorhanden sein.

[1]) Mises, R. v.: Wahrscheinlichkeit, Statistik und Wahrheit. Wien: Springer 1936.

In praktischen Anwendungen genügt für die Bestimmung der Wahrscheinlichkeit oft eine große Anzahl von Beobachtungen (Statistik).

3. Nach Laplace wird die Wahrscheinlichkeit auch bezeichnet als der Quotient $w = g/m$ aus der Zahl g der günstigen Fälle und der Zahl m aller möglichen Fälle. Hiernach muß w durch Abzählen von g und m bestimmt werden.

Beispiele: 1. Befinden sich in einer Urne 4 weiße und 6 schwarze Kugeln, so ist danach die Wahrscheinlichkeit für das Herausnehmen einer weißen Kugel $4/10 = 2/5$, für das Herausnehmen einer schwarzen Kugel $6/10 = 3/5$, d. h. bei sehr vielen Proben werden 2/5 der gesamten Kugeln weiße und 3/5 schwarze sein.

2. Wie groß ist die Wahrscheinlichkeit, aus einer Urne mit 6 weißen und 4 schwarzen Kugeln 3 weiße Kugeln auf einmal herauszugreifen? Nach der Kombinationslehre (S. 38) ist $g = \binom{6}{3} = 20$ und $m = \binom{10}{3} = 120$, also $w = g/m = 20/120 = 1/6$.

4. Rechnen mit Wahrscheinlichkeiten. α) Die Wahrscheinlichkeit w innerhalb eines Kollektivs dafür, daß von mehreren sich gegenseitig ausschließenden Merkmalen eines auftritt, ist gleich der algebraischen Summe der Wahrscheinlichkeiten der einzelnen Merkmalsgruppen: $w = w_1 + w_2 + w_3 + \cdots$.

Beispiel: Beim idealen Würfel ist die Wahrscheinlichkeit dafür, eine der 6 Zahlen zu treffen, gleich $w_1 = w_2 = w_3 = 1/6$, also die Wahrscheinlichkeit, eine ungerade Zahl zu werfen, gleich $w = w_1 + w_2 + w_3 = 1/2$.

β) Die Wahrscheinlichkeit innerhalb eines Kollektivs dafür, daß mehrere voneinander unabhängige Merkmale auftreten, ist das Produkt der Einzelwahrscheinlichkeiten: $w = w_1 \cdot w_2 \cdot w_3 \ldots w_n$.

Sind die Einzelmerkmale gleich wahrscheinlich, so ist $w = (w_1)^n$. Sind von den Einzelmerkmalen p und q je gleich wahrscheinlich, so ist mit den Einzelwahrscheinlichkeiten w_p und w_q die Wahrscheinlichkeit $w = (w_p)^p \cdot (w_q)^q$.

Beispiele: 1. Die Wahrscheinlichkeit dafür, daß ein 30jähriger Mann das 60. Lebensjahr erreicht, ist nach der Statistik $w_1 = 0{,}5$. Die Wahrscheinlichkeit dafür, daß seine Frau ebenfalls noch 30 Jahre lebt, ist $w_2 = 0{,}6$. Dann ist die Wahrscheinlichkeit dafür, daß beide noch 30 Jahre leben, nur $w = w_1 \cdot w_2 = 0{,}5 \cdot 0{,}6 = 0{,}3$.

2. Die Wahrscheinlichkeit, mit 2 Würfeln gleichzeitig die gleiche Zahl, z. B. 3 zu werfen, ist $(1/6)^2 = 1/36$.

3. Die Wahrscheinlichkeit, mit einem Würfel zunächst 2mal die Zahl 1 und dann 3mal die Zahl 6 zu werfen, ist $w = (1/6)^2 \cdot (1/6)^3 = 1/6^5 = 1/24\,576$.

B. Auswertung von Beobachtungen.

a) Allgemeines über Meßfehler.

1. Eine fehlerfreie Beobachtung ist unmöglich. Daher darf man das Ergebnis einer Messung erst dann mit Sicherheit verwenden, wenn man bei Nachprüfung durch weitere Messungen eine ausreichende Übereinstimmung erzielt und die erreichte Genauigkeit richtig abgeschätzt hat.

Je größer die Genauigkeit, desto größer ist auch die Zahl der zu berücksichtigenden Nebeneinflüsse — Temperatur, Luftdruck, Feuchtigkeit, nicht vorhandene Proportionalität bei Ablesungen usw. Bei der Auswertung dieser Nebeneinflüsse genügt es, so weit zu gehen, daß die vernachlässigten Korrekturen von geringerer Größenordnung als die sonstigen unvermeidbaren Beobachtungsfehler sind. Zunächst ist also die mit den betreffenden Apparaten erreichbare Meßgenauigkeit abzuschätzen und sodann ist festzustellen, welche Korrekturen beachtet werden müssen. Werden diese notwendigen Korrekturen nicht hinreichend berücksichtigt, so gibt man sich bezüglich der erreichten Genauigkeit einer Selbsttäuschung hin. Andererseits wird häufig auch eine übertriebene Genauigkeit bei der Messung solcher Größen angestrebt, die von z. T. gar nicht genau definierbaren Bedingungen abhängen wie Reibungsziffer u. ä.

Sieht man von groben Fehlern, die sich als solche leicht feststellen lassen, ab, so sind die auftretenden Meßfehler von zweierlei Art: Die einen, systematische oder regelmäßige Fehler, geben Abweichungen im ganz bestimmten Sinne, wie sie durch Fehler der Instrumente, ihre ungünstige Aufstellung und schlechte Handhabung veranlaßt werden. Die anderen, zufälligen oder unregelmäßigen Fehler verfälschen das Resultat bald im positiven, bald im negativen Sinne infolge persönlicher Schätzungsfehler, nicht feststellbarer Einflüsse der Atmosphäre usw. Die regelmäßigen Fehler lassen sich am besten durch verschiedenartige Anordnung des Versuches (verschiedene Methoden) erkennen und dann auf ein

Minimum herabdrücken. Eichtafeln von Meßinstrumenten sind von Zeit zu Zeit nachzuprüfen, besonders nach stärkerer Beanspruchung der Instrumente. Sie dürfen nie als unveränderlich richtig betrachtet werden. Die Größenordnung der unregelmäßigen, zufälligen und nicht vermeidbaren Fehler erkennt man bei mehrfacher Wiederholung der gleichen Messung mit den gleichen Meßinstrumenten und unter sonst gleichen Umständen.

2. Sind die einzelnen, n Messungen $l_1, l_2, \ldots, l_n$ unter den gleichen Bedingungen und mit der gleichen Sorgfalt ausgeführt, so ist der wahrscheinlichste Wert L der gemessenen Größe (s. b., S. 135) der arithmetische Mittelwer

$$L = \frac{1}{n}(l_1 + l_2 + l_3 + \cdots + l_n).$$

Statt sämtliche Werte $l_1, l_2, \ldots$ zu addieren, kann man auch von einem geschätzten Mittelwert A ausgehen: Ist $r_i = l_i - A$ die Abweichung vom geschätzten Wert, so ist der Mittelwert dieser Abweichung $q = \frac{1}{n}(r_1 + r_2 + \cdots + r_n)$, und dann wird $L = A + q$.

Beispiel: Eine Länge l_i sei durch folgende Messungen bestimmt. Danach sei als Mittelwert geschätzt $A = 30{,}20$.

l_i m	$r_i = l_i - A$
30,10	−0,10
30,30	+0,10
30,20	±0,00
30,40	+0,20
Summe:	+0,20

Damit wird $L = 30{,}20 + \frac{1}{4} \cdot 0{,}20$
$= 30{,}20 + 0{,}05$
$= 30{,}25$ m.

3. Mit Hilfe der Wahrscheinlichkeitsrechnung (S. 136) läßt sich die mittlere und die wahrscheinliche Abweichung (Fehler) der Messung und damit ihre Genauigkeit angeben. Ein ungefähres Maß für die Genauigkeit stellt der **scheinbare Fehler** oder die durchschnittliche Abweichung dar, d. h. der arithmetische Mittelwert aus den Absolutfehlern der Einzelbeobachtungen (Abweichung vom Mittelwert der Beobachtungsergebnisse).

Beispiel: Ein zweiter Beobachter hat die gleiche Länge wie oben gemessen und das gleiche arithmetische Mittel erhalten. Für die scheinbaren Fehler folgt dann:

	Beobachter I		Beobachter II	
	Messung	Fehler	Messung	Fehler
	30,10	0,15	30,23	0,02
	30,30	0,05	30,25	0,00
	30,20	0,05	30,28	0,03
	30,40	0,15	30,24	0,01
Mittelwert	30,25 ±	0,10 m	30,25 ±	0,02 m

Hiernach ist die Beobachtung des zweiten Beobachters (scheinbarer Fehler ±2 cm) genaue als die erste (scheinbarer Fehler ±10 cm). Die scheinbaren Fehler sind + und − zu rechnen

4. Haben einzelne Messungen $l_1, l_2, \ldots$, deren Mittelwert bestimmt werden soll, verschiedene Genauigkeit, so werden sie entsprechend ihren Gewichten $p_1, p_2, \ldots$ (Maßen für die Genauigkeit) berücksichtigt. Es ist dann mit

$$p_1 + p_2 + \cdots + p_n = p \quad \text{der Mittelwert} \quad L = \frac{1}{p}(p_1 l_1 + p_2 l_2 + \cdots + p_n l_n).$$

Beispiel: Die Schwingungszahl einer Stimmgabel wurde mittels einer Sirene von 16 Löchern am Umfange gemessen:

	n Umdrehungen in	t Sek.	Schwingungszahl $= 16 \cdot n/t$	
1.	388 „ „	12,2 „	„ = 509	11
2.	554 „ „	17,2 „	„ = 515	5
3.	1266 „ „	39,2 „	„ = 517	3
4.	3465 „ „	106,0 „	„ = 523	3
			520	±4

Die Gewichte dieser 4 Messungen sind nicht einander gleich, sondern den Beobachtungszeiten proportional. Der Mittelwert ist daher

$$\frac{509\cdot 12+515\cdot 17+517\cdot 39+523\cdot 106}{12+17+39+106}=520.$$

Der scheinbare Fehler, d. h. die durchschnittliche Abweichung, ist unter Berücksichtigung der Gewichte

$$\frac{11\cdot 12+5\cdot 17+3\cdot 39+3\cdot 106}{12+17+39+106}=4.$$

5. Bei der **Ausrechnung** ist das Ergebnis mit so viel Ziffern anzugeben, daß die letzte keinen großen Anspruch auf Genauigkeit hat, die vorletzte aber noch sicher verbürgt ist. Die Sicherheit der letzten Ziffer wird mit $\pm$ angefügt.

Beispiele: 1. Es ist $\frac{10{,}255\pm 0{,}005}{3}=3{,}418\pm 0{,}002$, nicht etwa $3{,}4183\pm 0{,}0017$.

2. Die 0 ist als technische Zahl ebenso zu behandeln wie jede andere Ziffer, also z. B. $10{,}200\pm 0{,}005$, nicht $10{,}2\pm 0{,}005$. Das Hinschreiben der 0 zeigt, daß diese Ziffer gemessen ist:

10,000 m	gemessen	bis	auf	mm	genau
10,00 m	„	„	„	cm	„
$87\cdot 10^3$ m	„	„	„	km	„
87 000 m	„	„	„	m	„ .

3. Es ist ein häufig vorkommender Fehler, daß aus technischen Messungen Zahlenwerte errechnet werden, die in keiner Weise verantwortet werden können. Es ist z. B. $8{,}4\cdot 5{,}2\cdot 7{,}6=330$ (oder auch 332); nicht etwa 331,968. Die 6 Ziffern wären nur dann richtig, wenn auch die Einzelmessungen mit 6 Ziffern gemessen wären: 8,40000 usw. und nicht nur 8,4.

Im allgemeinen ist (s. 7) der gesuchte Wert nicht unmittelbar, sondern als Funktion verschiedener einzeln gemessenen Größen bestimmbar. Der Gesamtfehler ist dann nicht von der Größe der Einzelfehler, sondern auch von der Art der Funktion abhängt. Da die Vorzeichen der Einzelfehler niemals bekannt sind, so ist der mögliche Fehler des Ergebnisses auch bei Differenzen stets durch Addition der Teilfehler zu bestimmen. Da es sich um kleine Fehler handelt, können die Näherungsformeln für das Rechnen mit kleinen Größen (s. S. 55) berücksichtigt werden.

Merkregeln. Bei Addition oder Subtraktion fehlerhafter Größen addieren sich ihre absoluten Fehler, bei Multiplizieren und Dividieren ihre prozentualen Fehler. Beim Potenzieren und Radizieren wird der prozentuale Fehler mit dem (ganzen bzw. gebrochenen) Exponenten multipliziert:

$$(1\pm\delta)^n\approx 1\pm n\delta;\quad \sqrt[m]{1\pm\delta}\approx 1\pm\delta/m.$$

Beispiele: 1. $(89{,}7\pm 0{,}3)+(85{,}3\pm 0{,}2)=175{,}0\pm 0{,}5$.

2. $(89{,}7\pm 0{,}3)-(85{,}3\pm 0{,}2)=4{,}4\pm 0{,}5$.

Bei der Bestimmung kleiner Differenzen durch Messen des Minuenden und Subtrahenden ist größte Vorsicht notwendig (im vorstehenden Beispiel 11 vH Fehler gegenüber 0,3 vH bei der Summe und den Einzelmessungen).

3. Bestimmung des spezifischen Gewichtes durch Messen des Gewichtes in Luft und in Wasser:

$$\gamma=\frac{G_L}{G_L-G_W}=\frac{185{,}50\pm 0{,}05}{(185{,}50\pm 0{,}05)-(161{,}60\pm 0{,}06)}=\frac{185{,}50\pm 0{,}05}{23{,}9\pm 0{,}1}=7{,}76\pm 0{,}04.$$

Auswertung des Fehlers im Kopf: (eine Ziffer genügt)

Fehler des Nenners 1 auf 239 ≈ knapp 0,5 vH
„ „ Zählers 5 „ 18550 ≈ 0,03 vH

Fehler des Bruches = Summe der prozentualen Fehler
0,5 vH von 8 [7,76] ≈ 0,04.

4. $(3{,}37\pm 0{,}04)^2\cdot\sqrt[3]{9{,}66\pm 0{,}06}=11{,}4\cdot 2{,}13=24{,}3\pm 0{,}6$,

4 auf 337 ≈ 1,2 vH	Fehler des Resultates $(2\cdot 1{,}2+\frac{1}{3}\cdot 0{,}6)$ vH = 2,6 vH
6 „ 966 ≈ 0,6 vH	2,6 vH von 24,3 ≈ 0,6.

Die Fehlerrechnung dient nicht nur zur Schätzung der Genauigkeit eines Ergebnisses, sondern sie zeigt vor allem auch, auf welchen Teil der Messung die größte Sorgfalt zu verwenden ist, welche Versuchsanordnung den geringsten Einfluß der Beobachtungsfehler auf das Ergebnis bewirkt und wie weit Abkürzungen beim zahlenmäßigen Rechnen gestattet sind.

6. Allgemein ist der **Gesamtfehler** Δu eines Ergebnisses $u=f(x,y,z,\ldots)$, das sich durch verschiedene Einzelmessungen $x,y,z,\ldots$ mit den Fehlern Δx, Δy, $\Delta z,\ldots$ ergibt, mit Hilfe der partiellen Ableitungen $f_x=\partial f/\partial x$, $f_y=\partial f/\partial y$, $f_z=\partial f/\partial z,\ldots$ (s. S. 68) bestimmbar gemäß

$$\Delta u=\Delta x\cdot f_x+\Delta y\cdot f_y+\Delta z\cdot f_z+\cdots$$

Beispiel: Bestimmung der Fallbeschleunigung g durch Messen der Länge l und der Schwingungsdauer t eines Pendels:

$$g = f(l, t) = \pi^2 \cdot l/t^2,$$

$$\Delta g = \Delta l \cdot \partial f/\partial l + \Delta t \cdot \partial f/\partial t$$
$$= \pi^2/t^2 \cdot \Delta l + {}^{*}\pi^2 \cdot l/t^3 \cdot 2 \cdot \Delta t,$$
$$\Delta g/g = \Delta l/l + 2 \cdot \Delta t/t.$$

Einfacher logarithmisch:

$$\ln g = \ln(\pi^2) + \ln l - 2 \cdot \ln t,$$
$$\Delta g/g = \Delta l/l + {}^{*}2 \cdot \Delta t/t.$$

Die Zeitbestimmung erfordert die größte Sorgfalt. Der prozentuale Fehler der Zeitmessung verdoppelt sich im Resultat. An den angemerkten Stellen (*) ist zu beachten, daß Fehler stets zu addieren sind.

7. α) Bei **Darstellung** eines Vorganges, der von einer veränderlichen Größe abhängig ist, also **einer Funktion**, z. B. der Bestimmung der Hysteresiskurve von Dynamomaschinen (Fig. 141), kann von der Bildung eines arithmetischen Mittelwertes keine Rede sein. Das Auftragen der Punkte im Koordinatensystem — hier 𝔅 in Funktion von 𝔥 — liefert ein Bild des Vorganges. Die Kurve ist dann, um eine Verzerrung durch die Beobachtungsfehler zu vermeiden, so zwischen die Meßpunkte zu legen, daß die Summe der Abweichungen möglichst klein wird und daß eine regelmäßige Kurve entsteht. Diese graphische Ausgleichung ist besonders einfach bei bekanntem Kurvencharakter. Sonst kann auch als erste Annäherung eine ausgleichende Gerade genommen werden.

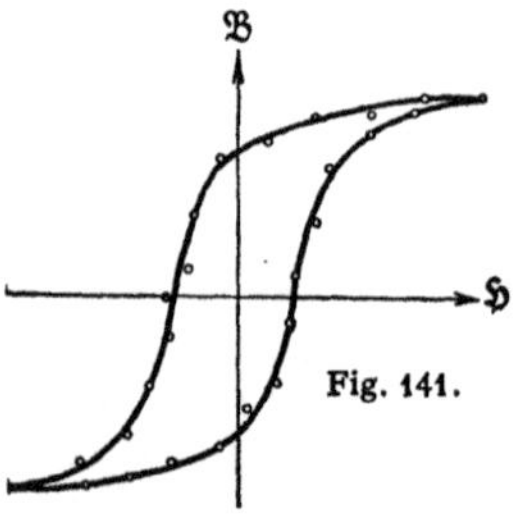

Fig. 141.

β) Zur klaren Veranschaulichung der Ergebnisse ist eine zweckmäßige **Wahl des Maßstabes** wertvoll, vgl. Fig. 142 und 143 für die Abhängigkeit der Umlaufzahl eines Motors vom Drehmoment.

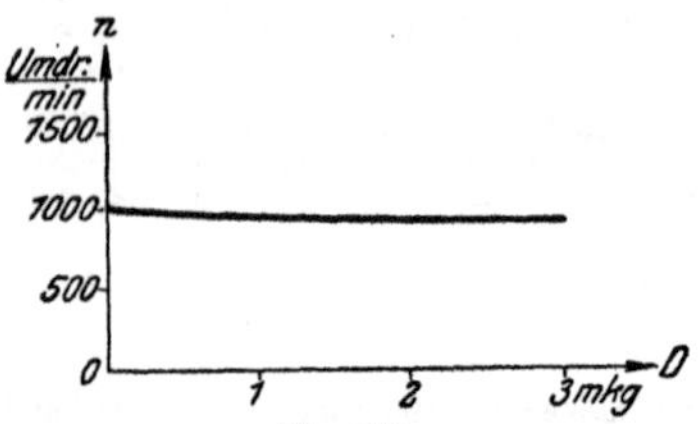

Fig. 142.

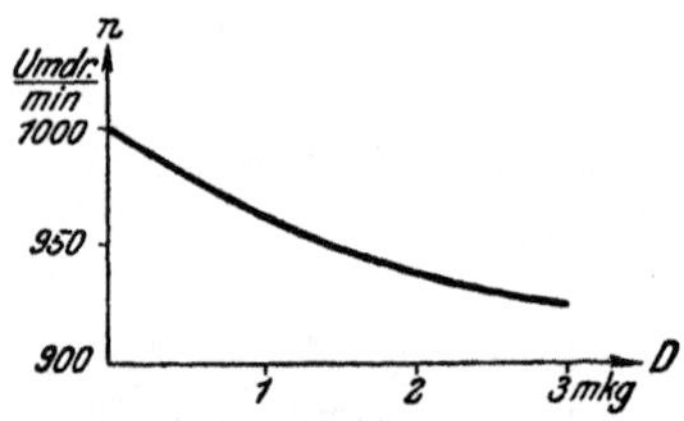

Fig. 143.

γ) Deutet der Verlauf der graphischen Darstellung auf starke Krümmung, **Maxima** oder **Minima**, so ist beim Ausgleichen besondere Vorsicht notwendig; nach Möglichkeit sind solche Punkte durch unmittelbare Messungen sorgfältig zu bestimmen.

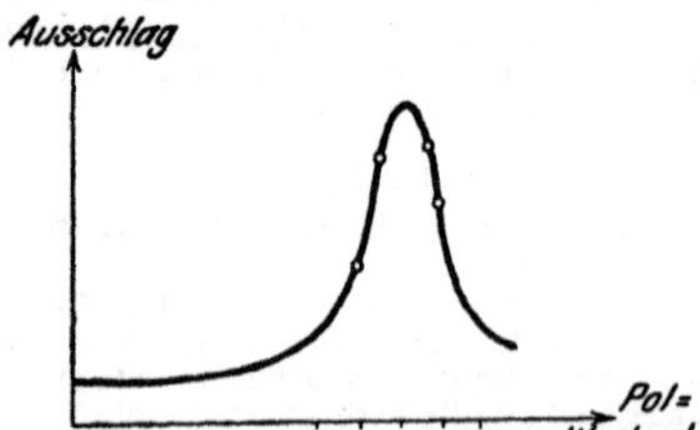

Fig. 144.

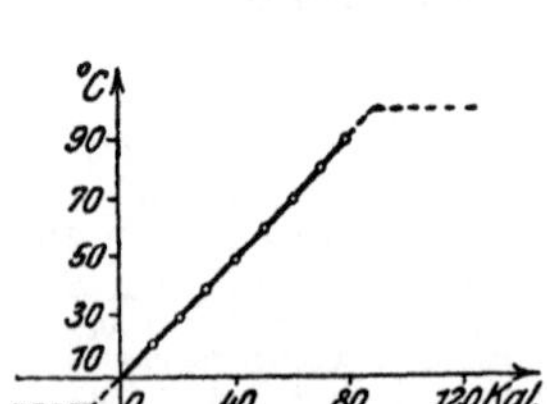

Fig. 145.

Beispiel: Die Amplituden oder Schwingungsweiten einer durch einen Wechselstrommagneten erregten Feder (Frahmscher Frequenzmesser) zeigen bei verschiedenen Polwechseln (Erregerfrequenzen) die Ergebnisse von Fig. 144: Die Resonanz ist bei 100 Polwechseln so stark ausgeprägt, daß die größte Schwingungsweite nur durch unmittelbares Messen ermittelt werden kann.

δ) Über den durch Beobachtung festgestellten Meßbereich hinaus lassen sich Kurven auf Grund der ausgeführten Messungen niemals fortsetzen. Das ist nur zulässig, wenn der Charakter der Kurve auch außerhalb des Beobachtungsgebietes auf Grund theoretischer Erwägungen vollkommen klar ist. Selbst wenn die beobachteten Punkte sämtlich in einer Geraden liegen, ist eine Fortsetzung dieser Geraden über den Meßbereich hinaus nicht zulässig. Andernfalls sind die größten Trugschlüsse möglich.

Beispiel: 1 kg Wasser von 10° C werde Wärme zugeführt und die Temperatur als Funktion der zugeführten Wärmemenge gemessen. Die Messung werde bis zu 90° C fortgesetzt. Die in Fig. 145 graphisch dargestellten Beobachtungen ergeben eine Gerade. Wollte man aber diese Gerade über den Meßbereich hinaus beliebig verlängern, so käme man zu völlig unrichtigen Ergebnissen. Durch Messung würde sich die gestrichelte Kurve ergeben.

ε) Zur besseren Übersicht wird man häufig die Ergebnisse auf **Funktionspapieren** darstellen (s. a. Nomographie S. 145, ferner Potenzkurven S. 116). Und zwar wird man solche Papiere wählen, auf denen die Funktion durch eine Gerade (bzw. angenäherte Gerade) dargestellt wird. Damit ist bei bekanntem Gesetz ein einfacher Überblick möglich und ist bei unbekanntem Gesetz dieses leicht zu finden.

Beispiele: 1. Wird die Kurve $s = gt^2/2$ in ein Achsenkreuz gezeichnet, dessen eine Achse quadratisch geteilt ist, $z = t^2$, so wird $s = gz/2$ eine Gerade.

2. Potenzpapier, bei dem beide Achsen logarithmisch geteilt sind, wird man für Gesetze von der Form $y = c \cdot x^n$ verwenden.

3. Exponentialpapier, bei dem die x-Achse logarithmisch und die y-Achse linear geteilt ist, wird man für Gesetze von der Form $y = c \cdot e^{kx}$ oder $y = c \cdot a^x$ verwenden.

In ähnlicher Weise kann man sinus- und tangens-Papier verwenden.

b) Ausgleichrechnung.

1. Methode der kleinsten Quadrate. Ist eine Größe X durch mehrere Messungen $l_1, l_2, \ldots$ unter den gleichen Bedingungen bestimmt worden und ist L ein Wert, der der Größe X möglichst nahe kommt, so sind die scheinbaren Fehler gleich $L - l_1 = v_1, L - l_2 = v_2, \ldots$ K. F. Gauß sagt nun, daß für den wahrscheinlichsten Wert L der Größe X die Summe der Quadrate der scheinbaren Fehler ein Minimum sein muß. Dies gilt um so mehr, je größer die Zahl der Messungen ist.

Auch wenn die gesuchte Größe X nicht unmittelbar durch Versuche gegeben ist und von einem Meßergebnis L_1 oder mehreren $L_1, L_2, \ldots$ abhängt (funktionale Beziehung), so ist der Wert L, der der gesuchten Größe X am nächsten kommt, so zu bestimmen, daß die **Summe der Fehlerquadrate ein Minimum** ist.

Beispiel: 1. Bei n Messungen für die Größe X lautet die Minimumbedingung

$$\frac{d}{dL}[(L-l_1)^2+(L-l_2)^2+\cdots+(L-l_n)^2]=0 \text{ oder } 2[(L-l_1)+(L-l_2)+(L-l_3)+\cdots+(L-l_n)]=0,$$

d. h. $n \cdot L - \Sigma l = 0$ oder $L = 1/n \cdot \Sigma l$, mit anderen Worten: der arithmetische Mittelwert (s. 2., S. 132) ist auch der wahrscheinlichste Wert.

2. Die Aussage für diesen Fall besagt dann, daß Σv^2 stets kleiner ist, als wenn die Differenzen gegenüber einem anderen Mittelwert gebildet werden:

Beispiel:

	Fehler	Fehlerquadrate		Fehler	Fehlerquadrate
8,3	1	1	8,3	0	0
8,5	1	1	8,5	2	4
8,4	0	0	8,4	1	1
8,6	2	4	8,6	3	9
8,3	1	1	8,3	0	0
8,3	1	1	8,3	0	0
8,4		Summe = 8 [Minimum]	8,3		Summe = 14 [>8]

2. Es bedeuten wieder X den wahren Wert der gemessenen Größe, L den arithmetischen Mittelwert aus den n Messungen $l_1, l_2, \ldots, l_n$ und $v_1 = L - l_1$, $v_2 = L - l_2, \ldots$ die scheinbaren Fehler. Ferner seien die wahren Fehler, d. h. Abweichungen vom wahren Wert mit $\varepsilon_1, \varepsilon_2, \ldots, \varepsilon_n$ bezeichnet, und es sei die Abkürzung $v_1^2 + v_2^2 + \cdots + v_n^2 = [vv]$ und $\varepsilon_1^2 + \varepsilon_2^2 + \cdots + \varepsilon_n^2 = [\varepsilon\varepsilon]$ eingeführt. Dann ist nach Gauß **der mittlere Fehler der einzelnen Beobachtung.**

$$\varepsilon = \frac{[\varepsilon\varepsilon]}{n} = \sqrt{\frac{[vv]}{n-1}} \left(\approx \sqrt{\frac{[vv]}{n}}, \text{ falls } n \gg 1\right).$$

3. Der mittlere Fehler des Mittelwertes ist dann nach Gauß

$$E = \frac{1}{n}\sum_{i=1}^{i=n} \varepsilon_i = \frac{\varepsilon}{\sqrt{n}} = \sqrt{\frac{[vv]}{n(n-1)}} \left(\approx \frac{1}{n}\sqrt{[vv]}, \quad \text{falls } n \gg 1\right).$$

Der mittlere Fehler des Mittelwertes aus n Beobachtungen nimmt also bei gleichem mittleren Fehler ε der Einzelmessung ab wie $1/\sqrt{n}$, d. h. es ist zwecklos, ungenaue Messungen durch eine große Anzahl von Beobachtungen ausgleichen zu wollen. Für eine kleinere Anzahl n von Beobachtungen nimmt er mit wachsendem n schneller, für eine größere Anzahl n von Beobachtungen nur langsamer ab, Fig. 146.

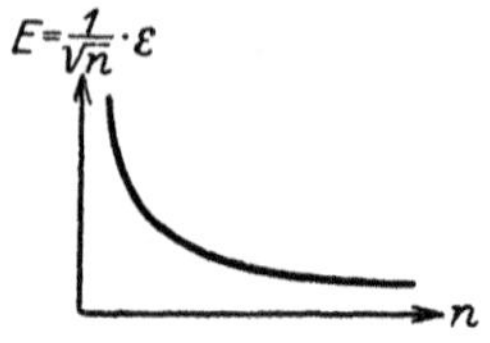

Fig. 146.

Sind einzelne Messungen ihrem „Gewicht" (s. o S. 132) entsprechend zu berücksichtigen, so ergeben sich ähnliche Beziehungen (Literatur: Anm. 1, S. 137).

4. Der wahrscheinliche Fehler ist der, für den mit gleicher Wahrscheinlichkeit zu erwarten ist, daß der wirkliche Fehler kleiner oder größer ist. Unter Verwendung des Gaußschen Fehlerverteilungsgesetzes (s. C, S. 138) ist der wahrscheinliche Fehler das 0,674-fache ($\approx \frac{2}{3}$-fache) des mittleren Fehlers.

Beispiel: Die Bestimmung von $\varkappa = c_p/c_v$ nach der Methode von Clement und Desormes ergab folgende Werte:

$$\varkappa = h_1/(h_1 - h_2).$$

Gemessen			Gerechnet			
Versuch	h_1	h_2	$h_1 - h_2$	$h_1/(h_1 - h_2)$	v	v^2
1	12	4	8	1,50	0,09	0,0081
2	20	6	14	1,43	0,02	0,0004
3	12	$3,_5$	$8,_5$	1,41	0,00	0,0000
4	18	5	13	$1{,}38_6$	$0{,}02_5$	0,0006
5	28	7	21	1,33	0,08	0,0064
6	$13,_5$	$4,_5$	9	1,50	0,09	0,0081
7	16	5	11	$1{,}45_5$	$0{,}04_5$	0,0020
8	18	$4,_5$	$13,_5$	1,33	0,08	0,0064
9	20	$5,_5$	$14,_5$	1,38	0,03	0,0009
10	12	$3,_5$	$8,_5$	1,41	0,00	0,0000
			Mittel	1,41		$[vv] = 0{,}0329$

$\varkappa = 1{,}41 \pm 0{,}02.$

Mittlerer Fehler der Einzelmessungen $\left.\right\}$ $\varepsilon = \sqrt{\frac{0{,}0329}{9}} = 0{,}06.$

Wahrscheinlicher Fehler $= \frac{2}{3} \cdot 0{,}06_0 = 0{,}04.$

Mittlerer Fehler des Mittelwertes $\left.\right\}$ $E = \frac{\varepsilon}{\sqrt{10}} = \sqrt{\frac{0{,}0329}{9 \cdot 10}} = 0{,}019 \approx 0{,}02.$

Wahrscheinlicher Fehler $= \frac{2}{3} \cdot 0{,}019 = 0{,}01_3.$

Wenn der wahrscheinliche Fehler der Einzelmessungen $\pm 0{,}04$ ist, so heißt das: Es ist mit gleicher Wahrscheinlichkeit anzunehmen, daß die Einzelfehler größer bzw. kleiner als 0,04 sind. Tatsächlich sind bei vorstehenden 10 Messungen 5 Fehler größer [Messung Nr. 1, 5, 6, 7 und 8] und 5 kleiner als 0,04.

5. Folgt ein Ergebnis $u = f(x, y, z, \ldots)$ aus mehreren Einzelmessungen $x, y, z, \ldots$ (s. S. 133, 6) und sind $\varepsilon_x, \varepsilon_y, \ldots$ die mittleren Fehler der einzelnen Messungen, so ist der mittlere Fehler ε_u der gesuchten Größe u gegeben durch

$$\varepsilon_u = \sqrt{(\varepsilon_x \cdot \partial u/\partial x)^2 + (\varepsilon_y \cdot \partial u/\partial y)^2 + \cdots}.$$

6. Mehrere Unbekannte. Häufig können nur Werte gemessen werden, die eine Beziehung zwischen mehreren Unbekannten ergeben. Hat man z. B. eine Funktion mit drei Größen, so können diese aus drei Gleichungen berechnet, also auch aus drei Messungen bestimmt werden. Führt man weitere Messungen durch, so ist die Zahl der Gleichungen größer als die Zahl der Unbekannten, die Aufgabe erscheint zunächst unbestimmt. Um jedoch diese Unbekannten möglichst genau zu erhalten, werden diese so bestimmt, daß nach 1. die Summe der Quadrate der Abweichungen ein Minimum ist.

Dies bedeutet, daß die partiellen Ableitungen der Fehlerquadrate (der Quadrate der Abweichungen) nach den einzelnen Unbekannten gleich Null zu setzen sind.

Beispiel für eine lineare Beziehung: Die Länge l_t eines Weißmetallstabes ist bei verschiedenen Temperaturen t gemessen worden:

Länge l_t

1. $l_{25} = 200{,}14$ mm	3. $l_{75} = 200{,}33$ mm	5. $l_{125} = 200{,}52$ mm	7. $l_{175} = 200{,}69$ mm
2. $l_{50} = 200{,}24$ „	4. $l_{100} = 200{,}41$ „	6. $l_{150} = 200{,}61$ „	8. $l_{200} = 200{,}80$ „

Unter Annahme einer linearen Ausdehnung soll die lineare Wärmedehnzahl bestimmt werden. Danach ist

$$l_t = l_0 (1 + \alpha t) = l_0 + l_0 \alpha t.$$

Zur „graphischen Ausgleichung" (S. 134) wird man die Verlängerung

$$\Delta l = l_0 \alpha (t - 25) = l_t - l_{25}$$

über t auftragen, durch die Meßpunkte eine ausgleichende Gerade legen, Fig. 147, und daraus α und damit auch l_0 berechnen.

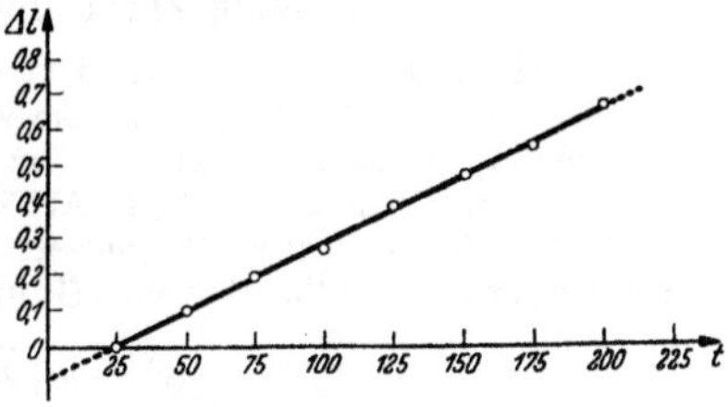

Fig. 147.

Eine genauere Ausgleichung kann nur mit dem Minimum der Fehlerquadrate erfolgen:

Um kleine Zahlen zu erhalten, setze man $l_0 = 200 + x$ und $\alpha l_0 = 0{,}004 + y$, da Δl für je 25° rund 0,1 beträgt. Dann lauten die Beziehungen auch

$$l_t = l_0 + \alpha l_0 t = 200 + x + 0{,}004 t + y t \quad \text{oder} \quad x + t y = l_t - 200 - 0{,}004 t.$$

Für die 8 Messungen gelten dann die 8 Bestimmungsgleichungen:

1. $x + 25\,y = 0{,}14 - 0{,}10 = 0{,}04$	5. $x + 125\,y = 0{,}52 - 0{,}50 = 0{,}02$
2. $x + 50\,y = 0{,}24 - 0{,}20 = 0{,}04$	6. $x + 150\,y = 0{,}61 - 0{,}60 = 0{,}01$
3. $x + 75\,y = 0{,}33 - 0{,}30 = 0{,}03$	7. $x + 175\,y = 0{,}69 - 0{,}70 = -0{,}01$
4. $x + 100\,y = 0{,}41 - 0{,}40 = 0{,}01$	8. $x + 200\,y = 0{,}80 - 0{,}80 = 0{,}00$

In diesen 8 Gleichungen $x + t_k y = u_k$ sind die beiden Unbekannten so zu bestimmen, daß die Summe der Quadrate der Abweichungen, d. h. $\sum_{k=1}^{k=8} (u_k - x - t_k y)^2$ ein Minimum wird. Es müssen also die partiellen Ableitungen dieser Summe nach x und nach y gleich Null sein. Dies liefert für x und y die beiden Bestimmungsgleichungen, in denen die Summen von $k = 1$ bis $k = 8$ zu bilden sind und in denen danach $\sum x = 8x$ ist:

$$\text{I.} \quad \frac{\partial}{\partial x} \left[\sum (u_k - x - y t_k)^2\right] = 0 \quad \text{oder} \quad \sum u_k - \sum x - y \sum t_k = 0,$$

$$\text{II.} \quad \frac{\partial}{\partial y} \left[\sum (u_k - x - y t_k)^2\right] = 0 \quad \text{oder} \quad \sum (t_k u_k) - x \sum t_k - y \sum t_k^2 = 0.$$

Nun ist:

k	u_k	t_k	$t_k u_k$	t_k^2
1.	0,04	25	1,00	625
2.	0,04	50	2,00	2 500
3.	0,03	75	2,25	5 625
4.	0,01	100	1,00	10 000
5.	0,02	125	2,50	15 625
6.	0,01	150	1,50	22 500
7.	− 0,01	175	− 1,75	30 625
8.	0,00	200	0,00	40 000
Summen:	0,14	900	8,50	127 500

Die beiden obigen Bestimmungsgleichungen heißen somit:

$$\text{I.} \quad 0{,}14 - 8x - 900\,y = 0, \qquad \text{II.} \quad 8{,}50 - 900\,x - 127\,500\,y = 0.$$

Hieraus folgt:

$$x = \frac{900 \quad 8{,}50 - 0{,}14 \cdot 127\,500}{900 \cdot 900 - 8 \cdot 127\,500} = 0{,}048_6,$$

$$y = \frac{900 \cdot 0{,}14 - 8 \cdot 8{,}50}{900 \cdot 900 - 8 \cdot 127\,500} = -0{,}00027_6,$$

und damit wird $l_0 = 200 + x = 200{,}049$ mm = Länge des Stabes bei 0° C, $\alpha l_0 = 0{,}004 + y = 0{,}00372_4$, d. h. $\alpha = \alpha l_0 / l_0 = 0{,}00372/200{,}049 = 0{,}0000186$ = lineare Wärmedehnzahl. Diesen Werten entspricht die ausgleichende Gerade nach Fig. 147[1]).

[1]) Beispiel für nichtlineare Beziehungen vgl. F. Kohlrausch: Prakt. Physik. 17. Aufl. Leipzig u. Berlin 1935. Vgl. ferner C. Runge u. H. König: Numerisches Rechnen. Berlin 1924.

7. Die Methode der kleinsten Quadrate kann auch benutzt werden zur Aufstellung empirischer Formeln auf Grund einer Reihe von Beobachtungen.

Geht man von verschiedenen Gesetzen aus und bestimmt für ein und dieselbe Beobachtungsreihe zu jedem dieser Gesetze nach der Methode der kleinsten Quadrate die Unbekannten, so ist das Gesetz am wahrscheinlichsten, bei dem die Summe der Fehlerquadrate am kleinsten ist.

Anwendung der Methode der kleinsten Quadrate bei der harmonischen Analyse vgl. S. 141.

C. Verteilungskurve und Großzahlforschung.

1. Gaußsche Fehlerkurve. Bei einer großen Zahl von Beobachtungen werden größere Fehler (Abweichungen vom wahren Wert) immer in geringerer Zahl vorkommen als kleinere. Trägt man nun die Wahrscheinlichkeit $f(v)$ dafür, daß ein bestimmter Fehler v auftritt, in Abhängigkeit dieses Fehlers v auf, so erhält man die Gaußsche Fehler-, Häufigkeits- oder Verteilungskurve, auch Glockenkurve genannt, Fig. 148. Ihre von Gauß hergeleitete Gleichung lautet

$$f(v) = h/\sqrt{\pi} \cdot e^{-h^2 v^2}.$$

Die Wahrscheinlichkeit dafür, daß der Fehler zwischen den Grenzen a und b liegt, ist dann durch das Gaußsche Fehlerintegral $h/\sqrt{\pi} \cdot \int_a^b e^{-h^2 v^2} dv$ (schraffierte Fläche in Fig. 148) gegeben.

Der Proportionalitätsfaktor $h/\sqrt{\pi}$ bei der Fehlerkurve ist so gewählt, daß die gesamte Wahrscheinlichkeit gleich Eins, d. h. daß $\int_{-\infty}^{+\infty} f(v)\, dv = 1$ ist. Diese Verteilungskurve kann also genau nur dann gelten, wenn für den absoluten Fehler v keine obere Grenze vorhanden ist. Praktisch ist jedoch der Beitrag, den die Fehler oberhalb einer bestimmten Grenze liefern, gering.

Ist x die gemessene Größe und x_0 ihr wahrer Wert, so kann die Gleichung der Glockenkurve auch geschrieben werden

$$f(x) = h/\sqrt{\pi} \cdot e^{-h^2 (x - x_0)^2}.$$

Die **Genauigkeitszahl** h ist ein Maß für die Genauigkeit der Beobachtung: Ist h groß, so fällt die Kurve steil ab, ist h klein, so ist die Kurve breit und fällt langsam, denn immer ist der gesamte Flächeninhalt gleich Eins.

Der **Maximalwert** für $v = 0$ (oder $x = x_0$) hat den Wert $h/\sqrt{\pi}$; ferner ist h durch den mittleren Fehler der einzelnen Beobachtung (S. 135) bestimmt gemäß $h = \varepsilon/\sqrt{2}$. Der Wert ε gibt auch die „Breite" der Glockenkurve an, denn für $v = \pm\varepsilon$ (oder $x = x_0 \pm \varepsilon$) hat die Kurve Wendepunkte.

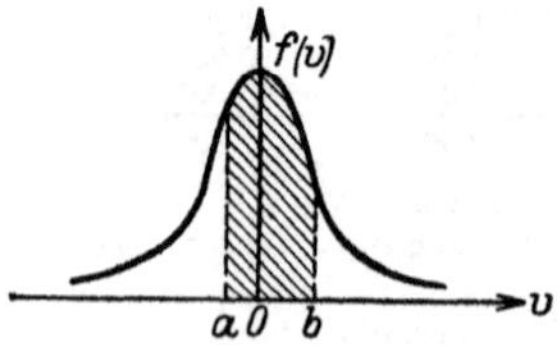

Fig. 148.

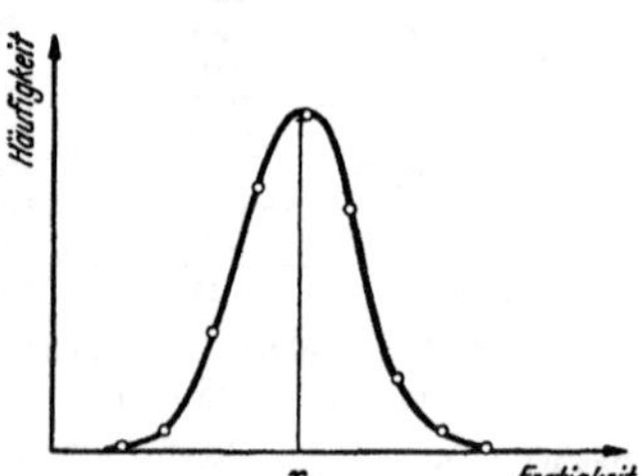

Fig. 149.

2. Da bei Feststellung einer bestimmten Eigenschaft an einer großen Zahl von Dingen (also an einem Kollektiv, S. 130) die relative Häufigkeit sich wenig von der Wahrscheinlichkeit (als ihrem Grenzwert, S. 130) unterscheidet, erhält man für die relative Häufigkeit einer bestimmten Eigenschaft eine ähnliche, mehr oder weniger gut mit der Gaußschen Kurve übereinstimmende Häufigkeitskurve.

Die **Großzahlforschung**[1]) setzt sich nun die Aufgabe, den Einfluß bekannter und unbekannter Ursachen auf eine bestimmte Eigenschaft einer Gesamtheit von untersuchten Gegenständen festzustellen. Eine sichere Unterlage bildet die Häufigkeitskurve, d. h. die Darstellung der Häufigkeit oder auch der relativen Häufigkeit in Funktion der Abweichung von einer bestimmten Eigenschaft oder in Funktion dieser Eigenschaft selbst.

Soll z. B. die Festigkeit von Drähten bestimmten Fabrikates untersucht werden, so wird man eine große Zahl von Drähten herausgreifen, die vorkommenden Festigkeiten in verschiedene Gruppen einteilen und die jeder Gruppe zukommende Häufigkeitszahl über der Festigkeit auftragen (Fig. 149). Man erkennt an der Kurve den häufigsten Wert x_0 sowie die Größe der Abweichung hiervon (z. B. Ausschuß).

Ist für die betrachtete Größe nur ein Hauptumstand von Wichtigkeit, so wird die Kurve ein Maximum für einen bestimmten Wert x_0 haben, der als wahrscheinlichster gelten kann bei mehreren Einflüssen sind mehrere Maxima vorhanden.

VIII. Die Fourierschen Reihen.

(Harmonische Analyse periodischer Funktionen.)

Bearbeitet von Dr.-Ing. **W. Meyer zur Capellen,** VDI, Aachen.

1. Jede in dem Intervall $0 \leqq x \leqq 2\pi$ stückweis stetige Funktion $f(x)$, d. h. jede praktisch in der Technik vorkommende Funktion läßt sich in die **Fouriersche Reihe**

$$\left.\begin{aligned} f(x) &= a_0 + \sum_{k=1}^{k=\infty} a_k \cos kx + \sum_{k=1}^{k=\infty} b_k \sin kx \\ &= a_0 + a_1 \cos x + a_2 \cos 2x + \cdots + b_1 \sin x + b_2 \sin 2x + \cdots \end{aligned}\right\} \quad (1)$$

entwickeln. Die Funktion ist also dargestellt durch eine Summe von einzelnen „Schwingungen", die für $k = 1$ Grundschwingung oder 1. Harmonische und für $k = 2, 3, \ldots$ Oberschwingungen oder höhere Harmonische heißen.

Die Entwicklung in diese Reihe kann bis zu jeder gewünschten Genauigkeit durchgeführt werden.

Die **harmonische Analyse** ist die Bestimmung der Beiwerte oder Fourierkoeffizienten $a_0, a_1, a_2, \ldots, b_1, b_2, \ldots$

Die Synthese ist die Addition der einzelnen Schwingungen zu einer Resultierenden.

2. Sonderfälle: Bei einer geraden Funktion $[f(-x) = f(x)]$ sind sämtliche Beiwerte $b_k = 0$, man erhält eine reine cosinus-Reihe.

Bei einer ungeraden Funktion $[f(x) = -f(-x)]$ ist $a_0 = 0$ und sind sämtliche Werte $a_k = 0$ $(k = 1, 2, \ldots)$, man erhält eine reine sinus-Reihe.

Ist $f(x + \pi) = -f(x)$, so treten nur die Beiwerte mit ungeradem Zeiger (Index) auf und es ist $a_0 = 0$.

3. Durch Zusammenfassung der Glieder mit gleichem Zeiger läßt sich die Fourierreihe auch schreiben

$$f(x) = a_0 + \sum_{k=1}^{k=\infty} c_k \sin(kx + \varphi_k), \tag{2}$$

worin $c_k = \sqrt{a_k^2 + b_k^2}$ und $\operatorname{tg}\varphi_k = a_k/b_k$ ist. φ_k heißt Phasenverschiebung (Quadrant siehe Beispiel, Fig. 151).

Es muß für jedes x die Beziehung

$$c_k \sin(kx + \varphi_k) = c_k \cos kx \sin\varphi_k + c_k \sin kx \cos\varphi_k = a_k \cos kx + b_k \sin kx$$

erfüllt sein; d. h. es ist $a_k = c_k \sin\varphi_k$, $b_k = c_k \cos\varphi_k$, also $a_k^2 + b_k^2 = c_k^2(\sin^2\varphi_k + \cos^2\varphi_k) = c_k^2$ und $a_k/b_k = \operatorname{tg}\varphi_k$.

---

[1]) Vgl. z. B.: Becker-Plaut-Runge: Anwendung der mathematischen Statistik auf Probleme der Massenfabrikation. Berlin 1930. — Daeves, K.: Prakt. Großzahlforschung. Berlin 1933. — Kohlweiler, E.: Statistik im Dienste der Technik. Berlin 1931. — Lubberger, F.: Wahrscheinlichkeit und Schwankungen. Berlin 1937.

4. Zur **Berechnung** der Fourierbeiwerte gelten die Formeln

$$a_0 = \frac{1}{2\pi}\int_0^{2\pi} f(x)\,dx \quad \text{(mittlere Höhe des Kurvenzuges, S. 74),} \qquad (3)$$

$$a_k = \frac{1}{\pi}\int_0^{2\pi} f(x)\cos kx\,dx, \qquad (4) \qquad\qquad b_k = \frac{1}{\pi}\int_0^{2\pi} f(x)\sin kx\,dx. \qquad (5)$$

Beweis: Integriert man Gl. (1) in den Grenzen 0 bis 2π, so folgt Gl. (3); multipliziert man Gl. (1) mit $\cos kx$ bzw. $\sin kx$ und integriert in den Grenzen 0 bis 2π, so folgt

$$\int_0^{2\pi} f(x)\cos kx\,dx = a_k\pi \quad \text{und} \quad \int_0^{2\pi} f(x)\sin kx\,dx = b_k\pi;$$

denn es ist (s. a. S. 79)

$$\int_0^{2\pi} \cos mx\cos nx\,dx = \begin{matrix} 0 & \text{für} & m \neq n \\ \pi & \text{für} & m = n \neq 0 \end{matrix}$$

$$\int_0^{2\pi} \sin mx\sin nx\,dx = \begin{matrix} 0 & \text{für} & m \neq n\,^{1)} \\ \pi & \text{für} & m = n \neq 0, \end{matrix} \qquad \int_0^{2\pi} \cos mx\sin nx\,dx = 0.$$

5. Hat die Kurve eine Unstetigkeitsstelle (Sprung), d. h. ist

$$\lim_{\varepsilon\to 0} f(x_0 - \varepsilon) = g_1 \quad \text{und} \quad \lim_{\varepsilon\to 0} f(x_0 + \varepsilon) = g_2,$$

so liefert die Fouriersche Reihe als Funktionswert für $x = x_0$ den arithmetischen Mittelwert $\frac{1}{2}\cdot(g_1 + g_2)$.

6. Die **Beiwerte** lassen sich bei bekanntem, formelmäßig gegebenem Gesetz der Funktion $y = f(x)$ nach den Formeln (3) bis (5) ausrechnen. Der Weg empfiehlt sich auch dann nur, wenn die Integrale in einfacher Weise zu lösen sind. Andernfalls, insbesondere bei graphisch gegebenem Gesetz, bestimmt man die Beiwerte instrumentell oder durch angenäherte Methoden rechnerisch.

Zur **instrumentellen** Auswertung dienen harmonische Analysatoren[2]) (Mader-Ott, Henrici-Coradi, Harvey-Amsler u. a.), bei denen (wie bei den Funktionsplanimetern, S. 159) nach Umfahren der zu analysierenden Kurve mit einem Fahrstift an einer Meßrolle der gesuchte Beiwert oder eine ihm proportionale Zahl abgelesen werden kann.

7. Zur angenäherten **rechnerischen** Auswertung teilt man das Intervall 0 bis 2π in $2m$ gleiche Teile und ersetzt die Integrale durch Summen unter Anwendung der Trapezregel (S. 157) mit der Streifenbreite $2\pi/2m = \pi/m$. Zum gleichen Ergebnis kommt man mit dem Satz vom Minimum der Fehlerquadrate (s. u.).

Sind dann die einzelnen Ordinaten $f(x_q) = y_q$, $(q = 0, 1, 2, \ldots, 2m-1)$, gegeben, so wird

$$a_0 = \frac{1}{2m}\sum_{q=0}^{q=2m-1} y_q \quad \text{und mit} \quad k\cdot\frac{2\pi q}{2m} = \frac{kq\pi}{m}, \quad \text{da} \quad x_q = q\cdot\frac{\pi}{m},$$

$$a_k = \frac{1}{m}\sum_{q=0}^{q=2m-1} y_q\cos\frac{kq\pi}{m}, \qquad b_k = \frac{1}{m}\sum_{q=0}^{q=2m-1} y_q\sin\frac{kq\pi}{m}.$$

Wenn m durch zwei teilbar ist und wenn die Resultierende durch die gegebenen Punkte hindurch gehen soll, so kommen in der Formel für a_k nur die Werte $k = 1$ bis $k = m$ und in der für b_k nur die Werte $k = 1$ bis $k = m - 1$ in Frage.

[1]) und $m = n = 0$.

[2]) W. Meyer zur Capellen: Mathematische Instrumente. Leipzig: Akadem. Verlagsges. Becker u. Erler Kom.-Ges. 1941.

Sind $f(x)$ die gemessenen Werte und $f_r(x)$ die nach der Analyse berechneten, so muß nach dem Satz vom Minimum der Fehlerquadrate $\sum [f_r(x) - f(x)]^2$ ein Minimum werden, d. h. es muß sein:

$$\frac{\partial}{\partial a_k} \sum [f_r(x) - f(x)]^2 = 0 \quad \text{und} \quad \frac{\partial}{\partial b_k} \sum [f_r(x) - f(x)]^2 = 0,$$

woraus ebenfalls die vorstehenden Formeln folgen.

Ist m eine gerade Zahl und sind (s. o.) für k die Werte $k = 1$ bis $k = m$ bzw. $k = m - 1$ gesetzt, so wird die Summe der Fehlerquadrate Null.

Die **praktische Ausrechnung** der Summen erfolgt am besten nach einem Schema wie folgt:

Ist z. B. $2m = 24$, so wird $\pi/m = 15°$; es sind die Ordinaten y_q mit $\cos(kq \cdot 15°)$ bzw. $\sin(kq \cdot 15°)$ zu multiplizieren und die Produkte dann in der angegebenen Weise zu addieren. Diese Aufgabe kann durch das nachfolgende **Schema** für $2m = 24$ [1]) vereinfacht werden. Da der sin durch den cos und die trigonometrischen Funktionen der Winkel in den höheren Quadranten durch die Funktionen der spitzen Winkel ausgedrückt werden können, bleiben als Zahlenfaktoren neben 0 und 1 noch übrig (abgesehen vom Vorzeichen) die cos von 15°, 30°, 45°, 60°, 75°. Schließlich können $\cos 15° = \cos(45° - 30°)$ und $\cos 75° = \cos(45° + 30°)$ durch die trigonometrischen Funktionen von 45° und 30° ausgedrückt werden. Damit bleiben als einzige Zahlenfaktoren (außer der Null und abgesehen vom Vorzeichen) noch übrig $\cos 0° = 1$, $\cos 30° = 0{,}866$, $\cos 45° = 0{,}707$ und $\cos 60° = \frac{1}{2}$; die Anzahl der Multiplikationen ist damit auf ein Minimum herabgedrückt. Multipliziert werden dann nur noch gewisse Summen und Differenzen, die durch die nachfolgende **Faltung** bestimmt werden.

Dem Schema liegt als **Zahlenbeispiel** ein Tangentialdruckdiagramm [2]), $y = f(x)$, Fig. 150a, S. 143, zugrunde, dessen Grundperiode auf 2π zurückgeführt ist und für das also a_0, a_1 bis a_{12} und b_1 bis b_{11} zu bestimmen sind.

a) Faltung:

y_0 bis y_{12} . . . . . . y_{23} bis y_{13}	$y_0 = -\ 885$	$y_1 = -3000$ $y_{23} = +1230$	$y_2 = -2380$ $y_{22} = +\ 600$	$y_3 = -\ 214$ $y_{21} = -1575$	$y_4 = +\ 780$ $y_{20} = -2570$ *)
Summen v_0 bis v_{12} . . Differenzen w_1 bis w_{11} .	$v_0 = -\ 885$	$v_1 = -1770$ $w_1 = -4230$	$v_2 = -1780$ $w_2 = -2980$	$v_3 = -1789$ $w_3 = +1361$	$v_4 = -1790$ $w_4 = +3350$

*) Forts.	$y_5 = +\ 270$ $y_{19} = -2035$	$y_6 = -\ 885$ $y_{18} = -\ 885$	$y_7 = -2040$ $y_{17} = +\ 910$	$y_8 = -2730$ $y_{16} = +3740$	$y_9 = -2290$ $y_{15} = +4660$ **)
	$v_5 = -1765$ $w_5 = +2305$	$v_6 = -1770$ $w_6 = \ 0$	$v_7 = -1130$ $w_7 = -2950$	$v_8 = +1010$ $w_8 = -6470$	$v_9 = +2370$ $w_9 = -6950$

**) Forts.	$y_{10} = -2060$ $y_{14} = +7230$	$y_{11} = -\ 4390$ $y_{13} = +\ 9650$	$y_{12} = -885$
	$v_{10} = +5170$ $w_{10} = -9290$	$v_{11} = +\ 5260$ $w_{11} = -14040$	$v_{12} = -885$

v_0 bis v_6 v_{12} bis v_7	$-\ 885$ $-\ 885$	-1770 $+5260$	-1780 $+5170$	-1789 $+2370$	-1790 $+1010$	-1765 -1130	-1770
Summen p_0 bis p_6 Differenzen q_0 bis q_5	$p_0 = -1770$ $q_0 = \ 0$	$p_1 = +3490$ $q_1 = -7030$	$p_2 = +3390$ $q_2 = -6950$	$p_3 = +\ 581$ $q_3 = -4159$	$p_4 = -\ 780$ $q_4 = -2800$	$p_5 = -2895$ $q_5 = -\ 635$	$p_6 = -1770$

w_1 bis w_6 w_{11} bis w_7	$-\ 4230$ -14040	$-\ 2980$ $-\ 9290$	$+1361$ -6950	$+3350$ -6470	$+2305$ -2950	0
Summen r_1 bis r_6 Differenzen s_1 bis s_5	$r_1 = -18270$ $s_1 = +\ 9810$	$r_2 = -12270$ $s_2 = +\ 6310$	$r_3 = -5589$ $s_3 = +8311$	$r_4 = -3120$ $s_4 = +9820$	$r_5 = -\ 645$ $s_5 = +5255$	$r_6 = 0$

[1]) Vgl. Runge-König: Numerisches Rechnen. — Vorgedruckte Schemata sind herausgegeben von Zipperer: Tafeln zur harmonischen Analyse periodischer Kurven (1930); Terebesi: Rechenschablonen für harmonische Analyse und Synthese (1930); Hußmann: Rechnerische Verfahren zur harmonischen Analyse und Synthese (1938) (auch für 36 und 72 Ordinaten); sämtlich Berlin: Springer.

[2]) Aus H. Dubbel: Öl- und Gasmaschinen. Berlin: Springer.

p_0 bis p_3	-1770	$+3490$	$+3390$	$+581$
p_6 bis p_4	-1770	-2895	-780	
Summen l_0 bis l_3	$l_0=-3540$	$l_1=+595$	$l_2=+2610$	$l_3=+581$
Differenzen m_0 bis m_2	$m_0=0$	$m_1=+6385$	$m_2=+4170$	

s_1 bis s_3	$+9810$	$+6310$	$+8311$
s_5, s_4	$+5255$	$+9820$	
Summen k_1 bis k_3	$k_1=+15065$	$k_2=+16130$	$k_3=+8311$
Differenzen n_1, n_2	$n_1=+4555$	$n_2=-3510$	

In dem nunmehr folgenden Schema zur endgültigen Berechnung der Beiwerte sind die eingetragenen Zahlen $l_0, l_1, l_2, \ldots, q_1, q_2$ usw. jeweils mit dem vor der Reihe stehenden Faktor zu multiplizieren, d. h. mit $\cos 60° = 1/2$, $\cos 45° = 0{,}707$, $\cos 30° = 0{,}866$ (zur genaueren Auswertung z. B. mit dem Rechenschieber zweckmäßig gleich $1 - 0{,}134$ zu setzen) und mit $\cos 0° = 1$.

b) Schema:

1/2			$-l_2$	l_1	m_2		k_1			
0,866						m_1		k_2	n_1	n_2
1	l_0 l_2	l_1 l_3	l_0	$-l_2$	m_0		k_3			
Summe	I	II	I	II	I	II	I	II	I	II
Summe I + II	$24\,\underline{a_0}$		$12\,\underline{a_4}$		$12\,\underline{a_2}$		$12\,\underline{b_2}$		$12\,\underline{b_4}$	
Differenz I − II	$24\,\underline{a_{12}}$		$12\,\underline{a_8}$		$12\,\underline{a_{10}}$		$12\,\underline{b_{10}}$		$12\,\underline{b_8}$	

$$12\,\underline{a_6} = m_0 - m_2, \qquad 12\,\underline{b_6} = k_1 - k_3$$

	I	II	I	II
0,707	q_1	q_5	r_1	r_5
Summe I + II	t_1		h_1	
Differenz I − II	t_2		h_2	

1/2	q_4	t_2			q_4	$-t_2$	$-h_2$	r_2			h_2	r_2
0,707		q_3		$-q_3$		$-q_3$	r_3		r_3		$-r_3$	
0,866	q_2	t_1			$-q_2$	t_1	h_1	r_4			h_1	$-r_4$
1	q_0		q_0 $-q_4$	t_2	q_0			r_6	h_2	r_2 $-r_6$		r_6
Summe	I	II	I	II	I	II	I	II	I	II	I	II
Summe I + II	$12\,\underline{a_1}$		$12\,\underline{a_3}$		$12\,\underline{a_5}$		$12\,\underline{b_1}$		$12\,\underline{b_3}$		$12\,\underline{b_5}$	
Differenz I − II	$12\,\underline{a_{11}}$		$12\,\underline{a_9}$		$12\,\underline{a_7}$		$12\,\underline{b_{11}}$		$12\,\underline{b_9}$		$12\,\underline{b_7}$	

c) Auswertung für das Zahlenbeispiel:

1/2			-1305	$+298$	$+2085$		$+7533$			
0,866						$+5529$		$+13969$	$+3945$	-3040
1	-3540 $+2610$	$+595$ $+581$	-3540	-581	0		$+8311$			
Summe	-930	$+1176$	-4845	-283			$+15844$	$+13969$		
Summe I + II	$24\,\underline{a_0} = 246$		$12\,\underline{a_4} = -5128$		$12\,\underline{a_2} = +7614$		$12\,\underline{b_2} = +29813$		$12\,\underline{b_4} = +905$	
Differenz I − II	$24\,\underline{a_{12}} = -2106$		$12\,\underline{a_8} = -4562$		$12\,\underline{a_{10}} = -3444$		$12\,\underline{b_{10}} = +1875$		$12\,\underline{b_8} = +6985$	

$$12\,\underline{a_6} = 0 - 4170 = -4170, \qquad 12\,\underline{b_6} = +15065 - 8311 = +6754.$$

	I	II	I	II
0,707	−4970	−449	−12917	−456
I + II	$t_1 = -5419$		$h_1 = -13373$	
I − II	$t_2 = -4521$		$h_2 = -12461$	

1/2	−1400	−2261			−1400	+2261	+ 6231	−6135			− 6231	−6135
0,707		−2940		+2940		+2940	− 3951		− 3951		+ 3951	
0,866	−6019	−4693			+6019	−4693	−11 581	−2702			−11 851	+2702
1	0		0 +2800	−4521	0			0	−12461	−12270 0		0
Summe	−7419	−9894	+2800	−1581	+4619	+ 508	−9301	−8837	−16412	−12270	−14 131	−3433
Summe I + II	$12\underline{a_1} = -17313$		$12\underline{a_3} = +1219$		$12\underline{a_5} = +5127$		$12\underline{b_1} = -18138$		$12\underline{b_3} = -28682$		$12\underline{b_5} = -17564$	
Differenz I − II	$12\underline{a_{11}} = +\ 2475$		$12\underline{a_9} = +4381$		$12\underline{a_7} = +4111$		$12\underline{b_{11}} = \ -464$		$12\underline{b_9} = \ -4142$		$12\underline{b_7} = -10698$	

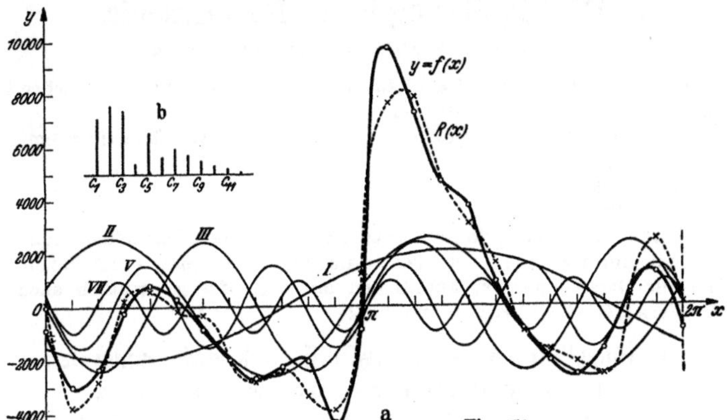

Fig. 150.

Hiernach ergeben sich neben $a_0 = 10$ die folgenden Zahlen für die Beiwerte a_k, b_k, für die Amplituden $c_k = \sqrt{a_k^2 + b_k^2}$ und für die Phasenverschiebungen φ_k aus $\operatorname{tg} \varphi_k = a_k/b_k$. Der Quadrant von φ_k folgt aus Fig. 151 oder aus der darunterstehenden Tabelle.

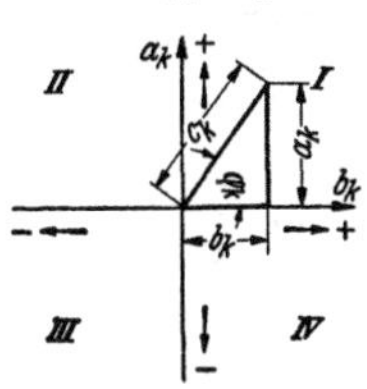

Fig. 151.

a_k	b_k	Quadrant
+	+	I
+	−	II
−	−	III
−	+	IV

k	a_k	b_k	c_k	φ_k [1])
1	−1443	−1512	2090	223°
2	+ 635	+2484	2565	15°
3	+ 102	−2390	2392	177°
4	− 427	+ 75	434	280°
5	+ 427	−1464	1525	164°
6	− 348	+ 563	663	328°
7	+ 343	− 892	957	160°
8	− 380	+ 582	695	327°
9	+ 365	− 345	502	133°
10	− 287	+ 156	327	299°
11	+ 206	− 39	210	108°
12	− 88	(0)[2])	(88)[2])	(270°)[2])

[1]) Auf volle Grad abgerundet.
[2]) Beim 24-Ordinatenschema wird $b_{12} = 0$, da sämtliche Werte

$$\sin(kq \cdot 15°) = \sin(q \cdot 180°) = 0 .$$

Wie auch das „Spektrum“, Fig. 150b, für die Amplituden der einzelnen Harmonischen zeigt, sind die angestrichenen Werte c_k relativ groß, vielleicht noch c_6, c_8 und c_9.

Berücksichtigt man sämtliche ermittelten Harmonischen, so geht die Resultierende der einzelnen Schwingungen (ihre Konstruktion s. Sinuslinien S. 122) wieder durch die gegebenen Punkte hindurch (s. o. S. 140). Berücksichtigt man nur die in Fig. 150a eingetragenen Harmonischen (c_1, c_2, c_3, c_5, c_7), so erhält man als Annäherung für $f(x)$ die gestrichelt eingetragene Resultierende

$$R(x) = 2090 \cdot \sin(x + 223°) + 2565 \cdot \sin(2x + 15°) + 2392 \sin(3x + 177°) + 1525 \cdot \sin(5x + 164°) + 957 \cdot \sin(7x + 160°), \quad x = 0 \text{ bis } 360°.$$

Das angegebene Schema kann auch für 12 Ordinaten verwendet werden, wenn man diese mit $y_0, y_2, y_4, \ldots, y_{22}$ bezeichnet und alle Zahlen $v, s, \ldots$ mit ungeradem Zeiger, die Zahlen h und t und die Beiwerte a_k für $k > 6$, b_k für $k \geqq 6$ gleich Null setzt. Als Schlußsumme erscheinen dann die 12-fachen Werte von a_0 bzw. a_6 und die 6-fachen von den anderen Beiwerten.

Zur Synthese kann das vorstehende 24-Ordinatenschema ebenfalls benutzt werden: Statt der Zahlen $v_0, v_1, \ldots, v_{12}$ setzt man die Beiwerte $a_0, a_1, \ldots, a_{12}$, statt der Zahlen $w_1, w_2, \ldots, w_{11}$ die Werte $b_1, b_2, \ldots, b_{11}$ ein. Im Endergebnis des Schemas erscheint dann statt $24 a_0$ die Ordinate y_0, statt $24 a_{12}$ die Ordinate y_{12}. Bezeichnet man die im obigen Schema mit $12 a_1, 12 a_2, \ldots$ bezeichneten Summen nunmehr mit $y_1', y_2', \ldots$ und die mit $12 b_1, 12 b_2, \ldots$ bezeichneten Summen nunmehr mit $y_1'', y_2'', \ldots$, so werden die noch fehlenden Ordinaten

$$y_1 = y_1' + y_1'', \quad y_2 = y_2' + y_2'', \quad y_k = y_k' + y_k'', \quad y_{23} = y_1' - y_1'', \quad y_{22} = y_2' - y_2'', \quad y_{24-k} = y_k' - y_k'',$$
$$k = 1, 2, \ldots, 11.$$

IX. Einführung in die Nomographie.

Bearbeitet von Dr. V. Happach, Stettin.

Die Nomographie benutzt als Hilfsmittel zur Ausführung numerischer Rechnungen die Zeichnung, und zwar:

1. Einzelkurven im (gewöhnlich rechtwinkligen) Koordinatensystem,
2. Kurvenscharen „ „ „ „ ,
3. Doppelskalen,
4. Fluchtlinientafeln.

Einzelkurven und Doppelskalen dienen zur graphischen Darstellung von Funktionen mit nur zwei Veränderlichen, während Kurvenscharen und Fluchtlinientafeln zur Darstellung von Funktionen mit drei oder gelegentlich auch noch mehr Veränderlichen Verwendung finden.

A. Einzelkurven im rechtwinkligen Koordinatensystem.

1. Zusammengesetzte Funktionen und Kurven.

Komplizierte funktionale Zusammenhänge stellt man gewöhnlich auf Grund einer tabellarischen Berechnung zusammengehöriger Werte für x und y etwa nach folgendem Schema dar:

Zu zeichnen sei $y = 0{,}4 \sin 2(x - \pi/2)$ für $x \Big]_0^\pi$.

x	$x - \pi/2$	$2(x - \pi/2)$	$\sin 2(x - \pi/2)$	y
0	$-0{,}5\,\pi$	$-\pi$	0	0,0
$0{,}2\,\pi$	$-0{,}3\,\pi$	$-0{,}6\,\pi$	$-0{,}95$	$-0{,}38$
$0{,}4\,\pi$	$-0{,}1\,\pi$	$-0{,}2\,\pi$	$-0{,}588$	$-0{,}235$
$0{,}6\,\pi$	$0{,}1\,\pi$	$0{,}2\,\pi$	0,588	0,235
$0{,}8\,\pi$	$0{,}3\,\pi$	$0{,}6\,\pi$	0,95	0,38
π	$0{,}5\,\pi$	π	0	0,0

Die Rechnung wird durch das vorbereitete Rechenschema von selbst weitergetrieben; man rechnet dabei die Spalten von oben nach unten durch. Für die zeichnerische Darstellung von Interesse ist zum Schluß lediglich die erste und die letzte Spalte.

Einen Vorteil beim Aufzeichnen zusammengesetzter Kurven bietet gelegentlich die Tatsache, daß die Ordinaten der Kurve

$$y = f_1(x) + f_2(x)$$

zusammengesetzt sein müssen aus den Ordinaten y_1 und y_2 der Einzelkurven, wobei

$$y_1 = f_1(x); \quad y_2 = f_2(x).$$

2. Verschiebung und Drehung der Kurven im Koordinatensystem.

Wenn $y = f(x)$ eine gezeichnete Kurve gegeben ist, dann stellt die Gleichung

$y - b = f(x)$ oder $y = f(x) + b$ eine Kurve dar vom Charakter der gegebenen, aber verschoben um b Einheiten in Richtung der $+Y$-Achse;

$y = f(x - a)$ ist alsdann eine Kurve ebenfalls vom Charakter der gegebenen, aber um a Einheiten in Richtung der $+X$-Achse verschoben.

$\frac{y}{a} = f(x)$ oder $y = a\,f(x)$ ist eine Kurve vom Charakter der gegebenen; ihre Ordinaten sind aber bei denselben Abszissen a-mal größer als die der gegebenen Kurve.

$y = f\left(\frac{x}{a}\right)$ ist eine Kurve vom Charakter der gegebenen, aber mit a-mal vergrößerten Abszissen bei den gleichen Ordinaten wie vorher.

Wenn endlich $y = f(x)$ eine gezeichnete Kurve gegeben ist, und diese Kurve wird um den Ursprung des Koordinatensystems um den Winkel φ gedreht, so erhält man die Gleichung der gedrehten Kurve, wenn man die ursprünglichen Variablen x und y ersetzt durch

$$x_0 = y \sin\varphi + x \cos\varphi\ ; \quad y_0 = y \cos\varphi - x \sin\varphi\,.$$

Die Gleichung der gedrehten Kurve lautet somit

$$y_0 = f\,(x_0)$$

oder

$$y \cos\varphi - x \sin\varphi = f(y \sin\varphi + x \cos\varphi)\,.$$

In den vorstehenden Betrachtungen ist das Achsenkreuz als feststehend, die Kurven als beweglich angenommen. Man könnte umgekehrt auch die Kurven als feststehend sich vorstellen und das Achsenkreuz verschiebbar bzw. drehbar.

Beispiele: 1. Wie lautet die Gleichung der um $+45°$ gedrehten Hyperbel $x^2 - y^2 = a^2$?

Es ist $\sin\varphi = \cos\varphi = \frac{1}{2}\sqrt{2}$; ferner

$$x_0 = \tfrac{1}{2}\sqrt{2}\,y + \tfrac{1}{2}\sqrt{2}\,x\,; \qquad y_0 = \tfrac{1}{2}\sqrt{2}\,y - \tfrac{1}{2}\sqrt{2}\,x\,.$$

Diese Werte in die gegebene Gleichung für x und y eingesetzt, ergibt nach einfacher Umformung die gesuchte Gleichung:

$$xy = a^2/2 = C\,.$$

2. Fig. 152 zeigt die schrittweise Entwicklung der Kurve $y = 0{,}4 \sin 2\,(x - \pi/2)$ aus der einfachen Sinuslinie $y = \sin x$.

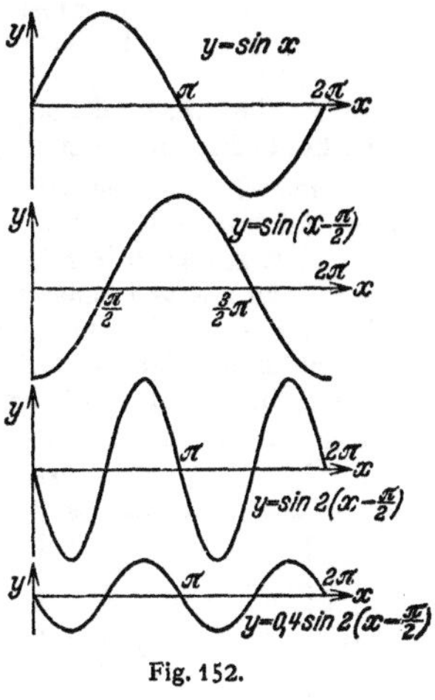

Fig. 152.

3. Umformung der Achsenteilungen.

Jede Kurve läßt sich im rechtwinkligen Koordinatensystem als gerade Linie zeichnen, wenn die Koordinatenachsen nicht mehr „regulär“, sondern entsprechend „funktionell“ geteilt werden (s. unten). Die Kurve

$$f(y) = a\,f(x) + b \tag{1}$$

wird zur geraden Linie in einem Koordinatensystem, dessen Ordinatenachse funktionell nach $f(y)$ und dessen Abszissenachse funktionell nach $f(x)$ geteilt ist.

Die Achsenteilungen werden entweder analytisch oder graphisch umgeformt.

a) Die analytische Verstreckung von Kurven.

Um die Gleichung

$$F = d^2\pi/4$$

auf die Normalform der Geraden zu bringen, könnte man etwa setzen

$$f(y) = F\,; \quad f(x) = d^2,$$

und erhält damit

$$F = \pi/4 \cdot (d^2).$$

Diese Gleichung stellt eine Gerade dar in einem Koordinatensystem, deren Ordinate regulär nach F und deren Abszisse quadratisch nach d^2 geteilt ist. Der Tangenswert der Neigungswinkel der Geraden gegen die Abszisse ist $\operatorname{tg}\alpha = \pi/4$, wenn für beide Achsen derselbe Teilungsmaßstab (s. unten) verwendet wird (Fig. 153).

Eine andere Möglichkeit der analytischen Verstreckung besteht im vorliegenden Falle darin, daß man die vorgelegte Gleichung logarithmiert; sie geht damit über in

$$\lg F = 2 \lg d + \lg \pi/4 .$$

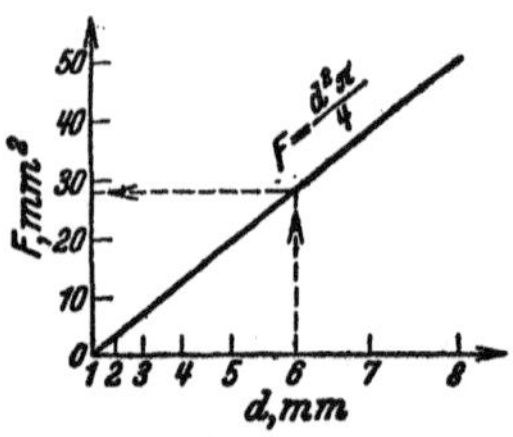

Fig. 153.

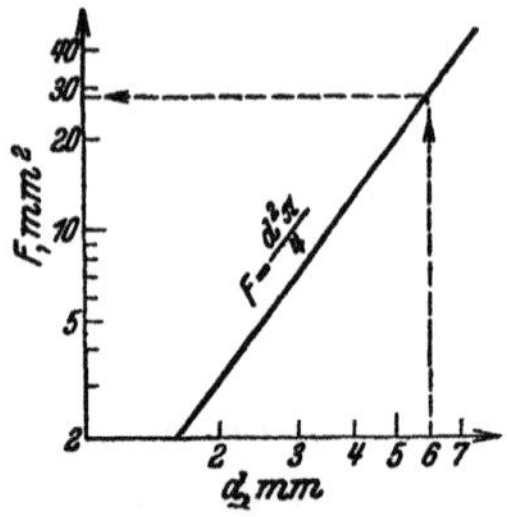

Fig. 154.

Es ist dies die Gleichung einer Geraden in einem Koordinatensystem, dessen Ordinate funktionell nach $\lg F$ und dessen Abszisse nach $\lg d$ geteilt ist. Die Gerade schneidet die Ordinatenachse im Punkte $d = \sqrt{8/\pi}$ (Fig. 154). (Bezüglich der Zeichnung der Funktionsskalen s. S. 148 f.)

b) Graphische Verstreckung. Bei der graphischen Verstreckung von Kurven geht man aus von einer beliebig angenommenen Geraden, die man — an sich beliebig — in ein Achsenkreuz einzeichnet. Die Teilung der Achsen ist nun so auszuführen, daß jeweils zusammengehörige Abszissen- und Ordinatenwerte durch die Gerade einander zugeordnet werden. Dabei ist die eine der Achsen-

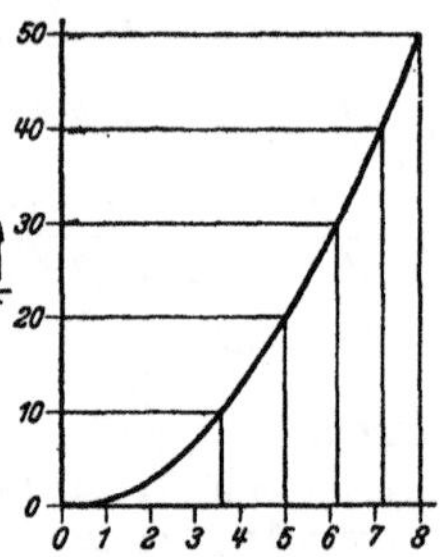

Fig. 155.

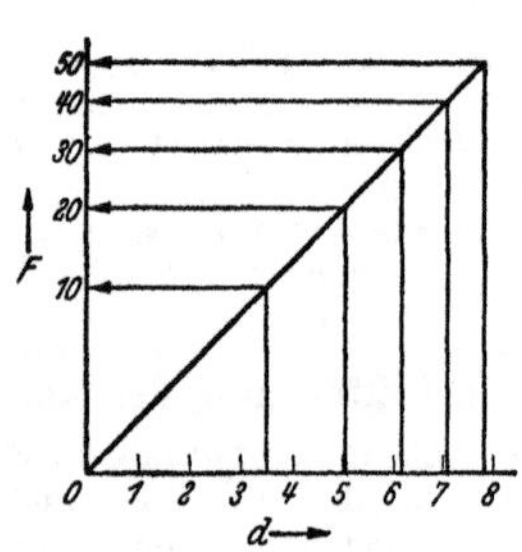

Fig. 156.

F	d
0	0,00
10	3,57
20	5,05
30	6,18
40	7,14
50	7,98

teilung beliebig, während die andere sich zwangläufig aus der vorgelegten Kurve bzw. dem durch sie dargestellten Zusammenhang ergibt.

Den hier entwickelten Grundgedanken des Verfahrens erläutern die Fig. 155 und 156 an Hand des Beispiels

$$F = d^2 \cdot \pi/4$$

unter Benutzung der obenstehenden, für $d = f(F)$ berechneten Zahlentafel.

Auch zwei Kurven können rein zeichnerisch genau verstreckt werden, wie dies Fig. 157 zeigt.

Man zeichnet zwei Gerade a' und b', welche die gegebenen Kurven a und b ersetzen sollen, in den gegenüberliegenden Quadranten und findet die Achsenteilungen des neuen Systems auf Grund der Überlegung, daß z. B. die Punkte *1* und *2*, die im alten System dieselbe Ordinate haben, auch im neuen System gleiche Ordinaten haben müssen (*1'* und *2'*). Dasselbe gilt auch für die Abszissen z. B. der Punkte *1* und *3* bzw. *1'* und *3'*.

Die Brechpunkte der Konstruktionsordinaten y_1, y_2 usw. und Abszissen x_1, x_2 usw. liegen ihrerseits auf Kurven (Verzerrungskurven), die zur Interpolation einzelner Werte benutzt werden können.

Bei geeigneter Formgebung der Verzerrungskurven kann das Verfahren auch zur Verstreckung von Kurvenscharen verwendet werden. (S. S. 154.)

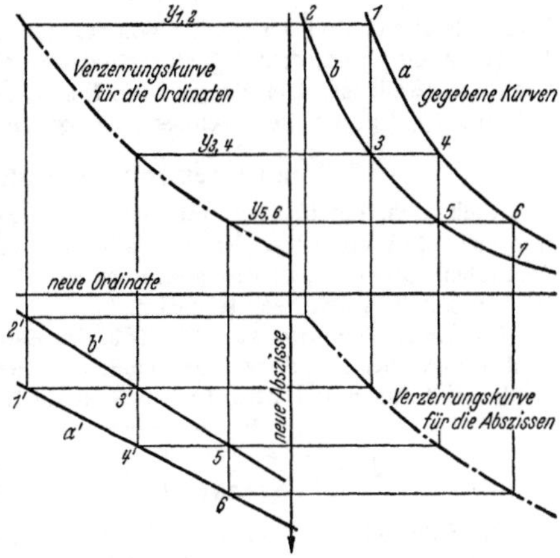

Fig. 157.

B. Kurvenscharen.

1. Die Funktion mit drei Variablen als Kurvenschar.

Eine ebene Kurvenschar ergibt sich jeweils dann, wenn in der gegebenen Gleichung drei Variable vorhanden sind. Die eine der Variablen kann auch ein veränderlicher Parameter sein.

Die Gleichung

$$y = ax + b$$

stellt zwei verschiedene Scharen von Geraden dar, je nachdem man a oder b als veränderlichen Parameter (s. oben) auffaßt. So zeigt

Fig. 158 die Geradenschar, welche die Gleichung

$$y = ax + b \quad (b = \text{Const}),$$

Fig. 159 die Geradenschar, welche die Gleichung

$$y = ax + b \quad (a = \text{Const})$$

darstellt.

Die folgende Fig. 160 zeigt die Kurvenschar

$$xy = z .$$

Sie kann als Multiplikationstafel verwendet werden. Durch Logarithmieren geht die letzte Gleichung über in

$$\lg y = -\lg x + \lg z .$$

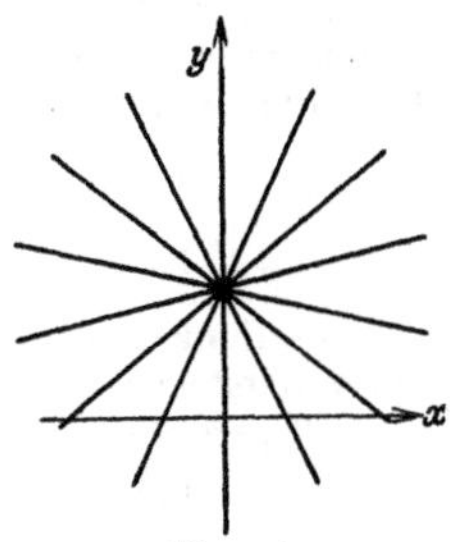

Fig. 158.

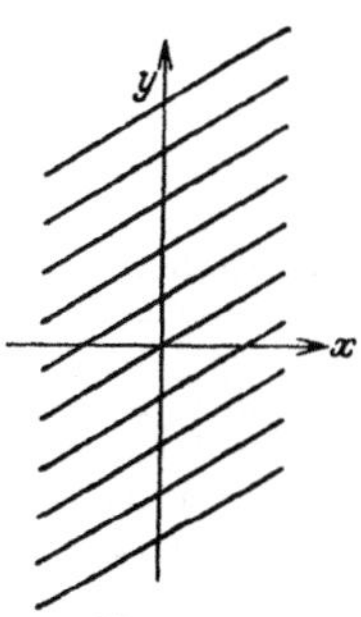

Fig. 159.

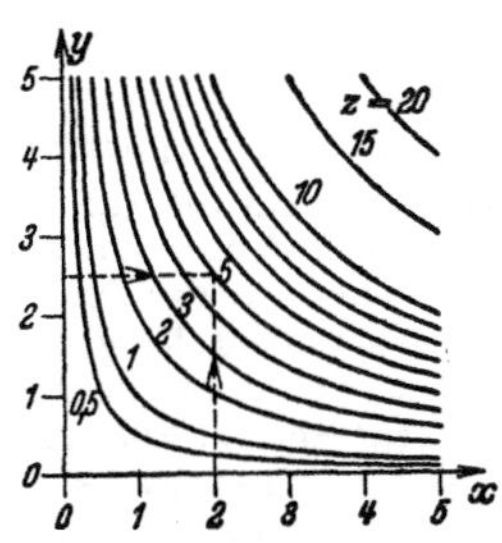

Fig. 160.

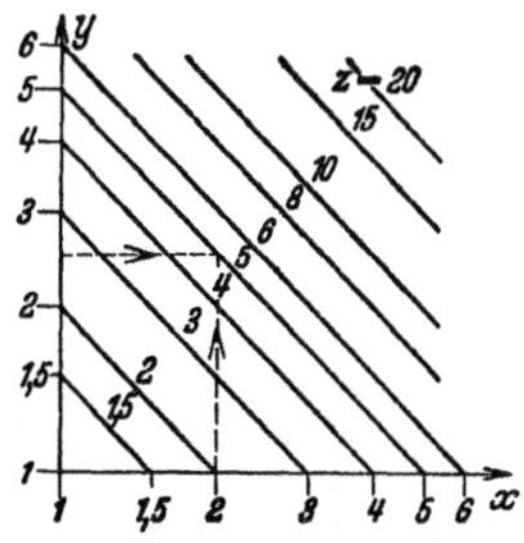

Fig. 161.

Diese Gleichung stellt eine Schar von geraden Linien dar in einem rechtwinkligen Koordinatensystem, dessen Ordinatenachse nach $\lg y$ und dessen Abszissenachse nach $\lg x$ geteilt ist. Der Tangens des Neigungswinkels ist -1; d. h. die Geraden sind um 135° gegen die Abszissenachse geneigt (Fig. 161).

2. Funktionen mit mehr als drei Variablen.

Auch Zusammenhänge mit mehr als drei Variablen können dargestellt werden. Man erhält in diesem Falle mehrere Kurvenscharen in einem und demselben Quadranten, was allerdings die Übersichtlichkeit und den Gebrauch solcher Tafeln stark beeinträchtigt.

Ein Beispiel hierfür gibt Fig. 162, die das Schema eines Nomogramms zur Bestimmung des Durchmessers d einer auf Biegung und Drehung beanspruchten Welle zeigt (nach v. Dobbeler). Es ist nach Abschnitt „Festigkeitslehre“:

$$d = \sqrt[3]{\frac{32}{\pi} \cdot \frac{M_b}{\sigma_{\text{zul}}} \cdot \left[0{,}35 + 0{,}65 \cdot \sqrt{1 + \left(\frac{\alpha_0 \cdot M_d}{M_b}\right)^2}\right]}\,.$$

Die Tafel ist eine Netztafel mit Kreisscharen; auf der unteren Waagerechten sind die Drehmomente, auf der linken Senkrechten die Biegungsmomente in arithmetischer Teilung aufgetragen, während das Anstrengungsverhältnis α_0 und die zulässigen Biegungsspannungen durch Strahlen aus dem linken Eckpunkt berücksichtigt sind. Man geht auf dem Kreise durch M_d auf der unteren waagerechten Teilung bis zu dem Strahle α_0, von dort senkrecht nach oben bis zur Waagerechten durch M_b und verfolgt den Kreis durch diesen Schnittpunkt bis zum Strahle k_b, dann schneidet die Senkrechte durch den Schnittpunkt des Kreises mit dem Strahle k_b auf der oberen waagerechten Teilung den gesuchten Durchmesser ab. Die nach dem Verfahren der fluchtrechten Punkte entworfenen Rechentafeln (s. S. 150 u. f.) führen zu erheblich übersichtlicheren Lösungen.

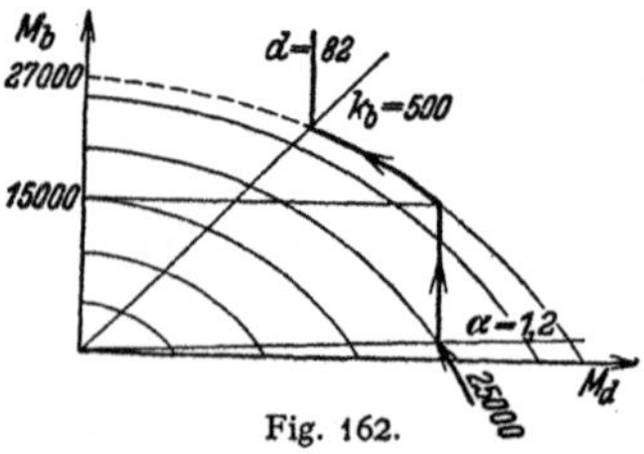

Fig. 162.

C. Doppelskalen und Funktionsleitern.

1. Einteilung der Doppelskalen.

Alle Funktionen, die sich im rechtwinkligen Koordinatensystem als Einzelkurve darstellen lassen, können auch als sog. Doppelskalen oder „Funktionsleitern“ gezeichnet werden. So läßt sich zeichnen

$y = x$, $y = ax$, $y = ax + b$ als „reguläre“, arithmetische oder lineare Skala,
$y = x^2$, $y = ax^2$, $y = ax^2 + b$ als „quadratische“ Skala,

$y = \lg x$ als „logarithmische“ Skala,
$y = a/x + b$ als hyperbolische oder „projektive“ Skala.

2. Das Auftragen der Doppelskalen.

Doppelskalen werden entweder an Hand von Tabellen punktweise gezeichnet oder man konstruiert sie geometrisch. Bei transzendenten Zusammenhängen — z. B. $y = \operatorname{tg} x$; $y = \lg x$ usw. — kommt nur das zuerst genannte Verfahren in Frage; doch auch bei algebraischen Zusammenhängen wird man dieses der geometrischen Konstruktion vorziehen, vor allem wenn bereits eine Zahlentafel vorhanden ist — z. B. bei quadratischen und kubischen Zusammenhängen —; zum mindesten wird man die Hauptpunkte der Skala durch Rechnung festlegen und nur die Zwischenpunkte nach einem — evtl. genäherten! — graphischen Verfahren einschalten.

Von den vielen algebraischen Zusammenhängen, die sich geometrisch konstruieren lassen, sei hier lediglich ein einziger erwähnt, nämlich die Beziehung

$$y = \frac{a f_1(x) + b}{c f_2(x) + d}, \tag{2}$$

die sich als sog. projektive Skala zeichnen läßt, wenn

$$f_1(x) = f_2(x) \quad \text{oder} \quad f_1(x) = 0.$$

Der Gang der Konstruktion, den die Sätze der projektiven Geometrie begründen[1]), ist folgender:

1. Berechne 3, besser 4 oder 5 zusammengehörige Wertepaare, darunter die Extremwerte.

2. Zeichne eine Gerade als Skalenträger für y; trage darauf die berechneten Funktionswerte y in dem vorgeschriebenen oder beliebig gewählten regulären Maßstab auf.

3. Lege durch einen dieser y-Punkte eine beliebig geneigte Gerade, die nach $f(x)$ durchlaufend geteilt wird, und zwar so, daß im Schnittpunkt der beiden Teilungen die einander zugeordneten x- und y-Werte angeschrieben stehen.

4. Verbinde die übrigen einander zugeordneten Werte der beiden Skalen durch Gerade: Sie schneiden sich sämtlich in demselben Punkt P, dem Pol (Fig. 163).

5. Ziehe die Polstrahlen durch alle übrigen Punkte der $f(x)$-Teilung; sie ergeben die ihnen zugeordneten y-Punkte.

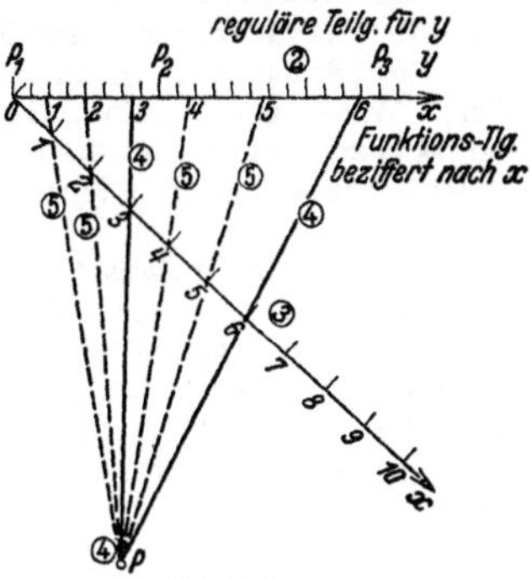

Fig. 163.

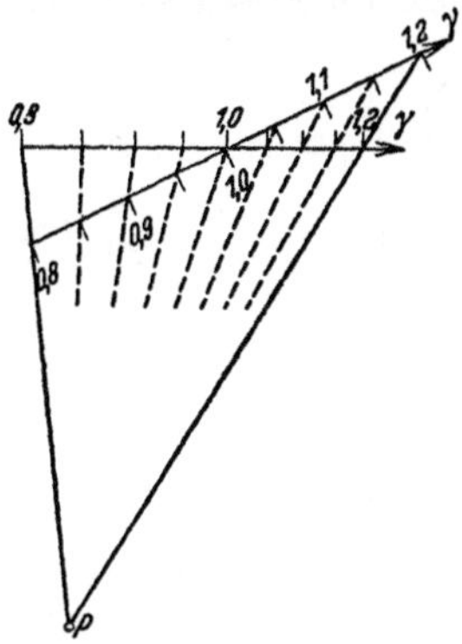
Fig. 164.

Hiernach ist Fig. 164 gezeichnet. Sie zeigt eine Aräometerteilung, die der Gleichung

$$l_{\text{cm}} = 21{,}5\,(1/\gamma - 1)$$

entspricht. Der Pol wurde auf Grund der nebenstehend berechneten Wertepaare gefunden.

γ	l_{cm}
0,8	5,38
0,9	2,38
1,0	0
1,1	−1,93
1,2	−3,59

Die reguläre Teilung für y ist als überflüssig nicht mitgezeichnet worden. Der Fall, daß die reguläre Skala für y nicht benötigt und daher nicht mitgezeichnet wird, ist übrigens recht häufig; die bekannteste derartiger „Funktionsleitern" ist die logarithmische Teilung des Rechenschiebers; sie entspricht der Gleichung

$$y = C \lg x.$$

Gewöhnlich sind bei den Funktionsleitern an Stelle der tatsächlich dargestellten Funktionswerte die Argumente angegeben.

Die projektive Teilung wird auch mit Vorteil zur Interpolation gegebener Funktionsleitern benutzt.

[1]) S. z. B. bei Pirani: a. a. O.

3. Der Teilungsmodul.

Hat man zwei Skalen f_1 und f_2 mit den Teilungsmoduln m_1 und m_2 — z. B. $m_1 : m_2 = 3 : 2$ —, so bedeutet dies, daß die Einheit der abhängigen Variablen bei der Skala f_1 die Länge m_1 (etwa $m_1 = 3$ mm) und bei der Skala f_2 die Länge m_2 (etwa $m_2 = 2$ mm) hat.

Beispiel: Es seien die Skalen $y = 2x$ und $y = x^2$, und zwar beide für das Intervall $x]_0^{100}$ zu zeichnen; beide Skalen sollen je 100 mm lang werden. Das Verhältnis ihrer Teilungsmoduln berechnet sich dann wie folgt:

a) $y = 2x$ nimmt für $x = 100$ den Wert 200 an.
200 Einheiten sollen demnach 100 mm lang gezeichnet werden,
1 Einheit wird mithin $100/200 = 0{,}5$ mm lang zu zeichnen sein.

b) $y = x^2$ gibt für $x = 100$ den Wert 10^4.
10000 Einheiten sollen hier als Länge von 100 mm gezeichnet werden,
1 Einheit wäre demnach $100/10000 = 0{,}01$ mm lang zu zeichnen.

Die Teilungsmoduln beider Skalen verhalten sich somit wie

$$m_1/m_2 = 0{,}5/0{,}01 = 50/1 = 500/10 \text{ usw.}$$

D. Fluchtlinientafeln.

1. Zusammenhang zwischen rechtwinkligen und Parallelkoordinaten.

„Fluchtrecht" nennt man drei Punkte, wenn sie in einer Geraden liegen. Die Funktion $z = f(x, y)$ läßt sich in einem regulären rechtwinkligen Koordinatensystem als Kurvenschar, in einem solchen mit entsprechend funktionell geteilten Achsen als Schar gerader Linien darstellen. Jede Schar gerader Linien wieder läßt sich im sog. Parallelkoordinatensystem durch drei Skalen so darstellen, daß jeweils drei zusammengehörige Werte auf derselben Geraden liegen (= Nomogramm nach der Methode der fluchtrechten Punkte = Fluchtlinientafel).

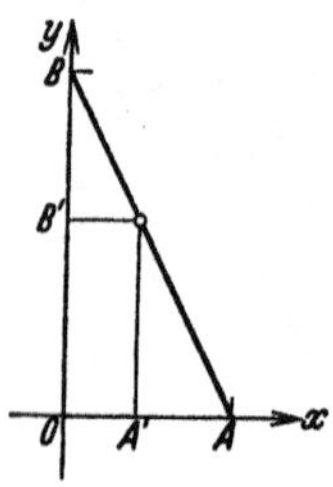

Fig. 165.

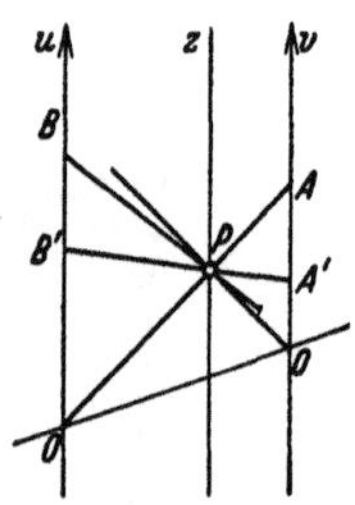

Fig. 166.

Im Parallelkoordinatensystem entsprechen der x- bezw. y-Achse des rechtwinkligen Systems die parallelen, gewöhnlich mit u und v bezeichneten gradlinigen Skalenträger; der Skalenträger für z verläuft geradlinig oder auch als Kurve zwischen den beiden anderen. Den Zusammenhang zwischen der Darstellung einer Funktion mit drei Variablen einmal im rechtwinkligen und dann im Parallelkoordinatensystem zeigen die Fig. 165 u. 166. Für beide Figuren gilt

$$\overline{OB}/\overline{OB'} = \overline{OA}/\overline{AA'},$$

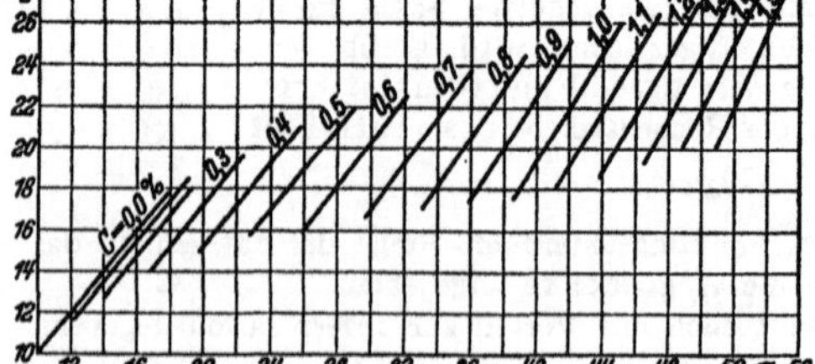
Fig. 167.

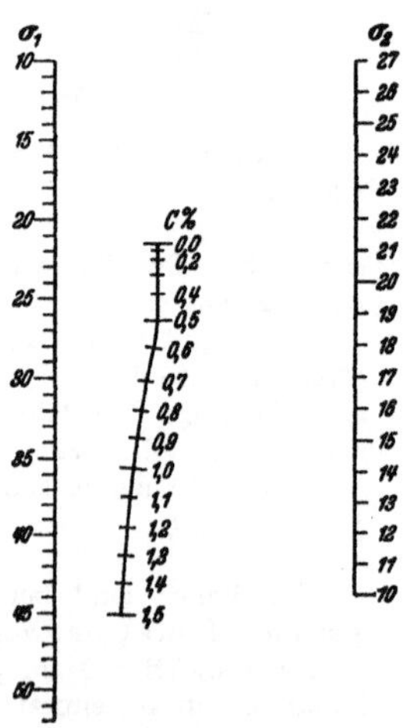
Fig. 168.

d. h. eine Gerade des rechtwinkligen Systems wird im Parallelkoordinatensystem durch einen Punkt, die Schar durch eine Linie (Skala) dargestellt. Damit ist die Möglichkeit gegeben, jede Schar gerader Linien im rechtwinkligen Koordinatensystem in eine Fluchtlinientafel mit äußeren geraden und parallelen Skalenträgern rein empirisch umzuzeichnen (empirische Nomogramme).

Beispiel: Enlund bestimmte auf empirischem Wege die Abhängigkeit des spezifischen Widerstandes einer gehärteten und einer nicht gehärteten Stahlprobe vom Kohlenstoffgehalt. Die graphische Darstellung seiner Ergebnisse in kartesischen Koordinaten zeigt Fig. 167; das hiernach empirisch entwickelte Nomogramm veranschaulicht Fig. 168.

2. Fluchtlinientafeln für $f(x) + f(y) = f(z)$.

Ist der exakte Zusammenhang zwischen drei Variablen bzw. deren Funktionen bekannt und läßt er sich auf die Form bringen

$$a \cdot f_{(x)} + b f_{(y)} = c f_{(z)} + d\,, \tag{3}$$

so läßt sich hierfür eine Fluchtlinientafel nach folgendem Schema entwerfen (Fig. 169):

1. Annahme der Teilungsmoduln μ_x und μ_y an sich beliebig, jedoch so, daß die für x bzw. y vorgeschriebenen Intervalle ausreichend groß und deutlich dargestellt werden können; Berechnung des dritten Teilungsmoduls μ_z zu

$$\mu_z = \mu_x \mu_y / (\mu_x + \mu_y)\,. \tag{4}$$

2. Berechnung des Abstandsverhältnisses der drei Skalenträger zu

$$\delta_1/\delta_2 = \mu_1/\mu_2\,. \tag{5}$$

Zeichnung der drei Skalenträger in diesem Abstandsverhältnis.

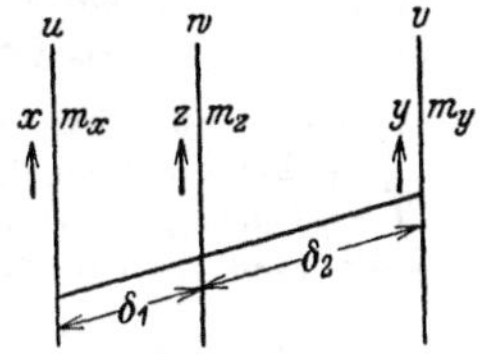

Fig. 169.

3. Multiplikation der einzelnen Funktionen der Gleichung (3) mit den zugeordneten Teilungsmoduln, so daß die Gleichung übergeht in

$$a \mu_x f_{(x)} + b \mu_y f_{(y)} = c \mu_z f_{(z)} + d \mu_z \tag{6a}$$

oder durch Ausmultiplizieren $m_x f_{(x)} + m_y f_{(y)} = m_z f_{(z)} + C\,.$ (6b)

4. Zeichnung der Funktionsskalen:

u-Achse: $f(x)$ mit dem Teilungsmodul m_x,
v- „ $f(y)$ „ „ „ m_y,
w- „ $f(z)$ „ „ „ m_z.

Negative Vorzeichen erfordern Auftragen der Skalen in entgegengesetzter Richtung; die Konstante C hat lediglich eine Verschiebung der mittelsten Skala zur Folge; ein Punkt der z-Skala wird am besten berechnet und danach festgelegt.

Im übrigen trifft man die Anordnung der Teilungen so, daß die Rechentafel etwa ebenso lang wie hoch wird.

Beispiel: Es sei eine Fluchtlinientafel für $R = \frac{c \cdot l}{d^2\, \pi/4}$ für $c = 0{,}0175$; $l\Big]_{0{,}1\,\text{m}}^{1000\,\text{m}}$ und $d\Big]_{0{,}03\,\text{mm}}^{3{,}0\,\text{mm}}$ zu entwerfen. Man erhält für $\frac{c}{\pi/4} = 0{,}0223$ und somit

$$\lg R = \lg l - 2 \lg d + \lg 0{,}0223 \quad \text{oder} \quad \lg l - 2 \lg d = \lg R + C\,.$$

Damit hat der gegebene Zusammenhang die Form der Gleichung (3).

1. Man wähle $\mu_x = \mu_y = 1$, dann ist $\mu_z = \frac{1 \cdot 1}{1+1} = \frac{1}{2}$.

2. $\delta_1/\delta_2 = 1/1$; d. h. $\delta_1 = \delta_2$; der Skalenträger für R befindet sich genau in der Mitte zwischen dem für l und dem für d.

3. $1 \cdot \lg l - 1 \cdot 2 \cdot \lg d = \frac{1}{2} \lg R + C'$ oder $1 \cdot \lg l - 2 \cdot \lg d = \frac{1}{2} \lg R + C'$.

Es ist also zu zeichnen

a) Skalenträger für l: logarithmisch in positiver Richtung mit dem Teilungsmodul $m_e = 1$,
b) „ „ d: „ „ negativer „ „ „ „ $m_d = 2$,
c) „ „ R: „ „ positiver „ „ „ „ $m_R = \frac{1}{2}$.

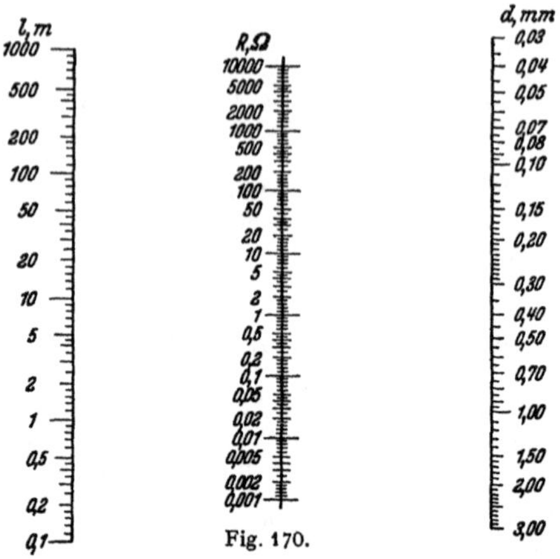

Fig. 170.

Um einen Punkt der R-Skala zu bestimmen, berechne man

$$l = R\,d^2/0{,}0223$$

etwa für $R = 1$; $d = 1$; damit wird

$$l = 1/0{,}0223 = 44{,}8\,,$$

d. h. verbindet man die Punkte $d = 1$ und $l = 44{,}8$ durch eine Gerade, so schneidet diese den z-Skalenträger im Punkte $R = 1$. Von diesem Punkte ausgehend kann alsdann die R-Skala gezeichnet werden.

Das fertige Nomogramm zeigt — stark verkleinert — Fig. 170.

3. Fluchtlinientafeln mit krummlinigen Skalenträgern.

Die Gleichung

$$f_1 f_3 + f_2 \varphi_3 + \psi_3 = 0\,, \qquad (7)$$

in welcher

f_1 = eine Funktion der ersten Variablen,
f_2 = eine Funktion der zweiten Variablen,
f_3, φ_3 und ψ_3 = verschiedene Funktionen einer dritten Variablen

bedeuten, läßt sich in Form einer Fluchtlinientafel darstellen, wenn (Fig. 171)

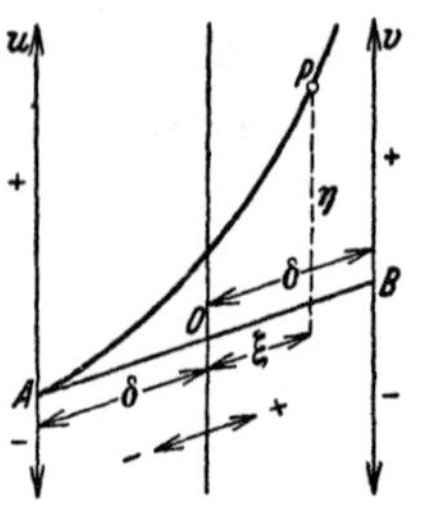

Fig. 171.

1. die u-Achse des Parallelkoordinatensystems funktionell nach f_1,
2. die v-Achse funktionell nach f_2 geteilt wird und
3. die Koordinaten des mittleren Skalenträgers den Gleichungen

$$\xi = \delta\,\frac{\varphi_3 \mu_1 - f_3 \mu_2}{\varphi_3 \mu_1 + f_3 \mu_2}\,, \quad (8) \qquad \eta = \frac{\mu_1 \mu_2 \psi_3}{\varphi_3 \mu_1 + f_3 \mu_2} \quad (9)$$

entsprechen.

Es bedeutet darin:

$\delta = -OA = +OB$ (= halbe Länge der ξ-Achse),
μ_1 = Teilungsmodul für f_1 (u-Achse), beliebig zu wählen,
μ_2 = „ „ f_2 (v-Achse), „ „ „ .

Beispiel: Die Normalform der quadratischen Gleichung $x^2 + ax + b = 0$ hat die Form der Gleichung (7), wenn man schreibt: $b + ax + x^2 = 0$.

Es ist alsdann $\quad f_1 = b\,; \quad f_3 = 1\,;$
$\qquad f_2 = a\,; \quad \varphi_3 = x\,; \quad \psi_3 = x^2.$

Auf der u-Achse ist also b aufzutragen mit $\mu = 1$, auf der v-Achse ist a aufzutragen. Auch für die a-Teilung wird man, wenn kein besonderer Grund vorliegt, den Teilungsmodul $\mu_2 = 1$ wählen. Damit ergibt sich

$$\xi = \delta \cdot \frac{x - 1}{x + 1} \quad (= \text{projektive Teilung!}), \qquad \eta = \frac{x^2}{x + 1}\,.$$

Die Ordinaten η brauchen nicht einzeln berechnet zu werden; man kann sie vielmehr einfach konstruieren wie folgt. Für $b = 0$ geht die gegebene Gleichung über in

$$x^2 + ax = 0\,; \qquad x = -a\,.$$

Das bedeutet: Verbindet man den Punkt $b = 0$ folgeweise mit den Punkten $a = -1, -2, -3$ usw., so schneiden die Verbindungsgeraden die Ordinaten η jeweils in den Punkten des mittleren Skalenträgers, die den Werten $x = 1, 2, 3$ usw. zugeordnet sind. Das hiernach entworfene Nomogramm zeigt Fig. 172. Danach hat die Gleichung

$$x^2 + 4x - 12 = 0$$

die Wurzeln

$$x_1 = +2; \qquad x_2 = -6.$$

Auch für eine große Zahl anderer Zusammenhänge sind Fluchtlinientafeln erdacht worden, so für $f_1 f_2 = f_3$; $1/f_1 + 1/f_2 = 1/f_3$ usw. Ferner besteht die Möglichkeit, auch mehr als drei Variable nach den hier behandelten Verfahren nomographisch darzustellen.

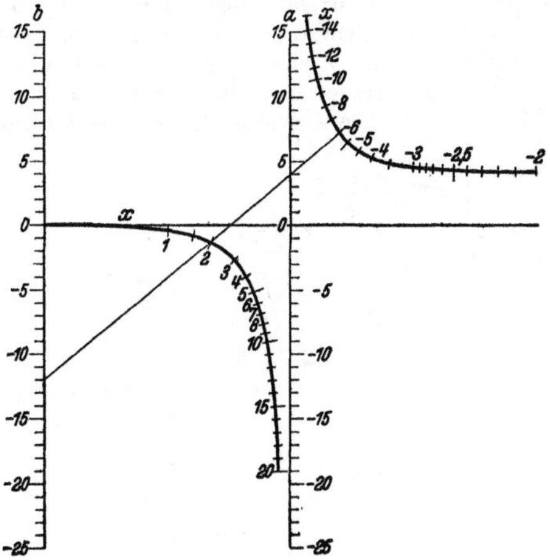

Fig. 172.

4. Fluchtlinientafeln für mehr als drei Variable.

Sind mehr als drei Variable vorhanden, so führt man als Bindeglied zwischen je zwei

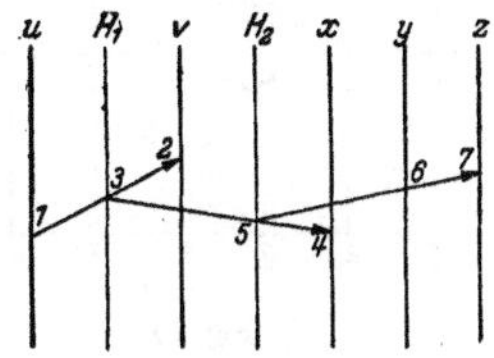

Fig. 173.

Variablen Hilfsfunktionen $f_{(H_1)}$, $f_{(H_2)}$ usw. ein, für welche nur die (geradlinigen) Skalenträger, nicht aber deren Teilungen gezeichnet zu werden brauchen.

Ist beispielsweise die Gleichung $f_{(u)} + f_{(v)} + f_{(x)} + f_{(y)} + f_{(z)} = 0$ als Rechentafel darzustellen, so geht man schrittweise vor, indem beispielsweise gesetzt wird: $f_{(u)} + f_{(v)} + f_{(H_1)} = 0$ und zunächst diese Rechentafel zeichnet.

Alsdann setzt man weiter: $f_{(H_1)} + f_{(x)} + f_{(H_2)} = 0$ und. zeichnet unter Benutzung des im ersten Berechnungsgange gefundenen Skalenträgers für H_1 auch dieses Nomogramm; daran schließt sich endlich die dritte Rechentafel für

$$f_{(H_2)} + f_{(y)} + f_{(z)} = 0.$$

Auf diese Weise können Rechentafeln für beliebig viele Veränderliche entworfen werden; die grundsätzliche Anordnung der Skalenträger und der Auswertungsgeraden zeigt Fig. 173.

Durch geeignete Wahl der Kopplungsfunktionen, ferner durch Verwendung eines Skalenträgers für zwei Variable und ähnliche Kunstgriffe lassen sich die Rechentafeln oftmals überraschend einfach gestalten.

Beispiel: Wallichs und Dabringhaus haben in der Z. VDI 1930 eine graphische Tafel zur Bestimmung der Schnittgeschwindigkeit v_{60} (m/min) eines Werkstoffs gegebener Festigkeit σ_B (kg/mm²) aus der Spantiefe t (mm) und dem Vorschub s (mm/U) veröffentlicht.

Aus dieser Tafel sind die nebenstehend zusammengestellten Zahlenwerte entnommen. H ist eine Hilfsgröße, welche die Variablen t und s einerseits, σ_B und v_{60} andererseits miteinander verbindet (= Kopplungsfunktion).

In Fig. 174 sind nun die Werte dieser Zahlentafel in zwei rechtwinkligen KS. dargestellt, welchen die nach der Hilfsgröße H regulär geteilte Abszisse gemeinsam ist. Es ergeben sich zwei Scharen von Geraden, die unmittelbar unter Verwendung der gefundenen Teilungen für v_{60} und t in die Rechentafel Fig. 174 umgezeichnet wurde. Die in die Fig. 174 u. 175 eingezeichneten Geraden dienen zur Berechnung von v_{60} für $t = 5$; $s = 1{,}5$; $\sigma_B = 57$. Ergebnis: $v = 29$ m/min.

t	s	H	H	σ_B	v_{60}
1	0,5	0	0	30	—
1	2	4	0	50	60
1	4	6	0	100	26
2	0,5	1	4	30	80
2	2	5	4	50	40
2	4	7	4	100	17
8	0,5	3	5	30	48
8	2	7	5	50	34
8	4	9	5	100	15
16	0,5	4	8	30	70
16	2	8	8	50	20
16	4	10	8	100	—

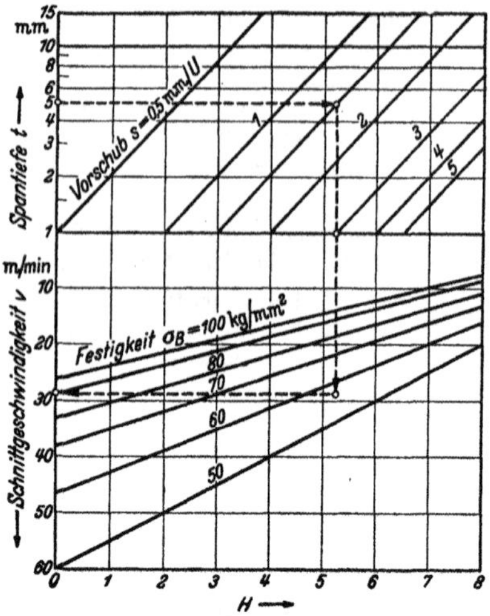

Fig. 174.

5. Umzeichnung gegebener Kurvenscharen in Leitertafeln.

Derartige Umzeichnungen kommen vor allem dann in Frage, wenn es sich um die Auswertung von Versuchsergebnissen handelt, für welche der mathematische Zusammenhang entweder nicht

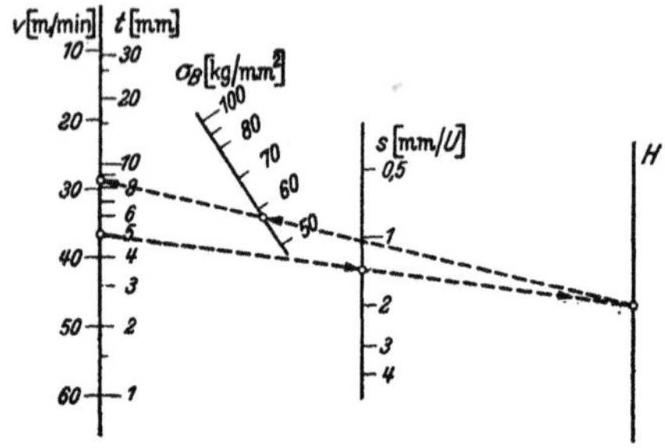

Fig. 175.

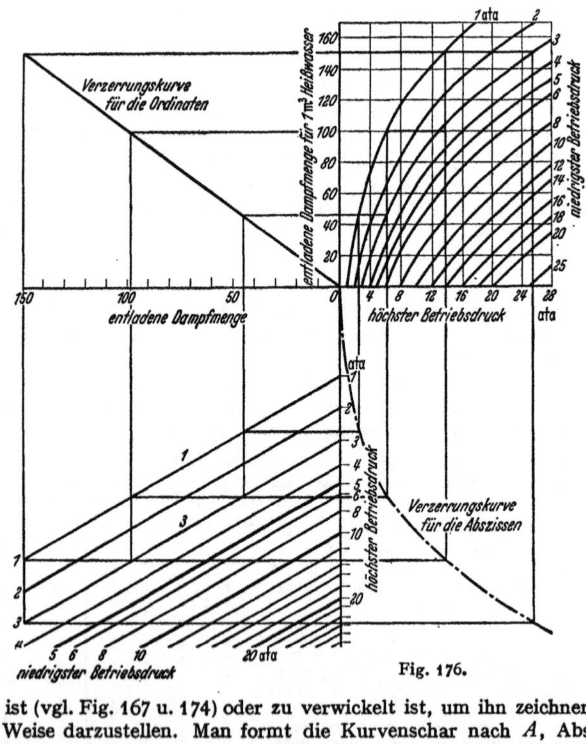

Fig. 176.

bekannt ist (vgl. Fig. 167 u. 174) oder zu verwickelt ist, um ihn zeichnerisch auf einfache Weise darzustellen. Man formt die Kurvenschar nach *A*, Abschn. 3*b* in eine Schar von Geraden um, und diese wieder in eine Leitertafel gemäß *D*, Abschn. 1. Für die Verstreckung der Kurven kann es dabei von Vorteil sein, Argument und Funktionswerte zu vertauschen.

Beispiel:

Die Kurventafel der Fig. 176 ist einer Arbeit von Walther: „Verwandlung von Kurventafeln in Leitertafeln" (Z. VDI 1937 Nr. 39) entnommen. In folgenden Arbeitsgängen ist die Tafel in ein Nomogramm umgewandelt worden:

1. Wahl der Geraden 1 und 3 als Basis für die Ableitung der Teilungen für die Achsen des neuen Koordinatensystems.
2. Entwicklung der Verzerrungskurven; im Beispiel wird wegen der gewählten Parallelität der Geraden 1 und 3 die Verzerrungskurve für die Ordinaten eine Gerade; der Charakter der Teilung für die Ordinate bleibt somit unverändert.
3. Bestimmung der Abszissenteilung mit Hilfe der Verzerrungskurve für die Abszisse.
4. Umzeichnung der gefundenen Geradenschar in eine Leitertafel durch Übernahme der neuen Achsenteilungen als Außenleitern und punktweise Konstruktion der mittleren Skala aus einer der beiden Darstellungen.

Das hiernach gefertigte Nomogramm zeigt Fig. 177.

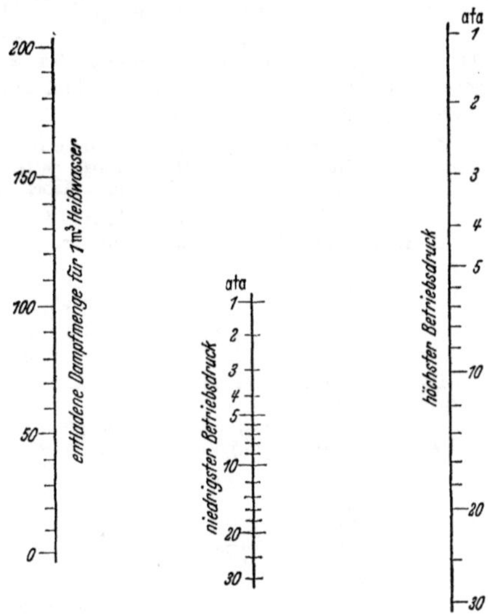

Fig. 177.

Die Genauigkeit, mit der eine Fluchtlinientafel eine Rechnung auszuführen gestattet, liegt bei 0,5 vH.

Als Begründer der „Methode der fluchtrechten Punkte" gilt der Franzose d'Ocagne (1895). Eine ausgezeichnete Einführung in das Gebiet gab Pirani: Graphische Darstellung in Wissenschaft und Technik (Samml. Göschen Bd. 728).

X. Zeichnerische und rechnerische Verfahren der praktischen Mathematik.

Bearbeitet von Dr.-Ing. **W. Meyer zur Capellen,** VDI, Aachen.

1. Interpolation. Eine Kurve $y = f(x)$, deren Gesetz oder von der $n + 1$ Punkte bekannt sind oder die aufgezeichnet vorliegt, soll durch eine durch $n + 1$ Punkte hindurchgehende Parabel n-ter Ordnung

$$y^* = a_0 + a_1 x + a_2 x^2 + \cdots + a_n x^n$$

dargestellt werden. Sind

$$P_0(x_0; y_0)\,; \quad P_1(x_1; y_1)\,; \quad \ldots; \quad P_n(x_n; y_n)$$

diese Punkte, so kann nach der Interpolationsformel von Newton geschrieben werden

$$\begin{aligned} y^* = A_0 &+ A_1(x - x_0) + A_2(x - x_0)(x - x_1) \\ &+ A_3(x - x_0)(x - x_1)(x - x_2) + \cdots \\ &+ A_n(x - x_0)(x - x_1)(x - x_2) \cdots (x - x_{n-1})\,. \end{aligned}$$

Die Beiwerte $A_0, A_1, \ldots, A_n$ lassen sich nach dem folgenden Schema berechnen:

x_0	$y_0 = A_0$				
x_1	y_1	$a_1 = A_1$			
x_2	y_2	a_2	$b_2 = A_2$		
x_3	y_3	a_3	b_3	$c_3 = A_3$	
x_4	y_4	a_4	b_4	c_4	$d_4 = A_4$

Hierin ist $a_n = \frac{y_n - y_0}{x_n - x_0}$, $b_n = \frac{a_n - a_1}{x_n - x_1}$, $c_n = \frac{b_n - b_2}{x_n - x_2}$ usw., d. h. jeder Ausdruck ist gleich der Differenz des entsprechenden Gliedes der vorhergehenden Spalte gegen das erste Glied derselben Spalte, dividiert durch die zugehörige Abszissendifferenz.

Beispiel: Ein Schwingungsvorgang zeige das in Fig. 178 wiedergegebene Zeit-Weg-Diagramm. Die Kurve soll durch eine Parabel vierter Ordnung ersetzt werden.

Die gewählten fünf Punkte der Kurve haben die Koordinaten:

P_0 (0; 0); P_1 (5; 12,2); P_2 (12; 0,2); P_3 (16; −2,4); P_4 (20; 0).

Es ergibt sich daher das folgende Schema:

0	0				
5	12,2	2,44			
12	0,2	0,0167	− 0,3462		
16	−2,4	− 0,15	− 0,2355	+ 0,02768	
20	0	0	− 0,1627	+ 0,02294	− 0,001186

Dementsprechend lautet die Gleichung der Parabel vierter Ordnung, wenn t in sek die Zeit s^* in cm der Weg ist:

$$s^* = 0 + 2{,}44\,t - 0{,}3462\,t(t-5) + 0{,}02768\,t\,(t-5)(t-12) - 0{,}001186\,t(t-5)(t-12)(t-16)$$
$$= 6{,}971\,t - 1{,}2105\,t^2 + 0{,}06682\,t^3 - 0{,}001186\,t^4.$$

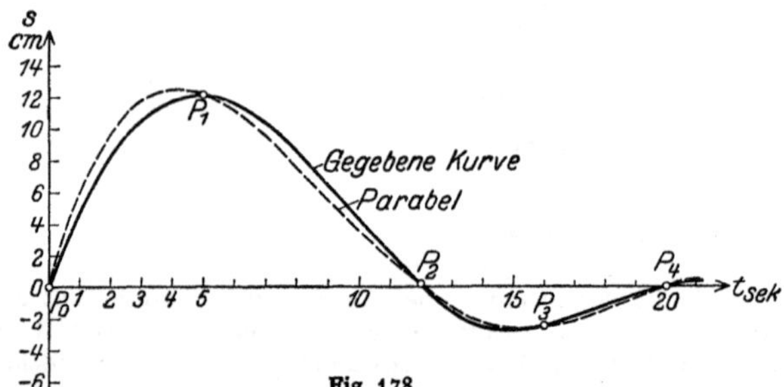

Fig. 178.

Trägt man die Kurve y^* mit $y = f(x)$ zusammen in ein Koordinatensystem zur Prüfung der Annäherung, und sind dann die Abweichungen zu groß, so kann ein weiterer Punkt eingeschaltet und das Schema für die Werte A um eine Zeile vermehrt werden.

Wird im Beispiel noch ein Punkt $P_5(x_5; y_5)$ hinzugenommen, der den Beiwert A_5 liefert, so wird $s^{**} = s^* + A_5 t(t-5)(t-12)(t-16)(t-20)$.

Ersetzt die Parabel die gegebene Kurve genügend genau, so kann man durch Differenzieren die erste und zweite Ableitung gewinnen.

Im Beispiel folgt damit für Geschwindigkeit und Beschleunigung:

$$v^* = \frac{ds^*}{dt} = 6{,}971 - 2{,}4210\,t + 0{,}20046\,t^2 - 0{,}004744\,t^3,$$

$$b^* = \frac{dv^*}{dt} = -2{,}4210 + 0{,}40092\,t - 0{,}014232\,t^2.$$

2. Ermittlung des Polynoms

$$y(x) = a_0 + a_1 x + a_2 x^2 + \cdots + a_n x^n$$

für einen bestimmten Wert x.

a) Rechnerisches Verfahren von Horner:

a_n	a_{n-1} $+ a_n x$	a_{n-2} $+ b_{n-1} x$	... ...	a_2 $+ b_3 x$	a_1 $+ b_2 x$	a_0 $+ b_1 x$
Summe: a_n	b_{n-1}	b_{n-2}	...	b_2	b_1	$b_0 = y(x)$

In der dritten Reihe steht die Summe der Glieder der beiden ersten Reihen, es ist also $b_{n-1} = a_{n-1} + a_n x$ usw. Man stellt x auf dem Rechenschieber ein und kann die Werte der zweiten Reihe ohne Änderung der Einstellung ablesen.

Beispiel: Der Wert $s^* = 6{,}971\,t - 1{,}2105\,t^2 + 0{,}06682\,t^3 - 0{,}001186\,t^4$ (siehe 1.) soll für $t = 2$ berechnet werden.

$-0{,}001186$	$+0{,}06682$ $-0{,}00237$	$-1{,}2105$ $+0{,}1289$	$6{,}971$ $-2{,}163$	0 $+9{,}616$
$-0{,}001186$	$+0{,}06445$	$-1{,}0816$	$+4{,}808$	$\underline{9{,}616}$

b) Zeichnerisches Verfahren von Segner. Man trägt auf der y-Achse (Fig. 179) als Strecken die Beiwerte

$$OA_0 = a_0\,,\quad A_0A_1 = a_1\,,\quad A_1A_2 = a_2\,,\quad \cdots\quad A_{n-1}A_n = a_n$$

auf, positiv nach oben, negativ nach unten. In Fig. 179 ist $n = 3$, die Vorzeichen sind angedeutet. Ziehe die Parallelen (x) und (1) zur Ordinatenachse im Abstand x und 1, ziehe ferner A_nE_n waagerecht, wobei alle Punkte E auf (1) liegen. Die Gerade $A_{n-1}E_n$ liefert den Punkt P_n, der wie alle Punkte P auf (x) liegt. Die Waagerechte durch P_n liefert A_{n-1}, mit dem das Verfahren zu wiederholen ist. Man erhält schließlich P_1 durch den Linienzug E_2A_1, P_2E_1, E_1A_0. Dann hat P_1 den gesuchten Abstand $y(x)$ von der x-Achse. In der Zeichnung wurde ermittelt

$$y = 0{,}2 + 0{,}1x + 0{,}5x^2 - 0{,}25x^3$$
für $\qquad x = 0{,}55$.

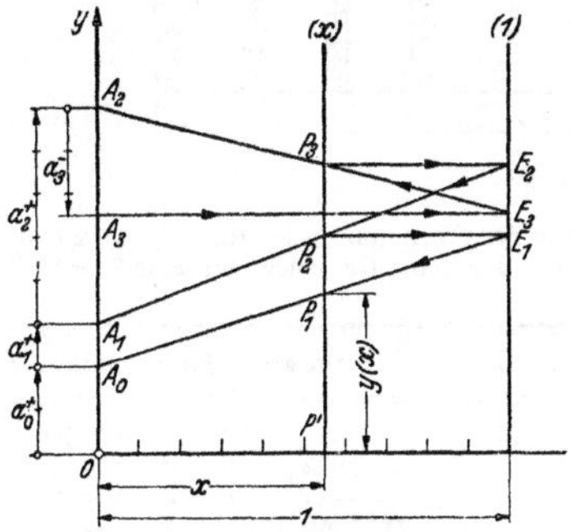

Fig. 179.

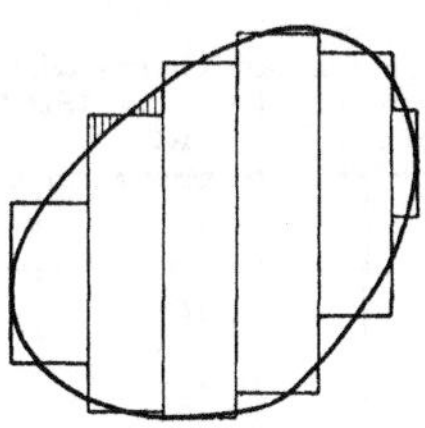

Fig. 180.

Sind die Beiwerte zu groß, so können sie in anderem Maßstab als x, d. h. im Maßstab von y aufgetragen werden.

Da die Konstruktion ungenau wird, wenn $x > 1$, weil die Geraden AE über (1) hinaus zu verlängern sind, benutzt man dann statt (1) eine Parallele zur y-Achse im Abstand $e > 1$ (z. B. $e = 10, 20, \ldots$), wobei e nicht kleiner ist als der größte in Frage kommende Wert x.

Auf der y-Achse hat man dann die Strecken

$$OA_0 = a_0\,,\quad A_0A_1 = e\,a_1\,,\quad A_1A_2 = e^2a_2\,,\quad \ldots\quad A_{n-1}A_n = e^n a_n$$

abzutragen.

3. Flächeninhalt. a) Man zerlegt das Flächenstück (Fig. 180) durch senkrechte Linien in Streifen, die man nach dem Augenmaß in Rechtecke verwandelt. Hierzu muß man in jedem Streifen zwei waagerechte Linien so ziehen, daß die durch Schraffieren hervorgehobenen Flächen inhaltsgleich werden. Zeichnet man die Fläche auf Millimeterpapier, so kann man Breite und Höhe der einzelnen Rechtecke ohne weiteres ablesen.

b) Unterteilt man die gegebene Kurve (Fig. 181) in $2n$ Parallelstreifen von gleicher Breite h, indem man in gleichen Abständen Parallele zur y-Achse zieht, welche die Kurve in den Punkten $P_0(x_0, y_0)$, $P_1(x_1, y_1)$, $\ldots$ $P_{2n}(x_{2n}, y_{2n})$ schneiden, so wird, wenn man die Kurve durch das Sehnenpolygon $P_0P_1 \ldots P_{2n}$ ersetzt:

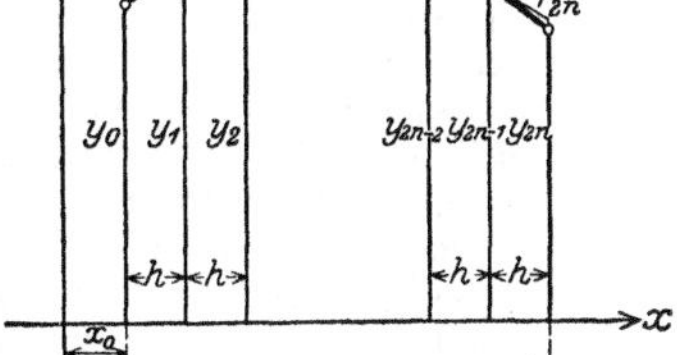

Fig. 181.

$$F \approx T = h\left(\frac{y_0}{2} + y_1 + y_2 + \cdots + y_{2n-1} + \frac{y_{2n}}{2}\right)$$ (Trapezformel). (S. auch Bd. II, S. 82.)

Zieht man in $P_1, P_3, \ldots P_{2n-1}$ Tangenten und ersetzt den Kurventeil $P_0P_1P_2$ durch das von den Ordinaten y_0 und y_2 abgeschnittene Stück der Tangente in P_1 usw., so wird der Inhalt

$$F \approx U = 2h(y_1 + y_3 + \cdots + y_{2n-1}) \quad \text{(Tangentenformel).}$$

Ein besserer Näherungswert ergibt sich, wenn das Kurvenstück zwischen drei aufeinanderfolgenden Punkten durch eine allgemeine Parabel dritter Ordnung ersetzt wird; es ist

$$F \approx S = \frac{2T + U}{3} = \frac{h}{3}(y_0 + 4y_1 + 2y_2 + 4y_3 + 2y_4 + \cdots + 4y_{2n-1} + y_{2n}).$$

(Simpsonsche Regel.)

Die Simpsonsche Regel gibt also genaue Werte, wenn

$$y = a_0 + a_1x + a_2x^2 + a_3x^3.$$

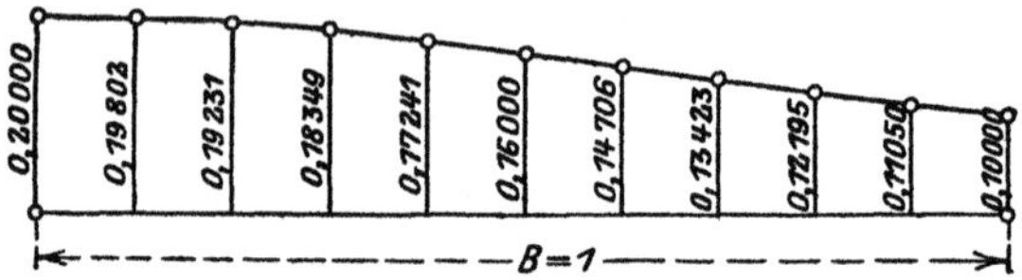

Fig. 182.

Die Güte der Annäherung zeige die Berechnung der Fläche unter der Kurve $y = 0{,}2/(1 + x^2)$ in den Grenzen $x = 0$ und $x = 1$ (Fig. 182) nach den drei Formeln. Die Kurve wurde in $2n = 10$ Teile geteilt, so daß $h = 0{,}1$ ist.

x	y	Trapezformel	Tangentenformel	Simpsonsche Regel
0,0	0,20000	0,10000	....	1 0,20000
0,1	0,19802	0,19802	0,19802	4 0,79208
0,2	0,19231	0,19231	....	2 0,38462
0,3	0,18349	0,18349	0,18349	4 0,73396
0,4	0,17241	0,17241	....	2 0,34482
0,5	0,16000	0,16000	0,16000	4 0,64000
0,6	0,14706	0,14706	....	2 0,29412
0,7	0,13423	0,13423	0,13423	4 0,53692
0,8	0,12195	0,12195	....	2 0,24390
0,9	0,11050	0,11050	0,11050	4 0,44200
1,0	0,10000	0,05000	....	1 0,10000
$\Sigma =$		1,56997	0,78624	4,71242
$F =$		0,1 · 1,56997 = 0,156997	0,2 · 0,78624 = 0,157248	$\frac{0{,}1}{3}$ · 4,71242 = 0,157081

Der genaue Wert ist arc 9° = 0,15707 96... Der Fehler beträgt bei der Trapezformel 0,5 vT, bei der Tangentenformel 1 vT, bei der Simpsonschen Regel nur 0,01 vT.

4. Zeichnerische Integration. a) Tangentenverfahren. Man nimmt auf der zu integrierenden Kurve in beliebigen Abständen eine Reihe von Punkten $P_1, P_2, \ldots$ an (Fig. 183), unter denen sich Maximum, Minimum und der Schnittpunkt mit der x-Achse befinden sollen, zieht durch diese Punkte die Parallelen zur x-Achse und schaltet zwischen sie die y-Parallelen $N_1, N_2, \ldots$ so ein, daß die in Fig. 183 schraffierten Flächen inhaltsgleich werden. Diese Parallelen bringen bei der so entstehenden treppenförmigen Kurve den Flächenausgleich hervor. Ist Q_1 senkrecht über P_1 der Punkt, durch den die Integralkurve hindurchgehen soll, so zieht man durch die waagerechten Stufen der Treppenkurve Parallele zur x-Achse, welche die y-Achse in den Punkten 1, 2, ... schneiden. Man nimmt nun den Pol P im Punkt „—1" der x-Achse an, zieht die Strahlen $P1, P2, \ldots$ und zu diesen, in Q_1 beginnend, die Parallelen $Q_1 1' \parallel P1$, $1'2' \parallel P2$, ..., wobei die Punkte $1', 2', \ldots$ auf den durch $N_1, N_2, \ldots$ gezogenen Senkrechten liegen. Man erhält so ein Tangentenpolygon der gesuchten Integralkurve;

die Berührungspunkte $Q_1, Q_2, \ldots$ liegen senkrecht über $P_1, P_2, \ldots$ und sind bei genauem Flächenausgleich genaue Punkte der Integralkurve.

Ist der Polabstand OP nicht 1, sondern gleich p cm, so ist der Flächeninhalt unter $P_1 \ldots P_n$ gleich der Differenz der Ordinaten von Q_n und Q_1 mal dem Abstand p.

Sind allgemein die Maßstäbe derart, daß auf der x-Achse 1 cm $= \alpha$ Einheiten E_1, auf der Achse für $y = f(x)$ 1 cm $= \beta$ Einheiten E_2 und auf der Achse für $Y = \int y\,dx$ 1 cm $= \gamma$ Einheiten E_3 bedeuten, so gilt mit dem Polabstand $OP = p$ cm: $\gamma = \alpha\beta p$, wobei $E_3 = E_1 \cdot E_2$. Durch die Wahl von p kann die Ausdehnung der Integralkurve nach oben und unten geregelt werden.

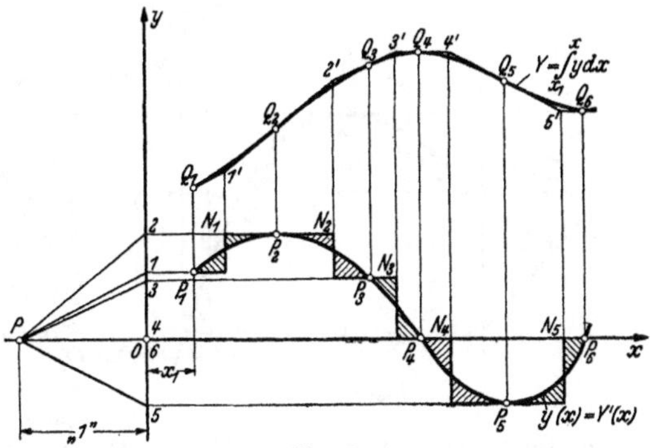

Fig. 183.

b) Seilpolygon. Ist aus $y'' = f(x)$ die zweite Integralkurve $y = \iint f(x)\,dx\,dx$ zu ermitteln, so kann man das unter a) beschriebene Verfahren zweimal anwenden. Da aber die elastische Linie eines Trägers mit gleichbleibendem Querschnitt, abgesehen vom Maßstabe, die zweite Integralkurve zur Momentenlinie ist (S. 363), so kann auch das dort geschilderte Verfahren zur zweifachen Integration benutzt werden (Fig. 46, S. 364). Dieser Weg ist nur bei wenig gekrümmten Kurven $y = f(x)$ zu wählen, da sonst die Schwerpunkte der Flächenstreifen nicht genau zu bestimmen sind.

5. Instrumentelle Integration[1]. Zur Ermittlung des bestimmten Integrals $\int_{x_1}^{x_2} y(x)\,dx$ dienen Grundplanimeter oder Planimeter erster Ordnung; zur Ermittlung von $\int_{x_0}^{x} y(x)\,dx$, dem unbestimmten Integral, durch Ablesung an einer Meßrolle dienen Integrimeter (Ott), zum Aufzeichnen der Integralkurve $Y(x) = \int_{x_0}^{x} y(x)\,dx$ Grundintegraphen.

Zur Auswertung von Integralen der Form $I = \int y^n dx$, worin $y = f(x)$, dienen Potenzplanimeter und können als solche auch zur Bestimmung von statischen Momenten, daher Schwerpunkten, von Trägheitsmomenten, Rauminhalten u. a. m. verwendet werden. Zur Auswertung von Integralen der Form $\int_{x_1}^{x_2} \varphi[f(x)]\,dx$ dienen Funktionsplanimeter.

6. Zeichnerische Differentiation. a) Tangente in einem Kurvenpunkt P (Fig. 184). Diese kann nach Augenmaß gefunden werden. Oder: Von den Schnittpunkten $b_1, b_2, \ldots$ der Kurve mit den durch P gezogenen Strahlen aus trägt

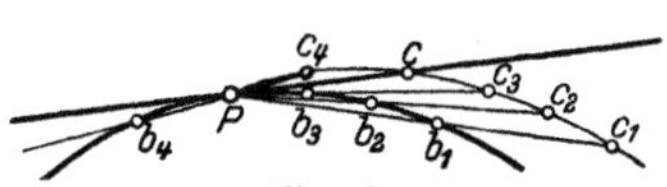

Fig. 184.

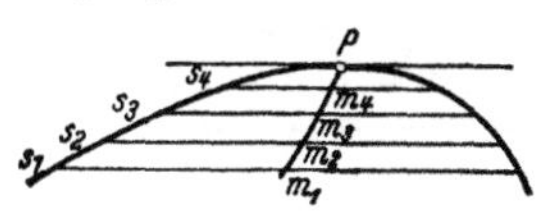

Fig. 185.

man auf diesen die beliebige, aber unveränderliche Strecke $\overline{b_1 c_1} = \overline{b_2 c_2}$ nach der gleichen Seite ab. Der Kreis um P mit der gleichen Strecke trifft die durch $c_1, c_2, \ldots$ gezogene Kurve in c. Dann ist Pc die gesuchte Tangente.

[1] Siehe Anm. 2, S. 140.

b) Tangente gegebener Richtung (Fig. 185). Nach Augenmaß zu zeichnen, oder man zieht parallel zur gegebenen Richtung mehrere Sehnen $s_1, s_2, \ldots,$ halbiert diese und verbindet ihre Mittelpunkte $m_1, m_2, \ldots$ durch eine Kurve. Diese schneidet die gegebene Kurve im gesuchten Kurvenpunkt.

c) Instrumentelle Hilfsmittel sind: das Spiegellineal (Spiegelebene senkrecht zur Zeichenebene), das die Normale liefert, das Derivimeter nach Ott mit Visolettlupen oder der Derivator nach Harbou mit Prismen.

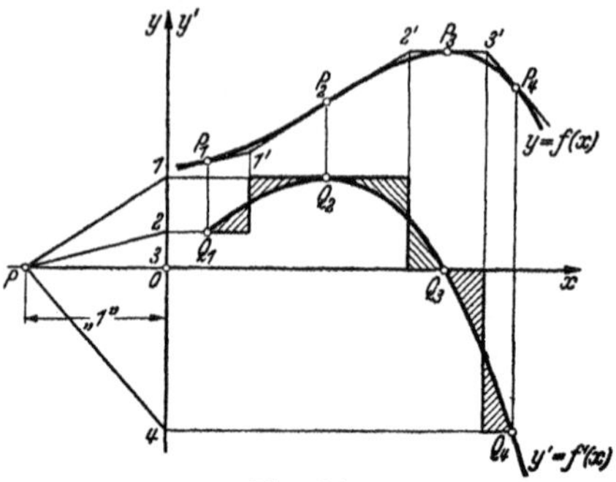

Fig. 186.

d) Differentialkurve (Fig. 186). Man zieht nach a) oder b) oder c) an die Kurve $y = f(x)$ mehrere Tangenten in den Punkten $P_1, P_2, \ldots$ und durch den Pol P im Punkte „—1" der x-Achse hierzu die Parallelen (Fig. 35, S. 71). Die Waagerechten durch ihre Schnittpunkte 1, 2, ... mit der y-Achse schneiden die Lotrechten durch $P_1, P_2, \ldots$ in den Punkten $Q_1, Q_2, \ldots$ der gesuchten Differentialkurve $y' = f'(x)$. Die Senkrechten durch die Schnittpunkte 1′, 2′, ... der Tangenten müssen bei der Differentialkurve nach 4. den in Fig. 186 durch Schraffur angedeuteten Flächenausgleich hervorbringen. Dementsprechend ist die Differentialkurve durch die Punkte $Q_1, Q_2 \ldots$ hindurchzulegen.

Sind allgemein die Maßstäbe derart, daß auf der x-Achse 1 cm $= \alpha$ Einheiten E_1, auf der Achse für $y = f(x)$ 1 cm $= \beta$ Einheiten E_2 und auf der Achse für y' 1 cm $= \gamma$ Einheiten E_3 bedeuten, so gilt mit dem Polabstand $OP = p$ cm: $\gamma = \beta/\alpha p$, wobei $E_3 = E_1/E_2$. Durch entsprechende Wahl von p vermeidet man zu steile oder zu flache Differentialkurven.

XI. Flächen- und Körperberechnung.

Bearbeitet von Professor **H. Dubbel**, Berlin.

A. Umfänge und Flächeninhalte ebener Figuren.

1. Dreieck (Fig. 187).

Seiten a, b, c; Winkel α, β, γ; Höhen h_a, h_b, h_c; Mittellinien m_a, m_b, m_c; $2s = a + b + c$; $2\delta = m_a + m_b + m_c$.

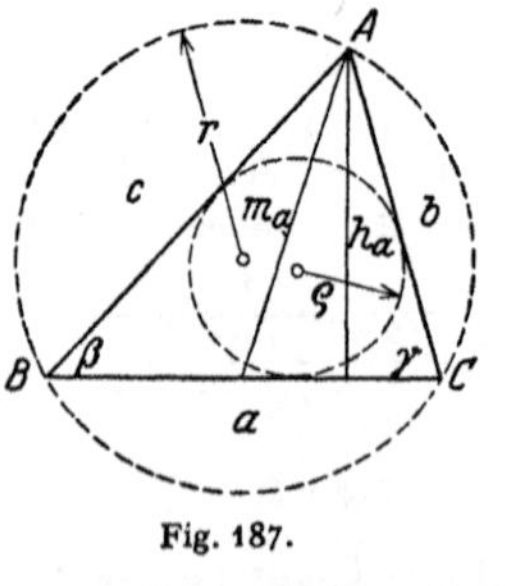

Fig. 187.

$$F = \frac{1}{2} \cdot a \cdot h_a = \frac{1}{2}\, ab \cdot \sin\gamma = \frac{a^2 \sin\beta \cdot \sin\gamma}{2\sin\alpha}$$

$$= 2r^2 \sin\alpha \sin\beta \sin\gamma = \frac{abc}{4r}$$

$$= \varrho^2 \operatorname{ctg}\frac{\alpha}{2} \cdot \operatorname{ctg}\frac{\beta}{2} \cdot \operatorname{ctg}\frac{\gamma}{2}$$

$$= \sqrt{s(s-a)(s-b)(s-c)}$$

$$= {}^4/_3 \sqrt{\delta(\delta - m_a)(\delta - m_b)(\delta - m_c)} = \varrho \cdot s\,.$$

1a. **Rechtwinkliges Dreieck.** a, b Katheten, c Hypotenuse. α der a gegenüberliegende Winkel.

$$F = {}^1/_2\, ab = {}^1/_2\, a^2 \operatorname{ctg}\alpha = {}^1/_2\, b^2 \operatorname{tg}\alpha = {}^1/_4\, c^2 \sin 2\alpha; \quad a^2 + b^2 = c^2\,.$$

2. Viereck (Fig. 188). Diagonalen D_1 und D_2, Höhen auf $D_2 : h_1$ und h_2; Winkel zwischen den Diagonalen φ.

$$F = {}^1/_2 \cdot D_2 \cdot (h_1 + h_2) = {}^1/_2 D_1 \cdot D_2 \cdot \sin\varphi .$$

2a. Trapez. a, b parallele Seiten, h Höhe, m Parallele zu a und b in halber Höhe $= \dfrac{a+b}{2}$

$$F = {}^1/_2 h \cdot (a + b) = m \cdot h .$$

2b. Parallelogramm, Rechteck. a Grundlinie, h Höhe

$$F = a \cdot h$$

(2a, 2b:) $F = {}^1/_2 D_1 D_2 \sin\varphi$.

2c. Rhombus. Seiten a; Winkel γ. $F = a^2 \sin\gamma = {}^1/_2 D_1 D_2$.

3. Vieleck. Zerlegung in Dreiecke oder Berechnung aus den Koordinaden $x_1 y_1$, $x_2 y_2 \ldots$ der n Eckpunkte, bezogen auf ein beliebiges, rechtwinkliges Achsenkreuz ergibt:

$$F = {}^1/_2 \{(x_2 y_1 - x_1 y_2) + (x_3 y_2 - x_2 y_3) + (x_4 y_3 - x_3 y_4) + \cdots + (x_n y_{n-1} - x_{n-1} y_n) + (x_1 y_n - x_n y_1)\}.$$

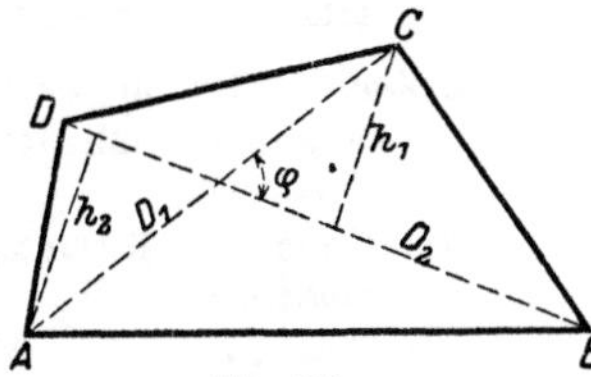

Fig. 188.

3a. Regelmäßiges Vieleck (n-Eck). Seitenlänge a, Umkreis r, Inkreis ϱ, halber Zentriwinkel φ, Umfang U, Fläche F.

Der Winkel des Vielecks ist $180° - 2\varphi°$.

$$\varphi° = \frac{180°}{n}, \quad a = 2\sqrt{r^2 - \varrho^2} = 2r \sin\varphi = 2\varrho \operatorname{tg}\varphi;$$

$$U = n \cdot a = 2nr \sin\varphi = 2n\varrho \operatorname{tg}\varphi;$$

$$F = {}^1/_4 n a^2 \operatorname{ctg}\varphi = {}^1/_2 n r^2 \sin 2\varphi = n \varrho^2 \operatorname{tg}\varphi .$$

4. Kreis. Halbmesser r, Durchmesser d, Umfang U.

$$U = 2\pi r = \pi d; \quad F = \pi r^2 = {}^1/_4 \pi d^2 = {}^1/_4 U d = 0{,}78539816\, d^2 .$$

4a. Kreisring. R äußerer, r innerer Halbmesser, D äußerer, d innerer Durchmesser, ϱ mittlerer Halbmesser, δ Ringbreite.

$$F = \pi (R^2 - r^2) = {}^1/_4 \pi (D^2 - d^2) = 2\pi \cdot \varrho \cdot \delta .$$

4b. Kreisabschnitt F_1 und Kreisausschnitt F_2. Zentriwinkel $\varphi°$ im Gradmaß, φ im Bogenmaß, b Bogenlänge, s Sehnenlänge (Fig. 189).

$$F_1 = \frac{1}{2} r^2 \left(\frac{\varphi° \cdot \pi}{180°} - \sin\varphi \right) = \frac{r(b - s) + s \cdot h}{2},$$

$$F_2 = \frac{1}{2} b r = \frac{\varphi° \pi \cdot r^2}{360°} = \frac{1}{2} \varphi r^2 ;$$

$$\varphi = \frac{\varphi° \pi}{180°}; \quad b = \frac{\varphi° \pi}{180°} \cdot r .$$

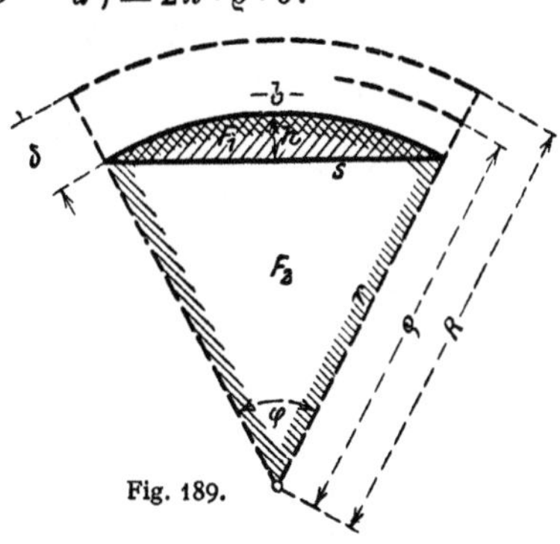

Fig. 189.

4c. Kreisringstück:

$$F = \frac{\varphi° \pi}{360°} (R^2 - r^2) = \frac{\varphi° \pi}{180°} \cdot \varrho \delta = \varphi \cdot \varrho \cdot \delta .$$

5. Parabel, Ellipse, Hyperbel s. Analytische Geometrie.
Über Flächenbestimmung vgl. S. 157.

B. Oberflächen und Rauminhalte von Körpern.

V Rauminhalt, M Mantelfläche, O Oberfläche.

1. Prisma. Grundfläche G, Höhe h; $V = G \cdot h$.

1 a. Würfel. Kante a. $V = a^3$; $O = 6a^2$; Diag. $d = a\sqrt{3}$.

1 b. Rechtwinkliges Parallelepiped: Kanten a, b, c; $V = a \cdot b \cdot c$; Diagonale $d = \sqrt{a^2 + b^2 + c^2}$; $O = 2(ab + ac + bc)$.

1 c. Schief abgeschnittenes 3 seitiges Prisma: Die 3 parallelen Kanten a, b, c; Normalschnitt N; $V = {}^1/_3 (a + b + c) \cdot N$; s. auch 1d.

1 d. Schief abgeschnittenes beliebiges Prisma: Verbindungslinie der Schwerpunkte der beiden Grundflächen l, Normalschnitt N, so wird $V = N \cdot l$.

2. Zylinder. Grundfläche G, Höhe h.

$V = G \cdot h$: Mantelfläche = Umfang des Normalschnitts × Mantellinienlänge.

2a. Gerader Kreiszylinder. Halbmesser der Grundfläche R. Höhe h.

$$V = \pi \cdot R^2 \cdot h, \quad M = 2\pi R \cdot h, \quad O = 2\pi R(R + h).$$

2b. Gerader Kreiszylinder, schief abgeschnitten. Größte und kleinste Mantellinie a und b.

$$V = \pi R^2 \cdot \frac{a + b}{2}, \quad M = \pi R(a + b).$$

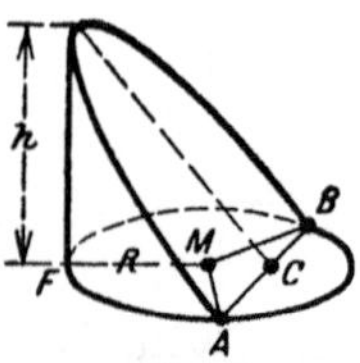

MA=MB=R
Fig 190.

2c. Zylinderhuf. (Fig. 190.)

$$FC = a, \quad AC = BC = b,$$

$\angle FMB = \varphi$ im Bogenmaß.

$$V = \frac{h}{3a}\{b(3R^2 - b^2) + 3R^2(a - R)\varphi\},$$

$$M = \frac{2hR}{a}[(a - R)\varphi + b].$$

Wenn C mit M zusammenfällt ($FC = AC = BC = a = b = R$):

$$V = {}^2/_3 R^2 \cdot h, \quad M = 2Rh.$$

2d. Hohlzylinder. R äußerer, r innerer, ϱ mittlerer Halbmesser; Wandstärke $\delta = R - r$, Höhe h.

$$V = \pi \cdot h(R^2 - r^2) = \pi \cdot h \cdot s(2R - s) = \pi \cdot h \cdot s(2r + s) = 2\pi\varrho \cdot h \cdot s.$$

3. Pyramide, Kegel. Grundfläche G, Höhe h. $V = {}^1/_3 G \cdot h$.

3a. Abgestumpfte Pyramide: Grundflächen G und g, Höhe h.

$$V = {}^1/_3 h\left(G + g + \sqrt{G \cdot g}\right).$$

3b. Kreiskegel: Halbmesser der Grundfläche R, Höhe h.

$$V = {}^1/_3 \pi R^2 \cdot h; \quad M = \pi R\sqrt{R^2 + h^2} = \pi R \cdot s \quad (s = \text{Mantellinie}).$$

3c. Abgestumpfter Kreiskegel: r Halbmesser der oberen, R der unteren Grundfläche, h Höhe.

$$\sigma = R + r, \quad \delta = R - r, \quad s = \sqrt{h^2 + \delta^2},$$

$$V = \frac{1}{3}\pi h(R^2 + Rr + r^2) = \frac{h}{4}\left(\pi\sigma^2 + \frac{\pi\delta^2}{3}\right); \quad \text{Mantel: } M = \pi \cdot \sigma \cdot s.$$

4. Kugel. Halbmesser R, Durchmesser D.

$$V = {}^4/_3\,\pi R^3 = 4{,}18879 \cdot R^3 = 1/6\,\pi D^3 = 0{,}5236\,D^3,$$

$$O = 4\pi R^2 = 3V/R; \qquad R = 0{,}620351 \cdot \sqrt[3]{V}.$$

4a. **Kugelabschnitt, Kalotte.** (Fig. 191.) Kugelhalbmesser R, Höhe des Abschnittes h, Halbmesser seiner Grundfläche $a = \sqrt{h(2R-h)}$.

$$V = \pi h^2 (R - h/3) = 1/6 \cdot \pi h (3a^2 + h^2),$$

Kappe: $M = 2\pi R h = \pi(a^2 + h^2)$.

4b. **Kugelzone, Kugelschicht.** (Fig. 192.) Halbmesser der Endflächen a und b.

$$V = \frac{\pi \cdot h}{6}(3a^2 + 3b^2 + h^2), \qquad M = 2\pi R \cdot h,$$

$$R^2 = a^2 + \left(\frac{a^2 - b^2 - h^2}{2h}\right)^2, \qquad a > b.$$

Ist $a = R$, so gilt: $V = \pi \cdot h\,(R^2 - h^2/3)$.

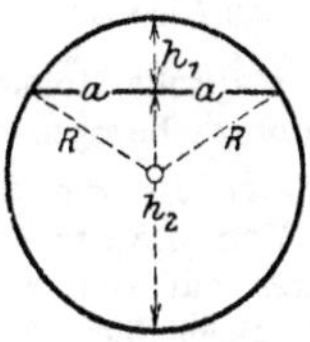

Fig. 191.

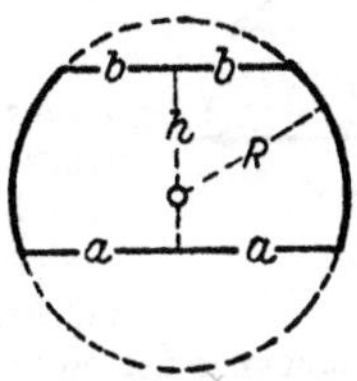

Fig. 192.

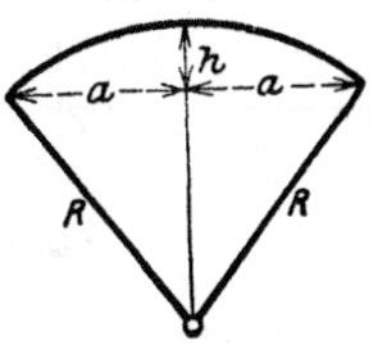

Fig. 193.

4c. **Kugelausschnitt.** (Fig. 193.)

$$V = {}^2/_3\,\pi R^2 \cdot h = 2{,}0944 \cdot R^2 \cdot h, \qquad O = \pi R\,(2h + a).$$

4d. **Kugelkeil, Kugelzweieck.** φ der Winkel zwischen den beiden größten Kreisen.

$$V = 0{,}0116355 \cdot \varphi^\circ \cdot R^3, \qquad M = 0{,}034907 \cdot \varphi^\circ \cdot R^2.$$

4e. **Kugeldreieck.** ε° sphärischer Exzeß, d. h. Überschuß der Winkelsumme über 180°.

$$M = \frac{\varepsilon^\circ}{180^\circ} \cdot \pi R^2 = 0{,}0175\,\varepsilon^\circ R^2.$$

5. Körper mit elliptischen und parabolischen Querschnitten.

5a. **Ellipsoid.** Halbachsen a, b, c.

$$V = {}^4/_3\,\pi \cdot a \cdot b \cdot c.$$

5b. **Umdrehungsellipsoid.**

$2a$ Drehachse: $V = {}^4/_3 \cdot \pi \cdot a \cdot b^2$,

$2b$ Drehachse: $V = {}^4/_3 \cdot \pi \cdot a^2 \cdot b$.

5c. **Umdrehungsparaboloid.** Höhe h, Halbmesser der Grundfläche R.

$$V = {}^1/_2 \cdot \pi \cdot R^2 h = 1{,}571\,R^2 \cdot h.$$

5d. **Abgestumpftes Umdrehungsparaboloid.** Höhe h, Halbmesser der Grundflächen R und r.

$$V = {}^1/_2\,\pi \cdot (R^2 + r^2) \cdot h.$$

5e. **Kübel, Bottich.** (Fig. 194.) Endflächen Ellipsen mit den Halbachsen a, b und a_1, b_1. Höhe h.

$$V = \frac{\pi h}{6}\left\{(2a + a_1)\,b + (2a_1 + a)\,b_1\right\}.$$

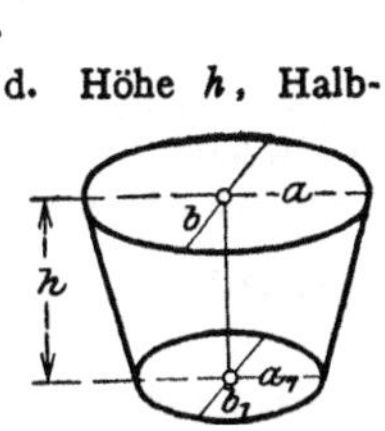

Fig. 194.

5f. **Faß.** Bodenhalbmesser r, Halbmesser am Spund R, Länge (Höhe) h.

Bei Annahme parabolischer Dauben ist genau:

$$V = 0{,}838 \cdot h\,(2R^2 + Rr + 0{,}75\,r^2);$$

bei Annahme kreisförmiger Dauben ist angenähert:

$$V = 1{,}05 \cdot h\,(2R^2 + r^2).$$

6. Umdrehungsflächen und -körper. Sätze von Guldin.

6a. Guldinsche Regel für Umdrehungsflächen: Rotiert eine ebene Kurve um eine in der Ebene liegende Achse, welche die Kurve nicht schneidet, so ist die von der Kurve beschriebene Fläche gleich dem Produkt aus der Länge der Kurve und dem Weg ihres Schwerpunktes. Es ist (Fig. 195)

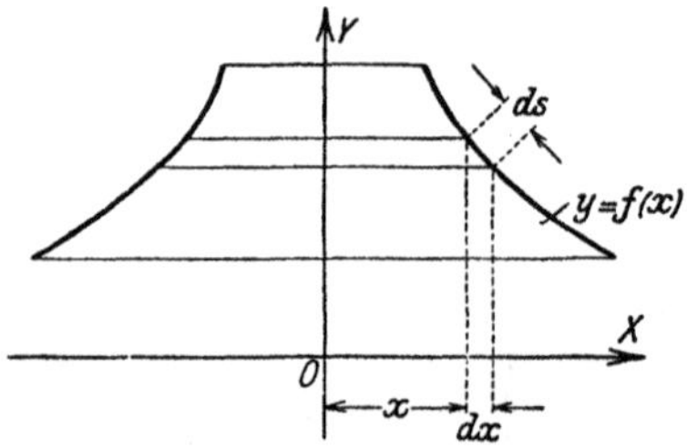

Fig. 195.

$$dF = 2\pi \cdot x \cdot ds;$$

$$F = 2\pi \int x \cdot ds.$$

$x \cdot ds$ ist das statische Moment des Kurvenelementes ds bezogen auf die Y-Achse; $\int x \cdot ds$ ist die Summe der statischen Momente der Kurventeilchen, bezogen auf die Y-Achse. Da die Summe der statischen Momente der einzelnen Teile gleich dem statischen Moment des Ganzen ist, so wird

$$\int x \cdot ds = s \cdot x_0,$$

wobei x_0 der Abstand des Schwerpunktes der erzeugenden Kurve von der Drehachse ist; demnach ist

$$F = 2\pi \int x \cdot ds = 2\pi x_0 \cdot s.$$

$2\pi x_0$ ist gleich dem Umfang des Kreises mit dem Schwerpunktabstand x_0 der Kurvenlänge s als Radius.

6b. Guldinsche Regel für Rotationskörper: Rotiert eine ebene Fläche um eine in ihrer Ebene liegende, sie nicht schneidende Achse, so ist das von dem Flächenstück beschriebene Volumen gleich dem Produkt aus dem Inhalt der Fläche und dem Weg ihres Schwerpunktes.

Es ist (Fig. 196)

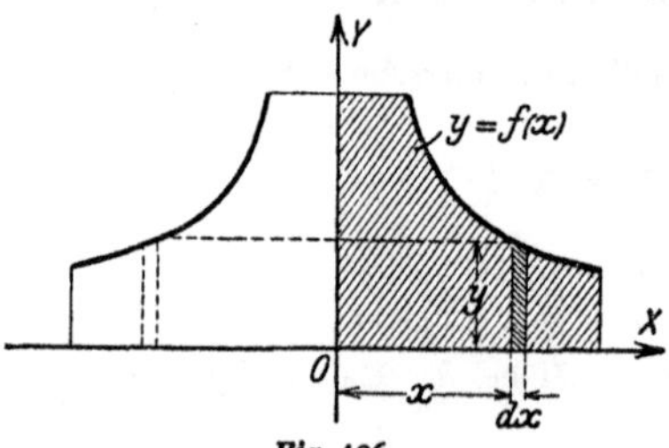

Fig. 196.

$$dV = dF \cdot x \cdot 2\pi; \quad dF = y \cdot dx;$$

$$dV = 2\pi \cdot x \cdot y \cdot dx;$$

$$V = 2\pi \int xy \cdot dx.$$

$x \cdot y \cdot dx$ ist das statische Moment des Flächenelements $y \cdot dx$ in Beziehung auf die Y-Achse; $\int xy \cdot dx$ also die Summe der statischen Momente der Flächenteilchen, bezogen auf dieselbe Achse. Da diese Summe gleich dem statischen Moment der ganzen Fläche sein muß, so wird

$$\int xy \cdot dx = F \cdot x_0;$$

demnach

$$V = 2\pi \int xy\,dx = 2\pi x_0 \cdot F.$$

$2\pi x_0$ ist gleich dem Umfang des Kreises mit dem Schwerpunktabstand x_0 der erzeugenden Fläche F als Radius.

Mechanik.

I. Statik starrer Körper.

Bearbeitet von Dipl.-Ing. Rich. Hänchen, Berlin.

A. Zusammensetzung und Zerlegung von Kräften. — Gleichgewichtsbedingungen.

1. Die Kräfte greifen an einem Punkt (Massenpunkt) an.

a) Kräfte in der Ebene.

1. Zusammensetzung zweier Kräfte (Satz vom Kräfteparallelogramm). Die Mittelkraft oder Resultierende $\mathfrak{R}$ zweier im Punkt A, Fig. 1, angreifenden Kräfte $\mathfrak{P}_1$ und $\mathfrak{P}_2$ ist die Diagonale des aus den beiden Kräften gebildeten Parallelogramms.

In vektorieller Schreibweise (s. auch S. 128) ist:

$$\mathfrak{R} = \mathfrak{P}_1 + \mathfrak{P}_2 = \mathfrak{P}_2 + \mathfrak{P}_1. \tag{1}$$

Ist γ der Winkel, den $\mathfrak{P}_1$ und $\mathfrak{P}_2$ miteinander bilden (Fig. 1), so ist rechnerisch:

$$R = \sqrt{P_1^2 + P_2^2 + 2\,P_1 P_2 \cdot \cos\gamma}. \tag{2}$$

2. Zerlegung einer Kraft $\mathfrak{R}$ nach zwei gegebenen Richtungen. Sind I und II (Fig. 1) diese Richtungen, so trage man $\mathfrak{R}$ als $0 \rightarrow 2$, Fig. 2, der Größe und Richtung nach auf. Die Parallelen zu den Wirkungslinien ergeben die Seitenkräfte $\mathfrak{P}_1$ und $\mathfrak{P}_2$ (Fig. 2).

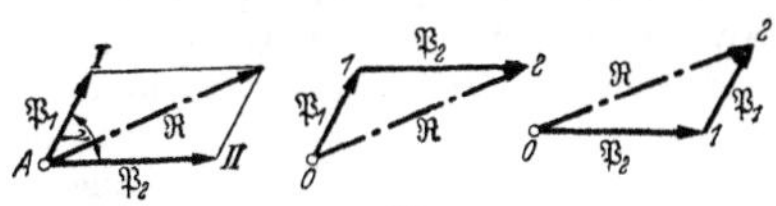

Fig. 1 bis 3.

Zerlegung kann auch mit $\mathfrak{P}_2$ beginnen (Fig. 3). In vektorieller Schreibweise ist

$$\mathfrak{P}_1 = \mathfrak{R} - \mathfrak{P}_2; \quad \mathfrak{P}_2 = \mathfrak{R} - \mathfrak{P}_1. \tag{3}$$

Das Zerlegen einer Kraft in der Ebene nach mehr als zwei Richtungen ist unendlich vieldeutig, d. h. statisch unbestimmt.

3. Gleichgewicht dreier Kräfte. Drei in einem Punkt A, Fig. 4, angreifende Kräfte $\mathfrak{P}_1$ bis $\mathfrak{P}_3$ sind im Gleichgewicht, wenn ihre Resultierende gleich Null ist.

$$\mathfrak{R} = \mathfrak{P}_1 + \mathfrak{P}_2 + \mathfrak{P}_3 = 0. \tag{4}$$

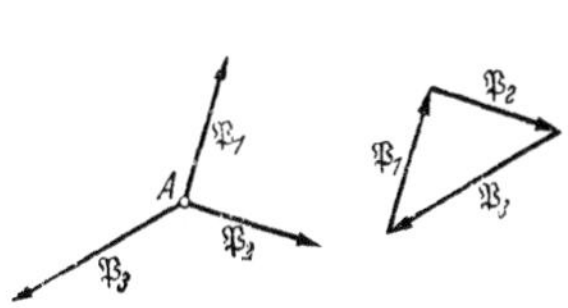

Fig. 4. a

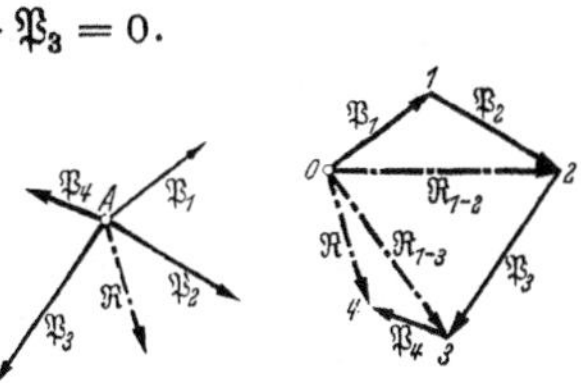

Fig. 5. a

Zeichnerisch erhält man ein Kräftedreieck, Fig. 4 a, in dem alle Pfeile gleichsinnig sind.

4. Zusammensetzung beliebig vieler Kräfte (Kräftesumme). a) Zeichnerische Lösung. Am Punkt A, Fig. 5, greifen die Kräfte $\mathfrak{P}_1$ bis $\mathfrak{P}_4$ an (Lageplan).

Setze $\mathfrak{P}_1$ und $\mathfrak{P}$ zur Resultierenden $\mathfrak{R}_{1-2}$ zusammen, Fig. 5a, und hierauf $\mathfrak{R}_{1-2}$ und $\mathfrak{P}_3$ zur Resultierenden $\mathfrak{R}_{1-3}$. Die Zusammensetzung von $\mathfrak{R}_{1-3}$ und $\mathfrak{P}_4$ liefert die Resultierende $\mathfrak{R}$ der Kräftegruppe.

Die Kräfte $\mathfrak{P}_1$ bis $\mathfrak{P}_4$ ergeben aneinander gereiht das Krafteck oder den Kräftezug *0* bis *4*, Fig. 5a. Die Verbindungslinie *0* → *4* stellt die Größe der gesuchten Resultierenden $\mathfrak{R}$ dar, deren Richtungssinn dem der Teilkräfte entgegengesetzt ist.

In vektorieller Schreibweise ist für n Kräfte:

$$\mathfrak{R} = \mathfrak{P}_1 + \mathfrak{P}_2 + \cdots + \mathfrak{P}_n = \sum_1^n \mathfrak{P}_i. \qquad (5)$$

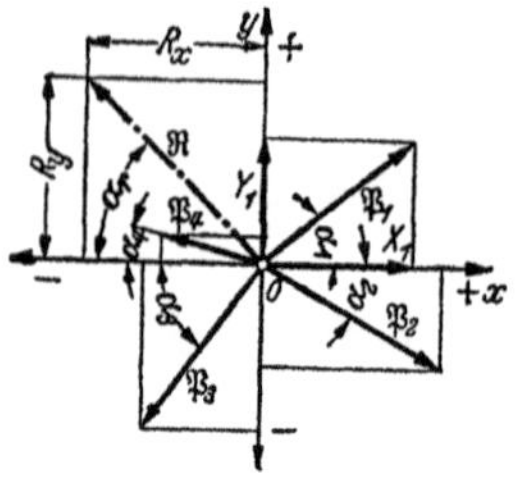

Fig. 6.

b) Rechnerische (analytische) Lösung. Trage die Kräfte, z. B. $\mathfrak{P}_1$ bis $\mathfrak{P}_4$, von O ausgehend in ein Koordinatensystem, Fig. 6, ein.

Positive Richtung der x-Achse nach rechts, der y-Achse nach oben.

Allgemein ist:

$$X = P \cdot \cos\alpha; \qquad Y = P \cdot \sin\alpha. \qquad (6)$$

Diese Größen sind die Projektionen der Kräfte auf die x- bzw. y-Achse (Projektionssatz).

Für die Kräfte $\mathfrak{P}_1$ bis $\mathfrak{P}_4$, Fig. 6, ist unter Berücksichtigung des Richtungssinnes des Koordinatensystems:

$$P_1 \cdot \cos\alpha_1 + P_2 \cos\alpha_2 - P_3 \cos\alpha_3 - P_4 \cdot \cos\alpha_4 = X_1 + X_2 - X_3 - X_4;$$
$$\Sigma X = X_1 + X_2 - X_3 - X_4 = R_x.$$
$$P_1 \cdot \sin\alpha_1 - P_2 \sin\alpha_2 - P_3 \sin\alpha_3 + P_4 \sin\alpha_4 = Y_1 - Y_2 - Y_3 + Y_4$$
$$\Sigma Y = Y_1 - Y_2 - Y_3 + Y_4 = R_y.$$

Allgemein ist:

$$\Sigma X = R_x; \qquad \Sigma Y = R_y; \qquad R = \sqrt{R_x^2 + R_y^2}; \qquad \cos\alpha_r = R_x/R. \qquad (7)$$

5. Gleichgewicht beliebig vieler Kräfte. a) Zeichnerische Gleichgewichtsbedingung. Beliebig viele, an einem Punkt A, Fig. 7, wirkende Kräfte sind im Gleichgewicht, wenn ihre Resultierende verschwindet. Der Kräftezug, Fig. 7a, muß geschlossen und alle Kraftpfeile müssen gleichsinnig sein.

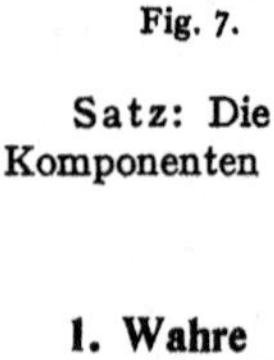

Fig. 7.

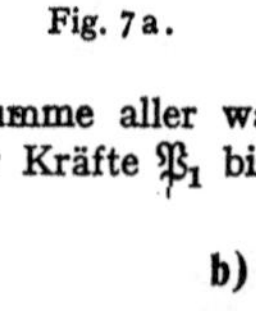

Fig. 7a.

b) Rechnerische Gleichgewichtsbedingungen:

$$\left.\begin{aligned} \Sigma X &= \sum_1^n P_i \cos\alpha_i = 0; \\ \Sigma Y &= \sum_1^n P_i \sin\alpha_i = 0. \end{aligned}\right\} \qquad (8)$$

Satz: Die Summe aller waagerechten und die Summe aller senkrechten Komponenten der Kräfte $\mathfrak{P}_1$ bis $\mathfrak{P}_n$ muß gleich Null sein.

b) Kräfte im Raum.

1. Wahre (absolute) Größe eines Vektors. Ein im Raum befindlicher Vektor (eine „gerichtete Größe") $\mathfrak{P}$ ist durch seine Projektionen $\mathfrak{P}'$ (Grundriß), $\mathfrak{P}''$ (Aufriß) und $\mathfrak{P}'''$ (Seitenriß) gegeben. Zur eindeutigen Bestimmung genügen zwei Projektionen, z. B. Auf- und Grundriß, Fig. 8.

Bestimmung der wahren Größe von $\mathfrak{P}$ mit Hilfe der darstellenden Geometrie.

a) Höhe $h = 0'' \to 2''$, Aufriß Fig. 8, im Grundriß als $2' \to 2$ (in der Grundrißebene umgeklappt) auftragen und Punkt *2* mit *1'* verbinden. Die Hypotenuse $1' \to 2$ des rechtwinkligen Dreiecks ist die wahre Größe von $\mathfrak{P}$.

b) Grundrißprojektion $\mathfrak{P}'$, Fig. 9, um *1'* parallel zur Aufrißebene nach $1' - 3'$ drehen. Verbindungslinie $1'' \to 3''$ im Aufriß ergibt ebenfalls die wahre Größe von $\mathfrak{P}$.

Verfahren sind in gleicher Weise im Auf- und Seitenriß durchführbar.

2. Zusammensetzung dreier Kräfte. Drei im Raum nach Fig. 10 an einem Punkt A angreifende, nicht in einer Ebene liegende Kräfte $\mathfrak{P}_1$ bis $\mathfrak{P}_3$ werden

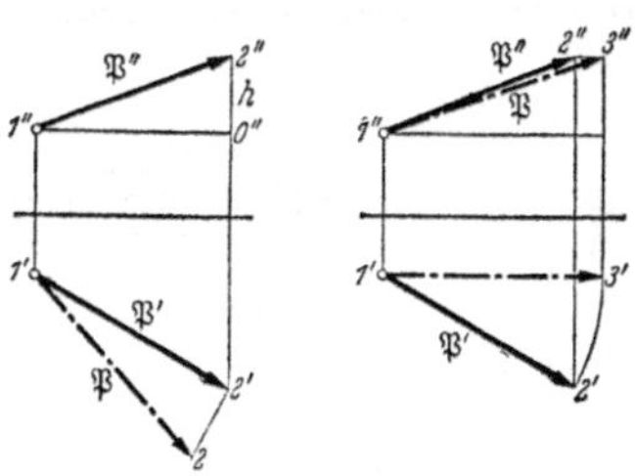

Fig. 8 u. 9.

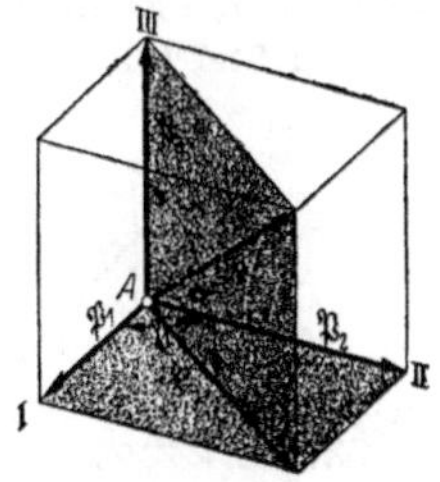

Fig. 10.

durch zweimalige Anwendung des Satzes vom Kräfteparallelogramm (s. S. 165) zu einer Resultierenden vereinigt.

Bilde die Resultierende $\mathfrak{R}_{1-2}$ der in einer Ebene liegenden Kräfte $\mathfrak{P}_1$ und $\mathfrak{P}_2$. $\mathfrak{R}_{1-2}$ und $\mathfrak{P}_3$ liegen ebenfalls in einer Ebene und werden zu $\mathfrak{R}$ vereinigt. $\mathfrak{R}$ ist die Diagonale des aus den drei Kräften gebildeten Parallelepipeds.

In vektorieller Schreibweise ist:

$$\mathfrak{R} = \mathfrak{P}_1 + \mathfrak{P}_2 + \mathfrak{P}_3 \,. \tag{9}$$

3. Zerlegung einer Kraft nach drei nicht in einer Ebene liegenden Wirkungslinien. Das Zerlegen einer Kraft $\mathfrak{R}$ nach den Wirkungslinien I bis III, Fig. 10, die mit $\mathfrak{R}$ einen gemeinsamen Schnittpunkt A haben, geschieht in umgekehrter Weise wie oben durch Aufzeichnen des Parallelepipeds.

Durchführung am besten zeichnerisch im Grund- und Aufriß mit Hilfe der darstellenden Geometrie, Fig. 11.

Die in die Richtungen *1* bis *3* zu zerlegende Kraft $\mathfrak{P}$ ist durch ihre Projektionen $\mathfrak{P}'$ und $\mathfrak{P}''$ gegeben.

Bringe die Wirkungslinie von $\mathfrak{P}$ mit der Grundrißebene zum Durchstoß, wobei D' und D'' die Projektionen des Durchstoßpunktes sind. Die Verlängerung von $B'D'$ ist die Horizontalspur der Ebene ABD. Sie schneidet die Horizontalspur $C'D'$ der Ebene ACD in E'. AE bzw. L ist die Schnittlinie der beiden Ebenen. Sie dient als Culmannsche Gerade (s. S. 169 unter 3) und ermöglicht die Zerlegung von $\mathfrak{P}$ nach den Richtungen *1* und L. Alsdann zerlege man die Zwischenresultierende S_L nach den Richtungen *2* und *3*.

Zerlegung von $\mathfrak{P}$ ist im Grund- und Aufriß mit den gegebenen Projektionen auszuführen (Fig. 11a und b).

Bestimmung der wahren Größe der gefundenen Kräfte S_1 bis S_3 und von $\mathfrak{P}$ nach Fig. 11c und den Angaben unter 1. S. 166.

Anwendung dieser Zerlegungsaufgabe bei dreibeinigen Bockgerüsten, Derrickkranen u. a.

Beispiel: Ein dreibeiniges Bockgerüst (Fig. 12) mit der Höhe h, den Neigungswinkeln α, β und γ der Streben trägt an der Spitze einen Flaschenzug mit der Tragkraft Q. Die Stabkräfte S_1 bis S_3 sind zu bestimmen.

Bringe $A'B'$ mit $C'D'$ bei E' zum Schnitt, dann ist AE die Culmannsche Gerade L. Zerlege Q im Aufriß nach den Richtungen $1''$ und $2''$ (L''). Da die Strebe *1* parallel zur Aufrißebene liegt, ist $S_1'' = S_1$ die wahre Größe der Stabkraft von 1, Fig. 12a.

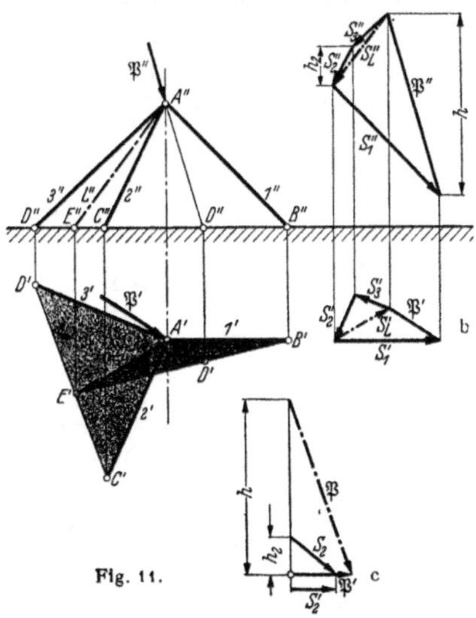

Fig. 11.

Mache im Grundriß $C'A_0 = C''A$, so ist $A_0C'D'$ die wahre Größe des in die Grundrißebene umgeklappten Dreiecks $A'C'D'$. Da L ebenfalls parallel zur Aufrißebene liegt, so ist $S_L'' = S_L$ die wahre Größe der Zwischenresultierenden. Die Zerlegung von S_L nach den Richtungen A_0C' und A_0D' im Grundriß ergibt die wahren Größen der Stabkräfte S_2 und S_3, Fig. 12b.

Alle drei Stabkräfte sind Druckkräfte.

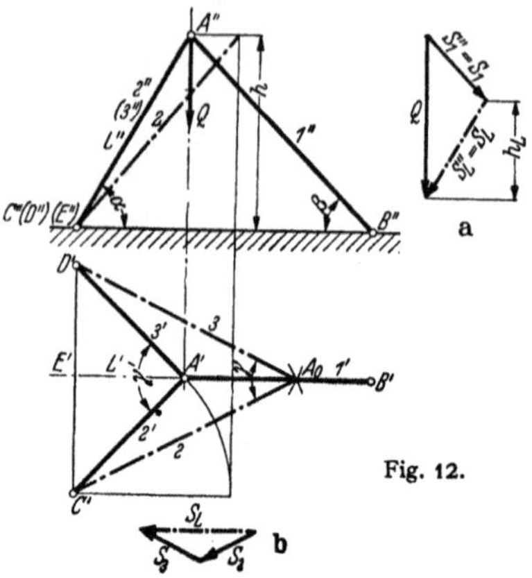

Fig. 12.

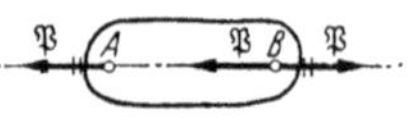

Fig. 13.

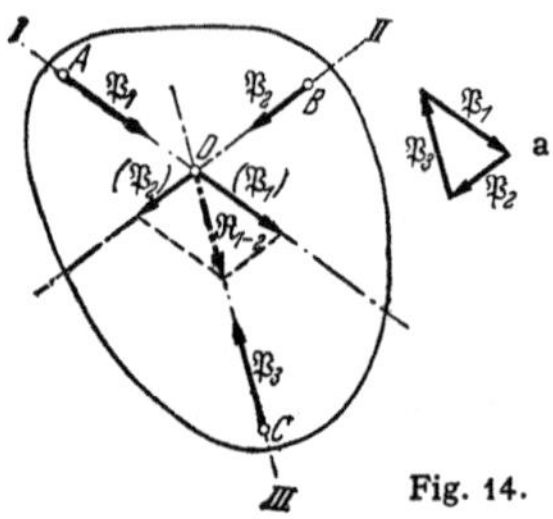

Fig. 14.

2. Die Kräfte greifen in mehreren Punkten einer Ebene an (Ebene Kräftegruppen).

1. Gleichgewicht zweier Kräfte. Zwei in den Punkten A und B einer Ebene angreifende Kräfte sind im Gleichgewicht, wenn sie dieselbe Wirkungslinie, die gleiche Größe, aber entgegengesetzte Richtung haben.

Im Punkt A, Fig. 13, wirke die Kraft $\mathfrak{P}$. Fügt man bei B auf der Wirkungslinie von A zwei gleich große, aber entgegengesetzt gerichtete Kräfte $\mathfrak{P}$ und $-\mathfrak{P}$ hinzu, so heben sich die durch zwei Striche gekennzeichneten Kräfte auf. Die Kraft $\mathfrak{P}$ ist also vom Punkt A nach Punkt B verschoben.

Satz: An einer starren Scheibe (oder einem starren Körper) darf eine Kraft längs ihrer Wirkungslinie beliebig verschoben werden (Verschiebungssatz).

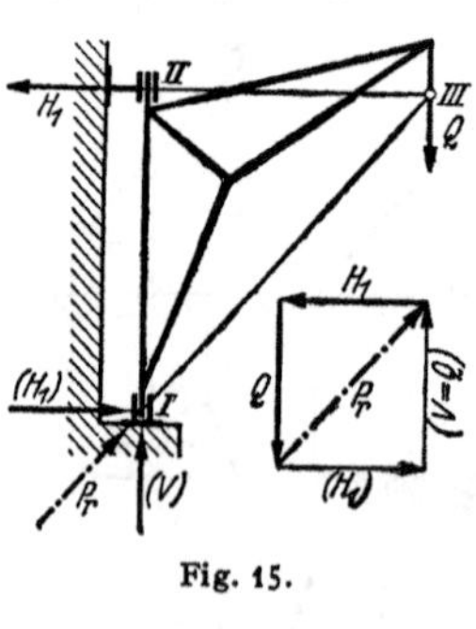

Fig. 15.

Eine Kraft $\mathfrak{P}$, die an eine Wirkungslinie gebunden ist und deren Angriffspunkt längs dieser Wirkungslinie gleichgültig ist, wird als linienflüchtiger Vektor bezeichnet.

2. Gleichgewicht dreier Kräfte. In den Punkten A, B und C greifen die Kräfte $\mathfrak{P}_1$, $\mathfrak{P}_2$ und $\mathfrak{P}_3$ an, Fig. 14.

Verlängere die Wirkungslinien I und II von $\mathfrak{P}_1$ und $\mathfrak{P}_2$ bis zum Schnittpunkt D. Verschiebe die Kräfte $\mathfrak{P}_1$ und $\mathfrak{P}_2$ nach D und bilde aus ihnen die Resultierende $\mathfrak{R}_{1-2}$.

Die Kräftegruppe $\mathfrak{P}_1$ bis $\mathfrak{P}_3$ ist im Gleichgewicht, wenn $\mathfrak{R}_{1-2}$ der Kraft $\mathfrak{P}_3$ gleich, aber entgegengesetzt gerichtet ist.

Satz: Drei nicht parallele Kräfte sind im Gleichgewicht, wenn sich ihre Wirkungslinien in einem Punkt schneiden und die Pfeile des Kraftecks, Fig. 14a, gleichsinnig sind.

Beispiel: Ein Wanddrehkran, Fig. 15, ist bei I in einem unteren Längs- und Querlager und bei II in einem oberen Querlager drehbar. Die Auslegerstützkräfte sind zeichnerisch zu bestimmen.

Denkt man sich das obere Lager (bei II) entfernt und bei I einen Drehpunkt, so muß bei II eine waagerechte Kraft H_1 angebracht werden, deren Richtungslinie sich mit der von Q in III schneidet. Die Verbindungslinie $I \rightarrow III$ ist die Wirkungslinie der unteren Stützkraft P_r. Die Größe von H_1 und P_r werden durch Aufzeichnen des Kraftecks nach Fig. 15a erhalten.

Die Stützkraft P_r läßt sich in V und H_1 zerlegen.

3. Zerlegung einer Kraft $\mathfrak{P}$ nach drei sich nicht in einem Punkt schneidenden Richtungen. *I, II* und *III*, Fig. 16, seien die Wirkungslinien der gesuchten Komponenten.

Bringe je zwei Wirkungslinien 0 von $\mathfrak{P}$ und *I*, sowie *II* und *III* zum Schnitt und lege durch die Schnittpunkte *A* und *B* die Gerade $l-l$ (die sog. Culmannsche Gerade). Zerlege $\mathfrak{P}$ mit Hilfe des Kräftedreiecks *A* (Fig. 16a) in die Komponente $\mathfrak{P}_1$ und die Hilfsresultierende *L*, wobei der Pfeil der Resultierenden denen der Komponenten entgegengesetzt ist. Die Zerlegung von *L* nach den Richtungen *II* und *III* (Kräftedreieck *B*) liefert die Komponenten $\mathfrak{P}_2$ und $\mathfrak{P}_3$.

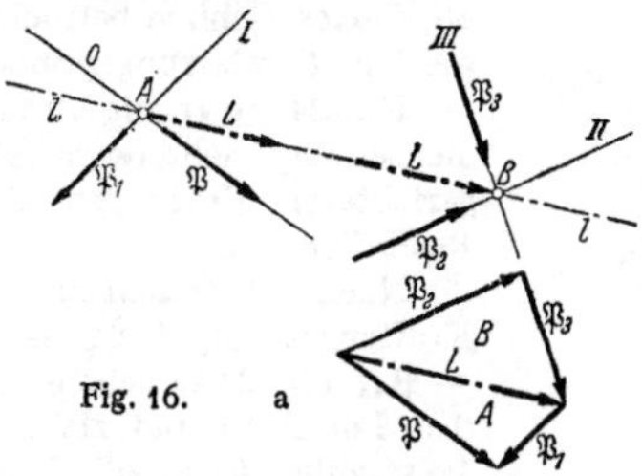

Fig. 16. a

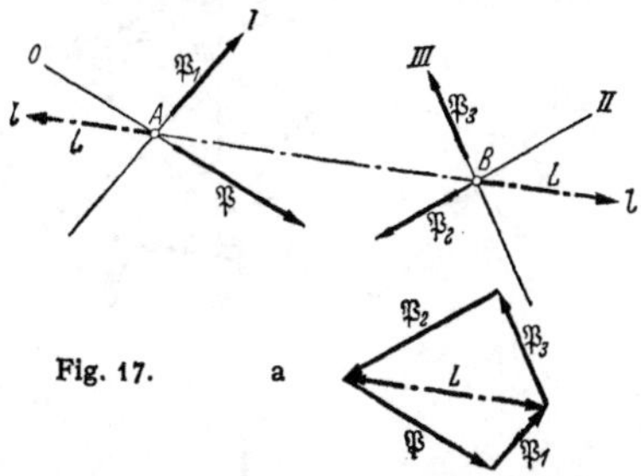

Fig. 17. a

Die Zerlegung einer Kraft in mehr als drei Teilkräfte ist statisch unbestimmt.

4. Gleichgewicht von vier Kräften. Kehrt man die Richtungen der Kräfte $\mathfrak{P}_1$ bis $\mathfrak{P}_3$ in Fig. 16 um, so sind sie mit der Richtung von $\mathfrak{P}$ (Kräftezug in Fig. 17a) gleichsinnig, d. h. $\mathfrak{P}$ und $\mathfrak{P}_1$ bis $\mathfrak{P}_3$ sind im Gleichgewicht.

Mit Hilfe der Culmannschen Geraden $l-l$, Fig. 17, kann man daher eine Kraft $\mathfrak{P}$ mit den Kräften $\mathfrak{P}_1$ bis $\mathfrak{P}_3$, deren Wirkungslinien *I* bis *III* gegeben sind, ins Gleichgewicht bringen.

5. Statisches Moment. — Parallelverschiebung einer Kraft. Das statische Moment einer Kraft $\mathfrak{P}$, Fig. 18, bezogen auf den Pol (Drehachse) *O*, ist

$$M = aP \text{ [cmkg]}, \quad \text{wobei } a \perp P \text{ ist.} \tag{10}$$

Das Moment ist positiv, wenn es links dreht (positiv im mathematischen Drehsinn), sonst negativ.

Der Wert eines Momentes läßt sich, seinem Vorzeichen entsprechend, als Vektor senkrecht zur Bildebene darstellen. Ist das Moment positiv, so weist sein Pfeil von der Bildebene nach oben (Fig. 18), sonst nach unten (Fig. 19 u. 22).

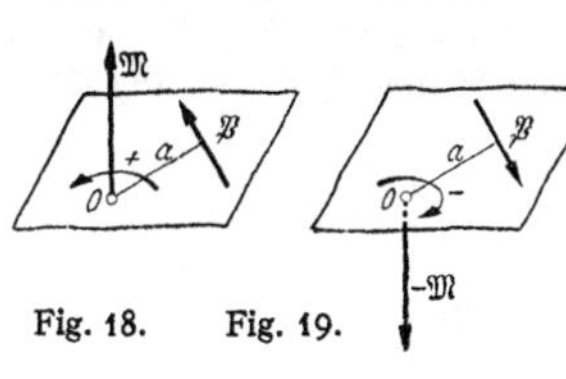

Fig. 18. Fig. 19.

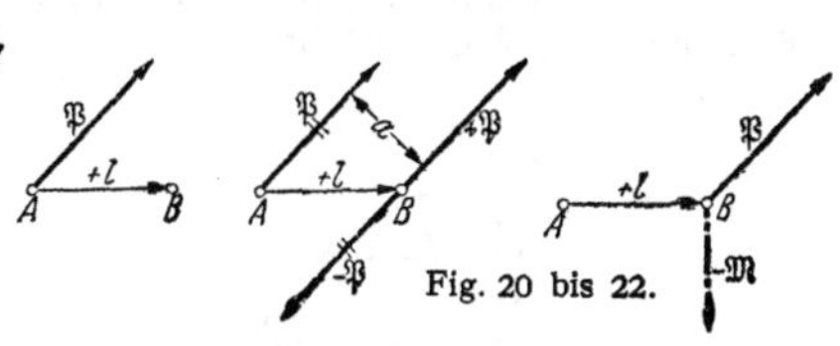

Fig. 20 bis 22.

Ein Moment ist ein freier (planarer) Vektor, der in seiner Richtung und parallel dazu verschiebbar ist.

Verschiebt man eine Kraft $\mathfrak{P}$ um die Strecke $+l$ (Fig. 20), so entsteht das Moment

$$\mathfrak{M} = l \cdot \mathfrak{P}; \quad M = |\mathfrak{M}| = |l| \cdot |\mathfrak{P}| \cdot \sin \sphericalangle l\mathfrak{P} = aP. \tag{11}$$

Damit die Wirkung der Kraft dieselbe bleibt, ist beim Parallelverschieben ein Moment $\mathfrak{M} = -l \cdot \mathfrak{P} = -a\mathfrak{P}$ hinzuzufügen.

6. Zusammensetzung beliebig gerichteter Kräfte mit Hilfe des Kraft- und Seilecks. Ein bei *A* und *B* befestigtes Seil (Fig. 23) ist in den Punkten *I* bis *V* durch Kräfte $\mathfrak{P}_1$ bis $\mathfrak{P}_5$ belastet. Die Kräfte $\mathfrak{P}_n$ und die Seilspannkräfte S_0 bis S_n sind an jedem Knoten und in ihrer Gesamtheit im Gleichgewicht.

Reihe die Kräfte $\mathfrak{P}_1$ bis $\mathfrak{P}_n$ als Kräftezug aneinander (Fig. 23a), und ziehe die Polstrahlen *o* bis *n*. Am Knoten *I* sind die Kräfte S_0, $\mathfrak{P}_1$ und S_1 im Gleichgewicht. Ihre (einfachen) Pfeile sind daher im Kräftedreieck *I* (Fig. 23a) gleichsinnig. Das Kräftedreieck *II* beginnt mit dem Dreieckpfeil von *1* und wird in diesem Sinne durchlaufen. Für die weiteren Knoten und Kräftedreiecke gilt das gleiche. Durchschneidet man die Seilabschnitte an den Aufhängepunkten, so herrscht Gleichgewicht zwischen den äußeren Kräften $\mathfrak{P}_1$ bis $\mathfrak{P}_n$ und den letzten Seilzugkräften S_0 und S_n. Alle einfachen Pfeile im Krafteck von S_0, $\mathfrak{P}_1$ bis $\mathfrak{P}_n$ und S_5 sind daher gleichsinnig.

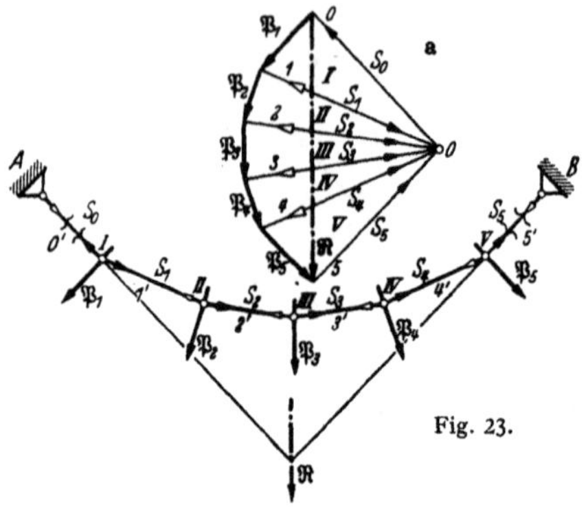

Fig. 23.

Das Seileck kann daher als starres Gebilde betrachtet werden (Erstarrungsprinzip).

Fig. 24 zeigt die Zusammensetzung mehrerer beliebig gerichteten Kräfte zu einer Resultierenden.

Nach Aufzeichnen des Kraftzuges $\mathfrak{P}_1 + \mathfrak{P}_2 + \cdots + \mathfrak{P}_n$, Fig. 24a, nehme man den Pol *O* an und ziehe die Polstrahlen *0* bis *n*. Beginnend mit dem Punkt *I* auf der Wirkungslinie von $\mathfrak{P}_1$ ziehe man die Parallelen *0'* bis *n'* (Fig. 24), die die Wirkungslinien der Kräfte in den Punkten *I* bis *n* schneiden. Verlängere die äußersten Seilstrahlen (*0'* und *n'*) und bringe sie zum Schnitt. Durch diesen Schnittpunkt geht die Resultierende $\mathfrak{R}$. Ihre Richtung ist parallel zur Resultierenden im Krafteck (Fig. 24a), aus dem auch die Größe von $\mathfrak{R}$ abgegriffen wird.

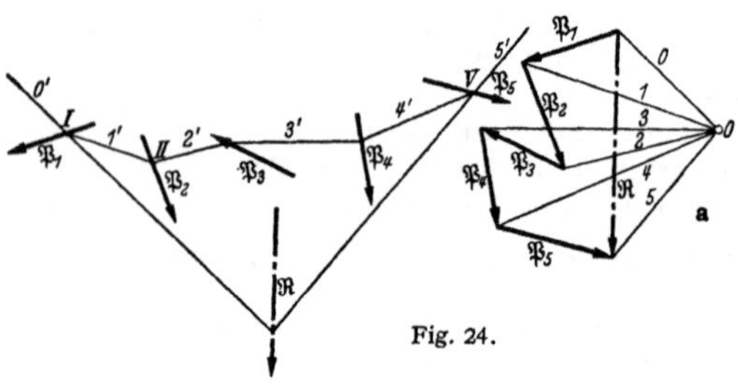

Fig. 24.

7. Zeichnerische Gleichgewichtsbedingungen. 1. Ist das Krafteck offen (Fig. 24a), so lassen sich die gegebenen Kräfte zu einer Resultierenden $\mathfrak{R}$ zusammensetzen.

2. Ist das Krafteck geschlossen (Fig. 25a), das Seileck, Fig. 25, aber offen ($\mathfrak{P}_4$ ist nicht erfaßt), so ist die Resultierende $\mathfrak{R}$ aus $\mathfrak{P}_1$ bis $\mathfrak{P}_3$ der letzten Kraft $\mathfrak{P}_n$

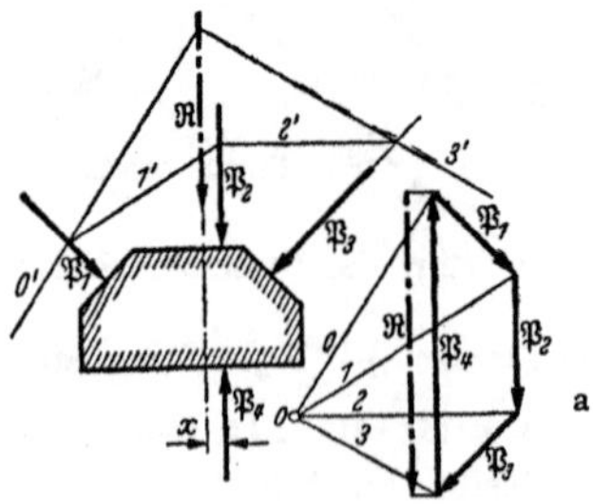

Fig. 25.

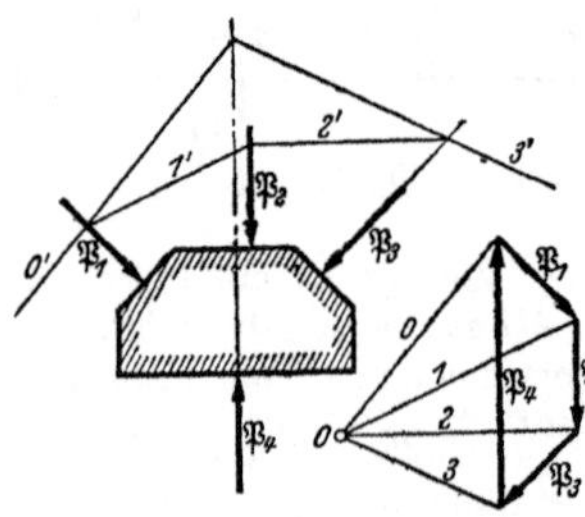

Fig. 26.

(hier $\mathfrak{P}_4$) gleich, aber entgegengesetzt. Beide haben im Lageplan den Abstand x und bilden somit ein Kräftepaar (s. S. 176). Das Schließen des Kraftecks bedeutet, daß die Summe der Kräfte gleich Null ist; das Schließen des Seilecks das Verschwinden der Momente.

3. Gleichgewicht herrscht, wenn das Krafteck und das Seileck geschlossen sind (Fig. 26); d. h.

$$\sum_1^n \mathfrak{P}_i = 0\,; \qquad \sum_1^n M_i = 0\,. \tag{12}$$

Beispiel: Ein doppelarmiger Hebel (Fig. 27) hat seine Drehachse bei I. An seinen Enden greifen die Kräfte P_1 und P_2 an. Durch Hinzufügen der Kraft P_r (Auflagerkraft) im Krafteck, Fig. 27a, ist dieses geschlossen ($\Sigma\,\mathfrak{P}_i = 0$). Da auch das Seileck $0'-1'-2'$, Fig. 27, geschlossen ist ($\Sigma\,M = 0$), ist der Hebel im Gleichgewicht.

Zu demselben Ergebnis gelangt man, wenn man die Kräfte als P_1' und P_2' im Schnittpunkt ihrer Wirkungslinien (Fig. 27) gleich, aber entgegengesetzt anbringt und zur Resultierenden P_r vereinigt, deren Wirkungslinie durch den Drehpunkt geht. Da noch $P_1 \cdot l_1 = P_2 \cdot l_2$ ist (Hebelgesetz), liegt Gleichgewicht vor.

8. Zusammensetzung und Zerlegung paralleler Kräfte. a) Zwei parallele Kräfte. 1. Zur zeichnerischen Bestimmung der Resultierenden $\mathfrak{R}$

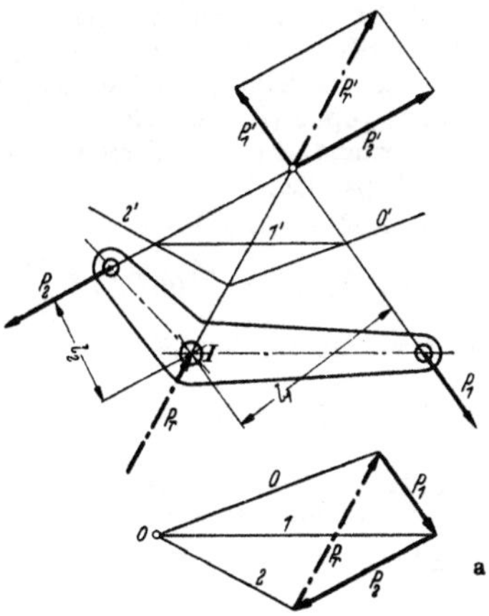

Fig. 27.

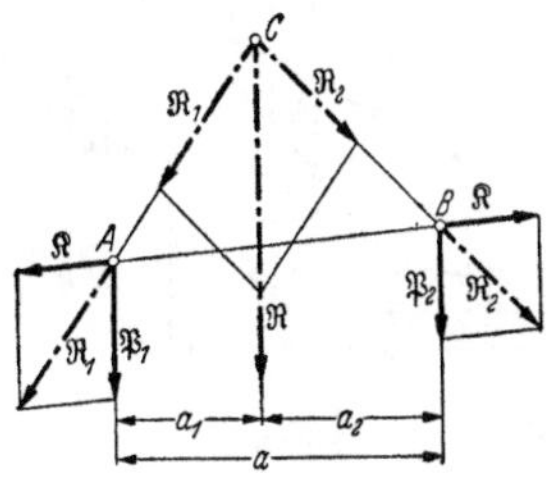

Fig. 28.

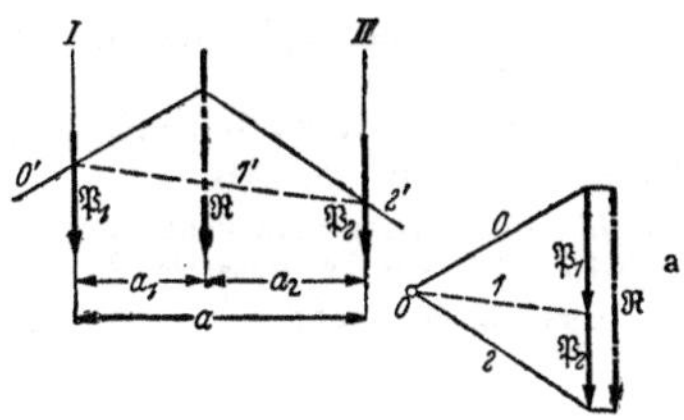

Fig. 29.

zweier gleichgerichteter paralleler Kräfte $\mathfrak{P}_1$ und $\mathfrak{P}_2$ ist das Verfahren mit den Hilfsresultierenden Fig. 28 anwendbar.

Lege durch A und B eine Gerade und bringe auf dieser als Wirkungslinie in A und B die gleich großen, aber entgegengesetzt gerichteten Kräfte $\mathfrak{K}$ an, so wird am Gleichgewichtzustand nichts geändert. Vereinige $\mathfrak{P}_1$ und $\mathfrak{K}$ sowie $\mathfrak{P}_2$ und $\mathfrak{K}$ zu den Hilfsresultierenden $\mathfrak{R}_1$ und $\mathfrak{R}_2$. Bringe die Wirkungslinien von $\mathfrak{R}_1$ und $\mathfrak{R}_2$ zum Schnitt, so geht die Resultierende $\mathfrak{R}$ der Kräfte ($\mathfrak{R}_1$) und ($\mathfrak{R}_2$) durch den Schnittpunkt C.

Rechnerisch ist: Größe der Resultierenden: $R = P_1 + P_2$.

Abstände der Resultierenden von den Teilkräften:

$$a_1 = P_2 \cdot a/R\,; \qquad a_2 = P_1\, a/R\,.$$

Zeichnerische Zusammensetzung der parallelen Kräfte $\mathfrak{P}_1$ und $\mathfrak{P}_2$ zur Resultierenden $\mathfrak{R}$ meist mit Hilfe des Kraft- und Seilecks, Fig. 29. Der Schnittpunkt der Seilstrahlen $0'$ und $2'$ ergibt die Lage der Resultierenden.

2. Zerlegung von $\mathfrak{R}$ in die Komponenten mit den Wirkungslinien I und II, Fig. 29, ebenfalls mit Hilfe des Kraft- und Seilecks. Die Parallele 1 im Krafteck zur Schlußlinie $1'$ des Seilecks zerlegt $\mathfrak{R}$ in die Komponenten $\mathfrak{P}_1$ und $\mathfrak{P}_2$ (Fig. 29a).

Rechnerisch ist: $P_1 = R\,a_2/a\,; \quad P_2 = R\,a_1/a\,.$

3. Gleichgewicht herrscht, wenn an Stelle von $\mathfrak{R}$ (Fig. 29) eine gleich große, aber entgegengesetzt gerichtete Kraft $\mathfrak{P}_3$ tritt. Es muß sein:

$$\Sigma P = 0 \quad \text{und} \quad \Sigma M = 0\,.$$

Da $P_1 + P_2 - P_3 = 0$ und $P_1 \cdot a - P_3 \cdot a_2 = 0$ ist, sind diese Bedingungen erfüllt.

b) Mehrere parallele Kräfte. Zeichnerische Zusammensetzung mehrerer paralleler Kräfte $\mathfrak{P}_1$, $\mathfrak{P}_2$ bis $\mathfrak{P}_n$ mit Hilfe des Kraft- und Seilecks Fig. 30. Wähle den Pol O, Fig. 30a, so, daß die äußersten Polstrahlen *0* und *4* einen rechten Winkel bilden, damit man im Lageplan keine schleifenden Schnitte erhält.

Ziehe zu den Polstrahlen *0* bis *n* von einem beliebigen Anfangspunkt aus die Seilstrahlen *0'* bis *n'* bis zum Schnitt mit den Wirkungslinien. Der Schnittpunkt der äußersten Seilstrahlen *0'* und *n'* (hier $n' = 4'$) ergibt die Lage der Resultierenden $\mathfrak{R}$.

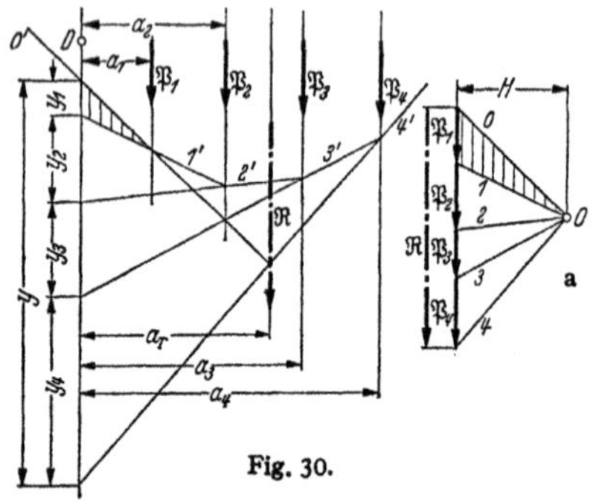

Fig. 30.

Rechnerisch ist:

Größe der Resultierenden:

$$R = P_1 + P_2 + \cdots + P_n = \sum_1^n P_i. \qquad (13)$$

Zur rechnerischen Bestimmung der Lage der Resultierenden nehme man eine Drehachse (Pol) D an, Fig. 30, und lege durch diese eine Parallele zur Kräftegruppe (Polparallele).

Abstand der Resultierenden von der Polparallelen:

$$\left.\begin{aligned} a_r &= (a_1 P_1 + a_2 P_2 + \cdots \\ &\quad + a_n \cdot P_n) : R = \sum_1^n (a_i P_i) : R. \end{aligned}\right\} \qquad (14)$$

Die Vielfachen $a_i P_i$ sind die statischen Momente der Kräfte P_i in bezug auf die Drehachse D.

Hierbei sind links drehende Momente positiv, rechts drehende negativ einzusetzen (s. auch S. 169).

Die rechnerische Bestimmung von a_r wird zweckmäßig in Form einer Zahlentafel durchgeführt. Legt man die Drehachse D in die Wirkungslinie von $\mathfrak{P}_1$, so ist $a_1 = 0$.

Aus Gl. (14) folgt:

$$a_r\, R = \sum_1^n (a_i P_i). \qquad (15)$$

Satz: Das statische Moment der Resultierenden einer parallelen Kräftegruppe bezogen auf eine Drehachse D ist gleich der Summe der statischen Momente der Teilkräfte bezogen auf die gleiche Drehachse.

Verlängert man die Seilstrahlen *1'* bis *4'* in Fig. 30 bis zur Polparallelen (durch D), so schneiden sie auf dieser Abschnitte y_1 bis y_4 heraus.

Aus der Ähnlichkeit der schraffierten Dreiecke im Lage- und Kraftplan folgt:

$$P_1 : y_1 = H : a_1,$$

wobei H die Polentfernung bedeutet.

Hieraus ergibt sich das statische Moment der Kraft $\mathfrak{P}_1$ in bezug auf die Drehachse (D) zu:

$$M_1 = a_1 \cdot P_1 = y_1 \cdot H.$$

Entsprechend sind die statischen Momente der übrigen Kräfte:

$$M_2 = a_2 P_2 = y_2 \cdot H; \quad M_3 = a_3 P_3 = y_3 H; \quad M_4 = a_4 P_4 = y_4 \cdot H.$$

Allgemein:

$$M_i = a_i P_i = y_i \cdot H. \qquad (16)$$

Die Resultierende $\mathfrak{R}$ hat das Moment

$$M = a_r \cdot R = (y_1 + y_2 + \cdots + y_n) \cdot H = yH, \qquad (17)$$

woraus die Gleichung für den Momentensatz erhalten wird:

$$M = M_1 + M_2 + \cdots + M_n = \sum_1^n M_i. \qquad (18)$$

Fig. 31: Zusammensetzung verschieden gerichteter paralleler Kräfte $\mathfrak{P}_1$ bis $\mathfrak{P}_3$ zur Resultierenden $\mathfrak{R}$ mit Hilfe des Kraft- und Seilecks.

Für die Momentensumme gelten die vorstehenden Ausführungen sinngemäß.

9. Rechnerische Gleichgewichtsbedingungen. Eine ebene Kräftegruppe beliebig gerichteter Kräfte ist im Gleichgewicht, wenn ihre Resultierende und ihre Momentensumme verschwinden.

$$\left.\begin{aligned}\mathfrak{R} &= \sum_1^n \mathfrak{P}_i = 0;\\ \mathfrak{M} &= \sum_1^n (a_i \cdot \mathfrak{P}_i) = 0.\end{aligned}\right\} \quad (28)$$

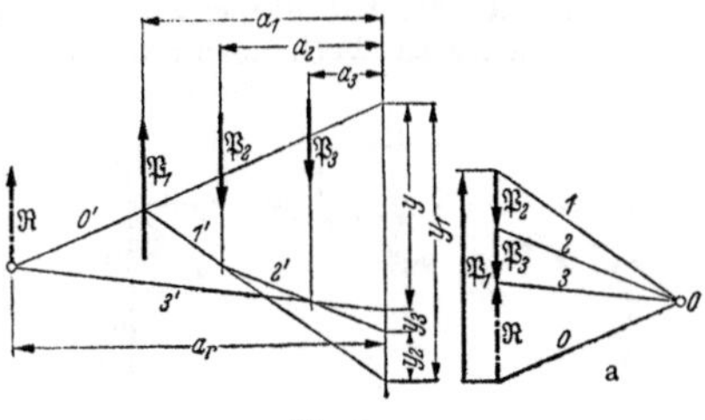

Fig. 31.

Hieraus folgen die rechnerischen Gleichgewichtsbedingungen:

1) $R_x = \sum_1^n X_i = 0$. Die algebraische Summe aller waagerechten Komponenten der Kräfte muß gleich Null sein.

2) $R_y = \sum_1^n Y_i = 0$. Die Summe aller senkrechten Komponenten muß gleich Null sein.

3) $M = \sum_1^n (x_i \cdot Y_i) + \sum_1^n (y_i X_i) = 0$. Die algebraische Summe aller Momente in bezug auf einen beliebigen Punkt muß gleich Null sein.

Kurze Bezeichnung der rechnerischen Gleichgewichtsbedingungen:

$$\Sigma X = 0; \quad \Sigma Y = 0; \quad \Sigma M = 0.\text{[1]} \qquad (19)$$

10. Auflagerkräfte gestützter ebener Körper. Um die durch die Belastungskräfte eines Körpers hervorgerufenen Auflagerdrucke zu bestimmen, denke man seine Stützpunkte entfernt und an deren Stelle Gegenkräfte angebracht, die den Körper im Gleichgewicht halten („Freimachen des Körpers"). Diese Gegenkräfte (die Auflagerkräfte) stehen auf den Stützflächen senkrecht (Normalkräfte).

Wirken an den Stützflächen noch tangentiale Kräfte (z. B. Reibungskräfte), so sind diese gegebenenfalls zu berücksichtigen.

Ein ebenes Tragwerk ist statisch bestimmt, wenn die drei Gleichgewichtsbedingungen ($\Sigma X = 0$; $\Sigma Y = 0$ und $\Sigma M = 0$) zur Ermittlung der Auflagerkräfte ausreichen.

Fig. 32 bis 43 zeigen die meist vorkommenden Lagerungsarten in der Ebene.

1. Eine unbekannte Auflagerkraft (einwertige Lagerung) Fig. 32 bis 36. Die Kraft steht senkrecht zur Stützebene. Tritt noch eine Reibungskraft (Tangentialkraft) hinzu, so hat man zwei Unbekannte.

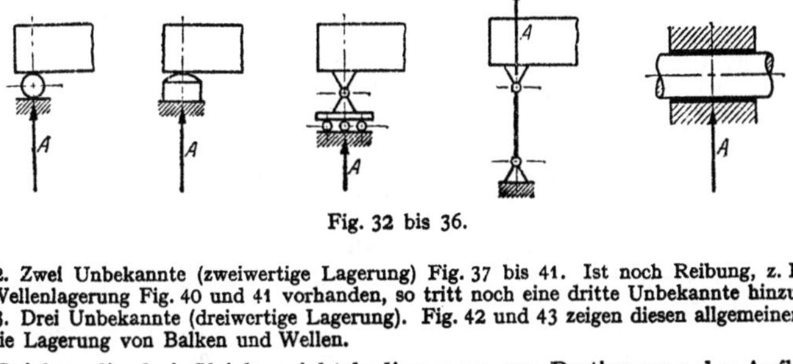

Fig. 32 bis 36.

2. Zwei Unbekannte (zweiwertige Lagerung) Fig. 37 bis 41. Ist noch Reibung, z. B. bei der Wellenlagerung Fig. 40 und 41 vorhanden, so tritt noch eine dritte Unbekannte hinzu.

3. Drei Unbekannte (dreiwertige Lagerung). Fig. 42 und 43 zeigen diesen allgemeinen Fall für die Lagerung von Balken und Wellen.

Reichen die drei Gleichgewichtsbedingungen zur Bestimmung der Auflagerkräfte nicht aus, so ist das Tragwerk statisch unbestimmt (äußerliche sta-

---

[1]) Früher: $\Sigma H = 0$; $\Sigma V = 0$; $\Sigma M = 0$.

tische Unbestimmtheit). In diesem Falle lassen sich die Auflagerdrucke nur mit Hilfe des elastischen Verhaltens des Tragwerks bestimmen.

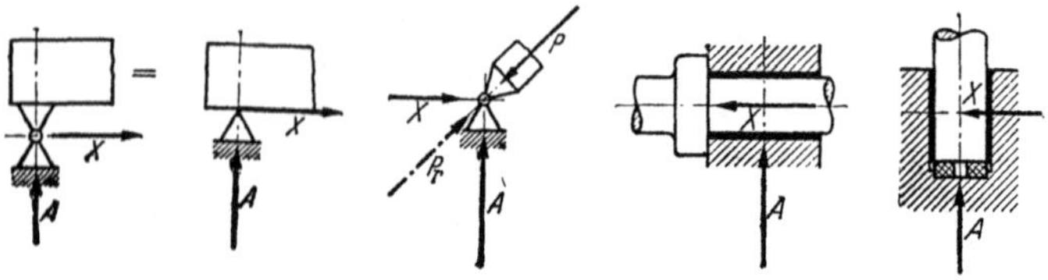

Fig. 37 bis 41.

Einfache Beispiele für statisch unbestimmte Lagerungen sind der Träger auf drei Stützen (s. Festigkeitslehre) und der Zweigelenkbogen.

Betrachtet man den durch eine senkrechte Kraft $\mathfrak{P}$ belasteten Zweigelenkbogen nach Fig. 44, so müssen sich die Wirkungslinien von $\mathfrak{P}$ und den Auflagerkräften ($\mathfrak{R}_a$ und $\mathfrak{R}_b$) in einem

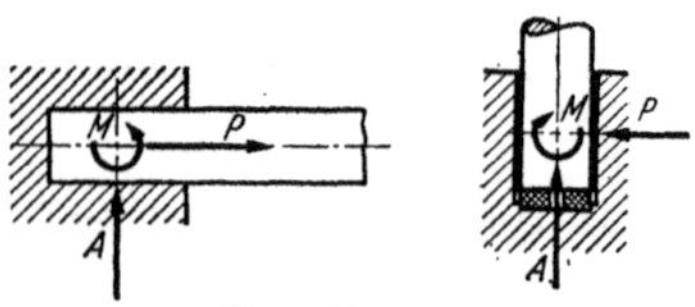

Fig. 42 u. 43.

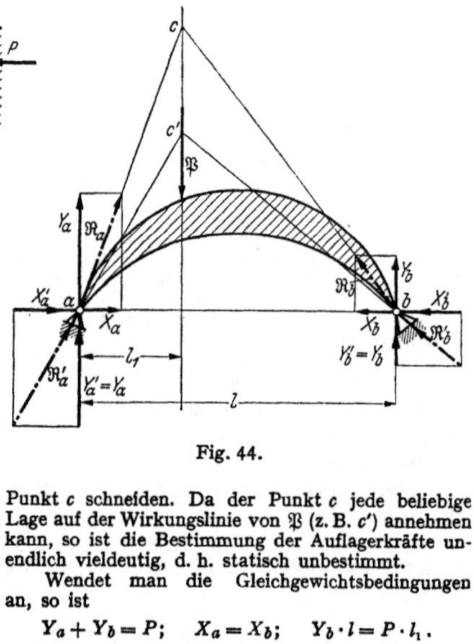

Fig. 44.

Punkt c schneiden. Da der Punkt c jede beliebige Lage auf der Wirkungslinie von $\mathfrak{P}$ (z. B. c') annehmen kann, so ist die Bestimmung der Auflagerkräfte unendlich vieldeutig, d. h. statisch unbestimmt.

Wendet man die Gleichgewichtsbedingungen an, so ist

$$Y_a + Y_b = P; \quad X_a = X_b; \quad Y_b \cdot l = P \cdot l_1 .$$

Hieraus lassen sich die senkrechten Auflagerdrucke berechnen zu:

$$Y_a = P\,(l - l_1)/l; \quad Y_b = P \cdot l_1/l .$$

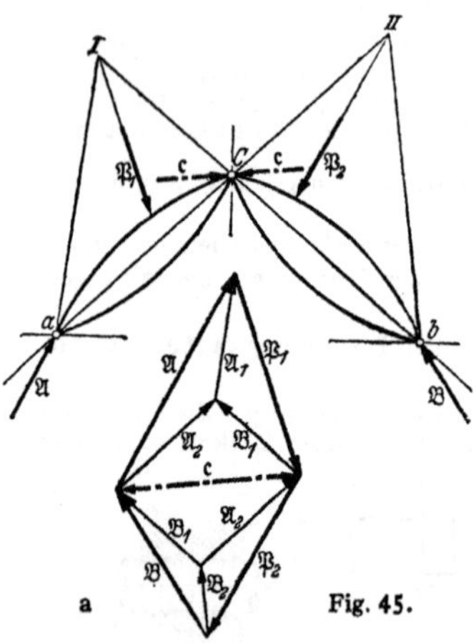

a Fig. 45.

Von den waagerechten Komponenten der Auflagerdrucke X_a und X_b (dem Horizontalschub) ist nur bekannt, daß sie gleich groß und entgegengesetzt gerichtet sind. Da ihre Größe sich aus den Gleichgewichtsbedingungen nicht ermitteln läßt, so ist der Zweigelenkbogen statisch unbestimmt.

Bestimmung der Auflagerdrucke bei äußerlich statisch bestimmten Tragwerken entweder rechnerisch mit den drei Gleichgewichtsbedingungen (s. S. 173) oder zeichnerisch.

Der Dreigelenkbogen, Fig. 45, ist — im Gegensatz zum Zweigelenkbogen — statisch bestimmt. Er sei durch die Kräfte $\mathfrak{P}_1$ und $\mathfrak{P}_2$ belastet.

Zur zeichnerischen Bestimmung der schrägen Auflagerdrucke $\mathfrak{A}$ und $\mathfrak{B}$ belaste man nacheinander den linken und rechten Teil und addiere die gefundenen Auflagerkomponenten (Überlagerungsprinzip).

Ist nur der linke Teil belastet, so hat man bei a ein festes Lager und die Pendelstütze $b-c$. Zerlegung von $\mathfrak{P}_1$ in die Richtungen $a-I$ und $b-c-I$ liefert $\mathfrak{B}_1$ und $\mathfrak{A}_1$, Fig. 45a. Ist nur der rechte Teil belastet, so erhält man $\mathfrak{A}_2$ und $\mathfrak{B}_2$.

Aus der Überlagerung beider Teile erhält man die resultierenden Auflagerdrucke $\mathfrak{A}=\mathfrak{A}_1+\mathfrak{A}_2$ und $\mathfrak{B}=\mathfrak{B}_1+\mathfrak{B}_2$, sowie den resultierenden Gelenkdruck $\mathfrak{C}$ (Fig. 45). $\mathfrak{C}$ muß mit $\mathfrak{P}_1$ und $\mathfrak{A}$ (linker Pfeil von $\mathfrak{C}$ im Kräftedreieck $\mathfrak{P}_1$, $\mathfrak{C}$ und $\mathfrak{A}$), sowie mit $\mathfrak{P}_2$ und $\mathfrak{B}$ (rechter Pfeil von $\mathfrak{C}$ im Kräftedreieck $\mathfrak{P}_2$, $\mathfrak{B}$ und $\mathfrak{C}$) im Gleichgewicht sein. Ferner ist auch $\mathfrak{P}_1+\mathfrak{P}_2+\mathfrak{B}+\mathfrak{A}=0$ (geschlossener Kräftezug in Fig. 45a), wobei $\mathfrak{C}$ eine innere Kraft darstellt.

Fig. 46: Träger mit festem Gelenk (bei a) und Pendelstütze (bei b), durch schräge Kräfte P_1 bis P_3 belastet.

Bestimmung der Auflagerdrucke am besten zeichnerisch, wobei man das Seileck durch das feste Auflager a legt. Da die Pendelstütze nur senkrechte Kräfte (B) aufnimmt, ist die Auflagerkraft A am festen Auflager schräg gerichtet. Ihre Komponenten sind X_a und Y_a.

Rechnerisch zerlege man die Kräfte P_i in ihre Komponenten X_i und Y_i. Aus den Gleichgewichtsbedingungen (s. S. 173) erhält man dann X_a, Y_a und B.

An Stelle der Pendelstütze können die Lager Fig. 32 oder 34 S. 173 treten.

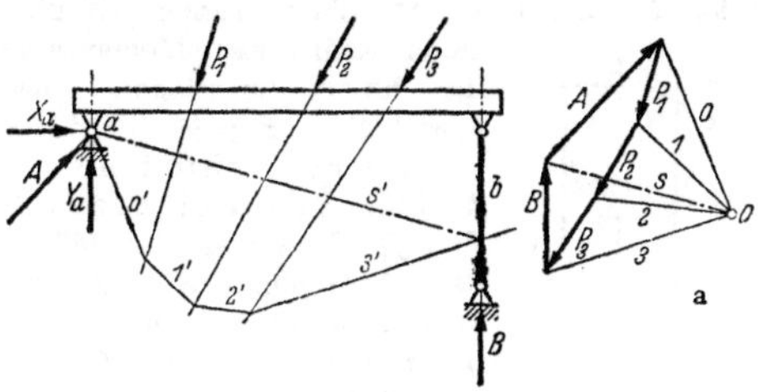

Fig. 46.

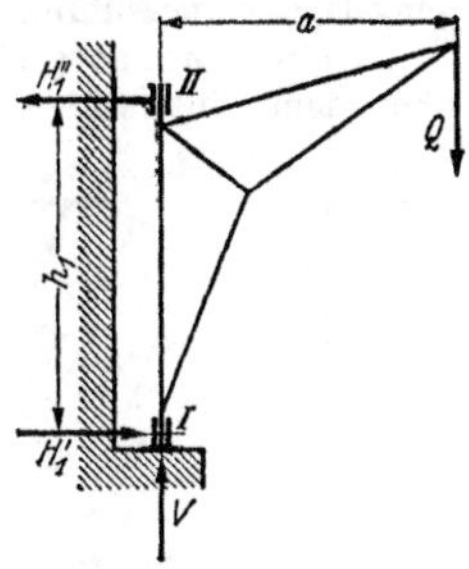

Fig. 47.

Beispiel: Die Auslegerstützkräfte des Wanddrehkranes Fig. 47 sind rechnerisch zu bestimmen.

Denkt man sich das untere Längslager entfernt, so erfordert die Gleichgewichtsbedingung $\Sigma Y=0$ das Anbringen einer nach oben wirkenden Stützkraft $V=Q$.

Denkt man bei II einen Drehpunkt und das untere Querlager entfernt, so muß bei I eine waagerechte Stützkraft $H_1'=Q\cdot a:h_1$ angebracht werden. In gleicher Weise erhält man für I als Drehpunkt $H_1''=Q\cdot a:h_1$. Da H_1' und H_1'' gleich und entgegengesetzt gerichtet sind, so ist $\Sigma X=0$.

Da $H_1:h_1=Q\cdot a$, so ist auch die Bedingung $\Sigma M=0$ erfüllt.

Zeichnerische Bestimmung der Auslegerstützkräfte des Kranes s. Fig. 15 S. 168.

11. Prinzip der virtuellen Verrückungen. Lassen sich die auf einen starren Körper wirkenden äußeren Kräfte zu einer Resultierenden zusammensetzen, so ist bei einer beliebigen Bewegung die Arbeit der Resultierenden gleich der Arbeit der äußeren Kräfte. Befindet sich der Körper im Gleichgewicht, so ist die Resultierende gleich Null, und daher muß bei einer gedachten unendlich kleinen Verrückung, die mit den geometrischen Bedingungen des Systems zu vereinbaren (virtuell) ist, die Arbeit der äußeren Kräfte gleich Null sein. Dieser Satz darf auf endliche Verrückungen ausgedehnt werden, wenn der Körper auch in der neuen Lage im Gleichgewicht ist.

Beispiele: 1. Bei der in Fig. 48 dargestellten Stabverbindung (Barclayscher Kran) soll der Punkt E bestimmt werden, an dem die Last Q angreifen muß, wenn das Stabsystem im Gleichgewicht bleiben soll. E liegt auf der Senkrechten durch O, dem Schnittpunkt der Stabachsen AO und BO; bei einer gedachten möglichen Verschiebung bewegt sich E waagerecht, es ist also die von Q geleistete Arbeit gleich Null. Die Auflagerkräfte brauchen nicht berücksichtigt zu werden, weil sie ihre Lage unverändert beibehalten und daher bei der Verrückung keine Arbeit leisten.

2. Wird in Fig. 49 der waagerechte Waagebalken der Robervalschen Waage um den Winkel ε gedreht, so leisten nur P und Q Arbeit. Besteht Gleichgewicht, so ist

$$P\cdot a\sin\varepsilon-Q\cdot b\sin\varepsilon=0 \quad \text{und daher} \quad P\cdot a=Q\cdot b$$

12. Arten des Gleichgewichts.

1. Sicheres (stabiles) Gleichgewicht, Fig. 50. Schwerpunkt S liegt unterhalb des Aufhängepunktes A. Nach einer unendlich kleinen Ablenkung

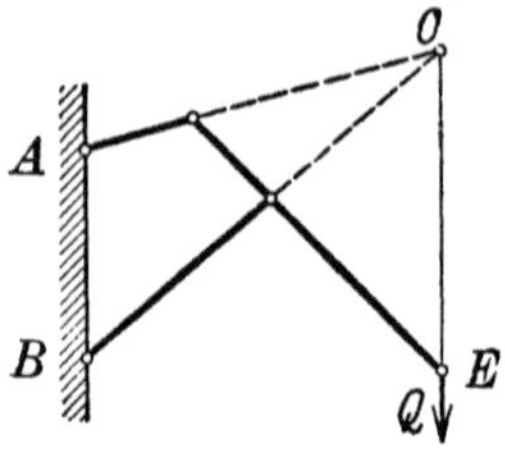

Fig. 48.

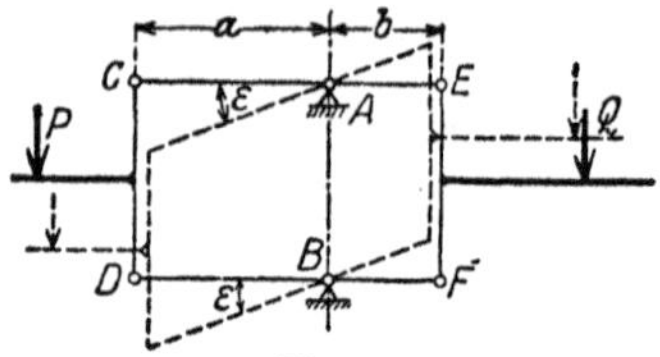

Fig. 49.

aus der Ruhelage treten Kräfte bzw. Momente auf, die ihn wieder in die Ausgangslage zurückführen.

2. Unsicheres (labiles) Gleichgewicht, Fig. 51. Schwerpunkt S liegt über dem Unterstützungspunkt A. Bei einer unendlich kleinen Ablenkung treten Kräfte bzw. Momente auf, die ihn in die sichere Gleichgewichtslage Fig. 50 überführen.

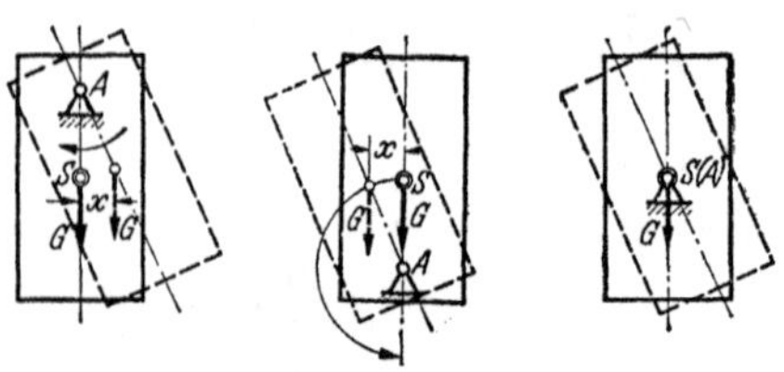

Fig. 50 bis 52.

3. Unentschiedenes (indifferentes) Gleichgewicht, Fig. 52. Schwerpunkt S fällt mit dem Stützpunkt A zusammen. Jede neue unmittelbare benachbarte Lage ist eine Gleichgewichtslage.

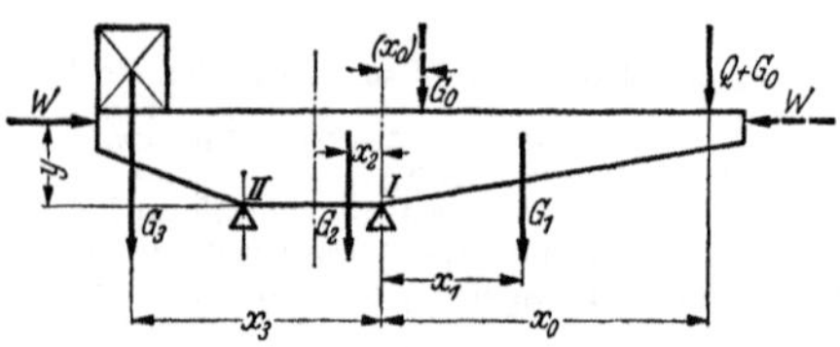

Fig. 53.

13. Standsicherheit (Standfestigkeit).

Ein Träger, z. B. ein Kranträger nach Fig. 53 mit der Last Q, dem Katzengewicht G_0, den Gewichten G_1 bis G_3 und dem auf ihn wirkenden Winddruck W ist in bezug auf die Kippkante I standsicher, wenn die Summe der (links drehenden) Standmomente größer ist als die Summe der (rechts drehenden) Kippmomente.

Summe der Standmomente: $\Sigma M_{St} = G_2 \cdot x_2 + G_3 \cdot x_3 \ldots tm.$ (20)

Summe der Kippmomente: $\Sigma M_K = (Q + G_0) \cdot x_0 + G_1 \cdot x_1 + W \cdot y \ldots tm.$ (21)

Standsicherheit: $\mathfrak{S} = \Sigma M_{St} / \Sigma M_K.$ (22)

Die Standsicherheit ist gewährleistet, wenn $\mathfrak{S} > 1$ ist.

Die Untersuchung erstreckt sich auch auf die Kippkante II, wobei die unbelastete Katze (G_0) im Abstand (x_0) steht und der Winddruck (W) von rechts wirkt.

3. Kräftepaare.

a) Begriff des Kräftepaares.

In Fig. 54 sind zwei ungleiche entgegengesetzt gerichtete parallele Kräfte $\mathfrak{P}_1$ und $-\mathfrak{P}_2$ mittels des Kraft- und Seilecks zu einer Resultierenden $\mathfrak{R}$ vereinigt, die von $\mathfrak{P}_2$ den Abstand a_r hat.

Macht man $-\mathfrak{P}_2$ immer größer, dann fallen die Polstrahlen 1 und 2 immer näher zusammen und der Schnittpunkt der Seilstrahlen $1'$ und $2'$ rückt weiter ab, wodurch a_r größer wird. Macht man schließlich $-\mathfrak{P}_2$ gleich $\mathfrak{P}_1$, so fallen die Polstrahlen 1 und 2 zusammen und die Seilstrahlen $1'$ und $2'$ werden parallel, d. h. sie schneiden sich im Unendlichen. Es wird:

$$R = 0 \quad \text{und} \quad a_r = \infty; \qquad a_r R = \infty \cdot 0.$$

Zwei gleich große entgegengesetzt gerichtete Kräfte $\mathfrak{P}$ und $-\mathfrak{P}$ mit dem Abstand a (Fig. 55) lassen sich nicht vereinigen. Sie werden als ein „Kräftepaar" bezeichnet, das das Drehmoment $M = a \cdot P$ [cmkg] hat. Liegt dieses Kräftepaar in einer ebenen Scheibe, so sucht es diese zu drehen.

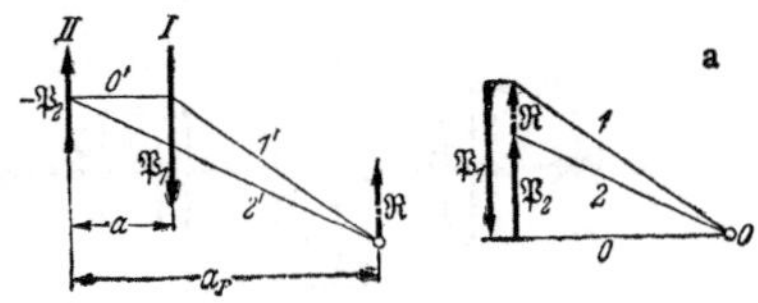

Fig. 54.

Links drehende Kräftepaare haben positiven Drehsinn (Fig. 56), rechts drehende negativen Drehsinn (Fig. 57).

Bestimmt man die Resultierende zweier gleich großen, entgegengesetzt gerichteten Kräfte $\mathfrak{P}$ und $-\mathfrak{P}$ mit dem Abstand a (Fig. 55) durch Hinzufügen zweier gleich großen Kräfte $\mathfrak{K}$ und $-\mathfrak{K}$ (s. S. 171), so werden die beiden Richtungen der gleich großen Hilfs-

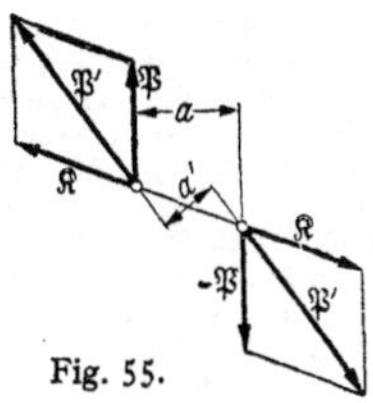

Fig. 55.

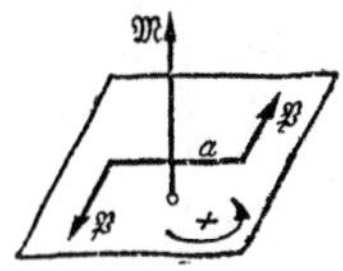

Fig. 56.

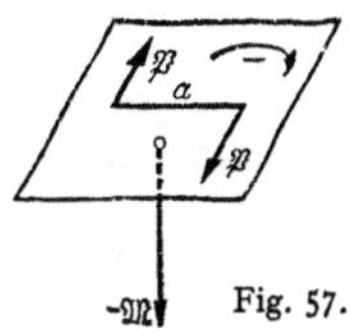

Fig. 57.

resultierenden $\mathfrak{P}'$ und $-\mathfrak{P}'$ einander parallel. Man erhält also keine Resultierende, sondern ein neues Kräftepaar mit dem Abstand a', dessen Moment $M' = a'P'$ gleich dem Moment des gegebenen Kräftepaares $M = aP$ ist.

b) Sätze über Kräftepaare.

1. Ein Kräftepaar kann in seiner Ebene beliebig verschoben werden, ohne daß in seiner Wirkung etwas geändert wird.
2. Ein Kräftepaar kann ohne Änderung der Wirkung um seinen Mittelpunkt gedreht werden.
3. Ein Kräftepaar kann ohne Änderung der Wirkung in eine seiner Wirkungsebene parallele Ebene verschoben werden.
4. Ein Kräftepaar kann durch ein anderes von gleichem Moment und gleichem Drehsinn ersetzt werden; z. B. $M = aP$ und $M' = a'P'$ in Fig. 55.
5. Beliebig viele in einer Ebene liegende Kräftepaare lassen sich zu einem resultierenden Kräftepaar zusammensetzen, dessen Moment gleich der algebraischen Summe der Momente der gegebenen Kräftepaare ist. Dies gilt auch für Kräftepaare, die in parallelen Ebenen liegen.

Hierbei sind links drehende Kräftepaare mit +, rechts drehende mit − einzusetzen.

Aus den gegebenen Sätzen folgt:

Für ein Kräftepaar sind maßgebend: die Größe seines Momentes, sein Drehsinn und seine Richtung senkrecht zu seiner Wirkungsebene. Ein Kräftepaar ist daher (ebenso wie ein Moment) durch einen Vektor (eine „gerichtete Größe") darstellbar, indem man auf einem Punkt seiner Wirkungsebene eine Senkrechte errichtet, deren maßstäbliche Länge gleich dem Moment $\mathfrak{M}$ ist.

Bei Kräftepaaren mit positivem Drehsinn (im mathematischen Sinn), Fig. 56, wird der Momentenvektor nach oben aufgetragen, bei solchen mit negativem Drehsinn (Fig. 57) nach unten. Kräftepaare sind daher (ebenso wie Momente) planare Vektoren (s. S. 129). Mehrere Kräftepaare lassen sich daher nach den Regeln der Vektorrechnung zu einem resultierenden Kräftepaar vereinigen.

Beispiele: 1. Fig. 58 zeigt eine Welle mit mehreren Riemenscheiben. Die Wirkung der Kräftepaare mit den Kräften P_1, P_2 und P_3 soll durch ein Kräftepaar mit den Kräften P aufgehoben werden, das an einer Scheibe vom Durchmesser D wirkt. Die Größe von P ist zu berechnen.

Da die vier Kräftepaare keine Drehwirkung hervorrufen sollen, muß das Moment des resultierenden Kräftepaares gleich Null sein. Daher ist

$$0 = P_1 D_1 + P_2 D_2 + P_3 D_3 - PD \qquad \text{oder} \qquad P = \frac{P_1 D_1 + P_2 D_2 + P_3 D_3}{D}.$$

2. In Fig. 59 ist S der Schwerpunkt und OO die Achse einer gekröpften Welle. E_1 und E_2 sind die Ebenen, welche die Mittellinien der Zylinder enthalten, E_3 ist die Kröpfungsebene. Parallel zu den angreifenden Kräften werden in S je zwei gleich große, entgegengesetzt gerichtete Kräfte P_1 und P_2 angebracht. Zwei Kräfte P_1 bilden ein Kräftepaar mit dem Moment $P_1 a_1$, können daher nach Fig. 56 durch einen Vektor $\mathfrak{B}_1$ dargestellt werden, der auf E_3, der Ebene des Kräftepaares, senkrecht steht. Ebenso bilden zwei Kräfte P_2 ein Kräftepaar vom Moment $P_2 a_2$, dessen Vektor $\mathfrak{B}_2$ im Richtungssinn mit $\mathfrak{B}_1$ zusammenfällt, wenn die Kräfte P_1 und P_2 wie in Fig. 59 wirken. An der Größe und Richtung der in S übrigbleibenden Einzelkräfte P_1 und P_2 hat sich bei der Verschiebung nach S nichts geändert.

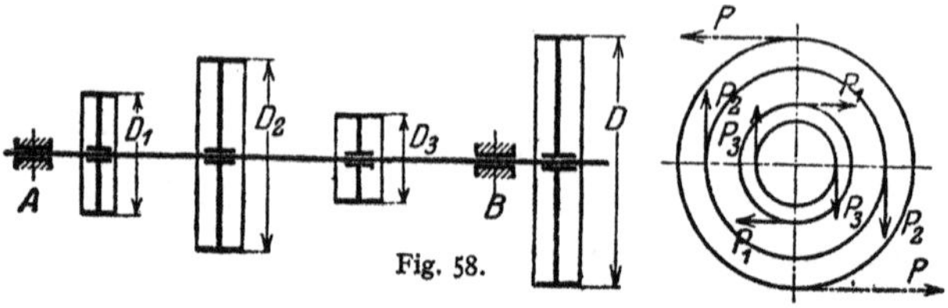

Fig. 58.

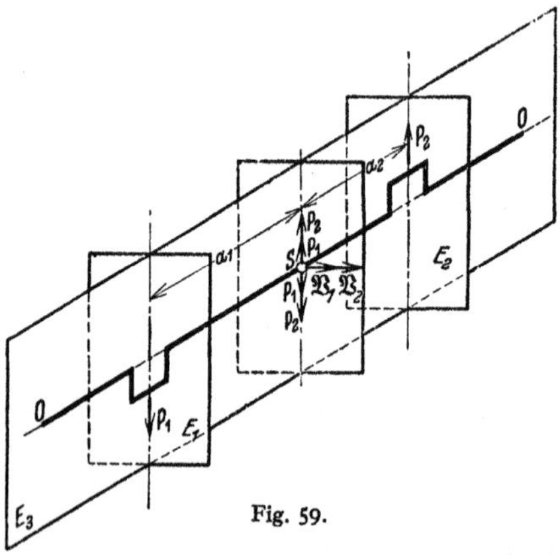

Fig. 59.

Sind P_1 und P_2 z. B. Fliehkräfte rotierender Massen, so rotieren bei Drehung der Welle auch die Vektoren $\mathfrak{B}_1$ und $\mathfrak{B}_2$, und zwar derart, daß sie stets senkrecht zur Kröpfungsebene E_3 und parallel zu den Ebenen E_1 und E_2 bleiben.

B. Schwerpunkt (Massenmittelpunkt).

1. Rechnerische Schwerpunktsermittelung.

1. Der Schwerpunkt eines Körpers ist der Angriffspunkt der Resultierenden aller Elementarkräfte.

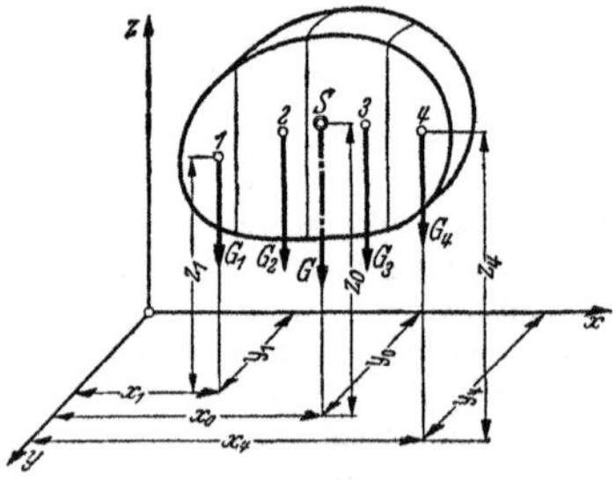

Fig. 60.

Zu seiner Bestimmung zerlege man den Körper (Fig. 60) in n Einzelteile (z. B. 4 in Fig. 60) und bringe die Teilgewichte in den Teilschwerpunkten an. Die Teilgewichte sind parallele Kräfte, deren Resultierende (das Gesamtgewicht) und ihre Wirkungslinie (Schwerlinie) nach S. 172 bestimmt werden.

Größe der Resultierenden:

$$G = \sum_1^n G_i. \tag{23}$$

Abstand von der y—z-Ebene: $$x_0 = \sum_1^n (x_i G_i)/G. \tag{24}$$

Abstand von der x—z-Ebene: $$y_0 = \sum_1^n (y_i G_i)/G. \tag{25}$$

Abstand von der x—y-Ebene: $$z_0 = \sum_1^n (z_i G_i)/G. \tag{26}$$

Der Schwerpunkt ist der Schnittpunkt der Schwerlinien.

Aus $G = \gamma \cdot V$ und $G = m \cdot g$ ergibt sich $m = \gamma/g \cdot V$. Für einen homogenen Körper gehen die obigen Gleichungen über in:

$$x_0 = \sum_1^n (x_i V_i)/V; \quad y_0 = \sum_1^n (y_i V_i)/V; \quad z_0 = \sum_1^n (z_i V_i)/V. \qquad (27)$$

2. Für die Fläche lauten die Koordinatengleichungen des Flächenschwerpunktes:

$$x_0 = \sum_1^n (x_i F_i)/F; \quad y_0 = \sum_1^n (y_i F_i)/F. \qquad (28)$$

3. Für die Linie tritt an Stelle von F die Länge l, mit l_i = Teillängen. Eine durch den Schwerpunkt gehende Ebene (Linie) heißt Schwerebene (Schwerlinie). Jede Symmetrieebene ist Schwerebene, jede Symmetrielinie ist Schwerlinie. Der geometrische Mittelpunkt ist der Schwerpunkt.

Für eine Schwerebene (Schwerlinie) ist das statische Moment gleich Null, weil der Hebelarm der Resultierenden verschwindet. Umgekehrt: Ist das statische Moment, bezogen auf eine Ebene (Gerade) gleich Null, so liegt der Schwerpunkt in dieser Ebene (Linie).

Die Sätze von Guldin (s. S. 164) geben den Zusammenhang zwischen dem Inhalt bzw. der Oberfläche eines Umdrehungskörpers und dem Schwerpunkt der erzeugenden Fläche bzw. Linie.

2. Schwerpunkte der wichtigsten homogenen Linien, Flächen und Körper.

a) Schwerpunkte homogener Linien.

1. Gerade Strecke. Schwerpunkt S liegt im Mittelpunkt der Strecke.

2. Dreieckumfang (Fig. 61). Halbiere die Seiten a, b und c des Dreiecks und verbinde deren Mittelpunkte A_1, B_1 und C_1. S liegt im Mittelpunkt des dem Dreieck $A_1 B_1 C_1$ einbeschriebenen Kreises mit dem Halbmesser r.

$$y_0 = \tfrac{1}{2} h \cdot (b + c)/(a + b + c).$$

3. Parallelogrammumfang. S liegt im Schnittpunkt der Diagonalen.

4. Kreisbogen (Fig. 62). S liegt auf der Halbierungslinie des Zentriwinkels 2α. Bezeichnen R den Halbmesser, b die Bogenlänge und s die Sehnenlänge, dann ist:

$$y_0 = R \cdot s/b.$$

1. Halbkreisbogen. $\alpha = \pi/2$; $y_0 = 2R/\pi \approx 0{,}6366\,R$;
2. Viertelkreisbogen. $\alpha = \pi/4$; $y_0 = 2R \cdot \sqrt{2}/\pi \approx 0{,}9003\,R$;
3. Sechstelkreisbogen. $\alpha = \pi/6$; $y_0 = 3R/\pi \approx 0{,}9549\,R$.

Für flache Bögen mit der Höhe h ist angenähert: $y_0' = \tfrac{2}{3} h \approx 0{,}666\,h$.

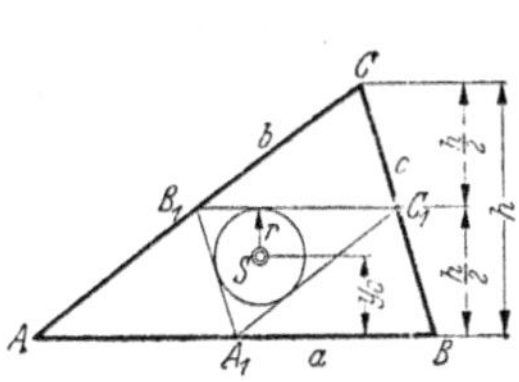

Fig. 61.

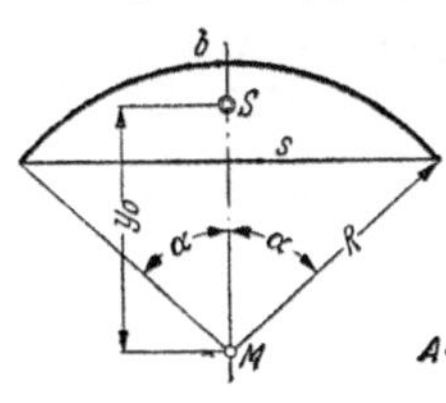

Fig. 62.

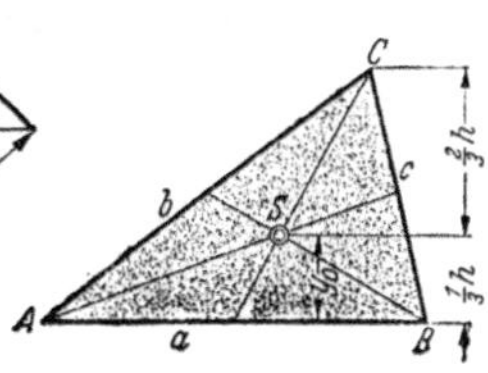

Fig. 63.

b) Schwerpunkte homogener Flächen.

1. Dreieck (Fig. 63). S liegt m Schnittpunkt der Seitenhalbierenden.

$$y_0 = \tfrac{1}{3} h.$$

Sind x_1, x_2 und x_3 bzw. y_1, y_2 und y_3 die Koordinaten der Eckpunkte des Dreiecks, so sind die Koordinaten des Schwerpunktes:

$$x_0 = (x_1 + x_2 + x_3) : 3; \quad y_0 = (y_1 + y_2 + y_3) : 3.$$

2. Beliebiges Viereck (Fig. 64). Zerlege das Viereck durch die Diagonalen in vier Dreiecke und bestimme deren Schwerpunkte S_1 bis S_4 (nach 1). Schnittpunkt der Verbindungslinien $S_1 S_2$ und $S_3 S_4$ ergibt Schwerpunkt S. Da $S_1 S_2 \parallel AC$ und $S_3 S_4 \parallel BD$, genügt Bestimmung von S_1 und S_2. Ziehe $AE \parallel BD$ und $BE \parallel AC$ und verbinde E mit der Mitte F von CD, so schneidet EF die Linie $S_1 S_2$ im Schwerpunkt S.

3. Trapez (Fig. 65). Trage an AB die Länge $CD = b$ und an CD die Länge $AB = a$ an. Verbinde E und F sowie die Mitten von CD und AB. Schnittpunkt beider Verbindungslinien ergibt S.

$$y_0 = h/3 \cdot (a + 2b)/(a + b); \quad y_0' = h/3 \cdot (2a + b)/(a + b).$$

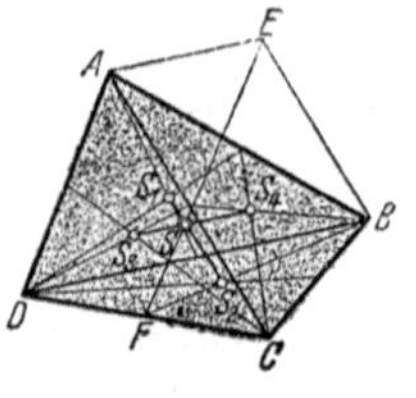

Fig. 64.

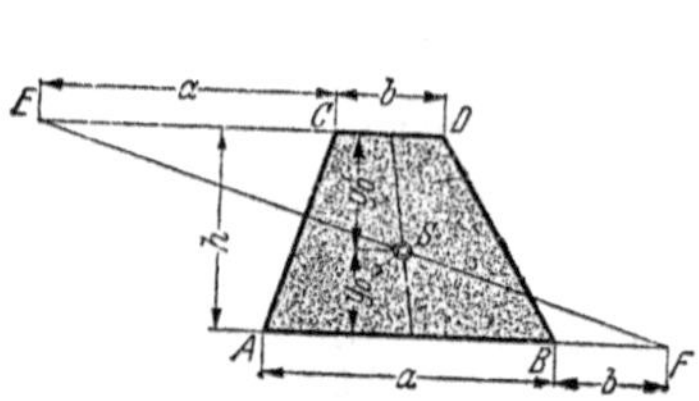

Fig. 65.

4. Parallelogramm. S liegt im Schnittpunkt der Diagonalen.

5. Kreisausschnitt (Fig. 66). Es bezeichnen: R = Kreishalbmesser; 2α = Zentriwinkel; $b = 2R\alpha$ = Bogenlänge; $s = 2R \sin\alpha$ = Sehnenlänge.

$$y_0 = \tfrac{2}{3} R \sin\alpha / \operatorname{arc}\alpha = \tfrac{1}{3} \cdot Rs/b.$$

1. Halbkreisfläche: $\alpha = \pi/2$; $y_0 = 4R/3\pi = 0{,}4244\,R$;
2. Viertelkreisfläche: $\alpha = \pi/4$; $y_0 = \tfrac{4}{3}\sqrt{2}\,R/\pi = 0{,}6002\,R$;
3. Sechstelkreisfläche: $\alpha = \pi/6$; $y_0 = 2R/\pi = 0{,}6366\,R$.

6. Kreisringstück (Fig. 67).

$$y_0 = \tfrac{2}{3}(R^3 - r^3) \cdot \sin\alpha/(R^2 - r^2) \cdot \operatorname{arc}\alpha = 38{,}197\,(R^3 - r^3)\sin\alpha/(R^2 - r^2) \cdot \alpha^0.$$

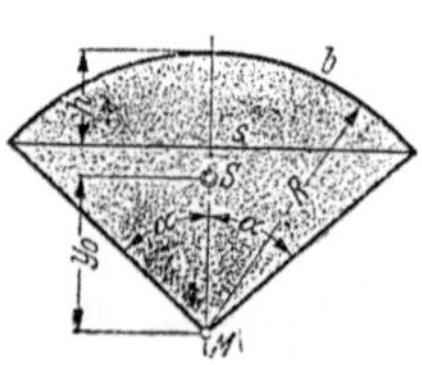

Fig. 66.

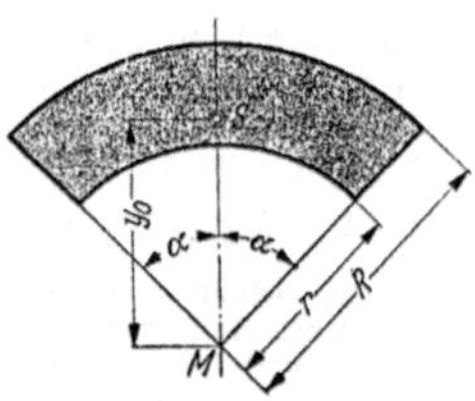

Fig. 67.

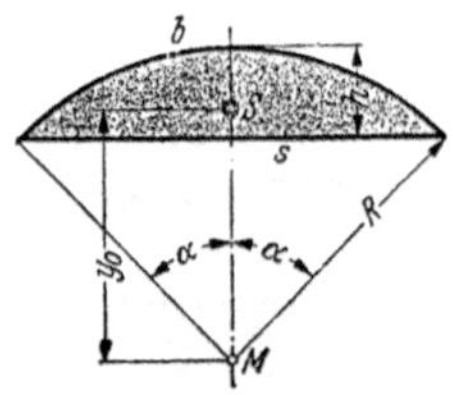

Fig. 68.

7. Kreisabschnitt (Fig. 68).

$$y_0 = \frac{2}{3} R \sin^3\alpha/(\alpha - \sin\alpha \cdot \cos\alpha) = \frac{2}{3}\left(\frac{s}{2}\right)^3\Big/F = s^3/12F.$$

Fläche F s. S. 161.

8. Ellipsenabschnitt (Fig. 69). Die Schwerpunkte S_1 und S_2 der symmetrischen Ellipsenabschnitte $A_1B_1C_1$ und $A_2B_2C_2$ findet man als Schwerpunkte derjenigen Abschnitte $E_1F_1C_1$ und $E_2F_2C_2$ von Kreisen, deren Durchmesser die zur Sehne der Ellipsenabschnitte senkrechten Hauptachsen sind.

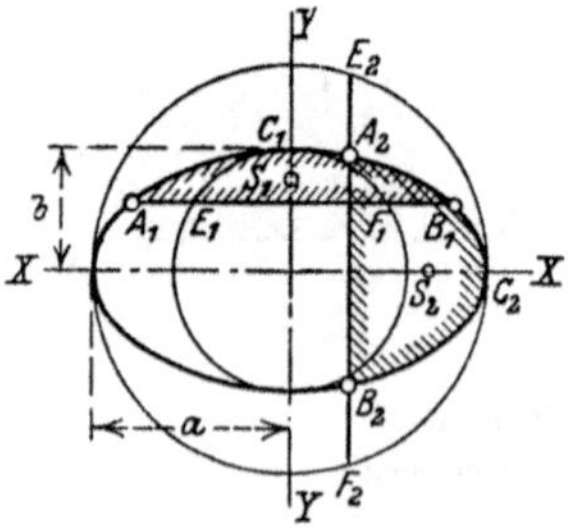

Fig. 69.

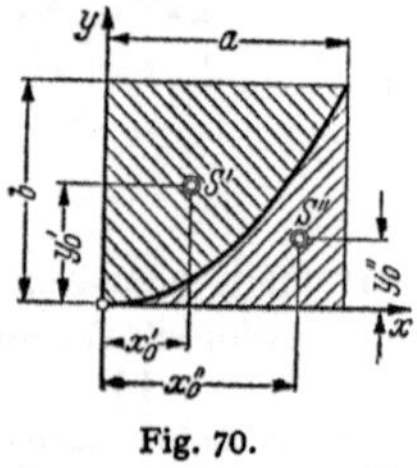

Fig. 70.

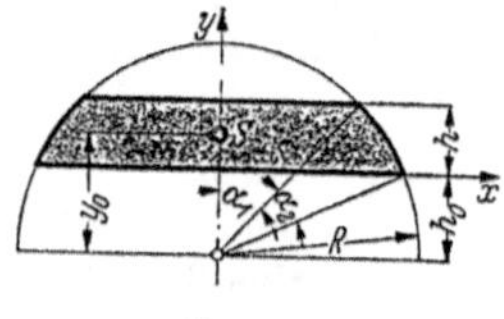

Fig. 71.

9. Parabelfläche (Fig. 70). $x_0' = \tfrac{3}{8}a$; $y_0' = \tfrac{3}{5}b$.

Ergänzungsfläche: $x_0'' = \tfrac{3}{4}a$; $y_0'' = \tfrac{3}{10}b$.

10. Kugelzone und Kugelhaube (Fig. 71).

Kugelzone: $y_0 = R/2 \cdot (\cos\alpha_2 + \cos\alpha_1)$; $\cos\alpha_2 = h_0/R$; $\cos\alpha_1 = (h + h_0)/R$; $y_0 = h_0 + h/2$, d. h. der Schwerpunkt der Mantelfläche liegt in halber Zonenhöhe.

Für die Mantelfläche der Kugelhaube ($\alpha_1 = 0$) gilt das gleiche.

11. Mantel der Pyramide und des Kegels. Verbindet man die Spitze mit dem Schwerpunkt des Umfanges der Grundfläche, so liegt der Schwerpunkt auf dieser Geraden (Schwerlinie) um ein Drittel der Höhe von der Grundfläche entfernt.

12. Mantel des abgestumpften Kreiskegels. Ist h die Höhe des Kegelstumpfes, r der Halbmesser der oberen und R der Halbmesser der unteren Begrenzungsfläche, so ist der Schwerpunktabstand von der Grundfläche:

$$y_0 = h/3\,(R + 2r) : (R + r).$$

13. Zusammengesetzte Flächen.

Beispiel: Für den Querschnitt eines geschweißten Vollwandträgers (Fig. 72) ist der Schwerpunkt mit den Abständen e_1 und e_2 zu bestimmen.

Bezeichnen F_1 bis F_4 die Teilflächen in cm², η_1 bis η_4 deren Schwerpunktabstände von der unteren Achse $I-I$, $F_1\cdot\eta_1$ bis $F_4\cdot\eta_4$ in cm³ die statischen Momente der Teilflächen, so ist der Abstand

$$e_1 = \frac{F_1\cdot\eta_1 + F_2\cdot\eta_2 + F_3\cdot\eta_3 + F_4\cdot\eta_4}{F_1 + F_2 + F_3 + F_4} = \frac{\Sigma F\cdot\eta}{\Sigma F}\ \text{[cm]}.$$

Entsprechend ist für die Achse $II-II$

$$e_2 = \frac{F_1\cdot\eta_1' + F_2\cdot\eta_2' + F_3\cdot\eta_3' + F_4\cdot\eta_4'}{F_1 + F_2 + F_3 + F_4} = \frac{\Sigma F\eta'}{\Sigma F}\ \text{[cm]}.$$

Es muß sein: $e_1 + e_2 = h$.

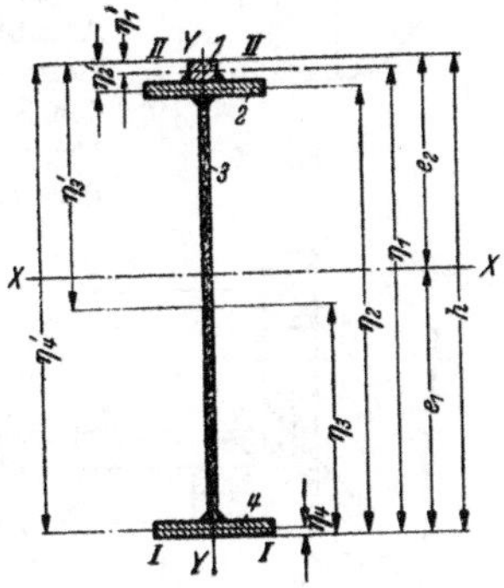

Fig. 72.

c) Schwerpunkte homogener Körper.

1. Prisma (und Zylinder) mit parallelen Endflächen (Fig. 73). Aus Symmetriegründen liegt S in der Mitte der Verbindungslinie der Schwerpunkte S_0 der Endflächen.

2. Abgeschrägter gerader Kreiszylinder (Fig. 74). Bezeichnen xy-Ebene die Symmetrieebene, h die Länge der Achse, R den Halbmesser des Grundkreises und α den Neigungswinkel der schrägen Begrenzungsfläche zur Grundfläche, dann ist:

$$x_0 = \tfrac{1}{4}\cdot R^2\cdot \mathrm{tg}\,\alpha/h;$$
$$y_0 = h/2 + 1/8\cdot R^2\cdot \mathrm{tg}^2\alpha/h.$$

3. Pyramide und Kegel. S liegt in der Schwerachse um ein Viertel der Höhe von der Grundfläche entfernt.

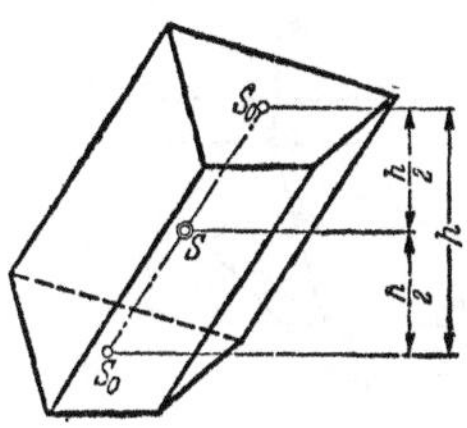

Fig. 73.

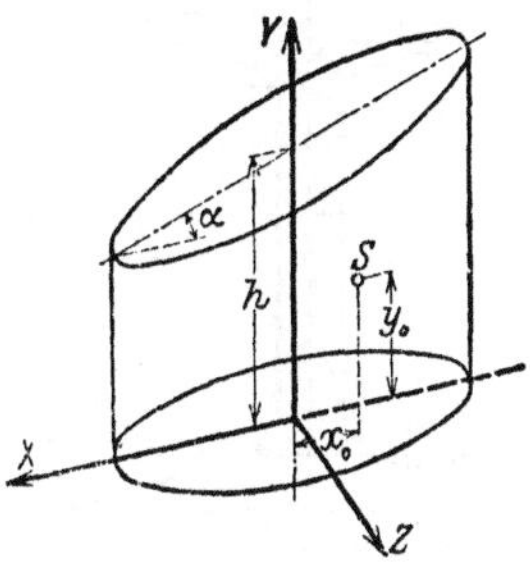

Fig. 74.

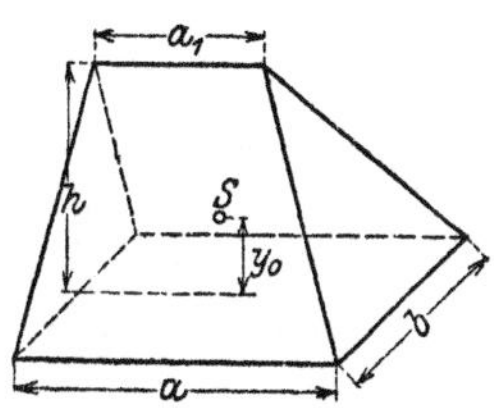

Fig. 75.

4. Pyramidenstumpf. Bezeichnen F_1 und F_2 die Endflächen und h die Höhe des Stumpfes, so ist die Entfernung des Schwerpunktes von F_1:

$$y_0 = h/4\cdot\left(F_1 + 2\sqrt{F_1F_2} + 3F_2\right)/\left(F_1 + \sqrt{F_1\cdot F_2} + F_2\right).$$

5. Abgestumpfter Kreiskegel. Bezeichnen R den Halbmesser der Grundfläche, r den der Endfläche und h die Höhe des Stumpfes, so ist $F_1 = R^2\pi$ und $F_2 = r^2\pi$. Daher nach (4):

$$y_0 = h/4\cdot(R^2 + 2Rr + 3r^2)/(R^2 + Rr + r^2).$$

6. Keil (Fig. 75). Bezeichnen a und b die Seiten der Grundfläche, a_1 die Länge der Keilkante und h die Keilhöhe, so ist der Abstand des Schwerpunktes von der Grundfläche:

$$y_0 = h/2\cdot(a + a_1)/(2a + a_1).$$

7. Kugelabschnitt. Bezeichnen R den Kugelhalbmesser und h die Abschnitthöhe, so ist der Schwerpunktabstand vom Mittelpunkt:

$$y_0 = \tfrac{3}{4}\cdot(2R - h)^2/(3R - h).$$

Für die Halbkugel ist: $y_0 = \frac{3}{8}R$.

Für die halbe Hohlkugel mit den Halbmessern R und r ist: $y_0 = \frac{3}{8}(R^4 - r^4)/(R^3 - r^3)$.

8. Kugelausschnitt. Bezeichnungen wie in Fig. 62. $y_0 = \frac{3}{8} R (1 + \cos\alpha) = \frac{3}{8} \cdot (2R - h)$.

9. Dreiachsiges Ellipsoid. Bezeichnen a, b und c die Halbachsen, so hat der Schwerpunkt eines Achtels (Oktanten) die Koordinaten: $x_0 = \frac{3}{8} a$; $y_0 = \frac{3}{8} b$; $z_0 = \frac{3}{8} c$.

10. Umdrehungsparaboloid (Fig. 76). $z_0 = \frac{2}{3} b$.
Der Schwerpunkt ist um $\frac{1}{3} b$ von der Endfläche entfernt.

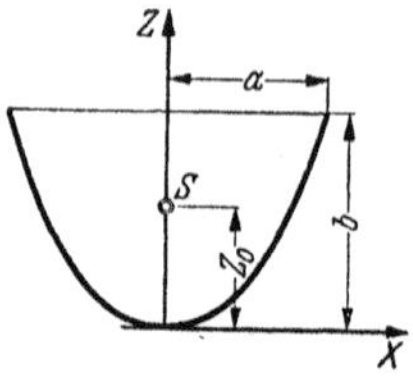

Fig. 76.

3. Zeichnerische Schwerpunktermittelung von Flächen.

1. Verfahren von Mohr. Zerlege die Fläche in eine Anzahl Teile, deren Schwerpunktlagen bekannt sind. Betrachte die Inhalte der Teilflächen als Kräfte, die in den Schwerpunkten der Teilflächen angreifen. Mittels des Kraft und Seilecks (s. S. 169) werden die Wirkungslinien der Resultierenden dieser Teilkräfte für zwei beliebig gewählte Richtungen (meist unter 90°) gesucht, deren Schnittpunkt den Schwerpunkt ergibt.

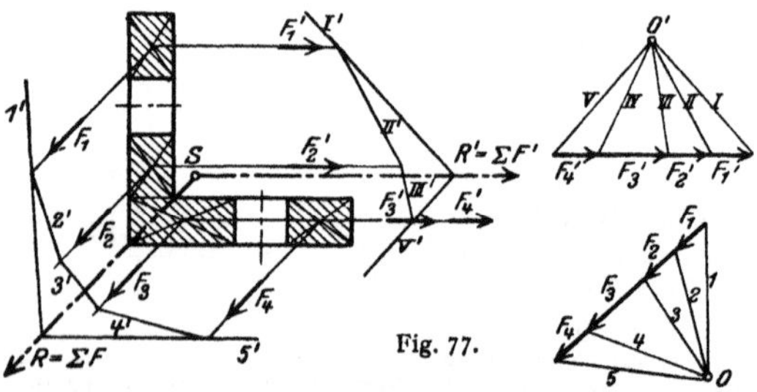

Fig. 77.

Fig. 77: Schwerpunktbestimmung eines durch zwei Nietlöcher geschwächten Winkeleisenquerschnittes. Zur Nachprüfung der Schwerpunktlage (S) kann das Verfahren noch für eine dritte Richtung durchgeführt werden.

Fig. 78: Schwerpunktbestimmung eines Schienenquerschnittes.

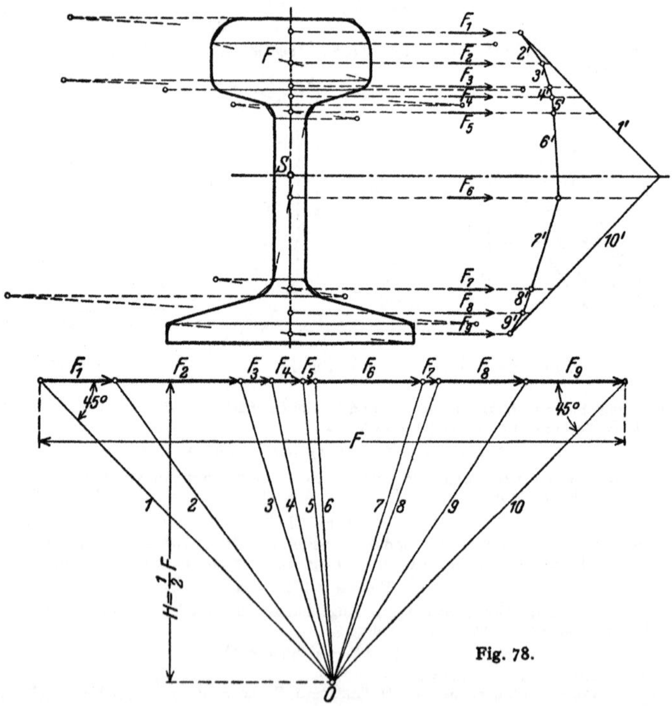

Fig. 78.

Zerlege den symmetrischen Querschnitt derart in parallele Streifen senkrecht zur Symmetrieachse, daß die einzelnen Streifen als Rechtecke oder Trapeze betrachtet werden können, deren Schwerpunkte man bestimmt. In diesen Teilflächen greifen die Inhalte als Kräfte an. Die Wirkungslinie der Resultierenden dieser Teilkräfte schneidet die Symmetrieachse des Querschnittes im Schwerpunkt S.

2. Verfahren von Nehls. Für einen beliebigen Querschnitt (Fig. 79) ist:

$$y_0 = \frac{\int y\,dF}{F} = \frac{a\int y/a \cdot dF}{F} = a \cdot F_1/F, \quad \text{wenn man } F_1 = \int y/a \cdot dF \text{ setzt.}$$

Mit $dF = x\,dy$ wird:

$$F_1 = \int y/a \cdot x\,dy\,.$$

F_1 ist der Inhalt der von der Kurve $z = y/a \cdot x$ begrenzten Fläche, die man folgendermaßen ermittelt.

Projiziere die Strecke $1 \to 1 = x$ auf eine Parallele zur x-Achse, die den beliebigen Abstand a hat. Verbinde die Projektion $2 \to 2$ mit einem beliebigen Punkt der x-Achse, dann schneiden die Strahlen $A \to 2$ auf $1 \to 1$ die Strecke $3 \to 3 = y/a \cdot x = z$ ab.

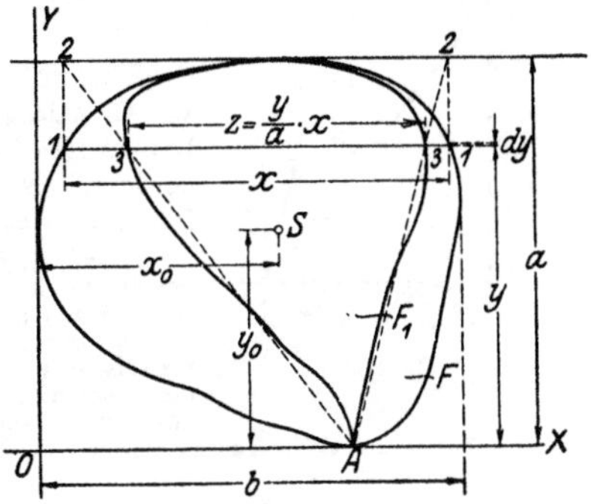

Fig. 79.

Die stetige Verbindungslinie der Punkte 3 schließt die Fläche F_1 ein. Die Inhalte der Flächen F und F_1 werden mit Hilfe des Planimeters oder nach S. 157 bestimmt und $y_0 = aF_1/F$ berechnet. In gleicher Weise bestimme man den Schwerpunktabstand x_0.

C. Reibung.

1. Allgemeines.

a) Haftreibung (Reibung der Ruhe).

Ein Körper vom Gewicht G ruhe auf einer ebenen Fläche, Fig. 80; seiner Verschiebung setzt er einen Widerstand tangential zur Berührungsfläche entgegen. Die Ursache dieses Haftens ist die Reibung, die von dem „Rauhigkeitsgrad" der sich berührenden Flächen abhängig ist.

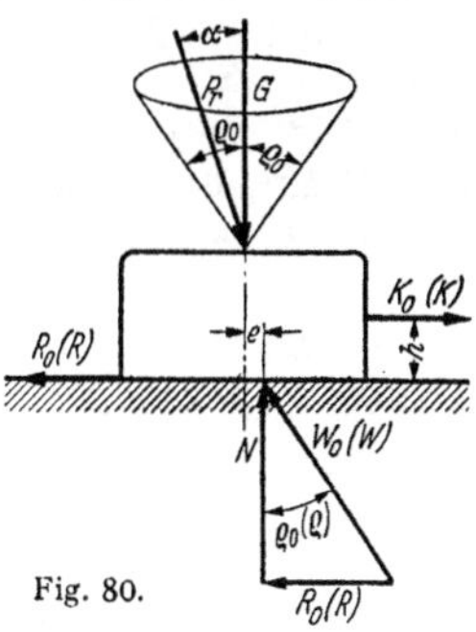

Fig. 80.

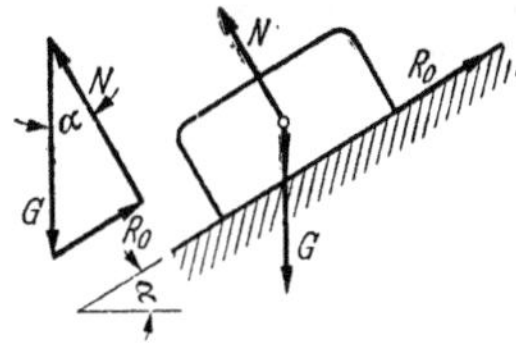

Fig. 81.

Liegt der Körper auf einer **schiefen Ebene** mit dem Neigungswinkel α (Fig. 81) und stellt man die Gleichgewichtsbedingung für die an ihm wirkenden Kräfte, das Gewicht G, die Normalkraft N und die Reibungskraft R_0 auf, so wird: $R_0 = G \cdot \sin\alpha$; $N = G \cdot \cos\alpha$ und für den Neigungswinkel α:

$$\operatorname{tg}\alpha = R_0/N. \tag{29}$$

Durch Versuche läßt sich feststellen, daß stets Gleichgewicht vorhanden ist, solange der Neigungswinkel α der schiefen Ebene kleiner ist als ein bestimmter Grenzwinkel ϱ_0:

$$\operatorname{tg}\alpha \leqq \operatorname{tg}\varrho_0\,.$$

Bezeichnet man $\operatorname{tg}\varrho_0$ mit μ_0, so erhält man aus Gl. (29) die **Reibungskraft**:

$$R_0 \leqq \mu_0 \cdot N \text{ [kg]}. \tag{30}$$

$\mu_0 = \operatorname{tg}\varrho_0$ ist die Reibungszahl der Haftreibung (Reibung der Ruhe).

Haftreibungszahlen μ_0 für verschiedene Werkstoffe s. Tafel 1 S. 185.

Nach Fig. 80 ist: $W_0 = \sqrt{N^2 + R_0^2}$. (31)

Richtung von W_0 zur Normalkraft N:

$$R_0/N = \operatorname{tg}\varrho_0 = \mu_0.$$

Eine mit dem Neigungswinkel ϱ_0 um den Pfeilpunkt von G gedrehte Gerade (Fig. 80) erzeugt den sog. Reibungskegel. Der Körper bleibt solange im Gleichgewicht, als die Resultierende der Angriffskräfte P_r innerhalb des Reibungskegels liegt.

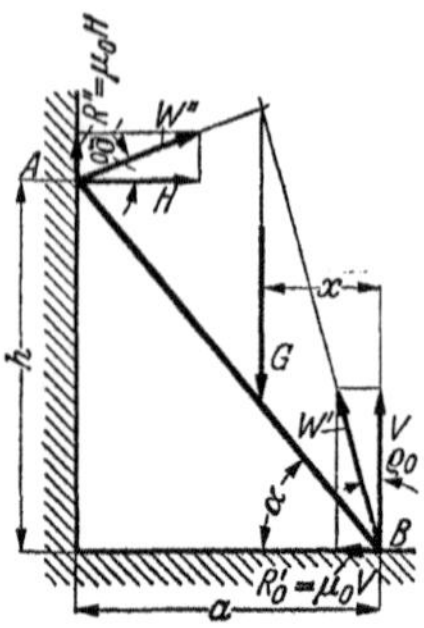

Fig. 82.

Beispiel: Wie hoch darf ein Mann vom Gewicht G auf eine um den Winkel α geneigte Leiter steigen, wenn diese nicht gleiten soll? (Fig. 82).

Die zeichnerische Lösung folgt aus der Bedingung, daß die Wirkungslinie von G durch den Schnittpunkt der Wirkungslinien der Widerstände W' und W'' gehen muß, die um den Winkel ϱ_0 gegen die Normaldrucke V und H geneigt sind.

Zur rechnerischen Lösung zerlege man W' und W'' in ihre waagerechten und senkrechten Komponenten:

$$\Sigma X = 0: \quad H - \mu_0 V = 0; \qquad \Sigma Y = 0: \quad G - V - \mu_0 H = 0;$$

$$\Sigma M = 0 \text{ (für Punkt } B\text{)}: \qquad -H \cdot h - \mu_0 H a + G \cdot x = 0.$$

Setzt man $V = H : \mu_0$ in die Gleichung für $\Sigma Y = 0$ ein, so wird:

$$G - H/\mu_0 - \mu_0 H = 0,$$

woraus:

$$H = G/(1/\mu_0 + \mu_0) = G\mu_0/(\mu_0^2 + 1).$$

Aus der Gleichung für $\Sigma M = 0$ folgt:

$$x = H/G \cdot (h + \mu_0 \cdot a) = \mu_0(h + \mu_0 a)/(\mu_0^2 + 1).$$

b) Bewegungsreibung (Gleitreibung).

Um einen auf einer Ebene liegenden Körper vom Gewicht G zu verschieben, ist eine Kraft K_0 erforderlich, die größer als die Haftreibung R_0 (Fig. 80) ist. Nach Überwindung der Haftreibung genügt eine **kleinere** Kraft K, um den Körper mit der Geschwindigkeit v gleichförmig fortzubewegen.

Stellt man für die an dem Körper wirkenden Kräfte, das Gewicht G, die Normalkraft (Stützkraft) N, den Reibungswiderstand R und die Zugkraft K die Gleichgewichtsbedingungen auf, so ist

$$1) \quad G - N = 0; \qquad 2) \quad K - R = 0; \qquad 3) \quad K \cdot h - Ne = 0. \tag{32}$$

Reibungskraft R hängt außer von den Werkstoffen der Körper, sowie ihrer Oberflächenbeschaffenheit von der Normalkraft N ab und steigt mit dieser nahezu verhältnisgleich.

Reibungskraft der Bewegung: $R = \mu N$ [kg]. (33)

Mit μ_0 = Reibungszahl der Haftreibung ist: $\mu < \mu_0$, da die Oberflächenrauhheiten der Körper nicht ineinander dringen können.

μ-Werte für verschiedene Werkstoffe s. Tafel 1, S. 185.

Größe der resultierenden Auflagerstützkraft (Fig. 80):

$$W = \sqrt{N^2 + R^2} = N \cdot \sqrt{1 + \mu^2}. \tag{34}$$

Richtung der Auflagerkraft zur Normalkraft: $R/N = \operatorname{tg}\varrho = \mu$.

Aus $\mu = \operatorname{tg}\varrho$ erhält man den Reibungswinkel ϱ.

Leistungsverlust bei der Bewegung: $L_r = R \cdot v$ [kgm/sek]. (35)

Bewegungsreibung eines Körpers auf der schiefen Ebene.

1. Auf einer schiefen Ebene mit dem Neigungswinkel $\alpha > \varrho$ befindet sich eine Last Q (Fig. 83).

a) Es ist die Kraft K zu bestimmen, die den Körper mit gleichförmiger Geschwindigkeit nach oben bewegt.

Nach dem Sinussatz (s. S. 61) ist: $Q/\sin(90° - \varrho) = K/\sin(\alpha + \varrho)$,

woraus: $$K = Q \cdot \sin(\alpha + \varrho)/\cos\varrho. \tag{36}$$

Im Gleichgewicht sind Q, K und die resultierende Auflagerkraft W. S. Kräfteplan Fig. 83a.

b) Kraft K' (Fig. 83), die den Körper am Abgleiten hindert, ist zu ermitteln.

$Q : \sin(90° + \varrho_0) = K'/\sin(\alpha - \varrho)$; woraus: $K' = Q \cdot \sin(\alpha - \varrho_0)/\cos\varrho_0$.

Kräfteplan s. Fig. 83a.

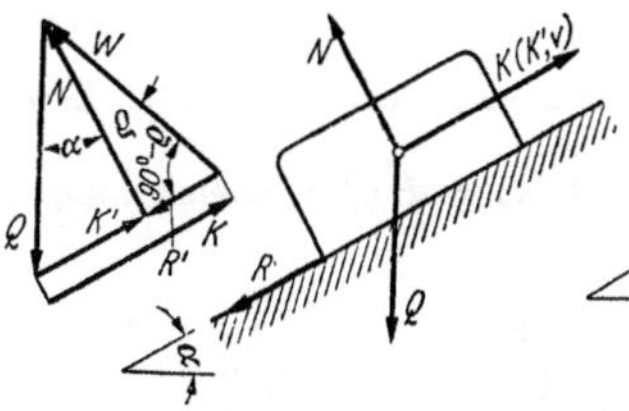

Fig. 83.

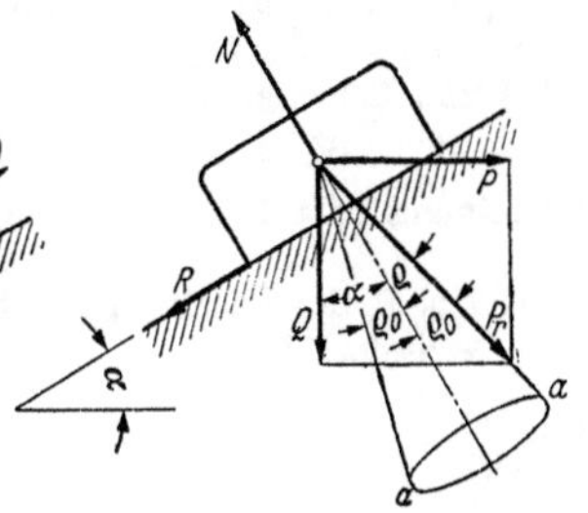

Fig. 84.

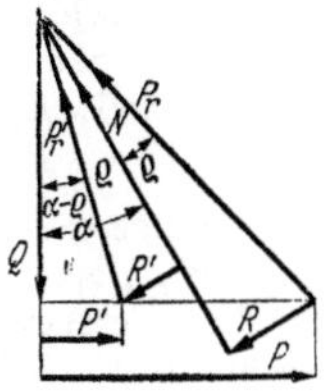

a

2. Wie groß muß die waagerechte Kraft P (Fig. 84) sein, um die Last Q mit gleichförmiger Geschwindigkeit hinaufzuziehen?

In der Grenzlage fällt die Resultierende P_r aus Q und P in die Mantellinie a des Reibungskegels. Daher ist in der Grenzlage:

$$P = Q\,\mathrm{tg}(\alpha + \varrho). \tag{37}$$

Soll eine Kraft P' den Körper gerade am Abgleiten hindern, so fällt die Resultierende P'_r aus P' und Q in die untere Mantellinie a des Reibungskegels und es ist:

$$P' = Q \cdot \mathrm{tg}(\alpha - \varrho_0). \tag{38}$$

Für $\alpha = \varrho_0$ wird $P' = 0$. Selbsthemmung ist also vorhanden, wenn $\alpha \leqq \varrho_0$ ist.

c) Ergebnisse der Reibungsversuche.

Zahlentafel 1 gibt eine Zusammenstellung der Reibungszahlen für verschiedene, oft angewendete Werkstoffe, bei trockenen, geschmierten und mit Wasser benetzten Reibungsflächen.

Zahlentafel 1. Reibungszahlen.

Nr.	Werkstoffe der reibenden Körper	μ_0 (Haftreibung)			μ (Bewegungsreibung)		
		trocken	geschmiert	mit Wasser	trocken	geschmiert	mit Wasser
1	Stahl auf Stahl . . .	0,15	0,1	—	0,1	0,009	—
2	Stahl auf Gußeisen, Rotguß oder Bronze .	0,18	0,1	—	0,16	0,01	—
3	Metall auf Holz . . .	0,6–0,5	0,1	—	0,5–0,2	0,08–0,02	0,26–0,22
4	Holz auf Holz . . .	0,65	0,2	0,7	0,4–0,2	0,16–0,04	0,25
5	Leder auf Metall (Dichtungen)	0,6	0,25	0,62	0,25	0,12	0,36
6	Lederriemen auf Gußeisen	0,56	—	0,36	0,28	0,12	0,38
7	Lederriemen auf Holz	0,27	—	—	0,47	—	—

d) Rollende Reibung (Rollwiderstand).

Das Rollen eines Rades auf einer festen Ebene oder Schiene (Fig. 85) ist nur infolge der Haftreibung (s. S. 183) zwischen Rad und Schiene möglich.

Das durch den Raddruck P belastete Rad sei aus härterem Werkstoff als die Schiene und dringe daher in diese um einen kleinen Betrag ein. Der auf Mitte der Eindringungsfläche wirkende Gegendruck $N = P$ hat daher von der Radmitte den Abstand f. Beide P mit dem Abstand f bilden ein Kräftepaar, das der Bewegung des Rades entgegengesetzt wirkt:

$$M = P \cdot f \text{ [kgcm]}. \tag{39}$$

f heißt die Reibungszahl der rollenden Reibung und ist ein Hebelarm in cm. Die Größe des Rollreibungsmomentes M hängt außer den Werkstoffen von Rad und Schiene hauptsächlich von dem Raddruck P ab.

Setzt man das Kräftepaar $P \cdot f$ gleich dem Moment des Reibungswiderstandes zwischen Rad und Schiene, $W_r R$, so ist:

$$W_r = P \cdot f/R \text{ [kg]}. \tag{40}$$

Infolge der Haftreibung tritt Rollen nur dann ein, wenn $W_r \leqq P\mu_0$ bzw. $f : R < \mu_0$ ist.

Zur Fortbewegung des Rades ist ein Moment $M_a = P \cdot f$ oder eine waagerechte Kraft $K \geqq W_r$ erforderlich.

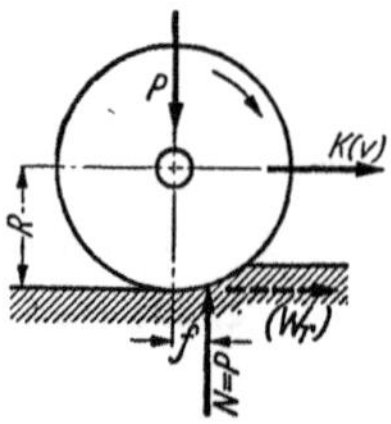

Fig. 85.

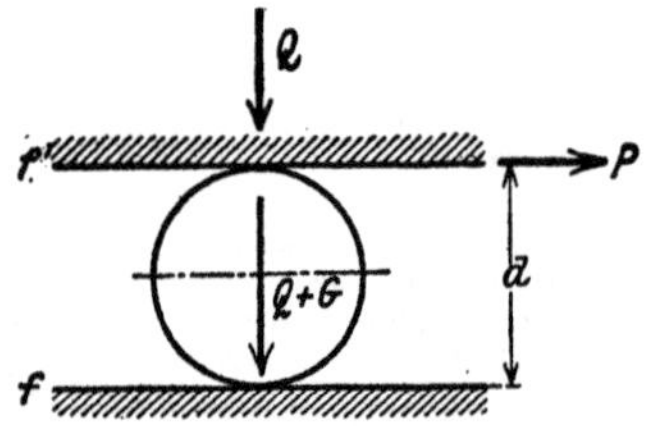

Fig. 86.

Beim Rollen einer Last Q mit Hilfe einer Walze vom Gewicht G (Fig. 86), an deren Umfang eine Kraft P angreift, ist:

$$M = P \cdot d = (Q + G) \cdot f + Q \cdot f'. \tag{41}$$

Ist G klein gegenüber Q und $f' \approx f$, so wird: $M = 2P \cdot r = 2Q \cdot f$. (42)

Mittlere Hebelarme der rollenden Reibung:

1. Gußeisen, Stahlguß oder Stahl auf Stahl: $f \approx 0{,}05$ cm.
2. Gehärtete Stahlkugeln oder -rollen auf gleichen Stahlringen (von Wälzlagern): $f = 0{,}0005$ bis $0{,}001$ cm.

Leistungsverlust bei der rollenden Reibung (Fig. 85):

$$L_r = M \cdot \omega = K \cdot v \text{ [kgm/sek]}, \tag{43}$$

wobei ω die Winkelgeschwindigkeit (1 : sek) bedeutet.

2. Reibung an den wichtigsten Getrieben.

a) Keil. Das senkrecht geführte, unten abgeschrägte und durch Q belastete Prisma *1* (Fig. 87) soll durch die waagerechte Kraft P des Keils *2* angehoben werden. α = Neigung des Keils.

An der unteren und oberen Berührungsstelle des Keils, sowie an der linken Prismenführung treten Reibungen R_1, R_2 und R_3 auf, die den Bewegungsrichtungen entgegen wirken.

Aus dem Gleichgewicht von Prisma und Keil ergibt sich:

$$P = Q \cdot \sin(\alpha + \varrho_1 + \varrho_2) \cdot \cos\varrho_3/[\cos(\alpha + \varrho_2 + \varrho_3) \cdot \cos\varrho_1]. \tag{44}$$

Für $\varrho_1 = \varrho_2 = \varrho_3 = \varrho$ wird:

$$P = Q \cdot \mathrm{tg}(\alpha + 2\varrho). \tag{45}$$

Wirkungsgrad des Keils beim Heben der Last:

$$\eta = \frac{P_0}{P} = \frac{Q \cdot \mathrm{tg}\,\alpha}{Q \cdot \mathrm{tg}(\alpha + 2\varrho)} = \frac{\mathrm{tg}\,\alpha}{\mathrm{tg}(\alpha + 2\varrho)}. \tag{46}$$

Die Kraft P', die ein Herausdrücken des unteren Keils (nach rechts) verhindert, wird dadurch erhalten, daß man die Reibungswinkel mit negativen Vorzeichen in Gl. (46) einführt.

$$P' = Q \cdot \sin(\alpha - \varrho_1 - \varrho_2) \cdot \cos\varrho_3 : [\cos(\alpha - \varrho_2 - \varrho_3) \cdot \cos\varrho_1]. \qquad (47)$$

Für $\alpha \leqq \varrho_1 + \varrho_2$ wird $P' \leqq 0$; das Keilgetriebe ist selbsthemmend.

Für $\varrho_1 = \varrho_2 = \varrho_3 = \varrho_0$ muß $\alpha \leqq 2\varrho_0$ sein.

b) Bewegung in Keilnuten (Fig. 88). Ein keilförmiges Prisma werde durch eine Kraft P in eine Keilnut mit dem Öffnungswinkel 2α gepreßt und in dieser Nut fortbewegt (z. B. bei einer Drehbankführung).

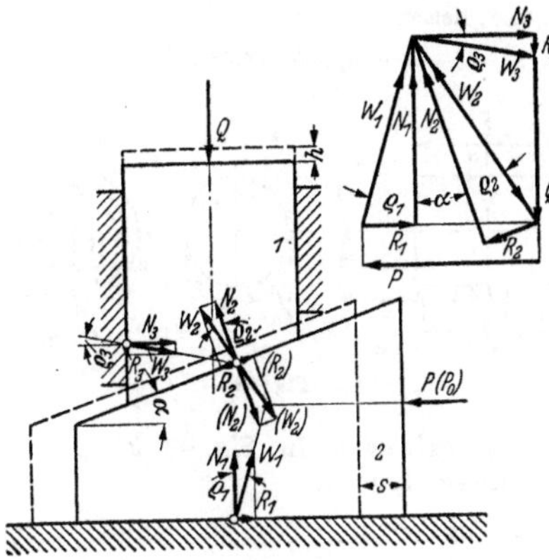

Fig. 87.

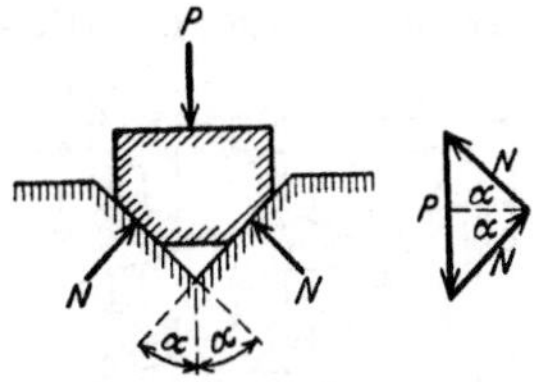

Fig. 88.

Die bei dieser Bewegung längs der beiden Führungsflächen zu überwindende Reibungskraft ist: $R = 2N\mu$.

Mit $P = 2 \cdot N \sin\alpha$ wird

$$R = \frac{\mu}{\sin\alpha} \cdot P = \mu' \cdot P;$$

$$\mu' = \mu/\sin\alpha = \text{Keilreibungszahl.}$$

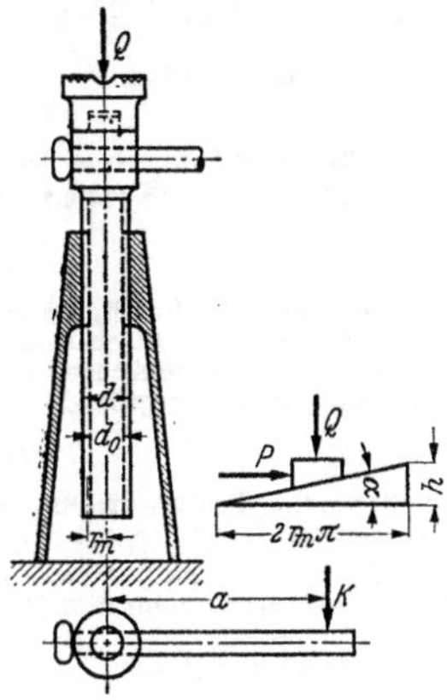

Fig. 89.

c) Schraube (Bewegungsschraube).

Fig. 89: Einfache Schraubenwinde mit der Last Q und der am Handhebel angreifenden Kraft K. d Außen-, d_0 Innendurchmesser, h Ganghöhe der Schraubenspindel. Es wird angenommen, daß sich die Last auf alle Gewindegänge gleichmäßig verteilt und am mittleren Gewindehalbmesser $r_m = (r + r_0) : 2$ angreift.

Neigungswinkel der Schraube (Fig. 89a): $\operatorname{tg}\alpha = h : 2 r_m \pi$.

1. Schraube mit flachgängigem Gewinde (Fig. 90). Einer Drehung der Kraft P am Hebelarm r_m (Fig. 89) entspricht ein Hinaufschieben der Last Q auf die Länge der schiefen Ebene, d. h. ein Heben um den Betrag h.

Daher ist nach S. 185 unter 2:

$$P = Q \cdot \operatorname{tg}(\alpha + \varrho) = Q(\operatorname{tg}\alpha + \operatorname{tg}\varrho)/(1 - \operatorname{tg}\alpha \cdot \operatorname{tg}\varrho);$$

$$P = Q \cdot \frac{h + 2 r_m \pi \mu}{2 r_m \pi - \mu h}. \qquad (48)$$

Ohne Reibung ist die ideelle Kraft: $P_0 = Q \cdot \operatorname{tg}\alpha$.

Daher Wirkungsgrad der Schraube: $\eta = P_0/P = \operatorname{tg}\alpha/\operatorname{tg}(\alpha + \varrho)$. (49)

Die ein selbsttätiges Senken der Last hindernde Kraft ist:

$$P' = Q \cdot \operatorname{tg}(\alpha - \varrho) \qquad (50)$$

(s. auch S. 185).

Für $\alpha \leqq \varrho$ ist $P' \leqq 0$, d. h. die Schraube ist selbsthemmend.

Da sich Flachgewinde (Fig. 90) nicht fräsen läßt, treten an seine Stelle das Sägengewinde (Fig. 91) oder das Trapezgewinde (Fig. 92).

Das Sägengewinde (Fig. 91) kommt nur dann in Frage, wenn der Spindeldruck wie im vorliegenden Fall (Fig. 89) nur in einer Richtung wirkt. Bei der geringen Neigung der tragenden Ringfläche von 3° kann daher die Schraube mit Sägengewinde wie die flachgängige Schraube berechnet werden.

2. Schraube mit Trapezgewinde (Fig. 92). Bedeutet β den Spitzenwinkel des Gewindes, so können die unter 1. angegebenen Formeln angewendet werden, wenn man μ durch μ' und ϱ durch ϱ' ersetzt. $\mu' = \mu : \cos\beta$.

Für $\beta = 30°$ (DIN 103) ist $\cos\beta/2 \approx 0,96$, daher:

$$\mu' = \mu/0,96 \approx 1,04\,\mu.$$

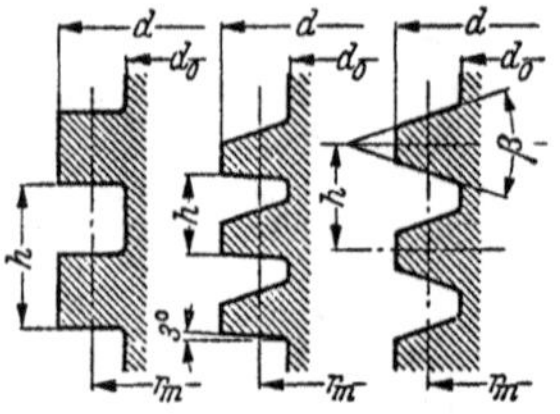

Fig. 90 bis 92.

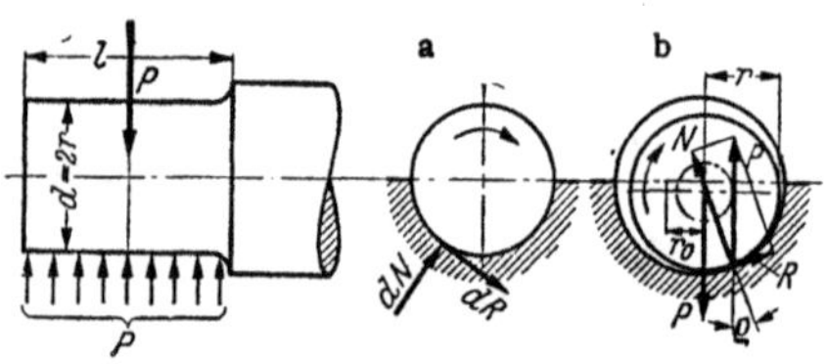

Fig. 93.

d) Lagerreibung. 1. Traglager (Querlager). In Fig. 93 ist der Flächendruck je 1 cm² (spezifischer Lagerdruck):

$$p = P/ld \text{ [kg/cm}^2\text{]}. \qquad (51)$$

Für den in enger Berührung mit der Lagermantelfläche befindlichen ruhenden Zapfen (Fig. 93a) wirke auf ein Flächenelement die Haftreibung $dR = \mu_0\, dN$, wobei dN der Normaldruck und μ_0 die gleichbleibend angenommene Reibungszahl bedeuten. Das aus sämtlichen Flächenelementen sich ergebende Haftreibungsmoment ist:

$$M_0 = \int r\, dR = \mu_0 r \int dN. \qquad (52)$$

Bei unbekannter Kräfteverteilung auf den Umfang der Berührungsfläche muß $\int dN$ größer als der Lagerdruck sein (Summe der Seiten eines Kraftecks ist größer als die Schlußlinie).

Wird $\int dN = \beta P$ gesetzt, so ist $\beta > 1$. In Gl. (52) tritt an Stelle von μ_0 der Wert $\mu_1 = \beta\mu_0$. Hiermit Haftreibungsmoment:

$$M_0 = \mu_1 P \cdot r \text{ [kgcm]}; \qquad (53)$$

μ_1 heißt Zapfenreibungszahl.

Bei bewegtem (leicht laufendem) Zapfen und trockener Reibung nehme man Berührung zwischen Zapfen und Lager längs einer Mantellinie (Fig. 93b) an.

Mit $R = P \cdot \sin\varrho$ und $\sin\varrho = \mu_1$ ist das Reibungsmoment der Bewegung:

$$M = rR = rP\sin\varrho = \mu_1 \cdot rP = r_0 P \text{ [kgcm]}. \qquad (54)$$

In der Gleichgewichtslage tangiert P an einen Kreis mit dem Halbmesser $r_0 = r \cdot \sin\varrho = \mu_1 \cdot r$, den sog. Reibungskreis.

Sekundliche Reibungsarbeit:

$$A_r = M \cdot \omega = \mu_1 P \cdot r\pi n/30 \text{ [kgcm/sek]}. \qquad (55)$$

b) Spurlager (Längslager). Für den vollen Zapfen (ohne Bohrung) ist:

Normaldruck: $dN = p\,dF = p\,2\varrho\pi\,d\varrho$.

Reibungskraft: $dR = \mu\,dN = \mu p\,dF = \mu p\,2\varrho\pi\,d\varrho$.

Reibungsmoment: $$M = \int_0^r \varrho\,dR = \mu p \int_0^r \varrho\,dF = \mu p\,2\pi \int_0^r \varrho^2\,d\varrho. \qquad (56)$$

Sekundliche Reibungsarbeit: $A_r = M\omega = M\pi n/30$ [kgcm/sek]. (57)

Da der Flächendruck zwischen Zapfen und voller Spurplatte von außen nach der Mitte zu nach einer gleichseitigen Hyperbel steigt, so ist für $r = 0$ der Flächendruck $p = \infty$. Durch die Bohrung d_0 wird ein Fortdrücken des Schmiermittels und Fressen an dieser Stelle vermieden, der Flächendruck also auf einen zulässigen Wert begrenzt.

Für den Zapfen mit Bohrung (Fig. 94) ist das Reibungsmoment:

$$M = \mu p\, 2\pi \int_{r_0}^{r} \varrho^2\, d\varrho = \tfrac{2}{3}\mu\pi p (r^3 - r_0^3) = \tfrac{2}{3}\mu (r^3 - r_0^3)\, P/(r^2 - r_0^2). \qquad (58)$$

e) Umschlingungsreibung (Band- und Seilreibung). Um eine Scheibe (Fig. 95) sei ein vollkommen biegsames Zugmittel geschlungen.

S_1 = Spannkraft am ziehenden (ablaufenden) Trumm,
S_2 = Spannkraft am gezogenen (auflaufenden) Trumm.

Infolge der Reibung zwischen Zugmittel und Scheibe ist $S_1 > S_2$.

Betrachtet man ein Element des Zugmittels mit dem Zentriwinkel $d\varphi$ (Fig. 95) im Ruhezustand, so muß, damit Gleichgewicht in tangentialer und normaler Richtung herrscht, der Unterschied der Spannkräfte an den Enden des Elementes gleich der an seiner Berührungsstelle wirkenden Reibung sein. $dS = dR = \mu_0 dN$.

Senkrecht zum Zugmittelelement ist: $dN = 2S \sin d\varphi/2 \approx S\, d\varphi$.

Aus $dS/S = \mu_0 d\varphi$; $\int dS/S = \mu_0 \int d\varphi$ und $\ln S/C = \mu_0\varphi$ wird:

$$S = C e^{\mu_0 \varphi},$$

wobei C die Integrationskonstante ist.

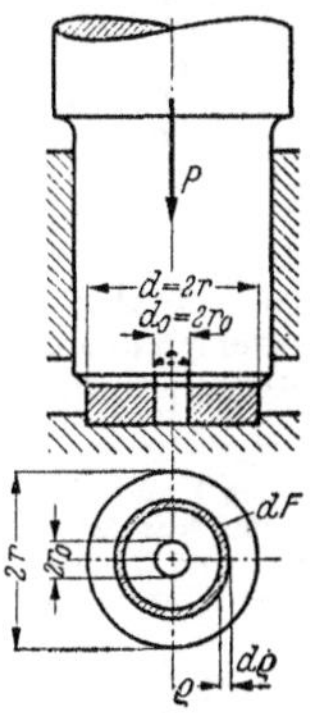

Fig. 94.

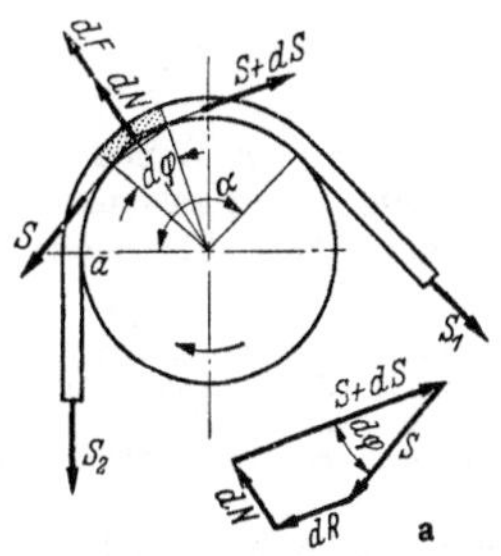

Fig. 95.

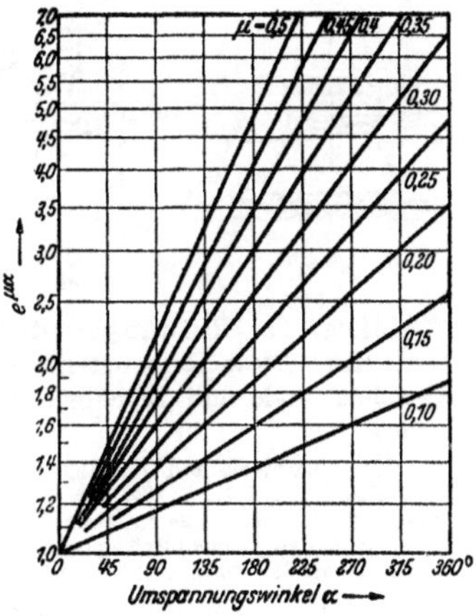

Fig. 96.

Wird diese Gleichung auf die Auflaufstelle a angewendet, so ist $\varphi = 0$ und $C = S_2$. An der Ablaufstelle ist $\varphi = \alpha$. Daher: $S_1 = S_2 \cdot e^{\mu_0 \alpha}$. (59)

Verhältnis der Spannkräfte: $S_1/S_2 = e^{\mu_0 \alpha}$. (60)

Größe der Reibung am umspannten Teil der Scheibe:

$$R = S_1 - S_2 = S_2(e^{\mu_0\alpha} - 1) = S_1(e^{\mu_0\alpha} - 1) \cdot e^{\mu_0\alpha}. \qquad (61)$$

In Gl. (60) ist $\alpha = 2\pi \cdot \alpha^\circ/360 = \alpha^\circ/57{,}3$ = Umspannungswinkel im Bogenmaß.

Tafel 2 gibt die Werte $e^{\mu_0\alpha}$ für $\alpha = 2\pi$ bis 8π.

Fig. 96: $e^{\mu_0\alpha}$-Werte für $\alpha = 0°$ bis $360°$ und $\mu_0 = 0{,}1$ bis $0{,}5$. Anwendung beim Riementrieb und bei Bandbremsen.

Zahlentafel 2. $e^{\mu_0\alpha}$-Werte für 1- bis 4fache Umschlingung und $\mu_0 = 0{,}129$.

$\alpha =$	2π	3π	4π	5π	6π	7π	8π
$e^{\mu_0\alpha} =$	2,243	3,37	5,057	7,584	11,37	16,92	25,6

Anwendung bei Spills und Reibungstrommeln.

Beispiel: Um einen Spillkopf (Fig. 97) sei ein Drahtseil mit zwei Umschlingungen gelegt. Das eine Seilende ist an einem zu verschiebenden Wagenzug angehängt und sei durch eine Zugkraft $S_1 = 100$ kg belastet. Wie groß ist die am anderen Ende auszuübende Handzugkraft S_2, wenn die Haftreibungszahl $\mu_0 \approx 0{,}13$ ist?

Aus Zahlentafel 2, S. 189 entnimmt man für $\alpha = 2 \cdot 2\pi = 4\pi$ den Wert $e^{\mu_0 \alpha} \approx 5$. Somit: $S_2 = S_1 : e^{\mu\alpha} = 100 : 5 = 20$ kg. Der Unterschied $U = S_1 - S_2 = 100 - 20 = 80$ kg ist die Umfangskraft des Spillkopfes, die vom Antriebmotor aufzubringen ist.

f) Rollen und Rollenzüge. 1. Feste Rolle (Leit- oder Umlenkrolle), Fig. 98 bis 100. Das über die Rolle gelegte Seil ist durch die Last Q und die Kraft P bzw. P_0 belastet (Fig. 98 und 99).

Ohne Reibung ist: $P_0 R = Q \cdot R$; $P_0 = Q$. Kraftweg s = Lastweg h.

Der für die Berechnung der Reibung zwischen Rolle und Bolzen maßgebende resultierende Bolzendruck ist für die Rolle Fig. 98:

$$P_r = \sqrt{P_0^2 + Q^2 - 2 P_0 Q \cos\gamma} = 2Q \cdot \sin\gamma/2 .$$

Für $\alpha = 180°$ (Fig. 99) sind P_0 und Q parallel und es ist $P_r = P_0 + Q = 2Q$.

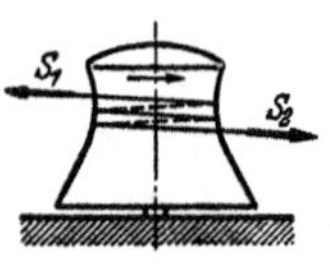

Fig. 97.

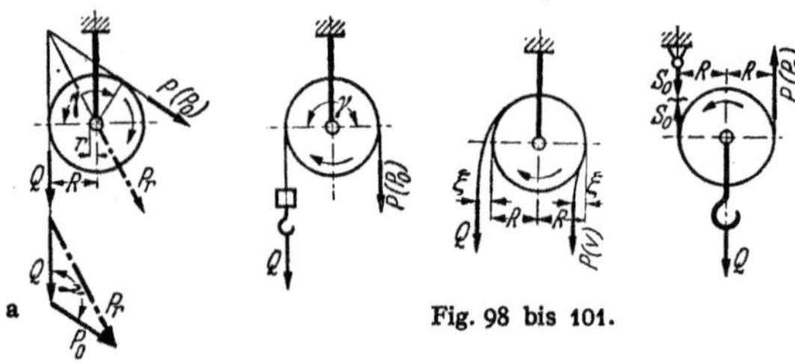

Fig. 98 bis 101.

Infolge der Reibungswiderstände ist zum Heben der Last $P > Q$ erforderlich. Diese Reibungswiderstände setzen sich zusammen aus der Reibung zwischen Rolle und Rollenbolzen und dem Biegewiderstand des Seiles (Drahtseiles).

Der Biegewiderstand (die Seilsteifigkeit) rührt aus der Reibung der einzelnen Drähte im Seilverband (s. Bd. II, S. 382) her. Der Übergang aus der Geraden in die Krümmung tritt daher allmählich ein, wobei das auflaufende Seil (Fig. 100) um den Betrag ξ nach außen und das ablaufende um den gleichen Betrag nach innen abweicht. Hierdurch wird der Hebelarm R um diesen Betrag vergrößert bzw. verkleinert.

Sind r der Zapfenhalbmesser und μ_1 die Reibungszahl zwischen Rolle und Bolzen, so wird das Moment der Zapfenreibung (Fig. 98)

$$M = \mu_1 P_r \cdot r = 2\mu_1 Q \cdot \sin\gamma/2 \cdot r .$$

Für $\alpha = 180°$ (Fig. 99) ist $M = 2\mu_1 Q \cdot r$.

Aus der Momentengleichung für den Mittelpunkt der Rolle als Drehpunkt (Fig. 100) wird: $P \cdot (R - \xi) = Q(R + \xi + 2\mu_1 \cdot r)$

und hieraus:

$$P = Q \cdot (R + \xi + 2\mu_1 \cdot r)/(R - \xi) = Q/\eta_f = \varepsilon_f Q, \tag{62}$$

da der Wirkungsgrad der festen Rolle $\eta_f = P_0 : P = Q : P$ ist.

Der Wert ε_f heißt Verlustfaktor und ist > 1.

Für Ketten und Drahtseile ist $\varepsilon_f = 1{,}04$ bis $1{,}06$ entsprechend $\eta_f = 0{,}96$ bis $0{,}94$ i. M. $0{,}95$.

2. Lose Rolle (Übersetzungsrolle). Die Last hängt am Bolzen der losen Rolle (Fig. 101). Das eine Ende ist an einem Katzengestell oder an der Auslegerspitze eines Drehkranes befestigt. Am anderen greift die Zugkraft an.

Ohne Reibung ist:

$$\text{Zugkraft: } P_0 = S_0 = Q/2; \quad \text{Übersetzung: } i_r = 2.$$

$$\text{Kraftweg} = 2 \times \text{Lastweg}; \quad s = 2h.$$

Mit Berücksichtigung der Reibungswiderstände ist die Zugkraft beim Lastheben:

$$P + S_0 = Q; \quad P = S = \varepsilon S_0 = \varepsilon(Q - P); \quad \text{woraus: } P = S = \frac{\varepsilon}{1 + \varepsilon} Q .$$

Wirkungsgrad der losen Rolle:

$$\eta_l = P_0/P = S_0/S = Q/2\,(1+\varepsilon)/\varepsilon Q = (1+\varepsilon)/2\varepsilon. \qquad (63)$$

Mit dem Mittelwert der festen Rolle $\eta_f = 0{,}95$ und $\varepsilon = \varepsilon_f \approx 1{,}05$ wird:

$$\eta_l = (1+1{,}05):(2\cdot 1{,}05) = 2{,}05:2{,}10 \approx 0{,}976.$$

Der Wirkungsgrad der losen Rolle ist also besser als der der festen.

3. Rollenzüge (Flaschenzüge). Die im Hebezeugbau als Übersetzungsmittel zwischen Last und Kraft verwendeten Flaschenzüge sind allgemein Faktorenflaschenzüge. Sog. Potenzrollenzüge werden praktisch kaum angewendet.

Bei dem als Lastrollenzug dienenden Faktorenflaschenzug sind eine Anzahl fester und loser Rollen auf je einem gemeinsamen Bolzen angeordnet.

Bei dem Rollenzug Fig. 102 läuft das Seil von einer losen Rolle ab.

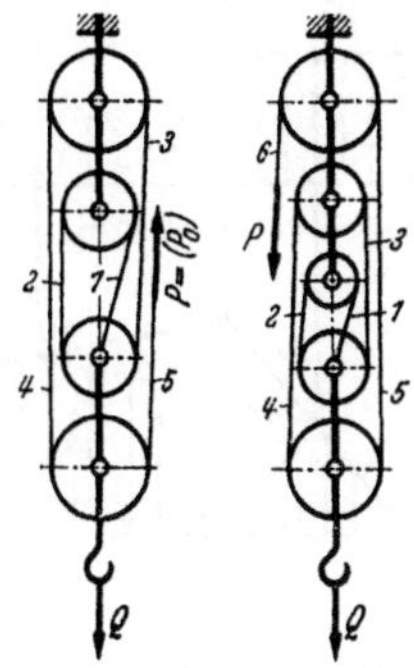

Fig. 102 u. 103.

Bezeichnet n die Rollenzahl des Flaschenzuges, so ist die Zahl der tragenden Seilstränge $n+1$.

Für die Hubhöhe h ist der Kraftweg: $s = (n+1)\cdot h$. Ohne Reibung ist: $P_0 = Q:(n+1)$.

Ist η_R der Wirkungsgrad des Rollenzuges, so ist die erforderliche Zugkraft:

$$P = \frac{Q}{\eta_R(n+1)}. \qquad (64)$$

Mit dem Verlustfaktor der einfachen Rolle $\varepsilon = 1:\eta$ ist:

$$\eta_R = \frac{1}{n+1}\cdot\frac{\varepsilon^{n+1}-1}{\varepsilon^n(\varepsilon-1)}. \qquad (65)$$

Für $\varepsilon \approx 1{,}05$ und $n = 2$ bis 10 ergeben sich folgende Wirkungsgrade:

$n =$	2	3	4	5	6	7	8	9	10
$\eta_R \approx$	0,94	0,92	0,91	0,89	0,87	0,86	0,83	0,82	0,80

Läuft das Seil von einer festen Rolle ab (Fig. 103), so tritt noch der Wirkungsgrad der festen Rolle hinzu und die Zugkraft ist:

$$P = \frac{Q}{\eta_R\cdot\eta_f\cdot(n+1)}, \qquad (66)$$

wobei $\eta_f \approx 0{,}95$.

D. Tragwerke.

1. Biegemomente und Querkräfte von Trägern mit mittelbarer Belastung und wandernden Lasten.[1])

a) Träger mit mittelbarer Belastung (Fig. 104 und 105).

Querkraftlinien (Fig. 104a). Zeichne zunächst die Querkraftlinie ohne Berücksichtigung der Querträger auf und rechne P als $P' = P\cdot l_2 : (l_1+l_2)$ und $P'' = P\cdot l_1 : (l_1+l_2)$ auf die Stellen 1 und 2 des Trägers um. Diese Kräfte zeichne man in die alte Q-Linie ein. In gleicher Weise verfahre man beim Entwurf der Querkraftlinie Fig. 105a.

Momentenlinien (Fig. 104b und 105b). Berechne die Momente unter P (Fig. 104) bzw. P_1 und P_2 (Fig. 105) ohne die Querträger und trage sie zeichnerisch auf (gestrichelte M-Linie). Ziehe Senkrechte durch die Stützpunkte der Querträger, die die M-Linie schneiden. Die Verbindung dieser Schnittpunkte ergibt die gesuchte (ausgezogene) M-Linie mit den Momenten M_1 und M_2 in Fig. 104b bzw. M_1 bis M_3 in Fig. 105b.

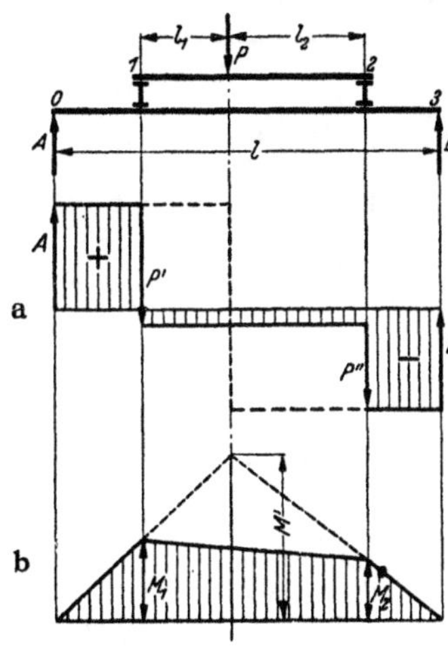

Fig. 104.

1) Biegemomente und Querkräfte von Trägern mit festen Lasten (Einzel- und Streckenlasten) s. Abschnitt „Festigkeitslehre“.

b) Träger mit wandernden Lasten (Verkehrslasten). 1. Eine Last P wandert über den Träger (Fig. 106).

Auflagerlinien (Fig. 106a). Auflagerkraft für eine beliebige Laststellung x vom linken Auflager:

$$A_x = P(L - x) : L; \quad B_x = Px : L.$$

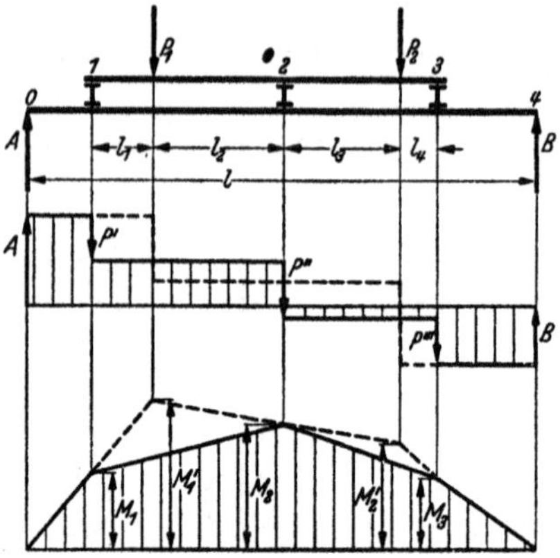

Fig. 105.

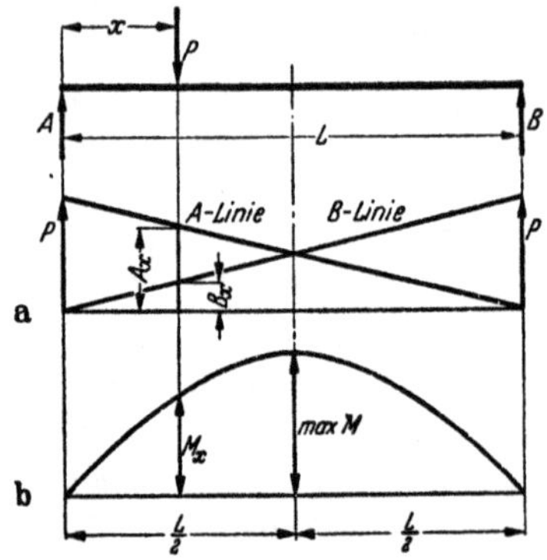

Fig. 106.

Auftragen von P über dem linken Auflager ergibt die A-Linie, über dem rechten die B-Linie.

Momentenlinie (Fig. 106b). Das im Abstand x vom linken Auflager auftretende Biegemoment ist:

$$M_x = A_x \cdot x = P \cdot (L - x) \cdot x : L.$$

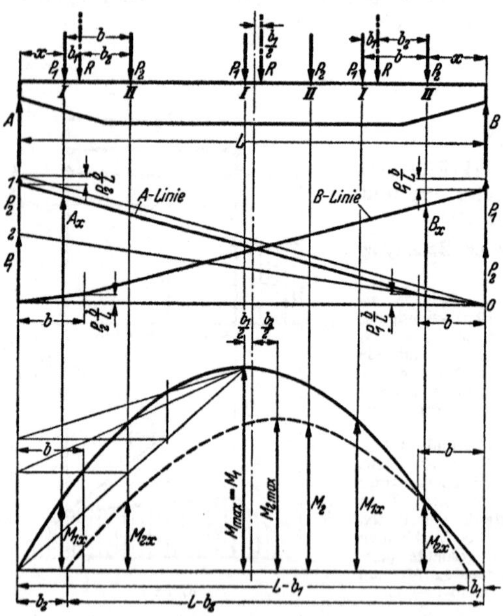

Fig. 107.

Wandert P vom linken Auflager zum rechten, so liegen die M_x-Werte auf einer Parabel mit senkrechter Achse und der Länge L.

Für $x = L/2$ ist der Größtwert des Biegemomentes (Pfeilhöhe der Parabel):

$$\max M = PL:4.$$

2. Zwei wandernde Lasten P_1 und P_2 mit dem festen Abstand b (Fig. 107).

Annahme:

$$P_1 > P_2;$$

Resultierende:

$$R = P_1 + P_2;$$

Abstände der Resultierenden:

$$b_1 = P_2 \cdot b/R;$$

$$b_2 = P_1\, b/R.$$

Auflagerlinien. Auflagerkraft für eine Laststellung im beliebigen Abstand x vom linken Auflager:

$$A_x = R \cdot (L - x - b_1)/L .$$

Zur zeichnerischen Bestimmung von A_x wird die A-Linie (Fig. 107a) entworfen.

Trage P_1 und P_2 über einer Grundlinie und auf der Senkrechten durch das Auflager (A) auf. Verbinde die Punkte 1 und 2 mit 0. Steht P_1 über dem Auflager (A), so kommt von P_2 der Betrag $P_2 \cdot b/L$ auf das rechte Auflager, der daher abgezogen wird. Steht die Last P_2 über dem rechten Auflager (B), so ist der Auflagerdruck bei A gleich $P_1\, b/L$. Die stark ausgezogene Linie ergibt die A-Linie (Fig. 107a) und den mit x veränderlichen Auflagerdruck A_x.

In gleicher Weise wird die B-Linie entworfen (Fig. 107a).

Momentenlinien. Für die Laststellung im Abstand x vom linken Auflager ist das Biegemoment unter der Last P_2:

$$M_x = A_x \cdot x = R \cdot (L - x - b_1) \cdot x/L = R \cdot (x - x^2/L - b_1\, x/L) .$$

Dieser Ausdruck, der eine Parabel darstellt, wird nach x differenziert und gleich Null gesetzt.

$$dM/dx = R\,(1 - 2\,x/L - b_1/L) = 0 .$$

Mit $x = (L - b_1)/2$ ist die Länge der Parabel (Fig. 107b): $L - b_1$. Für $x = (L - b_1)/2$ wird:

$$\max M_1 = \frac{R}{4\,L} \cdot (L - b_1)^2 = \frac{P_1 + P_2}{4\,L} \cdot (L - b_1)^2 . \qquad (67)$$

Diese Pfeilhöhe der Parabel liegt im Abstand $b_1/2$ von der Trägermitte und unter der Last P_1, wenn R um $b_1/2$ rechts von der Trägermitte steht. Steht die Last P_2 im Abstand x vom rechten Auflager (Fig. 107b), so wird entsprechend mit $x = (L - b_2)/2$ erhalten:

Länge (Sehne) der zweiten Parabel: $L - b_2$. Größtes Biegemoment im Abstand $b_2/2$ von der Trägermitte (Pfeilhöhe der Parabel):

$$\max M_2 = \frac{R}{4\,L} \cdot (L - b_2)^2 = \frac{P_1 + P_2}{4\,L} \cdot (L - b_2)^2 . \qquad (68)$$

Da $P_1 > P_2$ ist, ist $\max M = \max M_1$.

Die Parabeln sind nur soweit gültig, bis die eine Last über dem linken bzw. rechten Auflager steht (Fig. 107).

3. Sonderfall für zwei gleichgroße Lasten $P - P$ mit dem festen Abstand b (Fig. 108).

Resultierende:

$$R = 2\,P .$$

Abstände der Resultierenden von den Lasten: $b/2$.

Auflagerlinien (Fig. 108a). Die A- und B-Linien sind einander gleich. Daher genügt Aufzeichnen der A-Linie.

Momentenlinien. Größtes Biegemoment tritt unter einer Last P auf, wenn die Katzenmitte um $b/4$ außerhalb der Trägermitte steht.

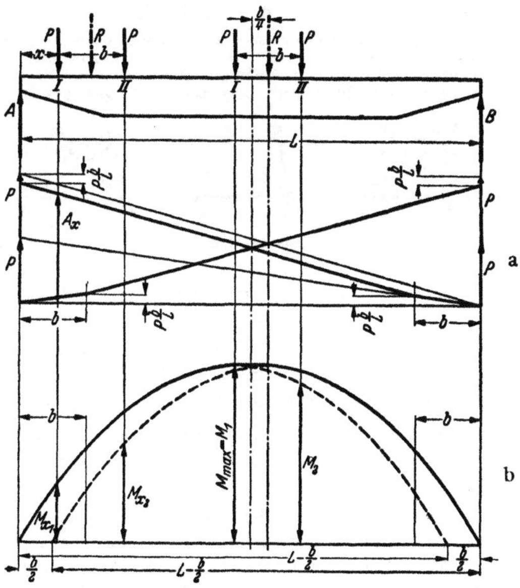

Fig. 108.

Der Verlauf des Biegemomentes jeder der beiden Lasten stellt eine Parabel mit der Länge $L - b{:}2$ und dem Größtwert $\max M$ als Pfeilhöhe dar (Fig 108b).

Größtes Biegemoment (unter der Last I):

$$\max M = \frac{P}{2L} \cdot \left(L - \frac{b}{2}\right)^2. \tag{69}$$

Oben wird die M-Linie durch Verbindung der beiden Pfeilhöhen der Parabeln waagerecht begrenzt.

E. Fachwerke.

a) Allgemeines über das ebene Fachwerk.

1. Im folgenden werden Fachwerke behandelt, deren Lagerung statisch bestimmt ist (äußere statische Bestimmtheit) und deren Auflagerkräfte sich mit den drei Gleichgewichtsbedingungen (s. S. 173) ermitteln lassen.

Es wird angenommen, daß die Stäbe in ihren Endpunkten durch reibungsfreie Gelenke verbunden sind. Die infolge der Niet- oder Schweißanschlüsse an den Knoten noch auftretenden zusätzlichen Spannungen (Nebenspannungen) sind rechnerisch schwer zu erfassen und werden durch die Höhe der zulässigen Spannungen berücksichtigt.

2. Aufbau. Das einfachste Fachwerkgebilde ist das Dreieck mit den Knoten I bis III (Fig. 109). Nimmt man die Knoten I und II als Festpunkte (Lager) an, und reiht man weitere Dreiecke mit den neuen Knoten IV bis VI an, so erhält man ein Fachwerk (Fig. 109), das z. B. als Kranausleger verwendbar ist.

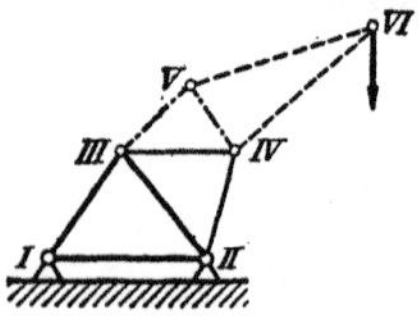

Fig. 109.

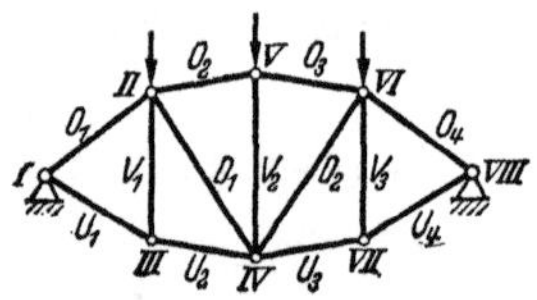

Fig. 110.

Der Aufbau des Fachwerkträgers auf zwei Stützen (Fig. 110) geschieht ebenfalls durch das Aneinanderreihen von Dreiecken mit den Knoten I bis VIII.

Die Stäbe, die das Fachwerk nach außen begrenzen, werden Gurtungen genannt. O_1 bis O_4 sind die Obergurtstäbe, U_1 bis U_4 die Untergurtstäbe. Die die Gurtungen miteinander verbindenden Stäbe heißen Füllungs- oder Gitterstäbe. Die senkrechten Füllungsstäbe (Vertikalen) werden mit V_1 bis V_3, die Diagonalen (Schrägen) mit D_1 und D_2 bezeichnet.

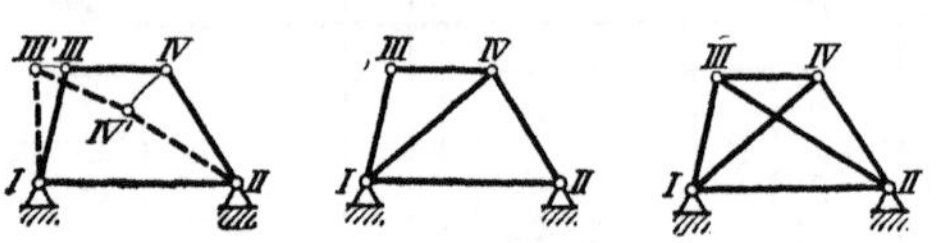

Fig. 111 bis 113.

3. Statische Bestimmtheit (Starrheit). Für ein Fachwerk mit n Gelenken (Knoten) ist die erforderliche Stabzahl:

$$s = 2n - 3. \tag{70}$$

Ein dieser Bedingung entsprechendes Fachwerk ist in sich starr und geometrisch bestimmt.

Beispiele: Fig. 109: $n = 6$; $s = 9$. Fig. 110: $n = 8$; $s = 13$. Fig. 112: $n = 4$; $s = 5$.

Ein Fachwerk mit n Gelenken und weniger als $2n - 3$ Stäben ist beweglich und geometrisch unbestimmt.

Beispiel: Gelenkviereck (Fig. 110); $n = 4$; $s = 4 < 2n - 3$.

Hat ein Fachwerk mit n Gelenken mehr als $2n - 3$ Stäbe, dann ist es statisch unbestimmt bzw. geometrisch überbestimmt.

Beispiel Fig. 113: $n = 4$; $s = 6 > 2n - 3$.

Die meist angewendeten Fachwerke (z. B. Träger oder Ausleger) entsprechen der Starrheitbedingung (innerlichen statischen Bestimmtheit). Stäbe, die sich in diesen entfernen lassen, ohne den Dreieckscharakter des Fachwerks zu stören, sind Hilfsstäbe und dienen dazu, die Biegestützweite oder Knicklänge eines Stabes zu vermindern.

4. Äußere Kräfte. Die Belastungskräfte (Eigenlast, feste Einzellasten oder wandernde Lasten) müssen stets an den Knoten angreifen. Alsdann werden sämtliche Stäbe des Fachwerks nur durch Längskräfte (Zug- oder Druckkräfte) beansprucht.

Kräfte, die nicht an den Knoten wirken, werden auf diese umgerechnet (reduziert).

Beispiel s. Bd. II, S. 447, Fig. 197: Reduktion der Katzenraddrucke auf die Auslegerknoten eines Konsolkranes.

b) Bestimmung der Stabkräfte von Fachwerkträgern auf zwei Stützen.

1. Zeichnerisches Verfahren von Cremona. An dem Fachwerkträger Fig. 114 wirken die Knotenlasten P_1 bis P_3. Die Auflagerkräfte A und B sind berechnet. Das Aufzeichnen des Kräfteplanes beginnt beim Auflager A. Als Umfahrungssinn wird allgemein der Uhrzeigersinn festgelegt.

Knoten *I*. Auflagerkraft A ist nach Größe und Richtung bekannt. Mit den Richtungen von O_1 und U_1 erhält man Krafteck *I*. Wegen des Gleichgewichts der Kräfte müssen alle Pfeilrichtungen, ausgehend von A, gleichsinnig sein. Im System eingetragene Pfeile zeigen, daß O_1 Druck (Pfeil deutet im Netzwerk auf den Knoten zu) und U_1 Zug ist (Pfeil ist vom Knoten abgewandt).

Knoten *II*. An diesem greift Last P_1 an. Die von *I* her bekannte Stabkraft O_1 wird im Netzwerk als Druckkraft (Dreieckpfeil) gekennzeichnet.

Im Krafteck sind O_1 und P_1 nach Größe und Richtung bekannt. Richtungen von (O_1) und V_1 werden gezeichnet (Krafteck *II*). Die aus dem Umfahrungssinn von O_1 und P_1 erhaltenen Pfeilrichtungen für (O_1) und V_1 werden im Netzwerk eingetragen und ergeben für beide Stäbe Druck.

Knoten 2. U_1 und V_1 sind von Knoten *I* und *II* her bekannt. Richtungen von D_1 und U_2 antragen und diesen im Krafteck den Pfeilsinn von U_1 und V_1 (Dreieckpfeile) geben. Im System eingetragene Pfeile zeigen, daß D_1 Druck und U_2 Zug erhält.

Knoten *III*. Bekannt sind D_1, (O_1) und Last P_2. O_2 und D_2 werden als Druckkräfte erhalten. Das Entwerfen der Kraftecke für die weiteren Knoten erübrigt sich, da das Netzwerk symmetrisch und symmetrisch belastet ist.

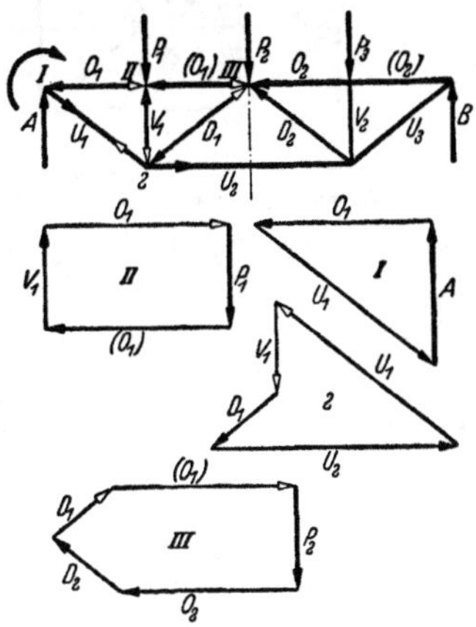

Fig. 114.

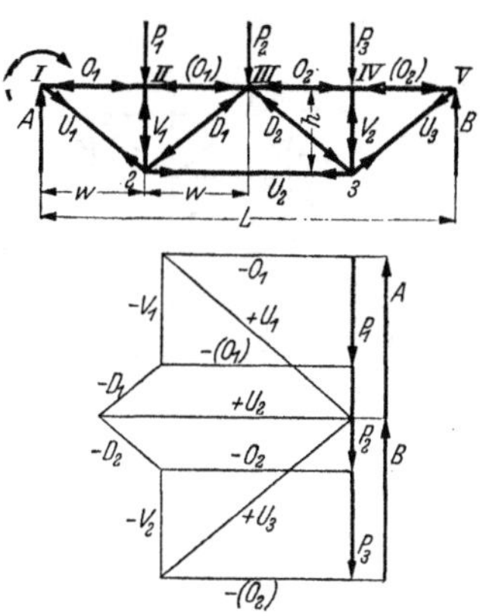

Fig. 115.

Die in Fig. 114 entworfenen Kraftecke werden aneinander gereiht und ergeben den Kräfteplan Fig. 115.

Bei gleichem Umfahrungssinn der Kraftecke werden die Pfeile (keine Dreieckpfeile mehr) im Netzwerk eingetragen und ergeben die Richtung der Stabkräfte in bezug auf die Knoten. 0→—⟩—⟨—←0 (Zug); 0←—⟩—⟨—→0 (Druck). Äußere Kräfte im Kräfteplan (P_1 bis P_3, A und B) stark und mit Pfeilen zeichnen, Stabkräfte (innere Kräfte) dünn und durch +- oder —-Zeichen als Zug- bzw. Druckkräfte kennzeichnen.

Bei Symmetrie des Netzwerks und der an ihm angreifenden äußeren Kräftegruppe genügt Aufzeichnen der oberen Hälfte des Kräfteplanes (Fig. 115), da die untere spiegelbildlich ist. Es sind: $O_1 = O_2$; $U_1 = U_3$; $V_1 = V_2$; $D_1 = D_2$.

Beispiel: Bestimmung der Stabkräfte eines Laufkranträgers aus der Eigenlast (II. Bd., Fig. 155 S. 430). Eigenlast: $G = 4000$ kg. Netzwerk: Fig. 116; Spannweite: $L = 16$ m; Feldweite: $w = 1{,}6$ m; Trägerhöhe: $h = w = 1{,}6$ m; Maßstab des Netzwerks: 1 mm $\hat{=}$ 100 mm (M 1/100).

Verteile die Eigenlast zu gleichen Teilen auf die 10 Obergurtknoten, wobei die beiden Endknoten als ein Knoten gerechnet werden.

Knotenlasten: $k_1 = k_{11} = G/20 = 4000/20 = 200$ kg; $k_2 = k_3 = \cdots = k_{10} = G/10 = 4000/10 = 400$ kg.

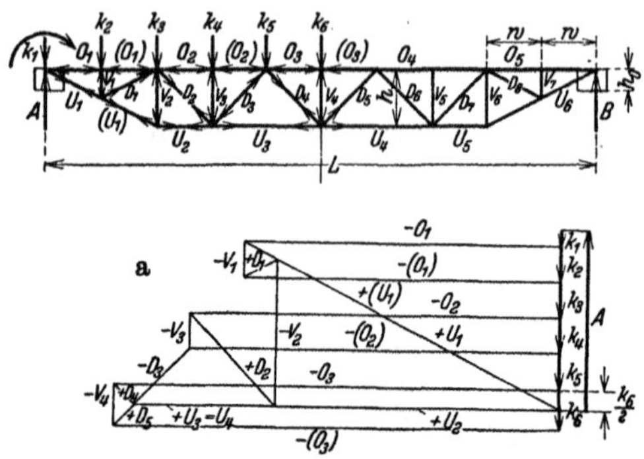

Fig. 116.

Nach Auftragen der Knotenlasten im Netzwerk (Fig. 116) entwerfe man den Kräfteplan (Fig. 116 a). Maßstab 1 mm $\hat{=}$ 20 kg.

Die aus ihm entnommenen Stabkräfte werden zur Durchführung der statischen Berechnung in eine Zahlentafel eingetragen.

2. Verfahren von Culmann ermöglicht eine schnelle Bestimmung der Stabkräfte einzelner Stäbe und ist für diesen Fall dem Verfahren von Cremona (s. unter 1) vorzuziehen.

Zerlege das Netzwerk Fig. 117 durch einen Schnitt s—s, der die gesuchten Stäbe, z. B. (O_1), D_1 und U_2 trifft, in zwei Teile.

Am **linken** Trägerteil greifen die Kräfte A und P_1 an, deren Resultierende R rechnerisch nach dem Momentensatz (s. S. 172) oder zeichnerisch mit dem Kraft- und Seileck (Fig. 117a und 117b) bestimmt wird.

Das aufwärts wirkende R muß mit den Stabkräften (O_1), D_1 und U_2 im Gleichgewicht sein, deren Größe und Richtung mit Hilfe der Culmannschen Geraden als Hilfskraft (s. S. 169) ermittelt werden. Bringe die Wirkungslinien von R und (O_1) zum Schnitt und ziehe die Culmannsche Gerade L (Fig. 117). Trage R der Größe und Richtung nach maßstäblich auf (Fig. 117c) und ziehe die Parallelen zu (O_1)

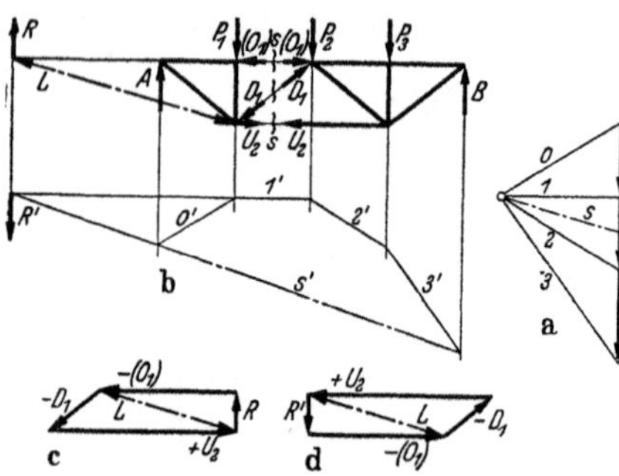

Fig. 117.

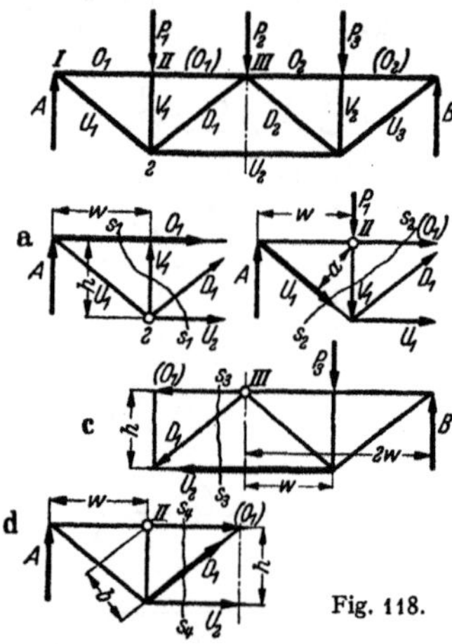

Fig. 118.

und L. Aus R ergeben sich Größe und Richtung von (O_1) und der Hilfskraft Kraft L. Durch Umkehren des Pfeilsinnes von L erhält man Größe und Richtung von D_1 und U_2.

Aus dem Kräfteplan Fig. 117c werden (O_1), D_1 und U_2 abgegriffen. Ihre Richtungen sind durch den stetigen Umfahrungssinn und Eintragen im Netzwerk gegeben.

Am **rechten** Trägerteil wirken die Kräfte P_2, P_3 und B. Ihre Resultierende R' hat die gleiche Größe und Wirkungslinie wie R, ist diesem aber entgegengesetzt gerichtet. Der Kräfteplan für den rechten Trägerteil (Fig. 117d) ergibt mit derselben Culmannschen Geraden die gleichen Stabkräfte wie für den linken.

Ein Vergleich mit dem Cremona-Plan (Fig. 115) muß unter gleichen Bedingungen dieselben Stabkräfte wie in Fig. 117c und d ergeben.

3. Rechnerisches Verfahren nach Ritter. Nach Bestimmung der Auflagerkräfte zerlege man das Fachwerk (Fig. 118) durch einen Schnitt (s—s), der nicht mehr als drei Stäbe trifft, in zwei Teile und betrachte den Teil, an dem weniger äußere Kräfte wirken. Die gesuchten Stabkräfte sind als äußere Kräfte anzubringen, deren Richtungen durch Pfeile festgelegt werden. Nimmt man an, sämtliche Stabkräfte seien Zugkräfte, so ergibt die Rechnung für Zugkräfte positive und für Druckkräfte negative Werte.

Nehme an dem abgeschnittenen Teil einen Knoten als Drehpunkt (Pol) an und stelle die Momentengleichung $\Sigma M = 0$ auf. Da die Momente der durch den Pol gehenden Kräfte gleich Null sind, erhält man eine Beziehung, aus der die gesuchte Stabkraft erhalten wird.

Stab O_1. Schnitt s_1-s_1 (Fig. 118a); Drehpunkt 2; $Aw + O_1 h = 0$; $O_1 = -A \cdot w/h$ (Druck); $(O_1) = O_1$.

Stab U_1. Schnitt s_2-s_2 (Fig. 118b); Drehpunkt II; $Aw - U_1 \cdot a = 0$; $U_1 = +A \cdot w/a$ (Zug).

Stab U_2. Schnitt s_3-s_3 (Fig. 118c); Drehpunkt III; $B \cdot 2w - P_3 \cdot w - U_2 \cdot h = 0$; $U_2 = +(B\,2w - P_3 w)/h$ (Zug).

Stab V_1. $V_1 = -P_1$ (Druck).

Stab D_1. Schnitt s_4-s_4 (Fig. 118d); Drehpunkt II. $Aw - U_2 \cdot h - D_1 \cdot b = 0$; $D_1 = -(Aw - U_2 \cdot h)/b$ (Druck).

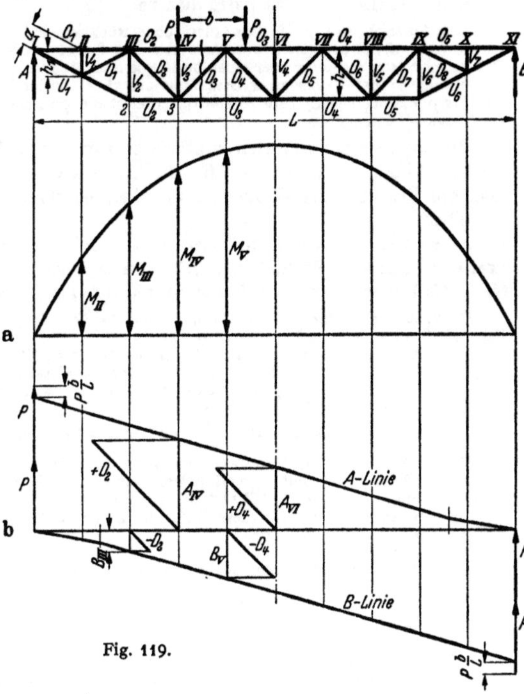

Fig. 119.

4. Bestimmung der Stabkräfte eines Trägers mit wandernden Lasten mit Hilfe der Momenten- und Querkraftlinie (Fig. 119). Zur Bestimmung der größten Ober- und Untergurtstabkräfte aus den wandernden Lasten $P-P$ mit dem festen Abstand b zeichne man die M-Linie (Fig. 119a) nach den Angaben S. 193 auf.

Die größten Stabkräfte werden aus den Knotenmomenten berechnet.

Stab O_1. Die Lastengruppe steht mit der linken Last über Knoten II. Stabkraft: $O_1 = -M_{II}/h_1$.

Stab O_2. Lastengruppe steht mit der linken Last über Knoten IV (Fig. 119). Stabkraft: $O_2 = -M_{IV}/h$.

In gleicher Weise erhält man die Stabkraft O_3.

Stab U_1. Lastengruppe steht mit der linken Last über Knoten II. Stabkraft: $U_1 = +M_{II}/a$.

Stab U_2. Lastengruppe steht mit der linken Last über Knoten III (s. auch Fig. 120 u. 121, S. 199, Einflußlinie für Stab U_2). Stabkraft: $U_2 = +M_{III}/h$.

In gleicher Weise erhält man die Stabkraft U_3.

Die größten Stabkräfte aus den Diagonalen werden durch Aufzeichnen der A- und B-Linie (Fig. 119b) nach den Angaben S. 193 erhalten.

Beispielsweise werden die Größtwerte der in der Diagonalen D_2 auftretenden Zug- und Druckkraft aus den im Feld $III-IV$ wirkenden Querkräften bestimmt.

Steht die linke Last P über dem Knoten IV, dann zerlege man die Querkraft A_{IV} waagerecht und in Richtung des Stabes, wodurch die größte Zugkraft $+D_2$ erhalten wird.

Zur Bestimmung der größten Druckkraft stelle man die rechte Last über den Knoten III. Durch Zerlegen der Querkraft B_{III} in waagerechter Richtung und der Stabrichtung erhält man die Druckkraft $-D_2$.

In gleicher Weise verfahre man mit den übrigen Diagonalen.

Die Stabkraft der Vertikalen V_2 ist gleich der Querkraft A_{III} (Lastengruppe steht mit der linken Last über Knoten *III*). Bei den übrigen Vertikalen (V_1 bis V_3) ist die Stabkraft (Druckkraft) gleich $-P$ (eine Last steht auf der Vertikalen).

5. Einflußlinien. Bestimmung der Stabkräfte mit Hilfe der Einflußlinien (EL.) ist bei mehreren wandernden Lasten vorteilhaft. Auch auf Kranträger mit verschiedener Tragkraft, aber gleicher Stützweite und gleichem Netzwerk (Tafel 14, II. Bd., S. 424) trifft dies zu.

Zum Aufzeichnen der EL. lasse man (ohne Rücksicht auf die gegebene Lastengruppe) eine Last von der Größe „1" (Einheitslast) über den Träger wandern. Für die Last „1" (z. B. 1 t) und verschiedene Stellungen derselben bestimme man die gesuchte Stabkraft und zeichne ihren Verlauf als Ordinaten über einer Grundlinie auf. Der hierdurch erhaltene Linienzug ergibt die EL. für die Einheitslast. Ihre Auswertung liefert die gesuchte Stabkraft aus der den Träger befahrenden Lastengruppe.

Für die hier betrachteten, statisch bestimmten Träger bestehen die EL. aus geraden Linien. Ergeben sich für die Stabkraft positive Werte (Zug), so trage man die EL. über der Grundlinie auf, bei negativen Werten (Druck) unterhalb derselben.

a) Rechnerische Ermittlung der Einflußlinien (EL.). Die Stabkräfte S' aus der Einheitslast „1" werden nach dem Verfahren von Ritter (s. S. 196) berechnet, wobei alle Stabkräfte als Zugkräfte betrachtet werden.

Beispiel: Für einen Laufkranträger von $Q = 30$ t Tragkraft und $L = 16$ m (s. II. Bd., Fig. 155, S. 430) sind die EL. zu entwerfen.

Raddruck $P = 9000$ kg; Radstand der Katze: $b = 2200$ mm. Maßstab des Netzwerks (Fig. 120): 1 mm $\triangleq$ 100 mm (*M* 1:100). Trägerhöhe h = Feldweite $w = 1{,}6$ m.

1. Obergurtstäbe (Fig. 120). Stab O_1. Last „1" steht rechts von Knoten *III*. Momentengleichung (Drehpunkt 3):

$$A\,2w + O_1' \cdot w = 0; \quad O_1' = -A \cdot 2w/w = -2A. \quad \text{Für } A = 1 \text{ ist } O_1' = -2.$$

Dieser Wert wird als Druckwert unter a_1 (Fig. 121) maßstäblich aufgetragen und der Ordinatenendpunkt -2 mit b_1 verbunden. Linie $-2 \rightarrow b_1$ schneidet die Senkrechte durch Knoten *II* und ergibt den Größtwert der EL.-Ordinate η (Last 1 steht auf Knoten *II*).

Mit der Auflagerkraft für diese Laststellung $A = 1 \cdot 9w/10w = 0{,}9$ wird der Wert η erhalten zu $O_1' = -2 \cdot 0{,}9 = -1{,}8$.

Stab (O_1). Es ist: $(O_1') = O_1'$.

Stab O_2. Last 1 steht rechts von Knoten *IV*. Momentengleichung (Drehpunkt 4):

$$A \cdot 3w + O_2' \cdot w = 0; \quad O_2' = -A \cdot 3w/w = -3A.$$

Für $A = 1$ ist $O_2' = -3$.

-3 unter a_1 auftragen und mit b_1 verbinden. Linie $-3 \rightarrow b_1$ ergibt auf der Senkrechten durch Knoten *IV* den Größtwert der EL. (Last *I* steht auf Knoten *IV*).

Mit der Auflagerkraft für diese Laststellung $A = 1 \cdot 7w/10w = 0{,}7$ ist der Größtwert:

$$O_2' = -3 \cdot 0{,}7 = -2{,}1.$$

Stab (O_2). Es ist: $(O_2') = O_2'$.

Stab O_3. Seine EL. wird in gleicher Weise entworfen.

Stäbe O_4 und O_5. Wegen der Symmetrie des Trägers haben diese Stäbe die gleichen EL. wie die Stäbe O_2 und O_1.

2. Untergurtstäbe (Fig. 120 u. 121). Stab U_1. Last 1 steht rechts von Knoten *II*. Nach Fig. 121a ist $U_1'/A = 1/\sin\alpha_1$ und daher $U_1' = A/\sin\alpha_1$; $\operatorname{tg}\alpha_1 = w/2w = 0{,}5$; $\alpha_1 \approx 36° 40'$. Mit $\sin\alpha_1 \approx 0{,}448$ ist $1/\sin\alpha_1 = 2{,}24$.

Für $A = 1$ ist $U_1' = +2{,}24$.

$+2{,}24$ über a_1 auftragen und mit b_1 verbinden. Linie $2{,}24 \rightarrow b_1$ ergibt auf der Senkrechten durch Knoten *II* den Größtwert der EL. (Last 1 steht auf Knoten *II*).

Mit $A = 0{,}9$ (s. Stab O_1) wird der Größtwert der Ordinate: $U_1' = 2{,}24 \cdot 0{,}9 \approx +2$.

Stab (U_1). Last 1 steht rechts von Knoten *III*, so ist $(U_1') = U_1' = +2{,}24$.

Die bereits gezeichnete Linie $+2{,}24 \rightarrow b_1$ schneidet die Senkrechte durch Knoten *III* und ergibt den Größtwert der EL. (Last 1 steht in Knoten *III*).

Mit $A = 1 \cdot 8w/10w = 0{,}8$ wird dieser Größtwert der Ordinate: $(U_1') = +2{,}24 \cdot 0{,}8 \approx +1{,}8$.

Stab U_2. Last 1 steht rechts von Knoten *IV*.

Momentengleichung (Drehpunkt *III*): $A\,2w - U_2' \cdot w = 0$; $U_2' = +2A$.

Für $A = 1$ wird $U_2' = +2$.

Verbindungslinie $+2 \rightarrow b_1$ liefert auf der Senkrechten durch Knoten *III* den Größtwert der Stabkraft (Last 1 steht auf Knoten *III*).

Mit $A = 0{,}8$ wird $U_2' = +2 \cdot 0{,}8 = 1{,}6$.

Stab U_3. Last 1 steht rechts von Knoten *V*.

Momentengleichung (Drehpunkt *V*): $A\,4w - U_3' w = 0$; $U_3' = A\,4w/w = +4A$.

Für $A = 1$ wird $U_3' = +4$.

Verbindungslinie $+4 \to b_1$ liefert auf der Senkrechten durch Knoten V den Größtwert der Stabkraft (Last 1 steht auf Knoten V).

Mit $A = 0{,}6$ wird $U_3' = +4 \cdot 0{,}6 = +2{,}4$.

Stäbe U_4 bis U_6. Wegen der Symmetrie des Trägers sind ihre EL. zu denen von U_3, U_2 und U_1 spiegelbildgleich.

3. Vertikalstäbe (Fig. 122). Stab V_1. Steht Last 1 rechts von Knoten *III* und auf ihm, so ist V_1 spannungslos, steht sie auf Knoten *I*, so ist ebenfalls $V_1' = 0$. Zwischen *I* und *II* bzw. *II* und *III* verläuft die EL. geradlinig (Fig. 123).

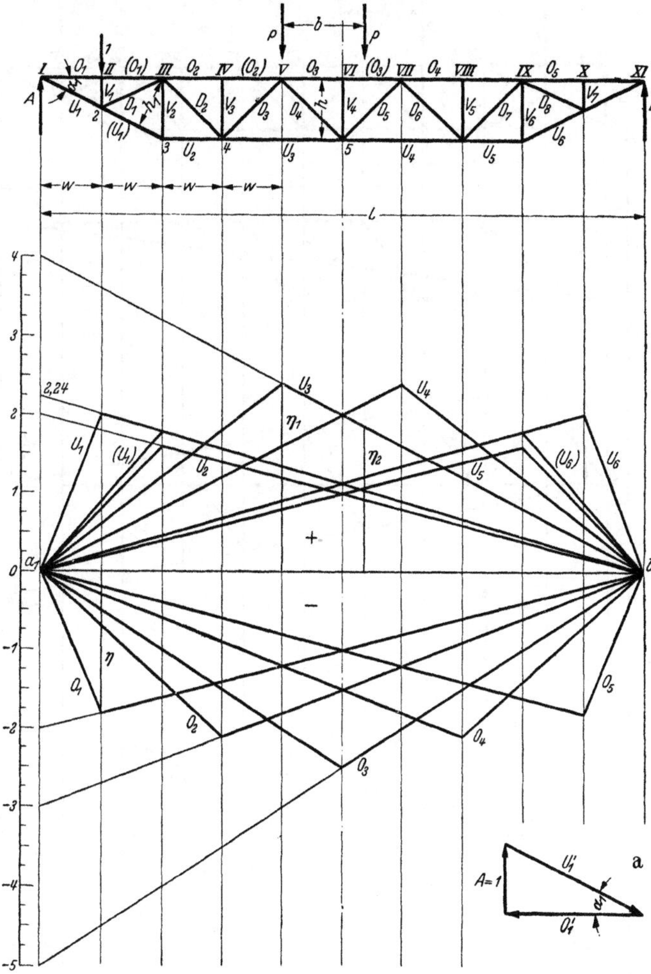

Fig. 120 u. 121.

Stab V_2. Am Knoten 3 wirken (U_1'), V_2' und U_2'. U_2' ist bekannt (s. Fig. 126) und wird in die Richtungen V_2' und (U_1') zerlegt (Fig. 126). Aus diesem Krafteck entnimmt man:

$$V_2' = -U_2' \cdot \mathrm{tg}\,\alpha_1 = -U_2' \cdot 0{,}5 = -2A \cdot 0{,}5 = -1A.$$

Für $A = 1$ wird $V_2' = -1$.

Verbindungslinie $-1 \to b_2$ ergibt auf der Senkrechten durch Knoten *III* den Größtwert von V_2' (Last 1 steht auf Knoten *III*).

Mit $A = 0{,}8$ wird $V_2' = -1 \cdot 0{,}8 = -0{,}8$.

Stäbe V_3 bis V_5 und V_7. Die EL. sind die gleichen wie bei Stab V_1.

Stab V_6. Die EL. ist der von Stab V_2 spiegelbildgleich.

4. Diagonalstäbe (Fig. 122). Stab D_1. Steht Last 1 rechts von Knoten *III* und auf ihm, so ist der Stab spannungslos.

Last 1 steht auf Knoten *II*.

Momentengleichung (Drehpunkt *I*):

$$D_1' h_2 - 1 w = 0; \quad D_1' = 1 w/h_2 = w/2w \cdot \sin\alpha_1 = 1/2 \sin\alpha_1 = +1{,}12.$$

Zwischen *I* und *II* bzw. *II* und *III* verläuft die EL. geradlinig (Fig. 124).

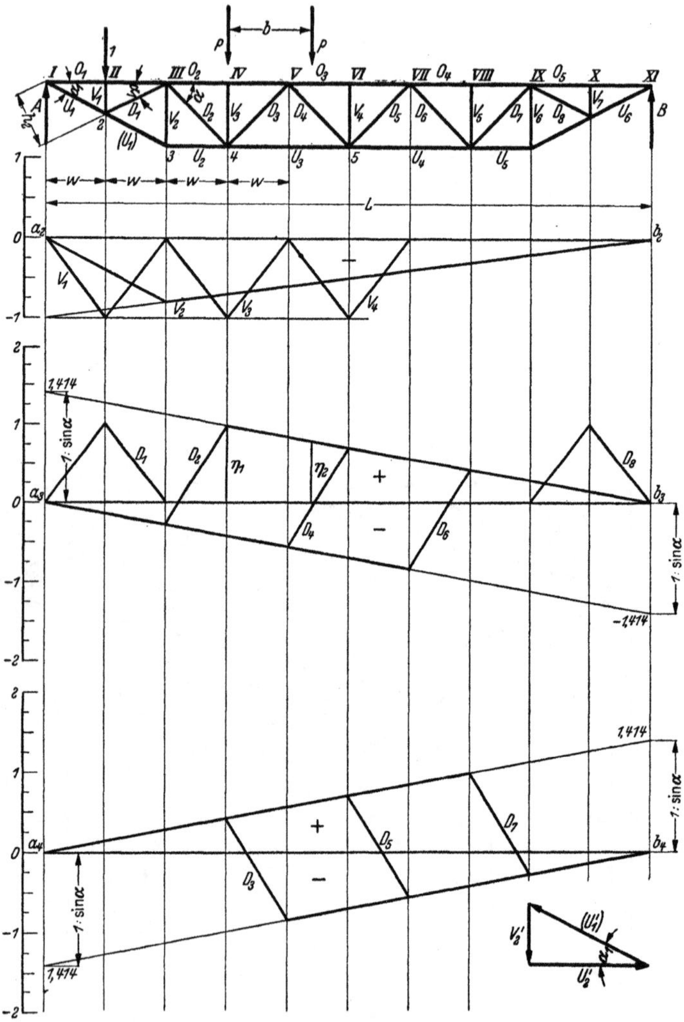

Fig. 122 bis 126.

Stab D_2. Last 1 steht rechts von Knoten *IV*. Lege einen Schnitt durch Feld *III* → *IV*. Da D_2' am linken Teil nach unten gerichtet ist, so ergibt die 2. Gleichgewichtsbedingung $\Sigma Y = 0$ (s. S. 173):

$$A = D_2' \sin\alpha = 0 \quad \text{die Stabkraft:} \quad D_2' = +A/\sin\alpha.$$

Für $A = 1$ ist $D_2' = +1/\sin\alpha$; $\alpha = 45°$; $D_2' = +1{,}414$.

Verbindungslinie $+1{,}414 \to b_3$ (Fig. 124) schneidet auf der Senkrechten durch Knoten *IV* (Last 1 steht auf Knoten *IV*) den Größtwert der positiven Ordinate für D_2' ab.

Mit $A = 0{,}7$ wird $D_2' = +1{,}414 \cdot 0{,}7 = +0{,}99$.

Last 1 steht links von Knoten III. Für den gleichen Schnitt und den rechten Trägerteil ist D_2'' nach oben gerichtet. Aus $B + D_2'' \cdot \sin\alpha = 0$ wird $D_2'' = -B/\sin\alpha$. Für $B = 1$ ist

$$D_2'' = -1/\sin\alpha = -1{,}414.$$

Verbindungslinie $-1{,}414 \rightarrow a_3$ schneidet auf der Senkrechten durch Knoten III (Last 1 steht auf Knoten III) den größten negativen Wert für D_2'' ab.

Mit $B = 0{,}2$ wird $D_2'' = -1{,}414 \cdot 0{,}2 = 0{,}283$.

Stäbe D_3 und D_4. Ihre EL. werden in ähnlicher Weise entworfen (Fig. 124 und 125).

Stäbe D_5 bis D_8. Ihre EL. sind denen der Stäbe D_4, D_3, D_2 und D_1 spiegelbildgleich.

5. Auswertung der Einflußlinien. Ist z. B. für den Untergurtstab U_3 die größte Stabkraft aus der Lastengruppe zu bestimmen, so stelle man $P - P$ mit der linken Last über Knoten V. Das Herabloten der Lastwirkungslinien auf die EL. ergibt die Ordinaten η_1 und η_2 (Fig. 120 u. 121). Größte Stabkraft (Zug):

$$U_3 = +P\eta_1 + P\eta_2 = +P(\eta_1 + \eta_2) \text{ [t]}.$$

Zur Bestimmung der größten Zugkraft der Diagonalen D_2 stelle man die Lastengruppe mit dem linken P über Knoten IV. Herabloten der Lastwirkungslinien auf die EL. (Fig. 122 u. 124) liefert die Ordinaten:

$$D_2 = +P\eta_1 + P\eta_2 = +P(\eta_1 + \eta_2) \text{ [t]}.$$

Die zahlenmäßigen Größen von η_1 und η_2 werden am Maßstab festgestellt.

b) Ermittlung der Einflußlinien durch Kräftepläne. Fig. 127 erläutert das Verfahren an einem einfachen Träger.

Stelle Last „1“ auf Knoten II, berechne die Auflagerdrucke $\left(A = 1\,\frac{3w}{4w} = 0{,}75\right.$ und $\left.B = 1\,\frac{1w}{4w} = 0{,}25\right)$ und entwerfe den Kräfteplan Fig. 127b. Bei der angenommenen Laststellung erhalten O_1 und (O_1) ihren größten Druck, U_1 seinen größten Zug, V_1 seinen größten Druck und D_1 seinen größten Zug.

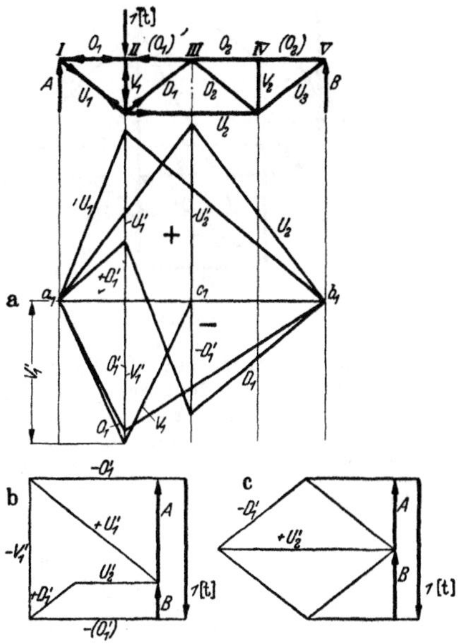

Fig. 127.

Stab O_1. Entnehme $-O_1'$ aus dem Kräfteplan Fig. 127b und trage es auf der Wirkungslinie von „1“ als —-Ordinate nach unten auf (Fig. 127a). Verbindungslinien des Ordinatenendpunktes mit a_1 und b_1 liefert die EL.

Stab U_1. Verfahre wie bei Stab O_1, nur trage $+U_1'$ nach oben auf.

Stab V_1. Trage V_1' nach unten auf und verbinde den Ordinatenendpunkt mit a_1 und c_1.

Stab D_1. Trage $+D_1'$ auf der Wirkungslinie von 1 über der Grundlinie nach oben auf und verbinde die Ordinatenendpunkte mit a_1.

Stelle die Last 1 auf Knoten III und entwerfe mit den Auflagerdrucken ($A = B = 0{,}5$) den Kräfteplan (Fig. 127c), der die EL. für $+U_2$ und die —-Ordinate $-D_1'$ für die Diagonale D_1 liefert. Trage $-D_2'$ auf der Senkrechten durch Knoten III nach unten auf und verbinde den Ordinatenendpunkt mit b_1 und dem Endpunkt der positiven Ordinate (Fig. 127a). Zwischen der positiven und negativen Ordinate der EL. wechselt die Stabkraft ihren Sinn.

Auswertung der EL. wie unter a).

Das Verfahren ist geeignet, wenn die ungünstigsten Laststellungen bekannt sind und nur die EL. einiger Stäbe entworfen werden. Für einen Träger mit dem Netzwerk Fig. 122 ist das Verfahren etwas umständlich, da zur Ermittlung der EL. fünf Kräftepläne erforderlich sind. Am einfachsten ermittelt man die Stabkräfte aus den wandernden Lasten mit Hilfe des Kräfteplanes für $A = 1$ und der A- bzw. B-Linie (s. Bd. II, S. 430).

c) Bestimmung der Stabkräfte von Fachwerkauslegern (Kranauslegern).

Für diese Fachwerkgebilde (z. B. Fig. 128 bis 130) werden die Stabkräfte meist zeichnerisch nach Cremona (s. S. 195) oder rechnerisch nach Ritter (s. S. 196) bestimmt. Das Einflußlinienverfahren (s. S. 198) kommt nur für große Fachwerkausleger mit wandernden Lasten in Betracht.

1. Ausleger zu einem Gießereidrehkran (Bd. II, S. 451, Fig. 209). Lagerung des Auslegers in einem unteren Längs- und Querlager und einem oberen Querlager wie beim Wanddrehkran Fig. 15, S. 168. Der Obergurt des Auslegers (Fig. 128) wird von einer Katze mit der Tragkraft Q und dem Gewicht G_0 befahren. a = größte Ausladung; a_K = Kragarmlänge, h = theoretische Höhe der drehbaren Säule.

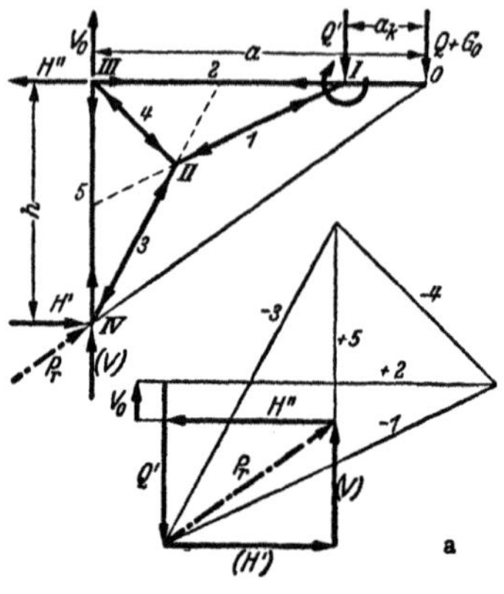

Fig. 128.

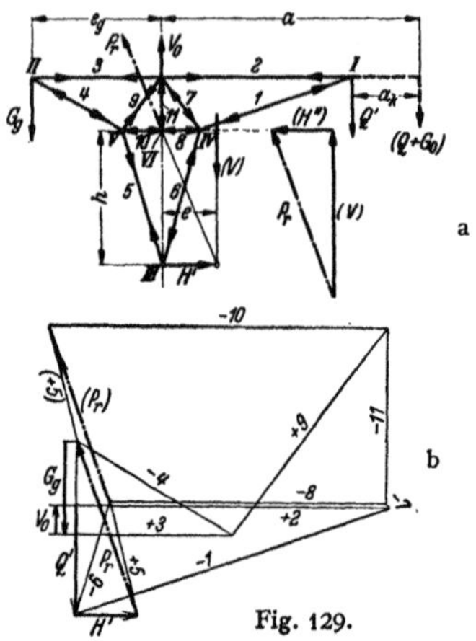

Fig. 129.

Die Stabkräfte sind für die in der größten Ausladung (a) stehende voll belastete Katze zu bestimmen, wobei der Ausleger gewichtslos sei.

Kraft $Q + G_0$ auf Knoten I als Q' umrechnen. $Q' = (Q + G_0) \cdot a/(a - a_k)$.

Damit der Gleichgewichtszustand ($\sum Y = 0$) erhalten bleibt, wird am Knoten III eine nach oben wirkende Ersatzkraft $V_0 = Q' - (Q + G_0)$ angebracht. Eine Berechnung der Auslegerstützkräfte (V, H' und H'') erübrigt sich, da diese durch den Kräfteplan (Fig. 128 a) erhalten werden, der am Knoten I beginnt. Die gestrichelten Stäbe (Fig. 128) sind Hilfsstäbe und für die angenommene Laststellung spannungslos. Da $Q + G_0$, H'' und die untere resultierende Stützkraft im Gleichgewicht sind, müssen sich ihre Wirkungslinien im Punkt 0 schneiden.

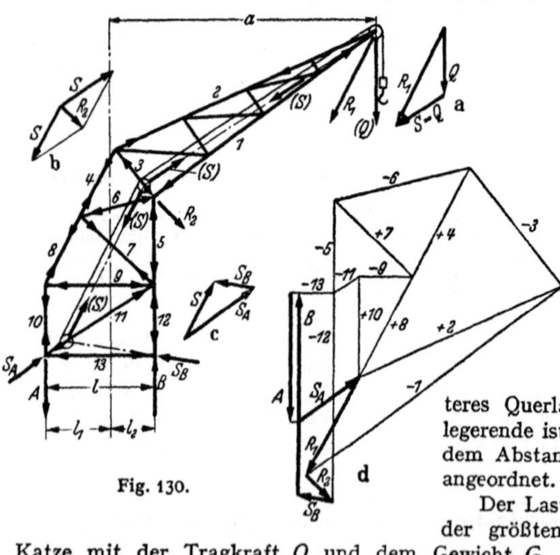

Fig. 130.

2. Ausleger zu einem freistehenden Drehkran mit veränderlicher Ausladung (Bd. II, S. 455, Fig. 228). Der auf einer feststehenden Stahlsäule drehbare Ausleger (Fig. 129) hat ein oberes Längs- und Querlager und ein unteres Querlager. Am hinteren Auslegerende ist ein Gegengewicht G_g mit dem Abstand e_g von der Drehachse angeordnet. h = Säulenhöhe.

Der Lastkräfteplan ist für die in der größten Ausladung a stehende Katze mit der Tragkraft Q und dem Gewicht G_0 zu entwerfen.

Rechne $Q + G_0$ (Fig. 129) wie unter 1 gezeigt auf die Auslegerspitze I als Q' um und bringe am oberen mittleren Knoten die Ersatzkraft $V_0 = Q' - (Q + G_0)$ an, damit $\Sigma Y = 0$ ist.

Zerlege Q' (Fig. 129 b) in die Stabkräfte S_1 und S_2, desgl. G_g in S_3 und S_4. Berechne die bei III wirkende Auslegerstützkraft als $H' = 1/h \cdot [(Q + G_0)a - G_g \cdot e_g]$ und zerlege H' in S_5 und S_6.

Am Knoten IV sind S_1 und S_6 bekannt, S_7 und S_8 werden gefunden. Am Knoten V sind S_4 und S_5 bekannt, S_9 und S_{10} werden gefunden. Die am inneren Knoten wirkende obere (resultierende) Stützkraft P_r wird im Kräfteplan nach Größe und Richtung aus dem Dreieck $(G_g - V_0 + Q')$ und H' (Fig. 129b) gefunden und als (P_r) parallel verschoben; desgl. + 5 nach (+ 5). S_{11} ist gleich der Komponente (V) von P_r.

3. Ausleger zu einem Hafendrehkran (Drehscheibenkran nach Bd. II, S. 457) mit fester Ausladung a (Fig. 130). Die unmittelbar am Seil angreifende Last Q ist an der Auslegerspitze angenommen. Der Seilzug ist parallel zu sich verschoben und durch die Mitten der Rollen und der Trommel gelegt.

Der Lastkräfteplan ist mit Berücksichtigung des Seilzugs zu entwerfen.

Vereinige Q und den Seilzug $S = Q$ zur Resultierenden R_1 (Fig. 130a) und $S - S$ an der Umlenkrolle zu R_2 (Fig. 130b). Zerlege das untere S in die an den Knoten angreifenden Komponenten S_A und S_B (Fig. 130c). Der Seilzug tritt als nur innere Kraft in Erscheinung und ändert am äußeren Gleichgewicht der Kräfte nichts.

Auslegerstützkräfte: $A = -Q \cdot (a - l_2)/l$; $B = Q \cdot (a + l_1)/l$.

Der Lastkräfteplan (Fig. 130d) wird von der Auslegerspitze beginnend entworfen. Die an den Knoten angreifenden Kräfte und die Auslegerstützkräfte bilden, da sie im Gleichgewicht sind, einen geschlossenen Kräftezug, dessen Pfeilrichtungen gleichsinnig sind (Fig. 130d).

II. Dynamik.

A. Bewegungslehre (Kinematik).

Bearbeitet von Dr.-Ing. **W. Meyer zur Capellen**, VDI, Aachen.

Eine Bewegung heißt absolut, wenn sie auf eine ruhende Umgebung bezogen wird, sie heißt relativ, wenn die Umgebung sich selbst in Bewegung befindet.

1. Bewegung des materiellen Punktes.

a) Geradlinige Bewegung.

1. Bei der **gleichförmigen Bewegung** legt der bewegte Punkt in gleichen Zeiten gleiche Wege zurück. Seine Geschwindigkeit v, d. h. der in der Zeiteinheit zurückgelegte Weg, ist dann unveränderlich. Der Weg s ist der Vektor vom Anfangspunkt der Bewegung bis zur Lage zur Zeit t. Es gilt dann

$$v = \text{Weg/Zeit} = s/t \text{ [m/sek]}; \qquad s = vt \text{ [m]}.$$

Jede physikalische Größe hat eine auf den Grundeinheiten aufgebaute Dimension, die hier durch eckige Klammern hervorgehoben wird.

Im Weg-Zeitbild (Fig. 1a) ist s durch die Gerade $s = vt$ dargestellt; ihre Steigung $\operatorname{tg}\alpha$ ist (entsprechend dem Maßstab) proportional der Geschwindigkeit v.

Bei der zeichnerischen Darstellung wird die darzustellende Größe in bestimmtem Maßstab aufgetragen. Man drücke diesen immer so aus, daß man die Bedeutung von 1 cm der Zeichnung angibt, also:

$1 \text{ cm} = a_0 \text{ sek}$; $\quad 1 \text{ cm} = b_0 \text{ m}$; $\quad 1 \text{ cm} = c_0 \text{ m/sek} \quad$ usw.

Mit diesen Werten folgt z. B. aus Fig. 1a, daß $v = \operatorname{tg}\alpha \cdot b_0/a_0$ ist.

Im Geschwindigkeits-Zeitbild wird v durch eine zur Zeitachse parallele Gerade dargestellt (Fig. 1b), und der bis zur Zeit t_1 zurückgelegte Weg s_1 ist proportional der schraffierten Fläche $OABC$.

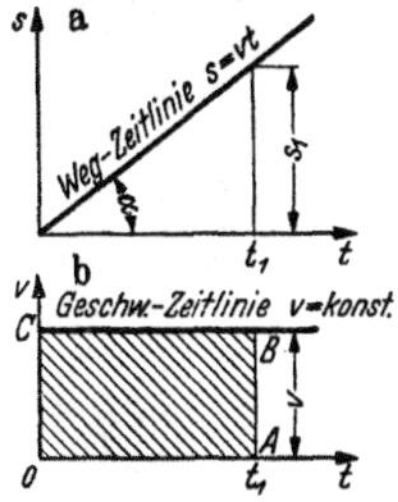

Fig. 1.

Mit den Maßstabfaktoren bedeutet dann $1 \text{ cm}^2 = c_0 a_0 \text{ m}$.

2. Bei der **ungleichförmigen Bewegung** ändert sich die Geschwindigkeit mit der Zeit. Die Änderung der Geschwindigkeit in der Zeiteinheit heißt Beschleunigung.

a) Bei der gleichmäßig beschleunigten Bewegung ist die Beschleunigung b unveränderlich, und es gilt

$$b = \frac{v_2 - v_1}{t_2 - t_1} = \frac{\text{Geschwindigkeitsänderung}}{\text{Zeitänderung}} \text{ [m/sek}^2\text{]}.$$

Ist v_0 die Anfangsgeschwindigkeit, so folgt für Geschwindigkeit v und Weg s

$$v = v_0 + bt; \qquad s = v_0 t + bt^2/2 = (v_0 + v)\,t/2.$$

Ist die Geschwindigkeit positiv und nimmt sie ab, so spricht man auch wohl von verzögerter Bewegung. Ein negatives Vorzeichen von v oder b deutet an, daß v oder b entgegengesetzt gerichtet sind wie die positive Richtung von s.

Das Geschwindigkeits-Zeitbild ist eine Gerade (Fig. 2b für $b > 0$, Fig. 3b für $b < 0$), und ihre Steigung $\operatorname{tg}\alpha_2$ ist proportional der Beschleunigung b. Das Weg-Zeitbild (Fig. 2a u. 3a) ist eine Parabel. Die Steigung $\operatorname{tg}\alpha_1$ der Parabel ist proportional der Geschwindigkeit v.

Ist die Anfangsgeschwindigkeit v_0 gleich Null, so gilt

$$s = bt^2/2 = vt/2 = v^2/2b; \quad v = bt = \sqrt{2bs}; \quad b = v^2/2s = v/t; \quad t = v/b = \sqrt{2s/b}.$$

Die mittlere Geschwindigkeit v_m ist diejenige konstante Geschwindigkeit, mit der der Punkt in der gleichen Zeit den zurückgelegten Weg durchlaufen würde:

$$s = v_m t; \quad v_m = (v_0 + v)/2.$$

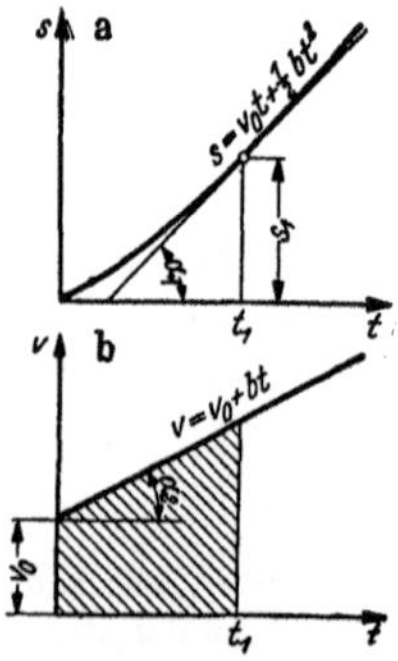

Fig. 2.

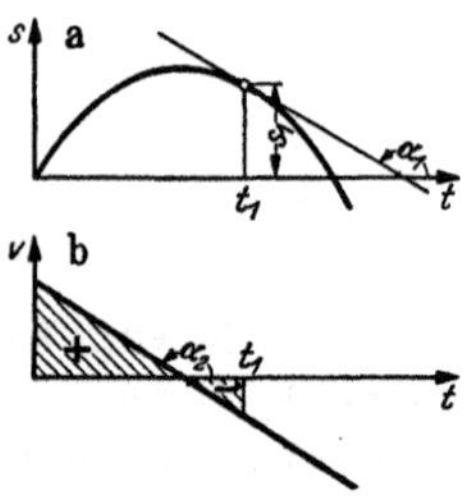

Fig. 3.

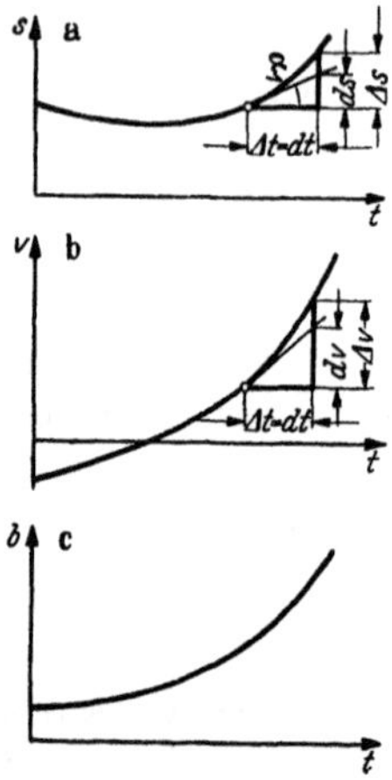

Fig. 4.

Beispiele: 1. Freier Fall. Die Beschleunigung des freien Falls oder die Fallbeschleunigung im luftleeren Raum ist in Deutschland im Mittel $g = 9{,}81\ \mathrm{m/sek}^2$. Mit $v_0 = 0$ wird die durchfallene Höhe

$$h = gt^2/2 = v^2/2g; \quad \text{ferner wird} \quad v = gt = \sqrt{2gh}; \quad t = v/g = \sqrt{2h/g}.$$

2. Senkrechter Wurf nach oben. Die Beschleunigung ist negativ (Fig. 3b), und zwar gleich $-g$. Daher wird $v = v_0 - gt$; Steigzeit $T = v_0/g$; $s = v_0 t - gt^2/2$; Steighöhe $H = v_0^2/2g$.

b) Bei der ungleichmäßig beschleunigten Bewegung (Fig. 4) ist

$$v = \lim_{\Delta t \to 0} \frac{\Delta s}{\Delta t} = \frac{ds}{dt} = \dot{s}\ ^{1)}; \quad b = \lim_{\Delta t \to 0} \frac{\Delta v}{\Delta t} = \frac{dv}{dt} = \dot{v} = \frac{d^2 s}{dt^2} = \ddot{s}$$

(S. 71) und $v = \int b\,dt$, $s = \int v\,dt$.

s ist dabei wieder der Vektor vom Ausgangspunkt bis zur Lage für die Zeit t (nicht mit der Länge der durchlaufenen Bahn zu verwechseln).

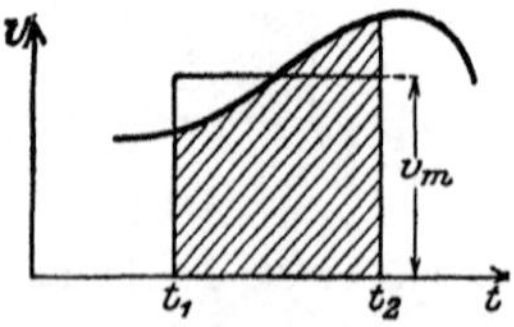

Fig. 5.

Die mittlere Geschwindigkeit v_m zwischen zwei Zeitpunkten ist

$$v_m = \left(\int_{t_1}^{t_2} v\,dt\right) \Big/ (t_2 - t_1)$$

und stellt die Höhe des Rechtecks über der Strecke $t_1 t_2$ dar, das der schraffierten Fläche (Fig. 5) inhaltsgleich ist (mittlere Höhe, s. S. 74).

Beispiel: Für $s = a \sin \omega t$ wird $v = \dot{s} = a\omega \cos \omega t$; $b = \dot{v} = \ddot{s} = -a\omega^2 \sin \omega t = -\omega^2 s$.

(S. ferner Beispiel 1, S. 71 u. Beispiel 1, S. 73.)

1) Die Ableitungen nach der Zeit werden durch Punkte angedeutet (S. 68).

3. Graphische Verfahren. a) Die Weg-Zeitkurve liefert die v—t- bzw. die b—t-Kurve als ihre erste bzw. zweite Differentialkurve (S. 71). Bei vorgezeichneter s—t-Kurve ist das zeichnerische Differenzieren (S. 159) anzuwenden: Zieht man in einem Punkt der s—t-Kurve (Fig. 6) die Tangente, verschiebt sie in den Pol P auf der negativen Zeitachse, so schneidet sie auf der Wegachse die Strecke $01' = v$ maßstäblich aus. Die Senkrechte durch A und die Waagerechte durch $1'$ treffen sich im gesuchten Punkt A' der v—t-Kurve. Wiederholung für andere Punkte liefert das v—t-Bild. In gleicher Weise liefern die Tangenten (gestrichelt) der v—t-Kurve die b—t-Kurve.

Ist der Polabstand $OP = p$ sek, und bedeutet auf der s-Achse $1\text{ cm} = b_0\text{ m}$, so gilt für die v-Achse der Maßstab $1\text{ cm} = d_0 = b_0/p$ m/sek. Für die Beschleunigung gilt ebenso $1\text{ cm} = d_0/p$ m/sek². Im Beispiel der Fig. 6 ist $p = 1/_{20}$ sek, woraus die angegebenen Maßstäbe folgen. Geeignete Wahl von p vermeidet einen zu steilen oder zu flachen Verlauf der Kurven und auch ein Überschreiten der Zeichenfläche.

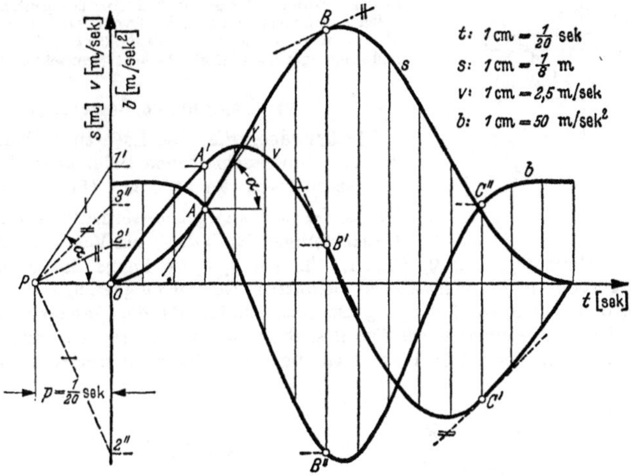

Fig. 6.

b) Da die v—t- und s—t-Kurven bzw. die erste und zweite Integralkurve (s. S. 83) der b—t-Kurve sind, können durch rechnerische oder graphische Integration (S. 158) das v—t- und das s—t-Bild gewonnen werden.

Für die Maßstäbe gilt dann: Ist $OP = p$ sek und bedeutet auf der b-Achse $1\text{ cm} = c_0$ m/sek², so gilt für die v-Achse der Maßstab $1\text{ cm} = d_0 = p\,c_0$ m/sek. Entsprechend gilt für die s-Achse $1\text{ cm} = b_0 = p\,d_0$ m.

c) Im Geschwindigkeits-Weg-Bild (Fig. 7) erscheint die Beschleunigung als Subnormale (S. 94), da

$$b = \frac{dv}{dt} = \frac{dv}{ds}\cdot\frac{ds}{dt} = \frac{dv}{ds}\cdot v = v\cdot\operatorname{tg}\alpha,$$

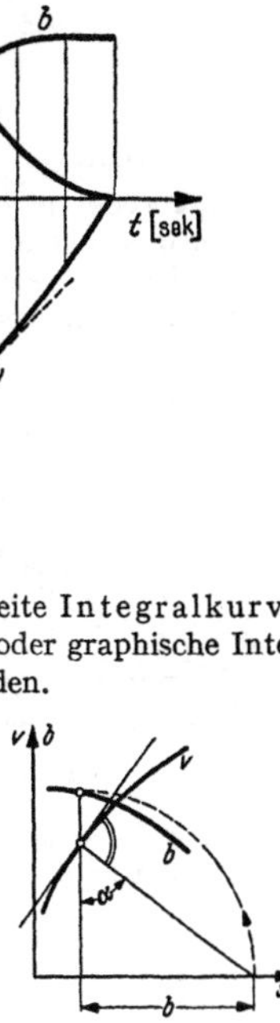

Fig. 7.

und kann durch zeichnerische Ermittlung der Tangente bzw. der Normale gefunden werden (s. S. 159).

Bedeutet auf der v-Achse $1\text{ cm} = d_0$ m/sek und auf der s-Achse $1\text{ cm} = b_0$ m, so gilt für die Beschleunigung b der Maßstab $1\text{ cm} = d_0^2/b_0$ m/sek².

4. Sonderfall: **Harmonische Schwingung.** Dreht sich die Kurbel r der Kreuzschleife (Fig. 8) mit konstanter Winkelgeschwindigkeit ω (S. 207), so ist die Auslenkung des Schiebers P aus seiner Mittellage gegeben durch $x = r\sin\varphi$ (S. 121) oder durch das Gesetz der harmonischen Schwingung:

$$x = r\sin\omega t.$$

Die größte Auslenkung r heißt **Amplitude** oder Schwingungsweite. Die **Schwingungsdauer** oder Periode $T = 2\pi/\omega$ ist die Zeit für einen Hin- und Hergang. Ihr Kehrwert $n = 1/T = \omega/2\pi$ [1/sek] ist die Frequenz oder **Schwingungszahl** in der Sekunde und wird durch „Hz" (Hertz) ausgedrückt. $\omega = 2\pi/T$ heißt die **Kreisfrequenz**. Für Geschwindigkeit und Beschleunigung folgen

$$v = \dot{x} = r\omega \cos \omega t$$

und

$$b = \ddot{x} = -r\omega^2 \sin \omega t = -\omega^2 x,$$

d. h. die Beschleunigung ist proportional der Auslenkung x und ihr entgegengesetzt gerichtet.

Beispiel: Ein an einer Feder hängender Körper schwingt in der Sekunde 25 mal auf und ab. Die Entfernung zwischen den äußersten Lagen ist 0,8 cm. Dann ist $r = 0{,}4$ cm; $T = {}^1/_{25}$ sek; $\omega = 50\pi$; $s = 0{,}4 \sin 50\pi t$ und die Größtbeschleunigung $b_{max} = (50\pi)^2 \cdot 0{,}4 = 3140$ cm/sek^2 $= 31{,}4$ m/sek^2.

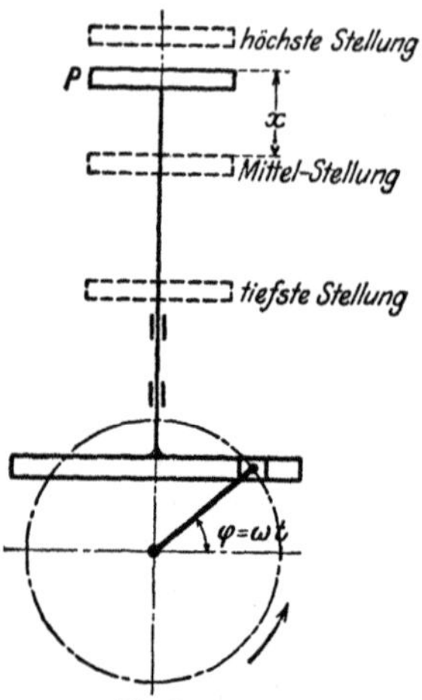

Fig. 8.

b) Krummlinige Bewegung.

1. Grundbegriffe. Die Lage eines Punktes auf der von ihm beschriebenen Bahn kann durch den von einem festen Punkt O aus (Fig. 9) gezogenen Vektor $\overline{OP} = \mathfrak{r}$ angegeben werden[1]). Dann ist die Geschwindigkeit $\mathfrak{v} = d\mathfrak{r}/dt$ ein Vektor in Richtung der Bahntangente (Fig. 9, 10). Ist hierbei $s_{1,2}$ die Länge des in der Zeit $t_2 - t_1$ zurückgelegten Weges, so ist die mittlere Geschwindigkeit $v_m = s_{1,2}/(t_1 - t_2)$.

Jede krummlinige Bewegung ist beschleunigt, da die Geschwindigkeit in ihrer Richtung geändert wird. Die Beschleunigung ist immer nach der konkaven Seite der Bahn gerichtet: Trägt man die Geschwindigkeit zweier Bahnpunkte

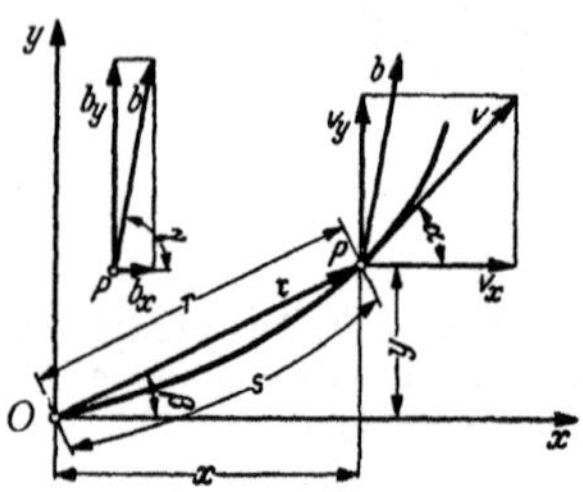

Fig. 9.

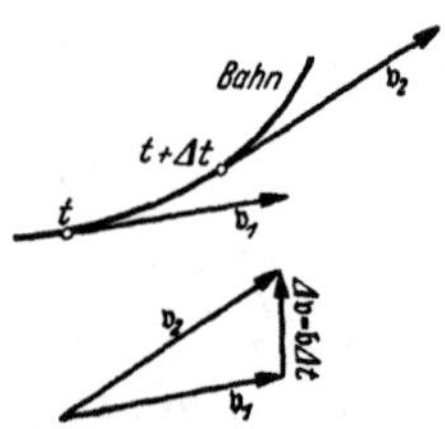

Fig. 10.

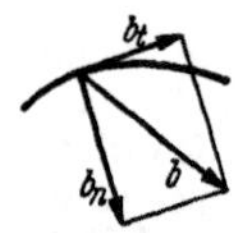

Fig. 11.

(ebene Bewegung) von einem Punkt aus auf (Hodograph, Fig. 10), so ist der Geschwindigkeitszuwachs in der Zeit Δt gleich $\Delta \mathfrak{v}$ und damit die Beschleunigung

$$\mathfrak{b} = \lim_{\Delta t \to 0} \frac{\Delta \mathfrak{v}}{\Delta t} = \frac{d\mathfrak{v}}{dt}.$$

$\mathfrak{b}$ fällt **nicht** in die Richtung von $\mathfrak{v}$ (Ausnahmen s. 2.).

2. Natürliche Komponenten der Beschleunigung erhält man, wenn man diese in Richtung der Tangente bzw. der Normale zerlegt (Fig. 11). Es folgt

die Tangentialbeschleunigung $b_t = dv/dt$ und

die nach der konkaven Seite gerichtete Normalbeschleunigung $b_n = v^2/\varrho$, worin ϱ der Krümmungsradius (S. 96). Auf der Geraden und im Wendepunkt einer Bahn ist $\varrho = \infty$, daher $b_n = 0$.

---

[1]) Für die Darstellungen der Vektoren vgl. Vektorrechnung S. 128.

3. Bei **rechtwinkligen Koordinaten** mit O als Anfangspunkt der Bewegung (Fig. 9) ist die Länge des auf der Bahn in der Zeit t zurückgelegten Weges s durch $s = \int ds = \int_0^t \sqrt{\dot{x}^2 + \dot{y}^2}\,dt$ (S. 79) gegeben. Der die Lage von P bestimmende Radiusvektor $\mathfrak{r}$ hat die Komponenten $x = r\cos\beta$ und $y = r\sin\beta$.

Für die Komponenten von Geschwindigkeit und Beschleunigung in Richtung der Achsen folgt dann (Fig. 9)

$$v_x = v\cos\alpha = \dot{x};\quad v_y = v\sin\alpha = \dot{y};\quad v^2 = v_x^2 + v_y^2;\quad \operatorname{tg}\alpha = v_y/v_x.$$
$$b_x = b\cos\gamma = \ddot{x};\quad b_y = b\sin\gamma = \ddot{y};\quad b^2 = b_x^2 + b_y^2;\quad \operatorname{tg}\gamma = b_y/b_x.$$

Eine gleichförmige, daher auch geradlinige Bewegung ($b = 0$) liefert gleichförmige Komponenten. Bei ungleichförmiger Bewegung ist mindestens eine Seitenbewegung ungleichförmig.

Für geradlinige Bewegung gilt, wenn O Anfangspunkt der Bewegung:

$$\alpha = \beta = \gamma = \text{konstant} \quad \text{und} \quad y : x = v_y : v_x = b_y : b_x = \operatorname{tg}\alpha = \text{konstant}.$$

Durch Zusammensetzen der Komponenten oder der Seitenbewegungen folgen mit $d\mathfrak{s}$ als Wegelement die geometrischen oder vektoriellen Summen

$$d\mathfrak{s} = d\mathfrak{x} + d\mathfrak{y};\quad \mathfrak{v} = \mathfrak{v}_x + \mathfrak{v}_y;\quad \mathfrak{b} = \mathfrak{b}_x + \mathfrak{b}_y.$$

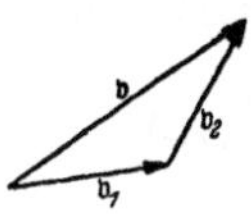

Fig. 12.

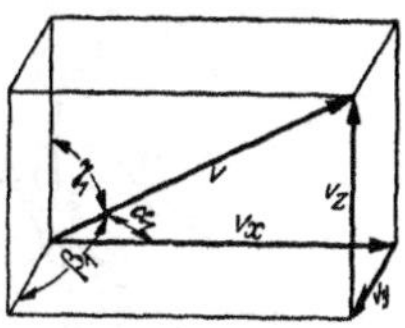

Fig. 13.

Diese Beziehungen gelten auch für Zerlegung in beliebigen Richtungen; z. B. wird $\mathfrak{v} = \mathfrak{v}_1 + \mathfrak{v}_2$ (Fig. 12) und entsprechend $\mathfrak{b} = \mathfrak{b}_1 + \mathfrak{b}_2$.

4. Bei **räumlicher Bewegung,** wenn also die Bahn nicht in der xy-Ebene liegt oder überhaupt nicht eben ist, ist die Lage des Bahnpunktes P gegeben durch den Radiusvektor $\mathfrak{r} = \overline{OP}$ (Fig. 128, Math. S. 125) mit den räumlichen Koordinaten $x = r\cos\alpha$, $y = r\cos\beta$, $z = r\cos\gamma$ als Komponenten, so daß $r^2 = x^2 + y^2 + z^2$. Für die Komponenten von Geschwindigkeit und Beschleunigung (Fig. 13) folgt entsprechend

$$v_x = v\cos\alpha_1 = \dot{x};\quad b_x = b\cos\alpha_2 = \ddot{x};$$
$$v_y = v\cos\beta_1 = \dot{y};\quad b_y = b\cos\beta_2 = \ddot{y};\qquad v^2 = v_x^2 + v_y^2 + v_z^2;$$
$$v_z = v\cos\gamma_1 = \dot{z};\quad b_z = b\cos\gamma_2 = \ddot{z};\qquad b^2 = b_x^2 + b_y^2 + b_z^2.$$

Mit vektorieller Darstellung gilt $\mathfrak{v} = \mathfrak{v}_x + \mathfrak{v}_y + \mathfrak{v}_z$; $\mathfrak{b} = \mathfrak{b}_x + \mathfrak{b}_y + \mathfrak{b}_z$, auch wenn die Richtungen der Seitenbewegungen nicht aufeinander senkrecht stehen.

Für gerade Bahn bleiben die Winkel $\alpha_1 = \alpha_2$, $\beta_1 = \beta_2$ und $\gamma_1 = \gamma_2$ konstant, und wenn die Bahn durch den Ursprung O geht, auch die Winkel $\alpha = \alpha_1 = \alpha_2$, $\beta = \beta_1 = \beta_2$ und $\gamma = \gamma_1 = \gamma_2$. Die Gleichung der Bahn ist durch die Gleichungen einer Geraden im Raum (vgl. Math. S. 125) gegeben.

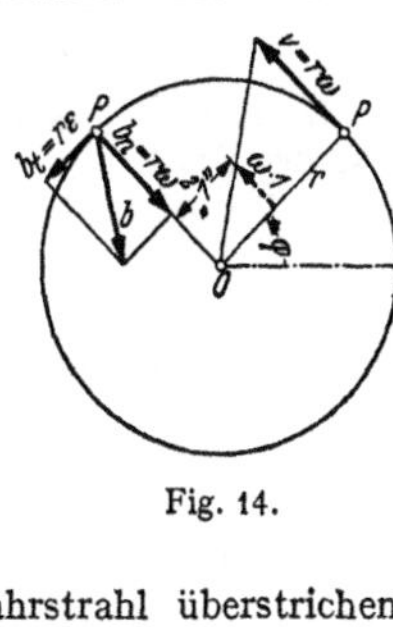

Fig. 14.

5. Kreisbewegung. a) Bewegt sich ein Punkt P auf einem Kreis vom Radius r (Fig. 14), so dreht sich der Fahrstrahl OP um den Winkel φ, und der zurückgelegte Weg ist der Bogen $r\varphi$ (φ im Bogenmaß).

b) Die Winkelgeschwindigkeit $\omega = d\varphi/dt = \dot{\varphi}$ [1/sek] ist auch die Geschwindigkeit eines Punktes im Abstand „Eins" vom Drehpunkt. Der vom Fahrstrahl überstrichene Winkel ist $\varphi = \int \omega\,dt$.

c) Die Geschwindigkeit des Punktes P ist demnach

$$v = r\cdot\omega, \quad \text{so daß auch} \quad \omega = v/r.$$

d) Die Änderung der Winkelgeschwindigkeit in der Zeiteinheit ist die Winkelbeschleunigung $\quad \varepsilon = \dot{\omega} = \ddot{\varphi}$ [1/sek²].

Daher ist für konstante Winkelbeschleunigung $\omega = \omega_0 + \int \varepsilon\, dt = \omega_0 + \varepsilon t$ und bei konstanter Winkelgeschwindigkeit $\varphi = \omega t$.

e) Die Beschleunigung b des Punktes P (Fig. 14) hat als Komponenten

die Normalbeschleunigung $\quad b_n = v^2/r = r\omega^2 = v\omega \quad$ und
die Tangentialbeschleunigung $\quad b_t = r\varepsilon = r\dot{\omega} = r\ddot{\varphi}$,

so daß $b^2 = b_n^2 + b_t^2$.

f) Danach kann bei beliebiger ebener und krummliniger Bewegung (S. 206) mit ϱ als Krümmungsradius auch geschrieben werden $b_n = \varrho\,\omega^2 = v \cdot \omega$ und $b_t = \varrho \cdot \varepsilon = \varrho \cdot \dot{\omega} = \varrho \cdot \ddot{\varphi}$.

g) Bei gleichförmiger Bewegung, d. h. $\omega =$ **konst.** gilt mit n [1/min] Umdrehungen in der Minute

$$\omega = \pi n/30 = 0{,}1047 n \text{ 1/sek } (\approx n/10 \text{ 1/sek});$$
$$n = 30\omega/\pi = 9{,}549\omega \text{ 1/min } (\approx 10\omega \text{ 1/min}).$$

Umfangsgeschwindigkeit $v = r\omega = r\pi n/30 = D\pi n/60$ m/sek ($D = 2r$).
Umlaufzeit $T = 60/n = 2\pi/\omega$ sek.

Ist die Zeit einer vollen Umdrehung unveränderlich, ändert sich aber die Winkelgeschwindigkeit ω während einer Umdrehung periodisch derart, daß ω zwischen den Grenzen $\omega_{\max}$ und $\omega_{\min}$ schwankt, so ist die mittlere Winkelgeschwindigkeit $\omega_{\text{mittel}} = \pi n/30$ und der Ungleichförmigkeitsgrad

$$\delta = (\omega_{\max} - \omega_{\min})/\omega_{\text{mittel}}.$$

(S. Bd. II, S. 198).

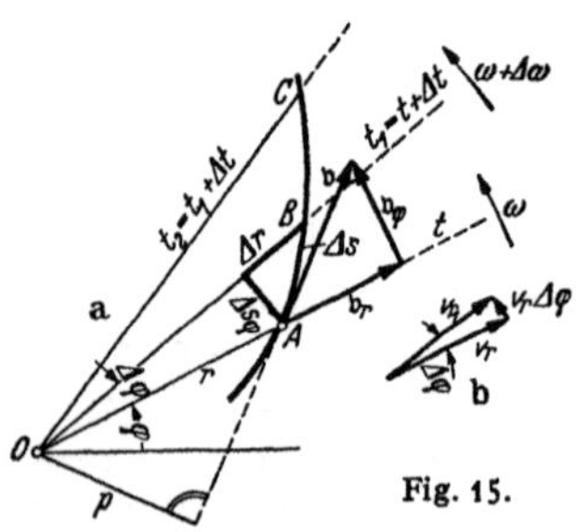

Fig. 15.

6. Zerlegung bei Polarkoordinaten. a) Sind die Polarkoordinaten eines bewegten Punktes A (Fig. 15a) r und φ, so kann der in der Zeit Δt zurückgelegte Weg $\Delta \mathfrak{s}$ zerlegt werden in eine radiale Komponente $\Delta s_r = \Delta r$ und in eine dazu senkrechte Komponente $\Delta s_\varphi = r\,\Delta\varphi$, wenn der Fahrstrahl sich um den Winkel $\Delta\varphi$ gedreht hat. Daher folgt für die Komponenten der Geschwindigkeit $\mathfrak{v} = \mathfrak{v}_r + \mathfrak{v}_\varphi$, daß

$$v_r = \lim_{\Delta t \to 0} \frac{\Delta r}{\Delta t} = \frac{dr}{dt} = \dot{r}$$

und

$$v_\varphi = \lim_{\Delta t \to 0} \frac{\Delta s_\varphi}{\Delta t} = \lim_{\Delta t \to 0} \frac{r\,\Delta\varphi}{\Delta t} = r \cdot \frac{d\varphi}{dt} = r\dot{\varphi} = r\omega.$$

Die Geschwindigkeit kann zerlegt werden in die radiale Komponente $v_r = \dot{r}$ und die Umfangsgeschwindigkeit $v_\varphi = r\dot{\varphi} = r\omega$.

b) Die Beschleunigung $\mathfrak{b}$ hat ebenso die Komponenten $\mathfrak{b}_r$ und $\mathfrak{b}_\varphi$, d. h. es ist $\mathfrak{b} = \mathfrak{b}_r + \mathfrak{b}_\varphi$. b_r setzt sich einerseits zusammen aus der Normalbeschleunigung $b_r^{(2)} = -r\dot{\varphi}^2 = -r\omega^2$ bei unveränderlich gedachter Polstrahllänge r und andererseits aus der durch die Änderung des Pol- und Fahrstrahls r bedingten Beschleunigung

$$b_r^{(1)} = dv_r/dt = d^2r/dt^2 = \ddot{r},$$

so daß die Radialbeschleunigung $b_r = b_r^{(1)} + b_r^{(2)} = \ddot{r} - r\dot{\varphi}^2 = \ddot{r} - r\omega^2$. Der eine Teil der Umfangsbeschleunigung b_φ ist durch die Richtungsänderung von v_r bedingt: Es ist (Fig. 15b) $\Delta v_\varphi = v_r\,\Delta\varphi$, also $b_\varphi^{(1)} = \lim\limits_{\Delta t \to 0} \dfrac{v_r\,\Delta\varphi}{\Delta t} = v_r\dot{\varphi} = v_r\omega$.

Der andere Teil folgt aus der Änderung des Betrages der Geschwindigkeit v_φ. Da zur Zeit $t_1 = t + \Delta t$ die Winkelgeschwindigkeit gleich $\omega_1 = \omega + \Delta\omega$ und der Fahrstrahl gleich $r_1 = r + \Delta r$ ist, so wird

$$\Delta v_\varphi^{(2)} = v_{\varphi_1} - v_\varphi = r_1\omega_1 - r\omega = (r + \Delta r)(\omega + \Delta\omega) - r\omega = \omega\Delta r + r\Delta\omega$$

(bei Vernachlässigung kleiner Größen zweiter Ordnung). Also wird

$$b_\varphi^{(2)} = \lim_{\Delta t \to 0} \frac{\Delta v_\varphi^{(2)}}{\Delta t} = \omega \frac{dr}{dt} + r \frac{d\omega}{dt} = \omega \dot{r} + r \ddot{\varphi} = \omega v_r + r \varepsilon, \quad \text{wenn} \quad \varepsilon = \dot{\omega} = \ddot{\varphi}.$$

Schließlich folgt mit $b_\varphi = b_\varphi^{(1)} + b_\varphi^{(2)}$ für die Umfangsbeschleunigung

$$b_\varphi = 2\omega v_r + r\varepsilon = 2\dot{\varphi}\dot{r} + r\ddot{\varphi} = \frac{1}{r}\frac{d}{dt}(r^2\dot{\varphi}) \left[= \frac{2}{r}\frac{d^2F}{dt^2}, \text{ s. c)}\right].$$

b_φ weist je nach Vorzeichen in Richtung ab- oder zunehmender Winkel φ. Die Teilbeschleunigung $2\omega v_r$ ist gegenüber $\mathfrak{v}_r$ um 90° im Sinn von ω gedreht.

c) Die Flächengeschwindigkeit ist die in der Zeiteinheit überstrichene Fläche. Zwischen den Fahrstrahlen r und $r_1 = r + \Delta r$ (Fig. 15a) liegt die überstrichene Fläche $\Delta F = \frac{1}{2} r^2 \Delta\varphi$, also wird die Flächengeschwindigkeit

$$\frac{dF}{dt} = \lim_{\Delta t \to 0} \frac{\Delta F}{\Delta t} = \frac{1}{2} r^2 \dot{\varphi} = \frac{1}{2} r^2 \omega = \frac{1}{2} v_\varphi \cdot r = \frac{1}{2} v \cdot p,$$

worin p das Lot von O auf die Richtung von v ist.

d) Bei der Zentralbewegung geht die Gesamtbeschleunigung durch einen festen Punkt O. Dann ist $b_\varphi = 0$, d. h. auch $d^2F/dt^2 = 0$, und es muß die Flächengeschwindigkeit $dF/dt =$ konstant sein: In gleichen Zeiten werden gleiche Flächen überstrichen.

Beispiele: Kreisbewegung mit konstanter Winkelgeschwindigkeit. Bewegung der Erde um die Sonne.

c) Zusammensetzung von Schiebungen.

1. Erfährt ein Massenpunkt durch irgendwelche Ursachen mehrere Verschiebungen $s_1, s_2, s_3, \ldots$ in gleicher Richtung (positiv oder negativ), so ist die

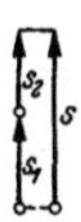

Fig. 16.

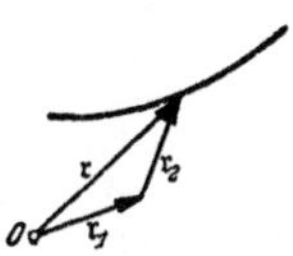

Fig. 17.

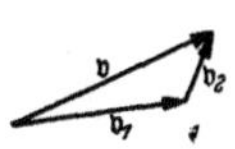

Fig. 18.

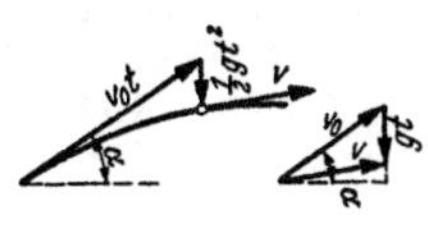

Fig. 19.

resultierende **geradlinige** Verschiebung $s = s_1 + s_2 + s_3 + \cdots$ (Fig. 16), also gleich der algebraischen Summe der Einzelverschiebungen.

Ebenso folgt die resultierende Geschwindigkeit v als die Summe der Einzelgeschwindigkeiten: $v = v_1 + v_2 + v_3 + \cdots$

2. Erfährt bei **krummliniger** Bahn ein Punkt die Verschiebungen $\mathfrak{r}_1$ und $\mathfrak{r}_2$ in verschiedenen Richtungen, so ist (Fig. 17) die resultierende Verschiebung gleich der geometrischen Summe der einzelnen Schiebungen: $\mathfrak{r} = \mathfrak{r}_1 + \mathfrak{r}_2$.

Bewegt sich der Punkt in der einen Richtung mit der Geschwindigkeit $\mathfrak{v}_1$, in der anderen mit der Geschwindigkeit $\mathfrak{v}_2$, so ist die resultierende Geschwindigkeit die geometrische Summe der Geschwindigkeiten: $\mathfrak{v} = \mathfrak{v}_1 + \mathfrak{v}_2$ (Fig. 18).

Beispiel: Wird ein punktförmiger Körper unter dem Winkel α gegen die Horizontale mit der Anfangsgeschwindigkeit v_0 abgeworfen (S. 111), so würde er im luftleeren Raum ohne Wirkung der Fallbeschleunigung in Richtung von v_0 in der Zeit t den Weg $v_0 t$ (Fig. 19a), allein durch die Fallbeschleunigung den Weg $gt^2/2$ zurücklegen. Dann liefert die geometrische Addition dieser Komponenten die Lage und damit die Bahn des Punktes.

Ebenso hat die Geschwindigkeit $\mathfrak{v}$ (Fig. 19b) die Komponenten v_0 in Richtung von v_0 und gt in der senkrechten Fallrichtung. Die horizontale Komponente von v_0 ist konstant, und für die Steigzeit T liest man ab: $g \cdot T = v_0 \sin\alpha$ oder $T = \sin\alpha \cdot v_0/g$.

Zusammensetzen von Beschleunigungen und weitere Beispiele s. S. 212 u. 214. Zusammensetzen von Drehungen s. S. 217.

2. Bewegung des starren Körpers.

a) Ebene Bewegung.

1. Bei **Drehung** eines Körpers um eine Achse wird die Winkelgeschwindigkeit $\omega = \dot{\varphi} = d\varphi/dt$ dargestellt als Vektor, der in der Drehachse liegt (Fig. 20). Er kann in dieser verschoben werden wie eine Kraft am starren Körper. Sein Pfeil zeigt nach der Richtung, in der sich eine rechtsgängige Schraube durch die Drehung fortbewegen würde. Alle Punkte beschreiben Kreise.

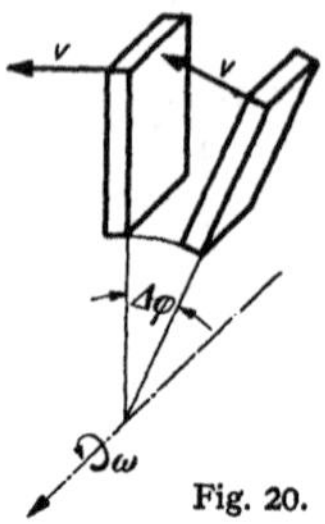

Fig. 20.

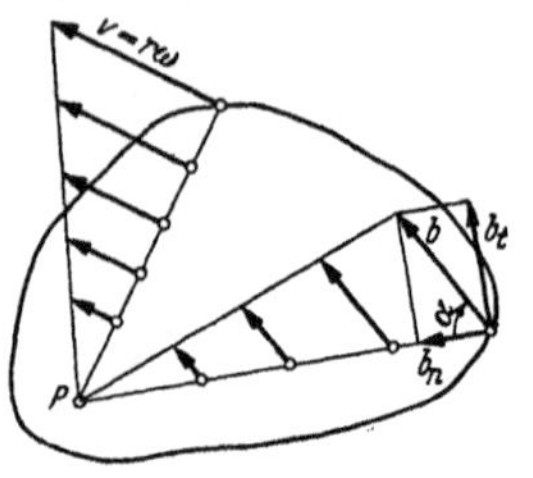

Fig. 21.

a) Die Geschwindigkeit v im Abstand r (Fig. 21) ist dann

$$v = r\omega = r\dot{\varphi}.$$

Die Geschwindigkeiten aller Punkte verhalten sich für einen augenblicklichen Bewegungszustand wie ihre Abstände r vom Drehpunkt.

b) Die Beschleunigung b eines Punktes im Abstand r zerfällt in die folgenden Komponenten (Fig. 21):

Normalbeschleunigung $b_n = r\omega^2 = v^2/r$ (zum Drehpunkt hin gerichtet);

Tangentialbeschleunigung $b_t = r\varepsilon$, wo $\varepsilon = \dot{\omega} = \ddot{\varphi}$ = Winkelbeschleunigung.

Dann ist
$$b = \sqrt{b_n^2 + b_t^2} = r\sqrt{\omega^4 + \varepsilon^2} \quad \text{und} \quad \operatorname{tg}\alpha = b_t/b_n = \varepsilon/\omega^2.$$

D. h. für den augenblicklichen Bewegungszustand verhalten sich die Beschleunigungen wie die Abstände r der Punkte vom Drehpunkt und bilden mit den Strahlen durch den Drehpunkt den gleichen Winkel α.

2. Bei einer **Schiebung** (Translation) erfahren alle Punkte des Körpers die gleiche parallele Verschiebung. Ist die Elementarschiebung gleich $d\mathfrak{s}$, so ist die Schiebungsgeschwindigkeit $\mathfrak{v} = d\mathfrak{s}/dt$. Wenn der Körper zwei Schiebungen $d\mathfrak{s}_1$ und $d\mathfrak{s}_2$ unterworfen ist, so ist die gesamte Verschiebung die geometrische Summe $d\mathfrak{s} = d\mathfrak{s}_1 + d\mathfrak{s}_2$.

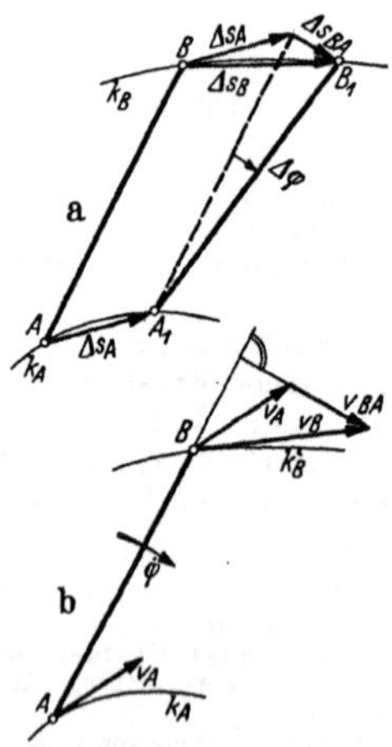

Fig. 22.

3. Schiebung und Drehung (Geschwindigkeit). Jede ebene Bewegung kann aufgefaßt werden als eine Zusammensetzung von Schiebung und Drehung:

a) Geschwindigkeit: Wird die Strecke AB des Körpers (Fig. 22a) nach Δt Sekunden in die Lage A_1B_1 gebracht, so kann die Bewegung aufgefaßt werden als eine Parallelverschiebung um die Strecke Δs_A und eine Drehung um den Winkel $\Delta\varphi$. Dann wird die Verschiebung Δs_B des Punktes B aus den Komponenten Δs_A und $\Delta s_{BA} = \overline{AB}\cdot\Delta\varphi$ gebildet. Beim Grenzübergang $\Delta t \to 0$ gilt dann (Fig. 22b)

$$\mathfrak{v}_B = \mathfrak{v}_A + \mathfrak{v}_{BA},$$

d. h. die Geschwindigkeit des Punktes B ist gleich der Geschwindigkeit des Punktes A, geometrisch vermehrt um die Drehgeschwindigkeit $\mathfrak{v}_{BA}$ von B gegen A. Für den Betrag der letzteren gilt $v_{BA} = \overline{AB}\cdot\dot{\varphi}$, wenn $\dot{\varphi}$ die augenblickliche Winkelgeschwindigkeit ist. $\mathfrak{v}_{BA}$ steht senkrecht auf AB.

Beispiel: Der Kurbelendpunkt A der Schubkurbel (Fig. 23a) habe die Geschwindigkeit v_A. Die Richtung der Geschwindigkeit v_B des Kreuzkopfes ist bekannt. Trägt man dann v_A in B an und zieht durch den Endpunkt eine Senkrechte zu AB, so trifft diese BA_0 im gesuchten Endpunkt von v_B. Es ist dann $\dot{\varphi} = v_{BA}/\overline{AB}$. Die Anbringung dieses Geschwindigkeitsdreiecks in A_0 ergibt: Mache $A_0A = v_A$; die Verlängerung von BA trifft die Senkrechte zu A_0B durch A_0 in E, dann ist $A_0E = v_B$. Hat man v_A in anderem Maßstab aufgetragen, so mache man $A_0A'' = v_A$, ziehe durch A'' die Parallele zu BA. Diese trifft die Senkrechte durch A_0 in E''; es ist $A_0E'' = v_B$. Rechnerisch folgt: $v_B = v_A \sin(\alpha + \beta)/\cos\beta$.

b) Momentanpol: Sind die Geschwindigkeiten v_A und v_B zweier Punkte A und B eines bewegten Körpers, einer Scheibe oder einer Ebene auf ihren Bahnen k_A und k_B gegeben (Fig. 24), so ist der Schnittpunkt der Senkrechten auf v_A und v_B, d. h. der Bahnnormalen der Momentanpol. Er hat im Augenblick die Geschwindigkeit Null, wie aus der zweimaligen Anwendung des Satzes

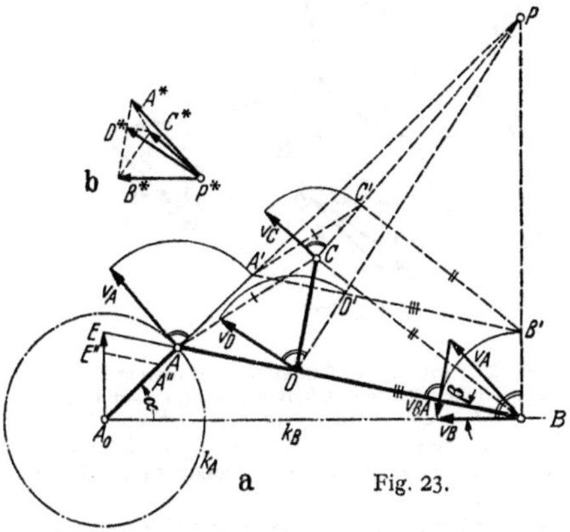

Fig. 23.

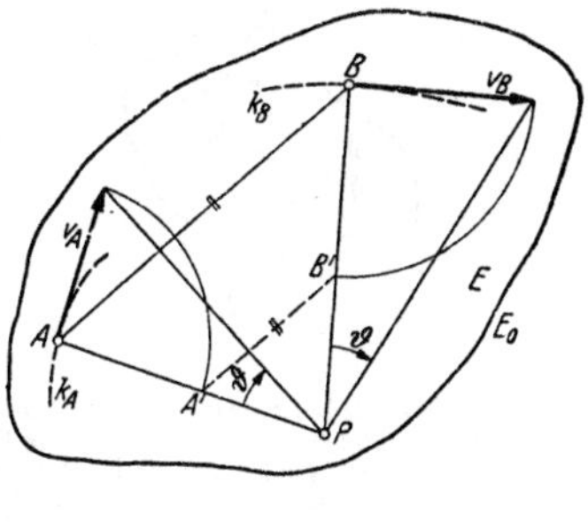

Fig. 24.

über die Zusammensetzung der Geschwindigkeiten einmal von A aus und einmal von B aus folgt. Der Momentanpol kennzeichnet zwei unendlich benachbarte Lagen.

Die Bewegung kann im Augenblick aufgefaßt werden als eine Drehung um den Momentan- oder Geschwindigkeitspol P mit der Winkelgeschwindigkeit $\dot{\varphi} = v_A/\overline{AP} = v_B/\overline{BP} = \operatorname{tg}\vartheta$ (Fig. 24). Die Geschwindigkeiten stehen auf den vom Momentanpol aus gezogenen Strahlen senkrecht und liefern damit auch die Bahntangenten. Die Geschwindigkeiten verhalten sich wie die Abstände der Bahnpunkte vom Momentanpol: $v_A : v_B = \overline{PA} : \overline{PB}$.

c) Hieraus erfolgt die Ermittlung der Geschwindigkeiten mit Hilfe der gedrehten oder lotrechten Geschwindigkeiten (Fig. 24): Sind die Bahnnormalen und die Geschwindigkeit v_A eines Punktes A bekannt, so drehe man v_A um 90° bis A' auf der Normalen AP, ziehe $A'B'$ parallel AB. Dann ist BB' die gedrehte Geschwindigkeit v_B. $\mathfrak{v}_B$ steht senkrecht auf BP.

Beispiele: 1. Bei der Schubkurbel (Fig. 23a) ist P der Schnittpunkt von A_0A und der Senkrechten in B zu A_0B. v_B ist nochmals mit Hilfe der gedrehten Geschwindigkeiten gefunden. Ebenso liefert die Parallele $A'C'$ zu AC auf dem Polstrahl PC die gedrehte Geschwindigkeit $CC' = v_C$. Ohne Kenntnis des Poles liefern die Parallelen $A'C'$ und $B'C'$ bzw. zu AC und BC den Punkt C'. Maßstab s. S. 213 oben.

2. Beim Gelenkviereck, Fig. 27a, ist P der Schnittpunkt der Bahnnormalen A_0A und B_0B.

d) Ein Geschwindigkeitsplan vereinfacht die Konstruktionen: Trage von einem beliebigen Punkt P^* aus (Fig. 23b) die Geschwindigkeit $v_A = P^*A^*$ auf. Mache Dreieck $P^*A^*B^*$ ähnlich Dreieck PAB. Dann ist $P^*B^* = v_B$. Ebenso liefert die Ähnlichkeit der Dreiecke ACB und $A^*C^*B^*$ die Geschwindigkeit $v_C = P^*C^*$ usw.: Der Geschwindigkeitsplan ist der bewegten Figur ähnlich und gegenüber dieser um 90° gedreht.

4. Schiebung und Drehung (Beschleunigung). a) Sind $\mathfrak{b}_A$ und $\mathfrak{b}_B$ die Beschleunigungen zweier Punkte A und B des bewegten Körpers (Fig. 25), so folgt durch Differenzieren des Satzes für die Geschwindigkeiten

$$\mathfrak{b}_B = \mathfrak{b}_A + \mathfrak{b}_{BA},$$

d. h. die Beschleunigung des Punktes B ist gleich der geometrischen Summe aus der Beschleunigung des Punktes A und der Beschleunigung $\mathfrak{b}_{BA}$ der Drehung von B gegenüber A. Die letztere zerfällt mit $l = \overline{AB}$ in eine Normalkomponente $b_n^* = v_{BA}^2/l = l \cdot \dot{\varphi}^2$ in Richtung $\overline{BA}$ und eine Tangentialkomponente $b_t^* = l \cdot \dot{\varphi}$ senkrecht AB, wenn $\dot{\varphi}$ und $\ddot{\varphi}$ die augenblickliche Winkelgeschwindigkeit bzw. -beschleunigung bedeuten.

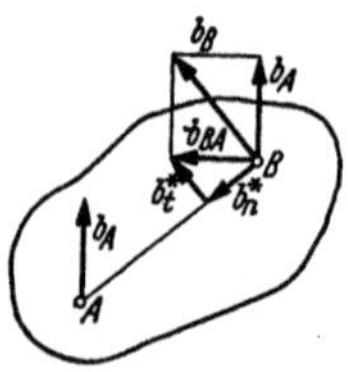

Fig. 25.

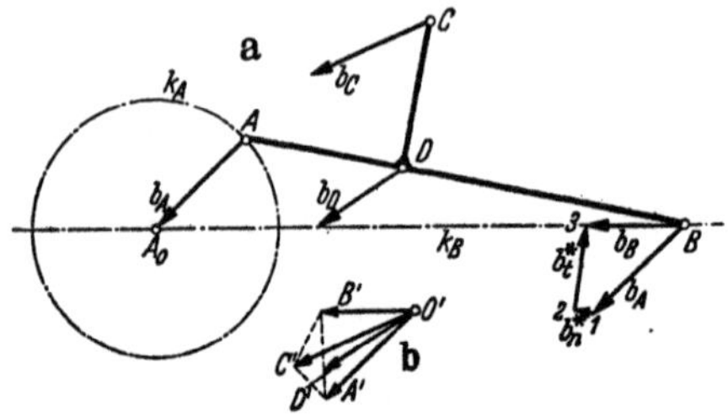

Fig. 26.

Beispiele: 1. An der Schubkurbel der Fig. 23a soll die Kreuzkopfbeschleunigung bestimmt werden. Die Kurbel drehe sich mit konstanter Winkelgeschwindigkeit ω; es ist $b_A = r\omega^2$ gleich AA_0 (Fig. 26) gezeichnet. Die Richtung von b_B ist bekannt; trägt man dann in B die Beschleunigung $b_A = B1$ an, daran $b_n^* = v_{BA}^2/l = 12$ (v_{BA} aus Fig. 23a bestimmt) parallel BA, so schneidet die Senkrechte zu BA durch 2 auf BA_0 die gesuchte Beschleunigung $b_B = B3$ aus. Dabei erhält man auch $b_t^* = 23$. Maßstäbe s. S. 213 oben.

Ist ω nicht konstant, so setzt sich b_A aus den Komponenten $b_{An} = r\omega^2$ und $b_{At} = r \cdot \varepsilon$ zusammen mit ε als Winkelbeschleunigung der Kurbel.

In den Totlagen wird $v_B = 0$ (also B zum Momentanpol) und $v_{BA} = v_A$; ferner ist dann $b_n^* = v_{BA}^2/l = v_A^2/l = r^2\omega^2/l = b_A \cdot r/l$, wenn ω konstant ist. Daher folgt mit $b_t^* = 0$, daß in den Totlagen $b_B = b_A \pm b_A \cdot r/l = b_A(1 \pm r/l)$[1] ist. Hierbei gilt + für die rechte und — für die linke Totlage.

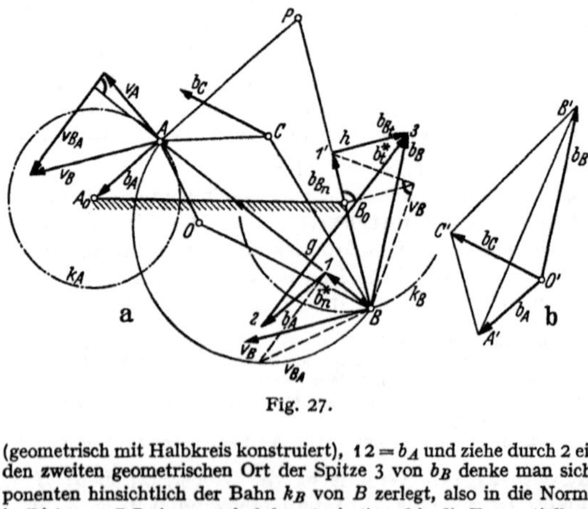

Fig. 27.

2. Beim Gelenkviereck (Vierzylinderkette) A_0B_0BA (Fig. 27a) mit dem festen Steg A_0B_0 drehe sich die Kurbel $A_0A = r$ mit konstanter Drehzahl. Die Methode der gedrehten Geschwindigkeiten liefert bei A die Geschwindigkeiten v_B und v_{BA}. Es ist v_A gleich dem Kurbelradius gezeichnet. Ebenso ist die Beschleunigung $b_A = r\omega^2$ gleich dem Kurbelradius AA_0 gezeichnet. Dann findet man b_B folgendermaßen: Mache $B1 = b_n^* = (v_{BA})^2/\overline{AB}$ parallel BA (geometrisch mit Halbkreis konstruiert), $12 = b_A$ und ziehe durch 2 eine Senkrechte g zu BA. Für den zweiten geometrischen Ort der Spitze 3 von b_B denke man sich b_B in die natürlichen Komponenten hinsichtlich der Bahn k_B von B zerlegt, also in die Normalkomponente $B1' = v_B^2/\overline{BB_0}$ in Richtung BB_0 (geometrisch konstruiert) und in die Tangentialkomponente b_{Bt} senkrecht BB_0: Die Senkrechte h zu BB_0 durch 1' schneidet g im gesuchten Punkt 3, so daß $B3 = b_B$ und $1'3 = b_{Bt}$.

---

[1] Über die Größtwerte von Geschwindigkeit und Beschleunigung des Kreuzkopfes vgl. Maschinenbau (1937) S. 529—552.

Ist der Maßstab für die Darstellung des Kurbeltriebes 1 cm $= b_0$ m, so gelten, da $v_A = r\omega = r/b_0$ cm und $b_A = r\omega^2 = r/b_0$ cm gezeichnet sind, für Geschwindigkeit bzw. Beschleunigung die Maßstäbe (s. a. Schubkurbel, S. 211 und Beispiel 1):

$$1 \text{ cm} = b_0\omega \text{ m/sek} \quad \text{bzw.} \quad 1 \text{ cm} = b_0\omega^2 \text{ m/sek}^2.$$

Ist ω nicht konstant, so kommt noch zu $b_{An} = r\omega^2$ die Tangentialbeschleunigung $b_{At} = r\varepsilon$ hinzu.

b) Beschleunigungsplan. Um die Beschleunigung eines weiteren Punktes C zu finden, trage man im Beispiel (Fig. 27b) von einem Punkt O' aus die Beschleunigungen $\overline{O'A'} = b_A$ und $\overline{O'B'} = b_B$ auf und mache Dreieck $A'B'C'$ ähnlich Dreieck ABC. Dann ist $O'C' = b_C$. Zeichnet

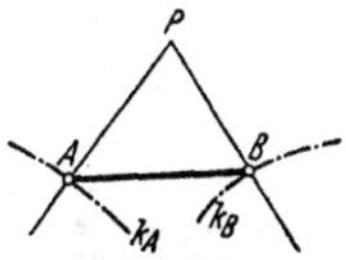

Fig. 28.

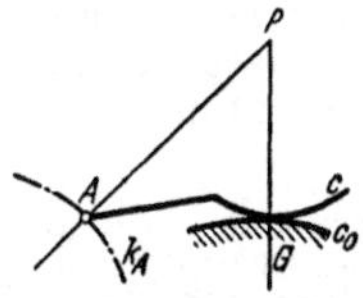

Fig. 29.

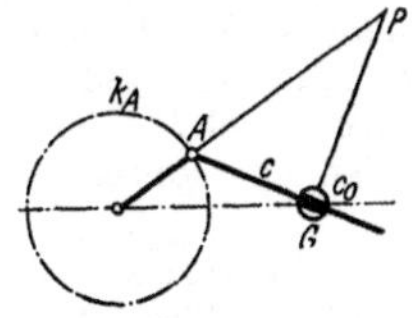

Fig. 30.

man $\triangle ABO \sim A'B'O'$, so ist O der Beschleunigungspol mit der Beschleunigung Null.

In gleicher Weise sind bei der Schubkurbel (Fig. 26b) noch die Beschleunigungen weiterer Punkte ermittelt worden.

Aus der Ähnlichkeit folgt, daß die Spitzen der Beschleunigungen einer bewegten Strecke auf einer Geraden liegen müssen (für AB in Fig. 26 auf A_0B, für AB in Fig. 27 auf A_03 bei den gewählten Maßstäben).

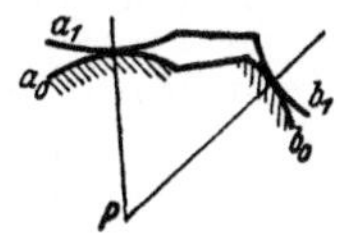

Fig. 31.

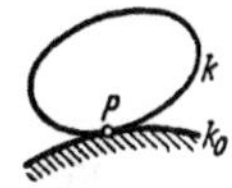

Fig. 32.

5. Zwanglauf. a) Die wichtigsten Anwendungen der Sätze betreffen solche Bewegungen, bei denen die Bewegungsrichtung aller Punkte für jede Lage bestimmt ist (also auch der Momentanpol). Man spricht dann von Zwanglauf. Die wichtigsten Fälle sind

1. Zweipunktführung (Fig. 28): Zwei Punkte des bewegten Körpers werden auf vorgeschriebenen Bahnen geführt. Beispiele: Schubkurbel (Fig. 26 u. 47), Kurbelviereck (Fig. 27 u. Fig. 46, S. 216).

2. Punktkurvenführung (Fig. 29): Ein Punkt wird auf einer vorgeschriebenen Bahn geführt, während eine Kurve c des bewegten Körpers auf einer festen Kurve c_0 gleitet. Beispiel: Kurbelschleife (Fig. 30), c ist hierbei eine Gerade, c_0 wird punktförmig; ferner Wälzhebel. Vgl. a. Fig. 43.

3. Zweikurvenführung (Fig. 31): Zwei Kurven des bewegten Körpers gleiten auf zwei festen Kurven.

4. Rollung (Fig. 32): Eine Kurve des bewegten Körpers rollt auf einer festen Kurve ab. Der Berührungspunkt ist Momentanpol. Beispiele: Wagenrad; Rädertriebe.

Für weitere Einzelheiten der Zwanglaufmechanik, der Getriebelehre und der Kinematik der Getriebe vgl. a. die Fachliteratur[1]).

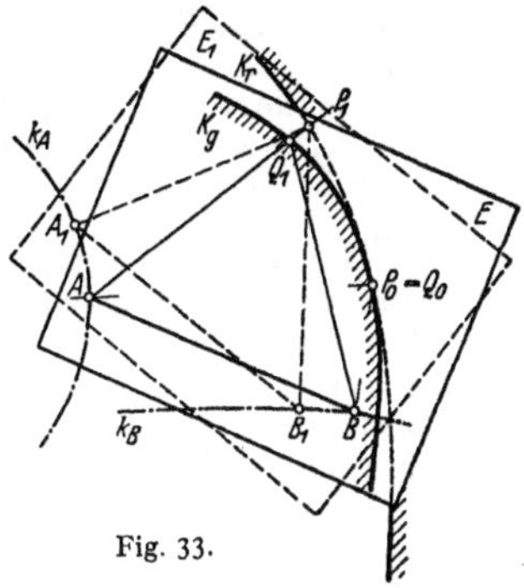

Fig. 33.

b) Polkurven. Zeichnet man (Fig. 33) bei der Zweipunktführung den Momentan- oder Drehpol $P = P_0$ als Schnittpunkt der Bahnnormalen, so ist für die benachbarte Lage A_1B_1 der Strecke AB der Momentanpol P_1 der Schnittpunkt der Bahnnormalen für diese Lage. Die Folge der Momentanpole in der festen Ebene bildet die feste Polkurve oder die Rastpolbahn K_r. Faßt man jedoch den Punkt P_1 als Punkt der bewegten Ebene E in der Lage E_1 auf und bringt

[1]) Beyer, R.: Techn. Kinematik. Leipzig 1931. — Grübler, M.: Getriebelehre. Berlin 1917. — Grodzinski u. Polster: Getriebelehre I, und Grodzinski: Getriebelehre II. Samml. Göschen 1061 u. 1062. — Müller, Reinhold: Einführung in die theoret. Kinematik. Berlin 1932. — Pöschl, Th.: Einführung in die ebene Getriebelehre. Berlin 1932. — Wittenbauer, F.: Graphische Dynamik. Berlin.

die Ebene E_1 in die Ausgangslage zurück, macht also $\triangle ABQ_1 \cong \triangle A_1B_1P_1$, so ist Q_1 der Punkt der bewegten Ebene, der in der Lage E_1 zum Momentanpol wird. Die Punkte $P, Q_1, Q_2, \ldots$ bilden in der bewegten Ebene eine Kurve, die bewegliche Polkurve oder Gangpolbahn K_g. Da die Bewegung im Augenblick betrachtet werden kann als Drehung um den Momentanpol P_0, so kommt in der kleinen Zeit Δt der Punkt Q_1 durch Drehung um P_0 nach P_1. Es sind also die Bogenstücke P_0Q_1 und P_0P_1 einander gleich (genau für $\Delta t \to 0$). Daraus folgt, daß die Kurven aufeinander abrollen: Jede ebene Bewegung kann dargestellt werden durch das Abrollen zweier Kurven aufeinander, der beweglichen Gangpolbahn auf der festen Rastpolbahn; die Kurven berühren sich im Momentanpol P. Bei kinematischer Umkehrung der Bewegung vertauschen die Kurven ihre Rollen.

Beispiele: Rädertriebe; Kardanische Bewegung (S. 104); unrunde Räder; bei den zyklischen Kurven (S. 118) ist der Berührungspunkt der Rollkreise der Momentanpol, die Geschwindigkeiten und damit die Tangenten stehen senkrecht auf den von P zu den Bahnpunkten gezogenen Strahlen, den Bahnnormalen.

6. Relativbewegung. Bewegt sich eine Ebene oder Scheibe E_2 gegenüber einer bewegten Ebene E_1 und diese Ebene E_1 gegenüber der festen Ebene E_0,

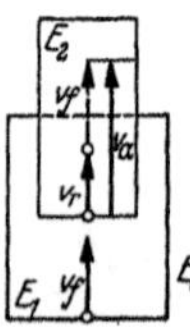

Fig. 34.

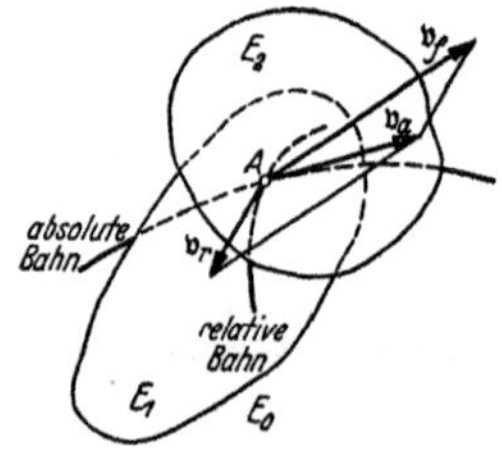

Fig. 35.

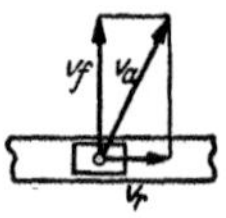

Fig. 36.

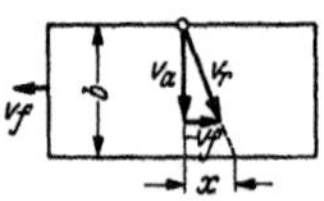

Fig. 37.

so bezeichnet man die Bewegung von E_2 gegenüber E_0 als absolute, gegenüber E_1 als relative und die von E_1 gegenüber E_0 als Führungsbewegung.

a) Bewegen sich die Körper bzw. die Ebenen E_1 und E_2 parallel und geradlinig (Fig. 34), hat E_1 gegenüber E_0 die Führungsgeschwindigkeit v_f und E_2 gegenüber E_1 die Relativgeschwindigkeit v_r, so ist die Absolutgeschwindigkeit v_a von E_2 gegenüber E_0 gleich der algebraischen Summe: $v_a = v_f + v_r$, so daß $v_r = v_f - v_a$.

Für die Beschleunigungen gilt hier entsprechend $b_a = b_f + b_r$ oder $b_r = b_f - b_a$.

Beispiel: Ein Flugzeug hat gegenüber der Erde 144 km/Std. = 40 m/sek Fluggeschwindigkeit. Der Wind strömt ihm mit 12 m/sek entgegen. Wie groß ist die für die Leistung des Flugzeuges maßgebende Eigengeschwindigkeit gegenüber dem Windkörper? Es wird $v_r = v_a - v_f = 40 - (-12) = 52$ m/sek $= 187$ km/Std.

b) Bei beliebiger, krummliniger Bewegung (Fig. 35) ist die Absolutgeschwindigkeit eines Punktes die geometrische Summe aus seiner Relativ- und seiner Führungsgeschwindigkeit:

$$\mathfrak{v}_a = \mathfrak{v}_r + \mathfrak{v}_f, \quad \text{d. h.} \quad \mathfrak{v}_r = \mathfrak{v}_a - \mathfrak{v}_f.$$

Häufig ist die Relativbahn, d. h. die Bahn, die der Punkt A in der Ebene E_1 beschreibt, als Führung bekannt.

Beispiele: 1. Ein Kran hat 1,8 m/sek Geschwindigkeit. Die Laufkatze fährt auf dem Kran (Fig. 36) mit 1 m/sek. Dann ist $v_f = 1{,}8$, $v_r = 1$, also die absolute Geschwindigkeit

$$v_a = \sqrt{v_r^2 + v_f^2} = \sqrt{1^2 + 1{,}8^2} = 2{,}06 \text{ m/sek}.$$

2. Ein in Bewegung befindliches Fahrzeug (v_f) von der Breite b (Fig. 37) wird von einer Kugel (v_a) senkrecht durchschossen. Um wieviel weichen Ein- und Ausschußstelle voneinander ab? Es wird $x = b \cdot v_f/v_a$.

3. Beim Schubkurventrieb (Fig. 38) sind bekannt: Die Führungsgeschwindigkeit v_f der Schubkurve, die Richtung der Stößelgeschwindigkeit v_a und die Richtung der Relativgeschwindigkeit v_r als Tangente an die Kurve. Aus $\mathfrak{v}_a = \mathfrak{v}_r + \mathfrak{v}_f$ folgt v_a zeichnerisch oder bei gegebenem Kurvengesetz $y = f(x)$ auch rechnerisch zu $v_a = v_f \cdot \operatorname{tg} \alpha = v_f \cdot dy/dx$.

4. Bei einer Wasserturbine strömt das Wasser mit der (Absolut-) Geschwindigkeit c_1 (Fig. 39) aus dem festen Leitrad in die Schaufeln des Laufrades, das sich mit der Umfangsgeschwindigkeit u gegenüber dem Leitrad dreht. Beim Übertritt ergibt sich die Relativgeschwindigkeit w_1 des Wassers als geometrische Differenz von c_1 und u. Für stoßfreien Übergang muß w_1 die Richtung des Schaufelbleches haben. Das Wasser tritt mit der Relativgeschwindigkeit w_2 in Richtung des Schaufelbleches aus, und es ergibt sich die (absolute) Austrittsgeschwindigkeit c_2 als die geometrische Summe von u und w_2.

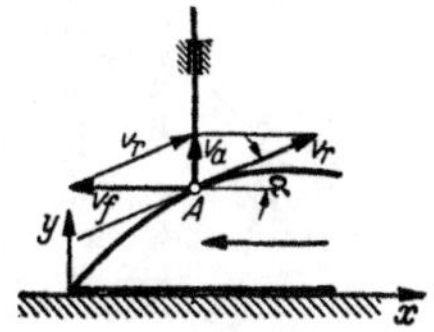

Fig. 38.

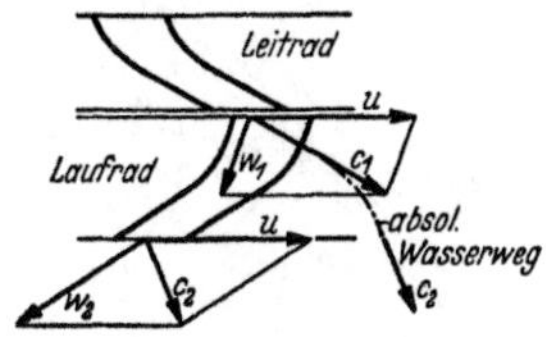

Fig. 39.

5. Eine sich mit konstanter Winkelgeschwindigkeit ω drehende Scheibe trägt einen geraden, durch den Mittelpunkt hindurchgehenden Schlitz (Fig. 40). In diesem bewegt sich ein Punkt mit konstanter Geschwindigkeit c. Ist A zu Anfang im Mittelpunkt O, so ist $OA = r = c \cdot t = \varphi \cdot c/\omega$, d. h. A beschreibt als absolute Bahn eine Archimedische Spirale (S. 120). Es ist $v_f = r\omega$ senkrecht r und $v_r = c$. Die geometrische Summe liefert die Absolutgeschwindigkeit v_a, die in die Bahntangente fällt, und es ist $v_a^2 = c^2 + r^2\omega^2$.

c) Für die **Beschleunigungen** gilt **nicht** das gleiche Gesetz wie für die Geschwindigkeiten. Mit $\mathfrak{b}_a$ als Absolutbeschleunigung, $\mathfrak{b}_f$ als Führungs- und $\mathfrak{b}_r$ als Relativbeschleunigung folgt, Fig. 41, $\mathfrak{b}_a$ als geometrische Summe

$$\mathfrak{b}_a = \mathfrak{b}_r + \mathfrak{b}_f + \mathfrak{b}_c \quad \text{oder} \quad \mathfrak{b}_r = \mathfrak{b}_a - \mathfrak{b}_f - \mathfrak{b}_c .$$

Hierin ist $\mathfrak{b}_c$ die Zusatz- oder Coriolisbeschleunigung. Ihr Betrag ist $b_c = 2 v_r \omega$ (S. 209), worin ω die Winkelgeschwindigkeit der Führung oder der Relativbahn ist. b_c ist gegenüber v_r um 90° im Sinne von ω gedreht.

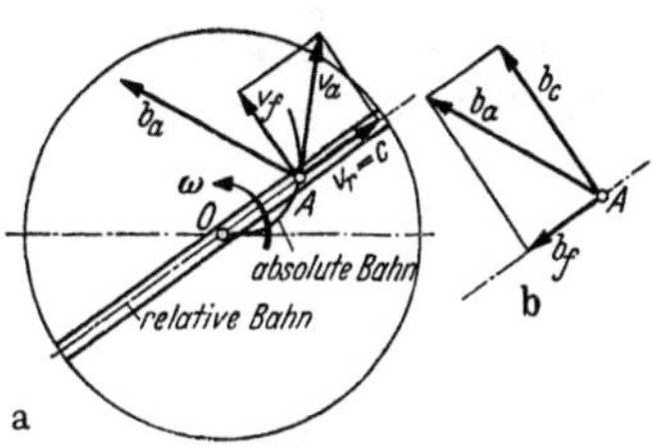

Fig. 40.

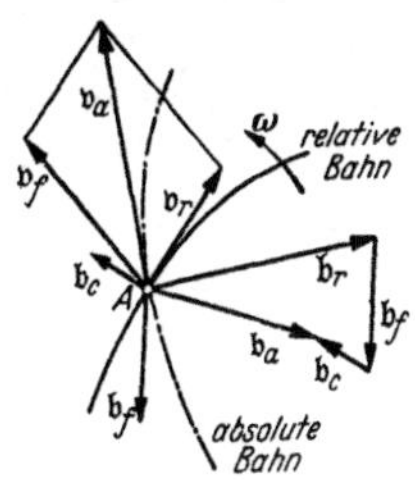

Fig. 41.

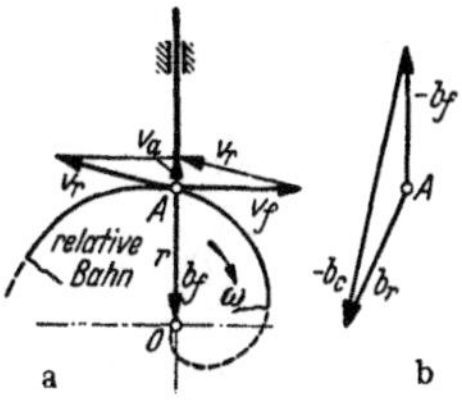

Fig. 42.

Wird die Führung nur parallel zu sich verschoben, d. h. erfährt sie nur eine Schiebung, so ist $\omega = 0$ und die Coriolisbeschleunigung wird gleich Null.

b_f und b_r können noch in ihre Normal- und Tangentialkomponenten zerlegt werden.

Beispiele: 1. Im Beispiel 5 (Fig. 40 a, b) ist $b_r = 0$, da $v_r = c =$ konst.; ferner ist $b_f = r\omega^2$ nach O gerichtet und $b_c = 2\omega v_r = 2\omega \cdot c$. Die daraus folgende Absolutbeschleunigung $\mathfrak{b}_a = \mathfrak{b}_f + \mathfrak{b}_r + \mathfrak{b}_c$ muß dann nach der konkaven Seite der Absolutbahn weisen.

2. Eine Kurvenscheibe, deren Profil eine Archimedische Spirale ist, drehe sich mit konstanter Winkelgeschwindigkeit um den Anfangspunkt O und treibe einen Stößel an, dessen Bahnrichtung durch O geht (Fig. 42 a). Da $r = r_0 + a\varphi$, ist $v_a = \dot{r} = a\dot{\varphi} = a\omega =$ konstant. Mit $v_f = r\omega$ folgt aus der geometrischen Zusammensetzung $v_r^2 = v_a^2 + v_f^2 = \omega^2(a^2 + r^2)$.

Da $v_a =$ konstant, wird $b_a = 0$ und damit $\mathfrak{b}_r = -\mathfrak{b}_f - \mathfrak{b}_c$ (Fig. 42 b), wobei $b_f = r\omega^2$ und $b_c = 2\omega v_r = 2\omega^2 \sqrt{a^2 + r^2}$. Hierbei hat b_c die Normalenrichtung der Relativbahn, d. h. der Archimedischen Spirale, s. S. 120.

3. Die Kurbel $A_0 A = a$ der umlaufenden Kurbelschleife (Fig. 43 a) drehe sich mit konstanter Winkelgeschwindigkeit ω. Geschwindigkeit und Beschleunigungen der Schleife sind gesucht. Es ist $v_a = a \cdot \omega$ gleich der Länge $A_0 A = a$ gezeichnet. Zerlegung in Richtung des Schlitzes (Relativbahn) und senkrecht dazu liefert v_r und v_f. Die Winkelgeschwindigkeit der

Schleife um B_0 ist dann mit $B_0A = r$ durch $\omega_s = \operatorname{tg}\vartheta_s = v_f/r$ bestimmt. Für die Beschleunigung folgt mit $b_a = a \cdot \omega^2$ (gleich der Kurbellänge gezeichnet) $\mathfrak{b}_r = \mathfrak{b}_a - \mathfrak{b}_c - \mathfrak{b}_f$. Dabei ist $b_c = 2\,\omega_s v_r$, und zwar bei dem gewählten Maßstab gleich DD', wenn $B_0D = 2v_r$ gezeichnet wird. Die Richtung von b_r ist bekannt. Von b_f ist die Normalkomponente $b_{fn} = v_f^2/r$ in Richtung AB_0 (geometrisch konstruiert, Fig. 43b) und die Richtung von b_{ft} senkrecht B_0A bekannt. Man zeichne (Fig. 43b) $AA_0 = b_a$, $A_0 2 = -b_c$, 23 parallel v_r, $A1' = b_{fn}$, $1'3$ senkrecht $A1'$ oder AB_0. Dann ist $A3 = b_f$, $32 = b_r$ und $1'3 = b_{ft}$. Die Winkelbeschleunigung der Schleife ist dann b_{ft}/r. (Maßstäbe s. S. 212, Beispiel 2.)

Dreht sich die Kurbel A_0A mit veränderlicher Winkelgeschwindigkeit ω, so hat b_a die Komponenten $a\omega^2$ in Richtung AA_0 und $a \cdot \varepsilon$ senkrecht dazu, wenn ε die Winkelbeschleunigung der Kurbel ist.

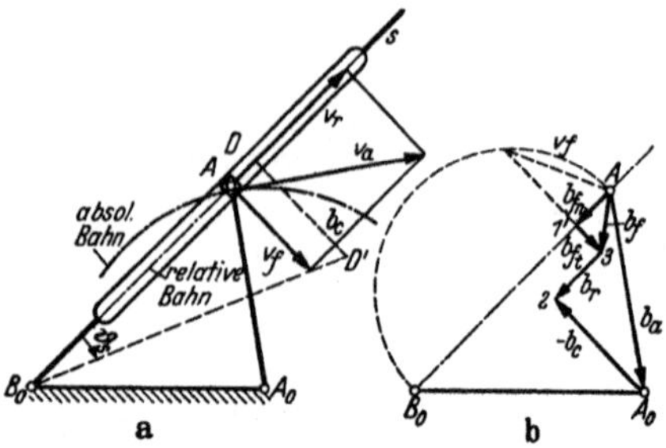

Fig. 43.

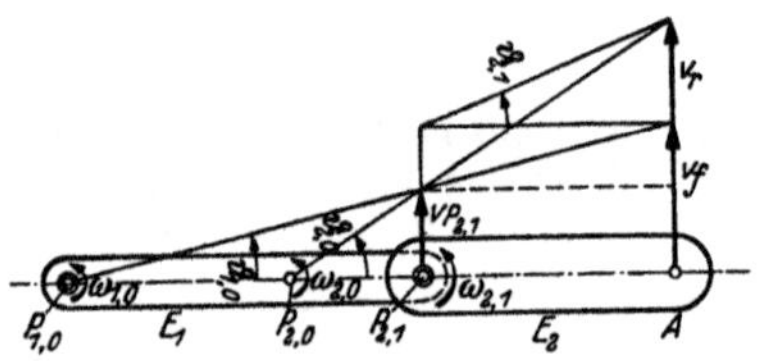

Fig. 44.

d) Drehung dreier Ebenen. Dreht sich die Ebene E_1 (Fig. 44) um den Punkt $P_{1,0}$ der festen Ebene E_0 mit der Winkelgeschwindigkeit $\omega_{1,0} = \operatorname{tg}\vartheta_{1,0}$ und dreht sich die Ebene E_2 um den Punkt $P_{2,1}$ der Ebene E_1 gegenüber dieser mit der Winkelgeschwindigkeit $\omega_{2,1}$, so dreht sich Ebene E_2 gegenüber E_0 um den Punkt $P_{2,0}$ mit der Winkelgeschwindigkeit $\omega_{2,0}$. Dabei liegen die drei Momentanpole $P_{1,0}$, $P_{2,1}$ und $P_{2,0}$ in einer Geraden; $P_{2,0}$ teilt $P_{1,0}P_{2,1}$ innen oder außen im umgekehrten Verhältnis der Winkelgeschwindigkeiten, je nachdem $\omega_{1,0}$ und $\omega_{2,1}$ gleich oder entgegengesetzt gerichtet sind: $\overline{P_{2,0}P_{1,0}} : \overline{P_{2,0}P_{2,1}} = \omega_{2,1} : \omega_{1,0}$.

Die resultierende Winkelgeschwindigkeit $\omega_{2,0}$ ist die algebraische Summe der einzelnen Winkelgeschwindigkeiten: $\omega_{2,0} = \omega_{1,0} + \omega_{2,1}$.

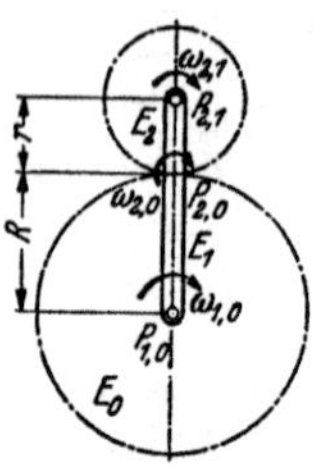

Fig. 45.

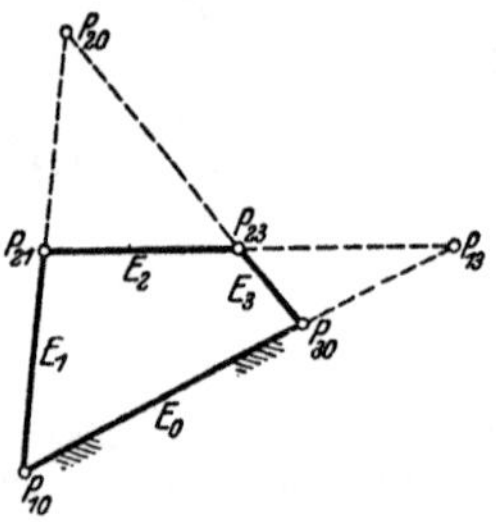

Fig. 46.

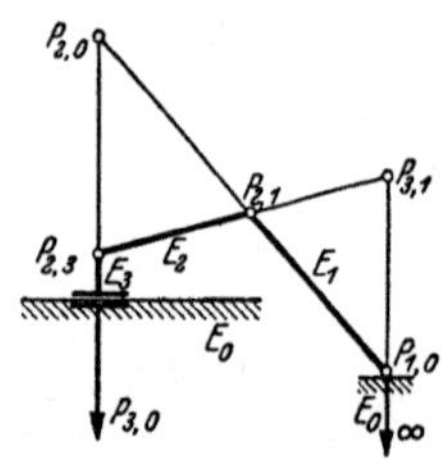

Fig. 47.

Man liest aus Fig. 44 ab mit $\overline{P_{1,0}P_{2,1}} = r$; $\overline{P_{2,1}A} = l$; $\overline{P_{1,0}P_{2,0}} = a$; $P_{2,0}P_{2,1} = b$: $v_A = v_f + v_r = (r + l)\,\omega_{1,0} + l\,\omega_{2,1} = r\,\omega_{1,0} + l(\omega_{1,0} + \omega_{2,1})$; ferner, wenn die Geschwindigkeit von $P_{2,1}$ gleich $v = r\,\omega_{1,0}$ gesetzt wird: $\omega_{2,0} = \operatorname{tg}\vartheta_{2,0} = (v_A - v)/l = \omega_{1,0} + \omega_{2,1}$; $v = r\,\omega_{1,0} = b\,\omega_{2,0}$ oder $r : b = \omega_{2,0} : \omega_{1,0}$ oder $(a + b) : b = (\omega_{1,0} + \omega_{2,1}) : \omega_{1,0}$, d. h. $a : b = \omega_{2,1} : \omega_{1,0}$.

Beispiele: 1. Beim Umlaufrädertrieb (Fig. 45) hat das Planetenrad gegenüber dem festen Zahnrad die Winkelgeschwindigkeit $\omega_{2,0} = \omega_{1,0} \cdot (R + r)/r$ und gegenüber dem Steg die Winkelgeschwindigkeit $\omega_{2,1} = \omega_{1,0} \cdot R/r$.

2. Beim Gelenkviereck (Kurbeltrieb), Fig. 46, liegen je drei Pole in einer Geraden.

3. Auch bei der geschränkten Geradschubkurbel (Fig. 47) liegen je drei Pole in einer Geraden. Nur liegt $P_{3,0}$ unendlich fern, da E_3 parallel verschoben wird, und es ist $\omega_{3,0} = 0$. Bei der zentrischen Schubkurbel nach Fig. 25, 26 fällt $P_{2,3}$ mit dem geradgeführten Punkt B zusammen.

Anm.: Bei der Reihenfolge der Indizes ist zu beachten, daß $\omega_{i,k} = -\omega_{k,i}$; so ist z. B. in Fig. 46 $\omega_{1,2} = -\omega_{2,1}$, d. h. E_2 dreht sich gegenüber E_1 im umgekehrten Sinn wie E_1 gegenüber E_2.

b) Räumliche Bewegung.

1. Die **Bewegung des Körpers um einen Punkt** kann im Augenblick aufgefaßt werden als die Drehung um eine durch den festen Punkt gehende Drehachse. Die gesamte Bewegung erscheint dann als Abrollen eines bewegten, allgemeinen Kegels auf einem festen (Präzessionsbewegung), wie z. B. bei einem Umlaufkegelrädertrieb (Fig. 51).

2. Bei der **Schraubung** eines Körpers (der allgemeinsten Bewegung) kann die Elementarbewegung dargestellt werden durch eine Drehung $d\varphi$ (Fig. 48) um eine Achse mit der Winkelgeschwindigkeit ω und durch eine Verschiebung ds in Richtung der Dreh- oder Schraubenachse mit der Schiebungsgeschwindigkeit v_s. Das Ergebnis ist eine Elementarschraubung.

Ist v_s proportional ω, und bleibt die Drehachse fest, so beschreiben alle Punkte des Körpers Schraubenlinien (S. 127).

Beispiele: Sämtliche Schraubenbewegungen; Schiffsschraube; Luftschraube.

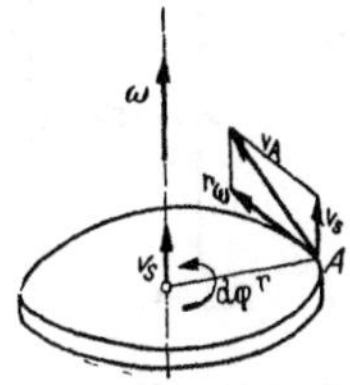

Fig. 48.

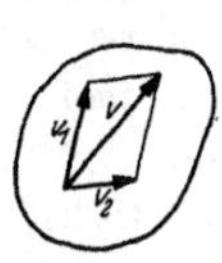

Fig. 49.

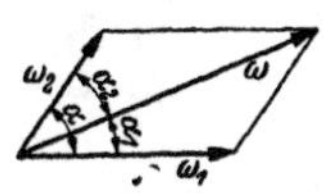

Fig. 50.

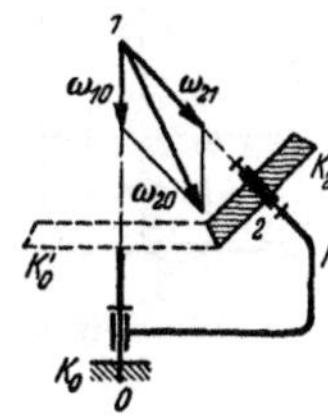

Fig. 51.

c) Zusammensetzung von Bewegungen.

1. Zwei Schiebungen eines Körpers mit den Geschwindigkeiten $\mathfrak{v}_1$ und $\mathfrak{v}_2$ ergeben eine resultierende Schiebung mit der Geschwindigkeit $\mathfrak{v} = \mathfrak{v}_1 + \mathfrak{v}_2$ als geometrischer Summe, Fig. 49.

2. Zwei Drehungen um sich schneidende Achsen mit den Winkelgeschwindigkeiten $\overline{\omega}_1$ und $\overline{\omega}_2$ (Fig. 50) ergeben eine resultierende Drehung um die Diagonale des aus $\overline{\omega}_1$ und $\overline{\omega}_2$ gebildeten Parallelogramms. Die Diagonale ist gleich dem resultierenden Drehvektor $\overline{\omega}$ (geometrische Summe):

$$\overline{\omega} = \overline{\omega}_1 + \overline{\omega}_2; \qquad \omega = \sqrt{\omega_1^2 + 2\omega_1\omega_2\cos\alpha + \omega_2^2};$$

$$\omega_1 : \omega_2 : \omega = \sin\alpha_2 : \sin\alpha_1 : \sin\alpha; \qquad \omega = \omega_1\cos\alpha_1 + \omega_2\cos\alpha_2 .$$

Beispiele: 1. Dreht sich ein Körper K_1 (Fig. 51) mit der Winkelgeschwindigkeit $\omega_{1,0}$ um die am ruhenden Gestell K_0 befestigte Achse 01, und trägt dieser Körper K_1 eine Achse 21, um die der Körper K_2 sich mit der (relativen) Winkelgeschwindigkeit $\omega_{2,1}$ gegenüber K_1 dreht, so ist die (absolute) Winkelgeschwindigkeit $\omega_{2,0}$ des Körpers K_2 gegenüber dem Gestell die geometrische Summe aus der (Führungs-) Winkelgeschwindigkeit $\omega_{1,0}$ und der Winkelgeschwindigkeit $\omega_{2,1}$, d. h. $\overline{\omega}_{2,0} = \overline{\omega}_{1,0} + \overline{\omega}_{2,1}$. Die Winkelgeschwindigkeit $\omega_{2,0}$ kann dadurch erzwungen werden, daß das Kegelrad K_2 auf dem festen Kegelrad K_0' abrollt.

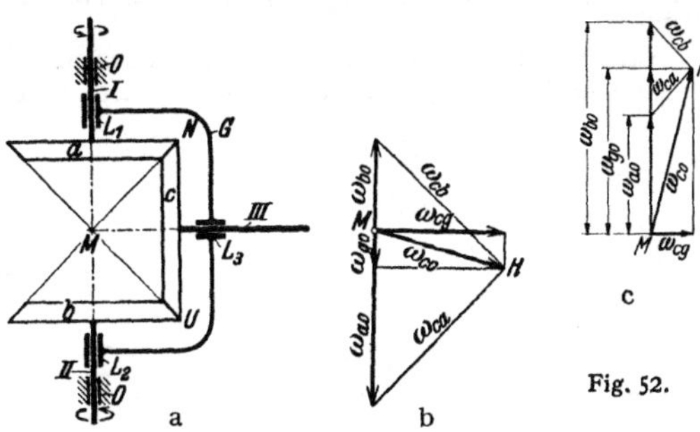

Fig. 52.

2. In Fig. 52a sitzen die Kegelräder a und b auf den Wellen I und II, deren Lager im Maschinengestell O angeordnet sind. Außerdem tragen die Wellen die Lager L_1 und L_2, die im Gehäuse G angebracht sind. Dieses enthält auch das Lager L_3 in dem sich das Kegelrad c mit Welle III dreht. Auf die Räder a und b werden von außen die Winkelgeschwindigkeiten $\overline{\omega}_{a\,o}$ und $\overline{\omega}_{b\,o}$ übertragen. Das Rad c kann sich im Lager III mit der Winkelgeschwindigkeit $\overline{\omega}_{c\,g}$ drehen, und das Gehäuse kann sich mit der Winkelgeschwindigkeit $\overline{\omega}_{g\,o}$ um die Achse $I\,II$ drehen. Die wahre Winkelgeschwindigkeit $\overline{\omega}_{c\,o}$ ist die Resultierende von $\overline{\omega}_{c\,g}$ und $\overline{\omega}_{g\,o}$. Gesucht sind $\overline{\omega}_{c\,g}$ und $\overline{\omega}_{g\,o}$, wenn $\overline{\omega}_{a\,o}$ und $\overline{\omega}_{b\,o}$ gegeben sind.

Der Vektor $\bar{\omega}_{c o}$ muß stets durch den Punkt M gehen, weil sowohl $\bar{\omega}_{c g}$ wie $\bar{\omega}_{g o}$ durch M geht. Es ist $\bar{\omega}_{c o} = \bar{\omega}_{a o} + \bar{\omega}_{c a}$, wobei der Vektor $\bar{\omega}_{c a}$ die Richtung MN hat, seiner Größe nach aber unbestimmt ist. Ebenso ist $\bar{\omega}_{c o} = \bar{\omega}_{b o} + \bar{\omega}_{c b}$, wobei der Vektor $\bar{\omega}_{c b}$ die Richtung MU hat, seiner Größe nach unbestimmt ist. $\bar{\omega}_{c a}$ und $\bar{\omega}_{c b}$ schneiden sich in H, Fig. 52b für entgegengesetzte, Fig. 52c für gleichgerichtete Winkelgeschwindigkeiten $\bar{\omega}_{a o}$ und $\bar{\omega}_{b o}$. MH ist nach Richtung und Größe gleich $\bar{\omega}_{c o}$, und dieser Vektor ist in seine horizontale Komponente $\bar{\omega}_{c g}$ und seine vertikale $\bar{\omega}_{g o}$ zu zerlegen. Statt der Winkelgeschwindigkeiten können die Umlaufzahlen gesetzt werden. Für $\bar{\omega}_{a o} = -\bar{\omega}_{b o}$ ist nach Fig. 52b $\bar{\omega}_{g o} = 0$, das Gehäuse ruht.

3. Drehungen um parallele Achsen können unter Benutzung der Drehvektoren wie Kräfte zusammengesetzt werden und ergeben wieder eine Drehung (S. 216): Das Moment der resultierenden Drehung ω in bezug auf einen Punkt muß gleich sein der Summe der Momente der anderen Drehungen.

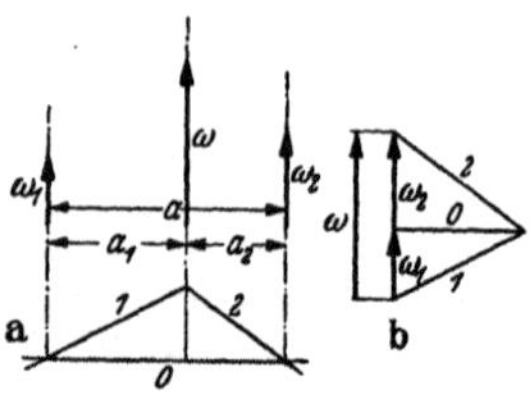

Fig. 53.

a) ω_1 und ω_2 sind gleichgerichtet (Fig. 53). Es ist $\omega = \omega_1 + \omega_2$. Für die Entfernung der resultierenden Drehachse gilt

$$a_1 : a_2 = \omega_2 : \omega_1 \quad \text{und}$$

$$a_1 = a\,\omega_2/\omega;$$

$$a_2 = a\,\omega_1/\omega \quad (\text{S. } 216).$$

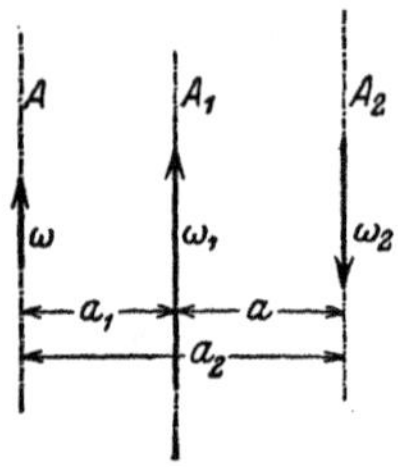

Fig. 54.

b) ω_1 und ω_2 sind entgegengesetzt gerichtet (Fig. 54). Dann ist $\omega = \omega_1 - \omega_2$ und die Achse der resultierenden Drehung ω liegt außerhalb der beiden anderen Achsen, und zwar nach der Seite der größten Winkelgeschwindigkeit. Es ist wieder

$$a_1 = a\,\omega_2/\omega \quad \text{und} \quad a_2 = a\,\omega_1/\omega.$$

Beispiel: In Fig. 55 drehe sich der Stab B_0B um den Punkt B_0 des Stabes A_0B_0 mit ω_2 und der Stab A_0B_0 seinerseits um A_0 mit ω_1 in entgegengesetzter Richtung. Die resultierende Winkelgeschwindigkeit ist $\omega = \omega_1 - \omega_2$. Der Dreh- oder Momentanpol P liegt auf A_0B_0 um $A_0P = \overline{A_0B_0} \cdot \omega_2/\omega$ von A_0 entfernt. Wenn $\omega_1 < \omega_2$, wird $\omega = \omega_2 - \omega_1$ und ist entgegengesetzt gerichtet wie ω_1.

c) Der Sonderfall $\omega_1 = -\omega_2$ würde nach b) $\omega = 0$ und $a_1 = a_2 = \infty$ liefern. Das Ergebnis ist eine Schiebung:

Dreht sich der Körper um A_1 (Fig. 56a) mit ω und um A_2 mit $-\omega$, so ist die Geschwindigkeit irgendeines Punktes B gleich $\mathfrak{v} = \mathfrak{v}_1 + \mathfrak{v}_2$, wobei $v_1 = r_1\omega$ und $v_2 = r_2\omega$, so daß

$$v^2 = v_1^2 + v_2^2 + 2v_1v_2\cos\alpha = \omega^2[r_1^2 + r_2^2 - 2r_1r_2\cos(180 - \alpha)] = a^2\omega^2,$$

d. h. $v = a\omega$. $\mathfrak{v}$ steht senkrecht zu A_1A_2, da Dreieck A_1A_2B ähnlich dem Geschwindigkeitsdreieck.

Gleich große und entgegengesetzte Drehungen oder ein Drehvektorpaar ergeben eine Schiebung von der Größe $v_s = a\omega$ senkrecht zum Abstand a der

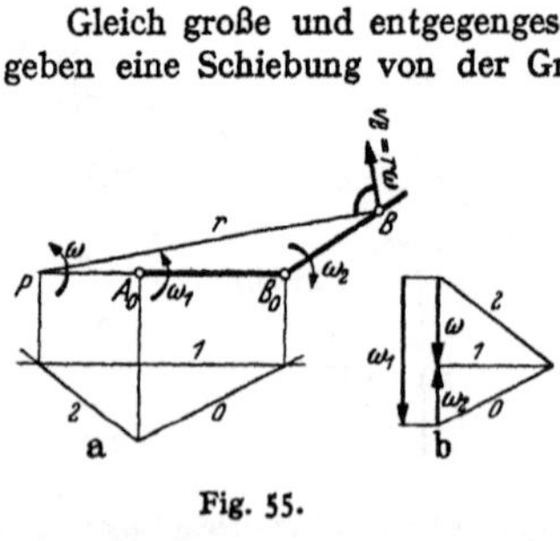

Fig. 55.

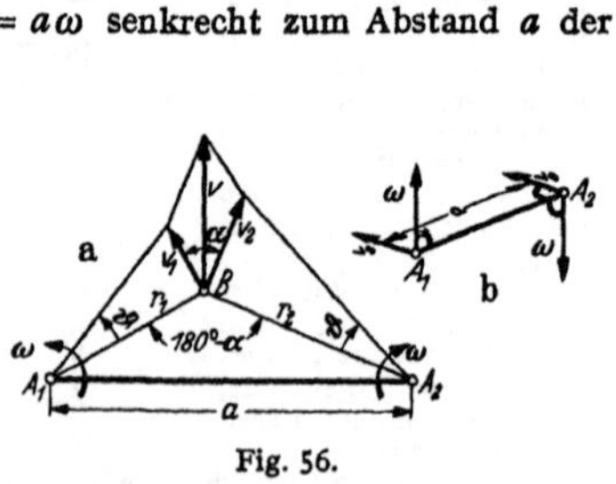

Fig. 56.

Achsen (Fig. 56b). Ein Drehvektorpaar kann wie ein Kräftepaar beliebig parallel verschoben werden.

Umgekehrt kann eine Schiebung immer dargestellt werden als ein Drehvektorpaar $\omega_1 = v_s/a$ und $\omega_2 = -\omega_1$ (oder durch eine Drehung mit der Winkelgeschwindigkeit Null um eine im Unendlichen liegende Achse).

4. Zwei Drehungen um sich kreuzende Achsen ergeben eine Schraubung: Ist $AB = a$ (Fig. 57) der kürzeste Abstand der windschiefen Achsen OA und BD, so kann man in A den Vektor $+\overline{\omega}_2' = \overline{\omega}_2$ und den Vektor $-\overline{\omega}_2' = -\overline{\omega}_2$ anbringen, ohne den Zustand zu ändern. Die Vektoren $\overline{\omega}_1$ und $\overline{\omega}_2'$ ergeben eine resultierende Winkelgeschwindigkeit $\overline{\omega} = \overline{\omega}_1 + \overline{\omega}_2$ mit der Achse OC, während das Drehvektorpaar ω_2 und $-\omega_2'$ im Abstand a eine Schiebung $v_s = a\omega_2$ ergibt. Eine Drehung und eine nicht zur Drehachse senkrechte Schiebung ergeben aber eine Schraubung nach 5c). Jede Schraubung kann umgekehrt durch zwei Drehungen um windschiefe Achsen dargestellt werden.

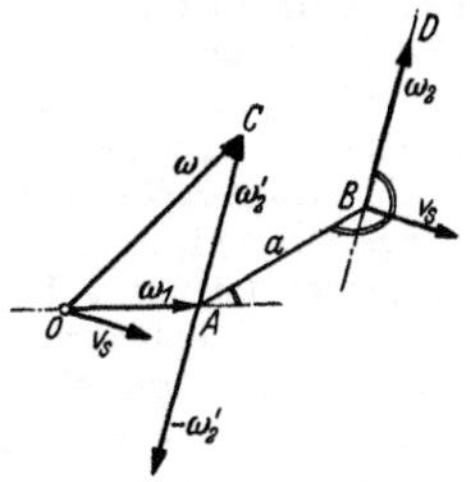

Fig. 57.

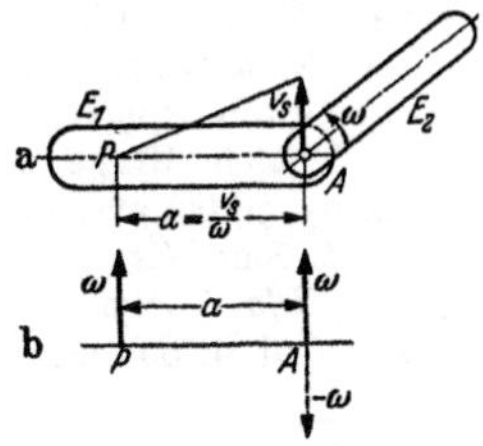

Fig. 58.

5. Drehung und Schiebung. a) Eine Schiebung parallel zur Drehachse ergibt eine Schraubung (Fig. 48).

b) Eine Schiebung senkrecht zur Drehachse ergibt nach dem Satz über den Momentanpol (S. 211) eine Drehung um diesen: Hat die Ebene E_1 (Fig. 58a) die Schiebungsgeschwindigkeit v_s und dreht sich die Ebene E_2 um den Punkt A der Ebene E_1 mit der Winkelgeschwindigkeit ω, so hat A als Punkt der Ebene E_2 die Geschwindigkeit v_s, die gleich $\overline{PA} \cdot \omega$ sein muß. Der Momentanpol P liegt dann auf der Senkrechten zu v_s durch A im Abstand $\overline{PA} = v_s/\omega$. Die Winkelgeschwindigkeit der Drehung um P bleibt ω.

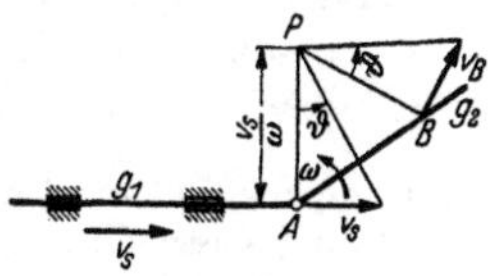

Fig. 59.

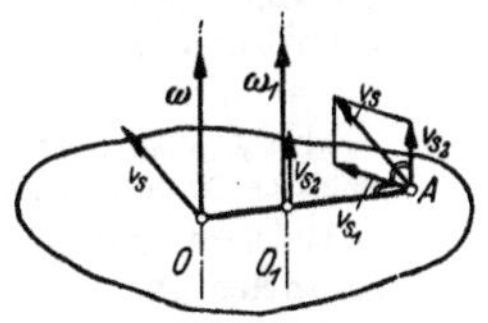

Fig. 60.

Man kann auch die Schiebung darstellen durch ein Drehvektorenpaar der Winkelgeschwindigkeit ω, so daß $v_s = a\omega$. Trägt man $-\omega$ in A (Fig. 58b) und ω im Abstand $a = v_s/\omega$ an, so heben sich die Vektoren ω und $-\omega$ im Punkt A auf, und es bleibt die Drehung um P mit derselben Winkelgeschwindigkeit ω.

Beispiel: In Fig. 59 wird eine Stange g_1 mit der Geschwindigkeit v_s durch die feststehenden Lager verschoben, während eine zweite Stange g_2 um A mit der Winkelgeschwindigkeit ω gedreht wird. Der Momentanpol P für die Drehung der Stange g_2 gegenüber der ruhenden Ebene liegt senkrecht zu v_s über A im Abstande $a = v_s/\omega$. Die Geschwindigkeit des Punktes B ist $v_B = \overline{PB} \cdot \omega = \overline{PB} \cdot \operatorname{tg} \vartheta$ und steht senkrecht zu PB. Die Punkte P, A und der unendlich ferne Punkt von PA bilden die drei Momentanpole (S. 216). Vgl. a. S. 211 unter c).

c) Ist die Schiebung v_s schräg zur Drehachse O (Fig. 60) gerichtet und zerlegt man v_s in eine Komponente v_{s1} senkrecht zum Drehvektor ω und in eine Komponente v_{s2} parallel zu diesem, dann ergeben v_{s1} und ω nach b) eine Drehung mit $\omega = \omega_1$ um eine neue Drehachse O_1 parallel zur ersten, und ω_1 und v_{s2} nach a) eine Schraubung.

B. Kinetik.

1. Grundlagen.

a) Kraft und Masse.

1. Das dynamische Grundgesetz (Newton) für den Massenpunkt lautet

$$\text{Kraft} = \text{Masse} \times \text{Beschleunigung},$$

$$\mathfrak{P} = m\mathfrak{b} = m \cdot d\mathfrak{v}/dt \quad [1]).$$

[1]) Die deutschen Buchstaben deuten wie oben an, daß es sich um gerichtete Größen, um Vektoren handelt (s. Vektorrechnung). P ist z. B. der Betrag von $\mathfrak{P}$.

Wirkt also auf einen punktförmigen Körper eine Kraft ein, so erfährt er eine dieser proportionale und gleichgerichtete Beschleunigung; ist umgekehrt ein Körper in beschleunigter (oder verzögerter) Bewegung, so wirkt auf ihn eine Kraft. Ist diese von konstanter Richtung und Größe, so liegt eine gleichmäßig beschleunigte Bewegung vor.

Greifen mehrere Kräfte $\mathfrak{P}_1, \mathfrak{P}_2, \mathfrak{P}_3, \ldots$ an einem punktförmigen Körper an, so ist $\mathfrak{P}$ ihre Resultierende, d. h. ihre geometrische oder bei parallelen Kräften auch arithmetische Summe. Hierbei ist zu beachten, daß nur bei starren Körpern die Kräfte in ihrer Wirkungslinie verschoben werden können.

Ist die Gesamtkraft gleich Null, so erfährt der Körper keine Beschleunigung, er bleibt in Ruhe oder in gleichförmiger Bewegung (Trägheitsgesetz von Galilei).

Übt ein Körper A auf den Körper B eine Kraft aus, so übt B auf A eine ebenso große, aber entgegengesetzt gerichtete Kraft aus (Aktion und Reaktion).

2. Sind Kraft P und Beschleunigung b bekannt, so folgt für die **Masse** $m = P/b$. Beim freien Fall ist die Fallbeschleunigung g sowie die wirkende Kraft, d. h. das Gewicht G bekannt. Also folgt für die Masse

$$m = G/g \quad [\mathrm{kg\,m^{-1}\,sek^2}].$$

Das Gewicht wird gemessen durch die Druckkraft des Körpers auf seine Unterlage oder durch die Spannkraft eines Fadens, an dem er befestigt ist, und zwar im luftleeren Raum. Die Fallbeschleunigung ist in Deutschland im Mittel

$$g = 9{,}81\ \mathrm{m/sek^2}.$$

Allgemein gilt in Meereshöhe $g = 9{,}80619 - 2{,}59276 \cos 2\varphi + 0{,}00342 \cos 4\varphi$, wo φ die geographische Breite bedeutet.

Gewicht und Fallbeschleunigung ändern sich mit dem Ort (und auch mit der Entfernung von der Erde), die Masse eines Körpers ist aber unveränderlich.

3. Im technischen **Maßsystem** ist die Einheit der Kraft das kg (-Gewicht). Dann hat die Masse die Dimension $\mathrm{kg\,m^{-1}\,sek^2}$ und ein Körper von 9,81 kg (-Gewicht) die Masse 1.

Bei Zahlenrechnungen ist zu beachten: Wenn $g = 9{,}81\ \mathrm{m/sek^2}$, so sind Längen in m, spez. Gewicht in $\mathrm{kg/m^3}$, Spannung in $\mathrm{kg/m^2}$ usw. einzusetzen.

Im physikalischen Maßsystem ist die Einheit der Masse die Masse eines Gramm-Gewichtes. Die Einheit der Kraft ist ein Dyn, d. h. die Kraft, die der Masse 1 Gramm die Beschleunigung 1 $\mathrm{cm/sek^2}$ erteilt. Zur Umrechnung gilt: 1 Gramm-Gewicht = 981 Dyn, 1 Dyn = 1,02 Milligramm ≈ 1 mg.

4. Ist die Bahn des Körpers eine Führung und bildet die Kraft P mit der Bewegungsrichtung den Winkel α (Fig. 61), so hat P die Komponenten $P_1 = P \cos\alpha$ in Richtung der Bahn und $P_2 = P \sin\alpha$ senkrecht zur Bahn. P_2 ruft eine Reaktion der Führung hervor und trägt nichts zur Bewegung bei; P_1 liefert die Beschleunigung $b = P_1/m$.

5. Über die Wirkung mehrerer Kräfte auf einen ausgedehnten Körper (Punkthaufen) vgl. S. 228.

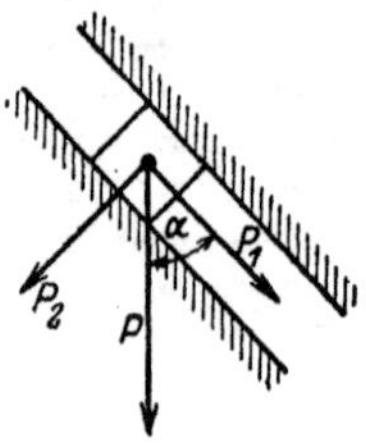

Fig. 61.

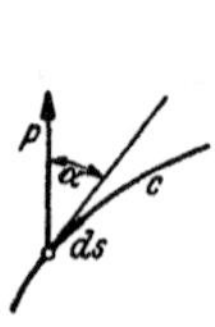

Fig. 62.

b) Arbeit.

1. Die Arbeit einer veränderlichen Kraft P längs eines Weges s oder längs einer Kurve c (Fig. 62) ist durch die skalare Größe

$$A = \int_{(c)} P\,ds \cos\alpha$$

gegeben, wobei das Integral längs der Kurve c zu bilden ist. Ist P konstant (Fig. 63), so ist die Arbeit gleich Kraft mal Projektion des Weges auf die Kraft: $A = P \int ds \cos\alpha$. Auf die Form der Bahn kommt es dabei nicht an, sondern nur auf die Länge der Projektion. S. a. S. 130.

Haben dann Kraft und Projektion des Weges die gleiche Richtung, so ist die Arbeit positiv, sind sie entgegengesetzt, so ist sie negativ. Eine Kraft senkrecht zur Bewegungsrichtung leistet keine Arbeit, da die Projektion Null ist.

Die Einheit der Arbeit ist im technischen Maßsystem das Meterkilogramm (mkg), im physikalischen das Erg = 1 Dyn × 1 cm.

Wirken mehrere Kräfte auf den Körper ein, so ist die Gesamtarbeit gleich der Summe der Einzelarbeiten oder gleich der Arbeit der Gesamtkraft.

Befindet sich ein System starrer Körper im Gleichgewicht, so ist bei einer kleinen, mit der Anordnung verträglichen (virtuellen) Verschiebung die gesamte Arbeit der äußeren Kräfte gleich Null. (Auch die Summe der Leistungen der äußeren Kräfte ist gleich Null. S. auch S. 175.)

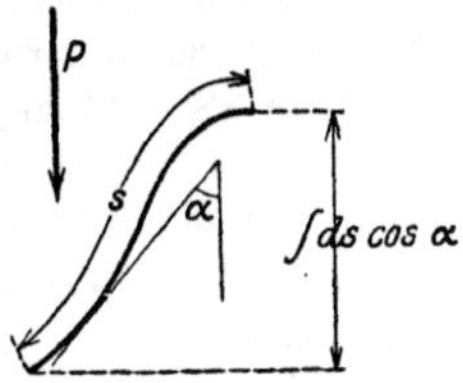

Fig. 63.

2. Sind X, Y, Z die **Komponenten** der Kraft in drei zueinander senkrechten Richtungen und dx, dy, dz die entsprechenden Komponenten des Wegelementes ds, so ist die Arbeit

$$A = \int X\,dx + \int Y\,dy + \int Z\,dz.$$

3. Bei **Reibungskräften** ist zu beachten, daß diese die gleiche Richtung wie die Geschwindigkeit haben, aber ihr entgegengesetzt gerichtet sind. Wirkt auf einen elastischen Körper eine Kraft ein, ohne daß er als Ganzes beschleunigt wird, so ist die Arbeit der äußeren Kraft gleich der von der Spannkraft des Körpers geleisteten Arbeit.

4. Soll die Arbeit für eine bestimmte **Zeit** ermittelt werden, so ist P als Funktion der Zeit aufzufassen; mit $ds = v\,dt$ wird

$$A = \int P v \cos\alpha\, dt,$$

worin α der Winkel zwischen den Richtungen von Kraft und Geschwindigkeit ist.

Beispiele: 1. Wird ein Stab unter der Wirkung der Kraft P um y cm durchgebogen, so ist die Kraft proportional der Durchbiegung: $P = cy$ (Hookesches Gesetz). Damit wird die Arbeit $A = \int cy\,dy = cy^2/2 = Py/2$. c ist die Federkonstante.

2. Ein geradlinig nach dem Gesetz $s = a \cdot \sin\omega t$ bewegter Körper unterliege der in gleicher Richtung, aber entgegengesetzt wirkenden Kraft $P = P_0 \cos\omega t$. Für die während einer Schwingung von der Dauer $T = 2\pi/\omega$ (S. 206) geleistete Arbeit folgt mit $v = \dot{s} = a\omega\cos\omega t$:

$$A = -\int_0^T P v\,dt = -P_0 a\omega \int_0^T \cos^2\omega t\,dt = -P_0 a\omega\left(\frac{1}{2}t - \frac{1}{4\omega}\sin 2\omega t\right)_0^T = -P_0 a\pi.$$

5. Bei **reiner Drehung** beschreibt der Angriffspunkt der Kraft einen Kreisbogen vom Radius r. Das Wegelement wird $ds = r\,d\varphi$, und bei tangentialer Richtung der Kraft P wird $dA = Pr\,d\varphi$. Da Pr das Moment der Kraft P in bezug auf die Drehachse ist, wird die Arbeit des Momentes

$$A = \int_0^\varphi M\,d\varphi = \int_0^t M\omega\,dt,$$

mit ω als Winkelgeschwindigkeit. Ist P oder M konstant, so wird auch $A = M\varphi$.

Beispiel: Die an einer Kurbel vom Radius r angreifende Tangentialkraft sei $T = P_0 + P_1 \sin 2\alpha$, wenn $\alpha = \omega t = \pi n/30 \cdot t$ der Drehwinkel der Kurbel ist. Für die Arbeit in t Sekunden folgt

$$A = \int M\,d\alpha = \int Tr\,d\alpha = r\int (P_0 + P_1 \sin 2\alpha)\,d\alpha = r(P_0\alpha - \tfrac{1}{2}\cdot P_1\cos 2\alpha) = r(P_0\omega t - \tfrac{1}{2}\cdot P_1 \cos 2\omega t).$$

6. Graphische Darstellung. Ist P die Komponente der wirkenden Kraft in Richtung des Weges, oder fallen Weg- und Kraftrichtung zusammen, so ist die Arbeit $A = \int P\,ds$. Trägt man dann P als Funktion des Weges auf (Fig. 64), so ist die unterhalb der Kurve für P liegende (schraffierte) Fläche proportional der geleisteten Arbeit. Der Inhalt der Fläche kann durch graphische Integration (S. 158) oder mit dem Planimeter (S. 159) bestimmt werden.

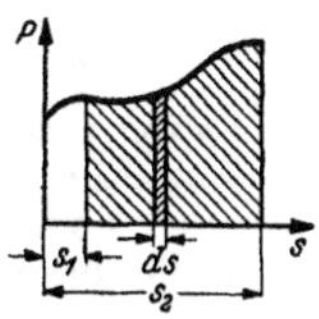

Fig. 64.

Maßstäbe:	Maßstab für den Weg s:	1 cm = a cm;
	Maßstab für die Kraft P:	1 cm = b kg;
	dann Maßstab für die Arbeit A:	1 cm² = ab cmkg.

c) Leistung.

1. Leistung ist die in der Zeiteinheit geleistete Arbeit

$$N = dA/dt = P \cdot ds/dt \cdot \cos\alpha = Pv \cos\alpha \text{ [mkg/sek]}.$$

Ist P mit v gleichgerichtet, so ist $N = Pv$.

Die Leistung, eine skalare Größe, hat im technischen Maßsystem als kleinste Einheit 1 mkg/sek. Größere Einheiten sind

$$1 \text{ PS} = 75 \text{ mkg/sek} = 0{,}736 \text{ Kilowatt (kW)} = 736 \text{ Watt (W)},$$
$$1 \text{ kW} = 102 \text{ mkg/sek} = 1{,}36 \text{ PS}.$$

2. Hiernach kann als Gleichung für die **Arbeit** auch geschrieben werden

$$A = \int N\,dt \quad \text{oder} \quad A = Nt \text{ bei konstanter Leistung.}$$

Dann ist auch

$$1 \text{ kWh (Kilowattstunde)} = 102 \text{ mkg/sek} \cdot 3600 \text{ sek} = 367200 \text{ mkg} = 1{,}36 \text{ PSh}.$$

Trägt man die Leistung in Abhängigkeit der Zeit auf, so ist die Fläche unter der Kurve gleich der geleisteten Arbeit A.

3. Mit T als Tangentialkraft an einer Kurbel vom Radius r, die sich mit der Winkelgeschwindigkeit ω dreht, folgt für die **Leistung eines Momentes**

$$N = Tv = Tr\omega \quad \text{oder} \quad N = M\omega,$$

wenn M das Moment der Kraft ist.

Da $\omega = \pi n/30$, folgt auch $N = M\pi n/30$ mkg/sek $= Mn/716$ PS oder für das Moment an einer Welle

$$M = 716\,N/n \text{ mkg} \quad (N \text{ in PS und } n \text{ in } 1/\text{min}).$$

d) Wirkungsgrad.

1. Der Wirkungsgrad einer Maschine oder eines Vorgangs ist das Verhältnis der von der Maschine oder während des Vorganges geleisteten **Nutz-Arbeit** A_n zu der der Maschine oder während des Vorganges zugeführten Arbeit A_z, d. h.

$$\eta = A_n/A_z < 1.$$

2. Bei Vorrichtungen aus starren Teilen, bei denen keine Formänderungsarbeit aufgespeichert werden kann, also bei den meisten Maschinen wird als Wirkungsgrad η das Verhältnis der Nutz-**Leistung** N_n zur zugeführten Leistung N_z aufgefaßt, so daß dann

$$\eta = N_n/N_z < 1.$$

Beispiele s. Bd. II, S. 81, 110 und 172.

e) Wucht und Trägheitsmoment.

1. Unter **Wucht** oder kinetischer Energie eines sich geradlinig bewegenden oder eines punktförmigen Körpers versteht man den Ausdruck

$$E = mv^2/2 \text{ [mkg]},$$

wenn m die Masse und v die Geschwindigkeit bedeuten.

Wirkt z. B. auf einen geradlinig bewegten Körper die Kraft P, so folgt für die Arbeit

$$A = \int P\,ds = m\int b\,ds = m\int \frac{dv}{dt} \cdot v\,dt = m\int v\,dv = \frac{1}{2}\,mv^2 - \frac{1}{2}\,mv_0^2,$$

wenn v und v_0 die Geschwindigkeiten für $s = s$ und $s = s_0$ sind.

Allgemein gilt: Die geleistete Arbeit ist gleich dem Zuwachs an kinetischer Energie (S. 230).

2. Bei **Drehung** eines Körpers um eine feste Achse mit der Winkelgeschwindigkeit ω ist die Geschwindigkeit eines Massenteilchens dm im Abstand r von der Drehachse gleich $v = r\omega$; also wird die gesamte Wucht $E = \int \frac{1}{2} dm v^2 = \frac{1}{2}\omega^2 \int dm\,r^2$ oder

$$E = J\omega^2/2.$$

Darin ist J das Trägheitsmoment des Körpers um die Drehachse.

Bei allgemeiner ebener Bewegung ist die Wucht $E = mv^2/2 + J\omega^2/2$, wenn v die Geschwindigkeit des Schwerpunktes, ω die Winkelgeschwindigkeit der Drehung um den Schwerpunkt und J das Trägheitsmoment bezogen auf den Schwerpunkt ist (S. 230).

3. Das **dynamische Trägheitsmoment** ist hiernach der Ausdruck

$$J = \int dm\, r^2 \quad [\text{kgmsek}^2],$$

d. h. die Summe aller Produkte aus den Massenteilchen und dem Quadrat ihrer Abstände r von der Bezugsachse. Ist J_s das Trägheitsmoment eines Körpers in bezug auf eine durch den Schwerpunkt gehende Achse s, so folgt für das Trägheitsmoment J_a in bezug auf eine dazu parallele, im Abstand e befindliche Achse a (Fig. 65)

$J_a = J_s + me^2$ (Satz von Steiner).

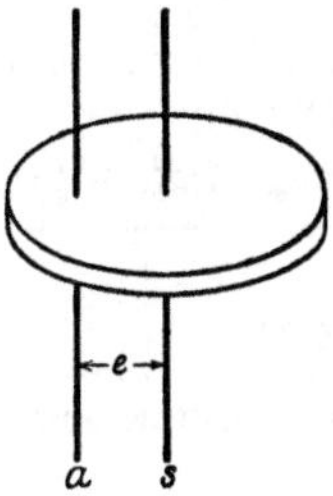

Fig. 65.

Das Trägheitsmoment mehrerer Körper oder mehrerer Teile eines Körpers in bezug auf die gleiche Achse ist gleich der Summe der einzelnen Trägheitsmomente in bezug auf diese Achse.

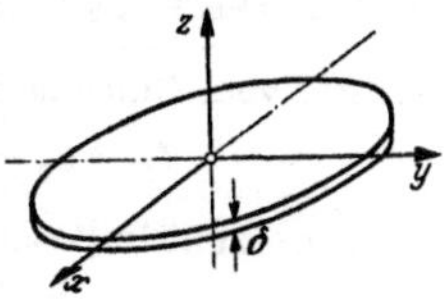

Fig. 66.

4. Bezieht man die Trägheitsmomente eines Körpers auf drei zueinander senkrechte Achsen x, y, z, so wird

$$J_x = \int (y^2 + z^2)\, dm\,; \quad J_y = \int (z^2 + x^2)\, dm\,; \quad J_z = \int (x^2 + y^2)\, dm\,.$$

Für scheibenförmige, d. h. zylindrische Körper mit sehr geringer Dicke folgt, wenn die Scheibe in der xy-Ebene liegt (Fig. 66), mit $z = 0$

$$J_x = \int y^2\, dm\,; \quad J_y = \int x^2\, dm\,; \quad J_z = \int (y^2 + x^2)\, dm = J_x + J_y\,.$$

Das Trägheitsmoment J_z heißt auch das polare Trägheitsmoment.

Bei einer Scheibe konstanter Dicke δ ist $dm = \frac{\gamma}{g}\,\delta\, df$, wenn df das Flächenelement. Dann wird $J_z = \frac{\gamma}{g}\,\delta \int r^2\, df$. Es ist aber $\int r^2\, df = \int (x^2 + y^2)\, df$ das Flächenträgheitsmoment, so daß dann die Berechnung des polaren dynamischen Trägheitsmomentes auf die des Flächenträgheitsmomentes zurückgeführt werden kann (S. 367).

5. Der **Trägheitshalbmesser** ist der Abstand $i = D/2$ desjenigen Punktes von der Bezugsachse, in dem die punktförmig gedachte Masse des Körpers untergebracht werden muß, um das gleiche Trägheitsmoment J wie dieser zu erzielen:

$$J = mi^2 = G/g \cdot i^2 = G/g \cdot D^2/4 = GD^2/4g\,,$$

so daß $i = \sqrt{J/m}$ ist. $GD^2 = 4gJ$ heißt auch Schwungmoment [kg m²].

Beispiel: Wie groß muß das Schwungmoment eines Schwungrades sein, das A mkg abgeben soll, während sich seine Drehzahl von n_1 auf n_2 je Minute verringert? Es ist $\omega = \pi\, n/30$. Dann ist die Wucht zu Anfang $E_1 = J\omega_1^2/2 = J\pi^2 n_1^2/1800$ und nach Abgabe der Arbeit $E_2 = J\pi^2 n_2^2/1800$. Also wird $A = E_1 - E_2 = J\pi^2(n_1^2 - n_2^2)/1800$ und mit $J = GD^2/4g$ das Schwungmoment $GD^2 = A \cdot 7160/(n_1^2 - n_2^2)$.

6. Tafel der Trägheitsmomente. Hierin ist $\varrho = \gamma/g$ die Dichte. Setzt man Längen in m ein und $g = 9{,}81$ m/sek², so muß γ in kg/m³ eingesetzt werden ($\gamma = 7250$ kg/m³ z. B. für Gußeisen). Die Dimension von $\varrho = \gamma/g$ ist kg m⁻⁴ sek². (Zur Beachtung: $\varrho\,\pi/32 \approx 0{,}01\,\gamma$.)

Zylinder:

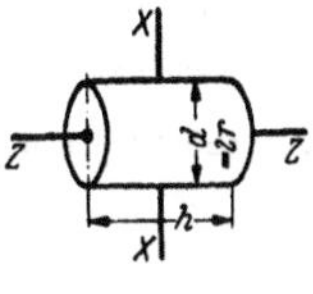

$$J_z = \tfrac{1}{8} m d^2 = \tfrac{1}{2} m r^2 = \tfrac{1}{32}\varrho\,\pi d^4 h = \tfrac{1}{2}\varrho\,\pi r^4 h\,,$$
$$J_x = \tfrac{1}{16} m (d^2 + \tfrac{4}{3} h^2) = \tfrac{1}{64}\varrho\,\pi d^2 h (d^2 + \tfrac{4}{3} h^2)\,.$$

Hohlzylinder:

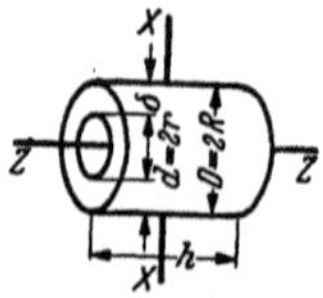

$$J_z = \tfrac{1}{8} m (D^2 + d^2) = \tfrac{1}{2} m (R^2 + r^2) = \tfrac{1}{32} \varrho \pi h (D^4 - d^4) = \tfrac{1}{2} \varrho \pi h (R^4 - r^4)\,,$$

$$J_x = \tfrac{1}{16} m (D^2 + d^2 + \tfrac{4}{3} h^2) = \tfrac{1}{4} m (R^2 + r^2 + \tfrac{1}{3} h^2).$$

Zylindermantel [Hohlzylinder, Wandstärke $\delta = \tfrac{1}{2}(D - d)$ sehr klein im Verhältnis zum mittleren Durchmesser $d_m = \tfrac{1}{2}(D + d)$]:

$$J_z = \tfrac{1}{4} m d_m^2 = \tfrac{1}{4} \varrho \pi d_m^3 h \delta\,; \qquad J_x = \tfrac{1}{8} m (d_m^2 + \tfrac{2}{3} h^2) = \tfrac{1}{8} \varrho \pi d_m h \delta (d_m^2 + \tfrac{2}{3} h^2)\,.$$

Kugel vom Durchmesser $d = 2r$:

$$J_z = J_x = \tfrac{1}{10} m d^2 = \tfrac{2}{5} m r^2 = \tfrac{1}{60} \varrho \pi d^5 = \tfrac{8}{15} \varrho \pi r^5\,.$$

Kugelschale [Wandstärke $\delta = \tfrac{1}{2}(D - d)$ sehr klein im Verhältnis zum mittleren Durchmesser $d_m = \tfrac{1}{2}(D + d)$]:

$$J_z = J_x = \tfrac{1}{6} m d_m^2 = \tfrac{1}{6} \varrho \pi d_m^4 \delta\,.$$

Ring:

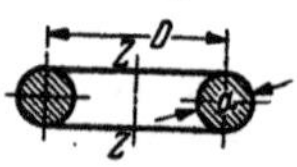

$$J_z = \tfrac{1}{4} m (D^2 + \tfrac{3}{4} a^2) = \tfrac{1}{16} \varrho \pi^2 D a^2 (D^2 + \tfrac{3}{4} a^2) = \tfrac{1}{4} m D^2 [1 + \tfrac{3}{4} (a/D)^2]\,.$$

Platte:

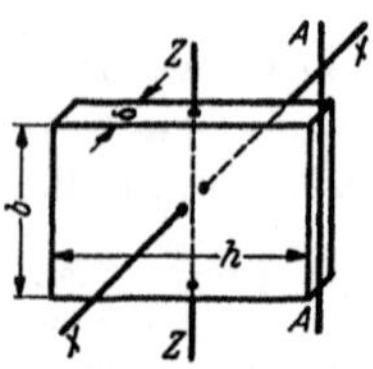

$$J_x = \tfrac{1}{12} m (b^2 + h^2) = \tfrac{1}{12} \varrho h b \delta (b^2 + h^2)\,;$$

Bei geringer Plattendicke δ:

$$J_z = \tfrac{1}{12} m h^2 = \tfrac{1}{12} \varrho b h^3 \delta\,;$$

$$J_A = \tfrac{1}{3} m h^2 = \tfrac{1}{3} \varrho b h^3 \delta\,.$$

---

7. Für einen beliebigen Drehkörper, dessen Profil gegeben ist, gilt, da $dJ = \frac{1}{2} \frac{\gamma}{g} \pi r^4 dx$ (Fig. 67) und $\varrho = \gamma/g$:

$$J_x = \tfrac{1}{2} \varrho \pi \int r^4 dx.$$

Dieses Integral läßt sich bei gegebenem Gesetz für r analytisch, sonst aber instrumentell mit einem Momentenplanimeter (S. 159) oder zeichnerisch auswerten. Für den letzteren Weg kann man z. B. die Kurve r^4 über x auftragen und den unter ihr liegenden Flächeninhalt mit einem gewöhnlichen Planimeter bestimmen. Oder man trägt die Kurve r^2 über x auf und wertet die Fläche mit einem Quadratplanimeter (S. 159) aus.

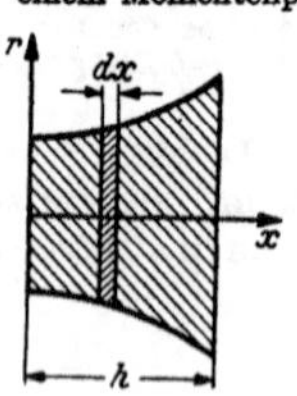

Fig. 67.

Für Schwungscheiben und Räder kann das Verfahren von Rötscher[1]) angewandt werden: Zerlegt man einen solchen Körper (Fig. 68) in konzentrische Zylinder, so ist das Massenteilchen $dm = \varrho h \cdot 2\pi r \cdot dr$; also wird das Trägheitsmoment in bezug auf die Drehachse

$$J_z = \int dm\, r^2 = 2\pi\varrho \int h r^3 dr = 2\pi\varrho F.$$

Zur Bestimmung des Integrals F trägt man die Kurve $z = h \cdot r^3$ für verschiedene r (besonders bei Sprüngen und Ecken) in Abhängigkeit von r auf und bestimmt den unter ihr liegenden Flächeninhalt, z. B. mit dem (Grund-) Planimeter.

Ist der Maßstab für r: 1 cm = a cm, für z: 1 cm = b cm^4, und ist der Flächeninhalt zu f cm^2 gemessen, so wird $F = abf$ cm^5.

Werden die Ordinaten zu groß, so kann man $\sqrt{h \cdot r^3} = r\sqrt{hr}$ auftragen und die Fläche mit einem Quadratplanimeter (S. 159) umfahren.

---

[1]) Z. VDI Bd. 80 (1937) S. 1351—1354.

8. Mit **reduzierter Masse** bezeichnet man die im willkürlichen Abstand r von der Drehachse anzubringende Masse m_{red}, die das gleiche Trägheitsmoment auf diese Achse wie der Körper hat:

$$J = m_{\mathrm{red}} \cdot r^2 \quad \text{oder} \quad m_{\mathrm{red}} = J/r^2.$$

(Beispiele: Bd. I, S. 241 u. Bd. II, S. 210.)

9. Unter **Reduktion von Trägheitsmomenten** versteht man die Rückführung der Trägheitsmomente aller Massen z. B. eines Rädertriebes auf eine Welle: Sind J_1, J_2, J_3, ... die Trägheitsmomente der einzelnen sich drehenden Massen und ω_1, ω_2, ω_3, ... ihre Winkelgeschwindigkeiten, so ist ihr Gesamtwucht

$$E = J_1 \omega_1^2 + J^2 \omega_2^2 + J_3 \omega_3^2 + \cdots$$
$$= \omega_1^2 \left(J_1 + J_2^{(1)} + J_3^{(1)} + \cdots\right),$$

worin $J_2^{(1)} = J_2 \cdot (\omega_2/\omega_1)^2$, $J_3^{(1)} = J_3 \cdot (\omega_3/\omega_1)^2$, ... die auf die Welle 1 bezogenen (reduzierten) Trägheitsmomente sind. Statt der Winkelgeschwindigkeiten können auch hierin die Drehzahlen gesetzt werden.

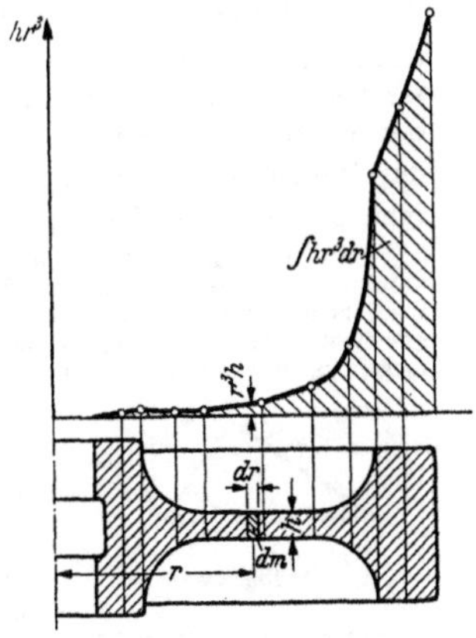

Fig. 68.

2. Bewegung des Massenpunktes unter Einwirkung von Kräften.

a) Grundgesetze.

Zur Untersuchung der Bewegung eines Massenpunktes unter dem Einfluß von Kräften dienen folgende Gesetze:

1. Das dynamische Grundgesetz (S. 219)

$$\sum \mathfrak{P} = m \mathfrak{b}.$$

Die Beschleunigung ist proportional der Gesamtkraft, d. h. der geometrischen Summe der Kräfte $\mathfrak{P}$ und ist der Gesamtkraft gleichgerichtet.

2. Der Wucht- oder Energiesatz für den Massenpunkt: Nach S. 222 war die geleistete Arbeit

$$A = \int P\,ds = \tfrac{1}{2}(mv^2 - mv_0^2),$$

d. h. der Zuwachs an kinetischer Energie oder Wucht ist gleich der von den angreifenden Kräften geleisteten Arbeit. Dieser Satz gilt sowohl für geradlinige als auch krummlinige Bewegung.

Beispiele: 1. Ein Körper wird waagerecht mit der Geschwindigkeit v_0 abgeworfen. Wie groß ist seine Geschwindigkeit unter Vernachlässigung des Luftwiderstandes, wenn er um h m gefallen ist? $G \cdot h = mv^2/2 - mv_0^2/2$; oder mit $G = m \cdot g$ wird $v = \sqrt{2gh + v_0^2}$.

2. Ein Geschoß von 40 Gramm trifft mit $v_1 = 600$ m/sek Geschwindigkeit auf einen Körper, durchschlägt ihn und fliegt mit $v_2 = 200$ m/sek weiter. Die Arbeit beim Durchschlagen ist dann $A = \frac{0{,}040}{2 \cdot 9{,}81} \cdot (600^2 - 200^2) = 627$ mkg.

3. Wird eine Schraubenfeder (oder ein ähnliches elastisches Gebilde) durch ein Gewicht G langsam belastet und ist c kg/cm die Federkonstante, d. h. die Kraft, welche die Feder um 1 cm längt, so ist die Verlängerung gleich G/c cm. Wird aber der Körper plötzlich aus der ungespannten Lage der Feder losgelassen, so hat nach Längung um x cm das Gewicht die Arbeit $A_1 = G \cdot x$ cmkg geleistet. Diese wird einerseits zur Überwindung der Arbeit A_2 zum Spannen der Feder, d. h. für $A_2 = \int_0^x c\,x\,dx = cx^2/2$ verwandt, andrerseits in Wucht $mv^2/2$ verwandelt. Also folgt

$$A_1 - A_2 = mv^2/2 \quad \text{oder} \quad Gx - cx^2/2 = mv^2/2,$$

d. h. $v = \sqrt{2gx - x^2 c/m}$. Für die größte Längung wird $v = 0$ oder $x_{\max} = 2G/c$. Die größte Längung ist also doppelt so groß wie bei langsamer Belastung.

3. Bewegungsgröße oder Impuls ist das Produkt $\mathfrak{B} = m\mathfrak{v}$ aus Masse m und Geschwindigkeit $\mathfrak{v}$. Wenn dann $\mathfrak{P}$ die wirkende Kraft ist, so gilt

$$\mathfrak{P}\,dt = m\mathfrak{b}\,dt = m\,d\mathfrak{v}$$

oder

$$\int \mathfrak{P}\,dt = \int m\,d\mathfrak{v} = m\mathfrak{v}_2 - m\mathfrak{v}_1 = \mathfrak{B}_2 - \mathfrak{B}_1 \text{ [kg sek].}$$

$\int \mathfrak{P}\,dt$ heißt auch Antrieb: Die Zunahme der Bewegungsgröße ist gleich dem Antrieb der Kraft. Impuls und Antrieb sind gerichtete, vektorielle Größen, ersterer hat die Richtung der Geschwindigkeit, letzterer die Richtung der Kraft. Bei bekanntem Anfangsimpuls $m\mathfrak{v}_1$ und bekanntem Antrieb kann der Impuls m gemäß $m\mathfrak{v}_2 = m\mathfrak{v}_1 + \int \mathfrak{P}\,dt$ zeichnerisch (Fig. 69) als geometrische Summe gefunden werden. (S. auch Strömungslehre: Flächensatz.)

Beispiel: In Fig. 70 ist $u = u_1 = u_2$ die Umfangsgeschwindigkeit des Laufrades, c_1 die absolute Eintrittsgeschwindigkeit des Wassers, w_1 die relative Geschwindigkeit des Wassers im Rade beim Eintritt, w_2 die relative Geschwindigkeit beim Austritt, c_2 die absolute Austrittsgeschwindigkeit. Dann ist die Bewegungsgröße von 1 kg Wasser pro Sekunde waagerecht gemessen beim Eintritt c_{1u}/g, beim Austritt $+c_{2u}/g$, der Zuwachs an Bewegungsgröße demnach $(c_{2u} - c_{1u})/g$. Für die während der Zeit $dt = 1$ sek wirkende Umfangskraft P in horizontaler Richtung gilt demnach

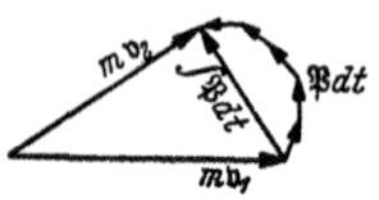

Fig. 69.

$$P \cdot 1 = (c_{2u} - c_{1u})/g = -(c_{1u} - c_{2u})/g.$$

P ist negativ, d. h. die auf das Wasser wirkende Kraft ist nach rechts, die auf die Schaufel wirkende Reaktion von P ist nach links gerichtet. Die Leistung des Wassers ist $P \cdot u = (c_{1u} - c_{2u}) \cdot u/g$. Ist $c_2 \perp u$, also $c_{2u} = 0$, so wird $P \cdot u = c_{1u} \cdot u/g$.

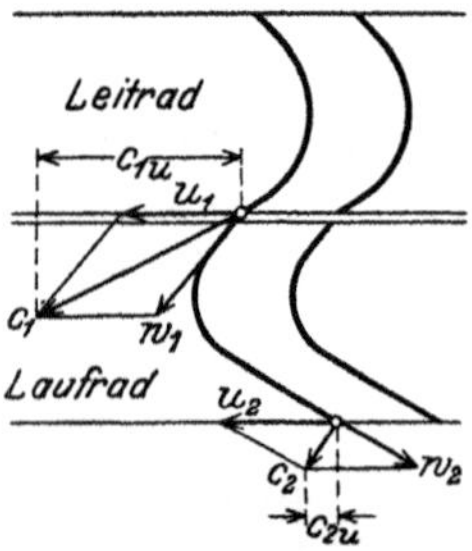

Fig. 70.

4. Drall ist das Moment der Bewegungsgröße mv in bezug auf eine Achse. Er hat mit r als senkrechtem Abstand von der Achse den Betrag $D = mvr$ und kann wie ein Kraftmoment durch einen Vektor $\mathfrak{D}$ dargestellt werden (Fig. 71), der senkrecht zur Ebene von $\mathfrak{v}$ und $\mathfrak{r}$ steht. Es folgt dann (skalar geschrieben)

$$P\,dt = m\,dv \quad \text{oder} \quad P\,r\,dt = m\,r\,dv,$$

d. h. mit $M = Pr$ als Moment der Kraft P

$$\int_{t_1}^{t_2} M\,dt = mv_2r - mv_1r = D_2 - D_1.$$

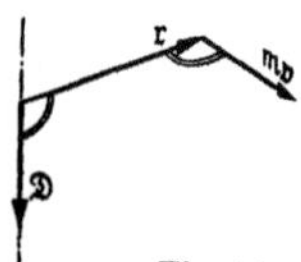

Fig. 71.

$\int M\,dt$ ist das Moment des Antriebes und wie der Drall ein Vektor. Dann gilt: Das Moment des Antriebes ist gleich der Zunahme des Dralls.

Für konstantes Moment ist $\int M\,dt = M(t_2 - t_1)$, wenn $t_2 - t_1$ die Dauer der Einwirkung ist.

Steht der bis zur Drehachse verschobene Kraftvektor $\mathfrak{P}$ nicht senkrecht zur Achse, so ist nur die zur Achse senkrecht stehende Komponente von Einfluß auf die Drehung.

Das Moment der Bewegungsgröße bleibt konstant, wenn das Moment in bezug auf die Drehachse gleich Null ist, also 1. wenn die Wirkungslinie der Kraft stets durch die Drehachse geht; 2. wenn sie der Drehachse parallel ist, 3. wenn eine äußere Kraft nicht einwirkt.

Allgemein gilt die Beziehung $M = dD/dt$, d. h. das Moment ist die Ableitung des Dralls nach der Zeit. Bei der Zentralbewegung geht die Beschleunigung (S. 209) und daher die Kraft immer durch einen festen Punkt; in bezug auf diesen ist $M = 0$, d. h. der Drall ist konstant. Da die Flächengeschwindigkeit konstant ist, spricht man dann auch vom Flächensatz.

b) Freie Bewegung des Massenpunktes.

1. Das dynamische Grundgesetz liefert die Beschleunigung $\mathfrak{b} = \mathfrak{P}/m$ und kann auch geschrieben werden

$$\mathfrak{P} - m\mathfrak{b} = 0.$$

Man bezeichnet die der Beschleunigung entgegengesetzt gerichtete Kraft $-m\mathfrak{b}$ als **Trägheitskraft.** Dann stehen die äußere Kraft $\mathfrak{P}$ (die auch die Resultierende mehrerer Kräfte sein kann) und die Trägheitskraft im Gleichgewicht.

Hat die Kraft $\mathfrak{P}$ immer dieselbe Richtung wie die Geschwindigkeit des Massenpunktes, so beschreibt der Punkt eine Gerade, andernfalls eine krummlinige Bahn.

2. Die Beschleunigung $\mathfrak{b}$ entspricht der Resultierenden aller Kräfte. Man kann auch die wirkenden Kräfte zerlegen, z. B. durch Projektion auf ein rechtwinkliges Koordinatensystem und erhält dann durch die entsprechenden Kraftkomponenten die Komponenten der Bewegung. Sind X, Y und Z die Komponenten der Resultierenden, so folgt

$$b_x = X/m, \quad b_y = Y/m, \quad b_z = Z/m.$$

Da $b = \dot{v} = \ddot{s}$, können Geschwindigkeit und Weg hiernach durch Integration (S. 205) gewonnen werden.

Beispiel: Ein Körper fällt senkrecht nach unten. Dann wirkt außer dem Gewicht G noch entgegengesetzt der Geschwindigkeit der Luftwiderstand W, der von der Geschwindigkeit abhängt. Ist $W = k \cdot v^2$ (s. Strömungslehre, so wird $m \cdot b = G - kv^2$. Nach „unend-lich" langer, praktisch endlicher Zeit ist der Widerstand W gleich dem Gewicht geworden, die Beschleunigung ist gleich Null, die Bewegung gleichförmig geworden. Für den Grenzwert v_s der Geschwindigkeit gilt dann $v_s = \sqrt{G/k}$. Ist die Anfangsgeschwindigkeit nicht gleich Null, sondern v_0, so ist die Bewegung beschleunigt oder verzögert, je nachdem $v_0 < v_s$ oder $v_0 > v_s$.

3. Die natürliche Zerlegung der Kraft und der Beschleunigung (S. 206) in Richtung von Bahntangente und Bahnnormale liefert die Komponenten

$$P_t = mb_t = m \cdot dv/dt \quad \text{und} \quad P_n = mb_n = mv^2/\varrho \ \text{(Zentripetalkraft)},$$

wenn ϱ der Krümmungsradius der Bahn ist.

4. Die Zerlegung der Kraft bei Polarkoordinaten (S. 208) in die Komponenten in Richtung des Fahrstrahls und senkrecht dazu liefert für den Fall, daß die zweite Komponente gleich Null ist, die **Zentralbewegung.** Die Kraft geht also immer durch einen festen Punkt.

5. Ist die Bahnkurve ein **Kreis,** führt also der Massenpunkt eine **Drehung** um eine Achse bzw. um den Mittelpunkt aus, so gelten mit den Formeln für die Komponenten der Beschleunigung nach S. 208 ($b_t = r\varepsilon$, $b_n = r\omega^2 = v^2/r = v\omega$) für die Komponenten der Kraft und für diese selbst die Beziehungen

$$P_t = mr\varepsilon; \quad P_n = mr\omega^2 = mv^2/r; \quad P = mr\sqrt{\varepsilon^2 + \omega^4}.$$

Die Kraft P_n (Zentripetalkraft) ist nach dem Mittelpunkt hin gerichtet.
Das Moment von P in bezug auf den Mittelpunkt ist $M = P_t r = mr^2\varepsilon$.
Arbeit der Kraft: $A = \int P_t r\, d\varphi = \int M d\varphi = \int M\omega\, dt$ (S. 221).
Leistung: $N = P_t \cdot v = P_t r\omega = M\omega$ (S. 222).
Wucht des Massenpunktes: $E = mv^2/2 = mr^2\omega^2/2$ (S. 222).

c) Unfreie Bewegung des Massenpunktes.

1. Die unfreie oder gezwungene Bewegung kann auf die freie dadurch zurückgeführt werden, daß man die von der **Führung** (Leitkurve oder Leitfläche) ausgeübten Kräfte (Reaktionen) als äußere Kräfte einführt. Bei einer glatten Fläche steht diese Zwangskraft senkrecht zur Tangente der Kurve oder senkrecht zur Tangentialebene. Bei rauher Leitfläche oder Leitkurve kommt noch die Reibungskraft hinzu, die in der Tangentialebene oder in der Tangente liegt und entgegengesetzt gerichtet ist wie die Geschwindigkeit des punktförmigen Körpers gegenüber der Führung.

2. Bewegt sich der Massenpunkt in einer **bewegten Führung,** so folgt für die Beschleunigungen bei der Relativbewegung (S. 215)

$$\mathfrak{b}_a = \mathfrak{b}_f + \mathfrak{b}_r + \mathfrak{b}_c,$$

wo $b_c = 2\omega v_r$ die Coriolisbeschleunigung ist (Richtung s. S. 215).

Ist $m b_a = P$ die Gesamtkraft,

ist $m b_f = P_f$ die Kraft, die notwendig ist, um dem Körper die Beschleunigung b_f zu erteilen, die der augenblicklich mit ihm zusammenfallende Punkt der Führung hat und

ist $m b_c = 2m\omega v_r = Z$ die Zusatzkraft,

so folgt für die Gesamtkraft die geometrische Summe

$$\mathfrak{P} = \mathfrak{P}_f + \mathfrak{P}_r + \mathfrak{Z}.$$

Nach $\mathfrak{P}_r$ aufgelöst, folgt

$$\mathfrak{P}_r = \mathfrak{P} - \mathfrak{P}_f - \mathfrak{Z} = \mathfrak{P} - \mathfrak{P}_f + \mathfrak{C}.$$

$\mathfrak{C}$ heißt Zusatzkraft der Relativbewegung oder Corioliskraft, sie ist der Coriolisbeschleunigung entgegengesetzt gerichtet.

3. Der Energiesatz (S. 225) kann auch bei unfreier Bewegung benutzt werden, nur ist bei rauher Führung die Arbeit der Reibung zu berücksichtigen, die von der eingeprägten Kraft P mit zu leisten ist. Ist N der Normaldruck auf die Fläche, W die Reibungskraft und μ die Reibungsziffer, so wird die Reibungskraft $W = \mu N$, und es folgt

$$A = \int P\,ds = \tfrac{1}{2} m (v^2 - v_0^2) + \int \mu N\,ds.$$

Die von der eingeprägten Kraft geleistete Arbeit ist gleich dem Zuwachs an Wucht vermehrt um die Reibungsarbeit.

Die Reaktionskräfte senkrecht zur Führung leisten keine Arbeit.

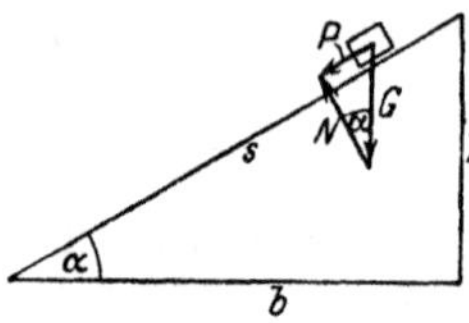

Fig. 72.

Beispiele: 1. Schiefe Ebene. Auf den Massenpunkt wirken ein: sein Gewicht G und die zur Ebene senkrechte Reaktion N der Ebene. Die Resultierende P von G und N muß, da der Punkt die Ebene nicht verlassen kann, parallel zur Ebene sein. Daraus ergibt sich gemäß Fig. 72

$$N = G \cos\alpha, \qquad P = G \sin\alpha.$$

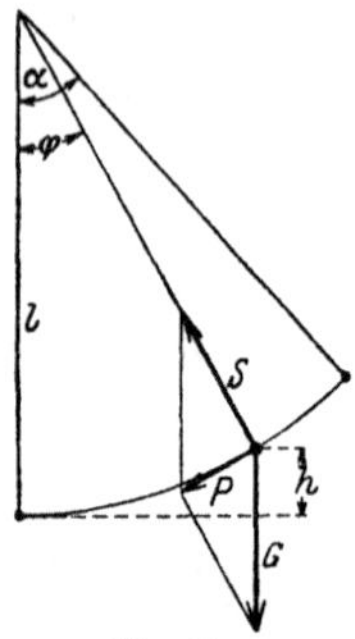

Fig. 73.

Da die zu beschleunigende Masse $m = G/g$ ist, so gilt

$$G \sin\alpha = m b, \qquad \text{d. h.} \qquad b = g \sin\alpha.$$

2. Mathematisches Pendel (Fig. 73). An einem Faden von der Länge l hängt ein Massenpunkt vom Gewicht G. Der Faden ist um den Winkel φ aus der vertikalen Lage ausgelenkt. Auf den Massenpunkt wirken ein: sein Gewicht G und die Spannkraft S des Fadens. Die Resultierende P von S und G muß senkrecht zum Faden stehen, da sich der Punkt nur auf dem Umfang bewegen kann. Daraus ergibt sich $S = G \cos\varphi$ und $P = G \sin\varphi$. Die augenblickliche Beschleunigung (unter Vernachlässigung von Reibung usw.) ergibt sich aus

$$P = m b = -m g \sin\varphi \quad \text{zu} \quad b = -g \sin\varphi.$$

Das negative Vorzeichen ist notwendig, weil die Beschleunigung entgegengesetzt gerichtet ist zu dem nach rechts positiv wachsenden Winkel φ bzw. Weg des Massenpunktes.

Ist v_m die Geschwindigkeit im tiefsten Punkt, so folgt nach dem Energiesatz für die Geschwindigkeit v bei Erreichung der Höhe h:

$$m v_m^2/2 - m v^2/2 = G h \qquad \text{oder} \qquad v = \sqrt{v_m^2 - 2 g h}.$$

Im tiefsten Punkt ist die Geschwindigkeit am größten, die Tangentialbeschleunigung gleich Null und die Normalbeschleunigung am größten.

Für kleine Winkel α ist die Schwingungsdauer, d. h. die Zeit, während der der Körper aus einer äußersten Lage in die gleiche zurückkommt, gegeben durch (s. a. S. 236)

$$T = 2\pi \sqrt{l/g} \quad [\text{sek}],$$

also unabhängig von der Schwingungsweite. Für $\alpha = 7°$ ist der Fehler etwa 0,1%.

3. Die Geschwindigkeit eines eine rauhe, schiefe Ebene herabgleitenden Körpers ist zu bestimmen. Die einwirkenden Kräfte sind: das Gewicht G, die Reaktion der Ebene $N = G \cos\alpha$ und die Reibungskraft $W = \mu G \cdot \cos\alpha$. Fällt der Körper um die Höhe h (Fig. 72), so ist die Arbeit des Eigengewichtes $G h$, die Arbeit der Reibung $W s = \mu G \cdot \cos\alpha \cdot h/\sin\alpha = \mu G h \operatorname{ctg}\alpha$. Also wird $G h = m g h = m v^2/2 + \mu m g h \operatorname{ctg}\alpha$ oder $v = \sqrt{2 g h (1 - \mu \operatorname{ctg}\alpha)}$; $\operatorname{tg}\alpha > \mu$.

3. Bewegung des Punkthaufens unter Einwirkung von Kräften.

Das bewegte System bestehe aus einer Anzahl von Massenpunkten, deren gegenseitige Lage veränderlich oder wie beim starren Körper unveränderlich sein kann, und welche aufeinander Kräfte (innere Kräfte des Systems) ausüben können oder auch nicht. Wirkt zwischen zwei Punkten A und B eine innere Kraft, so ist, da Wirkung = Gegenwirkung, die Einwirkung auf A gleich groß und entgegengesetzt gerichtet wie die auf B.

1. Prinzip von d'Alembert. Für den Massenpunkt galt das dynamische Grundgesetz (S. 219), das man $\mathfrak{P} - m\mathfrak{b} = 0$ schreiben kann. Hierin ist $\mathfrak{P}$ die eingeprägte Kraft und $\mathfrak{b}$ die dadurch bedingte Beschleunigung. Dann stehen die eingeprägte Kraft und die Trägheitskraft $-m\mathfrak{b}$ im Gleichgewicht. Beim Punkthaufen wirkt jedoch auf einen Massenpunkt noch die durch die Verbindung mit den anderen Massenpunkten bedingte innere Kraft $\mathfrak{Q}$, so daß für den Massenpunkt die Kräfte $\mathfrak{P}$, $\mathfrak{Q}$ und $-m\mathfrak{b}$ im Gleichgewicht stehen:

$$\mathfrak{P} + \mathfrak{Q} - m\mathfrak{b} = 0 \quad \text{(Fig. 74)}.$$

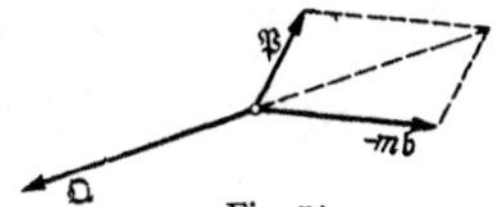

Fig. 74.

Für den gesamten Punkthaufen können diese Gleichungen an den einzelnen Massenpunkten geometrisch addiert werden. Dabei fallen aber die inneren Kräfte, da sie paarweise und entgegengesetzt auftreten, heraus. Setzt man die einzelne Trägheitskraft $-m\mathfrak{b} = \mathfrak{H}$ und bezeichnet die Summe aller äußeren Kräfte mit $\mathfrak{K}$, so folgt

$$\mathfrak{K} + \sum \mathfrak{H} = 0 \quad \text{oder} \quad \mathfrak{K} - m_1\mathfrak{b}_1 - m_2\mathfrak{b}_2 - m_3\mathfrak{b}_3 - \cdots = 0.$$

Es stehen also die Trägheitskräfte $\mathfrak{H} = -m\mathfrak{b}$ und die äußeren Kräfte im Gleichgewicht: Durch Einführen der Trägheits- oder Ersatzkräfte ist die dynamische Aufgabe auf eine statische zurückgeführt.

Demnach gilt: Befindet sich ein System unter der Einwirkung äußerer Kräfte in beschleunigter Bewegung, so kann es wie ein im Gleichgewicht befindliches behandelt werden, wenn man an jedem Punkt eine Kraft hinzufügt, die gleich dem Produkt aus der Masse und der Beschleunigung des Punktes, aber der Beschleunigung entgegengesetzt gerichtet ist (Trägheitskräfte).

Soll die Größe einer inneren Kraft bestimmt werden, so unterteilt man den Punkthaufen derart, daß die gesuchte Kraft in bezug auf den Rest des Punkthaufens als äußere anzusehen ist.

Beispiel: Die Massen m_1, m_2, m_3 (Fig. 75) sind miteinander durch Fäden verbunden. An m_1 greift die Kraft P an. Gesucht sind die Spannkräfte in den Fäden zwischen m_1, m_2 und m_2, m_3. Die Gesamtmasse ist $m = m_1 + m_2 + m_3$, also die allen Massen gemeinsame Beschleunigung $b = P/m$. Die Trägheitskräfte, die entgegengesetzt zu P anzusetzen sind, werden

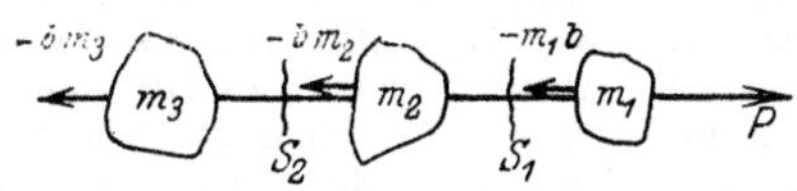

Fig. 75.

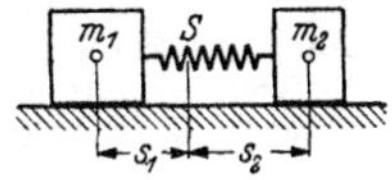

Fig. 76.

$m_1 P/m$, $m_2 P/m$, $m_3 P/m$. Die Fadenkräfte sind innere Kräfte. Zerschneidet man den Faden zwischen m_1 und m_2 und ersetzt ihn durch seine Spannkraft, so ist diese in bezug auf m_1 eine äußere Kraft. Die Gleichgewichtsbedingung für m_1 ergibt $P - m_1 P/m + S_1 = 0$, d. h.

$$S_1 = -P(m_2 + m_3)/m \quad \text{(entgegengesetzt } P\text{)}.$$

Ebenso folgt für die Spannkraft S_2 der Betrag $S_2 = m_3 P/m$. Für die mittlere Masse m_2 muß dann die Gleichgewichtsbedingung $-S_2 + S_1 - m_2 b = 0$, d. h. $-m_3 P/m + (m_2 + m_3) P/m - m_2 P/m = 0$ erfüllt sein, wie ohne weiteres zu übersehen.

2. Satz vom Schwerpunkt. Steht ein Punkthaufen unter Einfluß von Kräften, so bewegt sich sein Schwerpunkt so, als ob alle Kräfte in ihm angriffen. Dabei ist es gleichgültig, ob der Körper starr ist oder nicht; die inneren Kräfte haben auf die Bewegung des Schwerpunktes keinen Einfluß. Für die Beschleunigung b_s des Schwerpunktes folgt also

$$b_s = (\sum \mathfrak{P})/m.$$

Beispiel: Zwei Massen m_1 und m_2 (Fig. 76) sind mit einer elastischen Feder verbunden und gleiten ohne Reibung auf der Unterlage. Entfernt man die beiden Massen voneinander, so schwingen sie hin und her, aber derart, daß ihr gemeinsamer Schwerpunkt in Ruhe bleibt; denn für den ganzen Punkthaufen sind keine äußeren Kräfte vorhanden. Für die Verschiebungen relativ zum festen Schwerpunkt gilt $m_1 s_1 = m_2 s_2$ oder $s_1 : s_2 = m_2 : m_1$.

3. Bei **Drehung eines Körpers** um eine feste Achse ist die Beschleunigung eines Massenteilchens dm gleich $r \cdot \varepsilon$, die Trägheitskraft $-r\varepsilon dm$ und ihr

Moment $-r^2\varepsilon dm$. Das Moment aller Trägheitskräfte und das äußere Moment $M = Pa$ der Kraft P (Fig. 77) müssen nach dem Prinzip von d'Alembert im Gleichgewicht stehen:

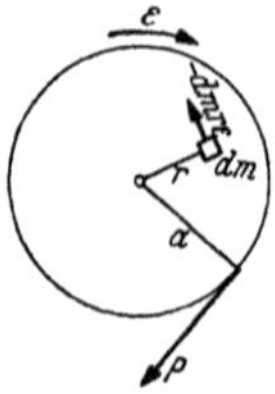

Fig. 77.

$$M - \int r^2\varepsilon dm = 0 \quad \text{oder} \quad M = \varepsilon \int r^2 dm.$$

$\int r^2 dm$ ist aber das dynamische oder das Massenträgheitsmoment J (S. 223) des Körpers in bezug auf die Drehachse, also gilt

$$M = J \cdot \varepsilon$$

Moment = Trägheitsmoment mal Winkelbeschleunigung.

Beispiel: Um ein Schwungrad mit dem Trägheitsmoment $J = 1000$ mkgsek² in einer Minute auf 120 Umdrehungen je Minute zu bringen, ist ein Drehmoment

$$M = 1000 \frac{\pi \cdot 120}{30 \cdot 60} \approx 210 \text{ mkg} \quad \text{nötig, da} \quad \varepsilon = \frac{\omega}{t} = \frac{\pi \cdot 120}{30} \Big/ 60 \quad 1/\text{sek}^2.$$

4. Bei **allgemeiner ebener Bewegung** erfährt der Körper eine Beschleunigung $\mathfrak{b}_s$ des Schwerpunktes gemäß $m \cdot \mathfrak{b}_s = \Sigma\mathfrak{P}$ und eine Winkelbeschleunigung um diesen gemäß $\varepsilon = M/J$, worin M das Moment der Kräfte in bezug auf diesen und J das Trägheitsmoment des Körpers in bezug auf die durch den Schwerpunkt gehende und zur Ebene senkrecht stehende Achse ist.

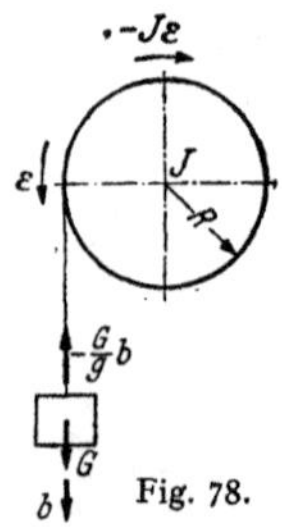

Fig. 78.

Beispiel: Von einer um eine Achse drehbaren Rolle vom Trägheitsmoment J in bezug auf ihre Drehachse (Fig. 78) wickelt sich ein an seinem freien Ende mit dem Gewicht $G = mg$ belastetes Seil ab. Bringt man am Gewicht die Trägheitskraft $-mb = -G \cdot b/g$ nach oben und an der Trommel das Moment $-J \cdot \varepsilon$ an, so ergibt die Gleichgewichtsbedingung für die Momente in bezug auf die Drehachse der Trommel

$$RG - RGb/g - J\varepsilon = 0.$$

Mit $\varepsilon = b/R$ folgt dann $b = GR^2/(J + mR^2)$ und für die Seilspannung $S = G - Gb/g = GJ/(J + mR^2)$.

5. Der **Wuchtsatz** für den starren Körper ergibt sich daraus, daß sich seine Wucht aus der Wucht für die Verschiebung des Schwerpunktes mit der Geschwindigkeit v und aus der Wucht für die Drehung mit der Winkelgeschwindigkeit ω um diesen zusammensetzt. Ist dann J das Trägheitsmoment in bezug auf die durch den Schwerpunkt gehende Achse und A die Arbeit der äußeren Kräfte, so gilt

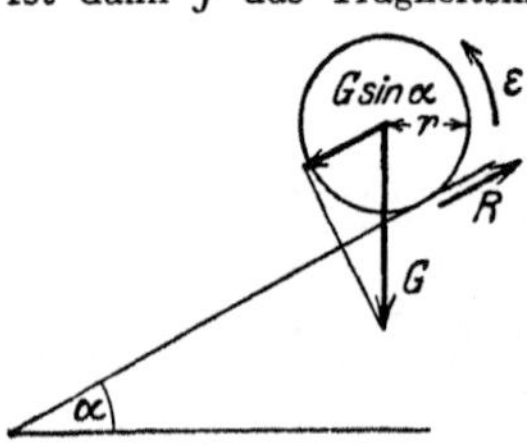

Fig. 79.

$$A = \tfrac{1}{2}m(v^2 - v_0^2) + \tfrac{1}{2}J(\omega^2 - \omega_0^2)$$

und für einen Punkthaufen oder ein System von Körpern

$$A = \Sigma \tfrac{1}{2} m(v^2 - v_0^2) + \Sigma \tfrac{1}{2} J(\omega^2 - \omega_0^2).$$

In Worten: Der Zuwachs an Wucht oder kinetischer Energie eines Körpers oder eines Systems von Körpern ist gleich der Arbeit aller angreifenden Kräfte.

Beispiel: Ein voller Kreiszylinder von der Masse m und dem Radius r rollt ohne zu gleiten eine schiefe Ebene von der Höhe h herab. Mit welcher Geschwindigkeit kommt er unten an? (Fig. 79). Es ist

$$J = mr^2/2; \quad v = r\omega; \quad \omega = v/r.$$

Für die von der Schwerkraft geleistete Arbeit folgt

$$A = mgh = mv^2/2 + J\omega^2/2 = \tfrac{3}{4}mv^2$$

und damit

$$gh = \tfrac{3}{4}v^2 \quad \text{oder} \quad v = \sqrt{\tfrac{4}{3}gh}.$$

Der Schwerpunkt hat also eine kleinere Geschwindigkeit, als wenn der Körper, ohne zu rollen, herabgleiten würde.

Die Arbeit der Reibungskraft R ist gleich Null, weil ihr Angriffspunkt, der Geschwindigkeits- oder Momentanpol (S. 211), die Geschwindigkeit Null hat.

Da parallel zur schiefen Ebene die Komponente $G \sin\alpha$ des Gewichtes nach unten und der Reibungswiderstand R nach oben wirken, liefert der Schwerpunktsatz für die Beschleunigung b des Schwerpunktes die Gleichung

$$m g \sin\alpha - R - m b = 0 .$$

Es ist $b = r\varepsilon$, wenn ε die Winkelbeschleunigung; auf den Schwerpunkt bezogen wirkt das Moment $Rr = J\varepsilon$, d. h. es wird $\varepsilon = Rr/J$ und $b = Rr^2/J$. Dieses oben eingesetzt liefert mit $J = mr^2/2$ für den Reibungswiderstand R den Wert $R = \frac{1}{3} G \sin\alpha$ und damit die Beschleunigung $b = \frac{2}{3} g \sin\alpha$. Mit $\mu G \cdot \cos\alpha$ als Widerstand der Gleitreibung (μ = Reibungsziffer) muß $\frac{1}{3} mg \sin\alpha \leqq \mu G \cos\alpha$ sein, d. h. $\operatorname{tg}\alpha \leqq 3\mu$.

6. Satz vom Antrieb. Haben die einzelnen Massenpunkte $m_1, m_2, m_3, \ldots$ die Geschwindigkeiten $\mathfrak{v}_1, \mathfrak{v}_2, \mathfrak{v}_3, \ldots$, so ist die Bewegungsgröße $\mathfrak{B}$ (S. 225) oder der Impuls des Systems gleich der vektoriellen oder geometrischen Summe der einzelnen Bewegungsgrößen oder auch gleich der Gesamtmasse m mal der Geschwindigkeit $\mathfrak{v}_s$ des Schwerpunktes:

$$\mathfrak{B} = m_1 \mathfrak{v}_1 + m_2 \mathfrak{v}_2 + m_3 \mathfrak{v}_3 + \cdots = m \mathfrak{v}_s .$$

Wirkt eine Kraft $\mathfrak{P}$ während der Zeit $t_2 - t_1$ auf das System ein, so ist der Antrieb der Kraft gleich dem Zuwachs der Bewegungsgröße des Systems:

$$\int_{t_1}^{t_2} \mathfrak{P}\, dt = \mathfrak{B}_2 - \mathfrak{B}_1 .$$

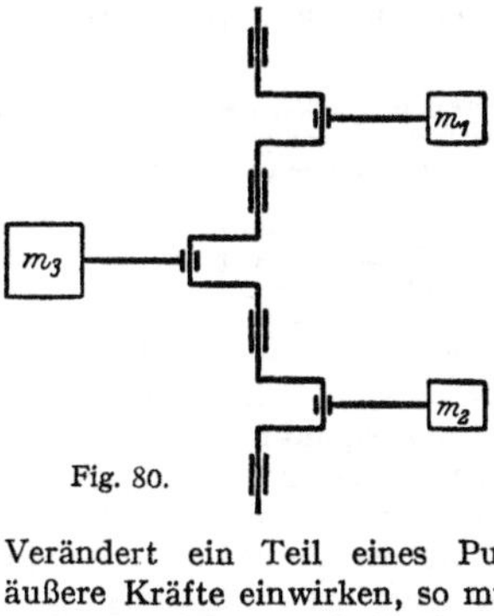

Fig. 80.

Dabei ist es gleichgültig, ob $\mathfrak{P}$ auf alle oder nur auf einzelne Massenpunkte einwirkt. Innere Kräfte, z. B. Reibung, haben keinen Einfluß auf die Bewegungsgröße. Sind äußere Kräfte nicht vorhanden, so ist die Bewegungsgröße konstant.

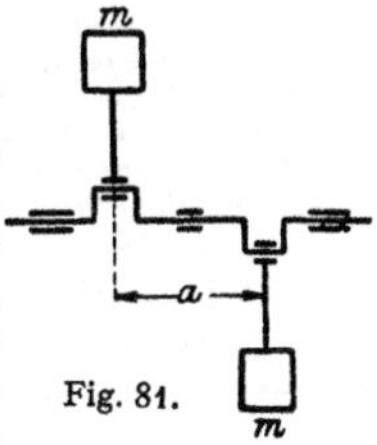

Fig. 81.

Verändert ein Teil eines Punkthaufens seine Bewegungsgröße, ohne daß äußere Kräfte einwirken, so muß der Rest seine Bewegungsgröße auch ändern, und zwar derart, daß die Summe beider Änderungen gleich Null ist.

Beispiel: Die hin- und hergehenden Massen einer Dampfmaschine seien m_a, die mit dem Fundament verbundenen m_b (Fig. 80). Der Dampfdruck ist eine innere Kraft und hat auf die Bewegungsgröße des Systems Maschine—Fundament keinen Einfluß. Bei stillstehender Maschine ist die gesamte Bewegungsgröße gleich Null; also ist sie es auch bei laufender Maschine, wenn von der Reibung des Fundamentes gegen die Unterlage abgesehen wird. Ist v_a die Geschwindigkeit von m_a, so ist

$$m_a v_a + m_b v_b = 0 \quad \text{oder} \quad v_b = -v_a \cdot m_a/m_b .$$

Gelingt es dann, die Summe der Bewegungsgrößen der hin- und hergehenden Teile gleich Null zu machen, z. B. nach Anordnung der Fig. 81, so ist auch die Bewegungsgröße des Fundamentes gleich Null.

Bei solchen Systemen muß in jedem Augenblick die Bewegungsgröße der nach rechts gehenden Massen gleich sein der Bewegungsgröße der nach links gehenden Massen; s. jedoch Punkt 7, Beispiel.

7. Satz vom Drall. Drall oder Moment D der Bewegungsgröße eines Punkthaufens ist die Summe der Momente der Bewegungsgrößen für die einzelnen Massenpunkte in bezug auf eine Achse. Das Moment des Antriebes ist gleich dem Zuwachs oder der Änderung des Dralls. Für eine ebene Bewegung kann dann geschrieben werden (s. a. S. 226)

$$\int_{t_1}^{t_2} P r\, dt = \sum (m_i v_i r_i)_2 - \sum (m_i v_i r_i)_1 \quad \text{oder} \quad \int_{t_1}^{t_2} M\, dt = D_2 - D_1 ,$$

wenn M das Moment der äußeren Kraft ist und die Zeiger 1 und 2 sich auf die Zeiten t_1 und t_2 beziehen.

Die Änderung des Dralls wird gleich Null, d. h. der Drall bleibt konstant, wenn keine äußere Kraft vorhanden ist ($P = 0$) oder eine Zentralbewegung (S. 209 u. 227) vorliegt ($M = 0$).

Der Drall eines sich um eine feste Achse drehenden Körpers ist $J\omega$, da $v = r\omega$ und $\sum m v r = \sum m r^2 \cdot \omega$ ist.

Innere Kräfte treten paarweise auf (S. 229) und haben keinen Einfluß auf Antrieb oder Drall.

Anwendung beim exzentrischen Stoß s. S. 235.

Beispiel: Ist eine Maschine nach Fig. 81 angeordnet, so ist zwar die Bewegungsgröße der hin- und hergehenden Massen stets gleich Null, nicht aber das Moment der Bewegungsgröße. Vielmehr ist, wenn m die Masse je Zylinder, v ihre Geschwindigkeit und a der Abstand der Zylinderachsen voneinander ist, ein Drall $D = mva$ vorhanden, der linksdrehend ist, wenn die Kolben sich der Welle nähern, rechtsdrehend bei umgekehrter Bewegung. Da in dem System (Maschine—Fundament) äußere Kräfte nicht wirken, muß im ganzen der Drall der gleiche wie in der Ruhe, also gleich Null sein. Demnach muß das Fundament die entgegengesetzte Drehbewegung ausführen wie die Maschine, es treten im Fundament Schwingungen um eine senkrechte Achse auf.

Die Bedingungen für einen vollkommenen Massenausgleich in der Maschine, derart, daß Bewegungen des Fundamentes überhaupt nicht auftreten, sind demnach: 1. die Bewegungsgrößen in Richtung der drei Koordinatenachsen sind gleich Null, 2. die Momente der Bewegungsgröße in bezug auf die Koordinatenachsen sind gleich Null.

8. Sonderfälle. Bewegt sich ein Punkthaufen unter dem Einfluß von Kräften, so müssen folgende Fälle unterschieden werden:

α) Es bestehen keine inneren Kräfte; dann ist die Arbeit der äußeren Kräfte gleich dem Zuwachs an kinetischer Energie. Dabei ist zu beachten, daß die Arbeit positiv ist, wenn die Bewegung in Richtung der Kraft erfolgt, negativ, wenn sie ihr entgegengesetzt ist und daß die kinetische Energie eine skalare, stets positive Größe ist.

β) Der Punkthaufen ist starr. Es bestehen dann wohl innere Kräfte, die aber keine Arbeit leisten können, da keine relative Bewegung in Richtung der Spannkraft auftreten kann. Die Arbeit der äußeren Kräfte ist gleich dem Zuwachs an kinetischer Energie.

γ) Der Punkthaufen ist nicht starr, und es wirken innere Kräfte, dann ist die Summe der Arbeiten der äußeren und der inneren Kräfte gleich dem Zuwachs an kinetischer Energie.

9. Fliehkraft. Bewegt sich ein Massenpunkt auf einer kreisförmigen (oder eben gekrümmten Bahn), so wirkt nach dem Kreismittelpunkt (oder nach dem Krümmungsmittelpunkt) hin die Normal- oder Zentripetalbeschleunigung (S. 208) $b_n = r\omega^2$ und die Zentripetalkraft $m r \omega^2$. Gleich groß, aber entgegengesetzt gerichtet ist die dadurch bedingte Trägheitskraft, die Fliehkraft oder Zentrifugalkraft $C = m r \omega^2$, die sich z. B. als Bahndruck oder Fadenspannung äußern kann.

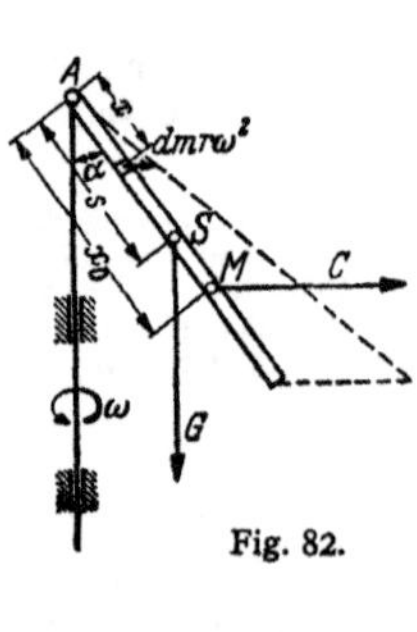

Fig. 82.

Dreht sich ein starrer Körper um eine nicht durch den Schwerpunkt gehende Achse, so ist die Gesamtkraft der Fliehkräfte der einzelnen Massenteilchen dm gleich der von der Achse fort gerichteten und zu ihr senkrechten Gesamt-Fliehkraft

$$C = m r_0 \omega^2 = m v^2 / r_0,$$

worin r_0 der Abstand des Körperschwerpunktes von der Drehachse ist.

Die Wirkungslinie der Fliehkraft geht aber nicht immer durch den Schwerpunkt des Körpers (s. Beispiel 1); nur wenn der Körper eine zur Drehachse parallele Symmetrieachse besitzt, geht die Wirkungslinie der Gesamtfliehkraft durch den Schwerpunkt des Körpers.

Beispiele: 1. Dreht sich ein gerader Stab um eine die Stabachse schneidende Achse, Fig. 82, so trifft die Wirkungslinie der resultierenden Fliehkraft die Stabachse in einem Abstand $AM = x_0 = J/ms$ vom Schnittpunkt beider Achsen. Hierbei ist J das Trägheitsmoment des Stabes, bezogen auf die Gerade, die auf der Ebene der beiden Achsen in deren Schnittpunkt senkrecht steht, m ist die Masse des Stabes und s der Abstand des Schwerpunktes vom Achsenschnittpunkt. Denn die Summierung der Kräfte ergibt (Fig. 82), daß $C = \int dm\, r\omega^2$ oder, da $r = x \sin\alpha$, daß $C = \omega^2 \sin\alpha \int dm\, x = \omega^2 \sin\alpha \cdot m \cdot s = m s \sin\alpha \cdot \omega^2 = m r_s \omega^2$. Für die

Momente in bezug auf A folgt: $C \cdot x_0 \cos\alpha = \int dm\, r\, \omega^2 \cdot x \cos\alpha$ oder $C x_0 = \omega^2 \sin\alpha \int dm\, x^2 = \omega^2 \sin\alpha \cdot J$ und daraus $x_0 = J/ms$. Z. B. ist bei dem prismatischen Stabe mit gleichmäßig verteilter Masse $x_0 = \frac{2}{3}$, Fig. 82.

Ist der Stab um den Punkt A drehbar, so herrscht Gleichgewicht (Prinzip des Fliehkraftreglers), wenn $G s \sin\alpha = C \cdot x_0 \cos\alpha$, worin $C = m \cdot s \cdot \sin\alpha \cdot \omega^2$. Dann muß $\omega = \sqrt{Gs/J\cos\alpha}$ sein.

2. Es sollen die in einem sich drehenden Ring durch die Fliehkraft hervorgerufenen Spannungen berechnet werden. Die Dicke δ des Querschnitts sei gering gegenüber seinem Durchmesser $2R$ (Fig. 83). Denkt man sich den Ring im Durchmesser AB aufgeschnitten, so müssen die inneren Kräfte an jeder Schnittstelle gleich der halben Fliehkraft $C/2$ sein. Mit f als Ringquerschnitt ist dann die Spannung $\sigma = C/2f$.

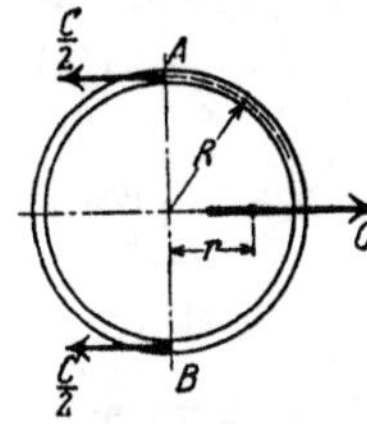

Fig. 83.

Für den Schwerpunktabstand des halben Ringes (Halbkreislinie) gilt $r_0 = r = 2R/\pi$; die Masse des halben Ringes ist $m = \pi R f \gamma/g$. Dann wird $C = m r_0 \omega^2$ und damit

$$\sigma = \frac{\pi R f \gamma}{g} \cdot \frac{2R}{\pi} \cdot \omega^2 \cdot \frac{1}{2f} = R^2 \omega^2 \gamma/g = v^2 \gamma/g,$$

worin v die Geschwindigkeit im Abstand R, also annähernd die Umfangsgeschwindigkeit ist.

Zahlenbeispiel (Einheiten beachten): $v = 20$ m/sek und $\gamma = 7{,}2\ \text{kg/dm}^3 = 7200\ \text{kg/m}^3$. Es wird

$$\sigma = 20^2 \cdot 7200/9{,}81 = 293\,600\ \text{kg/m}^2 \approx 29{,}4\ \text{kg/cm}^2.$$

10. Freie Achsen. Dreht sich ein Körper um eine festgelagerte, nicht durch seinen Schwerpunkt gehende Achse, so treten in den Lagern durch die Fliehkraft C Auflagerkräfte auf, die nach den Regeln der Statik bestimmt werden können. So folgt bei Anordnung nach Fig. 84, daß $A = Cb/(a+b)$ und $B = Ca/(a+b)$. Die Auflagerkräfte ändern ständig ihre Richtung und rufen also schädliche Belastungen der Lager und schädliche Schwingungen (S. 236) hervor.

Bei der Anordnung nach Fig. 85 liegen die Massen in einer Ebene, und es ist $m_1 r_1 = m_2 r_2$. Dann liegt zwar der gemeinsame Schwerpunkt beider Massen

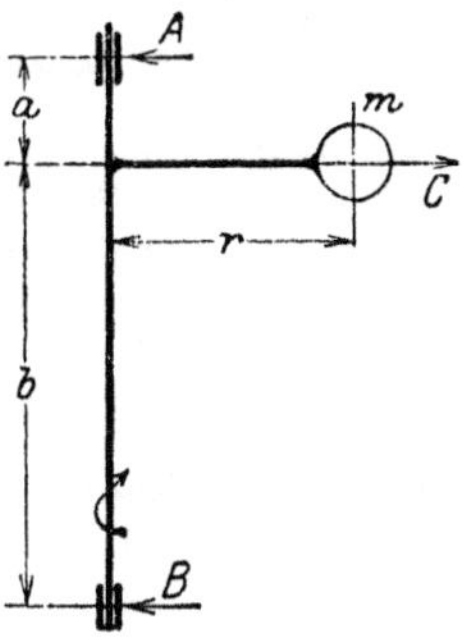

Fig. 84.

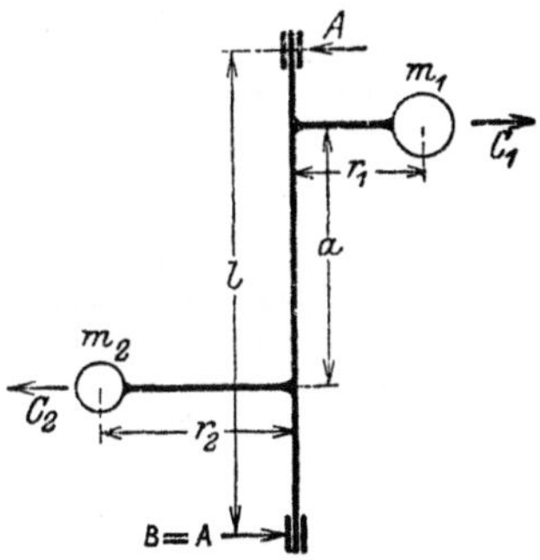

Fig. 85.

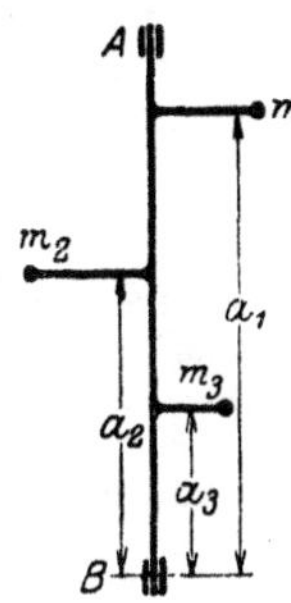

Fig. 86.

auf der Achse, aber durch die Fliehkräfte $C_1 = m_1 r_1 \omega^2$ und $C_2 = m_2 r_2 \omega^2 = C_1$ entsteht ein Moment $M = C_1\, a$, das die Auflagerkräfte $A = B = C_2\, a/l$ hervorruft.

Ist jedoch nach Fig. 86 $m_1 r_1 a_1 + m_3 r_3 a_3 = m_2 r_2 a_2$ sowie $m_1 r_1 + m_3 r_3 = m_2 r_2$, und liegen alle Massen in einer Ebene, so treten keine Auflagerkräfte durch die Fliehkräfte auf.

Die einzelnen Unwuchten der Welle bzw. des sich drehenden Körpers können in ihrer Wirkung auf eine Einzelkraft und ein Kräftepaar zurückgeführt werden, die nicht in einer Ebene zu liegen brauchen. Größe und Lage der Unwucht können mit Auswuchtmaschinen oder Auswuchtverfahren bestimmt und durch Anbringen von Massen in geeigneten Punkten beseitigt werden.

Eine Achse, auf die keine Fliehkraft wirkt, die also im Gleichgewicht ist, heißt freie Achse: Die Summe der Fliehkräfte und die Summe ihrer Momente müssen gleich Null sein (z. B. Fig. 86).

Ein solches dynamisches Gleichgewicht tritt auf, wenn (Fig. 87):

1. $\sum m r \sin\alpha = 0$.

2. $\sum m r \cos\alpha = 0$, wobei r der Abstand des Schwerpunktes der Massen von der Drehachse und α der Winkel mit einer beliebigen durch die Drehachse gelegten Ebene E ist.

3. $\sum m r a \sin\alpha = 0$.

4. $\sum m r a \cos\alpha = 0$, wobei a den Abstand der Wirkungslinie der Fliehkraft von irgendeinem Punkte, z. B. B in Fig. 86, angibt.

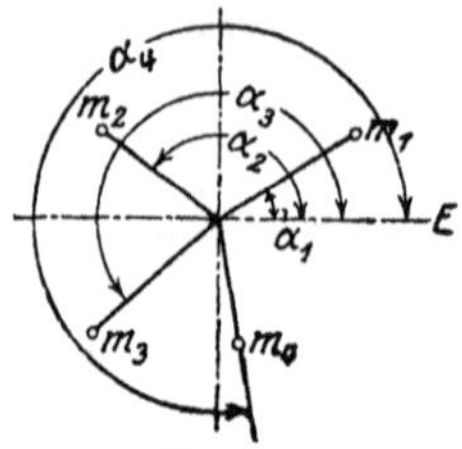

Fig. 87.

4. Der Stoß.

Ein Stoß findet statt, wenn eine endliche Kraft in einer sehr kurzen Zeit wirkt, so daß das Produkt beider endlich bleibt. Treffen zwei Körper aufeinander, so hat jede der Massen nach dem Stoß (im allgemeinen) eine andere Geschwindigkeit als vorher. Geht die im Berührungspunkt der Körper auf der gemeinsamen Berührungsebene errichtete Normale durch die Schwerpunkte der beiden Körper hindurch, so liegt ein zentrischer, andernfalls ein exzentrischer Stoß vor. Sind die Bewegungsrichtungen der beiden zur Berührung kommenden Punkte der beiden Körper unmittelbar vor dem Stoß auf der Berührungsebene senkrecht, so liegt ein gerader, andernfalls ein schiefer Stoß vor.

a) Gerader zentrischer Stoß.

Die Massen m_1 und m_2 haben vor dem Stoß die Geschwindigkeiten v_1 und v_2. Da die Stoßkraft als eine innere Kraft des Systems zu betrachten ist, erfährt die Bewegungsgröße durch den Stoß keine Veränderung (Fig. 88).

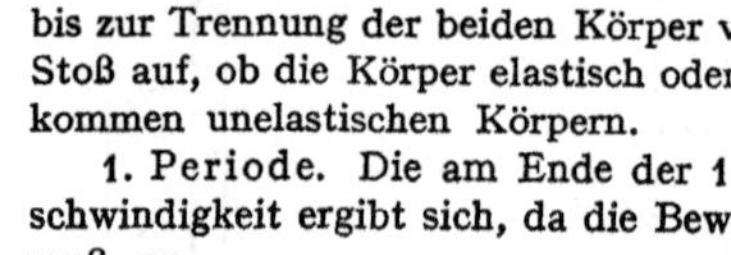

Fig. 88.

Der Stoß läßt sich in 2 Perioden teilen.

Die 1. Periode rechnet von der ersten Berührung bis zu dem Augenblick, in dem der Abstand der Schwerpunkte ein Minimum wird, die 2. Periode von hier bis zur Trennung der beiden Körper voneinander. Die 1. Periode tritt bei jedem Stoß auf, ob die Körper elastisch oder unelastisch sind, die zweite fehlt bei vollkommen unelastischen Körpern.

1. Periode. Die am Ende der 1. Periode beiden Körpern gemeinsame Geschwindigkeit ergibt sich, da die Bewegungsgröße des Systems konstant bleiben muß, zu

$$c = \frac{m_1 v_1 + m_2 v_2}{m_1 + m_2}.$$

Die verschwundene kinetische Energie $\Delta E = \frac{1}{2}(m_1 v_1^2 + m_2 v_2^2 - m_1 c^2 - m_2 c^2)$ $= \frac{1}{2}\frac{m_1 m_2}{m_1 + m_2}(v_1 - v_2)^2$ hat sich bei vollkommen unelastischen, plastischen Körpern in Wärme, bei vollkommen elastischen in potentielle Energie (Federungsarbeit), bei unvollkommen elastischen teils in Wärme, teils in potentielle Energie umgesetzt.

2. Periode. Sie tritt nur bei vollkommen oder unvollkommen elastischen Körpern, nicht bei vollkommen unelastischen auf. Die Geschwindigkeiten nach dem Stoß sind für vollkommen elastische Körper:

$$c_1 = \frac{(m_1 - m_2)\, v_1 + 2 m_2 v_2}{m_1 + m_2}, \qquad c_2 = \frac{(m_2 - m_1)\, v_2 + 2 m_1 v_1}{m_1 + m_2}.$$

Besondere Fälle:

1. $m_1 = m_2$; es wird $c_1 = v_2$, $c_2 = v_1$.
2. Ist m_1 eine feste Wand, also $v_1 = 0$, $m_1 = \infty$, so ist $c_2 = -v_2$.
3. Ist m_1 eine bewegliche Wand, m_2 ein ruhender Körper: also $m_1 = \infty$, $v_2 = 0$, so wird $c_2 = 2v_1$.

Energie geht bei vollkommen elastischem Stoß nicht verloren.

Sind die Körper wie alle wirklichen unvollkommen elastisch, so sind die Geschwindigkeiten nach dem Stoß:

$$c_1 = \frac{m_1 v_1 + m_2 v_2 - m_2(v_1 - v_2)k}{m_1 + m_2}; \qquad c_2 = \frac{m_1 v_1 + m_2 v_2 + m_1(v_1 - v_2)k}{m_1 + m_2}.$$

Dabei ist k das Verhältnis der Relativgeschwindigkeiten der Körper vor und nach dem Stoß: $k = (c_2 - c_1)/(v_1 - v_2)$, und damit ein Maß für das Abweichen vom vollkommen elastischen Verhalten. Stets gilt $0 < k < 1$, wobei die untere Grenze für vollkommen unelastische, die obere für vollkommen elastische Körper gilt. Der Energieverlust $\frac{1}{2}(m_1 v_1^2 + m_2 v_2^2 - m_1 c_1^2 - m_2 c_2^2)$ ist dann

$$\Delta E = \frac{1}{2} \frac{m_1 m_2}{m_1 + m_2} (v_1 - v_2)^2 (1 - k^2).$$

Bei fester Wand, d. h. $m_2 = \infty$ und $v_2 = 0$ wird $c_1 = (-)k v_1$. Läßt man dann eine Masse m_1 aus der Höhe H auf eine feste Platte des gleichen Materials herabfallen, so ist $v_1 = \sqrt{2gH}$. Mißt man die Sprunghöhe nach dem Stoß, so ist $c_1 = \sqrt{2gh}$, und für die Stoßziffer folgt damit $k = c_1/v_1 = \sqrt{h/H}$. Dieser Versuch kann zur Bestimmung von k dienen. Für zwei Körper aus gleichem Material ergibt sich bei Elfenbein $k = \frac{8}{9}$, Stahl oder Kork $k = \frac{5}{9}$, Holz $k = \frac{1}{2}$. k ist stark von der Geschwindigkeit abhängig.

B e i s p i e l: Ein Eisenbahnwagen vom Gewicht G_1 fährt mit der Geschwindigkeit v_1 cm/sek auf einen stehenden Wagen vom Gewicht G_2. Die Zusammendrückung der Pufferfedern ist zu bestimmen, wenn deren Konstante oder Rückstellkraft c kg/cm (die Kraft, die eine Verkürzung von 1 cm hervorruft) bekannt ist.

Die nach der ersten Stoßperiode in Federungsarbeit umgewandelte Energie ist:

$$E = \frac{1}{2g} \frac{G_1 G_2}{G_1 + G_2} v_1^2.$$

Andererseits ist die beim Zusammendrücken einer Feder um den Betrag Δl geleistete Arbeit $A = \frac{1}{2} c (\Delta l)^2$. Da vier Pufferfedern vorhanden sind, ist:

$$2c(\Delta l)^2 = \frac{1}{2g} \frac{G_1 G_2}{G_1 + G_2} v_1^2 \quad \text{und} \quad \Delta l = \frac{v_1}{2} \sqrt{\frac{G_1 G_2}{c g (G_1 + G_2)}} \text{ cm}, \quad (g \text{ in cm/sek}^2).$$

b) Gerader exzentrischer Stoß.

Die Berührungsfläche steht senkrecht zur gemeinsamen Richtung der Geschwindigkeiten beider Körper im Stoßpunkt. Die Normale zur gemeinsamen Tangente gehe nicht durch die Schwerpunkte beider Körper.

Vor dem Stoß drehe sich der Stab (Fig. 89) mit der Winkelgeschwindigkeit ω_1, die Kugel habe die Geschwindigkeit v_2. Nach dem Satz vom Drall bleibt das Moment der Bewegungsgröße unverändert. Ist $c = a\omega'$ die Geschwindigkeit des Stoßpunktes nach der ersten Stoßperiode und J_1 das Trägheitsmoment des Stabes 1 in bezug auf den Punkt A, so ist

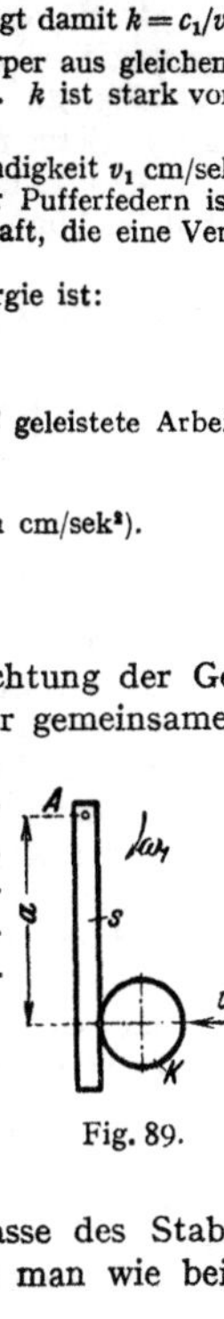

Fig. 89.

$$J_1 \omega_1 + m_2 a v_2 = J_1 \omega' + m_2 a c = J_1 c/a + m_2 a c,$$

also

$$c = \frac{J_1 \omega_1 + m_2 a v_2}{J_1/a + m_2 a} = \frac{J_1/a^2 \cdot v_1 + m_2 v_2}{J_1/a^2 + m_2},$$

d. h. führt man die auf den Berührungspunkt reduzierte Masse des Stabes $m_{\text{red}} = J_1/a^2$ und die Geschwindigkeit $v_1 = a\omega_1$ ein, so kann man wie beim geraden zentrischen Stoß rechnen.

Die Befestigung A erfährt durch den Stoß im allgemeinen eine seitliche Krafteinwirkung, ausgenommen, wenn $a = a_0 = J_1/m_1 e_1$, wobei e_1 der Abstand des Schwerpunktes des Körpers 1 von A ist. Liegt der Stoßpunkt höher, so wirkt die Kraft auf die Befestigung nach links, liegt er tiefer, nach rechts.

Der Punkt in der Entfernung $a_0 = J_1/m_1 e_1$ heißt **Stoß- oder Schwingungsmittelpunkt** (S. 237). Da $J_1 = J + m_1 e_1^2$ ist, folgt für dessen Entfernung x vom Schwerpunkt S

$$x = a_0 - e_1 = \frac{J + m_1 e_1^2}{m_1 e_1} - e_1 = J/m_1 e_1 = i^2/e_1 ,$$

wenn i der Trägheitshalbmesser der Masse m_1 ist (S. 223).

Ein Schlagwerkzeug, z. B. einen Hammer, greift man möglichst in der Nähe des Stoßmittelpunktes an, da dort die Stöße am geringsten sind.

c) Stoß sich drehender Körper.

Zwei Körper, die sich mit den Winkelgeschwindigkeiten ω_1 und ω_2 um parallele Achsen A_1 und A_2 drehen, stoßen in einem Punkte zusammen, der die Entfernungen a_1 und a_2 von den Achsen hat.

Setzt man $m_1 = J_1/a_1^2$ und $m_2 = J_2/a_2^2$, wobei J die Trägheitsmomente, bezogen auf die jeweilige Drehachse, sind, ferner $v_1 = a_1\omega_1$ und $v_2 = a_2\omega_2$, so gelten die unter a) angegebenen Formeln.

5. Schwingungen [1]).

a) Grundbegriffe.

1. Bewegt sich ein Massenpunkt derart, daß die auf ihn wirkende Kraft proportional der Auslenkung aus der Mittellage, aber ihr entgegengesetzt gerichtet ist (Fig. 90), so vollführt der Punkt eine **harmonische Schwingung** (s. S. 121 u. 205). Setzt man $P = -cx$, wo c die Richtkraft ist, so folgt aus dem dynamischen Grundgesetz $P - mb = 0$ die Differentialgleichung

$$m\ddot{x} + cx = 0 .$$

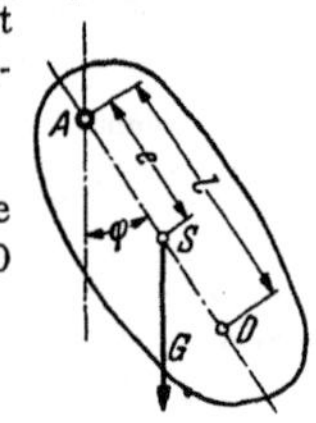

Fig. 91.

Diese Bewegungsgleichung für die **freie, ungedämpfte Schwingung** hat, wenn für $t = 0$ auch $x = 0$ ist, die Lösung (s. S. 89)

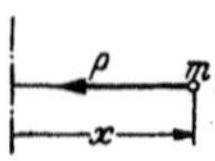

Fig. 90.

$$x = r \cdot \sin\omega t, \quad \text{wo} \quad \omega = \sqrt{c/m} .$$

Es bedeuten:

x den Weg (bei Drehschwingungen auch den Drehwinkel);

r die **Amplitude** oder Schwingungsweite; ω sek^{-1} die **Kreisfrequenz**;

$T = 2\pi/\omega = 2\pi\sqrt{m/c}$ sek die **Schwingungsdauer**, d. h. die Zeit, nach der sich ein vollständiger Bewegungsvorgang wiederholt;

$n = 1/T = \omega/2\pi$ 1/sek die **Frequenz** oder die **Schwingungszahl** in der Sekunde;

c die Kraft, die die Masse um die Strecke 1 auslenkt, oder bei Drehschwingungen das Moment, das die Masse um den Winkel 1 (Bogenmaß) verdreht (mit Richtkraft, Richtmoment, Rückstellkraft, Rückstellmoment, Federkonstante u. ä. bezeichnet); Dimension kg/cm bzw. kg • cm.

Beispiele: 1. An einer Schraubenfeder hängen $G = 20$ kg, die die Feder bei ruhender Belastung um $f = 5$ cm verlängern. Gesucht ist die Frequenz der Feder. Es folgt: $g = 981$ cm/sek²

$$c = G/f = 4 \text{ kg/cm}; \quad m = G/g; \quad n = \frac{1}{2\pi}\sqrt{\frac{cg}{G}} \approx 5\sqrt{1/f} = 2{,}23 \text{ sek}^{-1}; \quad n = 134 \text{ min}^{-1}.$$

2. Für das **physische Pendel** (Fig. 91), d. h. einen Körper, der sich um eine waagerechte, nicht durch den Schwerpunkt gehende Achse unter Einwirkung der Schwerkraft bewegt, gilt mit J_A als Massenträgheitsmoment in bezug auf die Drehachse: $M - J_A\varepsilon = 0$. Da $\varepsilon = \ddot{\varphi}$ und $M = -G \cdot e \sin\varphi \approx Ge\varphi$ für kleine Winkel ist, so folgt

$$J_A\ddot{\varphi} + Ge\varphi = 0 ,$$

[1]) Literatur: Föppl, Otto: Grundzüge der technischen Schwingungslehre. — Schneider, Erich: Mathematische Schwingungslehre. — Hort, Wilh.: Technische Schwingungslehre. — Geiger, J.: Mechanische Schwingungen und ihre Messungen. — Lehr, E.: Schwingungstechnik. — Klotter, Karl: Einf. i. d. techn. Schwingungslehre. Sämtlich Berlin: Springer.

oder, indem man in der Bewegungsgleichung auf S. 236 c durch Ge, das Rückstellmoment und m durch J_A ersetzt: $T = 2\pi\sqrt{m/c} = 2\pi\sqrt{J_A/Ge}$. Da $J_A = J + me^2$ ist, J bezogen auf S, so gilt auch

$$T = 2\pi\sqrt{\frac{J + m\,e^2}{G\,e}}\ \text{sek.}$$

Die Pendellänge eines mathematischen Pendels mit gleicher Schwingungsdauer $T = 2\pi\sqrt{l/g}$ heißt reduzierte Pendellänge, es ist $l = J_A/me = (J + me^2)/me$. Trägt man auf AS von A aus die Strecke $AD = l$ ab, so ist D der Schwingungsmittelpunkt. Bei Vertauschung von A und D wird dieselbe Schwingungsdauer erhalten. Es ist dabei $SD = l - e = J_A/me - e = J/me = i^2/e$ mit i als Trägheitshalbmesser. Beim mathematischen Pendel ist $J = 0$ und $e = l$.

Will man die Schwingungen zur Ermittlung des Trägheitsmomentes verwenden, so gilt

$$J = 91{,}19\, Ge/n^2 - Ge^2/g\ [\text{kg m sek}^2],$$

wo n die Zahl der vollen Schwingungen in der Minute bedeutet, G in kg, e in m und $g = 9{,}81$ m/sek² zu setzen sind.

2. Wirkt der Bewegung ein Widerstand entgegen, der der Geschwindigkeit proportional ist ($W = -k\dot{x}$), so lautet die Differentialgleichung der **gedämpften, freien Schwingung**

$$m\ddot{x} + k\dot{x} + cx = 0,$$

wo k die Dämpfungskonstante ist. Die Lösung ist je nach Größe der Dämpfung verschieden (s. S. 89). Setzt man $k/2m = \varrho$ und $\sqrt{c/m} = \omega_e$ als Kreisfrequenz der ungedämpften Eigenschwingung, so folgt

α) eine periodische Bewegung, wenn $\varrho < \omega_e$ oder $k < 2\sqrt{cm}$:

$$x = C \cdot e^{-\varrho t} \cdot \sin(\omega t + \varphi),$$

worin $\omega = \sqrt{\omega_e^2 - \varrho^2} = \sqrt{c/m - (k/2m)^2}$ die Kreisfrequenz der gedämpften Schwingung ist. Die Amplituden nehmen mit der Zeit ab (Fig. 127, S. 124), das Verhältnis zweier aufeinanderfolgender Amplituden ist konstant. Für kleines k ist $\omega \approx \omega_e$, vgl. ferner S. 89. Der Phasenwinkel φ ist dort mit ε bezeichnet.

β) Aperiodische Bewegung: $\varrho > \omega_e$ oder $k > 2\sqrt{cm}$. Es ergibt sich keine Schwingung und der Weg x nähert sich mit wachsender Zeit dem Wert Null.

3. Erzwungene Schwingungen. Wirkt außer Rückstellkraft und Widerstand noch eine erregende äußere Kraft P, die nach dem Gesetz $P = P_0 \sin\omega t$ veränderlich ist, so lautet die Bewegungsgleichung

$$m\ddot{x} + k\dot{x} + cx = P_0 \sin\omega t.$$

Die auftretende Schwingung setzt sich zusammen aus der gedämpften Eigenschwingung, die bald abklingt, und der erzwungenen Schwingung. Letztere hat die Gleichung $x = r\sin(\omega t - \varphi)$, wie durch Einsetzen leicht zu prüfen. Die erzwungene Schwingung hat also dieselbe Frequenz wie die erregende Kraft, eilt ihr aber um den Phasenwinkel φ nach. Dabei wird

$$\operatorname{tg}\varphi = \frac{k\omega}{c - m\omega^2}$$

und $$r = \frac{P_0}{\sqrt{(c - m\omega^2)^2 + k^2\omega^2}} \quad \text{(Fig. 92).}$$

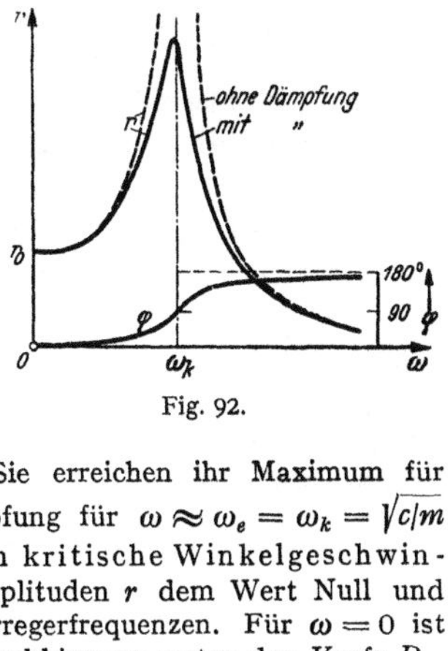

Fig. 92.

Nähert sich die erregende Frequenz immer mehr der Eigenfrequenz $\omega_k = \omega_e = \sqrt{c/m}$, so werden die Ausschläge immer größer. Sie erreichen ihr Maximum für $\omega^2 = \omega_e^2 - (k/2m)^2$, d. h. bei geringer Dämpfung für $\omega \approx \omega_e = \omega_k = \sqrt{c/m}$ (für $k = 0$ wird dann $r = \infty$). ω_k heißt auch kritische Winkelgeschwindigkeit. Für große ω nähern sich die Amplituden r dem Wert Null und können also kleiner sein als für kleine Erregerfrequenzen. Für $\omega = 0$ ist $r = r_0 = P_0/c$, d. h. gleich der statischen Durchbiegung unter der Kraft P_0, und für $\omega = \sqrt{c/m} = \omega_k$ wird $\varphi = 90°$, Fig. 92.

Bei technischen Konstruktionen wird man diese Resonanz, d. h. die Übereinstimmung zwischen Erregerfrequenz und Eigenfrequenz vermeiden.

Für $k=0$ ist $r=P_0/(c-m\omega^2)$. Die Amplitude ist in Fig. 92 positiv aufgetragen, daher springt dann der Phasenwinkel φ von 0° auf 180°.

4. Bei **elastischen** Körpern treten harmonische Schwingungen auf, sofern das Hookesche Gesetz befolgt wird, da die die Verformung hervorrufenden Kräfte dieser selbst proportional sind.

Ist ein solcher, als gewichtslos anzusehender Körper mit dem Gewicht G belastet, unter dem sich dieser um f cm durchbiegt, so ist $c = G/f$ (s. Beispiel 1) oben und daher $\omega_e = \sqrt{g/f}$ sek^{-1} oder $n_e \approx 300 \cdot \sqrt{1/f}$ min^{-1}.

Beispiel: Ein an beiden Enden frei aufliegender 4 m langer I-Träger NP 20 wird in der Mitte mit 500 kg belastet. Die Eigenschwingungszahl ist gesucht. Hierbei kann die Eigenmasse des 105 kg wiegenden Balkens nicht vernachlässigt werden; man macht zur Belastung noch einen Zuschlag von $\frac{17}{35}$ des Eigengewichtes des Trägers, d. h. von etwa 50 kg, so daß $G = 500 + 50 = 550$ kg. Dann wird $f = \frac{Gl^3}{EJ \cdot 48} = \frac{550 \cdot 64\,000\,000}{2\,150\,000 \cdot 2142 \cdot 48} = 0{,}159$ cm und damit $n_e \approx 300\sqrt{1/0{,}159} = 750$ min^{-1}.

Man wird also, um Resonanz zu vermeiden, z. B. einen Motor von 500 kg nicht bei $n = 750$ U/min in der Mitte dieses Trägers laufen lassen.

b) Biegungsschwingungen.

1. Trägt eine biegsame Welle an irgendeiner Stelle eine Scheibe vom Gewicht G, deren Schwerpunkt um e cm von der Wellenachse entfernt ist (Fig. 93a), so ruft die Fliehkraft C eine Durchbiegung y hervor. Lenkt die Kraft c die Welle an der Scheibe um 1 cm durch, so muß die Fliehkraft C der Kraft cy das Gleichgewicht halten:

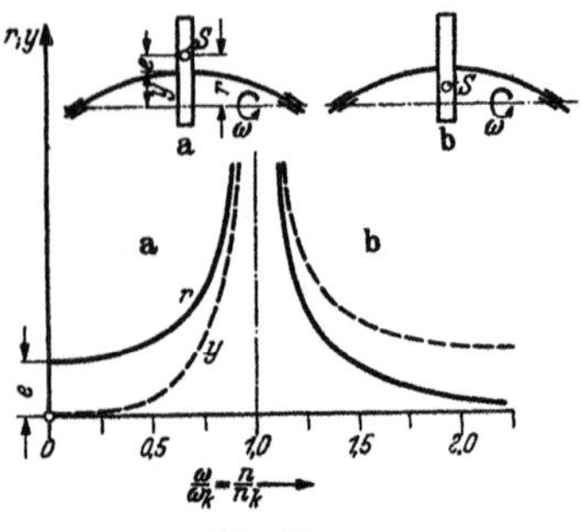

Fig. 93.

$$C = m\omega^2(e + y) = cy.$$

Daraus folgt

$$y = \frac{me\omega^2}{c - m\omega^2} = e \cdot \frac{(\omega/\omega_k)^2}{1 - (\omega/\omega_k)^2}.$$

Hierin ist $\omega_k = \omega_e = \sqrt{c/m}$ die Kreisfrequenz der ungedämpften Eigenschwingung der Welle. Für $\omega = \omega_k$ wird $y = \infty$, und dann besteht Resonanz. Mit $f = G/c$ cm als Durchbiegung unter der Last G im Ruhezustand (bei entsprechendem Zuschlag für die Eigenmasse der Welle) folgt dann

die **kritische Winkelgeschwindigkeit** $\omega_k = \sqrt{c/m} = \sqrt{g/f}$ sek^{-1},

die kritische Umlaufzahl $n_k \approx 300\sqrt{c/G} = 300\sqrt{1/f}$ U/min.

Die Abhängigkeit der Schwerpunktentfernung $r = e + y$ und der Durchbiegung y von dem Verhältnis ω/ω_k der Winkelgeschwindigkeiten läßt erkennen, (Fig. 93a für $\omega < \omega_k$, Fig. 93b für $\omega > \omega_k$), daß die Welle nach Überschreiten der kritischen Drehzahl ruhiger läuft, r wird kleiner als im Ruhezustand und nähert sich dem Wert Null. Die Welle „zentriert" sich von selbst.

2. Sonderfälle. Ist G kg das Gewicht der Scheibe, l cm die Länge der Welle, d cm ihr Durchmesser und E kg/cm² der Elastizitätsmodul, so kann bei glatten Wellen auch geschrieben werden (ohne Kreiselwirkung)

$$n_k = \beta \cdot \sqrt{E} \cdot \frac{d^2}{l\sqrt{Gl}} \text{ min}^{-1} \quad \text{oder} \quad d = \delta \cdot \sqrt{n_k l} \cdot \sqrt[4]{Gl/E} \text{ cm},$$

wo β und $\delta = \sqrt{1/\beta}$ folgende Zahlen sind:

α) Welle beiderseits kugelig gelagert, Gewicht in der Mitte: $\beta = 460$; $\delta = 0{,}0466$.

β) Welle beiderseits eingespannt, Gewicht in der Mitte: $\beta = 920$; $\delta = 0{,}033$.

γ) Welle einerseits eingespannt, andererseits frei, Masse fliegend angeordnet: $\beta = 115$; $\delta = 0{,}932$.

3. Unter Beachtung der Wellenmassen folgen unendlich viele Eigenschwingungszahlen. Ist n_1 die Grundschwingungszahl und sind $n_2, n_3, \ldots$ die höheren Schwingungszahlen (min^{-1}), so gelten für **glatte, unbelastete Wellen** folgende Werte mit $\gamma = 7{,}8\ \text{kg/dm}^3$, $E = 2150000\ \text{kg/cm}^2$, l cm als Länge und d cm als Durchmesser:

α) beiderseits kugelig gelagerte Welle:

$$n_1 = 1{,}225 \cdot 10^7 \cdot d/l^2; \quad n_2 = 4\,n_1; \quad n_3 = 9\,n_1; \quad n_4 = 16\,n_1 \quad \text{usw.};$$

β) beiderseits eingespannt:

$$n_1 = 2{,}777 \cdot 10^7 \cdot d/l^2; \quad n_2 = 2{,}8\,n_1; \quad n_3 = 5{,}4\,n_1; \quad n_4 = 8{,}9\,n_1;$$

γ) einerseits eingespannt, andererseits frei (fliegende Welle):

$$n_1 = 4{,}364 \cdot 10^7 \cdot d/l^2; \quad n_2 = 6{,}267\,n_1; \quad n_3 = 17{,}55\,n_1; \quad n_4 = 34{,}41\,n_1.$$

Für andere Stoffkonstanten sind die angegebenen Werte mit $1{,}901 \cdot 10^{-3} \cdot \sqrt{E/\gamma}$ zu multiplizieren, E in kg/cm^2, γ in kg/dm^3.

4. Für **mehrere Scheiben** auf gerader Welle kann die kritische Drehzahl erster Ordnung berechnet werden

α) nach der Formel von Dunkerley:

$$1/\omega_k^2 = 1/\omega_0^2 + 1/\omega_1^2 + 1/\omega_2^2 + \cdots,$$

wobei ω_0 die kritische Winkelgeschwindigkeit der Welle allein, ω_1 diejenige der masselos gedachten Welle, nur mit der Scheibe 1 belastet, ω_2 diejenige der masselosen Welle, nur mit der Scheibe 2 belastet, darstellen usf.

Häufig denkt man sich das Gewicht der Welle auf die Scheiben verteilt, so daß $1/\omega_0^2 = 0$ wird.

Da $\omega_1 = \sqrt{g/f_1}$ ist, wobei f_1 die Durchbiegung der nur durch Scheibe 1 belasteten Welle unter der Last darstellt, so wird (mit $1/\omega_0^2 = 0$):

$$1/\omega_k^2 = f_1/g + f_2/g + f_3/g + \cdots = \left(\sum f\right)/g,$$

d. h. $\omega_k = \sqrt{g/\sum f}$ oder $n_k \approx 300/\sqrt{\sum f}$ (f in cm).

Bezüglich Bestimmung von f_1, f_2 usw. s. Festigkeitslehre.

Die Formel von Dunkerley ergibt bei beiderseits kugelig gelagerten Wellen um etwa 4 vH zu niedrige Werte.

Beispiel: Die kritische Umlaufzahl der Welle nach Fig. 94 ist zu berechnen. Die Kräfte G_0, G_1, G_2 usw. stellen die Gewichte der Scheiben einschließlich der Gewichte der zugehörigen Wellenstücke dar. Für die Durchbiegungen folgt:

$f_0 = 0{,}000$ cm
$f_1 = 0{,}009$ „
$f_2 = 0{,}017$ „
$f_3 = 0{,}018$ „
$f_4 = 0{,}046$ „
$f_5 = 0{,}008$ „
$f_6 = 0{,}000$ „

$\sum f = 0{,}098$ cm.

Damit wird die kritische Drehzahl $n_k \approx 300/\sqrt{0{,}098} = 960$ U/min bzw. 1000 U/min, wenn man um 4 vH erhöht.

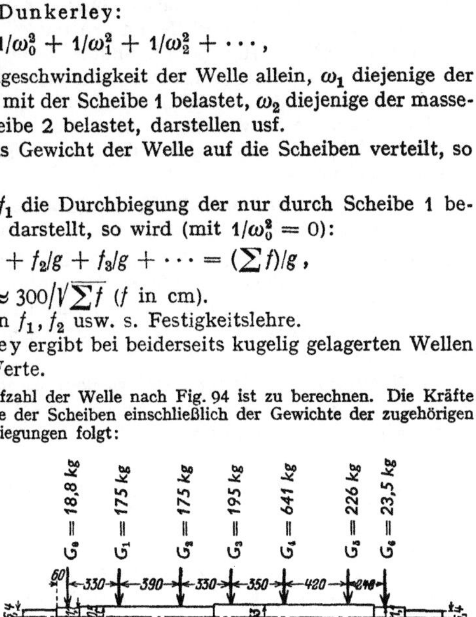

Fig. 94.

β) Beim genaueren Verfahren von Kull setzt man

$$\omega_k = \sqrt{g/f^*} \quad \text{oder} \quad n_k \approx 300/\sqrt{f^*},$$

wobei $f^* = \dfrac{G_1 f_1^2 + G_2 f_2^2 + G_3 f_3^2 + \cdots}{G_1 f_1 + G_2 f_2 + G_3 f_3 + \cdots}$ ist und f_1, f_2 usw. die statischen Ausbiegungen bedeuten, die bei gleichzeitigem Auftreten der Lasten G_1, G_2 usw. unter diesen entstehen.

γ) Beim Verfahren von Stodola nimmt man eine den Lagerbedingungen entsprechende Biegelinie an. Hat dann die Masse m_i die Durchbiegung b_i, so wirkt auf sie bei einer angenommenen Winkelgeschwindigkeit ω_e die Fliehkraft $m_i b_i \omega_0^2$. Konstruiert man darauf die Biegelinie, die durch diese Fliehkräfte entstehen, so sei die Durchbiegung an der Masse m_i gleich y_i. Dann ist $\omega_k = \omega_e \sqrt{b_i/y_i}$. Das Ergebnis ist nur dann genau, wenn das Verhältnis b_i/y_i für alle Massen gleich ist. Sind größere Abweichungen vorhanden, so wiederholt man das Verfahren unter Benutzung der Fliehkräfte $m_i y_i \omega_0^2$. Das Verfahren konvergiert rasch, besonders bei zweifach gelagerter Welle mit mehreren Massen und einer fliegenden[1]).

c) Drehschwingungen[2]).

1. Eine Welle von 1 cm Länge und dem Durchmesser d cm sei einseitig eingespannt und trage am Ende **eine Scheibe** vom polaren Massenträgheitsmoment J kgcmsek² (Fig. 95). Wird die Scheibe um den Winkel φ verdreht, so treten elastische Dreh- oder Torsionsschwingungen auf. Das äußere Moment $M = -c\varphi$ ist proportional dem Drehwinkel und ihm entgegengesetzt gerichtet. Also wird $J\ddot{\varphi} + c\varphi = 0$, so daß nach der Grundgleichung (S. 236) für die Kreisfrequenz und die minutliche Schwingungszahl folgt:

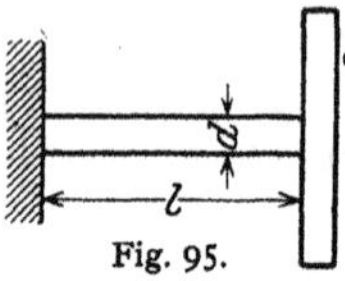

Fig. 95.

$$\omega_e = \sqrt{c/J} \quad \text{und} \quad n_e = \omega_e \cdot 30/\pi .$$

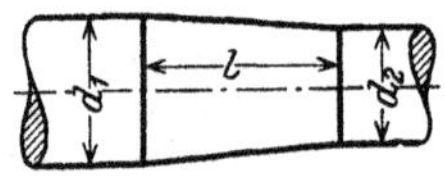

Fig. 96.

c ist hierbei das spezifische Rückstellmoment oder die Torsionssteifigkeit, d. h. das Moment, das die Welle um den Winkel „eins" im Bogenmaß verdreht. Es wird $c = \Theta G/l$ cmkg (s. Abschnitt: Beanspruchung der Federn), worin $\Theta = \pi d^4/32$ das polare Flächenträgheitsmoment des Wellenquerschnittes ist und G der Gleitmodul des Wellenmaterials.

Für gedämpfte Schwingungen gilt das unter a) Gesagte: nur ist die Masse m durch das Trägheitsmoment J und der Dämpfungsfaktor k durch ein Dämpfungsmoment zu ersetzen.

2. Treten **äußere, periodische Kraftmomente** auf, so besteht Resonanz, wenn die erregende Frequenz ω mit der Eigenfrequenz der Welle übereinstimmt, d. h. wenn $\omega = \omega_k = \omega_e = \sqrt{c/J}$ wird. Bei Brennkraftmaschinen (Tangentialdruckdiagramm) haben die äußeren Momente keinen einfachen sinusförmigen Verlauf, sondern setzen sich aus verschiedenen Sinusfunktionen zusammen (s. harmonische Analyse S. 141/44), so daß mehrere erregende Frequenzen vorhanden sind.

3. Reduktion von Wellen ist zweckmäßig und erforderlich, um alle Rechnungen auf einen Durchmesser zurückführen zu können: Zwei Wellen sind torsionselastisch gleichwertig, wenn sie das gleiche Rückstellmoment c aufweisen.

α) So kann eine Welle von der Länge l und dem Durchmesser d durch eine Welle vom Durchmesser d_r und von der reduzierten Länge $l_{\text{red}} = l \cdot (d/d_r)^4$ ersetzt werden.

β) Befinden sich mehrere Wellenstücke mit den Steifigkeiten $c_1, c_2, \ldots$ hintereinander, so wird $1/c = 1/c_1 + 1/c_2 + \cdots$.

γ) Für kegelförmige Wellenabsätze (Fig. 96) folgt mit Θ_2 als polarem Trägheitsmomen für den Durchmesser d_2 und mit $\lambda = d_1/d_2$ das mittlere polare Flächenträgheitsmoment zu

$$\Theta_m = \frac{3\,\Theta_2}{\lambda(\lambda^2 + \lambda + 1)},$$

für $\lambda = d_1/d_2 =$	1	1,1	1,2	1,3	1,4	1,5	1,7	2,0
wird $\Theta_m/\Theta_2 =$	1,00	0,824	0,687	0,578	0,491	0,421	0,316	0,214 .

[1]) Weitere Verfahren vgl. J. J. Holba: Die kritischen Drehzahlen von geraden Wellen. Wien: Springer 1936.

[2]) Literatur: Außer den auf S. 236 genannten Werken: Hans Wydler: Drehschwingungen in Kolbenmaschinenanlagen und das Gesetz ihres Ausgleichs. Berlin: Springer. — Gümbel: Z. VDI 1912. — R. Grammel: Ing.-Arch. Bd. 3 (1932). — Siehe auch Dubbel: Öl- und Gasmaschinen. Berlin: Springer.

δ) Für die **reduzierte Länge** einer **Kurbelkröpfung** gilt nach Geiger[1]) (Fig. 97):

$$l_{\text{red}} = l_1 + l_2 + l_3.$$

$$l_1 = \text{Wellenzapfenlänge } L_2 + 0{,}4\,h; \quad l_2 = 0{,}773\,(l - z \cdot d) \cdot J_{p\,w}/\Theta_{k\,s};$$

$$l_3 = (\text{Kurbelzapfenlänge } L_1 + 0{,}4\,h) \cdot J_{p\,w}/J_{p\,k};$$

$J_{p\,w} = \frac{1}{32}\pi(d^4 - d_0^4)$ = polares Trägheitsmoment des durchbohrten Wellenzapfens in cm^4 (d_0 Dmr. der Bohrung);

$J_{p\,k} = \frac{1}{32}\pi(d_1^4 - d_0^4)$ = polares Trägheitsmoment des Kurbelzapfens in cm^4;

$\Theta_{k\,s} = b^3 h/12$ = Trägheitsmoment des Kurbelschenkels in cm^4;

d, b und h sind in cm einzusetzen. Ferner ist

$z = 0$ für $b/d = 1{,}6$ bis $1{,}63$ und für $r/d = 1{,}2$ bis $0{,}92$;

$z = 0{,}4$ für $b/d = 1{,}49$ und für $r/d = 0{,}84$.

Liegen die Verhältniszahlen b/d nicht innerhalb der vorstehend angegebenen Grenzen, so kann der Wert z interpoliert werden, da z das Endergebnis l_{red} nur wenig beeinflußt.

ε) Eine **genutete Welle** wird nach Fig. 98 reduziert.

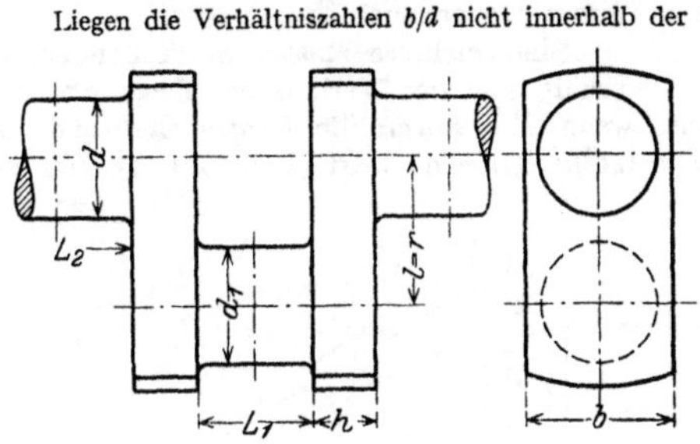

Fig. 97.

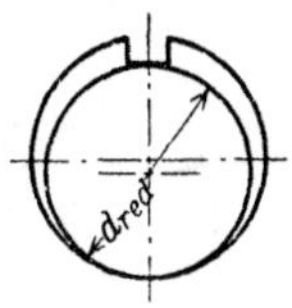

Fig. 98.

4. Häufig empfiehlt sich die **Reduktion der Massenträgheitsmomente** auf einen zweckmäßigen Radius r. Es ist dann $m_{\text{red}} = m = J/r^2$. Im folgenden sind m und l die reduzierten Größen. Ferner ist noch gesetzt

$$H = \Theta \cdot G/r^2 \text{ [kg]}.$$

5. Bei mehreren Scheiben ergeben sich für die Kreisfrequenzen der Eigenschwingungen folgende Beziehungen:

α) Zwei Scheiben (Fig. 99) haben eine Frequenz und einen Knotenpunkt:

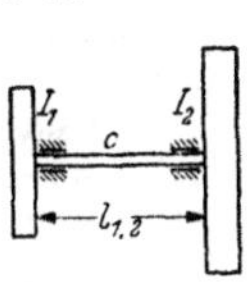

Fig. 99.

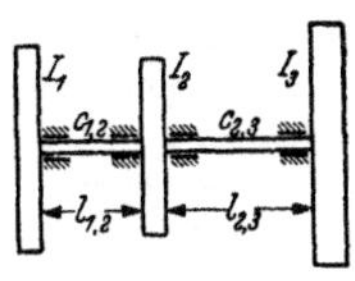

Fig. 100.

$$\omega_e = \sqrt{c\,\frac{J_1 + J_2}{J_1 J_2}} = \sqrt{\frac{H}{l_{1,2}} \cdot \frac{m_1 + m_2}{m_1 m_2}}.$$

β) Drei Scheiben oder Schwungmassen (Fig. 100) haben zwei Frequenzen und zwei Knotenpunkte. Setzt man $\omega = \sqrt{z}$, so läßt sich z aus der quadratischen Gleichung $z^2 - \alpha z + \beta = 0$ bestimmen, worin

$$\alpha = c_{1,2}\,\frac{J_1 + J_2}{J_1 J_2} + c_{2,3}\,\frac{J_2 + J_3}{J_2 J_3} = H\left(\frac{m_1 + m_2}{l_{1,2}\,m_1 m_2} + \frac{m_2 + m_3}{l_{2,3}\,m_2 m_3}\right),$$

$$\beta = c_{1,2}\,c_{2,3}\,\frac{J_1 + J_2 + J_3}{J_1 J_2 J_3} = \frac{H^2}{l_{1,2}\,l_{2,3}} \cdot \frac{m_1 + m_2 + m_3}{m_1 m_2 m_3}.$$

6. Bei einer Welle mit **n Schwungmassen** erhält man die $n - 1$ Eigenschwingungszahlen nach Gümbel: Greifen an dem Ende eines Wellenstückes von der Länge Δl zwei gleich große, entgegengesetzt gerichtete Drehmomente $M_d = T r$ an, so verdreht sich das Wellenstück um den Winkel $\vartheta = \dfrac{M_d \Delta l}{G \Theta}$ und verschiebt sich eine im Abstand r befindliche Masse um $\Delta a = r \cdot \vartheta = \dfrac{T r^2}{G \Theta} \cdot \Delta l$.

[1]) Vgl. auch R. Grammel: Über die Torsion von Kurbelwellen. Ing.-Arch. Bd. 4 (1933) S. 287–299; ferner Kimmel: Ing.-Arch. Bd. 10 (1939) S. 196–221.

Bei Eigenschwingungen mit der Kreisfrequenz ω bewegt sich die Masse im Abstand r nach dem Gesetz $s = a \sin\omega t$, so daß die Trägheitskraft den Wert $-(-m a\omega^2 \sin\omega t)$ und für $\sin\omega t = 1$ den Wert $T = m a\omega^2$ hat (Fig. 101). Setzt man dies ein, so folgt

$$\Delta a/\Delta l = T/H, \quad \text{wo} \quad H = G\Theta/r^2.$$

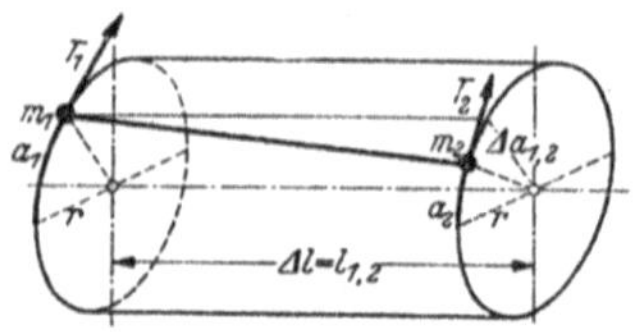

Fig. 101.

D. h. die Neigung der ursprünglich zur Wellenachse parallelen Faser ist proportional der Trägheitskraft T. Wird der Mantel des Zylinders vom Radius r in die Ebene abgewickelt, so ist auch die Richtung der Faser proportional T.

Sind mehrere Massen m vorhanden, so erhält man den Verlauf der Faser als Seillinie oder als Schwingungsform, wenn $T = m a\omega^2$ die Kräfte sind und der Horizontalzug (Polabstand) $H = G\Theta/r^2$ gemacht wird (Fig. 102a, b). Da bei

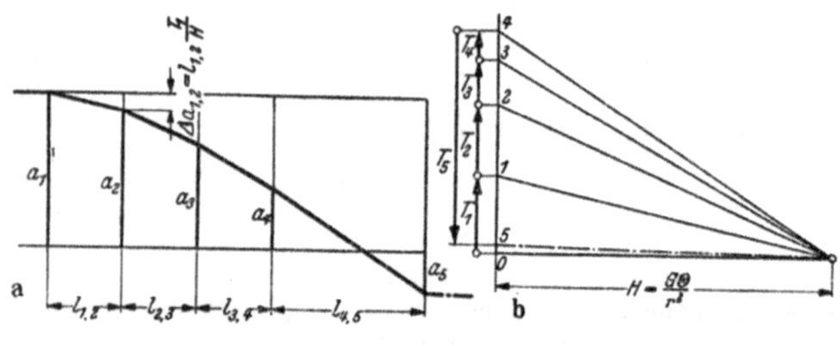

Fig. 102.

den Eigenschwingungen das System als geschlossen angesehen werden kann, treten keine äußeren Kräfte auf, die Faser vor der ersten und hinter der letzten Schwungmasse müssen parallel der Wellenachse sein oder die Summe der Trägheitskräfte muß gleich Null sein.

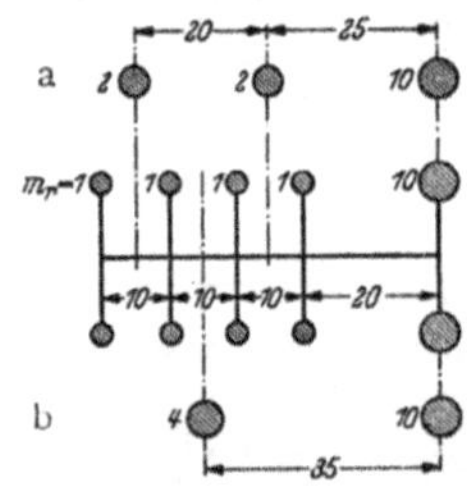

Fig. 103.

Durch Probieren wird derjenige Wert ω gefunden, der diese Bedingungen erfüllt und somit die Eigenfrequenz darstellt. Das Verfahren läßt sich zeichnerisch-rechnerisch oder rein rechnerisch durchführen und liefert auch (für die reduzierten Wellenstücke) die Knoten.

Beispiel: Gesucht ist die tiefste Frequenz der Anordnung nach Fig. 103. Es ist $d = 5$ cm, d. h. $\Theta = \pi \cdot 5^4/32$, und $G = 820000$ kg/cm². Es sei r gleich 10 cm gewählt, so daß $H = 503147$ kg.

Um ungefähr einen Anhalt zu haben, kann man die vier kleinen Massen in einer zusammenfassen (Fig. 103b) und erhält

$$\omega^2 = \frac{H}{l_{1,2}} \cdot \frac{m_1 + m_2}{m_1 m_2} = \frac{503147 \cdot 14}{35 \cdot 4 \cdot 10} = 5031, \quad \text{d. h.} \quad \omega = 71 \text{ sek}^{-1}.$$

Dieser Wert wird zu tief sein. Einen besseren Anhalt hat man durch Zusammenfassen von je zwei kleinen Massen (Fig. 103a). Es folgt für die quadratische Gleichung bei drei Schwungmassen (S. 241):

$$\alpha = H \cdot \left(\frac{4}{20 \cdot 2 \cdot 2} + \frac{12}{15 \cdot 2 \cdot 10}\right) = 3{,}722 \cdot 10^4; \qquad \beta = H^2 \cdot \frac{14}{20 \cdot 25 \cdot 4 \cdot 10} = 1{,}77 \cdot 10^8,$$

d. h. $z^2 - 3{,}722 \cdot 10^4 z + 1{,}77 \cdot 10^8 = 0$.

Man erhält $z_1 = \omega_1^2 = 5610$ (und $z_2 = \omega_2^2 = 31620$). Für die Grundfrequenz ist also $\omega_1 \approx 75$. Es sei $\omega = 75$, d. h. $\omega^2 = 5625$ gewählt (Fig. 102a, b).

a_1 wird gleich 1 gesetzt; im Kräfteplan wird die Strecke 01 gleich $m_1 a_1 \omega^2$ gemacht. Hierauf wird in der linken Figur durch den Endpunkt von a_1 die Parallele zum Strahl nach 1 gezogen, der a_2 abschneidet; dieser Wert a_2 liefert $T_2 = m_2 a_2 \omega^2$ und so fort. Bei richtiger Wahl von ω müßte Punkt 5 auf 0 fallen. Ist dies nicht der Fall, so muß die Aufzeichnung mit einem anderen Wert ω wiederholt werden.

Die Zeichnung ergibt ein Restglied von $(T_1 + T_2 + T_3 + T_4 - T_5) = 0{,}44\,\omega^2$. Dieses positive Restglied gibt für die Eigenschwingung der ungeraden Ordnung an, daß ω^2 zu klein gewählt ist. Das Verhältnis der Maßstäbe von T und H und von a und l muß das gleiche sein.

Rein rechnerisch verfährt man wie folgt: Es sei $\omega = 76$, d. h. $\omega^2 = 5776$ angenommen. Dann wird mit $k = \omega^2 \cdot l/H$:

$$k_{1,2} = k_{2,3} = k_{3,4} = \omega^2 \cdot 10/H = 0{,}1148;$$
$$a_1 = 1;$$
$$a_2 = a_1 - k_{1,2} \cdot m_1 a_1 = 1 - 0{,}1148 = 0{,}8852;$$
$$a_3 = a_2 - k_{2,3}(m_1 a_1 + m_2 a_2) = 0{,}8852 - 0{,}1148 \cdot 1{,}8852 = 0{,}6688;$$
$$a_4 = a_3 - k_{3,4}(m_1 a_1 + m_2 a_2 + m_3 a_3) = 0{,}6688 - 0{,}1148 \cdot 2{,}5540 = 0{,}3756;$$
$$k_{4,5} = \omega^2 \cdot 20/H = 0{,}2296;$$
$$a_5 = a_4 - k_{4,5}(m_1 a_1 + m_2 a_2 + m_3 a_3 + m_4 a_4) = 0{,}3756 - 0{,}2296 \cdot 2{,}9296 = -0{,}2975.$$

Dann ist

$$T_1 + T_2 + T_3 + T_4 = (m_1 a_1 + m_2 a_2 + m_3 a_3 + m_4 a_4) \cdot \omega^2 = 2{,}930 \cdot \omega^2,$$
$$T_5 = m_5 a_5 \omega^2 = -2{,}975 \cdot \omega^2$$
$$\sum T = -0{,}045 \cdot \omega^2.$$

Die Restkraft ist $-0{,}045 \cdot \omega^2$, d. h. ω ist zu groß. Aus beiden Wegen folgt durch Interpolieren $\omega = 75{,}8$, d. h. $n = 714$ U/min.

III. Statik flüssiger und gasförmiger Körper.

Bearbeitet von Dr.-Ing. **Bruno Eck**, Köln.

A. Besondere Eigenschaften von Flüssigkeiten und Gasen.

1. Ruhende Flüssigkeiten oder Gase können keine Schubspannungen ausüben, so daß nur Drücke normal zur Oberfläche wirken. Dieses Gesetz verliert seine Gültigkeit bei halbflüssigen Gebilden, z. B. bei Teer, Asphalt, Kohlenstaub usw.

2. Flüssigkeiten und Gase nehmen widerstandslos jede äußere Form an.

3. Zusammendrückbarkeit: Gase lassen sich beliebig in ihrem Volumen vergrößern oder verkleinern.

Flüssigkeiten sind fast nicht zusammendrückbar: inkompressibel. Das Volumen des Wassers wird z. B. durch 1 at um den 44 millionsten Teil verkleinert, bei höheren Drücken nimmt diese Verminderung noch etwas ab. Immerhin spielt bei hohen Drücken verschiedentlich die Zusammendrückbarkeit des Wassers eine Rolle.

Bei den praktischen Problemen der Strömungslehre kann in den meisten Fällen auch die Zusammendrückbarkeit der Gase vernachlässigt werden, wenn die Strömungsgeschwindigkeiten die halbe Schallgeschwindigkeit nicht übersteigen, so daß es fast immer genügt, von „Flüssigkeiten" zu sprechen (bei 150 m/sek beträgt die größte Kompression der Luft nur etwa 1 vH).

4. Änderung des Volumens mit der Temperatur. Das spezifische Gewicht von Flüssigkeiten ändert sich, wie folgende Zahlentafel zeigt, mit der Temperatur (wichtig bei Kondensatmessungen):

Spezifisches Gewicht von Wasser bei verschiedenen Temperaturen.

t	0°	10°	20°	40°	60°	80°	100°
γ kg/m³	1000	1000	998	992	983	972	958

5. Kapillarität. An der Oberfläche einer Flüssigkeit bzw. der Grenze mit einer festen Wand wirken Molekularkräfte, die einer Änderung der Oberfläche Widerstand entgegensetzen. Bei freier Auswirkungsmöglichkeit erzwingen diese Oberflächenspannungen eine möglichst kleine Gesamtoberfläche (Tropfen).

Bei Berührung einer Flüssigkeit mit festen Körpern tritt Benetzung nur ein, wenn die Molekularkräfte des festen Körpers größer sind als die der Flüssigkeit. In diesem Fall wird die Flüssigkeit am Körper hochgezogen; in einer Kapillaren steigt dieselbe, z. B. Aufsaugung von Flüssigkeiten durch poröse Körper und die Organe der Pflanzen. Wenn umgekehrt die Molekularkräfte im Flüssigkeitsinnern überwiegen, so tritt Kapillardepression ein.

Steighöhe in Kapillaren: $h = 4 \cdot T/\gamma\, d$ (d = Durchmesser der Kapillaren in cm, γ = spez. Gewicht der Flüssigkeit in g/cm³; T wird die Kapillarkonstante genannt und kann z. B. aus der Steighöhe in Kapillaren bestimmt werden).

Wert der Kapillarkonstanten T [g/cm]:

Wasser gegen Luft . . .	0,077	Olivenöl gegen Luft . .	0,0327
Quecksilber gegen Luft .	0,47	Olivenöl gegen Wasser .	0,021
Alkohol gegen Luft . . .	0,0258	Alkohol gegen Wasser .	0,0023

Steighöhe: Wasser $h = 30/d$, Alkohol $h = 10/d$ (h und d in mm).
Der auf eine gekrümmte Oberfläche pro Flächeneinheit wirkende Krümmungsdruck ist:

$$p = T\left[\frac{1}{r_1} + \frac{1}{r_2}\right] \text{ g/cm}^2 .$$

(r_1, r_2 Krümmungsradien der Oberfläche in zwei aufeinander senkrecht stehenden Schnitten in cm.)

B. Hauptgesetze ruhender Flüssigkeiten und Gase.

1. (Pascal.) Der Druck an einer Stelle einer ruhenden Flüssigkeit ist unabhängig von der Schnittrichtung, auf die der Druck bezogen wird.

Anwendung: Der Druck in einem Wasserbehälter an der Stelle A ist

$$p = h \cdot \gamma$$

und hängt nur von der Niveauhöhe h ab. Der gleiche Druck wirkt bei B auf die Wand. Demgemäß nimmt der Wanddruck linear von der Oberfläche nach unten zu (Fig. 1).

2. Die auf eine ebene Fläche wirkende hydraulische Kraft ist ebenso groß, als wenn der im Schwerpunkt dieser Fläche wirkende Druck auf die Gesamtfläche wirke. Die Kraft greift im Schwerpunkt der Belastungsfläche an.

$$\boldsymbol{P} = \boldsymbol{F} \cdot \boldsymbol{h} \cdot \gamma \ [\text{kg}] .$$

3. Die Resultierende des Wasserdruckes auf eine Fläche F, die unter einem beliebigen Winkel gegen die Vertikale geneigt ist, geht durch den Druckmittelpunkt M, der nach Fig. 2 durch folgende Ordinaten bestimmt wird:

$$x_m = J_{xy}/F y_s ; \quad e = J_x/F y_s .$$

x_m = Abstand des Druckmittelpunktes von der Achse AB;
e = Abstand des Druckmittelpunktes vom Flächenschwerpunkt in m;
F = Fläche; J_x = Trägheitsmoment für Achse durch den Schwerpunkt;
J_{xy} = Zentrifugalmoment von F, bezogen auf Koordinatennullpunkt;
y_s = Lage des Schwerpunktes unter dem Wasserspiegel.

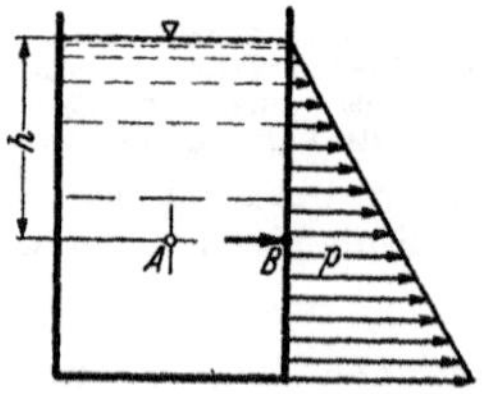

Fig. 1.

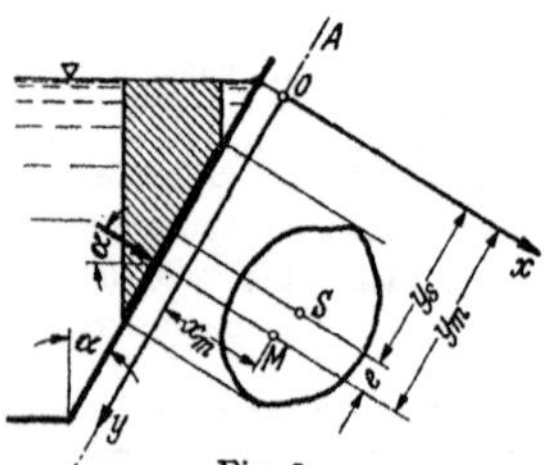

Fig. 2.

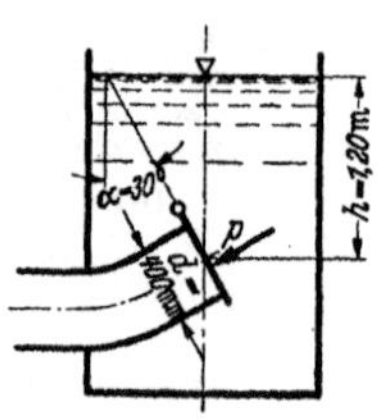

Fig. 3.

Ist die Fläche symmetrisch in bezug auf das xy-Koordinatensystem, so ist das Zentrifugalmoment gleich Null, so daß die Berechnung von e genügt.

Abstände für verschiedene Flächen:

1) Rechteck (b = Breite parallel zur Oberfläche; $e = h^2/12\, y_s$; h = Höhe auf schräger Fläche).

2) Kreis (d = Durchmesser) $e = d^2/16\, y_s$.

Beispiel: Ein Wasserbehälter hat eine Ablaßklappe nach Fig. 3, $h = 1{,}2$ m; Rohrdruckmesser $d = 400$; $\alpha = 30°$. Größe und Angriff der auf die Klappe wirkenden Druckkraft sind zu bestimmen.

Nach 2) ist der mittlere Druck $p = h \cdot \gamma = 1{,}2 \cdot 1000 = 1200$ kg/m². Somit die Gesamtkraft:

$$P = \pi d^2/4 \cdot p = \pi \cdot 0{,}4^2/4 \cdot 1200 = 151 \text{ kg}.$$

Nach Fig. 3 ist:

$$y_s = \frac{h}{\cos 30°} = \frac{1{,}2}{0{,}866} = 1{,}386 \text{ m}; \quad e = \frac{d^2}{16 \cdot y_s} = \frac{0{,}4^2 \cdot 1000}{16 \cdot 1{,}386} = 7{,}22 \text{ mm}.$$

4. Die in beliebiger Richtung auf eine gekrümmte Fläche wirkende statische Druckkraft ist ebenso groß, als wenn der statische Druck auf eine Fläche wirke, die durch Projektion der gekrümmten Fläche auf eine zur angenommenen Richtung normalen Ebene erhalten wird.

Beispiel: Die auf einen Druckwindkessel wirkende Gesamtkraft nach Fig. 4 beträgt $P = p \cdot d^2 \pi/4$ kg.

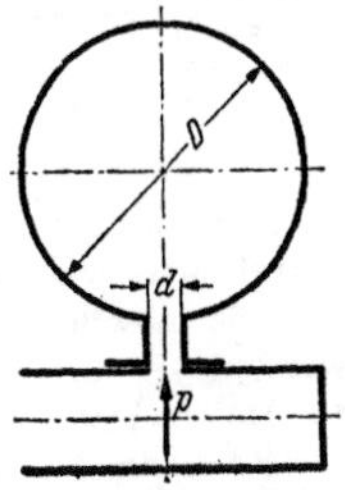

Fig. 4.

5. Der Auftrieb, den ein Körper in einer ruhenden Flüssigkeit erhält, ist gleich dem Gewicht der verdrängten Flüssigkeitsmenge. Die Auftriebskraft wirkt senkrecht nach oben und greift im Schwerpunkt der verdrängten Flüssigkeitsmenge an.

Die Tragkraft eines Ballons ist gleich dem verdrängten Luftgewicht abzüglich des Gewichtes für das Füllgas.

$$G = V(\gamma_L - \gamma_{Gas}) \text{ kg}.$$

Werte für gebräuchliche Ballongase bei $p = 760$ mm Hg und 0° (trockene Luft).

Gas	γ kg/m³	Gas	γ kg/m³
Leuchtgas.	0,67 bis 0,45	Wasserstoff normaler Reinheit	0,15
Wasserstoff rein . .	0,08904	Helium	0,1785

Heiße Luft von rund 370° hat die Tragkraft von Leuchtgas.

Ein Ballon steigt, bis der Auftrieb gleich dem Gesamtgewicht einschließlich Traggas ist. Die erreichte Höhe nennt man Gleichgewichtshöhe. Eine Verminderung der Außentemperatur um 1° vergrößert die Gleichgewichtshöhe um rund 30 m, während eine Temperaturverminderung des Füllgases um 1° die Gleichgewichtshöhe um 20 m bei Leuchtgas und etwa 3 m bei Wasserstoff erniedrigt.

6. Ein Körper, der in eine Flüssigkeit eintaucht, erhält einen Auftrieb gleich dem Gewicht der vom Körper verdrängten Flüssigkeitsmenge. Der Auftrieb greift im Schwerpunkt des verdrängten Volumens an.

7. Stabilität schwimmender Körper. Ein eingetauchter Körper schwimmt, wenn das Körpergewicht gleich dem Gewicht der verdrängten Flüssigkeit ist und Körperschwerpunkt S_K und Schwerpunkt der verdrängten Wassermenge S_W auf einer Senkrechten liegen (Fig. 5).

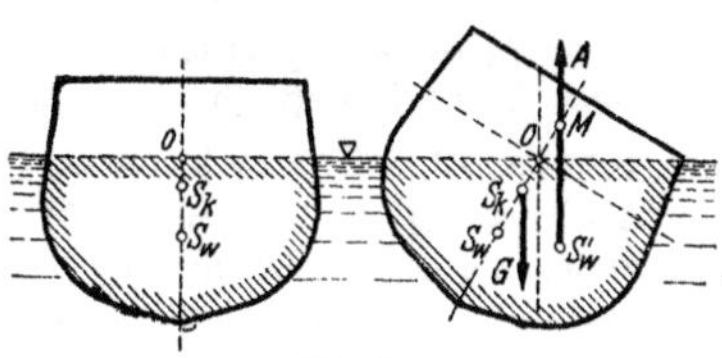

Fig. 5.

Metazentrum. Wird der schwimmende Körper geneigt, so wandert der Schwerpunkt der verdrängten Wassermenge nach S'_W. Der hier angreifende Auftrieb schneidet die vorherige Senkrechte durch den Körperschwerpunkt in M. Diesen Punkt nennt man Metazentrum. Ein Körper schwimmt nur stabil, wenn M oberhalb des Körperschwerpunktes liegt.

C. Statik und Eigenschaften der Atmosphäre.

1. Allgemeines.

Als internationale Normalatmosphäre bezeichnet man den Wert: $p = 10332$ kg/m² bei $t = 15°$ C; das entsprechende spezifische Gewicht beträgt

$$\gamma = 1{,}226 \text{ kg/m}^3; \quad \varrho = \gamma/g = 0{,}125 = 1/8 \,[\text{kg} \cdot \text{sek}^2/\text{m}^4].$$

Als **deutsche Normalatmosphäre** gelten folgende Bodenwerte:

$p = 10363\ \text{kg/m}^2$; $t_0 = 10°\ \text{C}$; $\gamma = 1{,}25\ \text{kg/m}^3$; $\varrho = 0{,}127\ [\text{kg} \cdot \text{sek}^2/\text{m}^4]$.

Berechnung des spezifischen Gewichtes nach der Gasgleichung $\gamma = p/RT$. Außer dem absoluten Druck muß somit noch die Temperatur gemessen werden.

Mittlere Jahreswerte für p, γ und t.

Höhe über dem Meer in km	Lufttemperatur			Spezifisches Gewicht			Barometerstand		
	Januar	Juli	Jahresmittel	Januar	Juli	Jahresmittel	Januar	Juli	Jahresmittel
0	0	16	8	1,28	1,23	1,25	764	761	762
2	−3	7	0	1,026	0,996	1,008	593	599	596

Der Luftdruck schwankt infolge Wettereinflüsse um etwa 5 vH um die Mittelwerte, während das spezifische Gewicht um etwa 20 vH schwanken kann.

Für meteorologische Zwecke wird eine neue Einheit, das „Millibar" verwendet.

$1000\,\text{mb} = 750\,\text{mm QS} = 10^6\,\text{dyn/cm}^2$; d. h. $1\,\text{mb} = \frac{3}{4}\,\text{mm QS}$; $1\,\text{mm QS} = \frac{4}{3}\,\text{mb}$.

Bei vollkommen ruhiger Atmosphäre findet nach oben hin eine adiabatische Druckabnahme und Temperaturerniedrigung statt. Hierbei ändert sich bei 100 m Höhenunterschied die Temperatur um 1° C.

2. Feuchtigkeit der Luft.

Bezüglich Feuchtigkeitsgehalt der Luft s. S. 312.

Mit Wasserdampf gesättigte Luft enthält folgende Mengen Wasser in 1 m³:

°C	−20°	−10°	0°	10°	20°	30°
g Wasser je m³	1,0	2,3	4,9	9,3	17,2	30

Bei den Anwendungen der Strömungslehre wirkt sich die Luftfeuchtigkeit so aus, daß das spezifische Gewicht der Luft etwas geändert wird. Bei genauen Messungen ist dies zu beachten. Am zweckmäßigsten wird die Luftfeuchtigkeit durch Einführung der Gaskonstanten R für das Luft-Dampf-Gemisch berücksichtigt, s. S. 312.

3. Höhenformel.

Um den Höhenunterschied zweier Orte zu bestimmen, verwendet man unter Annahme einer mittleren Temperatur die sog. barometrische Höhenformel:

$$h_2 - h_1 = (18{,}4 + 0{,}067\,t_m) \log p_1/p_2,$$

worin p_1, p_2 die h_1, h_2 entsprechenden Luftdrücke.

Nach Everling gilt bis etwa 10 km Höhe die Näherungsformel

$$\gamma = \gamma_0 \cdot 10^{-0{,}046 \cdot h} \quad (h \text{ in km},\ \gamma_0 = \text{spez. Luftgewicht am Erdboden}).$$

Als Norm gilt die Cina-Höhe (DIN 5450) (Cina = Commission Internationale Aérienne), bei der hinsichtlich der Temperatur, des Druckes und der Dichte bestimmte, die mittleren Verhältnisse berücksichtigende Abhängigkeiten festgestellt wurden. Danach gilt bis zu Höhen von 11 km (H in km; p_H in kg/cm²; γ_H in kg/m³; t_H in °C):

$$t_H = 15 - 6{,}5\,H; \quad p_H = 1{,}03323 \left(\frac{288 - 6{,}5\,H}{288}\right)^{5{,}255} [\text{at}];$$

$$\gamma_H = 1{,}2255 \left(\frac{288 - 6{,}5\,H}{288}\right)^{4{,}255} [\text{kg/m}^3].$$

Zahlenangaben für die Cina-Höhe.

H	0	0,5	1	2	3	4	5	10	15	20
t_H	15	11,75	8,5	2,0	−4,5	−11	−17,5	−50	−56,5	−56,5
p_H	1,033	0,973	0,916	0,811	0,715	0,628	0,551	0,269	0,123	0,0557
γ_H	1,225	1,168	1,112	1,01	0,909	0,819	0,736	0,413	0,194	0,088
p_H/p_0	1,0	0,942	0,887	0,784	0,692	0,608	0,533	0,261	0,119	0,054
ϱ_H/ϱ_0	1,0	0,952	0,907	0,821	0,742	0,668	0,601	0,337	0,158	0,0717

Zusammensetzung der Luft (gültig bis etwa 20 km Höhe):

78 Raumteile Stickstoff, 21 vH Sauerstoff, 0,9 vH Argon, 0,03 vH Kohlensäure, 0,0012 vH Neon, 0,001 vH Wasserstoff und 0,0004 vH Helium.

Von etwa 20 km Höhe ab nimmt der Sauerstoffgehalt um 0,3 vH für 1 km Höhe ab, bis in einer Höhe von etwa 60 km kein Sauerstoff mehr vorhanden ist.

IV. Strömungslehre[1]).

Bearbeitet von Dr.-Ing. **Bruno Eck**, Köln.

A. Hauptgesetze.

1. Bernoullische Gleichung.

$$h_1 + p_1/\gamma + w_1^2/2g = h_2 + p_2/\gamma + w_2^2/2g = H = \text{konst.}$$

Die Gleichung gilt für reibungslose Flüssigkeit und besagt, daß die gesamte Energie an jeder Stelle konstant ist (Fig. 6). Man nennt: $w^2/2g$ die Geschwindigkeitsenergie, h die Lagenenergie, p/γ die Druckenergie. Bei einer Leitung, die keinerlei Niveauunterschiede aufweist, vereinfacht sich die Gleichung in

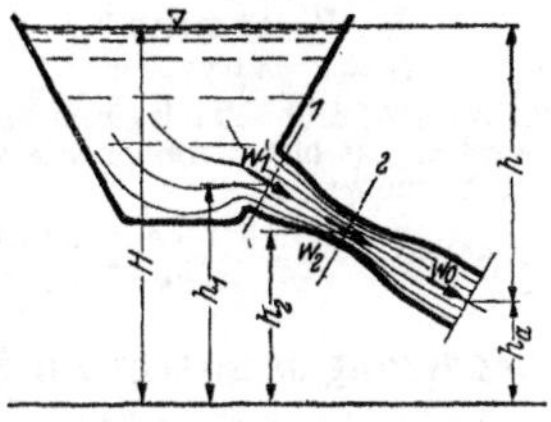

Fig. 6.

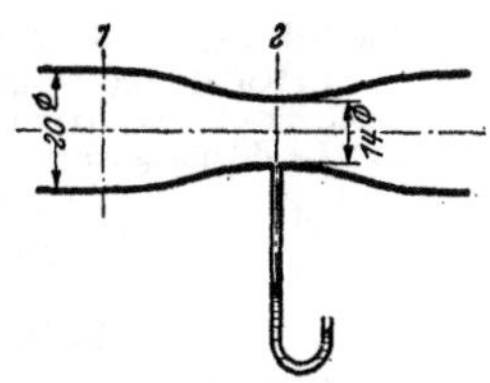

Fig. 7.

$$p_1/\gamma + w_1^2/2g = p_2/\gamma + w_2^2/2g = H \quad \text{oder} \quad p_1 + \gamma/2g \cdot w_1^2 = p_2 + \gamma/2g \cdot w_2^2 = P.$$

Anmerkung: a) Bei nichtstationären Bewegungen, d. h. wenn die Geschwindigkeit an einer Stelle sich noch mit der Zeit ändert, tritt zu der Bernoullischen Gleichung noch ein Beschleunigungsglied

$$h_1 + \frac{p_1}{\gamma} + \frac{w_1^2}{2g} + \frac{1}{g}\int_0^{s_1} \frac{\partial w}{\partial t}\, ds = h_2 + \frac{p_2}{\gamma} + \frac{w_2^2}{2g} + \frac{1}{g}\int_0^{s_2} \frac{\partial w}{\partial t}\, ds = \text{konst.}$$

Beispiele: 1. Anordnung nach Fig. 7: $p_1 = 0{,}1$ atü $\rightarrow$ 1,1 ata; $w_1 = 4$ m/sek. Der Unterdruck an der Stelle 2 ist zu bestimmen a) für Wasser und b) für Luft als Durchflußmittel.

a) Nach der Kontinuitätsgleichung (S. 251) ist

$$w_2 = w_1 (d_1/d_2)^2 = 4\,(20/14)^2 = 8{,}16 \text{ m/sek};$$

$$p_1 + \frac{\gamma}{2g} w_1^2 = p_2 + \frac{\gamma}{2g} w_2^2; \qquad \Delta p = p_1 = p_2 - \frac{\gamma}{2g}(w_2^2 - w_1^2) = \frac{1000}{2 \cdot 9{,}81}(8{,}16^2 - 4^2) = 2570 \text{ mm WS};$$

$$p_2 = p_1 - \Delta p = 1{,}1 - 0{,}257 = 0{,}843 \text{ ata};$$

Unterdruck $\rightarrow$ 1,0 − 0,843 = 0,157 at bzw. 1570 mm WS.

b) Luft von 15° C

$$\gamma_{\text{Luft}} = \frac{p}{RT} = \frac{11\,000}{29{,}3 \cdot 288} = 1{,}3 \text{ kg/m}^3;$$

wie unter a)

$$\Delta p = p_1 - p_2 = \frac{\gamma}{2g}(w_2^2 - w_1^2) = \frac{1{,}3 \cdot 50{,}6}{2 \cdot 9{,}81} = 3{,}35 \text{ mm WS};$$

$$p_2 = p_1 - \Delta p = 11\,000 - 3{,}35 = 10996{,}65 \text{ mm WS} \rightarrow 1{,}0997 \text{ ata}.$$

Die Meßstelle zeigt somit bei Luft 996,65 mm WS Überdruck an.

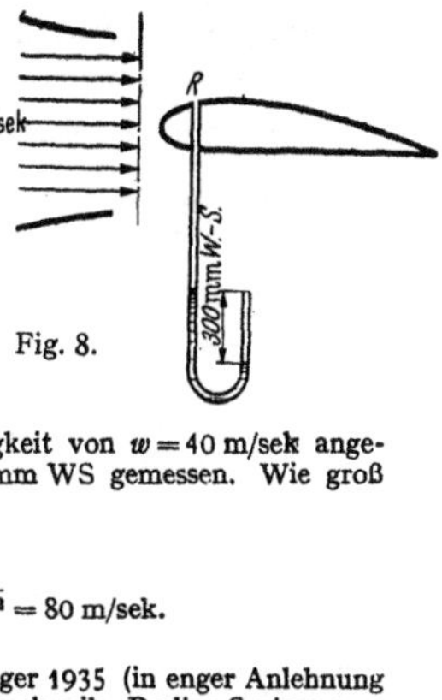

Fig. 8.

2. Ein Tragflügel wird im Windkanal mit einer Geschwindigkeit von $w = 40$ m/sek angeblasen (Fig. 8). An der Stelle R wird ein Unterdruck von 300 mm WS gemessen. Wie groß ist die Geschwindigkeit an dieser Stelle?

$$p_1 + \gamma/2g \cdot w_1^2 = p_2 + \gamma/2g \cdot w_2^2,$$

hieraus

$$w_2 = \sqrt{2g\,\frac{p_1 - p_2}{\gamma} + w_1^2}; \qquad w_2 = \sqrt{300 \cdot 16 + 40^2} = 80 \text{ m/sek}.$$

[1]) Literatur: Eck: Technische Strömungslehre. Berlin: Springer 1935 (in enger Anlehnung an diesen Abschnitt). — Prandtl-Tietjens: Aero- und Hydromechanik. Berlin: Springer. — Wien-Harms: Handbuch der Experimentalphysik. Bd. 4.

b) Für die Bedürfnisse des Kreiselmaschinenbaues interessiert noch eine andere Form der Bernoullischen Gleichung.

Ist bei einem rotierenden Schaufelkranz u die Umfangsgeschwindigkeit, w die Relativgeschwindigkeit und p der statische Druck, so besteht die Beziehung:

$$w_1^2/2g + p_1/\gamma - u_1^2/2g = w_2^2/2g + p_2/\gamma - u_2^2/2g = \text{konst.}$$

Man bezeichnet diese Formel als Bernoullische Gleichung der Relativbewegung.

c) Bei höheren Geschwindigkeiten — etwa von 150 m/sek — spielt die Kompressibilität bei Gasen eine Rolle. Größere Druckunterschiede bedingen eine Arbeitsleistung nach den thermodynamischen Gesetzen; dann ist folgende Form der Bernoullischen Gleichung zu verwenden:

$$\int d\,p/\gamma + w^2/2g = \text{konst.}$$

Zusatz: Die Leistung in m·kg/sek, die etwa von einem Ventilator aufgebracht werden muß, um ein Volumen V m³/sek auf einen Überdruck Δp kg/m² bzw. mm WS zu bringen, ist

$$L = V \cdot \Delta p \text{ mkg/sek.}$$

Die Leistung in PS beträgt: $N = V \cdot \Delta p/75$.

Beispiel: Eine Luftmenge von 7200 m³/h soll mit einem Druckunterschied von 300 mm WS durch eine Leitung gedrückt werden. Die hierzu erforderliche Ventilatorleistung ist bei einem Gebläsewirkungsgrad $\eta = 0{,}6$ zu bestimmen.

$$V = \frac{7200}{3600} = 2 \text{ m}^3/\text{sek}; \quad N = \frac{V \cdot \Delta p}{\eta \cdot 75} = \frac{2 \cdot 300}{0{,}6 \cdot 75} = 13{,}33 \text{ PS.}$$

2. Druckänderung senkrecht zur Strömung.

Eine Druckänderung senkrecht zur Strömungsrichtung ist nur bei gekrümmten Stromlinien möglich. Es treten hier Zentrifugalkräfte auf, die durch Drucksteigerungen aufgenommen werden müssen. Bei geraden, d. h. parallelen Stromlinien (z. B. der Rohrströmung) ist somit der Druck in einem Schnitt senkrecht zur Strömungsrichtung konstant. Aus diesem Grunde kann der Druck in einem Rohrleitungsquerschnitt durch Anbohrung der Wand gemessen werden.

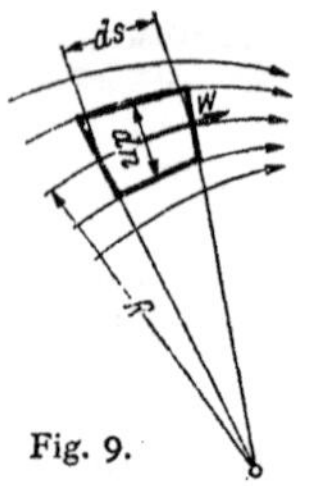

Fig. 9.

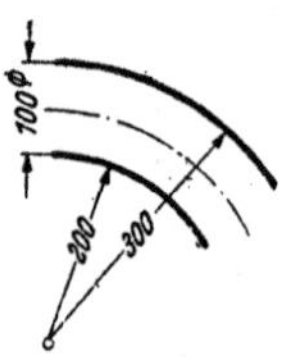

Fig. 10.

Es besteht folgende Beziehung (Fig. 9):

$$dp/dn = \gamma/g \cdot w^2/R.$$

Bei nicht zu großen Werten von Δn kann mit der Differenzengleichung gerechnet werden:

$$\Delta p = \Delta n \cdot \gamma/g \cdot w^2/R.$$

Beispiel: In einem rechteckigen Krümmer (Fig. 10) soll der Druckunterschied zwischen der inneren und der äußeren Krümmung berechnet werden, wenn Luft mit $w = 15$ m/sek durchströmt. $\Delta n = 0{,}1$ m, $\gamma/g = 1/8$. Als Krümmungsradius wird das Mittel eingesetzt:

$$R = (200 + 300)/2 = 250 \text{ mm}; \quad \Delta p = \Delta n \frac{\gamma}{g} \frac{w^2}{R} = \frac{0{,}1 \cdot 15^2}{8 \cdot 0{,}25} = 11{,}25 \text{ mm WS.}$$

Die Rechnung kann natürlich nur als Näherungsrechnung betrachtet werden. In solchen Fällen ist diese Gleichung von großem Wert.

3. Kreisbewegung.

In der reibungsfreien Flüssigkeit hat kein Teilchen eine Drehbewegung, da auf seine Oberfläche nur Normalkräfte wirken. Zur Einleitung einer Drehung wären Schubspannungen nötig, die nur bei Reibung denkbar sind. Bewegt sich ein Flüssigkeitsteilchen auf einer gekrümmten Bahn bzw. auf einem Kreise, so tritt nur eine Verschiebung des Teilchens nach Fig. 11 ein.

Geschwindigkeitsverteilung: Es gilt $w_1 \cdot r_1 = w_2 \cdot r_2 = \text{konst.}$
Diese Bewegungsform nennt man Potentialwirbel.

Beispiel: In einem großen Wasserbecken rotiert ein Zylinder von 100 mm Dmr. mit einer Umfangsgeschwindigkeit von 6 m/sek. Wie groß ist die Umfangsgeschwindigkeit des Wassers im Abstand 400 mm vom Zylindermittelpunkt?

$$w_2 = w_1 \cdot r_1/r_2 = 6 \cdot 50/400 = 0{,}75 \text{ m/sek.}$$

Einfluß der Reibung bei der Kreisbewegung. Bei den technisch wichtigsten Flüssigkeiten: Luft und Wasser, ist die innere Reibung verhältnismäßig klein. Bei der drehenden Bewegung, die man Wirbel nennt, wird in der Mitte ein Kreiskern beobachtet, der sich wie ein fester Körper bewegt, während außerhalb desselben sehr genau die hyperbolische Geschwindigkeitsverteilung beobachtet wird (Fig. 11).

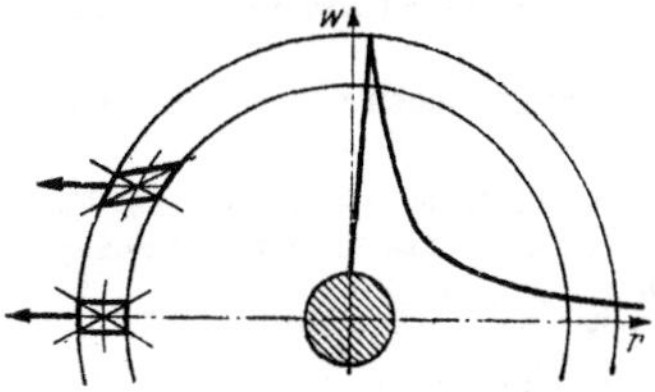

Fig. 11.

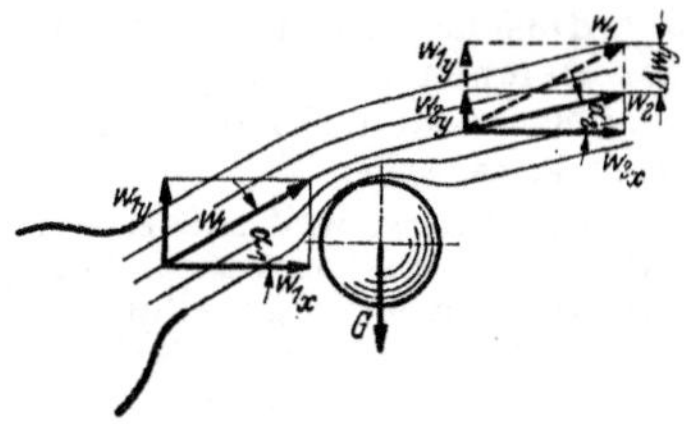

Fig. 12.

4. Impulssatz.

Unter Impuls (s. S. 225) versteht man den Ausdruck: Masse mal Geschwindigkeit. Frei von allen Einschränkungen gilt folgende Beziehung: Die zeitliche Änderung des Impulses ist gleich der Gesamtsumme der an der Masse angreifenden Kräfte.

Für einen Flüssigkeitsstrahl mit der sekundlich durchfließenden Masse q schreibt man zweckmäßig:

$$\Sigma P_x = q \cdot \Delta w_x = q(w_{2x} - w_{1x}) .$$

Es ist zu beachten, daß die Richtung von ΣP_x identisch sein muß mit der Richtung von Δw_x. Ferner darf nicht übersehen werden, daß auf der linken Seite die Summe sämtlicher äußeren Kräfte steht.

Beispiel: Der im schrägen Luftstrahl hängende Ball übt nach Fig. 12 auf den Strahl als einzige Kraft sein Gewicht G aus, das senkrecht nach unten, d. h. negativ wirkt. Somit gilt

$$-G = q(w_{2y} - w_{1y}) = q(w_2 \sin\alpha_2 - w_1 \sin\alpha_1) .$$

Mit $w_2 \cdot \cos\alpha_2 = w_1 \cdot \cos\alpha_1$ wird: $\operatorname{tg}\alpha_2 = \dfrac{\sin\alpha_1 - G/q w_1}{\cos\alpha_1}$. Bei $G = 0{,}2$ kg; $w_1 = 15$ m/sek; $f_{\text{Strahl}} = \pi/4 \cdot 14^2 \cdot 10^{-4}\,\text{m}^2$ und $\alpha_1 = 45°$ ergibt sich ein $\alpha_2 = 19°11'$, d. h. eine Ablenkung des Strahles um $\Delta\alpha = 25°49'$.

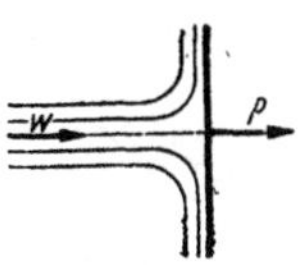

Fig. 13.

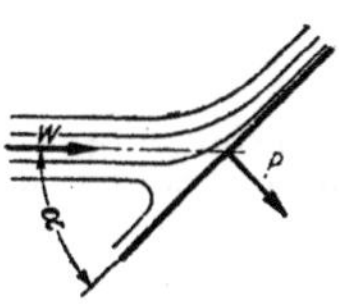

Fig. 14.

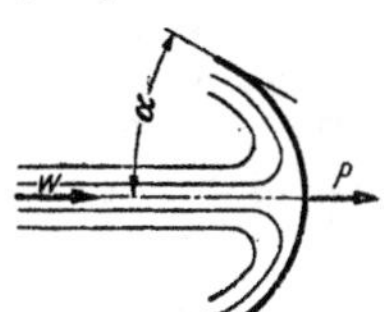

Fig. 15.

Strahldruck gegen Flächen. Ebene Platte wird vom Strahl senkrecht getroffen (Fig. 13): $P = \gamma/g \cdot Vw$ [kg]; V m³/sek.

Ebene Platte wird vom Strahl unter dem Winkel α getroffen (Fig. 14): $P = \gamma/g \cdot Vw \sin\alpha$.

Offener Umdrehungskörper nach Fig. 15, der den Strahl gegen die Strahlachse nach dem Winkel α ablenkt: $P = \gamma/g \cdot Vw(1 + \cos\alpha)$; für $\alpha = 0$ erhält man $P = \gamma/g \cdot 2Vw$.

Beispiel: Eine Stoßplatte nach Fig. 13 soll dazu benutzt werden, um die Austrittsgeschwindigkeit aus einem Wasserhahn zu bestimmen. Die sekundlich austretende Wassermenge sei zu 1,2 l/sek gemessen worden. Die Kraft P werde zu $P = 2{,}32$ kg bestimmt. Nach obiger Gleichung wird

$$w = \frac{P \cdot g}{\gamma \cdot V} = \frac{2{,}32 \cdot 9{,}81}{1000 \cdot 1.2 \cdot 10^{-3}} = 18{,}95\ \text{m/sek.}$$

In der freien Strömung, z. B. bei der Umströmung eines Tragflügels, ändern sich die Verhältnisse von einer Stromlinie zur anderen. Hier muß für jeden Strahl nach dem Impulssatz die Kraft in einer Richtung gerechnet und die Gesamtsumme gebildet werden.

Satz: Die Summe aller äußeren Kräfte in einer Richtung, die auf ein abgeschlossenes Gebiet wirkt, ist gleich der Differenz der aus diesem Gebiet austretenden und der eintretenden Impulse in der gleichen Richtung.

Reibungskräfte im Innern heben sich bei dieser Rechnung auf und spielen somit keine Rolle.

Gitterströmung. Wird durch ein unendlich langes Schaufelgitter von der Breite b, Fig. 16, ein Flüssigkeitsstrom vom Winkel α_1 nach α_2 abgelenkt, so ergibt der Impulssatz für die Länge $\overline{AB}$ eine Kraft P_y in Richtung des Gitters: $P_y = \overline{AB} \cdot b\varrho \cdot c_m (c_{2u} - c_{1u})$.

Nach der Bernoullischen Gleichung entsteht weiter ein Druckunterschied

$$p_1 - p_2 = \varrho/2 \cdot (c_2^2 - c_1^2) = \varrho/2 \cdot (c_{2u}^2 - c_{1u}^2).$$

Dies bewirkt eine Kraft P_x senkrecht zum Gitter von der Größe

$$P_x = \overline{AB} \cdot b \cdot \varrho/2 \cdot (c_{2u}^2 - c_{1u}^2).$$

Die Richtung der Resultierenden folgt dann aus $\dfrac{P_x}{P_y} = \dfrac{(c_{1u} + c_{2u})/2}{c_m} = \operatorname{tg} \alpha$.

Satz: Wird durch ein unendlich langes Gitter ein Flüssigkeitsstrom von der Richtung α_1 in die Richtung α_2 abgelenkt, so übt die Flüssigkeit auf das Gitter eine Kraft aus, die senkrecht auf einer mittleren Richtung steht, die aus der Meridiangeschwindigkeit und der mittleren Komponente in Gitterrichtung gebildet wird.

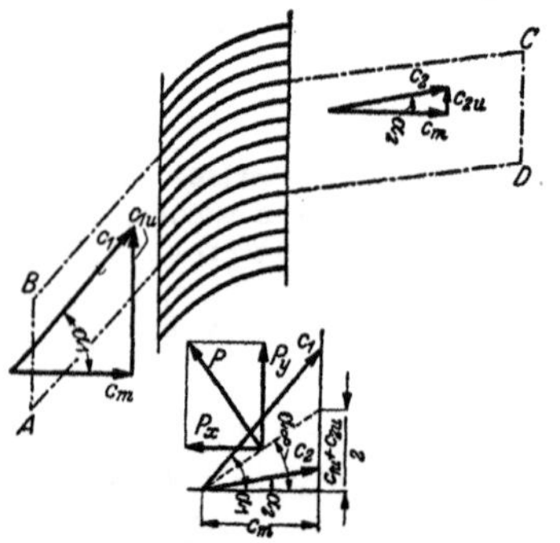

Fig. 16. Ablenkung eines Flüssigkeitsstromes durch ein Schaufelgitter.

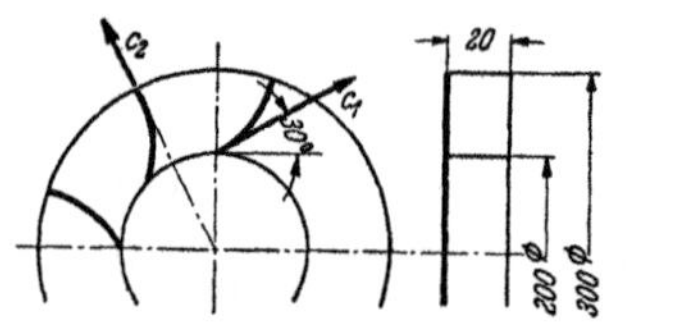

Fig. 17. Leitrad hinter einem Kreiselpumpenrad.

Der Satz gilt auch dann noch, wenn die Schaufeln auseinandergerückt sind. Die Winkel α_1 und α_2 beziehen sich dann nicht auf die Schaufelwinkel, sondern auf die Winkel der ausgeglichenen Strömung weit vor und weit hinter dem Gitter. S. auch Bd. II, S. 258.

Impulsmomente (Flächensatz). Impulsmoment = Hebelarm mal Masse mal Geschwindigkeit. Beziehung: Das Moment der äußeren Kräfte ist gleich dem Zuwachs des Impulsmomentes.

$$M = \Sigma(r \cdot q \cdot \Delta w_u).$$

w_u ist die Geschwindigkeitskomponente senkrecht zum Hebelarm.

Anwendung: Kreiselmaschinen. Ist q die sekundlich durch ein Schaufelrad strömende Masse und sind c_{1u} und c_{2u} die Umfangskomponenten der Absolutgeschwindigkeit auf den Radien r_1 und r_2, so gilt:

$$M = q[r_2 \cdot c_{2u} - r_1 \cdot c_{1u}].$$

Beispiel: Hinter einem Kreiselpumpenrad tritt das Wasser mit einer Geschwindigkeit von 15 m/sek unter einer Neigung von 30° gegen den Umfang aus und wird in einem anschließenden Leitapparat in die radiale Richtung umgelenkt (Fig. 17). Welches Drehmoment muß vom Leitrad dabei aufgenommen werden?

$c_m = c \cdot \sin 30° = 15 \cdot \frac{1}{2} = 7{,}5$ m/sek; $c_u = c \cdot \cos 30° = 13$ m/sek;

$V = \pi \cdot d \cdot b \cdot c_m = \pi \cdot 0{,}2 \cdot 0{,}02 \cdot 7{,}5 = 0{,}0941$ m³/sek; $q = V \cdot \gamma/g = 0{,}0941 \cdot 1000/9{,}81 = 9{,}6$;

$M = q[r_2 \cdot 0 - r_1 c_{1u}] = -9{,}6 \cdot 0{,}1 \cdot 13 = -12{,}5$ m·kg $\rightarrow$ 1250 kg·cm.

5. Elementarsatz der Flüssigkeitsreibung.

Da an den Wandungen fester Körper die Flüssigkeit infolge der Adhäsionskräfte festhaftet und deshalb die Geschwindigkeit der Oberfläche selbst aufweist, ergeben sich bei der Um- und Durchströmung von Körpern unter Umständen sehr starke Geschwindigkeitsanstiege, die selbst bei sehr kleiner Reibung Schubspannungen verursachen. Durch diese Reibung wird z. B. ein Teilchen $ABCD$ nach Fig. 18 verformt in $ABC'D'$. Die hierbei auftretende Schubspannung wird nach Newton durch folgenden Ansatz erfaßt:

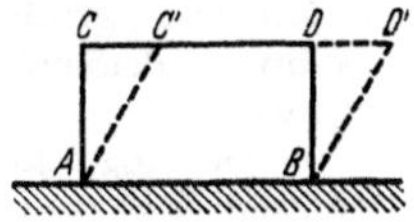

Fig. 18.

$$\tau = \mu \cdot dw/dy,$$

dw/dy = Geschwindigkeitsgefälle senkrecht zur Strömungsrichtung.

Der Koeffizient μ heißt Zähigkeitskoeffizient und hat die Dimension [kg·sek/m²] μ ist gleich der Schubspannung, die auftritt, wenn die Geschwindigkeit in einem Wandabstand von 1 m um 1 m/sek zunimmt. Aus Zweckmäßigkeitsgründen rechnet man mit der kinematischen Zähigkeit $\nu = \frac{\mu}{\gamma/g} = \frac{\mu}{\varrho}\left[\frac{\text{m}^2}{\text{sek}}\right]$. Es ist üblich, die Zahlen nicht in m²/sek, sondern in cm²/sek anzugeben. ν ist, wie die folgende Zahlentafel zeigt, stark abhängig von der Temperatur. Die dynamische Zähigkeit μ nimmt bei Flüssigkeiten mit der Temperatur ab, bei Gasen wächst sie. Bei vollkommenen Gasen ist ν umgekehrt proportional dem Druck, während μ unabhängig vom Druck ist.

Für Wasser zeigt S. 646 die kinematische Zähigkeit in Abhängigkeit von der Temperatur. Bei Drucksteigerung treten bei Wasser nur belanglose Änderungen auf. Die Zähigkeitswerte für Luft und Wasserdampf sind ebenfalls auf S. 646 wiedergegeben. Für Luft gilt: $\nu = \nu_{1\,\text{at}} : p$ (p in ata).

Wenn $\nu > 1$ ist, kann die Zähigkeit schnell und zuverlässig mit dem Englerschen Zähigkeitsmesser bestimmt werden. Man bestimmt die Zeit t, in der 200 cm³ der Meßflüssigkeit aus einem genormten Gefäß (106 mm Dmr., Ausflußrohr 2,9 mm Dmr., 20 mm lang, Spiegel 52 mm hoch) mit unterem Ausfluß ausfließt. Ist $t_0 = 48{,}51$ sek die gleiche Zeit für Wasser, so wird der sog. Englergrad bestimmt durch $E = t/t_0$ (vorgeschriebene Wassertemperatur 20°). Nach Mises besteht zwischen E und ν folgende Beziehung:

$$\nu = 0{,}0864\,E - 0{,}08/E \quad [\text{cm}^2/\text{sek}].$$

6. Kontinuitätsgleichung.

„Kontinuitätsgleichung":

$$F_1 w_1 \gamma_1/g = F_2 w_2 \gamma_2/g = \text{konst.}$$

Bei nicht kompressiblen Flüssigkeiten ist $\gamma_1 = \gamma_2$, so daß sich die Gleichung vereinfacht zu:

$$F_1 \cdot w_1 = F_2 \cdot w_2 = \text{konst.}$$

7. Ähnlichkeitsbeziehungen.

Für die Übertragung von Modellversuchen auf größere Ausführungen ist die Frage wichtig, wann eine sinngemäße Übertragung der Versuche möglich ist. Dies ist nur dann der Fall, wenn die beiden Vorgänge ähnlich verlaufen, wobei die Bezeichnung „ähnlich" je nach den Umständen eine verschiedene Bedeutung erhalten kann.

a) Reynolds' Ähnlichkeitsgesetz. Die Umströmung zweier geometrisch ähnlicher Körper ist geometrisch ähnlich, wenn in beiden Fällen die Zahl wd/ν die gleiche ist. w bedeutet hier eine kennzeichnende Geschwindigkeit, d eine typische Längenabmessung und $\nu = \mu/\varrho$ die kinematische Zähigkeit. Man bezeichnet diese Größe mit

$$Re = w\,d/\nu$$

und spricht Reynoldssche Zahl. (Wird ν in cm²/sek eingesetzt, so ist w in cm/sek und d in cm einzusetzen.) Diese Zahl, die eigentlich das Verhältnis der Trägheitskräfte zu den Zähigkeitskräften darstellt, spielt in der modernen Strömungslehre eine überragende Rolle. Es zeigt sich nämlich, daß bei fast allen Strömungsvorgängen nicht etwa die Geschwindigkeit, sondern die Reynoldssche Zahl die maßgebende Veränderliche ist. Insbesondere gibt die Zahl an, wie bei Versuchen Körperabmessungen und Geschwindigkeiten gewählt werden müssen, um ähnliche, d. h. vergleichbare Strömungsbilder zu erhalten.

In der Flugtechnik wird statt der Reynoldsschen Zahl vielfach mit der Kennzahl $E = w \cdot t$ gearbeitet, mit t = Flügeltiefe, s. S. 274. Hier wird die Länge in mm und die Geschwindigkeit in m/sek eingesetzt. Für 13° und 760 mm Hg gilt:

$$\boxed{Re = 70 \cdot E.}$$

Beispiele: 1. Ein Automobil soll im Windkanal untersucht werden. Die Fahrgeschwindigkeit beträgt 108 km/h → 30 m/sek. Die Wagenhöhe betrage 1,5 m. Ein vorhandener Windkanal biete die Möglichkeit, ein geometrisch ähnliches Modell von nur 1 m Höhe einzubauen. Die Anblasegeschwindigkeit ist zu bestimmen.

$Re_1 = 3000 \cdot 150/\nu$; $Re_2 = w_2 \cdot 100/\nu$; mit $Re_1 = Re_2$ wird $w_2 = 30 \cdot 150/100 = 45$ m/sek;

2. Das Stück einer Wasserrohrleitung mit Krümmer und Armatur soll mit Luft untersucht werden, um vor dem Einbau mit einfachsten Mitteln den Rohrwiderstand kennenzulernen; Rohrdmr. = 100 mm. Die Wassergeschwindigkeit sei 2,2 m/sek. Mit welcher Luftgeschwindigkeit muß der Rohrstrang durchblasen werden, um ähnliche, d. h. übertragbare Verhältnisse zu erhalten?

$Re = w_1 \cdot d_1/\nu_1 = w_2 \cdot d_2/\nu_2$; $220 \cdot d/0{,}01 = w_2 \cdot d/0{,}15$ $w_2 = 2{,}2 \cdot 0{,}15/0{,}01 = 33$ m/sek.

b) Froudes' Modellgesetz. Wenn bei einem Strömungsvorgang die Schwerkräfte als beschleunigende Kräfte wirken, z. B. bei Schiffswellen, so verlaufen die Vorgänge ähnlich, wenn die sog. Froudessche Zahl $F = w^2/lg$ (l typische Körperabmessung, w typische Geschwindigkeit) die gleiche ist. Ein Schiffsmodell wird somit ein der Großausführung geometrisch ähnliches Wellenbild nur dann ergeben, wenn die Froudesschen Zahlen gleich sind.

Beispiel: Ein Schiff von 100 m Länge, das eine Geschwindigkeit von 10 m/sek aufweist, soll in einem Schleppkanal mit einem Modell von nur 1 m Länge untersucht werden.

$w_1^2/l_1 = w_2^2/l_2$; $w_2/w_1 = \sqrt{l_2/l_1} = \sqrt{\frac{1}{100}} = \frac{1}{10}$; d. h. $w_2 = w_1 \cdot \frac{1}{10} = 1$ m/sek.

Bei dieser Geschwindigkeit wird sich das gleiche Wellenbild ergeben.

8. Gesetze über Wirbelbewegung.

Der Begriff des Wirbels war bereits auf S. 249 geklärt worden. Die technisch wichtigsten Medien: Wasser, Luft usw. haben, absolut gemessen, eine sehr kleine Reibung. Man beobachtet, daß diese kleine Reibung sich **direkt** nur auf sehr kleine Strömungsbereiche ausdehnt. Bei der Umströmung ist es die dünne Grenzschicht, während bei der freien Wirbelbewegung nur der Wirbelkern (bei räumlicher Ausdehnung Wirbelfaden) von der Reibung direkt beeinflußt wird. Bereits Helmholtz hat dies erkannt und eine Reihe auch heute noche gültiger Wirbelgesetze nachgewiesen. Strenggenommen gelten die folgenden Gesetze nur in der idealen reibungsfreien Flüssigkeit. Bei Wasser, Luft usw. sind die durch die Reibung bedingten Abweichungen jedoch außerordentlich gering.

Helmholtzsche Wirbelgesetze:

a) Die Zirkulation (s. S. 255) um einen Wirbelfaden ist zeitlich unveränderlich. Die Drehung bleibt an den Teilchen haften, die bereits eine Drehung haben.

b) Die Teilchen, die sich im „Wirbelfaden" befinden, bleiben auch dann ausschließlich in Drehung, wenn der Wirbelfaden sich fortbewegt oder seine Form ändert.

c) Ein Wirbelfaden kann im Innern einer Flüssigkeit nirgendwo endigen. Entweder bilden sich Ringwirbel, oder die Wirbelfäden endigen an einer Wand oder der Flüssigkeitsoberfläche, z. B. setzen sich die aus einem Tragflügel kommenden Wirbelfäden schließlich auf den Erdboden auf.

Als Ergänzung ist besonders der Satz von Thomson anzuführen:

Die Zirkulation längs einer geschlossenen flüssigen Linie bleibt zeitlich konstant.

In einem solchen Gebiete können sich trotzdem Wirbel bilden, wenn nur die Gesamtzirkulation gleich Null ist. Dies ist möglich, wenn sich zwei entgegengesetzt drehende Wirbel von gleicher Zirkulation bilden. Man beobachtet dies z. B. beim sog. „Kaffeelöffel-Experiment". (Anfahrwirbel einer Platte, Fig. 19.) Weiter ist auf das wichtige Beispiel des Tragflügels zu verweisen. Beim Anfahren bildet sich der Anfahrwirbel, der wegschwimmt; der entgegengesetzt drehende um den Tragflügel verbleibende Zirkulationswirbel bleibt. Die Wirbel entstehen fast ausschließlich durch Trennflächen.

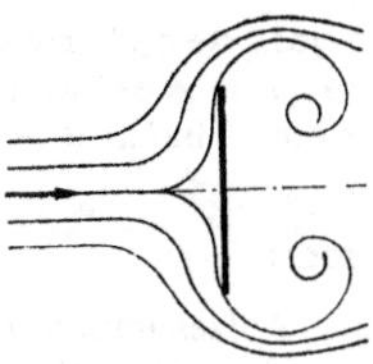

Fig. 19.

9. Biot-Savartsches Gesetz.

Der Einfluß, den ein Wirbelfaden auf seine Umgebung ausübt, kann durch eine Integration gewonnen werden, Fig. 20. Das Stück ds eines beliebigen Wirbelfadens erzeugt in A eine Geschwindigkeit, die senkrecht auf der durch A und ds gebildeten Ebene steht und die Größe hat:

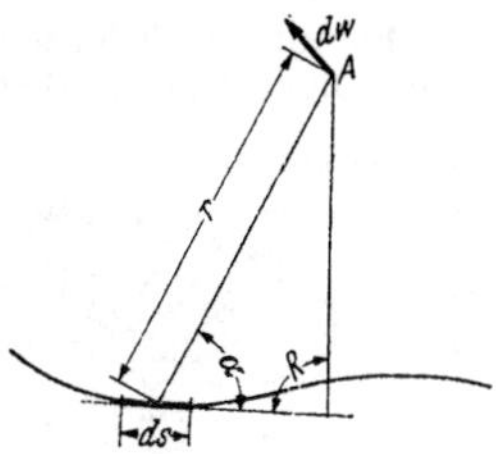

Fig. 20.

$$dw = \Gamma \frac{ds}{4\pi r^2} \cdot \sin\alpha\,; \qquad \Gamma = \text{Zirkulation, s. S. 255.}$$

B. Besondere Merkmale der reibungsfreien Strömung.

1. Ebene Strömung.

Eine reibungsfreie Strömung zwischen parallelen Ebenen zeigt einige besondere Merkmale, deren Kenntnis für viele praktische Anwendungen von Nutzen ist.

Zeichnet man zu den Stromlinien Normallinien ein, so ergeben sich bei genügend enger Aufeinanderfolge beider Linien Rechtecke von gleichem Seitenverhältnis. Sorgt man dafür, daß eines der Vierecke ein Quadrat ist, so sind auch die übrigen Vierecke Quadrate. Damit wird aber in kleinsten Teilen eine beliebige ebene Strömung der geradlinigen ähnlich (Fig. 21). Diese Beziehung bezeichnet man auch als konform. Es muß somit möglich sein, jede ebene Strömung aus einer geradlinigen Strömung abzuleiten. Tatsächlich ist dies auf rein mathematischem Wege mit Hilfe der sog. konformen Abbildung[1]) möglich und führt in vielen Fällen zu praktisch verwertbaren Ergebnissen.

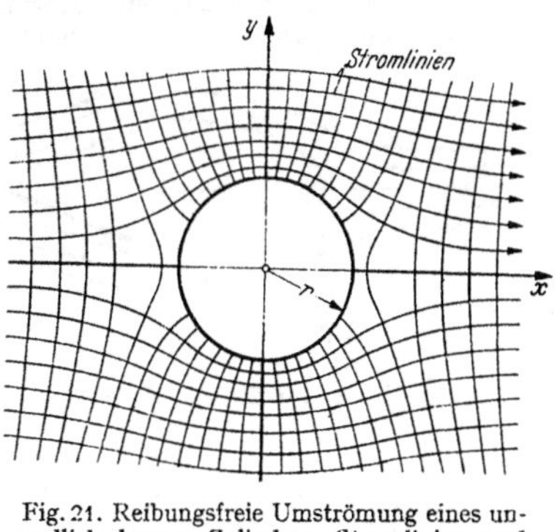

Fig. 21. Reibungsfreie Umströmung eines unendlich langen Zylinders. Stromlinien und Potentiallinien.

[1]) Eine einfache Einführung in die konforme Abbildung bildet das Buch J. Lewent: Konforme Abbildung. Teubner.

Indem man diese Beziehung, die eigentlich nur für kleinste Quadrate gilt, auf größere Quadrate, die gezeichnet werden können, überträgt, gewinnt man ein außerordentlich einfaches Mittel, um wenigstens in erster Näherung ein beliebiges Strömungsbild aufzuzeichnen. Das Verfahren besteht darin, daß man die Stromlinien und die Normallinien so lange verschiebt, bis nur noch Quadrate vorhanden sind (Fig. 21). Experimentell läßt sich diese sog. „ebene Potentialströmung" nach Hele-Shaw[1]) darstellen, indem man die Strömung der dünnen Schicht zwischen zwei Glasplatten sichtbar macht. Noch einfacher gelingt nach Eck[2]) die Darstellung, indem man die Flüssigkeitshaut auf einer Platte mit Aluminiumpulver bestreut und kleine aufgesetzte Modellkörper (z. B. entsprechende Blechstücke) langsam auf der Platte verschiebt.

2. Rotationsströmung.

Für die Bedürfnisse der Kreiselmaschinen interessiert besonders die Strömung durch Rotationshohlräume. Hier gilt folgender Satz:

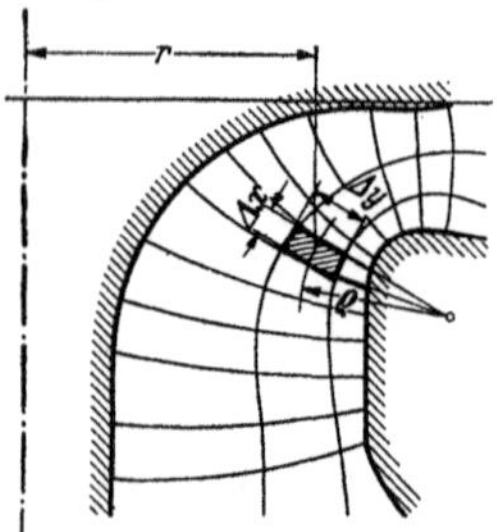

Fig. 22. Stromlinien in einem Rotationshohlraum.

Die Stromlinien bilden mit den Normallinien Rechtecke, für die das Verhältnis der Seiten proportional dem Abstand von der Drehachse ist.

$$\Delta x / \Delta y = r \cdot \text{konst.}$$

Man kann diesen Satz zur Aufzeichnung der Stromlinienbilder benutzen. Zunächst zeichnet man nach dem Gefühl die Stromlinien und einige Normallinien ein. Dann prüft man für jedes Rechteck die Zahl $\Delta x / \Delta y \cdot 1/r$ und sorgt durch Verschieben der einzelnen Kurven dafür, daß die Zahl überall konstant ist (Fig. 22).

C. Einige wichtige Begriffe der Strömungslehre.

1. Staupunkt.

Bei der Umströmung eines Körpers teilt sich die Strömung in zwei Teile: der Teilungspunkt vorne und hinten heißt Staupunkt. Nach der Bernoullischen Gleichung ergibt sich wegen $w_2 = 0$ für den Staupunkt: $\Delta p = \varrho/2 \cdot w_1^2$ (Fig. 23). Der Druckanstieg Δp wird der „Staudruck" genannt. Im Staupunkt herrscht der größte Druck, der in der ganzen Strömung überhaupt auftreten kann, während Unterdrücke bis zum Vakuum vorkommen können.

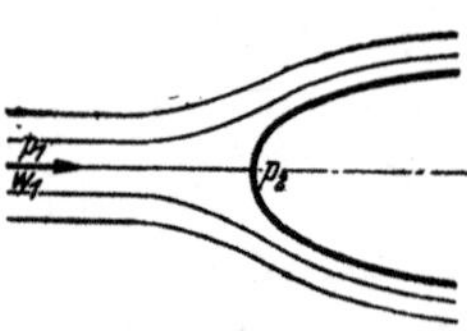

Fig. 23.

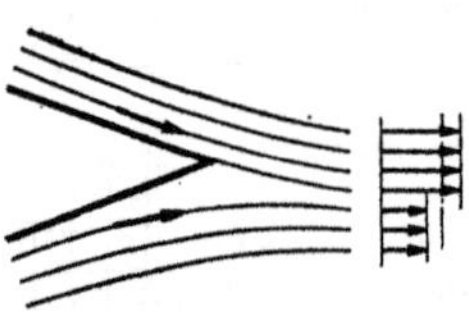

Fig. 24.

2. Trennfläche.

Hinter einem umströmten Körper kommen die beiden Flüssigkeitsströme wieder zusammen. Wegen der verschiedenen Reibungswirkung auf beiden Seiten des Körpers ergeben sich an diesem hinteren „Staupunkt" endliche Geschwindigkeitsunterschiede (Fig. 24). Dies gibt Anlaß zu kleinen Wirbeln in einer sog. „Trennfläche", die in sehr vielen Fällen zu größeren Wirbeln führen. Wirbel entstehen fast immer durch Trennflächen; diese Trennflächen sind instabil, sie nehmen zunächst eine wellenförmige Gestalt an, überschlagen sich, und der Wirbel ist fertig.

[1]) Hele-Shaw: Experiments of the Nature of Surface Resistance. Inst. Nav. Arch. Bd. 29 (1897) S. 145. [2]) Eck: Strömungslehre. II. Berlin: Springer 1936.

3. Turbulenz.

Eine Strömung ist „turbulent“ (wirblig), wenn der Hauptbewegung ungeordnete Mischbewegungen überlagert sind. Die beobachteten Geschwindigkeitsschwankungen wirken nach allen Seiten und betragen bis zu 6 vH der an der betrachteten Stelle vorhandenen mittleren Geschwindigkeit.

Laminare Strömung ist vorhanden, wenn die Stromlinien parallel den Wänden verlaufen.

Der Verlauf der Strömung wird maßgebend durch die Reynoldssche Zahl Re beeinflußt. Bei $Re < 2320$ ist die Strömung in geraden Rohren laminar, bei $Re > 2320$ fast immer turbulent.

Über den Einfluß von Re in Rohrleitungen s. S. 261, auf Wärmeübertragung s. S. 292.

4. Grenzschicht.

An der Wand eines Körpers haftet eine Flüssigkeit bzw. ein Gas. Die Reibung wirkt sich, wie Prandtl zuerst erkannt hat, in einer verhältnismäßig dünnen Schicht, der sog. Grenzschicht, aus (Fig. 25). Außerhalb dieser Grenzschicht ist praktisch die gleiche Geschwindigkeit, als wenn keine Reibung vorhanden wäre. Die Strömung in der Grenzschicht kann laminar oder turbulent sein.

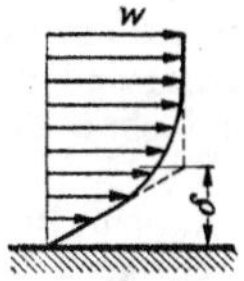

Fig. 25.

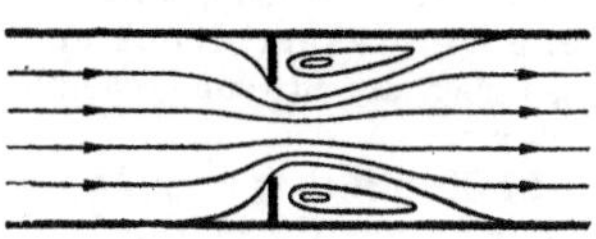

Fig. 26.

Maßgebend für den Übergang ist die Reynoldssche Zahl $w \cdot \delta/\nu$ (δ Dicke der Grenzschicht). In vielen Fällen ist die zuverlässige Vorausberechnung der Grenzschichtdicke δ und ihre Zunahme in Richtung der Strömung gelungen.

5. Ablösung.

Eine Ablösung liegt vor, wenn an einer Stelle die Strömung ein Gebiet nicht ausfüllt und als „Totwasser“ umspült. Es gibt zwei Ursachen für Ablösungen:

1. Scharfe Kanten (Fig. 26). Die Strömung weicht oft sehr weit aus. Man spricht dann von Kontraktion oder Diskontinuitätslinien.

2. Zu starke Verzögerung der Grenzschicht, z. B. Zylinder (Fig. 63), oder eine Kanalerweiterung, die über 10 bis 14° beträgt, s. auch S. 276.

6. Zirkulation.

Man bildet für eine geschlossene Kurve (Fig. 27) das Integral $\Gamma = \oint w \cdot \cos\alpha \cdot ds$. Dieses Integral wird für einen geschlossenen Weg um

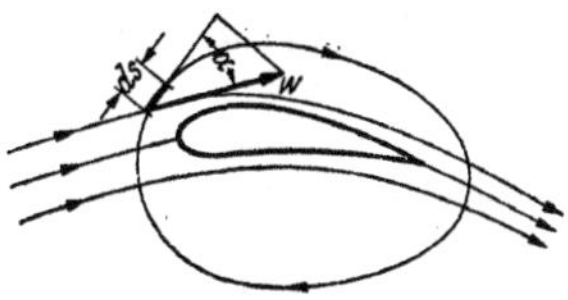

Fig. 27.

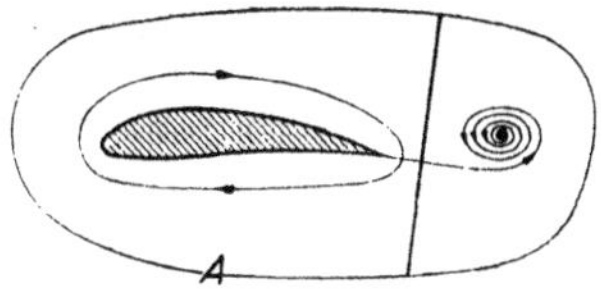

Fig. 28

den Körper gebildet und Zirkulation Γ genannt. Ist die Anblasegeschwindigkeit bzw. die Geschwindigkeit des Körpers w, und die Breite des Körpers b, so ist die Größe der Auftriebskraft

$$A = \varrho \cdot \Gamma \cdot w \cdot b.$$

Für die rechnerische Behandlung von Wirbeln, Tragflügelprofilen usw. ist dieser Begriff einer der fruchtbarsten der modernen Strömungslehre.

Beispiel 1: Wie groß ist die Zirkulation für einen Potentialwirbel, bei dem im Abstande $r = 10$ cm vom Mittelpunkt eine Umfangsgeschwindigkeit von $c_u = 6$ m/sek vorhanden ist?

$$\Gamma = 2 r \pi \cdot c_u = 2 \cdot 0{,}1 \cdot \pi \cdot 6 = 3{,}77 \ [\mathrm{m^2/sek}].$$

Beispiel 2. Im Anfang der Bewegung des Tragflügels eines Flugzeuges bildet sich an der Hinterkante des Flügels durch Aufrollen der Strömung ein Wirbel, Fig. 28. Die Reaktionswirkung dieses Wirbels ist ein entgegengesetzt drehender Wirbel um den Tragflügel. Der hintere Wirbel schwimmt nun schnell weg und der Tragflügelwirbel, der „Zirkulationswirbel", bleibt bestehen. Diese Drehbewegung um den Tragflügel setzt sich mit der Parallelströmung zu einer resultierenden Bewegung zusammen, so daß auf der oberen Seite die Geschwindigkeiten vergrößert und auf der unteren die Geschwindigkeiten verkleinert werden. Nach dem Bernoullischen Gesetz ergeben sich entsprechend Unterdrücke auf der oberen und Überdrucke auf der unteren Seite, deren Gesamtwirkung der Auftrieb $A = \varrho w \Gamma \cdot b$ ist.

D. Hydraulisches Messen.

1. Messungen im offenen Luftstrom.

a) Gesamtdruck *P*. Zur Messung genügt ein sog. Pitotrohr (Fig. 29), d. h. ein offenes Rohr, dessen Öffnung der Strömung entgegengerichtet und mit einem Manometer verbunden wird. Diese Messung ist von allen drei Messungen (a, b, c), die einfachste und genaueste. Das Manometer gibt ohne jede Berichtigung den Gesamtdruck an. Richtungsänderungen des Pitotrohres von $\pm 6°$ gegenüber der Strömungsrichtung sind ohne Einfluß auf die Genauigkeit der Messung.

b) Staudruck $q = \gamma/2g \cdot w^2$. Mit dem Prandtlschen Staurohr (Fig. 30) wird vorn der Gesamtdruck und durch einen Schlitz im zylindrischen Mantel der statische Druck übertragen. Nach der Bernoullischen Gleichung ist der

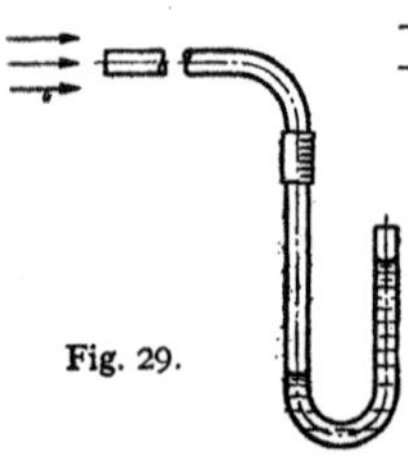

Fig. 29.

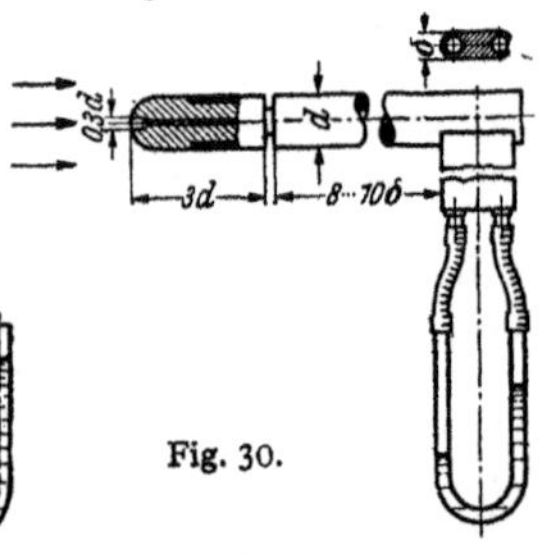

Fig. 30.

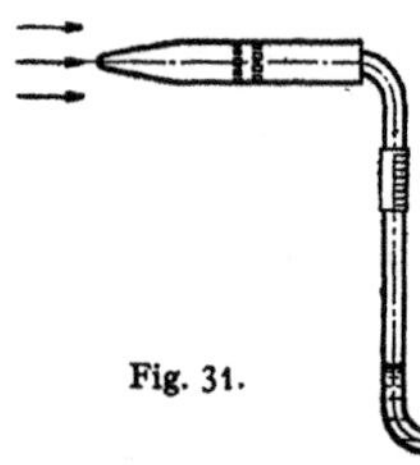

Fig. 31.

Differenzdruck $\Delta p = q = \gamma/2g \cdot w^2 = \varrho/2 \cdot w^2$. Aus diesem Druck, der identisch mit dem Staudruck ist, kann die Geschwindigkeit leicht berechnet werden. Das Instrument zeigt mit dem Beiwert 1 den Staudruck an und ist unempfindlich für Richtungsänderungen von $\pm 10°$. Bei sehr kleinen Reynoldsschen Zahlen wird der Staudruck durch Zähigkeitseinflüsse erhöht, so daß mit der Gleichung $q = c \cdot \gamma/2g \cdot w^2$ zu rechnen ist. Die unter „Barkersche Korrektur"[1]) bekannte Berichtigung genügt der Gleichung $c = 1 + 3/Re$ (Re Reynoldssche Zahl).

Bei Luft kann im Mittel mit $\gamma/g = \frac{1}{8}$ gerechnet werden, so daß folgende, insbesondere bei Überschlagsrechnungen bequeme Formel entsteht: $w = 4\sqrt{\Delta p}$. Zur Berechnung der Luftgeschwindigkeit erhält man dann folgende Zahlentafel:

mm WS Δp	1	4	5	9	10	16	20	25	30	36	40	49	50
m/sek w	4	8	8,95	12	12,65	16	17,9	20	21,9	24	25,3	28	28,3

c) Statischer Druck. In Richtung der Strömung wird eine sog. Drucksonde nach Fig. 31 gehalten, bzw. nur die statische Druckmessung des Prandtl-Rohres verwendet. Die Druckmessung allein ist sehr empfindlich gegen Richtungsänderungen und abhängig von der Turbulenz des Strahles, worauf oft nicht geachtet wird. Ist der Staudruck verhältnismäßig groß, so wird die genaue Druckmessung mit Sonde sehr schwierig und verlangt eine Mindesttoleranz von 1 bis 2 vH des Staudruckes.

[1]) Barker: Proc. Roy. Soc., Lond. 1922 S. 435.

2. Ausfluß aus offenen Gefäßen.

Tritt eine Flüssigkeit durch eine Öffnung einer Gefäßwand ins Freie, so ist die Geschwindigkeit im Strahl (Fig. 32): $w = \sqrt{2gh}$.

Ist das Gefäß geschlossen, und tritt der Strahl unter innerem Überdruck aus, so ist nach Fig. 33 der Überdruck Δp in der Niveauhöhe des Austrittes zu messen:

$$w = \sqrt{2g\Delta p/\gamma}\,.$$

Wird der Druckunterschied $\Delta p'$ über dem Wasserspiegel gemessen, so ist:

$$w = \sqrt{2g(\Delta p'/\gamma + h)}\,.$$

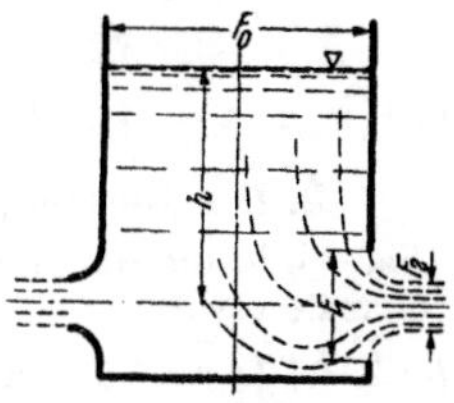

Fig. 32.

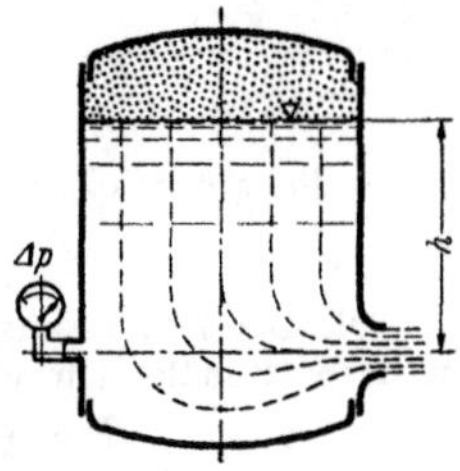

Fig. 33.

Fließen unter gleichen Bedingungen zwei Flüssigkeiten bzw. Gase mit den spezifischen Gewichten γ_1 und γ_2 aus gleichen Gefäßen aus, so verhalten sich die Zeiten, in denen die gleichen Volumina ausfließen, umgekehrt wie die Ausflußgeschwindigkeiten. Hieraus folgt:

$$\frac{t_1}{t_2} = \frac{w_2}{w_1} = \frac{\sqrt{2g\,\Delta p/\gamma_2}}{\sqrt{2g\,\Delta p/\gamma_1}} = \sqrt{\frac{\gamma_1}{\gamma_2}}\,.$$

Die Ausflußzeiten verhalten sich somit wie die Wurzeln aus den spezifischen Gewichten. Diese Beziehung wird oft zur Bestimmung des spezifischen Gewichtes von Gasen benutzt.

Die Geschwindigkeit w bildet sich unter allen Umständen aus. Bei der Düse tritt nur am Strahlrande infolge der Grenzschicht eine Verminderung der Geschwindigkeit ein, während in Strahlmitte der theoretische Wert vorhanden ist. Die hierdurch eintretende Verkleinerung der Mittelgeschwindigkeit wird meist durch einen Beiwert φ berücksichtigt.

$$w_m = \varphi \cdot w = \varphi\sqrt{2g\Delta p/\gamma}\,. \qquad [\varphi = 0{,}95 \text{ bis } 0{,}99 \text{ je nach der Form der Düse}]$$

Bei scharfkantigen Öffnungen — im geringen Maße auch bei schlechten Düsen — schnürt sich der Strahlquerschnitt ein, so daß $F_2 < F_1$ ist (F_2 Strahlquerschnitt, F_1 Düsenquerschnitt), Fig. 32. Das Verhältnis $\mu = F_2/F_1$ bezeichnet man als Kontraktionszahl. Somit wird:

$$V = \mu \cdot \varphi \cdot \sqrt{2g\,\Delta p/\gamma} \cdot F_1 = \alpha \cdot \sqrt{2g\,\Delta p/\gamma} \cdot F_1\,.$$

Der Koeffizient α wird die Ausflußziffer genannt.

Ist bei seitlichen Öffnungen die Höhe der Öffnung nicht klein gegen h, so ist w mit der Höhe veränderlich und die Durchflußmenge:

$$V = \alpha \int_{h_0}^{h_u} y\sqrt{2gh}\,dh$$

(y = Breite der Fläche in der Niveauhöhe h).

Die Formeln, bei denen Δp vor der Austrittsöffnung im Gefäß gemessen wird, gelten nur, wenn die Austrittsöffnung F_1 klein gegen den Gefäßquerschnitt F ist, was praktisch erreicht ist bei: $F_1/F < 1/10$. Andernfalls muß die Vorgeschwindigkeit w_0 gemäß der Bernoullischen Gleichung berücksichtigt werden,

$$w = \sqrt{2g\,\Delta p/\gamma + w_0^2}\,.$$

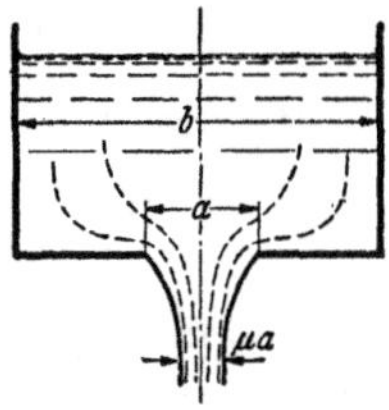

Fig. 34.

Ausfluß aus Spalt (Fig. 34). Für $b = \infty$ ist nach Kirchhoff: $\mu = \pi/(\pi + 2)$.

μ-Werte für verschiedene Werte a/b nach Mises:

a/b	0	0,1	0,2	0,3	0,4	0,5
μ Ausfluß in Wasser	0,611	0,612	0,616	0,622	0,633	0,644
μ Ausfluß in Luft	0,611	0,613	0,621	0,633	0,653	0,681

Der Ausfluß in Luft oder in Wasser ist wegen des Einflusses der Oberflächenspannung etwas verschieden.

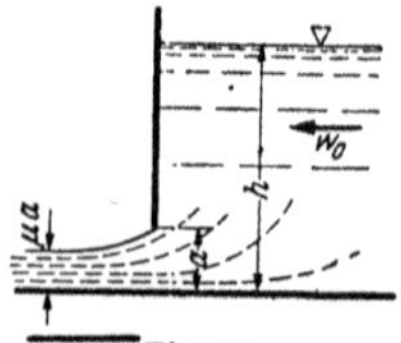

Fig. 35.

Grundablaß nach Fig. 35. Theoretisch ist bei hinreichender seitlicher Erstreckung b mit einer Kontraktionszahl $\mu = 0{,}61$ bis $0{,}62$ zu rechnen. Koch[1]) stellte den Wert $\mu = 0{,}6$ fest. Messungen von Keutner[2]) ergaben eine konstante Geschwindigkeit im eingeschnürten Strahl von der Größe:

$$w = \sqrt{2g(h + w_0^2/2g - \mu \cdot a)}\,,$$

sekundliche Ausflußmenge $V = \mu \cdot a \cdot b \cdot \sqrt{2g(h + w_0^2/2g - \mu \cdot a)}\,.$

3. Der Überfall.

Die Überfallmessung (Fig. 36) ist die Hauptmeßmethode für größere Wassermengen (Kanäle, Turbinenkanäle usw.).

$$V = \tfrac{2}{3}\mu \cdot h \cdot b\sqrt{2gh}\,. \quad (b \text{ seitliche Breite}).$$

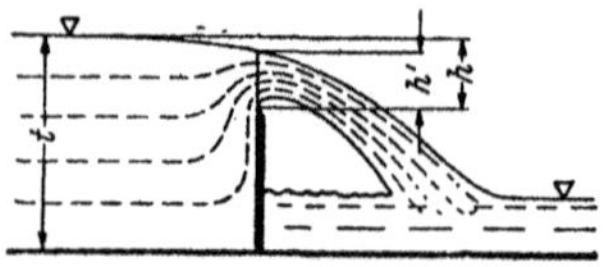

Fig. 36.

Die Kontraktionszahl μ hängt von der Form der Überfallschneide, der Wehrhöhe und der Ausbildung des Zulaufgerinnes ab. Wesentlich für die Messung ist die Belüftung der unteren Strahlseite.

Thomson-Überfall nach Fig. 37:

$$V = \mu \cdot \tfrac{8}{15} \cdot \operatorname{tg} \alpha/2 \cdot h^2 \sqrt{2gh}\,; \quad \mu = 0{,}5926.$$

Rechteckiger Überfall ohne Seitenkontraktion nach Fig. 38:

Nach den Schweizer Normen $\mu = 0{,}615\left(1 + \dfrac{1}{1000\,h + 1{,}6}\right)\left[1 + 0{,}5\left(\dfrac{h}{H}\right)^2\right].$

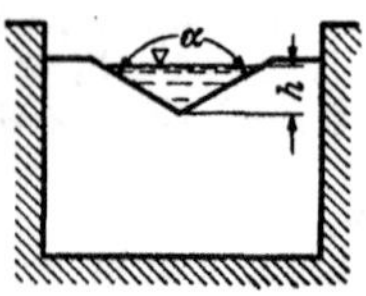

Fig. 37.

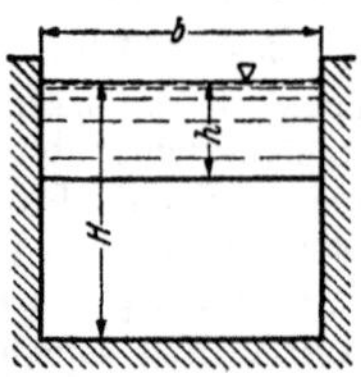

Fig. 38.

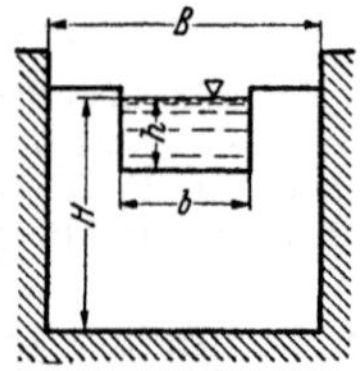

Fig. 39.

Die Formel gilt für: $H - h \geqq 0{,}3$ m; $\dfrac{h}{H-h} \leqq 1$ und $0{,}025\text{ m} \leqq h \leqq 0{,}8$ m.

Rehbock[3]) führt die Ersatzhöhe $he = h + 0{,}0011$ m ein, sowie eine neue Grundgleichung: $V = \mu\tfrac{2}{3} b \cdot he \cdot \sqrt{2g \cdot he}$

Hier wird $\mu = 0{,}6035 + 0{,}0813\,\dfrac{he}{H - h}\,.$

Rechteckiger Überfall mit Seitenkontraktion nach Fig. 39:

Nach Frese gilt:

$$\mu = \left(0{,}5755 + \frac{0{,}017}{h + 0{,}18} - \frac{0{,}075}{b + 1{,}2}\right)\left[1 + \left(0{,}25\left(\frac{b}{B}\right)^2 + 0{,}025 + \frac{0{,}0375}{(h/H)^2 + 0{,}02}\right)\left(\frac{h}{H}\right)^2\right].$$

Nach Schweizer Normen gilt:

$$\mu = \left[0{,}578 + 0{,}037\left(\frac{b}{B}\right)^2 + \frac{3{,}615 - 3(b/B)^2}{1000\,h + 1{,}6}\right] \cdot \left[1 + 0{,}5\left(\frac{b}{B}\right)^4\left(\frac{h}{H}\right)^2\right].$$

4. Messungen in Leitungen.

Bei Messungen in Leitungen handelt es sich meist darum, die durchfließenden Mengen zu ermitteln. Darf der stetige Durchfluß durch die Messung nicht

[1]) Koch-Carstanjen: Von der Bewegung des Wassers und den dabei auftretenden Kräften. Berlin 1926.

[2]) Keutner: Bautechn. 1929 S. 575.

[3]) Rehbock: Wassermessung mit scharfkantigen Überfallwehren.

gestört werden, so kommen heute fast ausschließlich genormte Düsen und Blenden[1]) in Frage (Fig. 40 u. 41).

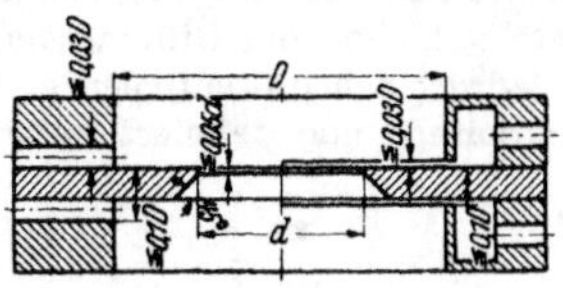

Fig. 40. Normblende.

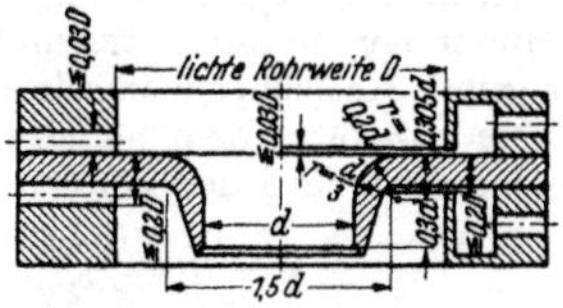

Fig. 41. Normdüse.

Die bei diesen Messungen einzusetzenden Koeffizienten sind durch sehr umfangreiche Messungen erprobt worden. Die genormten Abmessungen von Düsen und Blenden sind aus Fig. 42 und 43 zu entnehmen. Die Wirkung beruht auf der Geschwindigkeitssteigerung in dem durch die Düse verengten Querschnitt. Aus der vor und hinter der Düse gemessenen Druckdifferenz kann die Geschwindigkeit im engsten Querschnitt nach der Bernoullischen Gleichung leicht berechnet werden. Bei der Blende kontrahiert der Strahlquerschnitt noch. Ist Δp mm WS der gemessene Druckunterschied, so erhält man die Geschwindigkeit im engsten Querschnitt aus

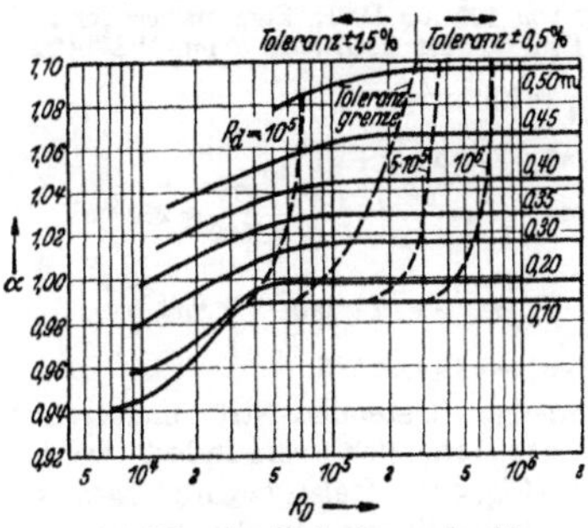

Fig. 42. Düsenkoeffizienten α der Normdüse abhängig von der Reynoldsschen Zahl Re_D (logarithmische Auftragung).

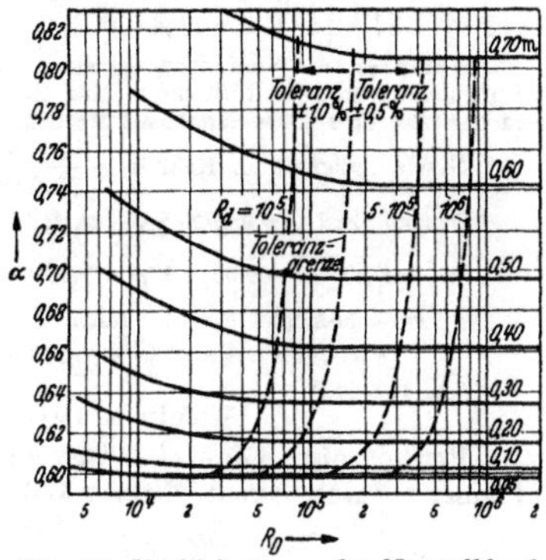

Fig. 43. Koeffizienten α der Normalblende abhängig von der Reynoldsschen Zahl Re_D (logarithmische Auftragung).

$$w_2 = \alpha \sqrt{2g\,(\Delta p/\gamma)}\ \text{[m/sek]}.$$

Hieraus ergibt sich die sekundliche Durchflußmenge $V = w_2 \cdot F_2$. Der Koeffizient α enthält alle Abweichungen von der reibungslos durchgeführten Berechnung. Unter F_2 versteht man den engsten Querschnitt der Düse und der Blende. Die Düsenkoeffizienten, die in Fig. 42 und 43 in Abhängigkeit von der Reynoldsschen Zahl $Re_D = w_1 \cdot D/\nu$ (D = Rohrdurchmesser) für verschiedene Öffnungsverhältnisse $m = F_2/F_1$ aufgetragen sind, sind oberhalb gewisser Reynoldsscher Zahlen praktisch konstant.

Vor und hinter der Meßstelle muß eine störungsfreie gerade Rohrstrecke von (10 bis 20) $\cdot D$ vorhanden sein.

Genaue Untersuchungen für Normdüsen und Normblenden im Einlauf und Auslauf ohne vor- bzw. nachgeschaltetes Rohrstück wurden von Stach[2]) ausgeführt. Es wurde festgestellt, daß die Durchflußzahlen für Düsen und Blenden im Einlauf oberhalb der Reynoldsschen Zahl $0{,}55 \cdot 10^6$ konstant sind und unabhängig vom Öffnungsdurchmesser den konstanten Wert $\alpha_{\text{Düse}} = 0{,}99$ und $\alpha_{\text{Blende}} = 0{,}6$ haben. Bei Verwendung im Auslauf liegen die Beiwerte oberhalb der Toleranzgrenze bei Düsen etwas unterhalb und bei Blenden mit $m > 0{,}25$ etwas oberhalb der aus den „Regeln“ bekannten α-Werte.

Normblenden sind für alle Rohrdurchmesser $\geqq 50$ mm verwendbar.

[1]) Regeln für die Durchflußmessung mit genormten Düsen und Blenden. Berlin: VDI-Verlag.

[2]) Stach: Die Beiwerte von Normdüsen und Normblenden im Einlauf und Auslauf. Z. VDI 1934 S. 187.

Die Grenzwerte von Re_D, die die Verwendbarkeit von Düsen und Blenden angeben, hängen vom Öffnungsverhältnis m ab. Bei $m = 0{,}05$ ergibt sich ein Wert 20000 für die Blende und 70000 für die Düse. Bei $m = 0{,}65$ ergibt sich 260000 für die Blende und 200000 für die Düse.

Hinter der Meßstelle treten Stoßverluste auf, die vom Öffnungsverhältnis abhängen. Bezeichnet man mit $\varepsilon = (w_2 - w_1)^2/w_1^2$ den prozentualen Anteil der Verluste gegenüber dem Staudruck der Rohrleitung und definiert weiter einen Wirkungsgrad nach der Formel:

$$1 - \eta = \frac{\gamma/2g \cdot (w_2 - w_1)^2}{\gamma/2g \cdot (w_2^2 - w_1^2)}; \quad \eta = 2\frac{m}{m+1},$$

so erhält man folgende Werte:

m	0,1	0,2	0,3	0,4	0,5	0,6	0,7	0,8	0,9	1,0
η	0,182	0,333	0,462	0,571	0,667	0,75	0,824	0,889	0,947	1
ε	81	16	5,44	2,25	1,0	0,44	0,184	0,0625	0,0123	0

Beispiel: Ein Ventilator, der einen Überdruck von $\Delta p = 80$ mm WS erzeugt, drückt eine Luftmenge von 2500 m³/h durch eine Rohrleitung von 300 mm Dmr. Zum Messen der Luftmenge soll eine Düse eingebaut werden, deren Druckverlust höchstens 20 mm WS beträgt.

Geschwindigkeit im Rohr $w_1 = \dfrac{2500}{3600 \cdot \pi \cdot 0{,}3^2/4} = 9{,}85$ m/sek,

Druckverlust $\Delta p = \varrho/2 \cdot [w_2 - w_1]^2$; hieraus $w_2 = \sqrt{2g\,\Delta p/\gamma} + w_1$,

$w_2 = \sqrt{20 \cdot 16} + 9{,}85 = 17{,}9 + 9{,}85 = 27{,}75$ m/sek; $F_2 = \dfrac{V}{w_2} = \dfrac{2500 \cdot 10^4}{27{,}75 \cdot 3600} = 250$ cm²,

Düsendurchmesser $d_2 \sim 178$ mm.

$R_D = w_1 \cdot D/\nu = 985 \cdot 30/0{,}145 = 204000$; $m = F_2/F_1 = (d_2/D)^2 = 0{,}352$.

Aus Fig. (42) $\alpha = 1{,}03$;

Wirkdruck $\Delta p = \alpha^2 \cdot \gamma/2g \cdot w_2^2 = 45{,}4$ mm WS.

Venturirohr. Die bei Düsen und Blenden auftretenden Strömungsverluste können durch einen diffusorartigen Ansatz erheblich vermindert werden: Venturirohr (Fig. 44). Meist begnügt man sich mit kurzen Ansatzstücken, in der Praxis unter der Bezeichnung „Kurz-Venturirohre" bekannt. Seit langem sind umfangreiche Untersuchungen im Gange, um auch hier eine Normung durchzuführen. Ergebnisse dieser Untersuchungen:

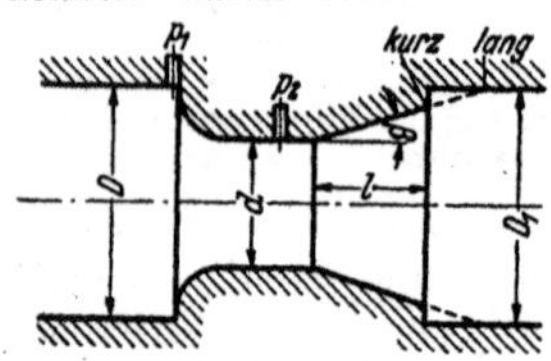

Fig. 44.

Der günstigste Öffnungswinkel des Kegels (doppelter Diffusorwinkel) liegt je nach dem Öffnungsverhältnis und der Diffusorlänge zwischen 12° und 22°. Eine Diffusorlänge $l = 1{,}4$ bis $1{,}5\,D$ genügt, um gute Energieumsetzung zu erzielen.

Wenn das Venturirohr ein Normdüsenprofil hat, stimmen im Mittel die Durchflußzahlen mit denen der Normaldüse überein. Unterhalb $m = (d/D)^2 = 0{,}3$ liegen die Durchflußzahlen der Venturirohre etwas tiefer.

E. Widerstände in Rohrleitungen und Armaturen.

1. Allgemeines.

Der Druckabfall in einer geraden Rohrleitung vom Durchmesser d und der Länge l wird durch die Formel

$$\boxed{\Delta p = \lambda \cdot \frac{l}{d} \cdot \frac{\gamma}{2g}\, w^2}$$

ausgedrückt. Diese Gleichung, die die Abhängigkeit von den wesentlichen physikalischen Größen treffend zum Ausdruck bringt, enthält einen dimensionslosen Faktor λ, der nur von der Reynoldsschen Zahl und der Rauhigkeit abhängt.

Bis $Re = 2320$ ergibt sich laminare Strömung. In diesem Bereich ist $\lambda = 64/Re$. Setzt man dieses λ mit $Re = wd/\nu$ oben ein, so erhält man

$$\Delta p = 32 \cdot l/d^2 \cdot \mu \cdot w = 32 \cdot l/d^2 \cdot \nu \cdot \gamma/g \cdot w,$$

d. h. der Druckverlust ist bei der laminaren Strömung proportional der Geschwindigkeit.

2. Rohrreibung bei Expansion der Gase in einem Rohr.

Bei langen Druckluft- und Dampfleitungen bedingt der durch die Reibungsverluste entstandene Druckverlust eine Expansion des Gases. Gegen Ende der Leitung wird das Volumen und damit die Geschwindigkeit größer. Bezieht sich der Index 1 auf den Anfang und der Index 2 auf das Ende der Leitung, so gilt bei isothermer Expansion (l und d in m, γ in kg/m³, p in kg/m²):

$$\Delta p = p_1\left[1 - \sqrt{1 - \lambda \frac{l}{d} \frac{\gamma_1}{2g} \frac{2 w_1^2}{p_1}}\right].$$

Führt man das durchfließende Dampfgewicht bzw. Gasgewicht in G kg/h ein, so ergibt sich

$$\Delta p = p_1\left[1 - \sqrt{1 - 127{,}5 \cdot \lambda \frac{l}{(100\,d)^5} \frac{1}{p_1 \cdot \gamma_1} \cdot G^2}\right].$$

3. Das glatte Rohr.

Im turbulenten Bereich, d. h. oberhalb $Re = 2320$, gelten für das vollkommen glatte Rohr folgende Gesetze:

Bis $Re = 100000$ das Potenzgesetz von Blasius: $\lambda = 0{,}316/\sqrt[4]{Re}$.

Bis $Re = 1500000$ das Gesetz von Hermann: $\lambda = 0{,}0054 + 0{,}396/Re^{0,3}$.

Auf theoretischem Wege hat Prandtl die Beziehung[1]) $\lambda = \dfrac{1}{(2\lg(Re\sqrt{\lambda}) - 0{,}8)^2}$ abgeleitet, die bis $Re = 3{,}4 \cdot 10^6$ mit Versuchen übereinstimmt.

Von Nikuradse stammt die Formel:

$$\lambda = 0{,}0032 + 0{,}221/Re^{0,237},$$

die zwischen Werten von $Re = 10^5$ bis 10^8 zuverlässig ist.

Anmerkung: Auch im turbulenten Bereich ist der Druckverlust nicht immer genau proportional dem Quadrate der Geschwindigkeit. Setzt man z. B. λ_{Blasius} in die Widerstandsformel ein, so erhält man Δp prop $w^{1,75}$.

4. Das rauhe Rohr.

Das rauhe Rohr zeigt stets größeren Widerstand als das glatte Rohr. Ist k das der mittleren Wanderhebung proportionale „Rauhigkeitsmaß", so folgt aus Ähnlichkeitsberechnungen, daß λ von dem Verhältnis k/d abhängt. Bei gleichem k/d kann der Charakter der Rauhigkeit grundverschieden sein und, wie Versuche gezeigt haben, zu verschiedenen λ Werten führen.

Anmerkung: Bei laminarer Rohrströmung besteht kaum ein Unterschied zwischen glatten und rauhen Rohren, soweit die Unebenheiten der Wand keine merkliche Verkleinerung des Durchflußquerschnittes ergeben.

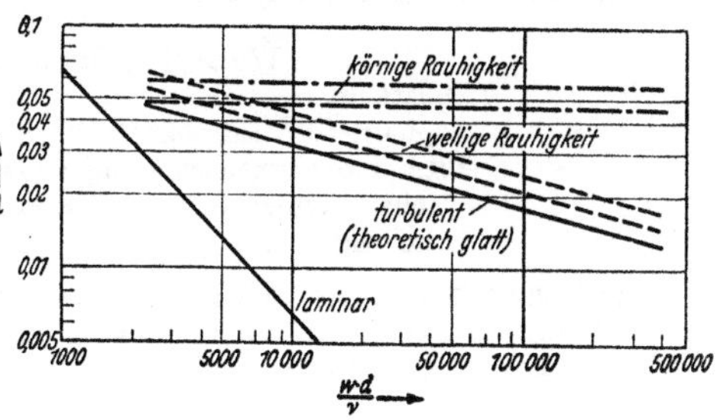

Fig. 45.

Nach Hopf[2]) ist es möglich, zunächst einmal zwei wichtige Grenzfälle zu unterscheiden und hier grundsätzliche Unterschiede festzustellen (Fig. 45):

a) Wandrauhigkeit, deren Struktur eine mehr körnige ist. In diesen Fällen ist oberhalb einer Reynoldsschen Zahl λ unabhängig von Re, d. h. der Druckverlust proportional dem Quadrate der Geschwindigkeit. Hopf fand aus Versuchen folgendes Gesetz:

$$\lambda = 10^{-2}(k/d)^{0,314}.$$

Der hier eingeführte Wert k ist nicht gleich, sondern proportional der mittleren Wanderhebung.

---

[1]) Prandtl: Neuere Ergebnisse der Turbulenzforschung. Z. VDI 1933 S. 105.

[2]) Hopf, L.: Die Messung der hydraulischen Rauhigkeit. Z. angew. Math. Mech. 1923 S. 329.

Werte von k.

	k [m]
Neues, glattes Metallrohr, asphaltiertes Blech	1,5
Neues Gußeisen, Eisenblech	2,5
Angerostetes Eisenrohr	5
Verkrustetes Eisen, rauhe Bretter	7

Nach neueren theoretischen und praktischen Untersuchungen ist es auch gelungen, einen Zusammenhang zwischen λ und der mittleren Wanderhebung ε (praktisch darstellbar durch aufgeklebte Sandkörner von der Größe ε) herzustellen.

Nach Göttinger Ermittlungen gilt

$$\lambda = \frac{1}{(2\lg r/\varepsilon + 1{,}74)^2} = \frac{1}{(2\lg d/\varepsilon + 1{,}138)^2}\,.$$

Werte nach dieser Formel:

d/ε	10	40	60	100	200	500	1000
λ	0,1005	0,0529	0,0455	0,038	0,0304	0,0234	0,01965

Mittlere ε-Werte für verschiedene Materialien.

Gußeisen neu	0,5	bis	1	mm
„ angerostet	1	„	1,5	„
„ verkrustet	1,5	„	3	„
Zement geglättet	0,3	„	0,8	„
„ unbearbeitet	1	„	2	„
Rauhe Bretter	1	„	2,5	„
Roher Bruchstein	8	„	15	„

b) Wandrauhigkeit welliger Art. Gemeint ist eine wellenförmige, im großen und ganzen jedoch glatte Oberfläche, wie sie z. B. bei asphaltierten Rohren beobachtet wird. Hier wird λ mit steigender Reynoldsscher Zahl kleiner. Nach den Beobachtungen von Hopf ist der λ-Verlauf annähernd parallel dem Verlauf des glatten Rohres. Der Ansatz:

$$\lambda = \xi \cdot \lambda_0 \quad (\lambda_0 \text{ Widerstandsziffer des glatten Rohres})$$

erfaßt diese Eigenschaft sehr gut.

Welligkeitszahlen ξ.

Holzrohre	1,5 bis 2
Asphaltiertes Eisenblech	1,2 „ 1,5
Bituminöse Innenisolierungen der Deutschen Röhrenwerke (neue Kölner Messungen)	1,03 „ 1,1

c) Handelsübliche Stahlrohre. Bei handelsüblichen Stahlrohren kann nach den Versuchen von Zimmermann und den Untersuchungen von Galavics folgende Formel angewendet werden (d in mm):

$$\lambda = \lambda\,\text{glatt} + \frac{0{,}86 \cdot 10^{-3}}{d^{0{,}28}} \cdot \left(\lg \frac{Re/d^{1{,}1}}{10^{5{,}5}}\right)^{1{,}75}.$$

Fig. 46 zeigt nach Galavics die Abhängigkeit λ von Re.

d) Grenzrauhigkeit. Für jedes Strömungsproblem gibt es eine bestimmte Rauhigkeit, die sog. Grenzrauhigkeit, die den gleichen Widerstand wie die absolut glatte Wand aufweist. Praktisch ist dieser Fall von großem Interesse, da beim Erreichen dieser Grenzrauhigkeit eine weitere feinere Bearbeitung einer Oberfläche zwecklos ist. Ist k die die Rauhigkeit bestimmende mittlere Wanderhebung und c die Strömungsgeschwindigkeit, so ist unterhalb der sog. Kornkennzahl $k \cdot c/\nu \sim 100$ die Wand glatt und oberhalb als rauh zu betrachten.

5. Unrunde Querschnitte.

Führt man den sog. hydraulischen Radius ein $a = \frac{F}{U} = \frac{\text{Querschnittsfläche}}{\text{benetzter Umfang}}$, so können alle vorherigen Formeln und λ-Werte übernommen werden, wenn in

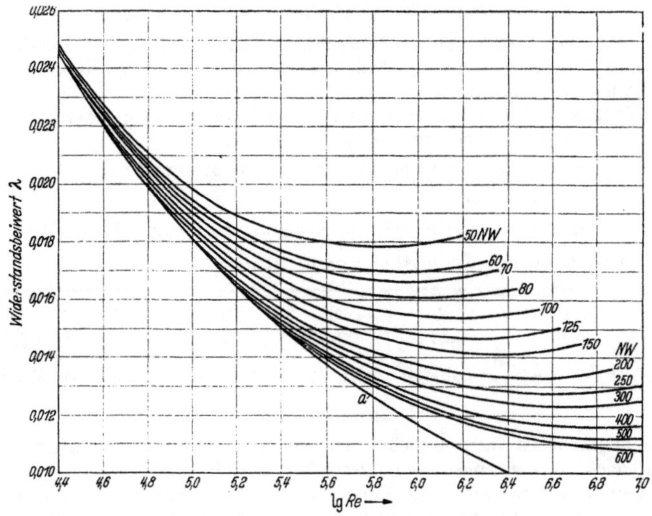

Fig. 46. Kurve a: glattes Rohr nach Prandtl.

allen Formeln d durch $4a$ ersetzt wird. (Für den Kreis wird $a = \frac{\pi d^2/4}{\pi d} = \frac{d}{4}$). Zu beachten ist, daß auch in der Reynoldsschen Zahl diese Einsetzung erforderlich ist, d. h. $Re = \frac{w \cdot 4F/u}{\nu}$.

Beispiele: 1. Ein Turbinenrohr von 300 m Länge und $d = 300$ mm Dmr. liegt vor, dessen Wandbeschaffenheit als theoretisch glatt bezeichnet werden soll. Die Geschwindigkeit sei 2,5 m/sek. Druckverlust?

Nach S. 646 ist $\nu = 103 \cdot 9{,}8/1000 = 1$.

$$Re = w\,d/\nu = 2{,}5 \cdot 03 \cdot 10^6/1 = 750000.$$

Für diesen Bereich kommt das Gesetz von Hermann in Frage.

$$\lambda = 0{,}0054 + 0{,}396 \cdot 1/Re^{0,3} = 0{,}0054 + 0{,}396 \cdot 1/750000^{0,3} = 0{,}01228,$$

$$\Delta p = \lambda \frac{l}{d} \cdot \frac{\gamma}{2g} w^2 = 0{,}01228 \cdot \frac{300}{0{,}3} \cdot \frac{1000}{2 \cdot 9{,}81} \cdot 2{,}5^2 = 3900 \text{ kg/m}^2,$$

d. h. $\Delta p = 0{,}39$ at.

2. Für eine Wasserleitung aus handelsüblichem Stahlrohr (50 NW) 2 km Länge, 18 Krümmern und 6 Schieber soll die Pumpenleistung bestimmt werden bei einer Geschwindigkeit von 1,5 m/sek in der Rohrleitung.

Für die Krümmer werde nach S. 265 ein $\zeta_1 = 0{,}5$ und für die Schieber (offen) ein $\zeta_2 = 0{,}05$ eingesetzt.

$$Re = w \cdot d/\nu = 1{,}5 \cdot 0{,}05 \cdot 10^6/1 = 75000.$$

Nach der Formel von Galavics, bzw. Fig. 46, erhält man für 50 NW und $Re = 750000$ den Wert $\lambda = 0{,}02184$.

Es ergeben sich folgende Einzelwiderstände:

a) Rohrleitung $\Delta p_1 = \lambda \cdot \frac{l}{d} \frac{\gamma}{2g} w_1^2 = 0{,}02184 \cdot \frac{2000}{0{,}05} \cdot 114{,}8 = 100300 \text{ kg/m}^2,$

Staudruck $q = \frac{\gamma}{2g} \cdot w^2 = \frac{1000}{2 \cdot 9{,}81} \cdot 1{,}5^2 = 114{,}8 \text{ kg/m}^2.$

b) Krümmer $\Delta p_2 = 18 \cdot \zeta_1 \gamma/2g \cdot w^2 = 18 \cdot 0{,}5 \cdot 114{,}8 = 1032 \text{ kg/m}^2.$

c) Schieber $\Delta p_3 = 6 \cdot \zeta_2 \cdot \gamma/2g\, w^2 = 6 \cdot 0{,}05 \cdot 114{,}8 = 34{,}5 \text{ kg/m}^2.$

Gesamtwiderstand $\Delta p = \Delta p_1 + \Delta p_2 + \Delta p_3 = 101366{,}5 \text{ kg/m}^2,$

somit $\Delta h = 101{,}366$ m, d. h. $\Delta p \rightarrow 10{,}137$ at,

Wassermenge $V = w \cdot F = 1{,}5 \cdot \frac{\pi\, 5^2}{4} \cdot 10^{-4} = 29{,}5 \cdot 10^{-4} \text{ m}^3/\text{sek} \rightarrow 2{,}95 \text{ l/sek} \rightarrow 2{,}95 \text{ kg/sek},$

theoretische Pumpenleistung $N = G \cdot \frac{\Delta R}{75} = \frac{2{,}95 \cdot 101{,}32}{75} = 3{,}98$ PS.

Mit $\eta_{\text{Pumpe}} = 0{,}82$ (Kolbenpumpe) ergibt sich als Antriebleistung: $N_e = 3{,}98/0{,}82 = 4{,}85$ PS.

Geschwindigkeitsverteilung in Rohren.

a) Laminare Strömung. Die Geschwindigkeitsverteilung ist parabolisch. Die Maximalgeschwindigkeit $w_{\max}$ (d. h. in Rohrmitte) ist doppelt so groß wie die Mittelgeschwindigkeit.

b) Turbulente Strömung. Die Geschwindigkeitsverteilung ist viel völliger. Für praktische Rechnungen genügt ein Potenzgesetz:

$$w = w_{\max} (y/r)^{1/n} \text{ (} y \text{ Abstand von Rohrwand in m),}$$

genauer nach v. Kármán:

$$w = w_{\max} [1 - (z/r)^{1,25 \text{ bis } 2}]^{\frac{1}{n}} \text{ (} z \text{ Abstand von Rohrmitte in m).}$$

Im größten Bereich des glatten Rohres ist $n = 7$.

n	6	7	8	9	10	11
$w/w_{\max}$	0,791	0,812	0,837	0,855	0,865	0,877
Re	rauhe Rohre	$\sim 0{,}45 \cdot 10^5$	$\sim 2 \cdot 10^5$	$\sim 0{,}64 \cdot 10^6$	höhere Re-Werte	

6. Anlaufstrecke.

Alle angegebenen Werte beziehen sich auf die „ausgebildete Rohrströmung", die erst nach einer gewissen „Anlaufstrecke" erreicht wird.

a) Laminare Strömung. Die Anlaufstrecke ist hier sehr lang; bis zu 60 bis 80 und mehr Rohrdurchmesser sind nötig, um das endgültige Geschwindigkeitsprofil zu erhalten. Nach Schiller beträgt die genaue Anlauflänge $l \sim 0{,}03 \cdot Re \cdot d$.

b) Turbulente Strömung. Bereits nach etwa 10 Rohrdurchmessern ist praktisch die Geschwindigkeitsverteilung der ausgebildeten Rohrströmung vorhanden. Nach 20 bis 30 Rohrdurchmessern ist kaum noch ein Unterschied gegenüber der endgültigen Geschwindigkeitsverteilung vorhanden. Scharfkantiger Einlauf verkürzt die Anlaufstrecke.

In der Anlaufstrecke ist wegen des stärkeren Geschwindigkeitsgefälles in Wandnähe λ unter Umständen erheblich größer als die vorher angegebenen Werte. Besonders bei kurzen Rohr- und Kanalstücken ist dies zu beachten. Hier können die λ-Werte einen 2 bis 2,5fachen Wert annehmen.

7. Besondere Bemerkungen.

Die Verbindungsstellen der Rohre, die handelsüblich in Längen von 6 bis 10 m vorhanden sind, erhöhen den Widerstand.

Bei genauen Vorausbestimmungen der Widerstände ist eine sehr genaue Bestimmung des Rohrdurchmessers d notwendig. Denn bei gleicher Durchflußmenge verhalten sich die Druckverluste wie $\Delta p_2/\Delta p_1 = (d_1/d_2)^5$. Ändert sich somit der Durchmesser nur um 1 vH, so ändert sich der Widerstand bereits um 5 vH.

Da bei Wasserleitungen durch Ansätze, Korrosionen usw. die Durchmesser oft merklich verkleinert werden, ergeben sich hier sehr große Widerstandsvergrößerungen, die in erster Näherung mit $(d_1/d_2)^5$ wachsen.

d_2/d_1	0,99	0,98	0,97	0,96	0,95	0,9	0,8	0,7
$(d_1/d_2)^5$	1,05	1,106	1,165	1,23	0,292	1,694	3,052	5,95

Bei überschlägigen Berechnungen, sowohl bei Luft, Wasser und Dampf, genügt es meist, für λ einen Wert von $0{,}015 \div 0{,}02$ anzunehmen, wie Fig. 46 zeigt.

8. Krümmer.

Die in Krümmern auftretenden Verluste werden zweckmäßig auf den Staudruck der größten mittleren Durchtrittsgeschwindigkeit bezogen und durch einen dimensionslosen Faktor ζ zum Ausdruck gebracht.

$$\Delta p = \zeta \cdot \gamma/2g \cdot w^2.$$

Die Verluste werden am meisten beeinflußt vom inneren Krümmungsradius bzw. dem Verhältnis r_i/d. Für $r_i/d = 7$ bis 8 wurden die geringsten Verluste mit $\zeta \sim 0{,}18$ festgestellt (Fig. 47). Für rechteckige Krümmer, deren Verhalten dem der kreisrunden Querschnitte ziemlich gleichläufig ist, gibt Fig. 48 eine Übersicht über den Einfluß der Hauptkonstruktionsdaten.

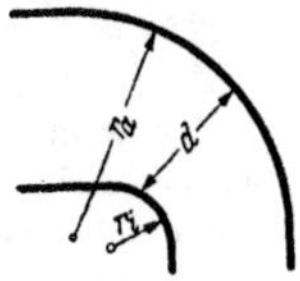

Fig. 47.

Werte für kreisförmig gebogene Rohrstücke.

r/d	1	2	4	6	10
ζ	0,51	0,3	0,23	0,18	0,2

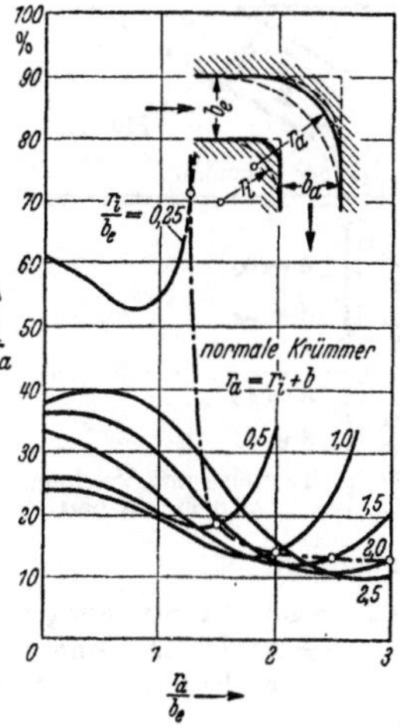

Fig. 48.

Der Krümmerverlust wird sehr klein bei einer Beschleunigung, d. h. wenn der Austrittsquerschnitt enger als der Eintrittsquerschnitt ist. Nach Nippert[1]) kann hier bei der günstigsten Anordnung $\zeta = 0{,}03$ erreicht werden, d. h. ein Verlust, der dem einer guten Düse gleichkommt.

Scharfe Umführungen können durch Leitschaufeln einem guten Krümmer gleichwertig gemacht werden. Bei guter Ausführung ist $\zeta = 0{,}14$. Einfache Ausführung nach Fig. 49. Neuere Ausführung, sog. Flügelsche[2]) Leitschaufeln, nach Fig. 50. Letztere sind gegen Unregelmäßigkeiten der Vorströmung empfindlicher als die Ausführung nach Fig. 49.

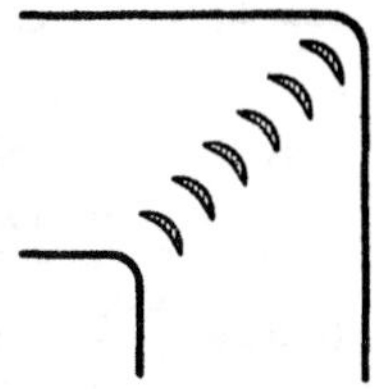
Fig. 49.

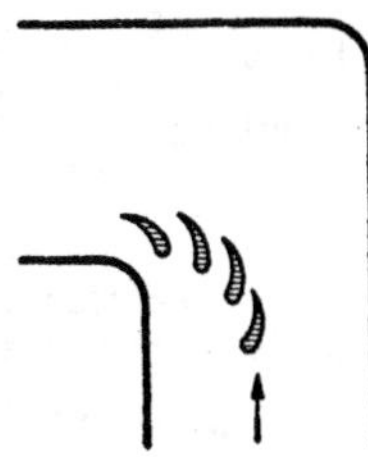
Fig. 50.

Werte handelsüblicher Formstücke für Warmwasserheizungen nach Brabbée[3]).

d (mm)	14	20	25	34	39	49	
ζ	1,7	1,7	1,3	1,1	1,0	0,83	Knie 90°, Kehle scharfkantig, außen abgerundet. — d Durchmesser des einzuschneidenden geraden Rohrstückes.
ζ	1,2	1,1	0,86	0,53	0,42	0,51	Bogenstück 90°, an beiden Enden Schraubenmuffen.

Bei Krümmern, deren Umlenkung $\delta < 90°$ ist, kann in erster Näherung $\Delta p = \zeta\, \delta°/90 \cdot \gamma/2g \cdot w^2$ gesetzt werden, wo ζ den Versuchswerten der 90°-Krümmer entnommen wird.

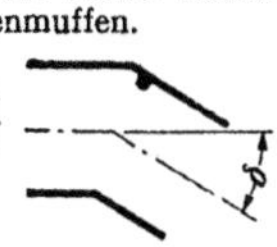

Fig. 51.

Scharfkantige Kniestücke nach Fig. 51.

δ	10°	15°	22,5°	30°	45°	60°	90°
ζ_{glatt}	0,034	0,042	0,066	0,13	0,236	0,471	1,129
ζ_{rauh}	0,044	0,062	0,154	0,165	0,32	0,684	1,265

Annähernd gilt nach Weisbach: $\zeta = \sin^2 \delta/2 + 2 \sin^4 \delta/2$.

[1]) Nippert: VDI-Forsch.-Heft 320 (daselbst ausführliches Schrifttumsverzeichnis).
[2]) Frey: Verminderung des Strömungswiderstandes von Körpern durch Leitflächen. Forsch.-Arb. Ing.-Wes. 1933 S. 67.
[3]) Rietschel, H.: Leitfaden der Heiz- und Lüftungstechnik. Julius Springer.

9. Trennung und Vereinigung von Rohrverzweigungen.

Durch Trennung und Vereinigung erleidet jeder Teilstrom einen Druckverlust. Bezieht man die Verluste auf den Staudruck der vereinigten Ströme, so wird:

$\Delta p_a = \zeta_a\, \varrho/2 \cdot v^2$ = Verlust der abgezweigten Flüssigkeit,

$\Delta p_d = \zeta_d\, \varrho/2 \cdot v^2$ = Verlust der weiter geradeaus strömenden Flüssigkeit.

Die wenigen vorliegenden Versuche wurden von Thoma[1]) ausgeführt und beziehen sich auf bestimmte Anordnungen. Die Verluste sind abhängig von dem Prozentsatz der abgezweigten Menge. Die folgenden Angaben beziehen sich auf scharfkantige Ausführungen. Die Versuche zeigten, daß durch Abrundung oder einen Konus eine merkliche Verringerung der Verluste eintrat.

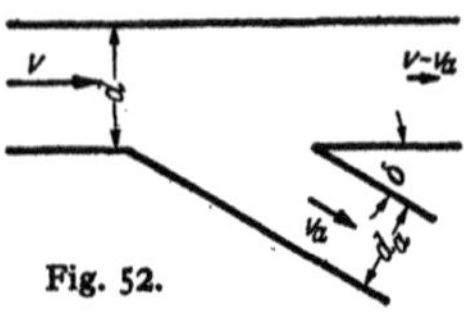

Fig. 52.

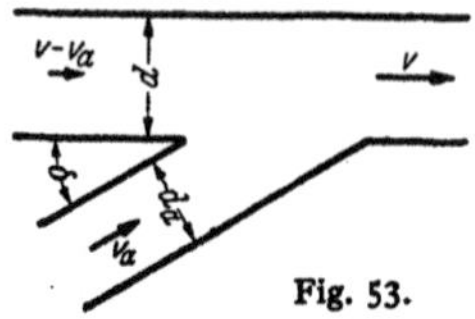

Fig. 53.

Q_a abgetrennte Wassermenge, Q Wassermenge vor der Trennung.

	Q_a/Q	0	0,2	0,4	0,6	0,8	1,0	
Trennung	ζ_a	0,96	0,88	0,89	0,96	1,10	1,29	$\delta = 90°$
	ζ_d	0,05	−0,08	−0,04	0,07	0,21	0,35	
Vereinigung	ζ_a	−1,04	−0,4	0,1	0,47	0,73	0,92	$d = d_a$
	ζ_d	0,06	0,18	0,3	0,4	0,5	0,6	
	Q_a/Q	0	0,2	0,4	0,6	0,8	1,0	$\delta = 45°$
Trennung	ζ_a	0,9	0,66	0,47	0,33	0,29	0,35	$d = d_a$
	ζ_d	0,04	−0,06	−0,04	0,07	0,20	0,33	
Vereinigung	ζ_a	−0,9	−0,37	0	0,22	0,37	0,38	Trennung und Vereinigung
	ζ_d	0,05	0,17	0,18	0,05	−0,20	−0,57	gemäß Fig. 52 und 53

10. Stetige Querschnittserweiterungen.

Nur bei kleinem Erweiterungswinkel δ kann ein Anliegen der Strömung erreicht werden (Fig. 54). Die besten Umsätze treten bei etwa 8° ein. Man bezieht den Verlust auf den nach der Bernoullischen Gleichung möglichen Umsatz:

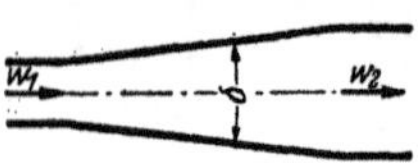

Fig. 54.

Verlust $\Delta p = \zeta \cdot \gamma/2g \cdot [w_1^2 - w_2^2]$; $\zeta = 0{,}1$ bis $0{,}3$.

Der Wert 0,1 kann nur bei hohen Reynoldsschen Zahlen und bei ganz glatten Wänden erreicht werden.

Die Verluste werden verringert durch: a) glatte Wandungen; b) hohe Reynoldssche Zahlen; c) konstante Geschwindigkeitsverteilung im Einlauf, d. h. große Grenzschichtgeschwindigkeiten (beim Vorschalten eines langen Rohres bestehen somit ungünstigere Verhältnisse); d) Vordrall; e) runden Querschnitt.

Nach Thoma[2]) werden auch bei Verwendung einer Stoßplatte nach Fig. 55 mit Abrundung der Diffusoraustrittskante gute Ergebnisse erzielt. Die günstigsten Verhältnisse treten ein bei $R/d = 0{,}85$ und $D = 4$ bis $5\,d$. Eine Abrundung ohne Stoßplatte ist schädlich.

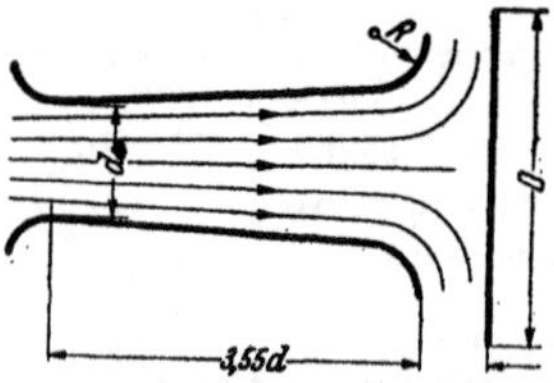

Fig. 55.

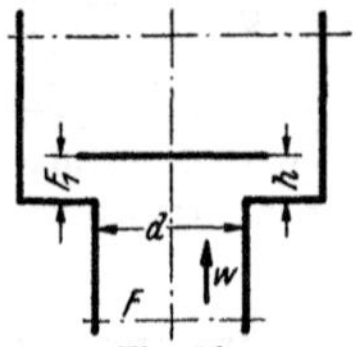

Fig. 56.

11. Ventile und Absperrmittel.

Bezeichnungen nach Fig. 56.

Der Verlust wird meist auf den Staudruck der Geschwindigkeit im Ventilsitz oder im engsten Querschnitt bezogen.

$$\text{Verlust } \Delta p = \zeta \cdot \varrho/2 \cdot w^2 = \zeta_1 \cdot \varrho/2 \cdot w_1^2 .$$

[1]) Thoma: Mitt. hydraul. Inst. T. H. München.

[2]) Thoma: Mitt. hydraul. Inst. T. H. München 1931 Heft 4.

F_1/F (F_1 kleinster Durchflußquerschnitt)	0,2	0,4	0,6	0,8	1,0
Tellerventil mit oberer Führung . . ζ_1	1,2	1,6	2,0	2,5	3,0
Tellerventil mit Rippenführung im Sitz ζ_1	2,3	2,8	3,5	4,3	5,2

Angaben über Ventile und Schieber s. Abschnitt Maschinenteile S. 623.

Durch diffusorartigen Ansatz am Ventilteller gelingt es nach Schrenk[1]), den Durchflußwiderstand auf $\frac{1}{7}$ bis $\frac{1}{8}$ zu vermindern. Ebenfalls fand Schrenk, daß in einem Tellerventil bei kleiner Hubhöhe, etwa zwischen $h/d = \frac{1}{4}$ bis $\frac{1}{8}$, der Strahl den engsten Querschnitt kontraktionsfrei ausfüllt. Er liegt dann an der Sitzfläche an. Oberhalb gewisser Grenzhubhöhen springt der Strahl ab und zeigt eine scharfe Kontraktion. Theoretische Untersuchungen von Eck[2]) bestätigen dieses Verhalten.

12. Querschnittsänderungen.

a) Unstetige Querschnittserweiterung. Es entsteht ein Stoßverlust, der nach dem Impulssatz in guter Übereinstimmung mit Meßresultaten berechnet werden kann (Fig. 57): Verlust $\Delta p = \varrho/2 \cdot (w_1 - w_2)^2$. (Nicht zu verwechseln mit der Bernoullischen Gleichung!) Nach der Bernoullischen Gleichung, d. h. ohne Verlust, würde eine Druckerhöhung $\Delta p' = \varrho/2 \cdot (w_1^2 - w_2^2)$ eintreten, so daß die tatsächlich gemessene Druckerhöhung den Wert hat:

$$\Delta p' - \Delta p_{\text{verl}} = \varrho \cdot w_2[w_1 - w_2].$$

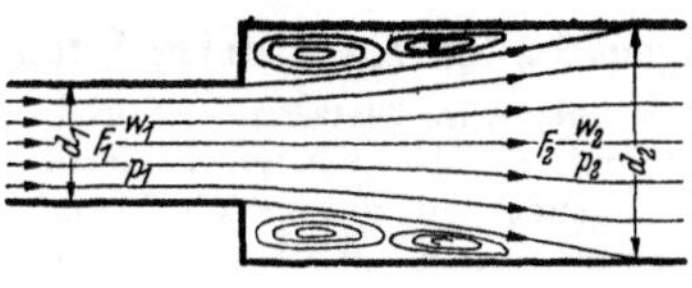

Fig. 57.

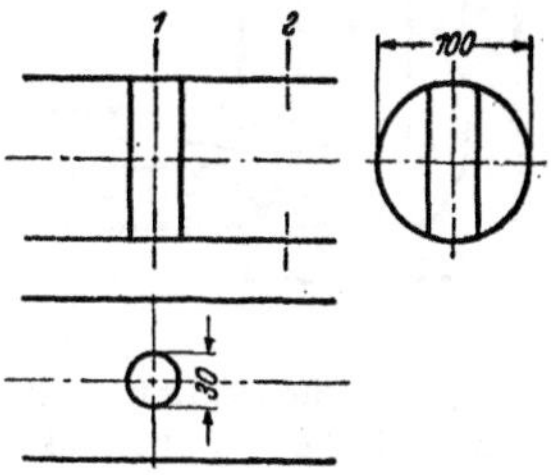

Fig. 58.

Die Strömung legt sich nach der Einschnürung erst allmählich wieder an. Nach etwa achtfachem Durchmesser des Rohres ist der Energieumsatz ziemlich abgeschlossen.

Den Druckumsatz in der Erweiterung kann man durch einen Wirkungsgrad erfassen:

$$\eta = 1 - \frac{\text{Druckverlust}}{\text{Druckumsatz nach Bernoulli}}.$$

F_1/F_2	0,1	0,2	0,3	0,4	0,5	0,6	0,7	0,8	0,9
η	0,182	0,333	0,462	0,571	0,667	0,75	0,824	0,889	0,947

Beispiel: Ein Wasserrohr von 100 Dmr. wird durch einen Bolzen von 30 Dmr. teilweise versperrt. Welcher Druckverlust entsteht hierdurch bei einer Geschwindigkeit von 4 m/sek im Hauptquerschnitt? (Fig. 58.)

Engster Querschnitt: $f_1 = \pi D^2/4 - d \cdot l = 78,5 - 3 \cdot 10 = 48,5$ cm², $f_2 = 78,5$ cm².

Nach der Kontinuitätsgleichung gilt: $w_1 = w_2\left(\frac{f_2}{f_1}\right) = 4 \cdot \frac{78,5}{48,5} = 6,47$ m/sek.

$$\text{Druckverlust} = \frac{\gamma}{2g}[w_1 - w_2]^2 = \frac{1000}{2 \cdot 9,81}[6,47 - 4]^2 = \frac{1000 \cdot 2,47^2}{2 \cdot 9,81} = 311 \text{ mm WS}.$$

b) Unstetige Rohrverengung. An der scharfen Kante entsteht eine Einschnürung der Strömung (Fig. 59). Wenn die Kontraktionszahl $\mu = F_2'/F_2$ be-

[1]) VDI-Forsch.-Heft 272.

[2]) Eck: Z. angew. Math. Mech. 1923.

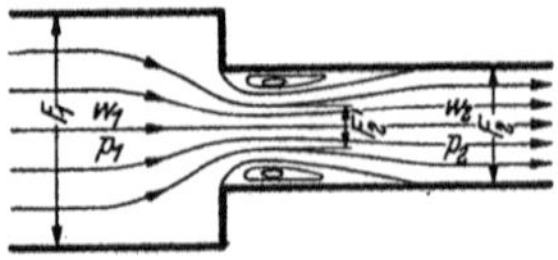
Fig. 59.

kannt ist, ist der Verlust $\Delta p = \frac{\varrho}{2}(w_2' - w_2)^2$. Mit $w_2' \cdot \mu = w_2$ entsteht:

$$\Delta p_{\text{Verl}} = \varrho/2 \cdot w_2^2 [1/\mu - 1]^2,$$

so daß bei Einführung von $\zeta = (1/\mu - 1)^2$ der Verlust auf den Staudruck der Geschwindigkeit des ausgefüllten Querschnitts bezogen wird.

ζ	μ	
0,41 bis 0,314	0,61 bis 0,64	scharfe Kante
0,221 „ 0,0625	0,68 „ 0,8	Kante etwas gebrochen
0,0125	0,9	Abrundung mit kleinem Krümmungsradius
0,0001	0,99	bei sehr großer und glatter Abrundung

Wenn die Zuflußgeschwindigkeit steigt, d. h. wenn F_2/F_1 größer wird, bildet sich die Kontraktion nicht mehr so stark aus. Folgende Werte können dann zugrunde gelegt werden:

F_2/F_1	0,01	0,1	0,2	0,4	0,6	0,8	1,00
μ	0,6	0,61	0,62	0,65	0,7	0,77	1,00

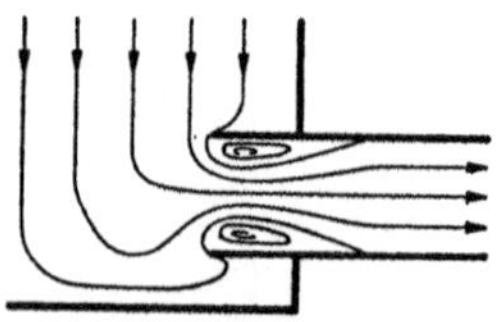
Fig. 60.

c) Rohranschluß nach Fig. 60. Die Einschnürung und damit der Verlust ist hier größer.

$$\mu = 0{,}5; \quad \zeta = 1 \quad \text{bei scharfer Kante.}$$

F. Eigenschaften eines freien Strahles.

Ein aus einer Düse austretender Luftstrahl vermischt sich mit der Umgebung. Ist nach Fig. 61 die Geschwindigkeitsverteilung beim Düsenaustritt eine gerade Linie, so vollzieht sich die Vermischung in Kegeln von innen 6° und außen 8°. Im Kernquerschnitt bleibt die Düsengeschwindigkeit erhalten.

Durch die Vermischung vergrößert sich die im Strahl bewegte Luftmenge. Ist $V_{\text{Düse}}$ die aus der Düse austretende Luftmenge, so ist im Abstand x eine größere Menge V_x vorhanden[1]). Der Unterschied beträgt:

$$V_x - V_{\text{Düse}} = 0{,}14 \cdot x/d \cdot V_{\text{Düse}}.$$

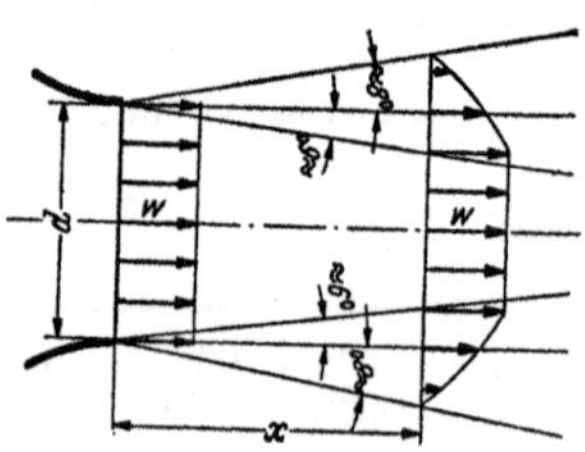

Fig. 61.

Die Verwirbelung bedingt einen ziemlichen Energieverlust, der mit x geradlinig steigt. Ist $L = F_{\text{Düse}} \cdot \varrho/2 \cdot w^3$ die kinetische Energie in der Düse, so ist nach einer Strahllänge x folgender Energieverlust vorhanden:

$$\Delta L = 0{,}08\, L \cdot x/d.$$

Im Strahlkern ist der statische Druck um etwa 1 vH des Staudruckes größer als im Außenraum. In der Vermischungszone treten infolge der starken Turbulenz scheinbare statische Druckänderungen bis zu 7 vH des Staudruckes auf.

Der Strahlkern hört nach $x = d \cdot 4{,}74$ auf. Von da ab nimmt auch die Geschwindigkeit in Strahlmitte ab.

G. Widerstand von Körpern.

1. Allgemeines.

Die Ursache des Widerstandes ist die Reibung. An der Oberfläche eines Körpers findet keine Verschiebung statt. Die Flüssigkeit bzw. die Gase werden

[1]) Hörner: Diss. Braunschweig 1933.

durch Adhäsionskräfte festgehalten. Der Übergang von der Geschwindigkeit Null auf den vollen Wert der Umgebung findet in einer verhältnismäßig dünnen Schicht, der Grenzschicht (s. S. 255) statt. Die Grenzschicht kann laminar oder turbulent sein, wobei die Grenzschichtdicke eine ähnliche Bedeutung hat wie der Rohrradius bei der Rohrströmung. Bei laminarer Grenzschicht nimmt die Geschwindigkeit linear mit der Entfernung von der Wand zu, bei turbulenter Grenzschicht proportional $y^{\frac{1}{7}}$ zu. Die turbulente Grenzschicht ist meist dicker als die laminare. Der Widerstand eines Körpers hängt nur von dem Verhalten dieser Grenzschicht ab. Bei anliegender Strömung setzt sich der Widerstand nur aus den in der Grenzschicht übertragenen Schubspannungen zusammen, während bei Ablösung der Strömung das Gesamtbild der äußeren Strömung geändert wird und der Unterdruck hinter dem Körper einen zusätzlichen Widerstand verursacht. Entsprechend diesen beiden Widerstandsursachen spricht man von Flächenwiderstand und Formwiderstand. Eine Platte nach Fig. 62 hat nur Flächenwiderstand, während bei Fig. 63 sowohl Flächenwiderstand als Formwiderstand vorhanden sind. (S. auch Fig. 19.)

Fig. 62.

2. Flächenwiderstand.

Man bezieht den Widerstand einer zur Strömungsrichtung parallelen Platte auf die Gesamtoberfläche O und den Staudruck der Anblasegeschwindigkeit:

$$W = c_f \cdot \gamma/2g \cdot w^2 \cdot O.$$

Der Koeffizient c_f hängt bei der glatten Platte nur von der Reynoldsschen Zahl ab:

$$Re = w \cdot t/\nu \quad (t \text{ die Plattentiefe}).$$

Es gilt: für laminare Grenzschicht $c_f = 1{,}327/\sqrt{Re}$,

für turbulente „ $c_f = 0{,}074/Re^{0,2}$.

Werte von c_f bei turbulenter Grenzschicht.

Re	300000	500000	1000000	5000000	10000000
c_f	0,00594	0,00536	0,00467	0,00338	0,00295

Wenn die Plattenvorderkante zugeschärft ist, ist im vorderen Teile laminare und im hinteren Teile turbulente Grenzschicht vorhanden. Dann gilt nach Prandtl:

$$c_f = 0{,}074/\sqrt[5]{Re} - 1700/Re.$$

Der Umschlag von laminarer zu turbulenter Grenzschicht findet bei $Re \sim 5 \cdot 10^5$ statt. Er schwankt je nach der Gesamtturbulenz des Strahles und der Ausbildung der Vorderkante der Platte.

Bei rauhen Flächen treten ähnliche Änderungen ein wie bei Rohren. Bei welligen Rauhigkeiten kann auch hier $c_f = \xi \cdot c_{f_{\text{glatt}}}$ angesetzt werden, während bei körnigen Rauhigkeiten oberhalb bestimmter Reynoldsscher Zahlen c_f unabhängig von Re wird.

3. Formwiderstand.

Der Widerstand wird bezogen auf die „Schattenfläche“ F des Körpers und den Staudruck $q = \gamma/2g \cdot w^2$ der Anblasegeschwindigkeit.

$$W = c \cdot F \cdot q.$$

Es ist zu unterscheiden zwischen Körpern, bei denen infolge scharfer Kanten die Ablösungsstelle festliegt, z. B. Platten, und stetig abgerundeten Körpern, bei denen die Ablösungsstelle sich ändert. Bei den ersteren ist c unabhängig von der Reynoldsschen Zahl, während bei der zweiten Gruppe einschneidende Änderungen bei gewissen Re-Werten eintreten. Entscheidend für den Strömungsverlauf ist die Grenzschicht. Ist dieselbe laminar, d. h. bei kleineren *Re*-Werten, so reißt die Strömung praktisch am äußeren Umfang des projizierten Körpers ab. Bei einem bestimmten *Re*-Wert, der sog. kritischen Reynoldsschen Zahl, wird die Grenzschicht turbulent. Diese turbulente Grenzschicht ermöglicht ein mehr oder weniger weites Anliegen der Strömung hinter dem größten Meridianschnitt (Fig. 63). Eine unter Umständen große Verkleinerung des

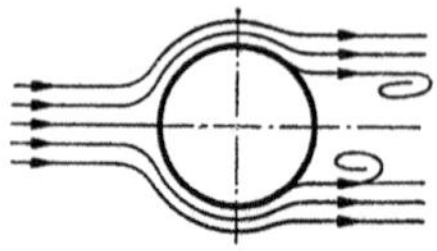

Fig. 63.

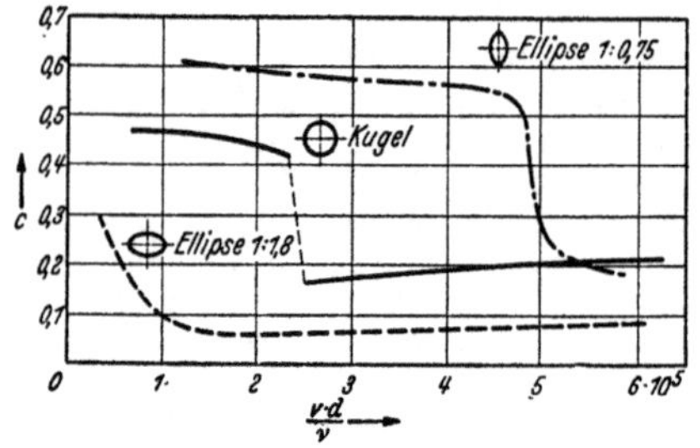

Fig. 64.

Widerstandskoeffizienten ist die Folge. Kennzeichnend ist das Verhalten der Kugel. *c* sinkt hier im kritischen Bereich von 0,48 auf 0,16, d. h. auf beinahe ein Drittel. Die kritische Reynoldssche Zahl wird durch die Turbulenz des gesamten Strahls sehr beeinflußt. Bei der Kugel liegt die kritische Reynoldssche Zahl zwischen $Re = 1{,}5 \cdot 10^5$ bis $4{,}05 \cdot 10^5$. Der untere Wert gilt für hochturbulenten Strahl, während der obere Wert bei laminarer Gesamtströmung auftritt (z. B. der Strömungszustand der Atmosphäre bei der Bewegung eines Flugzeuges). Die kritische Reynoldssche Zahl liegt um so niedriger und ist um so weniger scharf ausgeprägt, je kleiner die Krümmung des Körpers ist (Fig. 64). Ist *r* der

Widerstandsziffern für kennzahlunempfindliche Körperformen.

Körperform	c
Halbkugel, ohne Boden	0,34
Halbkugel, mit Boden	0,4
Halbkugel, ohne Boden	1,33
Halbkugel, mit Boden	1,17
Kreisplatte	1,11
Prisma $\frac{a}{b} = \frac{1}{5}$	0,91
Prisma $\frac{a}{b} = \frac{1}{\infty}$	1,53
Kreisring $\frac{d}{D} = 0{,}5$	1,22
Kegel ohne Boden (30°)	0,34
Kegel ohne Boden (60°)	0,51
Platte $\frac{a}{b} =$ 1	1,10
2	1,15
4	1,19
10	1,29
18	1,40
∞	2,01
Walze $\frac{l}{d} =$ 1	0,91
2	0,85
4	0,87
7	0,99
2 Kreisplatten Abstand *l*, $\frac{l}{d} =$ 1	0,93
1,5	0,78
2	1,04
3	1,52

Fig. 65.

Widerstandsziffern für kennzahlempfindliche Körper.

Körperform		Re	c
Kugel		$> Re = 1{,}5 \cdot 10^5 \div 4{,}05 \cdot 10^5$	$0{,}09 \div 0{,}18$
		$< Re = 1{,}5 \cdot 10^5 \div 4{,}05 \cdot 10^5$	0,47
Ellipsoid 1:0,75		$< Re = 5 \cdot 10^5$	0,6
		$> Re = 5 \cdot 10^5$	0,21
Ellipsoid 1:1,80		$> Re = 10^5$ unter 10^5 stetiger Übergang zu größeren *c*-Werten	0,09
Streben	$\frac{t}{d} =$ 2	$Re > 10^6$	0,2
	3		0,1
	5		0,06
	10		0,083
	20		0,094
Zylinder	$\frac{l}{d} =$ 1	unterkritisch etwa $Re = 9 \cdot 10^4$	0,63
	2		0,68
	5		0,74
	10		0,82
	40		0,98
	∞		1,2
	∞	$Re > 5 \cdot 10^5$	0,35

Fig. 66.

Krümmungsradius an der zu erwartenden Ablösungsstelle, so findet der Umschlag bei $Re = w\,r/\nu = 6 \cdot 10^4$ bis $15 \cdot 10^4$ statt.

Bei Widerstandskörpern mit großem Widerstand ist der Formwiderstand überwiegend, z. B. bei der Kugel beträgt im überkritischen Bereich der Formwiderstand 90 vH und der Reibungswiderstand nur 10 vH.

Übersicht über den Widerstand typischer Körperformen Fig. 65 u. 66.

4. Beeinflussung des Widerstandes durch die Ausbildung der Vorderkante.

Die Widerstandsangaben für verschiedene Körper (S. 270) lassen deutlich erkennen, daß ein möglichst schlanker Abflußkörper den Widerstand sehr günstig beeinflußt, trotzdem ist die Ausbildung der Vorderkante von nicht geringerer Bedeutung. Bei der Umströmung eines Körpers bildet sich nämlich in der Nähe der vorderen Abrundung ein Druckminimum und damit eine Stelle größter Geschwindigkeit aus. Je größer diese Geschwindigkeit ist, um so stärker muß nachher die Verzögerung sein, um so größer ist somit auch die Ablösungsgefahr. Durch zweckmäßige Formgebung der Vorderkante kann dieses Minimum weitgehend beeinflußt werden. Fig. 67 zeigt ein nach der Potentialtheorie durchgerechnetes Beispiel für zwei Formen *a* und *b* der Abrundung. Die mehr spitze Form *a* verkleinert das Druckminimum. Diese Gesichtspunkte sind nicht allein bei Widerstandskörpern, sondern auch bei der Gestaltung der Schaufeleintrittskanten von Turbomaschinen (Kavitation!) zu beachten.

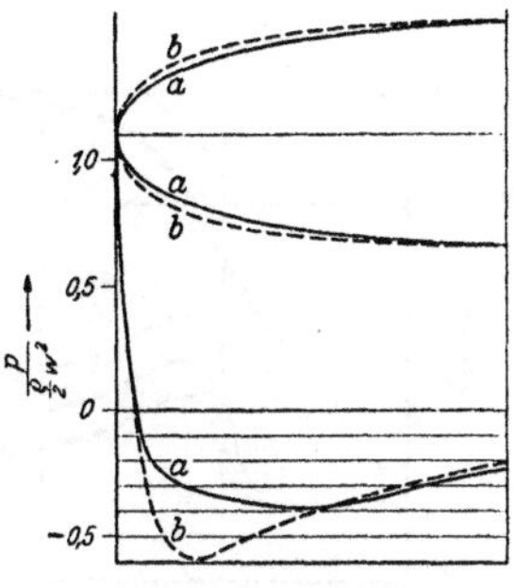

Fig. 67. Druckverteilung an der verschieden geformten Vorderkante eines unendlich langen Körpers.

5. Widerstand von Fahrzeugen.

Bei den ständig steigenden Geschwindigkeiten der Fahrzeuge spielt der Luftwiderstand eine immer größere Rolle. Bis zu Geschwindigkeiten von rund 70 km/h ist der Anteil des Luftwiderstandes im Verhältnis zu den anderen Widerständen gering. Bei Geschwindigkeiten über 100 km/h ist der Einfluß so groß, daß die Formgebung dieser Wagen durch die Forderung nach kleinstem Luftwiderstand entscheidend beeinflußt wird. Der Leistungsaufwand wächst mit der dritten Potenz der Geschwindigkeit und wird nach folgender Formel berechnet:

$$L = c \cdot \gamma/2g \cdot F \cdot w^3 \text{ (mkg/sek)}.$$

F ist die sog. Spantfläche des Wagens, worunter man das projizierte Schattenprofil des Wagens in Fahrtrichtung versteht.

Fig. 68 zeigt anschaulich, was durch zweckentsprechende Formgebung erreicht werden kann.

1 Scheibe in Bodennähe $c_w = 1{,}27$

2 Offener Wagen $c_w = 0{,}9$

3 Geschlossener Wagen $c_w = 0{,}517$

4 Geschlossener Wagen $c_w = 0{,}34$

5 Geschlossener Wagen $c_w = 0{,}231$

6 Stromlinienkörper $c_w = 0{,}2$

7 Volkswagen $c_w = 0{,}43$

Fig. 68.

Beispiel: Ein Wagen nach 3 (Fig. 68) fährt mit einer Geschwindigkeit von 100 km/h. Die Schattenfläche, hier meist mit „Spantfläche" bezeichnet, betrage 2 m². Es ist $c_w = 0{,}517$. Die Motorleistung in PS ist zu berechnen.

$$w = 100/3{,}6 = 27{,}8 \text{ m/sek};$$

$$W = c_w \cdot \gamma/2g \cdot w^2 \cdot F = 0{,}517 \cdot 27{,}8^2/16 \cdot 2 = 49{,}9 \text{ kg};$$

$$N = w \cdot W/75 = 27{,}8 \cdot 49{,}9/75 = 18{,}5 \text{ PS}.$$

6. Widerstand von Geschossen.

Der Widerstand von Geschossen, der neuerdings in Überdruckwindkanälen in ähnlicher Weise wie bei Tragflächen ermittelt wird, wird hauptsächlich durch die Form des Vorderteiles beeinflußt. Die spitze Form ist günstiger als die stumpfe. In der Nähe der Schallgeschwindigkeit steigt der Widerstandsbeiwert erheblich, erreicht hier ein Maximum und wird meist kleiner bei noch größeren Geschwindigkeiten. Die entscheidende Bedeutung, die die Schallgeschwindigkeit bei diesen Bewegungen mit Überschallgeschwindigkeit hat, wird aus verschiedenen Gründen durch die Machsche Kennzahl $\frac{w}{a} = \frac{\text{Geschwindigkeit}}{\text{Schallgeschwindigkeit}}$ berücksichtigt.

Fig. 69 zeigt den Verlauf der c_w-Werte für typische Formen.

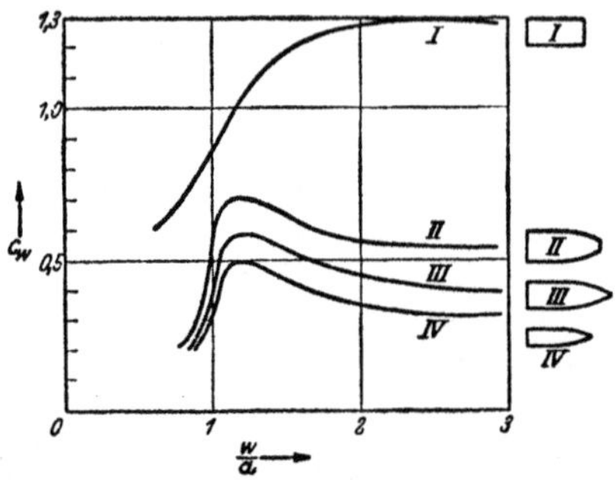

Fig. 69. Widerstandsziffern verschiedener Geschoßformen.

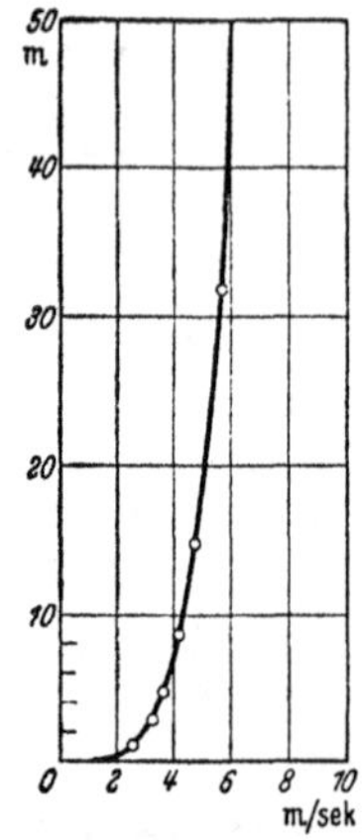

Fig. 70. Zunahme der Windgeschwindigkeiten in der Bodennähe.

H. Eigenschaften des Windes.

Die Windgeschwindigkeiten sind meist unter 20 m/sek. Sehr selten treten Stürme bis zu 40 m/sek auf, während an der Küste vereinzelt noch Geschwindigkeiten bis zu 50 m/sek vorkommen. Die Geschwindigkeit ist am Boden gleich Null und steigt in einer „Grenzschicht", die mehrere km betragen kann. Fig. 70 zeigt für mittlere Windstärke diese Grenzschicht nach Messungen von W. Schmidt. Die Geschwindigkeitsverteilung folgt gut einem Potenzgesetz w prop $y^{\frac{1}{5}}$. Bei schweren Stürmen dürfte das Gesetz nur für eine Schicht von etwa 10 bis 20 m über dem Boden zutreffen.

Für die Berechnung des Winddruckes auf Gebäude kann nach einem Vorschlag von Flachsbart mit folgenden Geschwindigkeiten gerechnet werden:

bis zu einer Höhe von 20 m über dem angrenzenden Gelände $w = 35$ m/sek (40 m/sek),
für Höhen über >20 m $w = 40$ m/sek (45 m/sek).

Die eingeklammerten Zahlen gelten für besonders windreiche Gegenden. Genaue Werte über den Winddruck auf Gebäude sind nur durch Modellversuche im Windkanal zu erhalten.

Nach Aßmann können über die Häufigkeit der Windstärken in verschiedenen Höhen bei verschiedenen Jahreszeiten folgende Angaben gemacht werden:

Häufigkeit der Windstärken nach Aßmann.

	In Höhe über Erdoberfläche m	Windgeschwindigkeiten in m/sek					Mittelwert
		0 bis 2	2 bis 5	5 bis 10	10 bis 15	über 15	
Dezember	0	18,8	42,0	35,2	3,7	0,3	4,9
bis Februar	500	6,1	12,5	33,6	24,1	23,7	11,4
März	0	20,1	42,2	32,7	4,5	0,5	4,9
bis Mai	500	13,9	21,5	38,8	17,3	8,5	7,8
Juni	0	23,2	46,2	30,1	0,5	—	4,4
bis August	500	15,9	25,1	38,8	14,4	6,0	7,0
September	0	24,2	45,3	28,1	1,8	0,6	4,5
bis November	500	9,7	19,3	36,5	19,7	14,8	9,5
Jahres-	0	21,4	44,2	31,6	2,6	0,2	4,7
mittel	500	11,7	19,4	37,0	18,7	13,2	8,9

Beispiel: Wie groß ist der Winddruck auf einen 50 m hohen Schornstein, dessen mittlerer Durchmesser rund 3 m beträgt? Da die Höhe über 20 m ist, soll mit der Höchstgeschwindigkeit $w = 40$ m/sek gerechnet werden, die zur Sicherheit auf der ganzen Länge wirkend in Rechnung gesetzt werden soll. Für die Wahl des Widerstandskoeffizienten ist die Reynoldssche Zahl maßgebend. Mit $\nu = 0{,}14$ folgt:

$$Re = 300 \cdot 4000/0{,}14 = 85{,}80 \cdot 10^5 .$$

Es ist also bei weitem überkritisches Gebiet vorhanden, so daß nach S. 270 mit $c \sim 0{,}4$ gerechnet werden soll.

$$P = c \cdot q \cdot F = c \cdot \gamma/2g \cdot w^2 d \cdot l = 0{,}4 \cdot 40^2 \cdot 3 \cdot 50/16 = 6000 \text{ kg}.$$

Bei gleichmäßiger Verteilung des Winddruckes ergibt sich an der Wurzel ein Moment

$$M_d = Pl/2 = 6000 \cdot 5000/2 = 15\,000\,000 \text{ kg} \cdot \text{cm}.$$

J. Der Tragflügel.

1. Allgemeines.

Bezeichnungen:

F Flügelfläche,
t Tiefe des Flügels gemäß Fig. 71,
b Spannweite des Flügels,
Λ Flügelstreckung $= b^2/F$,
α Anstellwinkel gegenüber Profilsehne,
w Anblasegeschwindigkeit,
A Auftrieb in kg,
W Widerstand in kg,
$\varepsilon = \dfrac{W}{A}$ Gleitwinkel,
s Entfernung des Druckpunktes an der Profilnase nach Fig. 71,
$c_a = \dfrac{A}{q \cdot F}$ Auftriebkoeffizient,

$c_w = \dfrac{W}{q \cdot F}$ Widerstandskoeffizient,
$c_n = N/qF$ Beiwert der Normalkraft,
$c_t = T/qF$ Beiwert der Tangentialkraft,
$c_r = R/qF$ Beiwert der Resultierenden,
$c_r = \sqrt{c_a^2 + c_w^2} = \sqrt{c_n^2 + c_t^2}$,
$c_m = \dfrac{M}{t \cdot q \cdot F}$ Momentenbeiwert,
$q = \dfrac{\gamma}{2g} w^2$ Staudruck (kg/m²).

Wird ein Tragflügel mit der Geschwindigkeit w bewegt oder der feststehende Flügel mit der Geschwindigkeit w angeblasen, so entsteht eine Luftkraftresultierende R, die bei guten Flügeln nahezu senkrecht auf der Bewegungsrichtung steht. Diese Resultierende zerlegt man in:

1. Auftrieb = Kraft senkrecht zur Bewegungsrichtung.
2. Widerstand = Kraft in Bewegungsrichtung.

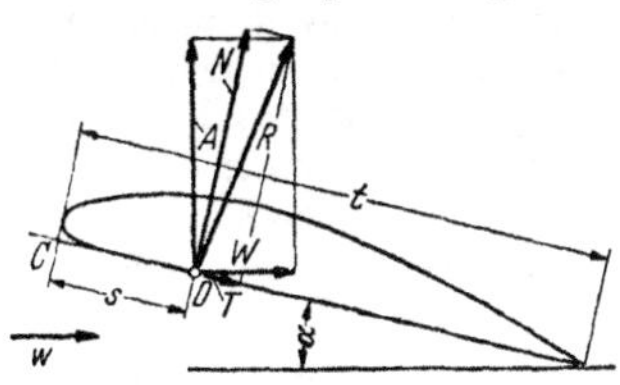

Fig. 71.

Die Tragflügelkräfte werden durch dimensionslose Koeffizienten erfaßt, deren Bedeutung aus folgenden Gleichungen hervorgeht:

$$A = c_a \cdot q \cdot F; \quad W = c_w \cdot q \cdot F; \quad M = c_m \cdot t \cdot q \cdot F .$$

Das Moment der Luftkräfte wird meist auf den vorderen Punkt C bezogen (Fig. 71). Die Angabe des Momentes ermöglicht die Ermittlung des sog. Druckmittelpunktes. Hierunter versteht man den Schnittpunkt der Luftkraftresultierenden mit der Profilsehne. Der Abstand des Druckmittelpunktes von der Vorderkante wird mit s bezeichnet.

2. Theoretische Beiwerte für unendlich lange Flügel.

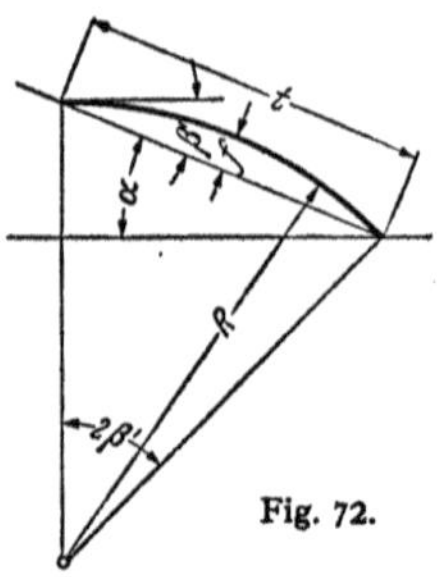

Fig. 72.

Gerade Platte $c_a = 2\pi \sin\alpha \backsim 2\pi \cdot \alpha$.
Kreisbogenprofil

$$c_a = 2\pi \sin\left(\alpha + \frac{\beta'}{2}\right) \backsim 2\pi\left(\alpha + \frac{\beta'}{2}\right)$$

$$= 2\pi\left(\alpha + \frac{2f}{t}\right) = 2\pi\left(\alpha + \frac{t}{4R}\right)$$

(R Krümmungsradius des Kreisbogens nach Fig. 72).

Gebogenes Profil mit den Endwinkeln ψ und φ nach Fig. 73:

$$c_a = 2\pi \sin(\alpha + \tfrac{3}{8}\varphi + \tfrac{1}{8}\psi) \backsim 2\pi(\alpha + \tfrac{3}{8}\varphi + \tfrac{1}{8}\psi).$$

(Durch die Reibung wird der Faktor 2π vermindert auf 5,1 bis 5,8.)

Momentenbeiwert. Die Luftkräfte haben das Bestreben, den Flügel zu drehen. Das Drehmoment dieser Kräfte hängt von dem Angriffspunkt der Resultierenden ab. Schneidet die Resultierende die Flügelsehne in D, Fig. 71, so ist das Moment, bezogen auf den vorderen Punkt C, $M_c = s \cdot N = s \cdot c_n \cdot q \cdot F$. Denkt man sich das gleiche Moment durch eine Kraft $P' = c_m \cdot q \cdot F$ am hinteren Ende des Flügels erzeugt, so wird $M_c = t \cdot c_m \cdot q \cdot F = s \cdot c_n \cdot q \cdot F$. Die Zahl c_m nennt man den Momentenbeiwert; es ist $s = t \cdot c_m/c_n$. Da in erster Näherung $A \backsim N$ ist, setzt man meist: $s = t \cdot c_m/c_a$. Die Funktion $c_m = f(c_a)$ ist eine Gerade mit der Steigung $1:4$. Diese Steigung gilt für alle Profile und alle Seitenverhältnisse. Die Gleichung dieser Geraden ist somit $c_m = c_{m0} + c_a/4$.

Fig. 73.

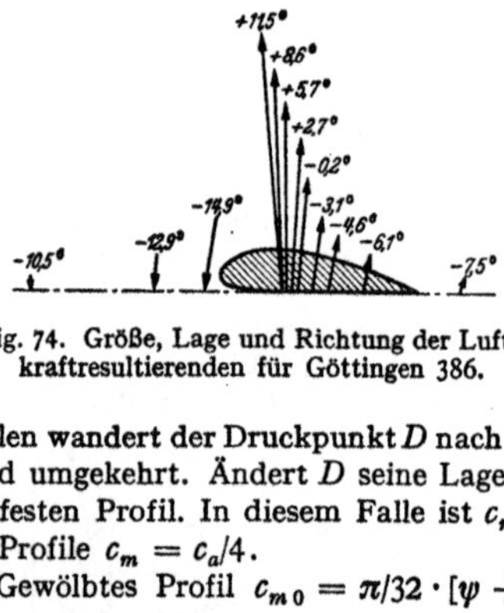

Fig. 74. Größe, Lage und Richtung der Luftkraftresultierenden für Göttingen 386.

Druckpunkt. Bei den meisten Profilen wandert der Druckpunkt D nach vorne, wenn der Anstellwinkel α zunimmt und umgekehrt. Ändert D seine Lage nicht, so spricht man von einem druckpunktfesten Profil. In diesem Falle ist $c_{m0} = 0$.

Gerade Platte und symmetrische Profile $c_m = c_a/4$.

Kreisbogenprofil $c_{m0} = \pi\beta'/4$; Gewölbtes Profil $c_{m0} = \pi/32 \cdot [\psi + 7\varphi]$.

Fig. 74 zeigt die Druckpunkte, sowie Größe und Richtung der Luftkräfte bei verschiedenen Anstellwinkeln für das Göttinger Profil 386. Man erkennt, daß mit steigenden Anstellwinkeln die Luftkraft nach vorne rückt, eine Eigenschaft, die die Profile instabil macht. Bei negativen Anstellwinkeln wandert der Druckpunkt schnell ins Unendliche, während gleichzeitig die Normalkraft bis auf Null abfällt. So ergibt sich für den Auftrieb Null ein starkes kopflastiges Moment.

3. Näherungsweise Ermittlung der Eigenschaften beliebiger Profile.

Nach Fig. 75 trägt man beiderseits des Skelettes mit den Endwinkeln ψ und φ gleiche Abstände y auf und rundet die Nase mit einem Radius r ab. Das so entstandene Profil hat bis auf die größten c_a-Werte ziemlich den gleichen Verlauf der Kurven $c_a = f(\alpha)$ wie das gewölbte Skelett allein. Die c_w-Werte werden (s. Fig. 81) allerdings merklich durch die Dicke und durch den

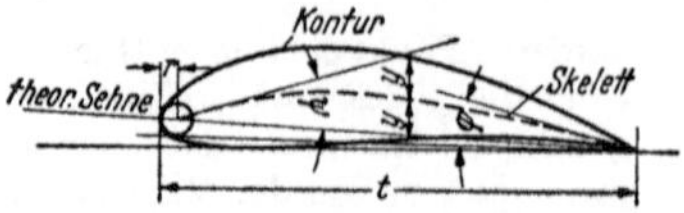

Fig. 75.

Kurvenverlauf beeinflußt (t muß bei der Nachrechnung um den Krümmungsradius r der Nase vergrößert werden).

4. Polardiagramm.

Die Beiwerte eines Tragflügels werden meist so aufgezeichnet, daß der Widerstandsbeiwert als Abszisse und der Auftriebbeiwert als Ordinate erscheinen (Fig. 76). An diese Kurve werden die jeweiligen Anstellwinkel angeschrieben. Diese von Lilienthal stammende Darstellung wird Polardiagramm genannt. Sie hat u. a. den Vorteil, daß die Verbindung des Nullpunktes mit einem Punkt

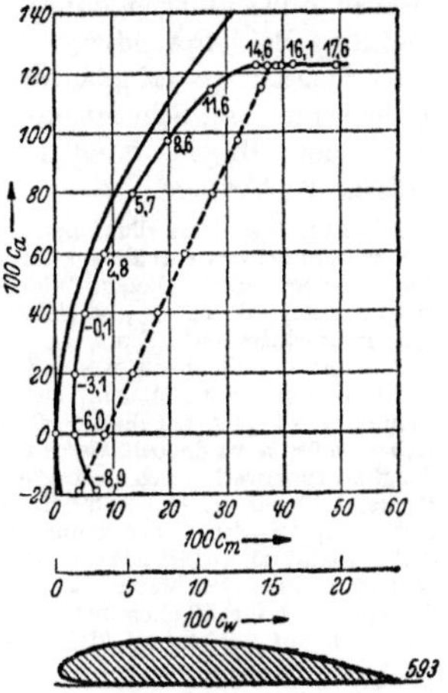

Fig. 76. Polare für Seitenverhältnis 1:5. Die gestrichelte Linie stellt die Momentenlinie dar $c_m = f(c_a)$.

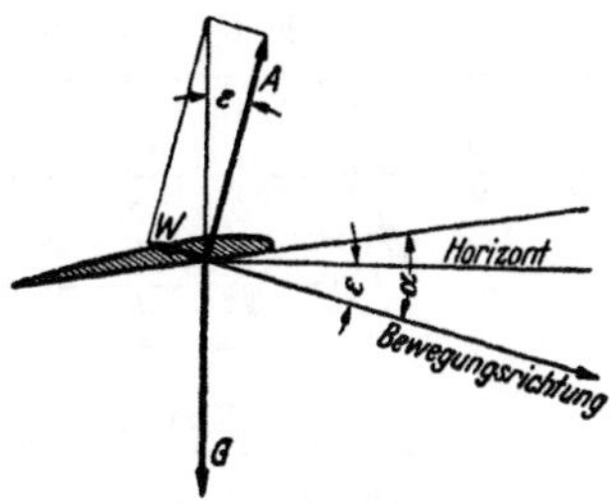

Fig. 77. Kräftedreieck beim motorlosen Gleitflug.

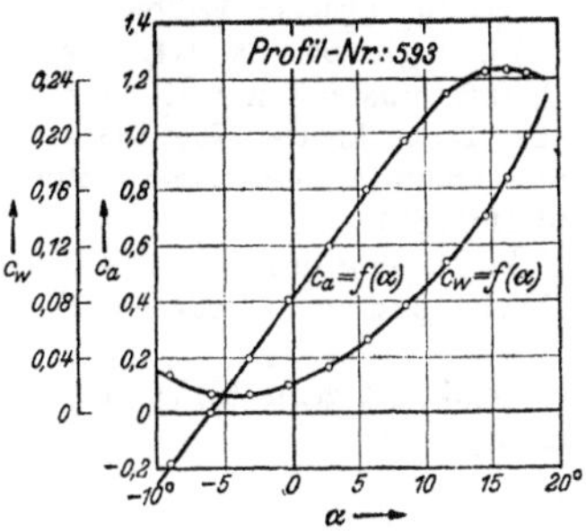

Fig. 78.

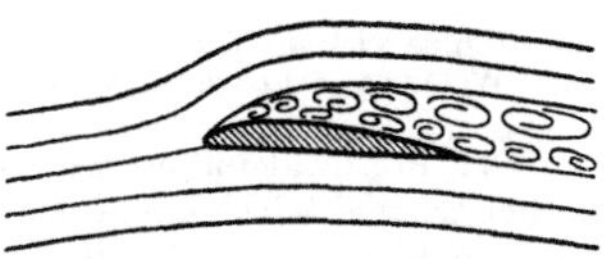

Fig. 79. Abreißen der Strömung bei größeren Anstellwinkeln.

der Kurve die Richtung der Resultierenden angibt. Der Winkel dieser Verbindung gegen die c_a-Achse ist der Gleitwinkel und kann nach $\operatorname{tg} \varepsilon = c_w/c_a$ ausgerechnet werden. Ein motorloses Flugzeug, Fig. 77, gleitet unter diesem Winkel zu Boden. Die Tangente an die Polare gibt den kleinsten Gleitwinkel an.

Auftrieb und Widerstand ändern sich mit dem Anstellwinkel. Fig. 78 zeigt für das Profil 593 die Kurven $c_a = f(\alpha)$ und $c_w = f(\alpha)$. Bis zu einem Anstellwinkel von etwa 10° ergibt sich ein lineares Ansteigen des Auftriebsbeiwertes mit dem Anstellwinkel. Bei etwa 15° ist der Höchstauftrieb erreicht, um dann schnell zu fallen. Der Widerstandsbeiwert nimmt ungefähr parabolisch nach beiden Seiten zu. Das Sinken des Auftriebes bei größeren Anstellwinkeln kommt dadurch zustande, daß auf der Saugseite des Flügels die Strömung abreißt. Mit größerem Auftrieb wird nämlich die Übergeschwindigkeit auf der Saugseite größer. Diese Übergeschwindigkeit muß sich bis zur Hinterkante wieder verzögern, ein Vorgang, der bei zu großer Verzögerung zum Abreißen der Strömung führt und gleichzeitig den Widerstand, wie aus Fig. 79 zu erkennen ist, wesentlich vergrößert.

5. Versuchswerte.

In der folgenden Profilsammlung (Fig. 80 bis 84) befinden sich die Kurven $c_a = f(c_w)$ [Polare]; $c_a = f(c_m)$; $c_a = f(\alpha)$. Alle Werte beziehen sich auf

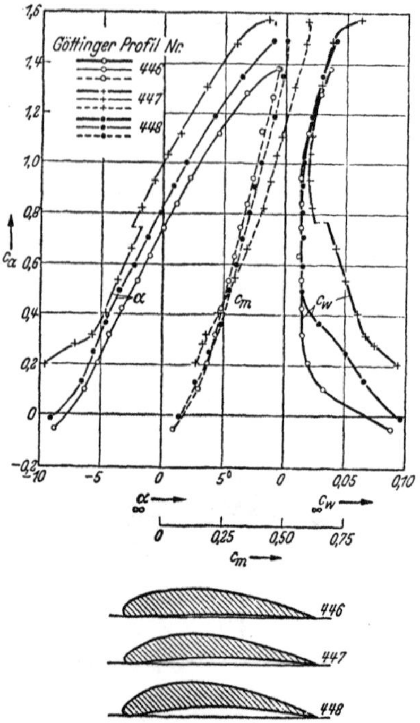

Fig. 80. Profile gleicher Dicke aber verschiedener Wölbung. Seitenverhältnis 1 : ∞.

unendliches Seitenverhältnis, so daß die Profileigenschaften in Reinkultur erscheinen. Diese neuerdings immer mehr verwendete Darstellungsweise[1]) gestattet eine unmittelbare Ablesung aller bei praktischen Anwendungen notwendigen Größen. Bei Anwendung auf die Kreiselmaschinen (Kaplanturbinen, Propellergebläse, Schraubenpumpen usw.) bietet diese Darstellung ebenfalls große Vorteile.

Der bei dieser Darstellung erscheinende Widerstandsbeiwert enthält nur den reinen Flächenwiderstand. Diesen Widerstand, gekennzeichnet durch c_{w0}, bezeichnet man mit Profilwiderstand. Ein Vergleich mit dem reinen Flächenwiderstand nach S. 269 ist leicht durchführbar. Die Koeffizienten c_f, die sich auf die Oberfläche beziehen, müssen verdoppelt werden, da die Tragflächenbeiwerte sich auf die Tragfläche, d. h. auf die halbe Oberfläche, beziehen. c_f ist der Größenordnung nach 0,005, so daß für c_{w0} der Wert $\sim 2 \cdot 0{,}005 = 0{,}01$ zu erwarten wäre, was mit den Angaben nach Fig. 82 übereinstimmt, wenn man sich auf Punkte mit kleinerem Auftrieb beschränkt.

Folgende auffällige Eigenschaften können aus den Versuchsergebnissen leicht abgelesen werden:

1. Bei gleicher Wölbung, d. h. bei dem gleichen Skelett, steigt das Auftriebsmaximum mit größerer Dicke. Der Profilwiderstand wird mit kleinerer Dicke kleiner (Fig. 81).

2. Bei gleicher Dicke steigt das Auftriebsmaximum mit steigender Wölbung. Im gleichen Sinne steigt der Profilwiderstand (Fig. 80).

3. Ein Profil kann durch eine S-förmige Aufbiegung des Skelettes druckpunktfest gemacht werden. Mit wachsender Dicke muß der S-Schwung kleiner werden (Fig. 82).

4. Wird ein Profil durch S-Schwung druckpunktfest gemacht, so sinkt das Auftriebsmaximum, während der Profilwiderstand steigt.

6. Einfluß des Seitenverhältnisses.

Unter Seitenverhältnis versteht man bei rechteckigen Flügeln das Verhältnis:

$$\frac{t}{b} = \frac{\text{Flügeltiefe}}{\text{Flügelbreite}};$$

bei nichtrechteckigen Flügeln das Verhältnis:

$$\frac{F}{b^2} = \frac{\text{Flügelfläche}}{\text{Quadrat der Flügelbreite}}.$$

Der reziproke Wert $\Lambda = b^2/F$ wird „Flügelstreckung" genannt.

Während beim unendlich langen Flügel die Gesamtablenkung der Luft unendlich klein ist, ergeben sich beim endlich langen Flügel in der Nähe des Flügels Abwärtsgeschwindigkeiten, die praktisch eine Richtungsänderung der

[1]) Lippisch: Flügelprofile — ihre Eigenschaften und ihre Auswahl. Flugsport 1930.

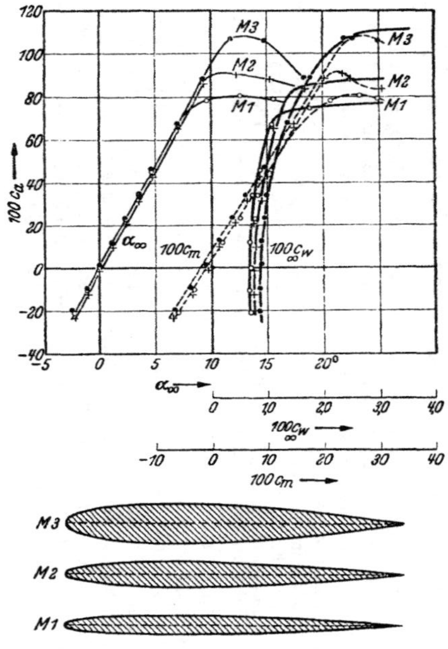

Fig. 81. Symmetrische Profile verschiedener Dicke. Seitenverhältnis 1 : ∞.

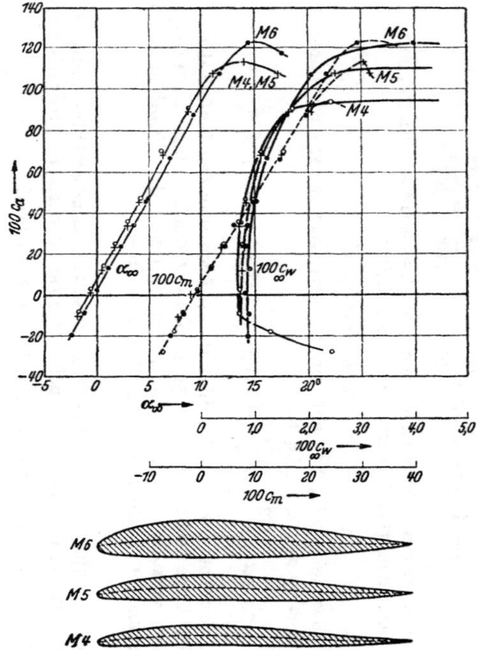

Fig. 82. Druckpunktfeste Profile verschiedener Dicke. Seitenverhältnis 1 : ∞. (Hinten aufgeschwungen.)

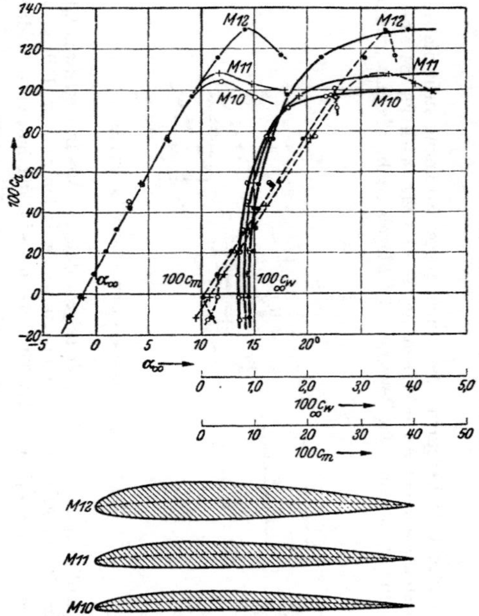

Fig. 83. Profile gleicher Dicke und Wölbung wie in Fig. 82, jedoch weniger aufgeschwungen. Nicht druckpunktfest. Seitenverhältnis 1 : ∞.

anströmenden Luft bedeuten. Bei reibungsloser Strömung steht die Luftkraft aber senkrecht auf der Anströmrichtung, so daß sich nach Fig. 84 eine Kraftkomponente in Richtung der Bewegung des Flügels ergibt, die man „induzierten

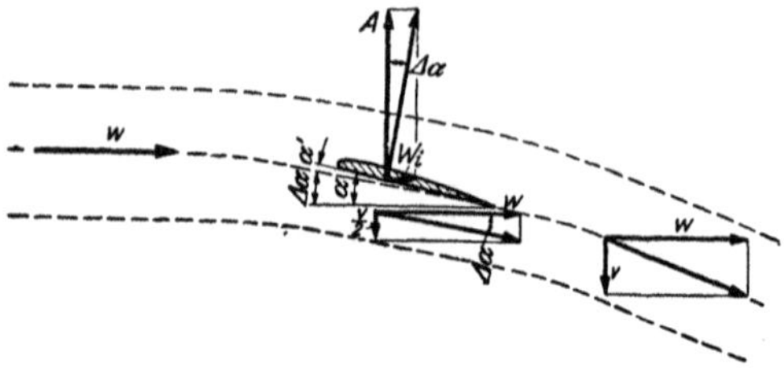

Fig. 84. Entstehung des induzierten Widerstandes.

Widerstand" nennt. Es läßt sich zeigen, daß die Abwärtsgeschwindigkeit in der Nähe des Flügels halb so groß ist wie weit hinter dem Flügel, wo der Wert $v = 2w \cdot c_a/\pi \cdot F/b^2$ erreicht wird. Damit wird der induzierte Widerstand:

$$W_i = A \cdot \operatorname{tg} \Delta\alpha = A \cdot \frac{v/2}{w} = A \cdot \frac{c_a \cdot F}{\pi b^2} = \frac{A^2}{\pi q b^2}.$$

Führt man statt des Widerstandes dimensionslose Koeffizienten ein, so ergibt sich für den induzierten Widerstand ein Koeffizient

$$c_{wi} = c_a^2/\pi \cdot t/b = c_a^2 F/\pi b^2.$$

Der Anstellwinkel α, Fig. 84, wird um $\Delta\alpha$ verringert, so daß wirksamer Anstellwinkel $\alpha' = \alpha - \Delta\alpha$. Es wird:

$$\operatorname{tg} \Delta\alpha = \frac{v/2}{w} = \frac{c_a \cdot F}{\pi b^2} \backsim \Delta\alpha; \quad \Delta\alpha^0 = 57{,}3 \cdot c_a F/\pi b^2.$$

Nach den Anschauungen der Tragflügeltheorie kann man den Einfluß der endlichen Flügellänge leicht übersehen, wenn man sich den Tragflügel als tragenden Wirbelfaden vorstellt. An den Tragflügelenden treten die Wirbelfäden nach hinten heraus. Man erhält einen sog. Hufeisenwirbel.

7. Umrechnungsformeln bei Übergang von unendlichen Seitenverhältnissen auf endliches Seitenverhältnis nach der Prandtlschen Tragflügeltheorie.

Der Auftrieb ändert sich linear mit dem Anstellwinkel. Der Einfluß des Seitenverhältnisses auf diese Abhängigkeit ergibt sich aus: $c_a = \dfrac{2\pi(\alpha_0 + \alpha)}{1 + 2\,t/b}$, α_0 = Anstellwinkel bei verschwindendem Auftrieb, d. h. für $c_a = 0$ (theoretische Formel). Durch die Reibung vermindert sich wie oben 2π in 5,2 bis 5,9, und zwar so, daß mit dicker werdendem Profil die kleineren Werte erzielt werden.

Die Formel zeigt, daß bei verschiedenen Seitenverhältnissen verschieden geneigte Geraden entstehen, die alle durch den gleichen Punkt α_0 der α-Achse gehen. Werden umgekehrt die Meßergebnisse von Flügeln mit verschiedenen Seitenverhältnissen auf ein Seitenverhältnis umgerechnet, so müssen die Meßergebnisse alle auf einer Geraden liegen. Dies wird sehr genau erreicht, eine Tatsache, die die stärkste Stütze für die Prandtlsche Tragflügeltheorie bildet.

$c_{wi} = f(c_a)$ ist eine Parabel, die sog. Polare.

Fig. 76 zeigt eine Polare mit der theoretischen Parabel für das Seitenverhältnis 1 : 5. Der Unterschied besteht durchweg in einer Parallelverschiebung, die durch den Profilwiderstand, d. h. den reinen Flächenwiderstand bedingt ist, so daß der Gesamtwiderstand des Flügels durch die Formel $c_w = c_{w\,\mathrm{prof}} + c_{wi}$ ausgedrückt werden kann. Die theoretische Berechnung des induzierten Widerstandes stimmt mit den Versuchswerten sehr gut überein. Selbst bei Seitenverhältnissen 1 : 1,5 ist noch eine Umrechnung möglich.

Für α = konst. ergibt sich eine zweite Parabel[1]):

$$c_{wi} = c_a(\alpha_0 + \alpha) - \frac{c_a^2}{2\pi}.$$

Umrechnungsformel beim Übergang vom Seitenverhältnis t_1/b_1 auf t_2/b_2:

$$\Delta c_{wi} = \frac{c_a^2}{\pi}\left[\frac{t_2}{b_2} - \frac{t_1}{b_1}\right] \quad \text{bzw.} \quad \frac{c_a^2}{\pi}\left[\frac{F_2}{b_2^2} - \frac{F_1}{b_1^2}\right],$$

$$\Delta \alpha^\circ = \frac{c_a \cdot 57{,}3}{\pi}\left[\frac{t_2}{b_2} - \frac{t_1}{b_1}\right] \quad \text{bzw.} \quad \frac{c_a \cdot 57{,}3}{\pi}\left[\frac{F_2}{b_2^2} - \frac{F_1}{b_1^2}\right].$$

Bei konstantem Anstellwinkel ändert sich der Auftrieb nach folgender Beziehung:

$$\Delta c_a = 2\pi(\alpha_0 + \alpha)\left\{\frac{1}{1 + 2t_2/b_2} - \frac{1}{1 + 2t_1/b_1}\right\}.$$

Bei sehr kleinen Seitenverhältnissen wird das Abreißen der Strömung durch die gute Belüftung der Saugseite fast verhindert. Es wurde ein günstigster Seitenverhältnisbereich $b^2/F = 0{,}75$ bis 1,5 gefunden (amerikanische Messungen), wo bei 45° Anstellwinkel ein $c_a = 1{,}85$ gegenüber $c_a = 1{,}24$ bis 14° Anstellwinkel des Rechteckflügels vom Seitenverhältnis 1 : 6 erreicht wurde. Solche Flügel sind fast autorotationsfrei, haben natürlich einen großen induzierten Widerstand.

Zahlenbeispiele: 1. Wie groß ist der Gesamtwiderstand eines Flügels von den Ausmaßen $t \cdot b = 2 \cdot 13 = 26\ \text{m}^2$, der bei einer Geschwindigkeit von 216 km/h einen Gesamtauftrieb von 2930 kg erzeugen soll? Profil 448, Fig. 80.

$$W = 216/3{,}6 = 60\ \text{m/sek}; \quad \text{Staudruck } q = \tfrac{1}{2} \cdot \varrho w^2 = 3600/16 = 225\ \text{kg/m}^2,$$

$$c_a = \frac{A}{q \cdot F} = \frac{2930}{225 \cdot 26} = 0{,}5.$$

In Fig. 80 findet man bei $c_a = 0{,}5$ den Wert $c_{w\,\text{prof}} = 0{,}015$.

$$c_{wi} = \frac{c_a^2}{\pi} \cdot \frac{t}{b} = \frac{0{,}5^2 \cdot 2}{\pi \cdot 13} = 0{,}01223; \quad c_w = c_{w\,\text{prof}} + c_{wi} = 0{,}015 + 0{,}01223 = 0{,}02723,$$

$$W = c_w \cdot F \cdot q = 0{,}0273 \cdot 26 \cdot 225 = 159{,}4\ \text{kg}.$$

2. Ein Flügel von 30 m² Gesamtfläche und einem Seitenverhältnis 1 : 5 fliegt mit $c_a = 0{,}3$ bei einer Geschwindigkeit von 320 km/h. Profil Nr. 447. Um wieviel kg würde sich der Widerstand verringern, wenn das Seitenverhältnis bei gleicher Gesamtfläche auf 1 : 6 verbessert würde? Eine Widerstandsverringerung tritt nur beim induzierten Widerstand ein

$$\Delta c_{wi} = \frac{c_a^2}{\pi}\left[\frac{t_2}{b_2} - \frac{t_1}{b_1}\right] = \frac{0{,}3^2}{\pi}\left[\frac{1}{5} - \frac{1}{6}\right] = \frac{0{,}3^2}{\pi \cdot 30} = 0{,}000956; \quad w = \frac{320}{3{,}6} = 89\ \text{m/sek}.$$

$$\text{Widerstandsverringerung } \Delta W = \Delta c_{wi} \cdot \frac{\varrho}{2} w^2 \cdot F = \frac{0{,}000956 \cdot 89^2 \cdot 30}{16} = 14{,}2\ \text{kg}.$$

$$\text{Ersparte Antriebleistung } N = \Delta W \cdot w/75 = 14{,}2 \cdot 89/75 = 16{,}85\ \text{PS}.$$

8. Kennzahleinflüsse.

Die in Fig. 80 bis 83 angegebenen Versuchswerte werden erreicht, wenn die Grenzschicht turbulent ist. Dies ist von gewissen „kritischen" Reynoldsschen Zahlen ab immer der Fall, und zwar so, daß der Umschlag von laminarer zur turbulenten Grenzschicht in einem größeren Bereich der Reynoldsschen Zahlen möglich ist. Unterhalb dieses Bereiches ist immer laminare, oberhalb immer turbulente Grenzschicht vorhanden. Wo im kritischen Bereich der Umschlag stattfindet, hängt von der Gesamtturbulenz des Strahles ab. In der freien Atmosphäre ist die Gesamtströmung, wie durch Kugelmessungen beim fliegenden Flugzeug festgestellt wurde, entgegen den üblichen Vorstellungen durchweg laminar. Gegenüber den durchweg turbulenten Luftstrahlen unserer Windkanäle ergeben sich im Luftmeer wesentlich höhere „kritische" Kennzahlen. Unterschiede von 1 zu 2 sind hier festgestellt worden. Da die Anwendungen der Flugtechnik eine durchweg „laminare" Gesamtströmung und die Anwendungen des

[1]) Eck: Beitrag zur Flügeltheorie. Ing.-Arch. Bd. 36 S. 203.

Kreiselmaschinenbaues bzw. des Maschinenbaues fast ausschließlich eine „turbulente“ Gesamtströmung ergeben, interessieren beide Werte.

1. Unterer kritischer Wert für Profile $Re = wt/\nu$:

$$Re = 40000 \text{ bis } 90000 \quad \text{(große Strahlturbulenz).}$$

2. Oberer kritischer Wert für Profile:

$$Re = 150000 \text{ bis } 180000.$$

Folgende praktisch interessierende Erscheinungen ergeben sich beim Unterschreiten von Re:

1. Der Höchstauftrieb, d. h. $c_{a\,\max}$ sinkt im unterkritischen Bereich von 1,2 bis 1,5 auf $c_{a\,\max} = 0{,}3$ bis 0,4 je nach der Dicke der Profile. Ein dünner Draht vor der Profilnase bewirkt den Umschlag in die turbulente Grenzschicht.

2. Der Profilwiderstand, d. h. $c_{w\,\min}$, insbesondere jedoch die Gleitzahl, steigt von der kritischen Kennzahl nach unten stetig, letztere auf den 3,5fachen Wert (nach Kölner Messungen).

3. Die Verschlechterung nach 1. und 2. tritt um so mehr in Erscheinung, je dicker das Profil ist. Unterhalb der kritischen Kennzahl besteht aerodynamisch kaum noch ein Vorteil des Tragflügelprofils gegenüber dem Kreisbogenprofil (wichtig für den Modellflug und kleine Schraubengebläse!).

4. Die aus Modellversuchen gewonnenen Werte für $c_{a\,\max}$, d. h. praktisch alle entsprechenden Angaben aus Profilsammlungen, können nicht ohne große Toleranz auf die Wirklichkeit übertragen werden. Dies kommt daher, weil die Werte von $c_{a\,\max}$ außer von der Profilform von der Reynoldsschen Zahl und der Turbulenz der anströmenden Luft abhängig sind. Im überkritischen Bereich kann folgende Regel angegeben werden: „Mit wachsender Reynoldsscher Zahl wächst das Auftriebmaximum bei Profilen mit mäßiger Wölbung, während bei hochgewölbten Profilen ein Abnehmen des Auftriebmaximums eintritt.“

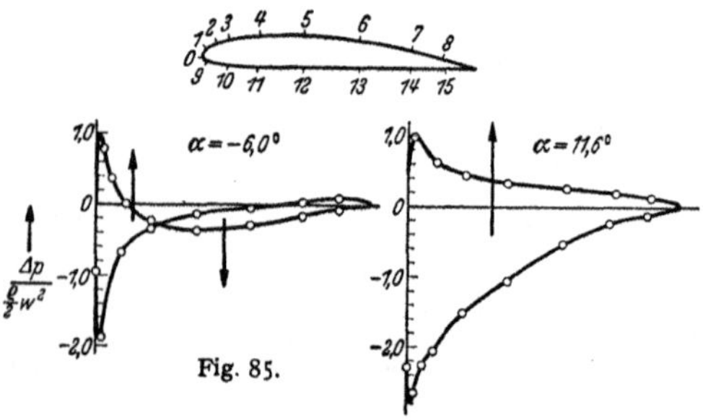

Fig. 85.

9. Druckverteilung am Tragflügel.

Die Saugwirkung ist beim Tragflügel bedeutend größer als die Druckwirkung. Während letztere maximal den Staudruck $q = \gamma/2g \cdot w^2$ erreichen kann, ist der Unterdruck kurz vor dem Anstellwinkel des Abreißens beinahe gleich dem dreifachen Staudruck. Dies bedeutet, daß an der Stelle des größten Unterdruckes die Luftgeschwindigkeit doppelt so groß wie die Fluggeschwindigkeit ist (wichtig für saubere und glatte Gestaltung dieses Tragflächenteiles). Fig. 85 zeigt die Druckverteilung für Profil 389 bei 11,6° und —6° Anstellwinkel (im letzteren Falle ist der Auftrieb gleich Null; Sturzflug). Die Druckverteilung ist in üblicher Weise über der Flügelsehne aufgetragen. (Für 11,6° ist in Fig. 86 die gleiche Druckverteilung normal zur Oberfläche dargestellt.) Aus der Druckverteilung erkennt man für diesen Fall ein großes Kräftepaar (in Fig. 85 angedeutet), das den Flügel sehr stark auf Torsion beansprucht.

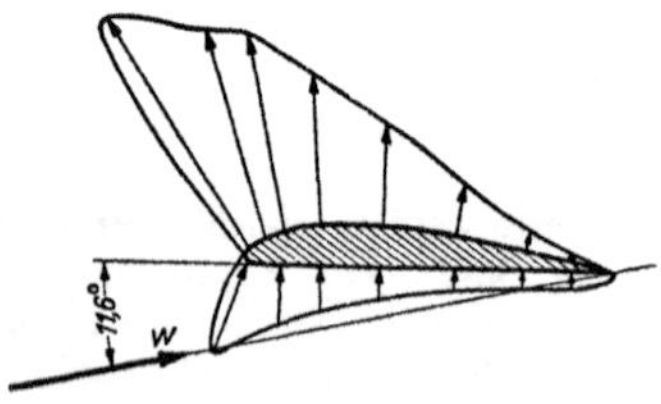

Fig. 86. Druckverteilung über einen Tragflügel. Die Drücke sind normal zur Oberfläche aufgetragen.

10. Mittel zur Auftriebserhöhung eines Flügels.

Um bei den heutigen hohen Fluggeschwindigkeiten normale Landegeschwindigkeiten zu erreichen (d. h. <100 km/h), ist beim Start und bei der Landung eine wesentliche Auftriebserhöhung nötig. Um z. B. mit einem Flugzeug von 400 km/h Geschwindigkeit eine Landegeschwindigkeit von 100 km/h zu erreichen, sind c_a-Werte von 3,5 nötig. Da die normalen Profile jedoch nur Werte von 1,3 bis 1,4 ergeben, sind besondere Hilfsmittel zur Auftriebserhöhung notwendig. Bewährt haben sich Schlitzflügel, Landeklappen und nach hinten herausschiebbare Flügelenden. Bd. II, Abschnitt „Flugtechnik" zeigt eine Zusammenstellung der heute verwendeten Hilfsmittel mit den Zahlenangaben.

11. Einfluß der Umrißform des Flügels.

Die vorhin angegebenen Regeln haben streng genommen nur Gültigkeit, wenn bei gegebenem Gesamtauftrieb der induzierte Widerstand am kleinsten ist. Dies ist dann der Fall, wenn der Auftrieb elliptisch über die Flügelbreite verteilt ist. Erreicht wird dies z. B. dadurch, daß man dem Flügel eine elliptische Grundrißform gibt, wenn gleichzeitig die Flügelschnitte geometrisch ähnlich sind und ihre Sehnen alle in einer Ebene liegen. Bei anderen Grundrißformen kann die elliptische Auftriebsverteilung auch durch verschiedene Anstellwinkel der einzelnen Flügelquerschnitte verwirklicht werden (Verwindung), doch wird in diesem Falle nur bei einem Anstellwinkel des Gesamtflügels die Bedingung erfüllt.

Aus Herstellungsgründen interessieren am meisten die rechteckige, dreieckige und trapezförmige Grundrißform. Das Dreieck und das Rechteck sind am ungünstigsten. Für die meist verwendete Trapezform liegen genauere Untersuchungen vor[1]). Die kleinsten Werte für den induzierten Widerstand werden erreicht für $t_a/t_i = 0{,}3$ bis 0.4 (t_a = Tiefe des Flügels am äußeren Ende; t_i = Tiefe des Flügels am Rumpf). Berücksichtigt man die durch die Grundrißform bedingte Vergrößerung des induzierten Widerstandes durch $c_{wi} = \varphi \cdot c_{wi_{\text{ellipt.}}}$ ($c_{wi_{\text{ellipt.}}}$ = Widerstandsbeiwert bei elliptischer Auftriebsverteilung), so liegt φ bei den günstigsten Trapezformen zwischen 1 01 und 1,035 (die erste Zahl bezieht sich auf das Seitenverhältnis 1 : 5, die letztere auf das Seitenverhältnis 1 : 20).

Da die Flügel meist mit rechteckiger Grundrißform im Windkanal untersucht werden, somit keine elliptische Auftriebsverteilung vorhanden ist, so ergeben sich bei Verwendung der Formeln nach S. 279 kleine Fehler. Bei der am meisten interessierenden Umrechnung des Seitenverhältnisses 1 : 5 auf 1 : ∞ lauten nach Weinig[2]) die genauen Formeln:

$$c_{w_\infty} = c_{w(1:5)} - 1{,}04\, c_a^2\, t/\pi b; \qquad \alpha_\infty = \alpha_{(1:5)} - 0{,}855\, c_a t/\pi b,$$

$$\alpha_\infty^0 = \alpha_{(1:5)}^0 - c_a \cdot 3{,}1 \quad (\text{für } t/b = 1:5).$$

12. Polare des Flugzeugs.

Die Polare des Tragflügels ist nicht identisch mit der Polaren des ganzen Flugzeuges. Zu dem Widerstand des Flügels treten noch die Einzelwiderstände der übrigen Teile, z. B. Rumpf, Motor, Leitwerk usw. Je nach ihrer Lage zur Flugrichtung ergeben diese Teile zudem noch etwas Auftrieb oder Abtrieb. Bezogen auf ihre Stirnfläche f haben diese Teile durchweg folgende Widerstandsbeiwerte:

	c		c
Streben und Drähte .	0,1 bis 0,2	Stirnkühler	0,5 bis 0,68
Profildrähte	0,3 „ 0,4	Sternmotor	0,5 „ 0,7
Sporn mit Gleitschuh	0,3 „ 0,35	Rumpf	0,12 „ 0,2

Da bei der Polaren alle Widerstandsbeiwerte auf die tragende Flügelfläche F bezogen werden, sind die ursprünglichen Widerstandsbeiwerte c umzurechnen nach der Formel $c_w = c \cdot f/F$. Hinzu kommt noch eine gegenseitige Beeinflussung der einzelnen Teile, die z. B. bei Rumpf und Flügel sehr groß sein kann.

Bei einem modernen Schnellverkehrsflugzeug ergeben sich etwa folgende Anteile des Widerstandes für die verschiedenen Teile:

Tragflügel	55 vH	Kühler	7 vH
Rumpf mit Motor . . .	18 „	Armaturen, Antenne usw. .	5 „
Leitwerk	15 „		

13. Doppeldecker.

Der induzierte Widerstand des isolierten Einzelflügels $W_{11} = A^2/\pi q b^2$ wird bei Doppeldeckeranordnung um einen Betrag W_{12} vergrößert. Diese Vergrößerung kommt dadurch zustande, daß durch den zweiten Flügel die Abwärts-

[1]) Hueber: Z. Flugtechn. Motorluftsch. 1933 S. 271. [2]) Weinig: Z. VDI 1936 S. 299.

geschwindigkeit hinter dem Flügel vergrößert wird. Dieser gleichfalls „induzierte“ Widerstand wird durch eine ähnliche Formel erfaßt wie beim Eindecker[1]):

$$W_1 = W_{11} + W_{12} = \frac{1}{\pi \cdot q}\left(\frac{A_1^2}{b_1^2} + \sigma \cdot \frac{A_1 \cdot A_2}{b_1 \cdot b_2}\right),$$

$$W_2 = W_{21} + W_{22} = \frac{1}{\pi \cdot q}\left(\sigma \frac{A_1 \cdot A_2}{b_1 \cdot b_2} + \frac{A_2^2}{b_2^2}\right).$$

Gesamtwiderstand $W = W_1 + W_2 = \frac{1}{\pi \cdot q}\left(\frac{A_1^2}{b_1^2} + 2\sigma \frac{A_1 \cdot A_2}{b_1 \cdot b_2} + \frac{A_2^2}{b_2^2}\right).$

Für σ gilt bei gleichen Spannweiten:

$$\sigma = \frac{1 - 0{,}66 \cdot h/b}{1{,}055 + 3{,}7 \cdot h/b} \quad \left(\text{gültig von } \frac{h}{b} = \frac{1}{15} \text{ bis } \frac{1}{2}\right).$$

h senkrechter Abstand beider Tragflügel.

Bei einer bestimmten Auftriebsverteilung auf beide Flügel wird der Gesamtwiderstand am kleinsten. Wird

$$A = A_1 + A_2 \quad \text{und} \quad A_2 = A \cdot x; \qquad A_1 = A \cdot (1 - x)$$

gesetzt, so ist im Bestfalle:

$$x = \frac{\mu - \sigma}{\mu + 1/\mu - 2\sigma}; \qquad \mu = b_2/b_1$$

mit b_1 = Breite des Oberflügels, b_2 = Breite des Unterflügels,

d. h. für gleich lange Flügel ist $x = \frac{1}{2}$; Ober- und Unterflügel müssen dann gleichen Auftrieb haben. Dies gilt streng genommen nur in erster Näherung. Eine genauere Rechnung ergibt, daß nicht die Auftriebe, sondern die Zirkulationen gleich sein müssen[2]).

Bezieht man den Gesamtwiderstand auf die Gesamtfläche $F = F_1 + F_2$, so kann man den gesamten induzierten Widerstand vergleichen mit dem eines Eindeckers, der bei gleicher Spannweite und gleicher Gesamtfläche den gleichen Auftrieb erzeugt. Das Verhältnis dieser Widerstände nennt man k:

$$W_{\text{Doppeldecker}} = W_{\text{Eindecker}} \cdot k; \qquad c_{w\,\text{Doppeld.}} = \frac{c_a^2 \cdot F}{\pi \cdot b_1^2} \cdot k.$$

Für k erhält man: $k = \frac{1 + 1{,}48 \cdot h/b}{1{,}027 + 3{,}6 \cdot h/b}$.

a) Werte von $k = W/W_E$ für den Doppeldecker.

R/b	0	0,05	0,1	0,15	0,2	0,25	0,3	0,35	0,4	0,45	0,5
μ=0,6	1,000	0,990	0,974	0,954	0,932	0,911	0,892	0,875	0,861	0,848	0,839
0,7	1,000	0,982	0,956	0,926	0,897	0,871	0,849	0,830	0,812	0,797	0,783
0,8	1,000	0,974	0,932	0,892	0,855	0,825	0,800	0,778	0,758	0,740	0,728
0,9	1,000	0,950	0,893	0,847	0,807	0,773	0,744	0,719	0,699	0,683	0,671
1,0	1,000	0,890	0,827	0,779	0,742	0,710	0,684	0,662	0,645	0,629	0,615

b) Werte von $x = A_2/(A_1 + A_2)$ für den Doppeldecker.

μ=0,6	0	0,060	0,104	0,134	0,157	0,176	0,191	0,202	0,211	0,218	0,224
0,7	0	0,105	0,164	0,202	0,228	0,248	0,262	0,272	0,281	0,288	0,294
0,8	0	0,172	0,246	0,285	0,310	0,327	0,338	0,347	0,355	0,361	0,364
0,9	0	0,303	0,359	0,387	0,402	0,412	0,419	0,425	0,429	0,431	0,433
1,0	0,5	0,500	0,500	0,500	0,500	0,500	0,500	0,500	0,500	0,500	0,500

[1]) Erg. aerodynam. Versuchsanst. Göttingen, II. Oldenbourg.

[2]) Eck: Neuartige Berechnung der aerodynamischen Eigenschaften eines Doppeldeckers. Z. Flugtechn. Motorluftsch. 1925 S. 183.

Wegen $k < 1$ ist der Doppeldecker immer besser als ein Eindecker von gleicher Spannweite und gleicher Gesamtfläche. Die Widerstände werden gleich, wenn der Eindecker eine um $1/\sqrt{k}$-mal größere Spannweite als der Doppeldecker hat.

Beispiele: 1. Eine Doppeldeckerzelle für ein Fluggewicht von 5000 kg ist bei einer Fluggeschwindigkeit von 230 km/h bei gleicher Spannweite 10 m des Unter- und Oberflügels und einer Gesamtfläche von 40 m² nachzurechnen. Abstand der Flügel $h = 1{,}5$ m.

$h = 1{,}5$ m; Flügeltiefe $t = \frac{F_1}{b} = \frac{20}{10} = 2$ m; $w = \frac{230}{3{,}6} = 64$ m/sek; $q = \frac{\varrho}{2} w^2 = 256$ kg/m

Wegen $b_1 = b_2$ ist auch $A_1 = A_2$; der c_a-Wert berechnet sich aus:

$$c_a = \frac{A}{q \cdot F} = \frac{5000}{256 \cdot 40} = 0{,}488; \qquad \frac{h}{b} = \frac{1{,}5}{10} = 0{,}15;$$

nach Zahlentafel $k = 0{,}779$, mithin $c_{w\,\min} = \frac{c_a^2 \cdot F}{\pi \cdot b^2} \cdot k = \frac{0{,}488^2 \cdot 40}{\pi \cdot 10^2} \cdot 0{,}779 = 0{,}0242$.

Hinzu kommt noch der Profilwiderstand. Gewählt werde das Profil Nr. 446 (S. 276). Für $c_a = 0{,}488$ lesen wir dort ab:

$$c_{w\,\text{prof}} = 0{,}015, \quad \text{mithin} \quad c_{w\,\text{ges}} = 0{,}015 + 0{,}0242 = 0{,}0392.$$

Der Gesamtwiderstand der Tragflügel des Doppeldeckers beträgt somit:

$$W = c_w \cdot q \cdot F = 0{,}0392 \cdot 256 \cdot 40 = 402 \text{ kg}.$$

2. Der gleiche Doppeldecker soll mit kürzerem Unterflügel ausgebildet werden. $\mu = b_2/b_1 = 0{,}6$. Für das gleiche $h/b_1 = 0{,}15$ entnimmt man aus der Tabelle (S. 282) $x = A_2/(A_1 + A_2) = 0{,}134$. Es entfallen somit auf den Unterflügel $A_2 = 0{,}134 \cdot 5000 = 670$ kg und $A_1 = (1 - x) A = 4330$ kg auf den Oberflügel. Für gleiche Flügeltiefen sind die einzelnen Flächen $F_1 = 40/1{,}6 = 25$ m²; $F_2 = 15$ m². $b_1 = 12{,}5$ m; $b_2 = 7{,}5$ m. Die c_a-Werte berechnen sich nach

$$c_{a_1} = A_1/q \cdot F_1 = 4330/256 \cdot 25 = 0{,}677; \quad c_{a_2} = 670/256 \cdot 15 = 0{,}1745.$$

Hierzu können unter Benutzung der Profileigenschaften Fig. 80 die Anstellwinkel leicht berechnet werden.

Für k entnimmt man aus der Zahlentafel $k = 0{,}954$, mithin:

$$c_{w\,\min} = \frac{c_a^2 \cdot F}{\pi \cdot b_1^2} \cdot k = \frac{0{,}488^2 \cdot 40}{\pi \cdot 12{,}5} \cdot 0{,}954 = 0{,}0232.$$

c_a ist hier auf die Gesamtfläche bezogen, d. h. gleich dem Werte von Beispiel 1.

Um den Profilwiderstand zu ermitteln, entnimmt man zunächst aus Fig. 80 bei den c_a-Werten 0,677 und 0,1745 die Werte $c_{w\,\text{prof}_1} = 0{,}015$; $c_{w\,\text{prof}_2} = 0{,}0227$. Diese Werte sind noch entsprechend dem Anteil der Flügelbreite zu verteilen.

$$c_{w\,\text{prof}} = 0{,}015 \cdot \tfrac{25}{40} + 0{,}0227 \cdot \tfrac{15}{40} = 0{,}0094 + 0{,}0085 = 0{,}0179;$$

$$c_{w\,\text{ges}} = c_{w\,\text{prof}} + c_{w_i} = 0{,}0179 + 0{,}0232 = 0{,}0411.$$

Nun kann der Gesamtwiderstand leicht berechnet werden:

$$W = c_{w\,\text{ges}} \cdot q \cdot F = 0{,}0411 \cdot 256 \cdot 40 = 421{,}5 \text{ kg}.$$

14. Flug in der Nähe des Bodens.

In unmittelbarer Nähe des Erdbodens ist der induzierte Widerstand kleiner, weil die Abwärtsgeschwindigkeiten in Bodennähe abnehmen müssen. Die Widerstandsverminderung beträgt $c_w' = \sigma\, c_a^2 \cdot F/\pi b^2$. (Die Berechnung geht ähnlich der Doppeldeckerberechnung vor sich.) Der Wert σ kann den Doppeldeckerberechnungen entnommen werden, wenn die doppelte Höhe über dem Boden als h eingeführt wird.

Bei Ozeanflügen wurde diese Tatsache verschiedentlich benutzt, um durch direktes Fliegen über dem Wasser den Widerstand zu verringern und Brennstoff zu sparen.

Anmerkung: Ein ähnlicher Effekt wird auch beim Geschwaderfliegen erreicht. Die mehr oder weniger dicht aneinandergereihten Tragflügel verringern den induzierten Widerstand. Beim Verbandsfliegen der Zugvögel dürfte unbewußt diese Tatsache ausgenutzt werden.

K. Propeller.

1. Strahltheorie.

Der Propeller beschleunigt eine durch seine Kreisfläche sekundlich durchströmende Luftmasse q. Die hierbei auftretende Schubkraft S ergibt sich nach dem Impulssatz zu $S = q \cdot v$, wo v die Geschwindigkeitsvergrößerung für ein durch die Propellerkreisfläche strömendes Luftteilchen ist. Die Energie $L = q\,v^2/2$ geht offensichtlich verloren, während $L_0 = S \cdot w$ die Nutzarbeit ist, wenn der

Propeller sich mit der Geschwindigkeit w bewegt. Hieraus ergibt sich der Wirkungsgrad:

$$\eta_a = \frac{S \cdot w}{S \cdot w + q \cdot v^2/2} = \frac{w}{w + v/2}$$

(Reibungsverluste sind hier noch nicht berücksichtigt).

Durch die Beschleunigung von w auf $w + v$ ergibt sich nach Fig. 87 eine Kontraktion des Schraubenstrahles. In der Schraubenebene ist genau die Hälfte der Geschwindigkeit v erreicht, so daß die Durchtrittsgeschwindigkeit der Luft an dieser Stelle $w + v/2$ beträgt. Durch Einführung der „Belastungsziffer" $c_s = \frac{S}{\varrho/2\, w^2 \cdot F}$ (der auf die Kreisfläche wirkende Staudruck der Fluggeschwindigkeit wird mit dem Schub S verglichen) läßt sich der Wirkungsgrad auch schreiben:

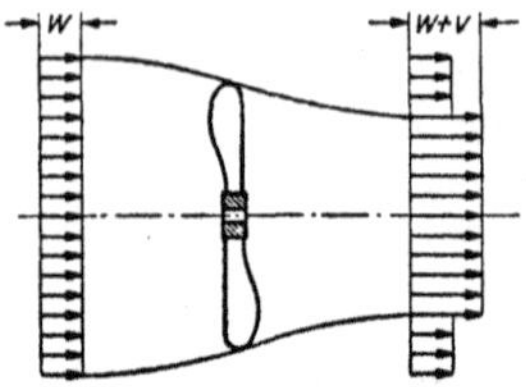

Fig. 87. Beschleunigung eines Luftstrahles durch einen Propeller.

$$\eta_a = \frac{2}{1 + \sqrt{1 + c_s}}.$$

Weiter besteht die Beziehung: $v + w = v \cdot \sqrt{1 + c_s}$.

Werte von η_a für verschiedene Belastungsziffern.

c_s	0,5	1,0	2	4	6	8	10
η_a	0,9	0,829	0,732	0,6175	0,548	0,5	0,463

Mit steigender Belastungszahl c_s fällt η_a rasch. Diese einfachen Überlegungen der sog. „Strahltheorie" führen somit zu sehr großen Propellern.

Das Drehmoment der Schraube bewirkt nach dem Drallsatz eine Drehung des Strahles, so daß hinter dem Propeller außer der Strahlbeschleunigung eine Umfangsgeschwindigkeit $r \cdot \omega'$ vorhanden ist. Die kinetische Energie dieser Drehbewegung geht ebenfalls verloren. Ist ω' die Drehgeschwindigkeit weit hinter dem Propeller, so läßt sich nachweisen, daß in der Schraubenebene die Hälfte dieser Drehgeschwindigkeit, d. h. $\omega'/2$ vorhanden ist. Die durch Strahldrehung entstehenden Verluste können durch einen Wirkungsgrad $\eta_u = \frac{\omega - \omega'/2}{\omega}$ [ω Winkelgeschwindigkeit des Propellers] ausgedrückt werden. Die gesamten induzierten Verluste betragen demnach:

$$\eta_i = \eta_a \cdot \eta_u = \frac{w}{w + v/2} \cdot \frac{\omega - \omega'/2}{\omega} = \frac{2}{1 + \sqrt{1 + c_s}} \cdot \left(1 - \frac{c_s \cdot \lambda^2}{2}\right).$$

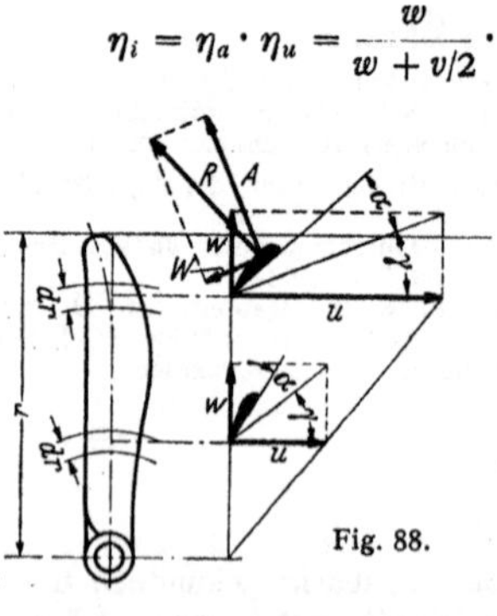

Fig. 88.

2. Beziehungen am Flügelblatt; Reibungsverluste.

Durch η_i werden nur die Verluste berücksichtigt, die durch zusätzliche kinetische Energie des Strahles bedingt sind. Die am Flügel auftretenden Reibungsverluste sind hierbei noch nicht berücksichtigt. Die Bewegung des Propellerelementes setzt sich zusammen aus der Fluggeschwindigkeit w und der mit dem Radius veränderlichen Umfangsgeschwindigkeit $u = r \cdot \omega$, so daß nach Fig. 88 für jedes Element die Verhältnisse sich ändern. Die Absolutgeschwindigkeit ergibt sich aus $c = \sqrt{w^2 + (r\omega)^2}$, ihre Richtung ist γ, so daß der Winkel α der aerodynamische Anstellwinkel ist. Die geometrische Anstellung gegen den Umfang beträgt $\beta = \alpha + \gamma$, Fig. 89. Auf der Bewegungsrichtung steht senkrecht der Auftrieb A, in der Richtung selbst liegt der Widerstand W, so daß eine Resultierende $R = \sqrt{A^2 + W^2}$ unter dem sog. Gleitwinkel ε auftritt. Mehr interessieren die Kräfte in Flug- und Umfangsrichtung. Nach Fig. 89 ist $T = R \cdot \sin(\gamma + \varepsilon)$ und $S = R \cdot \cos(\gamma + \varepsilon)$. Die Antriebsleistung des Schraubenelementes beträgt $T \cdot u$, während die Nutzleistung durch $S \cdot w$ dargestellt wird. Es ergibt sich ein Gütegrad

$$\zeta = \frac{S \cdot w}{T \cdot u} = \frac{w}{u} \cdot \frac{\cos(\gamma + \varepsilon)}{\sin(\gamma + \varepsilon)} = \frac{\operatorname{tg}\gamma}{\operatorname{tg}(\gamma + \varepsilon)} = \operatorname{tg}\gamma \cdot \frac{1 - \operatorname{tg}\gamma \cdot \operatorname{tg}\varepsilon}{\operatorname{tg}\gamma + \operatorname{tg}\varepsilon} = \frac{1 - \varepsilon \cdot \lambda}{1 + \varepsilon/\lambda}.$$

Hierbei wurde bereits die Zahl $\lambda = w/u = \operatorname{tg}\gamma$ eingeführt, die mit „Fortschrittsgrad" bezeichnet wird. Diese Beziehung gilt zunächst nur für ein kurzes radiales Stück. Nun ist nach rechnerischen und experimentellen Untersuchungen der Hauptleistungsumsatz des Propellers in etwa 0,7 Propellerradius.

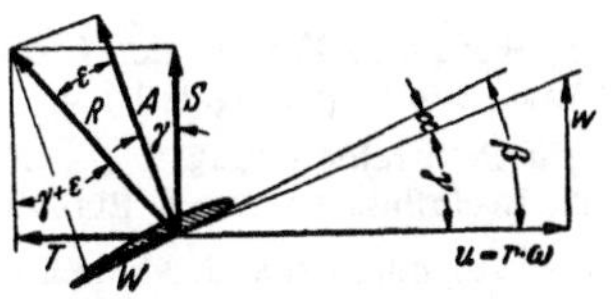

Fig. 89. Geschwindigkeiten und Kräfte an einem Flügelblatt.

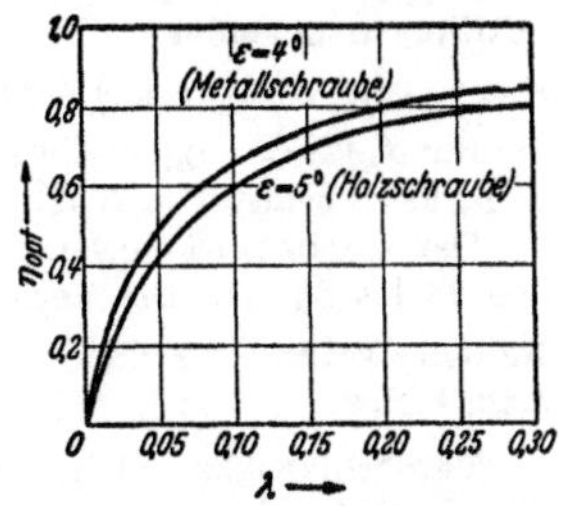

Fig. 90. Gütegrad von Luftschrauben für verschiedene Gleitwinkel.

Für überschlägige Berechnungen liegt es deshalb nahe, den Wirkungsgrad an dieser Stelle mit dem Gesamtwirkungsgrad zu vergleichen. Wird gleichzeitig λ auf den Umfang bezogen, so entsteht mit $\lambda_{0,7} = 0{,}7 \cdot \lambda$ die Formel $\zeta = \dfrac{1 - \varepsilon \cdot \lambda \cdot 0{,}7}{1 + \varepsilon/0{,}7\,\lambda}$.

Für die Gleitwinkel $\varepsilon = 4°, 5°$ sind die Kurven $\zeta = f(\lambda)$ in Fig. 90 aufgetragen[1]). Der Wirkungsgrad wird demnach mit größerem Fortschrittsgrad besser.

Die Wirkung der Strahlbeschleunigung ist bei diesen Betrachtungen noch außer acht gelassen worden. In der Propellerebene ist nicht die Durchtrittsgeschwindigkeit w, sondern $w + v/2$ vorhanden, zudem noch die Drehgeschwindigkeit $r \cdot \omega'/2$. Das Geschwindigkeitsdreieck für das Element muß somit korrigiert werden. Der Winkel γ wird auf γ' vergrößert; damit wird der wirksame Anstellwinkel von α in α' verkleinert, ähnlich wie bei der Berechnung des induzierten Widerstandes eines Tragflügels. Der wirkliche Fortschrittsgrad ist jetzt nicht mehr $\lambda = \dfrac{w}{r \cdot \omega}$, sondern $\lambda' = \dfrac{w + v/2}{r(\omega - \omega'/2)}$. Der Auftrieb steht senkrecht auf der Anblaserichtung, d. h. auf γ'. Demnach ergibt sich für den Gütegrad der Wert $\zeta = \lambda' \dfrac{\cos(\gamma' + \varepsilon)}{\sin(\gamma' + \varepsilon)} = \dfrac{\lambda'}{\operatorname{tg}(\gamma' + \varepsilon)} = \dfrac{1 - \varepsilon \cdot \lambda'}{1 + \varepsilon/\lambda'}$. Die Integration über den Radius[2]) ergibt für die ganze Schraube den Mittelwert $\zeta = \dfrac{1 - 2\varepsilon \cdot \lambda'}{1 + 2/3 \cdot \varepsilon/\lambda'}$. Der Gütegrad von guten Schrauben liegt in der Größenordnung 0,9, der wirkliche Fortschrittsgrad ändert sich demnach um rd. 10 vH, Angaben, die zeigen dürften, daß eine zuverlässige Schraubenberechnung auf diese Dinge nicht verzichten kann.

Der Gütegrad erfaßt die Reibungsverluste. Hierzu kommen noch die Strahlverluste, so daß der Gesamtwirkungsgrad eines Propellers den Wert hat:

$$\eta_{ges} = \eta_a \cdot \eta_u \cdot \zeta = \eta_i \cdot \zeta.$$

Die Strahlverluste wirken in einem anderen Sinne wie die Reibungsverluste. So ergibt sich für eine bestimmte Anordnung ein Minimum der Verluste. Nach einem Ansatz von Bienen[2]) kann diese Rechnung durchgeführt werden. Die so gefundenen Propeller sind meist zu schmal

[1]) v. Mises-Hohenemser: Fluglehre. 5. Auflage. Berlin: Springer 1936.
[2]) Bienen u. v. Karman: Zur Theorie der Luftschrauben. Z. VDI 1924.

und zur Aufnahme der Zentrifugalkräfte zu schwach. Schon aus diesem Grunde muß man von der Forderung, jeden Querschnitt mit der besten Gleitzahl durchzubilden, etwas abweichen. Die rechnerisch gefundenen Durchmesser sind zudem meist viel größer als möglich.

In erster Näherung gewinnt man einen Anhalt vom Wirkungsgrad nach den Kurven von Fig. 90. Die gewählten Gleitwinkel 4°, 5° sind größer (um 2°) als die tatsächlichen Werte, wodurch summarisch die anderen Verluste mit erfaßt worden sind.

Die Wirkung der Luftschraube wird durch den Einbau im Flugzeug, vgl. Bd. II, Flugtechnik, nachteilig beeinflußt. Die Verschlechterung ist um so größer, je größer der Motor bzw. Rumpfdurchmesser d_M im Verhältnis zum Schraubendurchmesser d_{Schr} ist. Erfaßt man die Wirkungsgradverschlechterung nach $\eta_{ges} = \mu \cdot \eta_i \cdot \zeta$ durch einen Koeffizienten μ, so gilt nach englischen Ermittlungen ungefähr

$\mu = 1 - 1/4{,}5 \cdot (d_M/d_{Schr})^2$ Zugschraube, $\mu = 1 - 1/2{,}5 \cdot (d_M/d_{Schr})^2$ Druckschraube.

Für $d_M/d_{Schr} = 0{,}5$ ergibt sich z. B. bei einer Zugschraube schon ein $\mu = 0{,}94$, d. h. ein Verlust von 6 vH.

Der Gesamtwirkungsgrad moderner Schrauben liegt in der Größenordnung von 75 bis 85 vH. Die Verluste sind etwa wie folgt aufgeteilt:

Reibungsverluste	7 vH	Verluste durch Strahldrehung	1 vH
Axialverluste	4 „	Schädliche Beeinflussung durch Einbau	12 „

Vernachlässigbar klein sind die Verluste durch die Strahldrehung. Dieser Anteil wird bei Schiffsschrauben größer. Dort ist die Rückgewinnung dieser Verluste durch Leitvorrichtungen bzw. Leitapparate aussichtsreich und wird auch verschiedentlich durchgeführt.

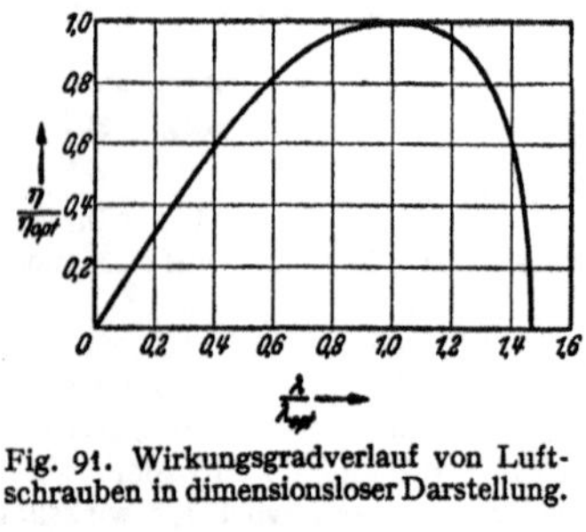

Fig. 91. Wirkungsgradverlauf von Luftschrauben in dimensionsloser Darstellung.

Wirkungsgradverlauf. Eine Luftschraube ist für einen bestimmten Fortschrittsgrad entworfen und hat hierbei den besten Wirkungsgrad. Bei anderen Fortschrittsgraden, d. h. wenn das Flugzeug langsamer oder schneller als die Normalgeschwindigkeit fliegt, werden die Schraubenverluste größer und der Wirkungsgrad kleiner. Es zeigt sich nun, daß die Schraubenwirkungsgrade in Anhängigkeit vom Fortschrittsgrad für nahezu alle Luftschrauben fast geometrisch ähnlich sind, so daß eine dimensionslose Darstellung dieser Kurve ein bequemes Hilfsmittel darstellt. Fig. 91 zeigt den Verlauf dieser Funktion. Man sieht, daß beim Überschreiten des besten Fortschrittsgrades der Wirkungsgrad sehr steil abfällt.

Ganghöhe. Um die Steigung einer Schraube zu kennzeichnen, hat man den Begriff der Ganghöhe eingeführt. Denkt man sich in Fig. 89 bei gleichem u die Fluggeschwindigkeit w so vergrößert, daß der Schenkel von β in die Sehne des Flügels fällt, so erhält man bei einer Umdrehung einen Flugweg

$$H = 2r\pi \cdot \operatorname{tg}(\alpha + \gamma).$$

H bezeichnet man als die Ganghöhe der Schraube und wird zur Kennzeichnung der Luftschrauben meist angegeben. Ist das Profil eben oder symmetrisch, so ist dies gleichzeitig der Zustand, in dem keine Auftriebskraft und somit keine Schubkraft auftritt. Der Propeller bewegt sich dann in der Luft ähnlich wie eine in festes Material sich einarbeitende Schraube, bei der auch von Ganghöhe gesprochen wird.

3. Kennzahlen, Berechnung von Propellern.

Die Betriebseigenschaften eines Propellers werden durch dimensionslose Kennzahlen dargestellt. Der Schub wird auf den Staudruck der Umfangsgeschwindigkeit bezogen.

$$k_s = \frac{S}{\varrho/2\, u^2 \cdot F} = c_s \cdot \lambda$$

und in Abhängigkeit von $\lambda = w/u$ betrachtet.

Das Drehmoment wird ebenfalls auf den Staudruck der Umfangsgeschwindigkeit bezogen:

$$k_d = \frac{M_d}{\varrho/2\, u^2 \cdot F \cdot d/2}\,.$$

Das Verhältnis: $\lambda = \dfrac{\text{Fluggeschwindigkeit}}{\text{Umfangsgeschwindigkeit}}$ nennt man Fortschrittsgrad.

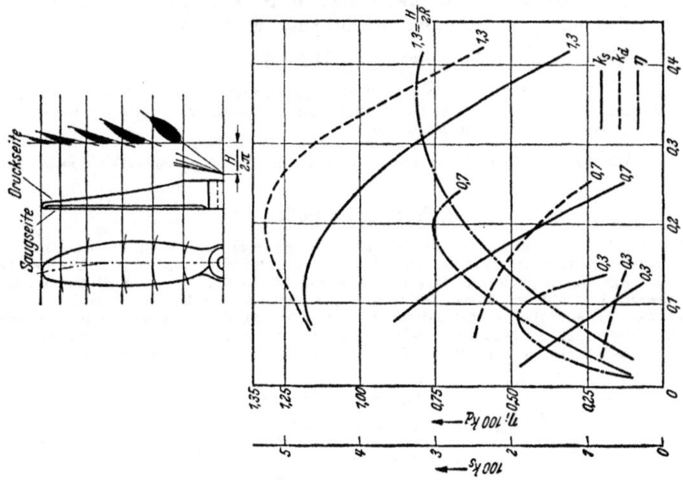

Fig. 93. Schraubenversuche für breites Propellerblatt.

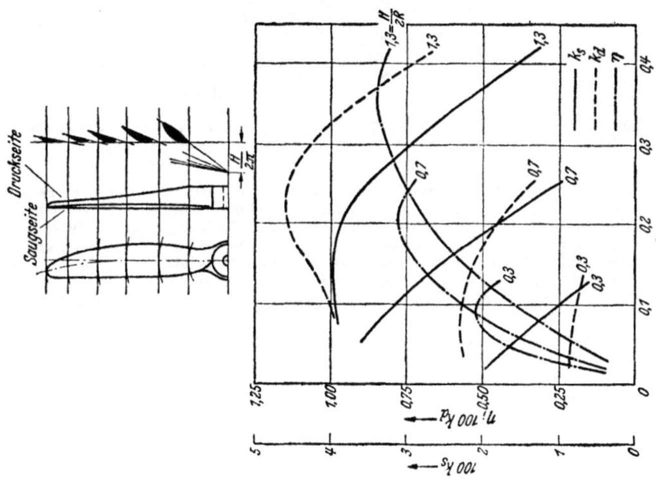

Fig. 92. Schraubenversuche für schmales Propellerblatt.

Damit wird der Wirkungsgrad:

$$\eta = \frac{S \cdot w}{M_d \cdot \omega} = \frac{k_s}{k_d} \cdot \lambda = \frac{c_s}{k_d} \cdot \lambda^3 .$$

Eine zuverlässige theoretische Vorausberechnung von Luftschrauben für ein bestimmtes Flugzeug ist bei den heutigen hohen Anforderungen sehr schwer, da insbesondere die Beeinflussung von η durch den Einbau im Flugzeug theoretisch kaum erfaßbar ist. Bei der Wahl der Propeller werden deshalb meist Versuchs- und Erfahrungsgrundlagen verwertet. Fig. 92 und 93 zeigen die Kennlinien für zwei verschiedene Propeller mit schmalem und breitem Blatt in der heute üblichen Darstellungsweise. Die Versuchsergebnisse sind für drei verschiedene Stellungen der Propellerblätter angegeben.

Um einen ersten Anhalt für den Durchmesser einer Schraube zu erhalten, macht man nach Hohenemser zweckmäßig von der Tatsache Gebrauch, daß die meisten üblichen Propellerformen mit einem Schubbeiwert arbeiten, der im Mittel $k_s = 0{,}0126$ beträgt. Setzt man in $S = k_s \cdot \varrho/2\, u^2 \cdot F$ diesen Wert ein, so läßt sich der Schraubendurchmesser leicht berechnen. Es wird

$$D = 28 \sqrt[4]{S_{\mathrm{kg}}/n^2_{1/\mathrm{min}} \cdot \varrho_0/\varrho}\,; \quad (\varrho_0/\varrho \text{ nach Cina-Höhe S. 246}).$$

Beispiel: Ein Flugzeug hat bei einer Bodengeschwindigkeit von 80 m/sek einen Gesamtwiderstand $W = S = 600$ kg zu überwinden. Die Motordrehzahl betrage $n = 1500$/min. Wie groß muß der Propellerdurchmesser sein?

$$D = 28 \sqrt[4]{600/1500^2} = 3{,}58\ \mathrm{m}; \quad u = \pi n/60 \cdot D = 262\ \mathrm{m/sek}; \quad \lambda = w/u = 80/262 = 0{,}305.$$

4. Verstellpropeller.

Während die Fluggeschwindigkeiten immer mehr gestiegen sind, kann an den Start- und Landegeschwindigkeiten aus Sicherheitsgründen nicht viel geändert werden. Die Geschwindigkeitsspanne von Höchstgeschwindigkeit zu Start- und Landegeschwindigkeit ist damit immer größer geworden. Während bei den früheren Flugzeugen das Propellerblatt beim Start schon einen großen Anstellwinkel α hatte, der u. U. zum Abreißen der Strömung führte, ist beim Schnellflugzeug wegen der größeren Geschwindigkeitsspanne dieser Winkel α bedeutend größer (Fig. 94). Dies bedingt einen größeren Widerstand, damit eine größere Kraft in Umfangsrich-

Fig. 94. Blattstellungen für $0{,}7r$ eines Verstellpropellers.

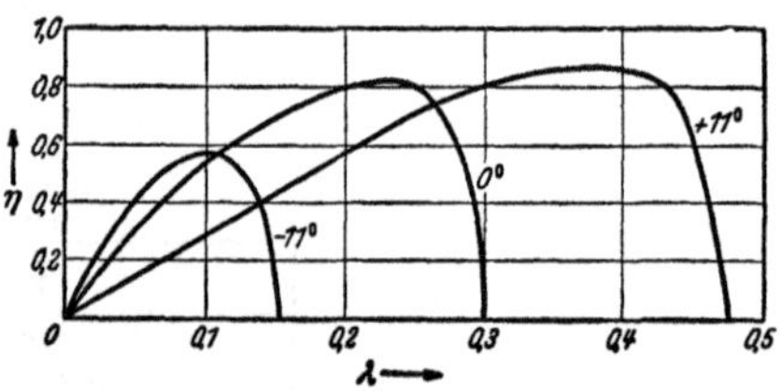

Fig. 95. Wirkungsgradkurven eines Verstellpropellers für drei verschiedene Stellungen.

tung. Ein Abfallen der Motordrehzahl ist die Folge. Die Startlänge solcher Flugzeuge wird damit ungewöhnlich lang und bedingt große Gefahren. Abhilfe schafft hier der Verstellpropeller. Die Propellerblätter dieser Schrauben sind um ihre radiale Richtung in der Nabe drehbar und können jeweils in die beste Lage eingestellt werden, die entweder von Hand aus vorgenommen wird oder auch automatisch erfolgt. Beim Start werden die Flügelblätter ungefähr in Umfangsrichtung eingestellt, Fig. 94. Für jede Fluggeschwindigkeit kann das Schraubenblatt in die beste Lage gebracht werden, so daß niemals ein Abreißen der Strömung, d. h. unnützer Energieverbrauch stattfindet.

Fig. 95 zeigt die Wirkungsgradkurven für drei verschiedene Stellungen eines Verstellpropellers. Die Kurven zeigen deutlich, was durch die Verstellung gewonnen werden kann. Z. B. ist bei $\lambda = 0{,}1$ ein Leistungsgewinn von 86,5 vH vorhanden.

Auch für den Steigflug und den Höhenflug ist der Verstellpropeller wegen der besseren Ausnutzungsmöglichkeit des Motors heute fast unentbehrlich.

V. Wärmelehre.

Bearbeitet von Professor **H. Dubbel**, Berlin.

Messung der Drücke durch:
die technische Atmosphäre = 1 at = 1 kg/cm² = 735,5 mm QS von 0° = 10,00 m WS von +4°
oder
die physikalische Atmosphäre = 1 Atm = 760 mm QS von 0° = 10,333 m WS von +4°.
(S. auch S. 246.) mm QS = Torr (Torricelli).

Zahlentafeln zu diesem Abschnitt s. S. 635 u. f.

A. Allgemeine Eigenschaften.

Die Hauptpunkte der hundertteiligen Celsius-Skala sind: 1. Nullpunkt = Temperatur des schmelzenden Eises unter dem Druck von 1 Atm (760 Torr) = 0° C. 2. Siedepunkt des chemisch reinen Wassers unter einem Druck von 760 mm Quecksilbersäule = 100° C.

Fadenkorrektur: Ist f = Länge des herausragenden Fadens, in Graden gemessen, t_f dessen Temperatur, so ist zu der Ablesung t der Betrag $\Delta t = f(t - t_f)/6300$ zu addieren.

In England und USA. ist die Fahrenheit-Skala gebräuchlich mit 32° F Eispunkt und 212° F Siedepunkt. Umrechnung s. S. 674.

Die absolute Temperaturskala hat ihren Nullpunkt bei —273° C (genau 273,16). Es ist **T° Kelvin = 273 + t° C.**

Im allgemeinen dehnen sich Körper bei Erwärmung aus. Der lineare Ausdehnungskoeffizient ist die Verlängerung eines Stabes von der Längeneinheit bei Erwärmung um 1° C. Wenn l die Länge des Stabes bedeutet, ist:

$$\alpha = 1/l \cdot dl/dt; \quad \text{Dimension } [1/°\,\text{C}].$$

Der kubische Ausdehnungskoeffizient ist die Vergrößerung des Volumens je Volumeneinheit bei Erwärmung um 1° C. Wenn V das Volumen des Körpers ist, wird:

$$\beta = 1/V \cdot dV/dt; \quad \text{Dimension } [1/°\,\text{C}].$$

Bei homogenen Körpern ist $\beta = 3\alpha$,

$$l_t = l_0(1 + \alpha t), \quad V_t = V_0(1 + \beta t).$$

Für feste und flüssige Körper kann man ohne erhebliche Fehler setzen:

$$\Delta l = l_1 - l_2 = l_1\alpha(t_1 - t_2); \quad \Delta V = V_1 - V_2 = V_1\beta(t_1 - t_2).$$

Der kubische Ausdehnungskoeffizient ist für alle vollkommenen Gase $\beta = 0{,}00366 = \frac{1}{273}$, bezogen auf das Volumen von 0° C. Demnach ist bei gleichbleibendem Druck

$$V_t = V_0\left(1 + \frac{t}{273}\right), \quad \frac{V_1}{V_2} = \frac{273 + t_1}{273 + t_2} = \frac{T_1}{T_2}.$$

Die wirklichen Gase sind nicht vollkommen, s. S. 299.

Die technische **Wärmeeinheit** ist die Kilokalorie (kcal) = 1/860 des Wärmewertes einer kWh und fast genau = Wärmemenge, die 1 kg Wasser für Erwärmung von 14,5° auf 15,5° zugeführt werden muß. (1 Grammkalorie = 1 cal = 1/1000 kcal.)

Spezifische Wärme c eines Stoffes = Anzahl von kcal, die 1 kg des Stoffes zugeführt werden müssen, um ihn um 1° C zu erwärmen.

Dimension der spez. Wärme: kcal/kg °C. Zahlentafel für feste, flüssige und gasförmige Körper s. S. 635 und 636.

Über mittlere spezifische Wärme s. S. 300.

Unter dem Wasserwert eines Körpers versteht man das Produkt aus Gewicht und spezifischer Wärme. Bei größeren Gefäßen wird der Wasserwert berechnet, bei kleineren gewöhnlich durch Versuch bestimmt. Im letzteren Fall sind die Verluste durch Strahlung usw. mit im Wasserwert enthalten.

Werden Stoffe verschiedener Temperatur gemischt, ohne daß Wärme nach außen abgegeben oder äußere Arbeit geleistet wird oder eine chemische Veränderung auftritt, so gilt stets die Gleichung:

aufgenommene Wärme = abgegebener Wärme

oder: Der Wärmeinhalt bleibt bei der Mischung unverändert.

Beispiel: In einem Kalorimeter vom Wasserwerte W befinden sich G_1 g Flüssigkeit mit der spezifischen Wärme c_1 von der Temperatur t_1, in die ein fester Körper vom Gewichte G_2 mit der spezifischen Wärme c_2 und der Temperatur t_2 (t_2 sei höher als t_1) getaucht wird. Die Mischtemperatur sei t_3. Dann ist:

$$G_1c_1(t_3 - t_1) + W(t_3 - t_1) = G_2c_2(t_2 - t_3).$$

Wird eine Flüssigkeit unter eine für jeden Stoff charakteristische Temperatur (Gefrierpunkt) abgekühlt, so erstarrt sie. Beim Erwärmen über diese Temperatur schmilzt der erstarrte Körper wieder.

Unter der **Erstarrungswärme** einer Flüssigkeit versteht man die Wärmemenge, die 1 kg der bereits auf die Erstarrungstemperatur abgekühlten Flüssigkeit entzogen werden muß, um sie in den festen Zustand überzuführen. Bei Erwärmen des festen Körpers ist zum Schmelzen der gleiche Wärmebetrag zuzuführen (Schmelzwärme).

Beispiel: In 100 kg Wasser von 50° C werden 30 kg Eis von 0° C geworfen; Schmelzwärme des Eises = 80 kcal/kg. Die Mischtemperatur berechnet sich nach der Gleichung:

$$\underbrace{30\cdot 80 + 30\,(t-0)\cdot 1}_{\text{aufgenommene Wärme}} = \underbrace{100\,(50-t)\cdot 1}_{\text{abgegebener Wärme.}}$$

Wird eine Flüssigkeit über eine für jeden Stoff charakteristische Temperatur (Verdampfungstemperatur), gleichen Druck vorausgesetzt, erhitzt, so verwandelt sie sich in **Dampf**. Die Höhe der Verdampfungstemperatur ist vom Druck abhängig, unter dem die Flüssigkeit steht.

Verdampfungswärme = Anzahl kcal, die man 1 kg einer Flüssigkeit von der Verdampfungstemperatur zuführen muß, um sie in Dampf von der gleichen Temperatur zu verwandeln. Die Verdampfungswärme ist vom Druck abhängig und nimmt mit steigendem Druck ab. Bei der Verflüssigung von Dampf wird die gleiche Wärmemenge frei.

Beispiele: 1. 5000 kg Wasser von 20° C sollen durch Mischen mit Dampf von atmosphärischer Spannung auf 70° C erwärmt werden. Anzahl kg Dampf ist zu bestimmen. Die Verdampfungswärme des Wassers beträgt bei 1 at abs 539,4 kcal.

$$5000\,(70-20) = x\,(539{,}4 + (100-70)), \qquad x = 5000\cdot 50/569{,}4 = 438\ \text{kg}.$$

2. Es sollen 5000 kg Wasser von 20° C auf 70° C durch Dampf von 1 at abs im Gegenstrom erwärmt werden, so daß das Kondensat mit einer Temperatur von 30° C den Apparat verläßt. Die erforderliche Dampfmenge ist zu berechnen.

$$5000\,(70-20) = x\,(539{,}7 + (100-30)), \qquad x = 5000\cdot 50/609{,}7 = \sim 410\ \text{kg}.$$

Bezüglich kritische Temperatur und kritisches Volumen der Dämpfe s. S. 307.

B. Wärmeübergang durch Leitung, Berührung und Strahlung[1]).

a) Grundbegriffe.

Wärmeleitung = Fortpflanzung der Wärme **innerhalb** eines Stoffes. Wärmeleitzahl λ (kcal/m h °C) ist u. a. abhängig von Temperatur (namentlich bei Gasen), Feuchtigkeit und spezifischem Gewicht.

Wärmeleitungswiderstand: $R_\lambda = 1/\lambda$.

Wärmeübergang = Übertragung der Wärme von einer Flüssigkeit an eine Wand oder umgekehrt. Die Wärmeübergangszahl α (kcal/m² h °C) gibt die Wärmemenge an, die in der Zeiteinheit durch die Flächeneinheit je 1 °C Temperaturunterschied übergeht. α ist abhängig von den Eigenschaften der Flüssigkeit, deren Bewegungszustand (Vergrößerung von α durch Wirbelung), von der Form der Flächen, unabhängig vom Material der Wand.

Wärmeübergangswiderstand: $R_\alpha = 1/\alpha$.

Wärmedurchgang = Wärmeübergang von einer Flüssigkeit an eine andere durch eine Wand (oder mehrere Wände) hindurch. Wärmedurchgangszahl k (kcal/m² h °C).

Wärmedurchgangswiderstand: $R_k = 1/k$.

Strahlung = Übertragung von Wärme durch Schwingungen mit Wellenlängen von 0,4 bis 340 μ (1 μ = 1 Mikron = $^1/_{1000}$ mm). Strahlungszahl C (kcal/m² h °C) ist ein Maß für das Emissionsvermögen, d. h. für die von der Flächeneinheit der Körperoberfläche ausgesendete Strahlung.

---

[1]) Literatur (die grundlegenden Arbeiten von Nusselt sind in nachstehenden Werken verarbeitet): ten Bosch: Die Wärmeübertragung. Berlin: Springer 1936. — Merkel: Die Grundlagen der Wärmeübertragung. Dresden: Th. Steinkopff 1927. — Schack: Der industrielle Wärmeübergang. Leipzig: Akademische Verlagsgesellschaft. — Hencky: Die Wärmeverluste durch ebene Wände. München: R. Oldenbourg 1921. — J. S. Cammerer: Der Wärme- und Kälteschutz in der Industrie. Berlin: Springer. — Grünzweig u. Hartmann: Wärme- und Kälteverluste isolierter Rohrleitungen und Wände. Berlin: Springer.

Konvektion oder „freie“ Strömung = Übertragung infolge Mitführung der an bewegte Flüssigkeitsteilchen gebundenen Wärme durch den Auftrieb wärmerer, spezifisch leichterer Teilchen.

Bezeichnen in Fig. 1 Q die übertragene Wärmemenge, δ = Wandstärken, t die Temperaturen, wobei Zeiger w die Wandtemperatur angibt, so ist für Flächen- und Zeiteinheit:

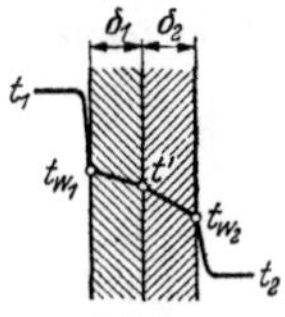

Fig. 1.

$$Q = \alpha_1(t_1 - t_{w1}) = \frac{\lambda_1}{\delta_1}(t_{w1} - t') = \frac{\lambda_2}{\delta_2}(t' - t_{w2}) = \alpha_2(t_{w2} - t_2)$$

$$= k(t_1 - t_2)\ \text{kcal/m}^2\ \text{h}\ ^\circ\text{C}.$$

Die Wandtemperaturen folgen aus:

$$\alpha_1(t_1 - t_{w1}) = k(t_1 - t_2) \quad \text{zu} \quad t_{w1} = t_1 - \frac{k}{\alpha_1}\cdot(t_1 - t_2),$$

$$\alpha_2(t_{w2} - t_2) = k(t_1 - t_2) \quad \text{zu} \quad t_{w2} = t_2 + \frac{k}{\alpha_2}\cdot(t_1 - t_2),$$

$$t' = t_{w2} + k(t_1 - t_2)\cdot\frac{\delta_2}{\lambda_2}.$$

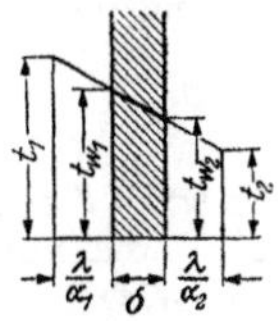

Fig. 2.

Zeichnerische Ermittlung der Wandtemperaturen s. Fig. 2.

Ist die Temperatur auf beiden Seiten räumlich veränderlich (Fig. 1a), so ist die **„mittlere“ Temperaturdifferenz**

$$\vartheta_m = \frac{(t_1' - t_2') - (t_1'' - t_2'')}{\ln\dfrac{t_1' - t_2'}{t_1'' - t_2''}} = \frac{\vartheta_a - \vartheta_e}{\ln\dfrac{\vartheta_a}{\vartheta_e}}.$$

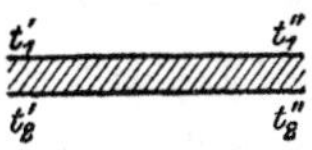

Fig. 1a.

Ist jedoch

$$\frac{t_1' - t_2'}{t_1'' - t_2''} \geqq 0{,}5 \quad \text{oder} \quad \leqq 2\,,$$

so kann man auch setzen

$$Q = kF\cdot\left(\frac{t_1' + t_1''}{2} - \frac{t_2' + t_2''}{2}\right) = kF\cdot\vartheta_m.$$

Hierbei ist vorausgesetzt, daß auf keiner Seite der Wand Änderungen des Aggregatzustandes auftreten. Ist das der Fall, wie z. B. bei Dampfkondensatoren, so müssen die Teile, in denen die Kondensation des Dampfes und die Unterkühlung des Kondensats stattfinden, getrennt berechnet werden.

b) Wärmeleitung.

Bei ebenen Platten mit Fläche F in m², z = Zeit in Stunden wird:

$$Q = \lambda\cdot F\cdot z(t_1 - t_2)/\delta\ \text{kcal}.$$

Innerhalb eines Rohres von der Länge l, vom inneren Durchmesser d_i, dem äußeren d_a (in m) mit den Temperaturen t_1 und t_2 ist die in z Stunden in radialer Richtung hindurchströmende Wärmemenge

$$Q = \frac{2\pi l\cdot z\cdot(t_1 - t_2)\,\lambda}{\ln d_a/d_i}.$$

Wärmeleitzahlen λ in kcal/m h °C s. S. 637.

c) Wärmeübergang.

$$Q = F\cdot z\cdot(t_1 - t_2)\cdot\alpha.$$

In neuerer Zeit wird auch vielfach der Wärmeübergangswiderstand $R_\alpha = 1/\alpha$ verwendet.

α) Freie Strömung.

Wärmeübergang bei waagerechten Rohren durch Konvektion und Strahlung:

$$\alpha = 8{,}2 + 0{,}00733\cdot t\cdot\sqrt[3]{t} \quad \text{mit } t = \text{Übertemperatur der Rohroberfläche.}$$

Diese Gleichung gilt mit ausreichender Genauigkeit auch für senkrechte oder geneigte Rohre.

Wärmeübergang bei senkrechten Platten und Rohren durch Konvektion allein (ohne Strahlung):

$$\alpha = 3{,}0 + 0{,}08(t_1 - t_2) \quad \text{für} \quad t_1 - t_2 < 15^\circ\,\text{C};$$
$$\alpha = 2{,}2\sqrt[4]{t_1 - t_2} \quad ,, \quad t_1 - t_2 > 15^\circ\,\text{C}.$$
t_1 = Plattentemperatur, t_2 = Raumtemperatur.

β) Erzwungene Strömung.

Nach Prandtl gilt für alle Gase und Flüssigkeiten, falls sich ihr Aggregatzustand nicht ändert, die Nusseltsche Zahl:

$$Nu = \alpha\, d/\lambda = 0{,}03956 \frac{(Re)^{\frac{3}{4}} \cdot (Pr)}{1 + 1{,}74 \cdot (Re)^{-\frac{1}{8}} \cdot (Pr - 1)},$$ [1])

bezüglich d s. unten; Re = Reynoldssche Kennzahl (s. S. 252), Pr = Prandtlsche Kennzahl $= \nu \cdot \gamma \cdot c/\lambda = \nu/a$ mit ν = kinemat. Zähigkeit in m²/sek, γ = Wichte in kg/m³, c = spezif. Wärme in kcal/° C kg und $a = \lambda/c\gamma$ = Temperaturleitzahl.

Für Flüssigkeiten setzt man für $1{,}74\,(Re)^{-\frac{1}{8}}$ den Wert 0,35.

In der Theorie der Wärmeübertragung spielen neben den vorstehend angegebenen Kennzahlen Nu, Re und Pr noch die folgenden dimensionslosen Kenngrößen eine bedeutende Rolle: die Pecletsche Zahl $Pe = wd/a = Re \cdot Pr$ und die Grashofsche Zahl $Gr = \dfrac{d^3 g\,\beta\,(T_1 - T_2)}{\nu^2}$ mit β = Ausdehnungskoeffizient. Diese Kennzahlen sind vollständig oder zum Teil in allen Gleichungen für den Wärmeübergang enthalten. d stellt allgemein die kennzeichnende Abmessung in m dar, also u. U. auch eine Länge.

Ist das Rohr nicht kreisrund, so ist der „gleichwertige" Durchmesser $d' = 4\,F/U$, worin F = Querschnitt in m², U = benetzter Umfang in m.

Für rechteckige Kanäle mit den Seiten a und b ergibt sich sonach $d' = 2\,ab/(a + b)$. Im einzelnen ergeben sich folgende Wärmeübergangszahlen α für Konvektion [2])

Im folgenden ist w_0 auf Normalvolumen bei 0° und 760 mm QS bezogen.

Ist w die wirkliche Geschwindigkeit in m/sek, p = Druck in kg/cm², so wird mit G in kg/sek, f in m²:

$$w_0 = w \cdot 264p/(273 + t) = G/f\,\gamma_0 \text{ m/sek}$$

(mit $\gamma_0 = 0{,}804$ kg/m³ für Heißdampf, bei dem w_0 nur ein fiktiver Wert ist).

Entlangströmen von Luft an ebenen Flächen:

$w \leq 5$ m/sek	$w > 5$ m/sek
$\alpha_{glatt} = 4{,}8 + 3{,}4\,w$,	$\alpha_{glatt} = 6{,}12\,w^{0{,}78}$,
$\alpha_{walzh.} = 5{,}0 + 3{,}4\,w$,	$\alpha_{walzh.} = 6{,}14\,w^{0{,}78}$,
$\alpha_{rauh} = 5{,}3 + 3{,}6\,w$,	$\alpha_{rauh} = 6{,}47\,w^{0{,}78}$.

Siedendes Wasser. Ist q = Wärmeleistung je Flächeneinheit oder Heizflächenbelastung in kcal/m² h, Δt = Unterschied zwischen mittlerer Heizflächentemperatur und der mittleren Flüssigkeitstemperatur außerhalb der Grenzschicht, so wird bei waagerechten Platten die Wärmeübergangszahl an siedendes Wasser:

$$\alpha = 152\,q^{0{,}26} \quad \text{oder} \quad \alpha = 891\,(\Delta t)^{0{,}35}$$

bei niedriger Heizflächenbelastung im Bereich von $q = 0$ bis $q \backsim 15000$ kcal/m²h. Bei höherer Belastung wird:

$$\alpha = 1{,}48\,q^{0{,}75} \quad \text{oder} \quad \alpha = 4{,}80(\Delta t)^3$$

im Bereich $q > 12000$ bis zu etwa $q \approx 250000$ kcal/m² h.

---

[1]) S. auch Kuprianoff: Z. VDI 1936 S. 159.

[2]) Vgl. A. Schack: Der industrielle Wärmeübergang. — Schack hat vielfach die von anderen Forschern aufgestellten Gleichungen in vereinfachter Form zusammengefaßt.

Einzelrohre und Rohrbündel. Schack[1]) hat die Ergebnisse zahlreicher Versuche in den folgenden Formeln zusammengefaßt.

Einzelrohr. Die allgemeine Gleichung für alle Gase und überhitzten Dämpfe im technisch rauhen Rohr lautet:

$$\alpha = 20{,}9 \cdot c_p^{0,77} \cdot \lambda^{0,23} \cdot w_0^{0,75}/d^{0,25} \text{ kcal/m}^2\text{ h °C.}$$

c_p = spezif. Wärme in kcal/Nm³ ° C, λ = Wärmeleitzahl des Gases in kcal/mh ° C, d in m. Durch Darstellung des Ausdruckes $\lambda^{0,23} \cdot c_p^{0,77}$ als Temperaturfunktion findet Schack mit t = Gastemperatur in ° C für

Luft: $\alpha = (3{,}55 + 0{,}168 \cdot t/100) \cdot w_0^{0,75}/d^{0,25}$ kcal/m²h °C.

Wasserdampf: $\alpha = (3{,}62 + 0{,}30 \cdot t/100) \cdot w_0^{0,75}/d^{0,25}$ kcal/m² h ° C.

Kohlenabgas ohne Luftüberschuß (17,6 vH CO_2, 6,5 vH H_2O):

$$\alpha = (3{,}60 + 0{,}22 \cdot t/100) \cdot w_0^{0,75}/d^{0,25} \text{ kcal/m}^2\text{ h °C.}$$

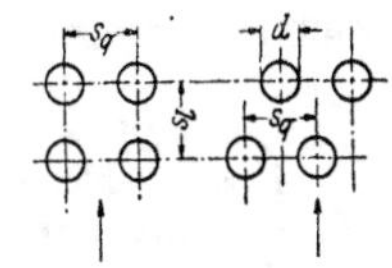

Fig. 2a.

Rohrbündel. Bezüglich s_q und s_l s. Fig. 2a. Für Rohrbündel mit fluchtender oder versetzter Anordnung mit mehr als 5 Rohrreihen lautet die allgemeine Gleichung:

$$\alpha = 51{,}0 \cdot f_a \cdot \lambda^{0,39} \cdot c_p^{0,61} \cdot w_0^{0,61}/d^{0,39} \text{ kcal/m}^2\text{h °C.}$$

Es ist mit genügender Genauigkeit der „Anordnungsfaktor" für

fluchtende Rohre: $$f_{a\,fl} = 1{,}07 - 0{,}65 \cdot \frac{(s_q/d)^{1,5}}{(s_l/d)^4},$$

versetzte Rohre: $$f_{a\,v} = 0{,}874 + \frac{0{,}286}{(s_l/d)^2} + 0{,}084 \cdot s_q/d.$$

Nach Umwandlung der Funktion $\lambda^{0,39} \cdot c_p^{0,61}$ wie oben wird für:

Luft: $\alpha = 1{,}38 \sqrt[4]{T} \cdot f_a \cdot w_0^{0,61}/d^{0,39}$ kcal/m² h ° C.

Wasserdampf: $\alpha = 0{,}306 \sqrt{T} \cdot f_a \cdot w_0^{0,61}/d^{0,39}$ kcal/m² h ° C.

Kohlenabgas (theoretische Verbrennung):

$$\alpha = 1{,}48 \sqrt[4]{T} \cdot f_a \cdot w_0^{0,61}/d^{0,39} \text{ kcal/m}^2\text{ h °C.}$$

Druckverlust beim Durchströmen des Rohrbündels in mm WS für

fluchtende Anordnung: $$\Delta p = \frac{0{,}0163 \cdot n \cdot s_l/d}{(s_q/d)^{1,5}} \cdot w_0^2 \cdot \gamma_0 \cdot T/273,$$

versetzte Anordnung: $$\Delta p = \frac{0{,}0204 \cdot n}{\sqrt[3]{s_q/d - 1}} \cdot w_0^2 \cdot \gamma_0 \cdot T/273$$

mit w_0 = Geschwindigkeit im engsten Querschnitt in m/sek (° C, 760 mm QS), n = Zahl der durchströmten Rohrreihen, s_l, s_q und d in mm, γ = Wichte des Gases in kg/Nm³, T = mittlerer absoluter Temperatur des Gases in ° K.

Wasser mit Temperatur t_{fl} in Rohren (nach Schack):

$$\alpha = 2900 \cdot w^{0,85}\,(1 + 0{,}014\,t_{fl}).$$

Kondensierender Sattdampf an Rohr-Außenflächen: überschläglich (Faustwert) α = 10000; Mittlere Werte:

senkrechtes Rohr: $$\alpha_m = [5800 + 23\,(t_d + t_w)]/\sqrt[4]{h \cdot (t_d - t_w)};$$

waagerechtes Rohr: $$\alpha_m = [4460 + 17{,}7\,(t_d - t_w)]/\sqrt[4]{d \cdot (t_d - t_w)}.$$

h = Höhe der senkrechten Wand in m.

α ist sonach für waagerechte Rohre von normaler Länge bedeutend größer als für senkrechte Rohre.

Über Tropfen- und Filmkondensation s. S. 297; bei ersterer werden die vorstehend angegebenen Mindestwerte bedeutend überschritten. Bei Filmkondensation besteht nur ein unwesentlicher Unterschied im Wärmeübergang zwischen Satt- und Heißdampf.

---

[1]) Arch. Eisenhüttenwes. (Verlag Stahleisen) Bd. 40 (1939) Heft 4 S. 155/96.

Isolierte Rohrleitungen. Mit t_a = Außentemperatur der Isolierschicht, t_e = Lufttemperatur, ist nach Cammerer:

$$\alpha = 8{,}1 + 0{,}045\,(t_a - t_e),$$

gültig von 0° bis 150°.

d) Wärmeübergang durch Strahlung.

Der „schwarze Körper" absorbiert sämtliche auffallenden Strahlen ohne jede Reflektion und sendet nach dem Kirchhoffschen Gesetz (s. u.) die größte bei einer bestimmten Temperatur mögliche Strahlung aus.

Absolut schwarze Körper gibt es in der Natur nicht, doch kann z. B. ein Hohlraum mit gleichmäßiger Wandtemperatur und kleiner Öffnung nach außen hin als schwarzer Körper aufgefaßt werden. (Feuerraum mit Beschickungsöffnung[1]).)

Nach dem Stefan-Boltzmannschen Gesetz ist die Gesamtstrahlung des schwarzen Körpers:

$$Q_s = C_s \cdot F[(T_1/100)^4 - (T_2/100)^4] \text{ kcal/h}.$$

C_s = 4,95 = Strahlungszahl in kcal/m² h Grad⁴,
F = strahlende oder bestrahlte Fläche in m²,
T_1 °K = absolute Temperatur der strahlenden Fläche,
T_2 °K = „ „ „ bestrahlten „ .

Kirchhoffsches Gesetz. Die Strahlungszahl C eines beliebigen Körpers ist unter gleichen Umständen proportional dem Absorptionsvermögen ε des betreffenden Körpers. Demnach strahlt der schwarze Körper mit dem Absorptionsvermögen oder Schwärzegrad $\varepsilon = 1$ die größtmögliche Wärmestrahlung aus.

$$\varepsilon = Q/Q_s \quad \text{oder} \quad \varepsilon = C/C_s.$$

Für „graue Körper" ist sonach $C = \varepsilon \cdot C_s$.

Lambertsches Gesetz. Feste Körper senden Strahlen nach allen Richtungen aus. Die Strahlung normal zur Fläche ist

$$Q_n = Q/\pi.$$

Ist Q_φ = Strahlung in Richtung φ gegen die Normale, so ist nach Lambert

$$Q_\varphi = Q_n \cdot \cos\varphi \text{ kcal/h}.$$

Für blanke Körper gilt das Lambertsche Gesetz nicht.

Umschließt von zwei in Wärmeaustausch stehenden Flächen die eine ganz die andere, so ist als Fläche F in der Stefan-Boltzmannschen Gleichung die kleinere, also umschlossene Fläche einzusetzen, sonach z. B. die Rostfläche in reinem Flammrohr. Genauer wird für diesen Fall gerechnet mit der Strahlungszahl

$$C = \frac{1}{1/C_1 + F_1/F_2 \cdot (1/C_2 - 1/4{,}95)},$$

worin F_1 = Größe der inneren Fläche mit der Strahlungszahl C_1, F_2 und C_2 die entsprechenden Werte für die äußere Fläche. Bei strahlenden Körpern in Werkhallen oder im Freien wird annähernd $F_1/F_2 = 0$ und $C = C_1$.

Für zwei parallele Flächen ist nach Nusselt:

$$C = \frac{1}{1/C_1 + 1/C_2 - 1/4{,}95}.$$

Für zwei kleine, beliebig liegende Flächen wird $C = C_1 \cdot C_2/4{,}95$.

Beispiel: Wärmeübertragung einer Flammrohr-Rostfeuerung zu berechnen. Flammrohr-Dmr. $D = 1$ m; Rostbreite 0,95 m, Rostlänge $l = 1{,}5$ m, Rostfläche = 1,43 m². Flammrohr-Strahlungsfläche $D\pi \cdot l/2 = 2{,}36$ m². Flammentemperatur 1100°, Rostschichttemperatur 900°, Flammrohrtemperatur 250°.

Schwärzegrade: $\varepsilon_1 = 0{,}9$ für Kohlenschicht, $\varepsilon_2 = 0{,}95$ für Flammrohrwand, $\varepsilon_3 = 0{,}5$ für Flamme. Wärmeübergangszahl $\alpha \simeq k = 8$ kcal/m² °C h.

1. Strahlung der Kohlenschicht: $C_1 = \varepsilon_1 \cdot C_s = 0{,}90 \cdot 4{,}95 = 4{,}46$ kcal/m² ° K⁴ h,
$Q_1 = 4{,}46 \cdot 1{,}43\,(11{,}73^4 - 5{,}23^4) = 116014$ kcal/h.

2. Strahlung der Flamme: $C_2 = \varepsilon_3 \cdot C_s = 0{,}5 \cdot 4{,}95 = 2{,}475$ kcal/m² ° K⁴ h,
$Q_2 = 2{,}475 \cdot (13{,}73^4 - 5{,}23^4) = 86103$ kcal/h.

3. Wärmeübergang: $Q_3 = \alpha \cdot 2{,}36\,(1100 - 250) = 16048$ kcal/h (mit $\alpha = 8$),
$Q_1 + Q_2 + Q_3 = 218169$ kcal/h.

---

[1]) Eine solche Öffnung absorbiert alle Strahlen und reflektiert nichts sie strahlt daher wie eine absolut schwarze Fläche von der Temperatur der Hohlraumwandungen.

In Industriefeuerungen ist die Eigenstrahlung der Feuergase von Bedeutung. Für Wasserdampf und Kohlensäure, aus denen sich die Feuergase zusammensetzen, ist nach Schack:

$$q_{H_2O} = 3{,}5 p^{0,8} s^{0,6} (T/100)^3 \text{ kcal/m}^2 \text{ h},$$

$$q_{CO_2} = 3{,}5 \sqrt[3]{ps}\,(T/100)^{3,5} \text{ kcal/m}^2 \text{ h},$$

worin p = Teildruck in kg/cm², s = Schichtdicke in m.

Die ausgestrahlte Wärmemenge des Gemisches ist um 2 bis 5 vH geringer als der Summenwert.

e) Wärmedurchgang.

$$Q = k \cdot F \cdot (t_1 - t_2) \text{ kcal/m}^2 \text{ h } ^\circ\text{C},$$

$$= \frac{1}{1/\alpha_1 + 1/\alpha_2 + \delta/\lambda},$$

worin α_1 bew. $\alpha_2 = \alpha_{\text{Berührung}} + \alpha_{\text{Strahlung}}$ = Wärmeübergangszahlen an die eine bzw. andere Flüssigkeit.

Wärmedurchgangswiderstand $R_k = R_{\alpha_1} + R_{\alpha_2} + R_\lambda = 1/k = 1/\alpha_1 + 1/\alpha_2 + \delta/\lambda$.

Bei Luftschichten wird die Wärme hauptsächlich durch Strahlung übertragen. Die „äquivalente Leitzahl" einer senkrechten, ebenen Luftschicht ist

$$\lambda' = \lambda_0 + \lambda_k + \alpha_s .$$

Hierbei ist λ_0 die Leitzahl der ruhenden Luft, λ_k der durch die Bewegung der Luft hervorgerufene Anteil der Übertragung. Nur sehr dünne Luftschichten von weniger als 1 cm Stärke schützen wirksam (s. Hencky, Anm. S. 290).

Ist eine Wand aus **mehreren** Schichten von der Dicke δ_1, δ_2 usw. mit den Wärmeleitzahlen λ_1, λ_2 usw. zusammengesetzt, so ist

$$1/k = 1/\alpha_1 + 1/\alpha_2 + \delta_1/\lambda_1 + \delta_2/\lambda_2 + \cdots = 1/\alpha_1 + 1/\alpha_2 + \Sigma\,\delta/\lambda .$$

Bei Luftschichten ist hier λ' einzusetzen.

Für **Rohre** von der Länge l, vom inneren Durchmesser d_i und äußerem d_a ist

$$Q = l\pi \frac{t_1 - t_2}{\dfrac{1}{\alpha_i d_i} + \dfrac{1}{\alpha_a d_a} + \dfrac{1}{2\lambda} \ln \dfrac{d_a}{d_i}} \text{ kcal/h} .$$

Besteht eine Rohrwand aus 2 Schichten mit den Wärmeleitzahlen λ_i und λ_a und ist d_m der Durchmesser der Trennungsfläche, so ist

$$Q = l\pi \frac{t_1 - t_2}{\dfrac{1}{\alpha_i d_i} + \dfrac{1}{\alpha_a d_a} + \dfrac{1}{2\lambda_i} \ln \dfrac{d_m}{d_i} + \dfrac{1}{2\lambda_a} \ln \dfrac{d_a}{d_m}} \text{ kcal/h},$$

wenn im übrigen die früheren Bezeichnungen gelten. Die Summanden $\dfrac{1}{\alpha_i d_i}$ und $\dfrac{1}{2\lambda_i} \ln \dfrac{d_m}{d_i}$ können bei isolierten, in der Luft befindlichen Rohren in den meisten Fällen ohne merklichen Fehler weggelassen werden. Die „äquivalente Leitzahl" von Luft ist hier

$$\lambda' = \lambda_0 + \lambda_k + \frac{1}{2} d_1 \cdot \alpha_s \ln \frac{d_2}{d_1},$$

wobei d_1 und d_2 der innere und der äußere Durchmesser der Luftschicht sind.

Für dünne **Metallrohre** kann die Formel für ebene Flächen benutzt werden. Ist $\alpha_i \sim \alpha_a$, so ist für F die mittlere Fläche zu setzen, sonst die Fläche, deren α kleiner ist.

Beispiel: Die Heizrohrlänge eines Vorwärmers, in dem 2 m³/h Wasser von 20° auf 60° durch Abdampf von 100° erwärmt wird, ist zu bestimmen.

Wassergeschwindigkeit $c_{fl} = 0{,}5$ m/sek; Rohrdmr. $d_i = 0{,}020$ m, $d_a = 0{,}022$ m.

$Q = 2000\,(60 - 20) = 80000$ kcal/h. Größter Temperaturunterschied 80°, kleinster 40°, so daß (nach S. 291) $\vartheta_m = (80 - 40) : \ln 80/40 = 57{,}8°$.

Bei der geringen Wandstärke und der hohen Wärmeleitzahl für Messing kann man den Betrag $\frac{1}{2\lambda}\ln\frac{d_a}{d_i}$ gegenüber $\frac{1}{\alpha d}$ vernachlässigen und setzen:

$$Q = \frac{l\pi\cdot\vartheta_m}{1/\alpha_i d_i + 1/\alpha_a d_a}, \quad \text{also} \quad l = \frac{Q\,(1/\alpha_i d_i + 1/\alpha_a d_a)}{\pi\cdot\vartheta_m}.$$

Für Dampf $\alpha_a = 10000$ kcal/m² °Ch nach S. 293 angenommen. Nach der Schackschen Formel S. 293 ist $\alpha_i = 2900\cdot 0{,}5^{0,85}\cdot[1+0{,}014\cdot(60+20)/2] = 2511$ kcal/m² °Ch.

$$l = \frac{80000\left(\frac{1}{2511\cdot 0{,}02}+\frac{1}{10000\cdot 0{,}022}\right)}{3{,}14\cdot 57{,}8} = 10{,}84 \text{ m}.$$

Temperaturabfall in isolierten Rohren.

Bedeuten

t_1 die Temperatur des Wärmeträgers im Rohr,

t_2 die Temperatur der umgebenden Luft, $\vartheta = t_1 - t_2$,

G die stündlich durch das Rohr strömende Flüssigkeit in kg,

c die spezifische Wärme der Flüssigkeit,

so ist für zwei unendlich nahe Punkte der Leitung $d\vartheta = Q\,dl/Gc$.

Nach Einsetzen der Gleichung für Q (S. 295) und Vernachlässigung des Wertes $\alpha_i d_i$ (s. Beispiel) wird:

$$\frac{d\vartheta}{\vartheta} = -\frac{dl}{Gc}\cdot\frac{\pi}{1/2\lambda\cdot\ln d_a/d_i + 1/\alpha_a d_a}.$$

Betrachtet man, was für den Beginn der Leitung zulässig ist, α, λ und c als konstant, und beziehen sich die Zeiger a und e auf Anfang und Ende der Leitung, so wird:

$$\ln\frac{(t_1-t_2)_a}{(t_1-t_2)_e} = -\frac{l}{Gc}\cdot\frac{\pi}{1/2\lambda\cdot\ln d_a/d_i + 1/\alpha_a d_a} = -\frac{l}{Gc}\cdot\frac{Q_a}{(t_1-t_2)_a}.$$

Beispiel: 10000 kg/h Heißdampf von 25 atü, $t_1 = 380°$, $c_p = 0{,}54$ strömen durch eine 160 m lange Leitung von 150 bzw. 160 mm Dmr. Isolierschichtdmr. $d\,i_1 = 160$ mm, $d_a = 360$ mm. Lufttemperatur $t_2 = 20°$; $\lambda = 0{,}08$ kcal/m² °Ch; α_i wird ∞ angenommen, d. h. die Isolierschicht hat innen die Temperatur 380°. Wird die Außentemperatur der Isolierschicht $= 60°$ geschätzt, so ist (nach S. 294) $\alpha_a = 8{,}1 + 0{,}045\,(60-20) \sim 10$ kcal/m² °Ch; $\vartheta = 380 - 20 = 360°$

$$Q_a = \frac{\pi\cdot\vartheta}{1/2\lambda\cdot\ln d_a/d_i + 1/\alpha_a d_a} = \frac{\pi\cdot 360}{\frac{1}{0{,}16}\cdot 2{,}3\log\frac{36}{16}+\frac{1}{10\cdot 0{,}36}} = \frac{1131}{5{,}07+0{,}28} = 212 \text{ kcal/m},$$

$$\ln\frac{360}{(t_1-t_2)_e} = \frac{l\cdot Q_a}{Gc\,(t_1-t_2)_a} = \frac{160\cdot 212}{10000\cdot 0{,}54\cdot 360} = 0{,}0174,$$

$\log 360 - \log(t_1-t_2)_e = 0{,}0174/2{,}3 = 0{,}00758$; $(t_1-t_2)_e = 353{,}8°$ $t_{1\,e} = 353{,}8 + 20 = 373{,}8°$.

Temperaturabfall $t_{1\,a} - t_{1\,e} = 380 - 373{,}8 = 6{,}2°$.

Mit $c_p \sim$ const wird der gesamte Wärmeverlust $Q = Gc\cdot\Delta t = 10000\cdot 0{,}54\cdot 6{,}4 = 34\,560$ kcal/h.

f) Praktische Folgerungen.

In der Gleichung $1/k = 1/\alpha_1 + \delta/\lambda + 1/\alpha_2$ ist k immer kleiner als der kleinste Wert von α, so daß man vor allem bestrebt sein muß, diesen kleinsten Wert α durch Erhöhung der Geschwindigkeit oder durch Erzeugung von Strömungswirbeln, die den Wärmeübergang um 15 bis 30 vH steigern, zu vergrößern. Es ist deshalb verfehlt, den Wärmeübergang in Dampfkesseln, Rauchgasvorwärmern, Luftkühlern, Lufterhitzern, Ölkühlern usw. durch Steigerung der Wassergeschwindigkeit verbessern zu wollen, da $\alpha_{\text{Wasser}} > \alpha_{\text{Rauchgas}}$ oder α_{Luft}.

Umgekehrt ist bei Kondensatoren $\alpha_{\text{Wasser}} < \alpha_{\text{Dampf}}$ (s. S. 293), so daß hier der Wärmeübergang durch Erhöhung der Wassergeschwindigkeit oder Einbau von Wirbelstreifen in die Kühlrohre vergrößert werden kann. Bei Apparaten mit großem Wert k wird dieser durch Verschmutzung stark vermindert, bei solchen mit kleinem Wert k nur in geringem Maß.

Flüssigkeiten mit kleinerem Wärmeübergang sind um die Außenflächen der Rohre zu führen, also z. B. die Luft um die Rohre der Lufterhitzer oder -kühler, das Öl um die Rohre der Ölkühler. Wasserrohrkessel verhalten sich also bezüglich Wärmeübergang günstiger als Rauchrohrkessel.

Im Gegensatz hierzu wird bei Kondensatoren das Wasser durch die Rohre geführt, damit das Kondensat leichter abfließen kann und das Entstehen einer die Wärmeströmung hindernden Wasserhaut vermieden wird. (Siehe Fig. 4 auf S. 216 in Bd. II.)

Anordnung von Rippen bei Wärmeaustausch verschiedener Flüssigkeiten ist nur an der Seite der Flüssigkeit mit kleinerer Wärmeübergangszahl angebracht, also zwecklos, wenn die Flüssigkeiten annähernd gleiche Wärmeübergangszahl haben.

Der Wärmeübergang bei senkrechten Rohren erreicht nur den bei waagerechten Rohren von gleichem Dmr., wenn die Länge ersterer $l \leq 2{,}85d$ ist. Trotzdem werden Verdampfer senkrecht angeordnet, weil im Innern der außen beheizten Rohre die Dampfblasen im Kern der zu verdampfenden Flüssigkeit aufsteigen und keine den Wärmeübergang hindernde Dampfschicht an den Rohrwänden entsteht.

Filmkondensation tritt bei ganz reinem Dampf auf, wenn dieser an rauhen oder polierten reinen Flächen kondensiert; auch bei Dampfgeschwindigkeiten etwa über 10 m/sek zeigt sich Filmkondensation. In Tropfenform wird bei verunreinigten Kondensationsflächen kondensiert, so daß durch „Impfung" des Dampfes mit Ölen und Fettsäuren Tropfenkondensation herbeigeführt werden kann, für die Stahl- und Aluminiumrohre am wenigsten geeignet sind. Vereinzelt sind bei Tropfenkondensation Werte von $\alpha = 68000$ und 100000 kcal/m² h ° C gemessen worden. (Fritz: Z. VDI 1938 S. 121.)

Zu beachten ist die Verringerung der Wärmeübertragung durch Kesselstein ($\lambda = 2$) und Öl ($\lambda = 0{,}1$).

Beispiel: Durch die Rohre eines Speisewasservorwärmers ströme Wasser mit $w = 1$ m/sek, das Rohr sei mit einer Kesselsteinschicht von 0,3 mm behaftet. Mittlere Wassertemperatur = 60°.

Nach S. 637 ist $\lambda = 80$ für Messing, nach S. 293 ist $\alpha_{\text{Dampf}} = 10000$ kcal/m² h ° C und $\alpha_{\text{Wasser}} = 2900 \cdot 1^{0,85} (1 + 0{,}014 \cdot 60) = 5336$ kcal/m²°C h. Für das reine Rohr folgt bei 3 mm Wanddicke:

$$1/k = 1/10000 + 1/5336 + 0{,}003/80 = 0{,}000327; \quad k = 3060 \text{ kcal/m}^2 \text{ h } ^\circ\text{C}.$$

Für das inkrustierte Rohr ist

$$1/k_s = 1/k + 0{,}0003/2 = 0{,}000477; \quad k_s = 2100 \text{ kcal/m}^2 \text{ h } ^\circ\text{C} = 0{,}68\, k.$$

Die Strahlung durch einen Hohlraum wird durch dessen Unterteilung in parallele Flächen namentlich bei kleiner Strahlungskonstante wesentlich herabgesetzt. (Isolierung durch mehrfache Schichten von Aluminiumblättern: Alfol-Isolierung z. B. in Kühlwagen.)

C. Thermodynamik.

Bezeichnungen.

Es bezeichnen:

p den Druck in kg/cm²; P den Druck in kg/m²,
$v = 1/\gamma$ das spezifische Volumen, d. h. das Volumen von 1 kg in m³/kg,
G das Gewicht einer beliebigen Menge in kg,
$\gamma = 1/v$ das spez. Gewicht in kg/m³,
$V = G \cdot v$ das Volumen einer beliebigen Menge in m³,
v_0 das spez. Volumen bei 0° C;
L_0 die Arbeit bezogen auf 1 kg des arbeitenden Stoffes in mkg/kg,
L die Arbeit bezogen auf G kg des arbeitenden Stoffes in mkg,
q die zu- bzw. abgeführte Wärmemenge in kcal, bezogen auf 1 kg,
Q die zu- bzw. abgeführte Wärmemenge in kcal, bezogen auf G kg,
u bzw. U die innere Energie in kcal/kg bzw. kcal,
i bzw. I den Wärmeinhalt (Enthalpie) in kcal.

Erster Hauptsatz.

Wärme und Arbeit sind gleichwertig (äquivalent).

$$Q = AL.$$

Der Proportionalitätsfaktor A heißt das **mechanische Wärmeäquivalent** und ist gleich $\frac{1}{427}$ [1]).

Es ist

1 kcal = 427 mkg	1 kWh = 860 kcal = 367000 mkg	
1 PSh = 632,3 kcal	1 kcal = 4,184 kW sek.	
1 kW sek. = 0,239 „	Bezüglich **BTU** (British Thermal Unit) s. S. 673.	

Man kann also einen Energiebetrag sowohl in mkg als auch in kcal messen.

Wird einem Körper Wärme zugeführt, so wird diese im allgemeinen dazu verwandt:

1. die innere Energie zu vergrößern;
2. das Volumen unter Überwindung des äußeren Druckes zu vergrößern, also mechanische Arbeit zu leisten;
3. die kinetische Energie des arbeitenden Körpers zu vergrößern.

---

[1]) Nach den Vereinbarungen des Ausschusses für Einheiten und Formelgrößen (AEF) wird bezeichnet Arbeit mit A, das mechanische Wärmeäquivalent mit $J = 427$, so daß also wird $Q = A/J$; diese Bezeichnungen haben sich aber noch nicht allgemein durchgesetzt.

Die innere Energie U ist bei Gasen deren absoluter Temperatur proportional. Die kinetische Energie der Moleküle wird mit der Temperatur erhöht. Bei Dämpfen treten noch Energiebeträge hinzu, die der Arbeit zur Überwindung der Anziehung der Moleküle untereinander, also einer Vermehrung der potentiellen Energie der Moleküle, entsprechen. Es ist

$$dQ = dU + APdV,$$

wobei PdV die mechanische äußere Arbeit in mkg, $APdV$ dieselbe Arbeit in kcal bedeutet.

a) Die Mechanik der vollkommenen Gase.

Bei vollkommenen Gasen sind bei der Ausdehnung innere Kräfte nicht zu überwinden. Der Zuwachs an innerer Energie ist proportional dem Temperaturzuwachs. (Bei Drücken über 50 at dürfen die wirklichen Gase, wie Luft, nicht mehr wie ideale behandelt werden; s. weiter unten).

1. Spezifische Wärme. Erwärmt man ein Gas bei gleichbleibendem Volumen — ohne daß äußere Arbeit geleistet wird, wobei also die Wärme ganz zur Erhöhung der inneren Energie verwandt wird —, so ist die spezifische Wärme c_v kcal/kg °C.

Wird die Erwärmung bei konstantem Druck ausgeführt, also bei veränderlichem Volumen, so ist außer der Erhöhung der inneren Energie noch äußere Arbeit zu leisten. Die spezifische Wärme ist dann c_p, wobei $c_p > c_v$; c_v und c_p sind für mäßig hohe Temperaturen als konstant anzusehen. Das Verhältnis

$$c_p/c_v = \varkappa$$

ist für einatomige Gase 1,66, für zweiatomige 1,40 bei 0° C.

$$c_p - c_v = AR = c_p \cdot \frac{\varkappa - 1}{\varkappa} = c_v(\varkappa - 1).$$

Die Temperaturabhängigkeit von c_v ist die gleiche wie von c_p.

Gleiche Volumina verschiedener, idealer Gase erfordern bei gleichem Druck, gleicher Temperatur und gleicher Temperaturerhöhung dieselbe Wärmemenge. Es ist

$$m_1 \cdot c_{v1} = m_2 \cdot c_{v2} = m_3 \cdot c_{v3} \ldots,$$

wobei m = Molekulargewicht = Summe der in einer Verbindung enthaltenen Atomgewichte, deren Einheit das Sauerstoff-Atomgewicht (= 16) ist, s. S. 674.

Werte von m s. Zahlentafel S. 636.

Mit Einführung der spezifischen Wärme c_v folgt aus dem ersten Hauptsatz

$$dQ = G \cdot c_v \cdot dT + AP \cdot dV \quad \text{(Wärmegleichung)}$$

oder für 1 kg Gas

$$dq = c_v \cdot dT + AP \cdot dv,$$

oder in den Grenzen 1 und 2

$$q = c_v(T_2 - T_1) + A\int_1^2 P\,dv.$$

Hierbei ist also $c_v(T_2 - T_1)$ der Zuwachs an innerer Energie.

2. Thermische Zustandsgleichung. Es gilt

$$p \cdot v = p_0 v_0 (1 + \alpha t).$$

Der Ausdehnungskoeffizient α ist für alle vollkommenen Gase konstant $\frac{1}{273}$. Demnach ist

$$p \cdot v = \frac{p_0 v_0}{273}(273 + t) = \frac{p_0 v_0}{273} T; \qquad P \cdot V = \frac{P_0 v_0}{273} G T.$$

Setzt man $P_0 v_0/273 = R$,

so ist $P \cdot v = RT$ **(allgemeine Zustandsgleichung der Gase)**

oder auch $P \cdot V = G \cdot R \cdot T$.

„Gaskonstante" R ist die absolute Ausdehnungsarbeit in mkg, die von 1 kg des betreffenden Gases bei Erwärmung um 1° bei konstantem Druck verrichtet wird. Dimension: mkg/°C kg = m/°C.

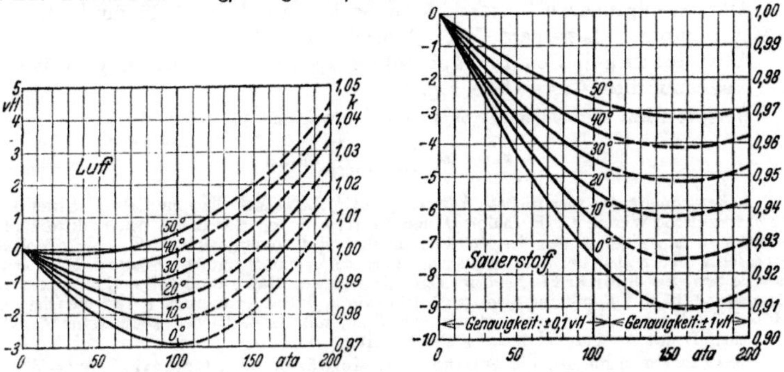

Fig. 3. Darstellung der Zustandsgleichung $pV = RT + Bp$ (s. S. 300).

Das abweichende Verhalten der realen Gase zeigt für Luft Fig. 3; die Ordinaten stellen $P \cdot v \neq RT$ dar.

Nach der Hypothese von Avogadro verhalten sich die spezifischen Gewichte γ zweier Gase wie die Molekulargewichte m, so daß also

$$\gamma_1/\gamma_2 = m_1/m_2, \quad \text{also} \quad m_1/\gamma_1 = m_2/\gamma_2 = m_1 v_1 = m_2 v_2;$$

setzt man nun $v = V/G$ und wählt als G soviel kg, als das Molekulargewicht (1 Mol) angibt, so wird

$$m_1 \cdot V_1/m_1 = m_2 V_2/m_2;$$

$V_1 = V_2 = \mathfrak{V}$, d. h. das Volumen eines Mol ist für alle Gase von gleicher Temperatur und gleichem Druck gleich groß.

Ein Mol oder Kilogramm-Molekül ist sonach eine Gasmenge von soviel kg Gewicht, als das Molekulargewicht des Gases Einheiten hat, also z. B. 1 Mol O_2 = 32 kg O_2. 1 Mol Wasserstoff = 2 kg H_2.

Bei 760 mm QS und 0° C nimmt 1 Mol einen Raum $\mathfrak{V}_0 = 22{,}4\ m^3$ ein.

Dieses nur von t und p, nicht von der Gasart abhängige Volumen wird aus dem spez. Gewicht $\gamma = 1{,}43\ kg/m^3$ des Sauerstoffes bei 0° und 760 mm QS berechnet. m kg = 32 kg O_2 nehmen den Raum 32/1,43 = 22,4 m³ ein. Denselben Raum nehmen 2 kg H, 28 kg CO usw. ein.

Demnach ist für alle Gase

$$\gamma_{0^\circ\,760} = \frac{m}{22{,}4}.$$

Die spezifischen Gewichte sind den Molekulargewichten proportional.

Für vollkommene Gase ist 1 Nm³ = 1/22,414 Mol, worin Nm³ = Normalkubikmeter bei 0° und 760 mm QS. Nm³ ist kein Raummaß, sondern eine Gasmenge, in Raumabmessungen ausgedrückt. (Das technische nm³ = 1/24 Mol — bei 1 kg/cm² und 10,0° hat sich nicht eingeführt.)

Setzt man in die allgemeine Zustandsgleichung $\mathfrak{V}$ statt V, so wird

$$P \cdot \mathfrak{V} = mR \cdot T.$$

Da nun

$$\frac{P \cdot V}{R \cdot T} = G = \frac{P_0 V_0}{R \cdot T_0},$$

so gilt für 1 Mol, also mit $G = m$, für $T_0 = 273°$ K, $p_0 = 760$ mm Q-S

$$m = \frac{P_0 \cdot \mathfrak{B}_0}{R \cdot T_0} = \frac{10333 \cdot 22{,}4}{273 \cdot R}$$

oder

$$mR = \mathfrak{R} = \text{constans} = 848\,.$$

Man kann die allgemeine Zustandsgleichung für Gase auch anschreiben

$$P \cdot \mathfrak{B} = 848\,T\,.$$

Aus der allgemeinen Zustandsgleichung lassen sich in Verbindung mit dem ersten Hauptsatz besondere Zustandsgleichungen ableiten.

Abweichungen des tatsächlichen spez. Volumens v_e vom Wert v des vollkommenen Gases siehe Fig. 3.

Beispiel: Das spez. Volumen von Luft von 150 at und 50° C ist:

$$v_e = 1{,}02 \cdot \frac{29{,}26 \cdot 323}{150 \cdot 10000}\ \text{m}^3/\text{kg}.$$

3. Berechnung der spezifischen Wärme. Justi[1]) berechnet die unmittelbar schwer meßbare spezifische Wärme C, Enthalpie I und Entropie S von Gasen aus den spektroskopisch ermittelten Energiezuständen der Moleküle; hierbei wird vorausgesetzt, daß sich die Moleküle gegenseitig weder abstoßen noch anziehen, wie es bei unendlich großem Abstand der Moleküle ($v = \infty$ bzw. $p = 0$) der Fall ist, entsprechend dem idealen Gaszustand ($pV = RT$). Im realen Gaszustand ($pV \neq RT$) gilt für niedrige Drücke wie z. B. den Normdruck 1 Atm die Gleichung $pV = RT + Bp$, der Wert B hängt nur von T ab, mit der kritischen Temperatur T_k, dem kritischen Druck p_k und Volumen V_k als Beiwerten.

Bezeichnet man mit $\Delta|_0^1$ die Zunahme der Molwärme oder Molenthalpie (= Wärmeinhalt von 1 Mol) bei Drucksteigerung von 0 auf 1 Atm, so gilt nach Justi[1]),[2]) für die „permanenten“ Gase H_2, N_2, O_2, CO, Luft, CH_4 und C_2H_4

$$\Delta|I_T - I_{273}|_0^1 = 2{,}513\,T_k^3/p_k \cdot (1/273^2 - 1/T^2); \quad \Delta C_p|_0^1 = 5{,}027 \cdot T_k^3/p_k T^3; \quad \Delta C_v|_0^1 = \Delta C_p|_0^1/3\,.$$

Für die leicht kondensierbaren Gase CO_2, C_2H_2, C_2H_6, C_6H_6 gilt

$$\Delta|I_T - I_{273}|_0^1 = 0{,}0179 \cdot V_k - 0{,}0726 \cdot V_k \cdot T_k (1/T + 0{,}783 \cdot T_k^{2,27}/T^{3,27});$$

$$\Delta C_p|_0^1 = 0{,}0242 \cdot T_k \cdot V_k (3/T^2 + 7{,}68 \cdot T_k^{3,27}/T^{4,27});$$

$$\Delta C_v|_0^1 = 0{,}0242 \cdot V_k (-0{,}045/T_k + 1{,}500 \cdot T_k/T^2 + 1{,}7985 \cdot T_k^{3,27}/T^{4,27}) - \Delta C_p|_0^1\,.$$

Oberhalb von etwa 200 °C gilt wieder annähernd $\Delta C_p|_0^1 = 3\,\Delta C_v|_0^1$.

Die mittleren spezifischen Wärmen C_{p_m} werden durch Division von $I_T - I_{273} = I_t - I_0$ durch das Temperaturintervall erhalten, die Druckabhängigkeit $\Delta C_{pm}|_0^1$ entsprechend durch Division von $\Delta|I_r - I_0|_0^1$ durch das Temperaturintervall. Will man C_p, C_v oder $|I_T - I_0|$ von 0 Atm auf p Atm statt auf 1 Atm korrigieren, so ist das p-fache der $\Delta|_0^1$-Werte zu addieren, zur Korrektion von 1 Atm auf p Atm das $(p-1)$-fache $\left(\Delta|_0^p = p\,\Delta|_0^1\right)$. Zur Umrechnung von Mol auf Nm³ wird durch 22,4 dividiert.

Zahlentafel der mittleren spezifischen Wärme s. S. 636.

Zahlentafel: Kritische Temperatur, kritischer Druck, kritisches Volumen (s. S. 636).

4. Zustandsänderungen. a) Druck unveränderlich; Isobare.

$$\frac{V_1}{V_2} = \frac{T_1}{T_2}; \qquad Q = G c_p (T_2 - T_1) = \frac{\varkappa}{\varkappa - 1} A L\,.$$

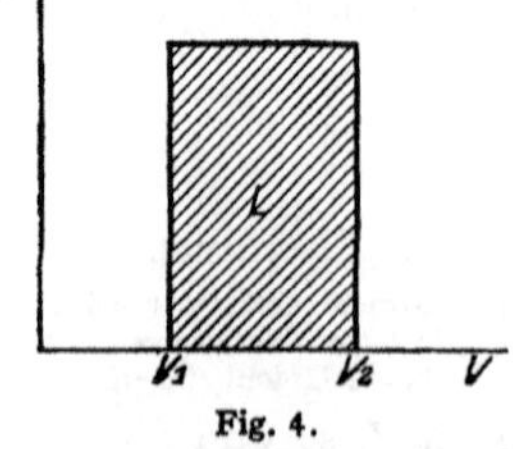

Fig. 4.

Äußere Arbeit nach Fig. 4

$$L = P(V_2 - V_1) = GR(T_2 - T_1)\,.$$

b) Volumen unveränderlich; Isochore.

$$p_1/p_2 = T_1/T_2\,. \qquad L = 0\,.$$

$$Q = G \cdot c_v (T_2 - T_1) = U_2 - U_1\,.$$

c) Isothermische Zustandsänderung. Siehe auch S. 75. Ist T unveränderlich, so wird

$$\boldsymbol{P \cdot V = \text{konst.}}$$

---

[1]) Justi, E.: Spezifische Wärme, Enthalpie und Entropie technischer Gase. Berlin: Springer 1938.

[2]) Feuerungstechn. Bd. 26 (1938) S. 313 u. 385.

oder $\quad \boldsymbol{P \cdot v = \text{konst.} = R \cdot T}$

oder $\quad p_1 v_1 = p_2 v_2$;

$$p_1/p_2 = v_2/v_1 = V_2/V_1 = P_1/P_2 .$$

Die innere Energie U ist unveränderlich.

Im pV-Diagramm (Fig. 5) wird die Gleichung

$$p \cdot V = \text{konst.}$$

durch eine gleichseitige Hyperbel dargestellt.

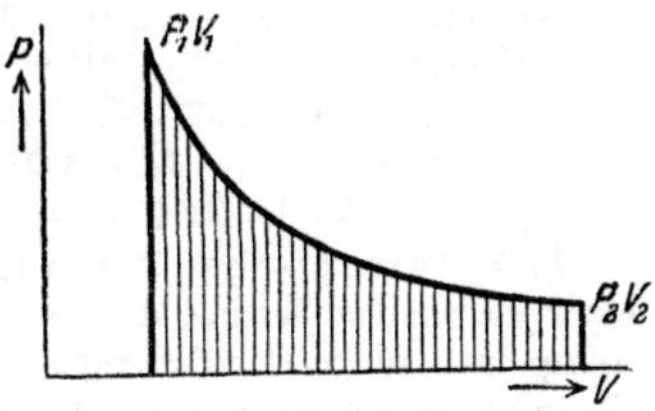

Fig. 5.

(Die Konstruktion der Hyperbel siehe S. 107, Fig. 94; Bd. II, S. 81.)

Dehnt sich das Gas von v_1 auf v_2 aus, so wird dabei je kg Gas eine Arbeit geleistet, die durch die in Fig. 5 schraffierte Fläche gemessen wird. Diese Fläche ist:

$$L_0 = P_1 v_1 \ln v_2/v_1 \text{ mkg} = P_2 v_2 \ln v_2/v_1 .$$

(Für Zahlenrechnungen beachte man, daß $\ln a = 2{,}303 \lg a$.)

Wegen $Pv = RT_1$ kann man auch schreiben

$$L_0 = RT_1 \ln v_2/v_1 = RT_1 \ln p_1/p_2 .$$

Die Wärmegleichung lautet für die isothermische Zustandsänderung:

$$dQ = GAPdv ,$$

$$Q = AL = GART_1 \ln V_2/V_1 = GART_1 \ln p_1/p_2 \text{ kcal} .$$

Die Wärmemenge Q ist dem Gase bei isothermischer Ausdehnung zuzuführen, bei isothermischer Verdichtung abzuführen. Sie wird bei der Ausdehnung vollständig in Arbeit umgesetzt.

Beispiel: 500 kg Luft dehnen sich bei 20° C isothermisch von 10 at Überdruck auf 1 at Überdruck aus. Die Arbeitsleistung und die zuzuführende Wärmemenge sind zu berechnen.

10 at Überdruck = 11 at abs,

$$Q = G \cdot A \cdot R \cdot T \cdot 2{,}303 \lg \frac{p_1}{p_2} = \frac{500 \cdot 29{,}27 \cdot 293 \cdot 2{,}303}{427} \log \frac{11}{2} = 17\,100 \text{ kcal},$$

$$L = 17\,100 \cdot 427 \text{ mkg}.$$

d) Adiabatische (isentropische) Zustandsänderung (ohne Zufuhr oder Abfuhr von Wärme). Die Wärmegleichung für diese Zustandsänderung lautet:

$$0 = c_v dT + APdv \quad \text{oder} \quad APdv = -c_v dT \quad \text{bzw.} \quad AL_0 = c_v(T_1 - T_2) ,$$

d. h. die äußere Arbeit wird bei einer Ausdehnung gänzlich auf Kosten der inneren Energie geleistet, ist also mit einer Senkung der Temperatur verbunden, während bei einer Verdichtung die gesamte aufgewandte Arbeit zur Erhöhung der inneren Energie, also der Temperatur verwendet wird.

Die Zustandsgleichung lautet:

$$\boldsymbol{p v^{\varkappa} = p_1 v_1^{\varkappa} = \text{konst.}, \quad p \cdot V^{\varkappa} = \text{konst.},} \quad \text{wobei} \quad \varkappa = c_p/c_v$$

oder

$$V_1/V_2 = (p_2/p_1)^{1/\varkappa} = (T_2/T_1)^{1/\varkappa - 1} .$$

Die von 1 kg Gas geleistete Arbeit ist

$$\int APdv = AL_0 = c_v(T_1 - T_2), \text{ in Wärmeeinheiten gemessen,}$$

oder auch

$$L_0 = \frac{P_1 v_1}{\varkappa - 1}\left[1 - \left(\frac{v_1}{v_2}\right)^{\varkappa - 1}\right] \text{ in mkg/kg}$$

$$= \frac{P_1 v_1}{\varkappa - 1}\left[1 - \left(\frac{p_2}{p_1}\right)^{\frac{\varkappa - 1}{\varkappa}}\right] = \frac{P_1 v_1}{\varkappa - 1}\left(1 - \frac{T_2}{T_1}\right)$$

$$= \frac{c_v}{AR}(P_1 v_1 - P_2 v_2) = \frac{1}{\varkappa - 1}(P_1 v_1 - P_2 v_2) = \frac{R}{\varkappa - 1}(T_1 - T_2).$$

Die Konstruktion der Kurve $pv^{\varkappa} = \text{konst.}$ s. S. 115.

Beispiel: 500 kg Luft von 11 at abs und 20° C dehnen sich adiabatisch auf 2 at abs aus. Die Endtemperatur der Luft, sowie die Arbeitsleistung sind zu berechnen.

$$T_2/T_1 = (p_2/p)^{\varkappa-1/\varkappa}; \quad T_2 = 293 \cdot \left(\tfrac{2}{11}\right)^{0,286} = 179^\circ\,\mathrm{K} = -94^\circ\,\mathrm{C}.$$

$$L = G \cdot c_v (T_1 - T_2) = 500 \cdot 0,172 \cdot 114 = 9800\ \mathrm{kcal} = 9800 \cdot 427\ \mathrm{mkg}.$$

(Man vergleiche das Beispiel bei der isothermischen Zustandsänderung.)

e) Polytropische Zustandsänderung. Wird einem Gase während einer Zustandsänderung Wärme zu- oder abgeführt, und zwar derart, daß die Temperatursteigerung der zugeführten Wärmemenge proportional ist, so ist die Zustandsänderung polytropisch.

Ist c die spez. Wärme, d. h. die Wärmemenge, die man 1 kg Gas zuführen muß, um neben der Arbeitsleistung eine Erwärmung um 1° C zu erzielen, und setzt man

$$\frac{c_p - c}{c_v - c} = m, \quad \text{also} \quad c = \frac{m\,c_v - c_p}{m - 1} = c_v \frac{m - \varkappa}{m - 1},$$

so ist die Gleichung der Polytrope

$$p \cdot v^m = \text{konst.}$$

Die Wärmegleichung nimmt hier die Form an

$$dq = c\,dT = c_v dT + APdv, \quad \text{also} \quad (c - c_v)\,dT = APdv.$$

Die Zustandsgleichung der Polytrope ist mit derjenigen der Adiabate identisch bis auf den Exponenten. Demnach gelten hier alle Formeln der Adiabate, wenn man für $\varkappa$ den Wert m einsetzt.

Adiabate und Isotherme sind als Polytropen aufzufassen, für die $m = \varkappa$ bzw. $m = 1$ geworden ist.

Expansionskurven, deren Exponent $m > \varkappa$, sind mit Wärmeabfuhr, solche, bei denen $m < \varkappa$, sind mit Wärmezufuhr verbunden.

Die Konstruktion der Polytrope ist derjenigen der Adiabate entsprechend. Für $1 < m < \varkappa$ ist c negativ, sonst positiv. Im negativen Gebiet sinkt die Temperatur trotz Wärmezufuhr, bzw. sie steigt trotz Wärmeabfuhr.

$$AL = G(c - c_v)(t_2 - t_1) = \frac{GRA}{m - 1}(t_1 - t_2).$$

$$Q = Gc(t_2 - t_1) = \frac{\varkappa - m}{\varkappa - 1} AL.$$

f) Ermittlung von T und m aus einer gegebenen Kurve. Die Temperatur T_b des Punktes b, Fig. 6, kann bestimmt werden, wenn für einen Punkt a mit den Koordinaten P_a und V_a die Temperatur T_a gegeben ist, indem von O der Strahl Oc gezogen wird. Ist der Temperaturmaßstab so gewählt, daß ae nicht nur P_a, sondern auch T_a darstellt, dann ist $dc = T_b$. Der Beweis folgt aus den Beziehungen:

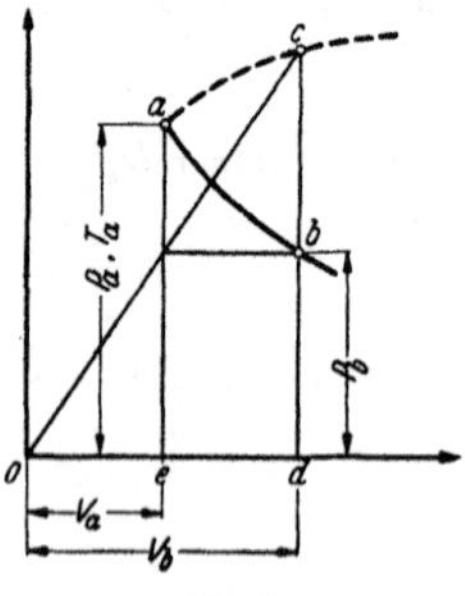

Fig. 6.

$$\frac{P_b V_b}{P_a V_a} = \frac{T_b}{T_a}; \qquad T_b = \frac{T_a}{P_a} \cdot \frac{V_b P_b}{V_a}.$$

Zur Feststellung von m einer gegebenen Kurve überträgt man diese auf doppelt logarithmisches Papier, also $\log p = f(\log v)$; ergibt sich eine Gerade, so ist $\operatorname{tg}\alpha = m$, entsteht eine gekrümmte Linie, so ist m veränderlich und die jeweilige Größe ist gleich der Richtungskonstanten an die Tangente der Kurve.

Aus der pV-Linie selbst kann man m gemäß Fig. 7 erhalten. $AB = v/m$. Zieht man (nach Dubbel, Öl- und Gasmaschinen) die Waagerechte L im Abstande 1 von der V-Achse, fällt von B das Lot auf L bis C, zieht CA, so schneidet die Verlängerung auf der p-Achse das Stück m ab.

Für sehr flache Kurven, bei denen Punkt B sehr weit nach rechts fällt, kann man nach Fig. 7a vorgehen. Man zieht die Tangente in P bis zum Schnitt A mit der p-Achse, zieht ferner die Waagerechte PB. Dann ist $\overline{OA} = (m + 1)p$.

Trägt man auf einer beliebigen durch O gehenden Geraden die Einheit ab, verbindet B mit dem Ende dieser Strecke C und zieht durch A eine Parallele zur Verbindungslinie $\overline{BC}$, so schneidet diese Parallele die Strecke m, gemessen von C an, ab.

g) Drosselung. Bei dieser Zustandsänderung bleibt die Summe der inneren Energie und der kinetischen Energie bei vollkommenen Gasen konstant. Sind w_1 und w_2 die bezüglichen Geschwindigkeiten, so gilt

$$A P V_1 + G c_v \cdot t_1 + A \cdot \frac{G}{g} \frac{w_1^2}{2} = G c_v t_2 + A \cdot \frac{G}{g} \frac{w_2^2}{2} + A P V_2 ;$$

mithin, da $Pv = RT$

$$(t_1 - t_2)(A R + c_v) = A/2g \cdot (w_2^2 - w_1^2).$$

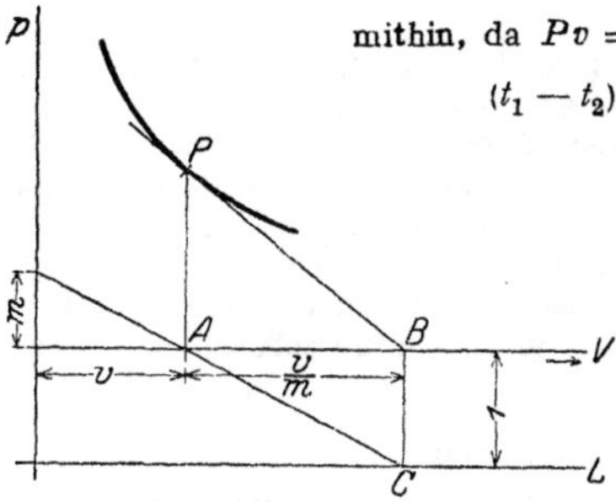

Fig. 7.

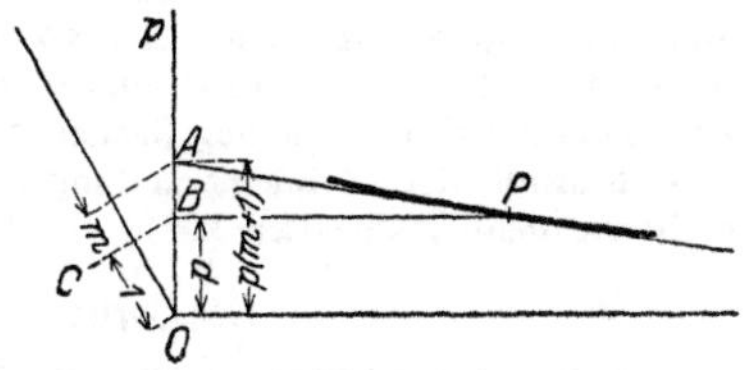

Fig. 7a.

Sind w_1 und w_2 verhältnismäßig klein, so ist nahezu $t_1 - t_2 = 0$, d. h. die Temperatur ändert sich bei einer Drosselung nicht. Strömt das Gas mit hoher Geschwindigkeit durch eine Drosselstelle, nimmt aber nachher geringe Geschwindigkeiten an, so ist an der Drosselstelle eine Temperaturabsenkung vorhanden, die sich aber im weiteren Rohr verliert, da die kinetische Energie durch Wirbelung verzehrt und in Wärme umgewandelt wird.

Von der Abkühlung des Gases in der Drosselstelle ist scharf die Abkühlung des Behälters zu unterscheiden, dem etwa das Gas entnommen wird, da hier das Gas eine nahezu adiabatische Zustandsänderung erfährt.

Thomson-Joule-Effekt. Alle nicht vollkommenen Gase erleiden bei Drosselung eine Temperaturänderung. Der Druckabfall bewirkt bei hohen Temperaturen eine geringe Temperaturerhöhung, die bei sinkender Temperatur zunächst auf 0 abnimmt und dann in Temperatursenkung umschlägt. Auch durch Steigerung des Ausgangsdruckes kann das Vorzeichen geändert werden, so daß sich eine von p und T abhängige „Inversionskurve" ergibt. Nur Wasserstoff und Helium erwärmen sich bei normaler (Zimmer-) Temperatur durch Entspannung. Der Thomson-Joule-Effekt ermöglicht die Verflüssigung der Luft und anderer Gase.

Z. B. ist für Luft die Temperatursenkung je at Druckabfall bei 25° C $\mu = 0{,}22°$, bei $-100°$ $\mu = 0{,}62°$.

5. Kreisprozesse. Verändert ein Körper seinen Zustand so, daß er nach einiger Zeit den ursprünglichen Zustand wieder annimmt, so durchläuft er einen Kreisprozeß. Im Pv-Diagramm stellt der Inhalt des Diagrammes die je kg geleistete Arbeit dar. Die Differenz zwischen der zugeführten und der abgeführten Wärmemenge ist die Arbeitsleistung, im Wärmemaß gemessen. Kreisprozesse, bei denen die zugeführte Wärme vollständig in Arbeit umgewandelt wird, sind unmöglich. Ist Q_1 die gesamte zugeführte, Q_2 die gesamte abgeführte Wärmemenge und L die geleistete Arbeit in mkg, so gilt die Wärmebilanzgleichung

$$Q_1 = Q_2 + AL.$$

Der thermische Wirkungsgrad des Kreisprozesses ist

$$\eta = \frac{AL}{Q_1} = \frac{Q_1 - Q_2}{Q_1}.$$

Unter allen möglichen Kreisprozessen bei bestimmten Arbeitsbedingungen haben diejenigen den günstigsten Wirkungsgrad, bei denen alle vorkommenden

Zustandsänderungen umkehrbar, reversibel sind. Ein Vorgang ist umkehrbar, wenn er auch in umgekehrter Richtung verlaufen kann, so daß sich am Schluß der umgekehrten Zustandsänderung alle beteiligten Körper im gleichen Zustande wie am Anfang befinden.

Umkehrbare Zustandsänderungen sind: Adiabatische Ausdehnung bzw. Verdichtung, Wärmeübergang zwischen zwei Körpern bei unendlich kleiner Temperaturdifferenz, Verdampfen und Kondensieren unter der Voraussetzung, daß der Heiz- bzw. der Kühlkörper die Temperatur des Siedepunktes hat, isothermische oder auch polytropische Ausdehnung und Verdichtung, unter der Voraussetzung, daß der Heiz- bzw. der Kühlkörper jeweils die Temperatur des arbeitenden Stoffes hat.

Nicht umkehrbar sind: Reibung in jeder Form, also Drosselung in Rohrleitungen, Reibung fester Körper, unvollkommene Elastizität, ferner Wärmeübergang zwischen Körpern, deren Temperaturen verschieden sind.

Vollkommen reversible Prozesse sind in Wirklichkeit ausgeschlossen, da Reibung stets vorhanden ist, alle Körper nur unvollkommen elastisch sind und man stets mit Temperaturdifferenzen von endlicher Größe arbeiten muß, um mit endlichen Wärmeübertragungsflächen bzw. endlichen Zeiten auszukommen, auch den Einfluß der Zylinderwandungen bei Wärmekraftmaschinen und Verdichtern nicht ausschalten kann.

Der Carnotsche Kreisprozeß.

Dieser setzt sich aus folgenden vier umkehrbaren Prozessen zusammen: I. isothermische Ausdehnung bei der Temperatur des Heizkörpers T_1, II. adiabatische Ausdehnung bis zur Senkung der Temperatur auf die des Kühlkörpers T_2, III. isothermische Verdichtung bei der Temperatur T_2, IV. adiabatische Verdichtung bis zum Erreichen des Anfangszustandes. Während des Prozesses I wird die Wärmemenge Q_1 zu-, während des Prozesses III die Wärmemenge Q_2 abgeführt (Fig. 8).

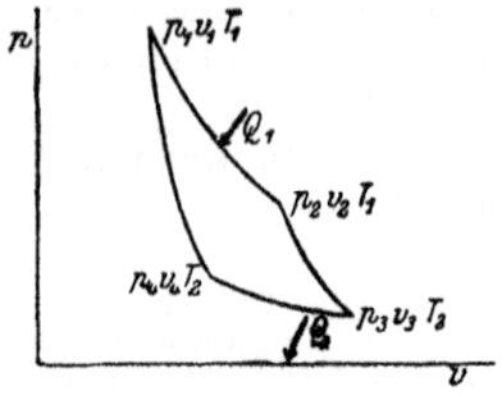

Fig. 8.

Es ist $Q_1 = GART_1 \ln v_2/v_1$

und $Q_2 \quad GART_2 \ln v_3/v_4$,

also $\dfrac{Q_1}{Q_2} = \dfrac{T_1}{T_2}\,\dfrac{\ln v_2/v_1}{\ln v_3/v_4}$;

da ferner $T_1/T_2 = (v_3/v_2)^{\varkappa-1} = (v_4/v_1)^{\varkappa-1}$,

also $v_3/v_4 = v_2/v_1$,

ist

$$Q_1/Q_2 = T_1/T_2 \quad \text{und} \quad Q_1/T_1 = Q_2/T_2.$$

Mithin wird

$$\eta = \frac{Q_1 - Q_2}{Q_1} = \frac{T_1 - T_2}{T_1} = 1 - \frac{T_2}{T_1}, \qquad AL = Q_1\,\frac{T_1 - T_2}{T_1}.$$

Es ist also $Q_1 = Q_2 + Q_1\,\dfrac{T_1 - T_2}{T_1}$.

Die unter den Adiabaten liegenden Flächen sind gleich groß.

Andere Kreisprozesse: Gasmaschine, Dieselmotor Bd. II, S. 108.

Zweiter Hauptsatz.

Sind Heiz- und Kühlkörper nicht von unendlicher, sondern von endlicher Wärmekapazität, so läßt sich die isothermische Zustandsänderung nur während des Überströmens der unendlich kleinen Wärmemenge dQ umkehrbar durchführen. Man kann jeden beliebigen umkehrbaren Prozeß in unendlich viele Elementarprozesse unterteilen, für deren jeden die Beziehung

$$\frac{dQ_1}{T_1} = \frac{dQ_2}{T_2} \quad \text{und} \quad \eta = \frac{dQ_1 - dQ_2}{dQ_1} = \frac{T_1 - T_2}{T_1},$$

also auch

$$dQ_1 = dQ_2 + \frac{T_1 - T_2}{T_1} dQ_1 \quad \text{gilt.}$$

Wegen ihrer allgemeinen Bedeutung wird die Gleichung $dQ_1/T_1 = dQ_2/T_2$ als zweiter Hauptsatz der mechanischen Wärmetheorie bezeichnet.

Ist $T_2 > T_1$, wird also die Wärme, wie bei einer Kältemaschine, dem kalten Körper entzogen und auf den warmen übertragen, so wird

$$dAL = \frac{T_1 - T_2}{T_1} dQ_1$$

negativ, d. h. der Arbeitsbetrag $\frac{T_2 - T_1}{T_1} dQ_2$ muß der Maschine zugeführt, die Maschine muß angetrieben werden.

$\varepsilon = Q_1/AL = T_1/(T_2 - T_1)$ = Leistungszahl der Kältemaschine. (S. auch Bd. II, S. 340.)

Es ist dann

$$dQ_1 = dQ_2 - \frac{T_2 - T_1}{T_1} dQ_1;$$

dQ_2 wird größer als dQ_1. Da $\frac{T_2 - T_1}{T_1}$ stets positiv, wenn $T_2 > T_1$, so kann man den zweiten Hauptsatz auch so aussprechen.

Wärme kann niemals ohne Energieaufwand von einem kälteren auf einen wärmeren Körper übertragen werden. (Die Energie kann auch die Form von Wärme haben, wie bei Absorptionskältemaschinen.)

In jedem umkehrbaren Elementarprozeß ist $dQ_1/T_1 = dQ_2/T_2$. Faßt man die Größen auf beiden Seiten der Gleichung als Differentiale einer dritten Größe, der Entropie, auf, so wird die Zunahme an Entropie dQ_1/T_1 gleich der Abnahme der Entropie dQ_2/T_2. Bei diesem Differentialprozeß ist also die Änderung der Entropie $dS = 0$. Bezüglich Entropie s. S. 314.

Da jeder umkehrbare Kreisprozeß aus derartigen elementaren Carnotprozessen zusammengesetzt gedacht werden kann, so gilt auch

$$\int dS = \int dQ/T = \text{konst.},$$

d. h. **bei jedem vollständig umkehrbaren Kreisprozeß nimmt die Entropie des arbeitenden Körpers nach Durchlaufen des Prozesses wieder denselben Wert an,** die Entropie ist eine Zustandsgröße.

Da $dS = dQ/T$, kann man den ersten Hauptsatz auch schreiben

$$T \cdot dS = dU + AP\,dV.$$

6. Strömung von Gasen. a) Bei sehr kleinen Druckunterschieden. Sind bei der Ausströmung die Änderungen von Druck und Volumen sehr klein, so kann wie bei tropfbar flüssigen Körpern die Arbeitsfläche als ein Rechteck mit dem Inhalt $v(P_1 - P_2)$ angesehen werden. Es wird

$$c = \sqrt{2g \cdot v(P_1 - P_2)}$$

und, mit $v = 1/\gamma$, $P_1 - P_2 = \Delta P$

$$c = \sqrt{2g \cdot \Delta P/\gamma}.$$

Wird h mm Wassersäule statt ΔP kg/m² gesetzt, so ist $c = \sqrt{2gh/\gamma} = 4{,}43\sqrt{h/\gamma}$.

Beispiel: Die Geschwindigkeit eines Gases ist zu berechnen, das aus einer Leitung mit 35 mm Überdruck, 15° Temperatur bei 745 mm Barometerstand ausströmt. Spezifisches Gewicht des Gases $\gamma = 0{,}50$ kg/m³ bei 0° und 760 mm. Dann ist bei 15° und 745 mm:

$$\gamma = 0{,}5 \cdot \frac{273 \cdot 745}{(273 + 15) \cdot 760} = 0{,}465; \quad c = 4{,}43\sqrt{\frac{35}{0{,}465}} = 38{,}5 \text{ m/sek.}$$

b) Bei größeren Druckunterschieden. Wird von der Reibung an den Wänden der Düse abgesehen — durch die in Wirklichkeit dem strömenden

Arbeitsmittel Wärme zugeführt wird —, so ist die Zustandsänderung als adiabatisch anzusehen. Es ist

$$c = \sqrt{2g \cdot L_0} \quad \text{mit} \quad L_0 = \frac{\varkappa}{\varkappa - 1} P_1 \cdot v_1 \left[1 - (p_2/p_1)^{\frac{\varkappa - 1}{\varkappa}}\right].$$

Das durch einen Querschnitt f_2 sekundlich strömende Gasgewicht ist

$$G = f_2 \cdot c/v_2 .$$

Da $p_1 v_1^\varkappa = p_2 v_2^\varkappa$, so wird $G = f_2/v_1 \cdot (p_2/p_1)^{1/\varkappa} \cdot c$. Aus den vorstehenden Gleichungen folgt

$$G = f_2 \cdot \sqrt{2g \cdot \frac{\varkappa}{\varkappa - 1} \cdot \frac{P_1}{v_1}\left[\left(\frac{p_2}{p_1}\right)^{\frac{2}{\varkappa}} - \left(\frac{p_2}{p_1}\right)^{\frac{\varkappa+1}{\varkappa}}\right]}.$$

Dasjenige Druckverhältnis p_2/p_1, für das G den Höchstwert annimmt, wird als „kritisches Druckverhältnis" bezeichnet. Es kann aus dem Höchstwert des unter der Wurzel der Gl. stehenden Klammerausdruckes berechnet werden, der nach p_2/p_1 differenziert und gleich Null gesetzt wird.

Es wird

$$\frac{2}{\varkappa}\left(\frac{p_2}{p_1}\right)^{\frac{2}{\varkappa}-1} - \frac{\varkappa+1}{\varkappa}\left(\frac{p_2}{p_1}\right)^{\frac{1}{\varkappa}} = 0 \qquad \text{und} \qquad \left(\frac{p_2}{p_1}\right)_{\text{krit}} = \left(\frac{2}{\varkappa+1}\right)^{\frac{\varkappa}{\varkappa-1}}.$$

Für zweiatomige Gase wird (mit $\varkappa = 1{,}4$): $(p_2/p_1)_{\text{krit}} = 0{,}528$, also der kritische Druck $p_k = 0{,}528\, p_1$, $p_1 = 1{,}894\, p_k$.

Ist sonach der Außendruck $p_2 \leqq p_k$ oder der Innendruck $p_1 \geqq 1{,}894\, p_2$, so herrscht im Mündungsquerschnitt der Druck p_k. Die sich hier einstellende Geschwindigkeit erreicht ihren Höchstwert c_k, der Expansionsarbeit von p_1 auf p_k entsprechend. Es ist

$$c_k = \sqrt{2g\frac{\varkappa}{\varkappa - 1} \cdot P_1 v_1\left[1 - \left(\frac{p_k}{p_1}\right)^{\frac{\varkappa-1}{\varkappa}}\right]}.$$

Mit $p_k/p_1 = [2/(\varkappa + 1)]^{\varkappa/(\varkappa-1)}$ folgt

$$c_k = \sqrt{2g\frac{\varkappa}{\varkappa+1} \cdot P_1 v_1} = 3{,}38\sqrt{P_1 v_1} = 3{,}38\sqrt{R \cdot T_1}.$$

Dieser Wert entspricht der Schallgeschwindigkeit, d. h. der Geschwindigkeit, mit der sich der Schall (oder allgemein Druckänderungen) in Gas vom Mündungszustand fortpflanzt.

Durch den kleinsten Querschnitt f_m strömt sekundlich

$$G = f_m \cdot \sqrt{2g\frac{\varkappa}{\varkappa+1}\left(\frac{p_k}{p_1}\right)^{\frac{2}{\varkappa}} \cdot \frac{P_1}{v_1}} = f_m \cdot \sqrt{g\varkappa\left(\frac{2}{\varkappa+1}\right)^{\frac{\varkappa+1}{\varkappa-1}} \cdot \frac{P_1}{v_1}}.$$

Soll die ganze verfügbare adiabatische Arbeit in Geschwindigkeit umgesetzt werden, so ist dem engsten Querschnitt eine sich kegelig erweiternde Düse anzuschließen, in der das Gas bis auf den Enddruck P_2 expandieren kann. (Siehe auch S. 310 sowie „Regeln für Leistungsversuche an Ventilatoren und Kompressoren". VDI-Verlag, Berlin.)

b) Die Mechanik der Dämpfe.

1. Allgemeines. Wird einer Flüssigkeit, die unter dem Druck p_1 steht, Wärme zugeführt, so steigt ihre Temperatur bis zu einer bestimmten Höhe, bei der sie stehenbleibt, während die Flüssigkeit sich allmählich in Dampf verwandelt. Diese Temperatur heißt Verdampfungstemperatur oder Siedepunkt und ist vom Druck abhängig. Fährt man mit der Wärmezuführung bei unverändertem Druck fort, so steigt die Temperatur erst, nachdem die Flüssigkeit vollständig verdampft ist.

Solange noch Flüssigkeit vorhanden ist, heißt der Dampf naß. Ist Flüssigkeit nicht mehr vorhanden, aber die Verdampfungstemperatur, die zu dem vorhandenen Druck gehört, noch nicht überschritten, so ist der Dampf trocken gesättigt, ist sie überschritten, so ist der Dampf überhitzt.

Steht die Flüssigkeit unter dem Druck einer Atmosphäre, so heißt die Verdampfungstemperatur normaler Siedepunkt.

Erhöht man den Druck, so steigt auch die Verdampfungstemperatur.

Der Druck, bei dem die Verdampfung, d. h. die Volumenzunahme ohne Temperatursteigerung bei konstantem Druck, gerade aufhört, heißt der kritische Druck p_k, zu dem das kritische Volumen v_k und die kritische Temperatur t_k gehören. Für Wasserdampf ist $p_k = 225{,}1$ ata, $t_k = 374°$ und $v_k = 0{,}00306\ \mathrm{m^3/kg}$, Fig. 17. Das Sattdampfvolumen ist gleich dem Wasservolumen; das Wasser geht unmittelbar in den Dampfzustand über. (S. auch Benson-Kessel, Bd. II, S. 47.)

2. Gesättigter Dampf. a) Die Hauptgleichungen.

Es bezeichnen:

v' bzw. v'' den Rauminhalt in $\mathrm{m^3}$ von 1 kg siedender Flüssigkeit bzw. trockengesättigtem Dampf,

r die Verdampfungswärme, d. h. diejenige Wärmemenge, die zur Verdampfung von 1 kg Flüssigkeit bei konstantem Druck ohne Temperaturänderung aufgewendet werden muß,

u' die innere Energie der Flüssigkeit im Grenzzustande, d. h. von der Verdampfungstemperatur; sie ist die Wärmemenge, die notwendig ist, 1 kg der Flüssigkeit auf $t°$ C zu erwärmen,

$\psi = AP(v'' - v')$ die äußere Verdampfungswärme, d. h. der Wärmewert der Arbeit, die beim Verdampfen von 1 kg infolge der Volumenzunahme gegen den Druck P geleistet wird,

$\varrho = r - \psi$ die innere Verdampfungswärme,

i' bzw. i'' der Wärmeinhalt (Enthalpie), s' bzw. s'' die Entropie der siedenden Flüssigkeit bzw. des trocken gesättigten Dampfes,

$i' = u' + APv'$; $\quad i'' = i' + r$,

$u'' = u' + \varrho$ die innere Energie des Dampfes; $\quad s'' = s' + r/T$.

Für die Berechnung der Zustandsgrößen des Wasserdampfes wurde eine Zustandsgleichung aufgestellt von folgender Form:

$$v = \frac{R \cdot T}{P} - \frac{A}{(T/100°)^{2,82}} - P^2\left[\frac{B}{(T/100°)^{14}} + \frac{C}{(T/100°)^{31,6}}\right].$$

$R = 47{,}06$ kgm/kg Grad; $\qquad A = 0{,}9172\ \mathrm{m^3/kg}$.

$B = 1{,}3088 \cdot 10^{-4}\ (\mathrm{m^3/kg}) \cdot (\mathrm{m^2/kg})^2$; $\quad C = 4{,}379 \cdot 10^7\ (\mathrm{m^3/kg}) \cdot (\mathrm{m^2/kg})^2$.

Nach dieser Gleichung sind die Dampftafeln auf S. 640 bis 644 berechnet[1]).

b) Nasser Dampf. Ist der „spezifische Dampfgehalt“ x, d. h. sind in 1 kg Gemisch x kg trockener Dampf enthalten, wobei also $0 < x < 1$, so ist

$$v = xv'' + (1 - x)v' = x(v'' - v') + v'.$$

Da v' bei Wasser meist gegenüber v'' sehr klein ist, kann man meist mit genügender Genauigkeit setzen $v = xv''$,

$$i = i' + xr, \qquad u = u' + x\varrho, \qquad s = s' + \frac{xr}{T}.$$

[1]) Siehe: VDI-Wasserdampftafeln. Mit einem Mollier (i, s)-Diagramm. Herausgegeben vom Verein Deutscher Ingenieure und in dessen Auftrag bearbeitet von Dr.-Ing. We. Koch VDI. München und Berlin: R. Oldenbourg 1937. Berlin: Springer 1937.

Die Beziehungen zwischen der Volumenvergrößerung bei konstantem Druck und der Verdampfungswärme werden durch die Clapeyronsche Gleichung dargestellt.

1 kg Flüssigkeit von der Verdampfungstemperatur T und dem Volumen v' befinde sich unter dem Druck P, Fig. 9. Ihm wird die Verdampfungswärme r bei gleichbleibendem Druck zugeführt, so daß die Flüssigkeit vollständig verdampft und das Volumen v'' einnimmt. Nun expandiere der Dampf adiabatisch um den Betrag dP, wobei sich die Temperatur um dT senkt. Darauf wird der Dampf isothermisch verdichtet, d. h. verflüssigt, und zwar so weit, daß eine anschließende adiabatische Verdichtung den ursprünglichen Zustand wieder herstellt, also diesen Carnotschen Kreisprozeß schließt. Die geleistete Arbeit ergibt sich aus dem Diagramm zu $(v'' - v')\,dP$ mkg oder $A\,(v'' - v')\,dP$ Wärmeeinheiten. Nach dem zweiten Hauptsatz ist der Wirkungsgrad des Prozesses

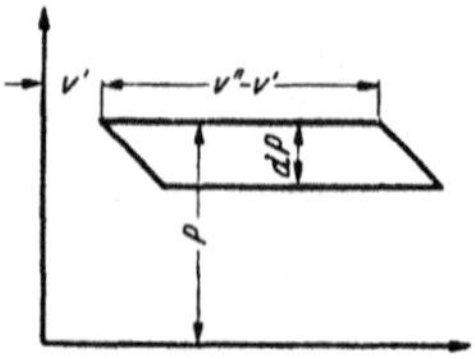

Fig. 9.

$$\eta = \frac{T - (T - dT)}{T} = \frac{dT}{T}.$$

Die geleistete Arbeit ist demnach auch $r \cdot \eta = r\,dT/T$.

Folglich ist

$$A\,(v'' - v)\,dP = r \cdot dT/T$$

oder $$\boldsymbol{A\,(v'' - v')\,dP/dT = r/T}$$ (Clapeyronsche Gleichung).

Dabei ist zu beachten, daß dP/dT die Richtungskonstante der Tangente an die Dampfspannungskurve $P = f\,(T)$ darstellt, also bekannt ist.

c) Zustandsänderungen des nassen Dampfes. α) Die Isotherme. Die Zustandsänderung wird im pv-Diagramm durch eine zur v-Achse parallele Gerade dargestellt, da der Druck konstant bleibt. Bei der Ausdehnung des Volumens von v_1 auf v_2 ändert sich der Dampfgehalt von x_1 auf x_2 und es ist

$$v_2 - v_1 = (x_2 - x_1)\,(v'' - v') \backsim (x_2 - x_1)\,v'',$$

$$L_0 = P(v_2 - v_1) = P(x_2 - x_1)\,(v'' - v') \text{ mkg/kg.}$$

Die zuzuführende Wärmemenge ist

$$q = A\,P(v'' - v')\,(x_2 - x_1) + \varrho\,(x_2 - x_1) = r(x_2 - x_1) \text{ kcal/kg;}$$

sie wird nur zum Teil in Arbeit umgesetzt, zum größten Teil erhöht sie die innere Energie des Dampfes.

β) Die Adiabate. Wärme wird weder zu- noch abgeführt. s konstant; also

$$s_1 = s_2 = s_1' + \frac{x_1 r_1}{T_1} = s_2' + \frac{x_2 r_2}{T_2}.$$

Bei adiabatischer Ausdehnung nimmt der Dampfgehalt bei sehr nassem Dampf zu, bei sehr trockenem Dampf ab.

Bei adiabatischer Verdichtung wird sehr nasser Dampf noch nasser, sehr trockener Dampf noch trockener.

Die absolute Dampfarbeit (Fig. 10) (Fläche unter der Kurve) ist, da die Arbeit auf Kosten der inneren Energie geleistet wird,

$$A\,L_0 = u_1 - u_2 = i_1' + x_1 \varrho_1 - i_2' - x_2 \varrho_2 \text{ kcal/kg;}$$

die Maschinenarbeit (Fig. 11) (Fläche neben der Kurve) ist:

$$A\,L_0 = i_1 - i_2 = i_1' + x_1 r_1 - i_2' - x_2 r_2 \text{ kcal/kg.}$$

Bis zu 25 kg/cm² kann die Expansionslinie von trockenem Wasserdampf als Polytrope mit dem Exponenten 1,135 behandelt werden.

γ) Drosselung. Zustandsänderung bei gleichbleibendem Wärmeinhalt.

Wird Dampf vom Zustand 1 auf den Zustand 2 gedrosselt, so ist

$$i_1 + w_1^2/2g \cdot A = i_2 + w_2^2/2g \cdot A \quad \text{oder} \quad i_1 - i_2 = A/2g \cdot (w_2^2 - w_1^2).$$

Hierbei sind w_1 und w_2 die Geschwindigkeiten des Dampfes vor und nach der Drosselung.

Sind, wie bei Kolbenmaschinen, die Dampfgeschwindigkeiten verhältnismäßig klein, kann also die rechte Seite der Gleichung gleich 0 gesetzt werden, so ist $i_1 = i_2$.

Bei Drosselung bleibt der Wärmeinhalt des Dampfes konstant, der spezifische Dampfgehalt wird größer. Wird trocken gesättigter Dampf gedrosselt, so wird er überhitzt.

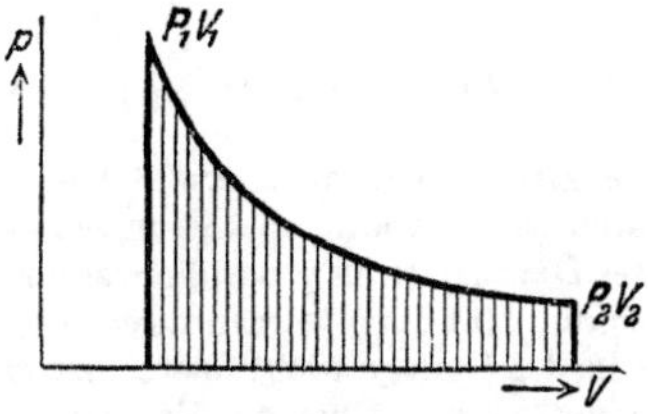

Fig. 10.

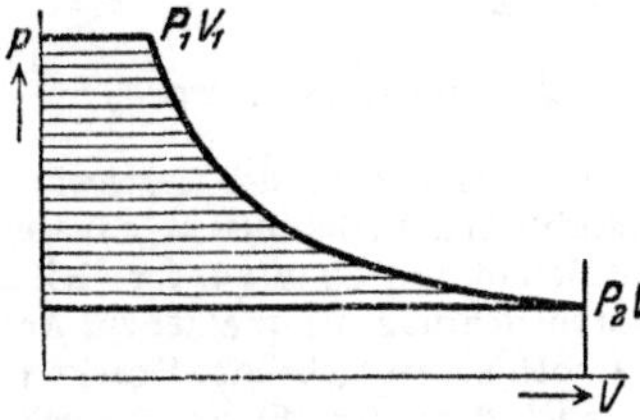

Fig. 11.

3. Überhitzter Dampf. a) Allgemeine Gleichungen. Wird trocken gesättigtem Dampf Wärme zugefügt, so vergrößert sich bei konstantem Druck sein Volumen und die Temperatur steigt: der Dampf ist überhitzt. In diesem Zustande nähert sich sein Verhalten dem der Gase, doch bestehen erhebliche Abweichungen, die mit wachsender Überhitzung kleiner werden.

Die Gesamtwärme (Enthalpie), die zur Erzeugung überhitzten Dampfes von t_1 ° C dient, ist je kg

$$i = i'' + \int_t^{t_1} c_p\, dt,$$

wenn i'' der Wärmeinhalt 1 kg Dampfes von gleicher Spannung und der Sättigungstemperatur t ist, und c_p die veränderliche spezifische Wärme des überhitzten Dampfes. Die innere Energie des überhitzten Dampfes ist

$$u = u' + \varrho + c_v(t_1 - t) = u'' + c_v(t_1 - t).$$

Da c_p sich mit der Überhitzungstemperatur verändert, so ist die Überhitzungswärme $c_{p_m}(t_1 - t)$; c_{p_m} ist die mittlere spez. Wärme.

Um Zustandsänderungen des überhitzten Dampfes zu verfolgen, benutzt man zweckmäßig das s—i-Diagramm von Mollier (s. S. 318).

Bei Benutzung des s—i-Diagrammes ist die Lösung ohne jede Rechnung zu finden.

Bei Drücken bis zu 25 at kann man bei adiabatischen Zustandsänderungen wie mit einem Gas rechnen, wobei $\varkappa = 1{,}3$ zu setzen ist.

c) Ausfluß von Dämpfen. Strömt durch eine vollkommen glatte Düse Dampf vom Anfangszustand p_1, v_1 mit der Anfangsgeschwindigkeit c, so verläßt er, wenn $p_2 < p_1$, mit einer Geschwindigkeit $c_2 > c_1$ die Düse. Da der Vorgang adiabatisch ist, so gilt

$$i_1 + A \cdot c_1^2/2g = i_2 + A \cdot c_2^2/2g.$$

Da oft $c_1 = 0$ gesetzt werden kann, ist

$$c_2 = \sqrt{2g\frac{i_1 - i_2}{A}} = \sqrt{2gL_0} = 91{,}5\sqrt{i_1 - i_2} = \sqrt{2g\frac{\varkappa}{\varkappa - 1}P_1 v_1\left[1 - \left(\frac{p_2}{p_1}\right)^{\frac{\varkappa - 1}{\varkappa}}\right]}.$$

Die Größe $i_1 - i_2$ kann dem i—s-Diagramm entnommen werden.

Durch Ableitungen gleicher Art, wie auf S. 306 nach Einführung der adiabatischen Arbeit angegeben, wird gefunden:

$$c_k = \sqrt{2g\frac{\varkappa}{\varkappa+1}\cdot P_1 v_1}\,.$$

Es wird für Sattdampf mit $x_1 = 1$, $\varkappa = 1{,}135$:

$$p_k = 0{,}5744\,p_1\,;\quad G/f_m = 199\sqrt{p_1/v_1}\,;\quad c_k = 323\sqrt{p_1 v_1}\,.$$

Für Heißdampf mit $\varkappa = 1{,}30$

$$p_k = 0{,}546\,p_1\,;\quad G/f_m = 211\sqrt{p_1/v_1}\,;\quad c_k = 333\sqrt{p_1 v_1}\quad (p \text{ in kg/cm}^2).$$

Es ist für Sattdampf: $v = x\cdot(v'' - v')$;

für Heißdampf (angenähert) $v_1 = \dfrac{47{,}1\,(273+t_1)}{10000\cdot p_1} - 0{,}016$ Genaue Werte s. S. 307.

Die Berechnung der Geschwindigkeit im engsten Querschnitt ergibt bei gebräuchlichen Verhältnissen nahezu die konstanten Größen $c_k = 450$ m/sek für Sattdampf, $= 560$ m/sek für Heißdampf. Bei Durchströmung parallelwandiger Leitvorrichtungen mit einer zur Achse senkrechten Mündung werden diese Werte bei noch so weitgehender Druckerniedrigung in der Vorlage nicht überschritten, da auch dann der Mündungsdruck nicht unter p_k sinkt. Über die Verhältnisse bei schräg abgeschnittenen Düsen s. Bd. II, Abschnitt: Dampfturbinen.

Wird an den engsten Querschnitt f_m eine konisch erweiterte Düse angeschlossen, so läßt sich bei entsprechender Erweiterung eine Ausdehnung des Dampfes bis auf jeden Druck in der Vorlage erzielen. Die der Ausflußmündung der (Laval-) Düse entströmende Dampfmenge erlangt bei üblichen Dampfeigenschaften eine Geschwindigkeit von 1100 bis 1200 m/sek. Kegelwinkel α der Düse etwa 10°. Bei Düsen mit kleinerem Winkel wird die Dampfreibung zu groß, bei Düsen mit größerem Winkel liegt die Gefahr vor, daß sich der Strahl von der Wandung loslöst.

Der Ausflußquerschnitt wird aus der Gleichung $f = Gv/c$ berechnet. Aus f_m, f und α folgt die Düsenlänge.

Entspricht der Druck in der Vorlage nicht dem der Düsenbemessung zugrunde gelegten Druck, so ergeben sich Verluste durch Verdichtungsstöße, Schlierenbildung, Schallschwingungen und Strahlablenkung. (Hierüber siehe Stodola, Dampfturbinen. Berlin: Springer.)

Bei kleinen Druckunterschieden kann in gleicher Weise, wie auf S. 305 für Gase angegeben, vorgegangen werden.

c) Mischung von Gasen und Dämpfen.

Die Zusammensetzung eines Stoffgemisches kann gegeben sein:

a) durch die Einzelgewichte G_1, G_2, G_3 usw., so daß

$$G_1 + G_2 + G_3 = \sum G_i = G\,,$$

b) durch die Einzelvolumina V_1, V_2, V_3 usw., so daß

$$V_1 + V_2 + V_3 = \sum V_i = V\,,$$

c) durch die Gewichtsanteile (Gewichtsprozente) g_i oder

d) die Raumanteile (Volumenprozente) r_i.

Dabei ist

$$g_i = G_i/G\,;\quad r_i = V_i/V\,;\quad \gamma_{\text{Mischung}} = G/V = \sum r_i\gamma_i\,,$$

$$\text{Gaskonstante } R_{\text{Mischung}} = \sum g_i R_i\,;\quad c_{v\,\text{Mischung}} = \sum g_i c_{vi}\,;$$

$$c_{p\,\text{Mischung}} = \sum g_i c_{pi}\,.$$

Statt der spezifischen Gewichte γ kann man bei Gasen auch die Molekulargewichte M setzen. Das scheinbare Molekulargewicht ist dann

$$M = \sum r_i M_i\,.$$

Beispiel: Luft besteht aus 79 Volumenprozenten Stickstoff (N_2) und 21 vH Sauerstoff (O_2). Also $r_N = 0,79$ und $r_O = 0,21$. Nach Zahlentafel S. 636 ist bei 0° und 760 mm QS $\gamma_N = 1,251$ kg/m³ und $\gamma_O = 1,429$ kg/m³.

Dann ist:

$$g_N = \frac{0,79 \cdot 1,251}{0,79 \cdot 1,251 + 0,21 \cdot 1,429} = 0,767 = 76,7 \text{ vH},$$

$$g_O = \frac{0,21 \cdot 1,429}{0,79 \cdot 1,251 + 0,21 \cdot 1,429} = 0,233 = 23,3 \text{ vH},$$

$$\gamma_{Luft} = 0,79 \cdot 1,251 + 0,21 \cdot 1,429 = 1,29 \text{ kg/m}^3 \text{ bei } 0^\circ \text{ und } 760 \text{ mm QS},$$

$$M_{Luft} = 0,79 \cdot 28 + 0,21 \cdot 32 = 28,8.$$

$$R_{Luft} = 30,26 \cdot 0,767 + 26,5 \cdot 0,233 = 29,38.$$

$$c_{p\,Luft} = 0,249 \cdot 0,767 + 0,218 \cdot 0,233 = 0,242 \text{ kcal/kg} \quad \text{(s. Zahlentafel auf S. 636).}$$

Befinden sich in einem Raum mehrere Gasarten, die keine chemische Einwirkung aufeinander ausüben, so gelten für nicht zu hohe Drücke nach Dalton folgende Gesetze:

1. Jedes Gas verhält sich so, als ob die anderen Gase nicht vorhanden wären; der Druck, den es ausübt, sein Teildruck oder Partialdruck, ist so zu berechnen, als ob das Gas allein den ganzen Raum erfüllte.

Der Gesamtdruck der Gasmischung ist gleich der Summe der Teildrücke der einzelnen Gase.

Beispiel: In einem Behälter von 1 m³ Inhalt befinden sich 0,5 kg Sauerstoff, 0,1 kg Wasserstoff und 0,3 kg Stickstoff. Der Gesamtdruck der Mischung, deren Temperatur = 50°, ist zu bestimmen. Es sind zunächst die Teildrücke der einzelnen Gase zu bestimmen. Da (nach der Zahlentafel auf S. 636) 1,312 kg Sauerstoff bei 15° C und einem Volumen von 1 m³ den Druck von 1 at ausübt, so ist der Druck des Sauerstoffes im vorliegenden Fall

$$p_O = \frac{0,5 \cdot (273 + 50)}{1,312(273 + 15)} = 0,428 \text{ at},$$

Druck des Wasserstoffes:

$$p_H = \frac{0,1 \cdot 323}{0,083 \cdot 288} = 1,331 \text{ at},$$

Druck des Stickstoffes:

$$p_N = \frac{0,3 \cdot 323}{1,151 \cdot 288} = 0,298 \text{ at}.$$

Der Gesamtdruck $p = p_O + p_H + p_N = 2,077$ at.

2. Wenn Gase von verschiedenem Druck, ohne Änderung des Gesamtvolumens gemischt werden, ist

$$t = \frac{G_1 c_{v_1} t_1 + G_2 c_{v_2} t_2 + \cdots}{G_1 c_{v_1} + G_2 c_{v_2} + \cdots}$$

und

$$p \cdot V = p_1 V_1 T/T_1 + p_2 V_2 T/T_2 + \cdots$$

Handelt es sich um die Mischung zweiatomiger Gase, so wird

$$T = \frac{p_1 V_1 + p_2 V_2 + \cdots}{p_1 V_1/T_1 + p_2 V_2/T_2 + \cdots}.$$

Der Mischdruck folgt aus:

$$p \cdot V = p_1 V_1 + p_2 V_2 + \cdots$$

1. Mischung von Luft und Wasserdampf. Nach dem Daltonschen Gesetz, s. oben, kann der Partialdruck des Wasserdampfes bei einer bestimmten Temperatur nicht größer sein als derjenige des gesättigten Dampfes bei dieser Temperatur, der aus Tafel S. 642 zu entnehmen ist. Luft, die mit Wasserdampf von dieser Maximalspannung gemischt ist, heißt gesättigt. Ist die Spannung des Wasserdampfes geringer als die Maximalspannung, enthält also die Luft je m³ weniger g Wasserdampf, als sie äußerstenfalls bei maximaler Dampfspannung aufnehmen könnte, so heißt sie ungesättigt. Ungesättigte Luft kann also noch Feuchtigkeit aufnehmen (der Wasserdampf befindet sich in dem Zustande der Überhitzung).

Die Gewichtsmenge Wasserdampf in g, die 1 m³ Luft tatsächlich enthält, heißt deren absoluter Feuchtigkeitsgehalt.

Die Gewichtsmenge Wasserdampf in g, die 1 m^3 Luft bei der maximalen Dampfspannung aufnehmen könnte, heißt maximaler Feuchtigkeitsgehalt.

Das Verhältnis des absoluten zum maximalen Feuchtigkeitsgehalt heißt relative Feuchtigkeit. Die relative Feuchtigkeit wird auch definiert als das Verhältnis der vorhandenen Dampfspannung zu der maximalen. Ist also der absolute Feuchtigkeitsgehalt γ und die wirkliche Teilspannung p_D, während γ' und p' die maximalen Werte darstellen, so ist die relative Feuchtigkeit $\varphi = p_D/p' = \gamma/\gamma'$. Sie wird gewöhnlich in Prozenten ausgedrückt.

Entzieht man durch irgendwelche Mittel, ohne die Temperatur und den Gesamtdruck p zu verändern, der Luft die Feuchtigkeit, so vermindert sich das Volumen von 1 m^3 auf $v_L = \frac{p - \varphi p'}{p} = 1 - p_D/p\ m^3$.

Die Temperatur, auf welche die Luft abgekühlt werden muß, damit der absolute Feuchtigkeitsgehalt zum maximalen werde, heißt Taupunkt. Bei Unterschreitung des Taupunktes beginnt der Dampf an der kältesten Stelle zu kondensieren.

Die Gaskonstante feuchter Luft ist

$$R = \frac{29{,}27}{1 - 0{,}377\,\varphi\,p'/p}.$$

Die in 1 kg Luft enthaltene Wasserdampfmenge ist

$$x = 0{,}622\,\frac{p_D}{p - p_D} = 0{,}622\,\frac{\varphi p'}{p - \varphi p'}\ \text{kg/kg}.$$

Entsprechend ist

$$\varphi = \frac{x\,p}{p'(0{,}622 + x)}.$$

Die größte Dampfmenge, die mit 1 kg Reinluft verbunden sein kann, ist

$$x'' = \frac{0{,}622\,p'}{p - p'}.$$

$\psi = x/x''$ heißt Sättigungsgrad.

Der Wärmeinhalt feuchter Luft mit 1 kg Reinluft und x kg Wasserdampf ist

$$i = 0{,}24\,t + (595 + 0{,}46\,t)\cdot x\ \text{kcal/kg},$$

worin $c_p = 0{,}24 + x \cdot 0{,}46$ ist.

Volumen von $(1 + x)$ kg feuchter Luft:

$$V = 47{,}1\,(0{,}662 + x)\,T/P_0$$

mit P_0 = Gesamtdruck.

Einheitsgewichte von Luft s. S. 645.

2. Bestimmung der Luftfeuchtigkeit. a) Psychrometer nach Assmann. Von zwei gleichen Thermometern ist das eine mit einem feuchten Läppchen umwickelt, das andere trocken. An ersterem wird die Luft durch einen kleinen federgetriebenen Ventilator mit 2 m/sek Geschwindigkeit vorbeigeblasen. Letzteres zeigt die Lufttemperatur t, ersteres die Temperatur t_f an. $t - t_f$ heißt die psychrometrische Temperaturdifferenz. Sind p' und p_f' die zu den Temperaturen t und t_f gehörigen maximalen Dampfspannungen in mm Quecksilbersäule, so ist die wirkliche Teilspannung des Wasserdampfes in der Luft

$$p_D = p_f' - 0{,}5\,(t - t_f), \qquad \varphi = p_D/p'.$$

Beispiel: Das trockene Thermometer zeige 30° C, das feuchte 20° C an. Dann ist der wirkliche Partialdruck des Dampfes (bezüglich der Zahlenwerte s. Fig. 12):

$$p_D = 15{,}3 - 0{,}5 \cdot 10 = 10{,}3\ \text{Torr}; \qquad \varphi = 10{,}3/31{,}8 = 0{,}324 = 32{,}4\ \text{vH}.$$

b) Haarhygrometer zeigen die relative Feuchtigkeit an, sind aber nicht sehr zuverlässig und müssen öfter geeicht werden. Bei Temperaturen unter Null sind Haarhygrometer sehr zweckmäßig. Sie geben die relative Feuchtigkeit bezogen auf Spannung über Eis an, auch wenn sie bei Temperaturen über 0° geeicht sind.

Bei Temperaturen unter 0° ist beim Arbeiten mit Psychrometern besondere Vorsicht geboten. Man kann, je nach dem Zweck, die relative Feuchtigkeit auf die Dampfspannung über Wasser oder über Eis beziehen.

3. Im *i—x*-Diagramm von Mollier, Fig. 12, ist Änderung des Luftzustandes bei Änderung von Temperatur und Feuchtigkeit leicht zu erkennen. Das Diagramm enthält die annähernd waagerecht verlaufenden Linien konstanter Temperatur t, die schrägen Linien konstanten Wärmeinhaltes i und die senkrechten Linien gleichen Wassergehaltes x. Für einen bestimmten Luftdruck — in Fig. 12 zu 760 mm QS gewählt — lassen sich die Kurven gleicher relativer Feuchtigkeit φ eintragen; $\varphi = 1$ stellt die Sättigungskurve dar.

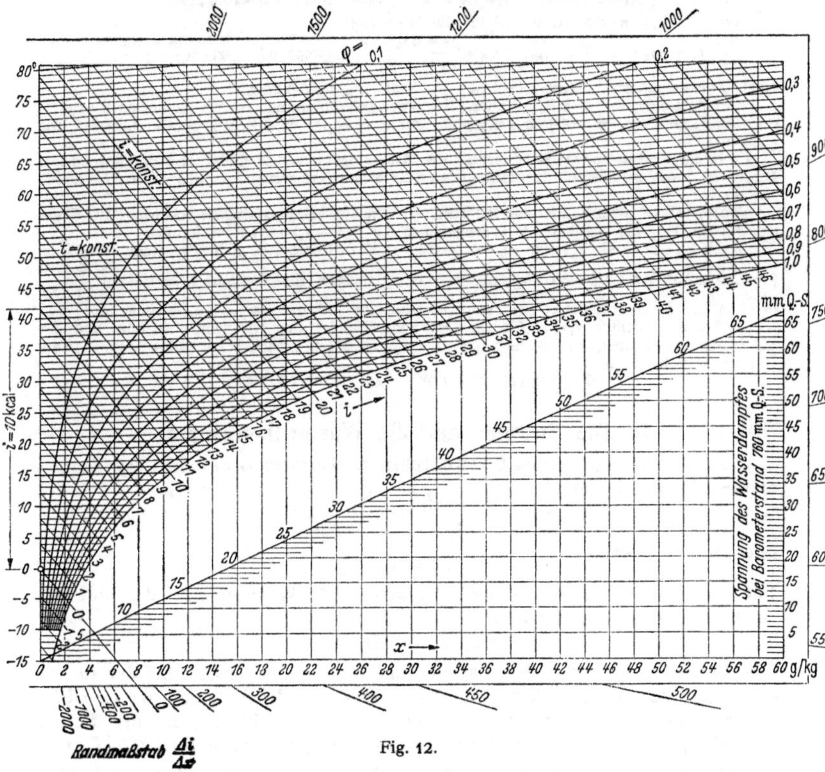

Fig. 12.

Die Ordinaten der unter dem Diagramm eingezeichneten Schrägen geben für jeden Wert x den zugehörigen Dampfdruck in mm QS.

Wird Luft mit einer bestimmten Feuchtigkeit φ_1 auf einen anderen Feuchtigkeitsgrad φ_2 gebracht, so kann dieser Übergang von einer φ-Linie auf eine andere in der verschiedensten Weise erreicht werden. Wird die die beiden Zustände 1 und 2 verbindende Gerade bis zum Tafelrand verlängert, so geben die hier befindlichen Richtungsstrahlen das Verhältnis di/dx an.

Bei Wärmeentzug mit x = konst. wird im Schnittpunkt der x-Ordinate mit der Sättigungskurve $\varphi = 1$ der Taupunkt gefunden, dessen Unterschreitung Wasserniederschlag zur Folge hat. Bei Abkühlung unter den Taupunkt werden für jede tiefere Temperatur x und i im Schnittpunkt der betreffenden Temperaturlinie mit der Sättigungskurve gefunden.

Beispiel 1. Für Luft von 30° sollen Wassergehalt x, Dampfdruck h_d, Wärmeinhalt i für $\varphi = 1$ (Sättigung) und $\varphi = 0{,}7$, sowie der Taupunkt für $\varphi = 0{,}7$ bestimmt werden.

Die Temperaturlinie für 30° gibt im Schnittpunkt mit der Sättigungslinie $x = 27{,}0$ g/kg, im Schnittpunkt mit der $\varphi = 0{,}7$-Kurve $x = 19{,}2$ g/kg.

Senkrecht unter diesen Schnittpunkten: $h_d = 32$ mm QS für $\varphi = 1$, $h_d = 23$ mm QS für $\varphi = 0{,}7$.
Taupunkt 17,5° auf der Sättigungslinie senkrecht unter dem Schnittpunkt der Linie $\varphi = 0{,}7$ mit der Temperaturlinie. Im Schnitt dieser mit den i-Linien findet sich: $i_1 = 23{,}7$ kcal, $i_2 = 19$ kcal.

Beispiel 2. Luftmenge $L_1(1 + x_1)$ mit φ_1, t_1 soll durch Luftmenge $L_2(1 + x_2)$ mit φ_2 und t_2 auf höhere Temperatur gebracht werden.

$$L_1 = 10000 \text{ kg}, \quad t_1 = 0°, \quad \varphi_1 = 0{,}7; \qquad L_2 = 20000 \text{ kg}, \quad t_2 = 20°, \quad \varphi_2 = 0{,}6.$$

Aus dem Diagramm folgt:

$$x_1 = 2{,}8 \text{ g/kg}, \quad i_1 = 1{,}6 \text{ kcal}, \quad x_2 = 9 \text{ g/kg}, \quad i_2 = 10{,}3 \text{ kcal}.$$

Wird $L_2/L_1 = n$ gesetzt, so gilt für die Mischung:

$$i_1 + n i_2 = (1 + n) \cdot i_m; \quad i_m = \frac{i_1 + n i_2}{1 + n}; \quad \text{entsprechend:} \quad x_m = \frac{x_1 + n x_2}{1 + n}.$$

Nach Einsetzung der Zahlenwerte: $i_m = 7{,}7$ kcal, $x_m = 10{,}3$ g/kg.

Der Zustandspunkt m mit i_m und x_m liegt auf der Verbindungsgeraden der Zustände 1 und 2, und zwar näher an der größeren Teilmenge; Punkt m ergibt die Mischtemperatur $t_m = 14°$ und $\varphi_m = 0{,}7$.

Liegt der Zustandspunkt m unterhalb der Sättigungskurve, so findet man die Temperatur auf einer durch m gelegten Isotherme, deren Richtung nur wenig von den Linien $i =$ konst. abweicht.

Beispiel 3. 100 m³ Luft von 760 Torr, 30° und 75 vH Feuchtigkeit sollen auf 10° C abgekühlt werden; die abzuleitende Wärmemenge $Q = G(i_1 - i_2)$ ist zu bestimmen.

Nach S. 642 und 312 ist $v_L = 100\,(1 - 0{,}75 \cdot 31{,}8/760) = 96{,}8$ m³. Nach S. 636 ist $\gamma = 1{,}29$ kg/m³ für Luft von 760 Torr und 0°, demnach das Gewicht $G = 96{,}8 \cdot \frac{1{,}29 \cdot 273}{273 + 30} = 112{,}1$ kg. Im Schnittpunkt der Temperaturlinie für 30° und der $\varphi = 0{,}75$-Linie findet sich $i_1 = 19{,}8$ kcal, darunter $x_1 = 20{,}5$ g/kg. Der Schnittpunkt der 10°-Temperaturlinie und der Sättigungslinie ergibt $i_2 = 7$ kcal und $x_2 = 7{,}6$ g/kg. Es fallen sonach $112{,}1\,(20{,}5 - 7{,}6) = 1446{,}1$ g Kondensat von 10° aus.

$$Q = 112{,}1\,(19{,}8 - 7{,}0) - 1{,}45 \cdot 10 = 1420{,}5 \text{ kcal}.$$

D. Die Entropie und die Wärmediagramme.

Der Wirkungsgrad eines Carnotschen Kreisprozesses zwischen den Temperaturen T_1 und T_2 ist

$$\eta = \frac{Q_1 - Q_2}{Q_1} = \frac{T_1 - T_2}{T_1},$$

und hieraus folgt

$$Q_1/T_1 = Q_2/T_2.$$

Für einen elementaren Kreisprozeß, bei dem also die Wärmemengen dQ_1 und dQ_2 zu- bzw. abgeführt werden, ist

$$dQ_1/T_1 = dQ_2/T_2.$$

Das Verhältnis zwischen der Wärmemenge zu der Temperatur, bei der sie zu- oder abgeführt wird, ist konstant. Diese beiden Ausdrücke kann man als Differentiale einer Größe betrachten, die bei der Wärmezuführung um den Betrag $ds = dQ_1/T_1$ vergrößert, bei der Wärmeabführung um den Betrag dQ_2/T_2 verkleinert wird, im ganzen also konstant geblieben ist. Diese Größe $s = \int dQ/T$ heißt Entropie. s ist die Abszisse einer Fläche, deren Inhalt $= Q$ und deren Ordinate $= T$ ist. Da jeder umkehrbare Kreisprozeß zwischen denselben höchsten und tiefsten Temperaturen denselben Wirkungsgrad hat, so gilt für jeden umkehrbaren Elementarkreisprozeß, daß die Entropie des arbeitenden Systems nach Vollendung des Prozesses die gleiche ist wie vorher. Da man sich jeden umkehrbaren endlichen Kreisprozeß aus unendlich vielen Elementarprozessen zusammengesetzt denken kann, so gilt auch für einen solchen

$$\int dQ/T = 0,$$

d. h. bei allen umkehrbaren Kreisprozessen ist die Entropie des Systems konstant.

Diese Tatsache gilt für alle Körper und alle Zustandsänderungen, sofern sie umkehrbar sind.

Ist ein geschlossenes, also von außen nicht beeinflußbares System von Körpern vorhanden, und erfolgen an den Körpern des Systems umkehrbare Zustandsänderungen, so wird die Entropie des ganzen Systems dadurch nicht beeinflußt, sie bleibt konstant; denn wenn ein Körper die Wärmemenge dQ bei der Temperatur T an einen anderen von derselben Temperatur abgibt, so verliert der erste Körper an Entropie genau soviel wie der zweite gewinnt. Treten hingegen nicht umkehrbare Vorgänge (Reibung, Drosselung, Wärmeübergang bei endlicher Temperaturdifferenz) auf, so wächst die Entropie. Die Entropie eines geschlossenen Systems kann nur konstant bleiben oder wachsen, niemals abnehmen.

Wird ein Körper auf umkehrbarem Wege aus dem Zustand A in den Zustand B gebracht, so ändert sich seine Entropie, sie möge etwa zunehmen; wird er nun auf irgendeinem umkehrbaren Wege wieder in den ursprünglichen Zustand A zurückgeführt, so nimmt auch seine Entropie wieder die ursprüngliche Größe s_A an.

Da die Art, in der der Körper in den Zustand A zurückgeführt wird, auf die Entropieänderung ohne Einfluß ist, so kann die Entropie in B lediglich von den durch diesen Punkt gekennzeichneten Zustandsgrößen, also v, p, T, abhängig sein. Die Entropieänderung gegen Zustand A ist also durch die Zustandsgrößen bestimmt, ist also selbst eine Zustandsgröße.

Es wird immer nur die Veränderung der Entropie bestimmt, niemals ihr absoluter Betrag. Man setzt gewöhnlich die Entropie einer Flüssigkeit bei 0° C gleich 0. Es gilt für Flüssigkeiten:

$$ds = dq/T = d(c \cdot T)/T = c\, d(\ln T),$$

wenn c als konstant betrachtet werden kann.

Die Entropiezunahme bei Temperaturerhöhung von T_0 auf T ist

$$s - s_0 = c(\ln T - \ln T_0) = c \ln T/T_0 .$$

Für vollkommene Gase (mit konstantem c_v) gilt, da

$$dq = c_v\, dT + A\, P\, dv,$$

$$ds = dq/T = c_v\, dT/T + A\, P\, dv/T.$$

Mit $RT = Pv$ wird:

$$\mathbf{s - s_0 = c_v \ln T/T_0 + AR \ln v/v_0 = c_p \ln T/T_0 - AR \ln p/p_0}$$
$$\mathbf{= c_p \ln v/v_0 + c_v \ln p/p_0 .}$$

Für zwei Zustände eines Gases von gleicher Temperatur ist

$$s_2 - s_1 = A\, R \ln v_2/v_1 = A\, R \ln p_1/p_2 .$$

Bei Dämpfen gilt folgendes: Die Entropie von 1 kg nassen Dampfes vom Dampfgehalt x ist um den Betrag $r \cdot x/T$ größer als die Entropie der gleichen Flüssigkeitsmenge von derselben Temperatur. Die Verdampfungswärme r nimmt mit steigender Temperatur ab und ist bei der kritischen Temperatur gleich 0.

1 kg trocken gesättigter Dampf, bei dem also $x = 1$ ist, hat die Entropie

$$s'' = s' + r/T,$$

wobei s' die Entropie der Flüssigkeit bei gleicher Temperatur ist. Wird der Dampf bei konstantem Druck auf T_1 überhitzt, so wächst die Entropie weiter um den Betrag

$$\int_T^{T_1} c_p\, dT/T, \text{ so daß also wird}$$

$$s = s' + r/T + \int_T^{T_1} c_p\, dT/T = s'' + \int_T^{T_1} c_p\, dT/T,$$

wobei zu beachten ist, daß c_p keineswegs konstant ist.

Entropie-Temperatur- (s—T-)Diagramm.

Man kann die Entropie eines Körpers in ihrer Abhängigkeit von der Temperatur darstellen und gelangt so zum Entropie-Temperatur-Diagramm. In diesem lassen sich alle Zustandsänderungen genau so gut darstellen wie im p—v-Diagramm.

Erfährt z. B. ein Körper eine Zustandsänderung nach der Kurve AB in Fig. 13, so ist T_A die Anfangstemperatur, s_A die Anfangsentropie, T_B die Endtemperatur, s_B die Entropie am Ende der Zustandsänderung. Die Strecke $s_B - s_A$ stellt also die Entropieänderung während des Vorganges dar. Zeichnet man zwei nur um ds voneinander abstehende Ordinaten ein, so ist der zwischen ihnen liegende Flächenstreifen $dF = T \cdot ds$, und da $ds = dQ/T$, so ist $dF = dQ$. Die unter der Kurve liegende Fläche gibt also die dem Körper zugeführte Wärmemenge wieder, wenn die Zustandsänderung in der Richtung AB, die abgeführte Wärmemenge, wenn sie in der Richtung BA durchlaufen wird.

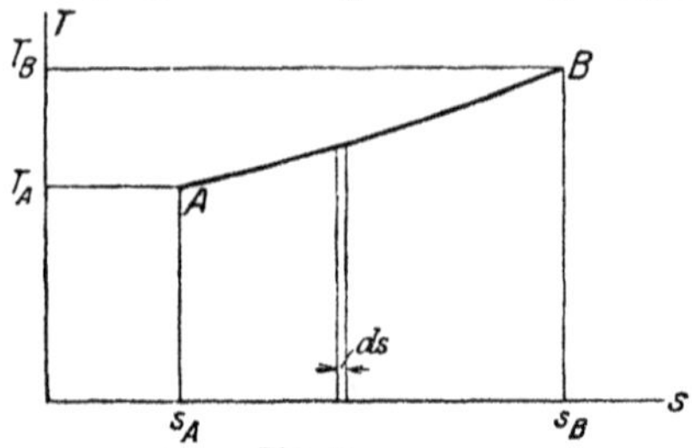

Fig. 13.

Die Subtangente der Zustandskurve stellt die spez. Wärme an der betreffenden Stelle dar.

Dieser früher vielfach angenommene gerade Anstieg von c_v trifft in Wirklichkeit nicht zu, vielmehr nähert sich c_v asymptotisch einem oberen Grenzwert.

Mit $c_v = c_{v0} + bT$ würde folgen: $ds = c_{v0} \cdot dT/T + b \cdot dT + AR \cdot dv/v$,

$$s - s_0 = c_{v0} \cdot \ln T/T_0 + b(T - T_0) + AR \cdot \ln v/v_0.$$

Im folgenden sind die Entropiewerte unter Annahme konstanter spezifischer Wärme bestimmt.

a) Gase.

1. Isothermische Zustandsänderung. Da die Temperatur konstant bleibt, wird diese Zustandsänderung durch eine zur Entropieachse parallele Gerade dargestellt. Die unter der Geraden liegende Fläche ist die zugeführte bzw. abgeführte Arbeit

$$s - s_0 = AR \ln v/v_0 = -AR \ln p/p_0.$$

Die Entropie eines Gases bei gleicher Temperatur, aber verschiedenen Drücken, ist also um so kleiner, je höher der Druck ist.

2. Adiabatische Zustandsänderung. Da bei einer solchen die zugeführte Wärme gleich Null ist, also $dQ = 0$, ist auch

$$ds = dQ/T = 0 \quad \text{oder} \quad s = \text{konst.},$$

d. h. die Entropie bleibt konstant (diese Zustandsänderung wird daher auch isentropisch genannt). Sie wird dargestellt durch eine zur Temperaturachse parallele Gerade.

Die Darstellung dieser beiden Zustandsänderungen ist völlig unabhängig von der Natur des arbeitenden Stoffes, gilt also für Dämpfe ebenso wie für Gase.

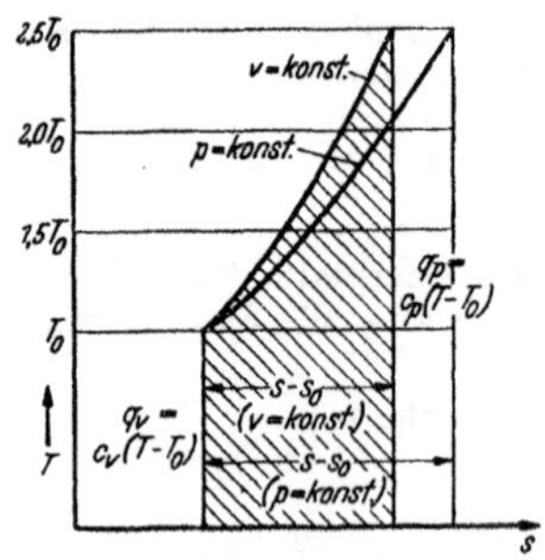

Fig. 14.

3. Zustandsänderung bei konstantem Druck. Da $p_0 = p$ wird $\ln p_0/p = 0$. Die Gleichung $s - s_0 = c_v \ln p/p_0 + c_p \cdot \ln v/v_0$ (s. S. 315) geht mit $p_0 = p$ über in $s - s_0 = c_p \ln v/v_0$. Mit $T/T_0 = v/v_0$ folgt:

$$s - s_0 = c_p \ln T/T_0 = 2{,}303\, c_p \log T/T_0.$$

Alle Kurven konstanten Druckes sind im T—s-Diagramm kongruent und gegeneinander parallel zur s-Achse verschoben; sie unterscheiden sich nur durch ein verschiedenes s_0, Fig. 14.

4. Zustandsänderung bei konstantem Volumen. Da $v_0 = v$, wird $\ln v/v_0 = 0$, also

$$s - s_0 = c_v \cdot \ln p/p_0.$$

Mit $p/p_0 = T/T_0$ folgt:

$$s - s_0 = c_v \cdot \ln T/T_0 = 2{,}303\, c_v \log T/T_0.$$

Diese Kurve verläuft steiler als die, welche die Zustandsänderung bei konstantem Druck darstellt (Fig. 15).

Alle Kurven konstanten Volumens sind im $T-s$-Diagramm kongruent und gegeneinander parallel zur s-Achse verschoben; sie unterscheiden sich nur durch verschiedenes s_0.

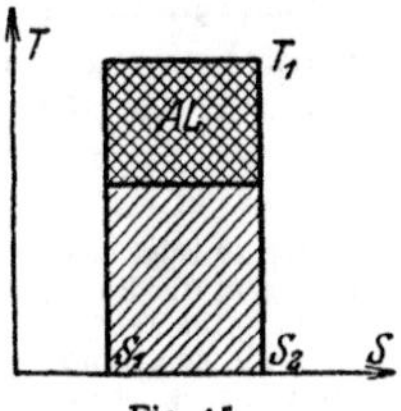

Fig. 15.

5. Polytropische Zustandsänderung. Für die Zustandsänderung $p v^m = \text{konst.}$ wird

$$s - s_0 = c_v \cdot \frac{m-\varkappa}{m-1} \ln \frac{T}{T_0} = 2{,}303\, c_v \frac{m-\varkappa}{m-1} \log \frac{T}{T_0}.$$

6. Kreisprozesse. Für diese erhält man auch im Entropiediagramm einen geschlossenen Linienzug. Da die unter der oberen Kurve liegende Fläche die gesamte zugeführte Wärme q_1, die unter der unteren Kurve liegende Fläche die gesamte abgeführte Wärme q_2 darstellt, so mißt die von der Kurve eingeschlossene Fläche den Betrag $q_1 - q_2 = A L_0$, also die je kg geleistete Arbeit (Wärmediagramm). Das Verhältnis der eingeschlossenen Fläche $(q_1 - q_2)$ zu der unter der oberen Kurve liegenden Fläche (q_1) ergibt den thermischen Wirkungsgrad.

Beispiel: Der Carnotsche Kreisprozeß setzt sich aus 2 Isothermen und 2 Adiabaten, also zwei horizontalen und zwei vertikalen Linien im Entropiediagramm zusammen, wird also durch ein Rechteck nach Fig. 15 dargestellt.

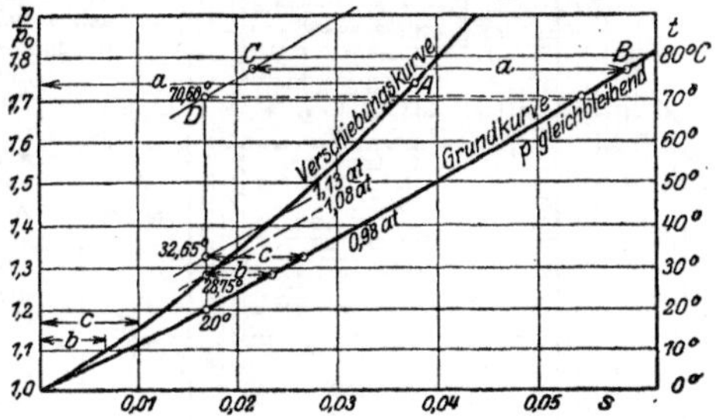

Fig. 16.

Besonders vorteilhaft ist die Benutzung von **Entropietafeln** z. B. für Luft, in welche die Werte der Entropie bei Zustandsänderungen bei konstantem Volumen und konstantem Druck eingetragen sind und die Veränderlichkeit der spezifischen Wärme mit der Temperatur berücksichtigt ist.

Für kleine Druckänderungen (bei Gebläsen) ist der Maßstab solcher Tafeln zu klein. Hier ist Fig. 16 zu benutzen[1]). Anstatt sämtliche Kurven gleichen Druckes für alle Drucke einzutragen, ist nur die durch $s = 0$ gehende, die Grundkurve, eingezeichnet. Die Kurven für höhere Drucke gewinnt man durch Verschiebung der Grundkurve parallel zur s-Achse nach links um den Betrag $A R \ln p/p_0$. Diesen Betrag $A R \ln p/p_0$ kann man als Abszisse der „Verschiebungskurve" abgreifen.

Beispiel: Luft von 20° C soll auf den 1,745 fachen Druck gebracht werden. Es ist die Temperatur bei adiabatischer Kompression zu bestimmen.

Man sucht Punkt A der Verschiebungskurve in der Höhe $p/p_0 = 1{,}745$ auf, nimmt die Strecke a (gleich $A R \ln p/p_0$) in den Zirkel, trägt sie von irgendeinem Punkte B der Grundkurve nach links ab bis C, zieht durch C eine Parallele zur Grundkurve, zeichnet durch den Punkt 20° der Grundkurve eine Senkrechte, die die Kurve durch C in D schneidet und liest die Temperatur 70,8° C ab. (Benützt man für die Ordinaten logarithmische Einteilung, dann werden beide Kurven gerade Linien.)

Ist die Endtemperatur z. B. mit 32,65° C gegeben, so geht man auf der Senkrechten durch den Punkt der Anfangstemperatur (hier 20° C) der Grundkurve nach oben bis zur Höhe 32,65°, mißt den horizontalen Abstand dieses Punktes bis zur Grundkurve — c —, zieht im Abstande c von der linken Ordinatenachse eine Vertikale, die die Verschiebungslinie in der Höhe $p/p_0 = 1{,}154$ schneidet. Betrug der Anfangsdruck 0,98 at, so ist der gesuchte Enddruck $1{,}154 \cdot 0{,}98 = 1{,}13$ at.

[1]) Nach Prof. Dr. Baer: Z. VDI 1916.

b) Dämpfe.

Die **Isotherme** und die **Adiabate** werden auch hier im Entropie-Temperaturdiagramm als **horizontale** bzw. **vertikale Gerade** dargestellt. Bei **Sattdampf** ist die **Kurve gleichen Druckes** gleichzeitig eine Isotherme, wird also durch eine horizontale Gerade dargestellt, bei überhitztem Dampf dagegen ist es eine logarithmische Kurve.

Fig. 17 zeigt das Entropie-Temperaturdiagramm für Wasserdampf. Bei a_0 ist Wasser von 0° vorhanden, die Entropie ist gleich Null. Mit wachsender Temperatur wächst die Entropie, bis z. B. in a_1 die Temperatur 179° C und der Druck von 10 at erreicht ist. Dann soll die Verdampfung, d. h. eine isothermische Ausdehnung, beginnen. Mit steigendem Dampfgehalt wächst die Entropie, z. B. ist man bei 30 vH Dampfgehalt nach f und bei 80 vH Dampfgehalt bis g gelangt. Bei 100 vH gelangt man nach a_2. Die Entropie des trocken gesättigten Dampfes $\overline{0a'}$ setzt sich also zusammen aus s', der Entropie der Flüssigkeit, und $s'' - s' = r/T$.

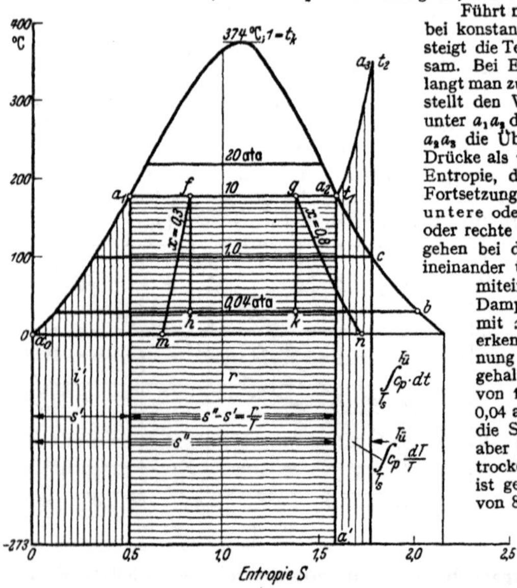

Fig. 17.

Führt man dem trockengesättigten Dampf bei konstantem Druck weitere Wärme zu, so steigt die Temperatur rasch, die Entropie langsam. Bei Erreichen der Temperatur 350° gelangt man zum Punkt a_3. Die Fläche unter a_0a_1 stellt den Wärmeinhalt i' der Flüssigkeit, die unter a_1a_2 die Verdampfungswärme r, die unter a_2a_3 die Überhitzungswärme dar. Für andere Drücke als 10 at findet man andere Werte der Entropie, die auf der Kurve a_2b bzw. deren Fortsetzung liegen. Die Kurve a_0a_1 heißt **untere oder linke Grenzkurve**, a_2b **obere oder rechte Grenzkurve**. Die beiden Kurven gehen bei der kritischen Temperatur (374° C) ineinander über. Man kann noch die Punkte miteinander verbinden, die zu gleichem Dampfgehalt gehören, z. B. die Kurve fm mit $x = 0{,}3$ und gn mit $x = 0{,}8$. Man erkennt, daß bei adiabatischer Ausdehnung sehr nassen Dampfes der Dampfgehalt größer wird. Expandiert Dampf von 10 at und $x = 0{,}3$ adiabatisch auf 0,04 at, so wird dieser Vorgang durch die Senkrechte fh dargestellt. h liegt aber rechts von m, d. h. der Dampf ist trockener geworden, der Dampfgehalt ist gestiegen. Läßt man dagegen Dampf von 80 vH Dampfgehalt (Punkt g) adiabatisch auf 0,1 expandieren, so liegt der Fußpunkt k des Lotes links von n, der Dampf ist also nasser geworden. Die Scheidung liegt etwa bei $x = 0{,}5$. Wird Dampf von 10 at bei konstantem Druck überhitzt, so wächst s nach der Kurve a_2a_3. Läßt man überhitzten Dampf z. B. sich von 10 at und 350° C adiabatisch ausdehnen, so schneidet das Lot durch a_3 in c die obere Grenzkurve bei 99,1° C, d. h. der Dampf hat seine Überhitzung verloren und ist trocken gesättigt. Im weiteren Verlauf der Ausdehnung kommt das Lot in das Gebiet zwischen den Grenzkurven, d. h. der Dampf wird naß.

Das Molliersche $i - s$ - Diagramm.

Man kann, da auch der Wärmeinhalt i eine Zustandsgröße ist, diese als Ordinate wählen. Das $i - s$-Diagramm hat den Vorteil, daß sich die Wärmemengen nicht aus der Planimetrierung von Flächen ergeben, sondern als Strecken abgegriffen werden können.

In dieses Diagramm sind eingetragen: die Kurven gleichen Druckes, die im Sättigungsgebiet zugleich Kurven gleicher Temperatur sind, ferner die Kurven gleicher Temperatur, gleichen Volumens und gleichen Feuchtigkeitsgehaltes. Beispiele s. Bd. II, S. 107, 292, 322.

Es werden dargestellt:

Adiabatische Zustandsänderungen als Parallele zur i-Achse, und zwar ist die Änderung von i gleich der geleisteten Arbeit der Maschine, in Kalorien gemessen.

Drosselungen als Parallele zur Entropieachse, da i konstant bleibt. Bei Zustandsänderungen unter **konstantem Druck** ist die Veränderung von i die zu- bzw. abzuführende Wärmemenge.

Die Brennstoffe und ihre technische Verwendung[1]).

Bearbeitet von Dr.-Ing. **W. Gumz** VDI, Essen.

I. Eigenschaften der Brennstoffe.

1. Feste Brennstoffe.

Natürliche feste Brennstoffe sind Holz, Torf, Braunkohle und Steinkohle. In Zahlentafel 1 sind die Brennstoffe nach ihrem geologischen Alter, zugleich nach abnehmendem Gehalt an flüchtigen Bestandteilen geordnet und gekennzeichnet.

Zahlentafel 1. Einteilung der Kohlen nach Schondorff[2]).

Flüchtige Bestandteile	Art und genetische Folge der fossilen Brennstoffe		Beschaffenheit des Koksrückstandes	Beschaffenheit der flüchtigen Bestandteile	Zündeigenschaften
— vH — 60	Torf	heller Fasertorf dunkler Torf Specktorf	feinkörnig zerfallend	matt, langflammig	sehr leicht zündend
— — 50	Braunkohlen	jüngere, lignitische ältere, dichte	feinkörnig zerfallend	matt, langflammig	
— — 40	Trockene oder unterbituminöse Steinkohlen	Sand- oder Sinterkohlen	gesintert	lange, aber matte Flamme	gut zündend
—	Fette oder bituminöse Steinkohlen	Gasflammkohlen	backend mit Blähung	lange, stark leuchtende Flamme	
— 30		Gaskohlen	backend	verhalten, langflammig	
— — 20		Koks- oder Fettkohlen	kompakt backend	kurze, stark leuchtende Flamme	
— — 10	Magere, halb-bituminöse und anthrazitische Steinkohlen	Eßkohlen Magerkohlen	gefrittet	kurze, wenig leuchtende Flamme	schwer zündend
—		Anthrazite	sandig	kurze, blaue Flamme	

Neben der „brennbaren Substanz“ enthalten die Brennstoffe in wechselnden Mengen die Ballaststoffe Asche und Wasser.

Außer als Wärmeerzeuger haben die Brennstoffe eine große Bedeutung als Roh- und Hilfsstoffe; man ist daher bestrebt, die hierfür geeigneten Sorten weitgehend auszunutzen und ihre Wertstoffe zu gewinnen. So kommen Braun- und Steinkohlen als Ausgangsprodukte für Treibstoffe, Teer und Teerfarbstoffe, Gas

[1]) Ausführliche Darstellung: Gumz: Kurzes Handbuch der Brennstoff- und Feuerungstechnik. Berlin: Springer 1942.

[2]) Nach D. Aufhäuser: Brennstoff und Verbrennung. Berlin: Springer 1928.

Zahlentafel 2. Zusammensetzung und Heizwerte fester Brennstoffe.

	Revier	Brennstoff	Im Verwendungszustand: vH Asche Grenz.	vH Asche Mitt.	vH Wasser Grenz.	vH Wasser Mitt.	Heizwert kcal/kg H_o	Heizwert kcal/kg H_u	bezogen auf Reinkohle: fl. Best. vH	C	H_2	O_2	N_2	S	Heizwert H_o	Heizwert H_u	$\frac{V_{min_{tr}}}{L_{min}}$	CO_{2max}
		Holz, frisch	0—0,2	0,1	40—60	50	2405	1950	>70	50	6	43,9	0,1	0,0	4820	4500	0,993	20,48
		Holz, lufttrocken	0—0,5	0,2	10—20	15	4090	3730										
		Torf, frisch	0—5	2	85—90	85	~720	~170	60—72	56,5	5,5	34,4	3,5	0,1	5550	5250	0,992	19,84
		Torf, lufttrocken	1—15	10	15—35	25	3610	3260										
Braunkohlen	Rheinland	Rohkohle	1,8—3,5	2,4	55—60	59	2470	2010	54—55	68,1	5,2	25,2	1,0	0,5	6410	6120	0,983	19,49
		Brikett (Union)	—	5,0	—	15	5130	4805										
	Mitteldeutschld.	Rohkohle	4—8	6,4	46—53	48	3180	2750	56—58	69,4	5,8	21,6	0,7	2,5	6980	6670	0,975	18,71
		Brikett (Sonne)	8—11	9	13—17	15	5305	4980										
	Lausitz	Rohkohle	3—7	4	50—56	52	2860	2420	40—55	66,6	5,7	25,5	1,2	1,0	6510	6200	0,979	19,11
		Brikett (Troll)	4—9	7	12—17	15	5075	4750										
	Böhmen	Braunkohle	2—10	6	15—30	25	4940	4580	48—58	72,5	5,7	19,5	1,4	0,9	7160	6850	0,976	18,83
	Ob.bayern	Pechkohle	9—17	11	9—13	10	5640	5370	47—55	73,2	5,1	13,1	1,5	7,1	7140	6870	0,976	18,25
Steinkohlen	Ruhr und Aachen	Gas- und Gasflammkohlen: Förderkohle	8—10	9	1—3	2,5	7425	7150	35	84,66	5,41	7,26	1,60	1,07	8390	8100	0,972	18,51
		Stückkohle	3—6	5	1—3	2,5	7760	7480										
		Nußkohle	3—7	6	3—5	4	7550	7270										
		Feinkohle[1])	6—7	6,5	8—10	9	7090	6790										
		Fettkohlen: Förderkohle	8—10	9	1—3	2,5	7670	7415	25	88,55	5,00	3,83	1,57	1,05	8665	8395	0,972	18,59
		Stückkohle	3—6	5	1—3	2,5	8015	7750										
		Nußkohle	3—7	6	3—5	4	7800	7530										
		Feinkohle[1])	6—7	6,5	8—10	9	7320	7040										
		Eßkohlen: Förderkohle	8—10	9	1—3	2,5	7685	7460	16	90,26	4,38	2,95	1,40	1,01	8685	8450	0,976	18,86
		Nußkohle	3—7	6	3—5	4	7820	7580										
		Feinkohle[2])	10—12	11	1—3	2,5	7510	7295										
		Magerkohlen: Förderkohle	8—10	9	1—3	2,5	7655	7450	11	91,18	4,00	2,50	1,41	0,91	8650	8435	0,978	19,03
		Nußkohle	3—7	6	3—5	4	7785	7570										
		Feinkohle[2])	10—12	11	1—3	2,5	7480	7280										

Steinkohlen

	Anthrazit	Stückkohle	3—6	5	1—3	2,5	7975	7775	8,5	91,77	3,75	2,15	1,42	0,91	8620	8420	0,979	19,13
		Nußkohle	3—7	6	3—5	4	7760	7555										
		Feinkohle)[2]	10—12	11	1—3	2,5	7455	7270										
	Zechenkoks		7—9	8	0—5	3	7090	7060	<1	97,0	0,40	0,60	1,00	1,00	7970	7950	0,998	20,67
Saar	Flammkohlen	Förderkohle	8—10	9	1—3	2,5	7050	6780	39,3	81,70	5,34	11,01	1,20	0,75	7970	7680	0,974	18,72
		Stückkohle	3—6	4,5	1—3	2,5	7410	7130										
		Nußkohle	3—7	5	3—5	4	7250	6965										
		Waschgrieß	5—7	6	5—9	7	6935	6640										
	Fettkohle	Förderkohle	8—10	9	1—3	2,5	7570	7295	34,6	86,02	5,49	6,73	1,10	0,66	8550	8260	0,971	18,51
		Stückkohle	3—6	4,5	1—3	2,5	7950	7670										
		Nußkohle	3—7	5	3—5	4	7780	7490										
		Waschgrieß	5—7	6	5—9	7	7440	7145										
Oberschlesien	Gasflammkohlen	Stückkohle	3—5	4	3—4	3,5	7370	7100	33- 36	82,2	5,0	10,2	1,7	0,9	7970	7700	0,976	18,83
		Nußkohle	3—8	6	2—5	3,5	7210	6950										
		Erbs-Grießk.	6—10	8	4—6	5	6935	6670										
		Staubkohle[2])	8—13	10,5	4—10	7	6575	6310										
	Zechenkoks		9—11	10	3—7	5	6800	6750	2—3	97	0,5	0,9	1,0	0,6	8000	7980	0,997	20,68
Niederschlesien	Gasflammkohlen	Nußkohle	5—7	6	3—5	4	7530	7270	32	84	5	9	1,1	0,9	8370	8100	0,975	18,81
		Erbskohle	5—8	7	5—7	6	7280	7010										
		Staubkohle	6—8	7,5	7—9	8	7070	6800										
	Fettkohle	Nußkohle	5—7	6	3—5	4	7670	7400	25	89	5	4	1,1	0,9	8520	8250	0,973	18,64
		Erbskohle	5—8	7	5—7	6	7410	7140										
		Staubkohle	6—8	7,5	7—9	8	7200	6930										
	Magerkohlen	Nußkohle	5—7	6	3—5	4	7580	7310	16	86	5	7	1,1	0,9	8420	8150	0,974	18,73
		Erbskohle	5—8	7	5—7	6	7325	7055										
		Staubkohle	6—8	7,5	7—9	8	7115	6840										
	Koks	Stückkoks	8—9	8,5	2—4	3	7160	7105	1	97	0,7	0,5	1,1	0,7	8090	8050	0,996	20,54
		Brechkoks	8—9	8,5	3—7	5	7000	6930										
Sachsen	Gasflammkohlen	Förderkohle	2—3	2,5	6—8	7	7235	6965	35—40	82,9	4,7	9,8	1,4	1,2	7995	7740	0,977	18,95
		Waschnuß	6—8	7,5	7—11	8	6760	6500										
		Waschklark.	7—9	8	9—12	10	6555	6290										
	Zechenkoks		7—11	9	4—8	6	6775	6720	2—3	97	0,5	0,9	1,0	0,6	7970	7950	0,997	20,68

[1]) Gewaschen. [2]) Ungewaschen.

u. a. m. in Frage. Holz kommt als Brennstoff nur noch beschränkt zur Verwendung (Holzabfälle).

Künstliche feste Brennstoffe werden durch Trocknung, Brikettierung, Vermahlung und durch Entgasen (Erhitzen unter Luftabschluß) hergestellt. Vielfach fallen sie als Nebenprodukte an (Gaserzeugung, Schwelung) und beeinflussen die Wirtschaftlichkeit dieser Verfahren in starkem Maße.

Einen Überblick über die Zusammensetzung fester Brennstoffe gibt Zahlentafel 2. Die dort angegebenen Elementaranalysen beziehen sich auf Reinkohle, also auf den Brennstoff nach Abzug des Wasser- und Aschengehaltes. Die Werte stellen gute Mittelwerte dar, können aber beträchtlich schwanken. Die Sortenbezeichnungen (Handelsbezeichnungen) und ihre Abmessungen gehen aus Zahlentafel 3 hervor. Die Abmessungen sind nach der Kohlenart und der einzelnen Bergbaugebiete etwas verschieden. Als Beispiel sind zunächst die Bezeichnungen für Ruhr-Gas-, Gasflamm- und Fettkohlen und abweichende Bezeichnungen und Sorten unter „Bemerkungen" und unten zusätzlich angegeben.

Zahlentafel 3. **Handelsbezeichnungen und Abmessungen (mm) von Steinkohlensorten.**

Bezeichnung	Größe	Bemerkungen
Bergbaugebiet: Ruhr (als Beispiel)		
Förderkohlen	—	in Sorten mit 25, 35, 50 vH Grobgehalt
Bestmelierte Kohlen	—	über 50 vH Grobgehalt
Stückkohlen	über 80	
Gewaschene Nußkohlen 1	50/80	
2	30/50	25–30/50 bei Magerkohlen
3	18/30	15/25, 20/30 bei Magerkohlen
4	10/18	8/15, 8/20 bei Magerkohlen
5	6/10	5/8 bei Magerkohlen
Nußgruskohlen 1	0/80	nur bei Gas- und Gasflammk.
2	0/30	
Feinkohlen	0–6/10	
Ungewaschene Feinkohle	0–6	
Staubkohlen	0/0,5	
Vollbriketts	—	1, 3, 7 und 10 kg
Würfel	—	450 g
Eierbriketts	—	15–18, 40–50, 50, 100, 45/125 und 150 g

Bezeichnung	Größe	Bemerkungen
Grobkoks	über 80	Hochofen- Spezialgießerei- u. Gießereikoks
Brechkoks 1	60/80	
2	40/60	
3	20/40	
4	10/20	
Knabbelkoks (gesiebt)	60/90	
Kleinkoks 1	40/60	
2	20/40	
Perlkoks	10/20	
Koksgrus	0/10	
Weitere Handelsbezeichnungen anderer Bergbaugebiete:		
Gaspechstücke	150/200	Sachsen
Würfel 1	70–90/100–140	Oberschlesien, 40–50/75–80 Sachsen
2	45–70/70–90	Oberschlesien
Klein	0/70	„
Rätterklein	0/40	„
Waschgrieß	0–2/15	Saar
Erbskohle 1	12–15/25–35	Niederschlesien
2	10/23	„
3	6/12	„
4	0,5/6	„
Klarkohle 1	0–3/8	Sachsen
2	0/3	„

Die einfachste und praktisch wichtigste Kennzeichnung eines Brennstoffs ist sein Heizwert, ausgedrückt in kcal/kg, bei Gasen in kcal/Nm³. Der obere Heizwert (Verbrennungswärme) H_o ist diejenige Wärmemenge, die 1 kg (oder 1 Nm³) des Brennstoffs entwickelt und bei Abkühlung bis auf seine Bezugstemperatur (meist 0° oder Zimmertemperatur) abzugeben vermag, wobei der Wasserdampfgehalt des Verbrennungsgases vollständig kondensiert. Der in Deutschland vorwiegend verwendete untere Heizwert H_u berücksichtigt die Kondensation des in den Verbrennungsgasen enthaltenen Wasserdampfes nicht, da ja sein Wärmeinhalt praktisch nicht ausgenutzt werden kann, er ist also um den Betrag der Verdampfungswärme des Wasserdampfes kleiner als H_o

$$H_u = H_o - 600 \cdot W/100 = H_o - 6(9 \cdot H_2 + H_2O) \text{ kcal/kg.} \tag{1}$$

H_2 und H_2O sind der Wasserstoff- und Wasserdampfgehalt des Brennstoffs in vH. Der Heizwert kann durch Messung im Kalorimeter (DIN DVM 3716) ermittelt werden. Die Angabe des Wassergehaltes (grobe, äußerlich anhaftende und hygroskopische, bei Zimmertemperatur verbleibende Feuchtigkeit), des Aschengehaltes, der flüchtigen Bestandteile (Gasgehalt) und des fixen Kohlenstoffs (Koksausbringen abzüglich des Aschengehaltes) bezeichnet man als Kurz- oder Immediatanalyse. Die chemische Elementaranalyse (DIN DVM 3721) liefert die Zusammensetzung des Brennstoffs, seinen Gehalt an Kohlenstoff (C), Wasserstoff (H_2), Sauerstoff (O_2), Stickstoff (N_2) und Schwefel (S).

Zur Errechnung des Heizwertes dient an Stelle der früher üblichen „Verbandsformel" für feste und flüssige Brennstoffe die Formel[1])

$$H_o = 81{,}3\,C + 297\,H_2 + 15\,N_2 + 45{,}6\,S - 23{,}5\,O_2 \text{ kcal/kg}, \qquad (2)$$

$$H_u = 81{,}3\,C + 243\,H_2 + 15\,N_2 + 45{,}6\,S - 23{,}5\,O_2 - 6\,H_2O \text{ kcal/kg}. \qquad (3)$$

Steht eine Elementaranalyse nicht zur Verfügung, so kann man nach der Kurz- oder Immediatanalyse den Heizwert Fig. 1 entnehmen. Die angegebenen Heizwerte sind auf statistischem Wege gefunden und beziehen sich auf Reinkohle, sie müssen daher auf die Rohkohle (im Verwendungszustand) umgerechnet werden, außerdem ist beim unteren Heizwert noch der Betrag $6\,H_2O$ abzuziehen. Die Kurven gelten nur für natürliche Brennstoffe, nicht für Koks und nicht für Brennstoffmischungen aus Kohlen verschiedenen Gehaltes an flüchtigen Bestandteilen.

Für die Untersuchung von Brennstoffen ist größter Wert auf eine einwandfreie Probenahme zu legen (DIN DVM 3711 und 3712). Über die Prüfung fester Brennstoffe vgl. DIN DVM 3701[2]).

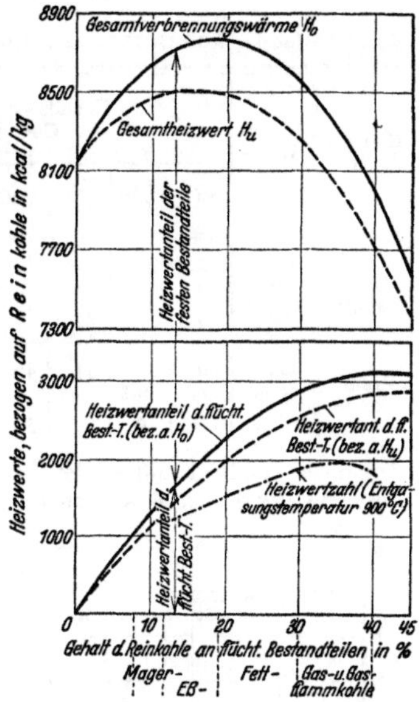

Fig. 1. Heizwert von Steinkohlen, bezogen auf Reinkohle, in Abhängigkeit von den flüchtigen Bestandteilen.

Für die Verkokung und die Gaserzeugung, aber auch für das Verhalten des Brennstoffs im Feuer, sowie für die Teer- und Gasausbeute bestehen eine Reihe von Prüfverfahren, die zum Teil noch nicht genormt sind. Hierzu gehören neben der Bestimmung des Verkokungsrückstandes und der flüchtigen Bestandteile (DIN DVM 3725) die Teer- und Gasergiebigkeit, das Bindevermögen und die Backfähigkeit, der Blähgrad und das Treibvermögen, das Zündverhalten, das Aschenschmelzverhalten und die Reaktionsfähigkeit von Koksen. Als Größenkennzeichnung dient die Korngröße (s. Zahlentafel 3) und die Kornzusammensetzung von Gemischen, der Siebsprung, d. i. das Verhältnis zwischen kleinstem und größtem Korndurchmesser, und die Staubfeinheit (DIN DVM 3705, 3706 und DIN 1171). Für Bunkerung und Förderung sind schließlich noch die Angaben des Raumgewichtes, des Schüttgewichtes (s. S. 648) und der Böschungswinkel wichtig. Mit Rücksicht auf den oft mehrmaligen Umschlag spielen Festigkeit und Zerreiblichkeit eine Rolle, wichtig vor allem aber auch für Koks in Schachtöfen (Hochofen und Gießereikoks), wo der Brennstoff dem starken Druck hoher Beschickungssäulen gewachsen sein muß (Trommelprobe, Wurfprobe, Shatter-Test). Über die Mahlbarkeit vgl. S. 329.

Die spez. Wärme von festen Brennstoffen beträgt nach Coles 0,21 bis 0,22 für Anthrazit (Magerkohlen), 0,24 bis 0.26 für bituminöse Kohle (Fettkohle), 0,16 bis 0,17 für Kohlenasche.

Steinkohle mit 5 vH Wasser und 8 vH Asche hat demnach eine spez. Wärme von

$$c = 0{,}24 \cdot 0{,}87 + 1 \cdot 0{,}05 + 0{,}165 \cdot 0{,}08 = 0{,}272\,.$$

[1]) Vgl. Feuerungstechn. Bd. 26 (1938) Heft 10 S. 322/323.

[2]) Richter, H.: Die Prüfung fester Brennstoffe und die Aufstellung von Einheitsprüfverfahren. Feuerungstechn. Bd. 25 (1937) Heft 3 S. 72/74.

Die spez. Wärme von Koks (nach Debrunner) beträgt bei 10 vH Aschengehalt $(c_m)_0^{100} = 0{,}193\,, \quad (c_m)_0^{500} = 0{,}294\,, \quad (c_m)_0^{1000} = 0{,}351\,.$

Die Wärmeleitfähigkeit von Kohle (im Stück) beträgt nach Messungen von W. Fritz[1] (bei Zimmertemp.) $\lambda = 0{,}18$ bis $0{,}20$ kcal/kg °C bei Gaskohle, 0,19 bis 0,30 bei Anthrazit, 0,62 bei Koks, 0,12 bis 0,14 bei Steinkohlenschwelkoks[2]).

Die Wärmeleitfähigkeit von Schüttungen hängt von der Korngröße, dem Schüttgewicht, der Verdichtung der Schüttung und vom Wassergehalt ab[3]).

Die Brennstoffasche (anorganische Beimengungen, „innere Asche" = untrennbar mit der Kohlensubstanz verbundene anorg. Bestandteile, „äußere Asche" = trennbare Einsprengungen und Beimischung anorg. Bestandteile) ist von stark wechselnder Zusammensetzung, wie Zahlentafel 4 nach Rosin, Fehling und Kayser zeigt[2]). Die Asche wird bei den in den Feuerungen auftretenden Temperaturen meist geschmolzen und bildet die Schlacke. Nachteile: Einschluß unverbrannter Kohlenteilchen, Undurchlässigkeit des Brennstoffbetts,

Zahlentafel 4. **Zusammensetzung von Braun- und Steinkohlenaschen.**

Kohlenart	Werte	Chemische Analyse Gew. vH							Mineralogische Zusammensetzung Gew. vH (geglüht)				
		SiO_2	Al_2O_3	Fe_2O_3	CaO	MgO	SO_2	Rest	Ton	Sand	Eisenoxyd	Gips	Kalk
Steinkohle	max.	55	31	62	10	2	16		70	45	62	24	9
	min.	9	5	18	0,5	0	1,5		15	0	18	1	0
	Mittel	33	19	35	4	0,5	6,5	2	41	11	35	9	3
Braunkohle	max.	60	34	37	46	6	51		74	50	37	87	45
	min.	1,5	0,5	0,5	4	0,5	1		1	1	0,5	2	1
	Mittel	20	9	11	32	3	23	2	20	10	11	39	16

Anbacken am Rost und an den Seitenwänden, bei dünnflüssigen Schlacken auch Zusetzen der freien Rostflächen. Vorteile: Versinterung und Verfestigung des Kohlengefüges (Verbesserung der „Feuerstehkraft"), Bildung einer Schutzschicht auf dem Rost (vgl. S. 340), Magerung stark backender Kohlen, katalytische Beeinflussung der Verbrennungsreaktionen. Das Ascheverhalten wird nach verschiedenen Verfahren untersucht, vorherrschend ist die Methode nach Bunte-Baum. Die meisten Aschen zeigen keinen ausgesprochenen Schmelzpunkt, sondern von einer gewissen Temperatur (Erweichungspunkt) an ein allmähliches Erweichen, schließlich ein Schmelzen, mitunter aber erst bei sehr hohen Temperaturen. Fig. 2 gibt einige kennzeichnende Kurven des Ascheverhaltens, nach der Bunte-Baum-Methode gemessen, an. Asche (1) enthält über 70 vH Gips und etwa 5 vH Fe_2O_3, (2) etwa 60 vH Gips und 20 bis 25 vH Fe_2O_3, (3) ist ein eisenreicher Ton, (4) besteht aus 40 bis 60 vH Sand, 10 bis 20 vH Fe_2O_3, (5) ist das Beispiel eines homogenen Minerals (bei Aschen selten). Im

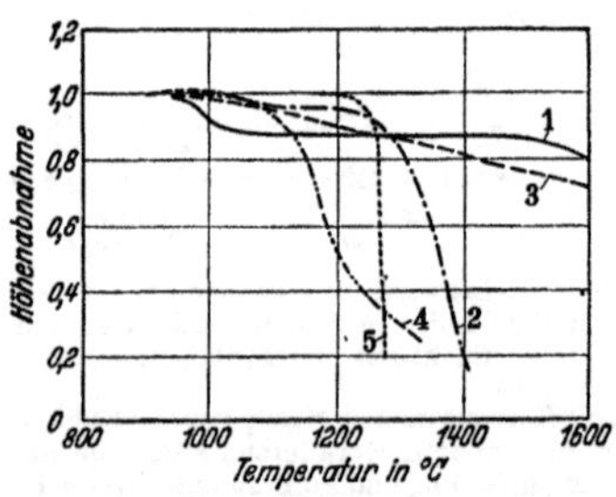

Fig. 2. Beispiele von Aschen-, Erweichungs- und Schmelzkurven (Bunte-Baum-Methode).

[1]) W. Fritz u. H. Diemke: Feuerungstechn. Bd. 27 (1939) Heft 5 S. 129.

[2]) Über die Eigenschaften der Asche und Schlacke vgl. R. Fehling: Feuerungstechn. Bd. 24 (1936) Heft 9 S. 151/155 nach den Berichten D. 52, 54 und 55 an den Reichskohlenrat.

[3]) Vgl. P. Schläpfer: Bericht Nr. 96 der Eidgenöss. Materialprüfungsanstalt der ETH. Zürich, 1935 (für Steinkohle) und P. Kegel u. H. Matschak: Feuerungstechn. Bd. 25 (1937) Heft 7 S. 213/217 (für Braunkohle).

Feuerraum können Flugaschepartikel zu Verschlackungen des feuerfesten Mauerwerks[1]) und der Heizflächen führen, sofern sie nicht durch Strahlungsheizflächen und ausreichend lange Gaswege eine entsprechende Abkühlung und Granulierung erfahren haben.

2. Flüssige Brennstoffe.

Ausgangsprodukte für flüssige Treib- und Brennstoffe sind das Erdöl, der Braunkohlenteer und der Steinkohlenteer. Die flüssigen Brennstoffe zeichnen sich aus durch hohen Heizwert, vollkommene Raumausfüllung (daher gute Bunkerausnutzung bei beliebiger Bunkergestaltung), Pumpbarkeit (einfache Förderung in Rohrleitungen, schnelle und saubere Brennstoffübernahme) und durch große Reinheit. Erdöl (Rohöl) ist ein Gemisch aus einer sehr großen Zahl von Kohlenwasserstoffen. Je nach dem Überwiegen der Hauptbestandteile unterscheidet man Öle mit paraffinischer, asphaltischer oder naphthenischer und gemischter Basis (Paraffine oder aliphatische, gesättigte Kohlenwasserstoffe der Methan-Reihe, Naphtene oder zyklische Kohlenwasserstoffe, Beispiel: Zyklohexan C_6H_{12} mit ringförmiger Anordnung der Kohlenstoffatome), doch können Öle verschiedener Basis dem gleichen Ölfeld entstammen. Durch Destillation (vgl. S. 331) erfolgt eine Trennung in leichte (Benzin), mittlere (Petroleum, Leuchtöl) und schwere Fraktionen (Gasöl, Schmieröl, Heizöl) und Rückstände (Heizöl, Masut, Pacura).

Zur Beurteilung der Gebrauchseigenschaften von leichten Treibstoffen dient die Siedeanalyse (s. Fig. 3), die Siedekennziffer (s. unten), das spez. Gewicht, die Zähigkeit (Viskosität), der Flammpunkt (Kennzeichen der Feuergefährlichkeit), der Brennpunkt und für die Klopfeigenschaften in Ottomotoren (Zündermotoren) die Oktanzahl.

Bezüglich Oktan- und Cetenzahl s. Bd. II, S. 116 und 139.

Zwischen der Zündwilligkeit, der Siedekennzahl und der Dichte bestehen einfache Beziehungen, was die Beurteilung der Treibstoffe erleichtert[2]).

Die Siedekennziffer wird ermittelt, indem man die Siedetemperaturen, bei denen 5, 15, 25 usw. bis 95 Raumteile (cm^3) übergegangen sind, addiert und durch 10 dividiert (Beispiel Benzin), tritt jedoch Spaltung ein, so daß ein Wert ausfällt, so wird auch der erste Wert weggelassen und durch 8 dividiert usf. (Beispiel Dieselkraftstoff).

Beispiele von Kennzifferberechnungen:

	Benzin	Dieselkraftstoff
(Siedebeginn)	(52°)	(195°)
5 cm^3	62	212
15	75	233
25	88	250
35	98	268
45	107	289
55	119	302
65	130	333
75	143	355
85	155	476
95	181	(Eintritt von Spaltung)
Siedekennziffer	116	300

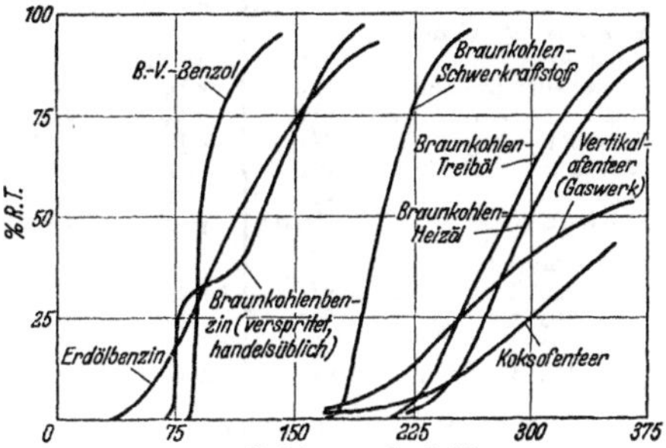

Fig. 3. Beispiele für die Siedekurven verschiedener flüssiger Brennstoffe.

Eigenschaften, Zusammensetzung und Heizwerte flüssiger Brennstoffe sind in Zahlentafel 5 zusammengestellt. Die Wassergehalte von Heizölen betragen 0 bis 1 vH, in Ausnahmefällen bei Teerölen bis zu 5 vH, der Aschengehalt 0 bis

[1]) Über die Wechselwirkungen zwischen Schlacken und feuerfesten Baustoffen vgl. R. Fehling: Diss. Berlin 1938 — Feuerungstechn. Bd. 26 (1938) Heft 2 u. 3 S. 33/35, 65/73 — Bericht D. 78 an den Reichskohlenrat.

[2]) Vgl. Heinze u. Marder: Z. VDI Bd. 81 (1937) Heft 2 S. 37/38 — Brennstoff-Chem. Bd. 17 (1936) Heft 17 S. 326.

Zahlentafel 5. Zusammensetzung und Heizwerte flüssiger Brennstoffe.

Bezeichnung	Litergewicht	Zusammensetzung				Heizwerte kcal/kg		L_{min} [1])	$\frac{V_{min}^{tr}}{L_{min}}$	CO_{2max} [2])
	kg/l	C	H_2	$O_2(+N_2)$	S	H_o	H_u	Nm^3/kg		
Treibstoffe:										
Benzin (mit Sprit)	0,763	80,7	14,2	5,1	0	10800	10040	10,749	0,929	15,01
Benzol	0,875	91,7	7,8	—	0,5	10100	9650	10,220	0,957	17,45
Gasöl (Dieselöl) .	0,85/0,89	86,6	12,9	0,2	0,3	10680	9994	11,102	0,935	15,52
Heizöle:										
Heizöl leicht . .	0,90	85,4	12,3	0,7	1,6	10700	10050	10,864	0,937	15,69
Heizöl schwer . .	0,95	85,0	11,7	1,2	2,1	10500	9980	10,670	0,939	15,90
Braunkohlenteeröl	0,925	84,0	11,0	4,3	0,7	10200	9610	10,246	0,942	16,21
Steinkohlenteeröl .	1,08	89,5	6,5	3,4	0,6	9350	9000	9,571	0,964	18,06
Dünnteer	1,12	90,4	6,0	3,2	0,4	9300	8980	9,519	0,966	18,28

0,1 vH und der Schwefelgehalt 0,01 bis 1 vH, in Ohio-, Texas-, kalifornischen und mexikanischen Ölen 2 bis 5 vH. Die Zähigkeit (Viskosität) wird in Deutschland in °E (Grad Engler, Ausflußmessung), in England und Amerika auch in Redwood-, Saybolt Universal-, Saybolt Furol- und CGS (Stokes)-Einheiten gemessen. Zur Erzielung der notwendigen Dünnflüssigkeit ist bei Heizölen meist eine Vorwärmung des Öles notwendig. Über Ölfeuerungen s. S. 343. Zahlentafel 6 gibt Gütevorschriften und Analysen von Treib- und Heizölen an.

Zahlentafel 6. Gütevorschriften und Analysen für Treib- u. Heizöle[3]).

Ausgangsstoff		Erdöl			Braunkohlengasöl	Braunkohlenheizöl	Steinkohlenheizöl
Bestimmung	Dimension	Treiböl	Treiböl	Treiböl			
Spez. Gewicht . . .	kg/dcm^3	>0,85 <0,90	0,87	0,88	>0,85 <0,89	>0,9 <0,97	1,00—1,12
Freie Säure	vH	<0,02	Spuren	—	0,04	—	—
Flammpunkt (Pensky-Martens)	°C	> 65 <110	83	90	> 65 <100	> 65 >100	≧75
Viskosität nach Engler bei 20° C	°E	1,0—2,5	1,5	3,4	1—2	1—2	1,5—2,5
Verkokungsrückstand	vH	<0,5	0,57	2,45	<0,5	—	≧2,0
Asche	vH	<0,02	Spuren	—	—	—	<0,05
Schwefel	vH	<0,6	0,7	1,59	<0,6	<1,0	<0,8
Wasser	vH	0	0	—	0	—	<1,0
Pech	vH	0	Spuren	—	0	—	—
Heizwert	kcal/kg	10000	10023	10288	9700	8700	9000
Siedeanalyse							
bis 200° C	vH	höchst. 5	—	—	höchst. 5	5—10	—
bis 250° C	vH	—	66	14	—	—	—
bis 300° C	vH	mind. 80	87	38	mind. 80	35—70	—
bis 350° C	vH	mind. 95	95	54	—	—	—

Die spez. Wärme von Heizöl beträgt etwa 0,4 bis 0,6, die reine Verdampfungswärme etwa 70 bis 90 kcal/kg.

3. Gasförmige Brennstoffe.

Nach ihrer Herkunft unterscheidet man:

Naturgas: Erdgas, meist in Gemeinschaft mit Erdölvorkommen auftretend, besonders in USA.

Entgasungsprodukte: Schwelgas, Stadtgas, Koksofengas (Ferngas).

Vergasungsprodukte: Ausgangsbrennstoffe meist Koks, Anthrazit, Halbkoks und Briketts. Nach dem Vergasungsmittel unterscheidet man Luftgas, Generatorgas (Luft mit Wasserdampfzusatz) und Wassergas.

[1]) Bei trockener Luft. Berechnung s. S. 332. [2]) einschl. SO_2.
[3]) Nach Dr.-Ing. W. Immich: Weltkraftkonf. 1933 Sekt. 9 Nr. 104.

Der Heizwert wird im Gaskalorimeter bestimmt, er kann angenähert aus der Gasanalyse berechnet werden nach der Gleichung:

$$H_o = 30{,}2\,CO + 30{,}5\,H_2 + 95{,}2\,CH_4 + 168{,}2\,C_2H_6 \text{ kcal/Nm}^3, \tag{4}$$

$$H_u = 30{,}2\,CO + 25{,}7\,H_2 + 85{,}5\,CH_4 + 153{,}7\,C_2H_6 \text{ kcal/Nm}^3. \tag{5}$$

Über die Feuchtigkeit der Gase vgl. S. 332. Die wichtigsten technischen Gase sind in Zahlentafel 7 zusammengestellt. Zu beachten ist, daß die Zusammensetzung und damit auch der Heizwert in noch stärkerem Maße Schwankungen unterworfen sein kann als bei festen und flüssigen Brennstoffen. Zur Umrechnung des Gasheizwertes auf den Normzustand (0°, 760 mm Quecksilbersäule [Torr]) dient die Formel

$$(H_u)_o = H_u \cdot \frac{273 + t}{273} \cdot \frac{760}{B + P - P_D} \text{ kcal/Nm}^3. \tag{6}$$

B = Barometerstand, P = Gasüberdruck in mm QS, P_D = Wasserdampfteildruck in mm QS. In kg/m² ausgedrückt heißt der letzte Bruch der Formel

$$\frac{10332{,}6}{B + P - P_D}. \quad \text{Vgl. S. 332.}$$

Zahlentafel 7. **Zusammensetzung und Heizwert gasförmiger Brennstoffe.**

Bezeichnung		CO	H_2	CH_4	C_2H_6	C_2H_4	CO_2	$(O_2)+H_2$	Heizwert kcal/Nm³ H_o	Heizwert kcal/Nm³ H_u	L_{min} [1]) Nm³/Nm³	V^{tr}_{min}/L_{min}	CO_{2max}
Naturgas	USA. . . .	—	—	30 ... 99	0 ... 67	—	0 ...6,5	0 ... 9	9000 ... 1400	8000 ... 13000	—	—	—
	Typ 1. . .	—	—	90,5	2,5	—	0,4	6,6	9030	8120	9,036	0,903	11,78
	Typ 2. . .	—	—	75,0	24,0	—	—	1,0	11177	10101	11,143	0,901	12,28
Entgasung	Koksofengas	5,4	56,8	23,9	0,6 [2])	1,6	2,2	9,7	4555	4029	4,110	0,903	10,03
	Stadtgas (Mischgas)	21,5	51,5	17,0	—	2,0	4,0	4,0	4144	3713	3,643	0,929	13,77
	Stadtgas (entgiftet).	1,0	63,6	17,6	—	1,9	13,2	2,7	3936	3442	3,486	0,900	11,38
Vergasung	Wassergas .	40,0	50,0	0,3	—	—	5,0	4,7	2762	2519	2,171	1,020	20,49
	Koks-Generatorgas .	29,0	11,0	0,3	—	—	5,0	54,7	1240	1184	0,981	1,697	20,60
	Gichtgas .	31,0	2,3	0,3	—	—	9,0	57,4	1035	1021	0,821	1,979	24,78

II. Verwertung und Veredlung der Brennstoffe.

1. Aufbereitung.

Die Brennstoffe werden mit Ausnahme bei den Selbstverbrauchern zur Steigerung ihres Verkaufs- und Gebrauchswertes aufbereitet. Einfachste Form der Veredlung: Ausklauben des Gesteins auf Lesebändern und Klassieren nach Korngrößen. Die Steinkohlen werden vorwiegend auf nassem Wege aufbereitet (in Setzmaschinen). Außer den Fertigerzeugnissen (Nußkohlen und Feinkohlen) und den als Versatz in der Grube verwendeten Waschbergen erhält man dabei noch Abfallbrennstoffe: Staub (vorher trocken abgesaugt, daher als Sichterstaub bezeichnet), Mittelprodukt mit 30 bis 50 vH Asche, 5 bis 10 vH Wasser und Schlamm mit 20 bis 50 vH Asche und 8 bis 30 vH Wasser. Die Abfallbrennstoffe werden am Entstehungsort auf Wanderrosten, Schürrosten, Rückschubrosten oder in Staubfeuerungen verwertet. Andere Aufbereitungsmethoden verwenden Schrägrinnen (Rheowäsche), Schwimmaufbereitung (für Feinkohlen), trockenpneumatische Aufbereitung auf Luftherden und elektrostatische Aufbereitung.

2. Entwässerung und Trocknung [3]).

Bei Steinkohle: Entwässerung (Abtropfen, Schleudern, Pressen, Absaugen) oder Trocknen unter Wärmeanwendung. Großer Einfluß auf die Wirtschaftlich-

[1]) Bei trockener Luft. Berechnung s. S. 333/34. [2]) C_6H_6.

[3]) Schrifttum: Die Trocknung und Entwässerung von Kohle. Bericht E 1 des Reichskohlenrates. Berlin: Springer 1936. Dort weitere Schrifttumsangaben.

keit und die Leistung angeschlossener weiterer Veredlungsverfahren. Trockner: Dampfbeheizte Röhrentrockner, Feuergas-Trommeltrockner oder Spülgas- und Schwebetrockner. Bei Kohlenstaubmahlanlagen für unmittelbare Verfeuerung wird Mahltrocknung (Mahl- und Trocknungsvorgang in einer Apparatur) bevorzugt.

Bei Braunkohle bildet die Trocknung die wichtigste Vorbereitung für die anschließende Brikettierung. Trockner: Röhren- und Tellertrockner mit Frischdampf- oder Abdampfbeheizung. Wegen des hohen Wärmebedarfs ist vorgeschlagen worden, die Trocknung in Brikettfabriken mit der Energieerzeugung zu kuppeln (Eigenbedarf und Überschußstrom) und mit Gegendruckdampf zu trocknen. Das Fleißner-Verfahren, besonders für hochwertige Braunkohle angewandt, trocknet durch Nachverdampfen der unter Druck mit Dampf erwärmten Kohle (Erhaltung der Stückigkeit unter starker Schrumpfung).

Für die Trocknung von Torf (50 bis 85 vH Wasser): Mehrstufige Trocknung, wobei die Brüden der einen Stufe zur Beheizung der vorhergehenden Stufe (mit Warmwasser) verwendet werden (Peco-Verfahren), evtl. unter Vorschaltung anderer Trocknungsverfahren (Madruck-Brikett-AG.)[1]).

Zahlentafel 8. Geforderter Restwassergehalt in vH.

Verwendungszweck	Steinkohle	Braunkohle	Verwendungszweck	Steinkohle	Braunkohle
Brikettierung . .	2	12 bis 18	Schwelung	0	12 bis 15
Schwelbrikett-herstellung . . .	—	4 „ 8	Verkokung . . .	8 bis 12	—
			Vergasung	—	5 bis 15
Staubfeuerung . .	$\leqq 2$	12 „ 15	Hydrierung . . .	0	0

3. Brikettierung.

Steinkohlen zur Verwertung von Feinkohlensorten werden in Pressen unter Zusatz von etwa 6 bis 7 vH (bis zu 10 vH) Steinkohlenteerpech brikettiert. Industrieformate im Gewicht von 1, 3, 7 und 10 kg, für den Haushalt Eierbriketts (15 bis 150 g). Daneben sind auch andere Bindemittel wie Natriumsilikat, Sulfitablauge mit Ton und bindemittellose Verfahren vorgeschlagen worden.

Der Braunkohlenbrikettherstellung (ohne Bindemittel) geht der sog. Naßdienst (Absiebung und Vorzerkleinerung durch Stachelwalzen) voraus. Nach der Trocknung wird das Trockengut gekühlt (Nachverdampfung) und den Pressen (Exterschen Strangpressen) zugeführt. Übliche Formate sind das Salonbrikett 183×60×40 mm (500 g) und als Industriebriketts Halbsteine (Rundformat), Semmel und Würfel.

4. Kohlenstaubherstellung (Vermahlung).

Vorbereitende Arbeitsgänge: Vorbrechen und Trocknen, soweit dieses nicht in der Mühle geschieht. Bei leicht entzündlichen Brennstoffen, wie Braunkohle, ist wegen der möglichen Funkenbildung durch Reibung oder Fremdkörper ein inertes, sauerstoffarmes Schutzgas anzuwenden. Der Kraftbedarf ist ein Vielfaches der eigentlichen physikalischen Zerkleinerungsarbeit und hängt ab von der Mahlbarkeit, der Feuchtigkeit und vor allem dem gewünschten Feinheitsgrad, ferner von der Mühlenbauart und ihren Leerlauf-, Ventilations- und Reibungsverlusten, der Durchsatzmenge und Belastung.

Wegen der starken Abhängigkeit des Kraftbedarfs von der Mahlfeinheit ist diese möglichst zu begrenzen und die Feuerung für die Verwertung gröberen Staubes einzurichten. Kraftbedarf etwa 15 bis 25 kW/t (davon entfällt 60 bis

[1]) Techn. in d. Landwirtsch. Bd. 18 (1937) Heft 1 S. 17/19 — J. Inst. Fuel Bd. 11 (1938) Heft 58 S. 344/56 — Z. bayer. Revis.-Ver. Bd 35 (1931) Heft 22/23 S. 263/66 u. 277/80.

Zahlentafel 9. Schema der Mühlenbauarten.

Typ	Bauart	Vorteil	Nachteil
Langsamläufer	Schwerkraftmühle (Rohrmühle m. Windsichtung)	betriebssicher, einfach geringer Verschleiß	hoher Leerlaufkraftbedarf, großer Platzbedarf, Geräusch
	Federrollenmühle (Ringwalzenmühle)	geringer Platzbedarf, geringerer Kraftbedarf	höhere Instandhaltungskosten
Schnellläufer	Fliehkraftmühlen, Fliehkraftkugel-u.Pendelmühlen	hohe Leistung	höhere Verschleißkosten, schwere Fundamentierung
	Schleudermühlen	einfach, geringer Platzbedarf, gute Zugänglichkeit	hoher Verschleiß, hohe Ventilationsverluste
Pneumatische Mühlen	Luftprallmühle Dampfprallmühle	einfach, geringster Platzbedarf, kein mech. Antrieb (abgesehen v. Kompressor)	hoher Kraftbedarf und Verschleiß

65 vH auf die Mühle allein), für Schlägermühlen (Krämer-Mühlen-Feuerung) mit grober Ausmahlung nach E. R. Becker für Rohbraunkohle 5 bis 8 kW/t, für Schwelkoks 8 bis 10 kW/t, für Steinkohle 14 kW/t.

Die Mahlbarkeit ist durch Probemahlung im Laboratorium unter festgelegten Bedingungen festzustellen. In USA. bestehen zwei Methoden als Vornorm, die Kugelmühlenmethode und die Methode nach Hardgrove; eine neue mit kleiner Probemenge arbeitende Methode ist der Strukturprüfer von Gründer. Das Verhältnis von Steinkohle zu Schwelkoks zu Braunkohle ergab sich z. B. zu 1 : 0,71 : 0,56. Die Kohlenstruktur und der Aschengehalt beeinflussen die Mahlbarkeit; so verhalten sich z. B. Glanzkohle zu Mattkohle wie etwa 1 : 2.

5. Fließkohle.

Gemisch aus feingemahlener, vollkommen getrockneter Kohle mit Heizöl (Teeröl) unter Verwendung besonderer Stabilisatoren zur Verhütung der Entmischung (Seifen, Alkalien, Natriumsilikat, Schwelteer u. a.). Bisher nur versuchsweise angewandt[1]). Wird auch zur Verschwelung von Feinkohle verwendet (Blümner-Verfahren).

6. Schwelung.

Erhitzen der Kohle auf 450 bis 500° unter Sauerstoffabschluß liefert: Schwelkoks, rauchschwacher, gutzündender Brennstoff (je nach Verfahren) in Stückform oder feinkörnig, Schwelteer (Urteer, Tieftemperaturteer), Ausgangserzeugnis für die Herstellung flüssiger Treibstoffe und Schmieröl, und Schwelgas (Reichgas, meist im Eigenbetrieb verfeuert). Es gibt zahllose Schwelverfahren[2]). Man unterscheidet je nach Art der Beheizung:

I. Öfen mit äußerer Beheizung (nach Art der Koksöfen)
- a) aus feuerfestem Material } mit ruhender Füllung,
- b) aus Spezialstahl } mit ruhender Füllung,
- c) stehende Retortenöfen (Typ Rolle-Ofen),
- d) Drehöfen stehend, liegend, mit Innen- oder Außenbeheizung,
- e) Öfen mit bewegter Schicht.

II. Spülgasschwelung mit inerten Gasen, Heißdampf oder Schwelgas als Wärmeträger, Sonderfall: Verschwelung in der Schwebe, der Wärmeträger dient auch als Brennstoffträger. Bei backenden Kohlen ist eine oxydative oder thermische Vorbehandlung (Alterung) zur Zerstörung des Backvermögens notwendig.

7. Verkokung und Stadtgaserzeugung.

Verbreitetste Form der Brennstoffveredlung, Gewinnung von Koks (für Verhüttung, Gießereien, Zentralheizungskessel), Gas (Stadtgas s. Zahlentafel 7, Koksgas, auch als Ferngas verwendet), Teer, Ammoniak und Benzol als Neben-

[1]) Vgl. W. Schöning: Arch. Wärmewirtsch. Bd. 18 (1937) Heft 10 S. 283/85.
[2]) Thau, A.: Die Schwelung von Braun- und Steinkohle. Halle a. d. S.: W. Knapp 1927 — Kohlenschwelung. Halle a. d. S. 1938.

produkt. Verfahren: Erhitzung unter Luftabschluß auf 1000° in schmalen Kammern (etwa 500 mm breit), bei möglichst gleichmäßiger Beheizung, schnelle Abführung der Teerdämpfe und Vermeidung ihrer Zersetzung durch Deckenkanal und Innenabsaugung steigert die Ausbeute an Teer und Benzol. Abwärmerückgewinnung durch Regeneratoren. Ausstehzeit 24 Stunden. Rückgewinnung der Kokswärme durch trockene Kokskühlung (sonst Kühlung durch Wasser).

Stadtgaserzeugung in Retorten, liegend oder stehend, Vertikalkammeröfen für stetigen Betrieb. Zumischung von Wassergas (aus Koks erzeugt) zur Erzielung eines gleichmäßigen, den Gütenormen entsprechenden Gases.

8. Vergasung.

Gaserzeugung in feststehenden Schächten mit festem Rost, Rollenrost oder vorwiegend mit Drehrost zur selbsttätigen Aschenaustragung. Vergasungsmittel: Luft mit Wasserdampfzusatz (Generatorgas 1100 bis 1200 kcal/nm^3), Sauerstoff oder sauerstoffangereicherte Luft (auch unter höheren Drücken angewendet, Lurgi-Verfahren 15 bis 20 at) und Wasserdampf (Wassergas 2500 bis 2700 kcal/nm^3), Wassergaserzeugung unstetig, wobei Heißblaseperioden (Blasen) mit der endothermen (wärmebindenden) Wassergaserzeugung abwechselt (Gasen). Bei stetigen Wassergasverfahren wird die Wärme durch Außenheizung oder durch hohe Vorwärmung des Vergasungsmittels oder durch Sauerstoff zugeführt[1]). Sonderfall: Synthese-Gaserzeugung mit einem H_2:CO-Verhältnis wie 2:1. S. auch Bd. II, S. 137.

9. Extraktion.

Behandlung der Kohle mit Lösungsmitteln, wie Benzol, Tetralin, Naphtalin u. a. hat für wissenschaftliche Zwecke große Bedeutung. Nach den Verfahren von Pott und Broche und von Uhde (Behandlung bei höheren Temperaturen und Drücken) lassen sich aschefreie Extrakte herstellen, die unmittelbar für Motoren verwendet werden können, auch einen besonders geeigneten Ausgangsstoff für die Hydrierung abgeben (Großanlage nach dem Pott-Broche-I.G.-Verfahren seit 1938 in Betrieb, Hydrierung des Extraktes bei 700 at).

10. Hydrierung.

Unter Hydrierung versteht man die Wasserstoffanlagerung unter hohen Drücken (200 bis 300 bis zu 700 at) und Temperaturen (rd. 450° C) unter Mitwirkung feinverteilter oder fester Katalysatoren.

Die Hochdruckhydrierung (Bergius — I.G. Farbenindustrie A.-G. — International Hydrogenation Patents Ltd.) wird für die Hydrierung von Erdöl, Teer, Kohleextrakten und festen Brennstoffen angewandt. Bei Kohle (Verölung, Kohleverflüssigung) arbeitet man zweistufig. Erste Stufe (Sumpfphase): Die möglichst aschearme gemahlene Kohle wird mit etwa gleicher Menge Schweröl (aus dem Prozeß) angepastet und mit fein verteiltem Katalysator in das beheizte Reaktionsgefäß gepreßt, dort mit Wasserstoff, der u. U. die Beheizung übernimmt, in Verbindung gebracht. Es findet eine starke Spaltung und teilweise Hydrierung statt. Die Produkte, wenig Benzin, sonst Mittelöl (Zwischenprodukt) und Schweröl (zum Anpasten verwendet) ähneln noch stark dem Rohstoff. Der Katalysator wirkt weniger beschleunigend, als vielmehr richtend auf die Reaktionen ein, ebenso die Temperatur, während der Druck großen Einfluß auf das Ausbringen ausübt (daher bis 700 at angewendet). Bei flüssigen, asphaltarmen Rohstoffen entfällt die Sumpfphase. Das Mittelöl wird in der zweiten Stufe (Gasphase) an festen Katalysatoren, die in großer Zahl erprobt sind, weiter verarbeitet. Reaktionsbeschleunigung und Lenkung ist durch die Auswahl der Katalysatoren und der Drücke und Temperaturen möglich, so daß man Ausbringen und Benzineigenschaften (Oktanzahl, Klopffestigkeit) weitgehend beeinflussen kann. Enderzeugnisse sind: Mittelöle, Leichtöle, Benzin (50 bis 80 vH) und gasförmige Kohlenwasserstoffe (sog. „Restgas“, aus dem Flüssiggas, Propan und Butan gewonnen werden kann). Die Erdölhydrierung hat vornehmlich die Aufgabe, Flugmotorenbenzine höchster Oktanzahlen herzustellen.

11. Benzinsynthese nach Fischer-Tropsch.

Dieses zweite Hydrierverfahren arbeitet bei atmosphärischem Druck und 180 bis 200°. Die Temperatur muß genau eingehalten werden, der Wärmeüberschuß wird durch Wasserkühlung abgeführt. Ausgangsstoff aus Koks oder Anthrazit hergestelltes Synthesegas mit einem H_2:CO-Verhältnis von 2:1 (Her-

---

[1]) Vgl. P. Dolch: Wassergas. Leipzig: J. A. Barth 1936.

stellung nach verschiedenen Verfahren: Bubiag-Didier, Koppers, Wintershall-Schmalfeldt u. a. m.)[1]), auch Mischgas aus Wassergas und Spaltgas, d. i. aus Kokereigas mit Wasserdampf bei 1000° an Co-Kontakten gewonnenes H_2-reiches Gas (Methan-Konvertierung).

Das Fischer-Tropsch-Verfahren ist daher für alle vergasbaren Brennstoffe, auch für die Hochdruckhydrierung ungeeignete, wie Koks, Anthrazit und Magerkohle, anwendbar. Das Gas wird bei 200 bis 300° entschwefelt (Beseitigung der Kontaktgifte) und den mit festen Katalysatoren (aus Co, Fe, Ni, Cu mit Oxyden des Cr, Zn, Mg, Nm und Alkali-Zusätzen) versehenen Reaktionskammern (Kontaktöfen) zugeführt. Dabei entstehen feste, flüssige und gasförmige Kohlenwasserstoffe, die durch Destillation in „Gasol" (hochmolekulare Kohlenwasserstoffe, Butan, Propan), „Kogasin" (Rohbenzin), Leichtöl (Kogasin II, Dieselkraftstoff) und festes Paraffin getrennt werden. Durch Kracken wird die Benzinausbeute und die Oktanzahl erhöht. Das Dieselöl zeichnet sich durch eine besonders hohe Cetenzahl (= 120, gute Zündwilligkeit) aus, eignet sich daher gut zum Verschneiden anderer Kraftstoffe. Das Paraffin ist Ausgangserzeugnis für die Fettsäure-Synthese [Herstellung künstlicher Fette durch Oxydation und Aufarbeitung. Vgl. Z. angew. Chem. Bd. 51 (1938) Heft 32, S. 531/37].

Ebenfalls von Gasen ausgehend arbeitet die Methanol-Synthese (Methylalkohol), die jedoch bei höheren Drücken vor sich geht.

12. Aufarbeitung flüssiger Brennstoffe.

Rohöl[2]) wird durch die folgenden Arbeitsgänge veredelt: Reinigung und Entwässerung (Zerstörung der Öl-Wasser-Emulsionsbildung), Benzinabscheidung („Toppen" unter mäßiger Erwärmung, um Feuersgefahr und Verdunstungsverlust bei weiter Verfrachtung zu vermindern; getopptes Rohöl kann auch als Heizöl verwendet werden), Destillation, Erwärmung bis 400° und Zerlegung in die wichtigsten Fraktionen: Benzin bis 180°, Leuchtöl 150 bis 300°, Gasöl 300 bis 350°, Schmieröle und Paraffinöle über 350° und Rückstände (als Heizöl wird schweres Gasöl als Destillat und auch einschließlich der Rückstände verwendet), Druck-Wärme-Spaltung oder Krackung (Aufspaltung großer Moleküle in kleinere mit den Nebenerzeugnissen: Spaltgas und Petrolkoks) und Polymerisation (Aufbau größerer Moleküle aus kleineren, vorwiegend bei ungesättigten Olefinen anwendbar). Da die leichtsiedenden Treibstoffe heute die begehrtesten Erzeugnisse sind, gewinnt die Krackung mehr und mehr an Bedeutung. Sie gestattet durch Anwendung höherer Drücke und Temperaturen und von Katalysatoren aus hochsiedenden leichtsiedende Kohlenwasserstoffe zu gewinnen, also die Benzinausbeute zu steigern und die Rohölvorräte zu schonen. Zum Schluß wird die Raffination (Reinigung von Fremdstoffen, Schwefelverbindungen, Paraffin), verbunden mit einer Redestillation, vorgenommen.

Jüngstes Veredlungsverfahren ist die Hydrierung (s. Abschnitt 10).

III. Die Verbrennung.

1. Verbrennungsrechnung für feste und flüssige Brennstoffe[3]).

Ist die Elementaranalyse eines festen oder flüssigen Brennstoffs in Gewichtsprozenten gegeben, so erhält man den Sauerstoff- und Luftbedarf, die Rauchgas-

---

[1]) Thau, A.: Z. VDI Bd. 82 (1938) Heft 6 S. 129/38— Dolch, P.: Wassergas. Leipzig: J. A. Barth 1936.

[2]) Schrifttum: Heinze, R.: Die Veredlung flüssiger Brennstoffe. Ergebn. d. angew. physik. Chemie, herausgeg. von M. Le Blanc. 2. Bd. 1. Teil. Leipzig 1934 — Z. VDI Bd. 82 (1938) Heft 34 S. 1005/11.

[3]) Es ist verschiedentlich vorgeschlagen worden, die Verbrennungsrechnung durch Abrunden der Molekulargewichte, der Molvolumina und der sich daraus ergebenden Beiwerte zu vereinfachen mit der Begründung, daß die Ausgangswerte der Rechnung, die Kohlenprobe und ihre Analyse ebenfalls keine große Genauigkeit erreicht. Fast alle Darstellungen der Verbrennungsrechnungen berücksichtigen ferner den Wasserdampfgehalt der Luft nicht, es ergeben sich daher Abweichungen von 2 bis 3 vH. Im Gegensatz dazu lassen die VDI-Dampfkesselregeln keine Toleranz zu mit Ausnahme des Meßspiels, man erwartet daher eine so genaue rechnerische Auswertung, daß die genannten Abweichungen unzulässig erscheinen. Da die hier empfohlene „genaue Verbrennungsrechnung", je nach den verwendeten Rechenhilfsmitteln, nicht zeitraubender ist als eine weniger genaue, sollte man die Fehlermöglichkeiten nicht unnötigerweise noch erhöhen. Wo eine geringere Genauigkeit unbedingt ausreicht, und wo man sich mit der Rechenschiebergenauigkeit begnügen kann, können die Beiwerte der angegebenen Endformeln auf drei Ziffern aufgerundet werden.

menge und Zusammensetzung aus folgenden Verbrennungsgleichungen:

$$\left.\begin{array}{ccccc} C & + & O_2 & = & CO_2 \\ 1\text{ Mol} & + & 1\text{ Mol} & = & 1\text{ Mol} \\ 12{,}010\text{ kg} & + & 22{,}39\text{ Nm}^3 & = & 22{,}26\text{ Nm}^3 \end{array}\right\} \quad (1)$$

$$\left.\begin{array}{ccccc} 2\,H_2 & + & O_2 & = & 2\,H_2O \\ 2\text{ Mol} & + & 1\text{ Mol} & = & 2\text{ Mol} \\ 4{,}032\text{ kg} & + & 22{,}39\text{ Nm}^3 & = & 44{,}80\text{ Nm}^3 \end{array}\right\} \quad (2)$$

$$\left.\begin{array}{ccccc} S & + & O_2 & = & SO_2 \\ 1\text{ Mol} & + & 1\text{ Mol} & = & 1\text{ Mol} \\ 32{,}06\text{ kg} & + & 22{,}39\text{ Nm}^3 & = & 21{,}89\text{ Nm}^3 \end{array}\right\} \quad (3)$$

$$\begin{array}{lll} O_2 = O_2 \quad (4) & N_2 = N_2 \quad (5) & H_2O_{Fl} = H_2O_D. \quad (6) \\ 32\text{ kg} = 22{,}39\text{ Nm}^3 & 28{,}016\text{ kg} = 22{,}40\text{ Nm}^3 & 18{,}0162\text{ kg} = 22{,}4\text{ Nm}^3. \end{array}$$

Hierin sind die Molekulargewichte nach der Internat. Atomgewichtstabelle 1941, die Molvolumina nach DIN 1871 eingesetzt. Durch das reale Verhalten der Gase beim Normzustand (0° C, 760 Torr) ergeben sich kleine Abweichungen vom konstanten Molvolumen der idealen Gase = 22,414 Nm³/k-Mol.

Aus Gleichung (1) bis (4) ergibt sich der Sauerstoffmindestbedarf von 1 kg Brennstoff zu

$$O_{\min} = \frac{22{,}39}{12{,}01}\,C + \frac{22{,}39}{4{,}032}\,H_2 + \frac{22{,}39}{32{,}06}\,S - \frac{22{,}39}{32{,}00}\,O_2 . \quad (7)$$

Die Verbrennungsluft hat unter der Annahme, daß sie vollkommen trocken ist, die Zusammensetzung:

21,000 vH	O_2
78,050 „	N_2
0,920 „	Ar
0,030 „	CO_2
100,000 vH	

Diese Voraussetzung trifft jedoch nicht zu, sondern die Luft enthält stets eine gewisse Menge Wasserdampf, wobei als Mittelwert ein Sättigungsgrad φ von 80 vH (bezogen auf Luft von 20° C) angenommen werden kann. Dadurch werden die Luft- und Gasmengen 1 bis 2 vH größer. Die Luftmenge ist daher noch mit dem Faktor

$$f = 1 + \frac{P_D}{P_L} \cdot \varphi \quad (8)$$

zu multiplizieren; vgl. Zahlentafel 10 in Abhängigkeit von der Lufttemperatur. Hat die Luft 80 vH Sättigung bei 20° C, so ist $f = 1 + 0{,}0236 \cdot 0{,}80 = 1{,}0189$. Es ist P_D bzw. P_L = Teildruck des Wasserdampfes bzw. der Luft.

Zahlentafel 10.

t° C	P_D kg/m²	P_D/P_L
0	62,28	0,0061
5	88,90	0,0087
10	125,13	0,0123
15	173,76	0,0171
20	238,3	0,0236
25	322,9	0,0323
30	432,5	0,0437
35	573,3	0,0587
40	752,0	0,0785
45	977,1	0,1044
50	1257,8	0,1386

Die Mindestluftmenge in Nm³/kg Brennstoff beträgt

$$L_{\min} = \frac{100}{21{,}0}\,O_{\min} . \quad (9)$$

Aus Gleichung (7) bis (9) erhält man

$$L_{\min_f} = f \cdot L_{\min} = f \cdot [8{,}8775\,C + 26{,}443\,H_2 - 3{,}33\,(O_2 - S)] . \quad (10)$$

Bei trockener Luft wird $f = 1$.

Aus Gleichung (1) bis (6) findet man die Rauchgasmenge in Nm³/kg und ihre Zusammensetzung zu:

$$\left.\begin{aligned} V_{\min_f} = {} & \underbrace{1{,}8535\,\mathrm{C} + 0{,}0003\,L_{\min}}_{CO_2} + \underbrace{0{,}6828\,\mathrm{S}}_{SO_2} \\ & + \underbrace{11{,}111\,\mathrm{H_2} + 1{,}243\,\mathrm{H_2O} + (f-1)\,L_{\min}}_{H_2O} \\ & + \underbrace{0{,}80\,\mathrm{N_2} + 0{,}7805\,L_{\min}}_{N_2} + \underbrace{0{,}0092\,L_{\min}}_{Ar}\,. \end{aligned}\right\} \tag{11}$$

Gl. (11) kann auch bei $f = 1$ durch Einsetzen der Gl. (10) umgeformt werden in:

$$V_{\min} = 8{,}867\,\mathrm{C} + 3{,}31\,\mathrm{S} + 32\,\mathrm{H_2} + 1{,}243\,\mathrm{H_2O} + 0{,}8\,\mathrm{N_2} - 2{,}632\,\mathrm{O_2}\ \mathrm{Nm^3/kg}. \tag{11 a}$$

Gl. (11) gibt die feuchte Gasmenge an, Gl. (11 a) die Gasmenge ohne Berücksichtigung der Luftfeuchtigkeit, diese wird berücksichtigt durch den Faktor f':

$$V_{\min_f} = f' \cdot V_{\min}; \quad (12) \qquad f' = 1 + (f-1) \cdot L_{\min}/V_{\min}\,. \quad (13)$$

Bei Verbrennung mit Luftüberschuß (Luftüberschußzahl n) ist

$$L = n\,L_{\min}\,; \quad (14) \qquad L_f = n\,f\,L_{\min}\,; \quad (15)$$

$$V = V_{\min} + (n-1) L_{\min}\,; \quad (16) \qquad V_f = V_{\min_f} + (n-1) \cdot f \cdot L_{\min}\,. \quad (17)$$

Menge und Zusammensetzung werden ermittelt nach:

$$\left.\begin{aligned} V_f = {} & \underbrace{V_{\min_f}}_{\text{Gl. (11)}} + \underbrace{(n-1) \cdot 0{,}21\,L_{\min}}_{O_2} + \underbrace{(n-1) \cdot 0{,}0003\,L_{\min}}_{\text{zu } CO_2} \\ & + \underbrace{(n-1) \cdot 0{,}7805\,L_{\min}}_{\text{zu } N_2} + \underbrace{(n-1) \cdot 0{,}0092\,L_{\min}}_{\text{zu Ar}} + \underbrace{(n-1) \cdot (f-1)\,L_{\min}}_{\text{zu } H_2O}\,. \end{aligned}\right\} \tag{17 a}$$

Zahlenbeispiel:

77,67	vH	C
4,77	„	H_2
5,40	„	O_2
1,16	„	N_2
1,00	„	S
3,90	„	H_2O
6,10	„	Asche
100,00	vH	

$\varphi = 80$ vH bei 20°

$$L_{\min} = 8{,}8775 \cdot 0{,}7767 + 26{,}443 \cdot 0{,}0477 - 3{,}33 \cdot 0{,}0440 = 8{,}010\ \mathrm{Nm^3/kg}$$

$$L_{\min_f} = 1{,}0189 \cdot 8{,}010 = 8{,}161\ \mathrm{Nm^3/kg},$$

$$V_{\min} = 8{,}867 \cdot 0{,}7767 + 3{,}31 \cdot 0{,}01 + 32 \cdot 0{,}0477 + 1{,}243 \cdot 0{,}0390 + 0{,}8 \cdot 0{,}0116 - 2{,}632 \cdot 0{,}0540 = 8{,}362\ \mathrm{Nm^3/kg},$$

$$V_{\min_f} = 8{,}362 + 0{,}0189 \cdot 8{,}010 = 8{,}513\ \mathrm{Nm^3/kg}.$$

Nach Gl. (11) ist:

			Rauchgaszusammensetzung, bezogen auf feuchtes Gas	Rauchgaszusammensetzung, bezogen auf trockenes Gas
1,8535 · 0,7767 = 1,4396 0,0003 · 8,010 = 0,0024	1,4420 Nm^3	CO_2	16,94 vH	18,52 vH
0,6828 · 0,0100 = 0,0068	0,0068 „	SO_2	0,08 „	0,09 „
11,110 · 0,0477 = 0,5299 1,243 · 0,0390 = 0,0485 0,0189 · 8,010 = 0,1514	0,7298 „	H_2O	8,57 „	–
0,80 · 0,0116 = 0,0093 0,7805 · 8,010 = 6,2518	6,2611 „	N_2	73,54 „	80,44 „
0,0092 · 8,010 = 0,0737	0,0737 „	Ar	0,87 „	0,95 „
	8,5134 Nm^3		100,00 vH	100,00 vH

Trockenes Rauchgasvolumen $V_{tr} = 8{,}5134 - 0{,}7298 = 7{,}7836\ \mathrm{Nm^3/kg}$; $(CO_2 + SO_2)_{max} = 18{,}61$ vH, bezogen auf trockenes Gas (entspricht der Anzeige der Orsat-Analyse bei $n = 1$).

2. Verbrennungsrechnung für Gase.

Grundgleichungen:

$$2\,\mathrm{H_2} + \mathrm{O_2} = 2\,\mathrm{H_2O}\,. \quad (18) \qquad 2\,\mathrm{CO} + \mathrm{O_2} = 2\,\mathrm{CO_2}\,. \quad (19)$$

$$\mathrm{C}_x\mathrm{H}_y + (x + y/4)\,\mathrm{O_2} = x\,\mathrm{CO_2} + y/2\,\mathrm{H_2O}\,. \tag{20}$$

Sauerstoffmindestbedarf:

$$\mathrm{O}_{\min} = 0{,}5\,\mathrm{CO} + (x + y/4)\,\mathrm{C}_x\mathrm{H}_y + 0{,}5\,\mathrm{H_2} - \mathrm{O_2}\,. \tag{21}$$

Luftmindestbedarf:

$$L_{\min} = 100/21{,}0 \cdot O_{\min} = 4{,}7619 \cdot O_{\min} \ \text{Nm}^3/\text{Nm}^3 . \tag{22}$$

Gasfeuchtigkeit: Ist das Frischgas (G) feucht, was infolge einer Naßreinigung häufig bis zur Sättigungsgrenze ($\varphi = 1$) der Fall ist, so ist sein Volumen

$$G_f = f'' \cdot G . \tag{23}$$

f'' nach Gl. (8) und Zahlentafel 10.

Rauchgasmenge, bezogen auf 1 Nm³ feuchtes Frischgas:

$$\left.\begin{aligned} V_{\min_f} = & \underbrace{1/f'' \cdot [CO + CO_2 + x \cdot C_x H_y + 0{,}0003\, L_{\min}]}_{CO_2} \\ & + \underbrace{1/f'' \cdot [y/2 \cdot C_x H_y + H_2 + (f-1) L_{\min} + (f''-1)]}_{H_2O} \\ & + \underbrace{1/f'' \cdot [N_2 + 0{,}7805\, L_{\min}]}_{N_2} + \underbrace{1/f'' \cdot 0{,}0092\, L_{\min}}_{A_r} . \end{aligned}\right\} \tag{24}$$

Ist das Frischgas trocken, so wird $f'' = 1$, ist die Verbrennungsluft ebenfalls trocken, so wird auch $f = 1$.

3. Luftüberschuß und CO_2-Gehalt.

Die Verbrennung in der Feuerung geht im allgemeinen mit Luftüberschuß vor sich. Man kann etwa rechnen

bei Handfeuerungen	$n = 1{,}6$	bis 2,0
„ mechanischen Rostfeuerungen	$n = 1{,}3$	„ 1,6
„ Kohlenstaub- und Ölfeuerung	$n = 1{,}2$	„ 1,4
„ Gasfeuerung	$n = 1{,}05$	„ 1,2

Der Luftüberschuß wird durch die Abgasanalyse, besonders die Messung des CO_2-Gehaltes mit Hilfe des Orsat-Apparates (oder durch andere Meßgeräte mit chemischem oder physikalischem Meßprinzip) ermittelt. Wegen der Abkühlung der Gasprobe schlägt sich der Wasserdampfgehalt nieder, die Messung gibt daher den CO_2-Gehalt bzw. wegen der gleichzeitigen Absorption des SO_2 den $(CO_2 + SO_2)$-Gehalt, bezogen auf trockenes Gas, an. Der Höchstwert des CO_2-Gehaltes tritt bei $n = 1$ auf, sein Verlauf für verschiedene Brennstoffe ist in Fig. 4 wiedergegeben, die zur Abschätzung der Luftüberschußzahl bei gegebenem CO_2-Gehalt benutzt werden kann. ($CO_{2_{\max}}$-Gehalte verschiedener Brennstoffe s. Zahlentafel 2.) Überschläglich ist

$$n = CO_{2_{\max}}/CO_2 \tag{25}$$

genau

$$n = 1 + \left(\frac{CO_{2_{\max}}}{CO_2} - 1\right) \cdot \frac{V_{\min_{tr}}}{L_{\min}} . \tag{26}$$

$V_{\min_{tr}}$ ergibt sich aus Gl. (11) bzw. (24) nach Abzug des Wasserdampfgliedes (Zahlenwerte $V_{\min_{tr}}/L_{\min}$ s. Zahlentafel 2, 5 und 7, S. 320, 326 und 327). Bei unvollständiger Verbrennung wird CO_2 durch $CO_2 + CO + CH_4$ ersetzt.

4. Spezifisches Gewicht.

Zur Umrechnung des Rauchgasvolumens in das Rauchgasgewicht multipliziere das Volumen mit dem spez. Gewicht γ kg/Nm³ (Normkubikmetergewicht nach DIN 1871) des Rauchgases, das nach der Mischungsregel aus den Einzelbestandteilen des Gases berechnet werden kann.

$$\left.\begin{aligned} \gamma = & CO_2/100 \cdot 1{,}9768 + SO_2/100 \cdot 2{,}9263 + O_2/100 \cdot 1{,}42895 + N_2/100 \cdot 1{,}2505 \\ & + Ar/100 \cdot 1{,}7839 + H_2O/100 \cdot 0{,}804 + H_2/100 \cdot 0{,}08987 \\ & + CO/100 \cdot 1{,}2500 + CH_4/100 \cdot 0{,}7168 \ \text{kg/Nm}^3 . \end{aligned}\right\} \tag{27}$$

Spez. Gewicht von Luft:

trockene Luft, bezogen auf 0°, 760 Torr . . . . $\gamma = 1{,}293$ kg/Nm³

feuchte Luft, $\varphi = 80$ vH bei 20°, bezogen auf 0°, 760 Torr (hypothetischer Zustand) . . . . $\gamma = 1{,}287$ kg/Nm³

feuchte Luft, $\varphi = 80$ vH bei 20°, auf 20°, 760 Torr bezogen $\gamma = 1{,}199$ kg/m³

Ist das spez. Gewicht des trockenen Gases, auf 0°, 760 Torr bezogen, γ_0, so errechnet sich das spez. Gewicht eines feuchten Gases bei beliebiger Temperatur (im Rahmen der Gültigkeit der idealen Gasgesetze)

$$\gamma = \frac{273}{T} \cdot \left[\frac{P - P_D}{10332{,}6} \cdot \gamma_0 + \frac{P_D}{10332{,}6} \cdot \gamma_{D_0}\right] \text{kg/m}^3. \tag{28}$$

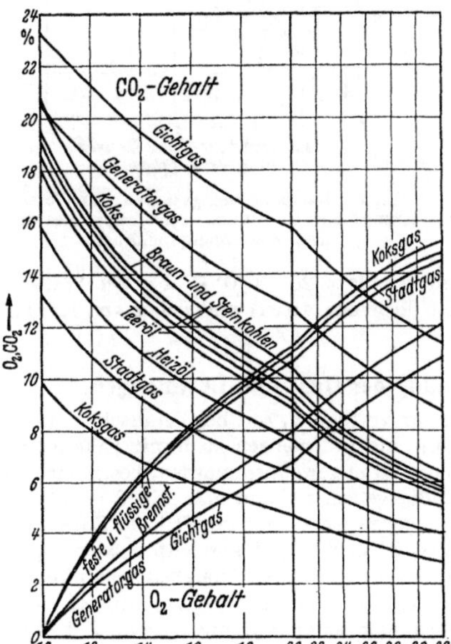

Fig. 4. CO_2 und O_2-Gehalt bezogen auf trockenes Gas in Abhängigkeit von der Luftüberschußzahl.

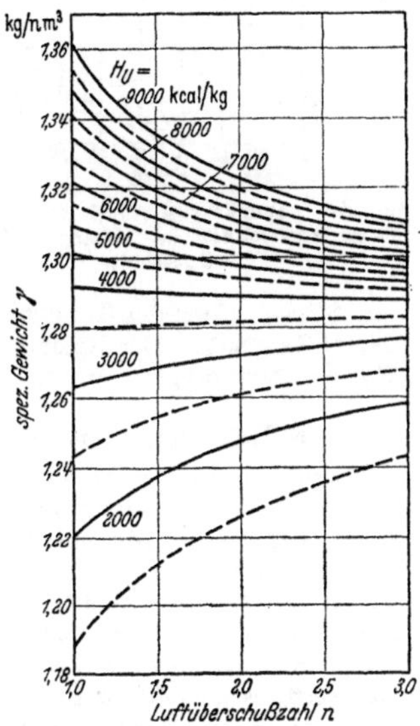

Fig. 5. Das spez. Gewicht von Rauchgasen in Abhängigkeit vom Heizwert und der Luftüberschußzahl.

Beträgt der Barometerstand B kg/m² (760 mm Hg = 10332,6 kg/m², 1 mm Hg = 13,5955 kg/m²) und der Überdruck des Gases p kg/m², so ist an Stelle des Gasdruckes P der Druck $(B + p)$ kg/m² einzusetzen.

Beispiel: Luft $t = 20°$, $B = P = 10332{,}6$ kg/m², $\varphi = 1$ (100 vH), $P_D = 238{,}3$ kg/m² (nach Zahlentafel 10), $\gamma_0 = 1{,}293$, $\gamma_{D_0} = 0{,}804$.

$$\gamma = \frac{273}{293} \cdot \left[\frac{10332{,}6 - 238{,}3}{10332{,}6} \cdot 1{,}293 + \frac{238{,}3}{10332{,}6} \cdot 0{,}804\right] = 1{,}194 \text{ kg/m}^3.$$

Eine Abschätzung des spez. Gewichtes von Rauchgasen in Abhängigkeit von dem Heizwert des Brennstoffs und der Luftüberschußzahl n ist nach Fig. 5 möglich.

5. Taupunkt.

Wird das Rauchgas so weit abgekühlt, daß (evtl. nur örtlich) eine Sättigung des Gases eintritt, so schlägt sich Wasserdampf nieder, der Taupunkt ist erreicht

(Korrosionsgefahr!). Fig. 6 zeigt den Taupunkt für verschiedene Brennstoffe[1]), seine Bestimmung geschieht mit Hilfe der Fig. 7. Der Schwefelgehalt des Brennstoffs, besonders wenn er 2 vH in der Trockensubstanz überschreitet, erhöht durch geringfügige SO_3-Bildung und infolge der hohen Sättigungstemperatur von Schwefelsäure den Taupunkt wesentlich bis zu 20 bis 50° C über den Wasserdampf-Taupunkt. Der Niederschlag ist hochkonzentriert und daher von starker Korrosionswirkung[2]).

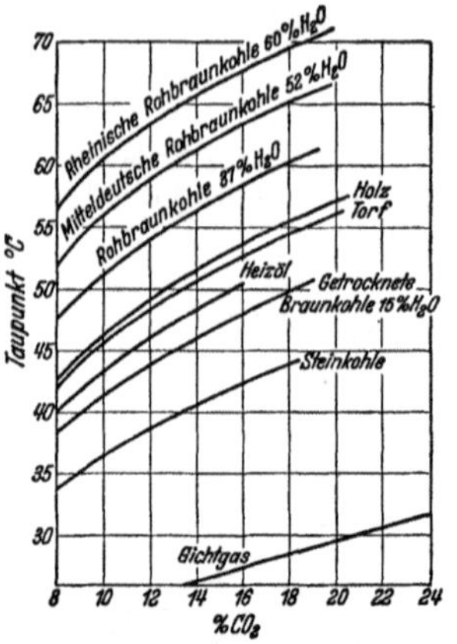

Fig. 6. Taupunkt der Rauchgase verschiedener Brennstoffe in Abhängigkeit vom CO_2-Gehalt.

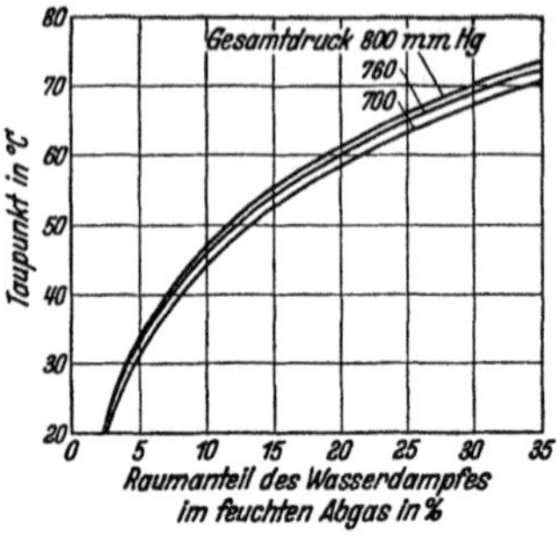

Fig. 7. Dampfspannungskurven von Wasserdampf zur Ermittlung des Taupunktes aus dem Wasserdampfteildruck.

6. Näherungsweise Bestimmung der Gas- und Luftmengen.

Steht eine Elementaranalyse nicht zur Verfügung, was bei Veranschlagungen fast die Regel ist, so kann man die Gas- und Luftmengen auch mit Hilfe empirischer Gleichungen, die auf statistischem Wege gewonnen wurden, bestimmen[3]). Ist der Heizwert und der Luftüberschuß gegeben, so kann man Fig. 8 benutzen, ist dagegen Heizwert und CO_2-Gehalt gegeben (sehr häufiger Fall bei Entwurfsarbeiten), so kann man den Luftüberschuß nach Fig. 4 abschätzen oder Fig. 9 benutzen. Hierin ist die Gas- und Luftmenge in kg in Abhängigkeit vom unteren Heizwert des aschefreien Brennstoffs (bei Aschegehalten bis nahezu 10 vH kann man einfach den Heizwert ohne Umrechnung benutzen) aufgetragen. Zur Umrechnung von kg und Nm^3 s. Fig. 5.

7. Wärmeinhalt und *It*-Diagramm.

Bei bekannter Rauchgasmenge und -zusammensetzung kann der Wärmeinhalt des Rauchgases ohne weiteres berechnet werden. (Spez. Wärme der Gase s. S. 636.) Eine große Vereinfachung und Erleichterung bieten die zeichnerischen Rechenverfahren, besonders das *It*-Diagramm. Trägt man den Wärmeinhalt des Rauchgases bei verschiedenen Luftüberschüssen über der Temperatur auf, so erhält man das *It*-Diagramm. Bei Temperaturen über 1500° C muß dabei die Dissoziation des CO_2 und H_2O, bei höheren Temperaturen auch der Zerfall $H_2 = 2\,H$ usw. berücksichtigt werden. Der Schnittpunkt der *It*-Linien mit der Ordinaten des Heizwertes gibt (ohne Probieren) die theoretische Verbrennungstemperatur an. Durch Aufaddieren des Wärmeinhaltes der vorgewärmten Luft

[1]) Nach W. Gumz: Feuerungstechnisches Rechnen. Berlin 1931.

[2]) Gumz, W.: Die Luftvorwärmung im Dampfkesselbetrieb. 2. Aufl. S. 270ff. Berlin: Springer 1933.

[3]) Vgl. Rosin u. Fehling: Das *It*-Diagramm der Verbrennung. Berlin: VDI-Verlag 1929. — Gumz, W.: Feuerungstechnisches Rechnen. Berlin: Springer 1931. — Lenhart, E.: Feuerungstechn. Bd. 25 (1937) Heft 9 S. 265/73; Bd. 26 (1938) Heft 3 S. 92/94.

und des vorgewärmten Brennstoffs (z. B. bei Gas und Öl) findet man die theoretische Verbrennungstemperatur bei Vorwärmung. Außer der Bestimmung der Verbrennungstemperatur lassen sich alle wichtigen wärmetechnischen Berechnungen mit Hilfe des *It*-Diagramms durchführen, so z. B. die Endtemperatur

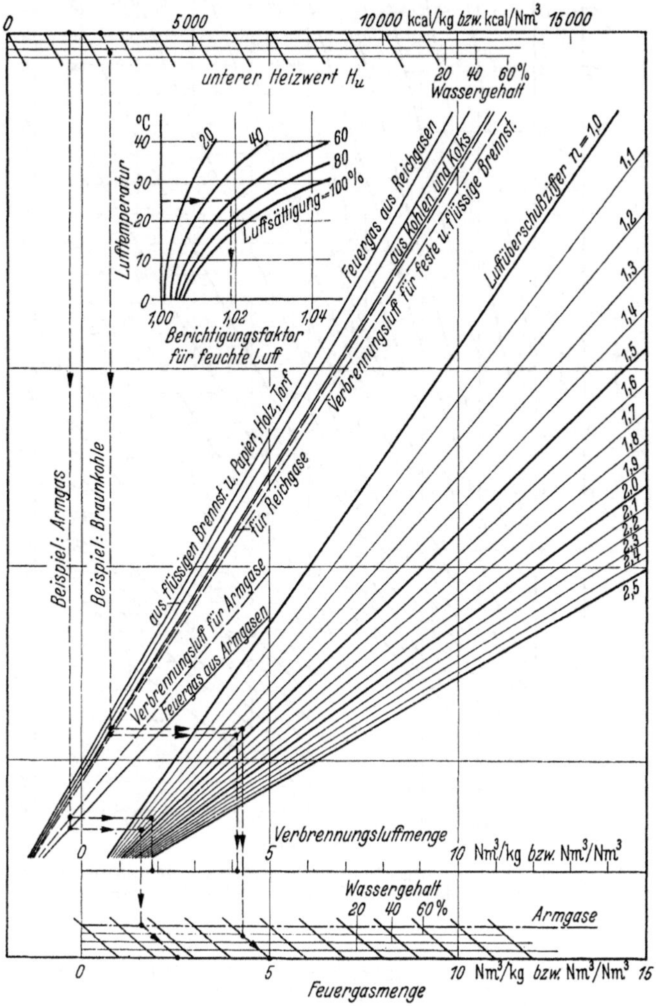

Fig. 8. Diagramm zur Bestimmung der Luft- und Rauchgasmengen in Nm³/kg (und Nm³/Nm³) für alle Brennstoffe nach E. Lenhart.

hinter einer Heizfläche von gegebener Größe oder gegebener Leistung, Einfluß der Abstrahlung, Abwärmeverlust, thermischer Wirkungsgrad u. a.[1])

Ein *It*-Diagramm von allgemeiner Gültigkeit (bei einer entsprechenden Zahl

[1]) Gumz, W.: Feuerungstechnisches Rechnen. Berlin: Springer 1931. S. 58/72 (Entwicklung des *It*-Diagramms), S. 73/77 (Wärmetechnisches Rechnen mit dem *It*-Diagramm).

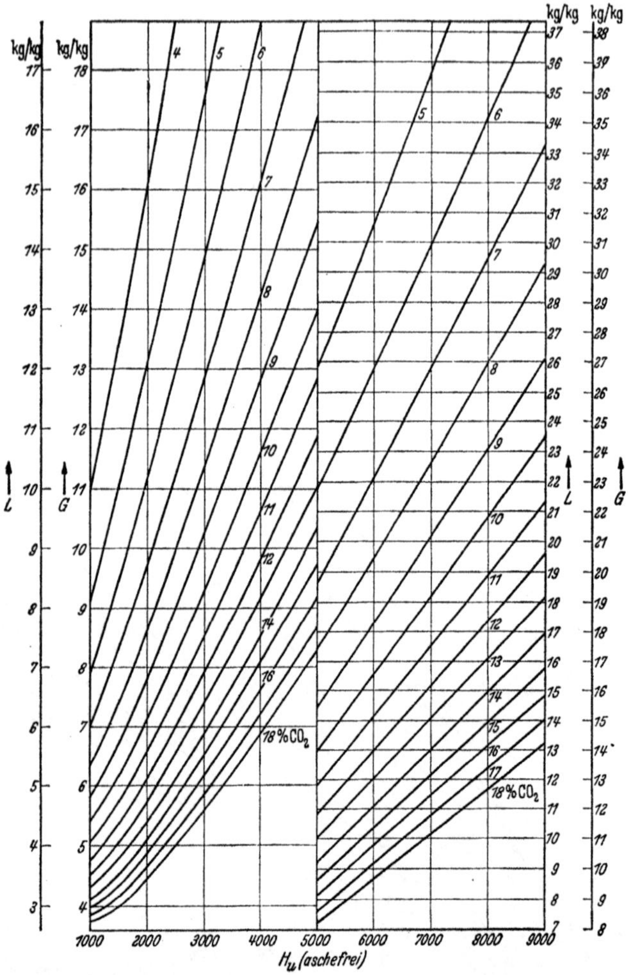

Fig. 9. Luftgewicht und Rauchgasgewicht in Abhängigkeit vom Heizwert (aschefrei) und dem CO_2-Gehalt. (Linke Hälfte, linker Maßstab — rechte Hälfte, rechter Maßstab.)

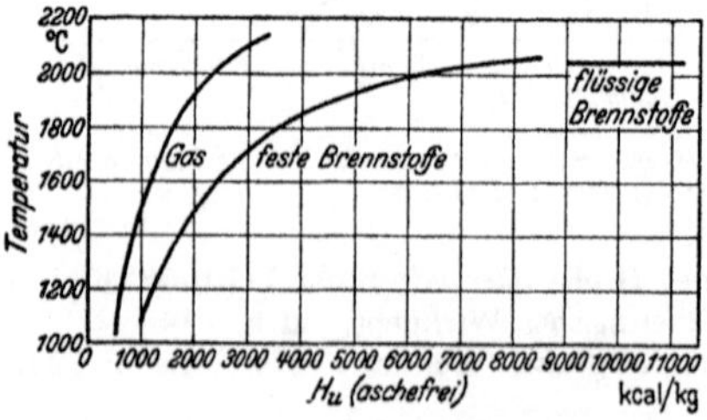

Fig. 10. Theoretische Verbrennungstemperaturen verschiedener Brennstoffe.

von Hilfskurven oder Tabellen), auf statistischen Berechnungen beruhend, ist von Rosin und Fehling aufgestellt worden[1]).

Die theoretischen Verbrennungstemperaturen ohne Vorwärmung (mit Hilfe des *It*-Diagramms berechnet) sind in Fig. 10 wiedergegeben.

[1]) Rosin u. Fehling: Das *It*-Diagramm der Verbrennung. Berlin: VDI-Verlag 1929.

IV. Der Verbrennungsvorgang.

1. Allgemeines.

Die Verbrennungsrechnung („Statik der Verbrennung") beschränkt sich auf Aussagen über die Enderzeugnisse der Verbrennung, ihre Menge, Zusammensetzung, Temperatur und ihren Wärmeinhalt. Die Vorgänge, ihre Lenkung, ihr zeitlicher und räumlicher Ablauf, die Bestimmung der Leistungen und des Flächen- und Raumbedarfs ist Aufgabe der „Dynamik der Verbrennung". Hierbei sind in erster Linie physikalische Faktoren maßgebend, wie Brennstoffkörnung und Oberfläche, Schüttungskennzahlen, spezifisches und Raumgewicht, Brennstoff- und Luftgeschwindigkeit, sowie die Relativgeschwindigkeit zwischen beiden, Gasmischung, Strömung (Geschwindigkeit und Richtung) und die Temperatur. Der Chemismus der Vorgänge spielt nur eine untergeordnete Rolle, da nach Wegfall der physikalischen Hemmnisse vorwiegend sehr schnell verlaufende Gasreaktionen in Betracht kommen. Ausgenommen sind die Anlaufvorgänge im Gebiet niedriger Temperaturen, die Zündung. Nach Rosin und Fehling kann man wegen des Überwiegens der physikalischen Einflüsse von einem „Zündpunkt" als einer Brennstoffeigenschaft nicht sprechen, die Reaktionsgeschwindigkeit (k) folgt dem van't Hoffschen Gesetz

$$k = e^{B - A/T}, \tag{1}$$

wobei A und B Konstanten sind Nach C. A. Seyler und Th. E. Jenkins ist A wenig, B stark vom Brennstoff abhängig.

Voraussetzung der Zündung ist eine äußere Wärmezufuhr zur Temperaturerhöhung des Brennstoffs und der Verbrennungsluft (deren Wärmebedarf ein Mehrfaches des Brennstoffs ist), sie geschieht durch Konvektion (Unterzündung durch vorgewärmte Luft oder heiße Gase aus schon brennenden Schichten) oder durch Strahlung (Oberzündung). Die Zündung setzt an bevorzugten Stellen ein (Zündkerne, Zündnester). Durch glühende Flugkoksteilchen und starke Wärmezufuhr, z. B. die Flammenstrahlung bei Zweitluftzufuhr, wird sie begünstigt.

Beim Verbrennungsablauf und bei den ihn begleitenden hohen Temperaturen tritt der chemische Vorgang, auch die sog. Reaktionsfähigkeit (Oberflächenwertigkeit) verschiedener Brennstoffe, zurück. Der Transport des Luftsauerstoffs an die glühende Brennstoffoberfläche, ein rein physikalischer Vorgang, tritt in den Vordergrund. Der Sauerstoff bildet mit dem Kohlenstoff des Brennstoffs sowohl Verbrennungs- als auch gleichzeitig Vergasungsprodukte, wobei die Vergasung in höheren Brennstoffschichten, verstärkt durch die Reduktion gebildeter Kohlensäure zu CO, überwiegt. Die zweite Phase des Verbrennungsvorganges ist die Verbrennung der gebildeten Gase im Feuerraum oberhalb des Brennstoffbettes, ein Vorgang, der von der Mischgüte und Mischgeschwindigkeit — also auch physikalisch bedingt — abhängig ist, und der wesentlich langsamer verläuft als die Gasbildung. Je nach der Bewegung von Brennstoff, Brennbahn und Luft (ruhende Schicht auf ruhendem Rost mit unterem Abbrand, ruhender Rost, bewegte Schicht oder bewegter Rost mit ruhender Schicht und oberem Abbrand und endlich rostlose Feuerung mit schwebendem Brennstoff) verläuft der Verbrennungsvorgang etwas verschieden.

2. Verbrennungsvorgang in der Rostfeuerung.

a) Feststehender Rost, Hand- und Wurffeuerung. Der Brennstoff wird auf das glühende Brennstoffbett aufgeworfen, daher schnelle Erwärmung, gute Zündung, lebhafte Entgasung. Der Vorgang geht zeitlich unregelmäßig vor sich und erfordert anfangs eine starke Zweitluftzugabe zum Ausbrand der Entgasungsprodukte, die dann allmählich zurückgehen kann. Der CO_2-Gehalt ist bei ungeregelter Luftzufuhr stark wechselnd (Sägediagramm!), Verluste durch unverbrannte Gase sind schwer zu vermeiden. Den Verlauf der Verbrennung gibt [nach Versuchen von Kreisinger, Ovitz und Augustine[1])] Fig. 11 grundsätzlich wieder. Das Brennstoffbett wird durch Handarbeit gleichmäßig und locker gehalten und periodisch entschlackt. Diese Unregelmäßigkeiten, verstärkt durch das häufige Öffnen der Feuertüre, werden durch Wurffeuerungen vermieden.

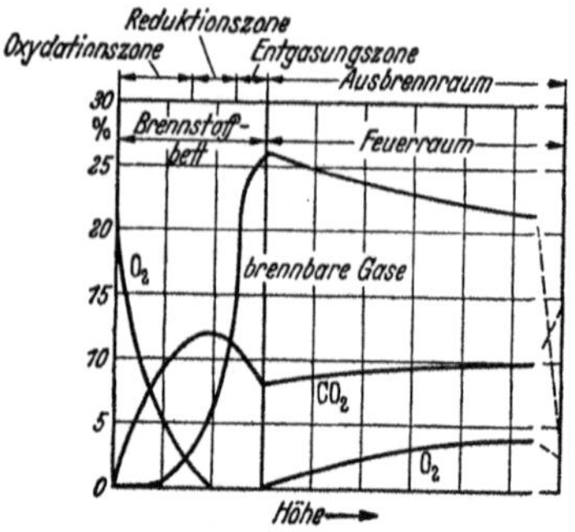

Fig. 11. Verlauf der Gaszusammensetzung in der Brennstoffschicht und im Feuerraum einer Handfeuerung.

b) Wanderrost. Zündung und Abbrand gehen bei bewegtem Rost mit darauf ruhender Brennstoffschicht kontinuierlich, aber örtlich nacheinander vor sich. Der Brennstoff muß von oben her nach vollendeter Oberzündung bis zum Rost durchgezündet werden. Die Durchzündzeit soll etwa die Hälfte der Aufenthaltszeit betragen, die Durchzündung also auf halber Rostlänge vollendet sein, um einerseits sicheren Ausbrand zu gewährleisten, andererseits das Rostende nicht zu stark freizulegen (Gefahr zu starker Bestrahlung und übermäßiger Lufteintritt). Fig. 12 zeigt schematisch den Verbrennungsverlauf nach einer Darstellung von Rosin, Fehling und Kayser. Die Roststabtemperatur kann im Augenblick der Durchzündung an der Oberfläche bis zu 650 bis 950° C betragen[2]), wichtig ist die Aufrechterhaltung einer hohen Luftgeschwindigkeit an dieser Stelle, um den Roststab zu kühlen, besonders aber um die Schlacke zu granulieren. Mäßiger Aschengehalt des Brennstoffs (5 bis 8 vH) wirkt sich durch Bildung einer Schlackenschutzschicht auf dem Rost günstig aus. Für schwierige Fälle ist das Einfahren einer Schlackenschutzschicht vorgeschlagen worden. Der Roststab soll zur Aufnahme des Wärmestoßes nicht zu leicht sein, Feinheiten der Gestaltung und der Kühlfläche haben nicht die ihnen oft zugeschriebene Bedeutung. Einstellung der Luftzufuhr (bei Zoneneinteilung): Vordere Zonen ganz geschlossen oder stark gedrosselt, besonders bei backenden Kohlensorten (keine Störung der Oberzündung, langsames Anwärmen über den Erweichungspunkt der Kohle 390 bis 430° C, um ein Zusammenfließen und die Bildung großer Kokskuchen, -platten oder -stengel zu vermeiden, die Luftzutritt und rechtzeitigen Ausbrand verhindern), mittlere Zonen, besonders am Durchstoßpunkt der Zündung, höchste Luftgeschwindigkeit, nach hinten abnehmend.

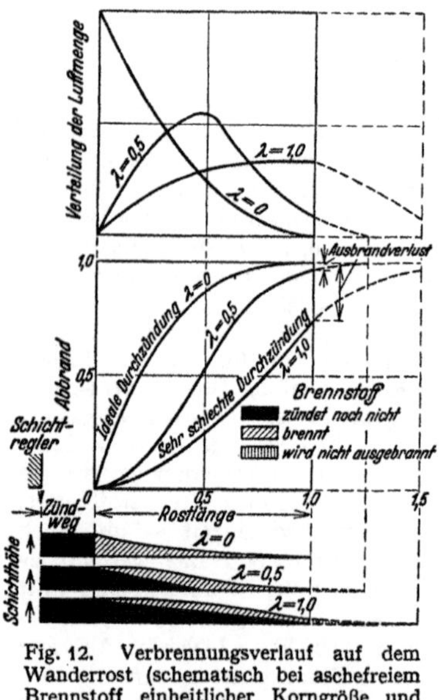

Fig. 12. Verbrennungsverlauf auf dem Wanderrost (schematisch bei aschefreiem Brennstoff einheitlicher Korngröße und konstanter Brenngeschwindigkeit)

$$\lambda = \frac{\text{Durchzündweg}}{\text{Rostlänge}} = \frac{\text{Durchzündzeit}}{\text{Aufenthaltszeit}}.$$

[1]) Vgl. Feuerungstechn. Bd. 24 (1936) Heft 8 S. 144/45 – Fuel Bd. 14 (1935) Heft 9/12 S. 271ff.; Bd. 15 (1936) Heft 1/2 S. 16ff.

[2]) Untersuchungen von E. Tanner: Bericht D. 60 an den Reichskohlenrat. Arch. Wärmewirtsch. Bd. 15 (1934) Heft 11 S. 289/92.

c) Zweitluftzuführung. Zum Ausbrand der örtlich auftretenden Entgasungs- und Vergasungsprodukte ist eine gute Gas-Luft-Mischung im Feuerraum erforderlich, was erreicht wird durch Einschnürung des Feuerraumes (durch Zündgewölbe oder hintere Ausbrandgewölbe), besser durch Zweitluftzuführung mit Drücken von 300 bis 400 mm WS, bei geeigneter Bemessung, Verteilung und Anordnung der Düsen. Hoch vorgewärmte Luft ist vorteilhaft wegen der besseren Zündung der Gase, der höheren Strahlenenergie (bei gleichem Druck) und der besseren Tiefenwirkung[1]).

d) Luftvorwärmung[2]). Bei Rostfeuerungen sind Temperaturen von 150 bis 200° C (max 250°) zulässig, bei backenden und bei Feinkohlen etwas weniger. Vorteile der Luftvorwärmung: Billigste Form der Abwärmeverwertung, Möglichkeit der Anwendung der Regenerativspeisewasservorwärmung durch Anzapf- und Gegendruckdampf, sichere und schnelle Zündung, Förderung der Zündung, Mischung und Verbrennung der Gase im Feuerraum (s. voriger Absatz).

e) Grenzen der Leistungssteigerung. Jede Feuerung läßt sich, ausreichende Zugerzeugung vorausgesetzt, weitgehend überlasten unter Verschlechterung ihres Wirkungsgrades. Das wirtschaftliche Optimum für die Rostbelastung (s. Fig. 13)[3]) ist abhängig von der Jahresbetriebsstundenzahl, den Brennstoff- und Unterhaltungskosten und dem erzielbaren Feuerungswirkungsgrad. Die Grenzen der Leistung sind bedingt durch die notwendige Zünd-, Durchzünd- und Ausbrennzeit, die Stabilität des Brennstoffbettes (Entstehung von Flugkoksverlusten, Einfluß der Korngrößen), die Temperatur im Brennstoffbett und im Feuerraum, die Feuerraumgröße, die Möglichkeit der Unterstützung des Ausbrandes der Gase und des Flugkokses (Zweitlufteinrichtung) und endlich durch die Gasabfuhr (Zugleistung).

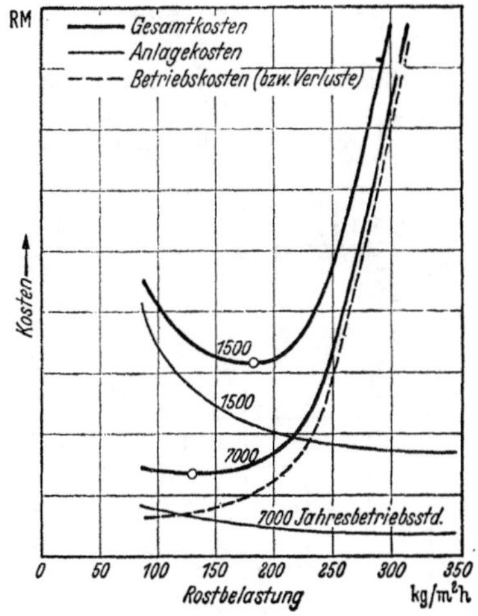

Fig. 13. Ermittlung der günstigsten Rostbelastung (Beispiel).

3. Verbrennungsvorgang in der Kohlenstaubfeuerung.

Das Verhalten des Brennstaubes, der in der Schwebe verbrennt, wird in erster Linie durch aerodynamische Gesetze, insbesondere durch seine Schwebegeschwindigkeit bestimmt. Innerhalb des Bereiches von $Re = 0$ bis 8 ($Re = wd/\nu$, w = Geschwindigkeit m/sek, d = Teilchendurchmesser m, ν = kinemat. Zähigkeit m²/sek, s. auch S. 251) ist die Schwebegeschwindigkeit[4])

$$w_s = 1 : \left(1{,}835 \frac{\gamma}{\gamma_K - \gamma} \cdot \nu \cdot \frac{1}{d^2} + 0{,}1349 \sqrt[5]{\left(\frac{\gamma}{\gamma_K - \gamma}\right)^2 \frac{1}{\nu \cdot d}}\right) \qquad (2)$$

(γ, γ_K spez. Gewicht des Gases und scheinbares spez. Gewicht der festen Teilchen).

Die Schwebegeschwindigkeit ist zugleich die maximale Relativgeschwindigkeit zwischen Traggas und Korn, die die Wärmeübertragung durch Konvektion maßgebend beeinflußt.

[1]) Siehe Feuerungstechn. Bd. 23 (1935) Heft 11 S. 123/24; Bd. 25 (1937) Heft 11 S. 317/22; Bd. 30 (1942) Heft 2 — Mayer, A. R.: Diss. Braunschweig 1937 — Feuerungstechn. Bd. 26 (1938) Heft 5 S. 148/50 und Heft 7 S. 201/10.

[2]) Gumz, W.: Die Luftvorwärmung im Dampfkesselbetrieb. Berlin: Springer 1933 — Feuerungstechn. Bd 23 (1935) Heft 5 u. 6 S. 52/54 u. 64/65.

[3]) Feuerungstechn. Bd. 18 (1930) Heft 3/4 S. 21/23.

[4]) Nach W. Gumz: Feuerungstechn. Bd. 26 (1938) Heft 8 S. 253/55.

Als Zündquelle dient außer der Vorwärmung der Verbrennungsluft die Wärmezustrahlung durch die heißen Brennkammerwände (Zündflächen, Zündgürtel) und die Rückstrahlung der Flamme. Die Zündung kann nur auf der Kornoberfläche eintreten, deren Temperatur sich als Gleichgewichtszustand zwischen zugeführter Wärme und (bei kalter Luft) durch Konvektion abgegebener und durch Leitung ins Korninnere abgeführter Wärme einstellt. Brennstoffe von hoher Zündtemperatur (Koks) sind daher schwer zündend. Bei gasreichen Brennstoffen wird die Zündung außerdem durch die Entflammung abgespaltener Kohlenwasserstoffe (Teerdämpfe) eingeleitet oder beschleunigt. Hohe Luftvorwärmung wirkt durch die Erhöhung des konvektiven Wärmeüberganges kürzend auf die Zündzeit ein. Das Zündverhalten beschränkt bei schwer zündenden Brennstoffen den Regelbereich der Feuerung.

Zahlentafel 11. Schwebegeschwindigkeit von Steinkohlenteilchen. $\gamma_s = 1000$ kg/m³.

	$t = 500°$	1000°	1500 °C
$d = 0{,}10$ mm	$w_s = 0{,}20$	0,16	0,11
0,30	1,10	0,92	0,79
0,50	2,26	2,07	1,89
0,70	3,17	3,28	3,16

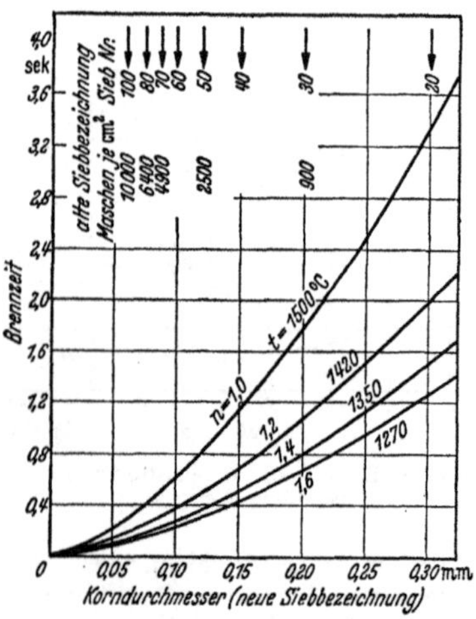

Fig. 14. Brennzeit von Kohlenstaub (nach Gl. 3). Braunkohle $\gamma_s = 1200$ kg/m³.

Die Brennzeit von Kohlenstaub[1]) ergibt sich theoretisch zu

$$z = 172{,}4 \cdot 10^6 \frac{\gamma_K \cdot \nu^{0,15} \cdot r^{1,85}}{T \cdot (w_s^{0,15})_m} \cdot f(n) \cdot f(K)\,[\mathrm{s}]. \quad (3)$$

r = Kornradius in m, T = abs. Temperatur, $f(n)$ Korrekturfaktor für die Luftüberschußzahl (1 bei $n = 1$, 0,647 bei $n = 1{,}2$, 0,513 bei $n = 1{,}4$, 0,441 bei $n = 1{,}6$, 0,212 bei $n = \infty$), $f(K)$ Korrekturfaktor für den Einfluß der Kohleeigenschaften, sonstige Bezeichnungen wie oben. Da auch w_s nach Gl. (2) eine Funktion von d bzw. r, T und γ_K ist, so besagt die Gleichung, daß die Brennzeit in starkem Maße vom Korndurchmesser, in geringerem Maße vom Luftüberschuß, von der Natur des Brennstoffs, seinem scheinbaren spez. Gewicht und in ganz geringem Maße von der Temperatur abhängig ist (s. Fig. 14, die für Braunkohle und nicht oder wenig blähende Steinkohle von hohem Gehalt an flüchtigen Bestandteilen gilt). Stark blähende Kohle und Koks hat etwas geringere Brennzeiten, sehr magere Kohle etwas längere. Die Unterschiede liegen jedoch nur in der Größenordnung von etwa ± 15 bis 25 vH. Luftüberschuß senkt die Brennzeit. Mit abnehmender Temperatur, wie dies bei zunehmendem Luftüberschuß der Fall ist, steigt die Brennzeit, jedoch in so geringem Maße, daß damit der Einfluß des Luftüberschusses nicht voll ausgeglichen wird. Durch verschiedenartiges Verhalten des Brennstoffs bei der Erhitzung wie Schrumpfen, Kornzerfall oder Aufblähen kann die Schwebegeschwindigkeit und Brennzeit in der einen oder anderen Richtung beeinflußt werden.

Der Kohlenstaub ist ein unhomogenes Gemisch aus verschiedensten Korngrößen. Aus der Verschiedenheit der Brennzeit der einzelnen Kornklassen läßt sich die Abbrandkurve ermitteln, wie Fig. 15 als Beispiel zeigt.

[1]) Nach W. Gumz: Theorie und Berechnung der Kohlenstaubfeuerungen. Berlin 1939.

Die zulässige Brennkammerbelastung ist

$$q = \frac{3600 \cdot (H_u + I_l)}{V_{n,T} \cdot z} \text{ kcal/m}^3\text{ h}. \quad (1)$$

I_l ist der Wärmeinhalt der Luft (bei Luftvorwärmung), $V_{n,T}$ das spez. Rauchgasvolumen in m^3/kg bezogen auf die mittlere Temperatur T. Bei den üblichen Mahlfeinheiten ergeben sich Brennkammerbelastungen von 250 bis 350000 kcal je m^3 h.

Ein genaueres Bild ergibt sich aus der Berechnung des Brennweges aus der Beziehung (gültig für einen von unten nach oben gerichteten Gasstrom)

$$l = [w - (w_s)_m] \cdot z. \quad (5)$$

w = Gasgeschwindigkeit m/sek, $(w_s)_m$ = mittlere Schwebegeschwindigkeit zwischen $d = 0$ bis $d = d$, z = Brennzeit.

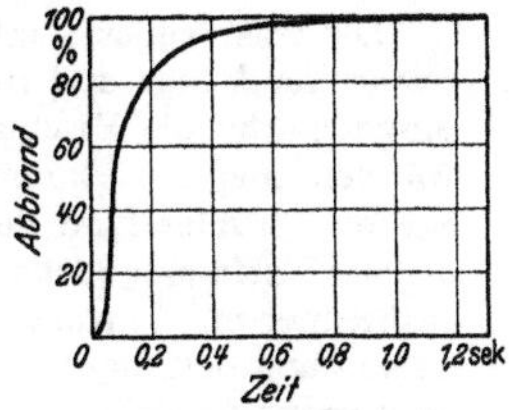

Fig. 15. Abbrandkurve von Kohlenstaub.

Die richtige Führung des Verbrennungsvorganges besteht in einer guten Mischung von Staub und Luft und einer Anpassung an die strömungstechnischen Bedingungen zur Erzielung des notwendigen Brennweges durch Formgebung des Feuerraums, die Brenneranordnung, die Einblasegeschwindigkeit und -richtung. Der senkrecht von unten nach oben gerichtete Gasweg ist der wertvollste, da er die längste Aufenthaltszeit des Korns ergibt. Die Gasgeschwindigkeit ist so zu wählen, daß sie die Schwebegeschwindigkeit des größten Korns überschreitet, doch ist es zwecklos und für die Aufenthaltsdauer des Staubes nachteilig, im Feuerraum zu hohe Geschwindigkeiten anzuwenden.

4. Verbrennungsvorgang in der Ölfeuerung.

Arten der Ölfeuerung: 1. Luftzerstäubung, das Öl fließt dem Brenner zu (nur für Kleinanlagen, hochwertige dünnflüssige Öle); 2. Dampfzerstäubung, Vorteil gleichmäßige Zerstäubung in weitem Lastbereich, Nachteil hoher Dampfverbrauch 2 bis 3 vH bis zu 5 vH der Dampferzeugung; 3. mechanische Zerstäubung (in Schiffskesselanlagen vorherrschend), Druck 7 bis 15 at bis zu 20 at, geringerer Energieaufwand für die Zerstäubung, Nachteil: verschlechterte Zerstäubung bei kleinerer Belastung; Anpassung an die Leistung durch Abschalten von Brennern oder Auswechseln der Düsen durch solche kleinerer Bohrung (dadurch größere Gefahr einer Verstopfung); 4. rotierende Schalenbrenner mit Preßluftturbinenantrieb (Beispiel Saacke-Brenner), Vorteil gute Zerstäubung in weitem Lastbereich, höchste Einzelleistung eines Brenners bis zu 1,5 t/h Öl.

Günstigste Viskosität (nach Versuchen der amerik. Marine), 2 bis 4° Engler am Brenneraustritt, wird erreicht durch Vorwärmung des Öles auf 100 bis 150° C, jedoch nicht über den Flammpunkt vorwärmen. Das Öl soll bei jeder Belastung möglichst fein zerstäubt, gleichmäßig verteilt und gut mit der Verbrennungsluft gemischt werden. Die Tropfengröße ist um so kleiner, je leichter das Öl und je höher der Druck ist (nach Kühn z. B. etwa 0,12 mm bei 10 at, 0,095 bei 20 at, 0,08 bei 30 at). Brennzeit nach Allner 0,2 bis 0,6 sek.

Der Chemismus der Verbrennung der Kohlenwasserstoffe besteht (wenn auch nicht eindeutig geklärt) in einer Oxydation über mehrere unstabile Zwischenprodukte, Peroxyde, Aldehyde, die überlagert sein kann durch eine dem Krackvorgang ähnliche thermische Zersetzung.

Physikalisch gesehen muß das Öl nach dem Austritt aus dem Brenner zunächst weiter erwärmt werden, was um so schneller vor sich geht, je kleiner der Tropfendurchmesser ist. Dadurch entsteht ein „Zündverzug", der etwa zwei Drittel der Gesamtbrennzeit ausmacht. Die äußere Wärmezufuhr wird, nach Überschreiten des Brennpunktes, überlagert von den beginnenden Oxydationsvorgängen und der thermischen Zersetzung.

Bei der Verbrennung unter Druck (Überdruckfeuerung des Velox-Kessels, Dieselmaschine) ist der Vorgang der gleiche, jedoch wirkt die höhere Dichte der

Luft und die durch die Verdichtung der Luft erzielte höhere Temperatur sehr stark auf die Verringerung des Zündverzuges und der Belastbarkeit ein. Gute Zerstäubung, Verteilung und Durchwirbelung ist auch hier wesentlich. Gesamtbrennzeit etwa 0,1 bis 0,2 sek und darunter, Brenngeschwindigkeit 6 bis 10 m/s.

5. Verbrennungsvorgang in der Gasfeuerung.

Die Gasbrenner[1]) haben die Aufgabe, dem Brennraum Gas und Luft in ausreichender Menge und richtiger Verteilung zuzuführen und beide Medien gut zu mischen oder die Mischung vorzubereiten, ohne sich dabei selbst zu sehr zu erwärmen oder die Flamme zurückschlagen zu lassen. Für die Leistung ist der Strömungswiderstand des Brenners für Gas und Luft (Schluckvermögen) und der zur Verfügung stehende Druck maßgebend. Man unterscheidet: Hochdruckgasbrenner mit Luftansaugung durch Injektorwirkung (einfach, keine Luftventilatoren und -leitungen, aber auch keine genaue Gemischregelung und keine Luftvorwärmung möglich), Niederdruckgasbrenner mit Luftzuführung durch Ventilatoren (Regelfall für große Industriegasbrenner). Die Luftzuführung kann unterteilt sein in Erstluft (Vormischung im Brenner, Prinzip des Bunsenbrenners) und Zweitluft (Zugabe an der Brennermündung). Durch die Luftverteilung ist eine einfache Flammenlängenregelung möglich. Die einzelnen Brennerbauarten unterscheiden sich vornehmlich durch die Art der Luftführung (Drallbewegung, mechanische Mischung durch Mischflügel) und durch die Unterteilung und Form der Düsen (Rundstrahl, Flachstrahl, Mehrstrahl). Zur Zündung des Gases erhalten die Brenner einen Mündungsstein oder bei Kesseln eine entsprechende Ausmauerung. Bei hoher Luftvorwärmung (600 bis 1000° C) wird Gas und Luft erst hinter dem Brenner zusammengebracht oder das Gas in der Nähe der Brennermündung in die Luft eingeführt.

Da die Verbrennungsgeschwindigkeit von Gas und Luft außerordentlich groß ist, wird die Brennzeit praktisch nur von der Mischgeschwindigkeit[2]) bestimmt, der notwendige Brennraum ist mit dem Mischraum identisch. Die Mischung wird erreicht durch die Aufspaltung der Gas- und Luftströme durch den Brenner, durch Makroturbulenz (geringere Wirkung), durch Mikroturbulenz (Gasballen als Mischelemente, stärkste Wirkung) und der letzte, aber auch langsamste Ausgleich durch Diffusion (Moleküle als Mischelemente). Förderlich für die Mischung sind hohe Relativgeschwindigkeiten von Gas und Luft, Schrägneigung der Strahlen gegeneinander, Aufprall gegen feste Körper (Mischgitter, Querschnittsverengungen) und Luftüberschuß. Hohe Temperaturen sind wegen der hohen Zündtemperatur der Gase für die Zündung notwendig, sie üben aber keinen wesentlichen Einfluß auf die Mischgeschwindigkeit und damit auf die Brennzeit aus. Durch die Einführung des Gases unter der Luft und durch verschieden hohe Energie der Strahlen läßt sich in Herdöfen über dem Bad eine reduzierende Atmosphäre einstellen. Ebenso kann die Flammenlänge durch die Einwirkung auf die Mischung oder durch Unterteilung der Luft oder der Gaszufuhr (stufenweise Verbrennung, Zusatzbrenner, Decken- und Seitenbrenner) in gewünschter Weise eingestellt werden (wichtig bei Wärmöfen). Die Temperatur der Flamme und ihre Strahlungseigenschaften lassen sich außer durch die Vorwärmung von Luft und Gas, durch die Luftzuteilung und Mischgeschwindigkeit auch noch durch Zusatz von wärmeunbeständigen flüssigen oder festen Brennstoffen (Teeröl, Teer, Kohlenstaub) beeinflussen (Karburierung), wichtig für die Steigerung der Wärmeübertragungsleistung der Flammen armer Gase, deren Temperatur und Strahlungsleistung für viele metallurgische Zwecke nicht ausreichend ist.

---

[1]) Konstruktionsbeschreibungen s. G. Neumann: Gasbrenner. Stahl u. Eisen Bd. 56 (1936) Heft 34 S. 941/52. — Sachs E.: Industriegasbrenner und zugehörige Einrichtungen. (Kohle. Koks. Teer Bd. 35.) Halle a. d. S.: W. Knapp 1937.

[2]) Grundlegende Untersuchungen s. K. Rummel: Der Einfluß des Mischvorgangs auf die Verbrennung von Gas und Luft in Feuerungen. Düsseldorf: Stahleisen 1937.

Festigkeitslehre.

Bearbeitet von Dr.-Ing. **W. Meyer zur Capellen**, VDI, Aachen.

In Anlehnung an DIN 1350 5. Ausg. (Dezember 1937) wurden die folgenden Bezeichnungen gewählt:

σ Normalspannung, τ Schubspannung, p Flächenpressung (Kraft/Fläche),
σ_{zul} zulässige Normalspannung, τ_{zul} zulässige Schubspannung,
σ_P Spannung an der Proportionalitätsgrenze,
σ_E Spannung an der Elastizitätsgrenze,
σ_F $(=\sigma_S)$ Spannung an der Fließgrenze (Streckgrenze, bei Druck Quetschgrenze),
σ_B statische Festigkeit, σ_K Knickspannung,
σ_D Dauerfestigkeit, σ_{Ur} Ursprungsfestigkeit,
σ_W Wechselfestigkeit, ν Sicherheit.

Zeiger für Beanspruchungsart: z für Zug, d für Druck, b für Biegung, k für Knickung, t für Drehung (Torsion), s für Schub $(\tau_s = c\,Q/F)$, a für Abscheren $(\tau_a = Q/F$ bei Annahme gleichförmiger Verteilung der Schubspannungen). Die Zeiger brauchen nur da gesetzt zu werden, wo aus dem Zusammenhang nicht ohne weiteres die Art der Beanspruchung ersichtlich ist.

K Eulersche Knickkraft,
λ Schlankheitsgrad $= s_K/i =$ Knicklänge/Trägheitshalbmesser,
M Moment (Zeiger b und t nur nach Bedarf),
$E =$ Elastizitätsmodul (Elastizitätsmaß), $\alpha = 1/E =$ Dehnzahl,
$G =$ Gleitmodul, $\beta = 1/G =$ Schubzahl,
μ Querzahl (ohne Vorzeichen) $= \varepsilon_q/\varepsilon =$ Querkürzung/Längsdehnung,
$m = \varepsilon/\varepsilon_q = 1/\mu$ Kehrwert der Querzahl (Poissonsche Konstante).

A. Allgemeines.

1. Spannung und Formänderung.

a) Normal- und Schubspannung. Wird ein elastischer Körper durch äußere Kräfte beansprucht, so werden in jeder Schnittebene Kräfte hervorgerufen; der auf die Flächeneinheit des noch nicht verformten Querschnittes entfallende Anteil heißt Spannung [kg/cm²].

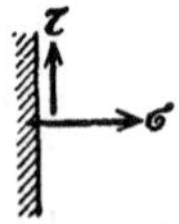

Fig. 1.

Normalspannungen σ (+ für Zug, − für Druck) wirken senkrecht zur Schnittfläche, Schubspannungen τ in der Schnittfläche (Fig. 1). Jede Spannung kann nach dem Satz vom Parallelogramm der Kräfte durch eine Normal- und eine Schubspannung ersetzt werden, z. B. σ in Fig. 6 durch σ_φ und τ_φ.

Wird der Stab der Fig. 2 durchgeschnitten, so müssen zur Wiederherstellung des Gleichgewichtes in den Schnittflächen die in Fig. 3 angegebenen Kräfte P hinzugefügt werden. Nimmt jedes Flächenteilchen des Querschnittes gleichmäßig an der Kraftübertragung teil, so wird die Normalspannung $\sigma = P/F$ kg/cm², wenn die Kraft P in kg, der Querschnitt F in cm² gemessen wird. Die angedeutete gleichmäßige Spannungsverteilung gilt nur in genügend weiter Entfernung von der Kraftangriffsstelle.

b) Einachsiger Spannungszustand. In Fig. 6 ist $\sigma = P/F$, $F/F' = \cos\varphi$ und

$$\sigma_\varphi = P\cos\varphi/F' = \sigma F/F' \cdot \cos\varphi = \sigma\cos^2\varphi\,;$$
$$\tau_\varphi = P\sin\varphi/F' = \sigma_\varphi \operatorname{tg}\varphi = \sigma/2 \cdot \sin 2\varphi\,.$$

Neben Normalspannungen treten auch Schubspannungen auf.

c) Einachsiger Formänderungszustand. Der zylindrische Stab der Fig. 2 wird unter dem Einfluß der beiden Kräfte P seine Länge von l auf $l_1 = l + \Delta l$ vergrößern und seinen Durchmesser von d auf d_1 verkleinern.

Die Verlängerung der Längeneinheit heißt Dehnung:

$$\varepsilon = \Delta l/l = (l_1 - l)/l\,.$$

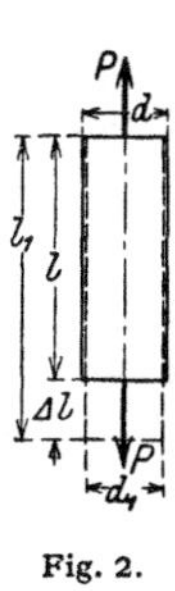

Fig. 2.

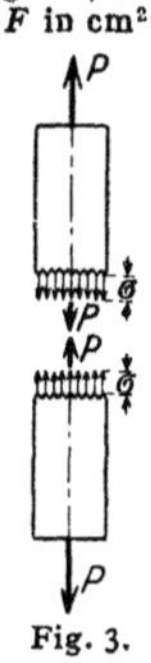

Fig. 3.

Das Verhältnis $\varepsilon_q = (d - d_1)/d$ heißt Querkürzung.

Der Wert $m = \varepsilon/\varepsilon_q$ (Poissonsche Zahl), d. h. das Verhältnis von Dehnung zur Querkürzung, ist vom Stoff des Stabes abhängig und liegt für Metalle zwischen 3 und 4; C. Bach rechnet mit $m = \frac{10}{3}$. Der Wert $\mu = 1/m$ heißt Querzahl, so daß nach C. Bach $\mu = 0{,}3$ wird.

Sind die Dehnungen den Spannungen verhältnisgleich, so gilt das Hookesche Gesetz
$$\varepsilon = \alpha\,\sigma\,;$$
α heißt Dehnzahl, gemessen in cm²/kg, der Kehr- (Reziprok-) Wert $E = 1/\alpha$ Elastizitätsmaß, gemessen in kg/cm²; es ist daher $\sigma = \varepsilon/\alpha = E\,\varepsilon$ die zweite Form des Hookeschen Gesetzes.

Beim Zug- bzw. Druckversuch, Fig. 4 (weiches Eisen), bei dem der Stab einer stetig wachsenden Belastung unterworfen wird, ist das Hookesche Gesetz bis zur Proportionalitätsgrenze σ_P erfüllt, während die Elastizitätsgrenze σ_E die Spannung darstellt, bis zu der der Stab belastet werden kann, um nach der Entlastung nahezu auf die ursprüngliche Länge zurückzugehen (vgl. auch Werkstoffkunde S. 437).

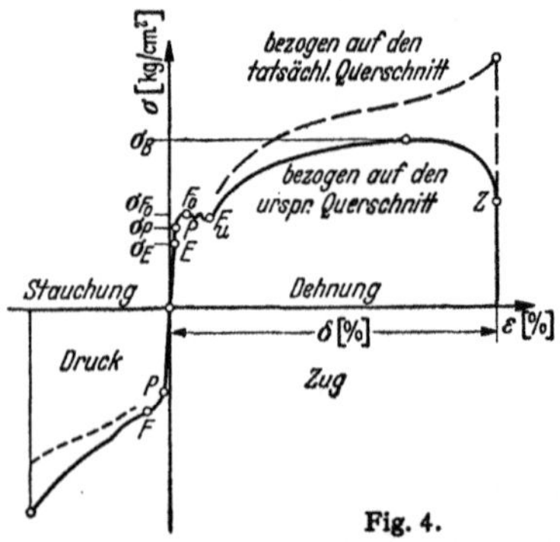

Fig. 4.

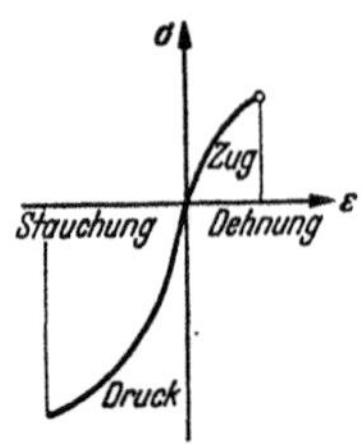

Fig. 5.

Gußeisen (Fig. 5) zeigt keine Proportionalität zwischen Spannungen und Dehnungen. Für den im Maschinenbau üblichen Bereich darf $\varepsilon = \alpha_0\,\sigma^n$ (Potenzgesetz von C. Bach und W. Schüle) gesetzt werden, worin die Konstante n für Zug etwa 1,1 und für Druck etwa 1,05 ist. α_0 ist nach den Gußsorten stark veränderlich. Häufig wird jedoch mit einem mittleren, konstanten Wert E gerechnet.

Für manche Stoffe (Kupfer, Aluminium, Holz) gilt das Hookesche Gesetz angenähert. Auf Zinkguß, Granit, Sandstein, Beton ($n > 1$) und Leder, Hanfseile ($n < 1$) kann das Potenzgesetz angewandt werden.

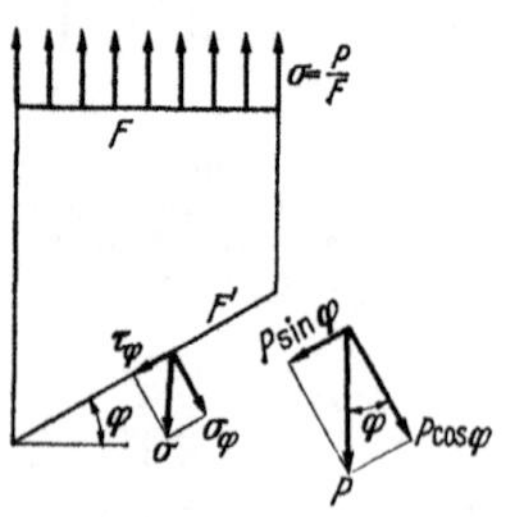

Fig. 6.

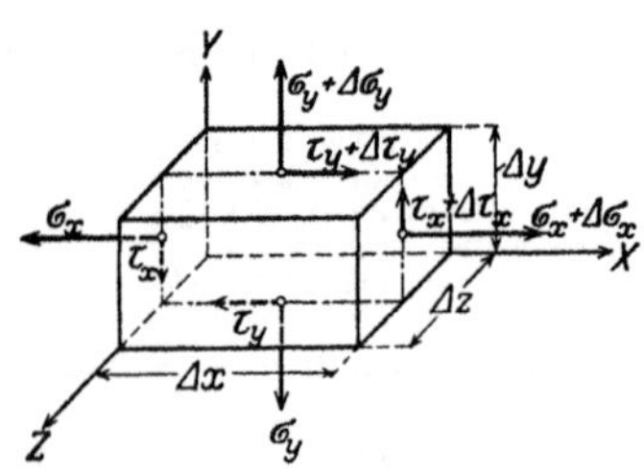

Fig. 7.

d) Ebener Spannungszustand. Treten in Schnitten parallel einer Ebene (XY-Ebene in Fig. 7) keine Kräfte auf, so ergibt die Momentengleichung für den Mittelpunkt des Quaders, da sämtliche Normalspannungen herausfallen:
$$(\tau_x\,\Delta y\,\Delta z)\,\Delta x/2 + (\tau_x + \Delta\tau_x)\,(\Delta y\,\Delta z)\,\Delta x/2$$
$$-\,(\tau_y\,\Delta x\,\Delta z)\,\Delta y/2 - (\tau_y + \Delta\tau_y)\,(\Delta x\,\Delta z)\,\Delta y/2 = 0\,,$$
oder nach Division mit $\frac{1}{2}\,\Delta x\,\Delta y\,\Delta z$:
$$2\tau_x + \Delta\tau_x - 2\tau_y - \Delta\tau_y = 0\,,\qquad \tau_x - \tau_y = \tfrac{1}{2}\,(\Delta\tau_y - \Delta\tau_x)\,.$$

Läßt man die Kanten des Quaders kleiner und kleiner werden, so wird die rechte Seite der letzten Gleichung beliebig klein und daher muß

$$\tau_x = \tau_y = \tau$$

sein: In zwei zueinander senkrechten Schnittflächen herrschen gleich große, nach der Schnittkante zu oder von ihr weggerichtete Schubspannungen. (Paarweises Auftreten der Schubspannungen.)

Bei einem auf Biegung beanspruchten Körper (Fig. 8) wird durch die Zugkraft P in der Fläche CD die gleich große, aber entgegengesetzt gerichtete Querkraft P in der Fläche AB hervorgerufen. Das Moment dieser Kräfte wird durch die in AB wirkenden Normalkräfte aufgehoben (Fig. 40, S. 359). Nach dem Satz vom paarweisen Auftreten der Schubspannungen muß sich die Querkraft so über den Querschnitt AB verteilen, daß sie in den Endpunkten A und B gleich Null ist (Fig. 85, S. 396).

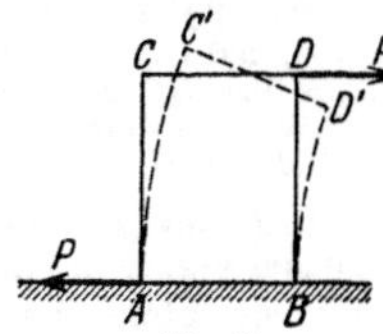

Fig. 8.

Für eine um den Winkel φ geneigte Ebene (Fig. 9) ergibt die Anwendung der Gleichgewichtsbedingungen

$$\left.\begin{aligned} \sigma_\varphi &= \tfrac{1}{2}(\sigma_y + \sigma_x) + \tfrac{1}{2}(\sigma_y - \sigma_x)\cos 2\varphi + \tau \sin 2\varphi \\ \text{und}\quad \tau_\varphi &= \tfrac{1}{2}(\sigma_y - \sigma_x)\sin 2\varphi - \tau\cos 2\varphi . \end{aligned}\right\} \quad (1)$$

Die Hauptspannungen (größte und kleinste Normalspannung)

$$\max_{\min}\sigma_\varphi = \tfrac{1}{2}(\sigma_y + \sigma_x) \pm \tfrac{1}{2}\sqrt{(\sigma_y - \sigma_x)^2 + 4\tau^2} \quad (2)$$

treten in zwei zueinander senkrechten Schnitten auf, deren Richtungen durch

$$\operatorname{tg} 2\varphi_0 = 2\tau/(\sigma_y - \sigma_x)$$

gegeben sind. In diesen Hauptrichtungen verschwinden die Schubspannungen.

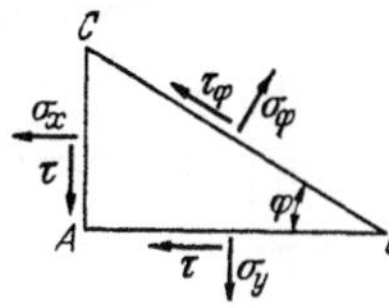

Fig. 9.

Der größte bzw. kleinste Wert der Schubspannung

$$\max_{\min}\tau_\varphi = \pm\tfrac{1}{2}\sqrt{(\sigma_x - \sigma_y)^2 + 4\tau^2} \quad (3)$$

tritt in den Schnitten auf, die die rechten Winkel der Hauptspannungen halbieren. Für diese Richtungen verschwinden die Normalspannungen im allgemeinen nicht.

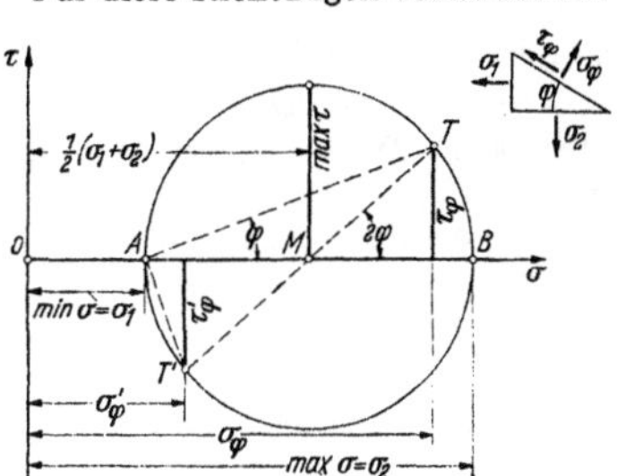

Fig. 10.

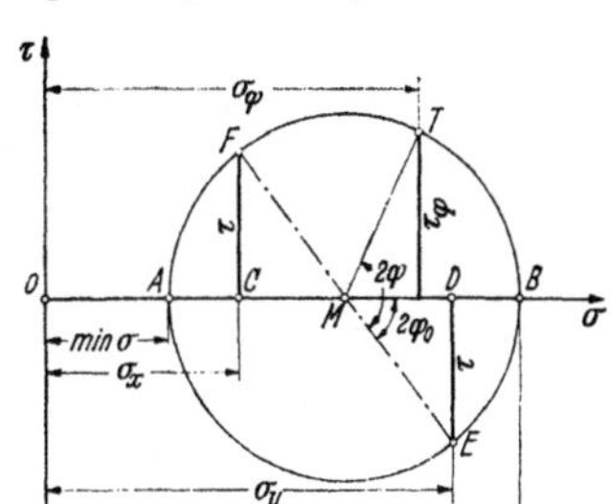

Fig. 11.

Ist $\sigma = \sigma_y$ die einzige Normalspannung, so werden mit $\sigma_x = 0$ die Hauptspannungen

$$\max_{\min}\sigma_\varphi = \tfrac{1}{2}\left(\sigma \pm \sqrt{\sigma^2 + 4\tau^2}\right) \quad (4)$$

und die Hauptschubspannungen

$$\max_{\min}\tau_\varphi = \pm\tfrac{1}{2}\sqrt{\sigma^2 + 4\tau^2}\,. \quad (5)$$

Sind die Hauptspannungen $\min\sigma = \sigma_1$ und $\max\sigma = \sigma_2$ gegeben, so folgt aus den Gleichungen (1) mit $\tau = 0$

$$\left.\begin{aligned} \sigma_\varphi &= \tfrac{1}{2}(\sigma_2 + \sigma_1) + \tfrac{1}{2}(\sigma_2 - \sigma_1)\cos 2\varphi\,, \\ \tau_\varphi &= \tfrac{1}{2}(\sigma_2 - \sigma_1)\sin 2\varphi\,. \end{aligned}\right\} \quad (6)$$

Hiernach wird in einem rechtwinkligen Koordinatensystem σ, τ (Zugspannungen als positiv nach rechts, Druckspannungen als negativ nach links) der Zusammenhang zwischen σ_φ und τ_φ durch einen Kreis (S. 98), den Spannungskreis von Mohr, dargestellt, Fig. 10: Mache $OA = \sigma_1$ und $OB = \sigma_2$, dann ist der Kreis über AB als Durchmesser der gesuchte; sein Halbmesser beträgt $\max\tau = \frac{1}{2}(\sigma_2 - \sigma_1)$. Die Spannungen unter dem Winkel φ erhält man durch den Strahl MT, der mit der σ-Achse den Winkel 2φ, oder durch den Strahl AT, der mit der σ-Achse den Winkel φ bildet. τ'_φ und σ'_φ sind die Spannungen in der zu φ senkrechten Schnittebene. Der maximale Wert von τ tritt in der Schnittrichtung von 45° auf.

Sind für zwei beliebige, aber aufeinander senkrecht stehende Richtungen die Spannungen σ_x, σ_y und τ gegeben (Fig. 9), so mache (Fig. 11) $OC = \sigma_x$, $OD = \sigma_y$ und $DE = CF = \tau$. Der Kreis über EF als Durchmesser ist der gesuchte.

Wird $\sigma_1 = 0$ (einachsiger Spannungszustand, Abs. b), so fällt A nach O. Bei reinem Schub fällt M nach O, es wird $\sigma_1 = -\tau$, $\sigma_2 = +\tau$.

e) Ebener Formänderungszustand. 1. Normalspannungen. Wirkt an dem Quader Fig. 12 mit den Seiten a und b die Spannung σ_x, so wird a um $\varepsilon_1 a$ wachsen, während infolge der Querkürzung b um $\mu\varepsilon_1 b$ verkürzt wird ($\mu = 1/m$). Infolge σ_y, Fig. 13,

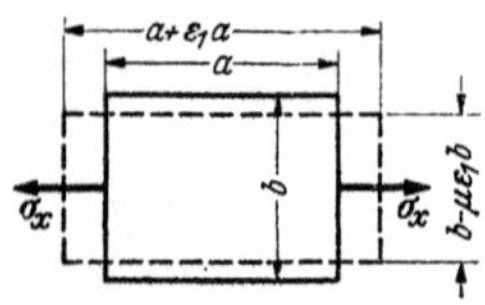

Fig. 12.

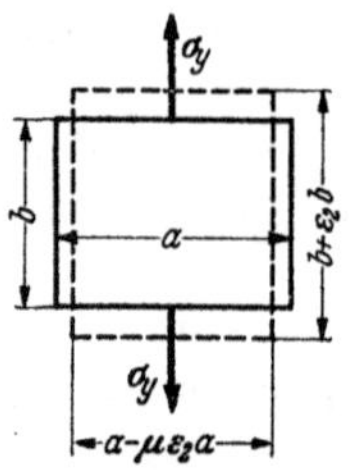

Fig. 13.

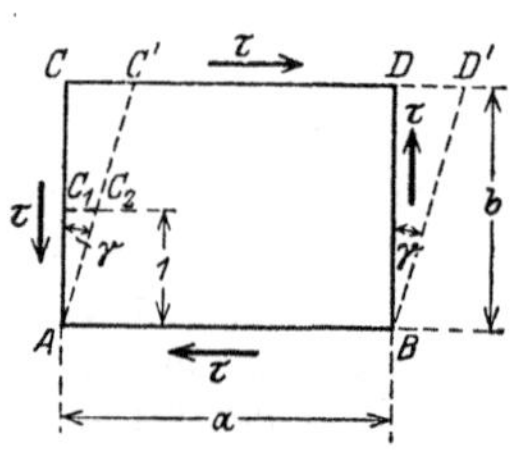

Fig. 14.

wächst b um $\varepsilon_2 b$ und wird a um $\mu\varepsilon_2 a$ zusammengedrückt. Wirken beide Spannungen gleichzeitig (zweiachsiger Spannungszustand), so addieren sich die Einzeldehnungen (Gesetz der Überlagerung) in den Achsenrichtungen x und y zu

$$\varepsilon_x = \varepsilon_1 - \mu\varepsilon_2 = \alpha\sigma_x - \mu\alpha\sigma_y = \alpha(\sigma_x - \mu\sigma_y),$$
$$\varepsilon_y = \varepsilon_2 - \mu\varepsilon_1 = \alpha\sigma_y - \mu\alpha\sigma_x = \alpha(\sigma_y - \mu\sigma_x).$$

Infolge der Spannungen σ_x und σ_y treten keine Winkeländerungen auf: Normalspannungen bewirken Längenänderungen.

Die kleinste bzw. größte Dehnung tritt in Richtung der Hauptspannungen $\min\sigma = \sigma_1$ bzw. $\max\sigma = \sigma_2$ auf. Es wird demnach $\min\varepsilon = \alpha(\sigma_1 - \mu\sigma_2)$, $\max\varepsilon = \alpha(\sigma_2 - \mu\sigma_1)$, also

$$\begin{matrix}\max\\ \min\end{matrix}\varepsilon = \alpha\left[\tfrac{1}{2}(1-\mu)(\sigma_y + \sigma_x) \pm \tfrac{1}{2}(1+\mu)\sqrt{(\sigma_y - \sigma_x)^2 + 4\tau^2}\right]. \qquad (7)$$

2. Schubspannungen. Wirken an dem Quader Fig. 14 nur Schubspannungen, die nach S. 347 gleich groß sein müssen, so geht er in die gestrichelte Lage über, wenn die untere Kante festgehalten wird. Das Rechteck $ABCD$ wird zum Parallelogramm $ABC'D'$, der rechte Winkel CAB zum spitzen Winkel $C'AB$: Schubspannungen bewirken Winkeländerungen.

Nach Fig. 14 ist
$$\operatorname{tg}\gamma = CC'/AC = C_1C_2/1 \approx \gamma$$

im Bogenmaß, da der Winkel sehr klein ist. Mithin ist die Änderung γ des ursprünglich rechten Winkels gleich der Strecke, um die sich zwei um 1 cm voneinander entfernte parallele Flächenteile gegeneinander verschieben. γ heißt Schiebung. Ist F der Flächeninhalt der oberen Begrenzungsfläche in cm², Q die angreifende Kraft in kg, so ist

$$\tau = Q/F \text{ [kg/cm}^2\text{]}$$

die Schubspannung. Die Größe der Schiebung für die Einheit der Schubspannung ist $\beta = \gamma/\tau$ und heißt Schubzahl; ihr Kehrwert $1/\beta = G$ heißt Gleit- oder Schubmodul [kg/cm²].

Entsprechend $\varepsilon = \alpha\sigma$ wird hier $\gamma = \beta\tau$, wobei β innerhalb eines gewissen Spannungsgebietes als unveränderlich angenommen werden darf; entsprechend $\sigma = E\varepsilon$ wird $\tau = G\gamma$.

Zwischen Dehnzahl α, Schubzahl β und Gleitmodul G bestehen die Beziehungen

$$\beta = 2\,\frac{m+1}{m}\,\alpha = 2\alpha(1+\mu) \quad \text{und} \quad G = \frac{1}{2}\,\frac{m}{m+1}\,E = \frac{E}{2(1+\mu)};$$

für $m = 3$ bis 4 wird $\beta = 2{,}67\,\alpha$ bis $2{,}5\,\alpha$ oder $\alpha = 0{,}375\,\beta$ bis $0{,}4\,\beta$,
für $m = \frac{10}{3}$ (also $\mu = 0{,}3$): $\beta = 2{,}6\,\alpha$ und $\alpha = 0{,}385\,\beta$, d. h. $G = 0{,}385\,E$.

3. Normalspannungen und Schubspannungen. Wirken die in den Fig. 12, 13 und 14 angegebenen Kräfte gleichzeitig, so setzen sich die Dehnungen und Winkeländerungen zusammen.

Die Dehnungen können ähnlich dem Spannungskreis durch den Verformungskreis dargestellt werden[1].

f) Formänderungsarbeit ist die zur Verformung notwendige mechanische Arbeit A^*. Wächst die Kraft von Null auf P bzw. das Moment von Null auf M, und ist Δl die Verschiebung bzw. $\Delta\varphi$ die Drehung, so folgt $A^* = \frac{1}{2} P \Delta l$ bzw. $A^* = \frac{1}{2} M \Delta\varphi$ (vgl. Beispiel S. 221).

Die bezogene Formänderungsarbeit A (bezogen auf 1 cm³ des betreffenden Körpers) kann als Summe aus Volumenänderungsarbeit A_v und Gestaltänderungsarbeit A_g dargestellt werden, $\mathsf{A} = \mathsf{A}_v + \mathsf{A}_g$. Beim ebenen Spannungszustand erhält man mit den Hauptspannungen σ_1 und σ_2 die Werte

$$\mathsf{A}_v = \frac{1-2\mu}{6E}(\sigma_1+\sigma_2)^2; \qquad \mathsf{A}_g = \frac{1+\mu}{3E}(\sigma_1^2+\sigma_2^2-\sigma_1\sigma_2). \tag{8}$$

2. Arten der Beanspruchung.

a) Zug. Der freigemachte Stab (Fig. 15) ergibt zwei Kräfte P, die in Richtung der Stabachse, d. h. senkrecht zum Querschnitt, wirken; der Stab wird gezogen, er erfährt eine Verlängerung.

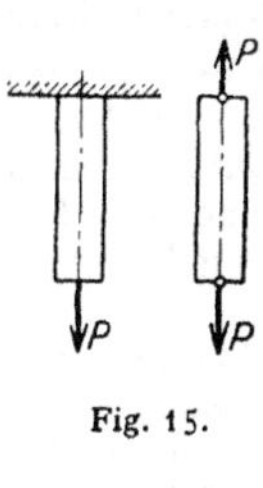

Fig. 15.

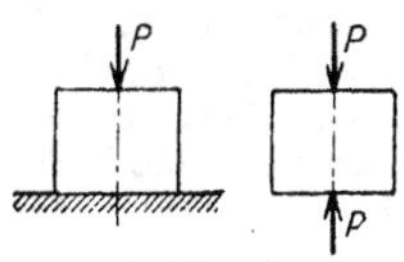

Fig. 16.

Fig. 17.

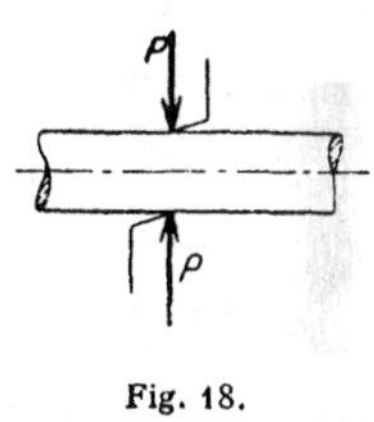

Fig. 18.

b) Druck. Der Stab (Fig. 16) wird ebenfalls durch zwei Kräfte P beansprucht, die in Richtung der Stabachse wirken; er wird gedrückt und erfährt eine Verkürzung.

c) Knickung. Ist der gedrückte Stab im Verhältnis zu seinem Querschnitt sehr lang (Fig. 17), so wird er unter dem Einfluß der beiden Kräfte P ausknicken.

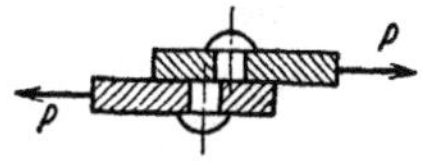

Fig. 19.

d) Schub. Auf den Stab wirken zwei gleich große entgegengesetzt gerichtete Kräfte P senkrecht zur Stabachse (Fig. 18) und haben das Bestreben, die Teile des Stabes in diesem Querschnitt gegeneinander zu verschieben, Fig. 19.

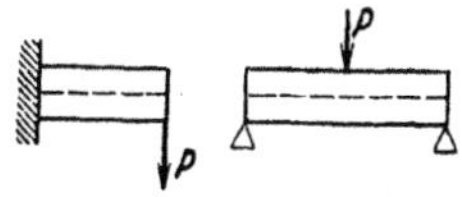

Fig. 20

e) Biegung. Ein Stab wird auf Biegung beansprucht, wenn die Kraft P nach Fig. 20 senkrecht zur Stabachse wirkt und eine Krümmung dieser Achse hervorruft. Bei reiner Biegung wird der Schub vernachlässigt.

[1]) Rötscher-Jaschke: Dehnungsmessungen und ihre Auswertung. Berlin: Springer 1939.

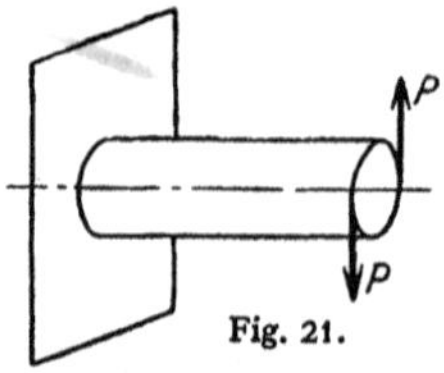

Fig. 21.

f) Drehung. Auf den Stab wirken zwei Kräfte P nach Fig. 21 in einer Ebene senkrecht zur Stabachse und versuchen, die einzelnen Querschnitte des Stabes gegeneinander zu verdrehen.

Die Fälle a, b, c und e ergeben Normalspannungen und Längenänderungen; die Fälle d und f Schubspannungen und Winkeländerungen.

g) Tritt mehr als eine Art von Beanspruchung auf, so ist der Stab auf **zusammengesetzte Beanspruchung** zu berechnen.

3. Zügige Festigkeit und Dauerfestigkeit.

a) Die **zügige** (statische) **Festigkeit** σ_B wird durch Kurzzeitversuche an glatten Stäben bestimmt (vgl. schematische Skizze Fig. 22, ferner Fig. 4). Bei Langzeitbeanspruchungen ist die **Dauerstandfestigkeit** σ_{Dst} maßgebend, d. h. die Spannung, die bei beliebig langer Belastung nicht mehr zum Bruch führt.

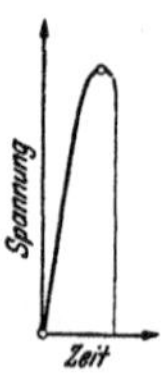

Fig. 22.

Die in den folgenden Abschnitten berechneten Spannungen, die Nennspannungen σ_n (bzw. $\sigma_{nz}, \sigma_{nd}, \sigma_{nb}, \tau_n$), die dort nur mit σ (bzw. $\sigma_z, \sigma_d, \sigma_b, \tau$) bezeichnet werden, entsprechen im wesentlichen nur dann den tatsächlichen Verhältnissen, wenn der Maschinenteil keiner Kerbwirkung (Einfluß von Kerben, Bohrungen usw.) unterliegt. Die tatsächliche Spannung $\sigma_{\max}$ wird mit Hilfe der Formzahl α_k gefunden, es ist $\sigma_{\max} = \alpha_k \cdot \sigma_n$. Die Formzahl hängt wesentlich von der Beanspruchungsart und der Form des Teiles ab und kann in gewissen Fällen rechnerisch[1]) oder muß versuchsmäßig bestimmt werden (vgl. Werkstoffkunde S. 421).

b) Die meisten Maschinenteile unterliegen jedoch einer **wechselnden Belastung,** d. h. die Beanspruchung wechselt während eines Lastspiels zwischen zwei Grenzwerten, der oberen Grenzspannung σ_o und der unteren Grenzspannung σ_u, vgl. Fig. 23[2]). Diese Beanspruchung kann auch aufgefaßt werden als ein Schwanken um die mittlere Beanspruchung oder Mittelspannung $\sigma_m = \frac{1}{2}(\sigma_o + \sigma_u)$ in Höhe des nach beiden Seiten gleichen Spannungsausschlages $\sigma_a = \frac{1}{2}(\sigma_o - \sigma_u)$. Ob der Idealfall eines sinusförmigen Spannungsverlaufes vorliegt oder nicht, ist nicht wesentlich.

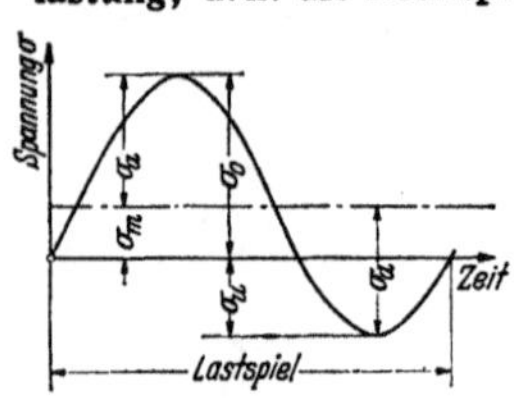

Fig. 23.

c) Die Dauerfestigkeit σ_D (kleine Zeiger entsprechend der Beanspruchungsart angefügt) ist der Grenzwert der wechselnden Beanspruchung, der bei glatten, polierten Stäben gerade noch beliebig lange ertragen wird. Als kennzeichnende Größe gibt man die obere oder untere Grenzfestigkeit σ_O bzw. σ_U an oder den Spannungsausschlag σ_A, z. B. in der Form $\sigma_D = \sigma_M \pm \sigma_A$.

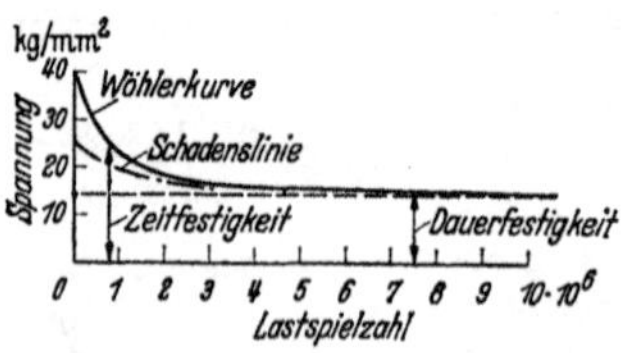

Fig. 24.

d) Das Ergebnis einer Prüfung auf Dauerfestigkeit wird in Form der **Wöhlerkurve** dargestellt: Man trägt den Spannungsausschlag in Abhängigkeit der Zahl der Lastspiele auf, Fig. 24. Die Kurve nähert sich einem von Null verschiedenen endlichen Wert (besonders gut durch Darstellung auf Exponentialpapier erkennbar), der bei einigen Millionen Lastwechseln fast immer erreicht wird.

An Stelle des Begriffes „beliebig oft" wird die Zehnmillionengrenze (für Stahl), bei anderen Metallen auch mehr angenommen.

[1]) Neuber, H.: Kerbspannungslehre. Berlin: Springer 1937.
[2]) σ_u ist in Fig. 23 negativ.

e) Die Werte der Festigkeiten, die unterhalb der Grenzzahl der Lastspiele erreicht werden, heißen **Zeitfestigkeiten,** Fig. 24.

Ihre Kenntnis ist wichtig für Bauteile, die von vornherein einer beschränkten Lebensdauer unterworfen sind. Die Schadenslinie gibt an, wie viele und wie hohe Überbelastungen (d. h. über die Dauerfestigkeit hinaus) einem Werkstoff ohne Schaden, d. h. ohne Minderung der Dauerfestigkeit, zugemutet werden können, Fig. 24.

f) Die Ergebnisse der Dauerfestigkeitsversuche bei verschiedenen Mittelspannungen werden im **Dauerfestigkeitsschaubild** (auch Grenzspannungsdiagramm genannt) dargestellt. Hierbei sind noch entsprechend den drei hervorgehobenen Belastungsfällen von C. Bach folgende Größen definiert (Fig. 25):

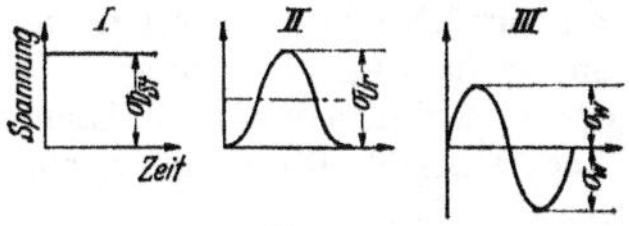

Fig. 25.

1. Belastungsfall I (ruhende Belastung): Die Belastung wird langsam auf einen Höchstwert gebracht und bleibt konstant (Fig. 22 und 25, I). Es ist $\sigma_A = 0$ und $\sigma_M = \sigma_O = \sigma_U$. Die Grenzspannung heißt Dauerstandfestigkeit σ_{DSt} (s. oben).

2. Belastungsfall II (schwellende Belastung): Die Belastung schwankt dauernd zwischen Null und einem Höchstwert (Fig. 25, II). Es ist $\sigma_M = \sigma_A$ und $\sigma_U = 0$. Die Grenzspannung heißt Ursprungsfestigkeit (Schwellfestigkeit) σ_{Ur}.

3. Belastungsfall III (schwingende Belastung): Die Belastung schwankt zwischen einem positiven und negativen gleich großen Höchstwert (Fig. 25, III). Es ist $\sigma_M = 0$ und $\sigma_U = -\sigma_O = -\sigma_A$. Diese Grenzspannung heißt Wechselfestigkeit σ_W.

Im Dauerfestigkeitsschaubild[1]), Fig. 26, dem auch der allgemeine Belastungsfall zu entnehmen ist, werden die Grenzspannungen, d. h. die Festigkeiten σ_O und σ_U in Abhängigkeit der Mittelspannung σ_M aufgetragen. Man erhält also zwei Kurvenäste, die von der 45°-Geraden in der Ordinatenrichtung gleichweit entfernt sind. Diese Gerade entspricht den Mittelspannungen, und von dieser sind σ_O und σ_U um den Spannungsausschlag σ_A entfernt. Das Bild der gemessenen Werte wird durch die Horizontale der Streckgrenze bzw. der Quetschgrenze bei Druck abgeschnitten, da plastische Verformungen im Maschinenbau im allgemeinen vermieden werden.

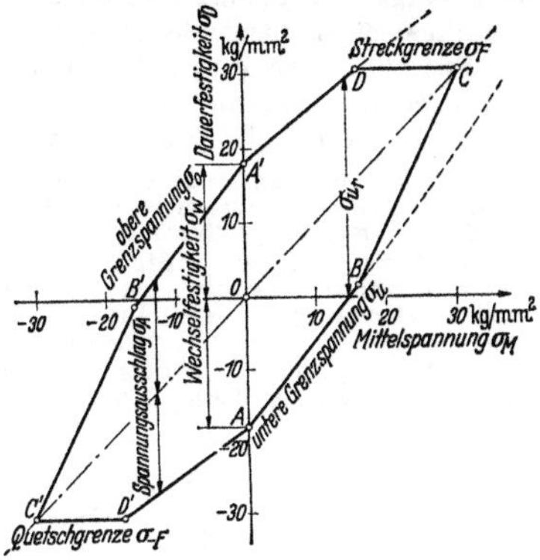

Fig. 26.

Die Kurvenstücke $A B$ bzw. $A' B'$ entsprechen den Messungen und liefern praktisch gerade Linien. Gemäß der Streck- bzw. Quetschgrenze schließen die Geraden DC bzw. $D'C'$ das Schaubild nach oben bzw. nach unten ab. Da B unter D bzw. B' über D' liegt, liefern die Geraden BC bzw. $B'C'$ die Schlußlinien.

Das vollständige Schaubild muß die Grenzspannungen für Zug, Druck, Biegung und Drehung enthalten, s. S. 651 und 652.

Bezüglich Kerbwirkung s. S. 421.

4. Zulässige Spannung und Sicherheit gegen Bruch.

a) Die **zulässige Spannung** eines Körpers ($\sigma_{z\,zul}$ für Zug, $\sigma_{d\,zul}$ für Druck, $\sigma_{b\,zul}$ für Biegung, $\tau_{s\,zul}$ für Schub, $\tau_{t\,zul}$ für Drehung) ist diejenige Spannung in kg/cm² bzw. kg/mm², bis zu der er auf eine der verschiedenen Arten der Beanspruchung belastet werden darf. Sie liegt unterhalb der Proportionalitäts- und

[1]) Vgl. a. die Arbeitsblätter des Fachausschusses für Maschinenelemente beim VDI.

im allgemeinen unterhalb der Elastizitätsgrenze, um bleibende Formänderungen zu vermeiden. Für die Wahl der zulässigen Beanspruchung gilt: Solange die theoretischen und versuchsmäßigen Unterlagen der Festigkeitsrechnung festliegen, dürfen die höheren Werte genommen werden; wird die Rechnung auf Grund von Annahmen durchgeführt, über deren Richtigkeit kein sicheres Urteil besteht, so ist die zulässige Spannung niedriger zu wählen.

b) Sicherheit ν ist das Verhältnis der Grenzspannung, also der Elastizitäts- bzw. Fließgrenze oder der Dauerfestigkeit oder auch der Knickspannung (s. d.) zur tatsächlichen auftretenden größten Spannung σ_{max}. Die Sicherheit kann um so niedriger angenommen werden, je sicherer die theoretische Berechnung den tatsächlichen Verhältnissen entspricht und je unwahrscheinlicher die Gefahr einer Überschreitung der Spannung σ_{max} ist. Vgl. a. Werkstoffkunde und Maschinenteile.

5. Bruchhypothesen.

a) Für die Ursachen des Bruches oder für die Grenzen der zulässigen Anstrengung des Werkstoffes sind verschiedene Hypothesen aufgestellt, deren Kenntnis bei zusammengesetzter Beanspruchung erforderlich ist. Hierbei wird eine Vergleichspannung oder reduzierte Spannung σ_{red} eingeführt, durch die der im allgemeinen mehrachsige Spannungszustand auf einen einachsigen zurückgeführt wird. Die Vergleichspannung muß hierbei kleiner als die zulässige sein. Im folgenden soll nur der ebene Spannungszustand, und zwar an derselben Stelle des Werkstoffs betrachtet werden.

1. Hypothese der größten Normalspannung (Lamé, Clapeyron, Maxwell, Hopkinson). Als Vergleichspannung wird die größte Normalspannung gewählt. Diese Hypothese ist durch Versuche nicht bestätigt.

2. Hypothese der größten Dehnung oder Gleitung (Mariotte, St. Venant, Poncelet, Grashof, C. Bach). Die Proportionalitätsgrenze wird hiernach erreicht, wenn die größte Dehnung erreicht wird. Diese durch C. Bach in Deutschland verbreitete Hypothese ist durch Versuche nicht bestätigt worden.

3. Hypothese der größten Schubspannung (Coulomb, Guest, Mohr). Das Erreichen eines gewissen Wertes der Schubspannung, einer Grenzschubspannung, ist maßgebend.

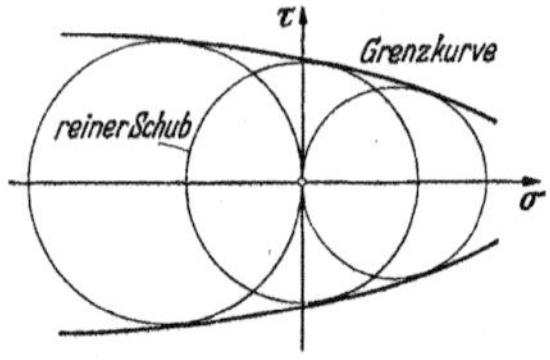

Fig. 27.

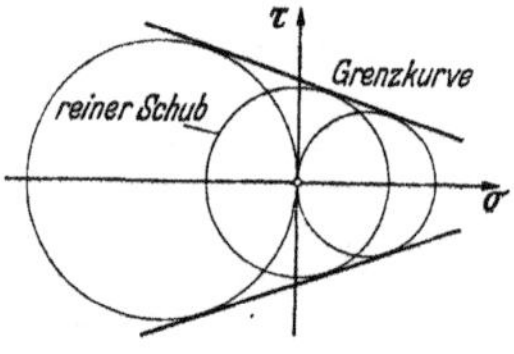

Fig. 28.

Diese Auffassung ist in besserer Übereinstimmung mit den Versuchen, insbesondere bei Stahl mit ausgeprägter Streckgrenze.

4. Hypothese des elastischen Grenzzustandes nach O. Mohr. Diese stellt eine Verbindung zwischen den Hypothesen 1. und 3. dar. Maßgebend ist das Erreichen einer bestimmten Grenzkurve: Werden für verschiedene Spannungszustände die Spannungskreise, Fig. 27, entworfen, so werden diese von der Grenzkurve eingehüllt, und es darf die Kurve dieser Grenzzustände nicht überschritten werden. Über deren Verlauf liegen kaum Untersuchungen vor. Es genügt jedoch häufig, die Einhüllende durch Geraden zu ersetzen. Bei spröden Werkstoffen ($\sigma_{d\,zul} \neq \sigma_{z\,zul}$), Fig. 28, ergeben sich geneigte Geraden (vgl. a. Abs. L, S. 412), bei zähen Werkstoffen ($\sigma_{d\,zul} = \sigma_{z\,zul}$) Parallelen zur σ-Achse, Fig. 29. Dann stimmt die Mohrsche Auffassung mit der der größten Schubspannung überein; sie hat gegenüber den anderen Hypothesen den Vorteil größerer Anpassungsfähigkeit an jeden Werkstoff.

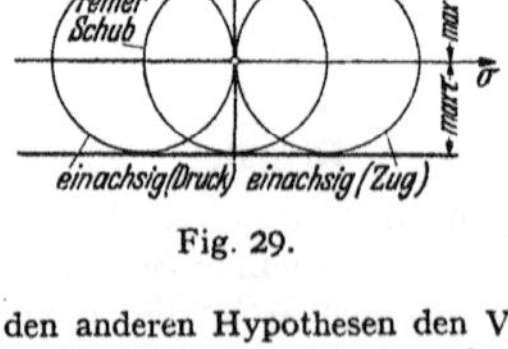

Fig. 29.

5. Hypothese der größten Formänderungsarbeit (Beltrami). Diese sagt aus, daß die größte bezogene Formänderungsarbeit (s. S. 349) maßgebend ist. Diese Hypothese ist durch Versuche nicht bestätigt worden.

6. Hypothese der größten Gestaltänderungsarbeit (Huber, v. Mises, Hencky). Nach dieser darf die bezogene Gestaltänderungsarbeit (s. S. 349) einen bestimmten Wert nicht überschreiten. Diese Hypothese stimmt gut mit den Versuchen überein.

Das Verhalten der vielkristallinen Stoffe, wie z. B. Stahl, scheint zwischen den Hypothesen 6. und 3. bzw. 4. zu liegen.

b) Über die **rechnerische Auswertung** für die Hypothesen 1., 2., 3., 6. vgl. die untenstehende Tabelle. Diese ist für die beiden wichtigsten Fälle aufgestellt, daß entweder an einer Stelle die Normalspannung σ und die Schubspannung τ (Spalte 1) oder die beiden Hauptspannungen σ_1 und σ_2 (Spalte 2) bekannt sind. Im einzelnen ist noch zu bemerken:

Zu 1. Die größte Normalspannung folgt aus Gl. (2), S. 347. Bei reinem Schub wird $\sigma_{red} = \tau$.

Zu 2. Die größte Dehnung folgt aus Gl. (7), S. 348, mit $\sigma_x = 0$ und $\sigma_y = \sigma$. Die dieser entsprechende (reduzierte) Spannung ist $\sigma_{red} = \max \varepsilon/\alpha$, woraus sich mit $\mu = 0{,}3$ der Wert in Spalte 1 ergibt. Bei reinem Schub ($\sigma = 0$) wird $\sigma_{red} = 1{,}3\,\tau$, d. h. es müßte $\sigma_{zul}/\tau_{zul} = 1{,}3$ sein. Die Werte für die zulässigen Spannungen nach C. Bach entsprechen etwa diesem Verhältnis (dort ist $\mu = 0{,}25$, also $1 + \mu = 1{,}25$). Für Spalte 2 erhält man die Werte aus Gl. (7), S. 348 in ähnlicher Weise, wenn dort $\tau = 0$, $\sigma_x = \sigma_1$, $\sigma_y = \sigma_2$ und $\mu = 0{,}3$ gesetzt wird.

Zu 3. Aus Gl. (5), S. 347, folgt die größte Schubspannung. Für reinen Schub wird $\sigma_{red} = 2\,\tau$, d. h. es müßte $\sigma_{zul}/\tau_{zul} = 2$ sein. Der Spannungskreis (Fig. 10) liefert $\max \tau = \frac{1}{2}(\sigma_2 - \sigma_1)$. Damit wird $\sigma_{red} = \sigma_2 - \sigma_1$, Spalte 2.

Zu 6. Setzt man in den Wert von A_g, Gl. (8), S. 349, die Spannungen $\max \sigma = \sigma_2$ und $\min \sigma = \sigma_1$ nach Gl. (4), S. 347, ein, so wird $A_g = (1 + \mu)\,(\sigma^2 + 3\,\tau^2)/3E$. Für den einachsigen Spannungszustand muß $A_g = (1 + \mu)\,\sigma_{red}^2/3E$ sein, woraus sich durch Gleichsetzen der Wert für σ_{red} ergibt. Bei reinem Schub ist $\sigma_{red} = \tau\sqrt{3} = 1{,}73\,\tau$, wonach $\sigma_{zul}/\tau_{zul} = 1{,}73$ sein müßte. In ähnlicher Weise wird der Wert in Spalte 2 erhalten.

Bei den obigen Formeln ist das Hookesche Gesetz benutzt worden, so daß statt σ_{zul} auch σ_P gesetzt werden kann. Darüber hinaus werden die Formeln auch für die Fließgrenze (σ_F) bzw. die Festigkeiten (σ_B, σ_D) angewendet.

Reduzierte Spannungen σ_{red} für den ebenen Spannungszustand (positiv Zug, negativ Druck).

Hypothese	(1) Normalspannung σ und Schubspannung τ	(2) Hauptspannungen $\sigma_1 = \min\sigma$ und $\sigma_2 = \max\sigma$
1	$\frac{1}{2}\sigma \pm \frac{1}{2}\sigma\sqrt{\sigma^2 + 4\tau^2}$	σ_2 bzw. σ_1
2	$0{,}35\,\sigma \pm 0{,}65\sqrt{\sigma^2 + 4\tau^2}$	$\sigma_2 - 0{,}3\,\sigma_1$ bzw. $\sigma_1 - 0{,}3\,\sigma_2$
3	$\pm\sqrt{\sigma^2 + 4\tau^2}$	$\sigma_2 - \sigma_1$
6	$\pm\sqrt{\sigma^2 + 3\tau^2}$	$\pm\sqrt{\sigma_2^2 + \sigma_1^2 - \sigma_1\sigma_2}$

6. Anstrengungsverhältnis.

Die in 5. (Tafel, Spalte 1) entwickelten Formeln gelten für den Fall, daß σ und τ demselben Belastungsfall folgen. Ist σ_{zul} der zulässige Wert der Normalspannung und τ_{zul} der zulässige Wert der Schubspannung, so muß entsprechend den verschiedenen Hypothesen $\sigma_{zul} = \varphi\tau_{zul}$ oder $\sigma_P = \varphi\tau_P$ und $\sigma_F = \varphi\tau_F$ sein; für die Normalspannungshypothese ist $\varphi = 1$, für die Dehnungshypothese $\varphi = 1{,}3$ usw.

Sind die Belastungsfälle von σ und τ verschieden, so wird nach C. Bach durch das Anstrengungsverhältnis

$$\alpha_0 = \frac{\sigma_{zul}}{\varphi\,\tau_{zul}} \qquad \varphi = 1;\ 1{,}3 \text{ usw.}$$

der Belastungsfall von τ auf den von σ zurückgeführt. Die Vergleichsspannungen sind dann

Normalspannungshypothese $0{,}5\,\sigma + 0{,}5\,\sqrt{\sigma^2 + 4\,(\alpha_0\,\tau)^2} \leqq \sigma_{zul}$ mit $\varphi = 1$, (1a)

Dehnungshypothese $0{,}35\,\sigma + 0{,}65\sqrt{\sigma^2 + 4\,(\alpha_0\,\tau)^2} \leqq \sigma_{zul}$ mit $\varphi = 1{,}3$, (2a)

Schubspannungshypothese $\sqrt{\sigma^2 + 4\,(\alpha_0\,\tau)^2} \leqq \sigma_{zul}$ mit $\varphi = 2$, (3a)

Hypothese der größten Gestaltänderungsarbeit

$$\sqrt{\sigma^2 + 3\,(\alpha_0\,\tau)^2} \leqq \sigma_{zul} \text{ mit } \varphi = 1{,}73. \quad (4a)$$

Die zulässigen Werte sind entsprechend dem vorliegenden Belastungsfall zu wählen. Vgl. a. S. 405 und 406.

7. Prüfverfahren von Metallen.

Diese beziehen sich auf statische und dynamische Untersuchungen. Die ersteren betreffen den Zug- und den Druckversuch (vgl. auch Fig. 4 und 5, S. 346), ferner den Biegeversuch und den selten angewandten Verdrehungsversuch. Bei den dynamischen Untersuchungen handelt es sich wesentlich um Schlagversuche und um Dauerversuche (Dauerfestigkeit).

Einzelheiten vgl. Werkstoffkunde S. 435 u. f.

B. Zug und Druck.

1. Wird ein prismatischer Stab durch eine Kraft P in Richtung seiner Achse angegriffen, so wird in einem beliebigen Querschnitt F bei gleichmäßiger Verteilung die **Spannung**

$$\sigma \text{ kg/cm}^2 = P \text{ kg}/F \text{ cm}^2$$

hervorgerufen. Mit σ_{zul} als zulässiger Zug- bzw. Druckspannung wird die Tragkraft des Stabes

$$P = F\,\sigma_{zul}.$$

Hat der Stab veränderlichen Querschnitt, so ist der kleinste Querschnitt maßgebend. Bei der Ermittlung der größten Beanspruchung ist gegebenenfalls das Eigengewicht zu berücksichtigen.

Gedrückte Stäbe, deren Länge im Verhältnis zu den Abmessungen des Querschnittes bedeutend ist, sind auf Knicken zu berechnen (S. 389).

Die **Formänderung** des Stabes unter dem Einfluß der Kräfte P ist

$$\Delta l = \alpha\,\sigma\,l$$

in cm, wenn l in cm gemessen wird.

Soll die Spannung unter Einwirkung des Eigengewichtes in allen Querschnitten die gleiche sein, so erhält man den Körper gleicher Festigkeit gegen Zug bzw. Druck; der Querschnitt verjüngt sich nach einem Exponentialgesetz (S. 116) bei Zug (Druck) in (entgegen der) Richtung der Schwerkraft. Einen Stab von angenähert gleichem Widerstand gegen Zug erhält man durch Absetzen (Drahtseile bei Schachtförderungen).

Zulässige Zug- und Druckspannungen im Hoch-, Kran- und Brückenbau s. S. 432.

Reißlänge, bei Textilstoffen, Papier, Hanf- und Drahtseilen, Lederriemen u. a. verwendet, ist die Länge l_R, bei welcher der freihängende Körper bei unveränderlichem Querschnitt unter seinem Eigengewicht abreißt: $l_R = \sigma_B/\gamma$.

Beispiele: 1. Eine Zugstange aus Flußstahl von 8 m Länge ist mit $P = 17\,000$ kg belastet; der erforderliche Querschnitt wird bei $\sigma_{zul} = 900$ kg/cm²

$$F = \frac{17\,000}{900} = 18{,}9 \text{ cm}^2;$$

gewählt wird $d = 50$ mm mit $F = 19{,}64$ cm², so daß $\max\sigma = \frac{17000 + 8 \cdot 15{,}4}{19{,}64} \approx 875$ kg/cm² wird, da das Eigengewicht 15,4 kg/m beträgt; die Verlängerung der Zugstange ist

$$\Delta l = \alpha \cdot \sigma \cdot l = \frac{1}{2150000} \cdot \frac{17000 + 4 \cdot 15{,}4}{19{,}64} \cdot 8000 \approx 3{,}7 \text{ mm.}$$

2. Es ist die Spannung eines an den Enden fest eingespannten Stabes aus Flußstah zu ermitteln, der bei 10° C spannungsfrei ist und gleichmäßig auf 100° C erwärmt wird.

Bei Erwärmung von t_1 auf t_2 würde sich der frei gelagerte Stab von der Länge l um $\Delta l = \alpha_t l\,(t_2 - t_1)$ ausdehnen (s S 289). Also muß die gleichmäßig verteilte Wärmespannung den Wert $\sigma = E\varepsilon = E\,\Delta l/l = E\,\alpha_t(t_2 - t_1)$ haben. Im Zahlenbeispiel ist $\alpha_t = 12 \cdot 10^{-6}$ und $E = 2{,}15 \cdot 10^6$, also wird

$$\sigma = 2{,}15 \cdot 10^6 \cdot 12 \cdot 10^{-6} \cdot (100 - 10) = 2322 \text{ kg/cm}^2.$$

2. Formänderungsarbeit. Unter Beachtung der Formel von Absatz 1 f folgt:

Das Element von der Länge dx verlängert sich unter der Normalkraft $P = \sigma F$ um $\Delta l = \varepsilon\,dx = dx\,\sigma/E = dx\,P/EF$, also wird $dx = \frac{1}{2} P\,\Delta l = P\,dx/2EF$, d. h. für den ganzen Stab gilt $A = \int_0^l P\,dx/2EF$.

C. Biegung des geraden Stabes.

1. Querkraft und Biegungsmoment.

Liegen die den geraden stabförmigen Körper Fig. 30 belastenden Kräfte in einer Ebene und schneiden diese die Stabachse senkrecht, so ist die Querkraft gleich der algebraischen Summe der Kräfte links bzw. rechts vom betrachteten Querschnitt:

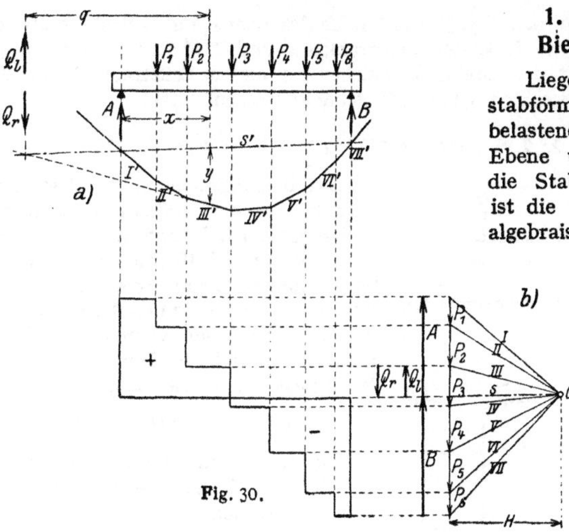

Fig. 30.

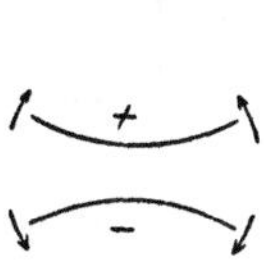

Fig. 31.

$$Q_l = A - P_1 - P_2 \quad \text{und} \quad Q_r = B - P_3 - P_4 - P_5 - P_6 .$$

Hierbei erhalten Kräfte, die nach oben gerichtet sind, das positive Vorzeichen, so daß nach Fig. 30 Q_l positiv und Q_r negativ ist.

Das Biegungsmoment in einem beliebigen Punkte des Trägers ist gleich der algebraischen Summe der statischen Momente aller links bzw. rechts vom betrachteten Querschnitt angreifenden Kräfte (S. 173):

$$M_l = A x - P_1 p_1 - P_2 p_2$$

und

$$M_r = B(l - x) - P_3 p_3 - P_4 p_4 - P_5 p_5 - P_6 p_6 ,$$

wenn $p_1 \ldots p_6$ die Hebelarme von $P_1 \ldots P_6$ in bezug auf den betrachteten Querschnitt sind. Das Biegungsmoment ist positiv, wenn sich der Träger infolge des Momentes nach unten, negativ, wenn er sich nach oben durchbiegt (Fig. 31). Es ist $M_l = M_r$ und soll im folgenden mit M bezeichnet werden.

Werden die Biegungsmomente bzw. die Querkräfte zu jedem Querschnitt als Ordinaten aufgetragen, so ergibt sich die Momentenfläche Fig. 30a bzw. die Querkraftfläche Fig. 30b.

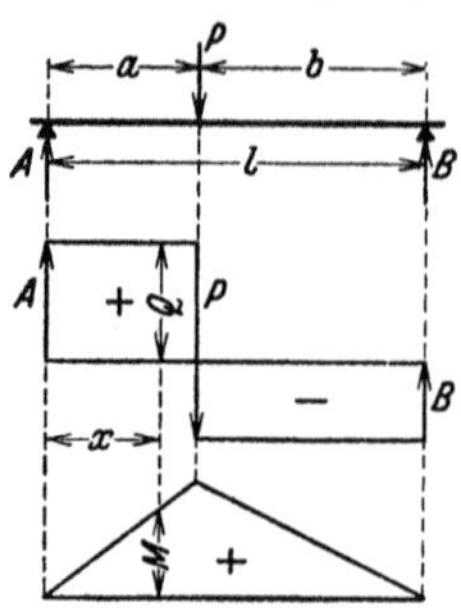

Fig. 32.

Da bei einer stetigen Belastung die Ableitung des Biegungsmoments gleich der Querkraft ist (S. 85), so hat das Biegungsmoment den größten oder kleinsten Wert, wenn die Querkraft verschwindet (S. 72). Bei Einzellasten wird das Biegungsmoment am größten oder kleinsten, wenn die Querkraft das Vorzeichen wechselt. Die Momentenlinie ist die Integralkurve der Querkraftlinie und diese die Integralkurve der Belastungskurve (s. Beispiel 7 und S. 84 u. 85).

Das statische Moment der Resultierenden $Q_l = A - P_1 - P_2$ ist gleich der Summe der statischen Momente der Einzelkräfte A, P_1 und P_2:

$$M = Q_l q;$$

der Hebelarm q kann nach Fig. 30a mit Hilfe des Kraft- und Seilecks bestimmt werden, wenn man die äußersten Seilstrahlen s' und III' zum Schnitt bringt. Aus der Ähnlichkeit der Dreiecke, welche von diesen Seilstrahlen und den entsprechenden Polstrahlen s und III gebildet werden, folgt:

$$y : q = Q : H \quad \text{oder} \quad Qq = yH = M .$$

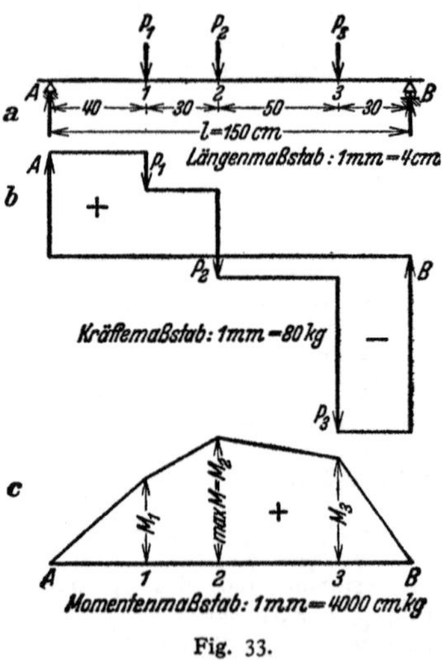

Fig. 33.

Das Biegungsmoment ist gleich dem Produkt aus der Ordinate y, gemessen im Längenmaßstab, und der Polweite H, gemessen im Kräftemaßstab. Ist der Längenmaßstab 1 mm = a cm, der Kräftemaßstab 1 mm = b kg und der Polabstand H mm, so ist der Momentenmaßstab, d. h. der Maßstab, in dem die Ordinaten des Seilecks zu messen sind,

$$1 \text{ mm} = abH \text{ cm kg}.$$

Die Momentenfläche kann also zeichnerisch mit Hilfe des Seilecks nach Fig. 30 bestimmt werden.

Beispiele: 1. Einzellast. Sind a und b die Entfernungen der Kraft P von den Auflagern A und B (Fig. 32), so ist $A = Pb/l$ und $B = Pa/l$. Die Querkraftfläche zeigt, daß im Angriffspunkt der Kraft das größte Biegungsmoment auftritt; es ist

$$\max M = Aa = Bb = Pab/l .$$

Wirkt die Einzelkraft in der Mitte des Trägers, so ist mit $a = b = l/2$

$$\max M = Pl/4 .$$

2. Mehrere Einzellasten (Fig. 33a). Der Träger ist mit $P_1 = 300$ kg, $P_2 = 700$ kg und $P_3 = 1200$ kg belastet. a) Rechnerische Lösung: In bezug auf A ergibt sich die Momentengleichung $B \cdot 150 = P_1 \cdot 40 + P_2 \cdot 70 + P_3 \cdot 120$ und damit

$$B = (300 \cdot 40 + 700 \cdot 70 + 1200 \cdot 120)/150 = 1367 \text{ kg}.$$

Mit $A + B = P_1 + P_2 + P_3 = 2200$ kg wird $A = 2200 - B = 2200 - 1367 = 833$ kg. Daraus folgt die Querkraftfläche nach Fig. 33b: Zwischen A und 1 ist $Q = A = 833$ kg; zwischen 1 und 2 ist $Q = A - P_1 = 833 - 300 = 533$ kg usw. Die Querkraft wechselt bei 2 das Vorzeichen; an dieser Stelle liegt daher das größte Biegungsmoment Es ist $\max M = A \cdot 70 - P_1 \cdot 30$

$= 58300 - 9000 = 49300$ cmkg. Ferner ist

$$M_A = 0 \text{ cmkg},$$

$$M_1 = +A \cdot 40 = +833 \cdot 40 = 33\,300 \text{ cmkg}, \quad M_3 = +B \cdot 30 = +1367 \cdot 30 = 41\,000 \text{ cmkg},$$

$$M_B = 0 \text{ cmkg}.$$

Durch geradlinige Verbindung der Endpunkte entsteht die Momentenfläche (Fig. 33c).

b) Zeichnerische Lösung (Fig. 34). Nach Wahl eines Kräftemaßstabes werden die Kräfte P_1, P_2 und P_3 nach Größe und Richtung aneinandergetragen. Links (oder rechts) von dieser Geraden wird der beliebig gelegene Pol des Kräftezuges gewählt und mit den Anfangs- und Endpunkten von P_1, P_2 und P_3 verbunden. Es entstehen so die Polstrahlen $1'$, $2'$, $3'$ und $4'$.

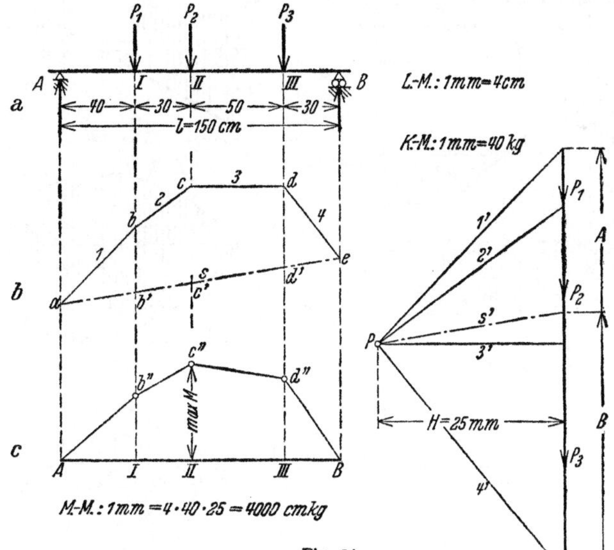

Fig. 34.

Dann wird durch den beliebig auf der Wirkungslinie von A angenommenen Punkt a (Fig. 34b) parallel zu dem Polstrahl $1'$ der Strahl 1 gezogen, der die Wirkungslinie von P_1 im Punkte b schneiden möge. Durch b wird parallel zu $2'$ die Linie 2 gezogen, die die Wirkungslinie von P_2 im Punkte c schneiden möge. Durch c wird parallel zu $3'$ die Linie 3 gezogen, die die Wirkungslinie vor P_3 im Punkte d trifft und schließlich durch d eine Parallele 4 zum Polstrahl $4'$. Die Geraden $1, 2, 3, 4$ heißen Seilstrahlen. Der gebrochene Linienzug $abcde$ Seileck oder Seilpolygon.

Die Gerade s, die Anfang und Ende des Seilpolygons verbindet, heißt Schlußlinie. Wird durch den Pol P eine Parallele s' zu s gezogen, so schneidet diese auf dem Kräftezuge P_1, P_2, P_3 die Auflagerkräfte A und B ab. Wir erhalten für A den Wert 840 kg, für B 1360 kg, in guter Übereinstimmung mit den rechnerisch gefundenen Werten.

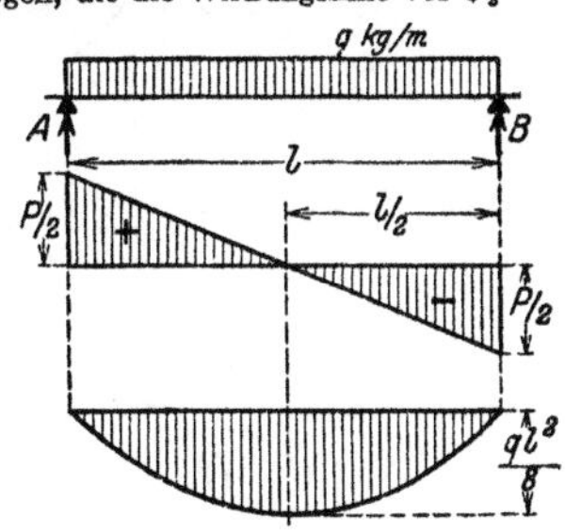

Fig. 35.

Zur Kontrolle der Zeichnung beachte man folgende Regel: Die Kraft P_2 liegt zwischen den Polstrahlen $2'$ und $3'$; entsprechend schneiden sich die Seilstrahlen 2 und 3 auf der Wirkungslinie von P_2. Diese Regel gilt auch für die Auflagerkräfte. Da sich die Strahlen 1 und s auf der Wirkungslinie von A schneiden, so liegt A zwischen dem Polstrahl $1'$ und der Parallelen s' zur Schlußlinie. Ebenso liegt B zwischen s' und $4'$, weil sich s und 4 im Punkte e schneiden, der auf der Wirkungslinie von B liegt.

Die Wirkungslinien von P_1, P_2 und P_3 schneiden im Seileck die Strecken bb', cc' und dd' ab. Diese stellen nach Fig. 30 bereits die Momente dar, so daß $abcdea$ (Fig. 34b) als Momentenfläche angesehen werden kann. Ein beliebiger Schnitt parallel zu den Kräften schneidet eine Strecke aus, die das Biegemoment an dieser Stelle darstellt. Trägt man die Strecken bb' usw. von einer Waagerechten AB (Fig. 34c) in den Punkten I, II, III der Wirkungslinien der Kräfte senkrecht nach oben ab, so erhält man in $Ab''c''d''B$ die gleiche Momentenfläche wie in Fig. 33c.

Für das gewählte Beispiel ist die Berechnung des Momentenmaßstabes in der Zeichnung angegeben. Die Strecke $II c''$ ist 12,4 mm lang. Folglich ist, weil 1 mm Zeichenlänge einem Biegungsmoment von 4000 cmkg entspricht, $\max M = 12{,}4 \cdot 4000 = 49600$ cmkg, in guter Übereinstimmung mit dem rechnerisch ermittelten Wert 49300 cmkg.

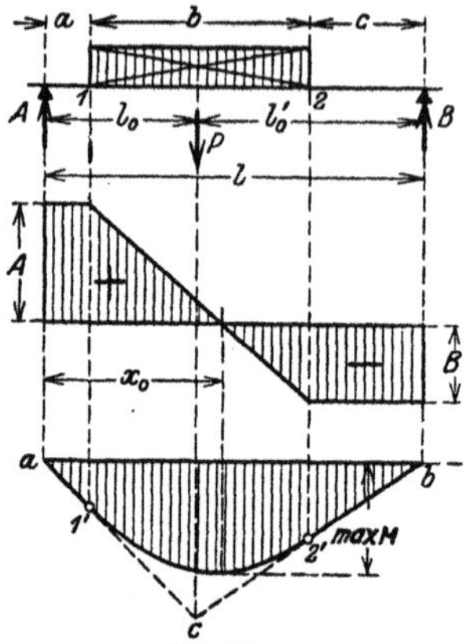

Fig. 36.

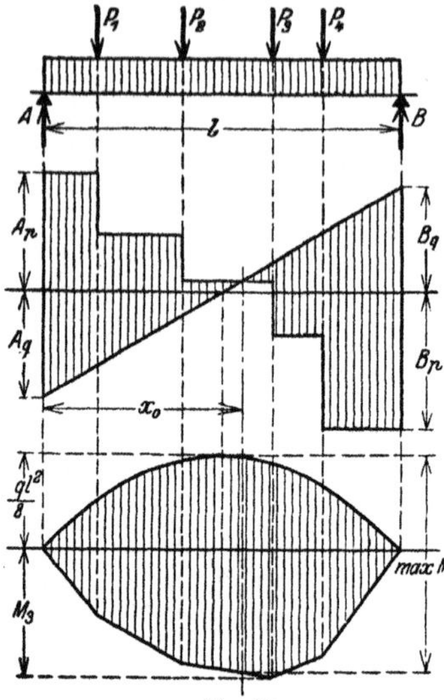

Fig. 37.

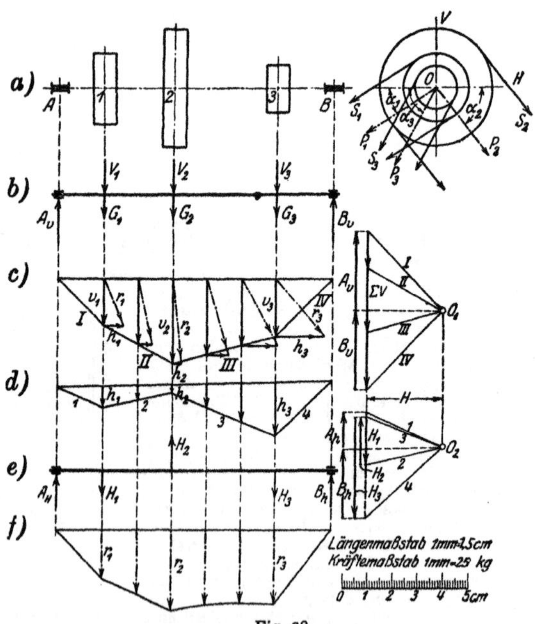

Fig. 38.

3. **Gleichförmig verteilte Last** $P = ql$ (Fig. 35). Die Querkraft in der Entfernung x vom Auflager A ist

$$Q = A - qx = ql/2 - qx = P/2 - Px/l.$$

Die Querkraftlinie ist eine Gerade, die senkrecht unter A die Strecke $P/2$ und unter B die Strecke $-P/2$ abschneidet. Die Momentenlinie ist eine Parabel mit der Pfeilhöhe $ql^2/8$.

4. Der Träger ist durch **Streckenlast** belastet (Fig. 36), vgl. S. 110, Fig. 101. Die Querkraftlinie ist für den unbelasteten Träger $A\,1$ eine Waagerechte im Abstand A, zwischen 1 und 2 eine Gerade, die sich auf der Strecke b um P senkt, zwischen 2 und B eine Waagerechte, die Querkraft ist gleich $-B$. Die Momentenlinie setzt sich aus zwei Geradenstücken $a\,1'$, $2'\,b$ und einer Parabel zusammen (zeichn. Lösung S. 110). Das größte Moment $M_{\max}$ liegt bei $x=x_0$, da dort die Querkraft gleich Null ist.

5. **Einzelkräfte und gleichförmig verteilte Last** (Fig. 37). Die resultierende Querkraftfläche ergibt sich durch Addition der Einzelordinaten; man erhält sie zeichnerisch am besten, wenn man die Ordinaten infolge der gleichförmig verteilten Last in entgegengesetzter Richtung aufträgt. In gleicher Weise verfährt man beim Aufzeichnen der Momentenlinie. Das Maximalmoment liegt bei x_0, da dort die Querkraft das Vorzeichen wechselt.

6. **Beliebig gerichtete Einzellasten** senkrecht zur Achse. Man zerlege jede Kraft nach waagerechter und senkrechter Richtung und entwerfe für beide Lastgruppen getrennt Querkraft- und Momentenlinie. Die geometrische Addition der Einzelwerte ergibt die wirklichen Querkräfte und Momente.

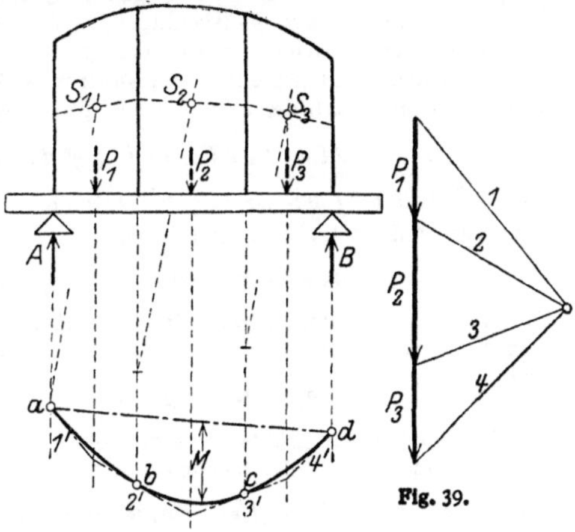

Fig. 39.

Die Zerlegung der angreifenden Kräfte nach Fig. 38 in senkrechter (V) und waagerechter Richtung (H) ergibt

$$V_1=P_1\sin\alpha_1;\quad V_2=P_2\sin\alpha_2;$$
$$V_3=P_3\sin\alpha_3.\quad H_1=P_1\cos\alpha_1;$$
$$H_2=P_2\cos\alpha_2;\quad H_3=P_3\cos\alpha_3.$$

Für die Belastung V, zu der das Gewicht der Scheiben tritt, wird die Momentenfläche entworfen (Fig. 38 a), ebenso zur Belastung H (Fig. 38 b). Aus den Ordinaten v und h wird r geometrisch als Hypotenuse bestimmt. Trägt man die Größen r von einer Waagerechten aus ab (Fig. 38 f), so erhält man die in die Zeichenebene zurückgeklappte resultierende Momentenfläche. Aus ihr ergibt sich $\max M$. Mit den Maßstäben der Fig. 38: $H=30$ mm und $r_2=32$ mm wird nach S. 356

$$\max M = a\,b\,H\,r_2 = 1{,}5\cdot 25\cdot 30\cdot 32 = 36000 \text{ cmkg}.$$

7. Der Träger ist durch eine Last beliebiger Form belastet. Nach Fig. 39 zerlegt man die gesamte Last in schmale Streifen, deren Gewichte P_1, P_2, P_3 im Schwerpunkt der Belastungsfläche angreifen. Meist genügt es, die Teilflächen durch Trapeze, Rechtecke oder Dreiecke zu ersetzen. Die Punkte a, b, c und d senkrecht unter den Trennungslinien der Flächenstreifen sind Berührungspunkte der wirklichen M-Linie. Man kann auch durch rechnerische Integration bei bekanntem Lastverteilungsgesetz (S. 84 u. 85) oder durch graphische Integration nach S. 158 bei beliebigem Gesetz die Momentenfläche finden.

8. Träger mit Kragarm und Einzelkräften s. S. 367, Fig. 50.

2. Biegungsspannungen und Formänderungen.

Die Ebene des angreifenden Kräftepaares geht durch eine Hauptachse des Querschnittes.

a) Biegungsspannungen. Der Träger der Fig. 40 werde durch positive Momente auf Biegung beansprucht, also nach unten durchgebogen (Fig. 31, S. 355). Die Erfahrung zeigt, daß die obere Faserschicht eine Verkürzung, die untere Faserschicht dagegen eine Verlängerung erfährt. Zwischen beiden Schichten muß sich eine Faserschicht befinden, die ihre ursprüngliche Länge beibehält; sie heißt **neutrale Faser** und schneidet jeden Querschnitt in einer Geraden, die **neutrale Achse des Querschnittes** oder **Nullinie** genannt wird.

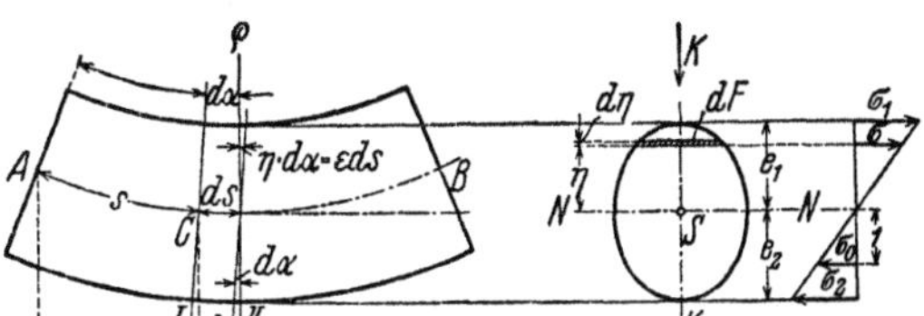

Fig. 40.

Es wird angenommen, daß die Querschnitte eben bleiben, daß die Spannungen verhältnisgleich den Entfernungen von der neutralen Achse sind und daß das Hookesche Gesetz befolgt wird. Ist σ_0 die Spannung in der Entfernung 1, so wirkt auf das Flächenteilchen dF in Fig. 40 die Spannung $\sigma = \eta\,\sigma_0$ und daher die Kraft $\eta\,\sigma_0\,dF$. Nach der ersten Gleichgewichtsbedingung $\Sigma X_i = 0$ muß also

$$\int \eta\,\sigma_0\,dF = \sigma_0 \int \eta\,dF = 0$$

sein. Da $\int \eta\,dF$ gleich dem statischen Moment der Fläche F, bezogen auf die Nullinie, ist und dieses gleich Null sein soll, muß die Nullinie eine Schwerlinie sein, d. h. durch den Schwerpunkt gehen (S. 179).

Die zweite Gleichgewichtsbedingung $\Sigma Y_i = 0$ würde auf Schubspannungen führen, die hier vernachlässigt werden (s. S. 395 u. S. 407).

Ist M das Biegungsmoment der äußeren Kräfte für den betrachteten Querschnitt, so muß nach der dritten Gleichgewichtsbedingung $\Sigma M_i = 0$.

$$M = \int \sigma\,dF\,\eta = \int \sigma_0\,\eta^2\,dF = \sigma_0 \int \eta^2\,dF$$

sein. $\int \eta^2\,dF = J$ ist das auf die Nullinie bezogene axiale Trägheitsmoment des Querschnittes (S. 369). Daher wird

$$\sigma_0 = M/J \quad \text{oder} \quad \sigma = \eta \cdot \sigma_0 = \eta \cdot M/J.$$

Die größten Spannungen treten in den Außenfasern auf. Haben diese die Abstände e_1 und e_2 von der neutralen Achse, so werden die entsprechenden Spannungen

$$\sigma_1 = e_1 \cdot M/J \quad \text{und} \quad \sigma_2 = e_2 \cdot M/J.$$

In Fig. 40 ist σ_1 die größte Druckspannung, σ_2 die größte Zugspannung.

Führt man die Widerstandsmomente

$W_1 = J/e_1$ und $W_2 = J/e_2$ ein, so wird $\sigma_1 = M/W_1$ und $\sigma_2 = M/W_2$.

Die Festigkeitsbedingungen lauten

$$\sigma_1 \leqq \sigma_{d\,zul} \quad \text{und} \quad \sigma_2 \leqq \sigma_{z\,zul}.$$

Ist die Nullinie eine Symmetrielinie des Querschnittes und daher $e_1 = e_2 = e$, und ist ferner $\sigma_{z\,zul} = \sigma_{d\,zul} = \sigma_{zul}$ (Flußstahl)[1]), so muß

$$\max\sigma = M/W \leqq \sigma_{zul} \quad \text{sein mit} \quad W = J/e.$$

Beispiel: Das größte Biegungsmoment sei

$$\max M = 95\,000 \text{ cmkg}.$$

Die zulässige Biegungsspannung $\sigma_{zul} = 900$ kg/cm² erfordert

$$W = 95\,000/900 \approx 106 \text{ cm}^3.$$

Ausführungen: 1. I-Eisen NP 16 mit $W_x = 117$ cm³ und $q = 17{,}9$ kg/m

$$\max\sigma = 95\,000/117 \approx 810 \text{ kg/cm}^2.$$

2. [-Eisen NP 16 mit $W_x = 116$ cm³ und $q = 18{,}8$ kg/m

$$\max\sigma = 95\,000/116 \approx 820 \text{ kg/cm}^2.$$

3. ⅃L-Eisen 140/140/13 mit $W_1 = \dfrac{2 \cdot 638}{14 \cdot 3{,}92} \approx 127$ cm³; $W_2 = \dfrac{2 \cdot 638}{3{,}92} = 325$ cm³; $q = 2 \cdot 27{,}5$ kg/m;

$$\max\sigma = \sigma_1 = 95\,000/127 = 750 \text{ kg/cm}^2; \quad \sigma_2 = 95\,000/325 \approx 290 \text{ kg/cm}^2.$$

4. Kreisquerschnitt mit $d = 103$ mm. $W = 107{,}3$ cm³ (Tafel S. 377) und $q = 65{,}2$ kg/m.

$$\max\sigma = 95000/107{,}3 = 885 \text{ kg/cm}^2.$$

b) Träger gleichen Widerstandes gegen Biegung haben für jeden Querschnitt dieselbe größte Spannung $\max\sigma = \sigma_{zul}$ (vgl. Tafel S. 361 u. 362). In Fig. 41

[1]) Für Gußeisen vgl. S. 654.

soll der am Ende durch die Kraft P belastete Freiträger mit rechteckigem Querschnitt als Träger gleicher Biegungsfestigkeit ausgebildet werden. Es ist

$$M_x = P \cdot x, \qquad W_x = b y^2/6.$$

Die Gleichung der Begrenzungslinie folgt aus der Bedingung

$$\frac{M_x}{W_x} = \sigma_x = \sigma_{zul} \quad \text{zu} \quad y^2 = \frac{6P}{b\,\sigma_{zul}}\,x,$$

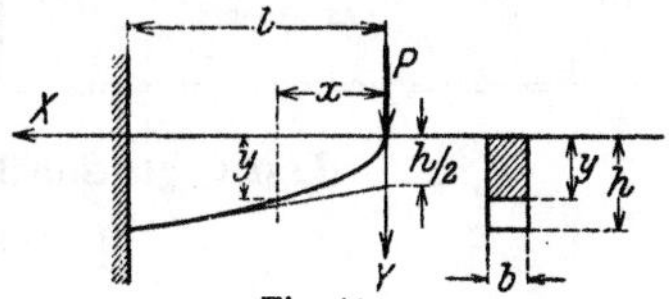

Fig. 41.

d. h. die Begrenzungslinie ist eine Parabel, deren Scheitel in dem Endpunkte des Freiträgers liegt. Die Höhe h des Querschnittes an der Einspannstelle ergibt sich aus y für $x = l$ zu

$$h = \sqrt{6Pl/b\,\sigma_{zul}}\,.$$

Die parabolische Form des Freiträgers findet sich bei Konsolen. Als angenäherte Form wählt man häufig die Tangente an die theoretisch gefundene Kurve zur Begrenzungslinie (Fig. 41).

c) Differentialgleichung der elastischen Linie. Die ursprünglich gerade Stabachse biegt sich infolge der Belastung durch, die hierdurch entstehende Kurve heißt elastische Linie. Da die Querschnitte eben bleiben sollen, bilden die um ds entfernten Querschnitte I und II (Fig. 42) den Winkel $d\alpha$

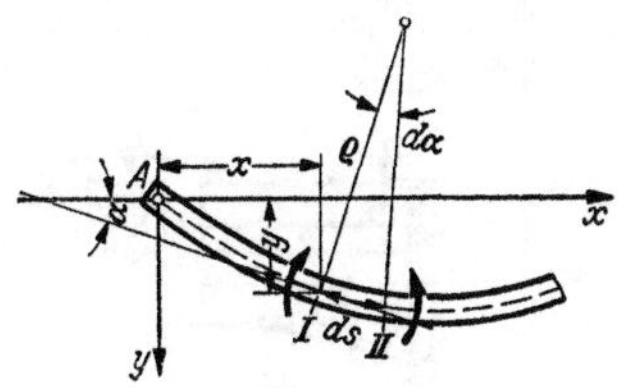

Fig. 42.

Nr.	Längs- und Querschnitt des Trägers	Querschnitte	Begrenzung des Längsschnittes	Formeln zur Berechnung der Querschnitt-Abmessungen
		Die Last P greift am Ende des Trägers an.		
1 a	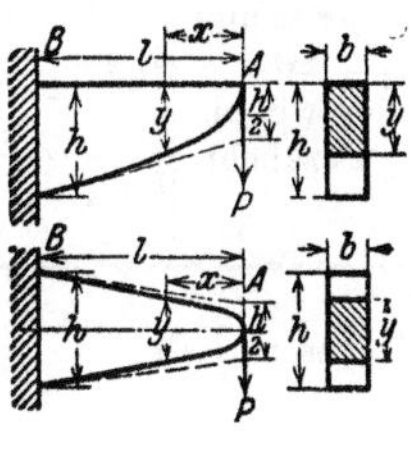	Rechtecke von gleicher Breite b und veränderlicher Höhe y.	1 a. Obere Begrenzung: Gerade; untere Begrenzung: gewöhnl. Parabel.	$y^2 = \frac{6P}{b\,\sigma_{zul}}\,x.$ $h = \sqrt{\frac{6Pl}{b\,\sigma_{zul}}}.$
1 b			1 b. Gewöhnl. Parabel.	Durchbiegung in A: $f = \frac{8P}{bE}\left(\frac{l}{h}\right)^3.$
2	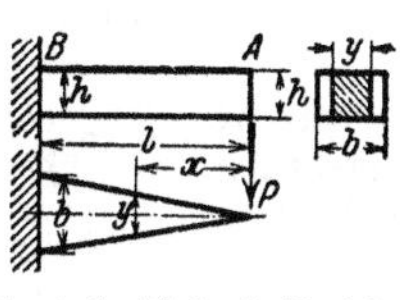 (Elastische Linie ein Kreisbogen.)	Rechtecke von gleicher Höhe h und veränderlicher Breite y.	Gerade Linie.	$y = \frac{6P}{h^2\,\sigma_{zul}}\,x.$ $b = \frac{6Pl}{h^2\,\sigma_{zul}}.$ Durchbiegung in A: $f = \frac{6P}{bE}\left(\frac{l}{h}\right)^3.$
3	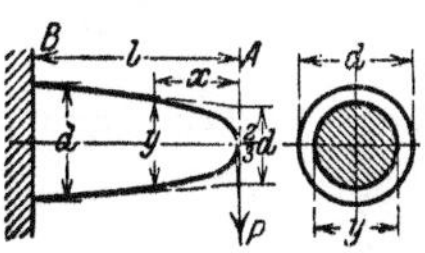	Kreise vom Durchmesser y.	Kubische Parabel (s. Math. S. 113).	$y^3 = \frac{32P}{\pi\,\sigma_{zul}}\,x.$ $d = \sqrt[3]{\frac{32Pl}{\pi\,\sigma_{zul}}}.$

Nr.	Längs- und Querschnitt des Trägers	Querschnitte	Begrenzung des Längsschnittes	Formeln zur Berechnung der Querschnitt-Abmessungen
	Last Q gleichmäßig über den Träger verteilt.			
4.	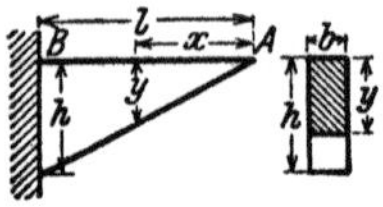	Rechtecke von gleicher Breite b und veränderlicher Höhe y.	Gerade Linie.	$y = x\sqrt{\frac{3Q}{b\,l\,\sigma_{zul}}}$. $h = \sqrt{\frac{3Ql}{b\,\sigma_{zul}}}$.
5.	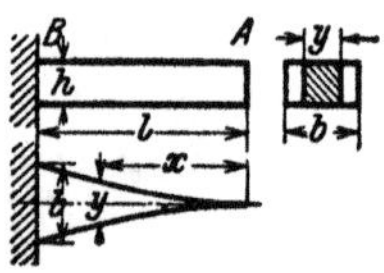 (Elastische Linie ein Kreisbogen.)	Rechtecke von gleicher Höhe h und veränderlicher Breite y.	Gewöhnl. Parabel.	$y = \frac{3Q}{l\,\sigma_{zul}}\,\frac{x^2}{h^2}$. $b = \frac{3Ql}{\sigma_{zul}\,h^2}$. Durchbiegung in A: $f = \frac{3P}{bE}\left(\frac{l}{h}\right)^3$.
	Die Last P wirkt in C.			
6.	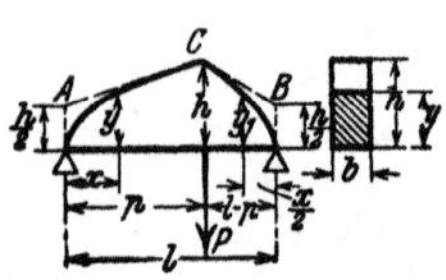	Rechtecke von gleicher Breite b und veränderlicher Höhe y.	Obere Begrenzung: zwei gewöhnl. Parabeln.	$y^2 = \frac{6P(l-p)}{b\,l\,\sigma_{zul}}\,x$. $y_1^2 = \frac{6Pp}{b\,l\,\sigma_{zul}}\,x_1$. $h = \sqrt{\frac{6P(l-p)p}{b\,l\,\sigma_{zul}}}$.
	Last Q gleichmäßig über den Träger verteilt.			
7.	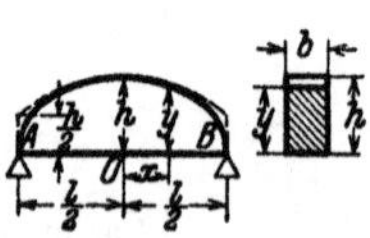	Rechtecke von gleicher Breite b und veränderlicher Höhe y.	Obere Begrenzung: Ellipse.	$\frac{x^2}{\left(\frac{l}{2}\right)^2} + \frac{y^2}{\frac{3Ql}{4b\,\sigma_{zul}}} = 1$. $h = \sqrt{\frac{3Ql}{4b\,\sigma_{zul}}}$. Durchbiegung in Q: $f = \frac{1}{64}\,\frac{Ql^3}{EJ}$ $= \frac{3}{16}\,\frac{Q}{bE}\left(\frac{l}{h}\right)^3$. [1]

[1]) Bei ausgeführten Blechträgern von nahezu gleichem Widerstande gegen Biegung ist nach R. Land

$$f = \frac{1}{70}\,\frac{Ql^3}{EJ} = \frac{6}{35}\,\frac{Q}{bE}\left(\frac{l}{h}\right)^3.$$

und sind die dicht benachbarten Normalen der Biegelinie. Diese schneiden sich im Krümmungsmittelpunkt (S. 97). Ist $\eta\, d\alpha$ die Verlängerung der Faser im Abstand η (Fig. 40), so wird die Dehnung

$$\varepsilon = \eta\, d\alpha/ds = \eta \cdot d\alpha/ds$$

mit ds als ursprünglicher Länge. Nun ist $d\alpha/ds$ die Krümmung der elastischen Kurve (S. 96), d. h. es ist $d\alpha/ds = k = 1/\varrho$, also $\varepsilon = \eta k$.

Nach dem Hookeschen Gesetz gilt $\varepsilon = \sigma/E$ oder $\sigma = E \cdot \varepsilon$, so daß $\sigma = E\eta k$. Andererseits war $\sigma = \eta \cdot M/J$ (S. 360); dies eingesetzt ergibt

$$k = 1/\varrho = M/EJ$$

als „natürliche Gleichung" der elastischen Linie. Da α bei dem gewählten Koordinatensystem abnimmt, also $d\alpha$ negativ ist, ist die Krümmung als negativ anzusehen (vgl. auch Fig. 71, 72, S. 97). Damit wird

$$k = 1/\varrho = -y''/(1 + y'^2)^{\frac{3}{2}} = M/EJ.$$

Für kleine Durchbiegungen kann $y'^2 = \mathrm{tg}^2\,\alpha$ gegenüber 1 vernachlässigt werden; also folgt

$$y'' = d^2y/dx^2 = -M/EJ$$

als Differentialgleichung der elastischen Linie (Vorzeichen von M s. Fig. 31, S. 355). $y' = \mathrm{tg}\,\alpha$ ist die Steigung und α der Steigungswinkel der elastischen Linie. Da y' klein ist, gilt $y' \approx \hat{\alpha}$[1]), wenn $y' > 0$ und $y' \approx \pi - \hat{\alpha}$, wenn $y' < 0$.

Je nach Wahl des Koordinatensystems ist in $k = 1/\varrho = M/EJ$ das Vorzeichen von k und damit von y'' positiv oder negativ zu wählen, vgl. Fig. 43a—d.

Beispiel: Für den Freiträger nach Fig. 44 mit gleichbleibendem Querschnitt ist $M = -P(l - x)$ und daher

$$y'' = \frac{P}{EJ}(l - x).$$

Die Integration ergibt

$$y' = \frac{P}{EJ}\left(lx - \frac{x^2}{2}\right) + C_1.$$

Die Integrationskonstante C_1 ist gleich Null, da für $x = 0$ auch $\mathrm{tg}\,\alpha = y' = 0$ sein muß. Aus

$$y' = \frac{P}{EJ}\left(lx - \frac{x^2}{2}\right)$$

folgt durch Integration

$$y = \frac{P}{EJ}\left(l\frac{x^2}{2} - \frac{x^3}{6}\right) + C_2.$$

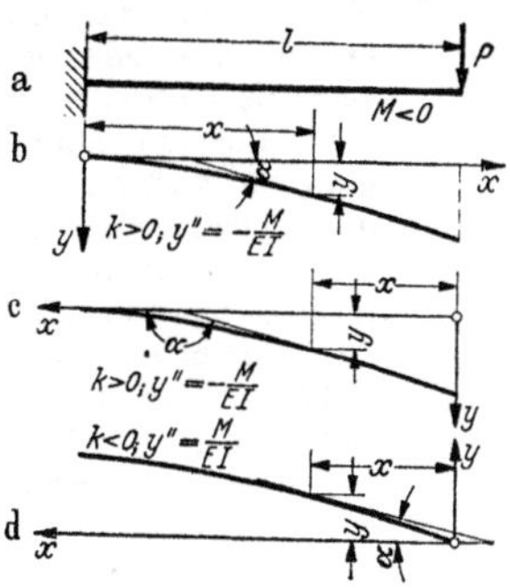

Fig. 43.

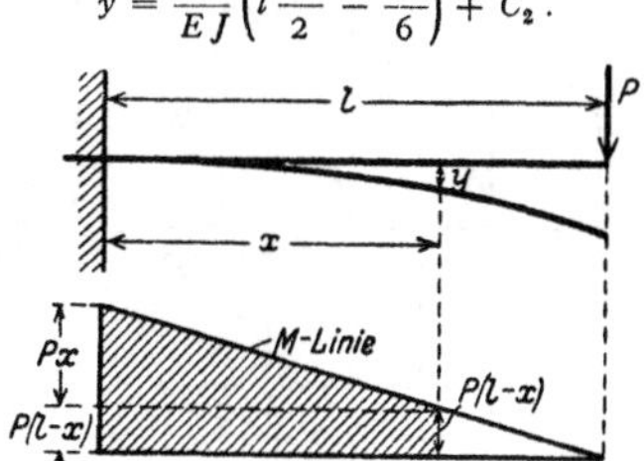

Fig. 44.

Auch C_2 ist gleich Null, da y für $x = 0$ verschwindet; es ist

$$y = \frac{P}{EJ}\left(l\frac{x^2}{2} - \frac{x^3}{6}\right) = \frac{Pl^3}{2EJ}\left[\left(\frac{x}{l}\right)^2 - \frac{1}{3}\left(\frac{x}{l}\right)^3\right].$$

Aus $y' \approx \hat{\alpha}$ folgt für $x = l$, daß $\hat{\alpha}_l \approx Pl^2/2EJ$.

Die Lösung für die Lage des Koordinatensystems nach Fig. 43d, vgl. Math. S. 87; s. a. S. 380 bis 383.

d) Zeichnerische Ermittlung der Durchbiegungen nach Mohr. Ein vollkommen biegsames Seil sei nach Fig. 45 durch eine stetige Last q in kg/m belastet; die Belastungsfläche wird in schmale Streifen von der Breite dx parallel zur Richtung der Kräfte zerlegt, dann ist $q\,dx$ die Belastung der kleinen

[1]) $\hat{\alpha}$ ist der Winkel im Bogenmaß.

Strecke dx, die als Einzelkraft im Schwerpunkte des Flächenstreifens aufgefaßt werden kann. Zu diesen Einzelkräften zieht man mit Hilfe des Kraftecks (Fig. 45) ein Seileck, das für verschwindend schmale Streifen in die Seilkurve übergeht.

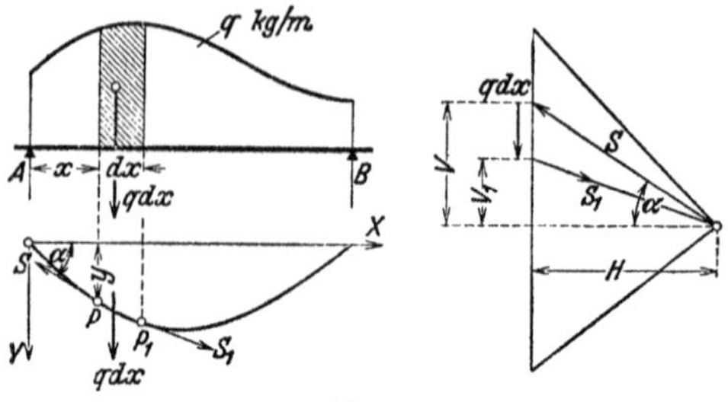

Fig. 45.

Der Last $q\,dx$ müssen die Kräfte S in P und S_1 in P_1 das Gleichgewicht halten. S wird in V und H, die Kraft S_1 in V_1 und H zerlegt; der Horizontalzug H ist an jeder Stelle des Seiles gleich groß. Nach Fig. 45 ist

$$\operatorname{tg}\alpha = y' = V/H$$

und daher

$$y'' = V'(x)/H.$$

Es wird aber $dV = V_1 - V = -q\,dx$, also $V' = dV/dx = -q\,dx/dx = -q$.

Somit ist

$$y'' = -q/H$$

die Differentialgleichung der Seilkurve. Sie kann durch rechnerische oder zeichnerische Integration gelöst werden.

Nun stimmt die Differentialgleichung $y'' = -M/EJ$ der elastischen Linie (S. 363) mit der Differentialgleichung $y'' = -q/H$ der Seilkurve überein, wenn man

a) die Belastung $q = M/J$ und den Polabstand $H = E$ oder aber

b) bei konstantem Trägheitsmoment $q = M$ und $H = EJ$ wählt. Hieraus folgt, daß man die Biegelinie als Seilkurve einer gedachten Belastung ermitteln kann:

Nach Fig. 46 belastet man z. B. den Träger mit der M/J-Fläche, zerlegt diese in schmale Streifen und faßt ihre Inhalte als Kräfte auf, die in ihren Schwerpunkten angreifen. In dem hierzu entworfenen Seileck sind die Ordinaten y ein Maß für die Durchbiegungen. Wird die Einheit der Flächenkräfte gleich 1 mm genommen und $H = E$ mm, so erscheinen die Durchbiegungen im gleichen Maßstab wie die Balkenlänge. Um die Durchbiegungen größer zu erhalten (z. B. n-fach), muß der Polabstand H kleiner (gleich H/n) gewählt werden. Gleiches gilt, wenn die M-Fläche als Belastung gewählt und der Polabstand $H = EJ$ gemacht wird. — Die Flächenkräfte haben bei der M/J-Fläche die Dimension $\frac{\text{kg cm}}{\text{cm}^4} \cdot \text{cm} = \text{kg cm}^{-2}$, bei der M-Fläche $\text{kg cm} \cdot \text{cm} = \text{kg cm}^2$.

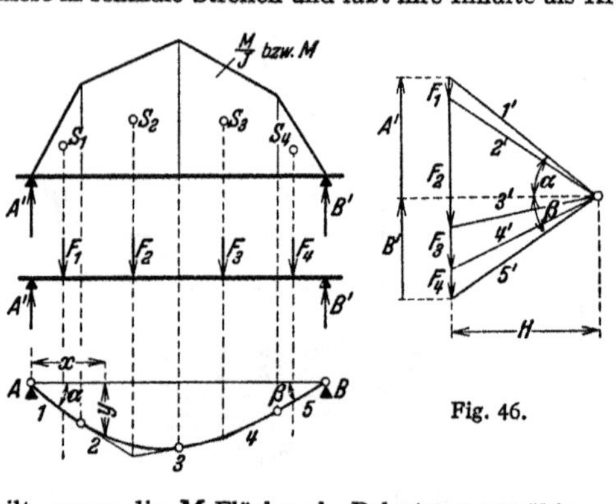

Fig. 46.

Maßstäbe: Ist 1 mm $= a$ cm der Längenmaßstab, 1 mm $= d\,\text{kg cm}^{-2}$ der Maßstab der Flächenkräfte bei der M/J-Fläche, 1 mm $= b\,\text{kg cm}^2$ der für die M-Fläche und ist der Polabstand gleich H mm, so folgt

a) bei Belastung mit der M/J-Fläche 1 mm $= a\,d\,H/E$ cm,

b) bei Belastung mit der M-Fläche 1 mm $= a\,b\,H/EJ$ cm

als Maßstab für die elastische Linie.

Im ersten Fall wäre der Polabstand durch E/d mm dargestellt. Wird aber der Polabstand gleich H mm gewählt, so werden die Ordinaten y im Verhältnis $E/d : H = E/Hd$ größer, und damit wird der Maßstab für die Durchbiegung

$$1\ \text{mm} = \frac{a}{E/Hd} = \frac{adH}{E}\ \text{cm}.$$

Gleiches gilt für den zweiten Fall.

Anmerkung: Beim Freiträger, Fig. 47a, ist es zweckmäßig, zur Ermittlung der Momentenlinie, Fig. 47b, den Pol O auf der durch den Endpunkt der letzten Kraft gehenden Waagerechten 4′ anzunehmen und ebenso bei Ermittlung der Durchbiegungen, Fig. 47d, den Pol O' in gleiche Höhe mit dem Anfang des Kraftzuges zu legen. Man vermeidet dadurch die Umzeichnung für horizontale Schlußlinien.

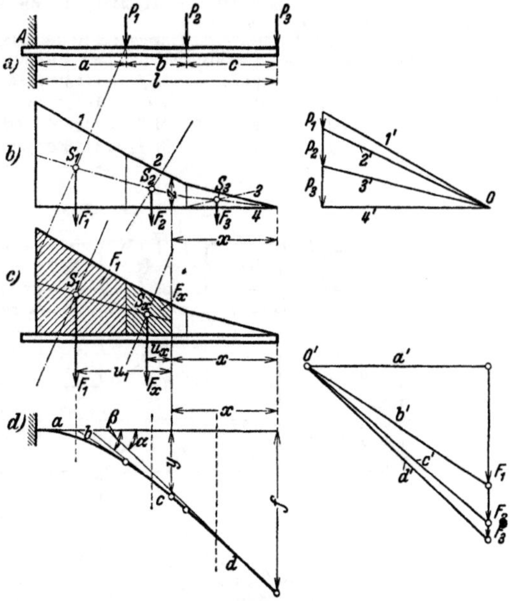

Fig. 47.

Beispiele: 1. Träger auf zwei Stützen mit unveränderlichem Querschnitt, (Fig. 48a). Die belastenden Kräfte werden aneinandergereiht, das Seileck Fig. 48b entworfen und die Schlußlinie waagerecht gelegt (Fig. 48c). Die belastenden Flächen F des Hilfsträgers Fig. 48d werden in mm² berechnet und nach Wahl eines Maßstabes der Form 1 mm = c mm² zum Kräftezug aneinandergereiht. Sämtliche Maßstäbe sind in der Fig. 48 angegeben. Wahre Punkte der elastischen Linie liegen senkrecht unter den Trennlinien der Flächen F (Fig. 48c) auf der zweiten Seilkurve; in diesen Punkten I, II und III berührt die Seilkurve die elastische Linie.

2. Träger auf zwei Stützen mit veränderlichem Querschnitt und Einzellast (Fig. 49). Rechnerisch-zeichnerische Lösung.

Das maximale Biegungsmoment ist

$$\max M = 5000 \cdot 70 \cdot 50/120 = 145\,800\ \text{cmkg}.$$

Die Momentenfläche ist ein Dreieck mit der Höhe $\max M$; die Tragfähigkeit der einzelnen Querschnitte ist mit einer zulässigen Biegungsspannung $\sigma_{zul} = 400\ \text{kg/cm}^2$

$$M_{100} = W \cdot \sigma_{zul} = 98{,}17 \cdot 400 = 39\,300\ \text{cmkg},$$

$$M_{120} = W \cdot \sigma_{zul} = 169{,}6 \cdot 400 = 67\,800\ \text{cmkg},$$

$$M_{140} = W \cdot \sigma_{zul} = 269{,}4 \cdot 400 = 107\,800\ \text{cmkg},$$

$$M_{160} = W \cdot \sigma_{zul} = 402{,}1 \cdot 400 = 160\,800\ \text{cmkg}.$$

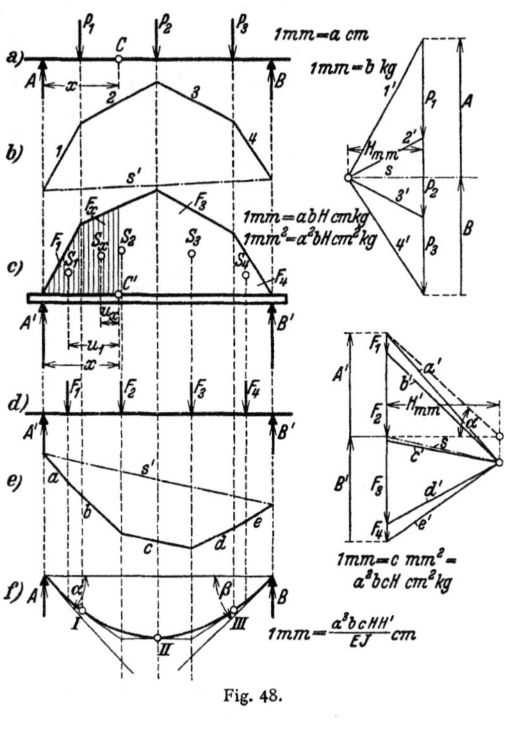

Fig. 48.

Fig. 49b gibt das Schaubild der Tragfähigkeit; die Momentenlinie muß innerhalb des gebrochenen Linienzuges verlaufen.

Die M/J-Fläche des wirklichen Trägers AB ist die Belastungsfläche des gedachten Trägers $A'B'$; ihre Ordinaten im Angriffspunkt der Last P sind

$$
\begin{aligned}
J_{100} &= 491\ \text{cm}^4; & M/J_1 &= 145\,800/491 = 296\ \text{kgcm}^{-3}\\
J_{120} &= 1018\ \text{,,} & M/J_2 &= 145\,800/1018 = 143\ \text{,,}\\
J_{140} &= 1886\ \text{,,} & M/J_3 &= 145\,800/1886 = 77\ \text{,,}\\
J_{160} &= 3217\ \text{,,} & M/J_4 &= 145\,800/3217 = 45\ \text{,,}
\end{aligned}
$$

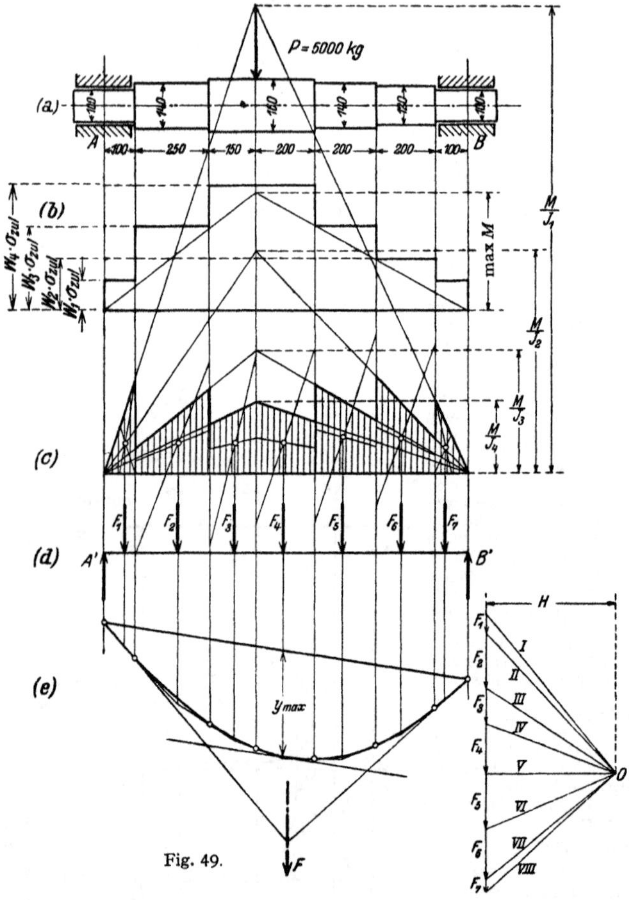

Fig. 49.

Diese Werte werden in Fig. 49c im Maßstab 1 mm = 0,5 kgcm^{-3} in der Wirkungslinie der Kraft P von einer Waagerechten aus nach oben abgetragen; die Verbindungsgeraden mit den Endpunkten der Waagerechten ergeben die M/J-Fläche, die in sieben Teilflächen F zerlegt wird.

Die erste Teilfläche ist ein Dreieck mit der Grundlinie 10 cm und der Höhe $\frac{1}{5}\cdot 296$ kgcm^{-3}, ihr Flächeninhalt ist

$$F_1 = \tfrac{1}{2}\cdot 10\cdot \tfrac{1}{5}\cdot 296 = 296\ \text{kgcm}^{-2},$$

in gleicher Weise ergeben sich:

$$F_2 = 871\ \text{kgcm}^{-2};\quad F_3 = 580\ \text{kgcm}^{-2};\quad F_4 = 780\ \text{kgcm}^{-2};$$
$$F_5 = 880\ \text{kgcm}^{-2};\quad F_6 = 817\ \text{kgcm}^{-2};\quad F_7 = 211\ \text{kgcm}^{-2}.$$

Die Schwerpunkte dieser Teilflächen sind in Fig. 49c zeichnerisch bestimmt. $F_1 \ldots F_7$ werden als Kräfte aufgefaßt, die den gedachten Träger $A'B'$ (Fig. 49d) angreifen; die zugehörige Seillinie ist in Fig. 49e entworfen. Die Seilstrahlen schneiden die Senkrechten durch die Trennlinien der Fläche Fig. 49c in Punkten der Biegungslinie; die zur Schlußlinie parallele Tangente bestimmt y_{max}. Die äußersten Seilstrahlen schneiden sich in einem Punkte, der senkrecht unter dem Schwerpunkt der M/J-Fläche liegt.

Als Längenmaßstab wurde 1 mm = 2,5 cm, als Maßstab der Flächenkräfte 1 mm = 125 kgcm^{-2} gewählt. Mit dem Polabstand $H = 17{,}5$ mm ist nach S. 364

$$1 \text{ mm} = 2{,}5 \cdot 125 \cdot 17{,}5/2\,150\,000 = 0{,}00255 \text{ cm}$$

der Maßstab der elastischen Linie, Fig. 49e. Mit $y_{max} = 13{,}5$ mm ist daher die größte Durchbiegung der Welle

$$f_{max} = 13{,}5 \cdot 0{,}00255 = 0{,}035 \text{ cm}.$$

3. **Träger auf zwei Stützen mit veränderlichem Querschnitt und beliebig vielen Einzellasten** (Fig. 50a). Zunächst wird die Momentenlinie Fig. 50b entworfen;

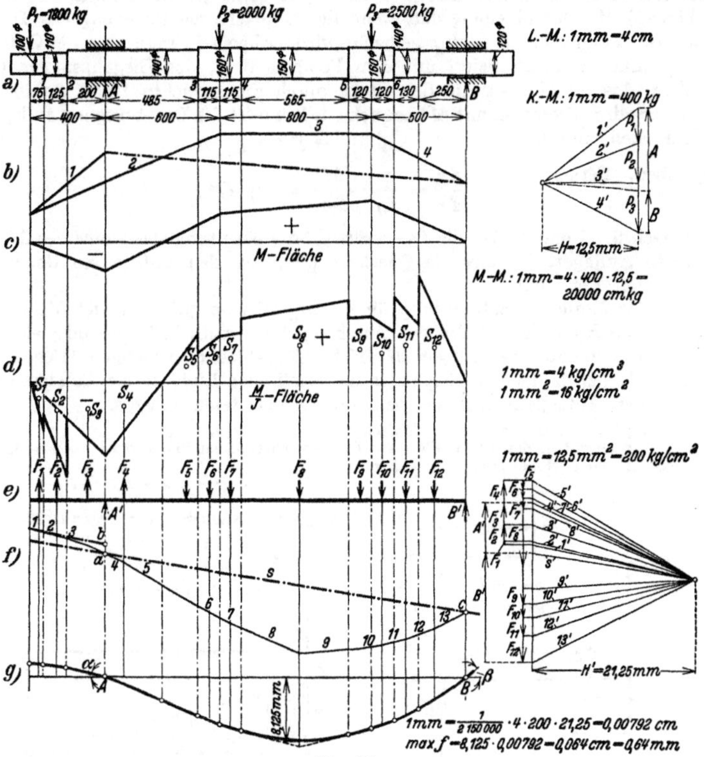

Fig. 50.

die Schlußlinie geht durch die Schnittpunkte der freien Seilstrahlen *1* und *4* mit den Wirkungslinien der Auflager und wird waagerecht gelegt (Fig. 50c). Nach Ermittlung des Momentenmaßstabes können dieser Figur die Biegungsmomente M entnommen werden. Die Berechnung der Werte M/J und der größten Spannungen $\max\sigma = \pm M/W$ in jedem Querschnitt geschieht zweckmäßig in Form einer Tabelle, deren Anfang nachstehend angegeben ist. Stellen des Trägers, in denen sich der Querschnitt ändert, treten zweimal auf.

Stelle	Durchmesser cm	J cm^4	W cm^3	M cmkg	$\pm\max\sigma$ kg/cm^2	M/J kg/cm^3
P_1	10	490,9	98,17	0	0	0
1				−13000	132	−26,5
1	11	718,7	130,7	−13000	100	−18,1
2				−36000	275	−50,0
2	14	1886	269,4	−36000	134	−19,1

Die größte Spannung tritt an der Stelle 7 auf und ist gleich 309 kg/cm².

Die Werte M/J wurden in Fig 50d aufgetragen, den Belastungsfall des Hilfsträgers zeigt Fig. 50e. Das Seileck für die Flächenkräfte ist in Fig. 50f entworfen, wobei die Schlußlinie durch die Punkte a und c, nicht b und c geht, da die Durchbiegungen unter A und B gleich Null sein müssen. Schließlich ist in Fig. 50g die Schlußlinie waagerecht gelegt.

Wahre Punkte der elastischen Linie liegen wieder senkrecht unter den Trennlinien der Flächen (Fig. 39, S. 359). Schließlich wird die elastische Linie, die den gebrochenen Linienzug in diesen Punkten berührt, eingezeichnet.

Maßstäbe nach S. 364 sowie Berechnung der größten Durchbiegung s. Fig. 50.

Für die Neigungen der elastischen Linie in den Auflagern ist nach e):

$\operatorname{tg}\alpha = A'/E = 6{,}4 \cdot 200/2150000 = 0{,}00060$ und $\operatorname{tg}\beta = B'/E = 14 \cdot 200/2150000 = 0{,}0013$.

e) Rechnerische Ermittlung der Durchbiegungen nach Mohr für den Fall unveränderlichen Querschnittes. Nach S. 364 stellt die Ordinate der Seilkurve (Fig. 46) die Durchbiegung dar, wenn die M-Fläche als Belastung des Trägers und der Polabstand $H = EJ$ gemacht wird. Allgemein muß aber die Ordinate der Seilkurve, multipliziert mit dem Polabstand H, das Biegungsmoment ergeben, das an der betreffenden Stelle durch die gedachte Belastung hervorgerufen wird. Dieses sei mit M^* bezeichnet. Dann ist die Durchbiegung an irgendeiner Stelle durch

$$y = M^*/EJ$$

gegeben. Ferner folgt

$$\frac{dy}{dx} = \frac{1}{EJ} \cdot \frac{dM^*}{dx} = \frac{1}{EJ} \cdot Q^*,$$

da nach S. 85 und S. 356 die Querkraft Q^* die Ableitung des Momentes M^* ist. In den Auflagern ist aber die Querkraft Q^* gleich den Auflagerreaktionen der gedachten Belastung.

Unter ähnlicher Betrachtung für die M/J-Fläche gilt dann der **Mohrsche Satz**: Die EJ-fachen (E-fachen) Durchbiegungen eines Trägers sind gleich den Biegungsmomenten des mit der M-Fläche (M/J-Fläche) belasteten Trägers, und die EJ-fachen (E-fachen) Neigungen der elastischen Linie in den Auflagern sind gleich den Auflagerkräften des gleicherweise belasteten Trägers.

Beispiele: 1. In Fig. 48c ist hiernach $EJy = A'x - F_1 u_1 - F_x u_x$.

2. Einzelkraft in der Mitte (Fig. 51). Die Momentenfläche Fig. 51b ist nach S. 356 ein Dreieck mit der Höhe $Pl/4$, und daher wird

$$EJ \cdot y = A'x - F_x \cdot \frac{x}{3}.$$

Wegen der Symmetrie der Belastungsfläche ist

$$A' = B' = \frac{1}{2} \cdot \frac{l}{2} \cdot \frac{Pl}{4} = \frac{Pl^2}{16},$$

$$F_x = Ax \cdot x/2 = Px^2/4,$$

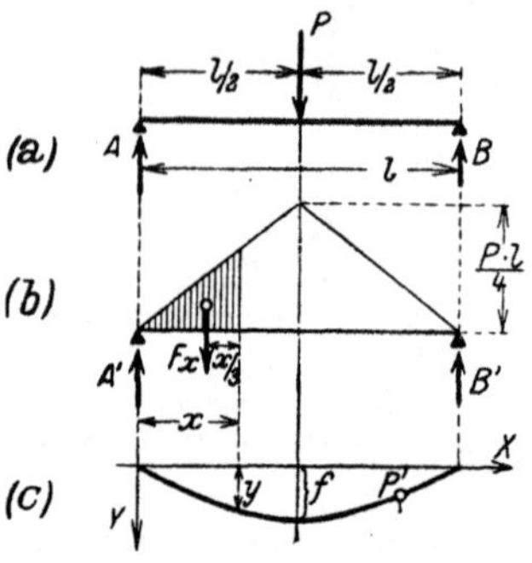

Fig. 51.

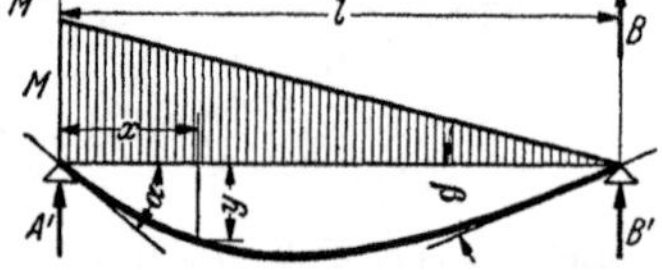

Fig. 52.

$$EJ \cdot y = \frac{Pl^2}{16}x - \frac{Px^2}{4}\frac{x}{3} = \frac{Pl^2}{16}\left(x - \frac{4}{3}\frac{x^3}{l^2}\right) = \frac{Pl^3}{16}\left(\frac{x}{l} - \frac{4}{3}\frac{x^3}{l^3}\right),$$ also ist

$$y = \frac{Pl^3}{16EJ}\left(\frac{x}{l} - \frac{4}{3}\frac{x^3}{l^3}\right)$$

die Gleichung der elastischen Linie; für $x = \frac{l}{2}$ wird $\max y = f = \frac{Pl^3}{48EJ}$ (Fig. 51c).

Die Neigung der elastischen Linie in den Auflagern kann aus $EJ\hat{\alpha} \approx EJ \operatorname{tg}\alpha = A' = Pl^2/16$ ermittelt werden.

3. Es sind die Neigungen an den Auflagern des durch ein Moment M im Auflager A beanspruchten Trägers (Fig. 52) zu bestimmen (s. S. 385). Die Momentenfläche ist ein Dreieck; für die Auflagerkräfte des mit der Momentenfläche belasteten Trägers folgt

$$A'l = \frac{Ml}{2} \cdot \frac{2}{3}l, \quad A' = \frac{1}{3}Ml \quad \text{und} \quad B' = \frac{1}{2}Ml - A' = \frac{1}{6}Ml.$$

Da $EJ\hat{\alpha} \approx EJy'_A = A'$ ist, wird somit

$$\hat{\alpha} = \frac{Ml}{3EJ} \quad \text{und} \quad \hat{\beta} = \frac{Ml}{6EJ}$$ [1].

f) Formänderungsarbeit. Es war (S. 349) $A^* = \frac{1}{2} M \Delta \varphi$. Mit M als Biegemoment, $y' = \operatorname{tg} \alpha \approx \alpha$, also $d\varphi = d\alpha = dy' = y'' dx$ als Drehung des Stabelementes von der Länge dx folgt $dA = \frac{1}{2} M y'' dx$ oder für den ganzen Stab $A = \int_0^l dA$. Mit $M = EJy''$ (Differentialgleichung der elastischen Linie) wird auch $A = \frac{1}{2}\int_0^l EJy''^2 dx = \frac{1}{2}\int_0^l M^2 dx/EJ$.

3. Trägheits-, Widerstands- und Flieh- (Zentrifugal-) Momente ebener Flächen.

a) Flächenmomente. Das axiale oder äquatoriale Trägheitsmoment einer Fläche, bezogen auf eine in der Ebene der Fläche liegende Achse A (Fig. 53), ist gleich der Summe der Produkte der Flächenteilchen dF und der Quadrate ihrer senkrechten Abstände a von dieser Achse:

$$J_a = \int a^2 dF.$$

Demgemäß ist für die durch den Punkt O gehenden, aufeinander senkrecht stehenden Achsen X und Y:

$$J_x = \int y^2 dF \quad \text{und} \quad J_y = \int x^2 dF.$$

Das polare Trägheitsmoment einer Fläche, bezogen auf einen in der Ebene der Fläche liegenden Punkt O ist gleich der Summe der Produkte der Flächenteilchen dF und der Quadrate ihrer Entfernungen r von O:

$$J_p = \int r^2 dF.$$

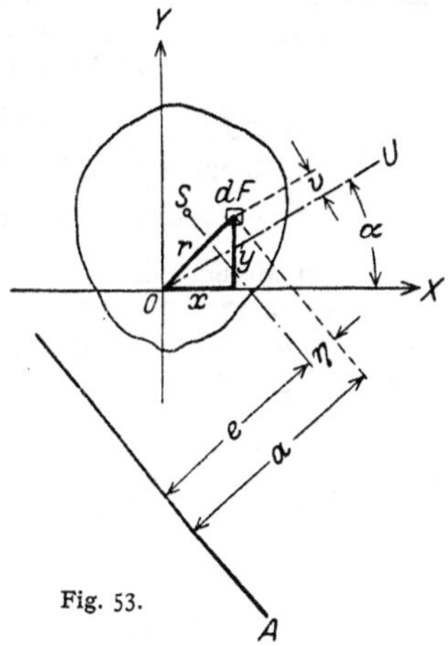

Fig. 53.

Das Flieh- (Zentrifugal-) Moment einer Fläche, bezogen auf zwei in der Ebene der Fläche liegende Achsen X und Y ist gleich der Summe der Produkte aus den Flächenteilchen dF und den Produkten ihrer senkrechten Abstände x und y von beiden Achsen:

$$J_{xy} = \int xy\, dF.$$

Das Fliehmoment kann positiv, negativ oder gleich Null sein.

b) Beziehungen zwischen den Momenten. Zwischen dem polaren Trägheitsmoment J_p und den axialen Trägheitsmomenten J_x und J_y, welche auf zwei durch den Bezugspunkt gehende, aufeinander senkrecht stehende Achsen X und Y bezogen werden, besteht die Beziehung:

$$J_p = \int r^2 dF = \int (x^2 + y^2)\, dF = \int y^2 dF + \int x^2 dF = J_x + J_y.$$

Geht eine Achse, auf welche das axiale Trägheitsmoment bezogen wird, durch den Schwerpunkt, ist sie also Schwerachse oder Schwerlinie (S. 179), so wird das Trägheitsmoment mit J_s bezeichnet. Es ist

$$J_s = \int \eta^2 dF$$

Fig. 53). Hat die zu ihr parallele Achse A den Abstand e vom Schwerpunkt, so wird

$$J_a = \int a^2 dF = \int (\eta + e)^2 dF = \int \eta^2 dF + 2e\int \eta\, dF + e^2 \int dF.$$

Da $\int \eta^2 dF = J_s$, $\int dF = F$ ist und $\int \eta\, dF$ als statisches Moment der Fläche in bezug auf eine Schwerlinie verschwindet (S. 179), so wird

$$J_a = J_s + Fe^2 \quad \text{(Satz von Steiner).} \tag{1}$$

[1]) Für die Gleichung der Biegelinie folgt $y = \frac{M}{6EJ} x(l-x)(2l-x)$.

Für eine aus mehreren Einzelflächen $F_1, F_2 \ldots$ bestehende Fläche, deren Schwerpunkte die Abstände $e_1, e_2 \ldots$ von einer Achse A haben, ist daher

$$J_a = J_1 + J_2 + \cdots + F_1 e_1^2 + F_2 e_2^2 + \cdots,$$

wenn $J_1, J_2 \ldots$ die Trägheitsmomente der Einzelflächen, bezogen auf ihre zu A parallelen Schwerachsen sind.

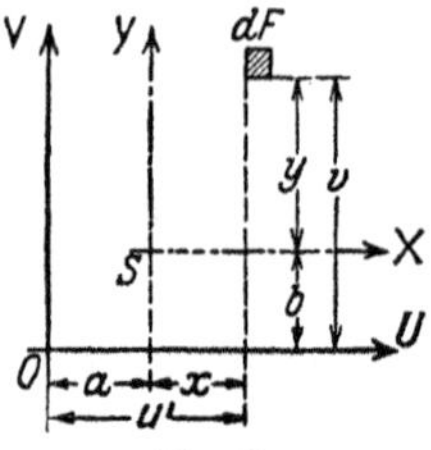

Fig. 54.

Wird das Fliehmoment J_{xy} auf zwei rechtwinklige Achsen X und Y bezogen, die durch den Schwerpunkt gehen, so ist für ein paralleles Achsenkreuz U und V (Fig. 54)

$$J_{uv} = J_{xy} + F \cdot a \cdot b, \tag{2}$$

wenn der Abstand der Flächenteilchen dF von den Achsen U bzw. V um a bzw. b größer wird als von den Schwerachsen X und Y.

c) Hauptachsen. Legt man durch den beliebigen Punkt O der Fläche (Fig. 53) eine Achse U, die mit der X-Achse den Winkel α bildet, so wird

$$\begin{aligned} J_u &= \int v^2\,dF = \int (y\cos\alpha - x\sin\alpha)^2\,dF \\ &= \cos^2\alpha \int y^2\,dF - 2\sin\alpha\cos\alpha \int xy\,dF + \sin^2\alpha \int x^2\,dF \\ &= J_x \cos^2\alpha - J_{xy}\sin 2\alpha + J_y \sin^2\alpha. \end{aligned} \tag{3}$$

Für ein Maximum oder Minimum von J_u muß die Ableitung von J_u nach α verschwinden (S. 72). Aus

$$dJ_u/d\alpha = J_u'(\alpha) = -J_x \sin 2\alpha - 2J_{xy}\cos 2\alpha + J_y \sin 2\alpha$$

folgt

$$\operatorname{tg} 2\alpha_0 = \frac{2J_{xy}}{J_y - J_x}. \tag{4}$$

Mit $\cos 2\alpha_0 = \pm \frac{1}{\sqrt{1 + \operatorname{tg}^2 2\alpha_0}}$ und $\cos^2\alpha_0 = \frac{1}{2}(1 + \cos 2\alpha_0)$, $\sin^2\alpha_0 = \frac{1}{2}(1 - \cos 2\alpha_0)$ wird

$$\left.\begin{aligned} J_I &= {}_{\max}J = \tfrac{1}{2}(J_x + J_y) + \tfrac{1}{2}\sqrt{(J_y - J_x)^2 + 4J_{xy}^2} \\ J_{II} &= {}_{\min}J = \tfrac{1}{2}(J_x + J_y) - \tfrac{1}{2}\sqrt{(J_y - J_x)^2 + 4J_{xy}^2}. \end{aligned}\right\} \tag{5}$$

Da $\operatorname{tg} 2\alpha_0 = \operatorname{tg} 2(90° + \alpha_0)$, gibt es für jeden Punkt der Fläche zwei aufeinander senkrecht stehende Achsen I und II, für die das axiale Trägheitsmoment am größten und am kleinsten wird. Man nennt sie die Hauptachsen und die auf sie bezogenen axialen Trägheitsmomente die Hauptträgheitsmomente für den Bezugspunkt O. Das Fliehmoment $J_{I\,II}$ in bezug auf die Hauptachsen ist gleich Null (s. u.). Sind dann X und Y die Hauptträgheitsachsen I und II, so folgt für eine gegen I um den Winkel α geneigte Achse U (Fig. 53)

$$J_u = J_I \cos^2\alpha + J_{II}\sin^2\alpha. \tag{6}$$

Unter den Trägheitsmomenten sind, falls kein Bezugspunkt angegeben ist, die auf den Schwerpunkt der Fläche bezogenen Hauptträgheitsmomente zu verstehen.

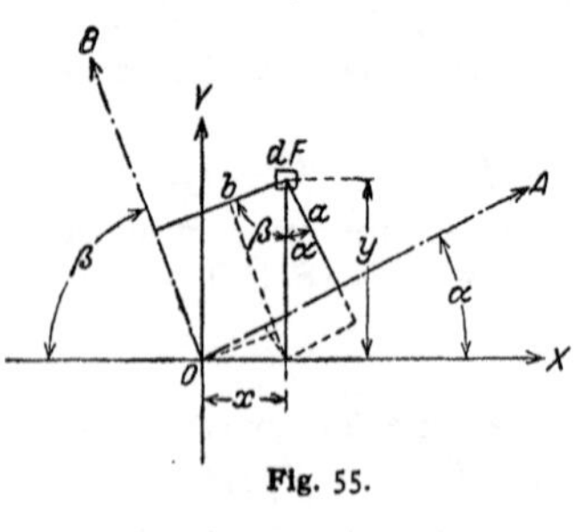

Fig. 55.

d) Konjugierte Achsen. Das Fliehmoment in bezug auf die beliebig gelegenen Achsen A und B, Fig. 55, ist

$$J_{ab} = \int ab\,dF.$$

Mit $a = y\cos\alpha - x\sin\alpha$ und $b = y\cos\beta + x\sin\beta$ wird

$$J_{ab} = \int (y^2\cos\alpha\cos\beta - xy\sin\alpha\cos\beta + xy\cos\alpha\sin\beta - x^2\sin\alpha\sin\beta)\,dF,$$

$$J_{ab} = J_x\cos\alpha\cos\beta - J_{xy}\sin(\alpha - \beta) - J_y\sin\alpha\sin\beta. \tag{7}$$

Zwei Achsen, für die das Fliehmoment gleich Null wird, heißen zugeordnet oder konjugiert. Ihre Lage folgt aus $J_{ab} = 0$.

Sollen die konjugierten Achsen aufeinander senkrecht stehen, so wird mit $\beta = 90° - \alpha$, $\cos\beta = \sin\alpha$, $\sin(\alpha - \beta) = -\cos 2\alpha$, $\sin\beta = \cos\alpha$ und $\sin\alpha\cos\alpha = \frac{1}{2}\sin 2\alpha$

$$J_x \cos\alpha \sin\alpha + J_{xy} \cos 2\alpha - J_y \sin\alpha \cos\alpha = 0 \quad \text{oder} \quad \operatorname{tg} 2\alpha_0 = \frac{2J_{xy}}{J_y - J_x}. \tag{8}$$

Derselbe Wert ergab sich auch für die Hauptachsen: Die Hauptachsen sind die einzigen konjugierten Achsen, die aufeinander senkrecht stehen.

Hat die Fläche eine Symmetrielinie, so ist diese immer eine Hauptachse.

Sollen die Achsen X und Y, Fig. 55, die Hauptachsen I und II sein, so wird

$$J_{ab} = J_I \cos\alpha \cos\beta - J_{II} \sin\alpha \sin\beta. \tag{9}$$

Sind A und B konjugierte Achsen, so wird $J_{ab} = 0$ und daher

$$\operatorname{tg}\alpha \operatorname{tg}\beta = J_I/J_{II}. \tag{10}$$

Sind J_x, J_y und J_{xy} für zwei beliebige senkrechte Achsen X und Y bekannt, so kann man mit Hilfe der abgeleiteten Beziehungen (1) bis (10) die Hauptträgheitsmomente, das Fliehmoment und die Lage der Hauptachsen berechnen. Die zeichnerische Lösung liefert der

e) Trägheitskreis von Mohr-Land. Trage auf der Y-Achse, Fig. 56, $OD = OC + CD = J_x + J_y = J_p$ (S. 369) auf und ziehe mit OD als Durchmesser um M einen Kreis, den Trägheitskreis. Errichte auf OD in C eine Senkrechte $CT = J_{xy}$. T heißt Trägheitshauptpunkt; der Bezugspunkt O Pol. Der Durchmesser durch T schneidet den Kreis in den Punkten A und B, durch welche die Hauptachsen hindurchgehen; es ist $AT = \max J$ und $BT = \min J$. Für zwei beliebige aufeinander senkrecht stehende Achsen U und V erhält man durch das Lot TG von T auf EF die Trägheitsmomente $EG = J_u$, $FG = J_v$ und das Fliehmoment $TG = J_{uv}$. Für zwei beliebige Achsen U und V gibt das Lot TG von T auf die Sehne EF die Größe des Fliehmomentes. Die zu U konjugierte Achse W geht durch den zweiten Schnittpunkt H der Geraden ET mit dem Kreis.

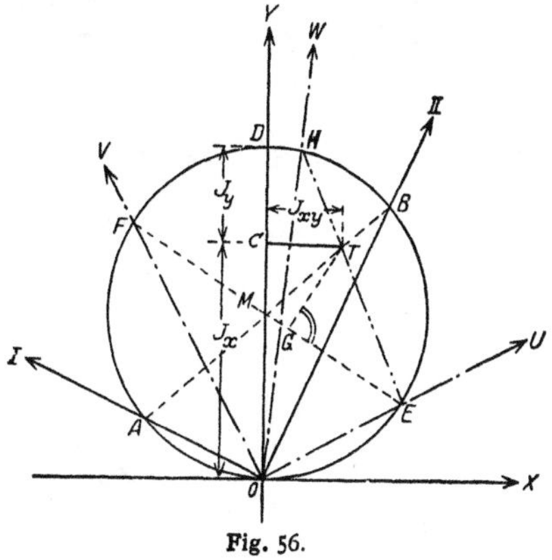

Fig. 56.

f) Trägheitsellipse. Trägt man auf den gegen die X-Achse um den Winkel α geneigten U-Achsen (Fig. 53) vom Bezugspunkt O aus Strecken ab, die der Quadratwurzel aus J_u umgekehrt proportional sind, also die Strecken $c/\sqrt{J_u}$, so liegen ihre Endpunkte für alle Achsen auf der Trägheitsellipse mit der auf die Hauptachsen bezogenen Gleichung (Math. S. 102)

$$J_I \xi^2 + J_{II} \eta^2 = c^2.$$

Unter Einführung der Trägheitsradien $i_1 = \sqrt{J_I/F}$, $i_2 = \sqrt{J_{II}/F}$ und mit $c^2 = J_I J_{II}/F = i_1^2 i_2^2 F$ erhält man die Gleichung

$$\xi^2/i_2^2 + \eta^2/i_1^2 = 1,$$

d. h. die Trägheitsellipse schneidet auf den Hauptachsen I und II die Trägheitsradien i_2 und i_1 ab. Vgl. auch Fig. 64, S. 374.

g) Berechnung von Trägheits- und Widerstandsmomenten.

α) Einfache Flächen.

α 1. **Rechteck** (Fig. 57).

$$J_x = \int y^2\,dF = \int_{-h/2}^{+h/2} y^2 b\,dy = \left[\frac{b y^3}{3}\right]_{-h/2}^{+h/2} = \frac{b h^3}{24} - \frac{b(-h)^3}{24} = \frac{b h^3}{12}.$$

Durch Vertauschen von h und b folgt $J_y = hb^3/12$ und damit

$$J_p = J_x + J_y = \tfrac{1}{12}\cdot b h(b^2 + h^2).$$

Bezogen auf die Achsen 1 und 2 ist (S. 76, Fig. 48)

$$J_1 = b h^3/3 \quad \text{und} \quad J_2 = h b^3/3.$$

Das Fliehmoment, bezogen auf die Hauptachsen x und y, ist gleich Null. Folglich ist das Fliehmoment für die Achsen 1 und 2 nach Gl. (2), S. 370

$$J_{12} = J_{xy} + F\cdot \tfrac{1}{2}b\cdot\tfrac{1}{2}h = b^2 h^2/4,$$

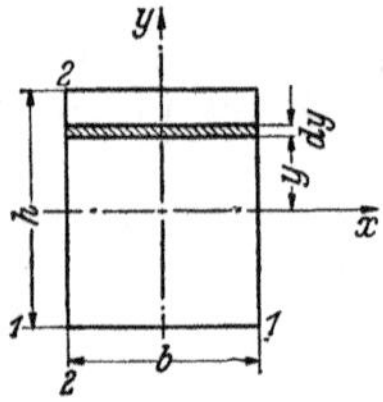

Fig. 57.

α 2. **Dreieck** (Fig. 58). Für die Achse 1 ist

$$J_1 = \int y^2\,dF = \int y^2 x\,dy.$$

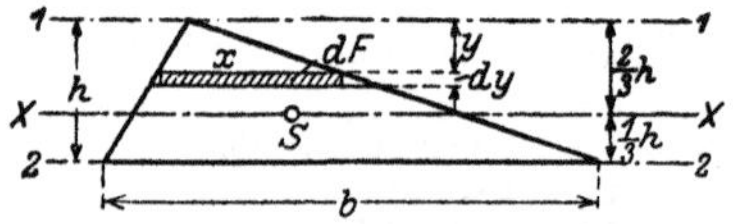

Fig. 58.

Aus $x : b = y : h$ folgt $x = y\,b/h$, daher wird

$$J_1 = \int_0^h y^2 \frac{b}{h}\,y\,dy = \frac{b}{h}\int_0^h y^3\,dy = \frac{b}{h}\left[\frac{y^4}{4}\right]_0^h = \frac{b h^3}{4}$$

und nach dem Satz von Steiner (S. 369)

$$J_x = J_1 - F\left(\frac{2}{3}h\right)^2 = \frac{b h^3}{4} - \frac{b h}{2}\cdot\frac{4 h^2}{9} = \frac{b h^3}{36},$$

$$J_2 = J_x + F\left(\frac{1}{3}h\right)^2 = \frac{b h^3}{36} + \frac{b h}{2}\cdot\frac{h^2}{9} = \frac{b h^3}{12}.$$

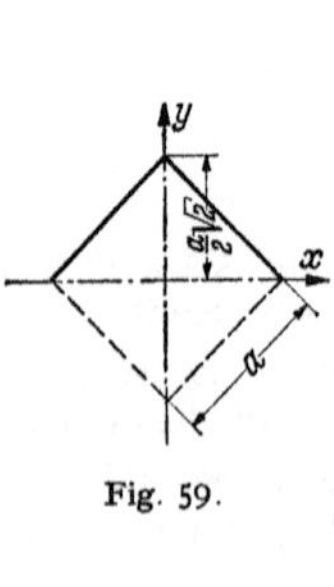

Fig. 59.

α 3. **Quadrat** nach Fig. 59. Aus Fig. 58 und J_2 folgt mit $b = a\sqrt{2}$ und $h = \frac{1}{2}a\sqrt{2}$

$$J_x = 2\cdot b h^3/12 = a^4/12 = J_y.$$

α 4. **Kreis** (Fig. 60). Es ist $dF = 2\pi\varrho\,d\varrho$, daher

$$J_p = \int \varrho^2\,dF = 2\pi\int_0^r \varrho^3\,d\varrho = 2\pi\left.\frac{\varrho^4}{4}\right|_0^r = \pi r^4/2 = \pi d^4/32.$$

Aus $J_p = J_x + J_y$ und $J_x = J_y$ folgt

$$J_x = J_y = J_p/2 = \pi d^4/64.$$

β) Zusammengesetzte Flächen.

β 1. Fig. 61. Alle drei Querschnitte haben in Beziehung auf die X-Achse, die Symmetrieachse ist, gleiche Trägheitsmomente, weil Flächenstreifen gleicher Größe parallel zur X-Achse gleiche Abstände von dieser haben. Daran wird nichts geändert, wenn der Steg (a) und (c) in zwei Stege von halber Dicke (b) aufgelöst wird. Der Querschnitt ist die Differenz zweier Rechtecke, die beide symmetrisch zur X-Achse liegen; es wird also

$$J_x = BH^3/12 - bh^3/12 = (BH^3 - bh^3)/12.$$

β **2. Das U-Eisen** (Fig. 62). Zugrunde gelegt ist das Normalprofil [30, dessen Ausrundungen vernachlässigt werden sollen. Die Lage des Schwerpunktes ist bestimmt durch

$$\xi = \frac{10 \cdot 1{,}6 \cdot 5 \cdot 2 + 26{,}8 \cdot 1{,}0 \cdot 0{,}5}{10 \cdot 1{,}6 \cdot 2 + 26{,}8 \cdot 1{,}0} = 2{,}95 \text{ cm}; \qquad \eta = 15 \text{ cm}.$$

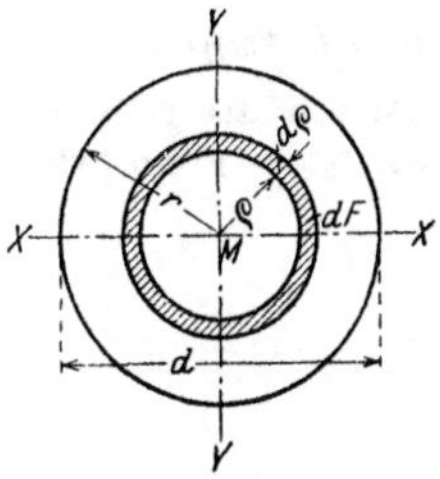

Fig. 60.

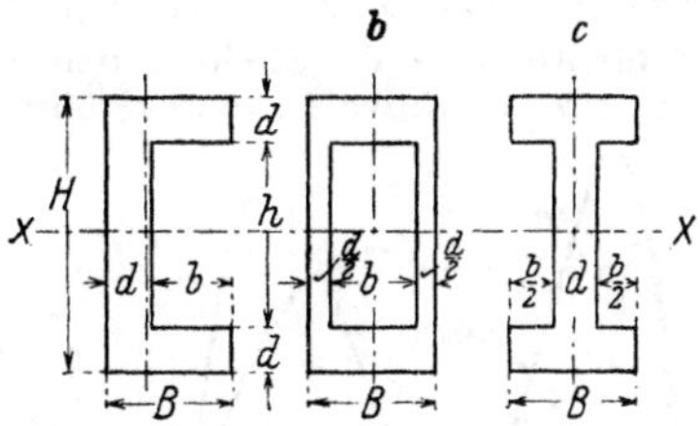

Fig. 61.

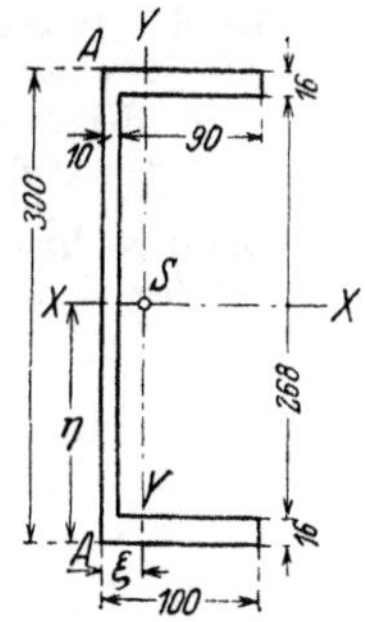

Fig. 62.

In Beziehung auf die *X*-Achse wird (s. auch *β* 1)

$$J_x = 10 \cdot 30^3/12 - 9 \cdot 26{,}8^3/12 = 8059 \text{ cm}^4;$$

in Beziehung auf die Achse *A*

$$J_a = 2 \cdot 1{,}6 \cdot 10^3/3 + 26{,}8 \cdot 1{,}0^3/3 = 1076 \text{ cm}^4;$$

daher ist

$$J_y = J_a - F \cdot \xi^2 = 1076 - 58{,}8 \cdot 2{,}95^2 = 564 \text{ cm}^4.$$

β **3. Blechträger** mit 1 Stehblech 500×10, 4 normalen Winkeleisen 80×80×10 und 1 Gurtplatte 200×10; Nietdurchmesser 20 mm (Fig. 63).

$J_{\text{Stehblech}}$	$= \frac{1}{12} \cdot 1 \cdot 50^3$	= ...	10417 cm⁴
J_{Winkel}	$= 4 \cdot 87{,}5$	= ...	350 „
	$+ 4 \cdot 15{,}1 \cdot 22{,}66^2$	= ...	31014 „
$J_{\text{Gurtplatte}}$	$= 2 \cdot \frac{1}{12} \cdot 10 \cdot (52^3 - 50^3)$	= ...	26013 „
	J_{voll}	= ...	67794 cm⁴
Abzug Niete	$= 2 \cdot \frac{1}{12} \cdot 2 \cdot (52^3 - 48^3)$	= ...	10005 „ ⁴
	J_I	= ...	57789 cm⁴

Das Fliehmoment für die Achsen *I*, *II* ist gleich Null.

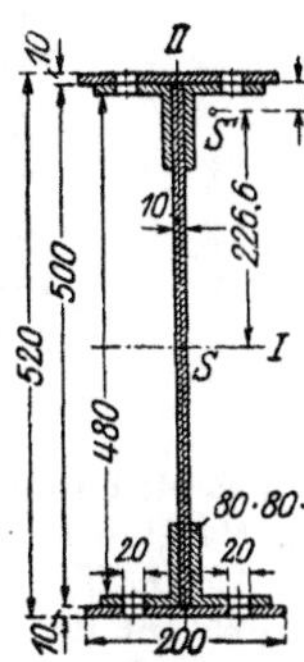

Fig. 63.

γ) Beliebig begrenzter Querschnitt.

γ **1. Verfahren von Nehls-Rötscher**[1]**.** Zu bestimmen sind Schwerpunkt, Hauptachsen und Hauptträgheitsmomente des Querschnittes nach Fig. 64.

a) Schwerpunkt: Für die Koordinaten u_0, v_0 des Schwerpunktes in bezug auf ein beliebiges, rechtwinkliges Koordinatenkreuz u, v (das zweckmäßig nicht zu weit entfernt angenommen wird) gilt mit F als Flächeninhalt in cm²

$$u_0 F = \int u\, dF = \int u\, \eta\, du = F_{1S} \quad \text{oder} \quad u_0 = F_{1S}/F,$$
$$v_0 F = \int v\, dF = \int v\, \xi\, dv = F_{2S} \quad \text{oder} \quad v_0 = F_{2S}/F.$$

Man trägt die Kurven $z_{1S} = u\eta$ über u und $z_{2S} = v\xi$ über v auf (u, v in cm gemessen) und bestimmt die von ihnen begrenzten Flächeninhalte f_{1S} und f_{2S} in cm², z. B. mit dem Planimeter. Ist der Längenmaßstab 1 cm = a cm, der Maßstab für z_{1S} und z_{2S} 1 cm = b cm², so wird $F_{1S} = ab f_{1S}$ cm³, $F_{2S} = ab f_{2S}$ cm³.

b) Trägheitsmoment: In bezug auf die durch den Schwerpunkt gehenden Achsen x und y wird

$$J_x = \int y^2\, dF = \int y^2 \xi\, dy, \qquad J_y = \int x^2\, dF = \int x^2 \eta\, dx.$$

[1] Rötscher, F.: Z. VDI Bd. 80 (1936) S. 1351 f.

Man trägt über y die Kurve $z_{1J} = y^2\xi$, über x die Kurve $z_{2J} = x^2\eta$ auf und bestimmt die unter ihnen liegenden Flächeninhalte $f_{1J}\,\text{cm}^2$ bzw. $f_{2J}\,\text{cm}^2$. Ist der Maßstab für z_{1J} und z_{2J} 1 cm = c cm³ (Längenmaßstab s. oben), so gilt $J_x = a c f_{1J}\,\text{cm}^4$ und $J_y = a c f_{2J}\,\text{cm}^4$.

c) Fliehmoment: Es gilt

$$J_{xy} = \int x^* y\, dF = \int x^* y \xi\, dy \quad \text{oder} \quad J_{xy} = \int y^* x\, dF = \int y^* x \eta\, dx,$$

worin x^* bzw. y^* die Abstände der Streifenmitten (Fig. 64) von der y- bzw. x-Achse sind. Man trägt die Kurve $z_{3y} = x^* y \xi$ über y oder $z_{3x} = y^* x \eta$ (wie

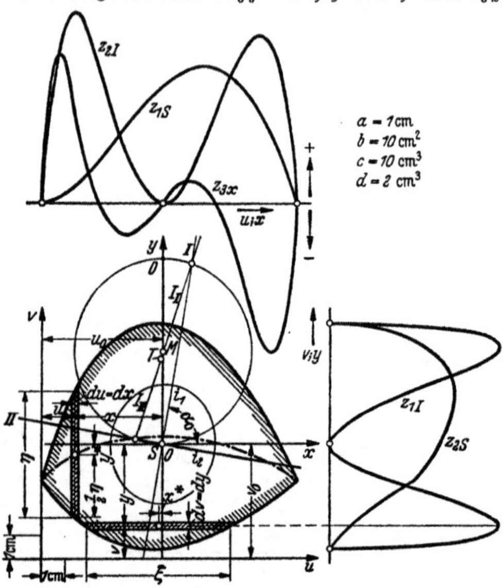

Fig. 64.

in Fig. 64) über x auf und ermittelt die unter ihr liegende Fläche f_3. Gilt für z_3 der Maßstab 1 cm = d cm³, so ist $J_{xy} = a d f_3\,\text{cm}^4$.

Aus J_x, J_y, J_{xy} lassen sich zeichnerisch mit dem Trägheitskreis oder rechnerisch mit den Formeln S. 369 bis 371 die Hauptachsen und Hauptträgheitsmomente finden.

Mit den in Fig. 64 angegebenen Maßen und Maßstäben ergab sich mit dem Planimeter

$F = 68{,}8\,\text{cm}^2$;

$f_{1S} = 35{,}7\,\text{cm}^2$, also $F_{1S} = 1 \cdot 10 \cdot 35{,}7 = 357\,\text{cm}^3$, d. h. $u_0 = 357/68{,}8 = 5{,}19$ cm;

$f_{2S} = 32{,}7\,\text{cm}^2$, also $F_{2S} = 1 \cdot 10 \cdot 32{,}7 = 327\,\text{cm}^3$, d. h. $v_0 = 327/68{,}8 = 4{,}75$ cm;

$f_{1J} = 35{,}05\,\text{cm}^2$, d. h. $J_x = 1 \cdot 10 \cdot 35{,}05 = 350{,}5\,\text{cm}^4$;

$f_{2J} = 41{,}75\,\text{cm}^2$, d. h. $J_y = 1 \cdot 10 \cdot 41{,}75 = 417{,}5\,\text{cm}^4$;

$f_3 = -5{,}5\,\text{cm}^2$, d. h. $J_{xy} = -1 \cdot 2 \cdot 5{,}5 = -11\,\text{cm}^4$.

Zeichnerisch folgt aus dem Trägheitskreis, Fig. 64, $J_{\max} = J_I = 418\,\text{cm}^4$, $J_{\min} = J_{II} = 348\,\text{cm}^4$. Rechnerisch wird $\operatorname{tg} 2\alpha_0 = 2J_{xy}/(J_y - J_x) = -0{,}3284$, also $2\alpha_0 = 161{,}82° = 161°\,49'$, $\alpha_0 = 80{,}91° = 80°\,55'$ (auf volle Minuten abgerundet). Da J_{xy} negativ ist, folgt

$$\max J = J_I = J_x \cos^2\alpha_0 + J_y \sin^2\alpha_0 - J_{xy} \sin 2\alpha_0$$
$$= 350{,}5 \cdot 0{,}1578^2 + 417{,}5 \cdot 0{,}9875^2 + 11 \cdot 0{,}3121 = 418\,\text{cm}^4,$$
$$\min J = J_{II} = J_x \sin^2\alpha_0 + J_y \cos^2\alpha_0 + J_{xy} \sin 2\alpha_0$$
$$= 350{,}5 \cdot 0{,}9875^2 + 417{,}5 \cdot 0{,}1578^2 - 11 \cdot 0{,}3121 = 349\,\text{cm}^4$$

in guter Übereinstimmung mit der zeichnerischen Lösung. Die Halbachsen der Trägheitsellipse (in Fig. 64 um 90° gedreht eingetragen), d. h. die Trägheitshalbmesser sind

$$i_1 = \sqrt{J_I/F} = \sqrt{418/68{,}8} = 2{,}45\text{ cm}; \qquad i_2 = \sqrt{J_{II}/F} = \sqrt{349/68{,}8} = 2{,}25\text{ cm}.$$

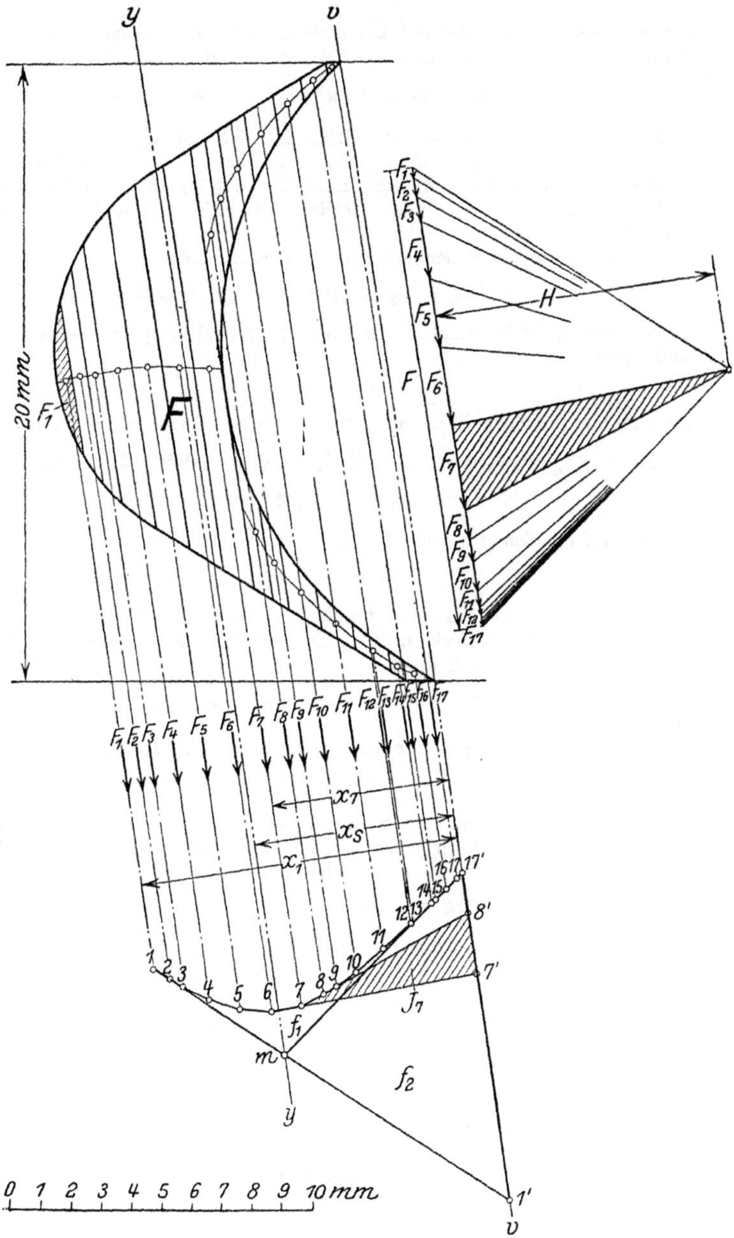

Fig. 65.

γ **2. Verfahren von Mohr.** Soll das Trägheitsmoment des Schaufelprofiles der Fig. 65, bezogen auf die zur Verbindungsgerade $v-v$ der Spitzen parallele Schwerachse $y-y$ bestimmt werden, so wird der gegebene Querschnitt in so kleine Streifen parallel der v-Achse zerlegt, daß deren Trägheitsmomente, bezogen auf ihre Schwerachsen, vernachlässigt werden können. Es ist

$$J_v = \int dF\,x^2 \approx \Sigma \Delta F\,x^2 = F_1 x_1^2 + F_2 x_2^2 + \cdots,$$

worin $F_1, F_2 \ldots$ die Inhalte der Flächenstreifen und $x_1, x_2 \ldots$ ihre Schwerpunktsabstände von der v-Achse sind. Zu den als Kräfte aufzufassenden Flächeninhalten $F_1, F_2 \ldots$ entwirft man (s. a. S. 355) mit der Polweite H das Seileck $1-2-3\ldots$, wobei der Kräftezug $F_1 F_2 F_3 \ldots$ parallel der v-Achse gelegt wird.

Aus der Ähnlichkeit der gestrichelten Dreiecke folgt

$$7'8' : x_7 = F_7 : H \quad \text{oder} \quad 7'8' = F_7 x_7 / H.$$

Folglich ist der Flächeninhalt J_7 des Dreiecks $7\,7'\,8'$ gleich $\frac{1}{2} \cdot x_7 \cdot 7'8' = F_7 x_7^2 / 2H$ und daher

$$F_7 x_7^2 = 2H J_7.$$

Da sich eine ähnliche Beziehung für alle übrigen Dreiecke finden läßt, wird

$$F_1 x_1^2 + F_2 x_2^2 + \cdots = 2H(J_1 + J_2 + \cdots) = 2H(f_1 + f_2),$$

mithin

$$J_v = 2H(f_1 + f_2).$$

Das auf die Schwerachse y bezogene Trägheitsmoment ist

$$J_y = J_v - F x_s^2,$$

wenn x_s der Abstand des Schwerpunktes von der v-Achse ist (Fig. 65). Aus der Ähnlichkeit des Dreiecks $m\,1'\,\overline{17'}$ mit dem Dreieck, das von den äußersten Polstrahlen gebildet wird, folgt

$$1'17' : x_s = F : H \quad \text{oder} \quad 1'17' = x_s F / H.$$

Daher ist

$$f_2 = \tfrac{1}{2} \cdot 1'17' \cdot x_s = F x_s^2 / H \quad \text{und} \quad F x_s^2 = 2H f_2,$$

$$J_y = J_v - F x_s^2 = 2H(f_1 + f_2) - 2H f_2 = 2H f_1.$$

Maßstäbe: Ist 1 cm = a cm der Längenmaßstab, ist 1 cm = b cm² der Maßstab für den Kräftezug, wird der Polabstand gleich H cm gezeichnet und sind f cm² die Flächeninhalte der gezeichneten Fläche, so wird

$$J_v = 2a^2 b H(f_1 + f_2) \text{ in cm}^4, \quad J_y = 2a^2 b H f_1 \text{ in cm}^4.$$

Soll das Trägheitsmoment des Querschnittes in bezug auf die zur y-Achse senkrechte Schwerlinie x ermittelt werden, so hat man, um möglichst genaue Werte zu erhalten, die Unterteilung parallel zur neuen Bezugsachse durchzuführen. Auch der Kräftezug muß parallel zu dieser Achse gezeichnet werden, im übrigen kann aber das beschriebene Verfahren entsprechend angewandt werden.

In Fig. 65 ist 1 cm = 0,1 cm der Längenmaßstab, 1 cm = 0,05 cm² der Maßstab für den Kräftezug. H wurde gleich 9,3 cm gewählt.

Für f_1 ergab sich 4,0 cm². Daher ist mit $a = 0{,}1$ und $b = 0{,}05$

$$J_y = 2 \cdot 0{,}1^2 \cdot 0{,}05 \cdot 9{,}3 \cdot 4 = 0{,}037 \text{ cm}^4.$$

Für die Berechnung einer Dampfturbinenschaufel müßten strenggenommen die Hauptträgheitsachsen durch den Schwerpunkt bestimmt werden; dies kann nach dem Verfahren von Nehls-Rötscher leicht geschehen.

γ 3. Instrumentell lassen sich außer der Fläche auch statisches Moment, damit Schwerpunkt, ferner Trägheitsmoment und Fliehmoment durch Potenzplanimeter (vgl. Math. S. 159) bestimmen.

h) Tafeln und Tabellen. Trägheits- und Widerstandsmomente der deutschen Normalprofile für Walzeisen sowie von Bauhölzern s. Anhang zu diesem Band.

a) Kreisförmiger Querschnitt.

J = äquatoriales (axiales) Trägheitsmoment; W = Widerstandsmoment.

d	$J=\frac{\pi d^4}{64}$	$W=\frac{\pi d^3}{32}$	d	$J=\frac{\pi d^4}{64}$	$W=\frac{\pi d^3}{32}$	d	$J=\frac{\pi d^4}{64}$	$W=\frac{\pi d^3}{32}$
1	0,0491	0.0982	51	332 086	13 023	101	5 108 055	101 150
2	0,7854	0.7854	52	358 908	13 804	102	5 313 378	104 184
3	3,976	2,651	53	387 323	14 616	103	5 524 830	107 278
4	12.57	6,283	54	417 393	15 459	104	5 742 532	110 433
5	30,68	12,27	55	449 180	16 334	105	5 966 604	113 650
6	63,62	21,21	56	482 750	17 241	106	6 197 171	116 928
7	117,9	33.67	57	518 166	18 181	107	6 434 357	120 268
8	201,1	50.27	58	555 497	19 155	108	6 678 287	123 672
9	322,1	71,57	59	594 810	20 163	109	6 929 087	127 139
10	490.9	98,17	**60**	636 172	21 206	**110**	7 186 886	130 671
11	718.7	130.7	61	679 651	22 284	111	7 451 813	134 267
12	1 018	169,6	62	725 332	23 398	112	7 723 997	137 929
13	1 402	215,7	63	773 272	24 548	113	8 003 571	141 656
14	1 886	269,4	64	823 550	25 736	114	8 290 666	145 450
15	2 485	331,3	65	876 240	26 961	115	8 585 417	149 312
16	3 217	402,1	66	931 420	28 225	116	8 887 958	153 241
17	4 100	482.3	67	989 166	29 527	117	9 198 425	157 238
18	5 153	572,6	68	1 049 556	30 869	118	9 516 956	161 304
19	6 397	673,4	69	1 112 660	32 251	119	9 843 689	165 440
20	7 854	785.4	**70**	1 178 588	33 674	**120**	10 178 763	169 646
21	9 547	909,2	71	1 247 393	35 138	121	10 522 320	173 923
22	11 499	1 045	72	1 319 165	36 644	122	10 874 501	178 271
23	13 737	1 194	73	1 393 995	38 192	123	11 235 450	182 690
24	16 286	1 357	74	1 471 963	39 783	124	11 605 311	187 182
25	19 175	1 534	75	1 553 156	41 417	125	11 984 229	191 748
26	22 432	1 726	76	1 637 662	43 096	126	12 372 350	196 387
27	26 087	1 932	77	1 725 571	44 820	127	12 769 824	201 100
28	30 172	2 155	78	1 816 972	46 589	128	13 176 799	205 887
29	34 719	2 394	79	1 911 967	48 404	129	13 593 424	210 751
30	39 761	2 651	**80**	2 010 619	50 265	**130**	14 019 852	215 690
31	45 333	2 925	81	2 113 051	52 174	131	14 456 235	220 706
32	51 472	3 217	82	2 219 347	54 130	132	14 902 727	225 799
33	58 214	3 528	83	2 329 605	56 135	133	15 359 483	230 970
34	65 597	3 859	84	2 443 920	58 189	134	15 826 658	236 219
35	73 662	4 209	85	2 562 392	60 292	135	16 204 411	241 547
36	82 448	4 580	86	2 685 120	62 445	136	16 792 899	246 954
37	91 998	4 973	87	2 812 205	64 648	137	17 292 282	252 442
38	102 354	5 387	88	2 943 748	66 903	138	17 802 721	258 010
39	113 561	5 824	89	3 079 853	69 210	139	18 324 378	263 660
40	125 664	6 283	**90**	3 220 623	71 569	**140**	18 857 416	269 392
41	138 769	6 766	91	3 366 165	73 982	141	19 401 999	275 206
42	152 745	7 274	92	3 516 586	76 448	142	19 958 294	281 103
43	167 820	7 806	93	3 671 992	78 968	143	20 526 466	287 083
44	183 984	8 363	94	3 832 492	81 542	144	21 106 684	293 148
45	201 289	8 946	95	3 998 198	84 173	145	21 699 116	299 298
46	219 787	9 556	96	4 169 220	86 859	146	22 303 933	305 533
47	239 531	10 193	97	4 345 671	89 601	147	22 921 307	311 855
48	260 576	10 857	98	4 527 664	92 401	148	23 551 409	318 262
49	282 979	11 550	99	4 715 315	95 259	149	24 194 414	324 757
50	306 796	12 272	**100**	4 908 738	98 175	**150**	24 850 496	331 340

b) Tafel der Trägheits- und Widerstandsmomente einfacher Querschnitte.

Nr.	Querschnitt	Trägheitsmoment	Widerstandsmoment
1	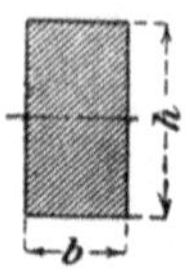	$J = \frac{b\,h^3}{12}$.	$W = \frac{b\,h^2}{6}$.
2	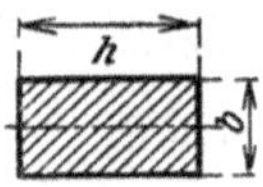	$J = \frac{h\,b^3}{12}$.	$W = \frac{h\,b^2}{6}$.
3	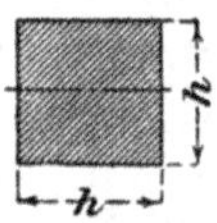	$J = \frac{h^4}{12}$.	$W = \frac{h^3}{6}$.
4	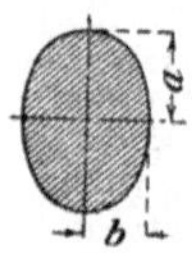	$J = \frac{\pi\,a^3\,b}{4}$.	$W = \frac{\pi\,a^2\,b}{4}$.
5	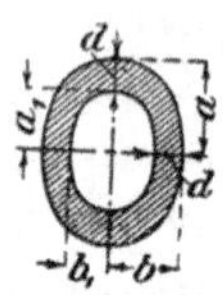	$J = \frac{\pi}{4}(a^3\,b - a_1^3\,b_1)$ $\approx \frac{\pi}{4}\,a^2(a + 3\,b)\,d$.	$W \approx \frac{\pi}{4}\,a(a + 3\,b)\,d$.
6	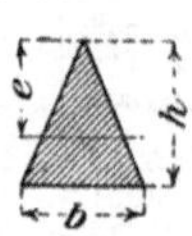	$J = \frac{b\,h^3}{36}$.	$W = \frac{b\,h^2}{24}$, für $e = \frac{2}{3}\,h$.
7	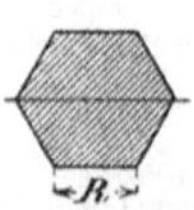	$J = \frac{5\sqrt{3}}{16}\,R^4$ $= 0{,}5413\,R^4$.	$W = \frac{5}{8}\,R^3$.
8	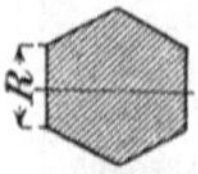		$W = 0{,}5413\,R^3$.

Nr.	Querschnitt	Trägheitsmoment	Widerstandsmoment
9	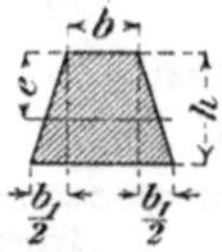	$J = \frac{6b^2 + 6bb_1 + b_1^2}{36(2b + b_1)} h^3.$	$W = \frac{6b^2 + 6bb_1 + b_1^2}{12(3b + 2b_1)} h^2$ für $e = \frac{1}{3} \frac{3b + 2b_1}{2b + b_1} h.$
10	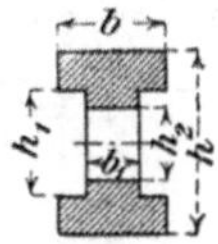 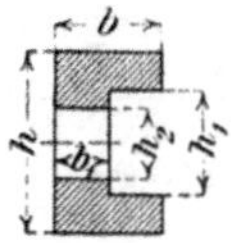	$J = \frac{b(h^3 - h_1^3) + b_1(h_1^3 - h_2^3)}{12}.$	$W = \frac{b(h^3 - h_1^3) + b_1(h_1^3 - h_2^3)}{6h}.$
11	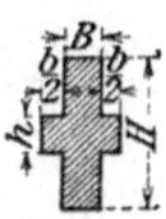 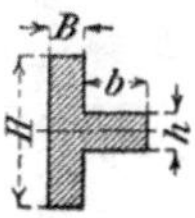 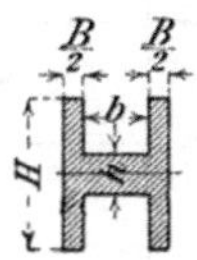	$J = \frac{BH^3 + bh^3}{12}.$	$W = \frac{BH^3 + bh^3}{6H}.$
12	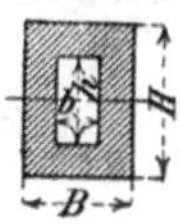 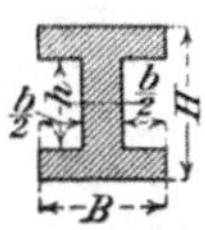 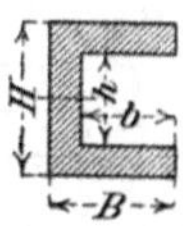	$J = \frac{BH^3 - bh^3}{12}.$	$W = \frac{BH^3 - bh^3}{6H}.$
13	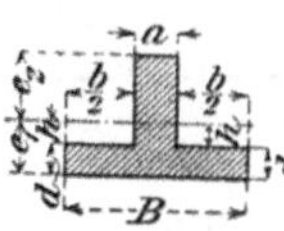 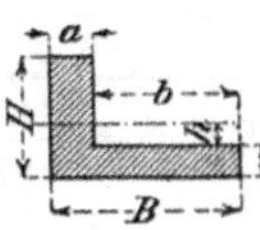 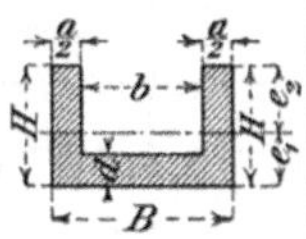	$J = \frac{1}{3}(Be_1^3 - bh^3 + ae_2^3);$ $e_1 = \frac{1}{2} \frac{aH^2 + bd^2}{aH + bd};$ $e_2 = H - e_1.$	
14	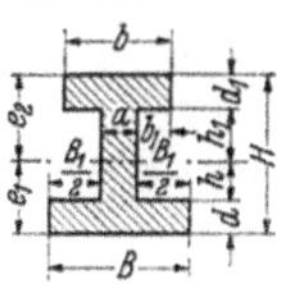	$J = \frac{1}{3}(Be_1^3 - B_1h^3 + be_2^3 - b_1h_1^3).$ $e_1 = \frac{1}{2} \frac{aH^2 + B_1d^2 + b_1d_1(2H - d_1)}{aH + B_1d + b_1d_1}.$	
15	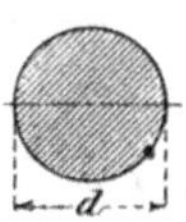	$J = \frac{\pi d^4}{64}.$	$W = \frac{\pi d^3}{32} \approx 0{,}1\, d^3.$
16	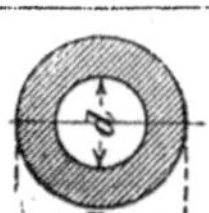	$J = \frac{\pi}{64}(D^4 - d^4).$	$W = \frac{\pi}{32} \cdot \frac{D^4 - d^4}{D}.$

Tabelle: „Kreisförmiger Querschnitt" s. S. 377.

c) Tafel für Träger mit

In nachstehender Zusammenstellung bedeuten:

l die freie Länge in cm.

f die Durchbiegung in cm im Angriffspunkte der Last P.

P die äußeren Kräfte in kg. h die Trägerhöhe in cm.

Nr.	Belastungsfall	Auflagerdrücke A, B Biegungsmoment M	Tragkraft P Erforderl. Widerstandsmoment W
1	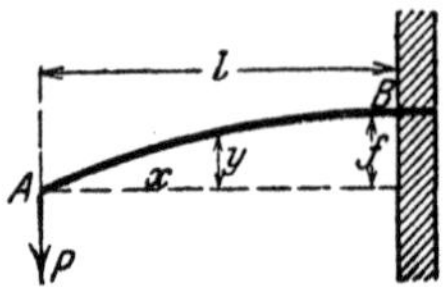	$B = P.$ $M = Px.$ $\max M = P\,l.$	$P = \frac{\sigma_{zul} W}{l}.$ $W = \frac{P\,l}{\sigma_{zul}}.$
2	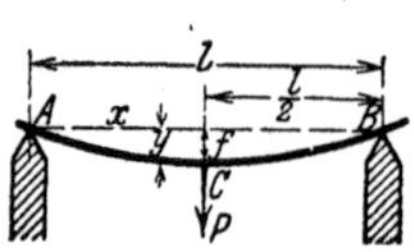	$A = B = \frac{P}{2}.$ $M = \frac{Px}{2}.$ $\max M = \frac{P\,l}{4}.$	$P = \frac{4 \cdot \sigma_{zul} W}{l}.$ $W = \frac{P\,l}{4\,\sigma_{zul}}.$
3	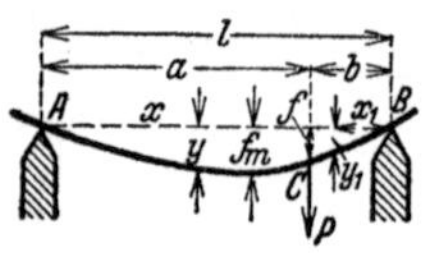	$A = \frac{P\,b}{l}$; $B = \frac{P\,a}{l}.$ Für AC: $M = \frac{P\,b\,x}{l}$; für BC $M = \frac{P\,a\,x_1}{l}.$ $\max M = \frac{P\,a\,b}{l}.$	$P = \sigma_{zul} W \frac{l}{a\,b}.$ $W = \frac{P\,a\,b}{l\,\sigma_{zul}}.$
4	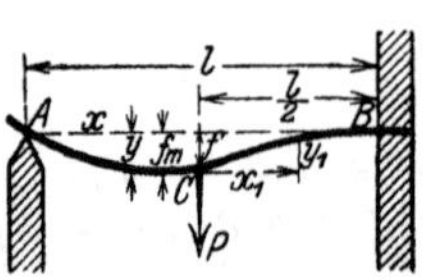	$A = \frac{5}{16} P$: $B = \frac{11}{16} P.$ Für AC: $M = \frac{5}{16} P\,x$; für C: $M = \frac{5}{32} P\,l$; für BC: $M = P\,l\left(\frac{5}{32} - \frac{11}{16}\frac{x_1}{l}\right).$ $\max M = \frac{3\,P\,l}{16}.$	$P = \frac{16}{3}\frac{\sigma_{zul} W}{l}.$ $W = \frac{3}{16}\frac{P\,l}{\sigma_{zul}}.$
5	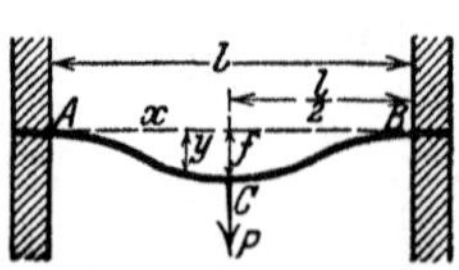	$A = B = \frac{P}{2}.$ Für AC: $M = \frac{P\,l}{2}\left(\frac{x}{l} - \frac{1}{4}\right)$; für CB: $M = \frac{P\,l}{2}\left(\frac{x}{l} - \frac{3}{4}\right).$ $\max M = \frac{P\,l}{8}.$	$P = 8\,\frac{\sigma_{zul} W}{l}.$ $W = \frac{P\,l}{8\,\sigma_{zul}}.$

[1]) Mit f ist die Durchbiegung im Angriffspunkte der Einzellast P, mit $\max f$ (oder f_m) durch σ_{zul} ausgedrückten Werte von f gelten nur für homogene Balkenquerschnitte mit waage-

gleichbleibendem Querschnitt.

σ_{zul} **die zulässige Biegungsspannung in kg/cm².**

J **das Trägheitsmoment des Querschnittes in cm⁴.**

W **das Widerstandsmoment des Querschnittes in cm³.**

x **und** y **die Koordinaten eines Punktes der Biegungslinie.**

Gleichung der elastischen Linie	Durchbiegung f [1])	Bemerkungen
$y = \frac{P\,l^3}{2\,E\,J}\left(\frac{x}{l} - \frac{1}{3}\,\frac{x^3}{l^3}\right).$ $\operatorname{tg}\alpha = \frac{dy}{dx} = \frac{P\,l^3}{2\,E\,J}\left(\frac{1}{l} - \frac{x^2}{l^3}\right).$ $\operatorname{tg}\alpha_{(x=0)} = \frac{P\,l^2}{2\,E\,J} = \frac{3\,f}{2\,l}.$	$f = \frac{P}{E\,J}\,\frac{l^3}{3}$ $= \frac{2}{3}\,\frac{\max\sigma}{E}\,\frac{l^2}{h}.$	**Freiträger.** Gefährdeter Querschnitt bei B.
$y = \frac{P\,l^3}{16\,E\,J}\left(\frac{x}{l} - \frac{4}{3}\,\frac{x^3}{l^3}\right).$ $x \leqq \frac{l}{2}$	$f = \frac{P}{E\,J}\,\frac{l^3}{48}$ $= \frac{1}{6}\,\frac{\max\sigma}{E}\,\frac{l^2}{h}.$	Frei aufliegender Träger. Gefährdeter Querschnitt in der Mitte.
$y = \frac{P}{E\,J}\,\frac{a^2\,b^2}{6\,l}\left(2\,\frac{x}{a} + \frac{x}{b} - \frac{x^3}{a^2\,b}\right),$ $y_1 = \frac{P}{E\,J}\,\frac{b^2\,a^2}{6\,l}\left(2\,\frac{x_1}{b} + \frac{x_1}{a} - \frac{x_1^3}{b^2\,a}\right).$	$f = \frac{P}{E\,J}\,\frac{l^3}{3}\,\frac{a^2}{l^2}\,\frac{b^2}{l^2};$ $\max f$ für $x = a\sqrt{\frac{1}{3} + \frac{2\,b}{3\,a}},$ wenn $a > b$; $x_1 = b\sqrt{\frac{1}{3} + \frac{2\,a}{3\,b}},$ wenn $a < b$.	Frei aufliegender Träger. Gefährdeter Querschnitt bei C.
$y = \frac{P}{E\,J}\,\frac{l^3}{32}\left(\frac{x}{l} - \frac{5}{3}\,\frac{x^3}{l^3}\right),$ $y_1 = \frac{P}{E\,J}\,\frac{l^3}{32}\left(\frac{1}{4}\,\frac{x_1}{l} + \frac{5}{2}\,\frac{x_1^2}{l^2}\right.$ $\left. - \frac{11}{3}\,\frac{x_1^3}{l^3}\right).$	$f = \frac{P}{E\,J}\,\frac{7\,l^3}{768};$ für $x = l\sqrt{\frac{1}{5}}$ ist $\max f = \sqrt{\frac{1}{5}}\,\frac{P\,l^3}{48\,E\,J}.$	Halb eingespannter Träger. Gefährdeter Querschnitt bei B. Wendepunkt bei $x_1 = \frac{5}{22}\,l.$
$y = \frac{P}{E\,J}\,\frac{l^3}{16}\left(\frac{x^2}{l^2} - \frac{4}{3}\,\frac{x^3}{l^3}\right).$ $x \leqq l/2.$	$f = \frac{P}{E\,J}\,\frac{l^3}{192}$ $= \frac{1}{12}\,\frac{\max\sigma}{E}\,\frac{l^2}{h}.$	Eingespannter Träger. Gefährdete Querschnitte bei A, B und C. Wendepunkte bei $x = \frac{1}{4}\,l$ und $x = \frac{3}{4}\,l.$

die größte Durchbiegung bezeichnet worden, falls f nicht damit übereinstimmt. — Die rechter Symmetrieachse.

Nr.	Belastungsfall	Auflagerdrücke A, B Biegungsmoment M	Tragkraft P Erforderl. Widerstandsmoment W
6	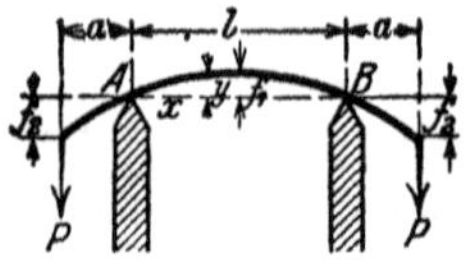 Dieselben Formeln gelten, wenn AB die Lastpunkte und die Enden des Trägers gestützt sind.	$A = B = P.$ Für AB: $M = Pa =$ konst.	$P = \frac{\sigma_{zul} W}{a}.$ $W = \frac{Pa}{\sigma_{zul}}.$
7	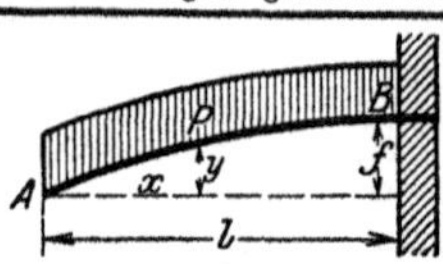	$B = P.$ $M = \frac{Px^2}{2l}.$ $\max M = \frac{Pl}{2}.$	$P = 2\frac{\sigma_{zul} W}{l}.$ $W = \frac{Pl}{2\sigma_{zul}}.$
8	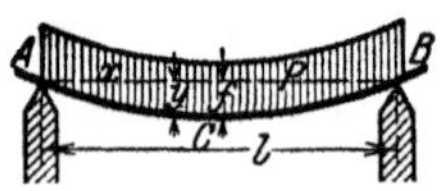	$A = B = \frac{P}{2}.$ $M = \frac{Px}{2}\left(1 - \frac{x}{l}\right).$ $\max M = \frac{Pl}{8}.$ [1]	$P = 8\frac{\sigma_{zul} W}{l}.$ $W = \frac{Pl}{8\sigma_{zul}}.$
9	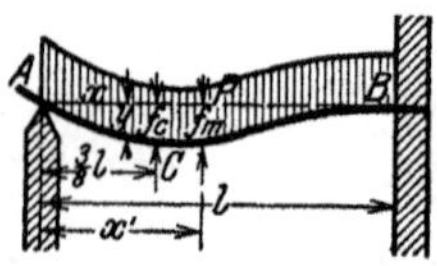	$A = \frac{3}{8}P; \quad B = \frac{5}{8}P.$ $M = \frac{Px}{2}\left(\frac{3}{4} - \frac{x}{l}\right).$ $\max M = \frac{Pl}{8}.$ (absolutes Maximum). $M_C = \frac{9}{128}Pl$ (relatives Maximum) bei $x = \frac{3}{8}l.$	$P = 8\frac{\sigma_{zul} W}{l}.$ (Tragkraft nicht größer als im Falle 8.) $W = \frac{Pl}{8\sigma_{zul}}.$
10	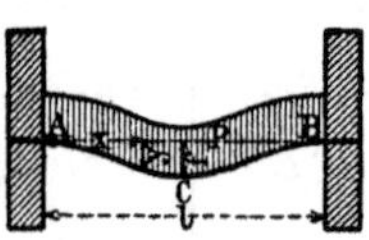	$A = B = \frac{P}{2}.$ $M_x = -\frac{Pl}{2}\left(\frac{1}{6} - \frac{x}{l} + \frac{x^2}{l^2}\right)$ $M_A = M_B = -\frac{Pl}{12}$ $M_C = +\frac{Pl}{24}$	$P = 12\frac{\sigma_{zul} W}{l}.$ $W = \frac{Pl}{12\sigma_{zul}}.$
11		$A = B = P/2.$ $P_1 = \frac{P}{1 + 2c/l}$ $M_x = -\frac{P_1 l}{2}\left(\frac{c^2}{l^2} - \frac{x}{l} + \frac{x^2}{l^2}\right)$ [2] $M_A = M_B = -P_1 c^2/2l$ $M_C = \frac{P_1 l}{2}\left(\frac{1}{4} - \frac{c^2}{l^2}\right)$	**Hängen vom Verhältnis c/l ab.**

[1] Fehlt das Kragstück bei A, so findet sich $\max f$ im Abstande $0{,}578\,l$ von A, u. zwar

[2] Zwischen A und B.

Gleichung der elastischen Linie	Durchbiegung f	Bemerkungen
Die Biegelinie zwischen A und B ist ein Kreisbogen vom Radius $\varrho = EJ/Pa$. Dieser Bogen kann für große ϱ ersetzt werden durch die Parabel $y = \frac{P}{EJ} \cdot \frac{l^2 a}{2} \left[\frac{x}{l} - \frac{x^2}{l^2} \right].$	f_1 in der Mitte der Stützweite: $f_1 = \frac{P}{EJ} \frac{l^3}{8} \frac{a}{l}$ $= \frac{1}{4} \frac{\max \sigma}{E} \frac{l^2}{h} = \frac{l^2}{8 \varrho}.$ $f_2 = \frac{P}{EJ} \frac{a^2}{3} \left(a + \frac{3l}{2} \right).$	**Frei aufliegender[1] Träger mit Kragstücken.** Gefährdeter **Querschnitt an jeder Stelle zwischen *A* und *B*.**
$y = \frac{P}{EJ} \frac{l^3}{6} \left(\frac{x}{l} - \frac{1}{4} \frac{x^4}{l^4} \right).$	$f = \frac{P}{EJ} \frac{l^3}{8}$ $= \frac{1}{2} \frac{\max \sigma}{E} \frac{l^2}{h}.$	**Freiträger.** Gefährdeter **Querschnitt bei *B*.**
$y = \frac{P}{EJ} \frac{l^3}{24} \left(\frac{x}{l} - 2 \frac{x^3}{l^3} + \frac{x^4}{l^4} \right).$ $\operatorname{tg} \alpha_{(x=0)} = \frac{P}{EJ} \frac{l^2}{24} = 3{,}2 \frac{f}{l}.$	$f = \frac{P}{EJ} \frac{5 l^3}{384}$ $= \frac{5}{24} \frac{\max \sigma}{E} \frac{l^2}{h}.$	Frei aufliegender Träger. Gefährdeter Querschnitt in der Mitte.
$y = \frac{P}{EJ} \frac{l^3}{48} \left(\frac{x}{l} - 3 \frac{x^3}{l^3} + 2 \frac{x^4}{l^4} \right).$	$\max f = \frac{P}{EJ} \frac{l^3}{185},$ worin $\frac{1}{185} = \frac{78 + 110\sqrt{33}}{2 \cdot 16^4}$ $f_0 = \frac{175}{8^5} \frac{P}{EJ} l^3$ $= \frac{P}{EJ} \frac{l^3}{187}.$	**Halb eingespannter Träger.** Gefährdeter Querschnitt bei *B*. **Durchbiegung $\max f$ bei $x' = \frac{1}{16} l \left(1 + \sqrt{33}\right)$ $= 0{,}4215\, l$.** Wendepunkt bei $x = \frac{3}{4} l$. M_0 bei $x = \frac{3}{8} l$.
$y = \frac{P l^3}{24 EJ} \left[\frac{x^2}{l^2} - 2 \frac{x^3}{l^3} + \frac{x^4}{l^4} \right]$ $= \frac{P l^3}{24 EJ} \left[\frac{x}{l} \left(1 - \frac{x}{l} \right) \right]^2.$	$f = \frac{P l^3}{84 EJ}.$	Gefährdeter **Querschnitt bei *A* und *B*.** Wendepunkte bei $x = \frac{1}{2} l \pm \frac{1}{2} l \sqrt{\frac{1}{3}}$ $= \frac{1}{2} l \pm 0{,}2887\, l.$
$y = \frac{P_1 l^3}{24 EJ} \left[\left(1 - 6 \frac{c^2}{l^2} \right) \frac{x}{l} + 6 \frac{c^2}{l^2} \frac{x^2}{l^2} - 2 \frac{x^3}{l^3} + \frac{x^4}{l^4} \right].$ $\operatorname{tg} \alpha_{(x=0)} = \frac{P_1 l^3}{24 EJ} \left(1 - 6 \frac{c^2}{l^2} \right).$	$f = \frac{P_1 l^3}{24 EJ} \cdot \left(\frac{5}{16} - \frac{3}{2} \frac{c^2}{l^2} \right)$ $f_2 = \frac{P_1 l^3}{24 EJ} \cdot \frac{c}{l} \cdot \left(3 \frac{c^3}{l^3} + 6 \frac{c^2}{l^2} - 1 \right).$	Gefährdeter **Querschnitt bei *A*, *B* oder *C*.** Wendepunkt für $x = \frac{l}{2} \left(1 \pm \sqrt{1 - (2c/l)^2} \right).$ $f = 0,$ wenn $c = 0{,}4564\, l$.

ist $\max f = 0{,}064 \frac{P}{EJ} l^2 a$, die Durchbiegung im Lastpunkte $f_2 = \frac{P}{EJ} \frac{a^2}{3} (a + l)$.

4. Mehrfach gelagerte Träger.

Ist ein Träger mehrfach gelagert derart, daß die Bestimmungsgleichungen der Statik nicht ausreichen, so ist der Träger statisch unbestimmt, und es müssen zur Ermittlung der Auflagerdrücke die elastischen Verformungen herangezogen werden. Danach können auch die Durchbiegungen bestimmt werden. Allgemein geht man so vor, daß man an einer Stelle (oder mehreren) die Unterstützung löst, bis das System statisch bestimmt ist (statisch bestimmtes Hauptsystem), dann die Durchbiegung ohne diese ermittelt und diejenige Kraft (oder Kräfte) sucht, durch welche diese Durchbiegung wieder rückgängig gemacht wird. In Fig. 66 z. B. löst man bei C die Lagerung und ermittelt die Durchbiegung f_P an dieser Stelle. Die durch die gesuchte Auflagerkraft C entstehende, entgegengesetzt gerichtete Durchbiegung f_C muß dann so groß sein, daß

$$f_P - f_C = 0.$$

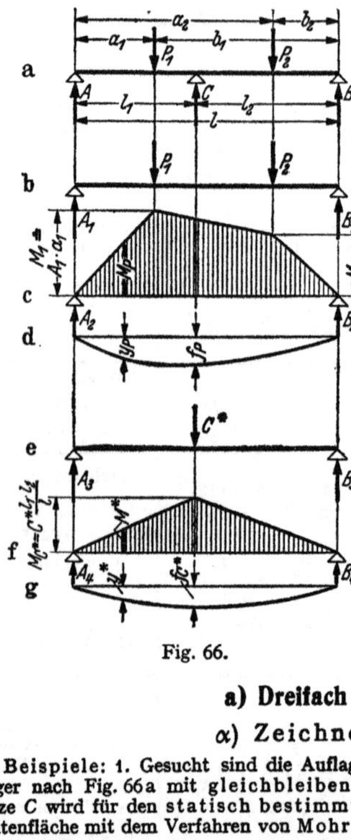

Fig. 66.

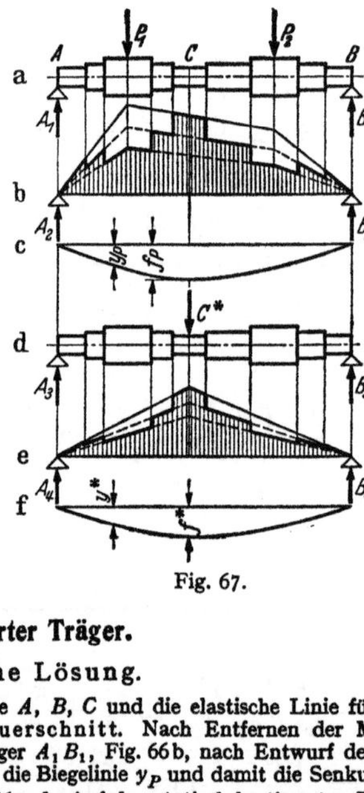

Fig. 67.

a) Dreifach gelagerter Träger.

α) Zeichnerische Lösung.

Beispiele: 1. Gesucht sind die Auflagerdrücke A, B, C und die elastische Linie für den Träger nach Fig. 66a mit gleichbleibendem Querschnitt. Nach Entfernen der Mittelstütze C wird für den statisch bestimmten Träger $A_1 B_1$, Fig. 66b, nach Entwurf der Momentenfläche mit dem Verfahren von Mohr (S. 361) die Biegelinie y_P und damit die Senkung f_P an der Stelle C bei der Belastung P ermittelt, Fig. 66c, d. Auf den statisch bestimmten Träger $A_3 B_3$ läßt man dann eine Kraft $C^* = 1$ t (10 kg, 100 kg o. ä.) wirken, die nach dem gleichen Verfahren die Durchbiegung y^* und unter C^* die Senkung $f_c^* = f^*$ liefert, Fig. 66e—g. Da die Durchbiegungen verhältnisgleich der Belastung sind, gilt für die Belastung C und die Durchbiegung y_C an irgendeiner Stelle

$$y^* : y_C = C^* : C = f^* : f_C.$$

Da aber $f_C = f_P$ (s. o.) sein muß, folgt

$$C = C^* f_C/f^* = C^* f_P/f^*$$

als Auflagerkraft im Punkt C. Aus $y_C = y^* C/C^* = y^* f_P/f^*$ ergibt sich für die Durchbiegungen des gegebenen Trägers $A B$

$$y = y_P - y_C = y_P - y^* C/C^* = y_P - y^* f_P/f^*,$$

d. h. die mit $C/C^* = f_P/f^*$ multiplizierten Ordinaten der Fig. 66g sind von den Ordinaten der Fig. 66d abzuziehen.

Die Auflagerkräfte A und B sind (Fig. 66a).

$$A = A_1 - A_3 C/C^* = A_1 - A_3 f_P/f^*; \quad B = B_1 - B_3 C/C^* = B_1 - B_3 f_P/f^*.$$

Der Träger wird dann so berechnet, als ob er in A und B gelagert sei und neben der Belastung P noch die nach oben gerichtete Kraft C wirke. So ist das resultierende Moment an irgendeiner Stelle

$$M = M_P - M^* C/C^* = M_P - M^* f_P/f^* .$$

2. Bei der in A, B und C unterstützten Welle, Fig. 67, mit veränderlichem Querschnitt ist für die Belastung P_1, P_2 unter Lösung der Stütze C die Biegelinie nach Beispiel 3, S. 367 zu entwerfen und im übrigen genau so zu verfahren wie im Beispiel 1.

β) Rechnerische Lösung,

die sich besonders bei gleichbleibendem Querschnitt empfiehlt.

Beispiele: 1. Träger gleichbleibenden Querschnitts nach Fig. 66 und 68. Die Formel für Fall 3, S. 380 liefert aus Fig. 66a und 68a

$$f_C = \frac{C}{3EJ} \cdot \frac{l_1^2 l_2^2}{l} .$$

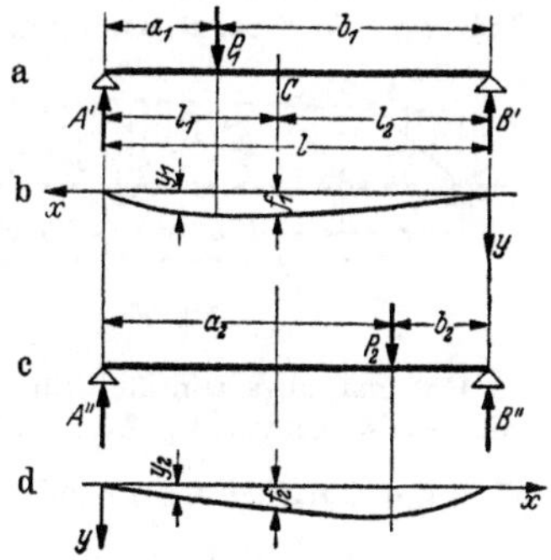

Fig. 68.

f_P kann nach dem Superpositionsprinzip, d. h. der Summierung der Einzeldurchbiegungen gefunden werden, indem man die Kräfte P_1 und P_2 nacheinander auf den Träger bringt. Nach Fig. 68 wird $y_P = y_1 + y_2$ oder $f_P = f_1 + f_2$, wobei y_1 bzw. y_2 die Ordinaten der Biegelinie für den Träger $A'B'$ bzw. $A''B''$ sind. Für Fig. 68a folgt nach Fall 3, S. 380

$$y_1 = \frac{P_1}{EJ} \frac{a_1^2 b_1^2}{6l} \left(2 \frac{x}{b_1} + \frac{x}{a_1} - \frac{x^3}{b_1^2 a_1}\right)$$

für das in Fig. 68b gezeichnete Achsenkreuz; wenn $x = l_2$ ist, wird

$$f_1 = \frac{P_1}{EJ} \frac{a_1^2 b_1^2}{6l} \left(2 \frac{l_2}{b_1} + \frac{l_2}{a_1} - \frac{l_2^3}{a_1 b_1^2}\right).$$

Entsprechend ergibt sich für das Achsenkreuz der Fig. 68d

$$f_2 = \frac{P_2}{EJ} \frac{a_2^2 b_2^2}{6l} \left(2 \frac{l_1}{a_2} + \frac{l_1}{b_2} - \frac{l_1^3}{a_2^2 b_2}\right).$$

Mit $f_P = f_1 + f_2$ und $f_C = f_P$ folgt dann schließlich

$$\frac{1}{3} C \frac{l_1^2 l_2^2}{l} = \frac{1}{6} P_1 \frac{a_1^2 b_1^2}{l} \left(2 \frac{l_2}{b_1} + \frac{l_2}{a_1} - \frac{l_2^3}{a_1 b_1^2}\right) + \frac{1}{6} P_2 \frac{a_2^2 b_2^2}{l} \left(2 \frac{l_1}{a_2} + \frac{l_1}{b_2} - \frac{l_1^3}{a_2^2 b_2}\right)$$

und daraus

$$C = \frac{P_1 a_1^2 b_1^2}{2 l_1^2 l_2^2} \left(2 \frac{l_2}{b_1} + \frac{l_2}{a_1} - \frac{l_2^3}{a_1 b_1^2}\right) + \frac{P_2 a_2^2 b_2^2}{2 l_1^2 l_2^2} \left(2 \frac{l_1}{a_2} + \frac{l_1}{b_2} - \frac{l_1^3}{a_2^2 b_2}\right).$$

Über die weitere Behandlung vgl. α) Beispiel 1: Der Träger, Fig. 68a, wird als Träger auf zwei Stützen aufgefaßt, der mit den Kräften P_1, P_2 und C belastet ist.

2. Für den Sonderfall symmetrischer Belastung, d. h. $l_1 = l_2 = l/2$; $a_1 = b_2 = l/4$ und $P_1 = P_2 = P$ wird

$$C = \frac{11}{8} P .$$

b) *n*-fach gelagerter Träger mit gleichbleibendem Querschnitt.

Da ein 2-fach gelagerter Träger statisch bestimmt ist, ist ein n-fach gelagerter Träger $(n - 2)$-fach statisch unbestimmt. Für die senkrecht zum Träger wirkenden Kräfte (bzw. Momente) gelten 2 Gleichgewichtsbedingungen, also müssen noch $(n - 2)$ Gleichungen, die die Verformung benutzen, aufgestellt werden.

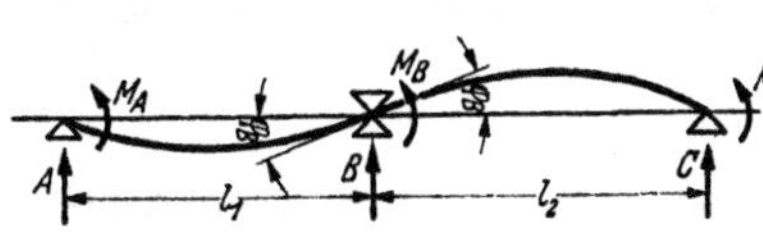

Fig. 69.

Sind A, B, C (Fig. 69) drei aufeinanderfolgende Stützen eines Trägers mit den Momenten M_A, M_B, M_C in ihnen, so muß die Steigung φ_B der elastischen Linie im Punkt B vom linken und vom rechten Feld aus gerechnet die gleiche sein. Andererseits ist z. B. für den linken Trägerteil $\varphi_B = \beta_1 - \varphi_1$. Hierin bedeutet β_1 die Neigung für die als Träger auf den zwei Stützen A und B angesehene Öffnung AB unter der tatsächlichen Belastung, die die sog. M_0-Fläche liefert (vgl. a. Beispiel 2) und φ_1 die Neigung, die am gleichen Träger AB durch die Momente M_A und M_B hervorgerufen würde. φ_1 berechnet sich aber nach Beispiel 3, Fig. 52, S. 368 auf Grund des Superpositionsprinzips zu

$$\varphi_1 = M_A l_1/6EJ + M_B l_1/3EJ .$$

Dann gilt für die erste und entsprechend für die zweite Öffnung

$$\varphi_B = \beta_1 - \frac{M_A l_1}{6EJ} - \frac{M_B l_1}{3EJ} = -\left(\beta_2 - \frac{M_B l_2}{3EJ} - \frac{M_C l_2}{6EJ}\right)$$

oder

$$M_A l_1 + 2M_B(l_1 + l_2) + M_C l_2 = 6EJ(\beta_1 + \beta_2).$$

Nach dem Mohrschen Satz (S. 368) ist aber $EJ\beta_1$ gleich der Auflagerkraft am Träger AB in B bei Belastung durch die M_0-Fläche, oder es ist $EJ\beta_1 = -L_1/l_1$, wenn L_1 das Moment der M_0-Fläche der linken Öffnung in bezug auf die linke Stützsenkrechte (durch A) ist; ferner ist $EJ\beta_2 = -R_2/l_2$, wenn R_2 das Moment der M_0-Fläche der rechten Öffnung in bezug auf die rechte Stützsenkrechte durch C ist.

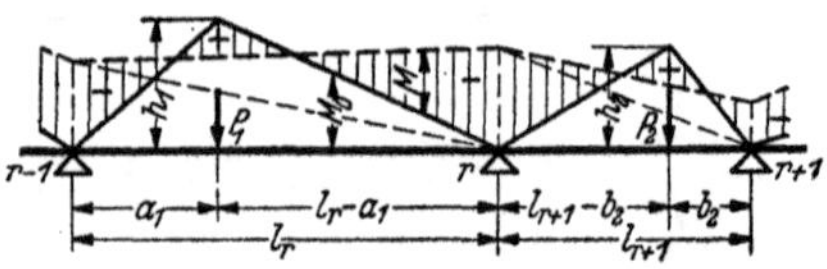

Fig. 70.

Hat man allgemein die Stützen $0, 1, \ldots, r-1, r, r+1, \ldots, n$ (Fig. 70) mit den Momenten $M_0, M_1, \ldots$ usw., so wird

$$M_{r-1} l_r + 2M_r(l_r + l_{r+1}) + M_{r+1} l_{r+1} = 6EJ(\beta_r + \beta_{r+1}) = -6\left(\frac{L_r}{l_r} + \frac{R_{r+1}}{l_{r+1}}\right).$$

Diese Gleichung heißt Dreimomentengleichung oder auch Clapeyronsche Gleichung. — In der lastfreien Öffnung i ist $\beta_i = 0$.

Beispiele: 1. Für Einzelkräfte kann die Gleichung umgeformt werden. Für die Höhe h_1 des M_0-Momentendreiecks mit der Last P_1, Fig. 70, gilt nach Fall 3, S. 380, $h_1 = P_1 a_1 (l_r - a_1)/l_r$. Das statische Moment dieses in zwei Teile geteilten Dreiecks, bezogen auf die linke Stützsenkrechte, ist dann

$$L_r = \tfrac{1}{2} a_1 h_1 \tfrac{2}{3} a_1 + \tfrac{1}{2}(l_r - a_1) h_1 [a_1 + \tfrac{1}{3}(l_r - a_1)] = \tfrac{1}{2} h_1 l_r \cdot \tfrac{1}{3}(a_1 + l_r)$$ [1].

Nach Einsetzen von h_1 folgt $\quad 6L_r = P_1 a_1 (l_r^2 - a_1^2)$.

Für beliebig viele Kräfte über der r-ten Öffnung wird demnach $6L_r/l_r = \sum P_1 a_1 (l_r^2 - a_1^2)/l_r$. Für beliebig viele Kräfte P_2 über der $(r+1)$-ten Öffnung (Fig. 70) folgt eine ähnliche Beziehung, so daß die rechte Seite der Dreimomentengleichung geschrieben werden kann

$$-\left\{\sum P_1 a_1 (l_r^2 - a_1^2)/l_r + \sum P_2 b_2 (l_{r+1}^2 - b_2^2)/l_{r+1}\right\}.$$

2. Zahlenbeispiel hierzu. Für den Träger der Fig. 71 mit gleichbleibendem Querschnitt ist $M_A = M_a = 0$ und $M_F = M_f = 0$. Dann lauten die Dreimomentengleichungen:

$$8 M_b + 2{,}2 M_c = -\left\{300 \cdot 0{,}45 \cdot \frac{1{,}8^2 - 0{,}45^2}{1{,}8} + 700 \cdot 1{,}12 \cdot \frac{1{,}8^2 - 1{,}12^2}{1{,}8} + 400 \cdot 1{,}55 \cdot \frac{2{,}2^2 - 1{,}55^2}{2{,}2}\right.$$
$$\left. + 350 \cdot 0{,}85 \cdot \frac{2{,}2^2 - 0{,}85^2}{2{,}2}\right\} = -2337 .$$

$$2{,}2 M_b + 7{,}7 M_c + 1{,}65 M_d = -\left\{400 \cdot 0{,}65 \cdot \frac{2{,}2^2 - 0{,}65^2}{2{,}2} + 350 \cdot 1{,}35 \cdot \frac{2{,}2^2 - 1{,}35^2}{2{,}2}\right.$$
$$\left. + 1100 \cdot 0{,}7 \cdot \frac{1{,}65^2 - 0{,}7^2}{1{,}65}\right\} = -2212.$$

$$1{,}65 M_c + 7 M_d + 1{,}85 M_e = -\left\{1100 \cdot 0{,}95 \cdot \frac{1{,}65^2 - 0{,}95^2}{1{,}65} + 450 \cdot 1{,}45 \cdot \frac{1{,}85^2 - 1{,}45^2}{1{,}85}\right.$$
$$\left. + 575 \cdot 0{,}55 \cdot \frac{1{,}85^2 - 0{,}55^2}{1{,}85}\right\} = -2152.$$

$$1{,}85 M_d + 6{,}7 M_e = -\left\{450 \cdot 0{,}4 \cdot \frac{1{,}85^2 - 0{,}4^2}{1{,}85} + 575 \cdot 1{,}3 \cdot \frac{1{,}85^2 - 1{,}3^2}{1{,}85}\right.$$
$$\left. - 900 \cdot 0{,}7 \cdot \frac{1{,}5^2 - 0{,}7^2}{1{,}5}\right\} = -278 .$$

[1] d. h. der Schwerpunkt des Momentendreiecks ist um $(a_1 + l_r)/3$ von der linken Stützsenkrechten entfernt.

Daraus ergeben sich die Stützmomente:

$$M_b = -250 \text{ mkg}; \quad M_c = -154 \text{ mkg}; \quad M_d = -280 \text{ mkg}; \quad M_e = +36 \text{ mkg}.$$

Das absolut größte Moment tritt in der 5. Öffnung auf und ist

$$\min M = -330 \text{ mkg}$$

im Angriffspunkt der Kraft -900 kg.

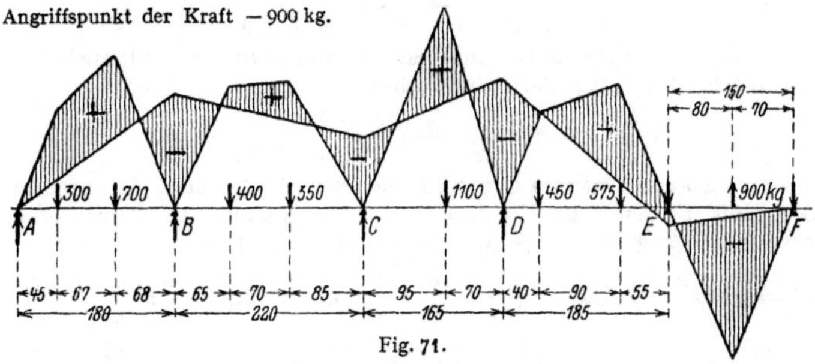

Fig. 71.

Aus den Stützmomenten ergeben sich die Auflagerkräfte; es ist

$$M_b = A \cdot 1{,}80 - 300 \cdot 1{,}35 - 700 \cdot 0{,}68 = -250$$

daraus $A = 350$ kg,

$$M_c = A \cdot 4{,}0 + B \cdot 2{,}2 - 300 \cdot 3{,}55 - 700 \cdot 2{,}88 - 400 \cdot 1{,}55 - 350 \cdot 0{,}85 = -154$$

daraus $B = 1111$ kg,

$$M_d = A \cdot 5{,}65 + B \cdot 3{,}85 + C \cdot 1{,}65 - 300 \cdot 5{,}2 - 700 \cdot 4{,}53 - 400 \cdot 3{,}2 - 350 \cdot 2{,}5 - 1100 \cdot 0{,}70 = -280$$

daraus $C = 680$ kg,

$$M_e = F \cdot 1{,}5 + 900 \cdot 0{,}8 = +36$$

daraus $F = -456$ kg,

$$M_d = F \cdot 3{,}35 + E \cdot 1{,}85 + 900 \cdot 2{,}65 - 575 \cdot 1{,}30 - 450 \cdot 0{,}40 = -280$$

daraus $E = -114$ kg,

$$M_c = F \cdot 5 + 900 \cdot 4{,}3 + E \cdot 3{,}5 - 575 \cdot 2{,}95 - 450 \cdot 2{,}05 + D \cdot 1{,}65 - 1100 \cdot 0{,}95 = -154$$

daraus $D = 1403$ kg.

Die Stützkräfte in den rechten Außenstützen E und F sind nach unten gerichtet.

D. Biegung des gekrümmten Stabes[1]).

1. Wirken auf den Stabteil $A A_1 B_1 B$ (Fig. 72) Kräfte und Momente ein, so können diese auf ein Moment M und eine im Schwerpunkt des Querschnitts angreifende Kraft N zurückgeführt werden. Es sei angenommen, daß N senkrecht zum Querschnitt wirke, also in die Tangente der Mittelfaser falle, so daß die Schubkräfte vernachlässigt werden, und daß die Querschnitte bei der Verformung eben bleiben. Die Momente werden positiv gerechnet, wenn die Krümmung stärker, d. h. der Krümmungsradius kleiner wird. Ursprünglich schneiden sich zwei benachbarte Querschnitte AB und A_1B_1 im Krümmungsmittelpunkt O der durch den Schwerpunkt gehenden Mittelfaser vor der Verformung. Die Formänderung kann aufgefaßt werden als eine Drehung des Querschnittes A_1B_1 um die Krümmungsachse O mit dem Winkel φ_1 und eine Drehung um die Schwerachse S mit dem Winkel φ_2.

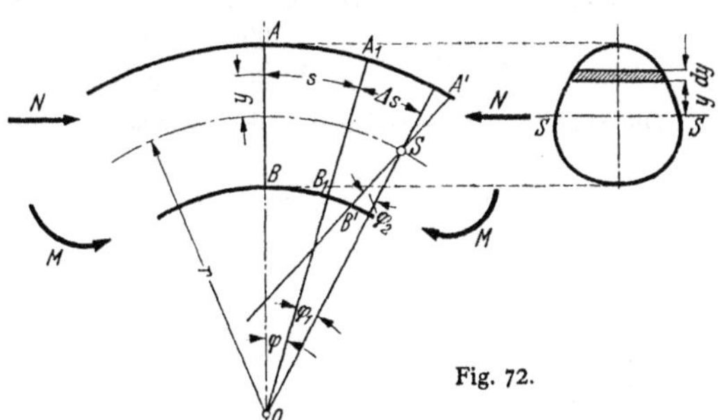

Fig. 72.

---

[1]) Im wesentlichen nach M. Tolle: Die Regelung der Kraftmaschinen. 3. Aufl. Berlin: Springer 1921.

Die ursprüngliche Länge der Faser im Abstand y von der Schwerachse ist $s = (r+y)\varphi$, die Verlängerung $\Delta l = \Delta s + y\varphi_2 = (r+y)\varphi_1 + y\varphi_2$, also die Dehnung

$$\varepsilon = \frac{\Delta l}{s} = \frac{(r+y)\varphi_1 + y\varphi_2}{(r+y)\varphi} = \frac{\varphi_1}{\varphi} + \frac{\varphi_2}{\varphi}\frac{y}{r+y} = \varepsilon_0 + \frac{\varphi_2}{\varphi}\frac{y}{r+y}.$$

Hierin stellt $\varepsilon_0 = \varphi_1/\varphi$ die Dehnung der Mittelfaser dar. Damit wird die Spannung im Abstand y von der Schwerachse

$$\sigma = E\varepsilon = E\varepsilon_0 + E\frac{\varphi_2}{\varphi}\frac{y}{r+y}, \tag{1}$$

worin $\sigma_0 = E\varepsilon_0$ die Spannung in der Mittelfaser ist. Auf ein Flächenteilchen dF wirkt somit die Kraft $\sigma dF = E\varepsilon dF$. Für die Summe der Kräfte und ihrer Momente in bezug auf die Schwerachse erhält man dann

$$N = \int \sigma\, dF = \int E\varepsilon_0\, dF + \int E\frac{\varphi_2}{\varphi}\frac{y}{r+y}\, dF = E\varepsilon_0 F + E\frac{\varphi_2}{\varphi}\int \frac{y}{r+y}\, dF,$$

$$M = \int \sigma y\, dF = \int E\varepsilon_0 y\, dF + \int E\frac{\varphi_2}{\varphi}\frac{y^2}{r+y}\, dF = 0 + E\frac{\varphi_2}{\varphi}\int \frac{y^2}{r+y}\, dF,$$

da das statische Moment $\int y\, dF$ in bezug auf die Schwerachse verschwindet. Führt man den Ausdruck

$$Z = \int y^2 \frac{r}{r+y}\, dF$$ [1])

ein, so wird, da $\int y\, dF = 0$,

$$\int \frac{y}{r+y}\, dF = \frac{1}{r}\int\left(y - \frac{y^2}{r+y}\right) dF = -\frac{1}{r}\int \frac{y^2}{r+y}\, dF = -\frac{Z}{r^2}.$$

Damit können die beiden Gleichungen für N und M geschrieben werden

$$N = E\varepsilon_0 F - E\frac{\varphi_2}{\varphi}\frac{Z}{r^2}; \qquad \frac{M}{r} = E\frac{\varphi_2}{\varphi}\frac{Z}{r^2}.$$

Ihre Addition ergibt $E\varepsilon_0 F = N + M/r$, also in der Mittelfaser die Spannung

$$\sigma_0 = E\varepsilon_0 = \frac{N}{F} + \frac{M/r}{F};$$

d. h. Nullinie und Schwerachse fallen nur dann zusammen, wenn $\sigma_0 = 0$ ist (vgl. 2). Da $E\varphi_2/\varphi = Mr/Z$ ist, folgt für die gesamte Spannung nach (1)

$$\sigma = E\varepsilon = \frac{N}{F} + \frac{M/r}{F} + \frac{Mr}{Z}\frac{y}{r+y} = \sigma_0 + \frac{Mr}{Z}\frac{y}{r+y}.$$

Die Spannungen verteilen sich also über den Querschnitt nach einer gleichseitigen Hyperbel mit den Asymptoten a_1, a_2, wie in Fig. 73 angedeutet (zeichner. Darst. vgl. S. 107 u. Fig. 74).

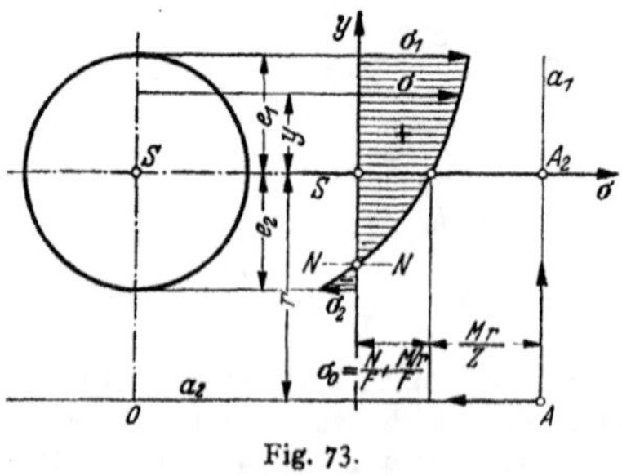

Fig. 73.

Haben die äußersten Fasern die Abstände e_1 und e_2 von der Schwerachse (Fig. 73), so sind die Randspannungen (relativ größte Spannungen)

$$\sigma_1 = \frac{N}{F} + \frac{M/r}{F} + \frac{Mr}{Z}\frac{e_1}{r+e_1},$$

$$\sigma_2 = \frac{N}{F} + \frac{M/r}{F} - \frac{Mr}{Z}\frac{e_2}{r-e_2}.$$

2. Sonderfall: Ist $\sigma_0 = N/F + M/Fr = 0$, also $M = -Nr$, so geht die neutrale Faser durch den Schwerpunkt (Fig. 74).

[1]) Nach Rötscher: Z. VDI Bd. 80 (1936) S. 1354.

3. Ermittlung der Hilfsfläche Z[1]). Es ist nach Fig. 74 mit $dF = s\,dy$

$$Z = \int y^2 \frac{r}{r+y}\,dF = \int y^2 s \frac{r}{r+y}\,dy \quad \text{cm}^4.$$

Mißt man in bequemen (u. a. Ecken usw. enthaltenden) Abständen y von der Schwerachse die Abszissen s und trägt die Kurve $z = y^2 s \frac{r}{r+y}$ über y auf, so stellt der unter dieser Kurve liegende Flächeninhalt den Wert Z dar.

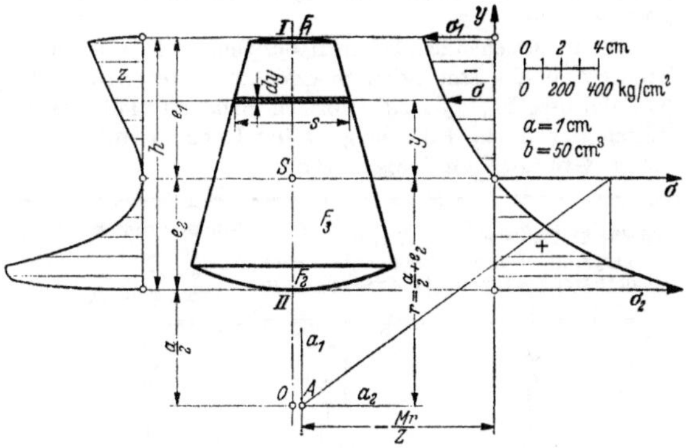

Fig. 74.

Maßstäbe: Ist 1 cm $= a$ cm der Längenmaßstab für y, ist 1 cm $= b$ cm³ der Maßstab für die Kurve z und ist f der in cm² gemessene Flächeninhalt unter der Kurve z, so ist $Z = abf$ cm⁴.

4. Schreibt man $Z = \int \frac{y^2}{1+y/r}\,dF$, und ist dann r sehr viel größer als y, so folgt mit $1 + y/r \approx 1$, daß $Z \approx \int y^2 dF$, d. h. gleich dem axialen Trägheitsmoment in bezug auf die Schwerachse ist. Man erhält die Formel für den geraden Stab (S. 403). Durch Reihenentwicklung von $(1 + y/r)^{-1}$ läßt sich Z bei einfachen Querschnitten auch rechnerisch finden.

Beispiel: Ermittlung der Spannungen eines 10 t-Lasthakens nach Bd. II, S. 378, Fig. 22 und Bd. II, S. 379, Tafel 2.

Für den Querschnitt I ist die Normalkraft N gleich der Last Q, das Biegungsmoment $M = -Qr$, da die Last den Krümmungsradius zu vergrößern sucht (S. 387).

Abmessungen in Fig. 74: $h = 130$ mm, $b_1 = 45$ mm, $b_2 = 110$ mm, Maulweite $a = 120$ mm. Die Kreisbögen sind um die Punkte II und I mit h als Radius geschlagen.

Bezogen auf die durch II gehende Waagerechte ist nach S. 179

$$e_2 = \frac{F_1 y_1 + F_2 y_2 + F_3 y_3}{F_1 + F_2 + F_3} = \frac{0{,}59 \cdot 12{,}87 + 9{,}04 \cdot 0{,}73 + 89{,}67 \cdot 6{,}20}{0{,}59 + 9{,}04 + 89{,}67} = 5{,}74 \text{ cm}$$

und daher

$$e_1 = 13 - 5{,}74 = 7{,}26 \text{ cm} \quad \text{und} \quad r = a/2 + e_2 = 6 + 5{,}74 = 11{,}74 \text{ cm}.$$

Das Planimeter liefert die Fläche zu $f = 26{,}6$ cm². Mit den Maßstäben der Fig. 74 wird danach $Z = 1 \cdot 50 \cdot 26{,}6 = 1330$ cm⁴ und $\frac{Mr}{Z} = -\frac{Qr^2}{Z} = -\frac{10000 \cdot 11{,}74^2}{1330} = -1040$ kg/cm². Die größte Druckspannung wird

$$\sigma_1 = -1040 \cdot \frac{e_1}{r + e_1} = -1040 \cdot \frac{7{,}26}{19} = -397 \text{ kg/cm}^2,$$

die größte Zugspannung wird

$$\sigma_2 = +1040 \frac{e_2}{r - e_2} = -1040 \cdot \frac{5{,}74}{6} = +995 \text{ kg/cm}^2.$$

E. Knickung.

1. Knickkraft.

Wird ein Stab nach Fig. 75 durch eine Kraft P belastet, so ist von einer bestimmten Belastung an außer der geraden Form noch eine gekrümmte Gleichgewichtsform möglich. Die Erscheinung des Ausbiegens kann bereits bei

[1]) Vgl. Fußnote 1, S. 388.

Spannungen auftreten, die unter der Fließgrenze und sogar unter der zulässigen Spannung liegen. Die Kraft, bei der diese Ausbiegung beginnt, heißt Knickkraft K, der Vorgang selbst Knickung. Für Belastungen, die die Knickkraft übersteigen, ist die Formänderungsarbeit des ganzen Stabes kleiner als die für die Zusammendrückung des Stabes erforderliche. Die gerade Form stellt daher bei dieser Belastung eine labile, die gekrümmte eine stabile Gleichgewichtslage dar.

Fig. 75.

Ein Verlassen der geraden Form ist dadurch möglich, daß kleine Störungen in der Symmetrie, kleine Krümmungen, ein außermittiger Angriff der Kraft u. a. m. vorhanden sind[1]).

Die nachstehenden Formeln beziehen sich stets auf den Grundfall, bei dem beide Stabenden in der Achse frei beweglich geführt sind (s. Tafel und Fig. 75). Alle übrigen Belastungsfälle werden durch Einführen der freien Knicklänge s (im Hochbau mit s_K bezeichnet) auf diesen Grundfall zurückgeführt:

	Ein Stabende eingespannt, das andere frei beweglich	Grundfall Freie in der Achse geführte Stabenden	Ein Stabende eingespannt, das andere frei in der Achse geführt	Eingespannte, in der Achse geführte Stabenden
Darstellung des Belastungsfalles			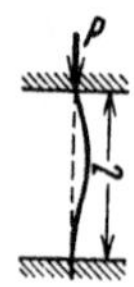	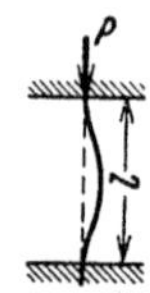
Freie Knicklänge $s =$	$2l$	l	$\frac{l}{2}\sqrt{2} \approx 0{,}707\,l$	$0{,}5\,l$

Nach den Preuß. Ministerialbestimmungen für Flußstahl gilt bei Gurtstäben, wozu auch die Endstreben von trapezförmigen Hauptträgern gehören, als freie Knicklänge die Länge ihrer Netzlinien; bei Füllungsstäben für das Ausknicken aus der Trägerebene ebenfalls die Länge der Netzlinien; für das Ausknicken in der Trägerebene der Abstand der nach der Zeichnung geschätzten Schwerpunkte der beiderseitigen Anschlußnietgruppen des Stabes.

Ferner gelten mit F cm² als Querschnitt die folgenden Bezeichnungen:

Knickspannung, d. h. Druckspannung bei Beginn des Ausknickens $\quad \sigma_k = K/F$ kg/cm²;

die zulässige Last (Tragfähigkeit) mit ν als Sicherheit $\quad P = K/\nu$ kg;

die zulässige Druckspannung zu Beginn des Ausknickens $\quad \sigma_{k\,\text{zul}} = \sigma_k/\nu$ kg/cm² ($\sigma_{d\,\text{zul}}$ im Hochbau);

Schlankheitsgrad $\quad \lambda = s/i$,

worin s die freie Knicklänge in cm, $i = \sqrt{J/F}$ den Trägheitshalbmesser und J das kleinste axiale Trägheitsmoment des Querschnittes bedeuten.

2. Elastische Knickung

liegt vor, wenn $\sigma_k < \sigma_{d\,P}$ (vorausgesetzt, daß $\sigma_E > \sigma_P$, s. S. 346). Auf Grund des Hookeschen Gesetzes wurde von Euler (1744) die Beziehung

$$K = \pi^2 E J / s^2 \quad \text{(Eulersche Knickformel)}$$

aufgestellt; Herleitung s. S. 89.

[1]) Allerdings setzt ein außermittiger Kraftangriff die Knickspannung gegenüber der bei mittigem Angriff herab; vgl. S. 403, und Karl Jezek: Die Festigkeit von Druckstäben aus Stahl. Wien: Springer 1937.

Für die Spannung folgt dann

$$\sigma_k = \frac{K}{F} = \frac{\pi^2 E J/F}{s^2} = \frac{\pi^2 E}{\lambda^2} \quad \text{(Euler-Hyperbel).}$$

σ_k, in Abhängigkeit von λ aufgetragen, Fig. 76, ergibt eine Hyperbel dritten Grades (S. 114). Diese gilt jedoch **nur** bis zu demjenigen Wert λ_0, für den $\sigma_k = \sigma_{dP}$ (Proportionalitätsgrenze für Druck) ist, d. h. bis zu $\lambda_0 = \pi\sqrt{E/\sigma_{dP}}$. Für Stahl mit $E = 2{,}13 \cdot 10^6$ kg/cm² und $\sigma_{dP} = 2300$ kg/cm² wird z. B. $\lambda_0 = \pi\sqrt{2150000/2300} \approx 96$ (Fig. 76).

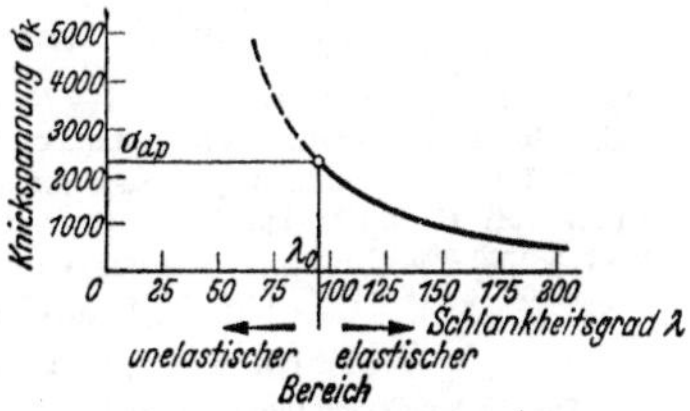

Fig. 76.

3. Unelastische Knickung.

liegt vor, wenn $\sigma_k > \sigma_{dP}$, also $\lambda < \lambda_0$ ist. Die Knickspannung hängt für $\sigma > \sigma_P$ vom Verlauf der Spannungs-Dehnungslinie ab. Engesser[1]) hat auf Grund dessen eine theoretische Knickformel angeregt (in Fig. 77 ausgezogen), die durch Versuche von v. Kármán[2]) gut bestätigt wurde. Die Knickspannung überschreitet hierbei die Fließ- (Quetsch-) Grenze. Doch wird, um bleibende Formänderungen zu vermeiden, diese als obere Grenze angenommen (vgl. Fig. 77, bzw. die Gerade 2400, Fig. 78): Stäbe mit genügend kleinem λ werden als Druckstäbe behandelt.

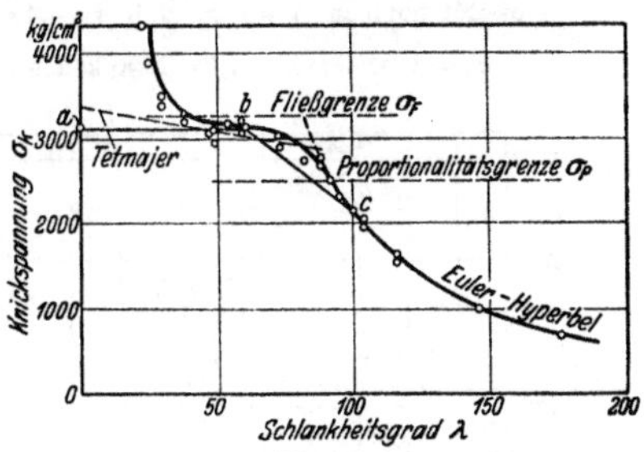

Fig. 77.

a) Im Maschinenbau werden die durch zahlreiche Versuche begründeten Formeln von v. Tetmajer[3]) benutzt. Die Knickspannung σ_k in Abhängigkeit von λ wird für den unelastischen Fall durch eine Gerade, die Tetmajersche Gerade (Fig. 77), nur bei Gußeisen durch eine Parabel dargestellt, vgl. Tafel:

Werkstoff	E kg/cm²	σ_k in kg/cm²: Euler-Formel $\frac{\pi^2 E}{\lambda^2}$	Gilt für $\lambda \geqq$	Für kleinere Werte λ nach Tetmajer
Nadelholz	100000	$987000 : \lambda^2$	100	$293 - 1{,}94\,\lambda$
Graues Gußeisen	1000000	$9870000 : \lambda^2$	80	$7760 - 120\,\lambda + 0{,}53\,\lambda^2$
Schweißstahl	2000000	$19740000 : \lambda^2$	112	$3030 - 12{,}9\,\lambda$
Flußstahl (Flußeisen) . . .	2100000 bis	20730000 : λ^2 bis	105	$3100 - 11{,}4\,\lambda$
Flußstahl	2200000	$21710000 : \lambda^2$	89	$3350 - 6{,}2\,\lambda$
Nickelstahl bis 5 vH Ni. .	2100000	$20730000 : \lambda^2$	86	$4700 - 23{,}0\,\lambda$

b) Wahl der Sicherheit ν. Nach Angaben von Rötscher[4]) darf im Maschinenbau — falls nicht konstruktive Rücksichten oder die Herstellung und Bearbeitung größere Querschnitte verlangen — ν bei kleinen Maschinen zwischen 8 und 10, bei größeren zwischen 6 und 8 gewählt werden[5]). Lokomotiven weisen mit Rücksicht auf die Forderung geringer hin- und hergehender Gewichte

[1]) Schweiz. Bauztg. 1895.
[2]) Untersuchungen über Knickfestigkeit. Forschg. Ing.-Wes. 1910 Heft 81.
[3]) Gesetze der Knickfestigkeit. Wien 1903. Diese Versuchsergebnisse gelten jedoch nur für bestimmte Werkstoffe und können auf andere nicht unmittelbar übertragen werden.
[4]) Maschinenelemente. Berlin: Springer 1929.
[5]) ten Bosch (Vorlesungen über Maschinenelemente, Berlin: Springer 1940) schlägt $\nu = 3{,}5$ bis 5 vor.

Werte bis herab zu 3, selbst 1,75 auf. Das ω-Verfahren, das für $\lambda < 100$ je nach der Größe von λ eine andere Sicherheit hat, darf daher nicht im Maschinenbau verwendet werden.

Beispiele: 1. Es soll der Durchmesser eines kreisförmigen Stabes aus Flußstahl von 1350 mm Länge bestimmt werden, der in Gelenken gelagert ist und einer Druckkraft von $P = 7800$ kg ausgesetzt ist. Sicherheitsgrad $\nu = 3{,}5$; $E = 2{,}1 \cdot 10^6$ kg/cm².

$$P = \frac{K}{\nu} = \frac{\pi^2 E J}{\nu s^2}; \quad J_{\text{erf}} = \frac{P \nu s^2}{\pi^2 E} = \frac{7800 \cdot 3{,}5 \cdot 135^2}{\pi^2 \cdot 2{,}1 \cdot 10^6} = 23{,}95 \text{ cm}^4;$$

also $d = 4{,}7$ cm nach S. 377; damit $i = d/4 = 1{,}175$; $\lambda = s/i = 135/1{,}175 = 115$, also größer als 105, daher im Euler-Bereich. Für reine Druckbeanspruchung ist $\sigma = P/F = 450$ kg/cm² $< \sigma_{\text{zul}}$.

2. Für eine Schubstange kreisförmigen Querschnitts aus weichem Flußstahl sind die größte Druckkraft $P = 19000$ kg, die Länge $l = 1600$ mm und $\nu = 7$ gegeben. Gesucht ist der erforderliche Durchmesser.

Nach Euler wird $J_{\text{erf}} = \dfrac{19000 \cdot 7 \cdot 160^2}{\pi^2 \cdot 2{,}15 \cdot 10^6} = 161$ cm⁴; damit

$$d = 7{,}6 \text{ cm (S. 377)}; \quad i = d/4 = 1{,}9; \quad \lambda = 160/1{,}9 = 84{,}2 < 105.$$

Die Euler-Gleichung ist also nicht zulässig.

Nach v. Tetmajer folgt aus der Tabelle für $\lambda = 84{,}2$, daß die Knickspannung $\sigma_k = 3100 - 11{,}4 \cdot 84{,}2 = 2140$ kg/cm² ist. Die vorhandene Druckspannung ist $\sigma_{\text{vorh}} = \dfrac{P}{F} = \dfrac{19000}{7{,}6^2 \pi/4} = 418$ kg/cm². Danach wird $\nu = \sigma_k/\sigma_{\text{vorh}} = 2140/418 = 5{,}12$, d. h. kleiner als verlangt. Die Tetmajersche Formel ist vor allem zur Nachprüfung der Beanspruchung geeignet.

Gewählt nunmehr $d = 9$ cm, d. h. $i = d/4 = 2{,}25$ cm, $\lambda = 160/2{,}25 = 71{,}1$. Dann wird

$$\sigma_k = 3100 - 11{,}4 \cdot 71{,}1 = 2290 \text{ kg/cm}^2; \qquad \sigma_{\text{vorh}} = \frac{P}{F} = \frac{19000}{9^2 \pi/4} = 299 \text{ kg/cm}^2;$$

also $\nu = \sigma_k/\sigma_{\text{vorh}} = 2290/299 = 7{,}66 > 7$, also ausreichend.

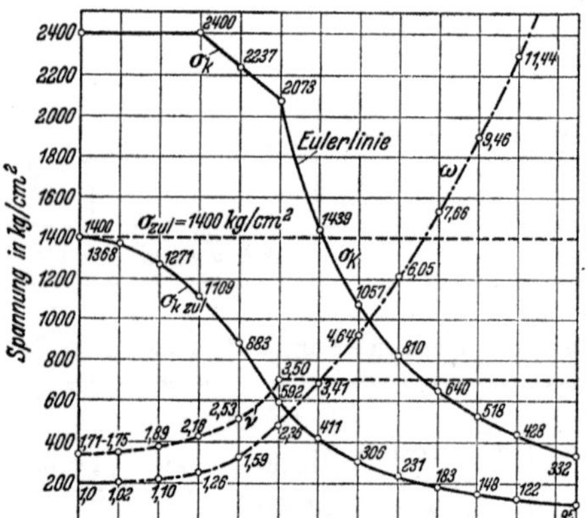

Fig. 78.

c) Das ω-Verfahren für mittigen Kraftangriff[1]), nach dem im Hoch-, Kran- und Brückenbau die Rechnungen durchzuführen sind (behördlich vorgeschrieben), nimmt für $\lambda \geqq 100$ eine unveränderliche Sicherheit an (die je nach Material verschieden ist, z. B. für St 37, Belastungsfall 1, S. 432, den Wert 3,5 hat), jedoch für $\lambda < 100$ geringere Sicherheiten (vgl. Fig. 78 für St 37).

Die Knickspannung σ_k wird von $\lambda = 0$ bis $\lambda = 60$ gleich der Streckgrenze gesetzt (2400 für St 37, Fig. 78), von $\lambda = 100$ bis $\lambda = 250$ durch die Euler-Hyperbel $\sigma_k = \pi^2 E/\lambda^2$ dargestellt [$\sigma_k = 2073 \cdot (100/\lambda)^2$ für St 37, Fig. 78]. Zwischen $\lambda = 60$ und $\lambda = 100$ wird die Knickspannung als verbindende Gerade angenommen [Gleichung für St 37: $\sigma_k = 2891 - 818 \cdot (\lambda/100)$].

Entsprechend den Werten σ_{zul}, z. B. 1400 und 1600 kg/cm² für St 37, wird für $\lambda \geqq 100$ die Sicherheit $\nu = 3{,}5$ und 3,1 gewählt, so daß $\sigma_{k\,\text{zul}} = \sigma_k/\nu$. Von $\lambda = 0$ bis $\lambda = 100$ wird als Verlauf der zulässigen Knickspannung eine Parabel mit senkrechter Achse angenommen, die durch den Punkt σ_{zul} für $\lambda = 100$ geht und die Gerade σ_{zul} für $\lambda = 0$ berührt, Fig. 78.

Ihre Gleichung ist $\sigma_{k\,\text{zul}} = \sigma_{\text{zul}} - (\lambda/100)^2 \cdot (\sigma_{\text{zul}} - \sigma_{k\,\text{zul}\,100})$, für St 37 z. B. mit $\sigma_{\text{zul}} = 1400$: $\sigma_{k\,\text{zul}} = 1400 - 808 \cdot (\lambda/100)^2$.

Da $P/F \leqq \sigma_k/\nu$ sein muß, so folgt mit $\sigma_k/\nu = \sigma_{k\,\text{zul}}$ unter Einführung der **Knickzahl** $\omega = \sigma_{\text{zul}}/\sigma_{k\,\text{zul}}$ (s. Tafel), daß

$$P\omega/F \leqq \sigma_{\text{zul}}$$

sein muß. Schlankheitsgrade über 250 sind unzulässig[2]).

[1]) für außermittigen Kraftangriff vgl. S. 403.
[2]) Im Brückenbau muß $\lambda \leqq 150$ sein, vgl. DIN 1073 u. DIN 4101.

Tafel der Knickzahlen ω.

ω für \ λ	0	10	20	30	40	50	60	70	80	90	100
St 37	1,00	1,01	1,02	1,06	1,10	1,17	1,26	1,39	1,59	1,88	2,36
Gußeisen	1,00	1,01	1,05	1,11	1,22	1,39	1,67	2,21	3,50	4,43	5,45
St 52	1,00	1,01	1,03	1,07	1,13	1,22	1,35	1,54	1,85	2,39	3,55

ω für \ λ	110	120	130	140	160	180	200	220	240	250
St 37	2,86	3,41	4,00	4,64	6,05	7,66	9,46	11,44	13,62	14,78
St 52	4,29	5,11	6,00	6,95	9,09	11,50	14,18	17,16	20,43	22,16

Bei der praktischen Berechnung wird aus der bekannten Belastung und der freien Knicklänge s der Querschnitt F nach Gebrauchsformeln oder aus Knicknomogrammen geschätzt[1]). Nach Wahl der Querschnittsform wird λ berechnet, die zugehörige Knickzahl ω der Tafel entnommen (Zwischenwerte durch Interpolieren) und geprüft, ob $P\omega/F \leqq \sigma_{zul}$ ist.

Gebrauchsformeln (P in t, s in m, F_{erf} in cm², J_{erf} in cm⁴).

α) Unelastischer Bereich ($\lambda < 100$):

Flußstahl St 37 1. Belastungsfall[2]): $F_{erf} \approx P/1{,}4 + 0{,}577\,k s^2$,
2. Belastungsfall: $F_{erf} \approx P/1{,}6 + 0{,}577\,k s^2$.

Baustahl St 52 1. Belastungsfall: $F_{erf} \approx P/2{,}1 + 0{,}718\,k s^2$,
2. Belastungsfall: $F_{erf} \approx P/2{,}4 + 0{,}718\,k s^2$.

β) Elastischer Bereich ($\lambda > 100$). Es gilt die Euler-Formel, im
1. Belastungsfall ist mit $\nu = 3{,}5$ $J_{erf} \approx 1{,}7\,P s^2$,
2. Belastungsfall ist mit $\nu = 3{,}1$ $J_{erf} \approx 1{,}5\,P s^2$.

Der Profilwert $k = F^2/J = F/i^2$ ist für das Quadrat gleich 12, für das Rechteck mit den Seiten b und h ($h > b$) gleich $12\,h/b$ und für den Kreis gleich $4\,\pi$.

In die Gebrauchsformeln sind folgende Durchschnittswerte für k einzusetzen: ⅃L gleichschenklig 4; ⅃L gleichschenklig 2,90;][dicht zusammengenietet 8,2;][($J_y \approx J_x + 10$ vH) 1,2; II ($J_y \approx J_x + 10$ vH) 1,00.

d) Zweiteilige Druckstäbe[3]). Der Schlankheitsgrad der einzelnen Teile soll nicht größer als 50 sein. Zur Berechnung dienen die folgenden Bezeichnungen und Angaben, Fig. 79:

$y-y$ stofffreie Achse; $x-x$ Stoffachse;
F ungeschwächter Querschnitt des Gesamtstabes;
F_1 Querschnitt des Einzelstabes;
$\lambda_x = s_x/i_x$[4]) Schlankheitsgrad des Gesamtstabes mit der Knicklänge s_x und dem Trägheitsmoment $J_x = F \cdot i_x^2$ in bezug auf die Achse $x-x$;
$\lambda_y = s_y/i_y$ Schlankheitsgrad des Gesamtstabes mit der Knicklänge s_y und dem Trägheitsmoment $J_y = F \cdot i_y^2$ in bezug auf die Achse $y-y$;
$\lambda_1 \leqq 50$ Schlankheitsgrad des Einzelstabes mit der Knicklänge s_1 und mit dem Trägheitsmoment $J_1 = F_1 \cdot i_1^2$ in bezug auf die Achse $1-1$.

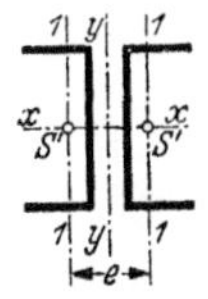

Fig. 79.

Ist dann $\lambda_x > \lambda_y$ und $\lambda_1^2 < \lambda_x^2 - \lambda_y^2$, so ist λ_x maßgebend; man bestimmt ω_x aus der Tafel und prüft, ob $P\omega_x/F \leqq \sigma_{zul}$ ist.

Für $\lambda_1^2 > \lambda_x^2 - \lambda_y^2$ wird der ideelle Schlankheitsgrad $\lambda_{yi} = \sqrt{\lambda_y^2 + \lambda_1^2}$ berechnet und danach ω_{yi} abgelesen.

Dann muß $$P\omega_{yi}/F \leqq \sigma_{zul}$$ sein.

Beispiel: Eine Stütze von 4 m Länge ist durch eine mittig angreifende Kraft $P = 30$ t belastet. Sie soll aus zwei ⊔-Eisen hergestellt werden, die so angeordnet sind, daß $J_y = 1{,}1\,J_x$ ist.

Für St 37 1. Belastungsfall ist für den nichtelastischen Bereich mit $k \approx 1{,}2$

$$F_{erf} \approx P/1{,}4 + 0{,}577\,k l^2 = 30/1{,}4 + 0{,}577 \cdot 1{,}2 \cdot 4^2 = 32{,}5\ \text{cm}^2.$$

---

1) Unold: Geislingen-Steig, N.B.W.-Verlag.
2) S. 432.
3) Vgl. DIN 1050, 2. Ausgabe Juli 1937.
4) im Hochbau s_{kx}/i_x.

Gewählt werden 2 NP 14 mit $F = 2 F_1 = 2 \cdot 20{,}4 = 40{,}8\ \text{cm}^2$; es ist $J_x = 2 \cdot 605 = 1210\ \text{cm}^4$ und $J_y = 1{,}1 \cdot 1210 = 1331 = 2\,[62{,}7 + 20{,}4 \cdot (e/2)^2]$, worin $e/2 = a/2 + 1{,}75$. Hieraus folgt der lichte Abstand $a = 74$ mm der beiden ⊔-Eisen; dieser liefert $J_y = 1337$.

Dann wird $i_x = \sqrt{J_x/F} = \sqrt{1210/40{,}8} = 5{,}44$ cm; $\lambda_x = 400/5{,}44 = 73{,}5$; $i_y = \sqrt{J_y/F} = \sqrt{1337/40{,}8} = 5{,}72$; $\lambda_y = 400/5{,}71 = 70$. Mit $J_1 = 62{,}7$ wird $i_1 = \sqrt{J_1/F_1} = 62{,}7/20{,}4 = 1{,}75$. Aus $s_1 \leqq 50 i_1$ folgt $s_1 \leqq 50 \cdot 1{,}75 = 87{,}5$. Gewählt $s_1 = 80$ cm. Dann sind außer Kopf- und Fußverbindung noch 4 Querverbindungen anzubringen. Also wird $\lambda_1 = 80/1{,}75 = 45{,}7$ und $\lambda_1^2 = 45{,}7^2 > \lambda_x^2 - \lambda_y^2 = 73{,}5^2 - 70{,}1^2 = 488$. Also ist zu berechnen $\lambda_{y\,i} = \sqrt{\lambda_y^2 + \lambda_1^2} = \sqrt{70^2 + 45{,}7^2} = 83{,}2$; damit wird $\omega_{y\,i} = 1{,}68$; $P\,\omega_{y\,i}/F = 30000 \cdot 1{,}68/40{,}8 = 1235 < 1400\ \text{kg/cm}^2$.

e) Gußeiserne Säulen sind nach dem ω-Verfahren zu berechnen. Der Schlankheitsgrad darf höchstens $\lambda = 100$ (s. Tafel) betragen. Hierbei ist $\sigma_{zul} = 900\ \text{kg/cm}^2$.

F. Schub.

Beanspruchung auf Schub ist stets mit einer Beanspruchung auf Biegung verbunden; haben sich z. B. die Scherblätter in Fig. 18 (S. 349) genähert, Fig. 80, so ergeben die Kräfte Q ein Kräftepaar und rufen Biegungsspannungen hervor.

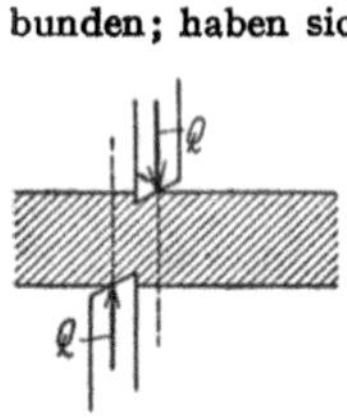

Fig. 80.

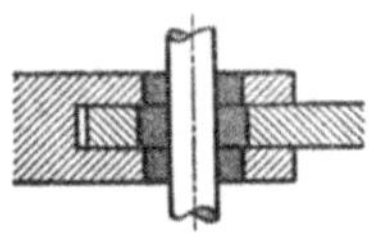
Fig. 81.

1. Abscheren.

Kurze Bolzen und Niete nach Fig. 81 und 82 werden unter Vernachlässigen der Biegespannung auf Abscheren (Schub) berechnet. Unter der Annahme gleichförmiger Verteilung (im Widerspruch mit der S. 395 begründeten Forderung tangentialer Randspannungen) wird $\tau = Q/F$, wenn Q die Querkraft und F der auf Abscheren beanspruchte Querschnitt ist. Die Festigkeitsbedingung

$$Q/F \leqq \tau_{a\,zul}$$

liefert brauchbare Ergebnisse, weil $\tau_{a\,B}$ unter ähnlichen Bedingungen ermittelt und berechnet wird. Werte für zulässige Scher- (Schub-) Spannungen $\tau_{a\,zul}$ S. 433 und 654.

1. Es ist der Durchmesser eines zylindrischen Bolzens, Fig. 83, für eine Schubkraft $P = 12000$ kg zu bestimmen.

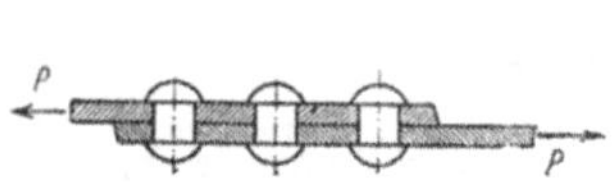

Fig. 82.

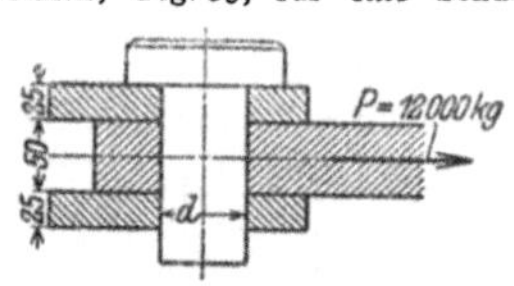

Fig. 83.

Für Flußstahl ist mit $\sigma_{zul} = 1200\ \text{kg/cm}^2$ und $\tau_{a\,zul} = 0{,}8\,\sigma_{zul} = 960\ \text{kg/cm}^2$ [1]):

$$F = \pi d^2/4 = P/2\tau_{a\,zul} = 12000/(2 \cdot 960) = 6{,}25\ \text{cm}^2.$$

Gewählt $d = 30$ mm mit $F = 7{,}07\ \text{cm}^2$.

Hier empfiehlt sich das Nachrechnen der Biegungsspannung. Das Biegungsmoment für einen Stab der Länge l ist bei Einzellast in der Mitte $Pl/4$, bei gleichförmiger Verteilung der Last P gleich $Pl/8$ (S. 380 und 382). Für den mittleren Wert

$$M = \tfrac{3}{16} \cdot Pl = \tfrac{3}{16} \cdot 12000 \cdot 7{,}5 = 16900\ \text{cmkg}$$

wird mit $\sigma_{zul} = 1200\ \text{kg/cm}^2$

$$W_{erf} = 16900/1200 = 14\ \text{cm}^3,$$

dem ein Durchmesser $d \approx 53$ mm entspricht. Der lediglich auf Abscheren berechnete Bolzen ist zu schwach.

2. Mit einer Winkelschere sollen Walzeisen bis $120 \times 120 \times 15$ mm geschnitten werden. Da der Querschnitt $F = 33{,}9\ \text{cm}^2$ beträgt, so ist für $\tau_{a\,B} = 4500\ \text{kg/cm}^2$ der Stempeldruck angenähert

$$P = F \cdot \tau_{a\,B} = 33{,}9 \cdot 4500 = 153000\ \text{kg}.$$

---

[1]) Nach den Bachschen Werten für die zulässigen Spannungen.

2. Schubspannungen.

Bei Auftreten des geringsten biegenden Momentes verteilen sich die Schubspannungen ungleichmäßig über den Querschnitt.

Auf das durch zwei senkrechte Ebenen und eine waagerechte herausgeschnittene Stabteilchen *abcd* (Fig. 84a) wirken die Kräfte $\int \sigma_l dF$ an der linken, $\int \sigma_r dF$ an der rechten und $\tau_x \cdot 2y \Delta x$ an der waagerechten Ebene. Diese Kräfte stehen im Gleichgewicht, d. h. es ist

$$-2\tau_x y \Delta x - \int \sigma_l dF + \int \sigma_r dF = -2\tau_x y \Delta x + \int (\sigma_r - \sigma_l) dF = 0.$$

Hierbei ist die Integration über den ganzen Querschnitt $A_1 A_2 A_3$, Fig. 84b, d. h. von $\eta = z$ bis $\eta = e$ auszuführen. Nach S. 360 ist

$$\sigma_l = \frac{M}{J}\eta \quad \text{und} \quad \sigma_r = \frac{M + \Delta M}{J} \cdot \eta, \quad \text{also} \quad \sigma_r - \sigma_l = \frac{\Delta M}{J}\eta.$$

Damit wird

$$-2\tau_x y \Delta x + \frac{\Delta M}{J}\int \eta \, dF = 0,$$

also

$$\tau_x = \frac{\Delta M}{\Delta x}\frac{1}{2yJ}\int \eta \, dF.$$

Da aber $\lim\limits_{\Delta x \to 0} \frac{\Delta M}{\Delta x} = \frac{dM}{dx} = Q$, d. h. gleich der Querkraft Q (S. 356) und

$$\int\limits_{\eta = z}^{\eta = e} \eta \, dF = S,$$ d. h. gleich dem statischen Moment der Fläche $A_1 A_2 A_3$ in bezug auf die Nullachse ist, folgt

$$\tau_x = \frac{QS}{2yJ}$$

als Spannung parallel der Längs-, d. h. der x-Achse.

In den Randpunkten müssen die Schubspannungen tangential an den Randlinien verlaufen, da am Umfang keine äußeren Kräfte angreifen ($\tau_n = 0$ im Punkt P). Die Schubspannungen in den Endpunkten A_1 und A_2 der betrachteten Faserschicht müssen sich in einem Punkt C der Wirkungslinie von Q schneiden, wenn diese Symmetrielinie des Querschnittes sein soll. Unter der Annahme, daß die Schubspannung τ in einem beliebigen Punkte B ebenfalls nach C gerichtet ist und daß die senkrechten Komponenten τ_z für die ganze Faserbreite gleich groß sind, wird, da die Schubspannungen paarweise auftreten (S. 347),

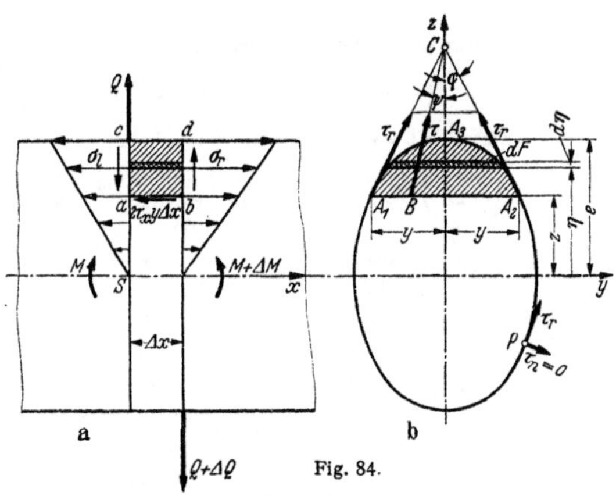

Fig. 84.

$$\tau_z = \tau_x = \frac{QS}{2yJ} \quad \text{und daher} \quad \tau = \frac{\tau_z}{\cos\psi} = \frac{QS}{2yJ\cos\psi}.$$

Mit $\max\psi = \varphi$, Fig. 84b, hat die größte am Rande auftretende Schubspannung den Wert

$$\tau_r = \frac{QS}{2yJ\cos\varphi}.$$

Beispiele: 1. Für den rechteckigen Querschnitt, Fig. 85, wird mit $e = h/2$, $2y = b$ und $J = bh^3/12$

$$S = \int_z^{h/2} \eta\, b\, d\eta = b \left.\frac{\eta^2}{2}\right|_z^{h/2} = \frac{b}{2}\left(\frac{h^2}{4} - z^2\right) = \frac{b}{2}\,\frac{h^2}{4}\left[1 - \left(\frac{2z}{h}\right)^2\right]$$

und

$$\tau = \tau_z = \frac{QS}{2yJ} = \frac{3}{2}\,\frac{Q}{bh}\left[1 - \left(\frac{2z}{h}\right)^2\right].$$

τ ändert sich nach einer Parabel, die für $z = 0$ die Pfeilhöhe

$$\max\tau = \frac{3}{2}\,\frac{Q}{bh} = \frac{3}{2}\,\frac{Q}{F}$$

hat. Die maximale Schubspannung ist um 50 vH größer als bei Annahme gleichförmiger Verteilung.

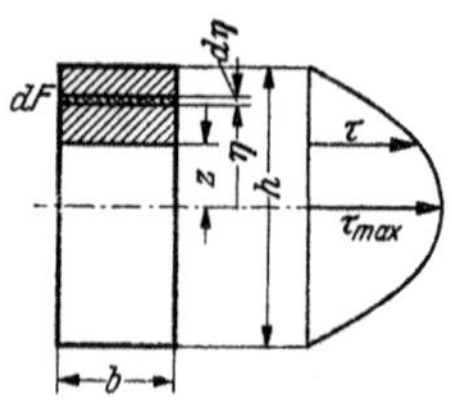

Fig. 85.

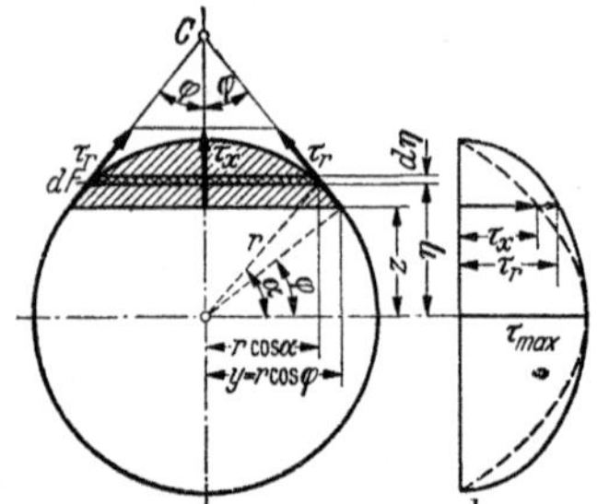

a Fig. 86. b

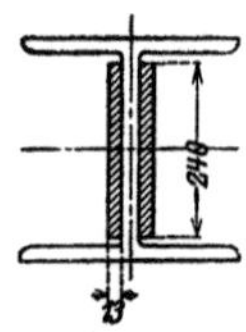

Fig. 87.

2. Für den kreisförmigen Querschnitt, Fig. 86a, ist

$$J = \pi r^4/4\,, \quad dF = 2r\cos\alpha \cdot d\eta \quad \text{und} \quad S = \int_{\eta=z}^{\eta=r} 2r\cos\alpha \cdot \eta\, d\eta\,.$$

Mit $\eta = r\sin\alpha$, $d\eta = r\cos\alpha\, d\alpha$ wird

$$S = 2r^3 \int_\varphi^{\pi/2} \cos^2\alpha \sin\alpha\, d\alpha = \tfrac{2}{3} r^3 \Big[-\cos^3\alpha\Big]_\varphi^{\pi/2} = \tfrac{2}{3} r^3 (0 + \cos^3\varphi) = \tfrac{2}{3} r^3 \cos^3\varphi$$

und

$$\tau_z = \tau_x = \frac{QS}{2yJ} = \frac{Q \cdot \frac{2}{3} r^3 \cdot \cos^3\varphi}{2r\cos\varphi \cdot \frac{1}{4}\pi r^4} = \frac{4}{3}\,\frac{Q}{\pi r^2}\cos^2\varphi = \frac{4}{3}\,\frac{Q}{\pi r^2}\left[1 - \left(\frac{z}{r}\right)^2\right];$$

$$\tau_r = \frac{\tau_z}{\cos\varphi} = \frac{4}{3}\,\frac{Q}{\pi r^2}\sqrt{1 - \left(\frac{z}{r}\right)^2}.$$

Die Kurve der Spannungsverteilung für τ_x ist eine Parabel, für τ_r eine Ellipse, Fig. 86b.

Für $z = 0$ wird

$$\max\tau = \frac{4}{3}\,\frac{Q}{\pi r^2} = \frac{4}{3}\,\frac{Q}{F}$$

um $33^1/_3$ vH größer als bei Annahme gleichmäßiger Verteilung der Schubspannungen.

3. Für den Kreisring ist bei verhältnismäßig kleiner Wandstärke $\max\tau \approx 2Q/F$.

4. Der Stoß eines vollwandigen Trägers, Fig. 87, hat eine Querkraft $Q = 15000$ kg aufzunehmen. Es ist nach Beispiel 1

$$\max\tau = \frac{3}{2}\,\frac{Q}{F} = \frac{3}{2}\,\frac{15000}{2 \cdot 1{,}3 \cdot 2{,}4} \approx 360\ \text{kg/cm}^2.$$

3. Formänderung.

Nach dem Geradliniengesetz für Schubspannungen (S. 348) gehört zu einer Schubspannung τ die Winkeländerung $\gamma = \tau/G$. Der Trägerteil, Fig. 88, von der Länge dx habe rechteckigen Querschnitt, und die Querkraft Q rufe in der Ebene BD die Spannungen τ_z hervor. Die in der Faser EF herrschende Spannung τ_z verändert den rechten Winkel CEF um $\gamma = \tau_z/G$ und ruft eine Verschiebung $FF_1 = dx \cdot \gamma = dx\,\tau_z/G$ hervor. Entsprechend der Änderung von τ_z ist die Verschiebung NN_1 des Punktes N am größten, während die Winkeländerung in den Fasern AB und CD gleich Null ist.

Hieraus ergibt sich, daß die bei der Biegung gemachte Annahme vom Ebenbleiben der Querschnitte bei Berücksichtigung der Schubspannungen nicht aufrechterhalten werden, vielmehr werden sich diese nach Fig. 89[1]) krümmen. Die rechten Winkel zwischen den Fasern AB_1 und CD_1 und den verformten Querschnitten bleiben bestehen, da $\gamma = 0$ ist, während die Änderung des rechten Winkels in M den Wert

$$\max\gamma = \sphericalangle NMN_1 + \sphericalangle CMG$$

annimmt. Hierbei senkt sich der Querschnitt BD gegen den Querschnitt AC um

$$BB_1 = NN_1 = DD_1 = dv\,.$$

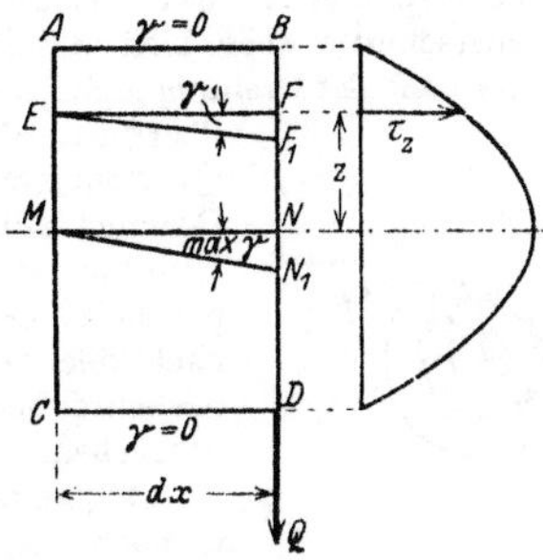

Fig. 88.

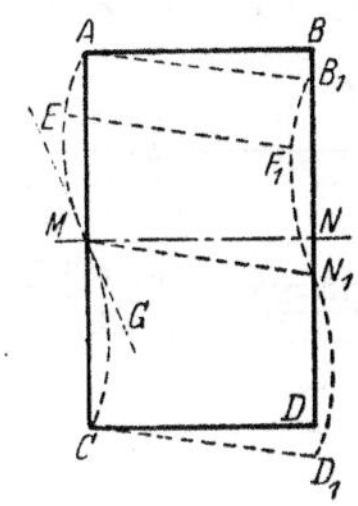

Fig. 89.

Die hierzu notwendige Formänderungsarbeit wird $A^* = Q\,dv/2$ (S. 349). Die am Flächenelement dF wirksame Schubspannung τ_z liefert die Formänderungsarbeit $dA^* = P\Delta l/2 = \tau_z dF \cdot \overline{FF_1}/2 = \tau_z dF\,\gamma\,dx/2 = \tau_z^2\,dF\,dx/2G$. Also ist $A^* = \int dA^* = \left(\int \tau_z^2\,dF\right) dx/2G$. Mit $\tau_z = QS/2yJ$, S. 395, folgt

$$\frac{1}{2}Q\,dv = \frac{dx}{2G}\int\left(\frac{QS}{2yJ}\right)^2 dF = \frac{\varkappa Q^2}{2GF}\,dx\,,$$

wenn $F\cdot\int\left(\frac{S}{2yJ}\right)^2 dF = \varkappa$ gesetzt wird.

$\varkappa > 1$, eine unbenannte Zahl, heißt Schubverteilungszahl und ist nur von der Form und der Größe des Querschnitts abhängig. Mit $Q\,dx = dM$ (M = Biegemoment) wird dann $dv = \varkappa Q\,dx/GF$ oder $v = \varkappa\int Q\,dx/GF = \varkappa M/GF$. Die durch die Querkraft hervorgerufene Formänderung ist hiernach dem Biegungsmoment verhältnisgleich.

Für den rechteckigen Querschnitt, s. Beispiel, ist $\varkappa = 1{,}2$.

Beispiele: 1. Beim Rechteck mit den Seiten h und b wird nach S. 396, Beispiel 1

$$\frac{S}{2yJ} = \frac{3}{2bh}\left(1 - \frac{4z^2}{h^2}\right),$$ also mit $dF = b\,dz$ und $F = bh$,

$$\varkappa = bh\cdot\int\limits_{-h/2}^{+h/2}\left(\frac{3}{2bh}\right)^2\left(1 - \frac{4z^2}{h^2}\right)^2 b\,dz = 2\cdot\frac{9}{4h}\int\limits_0^{h/2}\left(1 - \frac{8z^2}{h^2} + \frac{16z^4}{h^4}\right)dz$$

$$= \frac{9}{2h}\left[z - \frac{8z^3}{3h^2} + \frac{16z^5}{5h^4}\right]_0^{h/2} = 1{,}2.$$

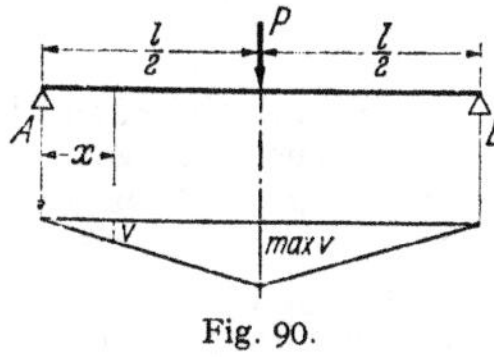

Fig. 90.

2. Ein Träger auf zwei Stützen, Fig. 90, habe die Länge l und sei durch eine Kraft P in der Mitte belastet; der Querschnitt sei ein Rechteck mit den Seiten b und h, so daß $\varkappa = 1{,}2$.

[1]) Nach Bach: Elastizität und Festigkeit, S. 489. Berlin: Springer 1928.

Ist $x \leqq l/2$ die Entfernung von einem Auflager, so wird mit $M = Px/2$

$$v = \frac{\varkappa}{F\,G} M = \frac{1{,}2}{h\,b\,G} \frac{P}{2} x = \frac{0{,}6\,P\,x}{b\,h}.$$

Für $x = \frac{l}{2}$ wird $\max v = \frac{0{,}3\,P\,l}{b\,h\,G}$ (s. a. S. 407).

G. Drehung.

1. Kreisförmiger unveränderlicher Querschnitt.

a) Ein gerader Stab von unveränderlichem kreisförmigen Querschnitt sei nach Fig. 91 a an einem Ende eingespannt, an dem anderen durch ein Kräftepaar vom Moment $M_t = P \cdot a$ belastet, dessen Ebene senkrecht zur Stabachse liegt.

Versuche haben ergeben, daß die Querschnitte eben bleiben und daß die ursprüngliche Gerade BM des Querschnittes nach der Drehung in die Gerade $B'M$ übergeht. Da in allen Querschnitten dasselbe Drehmoment M_t wirkt, muß die der Stabachse parallele Gerade AB nach der Drehung in die Schraubenlinie AB' übergehen.

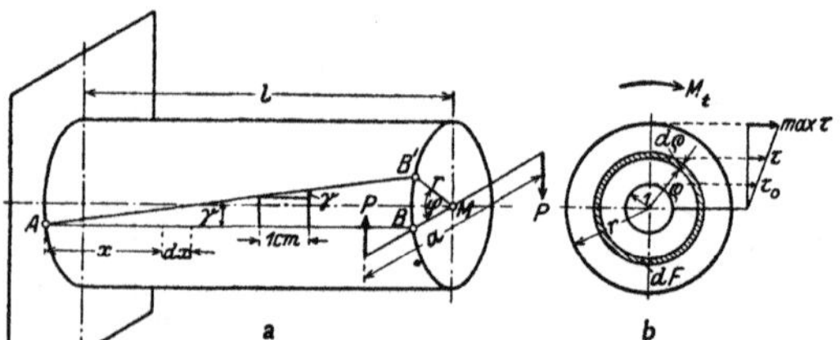

Fig. 91.

b) Spannungen. Ist τ_0 nach Fig 91 b die Schubspannung in der Entfernung 1, so muß, falls Proportionalität zwischen Dehnungen und Spannungen herrscht,

$$\tau = \tau_0\,\varrho$$

sein. Diese Spannung wirkt an dem durch Strichelung hervorgehobenen Flächenteilchen $dF = 2\pi\varrho\,d\varrho$, die Kraft $\tau\,dF$ hat in Beziehung auf den Mittelpunkt das Moment $\tau\,dF \cdot \varrho$. Nach der Momentengleichung $\Sigma M = 0$ ist daher

$$M_t = \int \tau\,\varrho\,dF = \tau_0 \int \varrho^2 dF = \tau_0 J_p,$$

worin

$$J_p = \int \varrho^2 dF$$

nach S. 369 das polare Trägheitsmoment des Querschnittes ist. Mit $\max\tau : \tau_0 = r : 1$ wird

$$M_t = \tau_0 J_p = \max\tau \cdot J_p/r = \max\tau \cdot W_p,$$

worin $W_p = J_p/r$ das polare Widerstandsmoment ist. Es gilt dann ähnlich wie bei der Biegung (S. 360)

$$\max\tau = M_t/W_p \quad \text{und} \quad M_t/W_p \leqq \tau_{\text{zul}}.$$

Für den Kreis ist $J_p = \pi d^4/32$, $W_p = J_p : d/2 = \pi d^3/16 = 2\,W$ (S. 377) und daher

$$\max\tau = \frac{M_t \cdot 16}{\pi\,d^3} \quad \text{oder} \quad \frac{16\,M_t}{\pi\,d^3} \leqq \tau_{\text{zul}}.$$

Für den Kreisringquerschnitt führen ähnliche Überlegungen zum Ziel (s. Tafel S. 401).

c) Drehmomentenfläche. Für die Abmessungen eines Stabes ist das größte Drehmoment maßgebend. Man gewinnt einen Überblick über die Beanspruchung, wenn man die Drehmomente in ähnlicher Weise wie bei den Biegungsmomenten (S. 355) längs der Stabachse aufträgt.

Beispiel: Im Punkte 2 der Triebwelle Fig. 92 werden $N_2 = 100$ PS bei $n = 175$ Umdr/min eingeleitet und im Punkte 1 $N_1 = 40$ PS, im Punkte 3 $N_3 = 60$ PS entnommen.

Ist P die Umfangskraft an einer Scheibe vom Halbmesser r, so wird mit $M_t = P\,r$

$$N = \frac{P\,v}{75} = \frac{P \cdot 2\pi r n}{75 \cdot 60} = \frac{M_t \pi n}{30 \cdot 75} \text{ in mkg}, \qquad M_t = \frac{30 \cdot 75}{\pi} \frac{N}{n} = 716{,}2 \frac{N}{n} \text{ in mkg}$$

oder

$$M_t = 71\,620\,N/n \text{ in cmkg}.$$

Daher überträgt die Welle zwischen 1 und 2 ein Drehmoment

$$M_1 = 71\,620\, N_1/n = 71\,620 \cdot 40/175 = 16400 \text{ cmkg}.$$

Im Punkte 2 wird das entgegengesetzt drehende Moment

$$M_2 = 71\,620\, N_2/n = 71\,620 \cdot 100/175 = 41\,000 \text{ cmkg}$$

übertragen, so daß zwischen 2 und 3 das Moment

$$M_1 - M_2 = 16400 - 41\,000 = -24\,600 \text{ cmkg}$$

wirkt. Dasselbe Moment muß im Punkte 3 im entgegengesetzten Sinne wirken; es ist

$$M_3 = 71\,620\, N_3/n = 71\,620 \cdot 60/175 = 24\,600 \text{ cmkg}.$$

Nach Wahl eines Maßstabes werden die Drehmomente nach Größe und Richtung aufgetragen.

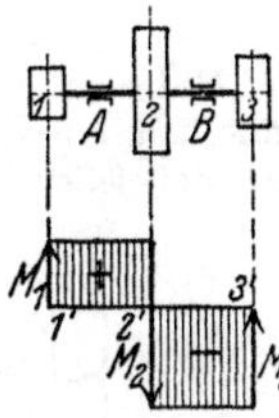

Fig. 92.

d) Formänderung (Verdrehungswinkel). Als Schiebung γ wurde S. 348 die Strecke bezeichnet, um die sich zwei Querschnitte im Abstande 1 verschieben. Mit den Bezeichnungen der Fig. 91 ist daher $\widehat{BB'} = \gamma l = r\varphi$ und der Verdrehungswinkel $\varphi = \gamma l/r$.

Mit $\gamma = \beta \cdot \max\tau = \max\tau/G = M_t r/G J_p$ wird

$$\varphi = \frac{M_t l}{G J_p} \text{ im Bogenmaß und } \varphi^\circ = \frac{180}{\pi}\,\frac{M_t l}{G J_p} \text{ im Gradmaß.}$$

Der auf die Länge 1 cm bezogene Verdrehungswinkel $\vartheta = M_t/G J_p = \max\tau/G r$ ist ein Maß für die Größe der Formänderung und darf einen zulässigen Wert nicht überschreiten.

Für zwei Querschnitte im Abstande dx, Fig. 91, wird der Verdrehungswinkel

$$d\varphi = M_t\, dx/G J_p$$

und daher der gesamte Verdrehungswinkel zwischen dem Einspannquerschnitt und dem Querschnitt in der Entfernung x

$$\varphi = \int \frac{M_t\, dx}{G J_p} = \frac{1}{G J_p}\int_0^x M_t\, dx.$$

Der Verdrehungswinkel ist daher dem Inhalt der Momentenfläche proportional.

Die Formänderungsarbeit ist $\frac{1}{2} M_t \varphi = \frac{1}{2}\frac{M_t^2 l}{G J_p}$.

Beispiele: 1. Wird für Triebwerkswellen mit unveränderlichem Querschnitt im Hinblick auf Schwingungen gefordert, daß der Verdrehungswinkel kleiner als $1/4°$ für den laufenden Meter sein soll, so ist $\varphi° = 1/4$, $l = 100$ cm und daher $\frac{1}{4} = \frac{180}{\pi}\,\frac{M_t \cdot 100}{G J_p} = \frac{180}{\pi}\,\frac{M_t \cdot 100 \cdot 32}{G \cdot \pi d^4}$, folglich mit $G = 800000$ kg/cm² für Wellenstahl $d = 0{,}735 \sqrt[4]{M_t}$ oder $d \text{ cm} \approx 12 \sqrt[4]{N/n}$.

Die Rücksicht auf Festigkeit erfordert mit $\tau_{zul} = 120$ kg/cm² für Triebwerkswellen aus gewöhnlichem Walzeisen (niedrig gewählt, weil Biegungsspannungen nicht berücksichtigt werden, s. a. S. 406), da $16\, M_t/\pi d^3 \leqq 120$ sein muß:

$$d = \sqrt[3]{\frac{16}{\pi \cdot 120}}\,\sqrt[3]{M_t} = 0{,}349 \sqrt[3]{M_t} \quad \text{oder} \quad d \text{ cm} \approx 14{,}5 \sqrt[3]{\frac{N}{n}}.$$

Ein zulässiger Winkel von $\varphi = 0{,}25°$/m wird zu groß sein, wenn von zwei Punkten einer Welle genau gleiche Drehungen übertragen werden sollen. In anderen Fällen (bei nicht wechselnder Belastung) kann φ auch größer sein. Schließlich kann eine genaue Festigkeitsberechnung auch höhere Werte τ_{zul} zulassen (S. 406). Die Formeln sind nur als Anhaltspunkte zu bewerten. Nach diesen ist für $N/n < 0{,}108$ die Formänderung $\left(d = 12\sqrt[4]{N/n}\right)$, für $N/n > 0{,}108$ die Festigkeit maßgebend $\left(d = 14{,}5\sqrt[3]{N/n}\right)$, wie sich durch Gleichsetzen der Durchmesser ergibt (s. auch Abschnitt Wellen und Achsen.

2. Der M_t-Fläche, Fig. 92, ist als größtes Drehmoment, das der Querschnittsberechnung zugrunde zu legen ist, zu entnehmen:

$$\max M_t = M_3 = 24\,600 \text{ cmkg}.$$

Für $\tau_{zul} = 120$ kg/cm² wird das erforderliche Widerstandsmoment $W_p = 24600/120 = 205$ cm³. Gewählt wird $d = 105$ mm mit $W_p = 2 \cdot 113{,}65 = 227{,}3$ cm³ (S. 377), so daß $\max\tau = 24600/227{,}3 = 108$ kg/cm² ist. Als Verdrehungswinkel folgt für $l = 100$ cm mit $G = 800000$ kg/cm²

$$\varphi° = \frac{180 \cdot 24600 \cdot 100}{\pi \cdot 800000 \cdot 2 \cdot 596{,}7} \approx 0{,}15°/\text{m} < 0{,}25°/\text{m}.$$

2. Veränderlicher kreisförmiger Querschnitt.

Hat der Stab veränderlichen, aber kreisförmigen Querschnitt, so treten innerhalb eines allerdings eben bleibenden Querschnittes Verzerrungen auf derart, daß jeder Radius eine Krümmung erfährt. In erster Annäherung läßt sich

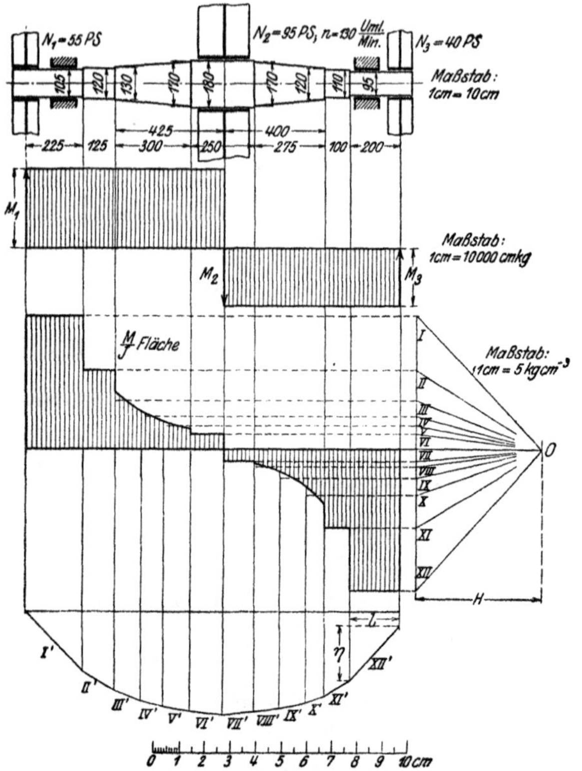

Fig. 93.

die Verdrehung einer Welle mit veränderlichem Querschnitt unter der Annahme bestimmen, daß alle Punkte eines Querschnittes denselben Verdrehungswinkel haben; nach S. 399 ist

$$\varphi = \int \frac{M_t\,dx}{G J_p} = \frac{1}{G}\int \frac{M_t}{J_p}\,dx\,.$$

Da $\varphi = f(x)$ die Integralkurve zur M/J-Linie ist, kann sie nach S. 158 oder als Seileck, Fig. 93, entworfen werden[1]).

Ist in Fig. 93 H die Polweite, η die Ordinate der Seilkurve, so ist

$$\varphi = H\eta/G \text{ im Bogenmaß.}$$

Ist 1 cm = a cm der Längenmaßstab, 1 cm = b kgcm^{-3} der Maßstab der M/J-Fläche, so wird

$$\varphi = ab \cdot H\,\text{cm} \cdot \eta\,\text{cm} \cdot 1/G\,.$$

---

[1]) Für genaue Berechnungen vgl. Föppl, A.: Vorlesungen über techn. Mechanik, Bd. 5. — Willers, Fr. A.: Z. Math. Phys. Bd. 55 (1907) S. 225. — Über die Spannungserhöhung bei Querschnittsänderungen vgl. S. 350 u. 422f.

Die stärkste Verdrehung, bezogen auf dieselbe Länge, tritt in dem Stabteil auf, für den der Absolutwert von M/J am größten ist. In Fig. 93 ist dieser Wert $\eta/L = 0{,}192$ °/m.

Tafel der zulässigen Drehmomente und der Verdrehungswinkel[1]).

Nr.	Querschnitt	Zulässiges Drehmoment	Verdrehungswinkel
1		$M_t = \frac{\pi}{16} d^3 \tau_{zul}$.	$\vartheta = \frac{32}{\pi d^4} \frac{M_t}{G}$.
2		$M_t = \frac{\pi}{16} \frac{D^4 - d^4}{D} \tau_{zul}$.	$\vartheta = \frac{32}{\pi (D^4 - d^4)} \frac{M_t}{G}$.
3	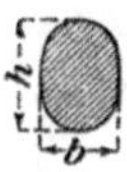	$M_t = \frac{\pi}{16} b^2 h \tau_{zul}$. $(h > b)$.	$\vartheta = \frac{16}{\pi} \frac{b^2 + h^2}{b^3 h^3} \frac{M_t}{G}$.
4	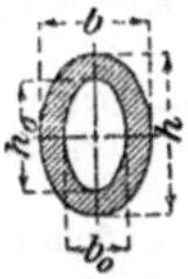	$M_t = \frac{\pi}{16} \frac{b^3 h - b_0^3 h_0}{b} \tau_{zul}$. $(h_0 : h = b_0 : b = n > 1)$.	$\vartheta = \frac{16}{\pi} \cdot \frac{n^2 + 1}{n^3} \cdot \frac{1}{b^4 - b_0^4} \cdot \frac{M_t}{G}$.
5	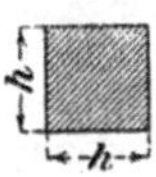	$M_t = 0{,}208\, h^3 \tau_{zul}$.	$\vartheta = 7{,}11 \frac{M_t}{h^4 G}$
6	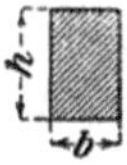 $h : b = n \geqq 1$.	$M_t = \frac{c_1}{c_2} n b^3 \tau_{zul} = \frac{c_1}{c_2} h b^2 \tau_{zul}$. $c_1 = \frac{1}{3}\left(1 - \frac{0{,}630}{n} + \frac{0{,}052}{n^5}\right) \approx \frac{1}{3}\left(1 - \frac{0{,}630}{n}\right)$, wenn $n > 4$; $c_2 = 1 - \frac{0{,}65}{1 + n^3} \approx 1$, wenn $n > 4$. Vgl. folgende Zahlentafel.	$\vartheta = \frac{M_t}{c_1 n b^4 G} = \frac{M_t}{c_1 h b^3 G}$.

$n = h/b$	1	1,5	2	3	4	6	8	10	∞
c_1	0,141	0,196	0,229	0,263	0,281	0,298	0,307	0,312	0,333
c_2	0,675	0,852	0,928	0,977	0,990	0,997	0,999	1,000	1,000
c_3	1,00	0,858	0,796	0,753	0,745	0,743	0,743	0,743	0,743
$\eta = c_1/2c_2^2$ (S. 407 bis 411)	0,155	0,135	0,133	0,138	0,144	0,150	0,154	0,156	0,167

[1]) Wesentlich nach C. Weber: Die Lehre der Drehungsfestigkeit. Forsch.-Arb. Ing.-Wes. Heft 249, Berlin 1921.

3. Beliebiger, nicht kreisförmiger Querschnitt.

Da die Querschnitte, wie Versuche ergeben haben, nicht eben bleiben, ist die Berechnung bedeutend schwieriger. Das Bogenmaß des Verdrehungswinkels zweier Querschnitte im Abstande 1 cm ergibt sich aus

$$\vartheta = M_t/G J_t,$$

worin J_t der Drillungswiderstand des Querschnittes ist; J_t entspricht dem polaren Trägheitsmoment des Kreises und ist nach de St. Venant angenähert gleich $\frac{1}{40}F^4/J_p$, worin J_p das polare Trägheitsmoment des Querschnittes ist. Genauere Werte vgl. Tafel S. 401.

Die größte Schubspannung muß kleiner als τ_{zul} sein. Aus der zweiten Spalte der Tafel erhält man daher die größte auftretende Spannung, indem man M_t durch den Faktor von τ_{zul} dividiert; sie tritt bei Querschnitt 1 und 2 in den Punkten des Umfanges, bei 3 und 4 in den Endpunkten der kleinen Achse, bei 5 in der Mitte der Seiten und bei 6 in der Mitte der Seiten h auf.

Wird die Spannung in den Endpunkten der großen Achse bei 3 und 4 bzw. in der Mitte der Seite b bei 6 mit τ_2 bezeichnet, so wird $c_3 = \tau_2/\max\tau = 1/n$ bei 3 und 4 und gleich den Tabellenwerten bei 6.

H. Zusammengesetzte Beanspruchung.

1. Beanspruchung durch Normalspannungen.

(Einachsiger Spannungszustand.)

Zugspannungen σ_z erhalten das Vorzeichen +, Druckspannungen σ_d das Vorzeichen — und werden ihrem Vorzeichen entsprechend aufgetragen (in Fig. 94 nach oben bzw. unten). Wirken an derselben Stelle die Spannungen σ_1 und σ_2, so ist die resultierende Spannung σ_{res} gleich der Summe von σ_1 und σ_2 unter Berücksichtigung der Vorzeichen (algebraische Summe): $\sigma_{res} = \sigma_1 + \sigma_2$.

a) Zug und Biegung. An einem Stabe (Fig. 94a), der an dem oberen Ende fest eingespannt ist, wirke die Kraft P außermittig in der Entfernung p von der Stabachse. Werden in C zwei gleich große, entgegengesetzt gerichtete Kräfte P angebracht, so ergeben sich eine Einzelkraft P in Richtung der Stabachse und ein Kräftepaar mit dem Moment $M = P \cdot p$, dessen Ebene in die Stabachse fällt. Die Einzelkraft P ruft eine Normalspanungn σ_z hervor, die als gleichmäßig über den Querschnitt verteilt angenommen wird, so daß (Fig. 94c)

$$\sigma_z = P/F$$

wird. Das Kräftepaar beansprucht den Stab auf Biegung. Ist e die Entfernung der stärkst gespannten Faser von der Achse, so wird die größte durch Biegung hervorgerufene Zugspannung

$$\sigma_1 = e \cdot M/J = e \cdot Pp/J,$$

die ohne Rücksicht auf das Vorzeichen größte Druckspannung

$$\sigma_2 = -e \cdot M/J = -e \cdot Pp/J,$$

wobei das Trägheitsmoment auf die durch S (Fig. 94b) gehende senkrechte Achse zu beziehen ist; diese Achse ist Nullinie für den nur auf Biegung beanspruchten Querschnitt, Fig. 94d.

Die Addition der Einzelspannungen ergibt die Gesamtspannung, und zwar wird

$$\max\sigma_{res} = \sigma_z + \sigma_1 = P/F + e\,Pp/J,$$

$$\min\sigma_{res} = \sigma_z + \sigma_2 = P/F - e\,Pp/J.$$

Dadurch verschiebt sich die Nullinie des Querschnittes nach links, Fig. 94e, um die Strecke $a = \frac{e\sigma_z}{\sigma_1} = e\frac{P}{F}\cdot\frac{J}{Me} = \frac{J}{Fp} = \frac{i^2}{p}$, wenn $i = \sqrt{J/F}$ der Trägheitsradius ist.

Für den Fall, daß $a = i^2/p > e$ ist, treten in dem Querschnitt nur Zugspannungen auf. Der Querschnitt muß dann so bemessen sein, daß die Bedingung

$$P/F + e\,Pp/J \leqq \sigma_{z\,zul}$$

erfüllt ist.

Ist $a = i^2/p < e$, so treten Zug- und Druckspannungen auf. Es muß dann

$$P/F + e\,Pp/J \leqq \sigma_{z\,zul}$$

und

$$e\,Pp/J - P/F \leqq \sigma_{d\,zul}$$

sein.

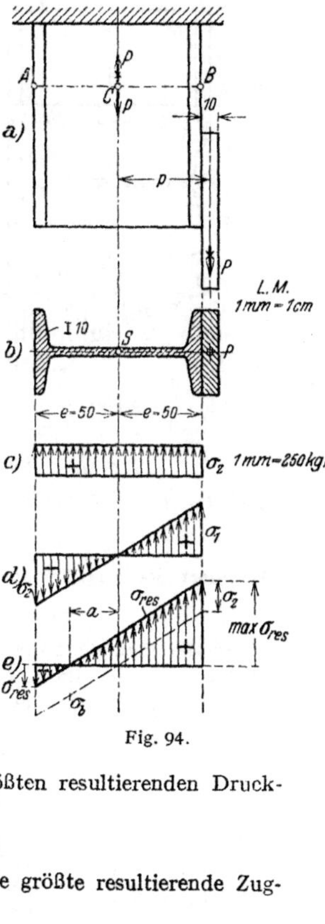

Fig. 94.

Beispiel: An ein I 10 ist ein Blech von 10 mm Stärke angeschlossen (Fig. 94a). Wie groß darf P gewählt werden, wenn der zulässige Wert $\sigma_{zul} = 1200$ kg/cm² nicht überschritten werden soll?

Nach S. 664 ist $F = 10{,}6$ cm² und $J/e = W = 34{,}2$ cm³. Mit $p = e + 0{,}5 = 5{,}5$ cm müssen $\frac{P}{10{,}6} + \frac{5{,}5\,P}{34{,}2} = 0{,}094\,P + 0{,}161\,P = 0{,}255\,P$ und $\frac{5{,}5\,P}{34{,}2} - \frac{P}{10{,}6} = 0{,}161\,P - 0{,}094\,P = 0{,}067\,P$ kleiner als 1200 kg/cm² sein. Daher ist $P \leqq 1200/0{,}255 = 4700$ kg, $\sigma_z = 4700/10{,}6 = 443$ kg/cm²,

$$\sigma_b = 5{,}5 \cdot 4700/34{,}2 = 756 \text{ kg/cm}^2$$

und

$$\max \sigma_{res} = 443 + 756 = 1199 \text{ kg/cm}^2,$$

$$\min \sigma_{res} = 443 - 756 = -313 \text{ kg/cm}^2.$$

b) Druck und Biegung. 1. Ersetzt man in Fig. 95 wie in a) die außermittig angreifende Kraft P durch eine Einzelkraft P und ein Kräftepaar Pp, so muß der Absolutwert der größten resultierenden Druckspannung

$$P/F + e\,Pp/J \leqq \sigma_{d\,zul},$$

für $P/F < e\,Pp/J$ oder $a = i^2/p < e$ außerdem die größte resultierende Zugspannung

$$e\,Pp/J - P/F \leqq \sigma_{z\,zul}$$

sein. Hierbei ist jedoch zu beachten, daß Stäbe, deren Länge im Verhältnis zum Querschnitt groß ist, auf Knickung nachzurechnen sind.

Beispiel: Ein I 30 ist mit einer Kraft P belastet, die von der Stabachse die Entfernung $p = 10$ cm hat (Fig. 95a). Wie groß darf P gewählt werden, wenn der zulässige Wert $\sigma_{zul} = 1000$ kg/cm² nicht überschritten werden soll?

Nach S. 664 ist $F = 69{,}1$ cm² und das Widerstandsmoment für die in Fig. 95b gezeichnete Achse $W = J/e = 653$ cm³. Es müssen $P/69{,}1 + 10\,P/653 = 0{,}0145\,P + 0{,}0153\,P = 0{,}0298\,P$ und $10\,P/653 - P/69{,}1 = 0{,}0153\,P - 0{,}0145\,P = 0{,}0008\,P$ kleiner als 1000 kg/cm² sein.

Daher ist $P \leqq 1000/0{,}0298 = 33600$ kg. Wir wählen $P = 33$ t. Die größte Zugspannung wird $\max \sigma_{res} = 506 - 477 = 29$ kg/cm², die absolut größte Druckspannung $\min \sigma_{res} = -477 - 506 = -983$ kg/cm². Die spannungslose Faser ist nur wenig von der linken Kante des Querschnittes entfernt, Fig. 95c; es ist $a = i^2/p = J/pF = 14{,}2$ cm.

2. Die behördlichen Bestimmungen[1]) schreiben bei Stahlhochbauten für außermittigen Kraftangriff

$$\sigma_\omega = \omega P/F - M_1/W_1 - M_2/W_2 \leqq \sigma_{zul}$$

[1]) DIN 1050.

vor, wobei die Berechnung mit dem ω-Verfahren nach S. 392 zu erfolgen hat, M_1, M_2 die Momente und W_1, W_2 die Widerstandsmomente für die Hauptträgheitsachsen sind, vgl. Fig. 96, wo $M = Pp$, $M_1 = M \sin\beta$ und $M_2 = M \cos\beta$.

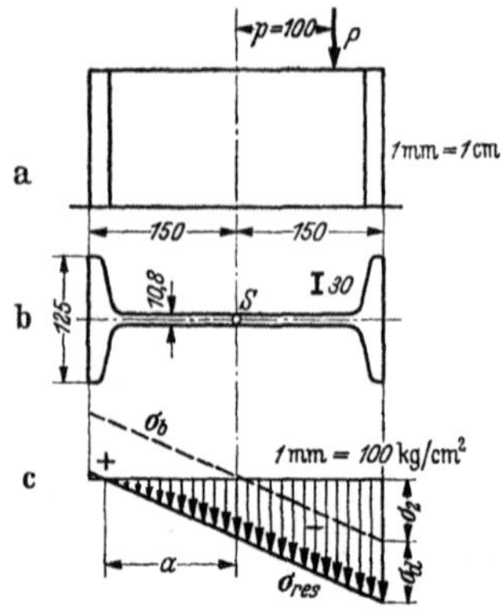

Fig. 95.

3. Je weiter sich der Angriffspunkt von P von der Stabachse entfernt, desto geringer werden die Randspannungen an der von P am weitesten entfernt liegenden Kante, bis sie schließlich gleich Null werden für den Fall, daß die Biegungsspannungen gleich den Druckspannungen werden. Sollen nur Druckspannungen in dem Querschnitt auftreten (z. B. für den Fall, daß das Material gegen Zug nicht widerstandsfähig ist), so muß

$$a = i^2/p \geqq e, \quad \text{d. h.} \quad p \leqq i^2/e = J/Fe$$

sein, wobei e die Entfernung der Faserschicht bedeutet, deren Spannung Null werden soll.

Setzt man voraus, daß der Angriffspunkt von P auf der Hauptachse II des rechteckigen Querschnittes wandert (Fig. 97), so ist

$$J = J_I = bh^3/12, \quad F = bh \quad \text{und} \quad i^2 = J/F = h^2/12.$$

Soll $a = e = h/2$ werden, so wird

$$p = i^2/e = h^2/12 : h/2 = h/6.$$

Wandert der Angriffspunkt auf der Hauptachse I, so erhält man entsprechend

$$p = b/6.$$

Verbindet man die so erhaltenen vier Punkte des Querschnittes geradlinig, so erhält man die im Inneren angedeutete Fläche, die der **Kern** des Querschnittes heißt. Greift P innerhalb dieser Fläche an, so entstehen nur Druckspannungen. Die Entfernung s in cm jedes Kernpunktes auf der Begrenzungslinie des Kernes vom Schwerpunkt S heißt **Kernweite** oder **Widerstandshalbmesser**.

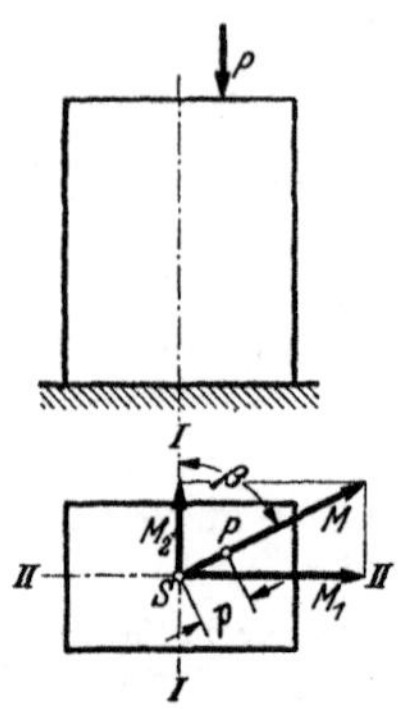

Fig. 96.

Sind in Fig. 97 I und II die Hauptachsen des Querschnitts, J_I, J_{II} die Hauptträgheitsmomente und wandert der Angriffspunkt von P auf der Geraden SK, so folgt für die Kernweite r auf SK aus der Bedingung, daß die Druckspannung P/F gleich der Biegespannung $Me/J_n \cdot \sin\delta = Pre/J_n \cdot \sin\delta$ sein soll:

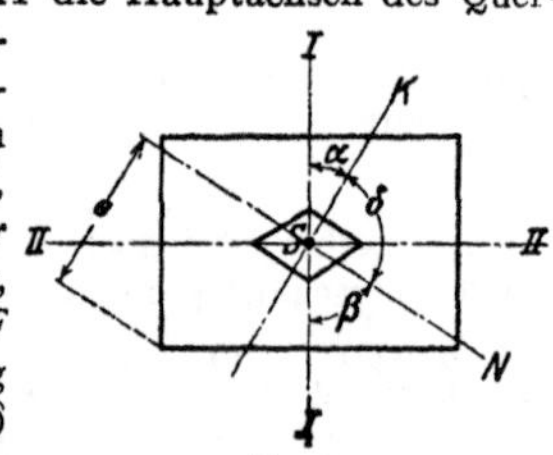

Fig. 97.

$$r = J_n/(eF \sin\delta) = i_n^2/e \sin\delta,$$

wobei $J_n = J_I \cos^2\beta + J_{II} \sin^2\beta$, d. h. $i_n^2 = i_1^2 \cos^2\beta + i_2^2 \sin^2\beta$,

$$\delta = 180 - (\alpha + \beta) \quad \text{und} \quad \operatorname{tg}\alpha \cdot \operatorname{tg}\beta = J_I/J_{II} \text{ ist.}$$

4. **Kern und geringste Kernweite $r_{\min}$ einiger Querschnitte.**

Quadrat (Fig. 98): $r_{\min} = 0{,}1179\,h$, $r_a = r_b = h/6$,

Rechteck (Fig. 99): $r_{\min} = \dfrac{bh}{6\sqrt{b^2 + h^2}}$, $r_a = \dfrac{b}{6}$, $r_b = \dfrac{h}{6}$.

Kreis (Fig. 100): $r_{\min} = d/8$ = unveränderlich.
Kreisring (Fig. 101): $r_{\min} = D/8 \cdot [1 + (d/D)^2]$ = unveränderlich.

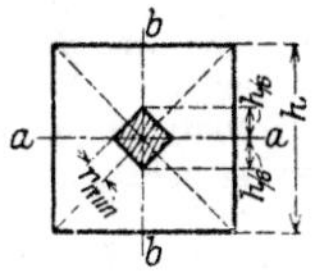

Fig. 98.

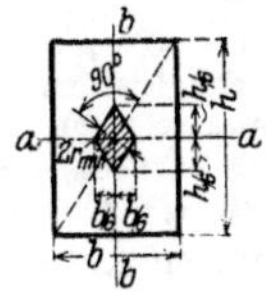

Fig. 99.

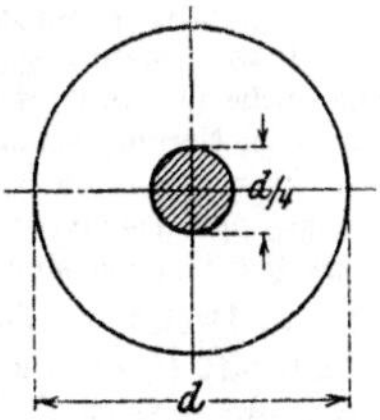

Fig. 100.

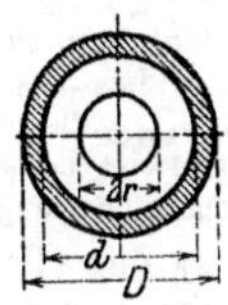

Fig. 101.

2. Beanspruchung durch Schubspannungen.

Schub und Drehung. Ein kurzer gerader Stab (Fig. 102) werde durch eine an seinem Umfange angreifende Kraft P beansprucht. Durch Hinzufügen von zwei gleich großen, entgegengesetzt gerichteten Kräften P erhält man eine Einzelkraft P und ein Kräftepaar, dessen Drehmoment $M_t = Pr$ ist. Die Einzelkraft ruft die Schubspannung τ_s, das Kräftepaar die Schubspannung τ_t hervor. Die Resultierende aus τ_s und τ_t liefert die Spannung τ, die gleichzeitig senkrecht zum Querschnitt auftritt.

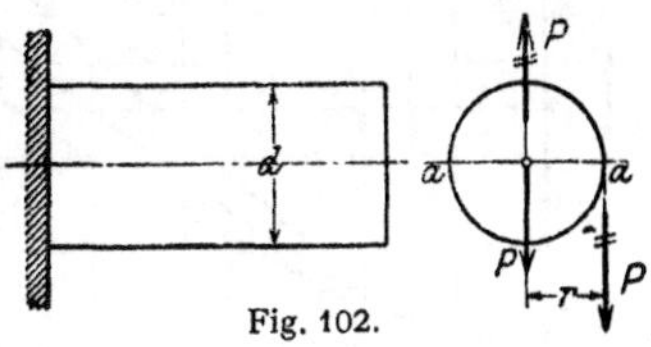

Fig. 102.

Für den Kreisquerschnitt ist die Schubspannung τ_s am größten für einen Durchmesser aa, Fig. 102, der zur Wirkungslinie von P senkrecht steht (vgl. S. 396), und beträgt

$$\tau_s = \tfrac{4}{3} P/F = 16 P/3 \pi d^2 .$$

Die durch das Kräftepaar mit dem Moment $M_t = Pr$ hervorgerufene Schubspannung τ_t ist für den Rand des Querschnittes am größten und nach S. 398

$$\tau_t = 16 M_t/\pi d^3 = 8 P/\pi d^2 .$$

Die größte Beanspruchung tritt in den Punkten a des Querschnittes auf und ist

$$\max \tau = \tau_s + \tau_t = 16 P/3 \pi d^2 + 8 P/\pi d^2 = 40 P/3 \pi d^2 \approx 4{,}24 P/d^2 .$$

3. Beanspruchung bei bekannten Hauptspannungen.

(Ebener Spannungszustand.)

Aus den bekannten Hauptspannungen σ_1 und σ_2 werden die reduzierten (oder Vergleichs-) Spannungen nach der Tafel auf S. 353 berechnet. Anwendungen vgl. Abs. K und L.

4. Beanspruchungen durch Normal- und Schubspannungen.

(Ebener Spannungszustand.)

Treten Normalspannungen σ (+ für Zug, — für Druck) und die Schubspannungen τ gleichzeitig auf, so ist nach den Hypothesen von S. 352 bis 354 die reduzierte Spannung

$$\sigma_{\text{Bach}} = 0{,}35\sigma \pm 0{,}65\sqrt{\sigma^2 + 4(\alpha_0\tau)^2}; \qquad \alpha_0 = \sigma_{\text{zul}}/1{,}3\,\tau_{\text{zul}}; \qquad (2)$$

$$\sigma_{\text{Mohr}} = \sqrt{\sigma^2 + 4(\alpha_0\tau)^2}; \qquad \alpha_0 = \sigma_{\text{zul}}/2\,\tau_{\text{zul}}; \qquad (3)$$

$$\sigma_{\text{Gestalt.}} = \sqrt{\sigma^2 + 3(\alpha_0\tau)^2}; \qquad \alpha_0 = \sigma_{\text{zul}}/1{,}73\,\tau_{\text{zul}}. \qquad (6)$$

Es empfiehlt sich, da die Dehnungshypothese durch Versuche nicht bestätigt wurde, nach der Hypothese 6 oder 3 (bzw. 4) zu rechnen, insbesondere bei Stahl und Eisen.

Der Querschnitt ist so zu bemessen, daß die reduzierten (oder Vergleichs-) Spannungen für keinen Punkt die zulässigen Normalspannungen überschreiten.

Das Anstrengungsverhältnis α_0, das den verschiedenen Belastungsfällen von σ und τ Rechnung trägt (S. 353), ist durch φ, σ_{zul} und τ_{zul} gegeben. Die Tabellen für die zulässigen Spannungen entsprechen aber nur immer einer der genannten Hypothesen, d. h. es ist für den gleichen Belastungsfall $\sigma_{z\,zul}/\tau_{zul} = \varphi$; in der Tabelle auf S. 654 nach C. Bach mit $\mu = 0{,}25$ ist $\varphi = 1 + \mu = 1{,}25 \approx 1{,}3$. Stehen für die anderen Hypothesen keine Tabellen zur Verfügung, so könnte man sich eine solche für die Werte τ_{zul} aus $\sigma_{z\,zul}/\varphi$ berechnen. Man kann dies vermeiden: Ist $\sigma_{zul\,(1)}$ die zulässige Normalspannung für den Belastungsfall (*a*) (Zug, Druck, Biegung) und $\sigma_{z\,zul\,(2)}$ die zulässige Zugspannung für den Belastungsfall (*b*), dem die Schubspannung unterliegt, so ist $\tau_{zul\,(2)} = \sigma_{z\,zul\,(2)}/\varphi$. Damit wird auch $\alpha_0 = \sigma_{zul}/\varphi\,\tau_{zul} = \sigma_{zul\,(1)}/\sigma_{z\,zul\,(2)}$. Bei gleichem oder angenähert gleichem Belastungsfall ist $\alpha_0 = 1$. Beispiel s. u.

a) Zug (Druck) und Drehung. Die äußeren Kräfte ergeben für den Querschnitt F eine Normalkraft P und ein Drehmoment M_t. P ruft eine gleichbleibende Normalspannung $\sigma = \pm P/F$ hervor; diese ist mit der größten Schubspannung $\max\tau$ (S. 398) zur reduzierten Spannung zusammenzusetzen.

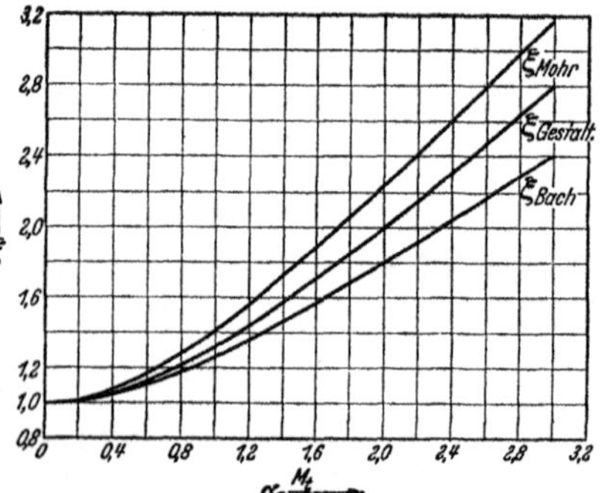

Fig. 103.

b) Zug (Druck) und Schub. Die äußeren Kräfte ergeben für den Querschnitt F eine Normalkraft P und eine Schubkraft Q. Die gleichbleibende Normalspannung $\sigma = \pm P/F$ ist mit der größten Schubspannung $\max\tau$ (S. 395) zur reduzierten Spannung zusammenzusetzen.

c) Biegung und Drehung. Der Querschnitt wird durch ein Biegungsmoment M_b und ein Drehmoment M_t beansprucht.

a) Beim Kreisquerschnitt treten die größten Werte von σ und τ am Rande in den gleichen Punkten auf.

Mit $W_b = W = \pi d^3/32$ und $W_d = \pi d^3/16 = 2W$ wird $\sigma = M_b/W$ und $\tau = M_t/W_p = M_t/2W$, daher

$$\sigma_{Bach} = 0{,}35 M_b/W + 0{,}65\sqrt{(M_b/W)^2 + 4(\alpha_0 M_t/2W)^2} = \xi \cdot M_b/W,$$

worin ξ den unbenannten Klammerausdruck

$$\xi = \xi_{Bach} = 0{,}35 + 0{,}65\sqrt{1 + (\alpha_0 M_t/M_b)^2} \tag{2}$$

bedeutet, der nur von $\alpha_0 M_t/M_b$ abhängt (Fig. 103).

In ähnlicher Weise kann bei den anderen Hypothesen geschrieben werden $\sigma = \xi M_b/W$. Führt man dann das ideelle Moment $M_i = \xi \cdot M_b$ ein, so muß

$$\sigma = \xi M_b/W = M_i/W \leqq \sigma_{zul}$$

sein. — Nach den anderen Hypothesen folgt (Fig. 103)

$$\xi_{Mohr} = \sqrt{1 + (\alpha_0 M_t/M_b)^2} \quad \text{oder} \quad M_i = \sqrt{M_b^2 + (\alpha_0 M_t)^2}\,; \tag{3}$$

$$\xi_{Gestalt.} = \sqrt{1 + 0{,}75(\alpha_0 M_t/M_b)^2}\,. \tag{6}$$

Beispiel: Die gefährdete Stelle einer Welle von 150 mm Dmr. ist durch ein Biegemoment $M_b = 60000$ cmkg (Belastungsfall III) und durch ein Verdrehungsmoment $M_t = 216000$ cmkg (Belastungsfall II) beansprucht. Wie groß ist die Sicherheit nach den verschiedenen Hypothesen, wenn $\beta_k = 2{,}15$ (S. 427) und die Wechselfestigkeit $\sigma_{Wb} = 2400$ kg/cm² bekannt sind?

Für mittelharten Stahl gilt im Belastungsfall II $\sigma_{b\,zul\,(1)} = 400$ kg/cm² und im Belastungsfall II $\sigma_{z\,zul\,(2)} = 800$ kg/cm², also wird $\alpha_0 = 400/800 = 0{,}5$ und damit $\alpha_0 M_t/M_b = 0{,}5 \cdot 216000/60000 = 1{,}8$. Da $W = \pi \cdot 15^3/32 = 331{,}3$ cm³, ferner $\sigma = \sigma_n = \xi M_b/W = \xi \cdot 60000/331{,}3$ und $\nu = \dfrac{\sigma_{Wb}}{\sigma_n \beta_k} = \dfrac{2400}{\sigma_n \cdot 2{,}15}$ wird, ergibt sich (Fig. 103)

(2): $\xi = 1{,}69$; $\sigma_n = 306$ kg/cm²; $\nu = 3{,}64$;
(3): $\xi = 2{,}06$; $\sigma_n = 373$ kg/cm²; $\nu = 2{,}99$;
(6): $\xi = 1{,}85$; $\sigma_n = 335$ kg/cm²; $\nu = 3{,}33$.

Berechnet man den Durchmesser nach den drei Hypothesen für $\sigma_{zul} = 400$ kg/cm², so erhält man 137 bzw. 147 bzw. 142 mm Dmr. mit gleicher Sicherheit $\nu = 2400/400 \cdot 2{,}15 = 2{,}79$.

b) Auch für den Kreisringquerschnitt fallen die Punkte für $\max\sigma$ und $\max\tau$ zusammen. Mit

$$W = \tfrac{1}{32}\pi D^3 [1 - (d/D)^4]$$

ergeben sich dieselben Formeln wie für den Kreis.

c) Beim rechteckigen Querschnitt wird die größte Biegespannung mit der Schubspannung $\max\tau$ bzw. τ_2 nach S. 401 und 402 (je nachdem die Nullinie parallel der großen oder kleinen Rechteckseite ist) zur reduzierten Spannung zusammengesetzt.

4. Biegung und Schub. Bei der Biegung (Abschnitt C) wurden die Querkräfte, bei der Berechnung auf Schub (Abschnitt F) die Biegungsmomente unberücksichtigt gelassen. Tatsächlich treten in beiden Fällen Schub und Biegung gleichzeitig auf. Die Zulässigkeit der Vernachlässigungen ergibt sich aus folgendem Beispiel.

Ein Träger auf zwei Stützen habe die Länge l und sei durch eine Kraft P in der Mitte belastet; der Querschnitt sei ein Rechteck mit den Seiten b und h.

Die Senkung des Angriffspunktes der Last infolge der Biegungsmomente ist nach S. 381

$$f_b = \frac{P\,l^3}{48\,E\,J} = \frac{P\,l^3}{48\,E\cdot\frac{1}{12}\,b\,h^3} = \frac{P\,l^3}{4\,E\,b\,h^3};$$

die Senkung infolge der Querkräfte nach S. 397/98, Fig. 90,

$$f_q = \max v = \frac{0{,}3\,P\,l}{b\,h\,G}.$$

Mit $G = \dfrac{E}{2(1+\mu)}$ (S. 349) und $\mu = 0{,}3$ wird $f_q : f_b = \dfrac{3{,}12}{(h/l)^2}$.

Für	$l =$	h	$2h$	$4h$	$8h$	$16h$
ist	$f_q : f_b =$	3,12	0,78	0,195	0,049	0,012.

Ist also $l > 16h$, so ist der Fehler, den man bei Vernachlässigung der Schubkräfte begeht, kleiner als 1,2 vH.

Durch Umkehren ergibt sich, da $1/3{,}12 = 0{,}321$ ist,

$$f_b : f_q = 0{,}321\cdot(l/h)^2.$$

Für	$h =$	l	$2l$	$4l$	$6l$
ist	$f_b : f_q =$	0,321	0,080	0,020	0,009.

Ist $h > 6l$ oder $l < 0{,}17h$, so ist der Fehler, den man bei Vernachlässigung bei Biegungsmomenten begeht, kleiner als 0,9 vH.

Nach der Hypothese der größten Schubspannung (3) ist für $l/h \leqq 12$ der Fehler bei Berechnung der Spannungen unter Vernachlässigung der Schubspannungen $\leqq 1{,}4$ v.H.

J. Beanspruchung der Federn.

Es bedeuten:

P die zulässige Belastung (Tragfähigkeit) der Feder in kg,

f die Durchbiegung bzw. den Verdrehungsweg der Kraft in cm, entsprechend der Belastung P oder der zulässigen Biegungsspannung σ_{zul} oder Drehungsspannung τ_{zul},

l die Länge der Feder in cm,

$A = \frac{1}{2}Pf$ in cmkg die Arbeit, die von einer Feder bei einer Durchbiegung von 0 bis f aufgenommen wird (Federungsarbeit), wobei die Kraft proportional der Durchbiegung von Null auf P wächst. A hat die Form $\eta\cdot(\max\sigma)^2\cdot V/E$ bzw. $\eta\cdot(\max\tau)^2\cdot V/G$, worin η eine Konstante, die Raumziffer, V der Rauminhalt der Feder und $\max\sigma$ bzw. $\max\tau$ die größte wirklich auftretende Spannung ist,

c die Federkonstante, d. h. Rückstellkraft bzw. Rückstellmoment:

Bei Quer- und Längsschwingungen (1a, 2b) ist die Schwingungsdauer einer gewichtslos gedachten und mit der Masse m belasteten Feder gleich $T = 2\pi\sqrt{m/c} = 2\pi\sqrt{f/g}$, wenn f die Durchbiegung unter der Belastung $P = G = mg$ ist. $c = P/f$ [kg/cm] ist die Federkonstante oder (spezifische) Rückstellkraft (vgl. S. 236).

Bei Drehschwingungen (1b, 2a) ist $T = 2\pi\sqrt{J/c}$. Darin ist J das Massenträgheitsmoment (s. S. 223) und c das (spezifische) Rückstellmoment [kg cm], d. h. das Moment, das eine Drehung um den Winkel „eins" im Bogenmaß hervorruft. Es ist c = Moment/Winkel $= M/\varphi = Pr/\varphi = Pr^2/f$.

1. Biegungsfedern.

a) Gerade Biegungsfedern.

Nr.	Benennung	P und $c = P/f$	f und η
1	**Rechteckfeder,** einseitig eingespannt. 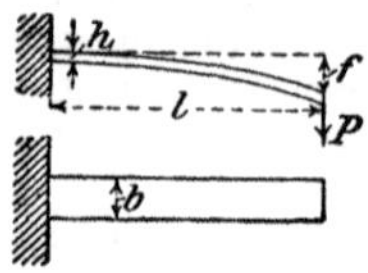	$P = \frac{b\,h^2}{6}\,\frac{\sigma_{zul}}{l}$. $c = \frac{1}{4}\,\frac{b\,h^3}{l^3}\cdot E$.	$f = \frac{P}{E\,J}\,\frac{l^3}{3} = 4\,\frac{l^3}{b\,h^3}\,\frac{P}{E}$ $= \frac{2}{3}\,\frac{l^2}{h}\,\frac{\sigma_{zul}}{E}$; $\eta = \frac{1}{18}$
2	**Rechteckfeder,** beiderseitig eingespannt. 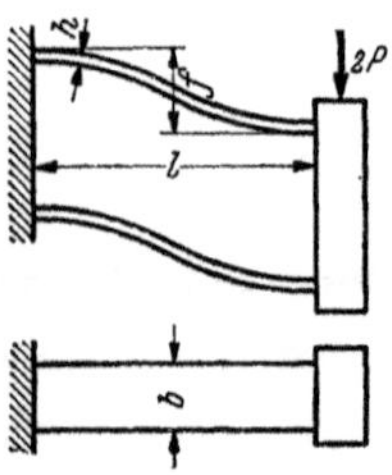	$P = \frac{b\,h^2}{3}\,\frac{\sigma_{zul}}{l}$ $c = \frac{b\,h^3}{l^3}\,E$ je Feder.	$f = \frac{P}{E\,J}\,\frac{l^3}{12} = \frac{l^3}{bh^3}\,\frac{P}{E}$ $= \frac{1}{3}\,\frac{l^2}{h}\,\frac{\sigma_{zul}}{E}$; $\eta = \frac{1}{18}$.
3	**Dreieckfeder.** 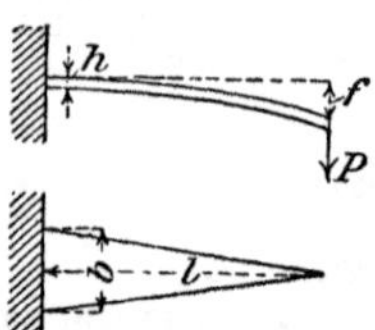	$P = \frac{b\,h^2}{6}\,\frac{\sigma_{zul}}{l}$. $c = \frac{1}{6}\,\frac{b\,h^3}{l^3}\,E$.	$f = \frac{P}{E\,J}\,\frac{l^3}{2} = 6\,\frac{l^3}{b\,h^3}\,\frac{P}{E}$ $= \frac{l^2}{h}\,\frac{\sigma_{zul}}{E}$; $\eta = \frac{1}{6}$.
4	**Trapezfeder.** 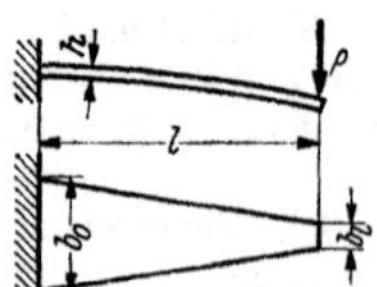	$P = \frac{b_0\,h^2}{6}\,\frac{\sigma_{zul}}{l}$. $c = \frac{1}{4\,\psi}\,\frac{b_0\,h^3}{l^3}\,E$.	$f = \psi\,\frac{P}{E J_0}\,\frac{l^3}{3} = 4\,\psi\,\frac{l^3}{b_0\,h^3}\,\frac{P}{E}$ $= \frac{2}{3}\,\psi\,\frac{l^2}{h}\,\frac{\sigma_{zul}}{E}$; $\eta = \frac{1}{9}\,\frac{\psi}{1+\beta}$.

Hierin ist $\beta = b_l/b_0$ und ist ψ aus der folgenden Zahlentafel zu entnehmen (Zwischenwerte durch Interpolieren):

β	0	0,1	0,2	0,3	0,4	0,5	0,6	0,7	0,8	0,9	1,0
ψ	1,500	1,390	1,315	1,250	1,202	1,160	1,121	1,085	1,054	1,025	1,000

a) Gerade Biegungsfedern (Fortsetzung).

Nr.	Benennung	P und $c = P/f$	f und η
5	Geschichtete Trapezfeder. 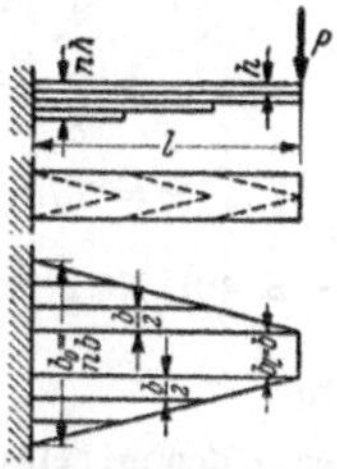	$P = \frac{W_0}{l}\sigma_{zul} = \frac{1}{6}\frac{b_0 h^2}{l}\sigma_{zul}$ $= \frac{1}{6}\frac{n b h^2}{l}\sigma_{zul}.$ $c = \frac{1}{4\psi}\frac{n b h^2}{l}\sigma_{zul}.$ ψ s. Fall 4. $\beta = b_l/b_0 [=1/n].$ Durch die „Vorsprengung" treten größere Spannungen auf [1]).	$f = \psi\frac{P}{E J_0}\frac{l^3}{3}$ $= 4\psi\frac{l^3}{n b h^3}\frac{P}{E}$ $= \frac{2}{3}\psi\frac{l^2}{h}\frac{\sigma_{zul}}{E}.$ $\eta = \frac{1}{9}\frac{\psi}{1+\beta}.$

b) Gewundene Biegungsfedern [2]). (l ist die Länge der gestreckt gedachten Feder.)

Nr.	Benennung	P und $c = M/\varphi$	f und η
1	Gewundene Feder mit rechteckigem Querschnitt. 	$P = \frac{b h^2}{6}\frac{\sigma_{zul}}{r}.$ $c = \frac{1}{12}\frac{b h^3}{l}E.$	$f = r\varphi = \frac{P}{EJ} l r^2$ $= 12\frac{P l r^2}{E b h^3} = 2\frac{r l}{h}\frac{\sigma_{zul}}{E};$ $\eta = \frac{1}{8}.$
2	Gewundene Feder mit rundem Querschnitt. 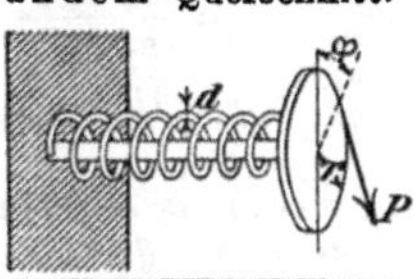	$P = \frac{\pi d^3}{32}\frac{\sigma_{zul}}{r}.$ $c = \frac{\pi d^4}{64 l}E.$	$f = r\varphi = \frac{P}{EJ} l r^2$ $= \frac{64}{\pi}\frac{P l r^2}{E d^4} = 2\frac{r l}{d}\frac{\sigma_{zul}}{E};$ $\eta = \frac{1}{8}.$
3	Spiralfeder mit rechteckigem Querschnitt. 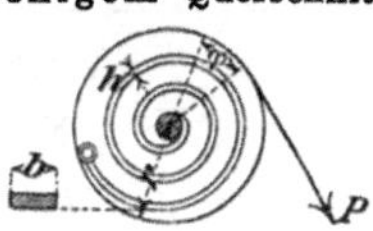	$P = \frac{b h^2}{6}\frac{\sigma_{zul}}{r}.$ $c = \frac{1}{12}\frac{b h^3}{l}E.$	$f = r\varphi = \frac{P}{EJ} l r^2$ $= 12\frac{P l r^2}{E b h^3} = 2\frac{r l}{h}\frac{\sigma_{zul}}{E};$ $\eta = \frac{1}{8}.$

2. Drehungsfedern.

a) Gerade Drehungsfedern.

1	Einfache Drehungsfeder mit rundem Querschnitt [3]) 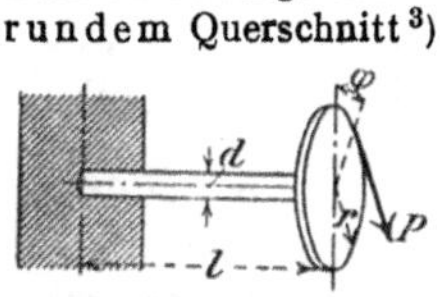	$P = \frac{\pi}{16}\frac{d^3}{r}\tau_{zul}.$ $c = \frac{\pi d^4}{32 l}G.$	$f = r\varphi = \frac{32 r^2 l}{\pi d^4}\frac{P}{G}$ $= 2\frac{r l}{d}\frac{\tau_{zul}}{G};\quad \eta = \frac{1}{4}.$

[1]) S. Groß und H. Lehr: Die Federn und ihre Gestaltung. Berlin 1938. VDI-Verlag.
[2]) Die Formeln stellen erste Annäherungen dar, s. Anm. 1.
[3]) Sog. Stabfeder, die bei nachgiebigen Kupplungen, im Kraftwagenbau usw. vielfach verwendet wird. Randspannung $\tau_r = 16/\pi \cdot M_d/d^3 \approx 5{,}1\, M_d/d^3$.

a) Gerade Drehungsfedern (Fortsetzung).

Nr.	Benennung	P und $c = M/\varphi$	f und η
2	Einfache Drehungsfeder mit rechteckigem Querschnitt. 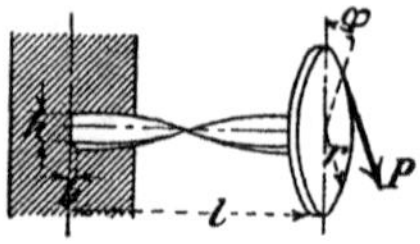	$P = \frac{c_1}{c_2} \frac{b^2 h}{r} \tau_{zul}$. [1] $c = c_1 \frac{b^3 h}{l} G$.	$f = r\varphi = \frac{1}{c_1} \frac{r^2 l}{b^3 h} \frac{P}{G}$ $= \frac{1}{c_2} \frac{r\, l}{b} \frac{\tau_{zul}}{G}$. $\eta = c_1/2c_2^2$.
		c_1, c_2, η s. S. 401, Nr. 6.	

b) Gewundene Drehungsfedern.

i bedeutet die Anzahl der wirksamen Windungen, r den mittleren Windungshalbmesser der Feder. Der für praktische Fälle im allgemeinen geringe Einfluß des Neigungswinkels α ist vernachlässigt.

Nr.	Benennung	P und $c = P/f$	f und η
1	Zylindrische Schraubenfeder mit rundem Querschnitt. 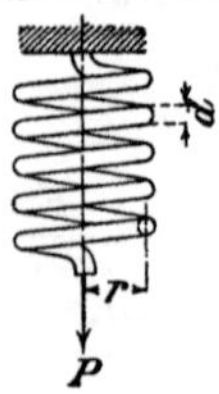	$P = \frac{1}{k_1} \frac{\pi}{16} \frac{d^3}{r} \tau_{zul}$. $c = \frac{1}{k_2} \frac{d^4}{64 i r^3} G$. **Nomogramm s. S. 655.**	$f = k_2 \frac{64 i r^3}{d^4} \frac{P}{G}$ $= k_2 \frac{32 l r^2}{\pi d^4} \frac{P}{G}$ $= \frac{k_2}{k_1} \frac{4\pi i r^2}{d} \frac{\tau_{zul}}{G}$ $= \frac{k_2}{k_1} \frac{2 l r}{d} \frac{\tau_{zul}}{G}$. $\eta = 1/4 k_1^2$.
	Ist $\xi = d/2r$ sehr klein, so ist in erster Annäherung $k_1 \approx k_2 \approx 1$. Sonst wird unter Vernachlässigung der dritten Potenz von ξ: $k_1 = 1 + \frac{5}{4}\xi + \frac{7}{8}\xi^2$; $k_2 = 1 - \frac{3}{16}\xi^2$. [2]		
2	Zylindrische Schraubenfeder mit rechteckigem Querschnitt. 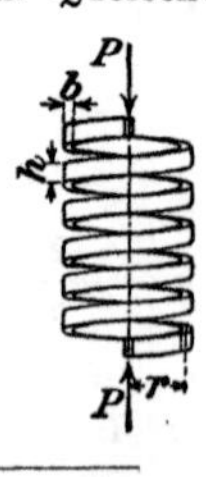	$P = \frac{c_1}{c_2} \frac{b^2 h}{r} \tau_{zul}$. [1] $c = \frac{c_1}{2\pi} \frac{b^3 h}{i r^3} G$. c_1, c_2, η s. S. 401, Nr. 6. Zur Verfeinerung der Rechnung vgl. [2] [3] [4]	$f = \frac{2\pi}{c_1} \frac{i r^3}{b^3 h} \frac{P}{G}$ $= \frac{1}{c_1} \frac{l r^2}{b^3 h} \frac{P}{G}$ $= \frac{2\pi}{c_2} \frac{i r^2}{b} \frac{\tau_{zul}}{G}$ $= \frac{1}{c_2} \frac{r\, l}{b} \frac{\tau_{zul}}{G}$. $\eta = c_1/2c_2^2$.

[1] C. Bach setzt $c_1/c_2 = 2/9$. — h bedeutet immer die größte Rechteckseite.
[2] Vgl. O. Göhner: Z. VDI Bd. 76 (1932) S. 269, 352, 735; Z. VDI Bd. 77 (1933) S. 198, 425, 892; Ing.-Arch. Bd. 2 (1931) S. 1, 381.
[3] S. Anm. 1, S. 409.
[4] G. Liesecke: Z. VDI Bd. 77 (1933) S. 452 u. 892.

b) Gewundene Drehungsfedern (Fortsetzung).

Nr.	Benennung	P und $c = P/f$	f und η
3	Kegelstumpffeder mit rundem Querschnitt. 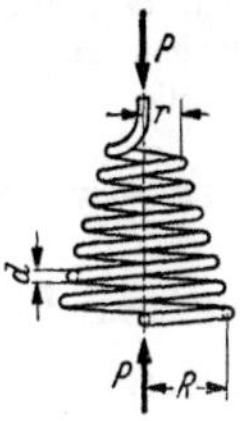	$P = \frac{\pi}{16}\frac{d^3}{R}\tau_{zul}$. $c = \frac{1}{16}\frac{d^4}{i(R+r)(R^2+r^2)}G$.	$f = 16\frac{i(R+r)(R^2+r^2)}{d^4}\frac{P}{G}$ $= \frac{16}{\pi}\frac{l(R^2+r^2)}{d^4}\frac{P}{G}$ $= \pi\frac{i(R+r)(R^2+r^2)}{Rd}\frac{\tau_{zul}}{G}$ $= \frac{l(R^2+r^2)}{Rd}\frac{\tau_{zul}}{G}$. $\eta = 1/8\cdot[1+(r/R)^2]$.
4	Kegelstumpffeder mit rechteckigem Querschnitt. 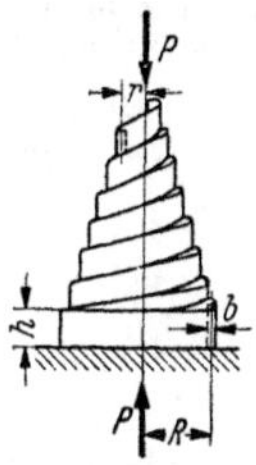	$P = \frac{c_1}{c_2}\frac{b^2h}{R}\tau_{zul}$. [1]) $c = \frac{2c_1}{\pi}\frac{b^3h}{i(R+r)(R^2+r^2)}G$.	$f = \frac{\pi}{2c_1}\frac{i(R+r)(R^2+r^2)}{b^3h}\frac{P}{G}$ $= \frac{1}{2c_1}\frac{l(R^2+r^2)}{bh^3}\frac{P}{G}$ $= \frac{\pi}{2c_2}\frac{i(R+r)(R^2+r^2)}{Rb}\frac{\tau_{zul}}{G}$ $= \frac{1}{2c_2}\frac{l(R^2+r^2)}{Rb}\frac{\tau_{zul}}{G}$. $\eta = \frac{c_1}{2c_2^2}\cdot\frac{1}{2}\left[1+\left(\frac{r}{R}\right)^2\right]$.

c_1, c_2 s. S. 401, Nr. 6. Um die Raumziffer η zu erhalten, hat man nur den Wert „η" auf S. 401, Nr. 6 mit $1/2\cdot[1+(r/R)^2]$ zu multiplizieren.

3. Die Ringfeder [2]).

Bedeutet, Fig. 104:

F_a Querschnitt des Außenringes,
F_i „ „ Innenringes,
r_a Schwerpunkthalbmesser des Außenringes,
r_i „ „ Innenringes,
n_a Zahl der Außenringe,
n_i „ „ Innenringe,
z „ „ Kegelflächen,
β Winkel zwischen Federachse und Kegelmantellinie eines Ringes ($\beta > \varrho$).
$V = 2\pi(n_a r_a F_a + n_i r_i F_i)$ Federrauminhalt,
$\mu = \operatorname{tg}\varrho$ Reibungsziffer; $\mu \approx 0{,}16$; $\varrho \approx 9°$,

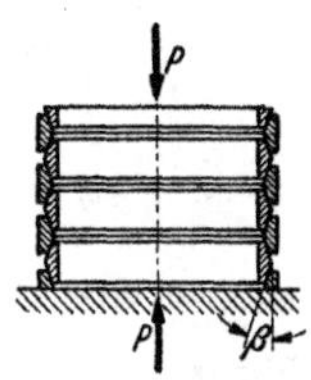

Fig. 104.

so folgt:

Spannung im Außenring $\sigma_a = \frac{P}{\pi F_a \operatorname{tg}(\beta+\varrho)}$;

„ „ Innenring $\sigma_i = \frac{P}{\pi F_i \operatorname{tg}(\beta+\varrho)}$;

Durchbiegung $f = \frac{z}{\pi \operatorname{tg}\beta \operatorname{tg}(\beta+\varrho)}\left(\frac{r_a}{F_a}+\frac{r_i}{F_i}\right)\frac{P}{E}$;

$$\text{Raumziffer}\quad \eta = \frac{1}{2}\frac{z}{n_a}\frac{\operatorname{tg}(\beta+\varrho)}{\operatorname{tg}\varrho}\cdot\frac{F_a}{F_i}\frac{r_a F_i + r_i F_a}{r_a F_a + r_i F_i}$$
$$= \frac{1}{2}\frac{z}{n_a}\frac{\operatorname{tg}(\beta+\varrho)}{\operatorname{tg}\varrho}\cdot\frac{1+(r_i/r_a)\cdot(F_a/F_i)}{1+(r_i/r_a)\cdot(F_i/F_a)}.$$

Für den Wirkungsgrad der Feder, d. h. das Verhältnis der Arbeit bei Belastung und bei Entlastung folgt $\operatorname{tg}(\beta-\varrho)/\operatorname{tg}(\beta+\varrho)$.

[1]) h bedeutet immer die größte Rechteckseite.
[2]) K. Kreißig: Glasers Annalen Bd. 95 (1924) S. 114f; vgl. a. Anm. 1, S. 409.

Die vorstehenden Formeln können zur Nachrechnung vorhandener Federn oder zum Entwurf neuer Federn benutzt werden. Im letzteren Fall stehen mehrere Veränderliche zur Verfügung, von denen einige frei wählbar sind. Ist z. B. eine Schraubenfeder nach 2b 1 zu entwerfen, so schreibt das benutzte Material den Wert von τ_{zul} vor. Ist dann noch P gegeben, so bleibt nur noch eine Beziehung zwischen d und r bestehen. Setzt man zunächst k_1 gleich 1, so gilt $d^3/r = 16/\pi \cdot P/\tau_{zul}$. Eine Wahl von r bestimmt dann d und umgekehrt. Nach endgültigen Maßen für r und d muß τ_{zul} u. U. mit der genaueren Formel unter Berücksichtigung von k_1 nachgeprüft werden. Die Größe der Federung ist unter diesen Annahmen nur noch von i abhängig.

In ähnlicher Weise kann bei den anderen Federn vorgegangen werden.

K. Beanspruchung von Gefäßen, umlaufenden Scheiben, Platten.

1. Hohlzylinder.

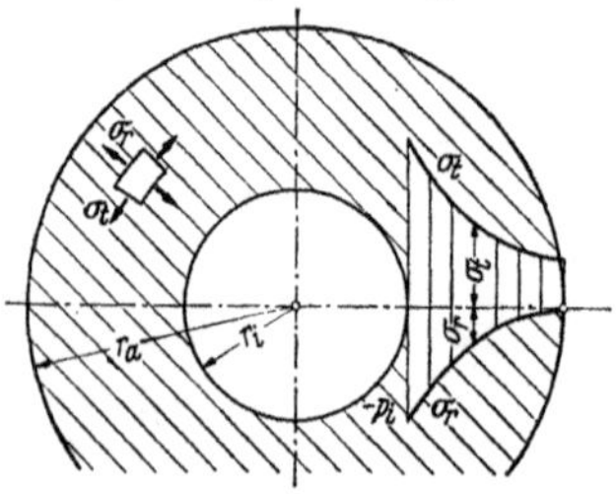

Fig. 105.

Es bedeuten (Fig. 105)

r_a, r_i Außen- bzw. Innenhalbmesser in cm,

$s = r_a - r_i$ = Wandstärke in cm,

$\eta = r_a/r_i$ dimensionslose Verhältniszahl,

σ_t Spannung in tangentialer Richtung¹),

σ_r Spannung in radialer Richtung,

σ_x Spannung in Richtung der Zylinderachse,

σ_{red} reduzierte Spannung (S. 352 und 353).

Es liegt ein dreiachsiger Spannungszustand vor, und es ist nach Mohr (S. 352 und 353)

$$\sigma_{red} = \sigma_t - \sigma_r\,, \tag{I}$$

da die mittlere Hauptspannung nach Mohr keine Rolle spielt (vgl. a. Beispiel); nach der Hypothese der maximalen Gestaltänderungsarbeit wird

$$\sigma_{red}^2 = \tfrac{1}{2}\left[(\sigma_t - \sigma_r)^2 + (\sigma_r - \sigma_x)^2 + (\sigma_x - \sigma_t)^2\right]. \tag{II}$$

a) Innendruck p_i kg/cm², Fig. 105. Die gefährdeten Punkte liegen innen. Dort ist

$$\sigma_t = \max \sigma_t = p_i \frac{\eta^2 + 1}{\eta^2 - 1}, \qquad \sigma_r = \max \sigma_r = -p_i, \qquad \sigma_x = 0 \text{ bei offenem,}$$

$$\sigma_x = \frac{p_i}{\eta^2 - 1}$$ bei geschlossenem Zylinder. Für kleine Wandstärken gilt

$$s \geqq p_i\, r_i/\sigma_{z\,zul}\,.$$

Nach (I) ist, ob offen oder geschlossen,

$$\sigma_{red} = p_i \cdot \frac{2\eta^2}{\eta^2 - 1}; \qquad \eta = \frac{r_a}{r_i} \geqq \sqrt{\frac{\sigma_{zul}}{\sigma_{zul} - 2p_i}}, \qquad p_i < \sigma_{zul}/2\,.$$

Für $\sigma_{d\,zul} \neq \sigma_{z\,zul}$ s. Beispiel.

Nach (II) folgt für offenen Zylinder

$$\sigma_{red} = p_i \frac{\sqrt{1 + 3\eta^4}}{\eta^2 - 1}; \qquad \eta = \frac{r_a}{r_i} \geqq \sqrt{\frac{\psi^2 + \sqrt{4\psi^2 - 3}}{\psi^2 - 3}}, \quad \text{worin } \psi = \sigma_{zul}/p_i > \sqrt{3}\,,$$

$$p_i < \sigma_{zul}/1{,}73\,.$$

Nach (II) folgt für geschlossenen Zylinder

$$\sigma_{red} = p_i \frac{1{,}73\,\eta^2}{\eta^2 - 1}; \qquad \eta = \frac{r_a}{r_i} \geqq \sqrt{\frac{\sigma_{zul}}{\sigma_{zul} - 1{,}73\,p_i}}, \qquad p_i < \sigma_{zul}/1{,}73\,.$$

Beispiel: Eine hydraulische Presse soll bei 300 mm Stempeldurchmesser und 330 mm Zylinderweite eine Kraft von 200 t erzeugen. Wie groß muß die Wandstärke bei Stahlguß mit $\sigma_{d\,zul} = 1200$ kg/cm², $\sigma_{z\,zul} = 800$ kg/cm² sein?

Es ist $p_i = 20000 : 30^2\pi/4 = 283$ kg/cm².

¹) Zugspannungen positiv, Druckspannungen negativ.

a) Nach II wird mit $\psi^2 = (800/283)^2 = 8$

$$\eta = \frac{r_a}{r_i} = \sqrt{\frac{8+\sqrt{4\cdot 8-3}}{8-3}} = \sqrt{\frac{8+\sqrt{29}}{5}} = \sqrt{\frac{13,38}{5}} = 1,636\,,$$

also $r_a = \eta \cdot r_i = \eta \cdot 165 \approx 270$ mm und $s = 270 - 165 = 105$ mm.

b) Da $\sigma_{d\,\text{zul}} \neq \sigma_{z\,\text{zul}}$ ist, muß die geradlinige Grenzkurve nach Mohr benutzt werden (S. 352, Fig. 28), s. Fig. 106, mit $\sigma_x = 0$. Der Spannungskreis, der durch $-p_i$ und $\sigma_t = \max\sigma_t$ gegeben ist, darf die Grenzkurve höchstens berühren. Aus den geometrischen Beziehungen in Fig. 106 und aus der Formel für σ_t folgt dann, daß

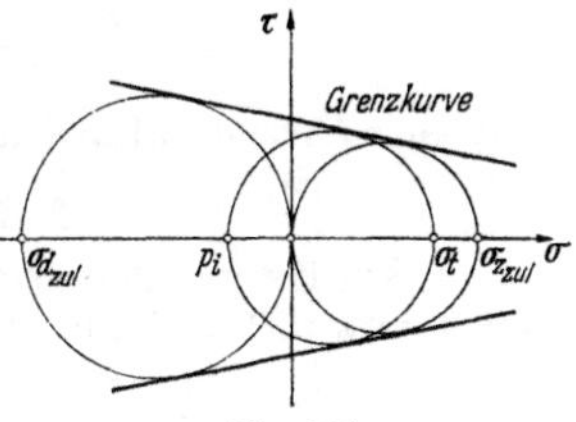

Fig. 106.

$$\eta = \frac{r_a}{r_i} \geqq \sqrt{\frac{\sigma_{z\,\text{zul}}\,\sigma_{d\,\text{zul}} + p_i(\sigma_{d\,\text{zul}} - \sigma_{z\,\text{zul}})}{\sigma_{z\,\text{zul}}\,\sigma_{d\,\text{zul}} - p_i(\sigma_{d\,\text{zul}} + \sigma_{z\,\text{zul}})}}\,,$$

$$\frac{1}{p_i} > \frac{1}{\sigma_{d\,\text{zul}}} + \frac{1}{\sigma_{z\,\text{zul}}}$$

sein muß. Im Zahlenbeispiel erhält man

$$\eta = \frac{r_a}{r_i} \geqq \sqrt{\frac{800\cdot 1200 + 283\cdot 400}{800\cdot 1200 - 283\cdot 2000}} = \sqrt{\frac{96+11,3}{96-56,6}} = \sqrt{\frac{107,3}{39,4}} = 1,652\,,$$

also $r_a = \eta \cdot r_i = 272 \approx 275$ mm und $s = 275 - 165 = 110$ mm.

b) Außendruck p_a/kgcm², sofern Einbeulen nicht zu befürchten ist[1]): Die gefährdeten Punkte liegen innen. Dort ist

$$\sigma_t = \max\sigma_t = -2p_a\frac{\eta^2}{\eta^2-1}\,,\qquad \sigma_r = 0\,,\qquad \sigma_x = 0 \text{ (offen)}$$

$$\text{bzw.}\quad \sigma_x = -p_a\frac{\eta^2}{\eta^2-1} \text{ (geschlossen).}$$

Es liegt hier ein ein- bzw. zweiachsiger Spannungszustand vor.

Für kleine Wandstärken gilt $s \geqq p_a r_a/\sigma_{d\,\text{zul}}$.

Beim offenen Zylinder muß $|\sigma_t| \leqq \sigma_{d\,\text{zul}}$ sein oder

$$\eta = \frac{r_a}{r_i} \geqq \sqrt{\frac{\sigma_{d\,\text{zul}}}{\sigma_{d\,\text{zul}} - p_a}}\,,\qquad p_a < \sigma_{d\,\text{zul}}/2\,.$$

Beim geschlossenen Zylinder folgt

nach (I): $\sigma_{\text{red}} = p_a\dfrac{\eta^2}{\eta^2-1}$ und $\eta = \dfrac{r_a}{r_i} \geqq \sqrt{\dfrac{\sigma_{\text{zul}}}{\sigma_{\text{zul}} - p_a}}\,,\quad p_a < \sigma_{\text{zul}}$;

nach (II): $\sigma_{\text{red}} = p_a\dfrac{1,73\,\eta^2}{\eta^2-1}$ und $\eta = \dfrac{r_a}{r_i} \geqq \sqrt{\dfrac{\sigma_{\text{zul}}}{\sigma_{\text{zul}} - 1,73\,p_a}}\,,\quad p_a < \sigma_{\text{zul}}/1,73$.

2. Hohlkugeln.

Es bedeuten

r_i, r_a Innen- bzw. Außenhalbmesser der Kugel in cm,

$s = r_a - r_i$ Wandstärke in cm, $\eta = r_a/r_i$ dimensionslose Verhältniszahl,

σ_r radiale Spannung (in Richtung der Halbmesser),

σ_t tangentiale Spannung, d. h. in zwei beliebigen Richtungen senkrecht zur σ_r.

Es liegt ein dreiachsiger Spannungszustand vor mit den Hauptspannungen $\sigma_1 = \sigma_r$, $\sigma_2 = \sigma_3 = \sigma_t$.

a) Innendruck p_i kg/cm². Die gefährdeten Punkte liegen innen. Dort ist

$$\sigma_r = -p_i\,,\qquad \sigma_t = \max\sigma_t = p_i\frac{\eta^3+2}{\eta^3-1}\,.$$

Dann gilt nach beiden Hypothesen (I u. II S. 412)

$$\sigma_{\text{red}} = p_i\frac{2\eta^3+1}{\eta^3-1} \quad\text{und}\quad \eta = \frac{r_a}{r_i} \geqq \sqrt{\frac{\sigma_{\text{zul}} + p_i}{\sigma_{\text{zul}} - p_i}}\,,\qquad p_i < \sigma_{\text{zul}}\,.$$

Für kleine Wandstärken gilt $s \geqq \frac{1}{2} r_i p_i/\sigma_{z\,\text{zul}}$.

---

[1]) v. Mises: Z. VDI Bd. 58 (1914) S. 750/755. — Siebel u. Schwaigerer: Wärme Bd. 62 (1939) S. 285/290.

b) Außendruck p_a kg/cm². Die gefährdeten Punkte liegen innen. Dort ist

$$\sigma_r = 0\,, \quad \sigma_t = \max\sigma_t = -p_a\,\frac{1{,}5\,\eta^3}{\eta^3-1}\,, \quad |\sigma_t| \leqq \sigma_{d\,\mathrm{zul}}$$

oder

$$\eta = \frac{r_a}{r_i} \geqq \sqrt[3]{\frac{\sigma_{d\,\mathrm{zul}}}{\sigma_{d\,\mathrm{zul}} - 1{,}5\,p_a}}\,, \quad p_a < \sigma_{d\,\mathrm{zul}}/1{,}5\,.$$

Für kleine Wandstärken gilt $s \geqq \frac{1}{2}\,p_a\,r_a/\sigma_{d\,\mathrm{zul}}$.

3. Umlaufende Scheiben[1]).

a) Scheibe gleicher Festigkeit. Nach Fig. 107 ist für die volle Scheibe mit $\omega = \pi n/30$ als Winkelgeschwindigkeit, s als geringster Dicke am Umfang, s_m als Dicke in der Mitte und $\varrho = \gamma/g$ als Dichte (spezifischer Masse):

$$2x = s\cdot e^{\varrho\,\omega^2 (r_a^2 - z^2)/2\sigma} = s_m\cdot e^{-\varrho\,\omega^2 z^2/2\sigma}\,.$$

$\sigma = \sigma_r = \sigma_t$ ist die an allen Stellen gleich große Spannung. Vorausgesetzt wird, daß die Scheibe nicht zu stark gewölbt ist und daher die Neigung der Spannungen gegen die Symmetrielinie gering ist.

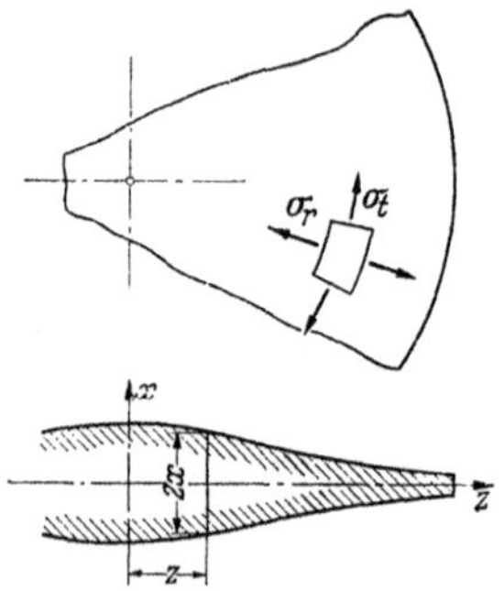

Fig. 107.

Die Dicke der vollen Scheibe in der Mitte für $z = 0$ ist, wenn $v = r_a\omega$,

$$s_m = s\cdot e^{\varrho\,\omega^2 r_a^2/2\sigma} = s\cdot e^{\varrho\,v^2/2\sigma}\,.$$

Beispiel: Eine Scheibe von 2 m Durchmesser soll für 3000 Umdr./min aus Nickelstahl hergestellt werden. Gewählt wird $s = 15$ mm; für $\sigma_{\mathrm{zul}} = 2000$ kg/cm² und mit $\gamma = 0{,}0078$ kg/cm³, $g = 981$ cm/sek² wird

$$\varrho\,\omega^2/2\sigma = \frac{\gamma}{g}\,\frac{\omega^2}{2\sigma} = \frac{0{,}0078}{981}\;\frac{(2\pi\cdot 3000/60)^2}{2\cdot 2000} = 0{,}0001951\,,$$

$2x = 1{,}5\,e^{0{,}0001\,951\,(100^2 - z^2)}$. Da für $z = 0$ die Scheibendicke gleich $s_m = 1{,}5\,e^{1{,}951} = 1{,}5\cdot 7{,}064 = 10{,}6$ cm wird, folgt auch $2x = 10{,}7\cdot e^{-1{,}951\,(z/100)^2}$.

Der Kranz muß an die Scheibe ohne zusätzliche Spannungen anschließen, es muß also der Kranz sich um den gleichen Betrag dehnen, um den sich die Scheibe dehnt, d. h. für die Kranzspannung σ_k (auf den Umfang des Kreises vom Halbmesser r_0 verteilt gedacht) folgt $\sigma_k = \sigma(1-\mu) = 0{,}7\sigma$. Ist p_a in kg/cm² eine gleichförmig über den Umfang verteilte Spannung (z. B. infolge der Fliehkraft der Schaufeln), so ist (Fig. 108) auch

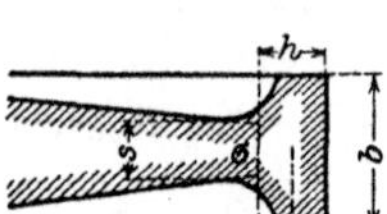

Fig. 108.

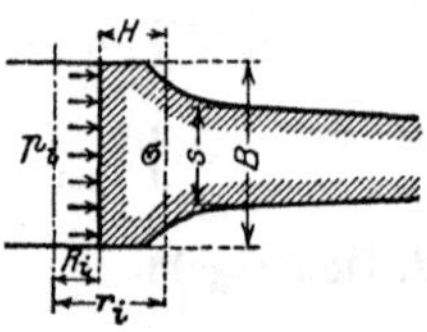

Fig. 109.

$$\sigma_k = p_a\,r_0/h + \varrho\,r_0^2\,\omega^2 - \sigma\,s\,r_0/b\,h\,.$$

Damit wird

$$\sigma = r_0\,b\,\frac{p_a + \varrho\,h\,\omega^2}{s\,r_0 + 0{,}7\,b\,h} \leqq \sigma_{\mathrm{zul}} \quad \text{bzw.} \quad s = \frac{b\,h}{\sigma\,r_0}\left[\frac{p_a\,r_0}{h} + \varrho\,r_0^2\,\omega^2 - 0{,}7\,\sigma\right].$$

Vorausgesetzt ist, daß der Kranz nicht viel breiter ist als die Scheibe am äußeren Rand und daß die Scheibe am Ansatz des Kranzes gut ausgerundet ist.

b) Scheibe gleicher Festigkeit mit kräftiger Nabe und Bohrung. Mit den Bezeichnungen der Fig. 109 wird die Breite der Nabe, wenn p_i in kg/cm² die Nabenpressung bedeutet,

$$B = s\cdot\sigma\,\frac{1{,}3\,R_i^2 + 0{,}7\,r_i^2}{[0{,}7\,\sigma - \varrho\,\omega^2(0{,}825\,R_i^2 + 0{,}175\,r_i^2)](r_i^2 - R_i^2) - 2\,p_i\,R_i^2}\ \text{cm.}$$

[1]) Vgl. C. Bach u. R. Baumann: Elastizität und Festigkeit. 9. Aufl. 1924; Malkin: Festigkeitsberechnungen umlaufender Scheiben. 1935; Biezeno-Grammel: Technische Dynamik 1939; sämtlich Berlin: Springer; ferner H. Baer: Forschg. Ing.-Wes. Bd. 7 (1936) S. 187 f.

Innen tritt die größte tangentiale Spannung σ_t auf, die radiale Spannung hat hier den Wert $\sigma_r = -p_i$. Es ist

$$\sigma_t = \max \sigma_t = \varrho\,\omega^2 (0{,}825\,R_i^2 + 0{,}175\,r_i^2) + 2\,\sigma\,\frac{s}{B}\,\frac{r_i^2}{r_i^2 - R_i^2} + p_i\,\frac{r_i^2 + R_i^2}{r_i^2 - R_i^2}\,.$$

Hieraus läßt sich die reduzierte Spannung σ_{red} nach S. 353 für den zweiachsigen Spannungszustand berechnen.

Ersetzt man das letzte Glied in $\max \sigma_t$ durch $2\,p_i\,r_i^2/(r_i^2 - R_i^2)$, so hat man die reduzierte Spannung nach Mohr.

c) Scheibe gleicher Dicke. Ist r_a der äußere, r_i der innere Halbmesser, so muß die größte am Innenrand der Scheibe auftretende Spannung

$$\sigma_t = \varrho\,\omega^2 (0{,}825\,r_a^2 + 0{,}175\,r_i^2) \leqq \sigma_{\text{zu}}{}^{1}$$

sein.

Hat die Scheibe eine sehr kleine Bohrung, so kann $0{,}175\,r_i^2$ gegen $0{,}825\,r_a^2$ vernachlässigt werden, und es wird $\sigma_t = 0{,}825\,\varrho\,\omega^2 r_a^2$ Für die Scheibe ohne Bohrung ist $\sigma_t = 0{,}4125\,\varrho\,\omega^2 r_a^2$. Infolge des Fehlens der kleinen Bohrung geht die Spannung auf die Hälfte zurück.

d) Scheibe gleicher Dicke mit Kranz und verhältnismäßig schwacher Nabe. Mit den Bezeichnungen der Fig. 110 ist die größte Spannung im Kranz

$$\sigma_k = p_a\,r_0/h + \varrho\,r_0^2\,\omega^2 - \sigma_a\,s\,r_0/b\,h\,, \quad (1)$$

wenn p_a in kg/cm² die am Umfang des Kranzes wirkende Spannung bedeutet.

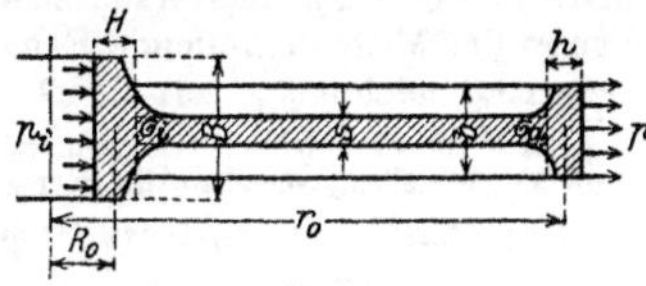

Fig. 110.

Für die Nabe wird entsprechend mit p_i in kg/cm²

$$\sigma_n = p_i\,R_0/H + \varrho\,\omega^2 R_0^2 + \sigma_i\,s\,R_0/B\,H. \quad (2)$$

Für den Innenrand der Scheibe wird

$$\sigma_{ti} = \varrho\,\omega^2 (0{,}825\,r_0^2 + 0{,}175\,R_0^2) + \sigma_a\,\frac{2\,r_0^2}{r_0^2 - R_0^2} - \sigma_i\,\frac{r_0^2 + R_0^2}{r_0^2 - R_0^2}\,, \qquad (3) \qquad \sigma_{ri} = \sigma_i\,,$$

für den Außenrand der Scheibe

$$\sigma_{ta} = \varrho\,\omega^2 (0{,}825\,r_0^2 + 0{,}175\,R_0^2) + \sigma_a\,\frac{r_0^2 + R_0^2}{r_0^2 - R_0^2} - \sigma_i\,\frac{2\,R_0^2}{r_0^2 - R_0^2}\,, \qquad (4) \qquad \sigma_{ra} = \sigma_a\,.$$

Aus der Gleichheit von Kranzdehnung und Dehnung der Scheibe am Außenrand bzw. von Nabendehnung und Dehnung der Scheibe am Innenrand folgt noch mit $\mu = 0{,}3$:

$$\sigma_k = \sigma_{ta} - 0{,}3\,\sigma_a \qquad (5) \qquad \text{bzw.} \qquad \sigma_n = \sigma_{ti} - 0{,}3\,\sigma_i \quad (6).$$

Nach Gleichsetzen der Gleichungen (1) und (5) bzw. (2) und (6) bleiben noch vier Gleichungen zur Berechnung der Spannungen σ_{ti}, σ_{ta}, σ_i, σ_a bei sonst bekannten Abmessungen oder zur Berechnung von b, h, B, H bei gegebenen Spannungen σ_{ti}, σ_{ta}, σ_i, σ_a übrig.

Aus σ_t und σ_r lassen sich die reduzierten Spannungen (S. 353) am Innenrand bzw. am Außenrand bestimmen.

4. Ebene Platten.

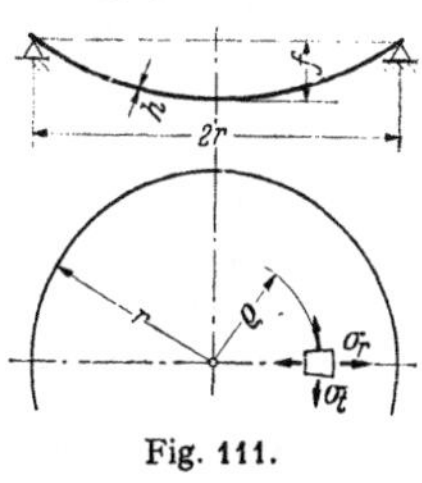

Fig. 111.

Es bedeuten

h cm die im Verhältnis zu den Plattenabmessungen kleine Plattendicke,

f cm die größte (im Verhältnis zu s kleine) Durchbiegung,

σ_t bzw. σ_r die Normalspannungen (Hauptspannungen) in einem Plattenelement in radialer bzw. tangentialer Richtung, Fig. 111,

σ_x, σ_y entsprechend die Spannungen in der x- bzw. y-Richtung, Fig. 114, 115.

Die unten angegebenen Vorzeichen beziehen sich auf die untere Plattenseite, für die obere kehren sich die Vorzeichen um. In der Auswertung ist die Querzahl $\mu = 1/m = 0{,}3$ gesetzt.

Die Spannungen σ_r und σ_t bzw. σ_x und σ_y sind die Hauptspannungen und werden nach S. 353 zur reduzierten Spannung σ_{red} (Spalte 2) zusammengesetzt, $\sigma_{\text{red}} \leqq \sigma_{\text{zul}}$.

a) Kreisplatten. Bei Belastung durch einen gleichförmig verteilten Druck p kg/cm² lassen sich Durchbiegung bzw. Spannung in der Form schreiben (r = Plattenhalbmesser in cm):

$$f = \psi p r^4/E h^3, \quad \sigma_r = \varphi_r p r^2/h^2, \quad \sigma_t = \varphi_t p r^2/h^2,$$

worin die Zahlen ψ, φ_r, φ_t folgende Werte haben:

1. Auf die ganze Fläche gleichmäßig verteilte Pressung p.

1 a) *Platte frei aufliegend* (Fig. 111): $\psi = 0{,}7$;

in der Mitte: $\varphi_r = \varphi_t = \varphi_{\max} = 1{,}24$;
am Rande: $\varphi_r = 0$, $\varphi_t = 0{,}53$.

Bedingung nach den Hypothesen 3 und 6 S. 353: $\max\sigma \leqq \sigma_{zul}$.

1 b) *Platte fest eingespannt:* $\psi = 0{,}17$;

in der Mitte: $\varphi_r = \varphi_t = 0{,}49$;
am Rande: $\varphi_r = \max\varphi = -0{,}75$, $\varphi_t = \mu\varphi_r = 0{,}3\varphi_r$.

Nach den Hypothesen 3 bzw. 6 (S. 353) ist am Rand (größte Beanspruchung) $\sigma_{red} = \sigma_r - \sigma_t = \sigma_r - \mu\sigma_r = (1-\mu)\sigma_r = 0{,}7\sigma_r$ bzw. $\sigma_{red} = \sigma_r\sqrt{1+\mu^2-\mu} = 0{,}89\sigma_r$.

2. Auf einen Kreis vom Halbmesser r_0 gleichmäßig verteilte Pressung p (Fig. 112). Man kann sich den Druck p auch entstanden denken durch eine in der Mitte angreifende Einzellast P, die auf der Kreisfläche vom Halbmesser r_0 gleichmäßig verteilt ist. Dann wird $p = P/r_0^2\pi$. Für r_0/r ist ξ gesetzt.

Bei gleichem P wird p für kleine r_0 immer größer, und für $r_0 \to 0$, d. h. punktförmig angreifende Einzellast, versagen die Formeln hinsichtlich der Spannung.

2 a) *Platte frei aufliegend:* $\psi = 0{,}682\,\xi^2[2{,}54 - \xi^2(1{,}52 - \ln\xi)]$ [1]);

in der Mitte: $\varphi_r = \varphi_t = \max\varphi = 1{,}95\,\xi^2(0{,}135\,\xi^2 - \ln\xi - 0{,}77)$;
am Rande: $\varphi_r = 0$, $\varphi_t = 0{,}525\,\xi^2(2-\xi^2)$.

Bedingungen nach den Hypothesen 3 bzw. 6 (S. 353): $\max\sigma \leqq \sigma_{zul}$.

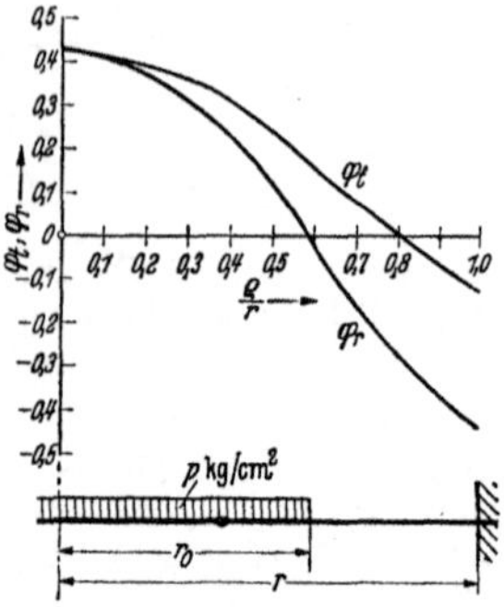

Fig. 112.

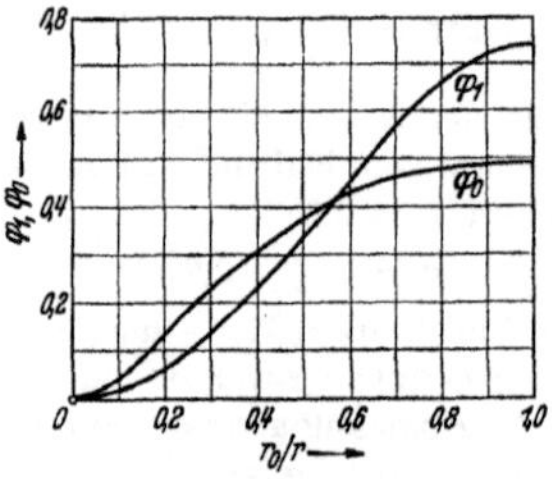

Fig. 113.

2 b) *Platte fest eingespannt* (Fig. 112, in der $\xi = 0{,}6$ ist):

$$\psi = 0{,}682\,\xi^2[1 - \xi^2(0{,}75 - \ln\xi)];$$

in der Mitte: $\varphi_r = \varphi_t = 1{,}95\,\xi^2(0{,}25\,\xi^2 - \ln\xi) = \varphi_0$;
am Rande: $\varphi_r = -0{,}75\,\xi^2(2-\xi^2) = -\varphi_1$ und $\varphi_t = \mu\varphi_r = 0{,}3\varphi_r$.

Ob in der Mitte oder am Rand die absolut größte Spannung auftritt, hängt vom Verhältnis $\xi = r_0/r$ ab, vgl. Fig. 113, in der die Beiwerte φ_0 und φ_1 in Abhängigkeit von ξ aufgetragen sind. Die Grenze liegt bei $\xi = r_0/r \approx 0{,}58$.

Den Verlauf der Werte φ_r und φ_t (und damit der diesen proportionalen Spannungen σ_r und σ_t) in Abhängigkeit von ϱ (Entfernung vom Mittelpunkt, Fig. 111) bzw. von ϱ/r zeigt Fig. 112. Der Absolutwert von φ_r am Rande (d. h. von φ_1) ist größer als der Wert von $\varphi_r = \varphi_t$ in der Mitte (d. h. von φ_0), da $\xi = r_0/r > 0{,}58$.

---

1) Für $r_0 \to 0$ wird $f = 0{,}55\,P r^2/E h^3$.

Beispiele: 1. Gegeben bei fester Einspannung $r = 20$ cm, $r_0 = 12$ cm, $P = 600$ kg. Gesucht die Plattendicke h für $\sigma_{zul} = 300$ kg/cm².

Für $\xi = 12/20 = 0{,}6$ (Fig 112 bzw 113) liegt die absolut größte Spannung am Rande: $\varphi_r = -\varphi_1 = -0{,}75 \cdot 0{,}6^2(2 - 0{,}6^2) = -0{,}443$. Nach der Mohrschen Hypothese ist (wie unter a 1 b) $\sigma_{red} = 0{,}7\,\sigma_r$. Also wird mit $\sigma_r = 0{,}443\,pr^2/h^2$ und $p = P/r_0^2\,\pi$

$$h_{erf} = \sqrt{\frac{0{,}7 \cdot 0{,}443 \cdot pr^2}{\sigma_{zul}}} = \frac{r}{r_0}\sqrt{\frac{0{,}7 \cdot 0{,}443 \cdot P}{\pi \cdot \sigma_{zul}}} = \frac{20}{12}\sqrt{\frac{0{,}7 \cdot 0{,}443 \cdot 600}{\pi \cdot 300}} = 0{,}742 \text{ cm} \approx 7{,}5 \text{ mm}.$$

Nach der Hypothese der Gestaltänderungsarbeit ist (wie unter a 1 b) $\sigma_{red} = 0{,}89\,\sigma_r$, und man erhält $h_{erf} = 0{,}836$ cm $\approx 8{,}5$ mm.

2. Für die gleichen Abmessungen, aber $r_0 = 4$ cm, d. h. $\xi = 4/20 = 0{,}2$ liegt nach Fig. 113 die größte Spannung in der Mitte, und es wird

$$\varphi_r = \varphi_t = \varphi_0 = 1{,}95 \cdot 0{,}2^2(0{,}25 \cdot 0{,}2^2 - \ln 0{,}2) = 1{,}95 \cdot 0{,}04\,(0{,}01 + 1{,}61) = 0{,}127\,.$$

Nach der Mohrschen Hypothese sowohl wie nach der Hypothese der Gestaltänderungsarbeit muß $\max \sigma_t \leqq \sigma_{zul}$ sein, so daß

$$h_{erf} = \frac{20}{4}\sqrt{\frac{0{,}127 \cdot 600}{\pi \cdot 300}} = 1{,}43 \text{ cm} \approx 14{,}5 \text{ mm wird.}$$

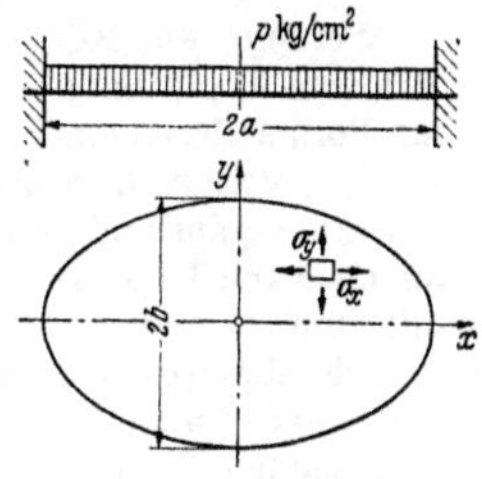

Fig. 114.

b) Elliptische Platten, belastet durch gleichmäßig verteilte Pressung p, Fig. 114. Zur Abkürzung ist $b/a = \eta \leqq 1$ und $1/(3 + 2\eta^2 + 3\eta^4) = C$ gesetzt. Die Spannungen sind

$$\sigma_x = \varphi_x p\, b^2/h^2 \quad \text{bzw.} \quad \sigma_y = \varphi_y p\, b^2/h^2\,.$$

1. Feste Einspannung: $f = 1{,}37\,C\,p\,b^4/E\,h^3$;

in der Mitte:

$$\varphi_x = 3C(0{,}3 + \eta^2)\,, \qquad \varphi_y = 3C(1 + 0{,}3\,\eta^2)\,;$$

Enden der großen Achse: $\varphi_x = -6C\eta^2$, $\quad \varphi_y = 0{,}3\,\varphi_x$;

Enden der kleinen Achse: $\varphi_x = 0{,}3\,\varphi_y$, $\quad \varphi_y = \max\varphi = -6C$.

Beispiel: Eine fest eingespannte, elliptische Platte von 45 mm Dicke mit den Achsen $2a = 420$ mm und $2b = 320$ mm wird durch 35 atü belastet Gesucht die größte Beanspruchung.

Es wird $\eta = b/a = 2b/2a = 320/420 = 0{,}762$; $C = 1/(3 + 2\eta^2 + 3\eta^4) = 1/(3 + 2 \cdot 0{,}581 + 3 \cdot 0{,}337) = 1/5{,}17 = 0{,}194$. Die größte Beanspruchung tritt in den Endpunkten der kleinen Achse auf. Es ist dort $\varphi_y = \max\varphi = -6C = -6 \cdot 0{,}194 = -1{,}164$ und $\varphi_x = \mu\,\varphi_y = 0{,}3\,\varphi_y$.

Nach Mohr wird demnach (s. a 1 b) $\sigma_{red} = \sigma_y - \sigma_x = \sigma_y(1 - \mu) = 0{,}7\,\sigma_y$, d. h. abgesehen vom Vorzeichen,

$$\sigma_{red} = 0{,}7\,\varphi_y p \cdot (b/h)^2 = 0{,}7 \cdot 1{,}164 \cdot 35 \cdot (16/4{,}5)^2 \approx 360 \text{ kg/cm}^2.$$

Nach der Theorie der Gestaltänderung (s. 1 a 1 b) folgt

$$\sigma_{red} = 0{,}89 \cdot \sigma_y = 456 \text{ kg/cm}^2.$$

2. Frei aufliegende Platte. Näherungslösung: $\max\varphi = 3 - 2\eta$.

c) Rechteckige Platten (vgl. Fig. 115) unter gleichmäßig verteilter Pressung p. Für die Durchbiegung bzw. für die Spannungen folgt

$$f = \psi\,p\,b^4/E\,h^3, \qquad \sigma_x = \varphi_x p\,b^2/h^2, \qquad \sigma_y = \varphi_y p\,b^2/h^2\,.$$

Die Beiwerte haben keine geschlossene Form und werden durch Reihen dargestellt[1]).

1. Frei aufliegende Platte (Fig. 115): Um Abheben zu vermeiden, müssen in den Ecken negative Auflagerkräfte $A = -\xi\,p a^2$ angebracht werden. Die größten Spannungen treten in der Mitte auf, Werte vgl. Tafel:

a/b	ψ	φ_x	φ_y	ξ
1,0	0,71	1,15	1,15	0,25
1,5	1,35	1,95	1,20	0,34
2,0	1,76	2,42	1,11	0,37
3,0	2,14	2,86	0,96	0,38
4,0	2,24	2,98	0,91	0,39
∞	2,28	3,00	0,90	0,39

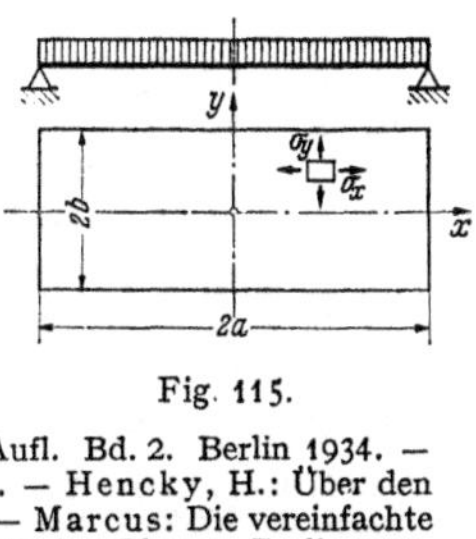

Fig. 115.

[1]) Schrifttum: Beyer, K.: Die Statik im Eisenbetonbau. 2. Aufl. Bd. 2. Berlin 1934. — Föppl, A. u. L.: Drang und Zwang. Bd. 1, 3. Aufl. München 1941. — Hencky, H.: Über den Spannungszustand in rechteckigen, ebenen Platten. München 1913. — Marcus: Die vereinfachte Berechnung biegsamer Platten. Berlin 1929. — Nadai, A.: Die elastischen Platten. Berlin 1925.

2. Fest eingespannte Platte: Die absolut größte Spannung tritt in der Mitte der langen Seite auf, $\sigma_y = \max\sigma$; hier ist $\sigma_x = 0{,}3\sigma_y$. Werte vgl. Tafel:

a/b	ψ	Plattenmitte		Mitte der langen Seite
		φ_x	φ_y	φ_y
1,0	0,225	0,53	0,53	− 1,24
1,5	0,394	0,48	0,88	− 1,82
2,0	0,431	0,31	0,94	− 1,92
∞	0,455	0,30	1,00	− 2 00

L. Beanspruchung bei Berührung zweier Körper.

Werden zwei Körper mit gekrümmten Oberflächen aufeinandergepreßt, so tritt eine Abplattung ein. Die Grundlage zur Berechnung der Spannungen und der Formänderungen bildet die Theorie von Hertz[1]). Diese setzt homogene, isotrope, vollkommen elastische Körper, ferner die Gültigkeit des Hookeschen Gesetzes voraus und nimmt an, daß die Abplattung im Verhältnis zu den Körperabmessungen klein ist. In der Druckfläche sollen nur normal gerichtete Kräfte auftreten.

Die Abplattung, d. h. die gesamte Näherung der beiden Körper, ist mit δ bezeichnet [cm].

Bestehen die beiden Körper aus verschiedenen Stoffen mit verschiedenen Elastizitätsmaßen E_1 und E_2, so ist in den folgenden Formeln $E = 2E_1E_2/(E_1 + E_2)$ zu setzen. Dagegen wird die Querzahl für beide Stoffe als gleich angesehen. Es ist $\mu = 1/m = 0{,}3$ gesetzt.

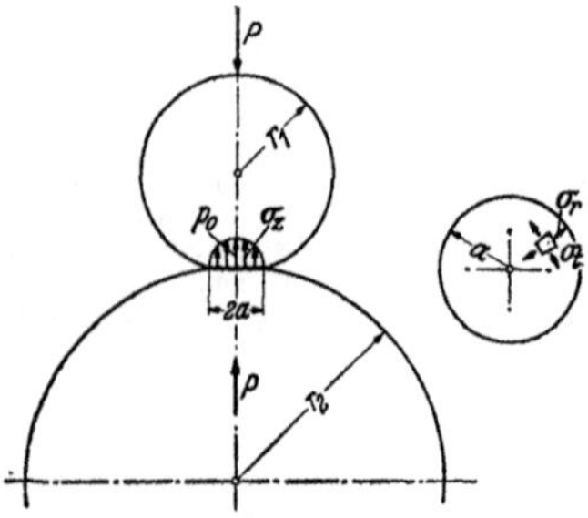

Fig. 116.

1. Berührung zweier Kugeln, Fig. 116. Der Radius der kreisförmigen Druckfläche beträgt

$$a = \sqrt[3]{1{,}5(1-\mu^2)Pr/E} = 1{,}11\sqrt[3]{Pr/E}\,.$$

Hierbei ist $1/r = 1/r_1 + 1/r_2$, d. h. gleich der Summe der Krümmungen. Umschließt die eine Kugel die andere, so ist ihre Krümmung negativ (Hohlkugel), andernfalls positiv (Vollkugel). Die Abplattung δ beträgt

$$\delta = \sqrt[3]{2{,}25(1-\mu^2)\,P^2/E^2 r} = 1{,}23\sqrt[3]{P^2/rE^2}\,.$$

Die Druckspannung σ_z ist am Rande Null und hat, über der Druckfläche aufgetragen, einen halbkugelförmigen Verlauf, wenn man den größten Druck p_0 in der Mitte gleich a zeichnet. Für p_0 folgt (minus-Zeichen, da Druckspannung)

$$p_0 = -\frac{1}{\pi}\sqrt[3]{\frac{1{,}5PE^2}{r^2(1-\mu^2)^2}} = -0{,}388\sqrt[3]{PE^2/r^2}\,.$$

Für die Spannungen in tangentialer bzw. radialer Richtung in der Druckfläche ergibt sich

in der Mitte: $\sigma_r = \sigma_t = p_0(1+2\mu)/2 = 0{,}8\,p_0$,
am Rande: $\sigma_r = -\sigma_t = 0{,}133\,p_0$

(drei- bzw. zweiachsiger Spannungszustand).

2. Kugel und Ebene. Die Formeln unter 1. gelten in gleicher Weise, aus der Kugel 2 wird eine Ebene, d. h. $1/r_2 = 1/\infty = 0$ und $r = r_1$, dem Halbmesser der Kugel.

[1]) Hertz, H.: Über die Berührung fester elastischer Körper und über die Härte. Gesammelte Werke Bd. I. Leipzig 1895. — Vgl. a. A. u. L. Föppl: Drang und Zwang. Bd. 2. 2. Aufl. München 1928.

Der Spannungsverlauf längs der z-Achse zeigt[1]), daß im Abstand $z = 0{,}47\,a$ die größte Schubspannung[2]) $\max\tau = (\sigma_z - \sigma_t)/2 = 0{,}31\,p_0$ auftritt ($\sigma_z = 0{,}8\,p_0$, $\sigma_r = \sigma_t = 0{,}18\,p_0$), also größer als in der Druckfläche bzw. an ihrem Rande ist.

3. Zwei Zylinder von der Länge l und mit den Halbmessern r_1 und r_2, Fig. 117, berühren sich längs einer Mantellinie und werden dann durch die gleichförmig über die Länge l verteilte Kraft P belastet. Die Druckfläche ist ein Rechteck von der Breite $2a$ und von der im Verhältnis hierzu großen Länge l:

$$a = \sqrt{\frac{8(1-\mu^2)\,P\,r}{\pi E l}} = 1{,}52\sqrt{\frac{P\,r}{E\,l}},$$

worin $1/r_1 + 1/r_2 = 1/r$ (Vorzeichen s. Abs. 1).

Die Abplattung kann nach den Hertzschen Gleichungen nicht berechnet werden.

Die Druckspannung verteilt sich über die Breite halbkreisförmig, wenn die größte Druckspannung p_0 gleich a gezeichnet wird. Es ist

$$p_0 = -\sqrt{\frac{PE}{2\pi r\,l(1-\mu^2)}} = -0{,}418\sqrt{\frac{PE}{r\,l}}.$$

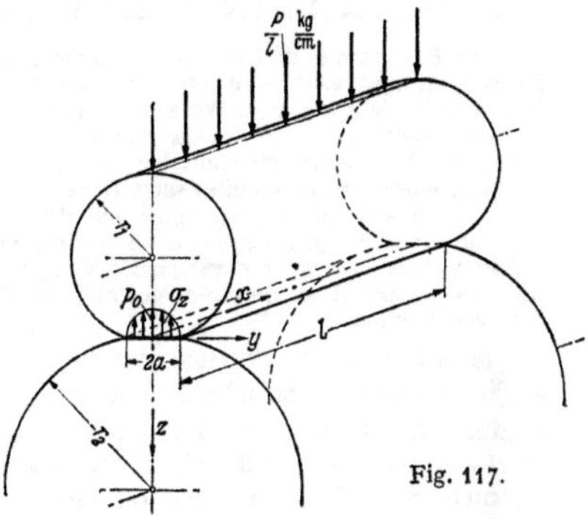

Fig. 117.

Ferner ist in der Mitte $\sigma_y = \sigma_z$, $\sigma_x = 2\mu\sigma_z = 0{,}6\,p_0$. An den Zylinderenden wird $\sigma_x = 0$[3]).

Der Spannungsverlauf längs der z-Achse[3]) zeigt, daß $\max\tau$[4]) $= 0{,}30\,p_0$ für $z = 0{,}78\,a$ auftritt.

4. Zylinder und Ebene, die sich in unbelastetem Zustand längs einer Mantellinie des Zylinders berühren, ergeben die gleichen Formeln wie unter Abs. 3, es wird $1/r_2 = 1/\infty = 0$, d. h. $r = r_1$, dem Halbmesser des Zylinders.

---

[1]) Föppl, L.: Der Spannungszustand und die Anstrengung der Werkstoffe bei der Berührung zweier Körper. Forschg. Ing.-Wes. Bd. 7 (1936) S. 209/221.

[2]) Nach der Schubspannungshypothese maßgebend (Mohr, s. S. 352/53).

[3]) Während in der Mitte $\tau_{max} = \frac{1}{2}(p_0 - 0{,}6\,p_0) = 0{,}2\,p_0$ wird, ist an den Zylinderenden $\tau_{max} = 0{,}5\,p_0$; daher geringe Abrundung der Zylinder, die dann nicht auf der ganzen Länge l tragen.

[4]) Siehe Fußnote [1]). — Vgl. auch: Karas, Fr.: Werkstoffanstrengung achsenparalleler Walzen nach den gebräuchlichen Festigkeitshypothesen. Forschg. Ing.-Wes. Bd. 11 (1940) S. 334–339.

Werkstoffkunde.

Bearbeitet von Prof. **Dr. A. Thum,** VDI, Staatliche Materialprüfungsanstalt Darmstadt, und **Dr.-Ing. H. Holdt,** VDI, Mannheim.

I. Die werkstofftechnischen Grundlagen der Konstruktion.

Die Erkenntnis, daß die in Maschinenteilen auftretenden wirklichen Spannungen die sog. Nennspannung[1]) u. U. weit überschreiten können, und die Tatsache, daß die Festigkeit der Werkstücke nicht nur vom Werkstoff selbst und von der größten Spannung, sondern auch noch von einer Reihe anderer Einflüsse abhängt, verlangt vom gestaltenden Ingenieur eine eingehende Kenntnis aller werkstofftechnischen Grundlagen[2]). Die zweckmäßigste Formgebung und Bemessung eines Maschinenteiles setzt dabei außer der Ermittlung der Spannungsverteilung, des zeitlichen Beanspruchungsverlaufes und der Betriebsbedingungen (z. B. Verschleiß, Korrosion, Temperatur usw.) noch die genaue Kenntnis des Werkstoffverhaltens unter all diesen Gegebenheiten voraus. Soweit die verschiedenartigen Einflüsse auf die Haltbarkeit eines Teiles noch nicht genau erfaßt werden können, muß der Konstrukteur zum mindesten deren Wirkung abschätzen können.

Man teilt heute die Beanspruchungen nicht mehr in statische und dynamische ein[2]), sondern unterscheidet, je nach dem zeitlichen Verlauf der Verformung, zügige und wechselnde Beanspruchung. Bei zügiger Beanspruchung steigt die Verformung und damit die Spannung in einem Zuge an (s. Zug- bzw. Verdrehversuch) oder bleibt im Grenzfall gleich. Bei wechselnder Beanspruchung dagegen wird die Spannung wiederholt größer und kleiner.

1. Bruchvorgang bei zügiger und wechselnder Beanspruchung.

Alle technischen Metalle bestehen aus kleinen, unregelmäßig begrenzten Kristallen (Kristalliten). Die Eigenschaften der Kristalle hängen von ihrem kristallographischen Aufbau und der Richtung zu den Kristallachsen ab. In einem geglühten Metall sind die Kristalle meist regellos gelagert, so daß keine Richtung bevorzugt ist, seine Eigenschaften also richtungsunabhängig sind. In den Konstruktionen dagegen haben die Werkstoffe, bedingt durch Herstellung, Formgebung usw., oft eine bestimmte Struktur (Kornverformung, Schlackenzeilen, Seigerungen usw.), die ihnen in verschiedenen Richtungen meist verschiedene Eigenschaften verleiht.

Bei Beanspruchung unterhalb der Elastizitätsgrenze (s. S. 437) verhalten sich die Metalle elastisch. Übersteigt die Beanspruchung die E-Grenze, die von der Art der Beanspruchung (Zug, Biegung, Verdrehung) und der Probenform abhängig ist, so bleibt nach dem Entlasten eine bleibende Verformung zurück. Mit wachsendem Überschreiten der E-Grenze nimmt diese bleibende Verformung zu.

Alle Werkstoffe, die bei zügiger Beanspruchung erhebliche bleibende Verformungen erfahren können, sind zäh. Sie zeigen beim Zerreißversuch (s. S. 437) Dehnung und Einschnürung im Gegensatz zu den spröden Werkstoffen, die dabei nur höchstens Spuren einer bleibenden Verformung erkennen lassen. Die bleibende Verformung entsteht meist durch Abgleiten einzelner Kristallteile in kristallographisch bedingten Gleitebenen unter der Einwirkung von Schubspannungen.

Bei zügiger Beanspruchung von zähen Werkstoffen steigt mit zunehmender Verformung der Gleitwiderstand an, der Werkstoff verfestigt sich. Dies ist z. B.

---

[1]) Unter „Nennspannung" versteht man die nach der Formeln P/F und M/W errechnete Spannung.

[2]) Thum, A., u. W. Buchmann: Dauerfestigkeit und Konstruktion. Mitt. Mat.-Prüf.-Anst. Darmstadt, Heft 1. Berlin: VDI-Verlag 1932.

an der Erhöhung der Zugfließgrenze nach vorangegangener Kaltverformung zu erkennen. Infolge der Verfestigung wächst mit zunehmender Verformung die Spannung immer weiter an, bis schließlich der Bruch eintritt. Dieser Bruch kann sowohl durch Normal- als auch durch Schubspannungen verursacht sein. Ein Bruch infolge Schubspannungen (z. B. bei zügig verdrehten Wellen aus Stahl) verläuft in Richtung der Schubspannungen und wird Schiebungsbruch genannt. Ihm gehen stets bleibende Verformungen voraus, so daß er nur bei zähen Werkstoffen vorkommt. Entsteht ein Bruch durch Normalspannungen, so verläuft er senkrecht zu ihrer Richtung und wird Trennbruch genannt. Letzterer kommt sowohl bei zähen als auch bei spröden Werkstoffen vor. (Beim Zerreißversuch an Weichstahl tritt meist ein sog. Kraterbruch auf, der im Innern aus einem Trennbruch und zum Rande hin aus einem Schiebungsbruch besteht.)

Während aus einem Schiebungsbruch stets folgt, daß der Werkstoff zäh ist, ist nur der reine Trennbruch eines glatten Stabes ein Zeichen für einen spröden Werkstoff, da die Bruchart stark vom Spannungszustand und der Spannungsverteilung beeinflußt werden kann (s. S. 425).

Bei wechselnder Beanspruchung geht mit der verfestigenden Wirkung der Gleitung noch eine zerrüttende einher. Übersteigt die Beanspruchung einen gewissen von Form- und Beanspruchungsart abhängigen Grenzwert (Dauerfestigkeit s. S. 425), so überwiegt die Zerrüttung, wodurch die Kohäsion verringert wird und im Laufe der Zeit ein Bruch erfolgt. Diesen Bruch nennt man, wenn die Dauerfestigkeit stark überschritten war, Zeitbruch, sonst Dauerbruch.

Der Zeitbruch und der Dauerbruch können sehr mannigfaltige Formen annehmen, da ihr Aussehen von vielen Einflüssen abhängt. Bei Zug- und Biegebeanspruchung läßt der Zeit- und Dauerbruch häufig zwei deutlich unterscheidbare Zonen, den eigentlichen Dauerbruch und den Restbruch erkennen. Die Dauerbruchfläche kann zuweilen auch noch jahresringartige Zeichnungen, sog. Rastlinien erkennen lassen, die stets ein untrügliches Zeichen für einen Bruch infolge wechselnder Beanspruchung sind. Bei spröden Werkstoffen lassen sich Dauer- und Restbruchfläche meist kaum unterscheiden.

2. Kerbwirkung und Formzahl.

Während bei glatten Proben und nur schwach gekrümmten Teilen die wirkliche Beanspruchung meist mit der aus den gebräuchlichen Formeln errechneten

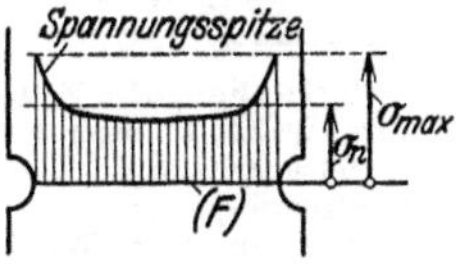

Fig. 1. Kerbwirkung bei Zug- oder Druckbeanspruchung eines Flachstabes. Nennspannung $\sigma_n = P/F$; Formzahl $\alpha_k = \sigma_{max}/\sigma_n$.

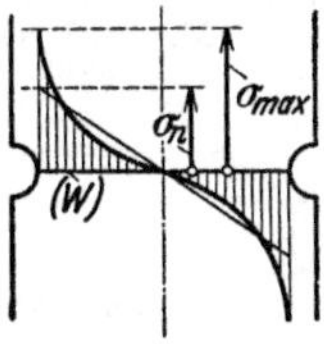

Fig. 2. Kerbwirkung bei Biegebeanspruchung eines Flachstabes. Nennspannung $\sigma_n = M_b/W_b$; Formzahl $\alpha_k = \sigma_{max}/\sigma_n$.

Beanspruchung genügend genau übereinstimmt, ist dies bei gekerbten Teilen aller Art nicht mehr der Fall. An den Kerbstellen treten nämlich „Spannungsspitzen“ auf, die die rechnerische Beanspruchung um ein Mehrfaches übersteigen können. Man nennt die rechnerisch ermittelten Beanspruchungen, die den Einfluß der Kerbwirkung vernachlässigen, „Nennspannungen“ (σ_n) und gibt die Größe der Spannungsspitzen (σ_{max}) als Vielfaches dieser Nennspannung an. Als Maß für die Größe der Spannungsspitze dient, solange sie im elastischen Bereich bleibt, die „Formzahl“ $\alpha_k = \sigma_{max}/\sigma_n$, die praktisch nur von der Belastungsart und der äußeren Form des Teiles abhängt (Fig. 1 und 2).

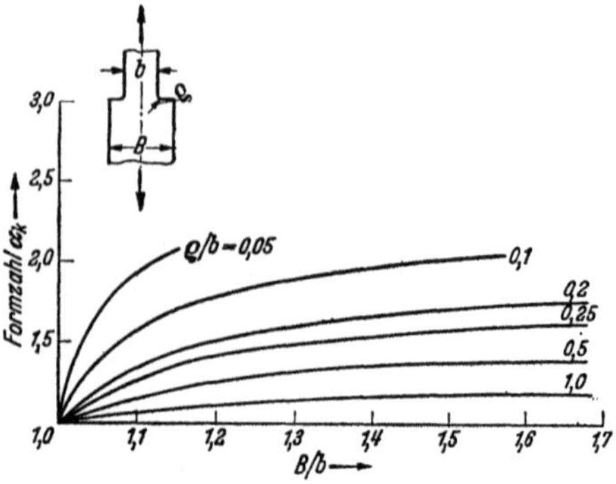

Fig. 3. Die Formzahlen abgesetzter Flachstäbe bei Zugbeanspruchung. Nach M. M. Frocht: J. appl. Mech. Bd. 2 (1935) Nr. 2.

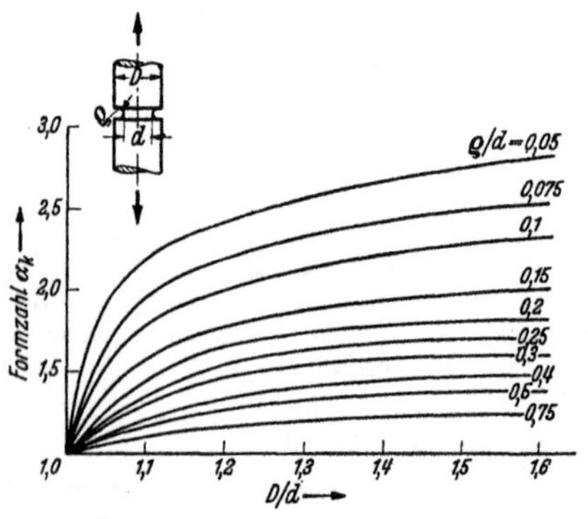

Fig. 4. Die Formzahlen gekerbter Rundstäbe bei Zugbeanspruchung. Nach M. M. Frocht: J. appl. Mech. Bd. 2 (1935) Nr. 2 und A. Krisch: Diss. Berlin.

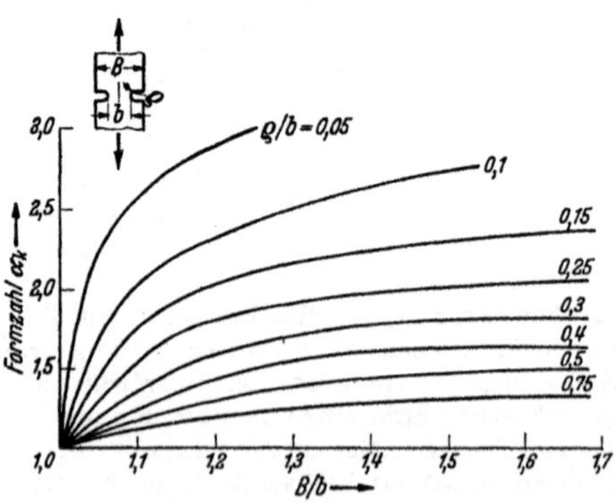

Fig. 5. Die Formzahlen beiderseitig gekerbter Flachstäbe bei Zugbeanspruchung. Nach M. M. Frocht: J. appl. Mech. Bd. 2 (1935), Nr. 2.

Die Formzahl wächst mit der Tiefe der Kerbe, mit der Krümmung des Kerbgrundes usw., d. h. allgemein mit der Schärfe der Kerbe. Bei gleicher Stabbreite und gleichem Kerbprofil (d. h. gleichem Stablängsschnitt) ist die Formzahl des Flachstabes (ebener Spannungszustand) höher als die des Rundstabes. Bei dem Rundstab tritt im Kerbquerschnitt ein mehrachsiger Spannungszustand auf. Bei gleicher Stabform ist die Formzahl für Zug höher, für Verdrehung niedriger als für Biegung (vgl. Fig. 3 bis 11).

In einfachen Fällen kann die Formzahl aus den elastischen Gleichungen errechnet werden[1]). Meist muß sie jedoch versuchsmäßig bestimmt werden, da sich die technisch gebräuchlichen Berandungsformen mathematisch kaum erfassen lassen.

Die wichtigsten Meßverfahren zur Bestimmung der Formzahl sind folgende (da eine erschöpfende Beschreibung hier nicht gegeben werden kann, wird auf das angeführte Schrifttum verwiesen):

1. Feindehnungsmessungen[2]); 2. Spannungsoptische Spannungsbestimmung[3]); 3. Röntgenographische Spannungsbestimmung[4]); 4. Gleichnisver-

---

[1]) Neuber, H.: Kerbspannungslehre, Berlin: Springer 1937.

[2]) Feindehnungsmessungen (nur für Oberflächenspannungen): A. Thum, O. Svenson u. H. Weiß: Forschg. Ing.-Wes. Bd. 9 (1938) S. 229/34. — F. Rötscher u. R. Jaschke: Dehnungsmessungen und ihre Auswertung. Berlin: Springer 1939. — E. Lehr: Arch. techn. Messen V 91122 (1941).

[3]) Photoelastische Spannungsbestimmung (Spannungsoptik): G. Mesmer: Spannungsoptik. Berlin: Springer 1939.

[4]) Röntgenographische Spannungsbestimmung (nur für Oberflächenspannungen, aber auch für Eigenspannungen): R. Glocker: Materialprüfung mit Röntgenstrahlen. Berlin: Springer 1936. 2. Auflage. — H. Möller: Mitt. K. Wilh.-Inst. Eisenforsch. Bd. 21 (1939) S. 295/308.

fahren (nur für Verdrehbeanspruchung brauchbar)[1]).

3. Festigkeit bei zügiger Beanspruchung.

Die geringste Forderung, die an eine rein ruhend beanspruchte Konstruktion gestellt wird, ist die der unbedingten Bruchsicherheit gegenüber den im normalen Betrieb zu erwartenden Belastungen. Hierfür reicht es aus, wenn die höchste auftretende Spannung unter der jeweiligen Bruchfestigkeit des Werkstoffes bleibt (s. Zug-, Druck-, Biege-, Verdrehversuch). Fast immer verlangt man jedoch darüber hinaus Sicherheit gegen bleibende Formänderungen, so daß die höchste Beanspruchung die entsprechende Fließ- bzw. Elastizitätsgrenze des Werkstoffs nicht überschreiten darf. Kommt es auf genaue Formbeständigkeit an (z. B. im Werkzeugmaschinenbau), so müssen die Belastungen so gering gehalten werden, daß sogar die elastischen Verformungen ein bestimmtes Maß nicht überschreiten. Bei zügiger bzw. gleichbleibender Beanspruchung ist daher im allgemeinen die Bruchgefahr gering, insbesondere da beim zähen Werkstoff eine Überbeanspruchung erst eine größere Verformung auslöst, ehe es zum Bruch kommt. Ein Gewaltbruch entsteht daher meist nur bei einem Unfall.

[1]) Gleichnisverfahren (nur für Verdrehbeanspruchung). (Für die Schubspannungsverteilung im Querschnitt prismatischer Stäbe bzw. im axialen Längsschnitt rotationssymmetrischer Stäbe.) a) Hydrodynamisches Gleichnis (Längs- und Querschnitt): A. Föppl: Vorlesungen über technische Mechanik, Bd. 3 u. 5. Verl. B. G. Teubner. — b) Seifenhautgleichnis (Querschnitt): H. Quest: Ing.-Arch. Bd. 4 (1933) S. 510. — H. Oschatz: Mitt. Mat.-Prüf.-Anst. Darmstadt, Heft 2. Berlin: VDI-Verlag 1932. — c) Feldelektrisches Verfahren (Längs- und Querschnitt): A. Thum u. W. Bautz: Z. VDI Bd. 78 (1934) S. 17; ATM V 132—11.

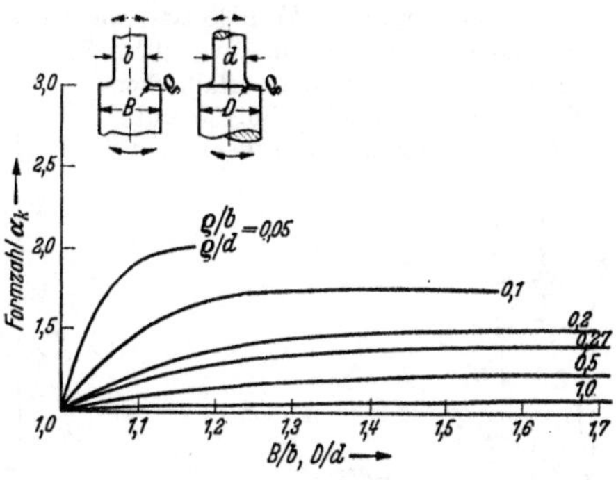

Fig. 6. Die Formzahlen abgesetzter Flach- bzw. Rundstäbe bei Biegebeanspruchung. Nach M. M. Frocht: J. appl. Mech. Bd. 2 (1935) Nr. 2 und R. E. Peterson u. A. M. Wahl: J. appl. Mech. Bd. 3 (1936) Nr. 1.

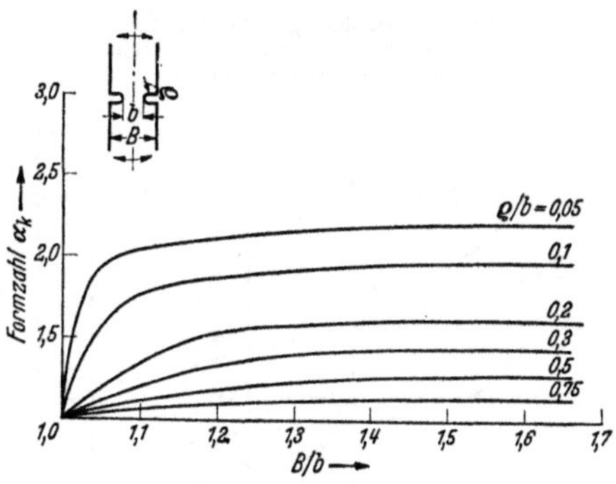

Fig. 7. Die Formzahlen beiderseitig gekerbter Flachstäbe bei Biegebeanspruchung. Nach M. M. Frocht: J. appl. Mech. Bd. 2 (1935) Nr. 2.

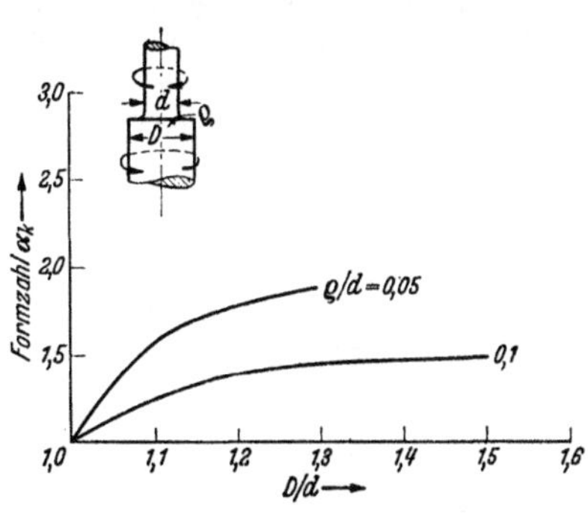

Fig. 8. Die Formzahlen abgesetzter Rundstäbe bei Verdrehbeanspruchung. Nach Mat.-Prüf.-Anst. Darmstadt.

Anders liegen die Verhältnisse, wenn der Werkstoff einer lang andauernden ruhenden Beanspruchung, vor allem bei erhöhten Temperaturen, unterworfen wird. Bei den meisten metallischen Werkstoffen nimmt nämlich unter ruhender Langzeitbeanspruchung die Verformung mit der Zeit allmählich zu (bei Stahl allerdings erst bei Temperaturen oberhalb 350° C). Ist die Belastung so groß, daß dieses „Kriechen" auch nach längerer Zeit nicht zum Stillstand kommt, so ist ein Bruch möglich bei Beanspruchungen, die erheblich unter den im Kurzversuch ermittelten Festigkeitswerten liegen können. Außerdem neigt eine Reihe von Werkstoffen unter Langzeitbeanspruchung bei erhöhten Temperaturen zu einer langsam fortschreitenden Versprödung, die besonders bei gekerbten Teilen mit der Zeit einen Bruch begünstigt. Für die Haltbarkeit ist unter diesen Bedingungen die Dauerstandfestigkeit (σ_{Dst}) — s. auch S. 350 — maßgebend, die die höchste ruhende Beanspruchung darstellt, die auch nach beliebig langer Zeit nicht mehr zum Bruch führt. Zuverlässige Werte für σ_{Dst} kann man nur im Langzeitversuch durch Aufstellung von sog. statischen Wöhlerkurven, s. S. 350, erhalten. Wenn ein Teil bei ruhender Langzeitbeanspruchung keine größeren bleibenden Verformungen erleiden darf, so muß die Beanspruchung unter der Dauerstandfließ- bzw. -elastizitätsgrenze bleiben.

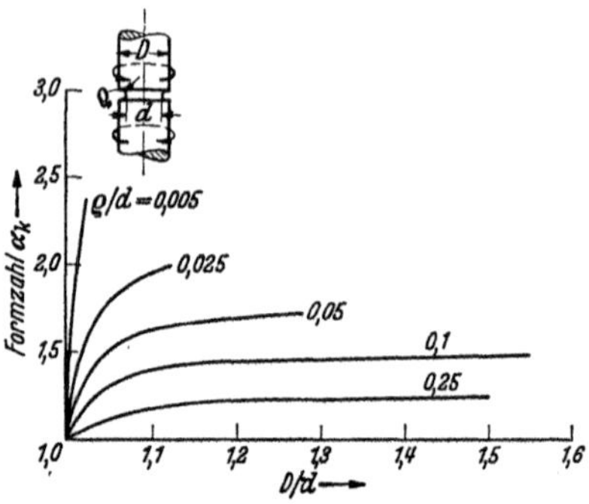

Fig. 9. Die Formzahlen gekerbter Rundstäbe bei Verdrehbeanspruchung. Nach H. Neuber: Kerbspannungslehre.

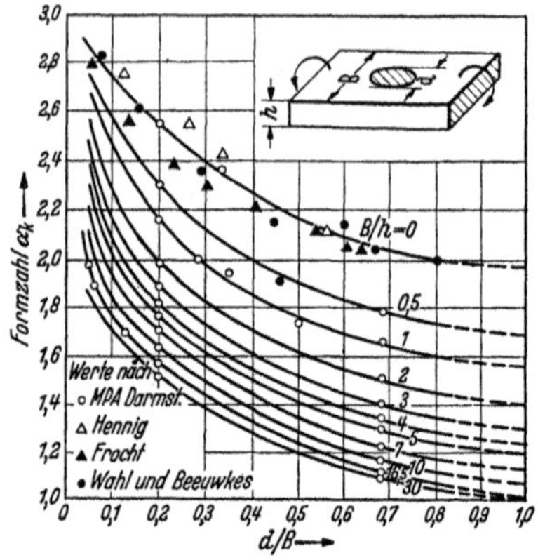

Fig. 10. Die Formzahlen quergebohrter Flachstäbe bei Biegebeanspruchung ($B/h = 0$ entspricht der Zugbeanspruchung).

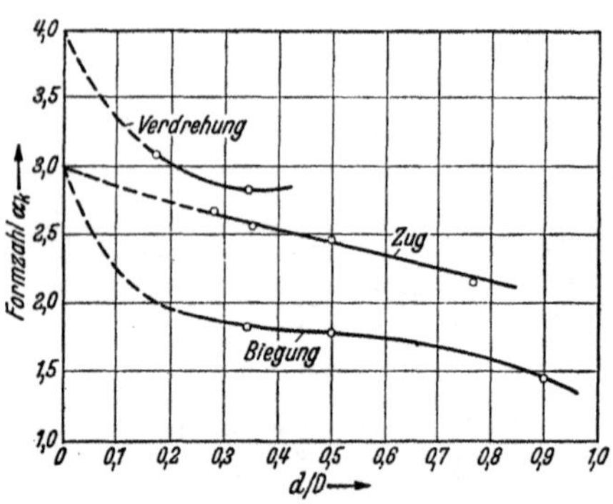

Fig. 11. Die Formzahlen quergebohrter Rundstäbe bei Zug-, Biege- und Verdrehbeanspruchung (α_k bei Verdrehung $= \sigma_{max}/\tau_n$). Nach Mat.-Prüf.-Anst. Darmstadt.

An ungleichmäßig beanspruchten, insbesondere gekerbten Teilen ermittelt man bei zähen Werkstoffen unter Umständen höhere Werte für die Fließgrenze und die Bruchfestigkeit als am glatten Stab. Dies liegt daran, daß im Kerbquerschnitt dicht neben Stellen mit hoher Spannungsspitze meist solche liegen, die sehr viel geringer beansprucht sind und daher größere Verformungen der benachbarten hochbeanspruchten Stellen zunächst verhindern. Außerdem verringern die an den Kerbflanken liegenden nahezu unbeanspruchten Werkstoffteilchen die Möglichkeit einer Querkontraktion des Kerbquerschnitts, so daß ein mehrachsiger Spannungszustand entsteht, der ebenfalls fließbehindernd wirkt.

Infolge dieser Verformungsbehinderung durch die Kerbe erträgt z. B. beim Zerreißversuch ein gekerbter Stab aus einem zähen Werkstoff bei gleichen Abmessungen des gefährdeten Querschnitts eine höhere Belastung als ein glatter Stab, da er im Kerbgrund seinen ursprünglichen Querschnitt beibehält, während beim glatten Stab infolge der Einschnürung sich der tragende Querschnitt stark vermindert. Auch können sich die Spannungsspitzen infolge α_k dabei nicht mehr voll auswirken, da die Formzahl nur im elastischen Bereich gilt und bei den erheblichen plastischen Verformungen, die bei zähen Werkstoffen dem zügigen Bruch vorangehen können, die Spannungsspitzen zu einer fast ausgeglichenen Spannungsverteilung abgebaut werden. Bei zähen Werkstoffen wird also durch Kerben im allgemeinen die Bruchgefahr bei zügiger Beanspruchung nicht erhöht. (Bezüglich Schlagbeanspruchung s. S. 430.)

Bei spröden Werkstoffen dagegen, bei denen ein plastischer Spannungsausgleich nicht möglich ist, da sie sich vor dem Bruch kaum bleibend verformen, kann sich die Spannungsspitze stark festigkeitsmindernd auswirken. Hierdurch wird die Bruchgefahr erhöht, sofern die Wirkung der Spannungsspitze infolge der äußeren Kerbe nicht von der Wirkung innerer Kerbstellen (z. B. Graphitblättchen im Gußeisen) überdeckt wird. Sehr spröde Körper (Glas, Gips) reißen schon, wenn die Spannungsspitze die Festigkeit des glatten Stabes erreicht. Ihre Nennfestigkeit sinkt also auf den α_k-ten Teil.

4. Festigkeit bei wechselnder Beanspruchung.

Bei wechselnder Beanspruchung (s. S. 421) ist für die Bruchgefahr die jeweilige Dauerfestigkeit σ_D des Werkstoffes entscheidend, die den höchsten Spannungsausschlag einer gleichförmig wechselnden Beanspruchung darstellt, der in beliebig häufiger Wiederholung ohne Bruch ertragen werden kann. Die Dauerfestigkeit wird am zweckmäßigsten mit Hilfe der Wöhlerkurve (s. S. 350) bestimmt. Aus zügigen Festigkeitswerten läßt sie sich nur in grober Annäherung errechnen. Die Dauerfestigkeit hängt von einer ganzen Reihe von Einflüssen ab, die bei der Bemessung einer wechselnd beanspruchten Konstruktion zu berücksichtigen sind.

Beanspruchungsart: Bei Biegung ist die Dauerfestigkeit etwas größer, bei Verdrehung kleiner als bei Zugdruckbeanspruchung. Bei zähem Werkstoff bestimmt grob angenähert die durch den jeweiligen Spannungszustand festgelegte größte Schubspannung die Bruchgefahr. Bei spröderen (auch bei gekerbten zähen) Werkstoffen scheint eher die größte Zugspannung den Bruch herbeizuführen. Beides gilt angenähert auch für mehrere sich gleichzeitig überlagernde Beanspruchungsarten.

Ruhende Vorspannung: Der ertragbare Spannungsausschlag nimmt bei glatten Proben aus Stahl mit zunehmender Vorspannung praktisch nur wenig ab (s. Dauerfestigkeits-Schaubild, S. 351), solange die Oberspannung die Fließgrenze nicht überschreitet. Bei Kerbwirkung, sowohl durch äußere als auch durch innere Kerben (Gußeisen) ist die Abnahme stärker, ebenso bei verschiedenen Leichtmetallen. Gleichzeitige Einwirkung von Korrosion verstärkt diesen Einfluß noch. Ein formelmäßiger Zusammenhang zwischen ruhender Vorspannung und ertragbarem Spannungsausschlag ist noch nicht bekannt. Das Dauerfestigkeits-Schaubild muß also jeweils versuchsmäßig ermittelt werden.

Probengröße: Die an kleinen Probestäben versuchsmäßig bestimmten Dauerfestigkeitswerte werden an größeren Stücken in der Regel nicht erreicht. Dies kann seinen Grund haben in verschieden starker Verschmiedung bzw. Verwalzung des Werkstoffes oder aber in verschiedener Durchhärtung beim Vergüten. Doch ist auch ein rein geometrischer Größeneinfluß besonders bei Biegebeanspruchung nachzuweisen. Bei feinkörnigen (insbesondere vergüteten) Stählen scheint dieser geometrische Größeneinfluß bedeutungslos zu sein, solange man nicht sehr kleine Abmessungen zur Prüfung vorsieht. Doch können bei grobkörnigen Stählen und bei Leichtmetallen die Unterschiede so stark werden, daß d e an kleinen Proben gewonnenen Ergebnisse nicht ohne weiteres auf größere Stücke übertragen werden können.

Schmelzbedingungen: Stähle, die unter verschiedenen Bedingungen erschmolzen wurden, können trotz gleicher zügiger Festigkeitseigenschaften und gleicher chemischer Analysenwerte verschiedene Dauerfestigkeiten aufweisen.

Temperatur: Bei Stählen bleibt bis etwa 350° C die Dauerfestigkeit nahezu unverändert, nimmt dann jedoch mit steigender Temperatur mehr oder weniger stark ab. Bei Nichteisenmetallen sinkt sie ständig mit steigender Temperatur.

Frequenz: Innerhalb der unter normalen Verhältnissen vorkommenden Lastspielfrequenzen ist die Dauerfestigkeit unverändert.

Vorhergehende Wechselbeanspruchung: Beliebig viele Lastspiele unterhalb der Dauerfestigkeit sind unschädlich, durch ausreichend lange Wechselbeanspruchung dicht unterhalb der Dauerfestigkeit wird diese sogar etwas erhöht. Man bezeichnet diese Erscheinung, die in sinngemäßer Wiederholung die Dauerfestigkeit unter Umständen bis zu 25 vH steigern kann, mit Hochtrainieren[1]) des Werkstoffes.

Wechselbeanspruchungen oberhalb der Dauerfestigkeit sind nur dann schädlich, wenn sie eine bestimmte, von der Höhe der Vorbeanspruchung abhängige Anzahl überschreiten. Die Schädigung wirkt sich z. B. in einer Minderung der Dauerfestigkeit[2]) und der Kerbschlagzähigkeit[3]) aus und kann durch entsprechende Versuche nachgewiesen werden. Die Schadenslinie[4]), die zusammen mit der zugehörigen Wöhlerkurve aufgetragen werden kann, Fig. 24, S. 350, gibt an, wie viele und wie hohe Überbeanspruchungen ein Werkstoff ohne Schädigung ertragen kann. Sie wird für die Bemessung eines Bauteils von Bedeutung, wenn die Betriebsbeanspruchung nicht gleichförmig wechselt, sondern Beanspruchungen verschiedener Höhe in regelloser Folge vorkommen. Einen solchen willkürlichen Beanspruchungsverlauf erfaßt man für die Bemessung zweckmäßig durch seine „Summenhäufigkeitskurve"[4]). Hierbei ist zu beachten, daß die hohen Überlastungen nur verhältnismäßig selten auftreten, so daß sie also von dem Bauteil nicht beliebig oft ertragen werden müssen. Man kann also für diese hohen Überlastungen eine Überschreitung der Dauerfestigkeit zulassen und damit höchste Werkstoffausnutzung bei geringstem Gewicht erzielen, wenn das Teil sowieso nur für eine beschränkte Lebensdauer bestimmt ist (Waffen-, Flugzeug- und Rennwagenbau). Diese Bemessung auf „Zeitfestigkeit"[4]) — s. auch S. 351 — rechnet also von vornherein nach einer bestimmten Gebrauchszeit mit einem Bruch des Bauteils. Bei höchst beanspruchten Teilen (z. B. im Flugzeugbau) ahmt man neuerdings bei der Prüfung die Betriebsbedingungen möglichst naturgetreu nach und gelangt damit zur „Betriebsfestigkeit"[5]), deren Kennwert alle Einflüsse umfaßt, denen das Bauteil im praktischen Betrieb ausgesetzt ist.

Kaltverformung: Während Zugfestigkeit und Streckgrenze durch Kaltwalzen oder -ziehen meist beträchtlich erhöht werden, steigt die Dauerfestigkeit dadurch weniger stark an. Werden beim Walzen jedoch nur beschränkte Gebiete, z. B. die Oberfläche, kalt verformt, so bildet sich in dem Körper ein Eigenspannungssystem aus[6]), das unter geeigneten Voraussetzungen die Dauerfestigkeit ganz erheblich steigern kann. Ein Eigenspannungssystem, das z. B. durch verschieden

---

1) Siebel, E.: Handbuch der Werkstoffprüfung 2. Bd., S. 175/231. Berlin: Springer 1939.
2) Müller-Stock, H., E. Gerold u. E. H. Schulz: Arch. Eisenhüttenwes. Bd. 12 (1938/39) S 141/148.
3) Gürtler, G.: Z. Metallkde. Bd. 32 (1940) S. 21/30.
4) Thum, A., u. W. Bautz: Z. VDI Bd. 81 (1937) S. 1407/12.
5) Gaßner, E.: Luftwissen Bd. 6 (1939) S 61/64.
6) Thum, A., u. W. Bautz: Mitt. Mat.-Prüf.-Anst. Darmstadt Heft 8. Berlin: VDI-Verlag 1936.

starke plastische Verformung innerhalb eines Bauteils entstehen kann, muß zweckmäßig so angeordnet werden, daß in den bruchgefährdeten Stellen Druckeigenspannungen herrschen, denen dann an weniger gefährdeten Stellen (z. B. in der neutralen Faser eines gebogenen Teiles) durch Zugeigenspannungen das Gleichgewicht gehalten wird.

Fig. 12 zeigt das Beispiel einer Welle mit Querbohrung, die durch umlaufende Biegung beansprucht wird. Durch Drücken mit einem Stempel wurden die bruchgefährdeten Gebiete am Austritt der Bohrung örtlich plastisch verformt, wobei die inneren Teile der Welle nur elastisch zur Seite gedrückt wurden. Vermöge ihrer Rückfederung versetzen sie dann die bleibend verformten äußeren Gebiete unter Druckeigenspannungen, die den gefährlichen Zugspannungen der Betriebsbelastung entgegenwirken. Die plastisch verformten Gebiete erhalten also Druck-, die elastisch verformten Gebiete Zugeigenspannungen, Fig. 13. So lassen sich z. B. durch örtliches Kaltwalzen bzw. -rollen von Hohlkehlen, von Nuten, der Einbrandkerben von Schweißnähten usw. ganz bedeutende Steigerungen der Dauerhaltbarkeit erzielen. Jedoch ist stets darauf zu achten, daß die Kaltverformung örtlich beschränkt bleibt, damit noch eine elastische Rückfederung der nicht erfaßten Gebiete möglich ist.

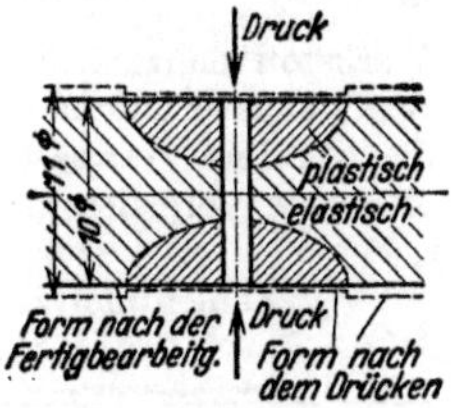

Fig. 12. Plastische Verformung einer Welle mit Bohrung zur Erzeugung eines Eigenspannungssystems. Die engschraffierten Zonen sind plastisch, die weitschraffierten Zonen elastisch verformt.

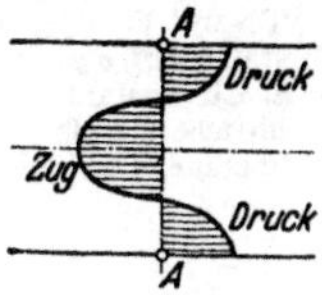

Fig. 13. Das durch zweckmäßige plastische Verformung entstandene Eigenspannungssystem.

Wärmebehandlung. Alle Wärmebehandlungen, die die zügige Festigkeit steigern, haben in der Regel eine — wenn auch nicht verhältnisgleiche — Steigerung der Dauerfestigkeit zur Folge. Dabei ist jedoch auf sorgfältige Behandlung der Oberfläche zu achten, da eine Verzunderung oder Randentkohlung durch die Wärmebehandlung sich auf die Dauerfestigkeit schädlich auswirken (s. unten).

Von besonders günstigem Einfluß kann eine örtliche Wärmebehandlung auf die Dauerfestigkeit sein, wie sie z. B. durch Brennstrahlhärten, Einsatzhärten oder Nitrieren möglich ist. Hierdurch wird nämlich sowohl die Festigkeit des Werkstoffes an der Oberfläche erhöht als auch durch Strukturänderungen in der Oberfläche, die mit Volumenvergrößerungen verbunden sind, ein günstiges Eigenspannungssystem erzeugt. Die Steigerung der Dauerfestigkeit an bruchgefährdeten Stellen durch eines der angegebenen Verfahren kann daher ganz erhebliche Beträge annehmen.

Kerbwirkung: Während bei zügiger Beanspruchung die Festigkeit eines Teiles durch Kerbwirkung unter Umständen erhöht werden kann, wird diese bei wechselnder Beanspruchung stets verringert. Bei der Berechnung der Dauerfestigkeit gekerbter Teile bleibt die Spannungserhöhung meist unberücksichtigt, weshalb man entsprechend dem Begriff der Nennspannung (s. S. 350) den ermittelten Festigkeitswert mit Nenndauerfestigkeit oder aber auch mit Dauerhaltbarkeit bezeichnet.

Die Nenndauerfestigkeit eines gekerbten Stabes ist jedoch gegenüber einer glatten polierten Probe nicht in dem Verhältnis $1/\alpha_k$ vermindert, sondern um einen etwas geringeren Betrag. Das versuchsmäßig zu ermittelnde Verhältnis der Dauerfestigkeit eines glatten zur Nenndauerfestigkeit eines gekerbten Stabes stellt die Kerbwirkungszahl β_k dar, die stets kleiner als α_k ist. Die Nenndauerfestigkeit eines gekerbten Teiles ist also $\sigma_{nD} = \sigma_D/\beta_k$.

Die Größe der Kerbwirkungszahl β_k hängt sowohl von der Probenform (also von α_k) als auch vom Werkstoff ab. Da die einzelnen Werkstoffe mehr oder weniger empfindlich gegen Kerbwirkungen sind, wurde als Anhalt zu ihrer Beurteilung eine Kerbempfindlichkeitszahl η_k eingeführt, die durch die Beziehung $\eta_k = \frac{\beta_k - 1}{\alpha_k - 1}$ definiert ist. Diese Kerbempfindlichkeitszahl ist keine reine Werkstoffkennzahl, da sie in gewissem Maße durch die Beanspruchungsart, die Spannungsverteilung und die Mehrachsigkeit des Spannungszustandes, also durch die Kerbform, etwas beeinflußt wird. Doch bildet sie bei gleichartigen Kerben eine gute Vergleichsgrundlage für die einzelnen Werkstoffe.

Zahlentafel 1. Kerbempfindlichkeit von Werkstoffen[1]).

(Nach Versuchen der Materialprüfungsanstalt Darmstadt.)

Werkstoff	Empfindlichkeitsziffer η_k
C-Stähle St 37·11 geglüht	0,4 bis 0,7
St 50·11 „	0,5 „ 0,85
St 70·11 „	0,55 „ 0,85
Baustahl St 52	0,85 „ 0,9
Chromnickelstähle:	
VCN 15, VCN 25, VCN 35 geglüht	0,65 „ 0,75
VCN 25, VCN 35, auf $\sigma_B = 90$ kg/mm² vergütet	0,8 „ 0,95
Federstähle auf $\sigma_B = 110$ kg/mm² vergütet	0,95 „ 1,0
13proz. Chromstahl	0,7 „ 0,8
Austenitische Stähle	0,1 „ 0,35
Leichtmetalle, geschmiedet und gewalzt	Die Kerbempfindlichkeit ist ähnlich den Kohlenstoffstählen. Veredeltes Duralumin hat geringere Kerbempfindlichkeit.

Die Werte für η_k liegen stets zwischen 0 und 1 und gelten nur für fein polierte Oberflächen. In Zahlentafel 1 sind einige an halbkreisförmigen Kerben ermittelte Kerbempfindlichkeitszahlen zusammengestellt. Ist der Werkstoff vollkommen kerbunempfindlich, so wird $\eta_k = 0$ und $\beta_k = 1$, die Dauerfestigkeit der glatten und die Nenndauerfestigkeit der gekerbten Proben sind gleich. Praktisch ist dies angenähert bei Gußeisen geringer Festigkeit der Fall. Es ist infolge seiner inneren Kerbung durch die Graphitblättchen gegen äußere scharfe Kerben weitgehend unempfindlich. Doch ist bei hochwertigem Perlitguß schon eine merkliche Kerbempfindllchkeit vorhanden. Ist der Werkstoff vollkommen kerbempfindlich, so wird $\eta_k = 1$ und $\beta_k = \alpha_k$. Die Spannungsspitze wirkt sich also in ihrer vollen Höhe festigkeitsmindernd aus. Dieser Fall liegt in Annäherung bei hochvergüteten Werkstoffen, z. B. harten Federstählen vor, die gegen Kerbwirkung äußerst empfindlich sind. Diese Empfindlichkeit, die im allgemeinen mit steigender Fließgrenze zunimmt, erstreckt sich auch auf Oberflächenrauhigkeiten infolge schlechter Bearbeitung wie Drehriefen, Schleifriefen, Kratzer usw., so daß also hochfeste Werkstoffe nur bei einwandfreier Oberfläche entsprechend hohe Dauerfestigkeiten aufweisen.

Unter Auswertung der Kerbempfindlichkeit errechnet sich die Nenndauerfestigkeit eines gekerbten Teiles zu

$$\sigma_{nD}\,(\text{gekerbt}) = \frac{\sigma_D\,(\text{glatt})}{1 + (\alpha_k - 1)\cdot\eta_k}.$$

Diese Formel gilt für polierte Oberflächen. Für nicht polierte Oberflächen genügt es, für überschlägige Berechnungen für α_k einen etwas höheren Wert einzusetzen.

Somit ist für geschliffene Oberflächen α_k etwa um 0,1 bis 0,3, für gedrehte Oberflächen etwa um 0,2 bis 0,5, für Walz- oder Glühhaut etwa um 0,3 bis 1,2 zu erhöhen.

[1]) Ermittlung im Dauerbiegeversuch mit halbkreisförmigen Kerben $r = 0{,}75$ mm bei $D = 9$ mm und $d = 7{,}5$ mm ($\alpha_k = 2$). Die Empfindlichkeitsziffer η_k ist nur auf den Spannungsausschlag der wechselnden Beanspruchung zu beziehen, nicht auf die Oberspannung σ_0 (zu beachten bei hoher Vorspannung). Im Bereich hoher Vorspannung macht sich darüber hinaus die versteifende Wirkung der Kerben geltend.

5. Korrosion und Festigkeit.

Allein durch den Einfluß der Korrosion kann ein Werkstück im Laufe der Zeit zerstört werden. Kommt zur Korrosionseinwirkung noch eine mechanische Beanspruchung hinzu, so wird die Haltbarkeit des Teiles entsprechend verringert, da die zahllosen Oberflächenverletzungen durch den Korrosionsangriff wie feine Kerben wirken, durch die die Beanspruchung erhöht wird. Bei Zugbeanspruchung werden diese Kerben geweitet, wodurch die dem Korrosionsangriff ausgesetzte Oberfläche vergrößert wird, so daß die Zerstörung wesentlich schneller fortschreitet als bei Druckbeanspruchung, bei der die Kerben teilweise zugedrückt werden, wodurch die gefährdete Oberfläche verkleinert wird.

Wird ein Teil, das nur wechselnd beansprucht ist, vorübergehend einem korrosiven Angriff ausgesetzt, so wird dadurch die Dauerfestigkeit verringert, da die entstandenen Kerbstellen spannungserhöhend wirken.

Wenn Korrosion und wechselnde Beanspruchung gleichzeitig einwirken, ist die Dauerfestigkeit $= 0$. Man kann dann nur noch von einer Zeitfestigkeit sprechen. Die Größe dieser Korrosionszeitfestigkeit hängt weniger von der Dauerfestigkeit des benutzten Werkstoffes als vielmehr von seinem Korrosionswiderstand und der Art des benutzten korrodierenden Mittels ab.

Bei Angabe der Korrosionszeitfestigkeiten muß immer die Zahl der Lastspiele, bis zu der die Versuche ausgedehnt wurden, angegeben werden. Der Abfall der Wöhlerkurve ist zwar oberhalb von 50 Millionen nicht mehr sehr stark, doch muß immer beachtet werden, daß es hier keine Grenzzahl gibt und von manchen Teilen in der Praxis eine Lebensdauer von vielen Hundert Millionen Lastspielen verlangt werden muß.

6. Richtlinien für die Gestaltung.

Die für die Ermittlung der zulässigen Spannungen maßgebenden Faktoren schreiben dem Konstrukteur bereits den Weg vor. Er muß sich ein Bild über die auftretenden Beanspruchungsarten und über den Spannungsverlauf im Konstruktionsteil machen, um hinreichende Sicherheit gegenüber Bruch und unzulässigen Formänderungen bei allen Betriebsbeanspruchungen, sowie auch genügende Wirtschaftlichkeit der Konstruktion zu erreichen.

Bei zügiger und ruhender Beanspruchung erweisen sich die meisten dehnbaren Werkstoffe als nicht kerbempfindlich, so daß etwaige Spannungsspitzen unberücksichtigt bleiben dürfen und mit der Nennspannung gerechnet werden kann. Es muß jedoch beachtet werden, daß viele Bauteile nur scheinbar ruhend beansprucht sind, tatsächlich aber durch zusätzliche Belastungen noch eine Wechselbeanspruchung erfahren. Im Hochbau sind es die durch Winddrücke oder Verkehrslasten auftretenden Wechselbeanspruchungen. Im Dampfkesselbau treten erhebliche Wechselbeanspruchungen infolge Wärmespannungen, sowie Schwankungen in der Dampfentnahme, wechselndem Dampfdruck, ferner durch die Strömungen der Feuerungsgase auf.

Wechselnde Beanspruchungen erfordern bei hochbeanspruchten Maschinenteilen ein eingehendes Studium des Kraftflusses, um die Gefahrenpunkte zu erkennen. Die Formgebung muß derart gewählt werden, daß Kerbwirkung nach Möglichkeit vermieden und eine niedrige Formzahl erreicht wird. So sind vor allem scharfe Querschnittsübergänge zu vermeiden und mit möglichst großen Ausrundungen, am besten mit sanft verlaufenden Übergängen veränderlicher Krümmung zu versehen, die als sog. Entlastungsübergänge[1]) eine Überleitung des Kraftflusses vom starken zum schwächeren Querschnitt ohne Spannungserhöhung ermöglichen. Läßt sich eine Ausrundung mit größerem Halbmesser oder ein Entlastungsübergang aus Platzmangel nicht anbringen, so müssen andere Wege gesucht werden, um eine schroffe Umlenkung des Kraftflusses zu vermeiden. In vielen Fällen kann man durch zusätzliche Kerben, sog. Entlastungskerben, auf den Kraftfluß unmittelbar einwirken und dadurch Spannungsspitzen vermindern, Fig. 14.

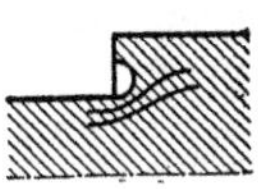

Fig. 14. Anbringung einer Ausrundung durch Unterfassen.

[1]) Thum, A., u. W. Bautz: Forsch. Ing.-Wes. Bd. 6 (1935) S. 269/273.

Sehr ungünstige Verhältnisse ergeben sich namentlich an Einspannstellen und Kraftangriffsstellen. Fig. 15 zeigt die Verbesserung an einem Nabensitz durch Schwächung der Nabenenden und Aufsetzen der Nabe

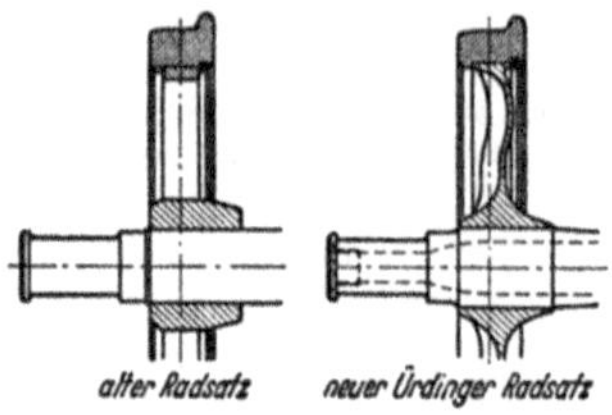

Fig. 15. Gestaltung von Nabensitzen.

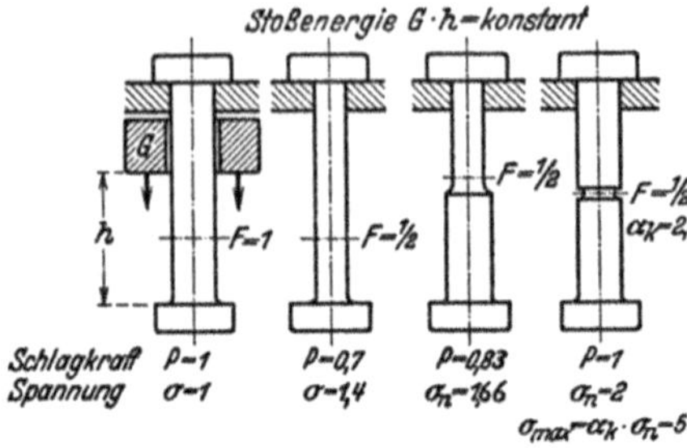

Fig. 16. Schlagbeanspruchung und Steifigkeit.

auf einen Bund, wodurch die Bruchgefahr an dieser Stelle beseitigt werden konnte.

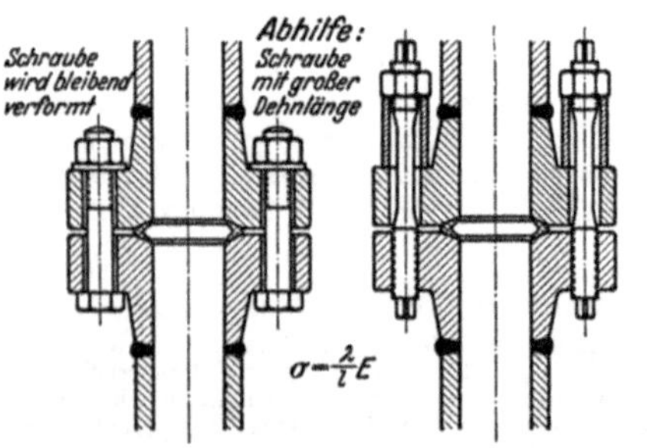

Fig. 17. Hochdruckflanschverbindung. Schrauben mit großer Dehnlänge zur Aufnahme der aufgezwungenen Verformung durch ungleichmäßige Wärmedehnung von Flansch und Schrauben.

Besondere Sorgfalt erfordert die Konstruktion bei Gefahr stoßartiger Beanspruchung. Die Stoßkraft hängt von der Steifigkeit der Konstruktion ab, so daß sie um so geringer wird, je nachgiebiger die Konstruktion ist. Bei Schrauben läßt sich z. B. durch genügende Dehnlänge die Dauerbruchgefahr erheblich mildern. Fig. 16 zeigt, wie bei gleicher Stoßenergie die auftretenden Spannungen einmal vom Querschnitt unmittelbar abhängig sind, dann aber auch von der Steifigkeit der Konstruktion. Besonders gefährlich bei Stoßbeanspruchungen sind Kerben, die nur den Querschnitt, nicht aber die Steifigkeit vermindern. Außerdem tritt noch die Spannungserhöhung durch Kerbwirkung hinzu, so daß bei Stoßbeanspruchung Kerben nach Möglichkeit vermieden werden sollen.

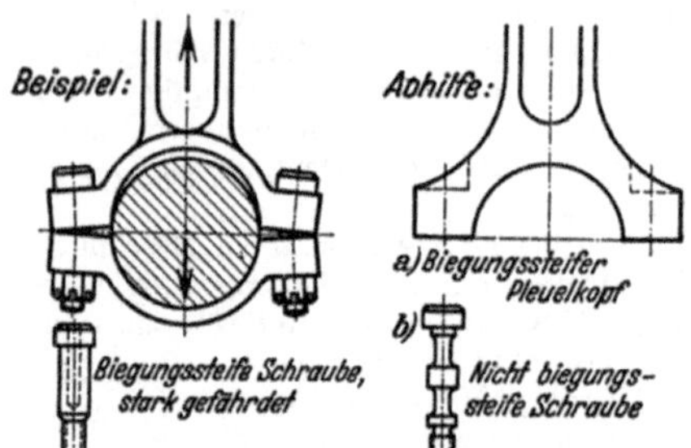

Fig. 18. Richtige Formgebung von Pleuelstangenkopf und Schrauben. Große Dehnlänge der Schrauben kann die aufgezwungenen Verformungen aufnehmen.

Ebenso wie bei Stoßbeanspruchungen große Dehnlängen die Dauerhaltbarkeit der Konstruktion erhöhen, so sind sie auch dort stets von Vorteil, wo aufgezwungene Verformungen aufgenommen werden müssen. Bei einer Hochdruckflanschverbindung, Fig. 17, wird beim Einlassen des Dampfes der Flansch schneller erwärmt als die Schrauben. Kurze starre Schrauben können hierdurch plastisch verformt werden, eine nachgiebige Schraube mit großer Dehnlänge vermag sich dagegen genügend elastisch zu verformen. Fig. 18 zeigt, wie Pleuelköpfe und Pleuelschrauben zweckmäßig ausgebildet werden müssen, um einen

Dauerbruch in der Schraube zu vermeiden. Steifer Pleuelkopf und Schrauben mit großer Dehnlänge vermindern auch hier die auftretenden gefährlichen Spannungen im Gewinde.

Bei Schweißverbindungen sinkt die Dauerfestigkeit infolge der Einbrandkerben (häufig auch infolge ungünstiger Nahtform) meist erheblich unter die des vollen Werkstoffes. Die unübersichtlichen Entstehungsbedingungen der Einbrandkerben und der Nahtwurzeln lassen indessen die Ermittlung von Formzahlen für Schweißnähte nicht zu. Es können daher nur praktisch ermittelte Kerbwirkungszahlen angegeben werden, die bis zu 5, unter besonders ungünstigen Umständen bei hochfesten Stählen sogar bis zu 10 betragen können. Durch Wahl einer günstigen Nahtform und durch Nacharbeiten der Einbrandkerben kann jedoch die Dauerfestigkeit des vollen Werkstoffes wieder erreicht werden[1]).

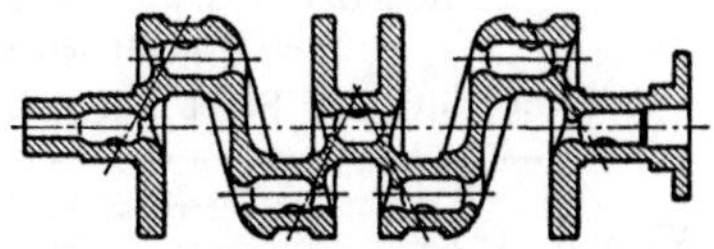

Fig. 19. Beanspruchungsgerechte Form einer gegossenen Kurbelwelle.

Gußstücke verlangen besonders sorgfältige Formgebung. Es muß dafür gesorgt werden, daß die Querschnitte in allen Teilen möglichst gleichmäßig sind, Fig. 19. Bei notwendigen Querschnittsunterschieden müssen die Querschnittsübergänge sehr allmählich verlaufen.

7. Werkstoffauswahl.

Solange keine korrosiven Angriffe zu befürchten sind, wird in der Regel Stahl oder Gußeisen der gegebene Werkstoff für den Maschinenbau sein. Die Art und Größe der Kräfte, sowie der Verwendungszweck entscheiden, welche der zahlreichen Sorten anzuwenden sind. Konstruktionsteile schwieriger Formgebung werden meist am wirtschaftlichsten durch Gießen hergestellt. Wo die Festigkeit (z. B. bei hohen Fliehkräften) oder die Zähigkeit (z. B. bei schlagartiger Beanspruchung) des Gußeisens nicht ausreichen, wird Stahlguß, bei kleineren Teilen auch Temperguß angewandt. Temperaturen bis 300° werden vom Gußeisen ertragen, ohne daß die Gefahr des Wachsens auftritt. Über 300° kommt für Gußstücke nur Stahlguß in Frage. Bei Betriebstemperaturen über 450° reicht die Festigkeit der normalen C-Stähle meist nicht mehr aus, so daß hier in der Regel legierter Stahl bzw. Stahlguß angewandt werden muß.

Für Konstruktionsteile von einfacher Form werden gewalzte oder geschmiedete Stähle verwandt (s. S. 446ff.).

Wenn keine hohen Festigkeitsanforderungen gestellt werden, genügen Stähle mit geringerem C-Gehalt. Sind höhere Festigkeiten erforderlich, kommen nur vergütete Kohlenstoffstähle oder besonders bei größeren Querschnitten und bei Betriebstemperaturen über 450° legierte Stähle in Betracht.

Im Leichtbau sind fast immer hochfeste Stähle erforderlich. Da diese bei wechselnden Beanspruchungen aber sehr kerbempfindlich sind, müssen hier an die Formgebung besonders hohe Anforderungen bezüglich Vermeidung von Kerbstellen gestellt werden. Bei hohen Vorspannungen ist dabei vor allem auf das Streckgrenzenverhältnis zu achten. Außer hochfesten Stählen kommen für den Leichtbau vergütbare Aluminium- und Magnesiumlegierungen in Frage. Im Flugzeug- und Fahrzeugbau kommt außerdem Holz, vor allem Sperrholz in Betracht.

Für die Massenherstellung kleiner, geringbeanspruchter verwickelter Teile wird sehr häufig Spritzguß verwendet. Für solche Teile sind neuerdings auch Kunstharzpreßstoffe recht gut geeignet, da sie bei Massenherstellung sehr billig sind und wegen ihrer Korrosionsbeständigkeit vielseitig angewandt werden können. Die Kunststoffe haben dabei noch den Vorteil, daß sie z. B. gute elektrische Isolierstoffe darstellen.

---

[1]) Thum, A., u. A. Erker: Schweißen im Maschinenbau, Teil I. Berlin: VDI-Verlag 1942.

8. Zulässige Beanspruchung.

Sind für einen Werkstoff die einzelnen Festigkeitswerte bekannt, so darf der Konstrukteur diese Werte seiner Berechnung nicht in voller Höhe zugrunde legen, er muß vielmehr wegen der Berücksichtigung von nicht erfaßbaren Zusatz-

Zahlentafel 2. Dauerfestigkeit von Stahl und Eisen in Bruchteilen der Zugfestigkeit σ_B.

Nur gültig für Stäbe mit polierter oder geschliffener Oberfläche.

Werkstoff	σ_B	Wechselfestigkeit			Ursprungsfestigkeit		
		Zug-Druck	Biegung	Verdrehung	Zug-Druck	Biegung	Verdrehung
Unleg. und leg. Stähle	40	0,49 bis 0,60		0,27 bis 0,32	Liegt oberhalb der Fließgrenzen		
	80	0,44 bis 0,54					
	120	0,41 bis 0,50			1,6 bis 1,9 der Wechselfestigkeit		
	160	0,38 bis 0,47					
Stahlguß	40	—	0,40[1])	0,26[1])	Liegt oberhalb der Fließgrenzen		
	60	—	0,30[1])	0,22[1])			
Graues Gußeisen		$H_n/\sigma_B > 10$ 0,2[2])	0,22 bis 0,30 der statischen Biegefestigkeit	0,4[1])	1,4 bis 1,6 der Wechselfestigkeit	1,3 bis 1,6 der Wechselfestigkeit	1,2 bis 1,4 der Wechselfestigkeit
		$H_n/\sigma_B < 10$ 0,25[2])					
Schwarzer Temperguß		0,27[1])	0,36[1])	0,32[1])	0,46[1])	—	0,58[1])

Zulässige Spannungen im Stahlbau (nach DIN 1050, Ausg. Juli 1937):

Unter der Voraussetzung, daß die Stahlbauteile ausreichend und dauernd gegen Rost geschützt und sachgemäß unterhalten werden, sind die in den folgenden Tafeln angegebenen Spannungen zulässig (wegen Spannungsermäßigung s. unten).

Hierbei sind folgende Belastungsfälle zu unterscheiden:

Belastungsfall 1 (Hauptkräfte):

Gleichzeitige ungünstige Wirkung von ständiger Last,
Verkehrslast einschließlich Schneelast ohne Windlast.
Zur „Verkehrslast" zählen auch Riemenzug u. dgl.

Belastungsfall 2 (Haupt- und Zusatzkräfte):

Gleichzeitige ungünstigste Wirkung der unter Belastungsfall 1 genannten Lasten zusammen mit
Windlast
Wärmeschwankungen
Bremskräften
waagerechten Seitenkräften } die von einem oder mehreren Kranen[3]) herrühren.

Für Bauteile, die, abgesehen von ihrem Eigengewicht, durch keine Hauptkräfte (Belastungsfall 1), sondern nur durch eine der unter Belastungsfall 2 angeführten Lastarten allein beansprucht werden, sind jedoch die in Zahlentafel 3 (S. 433) für Belastungsfall 1 angegebenen Spannungen zugrunde zu legen.

Maßgebend für die Querschnittsermittlung ist der Belastungsfall, der den größten Querschnitt ergibt.

---

[1]) Nur wenige Messungen vorhanden, so daß zwar ihr Mittelwert, aber nicht die Grenzen des Streubereichs angegeben werden können. Als Anhalt für die untere Grenze des Streubereichs können um 20 vH niedrigere Werte angenommen werden.

[2]) Gilt für $\sigma_B < 30\,\text{kg/mm}^2$; H_n = Brinellhärte.

[3]) **Belastungsannahmen für Krane s. DIN 120.**

Zahlentafel 3. **Zulässige Spannungen für Bauteile und Verbindungsmittel in kg/cm².**

Verwendungsform im Bauwerk	bei Beanspruchung auf	$\frac{\sigma}{\sigma_{zul}}$ bzw. $\frac{\tau}{\sigma_{zul}}$	Bei vollwandigen Trägern, Fachwerken und Stützen aus St 00·12 [1]) und Belastungsfall 1 und 2	Handelsbaustahl [2]) 1	Handelsbaustahl [2]) 2	St 37·12 [3]) 1	St 37·12 [3]) 2	St 52 [4]) 1	St 52 [4]) 2	Werkstoff	Maßgebender Querschnitt
a) Bauteile	Zug und Biegung . σ_{zul}	1	1200	1400	1600	1400	1600	2100	2400		
	Schub . . τ_{zul}	0,8	960	1120	1280	1120	1280	1680	1920		
b) Nietverbindungen										Niete aus	Lochquerschnitt
	Abscheren . $\tau_{a\,zul}$	1	1200	1400	1600	1400	1600	—	—	St 34·13 [5])	
			—	—	—	—	—	2100	2400	St 44 [4])	
	Lochleibungsdruck $\sigma_{l\,zul}$	2	2400	2800	3200	2800	3200	—	—	St 34·13 [5])	
			—	—	—	—	—	4200	4800	St 44 [4])	
c) Schraubenverbindungen (eingepaßte Schrauben)										Schrauben aus	
	Abscheren $\tau_{a\,zul}$	0,8	960	1120	1280	1120	1280	—	—	St 38·13 [6])	Lochquerschnitt
			—	—	—	—	—	1680	1920	St 52 [4])	
	Lochleibungsdruck $\sigma_{l\,zul}$	2	2400	2800	3200	2800	3200	—	—	St 38·13 [6])	
			—	—	—	—	—	4200	4800	St 52 [4])	
	Zug . . . . $\sigma_{z\,zul}$		850	1000	1100	1000	1100	—	—	St 38·13 [6])	Kernquerschnitt
			—	—	—	—	—	1500	1700	St 52 [4])	

Ferner

Verwendungsform im Bauwerk	bei Beanspruchung auf	Belastungsfall 1	Belastungsfall 2	Werkstoff	Maßgebender Querschnitt
d) Schraubenverbindungen (rohe Schrauben)				Schrauben aus	
	Abscheren $\tau_{a\,zul}$	1000	1100	St 38·13 [6])	Schaftquerschnitt
	Lochleibungsdruck $\sigma_{l\,zul}$	1600	1800	St 38·13 [6])	
	Zug . . . . $\sigma_{z\,zul}$	1000	1100	St 38·13 [6])	Kernquerschnitt
e) Ankerschrauben u. Ankerbolzen				Anker aus	Kernquerschnitt
	Zug . . . . $\sigma_{z\,zul}$	850	850	St 00·12 [1]) Handelsbaustahl [2]) und	
		1000	1100	St 37·12 [3])	
		1500	1700	St 52 [4])	

[1]) St 00·12 ist ein Flußstahl mit einer Höchstzugfestigkeit von 50 kg/mm² und muß dem Faltversuch mit einem Dorndurchmesser $D = 4a$, Biegewinkel 90°, genügen. Im einzelnen s. DIN 1612.

[2]) Handelsbaustahl ist ein Flußstahl mit einer Mindestzugfestigkeit von 34 kg/mm², einer Höchstzugfestigkeit von 50 kg/mm², einer Mindestbruchdehnung von 18 vH am langen Normalstab und muß dem Faltversuch mit einem Dorndurchmesser $D = 2a$, Biegewinkel 180°, genügen.

[3]) St 37·12 ist ein Flußstahl mit einer Mindestzugfestigkeit von 37 kg/mm², einer Höchstzugfestigkeit von 45 kg/mm², einer Mindestbruchdehnung von 20 vH am langen Normalstab und muß dem Faltversuch mit einem Dorndurchmesser $D = 0{,}5a$, Biegewinkel 180°, genügen. Im einzelnen s. DIN 1612. – Bei Tragteilen aus besonders hohen Blechen ist die Festigkeit des Blechwerkstoffes nachzuweisen.

[4]) St 52 und St 44 müssen den „Technischen Lieferbedingungen für Baustahl St 52 und Nietstahl St 44" der Deutschen Reichsbahn entsprechen und nach diesen Bedingungen abgenommen und gekennzeichnet werden. Diese Vorschrift kann vom Reichsbahn-Zentralamt für Rechnungswesen, Gruppe Drucksachen, bezogen werden.

[5]) St 34·13 ist ein Flußstahl mit einer Mindestzugfestigkeit von 34 kg/mm², einer Höchstzugfestigkeit von 42 kg/mm² und einer Mindestbruchdehnung von 25 vH am langen Normalstab. Der Stahl muß sich, ohne Anrisse auf der Zugseite zu zeigen, kalt zusammenschlagen lassen, bis die Schenkel flach aneinander liegen. Im einzelnen s. DIN 1613.

[6]) St 38·13 ist ein Flußstahl mit einer Mindestzugfestigkeit von 38 kg/mm², einer Höchstzugfestigkeit von 45 kg/mm², einer Mindestbruchdehnung von 20 vH am langen Normalstab und muß dem Faltversuch mit einem Dorndurchmesser $D = 0{,}5a$, Biegewinkel 180°, genügen. Im einzelnen s. DIN 1613.

beanspruchungen um ein bestimmtes Maß unter der höchstmöglichen Beanspruchung bleiben. Hierfür lassen sich feste Regeln nicht aufstellen, jedoch kommt man im allgemeinen damit aus, wenn man bei ruhender Beanspruchung gegen Bruchgefahr eine Sicherheit von 1,8 bis 2,5 annimmt, d. h. die zulässige Beanspruchung um diesen Faktor kleiner wählt als die Zugfestigkeit. Für Sicherheit gegen Fließen wählt man zweckmäßig ein Verhältnis von Fließgrenze zu zulässiger Beanspruchung von etwa 1,2 bis 1,8. Bei wechselnder Beanspruchung dagegen muß wegen der Möglichkeit von zusätzlichen schädlichen Einflüssen der Sicherheitsfaktor etwas größer gewählt werden. Doch kommt man in der Regel mit einer Sicherheit von 2 bis 3 aus und geht nur in Ausnahmefällen bei höchster Werkstoffausnutzung auf Sicherheitszahlen von 1,2 bis 2. Im Flugzeugbau, wo vielfach die Werkstoffe bei abgekürzter Lebensdauer oberhalb der Dauerfestigkeit beansprucht und daher auf Zeitfestigkeit bemessen werden, ist es üblich, die zulässigen Beanspruchungen durch die Werte $\sigma_B/1{,}8$ bzw. $\sigma_{0,2}/1{,}35$ nach oben zu begrenzen.

Mit welchen Werten für die Dauerfestigkeit unter Berücksichtigung der Streuungen man im allgemeinen rechnen kann, geht aus Zahlentafel 2 hervor. Die zulässigen Spannungen im Stahlbau nach DIN 1050 sind in den Zahlentafeln 3 und 4 zusammengestellt.

Zahlentafel 4. **Zulässige Spannungen für Lagerteile und Gelenke in kg/cm².**

Bei Beanspruchung auf		Gußeisen Ge 14·91 [1]		Stahlguß Stg 52·81 S [2]		Vergütungsstahl StC 35·61 [3]	
		Belastungsfall		Belastungsfall		Belastungsfall	
		1	2	1	2	1	2
Biegung: Zug	σ_{zul}	450	500	1800	2000	2000	2200
Druck		900	1000				
Druck	σ_{zul}	1000	1100	1800	2000	2000	2200
Berührungsdruck nach den Formeln von Hertz	σ_{zul}	5000	6000	8500	10000	9500	12000
		Bei beweglichen Lagern, die mehr als zwei Walzen haben, sind diese Werte für die Walzen um 100 kg/cm² zu ermäßigen.					

Bei Gelenkbolzen darf der Lochleibungsdruck gleich der 1,3-fachen zulässigen Zug- und Biegespannung der zu verbindenden Teile sein.

Spannungsermäßigung: Für Teile fliegender Bauten, die stoßweise belastet werden oder Wechselbeanspruchungen erleiden oder starker Abnützung ausgesetzt sind, sind die Werte der Zahlentafeln 3 und 4 um 20 vH zu ermäßigen oder die Stöße und sonstigen Einwirkungen durch Zuschläge zur Last und die Abnützung durch Zuschläge zu den rechnerischen Abmessungen zu berücksichtigen.

Wird bei einem Bauwerk alter Baustahl wieder verwendet, so müssen die zulässigen Spannungen gemäß dem Erhaltungszustand herabgesetzt werden.

---

[1]) Ge 14·91 ist ein Gußeisen mit einer Mindestzugfestigkeit von 14 kg/mm², einer Mindestbiegefestigkeit von 28 kg/mm² und einer Mindestdurchbiegung von 7 mm, gemessen am Biegestab von 600 mm Stützweite. Im einzelnen s. DIN 1691.

[2]) Stg 52·81 S ist ein Stahlguß mit einer Mindestzugfestigkeit von 52 kg/mm², einer Mindeststreckgrenze von 25 kg/mm² und einer Mindestbruchdehnung $\delta_5 = 16$ vH. Im einzelnen s. DIN 1681.

[3]) Vergütungsstahl StC 35·61 ist ein ausgeglühter Flußstahl mit einer Mindestzugfestigkeit von 50 kg/mm², einer Höchstzugfestigkeit von 60 kg/mm², einer Mindestbruchdehnung von 19 vH am langen Normalstab, einer Mindeststreckgrenze von 28 kg/mm², einem Kohlenstoffgehalt von $\approx$0,35 vH, einem Höchstmangangehalt von 0,8 vH und einem Höchstsiliziumgehalt von 0,35 vH. Im einzelnen s. DIN 1661.

II. Prüfung der Werkstoffe.

1. Prüfverfahren und Probenentnahme.

Die Werkstoffprüfung im Maschinenbau umfaßt: Messen der zulässigen Beanspruchungen, Überwachen der Werkstoffgüte, Aufklären von im Betrieb aufgetretenen Zerstörungen. Die zulässigen Beanspruchungen der Werkstoffe können in der Regel nur aus Dauerversuchen ermittelt werden, bei denen möglichst weitgehend die Beanspruchungsverhältnisse und die Formgebung der Proben den praktischen Betriebsbedingungen angeglichen werden. Lediglich bei rein ruhenden Beanspruchungen bei Raumtemperatur kann aus der beim Zugversuch gemessenen Elastizitäts- bzw. Streckgrenze zuverlässig auf die zulässigen Beanspruchungen geschlossen werden. Doch ist es in der Regel nicht möglich, die Güte der Werkstoffe auch für hochbeanspruchte Konstruktionsteile durch Dauerversuche zu prüfen. Man muß sich daher auf Kurzversuche beschränken. Hierfür kommen bei den metallischen Werkstoffen hauptsächlich Zerreißversuche, Kerbschlagversuche und Faltversuche in Betracht. Die im Zerreißversuch ermittelte Streckgrenze gibt die niedrigste Beanspruchung an, bei der wesentliche bleibende Verformungen auftreten, die Zugfestigkeit gibt den höchsten Widerstand an, den der Werkstoff noch dem endgültigen Auseinandergleiten entgegensetzt. Erwünscht ist bei hohen — insbesondere ruhenden — Beanspruchungen eine hohe Streckgrenze. Doch soll die Streckgrenze immer noch einen abgemessenen Abstand von der Zugfestigkeit haben. Das Verhältnis Streckgrenze : Zugfestigkeit beträgt bei geglühten Stählen etwa 0,5; es soll bei vergüteten Stählen den Wert von 0,85 nicht übersteigen. Bruchdehnung, Einschnürung und Faltversuch geben ein Maß für die Verformungsfähigkeit des Werkstoffes; die Kerbzähigkeit zeigt an, ob sich der Werkstoff auch bei ungünstigen Beanspruchungsverhältnissen (Kerbwirkung) noch verformen kann. Hohe Verformungsfähigkeit ist notwendig, damit bei einzelnen starken Überbeanspruchungen kein Bruch, sondern nur Verformung eintritt. Verformungen haben meist nur eine Störung des Betriebes zur Folge, der Schaden läßt sich beheben. Brüche haben oft eine Zerstörung einer ganzen Maschinenanlage zur Folge. Die Kerbzähigkeit läßt keinen Schluß auf die Dauerfestigkeit und Kerbempfindlichkeit bei Wechselbeanspruchungen zu, doch ermöglicht sie besonders bei Stahl ein Urteil über den einwandfreien Zustand des Werkstoffes, so daß mittelbar die den Erfahrungen entsprechende Dauerfestigkeit erwartet werden kann.

Bei hochbeanspruchten Werkstücken ist die Gleichmäßigkeit des Werkstoffes und der einwandfreie Glüh- und Vergütungszustand durch metallographische Untersuchungen des Gefüges zu ergänzen. Die chemische Analyse ist oft unentbehrlich, um eine Bewährung der Werkstoffe bei der Weiterverarbeitung und im Dauerbetrieb voraussagen zu können. Dies gilt besonders für die Bestimmung der Härte- und Vergütungstemperatur, zur Beurteilung der Durchvergütbarkeit, Schweißbarkeit, der Eignung zum Einsatzhärten und Nitrieren, der Beständigkeit gegen chemische Angriffe und des Verhaltens bei höheren Temperaturen.

Für die Bewertung der Festigkeitsproben sind die Abmessungen des Schmiedestückes bzw. Gußstückes und die Lage der Probe von wesentlichem Einfluß. Die für die Werkstoffe angegebenen Festigkeitswerte beziehen sich in der Regel auf einfache Stücke mittlerer Querschnittsabmessungen. Bei geschmiedetem Stahl gelten die Werte in der Richtung der Schmiedefaser. Die Dicke der Werkstücke ist von wesentlichem Einfluß. Die Wirkung des Schmiedens, Pressens oder Walzens kann bei großen Abmessungen nicht bis in den Kern durchdringen, so daß die Festigkeitseigenschaften nach dem Kern zu immer ungünstiger werden; noch größer ist der Einfluß der Vergütung. Unlegierte Stähle lassen sich nur bis zu einer Dicke von etwa 40 mm gleichmäßig vergüten, Chrom- und Chrommolybdänstähle bis zu etwa 60 mm Dicke, bei nickellegierten Stählen ist die Durchvergütung wesentlich besser.

Die Probe muß an den Stellen und in Richtung der höchsten Beanspruchung entnommen werden; mit dem Lieferwerk sind die Festigkeitswerte für die angegebene Probelage zu vereinbaren, Fig. 20. Bei Wellen wird in der Regel die Probe im Abstand von ein Viertel bis ein Sechstel des Wellendurchmessers von der Oberfläche vorgesehen. Bei hochbeanspruchten Wellen von über 120 mm Dmr. werden oft Tangentialproben genommen (Fig. 20a). Bei diesen liegen Streckgrenze und Zugfestigkeit um etwa 10 vH, Bruchdehnung und Kerbzähigkeit um etwa 33 vH niedriger als bei Längsproben. Hohlkörper (Trommeln), die auf Innendruck oder Fliehkraft beansprucht sind, werden nur mit Tangentialproben geprüft, deren Werte annähernd diejenigen von Längsproben erreichen. Von Turbinenscheiben, deren höchste Beanspruchung in der Nabe liegt, müssen die Proben tangential an der Nabe entnommen werden. Große Schmiedestücke,

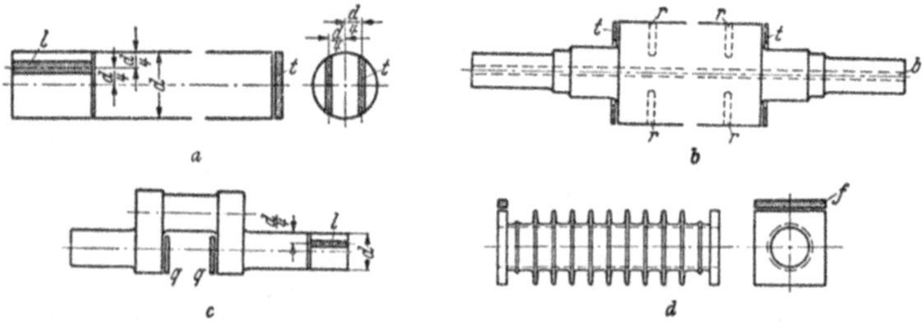

Fig. 20. Beispiele von Probenentnahme. *a* Welle mit Längs- (*l*) und Tangentialproben (*t*). *b* Turborotor mit Tangential- (*t*) und Radialproben (*r*) sowie Kontrollbohrung (*b*). *c* Kurbelwelle mit Längs- (*l*) und Querproben (*q*). *d* Rippenrohr mit angegossener Flanschleiste.

wie z. B. Turborotoren (Fig. 20b), werden ebenfalls durch Tangentialproben geprüft. Bei sehr hohen Beanspruchungen sind noch Radialproben zu entnehmen, deren Gütewerte nach innen zu sich verschlechtern. Man kann annehmen, daß bei einem Ballendurchmesser von 900 mm Dmr. Radialproben von der Oberfläche aus entnommen noch etwa 90 vH der Streckgrenze und Zugfestigkeit und 60 vH der Dehnung und Kerbzähigkeit derjenigen von Tangentialproben ergeben; bei einem mittleren Abstande von etwa 150 mm von der Oberfläche beträgt die Streckgrenze und Zugfestigkeit noch etwa 80 vH, die Dehnung 50 vH und die Kerbzähigkeit 30 vH. Bei großen Schmiedestücken und Tafeln für Kesselbleche ergeben sich auch Unterschiede der Festigkeitswerte, je nachdem die Proben aus dem Fuß- oder Kopfwerkstoff des ehemaligen Rohblockes stammen. In solchen Fällen werden zweckmäßig Proben von beiden Enden des Schmiedestückes entnommen, um Gewähr für eine genügende Gleichmäßigkeit des Werkstückes zu haben. Falls konstruktiv möglich, sieht man in großen und schwierigen Schmiedestücken im Kern eine Kontrollbohrung vor, um die Rißfreiheit des Schmiedestückes auch im Kern kontrollieren zu können.

Für Gußstücke sind grundsätzlich angegossene Proben zu entnehmen; nach Möglichkeit wird an einem Flansch eine Leiste, deren Dicke der mittleren Wandstärke des Gußstückes entspricht, für die Probeentnahme vorgesehen, Fig. 20d. Bei kleineren Stücken in Massenfertigung, bei denen nicht jedes Stück geprüft werden muß, werden keine Proben vorgesehen, sondern ein vereinbarter Hundertsatz wird zur Probeentnahme zerschnitten. Nötigenfalls können die Stücke durch Härteprüfungen auf Gleichmäßigkeit der Lieferungen untersucht werden.

Eine wertvolle Ergänzung der Festigkeitsprüfung ist in vielen Fällen möglich durch eine Prüfung des fertigen Maschinenteiles. Hohlkörper werden einer Wasserdruck- bzw. Gasdruckprobe unterworfen. Auf Fliehkraft beanspruchte Wellen und Scheiben von Turbinen, Zentrifugen werden mit der 1,2- bis 1,25-fachen, bei Wasserturbinen 1,8-fachen Betriebsdrehzahl geschleudert.

2. Zugversuch.

Wird ein Stab aus einem zähen Werkstoff, z. B. weichem Stahl, zügig beansprucht, so wird er mit steigender Belastung gedehnt (s. S. 345). Zunächst sind die Dehnungen elastisch, d. h. nach Entlastung geht der Stab auf seine ursprüngliche Länge zurück. Bei höherer Beanspruchung treten außer elastischen Verformungen bleibende Verformungen ein. Berechnet man die Last auf die Einheit des Querschnittes, so erhält man die Spannungen, deren Werte in folgenden Fällen für den Werkstoff kennzeichnend sind (nach DIN 1602).

Die Elastizitätsgrenze ist die Spannung, unterhalb der die plastischen Formänderungen sehr klein bleiben, so daß sie eben noch meßbar sind. Nach Vereinbarung gelten als Elastizitätsgrenze die Spannungen, bei denen die bleibende Dehnung 0,003 vH bzw. 0,01 vH der ursprünglichen Meßlänge l_0 nicht überschreitet. Es soll daher stets gekennzeichnet werden, bei welcher bleibenden Verformung die Elastizitätsgrenze bestimmt wurde, z. B. $\sigma_{0,01}$.

Die Proportionalitätsgrenze ist die Spannung, bis zu der zwischen Spannung und gesamter Formänderung praktisch noch Proportionalität herrscht. Sie wird

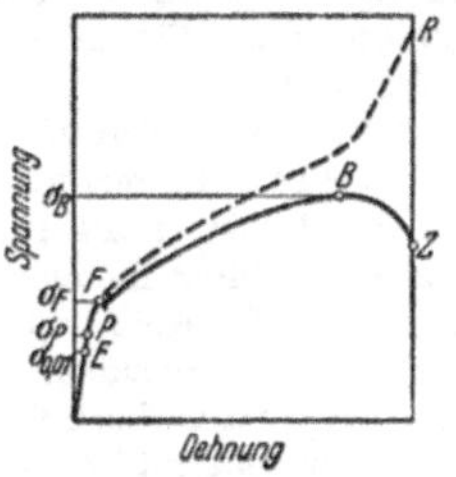

Fig. 21. Zerreißschaubild (Spannungs-Dehnungsdiagramm) von weichem Flußstahl.

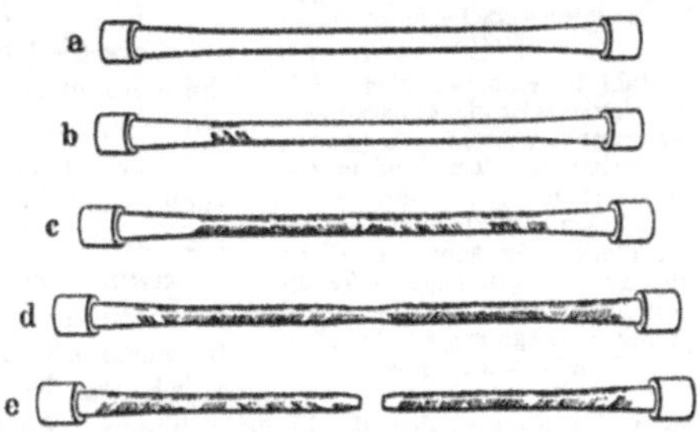

Fig. 22. Zerreißen eines Stabes aus weichem Flußstahl. *a* Nicht beansprucht. *b* Die Fließgrenze ist soeben erreicht, die ersten Fließlinien treten am Übergang zum konischen Stabende auf. *c* Nach Überschreiten der Fließgrenze, Fließlinien über die ganze Stablänge. *d* Die Höchstlast ist soeben erreicht, die Einschnürung beginnt. *e* Der Stab ist zerrissen, Einschnürung in der Bruchstelle.

in der Werkstoffprüfung selten angewendet. Bis zu dieser Spannung gilt das Hookesche Gesetz, s. S. 346.

Dehnzahl α und Elastizitätsmodul (Dehnsteife) E können z. B. mit dem Spiegelfeinmeßgerät von Martens (s. DIN DVM A 107) gemessen werden. Nicht alle Werkstoffe gehorchen dem Hookeschen Gesetz. So nehmen bei Gußeisen die Formänderungen stärker, bei Leder in geringerem Maße zu als die Spannungen.

Die Fließgrenze σ_{zF} ist die Spannung, bei der trotz zunehmender Formänderung die Kraftanzeige der Prüfmaschine erstmalig unverändert bleibt oder zurückgeht, Fig. 21. Sie ist nur bei Benutzung von starren Prüfmaschinen scharf ausgeprägt. Ist die Fließgrenze im Last-Verformungs-Schaubild nicht zu erkennen, so wird die Spannung, bei der die bleibende Dehnung 0,2 vH der ursprünglichen Meßlänge l_0 beträgt, an Stelle der Fließgrenze bestimmt und als 0,2-Dehngrenze bezeichnet. Beim Fließen blättert die Walzhaut ab und bei polierten Probestäben entstehen Fließfiguren (Lüderssche Linien), die meist unter 45° zur Stabachse (Fig. 22) verlaufen.

Die Zugfestigkeit σ_{zB} wird aus der von der Probe ertragenen höchsten Belastung P_{max} (Punkt B in Fig. 21) und ihrem ursprünglichen Querschnitt F_0 berechnet.

$$\sigma_{zB} = P_{max}/F_0.$$

Bis kurz vor dem Erreichen der Höchstlast B hat der Querschnitt des ganzen Stabes überall gleichmäßig abgenommen. Nunmehr beginnt der Stab sich örtlich (nach Fig. 22d) einzuschnüren. Infolgedessen nimmt die Belastung und demnach auch die auf den ursprünglichen Querschnitt bezogene Spannung ab, während die auf den tatsächlichen Querschnitt bezogene wahre Spannung immer weiter ansteigt. Bei Z bricht der Stab nach starker Einschnürung auseinander. Die auf den Bruchquerschnitt bezogene Spannung im Augenblick des Zerreißens wird als Reißfestigkeit bezeichnet.

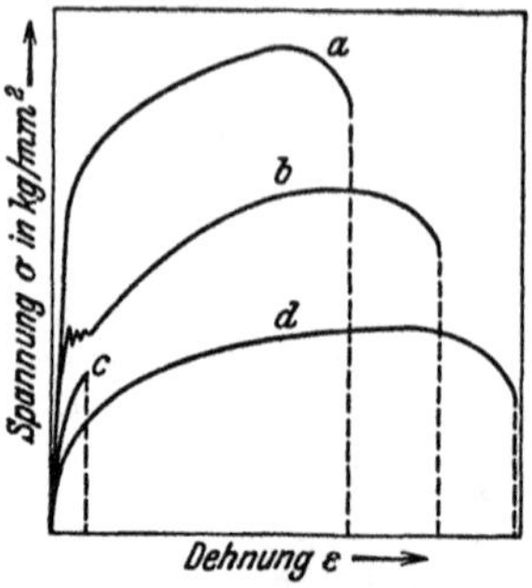

Fig. 23. Spannungs-Dehnungs-Schaubilder verschiedener Werkstoffe.

a Stahl höherer Festigkeit. Die Streckgrenze ist nicht ausgeprägt, bestimmt wird die 0,2 Dehngrenze; *b* Weichstahl. Obere und untere Streckgrenze ist ausgeprägt; *c* Gußeisen. Schaubild eines spröden Werkstoffes ohne wesentliche plastische Verformungen; *d* Weichgeglühtes Kupfer. Keine ausgeprägte Streckgrenze wie bei allen Nichteisenmetallen.

Die Bruchdehnung δ ist die beim Zerreißversuch entstandene mittlere Verlängerung Δl der Meßlänge, bezogen auf die ursprüngliche Meßlänge l_0:

$$\delta = 100\,\Delta l/l_0 \text{ vH}.$$

Die Einschnürung ψ ist die Querschnittsverminderung ΔF an der Bruchstelle, bezogen auf den ursprünglichen Querschnitt F_0:

$$\psi = 100\,\Delta F/F_0 \text{ vH}.$$

Verschiedene Werkstoffe ergeben verschiedene Spannungs-Dehnungs-Linien. Fig. 23 zeigt einige kennzeichnende Beispiele.

Der Probestabquerschnitt beim Zerreißversuch kann kreisförmig, quadratisch, rechteckig (Seitenverhältnis in der Regel kleiner als 1 : 4, ausgenommen Feinbleche), in Ausnahmefällen auch anders geformt sein, z. B. Rohre, Turbinenschaufelprofile. Da die Bruchdehnung durch die Einschnürung wesentlich beeinflußt wird, ist sie von der Meßlänge abhängig. Letztere ist daher genormt (Zahlentafel 5). Die Normalstäbe werden wegen ihrer großen Abmessungen kaum verwandt. Bevorzugt werden kurze Proportionalstäbe von 10 oder 12 mm Dmr.

Zahlentafel 5. Probeabmessungen für Zerreißversuche (DIN 1605).

Nr.	Zu unterscheiden sind folgende Probestabformen	Abmessungen in mm			Querschnitt F mm²	Zeichen für die Bruchdehnung
		Versuchslänge l_v (mindest)	Meßlänge l	Durchmesser[1])		
1	Langer Normalstab . .		$10d = 200$	20	314	δ_{10}
2	Kurzer Normalstab . .		$5d = 100$			δ_5
3	Langer Proportionalstab	$l + d$	$10d = 11{,}3 \cdot \sqrt{F_0}$	beliebig	beliebig	δ_{10}
4	Kurzer Proportionalstab		$5d = 5{,}65 \cdot \sqrt{F_0}$			δ_5
5	Langstab		200	beliebig	beliebig	δ_l
6	Kurzstab		100			δ_k

Normung:

Zugversuch . . . . DIN 1605 Bl. 1 u. 2
DIN DVM A 109 (Vornorm)
Streckgrenze bei höheren Temperaturen, Kurzversuche . . DIN DVM A 112 (Vornorm)
Zugversuch an dünnen Blechen . . . . DIN DVM A 114 (Vornorm)
Mechan. Prüfung von Schweißverbindungen, Zugversuch . . DIN DVM A 120 (Vornorm)
Richtlinien für die Herstellung von Probestäben für die Zugversuche . . . . DIN DVM A 125 (Vornorm)
Prüfung von Holz, Zugversuch . . . . DIN DVM 2188
Prüfung von Gummi, Bestimmung der Zugfestigkeit und Bruchdehnung von Weichgummi durch den Zugversuch . DIN DVM 3504
Dauerstandfestigkeit von Stahl bei hohen Temperaturen . . DIN DVM A 117 u. 118 (Vornorm)

[1]) Bei anderen als kreisförmigen Querschnitten gilt der Durchmesser des dem Stabquerschnitt flächengleichen Kreises. Der Übergang zum Stabkopf, dessen Form sich im einzelnen nach der Bauart der Zerreißmaschine richtet, darf nicht scharf abgesetzt sein.

3. Druckversuch.

Der Druckversuch wird bei Werkstoffen angewandt, die praktisch nur auf Druck beansprucht werden (Lagermetalle, spröde Körper wie Gußeisen, Steine, Beton usw.). Die äußeren Einflüsse der Versuchsanordnung sind nicht so gut auszuschalten wie beim Zugversuch.

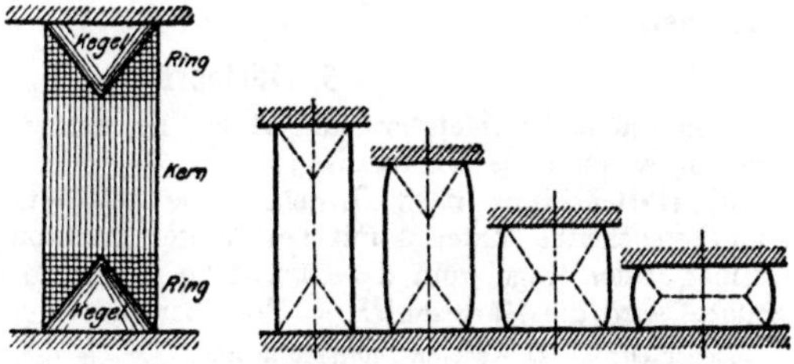

Fig. 24. Druckversuch, Bildung der Druckkegel.

Die Druckbeanspruchung $-\sigma$ bewirkt eine Verkürzung (Stauchung) $-\varepsilon$ der Probenlänge l_0 um Δl

$$(-\varepsilon = -\Delta l/l_0)$$

und eine Vergrößerung des Durchmessers (Querdehnung $\varepsilon_q = -\varepsilon/m$; vgl. S. 346).

An Stelle der Fließgrenze tritt die Quetschgrenze σ_{dF}, bei der der Stoff unter Bildung von Druckkegeln nach Fig. 24 seitwärts abzuschieben beginnt. Eine höchste Druckbelastung σ_{dB} läßt sich nur bei spröden Werkstoffen feststellen, da ein zäher Probekörper ohne Zerstörung zusammengequetscht werden kann.

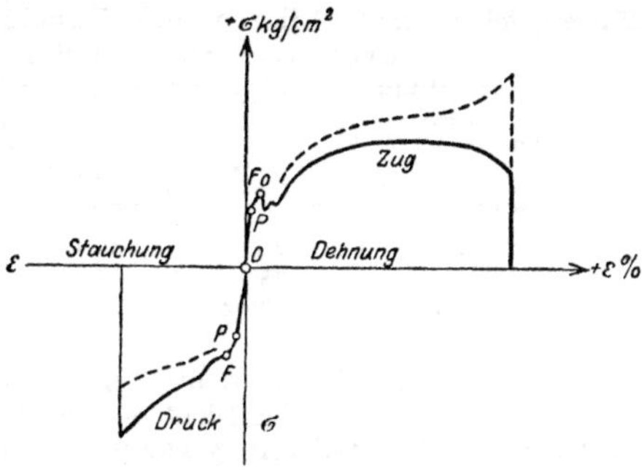

Fig. 25. Spannungs-Dehnungs-Schaubild für Zug- und Druckversuch.

Das Elastizitätsmaß $E = \sigma/\varepsilon$ hat bei Gültigkeit des Hookeschen Gesetzes dieselbe Größe wie beim Zugversuch. Daher verläuft die Kurve in Fig. 25 geradlinig durch den Nullpunkt. Die Druckfestigkeit hängt stark von der Probenform ab. Sie ist für einen Probekörper mit kreisförmigem Querschnitt größer als für einen solchen mit quadratischem Querschnitt. Die Druckfestigkeit vermindert sich mit zunehmender Probenhöhe. Gewöhnlich werden Würfel (nichtmetallische Baustoffe) oder Zylinder (Metalle), deren Höhe gleich dem Durchmesser ist (für Feinmessungen auch gleich dem 2,5- bis 3fachen des Durchmessers), verwendet.

Normung:

Druckversuch an Metallen . . . . DIN DVM A 106 (Vornorm)
Bestimmungen für Steifeprüfungen und für Druckversuche an Würfeln bei Ausführung von Bauwerken aus Beton und Eisenbeton . . . . DIN 1048
Prüfung von Holz, Druckversuche . . . . DIN DVM 2185
Prüfverfahren für natürliche Gesteine, Druckfestigkeit . . . . DIN DVM 2105.

4. Biegeversuch.

Angewandt bei Gußeisen, Schweißverbindungen, Beton, künstlichen und natürlichen Steinen, Holz, seltener bei Stahl.

Der Biegeversuch wird meist so ausgeführt, daß der Probestab beiderseits auf Rollen frei aufgelagert und in der Mitte belastet wird. Zähe Werkstoffe können durch die gewöhnliche Biegeprobe nicht zu Bruch gebracht werden, es kann dann nur die Biegefließgrenze (entsprechend der Quetschgrenze beim

Druckversuch) bestimmt werden. Bei Gußeisen werden Probestäbe von 30 mm Dmr. bei 600 mm Auflagerentfernung geprüft. Bei Holz beträgt die Auflagerentfernung etwa das 10- bis 15fache der Probenhöhe.

Die Biegefestigkeit wird nach den Formeln der Festigkeitslehre (s. S. 359) berechnet.

5. Härteprüfung.

Angewandt bei Metallen und Holz. Es werden Verformungen bzw. Verformungswiderstände bestimmt.

a) Härteprüfung nach Brinell. Eine gehärtete Stahlkugel wird in das zu untersuchende Material mit bestimmter Belastung gedrückt. Aus der Belastung P der Kugel und der Oberfläche F_0 der in den Werkstoff gedrückten Kalotte wird die Härtezahl $H = P/F_0$ berechnet.

Bedeuten: D Kugeldurchmesser in mm,
P Belastung der Kugel in kg,
d Durchmesser der Eindruckfläche F_0,

so errechnet sich die Brinellhärte H in kg/mm² aus der Formel

$$H = \frac{2P}{\pi \cdot D \cdot (D - \sqrt{D^2 - d^2})}.$$

Zahlentafel 6. Belastungen und Kugeldurchmesser für den Kugeldruckversuch nach Brinell (DIN 1605).

Kugeldurchmesser D mm	Belastung P in kg			
	$30D^2$	$10D^2$	$5D^2$	$2{,}5D^2$
10	3000	1000	500	250
5	750	250	125	62,5
2,5	187,5	62,5	31,2	15,6

Bei Kohlenstoffstählen ist die Zugfestigkeit $\sigma_B = 0{,}36 \cdot H$, bei legierten Stählen $\sigma_B = 0{,}34 \cdot H$. Bei Nichteisenmetallen kann aus der Härte nicht unmittelbar auf die Festigkeit geschlossen werden.

b) Härteprüfung nach Rockwell (DIN Vornorm 50103). Als Eindringkörper wird bei harten Werkstoffen ein Diamantkegel mit 120° Spitzenwinkel, bei mittelharten und weichen Werkstoffen eine gehärtete Stahlkugel von $^1/_{16}''$ Dmr. benutzt und aus der Eindringtiefe die Rockwellhärte abgeleitet. Der Eindringkörper wird zunächst mit einer Vorlast von 10 kg in die Oberfläche des Prüfstückes eingedrückt. Die dabei erreichte Eindringtiefe stellt den Ausgangswert für die Tiefenmessung dar. Hierauf wird die Belastung um 140 kg auf insgesamt 150 kg (Kegel) bzw. um 90 kg auf insgesamt 100 kg (Kugel) gesteigert und wieder auf den Wert der Vorlast entlastet. Die bleibende Eindringtiefe wird gemessen und die entsprechende Rockwell-C-Härte (Kegel) bzw. Rockwell-B-Härte (Kugel) an der Skala des Gerätes unmittelbar abgelesen.

c) Härteprüfung nach Vickers (DIN Vornorm DVM 133). Eine Diamantpyramide von 136° Flächenwinkel wird mit einer beliebigen Last, z. B. 50 kg oder 120 kg bei sehr harten Stählen, 10 kg bei eingesetzten Stählen, 0,5 kg bei nitrierten Stählen und dünnen Blechen in die Werkstoffoberfläche eingedrückt. Die Eindruckoberfläche wird aus ihren gemessenen Diagonalen bestimmt. Die Härtezahl errechnet sich wie bei der Brinellhärte $HV = P/F_0$. Die Vickershärte ist unabhängig von der Belastung, die Regelbelastungen betragen 10, 30 und 60 kg.

Die Härteprüfung nach Vickers ist wegen der Möglichkeit geringer Belastung und der genauen Ausmeßbarkeit der Eindrücke besonders geeignet für dünne Härteschichten (Einsatzhärtung, Nitrierhärtung) und für dünne Bleche. Da das Prüfstück nicht unbedingt genau auf der Unterlage aufsitzen muß, ist die Prüfung nach Vickers der Prüfung mit Vorlast (Rockwell) überlegen. Die Vickers-Härte stimmt bis $H = 300$ praktisch mit der Brinellhärte überein.

d) Rückprallhärteprüfung mit Skleroskop nach Shore oder mit Duroskop. Es fällt ein kleines Hämmerchen auf die Oberfläche des Prüfkörpers. Je härter der Werkstoff, um so höher prallt der Hammer zurück. Die Rückprallhöhe ist ein Maß für die Härte.

e) Härteprüfung nach Poldi. Eine Stahlkugel wird gleichzeitig entweder im Schraubstock oder mittels Hammerschlag in das Prüfstück und in eine Vergleichsplatte eingedrückt. Die beiden Eindruckdurchmesser werden gemessen und hieraus aus einer Umrechnungstafel die Brinellhärte ermittelt.

Über die Beziehungen zwischen den verschiedenen Härteprüfverfahren und Zugfestigkeit bei Stahl s. Fig. 26.

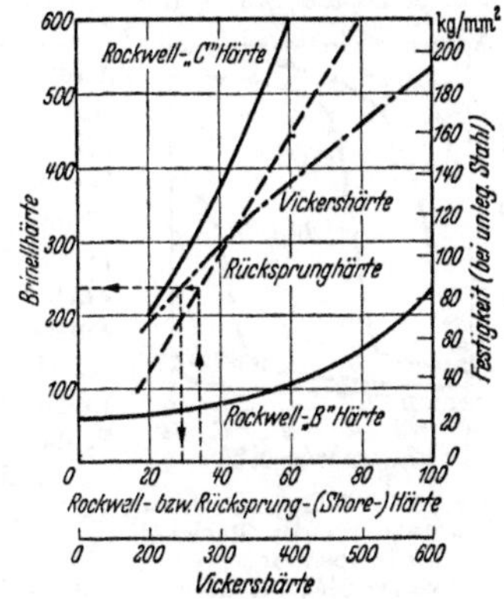

Fig. 26. Beziehung zwischen Rockwell-, Vickers-, Shore- und Brinellhärte bei Stahl.

6. Kerbschlagversuch.

Einseitig gekerbte Probestäbe (Fig. 27) werden auf einer Schabotte beiderseits frei aufgelagert und mit einem Pendelhammer durchgeschlagen. Aus der Fallhöhe h_1 des Hammers, seinem Gewicht G und der Steighöhe h_2 des Hammers nach dem Zerschlagen der Probe wird die verbrauchte Schlagarbeit $A = G(h_1 - h_2)$ ermittelt. Als Kerbzähigkeit wird die auf die angekerbte Querschnittsfläche F des Probestabes bezogene Schlagarbeit A angegeben.

$$\text{Kerbzähigkeit } a_k = A/F \text{ in mkg/cm}^2.$$

Der Kerbschlagversuch ergibt zwar keine ziffernmäßigen Werte die in die Festigkeitsrechnung eingesetzt werden können. Trotzdem ist er ein sehr wertvoller Versuch, um die Eignung metallischer Werkstoffe, besonders des Stahles, für hochbeanspruchte Maschinenteile festzustellen. Wie in Abschnitt I erklärt, treten in Konstruktionen nicht einachsige, sondern infolge der Kerbwirkung meist mehrachsige Spannungszustände ein. Hierdurch wird das Formänderungsvermögen des Werkstoffes behindert. Ein Stahl, der beim Zugversuch hohe Bruchdehnung zeigt und somit als zäh erscheint, kann infolge der Kerbwirkung spröde brechen. Beim Kerbschlagversuch wird festgestellt, ob trotz Kerbwirkung der Werkstoff sich noch plastisch verformen kann. Dies ist notwendig, damit bei einer Überbeanspruchung ein Konstruktionsteil nicht plötzlich bricht, sondern die Überbeanspruchung durch Formänderung aufgenommen werden kann. Die weitere Bedeutung des Kerbschlagversuches liegt darin, daß er oft der einzige Versuch ist, um den richtigen Glühzustand des Stahles und seine Neigung zur Alterung (s. S. 446 u. 453) nachzuweisen. Schlecht vorbehandelte Stähle erweisen sich bei der Kerbschlagprüfung bei Raumtemperatur spröde. Je zäher

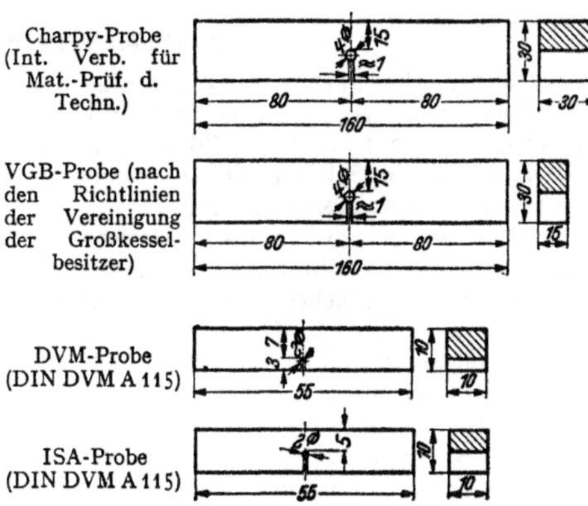

Fig. 27. Abmessungen von Kerbschlagproben.

das Gefüge ist, bei um so tieferen Temperaturen erst tritt diese Kaltsprödigkeit ein (Fig. 28). Die Alterungsbeständigkeit von Stahl wird durch vergleichende Kerbschlagversuche im guten Glühzustand und nach Kaltverformung (Recken oder Stauchen der Probe um 8 bis 12 vH) und Anlassen bei 250 bis 300° C nachgewiesen.

Für die Prüfung von geschmiedetem Stahl wird in der Regel die DVM-Probe, für hochzähe Stähle die ISA-Probe, für Stahlguß und Kesselbleche neben der DVM-Probe auch die VGB-Probe verwandt. Die Ergebnisse von Proben verschiedener Abmessungen lassen sich nicht ohne weiteres vergleichen. Große Proben (Charpy- und VGB-Probe) ergeben bei **hochzähen** Werkstoffen höhere Kerbzähigkeitswerte (bis 40 mkg/cm²) als die DVM- bzw. ISA-Probe (höchstens 15 bis 20 mkg/cm²). Bei **mittleren** Kerbzähigkeitswerten (6 bis 10 mkg/cm²) ergibt die DVM-Probe wegen des kleineren Kerbdurchmessers in der Regel um die Hälfte bis ein Drittel kleinere Werte als die VGB-Probe und ungefähr gleiche Werte wie die Charpy-Probe. Bei **niedriger** Kerbzähigkeit (<4 mkg/cm²) ergibt die DVM-Probe ebenfalls niedrigere Werte als die VGB-Probe, aber meist höhere Werte als die Charpy-Probe. Bei Neigung zu Sprödigkeit infolge mangelhaften Glühzustandes ergibt die Charpy-Probe eher niedrige Kerbzähigkeitswerte als die VGB-Probe, da letztere sich wegen des günstigeren Verhältnisses von Höhe : Breite noch besser verformen kann.

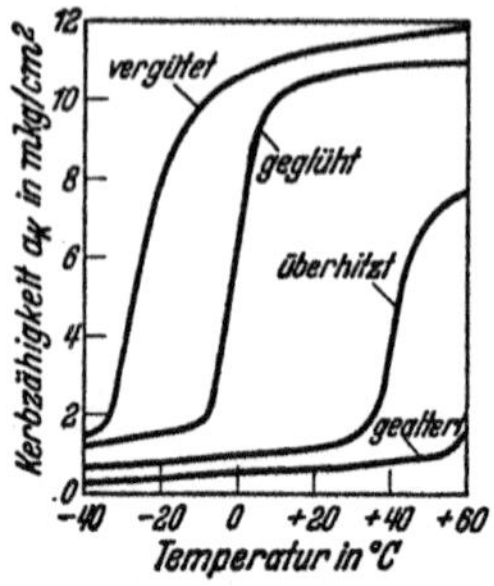

Fig. 28. Abhängigkeit der Kerbzähigkeit des Stahles von der Temperatur bei verschiedenen Glühzuständen.

Die ISA-Probe neigt wegen ihres niedrigen Verhältnisses Höhe : Breite eher zu sprödem Bruch als die DVM-Probe. Bei gutem Glüh- bzw. Vergütungszustand sind die Werte, die mit der DVM-Probe und ISA-Probe erreicht werden, nahezu gleich.

7. Dauerversuche.

Die Dauerfestigkeit eines Werkstoffes kann zuverlässig im allgemeinen nur durch wirkliche Dauerversuche ermittelt werden. Bei wechselnder Beanspruchung geschieht dies mit Hilfe der Wöhlerkurve (s. S. 350), die bei Stählen meist bis zu einer Grenzlastspielzahl von 10 Millionen, bei Leichtmetall zweckmäßig von 50 Millionen, aufgenommen wird.

Dauerversuche mit glatten polierten Probestäben lassen sich jedoch nicht unmittelbar als Berechnungsgrundlage für die Konstruktion verwerten, da Kerbwirkung und Oberflächenzustand (s. S. 428) von starkem Einfluß auf die Dauerfestigkeit sind. Durch Versuche an Modellkörpern, die den Konstruktionselementen möglichst weitgehend nachgebildet sind, erhält man jedoch zuverlässige Werte über die Kerbwirkungszahl β_k (s. S. 427). In immer häufigeren Fällen geht man heute sogar dazu über, die Dauerhaltbarkeit eines fertigen Bauteiles unmittelbar versuchsmäßig zu bestimmen.

Bei ruhender Dauerbeanspruchung werden Dauerstandversuche durchgeführt. Sie sind wichtig, um die Neigung der Metalle zum Kriechen festzustellen. Bei verschiedenen ruhenden Belastungen werden Zeit-Dehnungs-Schaubilder aufgenommen. Bestimmt wird diejenige Beanspruchung als Dauerstandfestigkeit, bei der die in langen Zeiträumen zu erwartenden plastischen Formänderungen noch keine Bruchgefahr darstellen.

Nach DIN Vornorm A 117 und A 118 wird in einem Abkürzungsverfahren als Dauerstandfestigkeit die Beanspruchung ermittelt, die einer Dehngeschwindigkeit von $10 \cdot 10^{-4}$ vH je Stunde in der 25. bis 35. Versuchsstunde entspricht. Außerdem darf die bleibende Dehnung nach 45 Stunden 0,2 vH nicht überschreiten.

Diese Dauerstandfestigkeit stellt jedoch nur einen Näherungswert dar. Nach neueren Forschungsergebnissen treten bei vielen Werkstoffen Brüche auch bei Belastungen auf, die noch unterhalb dieser Dauerstandfestigkeit liegen. So wurden bei Schraubenverbindungen Dauerstandbrüche beobachtet, bei denen die Beanspruchung im Gewinde nur etwa $^2/_3$ der Dauerstandfestigkeit nach DIN DVM A 117/118 betrug. Zur Beurteilung der wahren Dauerstandfestigkeit müssen deshalb Langzeitversuche mit glatten und gegebenenfalls gekerbten Proben durchgeführt werden.

8. Technologische Versuche.

Hierbei wird meist nur die Formänderungsfähigkeit bei Raumtemperatur oder Schmiedetemperatur untersucht, ohne daß Kraft- oder Arbeitsmessungen durchgeführt werden. Der Faltversuch (DIN 1605, Blatt 4) dient zum Nachweis der Biegbarkeit (Zähigkeit) des Werkstoffes bei Raumtemperatur. Je nach der Zähigkeit des Werkstoffes werden Dorndurchmesser und Biegewinkel oder Biegeradius vorgeschrieben, die die Probe beim Falten aushalten muß, ohne auf der Zugseite anzureißen. (Flußstahl s. DIN 1612, 1613, 1621; Messing, Bronze s. DIN 1774, 1778, 1779.) Zum Nachweis der Warmbearbeitbarkeit dient der Rotbruchversuch, der ähnlich wie der Faltversuch, jedoch im rotwarmen Zustand durchgeführt wird.

Die Schweißbarkeit im Feuer wird geprüft, indem Probestäbe nach dem üblichen Werkstattverfahren überlappt zusammengeschweißt werden. Ebenso müssen Gasschmelz- und Lichtbogenschweißungen (DIN 4300) sowie Schweißdrähte (DIN 1913) auf ihre Güte nachgeprüft werden. Neben der Festigkeit und Verformbarkeit der Schweißproben ist bei Schweißungen von Stählen über 50 kg/mm² Festigkeit die Prüfung auf Schrumpfrißunempfindlichkeit erforderlich.

Die Hin- und Herbiegeprobe wird bei Drähten und dünnen Blechen ausgeführt. Die Probe wird zwischen Klemmbacken gespannt und nach beiden Seiten um einen Halbmesser gebogen, der gewöhnlich etwa die 2- bis 3fache Probendicke beträgt. Gemessen wird die Zahl der Hin- und Herbiegungen bis zum Bruch. Bleche, die durch Ziehen oder Drücken starken Verformungen unterworfen werden sollen, werden der Tiefziehprobe (DIN DVM A 101) unterworfen. Beim Erichsen-Tiefziehapparat wird ein abgerundeter Stößel in die zwischen Matrize und Faltenhalter liegende Blechprobe eingedrückt. Gemessen wird die Tiefe der Ausbuchtung bis zum ersten Anriß.

Nieten werden durch Kaltstauchproben und Warmstauchproben auf den Grad ihrer Verformbarkeit untersucht. An Rohren wird die Aufweitprobe mit einem kegeligen Dorn, sowie die Bördelprobe durchgeführt. Innere Spannungen werden durch die Aufsägeprobe (Klaffen oder Zuziehen des Sägeschnittes) nachgewiesen.

9. Chemische Prüfungen und Gefügeuntersuchungen.

Für die Beurteilung der Werkstoffeigenschaften ist in der Regel die Kenntnis der chemischen Zusammensetzung notwendig. Bei den metallischen Werkstoffen müssen die absichtlich zugesetzten Legierungselemente und die beim Herstellungsprozeß sich ergebenden schädlichen Bestandteile nachgeprüft werden.

Zur Sichtbarmachung des Gefüges werden Metallproben geschliffen und angeätzt. Einfache Prüfverfahren für Stahl:

Nachweis von Seigerungen, Schweißstellen in weichem Stahl nach Heyn: 10 g Kupferammoniumchlorid in 120 cm³ Wasser lösen; Ätzdauer 1 bis 3 min.

Nachweis von Seigerungen in härteren Stählen nach Oberhoffer: Ätzlösung 500 cm³ Alkohol, 500 cm³ Wasser, 50 cm³ konz. Salzsäure, 30 g Eisenchlorid, 1 g Kupferchlorid und 0,5 g Zinnchlorür. Ätzdauer 5 sek bis 2 min.

Nachweis von Schwefelseigerungen nach Baumann: Bromsilberpapier wird mit 5proz. Schwefelsäure getränkt und auf die Schliffläche gedrückt. Einwirkungsdauer 1 bis 2 min. Nach Abziehen des Papieres dasselbe fixieren und wässern.

Tiefätzungen zum Nachweis von Rissen, Seigerungslinien, Schlackenzeilen, Poren: 50proz. Salzsäure auf 80° C erwärmen, 10 bis 30 min einwirken lassen.

Um das Feingefüge sichtbar zu machen, müssen die Proben poliert werden. (Goerens: Einführung in die Metallographie.)

Nichtmetallische Einschlüsse, Risse sowie die Verteilung des Graphits werden dann unter dem Mikroskop sichtbar. Zur Untersuchung der Kristallstruktur werden die Schliffe angeätzt. Einige typische Gefügebilder von unlegierten Stählen und Gußeisen zeigen Fig. 29 bis 36.

Fig. 29. Reines Eisen (Ferrit). Fig. 30. Mittelharter Stahl (0,4% C) geglüht (weiß Ferrit, dunkel Perlit). Fig. 31. Mittelharter Stahl (0,4% C) vergütet (gleichmäßiges sorbitisches Gefüge). Fig. 32. Austenitischer Stahl. Fig. 33. Stahlguß ungeglüht (Widmannstättensche Struktur). Bild 34. Stahlguß (wie Fig. 33) geglüht (weiß Ferrit, dunkel Perlit). Fig. 35. Gußeisen (Ferritisches Grundgefüge mit grobem Graphit). Fig. 36. Hochwertiges Gußeisen (Perlitguß; Perlitisches Grundgefüge mit feinem Graphit).

10. Zerstörungsfreie Prüfverfahren.

Risse, Lunker und Gasblasen in Schmiede- oder Gußstücken können mittels Röntgenstrahlendurchleuchtung nachgewiesen werden. Die noch erkennbare Fehlergröße beträgt bei Röntgenstrahlen bis zu 60 mm Wanddicke etwa 1,5 vH der Wanddicke.

Für größere Wanddicken wendet man γ-Strahlen (Mesothorium-Präparate) an. Ihre Durchdringungsfähigkeit ist wesentlich größer, die Handhabung sehr einfach. Die Fehlererkennbarkeit beträgt bei 100 mm Dicke des Stahles etwa 4 vH.

Ein weiteres Anwendungsgebiet der Röntgenstrahlen ist die Messung von Eigenspannungen in Werkstücken. Da den durch die Spannung bedingten elastischen Dehnungen auch Veränderungen des Atomabstandes entsprechen, lassen sich innere Spannungen mit einer Genauigkeit von ± 2 kg/mm² röntgenographisch messen.

Feine Risse, Schlackenzeilen, Poren nahe der Oberfläche von Werkstücken lassen sich deutlich mit dem Magnetpulververfahren nachweisen. Das zu untersuchende Werkstück wird magnetisiert und mit Metallöl (Petroleum mit einer Aufschlämmung von Carbonyleisenpulver oder Eisenoxyduloxydpulver) überspült, wodurch die Fehlstellen sichtbar werden. Die Magnetisierung der Werkstücke kann durch Gleichstromelektromagnet, Wechselstromdurchflutung, Wechselstromfremderregung oder Stoßmagnetisierung mit Gleichstrom erfolgen. Risse werden nur sichtbar, wenn sie im Winkel zum magnetischen Kraftlinienfluß liegen.

III. Die Werkstoffe, ihre Eigenschaften und Verwendung.

A. Stahl und Eisen.

1. Die technischen Eisensorten.

Die technischen Eisensorten sind Legierungen des Eisens mit einer Reihe anderer Elemente. Kohlenstoff, Mangan, Silizium, Phosphor, Schwefel, Arsen, Kupfer, Sauerstoff sind bereits im Roheisen oder sogar schon in den Eisenerzen enthalten und lassen sich beim Frischen und Umschmelzen des Eisens nicht völlig beseitigen. Zur Erlangung bestimmter Eigenschaften werden hiervon Kohlenstoff, Silizium, Mangan und Kupfer absichtlich zulegiert. Hochwertigen Stählen und Gußeisen wird außerdem Chrom, Nickel, Molybdän, Wolfram, Vanadium, Kobalt, Aluminium, Titan und Tantal zulegiert.

Das wichtigste Legierungselement ist Kohlenstoff. Bis 1,7 vH C-Gehalt ist das Eisen schmiedbar, oberhalb nur gießbar. Schmiedbares Eisen wird als Stahl bezeichnet, nur gießbares als Roheisen. Durch Umschmelzen des Roheisens unter Mitverwendung von Gußbruch und Schmelzzusätzen erhält man Gußeisen. Eine Untergruppe des Gußeisens ist der Temperguß, im Rohguß ein weißes sprödes Gußeisen, bei dem durch nachträgliches längeres Glühen das Eisenkarbid in Eisen und Temperkohle zerlegt wird, wodurch es dehnbar und leicht bearbeitbar wird.

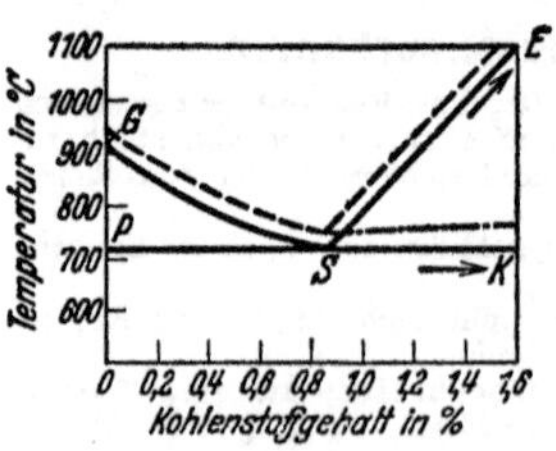

Fig. 37. Glüh- und Härtetemperaturen für Stahl.

2. Mechanische und thermische Behandlung der Stähle.

Für die Wärmebehandlung des Stahles ist das Eisen-Kohlenstoff-Schaubild maßgebend (Fig. 37). Oberhalb *GSE* befindet sich der Stahl im Zustande der festen Lösung (Austenit). Beim Abkühlen scheiden sich längs *GS* reine Eisenkristalle (Ferrit), längs *SE* Eisenkarbid (Sekundär-Zementit) aus. Im Punkte *S* scheiden sich bei einem C-Gehalt von 0,89 vH Sekundärzementit und Ferrit

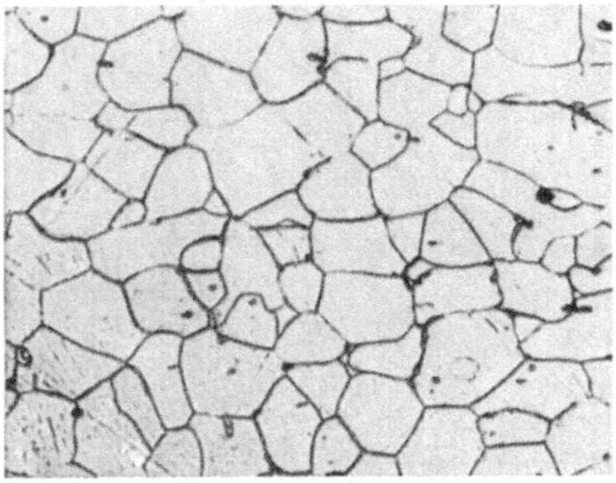

Fig. 29. × 200

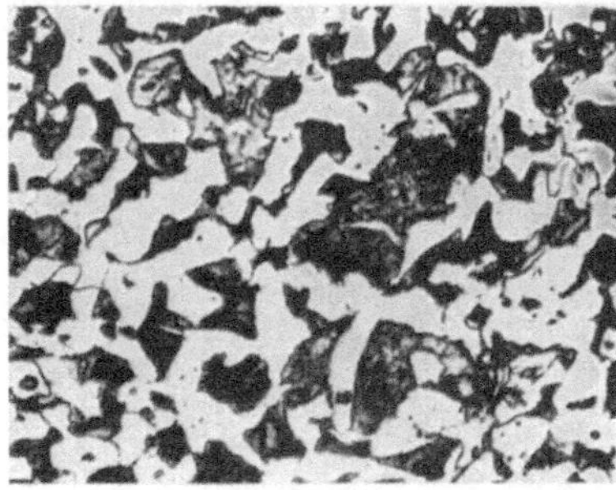

Fig. 30. × 200

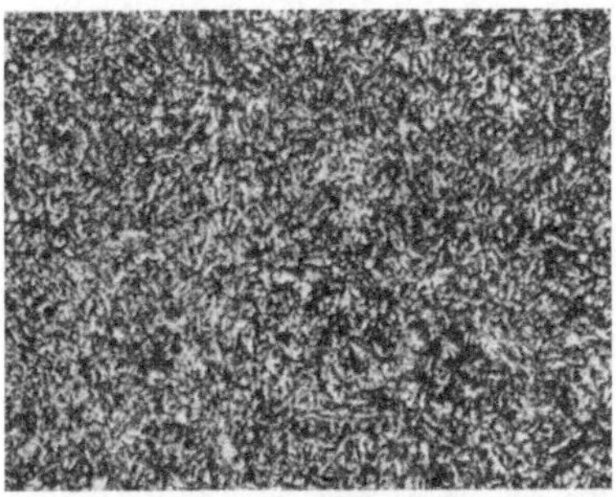

Fig. 31. × 400

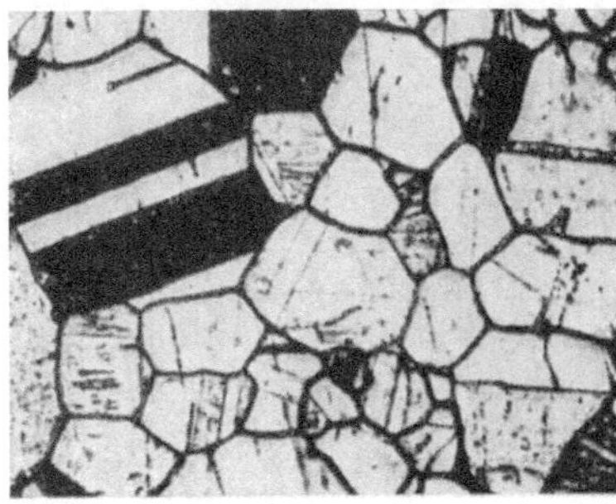

Fig. 32. × 100

Fig. 33. × 100

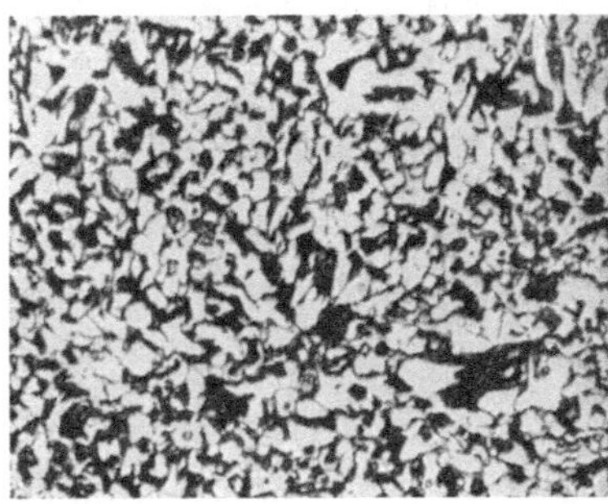

Fig. 34. × 100

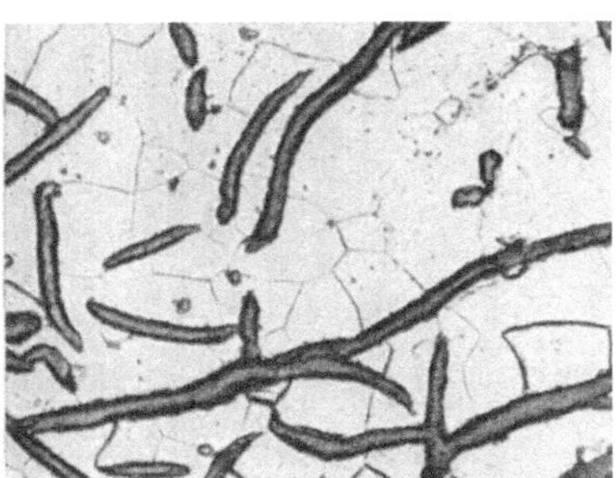

Fig. 35. × 100

Fig. 36. × 200

gleichmäßig ab. Das Gefüge zeigt gleichmäßige Streifen von Eisen und Eisenkarbid und wird als Perlit bezeichnet. Unterhalb *PSK* herrscht Gleichgewicht, die Mischkristalle sind zerfallen. Das Gefüge des Stahles mit weniger als 0,89 vH C besteht aus Ferrit und Perlit, bei einem C-Gehalt über 0,89 vH bis 1,7 vH aus Perlit und Sekundärzementit.

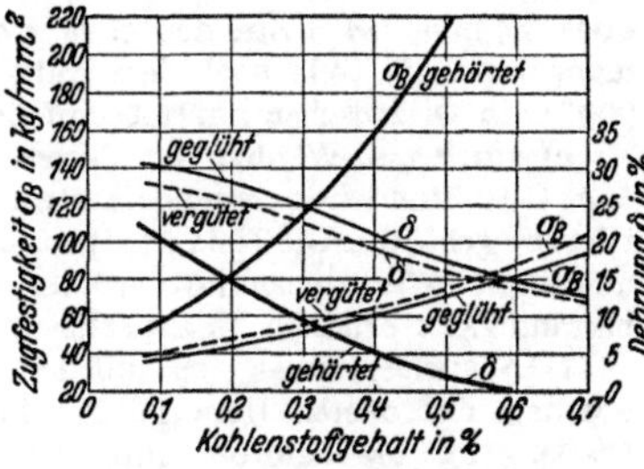

Fig. 38. Einfluß des Härtens und Vergütens bei Stählen mit verschiedenem Kohlenstoffgehalt.

a) Ausglühen (Normalisieren). Durch Glühen um etwa 30 bis 50° C über der oberen Umwandlungslinie und nachfolgendem Abkühlen an der Luft wird Stahl normalisiert. Durch die Glühbehandlung erhält man ein feinkörniges gleichmäßiges Gefüge. Grobkörnige Gußstruktur, Einflüsse von Kaltverformung und Überhitzung werden beseitigt. Unlegierte Baustähle sind an der Luft oder wenigstens bei offenen Ofentüren abzukühlen, da sonst infolge Bildung von Tertiärzementit Versprödung eintritt. Unter 600° C kann zwecks Vermeidung innerer Spannungen im Ofen abgekühlt werden.

b) Härten, Vergüten. Wird der Stahl bei Temperaturen oberhalb der oberen Umwandlungslinie *GS* abgeschreckt, so zerfällt der Austenit in Martensit, ein feinnadliges, sehr hartes Gefüge. Wesentlich härtbar sind nur Stähle über 0,3 vH C. Stähle mit über 0,9 vH C werden nur kurz über der unteren Umwandlungslinie *SK* abgeschreckt, da der über *SK* ausgeschiedene Zementit bereits hart ist.

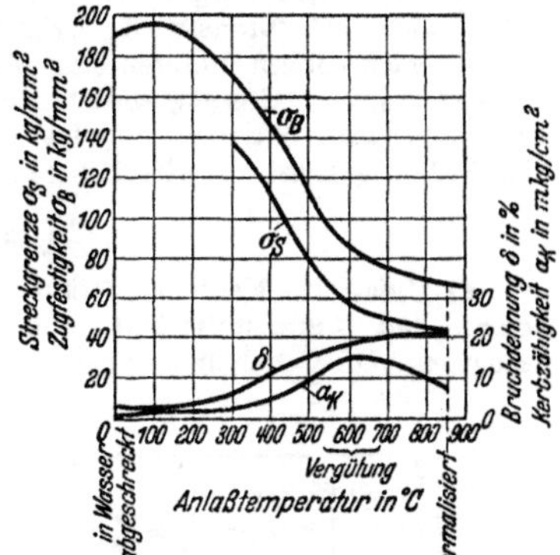

Fig. 39. Einfluß der Anlaßtemperatur auf die Festigkeitseigenschaften von gehärtetem Stahl mit 0,45 vH C.

Durch Anlassen wird die Härte vermindert, dafür die Zähigkeit verbessert. Stähle für Werkzeuge werden je nach erforderlicher Härte auf 100 bis 400° C angelassen. Konstruktionsstähle werden, um neben guter Festigkeit hohe Zähigkeit zu erhalten, vergütet. Nach dem Abschrecken Anlassen auf 600 bis 680° C (Gefüge: Sorbit). Um zu scharfes Abschrecken und damit Risse durch Spannungen zu vermeiden, werden kompliziertere Stücke in heißem Wasser oder Öl abgeschreckt. Legierte Stähle werden meist in Öl abgeschreckt. Hochlegierte Stähle, bei denen die Umwandlung des Austenits in Perlit sehr langsam vor sich geht, können auch im Luftstrom gehärtet werden. Bei diesen Stählen wird auch eine bessere Durchhärtung größerer Querschnitte erreicht, die bei Kohlenstoffstählen unvollkommen ist. Über den Einfluß des Härtens und Vergütens auf die Festigkeitseigenschaften s. Fig. 38 und 39.

c) Brennstrahlhärten. Werkstücke, die nur eine harte Oberfläche erhalten sollen, werden mit der Leuchtgas-Sauerstoff-Flamme oder Acetylen-Sauerstoff-Flamme an der Oberfläche auf Rotglut erhitzt und unmittelbar anschließend mit einem kräftigen Wasserstrahl abgeschreckt. Geeignet hierfür sind Stähle mit 0,35 bis 0,60 vH C. Auch an legierten Stählen ist eine örtliche Oberflächenhärtung durch Erhitzen über den oberen Umwandlungspunkt möglich, häufig genügt hier Luftabkühlung.

d) Einsatzhärten. Hohe Oberflächenhärte bei zugleich weichem, zähem Kern wird erreicht, wenn Stähle mit weniger als 0,2 vH C (auch Cr, Cr-Ni, Cr-Mo-

Stähle) in einem kohlenstoffreichen Mittel (z. B. Härtepulver: 60 vH Holzkohle + 40 vH Bariumkarbonat oder 84 vH Holzkohle + 6 vH Bariumkarbonat + 10 vH Kalziumkarbonat) bei 840 bis 900° C geglüht und in Öl oder Wasser abgeschreckt werden. Die Einsatztiefe beträgt bei einer Stunde Glühdauer etwa 0,4 mm, bei 6 Stunden etwa 1 mm. Einen besonders zähen Kern erhält man, wenn die Teile nach dem Aufkohlen langsam abkühlen, dann bei 850 bis 900° C in Öl zwischengehärtet und bei 750 bis 780° C schlußgehärtet werden.

e) Nitrieren. Werden mit Chrom und Aluminium legierte Stähle bei etwa 500° C 50 Stunden im Ammoniakstrom geglüht, so wird die Oberfläche durch Nitrierung gehärtet. Die Tiefe der Härtung ist gering (∾0,2 mm), doch werden spannungsfreie Werkstücke mit größter Oberflächenhärte und guter Korrosionsbeständigkeit erhalten (Meßwerkzeuge).

f) Warmverformen (Schmieden, Walzen). Die Warmverformung muß oberhalb der oberen Umwandlungslinie (Fig. 37), bei übereutektoiden Stählen (> 0,9 vH C) oberhalb der unteren Umwandlungslinie vor sich gehen. Zur Erzielung möglichst feinkörnigen Stahles soll die Verschmiedung bis zur Temperatur der Umwandlungslinie geführt werden. Kohlenstoffarme Stähle können verhältnismäßig hoch erwärmt werden, da sie nicht empfindlich gegen Überhitzung sind. Dagegen sind Werkzeugstähle mit hohem C-Gehalt nur mäßig und dafür öfters anzuwärmen.

Verschmieden in der Blauwärme (200 bis 400° C) macht Stahl sofort spröde.

g) Kaltverformung (Kaltpressen, Kaltziehen). Durch Kaltverformen wird der Werkstoff verfestigt. Nach Kaltverformung tritt Alterung ein, wodurch der Stahl allmählich spröde wird. Beim Anlassen auf 200 bis 300° C tritt Alterung bereits nach einigen Minuten ein. (Alterungsbeständige Stähle s. S. 447.) Kaltverformung und Alterung wird beseitigt durch Ausglühen über der oberen Umwandlungslinie. Werden um 5 bis 25 vH kalt verformte weiche Stähle bei 600 bis 890° C geglüht, so tritt Rekristallisation (Kornwachstum) ein.

3. Baustähle.

a) Unlegierte Kohlenstoffstähle. Sie unterscheiden sich im wesentlichen durch den Kohlenstoffgehalt. Über die Abhängigkeit der Festigkeitseigenschaften vom C-Gehalt s. Fig. 40, der Schwingungsfestigkeit s. Fig. 41.

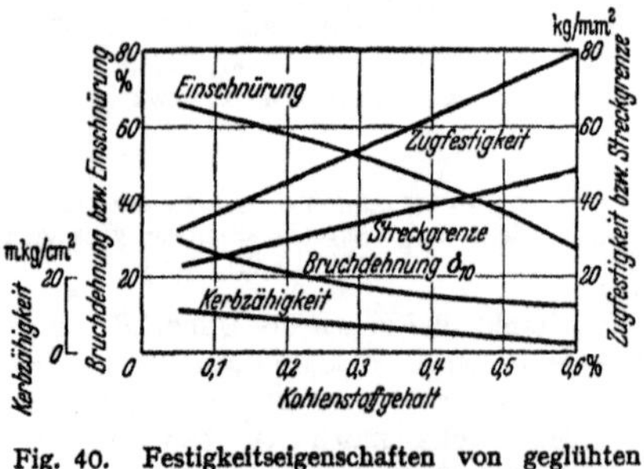

Fig. 40. Festigkeitseigenschaften von geglühten Stählen mit verschiedenem Kohlenstoffgehalt.

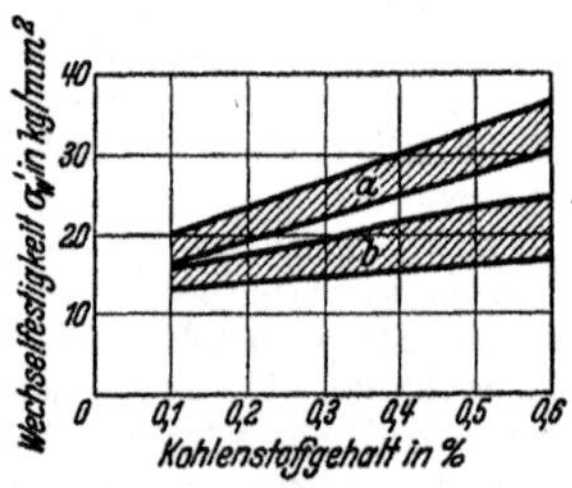

Fig. 41. Dauerbiegefestigkeit von Stählen mit verschiedenem C-Gehalt. *a* geschliffene Probestäbe, *b* gekerbte Probestäbe.

Nach dem Grad ihrer Reinheit, besonders hinsichtlich des Schwefel- und Phosphorgehaltes, werden die Stähle eingeteilt in eine Klasse A mit geringerer Reinheit und Güte und eine Klasse B, an die man hinsichtlich chemischer Reinheit und mechanischer Eigenschaften höhere Anforderungen stellt. Für hohe Anforderungen an Konstruktionsstähle werden noch unlegierte Sonderstähle geliefert, die besonders als Einsatz- und Vergütungsstähle verwendet werden. Die Anwendung der letzten Gruppe für sehr hohe Beanspruchungen kommt nur bei kleineren Schmiedestücken in Frage. Für schwere Schmiedestücke mit hohen Anforderungen an Festigkeit und Zähigkeit werden legierte Stähle verwandt, da unlegierte Stähle bei größeren Abmessungen nicht genügend durchgehärtet und durchvergütet werden. (Zahlentafel 7, S. 448 und 449.)

Die Stähle 00·11, 00·12 und 00·21 dürfen nur für untergeordnete Zwecke verwendet werden, bei denen keine wesentlichen Beanspruchungen auftreten. Schmiedestücke aus Stahl 37·11, Walzprofile aus Stahl 37·12, Schrauben aus Stahl 38·13 finden Verwendung für Konstruktionsteile, bei denen keine hohen Beanspruchungen, insbesondere keine Wechselbeanspruchungen auftreten. Für höhere Beanspruchungen sind Stähle der Klasse B zu wählen. Die Stähle 34·11, 34·12 und 34·13 haben zwar keine große Festigkeit, zeichnen sich aber durch hohe Zähigkeit aus. Stahl 42·11 ist geeignet für Schmiedestücke und solche Konstruktionsteile, bei denen infolge Wechselbeanspruchungen neben guter Zähigkeit eine höhere Festigkeit verlangt wird. Für Triebwerkteile wird wegen der besseren Verschleißfestigkeit Stahl 50·11 verwandt. Für größere, hoch beanspruchte Schmiedestücke ist er weniger geeignet. Stahl 60·11 ist für kleinere höher beanspruchte Konstruktionsteile zu empfehlen, wie Paßstifte, Keile, Schnecken, Ritzel, Spindeln. Wird bei diesem Stahl Zähigkeit verlangt, so muß er vergütet werden. Stahl 70·11 wird für kleine Teile, die hohe Härte erfordern, verwandt.

Bei hohen Ansprüchen an Festigkeit und Zähigkeit werden die besonders reinen unlegierten Sonderstähle (DIN 1661) angewandt. Zur Erzielung einer besonders harten Oberfläche werden Stähle mit weniger als 0,2 vH C einsatzgehärtet. Stähle mit mehr als 0,3 vH C sind hochvergütbar.

Neben den in den Normen festgelegten Werten für Streckgrenze, Zugfestigkeit und Dehnung ist besonders auch eine gute Kerbzähigkeit wichtig. Unter die Sonderstähle sind auch die I Z-Stähle (s. Kesselbleche) und die Reduktionsstähle zu rechnen. Bei diesen Stählen wird durch Desoxydation bzw. Reduktion der Sauerstoff aus dem Stahl entfernt, wodurch hohe Zähigkeit und Alterungsbeständigkeit erreicht werden.

b) Legierte Stähle. Kohlenstoff erhöht zwar die Festigkeit des Stahles am meisten, doch sind hochgekohlte Stähle spröde. Durch geeignetes Legieren kann neben hoher Streckgrenze, Zugfestigkeit auch eine gute Zähigkeit des Stahles erreicht werden, ferner läßt sich eine Reihe anderer wichtiger Eigenschaften wie gute Durchvergütung großer Querschnitte, Warmfestigkeit, Verschleißfestigkeit, Rostbeständigkeit verbessern.

Chrom bewirkt besonders zusammen mit mittlerem und hohem Kohlenstoffgehalt eine wesentliche Steigerung der Härte und Verschleißfestigkeit des Stahles. Chromvergütungs- und Chromeinsatzstähle werden daher besonders für auf Abnützung beanspruchte Konstruktionsteile verwandt. Chromstähle mit etwa 1 vH C und 1,2 bis 1,6 vH Cr werden für Wälzlager verarbeitet. Stähle mit mehr als 12 vH Cr sind weitgehend rostbeständig. Für hochbeanspruchte Konstruktionsteile werden besonders Chrom-Molybdänstähle nach DIN Vornorm 1663, Zahlentafel 8, verwandt.

Molybdän verbessert die Durchvergütung und beseitigt die Anlaßsprödigkeit. Molybdänlegierte Stähle können somit nach dem Anlassen langsam abgekühlt werden, so daß spannungsfreie Schmiedestücke erhalten werden. Molybdänstähle mit niederem Kohlenstoffgehalt ($<$0,25 vH C) sind gut schweißbar; Verwendung für geschweißte Hochdrucktrommeln und für Schmiedestücke mittlerer Festigkeit, um die Durchvergütung etwas zu verbessern [1, 2][1]. Molybdän steigert besonders die Warmfestigkeit, s. Zahlentafel 13.

Nickelstähle werden für große Schmiedestücke verwandt, wo bestmögliche Durchvergütung erforderlich ist [3, 4, 5][1]. Erreicht wird eine hohe Zähigkeit auch quer zur Schmiedefaser. Nickelstähle mit Kohlenstoff bis 0,30 vH sind elektrisch und autogen gut schweißbar. Ihre Warmfestigkeit bei Temperaturen über 400° C ist gering.

---

[1]) Die [ ] beziehen sich auf die laufenden Nummern der Zahlentafel 9.

Zahlentafel 7. Zusammenstellung der genormten Kohlenstoffstähle nach DIN 1611, 1612, 1613, 1621, 1661.

Markenbezeichnung nach DIN	Klasse und Gütebezeichnung	Erzeugnisse	Zugfestigkeit σ_{zB} kg/mm²	Bruchdehnung mindestens in vH						Streckgrenze σ_{zF} kg/mm² mindestens	Faltversuch (DIN 1605). Lichte Weite der Schleife beim Biegewinkel von 180°, bezogen auf die Probedicke a	Kohlenstoffgehalt C in vH ≈	Eigenschaften
				am Kurzstab δ_5			am Langstab δ_{10}						
St 00·11	A	Flußstahl gewalzt oder geschmiedet nach DIN 1611[1])		nicht gewährleistet									Weder kalt- noch rotbrüchig
St 37·11	A		37 bis 45	25			20						Übliche Thomas- oder SM-Güte
St 34·11	B		34 bis 42	30			25			19		0,12	Einsetzbar, feuerschweißbar
St 42·11	B		42 bis 50	25			20			23		0,25	Noch einsetzbar, schwer feuerschweißbar
St 50·11	B		50 bis 60	22			18			27		0,35	Wenig härtbar, kaum feuerschweißbar
St 60·11	B		60 bis 70	17			14			30		0,45	Härtbar, vergütbar
St 70·11	B		70 bis 85	12			10			35		0,60	Hochhärtbar, vergütbar
				Probedicke in mm									
				30 bis 8	unter 8 bis 7	unter 7 bis 5	30 bis 8	unter 8 bis 7	unter 7 bis 5				
St 00·12	Handelsgüte		nicht über 50								Im warmen und kalten Zustand um 90° biegen; Ausrundung $r = 2a$		Weder kalt- noch rotbrüchig
St 37·12	Normalgüte	Formeisen Stabeisen	37 bis 45	25	22	18	20	18	15		0,5 a		
St 34·12	Sondergüte	Breiteisen	34 bis 42	30	26	22	25	22	18		Probe muß sich kalt zusammenschlagen lassen	0,12	Bei der Faltprobe dürfen beim Zusammenschlagen auf der Zugseite keine Risse auftreten
St 42·12	„	nach DIN 1612[1])	42 bis 50	24	22	18	20	18	16		$a \leq 20$ mm : a $a > 20$ mm : $2a$	0,25	
St 44·12	„		44 bis 52	24	22	18	20	18	15		3 a		

St 38·13	Normalgüte	Schrauben-eisen nach DIN 1613[1])	38 bis 45	25	22	18	20	18	15		0,5 *a*			
St 34·13	auch Sondergüte	weiches Schrauben-eisen Nieteisen	34 bis 42	30	26	22	25	22	18		Probe muß sich kalt zusammen-schlagen lassen		Gut feuerschweißbar Stauchversuch	
St 00·21	gewöhnliche Baubleche nach DIN 1621[1])		nicht gewähr-leistet				Blechdicke 5 bis 10 mm		über 10 mm					
St 37·21	Baubleche I		37 bis 45 (quer 36 zugelassen)				18		20		2 *a*			
St 42·21	Baubleche II		42 bis 50				16		20		2 *a*			
Einsatz- und Vergütungsstähle nach DIN 1661[1])											Schwefel- und Phosphorgehalt nicht mehr als je 0,04 vH, zusammen nicht mehr als 0,07 vH			
													Mangan höchstens	Silizium höchstens
St C 10·61	Einsatzstahl	Flußstahl geschmiedet oder gewalzt	∼38		30			25		21		0,06 bis 0,13	0,5 vH	0,35 vH
St C 16·61	Einsatzstahl	Flußstahl geschmiedet oder gewalzt	∼42		28			23		23		0,11 bis 0,18	0,4 vH	0,35 vH
St C 25·61	Vergütungsstahl ausgeglüht	Flußstahl geschmiedet oder gewalzt	42 bis 50		27			22		24		0,25	0,8 vH	0,35 vH
	vergütet		47 bis 55		24			20		28				
St C 35·61	ausgeglüht		50 bis 60		23			19		28		0,35		
	vergütet		55 bis 65		22			18		33				
St C 45·61	ausgeglüht		60 bis 70		19			16		34		0,45		
	vergütet		65 bis 75		18			15		39				
St C 60·61	ausgeglüht		70 bis 85		15			13		40		0,60		
	vergütet		75 bis 90		14			12		45				

[1]) Weitere Angaben siehe in den oben angegebenen DIN-Blättern.

Chrom-Nickelstähle nach DIN 1662, Zahlentafel 10, sind durch die Chrommolybdänstähle stark verdrängt worden. Ihre Anwendung kommt nur in Betracht, wenn auch im Kern neben hoher Festigkeit höchste Zähigkeit verlangt wird. Für größere Schmiedestücke und für Temperaturen über 300° C sind sie ungeeignet, da sie zu Anlaßversprödung neigen. Diese ungünstigen Eigenschaften werden durch Legieren mit etwa 0,25 bis 0,3 vH Molybdän vermieden. Solche Cr-Ni-Mo-Stähle sind geeignet für höchste Anforderungen an Festigkeit und Zähigkeit bei sehr großen Schmiedestücken, z. B. Turbinen-

Zahlentafel 8. Chrom-Molybdän-Stähle sowie molybdänfreie Stähle. (Auszug aus DIN Vornorm 1663, DIN E 1664 und DIN E 1665.)

Markenbezeichnung [1]	Festigkeitswerte im gehärteten bzw. vergüteten Zustand			Chemische Zusammensetzung in vH [2]					
	Streckgrenze σ_{zF} kg/mm² mind.	Zugfestigkeit σ_{zB} kg/mm²	Bruchdehnung δ_5 vH	C	Si	Mn	Cr	Mo	V
Einsatzstähle:									
EC Mo 80	60– 77	85–110 [3])	16–10	0,13–0,17	<0,35	0,8–1,1	1,0–1,3	0,2–0,3	–
EC Mo 100	83–109	110–145 [3])	13– 7	0,18-0,23	<0,35	0,9–1,2	1,1–1,4	0,2–0,3	–
molybdänfrei:									
EC 30	35	55– 70 [4])	14	0,10–0,16	<0,4	0,4–0,6	0,3–0,5	–	–
EC 60	45	70– 90 [4])	12	0,12–0,18	<0,4	0,4–0.6	0,6 0,9	–	–
EC 80	60	85–110 [3])	10	0,14–0,19	<0,4	1,1–1,4	0,8–1,1	–	–
EC 100	75	110–145 [3])	7	0,18–0,23	<0,4	1,2–1,5	1,2–1,5	–	–
Vergütungsstähle:									
VC Mo 125	42– 52	65– 80 [5])	23–17	0,22–0,29	<0,35	0,5–0,8	0,9–1,2	0,15–0,25	–
VC Mo 135	56– 70	80–100 [5])	16–10	0,3 –0,37	<0,35	0,5–0,8	0,9–1,2	0,15–0,25	–
VC Mo 140	71–- 83	95–110 [3])	15– 9	0,38–0,45	<0,35	0,5–0,8	0,9–1,2	0,15–0,25	–
VC Mo 240	86–101	110–130 [3])	13– 8	0,38–0,45	<0,35	0,5–0,8	1,6–1,9	0,3 –0,4	0,2
molybdänfrei:									
VM 125	42	65– 80 [5])	16	0,28–0,35	<0,4	1,2–1,5	–	–	–
VM 175	48	70– 85 [3])	14	0,33–0,40	<0,4	1,6–1,9	–	–	–
VC 135	50	75– 90 [5])	12	0,30-0,37	<0,4	0,5-0,8	0,9–1,2	–	–
VMS 135	60	80– 95 [5])	11	0,33-0,40	1,1–1,4	1,1–1,4	–	–	–
VMC 140	70	90–105 [3])	11	0,35–0,43	0,5 0,8	1,0–1,3	1.0–1,3	–	–
VCV 150	80	95–110 [3])	10	0,45–0,55	<0,4	0,6–0,9	0,9–1,2	–	0,1–0,3

wellen [6, 7, 8] [6]). Für gute Warmfestigkeit bei 400 bis 500° werden diese Stähle niedrig mit Kohle (etwa 0,2 vH) und hoch mit Molybdän (0,4 bis 1 vH) legiert (s. Zahlentafel 13). Für Schrauben, die bei Temperaturen über 400° hoch beansprucht werden, sind Cr-Ni-Mo-Stähle wegen der Gefahr interkristalliner Brüche ungeeignet.

Manganstähle [9, 10] [6]) ergeben gute Durchvergütung und hohe Streckgrenze; sie zeigen eine ausgesprochene Faserstruktur. Festigkeit und Zähigkeit quer zur Faser sind ungünstiger als bei Nickelstählen. Sie sind besonders bei hohen Beanspruchungen längs zur Schmiedefaser geeignet. 13 proz. Manganstahl hat nach Abschrecken von 1020° in Wasser austenitisches Gefüge. Er ist sehr zäh, besitzt besonders nach Kalthärtung höchste Verschleißfestigkeit und ist nur durch Schleifen bearbeitbar [11].

[1]) In der Markenbezeichnung bedeuten die Buchstaben E Einsatzstahl, V Vergütungsstahl, C Chromzusatz, M Manganzusatz, S Siliziumzusatz, Mo Molybdänzusatz und V am Schluß Vanadinzusatz.

[2]) Der Phosphor- und Schwefelgehalt darf einzeln nicht höher als 0,035 vH, zusammen nicht höher als 0,06 vH sein; bei saurem Stahl sind je nach Vereinbarung höhere Gehalte zulässig.

[3]) Ölhärtung. [4]) Wasserhärtung. [5]) Wasser- oder Ölhärtung.

[6]) Siehe Fußnote 1, S. 447.

Mangan-Molybdänstähle [12] haben neben guter Durchvergütung günstige Warmfestigkeit bei Temperaturen von 400 bis 500° C.

Mangan-Siliziumstähle [13] zeichnen sich durch eine im Verhältnis zur Zugfestigkeit hohe Streckgrenze, günstige Verschleißfestigkeit und gute Laufeigenschaften in Getrieben aus. Gehärtete Mn-Si-Stähle werden für Autofedern und Pufferfedern verwandt. Für Hochbaustahl St 52 werden Mn-Si-Stähle meist mit Kupfer zur Verbesserung der Wetterbeständigkeit legiert.

Vanadin wird Chrom- und Chrommolybdänstählen zur Erhöhung der Streckgrenze und Warmfestigkeit zulegiert. Vanadin macht die Stähle unempfindlicher gegen Überhitzung.

Aluminium verbessert die Zunderbeständigkeit der Stähle und die Oberflächenhärte von Nitrierstählen [15][1]. Für Kesselbaustähle mit hoher Alterungsbeständigkeit dient Aluminium als Desoxydationsmittel.

Zahlentafel 9. Legierte Baustähle.

Genormte Chrom-, Chrommolybdänstähle, Nickel- und Chromnickelstähle s. Zahlentafel 8, 10. Die Festigkeitswerte sind für den zäh vergüteten Zustand angegeben.

Nr.	Stahlart C	Mn	Si	Cr	Ni	Mo	Streckgrenze σ_{zF} kg/mm² mind.	Zugfestigkeit σ_{zB} kg/mm²	Bruchdehnung δ_5 vH mind.	Kerbzähigkeit²) mkg/cm² mind.	Bemerkung
							Molybdänstähle				
1	0,15	0,5	0,3	—	—	0,4	28	40– 55	21	6	Hochdrucktrommeln, gut schweißbar
2	0,28	0,6	0,3	—	—	0,3	30	52– 60	19	6	Mittl. Schmiedestücke mit guter Festigkeit auch quer zur Faser
							Nickelstähle				
3	0,28	0,6	0,3	—	1		30	52– 60	22	10	Für große Schmiedestücke, die sehr gute Durchvergütung erfordern
4	0,32	0,6	0,3	—	2		40	60– 70	22	10	
5	0,35	0,6	0,3	—	3		50	75– 90	17	10	
							Cr-Ni-Mo-Stähle				
6	0,25	0,7	0,3	0,8	1,2	0,3	50	75– 90	16	10	Für höchste Anforderungen an Festigkeit, Zähigkeit und gute Durchvergütung bes. f. gr. Schmiedestücke
7	0,30	0,7	0,3	1,2	1,5	0,3	60	85– 95	15	8	
8	0,40	0,6	0,3	1,5	1,5	0,4	75	90–100	12	6	
							Manganstähle				
9	0,3	1,5	0,3	—	—	—	65	75– 90	16	6	Schrauben, Wellen, Zahnräder, Radreifen
10	0,45	1,8	0,3	—	—	—	75	80– 90	15	5	
11	1	12	—	—	—	—	40	100–110	40	> 14	hochverschleißfest
							Mangan-Molybdän- und Mangan-Siliziumstähle				
12	0,35	1,2	0,4	—	—	0,4	40	65– 75	17	6	Kurbelwellen, große Kupplungen
13	0,45	1,5	1,5	—	—	—	60	75– 85	20	6	Getriebe, Kupplungsspindeln, Federn, Bolzen
14	0,6	1	3					160–180			Federn für höchste Beanspruchung
							Chrom-Aluminiumstahl				
15	0,3	1 vH Al		1,2			40	65– 80	18	8	Nitrierstahl

[1] S. Fußnote 1, S. 447.

²) DVM-Probe.

Zahlentafel 10. Nickel- und Chrom-Nickelstähle für mechanisch hochbeanspruchte Teile (Auszug aus DIN 1662).

Markenbezeichnung	Geglüht		Gehärtet bzw. vergütet				Chemische Zusammensetzung in vH				
	Brinellhärte H kg/mm² höchst.	Zugfestigkeit kg/mm² höchst.	Zugfestigkeit σ_{zB} kg/mm²	Streckgrenze σ_{zF} in vH der Zugfestigkeit mindestens	Bruchdehnung in vH mindestens¹) δ_5	δ_{10}	Kohlenstoff C	Nickel Ni	Chrom Cr	Mangan Mn	Silizium Si höchstens
					Einsatzstähle.						
EN 15	162	55	60— 80 (Wasser)	65	20—10	15—8	0,10—0,17	1,5 ± 0,25	höchstens 0,2	höchstens 0,5	0,35
ECN 25	206	70	80—100 (Öl) 90—110 (Wasser)	70 (Öl) 75 (Wasser)	20—14 (Öl) 16—10 (Wasser)	14—10 (Öl) 12— 7 (Wasser)	0,10—0,17	2,5 ± 0,25	0,75 ± 0,2	höchstens 0,5	0,35
ECN 35	220	75	90—120 (Öl)	75	16—9	12—6	0,10—0,17	3,5 ± 0,25	0,75 ± 0,2	höchstens 0,5	0,35
ECN 45	240	83	120—140 (Öl)	75	14—7	10—5	0,10—0,17	4,5 ± 0,25	1,1 ± 0,2	höchstens 0,5	0,35
					Vergütungsstähle.						
VCN 15 w	206	70	65— 75	65	24—18	16—13	0,25—0,32	1,5 ± 0,25	0,5 ± 0,2	0,4—0,8	0,35
VCN 15 h	206	70	75— 85	70	22—16	15—12	über 0,32—0,40	1,5 ± 0,25	0,5 ± 0,2	0,4—0,8	0,35
VCN 25 w	220	75	70— 85	70	20—14	14—10	0,25—0,32	2,5 ± 0,25	0,75 ± 0,2	0,4—0,8	0,35
VCN 25 h	220	75	80— 95	70	16—10	12— 8	über 0,32—0,40	2,5 ± 0,25	0,75 ± 0,2	0,4—0,8	0,35
VCN 35 w	235	80	75— 90	75	20—14	14—10	0,20—0,27	3,5 ± 0,25	0,75 ± 0,2	0,4—0,8	0,35
VCN 35 h	235	80	90—105	75	16—10	12— 8	über 0,27—0,35	3,5 ± 0,25	0,75 ± 0,2	0,4—0,8	0,35
VCN 45	265	90	100—115	80	15— 9	10— 6	0,30—0,40	4,5 ± 0,25	1,3 ± 0,2	0,4—0,8	0,35

¹) Der niedrigste Dehnungswert entspricht dem Stahl mit höchster Zugfestigkeit und umgekehrt. Dazwischenliegende Werte werden durch Interpolation ermittelt.

Zahlentafel 11. Wechselfestigkeit von Stählen.

Werkstoff	Streckgrenze σ_{zF} kg/mm²	Zugfestigkeit σ_{zB} kg/mm²	Biegewechselfestigkeit σ_{Wb} kg/mm²	Verdrehwechselfestigkeit τ_{Wt} kg/mm²
Weicheisen	16—26	31—33	18—19	—
St 34·11	19—26	34—43	17—22	11—14
St 37·11	24	37—45	18—23	12—14
St 42·11	23	42—50	19—24	13—15
St 50·11	27—41	50—60	22—28	14—16
St 60·11	30—45	60—70	25—32	16—20
St 70·11	35—47	70—85	30—38	19—24
0,75 vH C-Stahl	—	90	35—45	23—28
St C 35·61	35	60	30	16—20
St C 45·61	50	75	34	20—24
St C 45·61 (hart vergütet)	80	100	57	26—30
St C 60·61	50	70	38	20—24
VCN 15w (vergütet)	65	65—75	41	20—25
VCN 15w (gehärtet)	100	120	54	—
VCN 15h (vergütet)	50—60	75—90	45—55	25—32
VCN 15h (gehärtet)	110	115	63	—
VCN 25w	60—70	80	42	22—27
VCN 35h	110	120	54	30
VC Mo 125	42—52	65— 80	30—35	19—22
VC Mo 125	65—75	80— 90	30—40	20—25
VC Mo 135	56—70	80—100	35—48	23—33
VC Mo 135	90	105	51	26—34
VC Mo 140	71—82	95—110	44	23—28
VC Mo 240	80—95	100—110	47—54	30—31
VM 125	40—50	60— 80	28	19
VC 135	50	75— 90	38—40	23
3 vH Cr-Stahl	—	130	66	32—38
VMS 135	47—66	80— 90	36—44	22—28
VMC 140	70—95	90—110	36—51	20—29
VCV 150	48	68	29	18—23
Cr-Ni-Mo-Stahl (0,5/1,5/0,45 vH)	58—62	78— 80	25—38	21—23
„ (1/0,5/0,35 vH)	80—90	95—105	38—42	23—28
„ (2/2/0,3 vH)	70—90	90—110	48—55	23—29
„ (2,5/1,5/0,25 vH)	90	105	53	28—34
14 vH Cr-Stahl (rostfrei)	50	70— 90	38—42	—
18 vH Cr-, 8 vH Ni-Stahl	30	50	17	—
18 vH Cr-, 8 vH Ni-Stahl	—	60—70	24—50	—
Federstähle, Hn = 250	—	—	42—47	22—30
Federstähle, Hn = 350	—	—	49—66	28—34
Federstähle, Hn = 450	—	—	54—79	32—39

c) Baustähle für besondere Verwendungszwecke.

Kesselbaustoffe. Nach den Werkstoffvorschriften für Landdampfkessel sind Stähle nach Zahlentafel 12 vorgeschrieben.

Wegen der Alterungsgefahr bei Kesselblechen werden für Hochleistungskessel alterungsbeständige Stähle verwandt. Diese Stähle zeigen auch nach erfolgter Kaltreckung und Anlassen auf 200 bis 300° C verhältnismäßig hohe Kerbzähigkeit.

Kesseltrommeln werden nahtlos gepreßt und gezogen bzw. gewalzt oder aus Blechen mit Wassergasschweißung oder Elektroschweißung hergestellt. Die geschweißten Trommeln werden nachträglich geglüht oder vergütet. Für ge-

Zahlentafel 12. Festigkeitsvorschriften für Kesselbaustoffe.

a) Kesselteile (Sammelrohre, Sammelkästen).

Zugfestigkeit σ_{zB} kg/mm²	Mindestdehnung in vH δ_{10}	δ_5
35 bis einschl. 45	20	23
über 45 bis 50	18	21
„ 50 „ 55	17	20
„ 55 „ 60	15	18
„ 60 „ 65	14	17
„ 65 „ 70	12	15
„ 70 „ 75	11	14
„ 75 „ 80	10	12

schweißte Trommeln werden Molybdänstähle mit etwa 0,2 vH C und 0,35 vH Mo, sowie Molybdän-Kupferstähle mit etwa 0,2 vH C, 0,3 vH Mo und 0,25 vH Cu verwandt.

b) Wasser- und Ankerrohre (nur nahtlose Rohre zugelassen).

Zugfestigkeit kg/mm²	Mindestdehnung δ_{10} vH	Aufweitversuch[1]) (in vH des Innendurchmessers) bei einer Rohrwanddicke bis 4 mm	über 4 mm
35—45	20	10	6
45—55	17	8	5

Siederohre werden aus Kohlenstoffstählen mit 0,1 bis 0,2 vH Cu oder für Höchstdruckkessel aus Molybdän- und Kupfermolybdänstählen nahtlos gewalzt. Sammelkästen, Heißdampfleitungen, Überhitzerrohre, die Temperaturen über 450° C und sehr hohen Drücken ausgesetzt sind, werden aus Chrom-Molybdänstählen und Chrom-Kupfer-Molybdänstählen hergestellt (Zahlentafel 13). Für Überhitzerrohre werden bei hohen Temperaturbeanspruchungen auch besonders zunderfeste Werkstoffe, wie Cr-Si-Al-Mo-Stähle, verwandt.

Schrauben. Der Schraubenwerkstoff muß dem Herstellungsverfahren und dem Verwendungszweck angepaßt werden. Für mäßig beanspruchte Schrauben, die durch spanabhebende Bearbeitung hergestellt werden, verwendet man Automatenstahl mit erhöhtem Phosphor-, Schwefel- oder Mangangehalt. Schrauben mit kalt angestauchten Köpfen werden aus Stahl St 34·13[2]) hergestellt. Für Schrauben mit warm angestauchten Köpfen werden je nach Beanspruchung St 37·12, St 50·11 oder hochwertigere Stähle St C 25·61, St C 35·61, St C 45·61 verwandt. Bei hohen mechanischen Beanspruchungen eignen sich Manganstähle mit etwa 0,3 vH C und 1,2 vH Mn sowie die Chrom- und Chrommolybdänvergütungsstähle nach DIN Vornorm 1663 (Zahlentafeln 8 u. 9 [Nr. 9]). Bei Temperaturen über 400° C sind nur warmfeste Sonderstähle geeignet (Zahlentafel 13).

Muttern werden in der Regel aus weichem Automatenstahl, bei hochbeanspruchten Schraubenverbindungen aus St C 35·61 oder St 50·11 hergestellt. Für hohe Temperaturen werden 1 vH-Cr-Stähle oder Cr-Mo-Stähle verwandt.

Warmfeste Stähle. Die meisten Kohlenstoff- und legierten Stähle sind über 400° C nicht verwendbar, wenn sie wesentliche Beanspruchungen aufnehmen sollen. Fig. 42 zeigt die Abhängigkeit der Festigkeit von der Temperatur. Maßgebend für die Warmfestigkeit ist die Dauerstandfestigkeit (s. S. 424, 442), die namentlich durch Legieren mit Molybdän wesentlich verbessert wird (s. Zahlentafel 13).

Zahlentafel 13. Warmfeste Sonderstähle.

Stahl Legierungsbestandteile in vH						Streckgrenze σ_{zF} kg/mm²	Zugfestigkeit σ_{zB} kg/mm²	Dauerstandfestigkeit nach DVM A 117/118 σ_{Dst} kg/mm²				Verwendung
C	Mo	Cr	Cu	Ni	Va	20°	20°	400°	500°	550°	600°	
0,15	0,35	—	—	—	—	26	38– 45	18	12	—	—	Kesseltrommeln, Wasserrohre, Sammelkästen
0,20	0,4	—	—	—	—	30	45– 53	20	12	—	—	
0,15	0,3	—	0,25	—	—	26	38– 45	18	12	—	—	
0,15	0,3	1	—	—	—	32	48– 60	19	15	8,5	2	Überhitzerrohre, Dampfleitungen, Wasserabscheider
0,2	0,4	0,6	0,25	—	—	32	50– 60	21	15	5	2	
0,18	1	1,2	—	—	—	60	80– 90	40	24	8	2	Schrauben
0,28	0,5	1,5	—	—	0,25	85	100–110	40	18	—	—	
0,25	0,25	1	—	1,5	—	40	60– 70	26	18	—	—	größere Schmiedestücke für hohe Beanspruchungen über 550°
0,2	0,8	0,8	—	1	—	50	70– 80	38	20	8	—	
Hochlegierter austenitischer Sonderstahl						35	60– 75	30	25	16	12	

[1]) Aufweiten des Rohrendes durch einen Dorn, ohne daß Risse auftreten.

[2]) Kleinere Schrauben werden auch aus hochfesten Stählen kalt gestaucht und nachvergütet.

Rostsichere und korrosionsbeständige Stähle. Elektrolyteisen oder sehr reines kohlenstoffarmes Eisen sind gegen Witterungseinflüsse wesentlich beständiger als alle unlegierten oder niedrig legierten Baustähle. Die Wetterbeständigkeit wird durch geringen Kupferzusatz verbessert. Praktisch rostsicher sind Stähle mit mehr als 12 vH Cr (Zahlentafel 14).

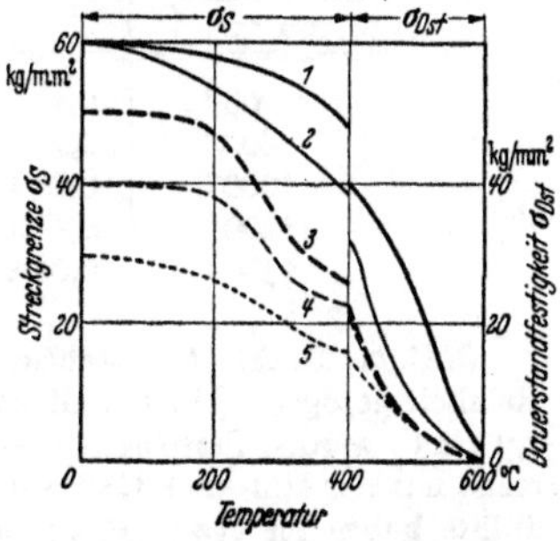

Fig. 42. Abhängigkeit der Streckgrenze (bis 400°) und der Dauerstandfestigkeit (400 bis 600°) verschiedener Stähle von der Temperatur.

1 Warmfester Cr-Mo-Stahl,
2 Cr-Ni-Mo-Stahl (VCN 25, mit Mo legiert),
3 3 proz. Nickelstahl,
4 2 proz. Nickelstahl,
5 Kohlenstoffstahl St C 35·61.

Die Rostbeständigkeit ist um so besser, je niedriger der Kohlenstoffgehalt und je besser die Oberflächenbearbeitung ist. Die Warmfestigkeit solcher Stähle wird durch Molybdänzusatz verbessert. Schweißbar sind nur die ferritischen Chromstähle mit Kohlenstoff < 0,1 vH. Vollständig rostsicher und auch beständig gegen viele chemische Stoffe sind die austenitischen Chromnickelstähle. Sie sind in ihrer üblichen Zusammensetzung nur bis 400° C verwendbar. Bei Beanspruchung durch höhere Temperatur oder bei Schweißungen besteht die Gefahr interkristalliner Korrosion infolge Karbidausscheidungen. Durch besonders niedrigen C-Gehalt oder die Ausscheidung verhindernde Legierungszusätze wird dies vermieden. Solche Stähle sind mit Drähten gleicher Zusammensetzung autogen und elektrisch sehr gut schweißbar.

Zahlentafel 14. **Nichtrostende Chromstähle und korrosionsbeständige austenitische Stähle.**

Bezeichnung	Zustand	Legierung vH	Streckgrenze σ_{zF} kg/mm²	Zugfestigkeit σ_{zB} kg/mm²	Dehnung δ_{10} vH	Kerbzähigkeit mkg/cm²
Ferritische Chromstähle	geglüht	0,10 C 13 Cr	35	50– 65	20	12
Martensitische Chromstähle	vergütet	0,20 C 14 Cr	45	65– 80	19	10
	vergütet	0,20 C 17 Cr	55	75– 90	16	5
	gehärtet	0,40 C 13 Cr	—	170–180	—	—
Warmfeste Chromstähle	vergütet	0,20 C 14 Cr 1 Mo	55	75– 90	16	8
Austenitische Stähle	vergütet[1])	0,1 C 18–20 Cr 8 Ni	20	60	40	14

Hitzebeständige Stähle. Die Kohlenstoffstähle und meisten legierten Stähle zundern bei Temperaturen über 550° C. Hohe Hitzebeständigkeit bedeutet in der Regel nicht gleichzeitig gute Warmfestigkeit. Die zulässigen Beanspruchungen dieser Stähle bei Temperaturen über 600° C sind in der Regel gering; die Dauerstandfestigkeit beträgt bei 600° C etwa 2 bis 3 kg/mm².

Kohlenstoffstahl kann durch verschiedene Verfahren bis etwa 1000° C zunderbeständig gemacht werden, wenn die fertigen Teile in Aluminiumpulver geglüht werden (Alitieren, Kalorisieren) oder Aluminium auf den Stahl gespritzt und dann geglüht wird (Alumetieren).

[1]) Die Vergütung der austenitischen Stähle erfolgt durch Abschrecken bei 1050° C in Wasser. Nur in diesem Zustand sind sie verwendbar.

Zahlentafel 15. Hitzebeständige Stähle.

Hitzebeständig bis °C	Legierungsbestandteile vH					
700°	0,1 C	3 Cr	1,2 Si			0,5 Mo
800°	0,2 C	6,5 Cr	1,5 Si u. Al			0,5 Mo
1000°	0,2 C	27 Cr				
1200°	0,1 C	25 Cr		19 Ni		
1300°	0,08 C	25 Cr		1 Ni	7 Al	

Drähte. Drähte für Stahlseile werden aus Kohlenstoffstählen von großer Reinheit gezogen. Je nach Dicke des Drahtes und C-Gehalt des Stahles (0,3 bis 0,9 vH C) werden Festigkeiten bis 200 kg/mm² erreicht. Förderseildrähte werden meist mit der Hin- und Herbiegeprobe geprüft. Federdrähte und Klaviersaitendrähte haben bis etwa 350 kg/mm² Festigkeit.

Federstähle. Billige Federn (Schlösser, Wagen) und solche mit geringen Beanspruchungen im Maschinenbau: Stahl mit 0,3 bis 0,6 vH C, Zugfestigkeit 55 bis 80 kg/mm². Autoblattfedern: Manganstahl mit 0,45 bis 0,55 vH C und 1,7 bis 2 vH Mn; Chrom-Siliziumstähle mit 0,35 bis 0,45 vH C, 1 bis 1,5 vH Si, 1 bis 1,5 vH Cr; Siliziumstähle mit 0,45 bis 0,65 vH C, 1,8 bis 2,2 vH Si. Die Federn werden in Wasser oder Öl bei 800 bis 820° C gehärtet, Zugfestigkeit 115 bis 140 kg/mm². Pufferfedern: 0,85 bis 1,05 vH C, 0,2 vH Si, 0,6 bis 0,8 vH Mn bei 820° C in Öl gehärtet, Zugfestigkeit 115 bis 135 kg/mm².

Die gehärteten Federn werden bei 420 bis 500° C, Mangan-, Silizium- und Chromstahlfedern bis 520° C angelassen.

Tiefziehbleche. Geeignet sind möglichst reine Kohlenstoffstähle (0,05 bis 0,12 vH C, 0,3 bis 0,5 vH Mn, $<$0,03 vH P, $<$0,04 vH S). Die Bleche werden besonders weich geglüht und müssen feinkörniges Gefüge sowie glatte Oberfläche haben; Prüfung durch die Erichsen-Tiefziehprobe. Nach DIN 1623 Stahlblech St V 23 und St VI 23 für normale Ziehfähigkeit, Festigkeit 28 bis 38 kg/mm², St VII 23 und St VIII 23 für hohe Tiefziehbeanspruchung, St X 23 für Karosseriebleche mit höchster Ziehbeanspruchung, Festigkeit 32 bis 42 kg/mm².

Automatenstähle für Massenanfertigung von gering beanspruchten Maschinen- und Apparateteilen, insbesondere Schrauben. Bei Bearbeitung auf Automaten soll der Span kurz und brüchig sein. Deshalb werden Stähle mit höherem Schwefel- und Phosphorgehalt (0,08 bis 0,15 vH) verwandt. Die Festigkeit wird durch Schwefel und Phosphor etwas erhöht, die Zähigkeit stark herabgesetzt. Für hohe, namentlich stoßartige Beanspruchungen sind solche Stähle ungeeignet.

d) Stahlguß. Für Stahlguß werden im wesentlichen dieselben Stähle wie für Schmiedestücke verwandt. Der Kohlenstoffgehalt beträgt im allgemeinen je nach der verlangten Festigkeit 0,1 bis 0,4 vH. Auch die meisten legierten Stähle eignen sich für Stahlformguß. Die Festigkeit ist die gleiche wie bei geschmiedetem Stahl, die Zähigkeit ist etwas geringer, ebenso die Dehnung. Vorbedingung für ein einwandfreies Gußstück ist richtige Konstruktion. Oberster Grundsatz ist: Geringe Wandstärkenunterschiede und Vermeidung scharfer Querschnittsübergänge. Stahlguß muß zur Erlangung der nötigen Kerbzähigkeit und Spannungsfreiheit sorgfältig geglüht werden (s. Fig. 33 und 34). Das Ausglühen wird bei Temperaturen über der oberen Umwandlungslinie (s. Fig. 37) vorgenommen. Die Glühdauer beträgt mindestens 2 Stunden. Bei dickeren Stücken muß 2 Stunden und je 2 Minuten für jeden Millimeter Dicke geglüht werden; bei legierten Stählen muß wegen der schlechten Wärmeleitfähigkeit noch länger geglüht werden.

Zahlentafel 16. Stahlguß.

Güteklasse	Streckgrenze σ_{zF} kg/mm² mind.	Zugfestigkeit σ_{zB} kg/mm² mind.	Bruchdehnung δ_5 vH mind.	Kerbzähigkeit a_k VGB-Probe mkg/cm²
a) Unlegiert nach DIN 1681				
Stg 38·81	—	38	20	bei $\sigma_B \leqq 45$ $a_k \geqq 6$ bei $\sigma_B > 45$ $a_k \geqq 4$
Stg 45·81	—	45	16	
Stg 52·81	—	52	12	
Stg 60·81	—	60	8	
Stg 38·81 S	18	38	25	
Stg 45·81 S[1])	22	45	22	
Stg 52·81 S[2])	25	52	16	
b) Legierter Stahlguß				
mechanisch hoch beansprucht				
0,25 C 1,3 Mn	40	50—60	18	12
0,25 C 1 Cr 0,25 Mo	50—90	60—100	14	10
hoch warmfest:				
0,20 C 0,3 Mo[3])	30	52—60	25	8
0,20 C 0,6 Cr 0,4 Mo[4])	33	55—60	18	6
hochverschleißfest:				
1 C 13 Mn[5])	40	50—60	10	12

4. Werkzeugstähle.

a) Unlegierte Werkzeugstähle. Der Kohlenstoffgehalt beträgt etwa 0,4 bis 1,7 vH. Schlagartig beanspruchte Werkzeuge werden aus Stählen mit niedrigerem C-Gehalt, Werkzeuge, die hohe Schneidhaltigkeit haben müssen, mit höherem C-Gehalt hergestellt. Je höher der C-Gehalt ist, um so spröder sind die Stähle; sie erfordern hohe Reinheit und sorgfältige Wärmebehandlung. Der Mangangehalt beträgt bei weicheren Werkzeugstählen etwa 0,4 bis 0,8 vH, bei hochwertigeren und hochgekohlten Stählen 0,15 bis 0,3 vH. Weichere Werkzeugstähle werden bei etwa 1100 bis 1000° C verschmiedet, härtere bei 1000 bis 900° C. Gute Bearbeitbarkeit wird erzielt durch Weichglühen bei 680 bis 700° C,

Zahlentafel 17. Unlegierte Werkzeugstähle.

C-Gehalt	Anwendung
0,3—0,6 vH	Scheren, Messer, Werkzeuge für Erdarbeiten
0,6—0,7 vH	Schmiedewerkzeuge, Hämmer
0,7—0,8 vH	Hämmer, Gesenke, Schnitte, Stanzen für weiche Bleche, Meißel, Holzbearbeitungswerkzeuge
0,8—0,9 vH	Dorne, Bohrer, Meißel, Sägeblätter, Gesenke
0,9—1,1 vH	Bohrer für Stahl und Steinbearbeitung, Feilen, Fräser, Stangen, Prägewerkzeuge, Lochstempel
1,1—1,4 vH	Schnitt- und Prägewerkzeuge, Schneidwerkzeuge für harte Stähle, Gesteinsbohrer
1,4—1,7 vH	Schneidwerkzeuge für sehr harte Werkstoffe, Zieheisen

[1]) Dauerbiegefestigkeit $\sigma_{Wb} = 20$ kg/mm².
[2]) Dauerbiegefestigkeit $\sigma_{Wb} = 22$ kg/mm².
[3]) Dauerstandfestigkeit bei 400° C 16 kg/mm², bei 500° C 10 kg/mm².
[4]) Dauerstandfestigkeit bei 400° C 18 kg/mm², bei 500° C 12 kg/mm².
[5]) Nur durch Schleifen bearbeitbar.

oder sehr langsames Abkühlen von 750 auf 670° C. Härtung der Stähle bis 0,9 vH C bei Temperaturen etwa 50° C über der oberen Umwandlungslinie (s. Fig. 37), der Stähle mit über 0,9 vH C bei etwa 770° C. Abgeschreckt wird in Wasser, bei Stählen mit höherem Kohlenstoff- und Mangangehalt in Öl. Zur Beseitigung der Sprödigkeit wird der Stahl nach dem Härten bei 100 bis 300° C angelassen. Bis 200° C (blaßgelbe Anlauffarbe) findet noch keine Verminderung der Härte statt. Durch höheres Anlassen wird die Zähigkeit erhöht. Anlauffarben: 260° C purpur, 280° C violett, 300° C kornblumenblau, 350° C blaugrau.

b) Legierte Werkzeugstähle. Durch Legieren lassen sich die Werkzeugstähle erheblich verbessern. Chrom verbessert die Durchhärtung und den Abnutzungswiderstand. Schneidfähigkeit für spanabhebende Bearbeitung wird nicht verbessert. Chromstähle dürfen nur in Öl gehärtet werden (für Gesenke, Metallsägen, Feilen).

Wolfram verfeinert das Gefüge und verleiht den Stählen hohe Schneidhaltigkeit infolge größerer Härte und Zähigkeit. Wolframstähle sind in Wasser härtbar (für spanabhebende Werkzeuge, Riffelstähle, Zieheisen).

Molybdän und Vanadium werden neben Chrom und Wolfram noch zulegiert. Sie verbessern die Festigkeit namentlich in der Wärme. Vanadium verringert die Feuerempfindlichkeit und die Gefahr des Reißens beim Härten.

Mangan und Nickel werden zur Verbesserung der Zähigkeit und der Verschleißfestigkeit zulegiert. Für spanabhebende Werkzeuge kommen sie weniger in Betracht, sondern für Gesenke, Schnitte, Preßstempel. 12- bis 14 proz. Manganstähle haben die höchste Verschleißfestigkeit, sind aber nur durch Schleifen bearbeitbar (Brechbacken, Baggerschaufeln).

Schnellarbeitsstähle sind hochlegierte Stähle, die bis zur Dunkelrotglut erhitzt werden können, ohne wesentlich an Verschleißfestigkeit und Schneidhaltigkeit zu verlieren. Die chemische Zusammensetzung ist ungefähr: 0,7 bis 1,2 vH C, 0,1 bis 0,5 vH Si, 0,1 bis 0,2 vH Mn, 4,5 vH Cr, 14 bis 22 vH W, 0 bis 2 vH V, 0 bis 1 vH Mo, 0 bis 15 vH Co. Wolfram kann zum wesentlichen Teil auch durch Molybdän (bis 9 vH) ersetzt werden. Die Stähle werden nach dem Schmieden durch sehr langsames Erwärmen auf 800 bis 850° C und langsame Ofenabkühlung weichgeglüht. Beim Härten werden die Stähle langsam auf 850 bis 900° C vorgewärmt, rasch auf 1200 bis 1350° C erhitzt, in Öl oder Preßluft abgekühlt und im Blei- oder Salzbad auf etwa 580° C angelassen.

c) Schneidmetall. Es sind dies eisenarme Legierungen für höchste Schneidleistungen. Stellit ist eine Kobalt-Chrom-Wolfram-Gußlegierung, die bis 800° C schnittfähig bleibt. Widia-Metall ist eine Wolfram-Kohlenstoffverbindung mit Kobaltzusatz als Bindemittel, die durch Sintern im elektrischen Ofen hergestellt wird. Schneiden von Widia-Metall werden mittels Kupfer bei 1150° C auf Stahl aufgelötet.

5. Gußeisen.

Die mechanischen Eigenschaften des Gußeisens hängen wesentlich von seinem Gefügeaufbau ab. Das Grundgefüge besteht wie beim Stahl aus Ferrit und Perlit. Dazu kommt als kennzeichnender Gefügebestandteil der Graphit (s. Fig. 35, 36). Wird die Graphitausscheidung durch hohe Abkühlungsgeschwindigkeit oder hohen Mangan- und geringen Siliziumgehalt verhindert, so wird der Kohlenstoff völlig als Eisenkarbid gebunden. Je nachdem der Kohlenstoff im Gußeisen vorwiegend als Graphit enthalten oder vollkommen gebunden ist, unterscheidet man Grauguß, der gut bearbeitbar, und Weißguß, der nicht bearbeitbar ist. Die Zwischenstufe wird als meliertes (halbgraues) Gußeisen bezeichnet. Schalenguß ist seiner Zusammensetzung nach grau erstarrendes Gußeisen, das durch starke Kühlung (Abschrecken) der Gußform an der Oberfläche weiß erstarrt.

Die Abscheidungsform und die Menge des Graphits ist die Grundlage für die Festigkeit des Gußeisens. Graphit selbst hat keine nennenswerte Festigkeit.

Zahlentafel 18. **Zusammenstellung der wichtigsten Gußeisensorten.**

Klasse (nach DIN 1691)	Verwendung	Bemerkungen		
Bauguß, Handelsguß	Säulen, Fenster, Herde, Öfen, Geschirr, Heizkörper, Zubehör für Haus- und Straßenentwässerung, Druckmesser, Flanschenrohre			
Feinguß, Kunstguß	Zierguß, Kunstgegenstände, Kunstgewerbe, Gebrauchsgegenstände, Plaketten, Tierfiguren			
Maschinenguß ohne besondere Gütevorschriften	für Maschinenteile von untergeordneter Bedeutung, Hausmaschinen, Büromaschinen, Textilmaschinen, Landmaschinen	Markenbezeichnung DIN 1691	Zugfestigkeit σ_{zB} kg/mm²	Biegefestigkeit[1] σ_{bB} kg/mm²
Maschinenguß mit besonderen Gütevorschriften	für allgemeinen Maschinenbau und Schiffbau, Werkzeugmaschinen, Zylinder, Dampfarmaturen, hochbeanspruchte Maschinengestelle, Kolbenringe, Kolben, Eisenbauoberteile (Schienenstühle, Weichenböcke)	Ge 12·91	>12	–
		Ge 14·91	>14	>28
		Ge 18·91	>18	>34
		Ge 22·91	>22	>40
		Ge 26·91	>26	>46
	Automobilkolbenringe	Zugfestigkeit σ_{zB} bis 30 kg/mm², Brinellhärte H „ 260 „		
	Rippenrohre für Hochdruckkesselvorwärmer	Zugfestigkeit σ_{zB} 26–32 „		
	Dampfturbinengehäuse	„ σ_{zB} 22–28 „		
Feuerbeständiger Guß	Roststäbe, Zubehörteile für Feuerungen, Schmelzkessel für Nichteisenmetalle, Retorten, Glühtöpfe	$P < 0{,}4$ vH, $S \gtreqless 0{,}1$ vH		
Säurebeständiger Guß	Rohre, Schalen, Töpfe, Kessel, Säurepumpen	Gußeisen mit 12 bis 16 vH Si, für höchste Säurebeständigkeit 18 vH Si. Nur durch Schleifen bearbeitbar		
Alkalibeständiger Guß	Sodaschmelzkessel, Natronkessel	Sehr geringer P-, S- und Mn-Gehalt		
Hartguß	a) Weißhartguß (ohne Schale durchgehend hart gegossen): Laufräder für Dampfpflüge, hydraulische Kolben, gezahnte Walzen für Walzenbrecher usw. b) Schalenguß (mit abgeschreckter Oberfläche): Kollergangsringe und -platten, Kugelmühlplatten, Steinbrecherplatten, Eisenbahnräder, Stempel, Ziehringe usw. c) Walzenguß: Hartgußwalzen (Schalenguß) mildhart, halbharte und Lehmgußwalzen für Eisen-, Stahl- und Metallindustrie, Walzen für Druckerei-, Müllerei-, Papier-, Gummi- und Textilmaschinen usw.			

Bei Beanspruchung des Gußeisens wirken die Graphitadern als Hohlräume und als Kerbe, ähnlich wie feine Risse im Stahl. Hochwertiges Gußeisen zeichnet sich durch kleine, gleichmäßig verteilte Graphitadern in perlitischer Grundmasse aus. Gußeisen geringer Festigkeit zeigt grobe Graphitadern in ferritischer Grund-

[1]) Die Dauerbiege- und Verdrehwechselfestigkeit von Gußeisen beträgt etwa 40 bis 50 vH der Zugfestigkeit (s. Zahlentafel 2, S. 432).

masse mit wenig Perlit. Die Graphitausscheidung hängt von der Abkühlungsgeschwindigkeit, der Wandstärke, dem Kohlenstoff- und Siliziumgehalt ab. Große Wandstärke, geringe Abkühlungsgeschwindigkeit und hoher Siliziumgehalt fördern die Graphitausscheidung. Die Beziehungen zwischen Kohlenstoff- und Siliziumgehalt sowie Gefüge und Festigkeit des Gußeisens sind für mittlere Wandstärken im Maurer-Diagramm dargestellt (Fig. 43).

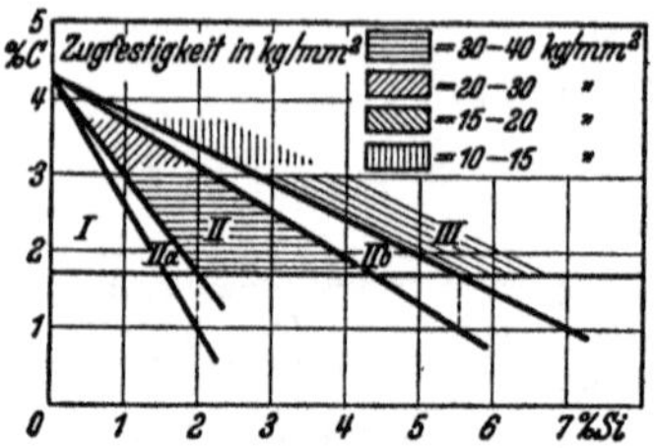

Fig. 43. Gußeisendiagramm nach Maurer.

Feld *I* Weißes Gußeisen, *IIa* Meliertes Gußeisen. *II* Perlitisches Gußeisen, *IIb* Ferritisch-perlitisches Gußeisen, *III* Ferritisches Gußeisen (*II*, *IIb*, *III* Graues Gußeisen).

Der Einfluß der Temperatur auf die Festigkeit des Gußeisens ist bis 400° C gering. Doch zerfällt bei Temperaturen über 350° C der Karbidkohlenstoff in Ferrit und Graphit, gleichzeitig findet eine gefährliche Volumvergrößerung statt, das Gußeisen wächst. Die Festigkeit des gewachsenen Gußeisens ist sehr gering. Hochwertiges Gußeisen mit feinverteiltem Graphit und perlitischer Grundmasse ist dem Wachsen in geringerem Maße ausgesetzt.

6. Temperguß.

Temperguß wird durch Glühbehandlung von weißem Gußeisen erhalten. Schwarzguß hat ferritisches Grundgefüge mit gleichmäßig verteilten Knötchen von Temperkohle. Weißguß ist am Rand entkohlt und rein ferritisch, im Innern wird das Gefüge immer mehr perlitisch mit unregelmäßig verteilten Knötchen von Temperkohle. Temperguß ist im Gegensatz zu Gußeisen dehnbar. Die Anwendung beschränkt sich auf kleine Stücke.

Zahlentafel 19. Güteklassen von Temperguß (nach DIN 1692).

Markenbezeichnung	Benennung	Zugfestigkeit σ_{zB} kg/mm² mindestens	Streckgrenze σ_{zF} kg/mm² mindestens	Bruchdehnung δ_5 vH mindestens
Te 32·92	Handelsüblicher Temperguß	32	18	2
Te 38·92	Hochwertiger weißer Temperguß	38	21	4
Te 35·92	Hochwertiger schwarzer Temperguß (Schwarzguß)	35	19	9

Te 38·92 und Te 35·92 werden auch mit besonderen magnetischen Eigenschaften für den Elektromaschinenbau geliefert.

B. Nichteisenmetalle.

1. Kupfer.

Die Bedeutung des Kupfers als Werkstoff ist begründet in seiner hohen elektrischen Leitfähigkeit, hohen Wärmeleitfähigkeit und günstigen chemischen Widerstandsfähigkeit gegen feuchte Atmosphäre. Wichtig ist ferner seine Geschmeidigkeit, durch die Spannungen infolge ungleichmäßiger Erwärmung schnell und gefahrlos ausgeglichen werden, und die hohe Zähigkeit bei tiefen Temperaturen.

Die Festigkeit des Kupfers in weich geglühtem Zustand (600° C) ist mäßig, schon bei geringen Beanspruchungen treten plastische Formänderungen auf. Durch Kaltwalzen und Kaltziehen lassen sich die Festigkeitseigenschaften weitgehend steigern.

Kupfer kommt als Elektrolytkupfer für elektrische Leitungen und hochwertige Legierungen sowie als Hüttenkupfer in vier Reinheitsgraden A (mindestens 99 vH Cu, arsen- und nickelhaltig), B (mindestens 99 vH Cu, arsenarm), C (mindestens 99,4 vH Cu), D (mindestens 99,6 vH Cu) in den Handel. Hüttenkupfer ist verunreinigt durch Kupferoxydul (Cu_2O). Wird kupferoxydulhaltiges Kupfer bei höheren Temperaturen mit wasserstoffhaltigen Gasen in Verbindung gebracht, so kann es rissig werden, da der Wasserstoff durch das Kupfer diffundiert und mit dem Sauerstoff des Kupferoxyduls Wasser bildet. Das eingeschlossene verdampfende Wasser führt zu Aufsprengungen (Wasserstoffkrankheit). Kupferoxydul verschlechtert im übrigen Festigkeit, Zähigkeit und in hohem Maße die elektrische Leitfähigkeit.

Zahlentafel 20. Festigkeitseigenschaften von Kupfer.

Zustand	Streckgrenze σ_{zF} kg/mm²	Zugfestigkeit σ_{zB} kg/mm²	Dehnung δ_{10} vH	Dauerbiegefestigkeit σ_{Wb} kg/mm²
Kupfer, weich geglüht . . .	4—7	21—24	$\geqq 38$	± 8 bis ± 10
„ Bleche hartgewalzt .	—	bis 45	~ 10	
„ Drähte, hart gezogen	—	„ 50	—	

2. Kupfer-Zinklegierungen (Messinge).

Technisch brauchbar sind Legierungen des Kupfers mit Zink bis zu 50 vH. Benennung und Verwendung der Messinge (Gußmessing, Walz- und Schmiedemessing) DIN 1709.

Messinge mit mindestens 63 vH Cu sind kalt und warm verformbar. Ms 58 und Ms 60 sind nur warm schmiedbar (Preßmessing), Festigkeit und Zähigkeit werden durch die Warmverformung wesentlich gesteigert. Ms 58 (Hartmessing, Schraubenmessing) enthält 2 vH Blei, wodurch die Bearbeitbarkeit mit spanabhebenden Werkzeugen verbessert wird. Messinge für Rohre s. Zahlentafel 22. Für Kühlwasser mit sehr geringem Salzgehalt wird Ms 63, für solches mit mäßigem Gehalt an Salzen Marinemessing verwandt. Für Seewasser hat sich besonders Aluminium-Messing bewährt, das auch die früher verwandten Kupfer-Nickelrohre verdrängt hat.

Sondermessinge (Zahlentafel 23) enthalten zur Verbesserung der Eigenschaften weitere Legierungsbestandteile. Eisen wirkt kornverfeinernd und erhöht die Streckgrenze, vermindert jedoch die Korrosionsbeständigkeit, daher max. 3 vH; Mangan und Nickel verbessern die Korrosionsbeständigkeit und Festigkeit; Aluminium und Zinn steigern die Härte.

Zahlentafel 21. Festigkeitseigenschaften von Messing.

a) Messing-Gußstücke. (Auszug aus DIN 1709 Bl. 2).

Benennung	Kurzzeichen	Zugfestigkeit σ_{zB} kg/mm² mind.	Dehnung δ_5 vH mind.	Brinellhärte H 10/500/30 mind.	Verwendung
Gußmessing 63	GMs 63	15	7	45	Gehäuse
„ 67	GMs 67	18	20	40	Armaturen
Sondermessing A gegossen	So-GMs A	30	10	—	Beschlagteile, Muttern, Gußteile mittl. Festigkeit
Sondermessing B gegossen	So-GMs B	35—60	45—15	90—150	Hochbeanspruchte Teile im Pumpenbau, für Druckwasserpressen, seewasserbeständige Gußteile

b) Walz- und Schmiedemessinge.

Erzeugnisse	Kurzzeichen	Zustand	Zugfestigkeit σ_{zB} kg/mm²	Bruchdehnung δ_{10} vH mind.	Brinellhärte H $P = 10 D^2$ kg/mm²	Bemerkungen
Messing-Vollprofile, Rund-, Flach-, Sechskant- u. Winkelmessing gezogen u. gepreßt (DIN 1776)	Ms 58 (Sondergüte[1])	weich	37—45	25		alle Dicken
		halbhart	44—54	10		bis 40 mm Dicke
		hart	51—63	5		bis 12 mm Dicke
	Ms 60 (Sondergüte[1])	weich	34—42	30		alle Dicken
		halbhart	41—50	18		bis 40 mm Dicke
		hart	48—58	10		bis 12 mm Dicke
	Ms 63 (Sondergüte[1])	weich	29—35	45		
		hart	41—50	18		
Messingblech Messingband, Messingstreifen, kalt gewalzt (nach DIN 1774)	Ms 60					Faltversuch
		weich	34—42	30	—	[2])
		halbhart	41—50	18	95—120	[3])
		hart	48—58	10	125—145	[3])
	Ms 63	weich	29—35	45	—	[2])
		halbhart	35—43	25	75— 95	[2])
		hart	41—50	15	95—120	[3])
		federhart	52—64	5	130—150	[3])
Messingrohr, nahtlos gezogen (nach DIN 1775)	Ms 60 F 34	weich	mind. 34	35		Je nach Verwendungszweck: Aufweitversuch, Flachschlage- und Wasserdruckversuch
	Ms 60 F 45	hart gezogen	45	15		
	Ms 63 F 29	weich	29	40		
	Ms 63 F 41	hart gezogen	41	15		

Zusammensetzung von Sondermessingen: Duranametall: 56 vH Cu, 1 vH Fe, 1 vH Mn, 1 vH Pb, Rest Zn oder 59 vH Cu, 0,3 vH Fe, 0,4 vH Pb, 1 vH Sn, Rest Zn; Deltametall: 56 vH Cu, 1 vH Fe, 1 vH Mn, 1 vH Pb, Rest Zn; Manganmessing: 56,5 vH Cu, 1,2 vH Mn, 0,5 vH Pb.

Zahlentafel 22. Messingrohre für Kondensatoren und Kühler.

Marke	Chem. Zusammensetzung	Zustand	Streckgrenze σ_{zF} etwa kg/mm²	Zugfestigkeit σ_{zB} mind. kg/mm²	Bruchdehnung δ_{10} vH vH mind.
Marinemessing	70 vH Cu, 29 vH Zn, 1 vH Sn				
Ms K F 36[4])		weich	12	36	35
Ms K F 40[4])		halbhart	20	40	25
Ms 63 F 36[4])	63 vH Cu, 37 vH Zn	weich	12	36	28
Al-Ms[5])	76 vH Cu, 22 vH Zn, 2 vH Al	weich	12	35	35
		halbhart	20	40	25

Kondensatorrohre müssen durch Glühen bei mind. 250° C vollkommen entspannt werden.

[1]) Wird auch als Handelsgüte geliefert ohne vorgeschriebene Festigkeitseigenschaften.
[2]) Biegung nach jeder Richtung bis zum vollständigen Berühren.
[3]) Biegung um 90° senkrecht zur Walzrichtung.
[4]) Nach DIN 1785. [5]) Seewasserbeständig.

Zahlentafel 23. Festigkeitswerte von Sondermessingen.

Bezeichnung	Zustand	Streckgrenze σ_{zF} kg/mm²	Zugfestigkeit σ_{zB} kg/mm²	Dehnung δ_{10} vH
Deltametall	gegossen	12—30	38—60	36—12
	gepreßt	16—32	45—69	32—21
	hartgepreßt	—	68	22
	geschmiedet	17	44	36
Duranametall	gegossen weich	20,5	52,5	25
	„ hart	24	50	20
	„ B 3	35	70	20
	gewalzt und geglüht	15	42	41
	geschmiedet und kalt verdichtet	50—60	60—70	20—6

3. Kupfer-Zinnlegierungen (Bronze, Rotguß).

Bronzen sind Kupfer-Zinnlegierungen mit mindestens 78 vH Cu. Sie können noch geringe Beimengungen von Blei, Antimon, Eisen und Zink (insgesamt $\leqq$ 1 vH) enthalten. Mit steigendem Zinngehalt bis 16 vH nehmen Festigkeit und Verschleißhärte erheblich zu. Zusatz von Phosphorkupfer bewirkt Desoxydation des Metallbades (Phosphorbronzen); im gegossenen Material ist

Zahlentafel 24. Aluminiumbronze (nach DIN 1714).

Benennung	Kurzzeichen	Zusammensetzung ungefähr vH			Zustand	Zugfestigkeit kg/mm² mind.	Bruchdehnung vH mind.	Verwendung
		Cu	Zusätze	Al				
				a) Gußlegierungen				
Aluminium-Gußbronze 9	G Al-Bz 9	91	—	9		35	12	Chem. Apparatebau, gering beanspruchte Lagerbüchsen
Aluminium-Mehrstoff-Gußbronze A)	G Al-M-Bz A	76 bis 94	Fe + Ni + Mn + Si + Sn bis zu 15 vH nach Wahl des Herstellers	9 bis 5		40	20	Schnecken-, Schrauben-, Kegel-, Zahnräder, Heißdampf-Armaturen, Lagerschalen und Buchsen
Aluminium-Mehrstoff-Gußbronze B)	G Al-M-Bz B	73 bis 91		12 bis 8		45	8	Verschleißfeste Gußstücke, Gleitbacken, Schneckenräder
				b) Knetlegierungen				
Aluminium-Bronze 4	Al-Bz 4	96	—	4	weich halbh. hart	30—38 36—46 42—56	50 15 8	Stangen, Drähte, Bleche und Rohre, besonders für die chem. Industrie
Aluminium-Bronze 5	Al-Bz 5	95	—	5	weich halbh. hart	35—45 42—54 50—63	30 15 8	Stangen, Drähte, Bänder, Rohre in Federgüte, bes. stromführend. Federbl. u. Bänder f. d. Elektrotechn.
Aluminium-Bronze 9	Al-Bz 9	91	—	9	weich halbh. hart	40—50 50—60 56—70	30 12 5	Stangen, Drähte, Bleche, Bänder, Rohre, Schmiedestücke, Ventilsitze f. Verbrennungsmot. Dreht.
Aluminium-Mehrstoff-Bronzen	Al-M-Bz	72 bis 94	Fe + Ni + Mn + Si + Sn bis zu 15 vH nach Wahl des Herstellers	13 bis 5	warm-verformt	mind. 45 mind. 55 mind. 65	30 10 8	Schmiedestücke, Warmpreßteile, Ventilkörper f. Verbrennungsmotoren, Ventilsitze, Dichtungsr., Druckwassersteuerungen, Druckplatten, Kolbenst., Schraubenwellen, Zahnkränze, Schneckenräder

Zahlentafel 25. Gußbronze und Rotguß[1]).

Gruppe	Benennung	Kurzzeichen	Zusammensetzung ungefähr in vH				Zugfestigkeit σ_{zB} kg/mm² mindest.	Dehnung δ_5 vH mindest.	Brinellhärte H 10/500/30 kg/mm² mindest.	Biegegröße Bg mindest.	Richtlinien für Verwendung
			Cu	Sn	Zn	Pb					
Zinnbronzen (Phosphorbronzen)	Gußbronze 20	GBz 20	80	20	—	—	15	—	180	—	Teile m. starkem Reibungsdruck (z. B. Spurlager, Verschleißplatten, Schieberspiegel), Glocken
	Gußbronze 14	GBz 14	86	14	—	—	20	3	90	—	Teile m. starkem Verschleiß: hochbeanspruchte Lagerschalen, Räder, hydraulische Hochdruckapparate
	Gußbronze 10	GBz 10	90	10	—	—	20	15	60	20	Allgem. Verwendung im Maschinen-, Armaturen- und Apparatebau
Rotguß	Rotguß 10 (Maschinenbronze)	Rg 10	86	10	4	—	20	10	65	15	Allgem. Verwendung im Maschinen-, Armaturen- u. Apparatebau, Rohrleitungsteile
	Rotguß 9	Rg 9	85	9	6	—	20	12	60	15	Lager für Eisenbahnzwecke, Armaturen
	Rotguß 8	Rg 8	82	8	7	3	15	6	70	—	Maschinenarmaturen, die blank bearbeitet werden
	Rotguß 5	Rg 5	85	5	7	3	15	10	60	—	(wie oben)
	Rotguß 4 (Flanschenbronze)	Rg 4	93	4	2	1	20	25	50	20	Rohrflansche und andere hart zu lötende Teile
Sonderbronzen	Bleizinnbronze 10	Bl-Bz 10	86	10	—	4	18	15	70	15	Lager für Warmwalzwerke, elektrische Maschinen
	Bleizinnbronze 8	Bl-Bz 8	80	8	—	12	15	8	60	—	Lager mit hohem Flächendruck (Kaltwalzwerke)

[1]) Auszug aus DIN 1705 Blatt 1 und 2.

Phosphor nur in Spuren vorhanden. Rotguß sind Kupfer-Zinn-Zinklegierungen mit meist 1 bis 3 vH Blei.

Aus Walzbronze (94 vH Cu, 6 vH Sn) werden Drähte, Bleche und Bänder hergestellt. Bleche und Bänder haben im weichgeglühten Zustand eine Zugfestigkeit von 40 bis 50 kg/mm², im federharten Zustand 65 bis 75 kg/mm².

Sonderbronzen. Zinn ist teilweise durch andere Legierungsbestandteile ersetzt. Aluminiumbronzen (bis etwa 13 vH Al) haben hohe Festigkeit und Korrosionsbeständigkeit (Zahlentafel 24); Stahlbronzen mit Zusatz von Eisen haben hohe Festigkeit und sind gut warm schmiedbar, haben aber geringere Korrosionsbeständigkeit; Nickelbronzen zeichnen sich durch gute Warmfestigkeit aus.

4. Nickel und Nickellegierungen.

Wegen seiner hohen Korrosionsbeständigkeit wird Nickel hauptsächlich im Apparatebau verwandt. Es läßt sich gut kalt und warm verformen. Glühen muß in neutraler Atmosphäre erfolgen. Als Formguß ist Nickel nicht verwendbar. Im weichgeglühten Zustand beträgt die Zugfestigkeit 40 bis 45 kg/mm², Dehnung 40 bis 50 vH; hartgewalzt beträgt die Zugfestigkeit 70 bis 80 kg/mm², Dehnung 2 vH. Durch Zusatz von 1 bis 2 vH Mangan wird die Festigkeit, auch Warmfestigkeit, erhöht. Kupfer-Nickellegierungen sind sehr korrosionsbeständig. Monelmetall ist eine Naturlegierung aus etwa 67 vH Ni, 28 vH Cu, 5 vH Fe + Mn + Si + C. Sie wird auch durch Zusammenschmelzen der Einzelbestandteile hergestellt (Silverin, Nicorros, Corronil u. a.).

Zahlentafel 26. Festigkeitseigenschaften von Monelmetall.

Zustand	Zugfestigkeit σ_{zB} kg/mm²	Dehnung δ_{10} vH
Weich geglüht	50	35
Kalt gewalzt .	63—80	10—5
Warm gewalzt	∾59	35
Kalt gezogen .	63—80	20—10
Gegossen . . .	32—58	30—8

Monelmetall zeichnet sich durch hohe Warmfestigkeit aus.

Kupfer-Nickel-Zinklegierungen (Neusilber, Argentan, Alpakka, Packfong, German Silver) sind in der Zusammensetzung sehr verschieden. Wegen ihrer hohen Korrosionsbeständigkeit Verwendung für Instrumente, Apparate und Armaturen.

Nickel-Chromlegierungen (meist mit mehr oder weniger hohem Gehalt an Eisen) sind die gegen hohe Temperaturen beständigsten metallischen Werkstoffe. Zur Verbesserung ihrer mechanischen Eigenschaften werden sie noch mit Mangan und Molybdän legiert. Verwendung für elektrische Heizelemente, Glühtöpfe, Roste. Diese Legierungen werden aber neuerdings weitgehend durch Eisen-Chrom- und Eisen-Chrom-Aluminiumlegierungen ersetzt.

5. Aluminium und Aluminiumlegierungen.

Technisches Aluminium ist verunreinigt durch Eisen, Silizium, Kupfer und Zink. Der Reinheitsgrad — Gehalt an reinem Aluminium — wird durch die Kurzzeichen Al 99,5, Al 99 und Al 98/99 angegeben (DIN 1712). Reinstes Aluminium hat im geglühten Zustand 7 bis 8 kg/mm² Zugfestigkeit. Eisen (als

Zahlentafel 27. Festigkeitseigenschaften von Reinaluminium 99.

Zustand	Streckgrenze σ_{zF} kg/mm²	Zugfestigkeit σ_{zB} kg/mm²	Bruchdehnung δ_{10} vH	Brinellhärte H 5/62.5/30 kg/mm²
Gegossen	3—4	9—12	25—28	24—32
Hart gewalzt und gezogen . .	12—17	13—18	3—4	30—40
Gewalzt und weichgeglüht . .	3—4	7—9	12—17	15—24

Zahlentafel 28. Aluminiumlegierungen.

a) Gußlegierungen.

Kurzzeichen DIN 1713	Legierungsbestandteile in vH	Handelsmarken Beispiele	Zustand	Zugfestigkeit σ_{zB} kg/mm²	Bruchdehnung δ_{10} vH	Eigenschaft
G Al-Cu	7—9 Cu	Amerikan. Leg.	Sandguß Kokillenguß	12—18 12—20	4 — 0,5 3 — 0,5	gute Festigkeit
G Al-Zn-Cu	8—12 Zn, 2—5 Cu	Deutsche Leg.	Sandguß Kokillenguß	12—18 12—20	4 — 0,5 3 — 0,5	chemisch mäßig beständig
G Al-Cu-Ni	4 Cu, 2 Ni, 1,5 Mg	Y-Legierung	Kokillenguß Kokillenguß ausgeh.	19—21 26—34	1 — 0,5 1 — 0,5	warmfeste Gußteile
G Al-Si	11—13,5 Si	Silumin	Sandguß Kokillenguß	17—22 18—26	8 — 4 5 — 3	chemisch beständig
G Al-Si-Cu	11—13,5 Si, 0,7—0,9 Cu, 0,2—0,4 Mn	Kupfer-Silumin	Sandguß Kokillenguß	17—22 18—22	5 — 2 3 — 2	stoßfest, schwingungsfest
G Al-Si-Mg	9—13,5 Si, 0,4—0,6 Mn, 0,1—0,5 Mg	γ-Silumin	Sandguß ausgehärtet Kokillenguß ausgeh.	25—29 26—32	4 — 1 1,5— 0,7	chemisch beständig, schwingungsfest
G Al-Mg-Si	2—5 Si, 0,3—2 Mg, 0—1,5 Mn, 0—1 Sb, 0—0,3 Ti	Anticorodol, Polital, Pantal, Nüral	Sandguß ausgeh. Kokillenguß ausgeh.	17—28 20—30	4 — 1 4 — 1	chemisch beständig, hohe Festigkeit
G Al-Mg (a)	2—4 Mg, 0—1,5 Mn, 0—1 Sb, 0—0,3 Ti, 0—1,5 Si	KS-Seewasser L 15	Sandguß Sandguß ausgeh. Kokillenguß Kokillenguß ausgeh.	14—18 24—28 15—19 26—33	8 — 3 8 — 5 8 — 3 15 — 8	chemisch sehr beständig, ausgehärtet, sehr hohe Festigkeit
G Al-Mg (b)	4—10 Mg, 0—0,6 Si, 0—1,5 Mn	Hydronalium 5	Sandguß Sandguß homogen	16—19 20—26	8 — 3 8 — 4	chemisch sehr beständig, stoßbeanspruchte Teile
G Al-Mg (c)	0—1 Sb, 0,6—1,5 Si, 0—0,3 Ti	BS-Seewasser Hydronalium 51	Sandguß Kokillenguß Kokillenguß ausgeh.	16—19 20—26 22—27	5 — 2 8 — 5 6 — 3	chemisch sehr beständig, dichte Gußstücke
b) Knetlegierungen.						
Al-Cu-Mg	3,5—5,5 Cu, 0,2—2 Mg, 0,2—1,5 Si, 0,1—1,5 Mn	Duralumin Bondur Heddur Silal	weich ausgehärtet ausgehärtet und kalt verformt	16—22 34—52 42—58	25 —15 24 — 8 15 — 5	hohe Festigkeit, geringe chemische Beständigkeit
Al-Cu	4,5—6 Cu, 0,4—0,6 Mn, 0,2—0,5 Si	Lautal, F & G 3 Qual. 55	weich ausgehärtet	16—22 34—42	25 —15 20 — 8	
Al-Cu-Ni	3,8—4,2 Cu, 1,8—2,2 Ni, 1,3—1,6 Mg	Duralumin W Leg. Y	weich ausgehärtet	16—22 33—42	25 —15 20 — 8	warmfest

Al-Mg-Si	0,2—2 Mg, 0,3—1,5 Si, 0—1,5 Mn	Legal Anticorodal Pantal	weich ausgehärtet ausgehärtet und verformt	11—13 26—35 35—42	27 —15 20 —10 10 — 2	mittlere Festigkeit und genügende chem. Beständigkeit, gut verformbar
Al-Mg[1])	2,5—10 Mg, 0—1,5 Mn, 0—1,2 Zn	Hydronalium Duranalium BS-Seewasser	weich halbhart	19—42 22—46	24 —15 15 — 8	hohe Seewasserbeständigkeit, die mit Mg-Gehalt steigt
Al-Mg-Mn	2—2,5 Mg, 1—2 Mn, 0—0,2 Sb	KS-Seewasser	weich hart	16—24 24—38	25 —15 5 — 2	hohe Seewasserbeständigkeit bei mittlerer Festigkeit
Al-Si	12—13,5 Si	Silumin	weich hart	12—15 18—25	25 —15 5 — 2	gute Korrosionsbeständigkeit
Al-Mn	1—2 Mn		weich hart	10—15 18—25	35 —20 5 — 2	hoher Verformungswiderstand

[1]) Je nach dem Mg-Gehalt bezeichnet als Al-Mg 3, Al-Mg 5, Al-Mg 7, Al-Mg 9; mit dem Mg-Gehalt erhöht sich die Festigkeit und vermindert sich die Dehnung.

Eisenaluminid enthalten) und Silizium (bildet mit Aluminium Mischkristalle) erhöhen die Festigkeit. Bei Temperaturen zwischen 250 und 350° C scheidet sich freies Silizium aus, das Zugfestigkeit und Dehnung vermindert.

Günstigste Festigkeitseigenschaften in weichgeglühtem Zustand werden erhalten, wenn nach möglichst hoher Kaltverformung (70 bis 90 vH Querschnittsverminderung) bei **360 bis 400° C weichgeglüht wird. Um höchste chemische Beständigkeit zu erreichen, wird bei 450 bis 500° C geglüht. Der Temperaturbereich von 250 bis 350° C soll möglichst schnell durchschritten werden, weshalb zweckmäßig in Blei- oder Salpeterbädern geglüht wird.** Die besonderen Vorzüge des Aluminiums sind sein geringes spezifisches Gewicht, hohe Beständigkeit gegen Witterung und viele chemische Stoffe sowie hohe Wärme- und elektrische Leitfähigkeit. Beschränkt wird die Verwendung durch die geringe Festigkeit.

Aluminium und Aluminiumlegierungen sollen nicht unmittelbar mit Schwermetallen, wie Kupfer und Messing, verbunden werden. Durch ihr stark elektronegatives Verhalten in der Spannungsreihe der Metalle sind sie beim Zusammenbau mit elektropositiveren Metallen starken örtlichen Korrosionen ausgesetzt.

Aluminiumlegierungen sind in großer Zahl als Gußlegierungen und Knetlegierungen entwickelt worden. Die hauptsächlichsten Legierungselemente sind Kupfer, Silizium, Magnesium, Zink, Nickel, Mangan, Titan, Antimon. Al-Si-Gußlegierungen werden durch besondere Zusätze von Salzen veredelt. Die Legierungen Al-Cu-Mg, Al-Cu-Ni, Al-Cu, Al-Mg-Si sind aushärtbar, wodurch die Festigkeit ohne Einbuße an Zähigkeit wesentlich gesteigert wird. Aushärten durch Glühen bei einer für jede Legierung bestimmten Temperatur (etwa 500° C), Abschrecken in Wasser und Altern. Das Altern erfolgt bei manchen Legierungen, z. B. Al-Cu-Mg bei Raumtemperatur (natürliche Alterung), bei Legierungen wie Al-Mg-Si bei 100 bis 200° C (künstliche Alterung). Die gekupferten Aluminiumlegierungen sind wenig korrosionsbeständig. Zahlentafel 28 enthält einige typische Beispiele der zahlreichen Aluminiumlegierungen (s. auch DIN 1713). Aus Raumgründen können nicht alle bewährten Legierungen erwähnt werden. Aluminiumbronzen s. Zahlentafel 24. Dauerfestigkeitswerte s. Zahlentafel 30.

Die Al-Legierungen lassen sich schweißen und löten unter Verwendung besonderer Flußmittel, die wegen Korrosionsgefahr sorgfältig entfernt werden müssen. Besonders bei der

Autogenschweißung gehen Festigkeit und Korrosionsbeständigkeit der ausgehärteten oder mechanisch verfestigten Legierungen zurück. Daher wird die Nietung vorgezogen. Die Betriebstemperatur für ausgehärtete Legierungen liegt unter 120°. Bis −80° sind die Festigkeitseigenschaften gut. Weichglühen bei 360 bis 400°. Oberflächenschutz bieten Lacke, Spritzen, Plattieren mit Reinaluminium, Oxydation (Tauchverfahren MBV, elektrolytisch Eloxieren).

Verwendung finden die Al-Legierungen im Motoren-, Fahrzeug- und Flugzeugbau, für tragbare Geräte und wegen der geringen Massenkräfte bei schnellbewegten Teilen (Textil-, Druckerei-

Zahlentafel 29. Magnesiumlegierungen.

a) Gußlegierungen.

Kurzzeichen	Handelsmarke Elektron	Handelsmarke Magnewin	Ungefähre Zusammensetzung	Zustand[1])	Streckgrenze σ_{zF}[2]) kg/mm² etwa	Zugfestigkeit σ_{zB} kg/mm²	Dehnung δ_{10} vH
G Mg-Al	A 8 K A 9 V A 9 V AZ 91; A 8	— — — 3508	7—11 Al 0—0,5 Zn 0—0,5 Mn Rest Mg	Sandg. o. W. „ hom. „ ausg. Kokilleng. o. W.	(9—11) (10—11) (10—11) (9—13)	16—20 23—29 24—29 16—24	3— 6 5—12 1— 5 2— 8
G Mg-Al 3-Zn	AZ 31	—	2,5—3,5 Al 0,5—1,5 Zn 0—0,5 Mn Rest Mg	Sandg. o. W.	(5—6,5)	14—17	7—10
G Mg-Al 4-Zn	AZF	—	3—4,5 Al 2—3,5 Zn 0—0,5 Mn Rest Mg	Sandg. o. W.	(8— 9)	17—22	5— 9
G Mg-Al 6-Zn	AZG	—	5—6,5 Al 2—3,5 Zn 0—0,5 Mn Rest Mg	Sandg. o. W.	(9—10,5)	16—20	3— 6
G Mg-Mn	AM 503	—	1—2,5 Mn Rest Mg	Sandg. o. W.	(3)	8—11	2— 5
G Mg-Si	CM Si	—	0,5—2 Si Rest Mg	Sandg. o. W.	(5—6,5)	9—13	1— 4
b) Knetlegierungen.							
Mg-Al 3	AZ 31	3512 (früher 45)	2—4 Al 0—1,5 Zn 0—0,5 Mn Rest Mg	o. W.	15—18	24—29	18— 8
Mg-Al 6	AZM	3510	6—7 Al 0—1,5 Zn 0—0,5 Mn Rest Mg	o. W.	18—22	27—33	16—10
Mg-Al 9	AZ 855 V 1	3515	8—11 Al 0—1,5 Zn 0—0,5 Mn Rest Mg	o. W. hom. ausg.	20—28 22—26 26—30	28—37 32—38 36—43	12— 6 12— 9 6— 2
Mg-Zn	Z 1 b	40	4—5 Zn 0—0,2 Mn Rest Mg	o. W.	16—18	24—28	18—14
Mg-Mn	AM 503	3501	1—2,5 Mn Rest Mg	o. W.	8—15	18—24	8— 1

[1]) o. W. = ohne Wärmebehandlung; hom. = homogenisiert; ausg. = ausgehärtet.
[2]) Werte in Klammern sind nicht genormt.

maschinen, Kolben, Propeller usw.), außerdem für chemische Geräte und architektonische Zwecke. Besondere Gewichtsersparnis erzielt man durch Verwendung von Sonderprofilen, die auch in komplizierten Formen nach dem Preßverfahren hergestellt werden. Bei der Konstruktion muß der gegenüber Schwermetallen kleine E-Modul, die große Wärmeausdehnung und die hohe Kerbempfindlichkeit beachtet werden. Kerben und scharfe Übergänge sind zu vermeiden und die Oberfläche gefährdeter Stellen sorgfältig zu glätten. Im Mischbau müssen die Leichtmetalle gegen Schwermetall und Cu-haltige Leichtmetalle durch Zwischenlagen (bitumengetränkte Leinen, Lackanstriche) isoliert werden.

6. Magnesiumlegierungen.

Reines Magnesium ist als Werkstoff zu weich. Geeignete Legierungselemente sind Aluminium, Zink, Mangan und Silizium. Aluminium ist das Hauptlegierungselement, es erhöht die Festigkeit; Zink verbessert die Zähigkeit, Mangan dient zur Reinigung der Schmelze und steigert die Korrosionsbeständigkeit. Bei Sandguß wird als höchste Festigkeit etwa 29 kg/mm² mit der ausgehärteten Legierung G Mg-Al (9 vH Al und 0,4 vH Zn), bei Knetlegierungen 36 bis 43 kg/mm² mit der ausgehärteten Legierung Mg-Al 9 erreicht. Dauerfestigkeitswerte s. Zahlentafel 30.

Zahlentafel 30. Dauerfestigkeit der Leichtmetalle in Bruchteilen der Zugfestigkeit σ_B.

Werkstoff	σ_B	Wechselfestigkeit			Ursprungsfestigkeit	
		Zug-Druck	Biegung	Verdrehung	Zug-Druck	Biegung
Al-Knet-legierungen	10—20 20—35 35—50	0,7 —0,4 0,5 —0,25 0,3 —0,2	0,8 —0,6 0,6 —0,35 0,35—0,25	0,5 —0,35 0,35—0,2 0,2 —0,15	0,9—0,7 0,7—0,4 0,4—0,3	0,4 —0,5
Mg-Knet-legierungen	<20 >25	0,36[1] 0,30[1]	0,3 —0,5	0,25[1] 0,13[1]	0,5—0,6 0,4—0,55	0,5 —0,6
Al-Gußlegierungen		—	0,2 —0,4	0,15—0,3	—	—
Mg-Gußlegierungen		0,19—0,34	0,31—0,48	0,17—0,26	0,25[1]	0,45—0,55

Das geringe spezifische Gewicht der Magnesiumlegierungen von etwa 1,8 brachte weitgehende Anwendung im Fahrzeug- und Flugzeugbau. Räder, Kurbelgehäuse, Getriebegehäuse, Innenausbau und Verkleidungen, Benzintanks, aber auch beanspruchte Konstruktionsteile von Flugzeugen werden aus Magnesiumlegierungen hergestellt. Besondere Vorteile wurden bei Maschinenteilen erreicht, die hohen Fliehkräften ausgesetzt sind, da die Beanspruchungen entsprechend dem geringen Eigengewicht klein bleiben. Während der Bearbeitung Vorsicht, da sich die Späne entzünden können. Brände nur mit Sand oder Graugußspänen löschen.

Magnesiumlegierungen korrodieren ziemlich leicht und müssen daher durch Beizen (Bichromatlösungen) und dauerhafte Anstriche geschützt werden; gegen Flußsäure und alkalische Lösungen sind Magnesiumlegierungen sehr beständig. Bei Verbindungsarbeiten durch Nieten und Schrauben müssen die Fugen durch schützende Zwischenlagen abgedichtet werden. Magnesiumlegierungen dürfen nicht unmittelbar mit Schwermetallen verbunden werden, da sie ebenso wie Aluminium durch ihr stark elektronegatives Verhalten in der Spannungsreihe der Metalle sonst starken örtlichen Korrosionen ausgesetzt sind. Werden Stahlschrauben zur Verbindung verwandt, müssen diese mit einem Zink- oder Kadmiumüberzug versehen werden.

Verformungen über 10 vH können nur oberhalb 275° ausgeführt werden. Wegen der geringen Warmfestigkeit sind Mg-Legierungen nur bis 200° verwendbar. Schweißbar sind die Legierungen Magnewin 3501, AM 503, AM 507 mit Flußmitteln, die wegen Korrosionsgefahr sorgfältig beseitigt werden müssen.

[1] Nur wenige Messungen vorhanden, so daß zwar ihr Mittelwert, aber nicht die Grenzen des Streubereichs angegeben werden können. Als Anhalt für die untere Grenze des Streubereichs können um 20 vH niedrigere Werte angenommen werden.

7. Blei.

Trotz seiner geringen Festigkeit wird Blei wegen seiner hohen chemischen Beständigkeit, guten Verformbarkeit und Bearbeitbarkeit viel verwendet. Es wird geliefert als Barren, Bleche, Rohre, Drähte, Wolle und in Formen gepreßt. Die Zugfestigkeit beträgt 1,5 bis 2 kg/mm², Dehnung 50 vH, Quetschgrenze 5 kg/mm². Durch Kaltverformung kann es nicht verfestigt werden.

Konstruktionsteile aus Blei werden für die chemische Industrie für Pumpen, Armaturen, Apparate, Auskleidungen hergestellt. Ferner wird es für Rohrleitungen, als Dichtungsmittel für Rohrverbindungen, als Ummantelung für elektrische Kabel und für Beschwerungen verwandt (s. a. Metallische Überzüge S. 485). Zur Steigerung der Härte und Festigkeit wird Blei mit Antimon legiert (Hartblei).

8. Zink und Zinn.

Zink findet zu Blechen verwalzt und zu Drähten gezogen Verwendung für Wasserbehälter, wetterbeständige Auskleidungen. Zinn eignet sich wegen seiner geringen Festigkeit als selbständiger Konstruktionswerkstoff weniger.

Verwendung hauptsächlich in der Nahrungsmittelindustrie für Gefäße, Rohrleitungen, ferner für Dichtungsringe. Für viele Legierungen (Bronzen und Lagermetalle) ist es ein hochwertiger Bestandteil (s. a. Metallische Überzüge, S. 485).

9. Spritzgußlegierungen.

Für kleine vielgestaltige Gußstücke, die in großer Stückzahl hergestellt werden, ist die Anwendung von Spritzguß lohnend. Gewinde, Bohrungen werden mit eingegossen, so daß jegliche Bearbeitung wegfällt.

Zur Verwendung kommen:

a) Blei-Spritzgußlegierungen nach DIN 1741. Legierungen: Blei-Antimon, Blei-Zinn-Antimon und Blei-Zinn-Antimon-Kupfer. Zugfestigkeit 8 bis 5 kg/mm², sie erniedrigt sich mit dem Bleigehalt, Dehnung 4 bis 20 vH.

Verwendung für maßhaltige, wenig beanspruchte Teile (Pendel, Drucklettern, Meßgeräteteile).

b) Zinn-Spritzgußlegierungen nach DIN 1742. Legierung: Zinn-Antimon-Kupfer-Blei. Die Zugfestigkeit steigt mit dem Zinngehalt 8 bis 11,5 kg/mm², Dehnung 1,1 bis 2,5 vH.

Verwendung für Teile mit höchster Maßgenauigkeit, die mechanisch gering beansprucht werden für Zähler, Rundfunkgeräte, Meßgeräteteile.

c) Zink-Spritzgußlegierungen nach DIN 1743. Legierungen: Zink-Aluminium und Zink-Aluminium-Kupfer. Zugfestigkeit je nach Legierung 22 bis 38 kg/mm², Dehnung 6 bis 2 vH.

Verwendung für Apparateteile, Beschläge, Schilder. Zink-Spritzgußlegierungen sind empfindlich gegen Stoß und Korrosion.

d) Leichtmetall-Spritzgußlegierungen nach DIN 1744. Legierungen: Aluminium-Kupfer, Aluminium-Kupfer-Silizium, Aluminium-Kupfer-Nickel, Aluminium-Silizium, Aluminium-Magnesium, Magnesium-Aluminium-Zink. Zugfestigkeit je nach Legierung 18 bis 25 kg/mm², Dehnung 1 bis 2,6 vH.

Verwendung auch für dickwandige Teile. Kupferfreie Legierungen haben gute Korrosionsbeständigkeit.

10. Lote.

Flußmittel. Lötwasser: wässerige Lösung von Zinkchlorid oder 28 Teilen Ammoniumchlorid mit Zusatz von 5 bis 10 vH Salzsäure; Verwendung für Lötzinn. Lötfett: 5 Teile Kolophonium, 5 Teile Talg, 1 Teil gepulverten Salmiak für Weißblech. Borax, Borsäure: Verwendung für Hartlot und Silberlot.

Für Aluminium sind Sonderlote und Flußmittel entwickelt worden, soweit angängig, wird Aluminium geschweißt.

Zahlentafel 31. Zusammenstellung gebräuchlicher Lote.

Kurzzeichen	Zusammensetzung vH			Schmelztemperatur[1]) °C	Verwendung
a) Lötzinn DIN 1707	Sn		Pb		
Sn L 25	25		75	271	nur Flammenlötung
Sn L 30	30		70	262	grobe Klempnerarbeit
Sn L 33	33		67	255	Zink und verzinkte Bleche
Sn L 40	40		60	240	Messing, Weißblech
Sn L 50	50		50	220	Kupfer und weiches Stahlblech, Konservenbüchsen (Außenlötung)
Sn L 60	60		40	190	feine Lötungen im Elektromaschinenbau, Meßgeräte
Sn L 90	90		10	220	falls gesundheitlich erforderlich
b) Hartlot DIN 1711	Cu		Zn		
Ms L 42	42		58	820	Messing mit mehr als 60 vH Cu
Ms L 45	45		55	835	2. u. 3. Lötung von mehr als 67vHCu
Ms L 51	51		49	850	Kupferleg. mit mehr als 68 vH Cu
Ms L 54	54		46	875	Kupfer, Rotguß, Bronze, Stahl
c) Silberlot DIN 1710	Ag	Cu	Zn		
Ag L 4 (in Körnern)	4	50	46	855	feine Lötungen von Bronze, Rotguß, Messing mit mindestens 58 vH Cu, Kupfer, unlegierte u. legierte Stähle
Ag L 9 (in Körnern)	9	43	48	820	
Ag L 12 (in Körnern)	12	36	52	785	
Ag L 8 (in Streifen)	8	50	42	830	
Ag L 25 (in Streifen)	25	40	35	765	
Ag L 45 (in Streifen)	45	30	25	720	
d) Kupfer		99		1083	Hartmetall-Schneiden auf Stahl

11. Lagerwerkstoffe.

Als Lagerwerkstoffe werden hauptsächlich Zinn- und Bleilegierungen, Bronzen, Gußeisen und neuerdings in gesteigertem Maße Kunstharzpreßstoffe verwandt[2]). Die metallischen Lagerbaustoffe werden als Ausguß in Stützschalen eingebracht oder unmittelbar zu „Einstofflagern" verarbeitet.

Zinn- und Bleilegierungen. Die Zinnlagermetalle oder gemeinhin Lagerweißmetalle genannt, sind Zinn-Blei-Antimon-Kupferlegierungen. Durch Zulegieren von Antimon und Kupfer zu Zinn wird die von einem Lagerwerkstoff zu fordernde notwendige Härte erzielt. Zusatz von Blei erspart Zinn, ohne daß für die meisten Zwecke die Güte des Lagers beeinträchtigt wird. Die Zusammensetzung ist nach DIN 1703 genormt (Zahlentafel 32).

Die Lagerweißmetalle werden möglichst dünn, in meist verzinnte Stützschalen eingegossen und nach dem Vergießen schnell abgekühlt, um ein Gefüge mit zahlreichen kleinen Kristallen zu erhalten. Gute Gleit-, Notlauf- und Einlaufeigenschaften. Die Festigkeit ist stark von der Zusammensetzung abhängig und nimmt mit zunehmender Temperatur schnell ab. Bei wechselnder Dauerbeanspruchung besteht auch bei den zinnreichen Weißmetallen Neigung zur Rißbildung. Für stoßweise und wechselnd hoch beanspruchte Gleitlager sind deshalb mit Zinnlegierungen ausgegossene Stützkörper nur bedingt verwendbar. Das teure Zinn muß fast ausschließlich aus dem Ausland bezogen werden. Man versucht deshalb mit möglichst bleireichen Lagermetallen auszukommen. Als Legierungszusätze zu Blei eignen sich Alkali- und Erdalkalimetalle, wie Natrium, Kalzium, Lithium und Barium, welche die Härte und den Schmelzbeginn von Blei bedeutend verbessern. Die meist verwendete Legie-

[1]) Legierungen haben in der Regel einen Schmelzbereich; angegeben ist die Liquidustemperatur, bei der das Lot völlig flüssig ist. Die Solidustemperatur, bei der das Lot fest ist, beträgt bei Lötzinn 181° C.

[2]) Kühnel, R.: Werkstoffe für Gleitlager. Berlin: Springer 1939.

rung der Alkali- und Erdalkali-Bleilagermetalle ist das Bahnmetall mit etwa 98,5 vH Pb, 0,04 vH Li und Ca + Na, das aus einer weichen Grundmasse von Blei-Natrium-Lithium besteht, in die harte Blei-Kalziumkristalle eingelagert sind. Das Bahnmetall wird namentlich für Straßenbahn- und Eisenbahnlager benutzt. Zur Gruppe der alkalifreien Bleilegierungen gehört das zinnarme Thermit (70 bis 72 vH Pb, 22 bis 20 vH Sb, 4 vH Sn, 1,5 bis 3 vH Ni und 0,5 bis 1 vH Cu), bei dem in einer hochbleihaltigen, eutektischen Grundmasse harte Zinn-Antimonkristalle eingebettet sind.

Bronzen. Von den Bronzen sind zu Lagerzwecken in erster Linie die Kupfer-Bleilegierungen und die Blei-Zinnbronzen geeignet.

Kupfer-Bleilegierungen enthalten bis zu 35 vH Blei, Rest Kupfer und teilweise noch Sonderzusätze wie Zinn, Silizium, Nickel, Zink und Eisen bis zu 2 vH und mehr. Sie werden meist als Ausgußmaterial in Stahlschalen eingebracht. Infolge ihrer hohen Dauer- und Warmfestigkeit eignen sich Kupfer-Bleilegierungen besonders für Lagerungen mit dauerndem Druckwechsel oder hohen Betriebstemperaturen. Der Betrieb verlangt im Gegensatz zu Weißmetallagern einsatzgehärtete Wellen und setzt eine einwandfrei bearbeitete Lauffläche mit größter Maßhaltigkeit voraus.

Die Blei-Zinnbronzen enthalten etwa 10 bis 20 vH Blei und dienen hauptsächlich zur Herstellung massiver Bronzeschalen. Sie haben günstigere Gleiteigenschaften als reine Phosphorbronzen und werden deshalb an deren Stelle heute viel benutzt.

Gußeisen. Gußeisen verhält sich in bezug auf Gleiteigenschaften, Verschleiß und Belastbarkeit ähnlich wie Bronze und Rotguß und kann daher in vielen Fällen als Heimstoff an deren Stelle treten. Von erheblichem Einfluß ist die Gefügeausbildung; anzustreben ist eine perlitische Grundmasse und fein verteilter Graphit. Die Laufflächen werden zweckmäßig geschliffen und poliert. Beim Einbau ist darauf zu achten, daß die Gehäusebohrungen mit der Welle genau fluchten, weil Gußeisenlager gegen Kantenpressung sehr empfindlich sind.

Kunstharzpreßstoffe. Nach den bis heute vorliegenden Betriebserfahrungen eignen sich zu Lagerzwecken besonders Phenol- bzw. Kresolharze mit Baumwollgewebeschnitzeln oder -bahnen als Füllstoff. Preßstofflager erfordern wegen schlechter Formbeständigkeit bei höherer Temperatur ein größeres Lagerspiel als Metallager. Sie eignen sich besonders in rauhem, schmutzigem Betrieb für Lagerstellen mit niedrigen Gleitgeschwindigkeiten und geringen Flächenpressungen. Bei höheren Drehzahlen und Beanspruchungen befestigt man zweckmäßig den Kunststoff auf der Welle und läßt ihn mit dieser in Stahl-, Gußeisen- oder Leichtmetallagern umlaufen.

Zahlentafel 32. DIN 1703: Weißmetall für Gleitlager und Gleitflächen.

Bezeichnung von Weißmetall mit 80 vH Zinn: WM 80 DIN 1703.
Die Bezeichnung ist einzugießen oder aufzuschlagen.

Benennung	Kurzzeichen	Zusammensetzung vH				Zulässige Abweichungen				Gewicht
		Sn	Sb	Cu	Pb	Sn	Sb	Cu	Pb	kg/dm³
Weißmetall 80 F[1])	WM 80 F	80	11	9	—	±1	±1	±1	+0,5	7,5
Weißmetall 80	WM 80	80	12	6	2	±1	±1	±1	±1	7,5
Weißmetall 20	WM 20	20	14,5	1,5	64	±1	±1	±0,5	±1	9,4
Weißmetall 10	WM 10	10	15,5	1	73,5	±0,5	±1	±0,5	±1	9,7
Weißmetall 5	WM 5	5	15,5	1	78,5	±0,5	±1	±0,5	±1	10,1

[1]) WM 80 F soll nur verwendet werden, wenn Bleifreiheit unerläßlich ist, im übrigen ist es möglichst durch WM 80 zu ersetzen.

Zulässige Verunreinigungen:			
	Eisen	0,10 vH	zusammen höchstens 0,15 vH
	Zink	0,05 „	
	Aluminium	0,05 „	
	Arsen	0,15 „	

Für Gleitlager eignen sich außerdem Rotguß, Zink-, Kadmium-, Aluminium- und Magnesiumlegierungen, ferner Weichgummi, Graphit mit Faserstoffen, für hochbelastete Lager mit geringer Gleitgeschwindigkeit vergütete und gepreßte Rotbuche und Ahorn, sowie geschichtetes Holz.

C. Nichtmetallische Werkstoffe.

1. Holz.

Holz eignet sich infolge seines geringen Raumgewichtes, seiner guten Bearbeitbarkeit und seiner im Verhältnis zum Gewicht hohen Festigkeit zur Herstellung von Geräten und Maschinen in der Landwirtschaft, zum Konstruktionswerkstoff in der Textiltechnik, im Mühlen-, Wasser-, Schiff-, Gerüst- und Wagenbau und besonders im Flugzeugbau.

Nachteilig sind bei Holz die erheblichen Abweichungen der Festigkeitseigenschaften und der Elastizität in den drei Hauptrichtungen. Infolge des sehr verschiedenartigen Zellbaus ist das Holzgefüge inhomogen und stark vom jahreszeitlichen Wachstum abhängig. Die Faserrichtung ist für die Festigkeit des Holzes ausschlaggebend. Parallel zur Faserrichtung ist die Zug- und Druckfestigkeit am höchsten, während die Schubfestigkeit senkrecht zur Faserrichtung am größten ist. Bildet die Faser nur einen kleinen Winkel zur Beanspruchungsrichtung, so nehmen Zug- und Druckfestigkeit bedeutend ab. Durch Absperren (Sperrholz) lassen sich jedoch die Festigkeitseigenschaften weitgehend ausgleichen. Das Elastizitätsmaß für Zug ist etwa 1,5 mal größer als das für Druck und die Druckfestigkeit wegen des Ausknickens der Fasern ungefähr um die Hälfte niedriger als die Zugfestigkeit. Infolgedessen verschiebt sich bei Biegebeanspruchung — umgekehrt wie bei Gußeisen — die neutrale Faser nach der Zugseite, wodurch die Biegefestigkeit etwas geringer wird als die Zugfestigkeit.

Bei ständiger Trockenheit oder unter Wasser ist Holz sehr haltbar. Es ist gegen viele chemische Stoffe weitgehend beständig, weshalb es in der chemischen Industrie häufig Verwendung findet.

Sehr schädlich sind feuchte Luft und der Wechsel zwischen Trockenheit und Nässe. Das Holz neigt in der Feuchtigkeit zum Quellen und schrumpft bei Austrocknung. Außerdem sinkt die Festigkeit mit steigendem Feuchtigkeitsgehalt. Die Zugfestigkeit parallel zur Faser nimmt zwischen 8 und 25 vH Feuchtigkeit bei je 1 vH Wasserzunahme oder -abnahme um 3 vH und die Druckfestigkeit um 4 bis 6 vH ab oder zu. Holz mit 40 vH Feuchtigkeit hat nur etwa zwei Drittel der Zugfestigkeit und etwa die Hälfte der Biegefestigkeit von gut lufttrockenem Holz mit etwa 10 vH Luftfeuchtigkeit. Die Hölzer müssen daher gut getrocknet werden. Als günstigster Feuchtigkeitsgehalt, bei denen Maßänderungen infolge Quellens und Schwindens am geringsten sind, gilt für Sperrplatten 5 bis 6 vH, für Möbel, Türen in beheizten Räumen 8 bis 10 vH, für Flugzeugteile, Radspeichen, Bauholz 12 bis 15 vH. Die großen Schwankungen der Festigkeit innerhalb der gleichen Holzart sind außer durch die wechselnde Holzfeuchtigkeit besonders noch durch ungleichmäßigen Wuchs und Astbildung sowie Abweichungen von der Hauptfaserrichtung bedingt.

Die beste Festigkeit haben Eiche, Esche, Rotbuche, hohe Härte haben Hickory, Pockholz und Weißbuche; chemisch beständig sind besonders Nadelhölzer mit hohem Harzgehalt wie Kiefer, Lärche, Pechkiefer. Sperrholzplatten, Furnierplatten werden aus einer ungeraden Zahl von Holzplatten bzw. Furnieren (Sägeschnitt-, Messerschnitt- und Schälfurniere) mit Kaltleim oder Kunstharzleim so verleimt, daß die Faserrichtung von Platte zu Platte um 90° versetzt ist. Diese Platten haben ziemlich gleichmäßige Festigkeitseigenschaften und neigen wenig zu Formänderungen. Verwendung im Karosseriebau, Flugzeugbau, Apparatebau, für Möbel und Türfüllungen.

Vergütetes Holz. Dünne Furniere werden mit Kunstharz getränkt, parallel geschichtet und bei 160° C unter hohem Druck verpreßt (Lignofol) oder Furniere werden mit kunstharzgetränkten Papierbahnen (Tegofilm) miteinander warm

Zahlentafel 33. **Festigkeitseigenschaften von lufttrockenen Nutzhölzern** (mittlerer Feuchtigkeitsgehalt etwa 15 vH).

Holzart	Lage zur Faser	Raumeinheitsgewicht g/cm³	Zugfestigkeit kg/mm²	Druckfestigkeit kg/mm²	Biegefestigkeit kg/mm²	Schubfestigkeit kg/mm²	Dauerbiegefestigkeit kg/mm²
Eiche	∥	0,4—0,7—0,95	5—9—18	4—5—6	7—9—10	0,5—1—1,5	—
	⊥		0,5	1		3	
Esche	∥	0,5—0,7—0,9	3—10—22	3—5—6	5—10—18	0,7	3,5
	⊥		0,7	1			
Hickory	∥	0,7—0,8—1	15	5	11—12	1	—
	⊥		1	1			
Nußbaum (Walnuß)	∥	0,6—0,7—0,75	10	4—6—7	8—12—14	—	4
	⊥		0,4	1			
Ulme (Rüster) .	∥	0,5—0,7—0,85	6—8—21	3—4—6	5—7—16	0,7	—
	⊥		0,4	1		2,5	
Rotbuche	∥	0,5—0,7—0,9	6—14—18	4—5—8	6—11—18	0,5—1—2	—
	⊥		0,7	1		3,5	
Weißbuche . . .	∥	0,5—0,8—0,85	5—11—20	4—7—8	5—11—14	1	—
	⊥					3	
Kiefer	∥	0,3—0,5—0,9	4—10—19	3—5—8	4—9—20	0,5—1—1,5	2,5
	⊥		0,3	1		2	
Pechkiefer (Pitchpine)	∥	0,5—0,7—0,9	10	3—5—8	9	1	—
	⊥		0,3	0,7			
Fichte	∥	0,3—0,5—0,7	4—9—24	3—5—7	4—7—12	0,5—1	2
	⊥		0,3	0,5—1		2,5	
Tanne	∥	0,3—0,45—0,7	5—8—12	3—4—5	4—6—10	0,5	—
	⊥		0,2	0,4		2,5	
Gabun (Okumé)	∥	0,2—0,3—0,5	2—3—4	1—1,5—2	2,5	—	1,5

verpreßt. Vergütete Hölzer sind sehr wetter- und formbeständig. Die Festigkeitseigenschaften insbesondere quer zur Faser werden wesentlich gesteigert; das spez. Gewicht erhöht sich um etwa 50 vH.

Zum Schutz gegen Zerstörung des Holzes durch Fäulnispilze, Insekten und Käfer können gut ausgetrocknete Hölzer mit Leinölfirnis, Ölfarbe, Paraffin, Karbolineum und Fluorverbindungen (z. B. Basilit) angestrichen werden. Besseren Schutz als Anstreichen gewähren Tränkung mit Kupfersulfat oder Teeröl und die Kyanisierung. Schutzmittel gegen Feuer können Holz zwar nicht unverbrennlich machen, doch kann die Entflammbarkeit verhindert und die Verkohlung verlangsamt werden. Feuerschutz wird erreicht durch Wasserglaslösungen mit Zusatz von Kalk, Asbest, Schwerspat, Alaunlösungen oder durch Salzlösungen, die bei Erhitzung flammenerstickende Gase (CO_2, SO_2) oder das Holz umhüllende Schmelzen bilden.

Zahlentafel 34. Nach Normblatt DIN 1052 zulässige Spannungen σ_{zul} und τ_{zul} für Bauholz in kg/cm².

Zeile	Art der Beanspruchung	Güteklasse III Nadelholz	Güteklasse III Eiche und Buche	Güteklasse II Nadelholz	Güteklasse II Eiche und Buche	Güteklasse I Nadelholz	Güteklasse I Eiche und Buche	Bemerkungen
1	Biegung $\sigma_{b_{zul}}$	70	75	100[1])	110	130[1])	140	—
2	Biegung bei durchlaufenden Trägern ohne Gelenke $\sigma_{b_{zul}}$ . . .	75	80	110[2])	120	140[2])	155	—
3	Zug in der Faserrichtung $\sigma_{z_{zul}}$	0	0	85	100	105	110	—
4	Druck in der Faserrichtung $\sigma_{d_{zul\parallel}}$ . .	60	70	85[2])	100	110[2])	120	—
5	Druck rechtwinklig zur Faserrichtung $\sigma_{d_{zul\perp}}$	20	30	20	30	20	30	Der Überstand der Schwelle über die Druckfläche muß in der Faserrichtung beiderseits mindestens gleich dem 1½fachen der Schwellenhöhe *h* sein. Andernfalls sind die in Zeile 5 und 6 angegebenen Spannungen um ⅓ zu ermäßigen
6	Druck rechtwinklig zur Faserrichtung bei Bauteilen, bei denen geringfügige Eindrückungen unbedenklich sind, $\sigma_{d_{zul\perp}}$	25	40	25	40	25	40	
7	Abscheren in der Faserrichtung und Leimfuge τ_{zul}	9	10	9	10	9	12	Bei Brücken sind für Nadelholz kleinere Werte festgelegt, vgl. DIN 4074

2. Keramische Werkstoffe.

a) Mauerziegel (Backsteine), Normalformat 25 · 12 · 6,5 cm.

Zahlentafel 35. Festigkeit von Mauerziegeln nach DIN 105.

Gattung	Wasseraufnahme vH		Druckfestigkeit kg/cm² mindestens
Klinker	**<5**		**350**
Hartbrandziegel	**<8**		**250**
Mauerziegel I. Kl.	**>8**	**für Wohngebäude**	**150**
Mauerziegel II. Kl.	**>8**		**100**

[1]) Für Lärchenholz sind um 10 kg/cm² höhere Werte zulässig.
[2]) Für Lärchenholz sind um 5 kg/cm² höhere Werte zulässig.

Zahlentafel 36. Feuerfeste Steine.

Bezeichnung	Chemische Zusammensetzung	Verwendung	Schmelztemperatur in °C (in Segerkegeln)	Druckfeuerbeständigkeit in vH Beginn	Druckfeuerbeständigkeit in vH Ende	Bemerkung
Schamotte (basisch)	55–60 vH SiO_2 36–41 vH Al_2O_3 0,2–0,6 vH CaO 0,8-0,2 vH Fe_2O_3	Feuerungsanlagen, für niedrig beanspruchte Teile, Decken, Gittersteine, Rauchkanäle	>1580° (>26)			Bei hohen Temperaturen schwindend. Durch Zusatz von gebranntem Ton oder Beigabe von Quarzit wird Schwinden geringer, saure Schlacken greifen stark an.
		Kammern, Gitterwerk, Muffeln, Hintermauerungen	1670° (30)	~1250	~1500	
		durch Feuer hochbeanspruchte Gewölbe, Tragsteine, Seitenmauern	1720° (32–33)	>1300	>1500 bis 1600	
Quarzschamotte (halbsaure Steine)	etwa 90 vH SiO_2 ferner Al_2O_3, CaO, Fe_2O_3	Gewölbsteine für mittlere Temperaturen, Kammern, Gitter, Hintermauerungen	1650° (29)	>1470	>1520	Wenig schwindend
Tondinassteine Silica						
Silica I	>94,5 vH SiO_2, <2 vH Al_2O_3, <3,5 vH CaO	Hochtemperaturöfen, hochbeanspruchte Gewölbe, Kokereiöfen, Glasindustrie, Stahlerzeugung	1720° (32–33)	>1630		Bei hohen Temperaturen wachsend, wenig temperaturwechselbeständig, Zerstörung durch basische Schlacken
Silica II	>92 vH SiO_2	Rauchkanäle, Türfutter, Gitterwerke	1670° (30)	>1560		
Sillimanit	>90 vH $Al_2O_3 \cdot SiO_2$	Trag- und Gewölbesteine in Hochtemperaturfeuerungen, Brennkammern, Brennersteine, Streckofensteine, Düsenauskleidungen	1875° (38–39)	1620	1750	Beständig gegen alkalische Schmelzen, salzhaltige Braunkohlenasche, konz. Mineralsäuren. Gute Temperaturwechselbeständigkeit
Magnesitsteine	85–88 vH MgO, 4–6 vH SiO_2, 1–2 vH CaO, 1–2 vH Al_2O_3, 4–5 vH Fe_2O_3	Für Öfen mit basischem Futter	>2000° (>42)	etwa 1400–1500		Sehr empfindlich gegen Temperaturwechsel, wenig schwindend
Carborundumsteine	45–80 vH SiC, 10–25 vH SiO_2, 9–20 vH Al_2O_3 und Fe_2O_3	Für höhere Temperaturen und für hohen Wärmedurchgang	>2000° (>42)	>1700		Zersetzung durch oxydierende Gase über 1600° C, schmelzende Alkalien lösen auf, unempfindlich gegen Temperaturwechsel
Chromitsteine	38–60 vH Cr_2O_3, ferner CaO, SiO_2, Al_2O_3, MgO					
Kohlenstoffsteine	85–90 vH C	Tiegel, Öfen für Kalziumkarbidherstellung, Elektroden	>2000° (>42)	bei 1750° keine Druckerweichung		

b) Feuerfeste Steine. Feuerfeste Steine müssen einen Schmelzpunkt von mindestens 1580° C (Segerkegel 26) haben. Für die Güte feuerfester Steine ist nicht nur der Schmelzpunkt wichtig, sondern auch die Temperatur, bei der der Stein unter Beanspruchung zu erweichen beginnt (Druckfeuerbeständigkeit), die Gasdurchlässigkeit, Beständigkeit gegen Temperaturwechsel und gegen chemische Angriffe. (Vgl. S. 476.)

Die feuerfesten Steine werden mit Mörtel vermauert, der in der Regel aus dem gleichen Material in feiner Vermahlung besteht. Für sehr hohe Temperaturen eignet sich Mörtel aus gemahlenem Schieferton mit etwas Kaolin.

Ein hochfeuerfester Werkstoff von zugleich höchster Säurebeständigkeit ist geschmolzener Quarz (durchsichtig: Quarzglas, durchscheinend: Quarzgut). Er hat den geringsten Ausdehnungskoeffizient aller Werkstoffe, so daß er auch schroffen Temperaturwechseln standhält.

c) Steinzeug. Steinzeug wird aus gutem kieselsäure- und alkalioxydhaltigem, fettem Steinzeugton gebrannt, dem für hochwertige Apparateteile noch Flußmittel, wie Feldspat, Quarzspat oder Pegmatit, zugesetzt werden. Braunes und weißes Steinzeug hat gleiche physikalische Eigenschaften. Es wird als Baumaterial in Form von Klinkerziegeln, Klinkerplatten und säurefesten Steinen geliefert. Für die chemische Industrie werden Hohlkörper aus Steinzeug für säurefeste Apparate- und Maschinenteile (Kolben- und Kreiselpumpen, Ventilatoren, Rührwerke, Mischmaschinen) hergestellt. Die Festigkeit von Steinzeug wurde in den letzten Jahren wesentlich verbessert. Festigkeit von normalem Steinzeug: Zugfestigkeit 63 bis 133 kg/cm^2, Druckfestigkeit 3200 bis 5800 kg/cm^2, Biegefestigkeit 234 bis 402 kg/cm^2, Schlagzähigkeit 1,3 bis 1,9 cmkg/cm^2. Bei höchsten Ansprüchen werden noch höhere Werte erreicht. Mit zunehmenden Querschnittsabmessungen nimmt die Festigkeit erheblich ab. Besonders günstig ist auch die Verschleißfestigkeit. Bei hohen Zug- oder Biegebeanspruchungen wird Stahlpanzerung ausgeführt, gegebenenfalls so, daß durch die Panzerung die auf Zug beanspruchten Teile eine Druckvorspannung erhalten. Durch Schleifen läßt sich Steinzeug bearbeiten.

3. Beton.

Die Grundbaustoffe sind Zement und Zuschlagstoffe. Von den Zementen werden hauptsächlich Portlandzement, Eisenportlandzement und Hochofenzement verwandt (kurz Handelszement genannt), die in bezug auf Festigkeit, Abbinde- und Erhärtezeit gleichwertig sind. Der hochwertige Portlandzement unterscheidet sich von dem normalen Portlandzement lediglich durch sorgfältigere Vermahlung und genaue Führung des Brennprozesses. Erreicht wird dadurch eine schnellere Erhärtung (nicht Abbinden) des Betons und damit höhere Anfangsfestigkeit.

Portlandzement. Begriffsbestimmung nach den „Zement-Normen 1932".
Portlandzement ist ein hydraulisches Bindemittel mit nicht weniger als 1,7 G.-T. Kalk (CaO) auf 1 G.-T. lösliche Kieselsäure (SiO_2) + Tonerde (Al_2O_3) + Eisenoxyd (Fe_2O_3) hergestellt durch Feinmahlen und inniges Mischen der Rohstoffe und Brennen bis mindestens zur Sinterung (beginnende Schmelze).

Chemische Zusammensetzung: Nach Untersuchung des staatlichen Materialprüfungsamtes Berlin-Dahlem an verschiedenen Portlandzementen.

Kalk	= 58 bis 66 vH	Alkalien	= 0,2 bis 2,8 vH
Kieselsäure	= 20 „ 26 „	Schwefelsäure	= 0,2 „ 2,2 „
Eisenoxyd	= 2,2 „ 4,5 „	Glühverlust	= 0,2 „ 2,7 „
Tonerde	= 4 „ 9,5 „	Unaufgeschlossener Rückstand	= 0,1 „ 1,4 „
Magnesia	= 0 „ 3 „		

Eisenportlandzement ist ein hydraulisches Bindemittel und besteht aus mindestens 70 vH Portlandzement und höchstens 30 vH gekörnter Hochofenschlacke (Kalk-Tonerde-Silikat, das beim Eisen-Hochofenbetrieb gewonnen wird).

Hochofenzement ist ein hydraulisches Bindemittel und besteht aus 15 bis 69 vH Portlandzement und 85 bis 31 vH granulierter basischer Hochofenschlacke.

Höchste Festigkeitseigenschaften werden mit Tonerdezement erreicht.

Chemische Zusammensetzung des Tonerdezements:

CaO	= 35 bis 50 vH	Fe_2O_3	= 1 bis 18 vH
Al_2O_3	= 38 „ 48 „	MgO	= 0,5 „ 1,5 „
SiO_2	= 3 „ 10 „		

Rückstand auf dem Sieb	Durchgang durch das Sieb	Bezeichnung			
mit Millimeter Lochdurchmesser		Natürliches Vorkommen		Zerkleinerte Stoffe	
0	1	Betonfeinsand	Betonsand	Betonfeinsand	Betonbrechsand
1	7	Betongrobsand		Betongrobsand	
7	30	Betonfeinkies	Betonkies	Betonsplitt	
30	70	Betongrobkies		Betonsteinschlag	

Tonerdezement ist ein Normalbinder, aber ein Schnellerhärter. Beton mit Tonerdezement muß, auch wenn er erdfeucht verarbeitet wird, reichlich Wasserzusatz haben, da infolge der starken Erwärmung während des Abbindens viel Wasser verdunstet.

Die Zuschlagstoffe (Sand, Kies, Schotter, Splitt, Schlacken) müssen gut gemischt — körnig und stückig sein.

Bezeichnung der einzelnen Körnungen in den „Deutschen Bestimmungen 1932 für Eisenbeton" (vgl. DIN 1179).

Betonkiessand ist das Gemenge von Betonsand und Betonkies. Der Sandanteil (bis 7 mm Korngröße) soll eine Körnung haben, die der Grafschen Siebkurve entspricht (Fig. 44).

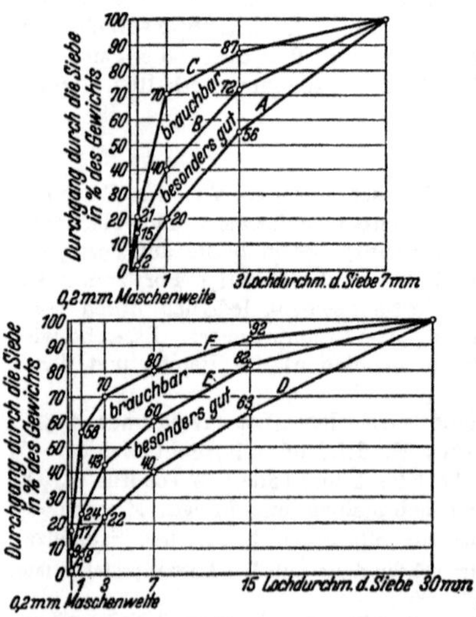

Fig. 44 u. 45. Siebkurven für Betonzuschlagstoffe nach den Bestimmungen des Deutschen Ausschusses für Eisenbeton.

Die großen Zuschlagstoffe müssen so bemessen sein, daß die entstehenden Hohlräume durch Sand und Zement eben ausgefüllt werden. Wasserzusatz beim Anmachen des Betons so knapp wie möglich, da die Festigkeit des Betons mit steigendem Wasserzusatz schnell abnimmt. Die höchste Festigkeit ergibt erdfeuchter Stampfbeton. Bei Eisenbeton muß die fertige Mischung zwecks besseren Einbringens zwischen die Eiseneinlagen plastisch bis weich angemacht werden. Bei Großbaustellen wird aus wirtschaftlichen Gründen stark weicher, bis flüssiger Beton angewandt.

Die Festigkeit des Betons hängt vom Mischungsverhältnis, der Güte der Zuschlagstoffe und dem Wassergehalt ab. Die Zugfestigkeit des Betons ist gering (etwa $^1/_{12}$ bis $^1/_{15}$ der Druckfestigkeit). Im Eisenbeton werden die Zugspannungen durch die Eiseneinlagen (Rundeisen, Profileisen, Drahtgewebe) aufgenommen, die Druckspannungen durch Beton. Die Normenfestigkeit von Beton wird festgestellt an Probewürfeln mit 20 cm Kantenlänge und wird bezeichnet mit $W_{b_{28}}$, d. h. Würfelfestigkeit des Betons nach 28 Tagen Erhärtungszeit.

Wird bei beschränkter Zeit der Bewertung des Betons die Würfelfestigkeit nach 7 Tagen zugrunde gelegt, so muß diese mindestens 70 vH der vorgeschriebenen

Würfelfestigkeit $W_{b_{28}}$ erreichen. Diese ist außerdem festzustellen und bleibt für die Endbewertung maßgebend.

Zahlentafel 37. **Betondruckspannungen in mittig gedrückten Säulen**[1]).

Betonart	$\sigma_{zul.}$ kg/cm²	Erforderliche Mindestfestigkeit $W_{b_{28}}$ kg/cm²
a) Beton mit Handelszement	35	120
b) Beton mit hochwertigem Zement	45	160

Einen dichten Beton erhält man durch Beimengen von Traß und Zement. Traßzement-Beton erweist sich als besonders vorteilhaft bei Bauten im Seewasser, da der beim Erhärten des Zements freiwerdende überschüssige Kalk durch den Traß gebunden wird und keine schädlichen, treibenden Verbindungen mit den im Seewasser enthaltenen Salzen entstehen können. Außerdem verhindert die durch den Zusatz von Traß gedichtete Mischung physikalische Angriffe durch das Seewasser.

Zahlentafel 38. **Druckfestigkeit von Stampfbeton.**

Mischungsverhältnis in Rt. Zement : Kiessand bzw. Zement : Sand : Kies (Splitt, Schotter)	Ungefähre Zementmenge in kg/m³ fertigem Beton	Druckfestigkeit in kg/cm² nach 28 Tagen	Raumgewicht für Kiesbeton t/m³ (ungefähr)
1 : 4	375	225—300	2,3
1 : 5	310	180—225	2,25
1 : 8	200	90—120	2,2
1 : 12	135	50— 70	2,15
1 : 2 : 3	365	220—250	2,3
1 : 3 : 5	240	130—180	2,25
1 : 4 : 6	185	100—125	2,2

Eisenbeton. Der Beton darf im allgemeinen nicht auf Zug beansprucht werden. Zur Aufnahme der Zugspannungen werden Rundeisen eingelegt (Eisenbeton). Auch die Schubspannungen wirken im Beton als Zugspannungen und müssen von Eisen aufgenommen werden, sobald sie 4 kg/cm² bei Rippendecken, Balken, Plattenbalken, Rahmen und 6 kg/cm² bei Platten übersteigen. Beton und Eisen haben gute Verbundwirkung und gegenseitiges Haftvermögen. Die Ausdehnungskoeffizienten sind etwa gleich. $\alpha_{\text{Eisen}} = 12 \cdot 10^{-6}$, $\alpha_{\text{Beton}} = 14 \cdot 10^{-6}$.

4. Glas.

Technisches Glas besteht meist aus Natron-Kalk-Silikat-Schmelzen im amorphen, unterkühlten Zustand. Es zeichnet sich durch folgende Eigenschaften aus: Gute Lichtdurchlässigkeit (85 bis 90 vH), geringe Wärmeleitfähigkeit (0,6 bis 0,9 kcal/m °h), hoher elektrischer Widerstand (3 bis $10 \cdot 10^{14}$ Ω mm²/m). Die Wärmeausdehnung beträgt 80 bis $100 \cdot 10^{-7}$, das spez. Gewicht 2,5 (Bleiglas 3 bis 6). Die Druckfestigkeit (4000 bis 12000 kg/cm²) ist wesentlich höher als die Zugfestigkeit (300 bis 900 kg/cm²), die Härte liegt zwischen der von Eisen und Stahl. Nachteilig ist die hohe Empfindlichkeit gegen Stoß und schroffe Temperaturschwankungen. Glas ist chemisch beständig gegen Luft, Wasser, Säuren (außer Flußsäure), weniger gegen Laugen. Bei 800 bis 1300° läßt sich das Glas blasen, ziehen, schweißen. Mit Diamant und Widia kann es kaltbearbeitet werden (schneiden, hobeln, bohren usw.). Die Gebrauchstemperatur liegt unterhalb der Erweichungstemperatur von etwa 500°.

[1]) Deutsche Bestimmungen 1932 für Eisenbeton.

Neben den verschiedenen Sorten von Flach- und Hohlglas wird das Glas verarbeitet zu Drahtglas, Glaseisenbeton (Eisenbeton mit Glassteinen), Glaswolle und Gespinsten, die aus Glasfäden von 0,01 bis 0,03 mm Dicke bestehen und einen vorzüglichen unbrennbaren Wärmeschutz, gute Schalldämpfung und chemisch beständige Filterstoffe ergeben.

Einige Sondergläser sind: Ultraviolettdurchlässiges Glas (Uviol, Sanalux), Thüringer Glas (Laborglas), Jenaer Glas (hohe Gebrauchstemperatur von 520 bis 800°). Optisches Glas zeichnet sich durch besondere Zusammensetzung und Reinheit aus (Lichtbrechung bei Kronglas 1,5, Flintglas 1,9). Bei der Auto- und Flugzeugverglasung wird heute weitgehend Sicherheitsglas verwandt, das nicht splittert und gute Schlagfestigkeit aufweist. Man unterscheidet 3 Gruppen: 1. Einschichtglas ist ein im Luftstrom abgeschrecktes Spiegelglas, das durch diese Behandlung Druckeigenspannungen an der Oberfläche erhält. Es kann nicht bearbeitet werden (z. B. Sekurit). 2. Das Mehrschichtenglas enthält zwischen zwei oder mehreren Spiegelglasscheiben eine elastische Zwischenlage. Es ist bearbeitbar (z. B. Sigla-Glas, Kinon-Glas). 3. Häufig werden auch Kunststoffe verwandt, die unzerbrechlich, aber weicher als Glas sind (Plexiglas).

Quarz (SiO_2) zeichnet sich durch hohe Gebrauchstemperatur bis 1200° aus. Chemische Beständigkeit, Wärmefestigkeit, Ultraviolettdurchlässigkeit und elektrischer Widerstand sind erheblich höher als bei Glas. Geringe Wärmeausdehnung $6 \cdot 10^{-7}$. Es findet Verwendung bei Quecksilberdampflampen, Isolatoren, chemischen Gefäßen, optischen Linsen, Pyrometerschutzröhren (z. B. Rotosil, Vitreosil, Dioxyl, Siloxyd).

5. Kunststoffe

s. auch Abschnitte Glas, keramische Stoffe und Gummi.

a) Härtbare Kunststoffe. Zu den technisch wichtigsten härtbaren Kunststoffen zählen die Kondensationsprodukte aus Phenol oder Kresol mit Formaldehyd: die Phenoplaste, und aus Harnstoff oder Thioharnstoff mit Formaldehyd: die Aminoplaste. Diese Stoffe werden unter Einwirkung von Hitze und Druck aus dem plastischen, noch löslichen Zustand, in den unlöslichen gehärteten Zustand überführt. Meist werden sie mit sog. Füllstoffen oder Harzträgerstoffen zur Verbesserung der mechanischen Eigenschaften vermischt. Die härtbaren Kunstharzpreßstoffe werden nach den Füllstoffen in nichtgeschichtete und geschichtete Preßstoffe eingeteilt. Die nichtgeschichteten Preßstoffe werden überwiegend durch spanlose Formung in beheizten Formen gepreßt und bedürfen in der Regel keiner weiteren Bearbeitung. Sie werden als vielgestaltige Fertigteile und Platten gepreßt oder zu Rohren und Profilstangen verarbeitet. Die geschichteten Preßstoffe werden hauptsächlich zu Platten, Rohren und Profilstangen verpreßt und später spanabhebend verarbeitet. Es ist auch möglich, Formteile aus diesen Stoffen herzustellen, jedoch ist durch zweckmäßige Gestaltung und Preßverfahren der Preßvorgang so zu leiten, daß die Schichten und Bahnen nicht verquetscht oder zerrissen werden.

Die Festigkeitseigenschaften der härtbaren Kunstharzpreßstoffe hängen weitgehend von den Füllstoffen ab. In der Zahlentafel 39 sind die für die Verwendung als tragende Bauteile wichtigsten Eigenschaften zusammengestellt. Die Bezeichnung der Werkstoffe richtet sich zum Teil nach der Typisierungstafel der technischen Kommission der Fachgruppe 7 „Preßstoffe" der Wirtschaftsgruppe Elektroindustrie im VDE. [Elektrotechn. Z. Bd. 58 (1937) S. 1254.]

Die Typen S, T_1, T_2, Z_1 und Z_2 eignen sich nur für gering beanspruchte Fertigstücke. Die Schichtstoffe Z_3 und T_3 finden für hochbelastete formgepreßte Bauteile Verwendung. Hartholz (Lignofol), Hartgewebe und Hartpapier eignen sich für höchstbelastete Teile wie Zahnräder, Lager (s. S. 471) und Fahrzeugbauteile.

b) Nichthärtbare Kunststoffe. Zu diesen zählen alle die Stoffe, die beim Formpressen keine chemische Umwandlung erfahren und beim Erwärmen wieder

Zahlentafel 39. **Kunststoffe.**

Kunststoff oder Bindemittel	Füllstoff	Typ oder Name	Zugfestigkeit σ_{zB} kg/mm²	Druckfestigkeit σ_{dB} kg/mm²	Biegefestigkeit σ_{bB} kg/mm²	Biegewechselfestigkeit σ_{Wb} kg/mm²	Schlagbiegefestigkeit a_n cmkg/cm²	Kerbzähigkeit a_k cmkg/cm²
Phenolharz	—	Preßharz	6,0	20,0–28,0	10,0	3,2	11	—
„	Holzmehl	S	2,5	20,0	7,0	2,5	6,0	1,5
„	Textilfaser	T_1	2,5	15,0	6,0	—	6,0	6,0
„	Textilschnitzel	T_2	2,5	15,0	6,0	2,0–3,0	12,0	12,0
„	Textilbahnen	T_3	5,0	15,0	8,0	3,0	25,0	—
„	Zellstofffaser	Z_1	2,5	15,0	6,0	1,5	5,0	3,5
„	Zellstoffschnitzel	Z_2	2,5	15,0	8,0	—	8,0	5,5
„	Zellstoffbahnen	Z_3	8,0	15,0	12,0	4,0	15,0	10,0
„	anorg. Mehl od. Faser	1_1 u. 1_2	2,5	12,0	5,0	—	3,5	1,0–2,0
„	anorg. Gespinst	M	2,5	12,0	7,0	—	15,0	15,0
Harnstoffharz	organ. Füllstoff	K	5,0	20,0	6,0	—	5–8	1,2
Phenolharz	Buchenfurniere	Hartholz (Lignofol)	20,0–24,0	—	25,0–30,0	5,0	80–100	—
„	Textilgewebe	Hartgewebe	5,0–8,0	20,0	13,0	3,5	30	—
„	Zellstoffbahnen	Hartpapier	12,0	15,0	15,0	4,5	25	—
Zellulose	—	Vulkanfiber	5,0–12,0	30,0	8,0–13,0	—	120–190	—
Acetylzellulose	—	Zellon	3,0–5,0	5,0–5,7	5,0	—	100–200	—
Nitrozellulose		Zelluloid	6,0	—	6,0	—	100–200	
Kasein	—	Galalith	—	7,0–12,0	10,0–18,0	—	20–40	—
Polystyrol	—	Trolitul	4,0	9,5	11,0	—	20	—
Polyvinylkarbazol	—	Luvican	6,0	—	9,0–10,0	—	6–10	—
Polyvinylchlorid	—	Mipolam	6,0	7,8–8,0	11,0	—	450	—
Polyakrylsäureester	—	Plexiglas	7,5	—	7,0–10,0	2,0–2,5	15–30	1,5

plastisch werden. Die wichtigsten sind die Zelluloseabkömmlinge, Kasein und Polymerisations- und Mischpolymerisationsprodukte. Zu den Zelluloseabkömmlingen gehören vor allem Vulkanfiber, Zelluloid und Cellon. Vulkanfiber ist hart und zäh und wird meist aus Platten spanabhebend verarbeitet. Massen aus Kasein sind unter dem Namen Galalith und Kunsthorn bekannt und werden in erster Linie zu hauswirtschaftlichen und kunstgewerblichen Gegenständen verarbeitet.

Polymerisations- und Mischpolymerisationsprodukte sind Kohlenwasserstoffe, z. B. Polystyrol (Trolitul und Luvican) und Akrylate (Plexiglas). Trolitul bewährt sich vor allem als Spritzwerkstoff und zur Herstellung von dünnen Filmen bis zu 0,02 mm Stärke bei guten Festigkeitseigenschaften. Luvican besitzt eine besonders gute Wärmebeständigkeit, die der härtbarer Preßstoffe nahekommt. Die Chlorkohlenwasserstoffe (Mipolam) zeichnen sich durch ihre Unbrennbarkeit, Unempfindlichkeit gegen Schlag und große Beständigkeit gegen Säuren, Alkalien und Wasser aus. Sie finden insbesondere in der chemischen Industrie Verwendung. Das Plexiglas wird wegen seiner guten mechanischen Festigkeit und großen Klarheit und Durchsichtigkeit vorwiegend für Schutzgläser und Windschutzscheiben im Luftfahrzeug- und Automobilbau und billige Linsen verwendet. Vorerst ist es noch gegen Verkratzen und Ritzen empfindlich.

6. Gummi.

Der Gummi wird je nach Verwendungszweck in verschiedenen Mischungen hergestellt (s. Zahlentafel 40). Je nach den besonderen Anforderungen werden seine Eigenschaften noch besonders gezüchtet, wie Verschleißfestigkeit, Elastizität, Dämpfungsfähigkeit, chemische und Wärmebeständigkeit.

Nach den verarbeiteten Ausgangsbaustoffen ist zwischen Naturgummi und künstlich erzeugtem Gummi zu unterscheiden.

Naturgummi. Das Ausgangsprodukt zur Herstellung ist Latex, die eingedickte Milch des Kautschukbaumes, die anschließend an verschiedene Reinigungsprozesse durch Vulkanisation, d. i. eine durch Zusätze von Schwefel Warmvulkanisation) oder Chlorschwefel (weniger wichtige Kaltvulkanisation) ausgelöste Bindung der Kautschukmoleküle erst technisch verwertbar wird. Außer Schwefel werden weiterhin zur Verbesserung der mechanischen Eigenschaften, zur Abkürzung der Vulkanisationszeiten und Erniedrigung der Vulkanisationstemperaturen außer den sog. Vulkanisationsbeschleunigern noch Alterungs- und Ermüdungsschutzmittel, aktive und inaktive Füllstoffe, Regenerate und schließlich Farbstoffe zugeschlagen. Die verschiedenen Zusatzstoffe beeinflussen den Gütegrad des Enderzeugnisses maßgeblich und sind bestimmend für deren Verwendungszweck.

Synthetischer Gummi (Buna). Der Grundbaustoff für die Synthese des künstlichen Gummis sind Koks und Kalk, woraus über Kalziumkarbid und Wasser Azetylen und schließlich durch verschiedene Umwandlungen sich das Butadien zunächst gasförmig gewinnen und durch Verdichtung in den flüssigen Zustand überführen läßt. Durch entsprechend gesteuerte Zusammenlagerungsprozesse des Butadiens zu künstlichem Gummi, für dessen Herstellung im wesentlichen

Zahlentafel 40. Weichgummi.

a) Verwendung.

	Naturgummi	Buchstaben-Buna		Zahlen-Buna	
		Perbunan	Buna S	Buna 85	Buna 115
Verwendung und besondere Eigenschaften	für allgemeine Zwecke, Schläuche, Dichtungsringe, Manschetten, Schutzkappen, beständig gegen Salzlösungen, Säuren und Laugen				
	mittlere mechanische Festigkeit, in Sonderqualitäten beständig gegen viele chemische Stoffe; kältebeständig	gute Alterungsbeständigkeit			
		hohe mechanische Festigkeit, hoher Abnutzungswiderstand, luft- und gasundurchlässig (Hochvakuumdichtungen), beständig gegen aliphatische Kohlenwasserstoffe, Mineralöl, Benzin, Alkohol; elektrisch leitend	mittlere mechanische Festigkeit, beständig gegen feuchte und trockene Hitze	mittlere mechan. Festigkeit	mäßige mechan. Festigkeit
				gute elektrische Isoliereigenschaften, besonders geeignet zur Weiterverarbeitung zu Hartgummi	

b) Physikalische und Festigkeitseigenschaften nach Koch.

	Naturgummi	Perbunan Buna N	Buna S	Buna 85	Buna 115	Methylkautschuk
Zerreißfestigkeit kg/cm²	260	300	275	175	200	125
Dehnung beim Bruch vH	600	600	650	600	700	500
Belastung bei 300 vH Dehnung kg/cm²	70	90	80	50	55	50
Shore-Härte	65	70	65	65	60	plastisch
Elastizität (Pendelhammer)	50	45	50	30	40	10

dieselben Arbeitsgänge und die gleichen Zuschläge wie bei dem Naturgummi in Frage kommen, werden zwei Buchstabensorten Perbunan, Buna S und zwei Zahlenqualitäten Buna 85 und Buna 115 unterschieden.

Auf chemischem Wege kann sowohl Naturgummi als auch künstlich erzeugter Gummi mit Stahl, Gußeisen, Nichteisenmetallen, Hölzern, Glas und den verschiedensten Preßmassen schwingungsfest gebunden werden, wodurch neuartige Konstruktionselemente wie Kupplungen, Torsionsfedern, Schwingungsdämpfer usw. geschaffen werden konnten. Allerdings sind die spez. Belastungswerte der Bindung für Gummi-Metall verhältnismäßig gering und sollten im allgemeinen bei Druck- und Scheranstrengungen 3 bis 4 kg/cm^2, bei Zug 1 bis 2 kg/cm^2 nicht überschreiten.

7. Leder

ist für Treibriemen und als Dichtungswerkstoff wichtig. Je nach Gerbung wird lohgares und chromgares Leder unterschieden. Für normale Betriebsverhältnisse wird meist lohgares Leder verwendet, bei Einwirkung von Feuchtigkeit, Dampf und in Betrieben wo Säuren und Laugen verarbeitet werden, ist Chromleder zu empfehlen. Das beste Leder ist aus der Nähe der Wirbelsäule (Kernleder). Die aus den Seitenteilen der Haut geschnittenen Riemen längen sich im Betrieb stärker. Bei hochbeanspruchten Riemen muß Mitte Riemen gleich Mitte Wirbelsäule sein, da sich sonst die Riemen ungleichmäßig längen. Die einzelnen Riemenstücke werden an den Enden flach abgeschrägt und durch Leimen und Nähen verbunden; ebenso wird die Schlußverbindung des Riemens hergestellt.

8. Schmiermittel.

Die Schmiermittel sollen die Reibungsverluste zweier aufeinandergleitender Flächen von Maschinenteilen möglichst gering halten, sie sollen die Gleitflächen vor Abnutzung und starker Erwärmung schützen und möglichst beständig sein. Die wichtigste Eigenschaft eines Schmiermittels ist die Zähigkeit. Sie ist die Voraussetzung, daß sich zwischen den Gleitflächen eine auch gegen Druck und Wärme beständige Flüssigkeitsschicht bilden kann.

Schmieröle. Die Zähigkeit des Öles muß den Betriebsbedingungen angepaßt sein. Sie muß groß genug sein, um die Flüssigkeitsschicht unter allen Betriebsbedingungen zu erhalten; sie darf aber nicht zu groß sein, da mit steigender Zähigkeit auch die innere Reibung im Öl steigt und somit die Arbeitsverluste im Lager steigen.

Eine vollständige Öluntersuchung soll umfassen:

a) Allgemeine Beschaffenheit, Farbe, spez. Gewicht.

b) Viskosität (Zähigkeit), Bestimmung mit dem Engler-Viskosimeter meist bei 50° C. Die Viskosität gibt jedoch kein einwandfreies Maß für die Schmierfähigkeit.

c) Flammpunkt als Kennzeichen für die Temperatur, bei der die entwickelten Öldämpfe erstmalig entflammt werden, für Kraftmaschinen und Kompressoren wichtig. Zur Bestimmung dient der Apparat von Marcusson.

d) Stockpunkt ist die Temperatur, bei der das Öl so steif wird, daß es nicht mehr fließt und salbenartig wird. Er muß bekannt sein für Maschinen, die tieferen Temperaturen ausgesetzt sind.

e) Reinheit des Öles. Gutes Maschinenöl muß frei von ungebundenen Mineralsäuren und Alkali sowie Hartasphalt sein.

Wassergehalt $< 0{,}1$ vH; Aschegehalt bei Destillaten $< 0{,}3$ vH, bei Raffinaten $< 0{,}05$ vH, bei hochwertigen Raffinaten z. B. Dampfturbinenölen $< 0{,}010$ vH; organische Säure bestimmt als Neutralisationszahl bei Destillaten $< 1{,}5$ mg KOH, bei Raffinaten $< 0{,}3$ mg KOH, bei hochwertigen Raffinaten $< 0{,}01$ mg KOH.

f) Alterungsbeständigkeit. Öle, die im Dauerbetrieb laufen, sollen möglichst lange ihre guten Schmiereigenschaften behalten. Als Kennzeichen für die Neigung zum Altern wird die Verteerungszahl (VDE-Vorschriftenbuch 0370) oder die Verseifungszahl vor und nach künstlicher Alterung (Erhitzen des Öles auf 90° bis 120° C evtl. in Gegenwart von Katalysatoren wie Kupfer oder Blei) bestimmt.

g) Emulgierbarkeit. Öle für Dampfturbinen dürfen mit heißem Wasser nicht emulgieren, da hierdurch der Schmierölumlauf empfindlich gestört wird.

Alle diese üblichen Prüfmethoden geben keinen zuverlässigen Anhalt über die Schmierfähigkeit des Öles. Es sind viele Prüfmaschinen gebaut worden, um einen Gütemaßstab der Schmierfähigkeit bestimmen zu können, doch hat sich noch kein einwandfreies Verfahren durchsetzen können. Man ist daher auf praktische Erfahrungen angewiesen.

Zahlentafel 41. Übersicht über Schmieröle und Fette.

	Flammpunkt °C mind.	Viskosität in Englergrad bei °C		Bemerkungen	Weitere Angaben s. DIN
Lager:					
raschlaufende Zapfen	140	50	2—4	Elektromotoren:	
normalbelasteteZapfen	160	50	4—7,5	1000 bis 2000 Uml/min 3—5° E 3000 Uml/min 2,5—3,5° E	6543
Schwer belastete langsam laufende Zapfen	170	50	7,5		
Automobilmotoren:					
Benzinbetrieb	170	50	8—20	Sommer	6547
			5—15	Winter	
Schwerölbetrieb . . .	175	50	10—24	Sommer	
			7—16	Winter	
Dieselmotoren . . .	180	50	7—15	alterungsbeständige Öle, die Wasser und Schmutz gut absetzen	6551
Dampfturbinen . . .	165	50	2,5—5	alterungsbeständige Öle dürfen nicht emulgieren	6554
Getriebeturbinen . .	170	50	5—7		
Heißdampfzylinder .	270	100	3—9		
Sattdampfzylinder . .	240	100	2,5—7		
Wasserturbinen . . .	160	50	2,5—12	nicht emulgierend	6555
Gasmaschinen:					
Kleingasmaschinen . .	170	50	3—8		
Großgasmaschinen . .	175	50	4—10	Viertakt über 4° E Zweitakt über 6° E für Zylinderschmierung nur Raffinate	6550
Kolbenkompressoren .	180	50	6—10		
Turbokompressoren .	165	50	3—5		

Für die Kühlung von Schneidwerkzeugen bei der Metallbearbeitung (Bohrer Fräsen, Sägen) müssen gut emulgierende Öle und Fette verwandt werden, die man mit der 8- bis 12fachen Menge Wasser vermengt. Das Wasser wirkt kühlend, das Öl rostschützend. Die Emulsion muß beständig sein und die zu schützenden Flächen vollkommen benetzen.

Schmierfette werden für hochbelastete Lager langsam laufender Maschinen, Zahnradgetriebe, Kugel- und Rollenlager verwandt. Der Tropfpunkt nach Ubbelohde gibt die Temperatur an, bei der das Fett von einer Thermometerkugel, deren Abmessungen festgelegt sind, abtropft. Der Tropfpunkt darf nicht unter 60° C liegen, für schwer belastete, heiß gehende Lager (Rollgänge, Exzenter von Großgasmaschinen) nicht unter 120° C.

D. Schutzüberzüge.

1. Metallische Überzüge.

Für die Wirksamkeit der metallischen Überzüge ist es wichtig, daß sie vollkommen dicht sind. Die Überzüge müssen fest haften, feinkörnig und glatt sein.

Verzinken. Feuerverzinkung gibt dickere, aber ungleichmäßige Auflage; galvanische Verzinkung haftet besser. Verzinnen durch Eintauchen in flüssige Bäder und durch Spritzverfahren (Schoop).

Verbleien gibt gegen Rauchgase sehr wetterbeständige Überzüge. Dichte Überzüge werden mit Blei-Quecksilber-Arsenlegierungen (Schlötter) oder mit Blei-Zinnlegierungen (10 vH Sn) erzielt. Feuerverbleiung erfordert vorherige Verzinnung. Nickelüberzüge werden hauptsächlich galvanisch hergestellt; dichte Überzüge erfordern vorherige Verkupferung oder Kadmiumüberzug. Kadmium ergibt sehr dichte wetterbeständige (auch Seeluft) Überzüge. Verchromen erfolgt galvanisch, haltbare Überzüge erfordern vorheriges Vernickeln. Hartverchromen auf elektrolytischem Wege bei hoher Stromdichte und hoher Badtemperatur. Die Rockwell „C“-Härte beträgt 66 bis 70. Verwendung für Schneidwerkzeuge und für auf Verschleiß beanspruchte Maschinenteile. Aluminiumüberzüge werden nach dem Schoopschen Spritzverfahren hergestellt. Zum Schutze von Stahl gegen Oxydation bei Temperaturen bis 1000° wird Aluminium in die Stahloberfläche hineindiffundiert (Kalorisieren, Alitieren, Aluminieren, Alumetieren).

Plattieren. Hochwertige Metalle (nichtrostender Stahl, Kupfer, Nickel, Aluminiumfolien) werden auf Flußstahl, Reinaluminium auch auf legiertes Aluminium heiß aufgewalzt, so daß die Deckplatte mit der Unterlage verschweißt. Hierdurch können erhebliche Einsparungen an hochwertigen Werkstoffen erreicht werden, oder korrosionsfeste weiche Metalle auf solche höherer Festigkeit aufgebracht werden.

2. Nichtmetallische Überzüge.

Emaillieren von Stahl und Gußeisen durch glasartige Überzüge. Die chemische Beständigkeit gegen Wasser und Säure ist sehr hoch, jedoch sind die Teile gegen Stoß und Wärmespannungen sehr empfindlich.

Brünieren. Durch Erhitzen wird auf Stahl eine Oxydschicht erzeugt, in die Öl verrieben wird. Beim Coslettieren wird der Stahl in eine mit Ferrophosphat gesättigte Lösung von Phosphorsäure eingetaucht und damit eine Phosphorschutzschicht erhalten. Beim Parkerisieren wird Ferromanganphosphat verwandt.

Beim Aluminium wird Oberflächenschutz durch Oxydation der Oberfläche erhalten. Beim MBV-Verfahren wird Aluminium in oxydierende Bäder getaucht. Beim Eloxieren Oxydation elektrolytisch. Anstriche meist nur zum Schutz gegen Witterungseinflüsse. Anstrichmittel bestehen aus Bindemittel (Leinöl, Kunstharzlösungen, Zelluloseesterlösungen, Chlorkautschuklösungen), Trockenstoff (Blei-, Mangan- oder Kobaltverbindungen), Pigment (Bleiweiß, Bleimennige, Eisenoxyd, Zinkweiß, Lithopone, Aluminiumbronze) und Verdünnungsmittel (Terpentin, Benzin, Spiritus). Weichmachungsmittel (Phtalsäureester, Kampfer) erhöhen die Zähigkeit des Farbfilms. Für Stahl ist stets rostschützender Grundanstrich (Bleimennige, Eisenoxyd) und wetterbeständige Deckanstriche erforderlich. Gegen chemische Angriffe sind Chlorkautschukanstriche, Kunstharzanstriche und bituminöse Anstrichstoffe geeignet.

Zahlentafel 42. Physikalische Eigenschaften **metallischer** Werkstoffe (s. Fig. 46, 47, 48).

Werkstoff	Spez. Gewicht	Schmelztemp. °C	Elastizitätsmodul kg/mm²	Thermische Eigenschaften: Leitfähigkeit[1]) cal/(cm·sek °C)	Thermische Eigenschaften: Ausdehnungszahl (linear) ·10⁻⁶	Thermische Eigenschaften: Spez. Wärme cal/(g °C)	Elektr. Leitfähigkeit m/(Ω·mm²)	Temperaturkoeff. des elektr. Widerstandes ·10⁻³
Aluminium (99,5 vH)	2,70	659	7000	0,53	23,8	0,22	37–35[3])	4,1
Al-Legierungen:								
Al-Cu-Mg (Duralumin)	2,8	520–650	7200	0,35	23		20	
Al-Cu-Ni (Y-Leg.)	2,8	640	7300	0,36	22			
Al-Cu (Lautal)	2,8	650	7000	0,34	23		22	2
Al-Mg-Si (Anticorrodal)	2,7	630–650	6800	~0,4	22		28	3
Al-Mg (Hydronalium)	2,6	520–630					15	
Al-Mg-Mn (KS-Seewasser)	2,7		7100	0,35	23		25	
Al-Si (Silumin)	2,7	570	7650	0,38	22	0,215	26	
Al-Mn (Mangal)	2,75	650	6800	~0,35	22			
G Al-Cu (Amerik. Leg.)	2,85	544–640		0,33	25			
G Al-Zn-Cu (Deutsche Leg.)	2,9	530–630		0,32	24			
G Al-Si (Silumin)	2,65	570–630	8500	0,39	19	0,21		
G Al-Mg (Hydronalium)	2,6	520–630	6900	0,24	20			
Antimon	6,69	630		0,05	11	0,05	2,4	5,1
Bronze G Bz 20	8,8	900					4,5	
G Bz 10	8,75	1020		0,13	17,5		7	
G Bz 6	8,73	1070	11600		17		12	
Ni-Mn-Bronze	8,85	1050		0,36	14,6	0,091	11–14	
Blei	11,34	327	1800	0,084	29	0,031	4,8	4,1
Eisen rein (s. Stahl)	7,86	1530	21070	0,16	12	0,111	10	6,6
Gußeisen	7,1–7,3	1152–1350	[2])	0,07–0,11	9	0,031	0,5–2	
Gold	19,3	1063	8120	0,75	14		45	3,98
Kupfer	8,9	1083	12500	0,94	17	0,093	57–55[3])	4,28
Magnesium	1,74	650	4000	0,41	26	0,24	25,6	
Magnesium-Legierungen Elektron und Magnewin	1,79–1,81	625–650	4300 bis 4500	0,32	25		12–18	
Messinge:								
Messing Ms 58	8,4	900	8000 bis 10000 (für Ms 58 bis Ms 90)		19	0,093	16	4
Muntzmetall Ms 60	8,5	900			19	0,093	15	4
Gelbtombak Ms 72	8,5	920		0,22	18	0,093	16	3,5
Rottombak Ms 90	8,8	1030		0,26	18	0,093	24	4,0
Monelmetall	8,58	1315–1350	15900	0,06	14	0,12	1,6	0,19
Neusilber	8,3–8,7	950–1180	11000	0,6–1	18	~0,1	2–6	
Nickel	8,8	1452	21000	0,14	13	0,11	11,5 bis 10,5[3])	
Platin	21,4	1774	16700	0,17	9	0,04	9	3,9
Quecksilber	13,6	−38,9	—	0,025	182	0,033	1,05	0,99
Rotguß Rg 4	8,7							
Rg 8	8,5	~950 (für Rg 4 bis Rg 10)	~9000				8	
Rg 10	8,5							
Silber	10,5	960	7000	1,01	20	0,057	62,5	4,1
Zink	7,14	419	11000	0,26	29	0,09	16,5	4,2
Zinn	7,28	232	4150	0,15	27	0,055	8,3	4,6
Stahl:								
Stahl mit 0,2 vH C	7,85	1500	21000	0,12	11	0,11	8,3	5,7
Stahl mit 0,35 vH C	7,85	1480	21000	0,12	11	0,11	8	5,2
Stahl mit 0,6 vH C	7,84	1470	21000	0,11	11	0,11	7,8	4,7

[1]) Um die Wärmeleitzahl λ in kcal/m °C h zu erhalten, sind die vorstehenden Werte mit 360 zu multiplizieren.

[2]) Gußeisen. Der E-Modul ist von der Festigkeit und der Größe der Beanspruchung abhängig. Bei $\sigma_B = 28 : E \approx 13500$, bei $\sigma_B = 25 : E \approx 10000$, bei $\sigma_B = 16 : E \approx 6500$.

[3]) Die niedrigen Werte gelten für hartgezogenen Draht.

Zahlentafel 42 (Fortsetzung).

Werkstoff	Spez. Gewicht	Schmelz-temp. °C	Elasti-zitäts-modul kg/mm²	Thermische Eigenschaften: Leit-fähig-keit[1]) cal/(cm·sek° C)	Aus-deh-nungs-zahl (linear)	Spez. Wärme cal/(g °C)	Elektr. Leit-fähig-keit m/(Ω·mm²)	Tempe-ratur-koeff. des elektr. Wider-standes
					·10⁻⁶			·10⁻³
1 vH Nickelstahl . .	7,85	}	21000	0,11	11,2			
2 vH Nickelstahl . .	7,85	} ∼1480	20900	0,11	11,6			
Cr-Ni-Mo-Stahl σ_B=70—90 kg/mm²	7,85	}	21000	∼0,9	∼11			
1 vH Cr-Stahl . . .	7,85	}	21000		11,0			
1 vH Cr-0,6 vH Mo-St.	7,85	} ∼1480	21000	0,085	11,3			
0,4 vH Mo-Stahl . .	7,85	} — 1500	21000	0,1	12,2			
Cr-Ni-Stahl VCN 25	7,85	}	21000		11			
Hochleg. Stähle:								
13 vH Cr-Stahl V5M	7,75	1500	21000	0,07	9,5	0,11	1,75	
17 vH Cr-Stahl V1M	7,7	1490	21000	0,05	10,5	0,11	1,3	
18 vH Cr-9 vH Ni-St. V2A	7,88	1400	20300	0,05	16	0,12	1,35	
25 vH Cr-26 vH Ni-St. NCT 3	7,7	1370		0,031			1,1	
15 vH Cr-60 vH Ni-2 vH Mn-7 vH Mo B7M	6,40				13		0,86	
Invarstahl 36 vH Ni	8,13	1450	14500	0,039	2	0,12		

Bezüglich Stoffwerte der Nichtmetalle s. Zahlentafeln am Schluß des Bandes.

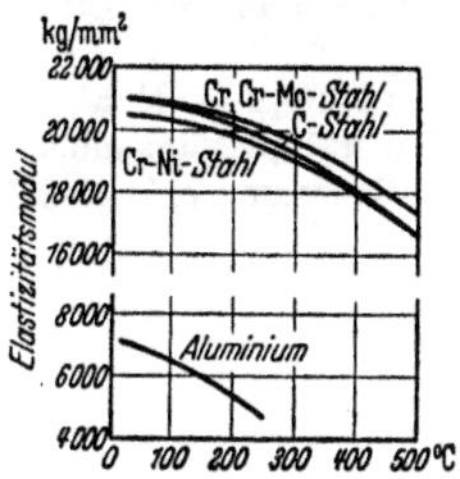

Fig. 46. Einfluß der Temperatur auf den Elastizitätsmodul bei Stählen und Aluminium.

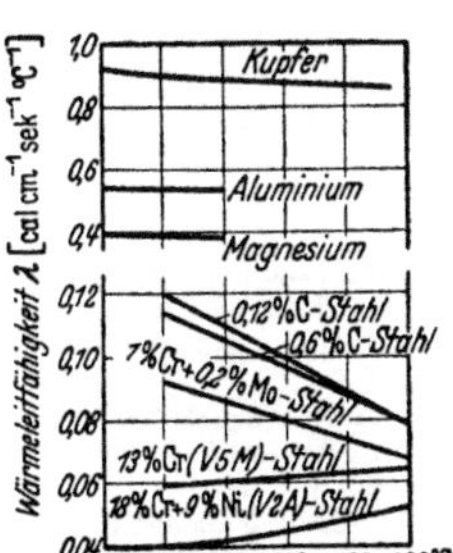

Fig. 47. Einfluß der Temperatur auf die Wärmeleitfähigkeit bei Stählen, Kupfer, Aluminium und Magnesium.

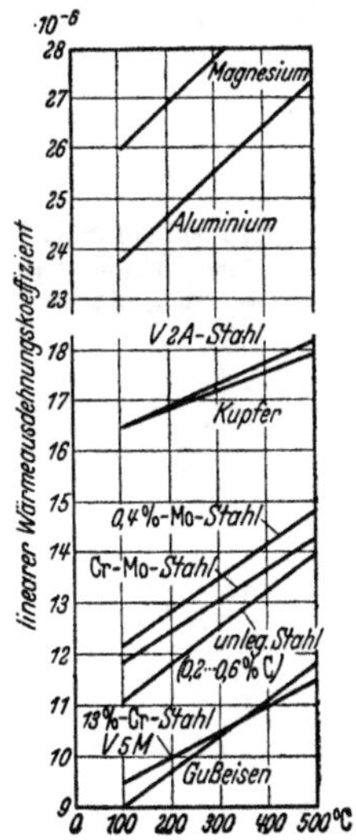

Fig. 48. Einfluß der Temperatur auf die Wärmeausdehnung bei Gußeisen, Stählen, Kupfer, Aluminium und Magnesium.

[1]) Siehe Fußnote 1 auf S. 486.

Schweißkonstruktionen.

Bearbeitet von Dipl.-Ing. **R. Hänchen**, Berlin.

I. Schweißverfahren.

Überblick über die Schweißverfahren: DIN 1910 — Übersicht und sinnbildliche Darstellung der Widerstandsschweißverfahren: DIN 1911 — Schmelzschweißungen: DIN 1912, Blatt 1 und 2.

Durch Hammerschweißung lassen sich Stähle mit weniger als 0,2 vH C nach Erwärmen auf etwa 1400° C verschweißen. Aufstreuen von Schweißpulver zur Vermeidung von Oxydhäuten.

Bei der Gasschmelzschweißung wird durch Azetylen-Sauerstoff-Gemisch oder Wasserstoff-Sauerstoff-Gemisch (Knallgas) eine Stichflamme von hoher Temperatur erzeugt. Dünne Stücke werden durch die Flamme zum Schmelzen und Verschweißen gebracht. Bei stärkeren Stücken werden die Enden der zu verschweißenden Stücke abgeschrägt, mit der Brennerflamme erhitzt und Eisen (Schweißdraht) eingeschmolzen. Eine sorgfältige Schweißung muß nachträglich ausgeglüht und gehämmert werden.

Elektrische Lichtbogenschweißung. Zwischen Werkstück und Schweißdraht wird ein Lichtbogen gebildet. Der abschmelzende Schweißdraht verschweißt die zu verbindenden Stücke. Der Lichtbogen muß kurz und so geführt werden, daß er nicht unterbrochen wird, damit ein möglichst tiefes Aufschmelzen der Werkstücke (Einbrenntiefe) erreicht und Oxydation in der Schweiße vermieden wird.

Elektrische Widerstandsschweißung (Stumpf-, Naht-, Punktschweißung). Die zu verschweißenden Enden werden fest gegeneinander gepreßt. Durch Strom von sehr hoher Stärke und geringer Spannung erfolgt Schmelzen und Verschweißen der Enden.

II. Die Nahtformen.

a) Stumpfnähte.

1. Flachstumpfnähte (Fig. 1 bis 6).

Fig. 1: J-Naht. Keine Vorbereitung der Schweißkanten. Anwendung nur bei dünnen Blechen (bis $s=4$ mm). Abstand der Bleche von der Blechdicke abhängig.

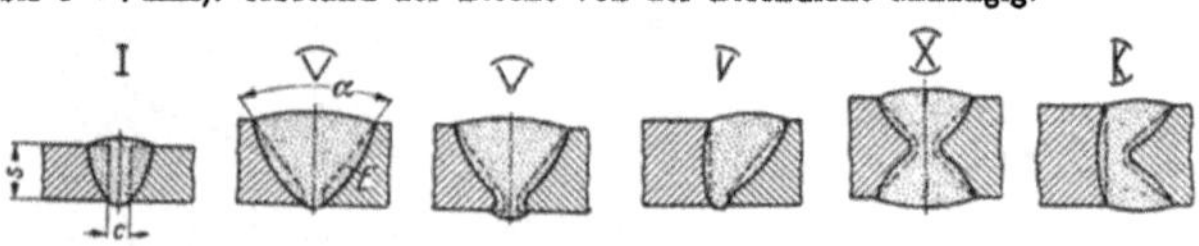

Fig. 1 bis 6.

Fig. 2: V-Naht. Vergrößerung der Schweißfuge durch Abschrägen der beiden Blechkanten. Muldenwinkel $\alpha=60$ bis $80°$. Anwendung bei Blechdicken $s=5$ bis 15 mm.

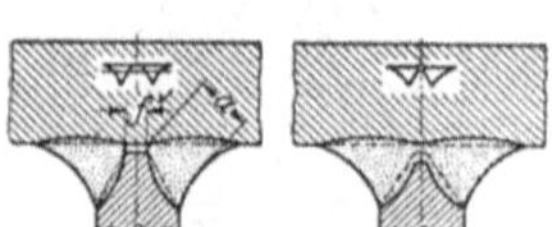

Fig. 7 u. 8.

Wesentlich für die Güte der Nähte ist ein guter Einbrand (E in Fig. 2).

Fig. 3: V-Naht mit Wurzelverschweißung. Anwendung bei dynamisch (auf Dauerfestigkeit) beanspruchten Nähten (s. S. 491).

Fig. 4: $\frac{1}{2}V$-Naht; nur eine Blechkante abgeschrägt. Eignung nur für kleinere Kräfte.

Fig. 5: X-Naht. Anwendung bei Blechen von $s=10$ bis 30 mm Dicke.

Fig. 6: K-Naht. Es gilt das gleiche wie bei der $\frac{1}{2}V$-Naht (Fig. 4).

2. Eckstumpfnähte (Fig. 7 u. 8) (s. S. 493 Winkel- und T-Stoß). Die seltener angewendete einseitige Eckstumpfnaht entspricht der $\frac{1}{2}V$-Naht (Fig. 4), die doppelseitige der K-Naht (Fig. 6). Ausführung allgemein als Hohlnähte.

Fig. 7: Doppelseitige Eckstumpfnaht mit Fuge (f). a rechnerische Nahtdicke.
Fig. 8: Desgl. ohne Fuge.
Diese Nähte sind bei dynamischer Beanspruchung bedeutend günstiger als die doppelseitige Kehlnaht (s. S. 493).

b) Kehlnähte (Fig. 9 bis 11).

Anwendung beim Winkel- und T-Stoß, überlappten Stoß, Laschen- und Kreuzstoß. Bei den Stirnkehlnähten liegt die Kraftrichtung senkrecht zur Naht, bei den Flankennähten parallel. Kehlnähte erfordern — im Gegensatz zu Stumpfnähten — keine Vorbereitung der Schweißkanten.

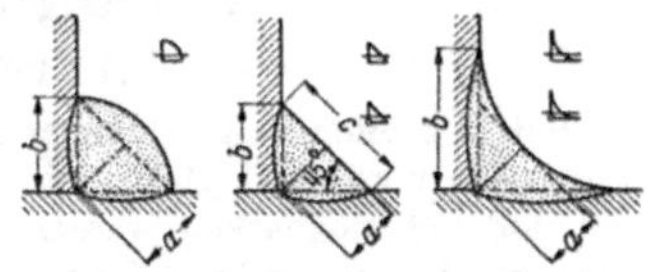

Fig. 9 bis 11.

Fig. 9: Vollnaht oder überwölbte Kehlnaht; wenig mehr angewendet.
Fig. 10: Flachnaht ist hinsichtlich der Kerbwirkung günstiger und hat das wirtschaftlichste Schweißvolumen.
Grundform der Naht ist ein gleichschenklig-rechtwinkliges Dreieck mit den Katheten b.
Rechnerische Nahtdicke $a = b/\sqrt{2} \approx 0{,}707\,b$. Nachprüfung der Naht auf Maßhaltigkeit mit dem Zirkel, der auf Maß $c = 2a$ eingestellt wird.
Fig. 11: Hohlnaht. Geringste Kerbwirkung wegen ihres allmählichen Übergangs zum Grundwerkstoff. Bei gleicher Nahtdicke (a) Schweißinhalt etwas größer als bei Flachnaht (Fig. 10).
Ausführung der Kehlnähte allgemein durchlaufend. Unterbrochene Nähte neigen zur Kerbwirkung und werden besser durch dünnere durchlaufende Nähte ersetzt.

c) Sonstige Nähte.

Bördelnähte (Beispiel s. Tafel 1) werden bei Dünnblecharbeiten, u. a. im Flugzeugbau, angewendet. Loch- und Schlitznähte sind behelfsmäßiger Natur und werden am besten vermieden.

Tafel 1. Maßstäbliche Darstellungen und Sinnbilder der Bördel-, Stumpf- und Kehlnähte (DIN 1912).

Benennung		Maßstäbliche Darstellung	Sinnbild
Bördelnaht			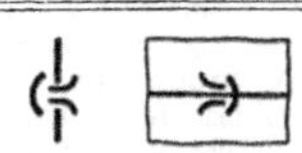
Stumpfnaht	I-Naht	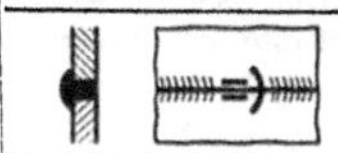	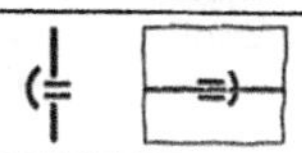
	V-Naht	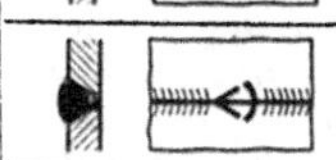	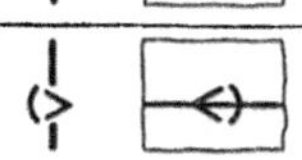
	X-Naht	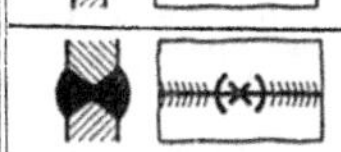	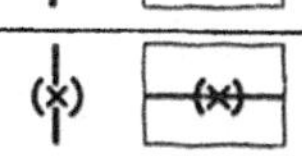
Kehlnaht	überwölbte Kehlnaht durchlaufend	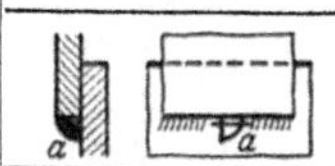	
	flache Kehlnaht durchlaufend	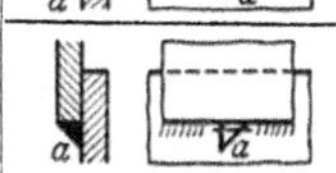	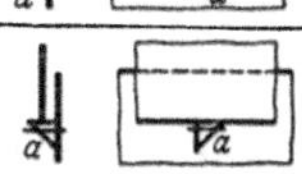
	hohle Kehlnaht durchlaufend	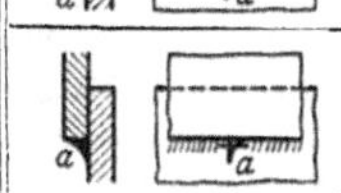	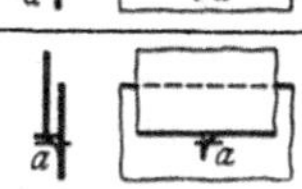

d) Kurzzeichen für die Schweißnähte.

Tafel 1 S. 489 gibt die Kurzzeichen nach DIN 1912 3. Ausgabe. Mai 1937 Bl. 1 u. 2 (Auszug).

Bei Stumpfnähten ohne Wulst werden in der maßstäblichen Darstellung und im Sinnbild statt der Kreisbögen gerade Linien gezeichnet. Bei den Kehlnähten kann außer der Nahtdicke noch die Nahtlänge angegeben werden (a/l).

III. Festigkeit der Schweißnähte.

a) Einfluß der Elektrode.

Bei belasteten Schweißungen muß die statische Festigkeit der des Grundwerkstoffs mindestens gleich sein. Verformungsfähigkeit, Dehnung, Kerbzähigkeit und Schmiedbarkeit werden durch Wahl der Elektrode (blank, mit Seele oder umhüllt) weitgehend bestimmt.

1. Schweißen mit blankem Draht.

Ungünstiger Einfluß des Sauerstoffs und Stickstoffs der Luft auf das Schmelzbad. Kohlenstoff, sowie Mangan und sonstige Legierungsbestandteile verbrennen, wodurch die Schweiße rotbrüchig wird. Die mit blankem Draht hergestellten Schweißungen sind am Übergang zum Grundwerkstoff weniger regelmäßig und enthalten mehr Poren als bei der Verwendung umhüllter Elektroden. Blankdrahtschweißen nur bei geringen Anforderungen hinsichtlich Verformungsfähigkeit geeignet.

2. Schweißen mit umhülltem Draht.

Das Zutreten des Luftsauerstoffs und -stickstoffs in das Schmelzbad wird durch Umhüllung der Elektrode verhindert (Ummantelung), der gasende Bestandteile beigegeben sind, die Schutzhülle aus neutralen Gasen um Lichtbogen bilden. Auch sind in der Hülle Bestandteile zum Reduzieren und Denitrieren, Überschüsse an Kohlenstoff und Mangan zum Ausgleich der durch den Ausbrand verlorengegangenen Mengen, sowie sonstige Legierungsbestandteile (Cr, Ni, Mo, Va u. a.) enthalten.

Den guten Festigkeitseigenschaften der umhüllten Elektroden steht der wesentlich höhere Preis gegenüber.

b) Schweißgüten.

In Berücksichtigung der Belastungsart, sowie aus wirtschaftlichen Gründen hat Bobek (s. Schrifttum S. 492) verschiedene Schweißgüten festgelegt.

Für geschweißte Maschinenteile kommen Schweißgüte „N" = Normale Konstruktionsschweißung und Schweißgüte „F" = Festschweißung in Frage. Schweißgüte „N" bei feststehenden Teilen mit nicht zu hohen ruhenden Beanspruchungen ohne Schwingungsbeanspruchungen, Schweißgüte „F" für feststehende und bewegte Teile mit hohen ruhenden und mit Dauerwechselbeanspruchungen bis etwa 5 kg/mm². Die Bezeichnung der Schweißgüte wird an dem Nahtsinnbild hinter die Nahtdicke gesetzt (z. B. 8 N oder 10 F).

Schweißgüte „N" wird mit billigeren Elektroden und von geringer bezahlten Schweißern hergestellt. Bei Schweißgüte „F" werden hochwertige Elektroden verwendet und zuverlässige Schweißer eingesetzt.

c) Verbesserung der Schweißnähte durch Nachbehandlung.

Nachbehandlung der Schweiße durch Hämmern oder Glühen bezweckt Verbesserung der Festigkeitseigenschaften bzw. Aufheben von Schrumpfspannungen.

Hämmern der Schweiße in warmem Zustand setzt bei Lichtbogenschweißung Verwendung von Elektroden voraus, die eine gut schmiedbare Schweiße ergeben. Durch das Hämmern wird das grobe Gußgefüge der niedergeschmolzenen Schweiße und das in der anschließenden Überhitzungszone verfeinert.

Glühen der Schweißstücke verbessert Dehnung der Schweiße und beseitigt Schrumpfspannungen (je nach Höhe der Glühtemperatur) teilweise oder ganz und kommt nur für hochwertige Schweißstücke in Frage.

Zur Nachbehandlung gehört auch Abfräsen der Schweißraupe, um guten, kerbfreien Übergang von der Schweiße zum Grundwerkstoff zu schaffen.

d) Schrumpfspannungen.

Mittel zum Einschränken der Schrumpfspannungen sind: geeignete Formgebung des Werkstückes, sachgemäße Einspannvorrichtungen, gutes Vorheften und bei dickeren Nähten sorgfältiges Schweißen der ersten Lage mit nicht zu dünner Elektrode. Ausschlaggebend auch Reihenfolge der Schweißung (Angabe auf der Konstruktionszeichnung), sowie Vorwärmen und Abkühlen des Werkstückes. Beim Schweißen langer Nähte nach dem Pilgerschrittverfahren oder durch sprungweise Schweißung wird zu starke örtliche Erwärmung und starkes Schrumpfen vermieden.

Weiteres über Schrumpfspannungen s. Anleitungsblätter f. d. Schweißen i. Maschinenbau (VDI-Verlag), Anleitungsblatt 2 S. 17, Abschnitt Bierett.

e) Abhängigkeit der Festigkeit von Nahtform und Belastungsart.

Die Dauerfestigkeit der Schweißnähte ist stets geringer als die Dauerfestigkeit des Grundwerkstoffes.

Hauptursachen für Verminderung der Dauerfestigkeit: Kerbwirkungen, hervorgerufen durch Umlenken der Kraftlinien am Schweißanschluß, Fehler in Beschaffenheit der Nähte (durch grobe Poren, Schlacken- und Gaseinschlüsse, schlechte Wurzelverschweißung u. dgl.). Einbrandkerben am Übergang der Naht zum Werkstoff und Kraterenden der Nähte.

Die Versuche auf Dauerfestigkeitsprüfmaschinen zeigen folgende Ergebnisse[1]:

1. Stumpfnähte (*V*- und *X*-Nähte).

Senkrecht zur Kraftrichtung wurden für St 37 folgende Ursprungszugfestigkeiten (σ_{Ur}) erhalten:

V-Naht ohne Wurzelverschweißung (Fig. 2, S. 488): $\sigma_{Ur} \approx 12$ kg/mm²,
„ mit „ (Fig. 3): $\sigma_{Ur} \approx 18$ „

Durch Abarbeiten des Schweißwulstes wird Dauerfestigkeit gesteigert.

Fig. 12: Dauerfestigkeits-Schaubild für Zug-Druck und St 37.

a Werkstoff; *b* gute Stumpfnaht (mit Wurzelverschweißung); *c* Stumpfnaht ohne Wurzelverschweißung.

$\pm \cdot \sigma_A$ Spannungsausschlag; σ_O Oberspannung; σ_U Unterspannung; $\sigma_m = (\sigma_O + \sigma_U)/2$ Mittelspannung; σ_{WF} Wechselfließgrenze; σ_S Streckgrenze; σ_{Ur} Ursprungsfestigkeit; σ_W Wechselfestigkeit; $\sigma_m : \sigma_O$ = konst.

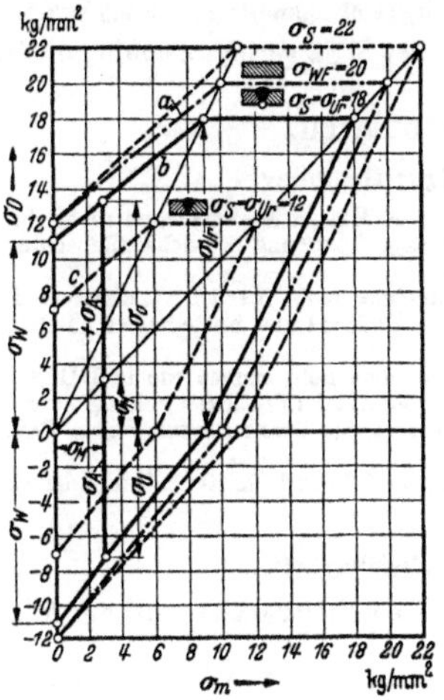

Fig. 12.

Sachgemäß geschweißte *X*-Nähte sind den *V*-Nähten gleichwertig.

2. Eckstumpfnähte.

Versuche an Kreuz-Stößen mit beiderseitigen (hohlen) Eckstumpfnähten ergaben für St 52:

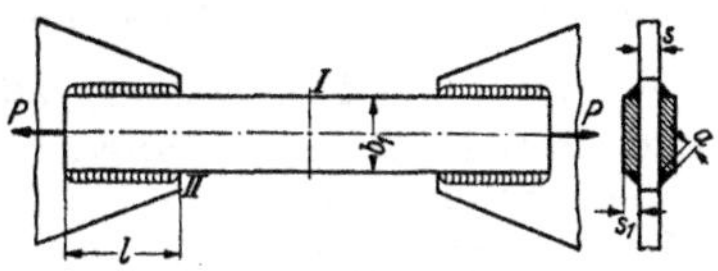

Fig. 13.

Mit Fuge (Fig. 7, S. 488): $\sigma_B = 56{,}7$ kg/mm²; $\sigma_{Ur} = 11$ kg/mm²;
ohne „ (Fig. 8, S. 488): $\sigma_B = 58{,}2$ „ ; $\sigma_{Ur} = 15$ „ .

Bei der Nahtform mit Fuge geht der Dauerbruch von der Fuge aus, bei der ohne Fuge beginnt er an den Einbrandkerben des Stegbleches.

3. Flankenkehlnähte. Bei den Dauerzugversuchen an Proben nach Fig. 13 waren die Dauerfestigkeiten gering als Folge des mehrmaligen Umlenkens der Kraftlinien in verschiedenen Richtungen.

Dauerfestigkeit der Flankennähte bei St 37 (bezogen auf den Querschnitt $\sum a \cdot l$, Fig. 13): $\tau_{Ur} = 12$ kg/mm² $\approx 0{,}67\,\sigma_{Ur}$.

Statische Zugfestigkeit $\sigma_B \approx 41$ kg/mm², wobei der Bruch an der Einschnürung der Flacheisen (bei *I* in Fig. 13) eintrat.

---

[1] S. u. a.: Dauerfestigkeitsversuche mit Schweißverbindungen. Bericht des Kuratoriums für Dauerfestigkeitsversuche im Fachausschuß f. Schweißtechnik b. VDI. Berlin 1935 (VDI-Verlag).

Festigkeit abhängig vom Verhältnis der Spannung ϱ in der Naht zur Stabspannung σ bzw. bei gleicher Nahtdicke von der Nahtlänge.

Für $\varrho/\sigma = 0{,}5$ trat der Bruch am Ende der Nähte (bei *II* Fig. 13) ein und bei $\varrho/\sigma \geqq 1$ in den Nähten. Bei der Bemessung von dynamisch (auf Dauerfestigkeit) beanspruchten Bauteilen kann $\varrho/\sigma = 0{,}65$ als Mittelwert gewählt werden.

Die Dauerfestigkeit der Flankennähte sinkt mit zunehmender Flachstahlbreite (b_1) und steigt mit zunehmendem Abstand der Bleche infolge des günstigeren Kraftlinienverlaufes. Dynamisch beanspruchte Flankennähte müssen an der Wurzel gut verschweißt sein, auch sollen die Nähte nicht über die Stoßstelle gehen. Bei Verwendung von [-Stahl an Stelle von Flachstahl war die unter gleichen Verhältnissen erreichte Dauerfestigkeit größer, bei L-Stahl kleiner.

Durch Abfräsen der Nahtenden (bei *II* in Fig. 13) läßt sich die Spannungsspitze abbauen und die Dauerfestigkeit erhöhen.

4. Stirnkehlnähte.

Dauerzugversuche an Proben nach Fig. 14 (Laschenstoß) ergaben für St 37:

Gasschmelzschweißung i. M. . . . . $\sigma_{U_r} \approx 11$ kg/mm²;

Lichtbogenschweißung i. M. . . . . $\sigma_{U_r} \approx 7$ „ .

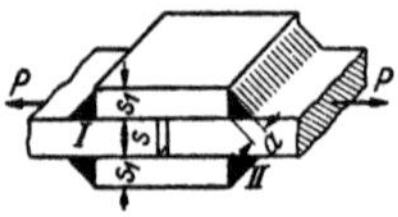

Fig. 14.

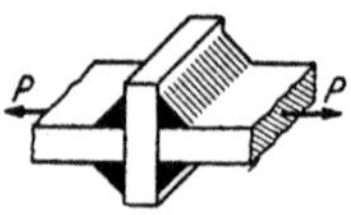

Fig. 15.

Der Dauerbruch begann entweder an der Nahtwurzel (bei *I* in Fig. 14) oder an der Einbrandkerbe bei *II*. Anordnung von Hohlnähten (Fig. 11, S. 489) vermindert die Bruchgefahr.

Das gleiche gilt auch für den Kreuzstoß (Fig. 15). Versuche ergaben bei St 52 und geeigneten Elektroden:

$$\sigma_B \approx 48 \text{ kg/mm}^2; \quad \sigma_{U_r} \approx 9{,}5 \text{ kg/mm}^2.$$

Verglichen mit St 37 ist die Dauerfestigkeit des St 52 verhältnismäßig niedrig.

IV. Berechnungsgrundlagen.

a) Berechnung auf bisheriger Grundlage.

Ist Berechnung auf Dauerhaltbarkeit (s. unter b) aus Mangel an Versuchen nicht durchführbar, dann bestimme man eine „behelfsmäßige" zulässige Spannung des Schweißanschlusses, die der vorhandenen Spannung gegenübergestellt wird.

Die zulässige Spannung des Grundwerkstoffs entnehme man aus der Bachschen Tafel (s. S. 654), wobei man St 37 als „weichen Flußstahl" und St 50·11 als „mittelharten Flußstahl" annimmt.

Die zulässigen Spannungen der Schweißnähte kann man nun, ebenso wie in DIN 4100[1]) von der Art der Nähte (Stumpf- oder Kehlnähte) und von der Art der Festigkeit abhängig machen. Die Nahtart wird dadurch berücksichtigt, daß man die zulässige Spannung mit einem Beiwert $k \lesseqgtr 1$ vervielfacht.

Für Stumpfnähte jeder Belastungsart wird $k = 0{,}80$ bis $0{,}90$ und für Kehlnähte jeder Beanspruchungsart $k = 0{,}65$ bis $0{,}70$ vorgeschlagen.

b) Berechnung auf Dauerhaltbarkeit.

Für die Durchführung der Berechnung auf Dauerhaltbarkeit wird auf folgendes Schrifttum verwiesen:

Thum u. Buchmann: Dauerfestigkeit und Konstruktion. Berlin: VDI-Verlag 1932. — Arbeitsblätter des Fachausschusses für Maschinenelemente Nr. 1 bis 3. Beilage zur Zeitschrift des VDI 1933. — Bobek: Schweißkonstruktionen für Dauerwechselbeanspruchung. Elektroschweißg. 1935 S. 81. — Bobek: Über die Berechnung von dauernd wechselnd beanspruchten Schweißverbindungen. Elektroschweißg. 1936 S. 41. — Fachausschuß f. Schweißtechnik i. VDI: Anleitungsblätter für das Schweißen im Maschinenbau. Berlin: VDI-Verlag GmbH. 1936. — Volk: Sicherheit und zulässige Spannung. Elektroschweißg. 1937 S. 173. — Hänchen: Berechnung der geschweißten Maschinenteile auf Dauerhaltbarkeit. Aus Theorie und Praxis der Elektroschweißung. Heft 7. Braunschweig: Friedr. Vieweg & Sohn 1938.

V. Gestaltungselemente (Formelemente).

Mit den verschiedenen Nahtformen (s. S. 488) lassen sich eine Anzahl Gestaltungs- oder Formelemente bilden, die sich beim Entwerfen der Schweißkonstruktionen wiederholen.

1. Stumpfstöße (Fig. 16 bis 28). Wenn irgend angängig, gibt man Stumpfstößen den Vorzug, da der Kraftfluß glatt verläuft, auch sind die Nähte wirtschaftlich am vorteilhaftesten.

[1]) Vorschriften für geschweißte Stahlbauten.

Fig. 16: Auf Zug beanspruchte *V*-Naht. Die rechnerische Nahtdicke ist gleich der Blechdicke *s* in cm. Bezeichnet *l* die Nahtlänge in cm, so ist die Zugbeanspruchung in der Naht:

$$\sigma = P/(s \cdot l) \ldots \text{kg/cm}^2.$$

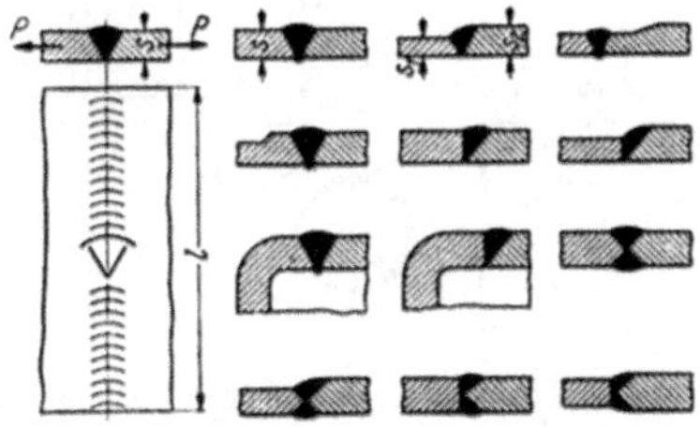

Fig. 16 bis 28.

Fig. 17: *V*-Nähte, auf Dauerfestigkeit beansprucht, werden an der Nahtwurzel nachgeschweißt.

Fig. 18: Bei ungleichen Blechdicken ist die kleinere für die Berechnung der Naht maßgebend.

Fig. 19 u. 20: Bei Beanspruchung auf Dauerfestigkeit soll der Übergang vom dünnen zum dicken Blech ein allmählicher sein.

Fig. 21 u. 22: Stumpfstöße mit ½*V*-Nähten.

Fig. 23 u. 24: Stehen beide Bleche senkrecht zueinander, so ist es besser, das eine Blech abzukanten und den Stumpfstoß daneben anzuordnen. Vorzug: Günstigere Beanspruchung der Naht als beim Winkelstoß (Fig. 30 bis 33).

Fig. 25 u. 26: *X*-Nähte mit gleicher und verschiedener Blechdicke.

Fig. 27 u. 28: Desgl. *K*-Nähte.

2. Überlappungs- und Laschenstöße.

Überlappungsstöße mit Stirnkehlnähten (Fig. 29) sind durch das Kräftepaar ($P \cdot e$) zusätzlich auf Biegung (und Schub) beansprucht. Da sich die Kraftlinien an der Einbrandkerbe zusammendrängen, so ist dieser Stoß bei Beanspruchung auf Dauerfestigkeit sehr ungünstig. Er ist daher durch den theoretisch richtigen Stumpfstoß (Fig. 16 u. 17) zu ersetzen, dessen Schweißvolumen nur die Hälfte beträgt.

Fig. 29.

Laschenstöße mit Stirnkehlnähten (Fig. 14) oder Flankennähten haben die gleichen Nachteile.

3. Winkelstöße (Fig. 30 bis 33).

Beide Bleche stehen in der Regel unter einem Winkel von 90°.

Fig. 30: Beide Bleche sind mit Spiel gestoßen. Das Durchschweißen der Kehlnaht ergibt größere Festigkeit.

Fig. 30 bis 33.

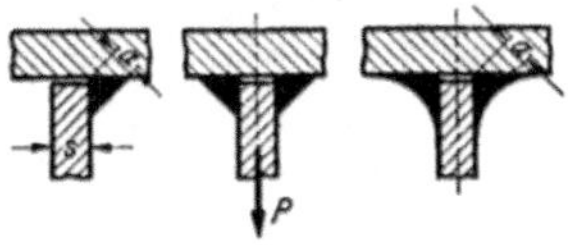

Fig. 34 bis 36.

Fig. 31: Außen und innen ist eine Kehlnaht gezogen. Der Stoß ist biegefest und dicht, jedoch teuer in der Herstellung.

Fig. 32 u. 33: Leichtes Passen gegenüber Fig. 30 u. 31.

4. *T*-Stöße (Fig. 34 bis 36).

Fig. 34: *T*-Stoß mit einseitiger Kehlnaht.

Fig. 35: Die doppelseitige Kehlnaht ist die gegebene Naht für den *T*-Stoß.

Bei Beanspruchung auf Dauerfestigkeit besser Hohlnähte (Fig. 36), da Kerbwirkung geringer. Die größte Dauerfestigkeit ergeben beiderseitige Eckstumpfnähte (Fig. 7 u. 8 S. 488), die aber Abschrägen der Schweißkanten erfordern.

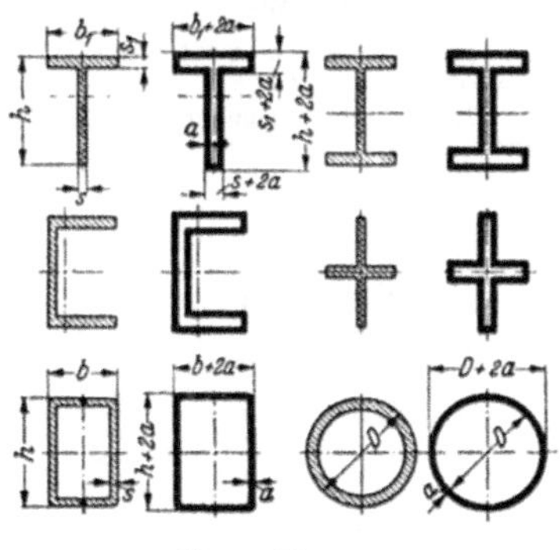

Fig. 37 bis 42.

5. Bei den zahlreich vorkommenden, auf **Biegung beanspruchten Teilen** hat man es meist mit den Querschnitten (Fig. 37 bis 42) zu tun. Ihre in den Figuren daneben gezeichneten Schweißanschlüsse werden auf Biegung (und Schub) berechnet. Die rechnerischen Schweißquerschnitte sind so entstanden, daß man sich die unter 45° stehende Nahtdicke (a) in die Bildebene umgeklappt denkt.

6. Anschluß zylindrischer oder hohlzylindrischer Teile an biegefeste Platten (Fig. 43 bis 45).

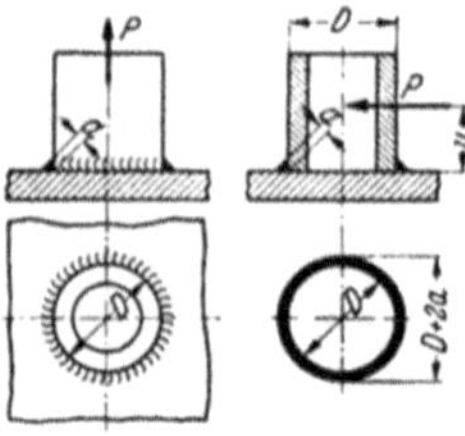

Fig. 43 bis 45.

Fig. 43: Die Rundnaht ist auf Zug beansprucht. Rechnerischer Schweißquerschnitt:

$$F_{Schw} = (D + 2a)^2 \pi/4 - D^2 \pi/4 \ldots \text{cm}^2.$$

Fig. 44: Die Rundnaht ist durch $M = P \cdot y$ auf Biegung und durch P auf Schub beansprucht. Widerstandsmoment des Schweißanschlusses:

$$W_{Schw} = [(D + 2a)^4 \pi/64 - D^4 \pi/64] : (R + a) \ldots \text{cm}^3.$$

Berechnung der Schubspannung mit dem gleichen Querschnitt wie vorher.

Fig. 45: Der Schweißanschluß ist durch M_d auf Drehung (Schub) beansprucht. Berechnung der Schubspannung mit dem polaren Widerstandsmoment:

$$W_p = [(D + 2a)^4 \pi/32 - D^4 \pi/32] : (R + a) \ldots \text{cm}^3.$$

7. Auf Wellen aufgeschweißte Scheiben und Hebel.

Fig. 46: Der Schweißanschluß der durch Umfangskraft P beanspruchten Scheibe wird wie in Fig. 45 auf Drehung berechnet, nur ist W_{Schw} doppelt so groß und D durch d zu ersetzen.
Fig. 47: Kurbel oder Hebel unmittelbar auf Welle aufgeschweißt.

8. Flanschanschlüsse. Ausführung nach Fig. 48 bis 50.

9. Verbindung von Naben und Scheiben (Fig. 51 bis 53).

Ausführung Fig. 51 wird der in Fig. 52 allgemein vorgezogen.

Fig. 53: Einseitig angeordnete Nabe, durch 4 Rippen versteift.
Einbau runder Lagerkörper in Stegbleche in gleicher Weise.

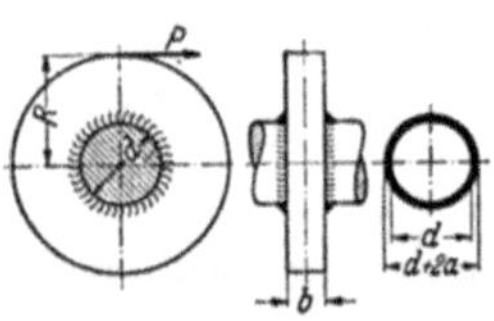

Fig. 46.

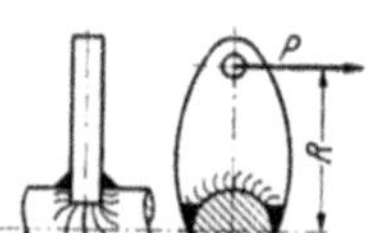

Fig. 47.

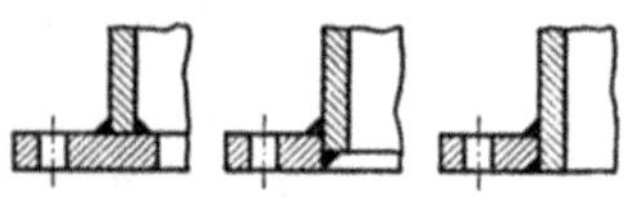

Fig. 48 bis 50.

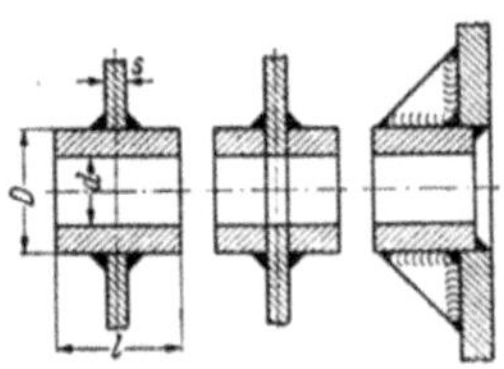

Fig. 51 bis 53.

10. Querverbindungen. Parallele Blechwände oder Trägerteile erhalten in bestimmten Abständen Querverbindungen, die sie miteinander versteifen.

Fig. 54: Querverbindung zweier Trägerhälften durch Flacheisen.

Fig. 55: Querverbindung zweier Wände durch Distanzrohre.

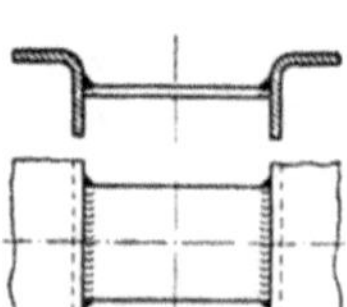

Fig. 54.

Fig. 55.

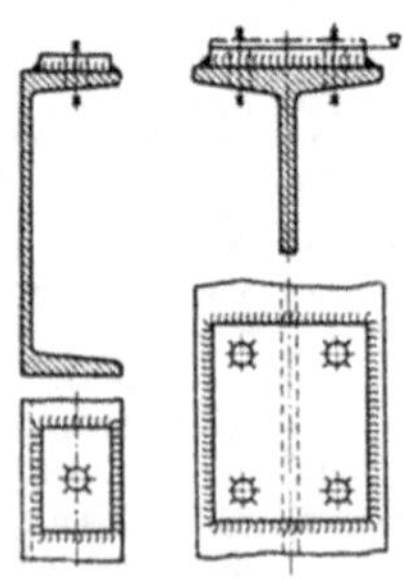

Fig. 56 u. 57.

11. Verstärkungen (Fig. 56 bis 65).

Werden Maschinenteile m t glatter Sitzfläche auf Profilstählen (⊏- bzw. I-Stahl) oder au Rahmen, Grundplatten u. dgl. befestigt, so werden Arbeitsleisten aufgeschweißt (Fig. 56 u. 57).

Verstärkungsbleche (Fig. 58) sind erforderlich, wenn Bolzen und Achsen in Bleche oder Profileisen eingesetzt werden und Lochleibungsdruck zu hoch wird. Das Verstärkungsblech wird allseitig durch Kehlnähte an das tragende Blech angeschlossen.

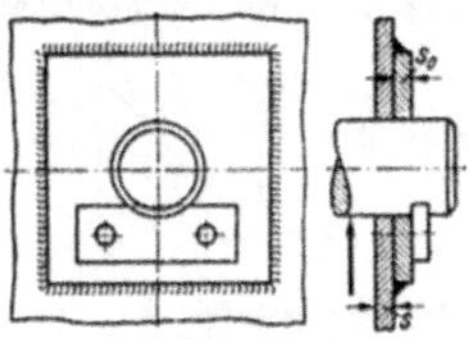

Fig. 58.

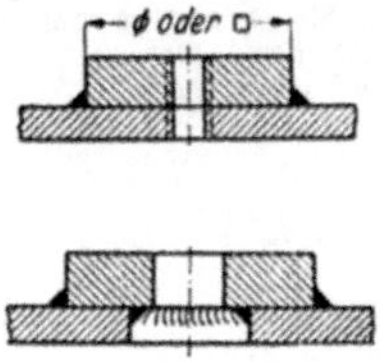

Fig. 60.

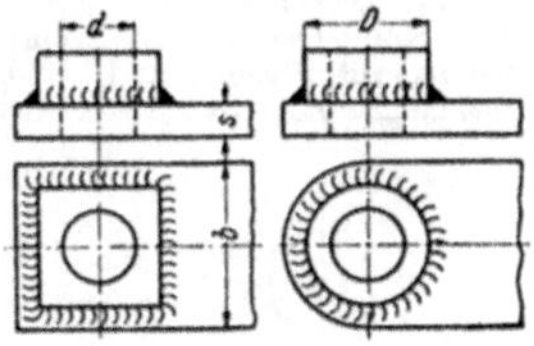

Fig. 61 u. 62.

Reicht Dicke eines Bleches zum Einschneiden der erforderlichen Gangzahl eines Gewindes nicht aus, so schweißt man ein rundes oder quadratisches Auge auf (Fig. 59).

Verstärkungsscheiben an Kesseln und Behältern werden nach Fig. 60 aufgeschweißt. Läßt man die innere Kehlnaht fort, dann sinkt die Festigkeit des Schweißanschlusses um etwa 20 vH.

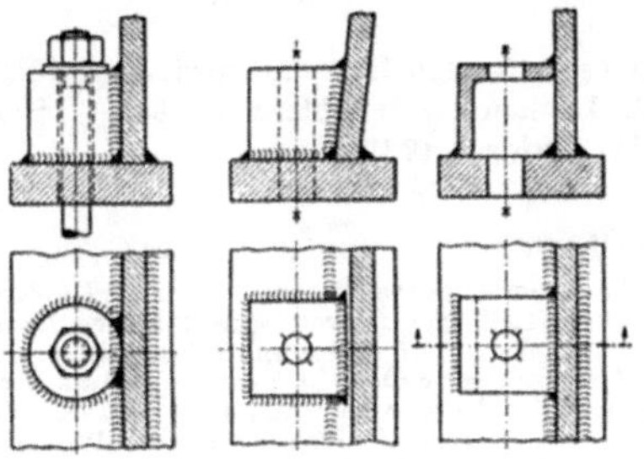

Fig. 63 bis 65.

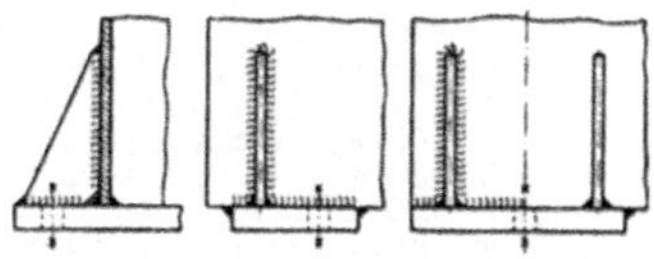

Fig. 66 u. 67.

Flacheisenhebel und ähnliche Teile erhalten am Bolzensitz aufgeschweißte Augen (Fig. 61 u. 62), um Auflagefläche zu vergrößern.

Schraubenansätze (Fig. 63 bis 65) werden an den Füßen von Lagerböcken, Ständern u. dgl. angeschweißt.

12. Rippen. Beispiele s. Fig. 66, 67 u. 69.

13. Füße und Pratzen.

Fig. 66 bis 67: Fußflanschen für Maschinenständer, die durch Rippen gegen die Tragwände abgesteift sind.

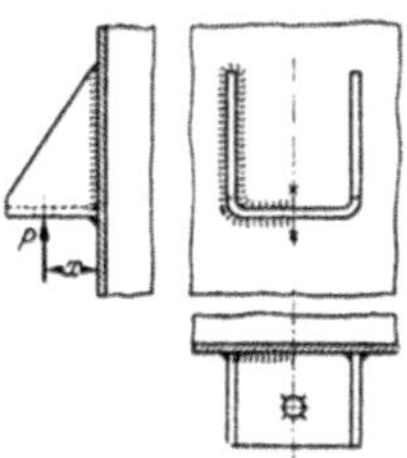

Fig. 68.

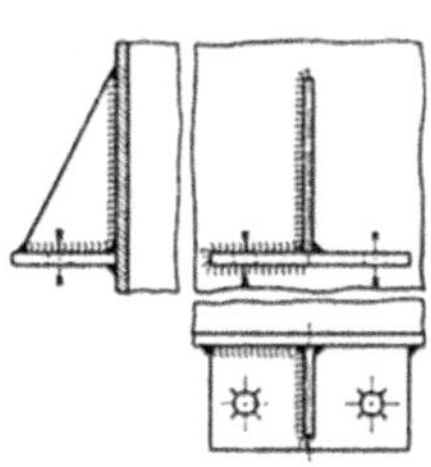

Fig. 69.

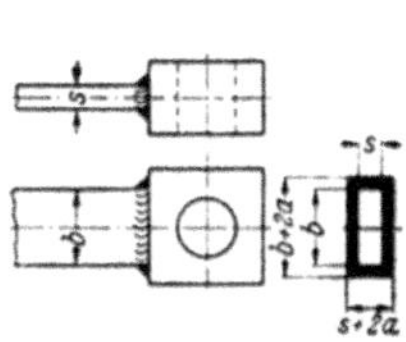

Fig. 70.

Fig. 68: Pratze für eine Befestigungsschraube. Herstellung aus einem schräg abgeschnittenen, [-förmig abgekanteten Flacheisen.

Fig. 69: Pratze für zwei Befestigungsschrauben. Absteifung der Pratze durch eine Rippe.

14. Anschweißenden.

Die früher bei Flacheisenhebeln und Zugstangen angeschmiedeten Augen werden in neuerer Zeit angeschweißt.

Das quadratische Auge (Fig. 70) ist schweißtechnisch besser, während das runde Auge (Fig. 71) hinsichtlich der Bearbeitung vorzuziehen ist. Berechnung des Schweißanschlusses (Fig. 70) auf Biegung unter Vernachlässigung der noch auftretenden Schubspannung.

Fig. 72: Tragöse für Motorgehäuse, Räderkästen u. dgl.

Zur Berechnung des Schweißanschlusses zerlege man die Zugkraft S des Anschlagseiles in ihre Komponenten. S' beansprucht den Querschnitt auf Biegung und Schub. S'' ergibt noch zusätzliche Zug- und Schubbeanspruchungen.

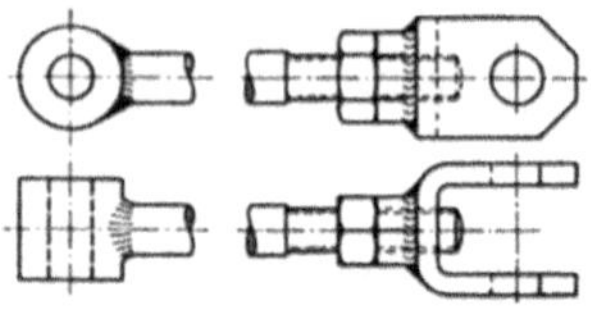

Fig. 71.

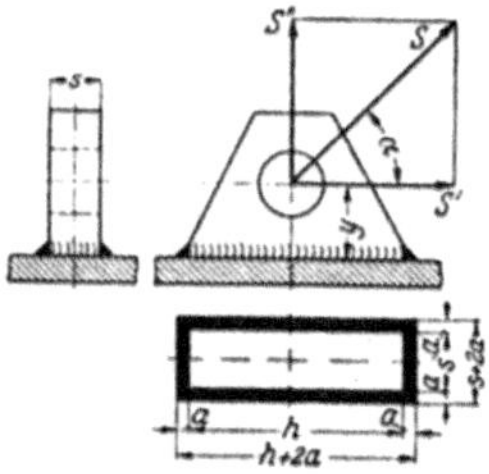

Fig. 72.

Weiteres über die Gestaltung der geschweißten Bauteile, sowie ausgeführte Konstruktionen s. Volk: Einzelkonstruktionen aus dem Maschinenbau. 7. Heft: Schweißkonstruktionen S. 37ff. Berlin: Springer 1939.

Schrifttum.

Bardtke: Gemeinfaßliche Darstellung der gesamten Schweißtechnik. Berlin: VDI-Verlag 1931. — Dag, Du Rietz u. Koch: Praktisches Handbuch der Lichtbogenschweißung. Braunschweig: Fr. Vieweg & Sohn 1939. — Deutsch. Ausschuß f. techn. Schulwesen: Gasschmelzschweißung, 3. Aufl.; Anleitung zum Lichtbogenschweißen (Lehrblätter), 4. Aufl. Berlin u. Leipzig: B. G. Teubner. — Holler: Leitfaden für Autogenschweißer. 1938. — Desgl. Vorkalkulation und Praxis der Autogenschweißung. — Klosse: Lichtbogenschweißen (Werkstattbücher, Heft 43). Berlin: Springer 1937. — Meller: Elektrische Lichtbogenschweißung, 2. Aufl. Leipzig 1937. — Neumann: Elektrische Widerstandsschweißung und Erwärmung, Berlin: Springer 1927. — Schimpke: Die neueren Schweißverfahren (Werkstattbücher. Heft 13), 3. Aufl. Berlin: Springer 1934. — Schimpke u. Horn: Praktisches Lehrbuch der gesamten Schweißtechnik; 1. Bd.: Gasschmelz- und Schneidtechnik; Bd. 2: Elektrische Schweißtechnik. Berlin: Springer 1938. — Rimarski: Forschungsarbeiten aufdem Gebiete des Schweißens und Schneidens mittels Sauerstoff und Azetylen. — Intern. Beratungsstelle für Karbid- n. Schweißtechnik, Genf: Sammelwerk für Autogenschweißung. — Werkstattblätter (Beilage zur Z. Werkstatt u. Betrieb), Bl. 46ff. Lichtbogenschweißung. München: Carl Hanser 1938. — Ricken: Grundzüge der Schweißtechnik. Berlin: Springer 1938.

Zeitschriften: Die autogene Metallbearbeitung. — Die Schmelzschweißung. — Elektroschweißung. — Technisches Zentralblatt. — The Welding Engineer, Journal of the American Welding Society.

Hausmitteilungen: Arcos-Gesellschaft f. Schweißtechnik m. b. H., Aachen. — Schorch-Werke AG., Rheydt. — Sécheron-Werke, AG., Genf.

Maschinenteile[1]).

Bearbeitet von Dipl.-Ing. **Ch. Bouché**, VDI, Berlin und Prof. **H. Dubbel**, Berlin.

(Abschnitte **XIII. Kurbeltrieb** und **XIX. Absperrvorrichtungen** bearbeitet von Prof. **H. Dubbel.**)

Anmerkung. Auf Abdruck der Dinormen wurde weitgehend verzichtet. Es wird empfohlen: Zimmermann-Böddrich: Einführung in die Dinormen. Verlag Teubner.

I. Passungen[2]). Normungszahlen.

Die wirtschaftliche Fertigung verlangt das Zusammenpassen ohne Nacharbeit von Teilen, die betriebsmäßig zueinander gehören und vielfach von verschiedenen Firmen angeliefert werden; abgenutzte Teile müssen ebenfalls ohne Nacharbeit ausgewechselt werden können, was nur durch Anfertigung paßrechter Teile nach einem Passungssystem möglich ist. Neue Maschinen werden nur noch nach den ISA-Passungen hergestellt.

ISA-Passungen. Begriffe und Bezeichnungen.

Zwei Teile, die durch ebene oder zylindrische Paßflächen in fester oder beweglicher Beziehung zueinander stehen, müssen an diesen Flächen vorgeschriebene Maße aufweisen. Das gemessene Maß heißt Istmaß (z. B. 24,85); die Messung ist stets mit einer Meßunsicherheit behaftet. Zwecks Zusammenfügung muß das Istmaß zwischen zwei Grenzmaßen (24,88 und 24,82) liegen, dem größeren (Größtmaß) und dem kleineren (Kleinstmaß); der Unterschied beider ist die Toleranz (24,88 − 24,82 = 0,06). Nennmaß ist das Maß, auf das die Abmaße bezogen werden (25), wobei das obere Abmaß durch den Unterschied Größtmaß weniger Nennmaß (24,88 − 25 = −0,12) und das untere Abmaß entsprechend Kleinstmaß weniger Nennmaß (24,82 − 25 = −0,18) gegeben ist; diese beiden Maße (−0,12 und −0,18) werden auch Nennabmaße genannt; sie ergeben mit den Nennmaßen die Nenngrenzmaße des Werkstücks, d. h. Grenzen, zwischen denen das Istmaß liegen soll. Wird das Nennmaß mit Abmaßen oder Kurzzeichen versehen, so entsteht das Paßmaß $\left(25^{-0,12}_{-0,18}\right)$.

Die Istmaße der Paßflächen[3]) (z. B. Bohrung und Welle) zweier zusammengehöriger Teile werden sich fast immer voneinander unterscheiden; Spiel ist der Unterschied der Istmaße, wenn Bohrung größer als Welle, Übermaß, wenn Welle größer als Bohrung. Aus diesem Meßunterschied vor dem Zusammenfügen der Teile ergibt sich eine Beziehung der gefügten Teile, die Passung (Sitz); die mögliche Schwankung des Spiels oder Übermaßes zwischen den zu fügenden Teilen ist die Paßtoleranz; das Paßtoleranzfeld gibt die Lage und Größe der Toleranz bezogen auf die Nullinie an, wobei diese durch das Nennmaß gebildet wird.

Beim System der Einheitsbohrung (EB; H-Bohrung) fällt das Kleinstmaß der Bohrung mit dem Nennmaß zusammen (unteres Abmaß = 0), bei der

[1]) Verbindlich für die Angaben der abgedruckten Normblätter ist nur die neueste Ausgabe im Normformat A 4, zu beziehen durch den Beuth-Vertrieb GmbH, Berlin SW 68, Dresdner Str. 97.

[2]) S. a. das vorzügliche Werk: Leinweber: Passung und Gestaltung. Berlin: Springer 1942.

[3]) Diese und die folgenden Begriffsbestimmungen gelten auch singemäß für ebene Paßflächen.

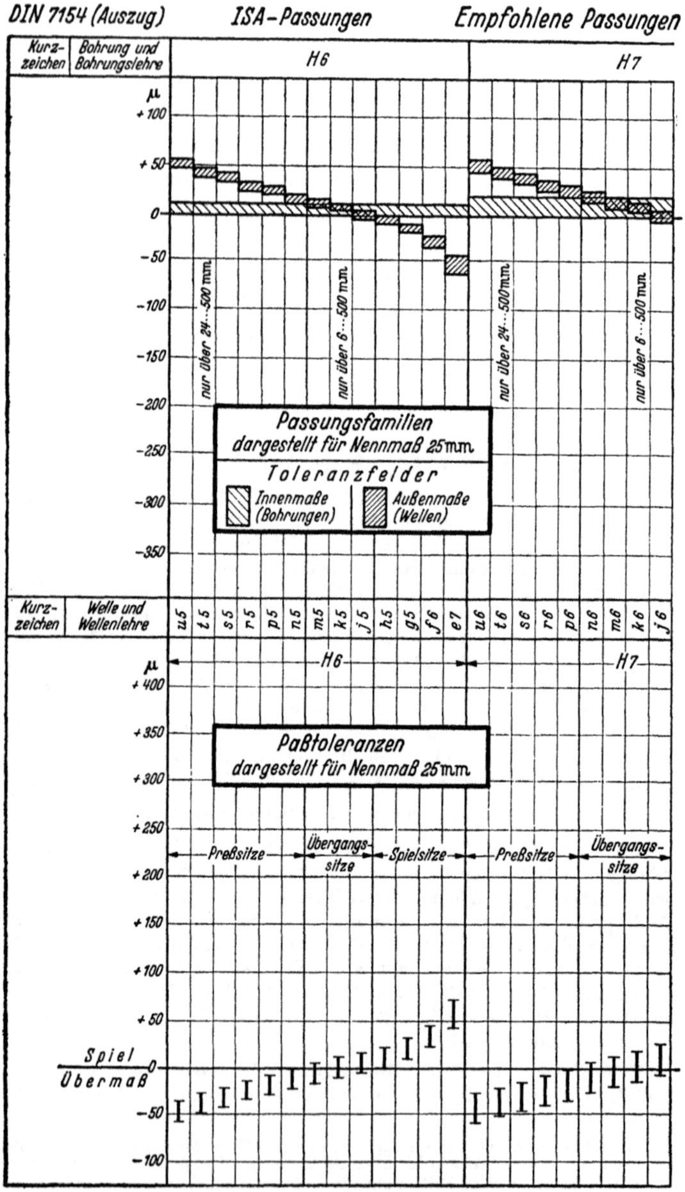
DIN 7154 (Auszug)
ISA-Passungen
Empfohlene Passungen
Kurzzeichen
Bohrung und Bohrungslehre
H6
H7
μ
+100
+50
0
-50
-100
-150
-200
-250
-300
-350
nur über 24…500 mm
nur über 6…500 mm
nur über 24…500 mm
nur über 6…500 mm
Passungsfamilien
dargestellt für Nennmaß 25 mm
Toleranzfelder
Innenmaße (Bohrungen)
Außenmaße (Wellen)
Kurzzeichen
Welle und Wellenlehre
u5
t5
s5
r5
p5
n5
m5
k5
j5
h5
g5
f6
e7
u6
t6
s6
r6
p6
n6
m6
k6
j6
H6
H7
μ
+400
+350
+300
+250
+200
+150
+100
+50
0
-50
-100
Paßtoleranzen
dargestellt für Nennmaß 25 mm
Preßsitze
Übergangssitze
Spielsitze
Preßsitze
Übergangssitze
Spiel
Übermaß

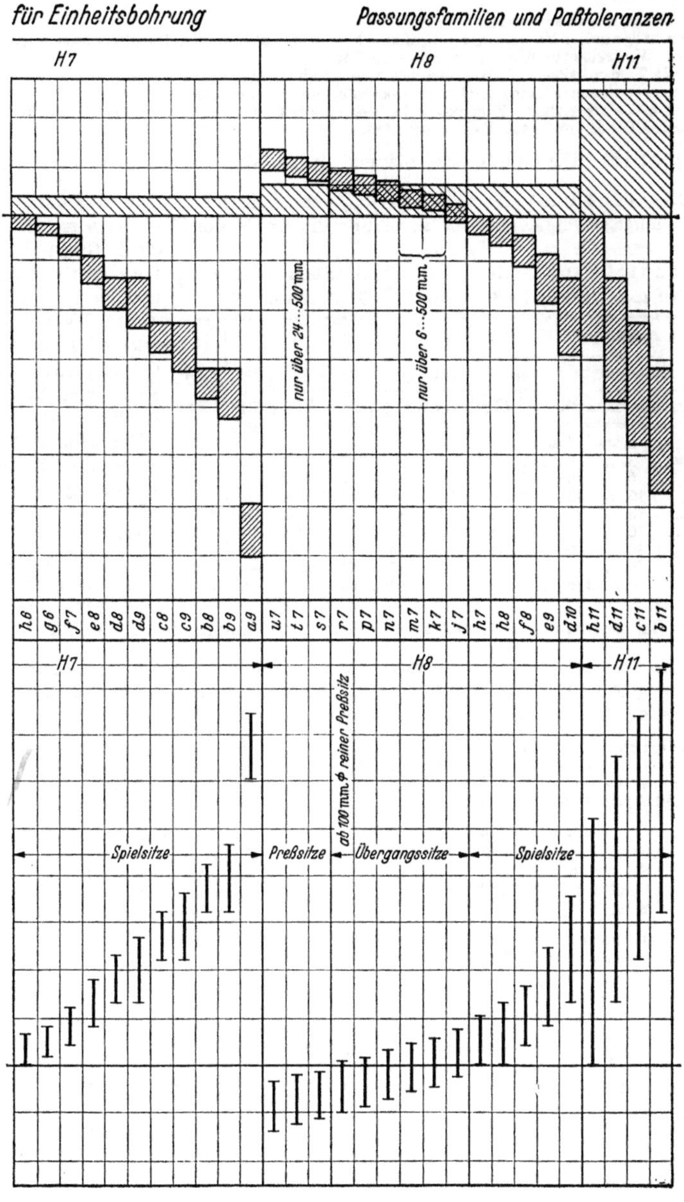
für Einheitsbohrung
Passungsfamilien und Paßtoleranzen
H7
H8
H11
nur über 24...500 mm
nur über 6...500 mm
h6
g6
f7
e8
d8
d9
c8
c9
b8
b9
a9
u7
t7
s7
r7
p7
n7
m7
k7
j7
h7
h8
f8
e9
d10
h11
d11
c11
b11
H7
H8
H11
ab 100 mm ɸ reiner Preßsitz
Spielsitze
Preßsitze
Übergangssitze
Spielsitze

Einheitswelle (EW; h-Welle) das Größtmaß der Welle mit dem Nennmaß (oberes Abmaß = 0).

Anwendungsbereiche:

EB: Allgemeiner Maschinenbau, Großmaschinenbau; Lokomotiven, Eisenbahnwagen, Kraftfahrbau, Werkzeugmaschinen (zum Teil auch EW).

EW: Transmissionen, Textilmaschinen und Landmaschinen.

Beide Systeme: Elektromaschinen, Apparate und Feinmechanik.

Um mit einer geringen Zahl von Arbeitslehren auszukommen, empfiehlt es sich, entweder nur nach EB oder nur nach EW zu arbeiten.

Qualität. Die Größe der Toleranz wird in Toleranzeinheiten i gemessen; $i = 0{,}45 \cdot \sqrt[3]{D} + 0{,}001 \cdot D$; i in $\mu = {}^1/_{1000}$ mm; D in mm. Je nach geforderter Herstellungsgenauigkeit ist für einen Sitz die Größe der Toleranz verschieden, diese Größe wird Qualität genannt und mit Zahlen von 1 bis 16 bezeichnet (1 = größte Genauigkeit). Die Maße von Werkstücken gleicher Herstellungsgenauigkeit haben gleiche Qualitätsziffern. Jeder Qualität entspricht eine bestimmte Zahl von Toleranzeinheiten; diese Zahl nimmt mit größer werdender Toleranz zu; die Zunahme entspricht von Qualität 6 an aufwärts dem Stufensprung der geometrischen Reihe $\sqrt[5]{10} \approx 1{,}6$. Jede nächstfolgende gröbere Qualität hat daher eine um ≈ 60 vH größere Toleranz, siehe beistehende Zahlentafel.

Grundtoleranzen der ISA-Qualitäten 5 bis 11 in μ für Werkstücke nach DIN 7151 (Auszug).

	Qualität	5	6	7	8	9	10	11
	Stufungsreihe	$7i$	$10i$	$16i$	$25i$	$40i$	$64i$	$100i$
	Grundtoleranzreihe	IT5	IT6	IT7	IT8	IT9	IT10	IT11
Durchmesserbereich	1 bis 3 mm	5	7	9	14	25	40	60
	über 3 „ 6 „	5	8	12	18	30	48	75
	„ 6 „ 10 „	6	9	15	22	36	58	90
	„ 10 „ 18 „	8	11	18	27	43	70	110
	„ 18 „ 30 „	9	13	21	33	52	84	130
	„ 30 „ 50 „	11	16	25	39	62	100	160
	„ 50 „ 80 „	13	19	30	46	74	120	190
	„ 80 „ 120 „	15	22	35	54	87	140	220
	„ 120 „ 180 „	18	25	40	63	100	160	250

Bezeichnungen: z. B. IT6 = ISA-Toleranz, Qualität 6, Größe der Toleranz $10i$, für jeden Durchmesserbereich entsprechend der Formel für i verschieden groß.

Die Lage des Toleranzfeldes zur Nullinie wird durch Buchstaben angegeben, hinter denen die Qualitätszahl steht. Bohrungen erhalten große, Wellen kleine Buchstaben.

Bohrungen mit		Wellen mit	
A bis G	> Nennmaß	a bis g	< Nennmaß
H	Kleinstmaß = Nennmaß	h	Größtmaß = Nennmaß
J und K	beiderseits Nullinie	j	beiderseits Nullinie
M bis Z	< Nennmaß	k bis z	> Nennmaß

Erst Toleranzfeld der Bohrung, dann der Welle, z. B. H7/f7; in den Zeichnungen für die Bohrungen über, für die Wellen unter der Maßlinie einzuschreiben.

Auf Grund von Erfahrungen sind vom Deutschen Normenausschuß aus der Vielzahl der möglichen Paarungen eine beschränkte Auswahl zu Passungsfamilien zusammengestellt, die im EB eine gleich große Bohrung, im EW eine gleich große Welle haben. Übersicht über diese empfohlenen Passungen für das System EB siehe Tafel S. 498 für den Durchmesserbereich von 18 bis 30 mm. Je nach Größe des Spiels bzw. Übermaßes ergeben sich Spielsitze (immer Spiel), Übergangssitze (Spiel oder Übermaß nach Lage der Toleranz) und Preßsitze (immer Übermaß). Die Qualitätsziffer für die Wellen ist im Bereich der Spielsitze bei mittleren und großen Spielen $\geqq$ als die der Bohrung, bei den Übergangs- und Preßsitzen ist sie um 1 niedriger; in diesem Falle sind die Toleranzen der Wellen enger (also feinere Toleranz), um den gewünschten Sitz bestimmt zu erhalten.

Paßtoleranzen.

a) Passung im Betrieb.

Spielsitze. Lagerstellen erfordern ein Spiel, dessen Größe durch Belastung, Werkstoff, Lagerlänge, Schmierung, Drehzahl und Betriebszustand gegeben ist. Formänderungen der Welle und des Gehäuses und die Wellenverlagerung müssen außerdem berücksichtigt werden. Bei großer Wärmeausdehnung eines Teils oder Quellmöglichkeit ist das Spiel besonders sorgfältig festzulegen. Das anfängliche Einbauspiel vergrößert sich infolge Abnutzung im Betrieb; das hierbei zulässige Maß bestimmt die Lebensdauer.

Bei dünnwandigen Büchsen, die eingepreßt werden, wird das Spiel für den Wellenlauf kleiner; Leichtmetallbüchsen erfordern besondere Maßnahmen, desgleichen solche aus Kunstpreßstoffen.

Übergangs- und Preßsitze. Die im Betrieb auftretenden Quer- und Längskräfte suchen den aufgebrachten Maschinenteil gegen die Haftkräfte in den Passungsflächen zu verschieben. Die Haftkräfte können durch Federn oder Keile verstärkt werden; sind solche nicht vorhanden, dann hängt die Haftung von der Größe, Oberflächenbeschaffenheit der Flächen, den Werkstoffen und ihren besonderen Dehnungseigenschaften ab.

b) Passung beim Zusammenfügen.

Spiel- und Übergangssitze. Gegenüberstellung von EW und EB. Welle mit fester Nabe *b* läuft in Büchse *a*; Fig. 1 u. 2: Nabe außenliegend. Fig. 1: EB. Welle muß Absatz auf kleineren Nenndurchmesser erhalten, da sie sonst nicht durch Teil *a* ginge. Fig. 2: EW. Glatte Welle möglich, da sie sich ohne Beschädigung aus Teil *b* herausdrücken läßt (N7/h6). Fig. 3 u. 4: Nabe innenliegend. Fig. 3: EB: Welle mit n6 ist > f7, nur Schleifeinstich. Fig. 4: EW: Welle abgesetzt; glatte Welle würde nicht durch die engere Bohrung von Teil *b* ohne Beschädigung gehen.

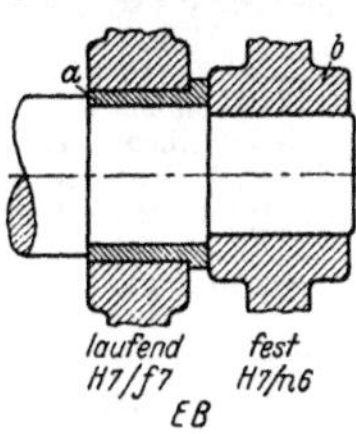

Fig. 1.

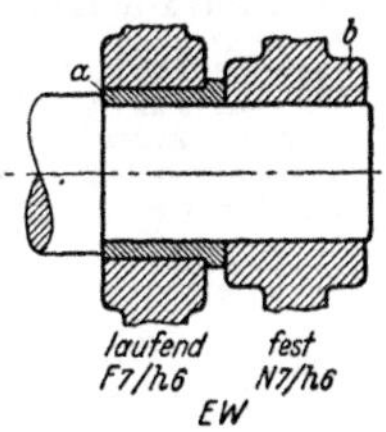

Fig. 2.

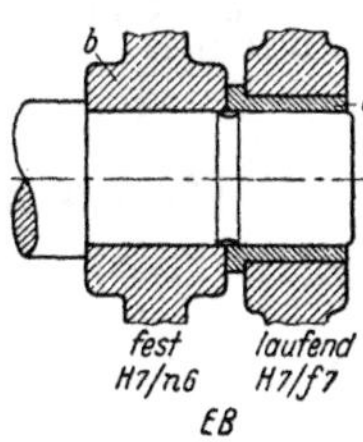

Fig. 3.

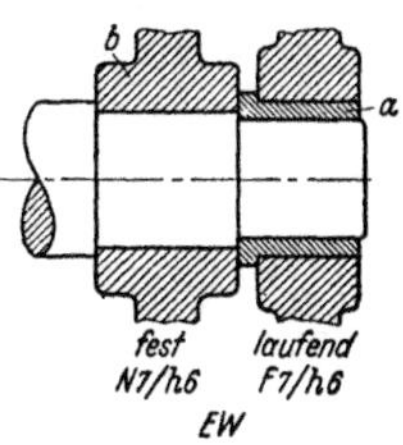

Fig. 4.

Preßsitze[1]). Die Paarung wird durch Längsbewegung unter Kraftaufwand bei Raumtemperatur oder durch Schrumpfung bzw. Unterkühlung vorgenommen. Außer der elastischen Verformung tritt meist noch eine plastische auf; Preßpassungen können lösbar und wieder verwendbar sein, falls die Paßflächen sehr glatt sind und vor dem Zusammenfügen geölt werden (Rechenvordrucke für einfache Preßpassungen sind vom Beuth-Vertrieb zu beziehen).

c) Qualität.

Grundsatz: Vermeiden zu kleiner Toleranzen, um die Herstellungskosten nicht unnötig zu erhöhen. Die Herstellungsmöglichkeit hängt von der Art der Werkzeugmaschine und ihrem Zustand ab. Bei größeren Stückzahlen lassen sich feinere Qualitäten billig herstellen.

---

[1]) S. a. Werth: Kräfte an Längspreßsitzen. Z. VDI 1938 S. 471.

Die Paßtoleranz ergibt sich aus der Summe der Einzeltoleranzen; Beispiel 25 H 7/f 7, siehe Tafel S. 498 u. 499; Bohrung $25^{+0{,}021}_{-0{,}000}$, Welle $25^{-0{,}020}_{-0{,}041}$; Kleinstmaß der Bohrung und Größtmaß der Welle ergeben kleinstes Spiel von 20 μ, Größtmaß der Bohrung und Kleinstmaß der Welle ergeben größtes Spiel von 62 μ. Das Toleranzfeld erstreckt sich von 20 bis 62 μ; der Mittelwert des Spiels liegt bei $\approx$ 40 μ; dieser ist der wahrscheinlich erreichbare bei großer Stückzahl, d. h. eine größere Anzahl beliebig zueinander gepaarter Teile wird das gewünschte Spiel von $\approx$ 40 μ haben, während eine kleinere nur 20 μ, aber auch 60 μ aufweisen wird. Bei kleiner Stückzahl muß man sich durch Auswählen helfen.

Ist bei einer Konstruktion auf Grund dieser Überlegungen richtiger Sitz nicht wahrscheinlich oder ist die Anwendung feinerer Toleranzen aus Preisgründen nicht zu vertreten, dann muß die Ausführung geändert werden; Abhilfe können federnde, kraftschlüssige Verbindungen, geschlitzte Naben u. dgl. bringen.

Normungszahlen.

Als Nennmaße für Passungen sollten mit Rücksicht auf geringe Lehrenhaltung nur solche Zahlenwerte genommen werden, deren Endziffern 0 · · 2 · · 5 · · 8 · · 0 sind, über 100 bis 200 mm betrage der Sprung 5 mm, darüber hinaus nur 10 mm. Sind zwingende Gründe vorhanden, dann kann bei Zahlen unter 28 mm der Sprung 1 mm betragen (Normaldurchmesser DIN 3; Normaldurchmesser für Transmissionswellen Bd. I, S. 538; Stahlwellen gezogen oder gedreht, gerichtet und poliert DIN 669, Toleranz etwa h 8; Rundstahl gezogen oder gedreht DIN 668, Toleranz h 11; Rundstahl gezogen DIN 667, Toleranz etwa h 8).

Der Rundungshalbmesser ist nach DIN 250 zu wählen:

0,2 0,4 0,6 1 1,5 2,5 4 6 10 mm usw.

Die Normungszahlen DIN 323 sind die gerundeten Werte geometrischer Reihen mit den Faktoren $\sqrt[5]{10} \approx 1{,}6$ (5er Reihe), $\sqrt[10]{10} \approx 1{,}25$ (10er Reihe), $\sqrt[20]{10} \approx 1{,}12$ und $\sqrt[40]{10} \approx 1{,}06$. Die Anzahl der Glieder im Dezimalbereich ist also bei der 10er Reihe 10. Die Normungszahlen sollen bei Aufstellung von Typenreihen und Konstruktionsmaßen benutzt werden. Über zulässige Abweichungen von diesen Zahlen siehe Erläuterungen zu DIN 323. Für Passungen ist der nächstliegende Normaldurchmesser nach DIN 3 zu nehmen.

Normungszahlen DIN 323 (Auszug).

5er	1				1,6				2,5				4				6,3			10
10er	1		1,25		1,6		2		2,5		3,15		4		5		6,3		8	10
20er Reihe	1	1,12	1,25	1,4	1,6	1,8	2	2,24	2,5	2,8	3,15	3,55	4	4,5	5	5,6	6,3	7,1	8	9	10

Die Zahlenwerte der 20er Reihe werden bestimmt für die Verwendung im Maschinenbau ausreichen, meist werden die der 10er Reihe genügen (vorzugsweise benutzen), die der 5er Reihe ergeben vielfach zu große Stufungen.

II. Vernietungen.

Werkstoff des Nietes: Nietstahl St 34 · 13, bei hoher Beanspruchung Sonderstahl.

Benennung nach dem Kopf des Rohnietes (Setzkopf, s. Fig. 5) und dem Dmr. des rohen Nietes. Lochdmr. ist um 1 mm größer als der Rohnietdmr.; das geschlagene Niet füllt das Loch fast ganz aus, daher Berechnungsdmr. d = Lochdmr. = Rohnietdmr. + 0,1 cm. Abgesehen von Sonderfällen wird nur der Halbrundkopf verwendet. Nietlänge $l \approx \Sigma$ Blechstärken + 1,5 d.

A. Dampfkesselnietungen.

Im folgenden bedeuten:

d = Lochdmr. = Dmr. des geschlagenen Nietes; für die Festigkeitsrechnung maßgebend,

d_1 = Dmr. des rohen Nietes,

s = Blechdicke in cm, s_1 = Laschendicke in cm, $e = 1{,}5d$ = Randabstand, e_1, e_2, e_3 s. Tafel S. 504,

t = durch Rechnung sich ergebende Teilung,

$v = (t - d)/t$ = Festigkeitsverhältnis = Verhältnis des durch Nieten geschwächten Querschnittes zum ungeschwächten,

z = Anzahl der auf Breite t entfallenden Nieten, so daß für die Kraft P, die ein Blechstreifen von Breite t aufnehmen kann, die Beziehung gilt:

$$P = (t - d) \cdot s \cdot \sigma_{zul} = z \cdot d^2 \pi/4 \cdot k_n = D \cdot t \cdot p/2,$$

worin: D = Kesseldmr. in cm, p = Überdruck in atü, k_n = der durch 1 cm² Nietquerschnitt beim Erkalten hervorgerufene Gleitwiderstand in kg/cm²; Erfahrungszahlen s. Tafel S. 504.

$P_1 = P/t$ = Kraft, auf 1 cm Nahtlänge entfallend.

$P_{1\,cm} = Dp/2 = z \cdot d^2 \pi/4 \cdot k_n/t$ für Längsnaht, $P_{1\,cm} = Dp/4$ für Rundnaht.

Berechnung der Blechdicke $s = P_{1\,cm} \cdot \dfrac{1}{\sigma_{zul} \cdot v} + 0{,}1$ cm; σ_{zul} = Berechnungsfestigkeit : x; Berechnungsfestigkeit ≈ unterer Grenzwert der Zugfestigkeit, Bedeutung von x s. Bd. II, S. 67.

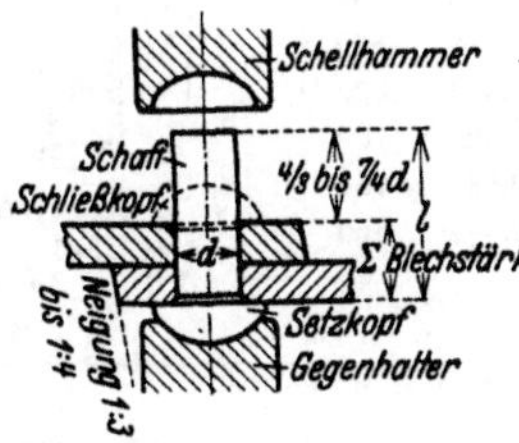

Fig. 5.

Arten der Vernietung. 1. Überlappungsnietung, Fig. 8 bis 11; diese ist stets einschnittig. Infolge der Überlappung ergibt sich ein erhebliches Biegemoment $M = P \cdot s$, s. Fig. 6. Zahl der Nietreihen einer Naht 1, 2 und 3, s. Tafel.

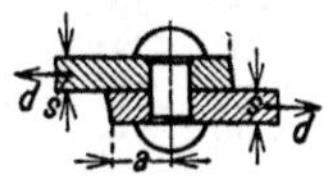

Fig. 6.

2. Doppellaschennietung; sie ist bei Fig. 12, 14 und 15 der Tafel zweischnittig. Kein Biegemoment. Dicke der Laschen 0,6 bis 0,7 · s.

3. Zusammenhang von Blechdicke s und Nietdmr. d (Erfahrungswerte):

s mm	5÷8	8÷12	11÷15	14÷19	18÷23	22÷27	27÷31	31÷35
d mm	14	17	20	23	26	29	32	35

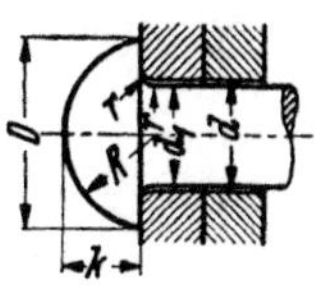

Fig. 7.

Beispiel: Kessel von 1400 mm Dmr.; $p = 12$ atü. Blechsorte III nach Bd. II, S. 66 mit einer Berechnungsfestigkeit von 4400 kg/cm². Zu bestimmen sind Blechdicke und Arten der Längs- und Rundnähte.

$P_{1\,cm} = D \cdot p/2 = 140 \cdot 12/2 = 840$ kg/cm Längsnaht. Nach Tafel kann gewählt werden: Fig. 9 mit $d = 2{,}6$ cm; Fig. 10 mit $d = 2{,}6$ cm; Fig. 13 mit $d = 3{,}2$; Fig. 15 mit $d = 2{,}0$ cm. Die Doppellaschennietung ist zwar teuer, ergibt aber für Fig. 15 den kleinsten Nietdmr. und die geringste Blechdicke. Gewählt Fig. 15 mit $x = 4{,}0$ und $v = 0{,}765$.

$$\sigma_{zul} = 4400/4 = 1100 \text{ kg/cm}^2.$$

$$\text{Blechdicke } s = 840 \cdot \frac{1}{1100 \cdot 0{,}765} + 0{,}1 = 1{,}0 + 0{,}1 = 1{,}1 \text{ cm}.$$

Dieser Wert paßt zu $d = 2{,}0$, s. Zahlenreihe.

Rundnaht. $P_{1\,cm} = D \cdot p/4 = 420$, gültig für gleiche Blechdicke und gleichen Nietdmr. Gewählt einfachste Nietung Fig. 8 mit $P_{1\,cm} = 460$ nach Tafel. Nietteilung $t = 4{,}8$ cm könnte vergrößert werden, jedoch lassen sich die Nähte bei größerer Teilung schwieriger dicht verstemmen, da die Blechkanten stärker federn.

Halbrundniete nach Fig. 7 (Flußstahl).

	Kesselbau DIN 123 (Auszug)										Stahlbau DIN 124 (Auszug)									
d_1	10	13	16	19	22	25	28	31	34	37	10	13	16	19	22	25	28	31	34	37
d	11	14	17	20	23	26	29	32	35	38	11	14	17	20	23	26	29	32	35	38
D	18	23	30	35	40	45	50	55	60	67	16	21	26	30	35	40	45	50	55	60
$R \approx$	9,5	12	15,5	18	20,5	23	25,5	28	30,5	34,5	8	11	13,5	15,5	18	20,5	23	25,5	28	30,5
k	7	9	12	14	16	18	20	22	24	26	6,5	8,5	10	12	14	16	18	20	22	24

v	$P_{1\,\text{cm}}$ kg/cm	Fig. 8÷11	d cm	Fig. 12÷15	$P_{1\,\text{cm}}$ kg/cm	v
0,61	300	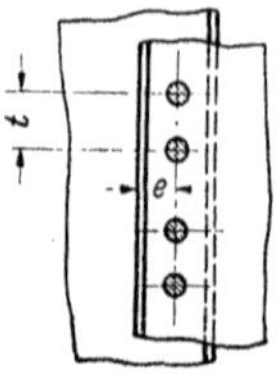	1,4	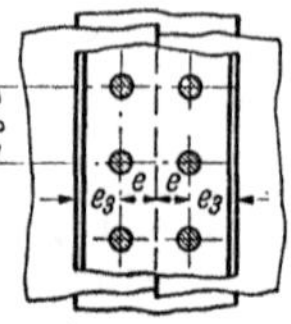	400	0,696
0,595	380		1,7		505	0,685
0,584	460		2,0		610	0,678
0,574	540		2,3		710	0,672
0,567	620		2,6		815	0,667
0,561	700		2,9		935	0,66
0,556	780		3,2	$k_n = 1000-1200$; $e = 1{,}5\,d$; $e_3 = 1{,}35\,d$; $x = 4{,}25$; $t = 2{,}6\,d + 1{,}0$	1040	0,656
0,552	860	$k_n = 600-700$; $e = 1{,}5\,d$; $x = 4{,}75$; $t = 2\,d + 0{,}8$	3,5		1140	0,653
0,725	390	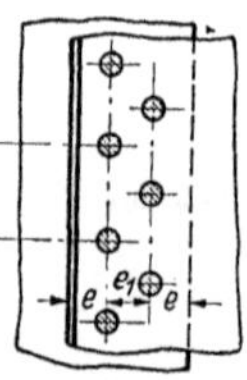	1,4	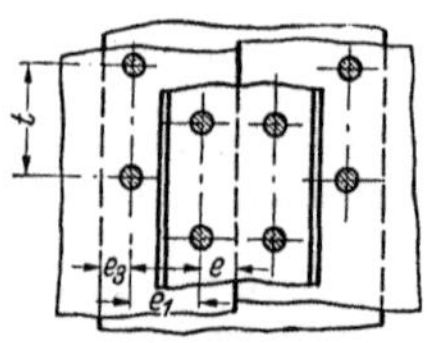	340	0,835
0,71	500		1,7		420	0,83
0,70	610		2,0		500	0,825
0,694	720		2,3		590	0,823
0,687	830		2,6		680	0,82
0,678	960		2,9	$k_n = 950-1150$ bzw. 700; $e = 1{,}5\,d$; $e_1 = 0{,}4\,t$; $e_3 = 1{,}35\,d$; $x = 4{,}25$; $t = 5\,d + 1{,}5$	760	0,82
0,674	1070	$k_n = 550-650$; $e = 1{,}5\,d$; $e_1 = 0{,}6\,t$; $x = 4{,}75$; $t = 2{,}6\,d + 1{,}5$	3,2		850	0,818
0,67	1180		3,5		940	0,816
0,696	435	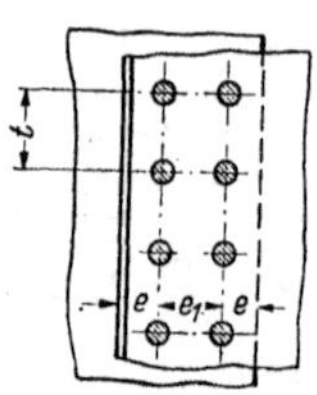	1,4	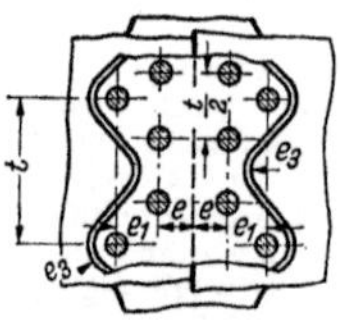	610	0,835
0,685	550		1,7		780	0,83
0,678	660		2,0		940	0,825
0,672	770		2,3		1100	0,823
0,667	880		2,6		1260	0,82
0,66	1010		2,9	$k_n' = 950-1150$; $e = 1{,}5\,d$; $e_1 = 0{,}4\,t$; $e_3 = 1{,}35\,d$; $x = 4{,}0$; $t = 5\,d + 1{,}5$	1420	0,82
0,656	1120	$k_n = 550-650$; $e = 1{,}5\,d$; $e_1 = 0{,}8\,t$; $x = 4{,}75$; $t = 2{,}6\,d + 1{,}0$	3,2		1580	0,818
0,653	1135		3,5		1740	0,816
0,782	480	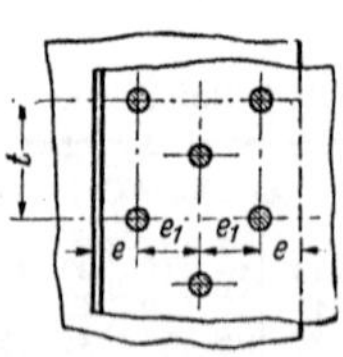	1,4	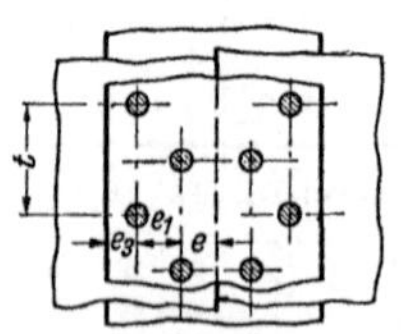	550	0,782
0,768	560		1,7		700	0,774
0,756	690		2,0		850	0,765
0,748	820		2,3		1000	0,758
0,74	960		2,6		1150	0,754
0,734	1090		2,9		1300	0,752
0,728	1230		3,2	$k_n = 950-1150$; $e = 1{,}5\,d$; $e_1 = 0{,}5\,t$; $e_3 = 1{,}35\,d$; $x = 4{,}0$; $t = 3{,}5\,d + 1{,}5$	1450	0,748
0,724	1360	$k_n = 500-600$; $e = 1{,}5\,d$; $e_1 = 0{,}5\,t$; $x = 4{,}75$; $t = 3\,d + 2{,}2$	3,5		1600	0,746

B. Vernietungen für Eisenkonstruktionen.

Den Nietdurchmesser wählt man meist $d = s$ cm + 1,0 cm.

Lediglich die Bedingung, daß sämtliche Querschnitte $(t_1 - d)$ noch die Kraft der hinter ihnen liegenden Nieten aufzunehmen imstande sein müssen, bestimmt die Teilung. Dies läßt sich durch Einzeichnen der Bänder veranschaulichen (Fig. 16), wobei sämtliche Bänder die Verbindungslinien $(t_1 - d)$ der Nietmitten senkrecht schneiden müssen, wenn $(t_1 - d)$ einen kleinsten Wert erhalten soll. Die Niete sind auf Abscheren zu berechnen, und es sind stets folgende Gleichungen zu erfüllen:

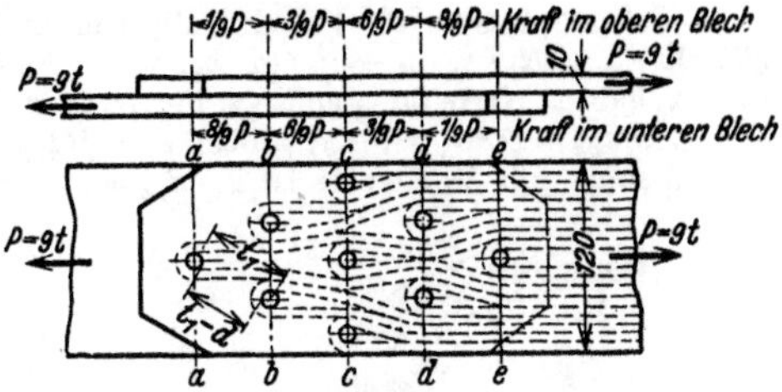

Fig. 16.

1. $P = b \cdot s \cdot \sigma_{zul}$, wobei $b \cdot s$ den gesamten Blechquerschnitt zwischen den Nieten bezeichnet

2. $P = d^2 \pi/4 \cdot \tau_{zul} \cdot z \times$ Schnittzahl der Flächen (Überlappungsnietung = 1, doppelte Laschennietung = 2). z = Anzahl der Nieten, τ_{zul} = Scherbeanspruchung in kg/cm².

3. $P = d \cdot s \;\; \sigma_l \cdot z$, wenn σ_l den Lochleibungsdruck = Druck zwischen Nietschaft und Blech bedeutet. $\sigma_l = 2$ bis $2{,}5 \cdot \sigma_{zul}$.

Aus $d^2 \pi/4 \cdot \tau_{zul} = d \cdot s \cdot \sigma_l$ folgt für $\sigma_l = 2 \cdot \tau_{zul}$ für einschnittige Verbindungen $s = \pi/8 \cdot d \backsim 0{,}4 \cdot d$ und für zweischnittige Verbindungen $s \backsim 0{,}8 \cdot d$.

Das Biegemoment ergibt sich zu $M_b = P \cdot s = b s^2/6 \cdot \sigma_{zul}$.

Beispiel. Eine Verbindung nach Fig. 16 soll bei einem Querschnitt des vollen Bleches von 120 · 10 mm eine Kraft $P = 9t$ aufnehmen.
Dmr. des geschlagenen Nietes = 17 mm angenommen.

$$\sigma_l = \frac{P}{d \cdot s \cdot z} = \frac{9000}{1{,}7 \cdot 1{,}0 \cdot 9} = 588 \text{ kg/cm}^2;$$

da einschnittig:

$$\tau = \frac{P}{d^2 \pi/4 \cdot z} = \frac{9000}{2{,}27 \cdot 9} = 440 \text{ kg/cm}^2$$

und die von jedem Niet zu übertragende Kraft = 9000/9 = 1000 kg. Die Niete werden jedoch nicht gleich beansprucht, da die Bleche sich ungleich dehnen, wie aus den eingezeichneten Kräften hervorgeht.

Beanspruchung im vollen Blech $\sigma = \frac{P}{b \cdot s} = \frac{9000}{12 \;\; 1{,}0} = 750 \text{ kg/cm}^2$.

Für Schnitt $c-c$ folgt z. B. $\sigma = \frac{9000 - 3 \cdot 1000}{(12 \;\; 3 \cdot 1{,}7) \cdot 1{,}0} = 870 \text{ kg/cm}^2$.

Ebenso ergeben sich für die Schnitte $d-d$ und $e-e$ die Werte $\sigma = 349$ kg/cm² bzw. 97 kg/cm².

III. Schrumpfverbindungen.

Durch „Schrumpfen" wird eine rüttelsichere Verbindung von Teilen hergestellt, die wechselnden Kraftwirkungen ausgesetzt sind. Die Haftkräfte entstehen durch Schrumpfen beim Erkalten (Schrumpfpassung) bzw. Ausdehnen beim Erwärmen (Dehnpassung)[1].

Bezeichnungen, s. Fig. 17 und 19.

T_0^{0K} = Betriebstemperatur, meist = Herstellungstemperatur. Unmittelbar vor dem Zusammenfügen: T_1^{0K} = Temperatur der Welle bzw. Zapfens *1*, T_2^{0K} = Temperatur des Ringes *2*.

Schrumpftemperatur $\Delta t_2 = T_2 - T_0$ von Teil *2*, der erwärmt wird; Ausdehnungstemperatur $\Delta t_1 = T_0 - T_1$ von Teil *1*, der unterkühlt wird; Δt_2 und Δt_1 sind also positiv.

---

[1]) Begriffsbestimmung s. Leinweber: Passung und Gestaltung. S. 187. Berlin: Springer 1942. Demnach ist die Schrumpf- bzw. Dehnverbindung eine Querpreßpassung.

Zeiger a für außen, i für innen. α_t = Wärmedehnzahl. σ = Tangentialspannung kg/cm². Schrumpffläche $F = \pi \cdot d_{1a} \cdot l$ in cm².

Schrumpfmaß Δd bei T_0^{0K} ist das Maß, um das der Paßdmr. d_{2i} des Ringes 2 kleiner als der Außendmr. d_{1a} der Welle 1 ist, s. Fig. 19; in gefügtem Zustand s. Fig. 17 ist $d_{2i} = d_{1a}$.

Berechnung[1]).

1. Schrumpfmaß Δd. Für den allgemeinen Fall der Hohlwelle, Fig. 17, gilt $\Delta d/d_{1a} = \alpha_1 \cdot \sigma_1 \cdot c_1 + \alpha_2 \cdot \sigma_2 \cdot c_2$, wenn Ring und Welle die Dehnzahl α_1 bzw. α_2 haben; Werte für c_1 und c_2 s. Fig. 18. Für gleiche Werkstoffe und $\sigma_{1i} = \sigma_{2i}$ wird $\Delta d/d_{1a} = \alpha \cdot \sigma(c_1 + c_2)$; wobei $c_1 = f(d_{1i}/d_{1a})$ und $c_2 = f(d_{2i}/d_{2a})$ nach Fig. 18 sind. Für Vollwelle ist $d_{1i}/d_{1a} = 0$ und $c_1 = 0{,}3$.

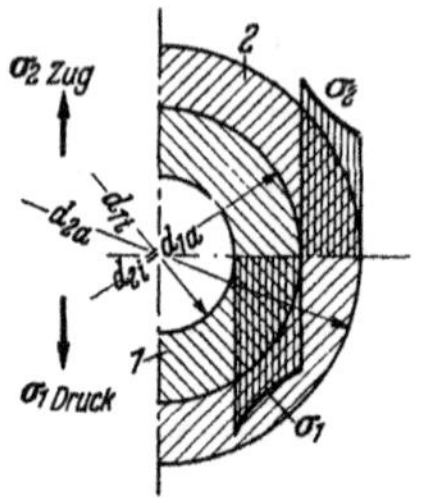

Fig. 17. Teil 1 und 2 in gefügtem Zustand.

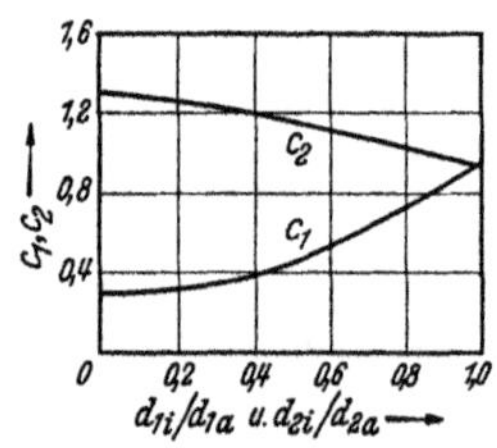

Fig. 18. Zustand bei Bezugstemperatur T_0.

Sind Abmessungen, Werkstoff und Spannungen gegeben, dann kann Δd bestimmt werden.

Beispiel 1: Vollwelle und Schrumpfring aus Stahl; $\sigma = 2000$ kg/cm²; $d_{1a} = 100$ mm, $d_{2a} = 160$ mm, $\alpha = 1/2200000$. $d_{2i}/d_{2a} = 0{,}67$; $c_2 = 1{,}1$; $\Delta d = \frac{100 \cdot 2000(0{,}3 + 1{,}1)}{2200000} \approx 127/1000$ mm, d. h. 1,27/1000 vom Dmr. der Welle; $d_{2i} = 100 - 0{,}127 = 99{,}873$ mm. Für eine Hohlwelle mit $d_{1i} = 40$ mm wird $d_{1i}/d_{1a} = 0{,}4$, $c_1 = 0{,}4$ und $\Delta d \approx 146/1000$ mm, d. h. 1,46/1000 vom Dmr.

Beispiel 2: Vollwelle aus Stahl, $\sigma_{1i} = 1600$ kg/cm², $d_{1a} = 100$ mm; Nabe aus Gußeisen[2]), $\sigma_{2i} = 800$ kg/cm², $d_{2a} = 180$ mm. $d_{2i}/d_{2a} = 0{,}56$; $c_2 = 1{,}13$; $\Delta d = 100 \cdot \left(\frac{1600 \cdot 0{,}3}{2200000} + \frac{800 \cdot 1{,}13}{8000000}\right) \approx 135/1000$ mm, d. h. 1,35/1000 vom Dmr.

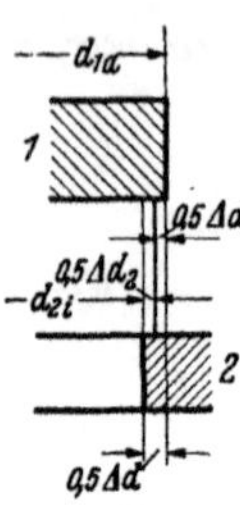

Fig. 19.

2. Schrumpftemperatur Δt_2 und **Ausdehnungstemperatur Δt_1.** Für das Fügen muß nach Fig. 19 sein

$$d_{2i} \text{ erwärmt} > d_{1a} \text{ unterkühlt, also } \Delta d < \Delta d_1 + \Delta d_2 .$$

Da $\Delta d_1 = \alpha_{t_1} \cdot d_{1a} \cdot \Delta t_1$, $\Delta d_2 = \alpha_{t_2} \cdot d_{2i} \cdot \Delta t_2$ und $d_{1a} \approx d_{2i}$ ist, wird

$$\Delta d/d_{1a} < \underbrace{\alpha_{t_1} \cdot \Delta t_1}_{\text{Unterkühlung}} + \underbrace{\alpha_{t_2} \cdot \Delta t_2}_{\text{Erwärmung}};$$

Werte für α_t s. Bd. I, S. 486.

Grenzwerte: Δt_1 ist durch die Anwendungsmöglichkeit von fester Kohlensäure oder flüssiger Luft gegeben; Δt_2 ist bedingt durch Gefahr der Verzunderung und Herabsetzung der Festigkeitseigenschaften; es sei $\Delta t_2 < 250°$.

Beispiel 3: Vollwelle nach Beispiel 1. Unterkühlung von Teil 1 nicht erforderlich, also $\Delta t_1 = 0$. $\Delta d/d_{1a} = 1{,}27/1000 < 1{,}1 \cdot 10^{-5} \cdot \Delta t_2$; $\Delta t_2 > 115°$; falls $t_0 = 20°$ C ist, wird $t_2 > 135°$ C; gewählt $t_2 \approx 150°$ C.

3. Übertragbare Längskraft P und **Drehmoment M_t.** Die am Ring übertragbare Umfangskraft ist gleich der Längskraft P in kg $\leqq \pi \cdot d_{2i} \cdot l \cdot p \cdot \mu$, wenn l in cm = Länge der Schrumpfverbindung, p in kg/cm² = Pressung in der Schrumpffläche $\pi \cdot d_{2i} \cdot l$ und $\mu \approx 0{,}16$ = Reibungsziffer der Ruhe für trockene Stahlflächen.

[1]) Siehe A. Wiemer: Z. VDI 1942 S. 274 und Rötscher: Die Maschinenkunde. Bd. II. Berlin: Springer.

[2]) Hookesches Gesetz für Gußeisen vorausgesetzt.

Drehmoment $M_t \leqq 0{,}5 d_{2i} \cdot P \leqq 2V \cdot p \cdot \mu$, worin V = Volumen des Wellenabschnittes von der Länge l in cm^3.

Zwischen p und der Tangentialspannung σ im Ring besteht die Beziehung

$$p = \sigma \frac{1-(d_{2i}/d_{2a})^2}{1+(d_{2i}/d_{2a})^2}.$$

Beispiel: Vollwelle nach Beispiel 1. $l = 120$ mm. Es war $\sigma = 2000\ kg/cm^2$; also $p = 2000 \cdot 0{,}55 : 1{,}45 \approx 760\ kg/cm^2$. Umfangskraft oder Längskraft $P \leqq \pi \cdot 10 \cdot 12 \cdot 760 \cdot 0{,}16 \leqq 46000$ kg. Drehmoment $M_t \leqq 5 \cdot 46000 \leqq 230000$ cmkg. Dem entspricht eine Verdrehungsspannung in der vollen Welle

$\tau = M_t/W_{polar} = 230000 : 196 \approx 1170\ kg/cm^2$.

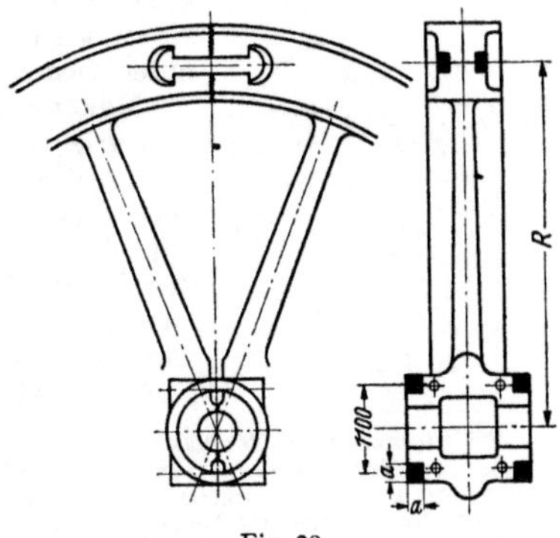

Fig. 20.

4. Schrumpfverbindungen im Leichtmotorenbau[1]). Aluminium-Zylinderkopf mit Innengewinde wird auf $\approx 200°$ C erwärmt und auf Stahlzylinder geschraubt, der in Trockeneis auf $\approx -60°$ C abgekühlt wurde, ebenso wird mit Ventilsitzen und Zündkerzenbüchsen im Zylinderkopf verfahren.

5. Überschlagsrechnung für Schrumpfringe an Schwungrädern.

Beispiel: Das Schwungrad nach Fig. 20 wird durch zwei Schrumpfringe an der Nabe, durch vier Schrumpflaschen am Kranz und außerdem durch vier Montageschrauben, deren Wirkung im folgenden vernachlässigt wird, zusammengehalten. Fliehkraft des halben Schwungradgewichtes $P = 0{,}5 G/g \cdot r\omega^2 = 38$ t bei normaler Drehzahl; $r = 2R/\pi$ = Schwerpunktabstand der Ringhälfte. Wird zur Sicherheit mit 1,4facher Drehzahl gerechnet, so ist $P_B = 1{,}4^2 \cdot 38 = 74{,}5$ t. Annahme: Die Schrumpfringe übernehmen $^3/_4$, die Schrumpflaschen $^1/_4$ der Gesamtkraft, die infolge der Vorspannkraft durch Schrumpfung die Größe $P = 1{,}3 P_B \approx 97$ t habe. Jeder Ring nimmt dann $^1/_2 \cdot {}^3/_4 \cdot 97 \approx 36$ t auf, so daß bei $a^2 = 3 \cdot 3 = 9\ cm^2$ Ringquerschnitt $\sigma_m = 36000/18 = 2000\ kg/cm^2$ wird. Infolge dieser Spannung weiten sich die Ringdmr. um $\pi d_m \cdot \alpha \sigma_m/\pi = d_m \cdot \alpha \sigma_m$ cm. Bezogen auf $d_m = 110$ cm = mittl. Dmr. müßten die Ringe um $d_m \alpha \sigma_m = 110 \cdot 2000 : 2200000 = 0{,}1$ cm enger gedreht werden, um durch ihre Dehnung die Spannung $\sigma_m = 2000$ auszuüben.

Dies trifft nur bei vollkommen starrer Nabe zu; infolge Nachgebens der Nabe wird die Ringspannung kleiner. Um jedoch die erforderliche Spannung σ_m zu erhalten, wird der Ring um schätzungsweise $1{,}5 \cdot 1{,}0 = 1{,}5$ mm enger gedreht.

Um die Ringe bequem aufzubringen, sind sie um $\Delta t°$ C zu erwärmen, so daß ihr lichter Dmr. d_i um $\Delta d = 2$ mm weiter als der Nabendmr. ist. Mit $\alpha_t = 1{,}1 \cdot 10^{-5}$ = Wärmedehnzahl wird:

$$\Delta d = \pi d_i \cdot \alpha_t \Delta t/\pi = d_i \cdot \alpha_t \Delta t = (0{,}2 + 0{,}15) = 106{,}85 \cdot 1{,}1 \cdot 10^{-5} \cdot \Delta t,$$

$$\Delta t = \frac{0{,}35 \cdot 10^5}{106{,}85 \cdot 1{,}1} = 242°.$$

6. Kalt hergestellte Preßverbindungen siehe „Preßsitze“ S. 501.

IV. Keilverbindungen.

A. Längskeile.

Herabsetzung der Dauerfestigkeit

durch Auslaufkeilnut ohne Keil und ohne Nabe	etwa 20 vH
„ Paßfedernut „ Feder „ „ „	„ 40 „
„ „ Keilnut, Keil und Nabe	etwa 60 bis 65 „
einer vollen nicht genuteten Welle durch Einwirkung einer stramm sitzenden Nabe	etwa 50 „

[1]) Masch.-Bau 1938 Heft 13/14 S. 361.

Baustoff der Keile: harter Stahl.

Anzug des Rückens aller Keile: $\mathrm{tg}\,\alpha = 1:100$. Übertragbares Moment: $M_t = P \cdot l$, Fig. 21. Spannungslinienfeld s. Fig. 21. Längskeilverbindungen erfordern strammen Sitz zwischen Welle und Nabe, sonst außermittiger Sitz durch Aufkeilen. Man unterscheidet:

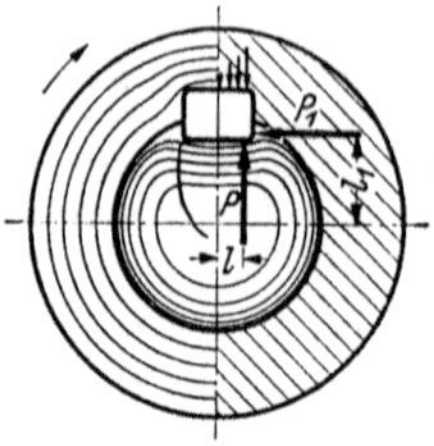

Fig. 21.

Nasenkeil, der von derselben Seite aus ein- und ausgetrieben wird;

Treibkeil mit geraden Stirnflächen. Falls Nasen- oder Treibkeil nicht verwendbar, dann **Einlegekeil** mit abgerundeten Stirnflächen entsprechend der mit dem Fingerfräser hergestellten Nut. Nabe wird auf den festliegenden Keil aufgetrieben. Volles Drehmoment wird nur übertragen, wenn Keil- bzw. Federlänge $\geqq 1{,}5 \times$ Wellendurchmesser.

Einpaßzugabe aller Nasen- und sonstigen geschmiedeten Treib- und Einlegekeile: 0,3 bis 0,5 mm auf dem Rücken. Bei gezogenem Keilstahl bleibt die volle Stärke einschließlich Herstellungstoleranz an der stärksten Stelle bestehen; der Rücken wird von hier aus abgefräst.

Alle Nabennuten sind bei gleichem Wellendurchmesser stets gleich, so daß die verschiedenen Keile ohne weiteres gegeneinander ausgetauscht werden können. Wellennutentiefe für Keile und Federn stets gleich Keilhöhe minus Nabennutentiefe für Keile.

Querschnitte und Nutenabmessungen der Längskeile sowie der Paß- und Gleitfedern. Genormt bis $d = 500$ mm.

Wellen-durchmesser d	Hohlkeile Breite × Stärke $b \times s$	Flachkeile		Nutenkeile und Federn		Nabennuttiefe für	
		Breite × Höhe $b \times s$	Scheitelhöhe	Breite × Höhe $b \times s$	Wellennuttiefe	Keile	Federn
10 bis 12	—	—	—	4× 4	2,5	$d+1{,}5$	$d+1{,}7$
über 12 „ 17	—	—	—	5× 5	3	2	2,2
„ 17 „ 22	—	—	—	6× 6	3,5	2,5	2,7
„ 22 „ 30	8×3	8× 4	1	8× 7	4	3	3,2
„ 30 „ 38	10×3,5	10× 5	1,5	10× 8	4,5	3,5	3,7
„ 38 „ 44	12×3,5	12× 5	1,5	12× 8	4,5	3,5	3,7
„ 44 „ 50	14× 4	14× 5	1	14× 9	5	4	4,2
„ 50 „ 58	16× 5	16× 6	1	16×10	5	5	5,2
„ 58 „ 68	18× 5	18× 7	2	18×11	6	5	5,3
„ 68 „ 78	20× 6	20× 8	2	20×12	6	6	6,3
„ 78 „ 92	24× 7	24× 9	2	24×14	7	7	7,3
„ 92 „ 110	28× 8	28×10	2	28×16	8	8	8,3
„ 110 „ 130	32× 9	32×11	2	32×18	9	9	9,3
„ 130 „ 150	36×10	36×13	3	36×20	10	10	10,3
„ 150 „ 170	—	40×14	3	40×22	11	11	11,3
„ 170 „ 200	—	45×16	4	45×25	13	12	12,3

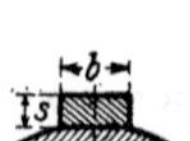

Fig. 22.

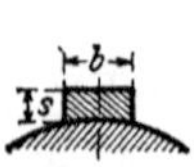

Fig. 23.

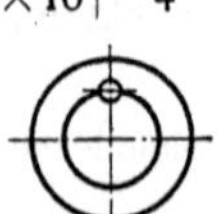

Fig. 24.

Ist nicht das volle Drehmoment zu übertragen, dann **Flachkeil**, Fig. 22, mit Nase (**Nasenflachkeil**), und **Hohlkeil**, Fig. 23 (Nasenhohlkeil). Letzterer überträgt nur durch Reibung.

Rundkeile, Fig. 24, nur bei Stirnflächen, z. B. bei Kurbeln, späteres Lösen nicht möglich.

Zur Befestigung schwerer Schwungmassen bei wechselndem Drehmoment dienen die Tangentkeile, Fig. 25, DIN 271, s. Tafel. Je eines der Keilpaare A oder B überträgt bei Drehrichtung *1* oder *2*; Teilfuge nach Fig. 25. Berechnung für die schmalen Seiten auf Flächenpressung mit 800 bis 1000 kg/cm². Wellen- und Nabennut ausrunden.

Für sehr stark beanspruchte Wellen, z. B. bei Walzwerken, sind durch DIN 268 größere Abmessungen vorgesehen.

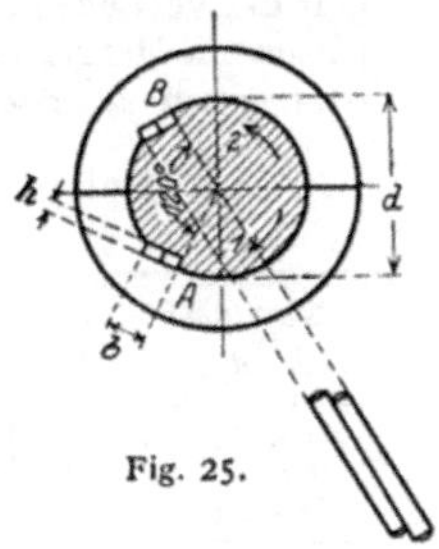

Fig. 25.

B. Mitnehmerverbindungen.

1. Federn, Fig. 26, vermeiden die schräge Tragfläche in der Nabe und die besonders bei Wälzlagern unzulässigen Schläge beim Aufkeilen. Da jegliche Vorspannung fehlt, tritt keine zusätzliche Beanspruchung auf. Bei geteilten Naben wird Überbeanspruchung der Naben-Verbindungsschrauben verhindert.

Nachteile aller Federn: Kein Kraftschluß zwischen Nabe und Welle; zur Übertragung wechselnder Drehmomente ungeeignet.

Berechnung auf seitliche Flächenpressung. $M_t = P_1 \cdot l_1$, Fig. 21.

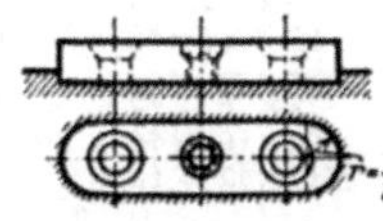

Fig. 26. Gewinde in der Mitte für Abdrückschraube.

Paßfedern erhalten meist gerundete Stirnflächen, geradstirnige Paßfedern sind gegen Herausfallen zu sichern, ebenso die Gleitfedern, die zur Führung von verschiebbaren Teilen dienen. Kleinere, bis 14 mm Breite, werden mit der Welle verstemmt oder fest eingepaßt, größere mit Schrauben gehalten, Fig. 26, die jedoch zum Dauerbruch führen können.

Nutentiefe für Tangentkeile nach DIN 271, genormt bis $d = 600$ mm.

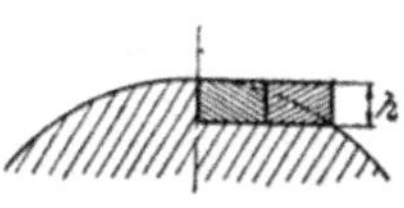

Wellendurchmesser mm	h mm	Wellendurchmesser mm	h mm	Wellendurchmesser mm	h mm	Wellendurchmesser mm	h mm
60	7	130	10	200	14	270	18
70	7	140	11	210	14	280	20
80	8	150	11	220	16	290	20
90	8	160	12	230	16	300	20
100	9	170	12	240	16	320	22
110	9	180	12	250	18	340	22
120	10	190	14	260	18	360	26

Für Werkzeuge, Werkzeugmaschinen, Turbomaschinen sind kleinere Querschnitte festgelegt, weil in diesen Fällen die Wellen wegen der Formänderungen verhältnismäßig stärker gewählt werden.

Im Werkzeugmaschinenbau sind auch die Scheibenfedern (Woodruff-Keile) im Gebrauch; sie werden in die halbzylindrische Nut leicht eingetrieben; die Welle wird infolge des tieferen Einschnittes erheblich geschwächt.

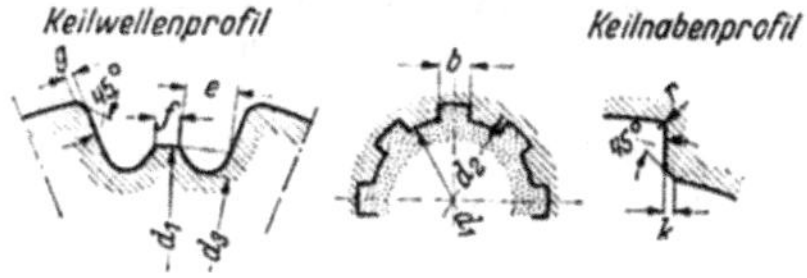

Fig. 27.

2. Keilwellen[1]), DIN 5461/65 (Kraftfahrbau), s. Fig. 27. Drei Reihen: leicht und mittel mit 6, 8 und 10 Keilen, schwer mit 10, 16 und 20 Keilen. Innenzentrierung bei 6, 8 und 10 Keilen; Flankenzentrierung bei 8, 10, 16 und 20 Keilen.

[1]) Bezeichnung irreführend, da keine „Keil"-Flächen vorhanden. Gefahr des Dauerbruches s. a. Z. VDI 1936 S. 181.

Herstellung der Wellenkeile durch Teil- oder Abwälzverfahren wie bei Zahnrädern; Nabe wird geräumt, Härtung bei Stahlrädern erst nachher möglich, Gefahr des Verziehens. Erfahrungsgemäß tragen 75 vH aller Keile. Keilwellen übertragen ein Mehrfaches an Drehmoment wie einfache Keile oder Federn; die Nabe sitzt genau zentrisch.

Keilwellen- und Keilnaben-Profile, mittlere Reihe
DIN 5463, Auszug.

Nennmaße $d_1 \times d_2 \times b$	Keilzahl	Zentrierung	d_1	d_2	b	d_3 $\geqq$	e $\leqq$	f	g $\leqq$	k $\leqq$	r $\leqq$
11× 14× 3	6	Innen-zentrierung	11	14	3	9,9	1,55	—	0,3	0,3	0,2
18× 22× 5			18	22	5	16,7	1,95	0,45	0,3	0,3	0,2
28× 34× 7			28	34	7	25,9	2,94	1,70	0,4	0,4	0,3
32× 38× 6	8	Innen- oder Flanken-zentrierung	32	38	6	29,4	3,3	0,15	0,4	0,4	0,3
46× 54× 9			46	54	9	42,7	4,1	0,86	0,5	0,5	0,5
62× 72×12			62	72	12	57,8	5,0	2,4	0,5	0,5	0,5
72× 82×12	10		72	82	12	67,4	5,43	—	0,5	0,5	0,5
92×102×14			92	102	14	87,3	5,2	4,5	0,5	0,5	0,5
112×125×18			112	125	18	106,3	6,4	4,4	0,5	0,5	0,5

3. Kerbverzahnungen, DIN 5481, s. Fig. 28, hergestellt wie Zahnräder mit geraden Flanken. Nabe läuft genau zentrisch; für große Drehmomente.

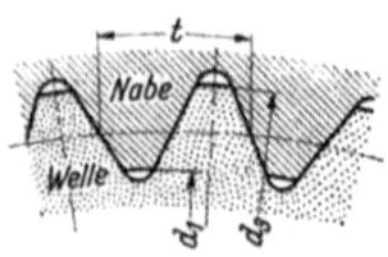

Fig. 28.

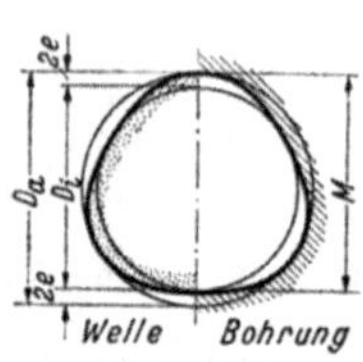

Fig. 29.

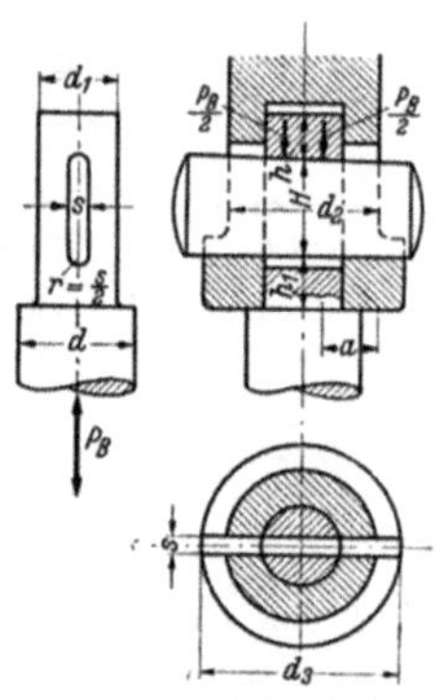

Fig. 30.

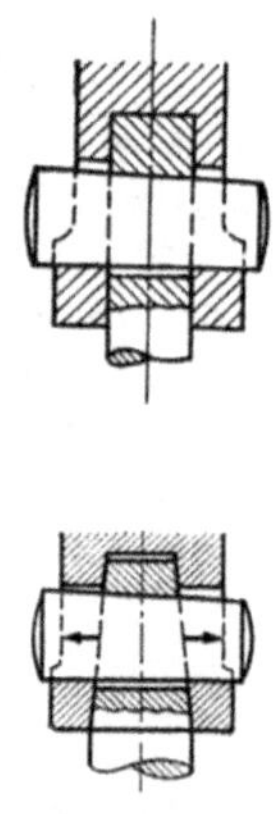

Fig. 32.

4. K-Profil, Fig. 29 (Werkzeugm.-Fabr. Ernst Krause & Co., Wien). Herstellung mittels Hubwelle durch Außen- und Innenschleifen, anwendbar für Spiel- und Übergangssitze. K-Profil vermeidet die Kerbwirkung für Welle und Nabe und überträgt große Drehmomente. M = Meßweite; e = Exzentrizität der Hubwelle.

C. Querkeile.

Anzug wegen einfacherer Herstellung und leichteren Einpassens nur einfach. Für Keile, die selten gelöst oder nachgezogen werden: $\operatorname{tg}\alpha = 1:15$ bis $1:25$; dauernde Verbindung $\operatorname{tg}\alpha = 1:100$; Stellkeile z. B. bei Schubstangen $\operatorname{tg}\alpha \approx 1:7$.

Fig. 30: Verbindung einer Kolbenstange mit einem Kreuzkopf. Berührungsfläche zwischen Stange und Hülse (Ringfläche) ist auf Druck zu berechnen: $(d_2^2 - d_1^2)\pi/4 \cdot \sigma_d = 1{,}3 \cdot P_B$; Faktor 1,3 wegen Vorspannung nach S. 513; P_B = Betriebskraft. Druckfläche zwischen Keil und Stange ist auf Flächenpressung aus $d_1 \cdot s \cdot \sigma_d = 1{,}3 \cdot P_B$ zu ermitteln. Der Restquerschnitt der Stange ist zu prüfen $(d_1^2 \pi/4 - d_1 \cdot s) \cdot \sigma_{Zug} = 1{,}3 \cdot P_B$; wird σ_z zu groß, dann Ausführung nach Fig. 31 oder 32, wobei jedoch die Hülse infolge der Kegelwirkung aufreißen kann.

Hülsendmr. d_2 folgt aus der Zugspannung

$$(d_2^2 - d_1^2)\,\pi/4 - (d_2 - d_1) \cdot s = 1{,}3 \cdot P_B/\sigma_{Zug}\,.$$

Keilberechnung auf Biegung. Biegemoment: Annahme Belastungsfall Nr. 6, S. 382 mit $a = 0{,}25\,[d_1 + (d_3 - d_1)] = 0{,}25\,d_3$ wird $M = 1{,}3 \cdot P_B/2 \cdot a$. Widerstandsmoment $W = sH^2/6$; $\sigma = M/W$. Nachrechnung auf Abscheren meist nicht erforderlich. Wulst vom Dmr. d_2 soll das Aufreißen der Hülse verhindern und die Pressung zwischen Keil und Hülse verkleinern. $h \approx h_1 \approx 0{,}5H$; Nachprüfung auf Abscheren.

Beispiele für Stellkeile s. S. 603.

V. Schrauben und Schraubenverbindungen.

Allgemeines. Entstehung der Schraubenlinie s. Fig. 132, S. 127. Steigung h = Strecke, welche die Schraube bzw. Mutter bei einer Umdrehung in Achsenrichtung zurücklegt, Steigung T = Abstand zweier Gewindegänge, auf dem Mantel gemessen; bei g-gängiger Schraube wird $h = g \cdot T$. (Vgl. Schneckengetriebe S. 576.) Ist r_m = mittlerer Gewinde-Halbmesser, so wird:

$$\operatorname{tg}\alpha = h/2 r_m \pi = gT/2 r_m \pi\,.$$

α = Steigungswinkel (s. Fig. 89, S. 187). Bei der Schraubenfläche ist außen der Steigungswinkel kleiner, innen größer als in der Mitte. r_m entspricht dem Flankendmr. d_f beim metrischen Gewinde DIN 13 und 14.

A. Gebräuchliche Gewinde[1]).

1. Metrisches Gewinde, DIN 13 und 14 (Tafel S. 512), für Neukonstruktionen vorgeschrieben. Bezüglich geometrischer Zusammenhänge s. die Formeln auf S. 512. Es ist $d_f = d - t_t$, z. B. $d_f = 20{,}000 - 1{,}624 = 18{,}376$ und $r_m = 0{,}5\,d_f \approx 9{,}2$ mm für M 20.

2. Metrisches Feingewinde, Tafel S. 514. Feingewinde 1, DIN 241, für Dmr. von 154 bis 499 mm, also Fortsetzung von DIN 13 und 14; Feingewinde 2, DIN 242 für Dmr. von 24 bis 189 mm; Feingewinde 3, DIN 243, für Dmr. von 1 bis 300 mm.

3. Whitworth-Rohrgewinde, ersetzt das bisherige „Gasgewinde". DIN 259, Tafel S. 514, Gewinde ohne Spitzenspiel, soll metallisch dichten. Bei DIN 260, Gewinde mit Spitzenspiel, ist Dichtmittel im Gewinde erforderlich.

4. Trapezgewinde für Bewegungsschrauben, Flankenwinkel 30°, hat geringere Reibung als das Gewinde mit 60° Flankenwinkel (s. S. 188); es tritt an Stelle des Flachgewindes, das sich nicht fräsen läßt. Genormt DIN 103 von 10 bis 300 mm, Tafel S. 513; DIN 378: Trapezgewinde fein, DIN 379: Trapezgewinde grob.

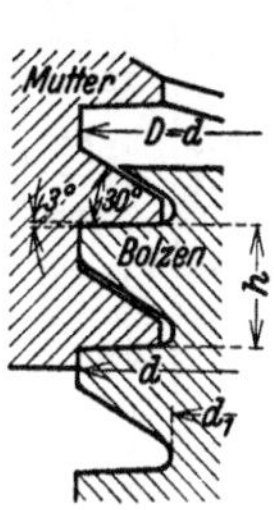

Fig. 33.

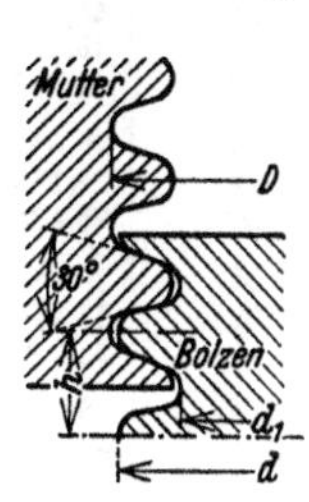

Fig. 34.

5. Sägengewinde, Fig. 33, für große Kräfte bei Belastung in einer Richtung bei Säulen und Spindeln von Pressen, Kolbenstangen usw. Genormt sind drei Gewinde: DIN 513, DIN 514 Sägengewinde fein, DIN 515 Sägengewinde grob.

6. Rundgewinde, Fig. 34, wird als Ersatz für „Kordelgewinde" benutzt für Bewegungsschrauben bei Gefahr der Verschmutzung und Beschädigung, z. B. bei Absperrvorrichtungen.

---

[1]) Übersicht über die z. Zt. noch für Sonderzwecke benutzten Gewinde s. Klingelnberg: Technisches Hilfsbuch. 10. Aufl. Berlin: Springer.

Metrisches Gewinde DIN 13 und 14 (Auszug).

Deutsche Industrie-Normen.

$a_{\max} = \frac{t}{16} = 0{,}054 \cdot h$

$a_{\min} = \frac{t}{24} = 0{,}036 \cdot h$

$a_{\text{mittel}} = 0{,}045 \cdot h$

$r_{\text{mittel}} = 0{,}0633 \cdot h$

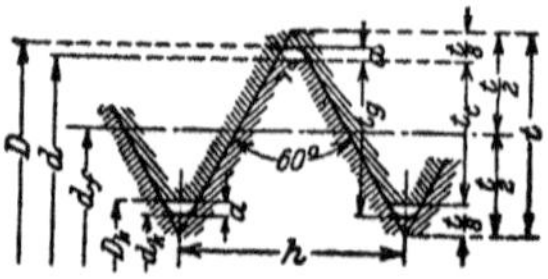

$t = 0{,}866 \cdot h$

$t_1 = 0{,}6495 \cdot h$

$t_g = 0{,}6945 \cdot h$

Maße in mm. Genormt bis $d = 149$ mm.

Bolzen			Flanken-durchmesser	Ganghöhe	Mutter		Tragtiefe	DIN 931, 932	Sechskantmutter[1])		
Nenndurchmesser = Gewindedurchmesser des Bolzens d	Kerndurchmesser d_k	Kernquerschnitt cm²	d_f	h	Gewindedurchmesser D	Kerndurchmesser D_1	t_1	Kopfhöhe	Höhe m	Schlüsselweite s	Eckenmaß e
2	1,444	—	1,740	0,4	2,036	1,480	0,260	1,4	1,6	4,5	5,2
(2,3)	1,744	—	2,040	0,4	2,336	1,780	0,260	1,6	1,8	5	5,8
2,6	1,974	—	2,308	0,45	2,642	2,016	0,292	1,8	2	5,5	6,4
3	2,306	—	2,675	0,5	3,044	2,350	0,325	2	2,4	6	6,9
(3,5)	2,666	—	3,110	0,6	3,554	2,720	0,390	2,4	2,8	7	8,1
4	3,028	—	3,545	0,7	4,062	3,090	0,455	2,8	3,2	8	9,2
4,5	3,458	—	4,013	0,75	4,568	3,526	0,487	—	—	9	10,4
5	3,888	—	4,480	0,8	5,072	3,960	0,520	3,5	4	9	10,4
5,5	4,250	—	4,915	0,9	5,580	4,330	0,585	—	—	10	11,5
6	4,610	0,167	5,350	1	6,090	4,700	0,650	5	5	11	12,7
7	5,610	0,247	6,350	1	7,090	5,700	0,650	—	5	11	12,7
8	6,264	0,308	7,188	1,25	8,112	6,376	0,812	6	6,5	14	16,2
(9)	7,264	0,414	8,188	1,25	9,112	7,376	0,812	—	—	17	19,6
10	7,916	0,492	9,026	1,5	10,136	8,052	0,974	7	8	17	19,6
11	8,916	0,624	10,026	1,5	11,136	9,052	0,974	8	9,5	19	21,9
12	9,570	0,718	10,863	1,75	12,156	9,726	1,137	9	11	22	25,4
14	11,222	0,989	12,701	2	14,180	11,402	1,299	9	11	22	25,4
16	13,222	1,373	14,701	2	16,180	13,402	1,299	11	13	27	31,2
(18)	14,528	1,657	16,376	2,5	18,224	14,752	1,624	13	16	32	36,9
20	16,528	2,145	18,376	2,5	20,224	16,752	1,624	13	16	32	36,9
(22)	18,528	2,696	20,376	2,5	22,224	18,752	1,624	16	18	36	41,6
24	19,832	3,089	22,051	3	24,270	20,102	1,949	16	18	36	41,6
(27)	22,832	4,094	25,051	3	27,270	23,102	1,949	18	20	41	47,3
30	25,138	4,963	27,727	3,5	30,316	25,454	2,273	20	22	46	53,1
(33)	28,138	6,218	30,727	3,5	33,316	28,454	2,273	22	25	50	57,5
36	30,444	7,279	33,402	4	36,360	30,804	2,598	24	28	55	63,5
(39)	33,444	8,785	36,402	4	39,360	33,804	2,598	27	30	60	69,3
42	35,750	10,04	39,077	4,5	42,404	36,154	2,923	30	32	65	75
(45)	38,750	11,79	42,077	4,5	45,404	39,154	2,923	32	35	70	80,8
48	41,054	13,23	44,752	5	48,450	41,504	3,248	34	38	75	86,5
(52)	45,054	15,94	48,752	5	52,450	45,504	3,248	36	40	80	92,4
56	48,360	18,37	52,428	5,5	56,496	48,856	3,572	—	45	85	98
(60)	52,360	21,53	56,428	5,5	60,496	52,856	3,572	—	50	90	104
64	55,666	24,34	60,103	6	64,54	56,206	3,897	—	50	95	110
(68)	59,666	27,96	64,103	6	68,54	60,206	3,897	—	55	100	116
72	63,666	31,83	68,103	6	72,54	64,206	3,897	—	55	105	121
(76)	67,666	35,96	72,103	6	76,54	68,206	3,897	—	60	110	127
80	71,666	40,34	76,103	6	80,54	72,206	3,897	—	65	115	133

Die eingeklammerten Gewinde sind tunlichst nicht zu verwenden.

[1]) Siehe Fig. 43, S. 518.

Trapezgewinde, eingängig. DIN 103 (Auszug).

$t = 1{,}866 \cdot h,$

$t_1 = 0{,}5 \cdot h + a,$

$t_2 = 0{,}5 \cdot h + a - b,$

$T = 0{,}5 \cdot h + 2 \cdot a - b,$

$c = 0{,}25 \cdot h.$

$h =$ 3 u. 4: $a = 0{,}25$ $r = 0{,}25$ $b = 0{,}5$

$h =$ 5 bis 12: $a = 0{,}25$ $r = 0{,}25$ $b = 0{,}75$

ab $h =$ 14: $a = 0{,}5$ $r = 0{,}5$ $b = 1{,}5$

Maße in mm.

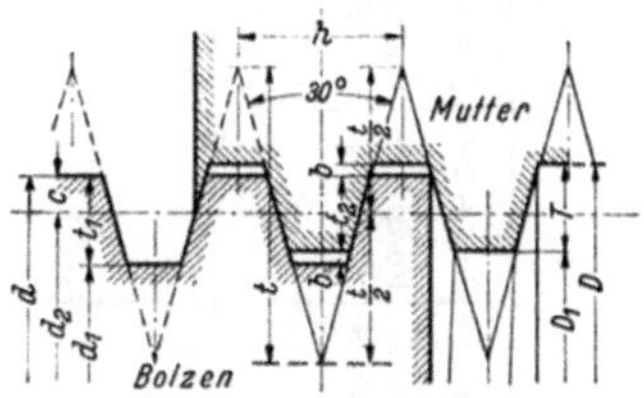

Bolzen				Flanken-durch-messer	Stei-gung	Trag-tiefe	Mutter		
Gewinde-durch-messer	Kern-durch-messer	Kern-quer-schnitt	Ge-winde-tiefe				Gewinde-durch-messer	Kern-durch-messer	Ge-winde-tiefe
d	d_1	cm^2	t_1	d_2	h	t_2	D	D_1	T
10	6,5	0,33	1,75	8,5	3	1,25	10,5	7,5	1,50
12	8,5	0,57	1,75	10,5	3	1,25	12,5	9,5	1,50
14	9,5	0,71	2,25	12	4	1,75	14,5	10,5	2,00
16	11,5	1,04	2,25	14	4	1,75	16,5	12,5	2,00
18	13,5	1,43	2,25	16	4	1,75	18,5	14,5	2,00
20	15,5	1,89	2,25	18	4	1,75	20,5	16,5	2,00
22	16,5	2,14	2,75	19,5	5	2	22,5	18	2,25
24	18,5	2,69	2,75	21,5	5	2	24,5	20	2,25
26	20,5	3,30	2,75	23,5	5	2	26,5	22	2,25
28	22,5	3,98	2,75	25,5	5	2	28,5	24	2,25
30	23,5	4,34	3,25	27	6	2,5	30,5	25	2,75
32	25,5	5,11	3,25	29	6	2,5	32,5	27	2,75
36	29,5	6,83	3,25	33	6	2,5	36,5	31	2,75
40	32,5	8,30	3,75	36,5	7	3	40,5	34	3,25
44	36,5	10,46	3,75	40,5	7	3	44,5	38	3,25
48	39,5	12,25	4,25	44	8	3,5	48,5	41	3,75
52	43,5	14,86	4,25	48	8	3,5	52,5	45	3,75
55	45,5	16,26	4,75	50,5	9	4	55,5	47	4,25
60	50,5	20,03	4,75	55,5	9	4	60,5	52	4,25
65	54,5	23,33	5,25	60	10	4,5	65,5	56	4,75
70	59,5	27,81	5,25	65	10	4,5	70,5	61	4,75
75	64,5	32,67	5,25	70	10	4,5	75,5	66	4,75
80	69,5	37,94	5,25	75	10	4,5	80,5	71	4,75

B. Schraubenverbindung.

1. Kraftwirkung. Fast alle Schraubenverbindungen im Maschinenbau werden durch schwellende oder wechselnde Kraftwirkungen beansprucht.

Infolge der Vorspannkraft P_v, Fig. 35, dehnt sich die Schraube um l_s, während die Flanschen um l_F zusammengedrückt werden. Infolge der Betriebskraft P_B wird die Schraube durch $P_{\max}$ beansprucht und im ganzen um $l_s + \Delta l_s$ gelängt, wodurch die Flanschen entlastet und sich um Δl_s dehnen können, die Vorspannung sinkt auf P_v'; es muß $P_v' > 0$ sein, um Stöße bzw. Undichtheiten zu vermeiden. Dreieckfläche ABC stellt die Formänderungsarbeit der Schraube dar.

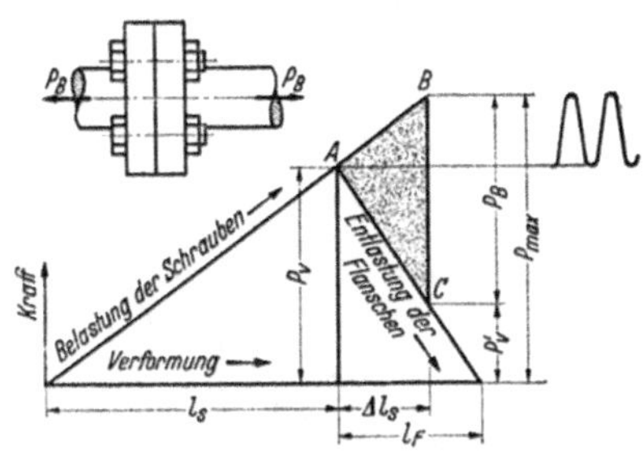

Fig. 35.

Steigt die in einer Richtung wirkende Betriebskraft von 0 schwellend auf den Höchstwert P_B, so nimmt die Belastung der Schraube von P_v auf $P_{\max}$ zu

Metrisches Feingewinde.

	d mm	1 1,2 / 1,4 / 1,7 2	2,3 / 2,6	3 / 3,5 / 4	4,5 / 5 / 5,5	6 / 7 / 8	9 / 10 / 11	12 ÷ 52	53 ÷ 100	102 ÷ 190	192 ÷ 300	24 27 / 30 33	36 39 / 42 45 / 48 52	56 60 / 64 68 / 72 76	80 ÷ 189 / Endziffern 4 und 9	154 ÷ 299 / Endziffern 4 und 9	309 ÷ 499 / Endziffern 9
								steigend von mm zu mm		Endziffern 2, 5, 8, 0							
DIN 241	Steigung *h* mm															6	
	Spiel *a* mm															0,270	
	Gewindetiefe t_1 mm															4,167	
DIN 242	Steigung *h* mm											2	3	4			
	Spiel *a* mm											0,090	0,135	0,180			
	Gewindetiefe t_1 mm											1,389	2,084	2,778			
DIN 243	Steigung *h* mm	0,2	0,25	0,35	0,5	0,75	1	1,5	2	3	4						
	Spiel *a* mm	0,009	0,011	0,016	0,023	0,034	0,045	0,068	0,090	0,135	0,180						
	Gewindetiefe t_1 mm	0,139	0,174	0,243	0,347	0,521	0,695	1,042	1,389	2,084	2,778						

Withworth-Rohrgewinde ohne Spitzenspiel DIN 259 (Auszug).

Nenndmr. = lichter Rohrdmr.	R 1/8''	R 1/4''	R 3/8''	R 1/2''	R 5/8''	R 3/4''	R 7/8''	R 1''	R 1 1/4''	R 1 1/2''	R 1 3/4''	R 2''	R 2 1/4''	R 2 1/2''	R 2 3/4''	R 3''	R 3 1/4''	R 1/2''
Gewindedmr. ... mm	9,729	13,158	16,663	20,956	22,912	26,442	30,202	33,250	41,912	47,805	53,748	59,616	65,712	75,187	81,537	87,887	93,984	100,334
Kerndmr. ...... mm	8,567	11,446	14,951	18,632	20,588	24,119	27,878	30,293	38,954	44,847	50,791	56,659	62,755	72,230	78,580	84,930	91,026	97,376
Gangzahl auf 1 Zoll .	28	19	19	14	14	14	14	11	11	11	11	11	11	11	11	11	11	11
≈ Rohraußendmr. ..	10	13	17	21	23	26	30	33	42	48	54	60	66	75	82	88	94	100

und schwankt um den Belastungsmittelwert $^1/_2(P_{max} + P_v)$ mit dem Ausschlag $^1/_2(P_{max} - P_v)$, s. Fig. 35.

Bei wechselnder Richtung der Betriebskraft wird die Schraube nahezu in gleicher Art beansprucht, da die gegenläufige Kraft von den Stangen, Fig. 35, aufgenommen wird. Genaue Bestimmung der Kraftwirkungen erfordert die schwierige und dabei unsichere Ermittlung[1]) des Formänderungsdreieckes ABC, so daß der Berechnung meist eine Schraubenkraft

$$P_{max} = 1{,}3\,P_B \text{ bis } 1{,}5\,P_B$$

zugrunde gelegt wird, wobei

$$P_{max} = F_{Kern} \cdot \sigma_{zul} \quad \text{bzw.} \quad = F_{Schaft} \cdot \sigma_{zul}$$

unter Vernachlässigung der Verdrehspannung. Werte für σ_{zul} s. S. 517.

Vorspannungsverlust kann eintreten: durch außergewöhnliche Höchstkräfte mit Überschreitung der Streckgrenze, durch allmähliche plastische Verformung der Oberflächen (Verschwinden der Rauhigkeit), durch „Setzen" des Werkstoffes in Gewindelöchern bei Leichtmetallen (Abhilfe: Stiftschraube mit Bund), durch nachgiebige Dichtungen, den Einfluß von Wärmespannungen und durch ungeeignete Sicherungsscheiben, die ihre Elastizität verlieren oder sich in die Oberflächen von Mutter und Unterlage einarbeiten.

Die gewünschte Vorspannung P_v erfordert ein Drehmoment M_t, dessen Größe vom Gewindesteigungswinkel α, der Reibung im Gewinde und der Reibung zwischen Mutter und Auflage abhängt. Ausübung dieses Drehmomentes durch Drehmomentmeß-Schlüssel mit Meßvorrichtung für die Anzugskraft. Überschläglich kann beim Befestigungsgewinde gesetzt werden[2]):

$$M_t \approx 1{,}5\,P_v \cdot r_m \cdot \operatorname{tg}(\alpha \pm \varrho')\,.$$

Für Befestigungsschrauben Stahl auf Stahl mit $\beta = 30° =$ halbem Flankenwinkel wird $\varrho' = 10$ bis 12°.

2. Kraftverteilung auf Gewinde, Schaft und Kopf. Infolge der Formänderung der belasteten Gewindegänge wird die Zugkraft nicht gleichmäßig auf alle Gänge verteilt; der erste Gang nimmt bereits $^1/_4$ bis $^1/_3$ der Gesamtkraft auf. Die Gewindegänge werden durch Biegung, Schub und Flächenpressung beansprucht. Die Höhe der Spannungsspitze im ersten tragenden Gewindegang begrenzt die Dauerhaltbarkeit der Schraube. Bei der normalen Mutterhöhe $m \approx 0{,}8d$ bricht die Schraubenverbindung durch Reißen im Kernquerschnitt am ersten Gang, bei stark verkleinerter Mutterhöhe werden die Gewindegänge umgelegt und abgeschert.

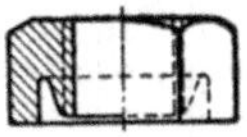

Fig. 36.

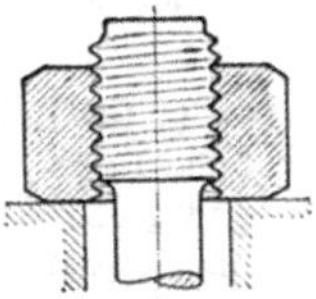

Fig. 37.

Gleichmäßige Kraftverteilung wird erreicht durch: 1. besondere Form der Mutter Fig. 36, 2. Form des Muttergewindes nach Solt[3]), 3. Verwendung eines Mutterwerkstoffes mit geringerer Elastizitätszahl (Gußeisen oder Leichtmetall mit $m > d$)[4]).

Bei der übergreifenden Mutter nach Lehr, Fig. 37, geht der erste Gang nicht in die kleine Rundung des unten folgenden Gewindegrundes über, wie sonst üblich, sondern mit großem Halbmesser in den Schaft.

Die Kopfhöhe ist im allgemeinen $m \approx 0{,}7d$, im Leichtbau bis $m \approx 0{,}5$ herab.

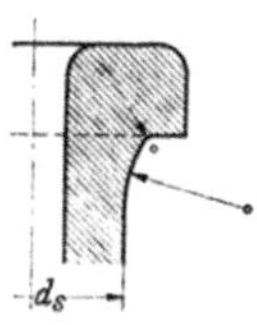

Fig. 38.

Der Übergang vom Schaft zum Kopf nach Fig. 38 ergibt eine günstige Spannungsverteilung. Im Leichtbau werden Schraubenbolzen vielfach hohlgebohrt, wobei die Schwächung des Kernquerschnittes um 20 bis 25 vH die ertragbare Wechsellast noch nicht herabsetzt.

3. Dehnschraube. Hochbeanspruchte Schrauben werden zweckmäßig als Dehnschrauben Fig. 38, 50, 60 und Fig. 17, S. 430, ausgeführt; Schaftdmr. d_s

[1]) Anleitung hierzu s. Cornelius: Konstruktionsbücher. Buch 5. Berlin: Springer 1940. S. a. „Maschinenelemente-Tagung Düsseldorf". Berlin: VDI-Verlag.

[2]) Siehe S. 187 und 188. [3]) Cornelius: Konstruktionsbücher. Heft 5.

[4]) Z. VDI Bd. 85 (1941) S. 504/505.

etwas kleiner als Kerndmr. des Gewindes; kegeliger Übergang zum Kopf mit guter Abrundung, Fig. 38; Schaft feinst bearbeitet. Vorteile: Biegekräfte haben geringe Wirkung, da Dmr. klein; wechselnde und stoßartige Kräfte werden besser aufgenommen. Nachteil: Gefahr des Abwürgens beim Einschrauben. Abhilfe: besserer Werkstoff, Kaltverfertigung, Einsetzen, Nitrieren, Verringerung der Reibung im Gewinde durch Nitrieren des Bolzengewindes.

4. Besondere Hinweise. Bei Verwendung ungleich langer Schrauben für eine Verbindung dehnen sich die längeren Schrauben mehr als die kurzen; die Gesamtbelastung verteilt sich ungleich und die kürzeren, also weniger dehnbaren Schrauben werden stärker beansprucht.

Durch Anordnung vieler kleiner Schrauben statt weniger großen bei gleicher Gesamtbelastung wird Werkstoff am Flansch gespart, eine höhere Dauerhaltbarkeit und bei Dichtungen gleichmäßigere Dichtwirkung erreicht.

Die Biegebeanspruchung im Gewinde wird geringer. Bei Gehäuse- und Hohlflanschen werden die Spannungsspitzen an den gefährdeten Stellen kleiner.

Größte Dauerhaltbarkeitswerte ergaben sich bei Messing als Einschraubwerkstoff. Bei Gußeisen Ge 18 und Ge 26 war die Dauerhaltbarkeit bei Einschraubtiefe 1,5*d* höher als bei 1,0*d*. Bei gleicher auf Kernquerschnitt bezogener Anfangsvorspannung zeigt Feingewinde größere Dauerhaltbarkeit, da die größere Kerbwirkung durch kleineren Vorspannungsabfall ausgeglichen wird. (Z. VDI 1942 Heft 17/18 S. 286.)

5. Temperaturspannungen, Fig. 39. Ist die Temperatur des Rohres R um Δt höher als die des Bolzens B, so dehnt sich das Rohr um:

$$\Delta l_B = \Delta l - \Delta l_R = \alpha_t \cdot \Delta t \cdot l - \alpha_R \sigma_R \, l = \alpha_B \cdot \sigma_B \cdot l \,.$$

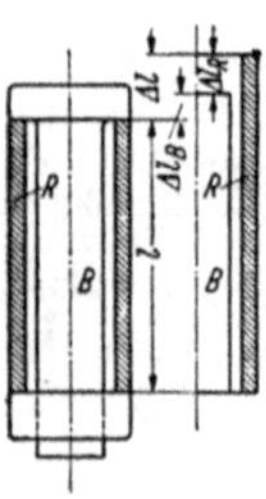

Fig. 39.

Hierin ist: α_t = linearer Wärmedehnzahl (Werte s. S. 486); $\alpha_R = 1/E_R$ und $\alpha_B = 1/E_B$ sind die Dehnzahlen von Rohr und Bolzen, die aus verschiedenem Werkstoff bestehen sollen. Da $F_R \cdot \sigma_R = F_B \cdot \sigma_B$ sein muß, so folgt nach Einsetzen von $\sigma_B = \sigma_R \cdot F_R/F_B$ die Beziehung:

$$\alpha_t \cdot \Delta t = \sigma_R(\alpha_R + \alpha_B \cdot F_R/F_B)\,.$$

$$\sigma_R = \frac{\alpha_t \cdot \Delta t}{\alpha_R + \alpha_B \cdot F_R/F_B} \text{ (Druck)}; \qquad \sigma_B = \sigma_R \cdot F_R/F_B \text{ (Zug)}.$$

Sind l_R und l_B verschieden groß, so wird:

$$\sigma_R = \frac{\alpha_t \cdot \Delta t}{\alpha_R + \alpha_B \cdot F_R/F_B \cdot l_B/l_R}\,.$$

6. Gewindeart, üblich: metrisches Gewinde nach DIN 13 und 14. Für hohe Beanspruchungen: Feingewinde DIN 242 und 243, für große Stangendmr. und große Kräfte: auch Trapez- und Sägengewinde mit besonderer Abrundung im Gewindegrund.

Gewindeherstellung durch Schneiden, Fräsen, Schleifen, Walzen. Gewinde hochbeanspruchter Schrauben wird im Grund durch Drücken mit Druckrollen verfestigt; infolge der Druckvorspannung können höhere Wechselspannungen ertragen werden.

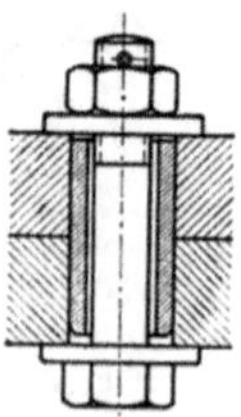

Fig. 40.

Festfressen wird durch verschiedene Härte von Schrauben- und Mutterwerkstoff vermieden. Für hohe Temperaturen eignen sich Muttern aus Kupferlegierungen auf Stahlschrauben.

Stiftschrauben in Leichtmetallguß erhalten am Einschraubende gröberes Gewinde (auch mit größerem Spitzenspiel) als am Mutterende, z. B. M 10 (Steigung 1,5) gegenüber M 9×1, s. Fig. 60.

Fig. 41.

Querkräfte. Entlastung der Schraubenbolzen von diesen durch eingelegte Paßrohre oder Spannhülsen, Fig. 40[1]), aus gerolltem und gehärtetem

[1]) Ausführung W. Hedtmann, Hagen-Kabel.

Stahlblech mit Klemmwirkung oder durch kegelig eingepaßte Bolzen, Fig. 41, mit harter Oberfläche.

7. Berechnung der Schrauben. Mit Rücksicht auf die große Vorspannkraft geht man bei der Wahl von σ_{zul} von der Streckgrenze σ_{zF} aus. Bei Schrauben aus verhältnismäßig weichem Werkstoff und mit niedrigem Streckgrenzenverhältnis $\sigma_{zF}:\sigma_{zB} \approx 0{,}5$ (wie bei St 38·13) wähle man $\sigma_{zul} \approx 0{,}25\sigma_{zF}$; bei Schrauben der Güteklasse 10 *K*, s. Tafel 1, mit $\sigma_{zB} \geqq 100$ kg/mm² und hohem Streckgrenzenverhältnis $\approx 0{,}9$ wähle man $\sigma_{zul} \approx 0{,}3 \cdot \sigma_{zF}$; bei sehr kleinem Schraubendmr. wird σ_{zul} noch um 10 bis 20 vH vermindert.

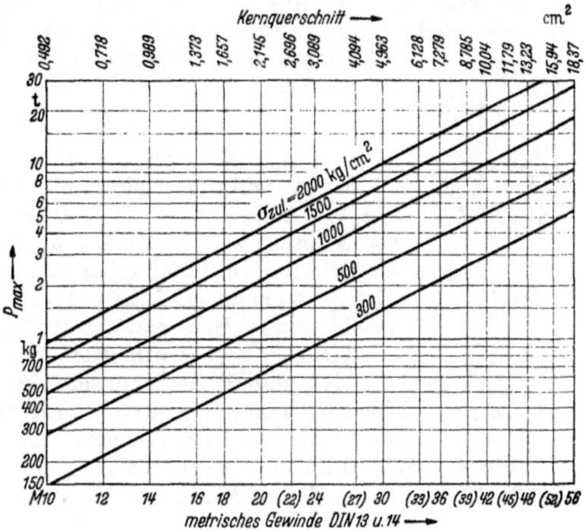

Fig. 42. Schraubendmr. in Abhängigkeit von σ_{zul}.

Beispiel 1. Flanschenschraube für Rohrleitung. $P_B \approx 600$ kg; $P_{max} \approx 1{,}5\,P_B = 900$ kg. Werkstoff St 38·13. $\sigma_{zul} = 0{,}25\,\sigma_{zF} = 0{,}25 \cdot 2100 = 525$ kg/cm²; erforderlich $F_{Kern} = 900 : 525 \approx 1{,}7$ cm²; gewählt M 18 oder M 20, s. Fig. 42.

Beispiel 2. Schraube am Zylinderdeckel einer Dampfmaschine. $P_B = 400$ kg, $P_{max} \approx 1{,}3 \cdot P_B = 520$ kg. Werkstoff Güteklasse 6 E; $\sigma_{zB} \geqq 60$ kg/mm²; $\sigma_{zF}:\sigma_{zB} = 0{,}6$; $\sigma_{zF} = 36$ kg/mm². $\sigma_{zul} = 0{,}28 \cdot \sigma_{zF} \approx 1000$ kg/cm²; erforderlich $F_{Kern} = 0{,}52$ cm². Da die Schraube klein, wird σ_{zul} ermäßigt auf 900 kg/cm². $F_{Kern} = 0{,}58$ cm², gewählt M 11 oder M 12.

Zahlentafel 1. Schrauben und Muttern, Technische Lieferbedingungen. DIN 267 (Auszug).

	Festigkeitseigenschaften								
	ohne Abnahme	mit Abnahme: vorwiegend unlegiert				mit Abnahme: meist legiert			
Kennziffer für Zugfestigkeit	0	4	5	6	8	10	12	Dehnungsgruppe	
σ_{zB} kg/mm²	—	34	50	60	80	100	120		
$\sigma_{zF}:\sigma_{zB}$	Bestellzeichen und Mindestdehnung vH δ_5							hoch	niedrig
—	St 00								
0,55		4 A 30						A	
		4 D 25	5 D 22	6 D 17				D	
0,60				6 E 18	8 E 16			E	
		4 P							P
0,80					8 G 12			G	
	0 S		5 S 9	6 S 9					S
0,90						10 K 8	12 K 8	K	

In DIN 267 sind auch die Ausgangswerkstoffe für Schrauben und Muttern angegeben. Kennzeichnung der Schrauben und Muttern s. DIN Vornorm Kr 550.

Beispiel 3. Schubstangenschrauben einer Brennkraftmaschine. $P_B = 1250$ kg. Mit Rücksicht auf Unsicherheit der Rechnungsgrundlage und auf Stoßkräfte sei $P_{max} \approx 1,6\,P_B = 2000$ kg. Werkstoff Güteklasse 10 K. $\sigma_{z\,B} = 100$ bis 200 kg/mm²; $\sigma_{z\,F} \geqq 90$ kg/mm². Wegen kleinen Schraubendmr. sei $\sigma_{zul} = 0,8 \cdot 0,3 \cdot 9000 = 2150$ kg/mm². Erforderlich: $F_{Kern} = 2000 : 2150 = 0,93$ cm²; gewählt M 14.

Bewegungsschrauben. Gewindeart: Trapezgewinde, bei Kraftwirkung in einer Richtung auch Sägengewinde. Mutterhöhe nur durch Rücksicht auf Flächenpressung p bestimmt. Mit z = Zahl der tragenden Gänge wird:

$$P = (d^2\pi/4 - D_1^2\pi/4) \cdot z \cdot p\,.$$

p = 100 bis 150 kg/cm² für Bronzemuttern.

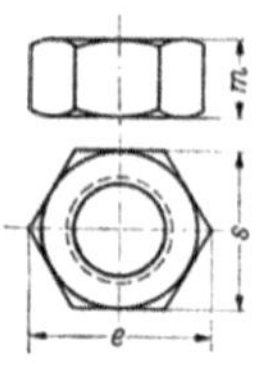

Fig. 43.

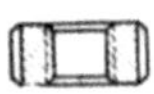

Fig. 44.

8. Ausführungsbeispiele. Muttern, fast immer sechskantig, Fig. 43; Abmessungen s. Tafel S. 512. Rohe Muttern werden aus Sechskantstahl, blanke Muttern aus gezogenem Stahl hergestellt. Im Leichtbau erhalten die runden Muttern außen eine Kerbverzahnung (s. S. 510), Fig. 44; Anzug durch Schlüssel mit geschlossenem Maul und entsprechender Innenverzahnung.

Fig. 45: Sechskantmutter mit Eindrehung; Fig. 46: Nutmutter mit Hakenschlüssel; Fig. 47: versenkte Mutter mit Steckschlüssel; Fig. 48: Hutmutter mit Dichtungsscheibe, um Austreten des Betriebsstoffes nach außen zu verhindern.

Fig. 49: Sechskantschraube, als Kopfschraube in Gußeisen und Leichtmetall zu vermeiden, da das Muttergewinde ausbricht; in diesem Falle soll eine

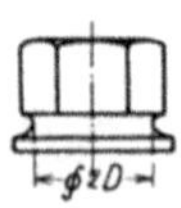

Fig. 45.

Fig. 46.

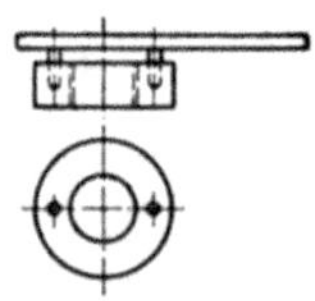

Fig. 47.

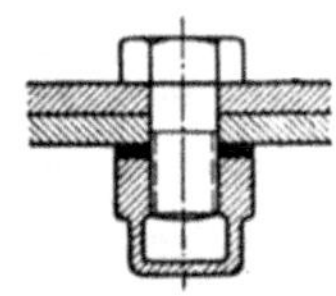

Fig. 48.

vertieft eingeschraubte Stahlbüchse verwendet werden. Sonderausführung Fig. 50: Kopfschraube als Dehnschraube zum Einschrauben in Elektronguß; das Gewinde sitzt in einem quer eingelassenen Stahlzylinder, die Unterlegscheibe hat eine große ballige Auflagefläche, falls sie auf Leichtmetall drückt.

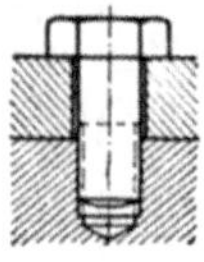

Fig. 49.

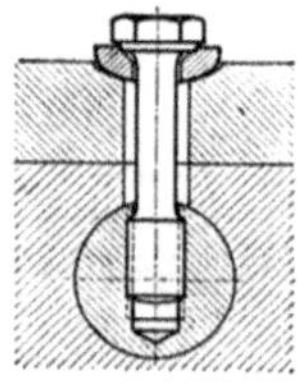

Fig. 50.

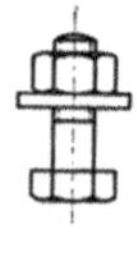

Fig. 51.

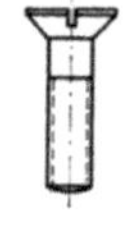

Fig. 52.

Fig. 53.

Fig. 51: Durchsteckschraube, bestehend aus Sechskantschraube mit Mutter und Unterlegscheibe; diese nur bei nicht genügender Härte der Unterlage erforderlich.

Fig. 52, 53, 54 und 55 zeigen verschiedene Schlitzschrauben; Fig. 55: Zylinderschraube M 1 bis M 10 mit gestauchtem Kopf und gerolltem Gewinde; Schaftdmr. $\approx$ Flankendmr.; Fig. 56: Zylinderschraube mit Innensechskant[1]), können stärker angezogen werden als solche mit Schlitz.

[1]) Hersteller: Bauer & Schaurte, Neuss. „INBUS"-Schraube. S. a. die Druckschriften und den „BUS"-Schraubenwähler dieser Firma.

Fig. 57: Stiftschraube. Länge der Einschraubenden in Stahl, Stahlguß, Bronze, veredeltes Leichtmetall $\approx 1d$; in Gußeisen $\approx 1{,}3d$, in Weichmetall $\approx 2{,}5d$.

Fig. 58: Stiftschraube mit Rille am Einschraubende, zwecks Erhöhung der Dauerfestigkeit. Die Mutterenden sind für eine Mutter oder Kronenmutter und für zwei Muttern genormt.

Einschrauben durch Stiftsetzer nach Fig. 59.

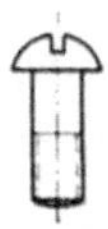
Fig. 54.

Fig. 55.

Fig. 56.

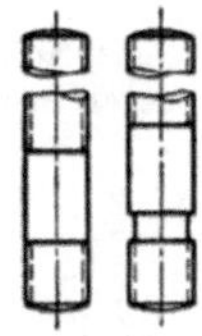
Fig. 57. Fig. 58.

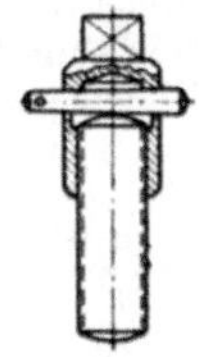
Fig. 59.

Fig. 60.

Fig. 60: Stiftschraube für Leichtmetallgehäuse. Der hinter der Gehäuseoberfläche zurücktretende Bund legt sich fest gegen das Leichtmetall, dadurch sichere Spannungsverbindung. Das Einschraubende trägt entsprechend der geringen Festigkeit des Leichtmetalls stärkeres und gröberes Gewinde, das Mutterende dagegen feines Gewinde. Schaftdmr. etwas kleiner als Kerndmr. (Dehnschraube); zum Schutz gegen Korrosion ist die Schraube kadmiert; zwecks Gewichtsverminderung ist Einschraubende ausgebohrt.

Zahlentafel 2.

Nenn-durch-messer	Blanke Kronenmutter DIN 935[1]			Splint DIN 94	Schraubenloch DIN 69[2]		Blanke Scheibe DIN 125		
M	*D* Kronen-dmr.	*h*	*p*		gebohrt mittel	gegossen grob 2	*d*	*D*	*s*
4	–	5	3,2	1 ×12	4,8	–	4,3	10	0,8
4,5	–	–	–	1 ×12	5,3	–	–	–	–
5	–	6	4	1 ×12	5,8	–	5,3	12	1
5,5	–	–	–	1,2×15	6,4	–	–	–	–
6	–	8	5	1,2×15	7	–	6,4	14	1,5
7	–	8	5	1,5×15	8	–	7,4	14	1,5
8	–	10	6,5	2 ×18	9,5	10,5	8,4	18	2
(9)	–	–	–	2 ×20	10,5	11,5	–	–	–
10	–	12	8	2 ×22	11,5	13	10,5	22	2,5
11	–	–	–	3 ×25	13	14	–	–	–
12	20	16	11	3 ×28	14	15	13	28	3
14	20	16	11	3 ×28	16	18	15	28	3
16	25	19	13	4 ×35	18	20	17	34	3
(18)	30	22	16	4 ×40	20	22	19	40	4
20	30	22	16	4 ×40	23	25	21	40	4
(22)	34	26	18	5 ×45	25	27	23	45	4
24	34	26	18	5 ×45	27	30	25	45	4
(27)	38	28	20	5 ×50	30	33	28	52	5
30	42	31	22	6 ×60	33	36	31	58	5
(33)	46	34	25	6 ×60	36	40	34	62	5
36	50	37	28	6 ×65	39	42	37	68	6

[1]) für Kraftfahrbau s. Kronenmuttern DIN Kr 753; flache Kronenmuttern DIN Kr 754.

[2]) Genormte Schraubenlöcher: fein 1; fein 2; mittel; grob 1; grob 2 = gegossen.

9. Unterlegscheiben s. Zahlentafel S. 519. Stählerne Scheiben werden verwendet, wenn Werkstoff der Unterlage weicher als der der Mutter ist, oder wenn Unterlagfläche nicht sauber bearbeitet. Bei Trägerflanschen Vierkant-U-Scheiben mit passender Schräge.

10. Schraubensicherungen. Durch Erschütterungen kann die Spannungsverbindung zeitweise loser oder aufgehoben werden dadurch, daß sich der Schaft dehnt. Sicherung durch

1. Federnde Unterlegscheiben: Schraubenspannplatte, Fig. 61; Federringe nach DIN 127 und 128, deren meißelartig zugeschärfte Enden in den Werk-

Fig. 61.

Fig. 62.

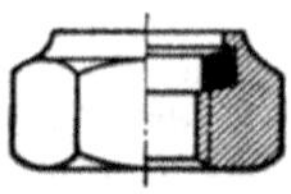

Fig. 63.

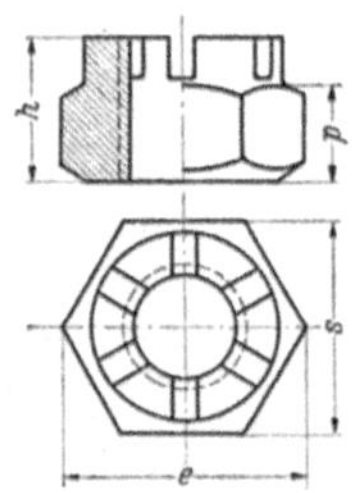

Fig. 64.

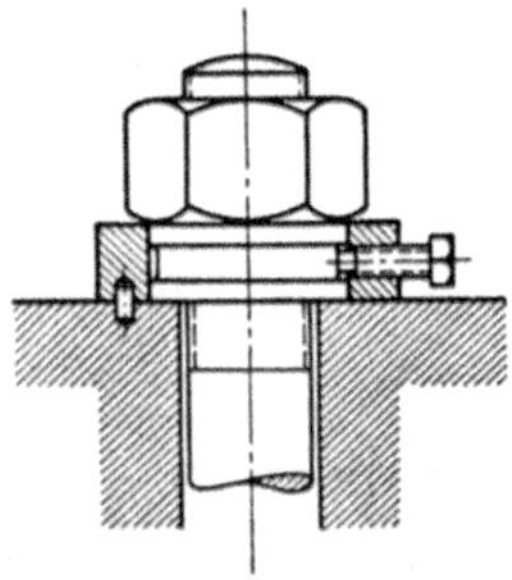

Fig. 65.

stoff eindringen, oder federnde Zahnscheiben[1]) auch für Senkschrauben, Fig. 62, mit Außen- oder Innenzähnen.

Fig. 66.

2. Doppelmuttern; die untere Mutter kann niedriger sein.

3. Reibung. Bei der Elastic-Stop-Mutter[2]), Fig. 63, wird ein festsitzender Fiberring ohne Gewinde vom Bolzengewinde zusammengepreßt; Nachziehen beliebig. Mutter kann mehrmals verwendet werden.

4. Mechanische Sicherung z. B. durch Kronenmutter Fig. 64 mit Splint; Nachstellmöglichkeit je nach Zahl der Schlitze in der Krone; bei starkem Gewindebolzen außerdem ein zweites entsprechend versetztes Splintloch. Fig. 65: Pennsche Sicherung mit beliebiger Nachstellung; bei Schubstangenköpfen wird Sicherungsschraube meist im Kopf selbst angebracht, s. Fig. 247, S. 604.

Sicherungsbleche nach DIN, mit Innennase DIN 462, Fig. 66, für Nutmuttern; mit Nase DIN 432, diese paßt in Bohrung der Unterlage; mit Lappen DIN 93; der Lappen wird gegen eine Kante der Unterlage geschlagen. Zur Sicherung der Mutter wird der Rand des Bleches gegen die Schlüsselflächen gelegt.

Drahtsicherung, bei zwei oder mehr Schrauben anwendbar. Durch Löcher in den Schraubenköpfen wird weicher Stahldraht gezogen und verdreht.

Legeschlüssel. Gegen die Flächen der Mutter (unter Umständen gezahnt) wird ein passender Schlüssel gelegt, der seinerseits durch zwei Schrauben gehalten und gesichert wird.

Sicherung des Schraubenkopfes durch Nase oder Stift — wobei auf Kerbwirkung zu achten ist — oder durch eine Anlagefläche am Kopf.

Die Dauerhaltbarkeit nimmt durch die Verwendung von Zahnscheiben oder Federringen ab, was auf den erheblichen mit der Zahl der durch die Schrauben zusammengehaltenen Flächen steigenden Vorspannungsabfall bei Verwendung dieser Sicherungen zurückzuführen ist. Sicherungen, die den durch wechselnde Beanspruchung hervorgerufenen Vorspannungsabfall ausgleichen, sind nicht bekannt (Z. VDI 1942 Heft 17/18 S. 286).

[1]) J. Meye u. Co., Stuttgart-W. [2]) Aluminiumwerke Göttingen.

VI. Bolzen und Stifte.

Gelenke und Hebel.

A. Bolzen.

Beanspruchung auf Biegung, Schub und Flächenpressung.

Genormt Bolzen ohne Kopf, mit großem und mit kleinem Kopf, mit und ohne Splintloch, mit Gewindezapfen, s. Fig. 67.

Sicherung der lose gelagerten Bolzen gegen Längsbewegung durch: 1. Unterlegscheibe mit Splint, meist ausreichend; 2. Kronenunterlegscheiben[1]), Fig. 68,

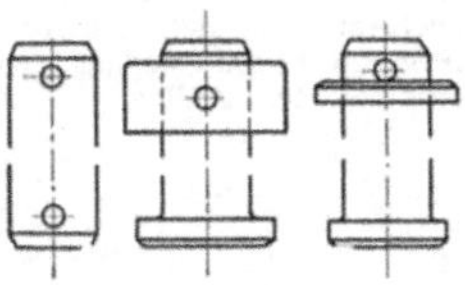

Fig. 67.

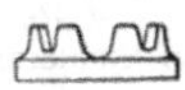

Fig. 68.

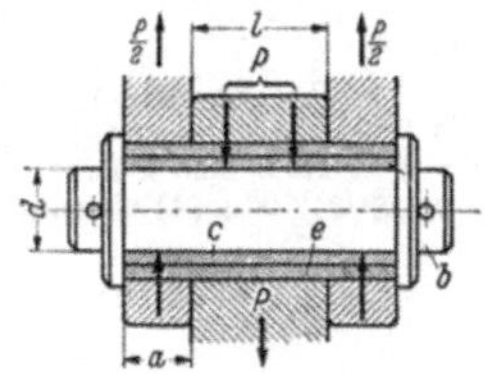

Fig. 69.

mit verschieden tiefen Schlitzen, Einstellung auf gewünschtes Längsspiel; 3. Stellring mit Splint, Kegel- oder Kerb-[2]) oder Spannstift[3]); 4. Federringe oder Seeger-Sicherung[4]) entweder mit Eindrehung in Bolzen oder Nabe. Fest gelagerte Bolzen können durch Stift quer zur Bolzenachse gehalten werden.

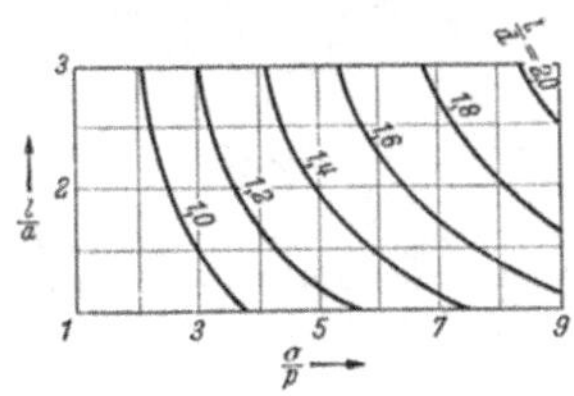

Fig. 69a.

Bolzen mit Spannhülsen[3]) für Landmaschinen, Bagger, Bremsgestänge u. a. Hülsen aus Federstahl gerollt, durchgehärtet, Festigkeit ≈ 160 kg/mm², mit geradem oder schrägem Schlitz, als Schmiernut ausgebildet. Fig. 69 Gelenk; auf Bolzen *b* (weicher Stahl) ist Aufspannhülse *c* stramm aufgezogen; die Einspannhülse *e* ist stramm in die Laschen eingeschlagen; sie umfaßt mit Spiel die Hülse *c*.

Bei Belastung nach Fig. 69 wird Biegemoment $M = 0{,}5\,P(l/4 + a/2)$; Flächenpressung innen $p = P/ld$; außen $p' = P/2ad$. Zusammenhang zwischen l/a, l/d und σ/p für den vollen Bolzen s. Fig. 69a.

Bei großen Kräften, z. B. Kreuzkopfbolzen, Befestigung durch Längsschrauben oder Druckplatten. Wird im Leichtbau Rohr als Bolzen verwendet, so sei Wandstärke $\geqq d/6$, da sonst das Rohr oval gedrückt wird und klemmt[5]). Nachrechnung auf Schub erforderlich.

Flächenpressung s. S. 528.

B. Stifte.

Der Kegelstift mit Kegel 1 : 50 stellt bei häufigem Ausbau eines Maschinenteils dessen ursprüngliche Lage beim Zusammenbau wieder her, da der Kegel zentierend wirkt. Bei Zylinderstiften kann Abnutzung bzw. Lochaufweitung nicht ausgeglichen werden.

Der kegelige Kerbstift weist die Vorteile des Kegelstiftes auf; die Löcher werden nur zylindrisch gebohrt. Die Kerbstifte tragen drei eingedrückte Kerb-

[1]) Gebr. Altmann, Rastatt i. B.
[2]) Kerb-Konus G. m. b. H., Dresden-Leuben.
[3]) W. Hedtmann, Hagen-Kabel.
[4]) Seeger & Co. G. m. b. H., Frankfurt a. M.-W 13.
[5]) Siehe Z. VDI Bd. 81 (1937) Nr. 13 S. 384.

furchen, die sich über die ganze Länge, oder um den übrigen Teil als Gelenkbolzen, Paßstift od. dgl. verwenden zu können, über einen Teil der Länge erstrecken. Arten: kegeliger Kerbstift, Fig. 70; Paßkerbstift; Zylinderkerbstift; Steckkerbstift, Fig. 71, für Sacklöcher; Kerbnagel.

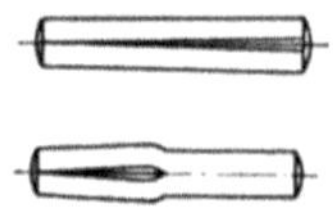

Fig. 70 u. 71.

Spannstift[1]), Fig. 72, durchgehend geschlitzter Hohlzylinder aus Federstahl, ≈ 140 kg/mm² Festigkeit, mit kegeligem Ende; auch eingeschlagen bleibt Schlitz etwas offen. Verwendung als Paßstift, Scherstift und Sicherungsstift. Einfache Lochherstellung.

Fig. 72.

C. Gelenke und Hebel.

Das Gelenk, Fig. 73 (Gabelkopf), kann Zug- und Druckkräfte bei Schwingbewegung um die Bolzenachse übertragen. Bei größeren Kräften und Dauerbeanspruchung erhält der innen gelegene Kopf eine Buchse. Für kleine Kräfte an Gelenken mit Raumbewegung dient das Kugelgelenk Fig. 74; eingelegter runder Stahldraht verhindert das Herausfallen.

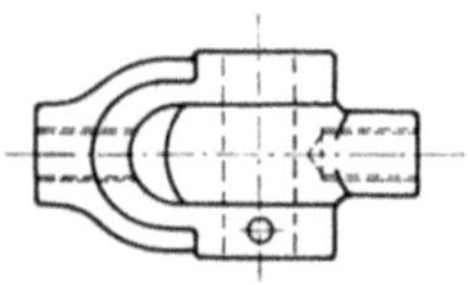

Fig. 73.

Fig. 74.

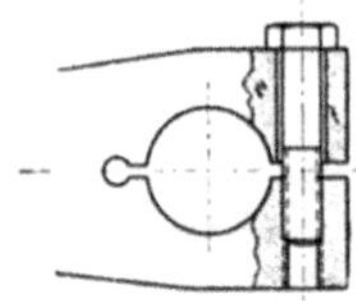

Fig. 75.

Fig. 75: Hebel, der auf Welle festgeklemmt wird; große Federung durch langen Schlitz; statt Kopfschraube auch Durchsteckschraube, deren Schaft die Welle anschneidet. Bei großen Kräften erhalten Welle und Auge Kerbverzahnung, s. S. 510.

VII. Schmierung gleitender Flächen[2]).

Allgemeines. Das Schmiermittel soll als zusammenhängende Flüssigkeitsschicht die Gleitflächen möglichst so weit voneinander trennen, daß Berührung vermieden wird: flüssige Reibung; durch physikalisch bedingten Pumpvorgang wird das Schmiermittel in den „engsten Querschnitt" gepreßt, der Zapfen „schwimmt" (Keilkraftwirkung), s. Fig. 76 und 77.

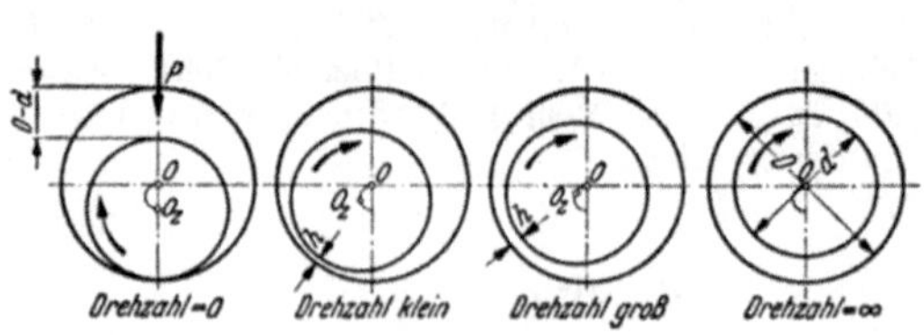

Fig. 76a bis d.

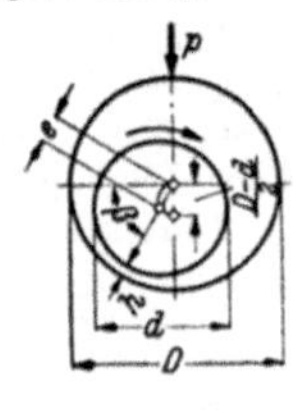

Fig. 77.

Im Ruhezustand kommen die Flächen in unmittelbare Berührung: trockene Reibung, mit großem Widerstand: Reibung der Ruhe (Haftreibung) s. S. 183.

Beim Anfahren aus der Ruhe kommen die Flächen in den Zustand der halbflüssigen oder Grenzreibung (Mischreibung), bei der sich wegen zu geringer Geschwindigkeit noch kein zusammenhängendes Schmierpolster bilden kann; Zustand gefährlich.

---

[1]) Siehe Fußnote 3 S. 521.

[2]) Vgl. Falz: Grundzüge der Schmiertechnik. Berlin: Springer. — Abgrenzung der Begriffe s. Z. VDI 1942 S. 408.

A. Grundlagen der flüssigen Reibung.

(Hydrodynamische Theorie.)

Flüssige Reibung kann nur entstehen, wenn sich die gleitende Fläche mit einer gewissen Geschwindigkeit unter einem bestimmten Keilwinkel bewegt. Bei geradliniger Bewegung (ebene Fläche) müssen besondere Keilflächen vorgesehen werden, Fig. 78 und 79; beim Zapfen ergibt sich die Keilschräge von selbst, Fig. 76 und 77, durch Verlagerung der Wellenmitte; die gleitenden zylindrischen Oberflächen liegen exzentrisch zueinander.

Der höchste Öldruck tritt vor Übergang der Abschrägung in die gerade Fläche auf, Fig. 78 und 79; unter dieser ist der Öldruck gleichmäßig hoch und am Ende negativ. Praktisch

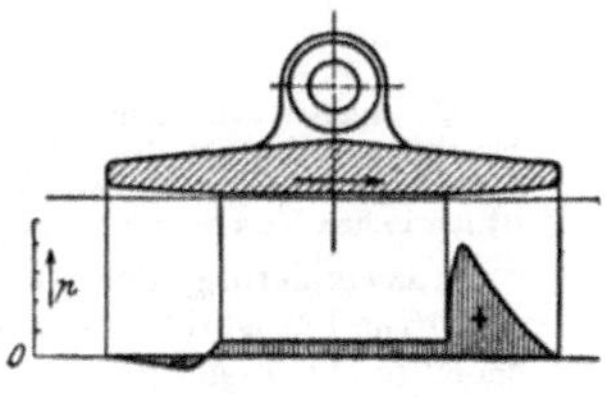

Fig. 78.

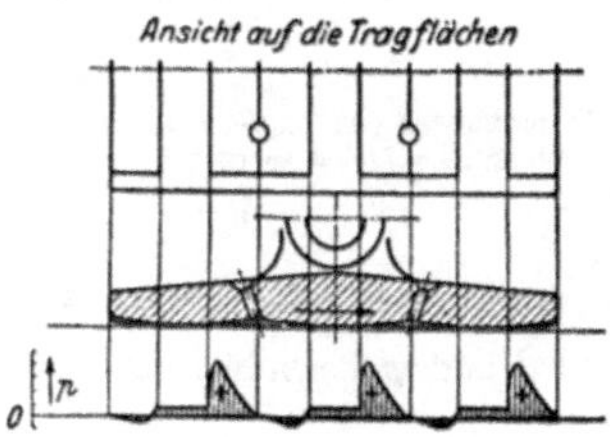

Fig. 79.

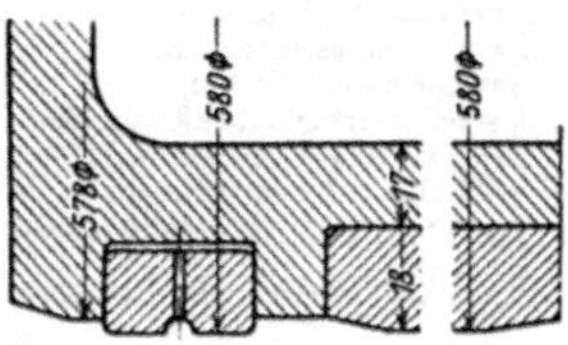

Fig. 80.

wird die gesamte Tragfläche so unterteilt, daß mehrere Druckkämme entstehen, Fig. 79. Seitlich müssen die so ausgebildeten Hohlräume dicht abschließen, damit der Öldruck nicht verloren geht. Da alle hin und her gehenden Maschinenteile mit stark veränderlicher Geschwindigkeit laufen, schwanken Öldruck und Tragfähigkeit im Takte der Maschinendrehzahl.

Fig. 80 zeigt die Anwendung der Keilflächen bei einem Hochdruckkolben nach Fig. 292, S. 611, bei dem die Kanten des Kolbenkörpers und des in der Mitte liegenden Tragschuhes abgeschrägt sind. Kanten der Kolbenringe abgerundet, um Abstreifen des Öles zu vermeiden. Bei ebenen oder schwach gewölbten Gleitflächen wird eine Steigung von nur 1 : 200 für *v* groß und *p* klein und von 1 : 500 für *v* klein und *p* groß empfohlen[1]).

Zweckmäßig werden Kolben im Hubtakt geschmiert, s. S. 527.

Umlaufender Zapfen, senkrecht von oben mit gleichbleibender Kraft *P* belastet, Fig. 81. Die obere unbelastete Schalenhälfte hat keinen Einfluß auf den Schmiervorgang. Das Öl tritt bei *a* ein, wird vom Zapfen mitgenommen und erreicht kurz vor der engsten Stelle *b* seinen höchsten Druck. Das Anbringen einer Längsnut *d* ist fehlerhaft, da an dieser stark belasteten Fläche das Öl seitlich herausgedrängt wird und damit das Lager an Tragfähigkeit verliert. Die häufig angewendeten Diagonalnuten verursachen Öldruckausgleich, da Stellen hohen Öldruckes mit solchen niedrigen Druckes verbunden werden. In belasteten Schalen rotierender Zapfen sind deshalb Nuten zu vermeiden.

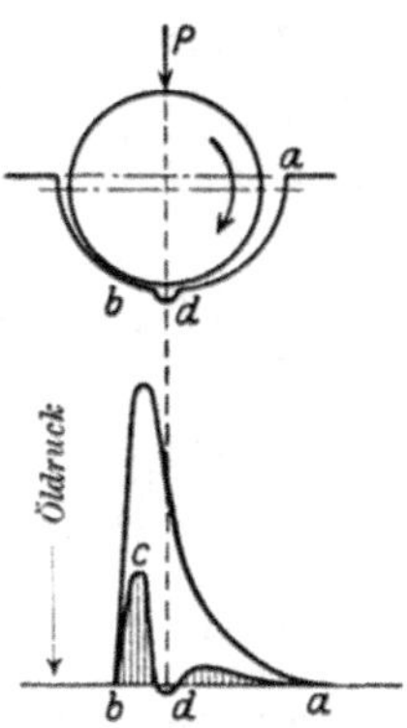

Fig. 81.

[1]) Siehe Konstruktive Lagerfragen. VDI-Verlag.

Versuchsergebnisse von Lasche:

Spezif. Lagerbelastung in kg/cm^2		20	15	10	6,5	3	1
Öldruck	at	57,5	38	27,5	22	16	9

Bei $p = 6{,}5\ kg/cm^2$ und verschiedenen Zapfengeschwindigkeiten v wurde ermittelt:

v	m/sek	20	30	40
Öldruck	at	16	17,5	19

Die in Fig. 81 angenommene Belastungsart entspricht der bei umlaufenden Kraft- und Arbeitsmaschinen vorkommenden. Bei Kolbenmaschinen wechselt die Kraft dauernd ihre Größe und Richtung. Trotzdem werden die Lager auch bei diesen nach den Gesichtspunkten der hydrodynamischen Theorie ausgeführt.

Auswanderung der Zapfenmitte. Die Lage des Zapfenmittelpunktes O_z in Fig. 76 und 77 ist durch den Verlagerungswinkel β und durch die kleinste Schmierschichtdicke h gegeben. Die folgenden theoretisch aufgestellten Beziehungen sind durch Versuche und Praxis bestätigt und gehen davon aus, daß zur Aufrechterhaltung der Vollschmierung ein Kleinstmaß von h vorhanden sein muß.

Bezeichnungen:

p_m = mittlerer Flächendruck $= P/ld$ in kg/cm^2,
D = Durchmesser der Bohrung in cm, d = Durchmesser des Zapfens in cm,
l = Lagerlänge in cm, s = Lagerspiel $= D - d$ in cm,
h = Schmierschichtdicke an der engsten Stelle,
$\psi = (D-d)/d$ = verhältnismäßiges Lagerspiel [1]),
η = Zähigkeit des Schmierstoffes in $kgsek/m^2$ [2]),
$h = c_1 \cdot d\eta n/\psi p_m$; c_1 ist ein Festwert, der sich mit der Lage des Zapfenmittels ändert

Für eine bestimmte Lagerausführung sind d und ψ konstant, also

$$h = c_2 \cdot \eta \cdot n/p_m\,.$$

Da bei Mineralölen die Zähigkeit außerordentlich stark mit Temperaturzunahme abnimmt, besteht bei warmlaufendem Lager die Gefahr, daß h zu klein wird, die Schmierschicht durchbricht und halbflüssige Reibung auftritt. h und μ_1 werden kleiner mit abnehmender Zähigkeit, zunehmender Temperatur, abnehmender Drehzahl, zunehmendem Flächendruck. h muß so groß sein, daß sich auch bei Stößen und Druckschwankungen die Laufflächen nicht berühren.

Die Zapfenreibungszahl μ_1 [4]) ist bestimmt durch das Reibungsmoment $M = \mu_1 \cdot P \cdot d/2$. Auf Grund von Versuchen sind die Gleichungen aufgestellt

$$\mu_1 = c_3 \sqrt{\eta \cdot n/p_m}\ ^{5)} \quad \text{und} \quad \mu_1 = c_4 + c_5 \cdot \eta \cdot n/p_m\ ^{6)};$$

c_3, c_4 und c_5 sind Festwerte. μ_1 folgt also einer ähnlichen Gesetzmäßigkeit wie h.

Bei Versuchslagern sind folgende Werte für μ_1 festgestellt worden: a) [6]) $d = 22$ cm, $l = 30$ cm; $v = 1$ bis 30 m/sek; $p = 0$ bis 14 kg/cm^2; $\mu_1 = 0{,}002$ bis 0,010.
b) [7]) $d = 5{,}08$ cm; $l = 5{,}72$ cm; Stahl auf Bronze; $n = 100$ bis 1000; $p = 13$ bis 140 kg/cm^2; $\mu_1 = 0{,}003 \ldots 0{,}004 \ldots 0{,}007$. Vgl. die Zahlen für μ_1 mit denen für Wälzlager S. 542.

Bei schwingenden Zapfen werden Stöße durch den Öldruck gemildert oder verhindert, vgl. die in Bd. II unter „Schwungradberechnung" wiedergegebenen Versuchsergebnisse von Dr. Polster. Da das Spiel zwischen Schwingzapfen und Lagerschale möglichst klein sein soll, so wird die Schmierung erschwert. Das Öl ist den Stellen zuzuführen, an denen beim Druckwechsel das größte Spiel auftritt. Fig. 82, schwingender Zapfen, zeigt Öleintritt in der Trennungsfuge a; durch eine Nut c wird das Öl den Längsnuten b zugeführt. Bei d sind zur Verhinderung des „Kneifens" der Lagerschalen Aussparungen vorgesehen, die gleichzeitig als Öltaschen dienen.

---

[1]) Zahlenwerte s. Lagerwerkstoffe S. 530 bis 532.
[2]) Für Zähigkeiten über 6 E° ist $\eta \approx E°/1490$; E = Englergrade, s. auch S. 251.
[3]) Vgl. Falz. [4]) Vgl. S. 188. [5]) Nach Falz u. a.
[6]) Rumpf, A.: Reibung und Temperaturverlauf im Gleitlager. VDI-Forschungsheft 393. Berlin 1938 — Z. VDI 1940 Heft 32 S. 586.
[7]) Z. VDI Bd. 82 (1938) S. 832.

Fig. 83 zeigt die Schmierung bei umlaufender Lagerschale S. Durch die axiale Bohrung a und die radiale Bohrung c wird das Öl der Längsnut d zugeführt.

Den dauernd einseitig anliegenden Bolzen einfachwirkender Zweitaktmaschinen wird das Öl von einer feststehenden Pumpe aus durch ein Teleskoprohr

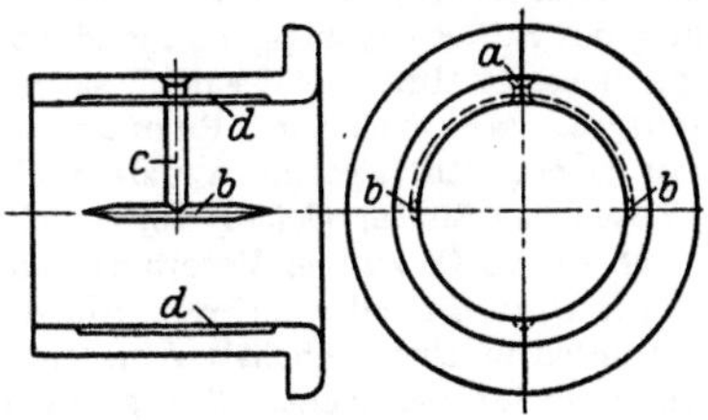

Fig. 82.

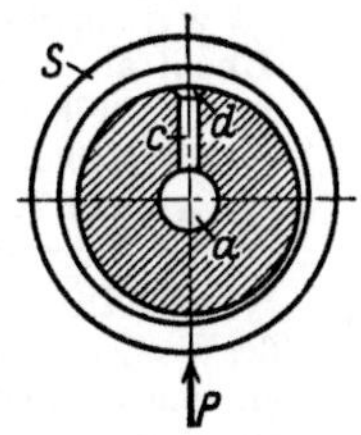

Fig. 83.

zugedrückt, oder die Pumpe ist am Kreuzkopt selbst angebracht und erhält das Öl durch die hohle Pleuelstange (S. 604, 607).

In den meisten Fällen dient das Öl nicht nur zur Verminderung der Reibung und als Stoßdämpfer, sondern auch als Kühlmittel, um die Reibungswärme $Q = \mu P v\, 3600/427$ kcal/h abzuleiten, falls hierzu die Oberflächen der reibenden Teile nicht genügen. P = mittlere Lagerbelastung in kg. Durch diese Verwendungsart und die dadurch bedingte starke Umwälzung (s. unter B) kann das Öl seine Schmierfähigkeit einbüßen; bei Brennkraftmaschinen besteht noch die Gefahr der Verdünnung durch Kraftstoff.

Kühlölmenge $Q_{ö} = 632\, N_r/c(t_a - t_e)$ kg/h, mit c = spez. Wärme des Öles, $N_r = \mu P v/75$ PS.

Bei Versagen der Schmierung dehnen sich die Zapfen und die Lagerschale aus, das Lager läuft warm.

B. Arten der Schmierung.

1. Ölschmierung. Das frische Öl wird den Schmierstellen durch besondere Vorrichtungen zugeführt, die eine genaue Bemessung der Menge je Schmierstelle erlauben. Verbrauchtes Öl fließt in einen Sammelbehälter zwecks Reinigung und Wiederverwendung.

Ein Öl ist um so sparsamer, je länger es sich auf den Flächen hält; fette Öle haften besser als Mineralöle. Ölverbrauch kann verringert werden durch Zusatz von Kalkwasser, da die Emulsion länger an den Flächen haftet und sich sowohl bei Sattdampf wie Heißdampf weniger abstreift als Öl.

Bei geringem v Zusatz von kolloidem Graphit, der sich in den Vertiefungen der Metalloberfläche festsetzt und mit dem Metall verbindet; die Unebenheiten werden verringert, vielfach zum „Einlaufen" benutzt.

Für Brennkraftmaschinen, Heißdampfmaschinen, Hochdruckkompressoren, stark belastete Ringschmierlager u. dgl. wird viel das Voltol verwendet, das aus dünnflüssigen, billigen Ölen durch elektrische Umwandlung gewonnen wird.

Bei geringen Drehzahlen kommen hauptsächlich paraffinarme Öle, vor allem Naphthaöl, in Frage.

Untergeordnete Schmierstellen werden nur durch eine Ölkappe (Kugel oder Helm) verschlossen.

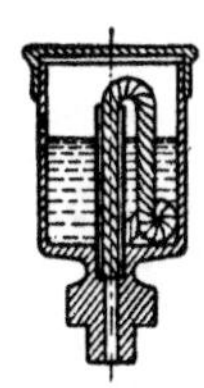
Fig. 84.

a) Dochtschmierung: Ölverbrauch während des Betriebes und Stillstandes in der Zeiteinheit stets gleich; Dochtteilchen können zwischen die Gleitflächen gelangen; Fig. 84.

Kapillarölung: In das Lager wird ein Polster od. dgl. eingebaut, das mittels Kapillarwirkung das Öl selbsttätig an die Welle hochzieht. Vorteil: Nur reines Öl kommt zur Verwendung, Schmutz u. dgl. sammeln sich in dem stillstehenden Öl leicht am Boden an.

b) **Öltropfapparate** mit sichtbarem Tropfenfall, Fig. 85. Das Öl fließt den Schmierstellen durch Schwerkraft zu. Wird der obere Knopf um 90° gedreht, so wird der Stift angehoben und gibt dabei unten seitliche Öffnungen frei, so daß Öl in Tropfen sichtbar herabfällt. Ölmenge ist von der Stellung des Stiftes abhängig und wird durch die dem Knopf als Auflage dienende Mutter eingestellt; sie verändert sich je nach Flüssigkeitsgrad, also auch nach Raumtemperatur.

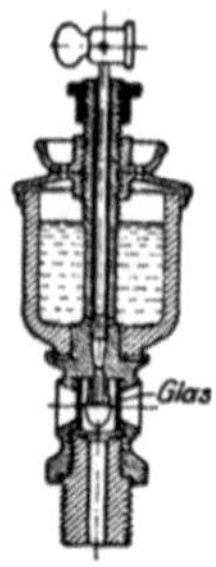

Fig. 85.

Vereinigung zu einem Zentralschmierapparat: ein Ölbehälter hat so viel Tropfdüsen, als Stellen gleichzeitig zu schmieren sind. Dünne Röhrchen führen das Öl zu den Verbrauchstellen.

c) **Ringschmierung**: Ein oder mehrere Ringe hängen auf der Welle, tauchen unten in einen Ölbehälter ein und führen das an ihnen anhaftende Öl auf die Welle. Die geförderte Ölmenge steigt mit der Wellendrehzahl und der Ringdrehzahl, die von der Reibung des Ringes auf der Welle abhängt. Vergrößerung des Ringgewichtes verbessert die Wirkung nicht. Bei niedrigen Drehzahlen folgt der Ring der Welle ohne Schlupf (Z. VDI 1937 S. 536). Statt loser Ringe auch feste Ringe, wobei das Öl oben durch einen Abstreifer der äußeren Ringfläche entnommen und einer Verteilungskammer zugeführt wird, von der es der Welle zufließt. Bunde können gleichzeitig zur Aufnahme axialer Kräfte dienen. Sind Längenänderungen infolge Temperaturschwankungen zu berücksichtigen, so kommen mittels Federdruckes aufgeklemmte Ölringe zur Anwendung. Oberfläche dieser Ringe zweckmäßig rauh, damit viel Öl mitgenommen wird.

Vorteile der Ringschmierung: Der starke Ölumlauf nimmt alle Unreinigkeiten mit fort; diese sammeln sich im Absitzraum des Lagers; Reinigung etwa alle 4 bis 6 Monate. Die Ringschmierung benötigt keine Wartung. Ausführungsbeispiel der Ringe siehe Fig. 108.

d) **Tauchschmierung**. Das geschlossene Kurbelgehäuse kreuzkopfloser Maschinen ist im unteren Teil, dem „Ölsumpf", mit Öl gefüllt. Der bei jedem Umlauf eintauchende Pleuelstangenkopf spritzt das Öl an die Kolbenlauffläche, den Kurbelzapfen, Kolbenbolzen usw. Diese Schmierung ist namentlich bei kleineren, raschlaufenden Maschinen in Gebrauch, Gefahr der Überschmierung.

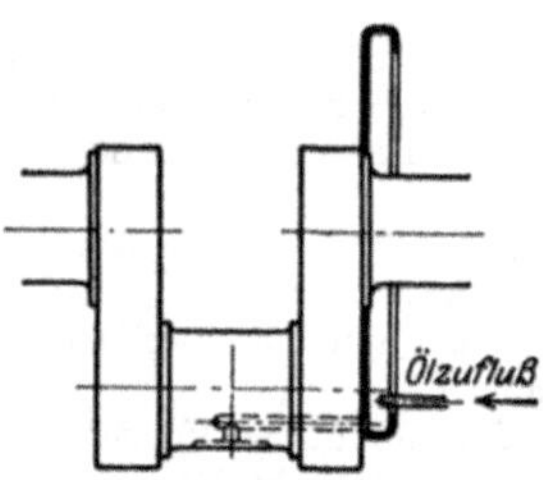

Fig. 86.

e) **Fliehkraftschmierung**, für gekröpfte Wellen kleinerer Maschinen ausgeführt. Das Kurbelzapfenlager, Fig. 86, wird von einem Schleuderring aus geschmiert, in den das Öl von einer Pumpe durch eine Leitung eingelagert wird.

f) **Umlaufschmierung**. Eine Pumpe, vielfach als Zahnradpumpe, s. Bd. II, S. 193, ausgeführt, saugt das Öl aus dem Ölsumpf des Kurbelgehäuses an und drückt es in die Hauptlager, von hier aus durch Bohrungen in der Kurbelwelle in die Kurbelzapfen und durch die hohle Pleuelstange in die Kolben- bzw. Kreuzkopfzapfen. Das gebrauchte Öl fließt in den Sumpf zurück, um nach Filterung und Kühlung durch Wasserrohrschlangen wieder verwendet zu werden. Öldruckmanometer, Thermometer, Überdruckventil mit Überlauf erforderlich. Diese Schmierart wird bei Maschinen geschlossener Bauart fast stets angewandt, s. a. Bd. II, S. 176. Bei Bedarf werden die Kolben durch **Druckölpumpen** mit besonderem Öl geschmiert.

g) **Einzelschmierung mit Ölpumpen**. **Ölpumpen** führen unter Druck stehenden sowie höher liegenden Flächen Öl zu.

Ausführungsbeispiel: **Bosch-Öler**, Fig. 87. Der Pumpenkolben saugt bei entsprechender Stellung des Steuerkolbens an und drückt, wenn der Steuerkolben die Verbindung mit der Druckleitung herstellt, das Öl zur Schmierstelle. Die beiden Kolben werden durch umlaufende Schiefscheiben von einer Schnecke aus bewegt. Das Öl wird bei höchster Stellung des Steuerkolbens bei jedem zweiten Pumpenhub in eine zweite Leitung gedrückt, fällt durch ein Schauglas herab, wodurch das Arbeiten der Pumpe sichtbar gemacht wird, und gelangt wieder in den Ölbehälter. Ölzufuhr für jede einzelne Verbrauchsstelle durch Verstellen des Pumpenkolbenhubes regelbar.

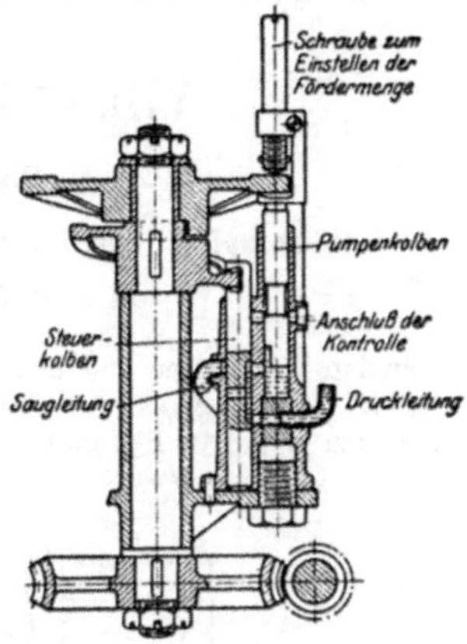

Fig. 87.

h) Hubtaktschmierung für Kolben. Das Öl wird durch eine Leitung mit Rückschlagventil an der Mündung auf den Umfang des Kolbens zwischen die Ringe gepreßt, wenn dieser in der Nähe der Totlage steht. Bei liegenden Maschinen ist das Öl von oben, bei stehenden Maschinen an gegenüberliegenden Stellen zuzuleiten. Damit die Förderung möglichst mit Beginn des Pumpendruckhubes einsetzt, sind enge und kurze Rohre mit großer Wandstärke zu verwenden. Einschaltung von Leerhüben empfehlenswert, da hierdurch die jeweilige Fördermenge vergrößert wird.

Bei Hochdruckschmierung[1]) wird das Schmiermittel der höchstbelasteten Stelle des Lagers oder der Gleichfläche unter einem Druck zugeführt, der die höchste spezifische Flächenbelastung des Lagers übertrifft. Reibungswiderstand der Gleitfläche geht bis auf den bei Wälzlagern üblichen Wert herunter; weitgehende Verminderung der Reibung beim Anlaufen.

Die Leitungen von Schmierpumpen, die gegen Druck arbeiten, sind unmittelbar vor der Schmierstelle durch ein Rückschlagventil abzuschließen; es verhindert das Rücktreten von Gas, Dampf usw. in die Ölleitung und ihre Entleerung bei Druckabfall an den Schmierstellen.

2. Starrschmierung wird nur da angewandt, wo Ölschmierung nicht möglich oder nicht erforderlich, außerdem bei sehr hohen Drücken. Die Starrschmiere tropft bei Normaltemperatur nicht; sie haftet gut an Gleitflächen und füllt das Lagerspiel so aus, daß Staub, Schmutz und Wasser nicht eintreten können. Schmierwirkung erst bei Erreichen der Schmelztemperatur (60 bis 80° C).

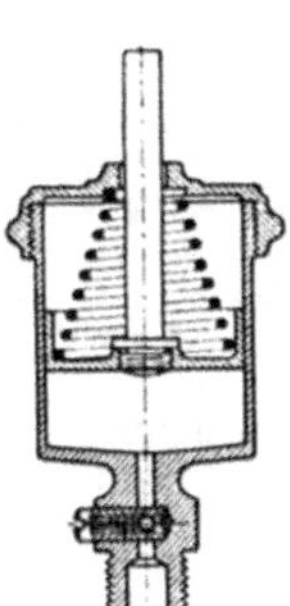

Fig. 88.

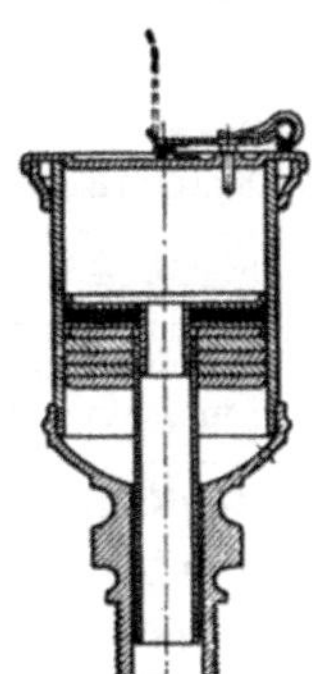

Fig. 89.

Allgemeine Nachteile: Höhere Reibungsziffer als bei Öl, vor allem beim Anlauf; Zuführung unter Druck erforderlich; Schmierstoff nicht wieder verwendbar.

Zuführung der Starrschmiere durch: 1. Staufferbüchsen, von Hand nachstellbar; 2. Fettbüchsen, bei denen das erweichende Fett durch Federn, s. Fig. 88, oder Ausdehnung eines Luftpolsters zur Schmierstelle geschoben wird; 3. Fliehkraft, die auf die Gewichte des Schmierkolbens wirkt, s. Fig. 89, und das Fett durch die hohle Kolbenstange drückt; 4. Hochdruckpressen, die von Hand an die Schmierstellen (Bolzen von Fahrzeugen, Kipphebel usw.) angesetzt werden und durch kräftigen Stoß das Rückschlagventil (Kugel) öffnen, neues Fett hinein- und das

[1]) Z. VDI Bd. 80 (1936) S. 457.

verbrauchte herausdrücken; 5. Fettpressen oder Zentralfettpumpen[1]), von der Maschine angetrieben, mit veränderlicher Fördermenge je Schmierstelle. Vorteil: Einwandfreie Schmierung unter Druck und sparsamer Verbrauch.

VIII. Gleitlager und Gleitzapfen.

A. Berechnung der Zapfen.

1. Stirnzapfen. Berechnung des vollen Zapfens nach Fig. 90 auf Biegung:

$$M = P \cdot l/2 = W \cdot \sigma_{zul} \approx 0{,}1\, d^3 \cdot \sigma_{zul}\,.$$

Für den Hohlzapfen mit den Dmr. d und d_1 ist $W = (d^4 - d_1^4)/d$. Zulässige Beanspruchungen s. S. 651, 652 und 654[2]).

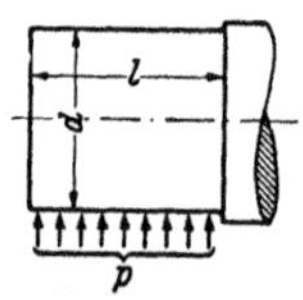

Fig. 90.

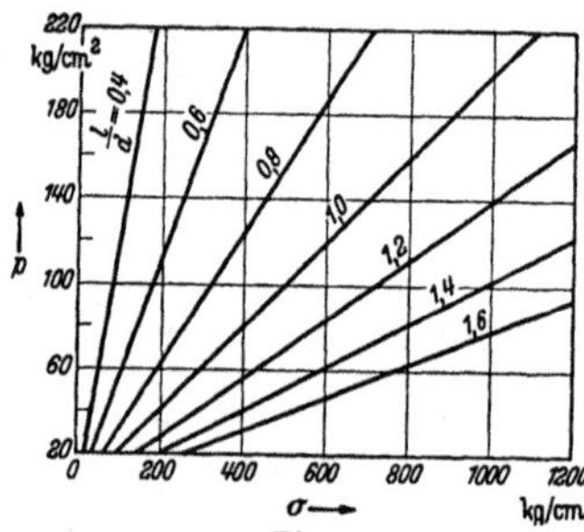

Fig. 91.

Berechnung auf Flächenpressung. $P = p_{kg/cm^2} \cdot l_{cm} \cdot d_{cm}$. Bei Einsetzung dieses Wertes P in obige Biegegleichung für den vollen Zapfen wird:

$$l/d = \sqrt{0{,}2 \cdot \sigma_{zul}/p}\,; \quad \text{s. Fig. 91.}$$

Große Lagerlänge ist wegen der unvermeidlichen Kantenpressung infolge Wellendurchbiegung ungünstig; erfahrungsgemäß reicht $l/d = 1{,}0$ bis $0{,}5$ aus.

Bei Kolbenmaschinen gebräuchliche Werte von p in kg/cm², bezogen auf den Höchstdruck (Zünddruck p_z) ohne Berücksichtigung der Massendrücke.

Maschinenart		Kolbenbolzen[3])	Kurbelzapfen	Wellenzapfen
Dampfmaschinen		80 bis 90	70 bis 80	20 bis 25
Großdieselmaschinen ($p_z = 40$ at)		100 bis 120	90 bis 110	40 bis 50
Raschlaufende Diesel-maschinen ($p_z = 55$ at)	$d \cdot l$	$(0{,}38 \cdot 0{,}42)\,D^2$	$(0{,}65 \cdot 0{,}45)\,D^2$	$(0{,}73 \cdot 0{,}65)\,D^2$
	p	**270**	**150**	**190**
Otto-Kraftwagenmotoren ($p_z = 40$ at)	$d \cdot l$	$(0{,}3 \cdot 0{,}33)\,D^2$	$(0{,}67 \cdot 0{,}42)\,D^2$	$(0{,}75 \cdot 0{,}60)\,D^2$
	p	**315**	**110**	**75**
V-Otto-Flugmotoren ($p_z = 80$ at)	$d \cdot l$	$(0{,}27 \cdot 0{,}4)\,D^2$	$(0{,}5 \cdot 0{,}5)\,D^2$	$(0{,}65 \cdot 0{,}35)\,D^2$
	p	**600**	**250**	**270**

Bei raschlaufenden Brennkraftmaschinen werden d und l meist in Verhältnis zum Zylinderdmr. D gesetzt. Es folgt beispielsweise: $(0{,}3 \cdot 0{,}5)\,D^2 \cdot p = D^2 \pi/4 \cdot p_z$; damit: $p = \frac{\pi/4 \cdot 80}{0{,}108} = 600$ kg/cm². Die eingetragenen, abgerundeten Zahlen sind Mittelwerte.

[1]) De Limon Fluhme u. Co., Düsseldorf.

[2]) Hänchen: Berechnung der Bolzen, Achsen und Wellen auf Dauerhaltbarkeit. Fördertechn. 1940 S. 145, 166 und 185.

[3]) oder Kreuzkopfzapfen.

Fig. 92 zeigt die bei Getrieben nach Fig. 217, S. 582 üblichen Flächenpressungen in Abhängigkeit von der Zapfenumfangsgeschwindigkeit, die bei Kruppschen Ausführungen bis über 100 m/sek gesteigert wurde.

Erwärmung. Die Reibungswärme, s. S. 525, muß durch Zapfen, Welle, Lager möglichst schnell abgeführt werden. Bei gekapselten Maschinen mit mehreren Kurbelkröpfungen ist die Wärmeabfuhr durch die Welle begrenzt. Maßgebend für Dauerbetrieb ist höchstzulässige Ölübertemperatur, s. Fig. 99, mit den eingezeichneten Isothermen, die bei allen Lagern ähnlichen Charakter zeigen.

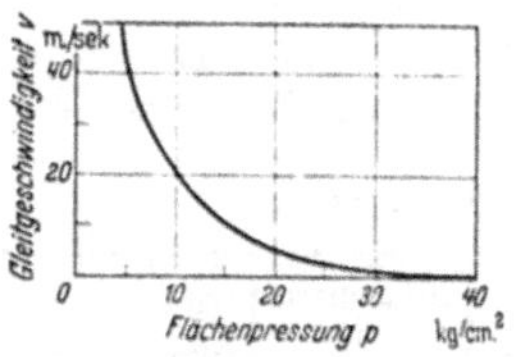

Fig. 92.

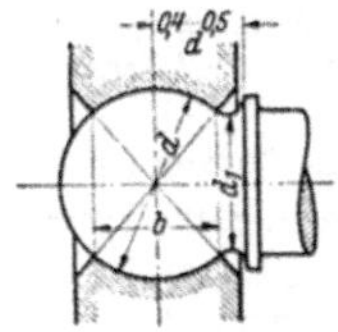

Fig. 93.

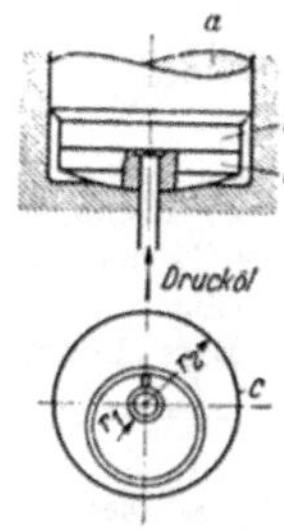

Fig. 94.

2. Halszapfen. Die Abmessungen sind durch die der Welle festgelegt.

3. Kugelzapfen. Verwendung bei Kuppelachsen der Lokomotiven und bei Maschinen mit Kraftwirkung in einer Richtung. Bei Ausführung nach Fig. 93 ist $d \approx 1{,}4 d_1$; aus dem Biegemoment $M = P \cdot (0{,}4 \text{ bis } 0{,}5) d$ ergibt sich d_1. Die gepreßte Fläche entspricht der Projektion der Kugelzone von der Breite b.

4. Stützzapfen. Mittlere Pressung $p = \dfrac{P}{\pi \cdot (r_2^2 - r_1^2)}$. Bei der erforderlichen Druckölschmierung nach Fig. 94 läuft die mit der Welle durch Stifte verbundene und mit glasharter Lauffläche versehene Scheibe b auf der ebenfalls durch Stifte gehaltenen gehärteten Gegenscheibe c mit der Ausdrehung vom Halbmesser r_1; von dieser tritt das Öl über eine kurze Radialnut zu der eigentlichen Schmiernut, die außermittig verläuft. Mittelloch in Scheibe c verhindert außerdem das Auftreten sehr hohen hydrodynamisch bedingten Öldruckes. Mittlere Pressung $p = 30$ bis $60\ \text{kg/cm}^2$.

Beispiel. $P = 1200$ kg; $n = 120$ U/min. Angenommen $p = 50\ \text{kg/cm}^2$; $r_1 = 10$ mm. $\pi(r_2^2 - 1^2) = P/p = 24$; $r_2 \approx 3$ cm. Reibungsmoment $M_t \approx \mu_1 \cdot P \cdot r_m$; $r_m = \tfrac{1}{2}(r_1 + r_2)$. Mit $\mu_1 = 0{,}01$ wird $M_t = 0{,}01 \cdot 1200 \cdot 2 = 24$ cmkg.

5. Kammzapfen, Fig. 95. $b = 0{,}1$ bis $0{,}15 d_1$; Anzahl z der Kämme folgt aus $P = p \cdot d_m \pi \cdot b \cdot z$. Da die Kämme nicht gleichmäßig tragen, wird $p = 8$ bis $20\ \text{kg/cm}^2$ gesetzt. Querschnitt der Kämme quadratisch oder auch trapezförmig, wobei geringes Lüften und Nachstellen des Lagers möglich. Bei großen Kräften Ersatz der Kammlager durch Michell-Lager, s. S. 536.

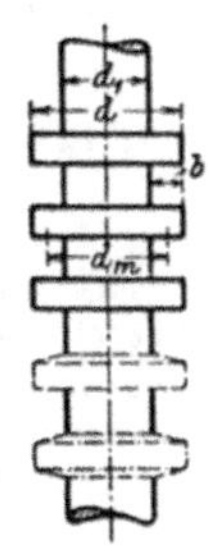

Fig. 95.

B. Gleitlagerschalen.

Erwünschte Eigenschaften. Hohe Festigkeit gegen stoßartige Beanspruchung, gute Haftung an der Stützschale, geringe Neigung zum „Fressen", große Haftkraft zum Schmierstoff bei Notlauf (Versagen der Schmierung), gute Wärmeleitfähigkeit, kleine Wärmedehnzahl.

Bei weichen Lagermetallen (bis ≈ 40 Brinellhärte) liegen im weichen Grundmetall die härteren Legierungsbestandteile als Tragkörper der Welle eingebettet und werden beim Einlaufen in die Grundmasse gedrückt und an der Oberfläche gehärtet, wodurch der Laufspiegel entsteht. Grundbedingung: möglichst geringe Neigung dieser Legierungsbestandteile zum Fressen. Da Kupfer und Aluminium dieser Forderung nicht entsprechen, so müssen bei Lagermetallen mit diesen Bestandteilen (z. B. Bleibronze) die Laufflächen der Zapfen „eingesetzt" oder mit dem Schweißbrenner nach dem Doppelduroverfahren gehärtet werden.

Zwecks Werkstoffersparnis häufig Ausbildung der Lagerschalen als Mehrstofflager, wobei das Lagermetall in dünner Schicht mit dem Grundmetall möglichst unlösbar verbunden wird.

Je dünner die Schicht, um so geringer die Gefahr der Rißbildung. Entsteht beim Ausgießen des Werkstoffes keine Legierungszwischenschicht mit der Stützschale, so ist der Werkstoff durch Schwalbenschwanz, abgeflachtes Spitzgewinde oder wurzelartig unterschnittenes Gewinde mit der Stützschale zu verklammern, Fig. 96 und 97.

Fig. 96.

Fig. 97.

Lagerschalen aus gebogenem oder gerolltem Stahlband (auch mit Bunden) mit aufgegossener Bleilagerlegierung ähnlich DIN 1703 U werden im Motorenbau angewandt; zweiteilig oder nur geschlitzt. Bei 50 mm Dmr. Stahldicke ≈ 1,5 mm; Ausgußdicke 0,5 mm und geringer. MTZ 1942 Heft 6 S. 217.

1. Gleitlagerwerkstoffe[1][2]. (S. auch S. 471.)

a) Zinnarme Weißmetalle und ähnliche Legierungen für Gleitlager und Gleitflächen nach DIN 1703 U. Verhältnismäßiges Lagerspiel $\psi = 0{,}0004$ bis 0,0006.

Bezeichnung, ungefähre Zusammensetzung und Eigenschaften.

Kurzzeichen	Pb	Sb	Sn	Cd	Cu	Ni	AS	Brinellhärte bei 20° C	Brinellhärte bei 100° C	Druckfestigkeit kg/mm²	Gewicht kg/dm³
Lg Pb-Sn 10	67 ÷ 83,5	13,5 ÷ 18	9,8 ÷ 10	bis 2	bis 2,7	bis 1,25	bis 0,9	25 bis 32	10 bis 20	8 ÷ 18	9,2 ÷ 9,7
Lg Pb-Sn 6	73 ÷ 80	14 ÷ 17	5 ÷ 8,5	bis 1,5	bis 1,5	bis 1,0	bis 0,5	24 bis 32	9 bis 16	5 ÷ 19	9,4 ÷ 9,8
Lg Pb-Sn 4	71 ÷ 80	14 ÷ 20	1,5 ÷ 5,3	bis 1,5	bis 4,0	bis 2	bis 0,8	22 bis 32	8 bis 16	10 ÷ 15	9,8 ÷ 10,4
Lg Pb-Sb	77,3 ÷ 84	16 ÷ 20	—	—	bis 1,5	bis 1,8	bis 0,9	17 bis 25	7 bis 13	11 ÷ 14	9,8 ÷ 10,4
Lg Pb	98 ÷ 99	0,6 bis 0,7 Ca; 0,6 bis 0,7 Na; 0,04 Li						24 bis 36	20	17 ÷ 20	10,5 ÷ 10,6
Lg Zn	0	86 bis 95 Zn; 2,5 bis 5 Al			2 ÷ 8	Spuren Mg, Li, Ni		110 bis 118	86 bis 95	92 ÷ 97	6 ÷ 7

b) Aushärtbare zinnfreie Kupferbronzen. Brinellhärte 160 bis 210 auch bei stundenlangem Erwärmen auf 400° C. Geeignet u. a. für warmliegende Schwinglager bei größten Flächenpressungen, geliefert in Form von Preßteilen, Stangen, Rohren und Stahlmantelrohren.

c) Bleibronze (DIN Vornorm 1716). Stahlstützschalen von geringer Wandstärke (z. B. 2 bis 5 mm bei 80 mm Dmr.) werden im Schleudergußverfahren mit Bleibronze ausgegossen; geringste Bronzestärke fertig bearbeitet 0,2 bis 0,6 mm. Beim Gießvorgang[3]) entsteht eine Hartlot-Zwischenschicht von sehr

[1]) Siehe Kühnel: Bewährung der metallischen Gleitlagerwerkstoffe. Z. VDI 1941 S. 201. — Heyer-Mann: Beiträge zur Gleitlagerfrage in schnellaufenden Verbrennungsmaschinen. ATZ 1936 S. 256 u. 290. — Gleiteigenschaften von Bleilagerlegierungsn: Z. VDI 1942 S. 208.

[2]) Für sehr große Flächenpressungen und Gleitgeschwindigkeiten wird in Sonderfällen zinnhaltige Bronze benutzt; z. B.: Carobronze (Carobronze GmbH., Berlin W 35), eine nahtlos kalt gezogene Phosphorbronze von 91,2 vH Kupfer, 8,5 vH Zinn und 0,3 vH Phosphor; sie erlangt durch den hohen noch in der fertigen Bronze vorhandenen Phosphorgehalt große Gleitfähigkeit und durch das Kaltziehen ein Schließen der Gußporen und gleichmäßiges Gefüge. Welle aus glashartem polierten Stahl. Die Flächenpressung erreicht bei $l = 0{,}5d$ ihren Höchstwert, bei größerer Länge ist der Ölfilm infolge der Durchbiegungen nicht mehr gleichmäßig, bei geringerer wird das Öl seitlich herausgepreßt.

[3]) Vielfach wird die Stahlschale vorher verzinkt.

Anm. Für die Verwendung von Lagermetallen sind die „Verfahrensvorschriften der Reichsstelle für Metalle" maßgebend.

hoher Bindungskraft. Zwei Güteklassen: mittelweich (Brinellhärte 25 bis 32) für umlaufende Zapfen, hart (bis 60) für Schwingzapfen. Im Motorenbau für Kurbelzapfen und Kurbelwellenzapfen bei höchsten Beanspruchungen geeignet, Fig. 98. Gute Notlaufeigenschaft. Verhältnismäßiges Lagerspiel $\psi = 0{,}002$ bis $0{,}003$. Bearbeitung mit Diamantwerkzeug.

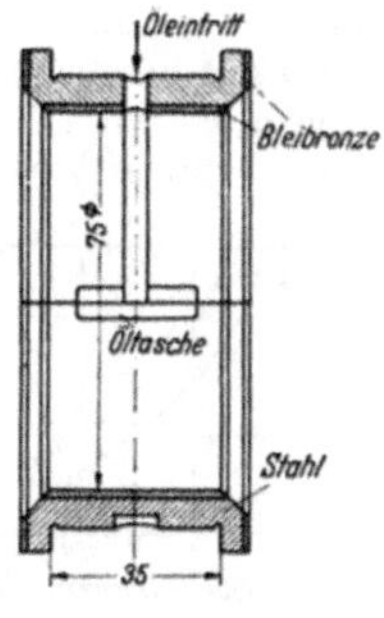

Fig. 98. Kurbelwellenpaßlager.

d) Zinklagermetall[1]. Hauptbestandteil Feinzink (meist mit mehr als 90 vH. Zink) mit Zusätzen von Al, Cu, Mn, Pb und Sn, davon die drei letzten in Spuren. Niedrige Schmelztemperatur, daher Lagerhöchsttemperatur 80 (bis 100) ° C. Wiederverwendung durch Umschmelzen leicht möglich. Anwendung in Form von vollen und geteilten Schalen, Buchsen und Ausguß; gegossen, gepreßt oder nachgezogen. Bearbeitung mit Diamantwerkzeug. Als Zapfenwerkstoff genügt ungehärteter, unlegierter, geschliffener und polierter Kohlenstoffstahl. Wärmeleitvermögen sehr gut. Große Wärmedehnziffer: 26 bis $30 \cdot 10^{-6}/°$ C. Verhältnismäßiges Lagerspiel $\psi = 0{,}001$ bis $0{,}0015$. Geringe Dauerstandfestigkeit. Festigkeit gegossen 18 bis 30 kg/mm², geknetet bis 50 kg/mm². Wahl der zulässigen Flächenpressung p in Abhängigkeit von Gleitgeschwindigkeit und Übertemperatur für Legierung Z 250* (Caro-Werk, Wien) s. Fig. 99, innerhalb Schraffur sicherer Betrieb; Zapfen St 70·11 ungehärtet; Öldruck 1,3 atü.

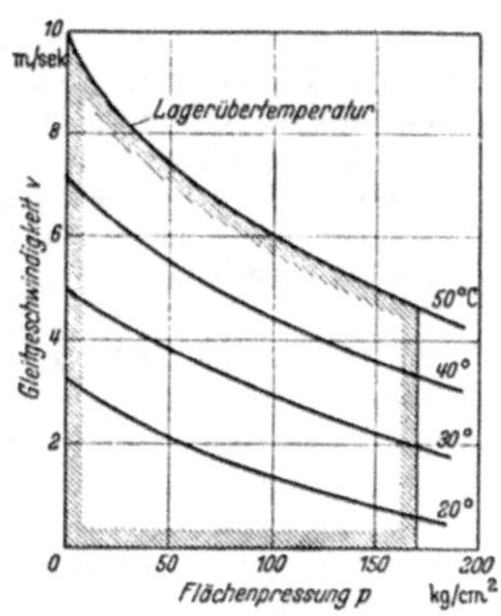

Fig. 99. Belastungsgrenzwerte für Gleitlager aus Zinklegierung Z 250*.

e) Magnesium (Elektron, AZM und AZG) für geringe Flächendrucke gut geeignet.

f) Aluminiumlagermetalle[2] mit geringen Zusätzen von Cu, Si u. a. sind bei richtig angepaßtem Zapfenwerkstoff und günstiger Formgebung der Schale hoch belastbar und werden im Motorenbau erfolgreich verwendet. Infolge geringer Festigkeit nur als Verbundschale brauchbar: 1. Stützschale aus hochfestem Aluminium von mindestens 5 mm Wandstärke; 2. Stützschale aus Stahl, Lagerwerkstoff aufplattiert oder als Buchse eingepreßt. Infolge hoher Wärmedehnziffer und niedrigen Elastizitätsmaßes werden Buchsen, die in starkwandige Stahlstützschalen eingepreßt werden, lose und verringern das Laufspiel erheblich; deshalb Stahlbuchse mit geringer Wandstärke an den Kanten und Spiel zwischen Buchse und Gehäuse im mittleren Teil, Fig. 100[3]. Verhältnismäßiges Lagerspiel $\psi = 0{,}002$ bis $0{,}004$. Versuche ergaben bei $\psi \approx 0{,}002$, $l/d = 1$ und $v \approx 8$ m/sek p bis ≈ 400 kg/cm² und Temperaturen von 140 bis 170° C.

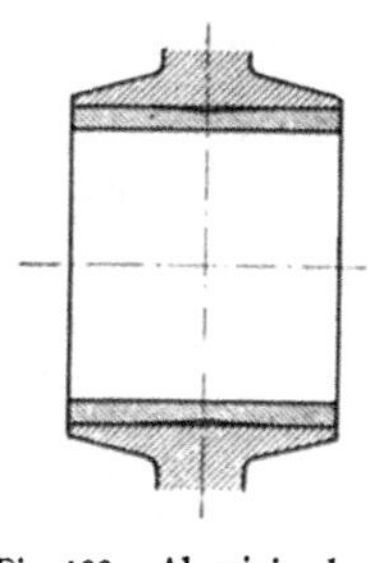
Fig. 100. Aluminiumlager für weite Drehzahlbereiche mit selbstregelndem Lagerspiel.

g) Sintermetall[4]. Metallpulver von bestimmter Korngröße wird unter sehr hohem Druck (bei Eisen bis

---

[1] S. a. Z. VDI 1940 S. 385 und 1017.

[2] ATZ 1937 S. 235; 1939 S. 355 — Aluminium 1940 S. 293 — MTZ 1941 S. 259.

[3] S. Aluminium 1940 S. 293.

[4] Rohde: Sintermetall-Gleitlager. Z. VDI 1941 S. 834. — Hersteller: Ringsdorff, Mehlem a. Rh., „Metall-Kapillar-Lager"; DEMAG, Wetter/Ruhr, „Preßkö"; Schunk u. Ebe, Gießen, „Seposint"; VDM, Heddernheim, „Ferro-Compo", u. a. m.

10 t/cm²) in Formen zusammengepreßt und bis zum Sintern erhitzt. Korngröße, Preßdruck und Preßtemperatur bestimmen die Größe und Verteilung der Poren; Porigkeit beträgt bis zu 30 vH. Ausgangswerkstoffe: Kupfer mit Sondermessing oder Eisen mit 2 bis 5 vH Blei. Zusatz bis 5 vH Raumteile Graphit. Nach dem Sintern in nichtharzendem warmen Öl getränkt. Infolge Belastung und Erwärmung beim Lauf tritt das Öl aus den Poren zur Gleitfläche, beim Stillstand zieht es sich infolge Abkühlung in die Poren zurück. Sehr gute Notlaufeigenschaft.

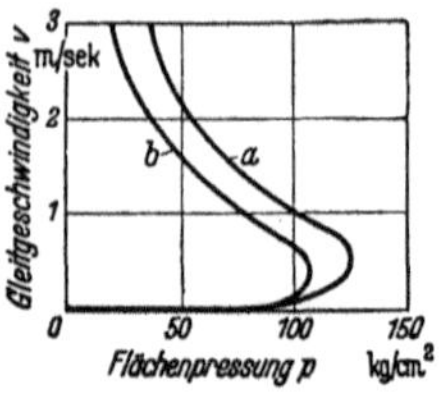

Fig. 101. Belastungsgrenzen für Metall-Kapillarlager. *a* Bronze, *b* Eisen.

Anwendung: Lager aller Art, bei denen selbsttätige, ölsparende und nicht schmutzende Schmierung sowie geräuschloser Lauf erwünscht. Meist als geschlossene Büchse mit Übermaß in Stützschale eingepreßt. Bohrung der Schale H 7, Büchsendmr. *r*6. Durch das Einpressen wird die Bohrung der Büchse verkleinert. Verhältnismäßiges Lagerspiel $\psi = 0{,}0005$ bis 0,0015. Nachträgliche Bearbeitung der Laufbohrung unzweckmäßig. Fig. 101 zeigt Flächenpressungen p, ermittelt bei Grenzlast-Lagerprüfungen an Metall-Kapillar-Lagern, in Abhängigkeit der Gleitgeschwindigkeit v.

h) Gußeisen[1]) als Gleitlagerwerkstoff eignet sich nur für kleine Geschwindigkeiten ($v \leqq 3{,}5$ m/sek) und niedrige Pressungen ($p \leqq 8$ kg/cm²). Perlitisches Gefüge erwünscht. Schlechte Notlaufeigenschaften, empfindlich gegen Kantenpressung, Temperatur höchstens 100° C.

Verwendet werden: Ge 18·91 bei niedrigen Drücken und Ge 26·91 für die obere Grenze; bei Ge 26·91 muß Bohrung geschliffen und Welle an der Lauffläche gehärtet sein.

Im Triebwerklagerbau wird Gußeisen mit geschliffener Lauffläche als Gleitlagerwerkstoff für geringe Drücke viel verwendet, s. Fig. 106.

Mit Molybdän legierte gußeiserne Pleuelbuchsen haben sich im Motorenbau auch bei warmliegendem Kolben und Zünddrucken von ≈ 40 atü bewährt.

i) Kunstpreßstoffe[2]). Zusammensetzung s. S. 475. Derartige Lagerwerkstoffe werden im Walzenlagerbau mit gutem Erfolg bei unmittelbarer Wasserkühlung des Zapfens verwendet. Nachteilige Eigenschaften: Hohe Ausdehnungsziffer (40 bis $50 \cdot 10^{-6}$); geringe Wärmeleitzahl 0,15 bis 0,29 kcal/m °C h, geringe Biegefestigkeit; starke Quellneigung bei Öl und Wasser.

Zwecks günstiger Kraftaufnahme und Wärmeabfuhr soll die Schale auf der ganzen Länge aufliegen. Schmierung und Kühlung sind besonders sorgfältig und betriebssicher durchzubilden. Arten der Kühlung: 1. Zapfen von außen (Wasser bei Walzen); 2. Welle von innen; 3. Lagerkörper durch große wärmeableitende Flächen oder Wasser. Schmierung bei niedrigen Drehzahlen: Fett, sonst Öl oder Öl-Wasser-Emulsion. Wärmeableitung bei umlaufender Preßstoffschale günstig; diese wird auf den Zapfen aufgepreßt oder aufgeschrumpft und läuft unmittelbar auf Gußeisen.

Beim Aufbringen der Buchse ist so hohe Vorspannung zu wählen, daß bei stärkster Erwärmung Sitz gesichert ist. Bei Lagerabkühlung Spannung in der Buchse u. U. so hoch, daß Bruch eintritt. Vor Abnahme des letzten Spanes sind die Lager mindestens 24 Stunden in 80 bis 100° warmes Mineralöl zu legen, um spätere Formänderungen des Preßstoffes durch Quellung zu verhindern. Welle möglichst hart und riefenfrei.

Die Temperatur soll bei den meisten Preßstoffen im Dauerbetrieb 80° nicht überschreiten.

---

[1]) Siehe Z. VDI 1935 S. 629 u. 1941 S. 637.

[2]) VDI-Richtlinien: Gestaltung und Verwendung von Gleitlagern aus Kunstharzpreßstoffen. VDI-Verlag 1939. S. auch Z. VDI 1938 S. 1441; 1939 S. 1209.

Die Eintrittstemperatur des Schmieröles soll möglichst nicht über 30°, die Austrittstemperatur nicht über 50 bis 55° liegen.

Richtwerte für p und v siehe Fig. 102.

Herstellung. Bei größeren Stückzahlen ein- oder zweiteilig, allseitig einbaufertig gepreßt, Wandstärke 0,1 bis $0{,}15d$, sonst aus Blöcken, Stangen oder Rohren durch spanabhebende Bearbeitung; allgemein $l/d = 0{,}6$ bis 1,0.

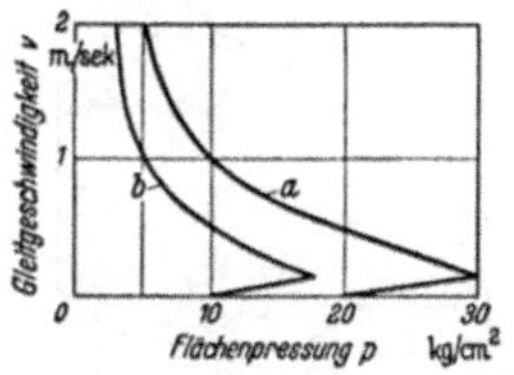

Fig. 102. Belastungsgrenzen für Kunstpreßstofflager (VDI-Richtlinien). *a* Lager mit guter, *b* mit weniger guter Wärmeableitung.

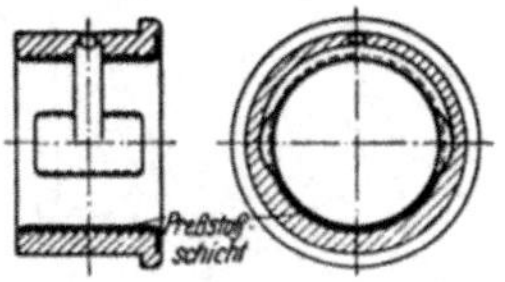

Fig. 103.

Fig. 103 zeigt Lager, von I. G. Farben und Materialprüfanstalt Darmstadt entwickelt. Einpressen der Preßstoffschicht in eine mit Innengewinde versehene Leichtmetallbüchse erschwert axiale Dehnung der Schicht. Das Spitzgewinde reicht bis dicht unter Lauffläche und leitet Reibungswärme ab. Ölnut und Öltaschen reichen bis in das Leichtmetall hinein, um an dieses Wärme zu übertragen; sanfter Übergang von Öltasche zur Lauffläche.

k) Weichgummi[1]) für im Wasser liegende Lagerstellen; bei Lagern in Benzin und Öl: Perbunan. Gummi mit 7 bis 20 mm Wanddicke in Gehäuse einvulkanisiert; Schmiernuten in Längsrichtung oder schraubenförmig in die vorher geschliffene Bohrung eingearbeitet. Flächenpressung $p = 2{,}5$ (bis 4) kg/cm²; $v > 0{,}5$ und < 25 m/sek.

2. Einzelheiten.

Bei einzelstehenden Lagern erhalten die Schalen Dichtungsrillen mit Filz oder Fettabdichtung gegen Ölverlust und Staubeindringen. Nicht gedichtete Rillen erhalten unten eine Bohrung, durch die das Öl in den Vorratsraum des Lagerkörpers zurücktritt, oben eine Bohrung für den notwendigen Luftzutritt. Weitere Abdichtung: Labyrinthrillen, Spritzringe (federnd mit Klemmung auf der Welle), Stulpendichtung, Fig. 104 (Goetzewerk, Burscheid). Im Metallgehäuse *a* ist die Buna-Manschette *b* eingebaut, die durch Schlauchfeder *c* an die Welle angedrückt wird. Fig. 105 zeigt die ähnliche Abdichtung durch Simmerring aus Chromleder oder Perbunan. Ein dreiteiliger Blechkäfig umschließt Manschette und Feder (Carl Freudenberg, Weinheim).

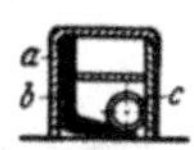

Fig. 104.

Fig. 105.

Geteilte Lagerschalen erhalten zwecks Nachstellung Beilagen aus Messingblech, s. Fig. 112.

Sicherung gegen Drehung und Verschiebung der Schalen im Gehäuse durch Bunde, Paßstifte, Ölverschraubungen, bei *a* in Fig. 106, usw.

C. Ausführungsbeispiele der Lager.

Abmessungen von Lagerbüchsen und Lagern s. Normen.

Normales Stehlager, Fig. 106, mit auswechselbaren Schalen, Schmierung durch Fett oder Öl.

Lager mit einstellbaren Schalen[2]), Fig. 107. (Kugelbewegung), mit festem Schmierring. Das von diesem oben abgestreifte Öl gelangt durch Längs-

[1]) VDI-Richtlinien: Gestaltung und Anwendung von Gummiteilen. VDI-Verlag 1941.
[2]) Eisenwerk Wülfel, Hannover-Wülfel.

nuten in die Oberschale. Der gußeiserne, zweiteilige Ölring wird durch eine Blattfeder gezwungen, an der Drehung der Welle teilzunehmen; er wird durch zwei Bolzen zusammengehalten.

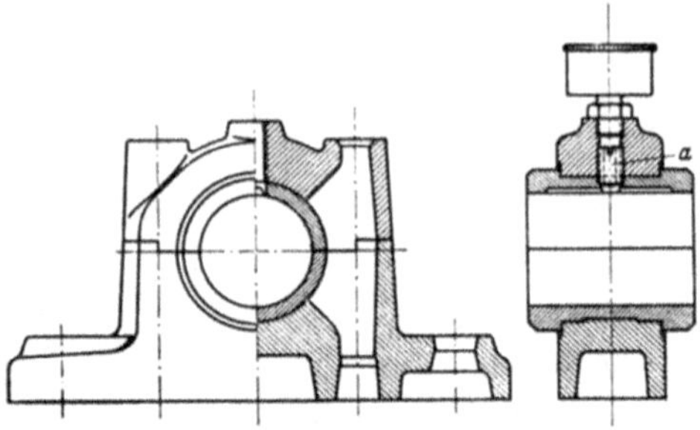

Fig. 106.

Die Kammer für den Schmierring teilt die Schale in zwei kurze Gleitflächen. Wülfel läßt folgende höchste Flächenpressungen und Grenztemperaturen zu:

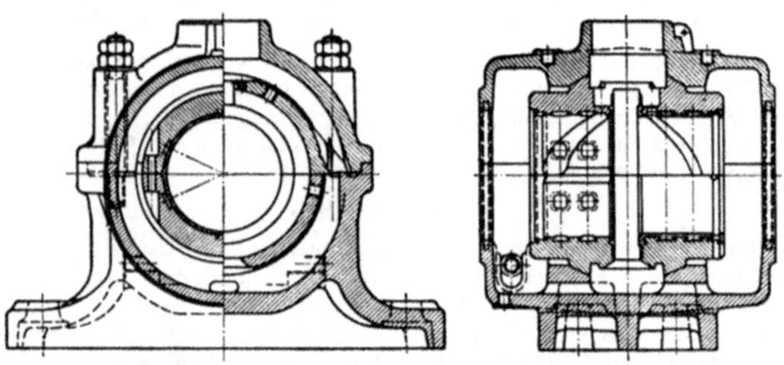

Fig. 107.

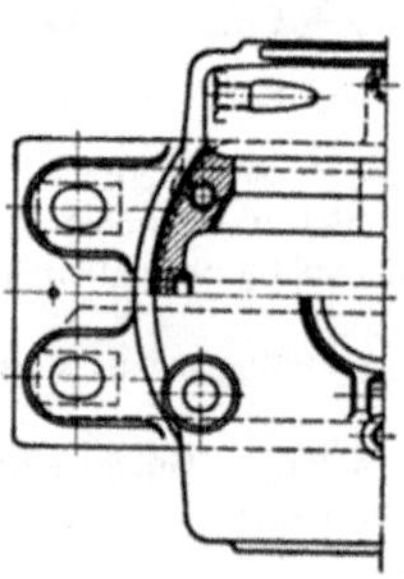

Gußeisen $p \leqq 9$ kg/cm² $t \leqq 40°$ C, WM 5 $p \leqq 13$ kg/cm² $t \leqq 58°$ C, Thermit $p \leqq 1{,}8$ kg/cm² $t \leqq 65°$ C.

Fig. 108.

Einfacher **Schmierring**, Fig. 108, schwalbenschwanzförmig ineinandergreifend oder mit Scharnier und Stift.

Fig. 109 und 110 zeigen das **Nomy-Lager**[1]), für Zapfen bis 400 mm Dmr. und für Drücke bis 310 t ausgeführt; Flächenpressung bis 210 kg/cm².

Die Flüssigkeitsreibung wird durch Auflösen der Wellengleitfläche in einzelne Tragblöcke *c* mit zylindrischen Oberflächen (Ölkeilwirkung) erreicht; s. a. Michell-Lager Fig. 113.

Lager an Arbeits- und Kraftmaschinen. Lager liegender kleiner Maschinen werden mit Teilung unter 45° ausgeführt, damit Kolbendruck nicht auf Fugen

[1]) Hersteller: Aktiebolaget Svenska Kullagerfabriken Gotenburg.

wirkt; häufig Ausrüstung mit Ringschmierung. Die bei größeren Maschinen früher übliche Nachstellung der Schalen durch seitliche Druckschrauben oder Keile wird ersetzt durch Nachstellung mittels Blechbeilagen, die bei Bauart nach Fig. 111 zwischen Lagerteilen *a* und *b* liegen.

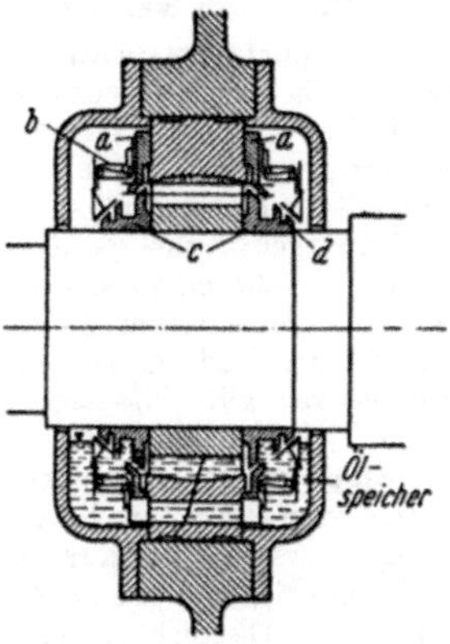

Fig. 109.
a Schirm, *b* Kapsel, *c* Ölspritzring, *d* Ablaufnut.

Fig. 110. Der Innenring *a* ist mit zwei Stützkanten *b* für den Block *c* versehen, je eine für jede Drehrichtung. Der Block stellt sich während des Betriebes selbsttätig mit einem bestimmten Neigungswinkel gegen den festen Außenring *d* ein und legt sich je nach der Drehrichtung an eine der Stützkanten *b* an. Der Mitnehmerkamm *e* bestimmt, wieweit der Block *c* sich auf die Stützkante *b* hinaufschieben kann.

Fig. 112. Lager einer stehenden, doppeltwirkenden Zweitaktmaschine [1]) ($d = 480$ mm, $l = 460$ mm). Die in der Grundplatte geführten Lagerdeckel sind zweiteilig, um gleichmäßiges Anziehen der vier Deckelschrauben zu sichern. Lagerschalen wegen Stöße durch gelegentliche scharfe Zündungen aus Stahlguß oder geschmiedetem Stahl; Nachstellung durch Messingbleche in den Teilfugen.

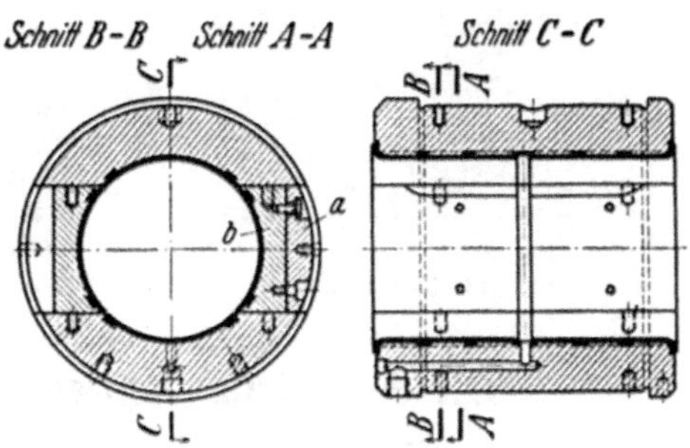

Fig. 111.

Schmierölzufuhr unter Druck von 0,3 bis 1,0 kg/cm^2 in waagerechter Teilebene; durch ein in den Wellenzapfen radial gebohrtes Loch, das ständig mit Kreisnut *n* in Verbindung steht, gelangt das Öl in den hohlen Wellenzapfen und von hier in die Schubstangenlager, s. S. 604.

Berechnung der Lagerdeckel auf Biegung, bei gußeisernen Deckeln zulässige Beanspruchung in der gezogenen Faser 120 bis 150 kg/cm^2, in der gedrückten 150 bis 300 kg/cm^2, bei Stahlgußdeckeln Zugbeanspruchung bis 250 kg/cm^2. Verhältnis $l : d \approx 1$.

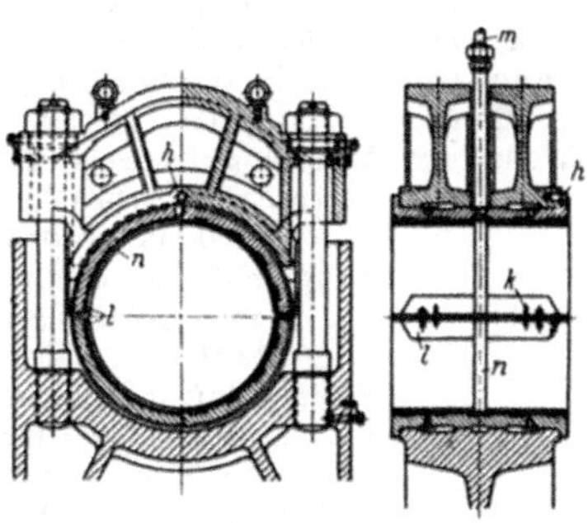

Fig. 112. *h* = Sicherung der Oberschale gegen Drehen, *k* = Fixierstifte, *l* = Aussparungen für Schmieröl, *m* = Schmierölleitung, *n* = Ringnut.

[1]) Sass: Kompressorlose Dieselmaschinen. Berlin: Springer 1929.

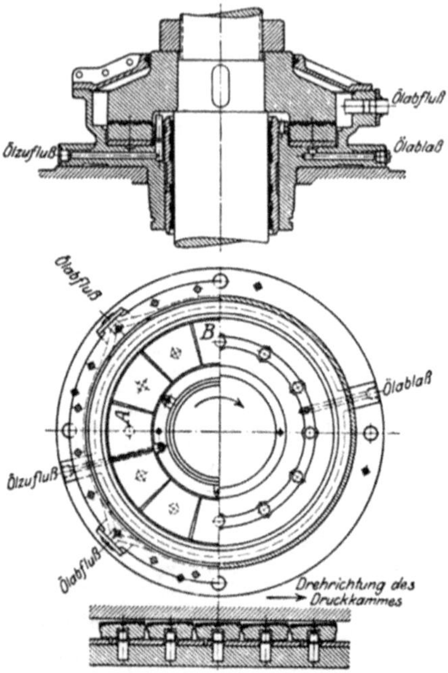

Fig. 113. Turbinenlager.

3. Stütz- und Kammlager.

Bei Spurzapfen wird das Öl zweckmäßig mit einer dem Lagerdruck fast gleichen Pressung eingedrückt, um mit Sicherheit Flüssigkeitsreibung zu erreichen.

Stützlager nach Michell, Fig. 113. Welle erhält einen Tragring mit geschlossener Gleitfläche. Lagerfläche wird durch einzelne Stahlblöcke mit Gleitlagermetall gebildet. Diese Tragklötze führen eine Kippbewegung um Bolzen aus, die aus der Mitte verschoben sind und die Bewegung durch reichliches Spiel ermöglichen. Die entstehenden keilförmigen Ölschichten (vgl. auch Fig. 76 und 77, S. 522) vermindern die Lagerreibung auf etwa $^1/_{10}$ bis $^1/_{20}$ des Betrages der Lager mit festen Druckflächen. Spezifische Belastung: $p = 30\ \text{kg/cm}^2$ bei $v = 60$ m/sek Gleitgeschwindigkeit.

Bei Michell-Lagern mit mindestens zehn etwa quadratischen Druckscheiben liegt der Druckmittelpunkt etwa bei $^1/_{10}$ ihrer Länge, von der Vorderkante in Richtung der Drehung gemessen, entfernt.

IX. Wellen und Achsen. (S. auch S. 399.)

Allgemeines. Wellen werden in der Hauptsache auf Verdrehung, weniger auf Biegung beansprucht, umgekehrt die Achsen.

Berechnung auf Festigkeit (Biegung und Verdrehung), Formänderung (Durchbiegung, Schiefstellung im Lager und Verdrehungswinkel) und Schwingung (Dreh- und Biegeschwingung).

Geringe Längskräfte werden durch doppelseitigen Anlaufbund an der Welle bzw. Achse aufgenommen; die Bunde laufen mit ausreichendem Ölspiel gegen Anlaufflächen der Lagerschalen. Hierdurch wird die Welle an einer Stelle in Längsrichtung festgelegt; Festpunkt da, wo die Längskräfte auftreten oder — wenn solche unbedeutend — da, wo das Drehmoment eingeleitet wird.

Fig. 114.

Anlaufbund, Fig. 114. Nur die ebene Kreisringfläche von der Breite e läuft an; Halbmesser der Schale $r >$ Halbmesser der Welle ϱ, um Kneifen und Warmlaufen zu verhindern. Das Schmieröl füllt den sichelförmigen Raum aus und dringt von hier zwischen die ebenen[1]) Anlaufflächen. Absichtliche Vergrößerung dieses Ölraumes vielfach üblich, s. Lagerschalen S. 531. $e = 5 + 0{,}07 \cdot d$ bis $5 + 0{,}1 \cdot d$ mm, je nach Größe der Kräfte.

Jede Durchmesseränderung, vor allem jede Eindrehung setzt die Dauerhaltbarkeit gegen Biegung und Drehung herab.

[1]) Wenn erforderlich mit exzentrisch eingedrehter Schmiernut.

Fig. 114a zeigt die Spannungssteigerung durch ein Biegemoment. Die durch ein Drehmoment hervorgerufenen Spannungsspitzen sind niedriger als bei Biegemomenten. Formzahlen s. Fig. 8, S. 423. Verringerung der Spannungssteigerung durch möglichst großes Verhältnis r/d[1]), elliptische Ausbildung der Hohlkehle[2]) oder kegeligen Übergang, wobei $\beta_k = 1{,}1$ bis 1,3 bei einem Neigungswinkel von 15°. Scharfe Wellenabsätze an Nabensitzen und Wälzlagern werden durch Schulterringe nach Fig. 115 vermieden. Bezüglich Nabensitz s. auch Fig. 15, S. 430.

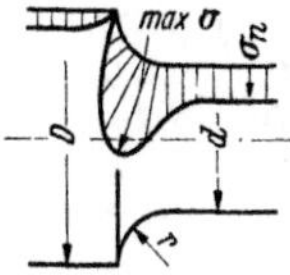

Fig. 114a.

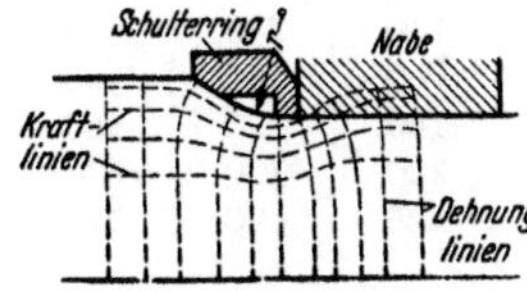

Fig. 115.

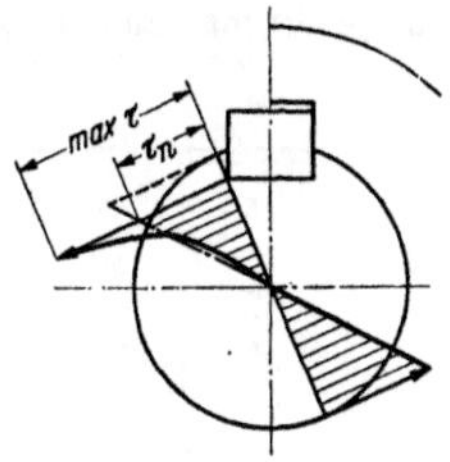

Fig. 115a.

Fig. 115a zeigt die Wirkung scharfer Nuten für Keile und Federn; es ist $\max\tau = \beta_k \cdot \tau_n$.

Wahl der Passung s. S. 501, Fig. 1 bis 4; dort Gegenüberstellung von E/W und EB.

A. Gerade Wellen.

Tafel der Wellendurchmesser und Leistungen s. S. 650.

1. Nicht abgesetzte Wellen für Triebwerke. Werkstoff: Flußstahl (St 42·11 oder St 50·11 bzw. St 60·11, je nach der Höhe der Beanspruchung), der gedreht, poliert und geschliffen wird — Rohmaterial um 2 bis 5 mm stärker —, oder gezogener Stahl, der nicht gedreht wird, sich jedoch meist beim Nuten verzieht, da die Spannungsverteilung sich verändert. Um dieses zu vermeiden, nutet man am besten auch die Flußstahlwellen vor dem Fertigdrehen.

Aus der Gleichung

$$N_{PS} = \frac{P_{kg} \cdot v_{m/sek}}{75} = \frac{P_{kg} \cdot 2\,R_{cm}\,\pi \cdot n}{60 \cdot 75 \cdot 100}$$

folgt $M_{t\,cmkg} = P_{kg} \cdot R_{cm} = \dfrac{60 \cdot 75 \cdot 100}{2 \cdot \pi} \cdot \dfrac{N}{n} = 71\,620 \cdot \dfrac{N_{PS}}{n} = 97\,400\,\dfrac{N_{kW}}{n}$;

damit wird:

$$d = \sqrt[3]{\frac{M_t \cdot 16}{\tau_{zul} \cdot \pi}} \approx \sqrt[3]{\frac{5 \cdot M_t}{\tau_{zul}}} = c \cdot \sqrt[3]{\frac{N_{PS}}{n}},$$

wobei $c = f(\tau_{zul})$ ist, s. beistehende Zahlentafel.

τ kg/cm²	100	150	200	300	400	500	700	900
c	15,4	13,5	12,1	10,7	9,7	9,0	8,05	7,4

Wenn die Biegemomente durch Riemenzug, Zahndruck usw. zunächst nicht zu berechnen sind, so ist zu wählen:

für $d \leqq 25$ mm $\tau_{zul} \leqq 100$ kg/cm², $d = 25 \div 50$ mm $\tau_{zul} \leqq 200$ kg/cm²,
$d = 50 \div 80$ „ $\tau_{zul} = 300$ „ , $d > 80$ mm $\tau_{zul} = 400$ „

Sind die Biegemomente bekannt, so ist auf zusammengesetzte Beanspruchung (Biegung und Verdrehung Bd. I, S. 406) zu berechnen.

---

[1]) Lehr-Mailänder: Einfluß von Hohlkehlen an abgesetzten Wellen auf die Biegewechselfestigkeit. Z. VDI Bd. 79 (1935) S. 1005.

[2]) Hänchen, R.: Berechnung einfacher Maschinenteile auf Dauerhaltbarkeit. Glasers Annalen 1942 H. 14 S. 149.

Normaldurchmesser lt. DIN 114:

25	30	35	40	45	50	55	60
70	80	90	100	110	125	140	160 usw.

um je 20 mm zunehmend bis 500

Lastdrehzahlen. DIN 112[1]).

25	45	80	140	250	450	800	1400
28	50	90	160	280	500	900	1600
32	56	100	180	320	560	1000	
36	63	112	200	360	630	1120	
40	71	125	225	400	710	1250	

Lagerentfernung $\approx 100\sqrt{d}$ cm.

Anlaufbund wird durch Stellring (DIN 701 bis 710) gebildet: ungeteilt mit einer oder zwei um 90° versetzten Stellschrauben; geteilt, Fig. 116, mit einer Stellschraube; diese trägt am Ende einen ebenen Zapfen oder eine Ringschneide. Das Bundlager erhält zwei Stellringe seitlich oder einen Stellring in Lagermitte, der zugleich als Schmierring dient, Bundstellring, durch den das Öl nicht aus dem Lager geschleudert werden kann (vgl. Lager). In den übrigen Lagern läuft die Welle glatt durch. Baustoff der Stellringe Gußeisen oder Stahl.

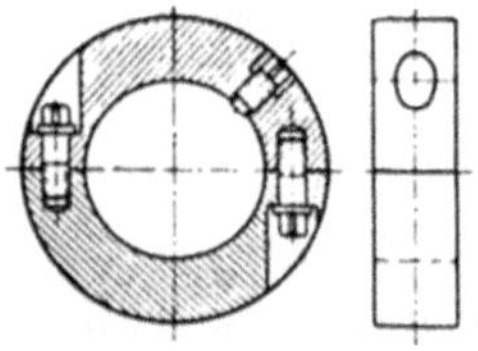

Fig. 116.

Länge der einzelnen Wellen gewöhnlich 6 m.

2. Gelenkwellen und biegsame Wellen, zur Übertragung geringer Drehmomente bei ortveränderlichem An- oder Abtrieb. Fig. 117 zeigt eine Gelenkwelle; die Drehung wird durch Kugeln übertragen, in deren Nuten Zapfen eingreifen; mittleres Wellenstück besteht aus zwei längsbeweglichen Teilen. Muß die Welle an jeder Stelle biegsam sein, wird sie aus scharnierartig ineinandergreifenden Teilen gebildet mit Umwicklung durch Drahtspirale, biegsames Rohr u. ä.

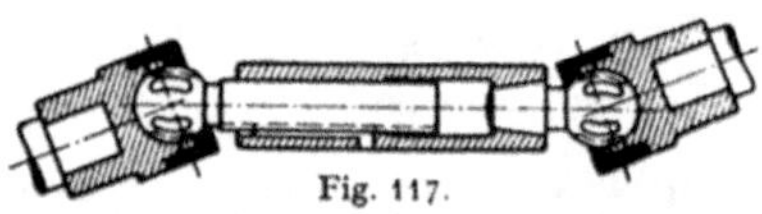

Fig. 117.

Anwendung: Mehrspindelige Bohrmaschinen, Kraftwagen s. Bd. II, S. 649 u. f. Bezügl. Gleichmäßigkeit der Winkelgeschwindigkeit s. Kreuzgelenk S. 554.

Für sehr kleine Kräfte genügt die biegsame Welle aus Stahldraht oder Schraubenfeder, Fig. 118, mit mehrfacher Drahtummantelung oder biegsamem Rohr oder Lederschlauch. Die anschließenden Teile werden durch Lötung oder kegelige Muffen verbunden.

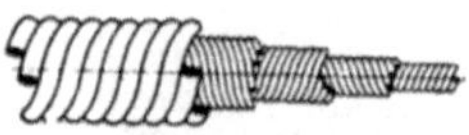

Fig. 118.

3. Kurbelwelle einer liegenden Dampfmaschine, Fig. 119. Bezüglich Kräfteverhältnisse und Bezeichnungen s. S. 597.

Lager A. Abmessung l_1 ist vorläufig zu schätzen. Biegungsmoment $M_b = S_{\max} \cdot l_1$; Drehmoment $M_t = T_{\max} \cdot r'$, mit r' = wirksamem Halbmesser. Mit σ_r = resultierender Beanspruchung folgt d_a aus:

$$0{,}1 \cdot d_a^3 \cdot \sigma_r = \xi M_b; \quad \xi \text{ nach Gleichung (3), S. 406.}$$

Der größte Druck im Lager A setzt sich aus zwei Teilen zusammen. Vom Schwungradgewicht her entsteht der senkrecht gerichtete Druck: $G \cdot l_4/l_3$, von der Kolbenstangenkraft her der waagerechte Druck $H_A = P_{\max} \cdot (l_1 + l_3)/l_3$ und der senkrechte Druck $V_{\max} \cdot (l_1 + l_3)/l_3$ mit $V_{\max} = S_{\max} \cdot \sin\beta$ = Gleitbahndruck.

[1]) Gerundete Werte der 20er Reihe der Normungszahlen s. S. 502.

Dieser senkrechte Druck wird bei rechtslaufenden Maschinen als Entlastung (umgekehrt bei linkslaufenden Maschinen). Dementsprechend wird bei Rechtslauf die senkrechte Kraft im Lager A:

$$V_A = G \cdot \frac{l_4}{l_3} - V_{\max} \cdot \frac{l_1 + l_3}{l_3}.$$

Resultierender Lagerdruck: $P_A = \sqrt{H_A^2 + V_a^2}$, $P_A = p \cdot l_a \cdot d_a$.

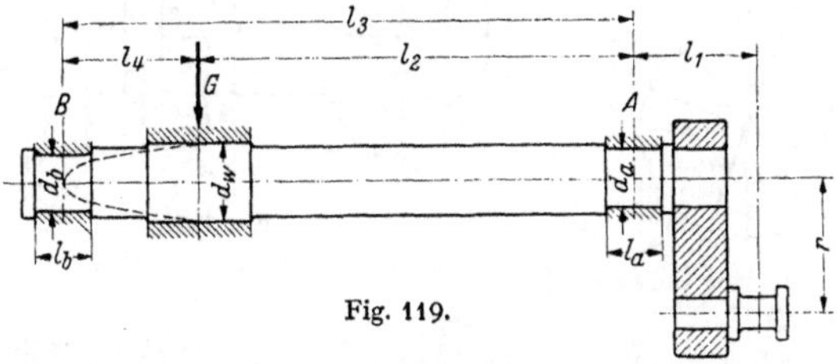

Fig. 119.

Lager B. Senkrechter Druck, vom Schwungradgewicht herrührend: $G \cdot l_2/l_3$, von der Kolbenstangenkraft kommt der waagerechte Druck $H_B = P_{\max} \cdot l_1/l_3$ und der senkrechte Druck $V_{\max} \cdot l_1/l_3$ her. Es ist $V_B = G \cdot l_2/l_3 + V_{\max} \cdot l_1/l_3$.

Resultierender Druck $P_B = \sqrt{V_B^2 + H_B^2}$. p ist infolge fehlenden Druckwechsels niedriger als im Hauptlager A zu wählen.

Stärke der Welle im Schwungradsitz: $M_b = P_B \cdot l_4$. Wird die Leistung durch Riemen abgenommen, so wirkt hier auch das Drehmoment $T_{\max} \cdot r'$.

Nachteil der fliegend angeordneten Kurbel. Die Formänderungen der Kurbel übertragen sich in verstärktem Maße auf die Zapfen, die sich dadurch im Lauf schief stellen und zu Kantenpressungen im Stangenlager führen.

B. Gekröpfte Kurbelwellen.

Durch die Kröpfungen wird die Kurbelwelle verdrehungs- und biegungsweich, ihre Federungskraft wird erheblich gesenkt, und die Eigenschwingungszahl liegt niedrig entsprechend der Grundgleichung $n_e = 1/2\pi \cdot \sqrt{c/m}$ (s. Bd. I, S. 236). Gegenmaßnahmen: 1. Kurzhübige Bauart, bei der die umlaufenden Kurbelmassen näher an die Wellenmitte rücken; 2. Kräftige Lagerung; bei z Kröpfungen $(z+1)$ Lager; 3. Starres Kurbelwellengehäuse; 4. Große und gleiche Dmr. für Kurbelwellen- und Kurbelzapfen; Verringerung der umlaufenden Massen durch hohle Ausführung; 5. Lagerlängen (s. S. 528) möglichst klein; Ausnutzung des so gewonnenen Raumes zur Versteifung der Kurbelwangen.

Infolge der Biege- und Verdrehungsformänderungen führt die Kurbelwelle in der Längsrichtung Bewegungen aus, die sie ebenfalls schwingungsempfindlich machen (Harmonikaschwingungen).

a) Welle mit einer Kröpfung, Fig. 120 und 121 für eine stehende Maschine. Sämtliche Kräfte werden in zwei senkrecht zueinander stehende Ebenen 1 und 2 zerlegt und die abgeleiteten M_b- und M_t-Werte für Zapfen und Kurbelarme sinngemäß zusammengefaßt.

1. Kurbelzapfen. Biegemoment in Ebene 1: $M_1 = A_1 \cdot a$; Biegemoment in einer zur Ebene 2 parallelen Ebene: $M_2 = A_2 \cdot a$; M_1 und M_2 erzeugen im Zapfenquerschnitt maximale Spannungen σ_1 und σ_2, die um 90° gegeneinander verschoben sind; für die Festigkeit ist $\sqrt{\sigma_1^2 + \sigma_2^2}$ maßgebend. Bei Annahme starrer Kurbelwelle verursacht M_t unmittelbar keine Spannung im Kurbelzapfen.

2. Kurbelwellenzapfen bei B. Biegemomente: $M_3 = G_1 \cdot c$ und $M_4 = G_2 \cdot c$; Spannungen σ_3 und σ_4 ebenfalls gegeneinander um 90° versetzt. Drehmoment $M_t = P_2 \cdot r$ ergibt größte Schubspannungen τ an der Lauffläche, die mit $\sqrt{\sigma_3^2 + \sigma_4^2}$ nach Gleichung (3), S. 405 zusammengefaßt werden.

3. Kurbelarm. Kraftwirkung bei E. Drehmoment $M_{t_1} = A_2 \cdot (a + f) - P_2 \cdot f$ erzeugt größte Schubspannungen τ_1 in der Mitte der Breitseiten da, wo

die Zapfen anschließen. Biegemoment $M_5 = A_1 \cdot (a + f) - P_1 \cdot f$ verursacht Spannungen σ_5 über die ganze Breitseite. Biegemoment $M_6 = P_2 \cdot e + A_2 \cdot (r - e)$ ergibt größte Biegespannungen σ_6 außen an den Schmalseiten. Außerdem gleichmäßig verteilte Druckspannung σ_7 über den Wangenquerschnitt durch $P_1/2$.

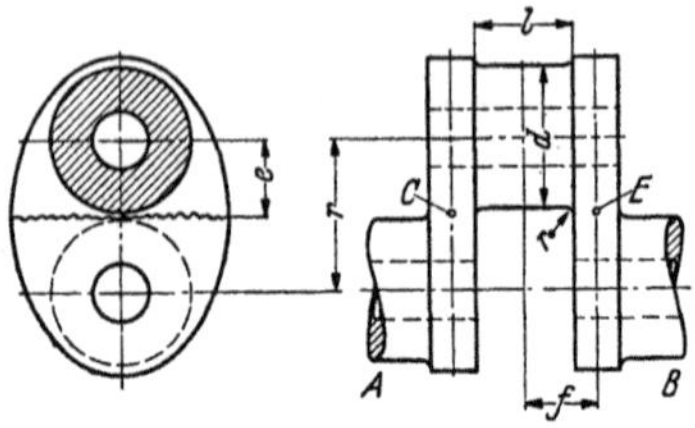

Fig. 121.

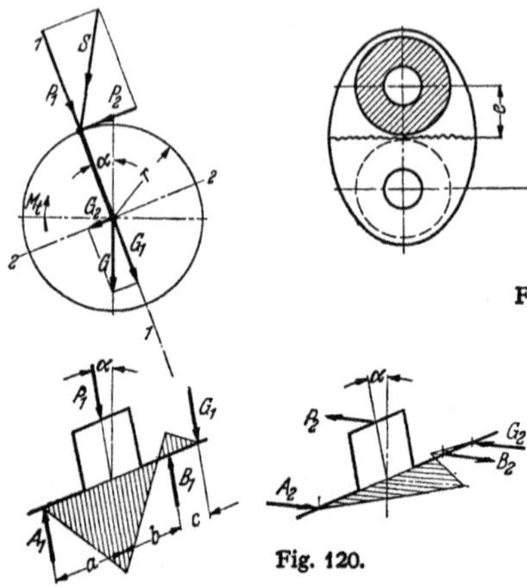

Fig. 120.

Örtlich treffen beim Übergang des Wellenzapfens zur Kurbelwange die Spannungen σ_5, σ_7 und τ_1 zusammen; $(\sigma_5 + \sigma_7)$ und τ_1 ergeben die resultierende Spannung gemäß Gleichung (3), S. 406.

Kraftwirkung bei C. Drehmoment $M_{t_2} = A_2 \cdot (a - f)$ ergibt τ_2; Biegemoment $M_8 = A_1 \cdot (a - f)$ ergibt σ_8; Biegemoment $M_9 = A_2 \cdot (r - e)$ ergibt σ_9. Druckspannung wie bei E durch $P_1/2$ ist σ_7; zusammengesetzt werden $(\sigma_8 + \sigma_7)$ und τ_2 zur resultierenden Spannung.

Sonderfall. $a = b$, $e = r/2$ und $G \approx 0$; es wird $A_1 = B_1 = P_1/2$; $A_2 = B_2 = P_2/2$; $M_5 = M_8 = 0{,}5 \cdot P_1 (a - f)$; $M_6 = 0{,}75 \cdot P_2 \cdot r$; $M_9 = 0{,}5 \cdot P_2 \cdot r$; d. h. Beanspruchung bei E größer als bei C, da das Drehmoment über den Kurbelarm E auf Schwungradseite abgenommen wird.

Die so ermittelten Spannungen sind Nennspannungen, die tatsächlichen liegen höher; vor allem bilden sich gefährliche Spannungsspitzen an den Übergängen vom Zapfen zum Arm, die bei kleiner Abrundung zum Anriß führen. Infolge dieser Unsicherheit der Rechnung werden meist Vergleichrechnungen angewandt, man erhält Vergleichspannungen. Bei Motoren wird die Kurbelwelle in der Stellung $\alpha = 0$ für den Zünddruck (ohne Abzug der Massenkraft), aber nur in einer Ebene berechnet, also Formelansatz wie für Ebene 1, Fig. 120. Die Auswertung der Betriebsbeobachtungen einer Großzahl von Einzylinder-Kurbelwellen der Humboldt-Deutzmotoren-AG.[1]) ergab: Mitte Kurbelzapfen Nennspannung $\leqq \approx 1100$ kg/cm², Kurbelarm bei E Nennspannung $\leqq \approx 700$ kg/cm² ohne Bruch; Werkstoff St 50·11.

b) Welle mit mehreren Kröpfungen. Gefährdet ist die vorderste Kröpfung, durch die das gesamte Drehmoment durchgeleitet wird. Infolge Lagerspiel, Formänderung der Kröpfungen und des Gehäuses ist genaue Berechnung nicht möglich. Vergleichrechnung unter vereinfachten Annahmen: Vorderste Kröpfung abgeschnitten gedacht, $\alpha = 0$, Kolbenkraft wie oben angenommen, außerdem Beanspruchung durch Drehmoment.

Das mittlere Drehmoment (Nutzdrehmoment), das dem Wert N/n entspricht, wird überlagert 1. durch ein Moment der pulsierenden Kolben- und Massenkräfte (Blinddrehmoment 1), 2. durch ein Moment, das der Verdrehung entspricht, die die Welle durch Aufschaukeln im Resonanzgebiet erfährt (Blind-

1) Z. VDI. Bd. 78 (1934) S. 397.

Anmerkung: Berechnung der Lagerkräfte von 3- und 5fach gelagerten Kurbelwellen. Einfluß der Gegengewichte. ATZ 1940 Heft 17. — Thum-Bandow: Dauerhaltbarkeit geschmiedeter Stahlkurbelwellen und Mittel zu ihrer Steigerung. ATZ 1937 Heft 37 S. 29.

drehmoment 2). Der Einfluß von 1 kann leicht bestimmt werden, s. Bd. II, S. 197 Tangentialdruckdiagramm; 2 erfordert umfangreiche Rechnungen und Versuche[1]).

Hochbeanspruchte gegossene und stählerne Kurbelwellen zeigen Formen von hoher Gestaltfestigkeit, Fig. 19, S. 431. Diese wird an naturgroßen Modellen in Dauerversuchen festgestellt; die ermittelten Zahlen für Biegung[2]) und Verdrehung[3]) gelten nur für die untersuchte Form.

Der Dauerbruch geht von der Hohlkehle mit Halbmesser r aus und verläuft entweder durch Wange oder Kurbelzapfen, je nach deren Stärke; daher sei r/d (Fig. 114) möglichst groß, mindestens $= 0{,}05$.

Die „Vorschriften des Germanischen Lloyd für Verbrennungsmotoranlagen"[4]) ermöglichen erste Annahmen für die Wellenberechnung ortfester Anlagen.

C. Ausführung der Kurbelwellen.

Fig. 122 zeigt die Kruppsche Bauart „zusammengebauter" Kurbelwellen. Die Anhäufung der Dehnungslinien nach Fig. 123 führt häufig zu Rißbildung. Die Abrundungen r an den Übergängen von dem Durchmesser der Zapfen und Wellenenden sind durch Hohlkehlen er-

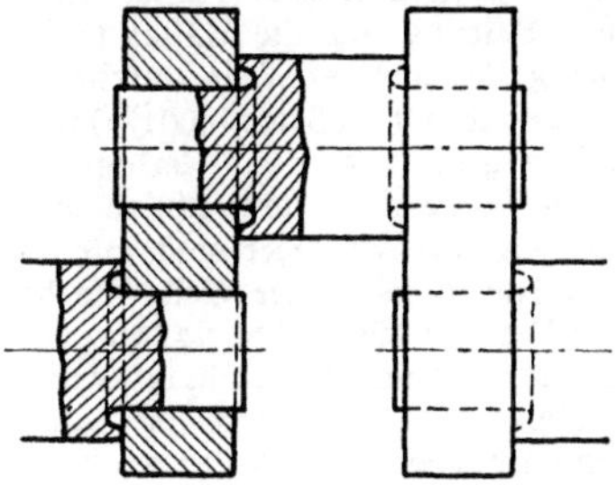

Fig. 122.

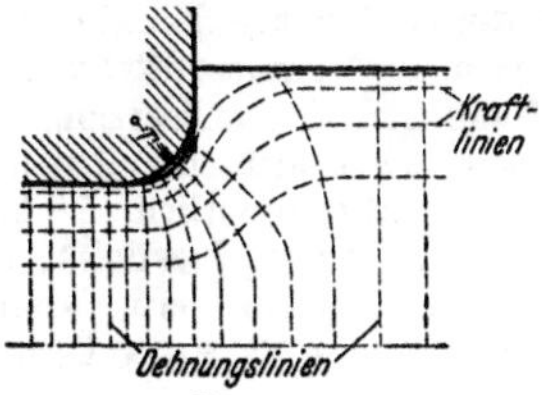

Fig. 123.

setzt, s. a. S. 429. Außerdem steht die ganze Kurbelwangenbreite für das Aufschrumpfen und die ganze Zapfenlänge als Tragfläche zur Verfügung.

Ausfräsungen an der Kurbelwange, Fig. 124, bedingen ebenso wie die Fremont-Kurbel nach Fig. 125 gleichmäßigeren Kraftlinienfluß. Bei Gußeisen er-

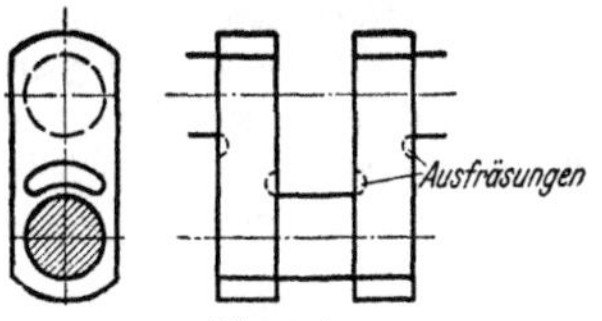

Fig. 124.

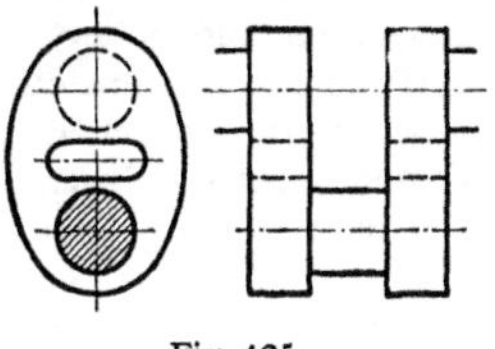

Fig. 125.

höhen breite Wangen die Gestaltfestigkeit um etwa 40 vH. (Mitt. Forsch.-Anst. Gutehoffnungshütte, Oberhausen 1938 Heft 3.)

---

[1]) Harmonische Analyse Bd. I, S. 143; Schwingungen Bd. II, S. 204. — Dubbel: Öl- und Gasmaschinen. Berlin: Springer. — Neugebauer: Kräfte in den Triebwerken schnellaufender Kolbenkraftmaschinen. Berlin: Springer 1939. — Kremser: Das Triebwerk schnellaufender Verbrennungskraftmaschinen. Wien: Springer 1939. — Kraemer: Bau und Berechnung der Verbrennungskraftmaschinen. Berlin: Springer 1941. — Kamm: Das Kraftfahrzeug. Berlin: Springer 1936. — Cornelius: Berechnung und Gestaltung schnellaufender Kurbelwellen. ATZ 1939 Heft 14 S. 385. — Neugebauer: Biegeschwingungsuntersuchungen an den Kurbelwellen eines Fahrzeugmotors. ATZ 1940 Heft 14 S. 339, mit Schrifttumsangabe.

[2]) ATZ 1940 Heft 14 S. 339. [3]) ATZ 1939 Heft 14 S. 389.

[4]) Siehe Dubbel: Öl- und Gasmaschinen. Berlin: Springer 1926.

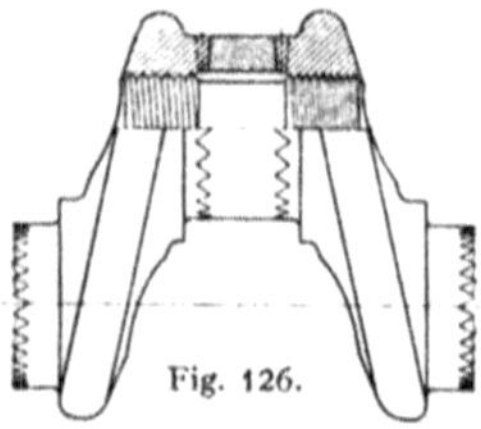

Fig. 126.

Anwendung der Wälzlager auf gekröpfte Wellen ermöglicht die Hirth-Verzahnung, bei der die einzelnen Teile der Welle mit einer radialen, konischen und genau zentrierenden Verzahnung[1] — der Hirth-Stirnverzahnung — versehen und mit Gewindebolzen zusammengeschraubt werden, Fig. 126. Der hohle Bolzen trägt außen Differentialgewinde, z. B. M 32 × 1,5 und M 32 × 2 und innen eine Kerbverzahnung für einen Schlüssel.

Gedrängte Baulänge infolge der schmalen Wälzlager, einfache Gesenkschmiedeteile und einwandfreier Faserverlauf im Werkstück sind weitere Vorteile dieser Bauart[2].

X. Die Wälzlager.

Grundlagen. Die Wälzkörper wälzen sich auf gehärteten, geschliffenen und polierten Laufbahnen ab, dem auf der Welle festsitzenden Innenring und dem im Gehäuse angeordneten Außenring. Nach der Form der Wälzkörper unterscheidet man Kugel-, Zylinderrollen-, Tonnen-, Kegelrollen- und Nadellager. Die Wälzkörper werden durch Käfige in bestimmtem Abstand gehalten.

Fast gleichbleibender, geringer Reibungswiderstand beim Anfahren und bei der Bewegung; für die Wälzkörper rollende Reibung, für die Käfige und die Abdichtungsteile geringfügige gleitende Reibung. Die auf den Wellendurchmesser bezogene Reibungsziffer kann bei Kugellagern zwischen 0,0008 und 0,0017[3]) liegen, jedoch durch Reibung der Abdichtungsringe vergrößert werden. Geringe Wartung, geringer Schmiermittelverbrauch. Kein Einschaben, kein Einlaufen wie beim Gleitlager. Instandsetzung: Bei Zerstörung der Wälzlager sind nur diese gegen neue auszuwechseln; Erneuerung oder Nacharbeiten der Welle wie beim Gleitlager nicht erforderlich. Stoßdämpfung: Nicht durch Ölfilm wie beim Gleitlager, sondern durch Elastizität der Werkstoffe; daher Verwendung auch bei Walzwerken, Steinbrechern, Kohlenstaubmühlen, Schienenfahrzeugen u. a. m. Höchste Drehzahl bis 80000 U/min bei Schleifspindeln, für Sonderzwecke noch höher.

Werkstoffe und Herstellung. Gehärteter Chrom- oder Chrom-Nickelstahl[4]). Große Reinheit und Gleichmäßigkeit des Werkstoffes Hauptbedingung. Für große Laufringe auch Sonder-Einsatzstahl; Härteschicht muß dabei gleichmäßig verlaufen. Werkstoff für Kugeln aus Rundstahlmaterial abgestochen, bei kleinen Kugeln kalt, bei großen warm zu Kugeln gestaucht und ausgeglüht; dann werden die rohen Kugeln mit geringer Zugabe vorgeschliffen, gehärtet, fertig geschliffen und poliert. Untersuchung auf Härterisse und Durchmessergenauigkeit. Laufringe aus Platten oder Rohren; größere werden geschmiedet. Die Rollen werden von der Stange abgestochen, gehärtet, geschliffen und poliert.

Wälzlagernormen, Richtlinien[5]) und Anordnungen[6]). Die Wälzlager sind in Verwendungsklassen[5]) von 1 bis 8 eingeteilt; zur Klasse 1 gehören die Lager nach Dinorm, die regelmäßig in großen Mengen von vielen Abnehmern verwendet werden; diese sind bevorzugt zu benutzen. Lager der Klasse 7 und 8 sind verboten[6]).

---

[1]) S. a. Volk: Der konstruktive Fortschritt. Berlin: Springer 1941.

[2]) Albert Hirth A.-G., Stuttgart-Zuffenhausen.

[3]) Siehe Jürgensmeyer: Gestaltung von Wälzlagerungen. Konstruktionsbücher Heft 4, Herausgeber Cornelius. Berlin: Springer 1939. — Pendelkugel- und Zylinderrollenlager haben einen halb so großen Reibungswert wie Pendelrollen- und Kegelrollenlager.

[4]) Analyse des Wälzlagerstahles: C 0,95 bis 1,05, Mn 0,2 bis 0,4, Si $\leqq$ 0,35, P $\leqq$ 0,025, S $\leqq$ 0,030, Cr 1,0 bis 1,5 für Laufringe, 0,5 bis 1,5 vH. für Wälzkörper. In Ausnahmefällen werden daneben auch rostfreie Stähle (ähnlich dem Kruppschen V2A-Stahl) und besonders für große Lager naturharter Si-Mn-Stahl mit einer Festigkeit bis 120 kg/mm^2 verwendet. (Nach Angaben von Kugelfischer Georg Schäfer u. Co., Schweinfurt.) S. a. Wälzlagerstähle Z. VDI 1942 S. 167.

[5]) Richtlinien der Reichsstelle für Eisen und Stahl über die Verwendnng von Wälzlagern vom 15. Dezember 1939.

[6]) Anordnung E 27 der Reichsstelle für Eisen und Stahl über die Verwendung von Wälzlagern vom 11. Januar 1940.

Querlager[1]).

Gruppe. Bei einer bestimmten Bohrung d kann ein Querlager verschiedene Außendurchmesser D erhalten, die in die Gruppen 0 ·· 1 ·· 2 ·· 3 ·· 4 gestuft sind[2]).

Breite. Innerhalb einer Gruppe kann die Breite b verschieden groß sein; sie wird in die Breiten 0 ·· 1 ·· 2 ·· 3 gestuft[3]).

Maßreihe. Querlager bestimmter Gruppen und Breiten werden in Maßreihen mit zweistelligen Zahlen zusammengefaßt; die vordere Ziffer gibt die zugehörige Breite, die hintere Ziffer die Gruppe an; z. B. Maßreihe 23 bedeutet Breite 2, Gruppe 3.

Lagerreihe (auch Reihe). Innerhalb einer Maßreihe erhalten die verschiedenen Lagerarten eine bestimmte Bezeichnung, die Lagerreihe; sie besteht aus Zahlen oder Buchstaben oder beiden; z. B. Lagerreihe 204 (aus der Maßreihe 04) oder NUS.

Kurzzeichen, das für die Bestellung ausreicht und auf jedes Lager aufgestempelt ist. Durch Anhängen einer zweistelligen Zahl, z. B. 38, an die Lagerreihe entsteht das Kurzzeichen; diese zweistellige Zahl kennzeichnet die Größe der Bohrung. Es erhält ein Lager mit $d = 10$ mm die Nummer 00; $d = 12 \rightarrow 01$; $15 \rightarrow 02$; $17 \rightarrow 03$; für $d \geqq 20$ ist die Nummer $= d : 5$; es bedeutet Kurzzeichen 204 38 Querlager Lagerreihe 204, Bohrung $d = 190$ mm.

Nur beim Zylinderrollenlager entsprechen die hinter der Buchstabenbezeichnung folgenden beiden Zahlen dem Bohrungsdurchmesser unmittelbar, z. B. NUM 80 hat $d = 80$ mm.

Die Kurzzeichen für Zylinderrollenlager gehen aus Zahlentafel 1 hervor. N und W stehen vor, L, M und S hinter den Formbezeichnungen U, J und UP. Der Zusatz x dient zur vorläufigen Unterscheidung von veralteten Lagern gleicher Reihe.

Längslager.

Die Gruppenbezeichnung 1, 2, 3 und 4 ersetzt die früher üblichen: ganz leichte Reihe, leichte Reihe usw. Der „Breite" der Querlager entspricht die „Höhe.

Arten und Benennung der Wälzlager (nach Zahlentafel 3).

Nach der Richtung der Kraft unterscheidet man Quer- und Längslager; außerdem Lager für gleichzeitig auftretende Quer- und Längskräfte.

Hochschultrige Querkugellager, quer- und längsbelastbar, vgl. die φ-Werte S. 546. Bei hohen Drehzahlen zur Aufnahme von Längskräften besser als Längslager geeignet.

Schulterlager. Käfig hält die Kugeln auf dem Innenring. Außenring mit einer Schulter kann abgenommen werden; nur für kleine Wellendurchmesser geeignet: Apparatebau, Zündmagnetlager usw. Drehzahl bis 80000 U/min.

Zweireihige Schrägkugellager, nehmen gleichzeitig Quer- und Längskräfte in beiden Richtungen gut auf, vgl. die φ-Werte S. 546.

Pendelkugellager für Selbsteinstellung der Wellen.

Zylinderrollenlager für hohe Querbelastung, zerlegbar.

Tonnen- und Pendelrollenlager für schwere Querbelastung und rauhen Betrieb; die letzteren **auch für größere Längskräfte. Selbsteinstellung der Wellen.**

Für landwirtschaftliche Maschinen: Kugellager mit verbreitertem Innenring. Besser jedoch sind Spannhülsenlager zu verwenden, die dann als Pendelkugellager ausgeführt werden. Für Werkzeugmaschinen, Kraftfahrbau und Flugwerkbau auch noch besondere Wälzlager.

---

[1]) Keine lückenlose Wiedergabe der Normen; es werden nur die wesentlichsten angegeben. Neue Normen in Vorbereitung, insbesondere: Landmaschinen-Fachnormen für Pendelkugellager mit verbreitertem Innenring; Werkzeugmaschinen-Fachnormen Kegelrollenlager breite Ausführung; Kegelrollenlager mit steilem Druckwinkel.

[2]) An Stelle der früher üblichen Wortbezeichnungen sind Zifferbezeichnungen getreten; es bedeutet 0 = ganz leicht; 2 = leicht; 3 = mittelschwer; 4 = schwer. Bei Zylinderrollenlagern bedeuten L = leicht, M = mittelschwer; S = schwer.

[3]) Bei Zylinderrollenlagern N = schmal; W = breit.

Nadellager[1]. Zwischen gehärteten und geschliffenen Laufbüchsen liegen Nadeln von 2 bis 5 mm Dmr. und 10 bis 50 mm Länge; sie bilden mit dem Schmiermaterial zusammen ein Schmierpolster. Verhältnismäßig großes Lagerspiel, damit die Nadeln nicht die volle Drehzahl annehmen und dadurch zerstört werden. Für schwingende Bewegung und stoßweise Belastung geeignet. Selbstherstellung von Nadellagern leicht möglich[2].

Längslager mit balligen Einstellscheiben sind möglichst zu vermeiden, da besonders bei waagerechten Wellen die Einstellscheiben durchhängen und die sich schiefstellenden Laufbahnen die Kugeln verklemmen. Vielfach werden heute die Kugellängslager durch solche Lager ersetzt, die gleichzeitig Längs- und Querkräfte aufnehmen können, s. Zahlentafel 1, B.

Kegellager, für Quer- und Längskräfte, sind nachstellbar.

Spannhülsenlager. Bei längeren Triebwerkwellen und im Landmaschinenbau werden meist die Innenringe der Wälzlager durch Spannhülsen oder schwache Klemmhülsen befestigt, da dadurch das Aufbringen der Lager erleichtert wird. Der Durchmesser der Wellen braucht dabei nicht so genau eingehalten zu werden; durch die geschlitzten Hülsen werden Ungenauigkeiten von 0,1 bis 0,2 mm ausgeglichen; die Wellen müssen vollkommen rund sein. Ist leichter und häufiger Ausbau erforderlich, so wird auch im allgemeinen Maschinenbau die Spannhülse (Zugschraube) und die Abziehhülse (Druckschraube) benutzt, und zwar bei folgenden Wälzlagerarten: Pendelkugel-, Tonnen-, Pendelrollenlager.

Bewegungsverhältnisse. Querlager. d_1 = Wälzkörperdurchmesser; D_m = Durchmesser der Wälzkörpermitten. n_i = Drehzahl des Innenringes; n_a = Drehzahl des Außenringes; n_w = Drehzahl der Wälzkörper; n_{kf} = Drehzahl des Käfigs. $n_w = n_i \frac{D_m^2 - d_1^2}{2 D_m d_1}$ bzw. $= n_a \frac{D_m^2 - d_1^2}{2 D_m d_1}$; bei stillstehendem Außenring ist $n_{kf} = n_w \frac{d}{D_m + d_1}$; bei stillstehendem Innenring ist $n_{kf} = n_w \frac{d_1}{D_m - d_1}$.

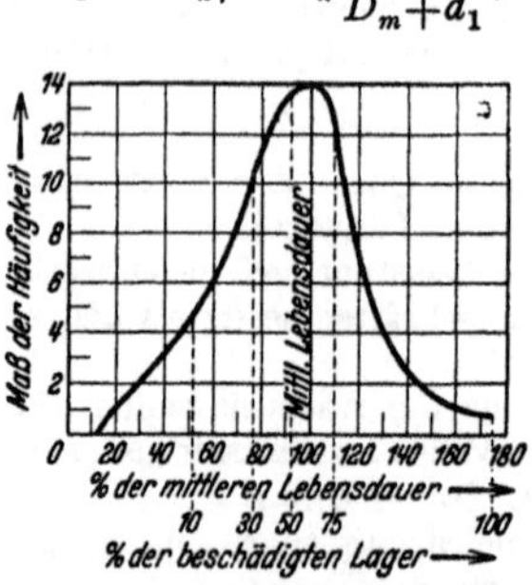

Fig. 127. Streuung der Lebensdauer nach Stellrecht.

Folglich wird bei stillstehendem Innenring die Käfigdrehzahl bedeutend größer als bei stillstehendem Außenring und außerdem die Zahl der Belastungswechsel auf dem meist gefährdeten Innenring, hervorgerufen durch die überrollenden Wälzkörper, vergrößert. Die Anordnung mit stillstehendem Außenring ist daher die Regel; anderenfalls wird die Lebensdauer bedeutend verringert!

Längslager. n = Drehzahl des umlaufenden Laufringes. $n_{kf} = 0{,}5 \cdot n$; $n_w = n \frac{D_m}{2 d_1}$.

Belastbarkeit[3]. Nächst Größe, Richtung und Wirkung der Kräfte sind Drehzahl und gewünschte Lebensdauer für die richtige Wahl eines Wälzlagers ausschlaggebend. Die Lebensdauer ist abhängig 1. vom inneren Aufbau: Konstruktion, Werkstoff und Herstellung; 2. von äußeren Einflüssen: Größe, Art und Dauer der Belastung, Drehzahl, Einbau, Schmierung und Wartung.

Der millionenfache Druckwechsel zwischen Wälzkörpern und Laufringen führt zur Ermüdung der Werkstoffe und Zerstörung der Lager, wobei die tangentialen Druckspannungen in den Oberflächen maßgebend sind; diese erreichen Werte von $\approx$ 14000 bis 15000 kg/cm²[4]. Die Zerstörung zeigt sich in Abblätterung (Schälung) der Oberflächen. Versuche mit einer verhältnismäßig großen

[1] Kurzbezeichnung für ein Nadellager mit Bohrung 45 mm: Na 45 DIN 617.

[2] Listen der Deutschen Kugellagerfabrik Böhlitz-Ehrenberg b. Leipzig.

[3] Siehe Mundt: Z. VDI Bd. 85 (1941) Nr. 39/40 S. 801 ff.

[4] Oberflächenspannungen und Ermüdungsbruch bei Wälzlagern. Forschg. Ing.-Wes., Mai/Juni 1932 S. 127. Berlin: VDI-Verlag.

Anzahl der verschiedensten Wälzlager führten zur Aufstellung einer Lebensdauerkurve, Fig. 127[1]). Die Lebensdauer wird ausgedrückt durch die Anzahl der ausgehaltenen Belastungswechsel, die sich aus den beobachteten Betriebsstunden, der Drehzahl und der Wälzkörperzahl ergibt. Die **mittlere** Lebensdauer = Mittelwert der Belastungswechsel für sämtliche Lager ist in Fig. 127 = 100 vH gesetzt. Danach erreichen nur 40 vH aller Lager diese mittlere Lebensdauer, während 60 vH bereits vorher zerstört sind. 90 vH aller Lager erreichen jedoch 50 vH der mittleren Lebensdauer, während nur 10 vH vorher ausfallen (sog. 10 vH Lebensdauer). Diese Zahlen sind nur wahrscheinliche, im Einzelfall können sich sehr starke Abweichungen ergeben. Fast alle Wälzlagerfirmen haben die 10 vH-Lebensdauer zur Berechnungsgrundlage gemacht; sie werde mit L_{10} bezeichnet und in Betriebsstunden angegeben.

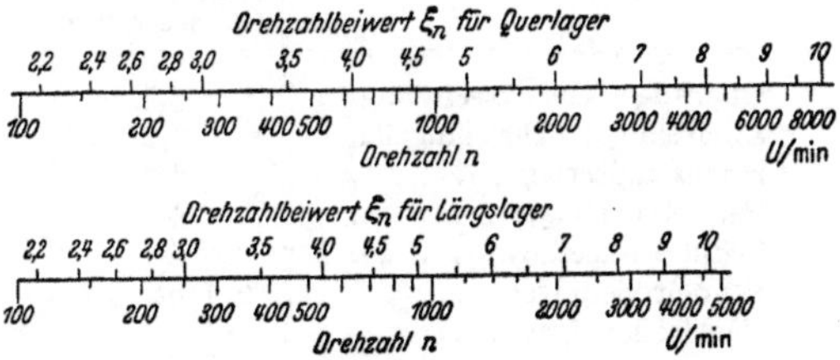

Fig. 128.

Fig. 129.

Querlager. P_q = stoßfreie Querkraft in kg, die das Querlager aufnehmen soll; ξ_n = Drehzahlbeiwert, Fig. 128; ξ_L = Lebensdauerbeiwert, Fig. 129; P_{12} = Tragkraft des Lagers bei der Drehzahl 12 U/min und 5000 Betriebsstunden; d = Durchmesser der Lagerbohrung in mm.

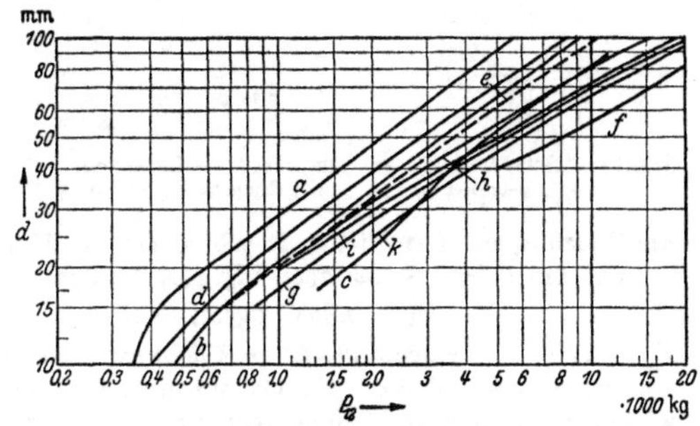

Fig. 130. Belastbarkeit der Querlager.

$P_{12} = \xi_n \cdot \xi_L \cdot P_q$ in kg. Nach Fig. 128[2]) ist z. B. für $n = 150$, $\xi_n \approx 2,4$ und für $n = 2000$, $\xi_n \approx 6$; nach Fig. 129 für $L_{10} = 5000$ Betriebsstunden ist $\xi_L = 1$ und für $L_{10} = 35\,000$ ist $\xi_L = 2$.

Beispiel: $d = 50$ mm; $P_q = 500$ kg; $n = 1050$; $L_{10} = 10\,000$ Betriebsstunden. $\xi_n = 4,8$; $\xi_L = 1,28$; $P_{12} \approx 3100$ kg (3100 kg würde das Lager bei $n = 12$ U/min und 5000 Betriebsstunden aushalten). Nach Fig. 130 und Kurve *b*: Hochschulterlager Lagerreihe 63.

Lagerart	Lagerreihe	Kurve
Hochschulterlager . . .	62 63 64	*a* *b* *c*
Pendelkugellager . . .	13 23	*d* *e*
Pendelrollenlager	223	*f*
Tonnenlager einreihig . .	203	*g*
Zylinderrollenlager . . .	$N \cdots M$ $W \cdots M$	*h* *i*
Kegelrollenlager	303 323	*g* *k*

Ist ein Querlager geeignet, eine Längskraft P_L aufzunehmen, dann muß P_L nach der Form der Wälzkörper und

[1]) Stellrecht: Die Belastbarkeit der Wälzlager. Berlin: Springer 1928.

[2]) Fig. 128 bis 131 sind nach Angaben von Kugelfischer Georg Schäfer & Co., Schweinfurt, zusammengestellt. Die Werte gelten für stillstehenden Außenring und stoßfreie Belastung. Bei stoßweiser Belastung ist für P_q bzw. P_L im Einvernehmen mit der Wälzlagerfirma ein höherer Wert einzusetzen.

Lagerart	Umrechnungswert φ für dauernde Längsbelastung
Querkugellager, zweireihig .	3,5
Zweireihiges Schrägkugellager	1,2
Hochschulterlager	1,75
Pendelkugellager	4
Schulterkugellager	2
Pendelrollenlager	2,5 bis 3,5
Kegelrollenlager	1,5

Laufbahnen in Querbelastung umgerechnet werden. Querbelastung $\approx \varphi \cdot P_L$.

Gesamtbelastung:

$$P_{12} = \xi_n \cdot \xi_L (P_q + \varphi P_L)$$

in kg.

Belastbarkeit der Nadellager. l = Länge der Nadeln in cm; d_i = Dmr. der Innenlaufbahn der Nadeln in cm. $P_q \approx p \cdot l \cdot d_i$. Umfangsgeschwindigkeit des Wellendmr. v in m/sek; p in kg/cm² für 5000 Betriebsstd.

v	gering	0,5	1	2	3	5	7
p	300	120	88	70	65	60	52

Längslager. Bei richtigem Einbau, Laufbahnebenen parallel zueinander und senkrecht zur Drehachse, verteilt sich die Längskraft P_L gleichmäßig auf

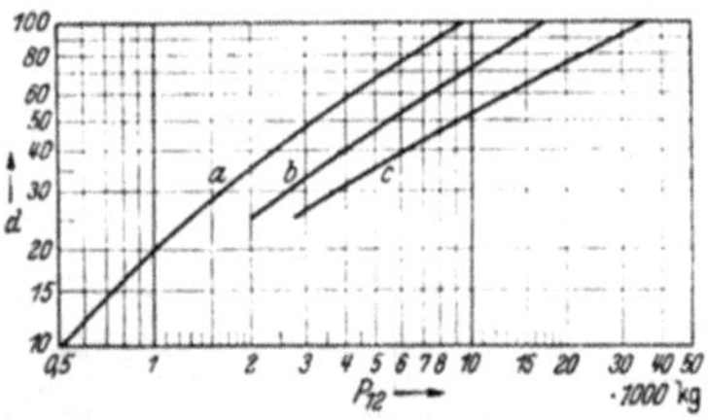

Fig. 131. Belastbarkeit der Längslager. *a* Lagerreihe 512 u. 522, *b* Lagerreihe 513 u. 523, *c* Lagerreihe 514 u. 524.

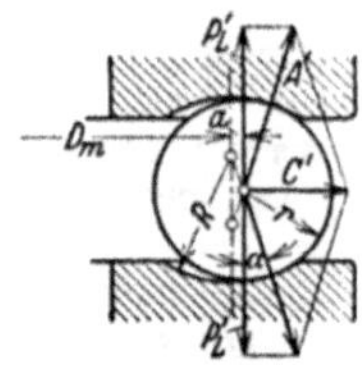

Fig. 132.

die Wälzkörper. Die Fliehkraft schleudert die Kugeln aus der Laufbahnmitte so weit um a heraus, bis nach Fig. 132 die Bedingung erfüllt ist:

$$P_L' = 0{,}5 \cdot C' \operatorname{ctg} \alpha; \qquad \sin \alpha = a : (R - r);$$

$P_L = z P_L'$; z = Kugelzahl; C' = Fliehkraft einer Kugel. Bei jeder Änderung von P_L oder n laufen die Kugeln auf einer anderen Laufbahn. Kein reines Abwälzen, sondern auch Gleiten beim Lauf, das zur Erwärmung und Abnutzung

Fig. 133.

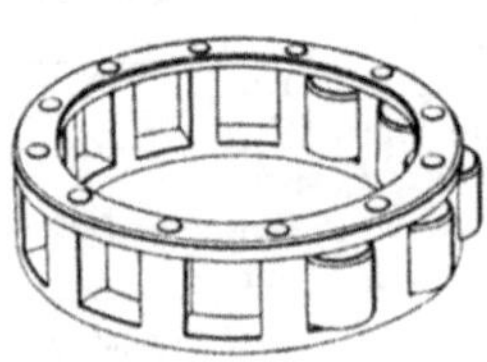

Fig. 134.

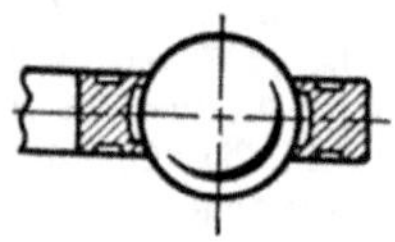

Fig. 135.

führt. Jede Veränderung von a bedingt Längsbewegung der Welle. Bei Leerlauf $P_L \approx 0$ wird a groß. Gewaltsame Verhinderung der Längsbewegung kann sehr große Kräfte A' erzeugen.

Belastbarkeit. P_{12} nach Fig. 131; ξ_n und ξ_L nach Fig. 128 u. 129 $P_{12} = \xi_n \cdot \xi_L \cdot P_L$ in kg.

Käfige sollen die Berührung der Wälzkörper miteinander verhüten und die durch Geschwindigkeitsänderungen der Wälzkörper hervorgerufenen Stöße aufnehmen; sie müssen elastisch und doch kräftig sein. Stahlblech, Leichtmetall, Kunststoffe für besonders ruhigen Lauf. Ausführungsbeispiele: Fig. 133 und 134 für Querlager, Fig. 135 für Längslager.

Passungen nach ISA und Einbauvorschläge[1]).

Lagersitzstellen der Welle:

h 5: Welle oder Gehäuse umlaufend, bei kleinen Belastungen und hohen Drehzahlen, z. B. im Apparatebau.

j 5: Welle oder Gehäuse umlaufend, bei mittleren Belastungen und stoßfreiem Betrieb, z. B. kleine Elektromotoren, Werkzeugmaschinen, außerdem für Längslager, Längskugellager.

k 5: umlaufende Welle für Zylinderrollen-, Tonnen- und Pendelrollenlager, z. B. mittlere und größere Elektromotoren, Kraftwagen-Hinterräder.

m 5: umlaufende Welle für große, stoßartige Belastungen.

n 5: umlaufende Welle für sehr große Belastungen.

g 6: umlaufendes Gehäuse und leicht verschiebbarer Innenring, z. B. für Kraftwagen-Vorderräder, Losräder von Wagen.

h 6: umlaufendes Gehäuse, z. B. Seilscheiben, Spannrollen, Kraftwagen-Hinterräder.

j 6: umlaufende Welle, für mittlere Belastungen, z. B. Werkzeugmaschinen, Getriebe, Walzen, Sägen, Längskugellager.

k 6: umlaufende Welle, für gewöhnliche Belastungen, für Kegelrollenlager.

m 6: umlaufende Welle, für sehr große Stoßbelastungen, z. B. für Schienenfahrzeuge. Bei Walzwerken: n 6.

h 7: umlaufende Welle, z. B. für Ventilatoren, Landmaschinen.

h 10: gewöhnliche Passung für Spann- und Abziehhülsenlager.

Lagersitzstellen im Gehäuse:

H 6: umlaufende Welle, für den allgemeinen Maschinenbau.

J 6: umlaufende Welle für allgemeinen Maschinenbau (mittlere und hohe Drehzahlen), Kraftwagen-Getriebe, Elektromotoren.

K 6: Welle oder Gehäuse umlaufend, für schwere Schleifspindellager, Kugellager, Rollenlager in Leichtmetallgehäusen.

M 6: Welle oder Gehäuse umlaufend: Nabenlager, Wälzlager in Leichtmetallgehäuse.

H 7: umlaufende Welle für allgemeinen Maschinenbau, leichte Verschiebbarkeit im Gehäuse, kleinere Drehzahlen.

J 7: für allgem. Maschinenbau wie bei J 6, Kegelrollen- und Zylinderrollenlager.

K 7: Welle und Gehäuse umlaufend, nur bei Rollenlagern.

M 7: umlaufendes Gehäuse, für Seilrollen, Spannrollen.

N 7: umlaufendes Gehäuse, für große Stoßbelastungen, z. B. Spannrollen.

P 7: umlaufendes Gehäuse, für hochbelastete und schnellaufende Laufrollen, z. B. für Hebezeuge, Zentrifugen.

S 7: Welle oder Gehäuse umlaufend, für Kurbelwellenlager, strammer Sitz in Leichtmetallgehäusen, nicht für Kugellager.

H 8: umlaufende Welle, Transmissionsgehäuse bei niedrigen Drehzahlen.

E 8: Längskugellager.

Einbau.

Soll der Innenring auf der Welle festsitzen, so wird am besten der Innenring bzw. das ganze Lager kurze Zeit in einem Ölbad von 60 bis 70° C angewärmt. Kleinere Lager werden mittels Dornpresse oder durch leichte Schläge auf ein gegen den Innenring gehaltenes Rohrstück aufgebracht. Schläge gegen Käfig oder Außenring sind zu vermeiden. Der Innenring muß seitlich durch Bunde, Hülsen, Muttern od. dgl. festgehalten werden. Um beim Ausbau den Innenring abziehen zu können, sind entsprechende Maßnahmen zu treffen: bei Bunden, deren Durchmesser gleich oder größer als die Außendurchmesser der Innenringe sind, müssen Nuten oder Aussparungen in den Wellen angeordnet

[1]) Nach Angaben von Kugelfischer Georg Schäfer u. Co., Schweinfurt.

werden. Für Transmissionswellen werden meist Spannhülsenlager benutzt, da deren Einbau einfacher.

Bei Verwendung von mehreren Querlagern darf nur **eins** die Führung übernehmen, Fig. 136 und 137. Die Bohrung eines zweiteiligen Gehäuses muß genau

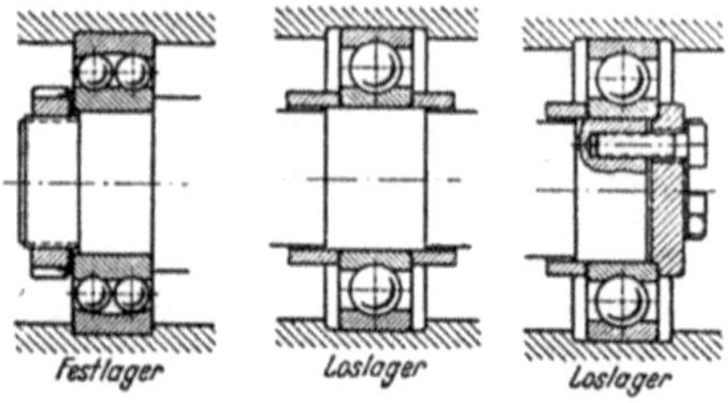

Fig. 136.

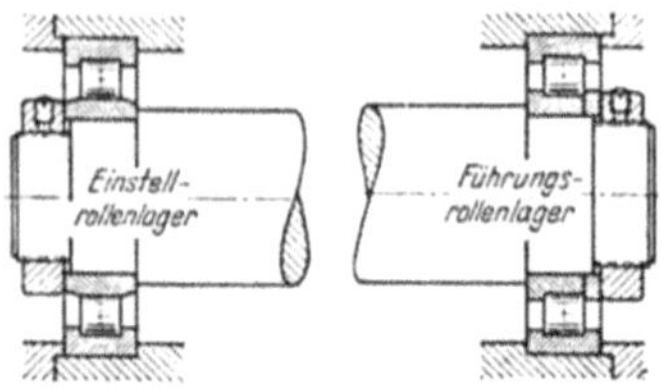

Fig. 137.

mit dem Außendurchmesser des Außenringes übereinstimmen, damit dieser nicht verdrückt wird. Querlager erhalten bei der Fertigung ein geringes inneres Lagerspiel (Lagerluft), das sich beim Aufziehen der Innenringe so weit verringert, daß die Wälzkörper ohne Klemmung laufen.

Schmierung. Das Schmiermittel muß säurefrei sein und darf nicht harzen. Für die Schmierung sind Mineralöle oder Fette zu verwenden. Die Gehäuse dürfen nicht vollständig mit Fett gefüllt werden, da hierdurch größere Bewegungswiderstände besonders bei hohen Drehzahlen verursacht werden. Vaseline bis etwa 35° C Lagertemperatur anwendbar, darüber hinaus Kalkseifenfett. Bei hohen Betriebstemperaturen (Dampfturbinen, rotierenden Öfen) sind Natronfette zu verwenden. Öl ist zweckmäßig durch Tropföler zuzuführen. Das Waten der Kugeln im Ölbad, besonders bei hohen Drehzahlen, verursacht Kraftverlust, das schäumende Öl verliert an Schmierfähigkeit. Je nach Betriebsart Erneuerung der Fettfüllung in einem bis zwölf Monaten notwendig. Wird das Schmiermittel schmutzig, dann sind die Lager gut mit Benzol oder Benzin auszuwaschen und hierauf wieder mit Fett zu füllen. Pfeifende Geräusche deuten auf mangelhafte Schmierung, rasselnde Geräusche auf Vorhandensein von Fremdkörpern im Lager (Verschmutzung). Eingetretenes Verklemmen oder Verquetschen erzeugt starke Erschütterungen im Betriebe und starke Erwärmung aller Lagerteile. Höchste Betriebstemperatur sei im allgemeinen $< 80°$ C.

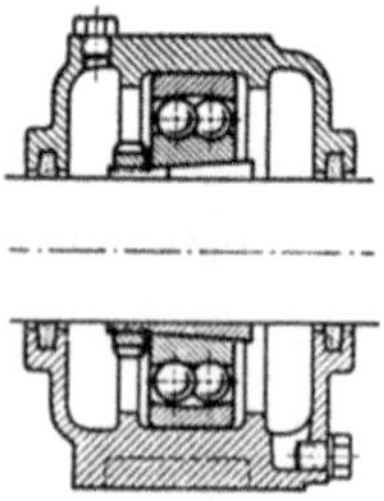

Fig. 138.

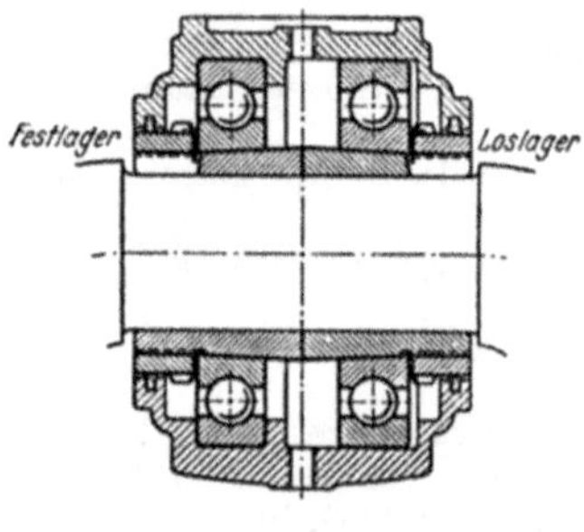

Fig. 139.

Abdichtung. Sorgfältige Abdichtung gegen Verlust des Schmiermittels und gegen Eindringen von Staub, Wasser, Dampf u. dgl. ist Grundbedingung für lange Lebensdauer. Filzringe eignen sich für die meisten Fälle, reiben und beschädigen jedoch in hartem Zustand die Welle; insbesondere finden Labyrinthdichtung, Spritzringe und Simmeringe (S. 533) Verwendung, siehe Einbaubeispiele.

Einbaubeispiele. Fig. 138, normales, zweiteiliges, waagerecht geteiltes Stehlager, mit Pendelkugellager und Spannhülse ausgerüstet; Einstellmöglichkeit der Welle. Abdichtung durch Filzringe. Ölablaßschraube.

Fig. 139: Lagerung einer gekröpften Welle in einer Dreschmaschine. Gehäuse waagerecht geteilt; beide Spannhülsen zwecks Aufbringen der Kugellager

Zahlentafel 3. Übersicht über die gebräuchlichsten Wälzlager.

A. **Querlager** Kräfte wirken hauptsächlich quer zur Welle.

	Maßreihe	Lagerreihe	Bohrung d			Maßreihe	Lagerreihe	Bohrung d	
Pendelkugellager, auch als Spannhülsenlager	12	12*	10÷320		Tonnenlager	02	202*	25÷280	
	13	13*	10÷280			03	203*	20÷240	
	22	22*	10÷320			04	204	25÷100	
	23	23*	15÷280		Nadellager	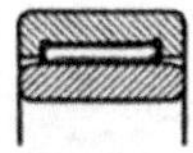			
	10	133	6 u 8						
	12		5, 7 u. 9						

Zylinderrollenlager	Einstellager nur für Querkräfte				Schulterlager, geringe Längskräfte in einer Richtung zulässig		Führungslager, geringe Längskräfte in beiden Richtungen zulässig	
	Innenbord		Außenbord					
	—		U		J		UP	
	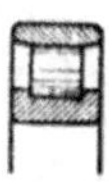		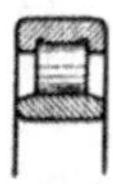		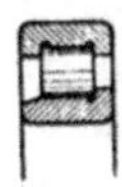		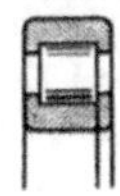	
	Maßreihe	Lagerreihe	Maßreihe	Lagerreihe	Maßreihe	Lagerreihe	Maßreihe	Lagerreihe
	02	NL	02	NUL	02	NJL	02	NUPL
	03	NM	03	NUM	03	NJM	03	NUPM
	04	NS	04	NUS	04	NJS	04	NUPS
			22	WUL	22	WJL	22	WUPL
			23	WUM	23	WJM	23	WUPM
			10	NUE				

B. **Lager für Quer- und Längskräfte.**

	Maßreihe	Lagerreihe	Bohrung d			Maßreihe	Lagerreihe	Bohrung d	
Pendelrollenlager	30	230*	120÷500		Hochschulterlager	00	El	3÷9	
	31	231*	110÷500			02	R	4÷9	
	32	232*	220÷500			10	60 X	10÷500	
	22	222*	80÷320			02	62	10÷320	
	23	223*	40÷280			03	63	10÷280	
Kegelrollenlager	02	302	17÷150			04	64	17÷240	
	03	303	15÷120		Schrägkugellager, Maßreihe 32 u. 33			Schulterlager, $d=3$ bis 20	
	22	322	30÷120						
	23	323	20÷120						

C. **Längslager.** Kräfte wirken längs der Welle.

Längskugellager, einseitig Gruppe 1, 2, 3 u. 4 Lagerreihe 511, 512, 513 u. 514		Längskugellager, zweiseitig Gruppe 2, 3 u. 4 Lagerreihe 522, 523 u. 524	

* Werden auch mit kegeliger Bohrung 1 : 12 (Kurzzeichen K) oder mit Spannhülse) (Kurzzeichen K/HL) oder mit Abziehhülse (Kurzzeichen K/AH) ausgeführt.

geteilt. Abdichtung durch Filzringe, die am zylindrischen Hals der Muttern anliegen.

Fig. 140: Achslager für Straßenbahnen und Triebwagen. Guter Wellenübergang zur kegeligen Bohrung des rechten Lagers; geringe Spannwirkung des Innen-

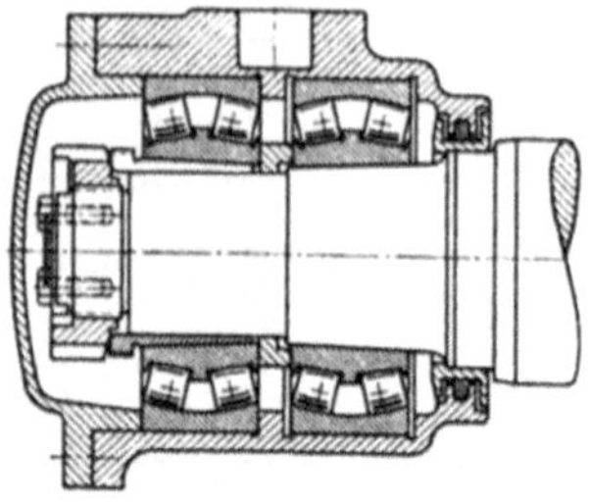

Fig. 140.

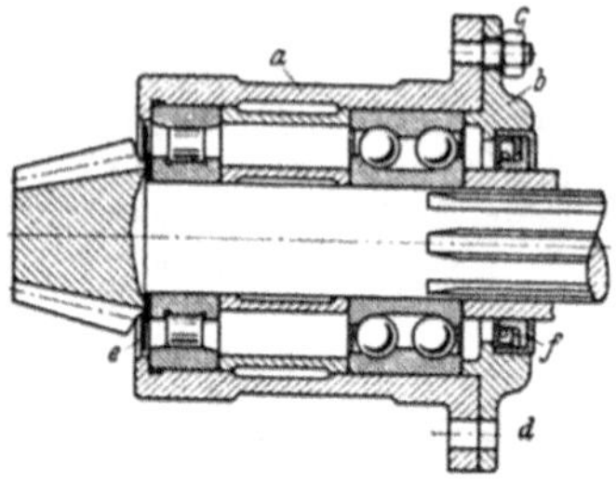

Fig. 141.

ringes auf die Welle[1]); Gefahr des Dauerbruches an dieser Stelle vermieden; leichter Ausbau beider Lager. Linkes Lager mit geschlitzter Abziehhülse und Mutter befestigt; diese mit zwei Sechskant-Kopfschrauben und Sicherungsscheibe und Nasen gesichert. Durch die Löcher der Schraubenköpfe wird ein Draht gesteckt und umgebogen.

Zahlentafel 4. **Einbaumaße für Querlager nach DIN 616 Bl. 1.** Ausgabe 1940 (Auszug).

d = Bohrung des Innenringes; *D* = äußerer Dmr. des Außenringes; *b* = Breite. Maße in mm.

Maß-reihe		00	10	30		02 u 12	22	32		03 u. 13	23		04	Nadel-lager [2])	
d	*D*	*b*	*b*	*b*	*D*	*b*	*b*	*b*	*D*	*b*	*b*	*D*	*b*	*D*	*b*
10	26	—	8	12	30	9	14	14	35	11	17	—	—	—	—
12	28	—	8	12	32	10	14	15,9	37	12	17	42	13	—	—
15	32	8	9	13	35	11	14	15,9	42	13	17	52	15	—	—
17	35	8	10	14	40	12	16	17,5	47	14	19	62	17	37	20
20	42	8	12	16	47	14	18	20,6	52	15	21	72	19	42	20
25	47	8	12	16	52	15	18	20,6	62	17	24	82	21	47	22
30	55	9	13	19	62	16	20	23,8	72	19	27	90	23	52	22
35	62	9	14	20	72	17	23	27	80	21	31	100	25	58	22
40	68	9	15	21	80	18	23	30,2	90	23	33	110	27	65	22
45	75	10	16	23	85	19	23	30,2	100	25	36	120	29	72	22
50	80	10	16	23	90	20	23	30,2	110	27	40	130	31	80	28
55	90	11	18	26	100	21	25	33,3	120	29	43	140	33	85	28
60	95	11	18	26	110	22	28	36,5	130	31	46	150	35	90	28
65	100	11	18	26	120	23	31	38,1	140	33	48	160	37	95	28
70	110	13	20	30	125	24	31	39,7	150	35	51	180	42	100	28
75	115	13	20	30	130	25	31	41,3	160	37	55	190	45	110	32
80	125	14	22	34	140	26	33	44,4	170	39	58	200	48	115	32
85	130	14	22	34	150	28	36	49,2	180	41	60	210	52	120	32
90	140	16	24	37	160	30	40	52,4	190	43	64	225	54	125	32
95	145	16	24	37	170	32	43	55,6	200	45	67	240	55	130	32
100	150	16	24	37	180	34	46	60,3	215	47	73	250	58	135	32

[1]) Siehe Z. VDI Bd. 78 (1934) S. 823.

[2]) DIN 617. Kurzzeichen Na 45 DIN 617.

Fig. 141: Einbaufertige Kegelradlagerung. Zahnrad-Längskräfte durch zweireihiges Schräglager auf Deckel *b* übertragen; Gehäuse *a* und *b* durch Schrauben *c* verbunden; im Getriebe durch Schrauben bei *d* befestigt; Spritzring *e*

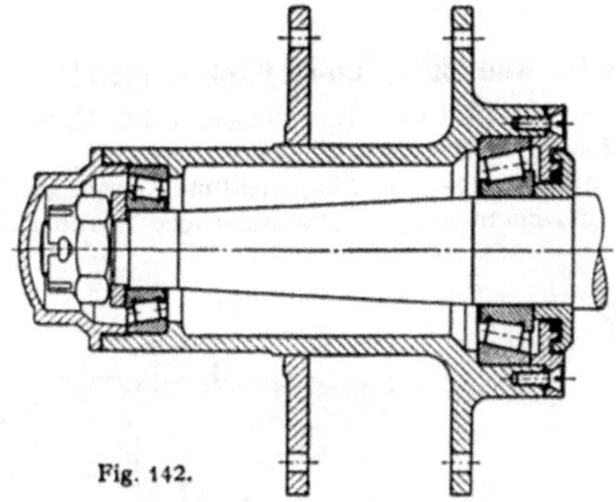

Fig. 142.

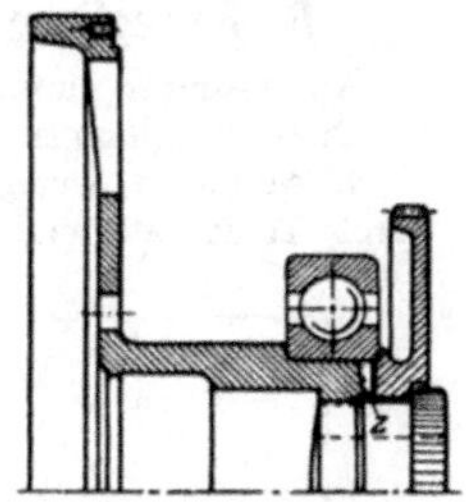

Fig. 143. Z = Hirth-Verzahnung.

verhindert den Zutritt von verschmutztem Öl in die Wälzlager; *f* Abdichtungs-Simmerring.

Fig. 142: Kegellager für Nabenlagerung an einem Lastwagenanhänger. Durch Anziehen der Mutter können die Lager spielfrei eingestellt werden.

Fig. 143 zeigt die Bedeutung der **Hirth-Kupplung** für den Einbau von Wälzlagern.

Weitere Beispiele s. Bd. I, Zahnräder und **Bd. II, Abschnitte Leichtmotoren, Kraftfahrzeuge, Hebemaschinen, Werkzeugmaschinen.**

XI. Kupplungen.

(Siehe auch Bd. II, S. 400 u. 642.)

Passung. Nabenbohrung H 7, Welle 30 bis 50 ⌀ k 6, 55 bis 500 ⌀ m 6; die Naben erhalten Fein- und Schlichtpassung.

A. Feste Kupplungen[1]).

Die früher vielfach gebräuchlichen Muffen-, Schalen- und Sellers-Kupplungen werden nicht mehr ausgeführt.

Scheibenkupplung, Fig. 144. Nabenlänge $\approx 1{,}5 \cdot d$. Bei z Schrauben, deren jede mit der Kraft Q angezogen wird, übertragen diese ein Drehmoment, das folgt aus

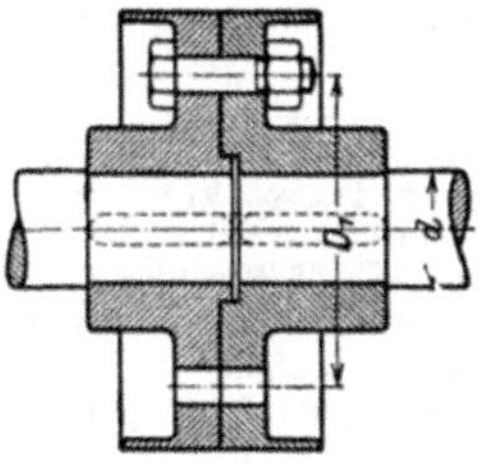

Fig. 144.

$$\frac{M_t}{D_1/2} = Q \cdot \mu \cdot z \qquad \text{mit} \qquad \mu \approx 0{,}25$$

für überschruppte Stirnflächen. Die Sicherung der gegenseitigen Verbindung erfordert eine Zentrierleiste, um deren Höhe eine axiale Verschiebung beim Ausbau nötig wird. Bei der Scheibenkupplung nach Fig. 145 kann nach Entfernung des zweiteiligen Ringes jede Welle stillgesetzt bzw. ohne Längsverschiebung ausgebaut werden. Fig. 145 zeigt geschweißte Kupplung.

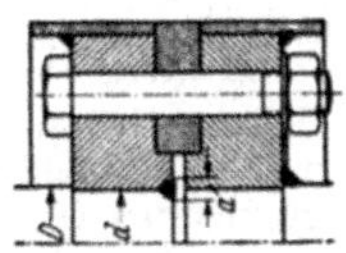

Fig. 145.

[1]) Übersichtsblatt für feste Kupplungen DIN 758; aufgesetzte Kupplungshälften DIN 759; angeschmiedete Kupplungsflanschen DIN 760.

Nachteil aller Scheibenkupplungen: sämtliche Räder und Riemscheiben müssen geteilt, sämtliche Lager offen sein.

Im Leichtmotorenbau: Stirnverzahnte Wellen und Flanschen der Albert Hirth AG., s. Kurbelwellen S. 542.

B. Bewegliche, elastische und dämpfende Kupplungen[1]).

Abmessungen einfacher, genormter elastischer Kupplungen s. Bd. II, S. 400.

Diese Kupplungen können folgenden Zwecken dienen:

1. Ausgleich geringer Wellenbewegungen in Längsrichtung, hervorgerufen durch Temperaturänderungen, Biegemomente oder veränderliche Schubkräfte;

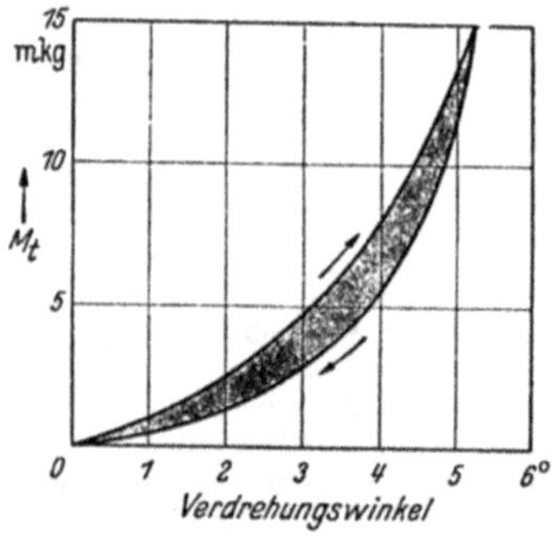

Fig. 146 Federungskennlinie der Eupex-Kupplung, Flender & Co., Bocholt.

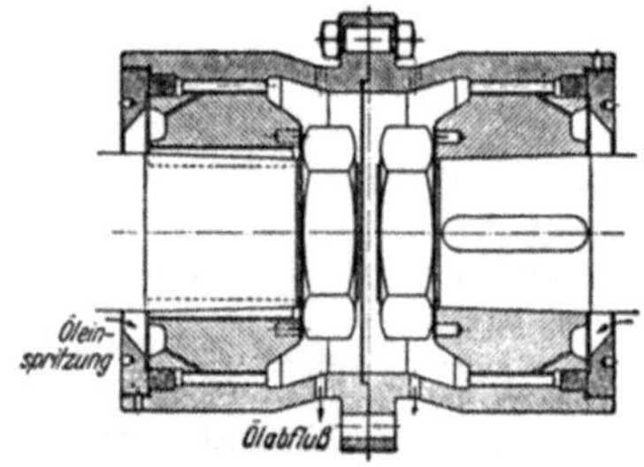

Fig. 147.

2. Ausgleich von Wellenbewegungen in radialer Richtung, hervorgerufen durch Biegemomente; 3. Ausgleich von geringen Winkelabweichungen (sich schneidender Wellen); 4. Ausgleich der schwingungserregenden, schwankenden Drehmomente der Kraft- und Arbeitsmaschinen.

Die Kraftübertragungsteile bestehen z. B. aus Zahnflanken, zwischen denen sich Schmieröl befindet, das bei auftretender Relativbewegung der Flanken zueinander verdrängt wird und die Bewegung dämpft, Fig. 147, oder aus Federn (Biegungs- oder Verdrehungsfedern) aus Stahl oder Kunststoffen, Buna-Gummi. Die Federungskennlinie soll möglichst progressiv sein, Fig. 146, was durch bestimmte Federbauarten erreicht werden kann: Verkürzung der Biegefederlänge bei zunehmendem Drehmoment, Fig. 149 und 150; Dämpfung wird durch Reibung der aufeinander arbeitenden Federflächen hervorgerufen (Schmierung erforderlich), Fig. 150. Bei Verwendung von Gummi und Kunststoffen genügt die eigene, innere Dämpfung dieser Werkstoffe.

In Fig. 146 wird durch die Veränderung des Verhältnisses von Drehmoment zur Verdrehung, d. h. der Elastizität der Kupplung während des Schwingungsvorganges die Eigenschwingungszahl der durch die Kupplung verbundenen Massen ständig verlagert. Die von der Be- und Entlastungskurve eingeschlossene Fläche stellt die bei einer Drehschwingung geleistete, dämpfende Formänderungsarbeit dar, die durch innere Reibung in Wärme umgewandelt wird.

Fig. 147: Doppelverzahnungskupplung der AEG.[2]) Zweiteilige Kupplungsmuffe greift mit Innenverzahnung in die Außenverzahnung der aufgekeilten Kupplungshälften ein. (Übertragungsleistung 17000 kW; $n = 3000$ U/min, äußerer Dmr. 510 mm.)

Die Elbo-Kupplung[3]), Fig. 148, hat durch vorgespannte Hülsen aus Buna-Gummi elastisch isolierte Bolzen, die abwechselnd in der rechten und linken

[1]) Siehe W. Benz: Zur Berechnung drehelastischer Kupplungen. MTZ 1941 Heft 1 S. 3ff.

[2]) Ähnliche Ausführungen: Bogenzahn-Kupplung, Masch.-Fabr. Tacke, Heine i. W.; Fast-Kupplung, Otto Gruson & Co., Magdeburg.

[3]) Eisenwerk Wülfel, Hannover-Wülfel.

Kupplungshälfte angeordnet sind. Bei der Bauart *F* müssen die Wellen zwecks Ausbau axial verschoben werden, bei Bauart *L* nicht.

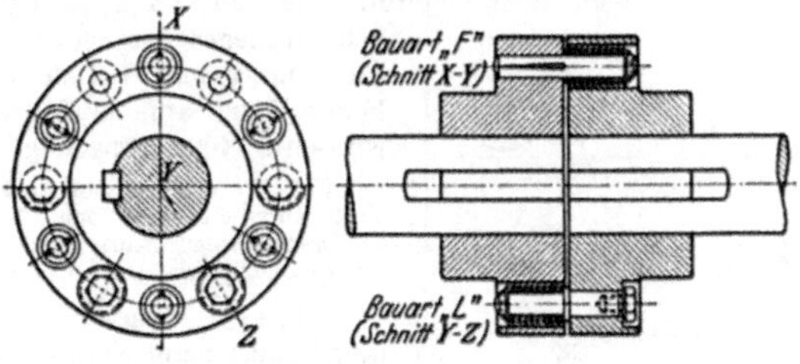

Fig. 148.

„Drehfeder"-Kupplungen[1]) dienen zur Verbindung umlaufender Maschinenteile, deren Winkelgeschwindigkeit zeitweise ungleich ist. Die Kupplungen mildern hierbei Stöße durch vorübergehendes Aufspeichern mechanischer Arbeit oder sichern vor Resonanzschwingungen durch Verlegen der kritischen Drehzahl, bzw. durch Verhindern des „Aufschaukelns" bei Resonanz.

Ausführungsbeispiele: Falk - Bibby-Kupplung[2]) A. G., Fig. 149. Federnde Stäbe, deren mehrere zu einer Schlangenfeder zusammengefaßt sind, liegen beiderseits zwischen Zähnen der Kupplungshälften, wobei die Zähne der Biegungslinie der Federn entsprechend nach der Kupplungsmitte zu schwächer werden, so daß die federnde Länge bei größerer Durchbiegung der Stäbe abnimmt. Nach Entfernung der äußeren Schutztrommel können die Schlangenfedern ausgewechselt werden. Die Bibby-Kupplung ist auch in axialer Richtung nachgiebig.

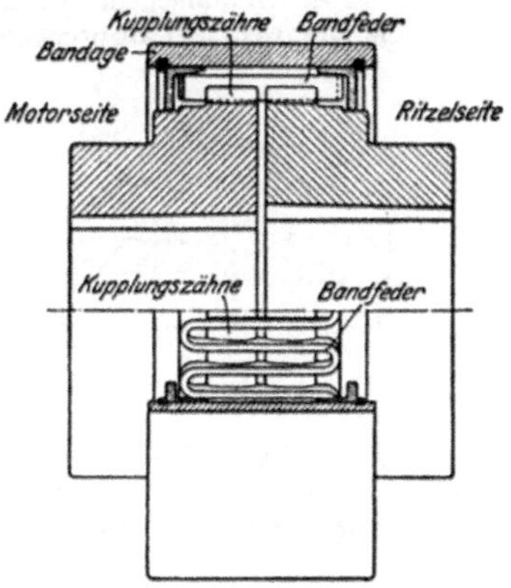

Fig. 149.

Der besondere Vorteil der hauptsächlich stoßdämpfenden Kupplung besteht darin, daß durch die Schlangenform der Feder deren ganzes Volumen für die Arbeitsspeicherung herangezogen wird.

In erster Linie Vermeidung und Dämpfung von Drehschwingungen bezweckt die MAN-Renksche Hülsenfederkupplung nach Fig. 150. Diese Kupplung gelangt besonders da zur Anwendung, wo die Winkelgeschwindigkeit einer Welle konstant, die der anderen Welle in einer bestimmten Frequenz wechselt. In axiale Bohrungen beider Kupplungshälften sind um Bolzen Federpakete gelegt, die aus mehreren, axial aufgeschnittenen und ineinandergesteckten Federstahlhülsen bestehen. Die radiale Dicke der Federblätter nimmt zwecks Erzielung vollkommen gleichmäßiger Beanspruchung der Blätter nach innen hin ab. Mit zunehmender Durchbiegung legen sich die Federn an den Bolzen an, der zugleich als Hubbegrenzung dient. Die freie Federlänge wird

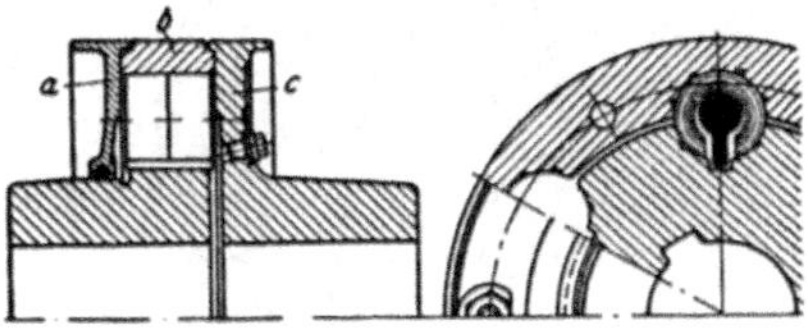

Fig. 150. *a* Verschlußdeckel mit Filzdichtung, *b* Außenteil mit Kupplungshälfte *c* verschraubt.

[1]) Siehe Z. VDI 1936 S. 245. [2]) Malmedie & Co., Düsseldorf.

dadurch gekürzt, die Federkennlinie mit dem Drehmoment stark geändert und Resonanz durch stete Änderung der Eigenfrequenz verhindert. Die übertragende Kraft wächst mit zunehmender Federung rasch an und erreicht ihr Höchstmaß beim Anliegen der Feder am Bolzen. Die Reibung beim Gleiten der einzelnen Federblätter aufeinander verursacht erwünschte Eigendämpfung.

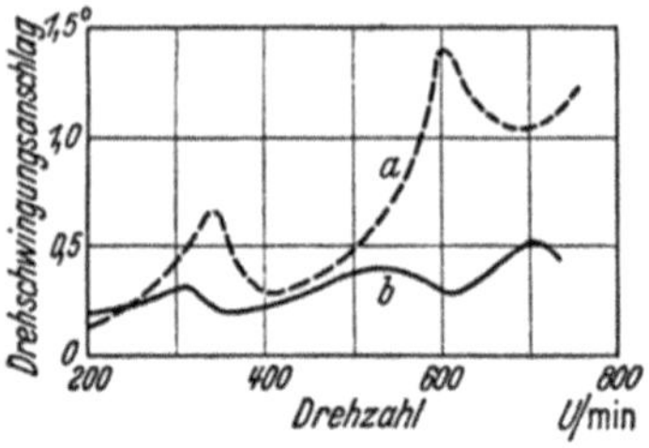

Fig. 151.

Fig. 151. *a* Wellen starr gekuppelt, *b* durch diese Kupplung verbunden. Starke Dämpfung der Drehschwingungsausschläge und Verlagerung des Resonanzgebietes bei $n = 600$ U/min.

Fig. 152: Kegelflex-Perbunan-Kupplung (Kauermann Kom.-Ges., Düsseldorf). Zwischen Stahlnabe *a* und napfförmiger Scheibe *b* ist Perbunan-Gummi vulkanisiert. Scheibe *b* und *d* werden durch Innensechskantschrauben zusammengepreßt. Die Kupplungen werden auch mit zweiseitigen Gummikegeln ausgeführt; Fig. 153 zeigt die Wöhlerkurve (s. S. 350) für die Drehwechselbeanspruchung des Gummis.

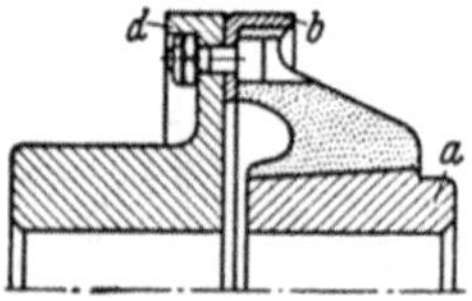

Fig. 152.

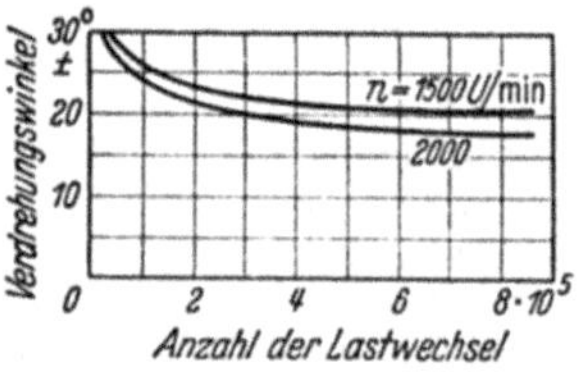

Fig. 153.

Bei der Eupex-Kupplung von A. Friedr. Flender & Co. in Bocholt greifen Kupplungsnocken der einen Kupplungshälfte mit oder ohne Spiel in Zwischenräume der meist aus Gummi bestehenden Pakete der anderen Kupplungshälfte

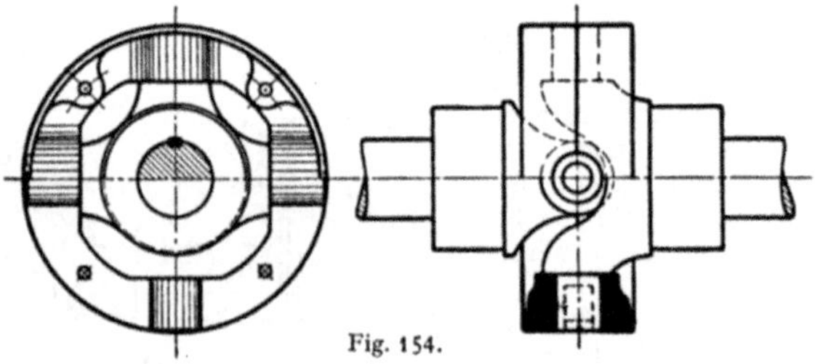

Fig. 154.

ein, wobei die Pakete nicht nur auf Druck, sondern auch auf Biegung beansprucht werden. Eichkurve der Kupplung s. Fig. 146.

Cardansches, Hooksches oder Kreuzgelenk, Fig. 154 und 155, für größeren Neigungswinkel γ beider Wellen. Auf jedem Wellenende sitzt fest aufgekeilt ein mit zwei Zapfen versehenes Kuppelstück. Alle vier Zapfen werden umschlossen von einem geteilten Ring. Die Zapfen sind hohl und werden mit Schmierfett gefüllt. Nachteil: beide Wellen drehen sich nicht mit konstanter Winkelgeschwindigkeit. Ist γ = Ablenkungswinkel (vgl. Fig. 155), so wird

$$\omega_{2\,\max}/\omega_1 = 1/\cos\gamma$$

und

$$\omega_{2\,\min}/\omega_1 = \cos\gamma .$$

Werden zwei parallele Wellen durch eine Zwischenwelle verbunden, Fig. 155, so tritt dieser Nachteil nicht auf, und die Kupplung eignet sich damit auch für größere Drehmomente. Ist der Achsenabstand der beiden parallelen Wellen ein wenig veränderlich, können die Drehzapfen axial beweglich gelagert werden. S. auch Gelenkwelle Fig. 117 und Faudi-Gelenk Bd. II, S. 649.

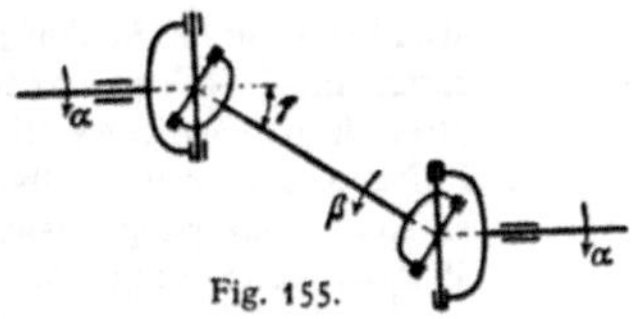

Fig. 155.

C. Ausrückbare Kupplungen.

Der ausrückbare Teil wird am besten auf die getriebene Welle gesetzt, so daß der Schleifring sich nur während des Betriebes abnutzt. Verschieben des Schleifringes und damit der Kupplungshälfte durch Hebel, Zahnstange und Rad oder Schraubenspindel und Wandermutter.

a) Während des Stillstandes ein- und ausrückbar.

Ausführungsbeispiel: Hildebrandt-Kupplung, Fig. 156. Teile *A* und *B* sind auf den Wellen aufgekeilt und tragen je drei Klauen *a* und *b*, die im ausgerückten Zustand eine Drehung einer Welle gegen die andere zulassen, da

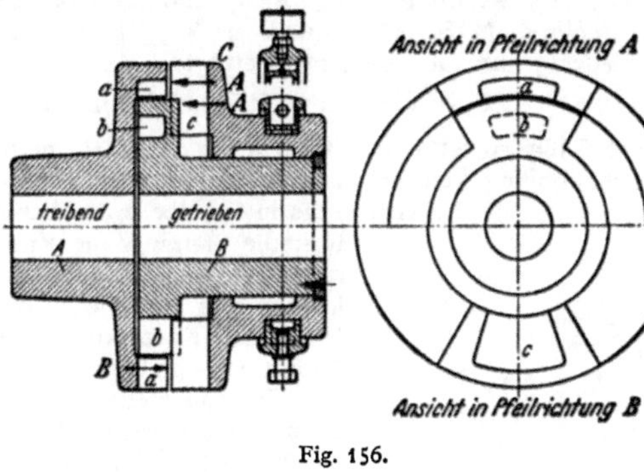

Fig. 156.

der äußere Durchmesser der Klauen *b* kleiner ist als der innere von *a*. Wird Muffe *C* bei entsprechender Stellung von *a* und *b* nach links verschoben, wobei sich ihre Klauen *c* zwischen *a* und *b* schieben, so wird die getriebene Welle mitgenommen. Um das Einrücken zu erleichtern, greifen Klauen *c* stets mit kleinem Vorsprung in *b* ein.

b) Während des Betriebes ein- und ausrückbar, Reibungskupplungen[1]).

Zweck. Sanftes Einschalten, Aufnahme von Stößen, Rutschen bei Überlastung, also Schonung der Antriebmaschinen; entlasteter Anlauf von Brennkraftmaschinen, Rechts-und Linkslauf möglich.

Von der Reibkupplung müssen überwunden werden: Massenwiderstände beim Anfahren, Reibungswiderstände der Ruhe und das normale Drehmoment bei Vollast.

Berechnung. Soll ein Gleiten während des Betriebes sicher vermieden werden, so gibt man zu den Werten M_t cmkg $= 71620 \cdot N/n$ noch folgende Zuschläge:

[1]) Geiger: Die Erwärmung von Kupplungen und Bremsen. ATZ 1937 S. 34.

für Elektromotoren, Schleifmaschinen usw.	Zuschlag =	0 vH
„ Drehbänke, Holzbearbeitungsmaschinen usw.	„ =	5 „
„ Brennkraftmaschinen, Kolbendampfmaschinen usw.	„ =	8 „
„ Luftkompressoren, Kolbenpumpen usw.	„ =	12 „
„ Gatter, Kollergänge usw.	„ =	17 „
„ Walzwerke, Steinbrecher usw.	„ =	28 „

Die geometrische Form der Reibungsflächen kann ein Kegel, Zylindermantel oder eine Kreisringfläche sein. Kegelflächen geben wegen des Faktors $\sin\alpha$ geringen Anpreßdruck, wirken selbstzentrierend, saugen sich bei zu kleinem Winkel α leicht fest. Zylindermantelflächen haben wegen eines großen r_m große Außendurchmesser und große Schwungmassen (nur bei kleinem n ausgeführt). Kreisringflächen, mindestens zwei je Getriebeteil wegen Aufnahme des Längsschubes, gestatten gedrängte Bauart und Unterbringung zahlreicher Reibflächen (Lamellen). Neuere Reibkupplungen zeigen zwecks Dmr.-Verringerung axiales und nicht mehr radiales Anpressen der Reibklötze.

Die Normalkraft N' wird mechanisch, elektrisch oder durch Öldruck, meist über Kniehebelgelenke, erzeugt; die dazu erforderliche Einrückkraft soll möglichst klein sein, da sie während des Laufes bestehen bleiben muß und die Größe der Verlustleistung bestimmt. Bei Kniehebelgelenken kann diese beim „Greifen" der Kupplung $= 0$ werden.

Die Reibflächen werden durch Reibbeläge[1]) gebildet, Kunstpreßstoffe aus Metallgewebe mit Asbestmasse hart und glatt gepreßt. Gegenfläche glatt, am besten poliert. Diese Kunststoffe ergeben hohe und gleichbleibende Reibungsziffer μ bei großer Flächenpressung p und sind bis $\approx 200°$ C unempfindlich. Erwärmung beim Einschalten.

$\mu \approx 0{,}2$ bei $p = 1{,}2$ bis 2 kg/cm² trocken laufend; $\mu = 0{,}07$ bei $p = 4$ bis 6 in Öl laufend für Kraftfahrzeuge; bei Transmissionen p um ≈ 50 vH. höher.

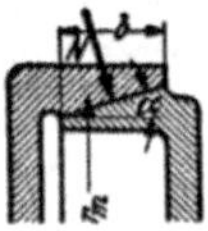
Fig. 157.

Fig. 157: Reibungskegelkupplung[2]). Ist Normaldruck $N' = p \cdot F$, worin $F = 2 r_m \cdot \pi \cdot b$, und ist Umfangskraft $P_u = 71\,620\, N/n r_m$ (s. S. 537), so muß $\mu \cdot N' \geqq P_u$ sein. Die von einem Schleifring auszuübende Kraft beträgt:

$$P = N' \cdot \sin\alpha = 71\,620\, N \sin\alpha / \mu\, n\, r_m\,.$$

Für Gußeisen auf Gußeisen ist $\mu = 0{,}1$ bis $0{,}15$; $\alpha > 10°$, meist $22{,}5°$.

Fig. 158: Reibkupplung von Lohmann & Stolterfoht, Witten-Ruhr. Beim Einrücken pressen (z. B. drei) Hebel c, die in Scheibe a drehbar gelagert sind, über die Stelzen d die Kupplungsflächen a und b gegen das Gehäuse. a und b können sich auf Bolzen, die parallel zur Welle im Nabenstück g festsitzen, in Längsrichtung bewegen. In eingerücktem Zustand stehen die Hebel h etwas über die senkrechte Lage hinaus, wodurch die Kupplung verriegelt und der Schleifring k entlastet wird. Einstellen der Reibscheiben auf richtigen Kraftschluß und Nachstellen bei Verschleiß durch Verdrehen des Ringes e (Sichern).

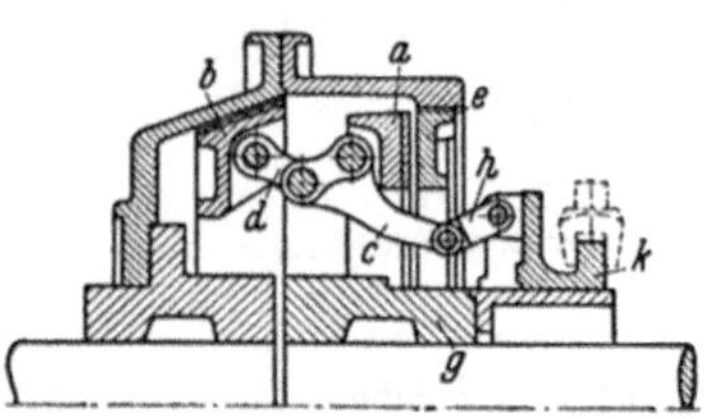

Fig. 158.

Kraftwirkung. Es seien N_a und N_b die senkrechten Flächenkräfte auf a und b; dann ist $M_t = \mu(N_a \cdot r_{m\,a} + N_b \cdot r_{m\,b})$. Die Größe von N_a und N_b ergibt sich aus den Gleichgewichtsbedingungen; überschläglich: $N_a \cdot r_{m\,a} = N_b \cdot r_{m\,b}$; also $M_t \approx 2 \cdot \mu \cdot N_a \cdot r_{m\,a}$.

Beispiel: $N = 45$ PS; $n = 1500$ U/min. Reibbeläge aus Jurid; $\mu \approx 0{,}2$; trocken laufend; $p \approx 2$ kg/cm². $N/n = 0{,}03 = 30 \cdot 10^{-3}$; Wellendmr. d nach S. 650; für $\tau_{zul} = 200$ kg/cm² und $N/n = 30 \cdot 10^{-3}$ wird $d = 4$ cm + Zuschlag für Nabennut; $d = 40 + 2 \cdot 5 = 50$ mm. $r_{m\,a} = 130$ mm geschätzt. $N_a = \dfrac{71\,620 \cdot 0{,}03}{2 \cdot 0{,}2 \cdot 13} \approx 415$ kg; mit $p = 2$ kg/cm² wird die Breite der Reibfläche vom Ring $a = \dfrac{415}{2 \cdot 2 \cdot \pi \cdot 13} \approx 2{,}6$ cm.

Die Fedan-Kupplung (Eisenwerk Wülfel), Fig. 159, besteht aus dem Kreuz mit den beiden Reibscheiben s_1 und s_2, und aus dem Ring R, der die verschleißfesten Reibklötze r trägt. Die federnde Anpressung bewirkt sanftes Einschalten und selbsttätige Nachstellung.

[1]) Jurid-Vertriebsgesellschaft Kirchbach & Co., Coswig.
[2]) Kegelreibungsverbindungen. ATZ 1935 Heft 1 S. 12.

Fig. 160: Lamellenkupplung von Otto Ortlinghaus Söhne, Remscheid. Die im treibenden Körper auf Verzahnung verschiebbaren Außenlamellen sind eben, die auf dem Innenkörper ebenso verschiebbaren Lamellen sind gewölbt. Mittels Muffe *m* und Winkelhebel werden Lamellen unter langsamer Zunahme der Berührungsflächen aneinandergepreßt. Das Lamellenpaket läuft in Öl und ist nachstellbar. Berechnung: bei *z* beiderseits gepreßten Lamellen wird $M_t = 2 \cdot z \cdot \mu \cdot N_a \cdot r_m$ in cmkg; N_a = Anpreßdruck in kg und r_m = mittlerer Reibungshalbmesser in cm.

Fig. 161: Elektromagnet-Kupplung der Bamag, Dessau. Wird den Wicklungen *w* durch Schleifringe *s* Strom zugeführt, so entsteht zwischen den Polen *p* ein Kraftfeld, das die auf einer Nabe axial verschiebbare Ankerscheibe mit dem Reibbelag *r* anzieht. Federn *f* ziehen bei Stromunterbrechung die Ankerscheibe zurück.

Die Kupplung wird auch als Lamellen- und Umkehrkupplung, sowie mit feststehender Wicklung für hohe Drehzahlen und explosionsgefährliche Räume ausgeführt.

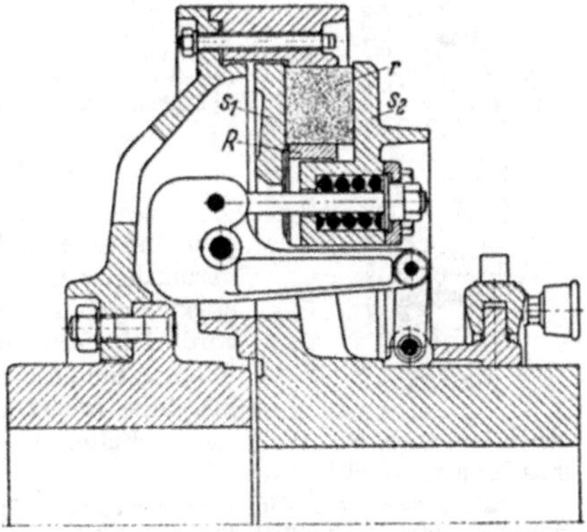

Fig. 159.

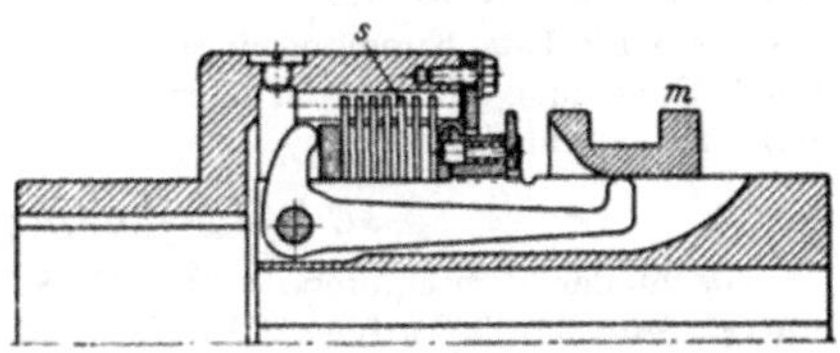

Fig. 160. *s* Lamellen.

Schraubenbandkupplung der Vulkan G. m. b. H., Dortmund. Um eine auf der getriebenen Welle fest aufgekeilte Hartgußmuffe ist ein Schraubenband gewunden, das am einen Ende mit der auf der treibenden Welle aufgekeilten Kupplungshälfte verbunden ist. Wird mittels Schleifring eine Einrückscheibe gegen die Kupplungsfeder gepreßt, so werden die ersten Federwindungen zusammengedrückt und sowohl um die Muffe gezogen als auch auf dieser axial verschoben. Die Schraubenwindungen schlingen sich spillartig um die Muffe und nehmen diese mit.

Fliehkraft-Kupplung der AEG für Elektromotoren gestattet entlasteten Anlauf; Kupplung des Motors mit der Arbeitmaschine erst bei voller Drehzahl des Motors.

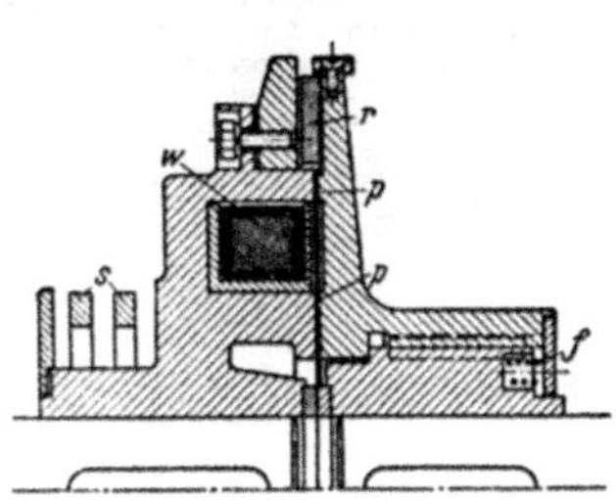

Fig. 161.

D. Sicherheitskupplungen.

Jede Reibungskupplung ist als Sicherheitskupplung verwendbar, da sie nur eine durch die Größe der Reibung gegebene größte Kraft überträgt, bei deren Überschreitung sie gleitet und als Rutschkupplung wirkt[1]); Einbau zweckmäßig bei Drehmomentwandlern (stufenlos regelbaren Übersetzungsgetrieben)[2]) und beim Antrieb sehr schnellaufender Teile, bei denen infolge großer Massen-

[1]) Siehe a. Bach: Kegelreibungsverbindungen. ATZ 1935 Heft 1 S. 12.
[2]) Siehe Bd. II, S. 517.

kräfte bei Drehzahländerungen Stöße auftreten. Ausführungsbeispiel: nicht ausrückbare Federreibungskupplung Fig. 162.

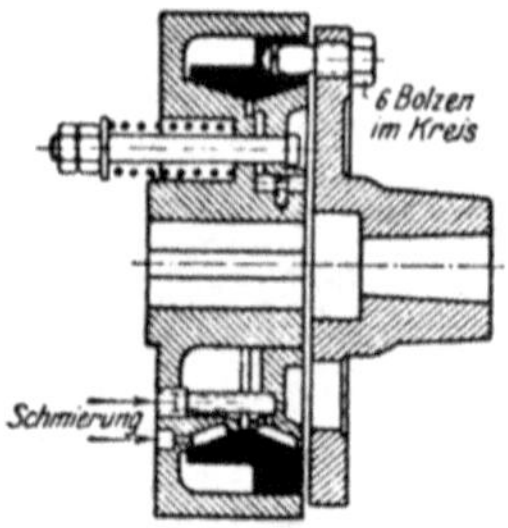

Fig. 162.

Ähnliche Bauarten: PIV-Sicherheitskupplung. Vertrieb: A. Friedrich Flender & Co., Bocholt. Otto Ortlinghaus Söhne, Remscheid.

Auch die Lamellenkupplung nach Fig. 160 dient bei dauernder Ausübung eines Anpreßdruckes durch eine oder mehrere Spiralfedern als Sicherheits-Rutschkupplung.

E. Kraftmaschinenkupplungen.

Arbeiten zwei oder mehrere Maschinen gemeinsam auf eine und dieselbe Welle, so muß mitunter vermieden werden, daß bei sinkender Umlaufzahl der einen Maschine diese nicht von der anderen getrieben wird. Diesem Zweck dienen die Kraftmaschinenkupplungen. Sie übertragen also einseitig die Leistung einer Maschine (meist einer Hilfsmaschine) auf eine anderweitig angetriebene Welle und schalten je nach der Geschwindigkeit der Hilfsmaschine selbsttätig ein und aus.

Ausführungen: AEG-Überholungskupplung; Dreika- und Uhlhorn-Kupplung der Peniger Maschinenfabrik und Eisengießerei; Ohnesorge-Kupplung der Bamag, Arndtsche Kupplung von Luther-Braunschweig.

Überholungskupplung zum Schalten ohne Zugkraftunterbrechung s. Rundschau Deutscher Technik 16. Mai 1940.

Die einfachste Kupplung dieser Art ist der Freilauf, bei dem Rollkörper durch Klemmung die Welle in einer Drehrichtung mitnehmen und in der anderen freigeben, s. Bd. II, S. 645.

F. Flüssigkeitskupplungen.

Die in der Kreiselpumpe *a* (Bd. II, S. 273) der treibenden Welle erzeugte Energie wird an die Turbine *b* (Bd. II, S. 226) der getriebenen Welle abgegeben; die Wirkungsweise setzt Schlupf zwischen beiden Kupplungsteilen und Gleichheit des Drehmomentes an beiden Wellen voraus. Wirkungsgrad und Schlupf ergänzen sich zu 100 vH, so daß z. B. für 2 vH Schlupf $\eta = 0{,}98$ wird, s. Fig. 163.

Flüssigkeitskupplungen wirken schwingungsdämpfend, als starre Kupplung nur, wenn erregende Frequenz der Eigenschwingungszahl der Abtriebswelle gleich ist. Ist die Eigenschwingungszahl der Antriebseite gleich der der Abtriebseite, so können große Schwingungsausschläge

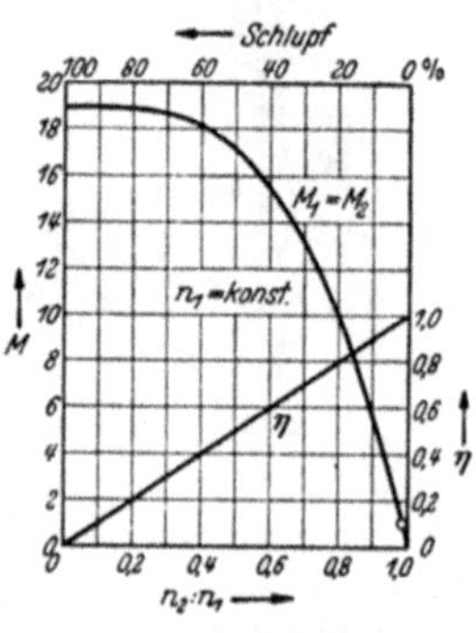

Fig. 163.

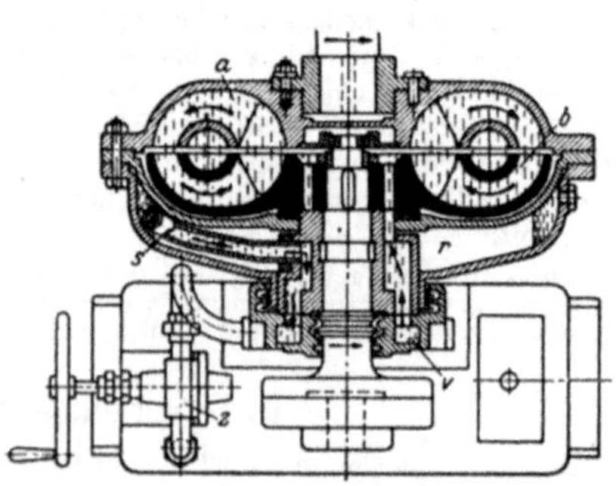

Fig. 164.

auftreten, doch wirken praktisch Lagerreibung und andere Einflüsse stark schwingungsdämpfend. Wesentlich ist, daß Flüssigkeitskupplungen niemals Schwingungen anfachen. (Z. VDI 1938, S. 701.)

Ausführungsbeispiel: Voith-Kupplung, Fig. 164. Von der Kupplung dauernd ausgeschleuderte Flüssigkeit gelangt in Raum *r* und wird durch Fliehkraftwirkung mittels Schöpfrohr s in Verteilungsraum v gefördert, von dem aus die Flüssigkeit wieder in die Kupplung eintritt. Wird diese nicht gänzlich aufgefüllt, so wird die Drehzahl der Abtriebwelle niedriger, so daß durch die Zahnradpumpe z die Drehzahl geändert werden kann, indem aus einem Behälter dem Verteilraum Flüssigkeit zugeführt oder aus ihm entnommen wird.

Strömungsgetriebe oder Wandler[1]) bestehen ebenfalls aus Kreiselpumpe und Turbine und haben die Aufgabe, das Motormoment abhängig vom Drehzahlverhältnis der beiden Wellen umzuwandeln, so daß eine beträchtliche Momentzunahme (z. B. beim Anfahren) möglich wird. Das Drehmoment wird dadurch gewandelt, daß an einem zwischen Turbine und Pumpe eingeschalteten, feststehenden Leitrad das Gegenmoment des auf das Turbinenlaufrad ausgeübten Drehmomentes abgestützt wird. Sonach: Moment der treibenden Welle konstant, Moment der getriebenen Welle veränderlich.

XII. Zahnräder.

1. Grundbegriffe und Bezeichnungen.

Je nach Lage der Wellen zueinander ergeben sich folgende Grundformen:

Lage der Wellen	Grundform	der Zahnräder
parallel	Zylinder	Stirnräder
sich schneidend	Kegel	Kegelräder
sich kreuzend	Zylinder	zylindrische Schraubenräder, Schnecke
	Hyperboloid	hyperbolische Schraubenräder.

Grundbedingung. Das Verhältnis der Winkelgeschwindigkeiten ω_1 und ω_2 der treibenden Welle *1* und der getriebenen Welle *2* ist konstant. Das Übersetzungsverhältnis[2]), kürzer die Übersetzung, in Richtung des Kraftflusses ist $i = \omega_1/\omega_2 = n_1/n_2 = z_2/z_1 =$ konstant; $z =$ Zähnezahl.

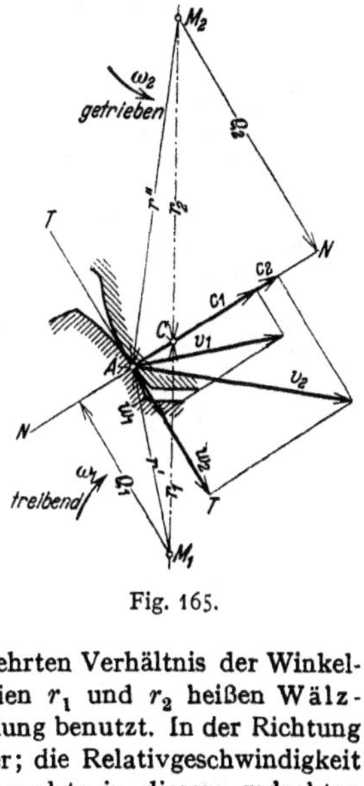

Fig. 165.

Grundgesetz der Verzahnung. Im Berührungspunkt A, Fig. 165, der beiden Flanken haben beide Zahnkurven gemeinsam die Tangente TAT und die Normale NAN. Die Umfangsgeschwindigkeiten v_1 und v_2 werden in die Tangentialkomponenten w_1 und w_2 und in die Normalkomponenten c_1 und c_2 zerlegt: c_1 und c_2 müssen gleich groß sein, da an der Berührungsstelle weder ein Spielraum sein, noch Rad *1* in Rad *2* eindringen darf. Aus der Ähnlichkeit der Dreiecke folgt: $c_1/v_1 = \varrho_1/r'$ und $c_2/v_2 = \varrho_2/r''$; also $c_1 = v_1 \varrho_1/r' = \omega_1 \cdot \varrho_1$ und $c_2 = v_2 \cdot \varrho_2/r'' = \omega_2 \cdot \varrho_2$; da $c_1 = c_2$, wird $\omega_1/\omega_2 = \varrho_2/\varrho_1$. Die Normale NAN schneidet die Verbindungslinie der Mittelpunkte M_1 und M_2 in C; es ist $\varrho_1/r_1 = \varrho_2/r_2$; also $\omega_1/\omega_2 = r_2/r_1 = i$. Verzahnungsgesetz: Die Normale im Berührungspunkt der Zahnflanken muß durch den Wälzpunkt C gehen, der die Strecke $M_1 M_2$ im umgekehrten Verhältnis der Winkelgeschwindigkeiten teilt. Die Kreise mit den Radien r_1 und r_2 heißen Wälzkreise; sie werden als Teilkreise für die Herstellung benutzt. In der Richtung der Tangente TAT gleiten die Flanken aufeinander; die Relativgeschwindigkeit des Gleitens ist $w_2 - w_1$. Punkt C heißt Wälzpunkt; in diesem gedachten Punkte ist die Geschwindigkeit beider Räder gleich groß; es tritt dort kein Gleiten, sondern nur Rollen oder Wälzen der Zahnflanken auf.

[1]) Siehe Flüssigkeitsgetriebe Bd. II, S. 518. [2]) DIN 868, Abs. 9.

Eingrifflinie. Bei gewähltem Flankenprofil $A_1B_1C_1D_1$ des Rades *1*, Fig. 166, ist das Profil der Gegenflanke des Rades *2* geometrisch festgelegt. Die Normale im Punkt A_1 schneidet den Wälzkreis *1* im Punkt *1*; wird das Rad *1* nach rechts gedreht, bis *1* mit C' zusammenfällt, dann ist A_1 nach A' gekommen; in A' muß die Berührung mit Punkt A_2 der Gegenflanke stattfinden, da die Normale $A'C'$ durch C' geht. Konstruktion: Kreis mit $A_1 1$ um C' und Kreis mit A_1M_1 um M_1; Schnittpunkt ist A'. Überträgt man den Bogen $\widehat{C'1}$ des Wälzkreises *1* auf den Wälzkreis *2*, so erhält man den Bogen $\widehat{C'I}$. Wenn A_1 nach A' gewandert ist, sind *1* und *I* nach C' gelangt; Rad *2* wird nach links zurückgedreht, um *I* mit $A'C' = A_1 1$ und um M_2 mit $A'M_2$ der Kreis geschlagen: Schnittpunkt A_2. Ebenso werden die anderen Punkte der Gegenflanke B_2, C_2 und D_2 bestimmt. Entsprechende Punkte beider Flanken berühren sich in den Punkten A', B', C' und D'; die Kurve durch diese Punkte heißt Eingrifflinie (stark —·—·— dargestellt): es kommen in Eingriff: A_1 mit A_2 in A', B_1 mit B_2 in B', C_1 mit C_2 in C' und D_1 mit D_2 in D'.

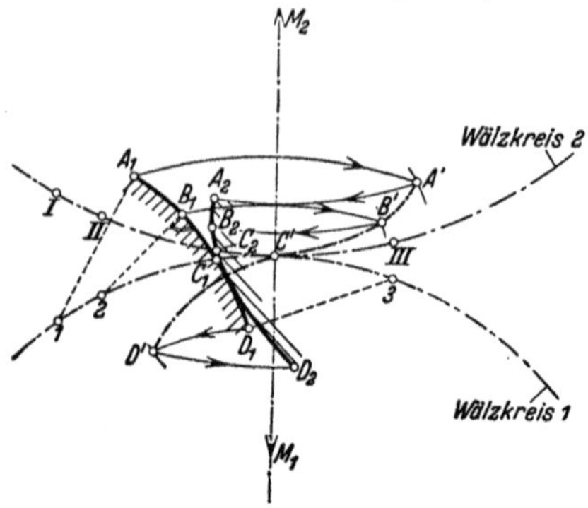

Fig. 166.

Aus Gründen der Herstellung müssen Zahnflanken und Eingrifflinie durch einfache geometrische Kurven gebildet werden: Zykloiden, Evolventen, Gerade.

Formen der Zahnflanken, Fig. 167 bis 171.

Rollkreis mit Radius r; Grundkreis mit Radius ϱ. Um einen beliebigen Punkt A der Kurve zu erhalten, teilt man die aufeinander abrollenden Bogenstücke des Roll- und Grundkreises von C ausgehend in gleiche Teile. Kreis mit $A''C''$ um C; Kreis mit $A''C$ um C''; Schnittpunkt dieser Kreise ist A. Nachprüfung: Kreis mit $A''M$ um M muß durch A gehen. Gleichzeitig gibt dieser Kreis durch seinen Schnittpunkt A' mit dem Rollkreis den entsprechenden Punkt der Eingrifflinie an. Eingrifflinie ist —·—·— dargestellt. AC'' ist die Normale, — — — gezeichnet, AD ist die Tangente im Punkte A der Kurve.

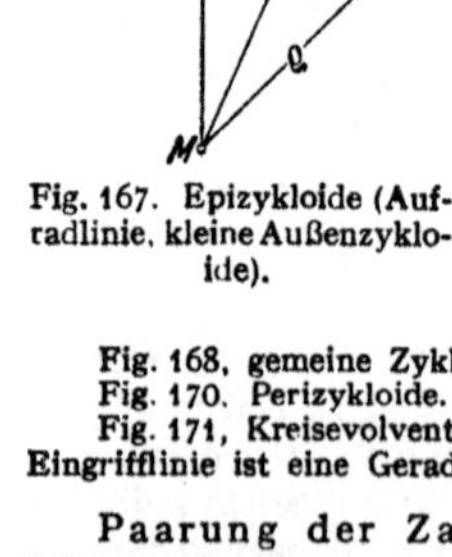

Fig. 167. Epizykloide (Aufradlinie, kleine Außenzykloide).

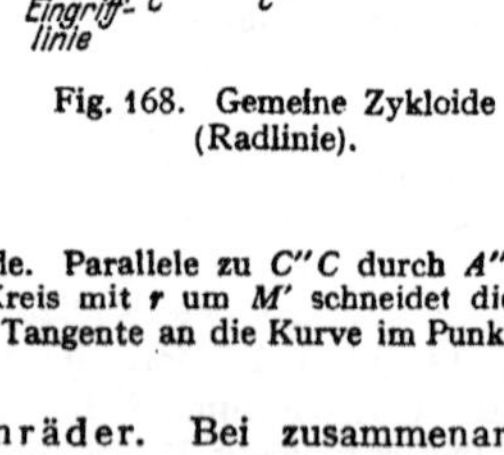

Fig. 168. Gemeine Zykloide (Radlinie).

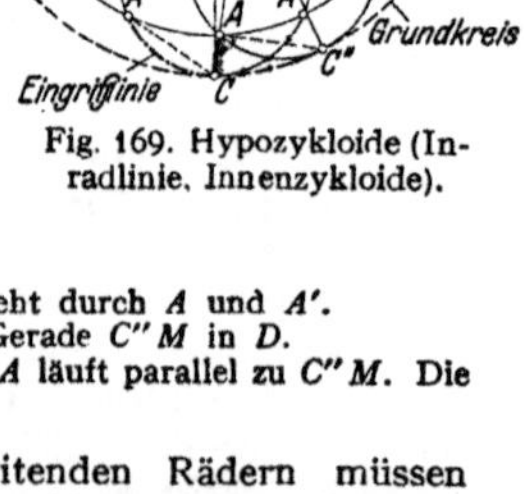

Fig. 169. Hypozykloide (Inradlinie, Innenzykloide).

Fig. 168, gemeine Zykloide. Parallele zu $C''C$ durch A'' geht durch A und A'.
Fig. 170, Perizykloide. Kreis mit r um M' schneidet die Gerade $C''M$ in D.
Fig. 171, Kreisevolvente. Tangente an die Kurve im Punkte A läuft parallel zu $C''M$. Die Eingrifflinie ist eine Gerade.

Paarung der Zahnräder. Bei zusammenarbeitenden Rädern müssen folgende Bedingungen erfüllt sein: 1. Gleiche Teilung. 2. Mindestens ein Zahnpaar im Eingriff. 3. Die Eingrifflinien beider Zahnprofile müssen sich decken. Eine beliebige Anzahl von Rädern, die diesen Bedingungen entsprechen, bilden einen Rädersatz, Satzräder; sie können wahllos miteinander gepaart werden.

Normbezeichnungen[1]), Fig. 172, Stirnrad mit geraden Zähnen. Teilung t ist der Abstand zweier benachbarter gleichgerichteter Flanken, auf dem Teilkreis gemessen; Teilkreis ist der Kreis, dessen Umfang gleich $z \cdot t$ ist. In der Regel ist Teilkreis = Erzeugungswälzkreis[2]), kurz Wälzkreis genannt. Modul[3]) $m = t/\pi$ in mm. Wälzkreisradius $r_1 = \frac{1}{2} \cdot m \cdot z_1$; z_1 = Zähnezahl des Kleinrades *1*; $r_2 = \frac{1}{2} \cdot m \cdot z_2$; z_2 = Zähnezahl des Großrades *2*. Achsabstand $a_0 = r_1 \pm r_2 = \frac{1}{2} \cdot m\,(z_1 \pm z_2) = r_1(1 \pm i)$; „+" für Außen-, „−" für Innengetriebe.

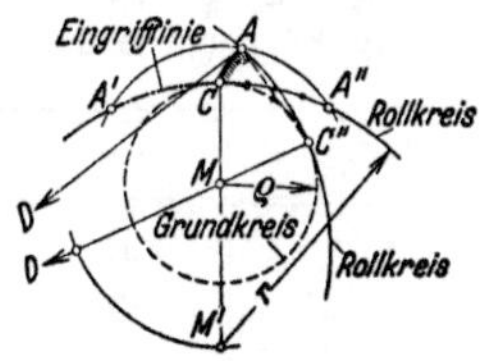

Fig. 170. Perizykloide (Umradlinie, große Außenzykloide).

Als Bogen im Teilkreis gemessen: Zahndicke s, Zahnlückenweite w. Vom Teilkreis aus gemessen: Kopfhöhe k, Fußhöhe f. Die Zahnhöhe setzt sich aus Kopfhöhe k und Fußhöhe f zusammen.

Kopfspiel. S_K = Abstand des Kopfkreises vom Fußkreis des Gegenrades. $S_K = f - k$. Bei bearbeiteten Zähnen ist $k = m$; $f = 1{,}1$ bis $1{,}3\,m$; $h = 2{,}1$ bis $2{,}3\,m$; $S_K = 0{,}1$ bis $0{,}3\,m$. Nach DIN 870 sei: $f = 1{,}2\,m$; $h = 2{,}2\,m$; $S_K = 0{,}2\,m$.

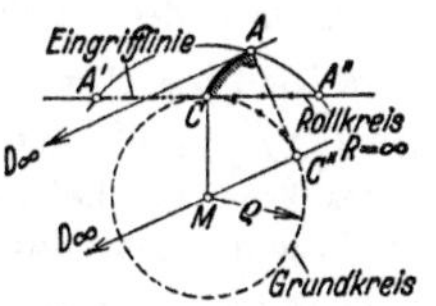

Fig. 171. Kreisevolvente.

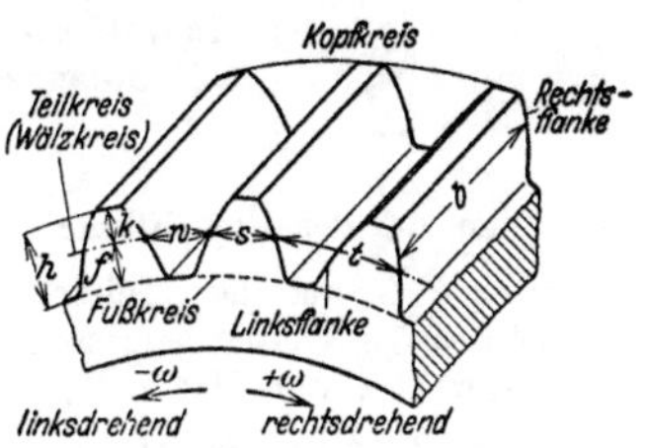

Fig. 172.

Flankenspiel S_f. Bei normal verzahnten Rädern müßte $s = w = 0{,}5\,t$ sein. Mit Rücksicht auf Form- und Teilungsfehler bei der Herstellung, exzentrischen Lauf, Zusammenbaufehler, Nichteinhalten des Achsabstandes, Schmierung und Ausdehnung durch Erwärmung wird $s < w$ gemacht; $w - s = S_f$. Um die Räder beliebig untereinander vertauschen zu können, sollte jedes Rad mit $0{,}5\,S_f$ ausgeführt werden; beim Lauf stellt sich ein Flankenspiel von $2 \cdot 0{,}5\,S_f$ ein. Dann wird $s = 0{,}5\,t - 0{,}5\,S_f$ und $w = 0{,}5\,t + 0{,}5\,S_f$ Unbearbeitete Zähne: $S_f \approx 0{,}16$ m; bearbeitete Zähne: $S_f \approx 0{,}08$ m bis 0,04 m.

Herstellung des Flankenspiels bei Evolventenverzahnung: 1. Durch tieferes Ausarbeiten der Zahnlücke; das Werkzeug wird um den Betrag $\delta\ m$ tiefer nach der Radmitte zugestellt. $\delta \cdot m \approx S_f/2 \sin\alpha$. Damit wird für $\alpha = 20°$ und bearbeitete Zähne $\delta \approx 0{,}12$ bis 0,06. 2. Bei flankenspielfrei hergestellten Rädern kann ein Flankenspiel S_f durch Vergrößerung des Achsabstandes a_0 um $\delta \cdot m$ erreicht werden.

Beim Aufzeichnen werden die Flanken im allgemeinen ohne Flankenspiel dargestellt.

Modulreihe (DIN 780) in mm.

m	Sprung	m	Sprung	m	Sprung	m	Sprung	m	Sprung	m	Sprung	m	Sprung
0,3		1		4		7		16		24		45	
0,4		1,25		4,5		8		18		27		50	
⋮	0,1	⋮	0,25	⋮	0,5	⋮	1	⋮	2	⋮	3	⋮	5
0,9		3,75		6,5		15		22		42		70	
1		4		7		16		24		45		75	

2. Zykloidenverzahnung.

Aufzeichnen der schraffierten Zahnflanken, Fig. 173. Größe der Teil- oder Wälzkreise ergibt sich aus m und z_1 bzw. z_2. Rollkreisradien zweckmäßig $\approx 1/3$ der zugehörigen Teilkreisradien.

[1]) DIN 868. [2]) Siehe auch S. 567. [3]) Auch Durchmesserteilung.

Vom Wälzpunkt C ausgehend werden die Roll- und Teilkreise in gleiche, möglichst kleine Bogenstücke geteilt. $C a_1 = a_1 b_1 = b_1 c_1 = C a_2 = a_2 b_2 \ldots = C a_3 = a_3 b_3 \ldots = C g_1 = g_1 h_1 = h_1 i_1 = C g_2 = g_2 h_2 \ldots$. Bei genügender Übung können die Zykloiden als Hüllkurven gezeichnet werden.

Kreis mit	um	ergibt
$C a_1$ $C b_1$ ...	a_2 b_2 ...	Hypozykloide $C f_2$ = Fußflanke Rad 2
$C a_1$ $C b_1$ ...	a_3 b_3 ...	Epizykloide $C K_1$ = Kopfflanke Rad 1
$C g_1$ $C h_1$ ...	g_2 h_2 ...	Hypozykloide $C f_1$ = Fußflanke Rad 1
$C g_1$ $C h_1$ ...	g_3 h_3 ...	Epizykloide $C K_2$ = Kopfflanke Rad 2

Die gestrichelten Zahnflanken werden als Spiegelbilder gezeichnet; sie gehen durch die Teilkreispunkte C_1 und C_2. $\widehat{C_1 C} = \widehat{C_2 C} = \frac{1}{2} t$. Es arbeiten zusammen: lange Kopfflanke $C K_2$ mit kurzer Fußflanke $C F_1$ auf der Eingrifflinie $A C$ des Rollkreises 1; A = Anfang des Eingriffes; lange Kopfflanke $C K_1$ mit kurzer Fußflanke $C F_2$ auf der Eingrifflinie $C E$ des Rollkreises 2; E = Ende des Eingriffes. A und E ergeben sich als Schnittpunkte der Kopfkreise mit den Rollkreisen.

Macht man $\widehat{AC}$ der Eingrifflinie $= A_1 C$ auf dem Teilkreis 1 und $\widehat{EC}$ der Eingrifflinie $= \widehat{E_2 C}$ auf dem Teilkreis 2, so wird $\widehat{A_1 C E_2} = e =$ **Eingriffbogen**, auf den Teilkreisen gemessen; am Anfang des Eingriffes befindet sich der Teilkreispunkt C der Flanke $K_1 C F_1$ in A_1, am Ende des Eingriffes in E_2. Damit stets **ein** Zahn im Eingriff ist, muß $\widehat{A_1 C E_2} > t$ und der **Überdeckungsgrad** $\varepsilon = \widehat{A_1 C E_2}/t > 1$ sein.

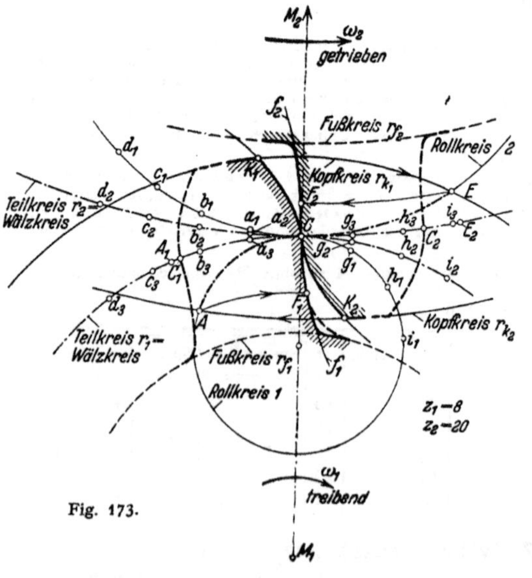

Fig. 173.

Bei Satzrädern müssen die Rollkreise sämtlicher Räder einander gleich sein; meist Rollkreisdurchmesser = Teilkreishalbmesser des kleinsten Rades im Satz; die Füße dieses Rades erhalten dann gerade, radial gerichtete Flanken. Unterschneidungen durch die Köpfe der Großräder, wie es bei Evolventenzähnen möglich ist, kommen bei der Zykloidenverzahnung nicht vor. Fig. 173 zeigt **Einzelräder** (Räderpaar, das stets zusammenbleiben soll). Fußanschluß kann von F_1 aus verstärkt werden, da innerhalb von F_1 kein Eingriff.

Die Zykloidenflanken setzen sich aus hohlen Fuß- und erhabenen Kopfflanken zusammen; Auseinanderrücken der Radmitten wie bei Evolventenrädern ist daher unzulässig. Die Abnutzung durch das Gleiten der Flanken wird sich bei den Füßen stärker zeigen als bei den Köpfen, da die Reibungsarbeit dort kürzere Strecken erfaßt.

3. Evolventenverzahnung für Geradzahn-Stirnräder.

Bearbeitung. a) Wälzverfahren, meist angewandt. Werkzeug: Zahnstange als Kammstahl (Maag); Schneckenfräser mit Zahnstangenprofil; Schleifscheiben, die durch tangentialen Schliff die vorgearbeiteten Flanken fertig schleifen; Stoßrad (Fellows).

b) Formverfahren. 1. Hobeln und Stoßen mittels Spitzstichels, der an einer Lehre geführt wird; nur bei großen Teilungen angewandt. 2. Fingerfräser. 3. Scheibenfräser, dessen Profil der Zahnlücke entspricht. Bis $m = 10$ mm 8teiliger Fräsersatz für die Zähnezahlen 12 bis 13; 14 bis 16; 17 bis 20; 21 bis 25; 26 bis 34; 35 bis 54; 55 bis 134; 135 bis ∞. Bei größerem Modul 15teilig. Die Zahnlücke wird in einem Arbeitsgang hergestellt; nach dem Rücklauf des Fräsers wird das Rad um eine Teilung gedreht.

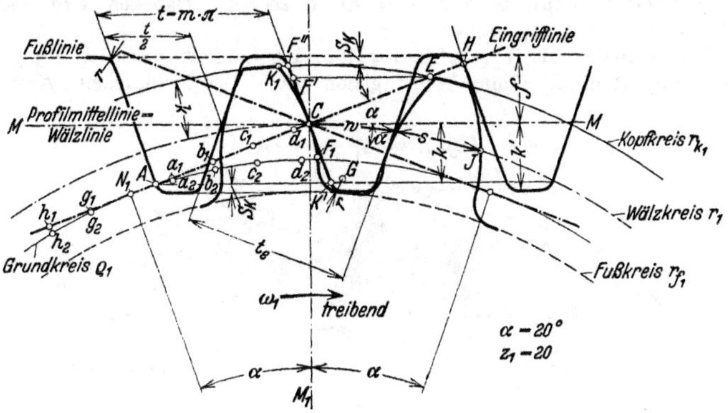

Fig. 174. Zahnstange als erzeugendes Werkzeug.

Zahnstange als erzeugendes Werkzeug, Fig. 174 und 175, stellt das Bezugsprofil dar (DIN 867); Mittellinie $M-M$ = Wälzlinie, die den Wälzkreis r_1 des zu bearbeitenden Rades im Wälzpunkt C berührt; Profilmittellinie und Wälzkreis haben gleiche Geschwindigkeit.

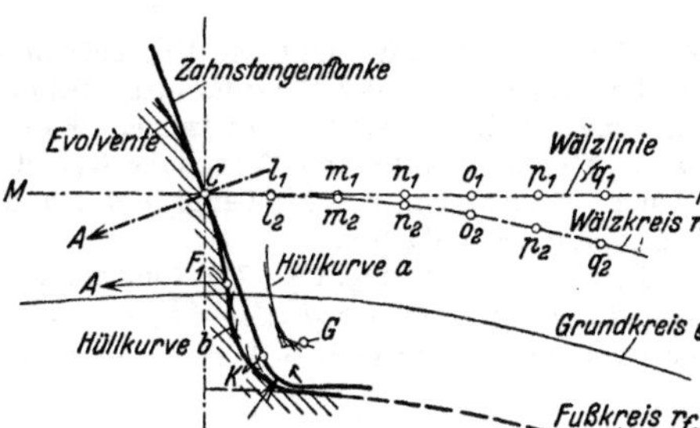

Fig. 175.

Eingriffwinkel $\alpha = 20°$; Fußhöhe beim Werkzeug und Werkstück $f = 1{,}2\,m$; Kopfhöhe beim Werkzeug $k' = 1{,}2\,m$, beim Werkstück $k = m$. Die Flanken der Zahnstange stehen auf den Eingrifflinien senkrecht; die Eingrifflinien bilden mit der Profilmittellinie den Eingriffwinkel $\alpha = 20°$. Flanken von K' bis F'' gerade; Abrundung r am Kopf und Fuß des Werkzeuges ist von α und S_K abhängig. Grundkreis $\varrho_1 = r_1 \cdot \cos\alpha$. Eingriffteilung $t_e = t \cdot \cos\alpha$.

Kopfflanke des Rades: Evolvente; der Krümmungsradius in C ist $= CN_1$. Aufzeichnen als Hüllkurve: Kreis mit $C g_1$ um g_2; Kreis mit $C h_1$ um h_2 usw. Rechtsflanke des benachbarten Zahnes: Evolvente durch den Schnittpunkt H der Eingrifflinie mit der Zahnstangenflanke; Krümmungsradius in H ist $\overline{HN_1}$; es wird Wälzkreisbogen $\widehat{CJ} = t$ und $s = w = \frac{1}{2}\,t$.

Fußflanke des Rades: Evolvente von C bis F_1. Bestimmung von F_1: Parallele zu $M-M$ im Abstand k ergibt A auf der Eingrifflinie; Kreisbogen mit AM_1 um M_1 schneidet die Evolvente in F_1. Aufzeichnen der Evolvente als Hüllkurve: Kreis mit Ca_1 um a_2; Kreis mit Cb_1 um b_2 usw. Anschluß der

Fußflanke an den Fußkreis nach Fig. 175: Zahnstangenkopf mit Rundung r räumt den Werkstoff entsprechend der Kurve b aus dem Rohling heraus; dabei beschreibt Mittelpunkt G der Kopfabrundung die Kurve a (verkürzte Evolvente). Aufzeichnen der Hüllkurve für a: Kreis mit Gq_1 um q_2; Gp_1 um p_2; ... Gm_1 um m_2; Gl_1 um l_2. Die Punkte l_1 und l_2 fallen praktisch zusammen.

Aufzeichnen der Hüllkurve b: Sie verläuft im gleichen Abstand r zur Hüllkurve a; von G aus auf der Kurve a fortschreitend werden Kreisbogen mit dem Radius r geschlagen bis zum Übergang zur Evolvente in Punkt F_1.

Eingriffwinkel: genormt $\alpha = 20°$ (DIN 867). Daneben wird noch ausgeführt: $\alpha = 14^1/_2$, 15, $22^1/_2$°.

Zahnstange als Getriebe, Fig. 176. Kopfhöhe $k = m = k' - S_K$. Wälzkreis und Profilmittellinie haben gleich große Geschwindigkeit. Anfang des

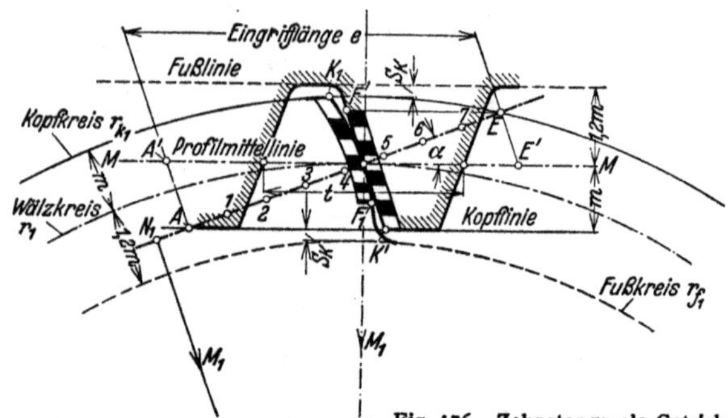

Fig. 176. Zahnstange als Getriebe.

Eingriffs in A: Schnittpunkt der Kopflinie der Zahnstange $K'A$ mit der Eingrifflinie N_1E. Ende des Eingriffs in E: Schnittpunkt des Kopfkreises r_{k_1} mit der Eingrifflinie. Es arbeiten zusammen: Fußflanke F_1C des Rades mit Kopfflanke $K'C$ der Stange, und Kopfflanke K_1C des Rades mit Fußflanke $F'C$ der Stange. Bestimmung von F': Parallele durch E zur Wälzlinie bis zum Schnittpunkt mit der Fußflanke.

Eingrifflänge, Fig. 176. Der Eingriffstrecke AE entspricht auf der Wälzlinie die Eingrifflänge $A'E' = AE/\cos\alpha = e$. Überdeckungsgrad $\varepsilon = e/t$; nach Fig. 176 ist $\varepsilon \approx 1{,}75$; d. h. es ist stets ein Zahn in Eingriff und während 75 vH der Zeit kommt noch ein zweiter Zahn zum Eingriff.

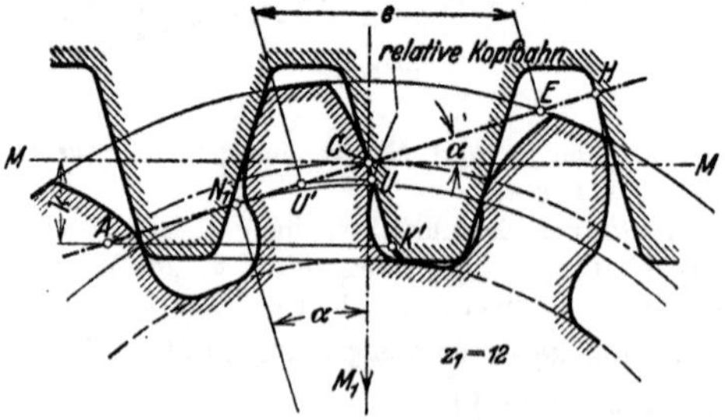

Fig. 177.

Teilt man die Eingriffstrecke AE in gleiche Teile, z. B. 8, und überträgt die Teilpunkte auf die Flanken, so erhält man auf der Zahnstange Stücke von gleicher Länge, auf der Flanke des Rades jedoch Teile, deren Längen nach dem Kopf stark zunehmen. Der Eingriff schreitet auf AE mit gleichbleibender Geschwindigkeit fort; dort, wo die zusammenarbeitenden Flankenstücke ungleich lang sind, tritt Gleiten auf. Die Größe der Gleitgeschwindigkeit ist vom Längenunterschied der Flankenstücke abhängig.

Unterschneidung. Bei kleinen Zähnezahlen unterschneidet die Kopfflanke der Zahnstange den Zahnfuß, Fig. 177. Die Bahn des abgerundeten

Zahnstangenkopfes[1]) beim Abwälzen schneidet bei $z_1 = 12$ die Evolvente in U, also außerhalb des Grundkreises; Eingriffstrecke $U'E$ und Eingrifflänge e werden verkürzt; $\varepsilon \approx 1$, nicht ausreichend[2]). Ohne Aufzeichnen der relativen Kopfbahn wird die Unterschneidung daran erkannt, daß Punkt A außerhalb der Strecke N_1E liegt. Die rechnerische Grenzzähnezahl z_g ist diejenige kleinste Zähnezahl, bei der Unterschneidung auftritt. Für Zahnstangenwerkzeuge (Abwälzfräser, Maagscher Kamm u. a.) ist $z_g = 2k/m \sin^2\alpha$; für normale Kopfhöhe $k = m$ wird $z_g = 2/\sin^2\alpha$. Die praktische Grenzzähnezahl z_g' liegt tiefer, s. Fig. 178; $z_g' \approx \frac{5}{6} z_g$. Räder mit kleineren Zähnezahlen sollten nur mit Sonderverzahnung ausgeführt werden (Abschnitt 4).

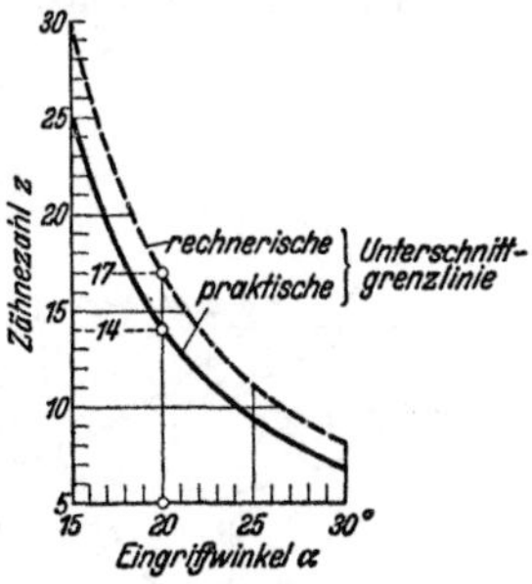

Fig. 178.

Paarung der Stirnräder, Außengetriebe, Fig. 179. Zwei Zahnräder mit demselben Zahnstangenwerkzeug hergestellt; die Mittellinie des gemeinsamen Bezugsprofiles geht durch den Wälzpunkt C. $r_1 = \frac{1}{2} m \cdot z_1$; $r_2 = \frac{1}{2} m \cdot z_2$. Auf der Eingrifflinie beginnt der Eingriff in A (Schnittpunkt des Kopfkreises 2 mit N_1N_2) und endet in E (Schnittpunkt des Kopfkreises 1 mit N_1N_2). Von A bis D und von F bis E sind zwei Zähne, innerhalb der Strecke DF ist nur ein Zahn im Eingriff. Eingriffteilung $t_e = t \cdot \cos\alpha$. Für entgegengesetzte Drehrichtung liegt die Eingrifflinie $A'E'$ als Spiegelbild. Zu beachten sind die Punkte H und H', durch die die Evolventen der Kopfflanken gehen. $\varepsilon = AE/t \cos\alpha$.

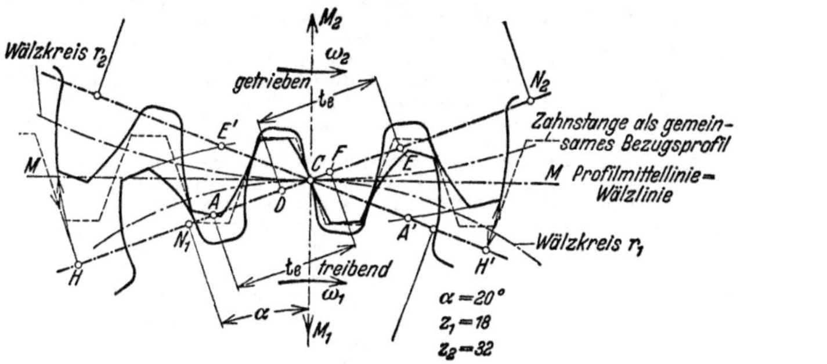

Fig. 179.

Wie bei der Zahnstange, besteht die Möglichkeit der Unterschneidung bei kleinen Zähnezahlen z_1; dann liegt Punkt A außerhalb der Strecke N_1N_2, und zwar links von N_1. Im Grenzfall fällt A mit N_1 zusammen; die entsprechende Grenzzähnezahl $z_{1\,\min}$ für das kleinere Rad der Paarung ist von i, α und k abhängig. Die Gefahr der Unterschneidung durch den Kopf des Großrades besteht bei der Außenverzahnung dann nicht, wenn $z_1 \geqq z_g$ ist.

Innengetriebe, Fig. 180. Die Flanken des Kleinrades sind mit Zahnstangenwerkzeug, die des Großrades durch ein Stoßrad mit gleichem Bezugsprofil (Zahnstange) hergestellt. Die Form der Fußflanke des Großrades entspricht der relativen Kopfbahn des Wälzstoßrades.

Die Evolvente des mit Zahnstangenwerkzeug hergestellten Kleinrades beginnt in F_1 (Kreisbogen um M_1 durch A oder A')[2]). Folglich muß der Kopf des Hohlrades gekürzt oder genügend abgerundet werden; $r_{k_2} = M_2A'$. Eingriff

[1]) Relative Kopfbahn. Fig. 177.

[2]) A und A' sind die Schnittpunkte der Kopflinie der Zahnstange mit der Eingrifflinie.

beginnt in A und endet in E. $\varepsilon = AE/t \cos\alpha \approx 1{,}7$ nach Fig. 180. Wird Rad 1 mit Stoßrad hergestellt, dann rückt F_1 weiter nach außen und der Kopf von Rad 2 muß noch weiter gekürzt werden.

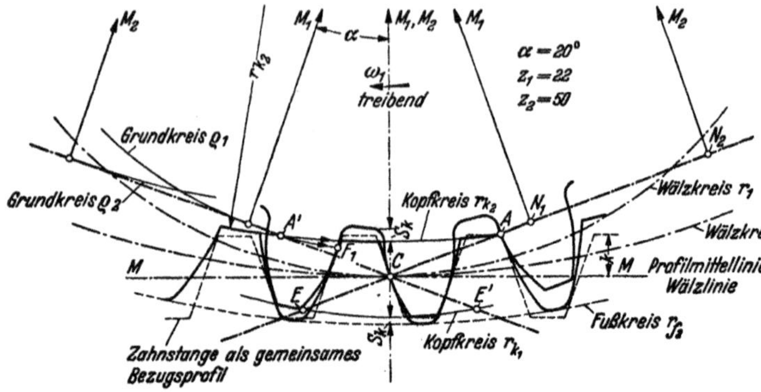

Fig. 180.

Stoßrad[1]) als Werkzeug (Fellows) mit Schneidezähnen, deren Zahl z_0 bis 10 herabgeht Fig. 181); wie bei dem Zahnstangenwerkzeug ist die Form der Werkstückflanken von der Gestaltung der Werkzeugflanken abhängig. Außengetriebe: Ist z_0 klein, dann muß die Zähnezahl z_1 des eingreifenden Getrieberades $\leqq$ als die des Schneidrades z_0 sein, da die Fußflanke des Rades 2 nicht so weit ausgearbeitet ist, daß die Kopfflanke eines Rades mit $z_1 > z_0$ Platz findet; das kann durch Vergrößerung des Kopfkreises des Schneidrades ($k' = 1{,}25$ bis $1{,}3\,m$) vermieden werden.

Fig. 181.

Die mit dem Stoßrad z_0 hergestellten Innenverzahnungen arbeiten mit jedem Gegenrad richtig, dessen Zähnezahl $z_1 \geqq z_0$ ist. Besteht bei einem bestimmten Verhältnis von z_2/z_0 die Gefahr des Unterschnittes, so wird durch das Stoßrad die Kopfflanke des Innenrades so weit abgerundet, daß sie beim Getriebeeingriff nicht stört.

Ist $z_0 < z_g$, dann können 1. die Fußflanken des Stoßrades radial ausgebildet werden (Fig. 182). Für $z_0 = 10$, $k' = 1{,}3\,m$ und $\alpha = 20°$ wird der Stoßradzahn fast spitz. Die Flanke des Werkstückes (Rad 2) ist von F_2 bis zum Fußkreis eine verkürzte Epizykloide, von F_2 bis N_2 eine Evolvente, von N_2 bis K_2 eine Epizykloide, die mit der Geraden $\overline{G_0F_2}$ auf dem Rollkreis $^1/_2\,r_0$ von N_0 bis A zusammenarbeitet. Eingrifflinie $\widehat{AN_0}\,\overline{CE}$. Brauchbarer Teil der Flanke 2 von F_2 bis K_2. Der Kopf von N_2 bis K_2 tritt gegenüber der Evolventenflanke etwas zurück, wodurch bei größerem Überdeckungsgrad sanfterer Eingriffbeginn eintreten kann (Flankeneintrittsspiel). Die Lage von E und F_2 (beachte $k' = 1{,}3\,m$) bestimmen die Größe des Kleinrades (z_1), das mit dem Großrad (z_2) zusammen arbeiten soll.

2. Ausbildung der Stoßradflanken durch Profilverschiebung, s. Sonderverzahnung.

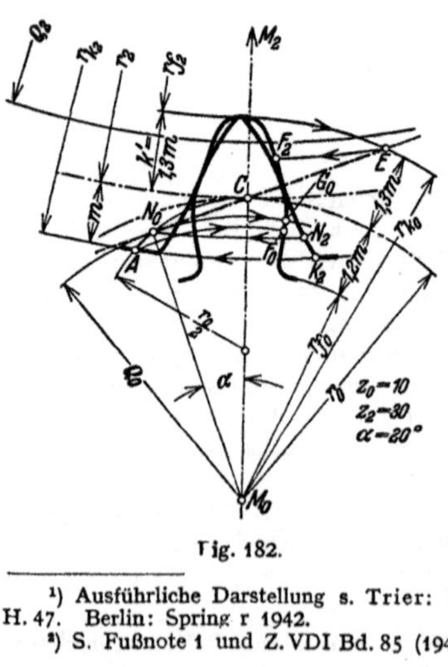

Fig. 182.

Einfluß des Eingriffwinkels[2]). Mit wachsendem Eingriffwinkel α wird 1. die Grenzzähnezahl für Unterschnittfreiheit herabgesetzt, 2. die Zahnflankenform gewölbter, 3. der Zahn spitzer, 4. die Relativ-Gleitgeschwindigkeit verringert, 5. der Überdeckungsgrad ε verkleinert und 6. Zahndruck und Achsdruck vergrößert.

[1]) Ausführliche Darstellung s. Trier: Die Zahnformen der Zahnräder. Werkstoffbücher H. 47. Berlin: Springer 1942.

[2]) S. Fußnote 1 und Z. VDI Bd. 85 (1941) S. 785.

4. Sonderverzahnung.

Geradzahn-Stirnräder; Evolventenverzahnung mit Profilverschiebung.

Grenzräder sind Räder, deren Zähnezahlen $= z_g$ bzw. z_g' sind.

Nullräder sind Räder, deren Zähnezahlen $> z_g$ bzw. z_g' sind; durch Paarung von Nullrädern entsteht das Null-Getriebe: die bei der Erzeugung benutzten Teilkreise berühren sich im Wälzpunkt C, Fig. 179 und 180. Achsabstand

$$a_0 = \tfrac{1}{2} \cdot m(z_1 \pm z_2).$$

V-Räder[1]): Um Unterschneiden bei kleinen Zähnezahlen zu vermeiden, kann bei der Herstellung die Mittellinie des Zahnstangenprofils aus der Normallage, die durch den Wälzpunkt C gegeben ist, nach außen um den Betrag der Profilverschiebung $v = +x \cdot m$ herausgerückt werden; positive Profilverschiebung, V_{plus}-Rad; $x =$ Profilverschiebungsfaktor; siehe auch Fig. 183 (DIN 870).

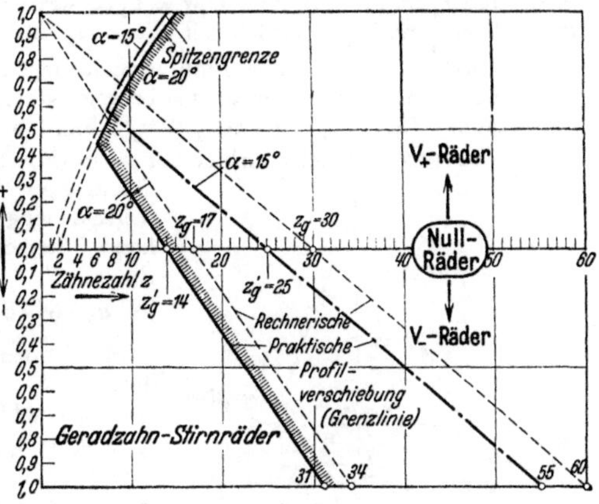

Fig. 183.

Fig. 184 rechts; Rad *1* mit $z_1 = 12$; $\alpha = 20°$. $CM = v_1 = x_1 \cdot m$. Unverändert bleiben: Wälzkreisradius $r_1 = \frac{1}{2} \cdot m \cdot z_1$; Teilung t; Geschwindigkeit von Wälzkreis und Profilmittellinie; Eingrifflinie geht durch Wälzpunkt C. Verändert werden: $s > \frac{1}{2}t$; $w < \frac{1}{2}t$; $r_{K_{1v}}$ und $r_{f_{1v}}$ werden um $v_1 = x_1 \cdot m$ größer. r_1 kann als Erzeugungs-Wälzkreisradius bezeichnet werden.

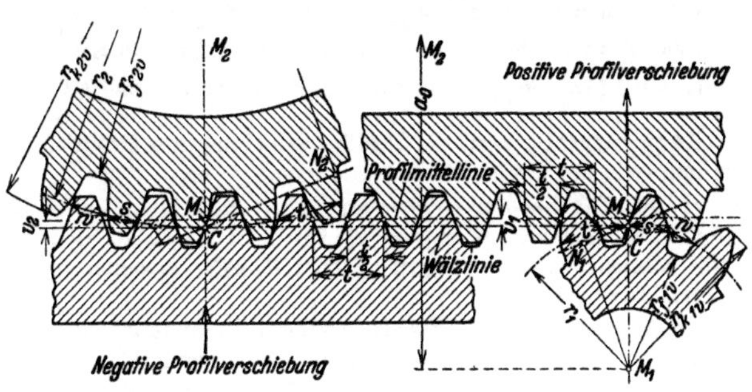

Fig. 184.

Für normgemäße Zahnhöhen ist die erforderliche Mindestverschiebung zur Erzielung praktisch unterschnittfreier Flanken

$$x = \frac{14 - z}{17} \quad \text{für} \quad \alpha = 20°. \quad (1) \qquad x = \frac{25 - z}{30} \quad \text{für} \quad \alpha = 15°. \quad (1\text{a})$$

[1]) V abgeleitet von Verschiebung.

Bei zu großer positiver Profilverschiebung tritt Spitzenbildung ein. Kleinste mit Zahnstangenwerkzeug herstellbare Zähnezahl

für $\alpha = 20°$: $z_{min} = 7$; $x = 7/17$; für $\alpha = 15°$: $z_{min} = 8$; $x = 17/30$.

Am Großrad kann die Profilverschiebung nach innen um den Betrag $v = -x \cdot m$ vorgenommen werden; negative Profilverschiebung, V_{min}-Rad, Fig. 184 links; Rad *2* mit $z_2 = 36$; $\alpha = 20°$. $CM = v_2 = -x_2 \cdot m$. Verändert werden: $s < \frac{1}{2}t$; $w > \frac{1}{2}t$; $r_{K_{2v}}$ und $r_{f_{2v}}$ werden um $v_2 = -x_2 \cdot m$ kleiner.

V-Null-Getriebe: die Profilverschiebungen des Räderpaares sind für Klein- und Großrad gleich groß, aber entgegengesetzt, $+v_1 = -v_2$; $+x_1 = -x_2$; Achsabstand bleibt $a_0 = \frac{1}{2} \cdot m(z_1 \pm z_2)$, Fig. 184.

Bei zu großer Profilverschiebung $x \cdot m$ (Fig. 185) kann die Kopflinie des Werkzeuges durch N_2 gehen; wird die Verschiebung noch größer genommen, kann Unterschnitt am Großrad entstehen. Es ist

$$y = a_0 - (r_1 + r_2)\cos^2\alpha = \tfrac{1}{2} \cdot m(z_1 + z_2)\sin^2\alpha.$$

Für den Grenzfall (Kopflinien durch N_1 und N_2) wird $y = 2k$; $z_1 + z_2 = 4k/m \sin^2\alpha$. Für $k = m$ wird $z_1 + z_2 = 4/\sin^2\alpha = 2z_g$ bzw. $\approx 2z'_g$. $\alpha = 15°$; $z_1 + z_2 = 60$ bzw. 50. $\alpha = 20°$; $z_1 + z_2 = 34$ bzw. 28. Dann darf x nicht über das Mindestmaß nach Gleichung (1) bzw. (1 a) hinausgehen. Im allgemeinen liegt kein Bedürfnis vor, die Mindestabrückung überhaupt zu überschreiten.

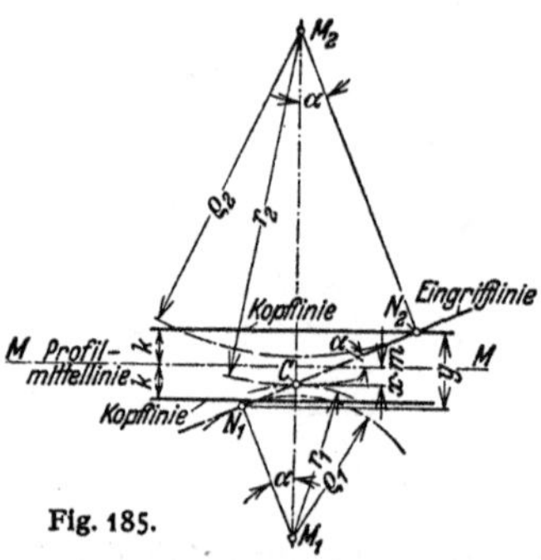

Fig. 185.

Beispiel 1: $z_1 = 12$; $z_2 = 36$; $m = 12$; $\alpha = 20°$ (Fig. 184); Außengetriebe.

$x_1 = \frac{14 - z_1}{17} = \frac{2}{17} = 0{,}118$; $v_1 = 0{,}118 \cdot 12 \approx 1{,}42$ mm; aufgerundet $v_1 = 1{,}5$ mm $= v_2$. $r_1 = 72$; $r_2 = 216$; $a_0 = r_1 + r_2 = 288$; $i = 3:1$.

Rad *1*: $r_{k_{1v}} = 72 + 12 + 1{,}5 = 85{,}5$ mm; $r_{f_{1v}} = 72 - 1{,}2 \cdot 12 + 1{,}5 = 59{,}1$ mm. Rad *2*: $r_{k_{2v}} = 216 + 12 - 1{,}5 = 226{,}5$ mm; $r_{f_{2v}} = 216 - 1{,}2 \cdot 12 - 1{,}5 = 200{,}1$. Die von der Werkstatt benötigten Kopfkreisdurchmesser sind: $d_{k_{1v}} = 171{,}0$ und $d_{k_{2v}} = 453{,}0$ mm.

Wird mit der rechnerischen Unterschnittgrenze gerechnet, so wird $x_1 = \frac{17 - z_1}{17} = \frac{17 - 12}{17} = \frac{5}{17} = 0{,}294$; $v_1 \approx 3{,}5$ mm. $d_{k_{1v}} = 175{,}0$ mm; $d_{k_{2v}} = 449{,}0$ mm. Diese Werte liegen Fig. 184 zugrunde.

Beim Innengetriebe wird die Profilverschiebung am Großrad im gleichen Richtungssinne wie am Kleinrad vorgenommen.

V-Getriebe. Die bei der Erzeugung benutzten Wälzkreise berühren sich nicht; der tatsächliche Achsabstand a_v ist nicht gleich a_0 (meist $a_v > a_0$). a_v kann für flankenspielfreien Eingriff nach DIN 870 berechnet werden [angenähertes Verfahren [1])]:

Werden beide Räder mit ihren Bezugsprofilen zur Deckung gebracht (Fig. 186), so wird a_0 auf a_p vergrößert (Fig. 187, linke Seite) und der Abstand der ursprünglichen Wälzkreise C_1C_2 gleich der Summe der Profilverschiebungen

$$C_1C_2 = (x_1 + x_2)\,m = B \cdot a_0; \quad a_p = a_0(1 + B).$$

Da

$$a_0 = r_1 \pm r_2 = \tfrac{1}{2} \cdot m(z_1 \pm z_2),$$

wird

$$B = \frac{2(x_1 + x_2)}{z_1 \pm z_2}. \tag{2}$$

---

[1]) Genaues Verfahren und theoretische Grundlagen siehe Buckingham-Olah: Stirnräder mit geraden Zähnen. Berlin: Springer 1932.

Werden beide Räder bis zum flankenspielfreien Eingriff gebracht (Fig. 187, rechte Seite), so wird a_p auf a_v um $\varkappa \cdot m$ verkleinert. Die ursprünglichen Wälzkreise stehen um $C_1' C_2 = B_v \cdot a_0$ voneinander ab;

$$\begin{aligned} a_v &= a_p - \overline{M_1 M_1'} = a_p - \overline{C_1 C_1'} \\ &= a_p - (B \cdot a_0 - B_v \cdot a_0) \\ &= a_0(1 + B) - a_0(B - B_v); \end{aligned}$$

$$a_v = a_0(1 + B_v). \qquad (3)$$

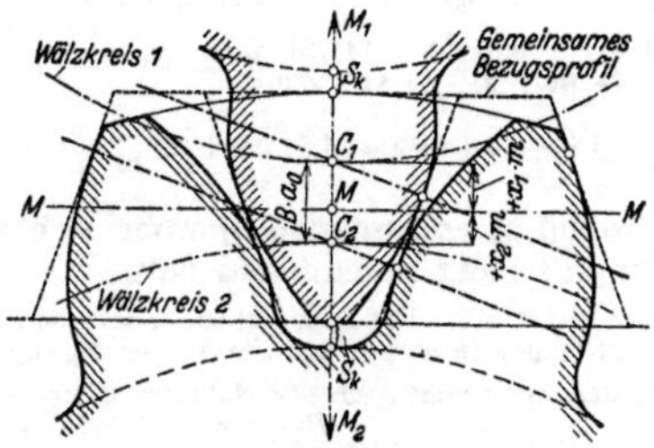

Fig. 186.

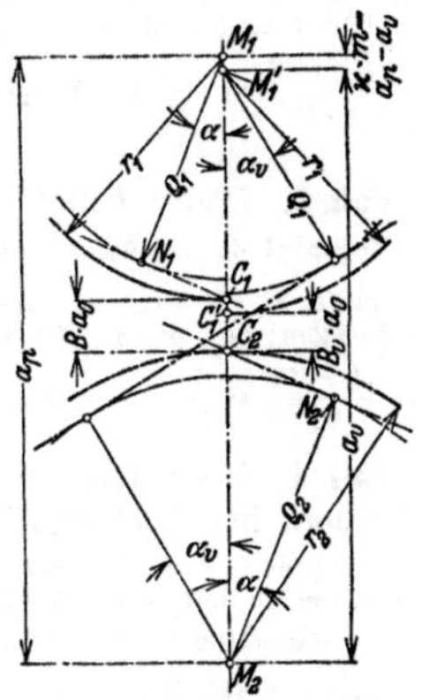

Fig. 187.

Zusammenhang zwischen B und B_v nach den Näherungsgleichungen (4a) oder (4b): für $\alpha = 20°$ ist $B/B_v \approx \sqrt[4]{1 + 13B}$ oder $B/B_v \approx \sqrt{1 + 7B_v}$, s. auch Fig. 188.

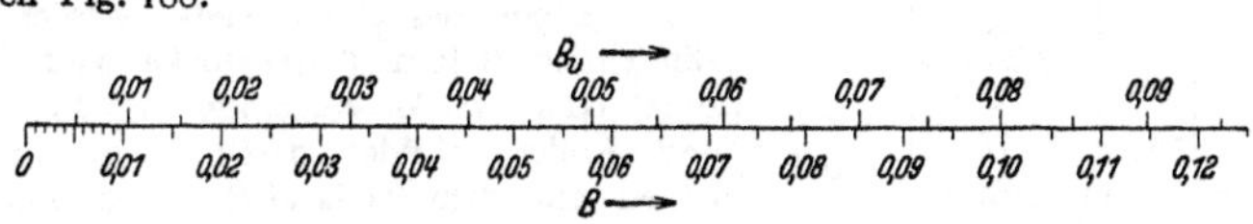

Fig. 188.

Soll das Kopfspiel $S_K = 0{,}2$ m (Fig. 186) aufrechterhalten werden, dann muß der Kopf jedes der beiden Räder um den Betrag $\varkappa \cdot m = (B - B_v) \cdot a_0 = \frac{1}{2} \cdot m(B - B_v)(z_1 + z_2)$ gekürzt werden; praktisch ist dies für $z_1 + z_2 \geqq 20$ nicht erforderlich, da dann $\varkappa \cdot m$ gegenüber $S_K = 0{,}2\,m$ zu vernachlässigen ist.

Wählt man die Werte für x nach Gleichung (1), so können B, B_v und $\varkappa$ nach Tafel 1 bestimmt werden.

Zahlentafel 5.

$z_1 + z_2$	27	26	25	24	23	22	21	20	19	18	17	16	15	14
$x_1 + x_2$	$\frac{1}{17}$	$\frac{2}{17}$	$\frac{3}{17}$	$\frac{4}{17}$	$\frac{5}{17}$	$\frac{6}{17}$	$\frac{7}{17}$	$\frac{8}{17}$	$\frac{9}{17}$	$\frac{10}{17}$	$\frac{11}{17}$	$\frac{12}{17}$	$\frac{13}{17}$	$\frac{14}{17}$
B	0,0044	0,0090	0,0141	0,0196	0,0256	0,0321	0,0392	0,0470	0,0587	0,0653	0,0761	0,0882	0,1020	0,1177
B_v	0,0043	0,0087	0,0135	0,0183	0,0236	0,0292	0,0354	0,0412	0,0482	0,0556	0,0634	0,0723	0,0819	0,0927
$\varkappa$	0,0008	0,0035	0,0082	0,0145	0,0225	0,0324	0,0438	0,0572	0,0720	0,0890	0,1076	0,1282	0,1507	0,1763

Der Überdeckungsgrad ε kann durch Aufzeichnen ermittelt werden. Der neue Eingriffwinkel α_v ergibt sich aus: $\cos\alpha_v = a_0 \cos\alpha / a_v$ (Fig. 187).

Fall I. Rad *1* als V-Rad, da $z_1 < z_g'$; Rad *2* als Nullrad, da $z_2 > z_g'$; V-Nullgetriebe aber nicht möglich, da $z_1 + z_2 < 2z_g'$.

Beispiel 2: $z_1 = 8$; $z_2 = 18$; $m = 10$; $\alpha = 20°$.
Rad *2* als Nullrad; $x_2 = 0$. Nach Gleichung (1) ist $x_1 = \frac{14 - 8}{17} = \frac{6}{17} = 0{,}353$;
$v_1 = x_1 \cdot m = 3{,}53$ mm; $r_{k_{1v}} = 40 + 10 + 3{,}53 = 53{,}53$; Kopfkreisdurchmesser $d_{k_{1v}} = 107{,}06$ mm.
$B = \frac{2 \cdot 0{,}353}{26} = 0{,}0272$; nach der Näherungsgleichung (4a) oder Fig. 188 $B_v \approx 0{,}025$.
$a_0 = 130$ mm; $a_v = 130\,(1 + 0{,}025) = 133{,}3$ mm.

Fall 2. Rad *1* als V-Rad, da $z_1 < z_g'$; Rad *2* als V-Rad, obwohl $z_2 > z_g'$; $z_1 + z_2 < 2z_g'$.

Beispiel 3: $z_1 = 8$; $z_2 = 18$; $m = 10$; $\alpha = 20°$. $a_0 = 130$ mm. Für $z_1 + z_2 = 26$ ist nach Zahlentafel 5 $B_v = 0{,}0087$; also $a_v = 130(1 + 0{,}0087) = 131{,}13$ mm. $x_1 + x_2 = 2/17$ nach Zahlentafel 5; nach Gleichung (1) ist $x_1 = 6/17$. $d_{k_{1\,v}} = 107{,}06$ (vgl. Beispiel 2).

$$x_2 = \frac{14-18}{17} = -\frac{4}{17}; \quad V_{min}\text{-Rad.} \quad v_2 = -2{,}35 \text{ mm}; \quad r_{k_{2\,v}} = 90 + 10 - 2{,}35 = 97{,}65 \text{ mm};$$
$$d_{k_{2\,v}} = 195{,}30 \text{ mm}.$$

Fall 3. Räder *1* und *2* als V-Räder, da $z_1 < z_g'$ und $z_2 < z_g'$.

Beispiel 4: $z_1 = 9$; $z_2 = 13$; $m = 10$; $\alpha = 20°$. $a_0 = 110$ mm. Für $z_1 + z_2 = 22$ ist nach Zahlentafel 5 $B_v = 0{,}0292$; also $a_v = 110(1 + 0{,}0292) = 113{,}21$ mm. $x_1 = \frac{14-9}{17} = \frac{5}{17}$; $v_1 = 2{,}94$ mm; $r_{k_{1\,v}} = 45 + 10 + 2{,}94 = 57{,}94$ mm; $d_{k_{1\,v}} = 115{,}88$ mm.

$$x_2 = \frac{14-13}{17} = \frac{1}{17}; \quad v_2 = 0{,}59 \text{ mm}; \quad r_{k_{2\,v}} = 65 + 10 + 0{,}59 = 75{,}59 \text{ mm}; \quad d_{k_{2\,v}} = 151{,}18 \text{ mm}.$$

Fall 4. Übersetzung und Achsabstand a_v vorgeschrieben, wobei sich a_v mit Nullrädern bei flankenspielfreiem Eingriff nicht durchführen läßt.

Beispiel 5: $m = 10$; $\alpha = 20°$; $i = 3:2$; $a_v = 210$ mm. Die Zähnezahlen $z_1 = 16$ und $z_2 = 24$ ergeben $i = 3/2$ und $a_0 = 200$, während $a_v = 210$ mm sein soll. Nach Fig. 187 ist $B_v \cdot a_0 = C_1'C_2 = 210 - 200 = 10$ mm. $B_v = 10/200 = 0{,}050$; dem entspricht nach der Näherungsgleichung (4b) oder nach Fig. 188 $B = 0{,}058$; nach Gleichung (1) wird $x_1 + x_2 = \frac{B(z_1 + z_2)}{2} = \frac{0{,}058 \cdot 40}{2} = 1{,}16$. Wähle $x_1 = 0{,}56$ und $x_2 = 0{,}6$; $v_1 = 5{,}6$ mm; $v_2 = 6$ mm.

Kopfkürzung: $\varkappa \cdot m = (B - B_v) \cdot a_0 = (0{,}058 - 0{,}050) \cdot 200 = 1{,}6$ mm. $r_{k_{1\,v}} = 80 + 10 + 5{,}6 - 1{,}6 = 94{,}0$ mm; $d_{k_{1\,v}} = 188{,}0$ mm; $r_{k_{2\,v}} = 120 + 10 + 6 - 1{,}6 = 134{,}4$ mm; $d_{k_{2\,v}} = 268{,}8$ mm.

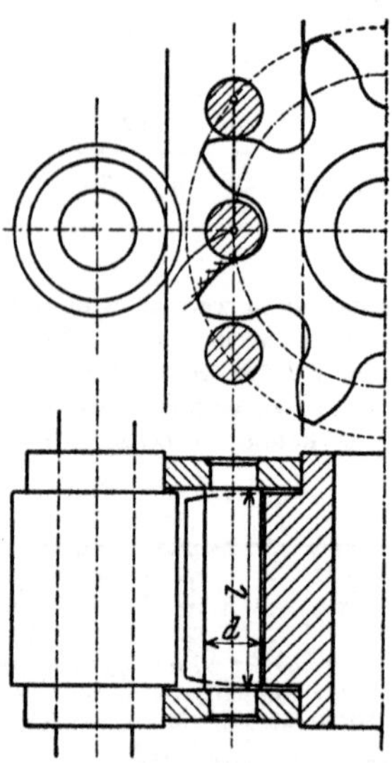

Fig. 189.

5. Triebstockverzahnung.

Die Zähne des einen Rades werden durch zylindrische Bolzen (Triebstöcke oder Zapfenzähne) oder zwecks Verminderung des Gleitens durch Rollen gebildet, deren Mitten im allgemeinen auf dem Teilkreis[1]) liegen und deren Durchmesser $d = 1/2\,t$ bis $19/40\,t$ ist. Länge $l = 1{,}8\,d$ bei Zähnen aus Stahl oder Stahlguß; $l = 3{,}6\,d$ bei Zähnen aus Gußeisen.

Zahnflanken des Gegenrades: die Bolzenmittelpunkte des Triebstockes beschreiben beim Abwälzen auf dem Teilkreis des Gegenrades Epizykloiden, falls das Gegenrad eine Zahnstange ist, Evolventen. Die Zahnflanken werden als Hüllkurven mit $\frac{1}{2}d$ gefunden. Der Fuß der Zahnlücke wird genügend weit zurückgesetzt und durch einen Halbkreis gebildet. Der Kopfkreis wird so gewählt, daß $\varepsilon > 1$ wird; das läßt sich nur für $z > 8$ erreichen.

Anwendungsgebiete: Hebezeuge, Schützenwinden und Drehtürme Fig. 189 zeigt eine einfache Ausführung mit Zahnstange, die aus zwei Flacheisen mit eingenieteten Bolzen besteht. Führung der Zahnstange an der Radnabe, Abstützung durch Rolle.

6. Schrägzahnstirnräder.

Die Zahnflanken stehen um den $\sphericalangle\,\beta$ schräg gegen die Achse des Rades (Fig. 190). $\beta = 0$ entspricht dem Geradzahn-Stirnrad. Die Zahnlücken werden durch Form- oder Wälzwerkzeuge von genormtem Modul m_n[2]) herausgearbeitet. Im Normalschnitt, d. h. senkrecht zur Zahnflanke, entsteht das Verzahnungsbild einer normalen Evolventenverzahnung mit dem Eingriffwinkel α_n und der Teilung $t_n = \pi \cdot m_n$. Der Krümmungshalbmesser r_n im Punkte C des Normalschnittes hat — entsprechend einer Ellipse mit den Halb-

[1]) Gerlach: Fehler der Triebstockverzahnung. Z. VDI 1908 S. 588.
[2]) m_n ist der Modulreihe DIN 780 zu entnehmen, S. 561.

achsen r und $r/\cos\beta$ — den Wert: $r_n = r/\cos^2\beta$. Die zu diesem Krümmungshalbmesser gehörende „rechnerische Zähnezahl" ist $z_n = z/\cos^3\beta$.

In der Ansicht auf die Stirnfläche des Rades ist die Stirnteilung $t_s = \pi \cdot m_s$; $m_s = m_n/\cos\beta$; $r = m_s \cdot z/2 = m_n \cdot z/2\cos\beta$; r kann daher nicht durch eine ganze Zahl ausgedrückt werden. Die Schrägstellung des Zahnes im Verlauf der Zahnbreite b, gemessen als Bogen auf dem Teilkreis r, ist der Sprung $s_p = b \cdot \operatorname{tg}\beta$. Bedeutet ε_g den Überdeckungsgrad eines entsprechenden Geradzahnes, dann ist der Überdeckungsgrad des Schrägzahnes $\varepsilon_s = \varepsilon_g + s_p/t_s = \varepsilon_g + b\sin\beta/m_n\pi$; ε_s kann daher bedeutend $> \varepsilon_g$ werden[1]).

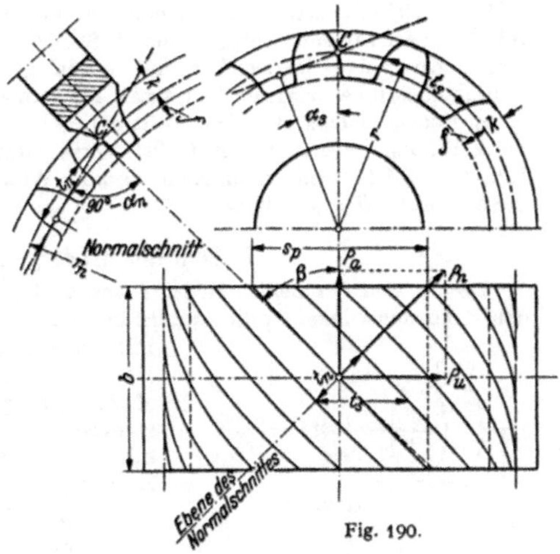

Fig. 190.

Grenzzähnezahl für Unterschnittfreiheit $z_{\min} = z_g \cdot \cos^3\beta$ bzw. $z'_{\min} = z'_g \cdot \cos^3\beta$. Für $\alpha = 20°$ ist:

$z'_{\min} =$	14	13	12	11	10	9	8	7	6	5
$\beta° \approx$	0	13	19	23	28	32	35	39	43	47

Soll $z < z'_{\min}$ sein, dann Profilverschiebung mit $x = \dfrac{14 - z/\cos^3\beta}{17}$ für $\alpha = 20°$ [Gleichung (5)]. Derartige Räder können genau wie Geradzahnräder zu V-Null-getrieben oder zu V-Getrieben zusammengesetzt werden, wobei die Werte $(x_1 + x_2)$ der Gleichung (2) nach Gleichung (5) zu bestimmen sind. $a_0 = (z_1 \pm z_2)m/2\cos\beta$.

Fig. 191.

Fig. 192.

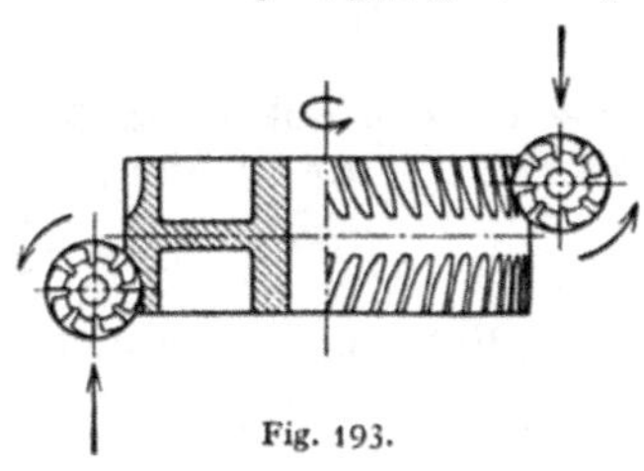

Fig. 193.

Bei folgenden kleinen Zähnezahlen tritt bereits ohne Profilverschiebung ($\alpha = 20°$) Spitzenbildung ein:

$z =$	7	6	5	4	3
$\beta° \approx$	0	17° 30′	27°	34° 30′	42°

Schrägzahn-Stirnräder können für Stirnradgetriebe und für Schraubenräder-Getriebe verwandt werden.

Vorzug der Schrägzähne gegenüber den Geradzähnen beim Stirnradgetriebe: Eingriff über die ganze Breite des Rades allmählich, entsprechend

[1]) $s_p > t_s$ ergibt schon ohne weiteres $\varepsilon > 1$; Verringerung der Kopf- und Fußhöhen wäre möglich und würde die Gleitgeschwindigkeit sowie die Gefahr der Unterschneidung herabsetzen.

dem Verlauf der Zahnschräge; das hat weichen Eingriff zur Folge und kann besonders bei geschliffenen Zahnflanken zu fast geräuschlosem Lauf führen[1]).

Bei der Übertragung der Umfangskraft P_u wird eine Längskraft $P_a = U \cdot \mathrm{tg}\,\beta$ in Achsenrichtung erzeugt, die zu einem erhöhten Reibungsverlust im Längslager führt. Bei einfachen Schrägzähnen für Stirnradgetriebe sei daher $\beta = 10°$ bis $30°$. Durch doppelte Schrägzähne mit gleich großem, aber entgegengesetztem Schrägungswinkel wird die Längskraft P_a vermieden. Die Doppel-Schrägzähne eines Rades können für den Auslauf des Werkzeuges gegeneinander um die halbe Teilung versetzt werden (Wüst-Verzahnung, Fig. 191) oder als Pfeilzähne (Fig. 192 und 193) mit zusammenhängender Winkelspitze ausgeführt werden; in diesen Fällen $\beta = 30$ bis $45°$.

7. Schraubenrädergetriebe.

Die Achsen der beiden Räder *1* und *2* (Fig. 194) bilden in der Draufsicht den Kreuzungswinkel φ; die Zahnflanken schließen im Augenblick des Eingriffes mit den Achsen *1* und *2* die $\sphericalangle\, \beta_1$ und β_2 ein. Denkt man sich die Räder in der Berührungsebene gerade gestreckt, z. B. als Zahnstangen, so ergibt sich die rechte Figur mit dem Bestimmungsdreieck CBD. Es ist $r_1 \cdot \omega_1 / r_2 \cdot \omega_2 = \sin(90° - \beta_2)/\sin(90° - \beta_1) = \cos\beta_2/\cos\beta_1$.

$$i = \omega_1/\omega_2 = r_2 \cdot \cos\beta_2 / r_1 \cos\beta_1 = z_2/z_1;$$

$$a_0 = r_1 + r_2; \qquad \varphi = \beta_1 + \beta_2.$$

Die Strecke BD stellt die Größe der Gleitgeschwindigkeit dar, mit der die Flanken beider Räder im Eingriff aneinander vorbeigleiten. Durch den hierbei auftretenden Reibungsverlust wird der Wirkungsgrad der schrägen Zahnflanken $\eta = \frac{P_{u2} \cdot r_2 \cdot \omega_2}{P_{u1} \cdot r_1 \cdot \omega_1}$, wobei P_{u1} und P_{u2} die Umfangskräfte der Räder sind, oder $\eta = \frac{1 - \mu \cdot \mathrm{tg}\,\beta_2}{1 + \mu \cdot \mathrm{tg}\,\beta_1}$; μ = Reibungsziffer der Zahnflanken. Der Größtwert für η ergibt sich, wenn $\mathrm{tg}(\beta_1 - \beta_2) = \mu$ ist, d. h. für $\mu = 0{,}1$ wird $\beta_1 - \beta_2 \approx 6°$ oder $\beta_1 \approx \beta_2$.

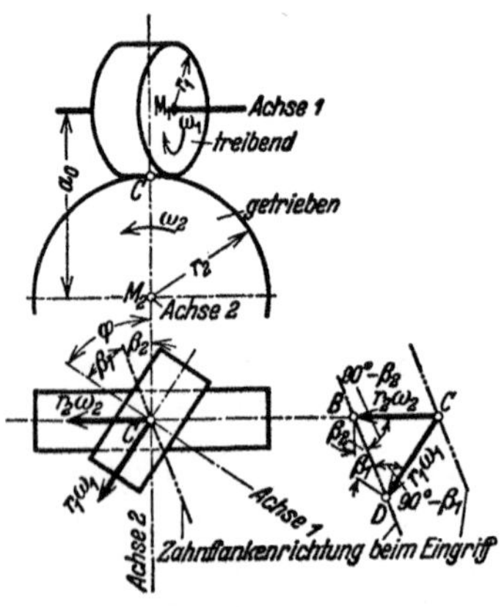

Fig. 194.

Für $\varphi = 90°$ und

	$\beta_1° = 20°$	$30°$	$40°$	$50°$	$60°$	$70°$
wird	$\eta \approx 0{,}70$	0,78	0,81	0,82	0,79	0,73.

Ist P_n die Normalkraft senkrecht zur Zahnschräge und $\mathrm{tg}\,\varrho = \mu$, so ist am treibenden Rad $P_{u1} = P_n \cdot \cos(\beta_1 - \varrho)/\cos\varrho$, am getriebenen Rad $P_{u2} = P_n \cdot \cos(\beta_2 + \varrho)/\cos\varrho$ und die Achsdrücke $P_{a_1} = P_n \cdot \sin(\beta_1 - \varrho)/\cos\varrho$ und $P_{a_2} = P_n \cdot \sin(\beta_2 + \varrho)/\cos\varrho$. Die Achsdrücke sind durch geeignete Längslager abzufangen.

Beide Räder müssen im Normalschnitt (Fig. 195) gleiche Teilung $t_n = \pi \cdot m_n$ und gleichen Eingriffwinkel α_n haben. Stirnteilung $t_{s_1} = t_n/\cos\beta_1$, $t_{s_2} = t_n/\cos\beta_2$; Eingriffwinkel in den Stirnflächen $\mathrm{tg}\,\alpha_{s_1} = \mathrm{tg}\,\alpha_n/\cos\beta_1$, $\mathrm{tg}\,\alpha_{s_2} = \mathrm{tg}\,\alpha_n/\cos\beta_2$. Eingriff der Zahnflanken nur in der Eingriffstrecke AE des Normalschnittes; daher nur Punktberührung und starke Abnutzung, die außerdem durch das Gleiten in der Flankenrichtung begünstigt wird; Zahnbelastung deshalb bedeutend geringer als bei einem Stirnradgetriebe.

Übersetzung i bis höchstens 5 : 1; darüber hinaus Schneckengetriebe. Werkstoff: nur bei geringen Zahnbelastungen und Geschwindigkeiten Gußeisen, sonst kleines Rad aus Stahl, großes aus Bronze oder Rotguß.

---

1) Soden: Das Zahnrad als Lärmquelle. Z. VDI 1933 Nr. 9 S. 231 ff.

Beispiel 6: Schraubenrädergetriebe (Fig. 195). $z_1 = 10$; $z_2 = 20$; $m_n = 8$; $\alpha_n = 20°$; $\varphi = 90°$; $\beta_1 = 60°$; $\beta_2 = 30°$.

Rad *1*. $m_{s_1} = 8/\cos\beta_1 = 16$; $r_1 = z_1\, m_{s_1}/2 = 80$ mm; $r_{n_1} = r_1/\cos^2\beta_1 = 320$ mm; $\operatorname{tg}\alpha_{s1} = \operatorname{tg}\alpha_n/\cos\beta_1 \approx 0{,}728$; $\alpha_{s1} \approx 36°$. Rad *2*. $m_{s_2} = 8/\cos\beta_2 = 9{,}236$;

$r_2 = z_2\, m_{s_2}/2 = 92{,}36$ mm;

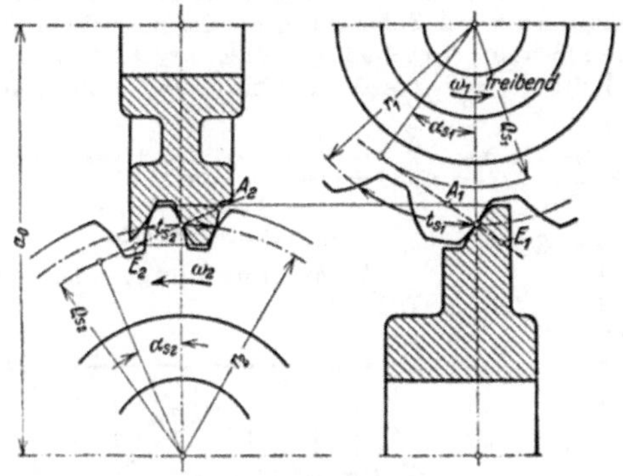

$r_{n_2} = r_2/\cos^2\beta_2 = 123{,}2$ mm; $\operatorname{tg}\alpha_{s2} = \operatorname{tg}\alpha_n/\cos\beta_2 \approx 0{,}42$; $\alpha_{s2} \approx 23°$. Achsabstand $a_0 = r_1 + r_2 = 172{,}36$ auf $172{,}5$ mm aufgerundet. Dadurch ergibt sich ein Flankenspiel $S_f = 0{,}14 \cdot 2 \cdot \sin\alpha_n \approx 0{,}1$ mm.

Punkt A' des Rades *1* kommt mit Punkt A'' des Rades *2* in A zum Eingriff, ebenso Punkt E' des Rades *1* mit Punkt E'' des Rades *2* in E. Der Sprung der Räder, soweit er im Bereich des Eingriffes AE verläuft, ist s_{p_1} bzw. s_{p_2};

$$\varepsilon = \left(\frac{\overline{A_1 E_1}}{\cos\alpha_{s1}} + s_{p_1}\right) \cdot \frac{1}{t_{s_1}} = \left(\frac{\overline{A_2 E_2}}{\cos\alpha_{s2}} + s_{p_2}\right) \frac{1}{t_{s_2}};$$

nach Zeichnung $\varepsilon \approx 1{,}8$.

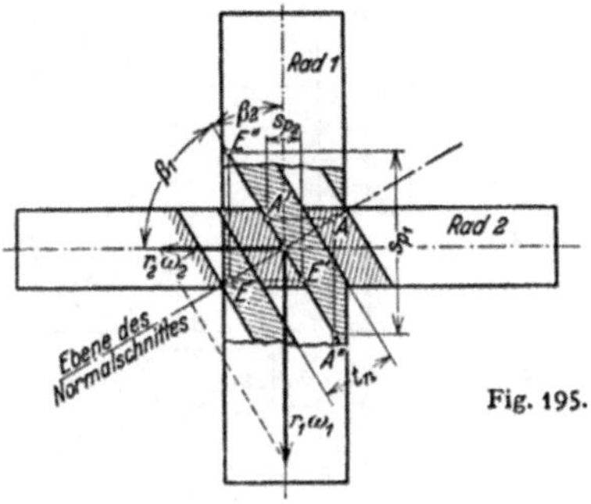

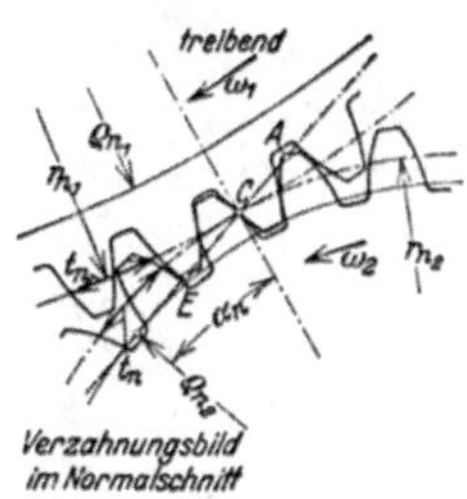

Fig. 195.

8. Kegelräder mit Geradzähnen.

Die Achsen schneiden sich unter dem $\sphericalangle\,\delta$ im Punkte O, Fig. 196. Die Teilkreiskegel rollen bei der Drehung ohne Gleiten aufeinander ab; gemeinsame Kegelmantellinie ist OC. Die Kegel mit den Spitzen O_1 und O_2 heißen Ergänzungskegel; Gerade $O_1CO_2 \perp OC$, $\sin\delta_1 = r_{a1}/OC$ und $\sin\delta_2 = r_{a2}/OC$;

$$i = z_2/z_1 = \omega_1/\omega_2 = r_{a_2}/r_{a_1} = \sin\delta_2/\sin\delta_1;$$

$$\delta = \delta_1 + \delta_2.$$

Grenzwerte: 1. $\delta_1 + \delta_2 = 90°$; $\operatorname{tg}\delta_2 = r_{a_2}/r_{a_1} = i$.

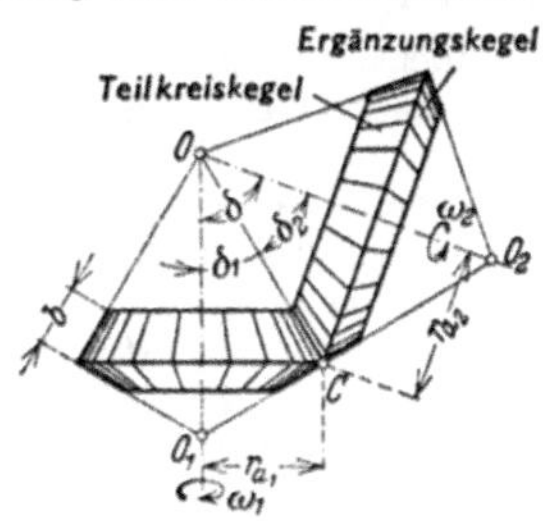

Fig. 196.

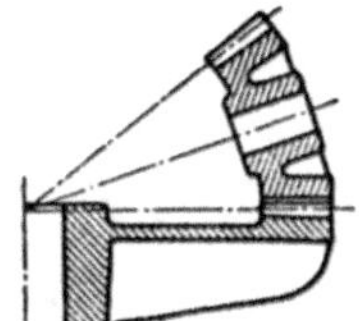

Fig. 197.

2. $\delta_2 = 90°$ ergibt das Planrad, Fig. 197, das der Zahnstange der Stirnräder entspricht.

Die Zahnflanken sind gerade und auf die Kegelspitze O gerichtet (Fig. 196). Die Teilkreisradien r_{a_1} bzw. r_{a_2} sind die größten Radien der Teilkreiskegel. Seitlich werden die Zähne durch die Mantelflächen der Ergänzungskegel begrenzt.

Eine Ebene $\perp$ zur Bildebene, dargestellt durch die Spur $O_1'C'O_2'$, schneidet die Teilkreiskegel in Ellipsen, die sich in C' berühren; die Krümmungsradien dieser Ellipsen im Berührungspunkte C' sind angenähert gleich den Strecken $O_1'C'$ und $O_2'C'$. Dadurch läßt sich der Flankeneingriff in C' leicht zeichnen, $M-M$ ist die Profilmittellinie der Zahnstange, die das normale Profil aufweist. Der Modul m wird außen am Kegelrad gemessen. $r_{a_1} = \frac{1}{2} \cdot m \cdot z_1$; $r_{a_2} = \frac{1}{2} \cdot m \cdot z_2$; $r_{e_1} = r_1/\cos\delta_1$ *); $r_{e_2} = r_2/\cos\delta_2$; „rechnerische" Zähnezahl $z_{e_1} = z_1/\cos\delta_1$; $z_{e_2} = z_2/\cos\delta_2$.

Beispiel 7 (Fig. 198): $z_1 = 15$; $z_2 = 25$; $\alpha = 20°$; $m = 10$; $\delta = 90°$; $b \approx 2 \cdot t \approx 2 \cdot \pi \cdot m = 62$ mm. $r_{a_1} = 75$ mm; $r_{a_2} = 125$ mm. $\operatorname{tg}\delta_2 = 25:15 = 1{,}667$; $\delta_2 = 59°\,3'$; $\delta_1 = 30°\,57'$.
$z_{e_1} = 15 : 0.8576 = 17{,}5$;
$z_{e_2} = 25 : 0.5143 = 48{,}6$.

Unterschneidung, Fig. 199 (DIN 870).

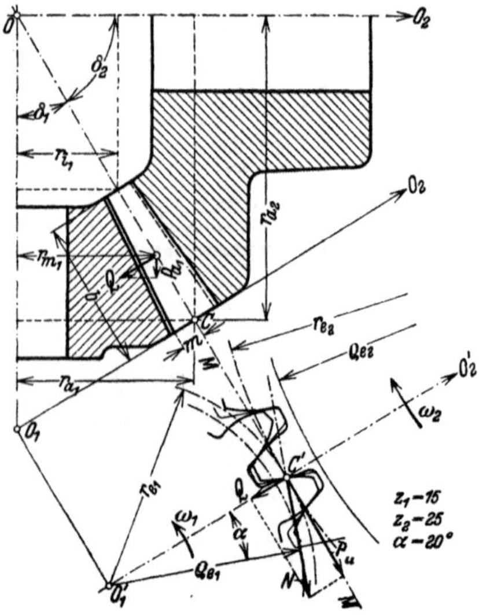

Fig. 198.

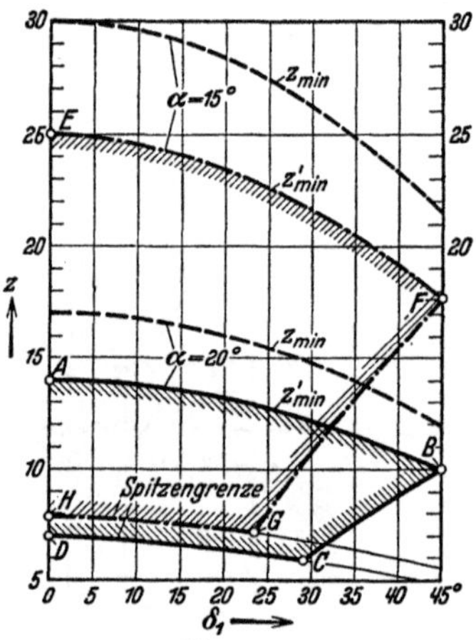

Fig. 199.

Die kleinste rechnerisch bzw. praktisch ohne schädlichen Unterschnitt herstellbare tatsächliche Zähnezahl ist

$$z_{\min} = z_g \cdot \cos\delta_1 \quad \text{bzw.} \quad z'_{\min} = z'_g \cdot \cos\delta_1 .$$

Für normgemäße Zahnhöhen sind die Werte für $z'_{\min}$ den Kurven AB ($\alpha = 20°$) und EF ($\alpha = 15°$) zu entnehmen. Bei Übersetzungen in der Nähe von $1:1$ sei $z_1 > z'_{\min}$.

Ist eine Profilverschiebung wegen Unterschnittgefahr erforderlich, so sollte möglichst ein V-Nullgetriebe angewandt werden, da dann die Kegelwinkel unverändert bleiben können. V-Nullgetriebe sind möglich, wenn $z_1/\cos\delta_1 + z_2/\cos\delta_2 \gtreqless 2z_g$ bzw. $2z'_g$ (für $\alpha = 20° > 34$ bzw. 28). Bei normgemäßen V-Rädern ist die Profilverschiebung

für $\alpha = 20°$ $\quad x = (14 - z_1/\cos\delta_1)/17$; $\qquad \alpha = 15°$ $\quad x = (25 - z_1/\cos\delta_1)/30$.

Oberhalb der Kurven AB bzw. EF liegen die Nullräder. Für $\delta = 90°$ liegen innerhalb der Flächen $ABCD$ bzw. $EFGH$ die V-Nullgetriebe.

Kraftwirkung (Fig. 198). Ist M_t = Drehmoment am Rad *1*, so wird $P_u = M_t/r_{m_1}$; r_{m_1} = mittlerer Halbmesser; $N = P_u/\cos\alpha$; $Q = P_u \cdot \operatorname{tg}\alpha$; Achsdruck am Rad *1* $P_{a_1} = P_u \cdot \operatorname{tg}\alpha \cdot \sin\delta_1$; am Rad *2* Achsdruck $P_{a_2} = P_u \cdot \operatorname{tg}\alpha \cdot \sin\delta_2$; also $P_{a_2} > P_{a_1}$, da $\delta_2 > \delta_1$.

*) Zeiger e deutet den Ergänzungskegel an.

9. Kegelräder mit Schräg- und Bogenzähnen.

Die Vorteile dieser Räder gegenüber denen mit Geradzähnen bestehen wie allgemein bei Schrägzähnen in der Vergrößerung des Überdeckungsgrades und

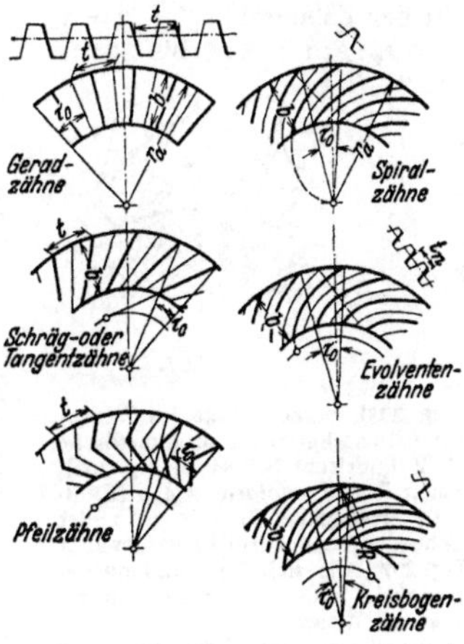

Fig. 200.

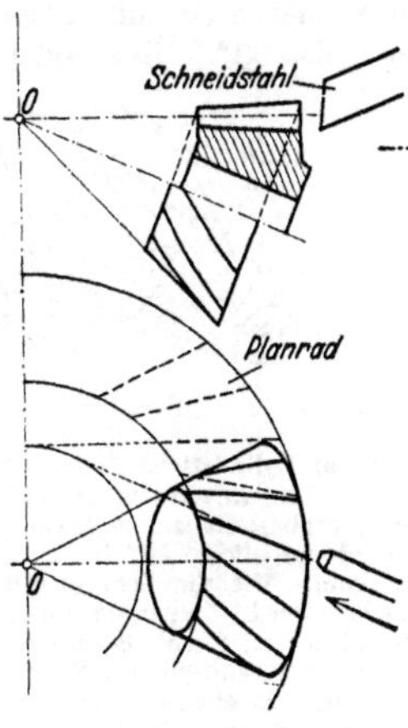

Fig. 201.

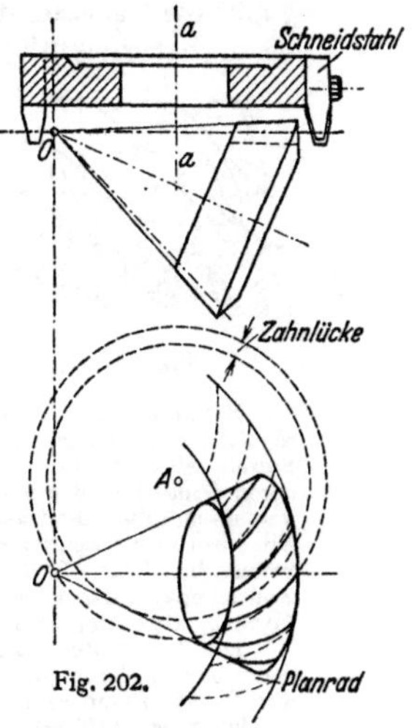

Fig. 202.

Erzielung eines ruhigeren Ganges; dadurch lassen sich größere Übersetzungen erreichen, sorgfältigste Bearbeitung und Lagerung vorausgesetzt.

Werden die Mäntel der Kegelräder in eine Ebene abgewickelt, so können Flankenformen nach Fig. 200 entstehen; sie entsprechen der Verzahnung der Planräder. t = Teilung, gemessen am äußeren Teilkreisradius r_a; τ_0 = Teilwinkel, entsprechend der Zähnezahl.

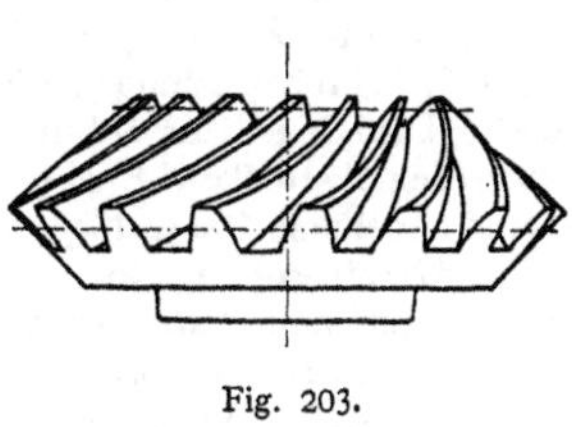

Fig. 203.

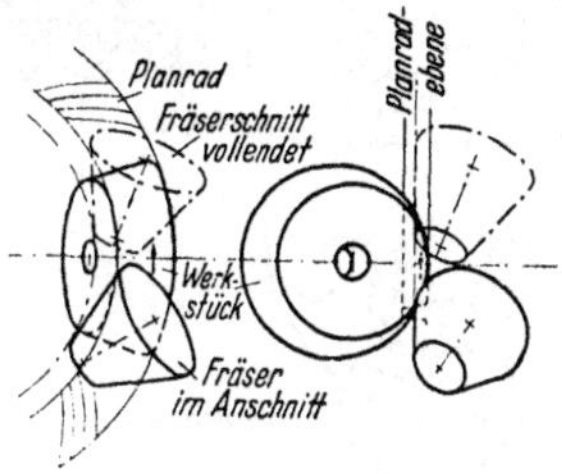

Fig. 204.

Die erhabenen Zahnflanken der Palloid-Spiralkegelräder[1]) sind in ihrer Längsrichtung stärker gekrümmt als die hohlen Flanken. Räder werden dadurch verlagerungsunempfindlich. Bei Kraftaufnahme schmiegen sich die Zahnflanken besser an, die Zahnanlage wird vergrößert. Flanken lassen sich auch läppen. Herstellung mittels schneckenförmigen Abwälzfräsers in fortlaufender Verschraubung. Die Kegelspitzen zweier Palloidkegelräder fallen nicht mit dem Schnittpunkt ihrer Achsen zusammen (s. Arbeitsblätter).

Einige Herstellungsmöglichkeiten zeigt Fig. 201: Schräg- oder Tangentzähne (Bilgram-Reinecker), Fig. 202 und 203 (Böttcher-Gleason)[2]): Kreisbogenzähne, Fig. 204: Palloidzähne.

---

[1]) Hersteller: W. Ferd. Klingelnberg Söhne, Remscheid. Die Firma stellt Arbeitsblätter und Zahlentafeln auf Anfrage zur Verfügung. Siehe a. Z. VDI 1938 S. 347. — Krumme: Beitrag zur Ausbildung der Lager für Spiralkegelräder. Werkzeugmaschine 1939 Heft 13.

[2]) Hofmann: Gleason-Spiralkegelräder. Berlin: Springer 1939.

10. Schneckengetriebe.

Wird bei einem Schraubenrädergetriebe der Durchmesser des Kleinrades im Verhältnis zu dem des Großrades sehr klein und die Zähnezahl z_1 ebenfalls klein, dann wird das Kleinrad zur Schraube (Schnecke) mit trapezähnlichem Gewinde; g gibt die Gangzahl der Schnecke an und entspricht der Zähnezahl z_1 *); $g = 1$ bis 5; Kreuzungswinkel meist 90°. Übersetzung $i = z_2 : g$; $i = 5 : 1$ bis $25 : 1$.

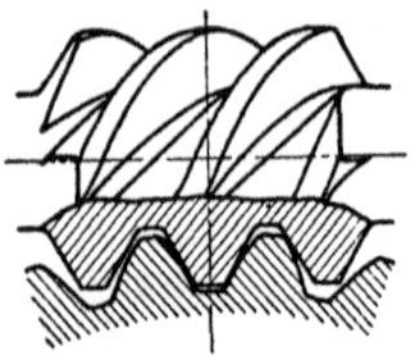

Fig. 205.

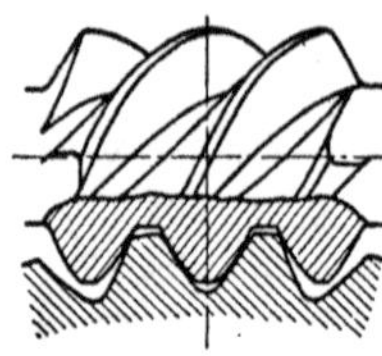

Fig. 206.

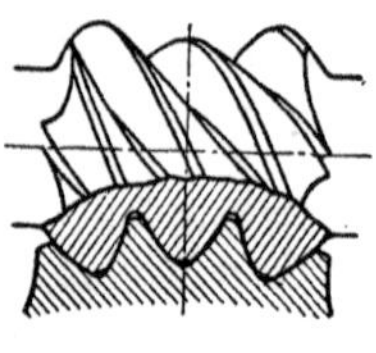

Fig. 207.

Form der Schnecke[1]. a) Zylindrische Schnecke (Fig. 205), deren Gänge im Längsschnitt die Trapezform (gerade Flanken) und im Querschnitt (Stirnschnitt) die archimedische Spirale zeigt (archimedische Schraube); Radzähne gewölbt. b) Zylindrische Schnecke (Fig. 206), deren Gänge im Längsschnitt Hyperbelform und im Querschnitt Evolventenform zeigen (Evolventenschraube); Radzähne hohl. Die die Schraubenflächen erzeugende Gerade schneidet bei Form a) die Schraubenachse, bei b) kreuzt sie diese. Schnecke nach Form b) ist genauer herzustellen (ebene Schleifscheiben). c) Globoidschnecke (Fig. 207), die sich der Rundung des Rades anpaßt; daher hat sie einen veränderlichen Steigungswinkel. Falls ihre Gestalt von der Form b) abgeleitet wird, läßt sie sich ebenso genau schleifen wie diese.

Die Zähne des Rades werden meist durch eine Frässchnecke erzeugt, deren Form der Getriebeschnecke entspricht; der Fräser wird bei Form a) und b) radial oder tangential zugestellt. Mit Rücksicht auf sauberen Zahnschnitt durch den Fräser soll bei mehrgängigen Schnecken i keine ganze Zahl sein.

Im Stirn-Mittel-Schnitt des Rades ist die Stirnteilung $t_s = \pi \cdot m_s$; die Ganghöhe der Schnecke ist $h = g \cdot t_s$; in Fig. 208 ist $g = 2$; der mittlere Steigungswinkel β_m der Schnecke wird bestimmt durch $\operatorname{tg} \beta_m = h/2\pi r_1 = g/(2 r_1/m_s)$; $r_1 = g\, m_n/2 \sin \beta_m$. Ferner ist $r_2 = \frac{1}{2} \cdot m_s \cdot z_2$; z_2 = Zähnezahl des Rades.

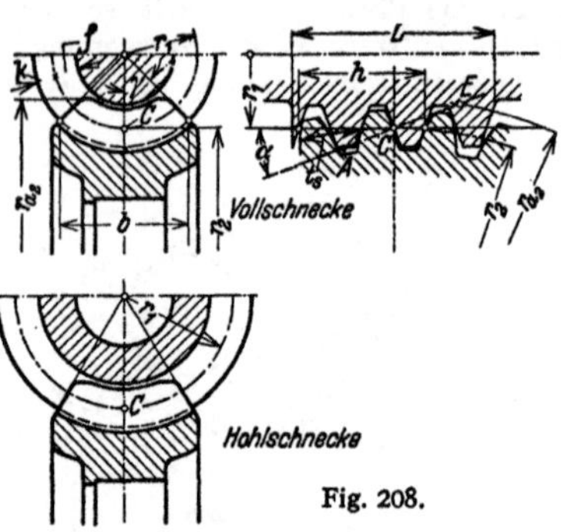

Fig. 208.

Kopfhöhe k und Fußhöhe f werden meist auf m_s bezogen; $k = m_s$; $f = 1{,}2 m_s$. Breitenverhältnis $\lambda = b/m_s = 6$ bis 8; $\sphericalangle \gamma \leq 45°$; bei rohen Zähnen geringere Radbreite. Die Länge L der Schnecke ist von der Eingriffstrecke AE abhängig; man kann annehmen $L \approx (0{,}15 z_2 + 7)\, m_s$.

Eingriffwinkel α_n im Normalschnitt $\perp$ zur Zahnflanke (Fig. 209). Für den Stirn-Mittel-Schnitt gilt $\operatorname{tg} \alpha = \operatorname{tg} \alpha_n / \cos \beta_m$. Winkel α_n früher meist 15°, heute besonders bei Schnecken nach Fig. 206 und 207 $\alpha_n = 20$ bis 30°.

Werkstoff. Schnecke: Stahl, im Einsatz gehärtet, geschliffen und poliert. Radkranz: bei rohen Zähnen Gußeisen mit unverletzter Gußhaut; bei bearbeiteten Zähnen Bronze, Phosphorbronze, Aluminiumbronze, Schleuderbronze[2]. Der Radkranz wird meist abnehmbar auf dem Schneckenrad befestigt (Fig. 218).

Kraftwirkung (Fig. 209). Zahndruck $P \perp$ Zahnflanke. Antriebmoment an der Schneckenwelle M_{t_1}; Lastdrehmoment an der Radwelle M_{t_2}; Wirkungsgrad der Schneckenwellenlagerung η_{l_1}; Wirkungsgrad der Radwellenlagerung η_{l_2};

*) Zeiger *1* für Schnecke, Zeiger *2* für Rad.

[1]) Altmann: Schraubgetriebe. Berlin: VDI-Verlag 1932. Ebenda Literaturangaben. — Z. VDI 1939 S 575 u 1245. — Vogel: Analvtische Berechnung des Fingerfräserprofils für Schrauben und Schnecken. Z. VDI 1934 S. 156. — Siehe auch Duhnsen: Ermittlung der Berührungsverhältnisse von Globoidschneckentrieben. München u. Berlin: Verlag Oldenbourg.

[2]) Siehe auch „Werkstoffumstellung" Fußnote 2, S. 578.

Wirkungsgrad der Schnecke η_s; Wirkungsgrad des ganzen Schneckengetriebes $\eta_g = \eta_s \cdot \eta_{l_1} \cdot \eta_{l_2}$. Umfangskraft an der Schnecke $P_1 = P\cos\alpha_n \cdot \sin\beta_m + \mu P \cos\beta_m$; Umfangskraft am Rad $P_u = P\cos\alpha_n \cdot \cos\beta_m - \mu P \sin\beta_m$; $P_1 = P_u \cdot \mathrm{tg}(\beta_m + \varrho)$. $M_{t_1} = P_1 \cdot r_1/\eta_{l_1}$; $M_{t_2} = P_u \cdot r_2 \cdot \eta_{l_2}$; $M_{t_1} = M_{t_2}/i\,\eta_g$; $N_1^{\mathrm{PS}} = N_2^{\mathrm{PS}}/\eta_g$.

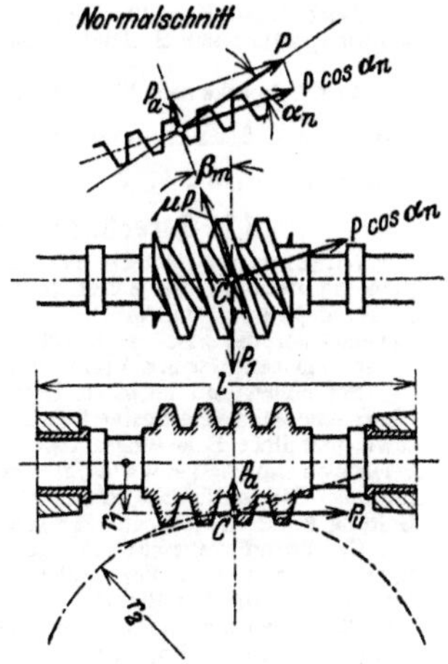

Fig. 209.

Schnecke: Querlager belastet durch $\sqrt{(P_a/2 \pm P_u r_1/l)^2 + (P_1/2)^2}$, wobei $P_a = P \cdot \sin\alpha_n$. Längslager belastet durch P_u; am besten Wälzlager. Schneckenwelle beansprucht 1. durch Längskraft P_u, 2. Drehmoment M_{t_1}, 3. Biegemoment

$$M_b = \sqrt{(P_a l/4 + P_u r_1/l \cdot l/2)^2 + (P_1 l/4)^2}\,.$$

Formänderungen durch Biegekräfte sind durch Zusammenrücken der Querlager klein zu halten.

Wirkungsgrad: $\eta_s = \dfrac{\mathrm{tg}\,\beta_m}{\mathrm{tg}(\beta_m + \varrho)}$ *); Reibungsziffer $\mu = \mathrm{tg}\,\varrho$. Fig. 210 zeigt die Abhängigkeit von η_s von μ und β_m. Bei besten Werkstoffen, sorgfältigster Ausführung, hoher Gleitgeschwindigkeit, reiner Flüssigkeitsreibung und nicht unterbrochenem Betrieb kann $\mu \leqq 0{,}01$ werden; im allgemeinen ist bei gehärteter und geschliffener Stahlschnecke und Bronzeradkranz mit $\mu = 0{,}02$ bis $0{,}03$ zu rechnen, bei unbearbeitetem Gußeisen mit $\mu = 0{,}1$ bis $0{,}12$. Bei Lagerung der Schneckenwelle in Quer- und Längswälzlagern ist $\eta_{l_1} \cdot \eta_{l_2} = 0{,}97$ bis $0{,}98$, sonst $= 0{,}92$ bis $0{,}95$. Für Selbsthemmung muß $\eta_g < 0{,}5$ sein.

Bestimmung der Abmessungen. a) Stirnmodul m_s. Setze $P_u = c \cdot b \cdot t_s$ (vgl. S. 578); dann wird

$$m_s \approx \sqrt[3]{\frac{0{,}64 \cdot M_{t_2}}{c \cdot \lambda \cdot z_2}} \approx \sqrt[3]{\frac{0{,}64 \cdot M_{t_2}}{c \cdot \lambda \cdot i \cdot g}} \approx \sqrt[3]{\frac{45600}{c \cdot \lambda \cdot i \cdot g} \cdot \frac{N_2}{n_2}} \text{ in cm; } N_2 \text{ in PS.}$$

Belastungszahl c in kg/cm² für Radzähne aus Gußeisen $12 \div 25$, Phosphorbronze $20 \div 40$, Aluminiumbronze $25 \div 50$, Schleuderbronze 30 bis 60. c hängt

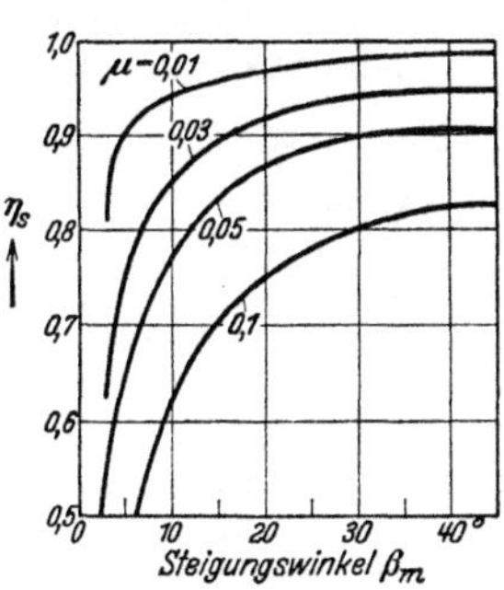

Fig. 210.

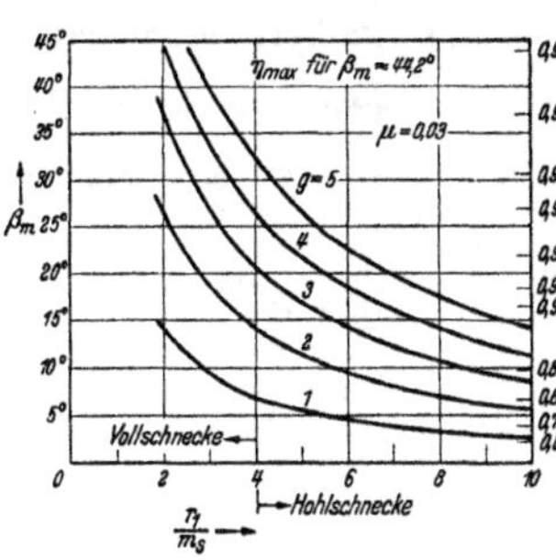

Fig. 211.

von Gestalt, Glätte und Schmierung der gleitenden Flächen ab; die oberen Werte für c sind nur unter günstigen Bedingungen zu nehmen.

b) Gangzahl g. Hoher Wirkungsgrad kann durch große Gangzahl erreicht werden (Fig. 211), wenn r_1/m_s klein ist (Vollschnecke).

*) Siehe Bd. I, Statik, S. 187.

c) Kleinster Durchmesser der Schneckenwelle wird zunächst unter Annahme einer geringen Drehbeanspruchung von 150 kg/cm² berechnet

$$d = 13{,}5\sqrt[3]{N_1/n_1} \text{ in cm}; \quad N_1 \text{ in PS.} \quad \text{(Siehe S. 537.)}$$

Beispiel 9: $N_2 = 22$ PS; $n_2 = 180$ U/min; $n_1 = 1400$ U/min. Stahlschnecke, gehärtet und geschliffen; Zähne aus Schleuderbronze; verlangt hoher Wirkungsgrad. Gewählt $g = 4$; $z_2 = 31$; $i = 31:4$. Schnecke nach Fig. 206. Schleuderbronze $c = 50$; $\lambda = 7$; $m_s = \sqrt[3]{\dfrac{45600 \cdot 22}{50 \cdot 7 \cdot 31 \cdot 180}} = 0{,}8$ cm. $r_2 = 124$ mm. Schneckenwellendurchmesser $d = 38 \div 40$ mm. $\dfrac{r_1}{m_s} = 4$ gewählt, ergibt $r_1 = 32$ mm; $\operatorname{tg}\beta_m = 0{,}5$; $\beta_m \approx 26°$. Zu erwarten $\eta_s \approx 0{,}93$ bei $\mu = 0{,}03$ und $\eta_s \approx 0{,}95$ bei $\mu = 0{,}02$.

11. Berechnung der Zähne[1]). (S. auch Bd. II, S. 538.)

Allgemeines. Nächst Festigkeit der Zähne an der Wurzel ist die Größe der Flächenpressung zwischen den Zahnflanken für die Bemessung der Zähne maßgebend. Die Flächenpressung p kann mittels der Hertzschen Gleichungen (siehe S. 418) berechnet werden. Lebensdauer der Flanken hängt von Härte, Oberflächenglätte, Laufeigenschaften der Werkstoffe, Flächenpressung, Verzahnungsfehlern, Drehzahl und Schmierung ab.

Bei hohen und höchsten Umfangsgeschwindigkeiten sind nur Werkstoffe mit dichtester Oberfläche bei sorgfältigster Bearbeitung verwendbar. Fehler im Zahnprofil und in der Teilung sowie plötzliche Belastungsänderungen verursachen Beschleunigungen und Verzögerungen, die bei großen Umfangsgeschwindigkeiten und Massen zu zusätzlichen dynamischen Beanspruchungen führen. Die natürliche Elastizität der Werkstoffe läßt diese Trägheitskräfte nicht voll zur Geltung kommen; Einbau elastischer Zwischenglieder ist zweckmäßig.

Geschwindigkeitsschwankungen des getriebenen Rades können selbst bei theoretisch richtiger Zahnform durch Formänderung der Zahnflanken und der Zähne eintreten. Entsprechend dem fortschreitenden Eingriff von A bis E (Fig. 179) sind die Durchbiegungen der Zähne und Verdrückungen der Flanken verschieden groß. Beim Beginn in A kann die Kopfkante des Großrades statt der Kopfflanke auf die Fußflanke des Kleinrades treffen; Stoß und Abnutzung sind die Folge. Abhilfe: Schrägverzahnung mit großem Überdeckungsgrad und Zurückverlegen der Kopfflanke hinter das theoretisch richtige Profil (Flankeneintrittsspiel).

Übliche Berechnungsverfahren für bearbeitete Zähne.

Bezeichnungen: M_t = Drehmoment in cmkg $= 71620\,N/n$; N = Leistung in PS; n = U/min; P_u = Umfangskraft in kg am Wälzkreisradius r in cm; P = Zahndruck in kg in Richtung der Eingrifflinie; benutzbare Zahnbreite b, Modul m und Teilung t in cm; Breitenverhältnis $\lambda = b/m$; Umfangsgeschwindigkeit $v = \pi r n/3000$ in m/sek.

a) Geradzahn-Stirnräder. 1. **Bruchfestigkeit der Zähne** (Fig. 212). $P = M_t/r \cos\alpha$; Biegemoment $M_b = P \cdot l \cdot \sin\beta$; Druckkraft $\perp$ Bruchfläche $P \cdot \cos\beta$. Größte Druckspannung an der linken Kante $\sigma = \dfrac{M_t}{m \cdot b \cdot r}\left(\dfrac{6m \cdot l \cdot \sin\beta}{e^2 \cdot \cos\alpha} + \dfrac{m \cdot \cos\beta}{e \cdot \cos\alpha}\right)$; l und e sind vom Modul m und Zähnezahl z abhängig; bei den Zähnen der Innenverzahnung ist im Vergleich zur Außenverzahnung l klein und e groß. Klammerausdruck $= q$ gesetzt, ergibt $\sigma = \dfrac{M_t \cdot q}{m \cdot b \cdot r}$; für unterschnittfreie, normgemäße Nullräder mit $\alpha = 20°$ ist q aus Tafel 2[1]) zu entnehmen.

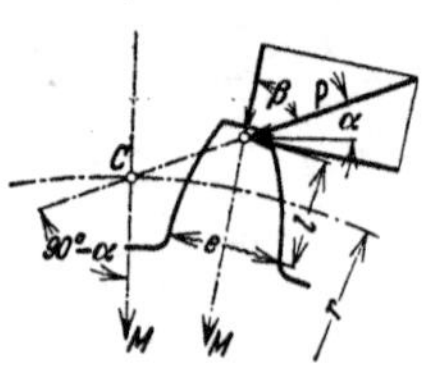

Fig. 212.

Tafel 2.

Außenverzahnung		Innenverzahnung	
z	q	z	q
$10 \div 12$	$5{,}2 \div 4{,}6$	∞	$2{,}5$
$13 \div 18$	$4{,}4 \div 3{,}5$	$200 \div 70$	$2{,}4 \div 2{,}2$
$21 \div 34$	$3{,}3 \div 3{,}0$	$50 \div 30$	$2{,}1 \div 1{,}9$
$40 \div 80$	$2{,}9 \div 2{,}6$	$24 \div 20$	$1{,}8 \div 1{,}7$
∞	$2{,}5$		

2. Berechnung auf Grund einer **Belastungszahl c** in kg/cm². Setze $P_u = c \cdot b \cdot t$ und $c = c_0 \cdot \xi = c_0 \cdot \xi_1 \cdot \xi_2 \cdot \xi_3$; $\xi = \xi_1 \cdot \xi_2 \cdot \xi_3$. Grundbelastungszahl für hochwertiges Gußeisen $c_0 = 30\dfrac{10}{v + 10}$; die Beiwerte ξ_1, ξ_2 und ξ_3 berücksichtigen folgende Einflüsse[2]):

[1]) Diss. Wißmann, Duisburg, T.H. Berlin 1930: Berechnung und Konstruktion von Zahnrädern für Krane und ähnliche Maschinen. Leipzig: Univ.-Verl. Noske.

[2]) Siehe Rötscher: Die Maschinenelemente, Bd. II S. 1071. Berlin: Springer 1929. — S. a. Trier: Werkstattbücher Heft 47. Berlin: Springer 1942. — Werkstoffumstellung im Getriebe-

ξ_1 gibt die Festigkeit des gewählten Werkstoffes des Zahnrades im Verhältnis zu der des Gußeisens an.

Werkstoff:	ξ_1
Gußeisen von hoher Festigkeit	1
Stahlguß	1,8 ÷ 2,5
Stahl, geschmiedet	2,8 ÷ 3,3
Nickelstahl, ungehärtet	3 ÷ 4
Chrom-Nickelstahl, im Einsatz gehärtet und geschliffen	5 ÷ 9
Desgl. für Kraftwagen und Flugzeuggetriebe	8 ÷ 12
Deltametall, gegossen	2,4
Deltametall, geschmiedet	2,7
Phosphorbronze	1,7
Rotguß	1,3
Kunstharz-Preßstoffe [1])	0,8 ÷ 1

ξ_2 berücksichtigt Art und Dauer des Betriebes.

Betrieb leicht $\xi_2 = 1$; normal $\xi_2 = 0{,}8$; schwer $\xi_2 = 0{,}6$. Bei stoßweisem Betrieb sowie bei Dauerbetrieb kann ξ_2 weiter erniedrigt werden.

ξ_3 kann noch weitere Einflüsse erfassen, wie Oberflächenglätte, Härte, Überdeckungsgrad, Schrägverzahnung, Art der Schmierung usw.

Geht man vom Kleinrad aus, dann kann r leicht geschätzt werden. Bei gedrängter Bauart wird $r = 1{,}0$ bis $1{,}1\,d$ für aufgesetzte Räder aus Stahl (d = Wellendurchmesser); $r = 1{,}2$ bis $1{,}3\,d$ für Räder aus Gußeisen oder Stahlguß. Aus Gleichung $P_u = c \cdot b \cdot t$ folgt

$$m = \varphi \sqrt{\frac{N}{\xi \cdot \lambda}} \text{ in cm mit } c = c_0 \cdot \xi \text{ und}$$

$v = \pi r n/60$. Werte für φ nach Fig. 213.

Ist die Zähnezahl z bekannt, so ist

$$m = \sqrt[3]{\frac{0{,}64 \cdot M_t}{c \cdot \lambda \cdot z}} = \sqrt[3]{\frac{45600}{c \cdot \lambda \cdot z} \cdot \frac{N}{n}} \text{ in cm.}$$

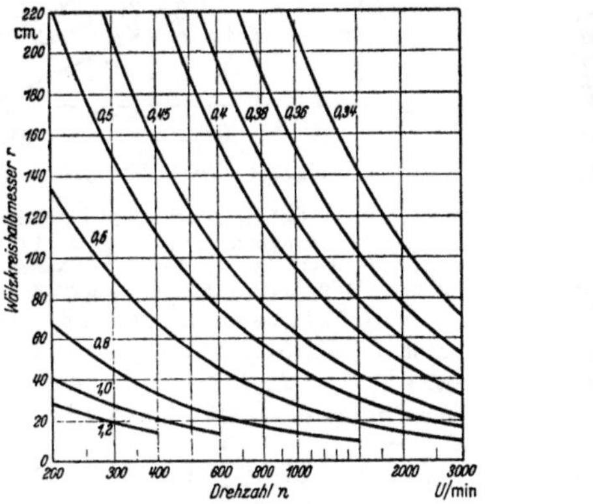

Fig. 213. Werte für φ.

Das Breitenverhältnis λ ist hauptsächlich abhängig von der Art und Güte der Lagerung und der Formänderung der Wellen. Rohe, sauber gegossene Zähne $\lambda \approx 6$. Bearbeitete Zähne: gewöhnliche Lagerung $\lambda \approx 10$; gute Lagerung in Getriebekästen $\lambda = 15$ bis 40; Hochleistungsgetriebe bis 200.

3. Berechnung auf Grund der **Walzenpressung** und **Lebensdauer** [2]). Auf Grund der Hertzschen Gleichung [3]) hat Wißmann [4]) die Gleichung aufgestellt: $bd^2 = 5{,}72 \cdot 10^6 M_t (i \pm 1) : p^2 (i \pm 0{,}14)$; p kg/cm² = größter Druckspannung an der Berührungsstelle. Nach Versuchen an Rollen und Rollenlagern gilt für die Walzenpressung bis zur Grübchenbildung

$$k \text{ kg/mm}^2 \approx 0{,}68\, H^2/E W^{\frac{1}{3}} \approx 5{,}5\, \sigma_B^2/E W^{\frac{1}{3}}; \quad H_{\text{kg/mm}^2} = \text{Brinellhärte} \approx 2{,}85\, \sigma_B.$$

bau. Z. VDI 1941 S. 8. — Bock: Fehlerprüfung bei Zahnrädern. Z. VDI Bd. 81 (1937) S. 267. — Wittmann: Austauschbare Fertigung bei Stirnradgetrieben. Masch.-BauBetrieb Bd. 19 (1940) S. 415. — Heidebrock: Quetschöl-Verdrängung. Kraftfahrtechn. Forsch.-Arb. Heft 2. VDI-Verlag. — Pietsch: Schmiermittel im Zahnradgetriebe. Dtsch. Kraftf.-Forsch. Heft 59. VDI-Verlag. — Reibungskräfte, Laufunruhe und Geräuschbild an Zahnrädern. Dtsch. Kraftf.-Forsch. Heft 25. VDI-Verlag.

[1]) Sie bestehen aus besonderen Gewebestoffen, die mit Kunstharzen (Bakelit) getränkt und unter Anwendung von Hitze und Druck zu Platten geformt werden. Im Handel bezeichnet mit Novotext, Ferrozell, Turbax u. a. m. Widerstandsfähig gegen Feuchtigkeit, Wärme, Öl, Fett, meist auch gegen Säuren und Alkalien. Stoßdämpfend, geräuschloser Lauf. Spezifisches Gewicht ≈ 1,4, s. a Bd I, S. 475. — S. auch Kunststoffe Bd 32 (1942) Nr. 9 S. 263.

[2]) Siehe Maschinenelemente-Tagung Düsseldorf. Berlin: VDI-Verlag 1940.

[3]) Siehe Festigkeitslehre S. 418.

[4]) Siehe Fußnote 1, S. 578.

für Stahl; E_{kg/mm^2} = Elastizitätsmaß; $W = n \cdot L \cdot 60 \cdot 10^{-6}$ Zahl der Überrollungen in 10^6; L = Lebensdauer in Betriebsstunden. Für H, E und σ_B in kg/cm² ergibt sich k in kg/cm². $E = 2E_1 \cdot E_2/(E_1 + E_2)$; Zeiger *1* für Rad *1*, Zeiger *2* für Rad *2*.

In die Wißmannsche Gleichung eingeführt, folgt:

$$bd^2 = \frac{6{,}25 \cdot M_t(i \pm 1)}{i \cdot k}; \quad k = k_{5000}/\xi_L; \quad \text{Werte für } k_{5000} \text{ s. Fig. 214.}$$

Es bedeuten: b_{cm} die nutzbare Breite; d_{cm} den Wälzkreisdmr.; i die Übersetzung als ganze Zahl, + für Außen-, — für Innenverzahnung; k_{kg/cm^2} die höchstzulässige Walzenpressung in Abhängigkeit von Drehzahl n, Werkstoffhärte H und Lebensdauer L; k_{5000} gilt für $L = 5000$ bei voller Belastung, wenn Gegenwerkstoff Stahl oder Stahlguß ist; bei Gegenwerkstoff Gußeisen sind die k-Werte mit 1,5 zu multiplizieren[1]); ξ_L = Lebensdauerbeiwert nach Fig. 129[2]).

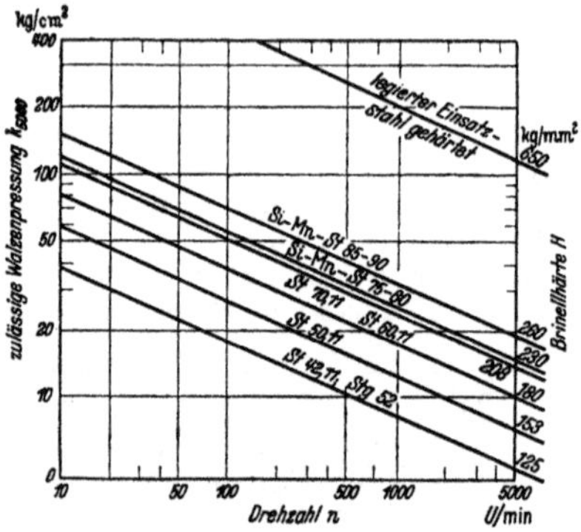

Fig. 214. Werte für k_{5000}.

Modul m ergibt sich nach Wahl einer günstigen Zähnezahl und Radbreite. Nachprüfung der Bruchfestigkeit erforderlich s. unter 1.

4. Nachprüfung auf Grund der Erwärmung[3]) bei schnellaufenden Getrieben; gehärtete, geschliffene und sorgfältig geschmierte Zahnflanken. Für das Kleinrad gilt $r \cdot b > 0{,}1\,N$; r und b in cm, N in PS. Bei Gefahr metallischer Flankenberührung sei $r \cdot b > 0{,}2\,N$.

5. Berechnungsarten, die auch die dynamischen Beanspruchungen erfassen, s. E. Rossow: Luftwissen 1941 Nr. 31 S. 86 (Preisausschr. d. Lilienthal-Ges.); ebenda Berechnungsgang für durch Wärme beanspruchte Getriebe.

b) Schrägzahn-Stirnräder. Berechnung sinngemäß nach den Verfahren unter a. Großleistungsgetriebe werden meist auf Grund der Linienpressung[3]) $P_e = P_u/b$ berechnet, deren Größe vom Ritzeldurchmesser d abhängig gemacht wird. Breite $b = 1{,}2 \div 3{,}2\,d$. v bis 70 m/sek.

d	=	5	10	15	20	30	40	50 cm
P_u/b	=	28 ÷ 36	48 ÷ 64	68 ÷ 88	83 ÷ 108	110 ÷ 138	128 ÷ 160	142 ÷ 178 kg/cm.

c) Kegelräder. Breitenverhältnis λ wesentlich kleiner als bei Stirnrädern gewählt (λ = 1 bis 3), da infolge meist ungenauerer Flankenherstellung und Schwierigkeit der Lagerung gleichmäßiges Tragen der Flanken unerreichbar ist. Aus demselben Grunde sind die Beanspruchungswerte niedriger als bei Stirnrädern zu halten; sie werden auf den mittleren Modul bezogen, der dem mittleren Halbmesser entspricht.

Beispiel 10: Abtrieb eines Elektromotors. $N = 15$ PS; $n = 1500$ U/min; Wellendurchmesser $d = 38$ mm; Übersetzung $i = 4:1$. a) Ritzel aus St 60·11, Rad aus Stg 52·81. $r = 38$ mm geschätzt. $\varphi = 0{,}46$ nach Fig. 213. $\xi_1 = 2{,}5$; normaler Betrieb $\xi_2 = 0{,}8$; $\xi_3 = 1$; $\xi = 2{,}5 \cdot 0{,}8 = 2{,}0$. $\lambda = 10$. $m = 0{,}46\sqrt{\frac{15}{2 \cdot 10}} \approx 0{,}4$ cm; $m = 4$ mm. Ausgeführt: $z_1 = 20$; $r_1 = 40$ mm; $b = 40$ mm. Nachrechnung σ für das Stahlgußrad mit $z_2 = 4 \cdot 20 = 80$. $\sigma = \frac{M_t \cdot q}{m \cdot b \cdot r} = \frac{71620 \cdot 15 \cdot 2{,}6}{1500 \cdot 0{,}4 \cdot 4 \cdot 4} \approx 290$ kg/cm². b) Ritzel aus Kunstharz-Preßstoff, Rad aus Gußeisen. $r = 45$ mm geschätzt. $\varphi = 0{,}44$. $\xi_1 = 0{,}9$; $\xi_2 = 0{,}8$; $\xi_3 = 1$; $\xi = 0{,}72$. $\lambda = 10$. $m = 0{,}44\sqrt{\frac{15}{0{,}72 \cdot 10}} \approx 0{,}64$ cm; $m = 6{,}5$ mm. Ausgeführt: $z_1 = 14$; $r_1 = 45{,}5$ mm; $b = 65$ mm. Nachrechnung σ für das Ritzel. $\sigma = \frac{716{,}2 \cdot 4{,}2}{0{,}65 \cdot 6{,}5 \cdot 4{,}55} \approx 157$ kg/cm².

---

1) Da E für Ge $\approx 0{,}4\,E$ für St.

2) Zahlenwerte stimmen mit denen für Wälzlager überein.

3) BBC Nachr. 1926 Heft 2 bis 6 und Sonderabdruck. S. auch ten Bosch: Vorlesungen über Maschinenelemente, Heft 4. Berlin: Springer 1929.

12. Ausführung der Zahnräder.

Werkstoff der Ritzel s. S. 579. Für hohe Beanspruchungen Vergütungsstahl oder Einsatzstahl mit glasharter Härtungszone.

Radkörper. Gußeisen und Stahlguß. Für geringe Kräfte einfachste Form nach Fig. 215. Nabenstärke für Gußeisen $\delta = 0{,}4d + 1$ cm, für Stahlguß $\delta = 0{,}3d + 1$ cm, Nabenlänge $L \geqq 1{,}5d$; lange Naben in der Mitte ausgespart. Befestigung durch Aufkeilen setzt genaue Herstellung der Nabennut und strammen Sitz für die Bohrung voraus. Armzahl $a = 4$ bis 8, abhängig von der Größe des Rades und von der beabsichtigten Steifigkeit des Radkranzes; oft wird a ungerade genommen, um die Gußspannungen zu verringern. Armquerschnitt nach Bedarf in ⊢, +, H, I-Form $b_1 \approx 1{,}6m$; $h_1 = 5b_1$ bis $7b_1$; $h_2 \approx 0{,}8h_1$; $e = 1{,}6m$ bis $2m$. Nachprüfung der Biegespannung bei h_1 unter der Annahme, daß ein Viertel der Armzahl die Umfangskraft P_u überträgt. $M_b = P_u y/0{,}25a$. Geteilte Räder: Armzahl und Zähnezahl gerade.

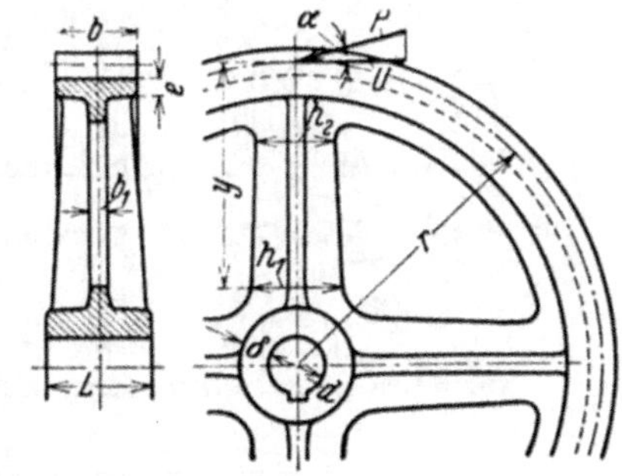

Fig. 215.

Ritzel aus Kunstharz-Preßstoffen erhalten eine einfache Keilnut oder eine gezahnte Bohrung, in Sonderfällen eine eingepreßte Metallnabe.

Kegelrad- und Ausgleichgetriebe s. Bd. II, Abschnitt Kraftwagen.

Zahnrädergetriebe, Fig. 216. Leistung 120 PS. $n_1 = 1000$; $n_2 = 250$. $z_1 = 30$; $z_2 = 111$. Modul 4,5 mm; Zahnbreite 180 mm. $\beta = 15°$; $\alpha_n = 20°$.

Wellen in Rollenlagern gelagert. Axialschub durch Druckkamm a aufgenommen, der mit seiner Kegelmantelfläche bei b unter Anwendung reiner Flüssigkeitsreibung gegen das Großrad läuft. Radkranz c auf Radkörper d aufgeschrumpft. Deckel e exzentrisch im Gehäuse, um Feineinstellung der Verzahnung zu ermöglichen. Fangbleche f für Öl.

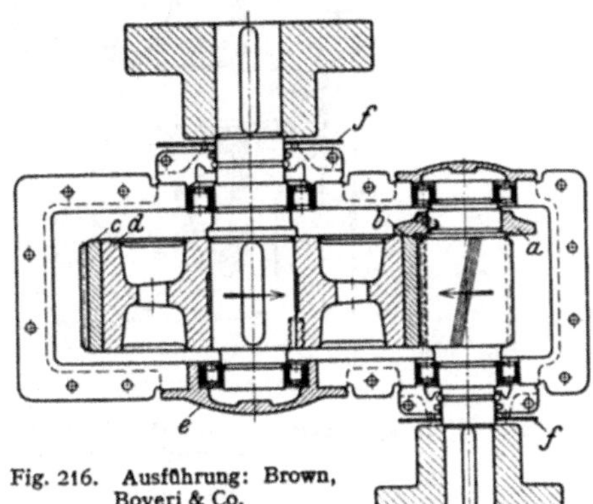

Fig. 216. Ausführung: Brown, Boveri & Co.

Fig. 217: Hochleistungs-Schaltgetriebe der Firma Fried. Krupp A.-G., Essen, mit fünf Schaltstufen für einen Prüfstand, Übersetzung ins Schnelle. Krupp verwendet als Werkstoff für nicht gehärtete Ausführungen Silizium-Manganstahl mit einer Festigkeit von 70 bis 80 kg/mm² für die Ritzel und 60 bis 70 kg/mm² für die Radkränze; gelegentlich werden diese Festigkeiten um 10 kg/mm² gesteigert. Leistungen ausgeführt bis zu 20000 PS bei ortfesten Turbogetrieben mit einer Ritzelwelle und bis zu 50000 PS mit drei bis vier Ritzelwellen. Drehzahlen bis 50000 U/min. Wälzkreisgeschwindigkeit bis 130 m/sek, Lagerzapfen-Umfangsgeschwindigkeit bis 100 m/sek.

Wahl der Übersetzung. Die Größe der Übersetzung bei Zahnrädern ist im allgemeinen beliebig; man geht meist nicht über 12 : 1 in einer Übersetzung, da die Unterbringung des Großrades sonst schwierig. Bei großer Gesamtübersetzung Unterteilung in mehrere kleinere; bis $i \approx 75$ zweistufig. In der Regel werden heute **ganzzahlige** Übersetzungen besonders bei hohen Drehzahlen vermieden, damit die gleichen Zähne erst nach mehrmaligen Radumdrehungen

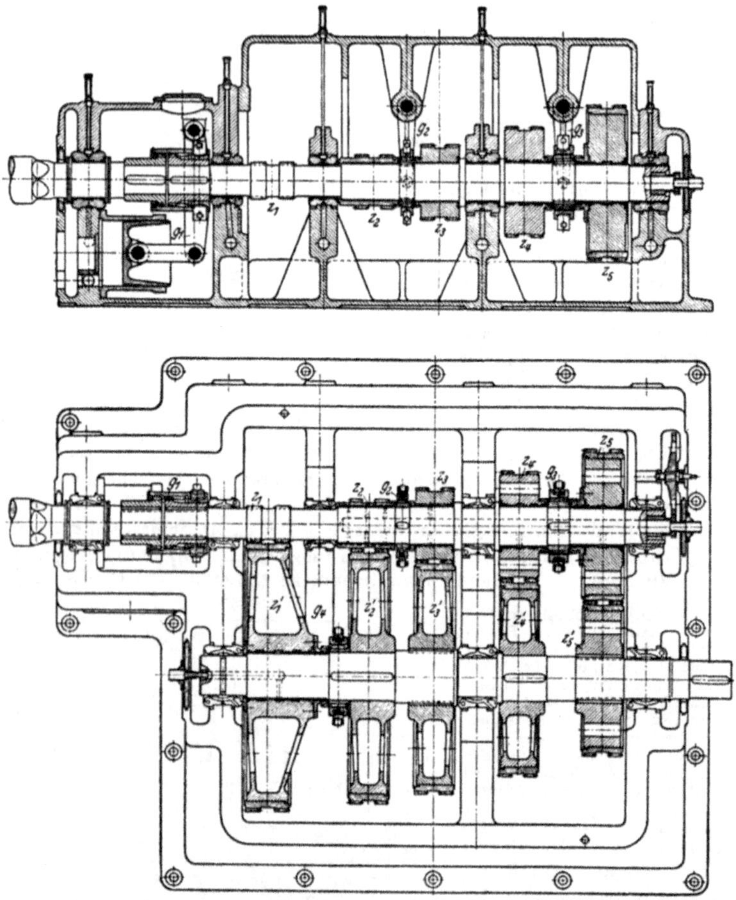

Fig. 217. z_1' bis z_4' = Räder auf Antriebwelle, z_1 bis z_4 = Räder auf Abtriebwelle, g_1 bis g_4 = Hebel für Zahnkupplungen.

Antriebleistung $N = 1350$ kW bei $n = 750$, bzw. 1150 U/min.

Abtriebsdrehzahlen:

750 — 1350 — 2400 — 3750 — 6000 U/min
bzw. 1150 — 2070 — 3600 — 5750 — 9200 „

wieder zum Eingriff kommen und sich alle Zähne möglichst gleichmäßig abnutzen.

Schmierung der Zahnflanken. Offene, langsam laufende Getriebe mit Fett, geschlossene Getriebe bis $v = 12$ m/sek erhalten Tropfschmierung oder Ölbad, in das das Großrad eintaucht. Höhere Umfangsgeschwindigkeiten erfordern Einspritzen des zähflüssigen Öles in den Zahneingriff; es besteht die Gefahr, daß das Öl weggeschleudert wird und die Zahnflanken trocken laufen. Bei großen Leistungen Reinigung des zurückfließenden Öles durch Filter und Rückkühlung durch Kühlschlangen. Das Öl übernimmt neben der Schmierung die Aufgabe der Dämpfung und Kühlung.

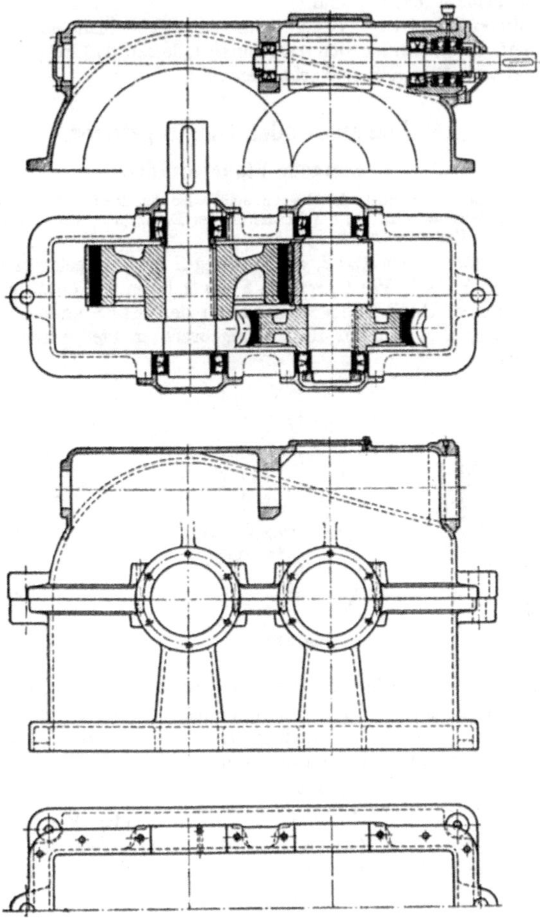

Fig. 218.

Fig. 218: Hochübersetzter Schneckenradtrieb der Maschinenfabrik Rhenania in Köln-Ehrenfeld. Dem Schneckentrieb werden zwei (oder vier) Stirnräderpaare nachgeschaltet.

Wirkungsgrade von Stirnrädergetrieben bei voller Belastung und einfacher Übersetzung:

$\eta \approx 0{,}92$ bis $0{,}94$ unbearbeitete Zähne,

$\eta \approx 0{,}96$ sauber bearbeitete und geschmierte Zähne,

$\eta \approx 0{,}98 \div 0{,}99$ äußerst sorgfältig bearbeitete Zähne mit Flüssigkeitsreibung zwischen den Flanken.

XIII. Planeten- und Differentialgetriebe.

Die Planetengetriebe ermöglichen Übersetzungen, wie sie sonst nur durch Schneckengetriebe erreichbar sind.

Die Differentialgetriebe bauen sich auf den Planeten- oder Umlaufgetrieben auf, unterscheiden sich von ihnen indessen dadurch, daß nicht eine, sondern zwei treibende Achsen vorhanden sind.

A. Planeten- oder Umlaufgetriebe.

1. Einfache Planetenräder.

Für die Ableitung der Formeln der Übersetzung i wird von der Drehbewegung des Steges s ausgegangen. Es bedeutet z. B. i_{2S} das Verhältnis der Drehzahl n_2 des Rades *2* zu der des Steges n_S; treibend Rad *2*, getrieben Steg S.

In Fig. 219 kämmt das Rad *2*, das im Steg S drehbar gelagert ist, mit dem feststehenden Rad *1*. Wird der Steg S angetrieben, so rollt Rad *2* auf *1* ab; es führt dabei zwei Umdrehungen aus, wenn der Steg S einmal herumgeführt wird und $r_2 = r_1$ ist. Ein auf Rad *2* angebrachter Pfeil veranschaulicht die Drehbewegung.

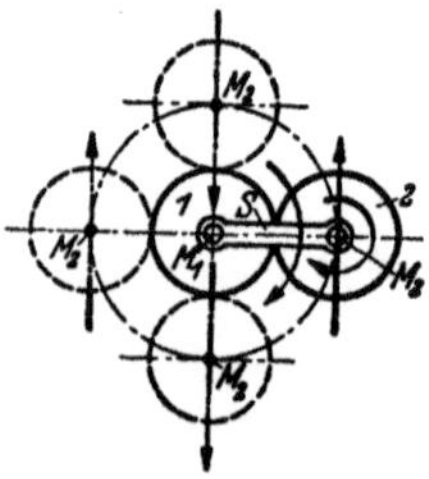

Fig. 219.

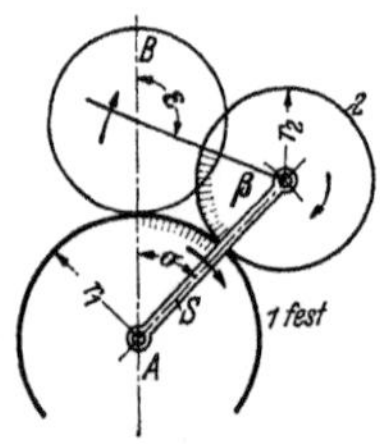

Fig. 220.

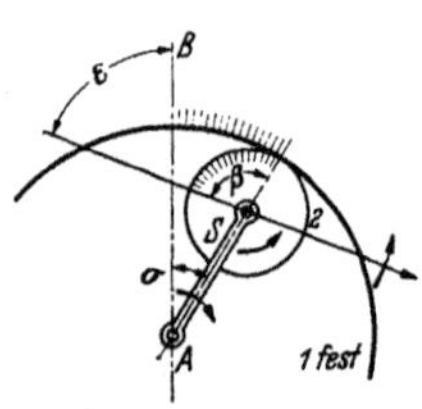

Fig. 221.

Fig. 220 zeigt die Anordnung für den allgemeinen Fall, d. h. für $r_2 \lesseqgtr r_1$. Wird der Steg S um den $\sphericalangle\,\sigma$ nach rechts geführt, so dreht sich *2* um den $\sphericalangle\,\beta$ gegenüber dem Stege, und ein ursprünglich durch den Mittelpunkt von *1* zeigender Durchmesser von Rad *2* hat sich um

$$\varepsilon = \sigma + \beta$$

gedreht. Da die den Winkeln σ und β entsprechenden Wälzbögen auf den Umfängen der Räder *1* und *2* gleich sind, also: $\sigma \cdot r_1 = \beta \cdot r_2$ und $\beta = \sigma \cdot r_1/r_2$, so gilt zwischen den Winkeldrehungen von Rad *2* und Steg S die Beziehung:

$$n_2/n_S = \varepsilon/\sigma = i_{2S} = 1 + r_1/r_2\,.$$

In Fig. 221 ist *1* als innenverzahntes Rad ausgeführt; hier ist

$$\varepsilon = \beta - \sigma\,.$$

Da die Beziehungen: $\sigma \cdot r_1 = \beta \cdot r_2$ und $\beta = \sigma \cdot r_1/r_2$ auch hier bestehen, so ist dann

$$n_2/n_S = \varepsilon/\sigma = i_{2S} = r_1/r_2 - 1\,.$$

Für $r_1 = r_2$ liegt keine Verzahnung, sondern eine Kupplung vor; $r_1 < r_2$ ist überhaupt nicht denkbar.

2. Rückkehrende Planetengetriebe.

Bedeutung für den Antrieb erhalten die Umlaufräder erst, wenn sie rückkehrend sind, d. h. wenn noch zwei oder mehr Räder hinzugefügt werden und für das letzte von ihnen die mathematische Achse mit der von *1* zusammenfällt.

Fig. 222 zeigt vier Räder, von denen Rad *2* und *3* miteinander fest verbunden und im Stege S drehbar gelagert sind, *4* dagegen Rad *1* gegenüber lose drehbar ist. Wird bei feststehendem Rad *1* Steg S aus der ursprünglich senkrechten Lage um den $\sphericalangle\,\sigma$ im Uhrzeigersinn geführt, so dreht sich das Radpaar *2, 3* um den $\sphericalangle\,\beta$ gegenüber dem Stege, woraus die Beziehung (wie oben)

$$\beta = \sigma \cdot r_1/r_2$$

hergeleitet werden kann. Hierbei beschreibt Punkt E die verkürzte Aufradlinie DE. Rad *4* kammt mit Rad *3*, dreht sich also um den gleichen Wälzbogen wie dieses, so daß die Beziehung $\beta \cdot r_3 = \delta \cdot r_4$ oder $\beta = \delta \cdot r_4/r_3$ besteht. Ein am Rad *4* angebrachter Pfeil beschreibt den $\sphericalangle\,\varepsilon$ gegenüber der Ausgangsgeraden AB. Die beiden Gleichungen für β ergeben $\sigma \cdot r_1/r_2 = \delta \cdot r_4/r_3$ und

$$\delta = \sigma \frac{r_1 \cdot r_3}{r_2 \cdot r_4}.$$

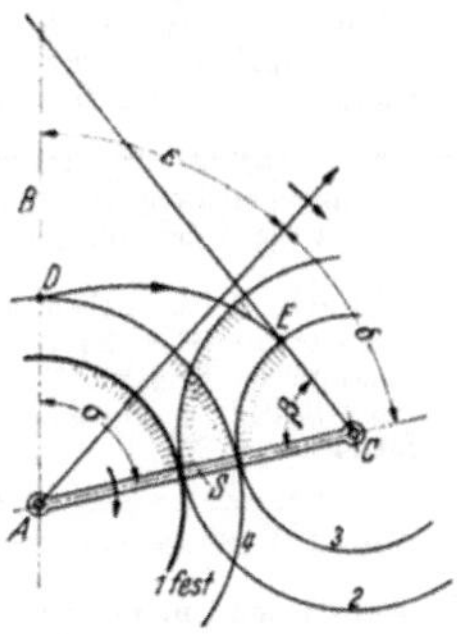

Fig. 222.

Da sich Rad *4* um $\sphericalangle\,\sigma$ mit dem Stege S vorwärts und um $\sphericalangle\,\delta$ gegen den Steg rückwärts dreht, so bleibt eine Restdrehung um $\varepsilon = \sigma - \delta$ übrig.

Diese Gleichung durch σ dividiert ergibt $\frac{\varepsilon}{\sigma} = 1 - \frac{\delta}{\sigma}$ und

$$\frac{n_4}{n_S} = i_{4S} = \frac{\varepsilon}{\sigma} = 1 - \frac{r_1 \cdot r_3}{r_2 \cdot r_4}.$$

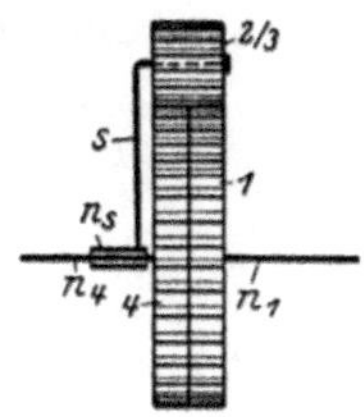

Fig. 223.

Rad *4* und Steg S haben gleichen Drehsinn. Da $r_1 < r_4$ und $r_3 < r_2$ ist, so wird der Wert des Bruches <1.

Fig. 223 zeigt das Schema eines Umlaufgetriebes, dessen Übersetzung nach Fig. 222 bestimmt wird. Rad *1* festgehalten, Steg S angetrieben; es ist $z_2 = z_3$ und $r_1 = r_4$, wobei jedoch $z_1 \neq z_4$.

Für $z_1 = 99$, $z_4 = 100$ wird $n_S/n_4 = i_{S4} = z_4/(z_4 - z_1) = 100$. Rad *1* oder *4* ist mit Profilverschiebung auszuführen.

Hält man in Fig. 222 **Rad *4* fest und treibt durch den Steg und die „Planetenräder *2, 3*" das Rad *1* an,** so wird

$$i_{1S} = 1 - \frac{r_2 \cdot r_4}{r_1 \cdot r_3}$$

einen negativen Wert ergeben. Rad *1* und Steg S haben entgegengesetzten Drehsinn.

Mit einem rückkehrenden Planetengetriebe nach Fig. 222 wird es z. B. möglich, bei Antrieb des Steges durch wechselseitiges Festhalten der Räder *1* bzw. *4* eine niedrige Drehzahl n_4 in eine gegenläufige hohe Drehzahl n_1 zu verändern.

Für $z_1 = 30$, $z_2 = 50$, $z_3 = 20$, $z_4 = 60$ wird $i_{4S} = 0{,}8$ und $i_{1S} = -4$.

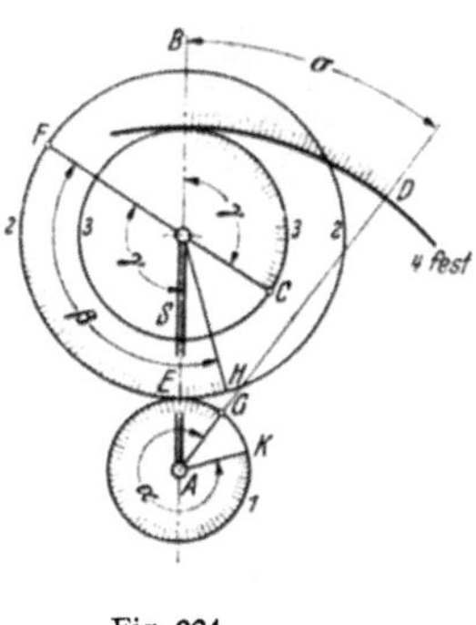

Fig. 224.

In dem Getriebe nach Fig. 224 ist von den vier Rädern das feststehende Rad *4* als Hohlrad ausgeführt. Wird Steg S um $\sphericalangle\,\sigma$ im Uhrzeigersinn gedreht, so kommt C nach D und F nach G, wobei Rad *1* eine Drehung um α ausführt. Es ist $FEH = GEK$, $EH = EG = (\beta - \gamma)\, r_2 = \sigma r_1$; $\sigma r_4 = \gamma r_3$; $\alpha r_1 = \beta r_2$. Folglich

$$\alpha/\sigma = i_{1S} = 1 + \frac{r_2 r_4}{r_1 r_3}.$$

Da $r_2 > r_3$ und $r_4 > r_1$, wird der Wert des Bruches und damit i_{1S} verhältnismäßig groß.

Nach Swamp[1]) kann folgendes einfaches Schema benutzt werden:
Man denke sich zunächst die Räder *2, 3* mit dem Steg *S* verriegelt, so daß sie auf die Räder *1, 4* wie Kupplungen wirken, dann werden sie bei einer Drehung des Steges *S* im gleichen Sinne wie dieser mitgenommen, was im Schema dargestellt ist, bezogen auf Fig. 222.

I. Räder gegen Steg verriegelt	*S*	*1*	*2, 3*	*4*
Anzahl der Umdrehungen	+1	+1	0	+1

Da Rad *1* fest stehen sollte, wurde es zu Unrecht mitgenommen, muß also bei stehenbleibendem Stege — der ja eine Drehung rechtsherum ausführen sollte — einmal linksherum (zurück) gedreht werden. Da die Verriegelung jetzt aufgehoben gedacht wird, werden sich dann die vier Räder wie ein gewöhnliches Rädervorgelege, gelagert im Stege *S*, verhalten, und es ergibt sich:

II. Steg fest, Räder drehbar	*S*	*1*	*2, 3*	*4*
Anzahl der Umdrehungen	0	−1	$+\frac{r_1}{r_2}$	$-\frac{r_1}{r_2}\cdot\frac{r_3}{r_4}$

Durch Addition beider Schemata ergibt sich:

Teilbewegung	*S*	*1*	*2, 3*	*4*
I, $n =$	+1	+1	0	+1
II, $n =$	0	−1	$+\frac{r_1}{r_2}$	$-\frac{r_1 \cdot r_3}{r_2 \cdot r_4}$
Ergebnis $n =$	+1	0	$\frac{r_1}{r_2}$	$1-\frac{r_1 \cdot r_3}{r_2 \cdot r_4}$

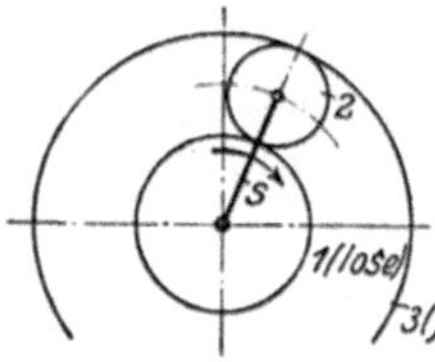

Fig. 225.

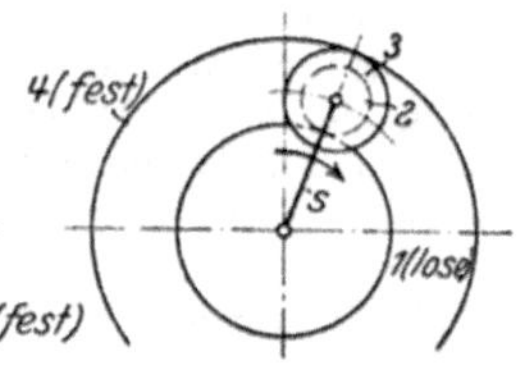

Fig. 226.

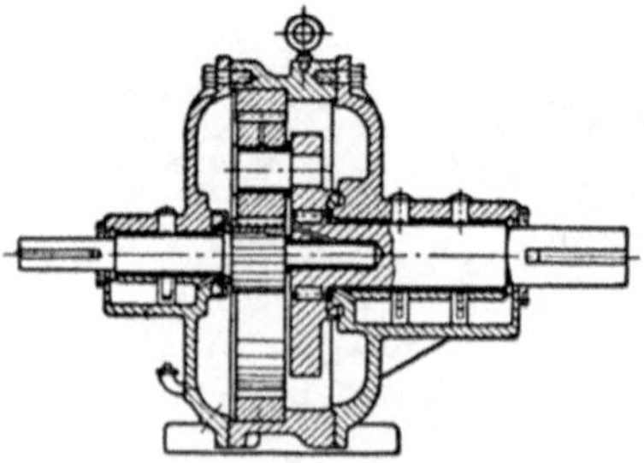

Fig. 227.

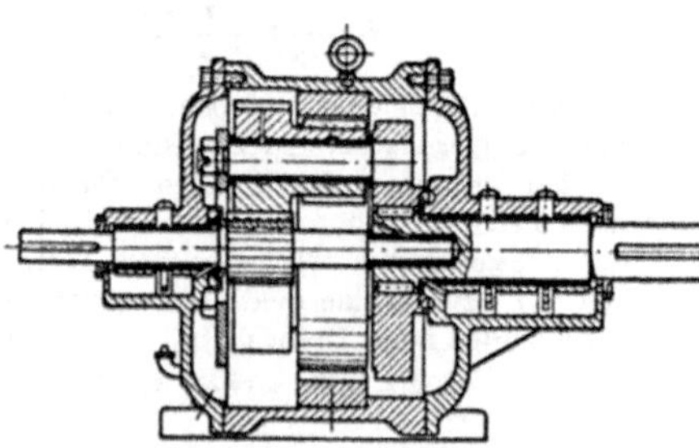

Fig. 228.

Übersetzungsgetriebe können nach Fig. 227 (Schema Fig. 225) gebaut werden. $n_1/n_S = i_{1S} = (z_1 + z_3)/z_1$. Bei Ausführung nach Fig. 228 (Schema Fig. 226) ist $n_1/n_S = i_{1S} = (z_1 \cdot z_3 + z_2 \cdot z_4)/z_1 \cdot z_3$.

[1]) Werkst.-Techn. 1910 S. 271.

B. Differentialgetriebe.

Von den fünf Getriebeteilen des Planetengetriebes nach Fig. 222 (Räder *1*, *2*, *3*, *4* und Steg S) können von außen drei betrieben werden: Räder *1* und *4* und Steg S. Erhält Steg S den Abtrieb, so können die Räder *1* und *4* den Antrieb übernehmen, wobei die Drehzahlen n_1 und n_4 verschieden groß, die Richtungen gleich und entgegengesetzt sein können.

Aus Fig. 222 kann abgeleitet werden:

Grundgleichung:

$$n_1 \cdot r_1 \cdot r_3 + n_4 \cdot r_2 \cdot r_4 = n_S (r_1 \cdot r_3 + r_2 \cdot r_4) = n_S (r_1 + r_2)(r_2 + r_3).$$

Bei gleichem Modul der vier Räder kann für r die Zähnezahl z gesetzt werden.

Für den Sonderfall, daß $r_3 = r_2$ ist, also Rad *3* fortfällt, wird

$$n_1 \cdot r_1 + n_4 \cdot r_4 = n_S (r_1 + r_4).$$

Mit Bezug auf die Grundgleichung sind folgende Einstellungen möglich: Für $z_1 = 20$; $z_2 = 100$; $z_3 = 30$; $z_4 = 150$. Hierbei ist $z_1 + z_2 + z_3 = z_4$.

a) $n_1 = +300$ U/min; $n_4 = +100$ U/min; gleicher Drehsinn

$$n_S = \frac{300 \cdot 20 \cdot 30 + 100 \cdot 100 \cdot 150}{20 \cdot 30 + 100 \cdot 150} = +107{,}7 \text{ U/min.}$$

b) $n_1 = +300$ U/min; $n_4 = -100$ U/min entgegengesetzter Drehsinn

$$n_S = \frac{300 \cdot 20 \cdot 30 - 100 \cdot 100 \cdot 150}{20 \cdot 30 + 100 \cdot 150} = -84{,}6 \text{ U/min.}$$

c) $n_1 = -300$ U/min; $n_4 = +100$ U/min entgegengesetzter Drehsinn

$$n_S = +84{,}6 \text{ U/min.}$$

d) $n_4 = 0$; Rad *4* festgehalten, wie Fig. 224 zeigt,

$$\frac{n_1}{n_S} = \frac{z_1 \cdot z_3 + z_2 \cdot z_4}{z_1 \cdot z_3} = 1 + \frac{z_2 \cdot z_4}{z_1 \cdot z_3} = 1 + 25 = 26.$$

e) $n_1 = 0$; Rad *1* festgehalten

$$\frac{n_4}{n_S} = \frac{z_1 \cdot z_3 + z_2 \cdot z_4}{z_2 \cdot z_4} = 1 + \frac{z_1 \cdot z_3}{z_2 \cdot z_4} = 1 + \frac{1}{25} = \frac{26}{25}.$$

Differentialgetriebe werden meist mit Kegelrädern ausgeführt, s. Bd. II, S. 647. Anwendungsgebiete: Werkzeugmaschinen, Hebemittel, Verstellpropeller u. a. m.

XIV. Reibungsräder und -getriebe[1]).

Sie werden benutzt bei kleinen Drehmomenten zur Erzielung einer ununterbrochen veränderlichen Übersetzung, zur Umkehrung der Drehrichtung oder zur Aufnahme von Stößen im Getriebe durch Rutschen.

Da die übertragbare Umfangskraft P_{kg} von Anpreßdruck N'_{kg} und Reibungsziffer μ abhängt, kann das treibende Rad *1* mit einem Reibbelag versehen werden, der beim Anfahren unter Last stark abgenutzt wird. Infolge Formänderung der angepreßten Scheiben und Beläge sowie des Schlupfes ist die Übersetzung $i = n_1/n_2$ nur in gewissen Grenzen zu bestimmen, was besonders für den Trieb mit Plan- und Kegelrädern gilt, bei denen auch die Unterschiede in den Umfangsgeschwindigkeiten innerhalb der Anpreßlinie zu Reibungsverschleiß führen.

Der verhältnismäßig hohe Anpreßdruck beansprucht Lager und Wellen; Keilrillen vergrößern bei fester Übersetzung die Umfangskraft.

Drehzahl möglichst hoch, damit Umfangskraft und Anpreßdruck klein.

Umfangskraft $P_{\text{kg}} = 75\, N_{\text{PS}}/v_{\text{m/sek}} = 102\, N_{\text{kW}}/v_{\text{m/sek}}$. $P_{\text{kg}} \leqq \mu \cdot N'_{\text{kg}}$; N' = Normaldruck = Anpreßkraft bei Zylinder- und Planrädern.

Bei Keilrädern, Fig. 234, wird Anpreßkraft

$$Q = 2(N' \sin\alpha + \mu N' \cos\alpha) \quad \text{und} \quad P \leqq Q \cdot \frac{\mu}{\sin\alpha + \mu\cos\alpha} \leqq \mu' \cdot Q;$$

μ' = Reibungsziffer für Keilrillen; für $\mu = 0{,}1$ und $\alpha = 15°$ wird $\mu' = 0{,}28$.

[1]) DIN 801: Drehzahlbereiche stufenloser Getriebe; Getriebeblatt AWF 615/616. — Kuhlenkamp: Reibradgetriebe als Steuer-, Meß- und Rechengetriebe. Z. VDI Bd. 83 Nr. 22 S. 677 (1939).

Übersetzung i wie bei Zahnrädern, wobei r_1 und r_2 sich auf die Mitte der Berührungslinien beziehen.

$i = n_1/n_2 = r_2/r_1$; Rad *1* treibend.

Reibungsziffer $\mu = 0{,}1$ bis $0{,}15$ für Gußeisen auf Gußeisen.

Wirkungsgrad $\eta = 0{,}85$ bis $0{,}92$.

Linienpressung $p_{\text{kg/cm}} = N'_{\text{kg}}/b_{\text{cm}}$, für Gußeisen auf Gußeisen $p \leqq 50$ kg/cm.

Beispiele. Unveränderliche Übersetzung Fig. 229: Stirnrädergetriebe, Fig. 230: Kegelrädergetriebe, Fig. 234: Keilrädergetriebe; α meist 15°, $e \leqq 12$ mm.

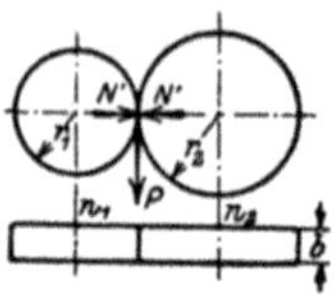

Fig. 229.

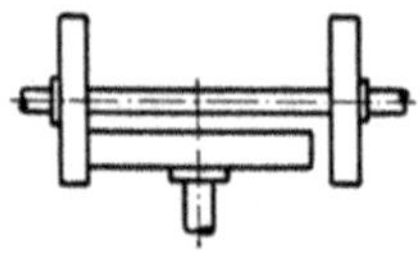

Fig. 231.

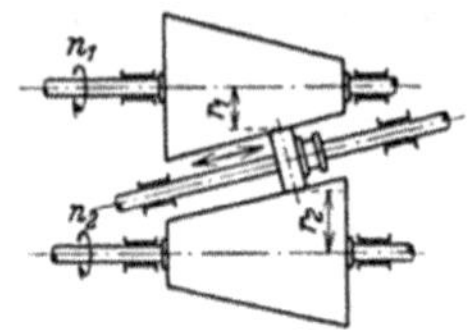

Fig. 233.

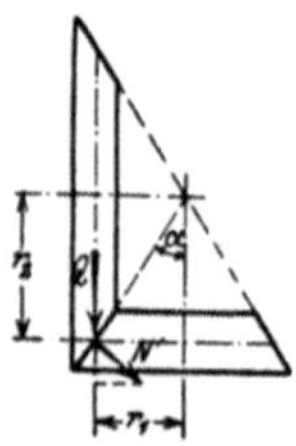

Fig. 230.

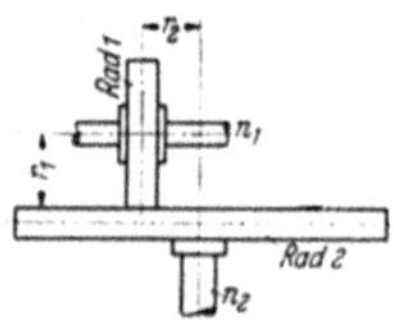

Fig. 232.

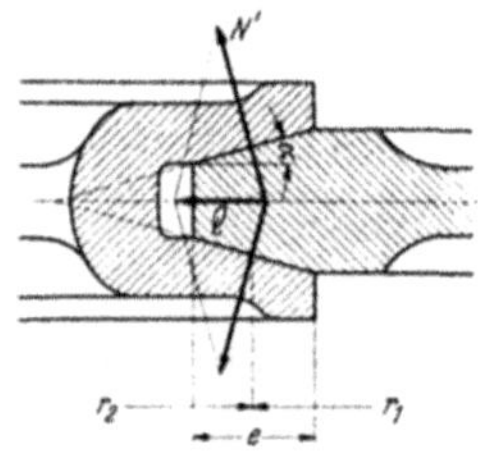

Fig. 234.

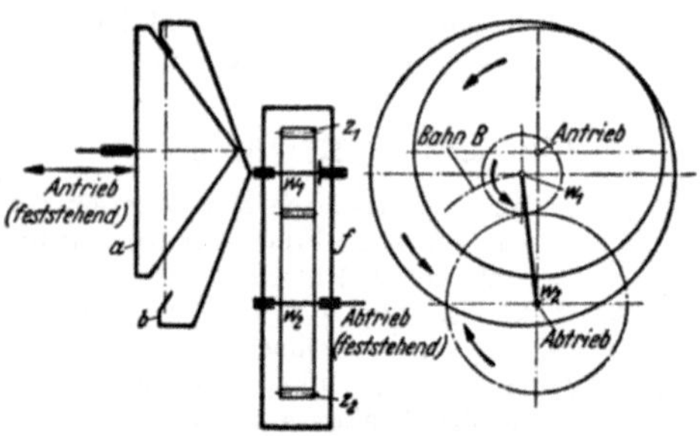

Fig. 235.

In der Regel werden mehrere Rillen (3 bis 6) vorgesehen, um genügend Umfangskraft zu erhalten.

Veränderliche Übersetzung mit Planrad: Fig. 232 (mit Richtungswechsel); Fig. 231 Umkehrgetriebe mit Planrädern für sich senkrecht schneidende Wellen. Fig. 233: Parallele Wellen mit Kegelrädern. Fig. 235 zeigt das Schema des PK-Getriebes[1]). Kegel a treibt die mit Zahnrad z_1 auf gleicher Welle w_1 sitzende Kegelscheibe b an; Welle w_1 kann mit Gehäuse f um Welle w_2 schwingen, auf die Zahnrad z_2 gekeilt ist. Zur Änderung der Drehzahl wird der Motor mit dem Kegel a axial verschoben. Durch die Bewegung der Kegelscheibe b auf der Bahn B wird das Anliegen von b auf verschiedenen Durchmessern von a möglich. Der Widerstand des Abtriebes wird als Anpreßkraft übertragen.

Weitere Bauarten: EL-[2]), H-[3]) und PIV-Getriebe[4]).

---

1) W. Prym, Stolberg, Rhld.
2) Rich. Hofheinz & Co., Haan/Rhld.
3) Hans Heymann, Leipzig C 1.
4) Werner Reimers, Bad Homburg v. d. H.

XV. Kettengetriebe[1]).

Anwendungsgebiet: Für geringe Achsabstände, wenn Zahnradgetriebe nicht möglich; für feuchte und warme Räume, wenn Riementrieb nicht möglich. Vorteile: Geräuschlose und schlupffreie Kraftübertragung.

Ausführungsarten: Rollenkette, einfach, zweifach, Fig. 236, und dreifach ausgeführt bis $N = 5000$ PS, $n = 50$ bis 3600/min; $i = 10:1$ bei kleinen bis $6:1$ bei großen Leistungen. Verzahnung: theoretisch Triebstockverzahnung. Größter Achsenabstand $= 100 \times$ Teilung. Zahnketten, Fig. 237, haben (auch bei hohen Geschwindigkeiten) gute Laufeigenschaften, sind jedoch schwerer als Rollenketten. $n = 350$ bis 3000/min; $i \geqq 6:1$; $z_{min} = 17$, bei stoßweiser Belastung $z_{min} = 23$; Gliederzahl möglichst gerade. Größter Achsenabstand $= 70 \times$ Teilung. Umschlingungswinkel am kleinen Rad wenigstens 90°, besser 120°.

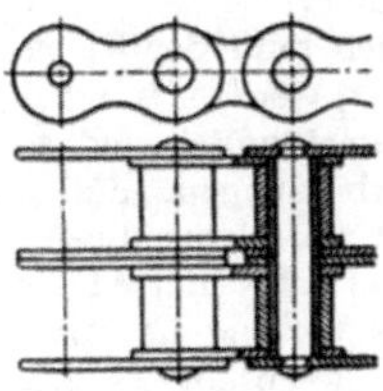

Fig. 236.

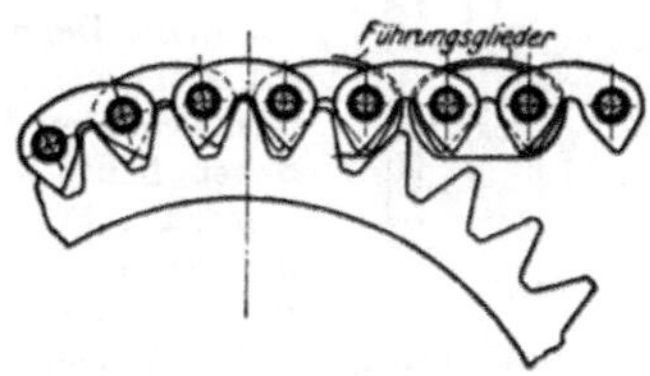

Fig. 237.

Kettenraddurchmesser: Die Bolzenmitten liegen auf dem Teilkreis vom Durchmesser D, wobei t eine Sehnenteilung ist, welcher der Winkel 2α entspricht. Bei z Zähnen des Rades ist $\alpha = 180°/z$. Damit $D = t/\sin\alpha$.

Kettengeschwindigkeit: Im Mittel $v = 12$ m/sek, maximal bis 20 m/sek.

Nachspannen entweder durch verstellbare Achsen oder durch Spannritzel im losen Trum.

Schmierung: Für $N < 50$ PS: Tropföler bei $v < 8$ m/sek, Ölbad bei $v = 8$ bis 11 m/sek, Ölpumpen für $v > 11$ m/sek und für $N > 50$ PS.

Wirkungsgrad $\eta \approx 98{,}5$ vH.

XVI. Riementrieb.

Es bezeichnen:

S_1 die Spannkraft des ziehenden Trumes in kg (Zugtrum),
S_2 die Spannkraft des unbelasteten Trumes in kg (Leertrum),
S_f die Fliehkraft im Riemen, $e = 2{,}718$ die Basis der natürlichen Logarithmen,
μ die Reibungsziffer zwischen Scheibe und dem die Kraft übertragenden Riemen,
α den vom Riemen an der kleineren Scheibe umspannten Bogen in Bogenmaß (s. S. 189),
S_u die zu übertragende Umfangskraft in kg,
i Übersetzungsverhältnis $= n_{treibend}/n_{getrieben}$, a den Achsabstand.
d den Dmr. der kleinen, D den der großen Scheibe.

Für den Riemen:

v die mittlere Geschwindigkeit m/sek, δ die Dicke in cm,
b die Breite in cm, $f = \delta \cdot b$ den Querschnitt in cm², σ die Spannung in kg/cm².

A. Werkstoffe für Riemen.

1. Leder,

je nach Verwendungszweck verschieden gegerbt; lohgares Leder bis 50° C, chromgares bis 90° C zulässig. Von der Wirbelsäule nach außen nimmt die

[1]) S. a. Bd. II, S. 386. — Werkstoff, Herstellung der Kettenräder und Normenübersicht s. Klingelnberg: Technisches Hilfsbuch. Berlin: Springer 1940.

Haut an Stärke zu und an Festigkeit ab. $\delta = 4$ bis 6 mm. Fertige Riemen werden auf Streckmaschinen gestreckt, Einlauf u. U. auf besonderen Maschinen.

Allgemein sei Mitte Wirbelsäule = Mitte Riemenlauf. Auf der glatt bearbeiteten Scheibenfläche laufe die Haarseite des Riemens.

Nach den Lieferbedingungen für Ledertreibriemen (RAL 066 A) sind zu unterscheiden:

Riemenklasse	III	$\sigma_{z\,max} = 33$ kg/cm²,	verwendbar bis	$v = 45$ m/sek,
„	II	$\sigma_{z\,max} = 29$ kg/cm²,	„ „	$v = 24$ „ ,
„	I	$\sigma_{z\,max} = 25$ kg/cm²,	„ „	$v = 12$ „ .

Verbindungen: zweckmäßig durch Leimen oder Nähen, oder beides. Riemen werden beim Leimen an den Enden abgeschrägt; je cm² Riemenquerschnitt 15 bis 25 cm² Leimfläche; Lederleim oder bei feuchten Räumen wasserfester Kitt. Nahtfläche soll tangential an Scheibe anlaufen.

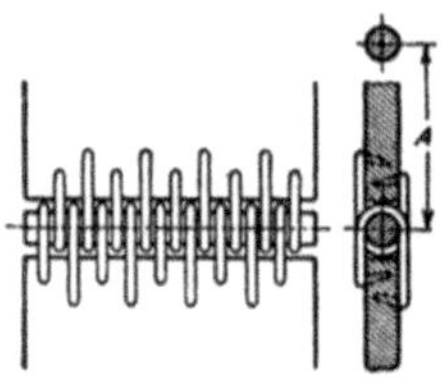

Fig. 238.

Beim Dehnungsbetrieb muß der Riemen anfangs oft nachgespannt (gekürzt) werden, was bei geleimten oder genähten Riemen umständlich und zeitraubend, daher häufig Schloßverbindungen, die leicht und biegsam sein sollen und die Riemendicke nicht vergrößern, sonst Schlag bei Auf- und Ablauf des Riemens. Bei $v < 10$ m/sek Verbindung mit Kralle üblich; bei Drahthaken nach Fig. 238 kann durch Auswechseln des Stückes A die Spannung verändert werden.

2. Gewebe.

a) Flachriemen, meist endlos gewebt bzw. geflochten aus Haar, Baumwolle, Seide und Hanf, zum Schutz gegen Staub, Wärme und Feuchtigkeit eingebettet in Gummi oder getränkt mit Balata. Geräuschloser Lauf, hohe Reibungsziffer. Zulässige Spannung σ_{max}: Haarriemen 22 bis 25, Seidenriemen 60 bis 100, Baumwollriemen (Balata) 35 bis 70, Gummiriemen 30 bis 60 kg/cm².

b) Keilriemen, Fig. 249. Die in Gummi eingelegten Kordfäden ruhen auf einem dicken Gummipolster, damit der Riemen die nötige Höhe erhält; ein Gewebe umhüllt den Riemen und schützt ihn; Spielraum im Rillengrund. Trapezquerschnitt mit Keilwinkel $2\alpha = 32$ bis 38°.

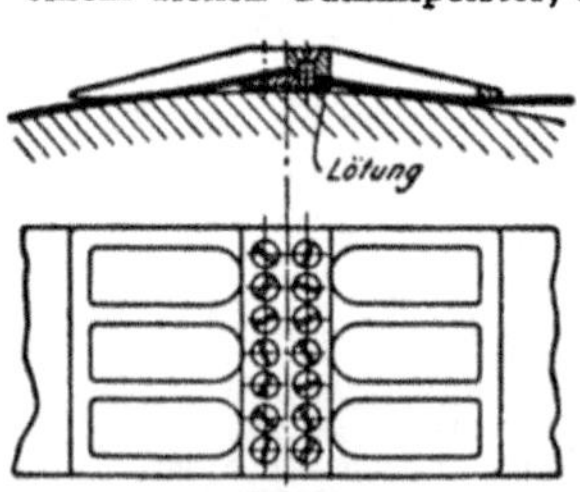

Fig. 239.

c) Stahlbandtriebe[1]), verwendbar für Scheibendurchmesser $\geqq 500$ mm. Herstellung der Stahlbänder aus kaltgewalztem, gehärtetem Holzkohlenstahl mit 15000 kg/cm² Zerreißfestigkeit. Bandlänge $\geqq 3/4\,v$, worin v = Bandgeschwindigkeit in m/sek. Zur Verhinderung des Rutschens erhalten die Scheiben einen Reibungsbelag aus Papierstreifen mit Korkplättchen. Fig. 239 zeigt das Verbindungsschloß aus S-M-Stahl. Achsdruck nicht höher als bei Dehnungsbetrieb mit Riemen.

B. Flachriementrieb (Lederriemen).

1. Kräfte und Spannungen.

Der Riementrieb ist ein Reibungstrieb. Reibungsziffer μ ist abhängig von Flächenpressung und Geschwindigkeit. Erzeugung der Spannkräfte erfordert Vorspannung des Riemens: 1. durch Eigengewicht, nur möglich bei großem Achsabstand a und waagerechtem Trieb, selten angewendet; 2. durch Dehnungsspannung bein normalen Trieb; 3. durch Spannrolle.

[1]) Stahlbandtrieb-Ges., Berlin-Charlottenburg 5.

An den An- und Ablaufstellen der Scheiben wird der Riemen zusätzlich durch Biegung beansprucht, $\sigma_{\text{Biegung}} \approx E \cdot \delta/D$ bzw. $\approx E \cdot \delta/d$, (1)
s. a. AWF 150. Berechnung offener Lederriementriebe. Die Grundbeanspruchung ist eine Zugbeanspruchung durch die Spannkräfte.

Bei stillstehendem Trieb ist nach Eytelwein $S_1 = S_2 \cdot e^{\mu\alpha}$, s. S. 189. Beim bewegten Trieb tritt durch die Fliehkraft S_f eine Zusatzspannung $\sigma_f = S_f/f$ auf.

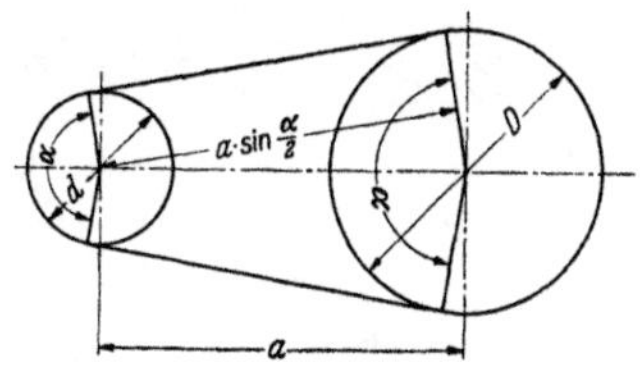

Fig. 240.

Nach S. 233 ist $\sigma_f = v^2 \cdot \gamma/g$ in kg/m². Für Lederriemen ist $\gamma = 900$ bis 1100 kg/m³, im Mittel = 1000.

$$\left.\begin{aligned} \sigma_f &= \frac{(v\ \text{m/sek})^2 \cdot 1000}{9{,}81} \cdot \frac{1}{100 \cdot 100} \\ &\approx \frac{v^2}{100}\ \text{kg/cm}^2. \end{aligned}\right\} \quad (2)$$

Die Eytelweinsche Formel nimmt hiermit die Form an $S_1 - S_f = (S_2 - S_f) \cdot e^{\mu\alpha}$; mithin wird $\dfrac{S_1 - S_f}{S_2 - S_f} = e^{\mu\alpha}$ $= m$ (Werte für m s. S. 189, Fig. 96); m ist abhängig von α und μ; α ist der Umschlingungswinkel an der kleineren Scheibe, s. Fig. 240; $\cos(\alpha/2) = (D - d)/2a$. Erfahrungsgemäß ist beim Lederriemen $\mu \approx 0{,}22 + 0{,}012 \cdot v$; also nach Fig. 241 mit v veränderlich. Sonach ist auch m stark von v abhängig, s. Fig. 242.

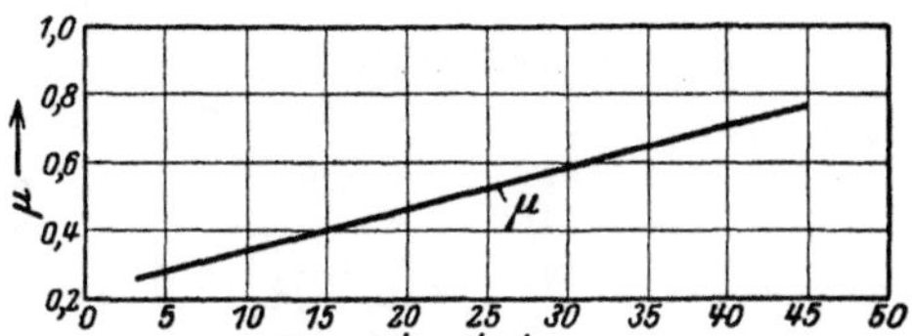

$\mu = 0{,}022 + 0{,}012\,v$; v in m/sek ⟶
Fig. 241.

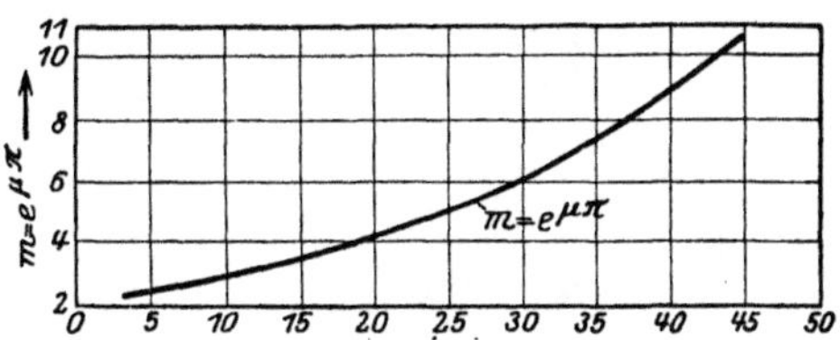

$\alpha = 180°$, v in m/sek ⟶
Fig. 242.

Für die Leistungsübertragung kommt die nutzbare Riemenkraft S_n in Betracht

$$S_n = S_1 - S_f - (S_2 - S_f)$$

$$= S_1 - S_2 = (S_1 - S_f)\,\frac{m-1}{m};$$

$$\text{„Ausbeute"}\ k = \frac{m-1}{m} = \frac{S_n}{S_1 - S_f} \quad (3)$$

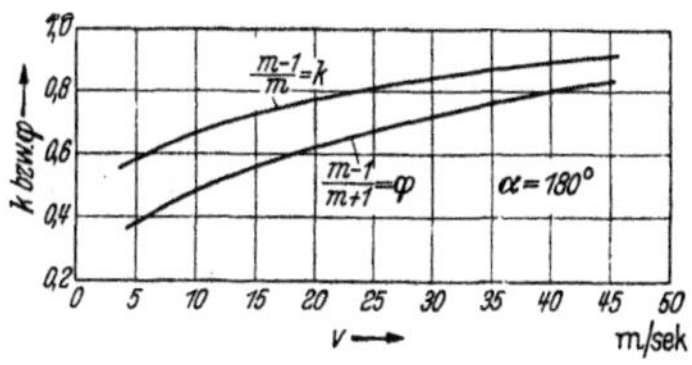

Fig. 243.

ist nach Fig. 243 eine Funktion der Riemengeschwindigkeit v.

Achsdruck $S_a = S_1 - S_f + (S_2 - S_f) = S_1 + S_2 - 2\,S_f$ soll möglichst klein sein; $\dfrac{S_n}{S_a} = \varphi = \dfrac{m-1}{m+1} =$ „Durchzugsgrad", s. Fig. 243.

Mit wachsendem Scheibendurchmesser nimmt der Achsdruck zugleich mit der Umfangskraft ab.

Größte Spannung $\sigma_{\max} = \sigma_{\text{Biegung}} + \sigma_1$ ist beim Auflaufen des Riemens auf die kleinere Scheibe vorhanden; sie ist in AWF 150 und im folgenden mit 33 kg/cm² angenommen; σ_1 kann durch σ_n und σ_f nach Gl. (3) ausgedrückt werden: $\sigma_1 = \sigma_n/k + \sigma_f$; eingesetzt wird

$$\boldsymbol{\sigma_{\max} = \sigma_{\text{Biegung}} + \sigma_n/k + \sigma_f}.$$

Folgerungen: 1. Soll σ_{Biegung} klein bleiben, so muß nach Gl. (1) die Riemendicke δ klein und der kleinste Scheibendmr. d groß sein. Bei gleichem v übertragen kleine Scheiben weniger als große, weil sich σ_n um den Wert σ_{Biegung} vermindert.

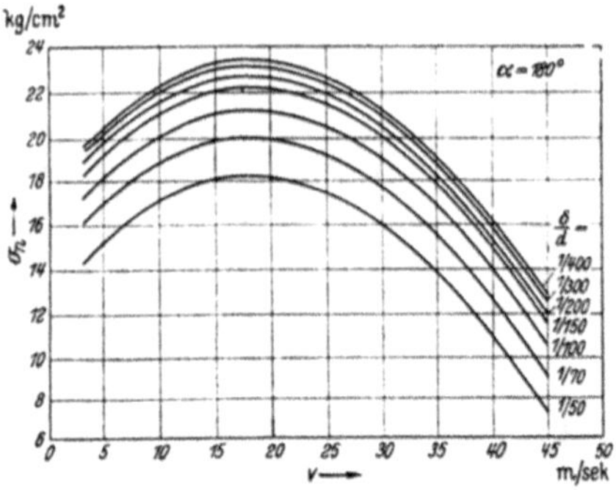

Fig. 244. Riemenklasse III.

2. Der Wert σ_n/k wird bei großer Ausbeute k klein, d. h. wenn α, μ, und v groß werden.

3. Da σ_f von v^2 abhängig, kann σ_f bei großen Geschwindigkeiten beträchtliche Werte erreichen; für $v = 35$ wird $\sigma_f = 12{,}25$ kg/cm².

4. Für jeden Wert δ/d nimmt σ_n zunächst mit wachsendem v bis zu einem Höchstwert bei $v \approx 20$ m/sek zu und fällt dann stark, Fig. 244.

Leistung: $N_{\text{PS}} = \sigma_n \cdot f \cdot v/75$; spezifische, auf den Riemenquerschnitt f bezogene Leistung: $N/f_{\text{PS/cm}^2} = \sigma_n \cdot v/75$, s. Fig. 245.

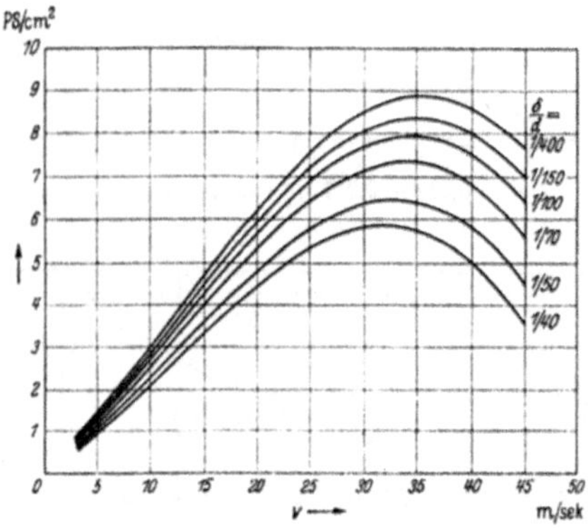

Fig. 245 Riemenklasse III; $\alpha = 180°$.

2. Vorspannung, Riemenschlupf, Übersetzung.

Um S_1 zu erhalten, muß im Leertrum S_2 hervorgerufen werden:

a) Durch Eigengewicht des Riemens; nur bei annähernd waagerechtem Riemenzug und großem Achsabstand möglich. Es wird

$$\sigma_{\text{Vorspannung}} = \frac{\sigma_1 + \sigma_2 - 2\sigma_f}{2} = \frac{\varphi \cdot \sigma_n}{2}. \tag{5}$$

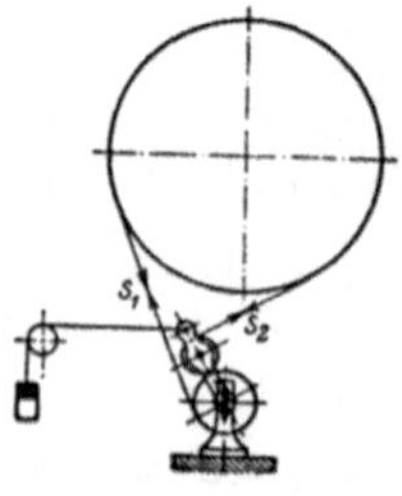

Fig. 246.

b) Durch Spannen des Riemens von vornherein (Betrieb mit Dehnungsspannung), wenn bei waagerechter Anordnung der Achsenabstand so klein oder die Abweichung der Scheibenmitten aus der waagerechten Lage (Grenzfall bildet die lotrechte Lage) so groß wird, daß das Eigengewicht die Spannung S_2 nicht mehr hervorrufen kann. Das öftere Nachspannen, sowie die Längenänderungen und damit Spannungsänderungen, hervorgerufen durch die wechselnde Luftfeuchtigkeit, bilden den Hauptnachteil

$$\sigma_{\text{Vorspannung}} = \frac{\sigma_1 + \sigma}{2} = \varphi \cdot \frac{\sigma_n}{2} + \sigma_f, \tag{6}$$

sie muß also um den Betrag σ_f vergrößert werden, wenn gleichgroße Nutzspannung σ_n wie bei a) erreicht werden soll.

c) Durch Einbau einer schwingenden Spannrolle mit Gewichts- oder Federbelastung[1]) (Betrieb mit Belastungsspannung): Fig. 246. Vorteil: Spannung im Leertrum stets $= S_2$, da vorübergehende Längenänderungen durch Beanspruchung,

[1]) S. a. AWF 151 Spannrollentriebe.

durch Zentrifugalkräfte, Feuchtigkeit und Temperatur, sowie die dauernden Längungen infolge des Betriebes, die bis zu 1 vH betragen, vollkommen aufgenommen werden, während sie sonst teilweise durch entsprechende Vorspannung unschädlich gemacht werden müßten. Umspannter Winkel α größer als bei Anordnung b; i bis 15, kein Nachspannen; geringer Achsenabstand. Nachteil: Riemen wird nach beiden Seiten gebogen; außerdem wird die Zahl der Biegewechsel verdoppelt. Einbau der Spannrolle ins Leertrum, Fig. 246, zusätzliches Belastungsgewicht für Spannrolle; bei stoßweisem Betrieb Flüssigkeitsdämpfer erforderlich.

Wie bei a) ist $\sigma_{\text{Vorspannung}} = \varphi\,\sigma_n/2$.

Den ziehenden Riemen legt man meist nach unten, da sein Durchhang kleiner ist und der umspannte Bogen α, mithin Ausbeute und Durchzugsgrad größer werden. Der unbelastete Riemen läuft dann oben auf die getriebene Scheibe auf.

Riemenschlupf ψ. Beim Auflaufen auf die getriebene Scheibe wird die Spannung im Riemen allmählich vergrößert, die Dehnung nimmt zu, umgekehrt beim Ablauf von der treibenden Scheibe. Der Riemen führt somit Relativbewegungen zu den Scheiben aus, die den „Dehnungsschlupf" ergeben, d. h. die getriebene Scheibe läuft um einen Betrag $(1-\psi)$ langsamer als der Übersetzung i entspricht. Bezogen auf den mittleren Riemenlauf ist

$$\textbf{Übersetzung}\ i = \frac{r_2 + 0{,}5\delta}{r_1 + 0{,}5\delta}\cdot(1-\psi) = \frac{n_1}{n_2} = \frac{\omega_1}{\omega_2},$$

wenn r_1 den Halbmesser der treibenden, r_2 den der getriebenen Scheibe bezeichnet. $\psi \leqq 0{,}02$.

Beim Flachriementrieb geht man mit i bis 5 bez. 1 : 5, beim Spannrollentrieb bis 15 bez. 1 : 15, beim Keilriemen bis 10 bez. 1 : 10.

Fig. 247. *a* Riemenscheibe, *b* Stahlband, *c* aufgenieteter Lederbelag, *d* seitlich einzutreibende Keilbänder.

Steigerung der Umfangskraft durch Erhöhung der Vorspannung (siehe oben) oder der Reibung. Diese wird vergrößert mittels besonderer Werkstoffe (mit Chromleder besetzte Textilriemen von hoher Zerreißfestigkeit), durch keilförmigen Riemenquerschnitt (s. Fig. 249) oder durch Bewehrung der Riemenscheiben mit Lederringen, so daß Leder auf Leder läuft. Beispiel: „Kraftring", Fig. 247, von denen mehrere nebeneinander gesetzt werden können. Bei genügend großer Übersetzung ist nur die kleinere Scheibe mit Kraftringen zu versehen.

3. Berechnung des Riementriebes (AWF 150 s. S. 649).

Die Kurven der Fig. 245 werden den folgenden Berechnungsbeispielen zugrundegelegt, die für Riemen Klasse III mit $\sigma_{\max} = 33\ \text{kg/cm}^2$ und $\alpha = 180° = \pi$ aufgestellt sind; für je 10° geringere Umschlingung verringert sich die Nutzspannung um ≈ 3 vH.

Ist $v \lesssim 24$ m/sek, so kann Riemenklasse II mit $\sigma_{\max} = 29\ \text{kg/cm}^2$ gewählt werden; dann wird σ_n um $(33-29)\cdot 100/33 = 12$ vH kleiner als in Fig. 244; dasselbe gilt für Fig. 245. Für $v \lesssim 12$ m/sek kommt auch Riemenklasse I mit $\sigma_{\max} = 25\ \text{kg/cm}^2$ in Frage; die Verminderung von σ_n beträgt hier 24 vH.

Beispiel 1: $N = 40$ PS; $n = 1000$ U/min; $d = 500$ mm; $\alpha = 150°$, gemessen an der kleinen Scheibe; $\delta = 6$ mm; Riemenklasse III.

$$v = \pi d n/60 = \pi\cdot 0{,}5\cdot 1000/60 = \mathbf{26\ m/sek}; \qquad \delta/d = 6/500 = \mathbf{1/83}.$$

Aus Fig. 244 folgt $\sigma_n \approx 20\ \text{kg/cm}^2$.

Da $\alpha = 150°$ ist, werden $3\cdot 3$ vH abgezogen

$$\sigma_n = 0{,}91\cdot 20 = \mathbf{18{,}2}\ \text{kg/cm}^2.$$

$$\text{Riemenbreite } b = \frac{75\cdot N}{\delta\cdot\sigma_n\cdot v} = \frac{75\cdot 40}{0{,}6\cdot 18{,}2\cdot 26} \approx \mathbf{10{,}6}\ \text{cm};\ \text{genormt } \mathbf{120\ mm}.$$

Nachprüfung an Hand der Fig. 245.

Für $\delta/d = 1/83$ und $v = 26$ m/sek wird abgelesen $\approx 6{,}9\ \text{PS/cm}^2$. Für den Rechnungsbetrag von $b = 10{,}6$ und $\delta = 0{,}6$ wird $f = 6{,}36\ \text{cm}^2$; sonach $N = 6{,}9\cdot 6{,}36 = 44$ PS abzüglich 9 vH $= \mathbf{40}$ PS. (Dasselbe Beispiel ist auf S. 649 behandelt.)

Berechnung der Vorspannung für Dehnungsbetrieb. Nach Fig. 241 ist $\mu = 0{,}55$; für $\alpha = 150°$ wird nach Fig. 96, S. 189 $e^{\mu\alpha} = m \approx 4{,}2$ geschätzt, $\varphi = (4{,}2-1):(4{,}2+1) \approx 0{,}62$.

$$\sigma_f = (26)^2 : 100 = 6{,}76\ \text{kg/cm}^2; \qquad \sigma_{\text{Vorspannung}} = 0{,}62 \cdot \frac{18{,}2}{2} + 6{,}76 \approx \mathbf{12{,}4}\ \text{kg/cm}^2.$$

Ist die stumpfe Länge L des Riemens bekannt, so kann die erforderliche Verkürzung ΔL des Riemens vor dem Auflegen berechnet werden; die ungespannte Länge wird $L - \Delta L$.

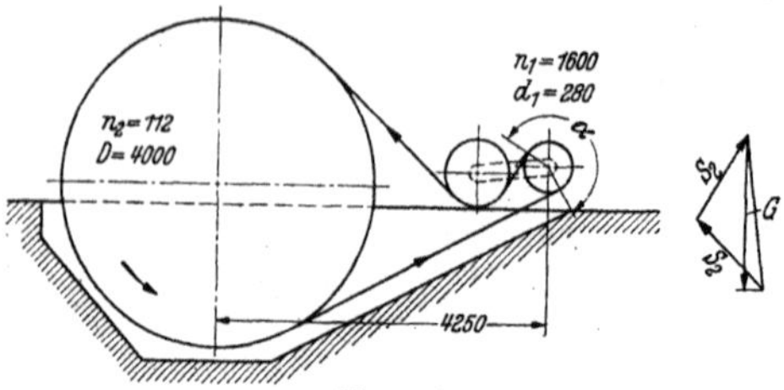

Fig. 248.

Es ist

$$\Delta L/L = \varepsilon = \sigma_{\text{Vorspannung}}/E;$$

wird $E = 1250$ geschätzt, so wird $\varepsilon = 1/100$.

Berechnung des Achsdruckes bei laufendem Riemen. $S_n/S_a = \varphi$; es war $f = 10{,}6 \cdot 0{,}6 = 6{,}36\ \text{cm}^2$; $S_n = \sigma_n \cdot f = 18{,}2 \cdot 6{,}36 \approx 115{,}8$ kg; $S_a = 127 : 0{,}62 \approx \mathbf{187}$ kg.

Beim Auflegen des Riemens und beim Stillstand ist $S_a = 2 \cdot \sigma_{\text{Vorspannung}} \cdot f = 2 \cdot 12{,}4 \cdot 6{,}36 = \mathbf{158}$ kg.

Beispiel 2: Spannrollentrieb Fig. 248. $N = 120$ PS; $n_1 = 1600$ U/min, $n_2 = 112$ U/min; $d = 280$ mm; $D = 4000$ mm; $\delta = 5$ mm; Riemenklasse III.

$v = \mathbf{23{,}6}$ m/sek; $\delta/d = 5/280 = \mathbf{1/56}$. Nach Fig. 245 können 5,8 PS/cm² übertragen werden bei 180° Umschlingungswinkel; $\alpha = 210°$ nach Fig. 248; Zuschlag 3 · 3 vH, also wird $N/f = 1{,}09 \cdot 5{,}8 = 6{,}3$ PS/cm² und $f = 120 : 6{,}3 = 19\ \text{cm}^2$; mit $\delta = 0{,}5$ cm wird $b = 380$ mm, genormt **400** mm.

Berechnung des Spannrollengewichtes. Dieses kann zeichnerisch ermittelt werden, wenn die Spannkraft S_2 im Leertrum bekannt.

Nach Fig. 244 ist $\sigma_n = 18{,}1$ für $\alpha = 180°$; für $\alpha = 210°$ wird $\sigma_n = 3 \cdot 1{,}03 \cdot 18{,}1 = 19{,}8\ \text{kg/cm}^2$; nach Fig. 241 ist $\mu = 0{,}5$; dann wird $m = 6{,}5$ für $\alpha = 210°$; nach Gleichung (2) ist $\sigma_f = 5{,}6$. Aus der Eytelweinschen Formel und Gleichung (3) folgt $\sigma_n : (m-1) + \sigma_f = 9{,}2\ \text{kg/cm}^2$. Mit $f = 19\ \text{cm}^2$ wird $S_2 = 175$ kg. Durch Aufzeichnen ergibt sich das erforderliche Gewicht zu $G \approx 265$ kg.

C. Keilriementrieb[1]).

Tafel der Keilriemenprofile und Leistungen s. S. 650.

Riemen werden endlos geliefert. Abmessungen für Riemen und Scheiben genormt (DIN 2215 bis 2218). Infolge des Keilwinkels (32° bis 38°) ist $\mu = 2{,}5$ bis 3,5 (Fig. 249). Achsabstand und mithin Umschlingungswinkel können kleiner gewählt werden; vielfach ausgeführt $a \approx D$, s. Fig. 250; Übersetzung i bis $\approx 15:1$ möglich.

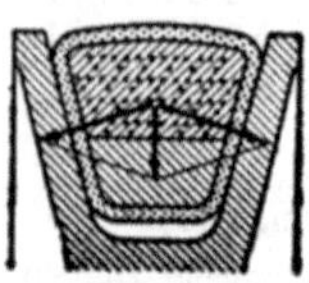
Fig. 249.

Die genaue Herstellung der Gummikeilriemen in bezug auf Keilform und Länge der endlosen Stücke gestattet die Anordnung bis zu 10 Riemen auf einer Scheibe.

Vorteile: Geräuschloser Lauf, weicher Anlauf, gutes Durchzugsvermögen, fast kein Schlupf, geringer Platzbedarf.

Nachteil: Die endlosen Riemen erfordern Nachstellmöglichkeit einer Welle; wenn das nicht möglich, muß eine Spannrolle oder geteilter Riemen mit Optimat-Verbinder[2]) benutzt werden.

Riemengeschwindigkeit möglich bis $v \approx 30$ m/sek, empfohlen ≤ 20 m/sek.

Leistung. Bezüglich N_{PS} je Gummikeilriemen mit Gewebe für $\alpha = 180°$ s. S. 650 (Richtwerte). Größte Leistung bei $v \approx 20$ bis 22 m/sek. Die angegebenen Profile entsprechen den Normen; daneben werden in der Übergangszeit noch andere Profile geliefert. Profil 25×16 bedeutet: Breite 25 mm, Höhe 16 mm.

Verminderung der übertragbaren Leistung

um	2	5	8	11	14	18	22 vH
für $\alpha° =$	170	160	150	140	130	120	110

Großes Anzugsmoment und stoßweiser Betrieb setzt ebenfalls die übertragbare Leistung herab.

[1]) Schulze-Pillot: Keilriementriebe. Z. VDI 1941 S. 663. Siehe auch Listen der Firmen: Lohmann & Stolterfoht AG., Witten-Ruhr; Eisenwerk Wülfel, Hannover-Wülfel; A. Friedr. Flender & Co., Bocholt.

[2]) Hersteller: Deutsche Keilriemengesellschaft, Berlin.

D. Anordnung und Ausführung.

Dmr. d der kleinen Scheibe sei möglichst groß, um Riemen zu schonen; Einfluß von δ/D s. Fig. 244 und 245 und Gleichung (1).

Achsabstand a: beim offenen Trieb 5 bis 20 m, bei schmalem Riemen $a \geqq 2D$, bei breitem $a \geqq 4D$, bei gekreuztem Riemen außerdem mindestens 20× Breite.

Ungespannte, stumpfe Länge: offener Trieb, Fig. 240, $L = 2a\sin(\alpha/2) + 0{,}5\,\hat{\alpha}\,(d + \delta) + (\pi - 0{,}5\,\hat{\alpha})\,(D + \delta)$; gekreuzter Trieb, Fig. 250, $L = 2a\sin(\alpha/2) + 0{,}5\,\hat{\alpha}\,(D + d + 2\delta)$; $\hat{\alpha}$ in Bogenmaß.

Riemenlauf. Damit sich der Riemen auf der Scheibe hält, muß sich das gerade auflaufende Riemenstück, das sich zur Scheibe hin bewegt, in der Ebene dieser Scheibe,

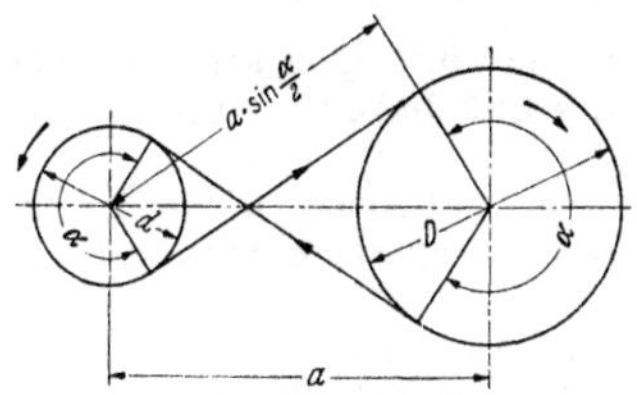

Fig. 250.

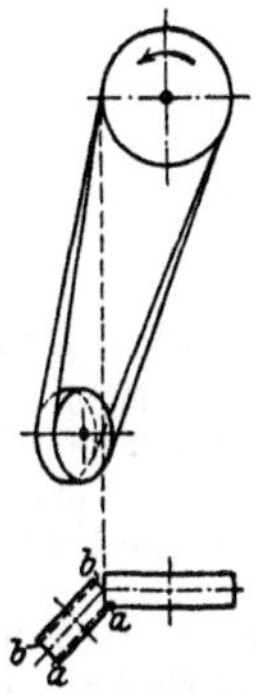

Fig. 251.

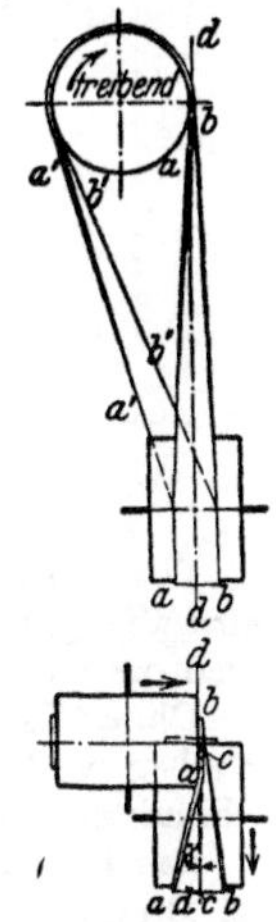

Fig. 252.

das ist die Ebene senkrecht zur Scheibenachse, bewegen. Der ablaufende Riemen kann aus dieser Ebene abweichen.

Die Wellen kreuzen sich, Fig. 251. Die Durchschnittslinie der Mittelebenen beider Scheiben ist Tangente an beide Scheibenumfänge (Sonderfall: Wellen kreuzen sich rechtwinklig, Fig. 252).

Der Berührungspunkt erwähnter Tangente muß Ablaufstelle des Riemens sein, wodurch die Umdrehungsrichtung der Scheiben gegeben ist, Drehrichtung nicht umkehrbar. Da die Riemenmitte cc gegen die Ebene der Scheibenmitte dd um den Winkel γ in Fig. 252 geneigt ist, wird der Riemen aus der Ebene dd im Grundriß auf der getriebenen Scheibe nach rechts wandern, zumal seine innere Kante aa stets kürzer, mithin auch weniger beansprucht wird als die äußere bb, so daß er sich um die Kante aa biegen wird; genau so im anderen Trum. Infolgedessen verschiebt man die Mitte der getriebenen Scheibe um das Maß $n = 0{,}5$ bis $0{,}6 \cdot b$, und die Mitte der treibenden um $m = 0{,}1$ bis $0{,}2 \cdot b$ (Fig. 253), führt beide Scheiben gerade aus und macht sie zur Sicherheit noch um 25 vH breiter als die geradlaufenden Riemen.

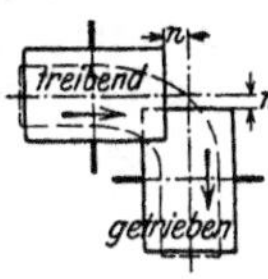

Fig. 253.

Baustoff der Riemenscheiben meist Grauguß, neuerdings auch Aluminium oder verschweißtes Stahlblech. Herstellung meist auf gewöhnlichen Formmaschinen: Scheiben ballig oder nach dem Durchziehverfahren: Scheiben zylindrisch.

Kranz ist möglichst schwach zu wählen, damit er beim Abkühlen gegenüber den Armen nachgeben kann. Randstärke (Fig. 254)[1].

$s = D/300 + 2$ mm, mindestens aber 3 mm.

Oberfläche möglichst glatt, da sonst der Riemen infolge des Schlupfes bald zerstört würde. In der Mitte der Mantelfläche erhalten die Scheiben eine kleine Rille zum Einlegen eines Fadens beim Ausrichten.

Kranzbreite:

Fig. 254 zeigt eine einteilige Riemenscheibe. Für offenen Riemen wählt man: $B = 1{,}1 \cdot b + 1$ cm, 10 vH größer bei geschränktem, da der Riemen unruhiger läuft. DIN 111 legt folgende Abmessungen fest:

[1] Festigkeitsrechnung s. Rötscher: Die Maschinenelemente. Bd. 2. Berlin: Springer.

Riemenbreite mm . . .	30	40	50	60	70	85	100	120	140	170
Riemenscheibenbreite mm	40	50	60	70	85	100	120	140	170	200

Riemenbreite mm . . .	200	230	260	300	350	400	450	550
Riemenscheibenbreite mm	230	260	300	350	400	450	500	600

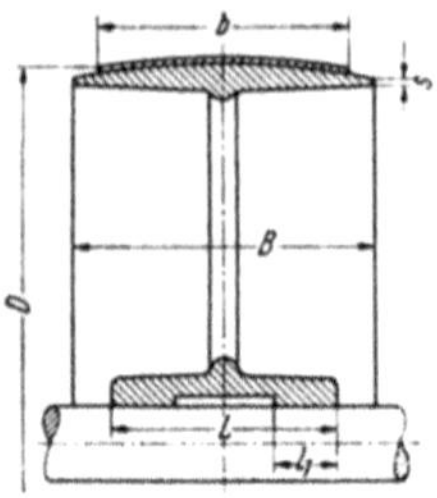

Fig. 254.

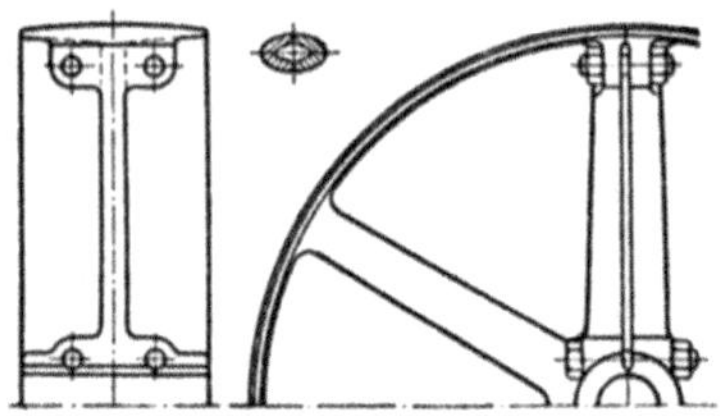

Fig. 255.

Wölbung. Damit sich der Riemen beim Lauf auf der Scheibe gut hält, wird die getriebene Scheibe, bei großen Geschwindigkeiten ($v > 20$ m/sek) auch die treibende, schwach gewölbt.

Ohne Wölbung werden ausgeführt: 1. Scheiben, auf denen der Riemen verschoben wird, 2. Scheiben mit mehreren Riemen, 3. getriebene Scheibe bei geschränktem Trieb.

Die Pfeilhöhe der Wölbung beträgt nach DIN 111[1])

bei Breite	mm	40 bis 100	120 bis 170	200 und 230	260 und 300	350
Pfeilhöhe	mm	1	1,5	2	2,5	3

Armzahl $= {}^1/_7$ bis ${}^1/_8 \sqrt{D\,\text{mm}}$; bei einteiligen Scheiben meist ungerade.

Armquerschnitt mit Rücksicht auf Luftwiderstand meist elliptisch; Achsenverhältnis 1 : 2 bis 1 : 2,5; nach dem Kranz zu wird der Querschnitt verjüngt im Verhältnis 5 (Nabe) : 4 (Kranz) der Achsen.

Naben (vgl. Keile, S. 507). Im allgemeinen Nabenstärke etwa $d/3 + 5$ mm; Nabenlänge $L = B$, bei breiten Scheiben oft kleiner, mindestens aber $1{,}2$ bis $1{,}5 \cdot d$. Lange Naben führt man hohl aus, Fig. 254, mit $l_1 = 0{,}4$ bis $0{,}5 \cdot d$. Bei Losscheiben $L = 2 \cdot d$.

Befestigung auf der Welle. Kleine ungeteilte Scheiben durch Hohlkeil, geteilte Scheiben bis etwa 1000 mm Dmr. werden aufgeklemmt, größere Scheiben durch Flachkeil oder Treibkeil.

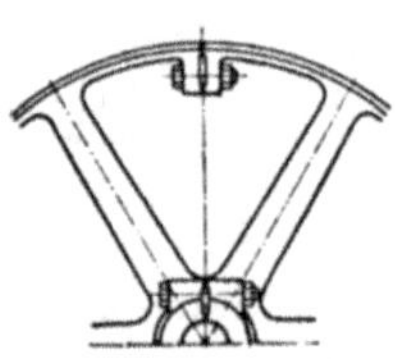

Fig. 256.

Fig. 257.

Auswuchten. Rasch laufende Scheiben sind statisch und dynamisch wegen des ruhigen Ganges auszugleichen.

Ausführungsbeispiele. Fig. 255: zweiteilige Riemscheibe, die im Arm geteilt ist mit Rücksicht auf Herstellung und Zusammenbau. Durchgehender Spalt im geteilten Arm ist vermieden. Man gießt die Scheibe in einem Stück und sprengt sie nachher von der Nabe aus, da andernfalls die Arme an der Nabe leicht brechen. Fig. 256: Teilung zwischen den Armen bei kleinen Geschwindigkeiten; nur ein Kernkasten erforderlich. Sprengflächen bleiben unbearbeitet.

Fig. 257: Geteilte Bodenscheibe.

Breite Scheiben erhalten zwei Armreihen.

Es werden auch geteilte, geschweißte Stahlriemenscheiben hergestellt mit auswechselbaren Einlegebüchsen zum Aufklemmen oder Aufkeilen, ferner auch

[1]) Im Gegensatz hierzu schreiben die Hersteller von Geweberiemen meist eine wesentlich geringere Wölbung vor, da diese Riemen sonst vorzeitig zerstört werden.

ungeteilte, gerade und ballige, von 140 bis 1600 mm Dmr. und 60 bis 300 mm Breite; sie sind auch als Leerlaufscheiben zu verwenden.

Vorteil: geringes Gewicht und Eignung für größere Umfangsgeschwindigkeiten.

Es werden auch hölzerne Scheiben mit größerer Reibungsziffer als eiserne ausgeführt.

Fig. 258 zeigt eine Fest- und Losscheibe, letztere stets auf der angetriebenen Welle sitzend, da andernfalls ein Einrücken nicht möglich. Stets ist der auflaufende Riemen zu verschieben, da sich der treibende schwerer als der unbelastete verschiebt. Nabe der Losscheibe läuft auf Leerlaufbüchse.

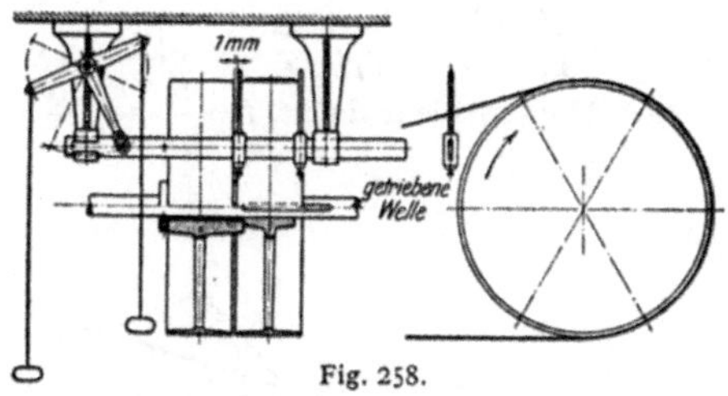

Fig. 258.

Da die Riemen beim Verschieben leiden, wird diese Antriebsart nur bei geringen Leistungen angewandt.

Bei veränderlichem Übersetzungsverhältnis sind Stufenscheiben (s. Werkzeugmaschinen) zu verwenden oder auch kegelförmige Trommeln, wenn ein allmählicher Übergang von einer Übersetzung in eine andere erforderlich ist. Größere Übersetzung gestatten die Drehzahländerer (S. 588).

XVII. Kurbeltrieb.

A. Kraft- und Bewegungsverhältnisse[1]).

Bezeichnungen: OK = Kurbel, r = Kurbelradius, $s = 2r$ = Hub, α = Kurbelwinkel, β = Schubstangenwinkel, l = Schubstangenlänge, $\lambda = r/l$ = Schubstangenverhältnis, x_u = Kolbenweg für $l = \infty$, x = Kolbenweg für $l < \infty$, $v = r \cdot \omega$ = Kurbelzapfengeschwindigkeit, c = Kolbengeschwindigkeit, b = Kolbenbeschleunigung, P = Kolbenstangenkraft, S = Schubstangenkraft, N = Normaldruck in Führung, T = Tangentialkraft, R = Radialkraft.

Kraftverhältnisse. Nach Fig. 259 ist:

$$N = P \cdot \operatorname{tg}\beta = S \cdot \sin\beta; \quad S = P/\cos\beta .$$

$$T = S \cdot \sin(\alpha + \beta) = P \cdot \sin(\alpha + \beta)/\cos\beta .$$

Für $\alpha + \beta = 90°$ wlrd

$$N = \lambda \cdot P; \quad T_{\max} = S .$$

Für $\alpha = 90°$ wird

$$S_{\max} = \frac{P}{\sqrt{1 - \sin^2\beta}} = \frac{P}{\sqrt{1 - \lambda^2}} .$$

Für $l = \infty$ ist $T = P \cdot \sin\alpha$.

Bezeichnen P_m und T_m die Mittelwerte, so folgt:

$$T_m \cdot r\pi = P_m \cdot 2r; \quad T_m = 2/\pi \cdot P_m .$$

Ermittlung von T nach dem Sinussatz, Fig. 259: Ziehe durch den Endpunkt der von O aus aufgetragenen Strecke P eine Parallele zur Schubstangenrichtung, so schneidet diese Parallele auf der Senkrechten T ab.

Kolbenwege. Zeichnerische Ermittlung nach Fig. 260a: für $l = \infty$ (Kurbelschleife) durch Senkrechte Ka, es wird $x_u = K_h a$, bzw. $= K_v a$ für $l < \infty$ durch Bogenprojektion mit Radius l oder als waagerechter Abstand des Punktes K von den den Kurbelkreis tangierenden Kreisbögen, es wird $x = K_h a_1$, bzw. $= K_v a_2$.

[1]) Meyer zur Capellen: Größt- und Kleinstwerte von Geschwindigkeit und Beschleunigung bei der Geradschubkurbel. Masch.-Bau-Betrieb 16 (1937), 529.

Rechnerisch ergibt sich der Kolbenweg

1. für $l = \infty$ zu $x_u = r \cdot (1 - \cos\alpha)$,

2. für endliches l zu $x = x_u \pm f = r(1 - \cos\alpha) \pm l(1 - \cos\beta)$, $f =$ „Fehlerglied", das Minuszeichen gilt für den Rückgang.

Mit $Ka = l \cdot \sin\beta = r \cdot \sin\alpha$ und $\cos^2\beta = 1 - \sin^2\beta$ wird

$$x = r(1 - \cos\alpha) \pm l \cdot \left[1 - \sqrt{1 - \lambda^2 \sin^2\alpha}\right].$$

Aus dem Verhältnis

$$f : Ka = Ka : (2l - f)$$

folgt $f = \dfrac{(Ka)^2}{2l - f} = \dfrac{r^2 \cdot \sin^2\alpha}{2l - f}$. Bei kleinen Werten r/l bis $1/4$ kann f gegen $2l$ vernachlässigt werden; damit $f = \dfrac{r^2 \cdot \sin^2\alpha}{2l} = \dfrac{\lambda}{2} \cdot r \cdot \sin^2\alpha$.

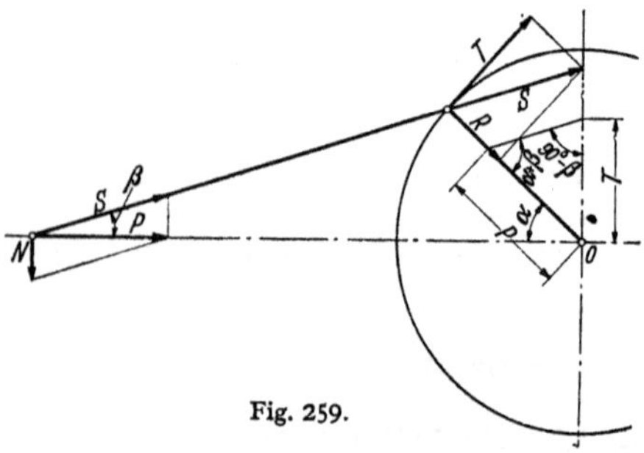

Fig. 259.

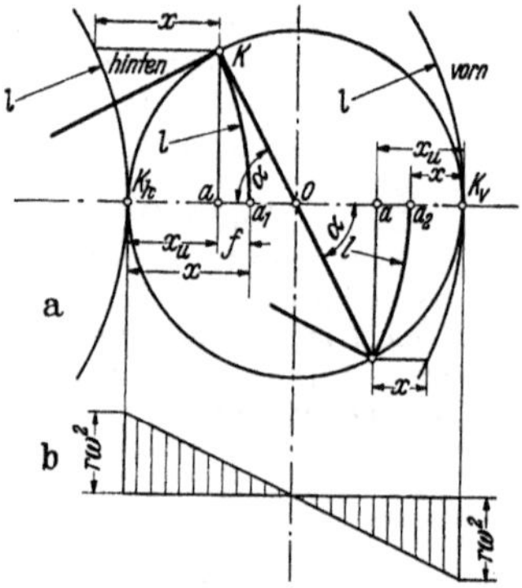

Fig. 260 a u. b.

Erste Annäherung:

$$x = r \cdot (1 - \cos\alpha) \pm \frac{\lambda}{2} r \cdot \sin^2\alpha.$$

Tafel der Kolbenwege s. S. 653.

Kolbengeschwindigkeiten. Diese ergeben sich unmittelbar aus den Wegen

1. für $l = \infty$ zu

$$c = dx/dt = r \cdot \sin\alpha \cdot d\alpha/dt = r \cdot \omega \cdot \sin\alpha = v \cdot \sin\alpha.$$

2. für endliches l zu $c = v \cdot \sin(\alpha \pm \beta)/\cos\beta = v(\sin\alpha \pm \cos\alpha \cdot \operatorname{tg}\beta)$.

Es folgt mit $\sin\beta = r/l \cdot \sin\alpha$ und $\cos\beta = \sqrt{1 - \sin^2\beta}$

$$c = v \cdot \left[\sin\alpha \pm r/l \cdot \frac{\sin\alpha \cdot \cos\alpha}{\sqrt{1 - \lambda^2 \cdot \sin^2\alpha}}\right].$$

Daraus als erste Annäherung

$$c = r \cdot \omega \cdot [\sin\alpha \pm \lambda/2 \cdot \sin(2\alpha)].$$

Wird v für $l = \infty$ durch r wiedergegeben (also $\omega = 1$), so stellen die Ordinaten des Kurbelkreises die Kolbengeschwindigkeiten c dar, nach Fig. 260a ist sonach $c = Ka$ für Kurbellage OK. Für $\omega = \omega$ folgt als Darstellung eine Ellipse infolge Änderung der Kreisordinaten im gleichen Verhältnis.

Für $l < \infty$ wird c durch den Schnittpunkt der (für $\alpha < 90°$ verlängerten) Schubstange mit der Senkrechten in O erhalten, Fig. 261. Beweis s. S. 211.

Mit $c_m = 2sn/60 = ns/30$ als Mittelwert und $v = \pi sn/60$ folgt $v = \pi \cdot c_m/2$ für $l = \infty$.

Beschleunigungen.

1. für $l = \infty$: $b = dc/dt = r\omega \cdot \cos\alpha \cdot d\alpha/dt = r\omega^2 \cdot \cos\alpha$. Das ist die Gleichung einer Geraden mit den Endordinaten $r\omega^2$ bzw. „eins“, falls $r = 1$ und $\omega = 1$ gesetzt werden, Fig. 260 b.

2. für $l < \infty$ wird $b = dc/dt = r\omega^2[\cos\alpha \pm \lambda\cos^2\alpha/\cos^3\beta \mp \lambda\sin^2\alpha/\cos\beta]$; näherungsweise $b = r \cdot \omega^2 \cdot (\cos\alpha \pm \lambda \cdot \cos[2\alpha])$. (S. auch S. 212.)

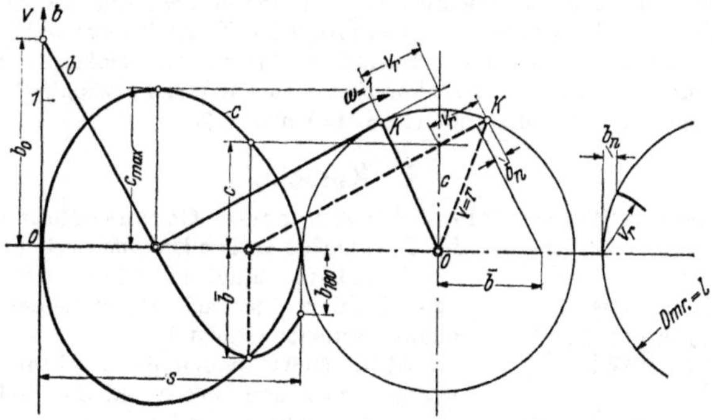

Fig. 261.

Zeichnerische Ermittlung nach Fig. 261. (Die eingeklammerten Bezeichnungen geben die entsprechenden von Fig. 26, S. 212 wieder.) Die relative Drehgeschwindigkeit v_r der Schubstange um den Kurbelzapfen wird als dritte Seite des aus v, c und v_r bestehenden Dreieckes erhalten. $OK = r = v$ $(= b_A)$, trage $b_n = v_r^2/l$ $\left(= v_{B\,A}^2/l\right)$ von K ab und errichte im Endpunkt der aufgetragenen Strecke eine Senkrechte (b_t) auf der Schubstange, so schneidet diese auf der Waagerechten die gesuchte Beschleunigung b $(= b_B)$ aus. Ermittlung von b_n nach Fig. 261 rechts als vierte Proportionale zu v_r und l.

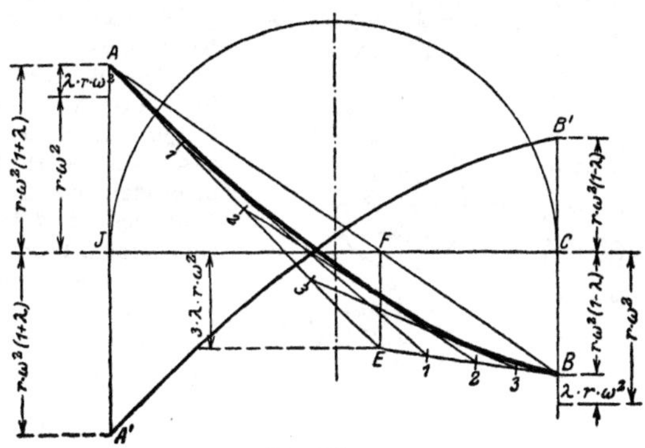

Fig. 262.

Fig. 261 zeigt die so erhaltene b-s-Kurve mit Scheitel, für $\lambda = 0{,}2637$ fällt dieser in die Totlage für 180°. Steigung der Kurve in den Totpunkten:

$$db/ds = -[1 + 3\lambda(1 - \lambda)] \quad \text{für} \quad \alpha = 0°,$$

$$db/ds = -[1 - 3\lambda(1 + \lambda)] \quad \text{für} \quad \alpha = 180°.$$

Für $\lambda \leqq 1/4$ kann die Kurve als Parabel nach Fig. 80, S. 100 aufgezeichnet werden, s. Fig. 262.

Für den Hingang werden A und B durch Auftragen der eingeschriebenen Werte gefunden. Verbindet man A mit B, errichtet im Schnittpunkt F das Lot $EF = 3 \cdot \lambda \cdot r \cdot \omega^2$, so sind EA und EB Tangenten an die Parabel in den Punkten

A und B; desgl. 1—1, 2—2, 3—3, wenn AE und EB in gleiche Teile geteilt sind. Für den Rückgang wird ebenso die Parabel $A'm'$ als Spiegelbild erhalten.

Diese Beschleunigung erfahren Kolben nebst Stange, Kreuzkopf und ein Teil der Schubstange.

Bei sehr raschlaufenden Motoren wird für die Triebwerkberechnung eine genaue Zerlegung der Schubstangenmasse m in einen umlaufenden Teil m_u und einen hin- und hergehenden Teil m_h erforderlich, was die Kenntnis des durch Versuch oder Zeichnung zu ermittelnden Trägheitsmomentes der Schubstange voraussetzt. Es zeigt sich, daß m_h bis auf $m/4$ sinken kann. Näheres s. Neugebauer, Kräfte in den Triebwerken schnellaufender Kolbenkraftmaschinen. Berlin: Springer. S. auch Bd. II, S. 149 und 197.

B. Kurbeln.

Kurbeln am Wellenende heißen **Stirnkurbeln**. **Gegenkurbeln** sind solche, die mittels des Zapfens mit der Stirnkurbel verbunden sind, vgl. Fig. 263.

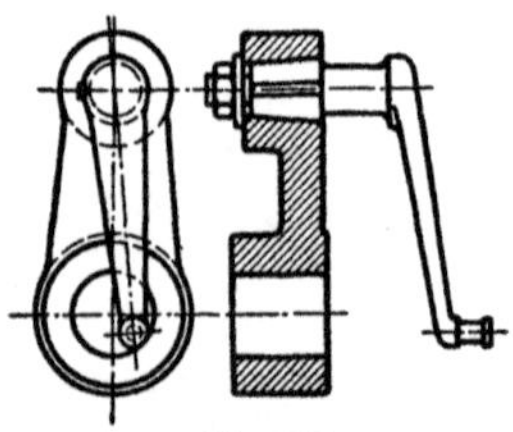

Fig. 263.

Baustoff: Stahl (St 42 · 11 bzw. St 50 · 11 bzw. St 60 · 11, je nach der Höhe der Beanspruchung), seltener Grauguß.

Sitz. Meist werden die Kurbeln warm aufgezogen oder hydraulisch auf die Welle gepreßt (vgl. Schrumpfringe), selten angeschmiedet. Aufkeilen ist zu vermeiden.

Im Mittel kann man etwa nehmen (Fig 264): D_2 einige mm kleiner als D_1; $L \gtreqless D_2$, wenn die Kurbel warm aufgezogen oder aufgepreßt wird, und $L \gtreqless 1{,}25 \cdot D_2$, wenn sie nur aufgekeilt wird.

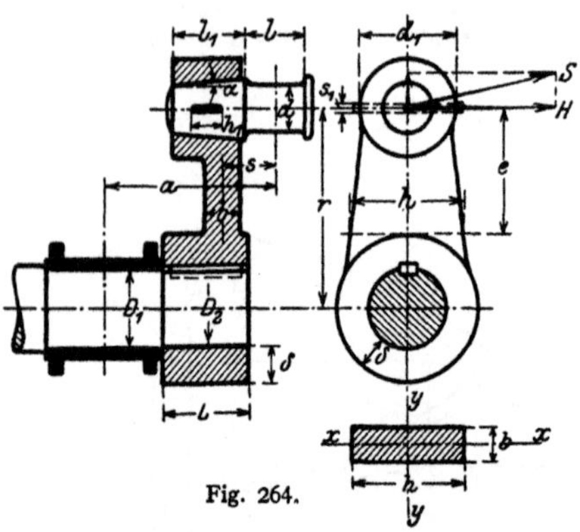

Fig. 264.

Nabenstärke geschmiedeter Kurbeln im Mittel $\delta = 0{,}4 \cdot D_2 + 1$ cm, Nabenstärke gußeiserner Kurbeln 30 bis 50 vH stärker.

Der **Kurbelarm** — bei Stahlkurbeln nach Fig. 119, S. 539 ausgeführt — ist auf zusammengesetzte Festigkeit zu berechnen, und zwar wird der Querschnitt $b \cdot h$ im Abstande e vom Zapfen beansprucht:

durch die Radialkomponente V der Schubstangenkraft S auf Zug bzw. Druck und Biegung mit dem Moment $M_1 = V \cdot s$, wobei xx die neutrale Achse,

durch die senkrecht dazu stehende Komponente H auf Schub und Biegung mit dem Moment $M_2 = H \cdot e$, wobei yy die neutrale Achse, und gleichzeitig auf Drehung durch das Moment $M_t = H \cdot s$.

Unter Vernachlässigung der Zug- bzw. Druck- und Schubbeanspruchung ergibt sich (vgl. S. 405) das ideelle Biegungsmoment.

Meist ist die Beanspruchung in der Kurbeltotstellung maßgebend, in der auch durch niedrige Beanspruchung auf Stöße infolge der Richtungsänderung der Kräfte Rücksicht zu nehmen ist. Hier ist $M_b = S \cdot s = P \cdot s$, wenn P die Kolbenstangenkraft; damit wird unter Berücksichtigung der Zug- bzw. Druckbeanspruchung

$$\frac{M_b}{\frac{1}{6} \cdot h \cdot b^2} + \frac{P}{b \cdot h} \lesseqgtr \sigma_{b\,zul} \quad \text{oder} \quad P \cdot \left(s + \frac{b}{6}\right) \lesseqgtr \frac{h \cdot b^2}{6} \cdot \sigma_{zul}.$$

Bezüglich Lagerdmr. s. S. 528.

Der **Kurbelzapfen** wird meist konisch eingesetzt und durch einen Keil oder durch eine geringere Anzugskraft gebende Mutter gesichert, Fig. 263, oder in die erwärmte Kurbel eingeschrumpft (vgl. Schrumpfverbindungen). seltener aus einem Stück mit der Kurbel hergestellt. Berechnung s. Gleitzapfen. Im Mittel kann man etwa wählen

$l_1 = 1,5$ bis $1,75 \cdot d$; $\operatorname{tg}\alpha = 1/25$ bis $1/15$;
$d_1 = 2 \cdot d$ bei geschmiedeten und $= 2,5 \cdot d$ bei Gußkurbeln;
$h_1 = 0,3$ bis $0,4 \cdot l_1$; $s_1 = 0,2$ bis $0,25 \cdot d$.

C. Exzenter.

Wird der Kurbelzapfendmr. einer gekröpften Welle so weit vergrößert, daß die Welle durchgeführt werden kann, so entsteht das Exzenter. Fig. 265: Exzenter einer Walzenzugmaschine. Es ist:

$$d = 2 \cdot (\varrho + 0,5 \cdot D + \delta + x),$$

wenn δ die Nabenstärke und x das Maß in cm bezeichnen, um das die Lauffläche des Exzenters über der Nabe hervorsteht. Die Breite der Lauffläche muß b cm $= P_m/d\,p_m$ betragen. P_m = dem in der Mittelebene des Exzenters wirkenden **mittleren** Druck; p_m folgt aus der Beziehung $p_m \cdot v = 5$ bei Stahlbügeln auf gußeisernen Scheiben, $p_m = 10$ bei Bügeln mit Weißmetallfutter auf Graugußscheiben, v = Exzenter-Umfangsgeschwindigkeit in m/sek.

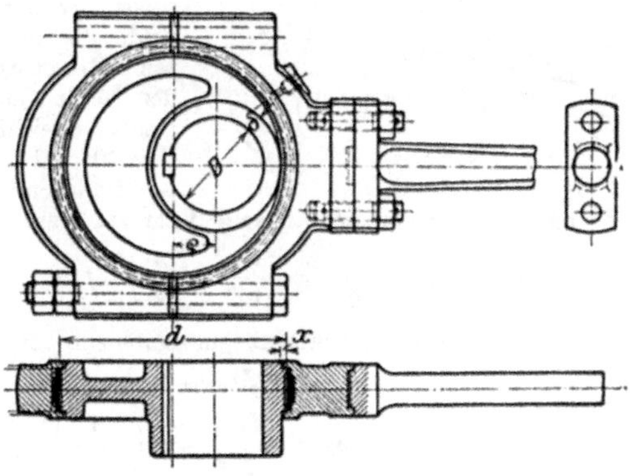

Fig. 265.

Bei Exzentern der Lokomotiven und solchen, bei denen durch Luftzug od. dgl. für gute Wärmeableitung gesorgt ist, kann w höher gewählt werden.

Exzenterscheiben werden mit Rücksicht auf Montage ein- oder zweiteilig ausgeführt. In Ausnahmefällen wird die Scheibe auch wohl mit der Welle aus einem Stück hergestellt, um ihren Durchmesser möglichst klein zu halten.

Beide Hälften zweiteiliger Scheiben werden meist durch Stiftschrauben mit Querkeilen oder Muttern zusammengehalten, Fig. 266.

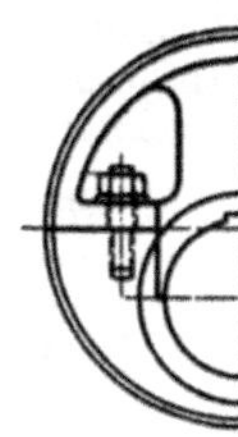
Fig. 266.

Die Exzenterscheibe wird mittels Keil oder, wenn sie verstellbar sein soll, dadurch befestigt, daß eine an der Stirnfläche geriffelte und in der Scheibe gleitend angebrachte Beilage mittels Keiles gegen die fein genutete Welle gepreßt wird.

Die Exzenterbügel aus Flußeisen erhalten meist eine Ausfütterung aus Lagermetall, die gußeisernen häufig.

D. Schubstangen

(auch Pleuel-, Lenk- oder Treibstangen genannt)[1].

Baustoff: S.M.-Stahl bei ortfesten Maschinen, für kleinere Maschinen auch Stahlguß; veredeltes Duralumin (Z. VDI 1941 Heft 43/44 S. 867), Normstahl St C 35·61, Chrom-Molybdän-Stahl für Leichtmotoren, auch Chrom-Molybdän-Nickelstahl für Flugmotoren. S. auch Angaben S. 604.

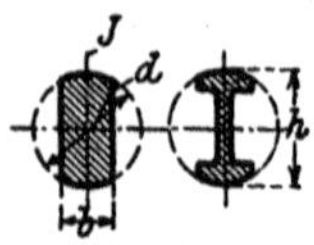

Fig. 267.

Schubstangen größerer Brennkraftmaschinen werden mit Längsbohrungen ausgeführt, die als Ölleitungen dienen und das Gewicht verringern. Der Bohrungsdurchmesser wird vor dem Stangenlager verkleinert, um hier größere Auflagefläche für die Schale zu erhalten, s. Fig. 273.

Für schnellaufende Maschinen eignet sich vornehmlich der runde Querschnitt mit abgeflachten Seiten

$$(d = 1{,}75 \text{ bis } 2 \cdot b),$$

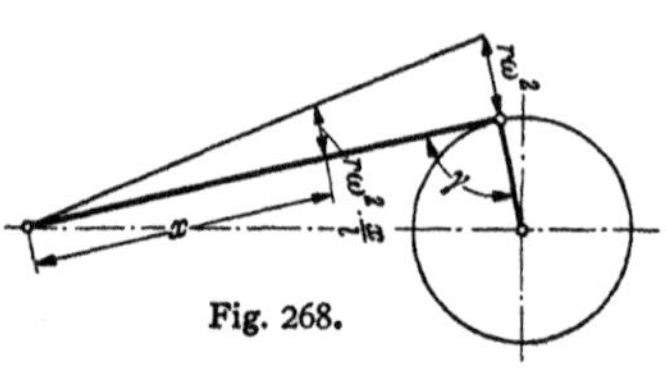

Fig. 268.

sowie der doppel-T-förmige, Fig. 267, da beide die durch die Fliehkraft bedingten Biegungsspannungen besser als der runde Querschnitt aufnehmen. Diese Kraft erreicht ihren größten Wert für $\gamma = 90°$, Fig. 268. Mit f = Stangenquerschnitt in cm² und γ in kg/cm³ bedingt ein Stangenteilchen von der Länge = 1 cm am Kurbelzapfen die Fliehkraft in kg

$$q = r_{\text{cm}} \cdot \omega^2 \cdot \frac{f \cdot \gamma}{g} = \frac{r_{\text{cm}}}{100} \cdot \left(\frac{n}{30}\right)^2 \cdot f \cdot \gamma = \left(\frac{n}{300}\right)^2 \cdot r_{\text{cm}} \cdot f_{\text{cm}^2} \cdot \gamma\,,$$

Das hierdurch verursachte Biegungsmoment hat den größten Wert

$$M_{b\,\max} \sim q \cdot l^2/16\,,$$

Biegungsspannung:

$$\sigma_b = \frac{M_{b\,\max}}{J/e} = \left(\frac{n}{1200}\right)^2 \cdot \gamma \cdot r \cdot \frac{f \cdot l^2}{J/e}\,,$$

wenn J das Trägheitsmoment und e der Abstand der äußersten Faser ist.

Gesamtbeanspruchung: $\sigma_{\text{zul}} = P/f + \sigma_b$, worin P = Kraftwirkung bei $\gamma = 90°$.

Bei veränderlichem Stangenquerschnitt f_x Auftragen der Werte $q_x = r\omega^2 \cdot f_x \cdot \gamma/g \cdot x/l$ über Stangenachse und Bestimmung der Momentenfläche aus der Belastungsfläche nach S. 359. Bei sehr raschlaufenden Maschinen empfiehlt sich Ermittlung der Eigenschwingungszahl aus größter Durchbiegung durch Aufzeichnen der M_b/J-Fläche und der elastischen Linie nach Mohr, S. 363. Kritische Drehzahl s. S. 238.

Beispiel:

$n = 180\ \text{min}^{-1}$; $r = 250$ mm; $l = 1250$ mm; $f = 24$ cm²; $\gamma = 0{,}0078$ kg/cm³;

$q = \left(\frac{180}{300}\right)^2 \cdot 25 \cdot 24 \cdot 0{,}0078 = 1{,}685$ kg; $M_{b\,\max} = 1{,}685 \cdot 125/16 = 1645{,}6$ kgcm.

Die Köpfe werden entweder geschlossen oder mit Rücksicht auf Zusammenbau offen ausgeführt. Die Nachstellung der Lagerschalen ist so einzurichten, daß die Entfernung l von Mitte zu Mitte Lager auch bei eingetretener Abnutzung konstant bleibt; sie muß deshalb bei dem einen Lager eine Verlängerung der Stange, beim anderen eine Verkürzung bedingen, d. h. an einem Lager muß die äußere, am anderen die innere Schale nachstellbar sein. Das Kurbelzapfenlager hat auch die Beschleunigungskräfte infolge der relativen Drehung der Schubstange gegen den Kreuzkopf aufzunehmen.

[1]) S. auch Bd. I, S. 430 und Bd. II, S. 155.

Ausführungsbeispiele zeigen: Fig. 269, geschlossener Kopf, der in gleicher Form am Kreuzkopfende ausgeführt werden kann. Fig. 270, geschlossener Kopf am Kreuzkopfende mit Nachstellung senkrecht zur Bewegungsebene. Die Neigung

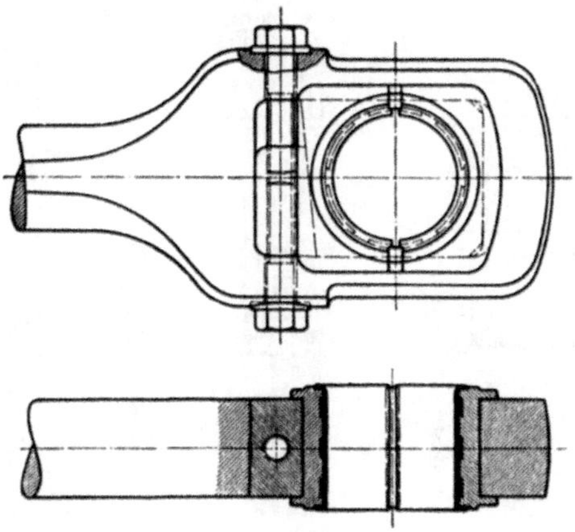

Fig. 269.

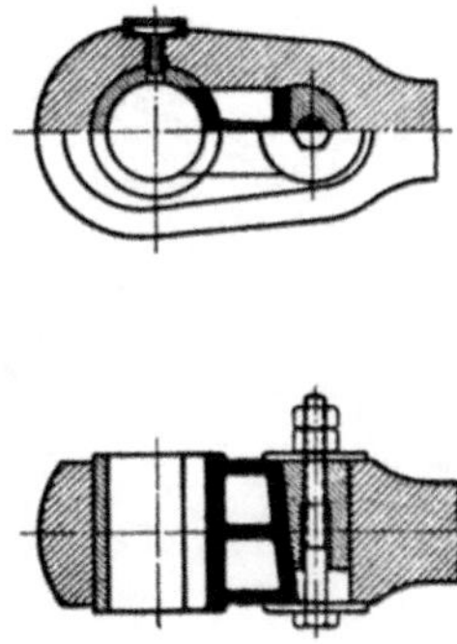

Fig. 270.

des Keiles wird 1 : 5 bis 1 : 10 genommen und ist durch die Größe der zulässigen Abnutzung bestimmt.

Bei der Bauart nach Fig. 271 und 273 sind die Schrauben des offenen Kopfes (Marinekopf) zur Aufnahme der Biegungskräfte sorgfältig eingepaßt. Schrauben und Zwischenlagen (Messingbleche verschiedener Stärke) hindern die Schalen am Drehen. Durch Ändern der Zwischenlage-Dicke wird nachgestellt. Wird die Zwischenlage stärker als die Teilfuge gewählt und die Schale dann ausgebohrt, so fällt die Schalenstärke in der Mitte größer aus.

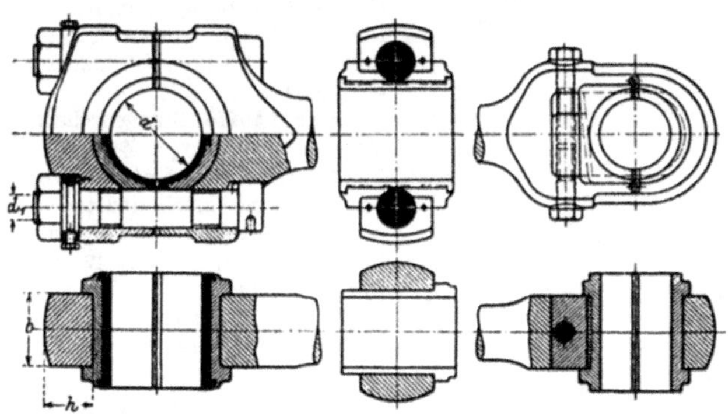

Fig. 271.

Fig. 272 und 274 zeigen gegabelte Köpfe. Der Kreuzkopfbolzen wird häufig konisch eingepaßt, wobei nach Fig. 272 beide konischen Flächen auf einem und demselben Kegelmantel liegen ($\operatorname{tg}\alpha = 1:10$ bis $1:20$); Bauart kostspielig, die Gabel wird leicht verspannt. Besser Ausführung mit Bolzen von konstantem Querschnitt, der durch Stifte oder Flachkeile gegen Drehung gesichert ist.

Fig. 273 und 274: Schubstangen einer Viertakt-Tauchkolbenmaschine und einer doppeltwirkenden Zweitakt-Dieselmaschine. Bei Bauart nach Fig. 273 sind Lagerhälften *b* und *c* zwecks Verminderung der Reserveteile austauschbar; Beanspruchung der

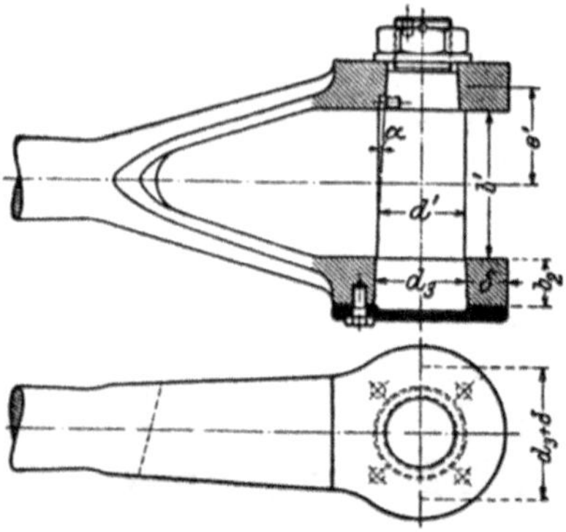

Fig. 272.

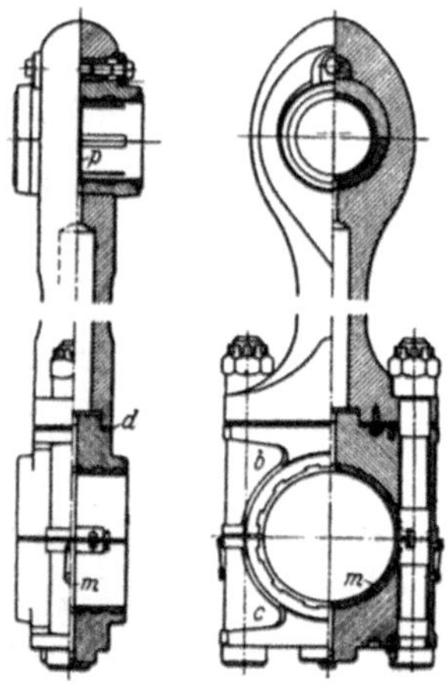

Fig. 273. *m*, *p* Ringnut für Schmieröl.

Lagerhälfte *c* nur durch Beschleunigungsdrücke (Viertakt!). Stahlbleche *d* dienen zur Änderung des Verbrennungsraumes und werden nach Probelauf durch eine einzige Platte ersetzt. Beilegebleche zwischen Lagerhälften zwecks Einstellung des Lagerspiels. Ausführung der Bolzenmutter als Kronenmutter, der Bolzen mit Feingewinde.

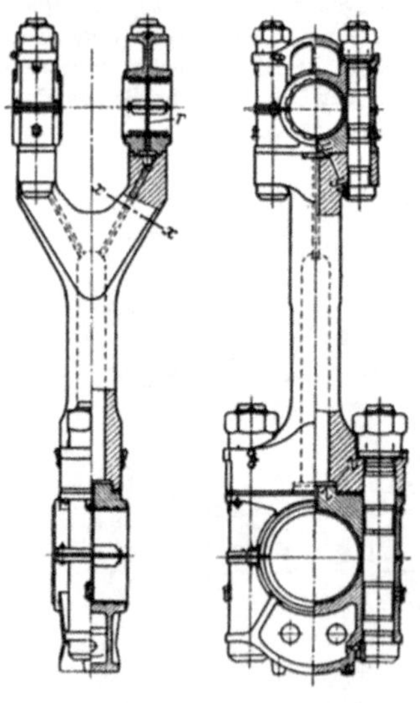

Fig. 274. *r* Ringnut für Schmierölzuführung zum Kreuzkopfzapfen und zur Gleitbahn.

Fig. 274: Bolzenmutter mit Pennscher Sicherung. Bei beiden Bauarten strömt das Öl aus dem hohlen Kurbelzapfen durch eine Radialbohrung, Ringnut *m* und Bohrung der Stange zu den Lagerschalen des oberen Kopfes (von hier zum Kreuzkopf s. S. 607).

Werkstoffe: Stangenschaft: Siemens-Martin-Stahl mit $\sigma_B = 45$ bis 52 kg je mm², 25 vH Dehnung. Untere Stangenköpfe: Stahlguß oder geschmiedeter Stahl. Bolzen: Siemens-Martin-Stahl mit $\sigma_B = 52$ bis 60 kg/mm², 24 bis 22 vH Dehnung. (Saß: Kompressorlose Dieselmaschinen. Berlin: Springer 1929.)

Fig. 275: „Pleuel" eines Flugzeugmotors.

Ausführung der Schrauben als Stiftschrauben, wodurch der Kraftfluß zur Stange verbessert und Kerbwirkung durch Ausfräsung der Stange vermieden wird.

Berechnung. (S. auch Bd. II, S. 155.)

Berechnungsbeispiel s. S. 392. Der Stangenschaft ortfester Maschinen wird mit 6- bis 8facher Sicherheit nach Tetmajer und $\sigma_d \approx 500$ kg/cm² berechnet. Die Stangenschäfte der Leichtmotoren werden für $s/J \leqq 60$ nur auf Druck mit

$\sigma_d = 1200$ bis $1500\ \mathrm{kg/cm^2}$, für $s/J > 60$ nach Tetmajer mit 2- bis 5facher Sicherheit bestimmt.

Beanspruchung der Bolzen im Gewinde: $\sigma_z \leqq 400\ \mathrm{kg/cm^2}$ bei ortfesten Maschinen, $\sigma_z = 700$ bis $900\ \mathrm{kg/cm^2}$ bei Leichtmotoren, σ bis $1500\ \mathrm{kg/cm^2}$ bei Flugmotoren, dementsprechend Wahl des Werkstoffes.

Berechnung der Querschnitte xx, yy, zz in Fig. 274 nach Fig. 276 auf Biegung und Schub (Zugspannung ist zu vernachlässigen). Für Querschnitt xx: $\sigma_{zul} = 500\ \mathrm{kg/cm^2}$, für yy und zz wegen Kerbwirkung: $\sigma_{zul} = 325$ bis $375\ \mathrm{kg/cm^2}$.

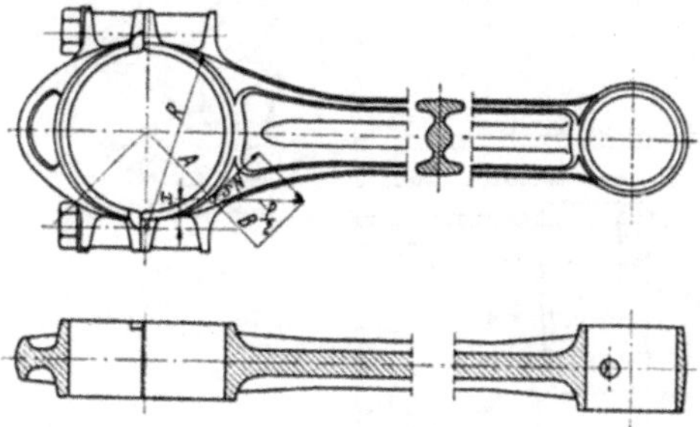

Fig. 275.

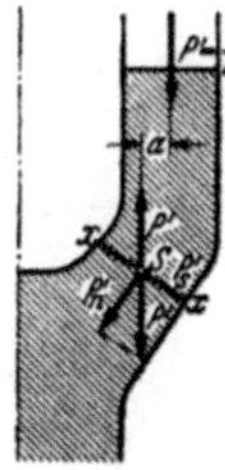

Fig. 276.

Offener Kopf nach Fig. 271: Berechnung ohne Berücksichtigung der oft starken Krümmung einerseits und der Versteifung durch die Lagerschalen anderseits als frei aufliegender Träger mit gleichmäßig verteilter Last. Ist l = Schraubenmitten-Entfernung, d_a = äußerer Lagerschalendurchmesser, so folgt:

$$M = W \cdot \sigma_{zul} = \tfrac{1}{2} P \cdot (l/2 - d_a/4)\,. \quad \sigma_{zul} \backsim 600\ \mathrm{kg/cm^2}.$$

Fig. 275. Schnitt AB = gefährlicher Querschnitt. $\sigma = P/2 \cdot x/W$, worin W = Widerstandsmoment, zu den äußeren und inneren Fasern gehörend. (List: Die Verbrennungskraftmaschine. Heft 10. Berlin: Springer 1939.)

Geschlossener Kopf erfordert bei genauerer Ermittlung der Beanspruchung zeitraubende und umständliche Berechnung[1]), die gewöhnlich durch die vorstehende des offenen Kopfes ersetzt wird, wobei l = Schwerpunktentfernung der Seitenwangen; $\sigma_b \backsim 600\ \mathrm{kg/cm^2}$, $= 800\ \mathrm{kg/cm^2}$ bei großen Köpfen.

Bei Annahme eines eingespannten Trägers mit Einzellast würde für Fig. 272 folgen:

$$0{,}5\, P \cdot (d_s + \delta)/8 = b_s \delta^2/6 \cdot \sigma_{b\,zul}.$$

Die Seitenwangen geschlossener Köpfe nach Fig. 269 und 270 werden auf Zug und Biegung beansprucht, was durch geringes σ_z in Rechnung gesetzt wird. Man wählt: $\sigma_z = 200$ bis $250\ \mathrm{kg/cm^2}$ bei viereckigen Köpfen nach Fig. 269, $= 350$ bis $400\ \mathrm{kg/cm^2}$ bei Köpfen nach Fig. 270.

E. Kreuzköpfe.

Verbindung der Kolbenstange mit Kreuzkopf durch Keil oder Gewinde. Querschnittsberechnung s. S. 510. Fig. 278 zeigt Verbindung bei hochbeanspruchten Dieselmaschinen. Durch eine im Gewindeteil elastische Mutter a — vgl. Fig. 36, S. 515 — wird gleichmäßige Dichte des Kraftlinieneinflusses von der Stange zum Kreuzkopf erhalten. Damit werden Biegekräfte, die Biegeschwingungen verursachen, vermieden. Diese führen bei üblicher Ausführung der Mutter zu Rißbildungen an der Stange, der Mutter und dem Kreuzkopf.

---

[1]) Siehe H. Dubbel: Öl- und Gasmaschinen. Berlin: Springer.

Ausführungsbeispiele. Fig. 277: Doppelgleisiger Kreuzkopf; Fig. 279 und 280: Eingleisige Kreuzköpfe. Da Kreuzkopf-Schwerpunkt unterhalb Kolbenstangen-

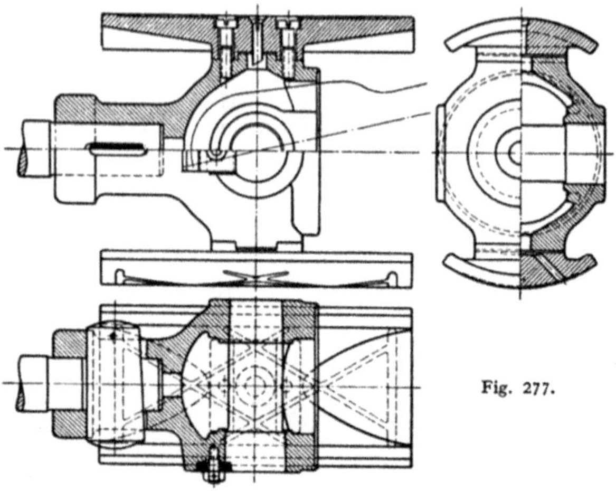

Fig. 277.

mitte liegt, haben diese Kreuzköpfe das Bestreben, zu ecken.

Fig. 279: Kreuzkopf einer stehenden Verbundmaschine von 400 mm Hub. Da Gleitschuh größer als Maschinenhub, bleibt eine Stelle der

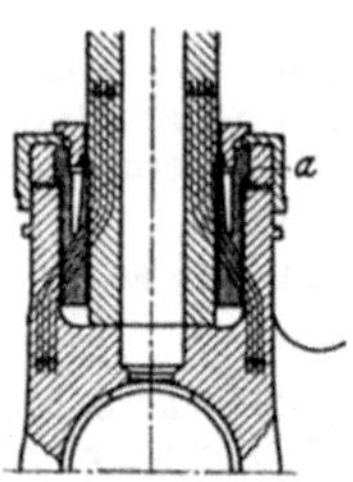

Fig. 278.

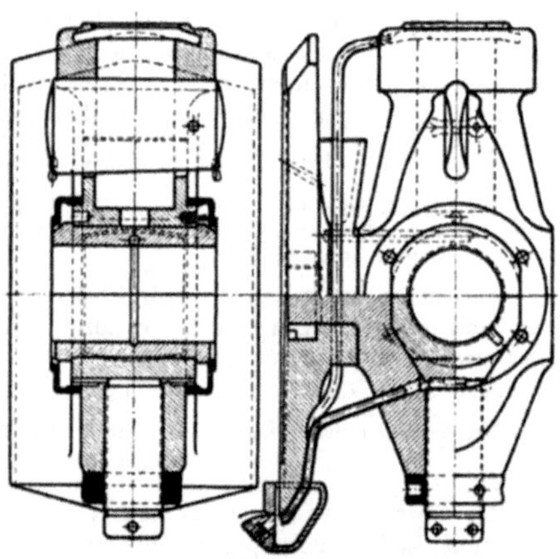

Fig. 279.
Fig. 279.

Gleitbahn stets überdeckt. Von hier aus erfolgt die Schmierung, Abfluß des verbrauchten Schmiermaterials unten.

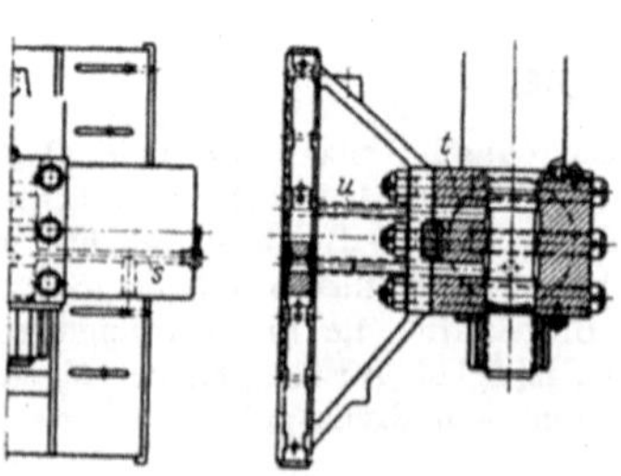

Fig. 280.

Fig. 280: Eingleisiger Kreuzkopf für einfachwirkende Viertaktmaschine. Ein prismatischer Block ist mit dem von der gegabelten Schubstange umfaßten Zapfen aus einem Stück geschmiedet und für die Aufnahme des Zapfens der Kolbenstange durchbohrt, Zapfen nur durch Beschleunigungsdrücke auf Zug beansprucht. Federkeil zwischen Kreuzkopfkörper und Schuh nimmt Schubkräfte auf. Gleitschuhe mit Weißmetall ausgegossen. Das Schmieröl tritt aus Ringnuten des oberen Schubstangenlagers, durch Radialbohrungen und die Kanäle s, t, u in eine breite Mittelnut des Gleitschuhs, von der eine Anzahl Quernuten abzweigt.

Werkstoffe. Kreuzkopfblock: Geschmiedeter Stahl mit $\sigma_B = 70$ bis 80 kg/mm², 18 bis 15 vH Dehnung. Gleitschuhkörper: Stahlguß.

Berechnung.

Zapfen: Bezüglich Flächenpressung s. S. 528, zweckmäßig $l/d = 1{,}4$; Nachrechnung auf Biegung als gleichmäßig belasteter Träger.

Gleitschuhe: $p = 2$ bis 3 kg/cm² bei Gußeisen, $= 4$ kg/cm² bei Weißguß.

Keilverbindung zwischen Kolbenstange und Kreuzkopf s. S. 510.

Stärke des Gabelbügels, der durch Verbindung mit Schuh stark versteift ist, s. Bemerk. zur Pleuelstangengabel auf S. 605.

F. Kolbenstangen.

Baustoff: meist zäher harter Stahl (St 50 · 11), um die Abnutzung und Reibung in der Stopfbüchse gering zu halten.

Für Kolben doppeltwirkender Zweitaktmaschinen: Zusatz von Chrom und Nickel in kleinen Mengen zur Erzielung genügender Härte. Vergütung zwecks Steigerung der Zähigkeit.

Berechnung.

Kolbenstange s. Schubstange, S. 604. Beanspruchung bei stehenden Maschinen auf Druck: 600 bis 700 kg/cm², 6- bis 7fache Sicherheit gegen Knickung nach Tetmajer, bei liegenden Maschinen bis 10fache Knicksicherheit, um Durchbiegung der Stange, bzw. exzentrisch wirkende Kolbenreibung zu berücksichtigen.

Bei wassergekühlten Kolbenstangen der Brennkraftmaschinen ist die Temperaturspannung zu beachten. Ist $\Delta t/2 =$ Temperaturunterschied zwischen spannungsloser Faser und warmer Seite bzw. kalter Seite, so ist: $\sigma_z = \alpha E \Delta t/2$. Für 1° Temperaturunterschied wird bei $E = 2{,}15 \cdot 10^6$ und $\alpha = 11{,}1 \cdot 10^{-6}$ die Zug- bzw. Druckspannung $\sigma = \alpha E/2 = 12$ kg/cm², also z. B. für $\Delta t = 70°$ wird $\sigma = 840$ kg/cm², welche Spannung sich zu der beim Entwurf gewählten ($\sigma = 400$ bis 500 kg/cm²) addiert.

Flächendruck im Kegel, bezogen auf dessen Projektion: $\sigma_d \leqq 400$ kg/cm² bei Gußeisen $\sigma_d \leqq 800$ kg/cm² bei Stahl auf Stahl.

Flächendruck im Gewinde der Mutter: $\sigma_d \leqq 400$ kg/cm², hiernach ist Mindestzahl der Gewindegänge bzw. Mutterhöhe zu bestimmen.

Der Kolbenkörper wird meist durch Konus und gesicherte Mutter auf der Kolbenstange befestigt. Neigung des Kegels (nach DIN 254) 45°, dadurch starke Kerbwirkung. Günstiger sind Neigungen 2 : 5 bis 1 : 3, dabei stärkere Beanspruchung der Kolbennabe. Neigungen unter 1 : 8 erschweren die Lösung des Kegels.

Für stärkere Belastungen wird das Gewinde der Kolbenstangenmutter zweckmäßig als Feingewinde ausgeführt.

Ist $G_k =$ Kolbengewicht, $G_s =$ Stangengewicht in kg, $l =$ Kolbenstangenlänge zwischen den unterstützten Enden in cm, $J =$ Trägheitsmoment des Stangenquerschnittes in cm⁴, so wird die Durchbiegung in cm

$$f = (G_k + \tfrac{5}{8} G_s) \cdot \frac{l^3}{48 E J} .$$

G. Kolben.

S. auch Bd. II, S. 132 und 156.

Baustoff: Gußeisen, Stahlguß, Schmiedestahl, bei Brennkraftmaschinen auch Magnesium-Kupfer- oder Aluminium-Kupferlegierungen.

Bauart: Leichte Kolben werden bei liegenden Maschinen von der Stange getragen. Biegt sich die Stange dabei maximal um y durch, dann wird der Kolben um mindestens $3 \cdot y$ im Durchmesser kleiner als die Zylinderbohrung gehalten. Schwere Kolben werden meist von der Zylinderwandung getragen; man läßt sie auf etwa $^1/_3$ des Umfanges aufruhen, Fig. 281. Auflagerdruck $p \leqq 2$ kg/cm².

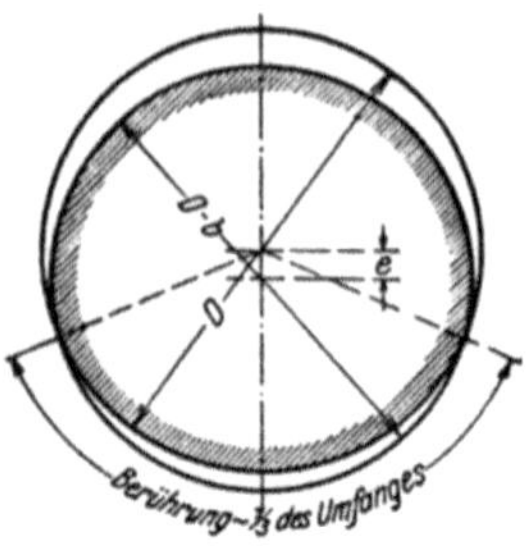

Fig. 281.

Der Kolben wird zuerst genau nach der Zylinderbohrung D gedreht, dann exzentrisch um e aufgespannt, und auf den Durchmesser $(D - b)$ fertiggestellt, wobei b bis zu 1 mm gewählt wird. Durch Wahl von b und die Länge der Berührung ergibt sich dann e. Meist wird nur der Teil zwischen den Kolbenringen exzentrisch gedreht, der übrige Teil zentrisch zum Zylinder, und zwar so, daß er die Wandung nicht berührt. Kolbenkörper aus Stahlguß dürfen die Wandung nicht berühren.

Der äußere Dichtungsring des Kolbens soll die Zylinderlauffläche um 0,5 bis 1 mm überschleifen, um Gratbildungen zu verhindern.

Muttern am besten aus Bronze und zu sichern.

Die Kolbenringe bestehen meist aus weichem, zähen Grauguß. Um Abnutzung der Ringe, nicht der Laufbüchse, herbeizuführen, wird häufig die Brinellhärte der ersteren $\leqq 180$ kg/mm², die der letzteren zu 240 bis 250 kg/mm² gewählt. Wichtiger ist das Gefüge, das perlitisch-sorbitisch und abriebbeständig sein soll. Die Ringe werden zu mehreren als Zylinder gegossen und einzeln von diesem abgestochen oder auch zentrifugal gegossen. Festigkeit beträgt etwa 2500 bis 3200 kg/cm²; chemische Zusammensetzung je nach Gußart (Sandform oder Schreckform) verschieden. Soll ein Ring im Betrieb um das Maß a zusammengepreßt werden, Fig. 282, so beträgt im Rohguß der Durchmesser $= D + 2 \cdot y + a/\pi$, wenn y die Bearbeitungszugabe im Schnitt,

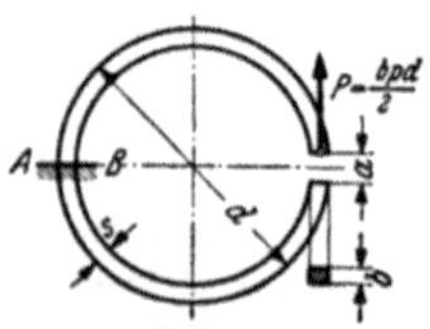

Fig. 282.

mithin die Wandstärke $= s + y$;

vorgedreht: Durchmesser $= D + y + a/\pi$.

Wandstärke $= s + y/2$, wenn die halbe Zugabe abgedreht wird.

Nach dem Vordrehen wird ein Stück von der Länge a herausgeschnitten, darauf der Ring zusammengespannt und auf einen um 0,5 bis 1 mm kleineren Durchmesser als D und die Wandstärke s fertig gedreht. Man wählt etwa $a =$ bis $\frac{1}{8}$ bis $\frac{1}{10} D$. Der Nachteil dieser Konstruktion ist ungleicher Druck auf die Zylinderwandungen, und zwar ist dieser zu stark an der Stoßfuge, zu schwach bei A. Besser läßt man deshalb die Wandstärke nach der Stoßfuge hin auf etwa $0{,}5 \cdot s$ bis $0{,}7 \cdot s$ abnehmen, womit allerdings ungleiche seitliche Auflagerflächen, sonach ungleiche seitliche Abnutzung verbunden sind. Man verwendet auch unrunde Ringe; hierbei sägt man einen kreisrunden Ring vom Durchmesser D auf und klemmt ein Stück von der Länge $a +$ Sägeblattstärke zwischen die freien Enden. Wird dann ein gleicher geschlossener Ring (ellipsenförmig) hergestellt und ein Stück gleicher Länge herausgeschnitten, so legt sich der Ring nach dem Zusammenspannen mit gleichmäßigem Druck an den Zylinder an. Die Stirnseiten der Ringe sind genau plan und winklig zur Achse zu schleifen; axiale Höhe der Ringnuten etwa $^1/_{100}$ der Ringhöhe höher als der Ring, um Festbrennen zu verhindern. Ringnute je nach Durchmesser 1 bis 2 mm tiefer als radiale Ringdicke.

Unter der Voraussetzung eines gleichmäßigen Druckes von p kg/cm² zwischen Ring und Zylinder erfährt der Querschnitt AB, Fig. 282, eine Beanspruchung, die sich annähernd ergibt aus

$$M_b = d\,b\,p \cdot d/2 = b\,s^2/6 \cdot \sigma_{zul}.$$

$\sigma_{b\,zul} = 800$ bis 1200 kg/cm² und $p = 0{,}25$ bis 0,5 kg/cm² sind häufige Werte, die aber namentlich bei raschlaufenden Brennkraftmaschinen wesentlich überschritten werden. Es folgt die Ringstärke

$$s = d \cdot \sqrt{3\,p/\sigma_{zul}}\,; \quad p = \sigma_{zul} \cdot s^2/3d^2\,; \quad (s/d)^2 = 3\,p/\sigma_{zul}\,.$$

Bogenlänge a folgt nach Reinhardt[1]) aus:

$$\frac{a}{d} = \frac{2{,}4}{E} \cdot \frac{\sigma_{zul}}{s/d}\,.$$

Diese letztere Gleichung ist maßgebend für alle nicht „übergestreifte" Ringe. Wird der Ring übergestreift, so darf die Überstreifspannung $\sigma_ü$ die Streckgrenze nicht überschreiten. Mindestwert von $\sigma_ü$ für gleichbleibende Ringdicke bei vorsichtigem Überstreifen nach Reinhardt:

$$\sigma_ü = 1{,}6\,E\,(s/d)^2 \text{ kg/cm}^2.$$

Mit $E = 10^6$ (bzw. $8 \cdot 10^5$), $\sigma_{b\,zul} = 2000$ kg/cm², $\sigma_{b\,ü} \leqq 3000$ kg/cm² folgt für besonders vorzügliches Gußeisen:

s/d	0,02	0,03	0,04	0,05
p	0,266	0,6	1,07	1,66 kg/cm²
a/d	0,24	0,16	0,12	0,096
$\sigma_{b\,ü}$	840	1440	2560	4000 kg/cm²
(für $E = 8 \cdot 10^5$)	512	1152	2048	3200 kg/cm²

Anpreßdrücke: $p = 0{,}3$ bis 0,5 at für langsamlaufende Maschinen, $p = 0{,}8$ bis 1 at für raschlaufende Dieselmaschinen und Kraftwagenmotoren, $p \approx 2$ at für Flugmotoren und besonders raschlaufende Kraftwagenmotoren.

Hochspannende Kolbenringe verhindern bei Leichtmotoren das „Flattern" der Ringe und das damit verbundene Durchblasen der Brenngase.

Vor der oberen Totlage wechselt der Ring infolge der Massenkraft die seitliche Auflage in der Ringnut. Der Gasraum hinter dem Ring, in dem vorher der Druck des Zylinderraumes oberhalb des Ringes herrschte, entspannt sich nach dem freigewordenen Raum zwischen Ring und der unteren Seitenfläche der Ringnut. Die zwischen Ring und Zylinderwand durchblasenden Gase pressen den Ring zusammen, der hierauf wieder nach außen federt.

Durch axial hohe Ringe wird die Massenkraft vergrößert, die Nuten werden leichter ausgeschlagen, anderseits bei Brennkraftmaschinen der Wärmeübergang zur Zylinderwand verbessert, die Temperatur von Kolben und Ring herabgesetzt. Axial niedrige Ringe, die bevorzugt werden, verringern die Kolbenlänge und — bei gleichem spezif. Flächendruck — die Abnutzung von Zylinder und Ring. Da der Ring eher auf ganzer Höhe trägt, wird der Schmierfilm zusammenhängend.

Reicht die Federung der Ringe nicht aus, so können besondere Federringe aus Grauguß oder Stahl verwendet werden, die hinter die Kolbenringe gelegt werden

Die äußeren Kanten der Ringe sind zu brechen, da scharfe Kanten das Öl von den Zylinderwandungen abstreifen, s. Fig. 80 auf S. 523. Brechen der inneren Kanten erleichtert das Einbringen in die Nut.

Die Schmeckschen Ringe sind mehrteilig und werden durch hintergelegte Spiralfedern angepreßt.

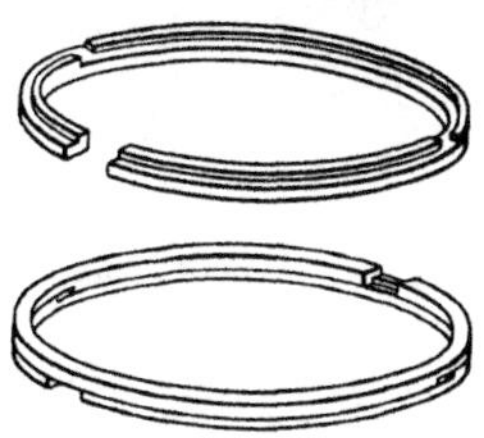

Fig. 283.

Fig. 283, Daros-Kolbenringe der Aktiebolaget Davy Robertsons Maskinfabrik, Gotenburg. In die Innenfläche der Ringe werden Nuten eingehämmert, so daß der Ring sich dehnt. Infolge Abnahme der Nutenquerschnitte nach der Teilfuge hin liegt der Ring mit gleichbleibender Pressung an. Bei dem Daros-Duplexring, Fig. 283, sind die beiden Ringhälften genau gleich und um 180° zu versetzen. Die Ringenden sind gebunden und können nicht in Schlitze von Zweitaktmaschinen haken; Befestigung mit Stiften nach Fig. 287 fällt fort, und der Ring kann sich frei in der Ringnut drehen. Die Stöße können gasdicht ausgeführt werden.

[1]) Theorie der Kolbenringberechnung. Z. VDI 1901 S. 237.

Beim bimetallischen Kolbenring, Fig. 284, von Gustav Huhn, Berlin-Tempelhof, sind Metallstreifen aus Bronze (oder auch aus Weißmetall) in den gußeisernen Ring eingelegt, so daß die guten Gleiteigenschaften der Bronze, die aber schon bei mäßigen Temperaturen die Spannung — wenn als Kolbenringwerkstoff ausschließlich benutzt — verliert, mit der Eigenschaft des Gußeisens, die Spannung auch bei höheren Temperaturen nicht zu verlieren, vereinigt werden.

Fig. 284.

Da hohe Verschleißfestigkeit das Einlaufen erschwert, so können auf die Kolbenring-Laufflächen Schichten aus Zunder (durch Oxydieren beim Ferrox-Verfahren), Phosphat, Blei, Graphit oder Zinn aufgebracht werden, die Abnutzung und Abdichtung günstig beeinflussen, in gleicher Weise wirkt Verchromung der Zylinder-Laufbuchse in Dieselmaschinen. (Z. VDI 1941 Heft 41 S. 507; Heft 47/48 S. 931 und 1942 Heft 15/16).

Rheinmetall-Borsig versieht die Kolbenringe der Dampfmaschinen mit einer 0,08 bis 0,10 mm dicken Kupferschicht, wodurch die abgenutzten Teilchen des Zylinderlaufs in die weiche Kupferschicht eingebettet, die Laufeigenschaften verbessert werden.

Die Stoßstelle darf Hindurchtreten des Arbeitsmittels in Richtung der Zylinderachse nicht gestatten; man ordnet deshalb bei liegenden Maschinen eine stumpfe Stoßstelle im unteren Drittel, Fig. 281, an, da dann der Kolbenkörper die Dichtung übernimmt, besser führt man den Stoß schräg aus, Fig. 285, wobei

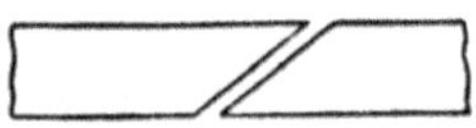

Fig. 285.

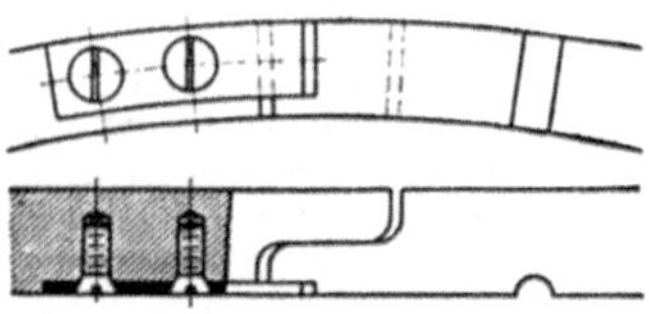

Fig. 286.

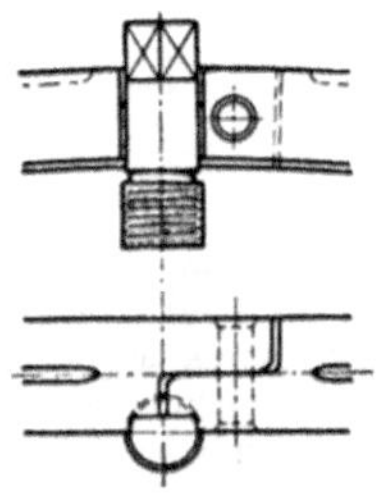

Fig. 287.

zugleich das Einlaufen von Riefen in den Zylinder vermieden wird, oder man sieht besondere Zungen vor, Fig. 286. Die Stoßstellen der einzelnen Ringe sind gegeneinander zu versetzen. Da die Stoßstellen im Betrieb sich in einer Geraden einzustellen versuchen, wodurch Undichtheit entsteht, so sind die Ringe am Wandern zu hindern, beispielsweise durch einen Stift (Fig. 287), wobei der Stift wiederum durch den Kolbenring gesichert ist.

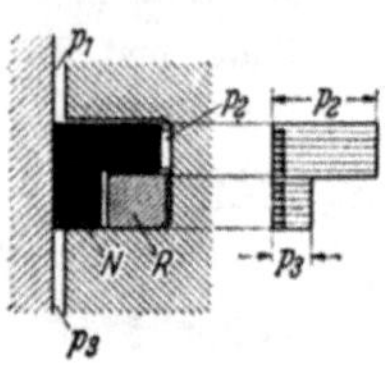

Fig. 288. *N* Entlastungsnut.

Während des Hubes strömt das Arbeitsmittel durch den schmalen Radialspalt hinter den Ring und preßt diesen gegen die Zylinderwand.

Um den Kolbenring zu entlasten, führt das Goetzewerk, Burscheid, unter anderen Bauarten die nach Fig. 288 aus. *R* ist ein spannungsloser Zusatzring, im Gegensatz zu Fig. 289 dient die ganze Ringhöhe als Lauffläche.

Bezüglich Verbindung des Kolbens mit der Stange s. S. 607. Kolben in Maschinen von großer Baulänge, z. B. direkt angetriebenen Hochdruckkompressoren, können sich durch ein Kugelgelenk frei nach der Zylinderbohrung einstellen.

Kernöffnungen doppelwandiger Kolben werden durch Stopfen verschraubt. Abmessungen s. DIN 907.

Ausführungsbeispiele zeigen Fig. 289 bis 292. Fig. 289 und 290 stellen einwandige Kolben dar, die — bei Lokomotiven und Schiffsmaschinen verbreitet — sich wegen ihres geringen Gewichtes hauptsächlich für hohe Geschwindigkeiten eignen. Die Ringe sind bei Fig. 289 in Kammerringen gelagert, so daß sie seitlich eingebracht werden können. Kolbenkörper meist aus Stahlformguß oder aus Flußstahl geschmiedet oder gepreßt. Diese einwandigen Kolben ergeben größere schädliche Flächen. Fig. 290, Lokomotivkolben mit einseitig angeordneter Wand; der Kolben wird warm auf die Stange aufgezogen und zur Sicherheit durch eine Mutter gehalten. Das Gewinde ist etwas hinterstochen und leicht vernietet, so daß die Mutter in jeder Stellung gesichert werden kann. Schrauben mit seitlich abgeflachtem Kopf verhindern das Wandern der Ringe, die ihrerseits wiederum die Schrauben sichern. Hierbei geht die seitliche Ausfräsung der Ringe nicht bis außen durch. Fig. 291 und 292, doppelwandige Kolben von A. Borsig. Fig. 292, Hochdruckkolben von 580 mm Durchmesser, 300 mm Breite mit eingelegtem Tragsegment aus Perlit-Gußeisen. Einzelheit dieses Kolbens s. Fig. 80 auf S. 523. Die Kernöffnungen werden durch Stopfen verschraubt, bei der Ausführung nach Fig. 291 wird der Kern durch die offene Nabe entfernt.

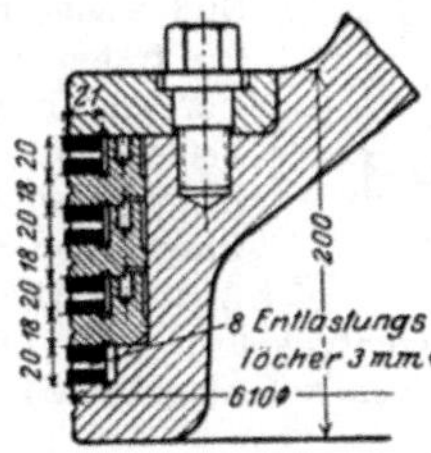

Fig. 289.

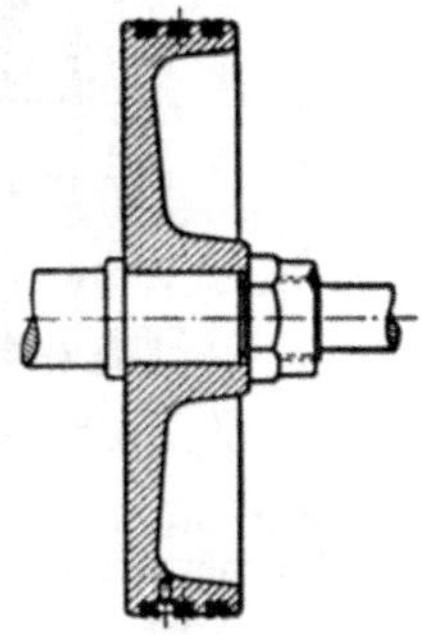
Fig. 290.

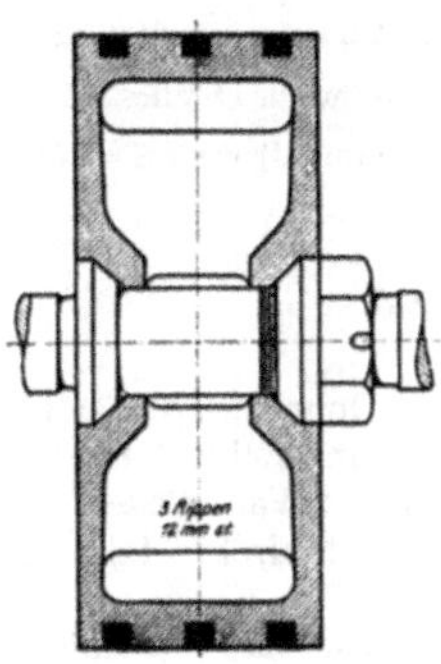
Fig. 291.

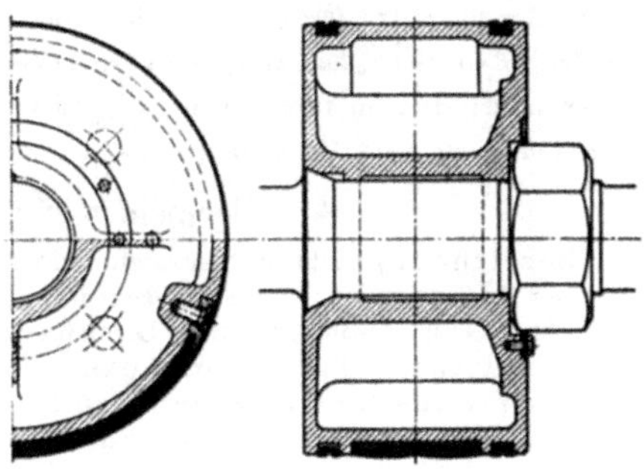
Fig. 292.

Bezüglich Trockenlauf-Kolben (ohne Schmierung) für Luftverdichter von Klein, Schanzlin & Becker s. Z. VDI 1939, Heft 3, S. 74. Zum Tragen und Abdichten des Leichtmetallkolbens dienen Kolbenringe aus Sonderwerkstoff.

Beispiele von **Kolben zum Fördern von Flüssigkeiten:** Fig. 293, Kolben einer Preßpumpe.

Berechnung der Wandstärken nach S. 412.

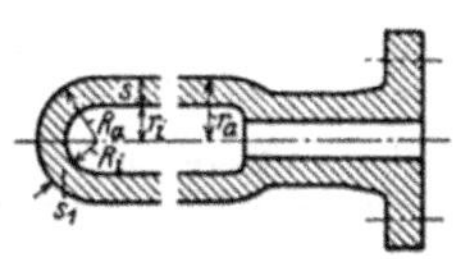

Fig. 293.

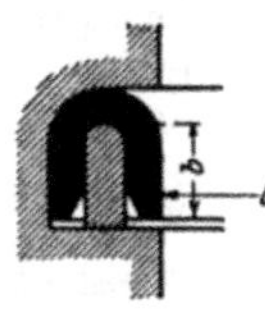

Fig. 294.

Dichtung durch Lederstulp (oder durch Simmerring, s. S. 533), Fig. 294 (vgl. Stopfbüchsen, Fig. 356 und 357), dessen Reibungswiderstand sich ergibt zu etwa

$$R\,\text{kg} = R_0\,\text{kg} + D\pi b \cdot p \cdot \mu,$$

wenn R_0 = Reibung für $p = 0$ und p = mittlerer Druckunterschied zwischen beiden Seiten des Stulps. Dabei ist für gefettetes Leder etwa $\mu = 0{,}07$ bis $0{,}08$.

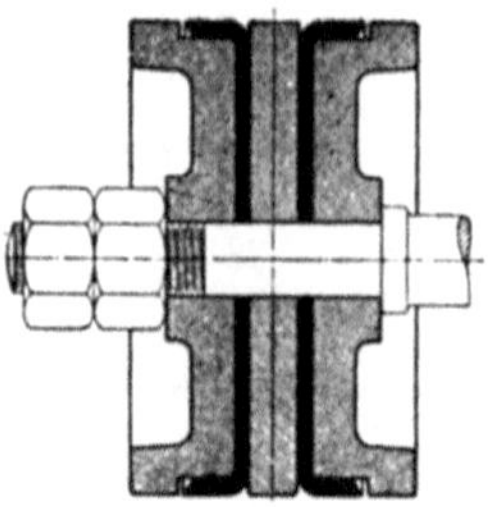

Fig. 295.

Diese Dichtung eignet sich besonders für hohen Druck, reines Wasser, $t \gtrless 30°$ und $v \gtrless 1$ m/sek Kolbengeschwindigkeit. Ihr Nachteil ist, daß das Leder bei längeren Betriebspausen leicht eintrocknet. Fig. 295 zeigt einen Scheibenkolben mit Ledermanschette. Es sind zwei entgegenwirkende Stulpe angeordnet, da jeder Stulp durch die hinter ihn tretende Flüssigkeit angepreßt werden muß. Für sehr hohe Drücke bewehrt G. Huhn, Berlin-Tempelhof, den Kolben mit 8 bis 10, in zwei Abteilungen angeordneten, weißmetallenen Dichtungsringen nach Fig. 362, S. 632, bei denen die Austrittsöffnungen für Graphit am äußeren Umfang liegen. Differentialkolben für Luftkompressoren s. Bd. II, S. 178. Durchbrochener Kolben mit eingebauten Ventilen, s. Bd. II, S. 219, Fig. 7.

XVIII. Rohrleitungen. (S. auch Bd. II, S. 361.)

Druckverlust in Rohrleitungen. Genaue Berechnung auf Grund der Zähigkeit s. S. 260 und Tafel S. 646, sowie Fig. 330 auf S. 623.

Für überschlägige Berechnung kann man setzen für:

Dampf-, Luft- und Gasleitungen $\Delta p = \beta \cdot l/d w^2 \cdot \gamma$ in at, worin w in m/sek, γ in kg/m³, $\beta = 10{,}5 \cdot 10^{-8}$ (nach Eberle) für Dampf, $\beta = \frac{2{,}86}{G^{0,148}}$ mit G = Luftgewicht in kg/h für Luft, $\beta = 0{,}05/\sqrt[8]{V_0}$ für Gase (nach Biel) mit V_0 = Volumen des strömenden Stoffes in Nm³/h.

Wasserleitungen $\Delta h = 4496 \cdot 10^7 \cdot \frac{G^2}{d^{5,46}} l$ in mm WS (nach Lummert), worin G = Wassermenge in kg/sek, d = Rohrdmr. in mm, l = Rohrlänge in m.

A. Allgemein wichtige Normen.

Bezeichnung siehe Zahlentafeln und Normen.

Der Außendmr. a der Gewinderohre ist durch das Rohrgewinde DIN 259 gegeben; Gewinderohre werden bezeichnet: Nennweite in Zoll × Wanddicke. Rohre mit glatten Enden werden bezeichnet: Außendmr. × Wanddicke.

Technische Lieferbedingungen für nahtlose Flußstahlrohre DIN 1629.

Einteilung der Rohre nach Nenndrücken, s. unten.

Betriebsdruck = Nenndruck für Flüssigkeiten, Gase und Dämpfe bei 120° C, Kurzzeichen I (früher W); bis 300° Betriebsdruck = 0,8 × Nenndruck, Kurzzeichen II (früher G); bis 400° Betriebsdruck = 0,64 × Nenndruck, Kurzzeichen III (früher H), s. Tafel.

Anschlußmaße sind für alle Flanschverbindungen gleich und nach Nenndrücken und Nennweiten abgestuft, s. Zahlentafel S. 613.

Sinnbilder für Rohrleitungen, Armaturen und Formstücke: DIN 2429/30.

Kennzeichnung durch Farben (DIN 2403): grün für Wasser; gelb für Gas; blau für Luft; rot für Dampf; braun für Öl; schwarz für Teer usw.

Druckstufen für Rohrleitungen. DIN 2401. (Auszug.) kg/cm².

Nenndruck *ND*			1	2,5	6	10	16	20	25	32	40	50	64	80	100	atü
bis 120° C	I (W)		1	2,5	6	10	16	20	25	32	40	50	64	80	100	„
bis 300° C	II (G)		1	2	5	8	13	16	20	25	32	40	50	64	80	„
bis 400° C	III (H)	für Flanschen	—	—	—	—	13¹)	—	20	—	32	—	40	—	64	„
		für Rohre	—	—	—	—	10	13	16	20	25	32	40	50	64	„
Probedruck			2	4	10	16	25	32	40	50	60	70	80	100	125	„

¹) Für Heißdampfbetriebsdruck 13 sind Armaturen und Formstücke nicht genormt. Empfohlen werden dafür solche für Nenndruck 25.

Anschlußmaße der Flanschen für Rohrleitungen.

Nach DIN 2501, 2502, 2503.

Die Abbildung ist nur für die Anordnung, aber nicht für die Anzahl der Schrauben maßgebend. Schraubenlöcher symmetrisch zu den beiden Hauptachsen. Zahl der Schrauben durch 4 teilbar.

Nennweite	Nenndruck 1 bis 6 — Betriebsdrücke W 1 bis 6, G 1 bis 5				Nenndruck 10 — Betriebsdrücke W 10, G 8				Nenndruck 16 — Betriebsdrücke W 16, G 13, H 13				Nenndruck 25 — Betriebsdrücke W 25, G 20, H 20				Nenndruck 40 — Betriebsdrücke W 40, G 32, H 32			
	Flanschdurchmesser	Lochkreisdurchmesser	Schrauben Anzahl	Schrauben Gewinde	Flanschdurchmesser	Lochkreisdurchmesser	Schrauben Anzahl	Schrauben Gewinde	Flanschdurchmesser	Lochkreisdurchmesser	Schrauben Anzahl	Schrauben Gewinde	Flanschdurchmesser	Lochkreisdurchmesser	Schrauben Anzahl	Schrauben Gewinde	Flanschdurchmesser	Lochkreisdurchmesser	Schrauben Anzahl	Schrauben Gewinde
NW	D mm	k mm		"	D mm	k mm		"	D mm	k mm		"	D mm	k mm		"	D mm	k mm		"
25	100	75	4	M10	115	85	4	1/2	115	85	4	1/2	115	85	4	1/2	115	85	4	1/2
32	120	90	4	1/2	140	100	4	5/8	140	100	4	5/8	140	100	4	5/8	140	100	4	5/8
40	130	100	4	1/2	150	110	4	5/8	150	110	4	5/8	150	110	4	5/8	150	110	4	5/8
50	140	110	4	1/2	165	125	4	5/8	165	125	4	5/8	165	125	4	5/8	165	125	4	5/8
70	160	130	4	1/2	185	145	4	5/8	185	145	4	5/8	185	145	8	5/8	185	145	8	5/8
80	190	150	4	5/8	200	160	4	5/8	200	160	8	5/8	200	160	8	5/8	200	160	8	5/8
100	210	170	4[1]	5/8	220	180	8	5/8	220	180	8	5/8	235	190	8	3/4	235	190	8	3/4
125	240	200	8	5/8	250	210	8	5/8	250	210	8	5/8	270	220	8	7/8	270	220	8	7/8
150	265	225	8	5/8	285	240	8	3/4	285	240	8	3/4	300	250	8	7/8	300	250	8	7/8
200	320	280	8	5/8	340	295	8	3/4	340	295	12	3/4	360	310	12	7/8	375	320	12	1
250	375	335	12	5/8	395	350	12	3/4	405	355	12	7/8	425	370	12	1	450	385	12	1 1/8
300	440	395	12	3/4	445	400	12	3/4	460	410	12	7/8	485	430	16	1	515	450	16	1 1/8
350	490	445	12	3/4	505	460	16	3/4	520	470	16	7/8	555	490	16	1 1/8	580	510	16	1 1/4
400	540	495	16	3/4	565	515	16	7/8	580	525	16	1	620	550	16	1 1/4	600	585	16	1 3/8
450	595	550	16	3/4	615	565	20	7/8	640	585	20	1	670	600	20	1 1/4	—	—	—	—
500	645	600	20	3/4	670	620	20	7/8	715	650	20	1 1/8	730	660	20	1 1/4	—	—	—	—

B. Berechnung der Wanddicken[2]).

1. Rohre.

Wanddicke $s_{\text{cm}} = \frac{d \cdot p}{2} \cdot \frac{1}{\sigma_{\text{zul}} \cdot v} + c$; v = Güteverhältnis; c = Sicherheitszuschlag für Ungleichheiten der Dicke und Abrosten; bei Stahl $c = 0{,}1$ cm. d = lichter Dmr. (Nennweite) in cm. Für Stahl σ_{zul} und v s. S. 614.

Für Gußeisen ist: $\sigma_{\text{zul}} = 250\ \text{kg/cm}^2$, $c = 0{,}6(1 - p\,d/2750)$;
für Stahlguß: $\sigma_{\text{zul}} = 600\ \text{kg/cm}^2$, $c = 0{,}6(1 - p\,d/6600)$.

d in cm, p in atü.

Bei Flußstahlrohren für Heißdampf gilt die Erfahrungsformel[3])

$$s_{\text{cm}} = \frac{d \cdot p}{2} \cdot \frac{S}{\sigma_{Str}} + c\,; \qquad \sigma_{Str} = \text{Warmstreckgrenze in kg/cm}^2;$$

$S = 2{,}2$ bis $2{,}4$ (Sicherheitszahl); über 400° C wird statt σ_{Str} die Dauerstandfestigkeit mit $S = 1{,}25$ bis $1{,}5$ eingesetzt. Entsprechende Werte s. Schwedler-v. Jürgensonn.

[1]) Für Ölleitungen werden 8 Schrauben empfohlen. Druckstufen nach DIN 2401. — Ersatz des Zollgewindes durch metrisches in Vorbereitung.

[2]) In Anlehnung an DIN 2413; Technische Überwachung: Vorschriftensammlung der Reichshauptstelle für die Techn. Überwachung, Berlin-Grunewald. Ausgabe 21. 6. 1939. — Schwedler-v. Jürgensonn: Handbuch der Rohrleitungen. Berlin: Springer 1942.

[3]) Siehe Schwedler-v. Jürgensonn.

Rohrart	Werkstoff	σ_{zul} in kg/cm² für Betriebsdruckstufe			Güteverhältnis v
		I bis 120°	II bis 300°	III bis 400°	
nahtlos	St 00·29	670	540	420	1
	St 35·29	800	640	500	
	St 45·29	1000	800	640	
	St 55·29	1250	1000	800	
wassergasgeschweißt	St 34·28	800	640	500	0,85
autogen- und elektrisch geschweißt	St 00·21	670	—	—	0,5
	St 34·28	800	640	—	0,7 bis 0,8

2. Formstücke.

Bei niedrigen Drücken (bis 10 atü) und Wasser in Gußeisen nach Fig. 296 bis 299 ausgeführt.

Liegen die Krümmer Fig. 298 im unteren Knickpunkt einer waagerechten und lotrechten Leitung, so erhalten sie zur Aufnahme des Gewichtes der lotrechten Leitung einen Fuß: Fußkrümmer.

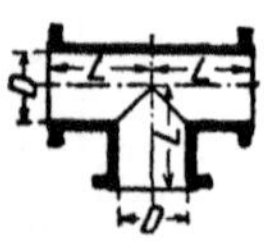

Fig. 296. T-Stück.

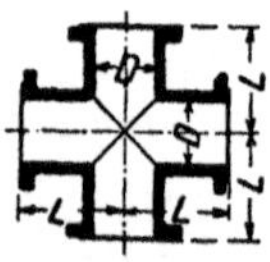

Fig. 297. TT-Stück.

Fig. 298. Normaler Krümmer.

Schenkellängen L für Formstücke aller Art, s. Fig. 296 bis 298 und sinngemäß Fig. 299.

Maße in mm.

	bis 40 NW	50 ÷ 150 NW	Über 150 NW
ND 25 u. 40	NW + 75 für alle Nennweiten		
ND 64, 100 u. 160	NW + 100	NW + 125	NW + 150
ND 250	NW + 125	NW + 150	NW + 200
ND 320	NW + 150	NW + 200	NW + 250

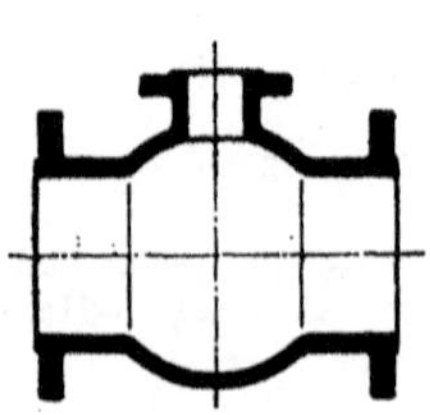
Fig. 299.

Bei hohen Drücken und Heißdampf: Flußstahl geschweißt oder meist Stahlguß (Sondergüte), geglüht; Kugelform nach Fig. 299: Kugel-T-Stück.

Die Wanddicke s ergibt sich bei geringen Drücken p genügend genau aus der Berechnung (d = lichter Dmr.)

$$s_{cm} = \frac{d \cdot p}{4} \cdot \frac{1}{\sigma_{zul}} + \text{Zuschlag},$$

und bei hohen Drücken nach S. 413. Die Ecken an den Durchdringungsstellen sind hochbeansprucht; Berechnung s. Bd. II, S. 186.

Werkstoffanhäufungen sind zu vermeiden; kegeliger Übergang vom Flansch zum zylindrischen Rohrstück.

3. Flanschverbindungen.

a) Feste Flanschen, Fig. 300. Gesamtkraft $P = 1{,}3 \cdot p \cdot \pi \cdot d_1^2/4$; Faktor 1,3[1]), berücksichtigt die Vorspannung s. S. 513; $d_1 = d + 2 \cdot {}^1/_3 \cdot e$, wenn angenommen wird, daß p bis $^1/_3$ Dichtbreite e vordringt. Lage der kegelig angenommenen Bruchfläche ist durch Zeichnung oder Rechnung zu bestimmen, woraus h und l folgen.

Biegemoment $M = P \cdot l$ cmkg; Widerstandsmoment $W \approx {}^1/_6 \cdot \pi \cdot d_2 \cdot h^2$; $\sigma_{zul} = M/W$. Werte für σ_{zul} s. DIN 2505.

Beim Flansch mit Rücksprung oder Nut wird die Bruchlinie von der Eindrehung aus verlaufen, Fig. 5b und d.

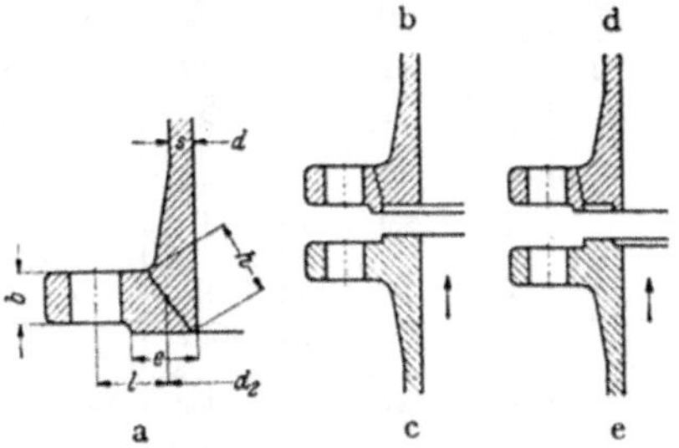

Fig. 300. Dichtungsflächen für Flanschen. a) glatte Dichtungsfläche, b) Flansch mit Rücksprung, c) Flansch mit Vorsprung, d) Flansch mit Nut, e) Flansch mit Feder.

b) Lose Flanschen, Fig. 308. Festigkeitsberechnung sinngemäß wie unter a).

C. Ausführung.

1. Rohre.

a) Gußeiserne Rohre[2]).

Form der Dichtungsflächen der Flanschenrohre s. Fig. 300a. DIN 2422 (Auszug). Gußeiserne Flanschenrohre. Nenndruck 10. Betriebsdruck W 10. Bezeichnung: Gußeisernes Flanschenrohr 250 × 3000 DIN 2422.

Nennweite NW . .	mm	40	50	70	80	100	125	150	200	250	300	350	400	450	500
Außendmr.[3])	„	55	65	86	97	118	144	170	222	274	326	378	428	480	532
Wanddicke[3])	„	7,5	7,5	8	8,5	9	9,5	10	11	12	13	14	14	15	16

Muffenrohre für geringe Drücke und Verlegung im Erdreich, da die Schrauben von Flanschverbindungen rosten würden; normales gußeisernes Muffenrohr Fig. 301 hauptsächlich für Wasser und Gas (innen asphaltiert).

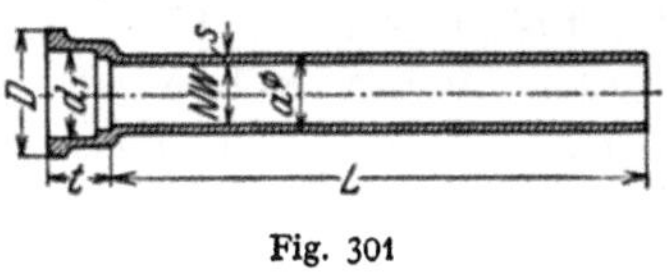

Fig. 301

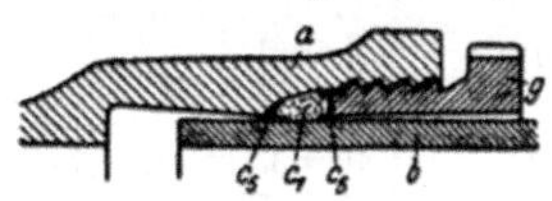

Fig. 302. *a* Muffe; *b* Rohrende; c_1 Gummi; c_6 Schutzkanten, z. B. aus Blei; *g* Schraubring.

Erfahrungsgemäß genügt eine Lage Hanf, der Rest Zöpfe aus Holzwolle, anschließend Bleiausguß, der verstemmt wird. Normale Wanddicke s s. Tafel. Bei niedrigen Drücken und Verwendung von Schleuderguß kleinere Wanddicke; dabei ist a und die innere Muffenform stets gleich auszuführen.

Bei Gefahr von Bodensenkungen oder gewünschter Beweglichkeit Ausführung mit nachgiebiger Gummidichtung und Gewindemuffe, s. Fig. 302[4]).

[1]) Da Flanschverbindungen an Rohrleitungen wegen des „Arbeitens" der Leitungen und Dichtungen verhältnismäßig stark vorgespannt werden müssen, wird der Faktor 1,3 vielfach bis auf 2,0 erhöht.

[2]) Schleudergußrohre s. DIN 2431; Werkstoff hat höhere Festigkeit als bei Sandguß.

[3]) Richtwerte. Werkstoff Ge 14·91; innen und außen heiß geteert.

[4]) Bauarten: Union; Halberg; Excelsior; andere Ausführungsart: Guri-Muffe. Siehe auch Z. VDI 1936 S. 296.

DIN 2432 (Auszug).
Gußeiserne Muffenrohre für Nenndruck 10, Betriebsdruck; W 10.

Maße in mm.
Bezeichnung: Gußeisernes Muffendruckrohr 250 × 4000 DIN 2432.

NW	40	50	70	80	100	125	150	200	225	250	300
a[1])	55	65	86	97	118	144	170	222	249	274	326
s[1])	7,5	7,5	8	8,5	9	9,5	10	11	12	12	13
Lm	2,0 2,5 3,0	2,5 3,0	3,0 3,5	3,5 4,0	3,5 4,0	4,0	4,0 5,0	4,0 5,0	4,0 5,0	4,0 5,0	4,0 5,0
d_1	69	80	101	112	133	159	185	238	265	291	343
t	74	77	82	84	88	91	94	100	100	103	105
D	115	126	149	162	183	211	239	296	325	353	409

b) Stahlgußrohre für hohe Drücke nur als Formstücke.

c) Stahlrohre[2]). Bei dem z. Z. üblichen Korrosionsschutz (in heißes Bitumen getaucht oder außen mit getränkter Jute oder Wollfilz verkleidet) ist das Stahlrohr dem Gußeisenrohr auch bei Verlegung im Freien oder im Erdreich überlegen. Vorteile: Geringes Gewicht, größere Sicherheit gegen Bruch bei Verlegung und Erdsenkungen (Ferngasleitungen), größere Baulängen (bis 16 m, also weniger Verbindungen), schweißbare Verbindungen.

Nennweite stimmt nicht immer mit dem lichten Dmr. überein, da Außendmr. gleich bleibt und Wandstärke je nach dem Druck verändert wird.

Herstellung. 1. Stumpfschweißung: Flachstahl wird durch Ziehen zum Rohr geformt und die entstehende Längsnaht fortlaufend stumpf verschweißt (sog. Gasrohre). 2. Überlappte Schweißung: Flachstahl durch Walzen zum Rohr mit Überlappung gebogen und verschweißt (sog. Patentrohre). 3. Rohre von größerem Dmr. (≧ 300 mm): Bleche mit Überlappung zum Rohr geformt und Naht feuer-, wassergas- oder mit Lichtbogen geschweißt; spannungsfrei geglüht. 4. Nahtlose Rohre, hauptsächlich hergestellt durch Schrägwalzen (Mannesmann), Pilgerschrittwalzen oder Loch- und Ziehpressen (Ehrhardt) für ND 1 bis 100 und NW 4 bis 400; 5. Nietung wurde früher bei großen Rohren angewandt.

Flußstahlgewinderohre. Nach DIN 2440 U gewöhnliche Gewinderohre (Gasrohre); DIN 2441 verstärkte Gewinderohre (Dampfrohre). Whitworth-Rohrgewinde ohne Spitzenspiel DIN 259, bzw. DIN 2999 für Fittingsanschlüsse.
Bezeichnung: Nahtloses Gasrohr 2″ DIN 2440 U.

NW		1/8″	1/4″	3/8″	1/2″	3/4″	1″	1 1/4″	1 1/2″	2″	2 1/2″	3″	4″	5″	6″
		6	8	10	15	20	25	32	40	50	70	80	100	125	150
a		10	13,25	16,75	21,25	26,75	33,5	42,25	48,25	60	75,5	88,25	113,5	139	164,5
s	DIN 2440 U	2	2,25	2,25	2,75	2,75	3,25	3,25	3,5	3,75	3,75	4	4,25	4,5	4,5
	DIN 2441	2,5	2,75		3,25	3,5	4		4,25	4,5		4,75	5,0	5,5	

Ausführung: Nahtlos von NW $^1/_8$″ bis einschl. 6″; stumpf geschweißt von NW $^1/_8$″ bis einschl. 2″. St 00·29 DIN 1629; s. a. DIN 2442 nahtlose Gewinderohre mit Gütevorschriften.

Sonderausführung: Bundy-Rohr[3]). Galvanisch verkupferter Bandstahl wird als Spirale in doppelter Rollung zum Rohr gewickelt; im elektrischen Ofen werden beide Rohrschichten verschweißt. Das Rohr ist demnach innen und außen verkupfert. Für Schmieröl- und Kraftstoffleitungen geeignet; es läßt sich biegen, aufweiten, bördeln, weich und hart löten. Abmessungen s. Tafel.

[1]) Rohrwanddicke *s* und Rohraußendurchmesser *a* sind Richtmaße. Genormt bis NW 1200.
[2]) Verarbeitung dünnwandigen Stahlrohres für wärmetechnische Geräte s. Z VDI 1942 S. 311.
[3]) M-B-Rohre der Firma Mecano Hans Sickinger, Frankfurt/Main; s. a. ATZ 1940 Heft 20 S. 516.

Außendmr. . . . . mm	3,2	4	5	6	7	8	9	10
Wandstärke . . . . mm	0,8	0,8	0,75	0,7	0,8	0,8	0,75	0,7
Zulässiger Betriebsdruck . atü	530	465	370	270	265	245	210	190

Nahtlose Flußstahlrohre (handelsüblich) nach DIN 2449 (Auszug).
St 00·29 DIN 1629 für ND 1 bis 25 bis 300° C.
Bezeichnung[1]): Nahtloses Rohr 133×4 DIN 2449. Genormt bis NW 400.

NW	4	6	8	10	15	20	25	32	40	50	70	80	100	125	150	200	250	300
a	8	10	12	14	18	25	30	38	44,5	57	76	89	108	133	159	216	267	318
s	1,5			2			2,5			2,75	3	3,25	3,75	4	4,5	6,5	7	8

Nahtlose Flußstahlrohre, Leitungs- und Konstruktionsrohre, Übersicht nach DIN 2448 (Auszug). Tafel gibt die normalen Wanddicken *s* an; sonst auch noch größere Wanddicken. Werkstoff in der Regel: St 00·29, St 35·29, St 55·29.
Bezeichnung[1]): Nahtloses Rohr 133×4 DIN 2449.

a	8	10	12	14	16	18	20	22	24	25	26	28	30	32	35	38	41,5	44,5
s	1,5			2									2,5					

a	51	54	57	60	63,5	70	76	83	89	95	102	108	121	133	146	152	159	171
s	2,5		2,75	3				3,25		3,5		3,75	4		4,25		4,5	

d) Rohre aus Kupfer, Messing und Blei können in vielen Fällen durch Heimstoffe[2]) ersetzt werden.

e) Eternitrohre[3]) aus Portlandzement und Asbestfaser ($\approx$4 : 1), spez. Gewicht $\approx$2; geeignet für Wasser; Betriebsdruck bis 15 atü; stoßfester als Gußeisen; Verbindung durch Überschiebemuffen mit Gummidichtung. Herstellung durch Wickeln von zwei Eternitbändern von 0,1 mm Stärke.

f) Kunststoffrohre[4]), z. B. Igelit und Mipolam.

g) Schläuche. Metallschläuche aus Tomback, eng gewellt, nahtlos, gut biegsam; für hohe Drucke geeignet, auch für Dampf bis 350° C Einfache Ausführung aus gefalztem Metallband für niedrige Drucke Äußerer Schutz durch Metall- oder Textilgeflecht.

Gummischläuche aus synthetischem Gummi mit Gewebeschutz für Kraftstoffe, Schmieröl, Feuerlöschmittel, Gase u a m. Betriebsdruck bis 150 atü; Temperaturbereich −60° bis +170° C. Vorteile: Einfache Verlegung, geringes Gewicht, schwingungsunempfindlich. Verbindung mittels Verschraubungen.

2. Flanschverbindungen.

Form der Dichtflächen: Fig. 300a, beide Flanschen gleich; ebene Dichtung bis $\approx$ 6 atü angewandt. Das Herauspressen und Verschieben der Dichtung wird bei Ausführung mit Vor- und Rücksprung nach Fig. 5b und c vermieden, noch besser ist die Anwendung von Nut und Feder, Fig. 5d und e, bei der die Dichtung vollkommen eingeschlossen liegt, angewandt bei $p \geqq 10$ atü; Zusammen- und Ausbau jedoch erschwert.

Bei Hochdruckdampf und im Lokomotivbau erhalten die Flanschen kegelförmige Dichtflächen, s. Fig. 307, zur Aufnahme der metallischen Linsendichtungen, die ein geringes Schiefstehen der Flanschen zulassen.

Dichtungswerkstoff. Für Wasser und Luft bei niedriger Temperatur Gummi mit Stoffeinlage, Papier und Pappe mit Firnis oder Mennige getränkt; bei Dampf Asbestdichtungen, Kupfer als gewellter Ring, Kupfer-Asbest u. a. m.; bei sehr hohen Temperaturen und Drucken profilierte Ringe aus Nickel, V2A, Weicheisen oder Remanitstahl.

[1]) Nach Außendmr. *a*, nicht nach NW.
[2]) Dural, Glas, Kunststoff, Mipolam; s. a. Gas- u. Wasserfach 1937 Nr. 10 S. 151 u. Nr. 12. S. 187.
[3]) Z. VDI 1926 S. 751. [4]) S. a. Z. VDI 1940 S. 425.

Verbindung der Flanschen mit Stahlrohren.

1. Gewinde, allgemein angewandt; auch bei Hochdruckdampf üblich, s. Fig. 303; u. U. mit Dichtschweißung bei *a* oder *b*.

2. Aufwalzen, Fig. 304, allgemein angewandt, jedoch bei Hochdruckdampf nicht immer möglich, da das starkwandige Rohr nicht genügend weit aufgewalzt

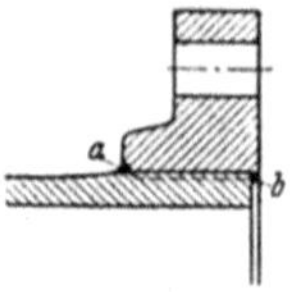

Fig. 303.

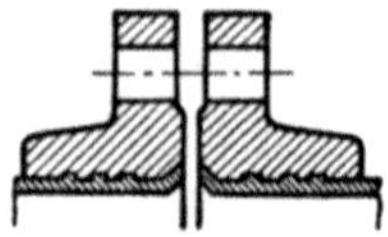

Fig. 304.

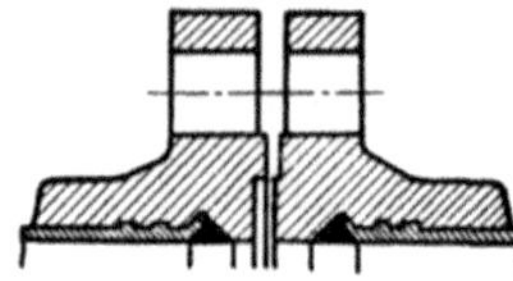

Fig. 305.

werden kann und dadurch die Haftung nicht ausreicht; außerdem ist die Kaltverformung ungünstig. Bei großen Nennweiten oft Dicht- und Haftschweißung nach Fig. 305; Dichtung mit Vor- und Rücksprung.

3. Vorschweißen bei Hochdruckdampf, Fig. 306. Vorschweißflansch kann auch die Form der Fig. 308 aufweisen.

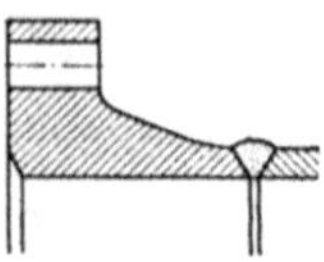

Fig. 306.

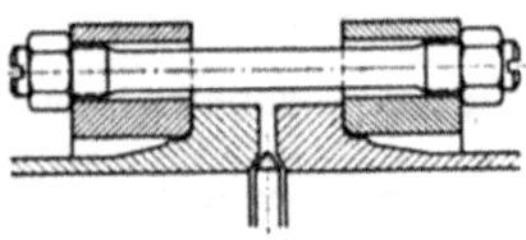

Fig. 307.

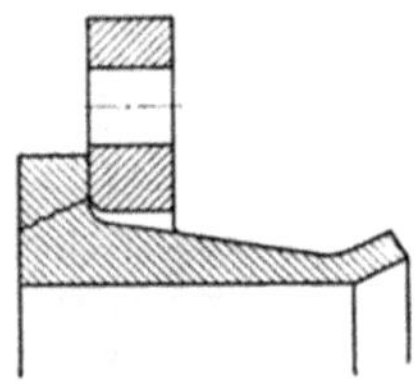

Fig. 308.

4. Aufschweißen bei geringen und mittleren Drücken sehr oft angewandt.

5. Auflöten (Hartlot) für untergeordnete Zwecke.

Lose Flanschen (Hinterlegeflanschen) allgemein bei Hochdruckdampf. Vorteile: Wärmespannungen wesentlich niedriger als beim festen Flansch; Verbindung elastischer; Flanschenschrauben werden bei Inbetriebnahme[1]) geschont; große Schraubendehnlänge.

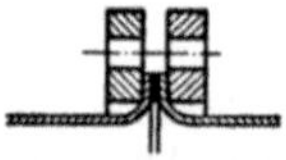

Fig. 309.

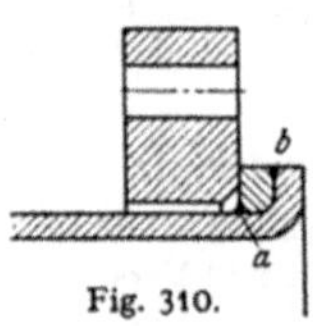

Fig. 310.

Wulst am Rohr warm angestaucht, Fig. 307; kegeliger Übergang vom Rohr zum Wulst; Dichtungslinse mit balligen Flächen, Wulst an den Dichtflächen schwach kegelig, s. auch Fig. 306; Dehnschrauben, bei denen das Verhältnis Gewindekernquerschnitt/Schaftquerschnitt $\approx 1{,}1$ bis $1{,}25$ ist.

Wulst vorgeschweißt, Fig. 308, mit kegeliger Erweiterung, in die das Rohr eingeschweißt wird; Schweißstelle durch Herunterhämmern verbessert, was nur bei großem Durchmesser möglich; auch Form nach Fig. 306, Stumpfschweißung üblich.

Fig. 309 zeigt die Umbördelung, die bei geringen Drücken und kleiner Wanddicke, vor allem bei Weichmetallen, angewandt wird. Bei Stahlrohr kann der Bördel durch hinterlegten Ring, Fig. 310, verstärkt werden; bei *a* und *b* verschweißt.

[1]) Bei Versuchen an isolierter Dampfleitung mit Dampftemperatur von $\approx 470°$ C betrug beim Anfahren der größte Temperaturunterschied zwischen Rohrbördel und Schrauben 230° C.

Besondere Flansch- und Muffenverbindungen.

Fig. 311 zeigt die Ausführungsart der Abdichtung Klerner[1]) mit einer Flachdichtung und zwei Rundgummidichtungen für Druckluftleitungen.

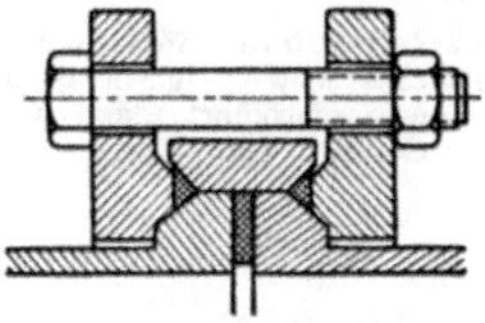

Fig. 311.

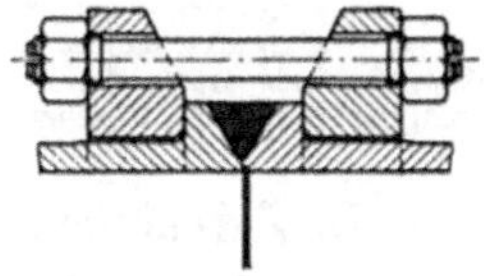

Fig. 312.

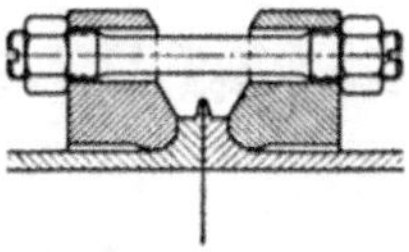

Fig. 313.

Fig. 312: Hochdruckdichtung, bei der ein doppelkegeliger, verspannter Ring die Dichtung übernimmt.

Bei höchsten Dampfdrücken und Temperaturen wird auch auf besonders eingelegte Dichtungen verzichtet, Fig. 313; die Dichtflächen werden auftuschiert und die Lippen am Bördel nach Probebetrieb verschweißt.

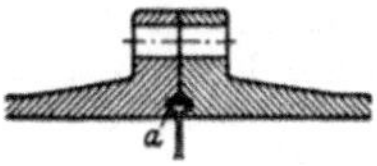

Fig. 314.

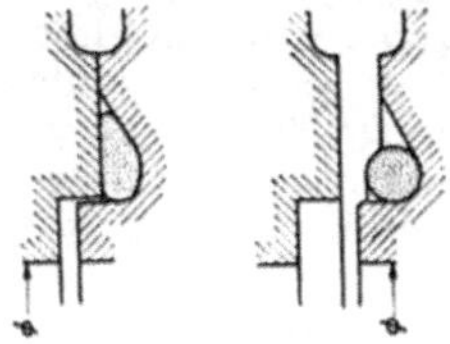

Fig. 315.

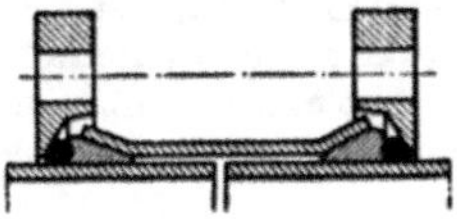

Fig. 316.

Fig. 314: Kammerdichtung. In einem ringförmigen Dichtungsraum wird ein Ring *a* aus Naturgummi, künstlichem Gummi oder Asbest durch den Druck in der Leitung gegen die Stoßfuge gepreßt.

Für Preßwasser und Druckluftleitungen hat sich die vollkommen geschützt liegende Rundgummidichtung bewährt, Fig. 315; nach dem Anziehen liegen die Flanschen ebenso wie bei Fig. 314 metallisch aufeinander.

Fig. 316: Voith-Schiebemuffe[2]) für Wasserleitungen. Ein Profilgummiring wird durch den Flansch in die Aufbördelungen einer Hülse hineingepreßt, wobei Verquetschung des Ringes durch einen Metallring verhindert wird.

Rohrverschraubungen[3]).

Stahlrohre werden je nach Verwendungszweck mit den Kugel- oder Bundbuchsen bzw. Kegelstutzen verlötet oder auch verschweißt. Fig. 317: Verbindung

Fig. 317.

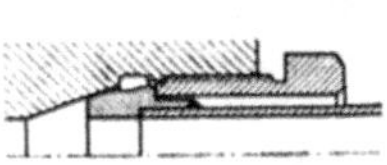

Fig. 318.

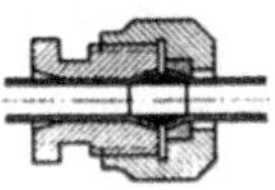

Fig. 319.

zweier Stahlrohre; rechtes Rohr in Bundbuchse eingesetzt; Flachdichtung für Nenndruck 16 bis 40; Fig. 318: Überwurfverschraubung mit Kugelbuchse für Nenndruck 40 bis 160.

Klemmringverbinder nach Fig. 319 oder ähnliche Ausführungen für Wasser-, Kraftstoff- und Schmierstoffleitungen. Die kegelig aufgeweiteten

[1]) Maschinenfabrik Glückauf, Gelsenkirchen-Schalke.
[2]) J M Voith, Heidenheim/Brenz.
[3]) Durch DINormen sind festgelegt: Rohrverschraubungen und zugehörige Einschraub- und Lötstutzen sowie Kugel- und Bundbuchsen durch DIN 2360 bis 2366 für D 5 W 6 bis D 32 W 40.

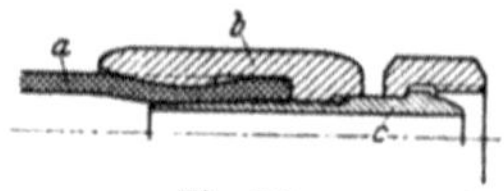

Fig. 320.

Rohrenden werden gegen einen doppelkegeligen Klemmring dichtend gepreßt. Rohre aus Kupfer, Messing, Dural, Stahl oder Kunststoffen; Klemmring aus Metall oder Gummi.

Fig. 320 zeigt eine Verschraubung für Gummi-Hochdruckschläuche[1]. Schlauch *a* wird in die Schlauchfassung *b*, die grobes kegeliges Gewinde trägt, durch Linksdrehen eingeführt; dann wird Schraubnippel *c* mittels Vorrichtung durch Rechtsdrehen in den Schlauch eingedreht.

D. Zubehörteile.

1. Teile zum Ausgleichen der Längenänderungen.

Die Längenänderungen der Rohrleitungen, bedingt durch Temperaturschwankungen, werden teilweise durch die Dichtungen aufgenommen. Bei langen Leitungen werden jedoch besondere Ausgleich- oder Dehnungsrohre eingebaut, wenn es nicht möglich ist, die Leitung durch Anordnung von entsprechenden Krümmungen so anzuordnen, daß sie sich ungehindert ausdehnen kann. Verlängerung etwa 1,1 mm pro m bei 100° Temperaturunterschied.

Beispiele: Wellrohrausgleicher in Lyraform für größere Längenunterschiede; verhältnismäßig großer Druckverlust. Bogen wird mit Vorspannung eingebaut, d. h. so, daß er bei nicht benutzter Rohrleitung unter Zugwirkung und bei Betrieb unter Druckwirkung steht.

Lyrafaltenrohrausgleicher mit Falten nur im konkaven Teil der Biegung, Fig. 321. Dehnungsaufnahme nicht so bedeutend wie beim Wellrohr-

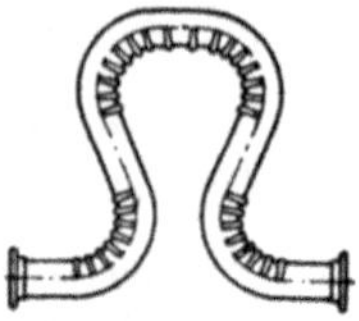

Fig. 321.

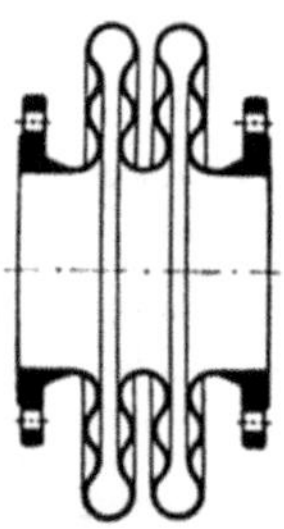

Fig. 322[2].

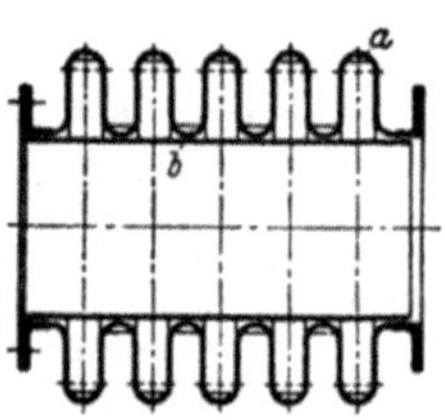

Fig. 323[2].

ausgleicher. Der Dampf strömt hauptsächlich nur am glatten Rohrteil entlang, dadurch Verringerung der Reibung.

Linsenausgleicher mit Seitenwellen nach Fig. 322; ausführbar bis 3 atü, in Sonderbauarten bis etwa 10 atü.

Infolge des großen Linsendurchmessers ist die Kraftwirkung auf anschließende Maschinen- oder Rohrleitungsteile erheblich, daher Begrenzung der Bewegung oder starke Verankerung empfehlenswert. Entwässerung der Linsen am tiefsten Punkt, um Durchrosten zu vermeiden.

Wirbelbildungen können nach Fig. 323 durch zylindrische Leitrohre vermieden werden; diese schützen überdies die Schweißnaht gegen Hitzestrahlung. Ausfüllung der Wellen mit Schlackenwolle oder Asbest; Einkerbungen *a* und *b* dienen zur Verstärkung.

Fig. 324: Stopfbüchse mit Ausgleich der Längskräfte, System „König"[2], für Drücke bis 25 atü und Temperaturen bis 350 bis 400°. Rohr *a* verschiebt sich in dem Gehäuse *e*, wobei Raum *b* durch *c* mit der freien Luft in Verbindung

---

[1] Argus Motoren-Gesellschaft, Berlin-Reinickendorf; diese Firma stellt auch Schlauchkupplungen her, die ein Entkuppeln ohne Flüssigkeitsverlust gestatten.
[2] Ges. für Hochdruckrohrleitungen.

steht. Packungen *d* besorgen die Abdichtung. Nachteil aller Stopfbüchsen: nur bedingte Dichtheit.

Gelenkkompensator, Fig. 325[1]). Bei Ausdehnungen stellt sich das lotrechte Rohr entsprechend schief, wobei die gestrichelt angedeuteten Kugelflächen an

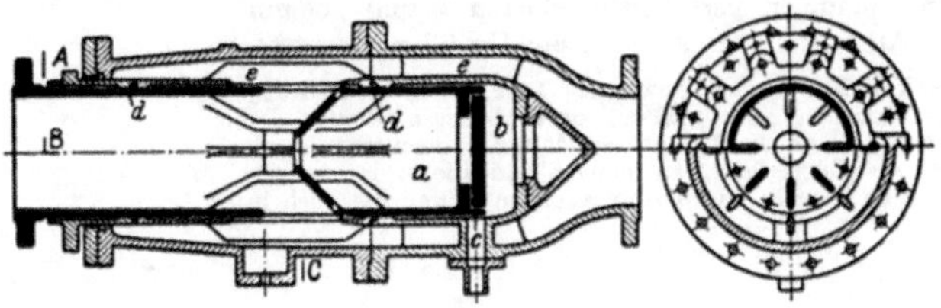

Fig. 324.

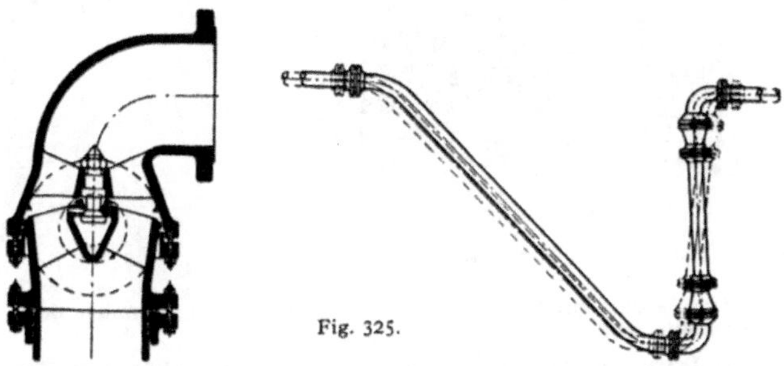

Fig. 325.

den Enden stets die Dichtung aufrechterhalten, da der Dampfdruck sie fest aufeinanderpreßt. Der Innendruck wirkt nur auf kleine, aus gut gleitfähigem Werkstoff hergestellte Kugelfläche des Gelenkhaltebolzens.

Beim Metallschlauch-Kompensator wird das Zwischenrohr der Fig. 325 durch einen Metallschlauch mit beiderseitigen Flanschen ersetzt. Längskräfte werden durch besondere Zugbänder zwischen den Flanschen aufgenommen. Aufnahme von Bewegungen bis 600 mm senkrecht zur Ausgleicher-Längsachse. Ausgeführt für Dmr. bis 800 mm, für Dampf bis 45 atü und 500°.

2. Kondenswasserableiter.

Den vielfach gebauten Kondenstöpfen ist gemeinsam, daß das zufließende Wasser einen im Kondensat schwimmenden Topf füllt, bis er sinkt. Dadurch wird ein Ventil geöffnet, und der Dampfdruck drückt das Kondenswasser ins Freie oder in einen Behälter.

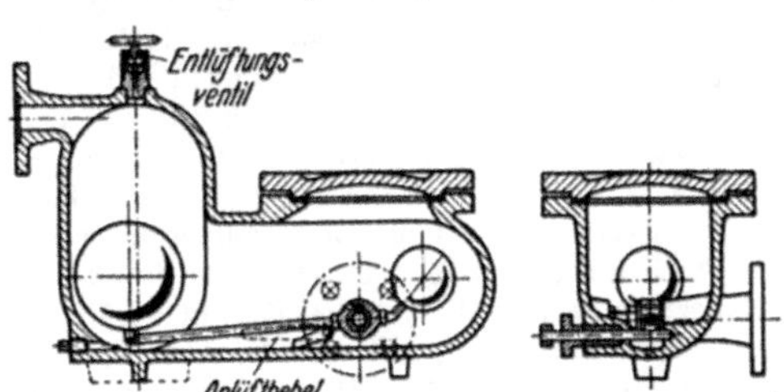

Fig. 326.

Bei der Bauart nach Fig. 326 steuert der Schwimmer einen Drehschieber. Beim Öffnen wird das äußere vom Schwimmer aus betätigte Rohr, welches das innere feststehende Entwässerungsrohr umschließt, gedreht, wobei in dem äußeren Rohr die Eintrittsöffnung in das Entwässerungsrohr freigegeben wird. Das Gegengewicht dient zur genauen Regulierung.

[1]) Gesellschaft für Hochdruckrohrleitungen.

Auf der Labyrinthwirkung ist der Gestra-Kondenstopf[1]), Fig. 327, aufgebaut. Das einströmende Kondensat lagert Unreinigkeiten in der Schlammkammer *a* ab und gelangt durch das Sieb *b* und eine Öffnung der Platte *c* in die auf ihrer Oberseite mit Labyrinthkanälen versehenen Platten *d* und sodann in den Austrittstutzen *e*. *f* ist ein Umführungsventil.

Der Topf hat keinerlei bewegliche Teile, ist in der Leistung durch Vorschalten einer größeren oder kleineren Öffnung der Platte *c* und durch die Anzahl der Platten *d* regulierbar, nach Abheben des Bügels leicht zu reinigen und infolge des stetigen Arbeitens so klein in seinen Abmessungen, daß er frei auch in eine bewegliche Leitung eingebaut werden kann; außerdem wird die Anlage durch den Topf selbsttätig entlüftet und belüftet.

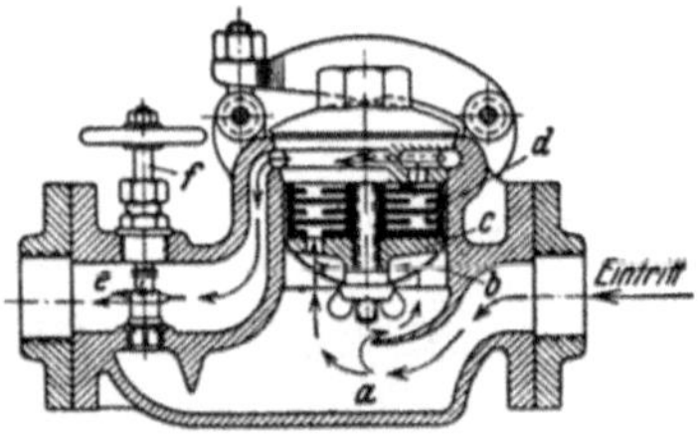

Fig. 327.

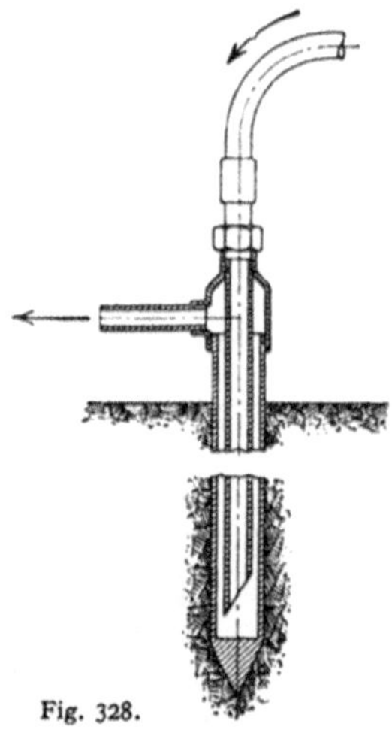
Fig. 328.

Abdampfleitungen werden selbsttätig durch einen Siphon nach Fig. 328 entwässert.

XIX. Absperrvorrichtungen.

A. Absperrventile und -schieber.

Baustoff: a) Gehäuse. Gußeisen bis 300° für NW 200 und 16 at, bzw. NW 100 und 25 at; Stahlguß bis maximal NW 300, 400 at und 500°; Schmiedestahl bis 500° und 100 at bei NW 50, bzw. 1000 at bei NW 3. Bis 600°: Chrom-Molybdän-Stahlguß (warmfest) oder Chrom-Nickel-Stahlguß (säurefest).

b) Einbauteile. Sitz- und Dichtungsringe. Für Wasser, Dampf und technische Gase werden verwendet: bei Temperaturen bis 100° ausschließlich Messing mit höchstens 67 vH Cu, von 100 bis 250° Messing und Rotguß mit höchstens 5 vH Sn und von 250 bis 400° Kupferlegierungen mit höchstens 25 vH Ni oder für Wasserdampf bei diesen Temperaturen gehärtete nickelfreie Chromstähle mit weniger als 15,5 vH Cr. Ersatz der Dichtungsringe aus Messing und Rotguß auch durch Zinklegierungen und Silumin. Für Heißdampf von 400 bis 530°: Nitrierstahl, über 530° Stellit.

Ventilkegel: Stahl oder Temperguß mit eingesprengtem Dichtungsring.

Spindelgewinde bedingt, wenn innen im Arbeitsmittel liegend, niedrige Bauart, ist aber mit Vorteil außen anzuordnen.

Flanschen glatt, mit Arbeitsleiste, Vor- und Rücksprung oder Feder und Nut (Nut auf der Eintrittseite, Feder auf der Austrittseite der Flüssigkeit).

In die Vertikalebene durch die Längsachse sind keine Schrauben zu setzen.

Sämtliche Ventile und Schieber schließen bei Rechtsdrehung der Spindel; hiernach ist das Gewinde als rechts- oder linksgängig zu bestimmen.

Handrad. Abstand von Längsachse des Ventils konstant: feststehendes Handrad, Abstand veränderlich: steigendes Handrad.

[1]) Gustav F. Gerdts, Bremen.

Man unterscheidet: 1. Ventile, bei denen die abschließenden Flächen im Augenblick des Abschlusses sich senkrecht aufeinander bewegen: Hubventile, wenn der abschließende Teil gehoben wird, Klappenventile, wenn er aufgeklappt wird.

2. Schieber, bei denen die abschließenden Flächen aufeinander gleiten: Normalschieber bei geradlinigen Bahnen der abschließenden Teile und Hähne, bei denen sich die abschließenden Teile um ihre Achse drehen.

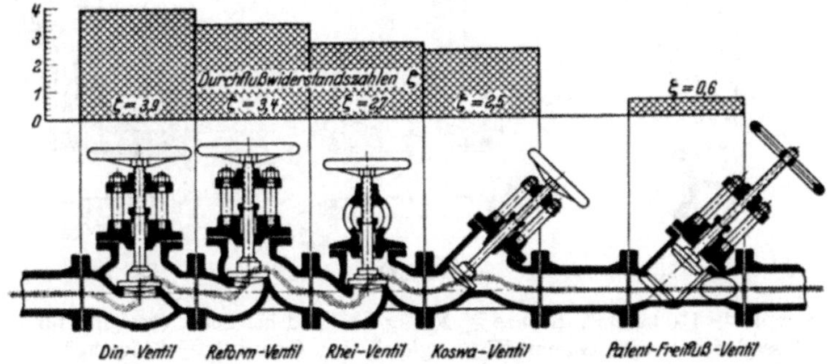

Fig. 329. Widerstandszahlen nach Versuchen von Pfleiderer und Closterhalfen.

Druckverlust. In Fig. 329 sind die Widerstandszahlen einzelner Ventile, in Fig. 330 deren Veränderung mit dem Dmr. wiedergegeben. Vielfach werden die Widerstände in „gleichwertiger Rohrlänge" L ausgedrückt. Bei mehreren Absperrvorrichtungen folgt:

$$\Sigma\zeta \cdot w^2/2g \cdot \gamma = L/d \cdot w^2/2g \cdot \gamma \cdot \lambda \quad \text{(s. S. 266)}.$$

$$L = \Sigma\zeta \cdot d/\lambda \quad \text{mit} \quad d \text{ in m}.$$

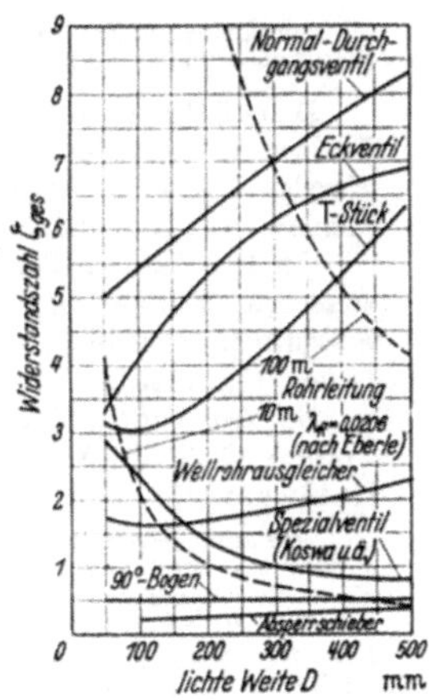

Fig. 330.

Die untersuchten Ventile nach Fig. 329 hatten 100 mm NW und 350 mm Baulänge. Arbeitsmittel: Heißdampf mit $Re \approx 1{,}5 \cdot 10^5$. Das Koswa-Ventil hatte 80 mm Sitzdmr., bei 106 mm Sitzdmr. war bei diesem Ventil $\zeta = 0{,}36$. (Ist D = Nennweite, D_s = Sitzdmr., so wächst ζ mit der vierten Potenz von D/D_s.) ζ nimmt bei turbulenter Strömung allgemein mit wachsendem Re ab, jedoch liegen bei üblichen Verhältnissen die Re-Zahlen für Dampf, Wasser und Luft so nahe beieinander, daß nach Closterhalfen[1]) die ζ-Werte praktisch ohne Berichtigung auf die genannten Arbeitsmittel angewandt werden können. Verlust an adiabatischem Arbeitsgefälle $\Delta i = 10000\,\Delta p/\gamma \cdot 1/427$ (Δp in kg/cm², γ in kg/m³).

1. Ventile.

Eigenschaften: Leichtes Einschleifen, genaue Einstellbarkeit, geringe Empfindlichkeit gegen hohe Temperaturen, kein „Fressen", nur eine Durchflußrichtung.

Verringerung des Druckverlustes durch besondere Gestaltung möglich.

Baulänge der Durchgangsventile und Eckventile s. DIN 3302 bis 3306.

Führungsrippen an Ventiltellern, Fig. 331, werden nicht mehr angeordnet, da sie die Einstellung des Tellers erschweren.

Die Hubhöhe, Fig. 331, bestimmt sich bei Vernachlässigung der Rippen aus

$$d^2\pi/4 = d\pi \cdot h \quad \text{zu} \quad h = d/4\,.$$

[1] Arch. Wärmewirtsch. 1935 H. 9 S. 247.

Dichtungsfläche eben, Fig. 332, oder kegelförmig. Der Druckpunkt der Spindel am Kegel soll normgemäß in der Ebene der Sitzfläche liegen. Sitz eingepreßt (außen schwach konisch), eingewalzt, unten oft umgewalzt, aufgeschweißt oder bei Weichdichtung lose eingelegt. Die Sitzbreite vor allem der selbsttätigen Ventile bestimmt sich aus der Flächenpressung; diese wählt man für

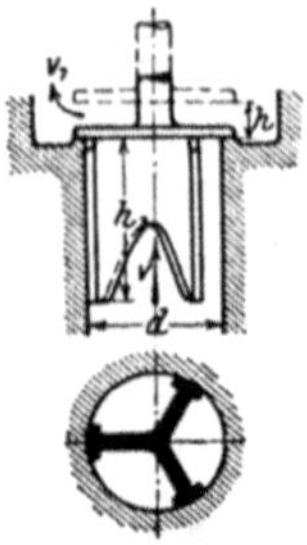

Fig. 331.

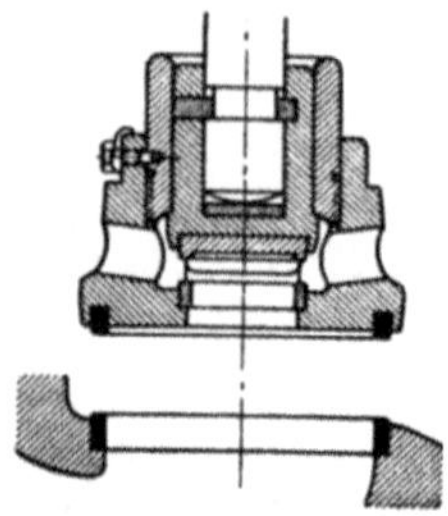

Fig. 332.

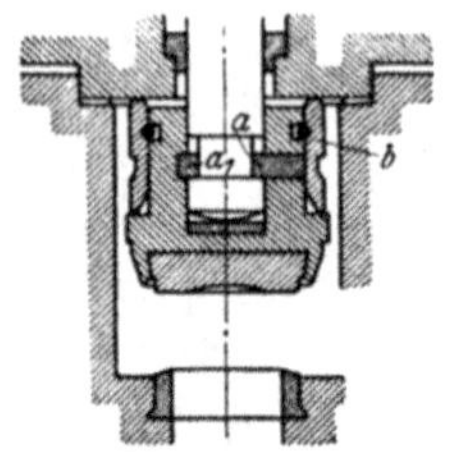

Fig. 333.

Rotguß $\leqq$ 150 kg/cm², Bronze $\leqq$ 200 kg/cm² und bei Leder (geeignet für kalte Flüssigkeiten) und Gummi $\leqq$ 50 kg/cm², bei Grauguß $\leqq$ 80 kg/cm², Nickel $\leqq$ 300 kg/cm². Bei nur gelegentlich arbeitenden Ventilen kann Pressung höher gewählt werden.

Linienberührung: Sitz aus nichtrostendem Stahl drückt mit schneidenartiger Kante gegen eine ebene Dichtungsfläche aus gehärtetem Stahl am Kegel; Kugeldichtung, wenn die Kante des Sitzes gerundet, die Dichtungsfläche des Kegels kugelförmig ist, sonst Flächendichtung.

Einzelheiten s. Fig. 332 und 333. In Fig. 333 werden Teller und Spindel durch die beiden Plättchen a und a_1 verbunden, die durch Überwurfring b gesichert sind.

Durchflußrichtung: Bei genormten Ventilen drückt die Flüssigkeit zwecks Entlastung der Stopfbüchse bei geschlossenem Ventil auf die Unterseite des Kegels. Um auch bei geöffnetem Ventil die Stopfbüchsenpackung erneuern zu können, tragen Spindel und Deckel Dichtungsflächen (Fig. 334 und 335).

Bei Drücken auf den Kegel von $\geqq$4000 kg ist die Durchströmrichtung umzukehren. Entlastung des Kegels beim Öffnen durch Umführung, die auch das Anwärmen erleichtert, oder durch Vorhubventil, das sich vor dem Hauptventil öffnet, Fig. 332.

Um den Ventilwiderstand zu verringern, gibt man dem Gehäuse eine solche Form, daß die Flüssigkeit möglichst ungehindert hindurchtreten kann: Stromlinienventile.

Schrägspindelventile sind ebenso wie die Schieber bei sehr geringer Arbeitsfähigkeit des strömenden Mittels angebracht. Nachteile: größerer Ventilhub, Fernantriebe sind umständlicher als bei Geradspindelventilen unterzubringen, Ab- und Nachdrehen der Sitzfläche ist schwieriger.

Beispiel: Rhei-Ventil[1], Fig. 334: Leichtes Reinigen von Formsand; keine toten Räume; keine Lunker infolge der gleichmäßigen Wandstärke; geringe Biegungsbeanspruchung im Deckel infolge Befestigung mittels Stiftschrauben; Spindel im zentrierten Bügelaufsatz geführt, so daß der Kegel keine weitere Führung mehr benötigt; Stopfbuchse mit Klappschrauben. Kranz des Handrades hohl und oben mit Öffnungen versehen, so daß er sich nicht sehr erwärmt.

Das Koswa-Ventil. s. Fig. 329 ergibt geringere Umlenkung des Flüssigkeitsstromes als das Rhei-Ventil infolge schräger Spindellage wie in Fig. 335.

Freifluß-Ventil[2], Fig. 335: Die Dichtungsfläche wird durch rostsichere, heißdampfbeständige, mit der Unterlage verbundene Panzerung hergestellt.

Fig. 336[3]): Wechsel- oder Zweiwegventil.

Bauart eines Abschlämmventils s. Bd. II, S. 74.

---

[1]) Schäffer & Budenberg, G. m. b. H., Magdeburg-Buckau.
[2]) Armaturen- und Maschinenfabrik Hilpert-Pegnitz-Hütte, Nürnberg.
[3]) Ausführung von Schäffer & Budenberg, Magdeburg-Buckau.

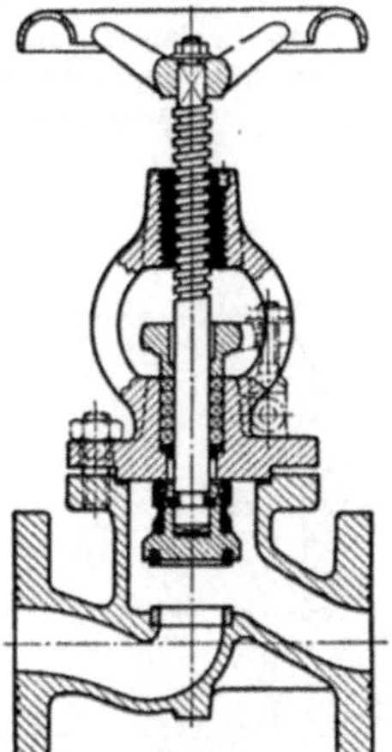

Fig. 334.

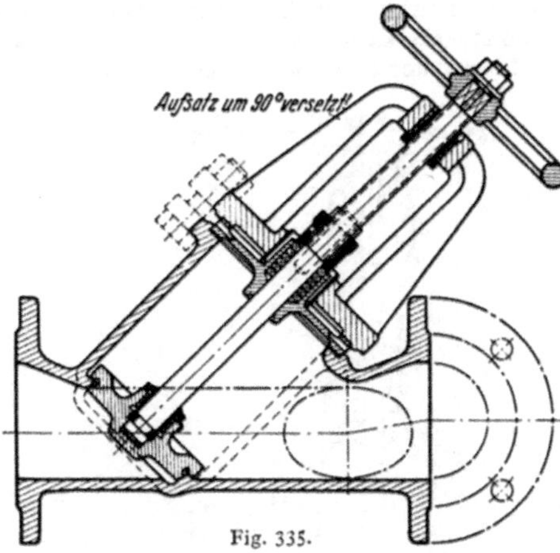

Fig. 335.

2. Schieber.

Eigenschaften: Geringer Druckverlust ($\zeta = 0{,}05$ bei nicht eingeschnürten Schiebern mit Leitrohr, s. a. Fig. 330), einfache Form, doch schwierigere Bearbeitung und Instandhaltung, Durchflußrichtung meist nach beiden Seiten hin möglich. Großer Hub, bedeutender Bewegungswiderstand.

Ausführung mit Venturi-Wirkung, s. S. 260; die im verengten Querschnitt erhöhte Geschwindigkeit wird in der anschließenden Erweiterung größtenteils wieder in Druck umgesetzt. Spindelgewinde bei Heißdampf außenliegend, sonst auch innenliegend, Fig. 337, in diesem Fall Schieberstellung außen nicht erkennbar. Lagerung der mit Handrad gekuppelten Spindelmutter in Kugeln. Anordnung von Kondenskammern vor Stopfbüchse, die bei deren Verpackung Schleichdampf durch Ausblasestopfen nach außen ableiten.

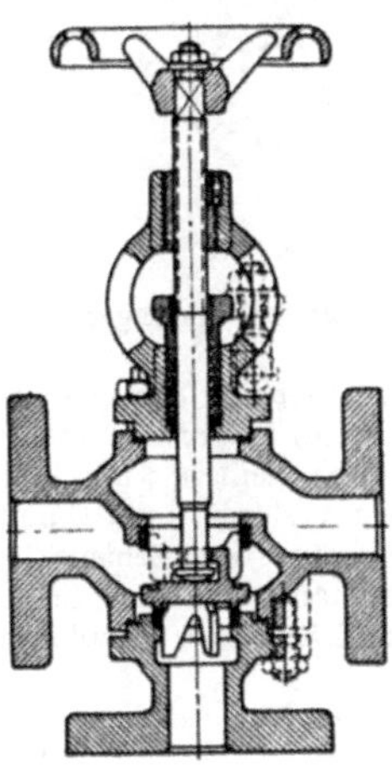

Fig. 336.

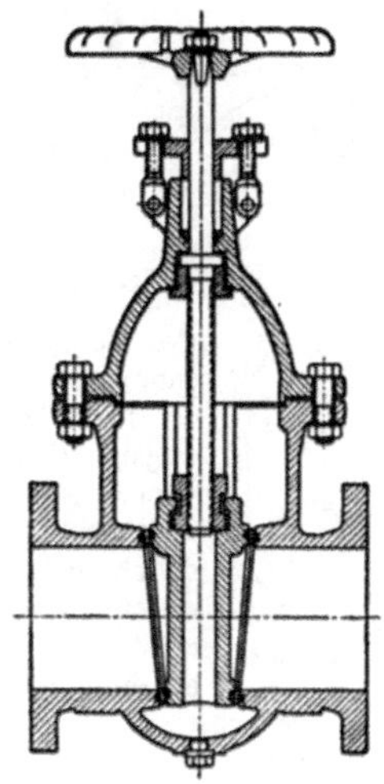

Fig. 337.

Geschweißte Stahlschieber — Vorteil: geringes Gewicht — werden innen mit nichtrostendem Chromstahl plattiert.

Man unterscheidet: 1. Keilschieber, Fig. 337, für Wasser-, Gas- und Niederdruckdampfleitungen, für hohe Drücke nicht geeignet, da der starre Keil nicht sicher abdichtet. (Besondere Bauarten s. Fig. 339 u. 340.)

2. Parallelschieber für Dampfleitungen von größerem Dmr. Die Dichtflächen liegen parallel, Bearbeitung und Nacharbeit dadurch erleichtert. Anpressen der Dichtflächen entweder durch den Dampfdruck oder durch besondere Vorrichtungen (kegelige Muttern, Kniehebel), wobei nach beiden Seiten abgedichtet und das Gehäuse drucklos wird. Abheben der Platten von den Dichtringen

vor Bewegung in Richtung der Spindelachse schont die Dichtflächen, macht aber die Bauart verwickelt. Umführungen, vor Bewegung des Schiebers durch Öffnung eines kleinen Ventils freigegeben, verringern den Druckunterschied vor den Platten und ermöglichen Anwärmen der abgesperrten Leitung. Überbrückung

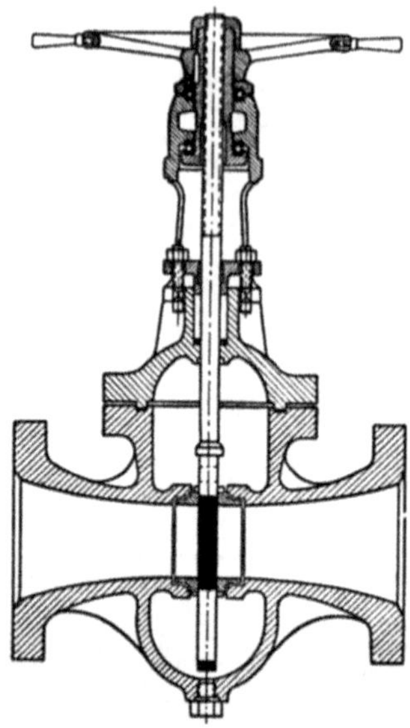

Fig. 338.

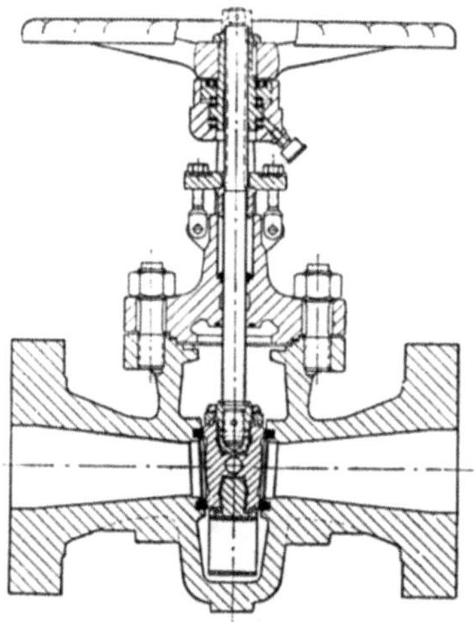

Fig. 339.

des Gehäuses durch Leitrohr nach Fig. 338 bis 340 verringert Strömungsstörungen.

Fig. 338, Schieber von Schumann & Co., Leipzig. Der Dmr. des engsten Querschnittes beträgt das 0,6fache des Rohrdmr. Der nitrierte, spiegelglatt geschliffene Schieber hängt mit 0,4 mm Spiel zwischen den ebenfalls nitrierten Dichtringen und wird vom Dampfdruck gegen eine der Dichtflächen angepreßt. Der Schieber ist durch Vierkant lose mit der Spindel verbunden, so daß Selbsteinstellung möglich, falls die Dichtflächen nicht genau parallel zueinander oder zur Spindelachse sind.

Fig. 338a.

Versuche: Schieber von 275 mm Rohrdmr. und 180 mm Durchflußdmr. zeigte bei 66 atü und 480° Dampftemperatur eine Belastung der Platte von 16800 kg bei 170 kg/cm² Flächenpressung. Reibungswert = 0,09, erforderliche Kraft am Radumfang = 42 kg.

Fig. 339: Sera-K-A-Schieber für Heißdampf und heiße Gase über 400° (Schäffer & Budenberg). Zwei bewegliche und als reine Drehkörper gestaltete Dichtplatten stützen sich auf eine Stahlkugel. Hoher Anpreßdruck, der das Gehäuse bei geschlossenem Schieber drucklos macht, wird durch geringe Neigung der keilförmigen Dichtflächen erzielt. Die Dichtplatten bestehen bis 200 mm Sitzdmr. aus Nitrierstahl, ab 300 mm Dmr. aus Stahlguß mit eingewalzten Dichtungen. Spindel und die umschließenden Stopfbuchsringe sind ebenfalls aus Nitrierstahl, Gehäuse und Haube aus Elektrostahlguß hergestellt.

Fig 340: EK-Schieber der Dinglerwerke. Die Dichtplatten sind infolge balliger Auflage allseitig beweglich. Druckstück *a* drückt die Stopfbüchse zentral an, Rückdichtung *b*, aus V2A aufgepanzert, ermöglicht Verpacken der Stopfbüchse im Betrieb, Weichpackung *c* verhindert Zutritt von Dampf oder Wasser zu den Kugellagern.

Fig. 341: Autodens-Schieber[1]). Halter *a* sichert bei geöffneter Stellung das Auseinandergehen der Platten, die unten in den Dichtringen bleiben.

Die Dichtringe sind im Gehäuse eingeschraubt, daher auswechselbar. Abdichtung wird in erster Linie an der Austrittsseite durch Anpressen der Platten gegen die Dichtflächen durch den Dampfdruck erzielt; infolge Anordnung zweier Federn werden auch während des Hubes die Dichtflächen gegeneinander gepreßt, so daß von diesen Fremdkörper abgestreift

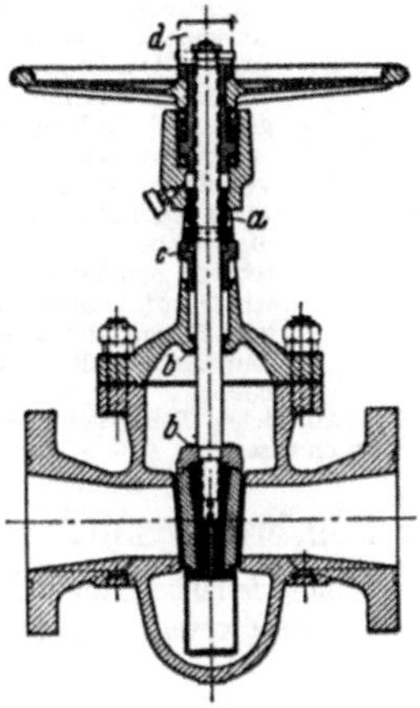

Fig. 340. *d* = Skalenzeiger.

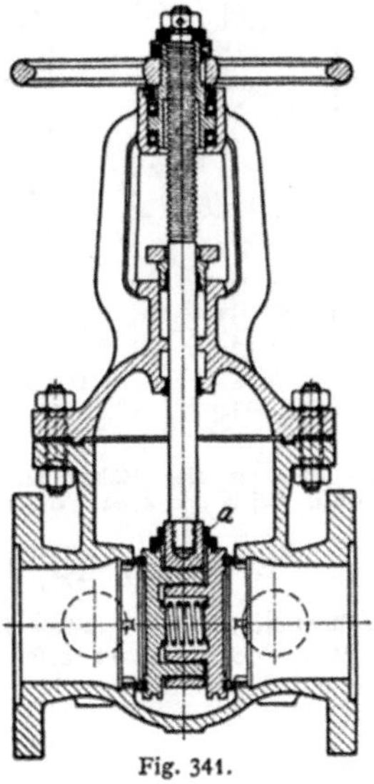

Fig. 341.

werden. Absperrung auch auf der Eintrittsseite und damit Entlastung des Gehäuses kann durch besondere zwischen den Platten liegende Andrückkörper bewirkt werden, welche die Platten zusätzlich andrücken.

Weitere Bauarten: Borsig-Schnellschluß-Ventil, Fischbach-Schieber, Simplum-Schieber.

4. Hähne.

Eigenschaften: Geringer Druckverlust, leichte Nachbearbeitung. Für unreine Flüssigkeiten nicht verwendbar. Dichthalten mangelhaft.

Große Reibung der dichtenden Flächen, daher leicht „Fressen" des Kükens, das durch dessen Abheben, s. S. 628, verhindert wird.

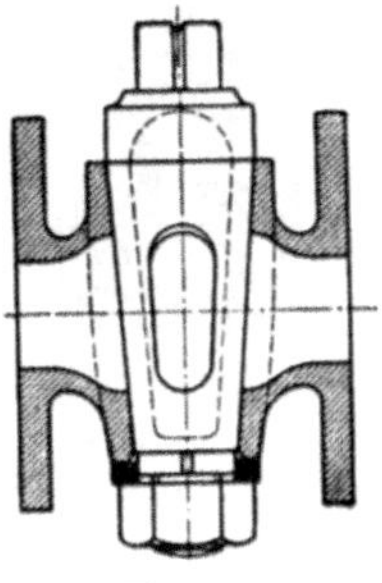

Fig. 342.

Soweit Berührung zwischen Küken und Gehäuse stattfindet, sind beide Teile konisch; genormt ist ein Kegel 1 : 6, also Neigung der Kegelseite 1 : 12. Das Küken wird oben, das Gehäuse unten zylindrisch ausgeführt oder ausgespart, zum Zweck, Ansätze nach eingetretener Abnutzung zu vermeiden. Durchgangsquerschnitt $= b \cdot h = d^2\pi/4$. Fig. 342: Durchlaßhahn. Der vierkantige Zapfen zwingt die Unterlegscheibe und damit auch die Mutter, an der Drehung teilzunehmen, so daß sie sich nicht selbst lösen kann. Scheiben mit Vierkantloch sind nach DIN 3497 auszuführen, und zwar bis 24 mm Lochweite in Messing oder Flußstahl, größere in Messing oder Gußeisen. Fig. 343, Packhahn mit Stopfbüchse. Die DI-Normen sehen für Hähne nur Stopfbüchsen mit Brille,

[1]) Bauart Polte Armaturenfabrik Magdeburg.

Grundring und Stiftschrauben vor; vgl. DIN 3498. Brille aus Rotguß oder Gußeisen, Grundring aus Messing, Gußeisen oder Flußstahl. Fig. 344: unten offenes Küken, so daß die Flüssigkeitspressung die Dichtung selbst übernimmt.

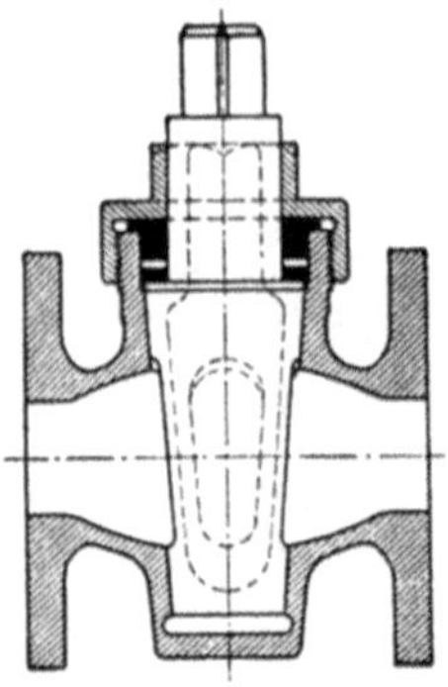

Fig. 343.

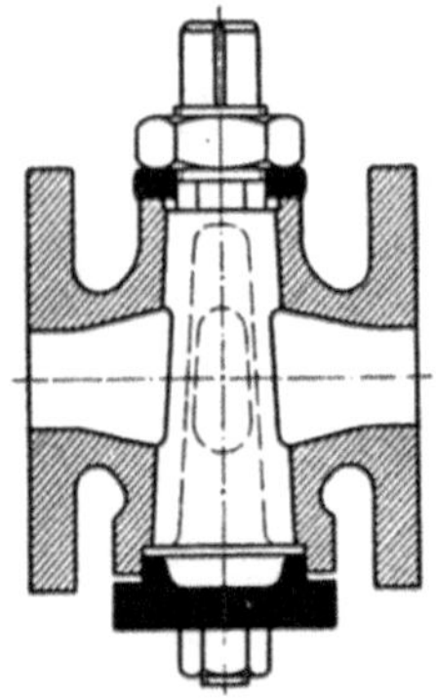

Fig. 344.

Der Perfecta-Schmierhahn von Schäffer & Budenberg vermeidet Festklemmen des Kükens durch Zufuhr des Schmiermittels unter Druck. Der Rula-Hahn von Gust. Huhn, Berlin-Tempelhof, und der von Buschbeck & Hebenstreit für große Dampfmengen, hohe Drucke und Temperaturen hergestellte Hahn[1]) zeigen zwangläufiges Abheben des Kükens vor dessen Drehung.

Die DI-Normen bezeichnen die Hähne mit Holzgriff von 6 bis 20 mm Durchgang als Gewindezapfenhähne und solche von 20 mm und mehr lichtem Durchgang als Durchgangshähne.

Die Baulänge aller Hähne mit Stopfbüchsen und sämtlicher Dreiwegehähne ist nach DI-Normen gleich der eines Ventils von gleichem Durchmesser.

B. Sicherheits-, Minder- und Rohrbruchventile.

Sicherheitsventile. Gewichtbelastet für ortfeste, federbelastet für bewegliche Maschinen. Bauart offen, Fig. 345, oder geschlossen, Fig. 346, wenn

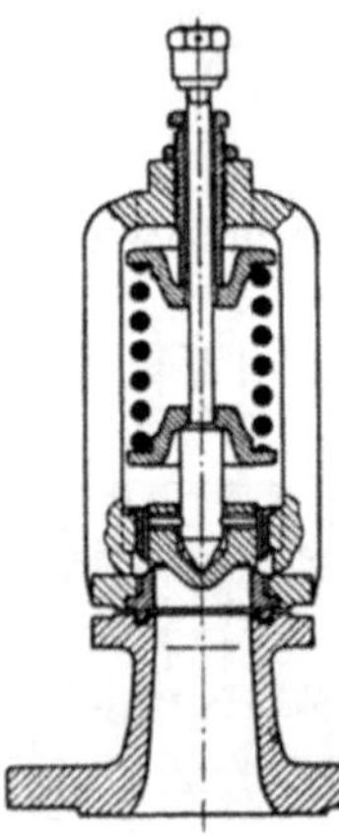

Fig. 345.

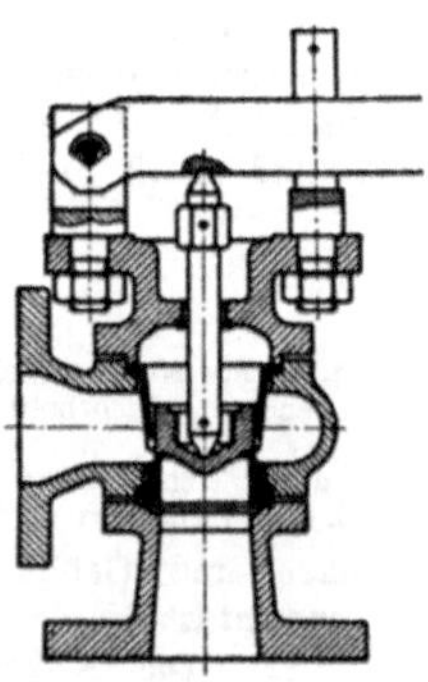

Fig. 346.

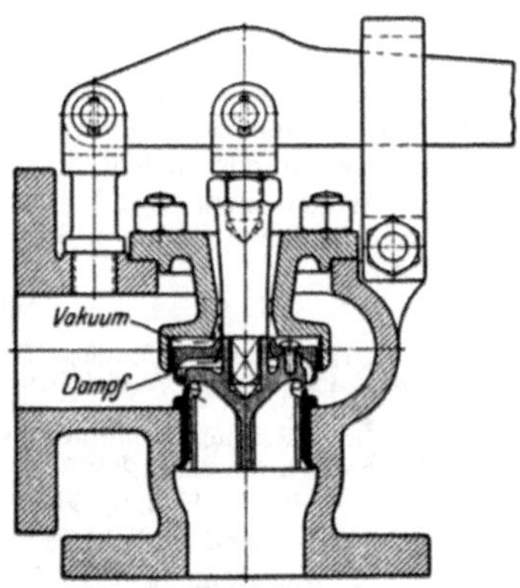

Fig. 347.

Arbeitsmittel nicht in den Maschinenraum austreten soll. Führung des Kegels oberhalb des Sitzes durch Innenrippen einer Führungsbüchse; Sitz frei ausdehnbar, da zwischen Flanschen eingeklemmt.

Bei Anordnung von Gewichten ist Belastung unabhängig von Ventilhub; Sitze meist eben und 1 bis 2.5 mm breit, Ventilteller soll unter Belastung drehbar sein. Belastungsangriffpunkt möglichst tiefliegend, um Klemmen des Ventils zu verhindern.

Bei Ersatz der Gelenke durch Schneiden, Fig. 347. sollen diese in einer Geraden liegen, damit das Hebelverhältnis bei gehobenem Ventil unverändert bleibt.

---

[1]) Z. VDI 1936 S. 263.

Ist rascher Drucksteigerung zu begegnen, so kommen Hochhubsicherheitsventile in Frage, die ihren ganzen Querschnitt (Hub = $d/4$) freigeben. **Beispiel Fig. 347: Bauart Hübner & Mayer, Wien. Der Dampf reißt beim Ausströmen die Luft aus dem Raum über dem Ventil mit; hierdurch entsteht ein Unterdruck über diesem, so daß es sich schneller und höher hebt als ein gewöhnliches Ventil. S. auch Bd. II, S. 77.**

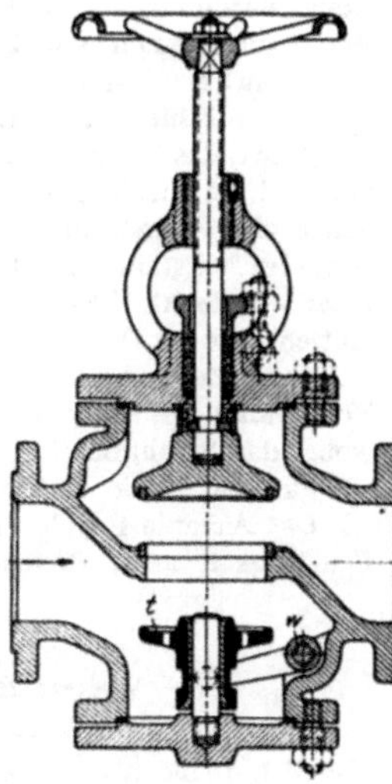

Fig. 348.

Rohrbruchventil, Fig. 348[1]). Die durch Rohrbruch erhöhte Dampfgeschwindigkeit reißt den unteren Teller t hoch und drückt ihn auf die untere Sitzfläche der Durchlaßöffnung. Auf Vierkantwelle w wirkt außerhalb des Gehäuses eine einstellbare Feder. Nach Abschluß der Leitung durch das Absperrventil wird der mit Bohrungen versehene Teller t durch die Feder in die Anfangslage zurückgeführt.

Beispiel: Leitung 300 mm Durchmesser. Dampfüberdruck 10 at, $v = 30$ m/sek, Ventil ist eingestellt, bei $v = 50$ m/sek zu schließen.

Normal strömen 42000 kg/h Dampf hindurch; mithin müssen weitere $\frac{20}{30} \cdot 42000 = 28000$ kg/h hindurchtreten, damit Schluß eintritt. Damit ergibt sich bei 450 m/sek Grenzgeschwindigkeit (s. S. 310) die dazu erforderliche Öffnung f m² aus

$$28000 = 450 \cdot f\,\mathrm{m}^2 \cdot \gamma \cdot 3600$$

$$f\,\mathrm{cm}^2 = \frac{28000 \cdot 100 \cdot 100}{450 \cdot 5{,}53 \cdot 3600} = 31{,}3\ \mathrm{cm}^2.$$

Der plötzliche Schluß bedingt starke Stöße, weshalb elektrisch betätigte Schieber oder Ventile in manchen Fällen vorzuziehen sind.

Minderventile oder Reduzierventile arbeiten vielfach in der Weise, daß ein den Frischdampf drosselndes, entlastetes Doppelsitzventil mit einem federbelasteten Kolben (oder Membrane) ver-

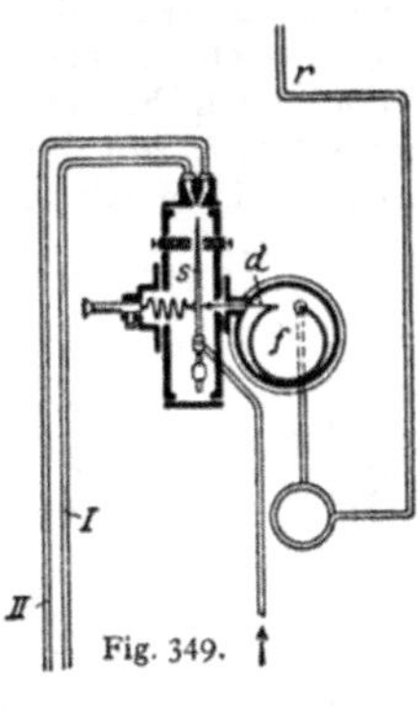

Fig. 349.

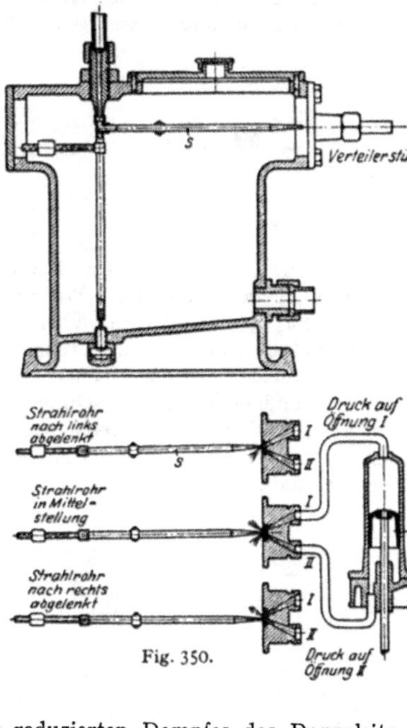

Fig. 350.

bunden ist, der bei Druckänderung des reduzierten Dampfes das Doppelsitzventil hebt oder senkt und dadurch den reduzierten Druck wieder herstellt.

Genaueste Wirkung ermöglicht der Askania-Regler, der in Fig. 349 in Verbindung mit einem Druckminderventil gedacht ist. Rohr r ist mit der

[1]) Ausführung von Schäffer & Budenberg.

Stelle verbunden, an welcher der Druck konstant sein soll. Bei Änderung des Beharrungszustandes wirkt die Röhrenfeder f durch Druckstift d auf das Strahlrohr s ein; als Gegenkraft wirkt eine Feder.

Dem Strahlrohr s, Fig. 350, wird durch die senkrechte, hohle Achse Drucköl zugeführt, das bei Mittellage des Strahlrohres gegen die Mitte von zwei Öffnungen vom lichten Strahlrohrdurchmesser trifft. Die Öffnungen sind durch Rohre mit den beiden Zylinderräumen des Kolbens k, Fig. 350 verbunden. Bei einer Änderung des konstant zu haltenden Druckes wird das Strahlrohr durch die Röhrenfeder abgelenkt. Dadurch wird eine der Gegenöffnungen I und II stärker getroffen und der Druck auf der mit dieser verbundenen Zylinderseite gesteigert, auf der anderen Seite verringert. Der sich verschiebende Kolben stellt durch Verstellung des Druckminderventils den Sollwert der Spannung wieder her, wobei das Strahlrohr in die Mittellage zurückgeht.

Für sehr große Kräfte arbeitet die Vorrichtung mit Relais.

Das Askania-Regelprinzip dient auch zum Konstanthalten von Temperatur, Feuchtigkeit usw. Gleiche Verwendungsmöglichkeiten bietet der Arca-Regler.

C. Stopfbüchsen.

Weitere Beispiele s. vorhergehenden Abschnitt.

Ausführungsformen nach Fig. 351, Stopfbuchsenbrille mit Außengewinde, Fig. 352, Brille als Überwurfmutter ausgebildet, und nach Fig. 353, Brille mit ovalem oder rundem Flansch. Ring r in Fig. 351 und 352 verhindert Reibung zwischen gedrehter Brille und Packung; diese beiden Bauarten sind nur für kleinere Stangendurchmesser geeignet.

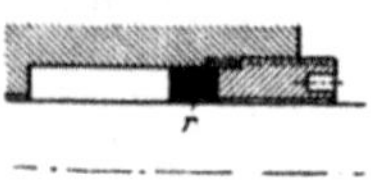

Fig. 351.

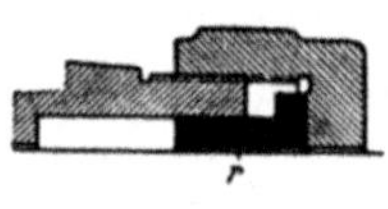

Fig. 352.

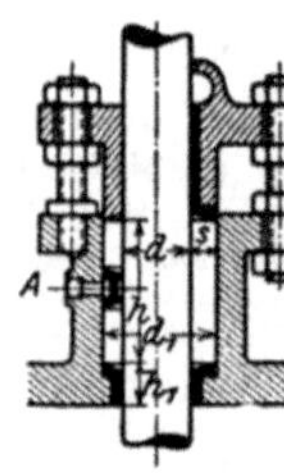

Fig. 353.

Packungsstoffe: Asbest, Baumwolle, Hanf (als runde oder quadratische Schnüre), Leder, Gummi für Weichpackungen; für hohe Drücke und Temperaturen: Flockengraphit mit Asbestbeimischung, Blei, Zinn, Kupfer, Nickel, Leichtmetalle und deren Legierungen, Gußeisen, Kohle, auch Preßstoffe.

Kunstharz-Preßstoffe, Kunstkohle und Sinterwerkstoffe auf Eisen- und Bronzegrundlage werden als schmierungslos arbeitende Werkstoffe da verwendet, wo Verunreinigung des Arbeitsmittels durch Schmieröl wie bei Luftverdichtern und Abdampfverwertung vermieden werden muß.

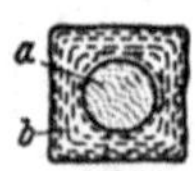

Fig. 354. Greisel-Gummihaut. *a* Gummi, *b* Geflecht aus Baumwollzwirnen.

Fig. 355. Hydraulik-Pressenpackung. *c* Bleidrahtlitze mit Fasereinlage, *d* Baumwollumspinnung.

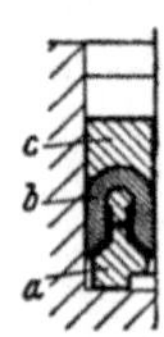

Fig. 356. Nutringstulpen. *a* Metallstützring, *b* Stulp aus Leder od. Guttapercha, *c* Deckring.

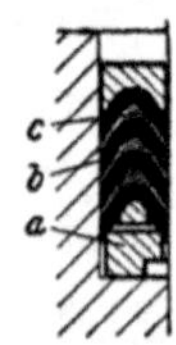

Fig. 357. Dachstulpen. *a* Grundring, *b* Stulp aus Leder oder Guttapercha, *c* Leder- oder Metalleinlage.

Fig. 354 bis 357 zeigen Ausführungsformen von Weichpackungsschnüren und Lederstulpdichtungen. Ist R = Reibungskraft in kg, $f = \pi d \cdot l$ = berührter

Fläche, so wird die Reibungszahl $\mu = R/fp = 0{,}04$ bis $0{,}06$ für weiches, geschmiertes Leder, $\mu = 0{,}10$ bis $0{,}12$ für hartes, lohgares Leder.

Schmiermittel: Öle oder Fette, in Sonderfällen Schwefelsäure (für Chlor), Paraffin oder Talkum (für Sauerstoff). Schmiermittelzufuhr in den Packungsraum bei A, Fig. 353.

Ausführung: Brille und Grundringe aus Metall bzw. Brille bei größerer Ausführung mit Metallfutter. Brille und Grundring werden meist auf der Seite der Packung abgeschrägt, um diese an die Stange zu pressen. Grundringe werden dort eingelegt, wo die Stange oder Spindel sonst unmittelbar mit Grauguß in Berührung käme, in welchem Falle bei längerem Stehen leicht ein Festrosten eintreten könnte. Wird nur ein einfacher Ring eingelegt, so wird zwischen Grauguß und Stange ein geringer Spielraum von etwa 0,5 mm vorgesehen.

Preßstoff Typ 2, in heißem Öl von 90° vorbehandelt, hat sich bei Pumpen und Pressen an Stelle von Bronze für Grundbüchsen und Ausfutterung der Brille bewährt. (Z. VDI 1940, S. 39 und 160.)

Stopfbüchsenschrauben nach Fig. 353 haben mindestens den Druck $(d_1^2 - d^2)\pi/4 \cdot pc$ aufzunehmen. $c = 1$, wenn die Packung durch die Stopfbüchsenschrauben nicht zusammengepreßt wird und die Reibung zwischen Stange und Packung vernachlässigt werden kann; c wachsend bis 3 für Weichpackung, die durch Anziehen der Schrauben erst zum Dichten gebracht wird. Bei kleineren Stopfbüchsen genügen zwei Schrauben mit ovalem Flansch, Befestigung nach Fig. 353, linke oder rechte Seite, also eingeschraubt oder mit Gegenmutter; oder besser eingehängt Fig. 338, da die Schrauben dann leicht entfernt werden können, so daß die Packung bequem erneuert werden kann, Klappschrauben s. Fig. 334 und 339 Schrauben haben Luft in den Löchern der Brille, da die Stange zentriert. Gleichmäßiger Anzug bei mehreren Schrauben durch Ausbildung der Muttern als Schneckenräder, die von einer Schneckenwelle gedreht werden, oder als Zahnräder, die in ein axial angeordnetes Rad eingreifen.

1. Stopfbüchsen mit Weichpackung. Diese eignen sich vornehmlich für Wasser, Gas und Dampf niedriger Temperatur. Lederstulpen haben hohen Reibungswiderstand, eignen sich aber für die höchsten Drucke; ihr Anwendungsgebiet sind hauptsächlich Druckwasserleitungen. Die Abmessungen des Packungsraumes wählt man etwa, Fig. 353, $s = 0{,}65$ bis $0{,}8\sqrt{d_{\text{cm}}}$, etwas kleiner gewöhnlich bei Wasser, etwas größer bei Luft. Man wählt $h \sim d_1$, $h_1 = d$ bei liegenden und $h_1 = 0{,}5 \cdot d$ bei stehenden Maschinen.

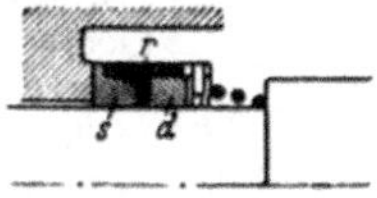

Fig. 358. s Schleifring, r Laufring, d Dichtring.

Fig. 358: Umlaufende Stopfbuchse für Kreiselpumpen des Goetzewerk, Burscheid bei Köln. Schleifring aus Sonderpreßstoff, Dichtungsring aus Gummi.

Heißwasser-Kreiselpumpen werden, um das Entweichen schädlich wirkender Dampfschwaden und Beschädigung der Weichpackung zu verhindern, mit langen Drosselstrecken ausgeführt, die von einem Kühlwasserraum umschlossen sind.

Ausführungsbeispiel s. Fig. 34 auf S. 289, Bd. II.

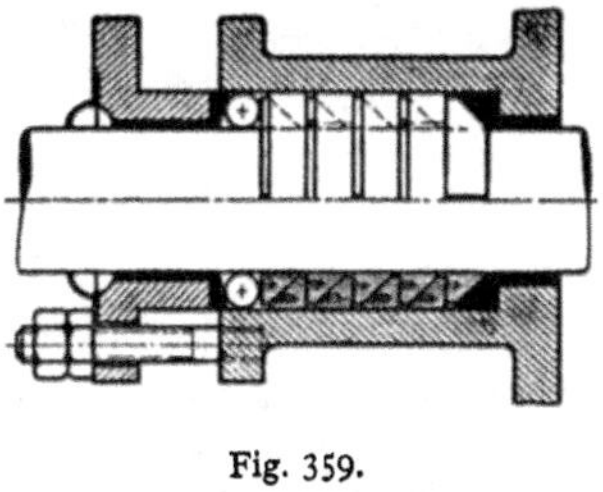
Fig. 359.

2. Stopfbüchsen mit Metall- oder Kohlepackung. Fig. 359: Howaldt-Packung, bestehend aus geteilten Metallringen, deren eine Seite kegelförmig ausgebildet ist, so daß sie beim Anziehen gegen die Kolbenstange bzw. den Packungsraum gedrückt werden. Teilfugen der Ringe gegeneinander versetzt. Zum Herausnehmen dienen Löcher mit Gewinde; zwischen ersten Ring und Drücker wird eine elastische Schnur eingelegt.

Fig. 360: Bauart Proell; die einzelnen Dichtungsflächen sind in Ansicht unter dem Längsschnitt gezeichnet. In jeder Ringkammer befinden sich zwei aus je sechs Teilen bestehende Metallringe, die durch eine umgelegte Spiralfeder gleichmäßig gegen die Stange gepreßt werden. Seitlich sind die Ringe

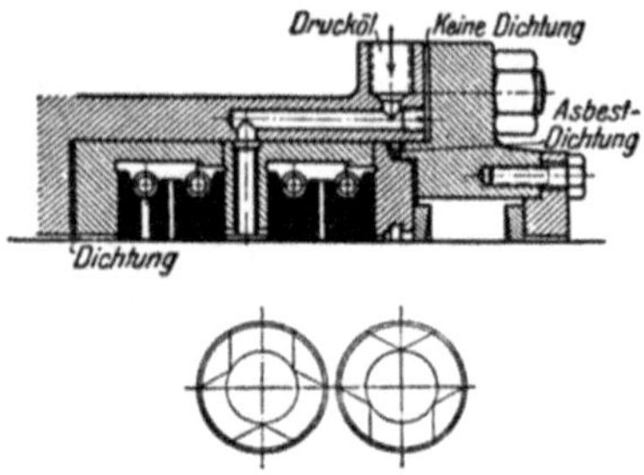

Fig. 360.

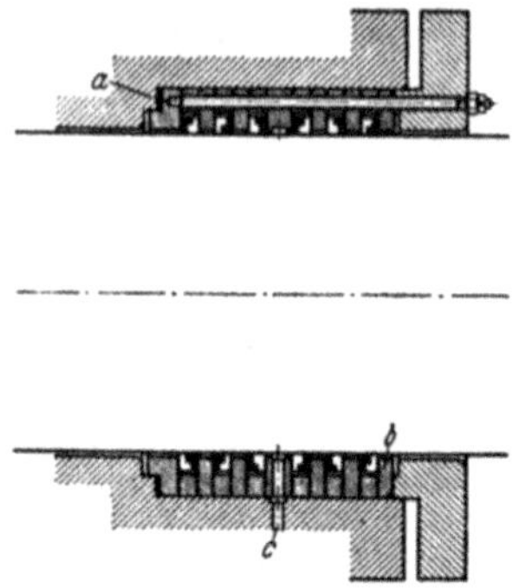

Fig. 361.

sauber eingeschliffen und passen ohne axiales Spiel in die Kammer; radiales Spiel ist dagegen vorhanden.

Fig. 361 zeigt die bei Dieselmaschinen verwendete Stopfbuchse der Davy Robertsons Maskinfabrik in Göteborg. Die nach innen spannenden Ringe nach Fig. 283, S. 609, liegen in Kammern, die aus planen Ringen *b* zusammengebaut sind, so daß deren Flächen mit großer Genauigkeit bearbeitet werden können. Die Stopfbuchse wird sehr kurz, da nur sechs Ringpaare benötigt werden; *a* Grundring mit Kupferasbestdichtung, *c* Schmiermittelzuführung.

Hohlringpackung[1]) für Dampf, Wasser, Ammoniak usw. In den Packungsraum werden hohle, mit Graphit gefüllte Vierkantringe nach Fig. 362 eingelegt; das Graphit wird durch die Schmierlöcher herausgedrückt und füllt die Fugen zwischen den Ringen aus. Werkstoff der Ringe: bis 300° Weißmetall-Legierung, bei höheren Temperaturen Weichkupfer, Monelmetall oder Weicheisen. Ein Schlußzopf schließt den Packungsraum ab.

Fig. 362.

Gußeiserne Federpackung in Topfform[1]). Der Einbau in einen „Topf" ermöglicht schnelle Herausnahme der ganzen Packung, Fig. 363. Mehrteilige

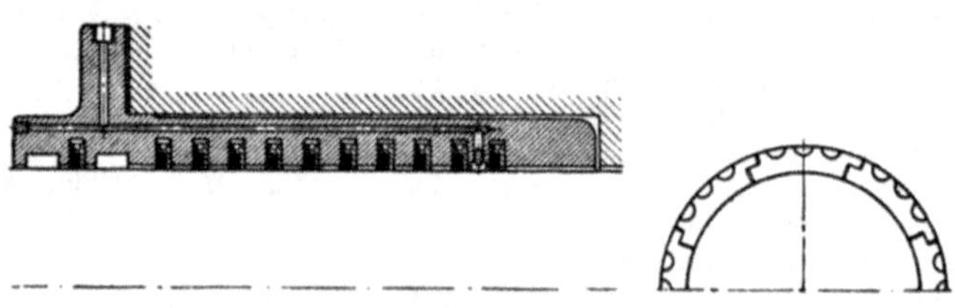

Fig. 363.

Dichtungsringe aus Gußeisen oder Bronze liegen in mehrteiligen, an den Trennstellen überlappten Kammerringen, die durch Schlauchfedern aus Stahl zusammengepreßt werden. Taschenartige Entlastungsräume an der der Druckseite abgewandten Fläche verringern die Reibung zwischen Topfwand und Kammerring bei Schwingungen der Kolbenstange.

---

[1]) Gustav Huhn, Berlin-Tempelhof.

Graphitkohle-Wellfederpackung[1]), Fig. 364, ebenfalls in Topfform. Die kegeligen Außenflächen mehrteiliger Dichtungsringe g_2 aus Graphit werden von einem Druckring *r* aus Bronze, Aluminium oder nichtrostendem Stahl umfaßt, der mit Ringrippe in eine Nut der Dichtungsringe eingreift. Der Steg dieses Druckringes ist auf einem Teil des Umfanges durch eine Well-

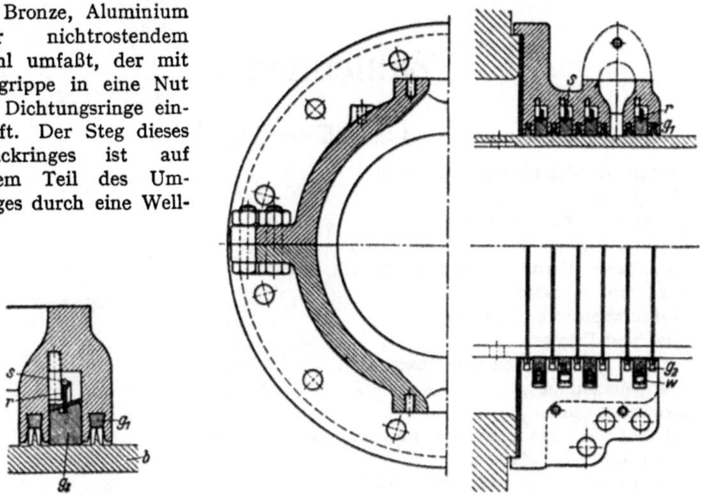

Fig. 364.

feder ersetzt, die unter einem ringsherumlaufenden, nachstellbaren Spanndraht *s* liegt. Die Kegelwirkung zwischen Druck- und Dichtungsring zerlegt die von der Wellenfeder ausgeübte Kraft nach radialer und axialer Richtung; die Axialkraft bewirkt durch Reibung Aufhebung der Gewichtswirkung der Dichtungsringe, so daß jede Belastung der Welle vermieden wird. Weitere Abdichtung mittels Labyrinthwirkung durch Ringrippen auf einer die Welle umfassenden Büchse *b* und durch zweiteilige Graphitringe g_1 in Topfnuten.

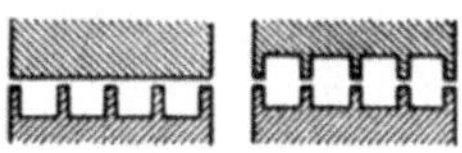

Fig. 365 und 366.

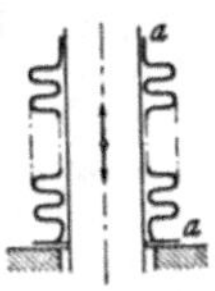

Fig. 367.

Über Labyrinthdichtung s. Bd. II, S. 302

Läßt man die Kämme der Labyrinthdichtung nicht ineinander greifen, so entsteht die Labyrinthspaltdichtung nach Fig. 365 und 366, die berührungsfreie Abdichtung gleitender Flächen ermöglicht und steigende Beachtung findet in Fällen, in denen Schmierung, Temperatur und Abnutzung Schwierigkeiten verursachen. Näheres und Literaturübersicht s. Z. VDI 1939 (Heft 29) S. 857.

Fig. 367: Stopfbuchslose Abdichtung einer hin und her gehenden Spindel mit Abdichtungen bei *a*.

---

[1]) Gustav Huhn, Berlin-Tempelhof.

Zahlentafeln.

Inhaltsübersicht.

Lineare Ausdehnungskoeffizienten

der Metalle und Legierungen s. S. 486.

Siedepunkte einiger Körper bei 760 mm QS (°C).

Alkohol abs.	78,3	Gesättigte Kochsalzlösung	108	Paraffin	300
Ammoniak	− 33,4	Glycerin	290	Quecksilber	357
Argon	−185,9	Helium	−268,87	Sauerstoff	−183
Äther	34,5	Kohlenoxyd	−191,5	Schwefel	444,60
Äthylen	−104	Kohlensäure	(−78,5)[1]	Schweflige Säure	− 10
Benzol	80	Leinöl	316	Stickstoff	−195,8
Blei	1730	Luft	−194	Terpentinöl	161
Chlor	− 35,0	Methan	−164	Wasserstoff	−252,8
Eisen	2500	Naphthalin	218	Zink	907

Schmelz- und Gefrierpunkte einiger Körper bei 760 mm QS (°C).

Bezüglich Metalle und Metall-Legierungen s. S. 486.

Alkohol, abs.	−110	Kautschuk	125	Schellack	115
Ammoniak	− 78	Kochsalzlösung, ges.	− 18	Schwefel	115
Antimon	630	Kohlensäure	− 79	Schwefelkohlenstoff	−112
Äther	−118	Leinöl	− 20	Silikatsteine	1740
Benzin	−150	Mangan	1210	Stearin	68
Benzol	5,4	Methan	−184	Stickstoff	−194
Cadmium	320,9	Meerwasser	−2,5	Wachs	64
Chlorkalziumlösung, gesättigt	− 40	Naphthalin	80	Walrat	44
Glyzerin[2])	19	Paraffin	54	Wasser	0
50 vH wäss. Glyzerin	− 32	Porzellan	1680	Weichlote	140−210
Iridium	2400	Quecksilber	−38,9	Wismutlote	95−130
		Schamotte	1650	Wolfram	3400

Schmelzwärme in kcal/kg verschiedener Körper.

Aluminium	92	Kupfer	41	Schwefel	9
Ammoniak	81	Magnesium	47	Silber	21
Benzol	30	Naphthalin	36	Wasserstoff	14
Chlorkalzium	40,7	Nickel	56	Wismut	13
Eis	80,0	Palmin	29	Zink	28
Gußeisen	23	Paraffin	35	Zinn	14
Hochofenschlacke	50−150	Phosphor	5		
Kohlensäure	45	Quecksilber	2,8		

Spezifische Wärme einiger fester und flüssiger Körper zwischen 0 und 100 °C.

Bezüglich Metalle und Legierungen s. S. 486.

Asche	0,20	Marmor, Kalkstein	0,21	Ziegelsteine	0,22
Basalt	0,20	Quarz			
Beton	0,21	zwischen 20° und 100°	0,186	Äther	0,54
Eis	0,50	„ 20° „ 600°	0,246	Alkohol	0,58
Glas	0,20	„ 20° „ 1000°	0,263	Ammoniak	1,00
Granit	0,20	Sandstein	0,22	Benzol	0,44
Graphit	0,21	Schamotte	0,190	Glyzerin	0,58
Hochofenschlacke	0,18	Schlacke	0,18	Maschinenöl	0,40
Holz (Eiche)	0,57	Schwefel	0,18	Naphthalin	0,31
Holz (Fichte)	0,65	Silikatsteine	0,219	Petroleum	0,50
Holzkohle	0,17	Steinkohle bei 100°	0,24	Sauerstoff (flüssig)	0,347
Kieselgur	0,21	„ „ 400°	0,37	Schwefelsäure	0,33
Koks	0,20	„ „ 1200°	0,48	Schweflige Säure	0,32
Kork	0,49	Steinzeug	0,185	Terpentinöl	0,42
Kork, expandiert	0,33	Torf	0,45		

Verdampfungswärme in kcal/kg bei 760 mm QS.

Äther	90	Chlormethyl	97	Schweflige Säure	95
Alkohol	210	Kohlensäure	56	Stickstoff	48
Ammoniak	327	Naphthalin	75	Terpentinöl	70
Benzol	105	Quecksilber	68	Wasser	539
Chlor	70	Sauerstoff	51	Wasserstoff	123

Wahre spezifische Wärme c_p für 1 Nm³ bei 0° und 760 mm QS (nach Justi).

Luft	0,308	Wasserstoff	0,306	Ammoniak	0,380
Sauerstoff	0,313	Kohlensäure	0,388	Schweflige Säure	0,419
Stickstoff	0,311	Kohlenoxyd	0,311	Methan	0,369

[1]) CO_2 siedet nicht, sondern sublimiert bei 760 mm QS.

[2]) Erstarrungspunkt bei 0°: Schmelz- und Gefrierpunkt fallen nicht immer zusammen.

Gase und Dämpfe.

		Spez. Gew. γ (kg/m³) bei 0°, 760 mm	Gas-konstante R	Molekular-gewicht m	Kritische Werte T_k	p_k Atm	V_k l/Mol	$\varkappa = c_p/c_v$ bei 0° C
Ammoniak	NH_3	0,771	49,79	17,0	405	111,5	72,6	1,313
Azetylen	C_2H_2	1,171	32,59	26,0	308,9	61,6	112,6	1,244
Äthan	C_2H_6	1,356	28,21	30,1	308,3	49	143,2	1,20
Äthylen	C_2H_4	1,260	30,25	28,05	282,7	50,7	129,8	1,25
Argon	Ar	1,784	21,26	39,9	151	48,0	75,3	1,66
Benzol	C_6H_6	(3,48)	—	78,0	562	48	256,2	
Helium	He	0,179	212,0	4,0	5	2,26	58,1	1,66
Kohlenoxyd	CO	1,250	30,29	28,0	133	34,5	93,0	1,398
Kohlensäure	CO_2	1,977	19,27	44,0	304,2	73	95,7	1,30
Luft		1,293	29,27	29,0	132,5	37	93,4	1,402
Methan	CH_4	0,717	52,90	16,0	190,7	45,7	99,2	1,31
Sauerstoff	O_2	1,429	26,50	32,0	154,4	49,7	74,4	1,400
Schweflige Säure	SO_2	2,926	13,24	64,1	430	77,8	122,3	1,272
Stickstoff	N_2	1,2505	30,26	28,0	126,1	33,5	90,2	1,400
Wasserstoff	H_2	0,090	420,6	2,0	33,3	12,8	65,0	1,409
Wasserdampf	H_2O	(0,804)	47,06	18,0	647	217	54,9	1,332

Mittlere spez. Wärme von Gasen für 1 Nm³ bei 0° und 1 Atm.

Mittlere spezifische Wärme zwischen 0° und t° C $c_{pm}\Big|_{0°}^{t°}$ von Gasen im realen Gaszustand bei $p = 760$ Torr $= 1$ Atm in kcal/Nm³ Grad nach E. Justi[1])[2]). 1 Nm³ = 1 kmol/22,414. Für H_2O-Dampf ist der ideale Gaszustand eingesetzt, da er bei $t = 0°$ C einen Sättigungsdruck von nur 2 Torr hat; entsprechend ist für C_6H_6 $p = 76$ Torr $= 0{,}1$ Atm im realen Zustand gerechnet. Bei H_2, H_2O und CO_2 wird die spezifische Wärme für höchste Temperaturen durch Zerfall (Dissoziation) beträchtlich erhöht. Zahlenangaben bei Justi[1]), § 64. In der unteren Zahlentafel sind die Beträge $\Delta c_{pm}\Big|_0^1$ angegeben[2]), die bei Drucksteigerung (-minderung) um je 1 Atm zu addieren (subtrahieren) sind. Formeln hierzu s. S. 300. Durch die angegebenen spezifischen Gewichte kg/Nm³ sind die Tabellenwerte zu dividieren, um c_{pm} in kcal/kg Grad zu erhalten.

t° C	H_2	N_2	O_2	Luft	CO	CO_2	H_2O	CH_4	C_2H_2	C_2H_4	C_6H_6
kg/Nm³	0,089	1,250	1,429	1,293	1,250	1,977	(0,804)	0,717	1,171	1,260	(3,48)
0	0,306	0,311	0,313	$0{,}310_5$	0,311	$0{,}389_5$	0,356	0,369	$0{,}458_5$	0,452	0,680
25	0,307	0,311	0,313	$0{,}310_6$	0,311	$0{,}395_5$	0,357	0,378	0,472	0,465	0,712
100	0,309	$0{,}311_5$	0,315	0,311	$0{,}311_5$	0,412	0,358	$0{,}387_4$	0,495	0,506	0,818
200	0,310	$0{,}312_6$	0,319	0,313	$0{,}312_7$	$0{,}432_7$	0,367	0,420	$0{,}524_5$	0,558	0,945
300	0,311	$0{,}314_4$	0,324	0,315	0,315	$0{,}450_5$	0,372	0,451	0,549	0,606	$1{,}07_1$
400	0,311	0,317	$0{,}329_6$	0,318	0,318	0,465	0,378	0,481	0,569	$0{,}651_4$	$1{,}18_8$
500	0,312	0,319	$0{,}334_5$	0,321	0,321	0,481	0,384	$0{,}509_5$	0,586	$0{,}692_4$	$1{,}29_8$
600	0,313	0,322	0,339	0,324	$0{,}324_6$	0,493	0,390	0,537	0,602	$0{,}729_4$	$1{,}38_8$
700	0,314	0,325	0,343	$0{,}327_6$	0,328	0,504	0,397	0,563	0,617	0,763	1,49
800	0,315	0,328	0,347	0,331	$0{,}331_4$	$0{,}513_6$	0,403	0,588	0,631	$0{,}799_5$	1,57
900	0,316	0,331	0,350	0,334	$0{,}334_6$	0,523	$0{,}409_5$	$0{,}610_5$	0,643	$0{,}824_5$	1,65
1000	$0{,}317_6$	0,334	$0{,}353_5$	0,337	0,338	0,530	0,416	$0{,}632_4$	0,655	0,852	1,74
1100	0,319	0,337	0,356	0,340	0,341	0,538	0,422				
1200	0,321	0,340	0,359	$0{,}342_7$	0,344	$0{,}544_4$	0,427				
1300	0,323	0,342	0,361	0,345	0,346	0,550	0,434	Bei höheren Temperaturen zerfallen die Kohlenwasserstoffe teilweise			
1400	0,325	0,345	$0{,}363_5$	$0{,}347_4$	$0{,}348_4$	$0{,}555_4$	0,439				
1500	0,326	0,347	0,366	0,350	$0{,}350_4$	$0{,}560_4$	0,444				
1750	0,331	0,352	0,370	0,354	0,355	0,571	0,453				
2000	0,336	0,356	0,375	0,360	0,359	0,580	0,464				

$$\Delta c_{pm}\Big|_0^1$$

t° C	H_2	N_2	O_2	Luft	CO	CO_2	H_2O	CH_4	C_2H_2	C_2H_4	C_6H_6
0	0,0000	0,0007	0,0008	0,0007	0,0008	0,0054	—	$0{,}001_6$	$0{,}006_6$	0,005	(0,102)
25	0,0000	0,0006	0,0007	0,0006	0,0007	0,0047	—	$0{,}001_4$	$0{,}005_6$	0,004	$(0{,}08_2)$
100	0,0000	0,0004	$0{,}0006_6$	0,0004	0,0005	0,0031	—	$0{,}001_0$	$0{,}003_8$	0,003	$(0{,}05_5)$
200	0,0000	0,0003	0,0004	0,0003	0,0003	0,0020	—	$0{,}000_7$	$0{,}002_6$	0,002	$(0{,}03_7)$

[1]) Justi, E.: Spezifische Wärme, Enthalpie, Entropie und Dissoziation technischer Gase. Berlin: Springer 1938. [2]) Justi, E.: Feuerungstechn. Bd. 26 (1938) S. 313 u. 385.

Wärmeleitzahlen λ (in kcal/m h ° C).

Metalle.

Stoff	Meßtemperatur (° C)	λ
Aluminium . . .	100	175
	300	200
	500	230 ± 40 vH
Bronze	200	48
Gußeisen	10	43 ± 25 vH
Kupfer, rein . .	20 bis 200	335
Messing	20	79
	100	90
Nickel . . .	10	50 ± 10 vH
	500	41 ± 10 vH

Stoff	Meßtemperatur (° C)	λ
Stahl (0,1 vH C)	100	45
	300	40
	600	32
	900	29
Zink	200	90 ± 10 vH
	400	80 ± 10 vH
Zinn	0	56
	200	52 ± 10 vH

Bau- und feuerfeste Stoffe.

Beton	20	1,10
Gipsplatten . . .	20	0,37
Glas	17	0,72
Holz:		
Eiche ⊥ Faser	15	0,18
∥ Faser	20	0,36
Kiefer, ⊥ Faser	15	0,14
∥ Faser	20	0,29
Kalkstein . . .	100 bis 300	1,1

Marmor . . .		1,8 bis 2,9
Porzellan . . .	95	0,9
	1055	1,7
Schamottestein[1]	200	1,0
	500	1,16
Silikastein . . .	200	0,56
	600	0,88
	1000	1,19
Ziegelmauerwerk	0,35 bis 0,5	

Verschiedene feste Stoffe.

Gummi, weich .	30	0,151
Hartgummi . . .	40	0,137
Kesselstein, gipsreich	300	0,5 bis 2

Kesselstein, silikatreich . . .	300	0,07 bis 0,15
Ruß		0,03 „ 0,06
Steinkohle . . .	20 bis 100	0,155

Isolierstoffe[2].

	Raumgewicht in kg/m³	λ bei 100° C
Kieselgurmasse mit Tonzusatz	500	0,075
	800	0,135
	1000	0,190
Gebranntes Kieselgurmaterial	200	0,071
	400	0,086
	600	0,111
Magnesia-Asbest-, Kieselgur-Asbest-Leichtgipsformstücke	200	0,056
	400	0,078
Schlacken- und Glaswolle	200	0,045
	400	0,060

	Raumgewicht in kg/m³	λ bei 100° C
Pulverförmige Stoffe (Kieselgur, Gichtstaub, Kalkstaub usw.)	200	0,050
	500	0,073
	800	0,106
Asbest, lose . . .	300	0,060
	500	0,128
Seide	58	0,035[3])
Schlackenwolle .	119	0,034[3])
Kork	107	0,040[3])
	160	0,044[3])

Flüssigkeiten, Gase und Dämpfe.

		bei 0° C
Maschinenöl . .	900 bis 930	0,1 bis 0,15
Luft (gereinigt und getrocknet[4])		$2{,}066 \cdot 10^{-2}$
Wasserstoff.		$14{,}90 \cdot 10^{-2}$

	bei 0° C
Sauerstoff	$2{,}099 \cdot 10^{-2}$
Stickstoff	$2{,}063 \cdot 10^{-2}$
Kohlendioxyd	$1{,}24 \cdot 10^{-2}$

Luft, Rauchgase, Wasser, Wasserdampf bei höheren Temperaturen.

Wasser. Hierfür ist nach Jakob: $\lambda = 0{,}477\,(1 + 0{,}003\,t)$ zwischen $t = 0$ und $t = 80°$.

Wasserdampf	t° C	100°	150°	200°	250°	300°	350°	400°	450°	500°
	λ	0,020	0,023	0,026	0,029	0,032	0,034	0,037	0,040	0,043
Luft, Rauchgase, Sauerstoff, Stickstoff.	t° C	−20	0	50	100	150	200	250	300	350
	λ	0,019	0,020	0,023	0,026	0,029	0,032	0,034	0,037	0,039
	t° C	400	500	600	800	1000	1200	1400	1600	1800
	λ	0,042	0,046	0,050	0,058	0,066	0,073	0,080	0,087	0,094

[1]) Raumgewicht 1865 kg/m³.
[2]) Nach J. S. Cammerer: Der Wärme- und Kälteschutz in der Industrie 2. Auflage. Berlin: Springer 1938.
[3]) bei 50°. [4]) Nach Ulsamer: Z. DVI 1936 S. 537.

Strahlungszahlen C (kcal/m² h Grad⁴)[1].

Stoff	Oberfläche	Temperatur	C
Dachpappe	—	21	4,52
Eichenholz	gehobelt	21	4,44
Emaillelack	schneeweiß	24	4,50
Glas	glatt	22	4,65
Kalkmörtel	rauh, weiß	21—83	4,6
Marmor	hellgrau, poliert	22	4,62
Porzellan	glasiert	22	4,58
Ruß	glatt	—	4,6
Schamottesteine	glasiert	1000	3,7
Spirituslack	schwarz, glänzend	25	4,08
Ziegelsteine	rot, rauh	22	4,6—4,7
Wasser	senkrechte Strahlung	—	4,75
Öl	in dicker Schicht	—	4,06
Ölanstrich	—	—	3,86
Aluminium	roh	26	0,35—0,43
	poliert	230	0,19
Blei	poliert	130	0,28
Gußeisen	abgedreht	22	2,16
	flüssig	1330	1,4
Gold	poliert	630	0,17
Kupfer	poliert	23	0,24
	gewalzt	—	3,18
Messing	poliert	19	0,25
	„	300	0,15
	matt	56—338	1,10
Nickel	poliert	230	0,35
		380	0,43
Silber	poliert	230	0,10
Stahl	poliert		1,42
	matt oxydiert	26—356	4,76
Zink	verz. Eisenblech	28	1,13
	poliert	230	0,22
Zinn	blank verzinntes Blech	24	0,28—0,43
	Oxydierte Metalle		
Eisen	rot angerostet	20	3,04
	ganz verrostet	20	3,40
	glatte oder rauhe Gußhaut	23	4,0
Kupfer	schwarz	25	3,86
	oxydiert	600	2,8—3,6
Nickel	oxydiert	330	2,0
		1330	3,7

[1]) Hauptsächlich nach E. Schmidt: Wärmestrahlung technischer Oberflächen bei gewöhnlicher Temperatur. Beiheft z. Gesundh.-Ing. 1927, und H. Schmidt u. E. Furthmann: Über die Gesamtstrahlung fester Körper. Düsseldorf: Stahl-Eisen 1928. (Wiedergegeben in Schack: Der industrielle Wärmeübergang.)

Adiabatische und polytropische Dehnung von Gasen.

$\frac{p_1}{p_2}$	Für $n =$				Für $n =$			
	1,4 (Adiabate)	1,3	1,2	1,1	1,4 (Adiabate)	1,3	1,2	1,1
	ist $(p_1/p_2)^{1/m} = V_2/V_1 =$				ist $(p_1/p_2)^{(m-1)/m} = T_1/T_2 =$			
1,1	1,070	1,076	1,083	1,090	1,028	1,022	1,016	1,009
1,2	1,139	1,151	1,164	1,180	1,053	1,043	1,031	1,017
1,3	1,206	1,224	1,244	1,269	1,078	1,062	1,045	1,024
1,4	1,271	1,295	1,323	1,358	1,101	1,081	1,058	1,031
1,5	1,336	1,366	1,401	1,445	1,123	1,098	1,070	1,038
1,6	1,399	1,436	1,479	1,533	1,144	1,115	1,081	1,044
1,7	1,461	1,504	1,557	1,620	1,164	1,130	1,092	1,050
1,8	1,522	1,571	1,633	1,706	1,183	1,145	1,103	1,055
1,9	1,581	1,638	1,706	1,791	1,201	1,160	1,113	1,060
2 0	1 641	1,705	1,782	1,879	1,219	1,174	1,123	1,065
2,5	1,924	2,023	2,145	2,300	1,299	1,235	1,165	1,087
3,0	2,193	2,330	2,498	2,715	1,369	1,289	1,201	1,105
3,5	2,449	2,624	2,842	3,126	1,431	1,336	1,232	1,121
4,0	2,692	2,907	3,177	3,505	1,487	1,378	1,260	1,134
4,5	2,926	3,178	3,500	3,925	1,537	1,415	1,285	1,147
5,0	3,156	3,449	3,824	4,320	1,583	1,449	1,307	1,157
5,5	3,378	3,712	4,142	4,710	1,627	1,482	1,328	1,167
6,0	3,598	3,970	4,447	5,100	1,668	1,512	1,348	1,177
6,5	3,809	4,218	4,760	5,483	1,707	1,540	1,366	1,186
7,0	4,012	4,467	5,058	5,861	1,742	1,566	1,383	1,194
7,5	4,217	4,710	5,360	6,250	1,778	1,591	1,399	1,201
8,0	4,415	4,950	5,650	6,620	1,811	1,616	1,414	1,208
8,5	4,612	5,187	5,950	6,997	1,843	1,639	1,429	1,215
9,0	4,800	5,420	6,240	7,370	1,873	1,660	1,442	1,221
9,5	4,993	5,651	6,528	7,742	1,903	1,681	1,455	1,227
10,0	5,188	5,885	6,820	8,120	1,931	1,701	1,468	1,233
11	5,544	6,325	7,376	8,845	1,984	1,739	1,491	1,244
12	5,900	6,763	7,931	9,574	2,034	1,774	1,513	1,253
13	6.247	7,193	8,478	10,30	2,081	1,807	1,533	1,263
14	6,587	7,614	9,018	11,01	2,126	1,839	1,549	1,271
15	6,919	8,030	9,551	11,73	2,168	1,868	1,570	1,279
16	7,246	8,438	10,08	12,44	2,208	1,896	1,587	1,287
17	7,566	8,841	10,60	13,14	2,247	1,923	1,604	1,294
18	7,882	9,238	11,12	13,84	2,284	1,948	1,619	1,301
19	8,192	9,631	11,63	14,54	2,319	1,973	1,633	1,307
20	8,498	10,02	12,14	15,23	2,354	1,996	1,648	1,313
21	8,803	10,40	12,64	15,93	2,387	2,019	1,661	1,319
22	9,097	10,78	13,14	16,61	2,418	2,041	1,674	1,324
23	9,390	11,15	13,64	17,30	2,449	2,062	1,688	1,330
24	9,680	11,53	14,13	17,97	2,479	2,082	1,698	1,335
25	9,967	11,89	14,62	18,65	2,508	2,102	1,710	1,340
26	10,25	12,26	15,10	19,34	2,537	2,121	1,721	1,345
27	10,53	12,62	15,58	20,01	2,564	2,140	1,732	1,349
28	10,81	12,98	16,07	20,68	2,591	2,158	1,743	1,354
29	11,08	13,33	16,54	21,36	2,617	2,175	1,753	1,358
30	11,35	13,68	17,02	22,02	2,643	2,192	1,763	1,362
31	11,62	14,03	17,49	22,69	2,667	2,209	1,773	1,366
32	11,89	14,38	17,96	23,35	2,692	2,225	1,782	1,370
33	12,15	14,69	18,43	24,01	2,715	2,241	1,792	1,374
34	12,42	15,06	18,89	24,68	2,739	2,256	1,800	1,378
35	12,67	15,41	19,35	25,34	2,761	2,272	1,809	1,382
36	12,93	15,74	19,81	25,99	2,784	2,287	1,817	1,385
37	13,19	16,07	20,26	26,65	2,806	2,301	1,826	1,389
38	13,44	16,41	20,72	27,30	2,827	2,315	1,834	1,392
39	13,69	16,74	21,18	27,95	2,848	2,329	1,842	1,395
40	13,94	17,07	21,63	28,60	2,869	2,343	1,850	1,398

Dampftafel. Sättigungszustand (Drucktafel).

p	t	v''	γ''	i'	i''	r	s'	s''
0,010	6,698	131,7	0,007595	6,73	600,1	593,4	0,0243	2,1447
0,015	12,737	89,64	0,01116	12,78	602,8	590,0	0,0457	2,1096
0,020	17,204	68,27	0,01465	17,24	604,8	587,6	0,0612	2,0847
0,025	20,776	55,28	0,01809	20,80	606,4	585,6	0,0735	2,0655
0,030	23,772	46,53	0,02149	23,79	607,7	583,9	0,0836	2,0499
0,035	26,359	40,23	0,02486	26,37	608,8	582,4	0,0923	2,0366
0,040	28,641	35,46	0,02820	28,65	609,8	581,1	0,0998	2,0253
0,045	30,69	31,73	0,03152	30,69	610,7	580,0	0,1065	2,0153
0,050	32,55	28,73	0,03481	32,55	611,5	578,9	0,1126	2,0064
0,055	34,25	26,26	0,03808	34,24	612,2	578,0	0,1181	1,9982
0,060	35,82	24,19	0,04134	35,81	612,9	577,1	0,1232	1,9908
0,065	37,29	22,43	0,04458	37,27	613,5	576,2	0,1280	1,9841
0,070	38,66	20,92	0,04780	38,64	614,1	575,5	0,1324	1,9779
0,085	42,32	17,43	0,05739	42,29	615,7	573,4	0,1439	1,9612
0,10	45,45	14,95	0,06688	45,41	617,0	571,6	0,1538	1,9478
0,15	53,60	10,21	0,09791	53,54	620,5	567,0	0,1790	1,9140
0,20	59,67	7,795	0,1283	59,61	623,1	563,5	0,1974	1,8903
0,25	64,56	6,322	0,1582	64,49	625,1	560,6	0,2120	1,8718
0,30	68,68	5,328	0,1877	68,61	626,8	558,2	0,2241	1,8567
0,40	75,42	4,069	0,2458	75,36	629,5	554,1	0,2437	1,8334
0,50	80,86	3,301	0,3029	80,81	631,6	550,8	0,2592	1,8150
0,60	85,45	2,783	0,3594	85,41	633,4	548,0	0,2721	1,8001
0,70	89,45	2,409	0,4152	89,43	634,9	545,5	0,2832	1,7874
0,80	92,99	2,125	0,4705	92,99	636,2	543,2	0,2930	1,7767
0,90	96,18	1,904	0,5253	96,19	637,4	541,2	0,3018	1,7673
1,0	99,09	1,725	0,5797	99,12	638,5	539,4	0,3096	1,7587
1,5	110,79	1,180	0,8472	110,92	642,8	531,9	0,3408	1,7260
2,0	119,62	0,9016	1,109	119,87	645,8	525,9	0,3638	1,7029
2,5	126,79	0,7316	1,367	127,2	648,3	521,1	0,3820	1,6851
3,0	132,88	0,6166	1,622	133,4	650,3	516,9	0,3973	1,6703
3,5	138,19	0,5335	1,874	138,8	651,9	513,1	0,4106	1,6579
4,0	142,92	0,4706	2,125	143,6	653,4	509,8	0,4221	1,6474
4,5	147,20	0,4213	2,374	148,0	654,7	506,7	0,4326	1,6380
5,0	151,11	0,3816	2,621	152,1	655,8	503,7	0,4422	1,6297
5,6	155,41	0,3429	2,916	156,5	657,1	500,6	0,4527	1,6205
6,0	158,08	0,3213	3,112	159,3	657,8	498,5	0,4591	1,6151
6,6	161,82	0,2937	3,405	163,2	658,8	495,6	0,4681	1,6076
7,0	164,17	0,2778	3,600	165,6	659,4	493,8	0,4737	1,6029
7,6	167,51	0,2570	3,891	169,1	660,3	491,2	0,4815	1,5963
8,0	169,61	0,2448	4,085	171,3	660,8	489,5	0,4865	1,5922
8,6	172,61	0,2286	4,375	174,4	661,5	487,1	0,4935	1,5865
9,0	174,53	0,2189	4,568	176,4	662,0	485,6	0,4980	1,5827
9,6	177,28	0,2059	4,857	179,3	662,6	483,3	0,5044	1,5774
10,0	179,04	0,1981	5,049	181,2	663,0	481,8	0,5085	1,5740

Dampftafel. Sättigungszustand (Drucktafel) (Fortsetzung).

p	t	v''	γ''	i'	i''	r	s'	s''
11,0	183,20	0,1808	5,530	185,6	663,9	478,3	0,5180	1,5661
12,0	187,08	0,1664	6,010	189,7	664,7	475,0	0,5269	1,5592
13,0	190,71	0,1541	6,488	193,5	665,4	471,9	0,5352	1,5526
14,0	194,13	0,1435	6,967	197,1	666,0	468,9	0,5430	1,5464
15,0	197,36	0,1343	7,446	200,6	666,6	466,0	0,5503	1,5406
16,0	200,43	0,1262	7,925	203,9	667,1	463,2	0,5572	1,5351
17,0	203,35	0,1190	8,405	207,1	667,5	460,4	0,5638	1,5300
18,0	206,14	0,1126	8,886	210,1	667,9	457,8	0,5701	1,5251
19,0	208,81	0,1068	9,366	213,0	668,2	455,2	0,5761	1,5205
20,0	211,38	0,1016	9,846	215,8	668,5	452,7	0,5820	1,5160
21,0	213,85	0,09682	10,33	218,5	668,7	450,2	0,5875	1,5118
22,0	216,23	0,09251	10,81	221,2	668,9	447,7	0,5928	1,5078
23,0	218,53	0,08856	11,29	223,6	669,1	445,5	0,5978	1,5038
24,0	220,75	0,08492	11,78	226,1	669,3	443,2	0,6026	1,5000
25,0	222,90	0,08157	12,26	228,5	669,4	440,9	0,6074	1,4962
26,0	224,99	0,07846	12,75	230,8	669,5	438,7	0,6120	1,4926
28,0	228,98	0,07288	13,72	235,2	669,6	434,4	0,6206	1,4857
30	232,76	0,06802	14,70	239,5	669,7	430,2	0,6290	1,4793
33	238,08	0,06179	16,18	245,5	669,6	424,1	0,6406	1,4702
35	241,42	0,05822	17,18	249,4	669,5	420,1	0,6479	1,4645
38	246,17	0,05353	18,68	254,8	669,3	414,5	0,6584	1,4564
40	249,18	0,05078	19,69	258,2	669,0	410,8	0,6649	1,4513
45	256,23	0,04495	22,25	266,5	668,2	401,7	0,6803	1,4392
50	262,70	0,04024	24,85	274,2	667,3	393,1	0,6944	1,4280
55	268,69	0,03636	27,50	281,4	666,2	384,8	0,7075	1,4176
60	274,29	0,03310	30,21	288,4	665,0	376,6	0,7196	1,4078
65	279,54	0,03033	32,97	294,8	663,6	368,8	0,7311	1,3986
70	284,48	0,02795	35,78	300,9	662,1	361,2	0,7420	1,3897
75	289,17	0,02587	38,66	307,0	660,5	353,5	0,7524	1,3813
80	293,62	0,02404	41,60	312,6	658,9	346,3	0,7623	1,3731
85	297,86	0,02241	44,62	318,2	657,0	338,8	0,7718	1,3654
90	301,92	0,02096	47,71	323,6	655,1	331,5	0,7810	1,3576
95	305,80	0,01964	50,91	328,8	653,2	324,4	0,7898	1,3500
100	309,53	0,01845	54,21	334,0	651,1	317,1	0,7983	1,3424
110	316,58	0,01637	61,08.	344,0	646,7	302,7	0,8147	1,3279
120	323,15	0,01462	68,42	353,9	641,9	288,0	0,8306	1,3138
126	326,88	0,01369	73,03	359,4	638,7	279,3	0,8397	1,3054
130	329,30	0,01312	76,23	363,0	636,6	273,6	0,8458	1,2998
140	335,09	0,01181	84,68	372,4	631,0	258,6	0,8606	1,2858
150	340,56	0,01065	93,90	381,7	624,9	243,2	0,8749	1,2713
160	345,74	0,009616	104,0	390,8	618,3	227,5	0,8892	1,2564
180	355,35	0,007809	128,0	410,2	602,5	192,3	0,9186	1,2251
200	364,08	0,00620	161,2	431,5	582,3	150,8	0,9514	1,1883
224	373,6	0,00394	254	478	532	54	1,022	1,10

Gesättigter Wasserdampf von +0° bis +50°.

Temperatur t °C	Druck p kg/cm²	Druck mm QS	Spezifisches Volumen v'' m³/kg	Spezifisches Gewicht γ'' g/m³
0	0,006228	4,581	206,3	4,846
1	0,006694	4,923	192,7	5,191
2	0,007193	5,290	180,0	5,557
3	0,007723	6,681	168,2	5,945
4	0,008289	6,097	157,3	6,358
5	0,008890	6,539	147,2	6,795
6	0,009530	7,009	137,8	7,257
7	0,010210	7,509	129,1	7,747
8	0,010932	8,040	121,0	8,267
9	0,011699	8,605	113,4	8,816
10	0,012513	9,203	106,4	9,396
11	0,013376	9,838	99,92	10,01
12	0,014291	10,491	93,85	10,66
13	0,015261	11,225	88,19	11,34
14	0,016289	11,981	82,91	12,06
15	0,017376	12,780	77.99	12,82
16	0,018527	13,627	73,39	13,63
17	0,019745	14,522	69,10	14,47
18	0,02103	15,468	65,10	15,36
19	0,02239	16,468	61,35	16,30
20	0,02383	17,527	57,84	17,29
21	0,02534	18,638	54,56	18,33
22	0,02694	19,814	51,49	19,42
23	0,02863	21,057	48,63	20,56
24	0,03041	22,367	45,94	21,77
25	0,03229	23,641	43,41	23,04
26	0,03426	25,198	41,04	24,37
27	0,03634	26,718	38,82	25,76
28	0,03853	28,339	36,73	27,23
29	0,04083	30,030	34,77	28,76
30	0,04325	31,810	32,93	30,36
31	0,04580	33,686	31,20	32,04
32	0,04847	35,650	29,58	33,80
33	0,05128	37,716	28,05	35,65
34	0,05423	39,886	26,61	37,58
35	0,05733	42,166	25,25	39,60
36	0,06057	44,549	23,97	41,71
37	0,06398	47,057	22,77	43,92
38	0,06755	49,683	21,63	46,22
39	0,07129	52,433	20,56	48,63
40	0,07520	55,310	19,55	51,14
41	0,07930	58,325	18,60	53,77
42	0,08360	61,488	17,70	56,50
43	0,08809	64,790	16,85	59,35
44	0,09279	68,247	16,04	62,33
45	0,09771	71,866	15,28	65,44
46	0,10284	75,639	14,56	68,67
47	0,10821	79,588	13,88	72,03
48	0,11382	83,715	13,24	75,53
49	0,11967	88,017	12,63	79,18
50	0,12578	92,511	12,05	82,98

Wärmeinhalt von Wasserdampf aus Wasser von 0° C in kcal/kg nach VDI-Wasserdampftafeln 1937.

Druck p kg/cm² absolut	Sattdampf Sättigungs-temperatur °C	Überhitzter Dampf bei °C															
		250	270	290	310	330	350	360	370	380	390	400	410	420	430	440	450
6	158,1	706,0	715,8	725,5	735,4	745,3	755,1	760,1	765,1	770,0	775,0	780,0	785,0	790,0	795,0	800,1	805,2
11	183,2	701,9	712,2	722,3	732,5	742,6	752,8	757,8	762,9	767,9	773,0	778,1	783,2	788,3	793,4	798,5	803,6
12	187,1	701,1	711,5	721,6	731,9	742,1	752,3	757,4	762,4	767,5	772,6	777,7	782,8	787,9	793,0	798,2	803,3
13	190,7	700,3	710,8	721,0	731,3	741,6	751,8	756,9	762,0	767,1	772,2	777,3	782,4	787,6	792,7	797,9	803,0
14	194,1	699,4	710,0	720,3	730,7	741,0	751,3	756,4	761,6	766,7	771,8	776,9	782,1	787,2	792,4	797,6	802,7
15	197,4	698,5	709,3	719,7	730,1	740,5	750,9	756,0	761,2	766,3	771,4	776,6	781,7	786,9	792,1	797,3	802,4
16	200,4	697,6	708,5	719,1	729,6	740,0	750,4	755,5	760,7	765,9	771,0	776,2	781,3	786,5	791,7	796,9	802,1
17	203,4	696,7	707,7	718,4	729,0	739,4	749,9	755,1	760,3	765,4	770,6	775,8	781,0	786,2	791,4	796,6	801,8
18	206,2	695,7	706,9	717,7	728,4	738,9	749,4	754,6	759,8	765,0	770,2	775,4	780,6	785,8	791,0	796,3	801,5
21	213,9	692,9	704,6	715,7	726,6	737,3	748,0	753,3	758,5	763,8	769,0	774,3	779,5	784,8	790,0	795,3	800,5
22	216,2	691,9	703,7	715,0	726,0	736,8	747,5	752,8	758,1	763,3	768,6	773,9	779,1	784,4	789,7	795,0	800,2
24	220,8	689,9	702,1	713,6	724,8	735,7	746,5	751,9	757,2	762,5	767,8	773,1	778,4	783,7	789,0	794,3	799,6
26	225,0	687,8	700,4	712,2	723,5	734,6	745,6	751,0	756,3	761,7	767,0	772,3	777,7	783,0	788,3	793,7	799,0
28	229,0	685,6	698,6	710,7	722,2	733,5	744,6	750,0	755,4	760,8	766,2	771,6	776,9	782,3	787,7	793,0	798,3
30	232,8	683,3	696,8	709,2	721,0	732,4	743,6	749,1	754,6	760,0	765,4	770,8	776,2	781,6	787,0	792,4	797,7
33	238,1	679,5	693,9	706,9	719,0	730,7	742,0	747,6	753,1	758,6	764,1	769,6	775,1	780,5	785,9	791,4	796,8
35	241,5	676,9	692,0	705,3	717,7	729,5	741,0	746,6	752,2	757,8	763,3	768,8	774,3	779,8	785,3	790,7	796,1
41	250,7	—	685,7	700,2	713,5	726,0	737,8	743,6	749,4	755,1	760,8	766,5	772,1	777,6	783,2	788,8	794,3
45	256,3	—	681,0	696,6	710,6	723,4	735,7	741,6	747,5	753,3	759,1	764,8	770,5	776,1	781,8	787,4	793,0
51	263,9	—	673,3	690,8	705,9	719,6	732,4	738,6	744,7	750,7	756,6	762,4	768,2	774,0	780,1	785,4	791,1
60	274,3	—	—	681,0	698,3	713,4	727,1	733,7	740,1	746,4	752,6	758,7	764,7	770,6	776,5	782,4	788,2
65	279,6	—	—	675,0	693,7	709,8	723,2	731,0	737,6	744,1	750,3	756,5	762,6	768,7	774,7	780,7	786,6
70	284,5	—	—	668,5	688,8	705,9	721,0	728,1	734,9	741,5	748,0	754,4	760,6	766,8	772,9	778,9	784,9
81	294,4	—	—	—	676,9	696,7	713,7	721,4	728,8	735,9	742,8	749,6	756,1	762,5	768,8	775,1	781,3
90	301,9	—	—	—	665,9	688,5	707,1	715,5	723,4	730,9	738,2	745,3	752,1	758,8	765,3	771,8	778,1
101	310,3	—	—	—	—	677,2	698,4	707,6	716,3	724,6	732,4	739,9	747,1	754,1	761,0	767,7	774,3
120	323,1	—	—	—	—	654,0	681,4	692,7	703,1	712,6	721,5	730,0	738,0	745,7	753,2	760,4	767,4
126	326,8	—	—	—	—	—	675,3	687,5	698,4	708,5	717,8	726,6	735,0	742,9	750,6	758,0	765,1
140	335,0	—	—	—	—	—	660,1	674,4	686,9	698,3	708,7	718,4	727,5	736,1	744,3	752,2	759,8
161	346,2	—	—	—	—	—	—	650,4	667,2	681,3	693,5	705,2	716,1	725,3	734,3	742,9	751,2
201	364,5	—	—	—	—	—	—	—	—	638,7	659,6	675,7	689,4	701,8	713,0	723,5	733,2
225,05	**374**	**Krit. Druck**															

Druck p kg/cm² absolut	Sattdampf Sättigungs-temperatur °C	Überhitzter Dampf bei °C				
		460	480	500	530	550
26	225,0	804,3	815,0	825,7	842,0	852,7
30	232,8	803,1	813,9	824,7	841,0	851,9
33	238,1	802,2	813,0	823,9	840,3	851,3
35	241,5	801,6	812,5	823,4	839,8	850,8
41	250,7	799,8	810,8	821,9	838,4	849,5
45	256,3	798,5	809,7	820,8	837,5	848,6
51	263,9	796,7	808,0	819,3	836,1	847,4
55	268,7	795,5	806,9	818,3	835,2	846,5
60	274,3	793,9	805,5	816,9	834,0	845,4
65	279,6	792,4	804,1	815,7	832,9	844,3
70	284,5	790,8	802,6	814,3	831,6	843,2
75	289,2	789,2	801,1	813,0	830,6	842,2
81	294,4	787,3	799,4	811,4	829,1	840,8
85	297,9	786,0	798,2	810,3	828,1	840,0
90	301,9	784,4	796,8	808,9	826,9	838,9
95	305,8	782,8	795,3	807,6	825,8	837,8
101	310,3	780,8	793,5	805,9	824,2	836,5
110	316,6	777,7	790,7	803,4	822,2	834,2
120	323,1	774,3	787,7	800,6	819,9	832,0
126	326,8	772,1	785,8	798,9	818,2	830,7
130	329,3	770,7	784,5	797,8	817,2	829,8
140	335,0	767,1	781,3	794,9	814,7	827,4
150	340,6	763,4	778,0	792,0	812,1	825,0
161	346,2	759,1	774,3	788,8	809,3	822,5
180	355,4	751,6	767,8	782,9	804,4	817,8
201	364,5	742,5	760,1	776,3	798,5	812,5

fett: Normendrücke

Rauminhalt von Wasserdampf in m³/kg nach VDI-Wasserdampftafeln 1937.

Druck p at absolut	Sattdampf: Sättigungs-temperatur °C	Sattdampf: Raum-inhalt m³/kg	Überhitzter Dampf bei °C: 240	260	280	300	320	340	360	370	380	400	420	430	440	460	480	500
6	158,1	0,3213	0,393	0,410	0,426	0,443	0,459	0,475	0,491	0,500	0,508	0,524	0,540	0,548	0,556	0,572	0,588	0,604
7	164,2	0,2778	0,336	0,350	0,365	0,379	0,393	0,407	0,421	0,428	0,435	0,448	0,462	0,469	0,476	0,490	0,503	0,517
8	169,6	0,2448	0,293	0,305	0,318	0,331	0,343	0,355	0,367	0,374	0,380	0,392	0,404	0,410	0,416	0,428	0,440	0,452
9	174,5	0,2189	0,259	0,271	0,282	0,293	0,304	0,315	0,326	0,332	0,337	0,348	0,359	0,364	0,369	0,380	0,391	0,401
11	183,2	0,1808	0,210	0,220	0,229	0,239	0,248	0,257	0,266	0,270	0,275	0,284	0,293	0,297	0,302	0,310	0,319	0,328
12	187,1	0,1664	0,192	0,201	0,210	0,218	0,227	0,235	0,243	0,247	0,252	0,260	0,268	0,272	0,276	0,284	0,292	0,300
13	190,7	0,1541	0,176	0,185	0,193	0,201	0,209	0,216	0,224	0,228	0,232	0,239	0,247	0,251	0,255	0,262	0,270	0,277
14	194,1	0,1435	0,163	0,171	0,179	0,186	0,193	0,201	0,208	0,211	0,215	0,222	0,229	0,233	0,236	0,243	0,250	0,257
15	197,4	0,1343	0,152	0,159	0,166	0,173	0,180	0,187	0,194	0,197	0,200	0,207	0,214	0,217	0,220	0,227	0,233	0,240
16	200,4	0,1262	0,141	0,148	0,155	0,162	0,168	0,175	0,181	0,184	0,188	0,194	0,200	0,203	0,206	0,212	0,218	0,225
17	203,4	0,1190	0,133	0,139	0,146	0,152	0,158	0,164	0,170	0,173	0,176	0,182	0,188	0,191	0,194	0,200	0,205	0,211
18	206,2	0,1126	0,125	0,131	0,137	0,143	0,149	0,155	0,161	0,163	0,166	0,172	0,177	0,180	0,183	0,188	0,194	0,199
21	213,9	0,09682	0,105	0,111	0,116	0,122	0,127	0,132	0,137	0,139	0,142	0,147	0,151	0,154	0,156	0,161	0,166	0,170
22	216,2	0,09251	0,190	0,105	0,111	0,116	0,121	0,126	0,130	0,133	0,135	0,140	0,144	0,147	0,149	0,154	0,158	0,163
24	220,8	0,08492	0,091	0,096	0,101	0,106	0,110	1.115	0,119	0,121	0,123	0,128	0,132	0,134	0,136	0,140	0,145	0,149
26	225,0	0,07846	0,083	0,088	0,092	0,097	0,101	0,105	0,110	0,112	0,114	0,118	0,122	0,124	0,126	0,129	0,133	0,137
28	229,0	0,07288	0,076	0,081	0,085	0,081	0,093	0,097	0,101	0,103	0,105	0,109	0,113	0,114	0,116	0,120	0,124	0,127
30	232,8	0,06802	0,070	0,075	0,079	0,083	0,087	0,091	0,094	0,096	0,098	0,101	0,105	0,107	0,108	0,112	0,115	0,118
33	238,2	0,06179	0,062	0,067	0,071	0,075	0,078	0,082	0,085	0,087	0,088	0,092	0,095	0,097	0,098	0,101	0,104	0,107
35	241,5	0,05822	—	0,062	0,066	0,070	0,073	0,077	0,080	0,082	0,083	0,086	0,089	0,091	0,092	0,095	0,098	0,101
41	250,7	0,04950	—	0,051	0,055	0,059	0,062	0,065	0,068	0,069	0,070	0,073	0,076	0,077	0,078	0,081	0,083	0,086
45	256,3	0,04495	—	0,046	0,049	0,053	0,056	0,058	0,061	0,062	0,064	0,066	0,069	0,070	0,071	0,073	0,076	0,078
51	263,9	0,03940	—	—	—	0,045	0,048	0,051	0,053	0,054	0,056	0,058	0,060	0,061	0,062	0,064	0,067	0,069
60	274,3	0,03310	—	—	—	0,037	0,040	0,042	0,044	0,045	0,046	0,048	0,050	0,051	0,052	0,054	0,056	0,058
65	279,6	0,03033	—	—	—	0,034	0,036	0,038	0,040	0,041	0,042	0,045	0,046	0,047	0,048	0,050	0,052	0,053
70	284,5	0,02795	—	—	—	0,030	0,033	0,035	0,037	0,038	0,039	0,041	0,043	0,043	0,044	0,046	0,048	0,049
81	294,4	0,02370	—	—	—	0,024	0,028	0,030	0,031	0,032	0,033	0,035	0,037	0,037	0,038	0,040	0,041	0,042
90	301,9	0,02096	—	—	—	—	0,023	0,026	0,027	0,028	0,029	0,031	0,032	0,033	0,034	0,035	0,036	0,038
101	310,3	0,01823	—	—	—	—	0,020	0,022	0,024	0,025	0,026	0,027	0,028	0,029	0,030	0,031	0,032	0,033
120	323,1	0,01462	—	—	—	—	—	0,017	0,019	0,019	0,020	0,022	0,023	0,024	0,024	0,025	0,026	0,027
126	326,8	0,01369	—	—	—	—	—	0,016	0,018	0,018	0,019	0,021	0,022	0,022	0,023	0,024	0,025	0,026
140	335,0	0,01181	—	—	—	—	—	0,013	0,015	0,016	0,016	0,018	0,019	0,020	0,020	0,021	0,022	0,023
161	346,2	0,00952	—	—	—	—	—	—	0,012	0,012	0,013	0,015	0,016	0,016	0,017	0,018	0,019	0,020
201	364,5	0,00612	—	—	—	—	—	—	—	0,007	0,009	0,010	0,012	0,012	0,013	0,014	0,014	0,015
220	—	0,00449	—	—	—	—	—	—	—	—	0,007	0,009	0,010	0,010	0,011	0,012	0,013	0,013
225,05	**374**	**0,00306**		Krit. Druck														

fett: Normendrücke

Einheitsgewichte von Luft (kg/m³) bei 60, 80 und 100 vH relativer Feuchtigkeit bei Temperaturen von −10° bis +50° und Barometerständen von 720 bis 770 mm QS.

mm QS	720			730			740			750			760			770			
relative Feuchtigkeit	60 vH	80 vH	100 vH	60 vH	80 vH	100 vH	60 vH	80 vH	100 vH	60 vH	80 vH	100 vH	60 vH	80 vH	100 vH	60 vH	80 vH	100 vH	t_0
−10	1,271	1,271	1,271	1,289	1,289	1,289	1,307	1,307	1,307	1,325	1,325	1,325	1,342	1,342	1,342	1,360	1,360	1,360	−10
− 8	1,261	1,261	1,261	1,279	1,279	1,279	1,297	1,297	1,297	1,316	1,316	1,315	1,332	1,332	1,332	1,350	1,350	1,350	− 8
− 6	1,252	1,252	1,251	1,270	1,270	1,269	1,288	1,288	1,287	1,307	1,307	1,306	1,322	1,322	1,322	1,340	1,340	1,340	− 6
− 4	1,243	1,243	1,242	1,260	1,260	1,260	1,278	1,278	1,277	1,297	1,297	1,296	1,311	1,311	1,311	1,330	1,330	1,330	− 4
− 2	1,234	1,233	1,232	1,251	1,250	1,250	1,268	1,268	1,267	1,287	1,286	1,285	1,301	1,300	1,300	1,320	1,319	1,319	− 2
± 0	1,225	1,224	1,223	1,242	1,241	1,240	1,259	1,258	1,257	1,277	1,276	1,275	1,291	1,290	1,290	1,310	1,309	1,309	± 0
+ 2	1,216	1,215	1,214	1,233	1,232	1,231	1,249	1,248	1,247	1,267	1,266	1,265	1,282	1,281	1,280	1,301	1,300	1,300	+ 2
+ 4	1,207	1,206	1,205	1,224	1,223	1,222	1,240	1,239	1,238	1,257	1,256	1,255	1,273	1,272	1,271	1,291	1,290	1,289	+ 4
+ 6	1,198	1,197	1,196	1,215	1,214	1,213	1,230	1,229	1,228	1,248	1,247	1,246	1,264	1,263	1,262	1,281	1,280	1,279	+ 6
+ 8	1,189	1,188	1,187	1,205	1,204	1,203	1,221	1,220	1,219	1,239	1,238	1,237	1,255	1,254	1,253	1,271	1,270	1,269	+ 8
+10	1,180	1,179	1,178	1,196	1,195	1,194	1,212	1,211	1,210	1,230	1,229	1,228	1,245	1,244	1,243	1,262	1,261	1,260	+10
+12	1,172	1,170	1,169	1,187	1,186	1,185	1,203	1,202	1,201	1,221	1,220	1,219	1,235	1,234	1,233	1,253	1,252	1,251	+12
+14	1,163	1,161	1,160	1,178	1,177	1,176	1,194	1,193	1,192	1,212	1,211	1,210	1,226	1,225	1,224	1,244	1,243	1,242	+14
+16	1,154	1,152	1,151	1,169	1,168	1,167	1,185	1,183	1,181	1,203	1,201	1,199	1,217	1,215	1,213	1,235	1,233	1,231	+16
+18	1,145	1,143	1,141	1,161	1,159	1,157	1,176	1,174	1,172	1,194	1,192	1,190	1,208	1,206	1,204	1,225	1,223	1,221	+18
+20	1,136	1,134	1,132	1,152	1,150	1,148	1,167	1,165	1,163	1,185	1,183	1,181	1,199	1,197	1,195	1,216	1,214	1,212	+20
+22	1,127	1,125	1,123	1,143	1,141	1,139	1,158	1,156	1,154	1,176	1,174	1,172	1,190	1,188	1,186	1,207	1,205	1,203	+22
+24	1,118	1,116	1,114	1,134	1,132	1,130	1,150	1,147	1,144	1,167	1,164	1,162	1,181	1,178	1,175	1,198	1,195	1,192	+24
+26	1,110	1,107	1,104	1,125	1,123	1,121	1,141	1,138	1,135	1,158	1,155	1,152	1,172	1,169	1,166	1,189	1,186	1,183	+26
+30	1,094	1,090	1,087	1,109	1,105	1,101	1,124	1,120	1,116	1,140	1,136	1,132	1,154	1,150	1,146	1,171	1,167	1,163	+30
+34	1,077	1,072	1,068	1,092	1,087	1,082	1,107	1,102	1,097	1,122	1,117	1,112	1,136	1,131	1,126	1,153	1,148	1,143	+34
+38	1,069	1,053	1,047	1,074	1,068	1,062	1,090	1,084	1,078	1,104	1,098	1,092	1,118	1,112	1,106	1,135	1,129	1,123	+38
+42	1,041	1,034	1,027	1,056	1,049	1,042	1,072	1,065	1,058	1,086	1,079	1,072	1,100	1,093	1,086	1,117	1,110	1,103	+42
+46	1,023	1,015	1,007	1,038	1,030	1,022	1,054	1,046	1,038	1,068	1,060	1,052	1,082	1,074	1,066	1,098	1,090	1,082	+46
+50	1,005	0,995	0,985	1,020	1,010	1,000	1,035	1,025	1,015	1,050	1,040	1,030	1,064	1,054	1,044	1,079	1,069	1,059	+50

Temperatur des trockenen Thermometers

Temperatur des trockenen Thermometers

Zähigkeit von Wasserdampf, Wasser und Luft.

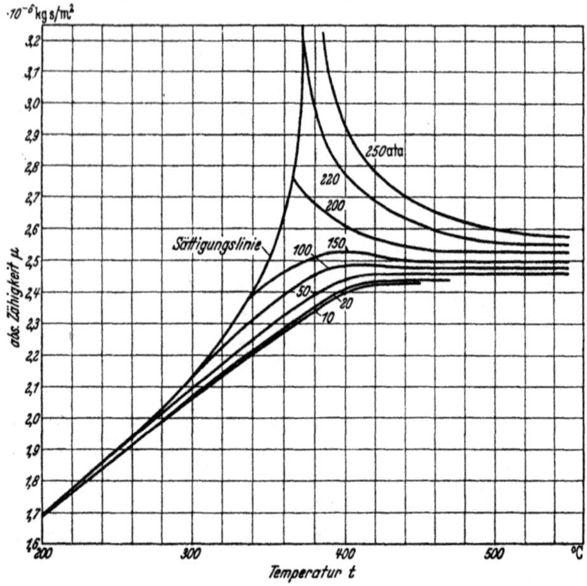

Fig. 1. Dynamische Zähigkeit $\mu \left[\frac{\text{kg} \cdot \text{sek}}{\text{m}^2}\right]$ des Wasserdampfes. $\left(\nu = \frac{\mu}{\gamma/g}\right) \frac{\text{m}^2}{\text{sek}}$.

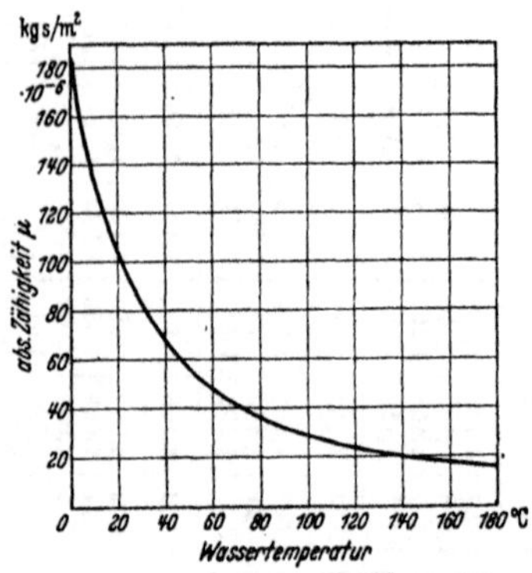

Fig. 2. Dynamische Zähigkeit $\mu \left[\frac{\text{kg} \cdot \text{sek}}{\text{m}^2}\right]$ des Wassers. $\left(\nu = \frac{\mu}{\gamma/g}\right) \frac{\text{m}^2}{\text{sek}}$.

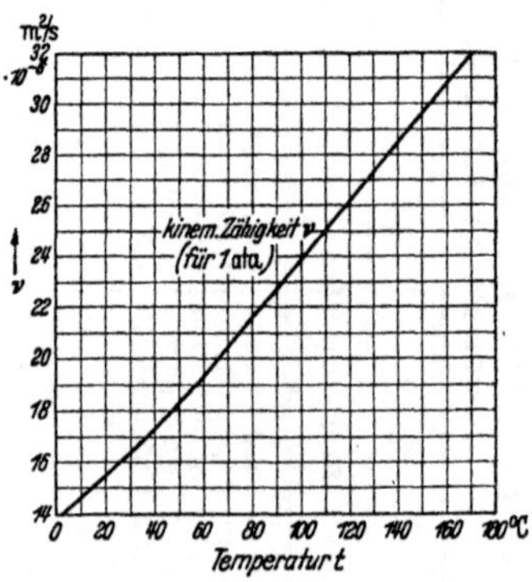

Fig. 3. Kinematische Zähigkeit $\nu \left[\frac{\text{m}^2}{\text{sek}}\right]$ der Luft.

Werte 10^{-6} für Luft von höherer Temperatur.

°C	200	250	300	350	400	450	500	550	600	650	700	750	800	850	900	1000
$\mu \cdot 10^6$	2,60	2,76	2,94	3,13	3,31	3,48	3,64	3,79	3,94	4,09	4,24	4,38	4,52	4,65	4,78	5,03

Beispiel: ν für Luft von 200° und 10 ata ist zu bestimmen. $\nu = \mu \cdot g/\gamma = 2{,}60 \cdot 10^{-6} \cdot 9{,}81/\gamma = \frac{25{,}51 \cdot 10^{-6}}{\gamma}$; $\gamma = 1{,}293 \cdot \frac{273}{273 + 200} \cdot \frac{735{,}5}{760} = 0{,}724$ kg/m³; $\nu = \frac{25{,}51 \cdot 10^{-6}}{0{,}724} = 35{,}23 \cdot 10^{-6}$.

$\nu_{10\,\text{ata}} = 0{,}35 \cdot 10^{-5}$ m²/sek. S. S. 251.

Spezifische und Raumeinheitsgewichte (in t/m^3, kg/dm^3, g/cm^3).

Brennstoffe.

Anthrazit	1,5 bis 1,7	Holzkohle, gestoßen	1,4 bis 1,5
Braunkohle	1,2 „ 1,5	Koks im Stück	bis 1,4
Glanzkohle	1,2 „ 1,5	Preßkohle (Briketts)	1,25
Grobkohle	1,2 „ 1,5	Steinkohle	1,25 bis 1,4
Holzkohle in Stücken	0,36	Torf, lufttrocken	0,6 „ 0,9

Metalle und Legierungen. (S. auch S. 486.)

Aluminium, rein	2,7	Kupferdraht, geglüht	8,86
„ gegossen	2,56	„ „ hart	8,96
„ gehämmert	2,75	Duralumin	2,80
Akrit-Scheidemetall	9,00	Roheisen, grau	6,7 bis 7,7
Antimon	6,7	„ weiß	7,0 „ 7,8
Arsen	5,7	Magnesium	1,72
Blei, gegossen	11,4	Mangan	7,3
„ flüssig	10,6	Messing	8,5
Bronze (je nach Zinngehalt)	8,8	Molybdän	9 bis 10
Chrom	6,9	Monelmetall	8,58
Deltametall	8,6	Nickel, gegossen	8,30
Eisen, rein	7,87	„ gehämmert	8,35 bis 8,65
Eisendraht	7,8	„ gezogen	8,35 „ 8,90
Flußstahl	7,85	Phosphorbronze	8,8
Glockenmetall	8,8	Platin, gegossen	21,15
Gußeisen	7,25	„ gewalzt	21,4
Stahlformguß	7,85	„ gezogen	21,45
Molybdänstahl	8,1	Quecksilber	13,6
Flußstahl	7,86	Vanadin	5,5
Schnellstahl (je nach Wolframgehalt)	8,1 bis 9,0	Weißmetall (Lagermetall)	7,5 bis 10,0
Schweißstahl	7,8	Wismut, gegossen	9,82
Silumin	2,7	Wolfram	19,1
Tiegelstahl	7,85	Zink, gegossen	6,9
Kupfer, gegossen	8,6 bis 8,9	„ gehämmert	7,0 bis 7,20
„ , gehämmert	8,9 „ 9	„ gewalzt	7,2
„ , gewalzt	8,9	Zinn, gegossen	7,2
„ , elektrolytisch	8,9 bis 8,95	„ gewalzt	7,4

Hölzer (s. S. 474).

Sonstige Stoffe.

Asbest	2,1 bis 2,8	Kreide	1,8 bis 2,6
Asbestpappe	1,2	Kunststoffe Aminoplast K	1,5
Baumwolle, trocken	1,48	„ Phenoplast S	1,4
Brauneisenstein	3,5 bis 4	„ „ T	1,4
Eis	0,92	„ „ M	1,8
Gips, gebrannt	1,82	Leder, trocken	0,85
Glas, Fenster-	2,5	„ gefettet	1,02
„ Flint-	3,5	Porzellan	2,45
Graphit	1,8 bis 2,3	Schamottesteine	1,8 bis 2,2
Gummi arab.	1,35 „ 1,45	Schmirgel	4,0
Guttapercha	1,0	Steingut	1,35 bis 1,6
Isolierstoffe s. S. 648.		Ton, trocken	1,8
Kautschuk, roh	0,92 bis 0,96	„ frisch	2,6
Kork	0,2 „ 0,3	Vulkanfiber	1,28

Flüssigkeiten bei 15°.

(Bezüglich flüssige Brennstoffe s. S. 326.)

Äther (Schwefeläther)	0,73	Natronlauge mit 22 vH NaOH	1,25
Alkohol	0,79	„ „ 66 vH „	1,70
Glyzerin	1,26	Salpetersäure mit 70 vH HNO_3	1,42
Leinöl	0,94	Salzsäure mit etwa 20 vH HCl	1,1
Mineralöle:		Schwefelsäure mit etwa 66 vH H_2SO_4	1,6
Spindelöl	0,90	Spiritus — 90 Raumhundertstel	0,83
Maschinenöl	0,91	Steinkohlenteer	1,2
Eisenbahnachsenöle	0,92	Teeröl	1,1
Zylinderöle	0,93	Terpentinöl	0,86
Quecksilber (bei 0°)	13,6		

Gase und Dämpfe bei 0° und 760 mm QS. s. S. 636.
(Bezüglich spez. Gewicht der Rauchgase s. S. 334.)

Raumgewichte[1]) von Baustoffen in kg/m³.

Auszug aus DIN 1055.

Füllstoffe in geschüttetem Zustand.

	Berechnungsgewicht		Berechnungsgewicht
Erde, Sand, Lehm, naß	2100	Kohlenschlacke	1000
Desgl. grubenfeucht (etwa 5 vH Wasser enthaltend)	1800	Hochofenschlacke (Stückschlacke in der Körnung von Eisenbahnschotter)	1500
„ trocken	1600	Hochofenschlacke (granulierter Schlackensand)	1000
Kies, naß	2000		
„ trocken	1700		
Koksasche	700		

Werkstücke und Mauerwerk aus natürlichen Steinen.

	Berechnungsgewicht		Berechnungsgewicht
Granit, Gneis, Syenit, Porphyr	2600	Kalksteine, porig	2200
Basalt	3000	Sandsteine	2400
Kalksteine, dicht	2600		

Mauerwerk aus künstlichen Steinen in Normalformat.

Klinker	1900	Korksteine	600
Mauerziegel[2])	1800	Kalksandsteine[1]	1800
Hohlziegel	1450	Kunstsandsteine	2100
Porige Vollziegel	1100	Schlackensteine	1400
Porige Hohlziegel	1000	Hochofenschlacken-Mauersteine	1800
Schwemmsteine und Hochofenschwemmsteine	1000		

Mörtel.

Zementmörtel und Zementtraßmörtel	2100	Kalkmörtel und Kalkgipsmörtel	1700
Kalkzementmörtel und Kalktraßmörtel	1900	Gipsmörtel	1200

Beton aus

Kies, Granitschotter u. dgl.	2200	Bimskies mit Sandzusatz	1600
Desgl. mit Stahleinlage	2400	Desgl. mit Stahleinlage	1800
Ziegelschotter	1800	Hochofenschlacke	2200
Kohlenschlacke m. Sandzusatz	1600		

Bauhölzer, lufttrocken (Feuchtigkeitsgehalt etwa 15 vH)[3]).

Kiefer (Föhre)	600	Gelbkiefer (Yellowpine)	800
Fichte (Rottanne)	550	Eiche	800
Tanne (Weißtanne)	550	Rotbuche	700
Lärche	600	Ausländische Harthölzer	1000
Pechkiefer (Pitchpine)	800		

Mittlere Gewichte von Lagerstoffen (in kg/m³).

Preuß. Min.-Erlaß v. 30. 8. 1934 und DIN 1055, Blatt 1.

Braunkohle	700 bis 800 (750)[4])	Preßkohlen	750 bis 1250 (1000)
Formsand, aufgeschüttet	1200	Torf	300 „ 900 (600)
„ eingestampft	1650	Zechenkoks	380 „ 530 (500)
Gaskoks	360 bis 470 (450)	Asche	900
Holz in Scheiten	330 „ 420 (400)	Kalk, gebrannt, in Stücken	1000
Holzkohle aus weichem Holz	150	„ „ in Säcken	1000
„ aus hartem Holz	220	Torf (gepreßt)	300
Kohle, Zwickauer	770 bis 800	Torfmull	230
„ oberschles.	760 „ 800	Traß	950
„ niederschles.	820 „ 870	Zechenkoks	380 bis 530
„ Saar-	720 „ 800	Zement, lose	1200
„ Ruhr-	800 „ 860	„ eingerüttelt	1900

[1]) DIN 1055, Blatt 1, gibt auch die Gewichtsgrenzen an. Für die Berechnung sind die hier angegebenen Berechnungsgewichte maßgebend. Abweichungen von diesen sind nur auf Grund besonderer Nachweise zulässig.

[2]) Ist das Gewicht der Ziegelsteine normalen Formats nachweisbar $< 3{,}3$ kg, so kann das Gewicht des Mauerwerks entsprechend niedriger, jedoch nicht unter 1600 kg/m³ angesetzt werden.

[3]) Bei Hölzern, die nicht gegen Witterungseinflüsse und Feuchtigkeit geschützt sind, ist das Gewicht um 50 kg/m³ höher anzusetzen.

[4]) Die eingeklammerten Zahlen geben die maßgebenden Berechnungsgewichte an, von denen nur auf Grund besonderer Nachweise abgewichen werden darf.

AWF-Treibriementafel.

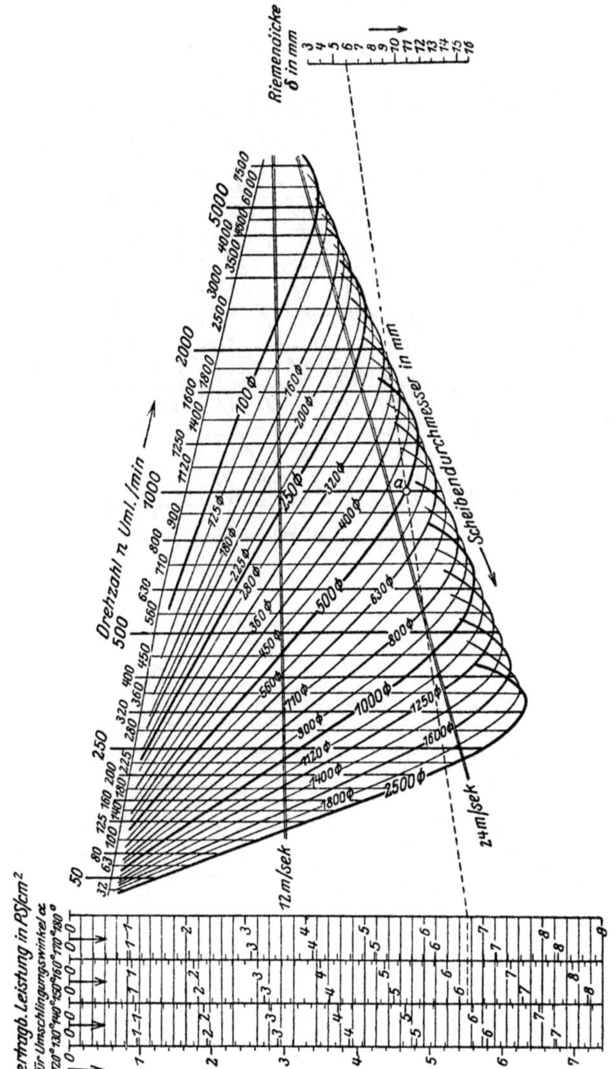

Beispiel wie auf S. 593. Man verfolgt die Senkrechte zur gegebenen Drehzahl $n = 1000$ U/min bis zum Schnittpunkt a mit der Kurve für den gegebenen Dmr. $d = 500$ mm. Diesen Schnittpunkt verbinde man mit dem der Riemendicke $\delta = 6$ mm entsprechenden Punkt auf der rechten Leiter und bringe diese Gerade links zum Schnitt mit der Leiter für 150° Umschlingungswinkel. An dieser Stelle liest man die spezif. Leistung $N_{sp} = 6{,}13$ PS/cm², womit die Riemenbreite folgt zu:

$$b = \frac{N}{N_{sp} \cdot \delta} = \frac{40}{6{,}13 \cdot 0{,}6} = 10{,}6 \text{ cm wie auf S. } 593.$$

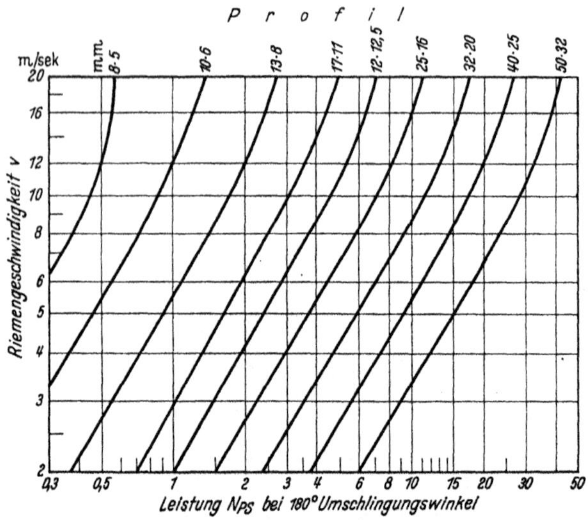

Leistungen der Keilriemen. (S. S. 594.)

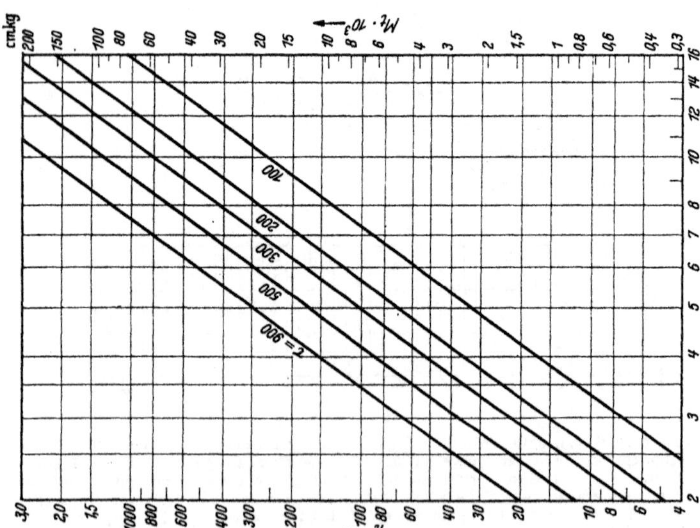

Ermittlung der Wellendurchmesser. (S. S. 537.)

Dauerfestigkeits-Schaubilder[1]).

Bezüglich Bezeichnungen s. S. 345, 350 und 351. *I—II* Schwellbereich; *II—III* Wechselbereich.

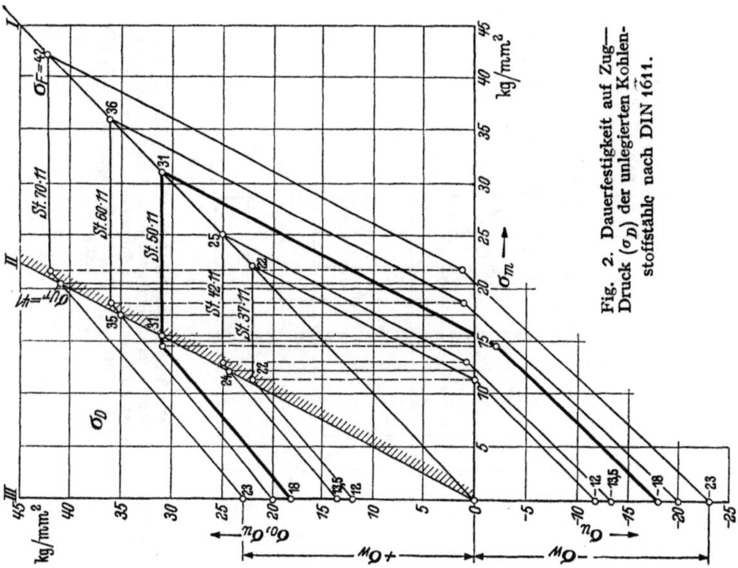

Fig. 2. Dauerfestigkeit auf Zug—Druck (σ_D) der unlegierten Kohlenstoffstähle nach DIN 1611.

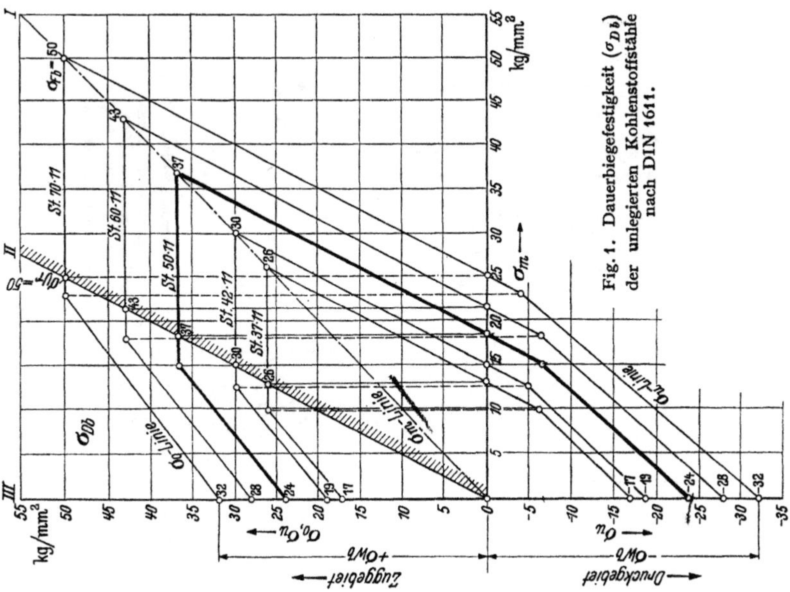

Fig. 1. Dauerbiegefestigkeit (σ_{Db}) der unlegierten Kohlenstoffstähle nach DIN 1611.

[1]) Arbeitsblätter Nr. 1 und 2 des Fachausschusses für Maschinenelemente beim VDI.

Dauerfestigkeits-Schaubilder[1]).

Bezüglich Bezeichnungen s. S. 345, 350 und 351.

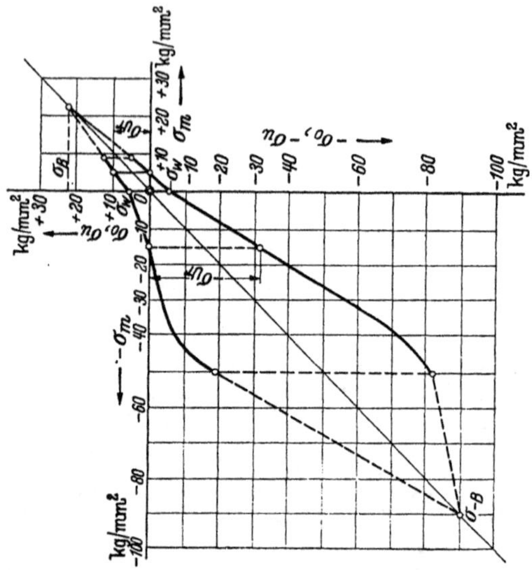

Fig. 4. Dauerfestigkeits-Schaubild (Zug—Druck) für Gußeisen Ge 22·91. Belastungswerte bezogen auf den Ausgangsquerschnitt. Allseitig bearbeiteter Probestab: 21,5 mm Dmr. (Nach Hempel: Gußeisen und Temperguß unter Wechselbeanspruchung. Z. VDI 1941 S. 290.)

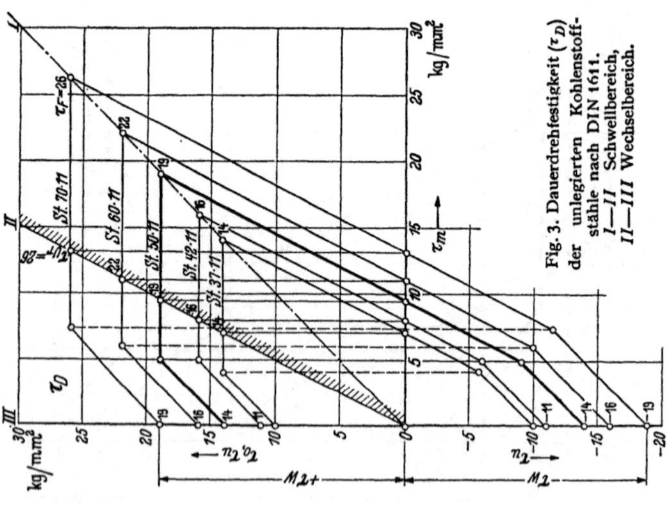

Fig. 3. Dauerdrehfestigkeit (τ_D) der unlegierten Kohlenstoffstähle nach DIN 1611. *I—II* Schwellbereich, *II—III* Wechselbereich.

[1]) Dauerfestigkeits-Schaubilder von Chrom-Nickel-Stählen (VCN-Stählen nach DIN 1662) s. Arbeitsblätter Nr. 3 und 4 des Fachausschusses für Maschinenelemente beim VDI.

Fluchtlinientafel zur Ermittlung des Kolbenweges.

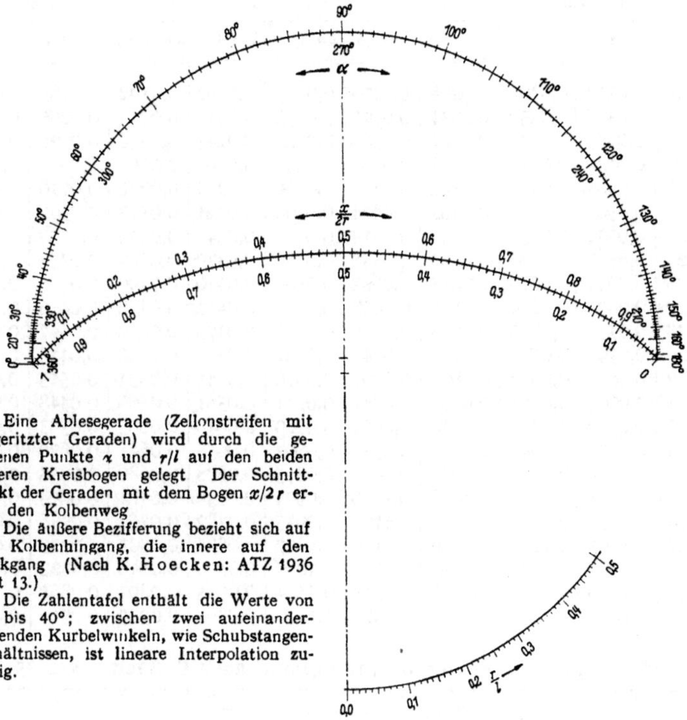

Eine Ablesegerade (Zellonstreifen mit eingeritzter Geraden) wird durch die gegebenen Punkte α und r/l auf den beiden äußeren Kreisbogen gelegt Der Schnittpunkt der Geraden mit dem Bogen $x/2r$ ergibt den Kolbenweg

Die äußere Bezifferung bezieht sich auf den Kolbenhingang, die innere auf den Rückgang (Nach K. Hoecken: ATZ 1936 Heft 13.)

Die Zahlentafel enthält die Werte von 1° bis 40°; zwischen zwei aufeinanderfolgenden Kurbelwinkeln, wie Schubstangenverhältnissen, ist lineare Interpolation zulässig.

	für Hingang							für Rückgang
α^0	$\lambda = 1/3{,}5$	$\lambda = 1/4$	$\lambda = 1/4{,}5$	$\lambda = 1/5$	$\lambda = 1/\infty$	$\lambda = 1/5$	$\lambda = 1/4{,}5$	$\lambda = 1/4$	$\lambda = 1/3{,}5$
1	0,0001	0,0001	0,0001	0,0001	0,0001	0,0001	0,0001	0,0001	0,0001
2	0,0004	0,0004	0,0004	0,0004	0,0003	0,0002	0,0002	0,0002	0,0002
3	0,0009	0,0009	0,0008	0,0008	0,0007	0,0005	0,0005	0,0005	0,0005
4	0,0016	0,0015	0,0015	0,0015	0,0012	0,0010	0,0009	0,0009	0,0009
5	0,0024	0,0024	0,0023	0,0023	0,0019	0,0015	0,0015	0,0014	0,0014
6	0,0035	0,0034	0,0033	0,0033	0,0027	0,0022	0,0021	0,0021	0,0020
7	0,0048	0,0047	0,0046	0,0045	0,0037	0,0030	0,0029	0,0028	0,0027
8	0,0063	0,0061	0,0059	0,0058	0,0049	0,0039	0,0038	0,0037	0,0035
9	0,0079	0,0077	0,0075	0,0074	0,0062	0,0049	0,0048	0,0046	0,0044
10	0,0098	0,0095	0,0093	0,0091	0,0076	0,0061	0,0059	0,0057	0,0054
11	0,0118	0,0115	0,0112	0,0110	0,0092	0,0074	0,0072	0,0069	0,0066
12	0,0140	0,0136	0,0133	0,0131	0,0109	0,0088	0,0085	0,0082	0,0078
13	0,0164	0,0160	0,0156	0,0153	0,0128	0,0103	0,0100	0,0096	0,0092
14	0,0190	0,0185	0,0181	0,0178	0,0149	0,0119	0,0116	0,0112	0,0107
15	0,0218	0,0212	0,0208	0,0204	0,0170	0,0137	0,0133	0,0128	0,0122
16	0,0248	0,0241	0,0236	0,0232	0,0194	0,0156	0,0151	0,0146	0,0139
17	0,0280	0,0272	0,0266	0,0261	0,0219	0,0176	0,0171	0,0165	0,0157

Fortsetzung S. 654.

Fluchtlinientafel zur Ermittlung des Kolbenweges (Fortsetzung).

	für Hingang								für Rückgang
α^0	$\lambda = 1/3{,}5$	$\lambda = 1/4$	$\lambda = 1/4{,}5$	$\lambda = 1/5$	$\lambda = 1/\infty$	$\lambda = 1/5$	$\lambda = 1/4{,}5$	$\lambda = 1/4$	$\lambda = 1/3{,}5$
18	0,0313	0,0304	0,0298	0,0293	0,0245	0,0197	0,0192	0,0185	0,0176
19	0,0348	0,0339	0,0331	0,0325	0,0272	0,0219	0,0213	0,0206	0,0197
20	0,0385	0,0375	0,0367	0,0360	0,0302	0,0243	0,0236	0,0228	0,0218
21	0,0424	0,0413	0,0404	0,0396	0,0332	0,0268	0,0261	0,0252	0,0240
22	0,0465	0,0452	0,0442	0,0434	0,0364	0,0294	0,0286	0,0276	0,0264
23	0,0507	0,0493	0,0482	0,0474	0,0398	0,0321	0,0313	0,0302	0,0288
24	0,0551	0,0536	0,0524	0,0515	0,0432	0,0349	0,0340	0,0329	0,0314
25	0,0597	0,0580	0,0568	0,0558	0,0468	0,0379	0,0369	0,0357	0,0340
26	0,0644	0,0626	0,0613	0,0602	0,0506	0,0410	0,0399	0,0386	0,0368
27	0,0693	0,0674	0,0660	0,0648	0,0545	0,0442	0,0430	0,0416	0,0397
28	0,0743	0,0723	0,0708	0,0696	0,0585	0,0475	0,0462	0,0447	0,0427
29	0,0796	0,0774	0,0758	0,0745	0,0627	0,0509	0,0496	0,0479	0,0458
30	0,0849	0,0827	0,0809	0,0795	0,0670	0,0545	0,0531	0,0513	0,0490
31	0,0905	0,0881	0,0862	0,0847	0,0714	0,0581	0,0566	0,0548	0,0524
32	0,0962	0,0936	0,0916	0,0901	0,0760	0,0619	0,0603	0,0583	0,0558
33	0,1020	0,0993	0,0972	0,0955	0,0807	0,0658	0,0641	0,0620	0,0593
34	0,1080	0,1051	0,1029	0,1012	0,0855	0,0698	0,0680	0,0658	0,0630
35	0,1141	0,1111	0,1088	0,1069	0,0904	0,0739	0,0721	0,0698	0,0668
36	0,1203	0,1172	0,1148	0,1128	0,0955	0,0782	0,0762	0,0738	0,0706
37	0,1267	0,1234	0,1209	0,1189	0,1007	0,0825	0,0805	0,0779	0,0746
38	0,1333	0,1298	0,1272	0,1250	0,1060	0,0870	0,0848	0,0822	0,0787
39	0,1399	0,1363	0,1335	0,1313	0,1114	0,0915	0,0893	0,0865	0,0829
40	0,1467	0,1430	0,1401	0,1377	0,1170	0,0962	0,0939	0,0910	0,0872

Zulässige Beanspruchungen in kg/mm² nach C. Bach. (S. S. 351.)

Art der Festigkeit und Belastung		Weicher Flußstahl (St 37 · 12)		Mittelharter Flußstahl (St 50 · 11)		Stahlguß		Gußeisen [1])
		von	bis	von	bis	von	bis	
Zug	I	9,0	15,0	12,0	18,0	6,0	12,0	3,0
	II	6,0	10,0	8,0	12,0	4,0	8,0	2,0
	III	3,0	5,0	4,0	6,0	2,0	5,0	1,0
Druck	I	9,0	15,0	12,0	18,0	9,0	15,0	9,0
	II	6,0	10,0	8,0	12,0	6,0	10,0	6,0
Biegung	I	9,0	15,0	12,0	18,0	7,5	12,0	. [1])
	II	6,0	10,0	8,0	12,0	5,0	8,0	.
	III	3,0	5,0	4,0	6,0	2,5	4,0	.
Schub	I	7,2	12,0	9,6	14,4	4,8	9,6	3,0
	II	4,8	8,0	6,4	9,6	3,2	6,4	2,0
	III	2,4	4,0	3,2	4,8	1,6	3,2	1,0
Drehung	I	6,0	12,0	9,0	14,4	4,8	9,6	. [2])
	II	4,0	8,0	6,0	9,6	3,2	6,4	.
	III	2,0	4,0	3,0	4,8	1,6	3,2	.

[1]) Für hochwertiges Gußeisen ($\sigma_B > 26$ kg/mm²) können die Werte verdoppelt werden. Für bearbeitetes Gußeisen setze man als zulässige Biegespannung

$$\sigma_{n\,b\,\mathrm{zul}} = \mu \cdot \sigma_{n\,\mathrm{zul}} \sqrt{l/z_0}\,,$$

worin $\mu = 1{,}20$ bis $1{,}33$, und für den Balkenquerschnitt l den Abstand der am stärksten gespannten Faser von der Nullachse, z_0 den Abstand des Schwerpunktes der auf der einen Seite der Nullachse gelegenen Durchschnittsfläche von der Nullachse bezeichnet.

[2]) Die zulässige Drehspannung des Gußeisens setze man

für den kreisförmigen Querschnitt . . $\tau_{\mathrm{zul}} = (\text{reichl.})\ \sigma_{\mathrm{zul}}$,

„ „ kreisringförmigen Querschnitt $\tau_{\mathrm{zul}} = 0{,}8$ bis $1\,\sigma_{\mathrm{zul}}$.

Zulässige Flächenpressung für nicht gleitende Flächen.

Werkstoff	Belastung		
	ruhend	schwellend	stoßend
Stahl	800÷1500	600÷1000	300÷500
Stahl, gehärtet	1500÷1800	800÷1200	400÷600
Tiegelstahl	1000÷2000	700÷1300	400÷600
Stahlguß	800÷1000	500÷ 900	250÷350
Gußeisen	700÷ 800	450÷ 550	200÷300
Temperguß	500÷ 800	300÷ 550	200÷300
Hartguß	1000÷1500	700÷1000	350÷500
Zinnbronzen	300÷ 400	200÷ 300	100÷150
Rotguß	250÷ 350	150÷ 250	80÷120
Walz- und Schmiedemessing	300÷ 450	250÷ 300	100÷150

Im allgemeinen richtet sich die Wahl der Werte nach der Härte und Oberflächenbeschaffenheit des Werkstoffes.

Nomogramm zur Berechnung zylindrischer Schraubenfedern (S. 410).

($\tau_{zul} = 3500$ kg/cm²; $G = 800000$ kg/cm².)

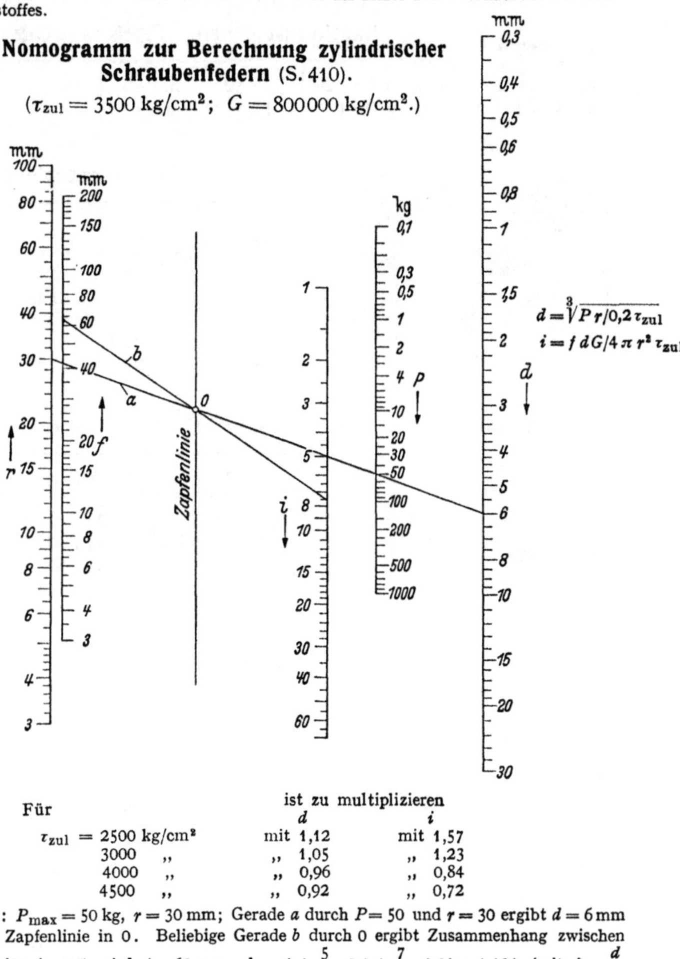

Für		ist zu multiplizieren d	i
τ_{zul} =	2500 kg/cm²	mit 1,12	mit 1,57
	3000 „	„ 1,05	„ 1,23
	4000 „	„ 0,96	„ 0,84
	4500 „	„ 0,92	„ 0,72

Beispiel: $P_{max} = 50$ kg, $r = 30$ mm; Gerade a durch $P = 50$ und $r = 30$ ergibt $d = 6$ mm und schneidet Zapfenlinie in 0. Beliebige Gerade b durch 0 ergibt Zusammenhang zwischen i und f; z. B. für $i = 7{,}5$ wird $f = 63$ mm. $k_1 = 1 + \frac{5}{4} \cdot 0{,}1 + \frac{7}{8} \cdot 0{,}01 = 1{,}134$ (mit $\xi = \frac{d}{2r} = \frac{6}{60} = 0{,}1$ nach S. 410). $\tau = 1{,}134 \cdot \tau_{zul} \approx 4000$ kg/cm².

Natürliche Böschungswinkel bei loser Schüttung (in Grad).

Trockener Sand	30 bis 35	Nasser Steinschotter	35 bis 40
Nasser Quellsand	25	Erze	40 „ 45
Trockener Kies	35	Minette	45
Nasser Kies	25	Trockenes Kalkpulver	50
Trockene Gartenerde	37	Gaskohlen	45 bis 50
Feuchte Gartenerde	27	Anthrazit	27
Trockener Lehmboden	40 bis 46	Braunkohle	35 bis 50
Nasser Lehmboden	20 „ 25	Koks	45
Trockene Dammerde	40	Förderkohle	30 bis 45
Nasse Dammerde	27	Zement, Asche, Salz	40

Schienen und Normalprofile.

Laufkranschienen. Flachstahlschienen[1]).

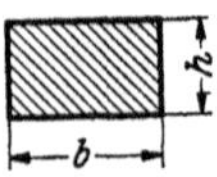

$b \cdot h =$	50 · 20	50 · 30	50 · 40	60 · 30	60 · 40 mm
$G =$	9,81	11,8	15,7	14,1	18,8 kg/m

Eisenbahnschienen.

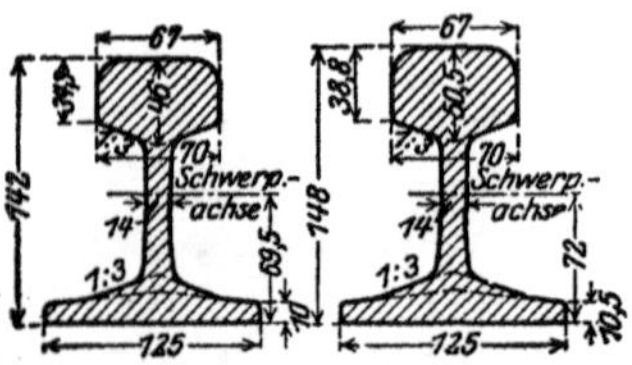

Fig. a u. b.

Schienen Nr.	Figur. Nr.	Querschnitt F cm²	Gewicht g kg/lfdm	Trägheitsmoment J_x cm⁴	Widerstandsmoment W_x cm³
S 45	a	57,6	45,3	1530	211
S 49	b	62,3	48,9	1780	234

Regelprofile. Regellängen = 4 bis einschl. 12 m. Abmessungen in mm.

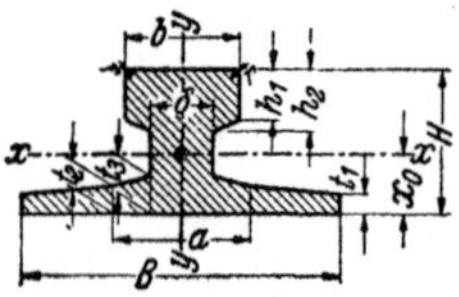

Nr.	H	B	h_1	h_2	b	δ	t_1	t_2	t_3	a	r
1	55	125	20	23,5	45	24	8	11	14,5	54	3
2	65	150	25	28,5	55	31	9	12,5	17,5	66	4
3	75	175	30	34	65	38	10	14	20	78	5
4	85	200	35	39,5	75	45	11	15,4	22	90	6

Regelprofile.

Querschnitt F	Gewicht G	Schwerpunktabstand x_0	Trägheitsmomente J_x	J_y	Widerstandsmomente W_x	W_y	Zulässiger Raddruck $R = D(b - 2r)p$ in t — Raddurchm. D	und zulässige Beanspruchung $p =$			Profil
m²	kg/m	mm	cm⁴	cm⁴	cm³	cm³	mm	40 kg/cm²	50 kg/cm²	60 kg/cm²	Nr.
28,7	22,5	22,7	94,1	182	29,1	29,2	400	6,2	7,8	9,4	1
41,1	32,2	26,5	185	329	48,0	43,8	600	11,3	14,1	16,9	2
55,8	43,8	30,6	329	646	74,0	73,8	800	17,6	22,0	26,4	3
72,6	57,0	35,2	523	989	105	98,9	1000	25,2	31,5	37,8	4
							D	R	R	R	

[1]) Aus: Stahl im Hochbau. Düsseldorf: Stahleisen.

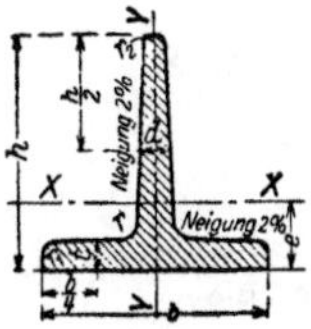

⊥-Eisen. DIN 1024.

Regellängen = 3 bis einschl. 12 m.

J = Trägheitsmoment
W = Widerstandsmoment
$i = \sqrt{\frac{J}{F}}$ = Trägheitshalbmesser

} bezogen auf die zugehörige Biegungsachse.

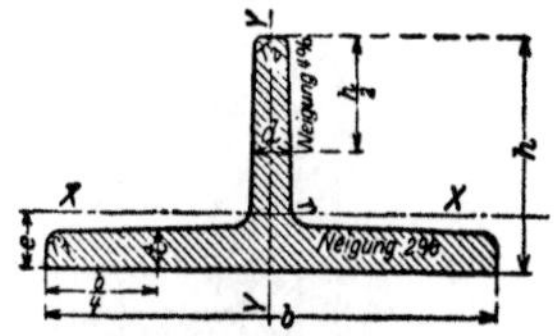

Bezeichnung ⊥	Abmessungen mm b	h	$d=t$	r	r_1	r_2	Querschnitt F cm²	Gewicht G kg/m	e cm	Für die Biegungsachse $X-X$ J_x cm⁴	W_x cm³	i_x cm	$Y-Y$ J_y cm⁴	W_y cm³	i_y cm
							Breitfüßige ⊥-Eisen.								
6 · 3	60	30	5,5	5,5	3	1,5	4,64	3,64	0,67	2,58	1,11	0,75	8,62	2,87	1,36
7 · 3½	70	35	6	6	3	1,5	5,94	4,66	0,77	4,49	1,65	0,87	15,1	4,31	1,59
8 · 4	80	40	7	7	3,5	2	7,91	6,21	0,88	7,81	2,50	0,99	28,5	7,13	1,90
9 · 4½	90	45	8	8	4	2	10,2	8,01	1,00	12,7	3,63	1,11	46,1	10,2	2,12
10 · 5	100	50	8,5	8,5	4,5	2	12,0	9,42	1,09	18,7	4,78	1,25	67,7	13,5	2,38
12 · 6	120	60	10	10	5	2,5	17,0	13,4	1,30	38,0	8,09	1,49	137	22,8	2,84
14 · 7	140	70	11,5	11,5	6	3	22,8	17,9	1,51	68,9	12,6	1,74	258	36,9	3,36
16 · 8	160	80	13	13	6,5	3,5	29,5	23,2	1,72	117	18,6	1,99	422	52,8	3,78
18 · 9	180	90	14,5	14,5	7,5	3,5	37,0	29,1	1,93	185	26,2	2,24	670	74,4	4,25
20 · 10	200	100	16	16	8	4	45,4	35,6	2,14	277	35,2	2,47	1000	100	4,69
⊥ W							Breitfüßige Wagenbau-⊥-Eisen.								
100 · 90 / 10	100	90	10	10	5	2,5	17,9	14,0	2,25	111	16,4	2,49	79,7	15,9	2,11
120 · 80 / 10	120	80	10	10	5	2,5	18,9	14,8	1,80	84,4	13,6	2,11	138	23,0	2,70
⊥ S							Breitfüßige Schiffbau-⊥-Eisen.								
200 · 150 / 19	200	150	19	19	9,5	5	62,5	49,1	3,60	1020	88,7	4,05	1190	119	4,36
⊥							Hochstegige ⊥-Eisen.								
1½	15	15	3	3	1,5	1	0,82	0,65	0,46	0,15	0,14	0,43	0,08	0,11	0,32
2	20	20	3	3	1,5	1	1,12	0,88	0,58	0,38	0,27	0,58	0,20	0,20	0,42
2½	25	25	3,5	3,5	2	1	1,64	1,29	0,73	0,87	0,49	0,73	0,43	0,34	0,51
3	30	30	4	4	2	1	2,26	1,77	0,85	1,72	0,80	0,87	0,87	0,58	0,62
3½	35	35	4,5	4,5	2,5	1	2,97	2,33	0,99	3,10	1,23	1,04	1,57	0,90	0,73
4	40	40	5	5	2,5	1	3,77	2,96	1,12	5,28	1,84	1,18	2,58	1,29	0,83
4½	45	45	5,5	5,5	3	1,5	4,67	3,67	1,26	8,13	2,51	1,32	4,01	1,78	0,93
5	50	50	6	6	3	1,5	5,66	4,44	1,39	12,1	3,36	1,46	6,06	2,42	1,03
6	60	60	7	7	3,5	2	7,94	6,23	1,66	23,8	5,48	1,73	12,2	4,07	1,24
7	70	70	8	8	4	2	10,6	8,32	1,94	44,5	8,79	2,05	22,1	6,32	1,44
8	80	80	9	9	4,5	2	13,6	10,7	2,22	73,7	12,8	2,33	37,0	9,25	1,65
9	90	90	10	10	5	2,5	17,1	13,4	2,48	119	18,2	2,64	58,5	13,0	1,85
10	100	100	11	11	5,5	3	20,9	16,4	2,74	179	24,6	2,92	88,3	17,7	2,05
12	120	120	13	13	6,5	3	29,6	23,2	3,28	366	42,0	3,51	178	29,7	2,45
14	140	140	15	15	7,5	4	39,9	31,3	3,80	660	64,7	4,07	330	47,2	2,88
16	160	160	15	15	7,5	4	45,8	35,9	4,20	1010	85,5	4,68	490	61,3	3,27
18	180	180	18	18	9	4,5	61,7	48,5	4,80	1720	130	5,27	857	95,2	3,73

Abdruck der Normenblätter des Deutschen Normenausschusses. Verbindlich für die vorstehenden Angaben bleiben die Dinormen. Normenblätter sind durch den Beuth-Verlag G.m.b.H., Berlin SW 19, Dresdener Str. 97, zu beziehen.

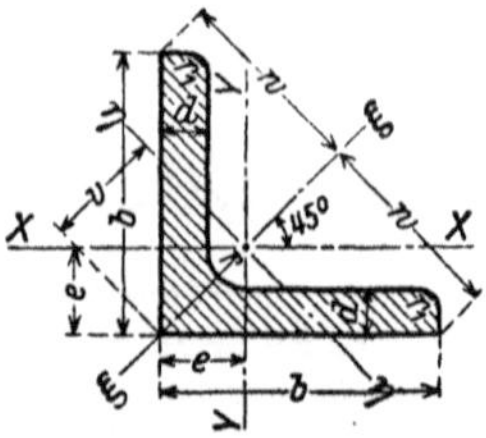

Gleichschenklige Winkeleisen. DIN 1028.

Regellängen = 3 bis einschl. 15 m.

J = Trägheitsmoment.
W = Widerstandsmoment.
$i = \sqrt{\frac{J}{F}}$ = Trägheitshalbmesser

} bezogen auf die zugehörige Biegungsachse.

Bezeichnungsweise: ∟ 80·80·12.

Abmessungen in mm				Querschnitt F	Gewicht G	Abstände für die Achsen in cm			Für die Biegungsachse $x-x=y-y$			$\xi-\xi$		$\eta-\eta$		
									J_x	W_x	i_x	J_ξ	i_ξ	J_η	W_η	i_η
b	d	r	r_1	cm²	kg/m	e	w	v	cm⁴	cm³	cm	cm⁴	cm	cm⁴	cm³	cm
15	3	3,5	2	0,82	0,64	0,48	1,06	0,67	0,15	0,15	0,43	0,24	0,54	0,06	0,09	0,27
	4			1,05	0,82	0,51		0,73	0,19	0,19	0,42	0,29	0,53	0,08	0,11	0,28
20	3	3,5	2	1,12	0,88	0,60	1,41	0,85	0,39	0,28	0,59	0,62	0,74	0,15	0,18	0,37
	4			1,45	1,14	0,64		0,90	0,48	0,35	0,58	0,77	0,73	0,19	0,21	0,36
	3			1,42	1,12	0,73		1,03	0,79	0,45	0,75	1,27	0,95	0,31	0,30	0,47
25	4	3,5	2	1,85	1,45	0,76	1,77	1,08	1,01	0,58	0,74	1,61	0,93	0,40	0,37	0,47
	5			2,26	1,77	0,80		1,13	1,18	0,69	0,72	1,87	0,91	0,50	0,44	0,47
	3			1,74	1,36	0,84		1,18	1,41	0,65	0,90	2,24	1,14	0,57	0,48	0,57
30	4	5	2,5	2,27	1,78	0,89	2,12	1,24	1,81	0,86	0,89	2,85	1,12	0,76	0,61	0,58
	5			2,78	2,18	0,92		1,30	2,16	1,04	0,88	3,41	1,11	0,91	0,70	0,57
35	4	5	2,5	2,67	2,10	1,00	2,47	1,41	2,96	1,18	1,05	4,68	1,33	1,24	0,88	0,68
	6			3,87	3,04	1,08		1,53	4,14	1,71	1,04	6,50	1,30	1,77	1,16	0,68
	4			3,08	2,42	1,12		1,58	4,48	1,56	1,21	7,09	1,52	1,86	1,18	0,78
40	5	6	3	3,79	2,97	1,16	2,83	1,64	5,43	1,91	1,20	8,64	1,51	2,22	1,35	0,77
	6			4,48	3,52	1,20		1,70	6,33	2,26	1,19	9,98	1,49	2,67	1,57	0,77
45	5	7	3,5	4,30	3,38	1,28	3,18	1,81	7,83	2,43	1,35	12,4	1,70	3,25	1,80	0,87
	7			5,86	4,60	1,36		1,92	10,4	3,31	1,33	16,4	1,67	4,39	2,29	0,87
	5			4,80	3,77	1,40		1,98	11,0	3,05	1,51	17,4	1,90	4,59	2,32	0,98
	6			5,69	4,47	1,45	3,54	2,04	12,8	3,61	1,50	20,4	1,89	5,24	2,57	0,96
50	7	7	3,5	6,56	5,15	1,49		2,11	14,6	4,15	1,49	23,1	1,88	6,02	2,85	0,96
	9			8,24	6,47	1,56		2,21	17,9	5,20	1,47	28,1	1,85	7,67	3,47	0,97
	6			6,31	4,95	1,56		2,21	17,3	4,40	1,66	27,4	2,08	7,24	3,28	1,07
55	8	8	4	8,23	6,46	1,64	3,89	2,32	22,1	5,72	1,64	34,8	2,06	9,35	4,03	1,07
	10			10,1	7,90	1,72		2,43	26,3	6,97	1,62	41,4	2,02	11,3	4,65	1,06
	6			6,91	5,42	1,69		2,39	22,8	5,29	1,82	36,1	2,29	9,43	3,95	1,17
60	8	8	4	9,03	7,09	1,77	4,24	2,50	29,1	6,88	1,80	46,1	2,26	12,1	4,84	1,16
	10			11,1	8,69	1,85		2,62	34,9	8,41	1,78	55,1	2,23	14,6	5,57	1,15
	7			8,70	6,83	1,85		2,62	33,4	7,18	1,96	53,0	2,47	13,8	5,27	1,26
65	9	9	4,5	11,0	8,62	1,93	4,60	2,73	41,3	9,04	1,94	65,4	2,44	17,2	6,30	1,25
	11			13,2	10,3	2,00		2,83	48,8	10,8	1,91	76,8	2,42	20,7	7,31	1,25

Abdruck der Normenblätter des Deutschen Normenausschusses. Verbindlich für die vorstehenden Angaben bleiben die Dinormen. Normenblätter sind durch den Beuth-Verlag G.m.b.H., Berlin SW 19, Dresdener Str. 97, zu beziehen.

Abmessungen in mm				Querschnitt F	Gewicht G	Abstände für die Achsen in cm			Für die Biegungsachse $x-x=y-y$			$\xi-\xi$		$\eta-\eta$		
b	d	r	r_1	cm²	kg/m	e	w	v	J_x cm⁴	W_x cm³	i_x cm	J_ξ cm⁴	i_ξ cm	J_η cm⁴	W_η cm³	i_η cm
70	7	9	4,5	9,40	7,38	1,97	4,95	2,79	42,4	8,43	2,12	67,1	2,67	17,6	6,31	1,37
	9			11,9	9,34	2,05		2,90	52,6	10,6	2,10	83,1	2,64	22,0	7,59	1,36
	11			14,3	11,2	2,13		3,01	61,8	12,7	2,08	97,6	2,61	26,0	8,64	1,35
75	7	10	5	10,1	7,94	2,09	5,30	2,95	52,4	9,67	2,28	83,6	2,88	21,1	7,15	1,45
	8			11,5	9,03	2,13		3,01	58,9	11,0	2,26	93,3	2,85	24,4	8,11	1,46
	10			14,1	11,1	2,21		3,12	71,4	13,5	2,25	113	2,83	29,8	9,55	1,45
	12			16,7	13,1	2,29		3,24	82,4	15,8	2,22	130	2,79	34,7	10,7	1,44
80	8	10	5	12,3	9,66	2,26	5,66	3,20	72,3	12,6	2,42	115	3,06	29,6	9,25	1,55
	10			15,1	11,9	2,34		3,31	87,5	15,5	2,41	139	3,03	35,9	10,9	1,54
	12			17,9	14,1	2,41		3,41	102	18,2	2,39	161	3,00	43,0	12,6	1,53
	14			20,6	16,1	2,48		3,51	115	20,8	2,36	181	2,96	48,6	13,9	1,54
90	9	11	5,5	15,5	12,2	2,54	6,36	3,59	116	18,0	2,74	184	3,45	47,8	13,3	1,76
	11			18,7	14,7	2,62		3,70	138	21,6	2,72	218	3,41	57,1	15,4	1,75
	13			21,8	17,1	2,70		3,81	158	25,1	2,69	250	3,39	65,9	17,3	1,74
	16			26,4	20,7	2,81		3,97	186	30,1	2,66	294	3,34	79,1	19,9	1,73
100	10	12	6	19,2	15,1	2,82	7,07	3,99	177	24,7	3,04	280	3,82	73,3	18,4	1,95
	12			22,7	17,8	2,90		4,10	207	29,2	3,02	328	3,80	86,2	21,0	1,95
	14			26,2	20,6	2,98		4,21	235	33,5	3,00	372	3,77	98,3	23,4	1,94
	20			36,2	28,4	3,20		4,54	311	45,8	2,93	488	3,67	134	29,5	1,93
110	10	12	6	21,2	16,6	3,07	7,78	4,34	239	30,1	3,36	379	4,23	98,6	22,7	2,16
	12			25,1	19,7	3,15		4,45	280	35,7	3,34	444	4,21	116	26,1	2,15
	14			29,0	22,8	3,21		4,54	319	41,0	3,32	505	4,18	133	29,3	2,14
120	11	13	6,5	25,4	19,9	3,36	8,49	4,75	341	39,5	3,66	541	4,62	140	29,5	2,35
	13			29,7	23,3	3,44		4,86	394	46,0	3,64	625	4,59	162	33,3	2,34
	15			33,9	26,6	3,51		4,96	446	52,5	3,63	705	4,56	186	37,5	2,34
	20			44,2	34,7	3,70		5,24	562	67,7	3,57	887	4,48	236	45,0	2,31
130	12	14	7	30,0	23,6	3,64	9,19	5,15	472	50,4	3,97	750	5,00	194	37,7	2,54
	14			34,7	27,2	3,72		5,26	540	58,2	3,94	857	4,97	223	42,4	2,53
	16			39,3	30,9	3,80		5,37	605	65,8	3,92	959	4,94	251	46,7	2,52
140	13	15	7,5	35,0	27,5	3,92	9,90	5,54	638	63,3	4,27	1010	5,38	262	47,3	2,74
	15			40,0	31,4	4,00		5,66	723	72,3	4,25	1150	5,36	298	52,7	2,73
	17			45,0	35,3	4,08		5,77	805	81,2	4,23	1280	5,33	334	57,9	2,72
150	14	16	8	40,3	31,6	4,21	10,6	5,95	845	78,2	4,58	1340	5,77	347	58,3	2,94
	16			45,7	35,9	4,29		6,07	949	88,7	4,56	1510	5,74	391	64,4	2,93
	18			51,0	40,1	4,36		6,17	1050	99,3	4,54	1670	5,70	438	71,0	2,93
160	15	17	8,5	46,1	36,2	4,49	11,3	6,35	1100	95,6	4,88	1750	6,15	453	71,3	3,14
	17			51,8	40,7	4,57		6,46	1230	108	4,86	1950	6,13	506	78,3	3,13
	19			57,5	45.1	4,65		6,58	1350	118	4,84	2140	6,10	558	84,8	3,12
180	16	18	9	55,4	43,5	5,02	12,7	7,11	1680	130	5,51	2690	6,96	679	95,5	3,50
	18			61,9	48,6	5,10		7,22	1870	145	5,49	2970	6,93	757	105	3,49
	20			68,4	53,7	5,18		7,33	2040	160	5,47	3260	6,90	830	113	3,49
200	16	18	9	61,8	48,5	5,52	14,1	7,80	2340	162	6,15	3740	7,78	943	121	3,91
	18			69,1	54,3	5,60		7,92	2600	181	6,13	4150	7,75	1050	133	3,90
	20			76,4	59,9	5,68		8,04	2850	199	6,11	4540	7,72	1160	144	3,89

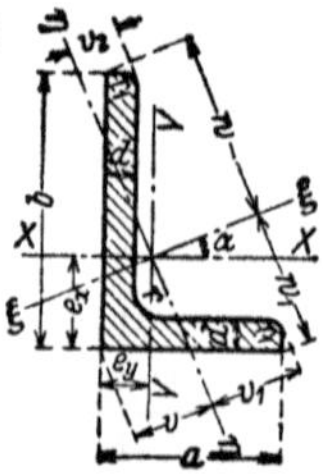

Ungleichschenklige

Regellängen = 3

J = Trägheitsmoment
W = Widerstandsmoment
$i = \sqrt{\frac{J}{F}}$ = Trägheitshalbmesser

} bezogen auf die zugehörige Biegungslinie.

Abmessungen mm					Querschnitt	Gewicht	Abstände von den Achsen cm							Lage der Achse
a	b	d	r	r_1	F cm²	G kg/m	e_x	e_y	w	w_1	v	v_1	v_2	$\eta-\eta$ tg α
		3			1,42	1,11	0,99	0,50	2,04	1,51	0,86	1,04	0,56	0,431
20	**30**	4	3,5	2	1,85	1,45	1,03	0,54	2,02	1,52	0,91	1,03	0,58	0,423
		5			2,26	1,77	1,07	0,58	2,00	1,53	0,95	1,03	0,60	0,412
20	**40**	3	3,5	2	1,72	1,35	1,43	0,44	2,61	1,77	0,79	1,19	0,46	0,259
		4			2,25	1,77	1,47	0,48	2,57	1,80	0,83	1,18	0,50	0,252
		3			2,19	1,72	1,43	0,70	3,09	2,24	1,22	1,58	0,81	0,441
30	**45**	4	4,5	2	2,87	2,25	1,48	0,74	3,07	2,26	1,27	1,58	0,83	0,436
		5			3,53	2,77	1,52	0,78	3,05	2,27	1,32	1,58	0,85	0,430
30	**60**	5	6	3	4,29	3,37	2,15	0,68	3,90	2,67	1,20	1,77	0,72	0,256
		7			5,85	4,59	2,24	0,76	3,83	2,72	1,28	1,73	0,78	0,248
		3			2,63	2,06	1,48	0,99	3,50	2,85	1,62	1,87	1,22	0,632
40	**50**	4	4	2	3,46	2,71	1,52	1,03	3,50	2,85	1,67	1,84	1,26	0,629
		5			4,27	3,35	1,56	1,07	3,49	2,88	1,73	1,84	1,27	0,625
		5			4,79	3,76	1,96	0,97	4,08	3,01	1,68	2,09	1,10	0,437
40	**60**	6	6	3	5,68	4,46	2,00	1,01	4,06	3,02	1,72	2,08	1,12	0,433
		7			6,55	5,14	2,04	1,05	4,04	3,03	1,77	2,07	1,14	0,429
		4			4,69	3,68	2,76	0,80	5,25	3,51	1,48	2,44	0,85	0,265
40	**80**	6	7	3,5	6,89	5,41	2,85	0,88	5,21	3,53	1,55	2,42	0,89	0,259
		8			9,01	7,07	2,94	0,95	5,15	3,57	1,65	2,38	1,04	0,253
		5			5,54	4,35	1,99	1,25	4,52	3,61	2,08	2,38	1,50	0,583
50	**65**	7	6,5	3,5	7,60	5,97	2,07	1,33	4,50	3,62	2,19	2,37	1,52	0,574
		9			9,58	7,52	2,15	1,41	4,48	3,63	2,28	2,36	1,57	0,567
		6			8,73	6,85	3,49	1,04	6,50	4,39	1,91	2,98	1,15	0,263
50	**100**	8	9	4,5	11,5	8,99	3,59	1,13	6,48	4,44	2,00	2,95	1,18	0,258
		10			14,1	11,1	3,67	1,20	6,43	4,49	2,08	2,91	1,22	0,252
		5			6,30	4,95	2,31	1,33	5,19	4,00	2,27	2,71	1,58	0,530
55	**75**	7	7	3,5	8,66	6,80	2,40	1,41	5,16	4,02	2,37	2,70	1,62	0,525
		9			10,9	8,59	2,47	1,48	5,14	4,04	2,46	2,70	1,66	0,518
		6			8,69	6,82	2,89	1,41	6,14	4,50	2,46	3,16	1,60	0,442
60	**90**	8	7	3,5	11,4	8,96	2,97	1,49	6,11	4,54	2,56	3,15	1,69	0,437
		10			14,1	11,0	3,05	1,56	6,08	4,57	2,66	3,14	1,74	0,431
		6			8,11	6,37	2,19	1,70	5,28	4,60	2,68	2,75	2,11	0,740
65	**75**	8	8	4	10,6	8,34	2,28	1,78	5,26	4,62	2,79	2,78	2,14	0,736
		10			13,1	10,3	2,35	1,86	5,23	4,64	2,89	2,79	2,20	0,732
		6			8,41	6,60	2,39	1,65	5,61	4,63	2,69	2,94	2,01	0,649
65	**80**	8	8	4	11,0	8,66	2,47	1,73	5,59	4,65	2,79	2,94	2,05	0,645
		10			13,6	10,7	2,55	1,81	5,56	4,68	2,90	2,95	2,11	0,640
		12			16,0	12,6	2,63	1,88	5,54	4,70	3,00	2,98	2,15	0,634

Abdruck der Normenblätter des Deutschen Normenausschusses. Verbindlich für die vorstehenden Angaben bleiben die Dinormen. Normenblätter sind durch den Beuth-Verlag G.m.b.H., Berlin SW 19, Dresdener Str. 97, zu beziehen.

Winkeleisen. DIN 1029.
bis einschl. 15 m.

Bezeichnungsweise: ⌊ 120. 80. 12.

Für die Biegungsachse										Abmessungen		
x—x			y—y			ξ—ξ		η—η		mm		
J_x cm^4	W_x cm^3	i_x cm	J_y cm^4	W_y cm^3	i_y cm	J_ξ cm^4	i_ξ cm	J_η cm^4	i_η cm	d	b	a
1,25	0,62	0,94	0,44	0,29	0,56	1,43	1,00	0,25	0,42	3		
1,59	0,81	0,93	0,55	0,38	0,55	1,81	0,99	0,33	0,42	4	**30**	**20**
1,90	0,99	0,92	0,66	0,46	0,54	2,15	0,98	0,40	0,42	5		
2,79	1,08	1,27	0,47	0,30	0,52	2,96	1,31	0,30	0,42	3	**40**	**20**
3,59	1,42	1,26	0,60	0,39	0,52	3,79	1,30	0,39	0,42	4		
4,48	1,46	1,43	1,60	0,70	0,86	5,17	1,54	0,91	0,64	3		
5,78	1,91	1,42	2,05	0,91	0,85	6,65	1,52	1,18	0,64	4	**45**	**30**
6,99	2,35	1,41	2,47	1,11	0,84	8,02	1,51	1,44	0,64	5		
15,6	4,04	1,90	2,60	1,12	0,78	16,5	1,96	1,69	0,63	5	**60**	**30**
20,7	5,50	1,88	3,41	1,52	0,76	21,8	1,93	2,28	0,62	7		
6,58	1,87	1,58	3,76	1,25	1,20	8,46	1,79	1,89	0,85	3		
8,54	2,47	1,57	4,86	1,64	1,19	10,9	1,78	2,46	0,84	4	**50**	**40**
10,4	3,02	1,56	5,89	2,01	1,18	13,3	1,76	3,02	0,84	5		
17,2	4,25	1,89	6,11	2,02	1,13	19,8	2,03	3,50	0,86	5		
20,1	5,03	1,88	7,12	2,38	1,12	23,1	2,02	4,12	0,85	6	**60**	**40**
23,0	5,79	1,87	8,07	2,74	1,11	26,3	2,00	4,73	0,85	7		
31,1	5,93	2,57	5,32	1,66	1,07	33,0	2,65	3,38	0,85	4		
44,9	8,73	2,55	7,59	2,44	1,05	47,6	2,63	4,90	0,84	6	**80**	**40**
57,6	11,4	2,53	9,68	3,18	1,04	60,9	2,60	6,41	0,84	8		
23,1	5,11	2,04	11,9	3,18	1,47	28,8	2,28	6,21	1,06	5		
31,0	6,99	2,02	15,8	4,31	1,44	38,4	2,25	8,37	1,05	7	**65**	**50**
38,2	8,77	2,00	19,4	5,39	1,42	47,0	2,22	10,5	1,05	9		
89,7	13,8	3,20	15,3	3,86	1,32	95,2	3,30	9,78	1,06	6		
116	18,0	3,18	19,5	5,04	1,31	123	3,28	12,6	1,05	8	**100**	**50**
141	22,2	3,16	23,4	6,17	1,29	149	3,25	15,5	1,04	10		
35,5	6,84	2,37	16,2	3,89	1,60	43,1	2,61	8,68	1,17	5		
47,9	9,39	2,35	21,8	5,32	1,59	57,9	2,59	11,8	1,17	7	**75**	**55**
59,4	11,8	2,33	26,8	6,66	1,57	71,3	2,55	14,8	1,16	9		
71,7	11,7	2,87	25,8	5,61	1,72	82,8	3,09	14,6	1,30	6		
92,5	15,4	2,85	33,0	7,31	1,70	107	3,06	19,0	1,29	8	**90**	**60**
112	18,8	2,82	39,6	8,92	1,68	129	3,02	23,1	1,28	10		
44,0	8,30	2,33	30,7	6,39	1,94	60,2	2,73	14,4	1,34	6		
56,7	10,9	2,31	39,4	8,34	1,92	77,3	2,70	18,8	1,33	8	**75**	**65**
68,4	13,3	2,29	47,3	10,2	1,90	92,7	2,66	23,0	1,33	10		
52,8	9,41	2,51	31,2	6,44	1,93	68,5	2,85	15,6	1,36	6		
68,1	12,3	2,49	40,1	8,41	1,91	88,0	2,82	20,3	1,36	8	**80**	**65**
82,2	15,1	2,46	48,3	10,3	1,89	106	2,79	24,8	1,35	10		
95,4	17,8	2,44	55,8	12,1	1,87	122	2,76	29,2	1,35	12		

Ungleichschenklige Winkeleisen (Fortsetzung).

a	b	d	r	r_1	F cm²	G kg/m	e_x	e_y	w	w_1	v	v_1	v_2	tg α
		7			11,2	8,77	3,23	1,51	6,83	4,91	2,66	3,48	1,73	0,419
65	**100**	9	10	5	14,2	11,1	3,32	1,59	6,78	4,94	2,76	3,46	1,78	0,415
		11			17,1	13,4	3,40	1,67	6,74	4,97	2,85	3,45	1,83	0,410
		6			10,5	8,25	3,85	1,38	7,70	5,26	2,52	3,74	1,52	0,327
65	**115**	8	8	4	13,8	10,9	3,94	1,46	7,63	5,30	2,61	3,73	1,59	0,324
		10			17,1	13,4	4,02	1,54	7,57	5,34	2,70	3,72	1,68	0,321
		8			15,1	11,9	4,56	1,37	8,50	5,71	2,49	3,86	1,47	0,263
65	**130**	10	11	5,5	18,6	14,6	4,65	1,45	8,43	5,76	2,58	3,82	1,54	0,259
		12			22,1	17,3	4,74	1,53	8,37	5,81	2,66	3,80	1,60	0,255
		7			11,1	8,74	2,67	1,93	6,32	5,33	3,11	3,32	2,38	0,683
75	**90**	9	8,5	4,5	14,1	11,1	2,76	2,01	6,30	5,35	3,22	3,34	2,41	0,679
		11			17,0	13,4	2,83	2,09	6,28	5,37	3,33	3,35	2,45	0,675
		7			11,9	9,32	3,06	1,83	6,96	5,42	3,10	3,61	2,18	0,553
75	**100**	9	10	5	15,1	11,8	3,15	1,91	6,91	5,45	3,22	3,63	2,22	0,549
		11			18,2	14,3	3,23	1,99	6,87	5,49	3,32	3,65	2,27	0,545
		8			15,9	12,5	4,36	1,65	8,73	6,01	2,99	4,26	1,83	0,339
75	**130**	10	10,5	5,5	19,6	15,4	4,45	1,73	8,66	6,05	3,08	4,24	1,88	0,336
		12			23,3	18,3	4,53	1,81	8,61	6,09	3,18	4,21	1,95	0,332
		9			19,5	15,3	5,28	1,57	9,79	6,62	2,90	4,46	1,72	0,265
75	**150**	11	10,5	5,5	23,6	18,6	5,37	1,65	9,73	6,66	2,97	4,44	1,77	0,261
		13			27,7	21,7	5,45	1,73	9,67	6,70	3,04	4,42	1,85	0,258
		10			23,7	18,6	6,21	1,52	10,9	7,33	2,81	4,62	1,81	0,214
75	**170**	12	11,5	5,5	28,1	22,1	6,30	1,60	10,8	7,38	2,89	4,59	1,75	0,210
		14			32,5	25,5	6,39	1,68	10,7	7,44	2,96	4,56	1,70	0,207
		16			36,8	28,9	6,47	1,76	10,7	7,48	3,03	4,54	1,65	0,204
		8			15,5	12,2	3,83	1,87	8,23	5,99	3,27	4,20	2,16	0,441
80	**120**	10	11	5,5	19,1	15,0	3,92	1,95	8,18	6,03	3,37	4,19	2,19	0,438
		12			22,7	17,8	4,00	2,03	8,14	6,06	3,46	4,18	2,25	0,433
		14			26,2	20,5	4,08	2,10	8,10	6,08	3,55	4,17	2,29	0,429
		9			17,3	13,6	3,30	2,32	7,72	6,41	3,74	4,06	2,79	0,652
90	**110**	11	12	6	20,9	16,4	3,38	2,40	7,69	6,44	3,85	4,06	2,84	0,650
		13			24,5	19,2	3,46	2,48	7,67	6,45	3,96	4,07	2,88	0,648
		10			21,2	16,6	4,15	2,18	8,92	6,69	3,75	4,62	2,51	0,472
90	**130**	12	12	6	25,1	19,7	4,24	2,26	8,88	6,72	3,85	4,60	2,56	0,468
		14			29,0	22,8	4,32	2,34	8,85	6,74	3,96	4,58	2,61	0,465
		10			23,2	18,2	4,99	2,03	10,1	7,09	3,63	4,99	2,26	0,363
90	**150**	12	12,5	6,5	27,5	21,6	5,08	2,11	10,0	7,12	3,71	4,98	2,32	0,360
		14			31,8	25,0	5,16	2,19	9,99	7,15	3,79	4,97	2,36	0,357
		10			33,2	26,0	9,49	1,57	15,6	10,5	3,02	5,90	1,76	0,156
90	**250**	12	12,5	6,5	39,5	31,0	9,59	1,65	15,5	10,6	3,09	5,87	1,80	0,154
		14			45,8	36,0	9,68	1,74	15,4	10,7	3,17	5,82	1,87	0,152
		16			52,0	40,8	9,77	1,82	15,3	10,8	3,24	5,78	1,96	0,150
		10			24,2	19,0	4,80	2,34	10,3	7,50	4,10	5,25	2,68	0,442
100	**150**	12	13	6,5	28,7	22,6	4,89	2,42	10,2	7,53	4,19	5,24	2,73	0,439
		14			33,2	26,1	4,97	2,50	10,2	7,56	4,28	5,23	2,77	0,435
		10			29,2	23,0	6,93	2,01	13,2	8,76	3,75	5,98	2,22	0,266
		12			34,8	27,3	7,03	2,10	13,1	8,82	3,84	5,95	2,26	0,264
100	**200**	14	15	7,5	40,3	31,6	7,12	2,18	13,0	8,88	3,93	5,92	2,32	0,262
		16			45,7	35,9	7,20	2,26	12,9	8,93	4,02	5,88	2,39	0,259
		18			51,0	40,0	7,29	2,34	12,9	8,97	4,09	5,86	2,46	0,256

Ungleichschenklige Winkeleisen (Fortsetzung).

J_x cm⁴	W_x cm³	i_x cm	J_y cm⁴	W_y cm³	i_y cm	J_ξ cm⁴	i_ξ cm	J_η cm⁴	i_η cm	Abmess. mm d	b	a
113	16,6	3,17	37,6	7,54	1,84	128	3,39	21,6	1,39	7		
141	21,0	3,15	46,7	9,52	1,82	160	3,36	27,2	1,39	9	**100**	**65**
167	25,3	3,13	55,1	11,4	1,80	190	3,34	32,6	1,38	11		
145	18,9	3,71	34,4	6,71	1,81	158	3,88	21,1	1,42	6		
188	24,8	3,69	44,2	8,78	1,79	205	3,85	27,4	1,41	8	**115**	**65**
229	30,6	3,66	53,3	10,8	1,77	249	3,82	33,2	1,40	10		
263	31,1	4,17	44,8	8,72	1,72	280	4,31	28,6	1,38	8		
321	38,4	4,15	54,2	10,7	1,71	340	4,27	35,0	1,37	10	**130**	**65**
376	45,5	4,12	63,0	12,7	1,69	397	4,24	41,2	1,37	12		
88,1	13,9	2,81	55,5	9,98	2,23	117	3,24	27,1	1,56	7		
110	17,6	2,79	69,1	12,6	2,21	145	3,21	34,1	1,56	9	**90**	**75**
130	21,1	2,77	81,7	18,5	2,19	171	3,17	40,9	1,55	11		
118	17,0	3,15	56,9	10,0	2,19	145	3,49	30,1	1,59	7		
148	21,5	3,13	71,0	12,7	2,17	181	3,47	37,8	1,59	9	**100**	**75**
176	25,9	3,11	84,0	15,3	2,15	214	3,44	45,4	1,58	11		
276	31,9	4,17	68,3	11,7	2,08	303	4,37	41,3	1,61	8		
337	39,4	4,14	82,9	14,4	2,06	369	4,34	50,6	1,61	10	**130**	**75**
395	46,6	4,12	96,5	17,0	2,04	432	4,31	59,6	1,60	12		
455	46,8	4,83	78,3	13,2	2,00	484	4,98	50,0	1,60	9		
545	56,6	4,80	93,0	15,9	1,98	578	4,95	59,8	1,59	11	**150**	**75**
631	66,1	4,78	107	18,5	1,96	668	4,91	69,4	1,58	13		
709	65,7	5,47	88,2	14,8	1,93	739	5,59	58,5	1,57	10		
834	78,0	5,45	103	17,4	1,91	868	5,56	68,9	1,57	12	**170**	**75**
955	90,0	5,42	117	20,0	1,89	992	5,53	79,0	1,56	14		
1070	102	5,39	130	22,6	1,88	1110	5,50	88,8	1,55	16		
226	27,6	3,82	80,8	13,2	2,29	261	4,10	45,8	1,72	8		
276	34,1	3,80	98,1	16,2	2,27	318	4,07	56,1	1,71	10	**120**	**80**
323	40,4	3,77	114	19,1	2,25	371	4,04	66,1	1,71	12		
368	46,4	3,75	130	22,0	2,23	421	4,01	75,8	1,70	14		
204	26,5	3,43	122	18,3	2,66	264	3,90	62,2	1,89	9		
243	31,9	3,41	146	22,1	2,64	315	3,88	74,3	1,88	11	**110**	**90**
281	37,2	3,39	168	25,7	2,62	362	3,85	86,0	1,88	13		
358	40,5	4,11	141	20,6	2,58	420	4,46	78,5	1,93	10		
420	48,0	4,09	165	24,4	2,56	492	4,43	92,6	1,92	12	**130**	**90**
480	55,3	4,07	187	28,1	2,54	560	4,40	106	1,91	14		
532	53,1	4,79	146	21,0	2,51	591	5,05	87,3	1,94	10		
626	63,1	4,77	170	24,7	2,49	694	5,02	102	1,93	12	**150**	**90**
716	72,8	4,75	194	28,4	2,47	792	4,99	118	1,92	14		
2170	140	8,09	163	22,0	2,22	2220	8,18	113	1,84	10		
2570	167	8,06	191	26,0	2,20	2630	8,15	133	1,83	12	**250**	**90**
2960	193	8,03	218	30,0	2,18	3020	8,12	152	1,82	14		
3330	219	8,01	243	33,8	2,16	3400	8,09	172	1,82	16		
552	54,1	4,78	198	25,8	2,86	637	5,13	112	2,15	10		
650	64,2	4,76	232	30,6	2,84	749	5,10	132	2,15	12	**150**	**100**
744	74,1	4,73	264	35,2	2,82	856	5,07	152	2,14	14		
1220	93,2	6,46	210	26,3	2,68	1300	6,66	133	2,14	10		
1440	111	6,43	247	31,3	2,67	1530	6,63	158	2,13	12		
1650	128	6,41	282	36,1	2,65	1760	6,60	181	2,12	14	**200**	**100**
1860	145	6,38	316	40,8	2,63	1970	6,57	204	2,11	16		
2060	162	6,36	347	45,3	2,61	2180	6,54	227	2,11	18		

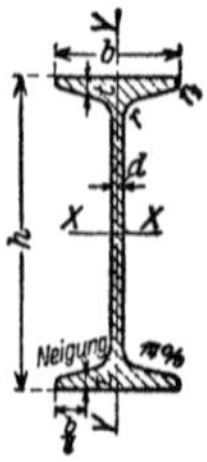

I-Eisen. DIN 1025 1 u. 2.

Regellängen = 4 bis einschl. 15 m.

J = Trägheitsmoment
W = Widerstandsmoment
$i = \sqrt{\frac{J}{F}}$ = Trägheitshalbmesser

} bezogen auf die zugehörige Biegungsachse.

S_x = Statisches Moment des halben Querschnitts.

$s_x = \frac{J_x}{S_x}$ = Abstand der Zug- und Druckmittelpunkte.

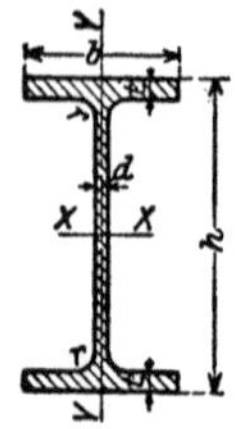

Bezeichnung I	Abmessungen mm h	b	d	t	r	r_1	Querschnitt F cm²	Gewicht G kg/m	Für die Biegungsachse X—X J_x cm⁴	W_x cm³	i_x cm	Y—Y J_y cm⁴	W_y cm³	i_y cm	S_x cm³	s_x cm	Bezeichnung I
8	80	42	3,9	5,9	3,9	2,3	7,58	5,95	77,8	19,5	3,20	6,29	3,00	0,91	11,4	6,84	8
10	100	50	4,5	6,8	4,5	2,7	10,6	8,32	171	34,2	4,01	12,2	4,88	1,07	19,9	8,57	10
12	120	58	5,1	7,7	5,1	3,1	14,2	11,2	328	54,7	4,81	21,5	7,41	1,23	31,8	10,3	12
14	140	66	5,7	8,6	5,7	3,4	18,3	14,4	573	81,9	5,61	35,2	10,7	1,40	47,7	12,0	14
16	160	74	6,3	9,5	6,3	3,8	22,8	17,9	935	117	6,40	54,7	14,8	1,55	68,0	13,7	16
18	180	82	6,9	10,4	6,9	4,1	27,9	21,9	1450	161	7,20	81,3	19,8	1,71	93,4	15,5	18
20	200	90	7,5	11,3	7,5	4,5	33,5	26,3	2140	214	8,00	117	26,0	1,87	125	17,2	20
22	220	98	8,1	12,2	8,1	4,9	39,6	31,1	3060	278	8,80	162	33,1	2,02	162	18,9	22
24	240	106	8,7	13,1	8,7	5,2	46,1	36,2	4250	354	9,59	221	41,7	2,20	206	20,6	24
26	260	113	9,4	14,1	9,4	5,6	53,4	41,9	5740	442	10,4	288	51,0	2,32	257	22,3	26
28	280	119	10,1	15,2	10,1	6,1	61,1	48,0	7590	542	11,1	364	61,2	2,45	316	24,0	28
30	300	125	10,8	16,2	10,8	6,5	69,1	54,2	9800	653	11,9	451	72,2	2,56	381	25,7	30
32	320	131	11,5	17,3	11,5	6,9	77,8	61,1	12510	782	12,7	555	84,7	2,67	457	27,4	32
34	340	137	12,2	18,3	12,2	7,3	86,8	68,1	15700	923	13,5	674	98,4	2,80	540	29,1	34
36	360	143	13,0	19,5	13,0	7,8	97,1	76,2	19610	1090	14,2	818	114	2,90	638	30,7	36
38	380	149	13,7	20,5	13,7	8,2	107	84,0	24010	1260	15,0	975	131	3,02	741	32,4	38
40	400	155	14,4	21,6	14,4	8,6	118	92,6	29210	1460	15,7	1160	149	3,13	857	34,1	40
42½	425	163	15,3	23,0	15,3	9,2	132	104	36970	1740	16,7	1440	176	3,30	1020	36,2	42½
45	450	170	16,2	24,3	16,2	9,7	147	115	45850	2040	17,7	1730	203	3,43	1200	38,3	45
47½	475	178	17,1	25,6	17,1	10,3	163	128	56480	2380	18,6	2090	235	3,60	1400	40,4	47½
50	500	185	18,0	27,0	18,0	10,8	180	141	68740	2750	19,6	2480	268	3,72	1620	42,4	50
55	550	200	19,0	30,0	19,0	11,9	213	167	99180	3610	21,4	3490	349	4,02	2120	46,8	55
60	600	215	21,6	32,4	21,6	13,0	254	199	139000	4630	23,4	4670	434	4,30	2730	50,9	60
F 14	140	60	4	5,5	4	2,4	11,7	9,16	365	52,2	5,59	15,6	5,21	1,15	Fachwerkb.		F 14
P 20	200	200	10	16	15	Breit- u. parallelflanschige I-Eisen	82,7	64,9	5950	595	8,48	2140	214	5,08	337	17,7	P 20
P 22	220	220	10	16	15		91,1	71,5	8050	732	9,37	2840	258	5,59	412	19,5	P 22
P 24	240	240	11	18	17		111	87,4	11690	974	10,5	4150	346	6,11	549	21,3	P 24
P 26	260	260	11	18	17		121	94,8	15050	1160	11,2	5280	406	6,61	649	23,2	P 26
P 28	280	280	12	20	18		144	113	20720	1480	12,0	7320	523	7,14	831	24,9	P 28
P 30	300	300	12	20	18		154	121	25760	1720	12,9	9010	600	7,65	959	26,8	P 30
P 32	320	300	13	22	20		171	135	32250	2020	13,7	9910	661	7,60	1130	28,5	P 32
P 34	340	300	13	22	20		174	137	36940	2170	14,5	9910	661	7,55	1220	30,3	P 34
P 36	360	300	14	24	21		192	150	45120	2510	15,3	10810	721	7,51	1410	32,0	P 36
P 38	380	300	14	24	21		194	153	50950	2680	16,2	10810	721	7,46	1510	33,8	P 38
P 40	400	300	14	26	21		209	164	60640	3030	17,0	11710	781	7,49	1700	35,6	P 40
P 42½	425	300	14	26	21		212	166	69480	3270	18,1	11710	781	7,43	1830	37,8	P 42½
P 45	450	300	15	28	23		232	182	84220	3740	19,0	12620	841	7,38	2110	40,0	P 45
P 47½	475	300	15	28	23		235	185	95120	4010	20,1	12620	841	7,32	2250	42,2	P 47½
P 50	500	300	16	30	24		255	200	113200	4530	21,0	13530	902	7,28	2560	44,3	P 50
P 55	550	300	16	30	24		263	207	140300	5100	23,1	13530	902	7,17	2880	48,7	P 55
P 60	600	300	17	32	26		289	227	180800	6030	25,0	14440	962	7,07	3500	51,6	P 60
P 65	650	300	17	32	26		297	234	216800	6670	27,0	14440	962	6,97	3780	57,4	P 65
P 70	700	300	18	34	27		324	254	270300	7720	28,9	15350	1020	6,88	4400	61,5	P 70
P 75	750	300	18	34	27		333	261	316300	8430	30,8	15350	1020	6,79	4800	65,8	P 75
P 80	800	300	18	34	27		342	268	366400	9160	32,7	15350	1020	6,70	5220	70,1	P 80

Abdruck der Normenblätter des Deutschen Normenausschusses. Verbindlich für die vorstehenden Angaben bleiben die Dinormen. Normenblätter sind durch den Beuth-Verlag G.m.b.H., Berlin SW 19, Dresdener Str. 97, zu beziehen.

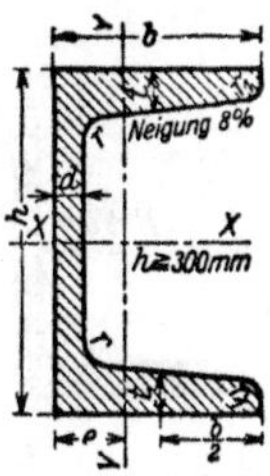

[-Eisen. DIN 1026.

Regellängen = 4 bis einschl. 15 m.

J = Trägheitsmoment
W = Widerstandsmoment
$i = \sqrt{\frac{J}{F}}$ = Trägheitshalbmesser

} bezogen auf die zugehörige Biegungsachse.

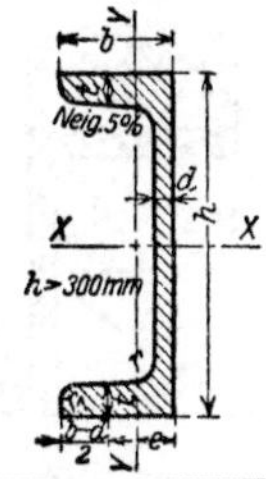

[Bezeichnung	Abmessungen mm						Querschnitt	Gewicht		Für die Biegungsachse						[Bezeichnung
										X—X			Y—Y			
	h	b	d	t	r	r_1	F cm²	G kg/m	e cm	J_x cm⁴	W_x cm³	i_x cm	J_y cm⁴	W_y cm³	i_y cm	
3	30	33	5	7	7	3,5	5,44	4,27	1,31	6,39	4,26	1,08	5,33	2,68	0,99	3
4	40	35	5	7	7	3,5	6,21	4,87	1,33	14,1	7,05	1,50	6,68	3,08	1,04	4
5	50	38	5	7	7	3,5	7,12	5,59	1,37	26,4	10,6	1,92	9,12	3,75	1,13	5
6½	65	42	5,5	7,5	7,5	4	9,03	7,09	1,42	57,5	17,7	2,52	14,1	5,07	1,25	6½
8	80	45	6	8	8	4	11,0	8,64	1,45	106	26,5	3,10	19,4	6,36	1,33	8
10	100	50	6	8,5	8,5	4,5	13,5	10,6	1,55	206	41,2	3,91	29,3	8,49	1,47	10
12	120	55	7	9	9	4,5	17,0	13,4	1,60	364	60,7	4,62	43,2	11,1	1,59	12
14	140	60	7	10	10	5	20,4	16,0	1,75	605	86,4	5,45	62,7	14,8	1,75	14
16	160	65	7,5	10,5	10,5	5,5	24,0	18,8	1,84	925	116	6,21	85,3	18,3	1,89	16
18	180	70	8	11	11	5,5	28,0	22,0	1,92	1350	150	6,95	114	22,4	2,02	18
20	200	75	8,5	11,5	11,5	6	32,2	25,3	2,01	1910	191	7,70	148	27,0	2,14	20
22	220	80	9	12,5	12,5	6,5	37,4	29,4	2,14	2690	245	8,48	197	33,6	2,26	22
24	240	85	9,5	13	13	6,5	42,3	33,2	2,23	3600	300	9,22	248	39,6	2,42	24
26	260	90	10	14	14	7	48,3	37,9	2,36	4820	371	9,90	317	47,7	2,56	26
28	280	95	10	15	15	7,5	53,3	41,8	2,53	6280	448	10,9	399	57,2	2,74	28
30	300	100	10	16	16	8	58,8	46,2	2,70	8030	535	11,7	495	67,8	2,90	30
32	320	100	14	17,5	17,5	8,75	75,8	59,5	2,60	10870	679	12,1	597	80,6	2,81	32
35	350	100	14	16	16	8	77,3	60,6	2,40	12840	734	12,9	570	75,0	2,72	35
40	400	110	14	18	18	9	91,5	71,8	2,65	20350	1020	14,9	846	102	3,04	40
[F	Fachwerkbau-[-Eisen															[F
14	140	40	4	6	6	3	9,90	7,78	1,02	285	40,6	5,30	12,5	4,21	1,12	14
[W	Wagenbau-[-Eisen															[W
105/65	105	65	8	8	8	4	17,3	13,6	1,88	287	54,7	4,07	61,2	13,2	1,88	105/65
145/60	145	60	8	8	8	4	19,8	15,6	1,50	585	80,7	5,43	53,6	11,9	1,65	145/60
235/90	235	90	10	12	12	6	42,4	33,3	2,28	3430	292	9,00	272	40,5	2,53	235/90
300/75	300	75	10	10	10	5	42,8	33,6	1,50	4930	328	10,7	145	24,2	1,84	300/75
300/78	300	78	10	13	13	6,5	47,6	37,4	1,80	5860	393	11,1	209	34,7	2,10	300/78
[S	Stellwerkbau-[-Eisen															[St
121,5/35	121,5	35	5	6	6	3	9,65	7,58	0,85	193	31,7	4,47	8,50	3,20	0,94	121,5/35
196/78	196	78	13	18	18	9	49,1	38,6	2,40	2670	273	7,38	244	45,0	2,23	196/78

Abdruck der Normenblätter des Deutschen Normenausschusses. Verbindlich für die vorstehenden Angaben bleiben die Dinormen. Normenblätter sind durch den Beuth-Verlag G.m.b.H., Berlin SW 19, Dresdener Str. 97, zu beziehen.

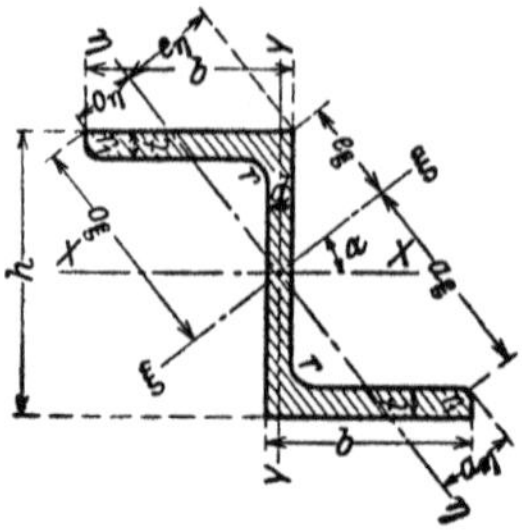

Z-Eisen. DIN 1027.

Regellängen
= 3 bis einschl. 10 m für Z ≧ 4,
= 3 bis einschl. 8 m für Z = 3.

J = Trägheitsmoment
W = Widerstandsmoment
$i = \sqrt{\frac{J}{F}}$ = Trägheitshalbmesser

} bezogen auf die zugehörige Biegungsachse.

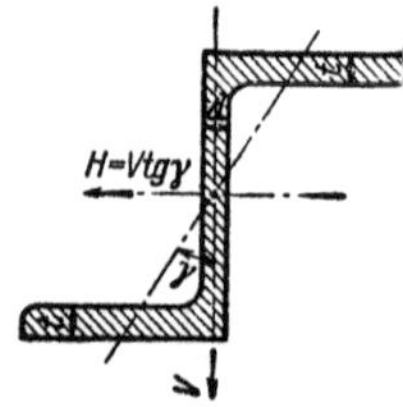

Abmessungen, Querschnitte F und Metergewichte G.

Bezeichnung	Abmessungen mm						Querschnitt	Gewicht	Lage der Achse	Abstände in cm von den Achsen ξ—ξ und η—η					
Z	h	b	d	t	r	r_1	F cm²	G kg/m	η—η tg α	o_ξ	o_η	e_ξ	e_η	a_ξ	a_η
3	30	38	4	4,5	4,5	2,5	4,32	3,39	1,655	3,86	0,58	0,61	1,39	3,54	0,87
4	40	40	4,5	5	5	2,5	5,43	4,26	1,181	4,17	0,91	1,12	1,67	3,82	1,19
5	50	43	5	5,5	5,5	3	6,77	5,31	0,939	4,60	1,24	1,65	1,89	4,21	1,49
6	60	45	5	6	6	3	7,91	6,21	0,779	4,98	1,51	2,21	2,04	4,56	1,76
8	80	50	6	7	7	3,5	11,1	8,71	0,588	5,83	2,02	3,30	2,29	5,35	2,25
10	100	55	6,5	8	8	4	14,5	11,4	0,492	6,77	2,43	4,34	2,50	6,24	2,65
12	120	60	7	9	9	4,5	18,2	14,3	0,433	7,75	2,80	5,37	2,70	7,16	3,02
14	140	65	8	10	10	5	22,9	18,0	0,385	8,72	3,18	6,39	2,89	8,08	3,39
16	160	70	8,5	11	11	5,5	27,5	21,6	0,357	9,74	3,51	7,39	3,09	9,04	3,72
18	180	75	9,5	12	12	6	33,3	26,1	0,329	10,7	3,86	8,40	3,27	9,99	4,08
20	200	80	10	13	13	6,5	38,7	30,4	0,313	11,8	4,17	9,39	3,47	11,0	4,39

Statische Werte.

Bezeichnung	Für die Biegungsachse												Zentrifugalmoment	Bei lotrechter Belastung V und bei			Bezeichnung
	$X-X$			$Y-Y$			ξ—ξ			η—η				Verhinderung seitl. Ausbiegung durch H		fr. Ausb. z. Seite	
Z	J_x cm⁴	W_x cm³	i_x cm	J_y cm⁴	W_y cm³	i_y cm	J_ξ cm⁴	W_ξ cm³	i_ξ cm	J_η cm⁴	W_η cm³	i_η cm	J_{xy} cm⁴	W_x cm³	$\frac{H}{V}=\text{tg}\gamma$	W cm³	Z
3	5,96	3,97	1,17	13,7	3,80	1,78	18,1	4,69	2,04	1,54	1,11	0,60	7,35	3,97	1,227	1,26	3
4	13,5	6,75	1,58	17,6	4,66	1,80	28,0	6,72	2,27	3,05	1,83	0,75	12,2	6,75	0,913	2,26	4
5	26,3	10,5	1,97	23,8	5,88	1,88	44,9	9,76	2,57	5,23	2,76	0,88	19,6	10,5	0,752	3,64	5
6	44,7	14,9	2,38	30,1	7,09	1,95	67,2	13,5	2,81	7,60	3,73	0,98	28,8	14,9	0,647	5,24	6
8	109	27,3	3,13	47,4	10,1	2,07	142	24,4	3,58	14,7	6,44	1,15	55,6	27,3	0,509	10,1	8
10	222	44,4	3,91	72,5	14,0	2,24	270	39,8	4,31	24,6	9,26	1,30	97,2	44,4	0,438	16,8	10
12	402	67,0	4,70	106	18,8	2,42	470	60,6	5,08	37,7	12,5	1,44	158	67,0	0,392	25,6	12
14	676	96,6	5,43	148	24,3	2,54	768	88,0	5,79	56,4	16,6	1,57	239	96,6	0,353	38,0	14
16	1050	132	6,20	211	32,1	2,77	1180	121	6,57	79,5	21,4	1,70	358	132	0,330	52,9	16
18	1600	178	6,92	270	38,4	2,84	1760	164	7,26	110	27,0	1,82	490	178	0,307	72,4	18
20	2300	230	7,71	357	47,6	3,04	2510	213	8,06	147	33,4	1,95	674	230	0,293	94,1	20

Halbrundniete für den Eisenbau. DIN 124_1.

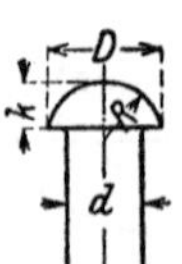

Rohnietdurchm.	d	10	13	16	19	22	25	28	31	34	37	40	43
Kopfdurchm.	D	16	21	26	30	35	40	45	50	55	60	64	69
Kopfhöhe	k	6,5	8,5	10	12	14	16	18	20	22	24	26	28
Kopfrundung	R	8	11	13,5	15,5	18	20,5	23	25,5	28	30,5	32,5	35,5
Geschlagenes Niet		11	14	17	20	23	26	29	32	35	38	41	44

Abdruck der Normenblätter des Deutschen Normenausschusses. Verbindlich für die vorstehenden Angaben bleiben die Dinormen. Normenblätter sind durch den Beuth-Verlag G.m.b.H., Berlin SW 19, Dresdener Str. 97, zu beziehen.

Streichmaße und Wurzelmaße.

Nach DIN 996 u. 997.

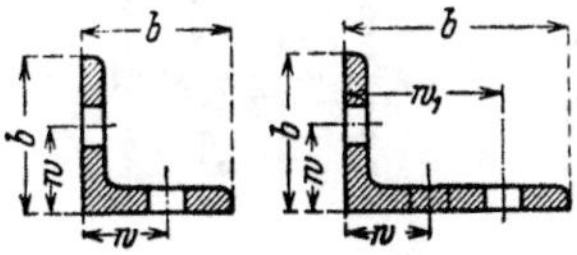

b mm	d_{max} [1] mm	w mm	w_1 mm
30	8,5	17	—
35	11	20	—
40	11	22	—
45	11	25	—
50	14	30	—
55	17	30	—
60	17	35	—
65	20	35	—
70	20	40	—
75	23	40	—
80	23	45	—
90	26	50	—
100	26	55	—
110	26	45	70
115	26	50	75
120	26	50	80
130	26	50	90
140	26	55	100
150	26	55	110
160	29	60	115
170	29	60	125
180	29	60	135
200	32	60	150
250	32	60	200

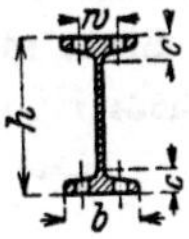

h cm	b mm	c mm	d_{max} mm	w mm
8	42	10,5	—	22
10	50	12,5	—	26
12	58	14,0	—	30
14	66	15,5	11	34
16	74	17,5	14	38
18	82	19,0	14	44
20	90	20,5	17	46
22	98	22,5	17	52
24	106	24,0	17	56
26	113	26,0	20	58
28	119	27,5	20	62
30	125	29,5	20	64
32	131	31,5	20	70
34	137	33,0	20	74
36	143	35,0	23	74
38	149	37,0	23	80
40	155	38,5	23	84
42½	163	41,0	26	86
45	170	43,5	26	92
47½	178	45,5	26	96
50	185	48,0	26	100
55	200	53,0	26	110
60	215	57,5	26	120

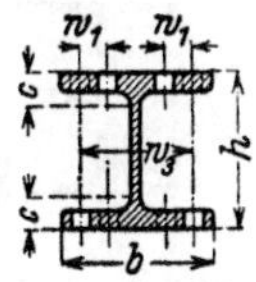

h cm	b mm	c mm	d_{max} mm	w_1 mm	w_2 mm
20	200	31	26	—	110
22	220	31	26	—	120
24	240	35	26	35	160
26	260	35	26	40	180
28	280	38	26	45	200
30	300	38	26	55	220
32	300	42	26	55	220
34	300	42	26	55	220
36	300	45	26	55	220
38	300	45	26	55	220
40	300	47	26	55	220
42½	300	47	26	55	220
45	300	51	26	55	220
47½	300	51	26	55	220
50	300	54	26	55	220
55	300	54	26	55	220
60	300	58	26	55	220
65	300	58	26	55	220

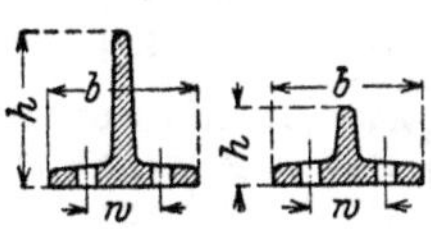

$b \cdot h$ cm	$b \cdot h$ cm	d_{max} mm	w mm
7·7	7·3½	11	40
8·8	8·4	11	50
9·9	9·4½	14	50
10·10	10·5	14	60
12·12	12·6	17	70
14·14	14·7	20	80
16·16	16·8	23	90
18·18	18·9	26	100
—	20·10	26	110

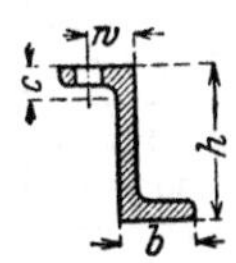

h cm	b mm	c mm	d_{max} mm	w mm
3	38	9	11	20
4	40	10	11	22
5	43	11	11	25
6	45	12	14	25
8	50	14	14	30
10	55	16	17	30
12	60	18	17	35
14	65	20	20	35
16	70	22	20	40
18	75	24	23	40
20	80	26	23	45

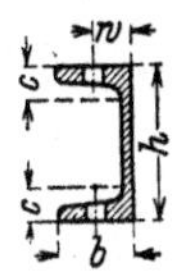

h cm	b mm	c mm	d_{max} mm	w mm
3	33	14,5	—	—
4	35	14,5	11	20
5	38	15	11	20
6½	42	16	11	25
8	45	17	14	25
10	50	18	14	30
12	55	19	17	30
14	60	21	17	35
16	65	22,5	20	35
18	70	23,5	20	40
20	75	24,5	23	40
22	80	26,5	23	45
24	85	28	26	45
26	90	30	26	50
28	95	32	26	50
30	100	34	26	55
32	100	37	26	55
35	100	34	26	55
38	102	34	26	55
40	110	38	26	45/70

[1] d_{max} = größter Nietdurchmesser.

Abdruck der Normenblätter des Deutschen Normenausschusses. Verbindlich für die vorstehenden Angaben bleiben die Dinormen. Normenblätter sind durch den Beuth-Verlag G.m.b.H., Berlin SW 19, Dresdener Str. 97, zu beziehen.

Anordnung I.

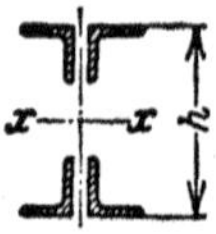

Gültig für Achse *xx*.

Statische Werte für 4 L-Eisen mit veränderlichem Höhenmaß *h*[1]).
(Auszug.)

Anordnung II.

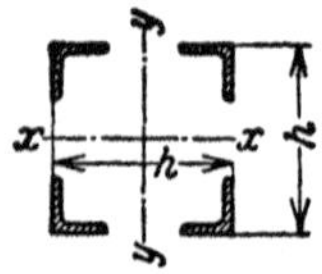

Gültig für Achse *xx* u. *yy*.

L mm	F cm²	Wert	Abstand *h* der L-Eisen in mm									
			300	400	500	600	700	800	900	1000	1100	1200
50·50·5	19,2	*J*	3590	6690	10740	15750	—	—	—	—	—	—
		W	240	334	430	525	—	—	—	—	—	—
		i	13,7	18,7	23,7	28,6	—	—	—	—	—	—
55·55·6	25,2	*J*	4630	8650	13940	20480	28290	—	—	—	—	—
		W	309	433	557	683	808	—	—	—	—	—
		i	13,6	18,5	23,5	28,5	33,5	—	—	—	—	—
60·60·6	27,6	*J*	4990	9360	15110	22240	30760	—	—	—	—	—
		W	333	468	604	741	879	—	—	—	—	—
		i	13,4	18,4	23,4	28,4	33,4	—	—	—	—	—
65·65·7	34,8	*J*	6150	11600	18780	27710	38380	50780	—	—	—	—
		W	410	580	751	924	1100	1270	—	—	—	—
		i	13,3	18,3	23,2	28,2	33,2	38,2	—	—	—	—
70·70·7	37,6	*J*	6550	12390	20110	29710	41190	54550	69790	86910	—	—
		W	437	620	804	990	1180	1360	1550	1740	—	—
		i	13,2	18,2	23,1	28,1	33,1	38,1	43,1	48,1	—	—
75·75·7	40,4	*J*	6940	13170	21410	31680	43970	58270	74600	92940	113300	135700
		W	463	659	856	1060	1260	1460	1660	1860	2060	2260
		i	13,1	18,1	23,0	28,0	33,0	38,0	43,0	48,0	53,0	58,0
80·80·8	49,2	*J*	8270	15770	25730	38150	53030	70360	90160	112400	137100	164300
		W	552	789	1030	1270	1510	1760	2000	2250	2490	2740
		i	13,0	17,9	22,9	27,8	32,8	37,8	42,8	47,8	52,8	57,8
90·90·9	62,0	*J*	10090	19360	31740	47210	65790	87470	112200	140100	171100	205200
		W	673	968	1270	1570	1880	2190	2490	2800	3110	3420
		i	12,8	17,7	22,6	27,6	32,6	37,6	42,5	47,5	52,5	57,5
100·100·10	76,8	*J*	12100	23380	38490	57440	80240	106900	137300	171700	209800	251800
		W	807	1170	1540	1910	2290	2670	3050	3430	3810	4200
		i	12,6	17,4	22,4	27,3	32,3	37,3	42,3	47,3	52,3	57,3
110·110·10	84,8	*J*	13020	25260	41740	62460	87410	116600	150000	187700	229600	275800
		W	868	1260	1670	2080	2500	2920	3330	3750	4170	4600
		i	12,4	17,3	22,2	27,1	32,1	37,1	42,1	47,0	52,0	57,0
120·120·11	102	*J*	15130	29500	48940	73470	103100	137800	177500	222400	272300	327300
		W	1010	1470	1960	2450	2950	3440	3940	4450	4950	5450
		i	12,2	17,0	21,9	26,8	31,8	36,8	41,7	46,7	51,7	56,6

[1]) Aus: Stahl im Hochbau. Düsseldorf: Stahleisen.

Regelnietabstände in mm[1]).

Nietlochdmr. d_1	Größte Nietschaftlänge nach DIN 124	Kleinster Randabstand senkrecht zur Kraftrichtung e_2	Kleinster Randabstand gleichlaufend zur Kraftrichtung e_1	Nietteilung e wenigstens für Blechträger, Stützen usw.	Nietteilung e wenigstens für Knotenanschlüsse	Nietteilung e üblich	Nietteilung e höchstens bei Knickstäben	Nietteilung e höchstens bei Zugstäben	Kleinstmaße a und a_1: a 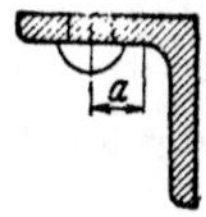	Kleinstmaße a und a_1: a_1 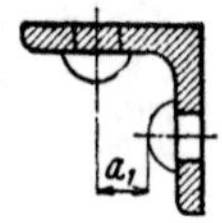
11	55	20	25 bis 27.5	30	30	40	70	80	12	14
14	75	20	30 „ 32,5	35	40	50	100	110	15	17
17	90	25	35 „ 42.5	45	50	60	120	140	18	20
20	115	30	40 „ 50	50	60	70	140	160	20	22
23	135	35	45 „ 55	60	70	80	160	180	23	24
26	150	40	50 „ 65	65	80	90	180	210	26	26
29	160	45	60 „ 75	75	90	100	200	230	30	30

Gewichtstafeln.

Zulässige Maßabweichungen für Stabstahl und Breitflachstahl nach Din 1612.

Stabstahl (Rund-, Quadrat-, Sechskantstahl usw.) Dicke mm	Stabstahl Zulässige Abweichung mm	Breitflachstahl Breite mm	Breitflachstahl Zulässige Abweichung Breite	Breitflachstahl Dicke mm	Breitflachstahl Zulässige Abweichung
5— 25	± 0,5	5 mm und dicker	± 2 vH	unter 10	± 0,5 mm
über 25— 50	± 0,75			bei 10 und mehr	± 5 vH
„ 50— 80	± 1	Der Gewichtsspielraum für die Gesamtlieferung betragt ± 6 vH.			
„ 80—100	± 1,25				
„ 100—120	± 1,5				
„ 120—160	± 2				
„ 160—200	± 2,5				

Band-, Flach- und Breitflachstahl in kg/m für eine Dicke von 1 mm.

Breite in mm	10	12	14	15	16	18	20	22
Gewicht	0,079	0,094	0,110	0,118	0,126	0,141	0,157	0,173

Breite in mm	24	25	26	28	30	32	34	35
Gewicht	0,188	0,196	0,204	0,220	0,235	0,251	0,267	0,275

Breite in mm	36	38	40	42	44	45	46	48
Gewicht	0,283	0,298	0,314	0,330	0,345	0,353	0,361	0,377

Breite in mm	50	52	54	55	56	58	60	62
Gewicht	0,392	0,408	0,424	0,432	0,440	0,455	0,471	0,487

Breite in mm	64	65	70	75	80	85	90	95
Gewicht	0,502	0,510	0,549	0,589	0,628	0,667	0,707	0,746

Breite in mm	100	110	120	130	140	150	160	170
Gewicht	0,785	0,864	0,942	1,021	1,099	1,178	1,256	1,335

Breite in mm	180	190	200	210	220	230
Gewicht	1,413	1,492	1,570	1,649	1,727	1,806

Bemerkung. Ein Stab von 1 mm² Querschnitt und 1000 mm Länge hat einen Rauminhalt von 1 cm³. Man erhält also für beliebige Werkstoffe und beliebige Querschnitte in mm² das Gewicht in Gramm, indem das spezifische Gewicht (g/cm³) mit dem Querschnitt multipliziert wird.

[1] Aus: Stahl im Hochbau. Düsseldorf: Stahleisen.

Gewichte von Metallplatten in kg/m² für eine Dicke von 1 mm.

Werkstoff	Gußeisen	Flußstahl	Kupfer	Messing	Bronze	Zink	Blei	Aluminium
Gewicht	7,25	7,85	8,90	8,50	8,6	7,2	11,37	2,73

Bemerkung. Eine Platte von 1 m² Fläche und 1 mm Dicke hat einen Rauminhalt von 1 dm³. Man erhält also für beliebige Werkstoffe und beliebige Dicken in mm das Gewicht, indem das spezifische Gewicht (kg/dm³) mit der Dicke multipliziert wird.

Gewichte von Quadrat-, Sechskant- und Rundstahl[1]).

$\gamma = 7{,}85$ kg/dm³.

Dicke *d* mm	Gewicht in kg/m			Dicke *d* mm	Gewicht in kg/m			Dicke *d* mm	Gewicht in kg/m		
	□ (d)	⬡ (d)	○ (d)		□ (d)	⬡ (d)	○ (d)		□ (d)	⬡ (d)	○ (d)
5	0,196	0,170	0,154	**50**	19,625	16,995	15,413	**180**	254,340	220,265	199,758
6	0,283	0,245	0,222	**52**	21,226	18,383	16,671	**185**	268,666	232,638	211,010
7	0,385	0,333	0.302	**54**	22,891	18,824	17,978	**190**	283,385	245,419	222,570
8	0,502	0.435	0,395	**56**	24,618	21,320	19,335	**195**	298,496	258,506	234,438
9	0,636	0,551	0,499	**58**	26,407	22,870	20,740	**200**	314,000	271,932	246,615
10	0,785	0,680	0,617	**60**	28,260	24,474	22,195	**205**	329,896	288,927	259,100
11	0,950	0,823	0,746	**62**	30,175	26,133	23,700	**210**	346,185	299,805	271,893
12	1,130	0,979	0,888	**64**	32,154	27,846	25,253	**215**	362.866	314,251	284,994
13	1,327	1,149	1,042	**66**	34,195	29,614	26,856	**220**	379.940	329,037	298,404
14	1,539	1,332	1,208	**68**	36,298	31,436	28,509	**225**	397,406	344,164	312,122
15	1,766	1,530	1,387	**70**	38,465	33,312	30,210	**230**	415,265	359,631	326,148
16	2,010	1,740	1,578	**72**	40,694	35,243	31,961	**235**	433,516	375,437	340,483
17	2,269	1,965	1,782	**74**	42,987	37,228	33,762	**240**	452,160	391,583	355,126
18	2,543	2,203	1,998	**76**	45,342	39,267	35,611	**245**	471,196	408,068	370,077
19	2,834	2,454	2,226	**78**	47,759	41,361	37,510	**250**	490,625	424,894	385,336
20	3,140	2,719	2,466	**80**	50,240	43,509	39,458	**255**	510,446	442,060	400,904
21	3,462	2,998	2,719	**85**	56,716	49,118	44,545	**260**	530.660	459.565	416,779
22	3.799	3,290	2,984	**90**	63,585	55,067	49,940	**265**	551,266	477,411	432,963
23	4,153	3,596	3,261	**95**	70,846	61,355	55,643	**270**	572,265	495,597	449,456
24	4,522	3,916	3,551	**100**	78,500	67,983	61,654	**275**	593,656	514,022	466,257
25	4,906	4,249	3,853	**105**	86,546	74,951	67,973	**280**	615,440	532,988	483,365
26	5,307	4,596	4,168	**110**	94,985	82,260	74,601	**285**	637,616	552,193	500,783
27	5,723	4,956	4,495	**115**	103,816	89,908	81,537	**290**	660,185	571,738	518,508
28	6,154	5,330	4,834	**120**	113,040	97,896	88,781	**295**	683,146	591,623	536,542
29	6,602	5,717	5,185	**125**	122,656	106,224	96,334	**300**	706,500	611,848	554,884
30	7,065	6,118	5,549	**130**	132,665	114,891	104,195	**305**	730,246	632,413	573,534
32	8,038	6,961	6,313	**135**	143,066	123,899	112,364	**310**	754,385	653,318	592,493
34	9,075	7,859	7,127	**140**	153,860	133.247	120,841	**315**	778,916	674,563	611,759
36	10,174	8,811	7,990	**145**	165,046	142,934	129,627	**320**	803,840	696,148	631,334
38	11,335	9,817	8,903	**150**	176,625	152,962	138,721	**325**	829,156	718,071	651,218
40	12,560	10,877	9,865	**155**	188,596	163,329	148,123	**330**	854,865	740,336	671,409
42	13,847	11,992	10,876	**160**	200,960	174,036	157,834	**335**	880,966	762,940	691,909
44	15,198	13,162	11,936	**165**	213,716	185,084	167,852	**340**	907,460	785,885	712,717
46	16,611	14,385	13,046	**170**	226,865	196,471	178,179	**345**	934,346	809,169	733,834
48	18,086	15,663	14,205	**175**	240,406	208,198	188,815	**350**	961,625	832,793	755,258

Die angegebenen Dicken des Quadrat- und Sechskantstahls entsprechen dem Durchmesser des eingeschriebenen Kreises.

Das Gewicht von Sechskantstahl beträgt das $2{,}5981 : \pi = 0{,}827$ fache (oder angenähert das $^5/_6$ fache) des Gewichtes von Rundstahl, der den Durchmesser des umschriebenen Kreises des Sechskantstahles hat. Zulässige Maß- und Gewichtsabweichungen s. DIN 1612.

Für Schweißstahl (spez. Gew. = 7,8 kg/dm³) sind Gewichtsangaben vorstehender Tafel noch mit $7{,}8 : 7{,}85 = 0{,}99363 = (1 - {}^1/_{157})$ zu multiplizieren.

[1]) Bei obigen Angaben sind nicht alle Sorten stets erhältlich. Bei Lieferfirmen rückfragen!

Gewicht von 1000 m Draht in kg

aus Flußstahl (spez. Gew. 7,85), Messing (spez. Gew 8,5), Kupfer (spez. Gew. 8,9).

Dmr.	Stahl[1]) DIN 177	Messing DIN 1757	Kupfer DIN 1766	Dmr.	Stahl[1]) DIN 177	Messing DIN 1757	Kupfer DIN 1766	Dmr.	Stahl[1]) DIN 177	Messing DIN 1757	Kupfer DIN 1766
0,1	—	—	0,070	0,7	3,02	3,271	3,425	2,9	—	56,144	58,784
0,12	—	—	0,101	*0,75	3,47	3,755	3,932	*3	55,5	60,083	62,914
0,15	—	—	0,157	0,8	3,95	4,273	4,474	3,1	59,2	—	—
0,18	—	—	0,226	*0,85	4,45	4,823	5,051	3,2	—	68,361	71,574
0,2	0,247	0,267	0,280	0,9	4,99	5,407	5,662	3,4	71,3	—	—
0,22	0,298	0,323	0,338	*0,95	5,56	6,024	6,308	3,5	—	81,780	85,626
0,23	0,326	—	—	1	6,17	6,676	6,990	3,8	89,0	96,399	100,926
0,24	0,355	—	—	1,1	7,46	8,078	8,458	4	—	106,814	111,837
0,25	0,385	0,417	0,437	1,2	8,88	9,613	10,066	4,2	108,8	117,762	123,301
0,26	0,417	—	—	1,3	10,42	11,282	11,810	4,5	—	135,187	141,546
0,27	0,449	—	—	1,4	12,08	13,085	13,697	4,6	130,5	—	—
0,28	0,483	0,523	0,548	*1,5	13,87	15,020	15,727	4,8	—	153,813	161,054
0,3	—	0,601	0,629	1,6	15,78	17,090	17,898	5	154,1	166,897	174,751
0,31	0,592	—	—	*1,7	17,82	19,293	20,201	5,5	186,5	201,946	211,446
0,32	—	0,684	0,716	1,8	19,98	21,630	22,650	6	222	240,332	251,638
0,34	0,713	—	—	*1,9	22,3	24,100	25,231	6,5	260	282,056	295,329
0,35	—	0,818	0,856	2	24,7	26,704	27,963	7	302	327,118	342,508
0,37	0,844	—	—	2,1	—	29,441	30,830	7,5	—	375,518	393,184
0,38	—	0,964	1,009	2,2	29,8	32,311	33,828	7 6	356	—	—
0,4	0,986	1,068	1,118	2,3	—	35,315	36,979	8,0	—	427,257	447,358
0,45	1,248	1,352	1,415	*2,4	35,5	38,453	40,264	8,2	415	—	—
0,5	1,541	1,669	1,747	2,5	38,5	41,724	43,690	8,8	477	—	—
0,55	1,865	2,019	2,114	*2,6	41,7	45,129	47,250	9	—	—	—
0,6	2,22	2,403	2,516	2,7	—	48,667	50,961	9,4	545	—	—
*0,65	2,60	2,821	2,953	2,8	48,3	52,339	54,806	10	617	—	—

Zulässige Abweichungen vom Durchmesser.

DIN 177	Dmr.	0,2—0,28	0,31—0,45	0,5—0,7	0,75—1	1,1—1,5	1,6—1,9	2—10	
	Abw.	± 0,015	0,0175	0,02	0,025	0,035	0,05	0,1	
DIN 1757	Dmr.	0,2—0,4	0,45—0,7	0,75—1	1,1—2	2,1—3	3,2—6	6,5—8	
	Abw.	± 0,02	0,025	0,03	0,04	0,05	0,06	0,08	
DIN 1766	Dmr.	0,1—0,2	0,22—0,4	0,45—0,7	0,75—1	1,1—2	2,1—3	3,2—6	6,5—8
	Abw.	± 0,02	0,025	0,03	0,04	0,05	0,06	0,08	0,10

Gewicht von 1000 m Aluminiumdraht[2]).

Dmr. mm	kg für 1000 m	Dmr. mm	kg für 1000 m	Dmr. mm	kg für 1000 m	Dmr. mm	kg für 1000 m	Dmr. mm	kg für 1000 m
1	2,10	8	134	15	472	24	1209	38	3032
1,5	4,72	8,5	151	15,5	504	25	1312	39	3194
2	8,4	9	170	16	537	26	1419	40	3360
2,5	13,12	9,5	189	16,5	571	27	1530	41	3530
3	18,9	10	210	17	606	28	1646	42	3704
3,5	25,72	10,5	231	17,5	643	29	1766	43	3882
4	33,6	11	254	18	680	30	1890	44	4065
4,5	42,5	11,5	277	18,5	718	31	2018	45	4252
5	52,5	12	302	19	758	32	2150	46	4443
5,5	63,5	12,5	328	19,5	798	33	2286	47	4638
6	75,6	13	354	20	840	34	2427	48	4838
6,5	88,7	13,5	382	21	926	35	2572	49	5042
7	102,9	14	411	22	1016	36	2721	50	5250
7,5	118,0	14,5	441	23	1110	37	2874		

[1]) DIN 177 ist die genormte deutsche Millimeter-Drahtlehre. Die * Durchmesser sind in ihr nicht enthalten; sie sind für Förder- und Drahtseile bestimmt.

[2]) Heddernheimer Kupferwerk und Süddeutsche Kabelwerke AG.

Übergang aus der 90°-Teilung in die 100°-Teilung des Quadranten.

Grad	0′	10′	20′	30′	40′	50′	Grad
0	0,0000	0,1852	0,3704	0,5556	0,7407	0,9259	**0**
1	1,1111	1,2963	1,4815	1,6667	1,8519	2,0370	1
2	2,2222	2,4074	2,5926	2,7778	2,9630	3,1481	2
3	3,3333	3,5185	3,7037	3,8889	4,0741	4,2593	3
4	4,4444	4,6296	4,8148	5,0000	5,1852	5,3704	4
5	5,5556	5,7407	5,9259	6,1111	6,2963	6,4815	5
6	6,6667	6,8519	7,0370	7,2222	7,4074	7,5926	6
7	7,7778	7,9630	8,1481	8,3333	8,5185	8,7037	7
8	8,8889	9,0741	9,2593	9,4444	9,6296	9,8148	8
9	10,0000	10,1852	10,3704	10,5556	10,7407	10,9259	9
10	11,1111	11,2963	11,4815	11,6667	11,8519	12,0370	**10**
11	12,2222	12,4074	12,5926	12,7778	12,9630	13,1481	11
12	13,3333	13,5185	13,7037	13,8889	14,0741	14,2593	12
13	14,4444	14,6296	14,8148	15,0000	15,1852	15,3704	13
14	15,5556	15,7407	15,9259	16,1111	16,2963	16,4815	14
15	16,6667	16,8519	17,0370	17,2222	17,4074	17,5926	15
16	17,7778	17,9630	18,1481	18,3333	18,5185	18,7037	16
17	18,8889	19,0741	19,2593	19,4444	19,6296	19,8148	17
18	20,0000	20,1852	20,3704	20,5556	20,7407	20,9259	18
19	21,1111	21,2963	21,4815	21,6667	21,8519	22,0370	19
20	22,2222	22,4074	22,5926	22,7778	22,9630	23,1481	**20**
21	23,3333	23,5185	23,7037	23,8889	24,0741	24,2593	21
22	24,4444	24,6296	24,8148	25,0000	25,1852	25,3704	22
23	25,5556	25,7407	25,9259	26,1111	26,2963	26,4815	23
24	26,6667	26,8519	27,0370	27,2222	27,4074	27,5926	24
25	27,7778	27,9630	28,1481	28,3333	28,5185	28,7037	25
26	28,8889	29,0741	29,2593	29,4444	29,6296	29,8148	26
27	30,0000	30,1852	30,3704	30,5556	30,7407	30,9259	27
28	31,1111	31,2963	31,4815	31,6667	31,8519	32,0370	28
29	32,2222	32,4074	32,5926	32,7778	32,9630	33,1481	29
30	33,3333	33,5185	33,7037	33,8889	34,0741	34,2593	**30**
31	34,4444	34,6296	34,8148	35,0000	35,1852	35,3704	31
32	35,5556	35,7407	35,9259	36,1111	36,2963	36,4815	32
33	36,6667	36,8519	37,0370	37,2222	37,4074	37,5926	33
34	37,7778	37,9630	38,1481	38,3333	38,5185	38,7037	34
35	38,8889	39,0741	39,2593	39,4444	39,6296	39,8148	35
36	40,0000	40,1852	40,3704	40,5556	40,7407	40,9259	36
37	41,1111	41,2963	41,4815	41,6667	41,8519	42,0370	37
38	42,2222	42,4074	42,5926	42,7778	42,9630	43,1481	38
39	43,3333	43,5185	43,7037	43,8889	44,0741	44,2593	39
40	44,4444	44,6296	44,8148	45,0000	45,1852	45,3704	**40**
41	45,5556	45,7407	45,9259	46,1111	46,2963	46,4815	41
42	46,6667	46,8519	47,0370	47,2222	47,4074	47,5926	42
43	47,7778	47,9630	48,1481	48,3333	48,5185	48,7037	43
44	48,8889	49,0741	49,2593	49,4444	49,6296	49,8148	44
45	50,0000	50,1852	50,3704	50,5556	50,7407	50,9259	45

Englische und amerikanische Maße und Gewichte.

Leistungsmaße und Drücke.

1 Fußpfund/sek = 0,1383 kgm/sek.
1 HP (Horsepower) = 550 Fußpf./sek = 76,04 mkg/sek = 0,178 kcal/sek.
1 HPh = 1,014 PSh = 0,7453 kWh.
1 BTU [1]) = 1 British Thermal Unit = 0,252 kcal [2]) [= 0,4536 (lb) × 5/9 (°C) kcal].
1 BTU/inch = 9,9213 kcal/m.
1 BTU/inch °Fh = 17,858 kcal/m °Ch (F = Fahrenheit, s. S. 674).
1 BTU/ft. °Fh = 1,488 kcal/m °Ch.
1 BTU/sq.inch °Fh = 703,08 kcal/m² °Ch.
1 BTU/ft.² = 2,70 kcal/m².
1 BTU/ft.³ = 8,899 kcal/m³.
1 BTU inch/ft.² Fh = 0,1240 kcalm/m² °Ch.
1 BTU/sq.ft. °Fh = 4,882 kcal/m² °Ch.
1 BTU/lb. = 0,556 kcal/kg [2]).
1 lb. per sq.inch = 0,07031 kg/cm² = 51,7131 mm QS;
1 inch of mercury = 345,33 mm WS = 0,03342 Atm.
1 lb. per sq.ft. = 4,88244 kg/m².
1 at = 735,5 mm QS = 14,223 lb./sq.inch = 28,958 inch QS.
1 Atm = 760 mm QS = 14,696 lb./sq.inch = 29,9213 inch QS.
1 kcal = 3,969 BTU.
1 kcal/kg = 1,8 BTU/lb.; 1 kcal/m³ = 0,1124 BTU/ft.³.
1 kWh = 3415 BTU.
1 kg/m² = 0,2048 lb./ft.².
1 kcal/m² °Ch = 0,001422 BTU/in.² °Fh = 0,20485 BTU/ft.² °Fh.
1 kcalm/m² °Ch = 8,06364 BTU in./ft.² Fh.
1 kcal/m = 0,1008 BTU/in.
1 kcal/m °Ch = 0,056 BTU/in. °Fh = 0,672 BTU/ft.h °F.

Beispiel für Umrechnung.

1 kcal/m² °Ch ist in BTU/in.² °Fh nach vorstehenden Angaben umzurechnen.
1 kcal = 3,969 BTU; 6,4516 cm² = 1 in.², sonach 1 m² = 1550 in.² 1° C = 9/5° F. Dementsprechend wird:

$$\frac{1\ \text{kcal}}{\text{m}^2\,{}^\circ\text{Ch}} = \frac{3{,}969 \cdot 5}{1550 \cdot 9} = \frac{19{,}845}{13950} = 0{,}001423\ \text{BTU/in.}^2\,{}^\circ\text{Ch}.$$

Großbritannien.

Längenmaße.

1 Zoll = 1″ (inch, 16teilig) = 2,54 cm.
1 Fuß = 1′ (foot, ft.) = 12′ = 0,3048 m.
1 Yard = 3 Fuß = 0,9144 m.
1 Fathom = 1 Faden = 1,8288 m.
1 Mile = 1760,3′ = 1,609 km.
1 Nautical Mile (knot) = 1 engl. Seemeile = 6080′ = 1,8532 km.
Abgerundet: 12 Yards = 10,973 m ∾ 11 m.
1 m = 3,2808 ft = 39,370 in.
1 cm = 0,3937 in.

Flächenmaße.

1 Quadratzoll (sq.inch) = 6,4516 cm².
1 Quadratfuß (sq.ft.) = 0,0929 m².
1 Quadratyard (sq.yd.) = 0,836 m².
1 Acre = 4840 sq.yd. = 40,47 a.
1 Quadratmeile (sq.mile) = 640 Acre = 2,5899 km².
1 m² = 10,764 sq.ft.
1 cm² = 0,1550 sq.in.

Raummaße.

1 Kubikzoll (cu.in.) = 16,3870 cm³.
1 Kubikfuß (cu.ft.) = 0,02832 m³.
1 Kubikyard (cu.yd.) = 0,7646 m³.
1 Register-Ton = 100 cu.ft. = 2,832 m³.
1 Ocean-Ton = 40 cu.ft. = 1,1328 m³.
1 Imperial Gallon = 4,546 ltr.
1 Bushel = 36,3477 ltr.
1 Barrel = 1,6365 hl.
1 m³ = 35,3148 cu.ft.
1 dm³ = 61,0239 cu.in.

---

[1]) Wärmemenge, die 1 engl. Pfund Wasser um 1° Fahrenheit erwärmt.
[2]) Es ist zu unterscheiden, ob es sich um Wärmeeinheiten oder um Heizwerte, bezogen auf die Gewichteinheit, handelt.

Gewichte.

1 Pfund = 1 lb. = 16 Ounces = 0,4536 kg.
1 Centweight (cwt.) = 112 lbs.
= 50,8024 kg.
1 Schiffston (short ton) = 2000 lbs.
= 907,2 kg.
1 Ton (long ton) = 1016,05 kg.
1 Ounce (oz.) = 1/16 Pfund = 28,35 g.
1 kg = 2,2046 lbs = 35,274 ounces.

Temperaturen.

1° C = 9/5° F; 1° F = 5/9° C.
Temperatur C = 5/9 × (Temp. F — 32°).
Temperatur F = 9/5 × Temp. C + 32°.
0° C = 32,0° F. 100° C = 212,0° F.
—273° C = 459,4° F.
$T = t + 273$; $T_F = t_F + 459{,}4$.
$T = 5/9 t_F + 255{,}2$; $T_F = 9/5 t + 491{,}4$.
$T = 5/9 \cdot T_F$; $T_F = 9/5 T$.

Vereinigte Staaten von Amerika.

Wie in England, außerdem:
1 Gallon = 231 Kub.-Zoll = 3,7854 ltr.
1 Quart = 1/4 Gallon = 0,9464 ltr.
1 Barrel = 1,1924 hl.
1 Bushel = 0,3524 hl.

Internationale Atomgewichte.

	Symbol	Atomgewicht		Symbol	Atomgewicht
Aluminium	Al	26,97	Molybdän	Mo	96,0
Antimon	Sb	121,8	Natrium	Na	22,997
Arsen	As	74,91	Nickel	Ni	58,69
Barium	Ba	137,4	Osmium	Os	191,5
Blei	Pb	207,2	Phosphor	P	31,02
Bor	B	10,82	Platin	Pt	195,2
Brom	Br	79,92	Quecksilber	Hg	200,6
Calcium	Ca	40,08	Radium	Ra	226,0
Cerium	Ce	140,13	Sauerstoff	O	16,00
Chlor	Cl	35,46	Schwefel	S	32,06
Chrom	Cr	52,01	Selen	Se	78,96
Eisen	Fe	55,84	Silber	Ag	107,88
Fluor	Fl	19,00	Silicium	Si	28,06
Gold	Au	197,2	Stickstoff	N	14,01
Helium	He	4,00	Strontium	Sr	87,6
Iridium	Ir	193,1	Tantal	Ta	181,4
Jod	J	126,92	Titan	Ti	47,9
Kalium	K	39,10	Vanadium	V	50,95
Kobalt	Co	58,94	Wasserstoff	H	1,01
Kohlenstoff	C	12,00	Wismut	Bi	209,0
Kupfer	Cu	63,57	Wolfram	W	184,0
Magnesium	Mg	24,32	Zink	Zn	65,38
Mangan	Mn	54,93	Zinn	Sn	118,7

Griechisches Alphabet.

Α α		*a* Alpha	Ι ι		*i* Iota	Ρ ϱ		*r* Rho
Β β		*b* Beta	Κ ϰ		*k* Kappa	Σ σ ς		*s* Sigma
Γ γ		*g* Gamma	Λ λ		*l* Lambda	Τ τ		*t* Tau
Δ δ		*d* Delta	Μ μ		*m* Mü	Υ υ		*ü* Ypsilon
Ε ε	(kurz)	*e* Epsilon	Ν ν		*n* Nü	Φ φ		*f* (*ph*) Phi
Ζ ζ		*ds* (*z*) Zeta	Ξ ξ		*ks* (*x*) Ksi	Χ χ		*ch* Chi
Η η	(lang)	*e* Eta	Ο ο	(kurz)	*o* Omikron	Ψ ψ		*ps* Psi
Θ ϑ		*th* Theta	Π π		*p* Pi	Ω ω	(lang)	*o* Omega

Wichtige chemische Verbindungen.

Gewerbliche Bezeichnung	Chemische Benennung	Formel
Acetylen	Acetylen	C_2H_2
Alaun	Kaliumaluminiumsulfat	$KAl(SO_4)_2 + 12\ H_2O$
Ammoniak	Ammoniak	NH_3
Äther	Äthyläther	$(C_2H_5)_2O$
Ätzkali	Kaliumhydroxyd	KOH
Ätzkalk	Calciumhydroxyd	$Ca(OH)_2$
Ätznatron	Natriumhydroxyd	$NaOH$
Bauxit	Tonerdehydrat	$Al_2O_3 \cdot 2\ H_2O$
Benzin	Benzin	(C_nH_{2n+2})
Benzol	Benzol	C_6H_6
Bittersalz	Magnesiumsulfat	$MgSO_4 \cdot 7\ H_2O$
Bleimennige	Bleimennige	Pb_3O_4
Borax	Natriumtetraborat	$NA_2B_4O_7 + 10\ H_2O$
Borsäure	Borsäure	H_3BO_3
Calciumcarbid	Calciumcarbid	CaC_2
Chilisalpeter	Natriumnitrat	$NaNO_3$
Chlorcalcium	Chlorcalcium	$CaCl_2 + 6\ H_2O$
Chlorkalk	Chlorkalk	$CaCl(OCl)$
Eisenoxyd	Eisenoxyd	Fe_2O_3
Eisenvitriol	Ferrosulfat	$FeSO_4 + 7\ H_2O$
Essig	Essigsäure	$C_2H_4O_2$
Gips	Schwefelsaures Calcium	$CaSO_4 + 2\ H_2O$
Glaubersalz	Natriumsulfat	Na_2SO_4
Glycerin	Glycerin	$C_3H_8O_3$
Grubengas	Methan	CH_4
Kalk, gebrannter	Calciumoxyd	CaO
„ gelöschter	s. Ätzkalk	
„ phosphorsaurer	Calciumphosphat	$Ca_3(PO_4)_2$
Kalkstein	Calciumcarbonat	$CaCO_3$
Kalzinierte Soda	Natriumkarbonat, wasserfrei	Na_2CO_3
Karborund	Siliziumkarbid	SiC
Kaustische Soda	s. Ätznatron	

Gewerbliche Bezeichnung	Chemische Benennung	Formel
Kochsalz	Chlornatrium	$NaCl$
Kohlenoxyd	Kohlenoxyd	CO
Kohlensäure	Kohlendioxyd	CO_2
Korund (Schmirgel)	Aluminiumoxyd	Al_2O_3
Kreide	Calciumkarbonat	$CaCO_3$
Kupfervitriol	Kupfersulfat	$CuSO_4 + 5\ H_2O$
Lötwasser	Wäss. Lösung von Zinkchlorid	
Marmor	s. Kalkstein	
Mennige	s. Bleimennige	
Natron, doppelkohlensaures	Natriumbikarbonat	$NaHCO_3$
Natronlauge	Ätznatron in wäss. Lösg.	$NaOH$
Porzellanton	Kaolin	$Al_2O_3 \cdot 2\ SiO_2 \cdot 2\ H_2O$
Pottasche	Kohlensaures Kalium	K_2CO_3
Rost	Eisenoxydhydrat	$Fe(OH)_3$
Salmiak	Chlorammonium	NH_4Cl
Salmiakgeist	Ammoniak	NH_3
Salpetersäure	Salpetersäure	HNO_3
Salzsäure	Chlorwasserstoffsäure	HCl
Scheidewasser	s. Salpetersäure	
Schmirgel	s. Korund	
Schwefelsäure	Schwefelsäure	H_2SO_4
Schwefelwasserstoff	Schwefelwasserstoff	H_2S
Schweflige Säure	Schwefeldioxyd	SO_2
Soda, kristall.	Kohlensaures Natrium	$Na_2CO_3 + 10\ H_2O$
Tonerde	Aluminiumoxyd	Al_2O_3
Vitriolöl	Konz. Schwefelsäure	H_2SO_4
Wasserglas	Kieselsaures Natrium oder Kalium	Na_4SiO_4 od. Na_2SiO_3 / K_4SiO_4 od. K_2SiO_3
Zink, salzsaures	Zinkchlorid, Chlorzink	$ZnCl_2$
Zinnchlorid, Chlorzinn	Zinnchlorid	$SnCl_4$
Zinnober	Mercurisulfid	HgS

Sachverzeichnis des ersten Bandes.

GPSR Compliance

The European Union's (EU) General Product Safety Regulation (GPSR) is a set of rules that requires consumer products to be safe and our obligations to ensure this.

If you have any concerns about our products, you can contact us on ProductSafety@springernature.com

In case Publisher is established outside the EU, the EU authorized representative is:

Springer Nature Customer Service Center GmbH
Europaplatz 3
69115 Heidelberg, Germany

Batch number: 10682534

Printed by Printforce, the Netherlands